U0673754

论文集

下 册

第二十二届全国结构风工程学术会议

暨第八届全国风工程研究生论坛

THE 22ND NATIONAL CONFERENCE ON STRUCTURAL WIND ENGINEERING

THE 8TH NATIONAL FORUM ON WIND ENGINEERING FOR GRADUATE STUDENTS

中国土木工程学会桥梁及结构工程分会

中国空气动力学会风工程和工业空气动力学专业委员会 主编

2025.07.24—2025.07.27 重庆

中国建筑工业出版社

第二十二届全国结构风工程学术会议
暨第八届全国风工程研究生论坛

主办单位： 中国土木工程学会桥梁及结构工程分会

中国空气动力学会风工程和工业空气动力学专业委员会

承办单位： 重庆大学（土木工程学院，山区土木工程安全与韧性全国重点
实验室）

同济大学土木工程防灾减灾全国重点实验室

协办单位： 广西大学土木建筑工程学院

重庆交通大学土木工程学院

重庆科技大学土木与水利工程学院

哈尔滨工业大学土木工程学院

石家庄铁道大学风工程研究中心

华中科技大学土木与水利工程学院

同济大学桥梁结构抗风技术交通运输行业重点实验室

绵阳六维科技有限责任公司

湖南大学土木工程学院

西南交通大学风工程四川省重点实验室

中国建筑科学研究院中建研科技股份有限公司风洞实验室

中国空气动力研究与发展中心低速空气动力研究所

高性能风电设施及其高效运行学科创新基地（重庆大学）

中国工程建设标准化协会抗风减灾与风能利用专业委员会

风工程与风资源利用重庆市重点实验室

《Advances in Wind Engineering》期刊

赞助单位： 常州坤维传感科技有限公司

中航工程集成设备有限公司

蓝点触控（北京）科技有限公司

昆山御宾电子科技有限公司

约克科技有限公司

深圳市如本科技有限公司

青岛镭测创芯科技有限公司

ATI 工业自动化

江苏东华测试技术股份有限公司

北京思莫特科技有限公司

曙光智算信息技术有限公司

北京华云信通科技发展有限公司

合肥中科君达视界技术股份有限公司

普朗特（天津）工程技术有限公司

成都英鑫光电科技有限公司

衡橡科技股份有限公司

会议学术委员会

顾　　问：　项海帆（同济大学）

陈政清（湖南大学）

李　惠（哈尔滨工业大学）

葛耀君（同济大学）

主　　席：　朱乐东（同济大学）

副 主 席：　杨庆山（重庆大学）

李明水（西南交通大学）

华旭刚（湖南大学）

陈　凯（中国建筑科学研究院）

黄汉杰（中国空气动力研究与发展中心）

秘　　书：　赵　林（同济大学/广西大学）

委　　员：　鲍卫刚　蔡春声　操金鑫　曹曙阳　陈　波　陈昌萍　陈　淳

陈　凯　陈甦人　陈文礼　陈新中　戴建国　戴益民　杜晓庆

方平治　傅继阳　高广中　郭安薪　郭　健　韩　艳　韩兆龙

何旭辉　胡　钢　华旭刚　黄国庆　黄汉杰　黄浩辉　黄铭枫

黄　鹏　柯世堂　赖志超　冷予冰　李　波　李　惠　李春祥

李加武　李龙安　李明水　李秋胜　李寿英　李永乐　李正良

李正农　梁旭东　刘庆宽　刘天成　刘震卿　刘志文　楼文娟

罗国强　马存明　裴永忠　秦加成　宋丽莉　唐　意　王丙兰

王　浩　王国砚　王钦华　王小松　魏文晖　吴　腾　武　岳

谢正元　谢壮宁　辛大波　许福友　杨　华　杨庆山　杨仕超

杨　易　叶继红　于晓野　张宏杰　张　伟　张伟育　张文明
张永升　张宇敏　张正维　张志田　赵　林　赵玳冰　郑文涛
周　岱　周新平　周暅毅　朱乐东　祝志文　邹良浩

会议组织委员会

名誉主席： 田村幸雄（重庆大学）

主　　席： 杨庆山（重庆大学）

执行主席
兼秘书长： 陈　波（重庆大学）

副 主 席： 赵　林（同济大学/广西大学）　郭增伟（重庆交通大学）

　　　　　 孙　毅（重庆科技大学）

副秘书长： 回　忆（重庆大学）　操金鑫（同济大学）　李　珂（重庆大学）

　　　　　 崔　巍（同济大学）

委　　员： 陈　波（重庆大学）　陈增顺（重庆大学）　郭坤鹏（重庆大学）

　　　　　 黄国庆（重庆大学）　回　忆（重庆大学）　李　珂（重庆大学）

　　　　　 李少鹏（重庆大学）　李　天（重庆大学）　李　潇（重庆大学）

　　　　　 李雨桐（重庆大学）　李正良（重庆大学）　刘　敏（重庆大学）

　　　　　 彭留留（重庆大学）　苏　益（重庆大学）　檀忠旭（重庆大学）

　　　　　 田村幸雄（重庆大学）　杨庆山（重庆大学）　杨　阳（重庆大学）

　　　　　 汪之松（重庆大学）　闫渤文（重庆大学）　周　旭（重庆大学）

　　　　　 操金鑫（同济大学）　崔　巍（同济大学）　方根深（同济大学）

　　　　　 黄　鹏（同济大学）　温作鹏（同济大学）　徐　乐（同济大学）

　　　　　 赵　林（同济大学/广西大学）　朱　青（同济大学）

　　　　　 朱乐东（同济大学）　郭增伟（重庆交通大学）

　　　　　 刘小会（重庆交通大学）　吴　波（重庆交通大学）

　　　　　 单文姗（重庆科技大学）　赖马树金（哈尔滨工业大学）

孙　毅（重庆科技大学）　刘庆宽（石家庄铁道大学）

钟永力（重庆科技大学）　刘震卿（华中科技大学）

研究生委员： 程　浩（重庆大学，主席）　王子龙（同济大学，副主席）

潘　杰（重庆大学）　唐俊义（重庆大学）　王诗涵（同济大学）

郑继海（同济大学）　杜文凯（长安大学）　李思成（长安大学）

陈　旭（长沙理工大学）　刘怡辰（重庆科技大学）

高伟杰（东南大学）　许　楠（哈尔滨工业大学）

杨思尧（哈尔滨工业大学）　文长城（海南大学）

曹镜韬（湖南大学）　周　旭（湖南大学）　刘泰廷（湖南科技大学）

胡松雁（华南理工大学）　柴晓兵（石家庄铁道大学）

王滨璇（石家庄铁道大学）　陈　韬（武汉理工大学）

李健琨（西南交通大学）　林钟毓（西南交通大学）

赵勇飞（西南交通大学）　高　迈（浙江大学）　吉晓宇（中南大学）

曾世钦（中南大学）

本书编委会

主　　编：朱乐乐　赵　林　陈　波　杨庆山

编　　委：（按照姓氏拼音排序）
　　　　　操金鑫　崔　巍　回　忆

前　言

自 1983 年 11 月在广东新会举行第一届会议以来，全国结构风工程学术会议至今已累计举行了 22 届。为了适应我国风工程研究、教学和交流规模不断发展的新形势，自 2011 年 8 月举行的"第十五届全国结构风工程学术会议"起，同期召开了面向广大研究生的"全国风工程研究生论坛"。本次"第二十二届全国结构风工程学术会议暨第八届全国风工程研究生论坛"于 2025 年 7 月 24 日至 27 日重庆市召开，是我国结构风工程界交流学术观点和理念、科研成果及其应用的又一次盛会。

"第二十二届全国结构风工程学术会议"共录用学术论文 187 篇，其中包括 6 篇大会特邀报告。"第八届全国风工程研究生论坛"共录用学术论文 341 篇。录用论文反映了近两年来我国结构风工程研究的最新理念、成果与进展。收录的论文按"全国结构风工程学术会议"和"全国风工程研究生论坛"分为两大部分，主题包括：边界层特性与风环境；钝体空气动力学；特异风环境及结构效应；高层与高耸结构抗风；大跨空间与悬吊结构抗风；低矮房屋结构抗风；大跨度桥梁抗风；索结构抗风；清洁能源结构抗风；输电塔线抗风；车辆空气动力学与抗风安全；风致多重灾害问题；风洞及其试验技术；智能技术与风工程；计算风工程方法与应用；风资源评估与利用；风沙科学与工程；其他风工程和空气动力学问题共 18 个，其中纸质论文集仅收录所有录用论文的扩展摘要，并正式出版；而电子论文集则收录所有录用论文的摘要和全文（未正式出版）供与会代表内部交流。

本次大会邀请了同济大学朱乐东教授、上海交通大学周岱教授、哈尔滨工业大学（深圳）段忠东教授、东南大学陈甦人教授、哈尔滨工业大学陈文礼教授、重庆大学黄国庆教授共 6 位我国风工程领域著名学者作大会报告，内容涉及超大跨桥梁风致静动力失稳、工程风场智能预报和精细模拟分析、台风模拟、车辆抗风预警、高时空分辨率流场重构、海上固定式风机支撑结构动力学等 6 个方面。

为全国风工程领域的工作人员和研究生提供一个能够充分交流各自成熟或非成熟的创新学术观点和理念以及最新研究成果的平台，是"全国结构风工程学术会议"和"全国风工程研究生论坛"一如既往的宗旨。因此，允许作者根据学术交流后的反馈结果对论文全文进行适当的修改后向相关学术期刊投稿。

本次会议得到了中国土木工程学会、中国空气动力学会两个上级学会的大力支持和指导，也得到了许多协办单位和多家公司的热情赞助，借此致以衷心的感谢。

由于时间有限，论文集中难免存在疏漏。如有谬误，敬请谅解，欢迎广大读者批评指正。

中国土木工程学会桥梁及结构工程分会

中国空气动力学会风工程和工业空气动力学专业委员会

2025 年 6 月

目 录

风工程会议

■ 大会特邀报告

■ 边界层特性与风环境

■ 钝体空气动力学

■ 特异风环境及结构效应

■ 高层与高耸结构抗风

■ 大跨空间与悬吊结构抗风

■ 低矮房屋结构抗风

■ 大跨度桥梁抗风

■ 清洁能源结构抗风

■ 输电塔线抗风

■ 车辆空气动力学与抗风安全

■ 风致多重灾害问题

■ 风洞及其试验技术

■ 智能技术与风工程

■ 计算风工程方法与应用

■ 风资源评估与利用

■ 风沙科学与工程

■ 其他风工程和空气动力学问题

研究生论坛

■ 边界层特性与风环境

■ 钝体空气动力学

特异风环境及结构效应

■ 高层与高耸结构抗风

■ 大跨空间与悬吊结构抗风

■ 低矮房屋结构抗风

■ 大跨度桥梁抗风

■ 索结构抗风

■ 清洁能源结构抗风

■ 输电塔线抗风

■ 车辆空气动力学与抗风安全

■ 风致多重灾害问题

■ 风洞及其试验技术

■ 智能技术与风工程

■ 计算风工程方法与应用

■ 风资源评估与利用

■ 其他风工程和空气动力学问题

■ 附录

研究生论坛

基于现场实测的强风时段台风风特性研究

刘　康[1]，刘慕广[1,2]，张春生[3]

（1. 华南理工大学土木与交通学院　广州　510641；
2. 华南理工大学亚热带建筑与城市科学全国重点实验室　广州　510641；
3. 深圳市国家气候观象台　深圳　518040）

1　引言

风特性是 Davenport 提出的风荷载链中重要的一环[1]，由于台风个体发生时的地域性、湍流结构的复杂性和瞬时性等因素造成台风风场特征存在差异[2]，当前尚未完全确定强台风风场的风特性。先前研究主要集中于不同地区的台风个例或少数几场台风的风特性，现阶段仍缺乏对同一地区不同台风风特性的系统性研究。此外，台风过程强风时段对工程结构的破坏性最为严重，需要重点关注该时段台风的典型风特性。现场实测是获取台风相关风场特性最有效的方法[3]，因此，本文以高度 356m 深圳气象梯度塔观测的 7 个台风风速记录，重点分析了强风时段内平均风速、湍流强度、阵风因子、湍流积分尺度以及脉动风功率谱等特性，揭示了同一地区不同台风风特性之间的离异性和整体性，研究成果有望加深对台风风场特性的综合性认识，有助于为台风多发地区的建筑结构抗风设计提供参考。

2　实测概况与样本选取

本文利用深圳气象梯度塔身安装的 13 台采样频率为 0.1Hz 的 WMT703 杯式超声波风速仪及 4 台采样频率为 10Hz 的 CSAT3 三维声波风速仪开展实测研究，选取了对梯度塔影响较大的 7 组台风过程进行分析。

3　实测结果

图 1 中分风向给出了 7 次台风最强 10min 归一化风速剖面及指数律拟合结果，可见在 70°风向附近，两次台风的实测值具有较好的一致性，其拟合风剖面指数为 0.20，略低于我国《建筑结构荷载规范》GB 50009—2012C 类地貌 0.22 的建议值。在 85°～110°风向，各台风过程的归一化风速具有一定的离散性，且高度越高，相互间的差异越显著，对应的拟合风剖面指数为 0.25，略高于我国规范 C 类地貌 0.22 的建议值和图 1（a）中两次台风的拟合值，这可能与实测塔远端地貌的差异有一定关联。

图 2 给出了代表高度 320m 处 60min 强风时段下顺风向湍流强度、湍流积分尺度和阵风因子随平均风速的变化情况，图 3 给出了最强 10min 内 7 组台风所有高度的实测脉动风功率谱，总体上看，各台风之间表现出一定的独特性和整体性。

基金项目：国家自然科学基金项目（52378514，51978285），广东省基础与应用基础研究基金（2024A1515011828），广东省现代土木工程技术重点实验室项目（2021B1212040003）

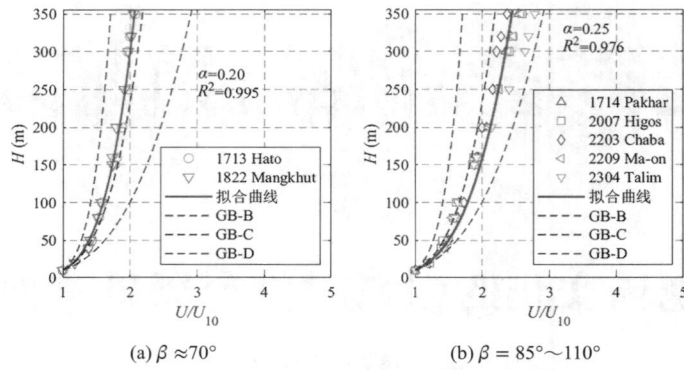

(a) $\beta \approx 70°$ (b) $\beta = 85° \sim 110°$

图 1   7 组台风的最强 10min 归一化风剖面

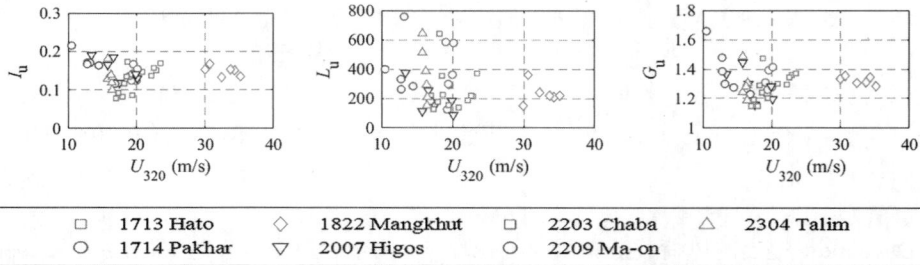

| □ 1713 Hato | ◇ 1822 Mangkhut | □ 2203 Chaba | △ 2304 Talim |
| ○ 1714 Pakhar | ▽ 2007 Higos | ○ 2209 Ma-on | |

图 2   320m 处湍流强度、湍流积分尺度及阵风因子随平均风速的变化

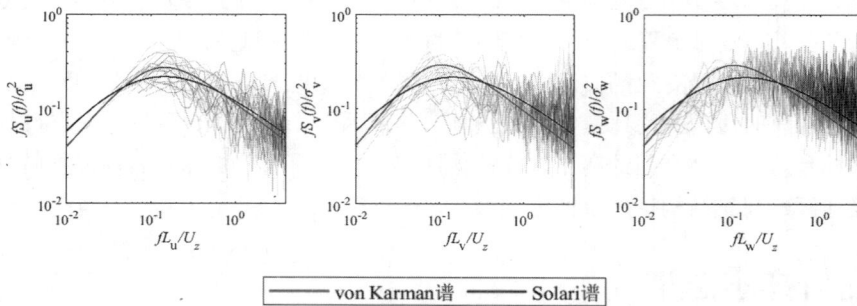

图 3   7 组台风的最强 10min 脉动风功率谱

4   结论

本文基于深圳气象梯度塔实测的 7 次台风过程，分析了强风时段内台风的典型风特性，得出以下结论：上游地貌对强风时段内实测台风风剖面指数存在较明显影响；强风时段内 7 次台风样本的顺风向湍流强度、阵风因子与湍流积分尺度均随着平均风速的增大存在减小的趋势；在低频部分，顺风向实测功率谱与 von Karman 谱、Solari 谱比较接近；但在横风向和竖向，von Karman 谱会高估低频处能量，两种经验谱均会低估高频处能量。

参考文献

[1]   DAVENPORT A G. A statistical approach to the treatment of wind loading of tall masts and suspension bridges[D]. University of Bristle, 1961.

[2]   DAI G, XU Z, CHEN Y F, et al. Analysis of the wind field characteristics induced by the 2019 Typhoon Bailu for the high-speed railway bridge crossing China's southeast bay[J]. Journal of Wind Engineering and Industrial Aerodynamics, 2021, 211: 104557.

[3]   LI Q S, LI X, HE Y. Monitoring wind characteristics and structural performance of a supertall building during a landfall typhoon[J]. Journal of Structural Engineering, 2016, 142(11): 04016097.

大跨度桥梁施工阶段塔区风环境特性研究

李佳惠[1]，崔会敏[2-4]，韩智铭[1,3,4]，刘庆宽[1,3,4]

（1. 石家庄铁道大学土木工程学院 石家庄 050043；
2. 石家庄铁道大学数理系 石家庄 050043；
3. 石家庄铁道大学省部共建交通工程结构力学行为与系统安全国家重点实验室 石家庄 050043；
4. 河北省风工程和风能利用工程技术创新中心 石家庄 050043）

1 引言

为了加强地区间交通联系，提升交通运输效率，我国大力建设跨江跨海大桥。但跨海大桥所处地理位置往往决定其处于来流风较大的不利风环境中，桥塔的存在会引起附近区域流场的剧烈变化。而在主梁架设阶段，来流风向、桥塔类型、主梁断面均会对塔区流场产生影响，对桥面施工人员以及施工车辆造成安全隐患。针对桥梁风环境的现状，已有研究表明风攻角、桥塔外形均能优化桥面流场[1-2]。前人的研究为我们提供了大量的经验，但对于施工过程中主梁长度改变对桥面风环境的影响还存在不足。因此本文针对施工阶段的有限长桥梁模型，采用三维数值模拟方法研究了桥面流场特性，重点关注塔区和桥面两端风环境特性。

2 模型和数值方法

本文物理模型是依据一座 Π 型梁主梁，H 型桥塔简化缩尺 1∶50 所得，选取主梁架设阶段的塔梁模型，原型主梁宽 $B = 35m$，高 $D = 3.5m$，长 $L = 60m$，桥塔横断面边长 $D_q = 7.5m$，高 $H_q = 100m$，设 D 为该模型的特征长度。计算域和边界条件设置如图 1 所示，速度入口选择 10m/s 的均匀流，湍流耗散强度为 0.5%。通过 SpaceClaim 建模，整个流体域为长方体，加密区 boi 长宽高为 2.8m（长）× 2m（宽）× 2m（高）。阻塞率 4.08%，空气密度为 1.225kg/m³，动力黏度系数为 1.7984×10^{-5} kg/(m·s)，不考虑重力加速度的影响。

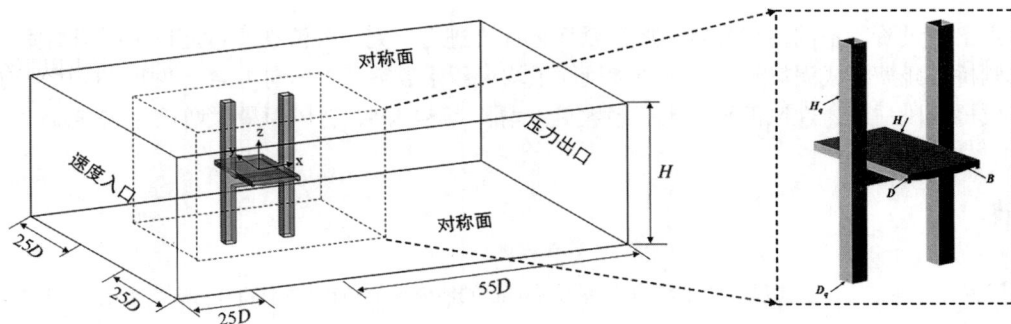

图 1 计算域及边界条件

模型采用 Fluent Meshing 进行网格划分，由于多面体网格可以在保证精度的同时减少网格量[3-4]，因此多面体和六面体混合的网格形式对流体域进行离散，对桥梁周围区域进行加密处理，桥梁壁面处设置 8 层近壁面网格，转换比率为 0.272。网格划分如图 2 所示，面单元采用多面体网格，流体域采用六面体网格。在数值模拟中采用 SST $k\text{-}\omega$ 模型。

基金项目：河北省自然科学基金面上项目（E2022210069），河北省创新群体项目（E2022210078）

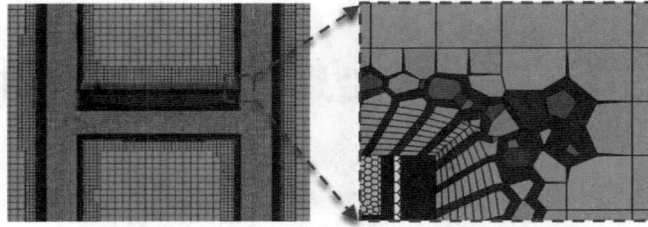

图 2　网格示意图

3　结果

通过图 3 对距桥塔中心不同位置处风压系数的比较，可以看到桥塔对迎风面（A）$\overline{C}_p$影响不大；背风面（C）$\overline{C}_p$在近塔区 $Y = 3.75\text{m}$ 和 $Y = 5.00\text{m}$ 处发生突变，随着远离桥塔稳定在 -0.32；在桥面（B）近塔区处右侧 $\overline{C}_p$ 由负转正，说明由吸力转变为压力。由图 4 近塔区 $Y = 3.75\text{m}$ 处的平均风压系数分布可知，在迎风面和背风面，成桥阶段的 $\overline{C}_p$ 均大于主梁架设阶段。

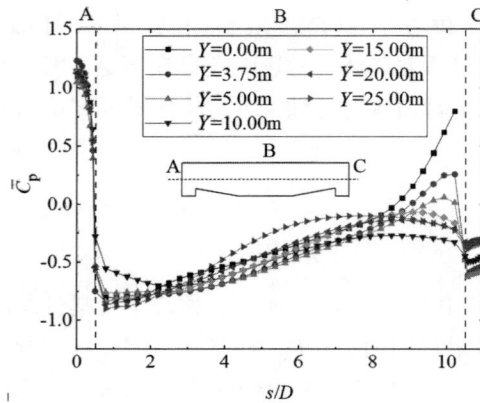

图 3　距桥塔中心不同位置处平均风压系数　　图 4　近塔区 $Y = 3.75$ 处平均风压系数

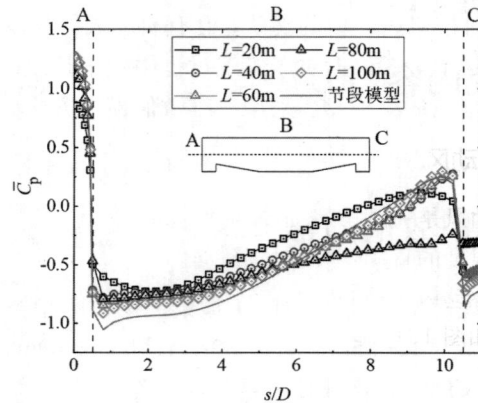

4　结论

本文对主梁架设阶段不同主梁长度下塔区桥面风环境进行研究，气流在经过迎风侧桥塔后附于主梁上，最后与背风侧桥塔碰撞形成涡旋流出，致使背风面平均风压系数突变。不同主梁长度下，桥面平均风压系数分布趋势与成桥阶段一致，迎风面平均风压系数最大增长为 54.5%，背风面最大增长为 27.8%。

参考文献

[1]　陈晨, 蒲诗雨, 李强, 等. 不同风攻角下跨海大桥塔区桥面风环境及屏蔽措施研究[J]. 四川建筑, 2023, 43(3): 79-85.

[2]　何佳骏, 向活跃, 朱金, 等. 公铁平层桥梁桥塔遮风效应风洞试验研究[J]. 西南交通大学学报, 2023, 58(2): 388-397.

[3]　王宁, 苏新兵, 马斌麟, 等. 网格类型对流场计算效率和收敛性的影响[J]. 空军工程大学学报（自然科学版）, 2018, 19(1): 9-14.

[4]　许晓平, 周洲. 多面体网格在 CFD 中的应用[J]. 飞行力学, 2009, 27(6): 87-93.

基于实测的山区热驱动风廓线研究

颜庭辕，张明金，蒋帆影，张金翔，李永乐

（西南交通大学桥梁工程系 成都 610031）

1 引言

　　山区因局部热力梯度引发的周期性热驱动风是常见的强风事件[1]，对山区结构的风致响应及风速标准的确定具有重要意义。本文以深切峡谷地区的大跨度桥梁桥址区为研究对象，开展了风廓线的长期实测研究。通过风速与温度的强相关性，识别出周期性热驱动风，并揭示其在不同时间阶段的风参数特性存在显著差异。结果表明，平均风特性呈现显著的日周期变化。基于滑动采样方法与归一化风廓线，建立了风廓线模型；同时，利用 Logistic 分布与 Copula 函数构建了不同高度风速与迎角的联合概率模型，并采用逆一阶可靠度法（IFORM）建立了周期性热驱动风的风参数组合廓线模型。

2 研究内容与方法

2.1 热驱动风识别

　　热驱动风是一种由局部温度梯度驱动的山区强风，通常出现在晴朗天气下的复杂地形区域，其典型特征是风速与温度的日周期变化呈高度一致性[2]。因此，在实测研究中，利用风速和温度的皮尔逊相关系数已成为识别热驱动风（PTDW）事件的常用方法[3]。本研究最终筛选出符合热驱动风识别标准的 40 天强风事件，筛选结果如图 1 所示。

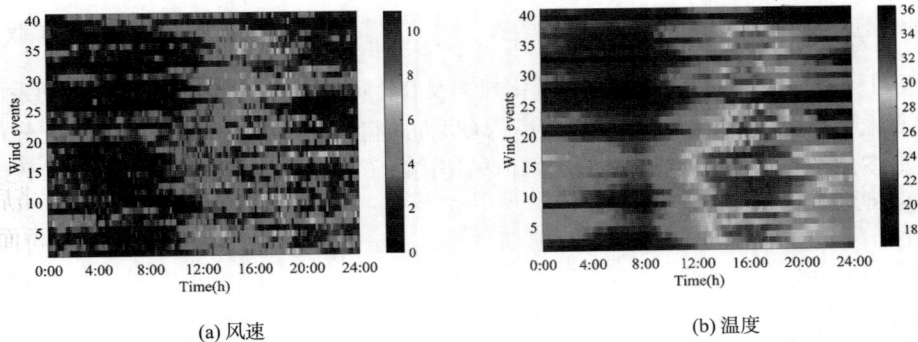

(a) 风速　　　　　　　　　　　　　　　　(b) 温度

图 1　热驱动风识别结果

2.2 热驱动风组合风参数廓线模型

　　为刻画热驱动风廓线的形状特征，本文采用三次函数拟合归一化风速廓线[4]。通过滑动采样方法确定风廓线基点风速阈值，构建了归一化风速廓线模型，其具体表达形式如式(1)及图 2（a）所示。

$$f(z) = [p_1(u_{40}) \cdot (z')^3 + p_2(u_{40}) \cdot (z')^2 + p_3(u_{40}) \cdot (z') + 1] \cdot u_{40} \tag{1}$$

式中，p_1 至 p_4 为拟合系数，u_{40} 为风速廓线基点速度，z 为风廓线高度。

　　本研究选取复杂山区风场研究中关注的风速与攻角作为输入参数构建组合风参数模型。通过 Logistic 分

基金项目：国家自然科学基金项目（52278533）

布对风廓线各高度的风参数进行拟合，结果如图 2（b）和图 2（c）所示。鉴于风速与攻角表现出强不对称性及显著的负相关关系，本文采用阿基米德 Copula 函数中的 Frank Copula 函数对其二维联合概率密度进行拟合，对应的密度函数$c(\alpha, v)$如式(2)所示。

$$c(\alpha, v) = -\frac{\theta e^{-\theta(\alpha+v)}(e^{-\theta}-1)}{(e^{-\theta(\alpha+v)} - e^{-\theta u} - e^{-\theta v} + e^{-\theta})^2} \tag{2}$$

式中，α 及 v 分别代表攻角及风速，copula 函数拟合系数为θ，计算结果如图 2（d）所示。该分布能够有效拟合具备尾部相关性的数据，即当$\theta > 0$时，变量之间正相关，反之则为负相关。当θ趋向 0 时，变量之间的数值相关性减弱。基于风速廓线模型与联合概率分布，并结合逆一阶可靠度方法（式(3)），推导出组合风参数模型，结果如图 2（e）所示。

$$\Phi(u) = F\big(\alpha|v(z)\big) = \int_{-\infty}^{\alpha} c_{\alpha, v}\big(F(\alpha) \cdot F(v(z)) \cdot F(\alpha)\big) \mathrm{d}\alpha \tag{3}$$

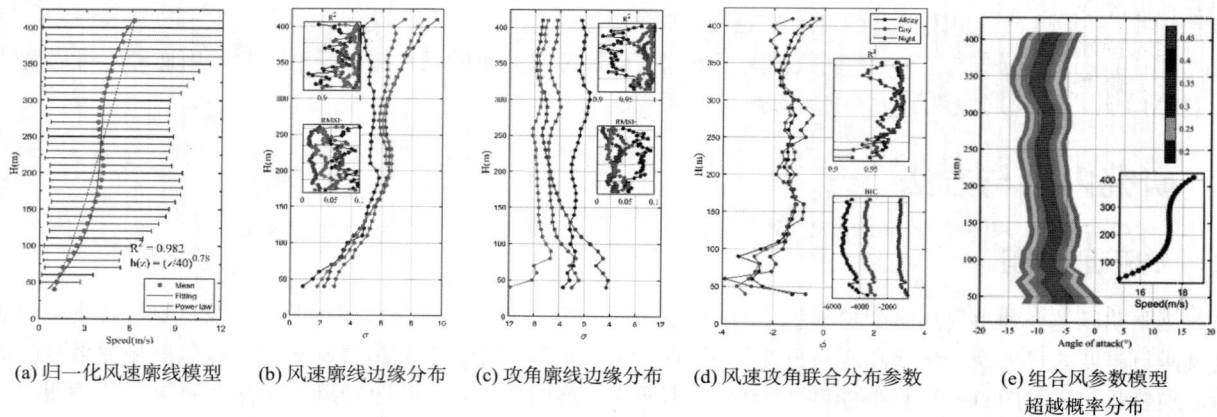

| (a) 归一化风速廓线模型 | (b) 风速廓线边缘分布 | (c) 攻角廓线边缘分布 | (d) 风速攻角联合分布参数 | (e) 组合风参数模型超越概率分布 |

图 2 组合风参数廓线模型

3 结论

本文系统研究了 PTDW 事件的风参数时间变化规律及其特征。通过 Logistic 分布和滑动采样方法，确定了风速与攻角的变化趋势。基于风廓线分析，揭示了风事件的空间分布特性及风参数的组合分布规律。研究表明，三次函数能够有效拟合强风廓线，并基于阈值风速构建了强风廓线模型及对应的风参数组合模型，进一步揭示了昼夜强风攻角的分布特征。

参考文献

[1] 李永乐, 遆子龙, 汪斌, 等. 山区 Y 形河口附近桥址区地形风特性数值模拟研究[J]. 西南交通大学学报, 2016, 51(2): 341-348.

[2] ZHANG D, ZHENG W. Diurnal cycles of surface winds and temperatures as simulated by five boundary layer parameterizations[J]. Journal of Applied Meteorology. 2004, 43(1): 157-169.

[3] LI Y, JIANG F, ZHANG M, et al. Observations of periodic thermally-developed winds beside a bridge region in mountain terrain based on field measurement[J]. Journal of Wind Engineering and Industrial Aerodynamics. 2022, 225: 104996.

[4] ZHANG M, ZHANG J, JIANG F, et al. Combined wind profile characteristics based on wind parameters joint probability model in a mountainous gorge[J]. Natural hazards (Dordrecht). 2023, 115(1): 709-733.

山区水库蓄水对桥址区风特性的影响研究

付素香[1]，余传锦[1,2]，李永乐[1,2]，高立宝[3]

（1. 西南交通大学桥梁智能与绿色建造全国重点实验室 成都 611756；
2. 西南交通大学风工程四川省重点实验室 成都 610031；
3. 中国电建集团成都勘测设计研究院有限公司 成都 611130）

1 引言

西部山区，河岸陡峻、地形起伏显著，该区域通常适宜建设大型水电站。而水电站蓄水过程中，水平面的上升不仅改变了原始地貌，还可能对桥址区的风特性产生重要影响。然而，目前国内外关于蓄水深度对跨水库桥梁风特性影响的研究相对匮乏，相关文献屈指可数。目前，王云飞[1-2]对比分析了蓄水前后两个水位下深切峡谷大跨度悬索桥风场特性的变化，研究结果表明蓄水后横桥向风速、正攻角效应较蓄水前均有明显减小。为探明其研究结果是否具有普适性，本文以西部某一跨水库大跨度斜拉桥为工程背景，针对跨水库桥梁展开多个水位的调查研究，得到桥址区在不同水位下的风特性，可以为跨水库桥梁抗风设计提供依据。

2 研究方法及验证

针对桥址区复杂地形，首先利用 MATLAB 提取 20km × 20km 区域地形坐标和高程数据并插值生成格点数据，适当修正不同蓄水水位下的地形高程，随后导入 Gambit 进行曲面拟合和网格划分。计算区域底部以山体、河流为界，顶部高程取 16000m，采用六面体结构化网格离散。为精确分析桥址区风场，通过无蓄水工况下的三种网格尺度分析，三者计算结果误差不超过 3.5%，综合考虑计算资源，最终选择网格分辨率 33m、增长率 1.1、总数 445 万的网格方案。进一步地，将桥位地形风场简化为不可压缩流体，运用 Fluent 进行计算分析，选用全隐式分离求解器和 SST k-w 模型，速度与压力的耦合为 SIMPLEC 算法，湍动耗散率、湍动能、动量、压力的离散都采用二阶迎风格式[3]。

3 结果分析

为分析平均风特性随来流方向和蓄水深度的变化情况，本文选取典型水位进行分析。图1～图3分别代表风速、风向、风攻角在典型水位下随来流方向的变化玫瑰图。分析结果表明，峡谷风加速效应与峡谷走向呈现显著的相关性，其中风向角的变化主要受到蓄水深度和局部地形的双重影响，这一特征在315°～360°来流方向表现得尤为明显。同时，风攻角随来流方向呈现出复杂的非线性变化特征，这种变化在195°～240°来流方向表现得最为显著。

图4～图6分别代表典型来流方向下风速、风向、风攻角随蓄水深度的变化玫瑰图。研究发现，横桥向风速随蓄水深度的增加呈现先增大后减小的趋势，并在3020m水位时达到最大值44.02m/s。值得注意的是，风向角在3020m水位以下保持相对稳定，而在超过该水位后出现显著变化，从不足50°急剧增加至近120°。此外，研究还发现负攻角效应随蓄水深度增加而逐渐减弱，从未蓄水状态下的-19.67°显著负攻角逐步过渡到3070m水位时的-2.21°攻角，这一变化趋势充分反映了蓄水过程对桥址区风场的显著影响。

4 结论

本文通过建立无蓄水、3005m、3020m、3040m 和 3070m 五个水位的地形模型，采用数值模拟方法，系

基金项目：国家自然科学基金（52378538），中国博士后科学基金（2020M683355，2022T150542），四川省科技计划项目（2022NSFSC0004）

统研究了山区水库蓄水对桥址区风特性的影响，分析了不同水位下风特性沿来流方向的分布规律，得出以下结论：（1）桥址区风特性受水位变化影响显著。横桥向风速、风向角和风攻角均随水位变化产生明显改变。其中，横桥向风速随蓄水深度增加呈先增大后减小的趋势，在 3020m 水位的 135°来流方向达到最大值，较未蓄水时增大 16.76%，此时峡谷风效应最为显著；风向角随蓄水深度增加而增大，在 315°～360°来流方向变化最为明显；风攻角绝对值随蓄水深度增加而减小，大负攻角效应逐渐减弱。（2）桥址区风特性同时受局部地形的显著影响。横桥向风速受平躺 S 形河谷地形影响，其随来流方向的变化呈蝴蝶状分布；随着蓄水深度增加，水平面上升导致山体淹没处风向角变化最为显著；受桥位附近陡峭山体影响，该区域出现大负攻角效应，且该方向风攻角随水位上升变化最为明显。

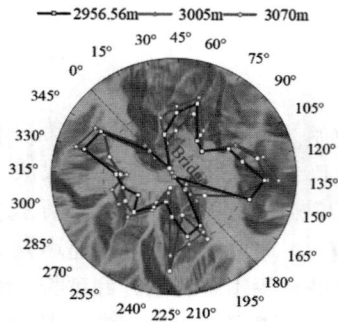

图 1　风速随来流方向的变化　　图 2　风向角随来流方向的变化　　图 3　风攻角随来流方向的变化

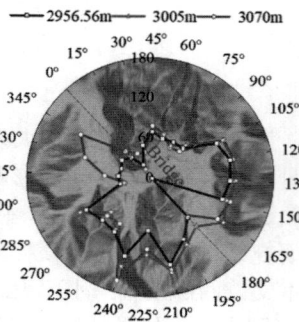

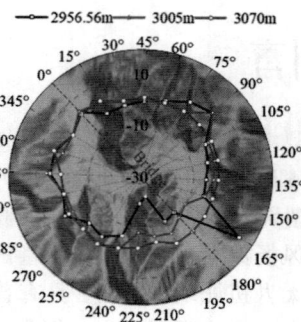

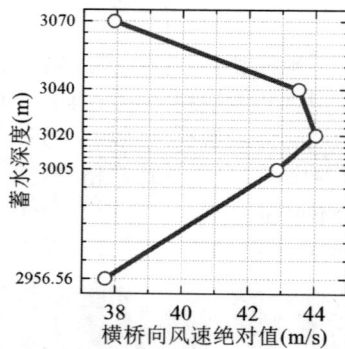

图 4　风速随蓄水深度的变化　　图 5　风向角随蓄水深度的变化　　图 6　风攻角随蓄水深度的变化

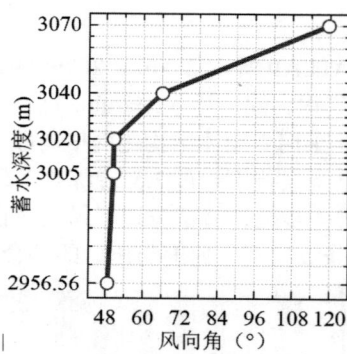

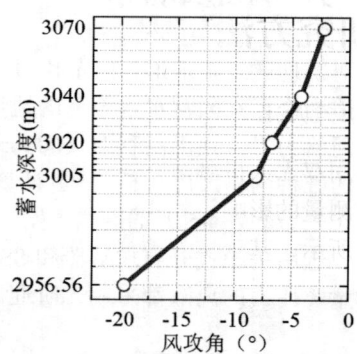

参考文献

[1] 王云飞, 汪斌, 李永乐. 水库蓄水对山区桥址风特性的影响[J]. 西南交通大学学报, 2018, 53(1): 95-101+145.

[2] 王云飞, 汪斌, 李永乐. 复杂山区水库蓄水影响下的库区桥址风特性数值模拟研究[J]. 福州大学学报（自然科学版），2017, 45(4): 466-471.

[3] 李永乐, 胡朋, 蔡宪棠, 等. 紧邻高陡山体桥址区风特性数值模拟研究[J]. 空气动力学学报, 2011, 29(6): 770-776.

热带海岛城市的区域空间风场特性：无人机实测与 Kriging 预测

刘喜杰，黄　斌，秦族斌，翟铁健

（海南大学土木建筑工程学院 海口 570228）

1 引言

理解边界层风场特性是分析结构风荷载、控制结构风致响应和减少风致灾害与损失的关键。传统测风方法[1]实测位置固定、实测范围有限、测量平面风场难度较大。多旋翼无人机具有操作简单、机动灵活、垂直起降、精确定位、定点悬停等诸多优点，在边界层测风领域值得深入研究[2-3]。为减少实测工况，可基于有限的实测风场数据对未知测点风场特性进行预测，从而实现风场的可视化[4]。本文通过两台搭载超声风速仪的六旋翼无人机测风系统对位于某海岛的城市复杂地貌上空风场开展了实测，分析了不同高度和地貌下的风场特性；并基于实测数据，采用 Kriging 法对空间未知点进行风场预测，建立了可视化风场。研究可以为复杂地貌的风场观测、风环境评估与风能资源利用以及风场可视化提供新方法和新思路。

2 研究方法与内容

2.1 研究方法

利用双无人机测风系统（图 1）实测不同地貌的风场特性，为了减小旋翼转动、机身抖动和风速突变对风速仪测量的影响，我们通过风洞试验和五点滑动平均法等方法对实测数据进行了修正[2-4]。测点与周边地貌如图 2 所示，基于实测数据，采用 Kriging 法开展风场预测。

图 1　无人机测风系统

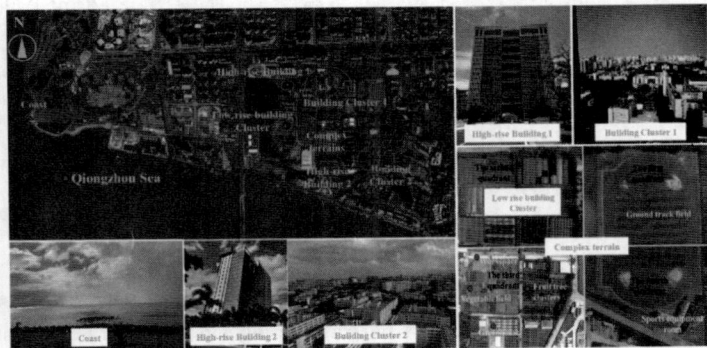

图 2　测点与周边地貌

2.2 实测风场特性

如图 2 所示，实测海岸西侧临海，东侧为开阔平坦空地，实测期间为偏西风，大致可以被归类为 A 类场地。建筑群 1 和建筑群 2 东侧均为密集分布的宿舍楼、教学楼、试验楼以及商业大厦等多高层建筑群，实测期间为偏东风，大致属于 C 类或以上场地；低矮建筑群分布有低矮温室群、果树、低矮工作间等，实测期间为偏东风，大致属于 B 类场地。实测结果表明，近海岸、建筑群 1、建筑群 2、低矮建筑群指数律拟合的地面粗糙度 α 分别为 0.1179、0.2779、0.2704、0.1896；近海岸、多高层建筑群（建筑群 1 和建筑群 2）、低矮建

基金项目：国家自然科学基金项目（52068019），海南省自然科学基金项目（522RC605，520QN231）

筑群实测风剖面分别与中国规范 A 类、美国规范 B 类、日本规范Ⅲ类剖面较吻合，以建筑群 1 为例，如图 3 所示；将复杂地貌测区划分为四个象限进行平面风场特性分析，以 20m 平面为例，如图 4 所示，第一象限整体风速偏差值较小；第二象限风速偏差值较大；第三象限风速的整体偏差值仅次于第二象限；第四象限仅南侧风速偏差值较大；复杂的地貌导致了风速与来流风速的偏差值增大。复杂地貌测区 20m 平面来流风速谱和 von Karman 谱较为吻合。

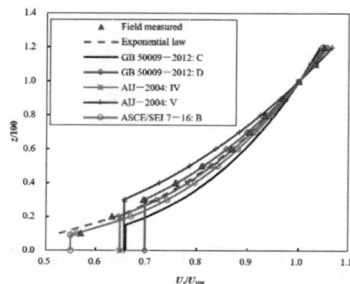

| 图 3 建筑群 1 实测风剖面与规范对比 | 图 4 20m 平面风速偏差值 | 图 5 三维风场风速水平切片预测云图 |

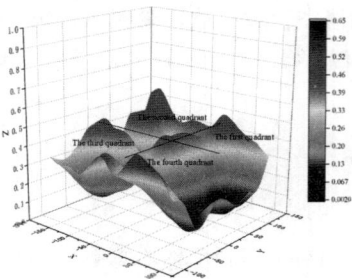

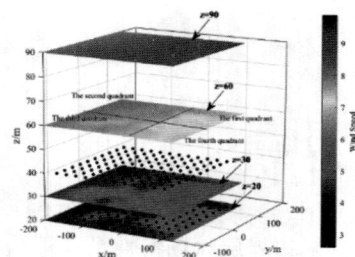

2.3 基于 Kriging 法的空间三维风场预测

基于 Kriging 法开展了复杂地貌测区上空的风场预测，随着空间高度增加，各象限风速（图 5）越来越大、湍流度越来越小，由于近地面粗糙度的影响，风速和湍流度在较低高度（< 60m）平面变化较大；在较高高度处变化较小，在 $z = 90m$ 平面各象限基本一致，不再受地面粗糙度的影响。预测点位置越接近无人机实测位置，风速和湍流度的 RMSE 越小。

3 结论

本文利用双无人机测风系统对位于某海岛城市复杂地貌上空风场开展了实测，并建立了基于 Kriging 法的空间三维风场预测方法，主要结论有：近海岸、多高层建筑群、低矮建筑群实测风剖面分别与中国规范 A 类、美国规范 B 类、日本规范Ⅲ类剖面较吻合；较高的近地面建筑物和复杂的地貌会导致风场湍流度偏差值增大，并导致周围区域整体风速的衰减。复杂地貌测区 20m 平面来流风速谱和 von Karman 谱较为吻合，各象限脉动风速谱峰值相比来流风速谱向高频段偏移，地貌越粗糙，高频段风速谱越大。Kriging 法预测能较好地预测和可视化平面三维空间风场。在设计三维空间风场无人机实测方案时，应尽可能保证所选实测点将目标三维空间风场"包围"起来，以此来提升三维空间风场内风场信息的预测精度。

参考文献

[1] HUANG B, LI Z N, ZHAO Z F, et al. Near-ground impurity-free wind and wind-driven sand of photovoltaic power stations in a desert area[J]. Journal of Wind Engineering and Industrial Aerodynamics, 2018, 179: 483-502.

[2] 黄斌, 李昊, 董金爽, 等. 六旋翼无人机测风系统实测海岛地区风剖面[J]. 湖南大学学报（自然科学版）, 2023, 50(5): 102-113.

[3] 黄斌, 王文想, 李昊, 等. 热带海岛典型地貌风场特性的无人机实测[J]. 太阳能学报, 2024, 45(2): 116-126.

[4] HUANG B, LIU J K, LI Z N, et al. Prediction and visualization of 3D wake field of a rectangular high-rise building in tropical island cities based on UAV measurements[J]. Building and Environment, 2025, 267: 112218.

基于简化地形模型的 V 形峡谷风剖面研究

谭淳元[1,2]，李　明[1,2]，李明水[1,2]

（1. 西南交通大学土木工程学院 成都 610031；
2. 西南交通大学风工程四川省重点实验室 成都 610031）

1　引言

山区峡谷复杂多变的风环境对桥梁建设与服役构成了挑战，因此有必要对山区地形风场特性开展深入研究[1]。本文采用根据峡谷地形基本特征得到的简化计算模型，通过计算流体动力学（CFD）方法，系统分析了不同峡谷倾角对平均风速剖面的影响规律。在此基础上，按指数律模型对峡谷不同高度的风剖面进行分段拟合，通过引入基本风速转换系数，给出了关于峡谷倾角的山区风场风剖面经验公式，从而为山区桥梁抗风设计提供参考。

2　数值模拟设置

简化峡谷地形三维模型如图 1 所示，缩尺比为 1：3000。数值模型包括：前过渡段、测试段和后过渡段。模拟入口来流采用规范规定的 D 类地表风场[2]，定义岸坡倾角变量为 θ。本文数值模拟基于 FLUENT 平台，采用雷诺平均（RANS）方法，湍流模型选择 SST k-ω 模型[3]。岸坡倾角定义如图 1 所示，变化范围为 15°～35°，部分数值模拟设置如表格所示

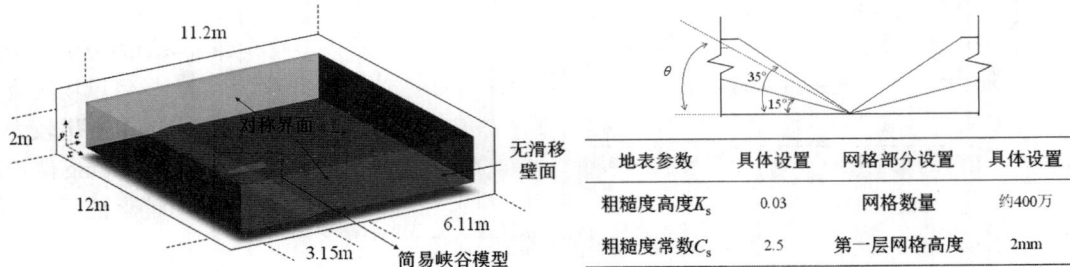

地表参数	具体设置	网格部分设置	具体设置
粗糙度高度 K_s	0.03	网格数量	约400万
粗糙度常数 C_s	2.5	第一层网格高度	2mm

图 1　计算域、变量定义与关键参数

3　结果分析

经数值模拟，提取试验段中部多个高度处平均风速数据，基于指数率风剖面形式进行分段拟合。为保证拟合效果良好，将风剖面进行分为上下两段分别拟合，剖面分段高度定义为 z_s，粗糙度指数 α_0 亦分为上下两段，三个参数通过实际拟合效果进行确定。另外，对于中低段风剖面模型基本风速项引入转换系数 T_D。分段风剖面模型如下式：

$$U_z = \begin{cases} \left(\dfrac{z}{10}\right)^{\alpha_{0L}} T_D U_{s10}\ ,\ z < z_s \\ \left(\dfrac{z}{10}\right)^{\alpha_{0H}} U_{s10}\ ,\ z \geqslant z_s \end{cases} \tag{1}$$

式中，α_{0L} 与 α_{0H} 分别为两段粗糙度指数；U_{s10} 为基本风速。拟合结果如图 2 所示。

基金项目：国家自然科学基金项目（52308530），中央高校基本科研业务费专项资金科技创新项目（A0920502052401-215）

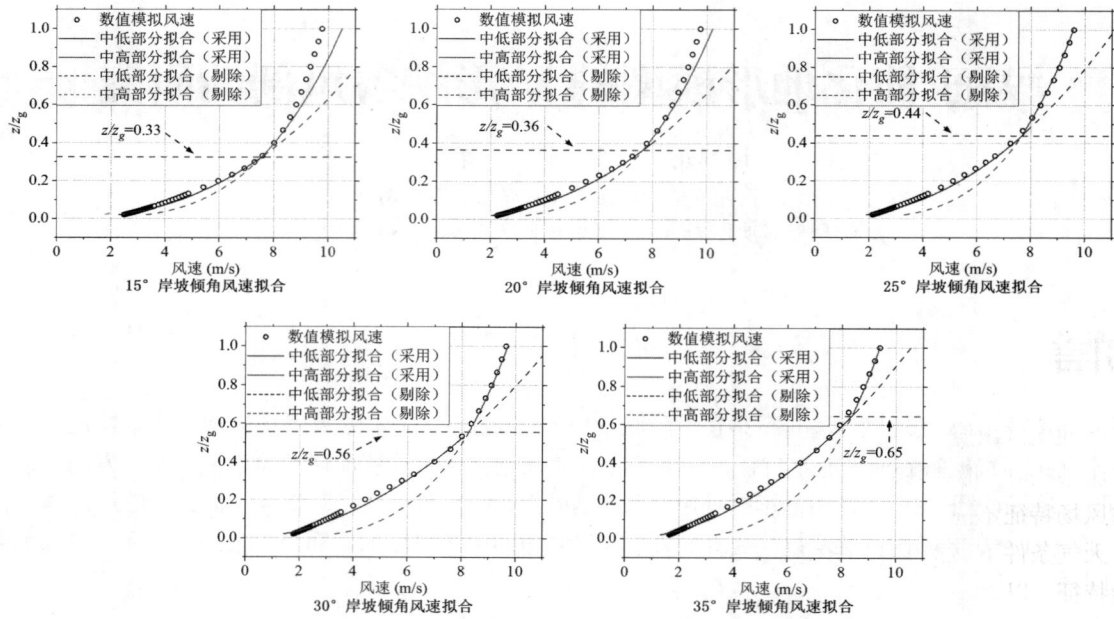

图 2   修正公式拟合结果

提出描述两段指数与转换系数随岸坡倾角变化的经验公式，拟合结果如图 3 所示：

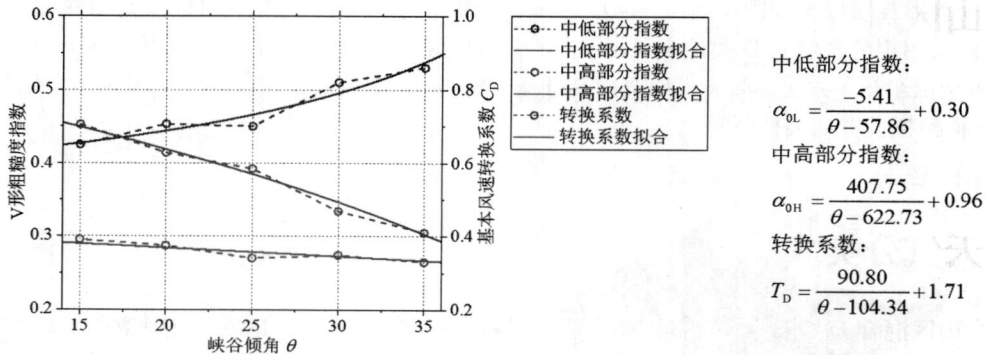

中低部分指数：

$$\alpha_{0L} = \frac{-5.41}{\theta - 57.86} + 0.30$$

中高部分指数：

$$\alpha_{0H} = \frac{407.75}{\theta - 622.73} + 0.96$$

转换系数：

$$T_D = \frac{90.80}{\theta - 104.34} + 1.71$$

图 3   两段指数与转换系数经验公式拟合结果

4   结论

本文通过 CFD 方法计算分析了不同岸坡倾角的简化 V 形峡谷模型平均风剖面变化规律。基于我国规范指数律形式分段拟合了不同倾角下的风剖面，在中低部分基本风速项引入转换系数，获得了较好的拟合效果。最后提出了用于描述转换系数与粗糙度指数的经验公式。

参考文献

[1]   许福友, 周晶. 山区桥址风场特性研究综述[J]. 防灾减灾工程学报, 2017, 37(3): 502-510.

[2]   交通运输部. 公路桥梁抗风设计规范: JTG/T 3360-01—2018[S]. 北京: 人民交通出版社, 2018.

[3]   MENTER F R. Two-Equation Eddy-Viscosity Turbulence Models for Engineering Applications[J]. AIAA, 1994, 32(8): 1598-1605.

基于强风分类的深切峡谷地形桥址区风特性实测研究

陈欣雨[1]，余传锦[1,2]，李永乐[1,2]

（1. 西南交通大学桥梁智能与绿色建造全国重点实验室 成都 611756；
2. 四川省风工程重点实验室 成都 610031）

1 引言

复杂的山区山脉、峡谷等的地形起伏较大，不同特征地形间存在相互的气动干扰，显著改变近地层流动风的湍流结构[1]，形成特殊的峡谷风、越山风及遮挡效应。除了地形特征对风场特性的影响外，不同天气下强风的风场特征不同，产生机制也不同[2]，山区风场呈现出强烈的非均匀性，规范所得风参数是基于平坦地区良态天气条件下获得的，并不足以描述山区非良态天气下风场特性。本文以温度、相对湿度、脉动风紊流强度为特征，以 K-means++ 无监督学习方法对山地强风客观分类，减少人为干预，通过考虑强风天气类型进行山区风场特性分析，并和规范值进行对比。通过对比两类强风为桥梁设计和评估提供新的实例参考，从而提高桥梁在复杂风场条件下的安全性和可靠性。

2 复杂山区风特性

为了探究不同强风类型下桥址区风场特性，本文对云南某山区 50m 测风塔采集数据进行研究。测量期持续了约 12 个月，从 2024 年 1 月到 2024 年 12 月，以下分析均基于 10 分钟采样时距，50m 高度数据离地面较高，数据稳定，后续分析以 50m 高度进行计算分析。

3 强风天气分类方法

找到适合山区混合天气分类参数对分类结果起到关键作用，基于 De Gaetano 等[3]描述，本文将山区常见的天气类型划分为中性天气和非中性天气强风，不同的天气伴随不同的风场特征。

4 分类结果和风场特性

4.1 分类结果

通过轮廓系数法和肘部分析，天气类型可分为两类，以下命名为一类风和二类风，其中一类风有 212 个样本，二类风有 646 个样本。对应的部分典型天气如图 1 所示，一类风主要是季风引发的局地对流强风（或阵风锋），即非中性天气强风，该地区尚未报道有发生雷暴大风的情况，也没有发现持续发生的大幅度降温风暴，而二类风主要为热驱动强风等，即中性天气强风。

4.2 平均风特性

本节将分析两类强风的平均风特性，通过对比，两种强风在平均风向和平均攻角上存在差异。

4.3 脉动风特性

湍流强度和阵风因子是表征波动风场和影响风致振动的两个基本波动参数。

基金项目：国家自然科学基金项目（52378538），中国博士后科学基金（2020M683355，2022T150542）

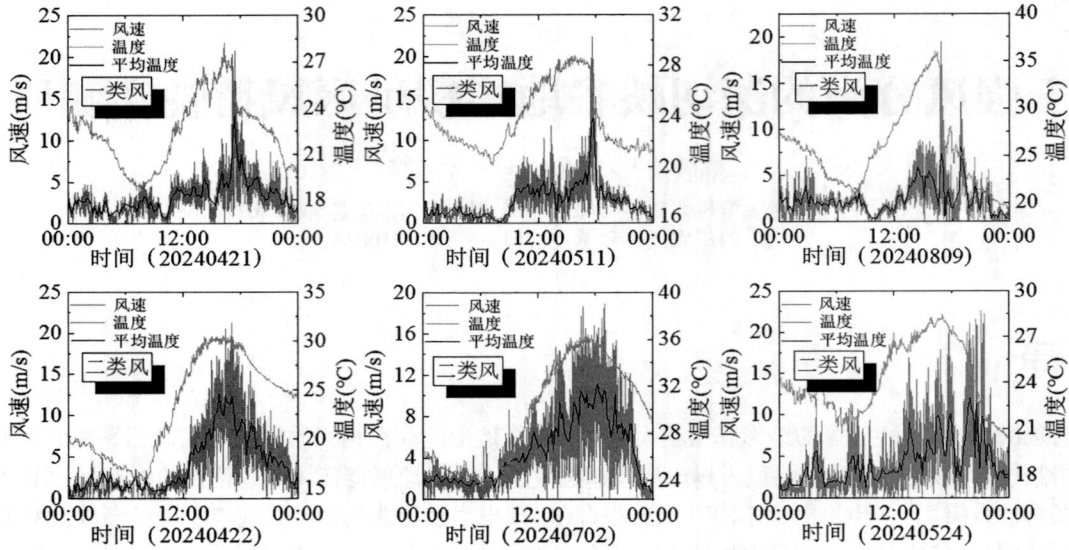

图 1　两类强风典型的风温时程曲线

5　结论

山地地形的复杂性和天气多变性使得合理描述山区风场特性变得具有挑战性。

（1）本文将温度、相对湿度、脉动风湍流强度作为特征，通过 K-means++ 筛选出两种不同天气条件的强风。

（2）将筛选出的两类强风和规范进行对比，不同强风的平均风特性和脉动风特性存在差异，同时规范对山区脉动风场的描述不够准确，因此在评估和描述实测风场特性时建议分开天气类型探讨。

参考文献

[1] CARPENTER P, LOCKE N. Investigation of wind speeds over multiple two-dimensional hills[J]. Journal of Wind Engineering and Industrial Aerodynamics, 1999, 83(1-3): 109-120.

[2] HUANG G, JIANG Y, PENG L L, et al.Characteristics of intense winds in mountain area based on field measurement: Focusing on thunderstorm winds[J]. Journal of Wind Engineering, 2019, 190: 166-182.

[3] DE GAETANO P, REPETTO M P, REPETTO T, et al. Separation and classification of extreme wind events from anemometric records[J]. Journal of Wind Engineering and Industrial Aerodynamics, 2014, 126: 132-143.

广东沿海地区实测风场特性研究

赵朔洺[1]，郝键铭[1,2]，王　峰[1,2]，李加武[1,2]，赵　雪[1]

（1. 长安大学公路学院　西安　710064；
2. 长安大学风洞实验室　西安　710064）

1　引言

　　沿海地区地形差异大，不同位置和不同时期的沿海地区风特性都有较大的差异，通过实测研究分析沿海地区风场特性以及建立沿海地区风特性数据库势在必行。为研究广东沿海地区风环境特性，丰富我国沿海地区的风场特性数据库，本文通过广东省某大跨度悬索桥上安装的 YOUNG 81000 三维超声风速仪进行为期一年的现场实测，通过实测数据分析了桥址处的平均风特性和脉动风特性，丰富了沿海地区风特性数据库，为沿海地区抗风设计、风洞试验参数选取提供参考。

2　风观测系统

　　在某入海口悬索桥桥梁上游布置三维扫描型激光测风雷达 Wind3D 6000，在悬索桥主跨 L/2 处桥面上游布置 YOUNG 81000 三维超声风速仪，测量仪器及布置位置如图 1 所示，激光测风雷达和风速仪采用全天候模式，通过三维激光雷达全面监控桥面高度处桥址尾流区风特性，实测数据通过自编程处理。

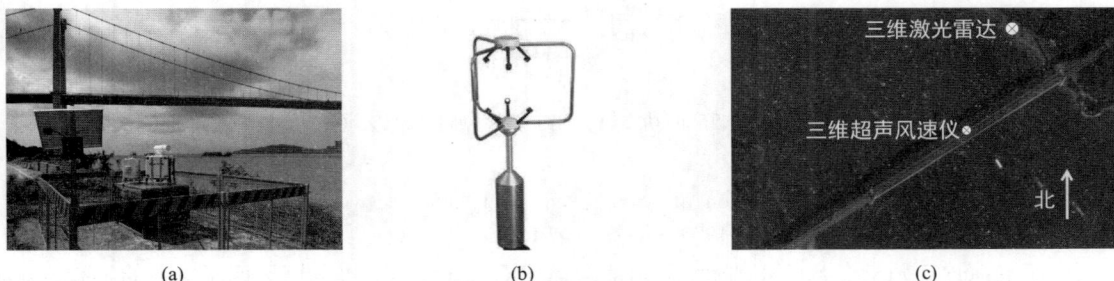

图 1　测量仪器及布置图：（a）Wind3D 6000；（b）YOUNG 81000；（c）测量仪器布置图

3　风特性实测数据分析与对比

　　给出沿海地区紊流强度与阵风因子线性关系（图 2）；对比不同学者给出的顺风向紊流强度和顺风向阵风因子（G_u）的经验公式，如图 3 所示，Cao[1]给出的经验公式曲线能很好地反映沿海地区实测紊流强度与阵风因子之间的变化趋势。图 4 说明沿海地区紊流度与紊流积分尺度之间具有显著的负相关性；图 5 为桥址区桥面高度处风速云图，黑色线条为桥梁位置，当来流与桥梁轴向有 60°夹角，东侧山脉呈现阻风效应，靠山脉一侧风速降低；当来流与桥梁轴向有 90°夹角，东侧山脉呈现挤压效应，靠山脉一侧风速增加。

　　分别选取春夏季（A 时段）和秋冬季（B 时段）两个典型时间段功率谱进行分析，首次采用"三参数法"[式(1)]对沿海地区实测数据功率谱进行拟合，功率谱函数曲线如图 6 所示，采用"三参数法"拟合的曲线能较好地表示沿海地区三个方向上脉动风速的能量特征。

$$\frac{nS_i(n)}{\sigma_i^2} = \frac{aF}{(1+bF)^c} \quad [2]$$

$$(1)$$

基金项目：国家自然科学基金资助项目（51978077），陕西省自然科学基金资助项目（2023-JC-QN-0597）

式中，σ_i^2为i方向的脉动风速均方根的平方；F为无量纲频率，$F = nz/U(z)$，与高度、风速和频率有关；a, b, c为待定常数；$i = u, v, w$。

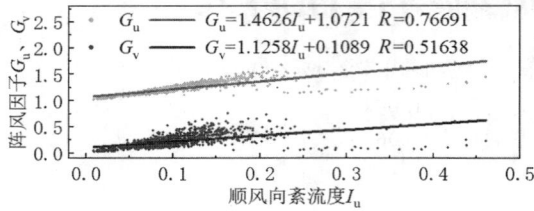

图 2　顺风向紊流强度与阵风因子

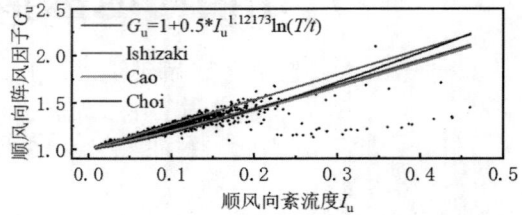

图 3　顺风向紊流强度与阵风因子关系

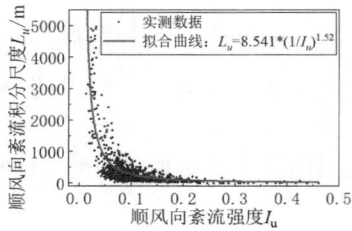

图 4　紊流强度与积分尺度

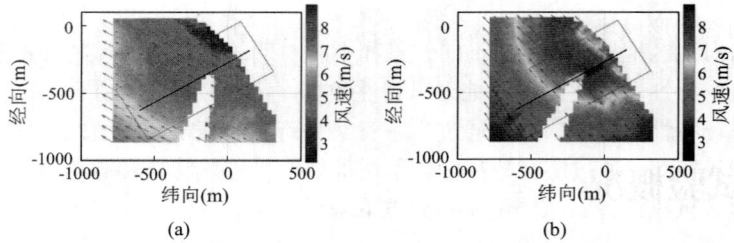

图 5　桥址区桥面高度处风速云图：（a）60°夹角；（b）90°夹角

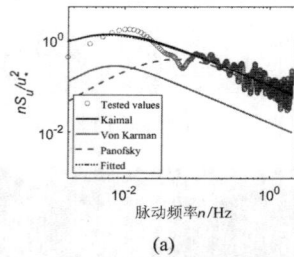

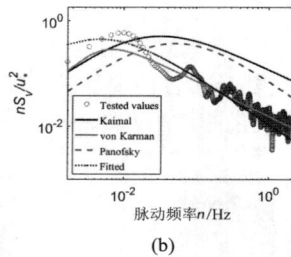

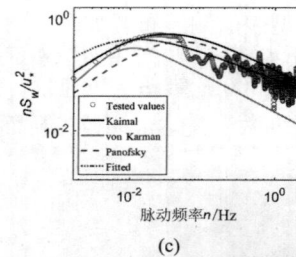

图 6　湍流功率谱密度：（a）A-顺风向功率谱；（b）A-横风向功率谱；（c）A-竖平面向功率谱

4　结论

　　本文研究了沿海地区脉动参数的相关性，给出适合描述沿海地区紊流度与阵风因子关系的经验公式参数取值和紊流强度与紊流积分尺度的拟合公式；探讨了地形和桥梁对桥址区风速的影响；引入三参数法对沿海地区桥址区实测功率谱进行拟合，能较好地表征各方向的脉动风速能量特征，并与规范推荐功率谱进行对比；丰富了沿海地区风场特性数据库。

参考文献

[1]　CAO S, TAMURA Y, KIKUCHI N, et al. Wind characteristics of a strong typhoon[J]. Journal of Wind Engineering and Industrial Aerodynamics, 2009, 97(1): 11-21.

[2]　王俊. U 形峡谷风参数空间分布特征及其对大跨径桥梁抖振响应影响研究[D]. 西安: 长安大学, 2022.

山区沟谷地形风场特性研究

邹卓易，王 峰，孙 喆，李 森

（长安大学公路学院 西安 710054）

1 引言

沟谷地形风场特性与常规地貌不同，风剖面分布规律、紊流特性等都不能直接使用规范推荐值，因此，为了满足日益增多的山区桥梁建设，沟谷地形风场特性研究是非常必要的，直接影响山区桥梁的安全性设计[1]。

2 试验概况

地形风洞试验选取直径为 5km、海拔高差为 580m 的地形范围为研究区域，缩尺比为 1∶1000（图 1），试验在长安大学风洞实验室 CA-3 大气边界层风洞中进行。采用三维眼镜蛇脉动风速测量仪配合移侧架采集试验数据，模型表面测点布置如图 2 所示。B5 点为模型中点，来流风由 0°～360°每间隔 30°一个工况；B1～B4 及 B6～B7 为河道测点，共 30°和 180°来流风两个工况；P1、S1、S2 为越山风测点，共 90°和 270°两个来流风工况。

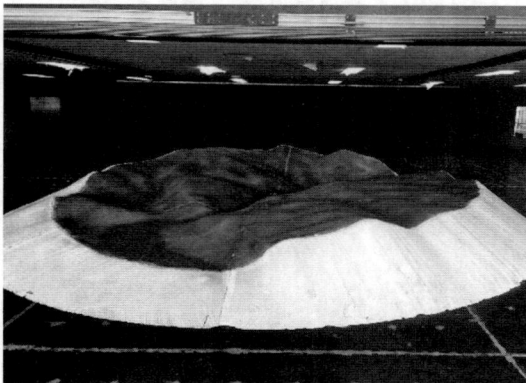

图 1 地形试验模型

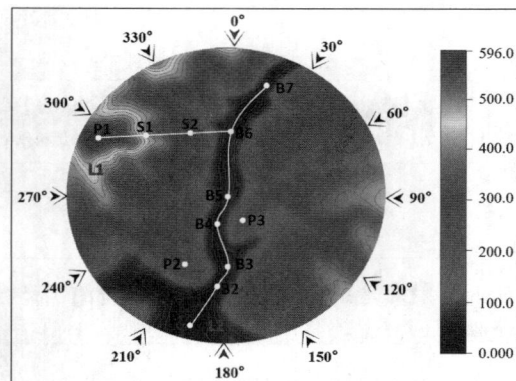

图 2 试验工况

3 试验结果

3.1 风剖面

图 3 为沿河道三个测点处在不同来流风向下的加速系数图，其中 B3 和 B6 距 B5 的距离相同，可以看出沟谷对风剖面的形状并未有较大改变，风剖面在距沟谷底 1/4 即 200m 处斜率增加明显，均在梯度风高度 3/4 处即 600m 处达到最大值，为来流风速的 1.2 倍。

图 3 为沿山坡四个测点处在不同来流风向下的加速系数图，可以看出由于 270°来流上游平均海拔较 90°来流海拔更高，有更强的越山风效应，使得 270°风向角工况有更大的风速。对比 S2、S3 的竖向风速结果发现，来流在经过一段上升山坡后，在边界层位置产生的明显的加速效应，在风剖面上有显著突出（图 4）。

基金项目：国家重点研发计划项目（2021YFB2600600）

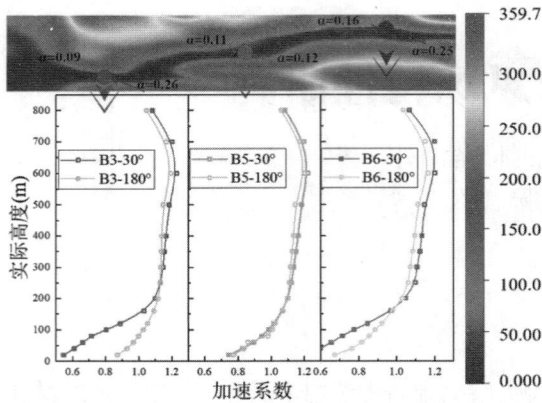

图 3 沿河道测点风剖面图

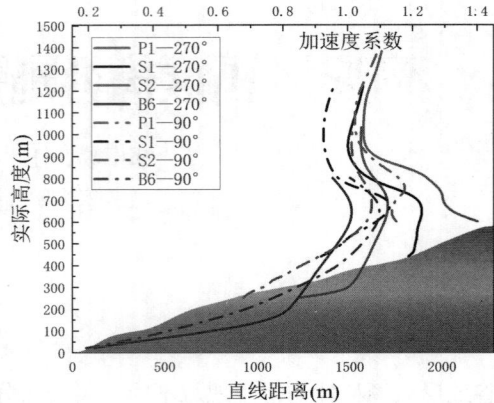

图 4 沿山坡测点风剖面图

3.2 竖向风影响

用自相关函数代替空间相关函数，根据 Taylor 假设计算紊流积分尺度，积分上限取 $R_u(\tau) = 0.05\sigma_u^2$。图 5 为山坡两点的紊流积分尺度随时间变化图，B6 点的湍流强度更大且紊流尺度变化剧烈。S1 点的湍流强度相对稳定且变化缓和。分析原因可能是坡底位置受到山体对气流的遮挡和边界层效应影响较大，流场湍流强度高，紊流尺度变化也更加剧烈；而坡上位置，相对较为开阔，流场受地形影响相对较小，湍流强度和紊流尺度变化也相对平缓。

图 6 对比了水平风与竖向水平风合成风速大小，可以看出在河道处竖向风速对水平风速影响极小，竖向风占合成风速比在 10% 以内；在 S1 测点处竖向风影响在 1/2 边界层厚度内均大于 15%，竖向风占合成风速比最高可达 30%。

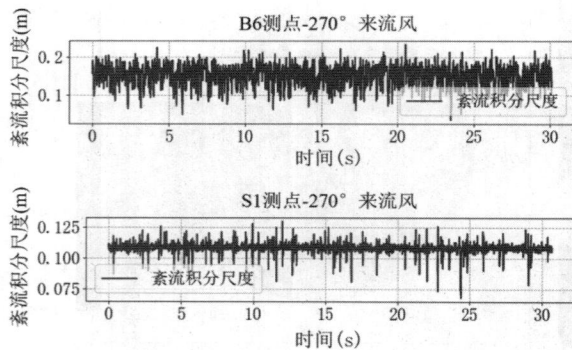

图 5 紊流积分尺度随时间变化

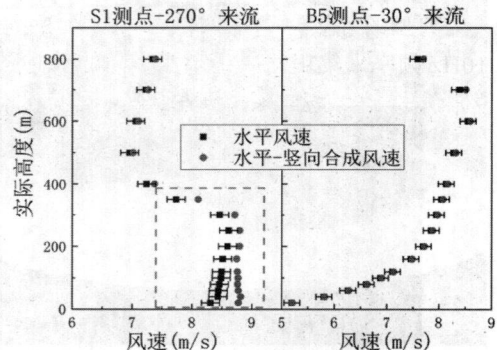

图 6 竖向风影响

4 结论

沟谷对风剖面的形状并未有较大改变，风剖面在距沟谷底 1/4 处斜率增加明显，均在距沟谷底 3/4 处达到最大值，为来流风速的 1.2 倍；坡上测点的湍流强度较坡底稳定且变化缓和，竖向风影响在 1/2 边界层厚度内均大于 15%。

参考文献

[1] 王峰，何晗欣，白桦，等. 峡谷地区桥位处风参数特性[J]. 南京工业大学学报（自然科学版），2020, 42(3): 351-357.

高原深切峡谷不同季节风场特性实测研究

刘子睿[1]，邹云峰[1,2]，何旭辉[1,2]，康星辉[1]

（1. 中南大学土木工程学院 长沙 410075；
2. 轨道交通工程结构防灾减灾湖南省重点实验室 长沙 410075）

1 引言

桥位风特性是抗风设计的关键，深入了解高原地区风场的季节性变化，对于制定科学的桥梁维护策略、优化维护计划及确保桥梁在各种气候条件下的安全运行至关重要。在高原地区，由于温度的季节变化以及季风环流的影响，不同季节的风特性具有显著差异。Jiang[1]等研究了西南山区春夏两季突发强风的风速、湍流度、积分尺度以及功率谱密度等，发现其脉动特征具有突变性。吴佳[2]等将实测与模拟结合，提出了一种模拟青藏高原地表风速的模型。付文卓[3]等研究了长期以来青藏高原春季风场变化，得出了春季区域性极端大风频次下降的成因。但目前高原峡谷风场湍流参数随季节的变化不甚清晰，有待进一步研究。为确定高原深切峡谷风场的季节性变化特征，本文通过测风塔开展了为期一年的风观测，研究结果可为同类地貌风场研究提供参考。

2 实测概况

风场实测依托青藏高原峡谷中的大跨桥梁进行，如图 1 所示。桥位所处峡谷谷底狭窄，地形起伏剧烈，坡度大，为典型的"V 形"深切峡谷。测风塔设置于桥位南侧山坡，在 40m 高度安装有一个三维超声风速仪，以 10Hz 频率采集正北、正东及竖向的瞬时风速数据。

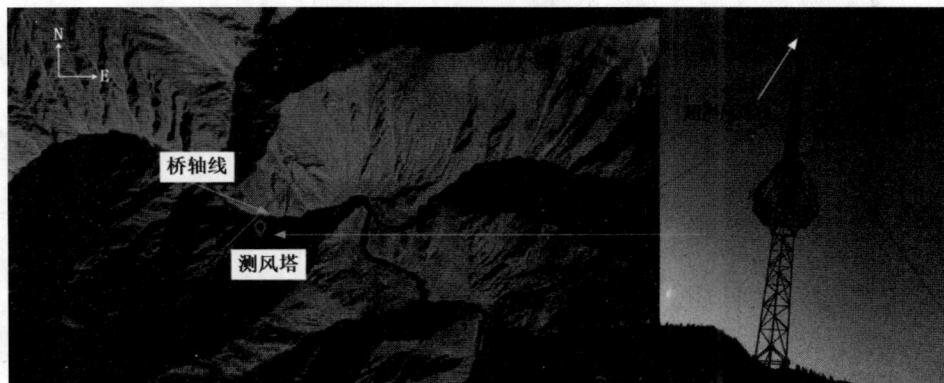

图 1 峡谷地形与仪器布置

3 不同季节风场对比

因冬夏两季盛行季风环流，气温相对较为极端，风场变化显著，故选取冬夏两季数据进行分析。图 2 为峡谷冬夏两季的风速频率分布，冬季相比于夏季，风速小于 3.3m/s 的频率较低，其余频率均较高，且风速大于 10.8m/s 的频率是夏季的 159%，原因是冬季青藏高原受西风带控制，西风急流在高原上空经过，形成强烈冷高压，气压梯度大，从而导致风速增大；而夏季受南亚季风影响，大量暖湿气流进入，使得高原上的气压梯度减小，从而导致风速降低。图 3 为风向频率分布玫瑰图，夏季风向以 NNW 为主，冬季风向则以 WNW 为主，整体风向分布较夏季更均衡，由夏转冬，风向转变明显。图 4 为冬夏风场非平稳模型湍流强度，两季的湍流强度分布几乎一致，均与风速呈负相关性，随风速增加，离散性逐渐减小，两季湍流强度均值之比为 $\mu_s : \mu_w = 0.9 : 1$。图5为冬夏风场平稳模型湍流强度，各项规律与非平稳模型相同，但其数值远大于非平稳模型，说明峡谷桥址处风速非平稳性较强，平稳模型的湍流强度计算结果偏于保守。

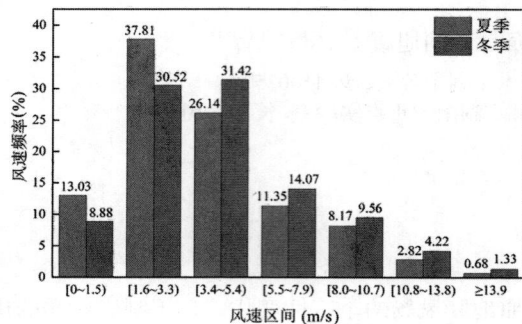

图2　风速频率分布

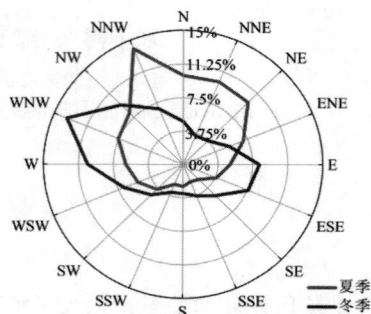

图3　风向频率分布

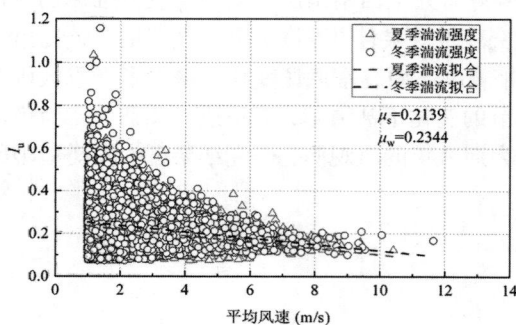

图4　非平稳模型湍流强度

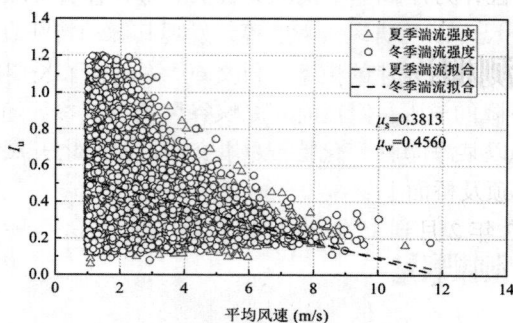

图5　平稳模型湍流强度

4　结论

（1）受南亚季风与西风急流影响，青藏高原冬季整体风速大于夏季，冬季更易发生大风，风向频率分布特征存在较大的季节性差异，主导风向差别明显。

（2）随风速增加，湍流强度减小且分布更加集中。两种模型的冬季湍流强度均大于夏季，表明冬季风速波动性更强，桥梁在冬季受阵风风荷载影响更大。

参考文献

[1]　JIANG F, ZHANG M, LI Y, et al. Field measurement study of wind characteristics in mountain terrain: Focusing on sudden intense winds[J]. Journal of Wind Engineering and Industrial Aerodynamics, 2021, 218: 104781.

[2]　吴佳, 吴婕, 闫宇平. 1961—2020 年青藏高原地表风速变化及动力降尺度模拟评估[J]. 高原气象, 2022, 41(4): 963-976.

[3]　付文卓, 陈斌, 徐祥德. 青藏高原春季区域性极端大风频次下降成因[J]. 高原气象, 2024, 43(5): 1087-1101.

海湾地区大跨拱桥长期风场特性实测研究

李金蓉[1,2]，房　忱[1,2]，李永乐[1,2]

（1. 西南交通大学土木工程学院　成都　610031
2. 西南交通大学桥梁绿色与智能建造全国重点实验室　成都　610031）

1　引言

沿海地区桥梁跨度不断增大使桥梁风振效应随之变得显著，确定桥址区的风参数对于桥梁的抗风设计至关重要[1-2]。本文基于海湾地区某拱桥桥址区风速仪实测数据，分析了桥址区不同季节以及台风期的平均风和脉动风特性，为该海湾区其他桥梁风参数的确定提供参考。

2　实测概况

本文以某海湾拱桥桥址区为研究对象，桥址区域地势平坦开阔，但桥址区东西两侧有较为显著的丘陵地形。在拱顶及桥面上均布置三向超声风速仪，如图1所示。为得到该桥址区长时间的风场特性，本文选取测点处2023年2月到12月约11个月的实测信息。

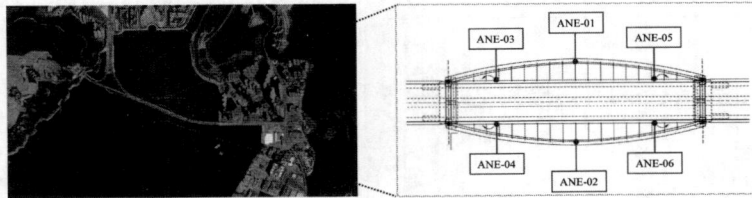

图1　海湾拱桥桥址区地形及风场监测仪器布置示意图

3　实测结果分析

3.1　平均风特征

本文采用离散正交小波提取时变平均风速，图2为时变平均风速的日平均值、日最大值及最小值。观测期间桥址区日平均风速在3~14m/s之间波动，秋冬季平均风速略高于春夏季，且日平均风速较高时，风速的波动范围也趋于增加。台风期风速明显高于季风期风速。图3为桥址区四季风向玫瑰图，从图中可以看出，风向主要分布在南北两个方向，其分布受到季节性风向和地形条件的影响，且夏季风向的分散程度较大。

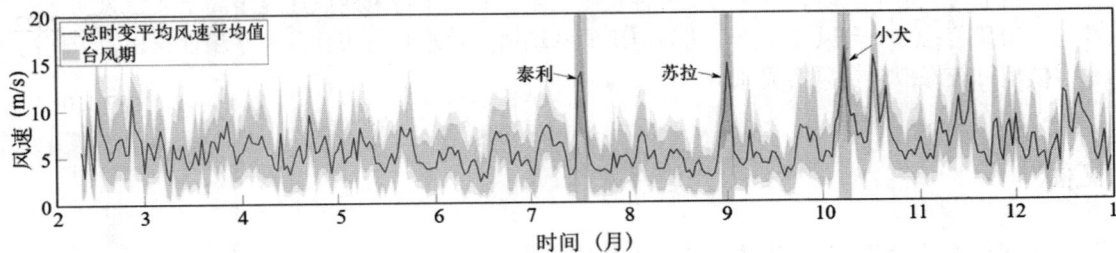

图2　平均风速时程

基金项目：国家自然科学基金项目（52208504），四川省自然科学基金（25QNJJ4169，2024JDKXJ0004）

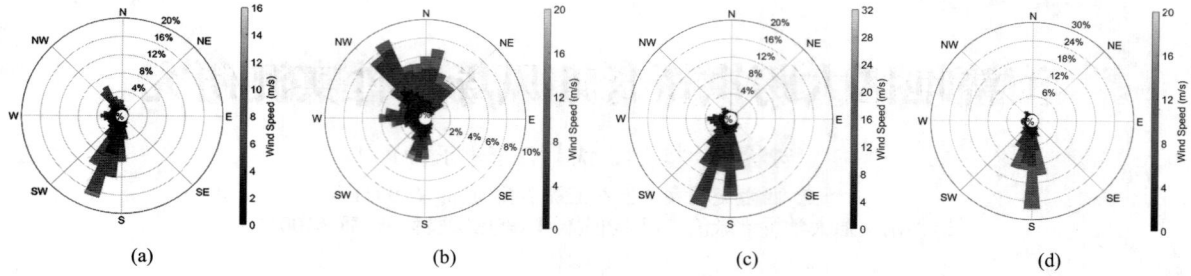

图 3　四季玫瑰图：（a）春季；（b）夏季；（c）秋季；（d）冬季

3.2　脉动风特征

本文选取台风"苏拉"（9 月 1 日）为典型台风样本，提取台风期间 12 小时的监测数据，进行脉动风特征分析。基于平稳模型和非平稳模型的脉动风的平稳性检验如图 4 所示，台风"苏拉"期间记录的脉动风速数据具有很强的非平稳性，且非平稳模型能够更好地反映风速数据中的变化趋势。基于非平稳模型的脉动风速功率谱密度如图 5 所示，采用理论谱（Kaimal 谱、Panofsky 谱、Ochi 谱）和多参数功率谱拟合了台风纵向、横向及竖向功率谱。

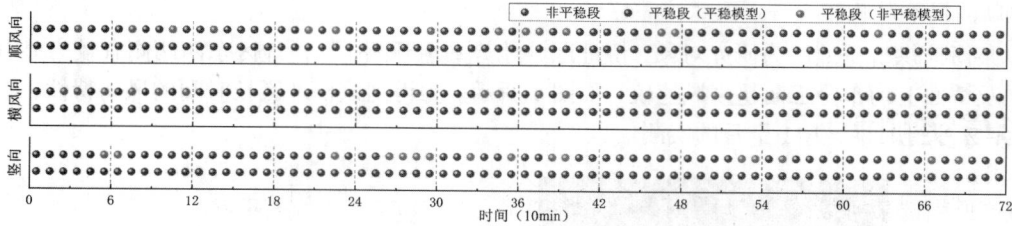

图 4　不同模型脉动风平稳性检验

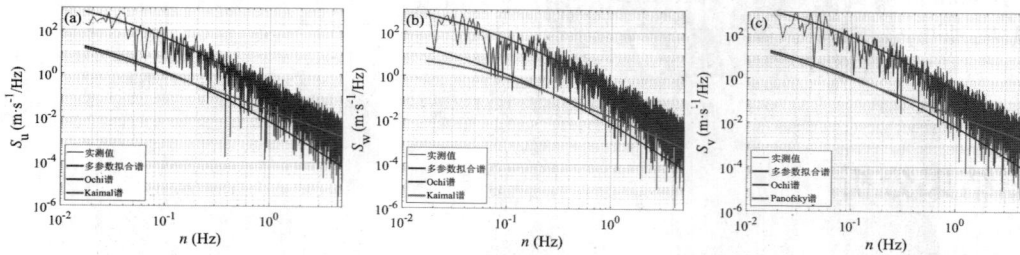

图 5　台风期脉动风功率谱结果：（a）顺风向；（b）横风向；（c）竖向

4　结论

本文对海湾地区大跨拱桥桥址区进行了长期的风场实测及分析，研究结果表明：（1）风速和风向的季节性变化显著，当平均风速增大时，风速的变异性也随之增强；（2）台风期风速显著高于非台风期，夏季风向的离散性也更为显著；（3）台风"苏拉"期间记录的脉动风速数据具有很强的非平稳性；相较于理论谱，多参数功率谱模型可较好拟合台风实测风谱。

参考文献

[1]　陶天友. 台风作用下大跨度斜拉桥抖振非平稳效应模拟与实测研究[D]. 南京：东南大学，2019: 1-2.

[2]　ZHAO L, CUI W, FANG G, et al. State-of-the-art review on typhoon wind environments and their effects on long-span bridges[J]. Advances in Wind Engineering, 2024: 9-10.

高原深切峡谷局地风场特性实测研究

康星辉[1]，邹云峰[1,2]，何旭辉[1,2]，肖海珠[3]

（1. 中南大学土木工程学院 长沙 410075；
2. 轨道交通工程结构防灾减灾湖南省重点实验室 长沙 410075；
3. 中铁大桥勘测设计院集团有限公司 武汉 430056）

1 引言

准确了解风场特性是风荷载敏感结构抗风设计的关键。在高原深切峡谷中，山顶与谷底存在显著的气温差异，由此小尺度热力效应驱动形成极强的局地空气对流[1]，而以往的研究中却很少关注此类局地风场的湍流特性。由于风洞试验无法复现高原峡谷的热力效应，数值模拟难以准确模拟峡谷复杂地形的湍流，相比之下，现场实测更适用于研究高原深切峡谷的局地风场特征。此外，在观测数据中，动力作用引起的背景风与热力效应驱动的局地风相互混叠。因此，亟需开发合适的分离与判定方法，以提取峡谷热力效应驱动的局地风场。

2 地形与实测概况

以青藏高原南部某河谷为研究对象，周围地形如图 1 所示。两岸山体的最高海拔超过 5500m，河谷的深度超过 2500m，地形竖向剖面呈"V 形"。因此，河谷周围为典型的深切峡谷地形。气象桅杆位于河谷南侧的山坡上，其 40m 高度安装有 Gill WindMaster Pro 型超声风速仪，如图 1 所示。超声风速仪可以观测并记录三维瞬时风速，同时还能记录环境温度的变化过程，采样频率均为 10Hz。

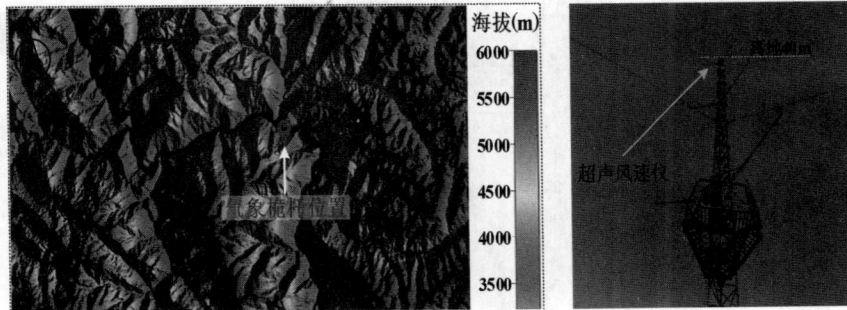

图 1 峡谷地形特征与现场实测布置

3 局地风场的提取与分析

3.1 局地风场的提取方法

峡谷实测风是由动力作用引起的背景风与热力效应驱动的局地风叠加形成。局地风场的风速具有以天为周期的演变特征，如图 2（a）与（b）所示，而背景风速则较为稳定，变化过程时间尺度较长，因而可将日平均风速视为背景风速[2]，即：

$$U_B = \sqrt{U_N^2 + U_E^2 + U_Z^2} \tag{1}$$

基金项目：国家自然科学基金项目(52478574)，湖南省杰出青年科学基金项目(2022JJ10082)

式中，U_B 为日平均风速；U_N、U_E、U_Z 分别为北向、东向、竖向的日平均风速。

在高原深切峡谷中，风速通常是由峡谷热力效应驱动的局地风场所主导。然而，在强烈的大尺度天气系统作用下，背景风场较强，可能会掩盖局地风场。经过分析与讨论，并参考既有的研究基础[3]，提出了局地风场的自动分离与提取方法，具体流程如下：

步骤一：依次选取一天的观测数据；步骤二：基于公式(1)计算背景风速 U_B，剔除实测风中的背景风得到局地风；步骤三：计算日最大风速的出现时刻 T，判别 T 是否介于 15 时至 21 时之间，"是"则进入下一步，"否"则回到"步骤一"，重新选取数据；步骤四：计算风速与气温的相关系数 ρ 和统计显著性 p，判别是否同时满足 $\rho \geqslant 0.4$ 和 $p < 0.01$，"是"则判定为局地风场显著，并提取该天数据，如图 2（c）所示，"否"则回到"步骤一"，重新选取数据。

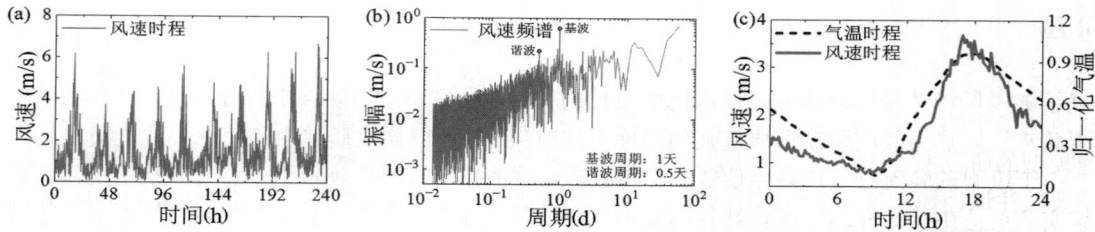

图 2　峡谷风速与气温的演变

3.2　局地风场的特性

图 3 给出了局地风场的平均风攻角、湍流强度、湍流积分尺度的日变化过程。可以看出，白天的攻角为正，最大可达 15°，夜间的攻角为负，最大可达 −20°，均显著超出桥梁抗风规范的建议值。此外，湍流强度在 6 时左右较低、14 时左右较高，而在其他时间段变化较为平稳。湍流积分尺度与平均风速的变化趋势相同，在 9 时左右最低、18 时左右最高。

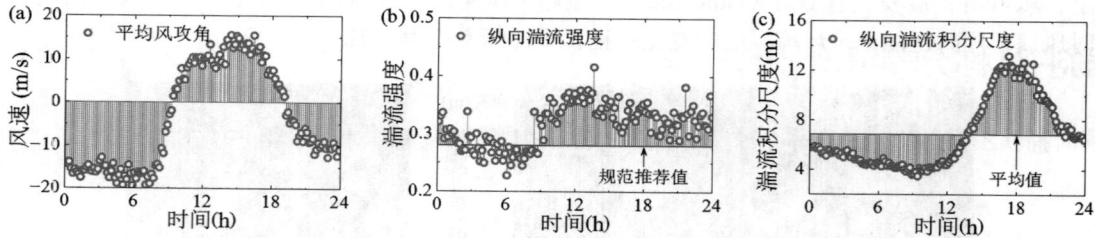

图 3　局地风场的演变特征

4　结论

提出了局地风场的分离与判定方法，分析了平均和湍流特性日变化特征，结果表明：凌晨至上午风速较弱，下午至上半夜风速较强，其他风场参数的变化趋势均会受到风速变化的影响；随着风速增加，湍流强度减小，积分尺度增大，脉动风谱增强，建议使用约化风谱。

参考文献

[1]　邹云峰, 康星辉, 何旭辉, 等. 高海拔深切峡谷典型季节风参数日变化特征[J]. 工程力学, 2024, 41(07): 99-108+120.

[2]　贾春晖, 窦晶晶, 苗世光, 等. 延庆-张家口地区复杂地形冬季山谷风特征分析[J]. 气象学报, 2019, 77(3): 475-488.

[3]　LI Y, JIANG F, ZHANG M, et al. Observations of periodic thermally-developed winds beside a bridge region in mountain terrain based on field measurement[J]. Journal of Wind Engineering and Industrial Aerodynamics, 2022, 225: 104996.

基于偏斜正态分布族的扩散随机微分方程在风速建模中的应用

高英杰 [1,2]，邹云峰 [1,2]，何旭辉 [1,2]

（1. 中南大学土木工程学院 长沙 410075；

2. 轨道交通工程结构防灾减灾湖南省重点实验室 长沙 410075）

1 引言

随机风速模型的构建是包括结构风工程、风能工程等在内诸多领域的重要课题之一。过去几十年间，对随机风速模型的研究推动了诸如谱表示法（SRM）、频率-波数谱法（FWS）等一系列方法的进展。然而，这些方法主要关注风速模型所构建风速序列的谱特征，而忽视了其统计（概率）特征，因此对开展基于风速数据统计特征的可靠度研究十分不利。从统计学角度开展的已有研究一般采用多种不同的概率分布模型来分别捕获风速数据的不同概率特征。然而，当研究涉及大量样本时，不同样本概率分布模型的选取成为快速分析风速数据的障碍。因此，本文采用一种偏斜正态分布——偏斜-对称分量正态（skew-symmetric component normal，SSCN）分布来描述风速数据的统计学特征，其特点是采用统一的概率分布模型，仅通过调整模型参数即可捕获不同样本的对称（偏态）性、单峰（双峰）性、重尾（轻尾）性等特征。为了生成符合 SSCN 分布的随机风速序列，引入了扩散形式的随机微分方程，该方程的扩散项与漂移项系数均通过联立 SSCN 分布模型和 Fokker-Planck-Kolmogorov（FPK）方程来确定。本文结果为从概率学角度来研究随机风速模型提供了一种行之有效的方法。

2 偏斜-对称分量正态分布

为同时捕获不同随机风速样本的统计特性，本文采用了一种偏斜-对称分量正态分布（SSCN），其表达式为

$$f_X(x) = 2\frac{1 + \alpha x^2}{1 + \alpha}\phi(x)\Phi(\lambda x) \tag{1}$$

式中，$\alpha \geqslant 0$；$\phi(x)$ 和 $\Phi(\lambda x)$ 分别表示标准正态分布的 PDF 和 CDF。

图 1 为参数 α 和 λ 取不同值时 SSCN 分布的概率密度函数，图 1 表明，SSCN 分布取不同参数时表现出不同的分布特性，参数 α 主要控制 SSCN 分布的双峰性，而参数 λ 则控制其偏态性。给定一组随机风速样本，可采用极大似然估计得到其 SSCN 模型参数。通过一组数据的模型参数值即可判断其符合单峰还是双峰分布，基于数值解得到参数 α 和 λ 的值与其峰的个数的关系，其结果如图 2 所示，其中白色区域为双峰，黑色区域为单峰。

3 用于生成 SSCN 分布的扩散随机微分方程

随机微分方程（SDE）起源于人们对布朗运动的研究中，扩散形式的随机微分方程为

$$\mathrm{d}X_t = a(X_t, t)\,\mathrm{d}t + b(X_t, t)\,\mathrm{d}W_t \tag{2}$$

式中：X_t 表示要求解的随机过程；$a(X_t, t)$ 和 $b(X_t, t)$ 分别称为漂移项系数和扩散项系数；$\mathrm{d}W_t$ 为一个 Wiener 过程。为求得符合 SSCN 分布的解，引入 FPK 方程[1]，其表达式为

基金项目：国家自然科学基金项目（52478574，51925808），湖南省杰出青年科学基金项目（2022JJ10082）

$$\frac{\partial p(t, X_t)}{\partial t} = -\frac{\partial}{\partial X_t}[a(X_t, t)p(t, X_t)] + \frac{\partial^2}{\partial X_t^2}\left[\frac{1}{2}b^2(X_t, t)p(t, X_t)\right] \tag{3}$$

将 SSCN 分布的 PDF 与式(3)、式(4)联立，采用 Milstein 格式的数值方法对其进行求解。选取一组风速样本作为算例，计算结果如图 3 和图 4 所示。

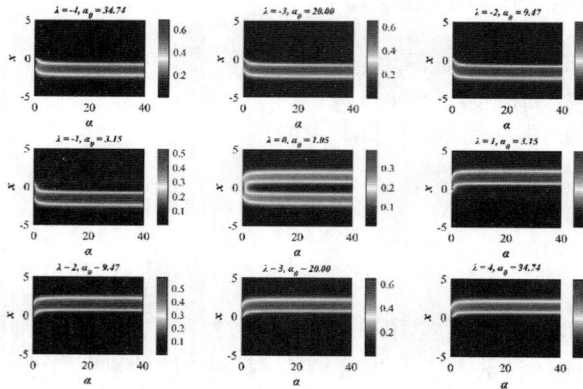

图 1　不同参数选取下的 SSCN 分布概率密度函数

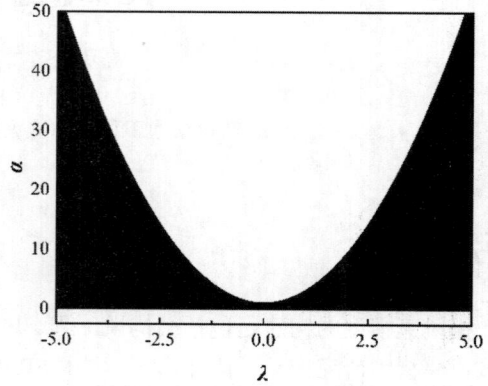

图 2　不同参数下 SSCN 分布的峰特征

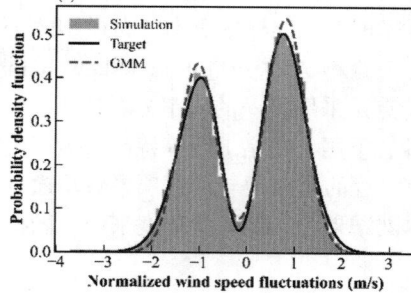

图 3　模拟值与目标值 PDF 的对比

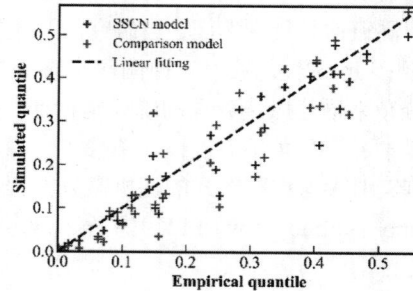

图 4　模拟值与实际值不同分位数的对比

4　结论

（1）本文所采用的 SSCN 分布能有效捕获不同样本的概率特征。

（2）基于 SSCN 分布的扩散随机微分方程能较好地生成所需的随机风速数据。

参考文献

[1]　ZÁRATE-MIÑANO R, MILANO F. Construction of SDE-based wind speed models with exponentially decaying autocorrelation[J]. Renewable Energy, 2016, 94: 186-96.

西北太平洋台风全路径概率化模拟

李德明[1]，冀骁文[1]，赵衍刚[1]，黄国庆[2]

（1. 北京工业大学 城市与工程安全减灾教育部重点实验室 北京 100124；
2. 重庆大学 土木工程学院 重庆 400045）

1 引言

台风是一种主要发生在热带或亚热带洋面的天气现象，一旦登陆可能会造成强风、暴雨、风暴潮等多种灾害。中国拥有辽阔的海岸线，使其成为台风影响最严重的国家之一。在沿海地区建筑设计中，特定重现期下的台风极值风速是重要的设计参考依据。但由于台风历史记录有限，很难对台风极值风速进行合理估计，这就需要人为地模拟台风路径和强度等信息，来扩大台风样本量。全路径方法利用洋面上台风全周期的路径及强度等统计信息来模拟台风的整个寿命历程，近年来在人工模拟台风中得到了广泛应用。然而，该方法直接使用通常会造成较大误差，所提及的线性模型参数校准或调试工作也复杂隐晦。本文通过深度分析和利用原始台风数据的统计信息，提出一种新的概率化全路径模拟方法，引入（多元）高斯混合模型，用于台风各子模型的概率建模，为台风全路径模拟提供了一个新的研究思路。

2 研究方法和内容

2.1 模拟流程

基于统计的概率全路径 TC 模拟具体流程为：

（1）初始化 TC 关键信息：通过泊松分布拟合 TC 年发生率。通过确定的二维混合高斯分布模拟起始位置(φ, λ)，然后根据位置建立起始速度的二维联合分布，随机抽取起始速度u_0、v_0。

（2）建立不同位置前后时刻速度分量的四维联合概率分布模型$f(u_{i-1}, v_{i-1}, u_i, v_i)$。根据当前时刻的位置$(\varphi_i, \lambda_i)$与前一时刻速度矢量$f(u_{i-1}, v_{i-1})$，随机模拟产生当前时刻速度$f(u_i, v_i)$，则下一时刻$(i+1)$台风中心位置可表示为：

$$\varphi_{i+1} = \varphi_i + u_i t$$
$$\lambda_{i+1} = \lambda_i + v_i t \tag{1}$$

（3）同理，建立不同位置前后时刻气压的二维联合概率分布模型$f(p_{c_{i-1}}, p_{c_i})$。根据下式计算下一时刻气压：

$$p_{c_{i+1}} = f(p_{c_{i+1}} | p_{c_i}) \tag{2}$$

2.2 模型建模

高斯混合模型（GMM）是一个通过高斯概率密度函数精确量化事物的模型，它是多个高斯分布函数的加权和，理论上 GMM 可以拟合出任意类型的分布。其模型可以表示为：

$$p(x, y) = \sum_{i=1}^{N} w_i \times f_i(x, y) \tag{3}$$

为更好地估计模型参数，自动无监督拟合算法，该算法将高斯分布为子模型，通过不断增加混合数，更新每个混合数的参数，不断匹配概率密度观测值与拟合值，最终当拟合度达到预定目标时停止更新。

基金项目：国家自然科学基金项目（52278135）

2.3 模拟结果

通过随机模拟方法模拟 1000 年西北太平洋的台风事件。对中国沿海地区每个站点（间隔 100km 布置）250km 范围内的台风统计信息进行了验证，包括：台风的年发生率、台风距离研究点最近时的移动速度、方向以及范围内的最小中心气压差的均值和标准差，如图 1 所示。

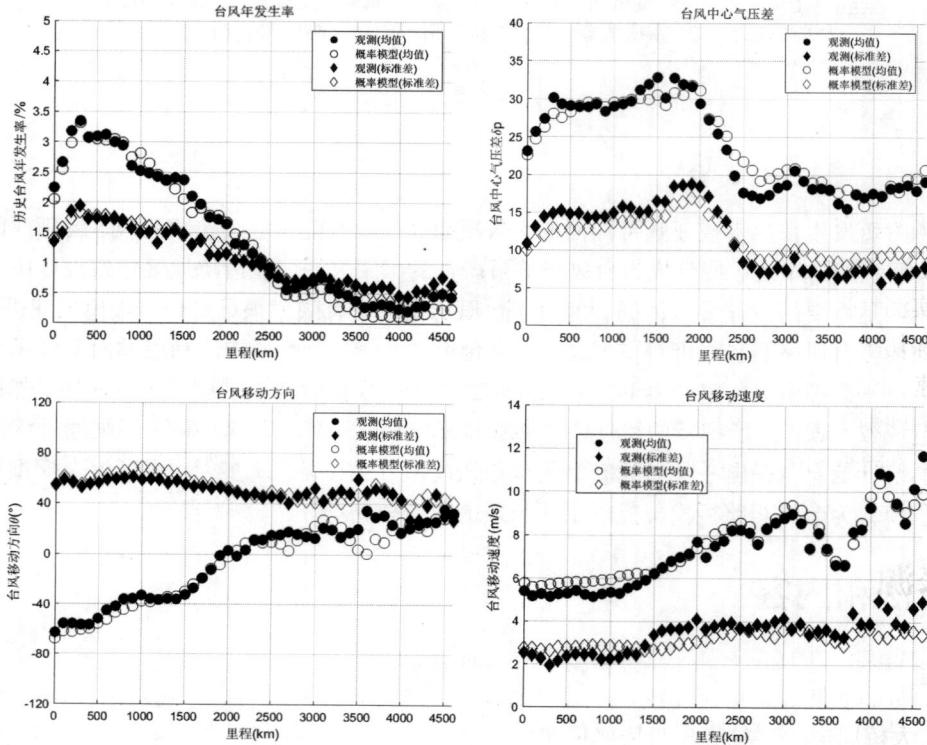

图 1　近岸站点范围内模拟和历史台风参数基本特征的对比图

3　结论

建立了基于混合高斯的概率化全路径模型。避免了线性模型本身带来的模型误差，同时也规避了隐晦的参数调整工作。在模拟结果上，无论低纬度还是高纬度地区模拟结果都与历史值相一致，为台风全路径模拟提供了新的方法。

参考文献

[1] VICKERY P J, SKERLJ P F, TWISDALE LA. Simulation of hurricane risk in the U.S. Using empirical track model[J]. Journal of Structural Engineering, 2000, 126 (10): 1222-1237.

[2] FANG G , PANG W , ZHAO L ,et al.Extreme Typhoon Wind Speed Mapping for Coastal Region of China: Geographically Weighted Regression-Based Circular Subregion Algorithm[J]. Journal of Structural Engineering-asce, 2021, 147: 04021146. DOI: 10.1061/(ASCE)ST. 1943-541X. 0003122.

基于多点时序相关性拓展的多风向极值风速模型

王颢潮 [1,2]，张金翔 [1,2]，张明金 [1,2]

（1. 西南交通大学桥梁工程系 成都 610031；
2. 西南交通大学桥梁智能与绿色建造全国重点实验室 成都 611756）

1　引言

对于山区大跨桥梁等柔性结构，风荷载是主要的控制性荷载。山区复杂地形地貌下桥址区的风场环境复杂多变[1]，加之桥址区实测气象资料匮乏，观测时间短，给山区大跨度桥梁抗风设计带来了巨大的挑战。充分利用测点的实测气象资料，建立更加准确的概率密度模型显得尤为重要。

本文以某深切峡谷区大跨桥梁为背景，在桥址区放置了一套 10m 高四要素自动气象站，获得了两年的实测数据（风速、风向、温度和雨量），利用 BP 神经网络和线性回归方法建立了桥址区测点与周边多个气象站点间风参数的映射关系，由此拓展了桥址区风速样本，并基于拓展后的样本建立合适的边缘分布和联合分布模型，获得了不同重现期下的极值风速。对比基于拓展样本得到的极值风速和基于实测样本得到的极值风速，对比考虑风速风向联合作用得到的极值风速和不考虑风向相关性得到的极值风速。

2　数据来源

以中国云南省某深切峡谷大跨桥梁为背景，在桥址区建立一套 10m 高四要素自动气象观测点 A，位于峡谷下游的谷口处，观测点记录每 10min 的空气温度、平均风速和对应风向，2017—2019 年共获得 542 天 62849 份数据。大桥周边的气象站 S 和气象站 Y 分别距离测点 31.70 公里和 24.43 公里，获取到 2014—2024 年的逐日气象数据。

3　基于多点时序相关性的样本拓展

基于 BP 神经网络建立桥址区观测点和周边气象站气象数据的空间映射关系，神经网络包含一个隐含层十个神经元[2]，训练算法为 trainlm，按照 75%的训练集，15%的验证集和 15%的测试集对样本数据进行随机划分，选取决定系数最高的神经网络作为最优网络在对风速进行拓展时，将气象站四天的极值风速及对应的观测时间、观测点的空气温度作为输入特征，将观测点的四天极值风速作为目标值。在对风向进行拓展时，将观测点的四天极值风速、空气温度及气象站的观测时间作为输入特征，将风速的两个分量作为目标值。

4　多风向极值风速估计

4.1　不考虑风向的极值风速估计

基于拓展后 10 年的四天极值风速，分别用广义极值分布、广义逻辑分布、Gumbel 分布、三参数对数正态分布、三参数 Weibull 分布建立风速概率密度模型[3]。基于拓展风速建立的概率分布与经验分布进行对比，并根据尾部特性选出的最优拟合函数 Gumbel。根据最优的拟合函数得到 50 年和 100 年重现期下的极值风速分别为 14.32m/s 和 15.01m/s。基于实测数据得到的 50 年和 100 年重现期下的极值风速分别为 14.99m/s 和 15.74m/s。

4.2　考虑风向的极值风速估计

对拓展后的风速和风向分别 Gumbel 函数和 3 阶 von Mises 函数[4]进行拟合，得到两个边缘分布函数，再利用 Gaussian Copula、Student t Copula、Gumbel Copula、Frank Copula、Clayton Copula 和 AMH Copula 建立风速风向联合概率模型[5]。并利用 RMSE 和 BIC 选取最优的 Copula 函数，然后估计不同风向下的极值风速值，与不考虑风向相关性的极值风速进行对比，如图 1 所示。

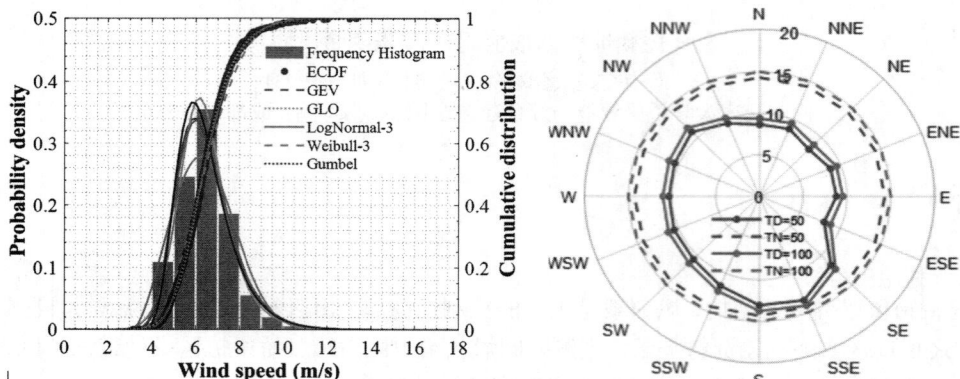

图 1　极值风速模型及多方向下不同重现期对应的极值风速

5　结论

对于桥址区匮乏的实测风场数据，可以基于周边气象站建立空间映射关系进行有效的数据拓展，利用拓展后的长周期气象数据可以为桥梁设计提供更加可靠的依据。Gumbel 模型对风速的拟合效果更好，三阶 von Mises 模型能够对风向概率密度进行准确的拟合，Frank Copula 在建立风速风向联合概率模型时的效果更佳。不考虑风向相关性容易给出不准确的极值风速估计值，根据 Copula 函数计算得到的不同重现期下不同风向的极值风速更加合理。

参考文献

[1] 李永乐, 喻济昇, 张明金, 等. 山区桥梁桥址区风特性及抗风关键技术[J]. 中国科学: 技术科学, 2021, 51(5): 530-542.

[2] 袁俊杰, 罗汝斌, 廖俊, 等. 3 种神经网络模型在平流层风场预测中的应用[J]. 控制与信息技术, 2019(5): 12-16.

[3] ZHANG J, JIANG F, ZHANG M, et al. Study on joint design method of multiple wind parameters for long-span bridges in deep-cutting gorge areas based on field measurement[J]. Journal of Wind Engineering and Industrial Aerodynamics, 2024, 254: 105930.

[4] CARTA J A, BUENO C, RAMÍREZ P. Statistical modelling of directional wind speeds using mixtures of von Mises distributions: Case study[J]. Energy conversion and management, 2008, 49(5): 897-907.

[5] 楼文娟, 段志勇, 庄庆华. 极值风速风向的联合概率密度函数[J]. 浙江大学学报（工学版）, 2017, 51(6): 1057-1063.

基于实测和风洞地形试验的峡谷风特性空间分布研究

李思成，杨树成，魏柯耀，谢泽恩

（长安大学公路学院 西安 710064）

1 引言

由于地形和温度等多重因素的共同影响，峡谷地区的风场特性通常与平原地区存在显著差异，Song 和 Chen 分别通过现场实测与风洞地形试验等方法[1-2]对峡谷风特性进行研究，发现地形对山区风特性空间分布影响显著。为进一步掌握山区风参数分布规律，本研究在峡谷区域进行了为期一年的现场实测，实测数据表明，峡谷地区的风参数概率分布函数与对数正态分布拟合较好。同时，为更好地研究地形对峡谷风特性的影响，还采用了风洞试验的方式得到风参数的空间分布，为山区风敏感结构设计提供参考依据。

2 峡谷风特性实测

峡谷风特性的实测工作在中国云南黑惠江峡谷进行，在峡谷西侧海拔高度为 1361m 处安装了一台 WindMast WP350 型激光雷达，如图 1（a）所示，其以 4Hz 的采样频率不间断记录从 2023 年 1 月至 2024 年 2 月间的风速、风向等风特性数据，风特性测点涵盖 40～355m 内 24 个不同高度。图 1（b）、（c）展示了激光雷达的安装位置以及该峡谷地貌特征。

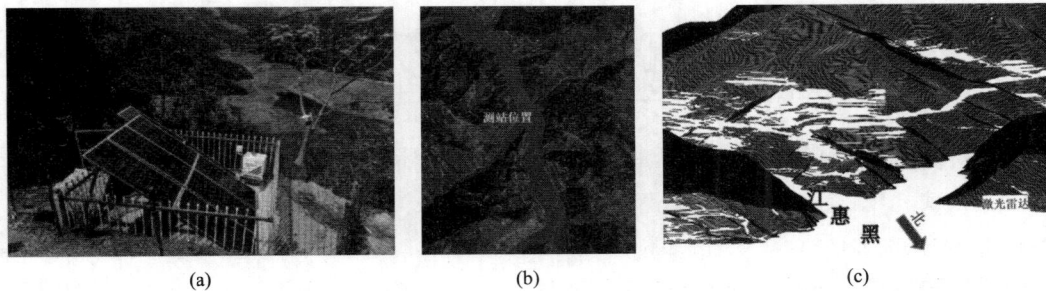

（a） （b） （c）

图 1 风特性实测：（a）WP350 型激光雷达；（b）雷达安装位置；（c）峡谷地貌特征

研究使用小波变换的非平稳风速模型对风速数据进行处理，得到 10min 时距下的峡谷风特性。峡谷内风速等风参数的概率分布函数，是山区地形桥梁、输电塔等基础设施进行可靠度分析必需的数据。峡谷内 10min 平均风速的概率分布函数（PDF）与对数正态分布拟合较好，如图 2 所示。紊流强度的概率分布函数同样与对数正态分布相拟合，如图 3 所示。

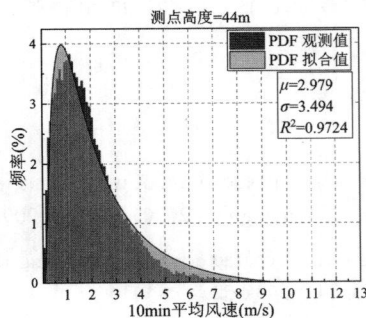

图 2 10min 平均风速分布直方图

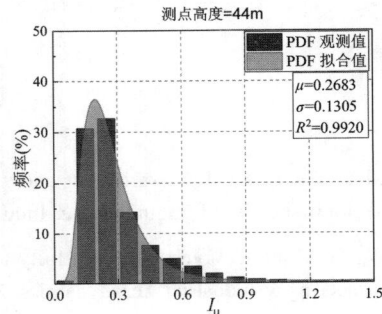

图 3 紊流强度分布直方图

3　峡谷风环境风洞试验

除现场实测外，本研究还在长安大学 CA-03 风洞中开展了峡谷风环境模拟试验，旨在进一步分析峡谷内风速的垂直分布与水平分布特征。通过布置粗糙元控制粗糙长度约为 0.3m，以生成符合湍流边界层的流动条件地形模型选择峡谷中心直径 3 公里的区域，以 1∶800 的比例建模，如图 4 所示，图 5 则标注了试验测点并定义了来流风向与地形模型的关系。

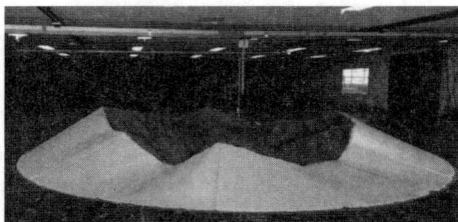

图 4　黑惠江峡谷地形模型　　　　　图 5　试验测点位置与风向

沿峡谷方向（165°）和垂直峡谷方向（285°）来流时，测点的风速垂直分布如图 6、图 7 所示。当来流与峡谷走向一致时，气流不会受地形环境阻碍，从而形成较为规范的指数型风剖面。风洞地形试验风剖面与风观测结果高度一致，具体如图 8 所示。当来流方向与峡谷垂直时，气流会受到山体的遮蔽效应影响，且遮蔽作用会随距山体距离增加而减弱。

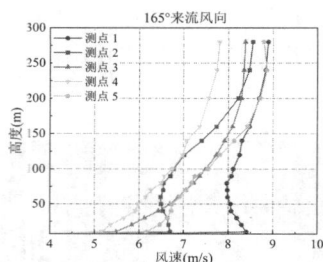
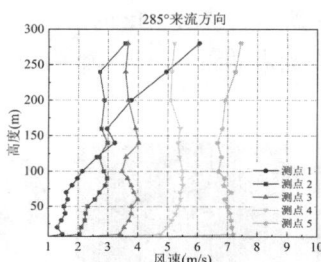
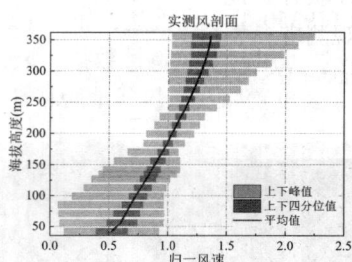

图 6　沿峡谷方向来流风剖面　　　图 7　垂直峡谷方向来流风剖面　　　图 8　实测风剖面

4　结论

本文深入分析了黑惠江某处峡谷的风特性实测数据，并结合地形风洞试验对峡谷风特性进行了系统研究。通过应用非平稳风速模型分析实测数据，研究发现平均风速、紊流强度等风特性符合对数正态分布。同时，通过分析风洞试验获得的峡谷风参数的空间分布数据，研究发现风参数的分布与地形和来流风向密切相关：当来流受地形遮蔽时风剖面发生变化，同时风速明显减弱，其影响会随着气流远离山体而减弱；当来流风向与峡谷走向一致时会形成指数型风剖面，试验现象与实测结果一致。峡谷现场实测和风洞地形试验均表明山区峡谷地形风环境复杂，需要在设计风荷载的计算中考虑地形效应和风向角影响。

参考文献

[1]　SONG J L, LI J W, FLAY R G. Field measurements and wind tunnel investigation of wind characteristics at a bridge site in a Y-shaped valley[J]. Journal of Wind Engineering & Industrial Aerodynamics, 2020, 202: 199-209.

[2]　CHEN F, WANG W, GU Z, et al. Investigation of hilly terrain wind characteristics considering the interference effect[J]. Journal of Wind Engineering & Industrial Aerodynamics, 2023, 241: 543-552.

U 形峡谷地区风场非平稳特性研究

刘轩辰，李加武，李思成

（长安大学公路学院 西安 710064）

1 引言

中国西南地区地形复杂，多高山峡谷地貌，线路常以大跨桥梁形式穿越峡谷地形，风荷载成为影响结构稳定的重要因素。实测数据表明，山区风场具有较强非平稳性，风特性与现行规范预测存在显著偏差，这对建筑物的风荷载评估和结构安全构成了重大挑战。本文聚焦山区风场非平稳性特性，通过现场实测数据，深入分析风速的时变特性及其脉动风特性。研究结果旨在为峡谷地区建筑的抗风设计提供精确的科学依据和实用的技术支持。

2 实测概况

金沙江峡谷为典型的 U 形峡谷，风环境复杂，为研究该峡谷地区风环境，在该峡谷西侧建立一座高为 50m 的风观测塔，如图 1、图 2 所示。共设置 5 个观测高度，分别记录各观测高度的风速和风向。风观测塔由 WindMaster HS 三维超声风速仪、信号传输子系统、供电子系统、结构子系统等组成，如图 3 所示。本文选取风速仪 21 年 6 月至 24 年 11 月的数据进行分析。

  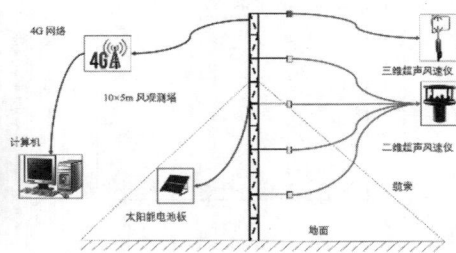

图 1　桥址位置　　　　图 2　测点位置　　　　图 3　实测仪器

3 风速模型与数据处理

U 形峡谷地貌复杂，非平稳特性突出。通过游程检验（Run test）对实测样本进行分析，得到不同时距下非平稳风速样本占比如图 4 所示，非平稳样本占比超 60%，表明该峡谷风场非平稳性不容忽视。

使用非平稳风速模型能够有效降低风场非平稳性误差，更加准确地描述风的脉动特性。小波变换的方式能准确提取时变平均风速，如图 5 所示，其往往能更好地描绘山区风特性。

4 风特性分析

峡谷风具有周期性，且随温度变化[1]，为全面描绘峡谷风场特性，选取 00:00、06:00、11:30、17:00、23:00 五个小时时间段进行对比分析。风速变化呈现早晚低、下午高的特点。采用平稳与非平稳风速模型对风速数据进行处理，得到 10min 时距平均风速如图 6 所示。

基金项目：山区桥位风参数及其对桥梁风致振动影响的实测与试验研究（51978077）

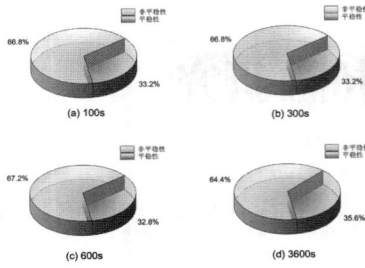

图 4　不同时距非平稳风速样本比例　　　图 5　风速模型对比　　　图 6　不同风速模型下平均风速对比

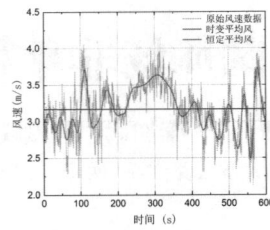

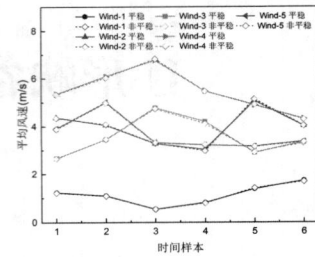

不同风速模型下目标时段内的紊流强度如图 7 所示。结果表明，平稳风速模型下的紊流强度高于非平稳风速模型下的紊流强度，即平稳风速模型高估了非平稳风速的紊流特性。图 8 展示了不同风速模型下积分尺度的差异，平稳风速模型下的紊流积分尺度高于非平稳风速模型，与当下较多研究成果相契合[2]。此外，顺风向紊流积分尺度高于水平和垂直方向。

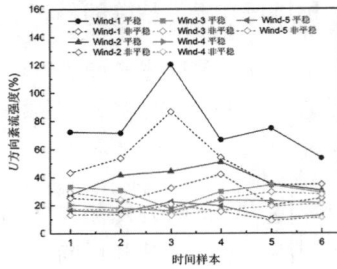

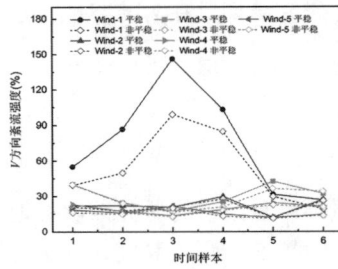

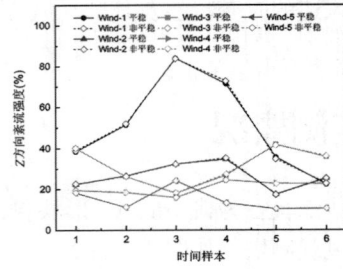

图 7　不同风速模型下紊流强度对比

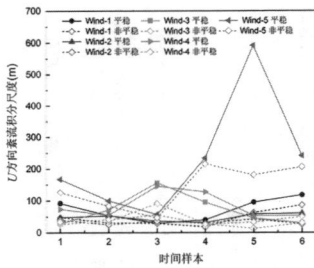

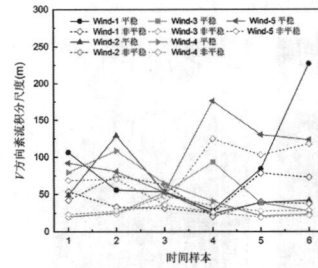

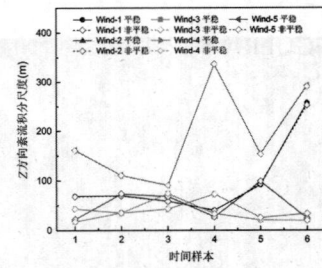

图 8　不同风速模型下紊流积分尺度对比

5　结论

为探究 U 形峡谷风场风平稳特性，明确风速模型对风参数的影响，对金沙江峡谷开展为期 3 年的风速实测。以游程检验的方式对不同时距的风速样本进行平稳性检验，发现其非平稳性样本比例与时距无关，均达 60%以上。对比平稳与非平稳两类风速模型对风速样本进行分析所得数据，可知不同风速模型对平均风速带来的差异较小，其差异体现于紊流特性，采用平稳模型处理得到的紊流特性远高于非平稳模型得到的紊流特性，导致紊流特性的高估。

参考文献

[1]　JIANG F Y, ZHANG J X , ZHANG M J. Field measurement study on classification for mixed intense wind climate in mountainous terrain. Measurement, 2023, 217: 64-78.

[2]　康星辉, 邹云峰, 何旭辉, 等. 高原深切峡谷风场非平稳特征研究[J]. 工程力学, 2023: 1-9.

下击暴流风速剖面实测分析与建模

徐 帆[1]，陶天友[1,2]，王 浩[1,2]

（1. 东南大学土木工程学院 南京 210096；

2. 东南大学混凝土及预应力混凝土结构教育部重点实验室 南京 211189）

1 引言

国际上，学者们通过原型实测、理论推导、模型试验、数值模拟等 4 种主要手段对下击暴流进行了大量研究。OSEGUERA 等[1]提出了基于流体连续性方程的下击暴流平均风速解析模型，VICROY[2]、WOOD 等[3]通过模型试验提出了经验模型。而国内学者瞿伟廉等[4]、邹鑫等[5]、钟永力等[6]分别利用数值模拟、物理模型、数值与物理模型相结合的方法分析下击暴流的风剖面特征，提出了相应径向风剖面模型。目前，已有多种模型用于描述下击暴流的风速剖面。但模型大多基于理论推导和试验数据，能够较好地描述典型的风场形态。然而，经典模型在某些局部区域（尤其是风速峰值附近）可能无法准确捕捉实际风速变化特征，模型的适用性受到一定限制。因此本文基于风廓线雷达所测得的下击暴流风场实测数据，分析了该下击暴流风速时程与风剖面特征，比较了 Oseguera 与 Bowles 模型、Vicroy 模型、Wood 与 Kwok 模型三类经典风剖面与实测风剖面模型，评估经典模型的适用性，并依据实测数据对经典模型做出适当的修正。

2 下击暴流风廓线分析模型

OSEGUERA 等[1]提出了柱坐标系下的三维稳态下击暴流解析模型，可进行下击暴流的水平速度剖面预测。

$$\frac{V(z)}{V_{\max}} = \frac{1}{0.4714 r/R}\left\{1 - \exp\left[-\left(\frac{r}{R}\right)\right]\right\} \times \left[\exp\left(-\frac{z}{z^*}\right) - \exp\left(-\frac{z}{\varepsilon}\right)\right] \tag{1}$$

$$z^* = \frac{z_{\max}}{0.22}; \ \varepsilon = \frac{z^*}{12.5} \tag{2}$$

式中，$V(z)$ 为高度 z 处的下击暴流平均风速；$V_{\max}$ 为某时刻下击暴流最大平均风速；r 为距风暴中心的距离；R 为下击暴流的特征半径；z^* 边界层外的某一特征高度；ε 为边界层内的某一特征高度；$z_{\max}$ 最大水平风速对应的高度；z 为离地高度（m）。

然后 VICROY[2]根据现场观测改进了模型的径向形状函数，称为 OBV 模型，可表示为：

$$\frac{V(z)}{V_{\max}} = 1.22 \times \left[e^{-\left(\frac{0.15z}{z_{\max}}\right)} - e^{-\left(\frac{3.2175z}{z_{\max}}\right)}\right] \tag{3}$$

式中，$V_{\max}$、$z_{\max}$、z 同式(1)、式(2)。

基于冲击射流的物理试验的 WOOD 与 KWOK 模型[3]可表示为：

$$\frac{V(z)}{V_{\max}} = 1.55 \times \left(\frac{z}{\delta}\right)^{\frac{1}{6}} \times \left[1 - \text{erf}\left(0.7\frac{z}{\delta}\right)\right] \tag{4}$$

式中，δ 为高度参考；erf 为误差函数，$\text{erf}(x) = \frac{2}{\sqrt{\pi}}\int_0^x e^{-y^2}\,\mathrm{d}y$；$V_{\max}$、$z_{\max}$、$z$ 同式(1)、式(2)。

3 下击暴流实测结果

以定南县附近站点 58927 为例，给出了 1600m 高度以内风廓线雷达实测水平风速（蓝线）、风向（红线）

基金项目：国家自然科学基金（52278486，52338011），江苏省自然科学基金（BK20240177）

以及风剖面数据分析图如图 1 所示。

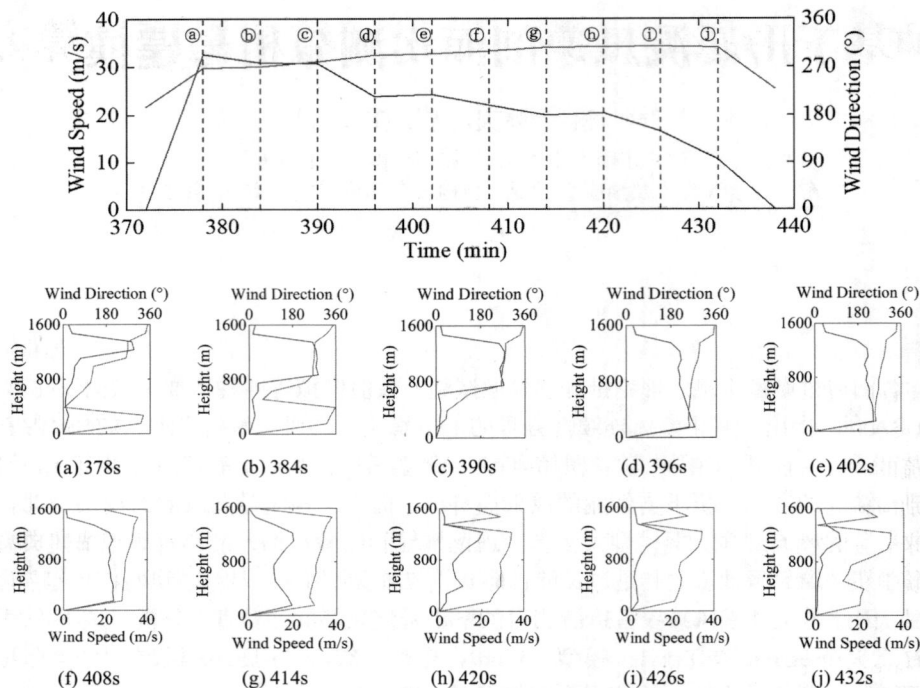

(a) 378s   (b) 384s   (c) 390s   (d) 396s   (e) 402s

(f) 408s   (g) 414s   (h) 420s   (i) 426s   (j) 432s

图 1　站点 1 风速风向剖面

4　结论

本文研究表明，在水平风速剧烈变化的时间范围内风向也发生明显变化，垂直风速变化不显著。风剖面随着时间显著变化，出现了明显的鼻形剖面。水平风速极值出现的高度从初始的 600～1400m 下降到 60～200m。此外对比了实测数据与 OSEGUERA 与 BOWLES 模型、VICROY 模型、WOOD 与 KWOK 模型描述的下击暴流风剖面形态的差异性，发现上述模型并不完全适用于描述该下击暴流事件的风剖面，需要依托于实测数据进行修正。

参考文献

[1]　OSEGUERA R M, BOWLES R L. A simple, analytical 3-dimentional downburst model based on boundary layer stagnation flow[J]. Nasa Technical Memorandum, 1988.

[2]　VICROY D D. Assessment of microburst models for downdraft estimation[J]. Journal of Aircraft, 1992, 29(6): 1043-1048.

[3]　WOOD G S, KWOK K C S. An empirically derived estimate for the mean velocity profile of a thunderstorm downburst[C]//Porceedings of the 7th AWES Workshop, Auckland, 1998.

[4]　瞿伟廉, 吉柏锋, 李健群, 等. 下击暴流风的数值仿真研究[J]. 地震工程与工程振动, 2008, 28(5): 133-139.

[5]　邹鑫, 汪之松, 李正良. 稳态雷暴冲击风风速剖面模型研究[J]. 振动与冲击, 2016, 35(15): 74-79.

[6]　钟永力, 晏致涛, 李妍, 等. 下击暴流出流段非稳态风场的大气边界层风洞模拟[J]. 试验流体力学, 2021, 35(6): 58-65.

一种基于形态测量学的城市地貌粗糙度计算方法

郑世雄，沈国辉，韩康辉，姜咏涵，阙凌辉，鲍新源，陈金明，汪郭立

（浙江大学结构工程研究所 杭州 310058）

1 引言

城市化进程导致城市面积和建筑密度的持续增长，城区地貌复杂性不断提高，对建筑风荷载的影响也变得更加复杂。在各国规范中通常采用地貌影响因子或地貌粗糙度来描述周边干扰对风荷载的影响。《建筑结构荷载规范》GB 50009—2012 中将地面粗糙度类别分为 A、B、C、D 四类，其中 B 类为田野、乡村、丘陵以及房屋比较稀疏的乡镇，C 类为有密集建筑群的城市市区。根据荷载规范的定性分类方法，密集建筑城市的地面粗糙度类别应确定为 C 类，但复杂城区常存在建筑、山地、河流等地貌混合共存的情况，对地面粗糙度类别的判断带来一定的困难。国内外的研究人员考虑基于建筑物参数的形态测量法对地面粗糙度进行计算，该方法利用建筑群的参数（平面面积指数λ_p、迎风面积指数λ_f、平均高度H_{ave}等）来计算阻力的大小，从而反映地貌粗糙度的大小。例如 GB 50009—2012 推荐的基于平均高度的计算方法：半径 2km 的半圆范围内的建筑群平均高度H_{ave}大于 9m 小于 18m 时地貌类别判断为 C 类地貌，平均高度H_{ave}小于 9m 时地貌类别判断为 B 类。但现有研究对真实城市地貌的计算考虑较少，本文通过一系列风洞试验，分析均匀阵列及真实城市阵列下风剖面的发育情况，结合现有的计算方法得到了符合均匀阵列及真实城市地貌下的粗糙度计算公式。

2 研究方法和内容

2.1 试验设计

试验模型分为两部分，第一部分采用边长为 5cm 的立方体，均匀排布以模拟城市建筑群落，如图 1 所示。另一部分针对典型的城市地貌，考虑目标地点周边 2km 内的建筑物及山体制作缩尺模型，缩尺比为 1∶1000，如图 2 所示。

图 1 立方体模拟的城市建筑阵列示意图

图 2 某典型城市地貌 2km 范围的卫星图（左）及模型图（右）

基金项目：国家自然科学基金项目（52178511）

采用眼镜蛇三维脉动风速仪测量不同高度处的风速平均值及脉动值。风洞试验在浙江大学 ZD-1 边界层风洞中进行，该风洞为闭口回流式风洞，试验段尺寸为 4m × 3m（宽 × 高），模型的堵塞比小于 5%，满足风洞试验标准的要求。针对立方体模拟的均匀高度阵列，分别考虑其建筑物占地面积比为 0.05～0.40 的情况，得到 9 种密度的阵列下的风剖面。针对典型城市地貌的试验，分别得到其 24 个不同风向角下的风剖面。

2.2　地貌粗糙度计算公式

均匀排布阵列下的建筑物的计算公式主要考虑了建筑阵列的平面面积指数 λ_p、迎风面积指数 λ_f 及平均高度 H_{ave}，总计三个参数。真实城市地貌下的计算公式主要考虑了建筑阵列的平面面积指数 λ_p、迎风面积指数 λ_f、平均高度 H_{ave}、建筑物最大高度 H_{max}、建筑物高度标准差 σ_H，如图 3（a）所示。将某地块的计算结果与风洞试验结果对比，对于指数律值 α 计算值与风洞试验值的差距如图 3（b）所示，得到两组数据的拟合优度为 0.89。Shen 等人提出的计算公式，在计算城市地貌粗糙度时拟合优度为 0.8；Kanda 等人提出的计算公式在计算城市地貌粗糙度时的拟合优度为 0.545。本文的计算方法在计算城市地貌时表现良好。

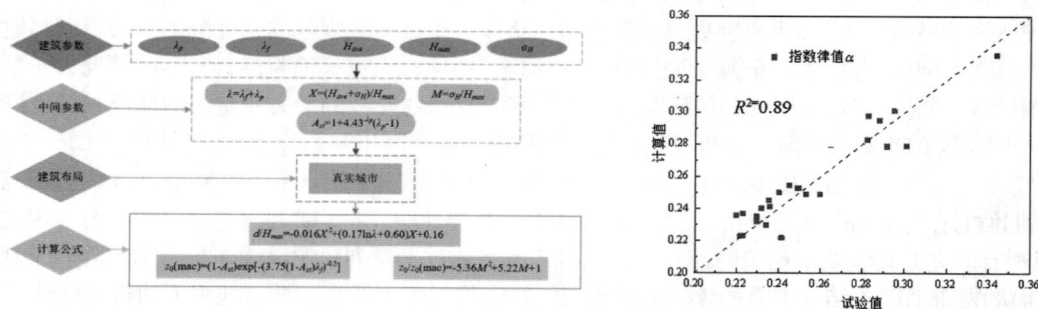

图 3　（a）针对真实城市地貌的计算流程图；（b）计算公式精度验证

3　结论

本研究针对均匀城市地貌及复杂城市地貌进行了一系列风洞试验，拟合得到了各个工况下的地貌粗糙度值。基于前人计算公式，提出了一种新的城市地貌粗糙度计算公式，该公式在计算城市地貌时具有良好的效果，为工程实践提供了指导。

参考文献

[1]　住房和城乡建设部. 建筑结构荷载规范: GB 50009—2012 [S]. 北京: 中国建筑工业出版社, 2012.

[2]　于舰涵. 工程场址处风环境的数值模拟和试验研究[D]. 成都: 西南交通大学, 2021.

[3]　YU J H, LI M S, STATHOPOULOS T. Urban exposure upstream fetch and its influence on the formulation of wind load provisions[J]. Building and Environment, 2021, 203:108072.

[4]　全涌, 陈洞翔, 杨淳, 等. 大型中心城市平均风速剖面特性的风洞试验[J]. 同济大学学报（自然科学版）, 2020, 48(2): 185-190.

[5]　Macdonald R W , Griffiths R F, Hall D J. An improved method for the estimation of surface roughness of obstacle arrays[J]. Atmospheric Environment, 1998, 32(11): 1857-1864.

基于双激光雷达实测的典型地貌影响下城市风场特性分析

李梓环，李飞强，谢壮宁

（华南理工大学亚热带建筑与城市科学全国重点实验室 广州 510641）

1 引言

在地形效应及城市建筑效应等多因素影响下，城市内部风场变化日益复杂。准确、合理地描述城市大气边界层风特性至关重要，然而传统的单测点、单一高度风特性测量已不能全面反映城市扩张及上游局部山地、丘陵等干扰影响下的风特性变化规律。城市边界层风特性的准确描述对风敏感结构风荷载的确定、城市风环境评估至关重要。本文基于深圳市阳台山东、西两侧的测风激光雷达实测数据，研究城市典型区域受不同来流地貌影响下的风剖面模式及参数变化规律，并探讨良态强风与台风时上述两种典型区域风剖面的差异性。

2 实测概况

研究团队在阳台山两侧部署观测点，如图 1 所示。其中，P1 测点布设于深圳市宝安区铁岗水库（113.90°E，22.65°N），该测点东侧 7km 处即为海拔 587m 的阳台山，东北方向分布有低矮建筑群，四周覆盖大片低矮树林；P2 位于深圳市龙岗区平湖基地（114.11°E，22.70°N），毗邻龙岗核心城区，西侧约 15km 处为阳台山，基于 P1 测点进行分类：①区（−30°～30°）表征平坦地貌，②区（30°～60°）为城市带地貌，③区（60°～100°）为复杂山体地貌。其中，P1 采用 Wind 3D 6000 激光雷达，P2 采用 Wind Mast PBL 激光雷达，如图 2 所示。

图 1 测点位置

图 2 Wind 3D 6000（左）与 PBL（右）激光雷达

3 实测结果与分析

提取 2023 年全年在 P1 测点激光雷达获得的良态大风数据，筛选 350m 高度处风速区间为 8～16m/s 且 350m 高度范围内均有完整数据的样本，共 5504 组。采用指数律模型对 51～350m 高度下 10min 平均风速剖面进行拟合，不同风向区间风剖面指数变化规律如图 3 所示。结果可知：P1 主要良态大风风向角（正北为气象 0°）集中在 0°～30°、105°～145° 及 175°～210°，风剖面指数与不同来流风向存在一定的相关性；在 0°～30° 及 175°～205° 风向区间平均风剖面指数小于 0.3，在 40°～60° 风向区间平均风剖面指数超过 0.3，而在 100°～130° 风向角区间风剖面指数超过 0.4，这种差异是不同风向角对应的地貌特征存在差异所致，北面和南面相对平坦，地面摩阻力较小；东北面存在城市群，使得风剖面指数较平坦区域大；东面 1km 处存在 2～

基金项目：国家自然科学基金项目（52378513）

3km 城市地貌、且在 7km 处为海拔 587m 的阳台山，地面不均匀程度较大，故风剖面指数最高。

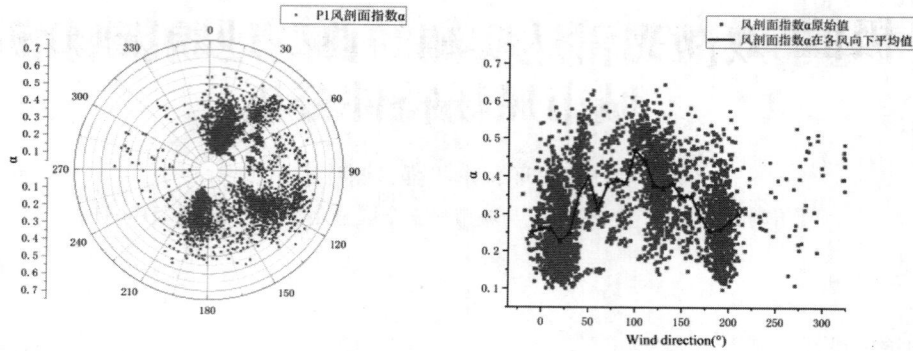

图 3　不同风向区间风剖面指数变化规律

提取台风"苏拉"过境（2023 年 9 月 1—3 日）P1、P2 雷达所测数据，不同时段内（对应不同风向）两测点下风速剖面如图 4 所示。结果表明：在东风条件下，P1 在 700m 高度范围内平均风速低于 P2；在 500m 以下，随着高度增加，两个观测点的平均风速差异逐渐增大，并在 500m 高度附近达到峰值，风速比值分别为 0.76；相比而言，在北风条件下，两观测点在 500m 高度范围内平均风速差异不大。

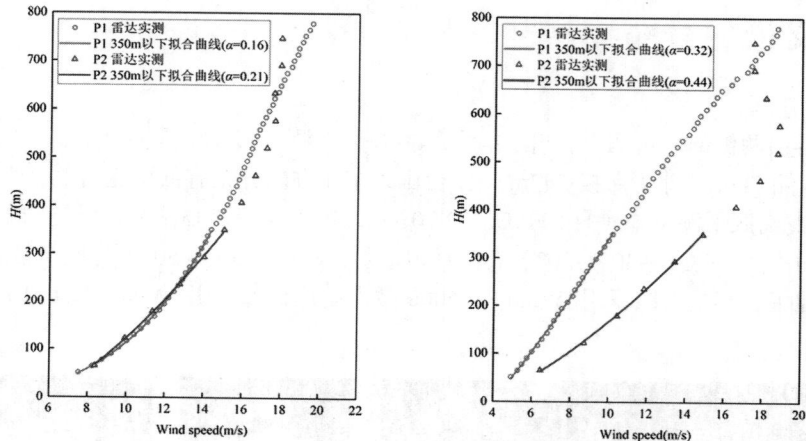

(a) 北风时段（9 月 1 日 00:00—9 月 1 日 15:00）　　　(b) 东风时段（9 月 2 日 00:00—9 月 2 日 15:00）

图 4　P1、P2 测点苏拉台风平均风速剖面对比图

4　结论

受城市扩张及复杂山体地形的影响，不同来流条件的下垫面粗糙度存在较大差异，风剖面指数与风向存在显著相关性，因此在对城市风剖面评估时，按照现有规范使用单一固定值来描述当地风剖面指数会有较大误差。复杂山体的遮挡效应会导致下游背风区域风速衰减，故当 P1 受到东面来风时，附近的气象梯度塔所测量到的风速值会相对较低，考虑到深圳地区的台风主导风向为东风，本文结果可进一步为深圳地区的台风极值风速修订提供依据。

参考文献

[1]　FERNANDO H. Fluid Dynamics of Urban Atmospheres in Complex Terrain[J]. Annual Review of Fluid Mechanics, 2010, 42(1): 365-389.

极值估计的非平稳模型与重现期风速分析

朱安琪，方根深，葛耀君

（同济大学土木工程防灾减灾全国重点实验室 上海 200092）

1 引言

现有结构抗风设计多基于气候模式平稳假定，依据历史观测数据外推特定重现期的极端风速作为设计风速。而有观测表明，全球气候变化正在显著改变风速分布，使极端风速的统计特征呈现非平稳趋势[1]。本文通过引入时间变量构建非平稳广义极值（GEV）分布模型，对我国 1726 个站点 1951—2017 年的年极值风速序列进行分析，开展了重现期极值风速的非平稳估计，通过模型优劣对比，确定各站点的适用模型。比较非平稳分布模型计算得到统计期末的设计风速与平稳模型下的设计风速，判断各站点设计风速的变化趋势，相关结果可为面向未来的结构抗风设计与优化提供重要参考。

2 非平稳广义极值分布模型

对于长期观测的风速样本，常采用广义极值（Generalized Extreme Value，GEV）分布作为概率模型进行拟合。当 $\varepsilon = 0$ 时，GEV 退化为极值 I 型（Gumbel）分布；当 $\varepsilon > 0$ 和 $\varepsilon < 0$ 时，GEV 分别属于极值 II 型（Fréchet）分布和极值 III 型（Weibull）分布。极值风速呈趋势性变化时，极值模型的参数也是时变的。对于 GEV 分布而言，其位置、尺度和形状参数 μ、σ、ε 的非平稳回归模型为：

$$\mu(t) = \alpha_0 + \alpha_1 t + \alpha_2 t^2 \; ; \; \sigma(t) = \exp(\beta_0 + \beta_1 t) \; ; \; \varepsilon(t) = \gamma_0 \tag{1}$$

式中，$\mu(t)$ 为随时间呈二次模型的位置参数；α_0、α_1 和 α_2 均为常数；为保证尺度参数为正，$\sigma(t)$ 为随时间呈指数模型的尺度参数；β_0 和 β_1 均为常数；形状参数 $\varepsilon(t)$ 为常数 γ_0。

根据位置参数 $\mu(t)$ 和尺度参数 $\sigma(t)$ 变化，分为 1 种平稳模型和 4 种非平稳模型，即

M_0：$\alpha_1 = 0$，$\alpha_2 = 0$，$\beta_1 = 0$；M_1：$\alpha_1 \neq 0$，$\alpha_2 = 0, \beta_1 = 0$；$M_2$：$\alpha_1 \neq 0$，$\alpha_2 = 0$，$\beta_1 \neq 0$；$M_3$：$\alpha_1 \neq 0$，$\alpha_2 \neq 0$，$\beta_1 = 0$；$M_4$：$\alpha_1 \neq 0$，$\alpha_2 \neq 0, \beta_1 \neq 0$

其中，M_0 为经典平稳模型；M_1、M_2、M_3 和 M_4 均为非平稳模型。一些研究认为[2]：极值风速的非平稳性变化趋势主要用位置参数 $\mu(t)$ 来解释，即 $\alpha_1 \neq 0$。采用极大似然法（Maximum Likelihood，ML）估计各形式的分布参数。为检验非平稳模型的适用性，用 AIC 准则进行检验，模型的优劣度取决于 AIC 值的大小[3]。

3 极值风速非平稳计算分析

本文基于"中国地面气候资料日值数据集（V3.0）"（1951—2017 年）的风速数据，研究季风极端风速的非平稳性及变化趋势，并评估其区域差异。为确保数据仅描述季风，剔除受台风影响的样本，并选择年极值风速数据序列长度超过 30 年的站点，最终筛选出 1726 个站点。在进行平稳性检验前，各站点需进行 GEV 分布类型选择（极值 I、II、III 型），通过参数估计和拟合优度检验确定最佳模型。基于 AIC 准则判断，结果显示，在 1726 个站点中，分别有 47 站、430 站、301 站、547 站及 401 站适用模型 M_0，M_1，M_2，M_3 和 M_4。

为研究设计风速在气候平稳与非平稳假定下的区别，先假定所有站点观测期内的历史年极值风速符合平稳 GEV 分布，计算得到设计风速 $V_{100,0}$，与气候变化假定下，非平稳分布模型计算得到统计期末（2017 年）的设计风速 $V_{100,\text{var}}$ 进行比较，将比较结果作为变化趋势的判断依据。结果得到，中国区域内有 1471 个站点

基金项目：国家自然科学基金项目（52108469，52278520），中国科协青年人才托举工程（2023QNRC001），上海市教育委员会晨光计划（22CGA21）

设计风速呈下降趋势，108 个站点呈上升趋势，而 147 个站点的设计风速基本不变。

为说明非平稳时间序列的普遍性及差异性，选取不同气象站点予以说明。非平稳分布依赖于历史数据，可以给出统计期内任意一年的设计风速，如图 1 所示，曲线表示用M_0、M_1、M_2、M_3和M_4分别拟合的时变设计风速，并基于对应最优模型，得到极值风速概率分布时变演化规律。基于特定站点历史风速数据及非平稳 GEV 分布模型，认为截至到 2017 年，武威站、洪家站、海拉尔站、熊岳站的极值风速呈现非平稳性，分别适用模型M_1、M_2、M_3和M_4，设计风速分别为 21.52m/s、20.18m/s、24.66m/s 和 23.42m/s，较气候平稳模式下的设计风速，均有所下降。

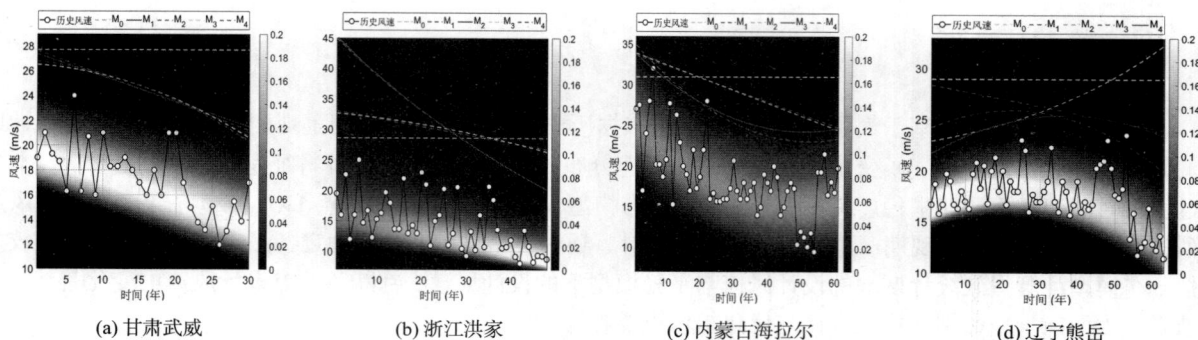

| (a) 甘肃武威 | (b) 浙江洪家 | (c) 内蒙古海拉尔 | (d) 辽宁熊岳 |

图 1 极值风速 PDF 演化规律及设计风速变化曲线

4 结论

应用基于 GEV 分布的平稳及非平稳极值概率模型，拟合中国区域 1726 站 1951—2017 年极端季风风速的年极值序列，本文对比了非平稳模型与传统平稳模型的适用性。结果表明，非平稳模型在大范围的站点表现更优，建议面向未来的结构抗风设计中需考虑非平稳模型，以提高结构抗风设计的合理性和可靠性。设计风速的非平稳估计结果显示，大部分站点的百年一遇最大风速呈下降趋势，这表明长时间尺度上极值风速的变化可能对结构的抗风设计带来积极影响。

参考文献

[1] PRYOR S C, BARTHELMIE R J. Climate change impacts on wind energy: A review (Review)[J]. Renewable and Sustainable Energy Reviews, 2010, 14(1): 430-437.

[2] EL ADLOUNI S, OUARDA T B M J, ZHANG X, et al. Generalized maximum likelihood estimators for the nonstationary generalized extreme value model [J]. Water Resources Research, 2007, 43(3): 455-456.

[3] AKAIKE H. A new look at the statistical model identification[J]. IEEE Transactions on Automatic Control, 1974, 19(6): 716-723.

上游地貌长度对街道峡谷内污染扩散影响的数值模拟研究

彭子悦 [1]，张秉超 [1]，付云飞 [1]，蔺习升 [1]，谢锦添 [1]，李雨桐 [2]

（1. 香港科技大学土木及环境工程学院 中国香港 999077；
2. 重庆大学土木工程学院 重庆 400044）

1 引言

在全球城市人口大幅增长的背景下，城市密集街道中常有机动车尾气、空调系统废气等污染源，而污染源周围高耸的建筑物又导致污染物难以排出街道内部，导致街道内空气质量恶化。目前城市风环境领域学者多使用两种街道模型研究此类问题，即由充足上游地貌长度形成的充分发展湍流流入的街道峡谷模型[1]，和由单排街道峡谷模型形成的未充分发展的湍流流入条件的街道峡谷模型。然而，尚未有学者探究这两种常用模型中的污染扩散特征是否相同，且真实城市中的街道多为介于两种模型之间的有限多排上游街道峡谷地貌形成的未充分发展湍流，此类街道中的污染扩散情况亟待探究。本文利用RANS（雷诺平均纳维-斯托克斯方程）模拟了多种高宽比（H/W）的二维街道峡谷中的流场与污染物扩散情况。

2 不同上游地貌长度的街道峡谷内部涡流模式与污染物扩散特征

在低高宽比案例 A（$H/W=1$，图 1a）中，流场为单涡流结构，且涡流中心高度接近街道峡谷中心点，所以街道底部平均风速较大，有利于污染物排出街道峡谷。同时，湍流强度随上游街道峡谷长度的增加而逐渐降低，导致湍流引起的污染物排出逐渐减少，如图 2 所示，平均污染物浓度逐渐增加。在大高宽比案例 B、D（图 1b）、E（H/W分别为 2.4、4 和 5）中，前排街道峡谷为多涡流结构，而多涡流结构导致街道峡谷底部、污染源附近平均风速极低，污染物难以由平均流排出街道峡谷底部，导致其内部平均污染物浓度比后排单涡流结构的街道峡谷更高（图 2）。模拟的污染物扩散结果分别通过 Meroney 等人[1] 和 Gromke 与 Ruck[2] 进行的风洞试验数据进行了验证。本研究引入了边际变化率（Marginal rate of change，MRC），用于量化接近充分发展状态的程度。研究表明对于 H/W 为 1~5 的街道峡谷，完全发展状态大约出现在第 30 排街道处。

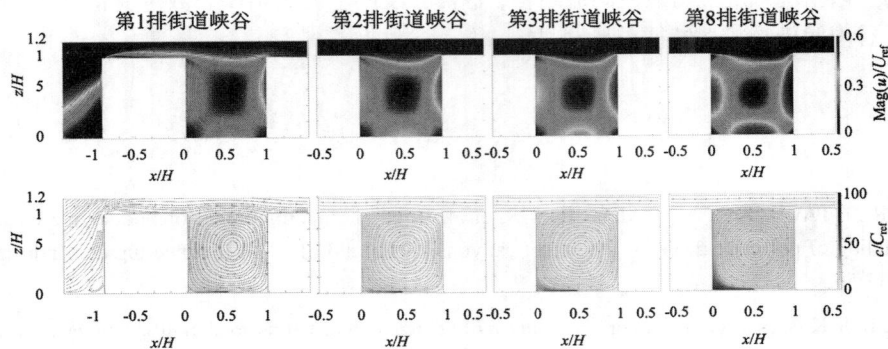

(a)

基金项目：国家自然科学基金项目（HW2023001）

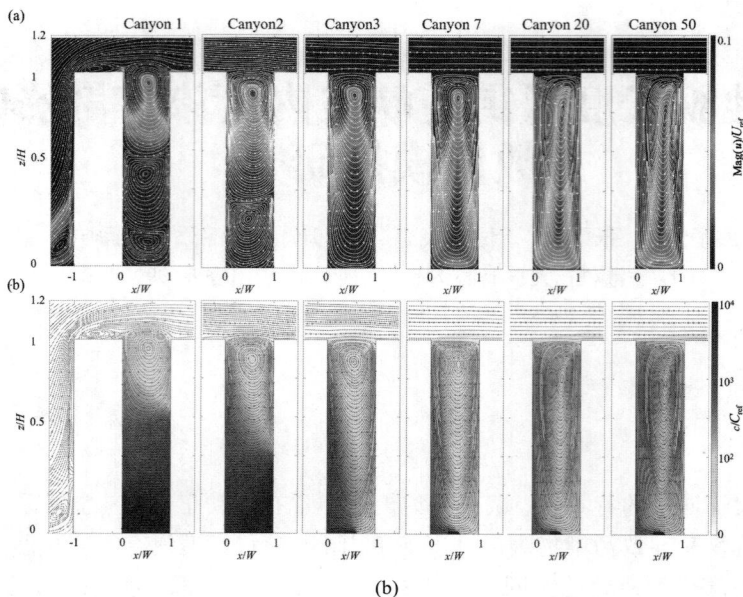

图 1　街道峡谷内平均速度场和污染物浓度分布：（a）案例 A（$H/W = 1$）；（b）案例 D（$H/W = 4$）

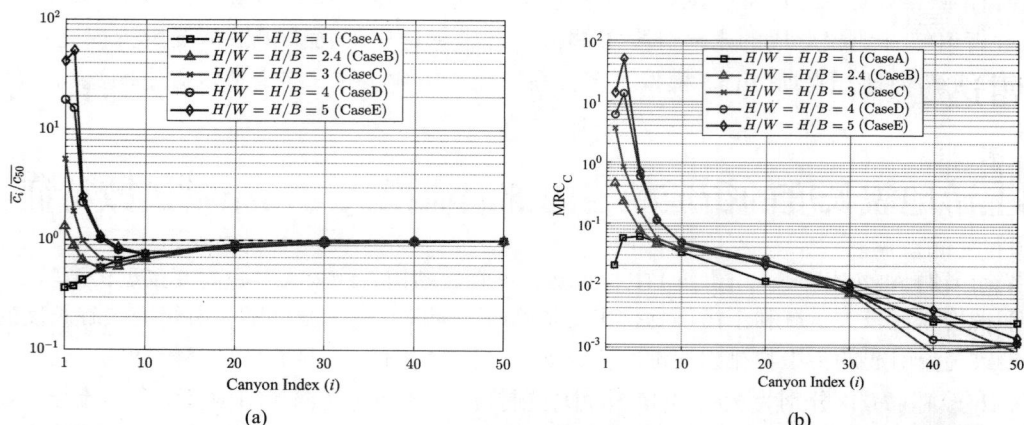

图 2　（a）以第 50 排峡谷值为基准归一化的街道峡谷内空间平均浓度图；（b）污染物浓度场的边际变化率（MRC）

3　结论

本研究利用 RANS（雷诺平均纳维-斯托克斯方程）模拟分析了真实城市中常见高宽比的二维街道峡谷中的流场与污染物扩散情况。发现街道内涡流结构，湍流强度随上游街道峡谷数量变化显著，导致不同上游地貌长度的街道峡谷内污染物扩散特征差异明显。

参考文献

[1] MERONEY R N, PAVAGEAU M, RAFAILIDIS S, et al. Wind engineering study of line source characteristics for 2-D physical modeling of pollutant dispersion in street canyons[J]. Journal of Wind Engineering and Industrial Aerodynamics, 1996, 62(1): 37-56.

[2] GROMKE C, RUCK B. Effects of trees on the dilution of vehicle exhaust emissions in urban street canyons[J]. International Journal of Environment and Waste Management, 2009, 4(3-4): 225-242.

城市复杂地貌风场类别的数值反演与比较研究

许　越[1]，邓海盛[2]，杨　易[1]

（1. 华南理工大学亚热带建筑与城市科学国家重点实验室　广州　510640；
2. 中国建筑工程（香港）有限公司　香港　999077）

1　引言

高层建筑是风敏感结构，在进行结构抗风设计时，为了准确计算其风荷载应首先确定其真实风场类别。城市中心建成区的复杂形态，增加了地貌准确分析的难度。传统的风场类别确定主要依据《建筑结构荷载规范》GB 50009—2012[1]等国内外规范之规定，但对于高层建筑密集、建成环境复杂的城市中心地区，这种地貌分析方法不够精细，影响结构风效应的准确评估。作者团队在前期研究[2-3]中，提出了一种建成建筑环境下大气边界层风场特性的反演新方法。本文应用该方法，以广州某中央商务区待建超高层建筑项目为案例，开展城市复杂地貌下边界层风场类别的数值反演研究，并与基于无人机航拍的地貌判定方法进行对比，以期为城市地貌建筑抗风设计的精细化分析提供参考。

2　激光雷达实测研究

以广州市琶洲中央商务区某待建超高层项目（287.5m）为研究案例（图1），该区域为城市中心地貌，周边高层建筑密集且分布不均，环境复杂，常规方法难以精准判定全风向地貌类别。激光雷达在测量前经与梯度塔机械风速仪实测数据比对，风速及风向相关系数均超0.95。作者团队通过30天激光雷达实测获取建筑群干扰下的边界层风场数据，筛选平均风速3~6m/s范围内风速样本。重点分析西北风向（303°~326°）良态风，以离地450m为参考高度，利用指数率风廓线模型进行拟合并进行归一化处理，结果如图2所示。

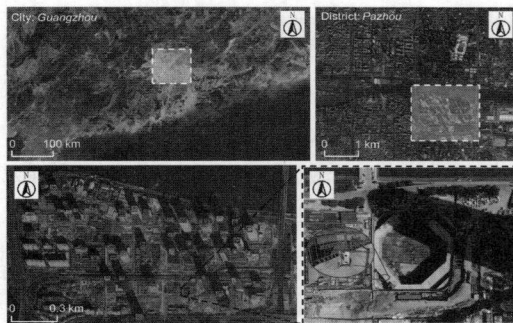

图1　激光雷达实测位置　　　　　图2　西北风向平均风速剖面

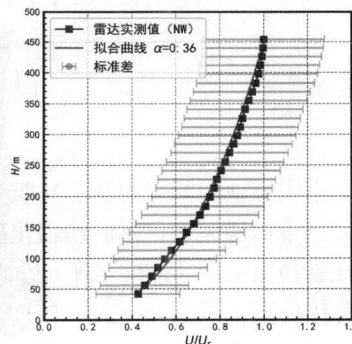

3　数值模拟反演研究与比较

在城市复杂建成环境下激光雷达现场实测获得边界层风场结果，代表了上游地貌和待建建筑周边建筑群的综合影响。为准确获得上游地貌类别，采用数值风洞方法进行反演迭代分析，其核心是要保证平衡态边界层的准确模拟。首先建立项目800m范围的数值风洞模型，计算域尺寸和网格划分方案如图3（a）。入口条件采用课题组团队提出的一类模拟平衡态边界条件数学模型[3]，根据建筑所在地貌类别，在初次迭代中上游

基金项目：国家自然科学基金项目（52178480）

远场地貌的粗糙度指数设定为规范中 C 类，其平均风速指数率为 0.22，经 2 次迭代后计算结果如图 3（b）、（c）所示。

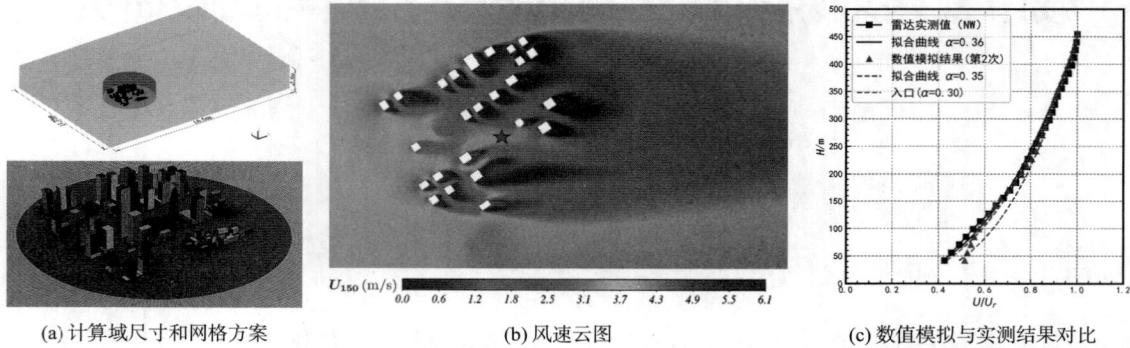

(a) 计算域尺寸和网格方案　　　　(b) 风速云图　　　　(c) 数值模拟与实测结果对比

图 3　数值风洞模拟与对比

对该项目采用无人机航拍获取西北风向来流上游最大高度建筑物如图 4（a）所示，通过太阳高度角估算，获取西北风向来流上游建筑最大高度约为 255m；再根据边界层风场性质，将这一高度设置为截断高度，获得截断高度以上的高空平均风剖面；然后通过数值拟合得到梯度风高度平均风速剖面，如图 4（b）所示。结果显示，通过激光雷达实测结合无人机航拍近似估算，获得项目上游场地地面粗糙度指数约为 0.31。

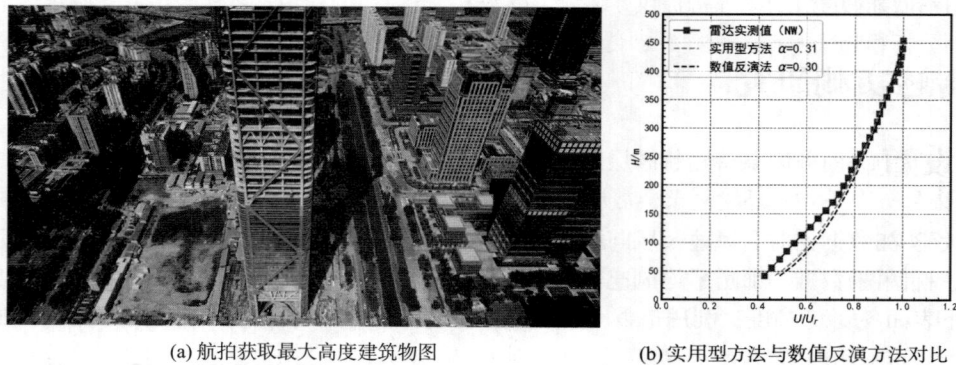

(a) 航拍获取最大高度建筑物图　　　　(b) 实用型方法与数值反演方法对比

图 4　无人机航拍获取城市地貌粗糙度指数

4　结论

本文以典型城市中心地貌待建超高层建筑为研究案例，基于激光雷达实测和 CFD 数值模拟开展了复杂建成建筑环境下大气边界层风场特性的精细化反演研究，获得远场地貌粗糙度指数 α 为 0.30，并与无人机航拍近似分析获得地貌判定结果（α 为 0.31）进行了对比，显示了这一新方法的适用性和合理性，为高层建筑风效应的精细化分析奠定了基础。

参考文献

[1]　住房和城乡建设部. 建筑结构荷载规范: GB 50009—2012[S]. 北京: 中国建筑工业出版社, 2012.

[2]　YANG Y, MA F X, HAN Q K. Reconstruction of boundary layer wind field at the SEG plaza based on dual-lidar measurement and numerical simulation [J]. Journal of Wind Engineering and Industrial Aerodynamics, 2023, 233: 105298.

[3]　YANG Y, XIE Z N, GU M. Consistent inflow boundary conditions for modelling the neutral equilibrium atmospheric boundary layer for the SST k-ω model [J]. Wind and Structures, 2017, 24(5): 465-480.

钝体空气动力学

粗糙椭圆柱的气动力特性风洞试验研究

鲍新源，沈国辉，韩康辉，姜咏涵，郑世雄，陈金明，汪郭立

（浙江大学结构工程研究所 杭州 310058）

1 引言

椭圆体作为典型的钝体，近几十年来在各领域的应用包括建筑轮廓、高性能热交换器、烟囱、桥墩等。然而，目前对椭圆圆柱气动特性的认识依旧有限，特别是粗糙度对椭圆气动特性的影响。以往基于圆柱体的研究表明，表面粗糙度能改变流动分离[1]，降低临界雷诺数[2]，同时还能模拟高雷诺数下光滑圆柱体的压力分布[3]。因此为了全面分析粗糙度对椭圆圆柱气动特性的影响，本研究对不同表面粗糙度的长短轴比为 2 的二维椭圆柱进行风洞试验研究，测量了椭圆圆柱体的风压分布、升力和阻力系数，分析粗糙度对气动特性的影响。

2 试验设置

在浙江大学 ZD-1 边界层风洞中对二维椭圆柱模型进行了一系列测压试验，风洞试验段截面为 4m×3m。如图 1 所示，椭圆圆柱模型短轴 B 为 500mm，长轴 D 为 1000mm，高度 H 为 500mm。为了模拟二维流效果，在椭圆柱上下表面各安装直径 3200mm 的圆盘以抑制端部效应。在椭圆柱表面竖向粘贴等间距的粗糙带模拟表面粗糙度[3-4]，定义相对粗糙度 k 为粗糙带厚度与相邻粗糙度带中心距离之比。固定粗糙带间距不变，改变粗糙带的厚度，得到 9 种不同的相对粗糙度，从 $k = 0$（光滑）到 $k = 0.0495$。在模型中间高度处按周长均匀布置 180 个测压点，测点位置如图 2 红点所示，采用 Scanivalve 公司 DSM3400 电子扫描阀测量风压，采样频率为 333Hz。模型在长轴平行于风向的位置上进行测试。试验湍流度 0.4%，风速 16m/s，雷诺数 $1.1×10^6$。用 θ 表示测压点的位置，定义 $\theta = 0°$ 为驻点位置。

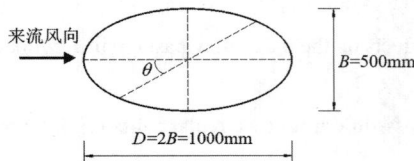

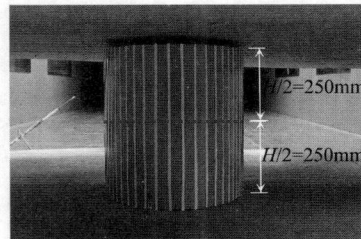

图 1 模型尺寸示意图　　　　图 2 风洞试验的粗糙椭圆柱模型

3 结果与分析

由于驻点两侧风压结果对称性较好，图 3、图 4 取 $\theta = 0°\sim180°$ 一侧的风压系数分布进行分析。观察图 3 可以发现，各粗糙度模型的平均风压分布曲线相似，粗糙度的影响主要体现在最小压力系数 C_{Pm} 和分离点位

基金项目：国家自然科学基金项目（52178511）

置θ_s上。随着粗糙度的增加，最小压力系数C_{Pm}的绝对值变小，分离点θ_s向上游移动，表明尾迹不断变宽。图 4 中脉动风压系数的分布曲线呈现出两种趋势。对于粗糙度$k \leqslant 1.24 \times 10^{-2}$的模型，脉动风压在$\theta = 150°$处有明显峰值，脉动风压系数整体较大。而粗糙度$k > 1.24 \times 10^{-2}$的模型，脉动风压仅在模型后缘附近有小波动。此外，图 5、图 6 给出了气动力系数均值和标准差随粗糙度的变化。可以看出，平均阻力系数随粗糙度的增大而略有上升，升力系数保持在零附近。脉动升阻力系数随粗糙度的增加而下降，特别是在粗糙度$k > 1.24 \times 10^{-2}$的情况下，与光滑情况相比，脉动升阻力系数减小了 65%。

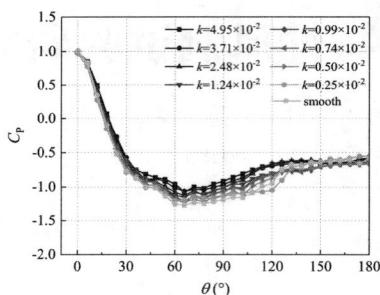

图 3　平均风压系数分布图　　　　图 4　脉动风压系数分布图

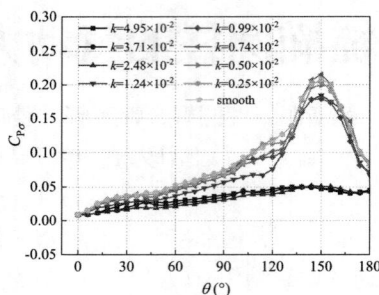

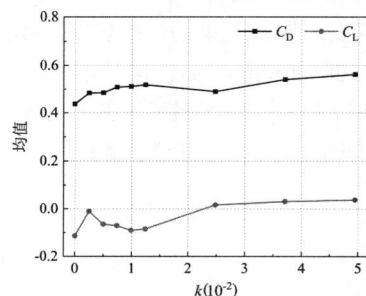

图 5　平均升阻力系数分布图　　　　图 6　脉动升阻力系数分布图

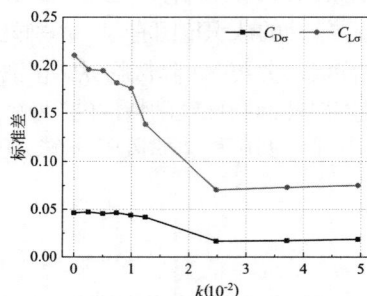

4　结论

本研究对不同表面粗糙度的长短轴比为 2 的二维椭圆柱进行风洞试验研究，测量了椭圆柱的风压分布、升力和阻力系数，发现在长轴平行于风向的情况下，粗糙度的增加可以降低最小风压系数的绝对值，使分离点前移，同时降低脉动风压系数和脉动升阻力，改善气动特性，尤其是在相对粗糙度$k > 1.24 \times 10^{-2}$的情况下。

参考文献

[1]　GÜVEN O, FARELL C, PATEL V C. Surface-roughness effects on the mean flow past circular cylinders[J]. Journal of Fluid Mechanics, 1980, 98(4): 673-701.

[2]　ACHENBACH, E. Influence of surface roughness on the cross-flow around a circular cylinder[J]. Journal of Fluid Mechanics, 1971, 46(2): 321-335.

[3]　DUARTE RIBEIRO J. Effects of surface roughness on the two-dimensional flow past circular cylinders I: Mean forces and pressures[J]. Journal of Wind Engineering and Industrial Aerodynamics, 1991, 37(3): 299-309.

[4]　程霄翔, 赵林, 葛耀君. 高超临界雷诺数区间内二维圆柱绕流的实测研究[J]. 物理学报, 2016, 65(21): 238-253.

不同湍流场中攻角对翼型气动导纳的影响

赵勇飞[1]，杨　阳[1,2]，李明水[1,2]，马汝为[3]

（1. 西南交通大学风工程试验研究中心　成都　610031；
2. 风工程四川省重点实验室　成都　610031；
3. 上海师范大学建筑工程学院　上海　201418）

1　引言

气动导纳是空气动力学中描述非定常气动力与来流特性关系的重要参数。但是大量研究表明即使同一截面，不同湍流中的三维气动导纳（3D-AAF）也不一致，这使得确定脉动风荷载必须依赖风洞试验。为了解决这个问题，Li 等人[1]通过剔除展向影响，获得了不同湍流场中零攻角翼型的二维气动导纳（2D-AAF）。结果表明不同流场中的 2D-AAF 一致且在低频下与 Sears 函数相同，揭示了 3D-AAF 的流场依赖性是由不同的尺度比（L_w^x/c）造成的，为脉动风荷载设计提供了便利。但是对非零攻角的翼型，顺风向的脉动风速必然会对气动升力造成影响，此时不能仅考虑竖向脉动风。此外，非零攻角的 2D-AAF 是否仍独立于流场仍不清楚。为此，本文进一步将 Li 等人[1]的方法推广到不同攻角的情况，并进行了试验研究。

2　理论与方法

忽略弯度，将 Atassi 函数[2]推广到各向同性湍流的情况，并进行与 Sears 统一的归一化

$$\frac{L}{\pi\rho c U w_0 \exp(i\omega_w t)} = S(k_w^x c/2) + \alpha_0 \frac{|k_w^x c/2 + i k_w^x c/2|}{k_w^x c/2} R_\alpha(k_w^x c/2, k_u^x c/2 = k_w^x c/2) \tag{1}$$

式中，S 为 Sears 函数，R_α 是攻角响应函数，折减频率定义如图 1 所示。

公式(1)右侧为本文所述的 Atassi 函数，即不同攻角下的理论 2D-AAF，但需避免失速（即攻角大约小于12°）。

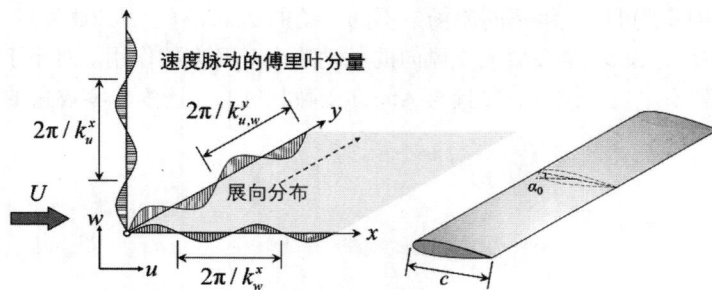

图 1　非零攻角翼型遭遇涡流阵风示意图以及参数定义

根据 Li 等人[1]理论的拓展，2D-AAF 可表示为

$$|\chi(k_w^x c/2, \alpha_0)|^2 = \frac{|A(k_w^x c/2, \alpha_0)|^2}{g_{\text{span}}(k_w^x c/2, \alpha_0)} = \frac{\phi_w(k_w^x, \alpha_0)/\phi_w(k_w^x)}{(\pi\rho U c)g_{\text{span}}(k_w^x c/2, \alpha_0)} \tag{2}$$

式中，$|A|^2$ 为由测量谱直接获得的 3D-AAF，g_{span} 为通过拟合升力展向相干函数获得的展向波数影响因子。$|\chi|^2$ 和 $|A|^2$ 只相差一个展项影响，所以只要确定了展向影响，就可实现 3D-AAF 到 2D-AAF 的转化。如果相同攻角下不同尺度比的 2D-AAF 一致，那就表明非零攻角不会改变 2D-AAF 的流场独立性，从而为可以通

基金项目：国家自然科学基金项目（51878580，52008357，52408550）

过一次试验确定不同湍流中的气动升力。

3 结果与讨论

刚性模型测压试验在 XNJD-1 风洞中进行。利用三组格栅获得了 T-F A、B 和 C 三组流场。湍流风速由 TFI Cobra Probe 采集，风压时程利用连接到 DSM4000 的 MPS4164 采集。

图 2（a）展示了不同湍流场中不同攻角的展向影响因子。随着尺度比的增大，展向影响因子也随之增大，表明三维效应的减小。而对相同的尺度比，不同攻角的展向影响因子变化很小，可能是因为在预失速之前，展向相干性随攻角的变化不大。

在计算完g_{span}并通过试验数据获得 3D-AAF 之后，根据公式(2)，图 2（b）展示了不同尺度比中相同攻角（4°）下 2D-AAF 的计算结果。很明显，非零攻角的出现不会造成 2D-AAF 的流场依赖性。不同尺度比下的 2D-AAF 大于 Sears 函数，但是与 Atassi 函数较为吻合。这是因为在与 Sears 进行相同归一化时仅考虑了竖向脉动而忽略了顺风向脉动。最后，图 2（c）展示了同一流场中不同攻角的 2D-AAF，说明了 Atassi 函数在失速前可以很好地描述攻角对升力脉动的影响。

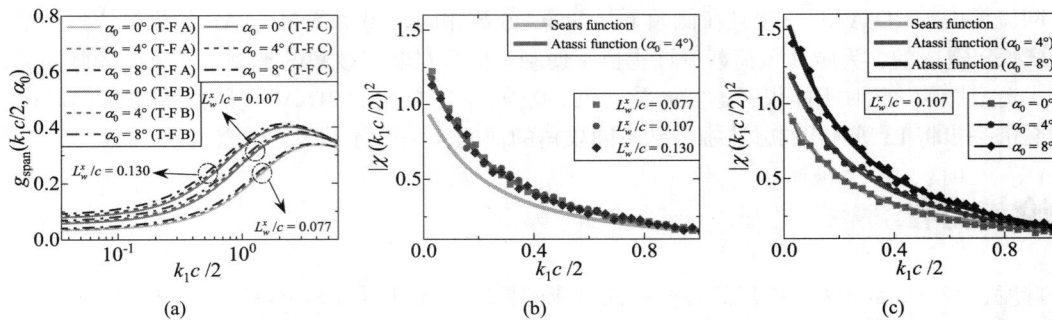

图 2 （a）不同流场中不同攻角的展向影响因子；（b）不同流场中相同攻角的 2D-AAF；（c）同一流场中不同攻角的 2D-AAF

4 结论

对于非零攻角的翼型，不但竖向脉动风会诱导抖振升力，顺风向脉动风速也会有所贡献。通过从试验 3D-AAF 中剔除展向影响因子可以获得不同流场中不同攻角的 2D-AAF。从 2D-AAF 的结果来看，攻角增大对低频有促进作用，因为更大的攻角会放大顺风向的脉动速度对升力的作用。对小于失速条件的攻角，不同湍流中的 2D-AAF 在低频下呈现一致性，并且与 Atassi 函数相吻合。这为非零攻角的流线型结构确定脉动风荷载提供了便捷思路。

参考文献

[1] LI M, ZHAO Y, YANG Y, et al. Aerodynamic lift fluctuations of an airfoil in various turbulent flows[J]. Journal of Fluid Mechanics, 2022, 947.

[2] ATASSI H M. The sears problem for a lifting airfoil revisited-new results[J]. Journal of Fluid Mechanics, 1984, 141: 109-122.

4∶1矩形柱涡激振动的雷诺数效应

朱红玉[1,2]，杜晓庆[1,2]

（1. 上海大学力学与工程科学学院土木工程系 上海 200444；
2. 上海大学高性能桥梁研究中心 上海 200444）

1 引言

类矩形断面在风敏感结构中具有广泛的应用，如大跨度桥梁的主梁、桥塔、超高层建筑等。为了研究类矩形断面涡激振动的雷诺数效应（Re），本文以4∶1矩形柱为对象，通过大涡模拟方法，在低（10^2，全桥模型），中等（10^3，小缩尺比模型）及（10^4，大缩尺比模型）三个雷诺数区间，分析了振动响应随雷诺数的变化规律，澄清了涡振过程中气动性能的演化特性，揭示了涡振响应随雷诺数变化的流场驱动机制。

2 计算模型

本文将矩形柱的流致振动简化为质量-弹簧-阻尼系统（图1（a））。表1为模型主要参数，高雷诺数区间时与Marra等（2011）[1]风洞试验的设置相同。通过修改来流风速（U_0）和固有频率（f_n）改变计算的雷诺数范围。计算采用O形计算域，直径为$120D$（图1（b））。

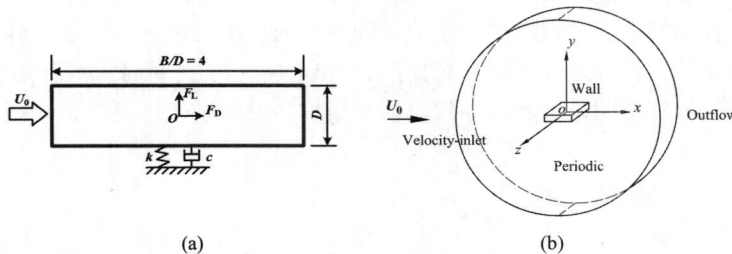

图1 （a）计算模型示意图，（b）计算域及边界条件

不同雷诺数区间主要计算参数 表1

雷诺数区间	B（m）	D（m）	M（kg/m）	ζ（%）	U（m/s）	f_n（Hz）	U_r	Re
低雷诺数					（6.04～13.09）× 10^{-2}	13.43×10^{-2}	6.0～13.0	（3.1～6.8）× 10^2
中等雷诺数	0.3	0.075	6.085	0.21	（6.04～10.07）× 10^{-1}	13.43×10^{-1}	6.0～10.0	（3.1～5.2）× 10^3
高雷诺数					6.04～10.07	13.43	6.0～10.0	（3.1～5.2）× 10^4

3 研究内容

3.1 振动响应

图2给出了矩形柱的横流向振动响应、振动频率比、脉动升力系数和瞬时涡量图（$U_r = 10.0$）。由图2（a）可知，在高雷诺数区间，本文的振动响应与文献基本吻合，下降阶段振幅略高于Marra等[1]的试验结果，但与Tang等[2]的大涡模拟结果一致。本文的振动频率比和脉动升力系数与Tang等[2]的变化趋势一致。雷诺

基金项目：国家自然科学基金项目（52478534）

数由 10^2 数量级增加至 10^3 数量级，矩形柱涡振响应发生显著变化。在低雷诺数区间，矩形柱最大涡振响应 RMS $Y/D_{max} = 0.1$，锁定区间 $U_r = 7.0 \sim 11.5$；而在中等雷诺数区间，RMS $Y/D_{max} = 0.032$，锁定区间 $U_r = 6.5 \sim 9.5$；在高雷诺数区间，RMS $Y/D_{max} = 0.028$，锁定区间 $U_r = 7.0 \sim 9.0$。

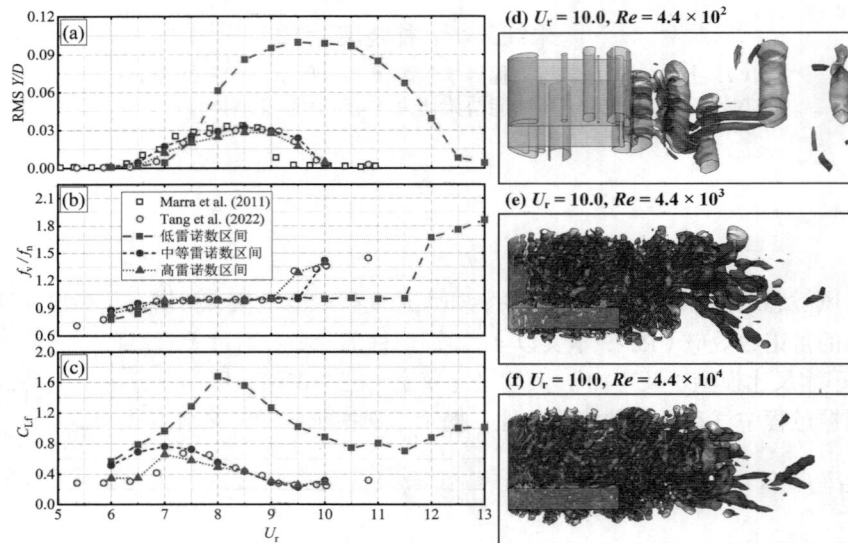

图 2 （a）横流向振动响应；（b）振动频率比；（c）脉动升力系数；（d）、（f）瞬时涡量图

3.2 气动力系数

由图 2（c）可知，三个雷诺数量级下，矩形柱的脉动升力系数均在振幅上升中点取得最大值，并且折减速度的增加逐渐下降，在振幅下降中点取得最小值，随着折减速度的进一步增加，脉动升力系数缓慢增加。随着雷诺数的增加，脉动升力系数逐渐下降。对比图 2（d）～（f）的瞬时流场可知，低雷诺数区间旋涡强度明显更强，涡结构的三维特性明显更弱，导致流体对矩形柱的激励作用更强，故振动响应明显更大。

4 结论

通过大涡模拟方法，研究了低（10^2）、中等（10^3）及高（10^4）三个雷诺数区间内 4∶1 矩形柱的涡激振动。研究表明，由低雷诺数区间增加至中等雷诺数区间，矩形柱振动响应、锁定区间范围与脉动升力系数均随雷诺数的增加显著下降。由中等雷诺数区间增加至高雷诺数区间时，雷诺数的对涡激振动的影响明显减弱。脉动升力系数在振幅上升中点取得最大值，在振幅下降中点取得最小值。随着雷诺数的增加，旋涡强度减弱，对矩形柱的激励作用减弱。

致　谢

本文的计算（部分）得到"东方"超级计算系统的支持与帮助。

参考文献

[1] MARRA A M, MANNINI C, BARTOLI G. Van der Pol-type equation for modeling vortex-induced oscillations of bridge decks[J]. Journal of Wind Engineering and Industrial Aerodynamics, 2011, 99(6-7): 776-785.

[2] TANG Y, HUI Y, LI K. LES study on variation of flow pattern around a 4:1 rectangular cylinder and corresponding wind load during VIV[J]. Journal of Wind Engineering and Industrial Aerodynamics, 2022, 228.

基于风速折减系数的防风网风荷载分布模型研究

柴晓兵[1]，刘庆宽[2,3]，孙一飞[1]，刘一诺[1]，路　川[4]

（1. 石家庄铁道大学土木工程学院 石家庄 050043；
2. 河北省风工程和风能利用工程技术创新中心 石家庄 050043；
3. 石家庄铁道大学道路与铁道工程安全保障教育部重点实验室 石家庄 050043；
4. 石河子大学水利建筑工程学院 石河子 832000）

1 引言

室外煤堆在风的作用下会造成煤尘飘散现象[1]，导致资源的浪费，造成经济上的损失。2016 年，世界卫生组织把"室外空气污染、颗粒物"确定为 1 类致癌物。世界卫生组织公布"慢性阻塞性肺病"和"气管、支气管和肺癌"是导致我国人员死亡的两大主要原因。据新华社报道，防风网配合洒水喷淋是室外煤堆主要的抑尘措施，降尘率高达 97.5%。因此，开展防风网遮蔽效果研究具有十分迫切的现实意义。

2 风洞试验介绍

试验在石家庄铁道大学风洞实验室低速试验段进行。图 1 为防风网安装实物图，防风网采用真实模型，来流风向垂直于防风网。防风网高 H 为 0.54m。来流风速 10m/s 和 15m/s，采集设备为眼镜蛇。采用五孔探针和压力扫描阀进行风压测量，采样频率为 330Hz，采样时间为 60s。图 2 为模型示意图，高度方向测点范围为 $0.1H\sim1.5H$，$0.1H$ 间隔；遮蔽距离方向测点范围为 $1H\sim30H$，$1H$ 间隔。

图 1　风洞安装实物图

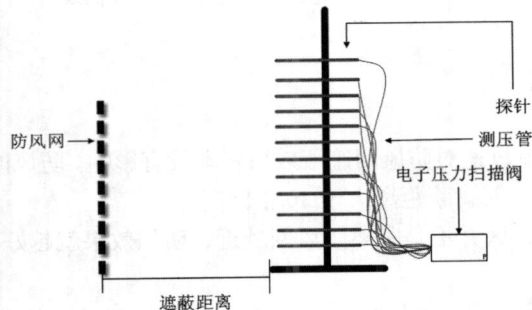

图 2　模型示意图

3 防风网降风效果研究

为了分析防风网的降风效果，定义风速折减系数如下：

$$\lambda = U_{有网}/U_{无网} \tag{1}$$

式中，λ 表示风速折减系数；$U_{有网}$ 和 $U_{无网}$ 分别表示有/无防风网时某测点的风速。

图 3（a）和（b）给出了来流风速为 15m/s 和 10m/s 防风网风速折减系数等值线图，可以发现，来流风速大小对防风网降风效果影响很小，基本上可以忽略。$1H$ 网高范围，30 倍遮蔽距离内的风速降低为原来的 80%以下，因此，该防风网遮蔽距离大于 30 倍网高。

基金项目：河北省自然科学基金创新研究群体项目（E2022210078），中央引导地方科技发展资金项目（236Z5410G），河北省高端人才项目（冀办〔2019〕63 号），国家自然科学基金（52408551），河北省自然科学基金青年项目（E2024210071），河北省高等学校科学技术研究项目（QN2024038），河北省研究生创新资助项目（CXZZBS2025164）

(a) 15m/s　　　　　　　　　　(b) 10m/s

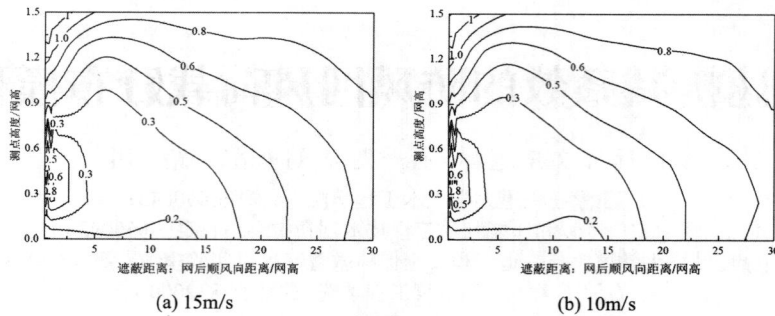

图 3　防风网折减系数等值线图

4　防风网风荷载沿竖向和顺风向分布模型研究

以来流风速 15m/s 为例，5H～10H遮蔽距离范围内风速折减系数沿竖向分布曲线和拟合后的分布模型如图 4 和图 5 所示，模型呈"抛物线型"分布，该模型可以快速预测风速折减系数沿高度方向的变化。篇幅限制，该部分仅列出了部分结果。

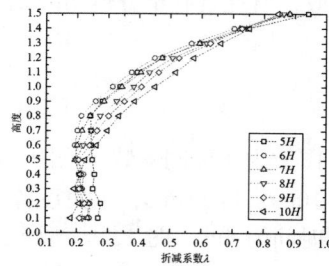

$$y = -3.6455x^2 + 5.5299x - 0.6191$$

图 4　风速折减系数沿竖向分布曲线　图 5　风速折减系数沿竖向分布模型

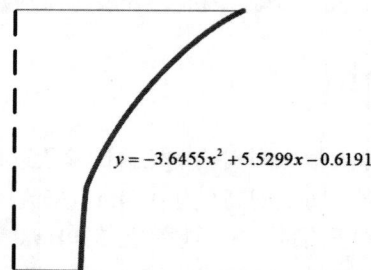

5　结论

（1）来流风速对防风网遮蔽效果基本没有影响。防风网可将 1H网高、30H遮蔽距离内的风速降低为原来的 80%以下，其遮蔽距离大于 30 倍网高。

（2）庇护区并不是距离防风网越近，防风效果就越好；6 倍网高时，遮蔽效果最好，建议采用该值确定最优网堆距。

（3）提出了"风速折减系数沿竖向分布模型"和"风速折减系数沿顺风向分布模型"，建议采用该模型快速预测风速折减系数沿竖向和顺风向的变化。

参考文献

[1]　高杨, 王荣, 王亥索. 防风抑尘网减风抑尘效果数值模拟研究[J]. 港口航道与近海工程, 2024, 61(4): 25-30+35.

5：1矩形断面气动特性的雷诺数效应研究

韩　原[1]，孙一飞[1,2,3]，刘庆宽[1,2,3]

（1. 石家庄铁道大学土木工程学院 石家庄 050043；

2. 河北省风工程和风能利用工程技术创新中心 石家庄 050043；

3. 石家庄铁道大学道路与铁道工程安全保障教育部重点实验室 石家庄 050043）

1　引言

矩形断面在大型土木工程中有广泛应用。宽厚比控制着矩形柱的空气动力学特性[1-2]。BARC基准于2008年在第六届钝体空气动力学和应用大会上提出[3]，重点关注静止的宽厚比5：1矩形柱气动特性。在均匀流中，预计该宽厚比矩形柱气动特性对流动条件具有很强的敏感性[4]。研究即基于5：1矩形柱展开，同步进行了测力和测压试验，研究5：1矩形柱在0°～8°攻角下，$Re = 3.12 \times 10^5 \sim Re = 1.01 \times 10^6$ 范围内的气动特性随雷诺数变化规律。

2　研究方法和内容

2.1　风洞试验介绍

试验在中国绵阳的FL-13风洞高速段进行，试验段宽8m、高6m、长15m，平均气流偏角小于0.5°，紊流度小于0.2%。测压与测力同时进行，模型具有足够的强度，实拍图见图1。横断面测点布置见图2。模型上下端部设置了较大尺寸的铝材端板。

图1　风洞中的试验模型

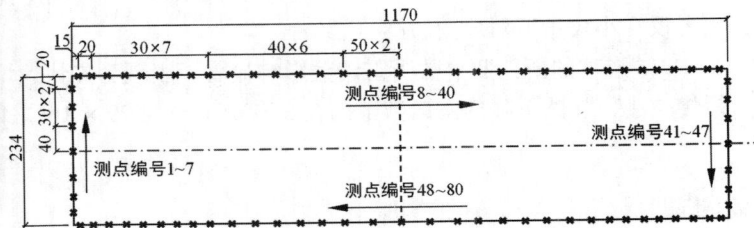

图2　模型尺寸及测点布置

2.2　雷诺数对气动力及斯托罗哈数的影响分析

图3、图4和图5和图6分别为不同攻角下，平均阻力系数、平均升力系数和平均扭矩系数及斯托罗哈数随雷诺数的变化曲线。平均阻力系数随雷诺数增大，有整体减小的趋势。$\alpha = 0° \sim 6°$时，平均升力系数在雷诺数 $3.12 \times 10^5 \sim 6.40 \times 10^5$ 范围内基本无变化；α在1°～6°之间，雷诺数由 6.40×10^5 增大至 9.36×10^5 时，平均升力系数出现小幅度的降低。在$\alpha = 7°$和$\alpha = 8°$攻角下，平均升力系数随雷诺数增加出现先增大后减小的变化趋势，最大升力系数分别出现在$Re = 5.46 \times 10^5$和$Re = 4.99 \times 10^5$。平均扭矩系数在α为1°～8°范

基金项目：河北省自然科学基金创新研究群体项目（E2022210078），中央引导地方科技发展资金项目（236Z5410G），河北省高端人才项目（冀办〔2019〕63号），国家自然科学基金青年科学基金项目（52408551），河北省自然科学基金青年项目（E2024210071），河北省高等学校科学技术研究项目（QN2024038）

围内均出现了明显的雷诺数效应。斯托罗哈数在雷诺数 $3.59 \times 10^5 \sim 4.99 \times 10^5$ 区间内发生骤降。

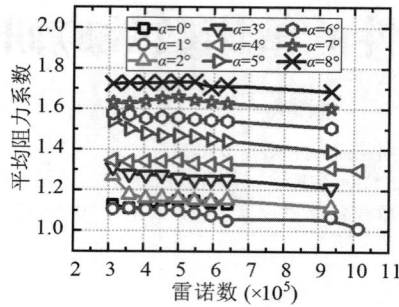

图 3　平均阻力系数

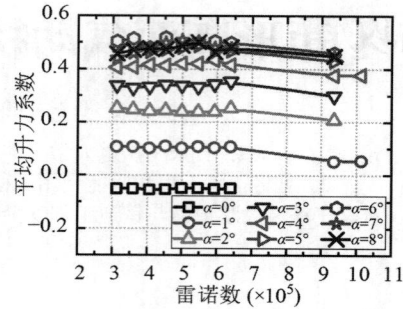

图 4　平均升力系数

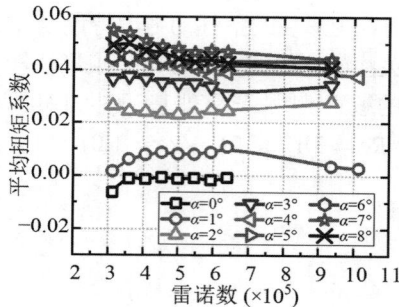

图 5　平均扭矩系数

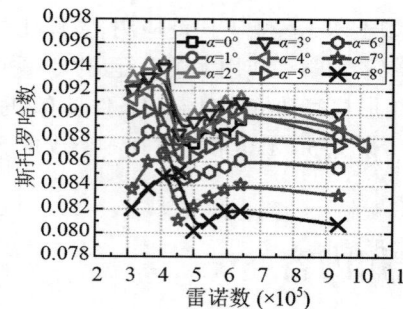

图 6　斯托罗哈数

3　结论

在大断面风洞中进行了高雷诺数下的测力测压试验，研究了雷诺数对 5：1 矩形柱气动特性的影响。试验的主要结论如下：

（1）在高雷诺数下，雷诺数对 5：1 矩形柱的三分力系数具有不同程度的影响。平均阻力系数随着雷诺数的增加，呈现出总体下降的趋势。平均升力系数雷诺数效应不明显，平均扭矩系数在非零攻角下雷诺数效应显著，两者仅在小攻角下对攻角敏感。

（2）5：1 矩形柱的斯托罗哈数受雷诺数影响显著，表现为先快速增大，然后骤然减小，随后再缓慢增大，最后缓慢减小，骤然下降的雷诺数范围在 $3.59 \times 10^5 \sim 4.99 \times 10^5$ 之间。

参考文献

[1]　STOKES A N, WELSH M C. Flow-resonant sound interaction in a duct containing a plate, Ⅱ: Square leading edge[J]. Journal of Sound and Vibration, 1986, 104(1): 55-73.

[2]　NAKAMURA Y , OHYA Y , TSURUTA H .Experiments on vortex shedding from flat plates with square leading and trailing edges[J]. Journal of Fluid Mechanics, 1991, 222(1): 437-447.

[3]　BARTOLI, G, BURESTI, G, BRUNO, L. BARC: a Benchmark on the Aerodynamics of a Rectangular 5：1 Cylinder[J]. Journal of Fluids and Structures, 2009, 25(3): 586.

[4]　BRUNO L, SALVETTI M V, RICCIARDELLI F. Benchmark on the Aerodynamics of a Rectangular 5：1 Cylinder: An overview after the first four years of activity[J]. Journal of Wind Engineering and Industrial Aerodynamics, 2014, 126: 87-106.

不同风攻角下串列双 5∶1 矩形断面气动力特性及流场数值模拟研究

徐鹏程 [1]，杨雄伟 [2]，郑云飞 [3]，王赫晨 [1]，杨硕琛 [1]，吴 凡 [4]，靖洪淼 [1,5,6]，刘庆宽 [1,5,6]

（1. 石家庄铁道大学土木工程学院 石家庄 050043；
2. 河北地质大学城市地质与工程学院 石家庄 050031；
3. 石家庄铁路职业技术学院铁道工程系 石家庄 050043；
4. 石家庄铁道大学交通运输学院 石家庄 050043；
5. 石家庄铁道大学省部共建交通工程结构力学行为与系统安全全国家重点实验室 石家庄 050043；
6. 河北省风工程和风能利用工程技术创新中心 石家庄 050043）

1 引言

近年来，随着社会经济的蓬勃发展，交通量日益增长。为了增强桥梁通行能力，通常将主梁设计成彼此分离且相互平行的双幅桥梁。对于桥梁而言，一般风荷载作用的风攻角范围在−3°到+3°之间[1]，然而在山区峡谷地形作用下，常形成风攻角高达±15°的大攻角来流[2]。以往关于风攻角对于桥梁风荷载的研究多集中于单幅桥梁，双幅桥梁的研究多集中于间距比的影响，风攻角对于双幅桥梁气动力特性的影响有待深入研究。宽高比为 5∶1 的矩形断面常被认为是一种简化的桥梁主梁断面形状[3]，通过对 5∶1 矩形断面的气动力和流场特性进行研究，可以为预测桥梁在来流风作用下的气动行为提供一定的参考。因此，本文通过 URANS 方法对不同风攻角下串列双 5∶1 矩形断面进行研究，探究风攻角对断面风压分布的影响，从流场角度揭示风压分布变化原因，为大攻角来流下双幅桥梁的抗风设计提供了参考。

2 数值模拟设置

数值模拟计算域如图 1 所示，计算域大小设置为 $166D \times 100D$，阻塞率为 1%，串列间距 $L/D = 6$。流场的入口定义为速度入口，流速 $U = 5.4\text{m/s}$。本研究的雷诺数大小 $Re \approx 4.4 \times 10^4$。出口定义为压力出口，上下边界为对称边界，且矩形钝体断面表面应用无滑移壁面。采用分块思路进行网格划分，所有网格均设为结构化网格，网格增长率设置为 1.05。首层网格高度取值满足 $y^+ \approx 1$，并在角部区域进行网格加密。数值模拟采用基于 SST $k\text{-}\omega$ 湍流模型的 URANS 方法，并结合 SIMPLE 算法来求解流场，通过 Fluent 平台对串列双 5∶1 矩形断面进行研究。

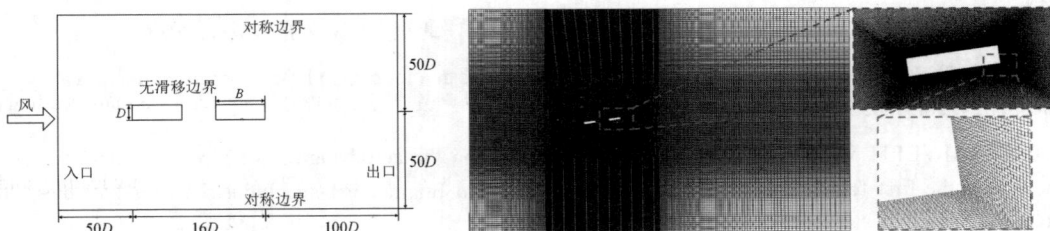

图 1 计算域与局部网格示意图

3 结果分析

图 2 给出了不同攻角下串列双 5∶1 矩形的平均风压系数分布，随着攻角的减小，上下游矩形上表面的

基金项目：国家自然科学基金项目（52208494），河北省自然科学基金项目（E2024210037，E2021210063）

平均风压系数均逐渐增大；上游矩形下表面的平均风压系数逐渐减小，而下游矩形下表面的平均风压系数变化不明显，除了 $\alpha = 0°$，$-2°$ 和 $-8°$ 时。通过对图 3 流场进行分析，发现风攻角影响了矩形上下表面的分离泡，从而使结构的平均风压系数发生变化。

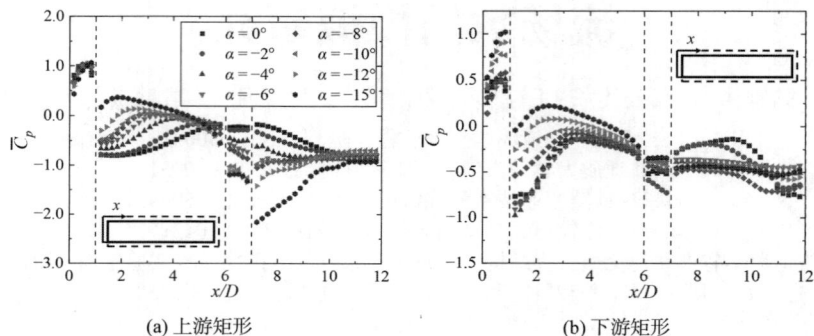

(a) 上游矩形　　　　　　　　　　(b) 下游矩形

图 2　矩形断面的平均风压系数

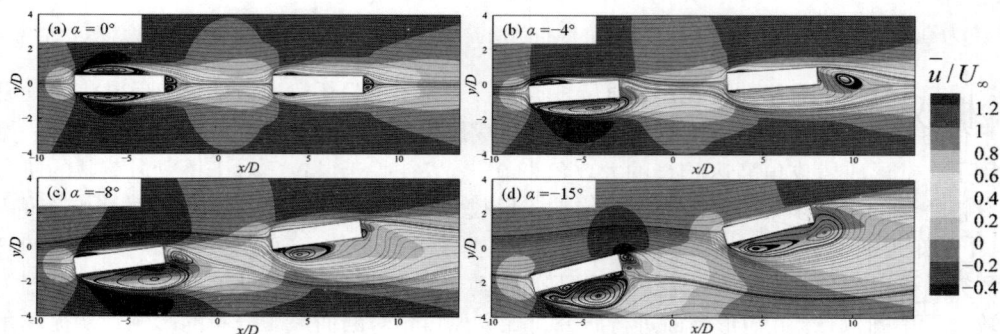

图 3　不同风攻角下矩形断面的平均流线图

4　结论

本文采用非定常雷诺时均方法对 $Re = 4.4 \times 10^4$ 的不同风攻角下串列双 5：1 矩形断面进行数值模拟计算，通过对风压分布和流场特性进行分析，发现风攻角使得矩形断面上下表面的分离泡不断变化，上表面的再附点位置往上游移动，下表面的再附流特性发生改变，从而使得矩形表面的风压系数变化。

参考文献

[1]　交通运输部. 公路桥梁抗风设计规范: JTG/T 3360-01—2018[S]. 北京: 人民交通出版社, 2018.

[2]　JING H, LI W, SU Y, et al. Numerical study of wind characteristics at a long-span bridge site in mountain valley[J]. Physics of Fluids, 2024, 36(3): 035131.

[3]　BRUNO L, SALVETTI M V, RICCIARDELLI F. Benchmark on the aerodynamics of a rectangular 5：1 cylinder: an overview after the first four years of activity[J]. Journal of Wind Engineering and Industrial Aerodynamics, 2014, 126: 87-106.

圆角方柱气动特性的雷诺数效应试验研究

郑超越[1]，阮冠康[1]，高梓涵[1]，杨　群[1,2]

（1. 石家庄铁道大学土木工程学院 石家庄 050043；

2. 河北省风工程和风能利用工程技术创新中心 石家庄 050043）

1　引言

　　圆角方形断面因其具有外形美观、设计简单以及施工方便的优点，被广泛应用于工程实践[1-2]。目前，关于圆角方柱的气动特性的研究大多针对圆角率较小、仅在 0°风向角下及雷诺数不高的情况[3-5]，对大圆角率、较高雷诺数下圆角方柱气动特性随风向角的变化研究不够深入，有必要作进一步研究。鉴于此，本文通过风洞试验，在雷诺数为 $0.8 \times 10^5 \sim 3.6 \times 10^5$ 时，考虑全风向的影响，对圆角率为 0.3 的圆角方柱进行气动特性研究。

2　试验概况

　　试验在石家庄铁道大学 STDU-1 风洞实验室高速试验段进行，背景湍流度小于 0.5%，为均匀流场。模型截面厚度 $D = 120mm$，长度 $L = 1700mm$，圆角半径 $R = 36mm$，圆角率 $R/D = 0.3$，模型共布置 48 个测点，两端设置直径 $D_e = 600mm$ 的圆形端板，以保证风场的二维流动。由于模型断面的对称性，风向角 α 的变化范围为 0°～45°。其中，0°～25°时的角度变化步长为 2.5°，25°～45°时的角度变化步长为 5°。试验雷诺数范围为 $Re = 0.8 \times 10^5 \sim 3.6 \times 10^5$。

3　结果分析

　　从图 1 可以看出，平均风压系数随着雷诺数的增大表现出了对称、不对称、对称三种分布形式。从图 2 和图 3 可以看出，当风向角为 0°～25°时，平均升/阻力系数的雷诺数效应比较显著；当风向角为 30°～45°时，平均升/阻力系数的雷诺数效应则不明显。从图 4 和图 5 可以看出，当风向角为 0°～7.5 时，脉动升力系数和斯托罗哈数的雷诺数效应不显著；当风向角为 10°～45°时，脉动升力系数和斯托罗哈数的雷诺数效应比较明显。从图 6 和图 7 可以看出，升力系数功率谱均出现峰值且随着雷诺数的增大带宽逐渐明显，斯托罗哈数出现跳跃现象。

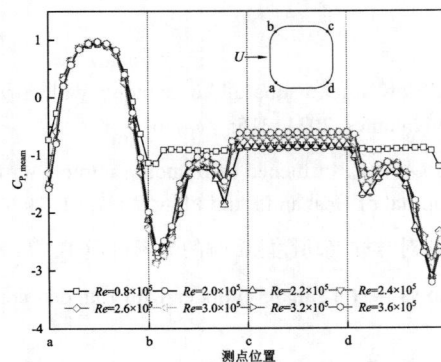

图 1　0°风向角下的平均风压系数

基金项目：国家自然科学基金项目（52008273，52078313），河北省自然科学基金创新研究群体项目（E2022210078），中央引导地方科技发展资金项目（236Z5407G，236Z5410G）

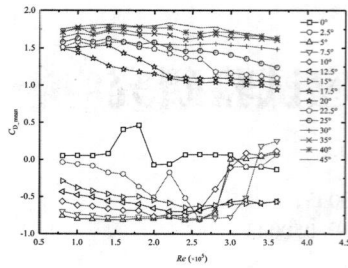

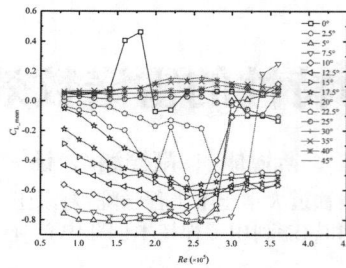

图 2　平均阻力系数　　　　　图 3　平均升力系数　　　　　图 4　脉动升力系数

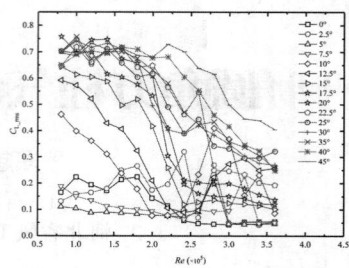

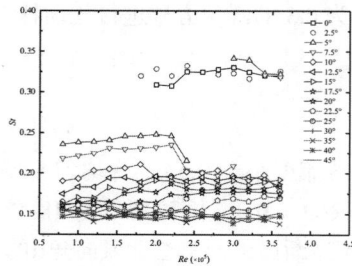

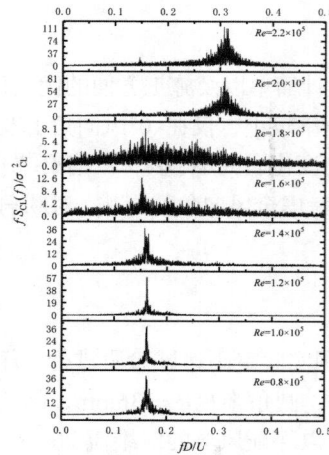

图 5　斯托罗哈数　　　　图 6　0°风向角下 $Re = 0.8 \times 10^5 \sim$　　图 7　0°风向角下 $Re = 2.4 \times 10^5 \sim$
　　　　　　　　　　　　　　　 2.2×10^5 的升力系数功率谱　　　　 3.6×10^5 的升力系数功率谱

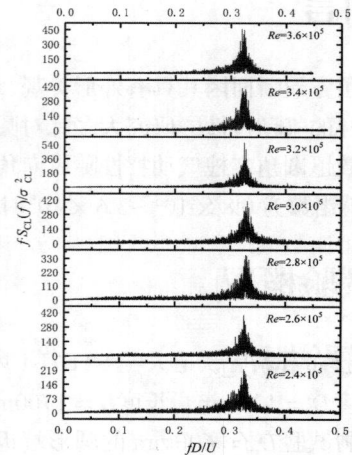

4　结论

在试验雷诺数范围内，$R/D = 0.3$ 的圆角方形断面的平均阻力系数、平均升力系数、脉动升力系数及斯托罗哈数均出现了比较明显的雷诺数效应。平均阻力系数和平均升力系数在 0°～25°风向角下雷诺数效应更明显，脉动升力系数和斯托罗哈数在 0°～7.5°风向角下雷诺数效应更加明显。由于斯特罗哈数的大幅突升会导致结构在更低的风速下发生涡激共振，因此对于具有较大圆角率方形断面的实际工程结构，针对小风向角下的涡激共振抗风设计需引起高度重视。

参考文献

[1]　DU X Q, SHI D J, DONG H T, et al. Flow around square-like cylinders with corner and side modifications[J]. Journal of Wind Engineering and Industrial Aerodynamics, 2021, 215: 104686.

[2]　KAZEMI E M, SOHANKAR A, SHIRANI E. Influence of rounding corners on the wake of a finite-length cylinder: An experimental study[J]. International Journal of Heat and Fluid Flow, 2021, 91: 108854.

[3]　杜晓庆, 田新新, 马文勇, 等. 圆角化对方柱气动性能影响的流场机理[J]. 力学学报, 2018, 50(5): 1013-1023.

[4]　CAO Y, TAMURA T. Supercritical flows past a square cylinder with rounded corners[J]. Physics of Fluids, 2017, 29(8): 085110.

[5]　王新荣, 顾明. 角部处理的二维方柱风压分布特性的试验研究[J]. 土木工程学报, 2016, 49(7): 79-88.

圆角矩形断面平均风荷载的雷诺数效应试验研究

阮冠康[1]，高梓涵[1]，郑超越[1]，杨　群[1,2]

（1. 石家庄铁道大学土木工程学院　石家庄　050043；

2. 河北省风工程和风能利用工程技术创新中心　石家庄　050043）

1　引言

　　高层建筑、桥塔和一些高耸结构的断面形式多为矩形，为改善结构的气动特性，对矩形柱进行圆角化处理[1-2]，经过圆角化处理后的工程结构具有良好的视觉效果和气动性能能力等优点成为工程结构设计的优先方案，被越来越多地应用在实际工程中。工程结构中的雷诺数效应问题一直受到关注，而圆角矩形柱气动特性的雷诺数效应涉及到的影响参数非常多，且各参数之间的关系也十分复杂[3-4]，准确掌握圆角矩形柱平均风荷载的雷诺数效应，减小结构风荷载和风振分析中由于雷诺数造成的误差显得意义十分重大。本文对圆角率为 0.3 的圆角矩形柱在不同风向角下平均风荷载特性的雷诺数效应进行试验研究。

2　试验概况

　　风洞试验在石家庄铁道大学风工程研究中心 STU-1 风洞实验室中进行，试验测试了圆角率为 0.3 的圆角矩形柱平均风荷载随雷诺数和风向角的变化规律。模型为刚性测压模型，采用 ABS 板，并对模型表面进行喷漆处理。试验模型测点布置在模型跨中位置，如图 1 所示，沿周向布置 72 个测点，每段圆弧段布置测点 7 个，每段长直线段布置测点 17 个，每段短直线段布置测点 5 个。试验雷诺数变化范围为 $0.8 \times 10^5 \leqslant Re \leqslant 3.6 \times 10^5$，雷诺数每增加 0.2×10^5 变化一次风速。与试验雷诺数相应的风速范围约为 9～43m/s。试验风向角考虑到，在试验中，风向角超过 25°时，达不到试验阻塞度 5%以下要求，因此设计试验风向角 α 的变化范围为 0°～25°，风向角的变化步长为 2.5°。0°风向角时，来流风与矩形柱的两短边垂直，方便起见，本文记 0°风向角为垂直风向角。模型布置图如图 2 所示。

　　图 1 为 2.5°风向角下刚性模型平均风压系数随雷诺数的变化。可见，在低风向角范围内，平均风压系数表现出良好的对称性，模型两侧面的负压区随雷诺数增大逐渐向迎风面两圆角处聚集，且负压强度随雷诺数增加先增大后保持相对稳定。图 2 为 15°风向角下刚性模型平均风压系数随雷诺数变化曲线图。在中风向角范围内，随着雷诺数增大，bc 面的负压强度明显增大，逐渐向 b 处附近集中，圆角 d 处附近的负压强度增大。图 3 和图 4 分别为圆角矩形柱的平均阻力系数随雷诺数变化曲线图和平均升力系数随雷诺数变化曲线图。由图可见，圆角矩形柱的平均阻力系数和平均升力系数在试验风向角范围内均产生了较为明显的雷诺数响应。平均阻力系数整体随雷诺数增大逐渐减小，在高雷诺数范围内，有部分风向角产生较为明显的跳跃现象。平均升力系数在高雷诺数时在部分风向角下产生明显的跳跃现象。

3　结论

　　圆角矩形断面平均风荷载受雷诺数影响较大，在各风向角均产生了明显的雷诺数效应。当雷诺数增加到一定数值后，迎风面测点 b 处的吸力会产生突然增大的现象。在 2.5°～25°风向角范围内，圆角矩形断面的平均升阻力系数具有明显的雷诺数效应；在高雷诺数范围内，平均升阻力系数会在部分风向角下产生明显的跳跃现象。

基金项目：国家自然科学基金项目（52008273，52078313），河北省自然科学基金创新研究群体项目（E2022210078），中央引导地方科技发展资金项目（236Z5407G，236Z5410G）

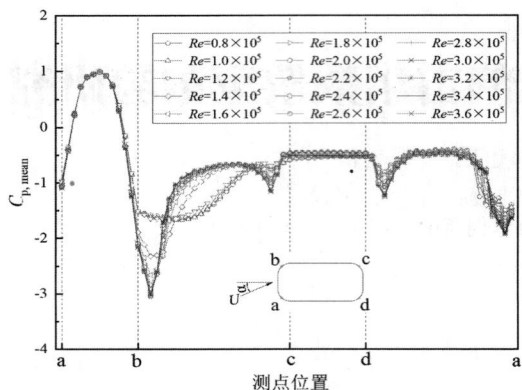

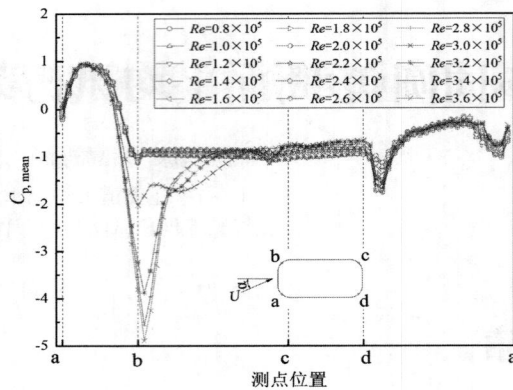

图 1　α = 2.5°平均风压系数曲线　　　　图 2　α = 15°平均风压系数曲线

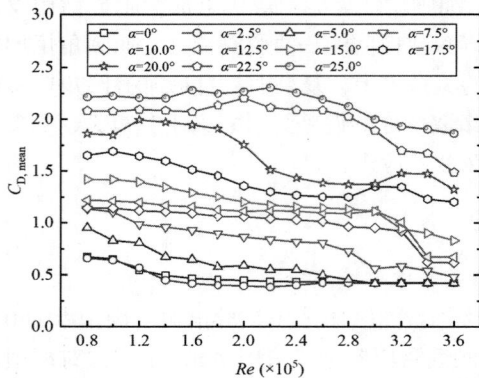

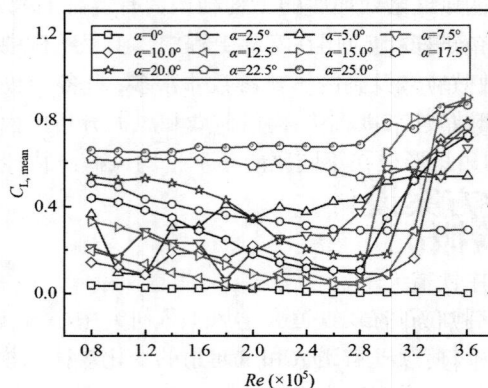

图 3　圆角矩形断面平均阻力系数随雷诺数的变化　　图 4　圆角矩形断面平均升力系数随雷诺数的变化

参考文献

[1] LI Y ,TIAN X, TEE F K , et al.Aerodynamic treatments for reduction of wind loads on high-rise buildings[J].Journal of Wind Engineering & Industrial Aerodynamics, 2018, 172: 107-115.

[2] JIANG Y, SHEN G, HAN K , et al.Effects of corner modification on the Strouhal number of high-rise buildings under skewed wind[J]. Journal of Building Engineering, 2024, 97.

[3] SAJJAD M, CHANG H S. Influence of incidence angle on the aerodynamic characteristics of square cylinders with rounded corners[J]. International journal of Numerical Methods for Heat and Fluid Flow, 2016, 26(1): 269-283.

[4] SAJJAD M, CHANG H S. Numerical study of the rounded corners effect on flow past a square cylinder[J]. International Journal of Numerical Methods for Heat and Fluid Flow, 2015, 25(4): 686-702.

不同圆角率矩形柱斯托罗哈数的雷诺数效应研究

高梓涵[1]，郑超越[1]，阮冠康[1]，杨　群[1,2]

（1. 石家庄铁道大学土木工程学院　石家庄　050043；

2. 河北省风工程和风能利用工程技术创新中心　石家庄　050043）

1　引言

圆角矩形柱因其良好的气动性能，广泛应用于高层建筑、桥塔及高耸结构。既有研究显示[1-3]，圆角矩形柱气动特性的雷诺数效应受圆角率和风向角的影响明显。但其研究对象大多集中在特定圆角方柱。对宽厚比为非1的圆角矩形柱虽有一定的研究，但研究变量中风向角单一且圆角率的变化较少，无法清晰认识风向角和圆角率对圆角矩形柱气动特性雷诺数效应的影响。鉴于此，针对具有不同圆角率的矩形柱模型，在不同风向角和雷诺数条件下进行了表面风压测试。本文主要针对其斯托罗哈数的雷诺数效应进行深入分析。

2　试验方案设计

在石家庄铁道大学的STDU-1风洞高速试验段进行节段刚性模型测压试验，试验在低湍流度均匀流场下进行。模型分别为圆角率$R/D = 0$、0.1、0.2、0.3、0.4和0.5的宽厚比为$B/D = 2$的矩形柱。其中R为矩形柱角部的圆角半径，D为模型顺风向厚度，B为模型横风向宽度。$D = 120mm$，$B = 240mm$，R随圆角率增加分别为$0mm$、$12mm$、$24mm$、$36mm$、$48mm$和$60mm$。来流风与短边垂直时为$0°$风向角，风向角α的变化范围为$0°\sim10°$，变化步长为$2.5°$。试验雷诺数范围为$Re = 0.8 \times 10^5 \sim 3.6 \times 10^5$，变化步长为$0.2 \times 10^5$。

3　试验结果分析

在试验风向角下，圆角率为0.1的矩形柱的斯特罗哈数没有雷诺数效应。对于圆角率为0.2的矩形柱，如图1～3，当风向角较小时，其升力系数幅值谱均表现出较为明显的峰值，斯特罗哈数产生跳跃现象；当风向角较大时，其升力系数幅值谱在较低雷诺数下表现出较为明显的峰值，随着雷诺数继续增大，升力系数幅值谱无明显峰值，表明能量没有明显集中。斯特罗哈数开始消失时的雷诺数随风向角的增大而增大。对于圆角率为0.3～0.5的矩形柱，当风向角较小时，其升力系数幅值谱变化规律相似均表现出明显峰值，并且峰值对应的卓越频率均是随雷诺数的增加先增加后保持稳定，当风向角较大时，其较小和较大雷诺数范围内出现了明显的峰值，且峰值对应的卓越频率随雷诺数变化较小。中间的雷诺数范围内，峰值消失。从图4可以看出，其斯特罗哈数在风向角增大到一定值后，斯特罗哈数会在较低和较高雷诺数范围内存在，并且随风向角增大，较低的雷诺数范围有所增大，而较高的雷诺数范围有所减小。

4　结论

圆角率为0和0.1的矩形柱斯特罗哈数的雷诺数效应不明显。其余圆角率的矩形柱斯特罗哈数会在部分雷诺数范围内消失，且随风向角增大，该雷诺数范围均向后延迟。在不同风向角下，圆角矩形柱在同一雷诺数下的斯特罗哈数均随圆角率的增大而增大。较大的斯特罗哈数会使结构在更低的风速下发生涡激共振，大圆角率矩形柱体结构的涡振抗风设计需重视。

基金项目：国家自然科学基金项目（52008273，52078313），河北省自然科学基金创新研究群体项目（E2022210078），中央引导地方科技发展资金项目（236Z5407G，236Z5410G），河北省研究生创新资助项目（YC202519）

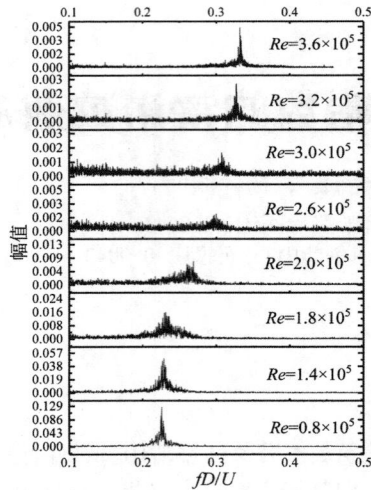

图1　风向角为 2.5°下雷诺数对圆角率为 0.2 的矩形柱升力系数幅值谱的影响

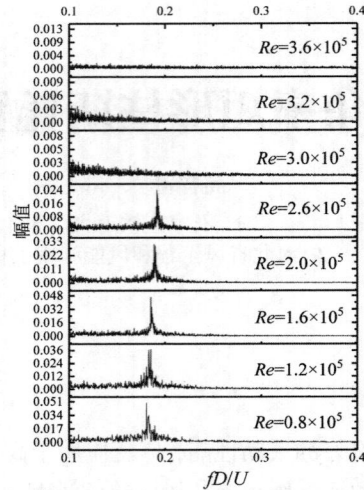

图2　风向角为 10°下雷诺数对圆角率为 0.2 的矩形柱升力系数幅值谱的影响

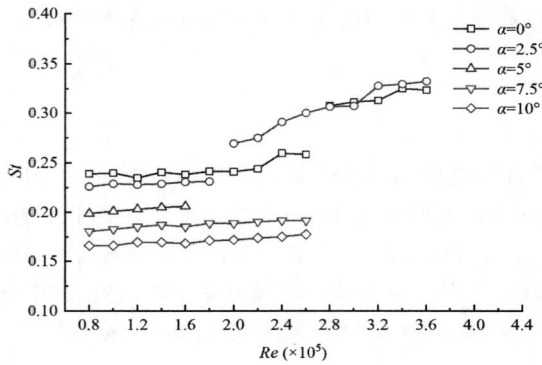

图3　圆角率 0.2 下雷诺数对各个风向角矩形柱斯特罗哈数的雷诺数效应

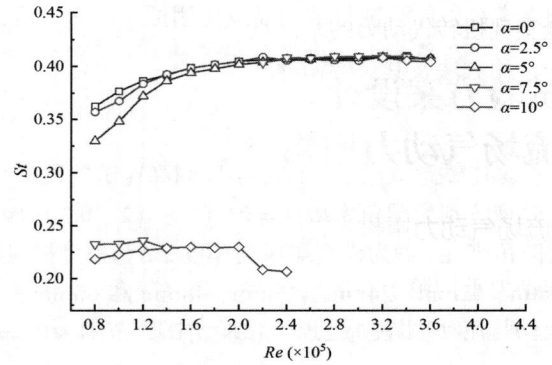

图4　圆角率为 0.5 下雷诺数对各个风向角矩形柱斯特罗哈数的影响

参考文献

[1]　DU X Q, SHI D J, DONG H T, et al. Flow around square-like cylinders with corner and side modifications[J]. Journal of Wind Engineering and Industrial Aerodynamics, 2021, 215: 104686.

[2]　VAN HINSBERG N P, SCHEWE G, JACOBS M. Experimental investigation on the combined effects of surface roughness and corner radius for square cylinders at high Reynolds numbers up to 10^7[J]. Journal of Wind Engineering and Industrial Aerodynamics, 2018, 173: 14-27.

[3]　VAN HINSBERG N P, SCHEWE G, JACOBS M. Experiments on the aerodynamic behaviour of square cylinders with rounded corners at Reynolds numbers up to 12 million[J]. Journal of Fluids and Structures, 2017, 74: 214-233.

基于流态特征的钝体颤振重构机理分析

薛　耿[1,2]，张璐琦[1,2]，周旭曦[1,2]，赖马树金[1,2*]

（1. 哈尔滨工业大学土木工程智能防灾减灾工业与信息化部重点实验室　哈尔滨　150090；
2. 哈尔滨工业大学结构工程灾变与控制教育部重点实验室　哈尔滨　150090）

1　引言

钝体颤振绕流场特征流动复杂，常规的气动力公式无法区分开钝体绕流中特征流态的作用，如前缘分离、K-H 旋涡、尾部分离脱落、尾流逆流、附着流动和尾缘旋涡脱落等，这些问题对设计出具有更高稳定性的大跨度桥梁断面、分析气动力影响具有重要意义。扭转气动力在钝体颤振中起着至关重要的作用，尤其是在大跨度桥梁的稳定性分析中。然而，由于扭转气动力的复杂性及其与流场特征的高度耦合性，目前的研究尚未能完全实现扭转气动力的精确重构。本文主要关注升力和阻力的气动力重构，未来研究将进一步探讨扭转气动力的重构方法及其对颤振的影响。

2　流场气动力重构方法

2.1　流场气动力重构方法

气动力重构源于涡量矩理论，在获得的基于全流场的空气动力学流场力与力矩理论，而后 1996 年在可压缩流动与流动边界问题上有了涡量矩理论的应用突破[1]，公式含义参考 Wu 等[2]在 2007 年的标准气动力重构方法。

$$\boldsymbol{F} = -\int_{\partial B} p \, \mathrm{d}A = -\rho \int_{V_\mathrm{f}} \frac{D\boldsymbol{u}}{Dt} \mathrm{d}V + \int_{\Sigma} (-p\boldsymbol{n} + \tau) \, \mathrm{d}A \tag{1}$$

对于标准气动力重构公式[3]见扩散公式(2)、对流公式(3)，对公式进行流场维度拆解后既可通过流场信息对断面进行特征流态的气动力重构。

$$F = -\frac{\mu}{k} \int_{V_\mathrm{f}} x \times \nabla^2 \omega \, \mathrm{d}V + \frac{\rho}{k} \int_{\partial B} x \times (n \times a_B) \, \mathrm{d}A - \frac{\mu}{k} \int_{\Sigma} x \times [n \times (\nabla \times \omega)] \, \mathrm{d}A + \int_{\Sigma} \mu\omega \times n \, \mathrm{d}A \tag{2}$$

$$F = -\rho \int_{V_\mathrm{f}} \left(\frac{1}{k} x \times \frac{\partial \omega}{\partial t} + l \right) \mathrm{d}V - \frac{\rho}{k} \int_{\partial V_\mathrm{f}} x \times (n \times l) \, \mathrm{d}A + \frac{\rho}{k} \int_{\partial B} x \times (n \times a_B) \, \mathrm{d}A -$$
$$\frac{\mu}{k} \int_{\Sigma} x \times [n \times (\nabla \times \omega)] \, \mathrm{d}A + \int_{\Sigma} \mu\omega \times n \, \mathrm{d}A \tag{3}$$

2.2　数值模拟方法

颤振绕流模型使用高宽比为 5∶1 的矩形钝体模型，模型尺寸为宽度 $B = 1000\mathrm{mm}$，高度 $H = 200\mathrm{mm}$，由于在颤振绕流模拟为动态模拟，采用非结构分区混合网格，网格数 20 万，最大畸变角 46.54°，网格平均畸变角为 4.33°，不可压黏性流动[4]。

基金项目：国家自然科学基金项目（52178470）

3 钝体颤振气动力重构机理分析

3.1 气动力重构结果校验

将标准数值模拟结果输出标记为 OpenFOAM 计算结果（图 1），与对流公式与扩散公式对比重构精度，可以确定气动力重构公式与数值计算结果趋势一致。

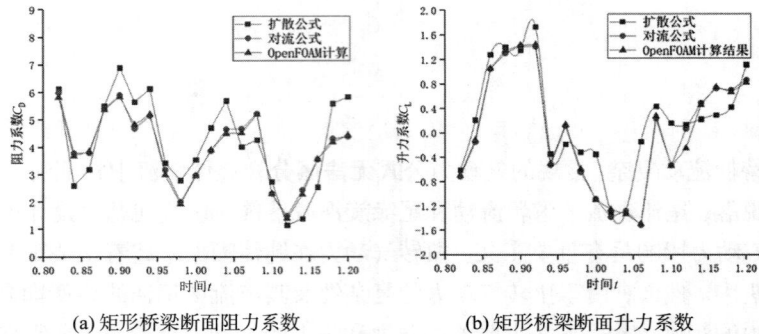

| (a) 矩形桥梁断面阻力系数 | (b) 矩形桥梁断面升力系数 |

图 1　公式计算与 OpenFOAM 计算的三分力系数时程曲线对比分析图气动力重构分项贡献

如图 2 所示，矩形颤振时间导数特征流场峰值集中在边界层和剪切层处，由于桥梁振动峰值相比静态高出数量级，导致涡量迅速变化。边界黏性涡量特征流场峰值集中于流动边界，对颤振有明显贡献。

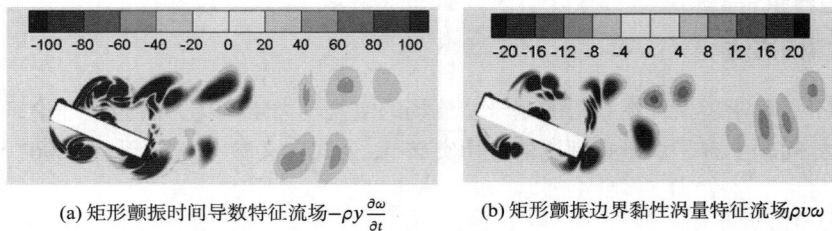

(a) 矩形颤振时间导数特征流场 $-\rho y \frac{\partial \omega}{\partial t}$ 　　(b) 矩形颤振边界黏性涡量特征流场 $\rho \upsilon \omega$

图 2　气动力重构分量特征流场

4 结论

在绕流场的不同区域内使用气动力重构公式，将计算结果与气动力重构公式各项的具体数值和被积分项的分布联立分析，求解各流态特征对颤振气动力的贡献，并进行机理分析。定量分析发现边界层和剪切层区域对颤振气动力的贡献在 82.9%～93.8%。

参考文献

[1]　WU J Z, WU J M. Vorticity Dynamics on Boundaries[J]. Advances in Applied Mechanics, 1996, 32(8): 119-275.

[2]　WU J-Z, LU X-Y, ZHUANG L-X. Integral force acting on a body due to local flow structures[J]. Journal of Fluid Mechanics, 2007, 576: 265-286.

[3]　WU J Z, MA H Y, ZHOU M D. Vorticity and vortex dynamics[M]. Springer Science & Business Media, 2007.

[4]　李坤威. 基于流态特征的桥梁气动力重构及机理分析[D]. 哈尔滨: 哈尔滨工业大学, 2021.

周期性振动边界下矩形柱体绕流涡旋演化研究

鲁浩扬，赖马树金

（哈尔滨工业大学土木工程学院 哈尔滨 150006）

1 引言

作为带尖角钝体结构的简化原型，矩形柱的气动特性为许多工程结构提供了良好的参考，例如桥梁、建筑物和塔架等，因此其受到了广泛关注。矩形柱周围会表现出复杂的流动特征，除了钝体绕流典型的卡门涡街外，还包括前缘和尾缘的流动分离，以及不稳定前缘剪切层的分离和再附。本文针对弦深比（B/D）为 10 的矩形柱，在雷诺数 $Re = 1000$ 条件下，采用大涡模拟（LES）研究其非定常流动特性。本研究旨在从机理层面探索固有频率驱动下矩形柱周围的涡旋结构演化及流场特征，以揭示流动不稳定性的关键机制，并为复杂的流动现象及其潜在的动力学规律提供见解。

2 模型及数值方法

2.1 计算域及边界条件

在本研究中，矩形柱的宽度（B）和深度（D）分别为 0.06m 和 0.006m，这与 Nakamura 等人在试验研究中使用的模型尺寸一致[1]。图 1（a）展示了几何模型、计算域和边界条件的示意图。计算域的尺寸沿着 x、y 和 z 轴（分别对应矩形柱的流向、垂直和跨向）确定为 $410D$、$301D$ 和 $25D$，这些尺寸被认为足以确保模拟的准确性[2]。采用四面体和六面体网格对空间计算域进行离散化。如图 1（b）所示，网格从内到外分为三个部分：刚性区、变形区和静止区。对全局网格应用适当的放大因子，有效减少了网格数量，同时确保了计算精度并提高了计算效率。近尾流区域的网格经过细化，以捕捉更精细的流场细节。

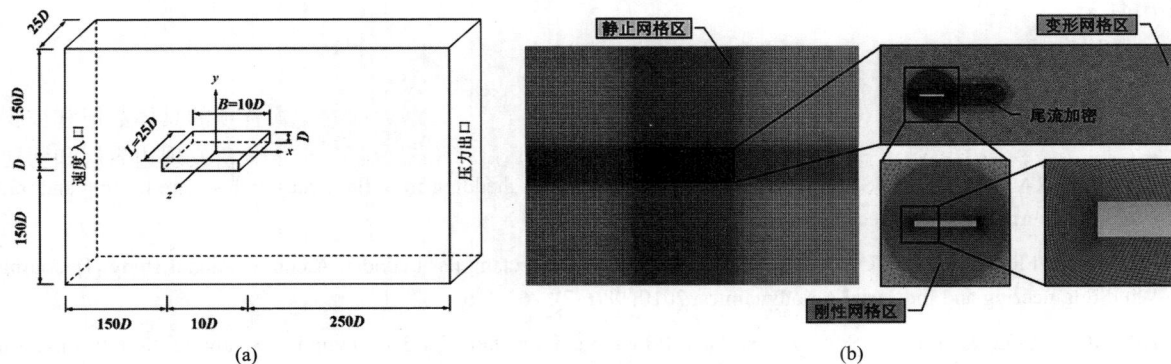

图 1 计算域及网格布置

2.2 数值设置

采用 LES 进行矩形柱周围三维不可压缩非稳态流动的数值模拟，使用 Smagorinsky 亚格尺度模型。压力-速度耦合通过采用压力隐式分裂算子（PISO）算法实现，利用预测-修正方法对动量方程进行时间离散，同时执行连续性方程[3]。动量的空间离散采用有界中心差分格式，压力采用二阶格式进行离散，时间离散使用二阶隐式格式进行。迭代计算的收敛残差设定为 1.0×10^{-5}。

基金项目：国家自然科学基金项目（52178470）

3 涡结构演化

图 2 为不同扭转振幅下矩形柱周围的瞬时三维涡结构，由 Q 准则进行识别，通过 z 方向的涡量进行着色。蓝色表示顺时针方向旋转，红色代表逆时针方向旋转。对于扭转振幅 $\alpha = 0°$ 的静止情况，如图 2（a）所示，其涡旋结构呈现出杂乱不规则的状态，流动具有湍流特性。当对矩形柱施加小振幅扭转振动（α 为 0.8°、1° 和 1.1°）时，可以观察到涡旋结构向规则和有序发展，这一现象在矩形柱表面相对于尾流更加明显。当扭转振幅继续增大（α 为 1.2° 和 2°）后，涡旋结构呈现出非常规则的展向涡管的形态，具有较强的二维特性，尾流中观察到明显的卡门涡街形态。随着振幅由 1.2° 增加到 2°，小尺度涡旋基本消失。

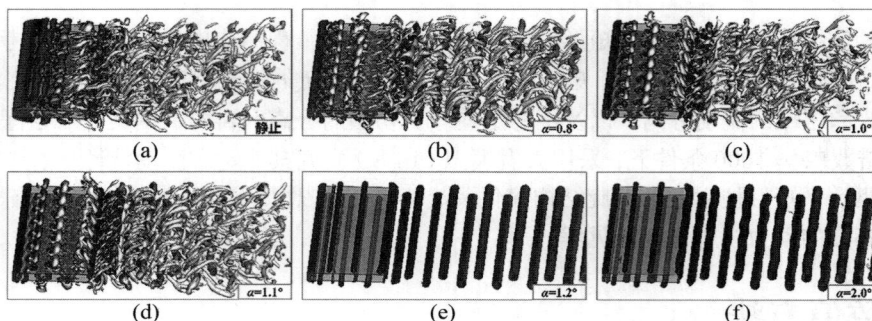

图 2 Q 值为 20000 的可视化的瞬时三维涡旋结构用 z-vorticity 着色：
（a）$\alpha = 0°$；（b）$\alpha = 0.8°$；（c）$\alpha = 1.0°$；（d）$\alpha = 1.1°$；（e）$\alpha = 1.2°$；（f）$\alpha = 2.0°$

4 结论

与结构固有频率相同的扭转振幅的引入，会使得矩形柱表面上气流的再附点明显向上游移动，矩形柱周围流场中的涡旋结构也会变得规则和有序。较高振幅会出现更规则的大尺寸涡旋，其有序脱落抑制了小尺度的湍流，减少了流场中的随机波动。有趣的是，存在一个振幅临界值：当振幅超过此临界值时涡旋结构模式会发生明显变化，转变成整齐的大尺寸且具有二维特性的展向涡管结构，此现象与前缘和尾缘涡旋复杂的相互作用有关。

参考文献

[1] NAKAMURA Y, OHYA Y, TSURUTA H. Experiments on vortex shedding from flat plates with square leading and trailing edges [J]. Journal of Fluid Mechanics, 1991, 222: 437-447.

[2] BRUNO L, FRANSOS D, COSTE N, et al. 3D flow around a rectangular cylinder: A computational study [J]. Journal of Wind Engineering and Industrial Aerodynamics, 2010, 98(6-7): 263-276.

[3] BRUNO L, COSTE N, FRANSOS D. Simulated flow around a rectangular 5：1 cylinder: Spanwise discretisation effects and emerging flow features [J]. Journal of Wind Engineering and Industrial Aerodynamics, 2012, 104: 203-215.

不同宽高比矩形结构涡振响应规律研究

张璐琦[1,2]，薛　耿[1,2]，赖马树金[1,2]*

（1. 哈尔滨工业大学土木工程智能防灾减灾工业与信息化部重点实验室 哈尔滨 150090；
2. 哈尔滨工业大学结构工程灾变与控制教育部重点实验室 哈尔滨 150090）

1 引言

流体绕过钝体结构，在其绕流场产生流动分离并伴随旋涡脱落，当旋涡脱落频率与桥梁结构某阶固有频率接近时，激发涡激共振。涡激共振易在小风速下发生，诱发频次高。旋涡的特征和行为与结构的气动外形密切相关，同时矩形作为典型的钝体结构，工程中许多结构都可以视作矩形的变体。因此研究矩形气动外形对涡振的影响规律，对理解钝体涡振机理和保障结构抗风安全具有重要的科学意义和工程实用价值[1]。

2 研究方法

本文试验在哈尔滨工业大学风洞与浪槽联合实验室的直流式风洞实验室（试验段截面尺寸 450mm × 450mm）中完成，根据试验需求搭建试验平台[2]。试验分为涡振响应试验和烟线试验两个部分。试验总体布置，如图 1 所示。

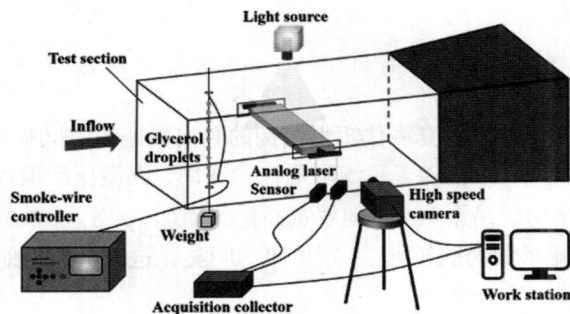

图 1　试验总体布置图

3 不同宽高比矩形结构涡振试验结果

3.1 不同宽高比矩形竖向涡振响应

三个不同宽高比矩形模型（高 20mm × 长 430mm）在不同阻尼比 ξ 下进行竖向涡振响应试验测定三个矩形发生涡振时的风速区间（锁定区间）和对应风速下的振动位移，绘制无量纲振幅（y/D）随折减风速 U_r 变化的曲线（图 2）。根据在不同阻尼比下各模型的最大涡振响应和对应的 Skop-Griffin 参数（$S_G = 2\pi^3 m^* \xi S_t^2$）进行曲线拟合[3]，得到涡激振动最大位移随 S_G 参数的变化关系（图 3）。

3.2 烟线流可视化试验

利用烟线设备，在对三个矩形结构在不额外施加阻尼的原始条件下，在竖向涡振振幅达到最大值的风速下拍摄烟线[4]，由静态烟线可以清晰观察到来流通过矩形结构的绕流情况（图 4）。

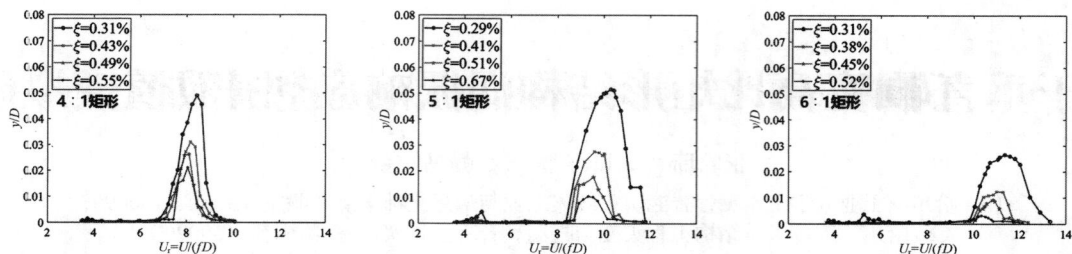

图 2　不同宽高比矩形无量纲振幅随折减风速变化曲线

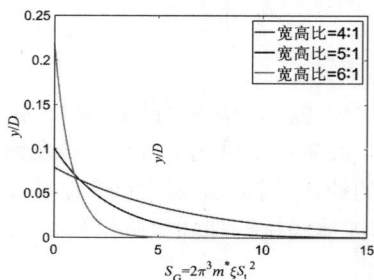

图 3　不同宽高比矩形竖向涡振最大无量纲振幅随 S_G 参数变化规律

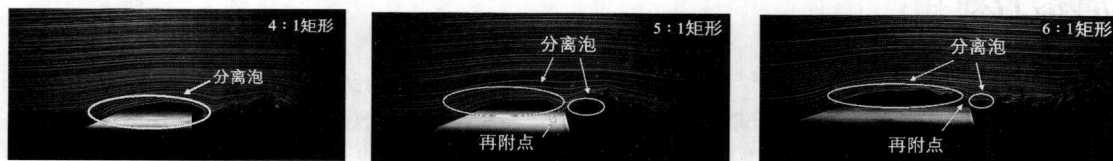

图 4　不同宽高比矩形静态烟线

4　结论

　　研究通过直流式风洞进行了三个不同宽高比矩形结构的竖向涡振响应试验和静态烟线拍摄。通过涡振响应试验发现：对同一矩形结构来说，结构随着系统阻尼比的增加，涡激振动振幅减小，锁定区变窄，最大位移对应的折减风速减小。矩形结构的涡振响应，随着宽高比的增加，对 S_G 参数的变化越敏感。静态烟线的拍摄显示出宽高比 4∶1 和 5∶1 矩形的涡脱较 6∶1 矩形更为明显，这也可能是他们在同一质量阻尼比条件下涡振响应更大的原因。

参考文献

[1]　葛耀君, 赵林, 许坤. 大跨桥梁主梁涡激振动研究进展与思考[J]. 中国公路学报, 2019, 32(10): 2-4.

[2]　赖马树金. 大跨度悬索桥分离式双箱梁涡激振动研究[D]. 哈尔滨: 哈尔滨工业大学, 2013: 29-48.

[3]　GRIFFIN O M, SKOP R S A, RAMBERG S E. Modeling of the vortex-induced oscillation of cables and bluff structures[C]. Society Experimental Stress Analysis Spring Metting, 1976: 9-14.

[4]　MENG H, CHEN W L, DUAN Y, et al. Gap effects on the aerodynamic characteristics around three rectangular boxes in tandem arrangement [J]. Physics of Fluids, 2022, 34: 105-124.

基于垂直轴风机的方柱结构被动流动控制数值模拟研究

刘 鑫，徐 枫

（哈尔滨工业大学（深圳）智能土木与海洋工程学院 深圳 518055）

1 引言

方柱是典型的钝体结构也是实际工程中常见的结构形式，易发生风致振动，对结构物进行流动控制能有效提高其安全性及舒适性[1]。垂直轴风力机具有不受风向影响的优点，是适合安装在城市地区的十分有前途的设备[2]。目前虽有将风力机与结构物相结合的研究，但大多聚焦于风力机的发电性能，对于结构物的流动控制关注颇少。将垂直轴风力机置于方柱角部以进行被动流动控制、改善方柱气动性能、抑制方柱风致振动[3]，具有重要研究意义。本研究的目的主要在于通过大涡模拟得到流动控制效果最佳的风力机与方柱间距。

2 研究方法和结果

2.1 研究方法

本研究采用 1∶5 的缩尺比，将 NACA0018 翼型截面的 H 型垂直轴风力机置于方柱四角处，共设置 0.1D、0.2D、0.3D 和 0.4D 四个风机与方柱间距工况（D 为风机直径），采用 6DOF 方法实现风机的被动旋转，通过大涡模拟（LES）进行数值计算。缩尺方柱为 0.6m × 0.6m × 0.3m 的节段模型，方柱与风力机组合的三维模型如图 1 所示。计算域的长、宽、高分别为 30L、20L 和 H（L 和 H 分别为方柱的边长和高度），计算域跨中截面网格如图 2 所示。

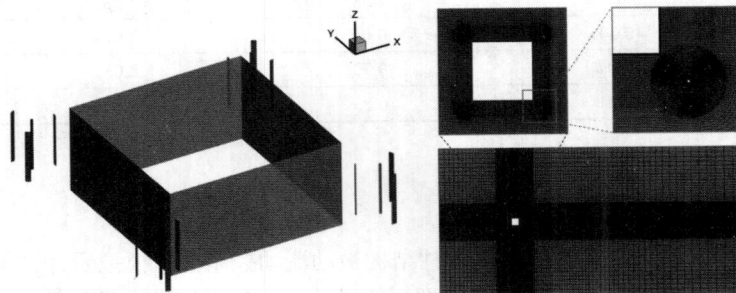

图 1 风机-方柱模型   图 2 计算域跨中截面网格

2.2 研究结果

各风机的编号及旋转方向如图 3 所示，风机 1 和风机 3 旋转方向一致，风机 2 和风机 4 旋转方向一致。来流风速固定为 6m/s，风向保持不变。图 4 展示了 4 个风机在来流作用下的叶尖速比随时间变化曲线，可以发现四个风机均成功启动。相比之下，位于上游的风机 1 和 2 的转速要明显大一些，叶尖速比在 3.5 附近呈周期性波动，而下游的风机 3 和 4 的叶尖速比在 1.5 左右。相较于单独风机的 2.8 叶尖速比，方柱的加入促进了上游两个风机的旋转，同时抑制了下游两个风机的转速。

基金项目：国家自然科学基金项目（52078175，51778199），广东省自然科学基金面上项目（2019A1515012205），深圳市科技计划基础研究面上项目（JCYJ20190806144009332），深圳市高等院校稳定支持计划项目（GXWD20201230155427003-20200823134428001，GXWD20231129191654001）

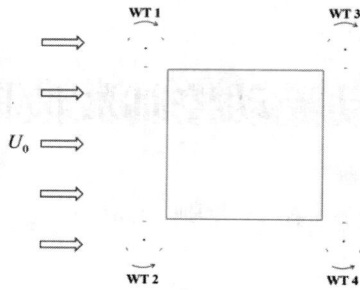

图 3　风机编号及旋转方向示意图　　　　图 4　不同时间步长下的风机启动曲线

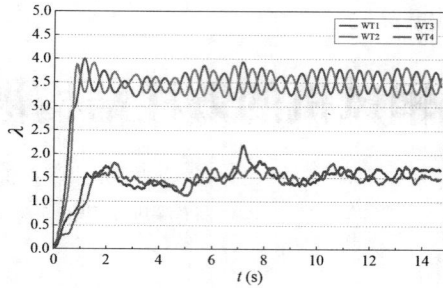

当四个风机旋转达到稳定后开始统计方柱的气动力系数。为方便对比，将横轴时间做了归一化处理。以 $0.1D$ 工况为例，有控和无控方柱的升、阻力系数时程分别如图 5 和图 6 所示。角部加设风机后，方柱升、阻力系数的脉动得到显著降低，从而有效抑制了方柱的风致振动。另外，方柱阻力系数的均值也得到一定程度的降低。表 1 对比了不同间距工况下方柱气动力系数的统计结果。对比发现，风机对方柱的流动控制效果随着二者间距的增加而减弱，考虑到应用安全性和安装工艺限制，建议 $0.1D$ 为最佳的间距方案，此时方柱升、阻力系数脉动值分别降低了 61% 和 72%，阻力系数均值降低了 11%，控制效果十分显著。

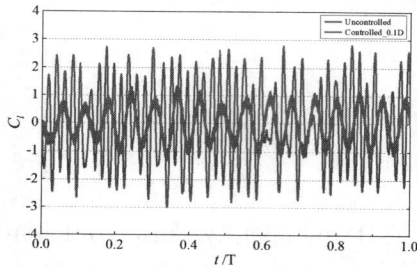

图 5　升力系数时程对比　　　　　　　　图 6　阻力系数时程对比

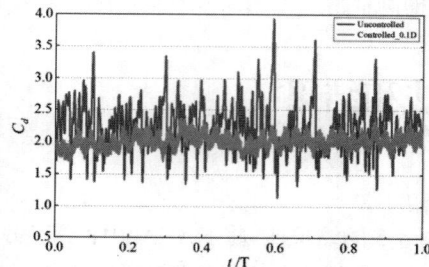

不同间距工况下方柱气动力系数对比　　　　　　　　　　　　　　　　　表 1

Case	$\overline{C}_l$	C_l'	$\overline{C}_d$	C_d'
无控	0.037	1.58	2.28	0.36
$0.1D$	−0.005	0.61	2.01	0.10
$0.2D$	0.007	0.72	2.08	0.11
$0.3D$	0.011	0.85	2.12	0.11

3　结论

本文采用 LES 开展了加设垂直轴风机的方柱结构被动流动控制数值模拟研究，得到以下主要结论：方柱绕流场促进了上游两风机的旋转，抑制了下游两风机的旋转；角部加设风机降低了方柱的升、阻力系数脉动以及阻力系数均值，有效抑制了方柱的风致振动；风机对方柱的流动控制效果随着二者间距的增加而减弱，$0.1D$ 为最佳的间距方案。

参考文献

[1]　XIANG Y, TAN P, WU J, et al. Bi-directional wind-induced vibration control of high-rise buildings using bi-directional rail variable friction pendulum-tuned mass damper[J]. Engineering Structures, 2024, 303.

[2]　PAGNINI L C, BURLANDO M, REPETTO M P. Experimental power curve of small-size wind turbines in turbulent urban environment[J]. Applied Energy, 2015, 154: 112-121.

[3]　LIU X, HUANG F, XU F, et al. Numerical study on wake control of square cylinder based on vertical axis wind turbines[J]. Journal of Building Engineering, 2023, 68.

不同展向覆盖率的"V"形沟槽圆柱绕流数值研究

李禹昕[1]，李波[1,2]，侯兴宇[1]

（1. 北京交通大学土木建筑工程学院 北京 100044；

2. 北京交通大学结构风工程和城市风环境重点实验室 北京 100044）

1 引言

钝体绕流的流动控制，近几十年来引起了学界极大关注。尤其是对于圆柱绕流这一具有广泛工程背景的问题（如海洋立管、工业烟囱、桥梁缆索等），学者们采用了各种各样的手段控制其流动[1]。Choi[2]将经典的流动控制方法归纳为主动控制和被动控制两类，后者因其无需外部能源输入、成本较低等优势被广泛使用。本文基于一种具有仿生学特性[3]的 V 形沟槽，设计了一系列沿展向具有不同沟槽覆盖率φ（15%、20%、25%、30%、35%）的沟槽圆柱，运用 Ansys Fluent 从多个方面对其在亚临界范围内$Re = 3900$下的流动控制性能和控制机制进行研究。

2 数值模型及验证

计算域与沟槽圆柱示意图如图 1 所示。圆柱直径为D，圆柱高度为$H = 4D$。沟槽沿展向以圆柱中截面对称分布。h、s和n_r表示沟槽的高度、宽度和数量。由此可计算出波纹沿展向覆盖率$\varphi = n_r s/H$。边界条件图中已标明。本文采用 LES 模型进行模拟，网格采用适配的全结构化网格且保证圆柱近壁面网格$y^+ < 1$。数值模型已经过严密的网格无关性验证与时间步长无关性验证（此处省略），总网格数量在 1200 万～1400 万个单元。

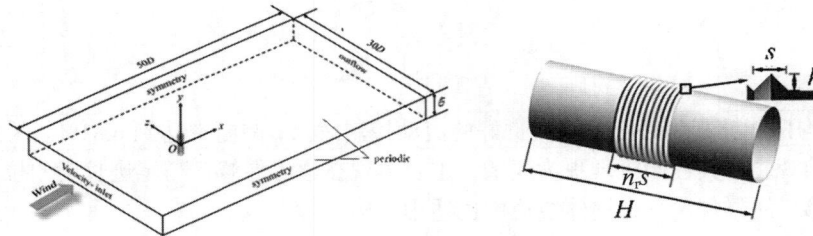

图 1 计算域与沟槽圆柱示意图

给出了部分关键参数与现有研究的对比验证（图 2）。

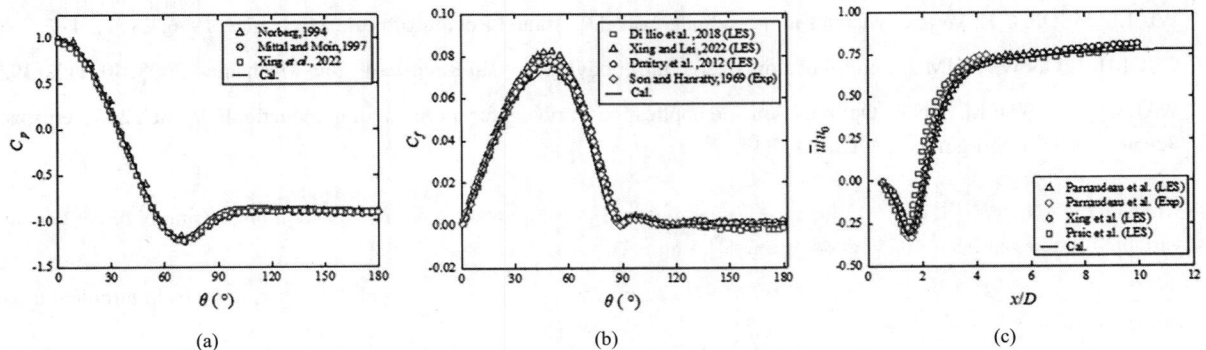

(a)　　　　　　　　　　(b)　　　　　　　　　　(c)

图 2 光滑圆柱部分参数与现有研究的验证对比

3　数值模拟结果

根据模拟结果，覆盖率为 25%减阻率最高，达 6.81%，气动力参数对比见表 1。当圆柱通过 V 形沟槽三维修正，横流向（分离点位置）与顺流向的湍动能均较光滑圆柱有明显下降。在沟槽顶部观察到明显的流动延迟分离，分离线沿展向呈 Z 形分布。沟槽圆柱背风面基压明显高于光滑圆柱，导致吸力减小。沟槽底部的截面阻力系数明显大于顶部。沟槽使局部边界层厚度分布明显高于光滑圆柱。另外，轴向涡的附着程度显示出与平板理论类似的二次涡结构分布，而展向涡则表明沟槽的存在能够拉长涡形成长度，稳定尾迹，如图 3 所示。

光滑圆柱与覆盖率为 25%的沟槽圆柱气动力参数对比　　　　　　　　　　表 1

Case	$C_{d,mean}$	$C_{l,rms}$	St
Bare	1.028	0.192	0.206
$\varphi = 25\%$	0.958（−6.81%）	0.044（−77.1%）	0.203（−1.46%）

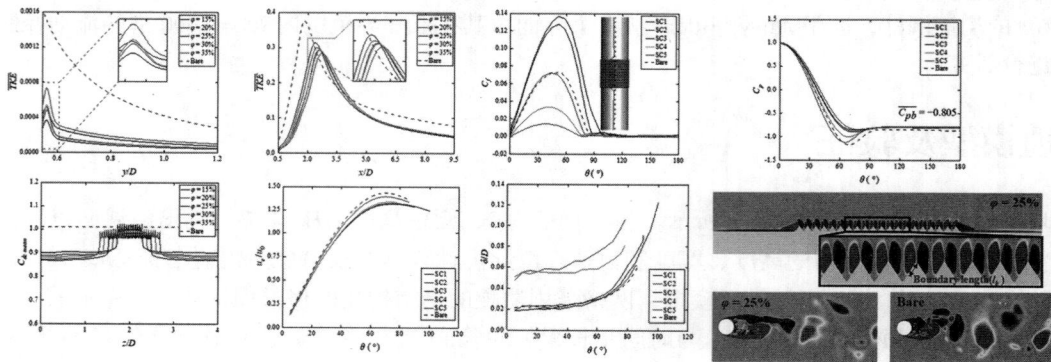

图 3　部分研究结果示意图

4　结论

所设计的 V 形沟槽能够起到对圆柱绕流良好的流动控制效果，减阻率达到 6.81%。区别于传统"延迟分离导致阻力降低"的观念，其控制机理更为复杂，主要体现在边界层修正与尾迹长度的拉伸与稳定。另外，平板减阻理论的"第二涡群理论"在钝体绕流中也适用。

参考文献

[1]　WILLIAMSON C H. Vortex dynamics in the cylinder wake[J]. Annual Review of Fluid Mechanics, 1996, 28 (1): 477-539.

[2]　CHOI H, JEON W P, KIM J. Control of flow over a bluff body[J]. Annual Review of Fluid Mechanics, 2008, 40: 113-139.

[3]　WALSH M, LINDEMANN A. Optimization and application of riblets for turbulent drag reduction[C]//The 22nd Aerospace Sciences Meeting. Virginia: AIAA, 1984: 347.

湍流对 4：1 矩形断面涡激振动的影响

张立新，张占彪，许福友

（大连理工大学建设工程学院 大连 116024）

1 引言

矩形断面在桥梁、建筑物和桥墩等基础设施中得到了广泛应用。其锋利边缘和细长后体设计在流动环境中会诱发流动分离与再附现象，易发生涡激振动（VIV）。涡激振动不仅对结构的安全性和性能具有显著影响，还对湍流强度高度敏感。矩形断面在湍流中的涡激振动行为因湍流的紊乱性和不稳定性变得复杂，现有研究主要集中在均匀流条件下的 VIV 行为，对湍流强度影响矩形断面涡激振动及分离涡与来流相互作用对气动力影响的系统性研究不足。深入研究湍流对矩形断面涡激振动的作用机制，不仅有助于揭示复杂流动环境下结构的气动特性，还为开发高效的振动控制策略和提升结构的抗风性能提供理论支持。图 1 为计算域及模型参数。

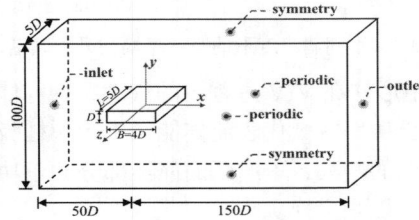

图 1　计算域及模型参数

2 数值模拟验证

本文研究顺流向湍流度I_u对 VIV 的影响，选取折减风速$U* = 8.5$的平滑流工况，与I_u为 4%、9%、14%的湍流工况进行对比。为了验证 NSRFG 方法生成的湍流场特性，对入口边界与圆柱之间的流场特性进行了监测。图 2（a）展示了在矩形断面上游的两个不同位置的湍流度监测结果。可以观察到，在$x/D = -3.5$处，湍流强度与预期值较为吻合。为了验证数值模型的准确性，在涡激振动锁定区间附近选取 10 个风速，进行了平滑来流的模拟工况，如图 2（b）所示。本研究的数值模拟结果与 Marra 等人[1]的风洞试验数据及 Daniels 等人[2]的数值模拟结果高度一致，振幅最大偏差仅为 2%。总体而言，本研究在识别 4：1 矩形断面的 VIV 振幅和涡振锁定区间方面表现出较高的准确性。

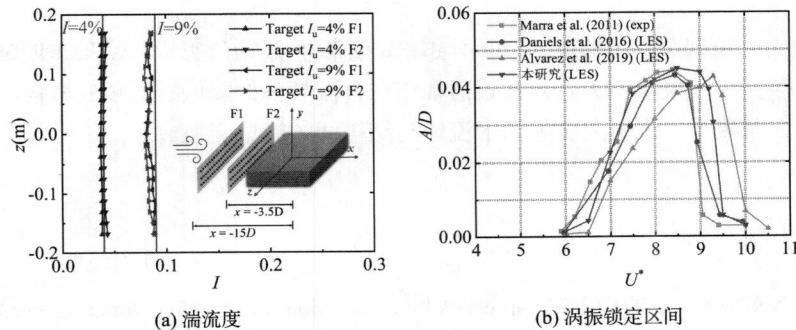

(a) 湍流度　　　　　　　　(b) 涡振锁定区间

图 2　数值模拟验证

基金项目：国家自然科学基金项目（52125805）

3 结果与讨论

湍流强度的增加降低了振幅并增大了振幅的波动，反映出湍流在一定程度上抑制了涡激振动的周期性行为。在涡激力方面，升力系数的频谱分析显示（图 3），湍流削弱了自振频率处的高频升力波动，同时增强了低频范围的波动。这表明湍流通过干扰涡脱落过程，抑制了与自振频率匹配的周期性波动，并引入了更多的非周期性扰动，导致低频范围内的波动增强。这种效应使得涡激振动的动力学特性变得更加复杂，表现出多频率相互作用和非周期性行为，从而增大了系统响应的随机性。

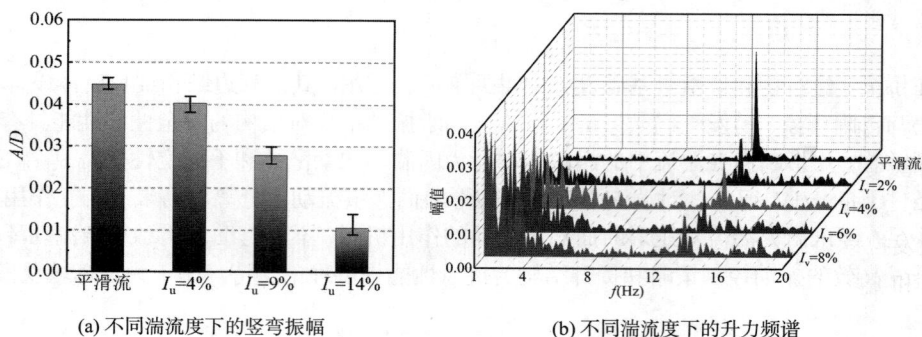

(a) 不同湍流度下的竖弯振幅   (b) 不同湍流度下的升力频谱

图 3 不同湍流度下的竖弯振幅与升力频谱

分布力平均功率（图 4）揭示了矩形柱在 VIV 过程中的气动特性与能量传递规律。研究发现功率沿流向呈先增大、后减小、再增大的趋势，正功率区域代表流体能量被矩形柱吸收并转化为振动能量，负功率区域表明矩形柱将能量回馈给流体。随着 I_u 的增大，矩形断面前半部分的正功率和后半部分的负功率均减小，说明 I_u 的增大抑制了流体与矩形柱之间的能量交换。

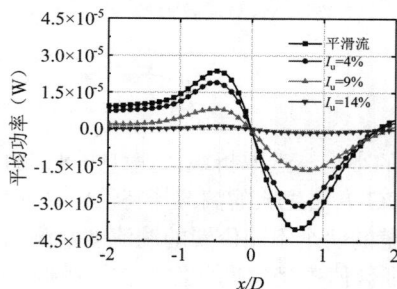

图 4 分布力平均功率

4 结论

本研究通过三维大涡模拟分析了湍流对 4∶1 矩形断面涡激振动的影响。结果表明随着湍流强度 I_u 的增大，VIV 振幅减小，但振幅的波动增大。升力频谱幅值在自振频率处降低，低频处增强。矩形断面表面分布力正负功率随 I_u 的增大而减小，表明湍流削弱了流体与结构间的能量交换。

参考文献

[1] MARRA A M, MANNINI C, BARTOLI G. Van der Pol-type equation for modeling vortex-induced oscillations of bridge decks[J]. Journal of Wind Engineering and Industrial Aerodynamics, 2011, 99(6-7): 776-785.

[2] DANIELS S J, CASTRO I P, XIE Z T. Numerical analysis of freestream turbulence effects on the vortex-induced vibrations of a rectangular cylinder[J]. Journal of Wind Engineering and Industrial Aerodynamics, 2016, 153: 13-25.

振荡微小附着结构作用下圆柱绕流特性研究

陈昌隆，陈文礼

（哈尔滨工业大学土木工程学院 哈尔滨 150001）

1 引言

当雷诺数超过临界值时，圆柱尾流会形成交替的旋涡脱落，导致气动噪声、升力脉动、阻力增大以及结构大幅振动[1]。为抑制该现象，研究人员提出了多种流动控制策略。其中，微小附着结构（MA）因其对结构外形影响较小而备受关注。研究表明，在圆柱表面施加 MA 能够有效降低气动阻力，并通过诱导边界层提前转捩抑制涡脱落，从而控制结构振动[2]。然而，在风雨环境中，拉索表面的水线作为微小附着结构发生的周期性振荡，会激发拉索风雨激振[3]。基于该现象，本文深入研究了不同雷诺数下，微小附着结构的振荡幅值对圆柱气动特性和流场演化的影响。

2 试验装置与测试模型

试验采用直径 100mm 的有机玻璃管作为测试模型。为模拟水线行为，在圆柱表面安装新月形不锈钢带作为 MA，如图 1 所示。同时，在圆柱内部集成了伺服电机，以驱动 MA 在圆柱表面匀速振荡。试验在雷诺数（Re）3.6×10^4 至 10.3×10^4 范围内进行，MA 振荡幅值（θ_{MA}）分别为 $0°$、$10°$、$20°$、$30°$ 及 $40°$。通过高精度压力扫描阀获取模型表面压力分布，利用粒子图像测速系统对流场演化特征进行定量测量与分析。

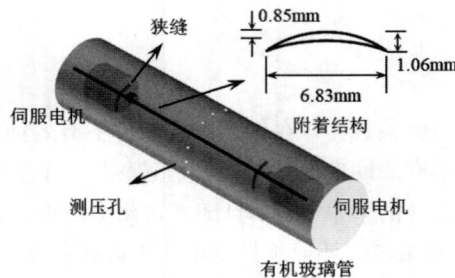

图 1　微小附着结构及试验模型示意图

3 试验结果与分析

3.1 结构气动力特征

图 2 为振荡 MA 作用下的圆柱气动特征。随雷诺数增加，振荡 MA 能显著降低平均阻力系数。然而对于升力脉动，振荡 MA 仅在低雷诺数区间表现出良好的控制效果，在高雷诺数条件下会放大升力脉动。此外，从图 3 中可以发现，振荡 MA 会在气动力中引入振荡频率。随雷诺数增加，升力主导频率会由涡脱频率逐渐转变为振荡频率。但随着 MA 振荡角度增大，频率转变的临界雷诺数会逐渐增加。

3.2 流场演化

图 4 为 MA 作用下圆柱上表面的流动特征。在低雷诺数条件下，MA 处于小角度位置时，流动在 MA 处

基金项目：国家自然科学基金项目（51978222）

分离后发生再附。而随 MA 角度增大，边界层在 MA 处分离后不再发生再附。这表明在特定角度范围内，振荡 MA 能有效捕获流动分离点，使得流动分离点随 MA 运动同步变化，进而对结构气动力产生显著影响。随着雷诺数的增加，小幅振荡的 MA 失去捕获分离点的能力，而大幅振荡的 MA 仍能有效控制分离点。同时，可以发现，在振荡 MA 附近会形成随其同步运动"低流速区"，该现象也会对结构气动力产生周期性的影响。

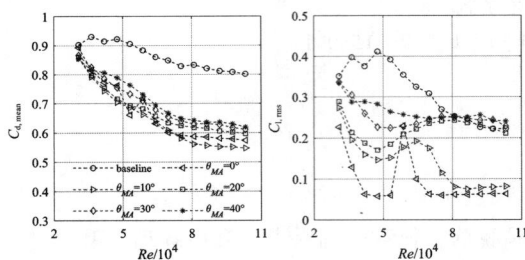

图 2 气动力系数与雷诺数的关系

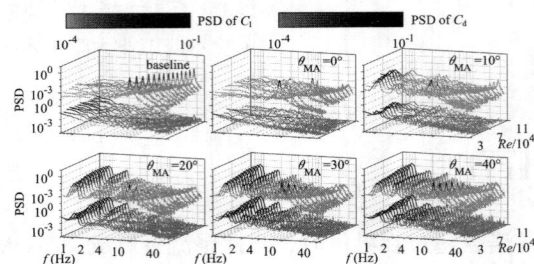

图 3 气动力频率与雷诺数的关系

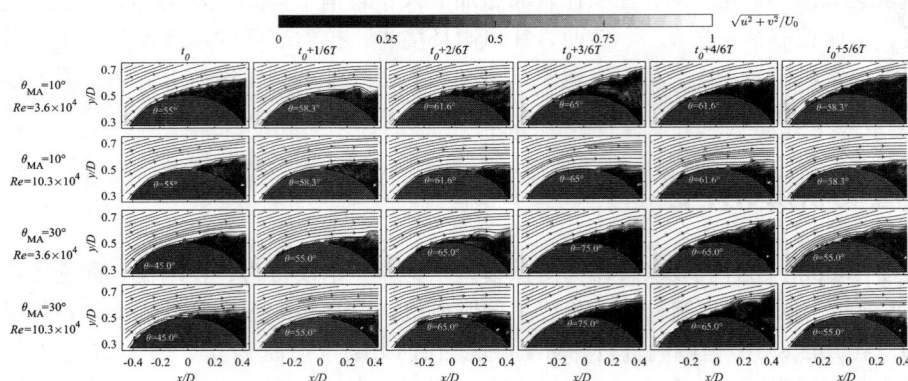

图 4 结构上表面流动演化

4 结论

振荡 MA 能够显著降低结构的阻力系数，并在低雷诺数条件下有效抑制升力脉动。同时，MA 的振荡能在特定范围内捕获流动分离点，并形成周期性变化的"低流速区"，对边界层施加周期性扰动。这种扰动机制使得气动力会存在与 MA 振荡相对应的频率成分，且随着雷诺数的增加，气动力的主导频率由涡脱落频率转变为 MA 振荡频率。由于风雨振发生时，环境条件复杂，因此振荡 MA 在复杂来流中也会有较好的控制效果。

参考文献

[1] CHOI H , JEON W P , KIM J .Control of Flow Over a Bluff Body[J].Annual Review of Fluid Mechanics, 2007, 40(1): 113-139.

[2] SAREEN A , HOURIGAN K , THOMPSON M C .Passive control of flow-induced vibration of a sphere using a trip wire[J]. Journal of Fluids and Structures, 2024, 124.

[3] 陈文礼. 斜拉索风雨激振的试验研究与数值模拟[D]. 哈尔滨工业大学, 2009.

风嘴非对称性对扁平箱梁涡激振动的影响规律研究

李御航[1,2]，刘航钊[1,2,4]，李 欢[1,2]，文 颖[1,3]，何旭辉[1,2]

（1. 中南大学 土木工程学院 长沙 410075；
2. 高速铁路建造技术国家工程研究中心 长沙 410075；
3. 中南大学重载铁路工程结构教育部重点实验室 长沙 410075；
4. 曼彻斯特大学机械与航空航天学院 英国曼彻斯特 M13 9PL）

1 引言

风嘴作为扁平箱梁的一个重要因素对其的气动特性及气弹特性影响显著，实际工程中往往在桥梁截面前后缘增设风嘴来缓解风和桥梁之间的相互作用[1-2]。而风嘴非对称性是扁平箱梁气动外形的重要几何参数之一，显著影响扁平箱梁的尾缘涡脱[3]，进而影响扁平箱梁的涡激振动性能，但国内外现有相关研究仍有待深入。本次研究共开展 6 组风洞试验（$h/H = 0 \sim 1.0$，增量为 0.2，h 和 H 分别为风嘴顶点至桥梁上、下表面的竖直距离），通过振幅测量、压力分布测量和流场可视化等试验手段探究风嘴非对称性对扁平箱梁涡激振动的影响规律。

2 研究方法及试验内容

本次风洞试验在中南大学风工程研究中心 CSU-WT2 闭口回流式风洞进行，试验段长 1.5m，宽 0.8m，高 1.2m，来流风速范围为 2～30m/s，湍流度小于 1%。模型设计时分别改变风嘴顶点至扁平箱梁上下顶面的垂直距离 h 和 H，制作了 $h/H = 0$、0.2、0.4、0.6、0.8 和 1.0 等 6 组节段模型。模型由碳纤维制成并嵌入 1.3m 铝杆，以保证模型的刚度。矩形断面长 $L = 0.78$m，宽 $B = 0.35$m，高 $D = 0.07$m。

模型表面跨中布置了 58 个测压孔，并从表面穿入长度为 250mm、内径为 0.5mm 的 PVC 管与昆山御宾 HPT-DTC-DS 扫描阀相应通道连接，以获得被测模型的表面风压分布特征。在模型上表面后缘 $5D$ 位置处固定了热线风速仪，通过快速傅里叶变化技术获得模型尾部的旋涡脱落频率。模型通杆两端下方 300mm 处各固定一个基恩士 IL-300 型激光位移计来测量折减风速范围内模型的位移。

PIV 试验测试了 6 个风嘴非对称扁平箱梁模型在静止状态下的尾缘流场。由于雷诺数效应较小，试验中设定均匀来流的风速均为 20m/s。本次研究为二维 PIV 试验，重点获取模型尾缘区域的流场信息。试验中绿色激光厚度为 1mm，照射扁平箱梁模型跨中所在的平面，并设置脉冲激光的延迟时间为 0.2μs，脉冲间隔时间（Δt）250μs，相机曝光时间 2000μs，拍摄频率 200Hz，每次拍摄 3000 帧图像。

3 试验结果分析

3.1 涡激振动响应

如图 1 所示，随着 h/H 比值减少，无量纲最大振幅呈先减小后增大的趋势。$h/H = 0.6$ 工况，出现了倍频现象，即折减风速 6.15～7.00m/s 范围内，$f_s/f_0 = 1$，折减风速 7.00～8.08m/s 范围内，出现了一次跳跃，旋涡脱落频率到达自振频率的两倍。

3.2 风压分布

在最大无量纲振幅下，风压分布结果表明非对称性显著改变了模型上下表面分布规律并且其最大风压脉

基金项目：国家自然科学基金资助项目（52208514，52327810），湖南省自然科学基金资助项目（2024JJ4063）

动值分布规律与涡振响应一致（图 2）。

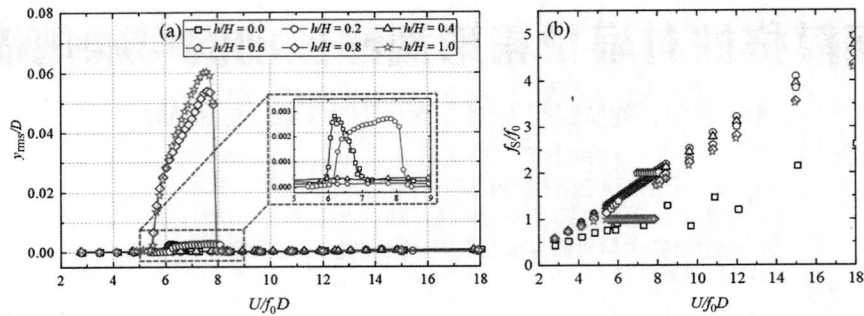

图 1　涡激振动响应：（a）风嘴非对称性模型的振幅曲线；（b）无量纲尾流旋涡脱落频率

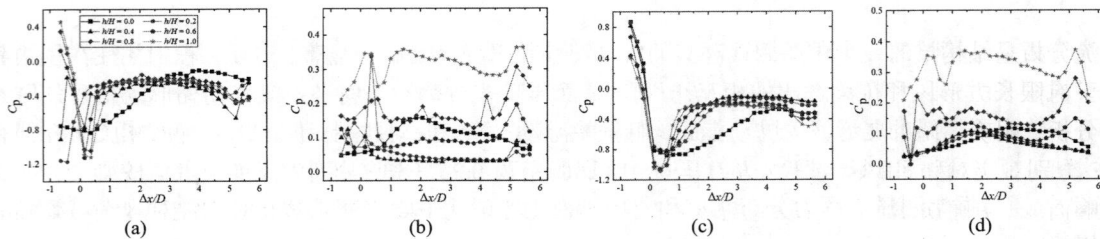

图 2　风压系数分布：（a）上表面平均风压系数；（b）上表面脉动风压系数；
（c）下表面平均风压系数；（d）下表面脉动风压系数

3.3　PIV 结果

在所有工况下，模型尾缘区域均以风嘴顶点为界，形成了两个反向旋转的回流区，随着 h/H 比值减小，时均尾涡的空间分布逐渐从对称结构发展为非对称结构，湍动能的峰值逐渐靠近模型风嘴的顶点。

3.4　POD 分析

所有工况中，前两个模态的单次能量明显高于其他模态。涡振响应显著的 $h/H = 1.0$ 和 0.8 工况，模态能量积累曲线高度重合。前 2 阶 POD 模态以反对称涡为主，模态 3 和模态 4 的涡旋呈非对称分布。

4　结论

风嘴非对称性对扁平箱梁的涡激振动影响显著。除 $h/H = 1.0$ 和 0.8 工况外，其余工况均未观察到较为显著的涡激振动响应；涡振响应显著的工况，模型尾缘的湍流涨落区和尾流区长，湍动能峰值距离扁平箱梁的风嘴顶点远；除 $h/H = 0.0$ 外，各阶模态随着 h/H 的减小所对应的能量占比逐渐减小。POD 各模态能量分布与涡振响应表现出高度的一致性。随着 h/H 的减小，涡量 POD 模态由对称结构逐渐发展为非对称结构，意味着卡门涡街能量的衰减。

参考文献

[1]　YANG Y, ZHOU R, GE Y, et al. Sensitivity Analysis of Geometrical Parameters on the Aerodynamic Performance of Closed-Box Girder Bridges[J]. Sensors, 2018, 18.

[2]　王慧. 扁平箱梁气动特性及绕流机理研究[D]. 长沙: 中南大学, 2023.

[3]　闫渤, 李欢, 李玲瑶, 等. 扁平箱梁阻力波动现象及其潜在机理[J]. 工程力学: 1-10.

基于大涡模拟的有限长方形棱柱顶部涡与卡门涡动力学特性及升力脉动机理研究

赵　凌[1]，杨庆山[1, 2]，郭坤鹏[1]，单文姗[1]

（1. 重庆大学土木工程学院　重庆　400044；

2. 重庆市风工程与风能利用重点实验室　重庆　400045）

1　引言

绕流分析是结构抗风设计中的重要环节[1-2]。本研究利用大涡模拟（LES）方法，探讨了受大气边界层来流作用下有限长方形棱柱（高宽比$H/B=9$）顶部涡和卡门涡的动力学特性及其与升力脉动机理的联系。通过时程分析，明确了两种典型升力脉动模式（低振幅脉动 LAF 和高振幅脉动 HAF）。涡结构分析表明，LAF与 HAF 分别对应对称涡脱和交替涡脱，其中对称涡脱由顶部涡下洗作用所致，而交替涡脱则受方柱中部卡门涡影响而成。明确顶部涡与卡门涡动力学特性及两种典型升力脉动模式形成机理对结构风荷载评估有重要的工程意义[3]。

2　大涡模拟准确性验证

当前数值模拟计算域和方柱 $2H/3$ 高度处平均、脉动升力系数分布如图 1 所示。

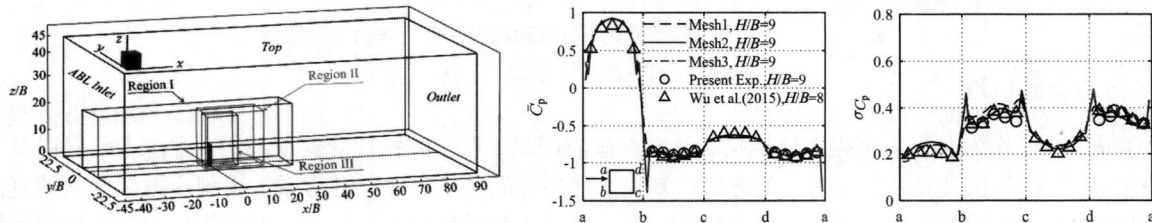

图 1　数值计算域和大涡模拟结果准确性验证

3　顶部涡与卡门涡动力特性及升力脉动机理

3.1　两种典型的升力脉动模式

方柱不同高度处的升力脉动系数时程如图 2 所示，可以看出，在方柱顶部区域，升力系数主要表现为小振幅脉动，在方柱中部区域，升力系数主要表现为大振幅脉动。

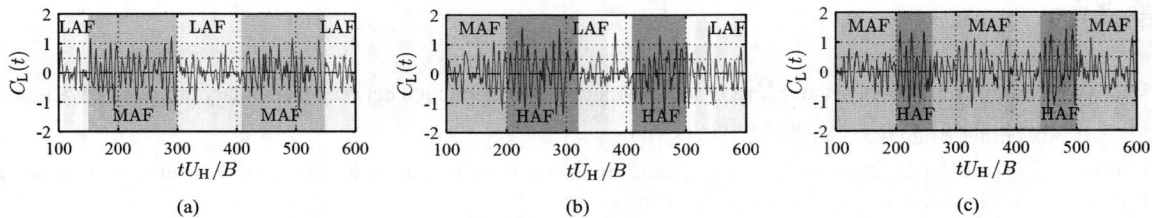

图 2　方柱不同高度处的升力系数时程：（a）$z/H=0.9$；（b）$z/H=0.7$；（c）$z/H=0.5$

基金项目：国家自然科学基金项目（52408508，52221002，52308481）

3.2 顶部涡与卡门涡动力学特性

当升力系数小幅脉动时，顶部涡下洗作用显著，而当升力系数大幅脉动时，顶部涡则沿方柱顺流向移动，下洗趋势减弱；对于卡门涡，当升力系数小幅脉动时，方柱两侧涡脱呈现为对称涡脱，而当升力系数大幅脉动时，方柱两侧涡脱则表现为明显的交替涡脱。

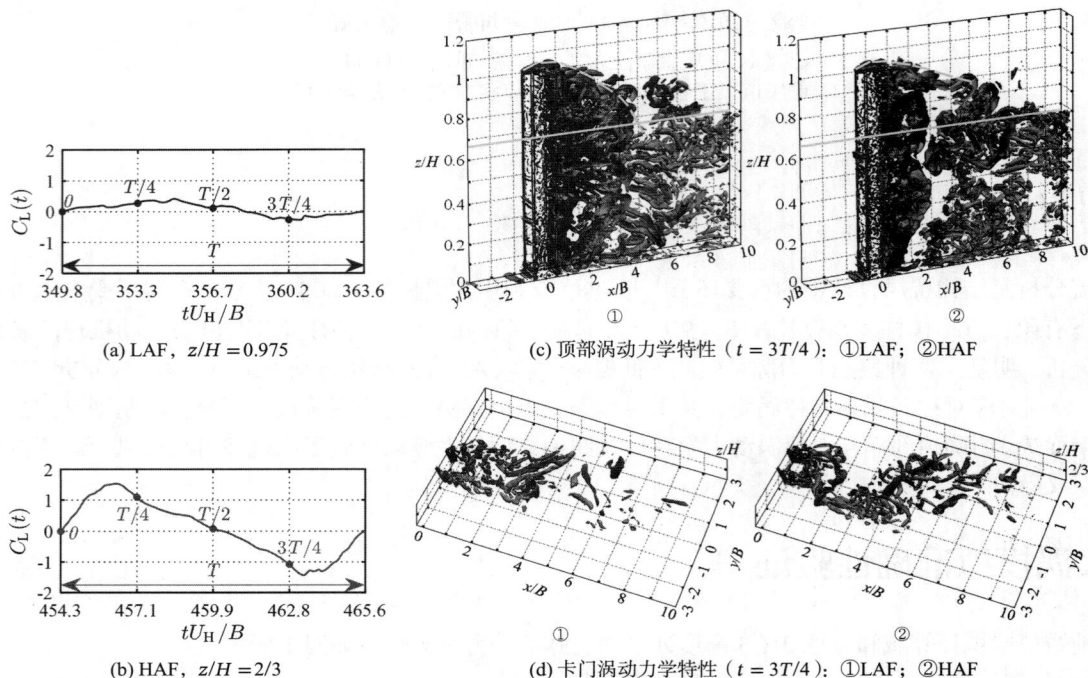

(a) LAF，$z/H = 0.975$

(b) HAF，$z/H = 2/3$

(c) 顶部涡动力学特性（$t = 3T/4$）：①LAF；②HAF

(d) 卡门涡动力学特性（$t = 3T/4$）：①LAF；②HAF

图 3　两种典型升力脉动模式下方柱顶部涡和卡门涡动力学特性

3.3 升力脉动机理

有限长方柱作为典型的工程钝体结构，其端部效应明显，风荷载特性受到顶部涡、中部卡门涡以及底部涡共同影响，荷载机理复杂。由图 3 的分析可知，方柱顶部涡下洗是导致升力系数出现小振幅脉动的直接原因，其下洗作用范围不同，从而导致了方柱不同高度处升力脉动特性有差异，且下洗作用的周期性间隔使得升力系数呈现出大小幅脉动交替出现的特征。

4　结论

本文主要结论如下：（1）在方柱顶部区域，升力系数主要表现为小振幅脉动，在中部区域，主要表现为大振幅脉动；（2）顶部涡下洗是导致升力系数出现小振幅脉动的直接原因。

参考文献

[1] WANG H, ZHOU Y, CHAN C, et al. Effect of initial conditions on interaction between a boundary layer and a wall-mounted finite-length-cylinder wake[J]. Physics of Fluids, 2006, 18: 065106.

[2] CHEN G, LI X, SUN B, et al. Effect of incoming boundary layer thickness on the flow dynamics of a square finite wall-mounted cylinder[J]. Physics of Fluids, 2022, 34: 015105.

[3] WANG T, YUE X, YANG Q, et al. Two-dimensional spanwise flow regime influenced by tip vortex around a ground-mounted square cylinder in low turbulence uniform flow[J]. Physics of Fluids, 2024, 36: 085119.

紊流特征参数对流线型箱梁涡激振动特性的影响研究

韩　金[1]，孙延国[1,2]

（1. 西南交通大学土木工程学院桥梁工程系　成都　611756；

2. 风工程四川省重点实验室　成都　611756）

1　引言

流线型箱梁由于有明显的钝体气动特性、较大的宽高比，因此其表面容易发生流动分离及再附着现象，这导致了流线型箱梁桥梁会在低风速下发生涡激振动[1]。当前对于桥梁断面的涡振研究大多是在均匀流中进行，而现实中大跨度桥梁均处于大气紊流中，这明显与试验中涡振发生的实际环境不符，因此对于紊流场中的流线型箱梁断面的涡振现象需要进一步研究。本文选取了与流线型箱梁类似的"近流线型箱梁"断面进行节段模型测振及测压试验，研究紊流度、积分尺度等特征参数对其涡振特性的影响。

2　试验设置

2.1　紊流风场的模拟

已有研究多关注紊流度对涡振性能的影响，对积分尺度的模拟往往与自然风场的大紊流积分尺度不匹配，无法反映真实情况。为了满足积分尺度与模型尺寸不同的相似比，本次试验在常规风洞中通过设置多种格栅来模拟小积分尺度风场，在大型边界层风洞中通过改变尖塔数量、间距和粗糙元布置来模拟大积分尺度风场。试验选用的紊流风场见表1。

紊流场风参数　　　　　　　　　　　　　　　　　　　　　　　　　　　　表1

风场编号	1	2	3	4	5	6	7
紊流强度 I_u	5.39%	5.50%	11.49%	5.84%	7.34%	11.96%	14.02%
紊流积分尺度 L_u（m）	0.197	0.129	0.125	0.999	1.312	1.271	1.156

2.2　试验布置

流线型箱形截面模型的长宽高分别为 1.5m、0.28m 和 0.07m。模型由 8 跟线性弹簧悬挂于特质的支架上。为了分析模型涡激振动的气动特性并提取模型表面气动力，节段模型表面平行设置了 5 个测压条带，其中每个条带由 32 个测压孔组成，如图 1 所示。

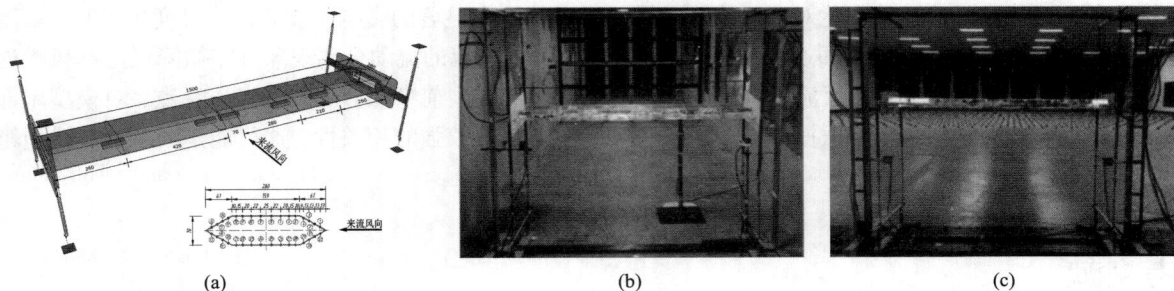

图 1　模型布置：（a）模型及测点分布图；（b）模型在 XNJD-1 风洞；（c）模型在 XNJD-3 风洞

基金项目：国家自然科学基金项目（52178508）

3 试验结果及分析

3.1 涡振响应

图 2（a）显示了在湍流强度不同积分尺度接近的条件下近流线型箱梁模型的竖向 VIV 响应随风速变化的曲线，图 2（b）则显示了在湍流强度接近积分尺度不同的条件下模型振幅。由图 2（a）试验结果可知，随着紊流度的增加节段模型的涡振振幅随之减小，与均匀流相比，低紊流度下的振幅没有明显减小。由图 2（b）可知，当紊流度接近时，涡振振幅随着紊流积分尺度的增大而略有增大。

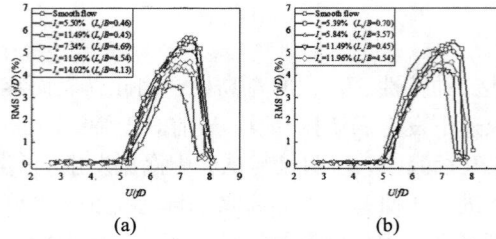

图 2 涡振响应

3.2 脉动压力分布

近流线型箱梁模型在涡振锁定区最大振幅处各条带测量点脉动风压系数 $\tilde{C}_{pi}$ 的 RMS 值如图 3 所示。由图 3（a）可知，在紊流积分尺度较小的风场中，随着紊流度的增加，迎风侧风嘴和上侧表面前端的 $\tilde{C}_{pi}$ 随之增大；背风侧风嘴处，在紊流强度为 5.50% 时 $\tilde{C}_{pi}$ 值最大，而紊流强度为 11.49% 时 $\tilde{C}_{pi}$ 值略小于均匀流场中的结果。这与模型在 5.50% 时涡振振幅最大，11.49% 时振幅最小，规律一致。由图 3（b）可知，在大积分尺度风场中，迎风侧风嘴及上、下表面脉动风压分布规律与小积分尺度紊流场下的规律相似，不同的是背风下侧风嘴表面测点 $\tilde{C}_{pi}$ 值随着紊流强度的增加而减小。由图 3（c）可知，紊流强度接近时，随着紊流积分尺度的增加，迎风侧上、下表面迎风端测点的脉动风压系数更大，而背风侧风嘴表面的脉动风压系数差异不明显。

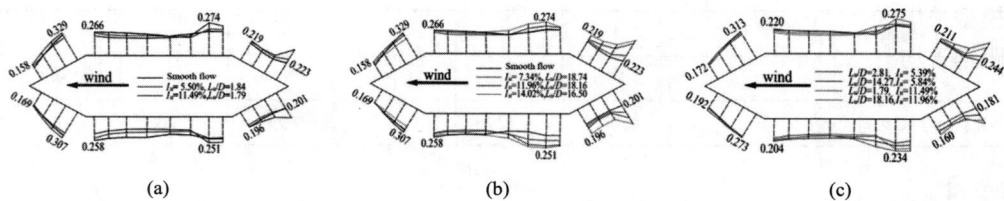

图 3 脉动风压系数：（a）小紊流积分尺度；（b）大紊流积分尺度；（c）不同紊流积分尺度

4 结论

综上所述，紊流风特性的变化对近流线型箱梁的涡振特性有显著的影响。紊流积分尺度接近时，紊流强度能显著增加迎风侧风嘴及上表面迎风侧脉动压力系数，增强来流的流动分离现象并略微降低尾部风嘴处脉动压力系数。紊流强度接近时，紊流积分尺度的改变主要影响模型前半部分的脉动风压系数，对模型尾部旋涡脱落区域的影响并不明显。涡振振幅与背风侧风嘴脉动压力有较强的相关性，这可能是因为近流线型箱梁断面的涡振发生机制为尾端涡脱。

参考文献

[1] 李永乐, 侯光阳, 向活跃, 等. 大跨度悬索桥钢箱主梁涡振性能优化风洞试验研究[J]. 空气动力学学报, 2011, 29(6): 702-708.

钢管输电塔构件涡激振动数值模拟及流场变化分析

张 弛

（西安交通大学人居环境与建筑工程学院 西安 712000）

1 引言

钢管输电塔由于其出色的结构和空气动力学性能，在特高压输电线路中得到了广泛应用。然而在轻风或微风的影响下，钢管构件可能会在亚临界状态下发生振动，从而引起钢管的涡激振动现象[1]。在多风地区会导致桁架板疲劳开裂，严重危害整条输电线路的安全。

现阶段研究多集中于针对典型节点形式的钢管涡激振动数值模拟及试验研究上，通过研究对钢管输电塔的涡激振动现象也有了一定了解[2-4]。目前针钢管输电塔的研究多集中在针对涡脱落频率及升力系数的变化规律上，对于流场的变化规律并未有深入的研究。

本研究的主要目的是在分析不同钢管构件在起振风速下的升力系数及涡脱落频响的变化规律的同时准确描述钢管周围流场的特征。首先使用数值分析方法计算典型钢管的固有频率，并建立了单向流固耦合湍流模型。利用数值模拟方法对升力系数及涡脱落频率变化规律进行分析，最后在流场内沿环向及展向建立 50 个特征检测点，详细讨论了尾流涡流脱落的时间和空间分布。基于上述研究，对钢管构件周围的流场有了更深刻的理解，并且进一步了解了钢管涡激振动的振动机理，这也将为实际工程应用提供宝贵的指导。

2 钢管涡激振动数值模拟

2.1 数值模拟方法

流体模型采用 SST k-ω 湍流模型。计算区域大小为 $35D \times 14D$，风速入口距钢管 $10D$，出口距钢管 $25D$，上下边界距钢管均为 $7D$。钢管的频率采用有限元程序进行数值计算，如图 1 所示。

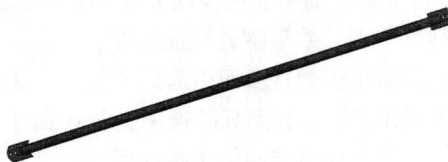

图 1 钢管构件的有限元模型

2.2 升力系数及涡脱落频率分析

本研究以皖南至上海 1000kV 输电线路工程为背景，研究了长宽比在 70～170 之间，易受涡激振动影响的单插板钢管构件弱轴的动态特性。图 2 显示了 8 种不同尺寸的钢管构件在临界风速 U_c 下的升力系数时间历程。在图 3 中，x 轴和 y 轴分别绘制了涡流脱落频率和斯特劳哈尔数。z 轴代表管道外径与理论风速之比。当特定模态阶次被激发时，其振动频率与模态频率相对应，反之，该频率则作为钢管下游流动的激发频率。

2.3 流场动态特性分析

根据钢管涡激振动的流场特点，建立沿管径环向及周向建立 10 个不同的方向角和基于方向角延伸的 7 个周向特征检测点，如图 4 所示。

基金项目：国家自然科学基金面上项目（51978570）

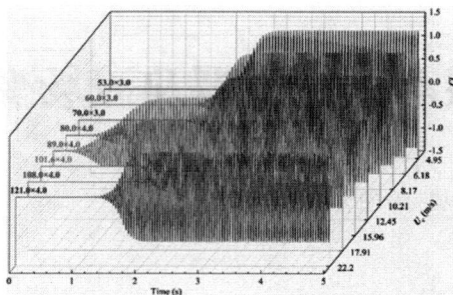

图 2　F_s 和 S_t 曲线关系

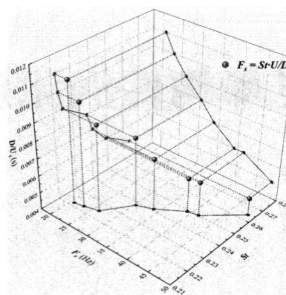

图 3　升力系数随时间的变化

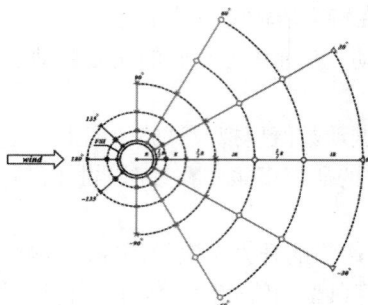

图 4　流场特征点选取示意图

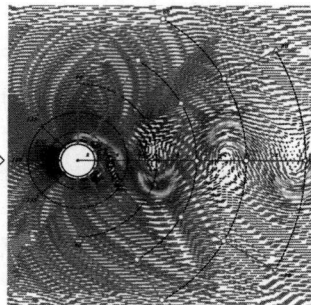

图 5　压力云图

压力系数的分布规律反映了涡流结构和作用在钢管表面的力，而流速和涡量等参数与涡流结构的形成、发展和衰减密切相关。因此，分别检测各点在不同来流风速下流场压力极值、压力系数、速度极值和涡量极值的变化及相对应的空间分布特征，以探究流场气动参数之间的关系和尾流在时间和空间上的分布规律（图 5），对于揭示涡激振动的机理，理解钢管周围的流动具有重要意义。

3　结论

升力系数是衡量钢管周围流体对其施加压力大小的重要参数，其变化与钢管涡激振动的发生密切相关。在卡门涡街的作用下，钢管表面的升力系数呈现明显的波动变化，且在特定的风速范围内出现高幅值的波动。旋涡在形成后会一定程度地存留在钢管周围，并与钢管表面摩擦，形成受力区域。在特定风速下，脱落频率和自振频率相等，涡阵列始终与钢管表面相接触，从而引起涡激振动。在初始时刻，尾流形成一个主要旋涡结构。随着时间推移，该旋涡逐渐衰减和扩散。旋涡衰减速率受流场黏性和阻力影响，较高黏性导致更快衰减。而在空间上表现出特定分布规律。主要旋涡结构位于圆柱后方，尺寸和强度与圆柱直径和流速相关，并且随着与圆柱距离的增加，旋涡逐渐减小。

参考文献

[1]　BARRERO G A, SERRUYS S, VELAZQUEZ A. Influence of cross-section shape on energy harvesting from transverse flow-induced vibrations of bluff bodies[J]. Journal of Fluid Mechanics, 2022: 950.

[2]　秦力, 黄越, 丁皓姝. 不同节点连接钢管塔杆件微风振动分析[J]. 电力学报, 2014, 29(1): 87-90.

[3]　邓洪洲, 赵张峰. 输电塔钢管构件涡激振动数值模拟[J]. 同济大学学报（自然科学版）, 2017, 45(1): 9-22.

[4]　ZHAO M. A review of recent studies on the control of vortex-induced vibration of circular cylinders[J]. Ocean Engineering, 2023, 285: 115389.

中央开槽箱梁涡振发展过程涡激力特征演化驱动机制

梅哲远[1]，崔 巍[1,2]，马 腾[1]，韩廷枢[1]，赵 林[1,2,3]

（1. 同济大学土木工程防灾减灾全国重点实验室 上海 200092；
2. 同济大学桥梁结构抗风技术交通运输行业重点实验室 上海 200092；
3. 广西大学工程防灾与结构安全教育部重点实验室 南宁 530004）

1 引言

桥梁发生涡振时结构位移从小到大逐渐发展至限幅稳态振动，而不同初始状态下振幅发展历程呈现潜在差异，现有研究主要聚焦涡振稳态振动涡激力特性空间分布与涡振关系[1-2]，忽视了涡振发展过程涡激力随振幅（时间）演化趋势。针对中央开槽箱梁竖弯涡振问题，自主研发气弹模型初始姿态调控装置[3]以控制初始位移，获取 1：20 大节段模型大位移衰减与零位移发展自由振动涡振片段。计算了涡振过程风压分布特性与分布涡激力特性在箱梁表面空间分布特征，展示涡激力在开槽箱梁表面关键作用区域；在竖弯涡振初期，中央开槽箱梁开槽处斜腹板分布涡激力贡献值明显大于其余区域，是涡振早期产生的主要诱因；随结构振幅动态发展，开槽箱梁上下表面分布涡激力对整体涡激力贡献值为正且随振幅增大而增大；涡振发展过程涡激力作用关键区域从开槽斜腹板转换为箱梁上下表面。分布涡激力相位演化随涡振振幅的分岔指向该竖弯振幅 Hopf 分岔对应的两种潜在绕流形态。通过呈现竖弯涡振发展过程分布涡激力的时空演化趋势，揭示了开槽箱梁竖弯涡振产生的分布涡激力驱动机制。

2 初始状态控制与试验设计

设计西堠门大桥 1：20 缩尺比大节段模型并开展同步测压测振自由振动试验（图 1）。利用初始位移控制装置控制大节段模型初始位移（图 2），实现固定风速下系统大位移衰减与零位移发展至稳态竖弯振幅两种状态。获取竖弯涡振锁定区间及附近的涡振动态发展过程同步测压测振数据。

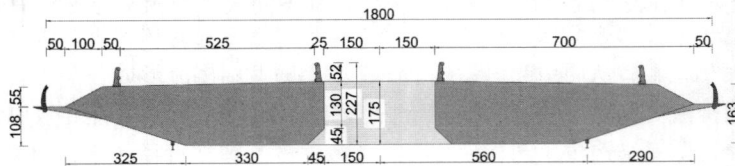

图 1 1：20 缩尺比中央开槽箱梁断面示意图（单位：mm）   图 2 模型初始姿态控制

3 涡振发展过程分布涡激力时空演化驱动机制

3.1 分布涡激力时空演化特性

涡振区间内固定风速下，模型经历 15mm 初始位移衰减与零位移增长到稳定状态过程。依据振动发展历程，采用 Hilbert 变换提取振幅包络线并划分振幅演化历程。涡振单周期内振动近似正弦过程，计算单运动周期模型表面风压均值、脉动风压标准差、分布涡激力从与整体涡激力时程，得到不同振幅区间内分布涡激力与整体涡激力的相关系数与贡献值［式(1)］。

基金项目：国家自然科学基金项目（52378527），国家重点研发计划（2022YFC3005301）

$$\rho_i = \frac{Cov(L_{\mathrm{VIF},i}, L_{\mathrm{VIF}})}{\sqrt{D(L_{\mathrm{VIF},i})D(L_{\mathrm{VIF}})}}, C_{\mathrm{VIF},i} = C_{i,\sigma_{\mathrm{p}}}\rho_i \qquad (1)$$

式中，$L_{\mathrm{VIF},i}$为测点i对应分布涡激升力；L_{VIF}为整体涡激升力；ρ_i为$L_{\mathrm{VIF},i}$与L_{VIF}相关系数；$C_{i,\sigma_{\mathrm{p}}}$为测点$i$风压系数时程标准差；$C_{\mathrm{VIF},i}$为测点$i$分布涡激力对整体涡激力贡献值。

  图 3 展示不同初始状态下随结构振幅发展，涡激力贡献值在中央开槽箱梁表面空间分布特征及随振幅（即时间）的演化趋势，分布涡激力贡献值在不同空间区域随幅值定向变化：开槽箱梁上下表面多数区域分布涡激力对整体竖弯涡激力均为正贡献值且随振幅增大而增大，说明竖弯涡振发展过程，分布气动升力对整体气动升力贡献越来越大，促进开槽箱梁振动发展至稳态涡振状态；而在下游开槽斜腹板 j 处，"大位移衰减"与"零位移增长"工况静止在初始位置时，分布涡激力相较其他位置为明显的正贡献值，伴随结构振动发展至稳态幅值，正贡献值由正转负，这一转变暗示下游开槽斜腹板处分布涡激力对竖弯涡振的产生与发展的早期驱动机制。涡振机制研究中，若仅关注稳态涡振阶段将忽视涡振早期诱发因素。

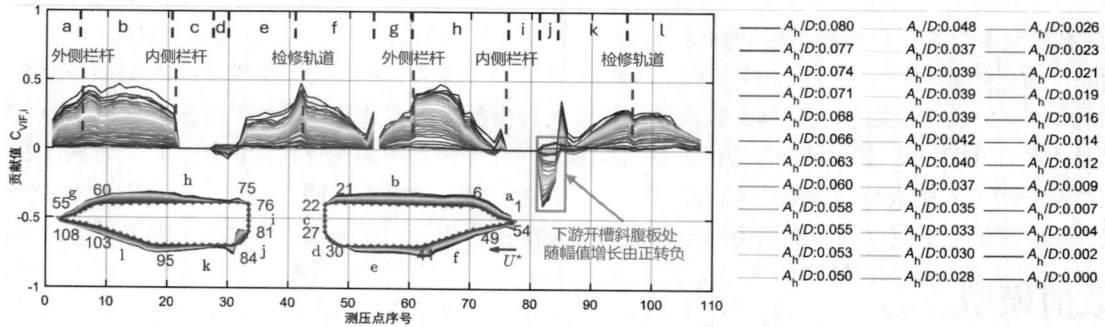

图 3 不同初始状态竖弯涡振涡激力贡献值分布与演化趋势

4 结论

  中央开槽箱梁竖弯涡振过程，开槽处斜腹板分布涡激力是涡振早期产生诱因；随涡振发展箱梁上下表面分布涡激力对整体涡激力贡献逐渐增大，转而成竖弯涡振主导控制因素，从而揭示该断面竖弯涡振产生与发展的涡激力时空演化驱动机制：伴随振幅发展分布涡激力关键作用区域从下游开槽斜腹板向箱梁上下表面转移。分布升力相位演化关系说明下游箱梁上下表面或存在旋涡漂移情况，其不同振幅的相位分支与 Hopf 分岔不同的振幅分支相对应。

参考文献

[1] XU F Y, YING X Y, LI Y N, et al. Experimental explorations of the torsional vortex-induced vibrations of a bridge deck[J]. Journal of Bridge Engineering, 2016, 21(12): 04016093.

[2] ZHAO L, WU F Y, HAN T S, et al. Aerodynamic force distribution and vortex drifting pattern around a double-slotted box girder under vertical vortex-induced vibration[J]. Journal of Wind Engineering and Industrial Aerodynamics, 2023, 241: 105548.

[3] 马腾, 崔巍, 梅哲远, 等. 气动弹性试验模型初始姿态的定量控制装置[P]. 上海市: CN202411219055. 1, 2024-12-03.

非零均值振荡流作用下圆柱的阻力建模

黄亚阳[1]，曹曙阳[1,2,3]，操金鑫[1,2,3]，杨庆山[4]

（1. 同济大学土木工程学院桥梁工程系 上海 200092；
2. 土木工程防灾减灾全国重点实验室 上海 200092
3. 桥梁结构抗风技术交通运输行业重点实验室 上海 200092
4. 重庆大学土木工程学院 重庆 400038）

1 引言

正弦振荡流作用下的圆柱绕流在过去几十年中受到了广泛关注，这不仅在理论分析上具有重要意义，也在实际工程中具有广泛的应用价值[1]。以往对于振荡流中圆柱绕流的研究主要是针对速度均值为零的纯振荡流开展的，而针对非零均值振荡流作用下的圆柱绕流特性开展的研究数量有限，对于流场结构和圆柱的阻力机理的理解仍然不足[2-3]。本文采用大涡模拟方法开展了一系列具有不同频率和振幅的非零均值振荡流作用下的圆柱绕流数值模拟，重点关注圆柱阻力特性的流动机理及流场结构随来流参数的变化规律。

2 数值模型及验证

本文数值计算域为 $35D \times 20D \times \pi D$（$D$ 为圆柱直径），在 x-y 平面内，以圆柱为中心、半径为 $2.5D$ 的区域采用 O 型网格离散，同时保证 $y^+ < 1$，如图 1 所示。圆柱表面采用无滑移固壁边界条件，来流条件设为正弦速度入口，出口采用混合边界条件。基于 OpenFOAM 平台，湍流模型为标准 Smagorinsky 模型，压力速度耦合采用 Piso 算法。表 1 给出了采用本数值方法得到的均匀流下 $Re = 15000$ 的圆柱气动力参数，并与已有的试验和数值结果进行了对比，由表可见，本文结果与已有结果较为吻合，说明本数值方法具有良好的准确性。

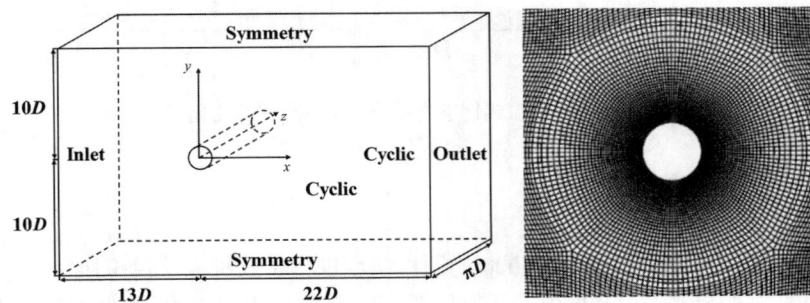

图 1　计算域及圆柱周围网格示意图

均匀流下 $Re = 15000$ 的圆柱气动力参数　　　　　　　　　　　　　表 1

	Re	$\overline{C}_D$	C'_L	St
Present（LES）	15000	1.171	0.445	0.208
Abrahamsen Prsic et al.（2014）（LES）	13100	1.313	0.545	0.204
Norberg（2003）（Exp.）	15000	—	0.455	0.197

基金项目：国家重点研发计划（2022YFC3005302），国家自然科学基金项目（52478547）

3 结果及讨论

3.1 瞬时流场结构

图 2 给出了圆柱周围 $t = 3T/4$ 时刻的瞬时展向涡量等值线图，其中蓝色和红色分别表示顺时针方向和逆时针方向的旋涡。由图可以看出，振荡流的频率较高时，在圆柱附近出现一对几乎对称的小涡旋，其流动特征接近于零均值的纯振荡流。随着振荡频率的降低，流场结构逐渐向交替的卡门涡街收敛。对于其余的振幅比，尾流结构随频率的变化趋势相同。

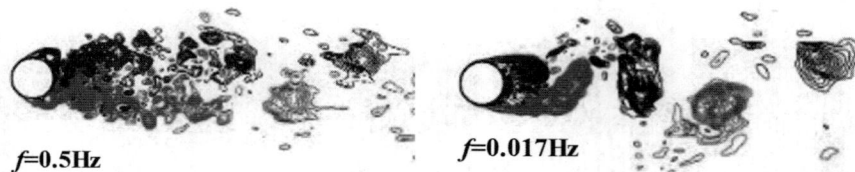

$f=0.5Hz$ $f=0.017Hz$

图 2 相同振幅比下绕流结构随频率的变化

3.2 阻力特性

采用莫里森方程来预测圆柱阻力，图 3 给出了不同振幅比下方程力系数随振荡频率的变化规律，其中 AR 和 KC 分别表示振幅比和振荡周期。图 3（a）表明，当振荡频率接近均匀流中的涡脱频率时，阻力系数 C_d 会迅速增加并达到最大值；当振荡频率变小时，C_d 会向均匀流中的平均阻力系数 $\overline{C}_D$ 收敛。惯性系数 C_i 的变化趋势则与 C_d 相反。

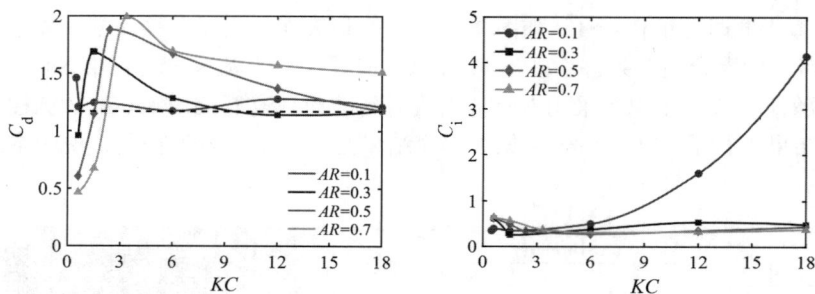

图 3 不同振幅比下力系数随振荡频率的变化

4 结论

本文在非零均值正弦振荡流中对 $Re = 15000$ 的圆柱绕流进行了三维大涡模拟研究，结果表明旋涡脱落对振幅比和振荡频率均非常敏感；由于共振效应，在振荡频率接近均匀流中的涡脱频率时，圆柱阻力达到峰值，随着振幅比的增加，这种趋势变得更加明显。

参考文献

[1] WILLIAMSON C H K. Sinusoidal flow relative to circular cylinders[J]. Journal of Fluid Mechanics, 1985, 155: 141-174.

[2] CAO S, LI M. Numerical study of flow over a circular cylinder in oscillatory flows with zero-mean and non-zero-mean velocities[J]. Journal of Wind Engineering and Industrial Aerodynamics, 2015, 144: 42-52.

[3] ZHOU C Y, GRAHAM J M R. A numerical study of cylinders in waves and currents[J]. Journal of Fluids and Structures, 2000, 14(3): 403-428.

基于合成射流的有限长方柱主动流动控制数值模拟研究

夏美华[1]，李石清[1,2]，蔡书轩[1]

（1. 长沙理工大学土木与环境工程学院 长沙 410114；

2. 先进工程材料与结构力学行为及智能控制湖南省高校重点实验室 长沙 410114）

1 引言

流动控制技术可以分为被动流动控制和主动流动控制。一些被动控制技术已经在工程设计中得到了应用，如截面优化[1]、安装附属结构（风屏障、风嘴）[2]等，但被动控制在流场实际情况偏离设计状态时无法达到最佳控制效果，相比之下，主动流动控制技术具有控制包络宽、参数可调、控制方便等优点，有望突破被动控制技术的瓶颈，正受到广泛关注[3]。当前，合成射流作为一种新型、高效的主动流动控制技术，具有质量轻、结构简单紧凑、易于维护、成本低廉等优点[4]，目前已广泛应用于方柱的主动流动控制。

本文采用大涡模拟研究方法，以$H/d = 5$的有限长方柱为研究对象，在来流雷诺数为$Re = 2.78 \times 10^4$时，在有限长方柱的自由端前缘布置狭缝合成射流，探究合成射流控制参数（动量系数C_μ和射流频率f^*）对有限长方柱气动力与流场特性的影响规律，揭示顶部施加合成射流对有限长方柱的主动流动控制机理。

2 模型介绍及结果分析

2.1 模型介绍

图1给出了数值计算域及计算网格。如图1（a）所示，柱体高宽比$H/d = 5$，宽度$d = 40$mm。计算域长$30d$，宽$20d$，高$10d$。本文采用结构化网格对计算域离散，并对模型周边网格进行局部加密，如图1（b）所示，在模型两侧各$0.78d$范围进行加密。

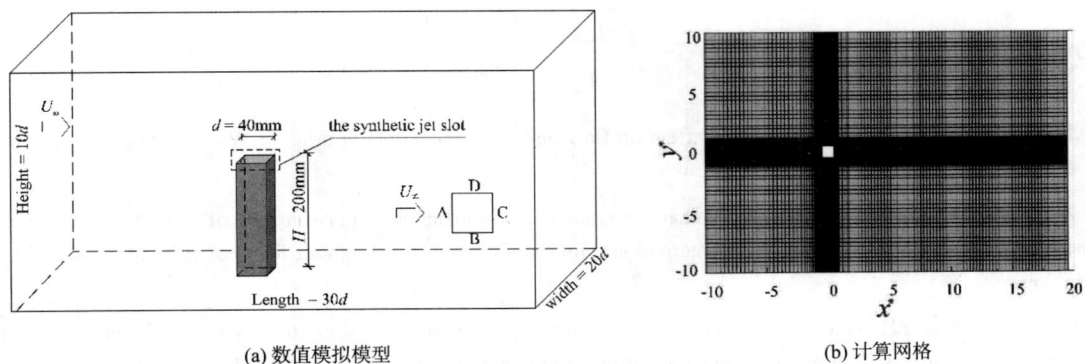

| (a) 数值模拟模型 | (b) 计算网格 |

图1 数值计算域及计算网格

数值模拟产生合成射流的原理是：由狭缝底部的速度入口边界条件产生速度幅值形式为正弦信号的流动，模拟活塞式合成射流激励器往复运动形成的挤压和抽吸流体的效果，该原理目前已被广泛应用于合成射流的模拟。本文中，合成射流控制参数为射流动量系数（C_μ）和无量纲射流频率（f^*）。因此，本文在$f^* = 1$条件下，设置C_μ为0.01、0.02、0.05、0.1的4种工况，研究C_μ对方柱流场和气动力特性的控制效果。为验证最佳射流控制参数，在$C_\mu = 0.05$条件下，设置$f^* = 5$、10两种工况，研究无量纲频率f^*的影响特性。

基金项目：国家自然科学基金项目（52408506），长沙理工大学土木工程重点学科创新性项目（23ZDXK14）

2.2 气动力结果分析

图 2 给出了方柱的时均阻力系数（$C_{d,mean}$）和脉动升力系数（$C_{l,rms}$）随合成射流动量系数 C_μ 的变化趋势。从图 2 可看出，在施加合成射流情况下，相较于无控制工况，气动力系数都显著下降，这表明顶部施加合成射流控制能有效抑制有限长方柱的气动力。

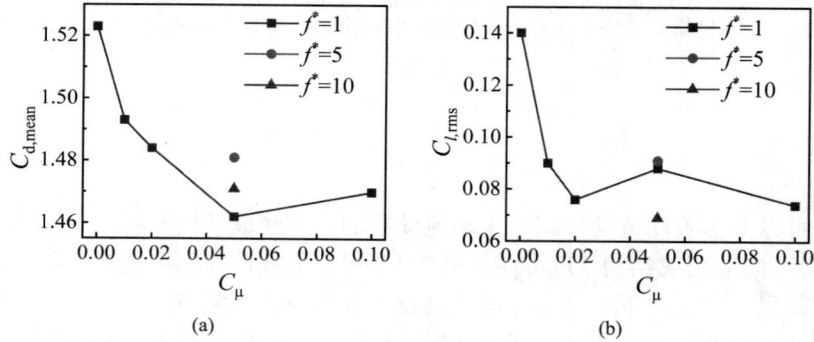

图 2 方柱气动力随 C_μ 的变化趋势：（a）时均阻力系数 $C_{d,mean}$；（b）脉动升力系数 $C_{l,rms}$

3 结论

本文提出了利用自由端设置合成射流对 $H/d = 5$ 的有限长方柱流动进行主动流动控制。为了验证合成射流的控制效果，进行了大涡模拟数值模拟试验，对其气动力和流场特性的影响进行了研究，得出如下结论：

（1）气动力的控制效果与动量系数 C_μ 和无量纲射流频率 $f*$ 有关。随着动量系数 C_μ 的增加，$C_{d,mean}$ 和 $C_{l,rms}$ 呈现先减小后增大的趋势。$C_\mu = 0.05$ 时提高射流频率 $f*$，$C_{d,mean}$ 和 $C_{l,rms}$ 均呈现先增大后减小的趋势，减阻效果并未提升。

（2）顶部施加合成射流对气动力特性有显著的控制效果。在 $C_\mu = 0.05$，$f* = 1$ 时减阻效果最佳，相较于无控制工况，时均阻力系数 $C_{d,mean}$ 达到最大降幅，减少了 4.01%。对于脉动升力系数的控制，$f* = 1$ 和 10 均呈现出显著的抑制效果，并在 $C_\mu = 0.05$，$f* = 10$ 时 $C_{l,rms}$ 的最大降幅达到 50.7%，这表明了适当增加无量纲频率 $f*$ 可以有效抑制脉动升力系数。

参考文献

[1] ALAM M M. A review of cylinder corner effect on flow and heat transfer[J]. Journal of Wind Engineering and Industrial Aerodynamics, 2022, 229: 105132.

[2] LIU Z Y, LIU T H, GAO H R, et al. Flow characteristics and wind-sheltering performance of wind barriers with different diameters of holes on railway viaducts[J]. International Journal of Numerical Methods for Heat & Fluid Flow, 2023, 33(11): 3748-3769.

[3] ZHENG C R, SUN K, ZHANG W Y. Effects of passive and combined aerodynamic control on the aerodynamic characteristics of an elliptical cylinder[J]. Journal of wind engineering and industrial aerodynamics, 2021, 218: 104779.

[4] 陆逸然, 王晋军. 高效合成射流激励器研究进展及展望[J]. 力学进展, 2024, 54(1): 61-85.

圆形桅杆粗糙度与湍流强度对雷诺数效应影响研究

张乙坤，谢壮宁

（华南理工大学亚热带建筑与城市科学全国重点实验室 广州 510641）

1 引言

圆截面钢管是桅杆结构的常见形式，其气动力受雷诺数效应影响显著，风洞试验中需考虑气动力相似性。顾明和王新荣[1]总结了早期研究中圆形截面柱体的雷诺数效应及其模拟规律，为二维圆柱风洞试验提供了参考。然而，对于小直径结构如桅杆的雷诺数效应，现有研究有限。此外，来流湍流强度对雷诺数效应的影响复杂，尚不明确，因此需通过风洞试验进行更深入研究。本文以圆形桅杆作为研究对象，通过风洞试验研究了雷诺数范围在 6900～67620 范围下，由于模型表面粗糙度、来流湍流强度等多因素影响下气动特性的改变，为解决类似圆形桅杆结构风洞缩尺试验提供参考。

2 研究方法与内容

本研究以实际工程中的圆形桅杆结构为原型，采用 1：50 缩尺比，3D 打印制作了高为 900mm，直径分别为 50mm、60mm、70mm 的三个圆柱形模型（径高比分别为 1：18，1：15，1：12.8），如图 1 所示。进行风洞测压试验，分为 7 个测点层由低到高编号为 A 到 G，每层沿角度均匀分布 20 个测点。在结构表面粘贴不同厚度的粗糙条改变粗糙度（图 2），采用无量纲参数k_s/s表示（其中k_s表示粗糙条厚度，s表示粗糙条间距）。试验来流设置为均匀来流（湍流强度$I_u = 0\%$）和均匀湍流（I_u分别为 8%、12% 和 15%）下进行。试验中改变风速以考察Re对气动力分布特征的影响。

图 1 风洞试验模型 　　图 2 表面粗糙度设置

3 试验结果与讨论

3.1 模型表面粗糙度的影响

选取 900mm × 70mm 模型，使用 8mm 宽粗糙条沿圆周布置 20 根，通过改变粗糙条厚度（0、0.3mm、0.5mm、0.7mm）来调整模型表面粗糙度。图 3 给出不同表面k_s的阻力系数随试验Re数的变化。由图可见，对于光滑圆柱，根据Re的估算此时处于亚临界区，阻力系数不随雷诺数变化而发生较大改变，而粘贴粗糙条后，阻力系数在试验雷诺数区间出现明显下降段，即出现"阻力危机"，符合临界区阻力系数变化特征；当采用$k_s = 0.5$mm、0.7mm 时，阻力系数达到最低点后出现上升趋势，可能逐渐向超临界区转变。同时当k_s大于 0.7mm 后临界雷诺数未发生明显提前，仅仅是最小阻力系数上升，说明通过改变模型表面粗糙度进而降低雷诺数效应这一措施是有限制的，需要选取合适的粗糙度设置。另外在湍流风场中（图 4），粗糙圆柱受湍

基金项目：国家自然科学基金项目（52378513）

流度影响很大，粗糙圆柱相比光滑圆柱更符合高超雷诺数区的风压分布。

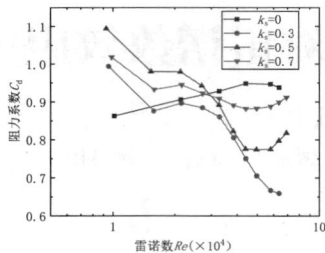

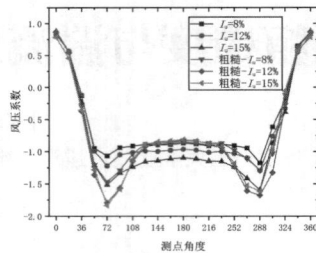

图 3   模型表面粗糙度对阻力系数的影响   图 4   光滑-粗糙圆柱湍流风场风压分布

3.2   湍流度变化影响

图 5 给出不同流场湍流度下 70mm 直径光滑圆柱的 E 层（$h = 0.7H$）在 9m/s 风速下的平均风压分布图。图示表明，在 0 湍流条件下，风压分布呈现典型的二维圆柱亚临界区特征。随着来流湍流强度的增加，最小平均负压系数绝对值增大。尽管在亚临界雷诺数范围内，阻力系数对湍流度变化不敏感[2]，但表面风压分布却有明显变化。图 6 给出了桅杆模型 0.7H 高度处层升力功率谱随湍流强度的变化情况。当来流为均匀流时，功率谱出现明显尖峰，说明横风向主要受旋涡脱落频率影响，当湍流度增大后，谱峰变多，呈现多频脱落。

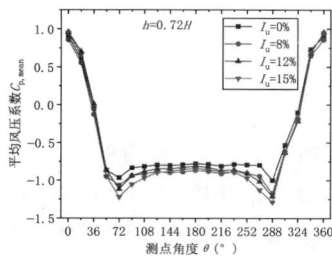

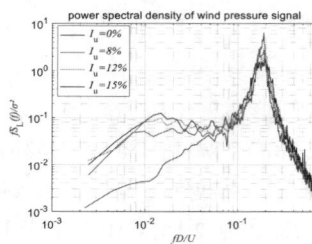

图 5   光滑圆柱湍流场风压分布   图 6   不同湍流强度下层升力功率谱

4   结论

本研究通过改变模型表面粗糙度，在风洞试验的有限雷诺数范围内较为满意地模拟了桅杆较高雷诺数的气动特性。结果表明，在湍流度较高的风场环境中，这种模拟方法的效果更为显著。作为对比，当采用光滑圆柱，试验雷诺数区间（亚临界区）仅仅提高来流湍流度无法有效复现高雷诺数区域的风压分布特征。此外，试验发现随着湍流度的增加，圆柱体的旋涡脱落频率从单一峰值向多频率脱落转变。

参考文献

[1]   顾明, 王新荣. 工程结构雷诺数效应的研究进展[J]. 同济大学学报（自然科学版）, 2013, 41(7): 961-969.

[2]   SURRY D. Some effects of intense turbulence on the aerodynamics of a circular cylinder at subcritical Reynolds number[J]. Journal of Fluid Mechanics, 1972, 52: 543.

非对称钝体钢箱梁涡振响应及气动优化

赵艳国 [1,2]，周光伟 [1,2]，陈昌萍 [1,2]

（1. 厦门理工学院土木工程学院 福建 361024；
2. 福建省风灾害与风工程重点实验室 福建 361024）

1 引言

由于钝体钢箱梁结构几何形状的特性，使得流体在结构表面形成较大的流动分离区，导致气流的急剧分离，形成强烈的涡流，从而更容易引起结构发生涡振[1]，造成主梁的疲劳损伤[2]。目前，针对钝体钢箱梁涡振性能的研究多集中于双幅式桥梁以及公路铁路桥梁[3]，本文采用CFD（Computational Fluid Dynamics）方法和动网格技术并结合风洞试验数据，针对非对称钝体钢箱梁悬索桥展开涡振性能研究，提出并比较了导流板垂直加装在桥梁底部不同位置的抑振效果，发现导流板在距离下游风嘴600mm（梁高的1/2）处抑振效果最佳。

2 工程背景与数值模拟

本研究以某悬索步道桥为背景，该桥梁的主梁截面为非对称扁平钢箱梁截面，具体尺寸如图1（a）所示。其中，梁宽B为4.4m，梁高H为1.2m；钢箱梁的顶板宽4.0m，底板宽0.9m；箱内设置有2道腹板。全桥跨径布置为216.7m + 10m，全长226.7m。有限元模态分析获得一阶竖弯频率0.497Hz，一阶扭转频率3.672Hz；已有的工程数据及数值模拟表明此桥梁只在锚固侧（A）迎风时会出现涡激振动现象，所以在抑振措施设计方面，提出并比较了导流板垂直加装在桥梁底部不同位置的抑振效果。导流板尺寸设计值为200mm（梁高的1/6），位置首选下游底板中心处（距B侧风嘴1400mm），并以梁高的1/3（400mm）为间隔向风嘴靠近，如图1（b）所示。

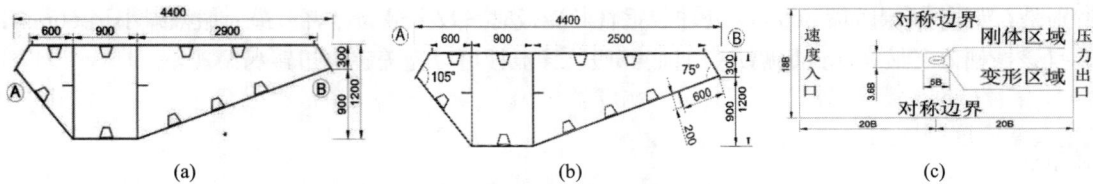

图1 主梁断面形式与CFD计算域（尺寸单位：mm）

数值模计算湍流模型选择对钝体断面绕流有良好适应性的SST k-ω模型，动网格方法采用弹簧光顺法和网格重构法相结合，在划分单元网格时采用结构化与非结构化网格相结合，外围流场为结构化网格，桥梁附近为结构化网格，变形区域为非结构化网格总数约22万。CFD模拟工况如表1所示。

不同位置导流板数值模拟工况 表1

序号	主梁状态	主梁方向	风攻角	风速范围
1	原设计断面	A/B侧迎风	0°、±3°	1~12m/s，步长取1m/s，观察到涡振时取0.2m/s
2	距B侧风嘴600mm处加装200mm垂直导流板	A/B侧迎风	0°、±3°	1~12m/s，步长取1m/s，观察到涡振时取0.2m/s
3	距B侧风嘴1000mm处加装200mm垂直导流板	A/B侧迎风	0°、±3°	1~12m/s，步长取1m/s，观察到涡振时取0.2m/s
4	距B侧风嘴1400mm处加装200mm垂直导流板	A/B侧迎风	0°、±3°	1~12m/s，步长取1m/s，观察到涡振时取0.2m/s

基金项目：国家自然科学基金项目（52178510）

3 原始断面涡振特性及控制

模拟数据表明，在+3°攻角下，当锚固侧（A）迎风时，原设计断面存在严重的竖向涡激振动现象，如图 2（a）所示，其涡振区间确定为 4.0～5m/s，4.4m/s 时振幅最大为 140mm；其次原桥在风攻角为 0°时出现扭转涡振现象其最大扭转角达到 0.46°如图 2（b）所示。

模拟对比在桥底不同位置加装垂直导流板，发现距非锚固侧（A）风嘴 600mm 处加装垂直导流板效果最好。如图 2（a）所示，在对+3°工况下最大竖向振幅降低至 60mm，相较于原断面竖向振幅降低约 57%，并且加装底部导流板可以完美抑制扭转涡振如图 2（b）所示。

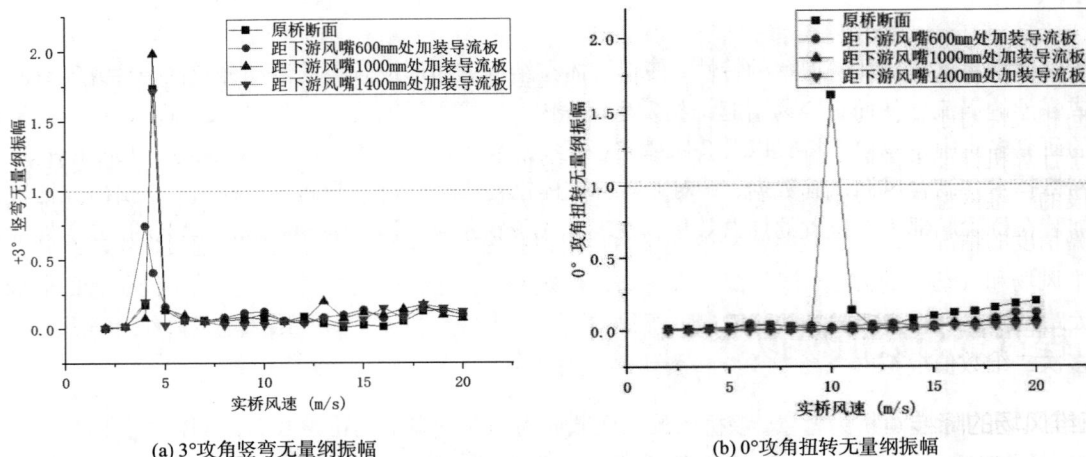

(a) 3°攻角竖弯无量纲振幅　　　　　　　　　(b) 0°攻角扭转无量纲振幅

图 2　锚固侧 3°和 0°迎风攻角涡振响应

4 结论

本研究通过 CFD 动网格模拟发现，悬索桥非对称钝体钢箱梁在锚固侧（A）+3°攻角迎风时，其原始断面存在竖弯涡振现象，最大振幅可达约 140mm。然而，通过在主梁底部加装导流板，可以有效抑制这一涡振现象。特别是在距离 B 侧风嘴 600mm 处加装垂直导流板时，效果最为显著，最大振幅减小至 60mm，降幅约 57%，且该振幅低于最大允许振幅，并且底部假装导流板可以完美解决扭转涡振现象。

参考文献

[1] FANG C , HU R , TANG H , et al. Experimental and numerical study on vortex-induced vibration of a truss girder with two decks[J]. Advances in Structural Engineering, 2021, 24(5): 841-855.

[2] PARK J, KIM S, KIM H. Effect of gap distance on vortex-induced vibration in two parallel cable-stayed bridges[J]. Journal of Wind Engineering & Industrial Aerodynamics, 2017, 162, 35-44.

[3] 黄林, 董佳慧, 王骑, 等. 风嘴外形对钝体钢箱梁铁路斜拉桥涡振性能的影响[J]. 铁道学报, 2023, 45(10): 144-155.

大跨桥梁展向相关三维气动力的二维 CFD 模拟方法

文长城，张志田，林仁洋，唐　耿

（海南大学土木工程系 海口 10589）

1　引言

由于大跨度桥梁的高柔性和低阻尼特点，其风致振动更加明显，这极大地影响了桥梁的安全性与适用性[1]。然而，为了能够更加准确的预测大跨度桥梁的风致振动响应，必须考虑气动力的展向相关性，因此气动力展向相关性对于大跨度桥梁抗风设计的至关重要[2]。

由于计算机性能的限制，对大跨度桥梁进行三维数值模拟是比较困难的。一般情况，展向长度为 1.5m 的桥梁节段的三维网格模型的网格数量为 1000 万左右，而全桥模型的网格数量将会超过 1 亿[3]。与此同时，在保证计算精度的情况下，二维网格模型的网格数量可以控制在 20 万以内。因此，通过多次二维数值模拟来模拟三维风场和气动力的方法，不仅能大大提高计算效率，更能获得大跨度桥梁主梁不同位置的断面的气动力，对大跨度桥梁气动力展向相关性的研究提供支持。文中详细描述了对三维风场的降维和缩尺的方法，并展示了多次二维数值模拟的风场相关性和气动力相关性。

1.1　三维风场的降维

如图 1 所示，三维模拟时，需要同时输入和记录每个断面处的脉动风时程，即 $u_i(t)$ 和 $w_i(t)$，还要记录每个断面的气动力，这使得模拟的难度大大增加。而在本文提出的降维方法中，可以预先生成若干组具有展向相关性的脉动风时程，即 $u_1(t) \sim u_i(t)$ 和 $w_1(t) \sim w_i(t)$，然后将每组风速时程与其对应的桥梁断面进行二维 CFD 模拟，如图 2 和图 3 所示，将所有风速时程和桥梁断面逐一模拟，同时记录脉动风时程和气动力时程，即可得到具有三维空间相关性的气动力。

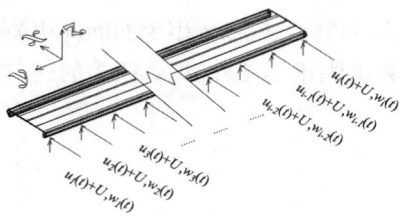

图 1　三维风场模拟示意图　　　　图 2　多次二维风场模拟示意图　　　　图 3　单次二维风场模拟示意图

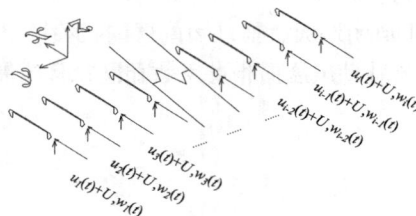

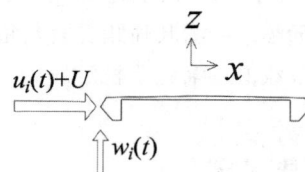

1.2　风速时程的缩尺

设横向风时程为 $V_x(t) = u_i(t) + U$，竖向风为 $V_y(t) = w_i(t)$。而缩尺的过程即将风速时程中风速和时间与响应缩尺比相乘，其中风速和时间的缩尺比分别为 λ_U、λ_t。

1.3　模拟风场紊流特性

参考节段模型试验，令 $\lambda_U = \lambda_t = 1/\sqrt{50}$。模拟结果表明，当测点与入口距离小于 0.6m 时，脉动风的功率谱与目标功率谱差距不大。当测点与入口距离小于 0.3m 时，紊流积分尺度、紊流度与目标值差距可以控制在 5%左右。

基金项目：国家自然科学基金项目（5226080002）

1.4 模拟风场和气动力空间相关性

基于 FLUENT，测得距计算域入口入口 0.3m 处的脉动风速时程，得到了脉动风相干函数、相关系数。结果表明，脉动风的相干函数与目标值差距不大；随着频率的增大，脉动风展向相关性呈现明显的指数降低趋势。此外，气动力展向相干函数和相关系数，总体上也大于脉动风，如图 4 所示，其中 Δy 为展向距离。

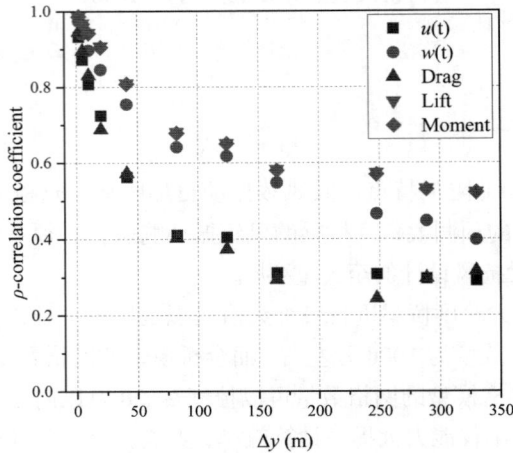

图 4 脉动风与气动力的展向相关系数

2 结论

本文提出了一种通过多次二维断面的数值模拟来模拟大跨度展向相关的三维风场和气动力的方法，计算了主梁上不同位置处的模拟风场和气动力，得到了如下结论：

（1）当展向距离小于 10m 时，气动力展向相干函数与脉动风基本一致；当展向距离不小于 10m 时，气动力展向相干函数大于脉动风，且高频段的气动力相干函数会出现多处峰值。

（2）对比气动力与脉动风对于时差 τ 的相关函数，升力和扭矩的展向相关系大于脉动风，而阻力的展向相关系数与横桥向脉动风大致相同。

（3）当 $\tau = 0$ 时，随着展向距离的增大，气动力的展向相关性呈现减小趋势；气动力阻力的展向相关系数远小于升力和扭矩，且与横桥向脉动风展向相关系数相同；且当展向距离大于 247.5m 时，阻力的展向相关系数值逐渐趋于稳定。

参考文献

[1] 徐梓栋, 王浩, 刘震卿. 大跨索承桥梁流线型钢箱梁抖振响应流固耦合数值模拟[J]. 振动工程学报, 2023, 36(1): 179-187.

[2] LEI Y F, LI M, ZHANG H, et al. An Advanced Approach to Determining the Spanwise Coherence of the Buffeting Forces on Bridge Decks with Complex Configurations[J]. Journal of Bridge Engineering, 2023, 28(11): 04023083.

[3] ZHU L C, MCCRUM D, SWEENEY C, et al. Full-scale computational fluid dynamics study on wind condition of the long-span Queensferry Crossing Bridge[J]. Journal of Civil Structural Health Monitoring, 2023, 13(2): 615-632.

双层平板颤振后特性试验研究与机理解释

李健琨[1,3]，马存明[1,3]，伍　波[2,3]

（1. 西南交通大学土木工程学院　成都　610031；
2. 西南交通大学力学与航空航天学院　成都　610031；
3. 西南交通大学风工程四川省重点实验室　成都　610031）

1　引言

　　近年来，双层大跨度悬索桥的建设趋势日益增强，对其气动性能的研究也在不断深入，涵盖了涡激振动、非线性颤振等多个方面的研究。不仅构建了非线性数学模型评估气动自激力对双层桁架梁颤振性能的影响，还通过大量试验以验证双层桥面的结构设计策略、气动优化措施以及侧风下的车辆稳定性。平板截面作为基础气动形状，因其能消除复杂几何和物理因素干扰，聚焦基本气动行为，常被用作箱梁简化模型，在理论和工程应用层面成果丰富。但规范中桁架梁截面应用于双层结构时在颤振稳定性分析方面存在局限，研究其截面气动弹性特性意义重大，却因结构复杂导致试验和模拟成本高，而双层平板模型作为简化结构，可保留核心特征，能揭示各因素对颤振性能的影响。本研究针对双层平板截面的气动自激力和颤振行为开展试验，分析颤振机制，为优化抗风设计和交通基建发展提供理论支撑。

2　试验概况及结果

　　利用自由振动和强迫振动风洞试验（图 1），研究双层平板的后颤振临界响应（图 2）、非线性自激力和振幅依存性颤振导数。节段模型自由振动风洞试验表明，在 0°、3°和 5°攻角下，颤振形态表现为耦合硬颤振，在临界颤振风速处有明显的发散点，如图 2 中的箭头所示。然而，在 7°和 9°攻角下的颤振模式则表现为存在非线性滞回区域的耦合软颤振。

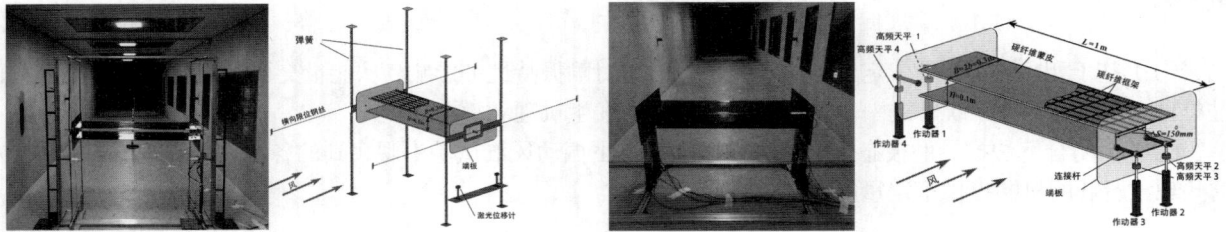

图 1　自由振动及强迫振动试验

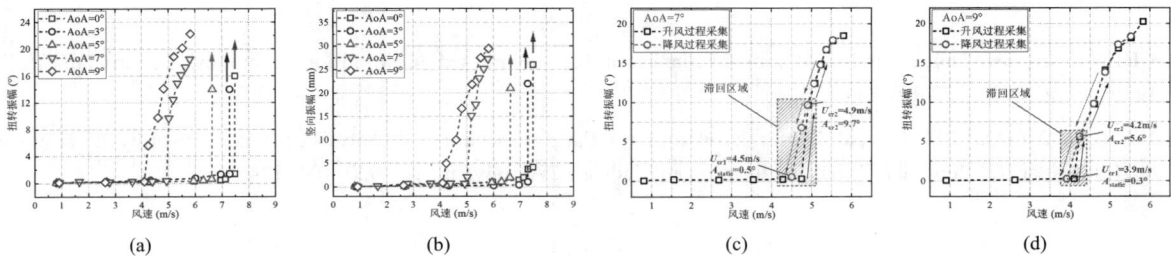

图 2　非线性颤振响应及滞回现象：（a）扭转响应；（b）竖向响应；（c）滞回现象（AoA = 7°）；（d）滞回现象（AoA = 9°）

基金项目：国家自然科学基金项目（52078438，52208506）

基于相位差演化规律定性分析了线性气动力对颤振特性的影响，从能量交换的角度给出了有益的启示。通过定性解释单自由度（SDOF）扭转保守系统的后气动弹性特性，探讨了线性自激力矩与扭转运动之间的相位差在产生颤振滞回区域中的关键作用（图3）。最后，提取不同工况下截面幅值相关的颤振导数，并根据颤振闭合解得到的三维分布模态阻尼比，定量解释两自由系统度（2DOF）中的滞回现象和颤振机理（图4），与自由振动试验中观察到的颤振后现象非常吻合。此外，该方法首次预测由于振幅限制而在自由振动试验中未观察到的高折减风速硬颤振及其潜在风险，为实际桥梁的抗风设计提供了更全面的风险评估。

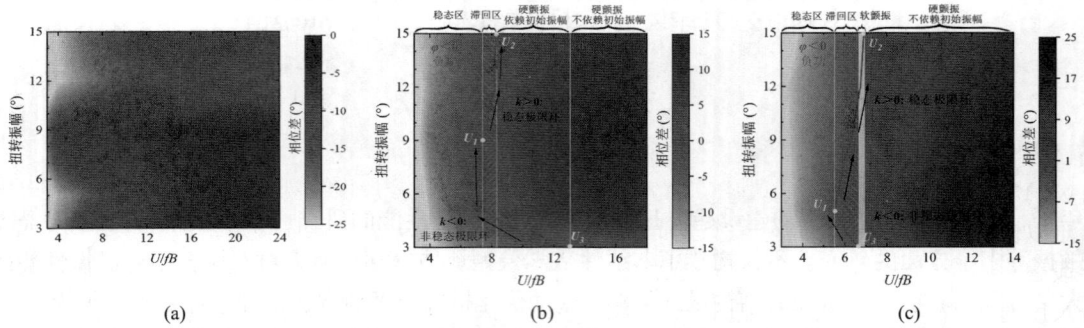

图3 自激力矩与扭转位移间的相位差及迟滞现象机理（SDOF）：（a）AoA = 0°；（b）AoA = 7°；（c）AoA = 9°

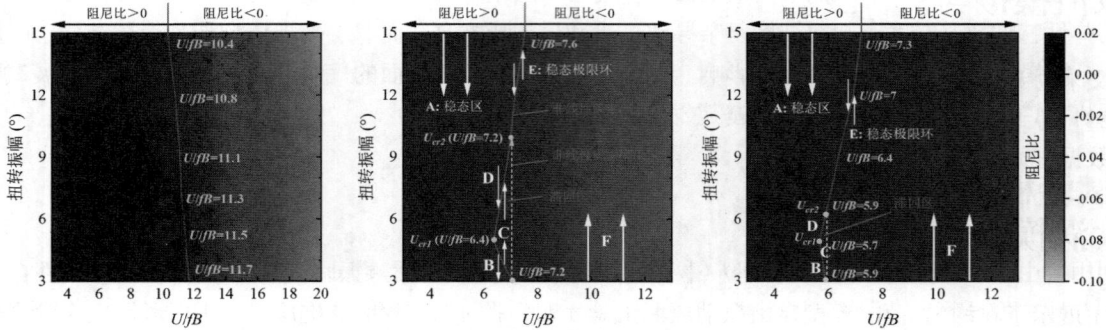

图4 基于闭合解法的模态阻尼演变曲线（2DOF）

3 结论

（1）基于相位差的演化，定性分析了线性气动力对颤振特性的影响，从能量交换的角度提供了见解。通过单自由度扭转保守系统，进一步探究了迟滞现象的发生机理和潜在规律。

（2）由闭合解法推导的模态阻尼比有助于预测自由振动风洞试验中观察到的各种后颤振现象，同时也为这些现象背后的机制提供了定量解释。

参考文献

[1] CHEN X. Improved understanding of bimodal coupled bridge flutter based on closed-form solutions[J]. Journal of Structural Engineering, 2006, 132(10): 1115-23.

[2] WU B, WANG Q, LIAO H, et al. Flutter derivatives of a flat plate section and analysis of flutter instability at various wind angles of attack[J]. Journal of Wind Engineering and Industrial Aerodynamics, 2020, 196: 104046.

湍流场 3：2 矩形气动力特性大涡模拟研究

袁 蓉，李威霖，陈 聪

（广西大学土木建筑工程学院 南宁 530004）

1 引言

宽高比为 3：2 的矩形断面广泛应用于高层建筑、桥梁等土木工程结构。不同于方柱断面和 2：1 矩形断面，现有风洞试验表明 3：2 矩形基本气动力性能对入射湍流的积分尺度表现出较强的依赖性[1]。由于传统风洞试验难以模拟出较大的湍流积分尺度进而更为系统的开展研究，计算流体动力学仿真（CFD）成为可行的研究手段之一。本文基于大涡模拟（LES）对 3：2 矩形的气动力特性进行了数值模拟分析，探讨湍流度和湍流积分尺度对 3：2 矩形气动力特性的影响，并将模拟结果与现有风洞试验进行对比研究。

2 数值模拟与湍流生成

本文采用 PRFG³ 合成 CFD 模拟中所需入射湍流（各向同性湍流），分别作用在不同攻角下的 3：2 矩形。利用 LES，得到矩形断面的平均压力系数分布、三分力系数时程曲线、阻力系数和升力系数平均值，并将其与试验数据进行对比分析。

3 大涡模拟结果分析

图 1 展示了在均匀流和小尺度湍流（湍流度 $I_u = 15.9\%$、湍流积分尺度 $L_u/D = 0.4$）条件下，LES 模拟得到的 0°攻角和 8.3°攻角下断面平均压力系数分布。其中，均匀流的结果与文献[2]中的风洞试验结果进行了对比。从图中可以看出，LES 结果与风洞试验数据具有良好的吻合，验证了 LES 在复杂湍流场中的有效性和可靠性。

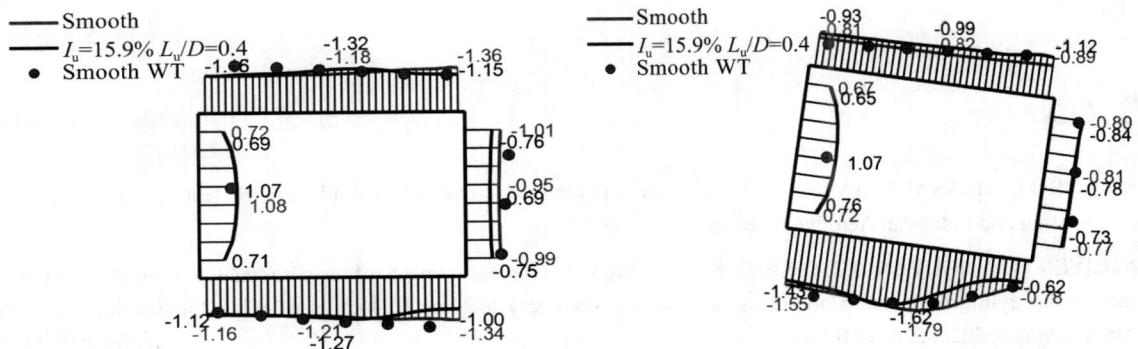

图 1 均匀流及湍流场中 0°与 8.3°攻角的平均压力系数分布

图 2 为在均匀流和小尺度湍流（湍流度 $I_u = 15.9\%$、湍流积分尺度 $L_u/D = 0.4$）中，不同风攻角的阻力系数平均值（C_D）、升力系数平均值（C_L）和横向力系数（C_{Fy}）与试验数据值[3]的对比，LES 计算值与风洞试验值基本吻合，其中横向力系数（C_{Fy}）的计算公式为：

$$C_{Fy}(\alpha) = -\sec(\alpha)[C_L(\alpha) + C_D(\alpha)\tan(\alpha)] \tag{1}$$

基金项目：国家自然科学基金青年基金项目(52408514)，中国博士后科学基金第 17 批站中特别资助(2024T170188)

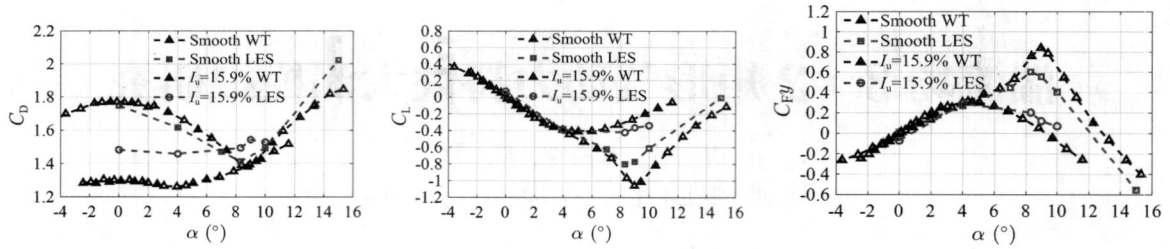

图 2 均匀流和湍流度 $I_u = 15.9\%$ 下 C_D、C_L 和 C_{Fy} 值在不同风攻角下变化曲线与试验对比

图 3 展示了 3:2 矩形在均匀流与湍流度 $I_u = 15.9\%$、湍流积分尺度 $L_u/D = 0.4$ 条件下 0° 攻角时的流线分布。湍流场中，可以观察到流场的上下对称性有减弱现象，且上、下表面的分离点提前，尾流的回流长度也有所增加，这与湍流中阻力下降一致。

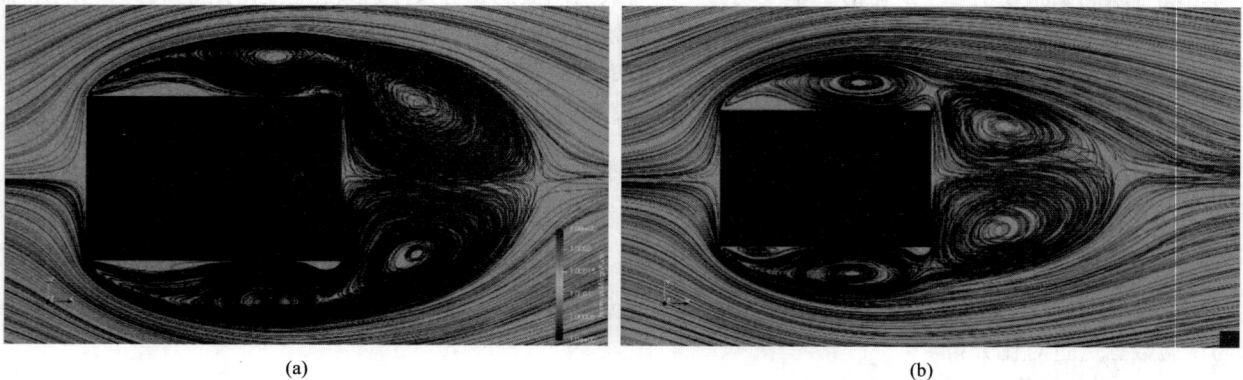

(a)   (b)

图 3 0° 攻角下均匀流及湍流场中 3:2 矩形的流线图：（a）Smooth Flow；（b）$I_u = 15.9\%$

4 结论

本文采用 LES 和 PRFG³ 湍流合成方法得到了 3:2 矩形的平均压力系数分布和阻力系数平均值（C_D）、升力系数平均值（C_L）和横向力系数（C_{Fy}），且与风洞试验数值吻合程度较好。未来拟将进一步拓展不同湍流度、湍流积分尺度对 3:2 矩形断面气动力特性的研究，从流场视角深化认识入射湍流对钝体基本气动力的作用机理。

参考文献

[1] MANNINI C, MASSAI T, MARRA A M. Unsteady galloping of a rectangular cylinder in turbulent flow[J]. Journal of Wind Engineering and Industrial Aerodynamics, 2018, 173: 210-226.

[2] NGUYEN C H, NGUYEN D T, OWEN J S, et al. Wind tunnel measurements of the aerodynamic characteristics of a 3:2 rectangular cylinder including non-Gaussian and non-stationary features[J]. Journal of Wind Engineering and Industrial Aerodynamics, 2022, 220: 104826.

[3] CHEN X Y, ZHU L D, TAN Z X. Experimental investigation on key parameters influencing unsteady aerodynamics of a 3:2 rectangular prism in accelerating flow[J]. Physics of Fluids, 2024, 36(6).

特异风环境及结构效应

下击暴流作用下沿海地形风特性试验研究

张　彤[1]，郝键铭[1]，辛凌风[2]，李加武[1]

（1. 长安大学 公路学院 西安 710064；

2. 中交瑞通路桥养护科技有限公司 西安 710075）

1　引言

下击暴流是强对流天气下形成的极端强风，具有突发性、强烈性与局部性等特点。针对下击暴流对位处沿海岛屿或山丘地区结构的影响，在过去数十年间，国内外学者的研究主要针对理想化的地形模型[1-2]。本文通过细化三维地形模型，利用下击暴流模拟装置，分别对稳态下击暴流和移动下击暴流作用下地形风场特性展开试验研究，探明了沿海地区下击暴流作用下近地风场规律。

2　试验概况

本研究中用到的下击暴流皆通过长安大学风洞实验室 CA-4 下击暴流模拟装置进行模拟，本研究选用以低山、丘陵为主，东西两岸上各有一座小山的沿海地形，图 1 为沿海地形模型。在拟合地形过程中，不单纯使用余弦线等形状对三维山体进行模拟，而使用专业建模软件插点建立精确曲面模型，图 2 展示了地形曲面的拟合结果。

图 1　地形模型下击暴流试验　　　　　图 2　地形曲面拟合建模

针对稳态下击暴流试验，以桥梁跨中为测点，选取 3 个风向角（图 3），每个风向角下各取 3 个喷口距测点位置，每个位置布置 11 个高度测点进行数据采集（图 4）。数值模拟工况与上述试验模拟工况保持一致，对流场进行网格划分时选择六面体结构化网格。

针对移动下击暴流模拟，移动下击暴流试验参数设置为：下冲气流的风速为 $U_j = 8\text{m/s}$，环境风速 $U_B = 1.788\text{m/s}$，下击暴流装置向前的移动速度为 $U_T = 2\text{m/s}$，将水平速度分量与向下速度分量取矢量和后下击暴流风速为 8.254m/s。为了保证射流稳定，在移动设备前预先稳态采样 2.5s，等待射流稳定开始移动，完全经过地形并到达导轨尽头后，保持装置稳态再采样 2.5s。移动下击暴流试验工况和模拟工况与稳态下击暴流一致（图 5）。

基金项目：国家自然科学基金项目（51978077），陕西省自然科学基金项目（20230-JC-QN-0597）

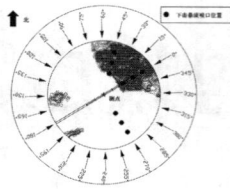

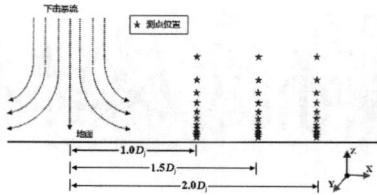

图 3 稳态试验工况　　　　图 4 稳态下击暴流测点位置　　　　图 5 移动试验工况

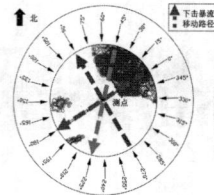

3 结果分析

图 6 给出了稳态下击暴流试验与数值模拟风剖面结果对比，由图可知，同一位置处，各个方向角下水平风速剖面的变化趋势基本一致，风剖面都能呈现鼻形轮廓，与 0°方向角相比，270°方向角路径途经海平面，故可以看作无地形工况，对比下发现有地形作用下风剖面变化更为平缓。

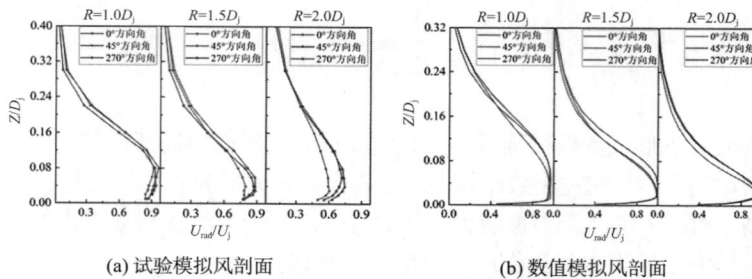

(a) 试验模拟风剖面　　　　　　　　　　(b) 数值模拟风剖面

图 6 稳态下击暴流试验与数值模拟风剖面结果

对比移动下击暴流水平风速时程试验结果和模拟结果（图 7），不难看出各个工况下两类模拟结果基本吻合，由此本文的数值模拟结果较好地还原了移动下击暴流水平风速时程，其中风速发展趋势都呈现出先增大到峰值然后减小至零，最终反向增大到第二个风速峰值最后归零的特性，也满足地形对风速的加速效应。

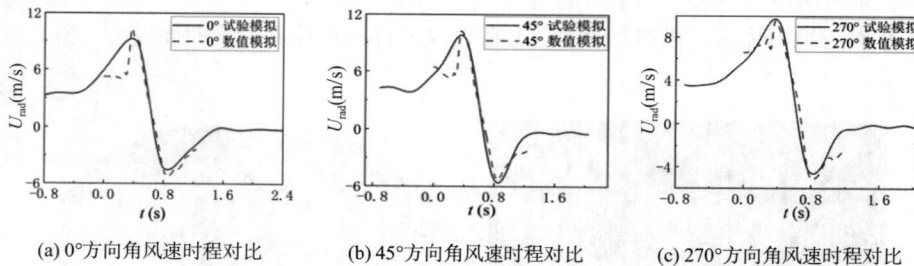

(a) 0°方向角风速时程对比　　(b) 45°方向角风速时程对比　　(c) 270°方向角风速时程对比

图 7 移动下击暴流水平风速时程结果对比

4 结论

本文通过风洞试验和数值模拟研究发现，稳态下击暴流作用下山坡地形对下击暴流的水平向发展均有一定的加速效应，使其近地面风速值普遍较大，并随着水平距离增加更加明显，移动下击暴流经过地形时对近地面风速发展同样具有加速效应。

参考文献

[1]　LETCHFORD C W, ILLIDGE G. Turbulence and topographic effects in simulated downdrafts by wind tunnel jet[C]. In Proceedings of the 10th International Conference on Wind Engineering (10ICWE), Copenhagen, Denmark, 1999: 21-24.

[2]　MASON M S, WOOD G S, FLETCHER D F. Numerical investigation of the influence of topography on simulated downburst wind fields[J]. Journal of Wind Engineering and Industrial Aerodynamics. 2010, 98: 21-33.

下击暴流下风力机塔筒风致响应气弹研究

朱雨豪[1]，闫渤文[1]，袁养金[1,2]，杜谋坤[1]，李 潇[1]，周 旭[1]，董 优[2]

（1. 重庆大学土木工程学院 重庆 400038；
2. 香港理工大学 香港 999077）

1 引言

本研究采用多叶片主动翼栅装置模拟了下击暴流风场，并采用表面粗糙条方法进行了雷诺数效应的修正，通过风洞试验研究了下击暴流作用下风机塔筒的涡激振动响应特性。首先基于雷诺数效应修正试验结果设计了光滑和粗糙的两种气弹模型，在此基础上进行了非平稳风场下风力机塔筒气弹响应风洞试验，研究了非平稳风场对风力机风致响应的影响。

2 风洞试验

本试验采用多叶片主动翼栅控制装置模拟稳态下击暴流风场[1]，风场缩尺比与模型缩尺比为 1 : 100。考虑到本研究的塔筒足尺高度为 70m，将鼻形剖面最大风速出现位置设置在 50m、60m 和 70m 高度处进行试验（图 1）。基于雷诺数效应修正试验结果设计了光滑和粗糙两种风机塔筒的气弹缩尺模型，详细风洞试验布置如图 2 所示。

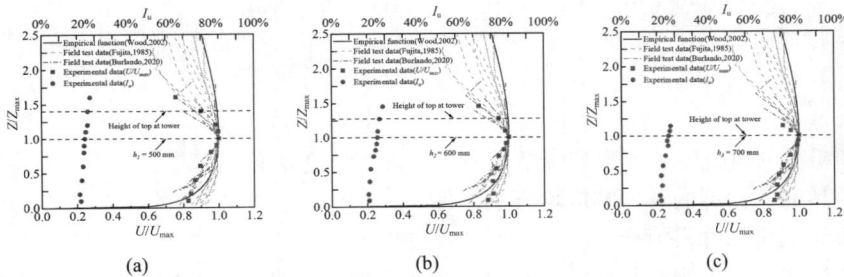

图 1 不同鼻形高度的下击暴流风速和湍流度剖面：
（a）h = 500mm；（b）h = 600mm；（c）h = 700mm

图 2 风洞试验现场布置

3 结果与讨论

3.1 响应统计特性

由图 3（a）可以发现，随着 U_r 逐渐增大，M1 的 STD 缓慢上升，而在 U_{cr} 附近则迅速上升。在鼻形高度为 500mm 和 700mm 件下，STD 在 U_r = 5 附近达到最大值，在鼻形高度为 600mm 下，STD 在 U_r = 5.8 附近达到最大值。700mm 下的最大 STD 高于 500mm 和 600mm 条件下的最大 STD。图 3（b）为三种下击暴流下 M2 的横风向响应的 STD。与 M1 的结果相反，M2 的结果表明，在三种不同的风场中，涡振锁定区间似乎相对一致。当鼻形高度为 700mm 时，M1 模型的最大响应值为 0.086，M2 模型的最大响应值为 0.096，粗糙度的增大导致响应增大约 10.4%。

3.2 概率密度分布特性

图 4 表明当 U_r 处于非共振区时，M2 的横风向和顺风向的响应 PDF 均呈现高斯分布特性，随着 U_r 逐渐增

基金项目：国家自然科学基金项目（52278483，52221002），重庆市自然科学基金项目（cstc2022ycjh-bgzxm0050）

大接近共振风速时，其 PDF 逐渐呈现明显的非高斯特性，由于横风向的大幅振动，使得顺风向也发生较大的耦合振动并进一步导致顺风向的 PDF 也出现明显的非高斯特性。当 U_r 继续增大远离共振风速后，PDF 逐渐恢复为高斯分布。值得注意的是，当 $U_r = 10$ 时横风向响应 PDF 再次出现非高斯现象，原因可能是表面粗糙度导致在较高风速下改变了涡脱落模式，进而影响了横风向下的 PDF 结果。

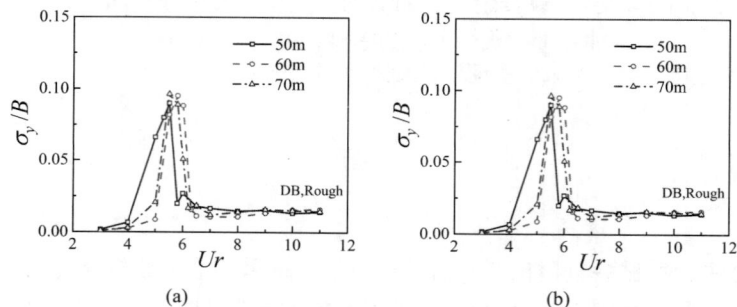

图 3　响应均方根值随折减风速的变化：（a）M1；（b）M2

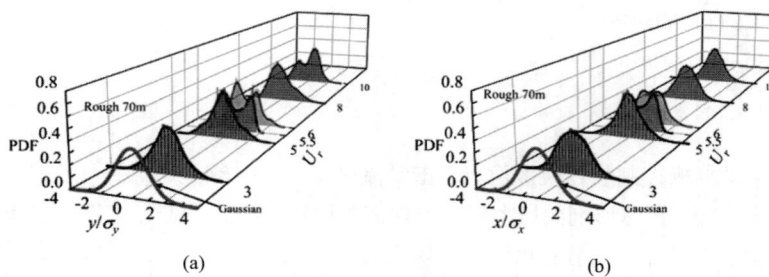

图 4　鼻形高度为 700mm 下的响应概率密度分布特性：（a）横风向；（b）顺风向

4　结论

本研究对下击暴流下的光滑和粗糙的风机塔筒气弹响应结果进行分析，结论如下：

（1）当鼻形高度与模型高度一致时，模型的共振响应均方根值最大；

（2）具有表面粗糙度的模型最大响应均方根值相比光滑模型结果增大 10.4%；

（3）横风向大幅度共振将使得顺风向发生耦合共振并导致响应 PDF 呈现明显的非高斯特性。

参考文献

[1]　YUAN Y, YAN B, ZHOU X, et al. An active-controlled multi-blade facility to generate 2-d downburst-like outflows in the boundary layer wind tunnel[J]. Journal of Wind Engineering & Industrial Aerodynamics, 2024, 248.

低空急流对大型风电机组动态响应及运行安全影响研究

吕志童[1]，王 浩[1]，柯世堂[2]，王同光[2]

（1. 河海大学工程力学系 南京 211100；
2. 南京航空航天大学江苏省风力机设计高技术重点实验室 南京 210016）

1 引言

全球气候变暖背景下特异天气事件频繁出现，低空急流是一类日益引起人类注意的特异天气现象[1]。文献[2-3]研究指出，低空急流垂直风剖面特征可以用急流高度和射流强度等来描述。美国国家可再生能源实验室 NREL 基于 Lamar 项目长期实测数据分析了低空急流基本特征，实测数据表明急流高度主要出现在 100～350m 范围内[4]。

伴随着风电机组单机大型化发展趋势，风电机组高度逐渐达到低空急流影响范围，低空急流对风电机组的影响得到了更多关注。已有研究主要关注小尺寸陆上风电机组气动性能受低空急流影响程度，对风电机组在低空急流影响下结构响应关注较少。且随着风电机组深远海发展，大型风电机组受低空急流影响的概率越来越大，亟待深入探讨低空急流对大型风电机组动态响应的影响程度。

鉴于此，本文选择主流 15MW 风电机组为研究对象，通过对急流高度和射流强度定量描述定义低空急流风剖面，基于实测和规范建议引入低空急流脉动风谱和海况参数。在此基础上，系统研究海上以及陆上风电机组在正常运行工况中的低空急流效应，提出避免大型风电机组受低空急流影响导致结构破坏的运维策略。

2 研究方法和内容

2.1 研究对象

本文选取 NREL 15MW 样机为研究对象，其轮毂高度为 150m，风轮直径为 240m，机组总高度为 270m，其他主要设计参数如表 1 所示。

NREL 15MW 风电机组主要设计参数   表 1

机型	设计等级	切入风速	额定风速	切出风速	最小转速	最大转速
IEC 15MW	IEC Class 1B	3m/s	10.59m/s	25m/s	5.0rpm	7.56rpm

2.2 低空急流风剖面

为描述低空急流风剖面，在 Lamar 项目实测数据基础上基于流体力学射流理论发展得到 JET_S 模型[5]，如式(1)所示。该模型将低空急流风剖面描述为剪切和射流两种风速的叠加效果，可以实现对低空急流特征参数（急流高度和射流强度等）的表征。

$$\bar{u}(z) = \left\{ u_{\text{ref}} + u_{\text{m}} \left[1 - \tan h^2 \left(C_{\text{s}} \frac{z - z_{\text{s}}}{z_{\text{s}}} \right) \right] \right\} \left(\frac{z}{z_{\text{s}}} \right)^{\alpha} \tag{1}$$

式中，$\bar{u}(z)$ 为高度 z 处的平均风速；u_{ref} 为参考风速；u_{m} 为射流强度；C_{s} 为形状因子；z_{s} 为急流高度；α 为幂律指数。

基金项目：国家自然科学基金(52308498)，江苏省自然科学基金(BK20220976)，中国博士后科学基金(2022M721002)

2.3 急流高度影响

图 1（a）给出了不同急流高度工况下风轮气动载荷标准差的变化曲线。总体而言，风电机组 y 方向和 z 方向气动载荷标准差随着急流高度增加均呈先减小后增大最后趋于稳定的变化规律。气动载荷标准差最大值主要出现于急流高度为 100～300m 工况，与良态风工况相比增加幅度可达 79.48%。图 1（b）给出了不同急流高度工况下海上风电机组 y 方向气动力功率谱，由图可知，y 方向气动力功率谱密度曲线整体存在两个增大的区域段，且由于不同急流高度工况风场采用相同的风谱，导致 y 方向气动力功率谱密度曲线整体趋势相近。

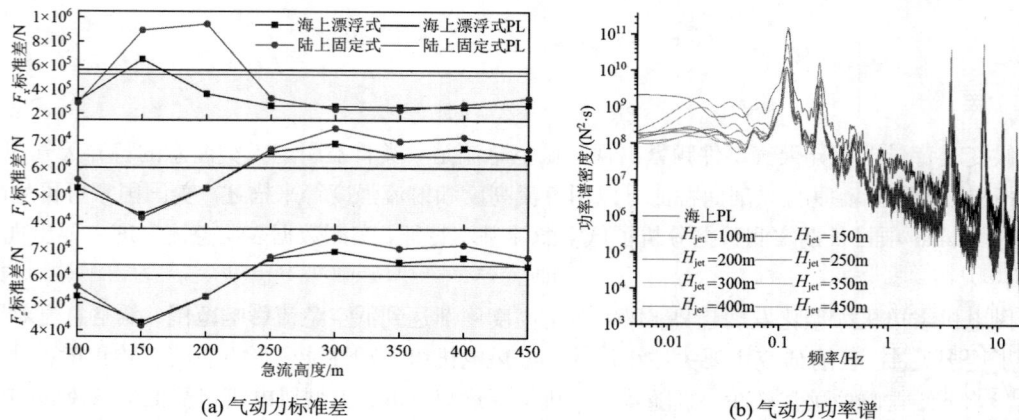

(a) 气动力标准差   (b) 气动力功率谱

图 1　不同急流高度工况下风轮气动载荷标准差和功率谱

3　结论

本文以主流 15MW 风电机组为研究对象，在验证风电机组动力学模型和低空急流风场模型的有效性基础上，系统分析了低空急流效应对海上漂浮式和陆上固定式两种风电机组动态响应的影响程度。主要研究结论如下：

（1）低空急流效应对风电机组动态响应影响显著。风轮气动载荷标准差最大值主要出现于急流高度为 100～300m 工况，与良态风工况相比增加幅度可达 79.48%；叶尖位移标准差随射流强度增大而增大，当射流强度取为 10m/s 时与良态风工况相比增加幅度可达 55.10%。

（2）低空急流效应对于海上漂浮式和陆上固定式风电机组的影响程度不同。在不同急流高度工况下，陆上固定式风电机组叶尖位移标准差和极值较相应工况下的海上漂浮式风电机组均有所增加，最大差异可达 20.94%。

参考文献

[1] 刘鸿波, 何明洋, 王斌, 等. 低空急流的研究进展与展望[J]. 气象学报, 2014, 72(2): 191-206.

[2] BONNER W D. Climatology of the low level jet[J]. Monthly Weather Review, 1968, 98(10): 735-744.

[3] SHU Z R, LI Q S, HE Y C, et al. Investigation of low-level jet characteristics based on wind profiler observations[J]. Journal of Wind Engineering and Industrial Aerodynamics, 2018, 174: 369-381.

[4] KELLEY N, SHIRAZI M, JAGER D, et al. Lamar low-level jet project interim report[R]. Golden (United States): National Renewable Energy Laboratory (NREL), 2004.

[5] 肖业伦, 金长江. 大气扰动中的飞行原理[M]. 北京: 国防工业出版社, 1993.

移动型雷暴冲击风作用下典型矩形梁断面风压特性数值模拟研究

陈　飞[1]，胡　朋[1]，韩　艳[2]，张　非[1]，曾柯林[3]，蔡春声[4]

（1. 长沙理工大学土木与环境工程学院 长沙 410114；
2. 长沙理工大学卓越工程师学院 长沙 410114；
3. 中交路桥华南工程有限公司 中山 528405；
4. 东南大学交通学院 南京 211189）

1　引言

雷暴天气中，急速下沉的气流猛烈冲击地面，由此引发的短时强风被 Fujita[1]定义为雷暴冲击风。雷暴冲击风作为一种灾害现象，在世界各地频繁出现，其高强度和突发性往往导致严重的人员伤亡和财产损失。Lombardo 和 Zickar[2]对美国某一机场地面的雷暴冲击风观测站进行了分析，结果表明，大部分的雷暴冲击风风速在 30m/s 以上，雷暴冲击风在近地面的高风速极易造成桥梁等工程结构物的破坏[3]。值得注意的是，雷暴冲击风环境特性与良态风存在显著差异，因此现有的设计规范并不完全适用，这在实际工程抗风设计中可能导致低估雷暴冲击风的潜在威胁。

为此，本文以 2∶1 矩形梁为研究对象，采用大涡模拟方法，研究了移动型雷暴冲击风作用下矩形梁表面的风压分布特征，详细分析了移动型雷暴冲击风作用下矩形梁表面的绕流场和风压分布特性，考察了矩形梁表面脉动风压谱和相关性，研究结论为理解移动型雷暴冲击风作用下桥梁等钝体结构的风荷载分布提供参考。

2　移动型雷暴冲击风作用下矩形断面数值模拟

本研究采用商业软件 FLUENT 进行数值模拟，数值模拟采用 2∶1 比例的矩形梁简化模型，这是为了更好地从机理上探究雷暴冲击风场的影响。为了兼顾计算成本与确保湍流的充分发展，雷暴冲击风场的计算域尺寸被设置为 $17D_{jet} \times 11D_{jet} \times 4D_{jet}$，其中射流直径 $D_{jet} = 0.6m$。根据实际情况，选取射流高度 $H_{jet} = 2.0D_{jet}$，射流速度 $V_{jet} = 10m/s$，风速比为 1∶6。喷嘴移动速度 V_r 取 0.2m/s、0.4m/s、0.6m/s、0.8m/s，移动距离为 4m。流域中心位置布置一个尺寸为 1000mm×100mm×50mm 的矩形梁，考虑模型尺寸以及测点布置适宜，同时结合实际雷暴风场尺寸，模型几何缩尺比取为 1∶200。矩形梁中心离地高度为 80mm，计算域剖面如图 1 所示。矩形梁表面沿纵向布置 9 个断面，每个断面布置 40 个测压孔，测点布置如图 2 所示。

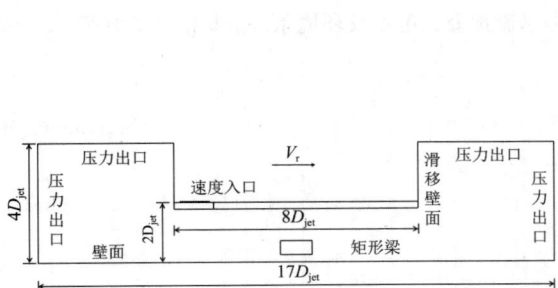

图 1　计算域中心截面示意图　　　　　　　图 2　测点布置图

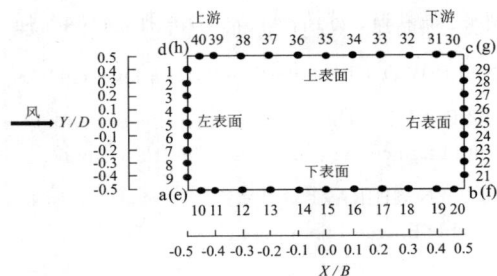

基金项目：国家自然科学基金项目（52178451，52478495，51878080），湖南省自然科学基金项目（2024JJ2002，2024JJ3002）

3 矩形断面脉动风压功率谱及相干函数分析

图 3 展示了不同移动速度下，矩形梁典型测点无量纲功率谱的变化规律。从图中可以看到，各测点在不同移动速度下无量纲功率谱的主导频率基本相同。另外，从图中观察到，雷暴冲击风的移动速度对矩形梁各面测点无量纲功率谱的低频值有着显著的影响。具体来说，在频率低于 0.02 时，随着移动速度的增大，低频谱值也相应增大。说明雷暴冲击风移动速度越高，低频大尺度旋涡越多；而在高频段，不同移动速度的无量纲功率谱值基本重合，表明高频区的能量耗散不随雷暴冲击风移动速度的改变而显著变化。

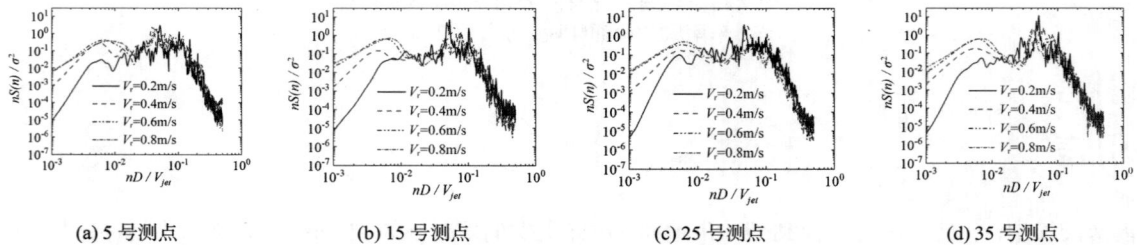

(a) 5 号测点　　(b) 15 号测点　　(c) 25 号测点　　(d) 35 号测点

图 3　不同移动速度矩形梁典型测点脉动风压功率谱

4 结论

通过 LES 方法，研究了移动型雷暴冲击风对 2：1 矩形梁表面风压特性的影响，分析了矩形梁表面的绕流特性、风压系数分布、风压功率谱以及相关性，得到的主要结论如下：

（1）矩形梁的各个表面风压系数最大值均随着展向距离的增大而减小。当雷暴冲击风分别与矩形梁左、右表面相距 0.5m 左右时，矩形梁左、右表面中心测点的风压系数达到最大值，而矩形梁上、下表面中心测点的风压系数最大值均出现在雷暴冲击风直接位于矩形梁正上方的位置。

（2）当雷暴冲击风在逐渐靠近矩形梁的过程当中，左表面风压系数始终为正值。当雷暴冲击风恰好位于矩形梁的正上方时，气流在左表面、下表面和右表面分别形成了旋涡，由于移动型雷暴冲击风的中心具有不对称性，这使得下表面的旋涡向右偏移，因此下表面右侧的风压系数相对较高。随着雷暴冲击风逐渐远离矩形梁，右表面的风压系数始终保持正值。

参考文献

[1]　FUJITA T T .The downburst: microburst and macroburst: report of projects NIMROD and JAWS [R].1985.

[2]　辛亚兵, 刘志文, 邵旭东. 山区大跨桥梁下击暴流风致响应分析[C]//第十八届全国结构风工程学术会议暨第四届全国风工程研究生论坛论文集. 长沙: 中南大学出版社, 2017.

[3]　邓朝平, 唐明晖, 苏涛, 等. 湖南衡阳"4·04"强下击暴流预警关键点及环境条件分析[J]. 暴雨灾害, 2024, 43(2): 158-167.

融合激光雷达实测与数值风洞的赛格大厦风致振动事件边界层风场试验重构与验证

闫家智[1]，韩庆柯[1]，杨 易[1]，许 伟[2]

（1. 华南理工大学 亚热带建筑与城市科学国家重点实验室 广州 510641；
2. 广东省建筑科学研究院集团股份有限公司 广州 510500）

1 引言

2021 年 5 月 18 至 20 日，深圳市赛格大厦在良态风作用下突发有感振动，引起广泛关注。许多学者开展振动发生时的结构响应研究[1-2]，发现共振以频率 2.12Hz 振动主导。作为风荷载链研究的前置条件，准确获取边界层风场特性是研究建筑结构风效应的基础。本文在前期研究工作的基础上，基于赛格大厦和精细化的周边建筑模型进行风洞试验，与精细化数值风洞模拟结果进行对比，并以实测结果[3]为基准，验证两者的准确性。

2 精细化数值模拟及风洞试验

2.1 数值模拟概况

为保证平衡态大气边界层风场模拟的准确性，依据相关文献设置平衡态边界条件和壁面函数。参考 AJJ、COST 等指南，依据赛格大厦高度，建立以赛格大厦及半径 500m 范围内精细化的三维实体模型（与风洞试验模型一致）。计算域尺寸取为 $24H$（长度）$\times 14H$（宽度）$\times 5H$（高度），其中 $H = 300m$（堵塞率小于 3%），几何模型缩尺比为 $1:500$。采用 SST $k\text{-}\omega$ 模型模拟湍流流动，当所有变量残差达到 10^{-5} 以下并且保持稳定时，认为计算达到收敛。

2.2 试验设备及风场调试

根据地貌特征，本次试验模拟采用 D 类地貌风场，基于《建筑结构荷载规范》GB 50009—2012 相关规定开展试验段风场测量，对应地貌粗糙度指数为 0.3，比例尺为 $1:300$，满足阻塞比小于 5%。在风洞试验段上游处布置粗糙元，试验段入口处采用尖塔和挡板组合布置的被动方法进行流场调试，风洞试验现场具体布置如图 1 所示，图 2 为风场调试结果图。

图 1 风洞试验现场图

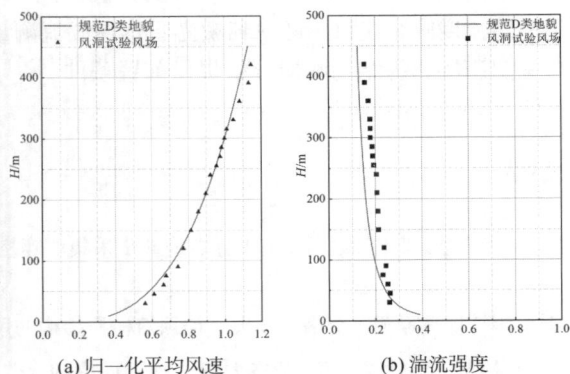

(a) 归一化平均风速

(b) 湍流强度

图 2 风场调试结果图

基金项目：国家自然科学基金项目（52178480）

2.3 精细化赛格大厦风洞试验结果与分析

根据实测和现场调研结果，赛格大厦在振动期间的水平风向基本保持在西南偏南方向，故对 SSW、SW、WSW 三个来流风向角下的风场特性进行研究。选取参考高度为 400m，为便于探究桅杆处高空风场特性，仅对 200～400m 高度范围内平均风速进行指数律拟合。桅杆处风特性见图 3（c）、（d）。同时，图中给出实测与数值模拟结果作为对比。

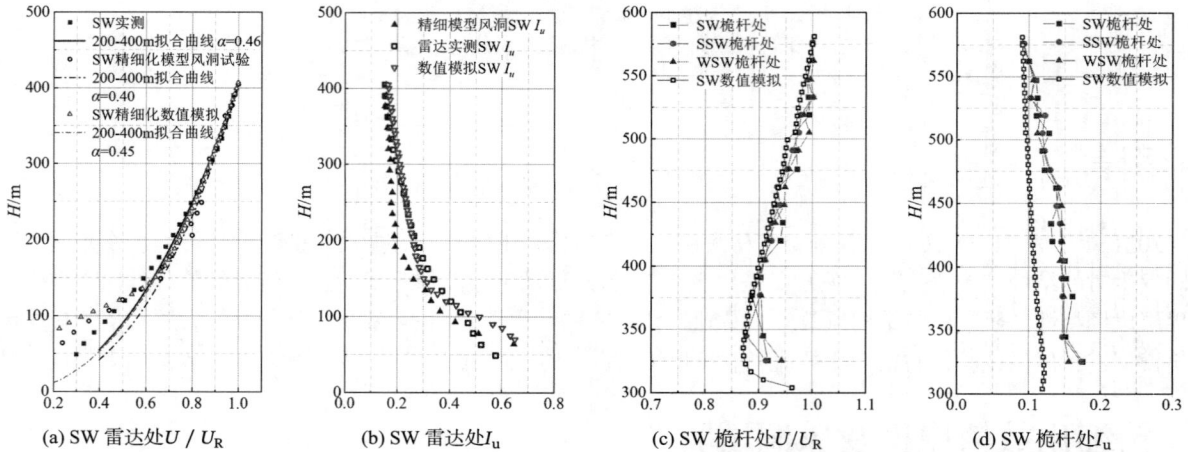

图 3 精细化模型风洞试验与实测、数值模拟平均风剖面对比图

分析雷达处风特性，可以发现精细化模型风洞试验得到的平均风速剖面与实测和数值模拟结果整体吻合较好。平均风剖面的差异主要体现在近地范围内，数值模拟结果风速值衰减稍快于风洞试验风速值及激光雷达实测风速值，但整体的趋势吻合。同样，三者得到的湍流强度剖面趋势一致。风洞试验湍流度在 150m 高度以下明显增大，与数值模拟规律一致，且二者增大幅度均大于实测结果。

分析桅杆处风特性，可以发现三风向下风洞试验得到的风特性与数值模拟结果呈现出相似的趋势和相近的数值大小。在 350m 高度处风洞试验的平均风速在 11.24～11.39m/s 范围内，与相应高度实测结果相近。在靠近楼顶的 300～350m 范围内，风洞试验与数值模拟结果均出现风速随高度增加而减小的情况。这是由于建筑主体影响，来流风速减小、湍流强度显著增加。随着高度的增加，剖面的变化逐渐趋于平缓，风场特性也展现出更为稳定的趋势。

3 结论

三风向下的风洞试验风特性结果与实测数值模拟结果呈现出相似的趋势和相近的数值，风洞试验和数值模拟得到的湍流度吻合良好，考虑到激光雷达在湍流测量上具有局限性，印证精细化风洞试验与数值模拟准确还原真实湍流场，为结构响应分析提供前置条件。

参考文献

[1] 胡卫华, 唐德徽, 李俊燕, 等. 基于分布式同步采集的赛格大厦结构动力学参数识别[J]. 建筑结构学报, 2022, 43(10): 76-84.

[2] 黄铭枫, 唐归, 陶慕轩. 赛格广场大厦楼顶双桅杆结构的风致高阶涡振分析[J]. 建筑结构学报, 2022, 43(12): 1-10.

[3] 杨易, 麻福贤, 谭健成, 等. 赛格大厦振动事件中的大气边界层风场实测与分析[J]. 建筑结构学报, 2021, 42(10): 122-129.

下击暴流作用下双跨厂房结构风荷载特性研究

国可心[1]，张　石[1]，杨庆山[2]，王怡博[1]

（1. 北京建筑大学 土木与交通工程学院 北京 100044；
2. 重庆大学土木工程学院 重庆 400038）

1 引言

下击暴流为雷暴天气中强下沉气流猛烈冲击地面后向四周扩散，经由地表传播的近地面短时强风[1,2]。目前，国内外学者对于下击暴流作用下低矮建筑的风荷载特性进行了大量研究[3]。汪之松等[4]发现径向距离和风向角对结构风压系数影响显著。张石等[5]基于单跨厂房的风洞试验结果，研究在移动型下击暴流作用下不同偏移距离和移动速度对结构表面风压系数和风力系数的影响。但目前的研究多针对单跨双坡建筑，对于大跨度双跨双坡厂房结构的研究较少。因此，本文通过冲击射流装置模拟下击暴流风场，对不同径向距离和风向角下的双跨厂房结构表面风压特性进行深入分析，以期为此类结构的抗风设计提供参考。

2 试验概况

2.1 试验装置和模型概况

试验采用北京交通大学冲击射流装置，如图 1（a）所示。该装置的出风口直径为 $D_{jet} = 600mm$，可控风速为 $0\sim12m/s$。厂房结构测压试验示意图如图 1（b）所示，喷口风速为 $V_{jet} = 10m/s$，出流角度为 $\theta = 0°$，喷口高度为 $H_{jet} = 600mm$，R 为模型与下击暴流中心的径向距离。模型尺寸为 $200m \times 108m \times 20m$，几何缩尺比为 $1:600$，表面共计 356 个测点，测点布置如图 1（c）所示。

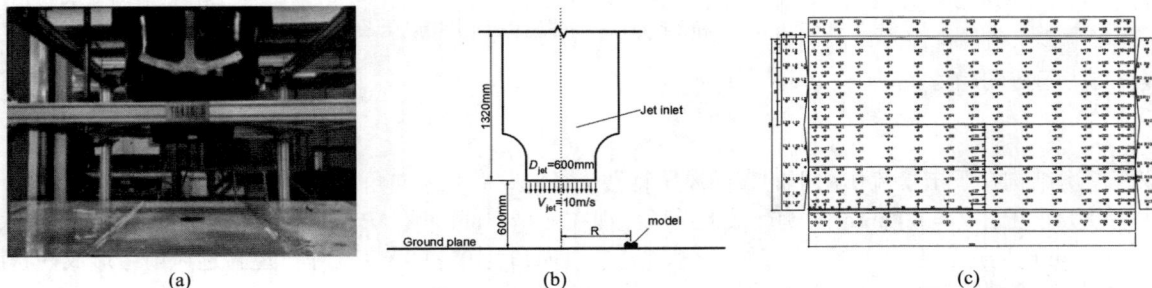

图 1 （a）下击暴流模拟器；（b）风洞试验示意图和（c）模型测点布置图

2.2 试验工况

本文基于下击暴流风场，探究不同径向距离、风向角因素对下击暴流作用下厂房模型表面风压特性影响。具体试验工况如表 1 所示。试验从模型中心到喷口中心设置 10 个不同的距离工况。通过改变风向角，由 $0°\sim90°$每 $15°$设置一个工况。

下击暴流测压试验工况	表 1
径向距离R（mm）	风向角α（°）
0，200，300，400，500，600，700，800，1000，1200	0，15，30，45，60，75，90

基金项目：国家自然科学基金项目（52478490），中铁建设集团有限公司科技研发项目（22-55c）

3 结果与讨论

3.1 径向距离的影响

如图 2 所示，当建筑位于下击暴流核心区（$R \leqslant 300mm$）时，屋盖受竖向冲击作用整体呈较大正压，平均风压系数峰值达 0.45；随着径向距离增大至 600mm，水平风速主导作用增强，最大正压出现在前墙中部区域。当 $R = 700mm$ 时，屋盖前缘产生柱状涡导致出现最大负压；当 $R > 700mm$ 后，屋盖负压从迎风侧向背风侧递减。脉动风压极值随径向距离增大呈现先增大后减小的趋势，当 $R = 1000mm$ 时，最大脉动风压出现在屋盖迎风前缘。

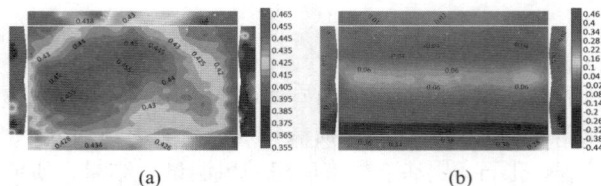

图 2 （a）$R = 0mm$ 和（b）$R = 600mm$ 模型表面平均风压系数云图

3.2 风向角的影响

在风向角为 0°与 90°工况下，水平风垂直作用于模型表面使得屋盖前缘气流分离产生柱状涡，屋盖最大负压系数出现在迎风前缘。如图 3 所示，当风向角 $\alpha = 45°$时，屋盖迎风角部区域产生锥形涡，其涡心位置出现最高负压系数 −0.46。风向角 $\alpha = 0°$、90°下最大脉动系数集中于屋盖迎风前缘及背风再附着区；风向角 $\alpha = 45°$时角涡效应使屋盖角部脉动系数增大。

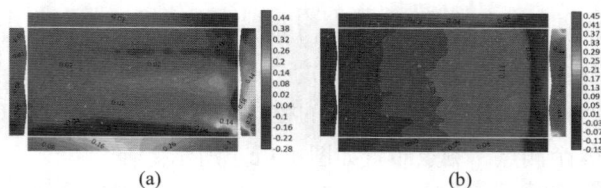

图 3 （a）$\alpha = 45°$和（b）$\alpha = 90°$模型表面平均风压系数云图

4 结论

双跨厂房结构在下击暴流作用下的表面风压特性受径向距离和风向角的影响显著。当 $R \leqslant 300mm$ 时，模型整体呈较大正压，$R = 600mm$ 时模型最大正压出现在前墙中部区域，$R = 700mm$ 时屋盖前缘出现最大负压，$R = 1000mm$ 时屋盖迎风前缘出现最大脉动风压。风向角为 0°和 90°工况下，屋盖迎风前缘形成柱状涡，风向角 45°时屋盖迎风角部形成锥形涡。

参考文献

[1] ZHANG S, YANG Q S, SOLARI G, et al. Characteristics of thunderstorm outflows in Beijing urban area [J]. Journal of Wind Engineering & Industrial Aerodynamics, 2019, 195(12): 104011.

[2] 方智远, 李正良, 汪之松. 风暴移动对下击暴流风场特性的影响研究[J]. 建筑结构学报, 2019, 40(6): 166-174.

[3] 张建, 李波, 单文姗, 等. 波纹状悬挑大跨屋盖的风荷载特性[J]. 建筑结构学报, 2017, 38(3): 111-117.

[4] 汪之松, 陈圆圆, 方智远,等. 下击暴流作用下低矮建筑风荷载特性试验[J]. 华中科技大学学报（自然科学版）, 2019, 47(9): 120-126.

[5] 张石, 钟海滨, 张爱林, 等. 移动型下击暴流作用下大跨度轻钢厂房风荷载特性[J]. 建筑结构学报, 2024, 45(09): 1-11.

2024 年 7 月 5 日山东菏泽龙卷风灾后调查

雷　洋，李　潇，王冠中，孟盈竹，李海乐，杨庆山，闫渤文

（重庆大学土木工程学院 重庆 400038）

1　引言

龙卷风是最具破坏力的气象灾害之一，据《中国气象灾害年鉴》[1]统计显示，2010—2020 年间，中国年均龙卷风事件频次约 60 起，年经济损失超过 5 亿元人民币。作为一种中/微尺度的气象灾害，龙卷风的风力强度与移动路径很难通过气象站点记录，这部分信息往往需要依靠现场灾害调查得到[2]。基于灾调结果，龙卷风的风力强度可根据藤田级数（Fujita Scale）[3]、改进藤田级数（Enhanced Fujita Scale）[4]等进行估计，而最大风力强度发生地点的连线则可被视为龙卷风中心的运动路径。2024 年 7 月 5 日 14 时 30 分左右，山东省菏泽市东明县遭受了龙卷风袭击，造成 5 人死亡、88 人受伤、2820 间房屋受损。本文基于此次龙卷风的灾后实地调查结果，通过现场走访调查和结构破坏特征分析，确定此次龙卷风的风力强度与移动路径，为结构抗风减灾设计提供了数据支撑。

2　灾调安排

在龙卷风事件发生约 48 小时后，重庆大学研究团队到达现场展开了为期 4 天的灾后调查。通过采用地面勘察与无人机航拍相结合的方法，本研究调查了 A、B 两个受灾严重的区域（图 1），其中，区域 A 内主要承灾体为低矮建筑、电线杆与输电塔架；区域 B 内主要承灾体为高层建筑、钢结构、临时结构（塔吊等）与树木。

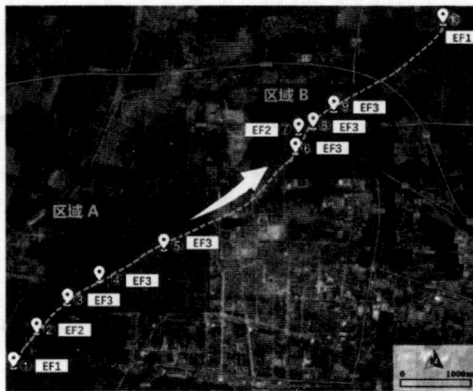

图 1　调查区域及龙卷风大致路径

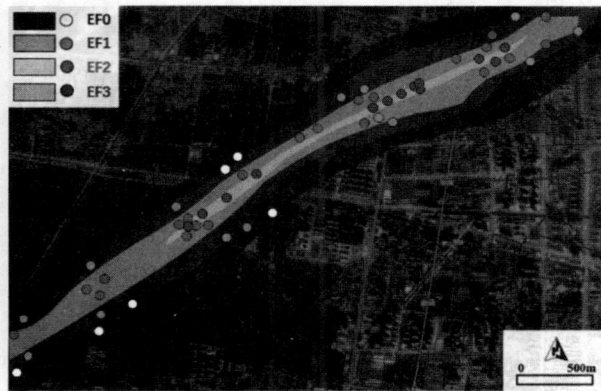

图 2　区域 A 破坏情况及龙卷风路径细节

3　龙卷风风力强度与路径估计

在此次极端风事件中，沿着龙卷风路径总共调查了 10 个受灾点，共收集 20 栋钢筋混凝土建筑、约 600 栋低层砖木混合房屋、15 栋钢结构建筑、约 20 根电线杆、1 座输电塔和 10 座建筑塔式起重机在内的破坏统计。为估计龙卷风的风力强度，本研究基于承灾体破坏情况特征，根据 EF Scale[4]和 JEF Scale[5]评估沿途受

基金项目：高层次科研资助项目（02180023040007），国家自然科学基金（02180023210163）

灾测点（图 2），其中部分测点情况统计如表 1 所示。根据现场损害观测和空中无人机图像，结合地形特征和破坏分布，沿路破坏等级如图 1 所示：龙卷在灾害点①附近触地，此处地势空旷，农田中少量小树倒伏，推测强度等级为 EF0 级，对应 3s 阵风风速$V_{max} \leq 38m/s$；随后向东北方向移动，加速通过灾害点②、③、④，移动至⑤达到峰值强度，此处屋面系统失效，围墙倒塌，电线杆折断等，推测强度等级为 EF3，对应 3s 阵风风速 $61m/s \leq V_{max} \leq 74m/s$；经大面积破坏后风速减弱，到达灾害点⑥前又增强到 EF3 级，在⑥、⑦、⑧、⑨处造成轻型钢结构坍塌、钢筋混凝土建筑外立面破坏严重，直径超过 40cm 的树木大面积折断等，推测强度等级为 EF3，对应 3s 阵风风速 $61m/s \leq V_{max} \leq 74m/s$；继续向东北方向移动，最终在灾害点⑩附近减弱并消散，此时强度降至 EF1 级，对应 3s 阵风风速为 $38m/s \leq V_{max} \leq 50m/s$。据调查数据，综合判定此次龙卷风等级为 EF3 级，路径总长度约 12km，最大影响宽度约 690m，平均路径宽度约 570m。

部分测点破坏情况统计　　　　　　　　　　　　　　　　　　　　　　　　表 1

承灾体	标准	灾害指示物（DI）	受损程度（DOD）	估计 3s 阵风风速范围（m/s）	期望值（m/s）	估计强度
店子村	EF/JEF	EDI-17：低矮房屋 JDI-1：民居	EDI-17-DOD-6：外墙受到大部分破坏 JDI-1-DOD-8：主要框架结构破坏	EF54-75 JEF55-85	EF64 JEF75	EF3 JEF3
某工厂	EF/JEF	EDI-21：钢结构建筑 JDI-6：钢结构厂房	EDI-21-DOD-8：完全损坏 JDI-6-DOD-5：主体框架完全破坏	EF59-80 JEF80-110	EF69 JEF95	EF3 JEF3
某输电塔架	EF	EDI-24：金属桁架塔	EDI-24-DOD-6：完全倒塌	EF52-74	EF63	EF3

4　结论

本研究基于 2024 年 7 月 5 日山东省菏泽市龙卷风灾后调查数据，估计了龙卷风的风力强度及运动路径。根据低矮砌体、高层钢筋混凝土、轻型钢结构和树木等承灾体的破坏情况，估计该龙卷风强度为 EF3 级，沿东北方向运动，破坏范围长度约 12km，最大宽度约 690m。

参考文献

[1]　中国气象局. 中国气象灾害年鉴[M]. 北京: 气象出版社.

[2]　杨庆山, 王雨, 回忆, 等. 辽宁开原 7·3 龙卷风致结构破坏调研与分析[J]. 建筑结构学报, 2023, 44(9): 183-190.

[3]　FUJITA T T. Proposed characterization of tornadoes and hurricanes by area and intensity[R]. Chicago:University of Chicago, 1971.

[4]　MCDONALD J R, MEHTA K C. A recommendation for an enhanced Fujita scale (EF-scale)[R]. Lubbock: Texas Tech University, 2006.

[5]　Japan Meteorological Agency. 2015: Guidelines for the Japanese Enhanced Fujita Scale[Z/OL]. http://www.data.jma.go.jp/obd/stats/data/bosai/tornado/kentoukai/kaigi/2015/1221_kentoukai/guideline.pdf.

龙卷风冲击低矮建筑群气动力效应数值模拟

徐　凯，郓伦海，李阿龙，汪志鹏，马小亮

（合肥工业大学土木与水利工程学院 合肥 230009）

1　引言

低矮建筑群是龙卷风灾害中最常见的受损对象之一[1-2]。然而，使用缩尺的实验室龙卷风模拟器难以全面研究龙卷风荷载引发的风致响应。为探索龙卷风荷载对低矮建筑群破坏机理，本文采用大涡模拟（LES）开展了移动龙卷风数值风场模拟，能够有效再现龙卷风冲击低矮建筑群的全过程。

2　研究方法

2.1　龙卷风场数值模拟

本文基于改进的 ISU 型实验室龙卷风模拟器进行风场数值模拟[3]。对该模拟器的所有机械组件（包括导流叶片、风扇、蜂窝截面和管道壁表面）均进行了建模。此外，对九宫格型低矮建筑群进行了详细建模，如图 1 所示。

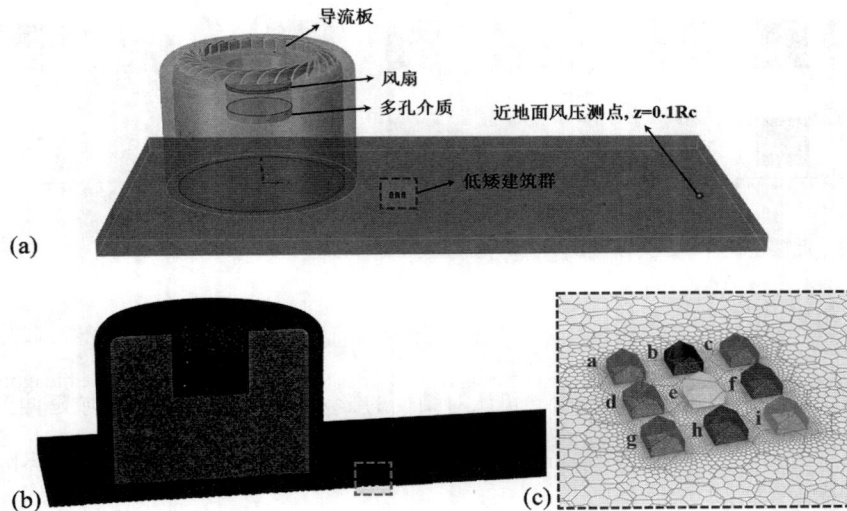

图 1　改进的 ISU 型试验龙卷风模拟器：（a）模拟器；（b）计算域的网格划分；（c）低矮建筑群的网格加密

2.2　移动效应

从移动龙卷风在径向轴平面的切向速度云图（图 2）可以看出，龙卷风的上部驱动下部移动，导致龙卷风中心轴倾斜。此外，在龙卷风运动过程中，主涡会产生并拖动次级涡，导致涡核半径扩大。在本模拟中，移动龙卷风可以在低矮建筑群上形成高风速区域。

3　研究结果

图 3 为龙卷风冲击低矮建筑群前中后三个阶段的建筑表面压力系数和瞬时流线图。

基金项目：国家自然科学基金项目（52278495）

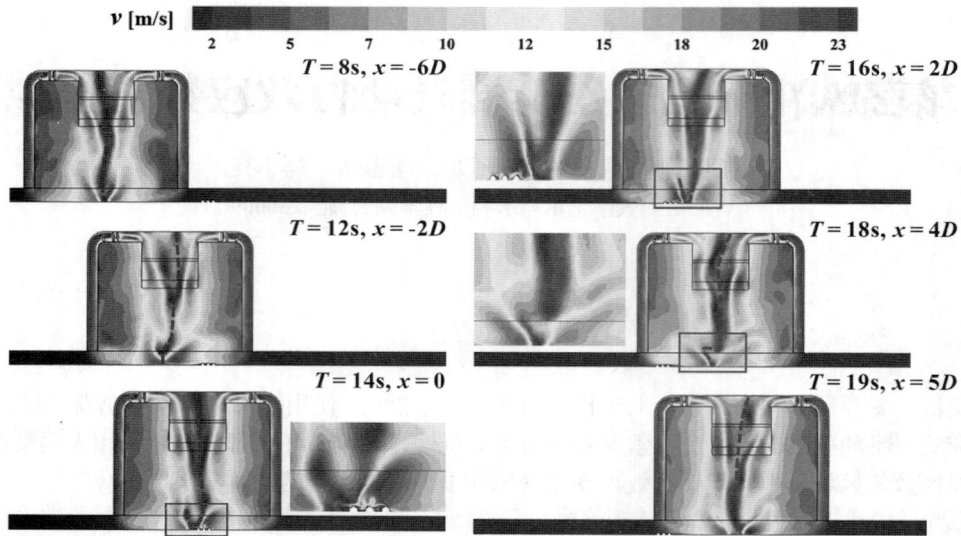

图 2　移动龙卷风在径向x轴向平面上速度云图

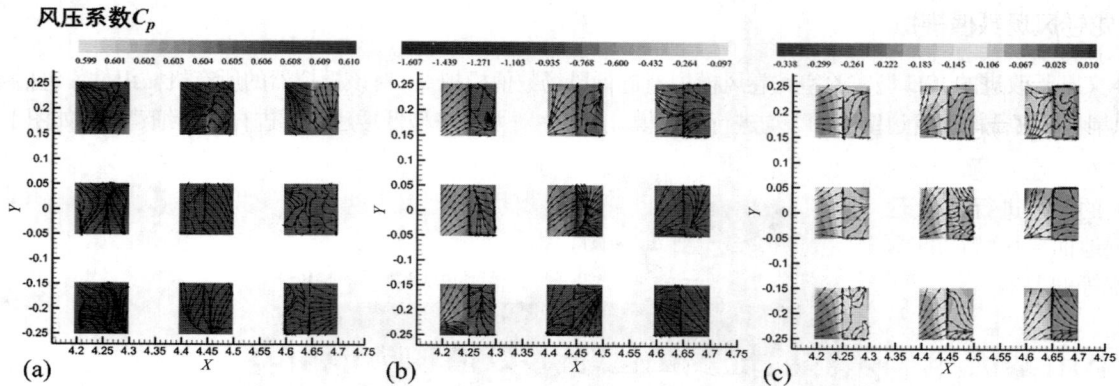

图 3　低矮建筑群的压力系数C_p和瞬时流线图：（a）$x/D = -7$；（b）$x/D = 1$；（c）$x/D = 4$

4　结论

　　研究结果表明，随着龙卷风接近建筑群，负压对结构的影响增加，负压产生区域延伸到核心半径 4 倍的距离。最大负压区出现在核心半径的 1～2 倍范围区间。

参考文献

[1]　MENG Z, BAI L, ZHANG M, et al. The deadliest tornado (EF4) in the past 40 years in China[J]. Weather and Forecasting, 2018, 33(3): 693-713.

[2]　杨庆山, 王雨, 回忆, 等. 辽宁开原 7·3 龙卷风致结构破坏调研与分析[J]. 建筑结构学报, 2023, 44(9): 183-190.

[3]　HAAN F, BALARAMUDU V, SARKAR P. Tornado-Induced Wind Loads on a Low-Rise Building[J]. Journal of Structural Engineering, 2010, 136(1): 106-116.

复杂山区地形对下击暴流风参数影响分析

王诗涵[1]，赵　林[1,2]，葛耀君[1,2]

（1. 同济大学土木工程防灾减灾国家重点实验室 上海 200092；
2. 同济大学 桥梁结构抗风技术交通行业重点实验室 上海 200092）

1 引言

下击暴流是一种由高空气流冲击地面并沿地面扩散形成的近地面短时强风的灾害现象。研究发现，地形对近地面风场的影响很大，山地丘陵地带为下击暴流高发区[1]，且建有大跨桥梁、输电塔和格构塔等重要结构，其受下击暴流等局部强风影响较大，因而研究下击暴流条件山地峡谷地形的风场特性十分重要。针对下击暴流在复杂山区地形的风场特性，2019 年方智远[2]等研究 3 个不同坡度山丘对下击暴流风场特性的影响，环涡结构首次越过山坡时，坡顶檐口位置产生下击暴流风场整个生命周期中的最大风速，檐口位置水平风速与竖向风速都有所增大，且近地面水平风速加速因子达到约 1.3 倍。2021 年钟永力[3]通过风洞试验与数值模拟方法，得到了平移速度对下击暴流出流段最大风速增大效应的经验表达式。上述研究表明，复杂地形能增强下击暴流风速，从而极大地增加了下击暴流的破坏力。由于现有的抗风规范或标准中的风参数不适用于复杂山区地形与下击暴流结合形成的特殊风环境。因此，研究复杂山区地形中下击暴流的风参数特征具有重要意义。

针对上述问题，本文研究了下击暴流对山脉和峡谷地形近地面风场特征的影响。首先，对平坦地形中下击暴流的风场进行了验证。在验证数值模型、设置和方法的可靠性后，进行了下击暴流作用下山脉和峡谷地形中近地面风场特征的数值模拟，并分析了平坦地形与山脉和峡谷地形中下击暴流的风剖面、风场加速效应、湍流度等的差别。

2 下击暴流风洞试验验证及山区地形数值模拟概况

采用 Rhino 进行山丘（峡谷）模型建模，并采用 snappyHexMesh 进行网格细分，为后续移动下击暴流工况作对比，采用 openFoam 中的 ACMI 滑移网格技术进行数值计算，用 postProcess 后处理参数，用 paraview 进行风场查看，如图 1～图 4 所示。

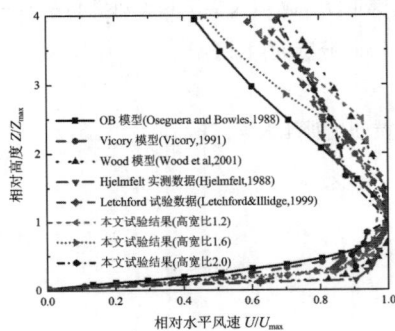

图 1 水平风速竖向风剖面试验结果及对比

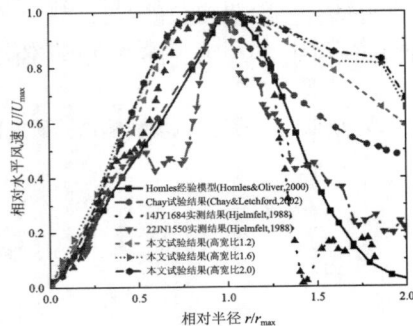

图 2 水平风速径向风剖面试验结果及对比

图 3 山丘地形中下击暴流风场云图

图 4 峡谷地形中下击暴流风场云图

3 工况情况结论

风洞试验已证实喷口离地高度对风剖面结果无明显影响。在下击暴流接触地面之前（0.2s），由于云底形成的下沉气流与周围气体之间的拖曳卷吸作用，在气流前端形成了水平方向上的环形涡；$t = 0.25s$ 时，主涡尚未到达山前，风场成对称分布；$t = 0.3s$ 时，下击暴流已到达山脚，此时山脚两侧水平发展的风速最大，且由于气流撞击山脉后，一部分气流回旋反弹产生反向回流涡旋；$t = 0.5s$ 之后气流向山脉两侧水平发展，出现多个涡旋，$t = 0.8s$ 已趋于稳定。从图中气流的整个发展可以看出，山脉影响下击暴流最大速度几乎出现在山脉的山脚两侧近距离范围内。在下击暴流接触地面之前，其风场发展情况与理想山脉的风场变化一致，但受高风速影响范围小于山脉地形。

4 结论

本文以平地、山脉及峡谷地形为研究对象，分析了不同地貌因素对下击暴流风场的影响，具体体现在风速剖面、加速因子及湍流度，主要结论如下：

（1）近地形范围内，典型山脉和典型峡谷地形的全场径向风速剖面极值和竖向风速剖面极值均小于平地风场。峡谷地形的水平风速极值出现在更近地面的位置，高空时，应更关注峡谷内的竖向风速。

（2）山顶的径向加速因子与竖向加速因子在近地面处较大，山脚的径向加速因子上部较大；峡谷崖边的径向加速因子几乎小于1，竖向加速因子近地面处较大。

（3）地形变化范围内（$r = 0 \sim L$）的竖向湍流度均大于径向湍流度，$r = 1D_{jet} \sim 1.5D_{jet}$ 时，3种地形的最大湍流度均出现在近地面处，且可能出现高风速高湍流度的情况，在结构设计时应重点关注。

（4）下击暴流风场存在山脉加速效应和遮挡效应，高度、坡度越大，山脉遮挡效应越明显，湍流度越大；深度增加和坡度增大能增加峡谷效应，但峡谷内的湍流度减小，当峡谷宽度很大时，峡谷效应影响甚小，可仅将其对风场的影响视为迎风侧山脉的影响。

参考文献

[1] JI B F, LIU G Y, YIN X, et al. Effects of terrain roughness on downburst wind profile characteristics [J]. Acta Aerodynamica Sinica, 2014, 37(3): 393-399.

[2] 汪之松, 唐阳红, 方智远, 等. 山脉地形下击暴流风场数值模拟[J]. 湖南大学学报（自然科学版）, 2019, 46(3): 90-98.

[3] 钟永力, 晏致涛, 汪之松, 等. 下击暴流移动增大效应及带协同流壁面射流模拟方法[J]. 建筑结构学报, 2021, 42(4): 15-24.

[4] 李育涵. 海岛山地地形对下击暴流风场影响试验研究[D]. 杭州：浙江大学, 2022.

稳态与移动下击暴流数值模拟研究

张　辉[1]，曹曙阳[1,2]，操金鑫[1,2]

（1. 同济大学土木工程学院桥梁工程系 上海 200092；

2. 土木工程防灾减灾全国重点实验室 上海 200092）

1　引言

下击暴流是雷暴天气中的下沉气流冲击地面形成的一种极端风。与大气边界层风不同，下击暴流会在近地面附近产生强烈的水平辐散风，且其阵风结构在其宽度上的相关性远高于边界层流动，因此会对长大桥梁、输电线缆等长结构产生更大的整体荷载[1-2]。雷暴期间发生下击暴流的概率可高达 60%～70%[3]，其产生会对人民的生命财产安全造成巨大的威胁，然而这类风在结构设计过程中很少被考虑，且未被纳入标准和规范中。因此，对下击暴流风场特性和流动动力学进行深入研究具有重要的实际意义。本研究采用数值模拟方法，研究了下击暴流在静止和移动发展过程中风场特性。

2　数值模拟设置

本研究依托开源平台 OpenFOAM 使用 LES 湍流模型模拟下击暴流，采用 PIMPLE 算法求解离散方程。数值模拟计算域采用三维立方体区域（图1），计算域分为上下两部分，上部为喷嘴，下部为下击暴流发展区域，二者之间采用 ACMI 边界条件，该边界条件可实现上下两部分的实时数据交换。稳态下击暴流中上部喷口保持静止，移动下击暴流的模拟中，上部喷口分别以 1m/s、2m/s、3m/s 的向右移动 8m。计算网格采用六面体结构化网格，底面第一层网格盖度 4×10^{-5}，网格增长率 1.06，经计算近壁面第一层网格满足 $Y^+ < 1$。

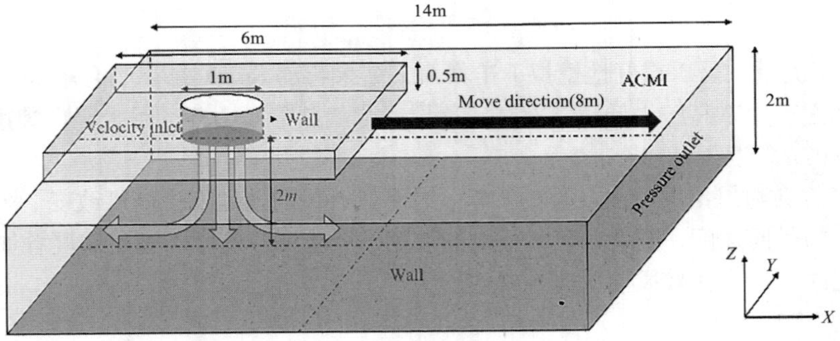

图1　移动下击暴流计算域示意图

3　下击暴流风场特性

3.1　稳态下击暴流统计特性

稳态下击暴流模拟中，在其瞬态效应消失后再进行采样。如图2所示，下沉气流撞击地面位置处存在最大正压，随距离撞击点位置增大，压力系数逐渐减小。值得注意的是在距离撞击点 $1D$～$1.5D$ 范围内，由于下击暴流产生的次高压环的存在，此范围存在较小的正压。图3为不同位置处使用最大速度和最大速度半高度进行归一化的径向风剖面，该位置为流场最大径向风速附近，风剖面呈鼻形，风速随高度增加而逐渐减小。

基金项目：国家重点研发计划（2022YFC3005302），国家自然科学基金项目（52478547）

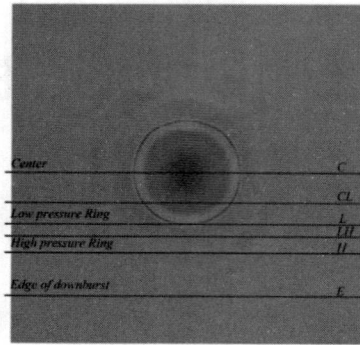

图 2 地面瞬时风压分布

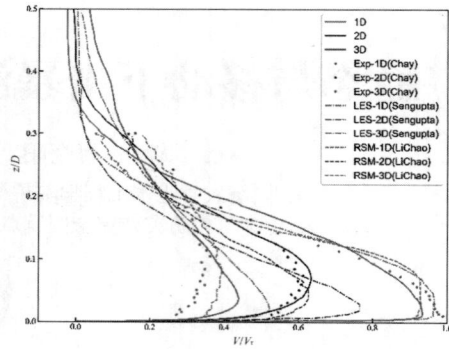

图 3 不同位置处径向风剖面

3.2 移动下击暴流瞬态特性

图 4 所示为移动下击暴流流场喷口移动过程中数值剖面风速分布，最大速度发生于近地面振风锋面一侧，相比于静止下击暴流，移动使得地面原本为圆形的压力环逐渐发展为月牙形压力环。根据最大速度与移动速度的关系可验证速度叠加原理不成立。

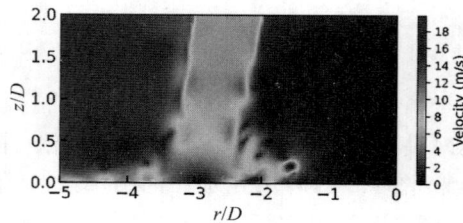

图 4 移动下击暴流流场竖直剖面风速分布

4 结论

（1）采用 LES 湍流模型可以很好地模拟下击暴流，结果与前人研究结果吻合较好。静止下击暴流下，以撞击点为中心，地面产生以高压、低压、次高压逐层变化的圆形压力环，最大径向速度发生 $1D \sim 1.5D$ 范围内，发生高度在 $0.02D$ 附近。

（2）喷口移动速度会对风剖面产生显著的影响，进而最大径向速度发生高度改变。移动下击暴流会产生比稳态下击暴流更大的径向速度，但增量存在很大的波动，经验证合速度不满足速度叠加原理。移动的过程中地面压力分布随之改变，会在阵风前缘产生峰值压力。

参考文献

[1] FUJITA T T. The downburst: microburst and macroburst: report of projects NIMROD and JAWS[M]. Satellite and Mesometeorology Research Project, University of Chicago, 1985.

[2] SENGUPTA A, SARKAR P P. Experimental measurement and numerical simulation of an impinging jet with application to thunderstorm microburst winds[J]. Journal of Wind Engineering and Industrial Aerodynamics, 2008, 96(3): 345-365.

[3] PROCTOR F H. Numerical Simulations of an Isolated Microburst. Part Ⅰ: Dynamics and Structure[J]. Journal of the Atmospheric Sciences, 1988, 45(21): 3137-3160.

龙卷风作用下坡屋顶轻钢厂房结构响应与破坏机理分析

张世恩[1]，操金鑫[1,2]，曹曙阳[1,2]

（1. 同济大学土木工程学院桥梁工程系 上海 200092；

2. 同济大学土木工程防灾减灾全国重点实验室 上海 200092）

1 引言

　　龙卷风是一种突发性强、破坏力大的极端天气现象。从 2016 年到 2024 年，中国的江苏、广东、辽宁和山东等地至少发生了 6 次强度为 EF3 级或更高级别的龙卷风灾害。灾后调查发现轻钢厂房、居民住宅等建筑结构遭受了严重破坏，造成人员伤亡和重大经济损失。这促使我们考虑龙卷风对建筑结构的影响。在此之前对于龙卷风与建筑结构的相互作用已有许多研究。Dutta 等[1]采用有限元法分析了龙卷风荷载作用下结构的动力响应；Thampi 等[2]利用有限元分析方法预测了龙卷风下木结构的破坏阶段；Ahmad 等[3]通过 STAAD 软件分析了钢筋混凝土框架结构的动力响应；Li 等[4]利用计算流体动力学分析了龙卷风作用下大跨度穹顶结构的动力结构响应。低层钢结构厂房在中国龙卷风多发地区普遍存在，但相关研究并不多。因此，本文在龙卷风荷载试验的基础上，研究了坡屋顶轻钢厂房在龙卷风作用下结构响应特性，以期解释龙卷风致破坏机理。

2 有限元模型及龙卷风荷载

2.1 有限元模型

　　选取 2021 年苏州 EF3 级龙卷风灾害中一座受损三跨坡屋顶钢结构厂房为研究对象。通过灾后实地调查得到了该结构的相关参数。有限元分析采用 SHELL63 单元来模拟金属屋面板，用 BEAM188 单元模拟屋架、檩条和立柱。屋面板和檩条之间为铰接约束，檩条与屋架之间考虑铰接约束和弹簧连接约束两种形式模拟的影响。结构的有限元模型如图 1 所示。

2.2 龙卷风荷载

　　Xin 等[5]设计了该结构的刚体测压模型并在龙卷风风洞中进行了试验。图 2 展示了测试中模型的压力点布置和龙卷风移动路径。在测试过程中，当龙卷风处于不同位置时，获取各个测点的风压系数。龙卷风中心到模型中心的距离x，其取值范围为$-240 \sim 240 \text{mm}$。r_c是龙卷风涡核半径。龙卷风与结构模型的相对位置用无量纲参数x/r_c表示。

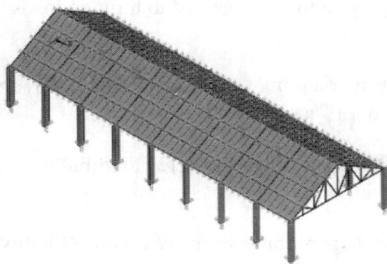

图 1　结构有限元模型

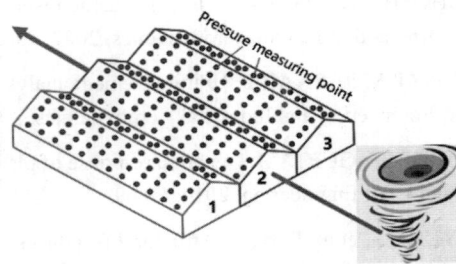

图 2　测压点布置和龙卷风路径

基金项目：国家自然科学基金项目（52178502）

3 结果和讨论

3.1 基本工况静力计算结果

苏州 EF3 级龙卷风估计的风速为 70m/s，再利用测得风压系数计算出各种工况下屋面板荷载，分别对结构进行响应计算。图 3 展示了厂房位于涡核中心处水下第一跨屋顶的位移云图。综合所有结果来看，屋顶最大位移总是出现在最靠近山墙的两侧区域。这是由于外侧区域约束不足所致。将不同工况下各跨屋顶最大位移汇总，可以得到图 4 所示位移图。

3.2 参数讨论

基于龙卷风风洞试验提取平均风压系数，建立考虑屋面坡角 β（10°～30°）、建筑朝向（0°～135°）α 和龙卷风路径径向距离无量纲参数 x/r_c（−5.33～5.33）、构件连接方式为铰接连接和弹性连接的参数化模型，通过 ANSYS 静力仿真分析屋面位移与应力响应。

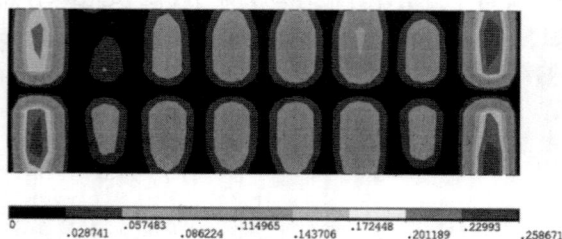

图 3　$x/r_c = 0$ 时第一跨屋顶位移云图

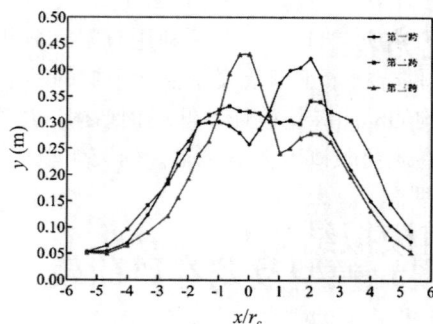

图 4　各种工况下每跨最大位移

4 结论

本文通过 ANSYS 静力仿真系统分析结构响应规律，结果表明在龙卷风作用下屋顶的两端相对于中间有更大的位移，不同跨屋顶响应之间具有空间分异特征，建筑朝向与路径间的夹角会显著影响结构屋顶响应，构件之间的铰接连接比弹性连接在抗风方面更有利。更多计算结果以及对破坏机理的讨论等内容，将在全文中展示。

参考文献

[1] DUTTA P K, GHOSH A K, AGARWAL B L. Dynamic response of structures subjected to tornado loads by FEM[J]. Journal of Wind Engineering and Industrial Aerodynamics, 2002, 90(1): 55-69.

[2] THAMPI H, DAYAL V, SARKAR P P. Finite element analysis of interaction of tornados with a low-rise timber building[J]. Journal of Wind Engineering and Industrial Aerodynamics, 2011, 99(4): 369-377.

[3] AHMAD S, ANSARI E, GUPTA H. Dynamic response of plane frame buildings subjected to tornado loads[J]. IOSR Journal of Mechanical and Civil Engineering, 2014: 63-69.

[4] LI T, YAN G, YUAN F, et al. Dynamic structural responses of long-span dome structures induced by tornadoes[J]. Journal of Wind Engineering and Industrial Aerodynamics, 2019, 190: 293-308.

[5] XIN J, CAO J, CAO S. Characterization of tornado-induced wind pressures on a multi-span light steel industrial building[J]. Journal of Wind Engineering and Industrial Aerodynamics, 2024, 253: 105867.

非平稳加速流下矩形断面气动力特性的数值模拟研究

姚云开，李威霖

（广西大学土木建筑工程学院 南宁 530004）

1 引言

随着全球气候变暖，频繁的强台风、雷暴风和下击暴流等非平稳特异强风风致振动是大跨桥梁抗风领域面临的新挑战[1]，探明加速流对桥梁断面气动力的影响对准确评估特异风致抖振至关重要。在过往的研究中不少学者发现，在加速流下矩形断面的气动力存在超过准定常假定的过冲现象。鉴于此，本研究通过数值模拟的方法，探究在加速流下矩形断面的气动力是否存在过冲现象以及影响过冲现象的关键参数。

2 研究方法

本文基于 OpenFOAM2112，采用二维 URANS SST k-ω 湍流模型求解 N-S 方程，对矩形断面进行 CFD 数值模拟计算。

3 数值模拟结果

图 1 给出了 4：1 矩形断面在不同加速因子（ $a_p = D(\mathrm{d}U/\mathrm{d}t)/U^2$ ）[2]的加速来流下的阻力与阻力系数结果。比较工况 S-1、S-2 和 S-3，当最大 a_p 从 0.009 增大到 0.036 时，最大 C_D 值分别比平稳来流情况下高出约6.4%、14.0% 和 30.4%，且 C_D 与 a_p 的变化趋势基本相同。

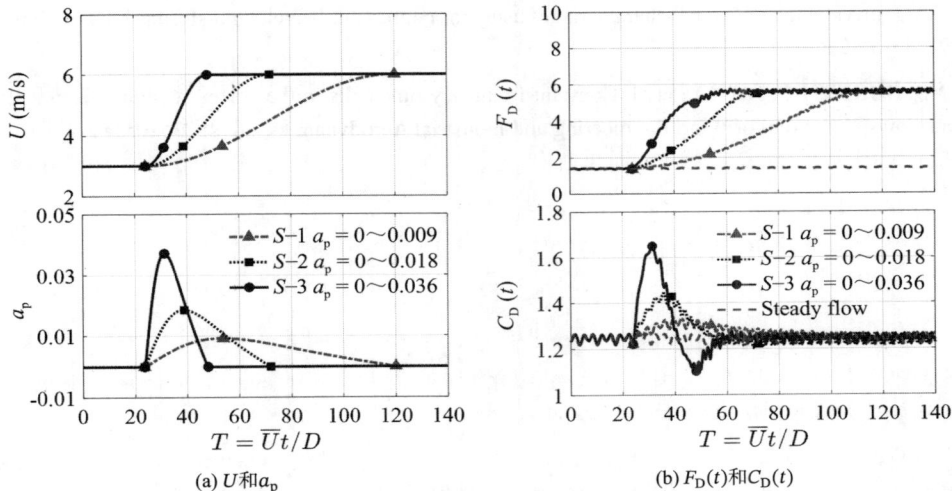

(a) U 和 a_p (b) $F_D(t)$ 和 $C_D(t)$

图 1 4：1 矩形断面在不同加速因子的加速来流下的阻力与阻力系数

图 2 给出了 4：1 矩形断面在不同加速因子的加速来流下的升力系数与 S_t 数结果。比较工况 S-1、S-2 和 S-3，当最大 a_p 从 0.009 增大到 0.036 时，C_L 的振幅分别比平稳来流情况下降低约 17.8%、35.2% 和 59.4%；对比准定常值 QS，经 CWT[3] 分析后的瞬时频率随平均风速变化呈阶梯状，瞬时 S_t 数呈锯齿状振荡，最大偏差分别为 6.7%、9.3% 和 17.2%。这与 Stefano[4] 在 1：1 矩形断面风洞试验中观察到的现象一致。

基金项目：国家自然科学基金青年基金项目（52408514），广西自然科学青年基金项目（2024JJB160045）

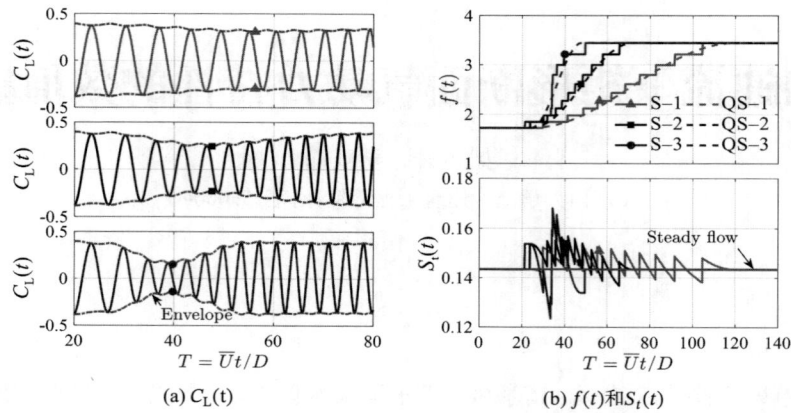

(a) $C_L(t)$ (b) $f(t)$和$S_t(t)$

图 2　4∶1 矩形断面在不同加速因子的加速来流下的升力系数

4　结论

本文通过数值模拟的方法对非平稳加速流下矩形断面的气动力特征进行了研究。结果表明，对于 4∶1 矩形断面，在加速来流下，阻力系数出现过冲现象，且影响过冲现象的关键参数为加速因子a_p；升力系数出现幅值减小现象，且减小程度与加速因子a_p也有一定关系。

参考文献

[1] XU D, ZHAO L, CUI W, et al. Aerodynamics and aeroelastic performance of a rigid-frame bridge with a bluff body girder subjected to short-rise-time gusts[J]. Engineering Structures, 2022: 263114376.

[2] SARPKAYA T, IHRIG C J. Impulsively started steady flow about rectangular prisms: experiments and discrete vortex analysis[J]. 1986.

[3] SADOWSKY J. Investigation of signal characteristics using the continuous wavelet transform[J]. Johns Hopkins apl technical digest, 1996, 17(3): 258-269.

[4] STEFANO B, BURESTI G, LO Y L, et al. Constant-frequency time cells in the vortex-shedding from a square cylinder in accelerating flows[J]. Journal of Wind Engineering and Industrial Aerodynamics, 2022: 230105182.

台风下台湾海峡极端风浪流时空分布特征

刘丛菊[1]，崔 巍[1]，赵 林[1,2]

（1. 同济大学 土木工程学院桥梁工程系 上海 200092；
2. 广西大学 土木建筑工程学院 南宁 530004）

1 引言

台湾海峡遭受西北太平洋台风侵扰日益频繁，海洋极端风浪流环境严重威胁海洋结构安全[1]。海峡远海地区缺乏足够的原位观测，依赖实测结果修正的理论模型和时空分辨率较低的再分析数据等无法再现区域环境极端气候。COAWST（Coupled-Ocean-Atmosphere-Wave-Sediment Transport）中尺度耦合计算提供了一种高分辨率海洋环境参数的新方法[2]。本文利用 COAWST 模拟了 2000—2023 年之间台湾海峡上空超强台风与强台风等级的 7 次热带气旋过程，获得了海峡极端风浪流高时空分辨率环境参数，并基于实测数据验证了模型的准确性。结合计算结果分析台湾海峡极端风浪流时空分布特征，为今后工程选址提供参考与借鉴。

2 模型设置

利用 COAWST 模拟 7 次过境台风过程是：Bilis（0010）、Sepat(0709)、Soudelor（1513）、NEPARTAK（1601）、MERANTI（1614）、DOKSURI（2305）、HAIKUI（2311）。模拟区域为台湾海峡周边海域。WRF 设置两侧嵌套网格，第一层网格尺度 3km，计算区域大约为 20°N～30°N、113°E～127°E，网格数 150×120，第二层网格尺度 1km，计算区域大约为 21°N～26°N、117°E～123°E，网格数 124×106，ROMS 保持与 SWAN 相同的计算面积和分辨率，网格尺度 3km，计算区域大约为 21°N～26°N、117°E～223°E，网格数 167×200。采用 ERA5 全球再分析风场数据、HYCOM 全球海洋数据集、TPXO8 潮汐模型数据作为模型的初始与边界条件。采用中国气象局上海台风研究所（STI/CMA）的最佳路径数据集和台湾中央气象局（CWB）的波高和水位观测数据验证了耦合模型的准确性（图1、图2）。

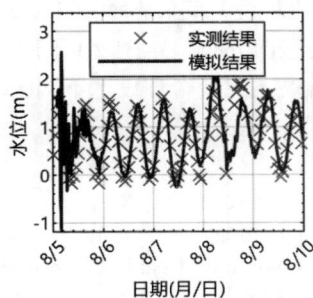

图 1 潮汐站水位时程   图 2 浮标站波高时程

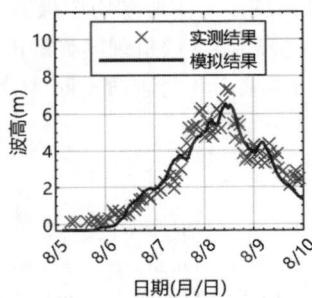

3 计算结果

图3绘制了一次台风过境期间极值风浪流位置处的时程对比。风生波浪时程与风速时程直接相关，流速时程周期性波动，峰值受到风速时程影响。台风期间的风生波浪与表面流速需要从风力中获得能量，因此在台风位于台湾海峡上方时浪流不断聚集能量。图 3 显示风生波浪的波高增加与风速相比具有滞后性，同一

基金项目：国家自然科学基金项目（52078383、52478552）

位置处极值浪流比风速滞后约 1h。风浪流极值发生在不同位置，台风"苏迪罗"过境期间海峡内最大波高比最大风速处波高高出约 38%。

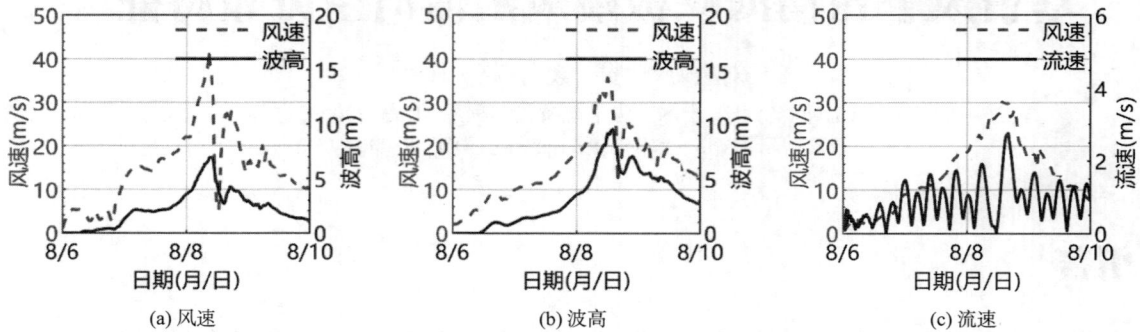

(a) 风速   (b) 波高   (c) 流速

图 3 "苏迪罗"过境台湾海峡风浪流极值位置时程

台湾海峡尚未建设跨海通道。基于现有研究基础，目前形成了三条路线方案[3]。图 4 显示三条路线长度方向的极值环境参数。既有选线处历史极值风速 40.7m/s，波高 9.5m，流速 2.6m/s。结果显示，东段路线的风速与波高较西段增加。其中，南线在两端风速最大相差约 40%。南线经过洋流活跃区域，需注意防范桥墩冲刷问题。

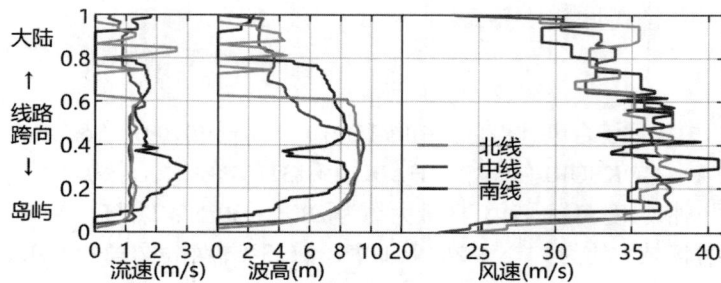

图 4 不同路线风浪流极值对比

4 结论

通过海-气-浪耦合模型再现了台湾海峡历史极端风浪流环境，结果显示：（1）受到台风前进与自转方向、台湾岛的影响，台湾海峡极值环境参数呈现明显的南北与东西分布差异；（2）不同选址处历史极值参数差异较大，有必要分析重现期内海峡南北与东西不同区域的极端工况，合理设定不同区域线路的环境参数取值。

参考文献

[1] WEI K, ZHONG X, CAI H, et al. Dynamic response of a sea-crossing cable-stayed suspension bridge under simultaneous wind and wave loadings induced by a landfall typhoon[J]. Ocean Engineering, 2024, 293: 116659.

[2] KUMAR N, VOULGARIS G, WARNER J C, et al. Implementation of the vortex force formalism in the coupled ocean-atmosphere-wave-sediment transport (COAWST) modeling system for inner shelf and surf zone applications[J]. Ocean Modelling, 2012, 47: 65-95.

[3] 肖汝诚, 项海帆. 台湾海峡通道桥梁方案的概念设计初探[J]. 桥梁, 2023(4).

基于改进龙卷风解析模型的输电塔风效应分析

林禹轩[1]，徐梓栋[1,2]，王　浩[1,2]，刘耀东[1]，张　寒[1]

（1. 东南大学土木工程学院 南京 211189；
2. 东南大学混凝土及预应力混凝土结构教育部重点实验室 南京 211189）

1 引言

输电铁塔是电力传输中的重要工程结构，其安全可靠性直接关系到经济社会稳定发展。近年来，我国作为龙卷风的多发地区之一，龙卷风袭击输电结构的事故频发。输电结构抗龙卷风灾害研究对于建设韧性城市，保障人民生命财产安全具有重要意义。已有研究中，汪大海等[1]基于 Baker 龙卷风理论模型考察了移动龙卷风作用下输电线路的准定风荷载分布特征，并开展了冲击角度、涡核半径等参数对输电结构位移与内力响应的影响研究。Savory 等[2]采用 Wen 半经验模型，忽略龙卷风风场竖向速度，分析了龙卷风垂直袭击输电线路时输电铁塔的动态响应与破坏模式。然而，上述研究采用的龙卷风经验公式分别存在工程应用困难、无法精确体现近地面边界层内竖向风速变化特征等局限性。本文采用一种改进解析模型模拟龙卷风的三维平均风场结构，对比分析了不同龙卷风模型在不同工况下引起的输电塔受力与破坏模式差异，以期为我国输电线路抗龙卷风研究提供参考。

2 输电塔有限元模型及龙卷风三维风场建模

本文选取 500kV-MC21S-ZC3 双回路直线塔作为研究对象，其塔高 77.88m，呼高 51m，根开 15.06m，瓶口 2.1m。通过 ABAQUS 软件建立输电塔的有限元模型，采梁单元 B32 模拟角钢杆件，主材杆件材料为 Q420 钢，斜材连接件材料为 Q345 钢，材料本构选用多线性各向同性强化模型。采用基于内部力平衡方程推导的改进龙卷风理论解析模型，模拟出的三维平均风场如图 1 所示。对比发现改进模型相比于经典模型更加符合数值风场模拟结果，解决了 Baker 模型中风速随高度无限增大，与实际情况不符的问题。因此，改进后的理论解析模型具有较好的模拟性能，可实现更加准确的龙卷风三维平均风速模拟。

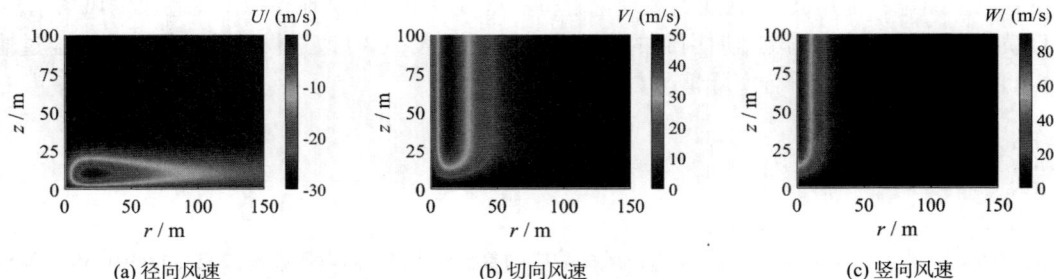

(a) 径向风速　　　　　　　　(b) 切向风速　　　　　　　　(c) 竖向风速

图 1　改进模型的龙卷风场平均风速剖面云图

3 龙卷风作用下输电塔风效应分析

本文选取了龙卷风以 10m/s 的移动速度，0°、45°以及 90°三种冲击角度袭击输电塔作为分析工况，分别命名为工况 1～工况 3。将 Wen 模型，Baker 模型和改进模型分别记为模型 1～模型 3。图 2 展示了各工况下龙卷风袭击过程中输电塔塔顶的位移时程。由图可见，模型 1 引起的输电塔塔顶位移相对较小；模型 2 由于

基金项目：国家自然科学基金项目（52338011，52208481）

模拟的竖向风速过大，导致在龙卷风中心到达输电塔时就造成了结构的整体破坏；模型 3 中塔顶位移先增大到一定峰值后下降，随后在龙卷风中心远离输电塔时，塔顶位移再次迅速增大至结构倒塌。此外，龙卷风以 0° 冲击角袭击输电塔为最不利工况，而以 45° 冲击角移动时对输电塔的影响相对较小。

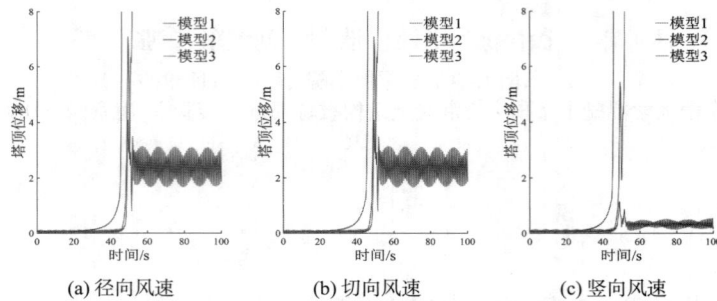

(a) 径向风速   (b) 切向风速   (c) 竖向风速

图 2   各工况下输电塔塔顶位移时程

进一步地，分析了各种模型以最不利工况袭击输电塔的结构破坏模式，计算得到了输电塔整体受力情况以及失效部位。结果表明，输电塔的移动龙卷风作用下均出现了主材的屈服破坏。采用模型 2 计算时，输电塔的破坏模式以受拉破坏为主，这与实际工程中的弯扭破坏情况存在一定差异。在采用模型 3 计算时，输电塔部分构件先后进入屈服阶段，倾斜方向发生了改变破坏模式以弯扭破坏为主，倒塌过程如图 3 所示，与实际工程中的破坏模式较为相符。因此，模型 3 相对模型 1、模型 2 能够更好地模拟出输电塔的破坏模式，更适用于输电结构的龙卷风效应研究。

图 3   龙卷风作用下模型 3 倒塌全过程

4   结论

主要得到以下结论：（1）改进后的龙卷风理论解析模型可以更加准确地模拟出龙卷风的风场结构；（2）龙卷风沿垂直横担方向正面冲击输电塔时引起的塔顶位移响应最大；（3）改进模型的风场中心在经过输电塔后会导致结构的弯扭破坏，更加符合实际情况。

参考文献

[1]   汪大海, 韩少鸿, 黄国庆, 等. 输电线路龙卷风风振响应的参数分析[J]. 高电压技术, 2022, 48(10): 3871-3881.

[2]   SAVORY E, PARKE G A R, ZEINODDINI M, et al. Modelling of tornado and microburst-induced wind loading and failure of a lattice transmission tower[J]. Engineering Structures, 2001, 23(4): 365-375.

短时突风作用下格构塔气动特性试验研究

李禹辰[1]，崔 巍[1,2]，赵 林[1,2,3]

（1. 同济大学土木工程防灾国家重点实验室 上海 200092；
2. 同济大学 桥梁结构抗风技术交通运输行业重点实验室 上海 200092；
3. 广西大学土木建筑工程学院 南宁 530004）

1 引言

随着国家基础设施建设的推进，路网及电网不断向西部山区延伸加密，桥梁施工缆索吊塔和输电线路等典型格构塔结构在山区峡谷中的应用愈加频繁。短时突风常见于山区风场，具有非平稳特性强，峰值风速高，风攻角变化剧烈的特点，对结构威胁性更强。短时突风具有强烈的非平稳特征，作用于结构时结构的局部气流扰动与良态风不同，气动力特性不同。而现有结构抗风设计规范基于平原地形良态风气候环境，难以适用于考虑短时突风的山区风荷载计算。本研究采用主动控制风洞模拟短时突风，研究格构塔节段在不同参数突风风场下的体型系数与各参数关系，结果对后续倒塌机理分析以及工程设计具有指导作用。

2 风洞试验概况

2017 年 3 月 12 日，木绒大桥施工期间突发短时突风，引起缆索吊格构塔突发倒塌。已有研究表明[1]，短时突风会对结构产生额外气动力荷载，即超冲效应。为探究短时突风所致超冲效应对结构安全产生的影响，本研究以木绒大桥施工缆索吊格构塔节段为研究对象设计刚体模型测力试验，设置上部补偿段。木绒大桥缆索吊格构塔由多层 321 贝雷片拼接而成，全塔各节段组成一致（图 1）。风洞试验在同济大学 TJ-5 主动控制风洞（图 2）进行。

图 1 格构塔节段模型及细节　　　　　图 2 TJ-5 主动控制风洞

3 试验结果及倒塌分析

节段模型阻力系数可由以下公式计算所得：

$$C_i(\theta) = \frac{F_{i\theta}}{0.5\rho U^2 A} \tag{1}$$

式中，$C_i(\theta)$为θ风偏角下体轴i方向的体型系数；为$F_{i\theta}$为天平测得θ偏角下i方向的力（$i = X, Y$）；ρ为空气密度；U为平均风速；U为格构塔节段正面投影面积。各方向阻力系数的平方平均即为合阻力系数$C_R(\theta)$。

由上式计算所得模型阻力系数结果如图 3 所示，对该格构塔节段而言，$C_i(\theta)$最大值与$C_R(\theta)$最大值同时

基金项目：重点领域强风致灾风险预警与示范应用（2022YFC3004105）

出现于风偏角为 35°，且在此之前两者相差较小。无量纲加速时间定义如下[2]：

$$a_n = \frac{U_r \times \tau}{B} \tag{2}$$

式中，U 为加速过程中的风速差；τ 为加速时间；B 为结构特征长度，此处取 0.3。相应阻力系数通过 $C_i^{a_n}(\theta)$ 表示。不同工况下的短时突风阻力系数与均匀流结果比值如图 4 所示，x 方向 $C_i(\theta)$ 随 θ 呈现先减小后增大趋势，其中在 θ 位于 [0,15] 和 [70,90] 区间内均大于 1。突风超冲效应在 y 方向风荷载表现更加明显。此外，响应放大并非与无量纲加速时间成正比。

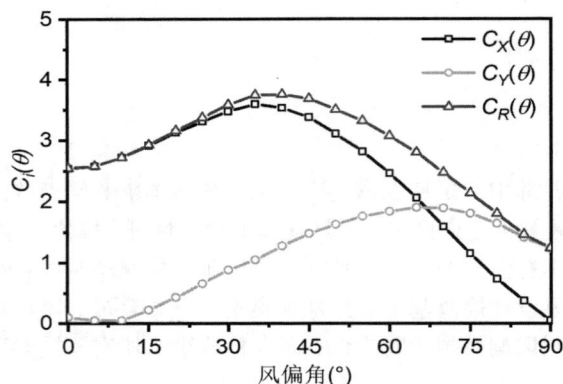

图 3 均匀流下阻力系数变化规律

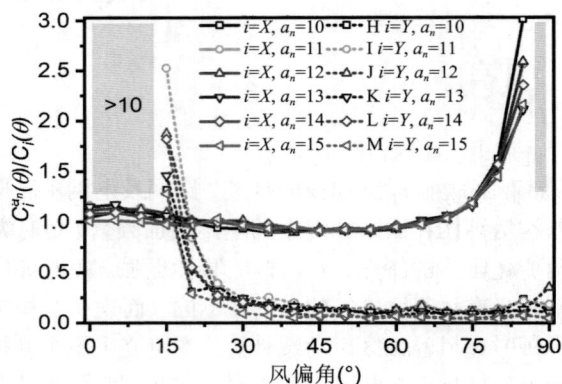

图 4 瞬时阻力系数（$\theta = 0°$）

在获得以上基本气动力参数后，通过商业有限元软件 LS-DYNA 进行格构塔倒塌模拟，通过与现场倒塌模式对比验证了模拟的准确性。倒塌分析阐明了短时突风带来的额外倒塌模式，如图 5、图 6 所示。

图 5 格构塔倒塌模式对比

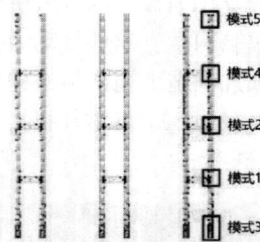

图 6 缆索吊格构塔倒塌模式识别

4 结论

本研究通过风洞试验模拟短时突风风场，结合格构塔节段模型总结突风超冲效应随参数变化规律。结果表明，突风对结构气动力特性影响明显，规律随参数变化复杂。相比于良态风，短时突风对典型格构塔倒塌的额外贡献不仅在于超冲效应，还在于更多的倒塌模式，这主要来源于缆索响应放大系数与塔体不同，从而导致风荷载模式不同。

参考文献

[1] DONG X, ZHAO L, CUI W, et al. Aerodynamics and aeroelastic performance of a rigid-frame bridge with a bluff body girder subjected to short-rise-time gusts[J]. Engineering Structures, 2022, 263: 114376.

[2] CAO S, ZHAO Y, TAMURA Y, et al. Simulation of the flow field characteristics of transient flow[C]//The Seventh Asia-Pacific Conference on Wind Engineering. 2009.

山区突发强风的非平稳脉动风速数值模拟

田　勋 [1,2]，张明金 [1,2]，蒋帆影 [1,2]，张金翔 [1,2]

（1. 西南交通大学桥梁工程系　成都　610031；

2. 桥梁智能与绿色建造全国重点实验室　成都　611756）

1　引言

近年来，山区峡谷地带强对流天气频繁出现，对山区基础设施造成了十分严重的人员和经济损失[1]。因此，对此类场地的风场特性尤其是其非平稳特性及风场模拟进行深入的研究，对于山区基础设施的设计建造和安全运营具有重要的意义[2]。现有的风场模拟大多集中在平稳脉动风场，而对于山区的非平稳风场模拟研究较为稀缺。同时，既有的非平稳脉动风场模拟研究缺乏实测数据的支撑，无法准确模拟出与山区强风相匹配的非平稳脉动风场。因此，本文基于山区风速实测数据[3]，通过提取突发强风事件[4]中的非平稳脉动风特性，建立基于有限风速实测的山区非平稳风场条件模拟框架[5]，对此类场地的非平稳强风脉动特性进行了模拟研究。

2　非平稳过程的条件模拟方法

本研究采用 Huang 等[6]提出的非平稳过程的条件模拟方法，假设三个悬索桥的纵平均风速、湍流强度和积分尺度沿该悬索桥的桥面分布是恒定的。下面描述了对整个山区的风速时间历史进行条件模拟的逐步实现，流程图如图 1 所示。

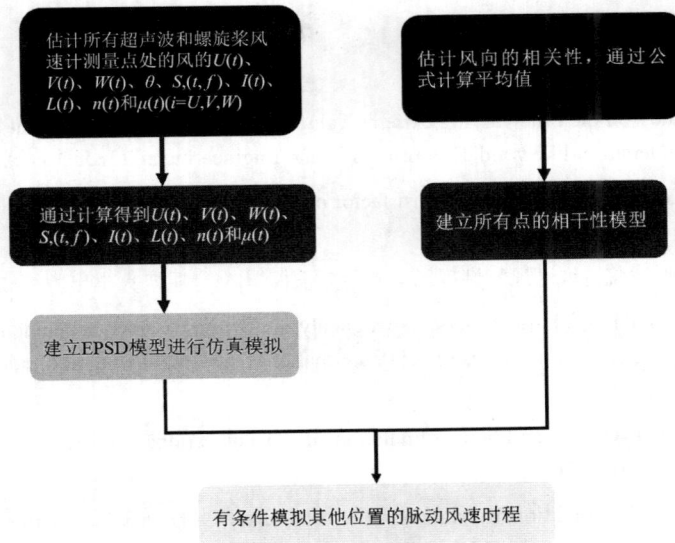

图 1　条件模拟流程图

3　非平稳脉动风模拟

本文基于已有的典型峡谷区风场突发强风数据库[4]，提取某突发强风事件中日最大瞬时风速时刻的前后半小时的风速时程，分别采用平稳风速模型和非平稳风速模型对实测数据进行处理，获得其脉动风特性。而后分别得到两种模型对应的演化功率谱和平均功率谱模型，并以此作为风场模拟的目标谱。最终基于第2节，获得基于实测突发强风事件的进化谱。

通过线性滤波法进行风场模拟分析，图2为模拟获得的功率谱函数（模拟谱）与目标功率谱（目标谱）的对比情况，从图中可以看出模拟谱在整个频带内与目标谱较为一致。更进一步，模拟得到非平稳时程图，如图3所示。

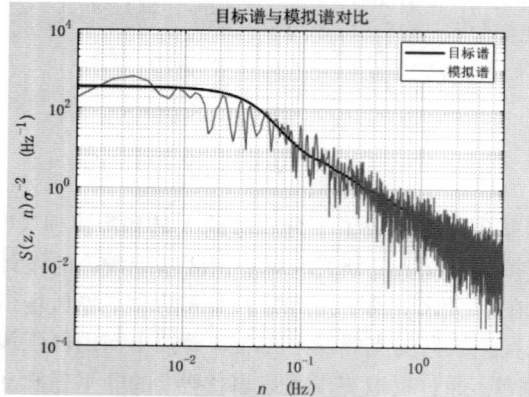

图2　模拟谱与目标谱对比

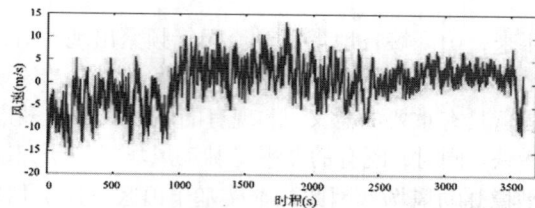

图3　模拟一小时非平稳时程

4　结论

本文基于实测数据，提取并分析了某突发强风的脉动风速时程，揭示其非平稳特性，并提出了一种跨海桥梁三维非平稳风场的条件模拟框架。研究采用演化功率谱、空间插值及长距离风相干函数，对非平稳风速进行模拟和拟合，结果表明该方法能够较准确地反映实测风特性。插值后的风场展现出明显的时空特征，可用于山区及跨海大桥的时域抖振分析，为桥梁结构的风致响应研究提供了重要参考。

参考文献

[1]　LI X, LI S, SU Y, et al. Study on the time-varying extreme value characteristic of the transient loads on a 5∶1 rectangular cylinder subjected to a thunderstorm-like wind[J]. Journal of Wind Engineering and Industrial Aerodynamics, 2022, 229.

[2]　HUANG Z, GU M. Estimation of peak factor and gust factor of nonstationary wind speed[J]. Journal of Wind Engineering and Industrial Aerodynamics, 2019, 193.

[3]　张明金, 殷殿国. 复杂地形地貌桥址区风特性现场实测与数值模拟[M]. 重庆大学出版社, 2021: 133.

[4]　JIANG F Y, ZHANG M J, LI Y L, et al. Field measurement analysis of wind parameters and nonstationary characteristics in mountainous terrain: Focusing on cooling windstorms[J]. Journal of Wind Engineering and Industrial Aerodynamics, 2022, 230.

[5]　ZIFENG H, YOULIN X, YONG X. Conditional simulation of 3D nonstationary wind field for sea-crossing bridges[J]. Advances in Structural Engineering, 2022, 12.

[6]　HUANG Z, XU Y L, ZHAN S. Conditionally simulating nonstationary typhoon winds with time-varying coherences for long-span bridges[J]. Wind Engineering and Industrial Aerodynamics, 2021, 212.

高层与高耸结构抗风

竖向肋板对方柱气动力的影响研究

寇佳茵，李方慧

（黑龙江大学建筑工程学院 哈尔滨 150086）

1 引言

随着经济的高速发展，高层建筑的高度也逐渐增加，风荷载的问题逐渐突出，各大研究表明，建筑的气动外形会显著影响风荷载的状态[1]。在我们生活中，一些外立面附属物安装在建筑物上，如阳台、粗糙条以及水平和竖向肋板等，均会在一定程度上改变其气动外观，并减少风干扰效应[2]。Stathopoulos 等[3]研究表明，阳台的存在可以有效减小建筑迎风面的局部风压。Quan 等[4]研究说明竖向肋板能增加顺风向的平均和脉动风荷载，同时显著减小侧立面建筑边缘的最大吸力。另一方面，Liu[5]和 Hui[6]等通过风洞试验研究得出水平肋板能显著降低负压极值，而竖向肋板更有效减小整体风荷载，特别是在横风向脉动风力方面。

本文采用大涡模拟的研究方法，比较了几种不同布置形式的带竖向肋板方柱和标准方柱的平均流场结构，分析了它们之间气动力系数以及流场结构的变化。

2 数值方法

2.1 控制方法及数据处理方法

本文采用三维大涡模拟（LES）湍流模型，在研究中，流体被视为黏性不可压缩，大涡通过直接求解滤波操作后的流体控制方程，并采用 SGS 亚格子模型。为了便于下述的结果对比，对表面风压系数C_P、升力系数C_L、阻力系数C_D进行无量纲化处理。

2.2 计算模型

大涡模拟研究采用$D \times D \times 4D$方柱模型（$D = 100$mm），肋板厚度$0.02D$，参数包括距边距离b/D和长度d/D。计算域$40D \times 20D \times 4D$采用结构化网格，近壁面加密。边界条件：入口均匀流速U_0（$Re = 2.2 \times 10^4$）、出口压力边界、侧边对称条件、方柱无滑移壁面。数值方法采用 SIMPLEC 耦合、Smagorinsky-Lilly 亚格子模型，二阶动量格式，收敛残差0.5×10^{-4}，时间步长0.0005s。对比分析 9 个模型：Case1（无肋板），Case2-9 为不同b/D和d/D组合的肋板构型。

3 肋板长度的影响

本文通过改变肋板长度d以及肋板距方柱边缘距离b来分析各工况的平均流场结构（图 1）、表面风压系数以及升阻力系数（图 2）。通过描述流场的尾流长度和尾流形成的旋涡来分析肋板对方柱的影响，并根据升阻力系数来加以证明。

图 1 为各个工况下的时均流场结构，可以看出，来流在肋板前段均呈现分离现象且形成剪切层包裹住模型，模型两侧形成较小的局部旋涡，肋板的外伸长度不同和肋板到方柱边缘的距离不同都会对分离剪切层、局部旋涡形态以及平均流场结构产生各种不同的影响。

图 2 为各工况下的气动力系数分布情况，可以看出，参数条件为肋板长度d/D为 0.08 和距方柱边缘距离b/D为 0.06 时，对方柱的干扰效应最明显。

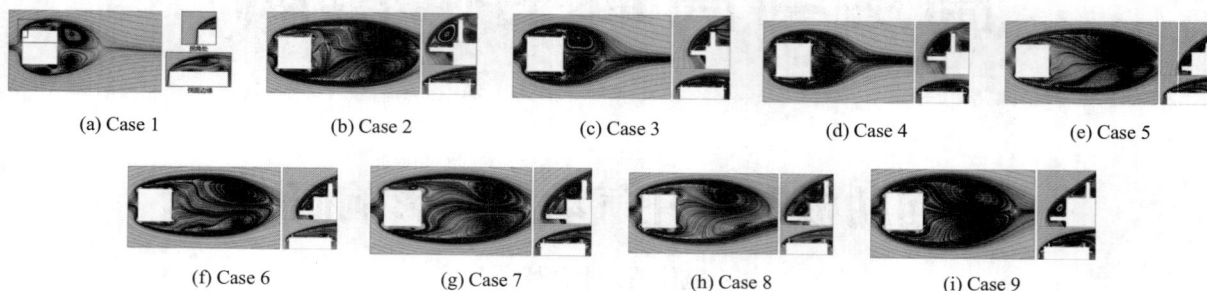

(a) Case 1　　　(b) Case 2　　　(c) Case 3　　　(d) Case 4　　　(e) Case 5

(f) Case 6　　　(g) Case 7　　　(h) Case 8　　　(i) Case 9

图 1　各工况时均流场结构

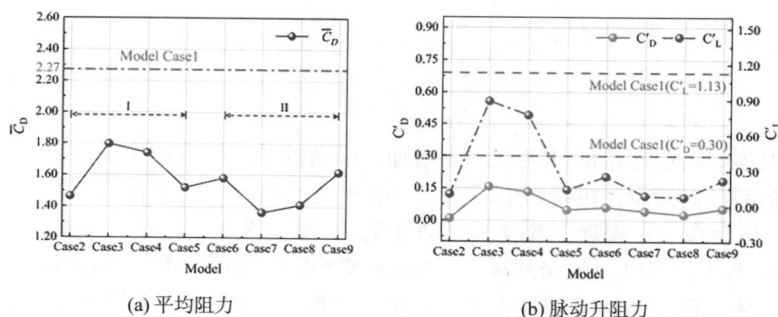

(a) 平均阻力　　　　　　　　(b) 脉动升阻力

图 2　各工况气动力系数

4　结论

为解释竖向肋板的作用机理，本文采用大涡模拟方法（LES），对雷诺数为 2.2×10^4 的均匀流场下的带方柱进行数值模拟，并得出以下结论：

（1）竖向肋板的存在使模型两侧形成局部旋涡，肋板夹角处形成椭圆状旋涡（$b/D = 0.02$）、扁平状涡加分离泡（$b/D = 0.06$）和两个扁平状涡（$b/D = 0.10$）。

（2）肋板距离边缘长度b不变时，随着肋板长度的增加，平均阻力系数和脉动升力系数逐渐减小；各模型的平均升力系数变化较平稳，均在 0 附近浮动。

（3）模型迎风面均呈现正风压值，其他三个面均是负值，肋板距离边缘长度b不变时，随着肋板长度的增加，平均风压系数绝对值越小，尾流涡形成的长度越长，减小风阻力的效果越明显。

（4）肋板长度d保持不变时，肋板距离边缘长度b的增加不一定会有更好的效果。

参考文献

[1]　张正维, 全涌, 顾明, 等. 锥度化方形截面高层建筑的气动力特性[J]. 西南交通大学学报, 2014, 49(5): 772-778.

[2]　袁珂, 张小平, 回忆, 等. 附属物对高层建筑局部风压的影响规律研究[J]. 振动与冲击, 2020, 39(7): 202-208.

[3]　STATHOPOULOS T, ZHU X. Wind pressures on building with appurtenances[J]. Journal of Wind Engineering and Industrial Aerodynamics, 1988, 31(2/3): 265-281.

[4]　QUAN Y, HOU F, GU M. Effects of vertical ribs protruding from facades on the wind loads of super high-rise buildings[J]. Wind and Structures, 2017, 24(2): 145-169.

[5]　LIU J Y, HUI Y, YANG Q,et al. Flow field investigation for aerodynamic effects of surface mounted ribs on square-sectioned high-rise buildings[J]. Journal of Wind Engineering and Industrial Aerodynamics, 2021.

[6]　HUI Y, LIU J Y, WANG J X, et al. Effects of facade rib arrangement on aerodynamic characteristics and flow structure of a square cylinder[J]. Building and Environment, 2022, 214: 108924.

施工期超高层建筑实测响应研究

张书伟[1]，林旭盛[2]，冯嘉诚[1]，李飞强[1]，谢壮宁[1]

（1. 华南理工大学亚热带建筑与城市科学全国重点实验室 广州 510640；

2. 珠海华发实业股份有限公司 珠海 519000）

1 引言

超高层建筑在施工期间是一个变结构、变刚度、变荷载以及材料特性不断变化的时变结构体系[1]，近几年对施工期超高层建筑振动响应的研究受到越来越广泛的关注。但针对施工期间微弱环境激励下的振动响应仍缺乏深入探讨，亟需开展施工期间的现场测试，以更好地理解风振响应及模态参数变化。因此，本文针对位于珠海市某住宅群项目 C 栋，从 34 层至主体结构封顶及封顶后一段时间，开展了现场实测，并结合随机减量技术进行模态参数识别，分析了该栋建筑建造期间的结构前 2 阶模态频率和阻尼比的变化规律，以填补施工期超高层建筑在微弱环境激励下振动响应研究的不足。

2 研究方法

在不同的施工阶段，由于结构前两阶模态频率较为接近，出现不同程度的耦合，对此，首先采用带通滤波器对信号进行低通滤波，然后采用二阶盲辨识（SOBI）方法[2]对前两阶模态进行解耦，最后对滤波解耦后的信号采用随机减量技术（RDT）进行模态参数识别。

3 数据来源

如图 1 所示，项目团队在珠澳湾项目 C 栋建筑第 32 层室内沿建筑两个主轴方向安装了一台超低频、高精度无线加速度传感系统（LAC-Ⅱ），并在 2021 年 2 月 25 日—2022 年 10 月 20 日期间进行了现场实测。

图 1　实测建筑位置及监测设备安装位置

4 参数识别结果与分析

4.1 模态频率

在 2021 年 2 月 25 日—2021 年 5 月 31 日期间，随着建筑层数从 34 层施工至 40 层，结构前两阶模态频率呈阶梯状下降（图 2），主要因顶板混凝土浇筑导致结构质量增加。此后的 6—8 月，模态频率变化平稳，

基金项目：国家自然科学基金项目（52378513）

表明此阶段施工工序（主体结构内部的隔墙砌筑、抹灰、水电开槽以及屋架层消防水箱浆柱的安装等）对模态频率影响较小。8月底，模态频率小幅下降，可能与屋架层消防水箱封顶及机电设备、建筑材料进场有关。2021年9月17日后幕墙施工对频率影响较弱。2022年4月15日，模态频率再次下降，可能由于新增结构质量。一阶模态频率从0.4894Hz降至0.3667Hz，二阶模态频率从0.5187Hz降至0.3808Hz。

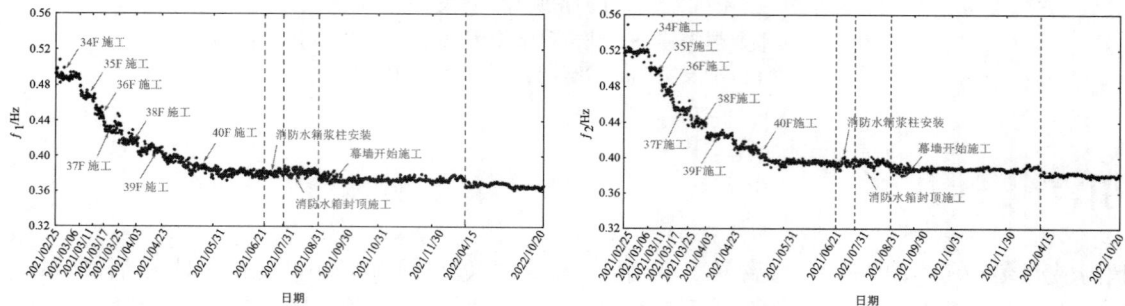

图2　结构前两阶模态频率随时间变化

4.2　模态阻尼比

随着施工流程的推进，阻尼比的分布较为离散，总体上呈现先增加后缓慢波动的趋势（图3），一二阶模态阻尼比在主体结构封顶后一段时间内达到最大值，最大值分别为1.29%和1.38%。

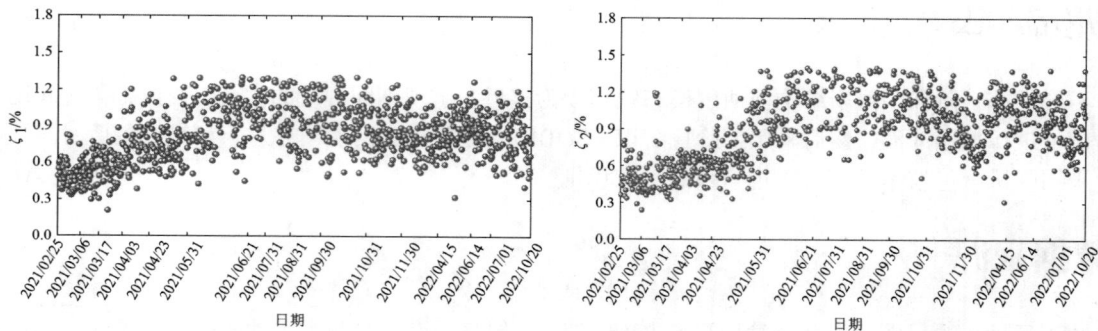

图3　结构前两阶模态阻尼比随时间变化

5　结论

（1）施工期，随着建筑层数的增加，前两阶模态频率呈现阶梯状下降，下降主要原因为各个楼层顶板浇筑混凝土引起的结构质量增大，此外，支模架搭设、钢筋的绑扎以及幕墙安装等施工工序对结构模态频率影响较小。

（2）阻尼比分布较为离散，前两阶模态阻尼比在主体结构封顶后一段时间内达到最大值，最大值分别为1.29%和1.38%，总体上看，建筑层数的增加对模态阻尼比影响较小。

参考文献

[1]　鞠开林. 超高层外框—核心筒混合结构施工监控与动力特性分析[D]. 长沙: 湖南大学, 2014.

[2]　BELOUCHRANI A, ABED-MERAIM K, CARDOSO J F, et al. Blind source separation using second order statistics[J]. IEEE Transactions on Signal Processing, 1997, 45(2): 434-444.

非对称连体双塔高层建筑气动力特性研究

王仰雪，邓　挺，傅继阳

（广州大学风工程与工程振动研究中心 广州 510006）

1　引言

近年来，由于城市的快速发展与土地的稀缺性，具有外形美观和结构灵活的群体并列超高层建筑以及新型连体超高层建筑成为一种发展趋势。与单塔和双塔高层建筑相比，连体非对称高层建筑的抗风设计较为复杂。其原因有：（1）在结构动力性能上差异明显[1]；（2）相邻高层建筑之间存在气动干扰等[2]。因此，有必要开展非对称连体双塔建筑动态同步测压试验，分析其风荷载空间分布特性，以及双塔间的干扰效应情况。这对非对称连体双塔建筑的抗风设计，具有重要的理论参考价值。

2　工程概况与试验模型介绍

项目位于深圳湾创新科技中心，主体建筑包含塔1（311.9m）和塔2（243.7m）。两塔呈角对角状分布，在低区6～9层和高区34～37层，由3层高的连接体相连，故称之为非对称连体双塔。在C类地貌风场中进行风洞试验，模型的缩尺比为1：400，风向角间隔为10°，共设计了4组试验。风洞试验模型见图1、试验工况见图2，坐标系与风向定义见图3。

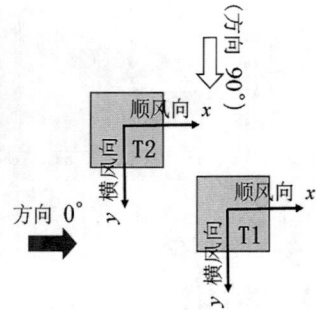

图1　风洞试验模型　　(a) 工况1：无连廊　(b) 工况2：低连廊　(c) 工况3：高连廊　(d) 工况4：双连廊　　图2　试验工况　　图3　坐标系与风向定义

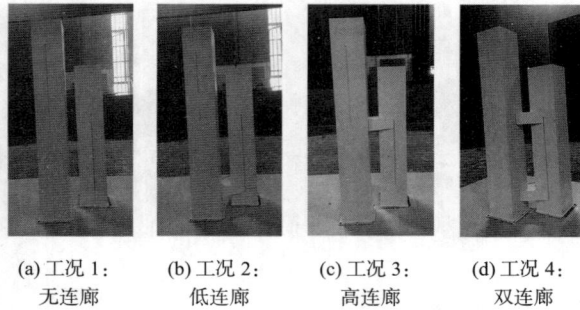

3　非对称连体双塔的气动力特性分析结果

为探明非对称双塔中连廊的位置对建筑结构整体气动力的影响，以非对称独立双塔为参照，分别与仅有低连廊、仅有高连廊以及有两个连廊的非对称连体双塔建筑的顺风向和横风向的基底剪力系数、整体合力方向、层风力系数、相平面轨迹变化等结果进行对比。

由图4分析结果可知，当两塔暴露于迎风面时（塔1在$\theta_1 = 150°$，塔2在$\theta_2 = 330°$），顺风向基底剪力达到最大值，工况4中塔1和塔2的值分别为0.99和0.98。受干扰效应的影响下，横风向基底剪力系数呈正负交替变化，曲线具有中心对称性。塔1的合力方向范围为−42°～42°，以$\theta_1 = 180°$为中心对称分布；塔2的合力方向范围为−77°～16°，呈非对称分布。塔1和塔2的合力方向差异显著，主要由于塔2受塔1遮挡后气流变化的影响。由图5展示是两组典型不利风向下的层风力系数变化情况，在非对称双塔结构中，连廊

基金项目：国家自然科学基金项目（51925802），高等学校学科创新引智计划（111计划：D21021）

位置对塔 2 的影响尤为显著，特别是在高连廊层，顺风向和横风向层风力系数均明显增加。相平面轨迹显示（图 6），在 80° 和 260° 风向角下，顺风向和横风向的基底弯矩可能同时达到最大值，对结构安全极其不利。

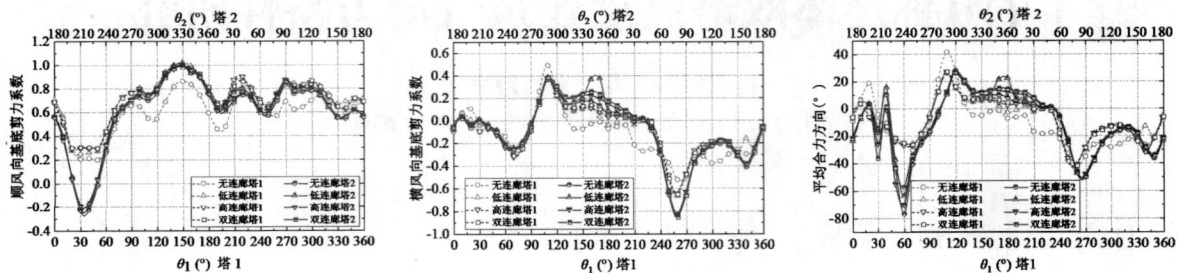

图 4　基底剪力系数与合力方向

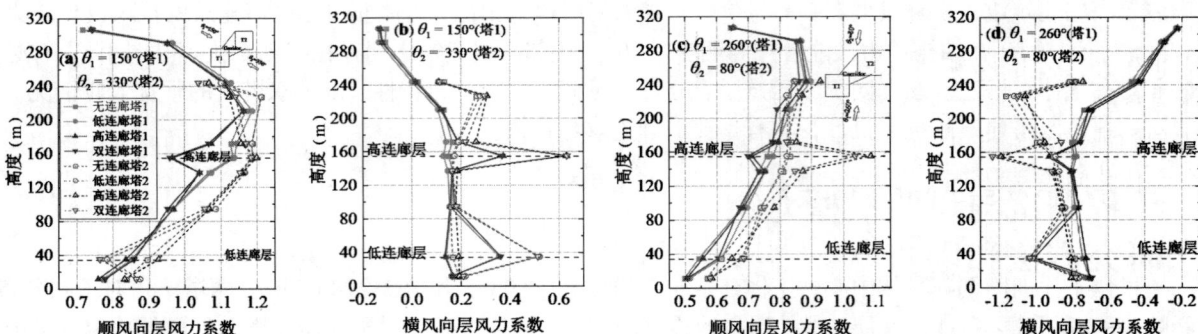

图 5　层风力系数

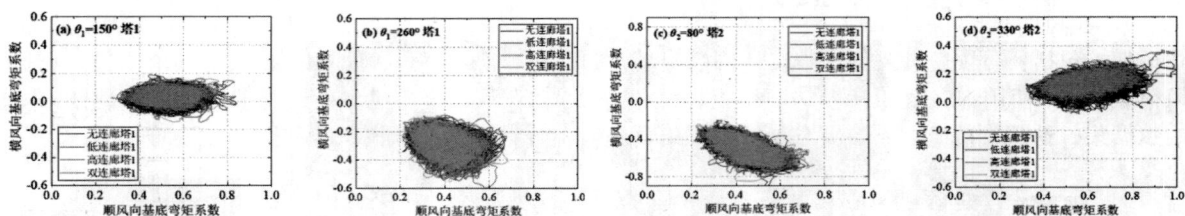

图 6　相平面轨迹分析

4　结论

本文的主要结论如下：（1）在非对称连体双塔体系中，高塔的顺风向基底剪力系数明显大于低塔。横风向基底剪力系数随风向角的变化曲线呈中心对称分布；高塔的合力方向基本维持在与风向偏离 ±42° 的范围内；而低塔在位于背风区时，会受高塔尾流干扰，合力的变化幅度较大，最大偏离风向约 −77°。（2）不同风向下，连廊对层风力系数的影响差异明显。低塔受连廊的影响程度更大，特别是在高连廊层，顺风向和横风向的层风力系数均显著增大。（3）当来流风向与两塔夹缝对角将近垂直时，顺风向和横风向基底弯矩相关性较大，会同时达最大值。在抗风设计时，应重点关注风向垂直吹向夹缝或平行于对角线时的风压分布及风致响应情况，合理选择双塔的高度差以及连廊的分布位置，以确保结构的安全性和稳定性。

参考文献

[1]　QIN W F, SHI J Y, YANG X, et al. Characteristics of wind loads on Twin-Tower structure in comparison with single tower[J]. Engineering structures, 2022, 251: 112780.

[2]　傅继阳, 吴玖荣, 徐安. 高层建筑抗风优化设计和风振控制相关问题研究[J]. 工程力学, 2022, 39(5): 13-33.

基于 GWO-GRNN 代理模型的凹凸立面高层建筑气动外形优化

文天真[1,2]，沈 炼[2]，韩 艳[1]

（1. 长沙理工大学土木工程学院 长沙 410076；
2. 长沙学院土木工程学院 长沙 410022）

1 引言

近年来，城市化发展推动高层建筑数量激增，这类建筑因高柔性、低阻尼而成为典型风敏感结构[1]。传统气动优化方法依赖风洞试验和数值模拟[2]，成本高且效率低。因此，本研究结合风洞试验、灰狼算法（GWO）、广义回归神经网络（GRNN）和非支配排序遗传算法（NSGA-Ⅱ）构建优化框架，以研究凹凸立面高层建筑的气动优化问题，为高层建筑设计提供高效优化方案和参考。

2 研究方法和内容

2.1 基于 GWO-GRNN 代理模型的气动外形优化框架

本文以高层建筑凹凸立面为研究对象，选取布置 n、凸出长度 d_r、立面高度 h_r 为设计参数并考虑风向角 θ，以减小顺风向平均基底弯矩系数 $\overline{C}_{MD}$ 和横风向脉动基底弯矩系数 C'_{ML} 为优化目标。图 1 为本文的多目标优化框架，包括：（1）通过风洞试验计算目标函数并归一化获得数据集；（2）训练 GWO-GRNN 模型预测整体风荷载；（3）使用 NSGA-Ⅱ算法进行多目标优化；（4）若预测精度不满足设计要求，则选取优化样本加入初始数据集，迭代训练直至符合要求，获得最终优化解。设计参数及风洞试验如图 2、图 3 所示。

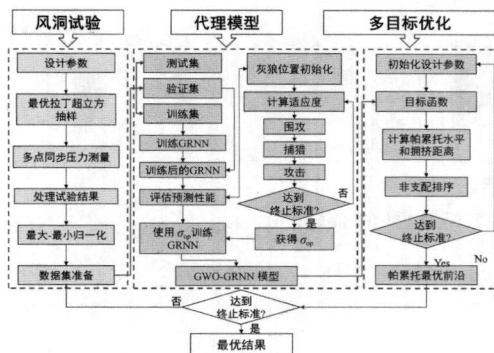

图 1 凹凸立面气动外形优化框架　　　图 2 设计参数示意图　　图 3 风洞试验

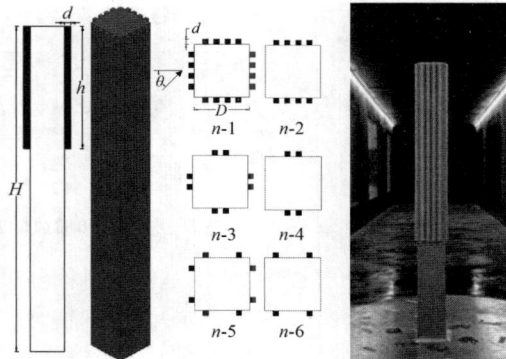

2.2 优化结果

图 4 展示了风向角为 0°时，代理模型在 d_r 和 h_r 的设计空间内的目标函数响应面。结果表明，$\overline{C}_{MD}$ 随着 d_r 和 h_r 的变化，在靠近设计空间边界处达到最低点，并在其他区域呈现较陡峭的梯度分布。而 C'_{ML} 的分布复杂且多峰，相较于 $\overline{C}_{MD}$ 对设计参数更为敏感。总体而言，基底弯矩系数在设计空间中呈现出显著的非线性趋势。图 5 为此时的帕累托前沿，采用加权和法选择最终设计参数，对两个目标函数进行归一化并赋予相等的权重，再通过绘制目标函数等值线（斜率为−1），确定与最小截距对应的解作为最终决策。

基金项目：国家自然科学基金资助项目（52108433），湖南省自然科学基金（2024JJ5049），湖南省人才工程项目（2023RC3192, 2023TJ-N17）

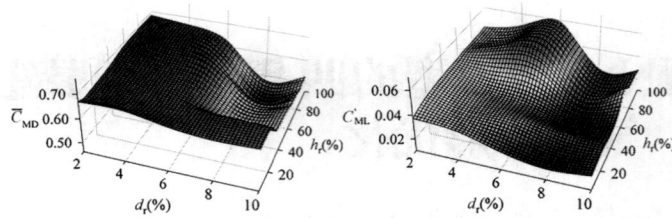

图 4　GWO-GRNN 代理模型的响应面

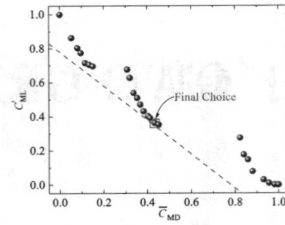

图 5　pareto 前沿

2.3　设计参数敏感性分析

以 M-op 为基准模型，在保持其余两个变量不变而对单一变量开展敏感性分析，通过相平面轨迹和横风向基底弯矩系数功率谱进行评估。从图 6 和图 7 可见，在建筑边缘布置凸立面可有效降低窄带峰值，轨迹图面积明显减小并趋于圆形，表明了风荷载减弱，C_{MD} 和 C_{ML} 的相关性降低。而 d_r 和 h_r 的影响相对较小，持续增加甚至会减轻优化效果。

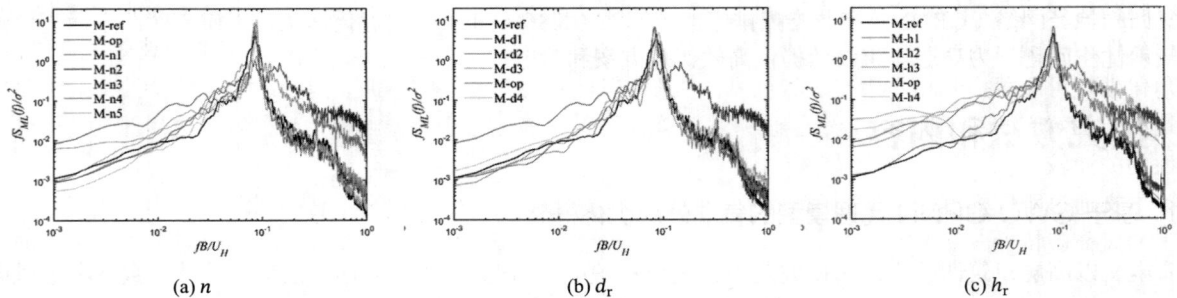

(a) n　　　　　　　(b) d_r　　　　　　　(c) h_r

图 6　横风向基底弯矩系数功率谱

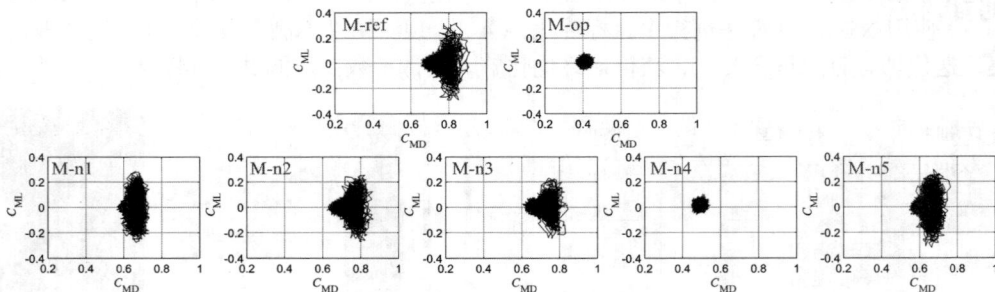

图 7　顺风向和横风向基底弯矩系数相平面轨迹

3　结论

基于 GWO-GRNN 代理模型的气动外形优化方法能够准确预测设计变量与目标函数之间的复杂关系；相比方形截面模型，全风向角下最优模型使 $\overline{C}_{MD}$ 和 C'_{ML} 最多分别减小 39.52% 和 60.43%；相比于布置参数，整体荷载对凸出长度和立面高度的敏感性较低。

参考文献

[1] ASGHARI M M, KARGARMOAKHAR R. Aerodynamic Mitigation and Shape Optimization of Buildings: Review[J]. Journal of Building Engineering , 2016, 6: 225-235.

[2] HUI Y, LIU J, WANG J, et al. Effects of facade rib arrangement on aerodynamic characteristics and flow structure of a square cylinder[J]. Building and Environment, 2022, 214: 108924.

气弹效应干扰下圆角化超高层建筑风荷载

杨硕琛[1]，刘庆宽[1,2,3*]，徐鹏程[1]，王赫晨[1]，吴　凡[4]，郑云飞[5]，杨雄伟[6]

（1. 石家庄铁道大学土木工程学院，石家庄 050043；
2. 石家庄铁道大学省部共建交通工程结构力学行为与系统安全国家重点实验室，石家庄 050043；
3. 河北省风工程和风能利用工程技术创新中心，石家庄 050043
4. 石家庄铁道大学交通运输学院 河北 石家庄 050043；
5. 石家庄铁路职业技术学院，石家庄 050043；
6. 河北地质大学城市地质与工程学院，石家庄 050031）

1　引言

超高层建筑在现代城市中占据重要地位，但随着其向轻质、高柔方向发展，抗风设计面临严峻挑战[1]。风荷载作为关键影响因素，不仅作用于主体结构，还影响围护结构，可能引发显著振动和破坏。研究表明，圆角化处理可显著提升超高层建筑的抗风性能[2]，但现有研究多集中于孤立建筑的风荷载特性，缺乏对密集建筑群干扰效应的深入探讨。此外，现有气动弹性研究主要聚焦于风振响应，对主体结构和围护结构风荷载特性的关注较少。

本文通过刚性模型测压试验和气动弹性模型测压测振试验，研究圆角化超高层建筑在不同风速和施扰位置下的风荷载特性，分析气动弹性效应对干扰效应的影响。研究结果为理解气动弹性效应下的复杂气动行为提供新见解，并为抗风设计优化和规范制定提供科学依据，具有重要工程应用价值。

2　风洞试验概况

试验在石家庄铁道大学 STU-1 风洞实验室进行。施扰建筑与受扰建筑尺寸相同，高度 600mm，截面边长 100mm，几何缩尺比为 1：400。选用圆角率 10% 的方形截面超高层建筑作为研究对象，受扰建筑布置三层测压孔。双向摆式支架、测点布置与施扰建筑布置如图 1、图 2 及图 3 所示。

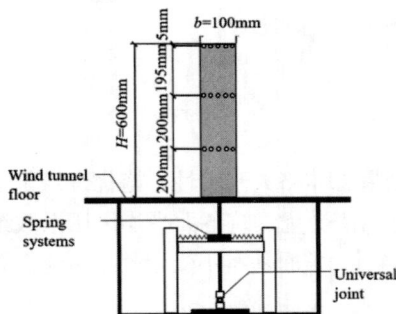

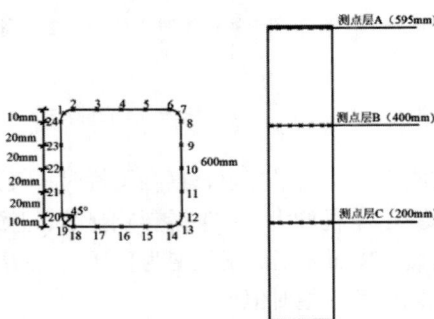

图 1　气弹模型支架　　　图 2　受扰建筑模型测点布置　　　图 3　施扰建筑位置示意

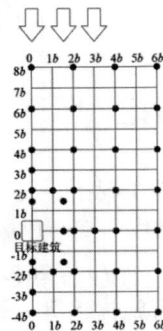

3　结果分析

针对刚性及气弹模型试验下的风压系数进行分析，如图 4 所示。发现单体工况下气弹与刚性试验结果相

基金项目：河北省自然科学基金创新研究群体项目（E2022210078），中央引导地方科技发展资金项目（Grant No. 236Z5410G），河北省高端人才
项目：（Grant No.〔2019〕63）

近，而当干扰存在时，气弹试验结果总体上略大于刚性，最大相差约 25%，所以忽略气弹效应可能会导致结构平均风压系数被低估，需要考虑气弹效应。

图 5 为不同干扰位置时受扰建筑 2/3 高度处平均风压系数。图 5（a）为干扰位于并列位置时受扰建筑 2/3 高度处测点层平均风压系数的变化情况。由图可知：并列干扰下，受扰建筑靠近施扰建筑一侧的角点 B 处受影响程度较大，干扰存在时平均风压系数绝对值整体上相比单体时增大。图 5（b）为干扰位于串列上游位置时受扰建筑 2/3 高度处测点层平均风压系数的变化情况。由图可知：当干扰位于串列上游位置时，受扰建筑各面均受影响。对于迎风面中心区域，随着纵向间距比 y/b 的增大，当间距比 $y/b \leqslant 2$ 时，风压从正压转变为负压。

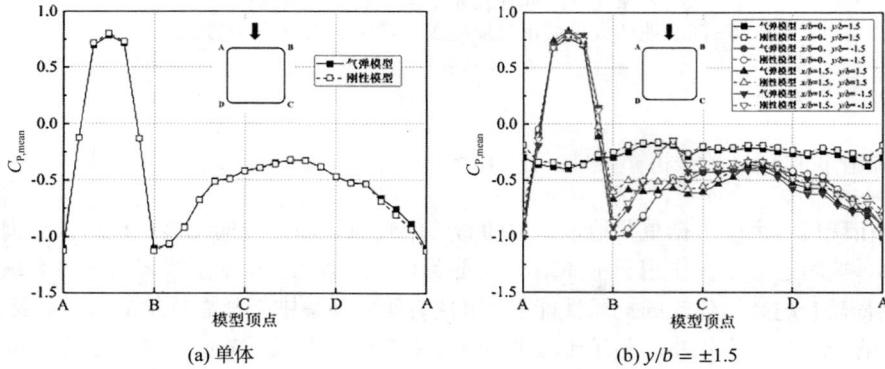

(a) 单体   (b) $y/b = \pm 1.5$

图 4 单体及典型施扰位置 2/3 高度处平均风压系数对比图

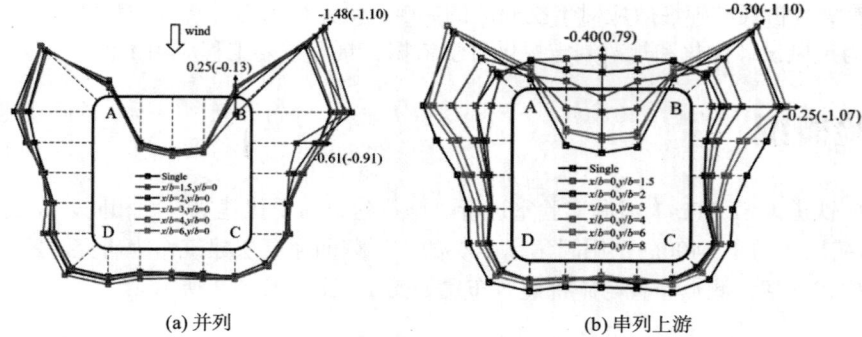

(a) 并列   (b) 串列上游

图 5 不同干扰位置时受扰建筑 2/3 高度处平均风压系数

4 结论

单体工况下，气弹与刚性试验结果接近；存在干扰时，气弹结果总体略大于刚性。施扰建筑位于串列上游时，随纵向间距比 y/b 减小，干扰增大，正上游影响显著，上游遮挡使受扰建筑各面平均风压系数绝对值整体减小。当 $y/b \leqslant 2$ 时，建筑 AB 面风压由正压变为负压；当 $x/b \geqslant 4$ 时，各面基本不受干扰。两建筑并列布置时，靠近施扰建筑一侧侧风面负压绝对值增大。

参考文献

[1] 项海帆. 结构风工程研究的现状和展望[J]. 振动工程学报, 1997(3): 12-17.

[2] 李秋胜, 周亚萍, 李建成, 等. 圆角化方形截面高层建筑风荷载特性试验[J]. 建筑科学与工程学报, 2016, 33(4): 7-16.

基于能力谱-需求谱的高层结构风致弹塑性响应快速估算方法

李 维[1,2]，陈 波[1,2]

（1. 重庆大学 土木工程学院 重庆 400044；

2. 风工程及风资源利用重庆市重点实验室 重庆 400044）

1 引言

近年来，性能化抗风设计逐步得到推广，已成为结构风工程领域研究的热点之一[1]。性能化抗风设计中通常采用非线性动力时程方法计算结构的弹塑性风效应，但该方法计算繁琐、耗时长、效率低，不便于高层结构抗风设计使用[2-4]。针对该问题，本文借鉴地震工程领域中强度折减系数-延性系数-自振周期关系曲线（简称R-μ-T曲线）概念，结合高层结构风振动的特点，并利用等效风荷载，提出了基于能力谱-需求谱的高层结构弹塑性位移快速估计方法，并通过计算实例检验了该方法的准确性与实用性。

2 基于能力谱-需求谱的高层结构风致弹塑性位移快速估算方法

2.1 基于能力谱-需求谱快速估算方法的整体框架流程

本文提出了基于能力谱-需求谱的高层结构风致弹塑性位移快速估计方法，其具体流程如图1所示。首先，通过非线性时程计算的结果建立单自由度体系的风致R-μ-T曲线，并将其与利用等效风荷载建立的高层结构弹性需求谱相结合，可以得到风致弹塑性需求谱；然后通过 Pushover 分析得到高层结构推覆曲线，为了使用能力谱-需求谱法，需要将推覆曲线转化为单自由度能力谱曲线；最后将能力谱与需求谱统一在一个坐标系下，求解得到性能点，并将该性能点按照1阶振型或屈服后的形状向量还原得到高层建筑结构的弹塑性位移。

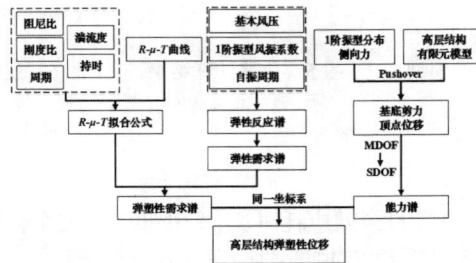

图1 能力谱-需求谱法流程

2.2 高层建筑结构风致弹塑性需求谱与能力谱的建立

首先基于等效静风荷载，推导建立得到了等效单自由度体系的恢复力和位移计算公式(1)，从而得到弹性需求谱。在此基础上，将弹性需求谱与计算得到的等延性强度折减系数均值谱（R-μ-T曲线）结合，利用公式(2)可以将弹性需求谱转换为弹塑性需求谱，如图2所示。另外，进行 Pushover 分析后可得到高层结构推覆曲线，然后通过推导建立的公式(3)可将 Pushover 曲线转换为能力谱曲线，从而建立高层结构的能力谱，如图3所示。

$$F'_e = k_1^* q'_1 = \{\varphi\}_1^T [M] \omega_1^2 \{\varphi\}_1 q'_1 = \{\varphi\}_1^T \{F(z)\}; \quad D'_e = q'_1 = \frac{\{\varphi\}_1^T \{F(z)\}}{\{\varphi\}_1^T [M] \omega_1^2 \{\varphi\}_1} = \frac{T_1^2 F'_e}{4\pi^2 M_1} \tag{1}$$

基金项目：国家自然科学基金项目（52078088）

$$F_y' = \frac{F_e'}{R} = \frac{\{\varphi\}_1^T\{F(z)\}}{R} \; ; \; D_m' = \frac{\mu}{R}D_e' \tag{2}$$

$$D = q_1 = \frac{\Delta_H}{\varphi_{1n}} \; ; \; F = \frac{\{\varphi\}_1^T[M]\{\varphi\}_1}{\{l\}^T[M]\{\varphi\}_1}V = \frac{\sum\limits_{j=1}^{N}m_j\varphi_{1j}^2}{\sum\limits_{j=1}^{N}m_j\varphi_{1j}}V = \frac{V}{\Gamma_1} \tag{3}$$

式中，$\{\varphi\}_1$表示高层结构的一阶振型；$\{F(z)\}$表示高层结构的等效风荷载；T_1表示结构一阶自振周期；$[M]$表示结构的质量矩阵；ω_1表示结构一阶圆频率；μ表示延性系数；R表示强度折减系数；Δ_H表示由 Pushover 得到的结构最大顶点位移；φ_{1n}为高层建筑顶点高度处对应的第一阶振型向量值；m_j表示高层建筑结构j层总质量；$\{l\}^T$表示为单位列向量。

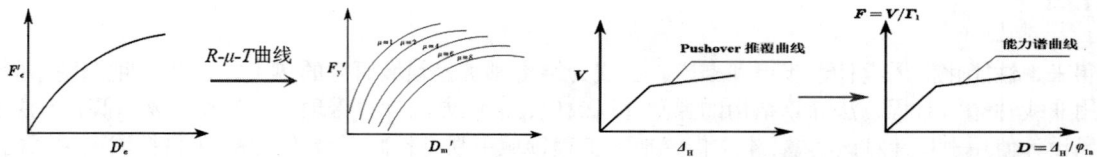

图 2　弹性需求谱与弹塑性需求谱的转换　　　　图 3　推覆曲线与能力谱曲线的转换

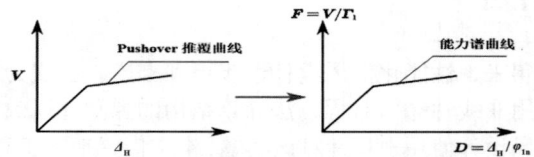

2.3　算例验证

本文选取了如图 4 所示的一典型高层钢框架结构，分别使用动力非线性时程分析方法和本文中的能力谱-需求谱计算其高层结构的风致弹塑性响应，并进行比较，如图 5 和图 6 所示。研究结果表明使用能力谱-需求谱法得到的最大位移和最大层间位移角的误差分别 17.5%和 23.3%，与地震工程领域快速估算地震响应方法的精度接近。这说明本文提出的快速估计方法已经具备较好的精度，此外，这种方法计算速度快、效率高，具有较好的实用性。

图 4　高层钢框架结构模型　　　图 5　位移计算结果　　　图 6　层间位移角计算结果

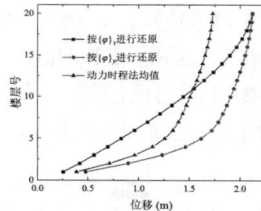

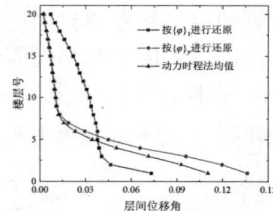

3　结论

弹塑性动力时程方法计算结构的弹塑性风效应耗时长、效率低，本文结合高层结构风振动的特点，并利用等效风荷载，提出了基于能力谱-需求谱的高层结构弹塑性位移快速估计方法。计算实例的结果表明：本文提出的快速估算方法具有较好精度的同时，使得计算速度得到了明显的提升，是一种高效的风致弹塑性位移估算方法。

参考文献

[1]　ASCE. Prestandard for performance-based wind design V1. 1[S]. Reston VA: ASCE, 2023.

[2]　TAMURA Y, YASUI H, MARUKAWA H. Non-elastic responses of tall steel buildings subjected to across-wind forces[J]. Wind and Structures. 2001; 4(2): 147-162.

[3]　AZIN G, MOHAMED A M. Performance-Based Assessment and Structural Response of 20-Story SAC Building under Wind Hazards through Collapse[J]. Journal of Structural Engineering, 2021, 147(3): 04020346.

[4]　HUANG J H, CHEN X Z. Inelastic performance of high-rise buildings to simultaneous actions of alongwind and crosswind loads[J]. Journal of Structural Engineering, 2022, 148(2): 04021258.

基于强迫振动方法的超高层建筑横风向气动弹性参数大涡模拟研究

谭 超，全 涌

（同济大学土木工程防灾减灾全国重点实验室 上海 200092）

1 引言

强迫振动模型风洞试验具有很强的参数可控性，是研究高层建筑气动弹性参数的重要手段[1]，但其试验装置在设计制造上的复杂性限制了它的广泛应用，采用数值模拟替代风洞试验则可以很好地避免这一困难。本文基于大涡模拟方法，对超高层建筑在不同横风向振幅及折减风速工况进行了数值模拟，分析了模型所受气动力以及气动弹性参数的变化规律。

2 计算模型尺寸与参数设定

本文的研究对象为高宽比 8:1 的三维方柱[1]，其尺寸为 $B \times D \times H = 0.075\text{m} \times 0.075\text{m} \times 0.6\text{m}$，几何缩尺比为 1:800。为保证尾流区域的充分发展，将计算域大小设为流向 $x \times$ 展向 $y \times$ 竖向 $z = 144\text{D} \times 24\text{D} \times 24\text{D}$，如图 1 所示。计算域整体离散为非均匀的结构化网格形式，经网格无关性验证后，采用一套总数量约为 270 万的网格方案，其中建筑近壁面首层网格尺寸为 $3 \times 10^{-5}\text{m}$，网格增长率为 1.05，保证近壁面 $y+$ 值小于 1；建筑宽度上的网格被均分为 50 份。

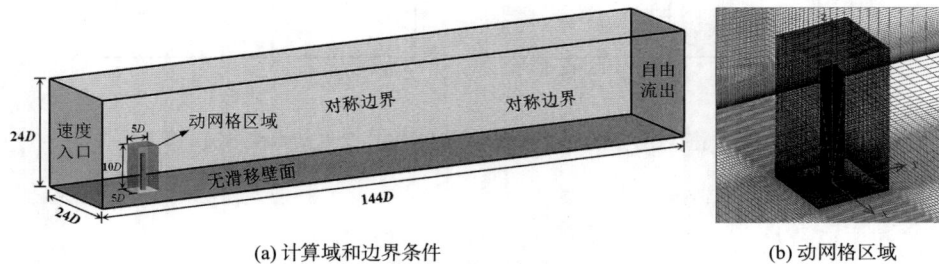

(a) 计算域和边界条件　　　(b) 动网格区域

图 1　计算域及网格划分

通过编译 UDF 实现建筑的横风向强迫振动，模型顶部位移时程为 $x(t) = A\sin(2\pi f_v t)$，其中 A 为振幅，f_v 为振动频率。LES 的亚格子模型采用动态 Smagorinsky-Lily 模型，压力-速度耦合求解采用 SIMPLEC 算法，空间、时间离散格式均为二阶精度格式，残差及收敛标准为 10^{-6}。迭代计算中时间步长 Δt 取 0.002s，每个工况共计算 30s，取后 20s 的结果进行分析。

3 模拟结果

3.1 风场模拟

本文采用 NSRFG[2] 方法模拟了规范定义的 C 类地貌风场[3]，模型高度处的来流风速大小为 6m/s，湍流度为 10%，如图 2 所示。可以看出 LES 得到的风剖面与风洞试验及规范具有较好的一致性，同时建筑顶部处脉动风速功率谱在低频端与 Von Karman 谱吻合良好。

基金项目：国家自然科学基金项目（51778493）

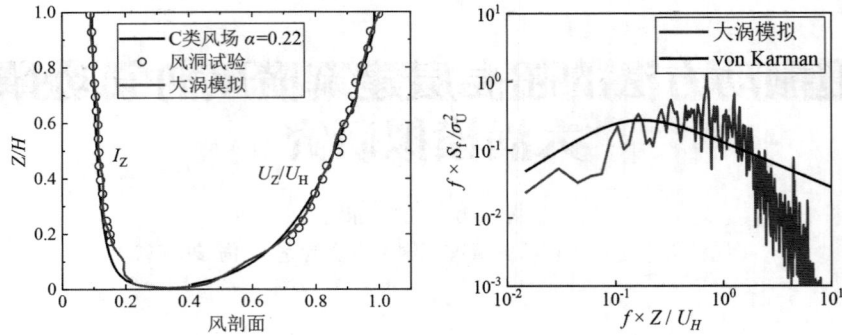

图 2　风场特性模拟

3.2　气动弹性参数

图 3 展示了不同横风向振动幅度下超高层建筑的广义气动弹性参数结果（限于篇幅，模拟结果可靠性检验在全文中展示）。可以看出，气动刚度整体上为负值，其随折减风速先增大，并在涡激共振风速区间内取得负极值，之后减小并逐渐趋于定值；而气动阻尼值同样随折减风速先增大后减小，并在来流风速逐渐接近涡激共振风速时，由正极值迅速降至负极值，产生削弱结构自身阻尼比的影响，这对建筑抗风性能是极为不利的。

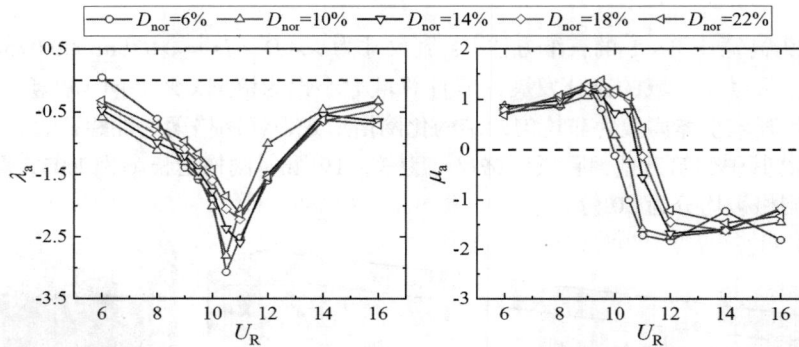

图 3　不同横风向振动幅度下超高层建筑的广义气动弹性参数结果

4　结论

本文基于大涡模拟方法研究了超高层建筑在强迫振动形式下的横风向气动弹性参数。当来流风速处于涡激共振风速区间时，气动阻尼与气动刚度变化较为剧烈，气动弹性效应较为显著，在结构抗风设计中应当重点关注。

参考文献

[1]　傅国强. 基于强迫振动模型风洞试验和现场实测的超高层建筑风效应研究[D]. 上海: 同济大学土木工程学院, 2023.

[2]　YU Y L, YANG Y, XIE Z N. A new inflow turbulence generator for large eddy simulation evaluation of wind effects on a standard high-rise building[J]. Building and Environment, 2018, 138: 300-313.

[3]　住房和城乡建设部. 建筑结构荷载规范: GB 50009—2012[S]. 北京: 中国建筑工业出版社, 2012.

非平稳强风作用下高层建筑风压特性试验研究

汪志鹏，郅伦海，李阿龙，徐　凯，马小亮

（合肥工业大学土木与水利工程学院 合肥 230009）

1　引言

近年来，非平稳强风如下击暴流等对沿海与内陆地区的建筑造成了严重的结构破坏。不同于风速平稳的季风，下击暴流是一种局部的、短暂的极端天气现象，往往伴随着风速急剧变化的非平稳特征[1]。传统的基于准定常气动力假定的结构设计方法显然不适用于描述这种非平稳强风作用。然而，目前针对非平稳激励下结构表面非平稳风压特性的研究相对较少，因此有必要对此开展深入研究。本文基于重庆大学多翼栅主动控制风洞进行了高层建筑模型的测压试验。利用模拟的二维下击暴流非平稳风场，研究了建筑表面风压的时变特性及超调程度，对比了风压的时变与时不变空间相关性，为进一步开展高层建筑非平稳风振分析提供了科学依据。

2　非平稳风场的物理模拟

本文基于安装在常规边界层风洞的主动多叶片装置开展了下击暴流非平稳特性的物理模拟。风洞试验段尺寸为2.4m（宽）×1.8m（高），其中多叶片装置由四个叶片及两侧支撑钢架组成。模型采用1∶300缩尺的联邦航空咨询研究委员会标准高层建筑模型。对应的试验装置及模型信息分别如图1（a）和（b）所示。对生成的非平稳风速时程进行风场特性分析，得到的时变平均风以及脉动风速谱分别如图1（c）和（d）所示。试验结果表明：该装置能够较为精确地模拟下击暴流的非平稳风场特性。平均风速以及脉动风速均方根具有明显的时变特征且功率谱密度随时间演化特征明显[2]，能量分布范围主要在0~2Hz以内。

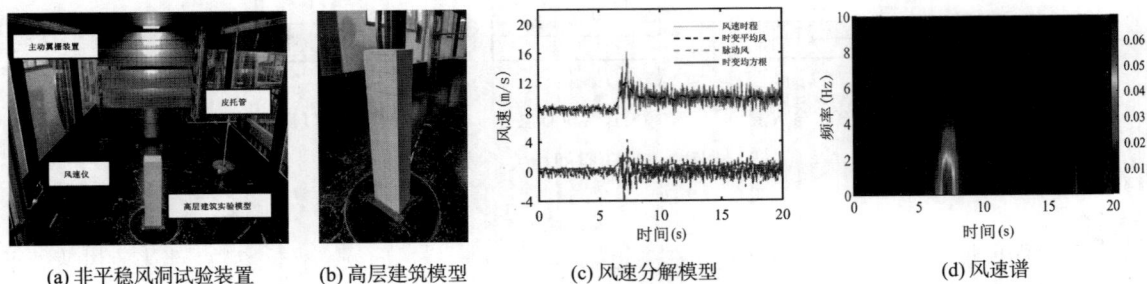

(a) 非平稳风洞试验装置　　(b) 高层建筑模型　　(c) 风速分解模型　　(d) 风速谱

图1　试验装置及非平稳风场特性

3　高层建筑模型表面风压特性

3.1　时变平均及脉动风压系数

为了研究非平稳强风对结构表面风压特性的瞬态效应，本文以迎风面中轴线位置模型的 A-G 层各高度测点为例，重点研究风速突变对风压系数的影响。非平稳风压系数 $C_{p_i}(z,t)$ 由公式（1）表示。风压系数分析采用类似于风速分解的离散小波变换方法[2]。非平稳风条件下风速突变引起的压力系数的过冲和下冲效应由超调系数（公式2）量化表示。

$$C_{p_i}(z,t) = \frac{p_i(z,t) - p_\infty}{0.5\rho[\overline{U}(t)]^2} \tag{1}$$

基金项目：国家自然科学基金项目（51978230, 52278495），安徽省杰出青年基金项目（2108085J29）

$$\delta(z) = \frac{C_{p,peak}(z)}{C_{p,steady}(z)} \tag{2}$$

式中，$p_i(z,t)$ 为实测风压；p_∞ 为参考静压；ρ 为空气密度；$\overline{U}(t)$ 为时变平均风。$C_{p,peak}(z)$ 表示峰值风压系数，定义为压力系数的最小或最大值。$C_{p,steady}(z)$ 表示稳定阶段 10s 后的时变平均压力系数的平均值。结果表明：非平稳强风作用下高层建筑的平均风压系数会发生过冲和下冲效应而脉动风压系数会有不同程度的突变增加。在 0°～90° 的整个风向范围内最大超调水平出现在 $\theta = 60°$ 处（图2），其高海拔处往往会有较大的风压过冲效应。

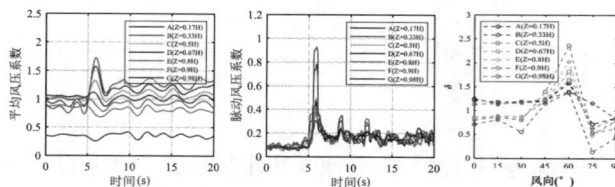

图 2 风压系数及超调系数

3.2 风压空间相关性

为进一步明确非平稳风场下风压竖向相关性的变化，本文基于空间上两测点风压系数脉动量的非平稳特性确定了时变相关系数（图3）。

$$R_{cp_{ij}}(t) = \frac{\int_{-\infty}^{+\infty} S_{cp_{ij}}(f,t)\,df}{\sigma_{cp_i}\sigma_{cp_j}} \tag{3}$$

式中，$R_{cp_{ij}}$ 为时变相关系数，$S_{cp_{ij}}$ 为功率谱，σ_{cp_i} 和 σ_{cp_j} 分别为 i 测点及 j 测点的时变均方根。结果表明：时不变相关系数分析方法无法反映空间两位置风压相关性的时变特征，在近距离时高估了两点相关性而在远距离时有所低估，特别是 B 层与 D 层、F 层的结果。

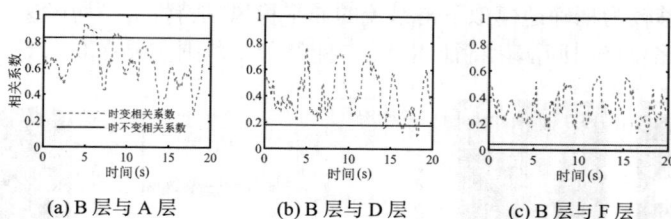

(a) B 层与 A 层　　(b) B 层与 D 层　　(c) B 层与 F 层

图 3 风压空间相关系数

4 结论

本文基于主动控制多叶片风洞技术，开展了高层建筑非平稳风压特性研究。利用非平稳风场的物理模拟方法有效地再现了下击暴流风场随时间演化的特征。提出了压力系数的过冲和下冲效应量化分析方法及时变相关性分析方法。探讨了非平稳强风激励下高层建筑表面风压系数及空间相关性的时变特性，为进一步开展高层建筑非平稳风振分析提供了有效的参考。

参考文献

[1] LE V, CARACOGLIA L. Generation and characterization of a non-stationary flow field in a small-scale wind tunnel using a multi-blade flow device[J]. Journal of Wind Engineering and Industrial Aerodynamics, 2019, 186: 1-16.

[2] SU Y, HUANG G, XU Y. Derivation of time-varying mean for non-stationary downburst winds[J]. Journal of Wind Engineering and Industrial Aerodynamics, 2015, 141: 39-48.

[3] PRIESTLEY M B. Evolutionary spectra and non-stationary processes[J]. Journal of the Royal Statistical Society: Series B (Methodological), 1965, 27(2): 204-229.

内置桨柱 TLD 水动力干扰特性研究

王安东，谢壮宁

（华南理工大学亚热带建筑科学国家重点实验室 广州 510640）

1 引言

调谐液体阻尼器（TLD）具有构造简单，安装和维护成本低等优点，已经成功应用于超高层建筑的风致振动控制。TLD 一般由水箱和内部阻尼构件组成，常见的阻尼构件包括格栅、挡板和桨柱等。相关研究结果表明，阻尼构件的水动力系数（包括阻力系数 C_d 和惯性力系数 C_m）是影响 TLD 阻尼和频率的重要参数[1]，然而关于阻尼构件水动力系数的变化规律鲜有研究。此外，目前国内外针对阻尼构件群受力建模分析方法大多只考虑构件本身的独立性，忽略了阻尼构件之间水动力干扰对整个构件群合力的影响。虽然部分学者研究了挡板的水动力干扰效应[2]，但主要集中于挡板的纵向遮蔽作用，对于受到横向干扰作用的阻尼构件群，其水动力干扰机理有待进一步研究。本文针对内置桨柱 TLD，首先通过 CFD 仿真技术考察了 TLD 系统参数对桨柱水动力系数的影响，并在此基础上提出考虑横向柱体干扰的水动力干扰系数模型，最后利用 CFD 模拟结果以及现有试验数据评估了模型的准确性和适用性。

2 研究方法

在海洋工程领域，通常根据柱体上的实测波浪力确定 Morison 方程中的系数 C_d 和 C_m。对于受到水平谐波激励的 TLD，桨柱水动力系数最终会反映在 TLD 波高和基底剪力的稳态响应中，且这两个响应量通常被减振设计者所关注，因此，本文以 TLD 线性模型与 CFD 模型关于这两个响应量的累计相对响应误差作为目标函数 ε，采用融合 Sin 混沌和分段权值的阿基米德优化算法[3]通过最小化 ε 确定水动力系数取值。

3 计算结果

本文的主要研究对象为内置 3×3 桨柱群 TLD。然而为了确定 3×3 桨柱群产生横向干扰时的临界间距比，首先对不受干扰的 3×1 桨柱群的阻尼效应和频率效应展开研究。通过变化水深、桨柱尺寸和激励幅值，3×1 桨柱群水动力系数的变化情况如图 1 所示。采用最小二乘法对系数数据进行拟合，分别建立 C_d、C_m 与 KC 数[4]的函数关系式：

$$\begin{cases} C_d = 15.5(\text{KC})^{-0.696}(D/L)^{-0.464}(h/L)^{0.812} + 1.942 \\ C_m = 2.092(\text{KC})^{0.82}(D/L)^{0.41}(h/L)^{0.82} + 0.97 \end{cases} \tag{1}$$

式中，D 为桨柱尺寸，L 为水箱长度，h 为水箱静液深度。

在上述研究基础之上，通过定义干扰系数 η，受干扰时的水动力系数与未受干扰时的水动力系数之比，进一步对 3×3 桨柱群的水动力干扰效应进行量化研究。图 2 给出了水动力干扰系数 η 的变化情况，其中，S 为相邻桨柱的横向间距。相应的函数拟合关系式如下：

$$\begin{cases} \eta_d = 0.724(\text{KC})^{0.413}(S/D)^{-3.233}(h/L)^{-0.908} + 0.492 & (S/D < 2.08) \\ \eta_m = 1.692(\text{KC})^{-0.536}(S/D)^{-1.261}(h/L)^{0.099} + 0.64 & (S/D < 2.08) \end{cases} \tag{2}$$

基金项目：国家自然科学基金项目（52078221）

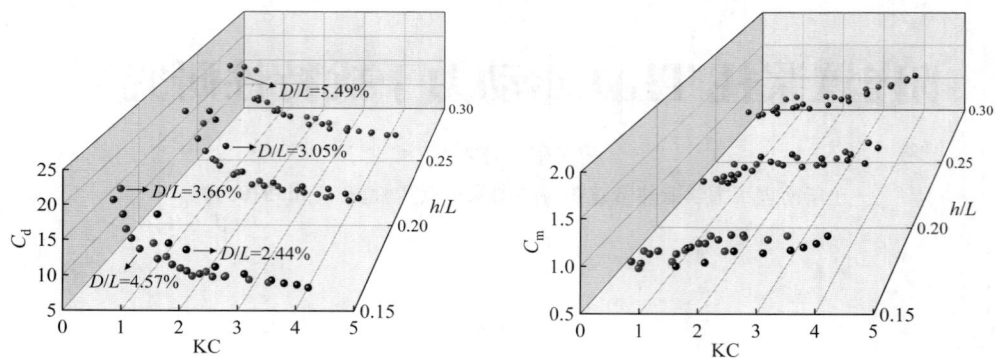

图 1　水动力系数与 KC 数关系

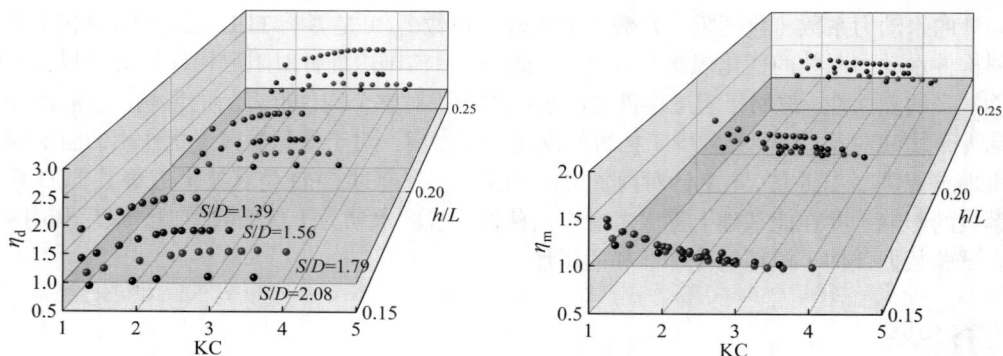

图 2　水动力干扰系数与 KC 数关系

4　结论

　　无横向邻柱干扰的桨柱水动力系数与流体响应幅值、桨柱尺寸、水深有关，以往研究中将惯性力系数取为 1，阻力系数取为仅与桨柱宽度有关的常数的做法适用条件有限。当沿着 TLD 宽度方向桨柱横向间距比 S/D 小于 2.08 时，桨柱之间的水动力干扰效应会进一步增大阻力系数和惯性力系数，导致 TLD 系统阻尼比增大和固有频率减小。

参考文献

[1]　TAIT M J. The performance of 1-D and 2-D tuned liquid dampers[D]. Canada: The University of Western Ontario, 2004: 85-87.

[2]　WU J, ZHONG W, FU J, et al. Investigation on the damping of rectangular water tank with bottom-mounted vertical baffles: Hydrodynamic interaction and frequency reduction effect[J]. Engineering Structures, 2021: 112815.

[3]　罗仕杭, 何庆. 融合 Sin 混沌和分段权值的阿基米德优化算法[J]. 计算机工程与应用, 2022: 63-72.

[4]　KEULEGAN G H, CARPENTER L H. Forces on cylinders and plates in an oscillating fluid[J]. Journal of Research of the National Bureau of Standards, 1958: 423-440.

阳台对高层建筑风荷载特性的影响研究

胡思萌，李永贵，李　卓

（湖南科技大学土木工程学院 湘潭 411201）

1　引言

在我国"碳达峰、碳中和"战略背景下，建筑行业开始出现"第四代建筑"理念并日益推广，旨在以其绿色建筑设计和节能技术降低建筑能耗和碳排放，第四代建筑相较于传统高层建筑，改变了阳台的设计尺寸和布置方式，然而关于阳台风荷载的研究主要集中在阳台的存在[1]以及阳台宽度[2-3]的变化。因此，本课题通过风洞试验研究了高层建筑四面阳台长度和宽度变化对风荷载特性的影响。

2　风洞试验

试验模型尺寸为：$L \times B \times H = 0.2\text{m} \times 0.2\text{m} \times 0.75\text{m}$，几何缩尺比为 $1：100$，模型测点布置如图 1 所示，除光滑模型（REF）外，本试验还在建筑模型表面以 75mm 高度为间隔增设九层阳台，改变阳台的长度和宽度从而形成模型 L1～L4 与 B1～B3，图 2 为模型示意图。以 $l_r = L/B$、$b_r = b/B$ 两个无量纲化参数为控制变量设计试验方案，其定义为阳台长度 L 和宽度 b 与模型横截面边长 B 的比值，阳台具体的参数见表 1。

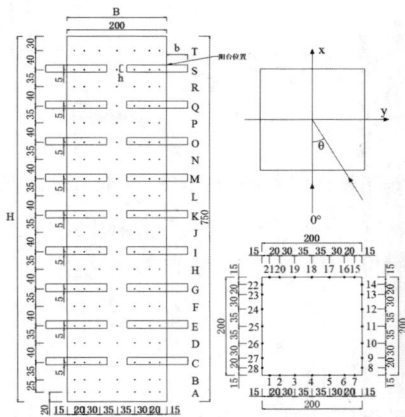

图 1　测点布置及风向定义

图 2　试验模型

试验模型几何参数　表 1

模型	L	l_r	b	b_r	H
Ref	—	—	—	—	—
L1	30mm	10%	20mm	10%	15mm
L2	50mm	25%	20mm	10%	15mm
L3	80mm	40%	20mm	10%	15mm
L4	200mm	100%	20mm	10%	15mm
B1	80mm	40%	20mm	10%	15mm
B2	80mm	40%	40mm	20%	15mm
B3	80mm	40%	60mm	30%	15mm

注：阳台底板厚度统一为 2mm。

3　试验结果分析

图 3 为各模型在 0°风向角下迎风面的平均风压系数分布情况，从图 3 可以看出，相较于光滑模型 REF，阳台的存在会增大迎风面的平均风压系数，模型 L1～L3 不连续型阳台长度的增大会进一步增大迎风面的平均风压系数，直到模型 L4 的连续型阳台会有所减小，阳台宽度的增大会减小迎风面的平均风压系数，同时会使迎风面顶层阳台内部出现局部负压。

图 4 为各模型在 0°风向角下侧风面的平均风压系数分布情况，从图 4 可以看出，相较于光滑模型 REF，阳台的存在会减小侧风面平均风压系数的绝对值，阳台长度和宽度的增大会减小侧风面平均风压系数的绝对值，这是由于表面粗糙度的增大，抑制了在侧壁较低和较高区域形成锥形旋涡的发展。

基金项目：国家自然科学基金项目（51878271）

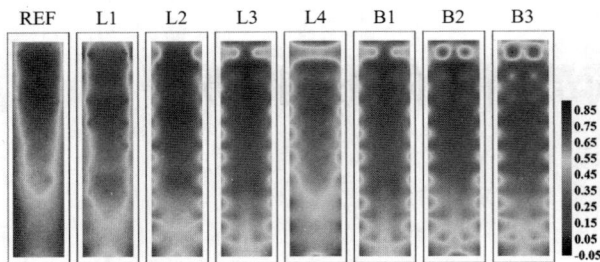

图 3　迎风面平均风压系数（0°）

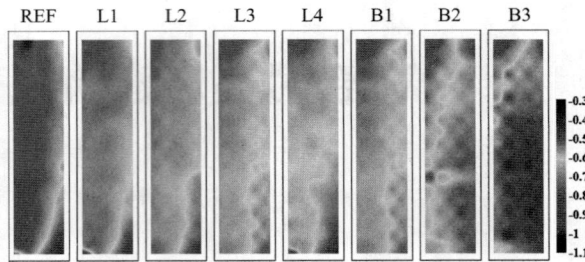

图 4　侧风面平均风压系数（0°）

图 5 为各模型顶层阳台 S 测点层各个风向角下平均风压系数的变化情况。从图 5（b）～（d）可以看出，阳台围栏对内壁面附近气流的遮挡效应和聚集效应，以及气流撞击阳台围栏外壁面时形成的明显气流停滞区，都会增大或减小阳台围栏内外壁面附近的平均风压系数。通过图 5（f）～（h）发现不连续型阳台宽度的增大会导致测点 S3 和 S5 处的平均风压系数进一步减小形成负压，随着风向角的增大，测点 S3 靠近阳台围栏内壁面处的平均风压系数会逐渐增大负压开始消失，而测点 S5 靠近阳台围栏内壁面处的负压会随着方向角的增大而逐渐增大。

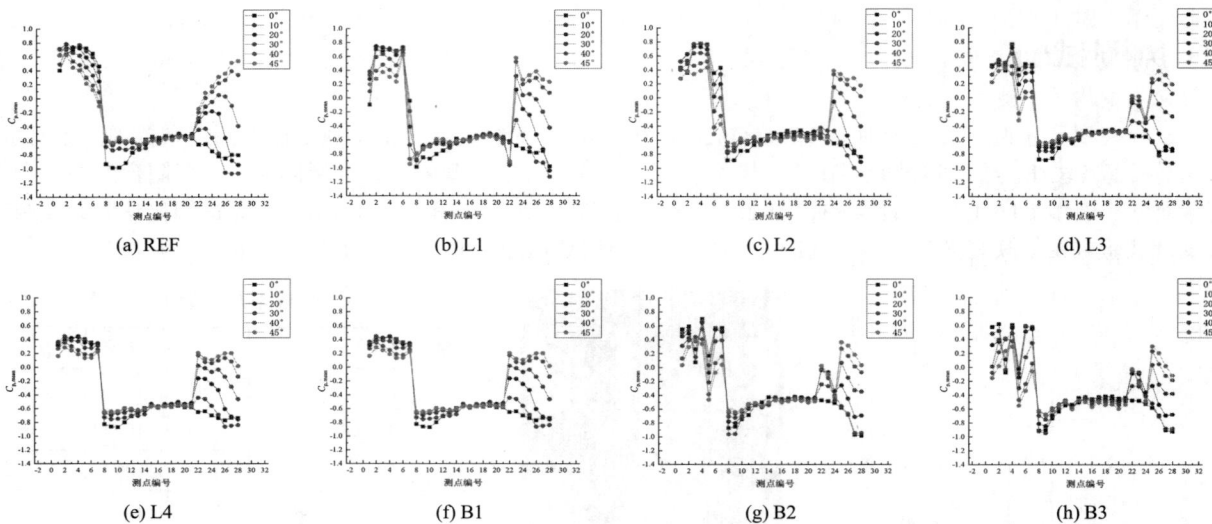

图 5　S 测点层平均风压系数随风向角的变化情况

4　结论

建筑外立面增设阳台会显著影响建筑表面的风压分布，尤其会减小迎风面顶层阳台的平均风压系数，应注意迎风面阳台局部区域的抗风设计。阳台长度和宽度的增大有利于侧风面围护结构的抗风设计，其中阳台宽度的增大对侧风面负压的减小效果更为显著。斜风向角下，阳台围栏对内壁面附近气流的遮挡效应和聚集效应，以及气流撞击阳台围栏外壁面时形成的明显气流停滞区，都会导致阳台围栏内外壁面附近的平均风压系数发生变化。

参考文献

[1]　MONTAZERI H, BLOCKEN B, JANSSEN W D, et al. CFD evaluation of new second-skin facade concept for wind comfort on building balconies: Case study for the Park Tower in Antwerp[J]. Building and Environment, 2013, 68(10): 179-192.

[2]　STATHOPOULOS T, ZHU X. Wind pressures on building with appurtenances[J]. Journal of Wind Engineering and Industrial Aerodynamics, 1987, 31(2): 265-281.

[3]　ZHENG X, MONTAZERI H, BLOCKEN B. CFD analysis of the impact of geometrical characteristics of building balconies on near-facade wind flow and surface pressure[J]. Building and Environment, 2021, 200: 107904.

高层建筑三维切角气动优化风洞试验研究

李泽贤[1]，杨　易[1]，徐洲洋[2]

（1. 华南理工大学亚热带建筑与城市科学国家重点实验室　广州　510640
2. 宜昌市住房和城市更新局　宜昌　443000）

1　引言

气动外形尤其是角区构造对高层建筑风荷载与风致响应的影响至关重要[1]。现代超高层建筑体型已突破我国现行《建筑结构荷载规范》GB 50009—2012 规定，风洞试验是研究高层建筑气动外形影响的重要手段[2-3]。本文基于近年来新出现的超高层建筑体型，提炼两类新的角区气动优化构造形式——菱形切角和分层梯形切角，基于方形超高层建筑模型，设计了两类新的三维角区变化风洞试验方案，并通过 25 种工况的高频天平测力（HFFB）风洞试验，系统研究这两类切角形式和切角率等参数变化对高层建筑风致效应的影响，以补充当前规范之规定，为超高层建筑气动优化提供参考。

2　试验模型及风场模拟

试验模型由 3D 打印制作而成，采取高宽比为 5∶1 的方形主体高层建筑模型加角区构件的榫卯结构组合形式（图 1a），以满足多种角区工况组合的需要。模型缩尺比取为 1∶400，对应原型尺寸为 48m × 48m × 240m。建筑角区方案设计分为两类：（1）菱形切角；（2）分层梯形切角（分层切角）。两类模型的设计方案见图 1（b）、（c）。

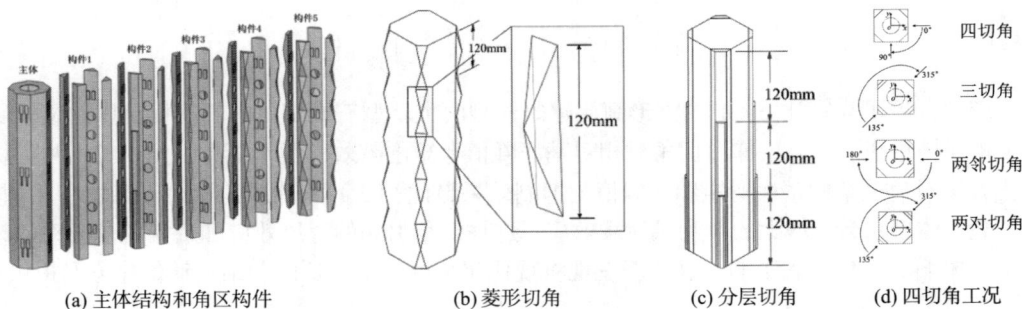

图 1　高层建筑三维切角气动优化试验模型设计方案

为研究菱形切角、分层梯形切角对高层建筑风荷载与风致响应的影响，共设计了 25 种模型组合和试验工况，包括有、无切角对比分析。其中，各种切角方式有 5%、10% 和 15% 三种切角率工况；每个切角率工况分别为四切角、三切角、两邻切角、两对切角，共 4 种切角形式，并根据对称性原理设计如图 1（d）所示试验风向角工况。

3　主要试验结果

风洞测力试验给出两类切角建筑单位体积峰值弯矩和平均弯矩随风向角变化规律，以基底荷载削减率分析两类角区气动优化效果差异，结果显示：（1）四切角工况的全风向下，切角率为 15% 的菱形切角建筑峰值弯矩和脉动值削减率分别可达 21.27%、24.13%，略低于切角率为 10% 分层梯形切角建筑的 24.90%、29.78%

基金项目：国家自然科学基金资助项目（52178480）

（图 2a、d）；（2）两邻切角工况下，两类角区切角建筑的基底弯矩脉动值相对无切角分别增大了 3.94%和 11.76%，且相对于两对切角工况增大了 26.11%和 6.64%（图 2b、e），这显示了不同数量和相对位置切角对建筑基底荷载产生的重要影响，特别是当两邻切角处于风向下游时存在不利的风荷载放大效应。

两种切角工况下顺风向基底弯矩系数脉动功率谱密度结果显示（图 2c、f），四切角工况显著降低基底弯矩功率谱峰值，而两邻切角工况的背风效应致使功率谱峰值出现相反（增大）的变化，两种切角工况的斯托罗哈数相较于无切角工况均出现增大。

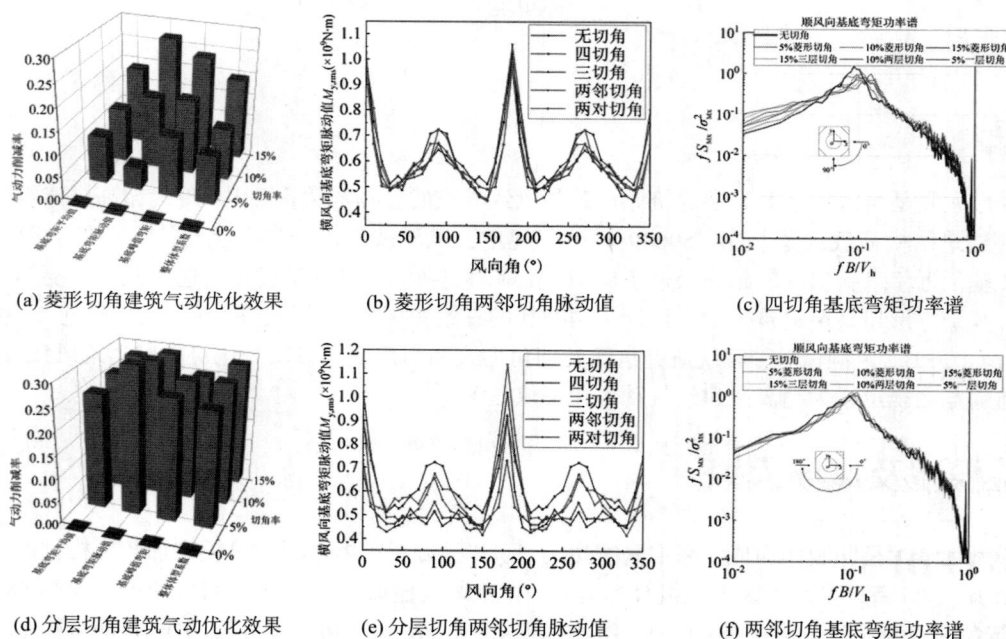

(a) 菱形切角建筑气动优化效果　　(b) 菱形切角两邻切角脉动值　　(c) 四切角基底弯矩功率谱

(d) 分层切角建筑气动优化效果　　(e) 分层切角两邻切角脉动值　　(f) 两邻切角基底弯矩功率谱

图 2　两类三维切角方案下气动力优化结果对比

4　结论

本文系统地开展了高宽比 5∶1 的方形高层建筑模型两类新型三维切角的气动优化风洞试验研究，结果显示：（1）相同切角率下，分层梯形切角对相对基底峰值弯矩削减效果优于菱形切角；（2）两类切角建筑气动外形优化方案对建筑结构基底弯矩脉动幅值的抑制效果最优；（3）两相邻切角工况相对无切角模型，存在基底平均荷载（体型系数）增大的不利风荷载效应；这种切角引起的背风效应和旋涡脱落频率的改变，可能对高层建筑风振响应产生不利影响。这些新发现将现代超高层建筑的角区三维气动优化方案提供参考。

参考文献

[1] JAFARI M, ALIPOUR A. Methodologies to mitigate wind-induced vibration of tall buildings: A state-of-the-art review[J]. Journal of Building Engineering, 2021, 33: 101582.

[2] HU X, ZHANG S, XIE Z. Effects of corner recession on the aerodynamic characteristics of tall buildings with various side ratios: Experimental and numerical study[J]. Journal of Building Engineering, 2024: 109832.

[3] WANG L, ZHANG W. The influence of chamfered and rounded corners on vortex-induced vibration of super-tall buildings[J]. Applied Sciences, 2023, 13(2): 1049.

基于双层幕墙的分布式调谐质量阻尼惯容器控制高层建筑风致振动研究

潘晟羲，苏凌峰，邵林媛，徐海巍

（浙江大学建筑工程学院 杭州 310058）

1 引言

双层幕墙（double skin façade，DSF）由于具有良好的美学表现和节能性能[1]，为解决具有 DSF 系统高层建筑在强风下过大的风致振动问题，本文将 DSF 的外幕墙本身作为阻尼质量[2]，同时引入惯容器，提出基于双层幕墙的调谐质量惯容器（tuned façade-damper-inerter，TFDI），并通过 TFDI 沿建筑高度的竖向布置，形成分布式调谐阻尼惯容器（distributed multiple tuned façade-damper-inerter，d-MTFDI）。基于广义单自由度理论，推导了 d-MTFDI 的附加模态阻尼比和相应的最佳调谐频率比和阻尼比。针对风振减振率，本文提出一种基于最小阻尼力原则的 d-MTFDI 设计框架，并通过案例分析验证。结果表明，WIV 减振率随着总惯性质量比β或惯容统一跨层数p的增大而提高，TFDI 的数量R需要合理选择，较小的R会导致较大的阻尼力，较大的R会削弱惯容部分的减振贡献。

2 d-MTFDI 的构造和减振机理

图 1 给出了单个 TFDI 构造，可见安装了 TFDI 的楼层四周均安装了限位装置以防止外幕墙相互碰撞。外幕墙的上下两端连接到导轨的滑动端以实现平行于所在建筑立面的运动，导轨固定端安装在 DSF 系统的廊道上。拉索一端连接着外幕墙，并由安装在限位装置上的导向滑轮向下连接到惯容器上。惯容器固定在外幕墙下方楼层的幕墙空腔内。当主体结构在风荷载作用下发生振动时，外幕墙开始运动，并通过拉索带动惯容一同工作，惯容由于其两端的加速度差，将产生远大于其物理质量的惯性质量，由此增大了阻尼器的调谐质量。因此，TFDI 在控制对应调谐到的模态时，便可将主结构对应模态的振动能量转移到 TFDI 中，并通过阻尼元件耗散振动能量。如图 2 所示，d-MTFDI 系统由 R 个安装在不同楼层的 TFDI 组成。对于第i个（$i = 1,2,\cdots,R$）TFDI，可移动外幕墙所在的楼层为第a_i层，而惯容安装的楼层为第b_i层，因此其跨层数为$p_i = |b_i - a_i|$。

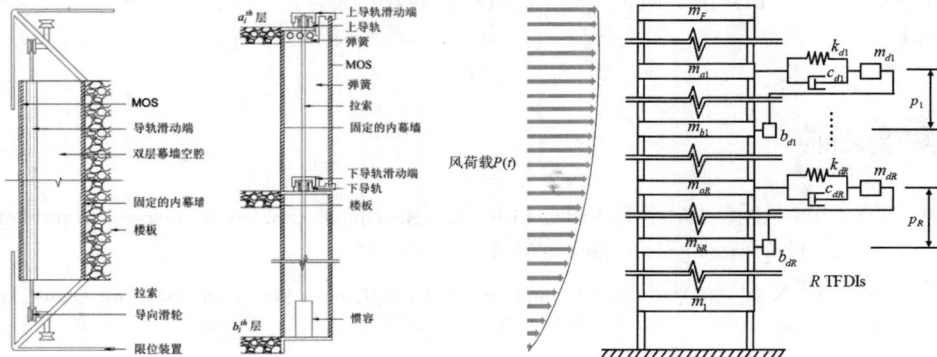

图 1 单个 TFDI 构造　　　图 2 多个 TFDI 沿高层建筑的竖向分布形成 d-MTFDI

3 基于 d-MTFDI 的高层建筑一维风振控制设计

根据广义单自由度理论，推导出 d-MTFDI 系统加速度峰值减小率、峰值位移$(u_{d1})_{max}$、峰值阻尼力Ψ的计算公式。由图 3 可知，基于 76 层 Benchmark 高层建筑，d-MTFDI 的 J 随着总惯性质量比 β 或惯容统一跨层数 p 的增大而增大，但是当 p 较小，J 曲线存在从 $\beta = 0$ 开始的下降段，这导致 $J^{\text{d-MTFDI}} <$ 外幕墙的减振贡献 $J^{\text{d-MTFD}}$，这是由惯容的负刚度效应导致的，此类情况在设计中应被规避。此外，惯容的贡献将由于 R 的增大而减小，$J^{\text{d-MTFDI}}$ 与 $J^{\text{d-MTFD}}$ 的差值可认为是惯容的贡献，其值由 $R = 2$ 时的 25.80% 降低至 $R = 10$ 时的 15.3%。这说明 TFDI 个数（R）不宜取得过大，以免削弱了惯容部分的减振贡献。对于给定的 J，随着 p 的增大，$(u_{d1})_{\max}$ 表现出几乎线性增大的趋势，而 Ψ 则随 p 的增大而减小。实心点为满足安全冗余度的冲程限值（$U_l = 0.3\text{m}$）下的可行 β 和 p 组合。

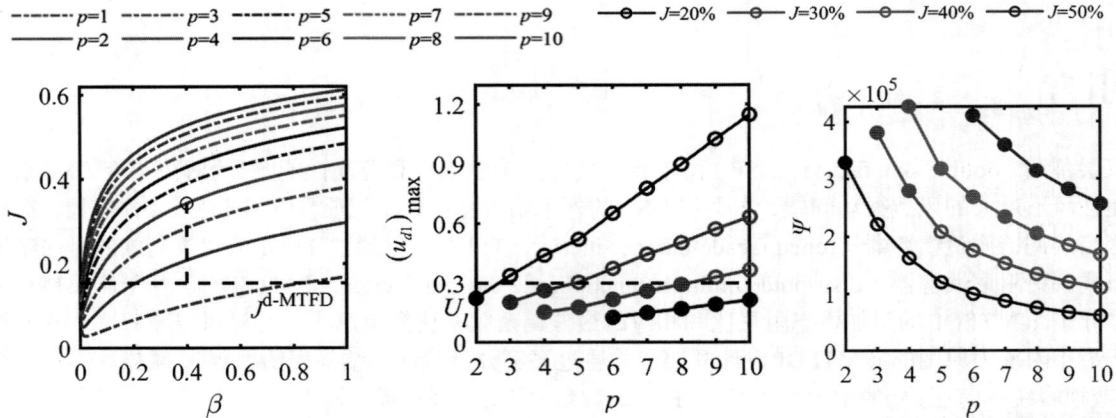

图 3　经调谐优化后的 J、$(u_{d1})_{\max}$、Ψ 随 β 和 p 的变化情况（$R = 6$）

因此，可以提出标准 d-MTFDI 设计框架，采用 Ψ 作为优化目标，即在相同的加速度减振率条件下，取得最小阻尼器出力的惯容参数。步骤如下：初步设计：初步响应分析后确定目标 J，确定 TFDI 数量 R 和安装位置 φ_{ai}，得到所有满足 J 的 β 和 p 组合。优化设计：在满足 $(u_{d1})_{\max} \leqslant U_l$ 的所有组合中，将取得最小 Ψ 的 $[\beta, p]$ 确定为最优组合并计算最终的调谐频率比和阻尼比。最后计算顺风向风振控制效果，确保横风向设计结果可以包络顺风向情况。

4　结论

本文通过将双层幕墙的可动外幕墙作为参振质量，并引入惯容，提出了新型的分布式阻尼器系统 d-MTFDI。详细说明了单个 TFDI 的构造和减振机理，推导 d-MTFDI 的控制方程。减振率 J 随着 p 或 β 的增大而增大，同时 TFDI 的数量 R 需要合理选择，较小的 R 会导致较大的阻尼力，较大的 R 会削弱惯容部分的减振贡献。

参考文献

[1]　YANG J N, AGRAWAL A K, SAMALI B, et al. Benchmark problem for response control of wind-excited tall buildings[J]. Journal of engineering mechanics, 2004, 130(4): 437-446.

[2]　KYOUNG S M. Tall Building Motion Control U sing Double Skin Façades[J]. Journal of Architectura l Engineering, 2009, 15(3): 84-90.

TTMD$_s$的高层建筑风振控制效果研究

刘骏驰，乔浩帅，张志田

（海南大学土木建筑工程学院 海口 570228）

1 引言

在被动风振控制设备中，调谐质量阻尼器（Tuned Mass Damper，TMD）由于结构简单、控制效果良好而被广泛应用。然而，在超高层建筑中，TMD 往往需要较大的设备质量以实现良好的风振控制效果。为了在保持相近风振控制效果的同时减轻控制设备质量，近期一种简化的调谐串联质量阻尼器（Simplified TTMD，TTMD$_s$）被提出。本文基于单自由度（Single Degree-of-Freedom，SDOF）主体结构，给出 TTMD$_s$ 的质量比α、阻尼比ζ、频率比ν_1与ν_2关于总质量比μ的拟合公式。进而，分别以受控结构频响函数的二范数和结构 76 层横风向加速度响应标准差为设计目标，运用梯度算法对 TTMD$_s$ 和 TMD 进行参数优化以验证拟合公式的有效性，并评估 TTMD$_s$ 的风振控制效果，为高层建筑风振控制提供新的减振设备方案。

2 物理模型及实例分析

2.1 TTMD$_s$示意图（图1）和受控系统运动方程

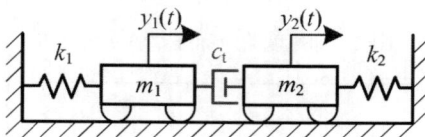

图 1 TTMD$_s$ 示意图

根据达朗贝尔原理，受控系统的运动方程可表示为：

$$\boldsymbol{M}\ddot{\boldsymbol{X}}(t) + \boldsymbol{C}\dot{\boldsymbol{X}}(t) + \boldsymbol{K}\boldsymbol{X}(t) = \boldsymbol{P}(t), \tag{1}$$

式中，$\boldsymbol{X}(t) = \{x_1(t), \cdots, x_n(t)\}^{\mathrm{T}}$为$t$时刻结构各自由度相对于地面的位移向量；$\boldsymbol{M}$、$\boldsymbol{C}$、$\boldsymbol{K}$为耦合系统的质量、阻尼、刚度矩阵，可展开为：

$$\boldsymbol{M} = \begin{bmatrix} \boldsymbol{M}_{\mathrm{UC}} & \boldsymbol{0} & \boldsymbol{0} \\ \boldsymbol{0}^{\mathrm{T}} & m_1 & 0 \\ \boldsymbol{0}^{\mathrm{T}} & 0 & m_2 \end{bmatrix} \tag{2}$$

$$\boldsymbol{K} = \begin{bmatrix} \boldsymbol{K}_{\mathrm{UC}} + \boldsymbol{1}_i\boldsymbol{1}_i^{\mathrm{T}}k_1 + \boldsymbol{1}_i\boldsymbol{1}_i^{\mathrm{T}}k_2 & -\boldsymbol{1}_ik_1 & -\boldsymbol{1}_ik_2 \\ -\boldsymbol{1}_i^{\mathrm{T}}k_1 & k_1 & 0 \\ -\boldsymbol{1}_i^{\mathrm{T}}k_2 & 0 & k_2 \end{bmatrix} \tag{3}$$

$$\boldsymbol{C} = \begin{bmatrix} \boldsymbol{C}_{\mathrm{UC}} & \boldsymbol{0} & \boldsymbol{0} \\ \boldsymbol{0}^{\mathrm{T}} & c & -c \\ \boldsymbol{0}^{\mathrm{T}} & -c & c \end{bmatrix} \tag{4}$$

式中，$\boldsymbol{M}_{\mathrm{UC}}$、$\boldsymbol{K}_{\mathrm{UC}}$和$\boldsymbol{C}_{\mathrm{UC}}$是主体结构质量、阻尼和刚度的$n$阶方阵。$\boldsymbol{1}_k$是长度为$n$的列向量，其中除第$k$个元素为 1，其余元素均为 0。$\boldsymbol{0}$为$n \times 1$的零向量。

2.2 基于 SDOF 主体结构的 TTMD$_s$ 参数优化

基于 SDOF 主体结构（阻尼比 2%），以受控结构频响函数的模的二范数为设计目标，利用梯度算法得到

不同 μ 下的四个参数[1]的最优值，并拟合得到

$$\alpha = 1.8676\mu^{0.5465} + 1.01 \tag{5}$$

$$\zeta = 0.2032\mu^{0.4827} \tag{6}$$

$$\nu_1 = -0.5981\mu^{0.4666} + 0.9935 \tag{7}$$

$$\nu_2 = 0.7977\mu^{0.5184} + 1 \tag{8}$$

2.3 实例分析

基于一 76 层高层建筑实例及横风向风荷载，分别计算了无控、不同 μ 时的 TMD 和 TTMD$_s$ 控制下结构顶层横风向加速度响应标准差，并给出了 $\mu = 0.5\%$ 时的顶层加速度响应时程曲线，如图 2、图 3 所示。由图 2 可见，质量比和相同设计目标相同时，TTMD$_s$ 较 TMD 具有更好的风振控制效果。采用拟合函数设计的 TTMD$_s$ 虽然性能相较其他对照组较差，但仍可有效减小风振响应，如图 3 所示。

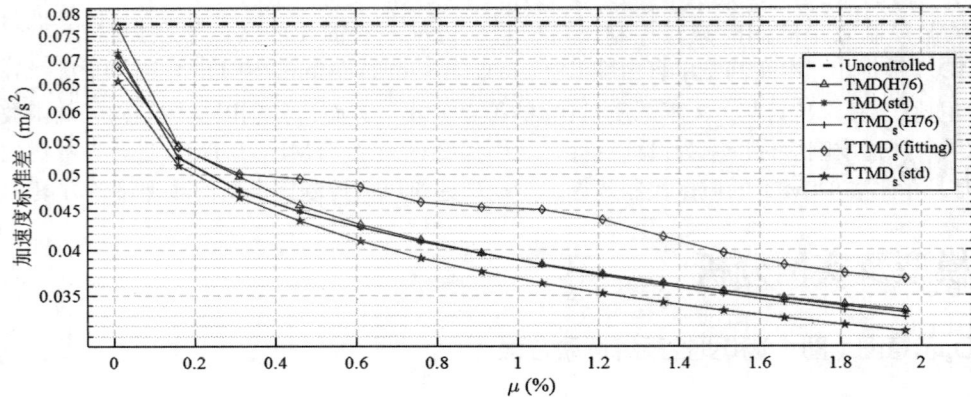

图 2　加速度响应标准差随 μ 的分布

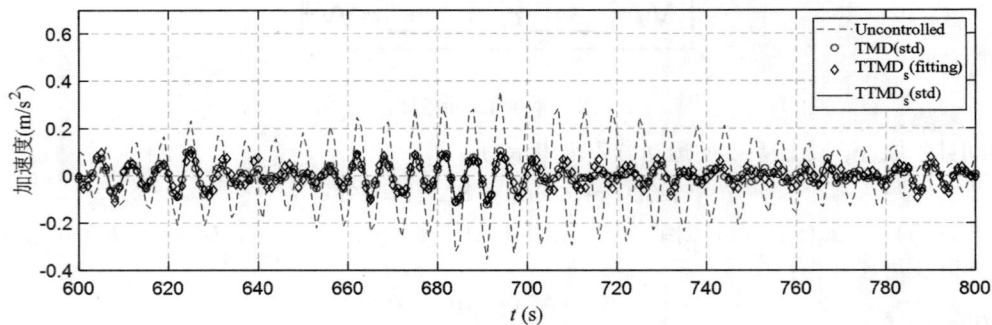

图 3　加速度响应时程曲线

3　结论

本文基于 SDOF 给出了以受控结构频响函数的二范数为设计目标的 TTMD$_s$ 最优参数的拟合公式，并基于高层建筑实例验证了拟合公式的有效性和 TTMD$_s$ 良好的风振控制效果。

参考文献

[1]　HUANG P, TANG Y, WANG Q, et al. Optimal design of a simplified tuned tandem mass damper for wind-induced vibration control of tall buildings[C]. Elsevier, 2025, 71: 108015.

全周期不同状态钢结构冷却塔风效应研究

张炜达[1]，李　波[1,2]，贺　怡[1]，耿红伟[1]

（1. 北京交通大学土木建筑工程学院　北京　100044；
2. 结构风工程与城市风环境北京市重点实验室　北京　100044）

1　引言

随着火力发电产业发展，钢结构冷却塔因其轻质高强和施工周期短等特点，近年来被广泛应用。冷却塔作为高耸薄壁结构，其抗风设计尤为重要[1]。与传统混凝土冷却塔不同，钢结构冷却塔因其低阻尼等结构特性，对风荷载更加敏感[2]。目前针对不同建设状态下钢结构冷却塔风效应的研究较少，本文通过风洞试验获得风荷载数据，对不同建设期和使用条件的钢结构冷却塔风效应进行研究，为钢结构冷却塔抗风设计提供建议。

2　风洞试验及结果分析

本文依托某双冷却塔项目进行风洞试验，结果满足规范无肋曲线（K1.5 曲线）[3]。建设期指建设过程中单塔建设期和双塔建设期，使用条件指冷却塔底部透风机构的开关状态。图 1 给出不同使用条件下，单塔建设期冷却塔的内压分布。在 0%透风率下，冷却塔内表面风压呈现由下至上不断增大的特点。而在 90%透风率时，冷却塔内表面风压较为均匀，仅在底部出现两个较大负压区。

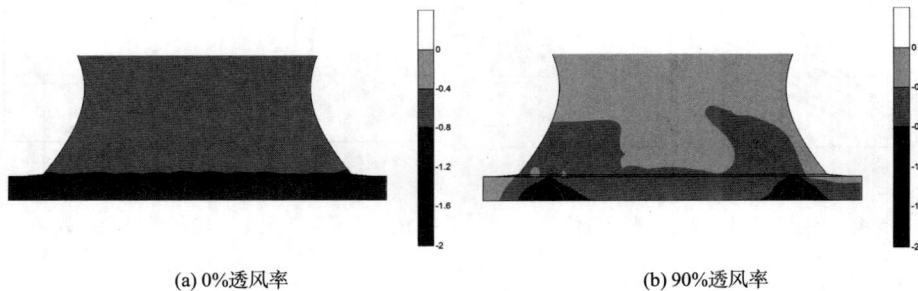

(a) 0%透风率　　　　　　　　　　　　(b) 90%透风率

图 1　不同透风率，冷却塔内表面风压分布图

3　风致响应分析

表 1 为冷却塔前 8 阶频率和周期。

冷却塔周期，频率与振型					表 1
阶次	频率	周期	阶次	频率	周期
1	0.77	1.30	5	0.34	2.95
2	0.77	1.30	6	0.34	2.98
3	0.41	2.43	7	0.34	2.98
4	0.34	2.95	8	0.30	3.31

通过有限元模型计算得到冷却塔前 5 阶振型，如图 2 所示。第 1~2 阶为塔身侧向振动，第 3 阶为塔身环向振动，第 4~5 阶为塔身局部振动。钢结构冷却塔在加强环的作用下主振型出现类似于高层结构的整体侧向移动，这与传统混凝土冷却塔以谐波振型为主是不同的，具有更高的倾覆风险[4]。

(a) 第 1～2 阶振型　　　　(b) 第 3 阶振型　　　　(c) 第 4～5 阶振型

图 2　冷却塔前 5 阶振型图

图 3 给出不同工况下的位移极值结果。受塔间干扰的影响，在双塔建设期的倾斜风向下，塔间狭道效应使得冷却塔位移极值较单塔建设期更为不利。选取不利工况和典型工况进行分析，如图 4 所示。与混凝土冷却塔中间大两端小的位移分布[5]不同，钢结构冷却塔的最大位移出现在顶部。图 5 为不同工况下的风振系数图，由于加强环的存在，钢结构冷却塔的整体刚度更强，和规范取值相比其风振系数更小。

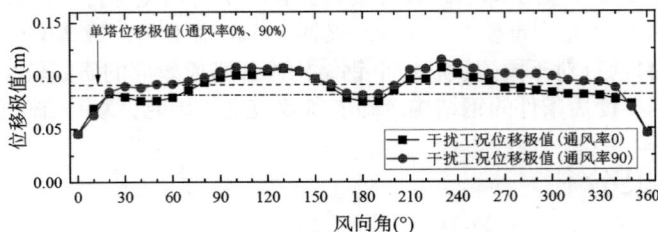

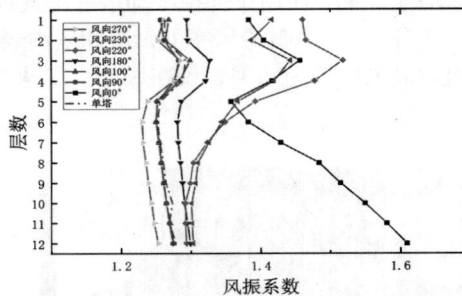

图 3　最不利工况下，冷却塔位移和风振系数图

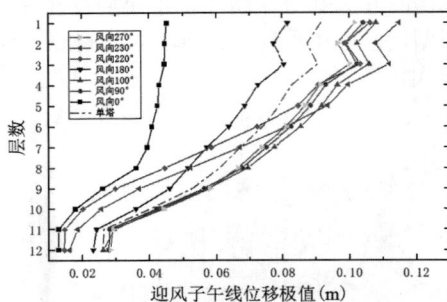

图 4　不同工况下，冷却塔塔身位移　　　　图 5　不同工况下，冷却塔风振系数

4　结论

基于风洞试验结果，本文对不同建设期和使用条件的钢结构冷却塔风荷载及风致响应进行了分析。结论如下：（1）底部封闭状态下，冷却塔内压较通风状态更大。（2）由于加强环的影响，钢结构冷却塔与传统混凝土冷却塔具有不同的结构特性。（3）在风荷载作用下，最大位移出现在结构顶部。同时风振系数较规范取值更小，范围为 1.2～1.6。

参考文献

[1]　柯世堂，侯宪安，姚友成，等. 大型冷却塔结构抗风研究综述与展望[J]. 特种结构，2012, 29(6): 5-10.

[2]　赵晓蕾，赵林，钱基宏.超大型双曲面钢网壳冷却塔风致失效与倒塌分析[J].工程力学，2023, 41.

[3]　工业循环水冷却设计规范：GB/T 50102—2003[S]. 北京：中国计划出版社，2003.

[4]　MA T, ZHAO L, CHEN N, et al. Wind-induced dynamic performance of a super-large hyperbolic steel-truss cooling tower[J]. Thin-Walled Structures, 2020, 157: 107061.

[5]　GUOYAN W, HAO W, WEIBO L, et al. Analysis of wind-induced responses and GLF for super-large cooling towers[J]. Journal of Wind Engineering and Industrial Aerodynamics, 2021, 208: 104430.

基于风洞试验的高层建筑表面脉动风压非高斯极值分析

郭晨广[1]，廖孙策[2]，孙建平[1]，蔡　康[1]，黄铭枫[3,1]

（1. 浙江大学建筑工程学院结构研究所　杭州 310058；
2. 温州大学防灾减灾工程研究所　温州 325000；
3. 广西大学土木建筑工程学院　南宁 530000）

1　引言

建筑表面风压极值本质上是风压时程脉动性的体现，超出设计规范规定的极值风荷载易对建筑围护结构造成损坏，2018 年第 22 号超强台风"山竹"过境香港导致部分建筑玻璃幕墙发生破坏，如图 1 所示。Davenport[1] 最先提出一种基于样本时程高斯分布假设的峰值因子计算方法，但是由于复杂街区的干扰效应产生旋涡脱落等复杂涡流，存在很多气流分离区，城市建筑群建筑表面风压通常呈现明显的非高斯特性。Kareem 和 Zhao[2] 提出了一种针对非高斯过程峰值因子的评估方法。Kwon 和 Kareem[3] 提出一种基于 Hermite 矩变换的方法。Huang 等[4] 基于第三阶和第四阶统计量对峰值因子的影响程度，提出了一种仅考虑偏度的非高斯峰值因子估计方法。Ma[5] 等提出一种基于模拟的混合数据方法（HDSB）来估计非高斯分布时程样本的峰值因子。

为了判断某处玻璃幕墙是否受风破坏，需要对玻璃幕墙进行抗风验算。对于玻璃的抗力，根据《玻璃幕墙工程技术规范》JGJ 102—2003，其分布符合如下规律：

$$f(x;\mu;\sigma) = \frac{1}{\sqrt{2\pi}x\theta}e^{\frac{(\ln x - \mu)^2}{2\theta^2}}, \ \mu = \ln(\mu_R) - \frac{1}{2}\ln\left(1 + \frac{\theta_R}{\mu_R^2}\right), \ \theta = \sqrt{\ln\left(1 + \frac{\theta_R}{\mu_R^2}\right)}$$

本文针对香港某建筑开展了大气边界层风洞刚性模型测压试验，得到了建筑表面的脉动风压。采用 HDSB 方法估计得到了目标建筑表面风压极值，旨在从极值风荷载的角度解释极端风荷载条件下玻璃幕墙大面积破坏的原因。

2　大气边界层风洞测压试验

开展了目标建筑的刚性模型测压试验，得到 24 个风向角下建筑表面各测点的脉动风压系数时程，以 90° 风向角工况为例进行讨论。迎风面大部分位置为正压区，其中最大平均风压系数达到了 0.83，背风面和侧面受到气流分离和旋涡脱落的影响大部分区域为负压区，其中最大负压达 −1.90。最大脉动风压系数出现在拐角处，其值为 0.54。

计算得到了各测点风压系数时程的峰度和偏度，发现目标建筑群表面测点处风压非高斯特性显著。根据峰度和偏度偏离高斯分布的程度选择非高斯特性显著的点，绘制脉动风压系数的概率密度分布，其中大部分与 Gumbel 分布更吻合。采用 HDSB 方法估计得到了 90°风向角工况下测点处风压系数时程的峰值因子，结果如图 2，大多超过 Davenport 推荐的 3.5～4.5 的范围，非高斯特性显著的风压可能对建筑产生更大的极值风荷载。

根据估计得到的峰值因子计算极值风压系数，迎风面极值风压系数分布如图 3 所示。所有测点层最大极大值风压系数点位于背风面靠近侧面处，其值达到 1.63。虽然该点处平均风压系数为−0.53，但其峰值因子估计值达到 12.36，因此由于非高斯特性显著导致的较大峰值因子可能导致极值风荷载超出设计值。所有测点层的最小极小值风压系数达到了−3.95，出现在侧面边缘，高度 86m。由于拐角处气流发生分离和再附着，形成强烈的湍流和涡流，并且气流速度在拐角处显著增大，因此拐角处产生较大负压。

基金项目：国家自然科学基金面上项目（52478564）

图1　台风"山竹"导致建筑
玻璃幕墙破坏

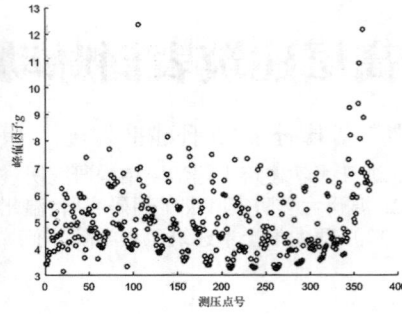

图2　基于 HDSB 方法的峰值因子估计

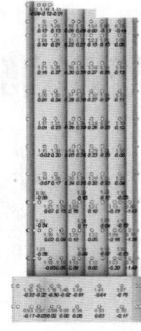

图3　建筑迎风面
极值风压系数分布

3　结论

通过风洞试验得到沿海城市地区某高层建筑在全风向角下的表面风压系数，利用概率分布和高阶统计量对脉动风压系数时程的非高斯特性进行描述。采用 HDSB 方法估计得到测点处非高斯峰值因子，在大部分测点处显著高于基于高斯假设的峰值因子估计值。

参考文献

[1]　DAVENPORT A G. Note on the distribution of the largest value of a random function with application to gust loading.[J]. Proceedings of the Institution of Civil Engineers, 1964, 28(2): 187-196. DOI:10.1680/iicep.1964.10112.

[2]　KAREEM A, ZHAO J. Analysis of Non-Gaussian Surge Response of Tension Leg Platforms Under Wind Loads[J]. Journal of Offshore Mechanics and Arctic Engineering, 1994, 116(3): 137-144. DOI:10.1115/1.2920142.

[3]　KWON D K, KAREEM A. Peak Factors for Non-Gaussian Load Effects Revisited[J]. Journal of Structural Engineering, 2011, 137(12): 1611-1619. DOI:10.1061/(ASCE)ST.1943-541X.0000412.

[4]　HUANG M, LOU W, CHAN C, et al. Peak factors of non-Gaussian wind forces on a complex-shaped tall building[J]. The Structural Design of Tall and Special Buildings, 2013, 22(14): 1105-1118. DOI:10.1002/tal.763.

[5]　MA X, XU F, KAREEM A, et al. Estimation of Surface Pressure Extremes: Hybrid Data and Simulation-Based Approach[J]. Journal of Engineering Mechanics, 2016, 142(10): 04016068. DOI:10.1061/(ASCE)EM.1943-7889.0001127.

矩形 TLD 非线性晃动性能研究

何　欣[1]，李　朝[1,2]，胡　钢[1,2]，欧进萍[1,2]

（1. 哈尔滨工业大学（深圳）智能土木与海洋工程学院　深圳　518055；
2. 广东省土木工程智能韧性结构重点实验室　深圳　518055）

1　引言

在当今城市化的浪潮中，高层建筑如雨后春笋般拔地而起，成为现代城市天际线的重要组成部分。高层建筑在风荷载作用下产生过大的动力响应，不仅影响居住者舒适性，同时对内部机械设备的安全运行造成不利影响。调谐液体阻尼器（TLD）通过内部液体晃动，耗散结构振动能量，从而有效控制结构动力响应，具有构造简单、成本低廉、维护便利等优势[1]，受到了广泛关注。张蓝方[2]通过振动台试验，探究了格栅稠度比、格栅位置、激励幅值对 TLD 阻尼性能的影响。钟文坤[3]基于势流理论，推导了矩形 TLD 固有阻尼比等效公式，考虑了内置挡板之间液体相互作用对 TLD 阻尼比的影响。肖从真[4]进行了大尺寸 TLD 振动台试验，分析了不同网栅条件下 TLD 的附加阻尼比，并验证了等效线性化模型的准确性。Fujino[5]利用浅水波动理论，建立了矩形 TLD 在水平激励下的非线性晃动力学模型，给出了液体阻尼比的半解析公式。等效理论模型能够初步计算 TLD 的动力特性，但是受到外部激励和液体深度的限制，无法准确捕捉 TLD 非线性特征，通过开展振动台试验，能够清晰直观地了解 TLD 的各项性能参数，但是受到试验模型成本和缩尺比的影响，无法开展大量的参数化研究。针对以上问题，本文采用 CFD 方法，建立 TLD 数值模型，探究 TLD 内部液体非线性动力响应。

2　数值模型验证

为了分析矩形 TLD 内部液体晃动特性，利用 OpenFOAM 两相流求解器，内部液体假设为不可压缩、等温不混溶流体。箱体几何尺寸为：$0.57\text{m} \times 0.31\text{m} \times 0.3\text{m}$，液体深度为 0.15m，箱体底部受到简谐激励作用，激励振幅为 5mm，激励频率为 6.0578rad/s。从图 1 和图 2 晃动波高时程曲线可以看出，数值结果与试验数据[6]吻合较好，而理论计算模型会低估液体的动力响应。

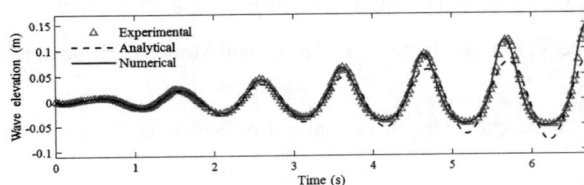

图 1　左侧晃动波高

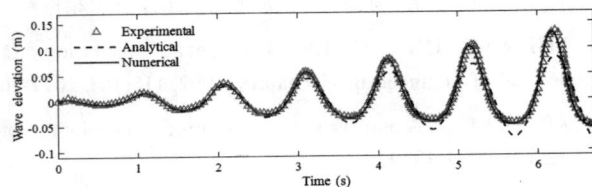

图 2　右侧晃动波高

3　液体深度影响

TLD 通过内部晃动液体吸收耗散能量，液体深度是晃动动力特性的重要控制参数。本部分采用不同液体深度，比较了晃动力和晃动波高响应的差异，如图 3 所示，当液体深度较浅时，随着激励频率的增加，晃动力和晃动波高曲线缓慢上升，达到峰值后迅速衰减，共振频率出现滞后，液体产生弹簧硬化效应。随着水深

基金项目：广东省基础与应用基础研究基金（2022A1515240062，2022A1515240001，2022A1515140136，2024B1515250004），深圳市基础研究专项（自然科学基金）（GXWD20231130143911001）

比的增加，当$h/L = 25\%$，达到临界深度，共振响应没有发生偏移，晃动响应对称均匀变化。但是当液体深度继续增大，晃动特征与浅水时相比较存在较大差异，晃动力和晃动波高曲线随着激励频率的增加迅速上升，达到峰值后缓慢衰减，液体表现为软化弹簧，共振响应提前。同时，随着液体深度的增加，晃动响应数值增大，但是增速逐渐减小，这是由于液体深度较大时，底部部分液体没有参加晃动。

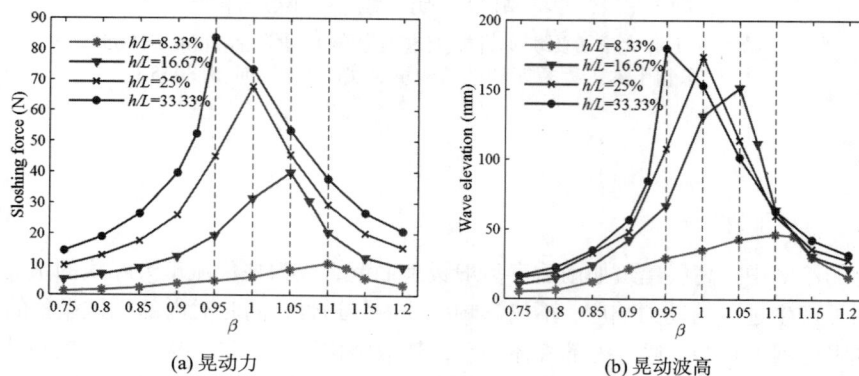

(a) 晃动力　　　　　　　　　　(b) 晃动波高

图 3　不同液体深度下，液体晃动峰值响应对比

4　结论

本文建立 TLD 数值分析模型，对箱内液体非线性晃动特性进行研究，克服了理论方法存在的缺陷，有效捕捉了 TLD 内部液体动力响应，并通过试验数据验证了数值模型的准确性。在大振幅外部激励作用下，随着液体深度的增加，晃动液体由弹簧硬化转变为软弹簧现象，共振响应出现偏移，液体晃动非线性特征显著。

参考文献

[1] 李宏男, 贾影, 李晓光, 等. 利用 TLD 减小高柔结构多振型地震反应的研究[J]. 地震工程与工程振动, 2000, 20(2): 7.

[2] 张蓝方, 张乐乐, 谢壮宁, 等. 内部带阻尼格栅的 TLD 减振性能试验研究[J]. 振动工程学报, 2022, 35(3): 674-680.

[3] 钟文坤, 吴玖荣, 孙连杨. 考虑挡板间水动力相互作用影响的矩形 TLD 水箱阻尼比分析[J]. 应用数学和力学, 2021, 42(1): 71-81.

[4] 肖从真, 巫振弘, 陈凯, 等. 大比例浅水矩形水箱振动台试验研究及 TLD 等效线性化分析[J]. 工程力学: 1-10.

[5] FUJINO Y, SUN L, PACHECO B M, et al. Tuned Liquid Damper (TLD) for Suppressing Horizontal Motion of Structures[J]. Journal of Engineering Mechanics, 1992, 118(10): 2017-2030.

[6] LIU D, LIN P. A numerical study of three-dimensional liquid sloshing in tanks[J]. Journal of Computational Physics, 2008, 227(8): 3921-3939.

基于气弹模型试验的自立式钢质排风塔风振响应研究

彭亚宸，牛华伟

（湖南大学桥梁工程与韧性全国重点实验室 长沙 410082）

1 引言

排风塔这类圆截面高耸结构，其风振响应可分为顺风向和横风向两类响应。其中顺风向响应主要为大气脉动风引起的抖振响应，横风向响应主要为卡门涡旋周期性脱落引起的涡激共振为主，而对于自立式钢排风塔而言，横风向的风振响应是引起排风塔破坏的主要原因[1-3]，如何减小横风向的风振响应是国内外学者比较关注的问题。

对于高耸结构的涡振控制，通常通过安装调频减振装置来耗散能量、降低响应，使用最广泛的是安装调谐质量阻尼器（TMD），陈政清等[4]、刘石等[5]将 TMD 应用于输电塔并进行了减振效果的风洞试验分析；此外，还有学者通过设置破风圈的方式来减少涡激共振[6]。Huang 等[7]在钢管上安装扰流板减小输电塔钢管的涡振；朱志斌[8]提出了在钢烟囱上 1/3 位置设置破风圈来避免发生共振。

本文以某变锥度自立式排风塔作为研究对象，首先通过风洞试验来模拟其雷诺数效应，随后研究其风振响应并对比不同振动控制措施的效果，为同类型的排风塔抗风设计提供支撑。

2 研究方法和研究内容

根据外表面雷诺数效应模拟风洞试验得到符合要求的雷诺数补偿方案，如图 1 所示，最终选定为绕圆周均匀布置 36 条 1mm 直径的细棉线，并根据各个高度处风速以及截面尺寸基于式(1)计算，得到补偿前后均匀流和紊流场阻力系数随风速变化的结果如图 2 所示。

$$C_{D\_reference} = \frac{F_D}{\frac{1}{2}\rho \int_0^H U_{(Z)}^2 D_{(Z)} \, dZ} \tag{1}$$

式中，$U_{(Z)}$ 为模型在紊流场中不同高度处对应的风速；$D_{(Z)}$ 为不同高度处对应的模型宽度；ρ 为空气密度；F_D 为天平所测得的阻力大小；为 $C_{D\_reference}$ 阻力系数。

图 1 自立式排风塔气弹模型

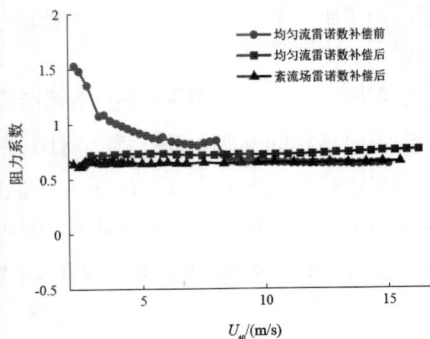

图 2 阻力系数随风速变化图

在此基础上设计加工了几何缩尺比 $\lambda_L = 1/65$，风速缩尺比 $\lambda_U = 1/4.73$ 的铝合金芯梁与树脂外衣组合的气弹性模型，在"尖劈＋粗糙元"生成的 A 类风场内进行试验，如图 1 所示，测试了不同风速下气弹模型

基金项目：湖南省科技创新计划资助（2023RC1036），国家自然科学基金面上项目（52178477）

的横风向和顺风向风致响应以及对比了减振方案，位移响应结果和对比如图 3 所示。

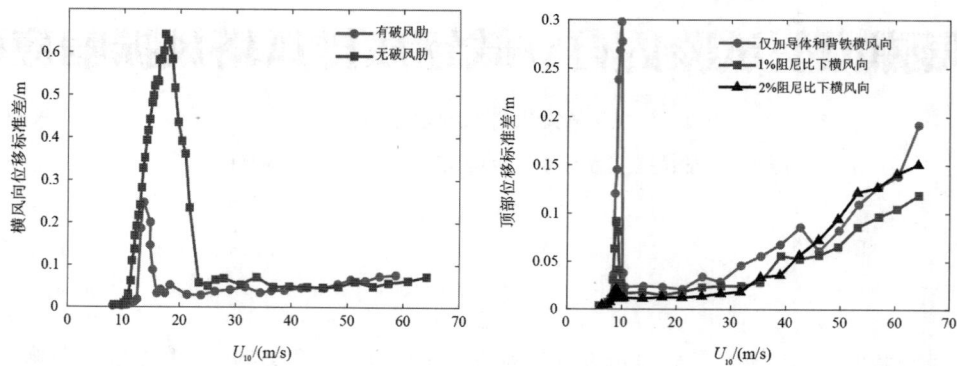

图 3   顶部位移标准差结果

3   结论

（1）对于类似本钢排风塔圆截面尺寸的模型，环向等间距布置 36 条直径 1mm 的细棉线可以较好地实现雷诺数补偿，能明显看到阻力系数从临界区到超临界区的转变。

（2）利用铝制芯梁加树脂外衣组合制作出的气弹性模型，可以较好地模拟实际钢排风塔的动力特性。风洞试验模拟测试出的风致响应结果较为可靠，锁定区横风向位移响应极值与国外相关规范相近，可以为该类工程结构提供设计参考。

（3）对比分析了增加阻尼的机械阻尼措施和安装螺旋肋破风圈的气动阻尼措施，二者针对涡振都取得良好的减振效果，但是安装螺旋肋破风圈会增大抖振响应。

参考文献

[1]   KAWECKI J, ZURAŃSKI J A.Cross-wind vibrations of steel chimneys—A new case history[J]. Journal of Wind Engineering and Industrial Aerodynamics, 2007, 95(9): 1166-1175.

[2]   REPETTO M P, SOLARI G. Directional Wind-Induced Fatigue of Slender Vertical Structures[J]. Journal of Structural Engineering, 2004, 130(7): 1032-1040.

[3]   REPETTO M P, SOLARI GIOVANNI. Wind-induced fatigue collapse of real slender structures.[J]. Engineering Structures, 2010, 32(12): 3888-3898.

[4]   陈政清, 王苗, 牛华伟, 等.1000kV 特高压大跨越输电塔调谐质量阻尼器减振效果分析[J]. 武汉科技大学学报, 2021, 44(3): 233-240.

[5]   刘石, 张志强, 黄国栋, 等. 输电塔风振响应双调谐质量阻尼器优化控制研究[J]. 特种结构, 2019, 36(6): 101-107.

[6]   王万里, 曾青, 王国鸿. 80m 钢烟囱分析及设计[J]. 固体力学学报, 2008, (201): 175-178.

[7]   HUANG M F, ZHANG B Y, GUO Y, et al.Prediction and suppression of vortex-induced vibration for steel tubes with bolted joints in tubular transmission towers[J].Journal of Structural Engineering, 2021, 147(9): 04021128.

[8]   朱志斌. 自立式钢烟囱设计的探讨[J]. 化工设计, 2020, 30(3): 37-41+50.

基于风洞试验与 GA-BP 神经网络的高层建筑表面风压干扰效应及预测研究

李驰宇 [1,2]，李永贵 [1,2]，刘俏琳 [1,2]

（1. 结构抗风与振动控制湖南省重点实验室　湘潭 41000；
2. 湖南科技大学土木工程学院　湘潭 41000）

1　引言

由于自身结构特性的缘故，高层建筑在风力的作用下其风荷载特性和动力响应非常复杂，设计不当会严重影响建筑使用的舒适度和安全性，因此，对高层建筑间的气动干扰效应进行深入研究是非常必要的。本文对方形截面高层建筑进行了刚性模型测压试验，基于刚性模型测压试验的结果，对两正方形建筑间的静力干扰效应进行研究，通过观察迎风面的平均风压系数变化规律，计算平均风压干扰因子和极值风压干扰因子来反映间距比和风向角对干扰效应的影响，并采用遗传算法优化后的 BP 神经网络（GA-BP）进行不同工况下的脉动风压时程预测，将标准 BP 方法与 GA-BP 方法的预测结果与试验结果进行了对比。

2　研究方法与内容

2.1　试验内容

本文试验在湖南科技大学风洞实验室中进行，试验现场如图 1 所示。模型尺寸为 0.8m × 0.1m × 0.1m，阻塞比为 0.66%，满足阻塞的要求。模型用 4mm 厚 ABS 板制作而成，满足测压试验的刚度要求。施扰建筑是与目标建筑相同尺寸的刚性模型。测点布置及移动网格如图 2、图 3 所示。

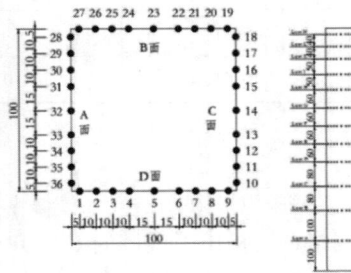

图 1　风洞试验现场　　　图 2　测点布置示意图　　　图 3　移动网格图

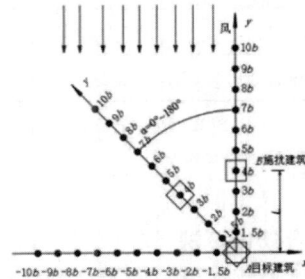

2.2　不同风向角下的干扰特性

研究表明建筑干扰效应呈现空间非对称性:0°风向时,两建筑串列导致迎风面 SIF 显著降低(0.26~0.79),侧风面在 $L = 4b - 6b$ 间距下因尾流涡激作用，PIF 峰值达 1.26 较 SIF 增幅 55.6%，表现出极值风压对湍流的高敏感性；90°并列工况中，峡管效应使 SIF 局部增至 1.20，但 PIF 响应弱（1.13），揭示平均风压几何绕流与极值风压瞬态耦合机制差异；100°~180°时背风面 SIF/PIF 同步出现 1.22 峰值，应是尾流再附对两类风压的共同强化；临界间距 $L \geq 4b$ 时，侧风面 PIF > 1.2 概率骤升，而 SIF 随间距增大持续衰减，体现出干扰阈值对极值风压控制的特殊性。

基金项目：国家自然科学基金项目（51878271）

2.3 预测结果分析

如图 4～图 6 所示，对比了在同工况下，试验结果与标准 BP 以及优化后的 BP 算法在测试集上的测试结果，可以发现两种算法模型对脉动风压系数的预测结果均与试验结果接近，其中遗传算法优化后的 BP 神经网络（GA-BP）均方根误差及相关系数均优于标准 BP 算法（表 1）。

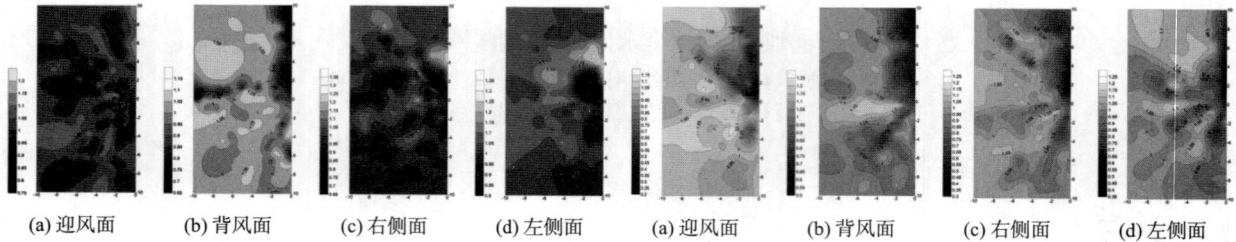

| (a) 迎风面 | (b) 背风面 | (c) 右侧面 | (d) 左侧面 | (a) 迎风面 | (b) 背风面 | (c) 右侧面 | (d) 左侧面 |

图 4　SIF 等值线图　　　　　　　　　　　　　　　图 5　PIF 等值线图

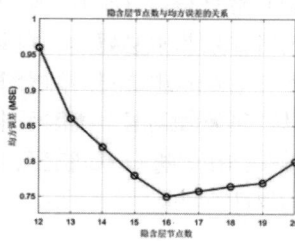

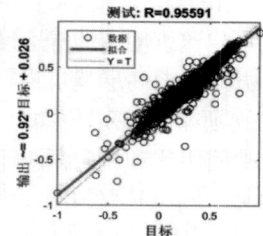

图 6　隐含层节点选择图　　　图 7　BP 模型示意图　　　图 8　神经网络预测　　图 9　测试集拟合回归图
　　　　　　　　　　　　　　　　　　　　　　　　　　　　　对比图

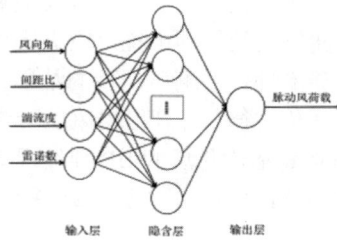

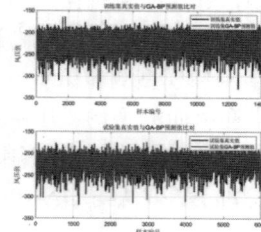

模型效果　　　　　　　　　　　　　　　表 1

参数	BP 神经网络		GA-BP 神经网络	
	训练集（70）	测试集（30）	训练集（70）	测试集（30）
MSE	0.753	2.331	0.657	2.053
MAE	4.765	4.753	4.243	6.151
MBE	0.171	0.181	−0.018	−0.106
R^2	0.952	0.865	0.965	0.927

3　结论

本文结合遗传算法（GA）与 BP 神经网络算法提出了改进的 GA-BP 方法用于预测建筑表面局部脉动风压时程，并将预测结果与原始试验数据和标准 BP 方法结果进行了对比，本文主要结论总结如下：GA-BP 模型在预测脉动风压系数方面精度可靠，且相较传统 BP 模型具有更低的均方根误差（RMSE）和更高的相关系数；GA-BP 模型在大多数频率的相干函数要优于标准 BP 模型。

参考文献

[1]　KATO Y, KANDA M. Development of a modified hybrid aerodynamic vibration technique for simulating aerodynamic vibration of structures in a wind tunnel[J]. Journal of Wind Engineering and Industrial Aerodynamics, 2014, 135: 10-21.

[2]　CHEN F, KANG W, SHU Z, et al. Predicting roof-surface wind pressure induced by conical vortex using a BP neural network combined with POD[J]. Building Simulation, 2022, 15: 1475-1490.

基于多保真代理模型的高层行列式建筑群风效应优化研究

滕云超[1]，郑朝荣[1,2]，乐誉清[3]

（1. 哈尔滨工业大学土木工程学院 哈尔滨 150090；
2. 哈尔滨工业大学结构工程灾变与控制教育部重点实验室 哈尔滨 150090）

1 引言

在城市环境中，建筑群的布局对其内部及周边的风场结构产生显著影响，可能导致结构破坏或污染物的积聚[1-3]，从而威胁到建筑物的安全性和城市环境的质量。鉴于此，本文旨在系统研究高层行列式建筑群的风荷载与风环境特性，以期通过优化建筑布局来降低风荷载并改善风环境，从而提升城市建筑群的抗风性能和环境适应性。为实现这一目标，首先，基于文献调研确定高层行列式建筑群风荷载与风环境特性的综合评估指标，并结合风洞试验和 CFD 数值模拟方法确定其数值；然后，采用基于多源数据融合的多保真度代理模型的多目标优化方法，开展高层行列式建筑群风效应（风荷载和风环境）优化研究。为城市建筑群优化布局设计提供有效合理方案。

2 多保真度代理模型的风效应优化研究

基于多保真代理模型的多目标优化流程[4]，如图 1 所示，高层行列式建筑群风效应优化流程和结果[5]，如图 2 所示。

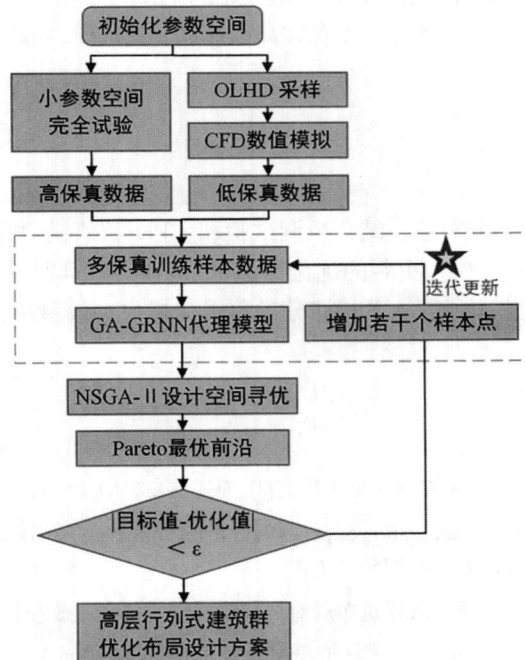

图 1 多保真代理模型的多目标优化流程

基金项目："十四五"国家重点研发计划课题（2022YFC3801101）

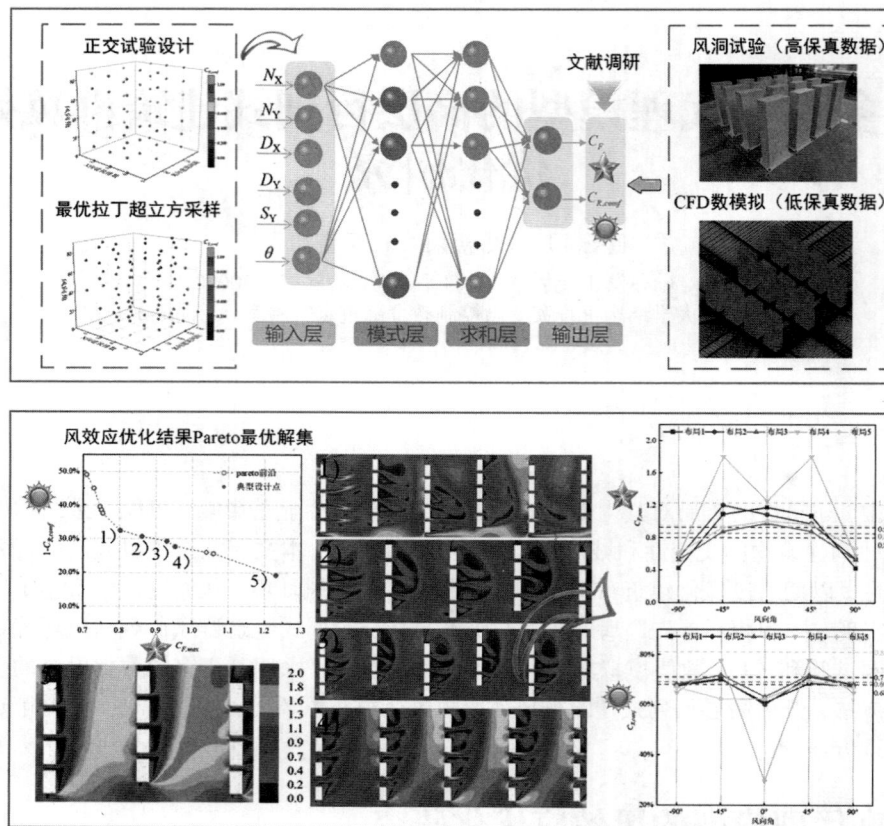

图 2　高层行列式建筑群风效应优化流程和结果：
（a）基于多保真度代理模型的风效应优化方法；（b）风效应优化结果 Pareto 最优解集

以上 5 组最优布局方案下（布局参数输入：X向建筑排数N_X、Y向建筑排数N_Y、X向间距D_X、Y向间距D_Y、Y向偏移S_Y、风向角 θ/°）的 CFD 数值模拟结果如图 2 所示，从风速比云图中可以看到，5 组工况下大部分区域的风速比均在 0.5~2.0 之间，且几乎不存在高风速区，低风速区域面积也较小，风舒适率均在 70% 左右，甚至超过 80%，室外风环境较优。

3　结论

本文以高层行列式建筑群为研究对象，结合风洞试验和 CFD 数值模拟方法，对建筑群的风荷载与风环境特性进行分析与评估，并基于代理模型更新的优化算法，以最佳的建筑群风荷载和风环境水平为优化目标，得到了高层行列式建筑群的最优布局结果，为城市建筑群设计提供有效参考。

参考文献

[1]　艾晓秋, 秦彤. 城市区域风易损结构风灾损失分析研究[J]. 灾害学, 2010, 25(S1): 216-219.

[2]　WHITE B R. Analysis and wind-tunnel simulation of pedestrian-level winds in San Francisco[J]. Journal of Wind Engineering and Industrial Aerodynamics, 1992, 44(1-3): 2353-2364.

[3]　梁涛, 甘义猛, 陈珂珂, 等. 郑州市居住区建筑布局对风环境的影响[J]. 安徽农业科学, 2016, 44(26): 131-135+139.

[4]　王兆勇, 郑朝荣, Mulyanto Joshua Adriel, 等. 基于代理模型的方形凹角截面超高层建筑气动外形优化[J]. 土木工程学报, 2023, 56(4): 1-11.

[5]　乐誉清. 基于多保真代理模型的高层行列式建筑群风效应优化研究[D]. 哈尔滨: 哈尔滨工业大学, 2023.

台风激励下某超高层建筑的模态参数时变特性与振幅相关性分析

李毅诚，胡尚瑜

（汕头大学工学院土木工程系结构与风洞重点实验室 汕头 515063）

1 引言

大部分结构抗风设计中，均假设结构的模态参数与振幅无关。然而，越来越多的台风或地震下的响应研究表明高层建筑或高耸结构的模态参数与测得的响应之间具有一定的相关性。此外对高层建筑二阶及以上平动模态的参数与时间等参量的相关性研究亦少有报道。本文将传统与新型模态提取方法相结合，研究分别在2021年台风"圆规"与2022年台风"马鞍"下，珠海某超高层建筑的一阶与二阶平动模态动力参数的时变特性与振幅相关性。

2 研究方法

首先，使用一种数据平滑化方法[1]，形成较为平滑的功率谱曲线。然后使用尺度子空间峰值寻找方法[2]捕捉前n阶模态的峰值，确定频率为$f_1, f_2, \cdots, f_n$，截取区间$[f_i - \Delta f, f_i + \Delta f]$（$i = 1, 2, \cdots, n$）进行二次搜索，并使用NMD[3]，得到psd热力图，确定不同时间段下建筑平面主轴坐标与观测坐标的夹角，即为α（以下简称最优α角）各个模态的最优角度。随后使用VME[4]与随机减量技术（RDT）方法相结合，提取高层建筑的频率与阻尼比，得到两者随时间与振幅的变化情况，最后进行总结。

3 结果与讨论

3.1 实测与模态提取概况

珠海某超高层建筑，高度339m。在该建筑顶部位置放置加速度采集仪，分别在2021年台风"圆规"作用期间与2022年台风"马鞍"下测得加速度数据。对数据进行第2节所述的方法进行数据处理，得到部分一阶平动与二阶平动模态的功率谱热力图［如图1（a）、（b），"两坐标轴夹角"即最优α角］与RDT包络线拟合情况（详见全文）。此外统计了两次台风下的各个时间段获得的最优α角如图1（c）。发现珠海该超高层建筑前两阶平动模态均有正交耦合现象，但在原始功率谱图像中较难观测。且由于两个正交水平方向的一阶模态频率极为接近，两个正交观测方向的功率谱热力图最大峰值对应建筑平面主轴坐标与观测坐标的夹角（即最优α角）出现更大的波动。

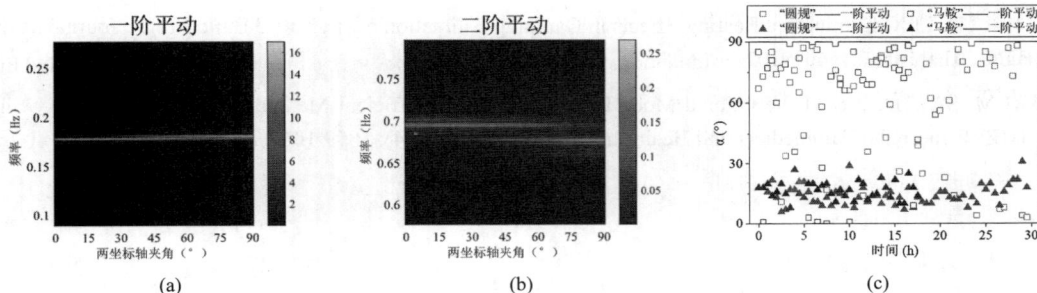

图1 部分模态识别结果图像

3.2 频率与阻尼比的时变特征

在 3.1 节中获得的频率与阻尼比的时变结果如图 2 所示，两次台风作用期间频率与阻尼比随振幅的变化如图 3 所示。由图 2、图 3 与时程图像（详见全文）对比可以发现："圆规"作用期间，超高层两个主轴方向一阶频率均在振幅最大值之后出现较大幅度波动（由原来的 0.175～0.181Hz 之间波动变为 0.175～0.185Hz 之间波动），但"马鞍"作用期间，加速度响应在振幅降至 1cm/s² 以下时出现相反的变化趋势。"马鞍"作用期间，一阶模态阻尼比在振幅最大值之后的波动有所放缓（由原来的 0.3%～2%到 0.2%～1.5%）。在振幅 0～1.5cm/s² 范围内，除极个别结果外，建筑顶部水平加速度的前两阶频率均随振幅增大而减小。此外，观察建筑平面两个正交方向的二阶平动模态频率变化情况可以发现，任一正交主轴上二阶平动模态频率有随另外一正交主轴的频率的增大而近似增大的趋势，如图 4 所示。

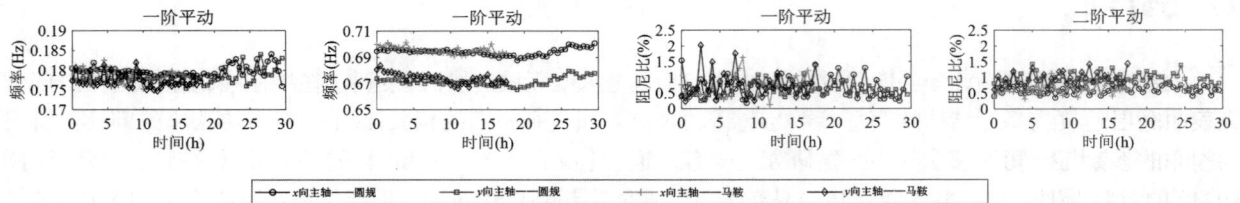

图 2 模态识别的时变结果

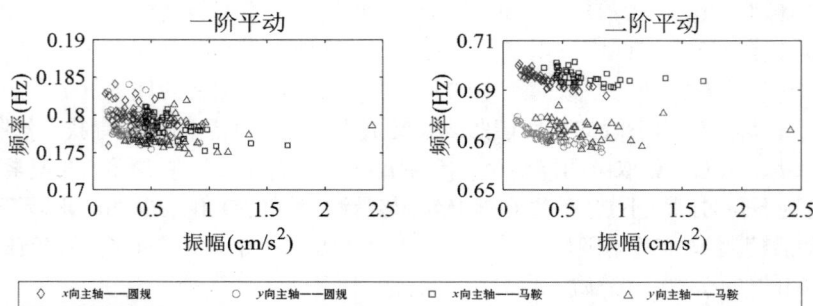

图 3 频率随振幅变化图像

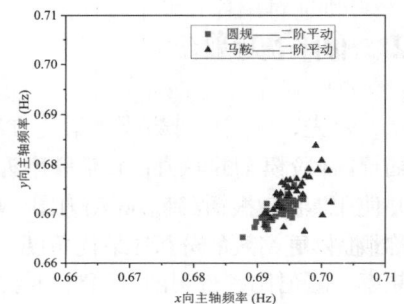

图 4 两主轴二阶平动频率关系图示

4 结论

本文整合多种模态分析方法，对珠海某高层建筑分别在台风"圆规"与"马鞍"下的一阶与二阶平动模态参数的变化进行分析，得到相关结论。

参考文献

[1] CHEYNET E .Averaging noisy data into bins[J]. 2019.

[2] LIUTKUS A. Scale-Space Peak Picking[R]. 2015.

[3] ZHOU K, LI Q, LI X. Eliminating Beating Effects in Damping Estimation of High-Rise Buildings[J]. Journal of Engineering Mechanics, 2019, 145(12): 4019102.

[4] NAZARI M, SAKHAEI S M. Variational Mode Extraction: A New Efficient Method to Derive Respiratory Signals from ECG[J]. IEEE Journal of Biomedical and Health Informatics, 2018, 22(4): 1059-1067.

调谐液体阻尼器与高耸结构模型简化耦合模拟方法研究

周　旭[1,2]，唐　煜[3]，王文熙[1,2]，华旭刚[1,2]

（1. 湖南大学桥梁工程安全与韧性全国重点实验室　长沙 410082；
2. 湖南大学土木工程学院　长沙 410082；
3. 西南石油大学土木工程与测绘学院　成都 610500）

1　引言

调谐液体阻尼器（Tuned Liquid Damper，TLD）作为一种被动控制装置，在抑制结构振动方面表现出显著的效果[1]。在实际工程应用中，常采用流固耦合（Fluid-Structure Interaction，FSI）方法来研究液体与固体之间的复杂相互作用。因此，如何高效、准确且便捷地模拟 TLD 与结构之间的流固耦合效应，成为该领域研究的重要课题。孙连杨等[2]基于 OpenFOAM 开发了一套 CFD/CSD 耦合作用的数值算法。Das 等[3]借助 ANSYS 流体-结构耦合（FSI）平台，提出了一种 CFD-FEA 框架，用于模拟液体与固体的耦合作用。Victor 等[4]则通过编程开发了一种基于计算流体动力学（CFD）的弱耦合方法，将气动力模型与结构动力学模型相结合进行流固耦合分析。然而，这些方法在工程实践中应用时仍显复杂，计算成本较高，尤其是在实际设计 TLD 时存在一定的局限性。因此，进一步发展简化且高效的流固耦合模拟方法，具有重要的理论价值和工程意义。

本文针对结构-TLD 系统提出一种简化的流固耦合分析方法，分别模拟了单自由度系统和多自由度系统的简谐激励振动过程，并通过试验验证所提出简化方法的可靠性。该研究旨在为 TLD 设计中的流固耦合问题提供更高效的分析工具，并为工程应用提供技术支撑。

2　结构-TLD 系统流固耦合分析

2.1　简谐强迫振动条件下的 TLD 阻尼力

提出一种结构-TLD 间简化的 FSI 分析框架，如图 1 所示。基于 FLUENT 计算 TLD 晃动过程中所有壁面沿晃动方向受到的总流体力，计算域空间离散采取六面体结构化网格，最小网格尺寸为 0.002m，计算域及局部网格划如图 2 所示，计算结果如图 3 所示。

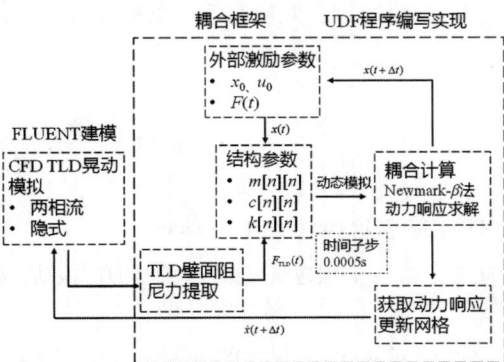

图 1　简化 FSI 模拟方法框架

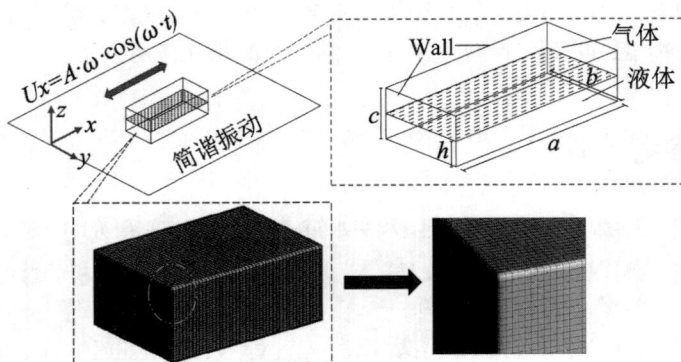

图 2　CFD 计算域模型

2.2　单自由度系统自由衰减过程模拟

利用上述 CFD 阻尼力计算模型，对结构-TLD 系统的自由衰减过程进行了数值模拟。同时，设计了一套弹性悬挂装置，开展结构-TLD 系统的自由衰减振动试验，以获取试验数据验证数值模拟结果的准确性和可靠性，从而评估该模型在实际工程中的适用性，结果如图 4 所示。

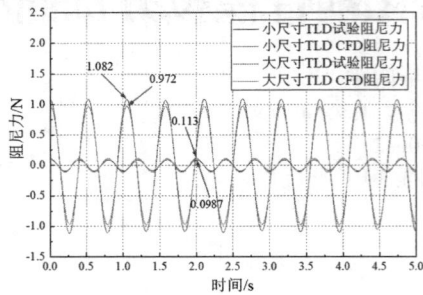

图 3　简谐强迫振动条件下阻尼力时程　　　　图 4　结构-TLD 系统单自由度自由衰减振动

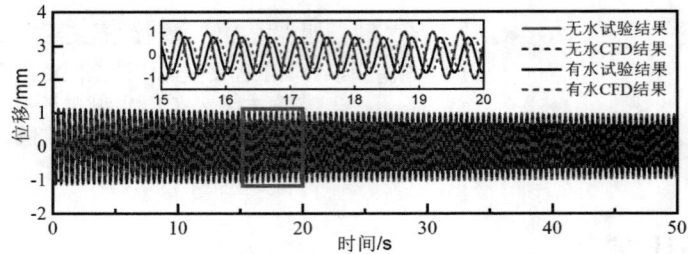

2.3　简谐激励条件下多自由度系统振动过程模拟

在单自由度结构系统分析的基础上，将研究范围扩展至多自由度结构系统，对结构-TLD 系统在简谐强迫激励条件下的耦合振动过程进行了数值模拟。为验证模拟结果的可靠性，设计并搭建了多自由度结构-TLD 系统的试验装置，开展简谐强迫激励下的振动试验，获取试验数据并与数值模拟结果进行对比分析，从而评估模拟方法的精度及其在复杂结构系统中的适用，计算结果如图 5 所示。

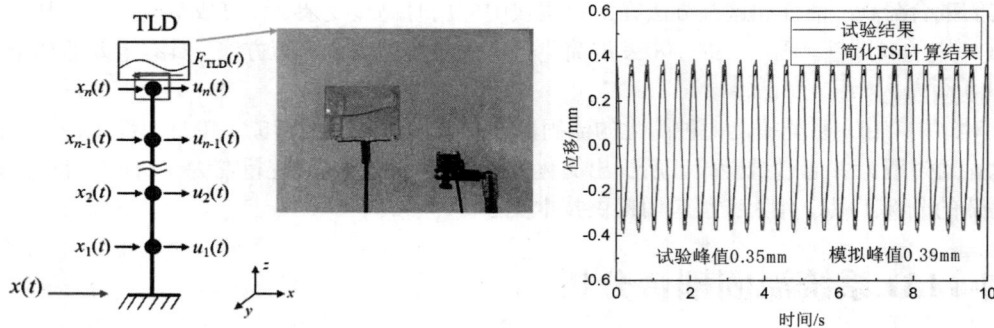

图 5　结构-TLD 系统多自由度简谐振动

3　结论

由结构-TLD 系统流固耦合分析结果可知，无论是单自由度还是多自由度结构系统，提出的简化 FSI 模拟方法计算结果与试验结果均吻合良好，表明该方法模拟结构-TLD 间流固耦合效应有较高的鲁棒性和良好的精度，可有效反映出 TLD 与结构间的相互作用关系。

参考文献

[1]　张敏政, 丁世文, 郭迅. 利用水箱减振的结构控制研究[J]. 地震工程与工程振动, 1993, 13(1): 40-48.

[2]　孙连杨, 吴玖荣, 钟文坤, 等. 基于 CFD/CSD 耦合分析的内置竖向挡板 TLD 高层建筑风振控制研究[J]. 振动工程学报, 2023, 12(7): 1-10.

[3]　DAS A, MAITY D, BHATTACHARYYA S K. Investigation on the efficiency of deep liquid tanks in controlling dynamic response of high-rise buildings: A computational framework[J]. Structures, 2022, 37: 1129-1141.

[4]　VÎLCEANU V, KAVRAKOV I, MORGENTHAL G. Coupled numerical simulation of liquid sloshing dampers and wind-structure simulation model[J]. Journal of Wind Engineering and Industrial Aerodynamics, 2023, 240: 105505.

基于 CFD 的内置桨柱圆形调谐液体阻尼器水动力特性研究

李文婕，张蓝方，谢壮宁

（华南理工大学亚热带建筑与城市科学全国重点实验室 广州 510640）

1 引言

随着城市化进程的加快和土地成本的上升，经济发达地区的住宅高层建筑高度普遍达到 200m。这些建筑通常具有高柔度和低阻尼的特性，对风荷载非常敏感。风振控制成为这些结构设计中的关键问题。然而，现有的结构风振控制技术标准主要针对纯水箱圆形调谐液柱阻尼器（Cylindrical Tuned Liquid Damper，CTLD），缺乏内置阻尼构件 CTLD 设计的具体指导，难以满足初步设计和晃动阻尼达不到减振性能的需求。本文提出了一种内置桨柱的 CTLD，由圆形外壳和桨柱组成，其内置桨柱能够有效提供有效控制所需要的阻尼值。由于其轴对称性，这种 CTLD 可以在任意方向上作为等效的 TLD[1]。通过 CFD 数值模拟和参数识别方法，研究了激励幅值、液深比、桨柱尺寸对内置桨柱 CTLD 水动力参数的影响[2]。

2 模拟方法及参数识别

本文建立的模型为一个尺寸为 $D = 1m$，$H = 0.6m$ 的圆柱外壳，配备 9 根桨柱。该模型在 Spaceclaim 软件中进行建模，并随后进行网格划分，再导入 FLUENT 模块进行计算。计算采用了体积法（VOF）多相流模型和 Realizable k-ε 湍流模型，并选用隐式体力模型（Implicit Body Force）来处理外部激励，激励加载通过 DEFINE_SOURCE 实现。计算采用 SIMPLE 算法进行压力-速度耦合，计算过程提取水箱内壁圆弧上的波高响应，对其结果利用复数形式的二阶盲辨识方法（Complex Second Order Blind Identification，CSOBI）进行信号的分离与解耦，并通过改进的贝叶斯谱密度方法（Modified Bayesian Spectral Density Approach，MBSDA）识别水动力特性参数（模态频率和阻尼比）。

3 主要结果

把激励幅值 $a_{\max}/g = 0.045$ 的白噪声激励施加到桨柱宽度 $2a_y/R = 0.26$，液深比 $h/R = 0.3$ 的水箱进行振动试验，图 1 给出了使用 CSOBI 方法解耦前后的功率谱密度对比，图 2 给出了 MBSDA 参数识别效果即对比识别结果反算的 1 阶模态响应功率谱密度与实际响应功率谱密度。结果显示 MBSDA 的固有频率、阻尼比识别结果具有更高的可靠度。

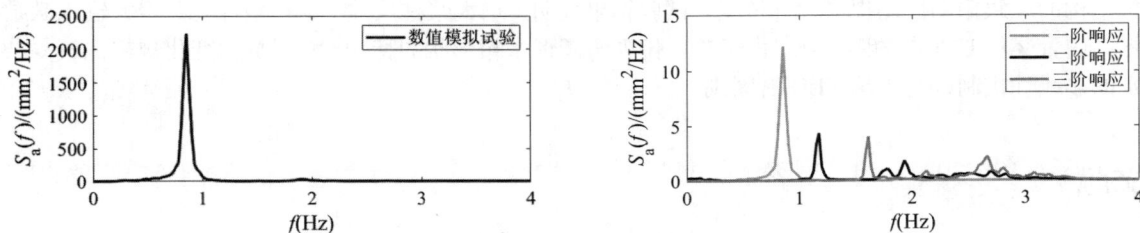

图 1 CSOBI 解耦前后的响应功率谱密度对比

基金项目：国家自然科学基金项目（52078221）

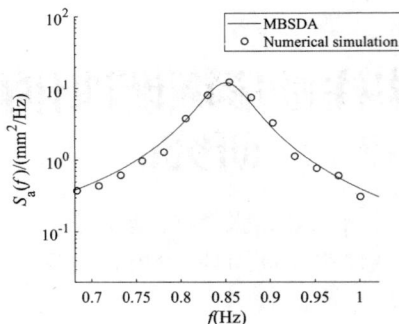

图 2 一阶模态响应功率谱密度

在验证参数识别方法结果可靠性的基础上，分析桨柱尺寸、激励幅值、液深比对于水动力特性的影响，本文共实施 40 种工况的模拟计算，图 3 给出部分工况的识别分析结果。由图可见，研究参数对 CTLD 水动力特性的影响和矩形平面 TLD 相比存在一定差异，主要体现在参数对阻尼比的影响规律更为复杂，与矩形 TLD 不同，由于结构特殊性，内置桨柱的 CTLD 的阻尼随参数（液深比、桨柱宽度）变化显示明显的非单调变化特征。而变化参数（激励幅值），频率保持不变，说明 1 阶模态频率与激励幅值无关，阻尼比随激励幅值增大而增大。

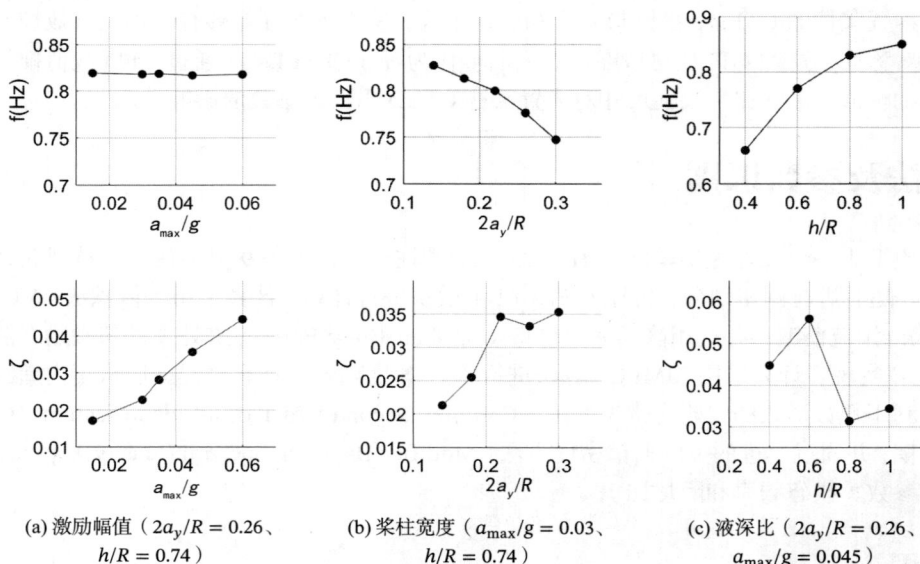

(a) 激励幅值（$2a_y/R = 0.26$、$h/R = 0.74$）　　(b) 桨柱宽度（$a_{max}/g = 0.03$、$h/R = 0.74$）　　(c) 液深比（$2a_y/R = 0.26$、$a_{max}/g = 0.045$）

图 3 不同参数对 CTLD 晃动频率和阻尼的影响

4 结论

本文数值模拟模型可以较好地模拟内置桨柱 CTLD 波高响应，并准确识别频率、阻尼比。内置桨柱 CTLD 加入桨柱产生的附加质量可较显著地减小晃动频率，最大减小量为 13.1%，阻尼比的可调节范围为 2%～7%，可为相关结构的风致振动控制提供设计依据。试验结果表明：增大桨柱尺寸、减小液深比、增大输入激励可以有效提高内置桨柱 CTLD 的阻尼比。由于桨柱排列与圆形水箱形状的特殊性，阻尼比变化规律比较复杂且存在特别的非线性机制，与矩形 TLD 有区别。

参考文献

[1] DING H , WANG J T, LU L Q, et al.A toroidal tuned liquid column damper for multidirectional ground motion-induced vibration control[J]. Structural Control and Health Monitoring, 2020, 27(8).

[2] 张蓝方. 内置阻尼构件调谐液体阻尼器的水动力特性、设计和性能评价方法[D]. 广州: 华南理工大学, 2022.

超高层建筑风压非高斯特性的干扰效应

吴　凡[1]，杨雄伟[2]，郑云飞[3]，徐鹏程[4]，王赫晨[4]，刘庆宽[1,5,6]

（1. 石家庄铁道大学 交通运输学院 石家庄 050043；
2. 河北地质大学城市地质与工程学院 石家庄 050031；
3. 石家庄铁路职业技术学院铁道工程系 石家庄 050043；
4. 石家庄铁道大学 土木工程学院 石家庄 050043；
5. 石家庄铁道大学省部共建交通工程结构力学行为与系统安全国家重点实验室 石家庄 050043；
6. 河北省风工程和风能利用工程技术创新中心 石家庄 050043）

1　引言

在城市化现代建设过程中，超高层建筑的数量日益增加，对城市微气候的影响不容忽视。在超高层建筑周围存在干扰建筑群时，会显著影响超高层建筑物表面的风压分布特性[1]。相关研究表明，干扰建筑群的存在会使超高层建筑表面风压出现局部放大趋势[2-3]。

以往的研究大多关注平均和脉动风压系数，但干扰建筑群对风压的非高斯特性等的影响规律还不明确。本文通过风洞试验，研究了干扰建筑群对超高层建筑平均风压、脉动风压，风压的非高斯特性、峰值因子和极值风压等的影响。

2　风洞试验概况

风洞试验在石家庄铁道大学风工程研究中心 STU-1 风洞实验室低速段内进行。试验模型为 3 栋超高层建筑（B 塔、C 塔和 D 塔），如图 1 所示。模型缩尺比为 1：250。模型堵塞率小于 5%。模型由 ABS 板制成，且风场为 B 类地形。采样频率为 330Hz，采样时间为 30s。风向角及测点布置如图 2 所示，风向角以 10° 为间隔逆时针方向增大，共 36 个风向角。

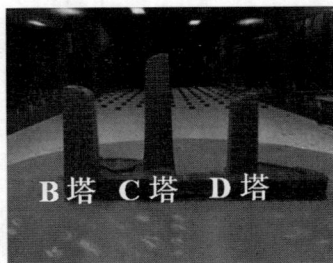

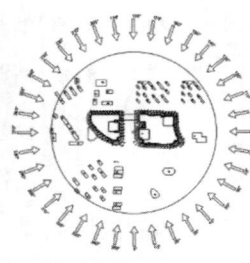
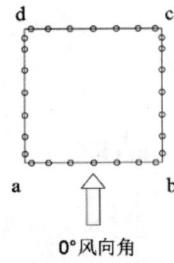

(a) 无干扰建筑模型	(b) 有干扰建筑模型图

图 1　超高层建筑试验模型布置图

(a) 风向角	(b) 测点布置

图 2　风向角及测点布置图

3　试验结果分析

以 C 塔为例，得到了有无干扰建筑群下超高层建筑表面的平均风压、脉动风压、偏度、峰度、概率密度分布、峰值因子和极值风压等数据特征。考虑到篇幅的限制，这里仅给出干扰建筑群对超高层建筑表面风压非高斯特性分布的影响。

基金项目：河北省自然科学基金创新研究群体项目（E2022210078），中央引导地方科技发展资金项目（236Z5410G），国家自然科学基金青年科学基金项目（52408551），河北省自然科学基金青年项目（E2024210071），河北省高等学校科学技术研究项目（QN2024038）

3.1 风荷载概率分布特性

图 3 为有无周边干扰建筑下典型测点风压概率密度分布曲线，测点 D 和测点 E 分别位于超高层的迎风面和侧风面上，无干扰建筑时两个测点的概率密度分布与标准高斯分布吻合较好，存在干扰时测点的概率密度函数均明显地偏离了高斯分布。非高斯分布通常采用风压时程三阶统计量（偏度 S）和四阶统计量（峰度 K）进行描述。结合各测点风压概率密度曲线、偏度和峰度及参考文献[3-4]的情况，划定非高斯区域的标准为 $|S| > 0.5$ 且 $|K| > 3.5$。

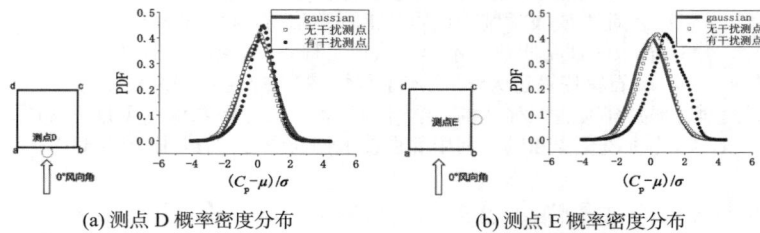

(a) 测点 D 概率密度分布　　　　　　　(b) 测点 E 概率密度分布

图 3　有无周边干扰建筑下典型测点风压概率密度分布曲线

3.2 干扰建筑群对超高层建筑迎风面风压非高斯特性的影响

图 4 为超高层建筑迎风面偏度与峰度的分布图像，可以看出干扰建筑的存在对迎风面上的风压非高斯区特性有显著影响，偏度 S 和峰度 K 的数值均有显著增长，非高斯性区域范围明显增加。当超高层建筑周边存在干扰建筑时，迎风面非高斯性特性增大的位置主要在超高层建筑物下部的左侧位置。

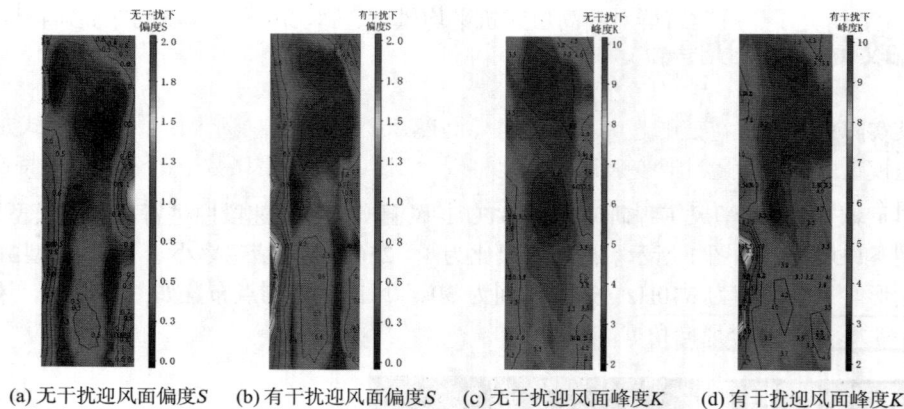

(a) 无干扰迎风面偏度 S　　(b) 有干扰迎风面偏度 S　　(c) 无干扰迎风面峰度 K　　(d) 有干扰迎风面峰度 K

图 4　超高层建筑迎风面风压非高斯特性分布

4　结论

通过对某超高层建筑的风洞测压试验，研究了超高层建筑周围在有、无干扰建筑群的情况下，超高层建筑表面风压的分布特征，干扰建筑群的存在会导致超高层建筑物表面平均风压系数、脉动风压系数、风压的非高斯特性、峰值因子和极值风压等有增大变强的趋势，且其影响主要集中超高层建筑物下部左侧位置。

参考文献

[1] 杜晓庆, 陈丽萍, 董浩天, 等. 串列双方柱的风压特性及其流场机理[J]. 湖南大学学报（自然科学版）, 2021, 48(3): 109-118.

[2] YANG X, DU S, LI M, et al. Effects of the Turbulence Integral Scale on the Non-Gaussian Properties and Extreme Wind Loads of Surface Pressure on a CAARC Model[J]. Journal of Structural Engineering, 2022, 148(11): 15.

[3] 董欣, 赵昕, 丁洁民, 等. 矩形高层建筑表面风压特性研究[J]. 建筑结构学报, 2016, 37(10): 116-124.

[4] KUMAR S K, STATHOPOULOS T. Wind Loads on Low Building Roofs: A Stochastic Perspective[J]. Journal of Structural Engineering, 2000, 126(8): 944-956.

超大型串列双塔冷却塔龙卷风致干扰效应

李卓阳[1]，董　旭[1]，赵　林[1,2]

（1. 同济大学土木工程防灾减灾全国重点实验室　上海　200092；
2. 广西大学土木建筑工程学院　南宁　530004）

1　引言

涉能重大基础设施超大型冷却塔兼具超高层建筑和超大跨空间结构自振频率低、模态密集、阻尼比小等特点，属于典型的风敏感结构。火/核电厂中的冷却塔通常以群塔组合形式存在，风致干扰效应是其结构设计的关键控制因素。现阶段冷却塔群塔组合风致干扰效应研究主要基于良态风环境[1]，龙卷风环境下未有涉及。鉴于此，本文基于同济大学龙卷风模拟器和冷却塔刚体测压模型，对比研究了单塔和串列双塔组合冷却塔在相对龙卷风不同空间位置以及三种涡流比条件下塔筒表面三维风压分布模式；采用规范等效静力计算和有限元瞬态动力计算方法，从风致响应层面（局部稳定性、位移和内力响应）对比评估了龙卷风环境超大型串列双塔组合冷却塔风致干扰效应。

2　龙卷风致荷载干扰模式

针对国内某实际核电工程待建的超大型冷却塔（高度 203.283m），基于同济大学移动式龙卷风模拟器和冷却塔刚性测压模型（图 1），通过改变表面粗糙度再现原型结构超高雷诺数下的表面绕流特性。获得单塔和三种串列双塔组合（塔间距为 1.5 倍塔底直径D）冷却塔在相对龙卷风不同空间位置以及三种涡流比条件下塔筒表面三维动态风压。

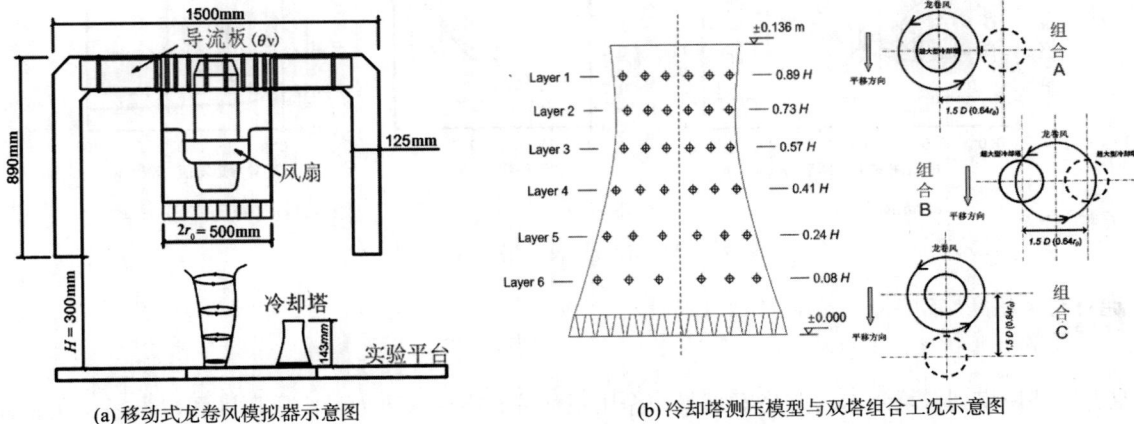

(a) 移动式龙卷风模拟器示意图　　　　(b) 冷却塔测压模型与双塔组合工况示意图

图 1　移动式龙卷风模拟器与待分析冷却塔

图 2 对比展示了单塔和串列双塔组合冷却塔在不同空间位置和涡流比条件（$S = 0.15$、0.35 和 0.72）下，塔筒喉部位置表面平均净压系数（外压系数-内压系数）的包络分布。研究结果表明：龙卷风致干扰效应对冷却塔表面净压分布的影响主要体现在最小负压区和尾流区，并且涡流比越小，净压非对称分布趋势越显著。以最小净压系数为评价指标，对于组合 A，小涡流比（$S = 0.15$）条件下最小负压绝对值显著大于单塔结果，相应的塔间干扰系数为 1.41，而组合 B 和 C 工况不同涡流比下最小净压系数结果相较单塔荷载放大效应不显著。

基金项目：重点研发计划（2022YFC3004105）

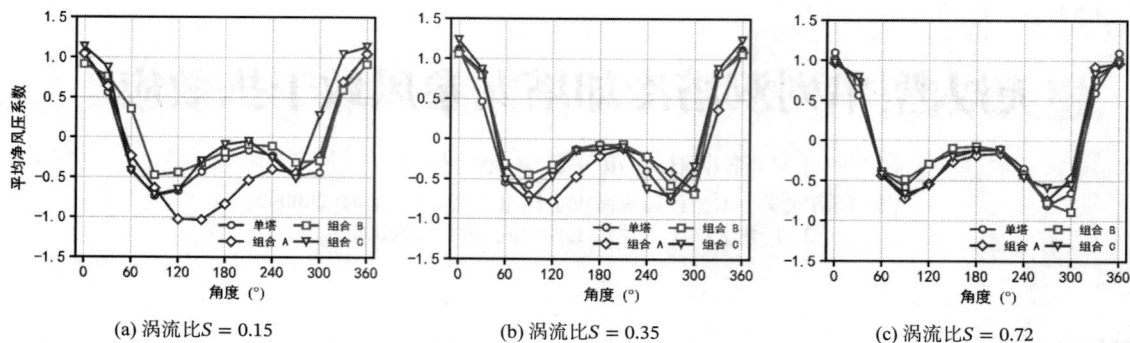

(a) 涡流比 $S = 0.15$ (b) 涡流比 $S = 0.35$ (c) 涡流比 $S = 0.72$

图 2   不同涡流比下塔筒喉部平均净压系数对比

3   响应层面干扰效应评估

基于规范等效静力计算和有限元瞬态动力计算方法，选取结构局部稳定性、不同塔高位置位移均值包络和环向弯矩均值包络作为评价指标，从风致响应层面对比分析了重力 + 龙卷风荷载作用下三种串联双塔组合风致干扰效应。以涡流比 $S = 0.72$ 为例，研究结果表明：龙卷风涡核中心（$r/r_c = 0$）附近双塔组合冷却塔局稳安全性明显不利于单塔，当冷却塔远离龙卷风涡核半径（$r/r_c > 1$）时，除组合 B 工况外，双塔组合冷却塔局稳安全系数最小值基本与单塔一致（图 3a）；相较于单塔位移结果，组合 A 和 C 塔筒顶部和中下部存在明显的龙卷风致干扰位移放大效应，不同工况下塔筒位移均值最大值均出现在喉部位置（相对塔高 0.7），但此时位移放大效应不显著（图 3b）；对比环向弯矩均值，仅组合 C 工况下塔筒顶部和中下部存在明显的龙卷风致干扰内力放大效应（图 3c）。值得注意的是，组合 B 工况下的塔筒位移和环向弯矩均值均明显减小，更有利于结构抗风安全。

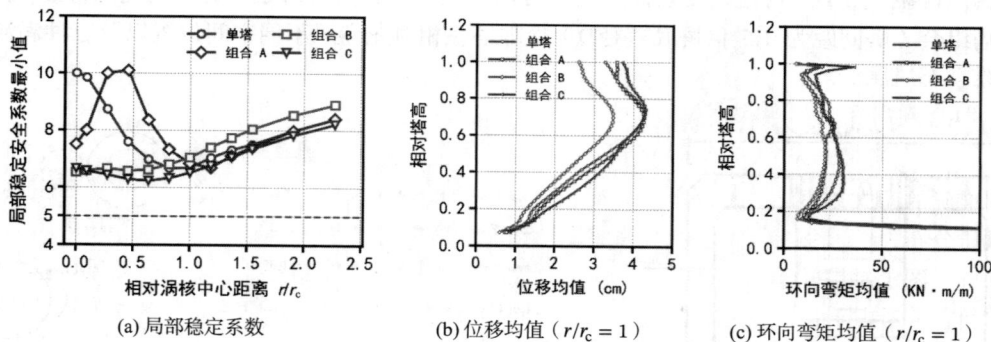

(a) 局部稳定系数   (b) 位移均值（$r/r_c = 1$）   (c) 环向弯矩均值（$r/r_c = 1$）

图 3   0.72 涡流比下冷却塔风致响应对比

4   结论

龙卷风环境串列双塔组合冷却塔喉部平均净压系数分布在塔筒表面最小负压区和尾流区存在显著的荷载放大效应；结构响应层面，相较于单塔，当冷却塔位于龙卷风涡核中心时结构的局稳安全性、冷却塔位于龙卷风半径时组合 A 和 C 工况下塔筒顶部与中下部位移和内力响应更加不利，在超大型冷却塔抗龙卷风设计中值得重点关注。

参考文献

[1] ZHAO L, ZHAN Y Y, GE Y J. Wind-induced equivalent static interference criteria and its effects on cooling towers with complex arrangements [J]. Engineering Structures, 2018, 172: 141-153.

超大双曲面钢冷却塔双塔气动干扰失效与倒塌

赵晓蕾[1]，赵　林[1,2]

（1. 同济大学土木工程防灾减灾全国重点实验室 上海 200092；
2. 广西大学省部共建特色金属材料与组合结构全寿命安全国家重点实验室 南宁 530004）

1　引言

冷却塔作为火/核电厂的重要建筑物，通常以群塔组合形式布置，周围设有厂房和烟囱等电力基础设施，所处地形地貌复杂多样。大量的实测与试验研究表明，建（构）筑群的存在会改变强风条件的气动绕流形态，引起复杂的荷载效应。与塔群及周边环境相关的气动干扰被认为是导致大型冷却塔风致损坏的主要原因之一，如渡桥电厂冷却塔风毁事故。随着冷却塔建设规模的增大，冷却塔倒塌所带来的潜在损失风险愈加严重。干扰导致的非对称风压分布也会影响冷却塔局部稳定性。因此，有必要对冷却塔在群塔干扰环境下的风荷载分布及其响应进行深入分析，以确保冷却塔结构设计的准确性和安全性。值得注意的是，在各种群塔组合和塔间距布置下，双塔组合十分常见且任意相邻两塔的干扰效应作用特点具有相似性，可以借鉴简单双塔组合进行初步机理解释[1]。

本研究以 220m 高双曲面钢结构冷却塔作为研究对象，以单塔试验和有限元模拟为基础[2]，开展双塔布置下的研究，通过刚性模型测压试验，模拟生成作用在冷却塔有限元模型上的风压荷载，采用有限元软件 ABAQUS 对该冷却塔进行非线性动力效应分析，开展致灾强风作用下冷却塔三维结构弹塑性破坏仿真模拟，模拟了群塔布置下钢结构冷却塔的风致失效全过程，量化了群塔干扰效应对钢结构冷却塔失效倒塌的影响，相关研究为提升超大型冷却塔的抗风优化设计提供了科学依据。

2　风洞试验与风压分布

为了得到准确的超大型钢结构冷却塔的风荷载信息，开展了 1∶400 刚性模型双塔布置测压风洞试验，测量其表面风压分布，以研究双塔布置下双曲面钢结构冷却塔的风荷载参数取值，并为冷却塔风动力分析提供荷载数据基础。图 1 是塔间距为 1.6 倍塔底直径的双塔布置下，冷却塔喉部平均和脉动风压系数沿环向分布情况。总体而言，考虑干扰效应后，风压系数有不同程度的增加，非对称性明显，这也为钢结构冷却塔的安全性带来重大隐患。

3　倒塌分析

总结了双塔干扰作用下随风向角变化的钢结构冷却塔失效倒塌模式，如表 1 所示。失效倒塌模式总结如下：在双塔串列布置且位于下游时，即风向角为 180°，由于上游塔的遮挡作用，迎风区和侧风区风压绝对值显著降低，导致失效倒塌风速较单塔的有所增大，且倒塌变形与相邻风向角存在明显差异，失效集中塔筒中上部，网壳侧风区屈曲失效尤为明显；在双塔斜列布置且位于下游时，即风向角为 170°，由于上游塔侧向遮挡，迎风区和侧风区风压分布发生明显的峰值偏移，侧风区风压加强，导致结构倒塌变形向一侧明显偏移；其他风向角下，破坏模式与单塔基本相似，主要表现为加强环失效，并伴有侧风区网壳非对称屈曲失效。对比风压随风向角的变化可见，钢结构冷却塔的倒塌变形与迎风区及侧风区的风压变化关系最为密切。

基金项目：重点研发计划（2022YFC3004105），国家自然科学基金项目（52078383）

(a) 平均风压系数   (b) 脉动风压系数

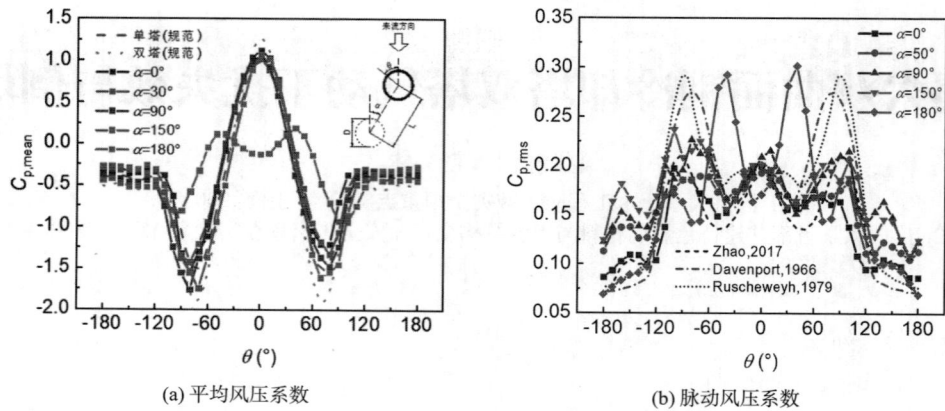

图 1　双塔干扰喉部风压分布

群塔干扰下冷却塔倒塌失效全过程   表 1

相对位置	双塔串列在后	双塔斜列在后	双塔串/斜列在前
相对位置示意图			
倒塌变形			

4　结论

　　受群塔的影响，冷却塔的倒塌变形模式与单塔相比表现出显著的非对称性，尤其在塔上游存在干扰源时，迎风区及侧风区的风压变化会导致结构倒塌模式发生明显变化，总结出以下三种典型的干扰效应：双塔串列布置在后，网壳侧风区屈曲失效尤为明显；双塔斜列布置在后，失效位置在环向上偏移，非对称性明显；双塔串/斜列布置在前，失效模式与单塔基本相同，主要表现为加强环失效，并伴有侧风区网壳非对称屈曲失效。

参考文献

[1]　张军锋, 葛耀君, 赵林. 群塔布置对冷却塔整体风荷载和风致响应的不同干扰效应[J]. 工程力学, 2016, 33(8): 15-23.

[2]　ZHAO X L, ZHAO L, QIAN J H, et al Wind-induced collapse mode and mechanism of super-large hyperbolic steel reticulated shell cooling tower with stiffening rings[J]. Engineering Structures, 2024, 321: 118985.

大跨穹顶屋盖脉动风压的非高斯特性研究

王赫晨[1]，郑云飞[2]，杨雄伟[3]，徐鹏程[1]，杨硕琛[1]，吴　凡[1]，杨伟栋[1,4,5]，刘庆宽[1,4,5]

（1. 石家庄铁道大学 土木工程学院 石家庄 050043；
2. 石家庄铁路职业技术学院铁道工程系 石家庄 050043；
3. 河北地质大学城市地质与工程学院 石家庄 050031；
4. 石家庄铁道大学省部共建交通工程结构力学行为与系统安全国家重点实验室 石家庄 050043；
5. 河北省风工程和风能利用工程技术创新中心 石家庄 050043）

1　引言

在大跨屋盖表面局部区域，特别是迎风边缘区域和屋盖拐角区，风荷载会表现出明显的非高斯特性，如果仍采用高斯模型来描述，往往会产生较大误差[1]。基于矢跨比为 1/15 大跨度穹顶屋盖结构的风洞试验，对屋盖表面局部风压的高斯和非高斯特性进行了研究。通过高阶统计量以及 k-s 检验等两种方法，给出划分高斯区和非高斯区的标准并对大跨屋盖进行分区[2-3]；然后，应用 Hermite 法对穹顶屋盖结构的测点峰值因子进行计算，给出峰值因子取值建议。

2　风洞试验概况

本试验在石家庄铁道大学风工程研究中心 STU-1 风洞试验室进行，试验选取矢跨比为 1/15 的大跨穹顶屋盖作为研究对象。根据相似理论确定模型缩尺比为 1：150，阻塞度小于 1.2%。按照适当加密原则共布置 253 个测压点，测点布置如图 1 所示。试验在 0°～360° 范围内，每间隔 10° 取一个风向角，图 2 为风向角示意图。

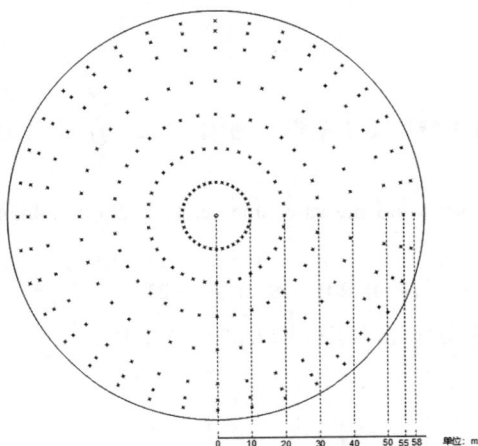

图 1　测点布置图

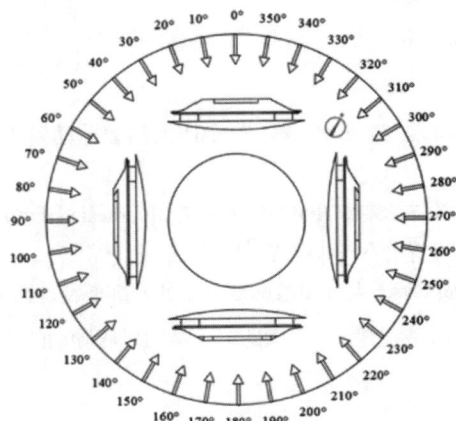

图 2　风向角示意图

基金项目：河北省自然科学基金创新研究群体项目（E2022210078），河北省高端人才项目（冀办〔2019〕63 号）

3 风压的非高斯特性

3.1 基于高阶统计量高斯与非高斯划分

文献[4]提到确定偏度和峰度具体数值的两条原则：满足偏度值、峰度值的整体变化趋势不偏离和在自身变化范围内的概率保证度接近。照此原则对矢跨比 1/15 的屋盖穹顶模型进行试算，试算结果与文献[1]相近，因此本文采用"满足偏度值的绝对值大于 0.04 和峰度值大于 4.21 即为非高斯区"这一标准，对模型表面风压系数进行高斯与非高斯区域的划分。

3.2 基于高阶统计量高斯与非高斯分区

通过典型风向角 0°、30°、90°、180°的高斯与非高斯点进行论述变化规律，如图 3 所示。其中，红色为非高斯点，黑色为高斯点。非高斯区域存在明显的对称性，主要集中在迎风前缘、迎风中部以及侧风边缘处，表明测点处在剪切层或大尺度旋涡影响范围；高斯点则处在再附区或者小尺度旋涡影响的范围。0°风向角的非高斯性较弱于其他风向角的非高斯性。

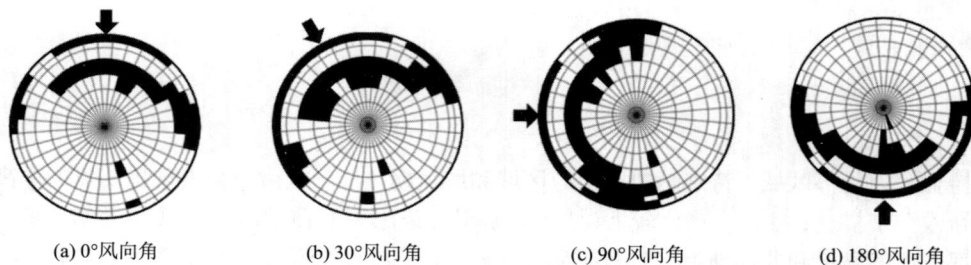

(a) 0°风向角　　(b) 30°风向角　　(c) 90°风向角　　(d) 180°风向角

图 3　典型风向角下高斯与非高斯点

4 结论

通过对第三阶、第四阶矩统计量归纳分析，给出了划分高斯区和非高斯区的标准：同时满足偏度值的绝对值大于 0.04 和峰度值大于 4.21 即为非高斯区；非高斯区域存在明显的对称性，主要集中在迎风前缘、迎风中部以及侧风边缘处，表明测点处在剪切层或大尺度旋涡影响范围；高斯点则处在再附区或者小尺度旋涡影响的范围。0°风向角的非高斯性较弱于其他风向角的非高斯性。非高斯区域有较明显的跟随风向转动的规律。

参考文献

[1] 杨雄伟, 周强, 李明水, 等. 复杂曲面屋盖脉动风压的非高斯特性及峰值因子研究[J]. 振动与冲击, 2021, 40(10): 315-322.

[2] KUMAR K S, STATHOPOULOS T. Synthesis of non-Gaussian wind pressure time series on low building roofs[J]. Engineering Structures, 1999, 21(12): 1086-1100.

[3] 叶继红, 侯信真. 大跨屋盖脉动风压的非高斯特性研究[J]. 振动与冲击, 2010, 29(7): 9-15+232.

[4] 孙瑛, 武岳, 林志兴, 等. 大跨屋盖结构风压脉动的非高斯特性[J]. 土木工程学报, 2007(4): 1-5+12.

防风网对大跨封闭煤棚风荷载影响研究

刘一诺[1]，柴晓兵[1]，孙一飞[1,2,3]，贾娅娅[1,2,3]，刘庆宽[1,2,3]

（1. 石家庄铁道大学土木工程学院 石家庄 050043；

2. 河北省风工程和风能利用工程技术创新中心 石家庄 050043；

3. 石家庄铁道大学道路与铁道工程安全保障教育部重点实验室 石家庄 050043）

1 引言

近年来，煤棚因其独特的建造方式、大跨度和有良好的防污染物扩散作用等优势备受关注与研究[1]。然而，随着煤棚结构跨度和高度的增加，其受风荷载的敏感性逐渐凸显，风荷载往往成为结构设计中的控制性荷载[2]。防风网是一种表面多孔的障碍物，具有较高的抗风性能和透风性能，气流经过防风网后，在其背面形成一个低速遮蔽区，其主要功能是有效减小网后风速和风荷载[3]。因此，可通过在煤棚结构周围加设防风网影响煤棚表面风荷载，从而提高结构的稳定性和抗风性能。

2 试验概况

以某电厂封闭煤棚工程项目为背景，对缩尺模型进行刚性测压试验。封闭煤棚长 186m，跨度 92m，高度 38m，防风网设置在煤棚左侧 9m 处，考虑到风洞尺寸和阻塞度的影响，几何缩尺比选择 1∶200，试验模型采用 ABS 板制成，表面共布置 483 个测压点，单面测压。本次试验研究了四种防风网相对高度，分别为 $0.26H$、$0.39H$、$0.53H$ 和 $0.66H$（H 取煤棚实际高度，38m）；4 种透孔率分别为 20%、30%、40%和 50%。

3 试验结果分析

3.1 防风网对结构表面整体风荷载分布规律研究

对煤棚结构表面整体测点进行分析，对比不加设防风网与加设不同相对高度及开孔率防风网的试验结果，发现煤棚表面体型系数分布规律相似，沿来流风方向均表现出体型系数随高度增加由正值逐渐变为负值，并呈现出明显的梯度性质。正对来流风一侧煤棚结构主要承受压力作用；除迎风侧小部分区域外，煤棚结构背风面、结构顶部表面体型系数均为负值，表明结构主要处于负风压，受吸力作用。除此之外，防风网对煤棚表面风荷载的影响效果具有以下规律性：体型系数最大值出现在迎风侧方向下边缘一侧；煤棚结构表面体型系数最小值出现在煤棚顶部；防风网遮挡效应会使煤棚最不利点位置发生变化。

3.2 防风网对结构表面典型测点风荷载分布规律研究

图 1 和图 2 是基于测压试验结果，防风网相对高度为 0.26H 和 0.66H 以及开孔率为 20%和 50%下的典型测点体型系数随防风网透孔率变化图。从剖面体型系数变化图可以发现测点处体型系数变化趋势基本相同，但防风效果略有不同，在本试验范围内，防风网相对高度为 0.66H，透孔率为 20%的工况下，防风网的防风效果最为显著。

基金项目：河北省自然科学基金创新研究群体项目（E2022210078），中央引导地方科技发展资金项目（236Z5410G），河北省高端人才项目（冀办〔2019〕63 号），国家自然科学基金青年科学基金项目（52408551），河北省自然科学基金青年项目（E2024210071），河北省高等学校科学技术研究项目（QN2024038）

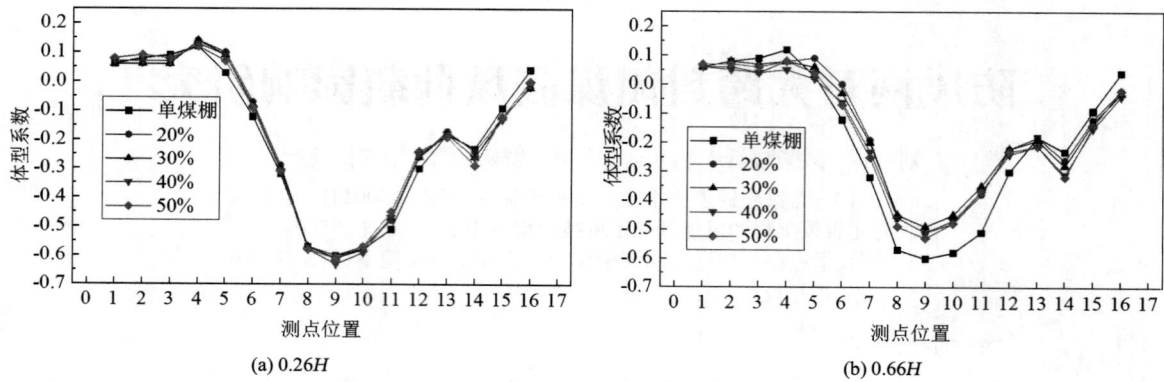

(a) 0.26H   (b) 0.66H

图 1   不同高度下典型测点风荷载体型系数变化图

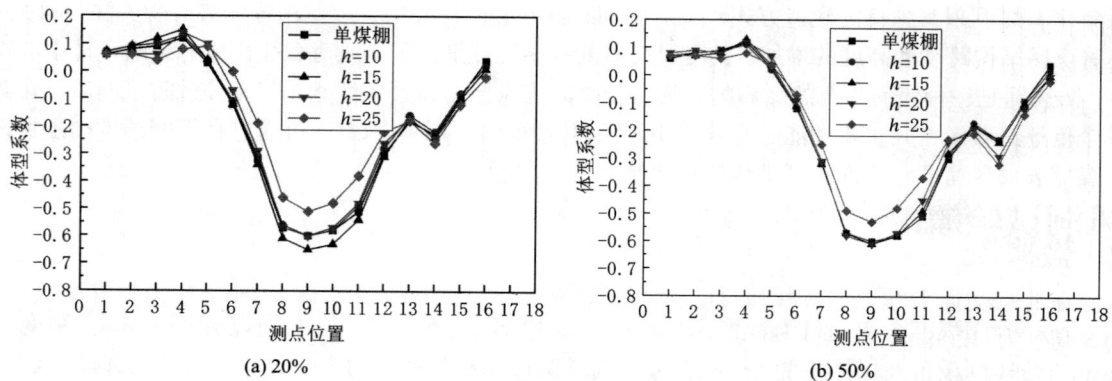

(a) 20%   (b) 50%

图 2   不同透孔率下典型测点风荷载体型系数变化图

4   结论

以某电厂封闭煤棚工程项目为背景，基于风洞试验研究了煤棚结构在不同高度，不同透孔率的防风网结构遮挡下表面风荷载分布特性，主要有如下结论：

（1）加设防风网后煤棚表面体型系数分布呈现出明显的随高度增加由正值逐渐变为负值的梯度规律，煤棚结构受到的风荷载主要为负压力；

（2）防风网对煤棚的遮挡会使煤棚最不利点位置发生变化，且在煤棚表面的不同区域表现出不同影响，具体表现为对煤棚表面总体区域风荷载减小具有一定效果，但会造成部分区域风荷载变大。

（3）试验涉及工况中，防风网高度为 0.66H、透孔率为 20% 时，对风荷载的削减效果最佳。

参考文献

[1]   李芳. 气膜式储煤棚工业化应用的研究[J]. 华电技术, 2015, 37(11): 67-69+79.

[2]   王鑫. 干煤棚表面风压与响应干扰效应分析[J]. 建筑结构, 2016, 46(S1): 969-973.

[3]   金向阳. 防（挡）风抑尘网在露天储煤场的应用[J]. 煤炭工程, 2008(6): 37-39.

开孔屋盖风荷载特性研究

朱维键[1]，李　波[1,2]，蒋伟建[1]，李　佳[1]

（1. 北京交通大学土木建筑工程学院　北京　100044；
2. 北京交通大学结构风工程和城市风环境重点实验室　北京　100044）

1　引言

大跨度屋盖结构具有质量轻、柔性大、阻尼小等特点，风荷载逐步成为控制结构安全性的重要因素。对于全封闭状态的大跨度平屋盖，风荷载作用机制及应用于实际工程的风荷载研究已经较为成熟。当屋盖在功能要求或风致破坏条件下存在开孔时，在内外压共同作用下[1-2]，开孔对屋盖围护结构风荷载、主体结构风荷载特性均存在重要影响[3-5]。本文基于测压风洞试验，研究了屋盖不同开孔情况下的风荷载特性，并给出了相应的设计建议和方法。

2　风洞试验概况

试验在北京交通大学回流风洞实验室进行，试验模型几何缩尺比为 1∶200，屋盖尺寸为 400mm×400mm，高度为 120mm。试验工况包括全封闭（O）、模型中部不对称开孔（A1-A3）及模型中部对称开孔（B1-B4），开孔率分别为 1.56%、3.12%、6.24%、11.88%（图 1）。

3　开孔屋盖风荷载特性

基于测压风洞试验，本文分析了开孔屋盖上、下表面的平均风压特性，其中孔洞对上表面平均风压系数影响较小，孔洞产生的下表面平均风压系数分布均匀（图 1、图 2）。在内外压叠加作用下，孔口迎风时尾流区可能出现正风压。

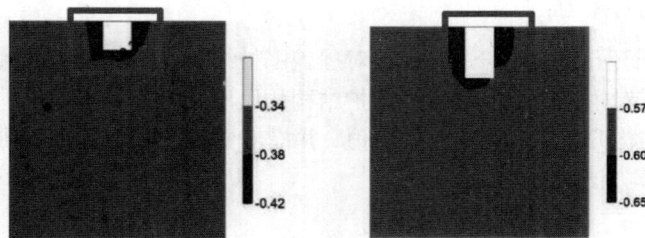

图 1　A1 下表面平均风压系数　　　图 2　A2 下表面平均风压系数

屋盖开孔对极小值压力系数分布影响较小，对极大值压力系数分布有着较大影响。开孔屋盖的极大值包络值大部分大于工况 O（比值大于 1），最大可达到工况 O 的 3～4 倍。

4　开孔屋盖设计风荷载

本文分析了屋盖整体升力系数。根据屋盖结构体系不同，按照空间结构体系、平面结构体系给出了主体结构设计所需的分区力系数，分区示意图如图 3、图 4 所示。

基金项目：中央高校基本科研业务费专项项目（2022JBZY030），高等学校学科创新引智计划项目（B13002）

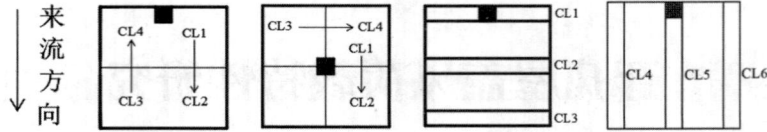

图 3　空间结构体系分区示意图　　图 4　平面结构体系分区示意图

部分分区力系数计算结果如表 1 所示，其中 CL0 为在全风向角下屋盖整体平均升力系数最小值：

空间结构体系分区升力系数　　　　　　　　　　　　　　　　　表 1

工况	CL0	CL1	CL2	CL3	CL4
A1	−0.62	−0.73	−0.07	−0.88	−0.22
A2	−0.57	−0.50	0.10	−0.81	−0.17
B1	−0.62	−0.77	−0.22	−0.77	−0.22
B2	−0.58	−0.62	−0.09	−0.62	−0.11

在分析开孔对屋盖上表面及下表面风压影响的基础上，本文提出了一种通过上表面风压极值系数（C_{pe}，如图 2～图 6）、内压影响因子（F_i）及平均内压系数（$\overline{C}_{pi}$）确定开孔屋盖围护结构风荷载的简化方法，如下式所示：

$$C_{net} = C_{pe} - F_i \times \overline{C}_{pi} \tag{1}$$

本文提出简化方法的分析结果与试验结果相比，误差均小于 10%。

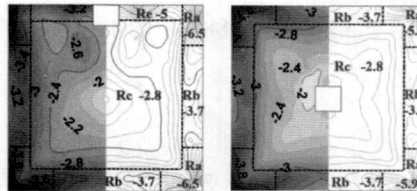

图 5　A1（1.56%）　　图 6　B1（1.56%）

5　结论

本文基于大跨屋盖不同开孔位置和开孔率，针对屋盖围护结构和主体结构的风荷载特性进行了研究，主要结论如下：（1）屋盖开孔对主体结构的内压及围护结构的风压极大值有较大影响；（2）基于开孔屋盖风荷载特性，本文给出了主体结构升力系数的设计建议值，并提出了一种基于上表面风压极值系数确定开孔屋盖围护结构风荷载的简化计算方法。

参考文献

[1]　GINGER J D. Internal pressures and cladding net wind loads on full-scale low-rise building[J]. Journal of Structural Engineering, 2000, 126(4): 538-543.

[2]　GEETH G. Bodhinayake, John D. Ginger, David J. Henderson. Correlation of internal and external pressures and net pressure factors for cladding design[J]. Wind and Structure, 2020, 30(3): 219-229.

[3]　田玉基, 杨娜, 杨阳. 大跨平屋盖风致破坏开口附近的风压变化[J] 武汉理工大学学报, 2012, 34(6): 109-113.

[4]　李寿科, 李寿英, 陈政清. 屋盖开孔的近地空间建筑的风致内压[J]. 振动工程学报, 2016, 35(18): 166-176.

[5]　戴益民, 袁养金, 宋思吉, 蒋姝. 低矮建筑风致局部瞬毁诱发次生灾害机理研究[J]. 建筑结构学报, 2021, 42(10): 139-148.

雷达罩在强风作用下失效过程及易损性分析

侯彦岑，徐　枫，欧进萍

（哈尔滨工业大学（深圳）土木与环境工程学院 深圳 518055）

1　引言

雷达罩被广泛用于军事和民用设施，在风荷载中破坏严重。现已有的大型雷达罩研究中，按规范施加荷载往往低估其所受风荷载，危害结构安全；并且屈曲分析较多，缺少在风荷载作用下对雷达罩材料失效从萌生、发展直至最终破坏的全过程分析，以及易损性[1-3]这一类的研究，而雷达罩结构的材料破坏引起其极限承载能力降低发生失稳往往先于其屈曲失稳。为此本文利用 LES 和渐进失效方法进行雷达罩结构失效过程和易损性研究。

2　研究方法和内容

本研究建立直径 16m 的大矢跨比截球型雷达罩结构，基座高度分别为 22m、12m、2m，计算域的尺度为 420m × 140m × 200m（流向 x × 展向 y × 竖向 z），内部加密区尺寸为 60m × 60m × 60m，通过大涡模拟计算不同基座高度雷达罩表面风荷载分布，如图 1 所示。

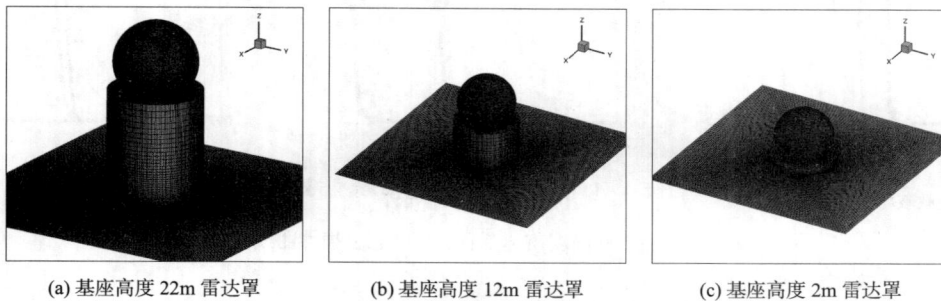

(a) 基座高度 22m 雷达罩　　　(b) 基座高度 12m 雷达罩　　　(c) 基座高度 2m 雷达罩

图 1　雷达罩网格划分示意图

利用改进的 Hashin 准则和 Tserpes 的刚度退化准则进行雷达罩全过程失效分析，基于上述研究，以失效单元数为损伤指标并给出了 3 种破坏状态的量化值，构建 Kriging 代理模型预测雷达罩结构的失效概率。第一层蒙皮失效扩展过程如图 2 所示。

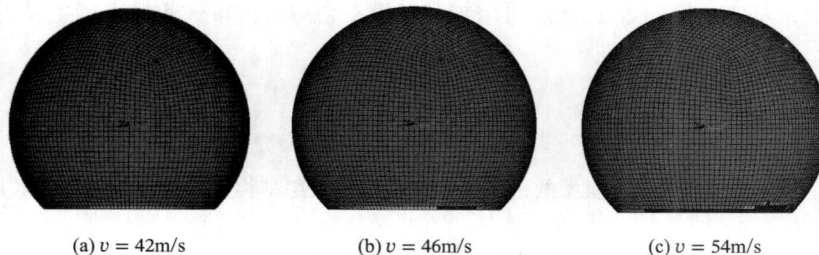

(a) $v = 42$m/s　　　(b) $v = 46$m/s　　　(c) $v = 54$m/s

图 2　第一层蒙皮失效扩展过程

将不同基座高度雷达罩表面体型系数与《建筑结构荷载规范》GB 50009—2012 中旋转壳顶表面风荷载

基金项目：十四五重点研发计划重点专项（2021YFC3100702），广东省土木工程智能韧性结构重点实验室建设项目（2023B1212010004），深圳市科技计划项目（KQTD20210811090112003）

体型系数分布对比如图 3 所示，可以看出不同基座高度雷达罩的背风面体型系数差异明显，迎风面区别较小，且规范结果明显小于 3 类高度雷达罩模拟结果，尤其是在迎风面最大正压和顶部极大负压的预测。

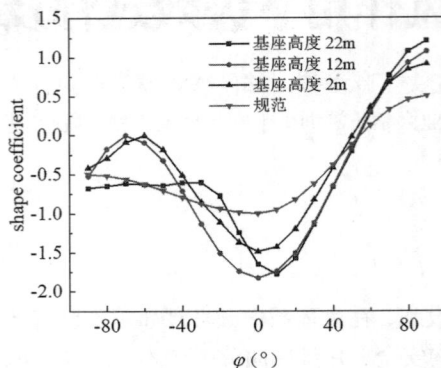

图 3 不同基座高度雷达罩体型系数与规范对比

进一步给出 3 类不同高度雷达罩易损性曲线，如图 4 所示。可以看出中等破坏状态与完全破坏状态之间的风速阈值较小；且在轻微破坏状态下，基座高度为 12m 和 22m 高度的雷达罩临界破坏风速相差不大，远小于基座高度为 2m 雷达罩的破坏风速，随着风速的增大，2m 基座高度的雷达罩始终最后达到破坏状态，而 12m 基座高度雷达罩和 22m 基座高度雷达罩的破坏风速非常接近。

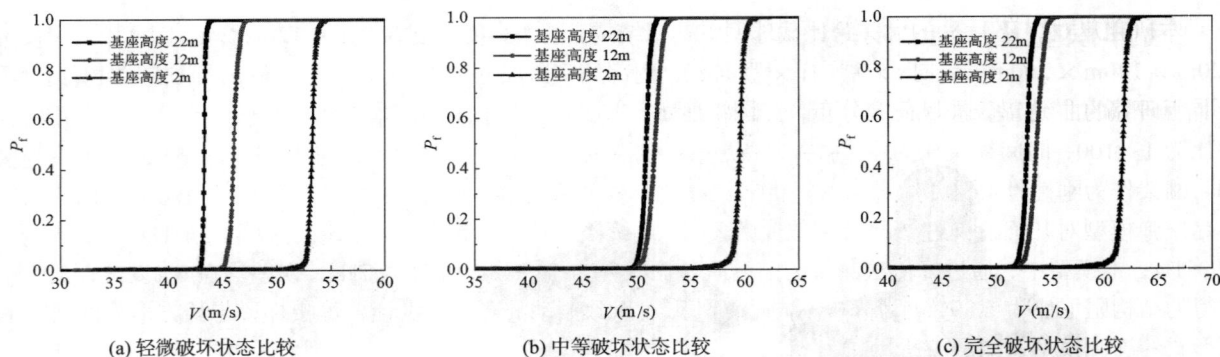

(a) 轻微破坏状态比较 (b) 中等破坏状态比较 (c) 完全破坏状态比较

图 4 不同高度雷达罩各破坏状态易损性曲线

3　结论

本文进行了雷达罩在风荷载作用下的风压分布特性、破坏过程及易损性研究，得到以下主要结论：增加基座高度对雷达罩背风面风压分布影响显著，总体上规范中旋转壳顶公式所给的结果偏于保守；雷达罩破坏极少单元就会造成结构失稳，破坏由罩体约束部位向上发展；在低风速下随着基座高度增加，其失效概率增加，不过在高风速下，基座高度超过 12m 后再增加其高度不会对雷达罩失效概率产生显著影响。

参考文献

[1] 丁振东, 李洪双, 管晓乐. 基于代理模型的机身蒙皮复合材料夹层结构可靠性分析[J]. 西北工业大学学报, 2022, 40(02): 360-368.

[2] LIN S C. Reliablity predictions of laminated composite plates with random system parameters[J]. Engineering Structures, 2000, 15(4): 327-338.

[3] WANG Z H, ALMEIDA J H S, ST-PIERRE L, et al. Reliability-based buckling optimization with an accelerated Kriging metamodel for filament-wound variable angle tow composite cylinders[J]. Composite Structures, 2020, 254: 112821.

柔性高空连廊结构气弹模型风洞试验研究

刘江文，邱法强，邹良浩，宋　杰，蒋元吉

（武汉大学土木建筑工程学院 湖北武汉 430072）

1　引言

当前，土木建筑行业中建筑的形式趋向于多样化，造型复杂的大跨度空间结构成为建筑设计趋势，获得了广泛的工程应用。其中，高空连廊这一结构兼具连接不同建筑交通的功能性价值和造型美观的艺术性价值，成为大跨空间结构的一种代表性应用。同时，高空连廊结构的自重、阻尼、刚度都相对较小，属对风作用敏感的柔性结构，且各阶频率密集，结构宽度较小，易发生涡激共振，导致结构破坏并引发安全事故。现阶段，对直线形状、不同截面形式桥梁结构的涡激振动研究较多[1]，而对于外形复杂的柔性高空连廊结构的风致响应，特别是涡激振动危险性的研究较少。本文以某实际工程为原型，设计了两种截面形式的曲线连廊的气弹模型，通过风洞试验对其风致响应特性进行了研究，为其抗风设计提供经验和参考。

2　气弹模型的设计和制作

所研究的曲线高空连廊原结构为钢管网架结构。本试验中，采用刚度集中法进行模型设计，模型几何相似比为 1∶100，时间缩尺比为 1∶10；为满足试验的斯特罗哈数要求，频率相似比定为 1∶11.34。采用焊接钢管网架作为刚性骨架，并通过铅丝提供节点配重；外部采用 ABS 塑料板模拟结构外形及阻尼，以使结构满足气弹模型对几何、弹性参数等相似比的要求。原始结构的前三阶自振频率分别为 1.360Hz、2.575Hz、2.937Hz；本模型中，通过峰值法测得的前两阶自振频率为 14.648Hz、35.767Hz，误差均在 6% 以内；试验中测得的结构阻尼比为 2.89%。为分析不同截面外形对风致振动的影响，设计了等腰梯形与长方形截面两种截面形式的连廊模型，如图 1 所示。

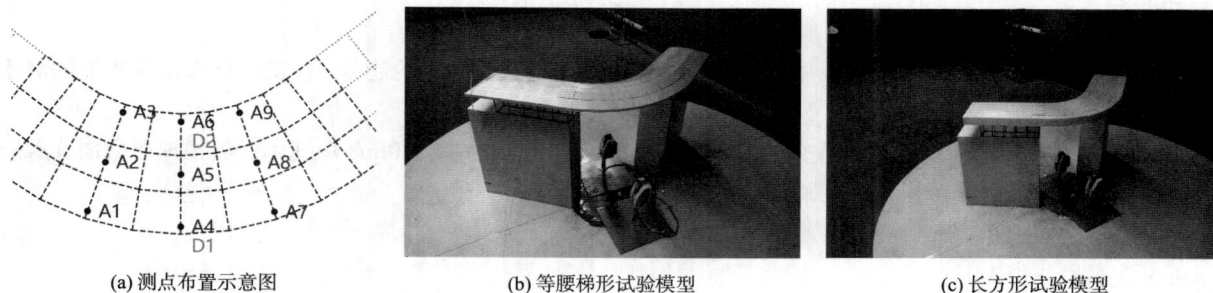

| (a) 测点布置示意图 | (b) 等腰梯形试验模型 | (c) 长方形试验模型 |

图 1　连廊模型

定义连廊对称轴方向与来流平行，且转角外侧处于来流上游时为 0° 风向角。在连廊中设置了加速度传感器（A1～A9），如图 1（a）所示，以测量响应时程。

3　主要结果

图 2 给出了 C 类风场下两种截面形式下连廊的均方根加速度响应。由图可见，各测点加速度响应大体上随风速的增大而增大；两种工况下，最大加速度响应主要出现在测点 A4 和 A6，连廊中部测点 A3、A9 响应

基金项目：国家自然科学基金项目（52478556）

则相对较小。等腰梯形截面工况下，未见明显加速度极值点，涡激振动现象不明显；长方形截面下时，在折算风速为 10 左右处则可见加速度极值点，但峰值不高，说明其可能存在涡激振动现象，但程度不高。

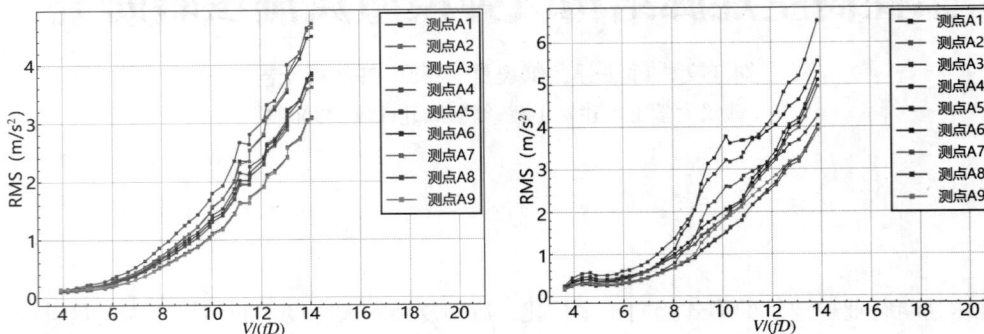

图 2　0°风向角等腰梯形截面、长方形截面均方根加速度响应值

图 3 给出了 C 类风场下两种截面形式下连廊的加速度反应谱。由图可见，风速约为 10m/s 时，连廊加速度均以一阶分量和二阶分量为主，其中等腰梯形连廊一阶分量强度远高于二阶，而长方形连廊中则以二阶分量为主，说明相较于梯形连廊，该风场更易激发长方形连廊的二阶共振。

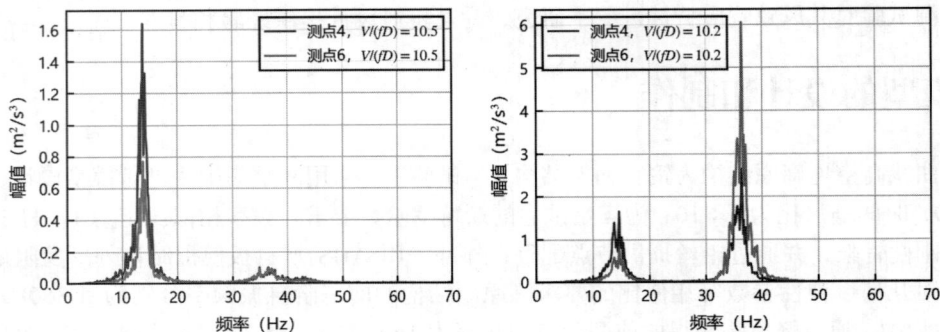

图 3　0°风向角等腰梯形截面、长方形截面 A4、A6 测点加速度反应谱

4　结论

（1）多数工况下，模型的均方根加速度响应均呈随风速增大而增大的趋势；各工况均未出现明显的涡激共振现象。

（2）两类连廊的加速度谱主要成分均以一阶分量和二阶分量为主，10m/s 风速下，等腰梯形截面连廊一阶分量强度高于二阶，长方形截面连廊则以二阶分量为主。

参考文献

[1]　王骑, 廖海黎, 李明水, 等. 流线型箱梁气动外形对桥梁颤振和涡振的影响[J]. 公路交通科技, 2012, 29(8): 44-50+70.

多曲面复合空间结构风荷载特性研究

白笑天[1]，刘庆宽[2,3,4]，刘小兵[2,3,4]

（1. 石家庄铁道大学交通运输学院 石家庄 050043；
2. 石家庄铁道大学土木工程学院 石家庄 050043；
3. 河北省风工程和风能利用工程技术创新中心 石家庄 050043；
4. 石家庄铁道大学道路与铁道工程安全保障教育部重点实验室 石家庄 050043）

1 引言

异形曲面屋盖，因其独特个性的美感与更加多样化的艺术表达形式深受国内外优秀建筑家们的青睐。目前，对于典型的单一种类的凹凸曲面结构形式的建筑，国内外风工程学者已对其展开了系列研究，明确了相应类别屋盖的风荷载特性[1-5]。

本文以多曲面组合型建筑为研究对象，通过风洞试验对此类规则度低、自重轻、阻尼小的风敏结构进行表面风荷载分析，得出不同风向角下建筑表面极值风压分布与分区体型系数。同时，结合 CFD 数值模拟的方法，探讨不同凹凸面间的自我耦合扰动现象与流场涡积、涡脱等特性的分布规律。

2 研究内容

石家庄音乐厅是石家庄城市文化艺术的地标建筑，整体屋盖采用网架结构形式，鸟瞰屋面分区可划分为由三块不规则圆弧面拼接而成，屋盖上下表面均为不规则曲面，中心处网架屋面收缩，形成船舶状的立面形式。本研究共在 742 个位置布置了测压点，试验以 10°风向角为间隔逆时针旋转，进行了 36 个风向角的测试。同时，采用 CFD 定常数值模拟计算了模型的绕流特性，基于模拟所得流场，分析了模型周围流场的流动特性。试验模型及风向角如图 1 所示。

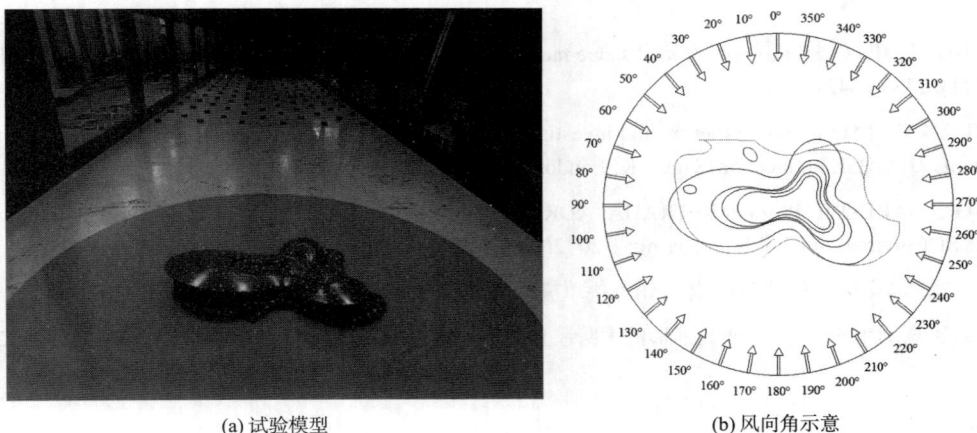

(a) 试验模型　　　　　　　　　　(b) 风向角示意

图 1　试验模型及风向角示意图

根据受荷对象的不同，将研究区域划分为：幕墙、曲形屋面、顶部平台三大类。如图 2、图 3 所示，结构整体受风吸荷载影响较大，且峰值风吸荷载主要分布于屋盖凹凸曲面边缘；幕墙上的峰值风压整体分布较为均匀，极值点多存在于底部区域；屋面顶部中心平台风压与屋面俯视投影表现出极强的相关性。

基金项目：河北省自然科学基金创新研究群体项目（E2022210078），中央引导地方科技发展资金项目（236Z5410G），河北省高端人才项目（冀办〔2019〕63 号），国家自然科学基金青年科学基金项目（52408551），河北省自然科学基金青年项目（E2024210071），河北省高等学校科学技术研究项目（QN2024038）

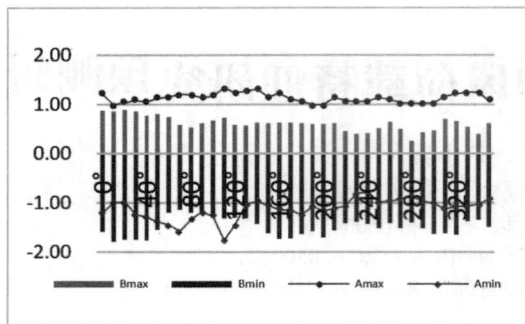

图 2　各风向角下屋面、幕墙极值分布图　　　　图 3　风压系数雷达曲线图

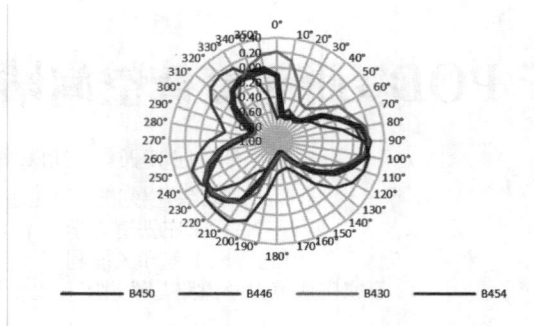

3　结论

本文通过刚性模型测压风洞试验结合 CFD 数值模拟的方式，研究多曲面复合结构表面风荷载的分布规律，通过表面风压分布变化与流场关系的对比分析，针对此类铺展型多曲面组合结构，结论如下：

（1）风吸荷载为此类结构主控荷载，负压极值主要分布于屋面边缘凹凸变化区域，并且随风向角的变化产生较大的波动幅度，当以凹弯月曲面作为迎风面时，极值风吸荷载较大。

（2）峰值风压均出现于幕墙表面部位，且集中分布于幕墙下侧，对结构安全影响较小。

（3）屋盖中心区域风荷载，随测点与迎风边界的距离增大，表面风荷载逐渐由吸力变为压力，压力的变化与边界距离表现出极强的相关性，屋盖跨度与迎风边缘的复杂度，将直接影响顶部上人区域风压对风向角变化的敏感度。

（4）通过流场分析，三维涡结构是引起屋盖凹凸变化边缘风吸力增强的主要原因，同时结合网架结构蒙皮型屋面受力分布特性，此因素也是导致屋盖发生风揭破坏的关键因素。因此，从流场的角度，抑制三维涡的发展往往是控制结构风效应的关键。

参考文献

[1]　GUO J, ZHU M , HU C .Study on wind load shape factor of long-span stadium roof:[J]. Advances in Structural Engineering, 2020, 23(11): 2333-2342.

[2]　DAI Y, YUAN Y , TAO L ,et al.Experimental investigation on the effects of inter-layer gaps on wind loads of cantilevered stadium roofs:[J].SAGE PublicationsSage UK: London, England, 2020(4).

[3]　AMAYA-GALLARDO E, POZOS-ESTRADA, ADRIÁN, et al. RANS Simulation of Wind Loading on Vaulted Canopy Roofs[J].KSCE Journal of Civil Engineering: 1-20 [2024-11-05].

[4]　安苗, 刘庆宽, 马文勇, 等. 椭圆形体育馆悬挑罩棚风荷载分布规律的试验研究[J]. 工程力学, 2019, 36(S1): 199-202.

[5]　马文勇, 刘庆宽, 尉耀元. 具有凹面外形的大跨屋盖结构风荷载分布及风洞试验研究[J]. 振动与冲击, 2012, 31(22): 34-38.

基于 POD-GPR 方法的大跨曲面屋盖表面风压预测研究

范清健[1]，杨　阳[1,2]，李明水[1,2]

（1. 西南交通大学风工程试验研究中心 成都 610031；
2. 西南交通大学风工程四川省重点实验室 成都 610031）

1　引言

本征正交分解（POD）是用于重构和预测结构表面风压的常用方法，然而对于大跨曲面屋盖，由于风压分布较为复杂，采用 POD 法难以准确预测其风压特性[1-2]。为此，本文采用本征正交分解和高斯过程回归（GPR）相结合的方法，以预测曲面屋盖结构的表面风压特性。

2　风洞试验

试验在西南交通大学 XNJT-3 风洞中进行，测压模型为成都天府高铁站，模型采用金属管材、有机玻璃等制成，几何缩尺比为 1∶200，如图 1 所示。模拟的边界层风场类型为 B 类风场。模型表面共布置 700 个风压测点，如图 2 所示。其中，标记空心点‘○’测点数据用于训练预测模型，标记实心点‘●’测点数据用做对比以评估预测精度。试验时，每个测点的采样时间均为 60s，采样频率为 256Hz，所有测点压力时程同步采集。

图 1　安装在 XNJD-3 风洞中的测压模型　　　　图 2　模型测点布置图

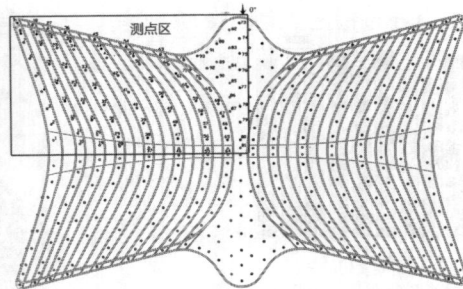

3　结果和讨论

根据奇异值分解分析各阶模态能量占比，选取前 50 阶特征模态训练模型。图 3 展示了测点 8、测点 50、测点 66 处的实测数据和 POD-GPR 预测压力时程的比较，可以看出 POD-GPR 的预测结果和实测数据有着同样的趋势，并且预测的局部极值与实测值位置紧密，未观测到明显的偏差。此外，图 4 还在频域中分析了 POD-GPR 的预测性能，在测压点未经训练过的情况下，预测的功率谱密度与真实值非常一致，只丢失了一部分高频能量，这应该是由于训练模型时只选用了前 50 阶模态的缘故。另外在图 5 中，分别给出了平均风压系数、脉动风压系数的预测结果以及相关系数和均方根误差。

4　结论

本文采用本征正交分解和高斯过程回归相结合（POD-GPR）的方法，用于预测大跨曲面屋盖的表面风压特性。研究结果表明，与传统方法相比，采用 POD-GPR 法可实现更高的预测精度。但该方法对于脉动风压高频部分的预测仍存在一定偏差，在屋盖表面形状变化较大位置也存在一定预测误差，后续有必要通过扩大训练样本进一步改进该方法的预测精度。

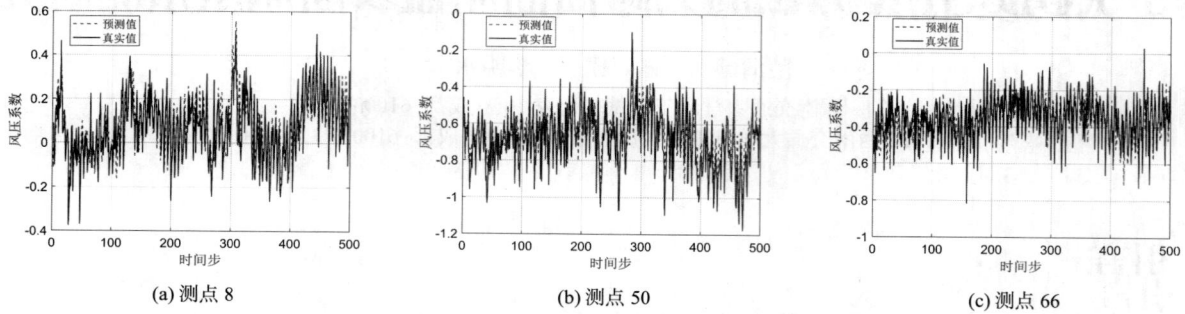

(a) 测点 8 　　　　　　　　　　(b) 测点 50 　　　　　　　　　　(c) 测点 66

图 3　典型测点位置风压时程信号的预测值与实测值对比

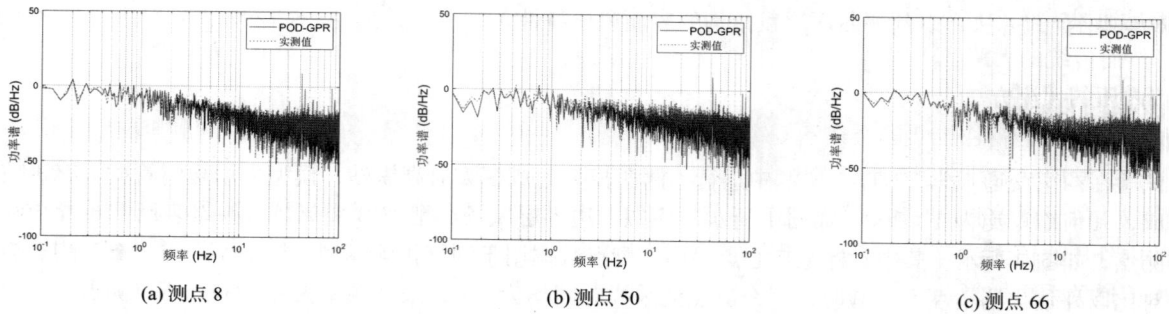

(a) 测点 8 　　　　　　　　　　(b) 测点 50 　　　　　　　　　　(c) 测点 66

图 4　典型测点位置脉动风压谱的预测值与实测值对比

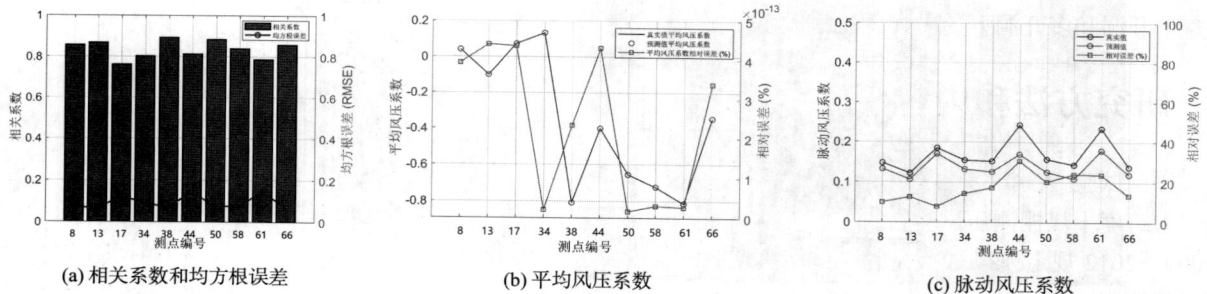

(a) 相关系数和均方根误差 　　　(b) 平均风压系数 　　　　　(c) 脉动风压系数

图 5　典型测点位置相关系数、平均和脉动风压系数的预测值与实测值对比

参考文献

[1]　ZHAO N, CHEN X, SU Y, et al. Wind pressure field reconstruction using a variance-extended KSI method: Both deterministic and probabilistic applications[J]. Probabilistic Engineering Mechanics, 2024, 75: 103557.

[2]　陈伏彬, 唐宾芳, 蔡虬瑞, 等. 大跨平屋盖风荷载特性及风压预测研究[J]. 振动与冲击, 2021, 40(3): 226-232.

大跨度干煤棚屋顶开洞下的内压影响因素研究

葛宇行[1]，孙　瑛[2]，曹正罡[3]

（1. 哈尔滨工业大学土木工程学院 哈尔滨 150090；
2. 哈尔滨工业大学土木工程智能防灾减灾工业和信息化部重点实验室 哈尔滨 150090；
3. 哈尔滨工业大学结构工程灾变与控制教育部重点实验室 哈尔滨 150090）

1　引言

　　大跨度干煤棚结构由于机械化施工技术成熟，内部大空间，在超大体量的封闭式煤炭料仓中被广泛应用。为了满足通风需求，大跨度干煤棚一般在屋盖顶部设置局部通洞口和凸出气楼，形成屋顶单一开洞和多开洞情形。然而传统的大跨度干煤棚抗风设计只考虑了建筑封闭状态下的外表面风压分布，却缺乏结构屋顶开洞下风致内压的预测方法。

　　徐海巍[1]、李寿科[2]、袁养金[3]等人对平屋盖、半椭球形屋盖顶部开洞下的内压特性和洞口内外压相关性展开分析，发现屋盖开洞引起的内压负值吸力远大于墙面开洞，在建筑围护结构表面可能会产生更危险的净风压荷载。由于屋盖洞口与来流风的相对位置一直随风向变化，屋盖洞口的主导外压无法准确定位，屋盖开洞下的内外压比值无法有效衡量，对于大跨度干煤棚而言，屋顶顶部的通风气楼和洞口数量的影响使得洞口内外压传递关系更加复杂。

　　本文以一电厂大跨度干煤棚为研究对象，通过刚性测压试验，分析来流风速、结构内部体积、突起的通风气楼、开洞数量对屋盖开洞风致内压的影响，首次引入 Guha[4]提出的协方差积分法，建立了大跨度干煤棚屋盖单开洞和多开洞下的内外压比值关系。

2　研究方法和内容

风洞试验

　　大跨度干煤棚测压试验在哈尔滨工业大学风洞试验室进行，大气边界层流场按《建筑结构荷载规范》GB 50009—2012 规定模拟 A 类地貌。试验模型纵向长度 178m，跨度 176m，屋顶高度 53m，缩尺比 1：250，模型内部体积 V_0 为 $8.3 \times 10^7 mm^3$。试验参考高度为 0.2m。洞口分布和通风气楼如图 1 所示，该气楼采用典型的两端封闭、侧面开敞构造；试验工况如表 1 所示。

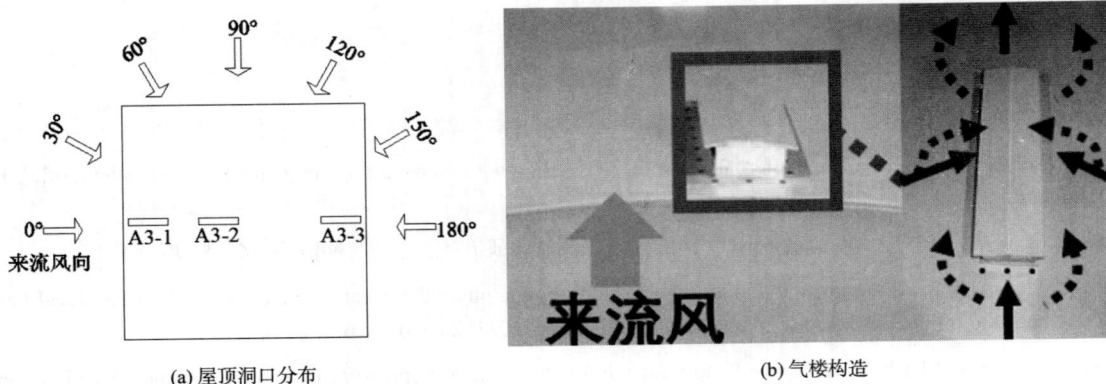

(a) 屋顶洞口分布　　　　　　(b) 气楼构造

图 1　屋顶洞口和通风气楼示意图

基金项目：国家自然科学基金项目（52178132，52278167）

试验工况								表1
工况编号	1	2	3	4	5	6	7	8
洞口编号	A3-2				A3-2；A3-3		A3-1；A3-2；A3-3	
内部体积	V_0	V_0	V_0	$0.5V_0$	V_0	V_0	V_0	V_0
参考风速	13m/s	9m/s	9m/s	9m/s	9m/s	9m/s	9m/s	9m/s
气楼设计	无	无	有	无	无	有	无	有

3 试验结果分析

基于协方差积分法原理，定义了脉动影响因子（$\tilde{\beta} = n\sigma_{\text{pi}}/\sqrt{\sum_{j=1}^{n}\sum_{k=1}^{n} r_{jk}\sigma_{\text{pej}}\sigma_{\text{pek}}}$），用于衡量脉动内压（$\sigma_{\text{pi}}$）与屋盖洞口脉动外压（$\sigma_{\text{pej}}$，$\sigma_{\text{pek}}$）的比值，其中$r_{jk}$是洞口周边第$j$个和第$k$个外压测点间的相关系数。部分工况的脉动影响因子结果如表2所示，风速和内部体积降低会促使$\tilde{\beta}$值增大，洞口长度方向与来流风平行时（0°，180°），$\tilde{\beta}$达到峰值，其他风向取值相近。通风气楼构造会削弱脉动影响因子，洞口垂直于来流风时（90°）削减幅度最大达到30%。

屋盖开洞脉动影响因子结果　　　　　　　　　表2

风向	0	30	60	90	120	150	180
工况1	1.03	0.84	0.80	0.83	0.81	0.86	1.08
工况2	1.19	0.95	0.89	0.90	0.90	0.94	1.34
工况3	1.08	0.81	0.64	0.63	0.64	0.77	1.15
工况4	1.26	1.00	0.94	0.95	0.94	1.00	1.53

4 结论

本文分析了大跨度干煤棚结构屋顶开洞下，来流风速、内部体积、开洞数量对风致内压的影响，探讨了某一典型通风气楼构造下的内压分布特征，得到如下结论：（1）基于协方差积分法建立的脉动影响因子能够有效衡量屋盖洞口内外压比值大小，洞口长度方向与来流风平行时，脉动影子达到峰值大于1，其他风向取值相近；（2）各风向脉动因子随着来流风速和内部体积的降低而增大；（3）两端封闭，侧面开敞的气楼构造对屋顶洞口的脉动影响因子起削弱作用，洞口长度方向与来流风平行时削减幅度最大达到30%，可用于实际工程中大跨度干煤棚结构屋顶通风口设计的参考依据。

参考文献

[1] XU H W, LOU W J. Wind-induced internal pressures in building with dominant opening on hemi-ellipsoidal roof[J]. Journal of Engineering Mechanics. 2018, 144 (6): 1-11.

[2] 李寿科, 田玉基, 李寿英, 等. 屋盖开孔建筑的内压风洞试验研究[J]. 振动与冲击, 2016, 35(18): 1-8.

[3] YUAN Y J, DAI Y M. Experimental and theoretical study on the internal pressure induced by the transient local failure of low-rise building roofs[J]. Advances in Structural Engineering, 2021, 24(14): 1-16.

[4] GUHA T K, SHARMA R N. Influence factors for wind induced internal pressure in a low rise building with a dominant opening[J]. Journal of Wind Engineering and Industrial Aerodynamics, 2011, 8(2): 1-17.

低矮房屋结构抗风

特异风场下低矮建筑表面风压分布规律的试验探究

路 伟[1]，胡 钢[*1]

（1. 哈尔滨工业大学（深圳）土木与环境工程学院 广东 518055）

1 引言

随着国家对海洋环境的重视，越来越多的岛屿上建立了用于居住的建筑，此类建筑一般为低矮建筑，容易受到风荷载的影响，尤其是在强台风作用下，低矮建筑更容易遭到破坏，现有研究均以 B 类地貌为主[1-3]，即研究规范规定的风场对结构物表面风压的影响，为了探究其他风场（如特异性风场，文献[4]定义了特异风场的特征及发生条件）对结构物的影响，由于岛屿之上的建筑物毗邻海域，因此以 A 类风场作为对比基准开展了特异风场下低矮建筑表面风压特性的探究。

2 实验布置

本研究以试验手段进行非常规风场作用下低矮建筑表面风压探究，由于实际情况与试验条件不同，本研究将试验对象简化为长方体，以研究在各类风场作用下建筑表面风压分布规律，实际低矮建筑如居民用房及仓库等，在风洞测压试验中几何缩尺比为 1：60，模型采用 8mm 厚的亚克力板制作而成，图 1 给出了低矮建筑模型尺寸及风场分布。本次试验风场共分为 4 类，其中包括 A 类地貌、风速剖面中的"加速区域"在建筑高度的 40%、60%、80% 共四类风场。

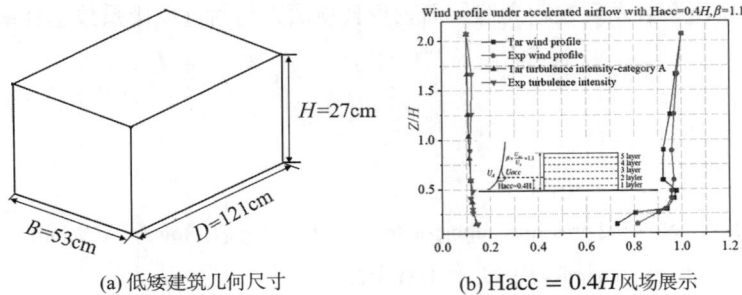

(a) 低矮建筑几何尺寸   (b) Hacc = 0.4H 风场展示

图 1 低矮建筑尺寸及风场

由于四类风场中平均风速剖面有显著的不同，本文重点关注作用在结构表面平均风压。此外，上述风场名称的定义取决于风速加速区域所对应的建筑高度，以Hacc = 0.4H风场为例说明风场定义：风速剖面中对应风速加速幅值β为 1.1 且在建筑高度的 40%。

$$\beta = \frac{U_{acc}}{U_A} \tag{1}$$

式中，U_{acc}为每类风速剖面中风速的最大值；U_A为与相同高度位置 A 类风场对应的风速。其中对应的高度

基金项目：国家重点研发计划课题（2021YFC3100702）

定义为 H_{acc}。图 1（b）中小插图展示了沿建筑高度的测点层分布。

3　试验结果与讨论

图 2 为不同风场作用下模型侧面风压系数分布，由于篇幅有限，只给出 2、4 层结果对比，通过与 A 类风场作用下的风压系数对比发现以下规律：除第 5 层风压系数外，随距离模型底面长度的增加，平均风压系数随之增大；其次，不同风场对模型表面风压的影响主要体现为迎风面风压系数的显著变化，即每一层风压系数随距离模型底面长度的增大，对应风压系数增大，尤其以第 3、4 层为代表。

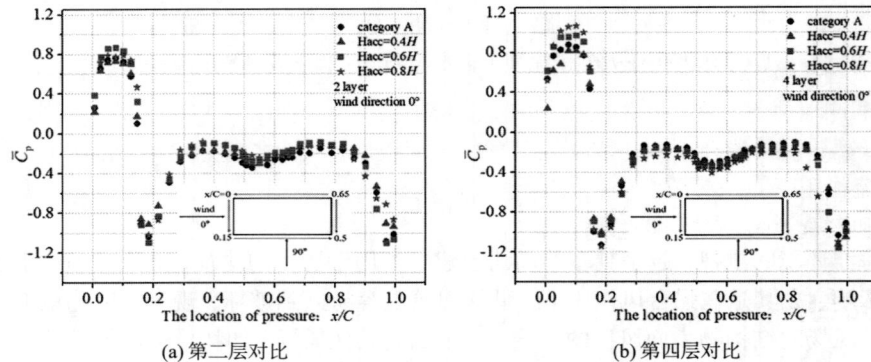

(a) 第二层对比　　　　　　　　　　　　　(b) 第四层对比

图 2　不同风场下低矮建筑侧面风压系数对比

4　结论

本文研究在不同风场作用下低矮建筑表面风压分布特性，通过对比四类风场作用下低矮建筑侧面及顶面风压分布，进一步探究风速加速区域位置及加速幅值对其表面风压分布的影响，4 类风场分别位：A 类风场与加速区域在建筑高度 40%、60%、80% 且加速幅值为 1.1 的 4 类风场。本文主要结论如下：

针对各组风场且侧面风压系数而言，迎风面风压系数具有较明显的变化特征，除第 5 层外，迎风面风压系数随距离模型底部长度的增大而呈现增大趋势；迎风面风压系数以第 3 层为分界限，3 层及 3 层以下，风压系数达到最大时对应风场为 $H_{acc} = 0.6H$，3 层及 3 层以上风压系数达到最大时对应风场为 $H_{acc} = 0.8H$。此外，对比不同风场下的风压系数发现在距离迎风面较近且顶面边角附近风压系数达到最大时对应 $H_{acc} = 0.8H$ 风场。

参考文献

[1]　UEMATSU Y, ISYUMOV N. Wind pressures acting on low-rise buildings[J]. Journal of Wind, 82(1-3): 1-25.

[2]　Engineering and Industrial Aerodynamics, 1999, 82(1-3): 1-25.

[3]　JENSEN M. The model law for phenomena in natural wind[J]. Reprint from Ingenioren (international edition), 1958, 2(4): 121-128.

[4]　路伟, 胡钢, 李利孝. 风浪联合作用下浸没钝体上方风场特性探究[J]. 中国公路学报, 2025, 38(2).

下击暴流作用下低矮建筑风荷载特性数值模拟研究

杨泷筌，方智远

（河南科技大学土木建筑学院 河南 洛阳 471800）

1 引言

大跨工业厂房因其跨度大、风荷载敏感等特点[1-4]，对下击暴流等特殊风荷载尤为敏感。下击暴流是一种高空冷空气快速下冲地面并向四周扩散的强风现象，是非台风地区极值风速的主要来源[5]，其风剖面呈现"鼻形"分布[6]，对低矮建筑构成严重威胁。然而，现行风荷载规范尚未涵盖该特殊风荷载的设计标准。因此，系统研究下击暴流作用下几何参数（如径向距离、屋面坡度及风向角）对建筑风荷载的影响具有重要意义，为改进结构设计和安全评估提供了新思路。

2 模拟概况与结果讨论

本研究采用计算流体动力学（CFD）方法，基于 Rans 时均模型模拟稳态下击暴流作用下的大跨工业厂房，分析了不同几何参数对风荷载及气动力特性的影响。

2.1 数值模拟概况与风荷载表征

在本研究的数值模拟计算域设计综合考虑了下击暴流射流的扩散特性及建筑物周边的气流发展。具体情况如图 1 所示。

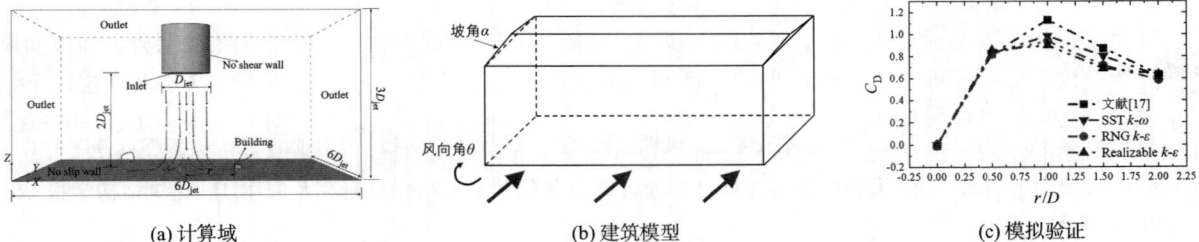

(a) 计算域　　　　　　　　　　(b) 建筑模型　　　　　　　　　　(c) 模拟验证

图 1　模拟设置概况

为定量分析下击暴流对建筑风荷载的影响，定义了无量纲参数风压系数、阻力系数和升力系数，并通过数值模拟计算得出这些参数的分布特性。

2.2 径向距离的影响

在建筑位于下击暴流中心时，风荷载主要表现为竖向冲击，屋面风压系数最大可达 1.0。随着径向距离的增加，建筑表面逐渐出现负风压，且风压分布呈现对称性。在径向距离约为 1.0～1.5 倍喷口直径范围内，负风压达到峰值，建筑的气动力系数随径向距离先增大后减小。这种变化表明下击暴流的发展阶段对风荷载分布具有重要影响。

2.3 屋面坡度的影响

研究选取了不同坡度（如 $i = 1:10$、$1:5$、$1:3$ 和 $1:2$）分析屋面风荷载分布特性。坡度较小时（如 $i = 1:10$ 和 $1:5$），屋面负压区主要集中于靠近迎风面区域，风压分布较为均匀；坡度增大至 $i = 1:2$ 时，负压区显著扩展，气流分离现象增强。结果表明，坡屋面设计中需要控制坡角大小，以减少不利风压效应。

2.4 风向角的影响

风向角从 0°～90°变化时，建筑表面风荷载分布差异显著。在风向角为 45°时，屋面负压达到极大值，且分布面积较广，尤其在迎风角处形成局部涡旋，可能对结构稳定性产生威胁。随着风向角增大至 90°，建筑迎风面积减小，阻力系数显著下降，升力系数变化较小。

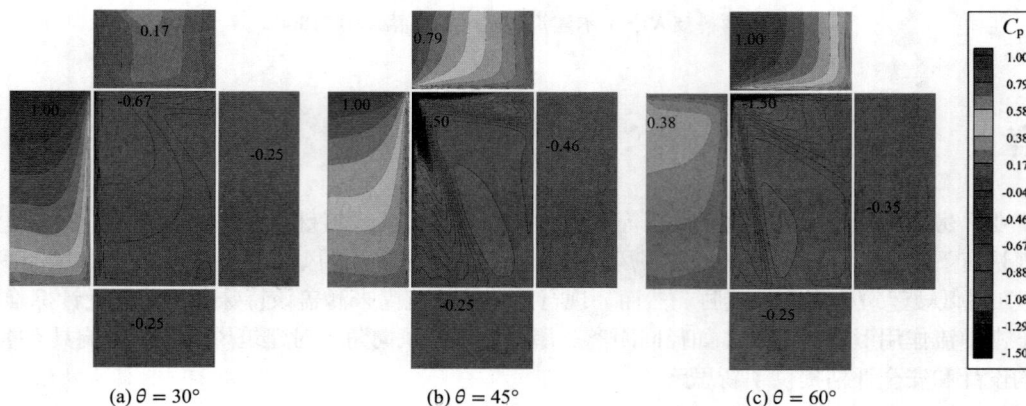

(a) $\theta = 30°$ (b) $\theta = 45°$ (c) $\theta = 60°$

图 2　风向角 θ 不同时建筑平均风压系数云图

3　结论

基于上述研究，可得主要研究内容如下：（1）下击暴流中心区域对建筑的风荷载影响最为显著，径向距离增大后建筑表面逐渐出现对称的负风压分布。径向距离在 1.0～1.5 倍喷口直径范围内，负风压及阻力系数达到峰值。（2）屋面坡度的设计对风压分布有显著影响，较大坡角（如 $i = 1 : 2$）可能导致气流分离和复杂涡流现象，应谨慎选择坡度以降低结构风险。（3）在风向角为 45°时，建筑表面的负风压显著增加，需特别关注该风向条件下的局部涡旋效应对屋面稳定性的影响。

参考文献

[1] 熊前锦，朱斌，林凡伟，等. 大跨度封闭煤棚抗风性能研究[J]. 武汉大学学报（工学版），2020, 53(S1): 447-451.

[2] 苏宁，彭士涛，孙瑛，等. 大跨度煤棚主体结构设计风荷载的神经网络建模研究及应用[J]. 建筑结构学报，2019, 40(7): 34-41.

[3] 李玉学，杨庆山，田玉基，等. 大跨屋盖结构多目标等效静力风荷载精细化分析[J]. 中南大学学报（自然科学版），2016, 47(7): 2485-2494.

[4] 陈飞新. 基于大涡模拟方法的大跨平屋盖非定常气动特性研究[D]. 重庆：重庆大学，2021.

[5] SOLARI G. Emerging issues and new frameworks for wind loading on structures in mixed climates[J]. Wind Struct, 2014, 19(3): 295-320.

[6] LETCHFORD C W, MANS C, CHAY M T. Thunderstorms—their importance in wind engineering (a case for the next generation wind tunnel)[J]. Journal of Wind Engineering & Industrial Aerodynamics, 2002, 90(12): 1415-1433.

热带海岛典型农业温室建筑风荷载的数值模拟研究

李勋煜，黄　斌，张芙榕，余宇秉

（海南大学土木建筑工程学院 海口 570228）

1 引言

海南省受热带海洋性气候影响，强/台风频发使得农业温室建筑受损严重。造成农业温室建筑风致破坏的主要原因是目前对热带海岛农业温室建筑的风致破坏形式和特征认识不足。国内外学者通过现场实测、风洞试验与数值模拟等方法对农业温室建筑表面风荷载进行了相关研究[1-4]。本文基于典型农业温室建筑的风洞测压试验[5]（图 1）进行了数值模拟研究，将数值模拟结果与风洞试验结果对比分析，验证了数值模拟的可靠性。结合农业温室建筑周围流场特性分析其表面风压分布与局部高压产生机理，对减少热带海岛地区农业温室建筑的风致灾害和损失具有重要意义，进而可为热带海岛农业温室建筑的抗风减灾提供理论依据。

2 研究方法与内容

2.1 网格无关性验证及湍流模型敏感性分析

以 0°风向角下圆拱型农业温室建筑为模拟对象，分别采用 3 种不同网格数量进行网格无关性验证。为了提高计算效率同时兼顾计算精度，本文最终选择基础网格尺寸进行计算。对比以下常用的湍流模型：standard k-ε 模型、RNG k-ε 模型、Realizable k-ε 模型、SST k-ω 模型对农业温室建筑的影响。从模拟结果的精度来说，Realizable k-ε 模型模拟的结果最接近风洞试验，因此，Realizable k-ε 模型适用于农业温室建筑风荷载的数值模拟。

2.2 边界条件与参数设置

入口边界采用速度进口（inlet），平均风速剖面与湍流特性参数依据风洞试验采用的 B 类风场通过 UDF 编译加载到入口中。入口处脉动风速通过 NSRFG 方法生成，该法通过合成湍流生成技术，基于窄带过程的模拟和叠加。稳态计算收敛后采用大涡模拟进行瞬态计算。

2.3 农业温室建筑周围的流场特性

选取 0°和 90°风向角下屋面中线测点的平均风速进行分析。两者的平均风速大小变化趋势基本一致。结合屋面中线测点的平均风速，给出了 0°和 90°风向角数值模拟的平均风速剖面云图、平均风速等值线图和湍流强度图，可以更加直观地分析典型农业温室建筑周围的流场特性。双拱型农业温室建筑 90°风向周围的流场特性见图 2。

2.4 农业温室建筑表面的平均风压特性

圆拱型和双坡型屋面在 0°风向角下的平均风压系数呈云图对称分布。风向角从 30°～60°变化时，圆拱型的平均风压系数最小值由−1.37 增大到−1.46，双坡型由−1.44 增大到−1.75。90°风向角时，平均风压系数沿着来流方向逐渐增大，呈对称分布；选取 0°与 90°风向角下中线测点的平均风压系数对比分析。圆拱型屋面0°风向平均风压分布见图 3。

基金项目：国家自然科学基金项目（52068019），海南省自然科学基金项目（522RC605，520QN231）

2.5 农业温室建筑表面的脉动风压特性

0°风向角时，圆拱型和双坡型表面的脉动风压与平均风压分布规律基本一致。与正交风向相比，当风向角从30°变为60°时，脉动风压系数峰值明显更大。圆拱型脉动风压系数最大值由0.64增大到0.76，双坡型由1.03减小到0.92。90°风向角时，脉动风压系数沿着屋脊逐渐减小。选取0°与90°风向角下中线测点的脉动风压系数进行对比分析。圆拱型屋面0°风向脉动风压分布见图3。

图1 风洞试验流场布置	图2 0°风向圆拱型流场特性	图3 0°风向圆拱型屋面风压分布

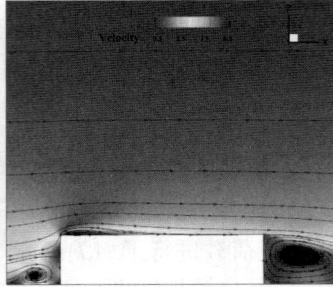

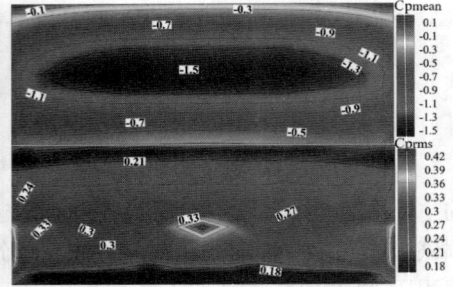

3 结论

（1）Realizable $k\text{-}\varepsilon$ 湍流模型更适合应用于农业温室建筑风荷载的数值模拟，采用大涡模拟能够较好地反映农业温室建筑表面的脉动风压。

（2）0°风向时，圆拱型温室形成的涡流区域流线分布均匀有序，双坡型温室形成的涡流区域流线分布紊乱且不均匀。90°风向时，圆拱型和双坡型温室的流场特性分布基本相似。

（3）60°风向角的平均风荷载对圆拱型和双坡型温室的影响比30°风向角更剧烈；而在脉动风荷载方面，60°风向角对圆拱型温室的影响更大，但30°风向角对双坡型温室的影响更为显著。

（4）与正交风向相比，斜风作用下的风压系数极值显著增大。圆拱型温室最大平均风压系数和脉动风压系数分别为−1.46和0.76，双坡型温室最大平均风压系数和脉动风压系数分别为−1.72和1.02，这表明双坡型温室在极端风况下可能承受更高的风荷载。

参考文献

[1] KIM R W, LEE I B, KWON K S. Evaluation of wind pressure acting on multi-span greenhouses using CFD technique, Part 1: development of the CFD model[J]. Biosystems Engineering, 2017, 164: 235-256.

[2] KIM R W, HONG S W, LEE I B, et al. Evaluation of wind pressure acting on multi-span greenhouses using CFD technique, Part 2: application of the CFD model[J]. Biosystems Engineering, 2017, 164: 257-280.

[3] KUROYANAGI T. Investigating air leakage and wind pressure coefficients of single-span plastic greenhouses using computational fluid dynamics[J]. Biosystems Engineering, 2017, 163: 15-27.

[4] LIANG Z, HE G, LI Y, et al. Analysis of wind pressure coefficients for single-span arched plastic greenhouses located in a valley region using CFD[J]. Agronomy, 2023, 13(2): 553.

[5] HUANG B, LIU J K, LI Z N, et al. Analysis of wind pressure characteristics of typical agricultural greenhouse buildings on tropical islands[J]. Advances in Aerodynamics, 2024, 6(1): 1.

抗风揭试验动态非均匀风压分布影响系数

吴 斌[1,2]，陈 波[1,2]

（1. 重庆大学土木工程学院 重庆 400044；
2. 风工程及风资源利用重庆市重点实验室 重庆 400044）

1 引言

直立锁边金属屋面系统风揭破坏时有发生[1-3]，目前抗风揭试验可以得到均布荷载作用下屋面系统极限抗风承载力，但由于实际风荷载分布复杂且瞬时变化[4]，抗风揭试验得到的极限承载力与实际情况存在偏差[5-6]。本研究建立精细化有限元模型，研究真实风荷载分布和均布荷载下直立锁边金属屋面系统承载能力，提出抗风揭承载力动态非均匀风动态非均匀风压分布影响系数的定义和计算方法，有效反映实际风压分布对围护系统抗风能力的影响。

2 动态非均匀风压分布影响系数研究方法

动态非均匀风压分布影响系数(ICDNWPD)反映动态非均匀风压分布对屋面系统抗风极限承载力的影响，其计算公式如下：

$$\text{ICDNWPD} = w_{\text{non-uni}}/w_{\text{uni}} \tag{1}$$

式中，$w_{\text{non-uni}}$ 表示动态非均匀风压作用下屋面系统的抗风极限承载力对应的临界来流风压，采用有限元模型增量动态分析（IDA）确定，w_{uni} 为静态抗风揭试验得到的屋面系统抗风极限承载力对应的临界来流风压，其计算过程如下：

首先通过风洞试验测得瞬时风压系数，$C_{pi,j}(t)$ 表示第 i 个测压点在第 j 个风向的瞬时风压系数。然后通过方程(2)得到第 j 个风向下的瞬时面积平均风压系数 $C_{pA,j}(t)$：

$$C_{pA,j}(t) = \frac{\sum_{i=1}^{i=M} C_{pi,j}(t) \cdot A_i}{\sum_{i=1}^{i=M} A_i} \tag{2}$$

式中，A 是第 i 个测压点的附属面积，M 是指定屋面区域内的测压点数。进一步通过 Cook-Mayne 理论计算第 j 个风向的最小峰值风压系数 $C_{pA,j}^{\min}$。

在 0°～360°范围内，以为 15°为间隔，得到 24 个风向下的峰值风压系数。峰值风压系数的包络值被视为最不利风压系数 $C_p^{\min}$，如式(3)所示。

$$C_p^{\min} = \min(C_{pA,1}^{\min}, C_{pA,2}^{\min}, \cdots C_{pA,j}^{\min} \cdots C_{pA,24}^{\min}) \tag{3}$$

静态抗风揭测试中对应的临界来流风压 w_{uni} 如下：

$$w_{\text{uni}} = P_{\text{uni}}/C_p^{\min} \tag{4}$$

通过有限元模拟确定静态抗风揭试验下直立锁边屋面的最终抗风极限承载力 P_{uni}；然后，使用风洞试验得到的风压系数时程，计算最小风压系数 $C_p^{\min}$，进而根据式(4)计算 w_{uni}。另一方面，将动态非均匀风压作用于屋面系统的有限元模型，并通过增量动力分析（IDA）确定 $w_{\text{non-uni}}$。$w_{\text{non-uni}}$ 与 w_{uni} 的比值定义为动态非均匀风压分布影响系数，反映动态非均匀风压分布对直立锁边屋面系统最终抗风极限承载力的影响，如图1所示。

基金项目：国家自然科学基金项目（52078088）

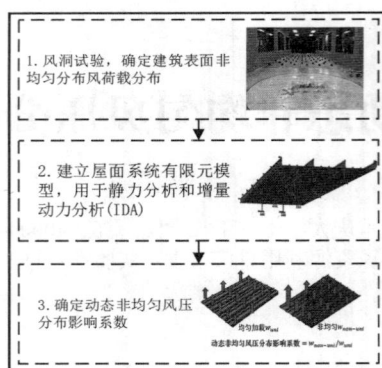

图 1   动态非均匀风压分布影响系数计算过程

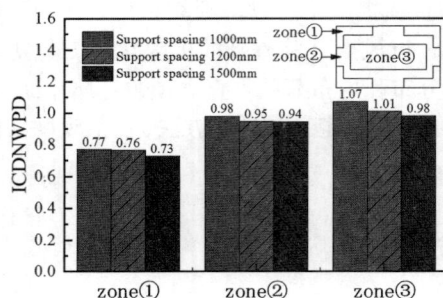

图 2   支座间距对 ICDNWPD 的影响　　图 3   地貌类别对 ICDNWPDs 的影响

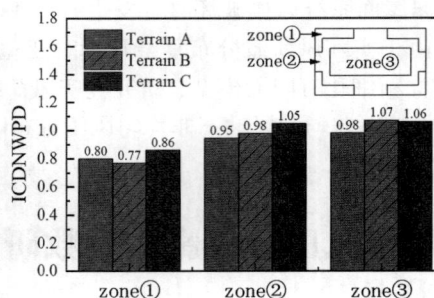

如图 2 和图 3 所示,研究屋面系统不同支座间距和地貌类别对动态非均匀风压分布影响系数的影响,对比结果表明,对于相同的屋面系统,随着支座间距的增大,ICDNWPDs 会减小,但变化不显著,角部区域的 ICDNWPDs 小于边缘和内部区域。角部区域和地貌 A 的 ICDNWPDs 小于 1.0,即抗风揭试验确定的极限承载力会高估屋面系统的真实极限承载力。因此,在屋面系统设计中,对于角部区域和地貌 A 情况下,抗风揭系数应适当增大。

3   结论

平屋面不同区域动态非均匀风压分布影响系数差异较大,屋面中部数值达到角部的 1.3~1.4 倍。在进行屋面抗风设计时,角部区域和地貌 A 应采用更大的抗风揭系数。若所有区域均取相同数值会显著高估围护系统角部区域抗风揭承载力,导致该区域可靠度低于其余区域,产生更大抗风安全风险。

参考文献

[1]   AZZI Z, HABTE F, VUTUKURU K S. Effects of roof geometric details on aerodynamic performance of standing seam metal roofs[J]. Eng Struct, 2020, 225: 111303.

[2]   WU T, SUN Y, CAO Z G. Study on the wind uplift failure mechanism of standing seam roof system for performance-based design[J]. Eng Struct, 2020, 225: 111264.

[3]   LIU J J, CUI Z Q, LI J H. Experimental study and theoretical analysis on performance of aluminum-magnesium-manganese standing seam metal roof under uplift wind load[J]. J Build Struct, 2021, 42(5): 19-31.

[4]   SUN Y, WU T, CAO Z G. Wind vulnerability analysis of standing seam metal roof system with consideration of multistage performance levels[J]. Thin-Walled Structure, 2021, 165: 107942.

[5]   KOPP G A, XIA Y C, CHEN S F. Failure mechanisms and load paths in a standing seam metal roof under extreme wind loads[J]. Engineering Structure, 2023, 296: 116954.

[6]   SUN Y, WU T, WU Y. Parameter study on wind resistant performance of standing seam roof system with anti-wind clip[J]. Engineering Mechanics, 2020, 37(2): 183-191.

基于 HODMD 与 BPNN 的建筑屋面局部风压时程预测方法

刘泰廷 [1,2]，戴益民 [1,2]，陈俊偲 [1,2]

（1. 结构抗风与振动控制湖南省重点实验室 湘潭 41000；
2. 湖南科技大学土木工程学院 湘潭 41000）

1 引言

风洞试验是评估建筑风荷载分布的常用方法，在风洞试验中布置的测点越多，获取的风荷载数据越详细，但实际可布置测量点数受限于设备，且过多测点可能导致结果失真[1]。因此，利用有限数据估算未知点的风压时程数据成为一大挑战。空间插值方法和人工神经网络在风压预测中虽广泛应用，但在风压梯度变化较大及非高斯性区域预测精度较差。为克服传统方法的局限性，本文提出了一种结合高阶动态模态分解（HODMD）与反向传播神经网络（BPNN）的新模型，称为 HODMD-BPNN。

2 HODMD-BPNN 方法与试验概况

2.1 HODMD-BPNN 方法

HODMD 方法通过增加嵌入维数对 DMD 方法进行扩展，使其能处理复杂的非线性流体动力学系统。在 HODMD-BPNN 方法中，最重要的是获得与风压场所有数据相关的特征函数 $\Phi(x, y)$。HODMD-BPNN 方法预测流程如图 1 所示。

2.2 风洞试验

试验在湖南科技大学风工程试验研究中心进行，试验风场为 B 类地貌，模型尺寸为 600mm（长）× 400mm（宽）× 400mm（宽），缩尺比为 1：20，在建筑屋面布置 130 个测点。试验模型、测点及风向角定义如图 2 所示，其中蓝点为训练集与验证集，红点为测试集。

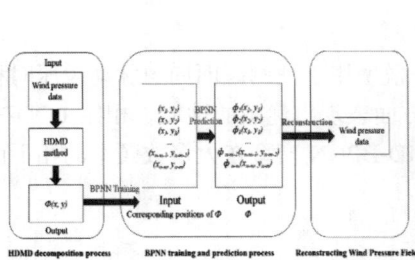

图 1　HODMD 方法预测流程

图 2　试验模型、测点及风向角定义

3 结果与讨论

3.1 HODMD-BPNN 预测结果

表 1 对比了部分试验结果与 HODMD-BPNN 及 POD-BPNN[2]方法在测试集上的预测结果。可以发现

基金项目：国家自然科学基金项目（52178478）

HODMD-BPNN 与 POD-BPNN 的脉动风压系数预测结果均与试验结果较为接近，但 HODMD-BPNN 的均方根误差（RMSE）与相关系数大部分优于 POD-BPNN 方法。

脉动风压系数预测结果 表 1

测试集		F19	F13	F7	F1
试验结果	脉动风压系数	0.223	0.227	0.236	0.280
HODMD-BPNN 方法	脉动风压系数	0.219	0.206	0.241	0.284
	均方根误差	0.131	0.118	0.09	0.09
	相关系数	0.829	0.871	0.917	0.924
POD-BPNN 方法	脉动风压系数	0.217	0.212	0.210	0.281
	均方根误差	0.144	0.108	0.106	0.170
	相关系数	0.794	0.885	0.912	0.816

3.2 相干函数分析

图 3 分析了比较了 HODMD-BPNN 和 POD-BPNN 方法在测试数据集上的预测结果与试验数据之间的相干性值。两种方法都有效地捕捉到了相干性值在 72.354Hz 和 108.126Hz 附近的峰值。值得注意的是，HODMD-BPNN 方法表现出比 POD-BPNN 方法更高的相干性。这是因为 HODMD 通过高阶动态模态分解精准提取风压信号中的单频模态（频率与增长率参数），为 BPNN 提供了明确的动力学先验约束，使网络能够更精准学习风压时空演化规律，使得 HODMD-BPNN 的均方根误差及相关系数整体优于 POD-BPNNN 方法。

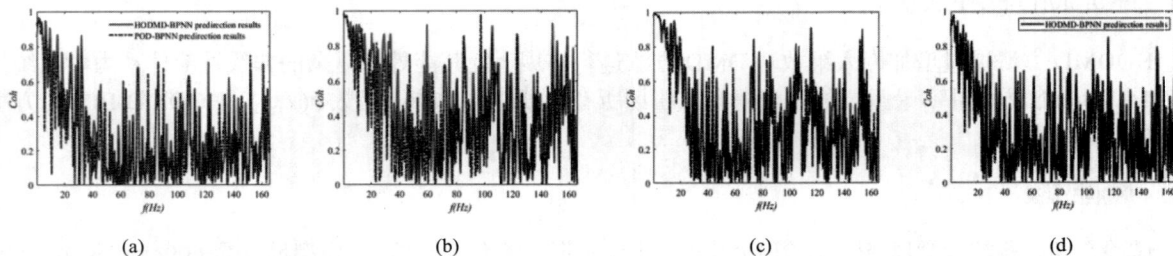

(a)   (b)   (c)   (d)

图 3 HODMD-BPNN 和 POD-BPNN 预测结果与试验结果的相干函数

4 结论

本文结合 HODMD 方法与 BPNN 提出了 HODMD-BPNN 模型用于预测屋面局域脉动风压时程。本文主要结论总结如下：HODMD-BPNN 模型在预测脉动风压系数方面表现出优越的性能，相比 POD-BPNN 模型具有更低的均方根误差（RMSE）和更高的相关系数；HODMD-BPNN 模型在大多数频率的相干函数要优于 POD-BPNN 模型。

参考文献

[1] KATO Y, KANDA M. Development of a modified hybrid aerodynamic vibration technique for simulating aerodynamic vibration of structures in a wind tunnel[J]. Journal of Wind Engineering and Industrial Aerodynamics, 2014, 135: 10-21.

[2] CHEN F, KANG W, SHU Z, et al. Predicting roof-surface wind pressure induced by conical vortex using a BP neural network combined with POD[J]. Building Simulation, 2022, 15: 1475-1490.

单坡光伏屋盖非高斯特性及风压极值研究

黄　建，李　毅

（长沙理工大学土木与环境工程学院 长沙 410114）

1　引言

　　光伏屋盖是一种将光伏板代替建筑屋面的一种特殊结构[1]。现有规范对风压极值的计算往往基于高斯假设[2]。然而，高斯模型并不能准确地描述建筑结构所有位置的风荷载[3]。因此，亟需采用一种更好的方法估算光伏屋盖的极值风压。针对上述问题，本文基于风洞试验数据，首先分析了典型测点的概率特性，然后对比分析了 6 种传统的极值风压估算方法，最后采用基于贝叶斯优化的梯度提升回归树方法对极值风压展开预测。

2　研究方法及内容

2.1　风洞试验

　　本次试验是在长沙理工大学大型边界层风洞实验室中进行，试验模拟了 B 类地貌。试验屋盖倾角分别为 0°、10°、20°、30°，风向角为 0°～180°，每隔 15°测量一次，共计 13 个角度。其中在 0°、45°、90°、135°、180°风向角下均进行长时程采样。模型几何缩尺比为 1∶10，共由 12 块光伏板组成（图1）。单块光伏板模型长 $L = 490$mm，宽 $B = 248$mm，采用 ABS 板制成。光伏板上下表面对称布置测点，单块光伏板有 60 个测压点（图2）。试验共使用 5 块测压板（图1）。测点布置及风向角定义如图 1 所示。本试验参考高度选取 50cm，对应实际屋盖高度 5m。试验平均风速以及湍流度剖面如图 3 所示。

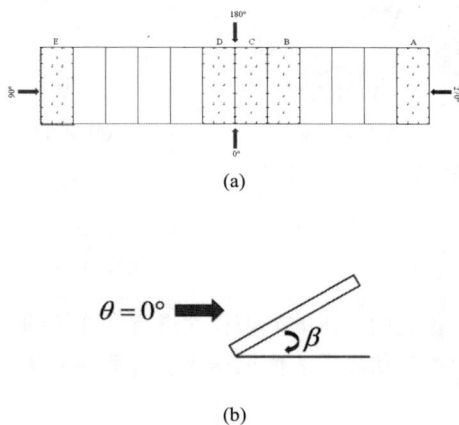

图 1　测点布置图及风向角定义　　图 2　单块板测点布置图　　图 3　风场模拟

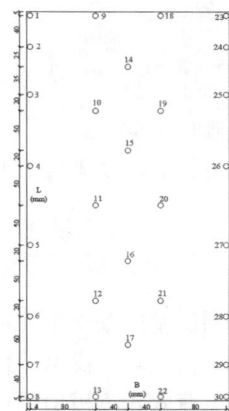

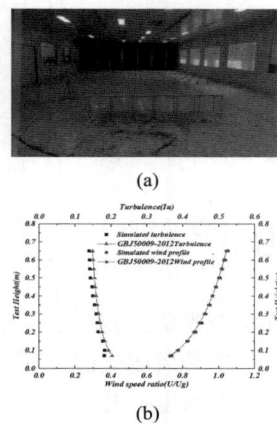

2.2　极值风压估计

　　本文分别采用峰值因子法、Sadek-Simiu 法、修正的 Hermite 法、改进 Gumbel 法、广义极值法和 Cook-Manye 法对各个倾角下的所有测点进行极值风压估计。由于篇幅有限，本节仅展示 20°倾角下各测点的极值估计结果（图4、图5）。可以看出，Cook-Manye 法对极大值风压系数的估算效果最佳，而广义极值法对极小值风

基金项目：国家自然科学基金项目（51708207）

压系数的估算效果最优。

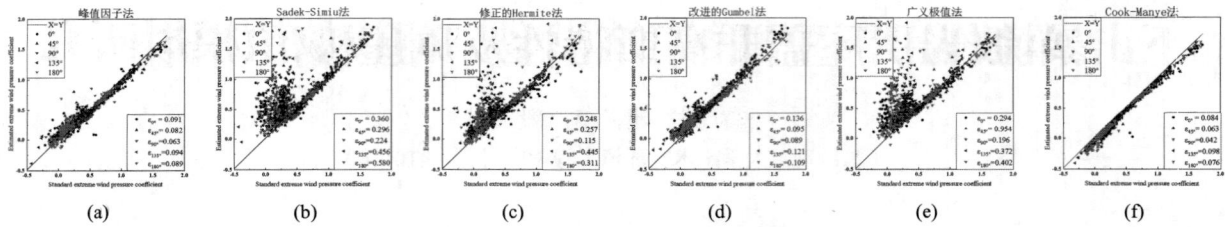

图 4　20°倾角各估算方法极大值与标准极大值结果比较

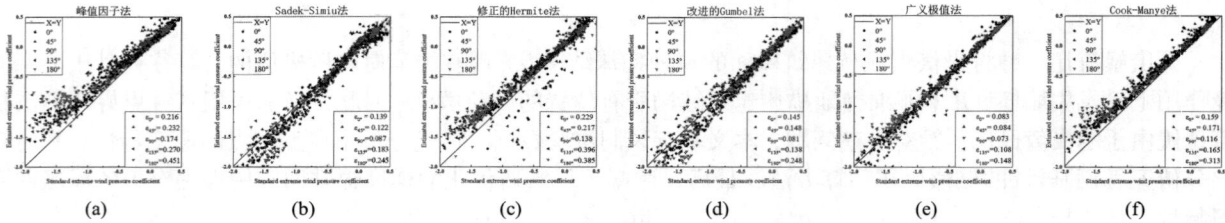

图 5　20°倾角各估算方法极小值与标准极小值结果比较

2.3　极值风压预测

梯度提升回归树（GBRT）是一种集成学习方法，而贝叶斯优化则是一种用于机器学习模型训练过程中寻找最优超参数的方法。将贝叶斯优化应用于梯度提升回归树超参数的自动寻优，可以达到更好的预测性能。本节将由峰值分段平均法计算得到的标准极值风压作为输出特征以及风压时程的前四阶统计量作为输入特征。极小值风压预测结果如图 6 所示。可以看出，预测值与真实值之间的决定系数 R^2 均大于 0.96 并且大部分点的预测误差小于 10%。这表明 GBRT 具有很好的极值风压预测性能。

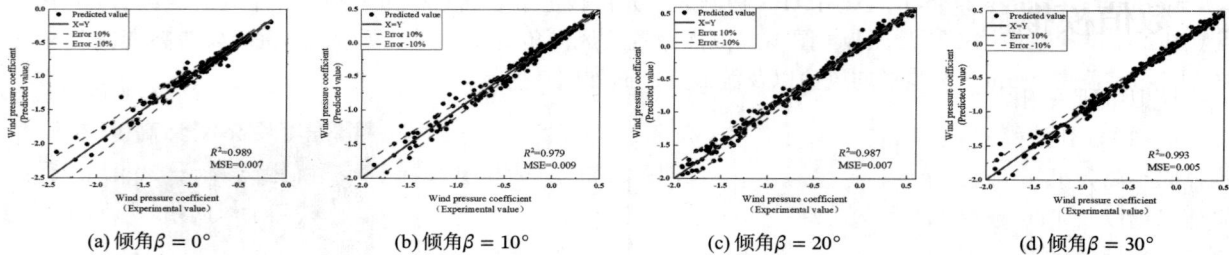

图 6　极小值风压系数估计预测结果与真实结果对比

3　结论

本文在单坡光伏屋盖刚性模型风洞试验的基础上，对屋盖表面风压的概率特性进行了详细的分析。通过对现有传统的 6 种风压极值计算方法进行比较，找出适合单坡光伏屋盖表面风压极值计算的方法。此外，基于贝叶斯优化的梯度提升回归树算法能有效预测极值风压。

参考文献

[1]　李寿科, 张雪, 方湘璐, 等. 双坡光伏车棚屋面风荷载特性[J]. 太阳能学报, 2019, 40(2): 530-537.

[2]　住房和城乡建设部. 建筑结构荷载规范: GB 50009—2012[S]. 北京: 中国建筑工业出版社, 2012.

[3]　SUN Y, WU Y, LIN Z X, et al. Non-Gaussian features of fluctuating wind pressures on long span roofs[J]. China civil engineering journal, 2007, 40(4): 1-5.

下击暴流作用下 TTU 建筑模型风荷载数值模拟研究

吴齐燕，钟永力，陈　锐

（重庆科技大学土木与水利工程学院　重庆 401331）

1　引言

下击暴流作为一种极端天气现象，对低矮建筑具有显著的破坏作用。风灾调查表明，低矮建筑在下击暴流作用下易发生墙体和屋面破坏，进而引发整体结构失效。此外，建筑的转角部位、屋脊处、边角区域等局部位置由于承受较高的风荷载，往往成为破坏的关键区域。

研究者们基于冲击射流模型对下击暴流风场进行模拟，发现冲击射流能够较为准确地模拟下击暴流的风场特性，汪之松[1]利用冲击射流风洞试验装置，分析了低矮建筑不同径向位置下屋面风压系数、体型系数及动力特征的变化。Cassar 等[2]使用冲击射流装置模拟了下击暴流风场，发现冲击射流模型与下击暴流实测结果较为吻合，说明冲击射流能较好地对下击暴流风场进行模拟。此外，学者们通过壁面射流模型对下击暴流进行了大量研究，证明了壁面射流模型对下击暴流模拟的准确性。洪艺然等[3]在传统风洞中加装风机和喷嘴模拟下击暴流出流段风场，验证了壁面射流模型对下击暴流风场模拟的有效性。钟永力[4]等基于平面壁面射流的方法，通过风洞试验模拟出了与实测结果较吻合的下击暴流壁面射流段非稳态风场，实现了大尺度下击暴流出流段风场模拟。本文采用数值模拟的方法，基于壁面射流与冲击射流数值模拟，与大气边界层风洞试验对其平均风压系数分布进行研究。

2　数值模拟研究

模拟中所采用的壁面射流模型装置尺寸为 3800mm × 2091mm × 800mm（长 × 宽 × 高），喷嘴高度 b 为 60mm，TTU 建筑模型缩尺比取 1：100，模型尺寸为 137mm × 91mm × 40.6mm（长 × 宽 × 高）。在距离喷嘴径向距离大于 15b 时，壁面射流发展完全[5]，因此 TTU 建筑模型放置于离喷嘴距离为 $x = 30b$。由于下击暴流风场以及 TTU 建筑模型的对称性，风向角取 0°～90°，每 15°一个工况，一共 7 个风向角。风向角 α 为 0°下的计算域示意图如图 1 所示。

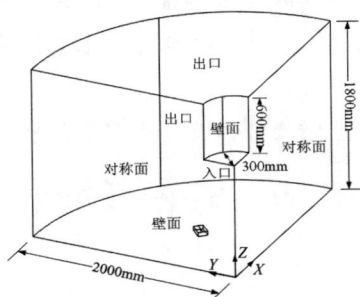

图 1　壁面射流计算模型示意图　　　　图 2　冲击射流计算模型

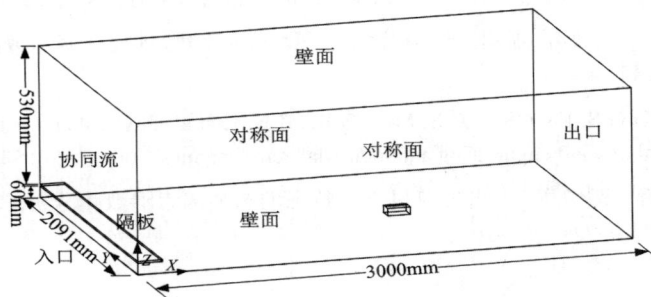

冲击射流装置计算域入口直径 D_{jet} 为 600mm，TTU 建筑模型尺寸以及测点位置分布与壁面射流一致。Wood 等[6]研究表明，在距离冲击中心的径向距离大于 1.5 倍的射流直径的位置时下击暴流完全发展，同时最大风速[7]发生在 1～1.5 倍射流直径，因此 TTU 建筑模型放置在距入口位置 $x = 1.5D_{jet}$。风向角 $\alpha = 0$°下的计算域示意图如图 2 所示，风向角与壁面射流设置一致。

基金项目：重庆市自然科学基金（CSTB2024NSCQ-MSX1135，CSTB2023NSCQ-LZX0051）

原 TTU 建筑模型横向中剖面 ABCD 的表面，即横向中轴线共有 11 个测点，本文中选取缩尺模型上最接近中线的 F12 组测点作为横向中轴线，对数值模拟和试验进行对比分析。图 3 和图 4 给出了 $\alpha = 0° \sim 90°$ 时，壁面射流和冲击射流试验下 TTU 建筑模型横向中轴线测点的平均分压系数。

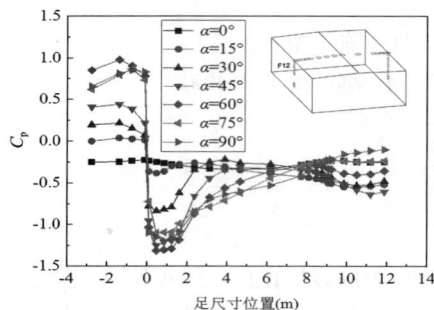

| 图 3 | 壁面射流模型下不同风向角的横向中轴线风压系数 | 图 4 | 冲击射流模型下不同风向角的横向中轴线风压系数 |

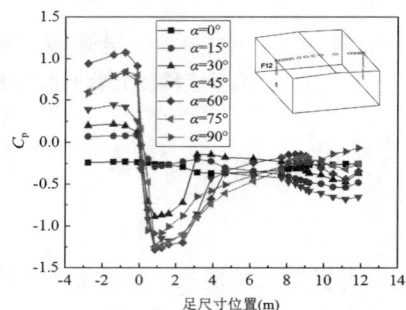

3　结论

通过壁面射流与冲击射流的数值模拟，深入剖析在不同参数条件下，壁面射流模拟对 TTU 建筑模型表面风压系数分布所产生的影响。研究发现，随着风向角的增大，迎风面表面风压系数分布情况发生显著变化，相比之下，背风面的表面风压系数变化幅度则较小。在迎风面区域，由墙 1 向墙 4 转移，墙 1 风压系数逐渐减小，墙 4 逐渐增大。同时，迎风面屋檐处负风压系数最大，并且越靠近迎风面气流分离点，负风压系数越大；若位置远离迎风面屋檐负风压系数越小。

参考文献

[1] 汪之松, 陈圆圆, 方智远, 等. 下击暴流作用下低矮建筑风荷载特性试验[J]. 华中科技大学学报: 自然科学版, 2019, (9): 7.

[2] CASSAR R. Simulation of a thunderstorm downdraft by a wind tunnel jet, Summer vacation report[J]. DBCE CSIRO, 1992, 92.

[3] 洪艺然, 李昌茂, 肖云凤, 等. 基于壁面射流的下击暴流风场特性研究[J]. 工程技术研究, 2020, (003): 005.

[4] 钟永力, 晏致涛, 李妍, 等. 下击暴流出流段非稳态风场的大气边界层风洞模拟[J]. 实验流体力学, 2021, 35(6): 8.

[5] 钟永力, 晏致涛, 游溢. 平面壁面射流风场作用下建筑物表面风压数值模拟[J]. 湖南大学学报（自然科学版）, 2019, 46(1): 47-54.

[6] WOOD G S, KWOK K C S, MOTTERAM N A, et al. Physical and numerical modelling of thunderstorm downbursts[J]. Journal of wind engineering and industrial aerodynamics, 2001, 89(6): 535-552.

[7] 吉柏锋, 瞿伟廉. 下击暴流风剖面特征的影响因素参数化分析[C]. 第十四届全国结构风工程学术会议, 2009: 145-153.

不同屋面形式连栋温室通风抗风性能研究

齐子皓[1]，王少杰[1,2*]，贾艳艳[3]，孙宏宇[2]，管仁辉[1]，王　硕[1]，宋皓然[1]

（1. 山东农业大学水利土木工程学院　泰安 271000；
2. 山东农业大学园艺科学与工程学院　泰安 271018；
3. 山东农业大学林学院　泰安 271018）

1　引言

连栋温室在避雨栽培地区得到广泛应用[1]，但在夏季生产过程中普遍面临降温、抗风两大突出问题。掌握连栋温室内部风温变化规律[2]与表面风压系数[3]分布是构建低碳化连栋温室的前提。本研究通过计算流体动力学（CFD）方法，对比不同屋面形式连栋温室通风降温效果及抗风性能，优选了连栋温室屋面构型，可为同类园艺设施的建造与运维提供参考依据。

2　研究方法和内容

2.1　几何模型

为对比分析，设计 3 种不同屋面形式的连栋温室如图 1 所示，锯齿形屋面通风口最大开度均为 1.2m，拱圆形屋面通风口最大开度均为 0.75m，各温室通风口对应开度面积相同，其余规格参数均同锯齿形连栋温室，单拱跨度 8.0m、脊高 6.6m，南北向种植番茄作物。

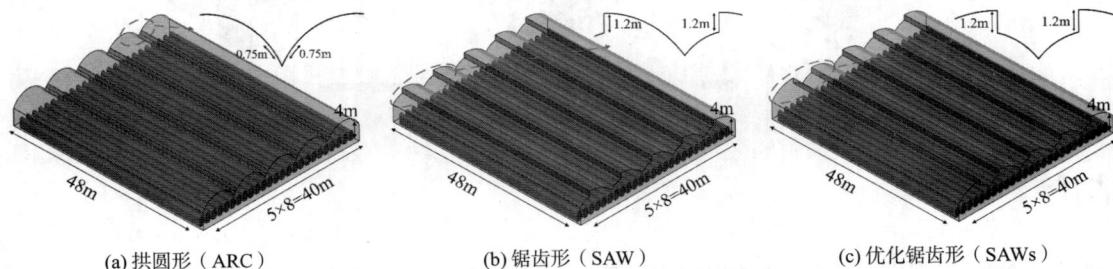

(a) 拱圆形（ARC）　　(b) 锯齿形（SAW）　　(c) 优化锯齿形（SAWs）

图 1　3 种不同屋面形式的连栋温室

2.2　数值模型

采用 ANSYS FLUENT 2022 建立数值模型，番茄植株简化为倒角长方体，使用 ICEM CFD 21.0 软件进行网格划分，网格采用非结构化的四面体网格。使用标准 k-ε 模型模拟气流的湍流性质，激活能量方程，并使用离散纵坐标（DO）作为辐射模型，番茄植株气动特性通过多孔介质模型表征。边界条件按日本建筑学会规范 AIJ-2015[4-5]进行取值。将本文数值模拟方法与国内外试验数据进行对比验证，模型结果吻合较好，验证了数值模型的可靠性。

3　结果与分析

3.1　通风降温性能对比分析

图 2 为 ARC、SAW、SAWs 三种连栋温室植株冠层高度处的风温分布。锯齿形屋面通风口的导流作用明

基金项目：国家重点研发计划项目（2023YFD1700904），国家自然科学基金项目（32272008，32301658）

显，可以有效引导气流进入温室内打破拱圆形连栋温室湍流集聚现象，形成多条高速气流通道，优化的屋面通风模式可显著改善温室通风均匀性与稳定性。

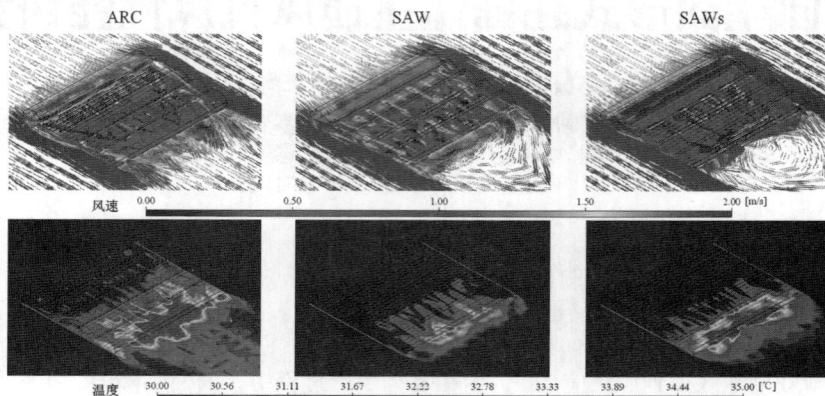

图 2　植株冠层高度处风温分布

3.2　抗风性能对比分析

由图 3 可知，ARC 边跨顶部存在大片负压区域，最大风压系数为 -5.50；SAW 迎风跨存在大片正压区域，最大风压系数为 3.61；SAWs 迎风跨正压区域较小，且最大风压系数降至 1.60，顶部负压区域较大，利于通风降温。由此可见，温室 SAWs 抗风、通风性能均较好。

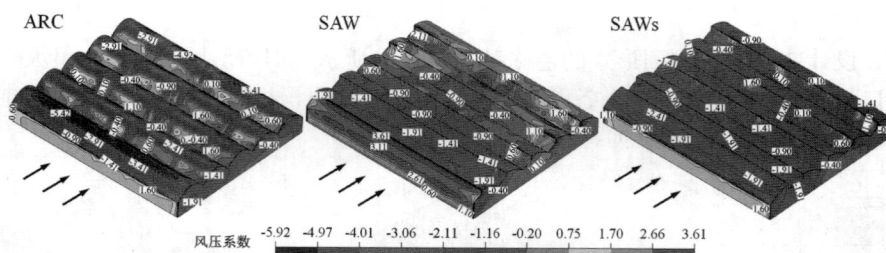

图 3　连栋温室外棚面风压分布

4　结论

本研究以 3 种不同屋面形式的连栋温室为对象，通过 CFD 方法，探明了屋面形式对连栋温室通风降温效果及抗风性能的影响，结果表明：锯齿形连栋温室的通风降温效果较拱圆形连栋温室更优，风荷载较大地区推荐使用带保护跨的锯齿形连栋温室。

参考文献

[1] LYU X, XU Y Q, WEI M, et al. Effects of vent opening, wind speed, and crop height on microenvironment in three-span arched greenhouse under natural ventilation[J]. Computers and Electronics in Agriculture, 2022, 201: 107326.

[2] 王少杰, 宋皓然, 林博, 等. 基于大跨度拱棚湍流结构演化的棚型优化[J]. 农业工程学报, 2024, 40(16): 220-228.

[3] SU N, PENG S, HONG N, et al. Wind tunnel investigation on the wind load of large-span coal sheds with porous gables: Influence of gable ventilation[J]. Journal of Wind Engineering & Industrial Aerodynamics, 2020, 240: 104242.

[4] Architectural Institute of Japan. Recommendation for loads on buildings: AIJ-2015[S]. 2015.

[5] 杨庆山, 刘全洲, 刘敏, 等. 国内外建筑围护结构风荷载规范对比研究[J]. 建筑结构, 2024, 54(21): 117-126+83.

龙卷风作用下连续拱形屋面风荷载特性数值模拟

赵方锐，李方慧

（黑龙江大学建筑工程学院 哈尔滨 150086）

1 引言

本文使用计算流体动力学（CFD）的数值模拟方法，在龙卷风的中心区域，应用了一种改良的 Ward 型龙卷风发生装置，来复现一个拱顶的矮建筑物的风场环境。通过对比模拟，分析了龙卷风对拱形屋面低矮建筑的风压分布影响，同时考察了屋面风压系数和风场流线分布的变化情况。

2 模拟方法介绍

2.1 龙卷风数值模型的建立（图1、图2）

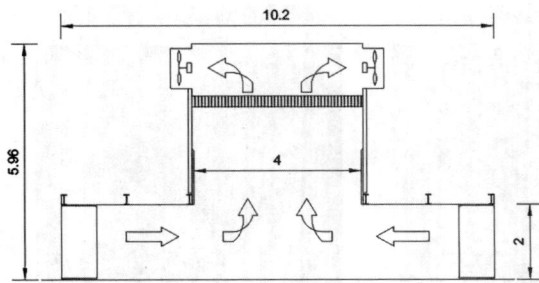

图 1　VorTECH 原型　　　　　　图 2　龙卷风发生装置 CFD 模型

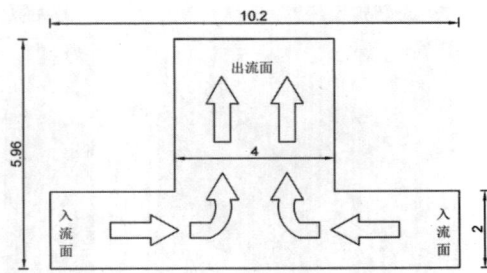

本文首先对无建筑物的龙卷风风场模拟，分析不同高度处风场无量纲切向速度。再将模拟结果与 Rankine 涡模型和风洞试验模型的结果对比，从而验证龙卷风发生装置数值模型的准确性。模拟结果如图3所示。

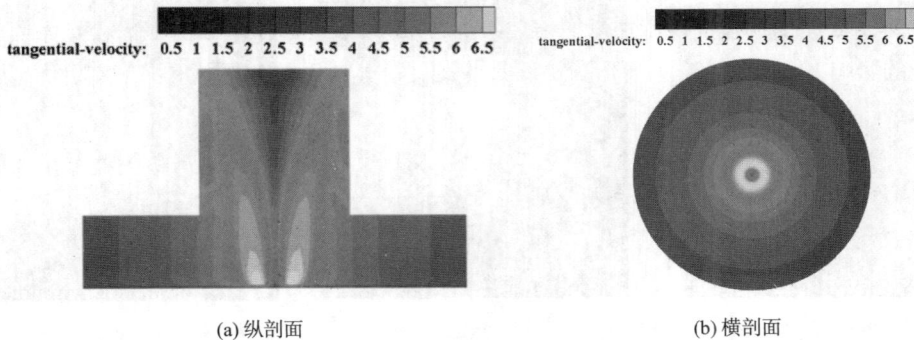

(a) 纵剖面　　　　　　(b) 横剖面

图 3　模拟结果

3 龙卷风风荷载的数值模拟结果与分析

本文中的低矮建筑模型是按照比例尺 1∶100 缩尺建模，采用刚性模型。

保持拱高不变，其双跨跨度在矢跨比为 1/5 下分别取 6 种不同的风场位置，跨度为 25mm，宽度为 50mm，高度为 30mm。模型示意图如图4所示。

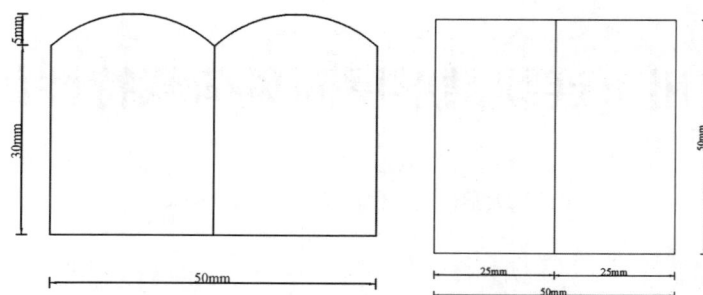

图 4　模型主视图和俯视图（单位：mm）

　　图 5 中呈现了连续双拱屋面在不同风场位置下的 C_p（压力系数）云图，在 $0R_{max}$ 处，压力系数值在 -2.13 到 -2.06 之间，分布范围较窄，说明在此风场位置下，屋面所受压力变化相对较小，压力分布较为集中，屋面处于风场相对稳定区域，气流对屋面作用较为均匀。在 $0.5R_{max}$ 处压力系数值为 -4.4 到 -2.4，相较于图（a），数值范围明显增大，表明此风场位置下屋面所受压力变化幅度增加，此处风场出现一定程度扰动，致使屋面不同部位压力差异增大。在 $1R_{max}$ 处压力系数值从 -4.5 到 -1.5，变化范围进一步扩大，压力分布更不均匀，在该风场位置，气流与屋面相互作用更复杂，产生了更强的压力波动。在 $1.5R_{max}$ 处压力系数范围是 -1.2 到 -0.2，相较于前面风场位置，数值范围大幅减小，压力分布相对集中，变化程度减弱，此风场位置的气流相对平稳，屋面压力作用的变化减小。

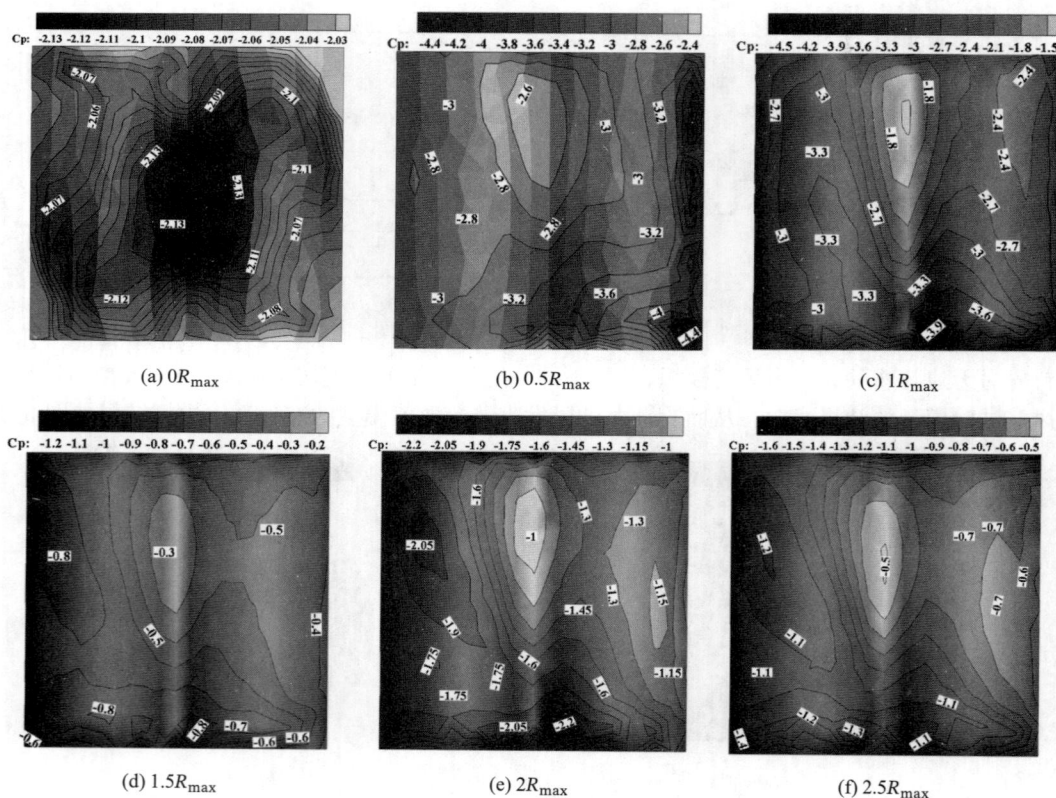

(a) $0R_{max}$　　　　　　　(b) $0.5R_{max}$　　　　　　　(c) $1R_{max}$

(d) $1.5R_{max}$　　　　　　　(e) $2R_{max}$　　　　　　　(f) $2.5R_{max}$

图 5　连续双拱屋面不同风场位置下 C_p 云图

大跨度桥梁抗风

动态波浪边界层对跨海大桥主梁抗风性能影响的数值研究

宋玉冰，逯子龙，李永乐

（西南交通大学桥梁智能与绿色建造全国重点实验室 成都 611756）

1　引言

风、浪是影响跨海大桥结构稳定性的重要环境因素。目前的研究大多将风和波浪作为独立的环境荷载进行处理，忽视了风与波浪之间固有的耦合特性。然而，在水气交界处，动态的波浪会显著干扰气流结构[1]，从而影响主梁抗风性能。为深入研究动态波浪边界层对主梁抗风性能的影响，本研究提出了一种二维动态波浪边界层数值模拟框架，全面分析了动态波浪边界层的流场结构及其对流线型箱梁和钝体 Ⅱ 型梁气动力系数及涡激振动性能的影响。

2　数值模拟方法

将动态规则波作为风场边界，模拟波浪边界流对风场的影响。而波浪边界流模拟的主要难点之一是物理域不是矩形的，难以用规则的结构化网格模拟波浪的传播[2]。为了构建高质量、可变形的结构化网格，本研究提出了一种随波拟合的网格变形方法，根据式(1)，通过代数映射，精确控制计算域内节点的位移，实现波浪在物理域中的传播。式中 Ψ 为映射函数，H 为计算域高度，η 为波面函数。

$$\Psi(y^*) = \frac{\sin \mathrm{h}(kH - ky^*)}{\sin \mathrm{h}(kH)}\eta, \ \ \Psi(x^*) = x, \ \ \eta = A\cos(kx^* - \omega t) \tag{1}$$

波浪边界层模拟的另一难点是风场的收敛性问题。在实际开放海面，风浪经过充分的动量交换后，风剖面得到收敛[3]。然而，数值模拟域必须具备足够的宽度，才能使风场发展至稳定状态，这在数值模拟中难以实现。因此，本研究提出了改进的模拟方法。利用周期性边界条件将计算域入口与出口相耦合，有效地创建了一个"无限"宽度的模拟域，使风场充分发展并达到稳定状态。动态波浪边界层计算域的示意图如图 1 所示。

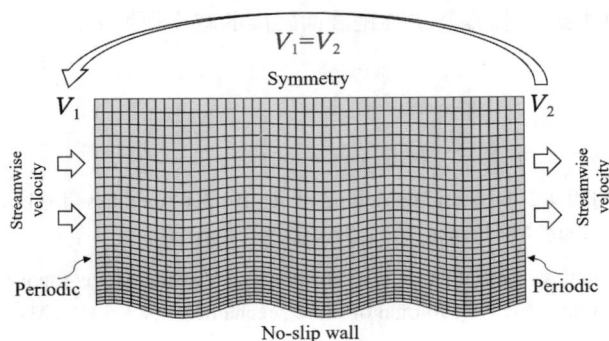

图 1　动态波浪边界层计算域

3 模拟结果

　　动态波浪边界层内的流场结构如图2所示。在动态波的影响下，水平与竖直速度呈现出显著的周期性和时变性，其脉动频率与波浪传播频率一致。随着高度的增加，波浪对风场的扰动逐渐减弱。当高度超过波长的一半时，波浪对风场的影响基本可以忽略。

　　系统模拟了主梁在不同高度、波幅和风速条件下的气动力系数。与均匀流相比，主梁气动力系数在动态波的影响下呈现出了周期性的波动，且频率与波浪一致。随着主梁高度的增加，气动力系数平均值与波动幅值均减小；同一高度下，随着波浪幅值的增加，气动力系数波动幅值增大，平均值减小；随着风速的增加，气动力系数波动幅值增大，平均值减小。

　　主梁周围涡量分布如图3所示。与均匀流相比，波浪显著改变了主梁附近流场结构。模拟结果表明，动态波浪边界层对主梁涡振具有抑制作用，主梁高度越低，涡振幅值越小。在非涡振区间，波浪边界层流场会引发主梁的强迫振动，主梁高度越低，强迫振动幅值越大。

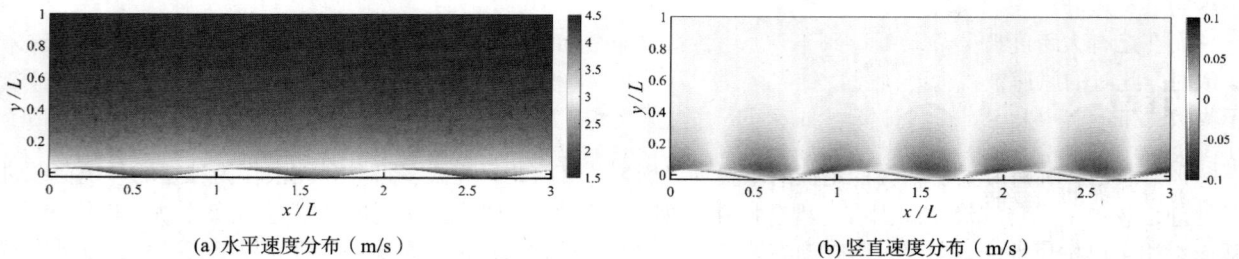

(a) 水平速度分布（m/s）　　(b) 竖直速度分布（m/s）

图2　动态波浪边界层风场云图

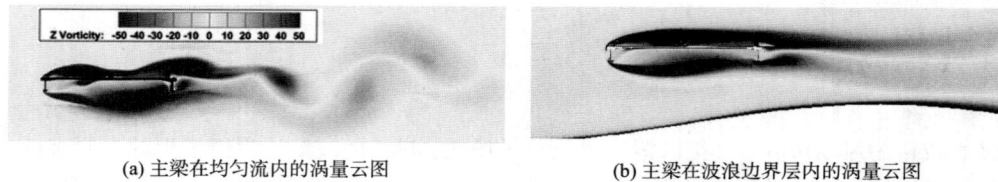

(a) 主梁在均匀流内的涡量云图　　(b) 主梁在波浪边界层内的涡量云图

图3　主梁周围涡量分布

4 结论

　　（1）动态波浪边界层对海上风场结构具有显著影响。与均匀流相比，动态波浪边界层内的主梁抗风性能可能存在显著差异，需进一步深入研究。

　　（2）动态波浪边界层使主梁的气动力系数呈现周期性波动，其平均值和波动幅值受主梁高度、波浪幅值以及风速的显著影响。

　　（3）动态波浪边界层对主梁涡振具有抑制作用，且主梁距波面越近，抑制效果越强；在非涡振区间，动态波浪边界层会引发主梁强迫振动，振幅随主梁距波面距离的减小而增大。

参考文献

[1] YANG D, MENEVEAU C, SHEN L. Dynamic modelling of sea-surface roughness for large-eddy simulation of wind over ocean wavefield[J]. Journal of Fluid Mechanics, 2013, 726: 62-99.

[2] HSU C T, HSU E Y. On the structure of turbulent flow over a progressive water wave: theory and experiment in a transformed wave-following coordinate system. Part 2[J]. Journal of Fluid Mechanics, 1983, 131: 123-153.

[3] YANG D, SHEN L. Direct-simulation-based study of turbulent flow over various waving boundaries[J]. Journal of Fluid Mechanics, 2010, 650: 131-180.

基于刚度矩阵奇异性的桥梁静风失稳机理分析

郭典易，张文明

（东南大学混凝土及预应力混凝土结构教育部重点实验室 南京 211189）

1 引言

悬索桥由于其优异的跨越能力，被广泛应用于桥梁建设中，然而，桥梁跨径的增加会导致空气静力失稳问题突出。截止目前，已有大量学者进行了大跨度桥梁空气静力失稳研究，例如润扬长江大桥和江阴长江大桥等均进行过静风失稳研究。

而在已有大跨度桥梁静风失稳研究中，通常将风速增加较小而桥梁位移较大时，或者结构有限元计算不收敛时，此时的风速被视为静风失稳临界风速。然而，这些判定方法有可能是由于算法本身的问题导致计算不收敛。Zhao 等[1]采用弧长法计算屈曲后桥梁的静风失稳，并在文献[2]中提出了桥梁静压变形的降阶建模方法，求解了桥梁分岔点后的多条平衡路径，并确定了桥梁的稳定路径和不稳定路径。

值得一提的是，研究发现，在峰值点，弧长法仍可能失效，甚至在非线性计算的线性阶段，它也可能会无法收敛[3]。因此，在某些特殊情况下，当结构的临界荷载不能从弧长法或其他方法给出荷载—位移曲线图时[4]，就需要判定结构是否已经到了临界荷载。基于此，本文以某多塔悬索桥为例，计算桥梁的静风失稳，分析桥梁的失稳过程，并从深层次的数学本质上分析桥梁静风失稳时的内在机理。

2 桥梁结构失稳的判定方法

当迭代求解非线性方程组时，会在奇异点处失效，奇异点通常也被称为临界点，包括了极值点和分支点，可采用如下所示的准则进行判定。

极值点：

$$\det[^cK_\mathrm{T}] = 0 ; \quad {}^cz^\mathrm{T}Q \neq 0 \tag{1}$$

分支点：

$$\det[^cK_\mathrm{T}] = 0 ; \quad {}^cz^\mathrm{T}Q = 0 \tag{2}$$

式中，$^cK_\mathrm{T}$为临界点处结构的刚度矩阵；^cz为临界点处结构的刚度矩阵特征值为 0 对应的特征向量；$^\mathrm{T}Q$为荷载矢量。

3 案例研究

3.1 桥梁有限元模型

以某长江大桥为例，该桥为三塔悬索桥，采用流线型钢箱梁，梁宽 38.5m，高 3.5m，跨径布置为（360m + 2 × 1080m + 360m）。

3.2 主梁三分力系数

采用数值模拟的方法，计算得到主梁断面的三分力系数如图 1 所示。

3.3 桥梁静风失稳

当初始风攻角为 0°时，计算出桥梁主梁随风速增加时位移的变化情况，提取两跨主梁跨中随风速变化的

基金项目：国家自然科学基金项目（52078134）

响应，如图 2 所示。此时主梁出现了局部失稳后再稳定现象。

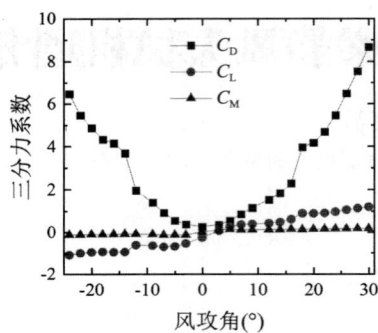

图 1　主梁三分力系数　　　　　图 2　桥梁跨中响应（0°）

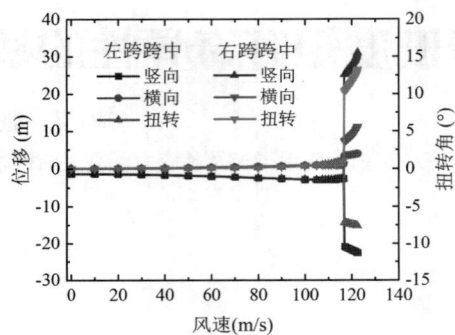

3.4　桥梁静风失稳的数学本质

根据第 2 节中提出的方法，从桥梁的结构刚度矩阵进行判定，此时桥梁位于临界点，进一步可以判定此临界点属于极值点，因此可以准确判断出桥梁静风失稳临界风速的大小。

4　结论

（1）从结构稳定性的临界点进行分析，并指出结构失稳中的极值点和分叉点的内在机理及其判定方法；
（2）从结构的刚度矩阵对桥梁的状态进行判定，能够准确判断出桥梁的静风失稳临界风速。

参考文献

[1] ZHAO L, MA T, CUI W, et al. Finite element based study on aerostatic post-buckling and multi-stability of long-span bridges[J]. Structure and Infrastructure Engineering, 2023, 20: 1731-1745.

[2] CUI W, TAN J F, ZHAO L, et al. Aerostatic Stability and Bifurcation for Long-Span Bridges Based on Reduced Order Modeling via Singular Value Decomposition[J]. Journal of Bridge Engineering, 2024, 29.

[3] ZHONG J, ROSS S D. Differential correction and arc-length continuation applied to boundary value problems: Examples based on snap-through of circular arches[J]. Applied Mathematical Modelling, 2021, 97: 81-95.

[4] TEH L H, CLARKE M J. Tracing secondary equilibrium paths of elastic framed structures[J]. Journal of Engineering Mechanics, 1999, 125: 1358-1364.

基于 L-P 摄动的三自由度颤振显式闭合解

荆智涵，武彦池

（长安大学公路学院 西安 710064）

1 引言

颤振是一种典型的气动失稳现象，由于可能导致结构大幅振动乃至破坏，开展颤振起振机理研究具有重要意义[1]。传统颤振起振分析一般通过复模态特征值法（Complex Eigenvalue Analysis）判断[2]。尽管特征值分析方法确定临界颤振风速是有效的，但并不能清晰地揭示结构及气动力参数对颤振起振的影响。有学者给出了三自由度耦合模态频率和阻尼比闭合解公式，但仍需要完成数步迭代来准确地量化各参数对起振风速的影响[2]。正则摄动法利用系统可解部分和微小扰动分量可推导出模态阻尼和频率显式闭合解，但对强耦合情况需分类讨论[3]。本文采用 L-P 摄动法推导三自由度颤振显式闭合解，公式中的结构项、非耦合项及耦合项可阐明颤振发生关键参数，并准确给出任意气动特性及频率耦合条件下的各模态分支结果。

2 三自由度颤振显式闭合解

任一结构断面平衡位置包含竖向 $h(x,t)$、横向 $p(x,t)$ 和扭转 $\alpha(x,t)$ 三自由度，其模态位移运动方程可表示为[2]：

$$M\ddot{q} + C\dot{q} + Kq = \frac{1}{2}\rho U^2\left(A_s q + \frac{b}{U}A_d\dot{q}\right) \tag{1}$$

$$M = \text{diag}(m, m, I); \quad C = \text{diag}(2m\xi_{sh}\omega_{sh}, 2m\xi_{sp}\omega_{sp}, 2I\xi_{s\alpha}\omega_{s\alpha}) \tag{2}$$

$$K = \text{diag}(m\omega_{sh}^2, m\omega_{sp}^2, I\omega_{s\alpha}^2); \quad q = [q_h \quad q_p \quad q_\alpha]^T \tag{3}$$

式中，M、C 和 K 分别为广义质量、阻尼和刚度矩阵；q 为广义位移；m（或 I）、ξ_{sj} 和 $\omega_{sj}(j=h,p,\alpha)$ 分别为模态质量、阻尼比和频率；A_s 和 A_d 分别为气动刚度和阻尼矩阵；ρ 为空气密度；U 为平均风速；b 为桥面宽度的一半。

基于 L-P 摄动法[4]，定义一组特征值向量，运用链式求导法则，对时间求导会变成对各自由度上特征值的偏导，令 $\tau = \lambda t$，上述运动方程变为：

$$\overline{M}\lambda^2 q'' + \overline{C}\lambda q' + \overline{K}q = 0 \tag{4}$$

式中，$\overline{M}$、$\overline{C}$ 和 $\overline{K}$ 分别为归一化后的质量矩阵、合并完非齐次项的阻尼和刚度矩阵。分离零阶及一阶矩阵，保证运动方程初始线性，将质量、阻尼、刚度阵分别展开。通过各阶次微分方程计算其特征值与特征向量，并通过特征值与模态阻尼比和频率间的关系 $\lambda = -\omega\xi + \omega i\sqrt{1-\xi^2}$ 解出模态频率和阻尼比，以竖向为例：

$$\omega_h = \omega_h' - \frac{1}{2}\frac{\omega_h^2}{\omega_h'}\xi_h'^2 - \frac{1}{2}\frac{\mu\eta\omega_h^3}{W_{rhp}}\left(P_1^*H_5^* - \frac{\omega_h}{\omega_h'}P_4^*H_6^* - \frac{2\omega_h^2 S_{rhp}}{W_{rhp}}P_1^*H_6^* - \frac{\omega_h W_{ahp}S_{rhp}}{\omega_h' W_{rhp}}P_4^*H_5^*\right)(D_{hp})^2 -$$
$$\frac{1}{2}\frac{\mu\upsilon\omega_h^3}{W_{rh\alpha}}\left(A_1^*H_2^* - \frac{\omega_h}{\omega_h'}H_3^*A_4^* - \frac{2\omega_h^2 S_{rh\alpha}}{W_{rh\alpha}}A_1^*H_3^* - \frac{\omega_h W_{ah\alpha}S_{rh\alpha}}{\omega_h' W_{rh\alpha}}H_2^*A_4^*\right)(D_{h\alpha})^2 \tag{5}$$

基金项目：国家自然科学基金项目（52408504）

$$\xi_h = \xi'_h + \frac{1}{2}\frac{\mu\eta\omega_h^2}{W_{rhp}}\left(P_1^*H_6^* + \frac{\omega_h}{\omega'_h}P_4^*H_5^* + \frac{W_{ahp}S_{rhp}}{W_{rhp}}P_1^*H_5^* - \frac{2\omega_h^3 S_{rhp}}{\omega'_h W_{rhp}}P_4^*H_6^*\right)(D_{hp})^2 +$$

$$\frac{1}{2}\frac{\mu\upsilon\omega_h^2}{W_{rh\alpha}}\left(A_1^*H_3^* + \frac{\omega_h}{\omega'_h}H_2^*A_4^* + \frac{W_{ah\alpha}S_{rh\alpha}}{W_{rh\alpha}}A_1^*H_2^* - \frac{2\omega_h^3 S_{rh\alpha}}{\omega'_h W_{rh\alpha}}H_3^*A_4^*\right)(D_{h\alpha})^2 \qquad (6)$$

式中，$W_{aij} = \omega_i^2 + \omega_j^2$；$W_{rij} = \omega_i^2 - \omega_j^2$；$S_{rij} = \xi_i^2 - \xi_j^2 (i,j = h,p,\alpha)$；$\mu = \rho b^2/m$；$\upsilon = \rho b^4/I$，$\xi'_j$和$\omega'_j$分别为非耦合阻尼比和频率；$D_{ij}$是各个模态形状之间的相似性因数。$H_i^*$、$P_i^*$和$A_i^*$（$i = 1,2,\cdots 6$）为颤振导数。$\omega_h$为竖向模态频率，由于公式(5)左右均包含此参数，$\omega_h$需通过迭代计算得到。$\xi_h$可由计算得到的$\omega_h$直接求解，无需迭代。其他两个模态方向表达式类似。

3　算例分析

以一两跨输电线结构为例。跨径为244m，输电线面内、面外及扭转一阶模态频率分别为：0.42Hz、0.27Hz和0.37Hz，假定模态阻尼均比为0.5%。图1为该输电线截面在不同有效风攻角下的三分力系数结果[2]。图2为初始覆冰角度$\alpha_e = 20°$时，通过上述公式计算得到的模态频率和模态阻尼比结果。同时，图2中对比了复模态特征值及文献[2]方法计算结果，其结果一致。证明本文所提出方法可准确得到模态频率和模态阻尼比随着风速的变化结果，并避免迭代计算。

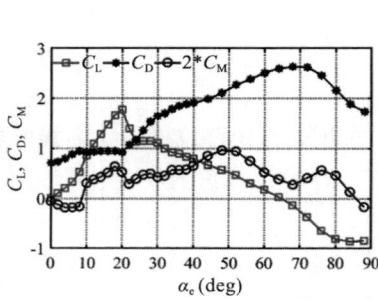

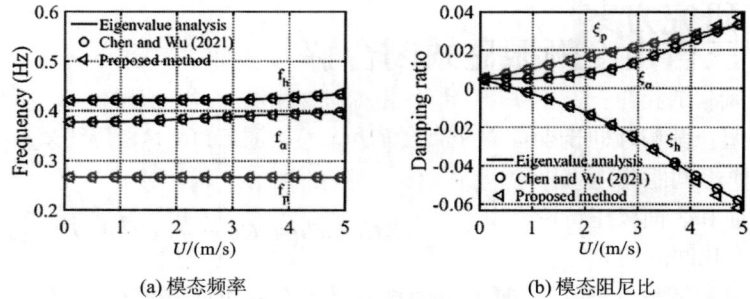

图1　三分力系数　　　　图2　模态频率和模态阻尼比结果对比（覆冰角度$\alpha_e = 20°$）

(a) 模态频率　　　(b) 模态阻尼比

4　结论

基于L-P摄动方法建立了三自由度颤振系统模态频率及阻尼比的显式闭合解。该公式仅需要迭代模态频率，可准确得到各模态分支的模态频率和阻尼比。同时，该公式可揭示结构阻尼，非耦合气动力，耦合气动力以及结构特性对模态阻尼比的影响规律。随后以一两跨输电线为例，对比了覆冰角度为20°时，不同方法计算得到的模态频率和阻尼比结果，验证了本文提出方法的有效性。

参考文献

[1]　温作鹏，方根深，葛耀君，等. 典型构筑物三自由度颤振显式解析与演变规律研究[J]. 土木工程学报, 2024, 1-12.

[2]　CHEN X, WU Y. Explicit closed-form solutions of the initiation conditions for 3DOF galloping or flutter[J]. Journal of Wind Engineering and Industrial Aerodynamics, 2021, 219: 104787.

[3]　GE Y, WEN Z, FANG G, et al. Explicit solution framework and new insights of 3-DOF linear flutter considering various frequency relationships[J]. Engineering Structures, 2024, 307: 117883.

[4]　STROGATZ S. Nonlinear dynamics and chaos: with applications to physics, biology, chemistry, and engineering[M]. CRC press, 2018.

风攻角对双矩形断面涡振的影响及机理

张德旺[1]，刘小兵[1,2]，仇法梅[1]，杨　群[1,2]

（1. 石家庄铁道大学土木工程学院 石家庄 050043；2. 河北省风工程与风能利用工程技术创新中心 石家庄 050043）

1　引言

随着交通量的增大，具有更强承载能力的大跨度双幅桥梁愈发受到设计者的青睐。双幅桥梁由于气动干扰效应，涡振特性更为复杂，已有国内外学者对其进行了研究[1-2]。然而现阶段研究主要针对跨江、跨海双幅桥，随着桥梁建设技术的提升，大跨度双幅桥梁在风攻角变化范围更大的山区地形上也时有出现，对涡振抗风设计提出了更高要求。宽高比 4∶1 的矩形断面常被视为简化的桥梁主梁断面形状[3]，为了给山区大跨度双幅桥梁在大风攻角下的涡振干扰效应研究提供参考，通过风洞试验研究了不同风攻角下宽高比 4∶1 双矩形断面的涡振响应和表面风压分布特性，并利用三维 CFD 数值模拟方法研究了双矩形断面附近的流场特性。

2　研究方案

风洞试验在石家庄铁道大学风工程研究中心 STU-1 风洞实验室中进行，图 1 为 4∶1 双矩形断面刚性节段模型，表 1 为矩形断面动力学参数。首先，测试了 0° 风攻角不同间距下双矩形断面的涡振响应，发现当间距比（净间距/模型宽度）为 0.4 时涡振性能最差，因此在间距比为 0.4 时研究不同风攻角下双矩形断面的涡振响应和表面风压特性，并对照研究了不同风攻角下单矩形断面的结果。风洞试验的风攻角范围为 $0° \leqslant \alpha \leqslant 5°$，变化间隔均为 1°。然后，通过大涡模拟方法对比研究了 0°、3° 和 5° 风攻角时单、双矩形断面的流场特性。风洞试验与数值计算模型的最大阻塞度分别为 2.23% 和 0.76%，均未超过限值 5%。

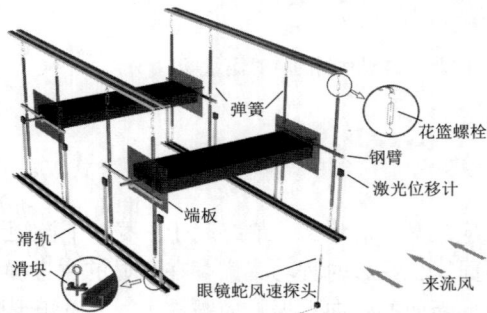

图 1　试验模型

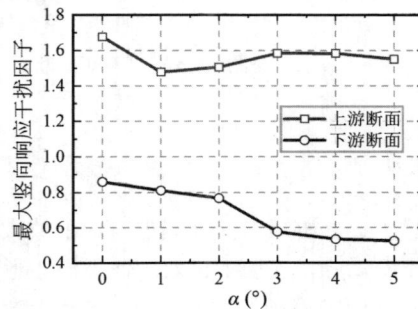

图 2　不同风攻角下竖向涡振响应干扰因子

各矩形断面模型主要动力学参数　　　　　　　　　　　　　　　表 1

模型	质量（kg）	竖弯频率（Hz）	扭转频率（Hz）	竖弯阻尼比（%）	扭转阻尼比（%）
单幅断面模型	23.40	3.94	7.06	0.13	0.26
上游断面模型	23.40	3.93	7.03	0.10	0.27
下游断面模型	23.40	3.95	7.22	0.12	0.27

基金项目：国家自然科学基金项目（52078313，52008273），河北省自然科学基金创新研究群体项目（E2022210078），中央引导地方科技发展资金项目（236Z5407G，236Z5410G）

3 结果分析

图 2 显示最大竖向涡振响应干扰因子（上、下游矩形断面最大竖向涡振振幅与单矩形断面最大竖向涡振振幅的比值）随风攻角的变化规律。可以发现，双矩形断面间的气动干扰对上游矩形断面最大涡振振幅存在放大效应，对下游矩形断面的最大竖向涡振振幅存在抑制效应。由于上游矩形断面对下游矩形断面存在气动干扰，图 3 所示的下游矩形断面表面风压系数时程功率谱存在宽带噪声，图 4 所示的下游矩形断面的涡激升力系数时程功率谱中存在高阶倍频，均反映出下游矩形断面表面风压分布的复杂性。图 5 为双矩形断面的瞬时涡量场，同时分析时均流线和湍动能场可以发现，随着风攻角的增大，上游矩形断面上表面附近的旋涡尺寸及湍动能逐渐增大，涡脱尺寸在不同时刻发生更为明显的变化；下游矩形断面上表面迎风侧附近旋涡从无到有再到逐渐增大，涡脱尺寸在不同时刻的变化幅度逐渐减小。

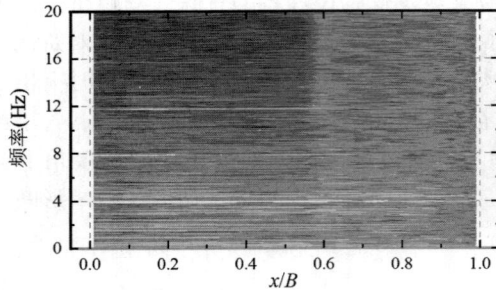

图 3　$\alpha = 5°$下游矩形断面上表面风压系数时程功率谱　　图 4　$\alpha = 5°$下游矩形断面涡激升力系数时程功率谱

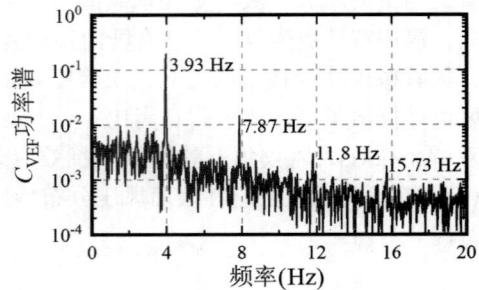

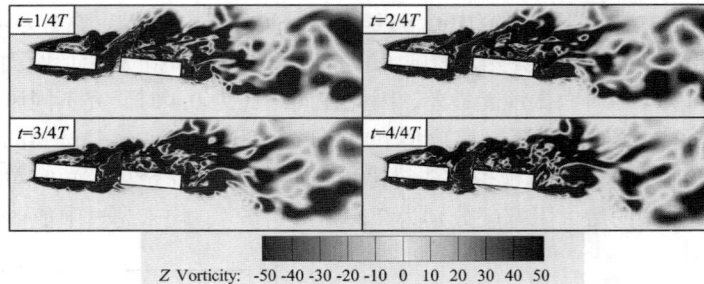

图 5　$\alpha = 5°$双矩形断面一个周期内典型时刻的瞬时涡量场

4 结论

随风攻角增大，上游矩形断面涡振响应的放大效应先减弱后增强、最终趋于平稳，下游矩形断面涡振响应的抑制效应不断增强。气动干扰效应使下游矩形断面风压系数时程功率谱存在明显的宽带噪音。风攻角变化引起双矩形断面周围流场特性的变化，导致上游矩形断面的竖向涡振响应被放大，下游矩形断面的竖向涡振响应被抑制。

参考文献

[1]　陈政清，牛华伟，刘志文. 双幅桥面桥梁主梁气动干扰效应研究[J]. 桥梁建设，2007(6): 9-12.

[2]　KIMURA K, SHIMA K, SANO K, et al. Effects of separation distance on wind-induced response of parallel box girders[J]. Journal of Wind Engineering and Industrial Aerodynamics, 2008, 96(6-7): 954-962.

[3]　ZHANG M, WU T, XU F. Vortex-induced vibration of bridge decks: Describing function-based model[J]. Journal of Wind Engineering and Industrial Aerodynamics, 2019, 195: 104016.

Ⅱ型钢混叠合梁双锁定区间涡振性能及基于主动吸–吹气装置抑振原理研究

邹民浩，李春光，韩　艳

（长沙理工大学土木工程学院　长沙　410114）

1　引言

涡激振动对桥梁的安全性、行车安全性与舒适性都有较大的影响[1]，因此对桥梁涡激振动特性及其控制的研究是很有必要的。目前，对涡振的抑制措施主要分为机械措施[2]和气动措施[3]两大类，陈文礼[4]等研究发现，吸吹气在拉索控制上有较好的控制效果，但此前研究中对吸吹气在桥梁涡激振动控制效果的研究较少，其中更是没有针对Ⅱ型断面的研究，因此需要对此进行相关的拓展研究。本文通过风洞试验和计算流体力学（Computational Fluid Dynamics, CFD）方法对Ⅱ型钢混叠合断面进行研究。在风洞试验中发现其在两个风速下均存在竖弯涡涡激振动锁定区间，且振动幅值超过规范限值。利用不同工况并研究了防抛网和阻尼比对其特性的影响，发现优化防抛网透风率和降低防抛网高度能明显优化涡振。尝试使用主动吸气、吹气装置对主梁断面的涡振进行抑制，寻找最优的控制方案，并分析其抑制机理。

2　风洞节段模型试验布置与 CFD 数值模拟

2.1　风洞试验布置与测试

主梁常规比例节段模型骨架采用不锈钢框架制作而成，外衣采用优质 PVC 制作，两端采用木胶合板作为端板，保证了主梁断面几何气动外形的相似以及附近气流的二元特性，节段模型布置图如图 1 所示。从图 2 中可以看出，该断面存在两个明显的竖向涡振区间。

2.2　CFD 数值模拟

采用商业流体动力学软件 FLUENT 进行二维模拟，具体的边界条件以及计算域设置见图 3，为了对数值模拟计算结果的准确性进行验证，选取阻尼比为 0.4% 的原始断面在 0°攻角下的涡振计算结果与节段模型试验中的振动幅值测试结果进行对比，结果如图 4 所示，可以验证 CFD 模拟的计算结果是可靠的。

图 1　节段模型试验布置图

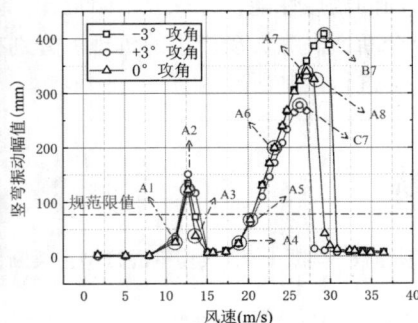

图 2　竖弯涡振性能

基金项目：国家自然科学基金项目（51978087，52178452，52178450，52308480），桥梁工程安全控制重点实验室开放基金项目（18ZDXK09），湖南省科技创新领军人才项目（2021RC4031），长沙理工大学 2023 研究生科研创新项目（CSLGCX23032）

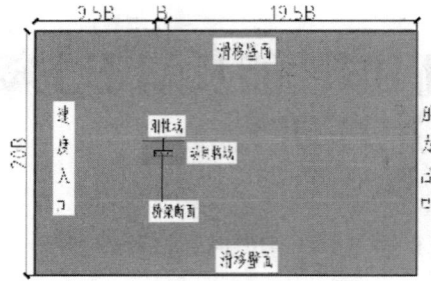

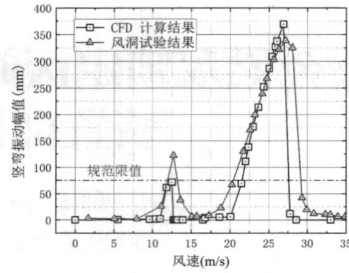

图 3　计算域设置示意图　　　　图 4　试验、模拟结果对比

3　吸吹气装置对涡激振动控制

在节段模型试验中，利用吹气泵和 PVC 管道设置气孔模拟吹气装置进行试验，试验结果如图 5 所示，设置吹气装置能完全抑制第一个涡振区间，对第二个涡振区间的涡振幅值均有显著的降低作用。在 CFD 数值模拟中，在桥梁断面下方布置两根吸气管道能完全抑制两个区间涡激振动的发生，如图 6 所示。对布置吸气装置后的涡量图进行分析，如图 7 所示，管道一在旋涡产生时候对旋涡部分进行吸收，减缓旋涡形成和发展速度。管道二则在旋涡形成、发展到最大的尺度的状态对旋涡进行吸收，破坏了旋涡的形成和分离，抑制了涡振发生。

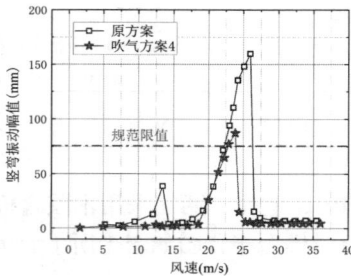

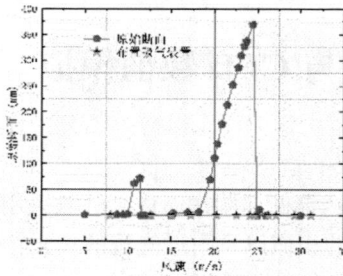

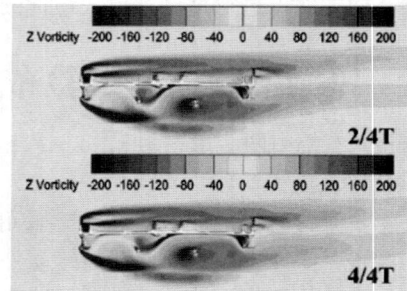

图 5　节段试验吹气装置　　　　图 6　CFD 吸气装置　　　　图 7　布置吸气装置后第二个
控制涡激振动　　　　　　　　抑制涡激振动　　　　　　　　锁定区间涡量图

4　结论

以某Ⅱ型钢混叠合断面的大跨斜拉桥为研究背景，利用风洞实验室，采用节段模型试验，研究了典型钢混叠合梁断面的涡振性能，并探究了阻尼比和防抛网对其的影响。通过 CFD 方法，从流场的角度分析了该Ⅱ型钢混叠合断面涡激振动产生的机理。分别在试验和 CFD 中利用主动吹气装置和主动吸气装置对主梁断面的涡激振动进行控制研究。

参考文献

[1]　韩艳, 彭峥权, 李凯, 等. 典型钢混Ⅱ型主梁断面的涡振特性及其响应预测研究[J]. 动力学与控制学报, 2023, 21(4): 91-102.

[2]　陈政清, 华旭刚, 牛华伟, 等. 永磁电涡流阻尼新技术及其在土木工程中的应用[J]. 中国公路学报, 2020, 33(11): 83-100.

[3]　李春光, 陈赛, 韩艳, 等. Ⅱ型组合桥面斜拉桥涡振性能及气动优化措施研究[J]. 实验力学, 2023, 38(4): 473-482.

[4]　陈文礼, 陈冠斌, 黄业伟, 等. 斜拉索涡激振动的被动自吸吹气流动控制[J]. 中国公路学报, 2019, 32(10): 222-229.

连续梁桥新旧桥施工阶段抗风性能研究

谢泽恩，李加武，郝键铭

（长安大学 西安 710064）

1 引言

随着人们的生活水平提高，汽车的普及度大幅增加，从而导致部分原有桥梁的通行能力已经无法满足现在的交通需求，因此一般会采用拓宽已有桥梁或在已建成旧桥桥址上下游处新选址修建新的能承载更大通行量的桥梁。根据以往研究[1-3]，新旧桥梁之间的施工顺序以及新旧桥在施工过程中不可避免的间距问题，会导致上下游桥梁之间产生相互的气动干扰，从而导致上游桥梁的涡激振动被放大。气动干扰效应会对涡激振动性能产生影响，与单幅桥相比，多幅并行桥梁的涡振特性由于气动干扰从而发生较大的变化，甚至有可能使得其在安全性能上变得不利。因此对于多幅桥梁气动干扰效应问题的研究有非常重要的工程价值，从而以更高的质量保证桥梁的抗风性能。

2 全桥气弹模型风洞试验

本文以某改扩建桥梁为研究对象。该桥改扩建方案桥跨设计为 58m + 63.5m + 2 × 115m + 63.5m 的连续钢混组合梁，主梁结构形式推荐采用变高度单箱单室直腹式钢箱梁，左幅由三个单箱组成，单幅主梁宽度26m，右幅由两个单箱组成。由于本次改扩建时仍要保持桥梁的部分运营，所以研究工况设置（表 1）参考该桥梁在施工阶段拆除与新建同时进行的状态以及成桥状态。主梁断面如图 1 所示。

工况表 表 1

工况名称	工况类型	风攻角
DZ-01	拼宽段 + 旧桥	0°，±3°
DZ-02	旧桥拼 + 宽段	0°，±3°
DZ-03	三箱主梁新桥 + 拼宽段	0°，±3°
DZ-04	拼宽段 + 三箱主梁新桥	0°，±3°
DZ-05	三箱主梁新桥 + 拼宽段（顶推后）	0°，±3°
DZ-06	拼宽段（顶推后）+ 三箱主梁新桥	0°，±3°
DZ-07	两箱主梁新桥 + 三箱主梁新桥	0°，±3°
DZ-08	三箱主梁新桥 + 两箱主梁新桥	0°，±3°

基于激光位移计采集到的时程数据，得到不同工况下的桥梁振幅与风速的变化曲线。图 2 为在不同施工阶段中在不同风攻角下的桥梁响应，所有工况的振幅限制均为 61.5mm。同时由该图可以看出，所有工况均没有出现大振动幅度现象，最大振幅为 24.59mm。该桥梁满足《公路桥梁抗风设计规范》JTG/T 3360-01—2018[4]要求。同时可以看出出现大振幅的工况为 DZ-04 和 DZ-06，两者均为拼宽段在风场上游处，三箱主梁在风场下游处。但不同在于拼宽段在远离三箱主梁时，三箱主梁的振幅明显增大，当拼宽段距离三箱主梁较近时，拼宽段的振幅出现较大振动。

如图 3 所示，在 DZ-04 工况下三箱主梁振动幅度为本次试验全过程中最大的振动幅度，在风攻角为 3°的情况下振动幅度最高达到了 24.59mm。本次试验结果展现出与文献[5]研究结果相似情况，即某些临界位置处出现了不连续的"跳跃"。

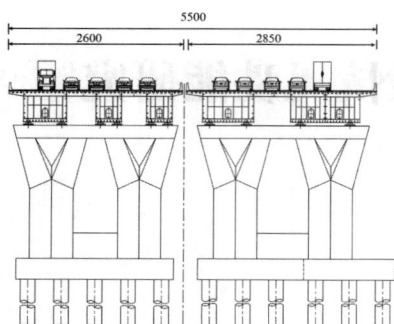

图 1　新桥主梁断面

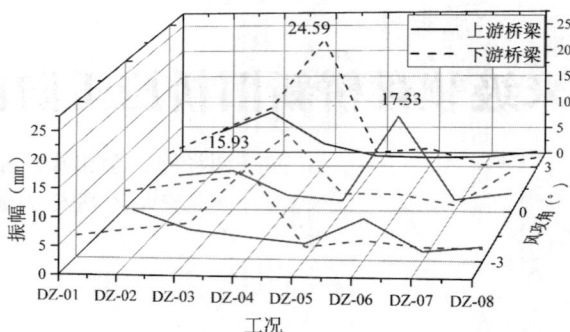

图 2　各工况最大振幅图

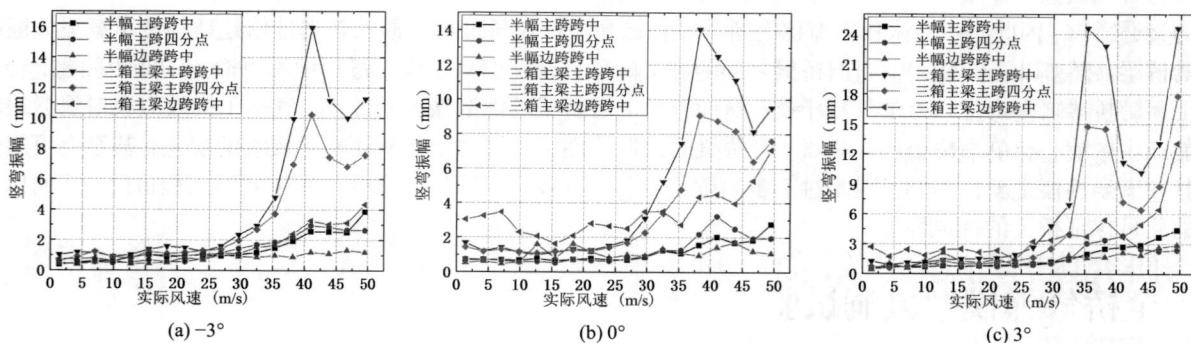

图 3　不同风攻角下 DZ-04 工况下桥梁振幅图

3　结论

（1）在不同的施工阶段中，上下游主梁之间存在明显的相互影响，这种相互作用不仅放大了桥梁的振动幅度，还可能对桥梁的整体稳定性和安全性产生不利影响。

（2）当实桥风速达到某一特定值时，桥梁的振动会突然加剧，呈现出一种"跳跃式"的振动模式，而非传统的连续性变化且出现涡振区间。

参考文献

[1]　王涵. 三幅并行桥梁涡振特性与气动干扰效应研究[D]. 西安: 长安大学, 2023.

[2]　ARGENTINI T, ROCCHI D, ZASSO A. Aerodynamic interference and vortex-induced vibrations on parallel bridges: The Ewijk bridge during different stages of refurbishment[J]. Journal of Wind Engineering and Industrial Aerodynamics, 2015, 147: 276-282.

[3]　PARK J, KIM H K. Effect of the relative differences in the natural frequencies of parallel cable-stayed bridges during interactive vortex-induced vibration[J]. Journal of Wind Engineering and Industrial Aerodynamics, 2017, 171: 330-341.

[4]　交通运输部. 公路桥梁抗风设计规范 JTG/T 3360-01—2018[S]. 北京: 人民交通出版社, 2018.

[5]　Zdravkovich M M, Pridden D L. Interference between two circular cylinders; Series of unexpected discontinuities[J]. Journal of Wind Engineering and Industrial Aerodynamics, 1977, 2(3): 255-270.

超千米级非对称截面斜拉桥涡振性能及优化措施研究

游衡锐，龚旭焘，向活跃，李永乐

（西南交通大学桥梁智能与绿色建造全国重点实验室 成都 611756）

1 引言

为研究某超千米级非对称双层桁架梁的涡振性能及优化措施，通过节段模型研究了非对称桁架截面在 0°、±3°风攻角下的涡振性能，并分别测试了阻尼比、封闭 CFRP 支撑结构底部铝隔板结合导流板等抑振措施对下层铁路侧和公路侧迎风时结构气动稳定性的影响。研究表明：增大阻尼比后，可显著降低主梁扭转涡振；下层铁路侧迎风时，通过在上桥面托架上方增设导流板并封闭铝隔板，能够改善主梁三个风攻角下的涡激振动；下层公路侧迎风时，发现在内侧纵向检修车道上增设坡度为 10°的水平导流板，能够较好地控制公路侧迎风的涡振现象，同时兼顾考虑雨天积水问题。

2 研究内容与方法

2.1 工程概况

本文在西南交通大学 XNJD-1 工业风洞第二试验段中进行主梁节段模型的涡激振动[1]风洞试验，并开展了阻尼比、封闭 CFRP 支撑结构底部铝隔板及导流板对下层铁路侧和公路侧迎风时结构气动稳定性的影响。其中主梁原始断面和风洞节段模型如图 1 所示。

(a) 主梁横断面　　　　　　　　　(b) 阶段模型

图 1　主梁横断面与节段模型

2.2 涡振抑振措施

由于主梁为非对称截面。因此，本研究中针对铁路迎风和公路迎风开展了多种涡激振动抑振措施风洞试验研究[2]，其中涡振抑振措施分别为增加竖向阻尼比（0.452%）和扭转阻尼比（0.423%）、导流板加封闭 CFRP 支撑结构底部铝隔板、增设水平导流板，后者示意图见图 2。以铁路迎风为例，设置导流板加封闭 CFRP 支撑结构底部铝隔板措施后的风洞试验结果汇总于图 3。

3 试验结果

当下层铁路侧迎风时，当扭转阻尼比增加到 0.423%后，风攻角为−3°时，扭转涡振得到一定抑制，但仍有

基金项目：国家自然科学基金项目（52322811，52388102）

明显的竖向涡振，采用导流板加封闭 CFRP 支撑结构底部铝隔板能够有效抑制涡激振动。对于下层公路侧迎风时发现沿内侧纵向检修车道上设置坡度为 10°的水平导流板能够有效降低涡振幅值，起到很好的抑振效果。

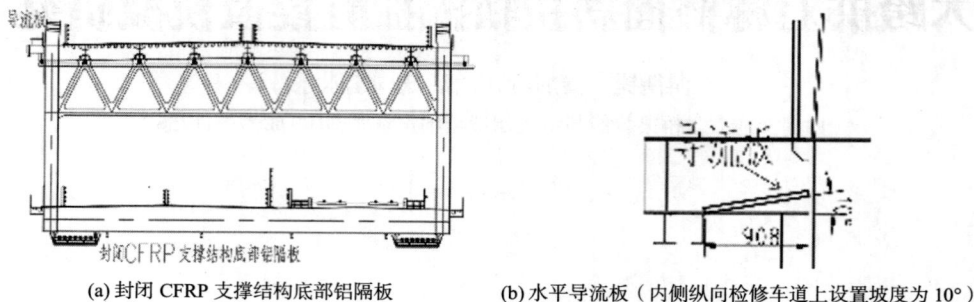

(a) 封闭 CFRP 支撑结构底部铝隔板　　　　　　(b) 水平导流板（内侧纵向检修车道上设置坡度为 10°）

图 2　抑振措施

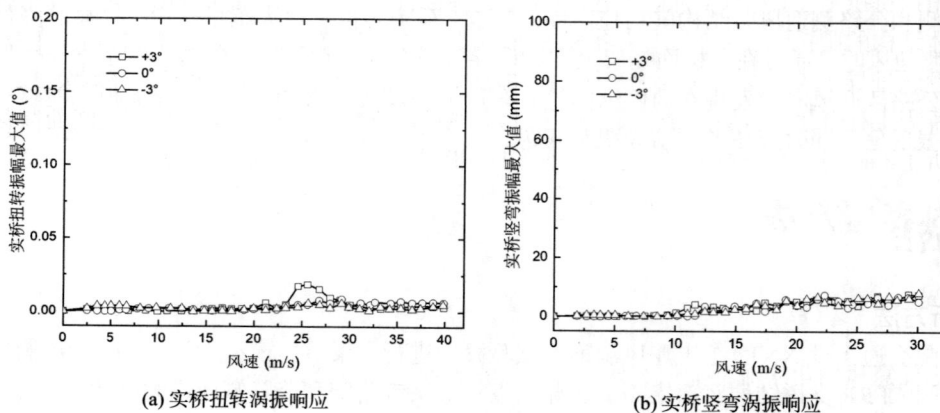

(a) 实桥扭转涡振响应　　　　　　　　　　(b) 实桥竖弯涡振响应

图 3　铁路迎风抑振措施

4　结论

　　本文通过开展超千米级非对称主梁截面涡激振动风洞试验，发现增加阻尼比可显著降低主梁扭转涡振，但仍有较明显的竖向涡振；当下层铁路侧迎风时，通过在上桥面增设导流板并封闭桥梁底部铝隔板，能够改善主梁−3°、0°、+3°攻角下的涡激振动；对于下层公路侧迎风，为兼顾考虑雨天积水问题，发现在内侧纵向检修车道上增设坡度为 10°的水平导流板，能够较好地控制公路侧迎风的涡振现象。

参考文献

[1]　葛耀君, 赵林, 许坤. 大跨桥梁主梁涡激振动研究进展与思考[J]. 中国公路学报, 2019, 32(10): 1-18.

[2]　韩旭, 向活跃, 李镇, 等. 考虑四肢桥塔遮风效应的常泰长江大桥风-车-桥耦合振动研究[J]. 桥梁建设, 2023, 53(4): 8-15.

[3]　游衡锐, 逯子龙, 李永乐, 等. 大跨协作体系桥梁吊跨比对主梁涡振性能的影响[J]. 哈尔滨工业大学学报, 2024, 56(11): 72-79.

大跨拱上排架式立柱驰振性能数值模拟研究

吴明睿[1,3]，鲍玉龙[2,3]，李永乐[1,3]

（1. 西南交通大学土木工程学院　成都　610031；
2. 西南交通大学智慧城市与交通学院　成都　611756；
3. 西南交通大学桥梁智能与绿色建造全国重点实验室　成都　611756）

1　引言

上承式钢桁拱桥拱上立柱较大的长细比及典型的钝体断面特性使其在常遇风速下可能发生驰振现象。目前关于串列钝体结构的驰振性能研究，主要集中在连续排列的矩形或类矩形截面[1-4]。针对拱上排架式立柱的驰振稳定性问题，推导了考虑风向角的大长宽比（$B/D \approx 9$）立柱断面驰振临界风速计算公式，以某大跨度上承式钢桁拱桥为工程背景，计算了成桥状态下拱脚立柱的动力特性，建立了立柱二维断面简化 CFD 数值分析模型，分析了不同风向角下立柱的驰振性能，进一步讨论了斜撑简化位置的影响。

2　研究方法

2.1　驰振分析方法

推导了考虑任意风向角来流下大长宽比构件驰振临界风速计算公式为：

$$U_{cg} = -\frac{4\xi\omega m}{\rho\{(1 + \sin^2_{\alpha_0})DC_d(\alpha_0) + BC'_l(\alpha_0)\cos^2_{\alpha_0} + \sin\alpha_0\cos\alpha_0[BC_l(\alpha_0) + DC'_d(\alpha_0)]\}} \tag{1}$$

式中，ω 为结构一阶弯曲圆频率；ξ 为结构阻尼比；m 为结构单位长度质量；D、B 分别为截面迎风向、顺风向投影长度；ρ 为空气密度；$C_d(\alpha_0)$、$C_l(\alpha_0)$ 分别为阻力系数和侧力系数。

2.2　立柱二维数值模型

采取不同方式将三维结构等效为二维平面结构[5]，图 1 所示依次为简化形式 1～4，设置计算域为 $L_1 = 6b$，$L_2 = 12b$，$B = 10b$，b 为立柱整体宽度，如图 2 所示。

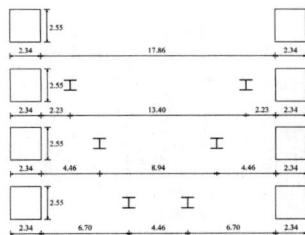

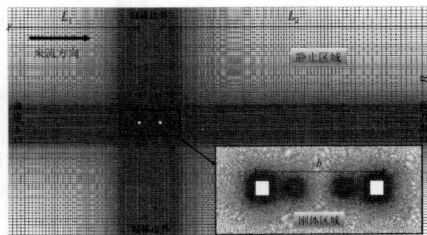

图 1　简化形式　　　　　　图 2　计算区域网格划分

2.3　立柱动力特性计算

基于有限元软件 ANSYS，采取多种方法计算拱脚立柱动力特性。计算结果表明零密度法[6]能较好反映横向单一立柱在全桥模型下的局部纵桥向弯曲动力特性，其弯曲基频为 1.286Hz。

基金项目：国家自然科学基金项目（52388102，52108476），中央高校基本科研业务费专项资金资助项目（2682024ZTPY020），结构风工程与城市风环境北京市重点实验室开放课题基金（2024-3）

3　数值模拟结果

从图 3 中可明显看出本文推导公式计算得出的驰振力系数绝对值最大，相应的驰振临界风速也最低，相较于其他判据，更为保守地考虑了结构的驰振性能。以上计算结果表明，在面对大长宽比构件时，应考虑顺风向长度作为特征尺寸对驰振临界风速结果的影响，以真实反映构件在不同来流风向角下的驰振性能。在不同的二维数值模型中，简化形式 1、4 分别在 5°、−10°下计算所得驰振临界风速接近于检验风速，更为保守地考虑了结构的驰振性能。

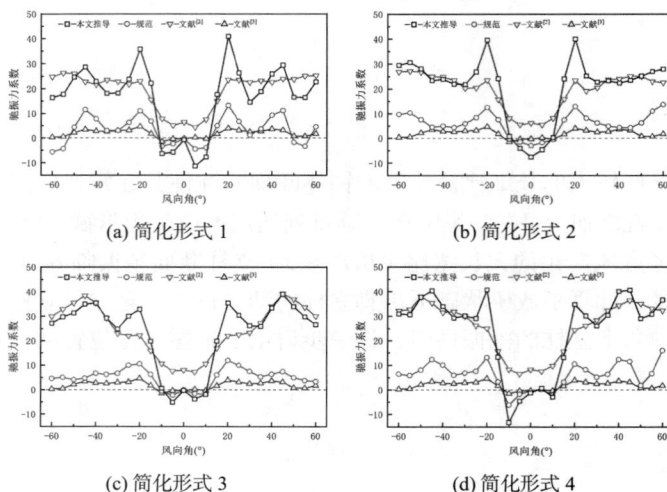

(a) 简化形式 1　　　　　　　　(b) 简化形式 2

(c) 简化形式 3　　　　　　　　(d) 简化形式 4

图 3　驰振力系数

4　结论

本文在考虑结构大长宽比（$B/D \approx 9$）情况下重新推导了不同风向角来流时，构件驰振临界风速的计算方法，基于有限元软件计算了上承式钢桁拱桥拱脚立柱的自振频率，采用数值模拟方法获取了立柱在不同二维断面简化形式下的气动力系数，并以此为基础讨论了立柱的驰振性能，主要结论如下：相比简化约束方法，采用谐响应分析与零密度法可以较为准确地反映立柱结构在全桥模型中的局部纵桥向弯曲动力特性；采用本文改进公式计算得到的立柱驰振临界风速相比于规范[7]判据偏低；斜撑断面简化位置产生的气动干扰效应对立柱驰振临界风速计算结果有一定影响，不考虑斜撑或斜撑距离两侧立柱较远时，拱脚立柱的驰振性能评价结果将偏于安全。

参考文献

[1] 李胜利, 路毓, 王东炜. 串列钝体驰振气动干扰效应的数值分析[J]. 东南大学学报(自然科学版), 2012, 42(6): 1169-1174.

[2] 洪成晶, 郑史雄, 陈志强, 等. 基于 CFD 的菱形截面门式桥塔驰振特性数值模拟[J]. 铁道建筑, 2018, 58(12): 12-16.

[3] 李罕. 桥梁准定常驰振稳定的可靠性分析及强健性评价[D]. 长安大学, 2020.

[4] MA C, LI Z, MENG F, et al. Wind-induced vibrations and suppression measures of the Hong Kong-Zhuhai-Macao Bridge[J]. Wind and structures, 2021(3): 32.

[5] 李永乐, 安伟胜, 蔡宪棠, 等. 倒梯形板桁主梁 CFD 简化模型及气动特性研究[J]. 工程力学, 2011, 28(S1): 103-109.

[6] 遆子龙, 李永乐, 徐昕宇. 大跨钢桁拱桥局部杆件动力特性及涡振发生风速的影响因素研究[J]. 振动与冲击, 2018, 37(6): 174-181.

[7] 交通运输部. 公路桥梁抗风设计规范: JTG/T 3360-01—2018[S]. 北京: 人民交通出版社, 2018.

节段模型系统频率快速调节用弹簧分隔器

马伟猛 [1,2,3]，黄智文 [1,2,3]，华旭刚 [1,2,3]

（1. 湖南大学桥梁工程安全与韧性全国重点实验室 长沙 410082；
2. 湖南大学风工程与桥梁工程湖南省重点实验室 长沙 410082；
3. 湖南大学土木工程学院 长沙 410082）

1 引言

目前，风洞试验是研究桥梁风致振动的主要方法。节段模型试验因几何缩尺比大，广泛应用于涡振[1]和颤振[2]研究。根据相似理论，模型需模拟实桥的外形和动力特性，包括质量、质量惯性矩及竖弯和扭转频率。在质量和质量惯性矩确定后，竖弯频率由弹簧刚度决定，扭转频率由弹簧刚度和间距决定[3]。模型频率直接影响实桥与风洞风速的比值（"风速比"）。颤振检验风速较高（可达 80m/s 以上），而涡振多发生在 7~15m/s。因此，颤振试验需较大风速比以确保模型结构安全，涡振试验需较小风速比以精确测量涡振风速区间及振幅变化。

传统风洞试验中，通过更换不同刚度弹簧调整频率以实现不同风速比。由于颤振与涡振试验常交替进行，弹簧需频繁更换，增加了模型搭建和调试工作量，降低了效率。此外，不同桥梁的质量和质量惯性矩各异，所需弹簧刚度不同，适配性差，常需重新设计和加工，造成资源浪费并增加工作量。为此，本文提出一种弹簧刚度分隔装置，通过简单操作快速调整弹簧刚度，实现频率快速调节，显著提升了试验效率与灵活性。

2 弹簧分隔器及节段模型系统设计

图 1 为弹簧分隔器的构造示意图，主要由分隔板、螺杆和螺母组成。其工作原理为：将与螺杆紧固连接的两片分隔板（间距固定）分别插入两个弹簧簧圈中，限制弹簧变形，改变弹簧的有效簧圈数，从而调节弹簧刚度，实现悬挂系统振动频率的调节。图 2 为该分隔器在节段模型系统中的安装示意图。当模型进行竖向或扭转振动时，弹簧和分隔器将随之振动。因此，弹簧和分隔器的质量会影响系统的振动频率，模型系统的质量或质量惯性矩应包含参与振动的弹簧和分隔器的等效质量或质量惯性矩。

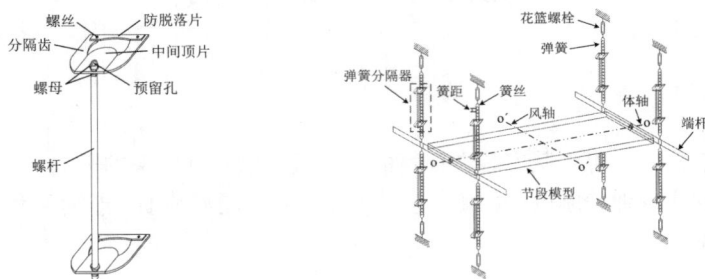

图 1　弹簧分隔器的构造示意图　图 2　安装有弹簧分隔器的节段模型系统示意图

3 弹簧分隔器的使用方法及性能验证

鉴于竖向和扭转运动下模型系统中弹簧的等效质量相同，分析分隔器对系统等效质量的影响时，可将图 2 中安装有分隔器的模型系统等效分割成 8 份，取其中一份等效为质点-弹簧振子如图 3 所示。根据动能等效原则，可推导出安装分隔器的质点-弹簧振子模型中分隔器和弹簧的等效质量之和 m_{eq} 为：

基金项目：国家自然科学基金项目（52278499）

$$m_{eq} = \frac{m_0(L-L_0)}{3L} + \frac{m_0L_0X_0^2}{L(L-L_0)^2} + \frac{m_sX_0^2}{(L-L_0)^2} \tag{1}$$

式中，m_0 和 m_s 分别为分隔器和弹簧的质量；X_0 为分隔器与弹簧顶端的距离，L 和 L_0 分别为弹簧总长和被限制部分的长度。对于需调节频率的节段模型系统，其目标与原始频率的比值 λ_ω 和弹簧的目标与原始刚度的比值 λ_k 之间关系为 $\lambda_\omega = \sqrt{\lambda_k}$，分隔的簧圈数与总簧圈数的比值 λ_n 和 λ_ω 之间关系为 $\lambda_\omega = 1/\sqrt{1-\lambda_n}$。

图 4 为测量安装分隔器后弹簧刚度的试验照片。图 5 为不同分隔率下分隔器对弹簧刚度的提升效果，其中 $\lambda_{k,th}$ 为 λ_k 的理论值，$\lambda_{k,m}$ 为 λ_k 实测值，$\Delta\lambda_{k,m}/\Delta\lambda_{k,th}$ 为 λ_k 的实测增量与理论增量的比值。结果表明，在 0～50%分隔率范围内，分隔器对弹簧刚度的提升效果可达设计值的 90%左右，表明分隔器能够实现弹簧刚度的精确、连续调节，且计算所得的设计值可有效指导刚度调节。图 6 为分隔器在节段模型系统上的安装照片。图 7 和图 8 分别为不同分隔率下模型系统的扭转阻尼比和频率随扭转角幅值的变化。结果显示，安装分隔器仅略微增加系统阻尼，且调节分隔率不会显著改变系统阻尼。同时，分隔器能够有效、大范围地调节模型系统的频率，且不会增加频率的非线性。值得注意的是，系统扭转阻尼主要来源于材料变形和连接件间的摩擦，其特性表现为关于振幅的非线性[4]。分隔器增加系统刚度后，模型自身的刚度相对减小，导致材料变形和摩擦增加，从而使扭转阻尼整体呈现略微增加的趋势。

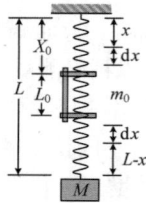

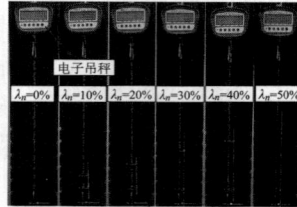

图 3　1/8 悬挂系统的等效弹簧振子　图 4　安装有分隔器的螺旋弹簧的刚度测试照片

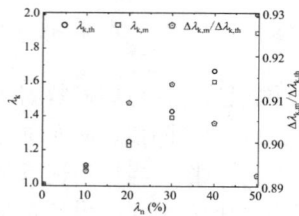

图 5　不同分隔率下弹簧刚度的提升效果　图 6　分隔器的安装　图 7　模型系统的扭转阻尼比随扭转角的变化　图 8　模型系统的扭转频率随扭转角的变化

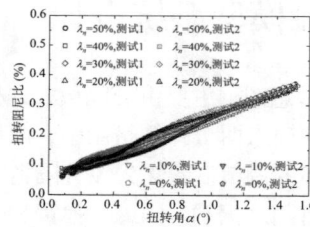

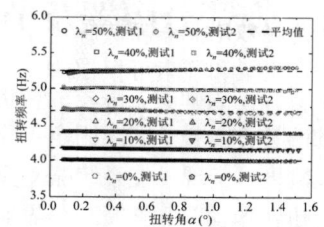

4　结论

（1）在使用弹簧分隔器时，可将其安装在弹簧的固定端，消除其质量的影响。

（2）弹簧分隔器能够实现弹簧刚度的精确、连续调节，从而能够精细、连续和大范围地调节模型系统的频率，最大调节量超过 30%。

参考文献

[1]　葛耀君, 赵林, 许坤. 大跨桥梁主梁涡激振动研究进展与思考[J]. 中国公路学报, 2019, 32(10): 1-18.

[2]　华旭刚, 陈鲁深, 李瑜, 等. 开口断面钢-混结合梁悬索桥颤振特性及颤振形态研究[J]. 桥梁建设, 2024, 54(1): 23-30.

[3]　黄智文, 马伟猛, 冯云成, 等. 节段模型弹性悬挂系统阻尼调节用电涡流阻尼器的设计与性能验证[J]. 振动工程学报, 2024, 37(11): 1826-1835.

[4]　GAO G, ZHU L. Nonlinearity of mechanical damping and stiffness of a spring-suspended sectional model system for wind tunnel tests[J]. Journal of Sound and Vibration, 2015, 355: 369-391.

自然风场中旧塔科马桥气弹模型颤振响应

李　庆，张明杰，许福友

（大连理工大学建设工程学院　大连　116024）

1　引言

受限于风洞尺寸，超大跨径桥梁的全桥气弹模型缩尺比通常在 1∶100 至 1∶300 之间[1]，导致雷诺数效应显著，且难以准确模拟栏杆等局部构造。近年来大连理工大学桥梁风工程团队提出在自然风场中开展大比例全桥气弹模型试验的研究方法[2-3]。本文介绍了一处新的试验基地，该基地相比已有基地面积更大、湍流度更低，并在该基地建造了缩尺比为 1∶8.53 的旧塔科马桥气弹模型。围绕该气弹模型，本文开展了静力和动力测试，并采集了大量颤振数据。结果表明，气弹模型具有足够的静力安全性，且模态特性与设计值吻合良好；气弹模型的自振频率在不同振幅下基本保持恒定，但阻尼比则表现出一定的非线性特性。此外，相较于无风条件，气弹模型颤振期间主跨主缆的脉动索力增量小于 10.5%。

2　背景介绍

试验基地位于中国辽宁省大连市的一座岛屿上，距离大连理工大学约 36km。基地所在岛屿地形平坦，东西方向长度约 560m，南北方向宽度约 230m，总占地面积约 12 万 m²。为便于研究不同主梁断面形式的超大跨径双塔悬索桥气弹模型抗风性能，本文在试验基地建造了两座纵向间距为 100m 的桥塔。在不同的试验中，主梁和缆索可根据研究需要灵活更换，而桥塔始终保持不变，从而显著降低了试验周期和成本。鉴于旧塔科马桥的主跨为 853.44m，本文将缩尺比定为 1∶8.53，缩尺后气弹模型如图 1 所示。

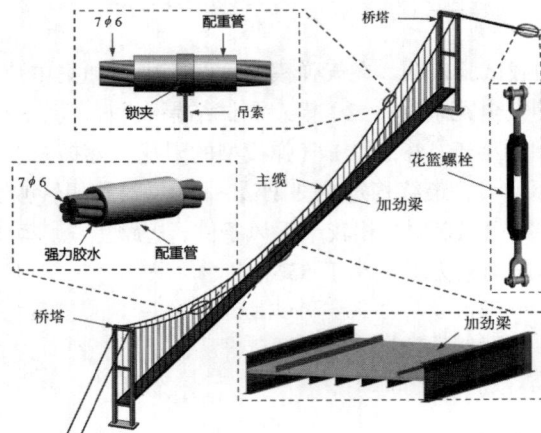

图 1　气弹模型三维效果图

3　气弹模型颤振响应

为验证本文气弹模型用于研究旧塔科马桥颤振的可行性，本节展示了一组气弹模型颤振试验结果，包括风速时程、主梁扭转位移时程和脉动索力时程及其他相关时程数据。图 2 展示了颤振期间由 7 个风速仪测得的风场数据，持续时间为 570s（对应实桥尺度约 28min）。由图可知，风速在 3m/s～5m/s 范围内波动，呈现

基金项目：国家自然科学基金项目（52125805）

出非平稳特性；时变风向角稳定在 170°～210°之间，与桥轴线方向基本垂直；时变风攻角基本稳定在−6°～0°之间。

图 3 展示了气弹模型的颤振响应特性。图 3（a）表明颤振过程经历了发展阶段、稳定阶段和衰减阶段。在稳定阶段，主梁出现最大扭转位移，最大值为 5°。值得注意的是，$L/4$ 和 $3L/4$ 处的扭转位移相位相差 180°，表明主梁的扭转振动呈现出反对称特性。在颤振稳定阶段，主跨主缆和边跨主缆的最大脉动索力值达到峰值。相对于无风条件，边跨主缆的最大脉动索力增量为 1.30%，主跨主缆脉动索力增量为 2.24%。

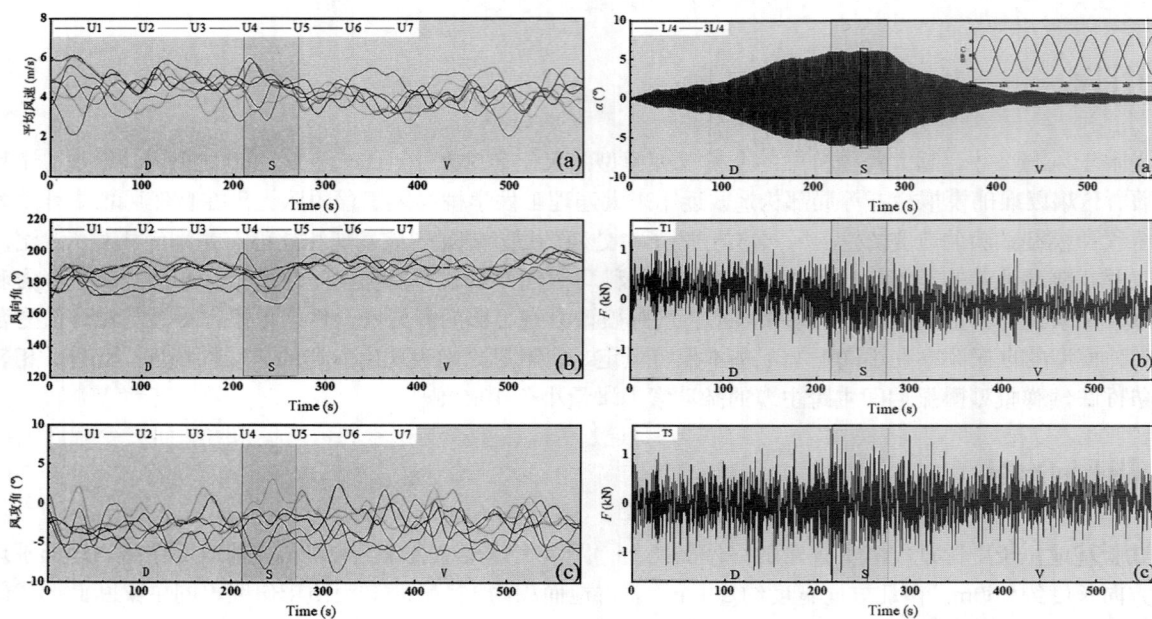

| 图 2 颤振风场特性 | 图 3 气弹模型颤振响应 |

4 结论

本文结论如下：（1）静力加载试验表明，在气弹模型主缆跨中施加集中荷载时的变形实测值与有限元计算值吻合良好，并且具有一定的安全冗余度；（2）模态测试结果表明，气弹模型各阶模态自振频率和模态振型与设计值吻合良好，阻尼比基本小于 1%；（3）气弹模型的阻尼比随振幅变化呈现出非线性，一阶反对称竖弯幅变阻尼比随振幅的增大而增大，最终稳定在 1.4%，一阶反对称扭转幅变阻尼比在扭转位移大于 6°时约为 0.8%；（4）当主梁扭转位移小于 10°时，相较于无风条件，边跨主缆脉动索力增量小于 8.5%，主跨主缆脉动索力增量小于 10.5%，吊索脉动索力增量小于 55%。

参考文献

[1] SZABÓ G, GYÖRGYI J, KRISTÓF G. Three-dimensional FSI simulation by using a novel hybrid scaling–application to the Tacoma Narrows Bridge[J]. Periodica Polytechnica Civil Engineering, 2020, 64(4): 975-988.

[2] XU F, MA Z, ZENG H, et al. A new method for studying wind engineering of bridges: Large-scale aeroelastic model test in natural wind[J]. Journal of Wind Engineering and Industrial Aerodynamics, 2020, 202: 104234.

[3] MA Z, XU F, WANG M, et al. Design, fabrication, and dynamic testing of a large-scale outdoor aeroelastic model of a long-span cable-stayed bridge[J]. Engineering Structures, 2022, 256: 114012.

大跨度变截面钢箱梁的气动特性及其流场机理研究

陈路杰[1]，孙井然[1]，计利洋[1]，刘小兵[1,2]

（1. 石家庄铁道大学土木工程学院 石家庄 050043；
2. 河北省风工程与风能利用工程技术创新中心 石家庄 050043）

1 引言

随着桥梁建设的发展，大跨度的变截面钢箱梁越来越多地出现在连续梁桥中，但由于跨度的不断增加以及质量较轻、阻尼较小的钢结构的采用，这种桥梁对风荷载愈发敏感，涡激共振现象也时有发生。因此，准确掌握变截面钢箱梁的涡振特性及流场机理对其抗风设计及气动优化[1-2]具有重要的参考价值。目前，众多学者通过模型测振方法研究了变截面钢箱梁的涡振特性，但是与模型测振研究相比，静态模型研究结果更为精确可靠，所获得的主梁的气动特性可为涡振特性研究提供参考，因此国内外学者也常采用静态模型研究主梁的气动特性，然而对钢箱梁气动特性的研究对象多为等截面钢箱梁[3]，对变截面钢箱梁的气动特性的研究较少。鉴于此，以某三跨连续钢箱梁桥为工程背景，通过静态模型风洞试验和数值模拟方法研究变截面钢箱梁的气动特性和流场机理，可为实际工程中变截面钢箱梁的抗风设计提供借鉴。

2 研究方案

风洞试验在石家庄铁道大学风工程研究中心 STU-1 风洞实验室中进行，图 1 为钢箱梁节段模型安装示意图，采用刚性模型风洞测压试验的方式对支点截面、八分之一截面、四分之一截面、八分之三截面和跨中截面五个截面来进行研究。此外，各截面模型的试验风攻角范围均为−5°～5°，间隔为 1°，以研究不同风攻角时宽高比对钢箱梁气动特性的影响。图 2 以跨中截面为例，给出了数值模拟的网格划分方案，数值模拟的模型尺寸与试验中的模型尺寸一致，选取了跨中截面，对其−5°～5°共 11 个风攻角以及 0°风攻角下五种不同宽高比的主梁断面进行数值模拟研究。

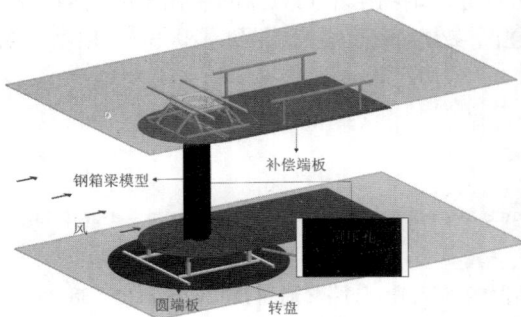

图 1 试验模型安装示意图

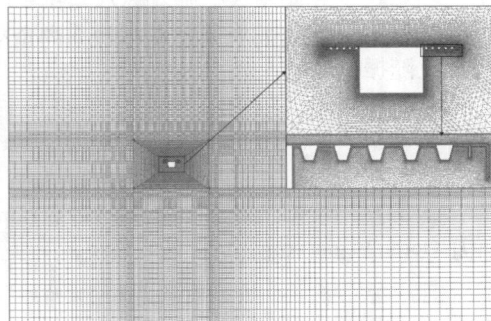

图 2 跨中截面网格划分方案

3 结果分析

图 3 为 $\alpha = 0°$时不同截面位置的数值模拟和试验结果三分力系数对比图。可以看出：模拟结果和试验结果的规律大体一致，且数值相差较小。图 4 为钢箱梁不同截面位置的斯托罗哈数随风攻角的变化曲线。由图

基金项目：国家自然科学基金项目（52078313，52008273），河北省自然科学基金创新研究群体项目（E2022210078），中央引导地方科技发展资金项目（236Z5407G，236Z5410G）

中可以看出，随着风攻角由-5°变为 5°，钢箱梁不同截面的斯托罗哈数均存在突变，不同截面斯托罗哈数的变化规律可以分为突变前和突变后两部分。图 5 为$\alpha = 0$°时三种截面的时均流线图。可以看出：随着截面由跨中向支点变化，钢箱梁背风侧形成的旋涡尺度越来越大，背风侧腹板处受到的风吸力逐渐增大。解释了当$\alpha = 0$°时，随截面从跨中变化到支点，钢箱梁的阻力系数逐渐增大的变化规律。顶板形成的旋涡尺度相差不大，解释了当$\alpha = 0$°时，随截面从跨中变化到支点，钢箱梁的升力系数变化不大的规律。

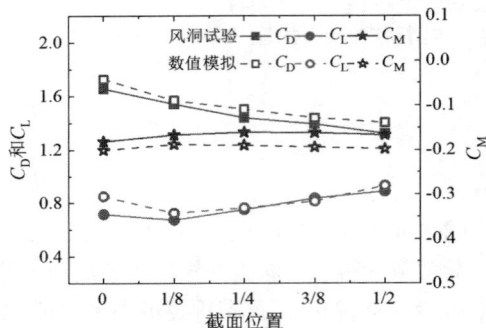

图 3 $\alpha = 0$°时三分力系数结果对比

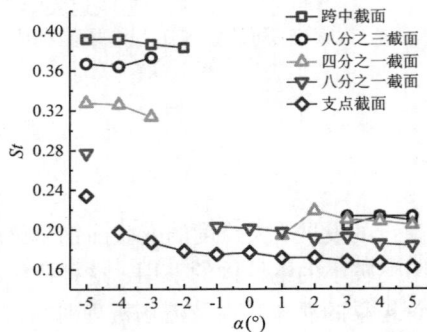

图 4 钢箱梁不同截面的斯托罗哈数变化曲线

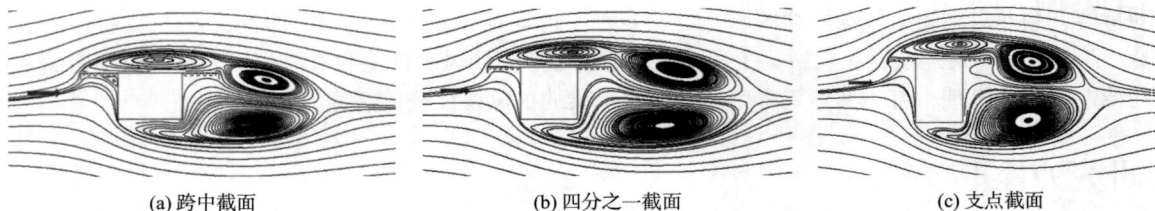

(a) 跨中截面   (b) 四分之一截面   (c) 支点截面

图 5 $\alpha = 0$°时不同截面位置的时均流线

4 结论

跨中截面处，随风攻角（$-5° \leqslant \alpha \leqslant 5°$）的增大，阻力系数增大，升力系数减小。水平来流（$\alpha = 0$°）时，随截面由跨中变化到支点，背风侧旋涡尺度变大，使得阻力系数逐渐增大；钢箱梁顶板处的旋涡尺度变化不大，使得升力系数数值相差不大。随着风攻角由-5°变为5°，钢箱梁不同截面的斯托罗哈数均存在突变，当截面由跨中变到支点，突变前有明显卓越频率的角度逐渐减少，突变后有明显卓越频率的角度逐渐增多。

参考文献

[1] LEI W, WANG Q, ZHANG Y, et al. Study on VIV performance of streamlined steel box girder of a sea-crossing cable-stayed bridge [J]. Ocean Engineering, 2024, 295: 12.

[2] 李加武，宋特，林立华，等. 变截面连续钢箱梁桥静气动性能研究[J]. 公路交通科技, 2020, 37(4): 88-95.

[3] 祝志文，袁涛，陈魏. 扁平箱梁气动特性 CFD 模拟的维数对比研究[J]. 铁道科学与工程学报, 2016, 13(8): 1555-1562.

流线型箱梁颤振特性的雷诺数效应研究

王滨璇[1]，孙一飞[1,2,3]，王庆才[1]，曹　恒[1]，刘庆宽[1,2,3]

（1. 石家庄铁道大学土木工程学院 石家庄 050043；
2. 石家庄铁道大学道路与铁道工程安全保障教育部重点实验室 石家庄 050043；
3. 河北省风工程和风能利用工程技术创新中心 石家庄 050043）

1　引言

大跨度桥梁颤振稳定性是桥梁抗风设计中的重点内容[1]，风洞试验作为桥梁抗风研究的主要方法之一，由于其风速和尺寸的限制，可能存在雷诺数效应[2]。为了研究流线型箱梁颤振特性的雷诺数效应，通过节段模型自由振动试验，研究了不同雷诺数对主梁颤振振幅、临界风速、振动时程、类型和卓越频率的影响。

2　试验概况

试验在石家庄铁道大学 STU-1 风洞实验室进行，选取某大跨度斜拉桥流线型箱梁作为研究对象，设置节段模型缩尺比为 1：40，模型长 1.800m，宽 0.800m，高 0.088m，阻塞度小于 3.60%，模型断面示意图如图 1 所示。通过改变弹簧刚度来改变系统自振频率，从而实现主梁在不同风速区间发生颤振[3]，每个风速区间对应一个雷诺数范围，从小到大依次设置 6 组弹簧刚度和+3°、0°、−3°三种风攻角，系统扭弯频率比保持不变，对模型进行测振试验。

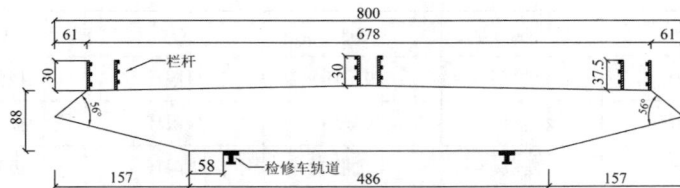

图 1　模型断面示意图（单位：mm）

3　试验结果分析

3.1　雷诺数对颤振扭转角和临界风速的影响

由图 2（a）可知，在 0°风攻角下，不同雷诺数范围下主梁颤振扭转角度随风速演变的规律相同，但颤振临界风速和扭转角增长率不同，对比图 2 中的 3 个图可知，颤振临界风速和扭转角增长率随雷诺数变化的规律在不同风攻角下也不同，整体上，主梁颤振临界风速和扭转角增长率均在−3°风攻角下最大。

3.2　雷诺数对颤振类型和频率的影响

在不同雷诺数范围和不同风攻角下，主梁表现出不同的颤振类型，分为发散颤振和极限环颤振。如图 3 所示，在颤振临界风速下，主梁扭转角度随时间增长缓慢增大，增大到一定的幅值后保持稳定，表现为自限幅极限环颤振。如图 4 所示，主梁扭转角度随时间缓慢增大，在某一时刻，扭转角度呈指数型增大，且不会

基金项目：河北省自然科学基金创新研究群体项目（E2022210078），中央引导地方科技发展资金项目（236Z5410G），河北省高端人才项目（冀办〔2019〕63号），国家自然科学基金青年科学基金项目（52408551），河北省自然科学基金青年项目（E2024210071），河北省高等学校科学技术研究项目（QN2024038），石家庄铁道大学硕士研究生创新项目（YC202412）

稳定，表现为发散颤振。将所有雷诺数试验中主梁发生颤振的类型进行汇总，如表 1 所示，可以看出雷诺数和风攻角均对颤振类型存在影响，且−3°风攻角下主梁更容易发生发散颤振，0°风攻角下更容易发生极限环颤振。

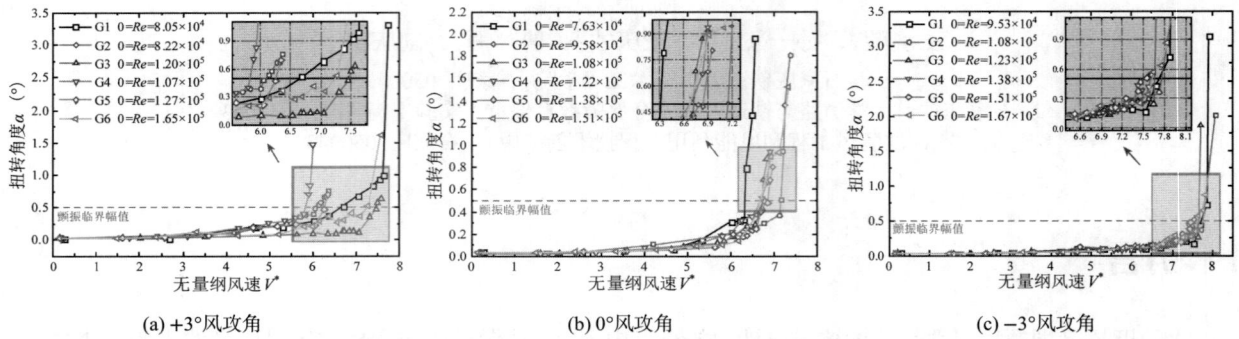

(a) +3°风攻角   (b) 0°风攻角   (c) −3°风攻角

图 2   不同风攻角下颤振扭转角随风速的变化

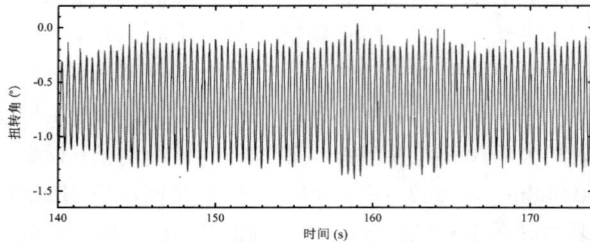 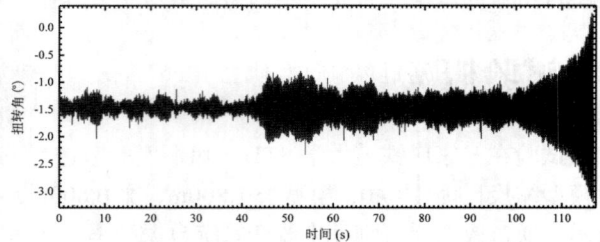

图 3   极限环颤振时程（+3°风攻角 $0 \leqslant Re \leqslant 8.2 \times 10^4$）   图 4   发散颤振时程（+3°风攻角 $0 \leqslant Re \leqslant 1.65 \times 10^5$）

不同工况下主梁颤振类型   表 1

雷诺数组	G1	G2	G3	G4	G5	G6
+3°风攻角	极限环	极限环	极限环	极限环	极限环	发散
0°风攻角	极限环	极限环	极限环	极限环	极限环	极限环
−3°风攻角	发散	发散	发散	极限环	极限环	极限环

4   结论

在临界风速下，主梁颤振扭转角度随风速的增大而迅速增大，风攻角和雷诺数对颤振随风速演变的规律没有影响，但对颤振临界风速具有明显的影响，整体上，主梁颤振临界风速在−3°风攻角下最高，且随着雷诺数范围的变化而变化。主梁颤振类型随雷诺数的变化规律较为复杂，且在0°风攻角下，主梁容易发生极限环颤振，在−3°风攻角下容易发生发散颤振。风攻角对主梁扭转颤振卓越频率存在一定影响，整体上+3°风攻角下最大，−3°风攻角下最小。

参考文献

[1] 韩艳, 宋俊, 李凯, 等. 不同风攻角下双层桁架梁非线性颤振特性风洞试验研究[J/OL]. 土木工程学报, 2024, 1-18. https://doi.org/10.15951/j.tmgcxb.23100889.

[2] 胡传新, 赵林, 陈海兴, 等. 流线闭口箱梁涡振气动力的雷诺数效应研究[J]. 振动与冲击, 2019, 38(12): 118-125.

[3] 刘庆宽, 任若松, 孙一飞, 等. 扁平流线型箱梁涡激振动雷诺数效应研究[J]. 振动与冲击, 2022, 41(4): 117-123.

大攻角下桁架梁颤振性能及稳定板气动措施参数风洞试验研究

曾　鼎[1,2]，马存明[1,2]

（1. 西南交通大学土木工程学院 成都 610031；2. 西南交通大学风工程四川省重点实验室 成都 610031）

1 引言

随着我国交通建设能力的逐步发展，西部山区将有越来越多的公路与铁路工程[1]。面对艰险山区与横断山脉，超大跨悬索桥是跨越峡谷沟壑的首选，通常选用桁架梁作为艰险山区超大跨悬索桥主梁形式。艰险山区风环境复杂多变，有着风速高、攻角大等特点[2]，当风攻角较大时，与流线型箱梁相比，由于其钝体断面，桁架梁颤振性能普遍较差，需要对其颤振性能进行研究，同时提出可提升颤振性能的气动措施。本文以桁架梁为研究对象，通过风洞试验研究了±5°、±6°和±7°风攻角下的颤振性能，并对上中央稳定板和水平稳定板两种气动措施的设计参数进行了对比优化。

2 大攻角下原始断面颤振性能

以某主跨 1680m 的山区大跨度悬索桥为研究对象，其主梁断面如图 1 所示，实桥主梁宽 28m，高 7.5m，中间设有与栏杆等高的上中央稳定板。通过节段模型风洞试验技术对其大攻角下的颤振性能进行研究，试验中动力模型比例尺为 1∶42，模型特征长 2.095m，宽 0.667m，高 0.178m，试验在 XNJD-1 风洞中进行，试验照片如图 2 所示。试验模型通过 8 根弹簧悬挂在风洞内，悬挂系统位于风洞壁外，以免对流场产生影响，试验中动力系统的竖向阻尼比为 0.5%，扭转阻尼比为 0.3%，竖向频率为 1.25Hz，扭转频率为 3.14Hz，扭弯频率比为 2.51。

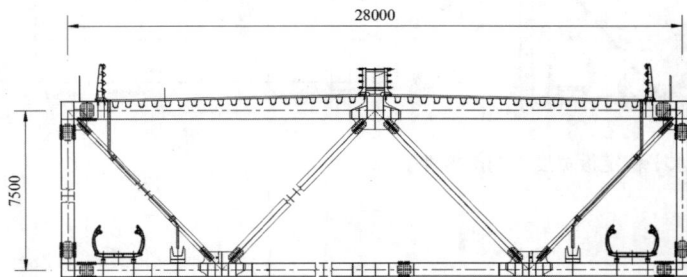

图 1　主梁断面　　　　　　　　　图 2　风洞试验布置

通过对桁架梁断面±5°、±6°和±7°风攻角下的颤振性能测试，试验得到了对应风攻角下的主梁颤振临界风速，如表 1 所示。试验结果显示，桁架梁在大攻角为负值时的颤振性能较优，因此后文通过稳定板气动措施对其+5°、+6°和+7°风攻角下的颤振性能进行提升。

桁架梁断面颤振性能　　　　　　　　　　　　　　表 1

风攻角（°）	−7	−6	−5	+5	+6	+7
颤振临界风速（m/s）	60.5	65.7	75.2	36.3	34.2	30.1

基金项目：国家自然科学基金项目（52078438）

3 稳定板提升颤振性能

3.1 上中央稳定板

为了对大攻角下桁架梁断面颤振性能进行优化，通过增加上中央稳定板高度来提升其颤振特性。试验对比了不同中央稳定板高度对桁架梁颤振性能提升效果，不同攻角下的提升效果如图 3 所示。随着上中央稳定板高度的增加，桁架梁的颤振性能随之提升。

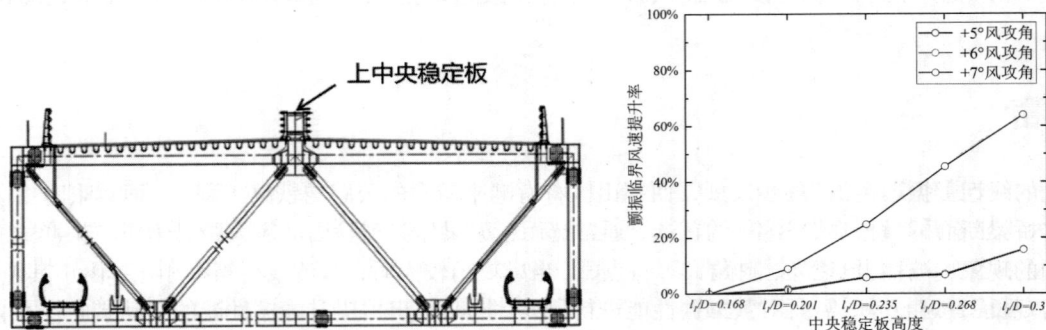

图 3 上中央稳定板高度影响颤振性能

3.2 水平稳定板

通过增设水平稳定板来提升桁架梁断面的颤振性能，试验中对比了不同宽度的水平稳定板对原断面颤振性能的提升效果，如图 4 所示。

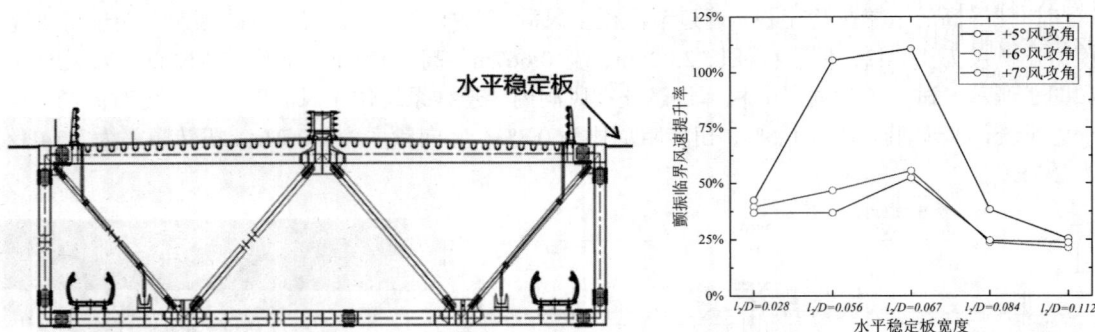

图 4 水平稳定板宽度影响颤振性能

4 结论

本文针对大攻角下的桁架梁颤振性能进行了风洞试验研究，发现随着攻角的增大，桁架梁的颤振性能越差，且负攻角下的稳定性优于正攻角。设置上中央稳定板能够提升桁架梁的颤振性能，且提升效果随着稳定板高度的增加而增长；通过设置与桥面等高的水平稳定板能够较大提升桁架梁的颤振性能，但其提升效果存在一个最优的参数。

参考文献

[1] 李永乐, 喻济昇, 张明金, 等. 山区桥梁桥址区风特性及抗风关键技术[J]. 中国科学: 技术科学, 2021, 51: 530-542.

[2] HAN Y, SHEN L, XU G J, et al. Multiscale Simulation of Wind Field on a Long Span Bridge Site in Mountainous Area [J]. Journal of Wind Engineering & Industrial Aerodynamics, 2018, 177: 260-274.

分离式双叠合梁断面非线性颤振特性研究

商聪杰 [1,3]，鲍玉龙 [2,3]，李永乐 [1,3]

（1. 西南交通大学 风工程四川省重点实验室 成都 610031；

2. 西南交通大学 智慧城市与交通学院 成都 611756；

3. 西南交通大学 桥梁智能与绿色建造全国重点实验室 成都 611756）

1 引言

传统的线性颤振理论认为结构一旦发生颤振，结构的自激振动一定是发散性的。然而近年来，大量研究发现许多桥梁断面的颤振现象并不像线性颤振理论描述的那样骤然发散，而是表现出在相当长的一段风速下缓慢增加的现象，被称为非线性颤振现象。它大致可分为：限幅颤振现象[1]、"软颤振"现象[2]和强自由度耦合颤振后现象[3-4]。由于桥梁断面的形式复杂多样，非线性颤振的机制和计算理论并未形成统一共识。因此本文通过节段模型风洞试验对分离式双叠合梁断面的非线性颤振特性进行了研究。

2 研究方法

2.1 主梁颤振特性节段模型风洞试验

分离式双叠合梁标准断面如图 1 所示，在风洞中的主梁节段模型如图 2 所示。模型竖弯自振频率 f_h 为 2.348Hz，竖弯阻尼比 ξ_h 为 0.582%，扭转自振频率 f_a 为 3.773Hz，扭转阻尼比 ξ_a 为 0.027%。风速采用微压计进行测试，模型的振动采用激光位移计进行测试。

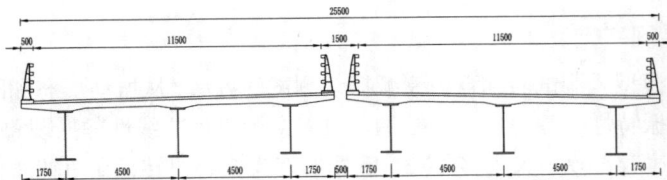

图 1　主梁标准断面图

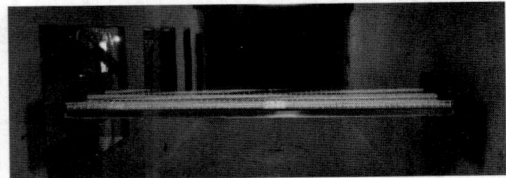

图 2　1/45 比例尺节段模型

2.2 非线性阻尼自由衰减振动测试

风洞试验装置的阻尼比通常具有显著的幅变特性，其对振幅较大的颤振行为有显著的影响。试验通过自由衰减振动、Hilbert 变换和相邻平均的方法分别测试和计算了结构的非线性阻尼比。试验采用了 $\xi_1 \sim \xi_6$ 六种阻尼比。结果表明，模型在小振幅下的阻尼比与振幅呈线性关系，在大振幅下的阻尼比则表现出显著的非线性。

3 测试结果分析

3.1 大攻角下的非线性颤振特性

以 ξ_1 为例，测试了 $\alpha = 0°$、$\pm 3°$、$\pm 5°$ 和 $\pm 7°$ 七种风攻角的振动特性，如图 3 所示。由图 3 可知，模型在不同风攻角下均发生了明显的颤振。扭转振动和竖弯振动频率与扭转自振频率保持一致，模型的颤振形态以偏心扭转为主。值得注意的是，模型在发生颤振后振幅陡增到一定幅值后出现了随风速缓慢增长的现象。模型的扭转振幅出现了一个巨大的扭转滞长平台，随着风速的增加，扭转振幅突破了这个平台；而竖向振幅则随风速持续缓慢增长。

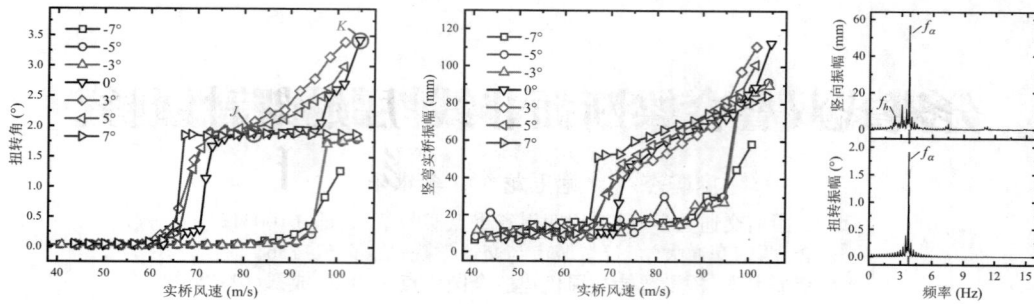

图 3　不同攻角下结构颤振振幅随风速的变化与频谱分析

3.2　阻尼比对非线性颤振的影响

　　以 0°风攻角下的 J 点和 K 点对应的两个风速为例，测试了模型在不同阻尼比下的振幅增长曲线并计算了非线性模态阻尼，如图 4 所示。结果表明，在滞长平台内，阻尼比影响振幅增长速度，对稳定振幅的影响并不显著；在超过滞长平台后，阻尼比对稳定振幅呈负相关。

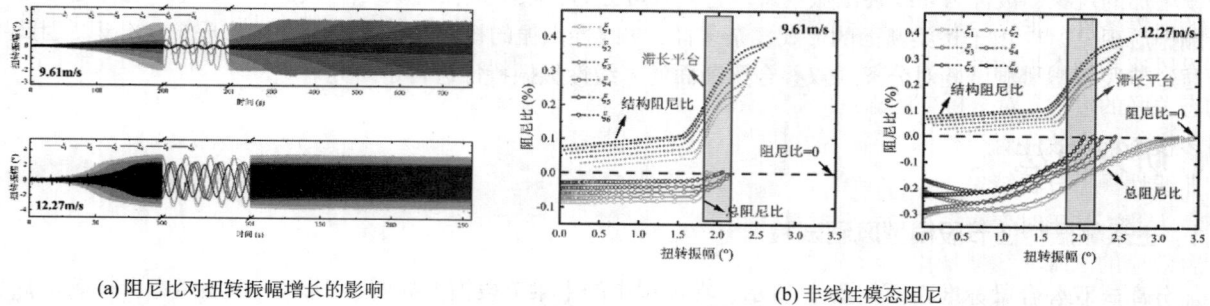

(a) 阻尼比对扭转振幅增长的影响　　　　　　　　(b) 非线性模态阻尼

图 4　阻尼比对非线性颤振响应的影响

4　结论

　　本文通过分离式双叠合梁断面颤振特性节段模型风洞试验和自由衰减振动测试的方法，从振动形态和阻尼比等角度分析了分离式双叠合梁断面非线性颤振特性，并得到以下结论：（1）主梁出现非线性颤振现象，扭转振幅出现滞长平台，负攻角下的颤振临界风速较正攻角大很多。（2）颤振形态为偏心扭转，在扭转滞长平台内，偏心距与风速呈正比例关系。（3）在滞长平台内，阻尼比会减缓振幅增速但对稳态振幅影响不明显，这与非线性结构阻尼有关。（4）在超过滞长平台后，气动阻尼表现出显著的非线性，阻尼比会同时减小振幅增速和稳态振幅。

参考文献

[1]　DAITO Y, MATSUMOTO M, ARAKI K. Torsional flutter mechanism of two-edge girders for long-span cable-stayed bridge [J]. Journal of Wind Engineering and Industrial Aerodynamics, 2002, 90(12-15): 2127-2141.

[2]　GAO G, ZHU L, HAN W, et al. Nonlinear post-flutter behavior and self-excited force model of a twin-side-girder bridge deck [J]. Journal of Wind Engineering and Industrial Aerodynamics, 2018, 177: 227-241.

[3]　AMANDOLESE X, MICHELIN S, CHOQUEL M. Low speed flutter and limit cycle oscillations of a two-degree-of-freedom flat plate in a wind tunnel [J]. Journal of Fluids and Structures, 2013, 43: 244-255.

[4]　GAO G, ZHU L, WANG F, et al. Experimental investigation on the nonlinear coupled flutter motion of a typical flat closed-box bridge deck. [J]. Sensors, 2020, 20(2): 568.

多模态耦合效应对大跨单层桁架悬索桥
三维非线性颤振的影响研究

仇志雄[1]，李　凯[2]，韩　艳[1,2]

（1. 长沙理工大学土木工程学院 长沙 410114；
2. 长沙理工大学卓越工程师学院 长沙 410114）

1 引言

考虑到大跨桥梁的大位移小应变特性，未来后颤振设防标准可能允许桥梁发生一定自限幅的极限环振动（即颤振振幅小于规定安全阈值，类似涡振控制目标）。因此，准确评估全桥三维非线性颤振响应是此设防标准的前提条件。非线性颤振的气动阻尼随风速和振幅的增长变化缓慢，且微小的气动阻尼变化就会导致颤振临界风速和稳态振幅的显著改变[1]，三维多模态耦合效应（不同结构模态之间通过相互耦合作用，形成一种动态关联的过程）对全桥气动阻尼的轻微影响可能会导致非线性颤振振幅和桥梁的平衡位置的巨大差异，同时多模态耦合效应对全桥的三维颤振形态也会产生显著影响，从而导致三维非线性颤振响应可能远远偏离二维非线性颤振分析结果。

为此，基于时变颤振导数描述的两自由度耦合非线性自激力时频混合模型[2]，本文构建了可考虑多模态耦合效应的三维非线性颤振分析方法，旨在通过考虑多模态气动耦合效应，更为准确地预测三维非线性颤振响应，以某主跨为1080m的单层桁架悬索桥为分析背景，研究了各模态对非线性颤振振幅、三维振幅形态和静平衡位置的影响。

2 基于非线性自激力时频混合模型的多模态耦合颤振分析方法

基于时变颤振导数描述的两自由度耦合非线性自激力时频混合模型[2]，三维模态坐标下的桥梁非线性自激运动的控制方程可表示为：

$$M\ddot{q} + C\dot{q} + Kq = F_{se,non} = \frac{1}{2}\rho U^2\left(A_s q + \frac{b}{U}A_d\dot{q}\right) + A_{L_{se,asym}} + A_{L_{nwse}} + A_{M_{nwse}} \tag{1}$$

式中，$M = \Phi^T M_s \Phi = \mathrm{diag}[m_j]$，$K = \Phi^T K_s \Phi = \mathrm{diag}[m_j\omega_{sj}^2]$，和$C = \Phi^T C_s \Phi = \mathrm{diag}[2m_j\xi_{sj}\omega_{sj}]$分别为广义质量、刚度和阻尼矩阵；$M_s$，$K_s$，$C_s$分别为全局质量、刚度、阻尼矩阵；$\Phi$是结构模态振型矩阵；$m_j$，$\omega_{sj}$和$\xi_{sj}$分别为第$j$阶模态的广义质量、频率和阻尼比；$F_{se,non}$表示非线性颤振自激力矩阵；$q$表示广义模态位移向量；$A_s$和$A_d$分别为广义风致气动刚度矩阵和广义气动阻尼矩阵；$A_{L_{se,asym}}$表示广义非对称气动升力矩阵；$A_{L_{nwse}}$、$A_{M_{nwse}}$分别表示广义非风致气动升力和扭矩矩阵。

3 多模态耦合效应对非线性颤振的影响

垟峒江特大桥是一座主跨1080m的单跨单层钢桁梁悬索桥，为准确获得该桥的动力特性，采用ANSYS软件在X，Y，Z全局坐标系下建立精细化空间桁架梁有限元模型。进一步，采用不同模态组合对垟峒江特大桥进行非线性颤振分析，模态组合工况如表1所示。

图1给出了不同结构模态组合下跨中处的非线性颤振响应，可以看到，Mode1(L-S-1)、Mode5(V-S-2)对非线性颤振振幅和主梁平衡位置的影响较大，Mode13(V-S-3)主要影响非线性颤振的竖向稳态振幅，

基金项目：国家自然科学基金项目（52308480，52178452），湖南省自然科学基金项目（2024JJ6034，2024JJ3002）

Mode15(V-L-2)对竖向和扭转颤振振幅基本没有影响，但会引起侧向稳态振幅增大，且随风速增加，侧向振幅增大的程度越大，Mode24(T-S-2)基本不影响非线性颤振的稳态振幅。

图 2 给出了 $U = 68m/s$ 时各工况下稳定极限环状态时的全跨振幅形态。可以发现，振幅形态的差异是造成不同结构模态组合下非线性颤振振幅不一样的一个主要原因。因此，只考虑两个模态(Mode3,11)进行非线性颤振分析显然不妥的，会严重错估全桥扭转、竖向、侧向稳态振幅和竖向耦合静态位移。

不同结构模态组合工况   表 1

工况	结构模态组合
1	Modes 3,11（V-S-1 + T-S-1）
2	Modes 1,3,11（L-S-1 + V-S-1 + T-S-1）
3	Modes 1,3,5,11（V-L-1 + V-S-1 + V-S-2 + T-S-1）
4	Modes 1,3,5,11,13（V-L-1 + V-S-1 + V-S-2 + T-S-1 + V-S-3）
5	Modes 1,3,5,11,13,15（V-L-1 + V-S-1 + V-S-2 + T-S-1 + V-S-3 + V-L-2）
6	Modes 1,3,5,11,13,15,24（V-L-1 + V-S-1 + V-S-2 + T-S-1 + V-S-3 + V-L-2 + T-S-2）

注：V 表示竖向；T 表示扭转；S 表示正对称。

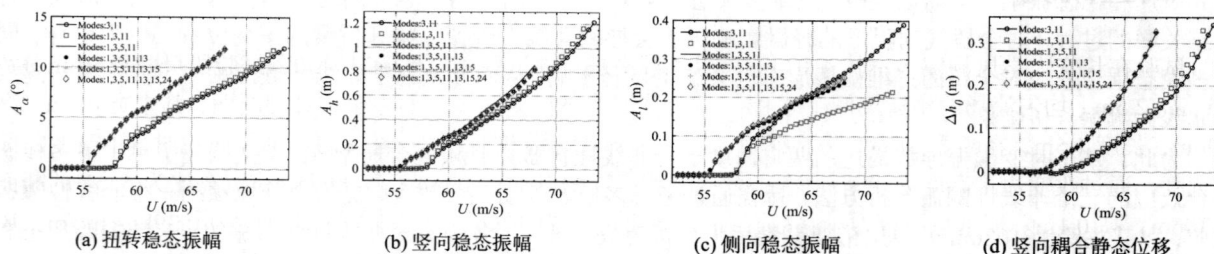

(a) 扭转稳态振幅   (b) 竖向稳态振幅   (c) 侧向稳态振幅   (d) 竖向耦合静态位移

图 1   不同结构固有模态组合下的三维非线性颤振响应（跨中）

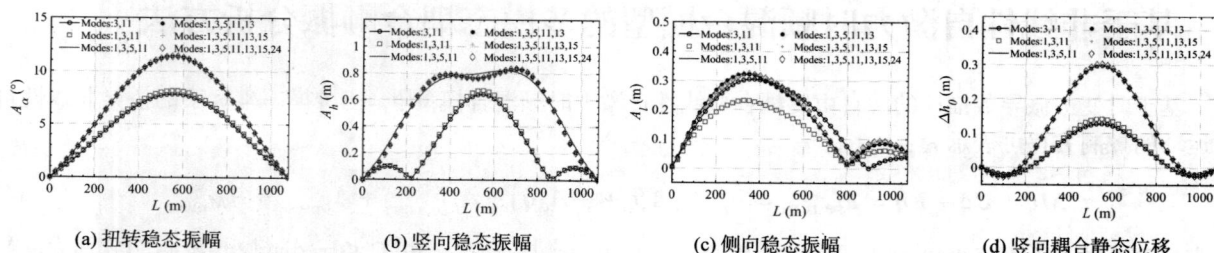

(a) 扭转稳态振幅   (b) 竖向稳态振幅   (c) 侧向稳态振幅   (d) 竖向耦合静态位移

图 2   不同结构固有模态组合下的三维振幅形态

4   结论

本文构建了可考虑多模态耦合效应的三维非线性颤振分析方法，通过对单层桁架悬索桥三维非线性颤振分析，发现三维非线性颤振分析必须考虑多模态耦合效应才能准确评估大跨度桥梁的非线性颤振响应，否则可能错估全桥非线性颤振稳态振幅和静平衡位置。

参考文献

[1] LI K, HAN Y, CAI C S, et al. A nonlinear numerical scheme to investigate the influence of geometric nonlinearity on post-flutter responses of bridges [J]. Nonlinear Dynamics, 2024, 112(9): 6813-6845.

[2] LI K, HAN Y, CAI C S, et al. A general modeling framework for large-amplitude 2DOF coupled nonlinear bridge flutter based on free vibration wind tunnel tests [J]. Mechanical Systems and Signal Processing, 2024, 222: 111756.

边箱式Ⅱ型断面竖弯涡振锁定区特性研究

刘子聿，王佳盈，邢丰，王　峰

（长安大学公路学院 陕西省西安市 710064）

1　引言

现代桥梁建设中，Ⅱ型钢混叠合梁因其突出的经济性能受到国内外的青睐，广泛应用在大跨桥梁工程中。然而，Ⅱ型断面呈现出钝体特征，致使其气动稳定性欠佳，涡激振动问题频出，研究发现不同风攻角以及不同宽高比的Ⅱ型断面的涡振锁定区特性有所不同[1-2]。本文基于节段模型风洞试验研究分析边箱式Ⅱ型断面竖弯涡振锁定区特性。

2　试验概况

试验在长安大学风洞实验室 CA-01 边界层风洞中进行。试验缩尺比为 1∶50，试验段尺寸长 15m、宽 3m、高 2.5m，均匀流场的湍流度低于 0.3%。试验选用宽高比为 10∶1 的边箱式Ⅱ型断面，其中宽 0.6m、高 0.06m，长度 1.5m，在断面四周布设了 78 个测压孔，模型示意图见图 1。在变更断面宽高比时，不改变断面的宽度，通过改变边箱高度形成新断面，宽高比为 8∶1 的断面宽 0.6m、高 0.075m，宽高比为 6∶1 的断面宽 0.6m，高 0.1m。模型总质量为 16.68kg，每延米质量为 11.12kg，每延米质量惯性矩为 0.39kg·m²/m，风速比为 1，竖弯频率为 3.38Hz，竖弯阻尼比采用 0.0021。图 2 为风洞试验节段模型。

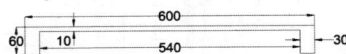

(a) 断面示意图

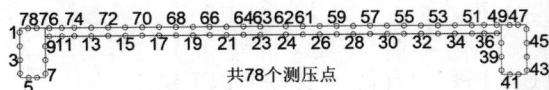

共78个测压点

(b) 测点布置图

图 1　模型示意图

图 2　风洞试验节段模型

3　试验结果

±3°与0°攻角下宽高比为 10∶1、8∶1、6∶1 的Ⅱ型断面的竖弯涡振响应结果如图 3 所示，可以看到，随着宽高比的增大，锁定区的起始风速与终止风速出现滞后现象，而最大振幅呈现增大的趋势。此外，随着攻角由负向正转变，锁定区的起振风速与终止风速同样出现滞后现象。改变质量参数时不同宽高比断面无量纲最大竖弯涡振振幅随S_c数的变化如图 4 所示。可以看到，通过改变质量参数，三种宽高比Ⅱ型断面的最大竖弯涡振振幅都随着S_c数的增大而增大。且断面的宽高比越大，S_c数对于质量的变化越敏感。除此之外，可以使用下式将无量纲最大竖向涡振振幅随S_c数变化的关系拟合出来。

$$\frac{A}{D} = a^* S_c^b$$

基金项目：国家重点研发计划项目（2021YFB2600600）

式中，A 为竖弯振幅；D 为断面特征高度；a，b 为代拟合参数。

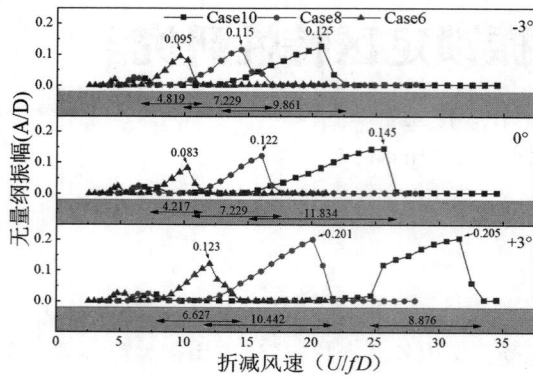

图3　不同宽高比 Ⅱ 型断面的涡振响应

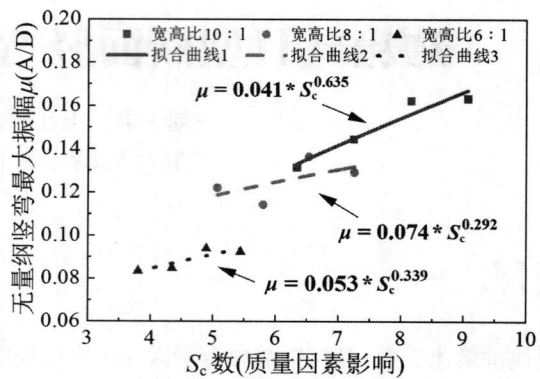

图4　不同宽高比断面无量纲最大竖弯涡振振幅随 S_c 变化曲线

第二锁定区的相关性系数分布如图5所示。可以看到，随着攻角由负向正的转变，断面上下表面相关性系数分布曲线的波峰距 D 逐渐减小。结合图3的现象，可以认为断面上下表面相关性系数的波峰距 D 越小，竖弯第二锁定区的最大涡振振幅越大。

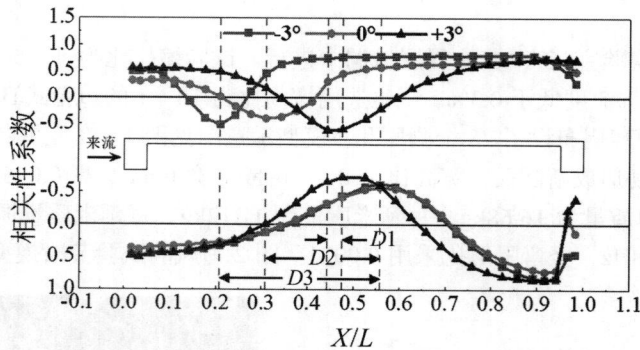

图5　气动力与涡激力相关性系数空间分布

4　结论

本文通过风洞试验方法对边箱式 Ⅱ 型断面的涡振响应进行分析，可以得到以下结论：

（1）随着宽高比的增大，锁定区的起始风速与终止风速出现滞后现象，而最大振幅呈现增大的趋势。此外，Ⅱ 梁断面的涡激振动现象显著与攻角相关，随着攻角由负向正转变，锁定区的起振风速与终止风速同样出现滞后现象。

（2）通过改变质量参数使 S_c 数增大，断面的无量纲竖向最大涡振振幅也随之增大，且断面的宽高比越大，S_c 数对于质量的变化越敏感。

（3）随着攻角由负向正的转变，断面上下表面相关性系数分布曲线的波峰距 D 逐渐减小，竖弯第二锁定区的最大涡振振幅随波峰距 D 的减小而增大。

参考文献

[1] 李加武, 霍五星, 张耀, et al. 双层 Ⅱ 型梁斜拉桥涡振性能及三分力系数变化规律的研究[J]. 公路, 2020, 65(9): 78-83.

[2] WANG J. Investigation of the intrinsic characteristics of two lock-in regions in a 10: 1 Ⅱ-shaped deck[J]. Ocean Engineering, 2024, 293: 116607.

中央开槽宽度对分离式双箱梁扭转涡振性能影响机理研究

于　璐，史　捷

（长安大学公路学院　西安　710064）

1　引言

分离式双箱梁由于其良好的颤振稳定性而被广泛应用，但其涡振性能也需要得到重视。目前针对于双箱梁断面的涡振问题，普遍采用各种气动措施进行抑制[1-2]，但气动措施需要通过具体的风洞试验进行确定。而研究发现分离箱的涡振性能主要受中央开槽宽度的影响[3-4]，因此本文通过风洞试验和数值模拟方法设置 5 种开槽宽度研究其对扭转涡振性能的影响机理并分析扭转涡振产生的原因。

2　节段模型风洞试验

节段模型同步测压测振试验在长安大学 CA-01 实验室进行。节段模型采取 1：70 缩尺比，长 1.8m、宽 0.655m、高 0.058m。模型示意图如图 1 所示。

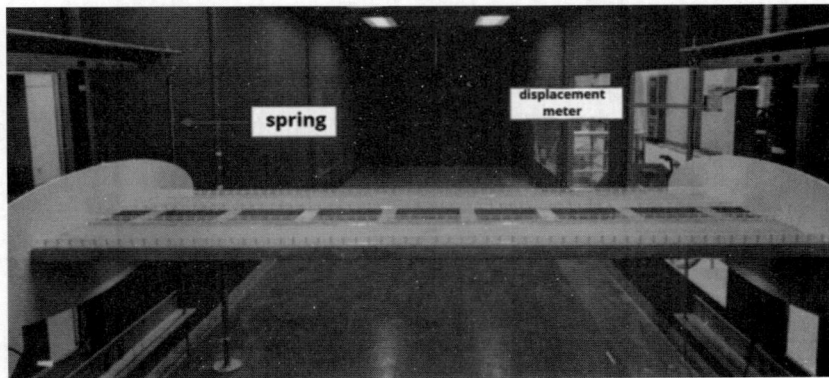

图 1　节段模型悬挂示意图

3　试验结果分析

试验结果如图 2 所示，中央开槽宽度对扭转涡振性能的影响规律明显，扭转涡振锁定区间长度及振幅随槽宽的增大而增大，表明槽宽越大，扭转涡振性能越差。

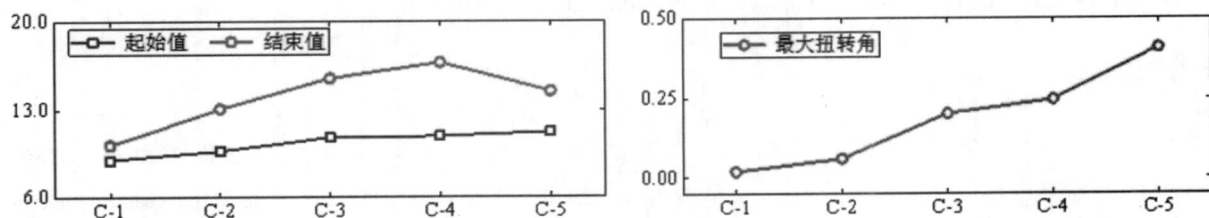

图 2　不同槽宽下模型的扭转涡振锁定区间及振幅

4 流场分析

为进一步分析分离式双箱梁扭转涡振原因以及中央开槽宽度对扭转涡振性能的影响，本节将采用数值模拟手段，选取振动工况进行流场分析，揭示诱发分离式双箱梁扭转涡振的原因。结果如图 3 所示。整体来看，模型周围的气流绕流波动很大，在上游箱梁尾部位置出现了旋涡脱落，交替脱落的旋涡直接作用到下游箱梁前端部位，这也正是下游箱梁这两个位置压力系数正负交替变化的原因，而这两个区域压力系数正负交替又使得这两个区域成为主导扭转涡振的主要区域，所以这是分离式双箱梁发生扭转涡振的根本原因。

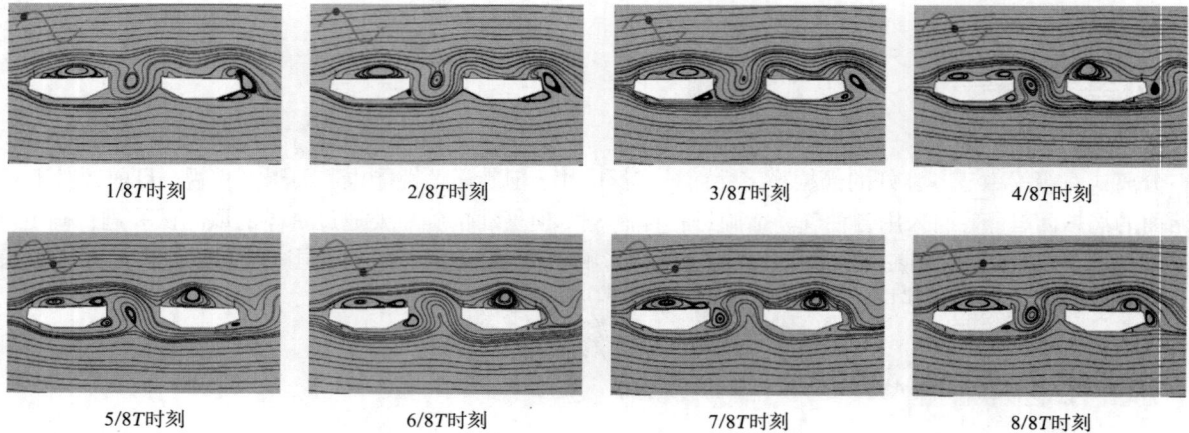

| 1/8T时刻 | 2/8T时刻 | 3/8T时刻 | 4/8T时刻 |

| 5/8T时刻 | 6/8T时刻 | 7/8T时刻 | 8/8T时刻 |

图 3　一周期内流线演化图

5 结论

（1）开槽宽度越大，扭转涡振性能越差。

（2）上游箱梁尾部位置出现的旋涡脱落作用到下游箱梁前端部位，导致其压力系数正负交替变化，成为主导扭转涡振的主要区域，所以这是分离式双箱梁发生扭转涡振的根本原因。

参考文献

[1] MA C M, WANG J X, LI Q S, et al. Vortex-Induced Vibration Performance and Suppression Mechanism for a Long Suspension Bridge with Wide Twin-Box Girder[J]. Journal of structural engineering, 2018, 144(11).

[2] DUAN Q, MA C, YANG H. Influence of non-uniform grid plates on the vortex-induced vibration performance of twin-box girder section[J]. Structures, 2023, 58.

[3] BKCSKA, CXRQA, DCHFA, et al. Wind-induced pressures around a sectional twin-deck bridge model: Effects of gap-width on the aerodynamic forces and vortex shedding mechanisms[J]. Journal of Wind Engineering and Industrial Aerodynamics, 2012, 110: 50-61.

[4] DE MIRANDA S, PATRUNO L, RICCI M, et al. Numerical study of a twin box bridge deck with increasing gap ratio by using RANS and LES approaches[J]. Engineering Structures, 2015, 99: 546-558.

不同截面组合双幅桥梁涡振特性试验研究

杨昌赣[1]，邹云峰[1,2]，李　震[1]，何旭辉[1,2]

（1. 中南大学土木工程学院 长沙 410075；
2. 轨道交通工程结构防灾减灾湖南省重点实验室 长沙 410075）

1　引言

高跨度桥梁低风速下较容易发生限幅风致振动[1]，由于其在工程和学术中的价值而受到了国内外研究学者和工程师们的广泛关注[2]。总体而言，对于非对称双幅桥涡激振动特性的研究还比较少。然而，由于公路和铁路中桥梁的发展和有限桥梁资源的限制，不同截面形式的非对称双幅桥梁得到了更加广泛的应用。因此，深入了解不同截面形式组合双幅桥梁间的气动干扰对其涡振特性规律，对于非对称双幅桥梁的设计和运用具有重要意义。

2　风洞试验概况

参考实际工程中的桥梁截面，以流线型箱梁、PK 梁、单层桁架梁为研究对象进行试验，其中流线型箱梁高为 3.5m，宽为 38m；PK 梁高为 3.5m，宽为 38m；单层桁架梁高为 8m，宽为 24m；节段模型缩尺比选取为 1:50，各主梁附属设施包括防撞栏、护栏以及检修轨道，缩尺后的主梁截面细节如图 1 所示。

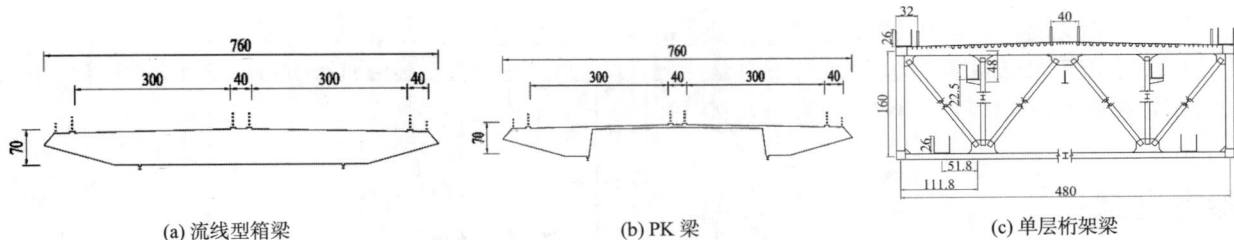

(a) 流线型箱梁　　　　　　　(b) PK 梁　　　　　　　(c) 单层桁架梁

图 1　主梁断面示意图

3　主梁涡振特性研究

影响非对称双幅桥涡振特性的因素有很多，如双主梁间距比、频率比、高度差、截面形式等。为了探究截面形式对双幅桥涡振性能的影响，本研究首先保持双幅桥相对位置、频率比和下游主梁截面形式不变，通过改变上游主梁的截面形式，研究不同截面形式主梁与流线型箱梁间气动干扰对彼此涡振特性的影响。其中双幅桥间距为 0.3 倍流线型箱梁宽度（B_L），高度保持路面平齐，频率比设置为 1。对在来流方向为 180° 和 0° 风攻角下不同截面组合双幅桥的竖弯和扭转响应进行分析，如图 2 所示。由图 2（a）、（d）可得，上游、下游流线型箱梁在各风速下都未发生竖弯和扭转涡振，与单幅流线型箱梁情况相似。由图 2（b）、（e）可得，上游 PK 梁和下游流线型箱梁分别出现最大振幅为 161mm 和 69mm 的竖弯涡振，而单幅 PK 梁和流线型箱梁都未发生竖弯涡振，表明 PK 梁和流线型箱梁间气动干扰使彼此涡振性能变差。由图 2（c）、（f）可得，上游单层桁架梁和下游流线型箱梁在各风速下都未发生竖弯和扭转涡振，而单幅单层桁架梁发生了最大振幅为 0.05° 的扭转涡振，表明主梁间气动干扰增强了单层桁架梁的涡振性能且对流线型箱梁涡振性能未产生明显影响。

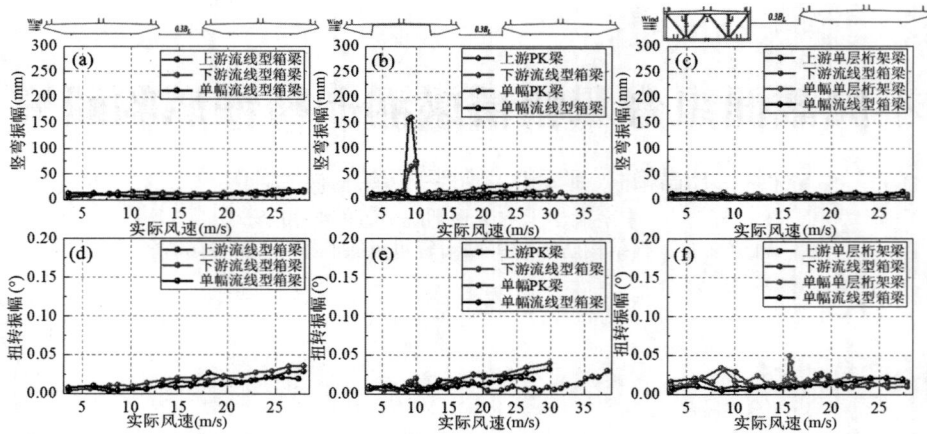

图 2　不同截面组合双幅桥频率比为 1.0 时在 0°风攻角下的涡振响应

在实际工程中，不同截面组合的非对称双幅桥间的频率通常存在差异，而频率比对双幅桥涡振性能的影响不容忽略。本论文参考实际工程中的桥梁参数，改变各截面形式主梁的质量和频率，将各截面形式主梁参数与实际桥梁参数一一对应，以此为基础探究各截面主梁和流线型箱梁组成的双幅桥涡振特性间的气动干扰效应。图 3 所示为双幅流线型箱梁在各风攻角下随风速变化的竖弯和扭转响应曲线。由图 3 可得，双幅流线型箱梁在+3°风攻角下都出现了两个明显的竖弯涡振风速区间，在第一个涡振风速区间中，上游、下游流线型箱梁的最大振幅分别约为 89mm 和 71mm，而单幅流线型箱梁在该风速下未发生明显涡振现象。在第二个涡振风速区间中，上游、下游流线型箱梁的最大振幅分别约为 266mm 和 91mm，较单幅流线型箱梁振幅分别上升和下降了 61%和 45%。除此之外，在+3°风攻角下，上游流线型箱梁发生了较为明显的扭转涡振，而单幅流线型箱梁在此攻角下未发生扭转涡振。

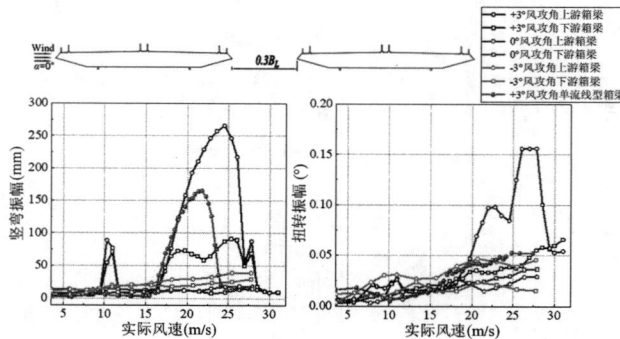

图 3　双幅流线型箱梁涡激振动振幅随风速的变化曲线

4　结论

（1）主梁间频率比为 1 且在来流方向为 180°和风攻角为 0°时，PK 梁和流线型箱梁组成的双幅桥使彼此涡振性能变差。单层桁架梁与流线型箱梁组成的双幅桥彼此涡振性能增强。

（2）双幅流线型箱梁在 0°风攻角下出现两个竖弯和一个扭转涡振区间，上、下游流线型箱梁最大振幅分别较单幅流线型箱梁上升和下降 61%和 45%。

参考文献

[1]　崔欣. 影响主梁涡激振动试验结果的因素及其机理研究[D]. 西安: 长安大学, 2012.

[2]　KIM S, KIM T. Machine-learning-based prediction of vortex-induced vibration in long-span bridges using limited information[J]. Engineering Structures, 2022, 266: 114551.

频率比对双幅桥涡激振动性能的影响

李　震[1]，邹云峰[1,2]，王文博[1]，杨昌赣[1]，何旭辉[1,2]

（1. 中南大学 土木工程学院 长沙 410075；
2. 轨道交通工程结构防灾减灾湖南省重点实验室 长沙 410075）

1　引言

为了满足日益增长的交通量需求，提高线路的通行能力，在已有桥梁附近修建一座新桥或者同时修建两座相邻桥梁，已经成为桥梁工程建设中越来越普遍的选择。与单一主梁的桥梁相比，双幅桥主梁间存在着气动干扰，往往具有更为复杂的气动特性，其中双幅桥的涡激振动性能是近年来研究的重点[1-2]，研究发现双幅桥的涡激振动响应往往大于单幅桥，应对双幅桥的涡激振动研究予以充分重视。由于双幅桥梁选择不同截面或新建桥梁建造工艺改进等原因，双幅桥两个主梁的固有频率可能存在差异。主梁频率比对双幅桥的涡激振动会产生较大影响[3]，探明双幅桥梁频率比对涡振性能的影响规律，可为该类双幅桥梁抗风设计提供科学的技术依据，具有理论与现实意义。

2　风洞试验设计

2.1　模型设计

以某非对称双幅桥为研究背景，其断面分别为流线型箱梁和 PK 型箱梁，两主梁宽度和高度相同，梁宽 $B = 38.0m$，梁高 $H = 3.5m$，两主梁的间距为 $0.3B$。研究采用节段模型测压测振风洞试验方法，模型缩尺比为 1：50。

2.2　试验内容

为了研究频率比对双幅桥涡振的影响，设计试验内容包括单幅桥涡振对比工况、双流线型双幅桥工况和流线型-PK 型双幅桥工况三大类，其中，双流线型双幅桥采用相同的两个流线型截面（仅频率不同），主要工况如图 1 所示。双流线型双幅桥考虑 5 组频率比（FR = 0.88～1.12），流线型-PK 型双幅桥考虑 6 组频率比（FR = 0.88～1.12,1.53）。试验过程中，始终保持其中一个流线型箱梁频率不变，双幅桥间距 L 始终保持为 $0.3B$。

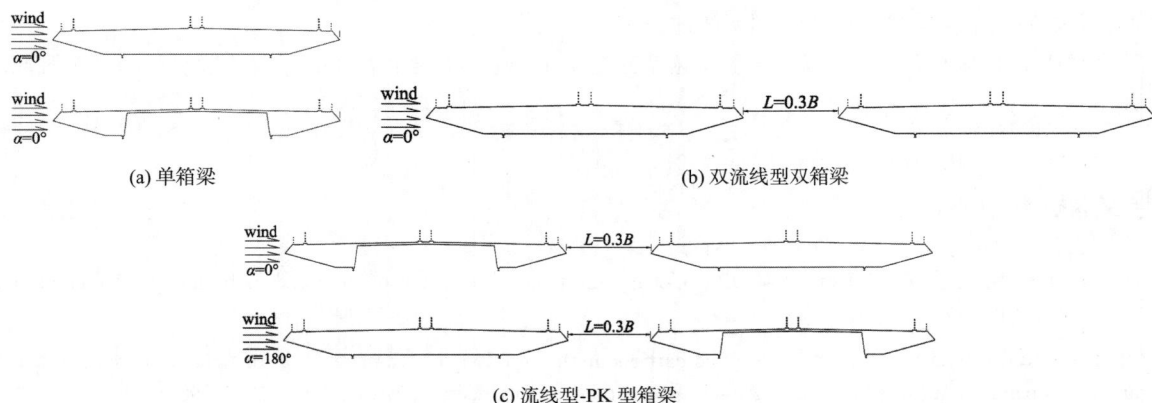

(a) 单箱梁　　　　　　　　　　　(b) 双流线型双箱梁

(c) 流线型-PK 型箱梁

图 1　试验主要工况

基金项目：国家自然科学基金项目（52078504，51925808），湖南省杰出青年科学基金项目（2022JJ10082）

3 结果与讨论

3.1 主梁涡振结果对比

对比单幅桥和不同截面、不同频率比下的双幅桥涡振结果，如图 2 所示，单幅桥状态下，PK 型主梁和流线型主梁均不发生涡激振动；双流线型双幅桥和流线型主梁上游时的流线-PK 型双幅桥也没有明显的涡振现象发生；当 PK 型主梁上游、流线型主梁下游时，PK 型主梁发生了涡激振动，并且随着频率比趋向于 1，涡振响应幅值逐渐增大；当 FR = 1 时，两个主梁均发生了涡激振动。通过对最大振幅处的频谱进行分析，发现频率比在 1 附近时，下游主梁的涡振出现两个明显的频率，分别为两主梁的固有频率，并且上游主梁频率占比更高。

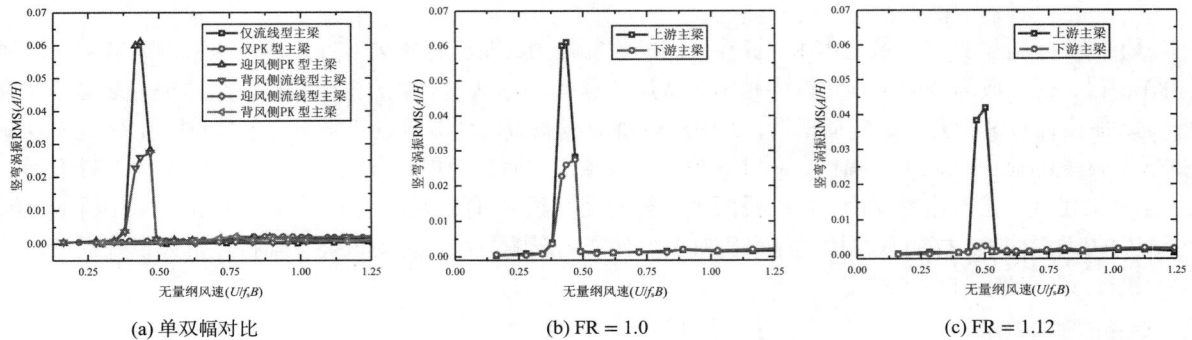

(a) 单双幅对比   (b) FR = 1.0   (c) FR = 1.12

图 2 主梁涡激振动结果对比

3.2 主梁分布气动力的演变特点

通过对比两主梁振动与静止状态下的气动力分布，发现不同频率比下的平均风压系数基本相同，但上游主梁的上表面脉动风压变化明显，据此判断下游主梁的气动干扰增强了上游主梁的上表面旋涡脱落，从而导致了上游主梁发生涡振。当 FR = 1 时，下游脉动风压表现出类似的规律，通过时程分析，发现上下游风压存在固定的相位差。

4 结论

（1）流线型-PK 型双幅桥在 PK 型主梁处于上游的情况下放大了主梁的涡激振动，PK 型主梁的涡振响应随着频率比趋于 1 而逐渐增大，当频率比达到 1 时，流线型主梁也同样发生明显的竖弯涡振。

（2）当频率比接近 1 时，下游主梁涡振频率受上游主梁频率的影响，下游主梁发生涡振时，响应频率中包含两个主梁的频率，并且上游主梁频率的占比更高。

（3）对比上下游主梁的脉动风压，随着频率比趋于 1，两个主梁上表面的下游位置出现的旋涡脱离现象逐渐明显。

参考文献

[1] STOYANOFF S, DALLAIRE P O, TAYLOR Z J, et al. Aerodynamic problems of parallel deck bridges[J]. Bridge Structures, 2019, 15(3): 139-147.

[2] LIU L, YANG J, ZOU Y, et al. Effects of wind barriers on the aerodynamic characteristics of twin-separated parallel decks for a long-span rail-cum-road bridge[J]. Advances in Structural Engineering, 2023, 26(16): 2963-2983.

[3] PARK J, KIM H K. Effect of the relative differences in the natural frequencies of parallel cable-stayed bridges during interactive vortex-induced vibration[J]. Journal of Wind Engineering and Industrial Aerodynamics, 2017, 171: 330-341.

基于 POD 的分离式双箱梁涡振特性分析

赵鑫源[1]，白　桦[1,2]，王　峰[1,2]

（1. 长安大学 公路学院 西安 710064；2. 长安大学 风洞实验室 西安 710064）

1　引言

分离式双箱梁由于具有优越的颤振性能，越来越被广泛应用作为桥梁的主梁断面，但因为独特的气动外形，导致其容易发生涡激振动[1]。在已建成的桥梁和风洞试验中均观测到过分离式双箱梁的涡激振动[2]。本文采用风洞试验和数值模拟相结合的方法，通过对比两个扭转涡振锁定区间起振点、峰值点和消失点的脉动风压系数识别到分离式双箱梁的涡振敏感区；并对同步测压数据和数值模拟结果进行本征正交分解（POD）得到了分解后的涡振流场模态和能量组成。

2　模型表面风压

2.1　脉动风压系数

为方便观察与描述，对箱梁各区域进行了编号如图 1 所示。

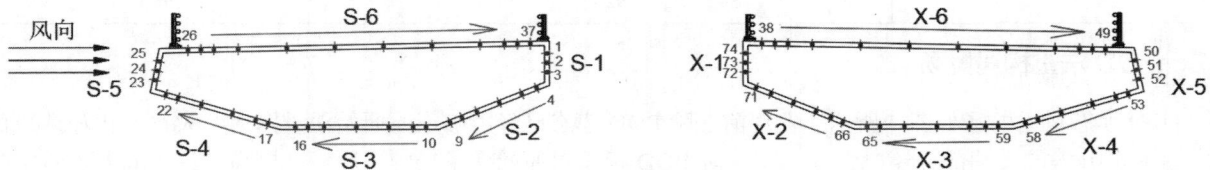

图 1　模型表面测点编号

图 2 为两个扭转区间脉动风压系数空间分布，对比起振点、峰值点和消失点的脉动风压系数，发现扭转峰值点风速下 X-6 和 X-2 区域脉动风压系数显著增大，说明这两个区域气流与模型表面作用剧烈，因此脉动压力系数较大，这两个部位对分离式双箱梁涡振有重要影响。

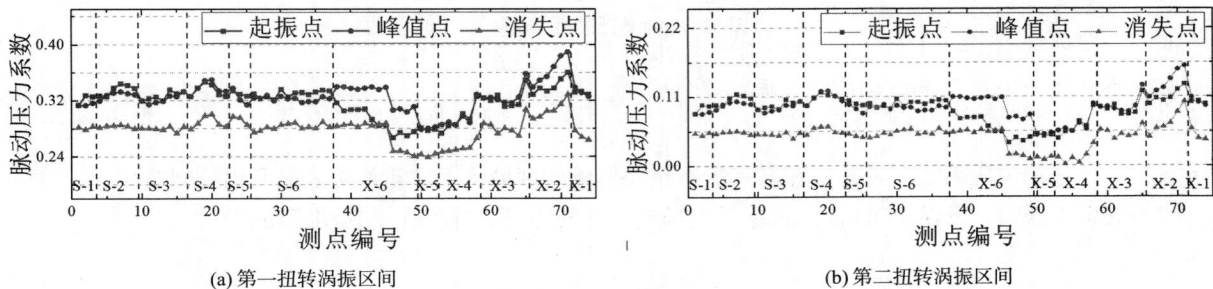

(a) 第一扭转涡振区间　　　　　　　　(b) 第二扭转涡振区间

图 2　脉动风压系数空间分布

2.2　POD 模态能量

各风速下风压系数脉动部分进行 POD 分解前 5 阶模态能量占总能量的比重如图 3 所示，在涡振锁定区间附近前 5 阶模态能量和占比与涡振峰值变化趋势基本一致，尤其是第一阶模态变化最为明显。

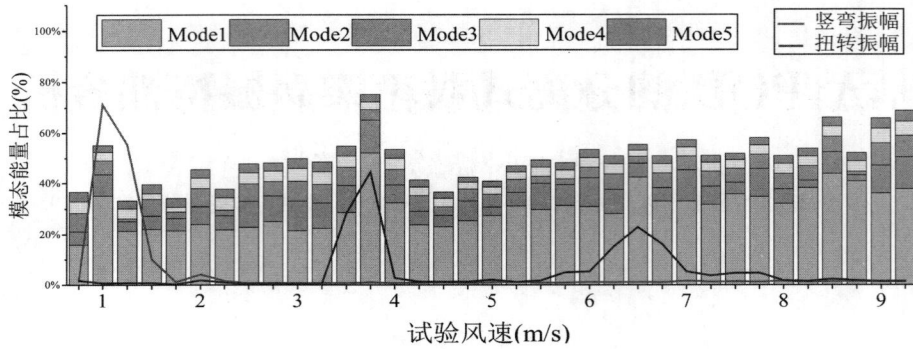

图 3   前 5 阶 POD 模态能量占比

3   数值模拟

3.1   POD 模态能量

去除平均流场前 8 阶 POD 模态能量占比如表 1 所示，前 5 阶 POD 模态能量累计占比为 95.43%超过了总能量的 95%，说明低阶 POD 模态占据了脉动流场绝大部分能量。

去除平均流场后的前 8 阶 POD 模态能量   表 1

模态号	1	2	3	4	5	6	7	8
单阶能量占比%	61.7	24.8	5.6	3.3	1.3	1.0	0.8	0.5
累计能量占比%	61.7	86.5	92.1	95.4	96.8	97.8	98.6	99.0

3.2   POD 法重构涡量场

POD 模态重构的场如图 4 所示，发现前三阶 POD 模态已经能够还原原始涡量图涡的大致形状及排列状态，仅对部分涡的尖端部分还原失真；前 5 阶 POD 模态对原始涡量场的还原程度更高，且已能大致还原单个涡的细部形态。

    (a) 原始涡量场   (b) 前三阶 POD 模态重构   (c) 前五阶 POD 模态重构

图 4   POD 模态涡量场重构

4   结论

（1）对比脉动风压系数，发现对扭转涡振有重要影响的区域为下游箱梁上表面和内侧斜腹板；
（2）发生涡振时，低阶 POD 模态占据了流场绝大部分能量，并主导了脉动流场。

参考文献

[1]   杨詠昕, 周锐, 葛耀君. 大跨度分体箱梁桥梁涡振性能及其控制[J]. 土木工程学报, 2014, 47(12): 107-114.

[2]   葛耀君, 赵林, 许坤. 大跨桥梁主梁涡激振动研究进展与思考[J]. 中国公路学报, 2019, 32(10): 1-18.

大跨桥梁风致振动拉索阻尼减振研究

甘泽鹏[1,2]，封周权[1,2]，陈　智[1,2]，华旭刚[1,2]

（1. 湖南大学 桥梁工程安全与韧性全国重点实验室 长沙 410082；
2. 湖南大学 风工程与桥梁工程湖南省重点实验室 长沙 410082）

1　引言

随着桥梁跨径的不断增加，桥梁设计标准也在不断提高。现代大跨度桥梁通常具有质量轻、柔度大、阻尼小的特点，这使得其在风荷载作用下，风致振动问题日益严重，成为不可忽视的挑战[1]。目前，尽管存在多种风致振动控制技术，包括气动和机械控制措施，但在机械控制中，由于被动控制具有较高的可靠性，仍是大多数工程中最常采用的风致异常振动防控方案[2]。

阻尼器作为被动控制的关键组成部分，受到安装位置和空间的限制，因此，许多学者为了解决这一问题，进行了大量研究。Fujino 等[3]提出了一种通过调节缆索的轴向位移来控制缆索横向运动的主动控制措施。此后，结合拉索和阻尼器的控制系统逐渐应用于结构的振动控制中。Preumont 等[4]基于 Fujino 的主动控制方法，成功实现了某座悬索桥的振动控制；Pekcan[5]首次提出使用阻尼器拉索系统（DCS）来控制框架结构振动的完整方案；Steen Krenk 等[5]提出了在主塔与主缆之间安装直接耗能阻尼器的形式来提高悬索桥颤振相关模态的阻尼比；于浩[6]则提出使用阻尼索的形式来控制桥梁结构的振动；华旭刚等[7]提出了一种在桥塔上增设下横梁或者牛腿，并在其与加劲梁之间设置竖向直接耗能阻尼器，以此来有效控制大跨度漂浮体系悬索桥多个模态的涡振；张建辉[8]在华旭刚所提的塔梁阻尼器的基础上，提出了新的桥塔与加劲梁之间安装直接耗能阻尼器的方法来控制简支体系悬索桥的多阶模态竖向涡振；Peng[9]等也提出了一种复合阻尼拉索系统进行悬索桥多模态涡振控制，并提出了一种基于 LQR 算法的优化方法，用于对复合阻尼拉索系统进行参数优化。

综上所述，华旭刚等[7]提出的在桥塔上增设下横梁或牛腿的做法，虽然有效，但也存在一定局限性。随着牛腿长度向跨中延伸，牛腿的刚度逐渐减弱，进而导致固定在牛腿上的阻尼器效果降低。因此，本文提出了 1 种梁内拉索-阻尼器系统，通过滑轮组、拉索、阻尼器等组件，希望利用梁体竖弯时产生的弯曲使得固定在梁端两端的拉索产生相对位移，从而使得阻尼器产生效果。此外，对比梁外复合拉索-阻尼系统及梁内拉索-阻尼器系统两种形式，发现复合拉索-阻尼器系统对于模态阻尼比有较大提升，且增加辅助索可以极大提高拉索与阻尼器串联提升效果，最终确定将复合拉索与阻尼器串联再连接到桥塔外侧和主梁下端，能够充分发挥拉索-阻尼器在涡振和抖振控制中的优势。

2　有限元建模

为了验证该系统的有效性，在 ANSYS 中建立虎门大桥有限元模型，梁内拉索采用 LINK10 单元进行模拟，拉索面积为 $2.08 \times 10^{-4} \mathrm{m}^2$，初应变取 0.002；梁内阻尼器采用 COMBIN14 进行模拟时，CV1 定义为阻尼器的等效阻尼系数 C，当 $C = 1 \times 10^6 \mathrm{N} \times \mathrm{s/m}$，$K = 2 \times 10^5 \mathrm{N/m}$ 时，全桥具体有限元模型如图 1 所示。

3　数值分析验证

3.1　梁内拉索-阻尼器模型模态阻尼比影响

悬索桥的结构阻尼采用瑞丽阻尼，并将第一阶正对称竖弯和第三阶正对称竖弯的模态阻尼比定义为 3‰。在 ANSYS 有限元分析软件中，使用 DAMP 法进行复模态分析，以评估拉索-阻尼器系统对桥梁阻尼的影响。通

基金项目：国家自然科学基金面上项目（52178284）

过分析虎门大桥在添加拉索-阻尼器系统前后的模态阻尼比，得到前 20 阶模态的阻尼比变化。结果表明，拉索-阻尼器系统显著提高了桥梁的竖弯模态阻尼性能，具体提升情况如图 2 所示，由图可知梁内拉索阻尼方案有效提高了悬索桥竖弯模态的能量耗散能力，为有效控制桥梁的涡振、抖振等风致振动问题提供了可靠的解决方案。

3.2 复合拉索–阻尼器模态阻尼比提升效果

由于复合拉索-阻尼器系统主要是为了控制主梁的多阶涡振，所以取虎门大桥涡振区间范围内的 8 阶竖弯模态进行模态阻尼比提升效果分析，从图 3 可知，复合拉索-阻尼器系统对于前 2 阶反对称竖弯的模态阻尼比有极大的提升效果，是因为复合拉索的一端连接在桥塔上，另一端连接在主梁下端，由于主梁和桥塔之间有较大的纵向相对位移，加之拉索是张紧的，所以可以使得阻尼器发挥较大的作用。而对于其余正对称竖弯模态，提升效果不一，对于第三阶正对称竖弯的提升效果最差，可能后续需要再增加 TMD 等阻尼装置针对某些正对称竖弯模态模态阻尼比提升不足的问题进行针对性控制。

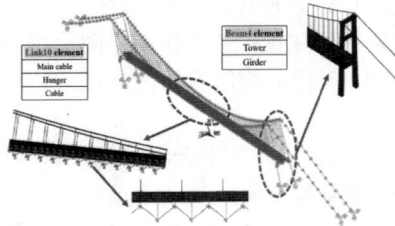

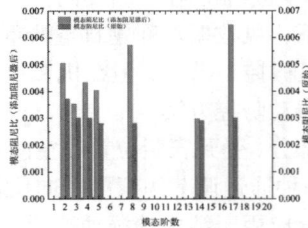

图 1　有限元模型　　　图 2　添加阻尼器前后竖弯模态阻尼比变化　　　图 3　张紧索在梁上布置位置

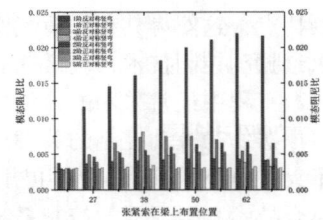

4　结论

本文主要针对大跨度桥梁的多阶涡振控制问题提出了两种拉索-阻尼器系统针对大跨度桥梁的多阶涡振进行振动控制，一种是梁内拉索-阻尼器系统，另一种是复合拉索-阻尼器系统。通过 ANSYS 进行复模态分析，分析主梁各阶模态阻尼比的变化情况可以看得出以下结论：

（1）梁内拉索-阻尼器系统对于模态阻尼比的影响与阻尼器刚度、阻尼器数量有关，但是由于梁段间相对位移较小的原因，无法充分发挥阻尼器作用，从而导致各阶竖弯模态阻尼比提升较小。

（2）复合拉索-阻尼器系统可以通过承重索有效减小张紧索的垂度，使得张紧索始终保持拉紧，再与阻尼器串联，充分发挥阻尼器作用，从而大幅提高各阶竖弯模态的模态阻尼比。

参考文献

[1]　陈政清. 桥梁风工程. 北京: 人民交通出版社, 2005.

[2]　Fujino Y, Warnitchai P, Pacheco B M. Active Stiffness Control of Cable Vibration. Journal of Applied Mechanics, 1993, 60(4): 948-953.

[3]　Preumont A, Achkire Y, Bossens F. Active Tendon Control of Large Trusses. Aiaa Journal, 2000, 38(3): 493-498.

[4]　Pekcan G, Mander J B. Balancing Lateral Loads Using Tendon-Based Supplemental Damping System. Journal of Structural Engineering, 2000(8): 896-905.

[5]　Møller R N, Krenk S, Svendsen M N. Damping system for long-span suspension bridges. Structural Control and Health Monitoring, 2019, 26(12).

[6]　于浩. 基于粘性阻尼器的悬索桥减振数值仿真与试验研究[D]. 湘潭: 湖南科技大学, 2018.

[7]　华旭刚, 黄智文, 陈政清. 大跨度悬索桥的多阶模态竖向涡振与控制. 中国公路学报, 2019, 32(10): 115-124.

[8]　张建辉. 悬索桥多阶竖向涡振控制方法与参数分析[D]. 长沙: 湖南大学, 2024.

[9]　Peng W. Parameter optimization of damped cable system for vibration control of long-span bridges. Engineering Structures, 2025.

既有变截面混凝土桥对邻近新建斜拉桥的气动干扰研究

李 涵[1]，朱 金[1,2]，李永乐[1,2]，高宗余[3]

（1. 西南交通大学桥梁工程系 成都 610031；2. 西南交通大学桥梁智能与绿色建造全国重点实验室 成都 611756；
3. 中铁大桥勘测设计院集团有限公司 武汉 430050）

1 引言

随着交通量的不断提升，在既有桥附近新建桥梁的情况逐渐增多，两座桥梁之间不可避免地存在气动干扰现象[1-2]。本文以一座在既有变截面混凝土连续梁桥附近新建的斜拉桥为工程背景，结合风洞试验和 CFD 模拟，研究了既有桥对新建桥的气动干扰。

2 工程背景

以一座双塔五跨钢混组合梁斜拉桥为背景，该桥跨径布置为（50＋110＋380＋110＋50）m，主桥长度为 700m。既有桥为（72＋122＋122＋122＋72）m 五跨预应力混凝土变截面连续箱梁桥，有左、右两幅，左、右幅桥箱梁结构尺寸一致，断面为单箱单室。

3 风洞试验

在不考虑既有桥影响的前提下，对新建桥主梁原始断面和优化断面进行节段模型风洞试验，试验结果将与 CFD 模拟结果进行对比，以验证 CFD 模拟的可靠性。

4 CFD 模拟

4.1 动网格设置

使用 FLUENT 软件中自带的 UDF 动网格技术，来实现刚性区域的运动和网格的更新。

4.2 工况设置及网格划分

设置了三大类工况：①不考虑既有桥影响的新建桥主梁原始断面和优化断面的涡振性能，将 CFD 模拟结果与风洞试验结果对比，以验证 CFD 模拟的可靠性；②考虑既有桥影响，且新建桥位于上游的主梁优化断面涡振性能；③考虑既有桥影响，且新建桥位于下游的主梁优化断面尾流激振性能。

5 结果分析

5.1 不考虑既有桥影响的新建桥主梁涡振性能

分别将新建桥主梁原始断面和优化断面的风洞试验结果与 CFD 模拟结果对比，发现无论是竖弯还是扭转振动，两者都是吻合的。图 1 展示了原始断面的对比结果。

5.2 新建桥位于上游时的主梁涡振性能

新建桥位于上游时，既有桥处于新建桥的尾流区域，对新建桥气动性能的影响较小。通过 CFD 模拟发现，新建桥位于上游时，在−3°和0°风攻角下，既有桥对新建桥的影响很小；在+3°风攻角下，既有桥甚至对新建桥的竖弯涡振有抑制作用。

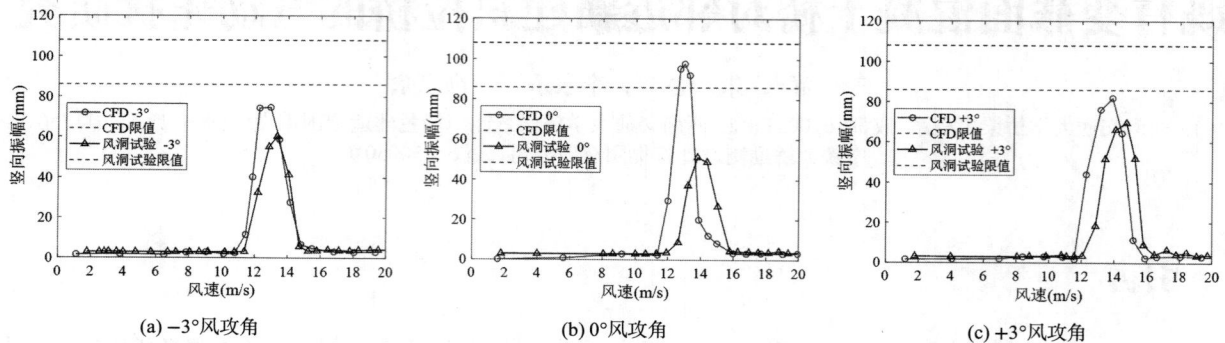

(a) −3°风攻角　　　　　　　　(b) 0°风攻角　　　　　　　　(c) +3°风攻角

图 1　风洞试验与 CFD 结果对比（原始断面）

5.3　新建桥位于下游时的主梁尾流激振性能

新建桥位于下游时，不同风攻角下、不同典型断面处的扭转振动均较小，但竖向振动存在显著差异。本文基于简谐力模型来模拟全桥的振动，通过不同典型断面处的振动响应反算出简谐力幅值，再根据既有桥梁高和简谐力幅值的对应关系，插值得到新建桥全桥主梁其他断面位置对应的简谐力幅值，最后将不同断面位置对应的简谐力施加在全桥主梁上，得到全桥的真实振动响应。图 2 展示了 0°风攻角下的全桥主梁位移幅值。

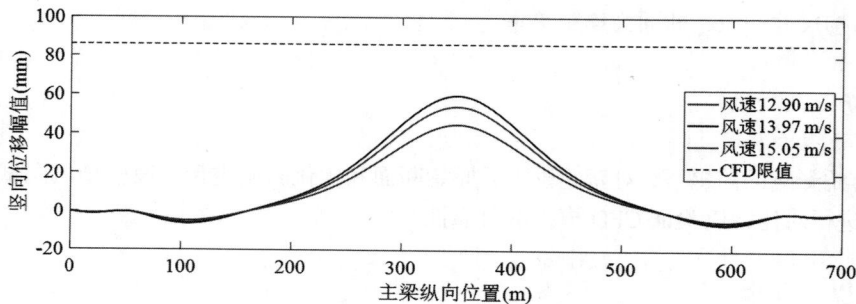

图 2　全桥主梁位移幅值（0°风攻角）

6　结论

研究结果表明：CFD 模拟结果与风洞试验结果吻合，验证了 CFD 模拟的可靠性；新建桥位于上游时，下游的既有桥基本不会对新建桥的气动性能产生负面影响，甚至可能产生正面影响；对于变截面桥梁，单一断面的气动性能难以反映全桥的性能，需要在综合考虑多个断面的基础上进行全桥的振动模拟。

参考文献

[1] HONDA A, SHIRAISHI N, MOTOYAMA S, et al. Aerodynamic stability of Kansai International Airport access bridge[J]. Journal of Wind Engineering and Industrial Aerodynamics, 1990, 33(1-2): 369-376.

[2] 郭震山, 孟晓亮, 周奇, 等. 既有桥梁对邻近新建桥梁三分力系数的气动干扰效应[J]. 工程力学, 2010, 27(9): 181-186+200.

非均匀流下大跨度桥梁气动性能试验研究

孙思文 [1,2]，陈文礼 [1,2]

（1. 土木工程智能防灾减灾工业与信息化部重点实验室（哈尔滨工业大学）哈尔滨 150090；
2. 结构工程灾变与控制教育部重点实验室（哈尔滨工业大学）哈尔滨 150090）

1　引言

现场实测表明，大跨度桥梁的实际风场沿主梁展向方向并不是均匀的[1-2]，但现今对大跨度桥梁气动性能的研究很少考虑来流风的不均匀性。基于不同地形的现场实测数据，观察到了沿主梁跨向呈线性分布（沿海大桥）和抛物线分布（跨山区峡谷大桥）的风速剖面[3-4]。因此，本文基于实际桥梁周围风场特性，模拟上述两种非均匀来流风场，并于均匀来流风场进行对比分析。基于不同展向断面的相互影响，研究了三种风速剖面的表面压力分布，气动力平均及脉动分布和展向尾流分布的三维特性，为实际风场桥梁的气动性能研究奠定基础。

2　试验设计方案

本文采用缩尺比为 1：50 的大贝尔特桥（the Great Belt Suspension Bridge）模型进行风洞试验，模型全长 4m，高度 0.088m，宽度 0.62m，内部填充木制横梁，中间布置两根直径 34mm 的钢管作为支撑，外部采用 ABS 材料制作外壳。本试验通过调整上下相同宽度的尖劈的数量和间距实现非均匀风场，实际测量的非均匀来流风速剖面如图 1 所示，图 1（a）和（b）分别为线性和抛物线型来流风速剖面，可以观察到，随着参考风速（U_{ref}）的增大，试验获得的沿展向分布的风速斜率逐渐增大，非均匀特性更加显著。线性剪切流的湍流度区间为 2.59%～13.60%，抛物线型湍流度区间为 2.94%～9.33%。湍流度剖面的分布与来流风速分布呈现相反的趋势，随风速增大湍流度几乎不变。

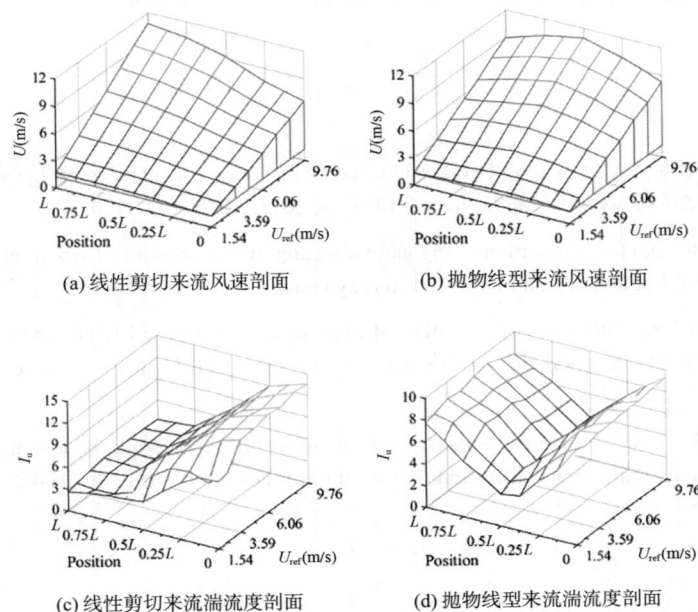

(a) 线性剪切来流风速剖面　　(b) 抛物线型来流风速剖面

(c) 线性剪切来流湍流度剖面　　(d) 抛物线型来流湍流度剖面

图 1　实测非均匀来流的风速剖面与湍流度剖面

基金项目：国家自然科学基金项目（51978222）

3 试验结果与分析

为研究不同展向断面的气动性能,本文沿桥梁展向长度方向选取了间距不同的 10 个截面(S1～S10)进行测压试验,由于两端的测压截面受到端部影响,表面压力结果仅展示了 S2～S9 的 8 个截面,每个截面共有 50 个测压点。0°攻角线性来流风速剖面的表面压力分布如图 2 所示。不同截面上下表面的平均压力系数变化差异较小,而脉动压力系数受来流风速影响较为显著,由截面 S2 到 S9 的风速是逐渐增加的,而脉动压力系数是逐渐降低的。

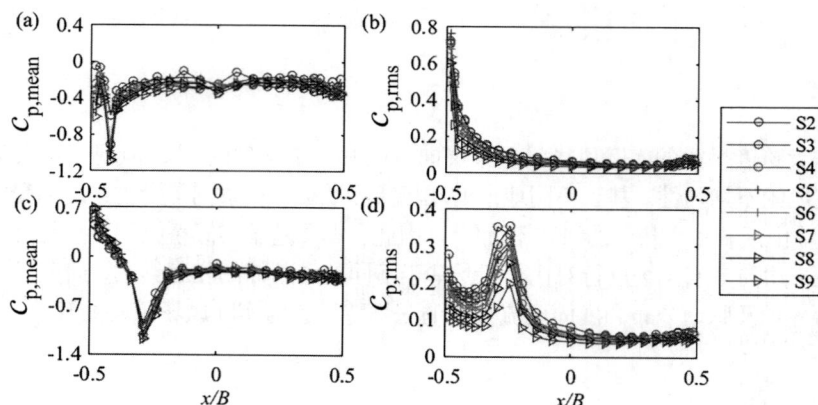

图 2 0°攻角线性来流风速剖面的表面压力分布图:(a)上表面平均压力系数;(b)上表面脉动压力系数;(c)下表面平均压力系数;(d)下表面脉动压力系数

4 结论

本文基于风洞试验研究了非均匀来流风速条件下大跨度桥梁的气动特性,研究表明,不同截面的脉动表面压力系数大小与来流风速分布具趋势相反,风速越大,脉动压力系数越小;不同截面的平均压力系数则几乎没有变化。此外,展向分布的尾流频率与来流风速剖面呈现高度一致性。非均匀来流风速剖面显著降低了尾流频率的峰值,使均匀来流的宽频成分转变为不同截面频率不同的窄频成分。

参考文献

[1] LI H, LAIMA S, OU J, et al. Investigation of vortex-induced vibration of a suspension bridge with two separated steel box girders based on field measurements[J]. Engineering Structures, 2011, 33(6): 1894-1907.

[2] LI H, LAIMA S, ZHANG Q, et al. Field monitoring and validation of vortex-induced vibrations of a long-span suspension bridge[J]. Journal of Wind Engineering and Industrial Aerodynamics, 2014, 124: 54-67.

[3] LYSTAD T M, FENERCI A, ØISETH O. Evaluation of mast measurements and wind tunnel terrain models to describe spatially variable wind field characteristics for long-span bridge design[J]. Journal of Wind Engineering and Industrial Aerodynamics, 2018, 179: 558-573.

[4] YU C, LI Y, ZHANG M, et al. Wind characteristics along a bridge catwalk in a deep-cutting gorge from field measurements[J]. Journal of Wind Engineering and Industrial Aerodynamics, 2019, 186: 94-104.

间距对并行桁架主梁与Π型梁气动干扰下涡激振动的影响研究

曹　恒[1]，孙一飞[1,2,3]，李凯文[1]，王庆才[1]，刘庆宽[1,2,3]

（1. 石家庄铁道大学 土木工程学院 石家庄 050043；2. 石家庄铁道大学 省部共建交通工程结构力学行为与系统安全国家重点实验室 石家庄 050043；3. 河北省风工程和风能利用工程技术创新中心 石家庄 050043）

1　引言

涡激振动是因气流绕流结构时有规律地脱落旋涡而引起的一种自限幅风致振动形式[1]。间距的变化可能导致并行桁架主梁与Π型梁的风压和气动力发生变化，从而影响其涡激振动特性。为了揭示间距对并行桁架主梁与Π型梁在气动干扰下涡激振动的影响及作用机理，通过风洞试验，研究了不同间距对并行桁架主梁与Π型梁气动干扰下涡激振动的影响。

2　试验概况

本试验在石家庄铁道大学风工程研究中心 STU-1 风洞实验室进行，试验选取并行桁架主梁与Π型梁作为研究对象，模拟实际桥梁节段的结构特性。选取节段模型缩尺比为 1：50。模型示意图如图 1、图 2 所示。设无量纲间距比为 D/B，其中 D 为并行两梁的净间距，B 为Π型梁的宽度。试验设置十组间距比，分别为 0.20、0.40、0.60、0.80、1.00、1.20、1.35、1.60、1.80 和 2.00，考虑两种来流风方向（$\alpha = 0°$ 和 $\alpha = 180°$），其他参数保持不变。试验均在 +3° 风攻角条件下进行，所有测试条件均符合《公路桥梁抗风设计规范》JTG/T D60-01—2004[2]的要求。

3　试验结果分析

3.1　单幅桁架主梁与Π型梁的涡激振动特性

如图 3～图 6 所示，在 +3° 风攻角条件下，分别对并行桁架主梁与Π型梁进行了单独的风洞测振试验。试验结果表明，桁架主梁的涡激振动现象不明显，而Π型梁涡振响应明显。因此，后续的分析将主要聚焦于Π型梁的振动特性。

3.2　桁架主梁上游，并行桁架主梁与Π型梁的涡激振动特性

如图 7～图 10 所示，在 +3° 风攻角条件下，通过风洞测振试验发现，桁架主梁在上游时，桁架主梁与Π型梁在所有间距比（D/B）下均未产生显著的涡激振动。

3.3　Π型梁上游，并行桁架主梁与Π型梁的涡激振动特性

如图 11～图 14 所示，在 +3° 风攻角条件下，通过风洞测振试验获取了并行桁架主梁与Π型梁在不同间距比（D/B）下的涡激振动响应。试验结果显示，随着间距比的增大，Π型梁的最大竖弯无量纲振幅呈上升趋势，当间距比超过 1.35 时，间距对其振动特性的影响消失，表现出与单桥相同的振动特性。扭转角度方

基金项目：河北省自然科学基金创新研究群体项目（E2022210078），中央引导地方科技发展资金项目（236Z5410G），河北省高端人才（冀办〔2019〕63 号），国家自然科学基金青年科学基金项目（52408551），河北省自然科学基金青年项目（E2024210071），河北省高等学校科学技术研究项目（QH2024038）

面，Π 型梁在较小间距比时相比单桥最大振幅均有 20%～30% 的抑制。当间距比大于 1.00 后，间距对其振动特性的影响同样消失，与单桥表现一致。而桁架主梁在不同间距比下的振动响应较为稳定。

图 1　桁架主梁模型示意图　　　　图 2　Π 型梁模型示意图

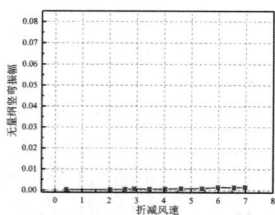 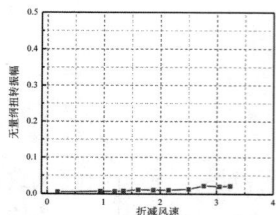 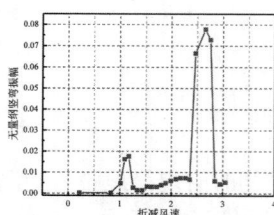 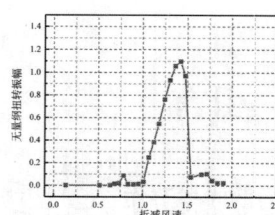

图 3　（桁）竖弯振幅　　图 4　（桁）扭转振幅　　图 5　（Π）竖弯振幅　　图 6　（Π）扭转振幅

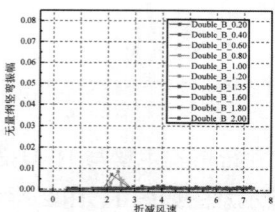 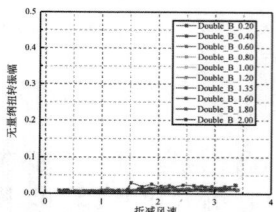 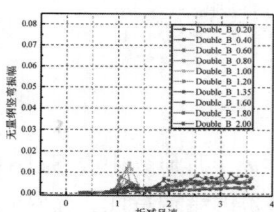 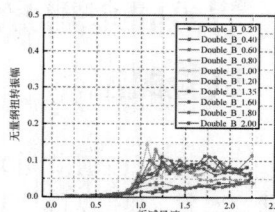

图 7　（桁）竖弯振幅　　图 8　（桁）扭转振幅　　图 9　（Π）竖弯振幅　　图 10　（Π）扭转振幅

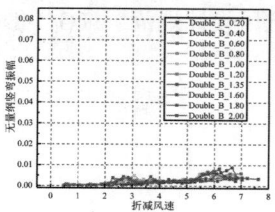 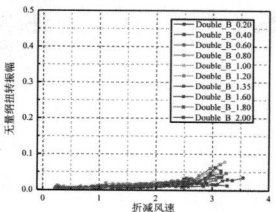 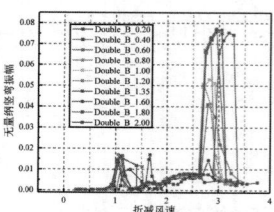 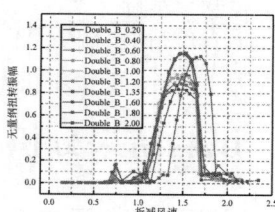

图 11　（桁）竖弯振幅　　图 12　（桁）扭转振幅　　图 13　（Π）竖弯振幅　　图 14　（Π）扭转振幅

4　结论

桁架主梁位于上游时，在所有间距比下，桁架主梁与 Π 型梁均涡振现象不明显。Π 型梁位于上游时，随着间距比的增加，Π 型梁的最大竖弯无量纲振幅逐渐增大，当间距比超过 1.35 时，振动特性与单桥相似，且在较小间距比时抑制了扭转涡振，此时桁架主梁的振动响应较为稳定。

参考文献

[1]　陈政清. 桥梁风工程[M]. 北京: 人民交通出版社, 2015.

[2]　交通部公路桥梁抗风设计规范: JTG/T D60-01—2004[S]. 人民交通出版社, 2004.

湍流积分尺度对梯形桁架梁气动导纳的影响

范联杰[1]，严　磊[1,2]，何旭辉[1,2]

（1. 中南大学土木工程学院 长沙 410075；
2. 高速铁路建造技术国家工程研究中心 长沙 410075）

1　引言

目前桥梁的抖振分析精度较低，主要原因是复杂风场下桥梁的气动参数（如气动导纳函数和跨向相干函数）的准确识别困难。此外，由于桥梁属于钝体断面，与理想薄翼不同，其经验分析模型无法准确描述其抖振力的时空分布，也无法从理论上推导出气动导纳函数，有必要对桥梁气动导纳函数进行精确识别[1]。因此，本文对在不同湍流积分尺度的被动湍流场下识别了梯形桁架梁成桥状态下的气动导纳函数。

2　节段同步测力试验概况

试验在中南大学风洞实验室进行，利用课题组搭建的 3 种格栅湍流场，分别命名为 A2、B2、C2。这 3 种湍流场湍流强度相似，湍流积分尺度逐渐增大。本文采用的桥梁截面形式为梯形桁架梁，缩尺比为 1∶100，节段模型包含测力节段和补偿段 2 部分。一共有 12 个节段，其中 2 个为测力节段，10 个为补偿段。这些节段通过 12 根刚性圆杆连接在一根钢梁上，并与基础支架连接在一起，风洞中节段模型和格栅布置如图 1 所示。通过移动两个测力节段的位置，实现展向间距的变化，最小为 0.14m，最大为 1.26m，间距步长为 0.14m。

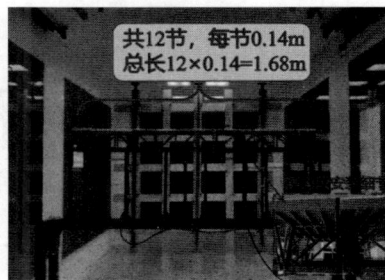

共12节，每节0.14m
总长12×0.14=1.68m

图 1　风洞中节段模型和格栅布置

3　桁架梁气动导纳

3.1　桁架梁抖振力谱及展向相关性

受篇幅影响，部分参数只给出抖振升力结果。对梯形桁架梁在不同湍流场下的抖振升力和力矩进行谱分析，不同湍流场下，桁架梁约化升力谱如图 2 所示，随着湍流积分尺度的增大，能量逐渐从高波数向低波数转移。图 3 给出了 0.14m 间距下抖振升力展向相干函数，随着湍流积分尺度的增大，展向相干函数逐渐增大。

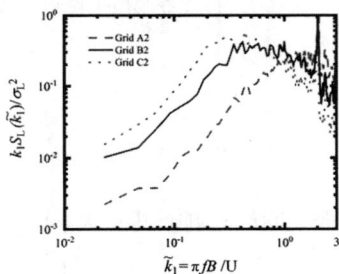

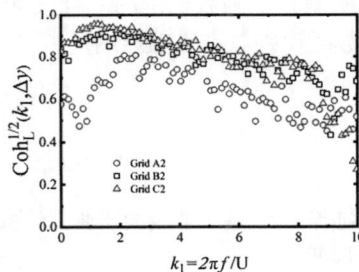

图 2　不同湍流场下桁架梁约化升力谱　图 3　不同湍流场下抖振升力展向相干函数（$\Delta y = 0.14m$）

基金项目：国家自然科学基金项目（52178516）

3.2 桁架梁气动导纳

利用等效气动导纳法计算不同湍流场下桁架梁的三维气动导纳如图4所示，定义各湍流场下升力和力矩三维气动导纳与流场A2的比值为r_L和r_M，如图5和图6所示。低频下，湍流积分尺度对三维气动导纳影响较大，高频下影响很小；相较于力矩三维气动导纳，升力三维气动导纳对湍流积分尺度的变化更敏感。

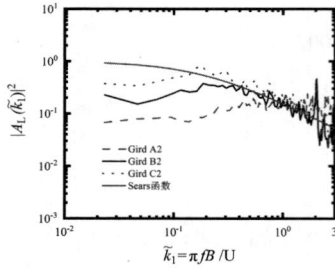

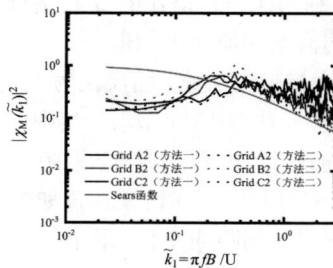

图4 不同湍流场下升力三维气动导纳　　图5 不同湍流场下r_L　　图6 不同湍流场下r_M

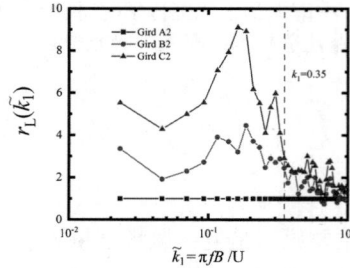

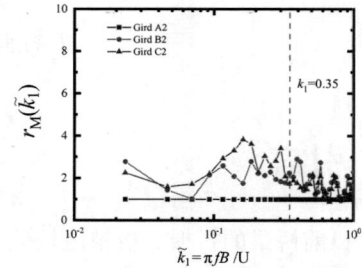

提出基于拟合展向相干函数经验模型后数值积分的方法识别了其二维气动导纳函数（方法二），与Yan[2]提出的基于实测展向相干函数的识别法（方法一）识别的二维气动导纳如图7和图8所示，并对比了流场C2下采用不同的间距数拟合式(7)后计算的升力二维气动导纳，如图9所示，可以认为选取不同间距数对二维导纳的结果没有影响。

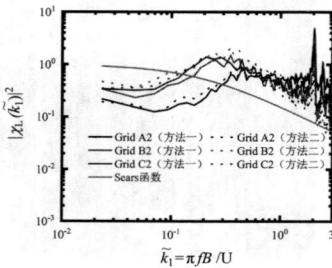

图7 不同湍流场下升力二维气动导纳　　图8 不同湍流场下力矩二维气动导纳　　图9 与不同断面升力二维导纳对比

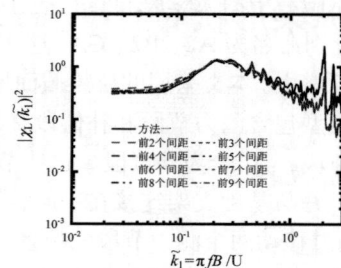

4 结论

随着湍流积分尺度的增大，梯形桁架梁约化升力和力矩谱在高波数段减小，在低波数段增大，能量由高波数向低波数转移。梯形桁架梁抖振力相关性及三维气动导纳函数随湍流积分尺度显著增大，低频下，湍流积分尺度对三维气动导纳影响较大，高频下影响很小；相较于力矩三维气动导纳，升力三维气动导纳对湍流积分尺度的变化更敏感，并且升力三维气动导纳的变化程度显著大于力矩。本文提出的导纳识别策略识别的二维气动导纳与基于实测相干函数识别的二维气动导纳相近，且本文提出的导纳识别策略不受间距数的影响，可以在较少间距数时识别二维气动导纳。

参考文献

[1] 史明杰, 严磊, 何旭辉, 等. 基于节段同步测力的桁架梁二维气动导纳直接识别[J]. 中南大学学报(自然科学版), 2021, 52(10): 3529-3540.

[2] YAN L, LIN Z, HE X, et al. Strategies for identifying the two-dimensional aerodynamic admittance functions of a bridge deck [J]. Journal of Wind Engineering and Industrial Aerodynamics, 2023, 233.

纵梁形状对Π型叠合梁扭转涡激振动特性影响的机理研究

王庆才[1]，孙一飞[1,2,3]，李凯文[1]，曹　恒[1]，刘庆宽[1,2,3]

（1. 石家庄铁道大学土木工程学院 石家庄 050043；
2. 石家庄铁道大学省部共建交通工程结构力学行为与系统安全国家重点实验室石家庄 050043
3. 河北省风工程和风能利用工程技术创新中心 石家庄 050043）

1　引言

　　Π型叠合梁由于具有良好的受力性能与经济效益，被广泛应用于中等跨度桥梁。然而其较钝的气动外形及开口的截面特性使得梁底气体绕流状态更加复杂，涡激振动问题显著。在桥梁设计阶段，可通过优化原有结构构件的外形，在不加设气动措施的情况下改善主梁涡振性能[1]。本文通过风洞试验与数值模拟相结合的方法，研究了不同外形纵梁对Π型叠合梁涡振特性、表面风压分布、气动力及流场特性的影响。

2　纵梁形状对Π型叠合梁扭转涡振响应的影响

　　本文以工程实例为依据，设计了一个典型Π型叠合梁断面。选取主纵梁3个外形参数进行参数化研究，分别为纵梁高度h、纵梁底板宽度b、纵梁底板倾角β，如图1所示。沿模型表面布置一圈测压孔，划分为8个区域，如图2所示。

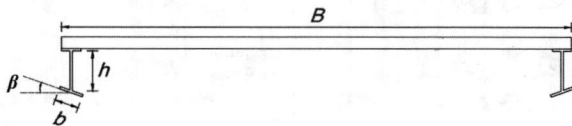

| 图 1　主纵梁的研究参数示意图 | 图 2　测压孔布置及分区示意图 |

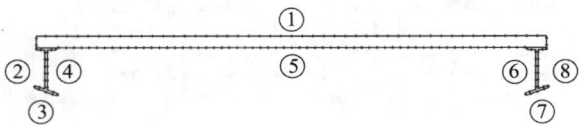

　　节段模型同步测振、测压试验在石家庄铁道大学 STU-1 风洞低速试验段内进行。部分试验结果如图3所示。在−5°风攻角下，主梁扭转涡振幅值随着纵梁高度的增大而减小。在0°风攻角下，增大纵梁底板宽度或向外倾斜20°均能够有效地抑制主梁的扭转涡振。

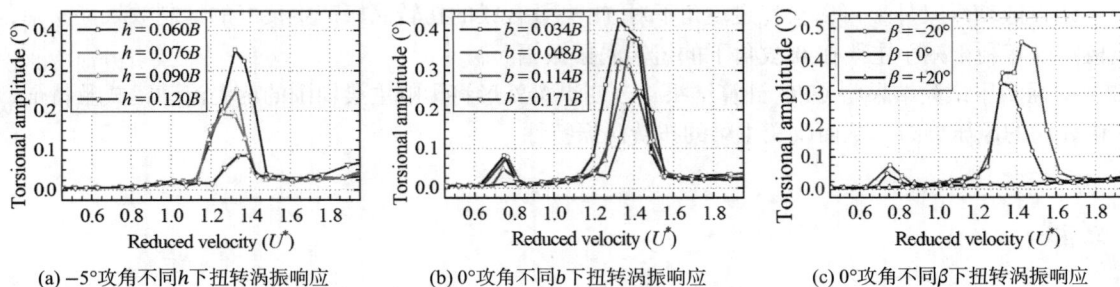

(a) −5°攻角不同h下扭转涡振响应　　(b) 0°攻角不同b下扭转涡振响应　　(c) 0°攻角不同β下扭转涡振响应

图 3　不同工况下主梁扭转涡振响应

基金项目：河北省自然科学基金创新研究群体项目（E2022210078），中央引导地方科技发展资金项目（236Z5410G），河北省高端人才项目（冀办〔2019〕63 号），国家自然科学基金青年科学基金项目（52408551），河北省自然科学基金青年项目（E2024210071），河北省高等学校科学技术研究项目（QH2024038）

3 纵梁形状对Π型叠合梁扭转涡振时表面风压分布的影响

在涡激振动中，主梁表面压力的脉动部分提供动荷载，脉动风压系数值能够反映断面上压力脉动的强弱[2]。以纵梁底板宽度b为例，在0°风攻角下，扭转涡振最大振幅对应风速下主梁表面脉动风压系数值如图4、图5所示。整体来看，随着b的增加，上下表面各处的脉动风压系数值均逐渐减小。上表面脉动风压系数的极值点出现在中部区域，随b的增加而逐渐减小并向下游区域移动。下表面极值点出现在下游区域，数值随b的增加而逐渐减小。

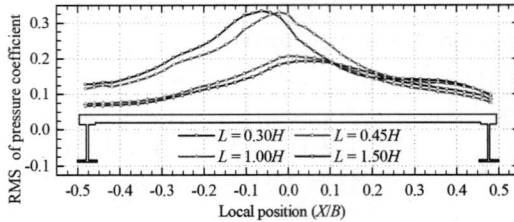

<table>
<tr><td>图 4　0°攻角时主梁模型上表面脉动风压系数</td><td>图 5　0°攻角时主梁模型上表面脉动风压系数</td></tr>
</table>

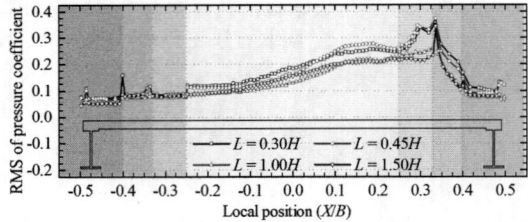

4 纵梁形状对Π型叠合梁扭转涡振时流场结构的影响

选用商用 CFD 软件 FLUENT 对试验工况进行数值模拟分析，研究扭转涡振时的流场特征。仍以纵梁底板宽度为例，一个振动周期不同时刻下的Q值云图如图6所示。增加纵梁底板宽度能够同时显著减小前缘分离涡与尾缘脱落涡的尺寸，削弱旋涡能量，使得主梁表面压力波动减小，进而抑制扭转涡激振动。

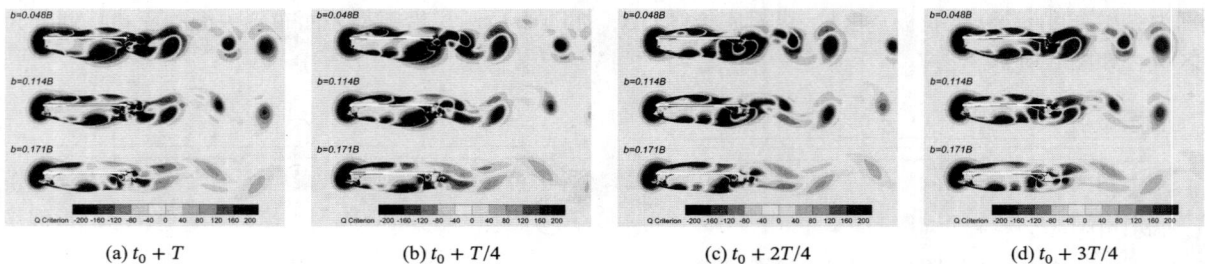

图 6　一个振动周期不同时刻下的Q值云图

5 结论

（1）通过改变纵梁外形可以在特定攻角下对 Π 型叠合梁的扭转涡振产生很好的抑制效果。其中，增加纵梁底板宽度有利于减小主梁在 0°攻角下的扭转涡振振幅。

（2）根据测压试验结果与 CFD 计算结果，改变纵梁外形将影响主梁周围的旋涡流动模式及特征，进而影响主梁表面的风压分布，从而改变主梁的扭转涡振特性。

参考文献

[1] KUBO Y, SADASHIMA K, YAMAGUCHI E, et al. Improvement of aeroelastic instability of shallow π section[J]. Journal of Wind Engineering and Industrial Aerodynamics, 2001, 89.

[2] 胡传新, 陈海兴, 周志勇, 等. 流线闭口箱梁断面涡振过程分布气动力演变特性[J]. 哈尔滨工业大学学报, 2017, 49(12): 137-145.

独柱式混合塔涡振与驰振风洞试验研究

马启冲[1]，严　磊[1,2,3]，何旭辉[1,2,3]

（1. 中南大学土木工程学院 长沙 410075；
2. 中南大学高速铁路建造技术国家工程研究中心 长沙 410075；
3. 中南大学轨道交通工程结构防灾减灾湖南省重点实验室 长沙 410075）

1 引言

随着"双碳"战略的实施，节能减排的结构构型越来越多地应用于桥梁的结构设计中。独柱式钢塔（混合塔）造型优美[1]，施工迅速，结构轻盈，能较好地减小对生态环境的破坏，第一次被应用于南京上坝夹江大桥。独柱式桥塔的抗震性能较好，采用轻质的钢材能进一步减小地震下的作用力，但较柔的结构使独柱式钢塔（混合塔）在自立状态下的抗风性能较差。当桥梁采用截面较钝的钢桥塔时，结构质量小、刚度低、阻尼小，容易发生驰振失稳；气流旋涡脱落频率和塔柱自振频率相同时，会引起塔柱在较低风速下发生较大振幅的涡振问题，同时会对钢桥塔造成疲劳损伤。本文以某斜拉桥的独柱式混合塔为背景，通过 1∶144 与 1∶80 两种比例气弹模型风洞试验，在均匀流下，研究其自立状态下的涡振与驰振。

2 研究方法

2.1 工程概况

该桥位于某长江保护区，为了减小对生态环境的破坏，该桥桥塔采用独柱式混合塔。该桥塔在主梁以下采用混凝土的下部结构；在主梁以上采用钢材分段焊接，在非斜拉索锚固区钢板内浇筑混凝土，形成钢混组合结构的桥塔中间段；在斜拉索锚固区采用钢结构的桥塔上段。该桥塔具体尺寸如图1所示。

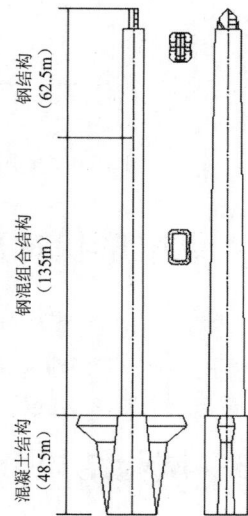

图 1　桥塔示意图

2.2 数值模拟

桥塔驰振对风偏角敏感，有试验发现桥塔涡振与驰振耦合的现象，驰振最不利风偏角的涡振振幅可能也较大。因此通过测力试验或者数值模拟得到桥塔驰振最不利风偏角有重要意义。本文通过 CFD 数值模拟的方法，以桥塔65%高度处断面计算，得到桥塔在不同风偏角下的阻力系数与升力系数，进而计算出驰振力系数，得到桥塔驰振最不利风偏角。CFD 模型采用 1∶144 缩尺比，SST $k\text{-}\omega$湍流模型，近壁面共30层结构化网格，网格增长率1.1，y^+小于1，网格总计8万个左右，并且通过网格独立性验证。0°风偏角下的压力云图如图2所示，顺桥向状态下的阻力系数，升力系数结果如图3所示。知顺桥向 83°～97°风偏角下升力系数为负，计算得到 90°±5.5°风偏角下驰振力系数最小。在均匀流 84.5°、86.5°风偏角下，对桥塔模型进行驰振风洞试验。

2.3 风洞试验

本文制作了高 1.71m 的 1∶144 缩尺模型，高 3.08m 的 1∶80 缩尺模型，模型如图4所示，分别在塔顶与 65%高度处的顺桥向与横桥向布置加速度计与激光位移计，风偏角分别取 0°、2°、4°、15°、30°、45°、60°、75°、84.5°、86.5°、90°，在均匀流中进行风洞试验。

基金项目：国家自然科学基金项目（52178516），湖南省自然科学基金项目（2023JJ20073）

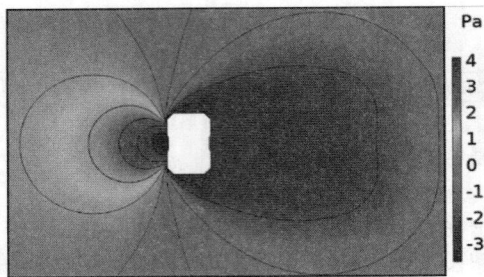

图 2　0°风偏角下的压力云图

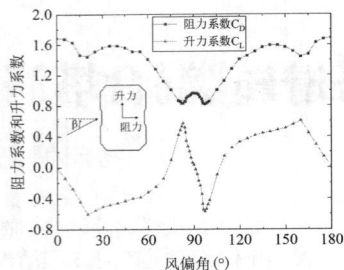

图 3　顺桥向状态下的阻力系数与升力系数

(a) 1∶144 比例模型　　　(b) 1∶80 比例模型

图 4　桥塔模型

3　试验结果分析

1∶144 比例桥塔纵向振幅随风速变化如图 5 所示,桥塔在 0°、15°与 60°风偏角下出现第一涡振区间,0°风偏角下出现第二涡振区间,振幅比第一涡振区间小。1∶144 比例桥塔横向振幅随风速变化如图 6 所示,未发现明显涡振。未发现驰振发散现象。

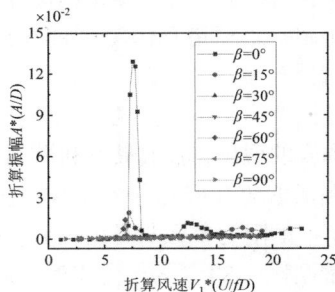

图 5　1∶144 比例桥塔塔顶纵向振动响应

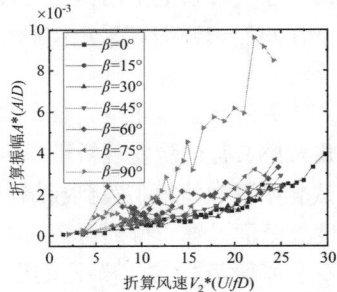

图 6　1∶144 比例桥塔塔顶横向振动响应

4　结论

桥塔在 0°、15°与 60°风偏角出现纵向第一涡振区间,0°风偏角出现纵向第二涡振区间,提高阻尼可以显著降低独柱式混合塔的涡振振幅。在试验风速范围内,未发现驰振发散现象。

参考文献

[1]　潘放. 黄茅海大桥景观设计[J]. 世界桥梁, 2022, 50(5): 14-19.

基于滑轮组调谐质量阻尼器惯容的大跨度桥梁风致振动控制

彭文林，韩 艳

（长沙理工大学土木工学院 长沙 410114）

1 引言

大跨桥梁由于跨度较长，导致频率和阻尼都很低，因此容易发生风致振动[1]。常见的风致振动有颤振、抖振和涡激振动，其中涡激振动是在大跨桥梁上发生较为频繁且危害较大的风致灾害。桥梁的振动控制措施主要包括了气动措施，机械措施两大类[2]。由于流体本身的流动机制十分复杂，导致针对气动控制措施的研究开展较为困难，同时流体本身的混沌特性也决定了同一种气动外形并不适用所用风环境[3]，因此气动控制措施往往是一桥一设计，需要耗费大量的风洞试验资源。机械措施在土木工程结构的振动控制中具有广泛应用，并且具有普遍适用的特点，常见的机械措施又分为两种[4]：调谐减振（调谐质量阻尼器）和阻尼耗能减振（阻尼器）。阻尼器由于安装距离较短，大多安装在桥梁支座附近，因此控制效果十分有限。调谐质量阻尼器（TMD）仅需要一个安装点，可以安装在桥梁跨中[5]，因此可以有效的针对桥梁振动进行控制；但由于大跨桥梁基频低，导致 TMD 的弹簧变形大，因此安装受到了箱梁高度的限制[6]。针对以上缺陷，本文提出了滑轮组调谐质量阻尼器惯容的控制措施。

2 滑轮组质量调谐阻尼器惯容(PBTMD)

2.1 装置说明

滑轮组式的 TMDI 如图 1 所示，图中通过滑轮组（Pulley Block）在 TMDI 的内部安装减振元件（阻尼器，弹簧，惯容等）。其中 m_b、k_b 和 c_b 分别为桥梁的质量、刚度和阻尼；m_t 和 k_t 为 TMD 的质量和刚度，x_b、x_t 分别表示桥梁与质量块的绝对位移，y 表示拉索端部沿着索向的绝对位移；k、c 和 b 则为由滑轮组附加的弹簧、阻尼器和惯质，其中弹簧 k 需要预先张拉，以保证滑轮组的拉索一直处于拉伸状态。装置中的滑轮组具有两个功能，一是放大桥梁与质量块相对位移，二是将桥放大后相对位移转至桥梁箱梁的径向方向。这样不仅所需的阻尼器系数更小，弹簧 k 的静力变形也可以摆脱箱梁高度的限制。

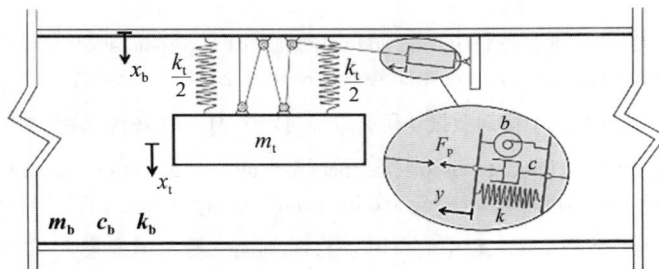

图 1 装置示意图

3 涡激振动控制仿真

主要分析四种系统的涡激振动响应：无控桥梁系统、桥梁-TMD 系统、桥梁-TMDI 系统以及桥梁-PBTMDI

系统。分析的桥梁模型与涡激力模型均参考了文献[7]：

$$F_e = \rho U^2 D\left[Y_1(1-\chi\dot{\eta}_b^2)\dot{\eta}_b + Y_2\eta_b + Y_3\eta_b\dot{\eta}_b + \frac{1}{2}\tilde{C}_L\sin(\omega_{vs}t+\psi)\right] \tag{1}$$

所有控制装置的质量比均为 0.5%，惯质比为 1，其他参数调谐至最优。最终得到的位移时程曲线如图 2 所示。可以看出，在无控时，桥梁振幅逐渐增大至稳定；而在安装了控制措施后，桥梁的涡激振动得到了抑制，其中 TMD 的控制效果最好，PBTMDI 的控制效果次之，TMDI 较 PBTMDI 略差。同时可以发现由于惯容的加入导致 PBTMDI 与 TMDI 质量块最大位移相对于 TMD 有所降低。

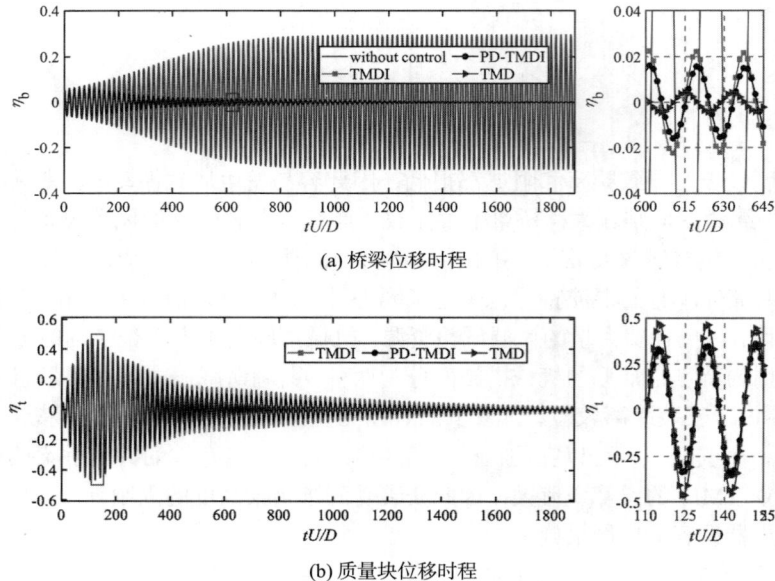

(a) 桥梁位移时程

(b) 质量块位移时程

图 2　桥梁与质量块响应的时程

4　结论

本文提出的 PBTMDI 在合理的设置下，可以达到与 TMDI 同样的效果。在加入惯容后，装置的控制效果有所降低，但同时质量块的最大位移也会随之降低，这有利于装置的安装。另外，本文提出滑轮组装置通过改变位移的传递路径，使弹簧的静力变形不再受箱梁高度的限制，有效地解决了 TMD 的静力变形问题。

参考文献

[1]　LI H, LAIMA S, ZHANG Q, et al. Field monitoring and validation of vortex-induced vibrations of a long-span suspension bridge[J]. Journal of Wind Engineering and Industrial Aerodynamics. 2014, 235: 54-67.

[2]　葛耀君, 赵林, 许坤, 等. 大跨桥梁主梁涡激振动研究进展与思考[J]. 中国公路学报, 2019, 32(10): 1-18.

[3]　CAO Y, HUANG Z, Zhang H, et al. Discrete viscous dampers for multi-mode vortex-induced vibration control of long-span suspension bridges[J]. Journal of Wind Engineering and Industrial Aerodynamics. 2023, 243: 105612.

[4]　李延强, 杜彦良. 结构控制技术在桥梁工程中的应用综述[J]. 地震工程与工程振动, 2009, 29(3): 160-166.

[5]　王志诚, 许春荣, 吴宏波, 等. 崇启大桥主桥钢箱梁 TMD 系统设计参数计算研究[J]. 土木工程学报, 2015, 48(5): 76-82.

[6]　陈政清, 黄智文, 王建辉, 等. 桥梁用 TMD 的基本要求与电涡流 TMD[J]. 湖南大学学报(自然科学版), 2013, 40(8): 6-10.

[7]　ZHU L D, MENG X L, GUO Z S. Nonlinear mathematical model of vortex-induced vertical force on a flat closed-box bridge deck[J]. Journal of Wind Engineering and Industrial Aerodynamics. 2013, 122: 69–82.

风攻角和雷诺数对单矩形柱绕流的影响

徐　离[1]，朱红玉[1]，杜晓庆[1,2]

（1. 上海大学力学与工程科学学院土木工程系　上海　200444；
2. 上海大学高性能桥梁研究中心　上海　200444）

1　引言

以矩形柱体为代表的钝体结构广泛应用于大跨度桥梁和高层建筑，其气动性能及流动干扰问题是结构风工程领域的研究方向之一，具有重要的科学价值和工程意义。矩形柱体的特点是在前缘有一个永久分离点，这会产生两个不稳定的剪切层，导致复杂的尾流现象，如交替的旋涡脱落、自由剪切层和其他相关效应[1]。本文以 4：1 矩形柱为对象，在风攻角 $\alpha = 0° \sim 12°$，雷诺数 $Re = 250 \sim 11000$ 的范围内，研究了矩形柱的气动性能和流场结构的雷诺数和风攻角效应。

2　计算模型

本文计算模型如图 1 所示。矩形柱的宽高比 $B/D = 4：1$，在风攻角 $\alpha = 0° \sim 12°$，雷诺数 $Re = 250 \sim 11000$ 范围内，对矩形柱绕流进行了大涡模拟模拟。计算采用 O 型计算域，阻塞率低于 2%，如图 2 所示。

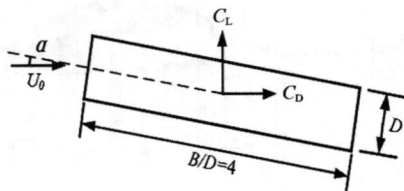

图 1　计算模型（$B/D = 4$）	图 2　计算域和边界条件

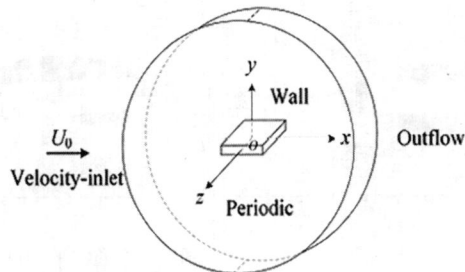

3　研究内容

3.1　气动力系数

图 3 为单矩形柱的平均和脉动气动力系数随风攻角的变化情况。对于平均阻力系数，不同雷诺数下皆随着风攻角的增大而增大。对于脉动升力系数，当 $Re = 250$ 时，脉动升力随着风攻角的增大而增大。$Re = 1000$ 时，脉动升力系数在 $\alpha = 0°$ 和 3°时处于稳定状态，即随着风攻角的增加无明显变化，接着随着风攻角的增大而增大。$Re = 11000$ 时，当 $\alpha = 3°$ 时，脉动升力发生了跳跃随后又呈现稳定趋势。S_t 数整体呈减小趋势，在 $\alpha = 3°$ 时雷诺数效应明显。

3.2　时均流场特性

图 4 给出了矩形柱随雷诺数变化的平均流线图。矩形柱表面有明显的分离再附现象，且随着 Re 增大，上下表面旋涡先增大后略有减小，而尾流区旋涡的长度先减小后增大。

基金项目：国家自然科学基金项目（52478534）

图 5 给出了矩形柱随风攻角变化的平均流线图。以 $Re = 11000$ 为例，$\alpha = 0°$ 时矩形柱上下两侧的流线几乎为对称。随着风攻角的增大，矩形柱下表面依然存在稳定的分离泡，但再附点的位置随着风攻角的增大往上游移动；而上表面剪切层则不再发生再附，在矩形柱侧面形成一个大尺度的回流区，并与尾流回流区逐渐融合成一个尺度更大的回流区。

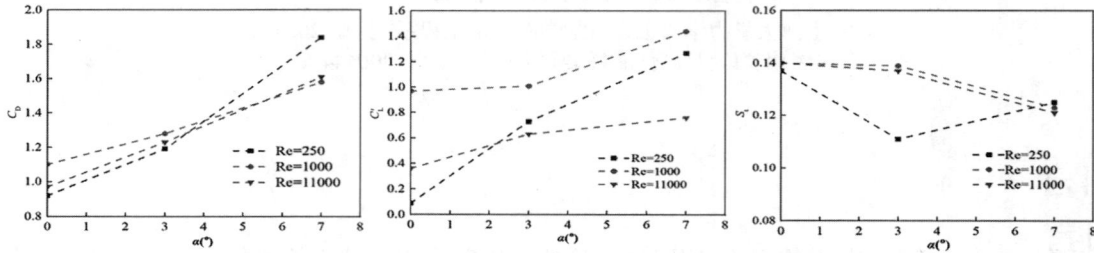

图 3 不同风攻角下单矩形柱的气动力特性

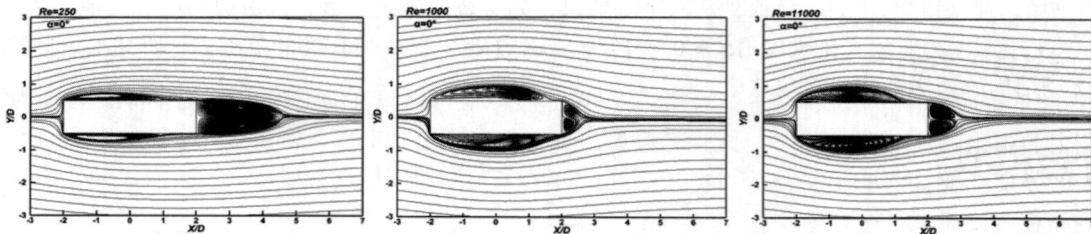

图 4 矩形柱平均流线随雷诺数的变化

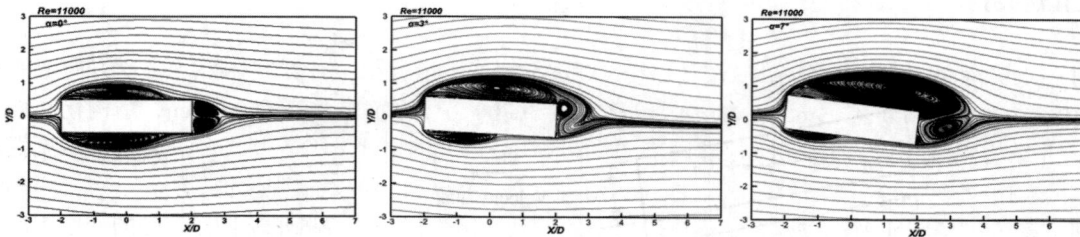

图 5 矩形柱平均流线随风攻角的变化

4 结论

研究表明，在 $Re = 250 \sim 11000$ 和 $\alpha = 0° \sim 12°$ 范围内，雷诺数和风攻角的变化对矩形柱的气动性能和流场特性有较大影响。随着风攻角的增加，上表面的旋涡强度明显增强，均阻力系数和脉动升力系数持续增大，S_t 整体呈现减小趋势。以 $\alpha = 0°$ 为例，随着雷诺数的增大，矩形柱的尾流长度先增大后减小，平均阻力系数和脉动升力系数同样先增大后减弱小。

致 谢

本文的计算（部分）得到"东方"超级计算系统的支持与帮助。

参考文献

[1] ABDELHAMID T, RAHMA AG, ALAM MM, et al. Heat transfer and flow around curved corner cylinder: effect of attack angle[J]. SN Applied Sciences, 2023, 5: 163.

不同方向紊流强度对双层桥面主梁气动力特性的影响研究

郭雨露[1]，周巧玲[1]，梁春连[1]，魏露[1]，吴波[1,2]

（1. 重庆交通大学土木工程学院 重庆 400074；

2. 重庆交通大学山区桥梁与隧道工程国家重点实验室 重庆 400074）

1 引言

大跨双层桥梁顺应了国家"立体交通网"的建设需求，其主梁型式愈发受到青睐[1]。目前的一些研究表明[2]，大跨度双层桥梁的气动力特性十分特殊，与实体式箱梁、单层桁架梁等存在明显的差异，但大多集中于颤振和车桥耦合振动方面，关于大跨度双层桥梁抖振特性的研究较为有限。双层桥面主梁的抖振力特性不仅取决于上/下桥面系、桁架等构件各自的气动性能，还受双层桥面间气动干扰的影响。同时，特殊的气动外形也使得其抖振力特性对紊流风特性十分敏感，以往关于紊流风特性对大跨桥梁抗风性能的影响尚不系统全面，也未区分紊流风不同方向的脉动分量。本文通过考虑紊流风不同脉动分量对双层桥面主梁气动荷载的贡献，研究紊流强度对其抖振力特性的影响规律。

2 数值模拟与风场特性

针对一双层桥面主梁，采用 ANSYS FLUENT 进行流场数值模拟，计算域在X、Y、Z方向上的尺寸为$16B \times 10B \times 1.28B$（5.6m × 3.5m × 0.45m），网格总数约 700 万。壁面网格高度 0.005m，结构化网格增长参数 1.01，非结构网格 wall 内部最大尺寸网格 0.2，流场处最大网格尺寸 2。基于改进的入口紊流生成方法 CDRFG 生成不同脉动分量的紊流场，通过 UDF 函数定义u-、w-分量的紊流强度值，开展三维大涡模拟。

为研究紊流风场特性对双层桥面主梁节段模型的气动力特性影响，设置了不同I_u、I_w的 6 组工况，其中 UWF2（$I_u = 9.3\%$）、UWF1（$I_u = 17.6\%$）、UWF3（$I_u = 24.5\%$）3 组的纵向紊流强度差异较大，其他近似相等，可研究纵向紊流强度的影响。同时，UWF4（$I_w = 2.1\%$）、UWF1（$I_w = 6.4\%$）、UWF5（$I_w = 12.8\%$）的竖向紊流强度差异较大，其他近似相等，可研究竖向紊流强度的影响。

3 气动荷载分布研究

在均匀流与不同I_u的紊流风场下，通过对比双层桥面不同构件（图 1）分配到的荷载差异，分析I_u对各构件的气动性能以及双层桥面间气动干扰的影响。升力系数的对比结果如图 2 所示，荷载主要作用于由主梁上下桥面板，且各构件升力系数随着I_u的增大而增大，脉动值相较于平均值更为显著。此外，还通过不同风场下的压力分布研究了脉动风频率与幅值对平均与脉动压力分布特性的影响，将在正文给出相应结果。

在双层主梁沿y向尾流上布置测点，通过模拟得到风速时程，尾流脉动风速谱由测得的风速时程进行频谱分析得到，通过频谱中的峰值研究涡脱频率以及流场的尾流脱落等。同时，对比分析双层桥面主梁在不同流向位置沿y向的流速分布。不同紊流风场下沿y向分布的V_x对比如图 3，其速度随I_u增大递增。沿流向变化，不同I_u的紊流风场对速度分布的影响差异逐渐明显。

同样地，基于 UWF4、UWF1、UWF5 研究了竖向紊流强度对双层桥面主梁中构件各自的气动性能的影响，以及对双层桥面间气动干扰的影响，并结合各流场分布特征，揭示不同紊流脉动分量下主梁桥面间气动

基金项目：国家自然科学基金项目（52108435）

干扰对抖振力空间分布特性的作用机理。结果表明，各构件的气动性能随I_w的增大而增大，但相较于I_u其影响较小，相应结果将在正文给出。

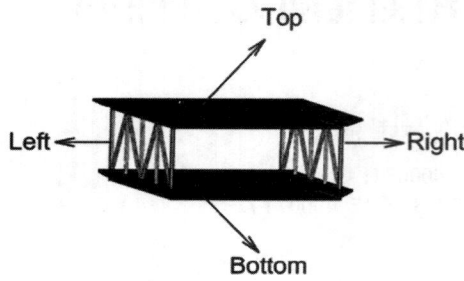

图 1　双层主梁整体与分部示意图

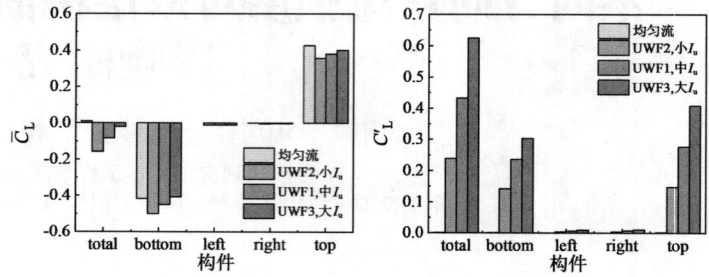

图 2　不同I_u的三组紊流风场下各构件的气动荷载分配

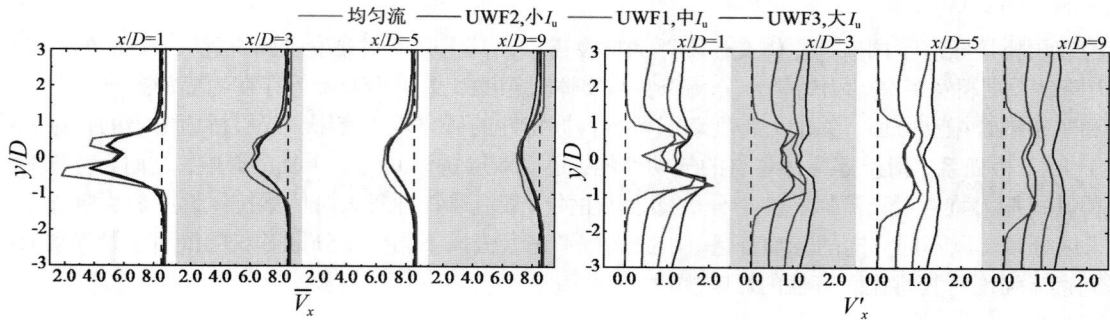

图 3　不同I_u的三组紊流风场下沿y向尾流上的V_x分布

4　结论

本文通过对比不同紊流风场下双层桥面主梁的气动荷载分布，分别考虑紊流风不同脉动分量对双层桥面主梁各构件气动荷载的贡献，研究紊流特性参数对其的影响规律。然后，对比尾缘处不同流向位置的尾流分布，分析不同紊流风场随流向位置变化受到的影响，揭示u-分量及w-分量对抖振力的贡献。结果表明，各构件气动荷载随紊流强度递增，脉动值更为显著，且对主梁上下桥面板作用的气动荷载较大。随着I_u与I_w的变化，各构件的气动性能均受到影响并呈递增趋势，且I_u的增大对构件各自的气动性能影响更为显著。另一方面，结合各流场分布特征揭示主梁桥面间气动干扰对抖振力空间分布特性的作用机理，对不同I_u、I_w的紊流风场中双层主梁的气动力特性进行精细化研究。

参考文献

[1]　雷俊卿, 黄祖慰, 桂成中, 等. 公铁两用大桥现状与可持续发展趋势分析[J]. 钢结构, 2016, 31(11): 1-4, 37.

[2]　SUN Y, LEI Y, LI M, et al. Flutter mitigation of a superlong-span suspension bridge with a double-deck truss girder through wind tunnel tests[J]. Journal of Vibration and Control, 2020: 1802394729.

基于流场扰动的涡振控制方法研究

刘　喆[1,2]，钱长照[1,2]，宋地伟[1,2]

（1. 厦门理工学院　厦门　361024；2. 福建省风灾害与风工程重点实验室　厦门　361024）

1　引言

涡振控制根本在于通过气动措施扰乱桥梁周围的流场，破坏气动力的周期性。风机空气动力学表明，风机转动可以干扰气流、消耗能量，所以本文提出了一种抑制涡激振动的方法，即在桥面两侧安装风机，以降低涡激振动响应，该方法与三维展向扰动的控制方法如主动吸吹气控制方法相似[1-2]。文中首先通过数值模拟发现风扇对于桥梁周围气流以及桥面压力有扰动作用，而后通过节段模型风洞试验，验证了风扇对于节段模型涡振响应的抑制效果。

2　数值计算

为了初步验证该抑振措施的猜想，用数值模拟验证风机对桥面压力是否产生影响。计算采取某大跨度悬索桥的截面尺寸。

计算模型宽 734.2mm，高 75.1mm，展向长度 200mm，风机模型的叶片半径为 11.46mm，转子轴半径为 6.96mm，整体宽度为 7.71mm。计算模型中风扇放置于左幅桥面上方的单独旋转区域内，利用 MRF 法使风扇在计算中旋转，设置旋转域的转速为 3000r/min。桥梁中心距离距入口边界为 5B，距出口边界 12B，距上下边界 2.5B，阻塞率约为 2.04%，设速度入口风速为 5m/s，采用 SST k-ω 湍流模型，进行稳态计算。设工况 X 为空桥面，工况 Y 为风扇间距 200mm，工况 Z 为风扇间距 357mm。

本文选取桥梁结构上 $z = -0.1$m 位置点的压力系数值展开分析，由于篇幅限制，仅选择变化最明显的两部分进行展示，详见全文。如图 1 和图 2 所示，可以得出：斜腹板上 Y1 和 Z1 工况的桥面压力系数高于 X1 工况。正压区变宽，负压区变窄。左侧桥面 Y1 工况压力系数在风机旋转范围急剧下降后恢复；在旋转域后方，两种工况的压力系数均先减小后增大，但差值在 10%～70% 之间；Z1 工况变化规律与 X1 相似但幅度大，最大差值 44%。这说明风扇对旋转域附近的桥面压力影响较大，对风扇后方的桥面压力也有一定的影响。

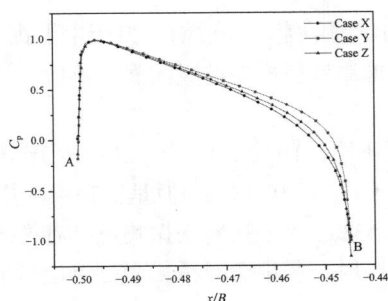

图 1　迎风侧上斜腹板压力系数　　　图 2　桥梁左幅桥面压力系数

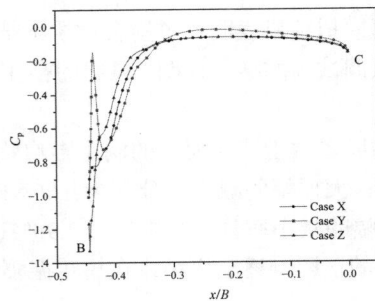

3　风洞试验

文中采用节段模型风洞试验验证了风机抑振的实际效果，并以不同数量风机设置多个工况，探究不同数

基金项目：国家自然科学基金项目（52178510），福建省科技计划项目（引导性项目）（2021Y0042）

量风扇对于桥梁涡振响应的影响。模型长 2.5mm，宽 0.915m，竖弯频率为 2.167Hz，扭转频率为 6.319Hz。风机轴向厚度为 10mm，叶轮直径为 22mm，轮毂直径为 16mm，由九个叶片均匀布置，风扇并联，提供 12V 的稳定电压使其旋转。试验以风扇的数量为唯一变量设置工况，分别设置风扇数量为 0、10、16、20 个四种工况，工况名分别为 B、A1、A2、A3。风扇和桥梁的布置图如图 3 所示。

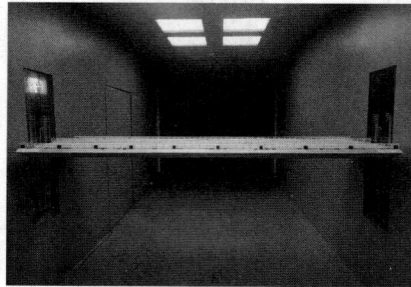

图 3 桥梁和风扇布置图

风洞试验结果如图 4 和图 5，可以得出，在竖向涡振锁定区间内，加风扇工况会使桥梁的涡振最大振幅减小，最少减小 66.8%，最多减小 97.06%。在扭转涡振锁定区间内，加风扇工况和空桥面工况的桥梁扭转位移并没有发生太大的变化，对扭转振幅最大振幅最少减小 1.3%，最多减小 3.95%。

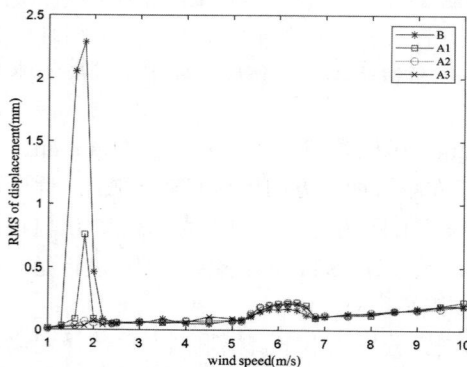

图 4 竖向位移均方根（mm）

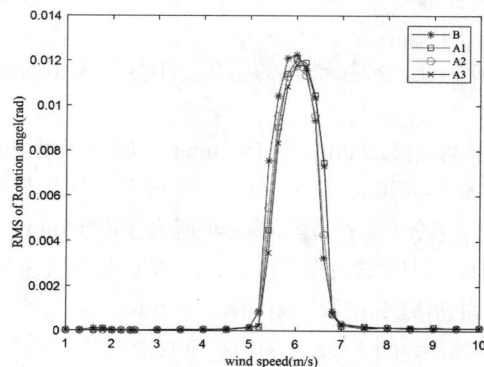

图 5 扭转位移均方根（rad）

4 结论

（1）风扇的数值模拟结果表明：风扇会对桥梁结构周围的流场和桥面压力产生干扰。

（2）节段模型风洞试验的结果表明：风扇的存在会抑制节段模型的竖向涡振响应，但是对扭转涡振的抑制并不明显。

（3）不同数量的风扇对于节段模型的涡振影响效果不同，10 个、16 个、20 个风扇均可以有效的抑制桥梁竖向涡振，对竖向最大振幅的减小率分别为：66.8%、96.8%、97.06%，但是对桥梁的扭转涡振的影响较为微小，对扭转最大振幅的减小率分别为 1.3%、3.95%、3.53%。对于扭转涡振响应，随着试验风速的增加，风扇对于桥梁涡振响应的正影响逐渐变小，在扭转振幅衰减时，风扇会对桥梁涡振响应造成负影响。

参考文献

[1] 张洪福. 基于展向风场扰动的大跨桥梁单箱梁主梁风效应流动控制[D]. 哈尔滨: 哈尔滨工业大学, 2018.

[2] 薛志成, 韩斌. 内置呼吸方式控制大跨桥梁涡激振动响应[J]. 沈阳工业大学学报, 2022, 44(6): 700-705.

非平稳风不同脉动分量对大跨悬索桥抖振响应的影响研究

邓　鑫[1]，徐鸣馨[1]，赵长宏[1]，余子明[1]，吴　波[1,2]

（1. 重庆交通大学土木工程学院 重庆 400074；
2. 重庆交通大学山区桥梁与隧道工程国家重点实验室 重庆 400074）

1 引言

抖振是威胁大跨桥梁抗风安全的关键因素之一。在过去的研究中，常规良态紊流风作用下的平稳抖振响应研究非常广泛。但山区峡谷、近海岸等特殊地形因其复杂的地貌特征，使桥梁更易受到非平稳、非均匀来流的显著影响[1]。相较于平稳紊流风，非平稳来流因其短时间内的剧烈变化和显著的时变特性，使大跨桥梁的抖振响应表现出更强的随机性和不确定性。同时，气动导纳作为脉动风与抖振力之间的传递函数，可以准确描述抖振力的非定常特性。然而，目前关于大跨桥梁抖振响应的研究，气动导纳的影响往往被忽视或仅通过经验模型（如 Sears 函数）及等效导纳的方式进行简化处理，而这些方法均未充分考虑到脉动分量的方向性。研究表明，桥梁断面的流动分离特性随着风攻角的变化显著改变，紊流脉动分量对抖振响应存在着不同的影响。为此，本文结合主动-被动混合风洞试验分析了不同脉动分量对非平稳抖振响应的影响，并比较了平稳与非平稳抖振响应的差异。

2 风洞试验与非平稳风场模拟

2.1 主动-被动风洞试验

课题组前期已开展主动-被动风洞试验，主动风洞试验与被动风洞试验分别在同济大学多风扇主动控制风洞和重庆大学直流式风洞中进行。通过自定义调节主动紊流场的目标风场，使其紊流度、积分尺度和相关性与被动紊流场的u-分量一致，从而实现纵向脉动风速分量的等效，近似满足紊流效应叠加原理[2]。

2.2 非平稳风场模拟

基于风洞试验识别的升力纵向、竖向气动导纳以及等效气动导纳，采用名义风谱[3]的方法，将目标演变风谱表示为气动导纳与演变风谱乘积的形式：

$$\tilde{s}_i(\omega, t) = |\chi_{Li}(f)|^2 S_i(\omega, t); \quad \ddot{s}_i(\omega, t) = |\chi_{LE}(f)|^2 S_i(\omega, t) \tag{1}$$

式中，$S_i(\omega, t)$、$\tilde{s}_i(\omega, t)$、$\ddot{s}_i(\omega, t)(i = u、w)$分别为采用AAF = 1、分离式气动导纳和等效气动导纳算得的纵向和竖向目标演变风谱；$|\chi_{Li}(f)|^2(i = u、w)$、$|\chi_{LE}(f)|^2$表示分离式气动导纳与等效气动导纳；$\omega$为圆频率。根据目标演变风谱即可模拟得到非平稳脉动风速。

3 抖振时域分析

以主跨 880m 的某悬索桥为研究对象，分析非平稳风场中不同脉动分量对抖振响应的影响。通过抖振力的时域表达式，在考虑自激力的情况下利用 ANSYS 开展抖振响应的时域分析。以主梁跨中位置的计算结果为例，相较于平稳风场，非平稳风场下的抖振竖向位移时程表现出显著的时变特性，在 400～800s 区间位移

基金项目：国家自然科学基金项目（52108435），重庆交通大学研究生科创项目（2024S0012）

幅值与峰值显著增大。值得注意的是，平稳风场所用 AAF 与非平稳风场相同。此外，在非平稳风场的作用下，采用等效式 AAF 计算的抖振升力与抖振竖向位移显著高于分离式 AAF 所得结果，1200s 时域内均方根值分别为其 1.91、1.26 倍。最后，进一步对不同攻角下非平稳风场中各脉动分量对跨中抖振竖向位移均方根的影响进行了对比分析。结果表明，在非零攻角下，等效式气动导纳所得抖振响应误差为 13.21%～25.14%，其中 4°攻角时误差最大。

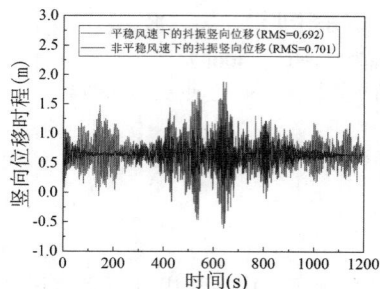

图 1　基于分离式 AAF 的抖振竖向位移时程（4°）

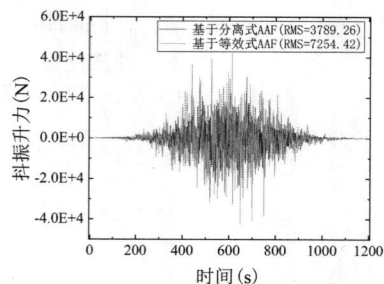

图 2　非平稳风场下抖振升力时程（4°）

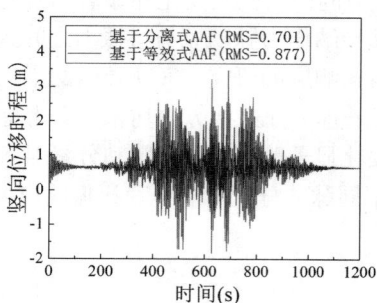

图 3　非平稳风场下抖振竖向位移时程（4°）

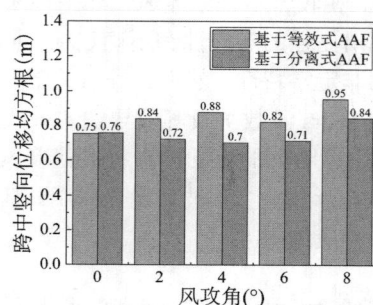

图 4　非平稳风场下抖振竖向位移均方根

4　结论

本文结合主动-被动混合风洞试验分析了非平稳风不同脉动分量对抖振响应的影响，结果表明采用等效气动导纳的方式处理冗余过多，不够准确。因此，在复杂风环境下，需采用分离式气动导纳模型，以提高抖振响应预测的准确性。除此之外，对比了平稳与非平稳风场作用下抖振响应的差异，非平稳风场因其时变性和随机性更易威胁大跨桥梁的安全。

参考文献

[1]　SU Y, HUANG G, XU Y. Derivation of time-varying mean for non-stationary downburst winds[J]. Journal of Wind Engineering and Industrial Aerodynamics, 2015, 141: 39-48.

[2]　WU B, ZHOU J, LI S, et al. Combining active and passive wind tunnel tests to determine the aerodynamic admittances of a bridge girder[J]. Journal of Wind Engineering and Industrial Aerodynamics, 2022, 231: 105180.

[3]　TAO T Y, WANG H, WU T. Parametric study on buffeting performance of a long-span triple-tower suspension bridge[J]. Structure & Infrastructure Engineering, 2018: 1-19.

不同形式双层桥面主梁的气动力特性及流场机理研究

李峻霖[1]，何亚奇[1]，余子明[1]，吴 波[1,2]

（1. 重庆交通大学土木工程学院 重庆 400074；
2. 重庆交通大学山区桥梁与隧道工程国家重点实验室 重庆 400074）

1 引言

近年来，双层桥梁应用范围日益广泛。随着桥梁跨越能力的增大，大跨度双层桥梁的刚度和阻尼减小，从而对风效应更为敏感[1]。为满足多条线路共用桥位，合理利用空间的需求，双层桥面结构的主梁形式显得尤为重要。以往对大跨度桥梁抗风性能的影响主要集中在矩形、流线型箱梁、桁梁等主梁结构外形上，对双层桥面主梁的系统性研究较少。此外，根据上下层桥面宽度的不同，大跨双层桥梁主要有三种主梁形式：上下等宽型、倒梯型、下层桥面加宽型，有必要研究主梁结构形式对大跨度双层桥梁抗风性能的影响。本文针对上述三种双层桥面主梁，分别进行节段模型风洞试验，系统探讨风攻角及结构形式对双层桥梁三分力系数的影响规律，并结合数值模拟 CFD 及动态模态分解（DMD）技术从微观层面进一步分析不同主梁形式桥梁动态绕流场的差异，研究结果可为今后同类型桥梁的抗风设计提供有效参考。

2 节段模型风洞试验

选取上下等宽型、倒梯型、下层桥面加宽型双层桥梁为研究对象，分别记为模型 A、B、C。试验在西南交通大学 XNJD-1 风洞中进行，缩尺比为 1:80，模型攻角 α 取值为 $-12°\sim12°$，$\Delta\alpha = 2°$，试验风速 10m/s。依次进行模型 A、B、C 的静风荷载测力试验，通过三分量应变式天平测量作用在模型上的阻力（F_D）、升力（F_L）及俯仰力矩（M_Z），最后计算其静力三分力系数。

3 结果分析

图 1 所示为三种不同形式主梁静力三分力系数 C_D、C_L、C_M 随攻角 α 的变化曲线。可得，风攻角会影响双层桥梁的气动力系数，在 $-12°\sim12°$ 攻角范围内，阻力系数 C_D 值均先减小后增大，升力系数 C_L 值在整体上呈直线上升的趋势，扭矩系数 C_M 值在 0 附近波动，且波动幅度极小。同时将三种不同结构桥型的三分力系数进行对比，发现模型 A 力矩系数 C_M 表现更稳定，模型 B 的升力系数 C_L 和阻力系数 C_D 相对更低，模型 C 升力系数 C_L 波动更大。

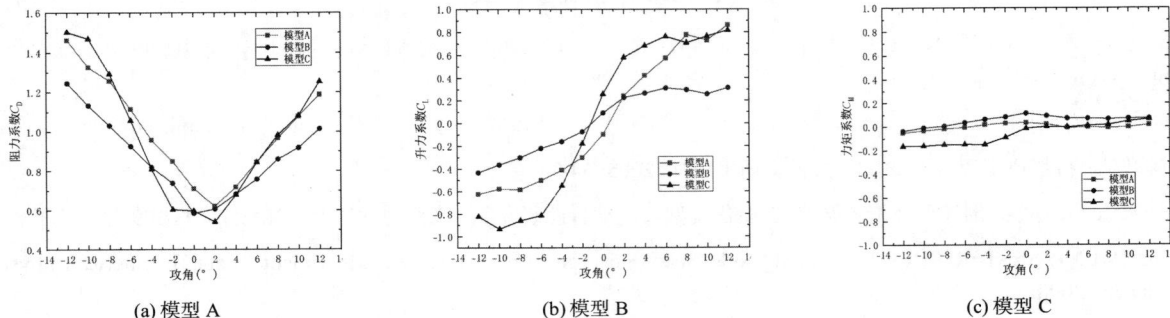

(a) 模型 A　　　　　　　　　(b) 模型 B　　　　　　　　　(c) 模型 C

图 1 不同形式双层桥梁模型三分力系数

基金项目：国家自然科学基金项目（52108435）

为进一步研究气动力系数变化的内在机理，进行计算流体力学（CFD）数值模拟，将双层桥梁三维模型简化为二维结构主梁断面[2]。经对比验证，基于 CFD 数值模拟的三分力系数结果与试验结果吻合较好，说明数值计算结果具有较好的可靠性。不同形式主梁气动力特性的差异可通过分析其时均流线图和周围风压分布来阐释，图 2 给出了不同桥型在典型攻角 0° 下的时均流线和平均风压分布场，可见模型 A 平均风压对称分布，模型 B 断面下方负压较大，整体所受阻力较小，模型 C 大挑臂结构分散了其风压分布，导致断面下方所受风压增大，升力增加。

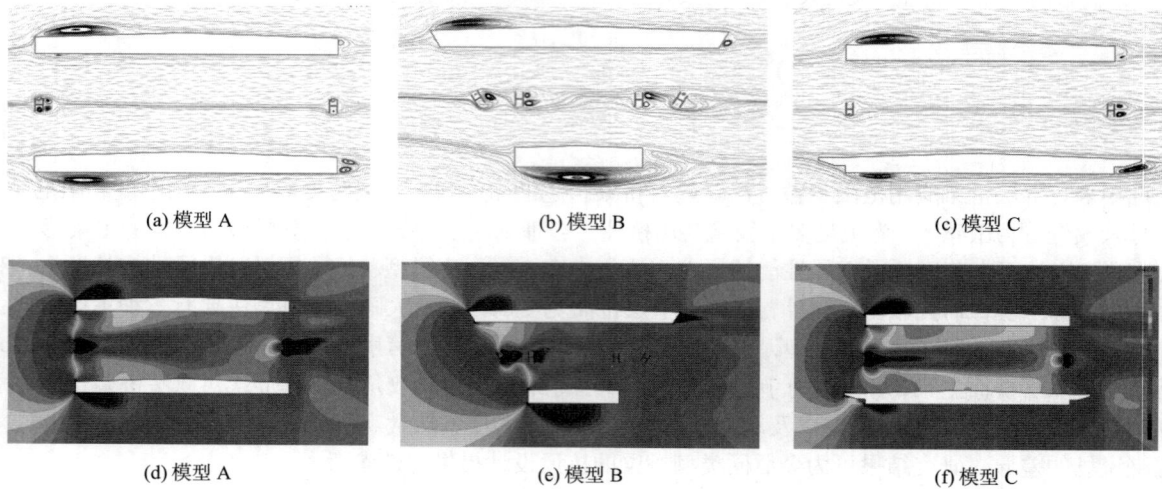

| (a) 模型 A | (b) 模型 B | (c) 模型 C |

| (d) 模型 A | (e) 模型 B | (f) 模型 C |

图 2　不同形式桥梁模型在 0° 攻角下的平均流线及风压分布

为更全面地理解双层桥梁的气动性能，本文还采取 DMD 方法对基于 CFD 数值模拟所获得的瞬态流场数据进行分解[3]，获取流场中的主导模态，理解流场的演变机制，再通过提取前几阶主要模态对流场进行重构，验证 DMD 方法有效性的同时进一步分析不同桥型动态绕流场的差异，受篇幅所限，具体分析结果在全文中给出。

4　结论

本文采取风洞试验和数值模拟相结合的手段，对三种不同形式双层桥梁气动力特性进行研究，结果表明攻角和主梁型式的改变是双层桥梁气动力特性变化的主要原因，不同形式主梁在来流下会产生不同的流动模式和压力分布。在 0° 攻角下，模型 A 所受的风压分布均匀，相对稳定；模型 B 上下方分布较大负风压且下方负压较大，整体所受阻力较小；模型 C 下表面分散其风压分布，导致断面下方所受风压增大，所受升力较大。后续采用 DMD 方法对瞬态流场进行降维分解，发现提取的前四阶模态可准确重构原始流场，其中一阶模态为近似平均流场的静态流场，二阶模态和三阶模态反映较大的旋涡脱落，四阶模态表现出较小的旋涡脱落，从流场分布角度进一步揭示了不同形式主梁断面的流动机理。

参考文献

[1]　陈政清. 桥梁风工程[M]. 北京: 人民交通出版社, 2005: 64-98.

[2]　李永乐, 安伟胜. 倒梯形板桁主梁 CFD 简化模型及气动特性研究[J]. 工程力学. 2011, 28(z1): 103-109.

[3]　SCHMID P, SESTERHENN J.Dynamic Mode Decomposition of numerical and experimental data[J]. American Physical Society, 2008.

长挑臂扁平钝体箱梁涡激振动机理及气动控制措施研究

李　帆[1,2,3]，刘志文[1,2,3]，陈政清[1,2,3]

（1. 桥梁工程安全与韧性全国重点实验室 长沙 410082；2. 风工程与桥梁工程湖南省重点实验室 长沙 410082；
3. 湖南大学土木工程学院 长沙 410082）

1　引言

带挑臂的箱梁具有构造简单、受力明确、桥梁通行大等优点，中等跨度的桥梁常采用带挑臂的钝体箱梁作为主梁方案，日本东京湾联络桥在风速约 16m/s 时发生竖向涡振，最大振幅超过 50cm[1]。随着经济技术的不断发展和交通需求的不断增加，大跨桥梁为了满足通行要求，并且减小桥梁自重，有越来越多的方案采用带挑臂的扁平箱梁。以往的风洞试验中，也观测到这类带挑臂箱梁存在竖向涡振现象[2-4]，由此可见，对于这类带挑臂箱梁竖向涡振特性的研究非常必要。但是之前的研究大多为宽高比较大的带挑臂的钝体箱梁或者短挑臂的流线型扁平箱梁。因此，本文以某主跨 420m、挑臂长度 7.5m、宽高比为 1/11.7 的长挑臂钝体扁平钢箱梁斜拉桥为背景，聚焦成桥状态桥梁涡激的机理研究以及不同控制措施的研究。

2　工程概况

蚌埠延安路大桥为主跨 420m 双塔双索面钢箱梁斜拉桥，跨径布置为 83.8 + 130 + 420 + 130 + 76 = 839.8m，含挑臂主梁宽 $B = 41.0$m，挑臂长 7.5m，主梁中心处梁高 3.5m。大桥总体布置及主梁标准断面分别如图 1 和图 2 所示。大桥桥面高度处设计基准风速 $V_d = 31.1$m/s。采用大型有限元软件 ANSYS 对主桥成桥状态进行结构动力特性计算，对应的主梁一阶对称竖弯和对称扭转模态对应的频率分别为 0.3661Hz 和 0.7483Hz。

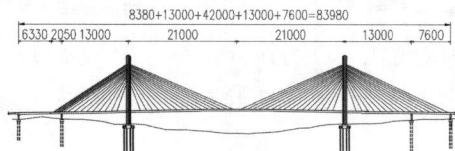

图 1　蚌埠延安路大桥立面布置图（单位：cm）

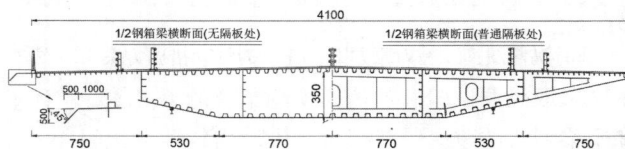

图 2　主梁断面及折线形翼板措施示意图（单位：cm）

3　主梁节段模型涡激振动试验与流固耦合数值模拟

主梁节段模型试验在湖南大学 HD-2 号风洞第二试验段进行，模型几何缩尺比为 $\lambda_L = 1 : 50$，主梁节段模型试验参数见表 1，图 3 为主梁节段模型风洞试验照片。桥状态主梁竖弯及扭转涡激共振允许根方差分别为 $[\sigma_{ha}] = 0.077$m 和 $[\sigma_{aa}] = 0.105°$。原断面在阻尼比 0.3%、风攻角 $\alpha = +3°$ 时出现了超过规范限值竖向和扭转涡振区间。采用了增加结构阻尼比、增设裙板、移动检修车轨道位置、挑梁下方封闭 50% 和增设折线形气动翼板等多种措施进行涡振控制，只有增设 1.5m 长的折线形气动翼板可以较好地控制住第二个竖向涡振，振幅跟方差从 0.209m 下降到 0.039m，满足规范要求。图 6、图 7 分别为原方案以及增设折线形气动翼板后的瞬时涡量演变图和流线图。由图 6、图 7 可知原方案高风速下竖向涡振是因为主梁上

图 3　试验布置图

基金项目：国家自然科学基金项目（51778225，52178475）

表面形成了一个周期性变化涡量较小的大尺度旋涡，产生竖向脉动压力差，而增设气动控制措施后，在上表面前沿生成远离主梁的周期性小尺度涡脱，从而消耗了上表面大尺度旋涡的能量，抑制住了主梁的竖向涡振。

试验参数表					表 1
参数	单位	实桥值	缩尺比	试验值	
宽度	m	41.0	1/50	0.820	
高度	m	3.5	1/50	0.070	
等效质量	kg/m	35804	$1/50^2$	14.777	
等效质量惯性矩	kg·m²/m	4447180	$1/50^4$	0.742	
竖弯基频	Hz	0.366	10	3.662	
扭转基频	Hz	0.748	10	7.446	

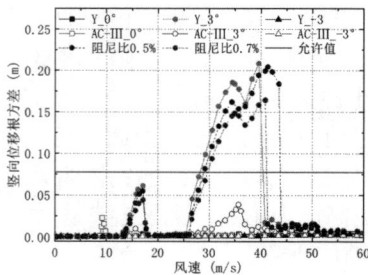

图 4　风洞试验部分工况位移响应根方差值随风速变化曲线

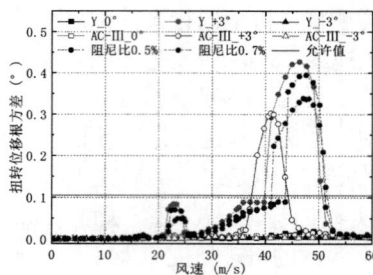

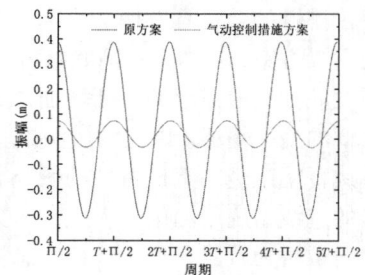

图 5　位移响应数值模拟时程曲线

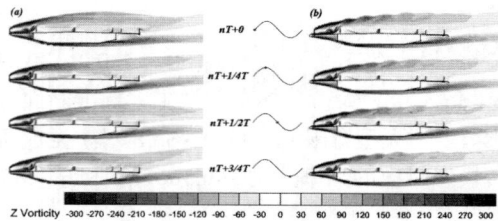

图 6　瞬时涡量图：（a）为原方案；（b）为气动措施方案

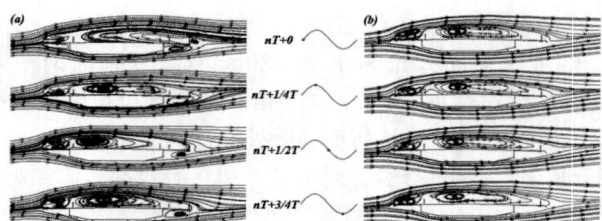

图 7　瞬时流线图：（a）为原方案；（b）为气动措施方案

4　结论

（1）原断面在风攻角α=+3°时出现了超过规范限值竖向和扭转涡振区间，采用1.5m长的折线形气动翼板对第二个竖向涡振区间的振动有较好的控制作用。

（2）而增设措施后，在主梁上表面前沿生成远离主梁的周期性小尺度涡脱，从而消耗了上表面大尺度旋涡的能量，抑制住了主梁的竖向涡振。

参考文献

[1] FUJINO Y; YOSHITAKA Y. Wind-Induced Vibration and Control of Trans-Tokyo Bay Crossing Bridge[J]. Journal of Structural Engineering, 2002, 128(8): 1012-1025.

[2] 张文明, 葛耀君, 杨詠昕, 周玉芬. 带挑臂箱梁涡振气动控制试验[J]. 哈尔滨工业大学学报, 2010, 42(12): 1948-1952+1989.

[3] 林伟. 大跨度斜拉桥带挑臂钢箱主梁涡振性能研究[D]. 长沙: 长沙理工大学, 2020.

[4] 李明水, 孙延国, 廖海黎, 孟凡超, 马存明. 港珠澳大桥大挑臂钢箱梁涡激振动特性及抑振措施[J]. 清华大学学报(自然科学版), 2020, 60(1): 57-65.

稳定板对大跨度双层中央开槽桁架斜拉桥涡振性能影响研究

欧林杰[1]，严磊[1,2,3]，何旭辉[1,2,3]

（1. 中南大学土木工程学院 长沙 410075；

2. 中南大学高速铁路建造技术国家工程研究中心 长沙 410075；

3. 中南大学轨道交通工程结构防灾减灾湖南省重点实验室 长沙 410075）

1 引言

本文以首座中央开槽双层桁架斜拉桥为研究对象，选取了两类经典的抑振措施[1]，研究了中央开槽平联上的竖向稳定板和水平隔涡板两类措施分别对桥梁涡振性能的影响。并进一步对单类措施布置于上、下平联时对桥梁涡振性能的影响程度进行了研究。研究发现不同的竖向稳定板与水平隔涡板所引起的桥梁涡振响应差异巨大，且布置在上平联与下平联对桥梁涡振性能影响也存在显著差异。

2 涡振性能及抑振措施

模型选取跨中八节段，采用 1∶40 比例设计。对成桥阶段节段模型（图 1），进行三个风攻角（−3°、0°、+3°）下的涡振响应测试，−3°风攻角下有最大涡振响应，并对其进行多种抑振措施的抑振效果检验。文中数据均与实桥尺寸对应。

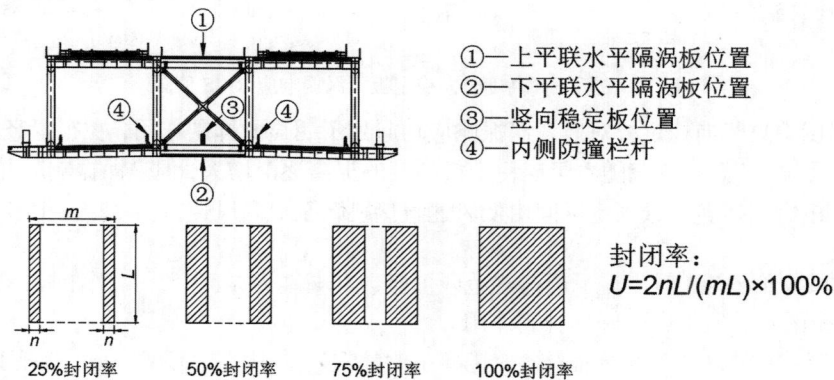

①—上平联水平隔涡板位置
②—下平联水平隔涡板位置
③—竖向稳定板位置
④—内侧防撞栏杆

封闭率：
$$U = 2nL/(mL) \times 100\%$$

25%封闭率　　50%封闭率　　75%封闭率　　100%封闭率

图 1　桥型及附属设施布置图

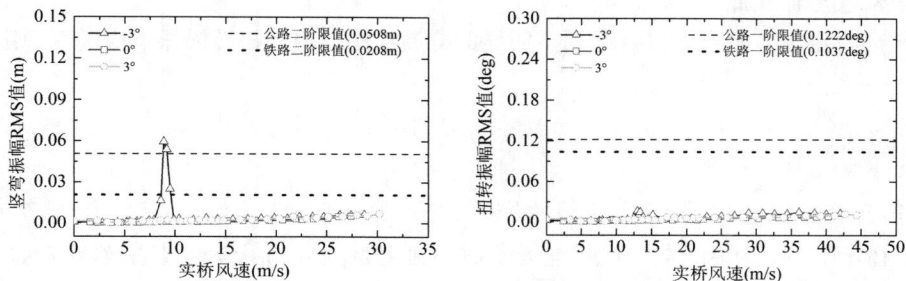

图 2　成桥原始截面涡振响应 RMS 值图

基金项目：国家自然科学基金（52178516）

在−3°风攻角下，水平隔涡板及中央竖向稳定板对涡振都具有明显抑制效果。对于水平隔涡板，对下平联布置了 0%、25%、50%、75%、100%五种不同封闭率的水平隔涡板；对于中央竖向稳定板，选用了六个不同高度的竖向稳定板研究抑振效果；涡振限值对比了公路桥梁抗风设计规范和铁路桥梁抗风设计规范，竖弯及扭转 RMS 限值如图 2、图 3 所示。

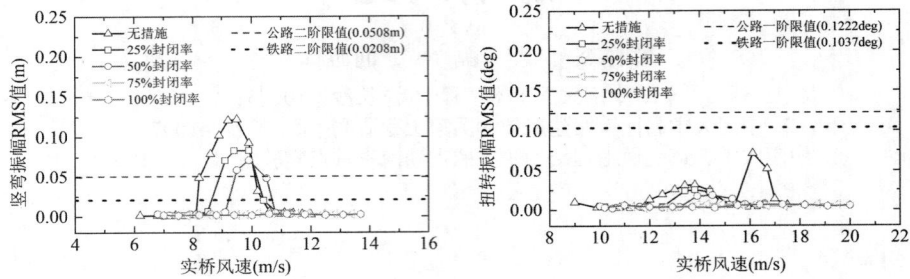

图 3　成桥不同封闭率水平隔涡板下涡振响应 RMS 值图

在布置了水平隔涡板后，模型的两类涡振响应均得到了明显的抑制，且随着封闭率的提高，抑振效果越发明显。在封闭率由 50%提升到 75%时，水平隔涡板的竖弯涡振抑振效果得到了显著的提升，75%封闭率下竖弯涡振被完全抑制。并且随着封闭率的提高，涡振响应的起振风速逐渐提高，竖弯涡振起振风速由 8m/s 提升为 9m/s，扭转涡振起振风速由 11.8m/s 提升为 13.2m/s。

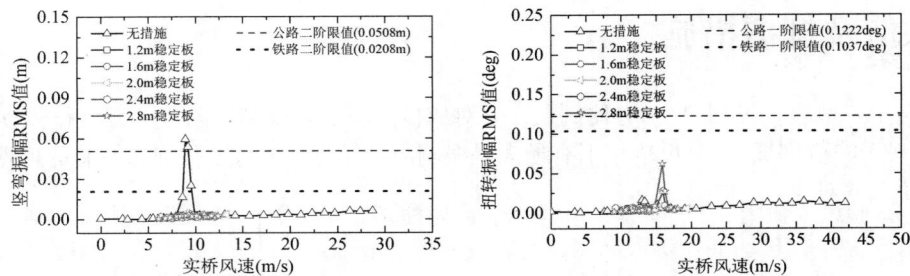

图 4　成桥不同高度竖向稳定板下涡振响应 RMS 值图

试验中不同高度中央竖向稳定板对竖弯涡振响应均起到了明显的抑制作用，在布置竖向稳定板后，竖弯涡振基本消失；相反，扭转涡振响应随着竖向稳定板高度的提高逐渐增大，但是涡振响应并未超出规范限值，且在布置竖向稳定板后，扭转涡振锁定区间由低风速直接跳跃至更高风速，由 12.5～13.7m/s 转移至 14.8～16.8m/s。

3　结论

（1）中央水平隔涡板对涡振响应有着显著的抑制效果，且封闭率越高抑振效果越好，同时水平隔涡板会引起涡振的起振风速逐渐增加。

（2）中央竖向稳定板对竖弯涡振都起到了明显的抑制作用，但是扭转涡振响应随着稳定板高度增加而增加。

参考文献

[1]　程怡, 周锐, 杨詠昕, 等. 中央稳定板对分体箱梁桥梁的涡振控制[J]. 同济大学学报（自然科学版）, 2019,47(5): 617-626.

大跨度不规则变截面钢拱肋的涡振特性试验研究

计利洋[1]，张德旺[1]，丰　斌[1]，刘小兵[1,2]

（1. 石家庄铁道大学土木工程学院　石家庄 050043；
2. 河北省风工程与风能利用工程技术创新中心　石家庄 050043）

1　引言

随着施工技术的发展、高性能材料的出现，大跨度拱桥的建设逐渐增多，拱肋跨径和外形得到了进一步的发展，不规则变截面钢拱肋时有出现，其涡振特性与常规变截面钢拱肋有所不同，大跨度钢拱肋质量轻，刚度小，对风荷载比较敏感，在较低风速下容易产生涡振问题，准确掌握大跨度钢拱肋的涡振特性对于其抗风设计具有重要意义。目前国内外学者对于拱肋的涡振特性研究主要针对常规变截面展开[1-2]，不规则变截面钢拱肋涡振特性还有待进一步研究。鉴于此，以某大跨拱桥为背景，首先通过二维节段模型风洞试验研究了该拱肋跨中截面在不同风攻角和湍流度下的涡振特性，然后通过三维气弹模型风洞试验研究了该拱肋在不同风攻角和湍流度下的涡振特性。

2　试验方案

二维节段模型同步测振测压试验在均匀流场和 4%、9%格栅流场中对施工阶段拱肋的涡振特性开展研究，试验风攻角为−3°、0°和3°。三维气弹模型试验在均匀流场与 0.25 倍设计湍流场中对施工态拱肋的涡振特性开展研究，试验风攻角为−3°、0°和3°。拱肋节段模型试验安装示意图如图 1 所示，施工态拱肋全桥气弹模型照片如图 2 所示。拱肋的涡振振幅容许值建议为 $h_v = 0.04/f_h = 0.04/0.563 = 0.071\text{m}$，$h_v$ 为钢拱肋竖向涡振振幅容许值，f_h 为钢拱肋的第一阶竖弯频率。

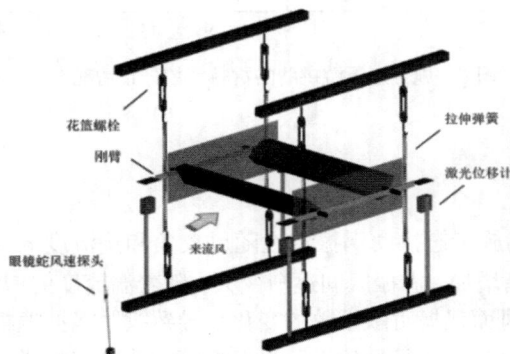

图 1　拱肋节段模型试验安装示意图

图 2　施工态拱肋全桥气弹模型照片

3　结果分析

在跨中二维节段模型试验和三维气弹性模型试验中，拱肋在不同风攻角时均发生了比较明显的涡振现象。风攻角由−3°变化到 3°的过程中，拱肋的涡振振幅逐渐增加，涡振区间逐渐变大；二维节段模型试验中拱肋在三种湍流度下均发生了明显的涡振现象。

基金项目：国家自然科学基金项目（52078313，52008273），河北省自然科学基金创新研究群体项目（E2022210078），中央引导地方科技发展资金项目（236Z5407G，236Z5410G）

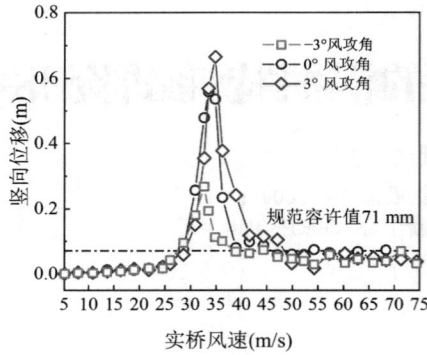

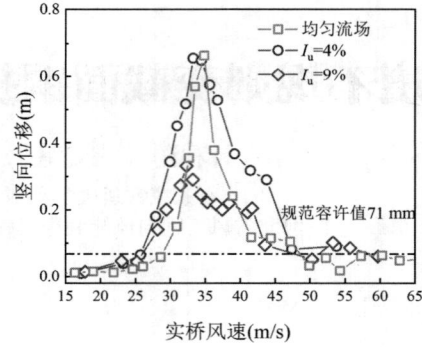

图 3　不同风攻角下施工态拱肋的涡振响应　　图 4　3°风攻角下不同湍流场对施工态拱肋的涡振响应

拱肋表面各测点分布涡激气动力对整体涡激气动力贡献系数为 $C_R = C_{p,rms}\rho[F(t), f(t)]$，$C_{p,rms}$ 为测点的压力系数时程的根方差；$\rho(F(t), f(t))$ 为相关系数。相关系数为 $\rho(F(t), f(t)) = \dfrac{E[(F(t))-E(F(t))(f_i(t))-E(f_i(t))]}{\sqrt{E(F(t))^2-E(F^2(t))}\sqrt{E(f_i(t))^2-E(f_i{}^2(t))}}$；$f_i(t)$ 表示拱肋模型表面某一个测点的权重面积受到的升力；$F(t)$ 表示拱肋模型受到的总升力。

对于上游拱肋而言，拱肋背风面 b-c 面的贡献系数相对较大，并且随风攻角的变化规律与涡振振幅随风攻角的变化规律基本一致。对于下游拱肋而言，风攻角从−3°变化到3°过程中，拱肋 b-c 面的贡献系数随着风攻角的变化逐渐增大，c-d 面的贡献系数随风攻角的变化逐渐减小。

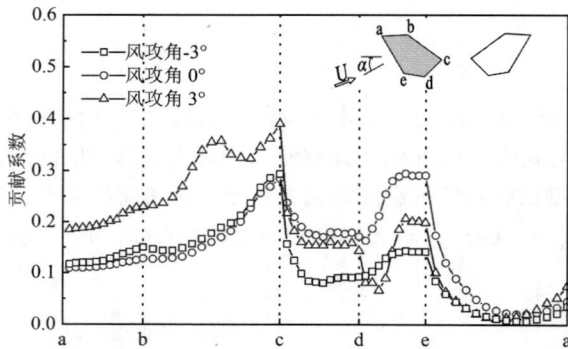

图 5　施工态上游拱肋的贡献系数分布情况　　　图 6　施工态下游拱肋的贡献系数分布情况

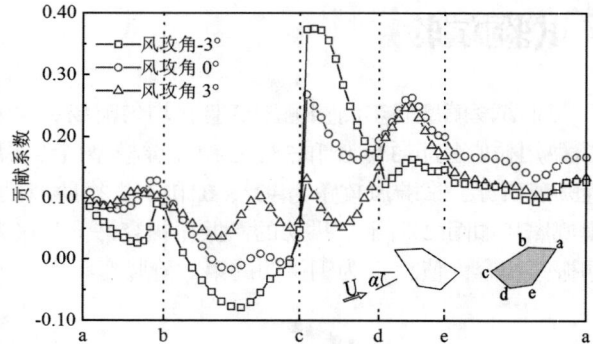

4　结论

基于跨中二维节段模型试验与三维气弹模型试验得到的施工态拱肋涡振特性随风攻角和湍流度的变化规律一致：随着风攻角从−3°变化到3°，拱肋的涡振振幅逐渐增加，涡振区间逐渐变大；随着湍流度的增大，拱肋的涡振振幅逐渐减小，涡振区间逐渐减小。上游拱肋背风面涡振贡献系数的变化是导致拱肋涡振振幅随风攻角增大而增大的主要原因，下游拱肋背风面涡振贡献系数的变化是导致拱肋涡振振幅随湍流度的增大而减小的主要原因。

参考文献

[1]　许福友, 谭岩斌, 张哲, 等. 大跨度箱形钢拱肋气弹模型涡振试验研究[J]. 振动与冲击, 2011, 30(2): 10-14.

[2]　ASTIZ M A. Wind-induced Vibrations of The Alconétar Bridge[J]. Structural Engineering International, 2010(2): 195-199.

并行公铁路桥梁涡激振动特性影响研究

张　韬[1]，马存明[1,2]

（1. 西南交通大学桥梁工程系　成都　610031；
2. 风工程四川省重点实验室　成都　610031）

1　引言

随着交通量的日益增加，单座桥梁难以满足交通需求，在已建成桥梁旁边增建一座新的桥梁成为缓解交通压力的有效方法。其中公路桥与铁路桥并行为常见的扩建形式之一。铁路桥通常采用桁架梁桥，桁架梁由于梁高较高，断面较复杂，往往会产生较明显的气动干扰现象，从而对相邻桥梁的风致振动特性产生影响，值得关注。

以往并行桥梁的研究常针对流线型箱梁、Ⅱ型梁等，而针对桁架梁的研究则不多。本文以某扩建公铁两用桁架梁桥作为研究背景，通过改变来流方向、水平间距、高差等，研究其对已有公路桥梁涡激振动性能的影响，总结桁架梁气动干扰的规律并分析其机理，从而为今后并行桁架梁桥的设计和建造提供参考。

2　风洞试验

风洞试验在 XNJD-1 风洞中进行，主梁断面示意图如图 1 所示，公路桥为混凝土边箱梁桥，桁架梁桥为公铁两用桥，上部通行汽车，下部通行列车。两个节段模型分别由 8 根弹簧悬挂于风洞之内，均可自由振动。通过调节刚度，使两桥与实桥的风速比均一致。每个节段模型均设置两个激光位移计测量振幅，悬挂系统示意图如图 2 所示。

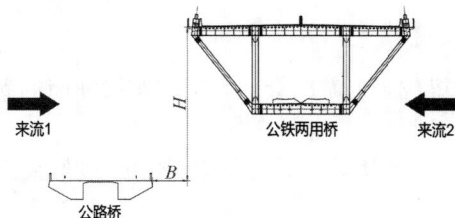

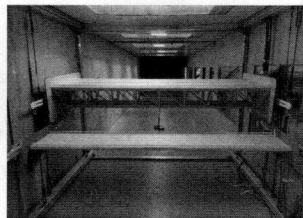

图 1　并行主梁断面示意图　　图 2　悬挂系统示意图　　图 3　并行节段风洞试验

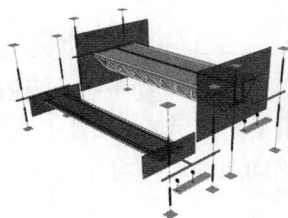

分别对两桥单幅状态和并行状态进行节段试验，并对试验结果进行对比分析，研究桁架梁对箱梁断面涡激振动性能的影响。其中并行状态分别进行两个来流方向的试验，并在最不利的来流方向下改变两桥的间距和高差，研究间距和高差对箱梁涡振性能的影响规律。

3　试验结果及分析

边箱梁公路桥的涡激振动试验结果如图 4 所示。可以看出当边箱梁桥单幅状态、位于桁架梁桥上游和位于桁架梁桥下游时，其涡激振动特性有着明显的差异。当边箱梁桥位于桁架梁桥上游时，其涡激振动受到了明显的抑制，而当其位于桁架梁桥下游时，主梁涡振振幅明显增大。

由试验结果可知当边箱梁公路桥位于桁架梁桥下游时，该来流方向为最不利方向，在该方向改变两桥的水平间距和高差，研究水平间距和高差对涡激振动特性的影响。因篇幅有限，图 5 仅列出了不同水平间距和

基金项目：国家自然科学基金项目（52078438）

高差下边箱梁桥的试验结果。

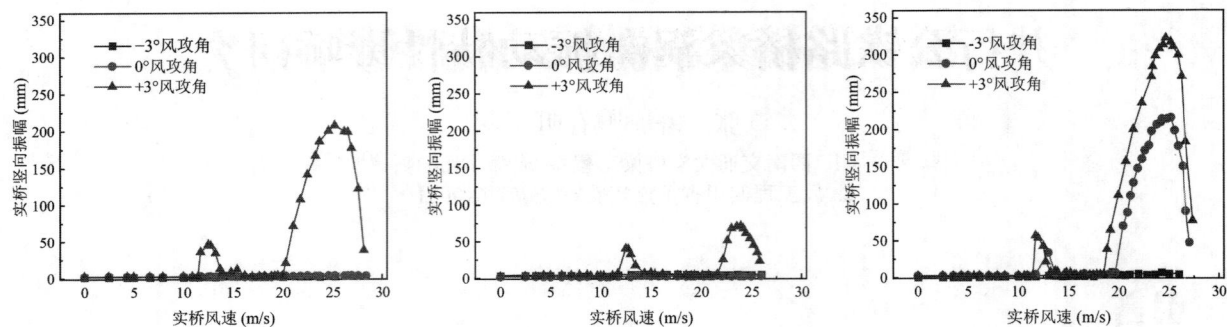

图 4 边箱梁桥涡振试验结果（分别为单幅、位于上游、位于下游）

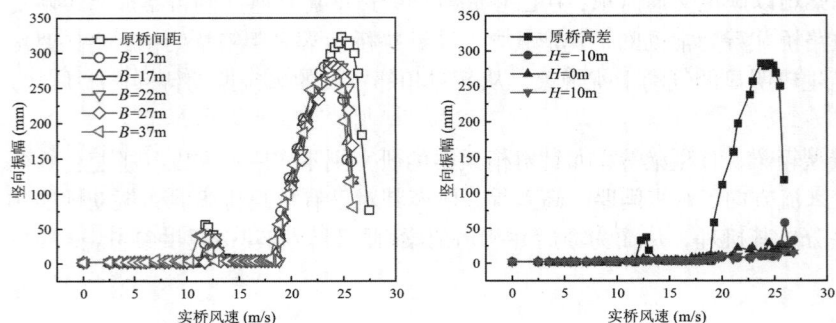

图 5 不同水平间距和高差边箱梁桥涡振试验结果   图 6 不同来流方向下涡量图

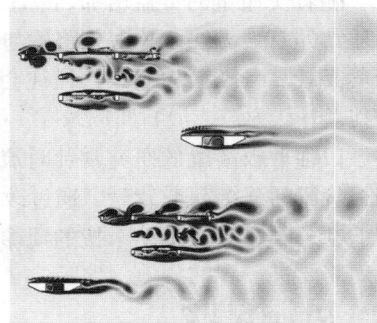

不同来流方向下两个主梁断面附近的涡量图如图 6 所示，可以看到由于两桥存在高差，上游主梁断面产生的尾流并未直接作用到下游断面上。当桁架梁在上游时，其尾流会对箱梁断面尾流产生影响，从而加剧了箱梁断面的涡激振动现象。

4 结论

（1）桁架梁对并行的箱梁会造成较大的气动干扰，当桁架梁位于上游时会加大下游箱梁断面的涡振振幅，当桁架梁位于下游时则会抑制箱梁断面涡振的发生。

（2）气动干扰效应与两桥的水平间距和高差均有关系，但气动干扰效应对高差的变化更加敏感。

参考文献

[1] LIU L, ZOU Y, HE X, et al. Effects of wind barriers on VIV performances of twin separated parallel decks for a long-span rail-cum-road bridge[J]. Journal of Wind Engineering and Industrial Aerodynamics, 2023, 236: 105367.

[2] PARK J, SUNJOONG K, HO-KYUNG K. Effect of gap distance on vortex-induced vibration in two parallel cablestayed bridges[J]. Journal of Wind Engineering and Industrial Aerodynamics, 2017, 162: 35-44.

[3] SEO J W, KIM H K, PARK J, KIM K T. et al. Interference effect on vortex-induced vibration in a parallel twin cable-stayed bridge[J]. Journal of wind engineering and industrial aerodynamics, 2013, 116: 7-20.

流线形桥梁断面颤振机理研究

张晋杰[1]，杨詠昕[1]，朱进波[2]

（1. 同济大学土木工程防灾减灾全国重点实验室 上海 200092；
2. 扬州大学建筑科学与工程学院 扬州 225009）

1 引言

桥梁颤振机理研究是颤振控制和性能优化的基础和核心，对二维颤振机理认识的提升有利于更好地理解多模态分析中模态间的耦合效应。Matsumoto 等[1]基于激励反馈原理，通过分步分析的思路（ Step By Step Analysis ），将系统阻尼比分解为颤振导数的组合，给出系统阻尼比和圆频率的近似表达式，为颤振机理分析提供了有力的工具，并认为流线形断面颤振发生时为弯扭耦合型颤振，A1H3 项耦合气动阻尼驱动了颤振的发生。

二维平板颤振临界风速近似公式表明，颤振临界风速随着扭弯频率比的减小而降低，而在实践中悬索桥施工阶段的三维颤振分析中发现，当扭转基频和形状相似的高阶竖弯振型的频率比接近于 1 时，弯扭耦合程度加剧，但是颤振临界风速明显提升，甚至不以该扭转模态发生颤振，扭弯频率比接近 1 时颤振性能提升的机理需要进一步的分析与理解。

2 修正的分步分析方法

扭转主模态振动方程为：$\alpha = \alpha_0 e^{-\xi_D \omega_F t} e^{i \cdot \omega_F t}$，$\omega_F$ 为系统振动频率，与文献[1]采用小阻尼比假定下的近似值不同，衰减项的阻尼比参数采用精确值 $\xi_D = \xi_F / \sqrt{1 - \xi_F^2}$，$\xi_F$ 为系统频率。竖弯模态在主模态激励下的响应方程为：$h = \alpha \bar{\Omega} \left[(H_3 - \xi_D H_2) e^{i \cdot \theta} + H_2 e^{i \cdot (\theta + \frac{\pi}{2})} \right]$，将竖弯位移及速度方程带入扭转系统，即完成竖弯对扭转的反馈，得到的系统阻尼比和振动圆频率表达式如式(1)、式(2)所示：

$$\xi_F = \left(\frac{\omega_{\alpha 0}}{\omega_F} \xi_{\alpha 0} - \frac{1}{2} A_2 - \frac{1}{2} \bar{\Omega} \left[\begin{array}{c} A_1 H_2 (-\sin\theta - 2\xi_D \cos\theta + \xi_D^2 \sin\theta) + A_1 H_3 (\cos\theta - \xi_D \sin\theta) \\ + A_4 H_2 (\cos\theta - \xi_D \sin\theta) + A_4 H_3 (\sin\theta) \end{array} \right] \right) \sqrt{1 - \xi_F^2} \quad (1)$$

$$\omega_F = \sqrt{\left(\omega_{\alpha 0}^2 - \omega_F^2 A_3 - \omega_F^2 \bar{\Omega} \left[\begin{array}{c} A_1 H_2 (-\cos\theta + \xi_D \sin\theta - \xi_D^2 \cos\theta + \xi_D^3 \sin\theta) + A_1 H_3 (-\sin\theta - \xi_D^2 \sin\theta) \\ + A_4 H_2 (-\sin\theta - \xi_D^2 \sin\theta) + A_4 H_3 (\cos\theta + \xi_D \sin\theta) \end{array} \right] \right)}$$
$$\sqrt{1 - \xi_F^2} \quad (2)$$

式中，$\omega_{\alpha 0}$、$\xi_{\alpha 0}$ 分别为结构固有圆频率和结构阻尼比；$A_1 \sim A_4$、$H_1 \sim H_4$ 为颤振导数乘相应系数得到的有量纲简化表达值[2]；$\bar{\Omega}$ 和 θ 为无量纲参数，$\bar{\Omega} = \omega_F^2 |H|$，$\theta = \text{angle}(H)$，其中 H 为单位荷载下的激励响应函数，如式(3)所示；$\overline{\omega_h}$ 为竖弯模态考虑直接项气动刚度影响的圆频率；$\bar{\xi}_h$ 为考虑直接项气动阻尼影响的阻尼系数。

$$H = \frac{1}{(\xi_F^2 \omega_F^2 - \omega_F^2 - 2\overline{\xi_h} \overline{\omega_h} \xi_F \omega_F + \overline{\omega_h}^2) + i \cdot (2\overline{\xi_h} \overline{\omega_h} \omega_F - 2\xi_F \omega_F^2)} \quad (3)$$

3 数值计算结果

采用理想薄平板对推导结果进行验证，基本参数取见文献[2]第 2.2 节，通过调整竖弯圆频率为 18.45rad/s，

基金项目：国家自然科学基金项目（52178503），土木工程防灾国家重点实验室自主研究课题基金（SLDRCE19-B-10）

使扭弯频率比为 1.03，分步分析法与复特征值法计算得到的系统阻尼比和圆频率结果及主要分项如图 1 所示，即使是竖弯分支在高风速阻尼比较大的情况下，两者计算结果仍是完全一致，这说明，修正后的分步分析方法为完备的精确解而非近似解。

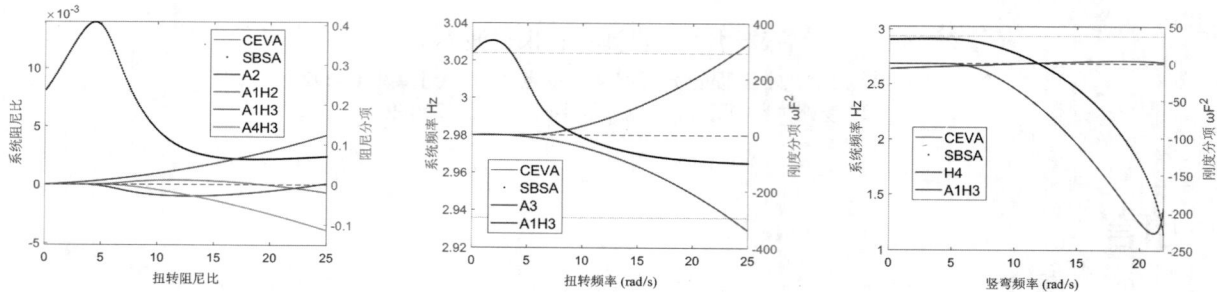

图 1　系统参数计算结果

4　低扭弯比颤振性能机理分析

不同扭弯频率比 β 的扭转风速阻尼曲线如图 2 所示。随着 β 的减小，曲线逐渐"平缓"。$B = 1.03$ 工况下的无量纲参数如如图 3 所示，激励角 θ 由 $180°$ 逐渐变为 $270°$，A1H3 项耦合阻尼发生转向，阻碍了颤振的发生。随着扭弯频率比减小，弯扭幅值比增大，颤振形态由弯扭耦合向竖弯形态过渡，当扭弯比小于 1.05 时，阻尼比始终大于 0，颤振不再发生。

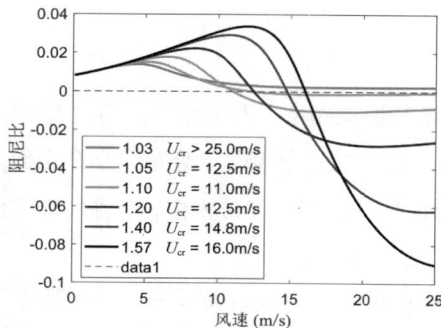

图 2　不同扭弯频率比风速-阻尼比曲线　　　图 3　扭弯比 1.03 工况无量纲参数

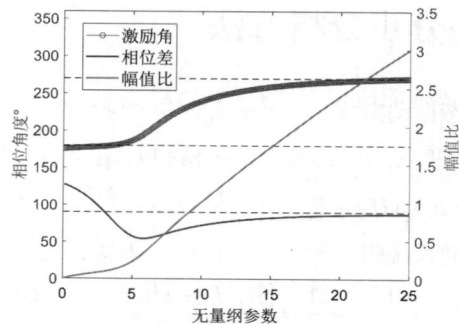

5　结论

本文基于激励-反馈原理，在初始激励方程中考虑系统阻尼比的影响，推导了系统圆频率和阻尼比的详细表达式，这是二维颤振系统参数的精确解，与复特征值方法得到的结果完全相同。随着扭弯频率减小，A1H3 项耦合阻尼对系统贡献逐渐由负转正，阻尼曲线逐渐平缓，弯扭幅值比逐渐增大，平板颤振导数下颤振形态由弯扭耦合逐渐向竖弯形态过渡，当扭弯频率比小于临界值时，颤振不再发生，这一现象在风洞试验中得到了验证。

参考文献

[1]　MATSUMOTO M, OKUBO K, ITO Y, et al. The complex branch characteristics of coupled flutter[J]. Journal of Wind Engineering and Industrial Aerodynamics. 2008, 96(10-11): 1843-1855.

[2]　朱进波. 大跨度箱形主梁悬索桥颤振机理及气动优化[D]. 上海: 同济大学, 2024.

山区地形效应对大跨度桥梁静风与颤振稳定性影响研究

王　顺，吴长青

（湖南理工学院土木建筑工程学院 岳阳 414006）

1 引言

随着大跨度桥梁在山区峡谷地区的兴建，桥梁的抗风性能研究已成为设计中的重要课题。山区独特的地形导致风场特性具有显著特异性，进而对桥梁抗风性能产生影响。许多研究者通过风洞试验和数值模拟等手段，探讨了山区风场特性对桥梁风致响应的影响，为桥梁抗风设计提供了宝贵的理论支持和实践指导。但山区地形引起的风速非均匀性和风偏角效应对大跨度悬索桥全桥抗风稳定性的影响研究相对匮乏，忽略地形效应将不能准确描述风对山区大跨度桥梁结构的作用，进而不能准确评价山区大跨度桥梁风致静力与颤振稳定性能。本文以江底河大桥为例，研究风速非均匀性和风偏角对桥梁风荷载的修正，通过 ANSYS 有限元分析，量化研究了风速非均匀性和风偏角对某大跨度悬索桥静风与颤振稳定性的影响程度。

2 地形效应

2.1 风速非均匀性

在桥梁抗风性能研究中，主梁设计风速常取主梁等效基准高度y_z处的风速U_{y_z}，并假定主梁各节点x_i的风速均匀一致，即$U_{y_i} = U_{y_z}$。然而，加劲梁离地高度沿桥轴服从非线性分布，且加劲梁最大离地高度$y_{max} < $梯度风高度$\delta_0$，故在此高度范围内，风速分布可认为遵循大气边界层指数律模型。各节点的风速U_{y_i}与U_{y_z}之间存在如下关系式：

$$U_{y_i} = \beta_i \cdot U_{y_z} \tag{1}$$

式中，β_i为修正系数，如图 1 所示，横轴表示加劲梁的位置，纵轴表示对应位置的风速修正系数。由图可知，桥梁加劲梁在不同位置的风速修正系数β_i存在明显差异。

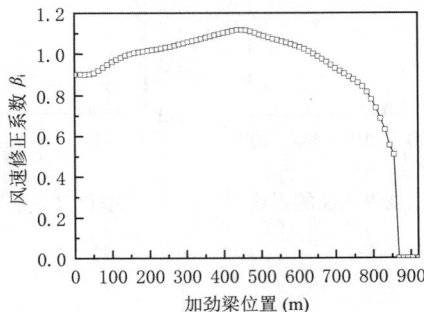

图 1　加劲梁风速修正系数β_i

2.2 风偏角效应

垂直于桥轴线方向与来流风向之间的夹角称为风偏角α_y。风偏角α_y下的桥梁风致失稳临界风速为$U_{cr\_\alpha_y}$可由不考虑风偏角效应时的桥梁风致失稳临界风速U_{cr0}通过如下公式计算：

$$U_{cr\_\alpha_y} = U_{cr0} / \cos\alpha_y \tag{2}$$

基金项目：湖南省教育厅优秀青年项目（23B0645）

3 地形效应对桥梁抗风稳定性的影响

3.1 桥梁断面非线性自激气动力颤振时域模型

为了考虑自激气动力随振幅演变的非线性特性，采用二维颤振时域分析方法开展大跨悬索桥非线性颤振研究，引入文献[1]中的桥面断面振幅依赖的非线性自激气动力时域模型[1]。

3.2 风速非均匀性对桥梁抗风稳定性的影响

如表 1 所示，考虑风速非均匀性后，静风临界风速较未考虑时有所降低。例如，风攻角为 3°时，静风临界风速从 173m/s 降至 165.5m/s，降幅约为 4.3%。此外，风速非均匀性还导致颤振临界风速降低。例如，风攻角为 3°时，颤振临界风速从 87.8m/s 降至 84.6m/s，降幅为 3.6%。

风速非均匀性对桥梁风致失稳临界风速的影响　　　　　　　　　　表 1

风攻角（°）	静风临界风速（m/s）		颤振临界风速（m/s）	
	不考虑风速非均匀性	考虑风速非均匀性	不考虑风速非均匀性	考虑风速非均匀性
0	—	—	95.6	92
1	—	—	—	—
2	184	178.5	—	—
3	173	165.5	87.8	84.6
4	164	155.5	—	—
5	154.5	146	63.7	61.7

3.3 风偏角效应对桥梁抗风稳定性的影响

图 2 和图 3 展示了在 3°攻角下风偏角对桥梁抗风临界风速的影响。当风偏角从 0°增至 60°时，静风和颤振临界风速呈现出非线性增长的趋势。

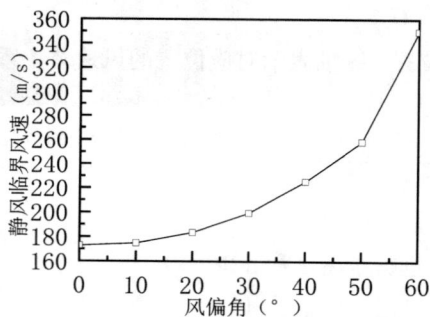

图 2　风偏角对静风失稳临界风速的影响　　　图 3　风偏角对颤振失稳临界风速的影响

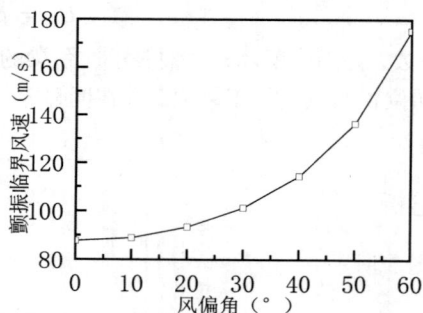

4 结论

研究表明，风速非均匀性与风偏角均会对大跨度悬索桥的静风与颤振稳定性产生影响。考虑风速非均匀性时，静风和颤振临界风速均降低。随着风偏角的增大，静风和颤振临界风速均会提高。

参考文献

[1] 吴长青，张志田，王林凯，等. 大跨悬索桥时域颤振有限元精细化分析[J]. 振动与冲击，2023，42(24): 1-7.

风攻角对三箱梁竖向涡激振动的影响研究

杨　涵 [1,2]，郑史雄 [1,2]，马存明 [1,2]

（1. 西南交通大学土木工程学院 成都 610031；
2. 风工程四川省重点实验室 成都 610031）

1　引言

为了满足公路铁路共同行车的需求，在摩西拿海峡大桥的设计中首次提出三箱梁方案[1]。许多学者针对三箱梁的涡振性能和气动机理等问题进行研究[2-3]。攻角对桥梁涡振的影响较大，不同攻角下的主梁断面拥有不同的气动特性[4]。本文以三箱梁为对象，采用节段模型风洞试验测试不同攻角下的涡振性能，并通过数值模拟方法分析其流场结构，研究风攻角对涡振的影响规律。

2　风洞试验

2.1　试验设置

试验以某大跨度三箱梁桥为背景，在 XNJD-1 号风洞内进行。采用 1：70 节段模型，模型长（L）2.095m，宽（B）0.971m，高（D）0.071m，风洞试验测试了三箱梁在 0° 和 ±3° 风攻角下的涡振性能。主梁截面如图 1 所示，图 2 为风洞中的试验模型。试验中模型动力系统的竖向频率（f_v）为 2.906Hz，每延米等效质量为 15.293kg/m，阻尼比为 0.26%。

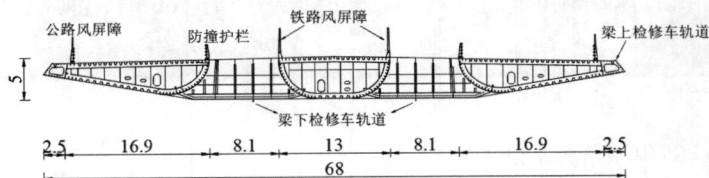

图 1　三箱梁截面（m）

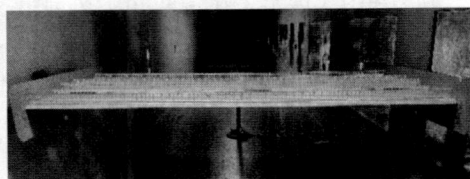

图 2　试验中的节段模型

2.2　试验结果分析

试验结果如图 3 所示，为了便于分析，试验数据均进行了无量纲处理。

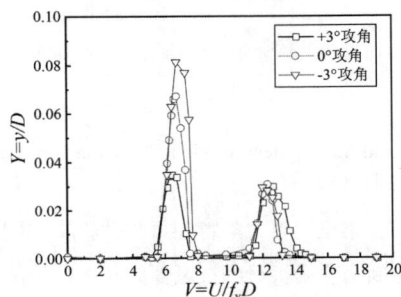

图 3　三箱梁成桥态竖向涡振响应

从图 3 中能够观察到，三箱梁成桥状态在不同攻角时均呈现出两个竖向涡振区间。其中，不同攻角下的

基金项目：国家自然科学基金项目（52078438）

第一涡振区间存在巨大差异，并且振幅峰值随着风攻角的改变呈现出明显规律，即风攻角从正值过渡到负值时，涡振现象逐渐增强。具体来说，+3°攻角下涡振峰值为 0.035，对应的折减风速为 6.47；0°攻角幅值为 0.067，对应的风速为 6.74；−3°攻角幅值为 0.081，对应的风速为 6.74。第二个区间的振幅相对来说更小一点，随攻角的变化不太明显，为了研究攻角对涡振特性的影响，后续针对第一个涡振区间进行研究。

3 三箱梁涡振机理

3.1 数值模拟设置

采用 FLUENT 软件进行数值模拟分析。计算域的大小为 $30 \times 10B$（图 4），图 5 给出了网格的划分示意图。湍流模型为 SST k-ω 模型，用二阶迎风格式对控制方程进行离散，采用 PISO 压力-速度耦合算法进行求解，时间步长设置为 0.0005s。

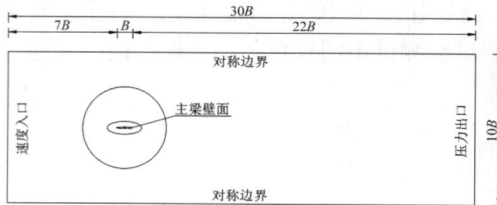

图 4 计算域布置

图 5 网格总体划分

3.2 流场结构分析

从图 6 中可以看出，三种攻角下的主梁流场结构不同，间隙内的旋涡分布随攻角产生很大变化。−3°攻角的振幅最大，间隙内也拥有着最大尺度的旋涡，而 0°、+3°攻角下主梁间隙内的旋涡尺寸逐级减小。

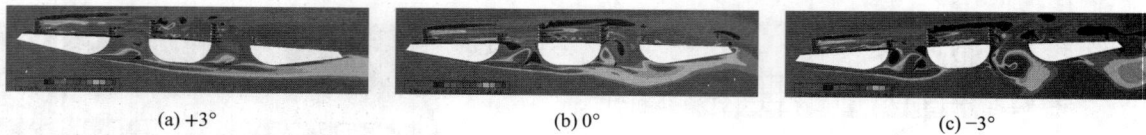

(a) +3° (b) 0° (c) −3°

图 6 不同风攻角下的流场结构

4 结论

三箱梁成桥态涡振振幅随风攻角的减小呈增大趋势。梁中间隙内旋涡与涡振振幅有着很强的相关性，随着攻角的减小，旋涡尺寸也在逐渐增大，从而导致更加严重的涡振现象。

参考文献

[1] BRANCALEONI F, DIANA G. The aerodynamic design of the Messina Straits Bridge[J]. Journal of Wind Engineering and Industrial Aerodynamics, 1993, 48(2): 395-409.

[2] 高东来, 孟昊, 陈文礼, 等. 分离式三箱梁空气动力学特性风洞试验[J]. 中国公路学报, 2023, 36(8): 112-120.

[3] 杨凤帆, 郑史雄, 周强, 等. 分体三箱断面主梁桥梁的抗风性能及气动优化[J]. 振动与冲击, 2021, 40(19): 137-144.

[4] 王滨璇, 孙一飞, 胡波, 等. 风攻角对流线型主梁涡振特性影响的试验研究[J]. 工程力学, 2024, 41(S1): 222-227.

基于数值模拟的Π型梁涡振吹吸气控制研究

高丙栏，李春光，韩 艳，王响军

（长沙理工大学土木工程学院 长沙 410114）

1 引言

Π型断面桥梁因气动外形复杂，特别在低风速条件下容易发生涡激振动（VIV），其主要由桥梁断面周围气流分离形成的周期性旋涡脱落引起。现有研究中，机械措施（如 TMD）通过增加阻尼减小振动，但易增加荷载与成本；气动措施（如导流板、防撞护栏）需针对具体断面反复试错，通用性不足。主动流动控制近年来逐渐应用于桥梁领域[1]，通过吸吹气干扰流场从根本上抑制涡振，但多集中于流线型断面或拉索振动，鲜有针对Π型开口断面的研究。本文创新性地提出针对Π型断面的主动吸吹气控制策略，设计了 8 种方案，揭示了涡振两个区间的前后缘旋涡脱落机理，验证了吸吹气方案的高效性，并探讨了旋涡脱落模式与振动抑制的关系，为复杂断面桥梁的涡振控制提供了新思路。

2 研究内容

2.1 工程概况

本文以某主跨为 436m 的双塔半漂浮体系斜拉桥为工程背景，该桥主跨采用 I 型钢边主梁与预制混凝土桥面板组合形成的Π型主梁断面，梁宽 33.5m，跨中截面高 2.7m，双边 I 型边主梁间距为 31.5m，主梁断面如图 1 所示，风洞试验节段模型缩尺比为1：50。

2.2 原断面流迹分析

将数值模拟结果与风洞试验对比，发现两者的涡振区间与最大振幅相对误差较小，说明本文 CFD 模拟的准确性。对两个涡振区间内上升点 U_{r1} = 3.6m/s、U_{r2} = 7.43m/s 原断面流迹分析，涡量

图 1 斜拉桥主梁断面 1：50 节段模型风洞试验

图如图 2 所示，发现两个涡振区间产生涡激振动机理不同，第一个涡振区间内产生涡激振动主要由于后缘涡引起，第二个涡振区间产生振动主要由于前缘涡向后流动造成。控制涡振时，分别考虑在对振动影响最大处放置管道进行主动吸吹气流动控制研究。

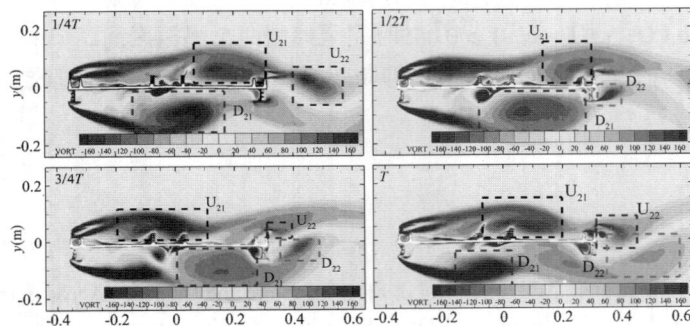

基金项目：国家自然科学基金项目（52178452，12302328）

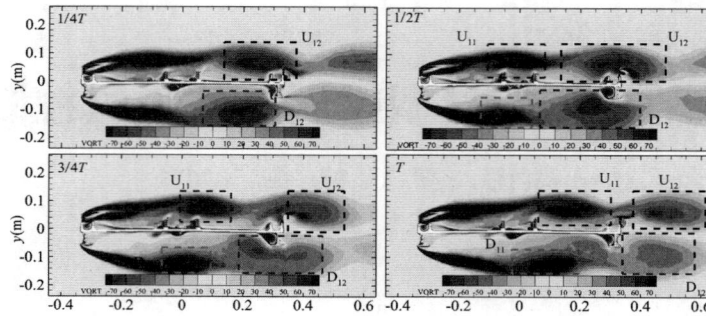

图 2 $U_{r1} = 3.62\text{m/s}$、$U_{r2} = 7.43\text{m/s}$ 涡量图

2.3 方案设计

本文研究主动吸吹气控制对 II 形梁断面涡振的影响，设计 8 种控制方案探究对来流风速 $U_{r2} = 7.43\text{m/s}$ 下气动力控制效果，结果如图 3 所示。同时探究不同方案影响下的竖向振动幅值变化，结果如图 4 所示。

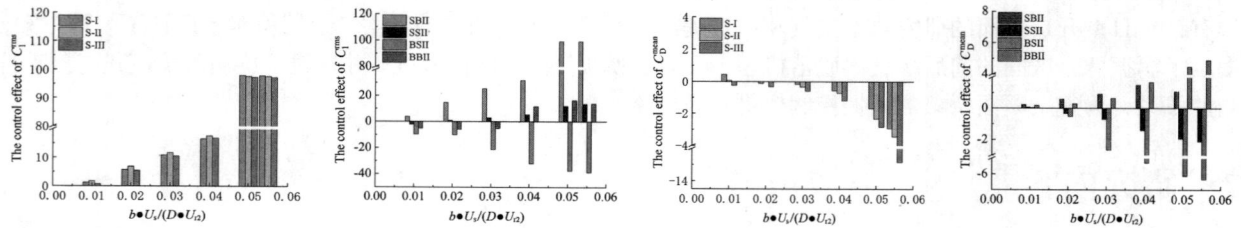

图 3 对 C_l^{rms}、C_d^{mean} 的控制效果

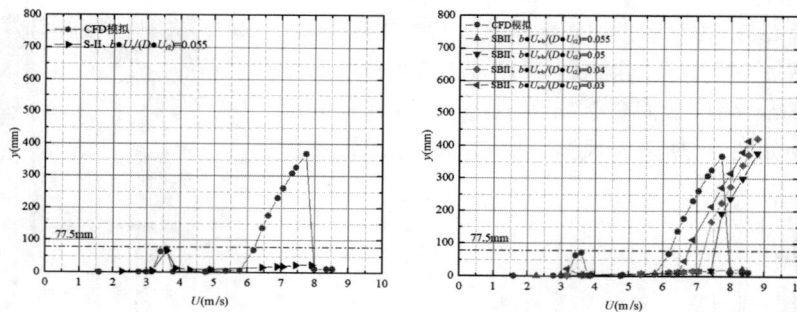

图 4 在不同控制方案下竖向振动幅度随吸吹气流量的变化

3 结论

本文通过数值模拟揭示了 II 型断面桥梁的两个涡振区间产生机理为后缘旋涡的同时脱落与前缘旋涡的交替脱落，单侧吸气（S-II 方案）在 $b \cdot U_s/(D \cdot U_{r2}) = 0.055$ 时对第二个涡振区间具有最佳抑制效果；双侧吸吹气（SBII 方案）可在 $b \cdot U_{s-b}/(D \cdot U_{r2}) \geqslant 0.055$ 时完全抑制两个涡振区间，单侧吸气（S-IIR 方案）在 $b \cdot U_s/(D \cdot U_{r1}) = 0.05$ 时对第一个涡振区间具有最佳抑制效果；吸吹气控制可通过改变旋涡脱落模式和频率达到抑制涡振的效果。

参考文献

[1] Chen G B, Chen W L, Gao D L, et al. Active Control of Flow Structure and Unsteady Aerodynamic Force of Box Girder with Leading-Edge Suction and Trailing-Edge Jet[J/OL]. Experimental Thermal and Fluid Science, 2021, 120, 110244. https://doi.org/10.1016/j.expthermflusci.2020.110244.

基于三模态闭合解理论的单跨悬索桥节段模型颤振风速修正方法

杨少鹏[1,2]，王　骑[1,2]，黄　林[1,2]，王礼杰[1,2]

（1. 西南交通大学桥梁工程系　成都　610031；
2. 风工程四川省重点实验室　成都　610031）

1　引言

　　单跨悬索桥的模态组合对颤振风速影响很大，但常规节段模型试验难以反映多模态颤振风速，不利于开展颤振稳定性评价。为此，丁泉顺[1]、张岩[2]等开展了研究，提出了基于节段模型的颤振风速修正公式。本文基于三模态闭合解理论，在二自由度闭合解中引入质量修正系数，实现了从节段模型颤振风速到三模态耦合颤振风速的修正，并对算例进行了验证。

2　模态耦合效应机理分析

　　耦合颤振扭转模态分支的系统阻尼比构成公式[3-4]如公式(1)所示，对于三模态闭合解来说振型相似系数是小于 1 的，而当 $D_{vi,t} = 1$（即模态间完全相似），参与耦合的竖向模态数量 $n = 1$ 时，公式(1)即为节段模型的系统阻尼比。不难发现，要使一阶组合的节段模型颤振临界风速与三维颤振计算保持一致，耦合项气动阻尼[4]的修正至关重要，基于系统总阻尼等效原则，对比一阶组合和三模态的耦合项阻尼，引入系统质量修正系数 η（修正后的系统质量为 ηm_1），可以实现节段模型到三模态耦合颤振的转换，如公式(2)所示。

$$\xi_t = \frac{\xi_{st}\omega_{st}}{\omega_t} - \frac{\rho b^4}{2I}A_2^* - \sum_{i=1}^{n}\left[D_{vi,t}^2 \Psi_{vi,t}' \frac{\rho^2 b^6}{2m_iI}\left(A_1^*\cos\psi_i + A_4^*\sin\psi_i\right)\right] \tag{1}$$

式中，m_i 和 I 是各阶竖向模态等效质量和等效质量惯性矩；$D_{vi,t}$ 是振型相似系数[4]；Ψ_i 和 ψ_i 表示广义位移向量间的振幅比和相位差；$\frac{\rho b^2}{m_i}\Psi_{vi,t}'\frac{G_{vi,t}}{G_{vi,vi}} = \Psi_i$，$G$ 为模态积分。

$$\eta = \frac{\xi_{耦合-2D}}{\xi_{耦合-3D}} = \frac{\Psi_{v1,t}'\dfrac{\rho^2 b^6}{2\eta m_1 I}\left(A_1^*\cos\psi_1 + A_4^*\sin\psi_1\right)}{\sum_{i=1}^{n}\left[D_{vi,t}^2 \Psi_{vi,t}'\dfrac{\rho^2 b^6}{2m_i I}\left(A_1^*\cos\psi_i + A_4^*\sin\psi_i\right)\right]} \tag{2}$$

式中，$\xi_{耦合-2D}$ 表示二自由度组合的耦合项阻尼；$\xi_{耦合-3D}$ 表示三维组合的耦合项阻尼。需要说明的是，η 的计算为三模态颤振临界风速下的耦合项阻尼比取值。

　　借助理想平板颤振导数，通过闭合解理论[3-4]计算得到 0°风攻角下某主跨为 968m 的单跨悬索桥二自由度一阶、二阶组合和考虑振型的三模态组合的系统阻尼随折算风速的变化和颤振临界风速如图 1 所示，从中可以看出，除了风速以外，更重要的是，该方法可以准确描述三模态耦合颤振下总阻尼的全过程变化，从而在节段模型试验中把握多模态颤振机理。由公式(2)，可以得到 $\eta = 0.794$，再将修正后的系统质量 ηm_1 重新代入二自由度闭合解，得到的系统总阻尼比如图 1a 所示，可以发现，修正后的一阶组合得到的颤振临界风速 98.4m/s 与三模态组合的颤振临界风速 97.2m/s 接近。

基金项目：国家自然科学基金项目（52378537）

(a) 系统阻尼比

(b) 临界风速

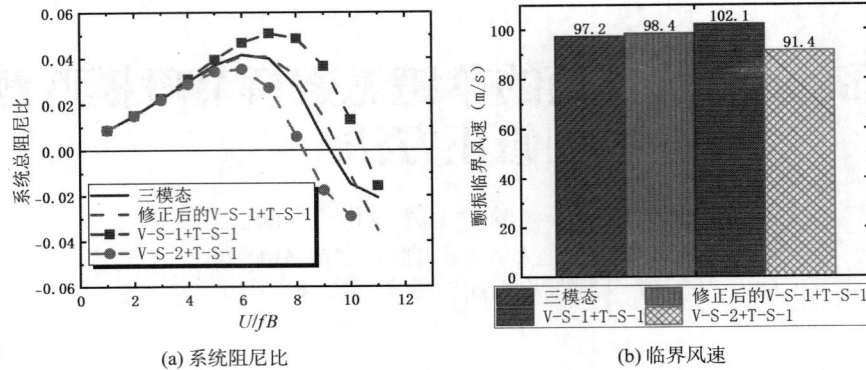

图 1　闭合解计算结果

3　风洞试验验证

对某主跨为 968m 的单跨悬索桥，采用 1∶50 节段模型颤振试验（如图 2 所示），基于 V-S-1 + T-S-1 组合测得的颤振临界风速 94.4m/s，基于 V-S-2 + T-S-1 组合测得的颤振临界风速 84.2m/s，通过质量修正后的风速为 88.5m/s。1∶100 全桥气动弹性模型风洞试验（如图 3 所示）的颤振临界风速 89.6m/s，可以看出修正后的节段试验试验结果更接近全桥试验结果。

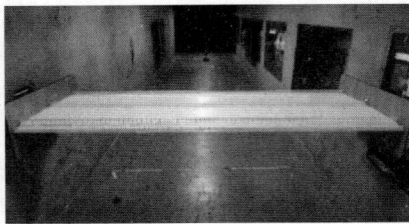

图 2　节段模型风洞试验

图 3　全桥气弹模型风洞试验

4　结论

研究结果表明，节段模型的颤振临界风速通过三模态闭合解理论进行修正后可以得到更接近全桥试验的结果。

参考文献

[1] 丁泉顺, 张鹏飞, 朱乐东. 现代柔性桥梁结构的节段模型设计新方法[C]//第十四届全国结构风工程学术会议论文集. 北京, 2009.

[2] 张岩. 大跨度悬索桥二维与三维颤振差异性的机理分析[D]. 成都: 西南交通大学, 2024.

[3] CHEN X Z, KAREEM A. Revisiting multimode coupled bridge flutter: Some new insights [J]. Journal of Engineering Mechanics, 2006, 132 (1): 1115-1123.

[4] CHEN X Z. Improved understanding of bimodal coupled bridge flutter based on closed form solutions [J]. Journal of Structural Engineering, 2007, 133 (1): 22-31.

基于新型阻尼装置 LBTMD 的大跨度桥梁涡振控制性能研究

陈怡舟，陈文礼

（哈尔滨工业大学土木工程学院 哈尔滨 150001）

1 引言

随着桥梁跨径的增大，桥梁模态更加密集，常遇风速下的涡振模态增多，导致涡振风险上升[1]。近年来，我国多座大跨度桥梁出现了显著的涡激振动，严重影响了行车的舒适性与安全性，因此亟需合理有效的振动控制措施。与气动控制措施相比，机械控制措施具有更广泛的适用性。目前应用最广泛的机械阻尼装置是调谐质量阻尼器（TMD），但对于超大跨度桥梁，由于发生涡振时的频率较低，传统 TMD 面临静伸长量过大的问题。为此，本文提出了一种新型的基于连杆机构的双向 TMD 系统（LBTMD），通过对比传统 TMD 设计方法与遗传算法的优化结果，分析了两种参数优化方法的效果。

2 理论模型

LBTMD 的力学模型如图 1 所示。根据 Lagrange 变分原理，可以建立 LBTMD 的控制方程，通过引入无量纲时间 $s = \dfrac{Ut}{D}$，无量纲位移 $Y = \dfrac{y}{D}$，可以得到受控系统的无量纲运动方程：

$$(m + m_1 + m_2)\ddot{Y} + 2m\omega^*\zeta\dot{Y} + m\omega^{*2}Y = -m_1 l \cos\theta \frac{\ddot{\theta}}{D} + m_1\dot{\theta}^2\frac{l^*}{D}\sin\theta + F_{\mathrm{VIV}} \tag{1}$$

$$(m_1 + m_2\tan^2\theta)\ddot{\theta} + (c_1^* + c_2^*\tan^2\theta)\dot{\theta} + k_1^*(l^*\sin\theta - l_1^*)/(l^*\cos\theta) +$$
$$k_2^*\tan\theta(l_2^* - l^*\cos\theta)/(l^*\cos\theta) = -m_1\ddot{Y}D/(l^*\cos\theta) - (m_2 - m_1)\tan\theta\dot{\theta}^2 \tag{2}$$

$$F_{\mathrm{VIV}} = \rho U^2 D\left[Y_1(1 - \varepsilon\dot{Y}^2)\dot{Y} + Y_2 Y + Y_3 Y\dot{Y} + Y_4 Y^2 + Y_5 Y^2\dot{Y}^2 + Y_6\dot{Y}^4 + \frac{1}{2}C_{\mathrm{L}}\sin(\omega^* s + \phi)\right] \tag{3}$$

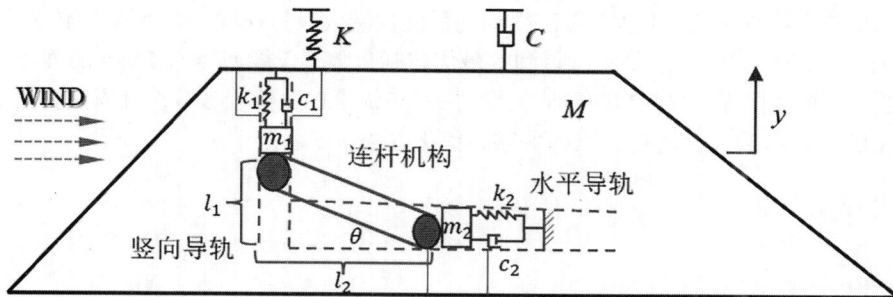

图 1 LBTMD 竖向振动控制装置示意图

式中，m、m_1、m_2 分别表示节段模型与竖向以及水平质量块的单位长度质量；ξ 为节段模型的阻尼比；$\omega^* = \omega D/U$ 为无量纲桥梁振动频率；D 为参考长度；U 为来流风速。l_1、l_2 分别为连杆初始状态在竖向与水平方向的无量纲投影长度；l^* 为连杆无量纲长度，长度的无量纲化满足 $l_i^* = l_i/D$；Y，θ 分别为节段模型和连杆的无量纲位移；d_1^*、d_2^* 分别对应竖向与水平阻尼器的无量纲阻尼，阻尼的无量纲化满足 $d_i^* = Dd_i/U$；同理，k_1^*、k_2^* 分别为竖向与水平弹簧的无量纲刚度，刚度的无量纲化满足 $k_i^* = Dk_i/U$；F_{VIV} 为无量纲化的涡激力，本文

基金项目：国家自然科学基金项目（51978222）

采用的涡激力模型为多项式模型；$Y_i(i = 1,2,\cdots,6)$、ε、C_L均为无量纲频率ω^*的函数，可通过试验拟合获得[2]。

3　涡振控制性能研究

从图 1 中可看出，通过设计质量m_2和刚度k_2，可以使得竖向 TMD 的静伸长量降为 0。同时，水平 TMD 的静压缩量满足关系式$x_{20} = \dfrac{m_1 g}{k_2 \tan\theta} = \dfrac{m_1 \omega^2 l_2}{k_2 l_1}\dfrac{g}{\omega^2}$，可估算为相同条件下传统 TMD 静伸长量的$\dfrac{m_1\omega^2 l_2}{k_2 l_1}$倍，且由桥梁高度方向转为水平宽度方向。本文首先按照传统 TMD 的最优参数设计方法，分别改变阻尼器与受控结构的总质量比、m_2/m_1以及连杆水平投影长度l_2，对 LBTMD 安装后受控系统在涡振发生风速下的历程进行仿真，得到在固定总质量比 0.8%下，阻尼器的减振率随m_2/m_1以及l_2的变化情况，如图 2 所示。同时，计算了相同条件下采用遗传算法得到的 LBTMD 最优刚度和阻尼下的减振率，两者的对比情况如图 3 所示。

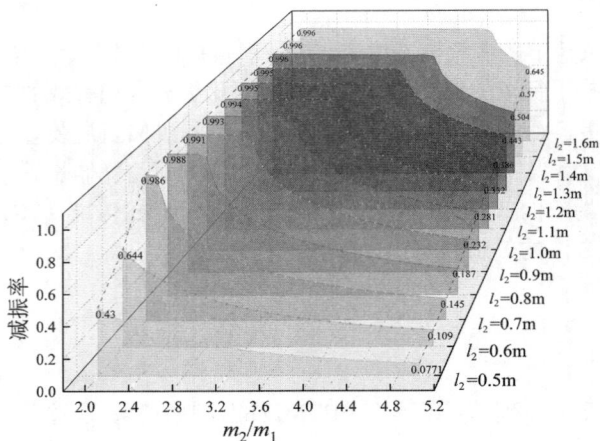

图 2　减振率随m_2/m_1和l_2的变化情况　　图 3　遗传算法与传统设计方法的减振率对比

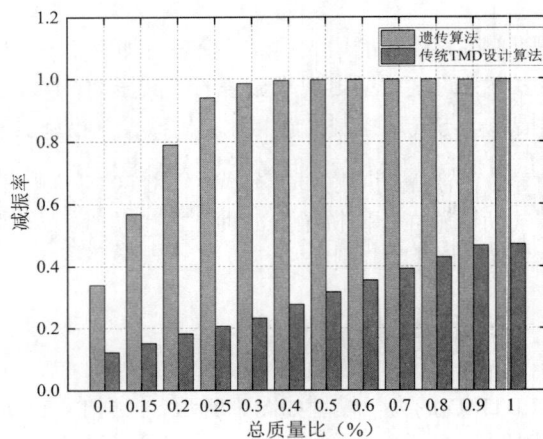

4　结论

本文推导了 LBTMD 控制下系统的耦合运动方程，并对阻尼器的不同参数进行了研究。结果表明：在传统参数设计方法中，LBTMD 的减振率随阻尼器总质量比的增大而增大，随m_2/m_1的增大而减小，随l_2的增大而增大。但是，与遗传算法结果对比发现，传统参数设计方法无法准确得到最优控制参数。在总质量比为 1%，$l_2 = 0.5\text{m}$，$m_2/m_1 = 2$的条件下，采用遗传算法得到的最优控制效果为 99.81%，而采用传统参数设计方法得到的控制效果仅有 47.17%。同时，遗传算法得到的最优控制参数不仅能使竖向 TMD 的静伸长量降为 0，还能将水平 TMD 的静压缩量降至传统 TMD 静伸长量的 2/5，优于按照传统参数设计方法得到的 5/8。因此，遗传算法是进行 LBTMD 参数设计时更为准确可靠的优化方法。

参考文献

[1]　华旭刚, 黄智文, 陈政清. 大跨度悬索桥的多阶模态竖向涡振与控制[J]. 中国公路学报, 2019, 32(10): 10.

[2]　孟晓亮. 大跨度钢箱梁桥非线性涡激共振及机理研究[D]. 上海: 同济大学, 2013: 137-149.

下中央稳定板高度及开孔率对Π型叠合梁涡激振动特性的影响研究

刘　睿[1]，孙一飞[1,2,3]，曹　恒[1]，王庆才[1]，刘庆宽[1,2,3]

（1. 石家庄铁道大学土木工程学院　石家庄　050043；
2. 石家庄铁道大学省部共建交通工程结构力学行为与系统安全国家重点实验室　石家庄　050043；
3. 河北省风工程和风能利用工程技术创新中心　石家庄　050043）

1　引言

钢-混叠合梁广泛应用于我国大跨度斜拉桥的设计与建造中，其中下部纵梁采用工字型双边钢主梁的Π型叠合梁最为常见。Π型叠合梁受其较钝的气动外形和开口截面特性，使得梁底的气流绕流状态更加复杂，进而导致涡激振动问题更加显著。针对这一问题，国内外许多学者提出了不同的气动措施抑制涡振[1,2]。然而同一气动措施在不同桥梁上的抑振效果差异较大，因此针对特定断面不同气动措施的抑振特性仍需进行具体研究。本文通过风洞试验与数值模拟，研究了下中央稳定板开孔率及高度变化对Π型叠合梁涡振特性的影响。

2　节段模型涡激振动试验

本试验在石家庄铁道大学风工程研究中心 STU-1 风洞实验室进行，试验选取Π型梁作为研究对象，并将节段模型的尺寸缩尺比设定为 1：50，以模拟实际桥梁节段的结构特性。模型示意图见图 1，下中央稳定板的布置示意图见图 2。试验中设定了无量纲高度比h/H，其中h为下中央稳定板的高度，H为Π型梁的高度；以及开孔率$R_i = s/S$，其中s为下中央稳定板的开孔面积，S为下中央稳定板的总面积。试验条件包括五种不同的高度（分别为 0.67、1.00、1.33、1.67、2.00）和四种开孔率（分别为$R_0 = 0\%$、$R_1 = 16.83\%$、$R_2 = 33.66\%$、$R_3 = 50.49\%$），其他参数保持不变。所有试验均在+3°风攻角条件下进行。通过调整不同的下中央稳定板形式，研究高度和开孔率对Π型梁涡激振动特性的影响。

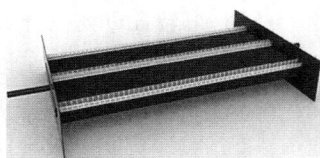

图 1　Π型梁模型示意图　　图 2　下中央稳定板布置示意图

3　中央稳定板高度对涡激振动特性的影响

通过布置不同高度的下中央稳定板并进行涡振试验，得到了试验结果，如图 3、图 4 所示。结果表明，在+3°风攻角条件下，布置下中央稳定板能够有效抑制Π型梁的涡振响应。随着稳定板高度的增加，涡振幅值逐渐降低，且竖弯涡振抑制效果在 1.67H时达到最佳值。进一步增加稳定板高度后，涡振幅值的抑制效果减弱。通过调节稳定板高度，最大竖向涡振幅降低了 30.66%，最大扭转涡振幅降低了 34.57%。因此，后续研究将重点分析在稳定板高度为 1.33H和 1.67H条件下，稳定板开孔率对Π型梁振动特性的影响。

基金项目：河北省自然科学基金创新研究群体项目（E2022210078），中央引导地方科技发展资金项目（236Z5410G），河北省高端人才项目（冀办〔2019〕63 号），国家自然科学基金青年科学基金项目（52408551），河北省自然科学基金青年项目（E2024210071），河北省高等学校科学技术研究项目（QH2024038）

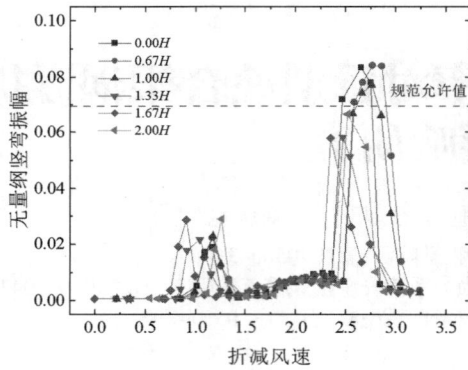

图 3　竖向涡振响应（不开孔稳定板）

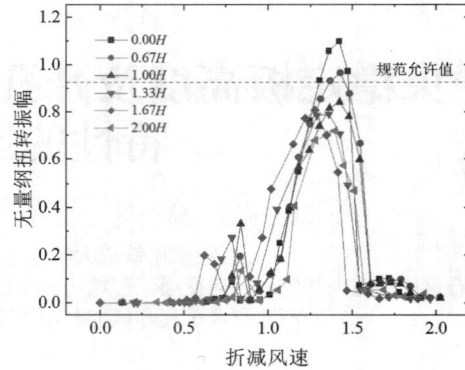

图 4　扭转涡振响应（不开孔稳定板）

4　中央稳定板开孔率对涡激振动特性的影响

针对 1.33H 和 1.67H 高度的稳定板，调节稳定板开孔率并进行涡振试验，在涡激振动稳定板由不开孔向开孔调节的过程中，涡振抑制会呈现先增强后减弱的趋势，稳定板开孔后针对扭转涡振抑制效果提升更为明显，如图 5、图 6 所示。当 1.67H 的稳定板开孔率为 16.83% 时，最大竖向涡振幅降低了 43.99%，最大扭转涡振幅降低了 47.04%，抑振效果最为显著。

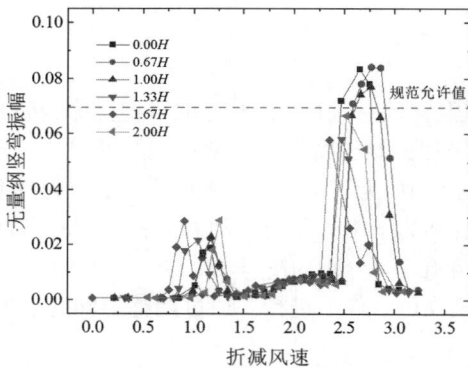

图 5　竖向涡振响应（开孔稳定板）

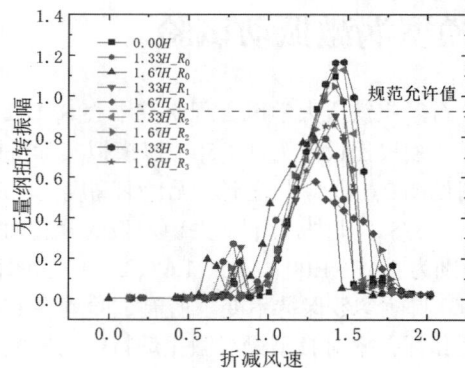

图 6　扭转涡振响应（开孔稳定板）

5　结论

本文通过风洞试验与数值模拟，揭示了Ⅱ型叠合梁下中央稳定板高度与开孔率对涡激振动的协同调控机理。当稳定板高度为 1.67H 且开孔率 16.83% 时，竖弯与扭转涡振幅分别降低 43.99% 和 47.04%，其机制源于对梁底空腔区主导涡的调控，在适度开孔后通过孔隙泄流削弱涡量累积，配合特定高度可重构旋涡演化路径。下中央稳定板通过改变空区域内旋涡演化模式，使得涡激振动响应明显减弱。该研究通过多参数协同优化与流动机理解析，为Ⅱ型叠合梁的涡激振动控制提供了理论支撑与工程实践指导。

参考文献

[1]　IRWIN P A. Bluff body aerodynamics in wind engineering[J]. Journal of Wind Engineering and Industrial Aerodynamics, 2008, 96(6-7): 701-712.

[2]　李欢, 何旭辉, 王汉封, 刘梦婷, 彭思. π 型断面超高斜拉桥涡振减振措施风洞试验研究[J]. 振动与冲击, 2018, 37(7): 62-68.

面向振幅控制的 TMD 优化布置方法研究

蒋冠权[1]，朱　青[1,2,3]，朱乐东[1,2,3]

（1. 同济大学土木工程学院桥梁工程系　上海 200092；
2. 同济大学 土木工程防灾减灾全国重点实验室　上海 200092；
3. 同济大学 桥梁结构抗风技术交通运输行业重点实验室　上海 200092）

1　引言

目前主要采用气动措施、结构措施和机械措施对桥梁涡振进行控制。对于已经建成的桥梁采用气动措施控制涡振不仅价格昂贵而且会影响桥梁的正常使用。TMD 作为传统的桥梁风致振动控制方法设计理论成熟且安装简便[1]非常适合已有桥梁的涡振控制。但是由于缺乏实桥涡振振幅精确预测手段，传统 TMD 设计方法以等效阻尼比增加到涡振无法发生为控制目标，并按逐个模态进行设计。这些方法存在 TMD 用量过于保守并且忽略各 TMD 之间的相互作用等问题。为此，本文提出了一种涡振振幅计算方法并以涡振振幅为控制目标，采用遗传算法对 TMD 参数进行优化，以获得较为经济的 TMD 布置结果。

2　研究方法和内容

本文的主要研究内容有：（1）建立带 TMD 的五跨连续梁桥（单跨跨径 100m、前三阶竖弯自振频率分别为 0.66Hz、0.73Hz、0.91Hz）有限元模型，并采用复模态分析计算加入 TMD 后结构的频率、振型和阻尼比等动力特性并分析 TMD 的加入对结构动力特性的影响；（2）基于结构的动力特性计算结构的涡振振幅，并分析 TMD 参数变化对于结构振幅和结构阻尼比的影响；（3）以连续梁桥的振幅为控制目标采用遗传算法对 TMD 参数进行优化，并对比在不同振幅控制目标下最优 TMD 参数结果。

2.1　带 TMD 实桥涡振振幅计算方法

本文采用广义多项式涡激力模型[2]并只考虑气动阻尼项，多个 TMD 和桥梁耦合的运动方程如式(1)所示。

$$\widetilde{M}_{GT}(\ddot{v} + 2\xi K_s \dot{v} + K_s^2 v) = \rho D^2(\widetilde{Y}_1 + Y_1\widetilde{\varepsilon_{03}}\dot{v}^2)\dot{v}l \tag{1}$$

式中，$\widetilde{M}_{GT}$ 为加入 TMD 后梁桥模态质量；v 为位移的广义坐标；ξ 为加入 TMD 后梁桥的模态阻尼比；K_s 为广义模态频率；ρ、D 分别为空气密度和梁高；$\widetilde{Y}_1$、Y_1、$\widetilde{\varepsilon_{03}}$ 均为气动参数。为简化计算，本文采用的涡激力模型只考虑了一阶气动负阻尼项和三阶气动正阻尼项。将只考虑阻尼项的涡激力移到方程左边，并采用能量等效原理计算气动力产生的等效气动负阻尼，并认为当气动负阻尼与结构阻尼相互抵消时涡振振幅达到最大值，最后通过求解简单的多项式方程即可获得涡振振幅。

2.2　TMD 参数优化

在对 TMD 参数优化前，需要先考虑 TMD 位置、质量、频率、阻尼比等参数对涡振振幅和结构阻尼比影响，以确定采用遗传算法生成"种群"时 TMD 参数的取值范围。图 1 表示 TMD 的位置（0～500m）和频率（0.5～1Hz）对结构第一阶模态阻尼比的影响。

采用遗传算法对 TMD 参数进行优化的目标函数 Ω 为

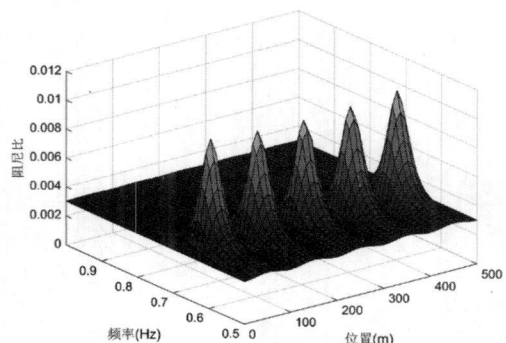

图 1　TMD 位置和频率对结构阻尼比影响

$$\Omega = \sum_i m_{\mathrm{T}i} + \sum_j P_j \times \max\{A_j - \overline{A_j}, 0\} \tag{2}$$

式中，$m_{\mathrm{T}i}$为第i个 TMD 的质量；P_j为罚参数；A_j为第j阶模态的涡振振幅；$\overline{A_j}$为第j阶模态的容许涡振振幅。涡振容许振幅根据结构最大加速度计算确定。

3 研究结论

本文针对一座五跨连续梁桥的 TMD 布置进行优化分析，得出了在不同涡振振幅控制条件下最优 TMD 布置方案。$[h_{\mathrm{b},0}]$表示涡振振幅为 0（即完全抑制涡振），$[h_{\mathrm{b}}]$表示按《桥梁抗风设计规范》确定的涡振振幅容许值，$[h_{\mathrm{b},0.5}]$表示按桥梁最大加速度为 0.5m/s^2 计算的涡振振幅容许值，$[h_{\mathrm{b},1.0}]$计算方式同$[h_{\mathrm{b},0.5}]$。

不同振幅下 TMD 布置方案（质量单位：kg，频率单位：Hz）　　　　表 1

振幅	TMD1 质量	TMD1 频率	TMD2 质量	TMD2 频率	TMD3 质量	TMD3 频率	总质量
$[h_{\mathrm{b},0}]$	3742	0.66	1264	0.91	823	0.72	5829
$[h_{\mathrm{b}}]$	2637	0.67	1060	0.91	981	0.71	4653
$[h_{\mathrm{b},0.5}]$	2290	0.66	1002	0.91	1907	0.76	5199
$[h_{\mathrm{b},1.0}]$	2912	0.68	1061	0.91	1076	0.73	5049

从表 1 中可以看出，以涡振振幅为控制目标可以减小 TMD 的总质量。但是对于连续梁桥，当结构涡振振幅较小时只需增加较少量的 TMD 即可完全抑制涡振，此时采用涡振振幅为控制目标对 TMD 参数进行优化对经济效益的提高较为有限。

参考文献

[1] 杨宇, 杨庆山, 王奇. 基于 Bouc-Wen 模型等效线性化的磁流变弹性体调谐质量阻尼器优化设计[J]. 土木工程与管理学报, 2023, 40(1): 98-108.

[2] XU K, GE Y, ZHAO L, et al. Calculating Vortex-Induced Vibration of Bridge Decks at Different Mass-Damping Conditions[J]. Journal of Bridge Engineering, 2017, 23(3): 04017149.

基于全桥气弹模型的多模态涡振特性研究

王　震[1]，张志田[2]

（1. 天津大学建筑工程学院　天津　300072；2. 海南大学土木建筑工程学院　海口　570228）

1　引言

近年来，越来越多在运营的桥梁经历了多模态涡激振动。第一个被报道的是旧塔科马桥[1]，它引起了桥梁风工程领域重大关注。最近，中国的西堠门大桥（1650m）和虎门大桥（888m）也经历了高阶涡激振动。尽管涡振的机理很复杂，庆幸的是，竖向涡激振动是一种非线性自限幅振动，不会像颤振失稳那样，在短时间内对结构造成灾难性破坏。但是，频繁的振动还可能造成构件的疲劳损伤，导致结构阻尼比下降[2]。因此，对多模态涡振特性准确计算是亟需解决的关键技术难题。在本文，设计了一个可模拟多阶竖向模态的全桥气动弹性模型。将气弹模型的动力学特性与等尺度有限元模型进行了比较，进一步验证其准确性。研究了多模态涡激振动幅值、模态竞争和能量转移特征。

2　全桥气弹模型制作与验证

原型桥梁采用主跨1150m的双塔π型主梁悬索桥方案。主梁跨径布置为340 + 1150 + 370m，主梁总宽29.24m，高4.08m。气弹模型按照1∶136进行缩尺处理，气弹模型主梁标准断面如图1所示。为了验证气动弹性模型动力特性的准确性，建立了与气弹模型等尺度的有限元模型。通过有限元软件对模型进行模态求解，有限元模型和气弹模型的频率比较如表1所示。可以看出，物理模型测得的各阶频率与有限元计算得到的模态固有频率吻合较好。

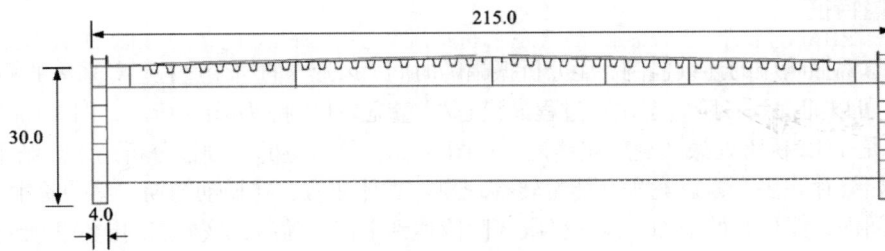

图 1　标准断面布置图（单位：mm）

有限元模型和气弹模型频率比较　　　　　　　　　　表 1

模态阶次	模态振型	频率 f_s（Hz）		误差（%）
		有限元模型	气弹模型	
2	VA-1	1.371	1.390	1.39
3	VS-1	1.767	1.719	−2.82
8	VS-2	2.426	2.463	1.56
10	VA-2	3.163	3.067	−3.03
18	VS-3	4.323	4.248	1.73
23	VA-3	5.550	5.533	0.30

基金项目：国家自然科学基金项目（52268073）

模态阶次	模态振型	频率 f_s（Hz）		误差（%）
		有限元模型	气弹模型	
29	VS-4	7.012	6.841	2.44
36	VA-4	8.643	8.512	1.51

3 多模态涡振特征

3.1 多模态涡振锁定特征

在均匀流场中，通过逐级增加风速采集了前 8 阶竖向模态的涡振振幅随风速的变化特征，研究不同模态之间的涡振差异。需要说明的是，第一阶正、反对称模态（VS-1 和 VA-1）没有被采集到涡激振动现象，可能的原因是风速过小导致风速不均匀或紊流度过大。由于各级模态的 S_c 数差异显著，使得多模态涡激振动幅值并非简单地随风速增大而增加，具体振幅变化如图 2 所示。

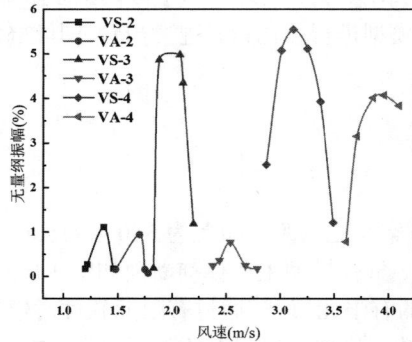

图 2　多模态涡振幅值随风速变化　　　　图 3　多模态涡振幅值随风速变化

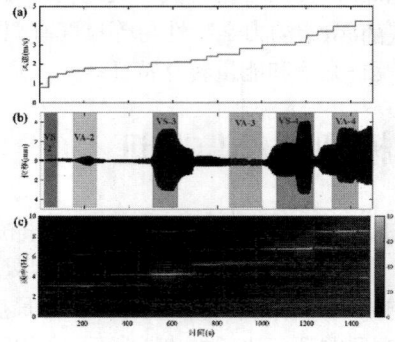

3.2 多模态能量特征

通过对多模态涡振响应的连续监测，能分析振幅随时间（风速）的演变过程。对采集的响应进行时间-频率-能量谱分析，可以捕捉到各阶模态振动过程的模态/能量竞争机制。如图 3 所示，图 3（a）是风速随时间变化；图 3（b）是 1/12 桥跨处振动响应连续记录；图 3（c）是对应的时频谱分析结果。结果表明，在涡激振动演化过程，始终存在多个模态竞争和能量转移现象。总体而言，在振动初期，第一阶主导模态被激活，在该涡振锁定区间内，能量开始增加，并在极限环阶段达到平衡；随后，该模态的能量开始减小，而下一阶模态的能量开始增加。

4 结论

基于全桥气弹模型对多模态涡振振幅和模态竞争进行研究。随着风速逐级增大，多个模态的涡振被逐个激发。基于能量角度分析，模态竞争本质表现为模态间的能量传递。

参考文献

[1] MATSUMOTO M, SHIRATO H, YAGI T, et al. Effects of aerodynamic interferences between heaving and torsional vibration of bridge decks: the case of Tacoma Narrows Bridge [J]. Journal of Wind Engineering and Industrial Aerodynamics, 2003, 91: 1547-1557.

[2] 葛耀君. 大跨度悬索桥抗风[M]. 北京: 人民交通出版社, 2011.

闭口箱梁竖弯涡振起振机理分析

柴智敏，方根深，杨詠昕，葛耀君

（同济大学土木工程防灾减灾全国重点实验室 上海 200092）

1 引言

涡激振动是特定风速范围内由结构表面旋涡的交替脱落诱发的结构振动现象，是桥梁结构面临的主要风致振动问题之一，威胁桥梁的通行安全与舒适性，甚至引发社会恐慌，长期振动还可能加速桥梁的疲劳损伤。闭口钢箱梁是大跨桥梁应用最为广泛的断面形式之一，但仍存在涡激振动风险，如大海带桥、虎门大桥等。既有研究多关注涡振稳态振动过程的整体力学特征或表面风压分布，并比较有无气动措施引起的涡振力学参数的差异，而在相同风场条件下，有/无气动措施造成的涡振振幅差异势必会带来不同力学特征演变结果，仍无法解释涡振起振的底层机理。本文以某大跨度斜拉桥闭口箱梁断面为研究对象，通过固定模型测压风洞试验获取作用于固定模型的气动力，通过变分模态分解方法将气动力分解为若干子成分，通过对不同气动外形模型的涡振响应与气动力子成分特征对比分析探讨了涡激振动与作用于模型的气动力之间的关系，研究了闭口箱梁竖弯涡振的起振机理。

2 风洞试验与涡振性能

以某闭口箱梁模型为研究对象，试验模型宽 1.64m，高 0.16m，竖弯频率为 2.33Hz，模型表面测压孔与附属设施布置如图 1 所示，模型竖弯涡振响应如图 2 所示，可以发现，原始断面模型具有明显的竖弯涡振，检修车轨道和迎风侧栏杆是涡振主要诱因，背风侧轨道的作用尤为显著。

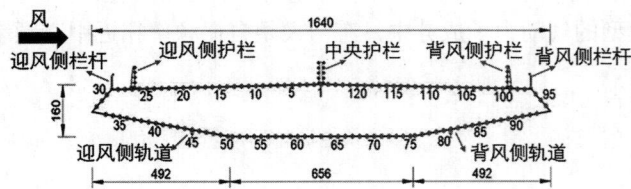

图 1 模型测压孔与附属设施布置图（单位：mm）

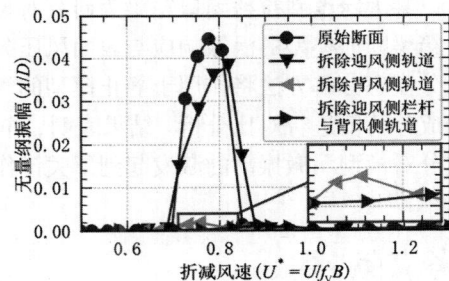

图 2 节段模型竖弯涡振响应

3 气动力变分模态分解与特征分析

作用于模型的力可以通过累加模型表面各测压孔的风压数据获得，试验模型固定后测得的力即为对应风速下作用于模型的气动力。采用变分模态分解方法将涡振区间内不同风速下试验模型所受的气动力信号分解为多个模态信号，每个不同模态信号代表气动力不同的子成分，不同工况的分解结果如图3～图6所示，其中折线图呈现了不同子成分的中心频率在折减风速下的变化趋势，柱状图展示了不同风速下气动力各子成分的能量占全部子成分的比例。可以发现，在大多数风速条件下，对于发生竖弯涡振的模型，其气动力中具有

基金项目：国家自然科学基金项目（52178503，52108469，52278520），国家重点实验室自主研究课题基金（SLDRCE19-B-10），中国科协青年人才托举工程（2023QNRC001），上海市教育委员会晨光计划（22CGA21）

与模型自振频率相近中心频率的子成分能量占比显著高于其他子成分，而未发生竖弯涡振的模型则不存在该现象，这说明气动力中对应子成分可能对模型涡激振动的起振起到了关键作用。

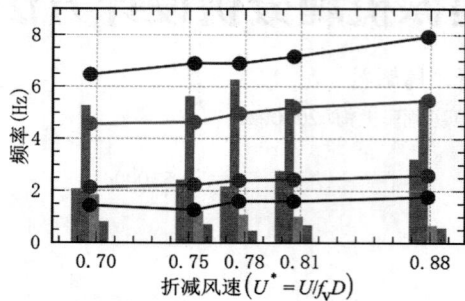

图 3　原始断面各子成分特征

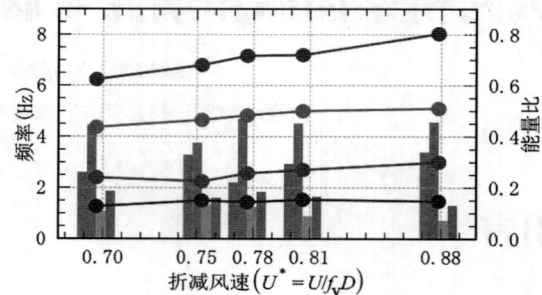

图 4　拆除迎风侧轨道断面各子成分特征

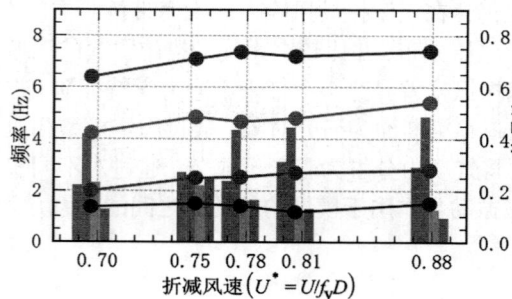

图 5　拆除背风侧轨道断面各子成分特征

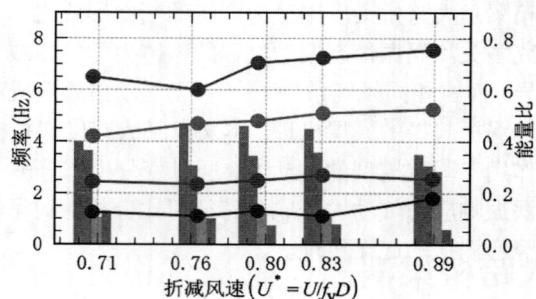

图 6　拆除迎风侧栏杆与背风侧轨道断面
各子成分特征

4　结论

以某大跨度斜拉桥闭口箱梁为研究对象，利用节段模型同步测振测压试验技术获得不同附属设施布置的闭口箱梁断面模型的涡振响应与表面风压分布，通过累加表面风压的方法获得作用于静止模型的气动力。使用变分模态分解方法将作用于静止模型的气动力分解为多个子成分，将不同风速不同工况的涡振响应与气动力子成分特征进行对比分析。结果表明，作用于模型的气动力子成分中具有与模型自振频率相近中心频率的子成分对模型涡激振动的激发起到了关键作用。

参考文献

[1]　EHSAN F, SCANLAN R H. Vortex-Induced Vibrations of Flexible Bridges[J]. Journal of Engineering Mechanics, 1990, 116(6): 1392-1411.

[2]　HU C, ZHAO L, GE Y. Time-frequency evolutionary characteristics of aerodynamic forces around a streamlined closed-box girder during vortex-induced vibration [J]. Journal of Wind Engineering and Industrial Aerodynamics, 2018, 182: 330-43.

大跨桥梁涡振非线性能量阱惯容控制最优设计方法

谢瑞洪[1]，许 坤[2]，赵 林[1,3]

（1. 同济大学土木工程防灾减灾全国重点实验室 上海 200092；
2. 北京工业大学桥梁工程安全与韧性全国重点实验室 北京 100124；
3. 广西大学省部共建特色金属材料与组合结构全寿命安全国家重点实验室 南宁 530004）

1 引言

桥梁涡振控制中常采用的气动措施与机械措施，存在着寻优困难、普适性差[1]与静力行程超限、鲁棒性差[2]等问题，难以胜任大跨桥梁低频、多模态涡振控制。为此，提出了非线性能量阱惯容器的大跨桥梁涡振控制策略。利用非线性能量阱宽频带控制特性与惯容器质量放大效应，可在实现对多个模态频率涡振控制的同时，大幅削减低频涡振控制中的静力行程。为便于推动非线性能量阱惯容的涡振控制实践应用，本研究建立了大跨桥梁非线性能量阱惯容涡振控制通用动力学模型，通过全局优化开发了适用于大跨桥梁涡振控制的非线性能量阱惯容经验设计模型，并采用 1∶20 大节段风洞试验检验了优化设计方法的适用性与可靠性。

2 大跨桥梁涡振控制最优设计模型

所提出的适用于大跨桥梁涡振控制的非线性能量阱惯容物理系统如图 1（a）所示，这一控制物理系统可等价为图 1（b）所示的等效张拉梁力学系统。依据牛顿第二定律与无量化准则，并采用 Scanlan 经验非线性涡激力模型[3]，可以建立如下涡振控制系统无量纲动力平衡方程：

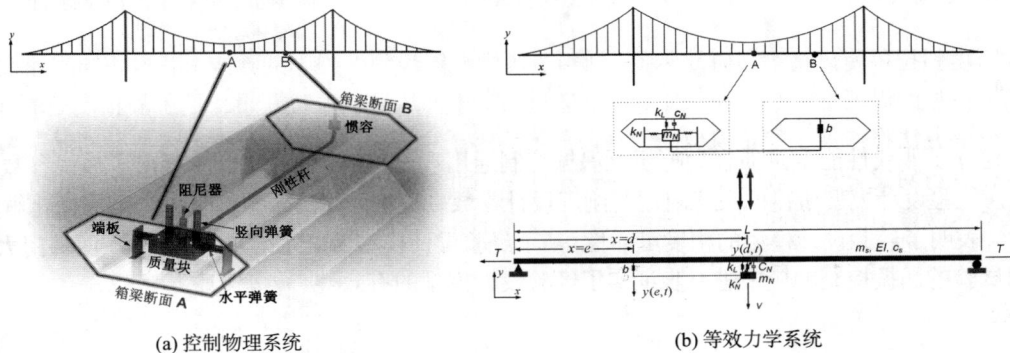

图 1　大跨桥梁非线性能量阱惯容控制系统

(a) 控制物理系统　　　(b) 等效力学系统

$$A(\tau) - [\eta_1 - \eta_2 A^2(\tau)]\dot{A}(\tau) + \ddot{A}(\tau) + S_l[\phi(d)A(\tau) - V(\tau)] + S_n[\phi(d)A(\tau) - V(\tau)]^3 +$$
$$2\lambda[\phi(d)\dot{A}(\tau) - \dot{V}(\tau)]\phi(d) + \beta[\phi(e)\ddot{A}(\tau) - \ddot{V}(\tau)]\phi(e) = 0 \tag{1}$$

$$\mu\ddot{V}(\tau) - S_l[\phi(d)A(\tau) - V(\tau)] - S_n[\phi(d)A(\tau) - V(\tau)]^3 - 2\lambda[\phi(d)\dot{A}(\tau) - \dot{V}(\tau)] - \beta[\phi(e)\ddot{A}(\tau) - \ddot{V}(\tau)] = 0 \tag{2}$$

式中，$A(\tau)$ 为主结构无量纲位移；$V(\tau)$ 为控制系统无量纲位移；S_l 和 S_n 分别为线性刚度系数与立方非线性刚度系数，该非线性刚度系数由水平横向弹簧竖向振动时的几何非线性产生；λ 为控制系统阻尼比；μ 和 β 分别为控制系统质量比与惯质比；$\phi(d)$ 和 $\phi(e)$ 分别对应质量块与惯容位置处主梁模态振型值；$\eta_1 = \frac{U_r}{4\pi m_r}\int_0^1 Y_1\phi^2(lL)\mathrm{d}l - 2\xi$ 和 $\eta_2 = \frac{U_r}{4\pi m_r}\int_0^1 Y_1\varepsilon\phi^4(lL)\mathrm{d}l$ 为涡激力参数，与结构动力特性和风场特征有关；其中，U_r

基金项目：国家重点研发计划（2022YFC3005302），国家自然科学基金项目（524B2127）

和m_r分别折减风速与无量纲质量；Y_1与ε为 Scanlan 涡激力参数；ξ为桥梁模态阻尼比。通过全局优化计算搜索，可建立非线性能量阱的大跨桥梁涡振控制最优阻尼与刚度经验设计模型如下：

$$S_l^{\mathrm{opt}} = \alpha_0 + \alpha_1 e^{(\lg \eta_1 / \alpha_2)} \tag{3}$$

$$S_n^{\mathrm{opt}} = 100 S_l^{\mathrm{opt}} \tag{4}$$

$$\lambda^{\mathrm{opt}} = 0.7104 \mu\beta + 0.2348 \beta \Delta\phi + 0.0416 \beta^2 + 0.001 \tag{5}$$

式中，S_l^{opt}与S_n^{opt}分别为最优线性与非线性刚度系数；λ^{opt}为最优阻尼比；参数α_0、α_1、α_2为相关经验系数，通过全局优化拟合获得，篇幅限制，本文暂略。

3　设计模型检验与风洞试验应用

为评估经验设计模型精度，将基于经验模型的最优阻尼和刚度参数下得出的目标函数值与全局优化精确解进行对比，发现在多组质量比μ、惯质比β下模型最大百分比误差小于 0.2%，从而证明了经验模型的可靠性（图 2）。通过开展西堠门大桥 1∶20 大节段模型风洞试验（图 3），获取关键涡振气动参数η_1，从而可依据经验设计式(3)～式(5)设计出特定质量比μ与惯质比β下的最优阻尼与刚度系数。研究发现，当惯质比$\beta = 0.01$时，在选定的阻尼比$\mu = 0.005$与$\mu = 0.007$下，依据经验设计模型所确定的最优阻尼与刚度设计参数均能够有效地消除大节段模型涡振响应（图 4），从而给出了大跨桥梁非线性能量阱惯容涡振控制坚实的设计例证。

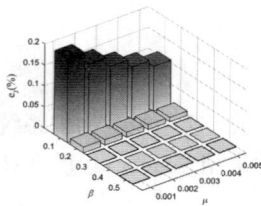

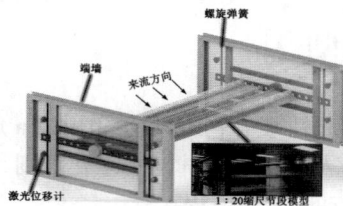

图 2　模型相对误差　　　　图 3　1∶20 大节段模型风洞试验　　　　图 4　经验设计模型涡振控制性能

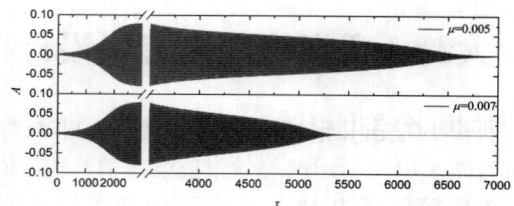

4　结论

本研究建立了非线性能量阱惯容大跨桥梁涡振控制通用理论框架，在此基础上提出了最优参数经验设计模型。基于该经验设计模型所得的最优阻尼与刚度设计参数，所获得的涡振控制效果与全局优化解相对误差不超过 0.2%，表明了经验设计模型的精度可靠性。基于经验设计模型所确定的最优参数，在西堠门大桥 1∶20 大节段风洞试验的涡振控制响应中进一步证实了经验设计模型的有效性。

参考文献

[1]　GE Y J, ZHAO L, CAO J X. Case study of vortex-induced vibration and mitigation mechanism for a long-span suspension bridge [J]. Journal of Wind Engineering & Industrial Aerodynamics, 2022, 220.

[2]　赵林, 葛耀君, 郭增伟, 等. 大跨度缆索承重桥梁风振控制回顾与思考——主梁被动控制效果与主动控制策略[J]. 土木工程学报, 2015, 48(12).

[3]　EHSAN F, SCANLAN R H. Vortex-induced vibrations of flexible bridges [J]. Journal of Engineering Mechanics, 1990, 116(6): 1392-1411.

主动翼板颤振控制理论与涡振控制初探

王子龙[1]，李　珂[2]，赵　林[1,3]

（1. 同济大学土木工程防灾减灾全国重点实验室　上海　200092；

2. 重庆大学土木工程学院　重庆　400038；

3. 广西大学 土木建筑工程学院　南宁　530004）

1　引言

　　主动气动翼板能适用于复杂风场环境和多种桥梁振动形式，目前，国内外研究均针对流线箱梁，通常在均匀来流条件下使用机翼-副翼理论解或采取现代控制理论确定颤振控制策略，一方面，最优控制参数的选取往往难以同时兼顾高效性和准确性，翼板与主梁之间的复杂气动干扰机制不明确，且对复杂断面形式和来流条件下的控制规律缺乏足够认识；另一方面，对涡激振动的控制能力缺乏探讨，难以形成颤振涡振一体化控制的高效策略。本研究采用风洞试验、数值模拟等一系列手段建立了完整的颤振控制寻优方法，通过建立拓展自激力模型量化澄清主动翼板的颤振控制机理，并讨论了对 PK 箱梁、分体式箱梁的颤振控制规律，此外，将主动翼板延伸至涡振控制领域，以 5∶1 矩形为对象建立了开环与时变增益闭环反馈控制框架，初步探讨了主动翼板在涡激振动控制中的应用。

2　颤振控制理论

2.1　颤振控制方法

　　经典控制理论优化参数时需要获取全部系统参数即主梁-翼板系统的全部气动导数，研究发现，主梁和翼板的运动对整体气动力的贡献在小振幅范围内符合线性叠加假设，以此为基础采用的分状态强迫振动方法[1]相比整体强迫振动方法获取颤振导数[2]和直接采用风洞遍历试验[3]辅以 CNN 得到较高分辨率的控制规律可大幅降低测试工况，进一步发展出了主动翼板多频强迫振动识别方法可将计算效率大幅提高，以实现迅速确定最优控制参数，参数寻优方法如图 1 所示。同时不同断面的颤振分析也表明：（1）主动翼板安装在箱梁两侧时对流线箱梁的颤振控制效果高于 PK 箱梁，而当安装在分体式箱梁槽间时则几乎起不到控制作用。（2）不同断面的最优控制参数对风攻角的敏感性不同，控制参数可能会随着攻角改变而改变。

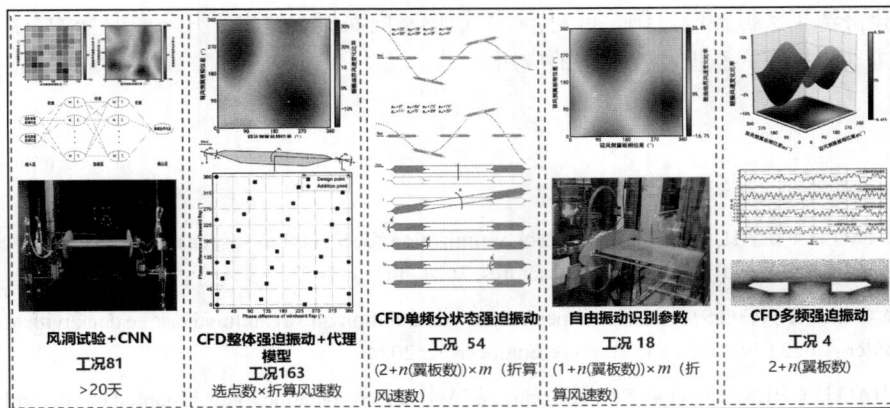

图 1　主动翼板颤振控制寻优方法

基金项目：国家重点研发计划（2022YFC3004105），国家自然科学基金项目（52378527，52078383）

2.2 颤振控制机理

针对流线箱梁建立了拓展自激力模型，每个自由度含 32 个气动导数，推导扭转牵连运动方程以得到等效气动阻尼分项构成[4]。在优化控制参数下，迎风翼板的力矩效应约占比 70%，对主梁的干扰效应占比约为 30%，而对背风翼板的干扰效应基本可以被忽略。随着安装距离增加至三倍翼板宽度，迎风翼板对主梁和背风翼板的干扰效应占比逐渐下降到 22.5% 和 2.8%，力矩效应占比逐渐增加至 74.7%。另一方面，紧靠风嘴安装时，背风翼板力矩效应仅比迎风侧翼板略小，为 67.3%。随着距离的增加，力矩效应稳步上升至 91.8%，而对主梁和迎风侧翼板的干扰效应占比则逐渐从 21.8% 和 10.9% 下降到 4.9% 和 3.3%，如图 2 所示。

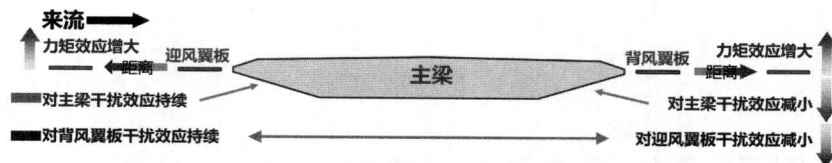

图 2 流线箱梁主动翼板距离效应对力矩和干扰效应作用规律

3 涡振开环与闭环控制方法

针对 5∶1 矩形建立了开环与闭环控制方法，开环控制中以振幅和频率为翼板控制参数，动力学模态分解结果表明，开环控制在流场中引入了翼板频率主导的模态，且随频率和振幅增大能量占比增大，逐渐取代 VIV 模态进而减振。闭环控制中仍采用振幅增益和相位差，在有效相位差下，VIV 振幅随增益增大而降低，翼板振幅增先增大后减小，在时变增益反馈控制下，最终可以实现翼板小幅振荡即可抑制涡振的目标，如图 3 所示。

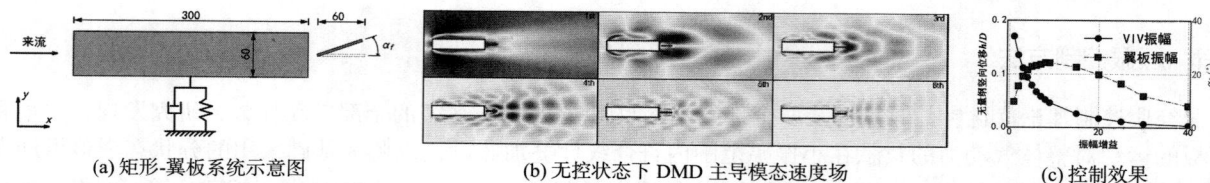

(a) 矩形-翼板系统示意图　　　　(b) 无控状态下 DMD 主导模态速度场　　　　(c) 控制效果

图 3 5∶1 矩形-翼板系统示意图、无控状态下 DMD 主导模态速度场及控制效果

4 结论

研究提出了系列主动翼板颤振控制参数优化方法，最大程度提高参数确定效率；建立了气动干扰理论分析框架，首次量化澄清了颤振控制机制。针对 5∶1 矩形竖向涡振，提出了开环与时变增益闭环反馈控制框架，初步探讨了主动翼板在涡激振动控制中的应用。

参考文献

[1] WANG Z L, ZHAO L, FU Y H, et al. Flutter control optimization for a 5000 m suspension bridge with active aerodynamic flaps: a CFD-enabled strategy[J]. Engineering Structures, 2024, 303: 117457.

[2] ZHAO L, WANG Z L, FANG G S, et al. Flutter performance simulation on streamlined bridge deck with active aerodynamic flaps[J]. Computer-Aided Civil and Infrastructure Engineering, 2024.

[3] WANG Z L, ZHAO L, CHEN H L, et al. Flutter Control of Active Aerodynamic Flaps Mounted on Streamlined Bridge Deck Fairing Edges: An Experimental Study[J]. Structural Control and Health Monitoring, 2023.

[4] WANG Z L, LI K, ZHAO L. Flutter Control Mechanism of Dual Active Aerodynamic Flaps with Adjustable Mounting Distance for a Bridge Girder[J]. Structural Control and Health Monitoring, 2024: 5259682.

桥梁多模态涡激振动试验模拟与理论分析

效诣涵[1]，崔　巍[1]，赵　林[1,2]，曹曙阳[1]

（1. 同济大学土木工程防灾减灾全国重点实验室　上海 200092；
2. 广西大学土木建筑工程学院　南宁 530004）

1　引言

涡激振动是典型的非线性非定常流固耦合现象，随着桥梁跨度不断增长，涡激振动潜在风险不容忽视，例如虎门大桥和西堠门大桥相继发生明显的涡激振动事件[1]。超大跨桥梁模态频率密集分布，具有多个潜在涡振模态，但当前桥梁涡振理论均基于单模态动力系统，无法同时模拟大跨桥梁多模态涡振。在多模态涡振锁定区间的重叠区域内，大跨度桥梁总是存在激发某一阶模态并抑制另一模态的模态竞争现象[2]。针对大跨度桥梁多模态涡激振动中多模态耦合特征，本文设计了多模态耦合节段动力装置，使装置整体具备正/反对称多模态特征。通过对不同风速下多模态的涡激振动现象进行模拟，试验发现在多模态锁定区间重叠风速区间内，出现了例如模态转换、多稳定等丰富的非线性多模态动力现象。

2　多模态涡激振动的节段模型设计

传统的节段模型变形集中于两端弹簧，中间节段为刚体，只能发生一阶的涡振模态，不能模拟多模态涡激振动。本文设计了一种多模态耦合节段动力装置，在两个并列的节段模型中加设竖向弹簧，使装置具备多模态特征。

试验装置采用不同刚度的弹簧，根据试验需求调整模型的质量分布，模型的刚度与质量均为左右对称布置（图1）。该模型在理论上具有正对称平动模态、反对称平动模态、正对称平面内扭转模态、反对称平面内扭转模态四种模态。通过对模型的质量控制和刚度控制，模型的四个模态频率接近，使得涡振的锁定区间重合。风洞试验现场如图2所示。

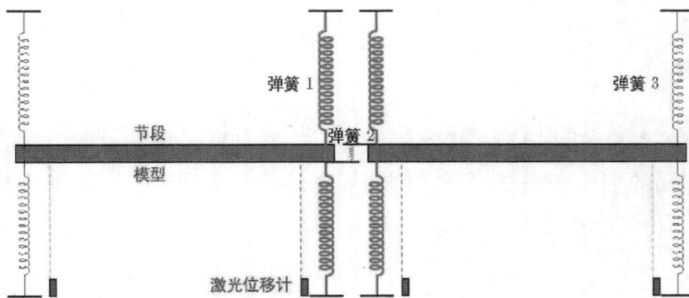

图1　多模态耦合节段动力装置　　　　　图2　风洞试验现场

最终存在四种频率为 4.04Hz、4.7Hz、5.2Hz、5.4Hz 的动力模态，其振型向量在弹簧连接处分别为：[0.6964, 1, 0.9806, 0.6628]、[-0.9425, 0.6668, -0.6865, 1]、[0.9352, -0.4388, -0.2535, 1]、[1, 0.5102, -0.5782, -0.8580]，如图3所示；模态质量根据质量分布和模态振型计算，分别为 15.834kg、20.333kg、7.8125kg、7.7878kg。

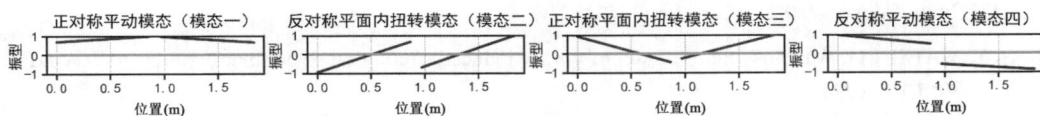

图3　振型示意图

3　节段模型的风洞试验结果与分析

通过测试节段模型在不同风速和初始状态下的动力响应，对特定风速分为两种初始状态：模型从前一风速下涡振稳定状态开始发展（结果如图 4 实线所示）；模型从小位移状态开始发展（结果如图 4 虚线所示）。将试验结果转换到模态坐标下，结果图 4、图 5 所示，其中图 4 为节段模型模态振幅与风速关系，图 5 为两个风速下节段模型的涡振发展过程。

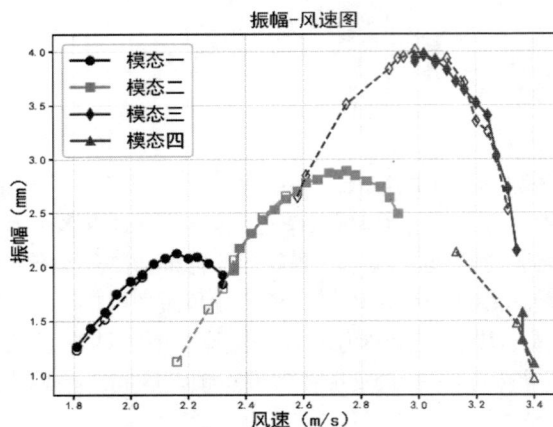

图 4　锁定区间（实线和虚线为不同初始状态）　　　图 5　涡振幅值的小位移发展过程

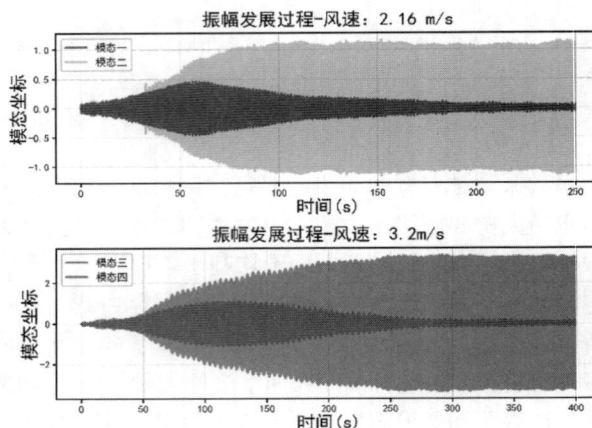

从图 4 中的涡振振幅与风速的关系发现，随着风速增长，涡振的模态发生变化，发生模态转换现象；涡振的初始情况不同时，涡振响应存在差异，同一风速可能对应多个涡振稳定状态，例如 2～2.4m/s 和 2.6～3m/s 区间。以图 5 的试验工况为例，当风速在 2.16m/s 时，在涡振的发展过程中，振幅较小时，模态一占据主导，随着振幅的增加，模态二的参与比例逐渐增加，模态一的参与比例逐渐减小，最终模型发生第二振型的涡振；当风速在 3.2m/s 左右时，在涡振的发展过程中，同样发生了类似的多模态振动情况的变化过程。从试验结果可以看出，该多模态耦合节段模型具有模拟多模态涡激振动的能力，并且含有丰富的多模态非线性动力现象。

试验现象表明了同一振动方向上不同模态之间存在着耦合效应，符合典型的模态竞争现象[2]，本研究全文将基于 Tamura 尾流振子模型[3]，对多模态非线性动力现象进行理论分析。

4　结论

本文设计了多模态耦合节段动力装置，可以良好地模拟多模态涡激振动，并且通过风洞试验发现在多模态涡振锁定区间重叠区域内，出现了多种不同的多模态涡振过程，例如模态转换、多稳定等丰富的多模态非线性动力现象。关于试验现象的理论分析，在全文中呈现。

参考文献

[1]　ZHAO L, CUI W, SHEN X, et al. A fast on-site measure-analyze-suppress response to control vortex-induced-vibration of a long-span bridge[J]. Structures, 2022, 35: 192-201.

[2]　CUI W. Modes competition of vortex-induced vibration of long-span bridges with closely-spaced multi-modes[J]. Research Square, 2023. https://doi.org/10.21203/rs.3.rs-3652183/v1.

[3]　TAMURA Y, MATSUI G. Wake-oscillator model of vortex-induced oscillation of circular cylinder[M]//Wind Engineering. Pergamon, 1980: 1085-1094.

三维静风非线性效应对大跨桥梁多模态耦合非线性颤振的影响研究

宋 俊，李 凯，韩 艳

（长沙理工大学土木工程学院 长沙 410114）

1 引言

桥梁颤振是一种由主模态驱动、多模态耦合的非线性振动行为[1]。随着桥梁跨度不断增加，主梁越发细长轻柔，导致桥梁模态阻尼降低，模态频率更密集，桥梁多模态耦合效应、三维效应和静风非线性效应愈发显著，使得非线性颤振响应预测难度提高。Li[2]、Zhang[3]和 Wu[4]等人提出了多模态耦合非线性颤振分析方法，发现多模态耦合效应对非线性颤振响应有显著影响，但均未考虑静风非线性效应。而有研究[5]表明静风非线性效应带来的三维附加风攻角效应会影响桥梁颤振性能。基于此，本文通过自由振动风洞试验获取不同风攻角下的幅变颤振导数，并通过桥梁非线性静风响应分析获得主梁三维附加风攻角，提出了考虑三维静风非线性效应的大跨桥梁多模态耦合非线性颤振分析方法，分析了模态耦合效应和三维静风非线性效应对非线性颤振响应的影响机制。

2 考虑静风非线性效应的三维多模态耦合非线性颤振分析

2.1 考虑静风非线性效应的三维多模态耦合分析方法

本文提出了一种可以考虑静风非线性效应的大跨桥梁多模态耦合非线性颤振分析方法。首先，考虑多模态耦合效应和静风非线性效应后，桥梁有效风攻角（初始风攻角与静风附加攻角之和）和振幅沿展向非均匀分布，即幅变颤振导数不同。所以对于每个迭代风速和振幅，需要结合广义模态坐标确定沿展向的气动参数。此外，主梁展向的振幅会受到各个固有模态的参与幅值和参与相位的影响，因此需要对广义位移幅值和相位进行迭代计算，以获得各风速下的稳态振幅。

2.2 计算参数

以主跨为 1860m 的悬索桥为工程背景，主梁为双层桁架梁结构。桥梁主要振动模态为一阶正对称竖弯模态（VS1，0.1111Hz）和一阶正对称扭转模态（TS1，0.3237Hz）。通过节段模型自由振动试验获取了在 $-5°\sim+5°$ 初始风攻角范围内的位移响应，并识别得到不同风攻角下的幅变颤振导数[6]。通过桥梁静风响应分析得到主梁的附加攻角，图 1 为不同初始风攻角下主梁沿展向的有效风攻角，可以发现有效风攻角沿展向存在明显的不均匀性，且初始风攻角越大，不均匀性越显著。为探究多模态耦合效应对非线性颤振性能的影响，设置了在 $±3°$ 和 $0°$ 初始风攻角下不同模态组合 A1$\sim$A6 工况，如表 1 所示。此外设置了考虑三维静风非线性效应的相同模态组合 B1$\sim$B6 工况，以探究三维静风非线性效应对非线性颤振的影响。

2.3 计算结果与讨论

图 2 为不同模态组合下主梁跨中的非线性颤振稳态振幅曲线。可以发现，高阶竖弯模态的引入可降低跨中竖向振幅；一阶侧弯模态显著提升侧向振幅，而二阶侧弯模态影响可忽略。此外在考虑弱一阶正对称扭转模态（wT-S-1）时，扭转稳态振幅明显降低。从图 3 可知在非线性颤振中模态 VS1、VS2、wTS1 和 TS1 有主要贡献。图 4 为考虑静风非线性效应前后的稳态振幅，可以发现考虑三维静风非线性效应后的稳态振幅会降低，其中 $+3°$ 降幅最大，$0°$ 次之，$-3°$ 基本无变化，表明考虑三维静风非线性效应对非线性颤振有抑制效果，

基金项目：国家自然科学基金项目（52308480，52178452，52178451，51978087）

且不同初始风攻角下三维静风非线性效应的影响程度不同。

不同模态组合计算工况

表 1

工况	模态组合	具体振型
A1	4,22	VS1,TS1
A2	4,6,22	VS1,VS2,TS1
A3	4,6,17,22	VS1,VS2,VS3,TS1
A4	1,4,6,17,22	LS1,VS1,VS2,VS3,TS1
A5	1,4,6,7,17,22	LS1,VS1,VS2,LS2,VS3,TS1
A6	1,4,6,7,17,20,22	LS1,VS1,VS2,LS2,VS3,wTS1,TS1

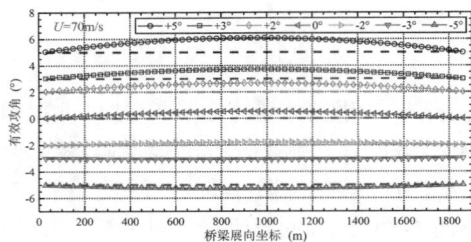

图 1　不同风攻角下有效攻角展向分布　　　图 2　不同模态组合下非线性颤振扭转稳态振幅（0°）

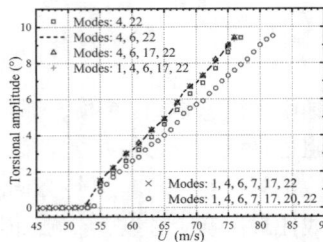

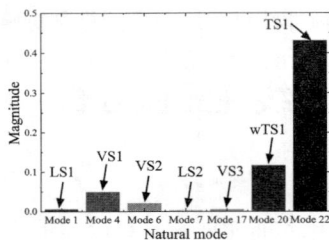

图 3　固有模态参与幅值（CaseA5，$U = 70\text{m/s}$）　　　图 4　非线性颤振稳态振幅（考虑静风非线性效应）

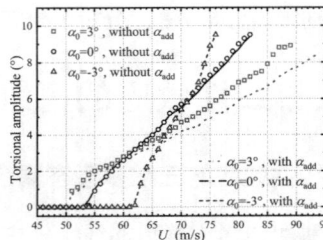

3　结论

本文基于不同风攻角下的幅变颤振导数，提出了考虑静风非线性效应的大跨桥梁多模态耦合非线性颤振分析方法，并针对主跨 1860m 的悬索桥开展了非线性颤振分析。研究发现不考虑多模态耦合效应可能会高估非线性颤振响应，考虑静风非线性效应可以更准确预测非线性颤振响应，因此在非线性颤振分析中考虑多模态耦合效应和静风非线性效应是有必要的。

参考文献

[1] 葛耀君. 大跨度悬索桥抗风. 北京: 人民交通出版社, 2011.

[2] LI K, HAN Y, SONG J, et al. Three-dimensional nonlinear flutter analysis of long-span bridges by multimode and full-mode approaches[J]. Journal of Wind Engineering and Industrial Aerodynamics, 2023, 242: 105554.

[3] ZHANG Y, LIAO H, WU B, et al. A novel multi-modal analytical method focusing on dynamic mechanism of bridge flutter[J]. Computers & Structures, 2024, 294: 107257.

[4] WU B, LIAO H, SHEN H, et al. Multimode coupled nonlinear flutter analysis for long-span bridges by considering dependence of flutter derivatives on vibration amplitude[J]. Computers & Structures, 2022, 260: 106700.

[5] LIU S, LIU J, FANG G, et al. Effects of wind-induced static angle of attack on flutter performance of long-span bridges using 2D bimodal and 3D multimodal analysis[J]. Structures, 2024, 63: 106354.

[6] 韩艳, 宋俊, 李凯, 等. 不同风攻角下双层桁架梁非线性颤振特性风洞试验研究[J]. 土木工程学报, 2024: 1-18.

工字型叠合梁涡振性能及气动措施制振机理研究

王礼杰[1,2]，王　骑[1,2]，黄　林[1,2]，邱英杰[1,2]，葛昊瑞[1,2]

（1. 西南交通大学桥梁工程系　成都　610031；
2. 风工程四川省重点实验室　成都　610031）

1　引言

工字形叠合梁力学性能优、施工便捷，在大跨度斜拉桥中应用广泛，但在低风速下易发生涡激振动[1]，为此需要采取气动措施对涡振进行控制[2-3]。本文研究了导流板和下中央稳定板气动措施对工字型叠合梁涡振性能的影响，并通过系统阻尼随振幅的变化规律，解释了导流板及下中央稳定板对涡振制振的动力学机理。

2　原设计断面的涡振性能及制振措施

试验模型的缩尺比为 1：50（图 1），采用玻璃钢纤维板切割成形并装配为整体。为了更加显著反映梁体的涡振性能以及制振措施的效果，试验的竖向阻尼比取为 $\xi_h = 0.34\%$，风攻角取为最不利的 $-5°$ 攻角。原设计断面的涡振试验结果如图 2 所示，可以看出，该断面的最大竖向涡振振幅已达 424mm，需要采取减振措施。

| 图 1　1：50 节段模型风洞试验 | 图 2　原始断面涡振响应 |

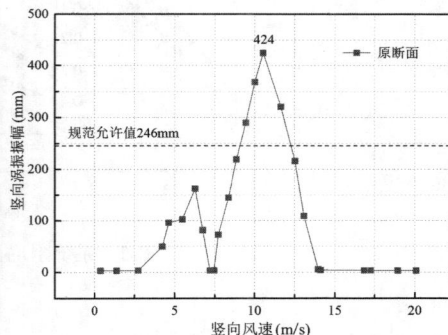

进一步地，研究了稳定板长度与导流板倾角对工字型叠合梁涡振的影响，对不同气动措施进行编号，其中 DL 和 WDB 分别代表导流板和稳定板，30、40 和 60 代表导流板倾斜角度（单位：°），3.5 和 4.0 代表稳定板长度（单位：m）。制振措施如图 3 所示。试验结果如图 4 所示，可以发现单独设置导流板和下中央稳定板的制振效果不佳，但两者的组合措施制振效果明显。研究还表明，导流板倾角与下中央稳定板高度的变化均会对组合措施的制振效果造成显著影响。当导流板倾角为 30°，下中央稳定板长度为 4.0m 时，可将涡振振幅减小到 50mm，降幅达到 88.3%，制振效果最佳。

3　组合措施的制振机理研究

通过涡振过程中的时变振幅可以求解出气动阻尼，并和结构阻尼结合一起形成系统阻尼，这也是涡振发生发展的驱动力。系统阻尼比随振幅变化曲线如图 5 所示。在某一折算风速下，随着涡振振幅的增加，系统负阻尼比在逐渐减小，表明系统涡振的驱动能量在变小。当系统阻尼比为零时，表示这个振幅下的气动负阻尼与结构正阻尼相等，系统涡振呈现出稳态振动。当稳定板长度为 4.0m 不变时，随着导流板倾角的增大，

基金项目：国家重点研发计划项目（2022YFC3005304），国家自然科学基金项目（52378537）

系统阻尼比的包络范围也在逐渐变大，涡振的驱动能量增大。导流板倾角为 30°时，稳定板长度变大，系统阻尼比包络范围减小，涡振的驱动能量降低。当导流板倾角为 30°，稳定板长度为 4.0m 时，系统阻尼比为零时对应的振幅最小，且对应的负阻尼包络范围相对较小，表明该措施能显著降低涡振的驱动能量，使主梁不容易发生涡振。

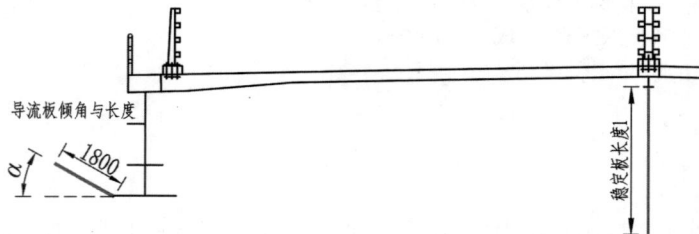

图 3　制振措施示意图

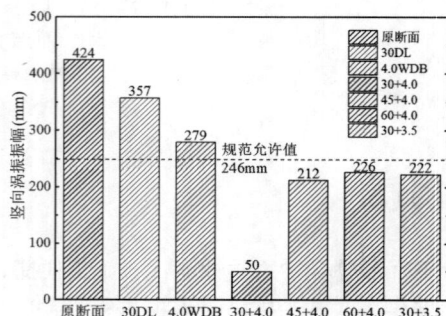

图 4　不同措施涡振振幅对比

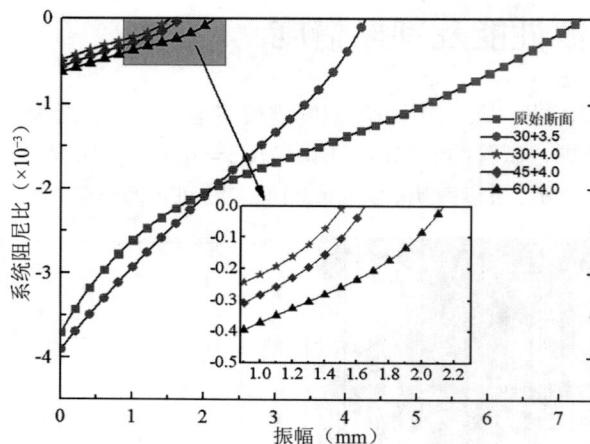

图 5　系统阻尼比随振幅变化曲线

4　结论

（1）导流板与下中央稳定板的组合气动措施可显著抑制工字型叠合梁断面的涡激振动，且当导流板倾角 30°和下稳定板长度 4.0m 时，组合措施抑振效果最优。

（2）系统阻尼比随振幅变化的曲线表明，导流板和稳定板能显著减少涡振时的气动负阻尼及其包络范围，从而实现减小涡振驱动能量，降低涡振振幅的目的。

参考文献

[1]　聂建国. 钢-混凝土组合结构桥梁[M]. 北京: 人民交通出版社, 2011.

[2]　贺耀北, 周洋, 华旭刚. 双边钢主梁-UHPC 组合梁涡振抑制气动措施风洞试验研究[J]. 振动与冲击, 2020, 39 (20): 142-148.

[3]　钱国伟, 曹丰产, 葛耀君. Π 型叠合梁斜拉桥涡振性能及气动控制措施研究[J]. 振动与冲击, 2015, 34 (2) 176-181.

超大跨斜拉桥风致静动力失稳弹塑性分析

孙　颢[1,2]，朱乐东[1,2]，钱　程[3]，丁泉顺[1,2]

（1. 同济大学土木工程防灾减灾全国重点实验室　上海　200092；
2. 同济大学土木工程学院桥梁工程系　上海　200092；
3. 安徽建工建设投资集团有限公司　合肥　230031）

1　引言

超大跨斜拉桥的各种非线性问题突出，包括几何、材料和气动力非线性，显著影响其抵抗风致失稳的能力。以往关于桥梁风致失稳的研究几乎没有考虑材料非线性和大跨斜拉桥主梁轴向压力的增加所带来的局部屈曲问题，其对分析结果的影响尚不明确；在气动力非线性方面，目前针对气动静力和颤振自激力的研究已经比较成熟，但现有风致失稳分析理论却很少考虑两者的相互作用和耦合效应，亟需改进。为了更准确可靠地评估超大跨斜拉桥的抗风性能，本文以杆系有限元数值模拟为基础，提出了一种综合考虑几何、材料、气动力非线性以及静动力耦合效应的三维风致失稳纯时域分析方法。针对一座主跨 1600m 的中央开槽钢箱梁斜拉桥开展了风致静动力失稳弹塑性分析，确定了结构破坏时的极限风速、破坏模式和薄弱部位，并分别根据控制荷载和薄弱部位提出相应的气动措施和结构措施。

2　分析方法

本文以有限元数值模拟为基础，提出了一种综合考虑几何、材料、气动力非线性以及静动力耦合效应的三维风致失稳分析方法，直接在时域中求解以下全桥有限元运动方程

$$\boldsymbol{M}\ddot{\boldsymbol{u}} + \boldsymbol{C}\dot{\boldsymbol{u}} + \boldsymbol{K}_{\mathrm{T}}\boldsymbol{u} = \boldsymbol{G} + \boldsymbol{F}_z + \boldsymbol{F}_{\mathrm{st}}(\boldsymbol{\alpha}_{\mathrm{e}}) + \boldsymbol{F}_{\mathrm{se}}(\boldsymbol{\alpha}_{\mathrm{e}}, \boldsymbol{a}_{\alpha}, \dot{\boldsymbol{u}}, \boldsymbol{u}_{\mathrm{d}}) \tag{1}$$

式中，$\boldsymbol{M}$、$\boldsymbol{C}$、$\boldsymbol{K}_{\mathrm{T}}$ 分别为结构的质量、阻尼和切线刚度矩阵；$\boldsymbol{u}$、$\dot{\boldsymbol{u}}$、$\ddot{\boldsymbol{u}}$ 分别为节点位移、速度、加速度向量；$\boldsymbol{u}_{\mathrm{d}}$ 为节点动位移向量；$\boldsymbol{G}$ 为自重荷载；$\boldsymbol{F}_z$ 为桥塔和拉索的气动阻力；$\boldsymbol{F}_{\mathrm{st}}$ 和 $\boldsymbol{F}_{\mathrm{se}}$ 分别为主梁的气动静力和颤振自激力；$\boldsymbol{\alpha}_{\mathrm{e}}$ 和 $\boldsymbol{a}_{\alpha}$ 分别为主梁有效攻角和扭转振幅。

主梁气动力以三分力的形式建模和施加，包括阻力 D、升力 L 和扭矩 M，即

$$D = D_{\mathrm{st}}(\alpha_{\mathrm{e}}) + D_{\mathrm{se}}(\alpha_{\mathrm{e}}), \quad L = L_{\mathrm{st}}(\alpha_{\mathrm{e}}) + L_{\mathrm{se}}(\alpha_{\mathrm{e}}, a_{\alpha}), \quad M = M_{\mathrm{st}}(\alpha_{\mathrm{e}}) + M_{\mathrm{se}}(\alpha_{\mathrm{e}}, a_{\alpha})$$

上式中的气动静力根据静三分力系数计算。颤振自激力用非线性脉冲响应函数建立纯时域模型，且自激升力模型中还包含一个由静动力耦合效应引起的附加气动静力项 $L_{\mathrm{se},0}$。将气动参数表示成有效攻角 α_{e} 和扭转振幅 a_{α} 的函数，以考虑气动力的攻角和振幅非线性。

针对式(1)的全桥有限元运动方程给出了如图 1 所示的分步求解流程。分析过程中对各种非线性和静动力耦合效应的考虑如下：（1）几何非线性包括大位移、应力刚化、拉索垂度效应和主梁局部屈曲；（2）利用弹塑性单元模拟构件的材料非线性；（3）气动力模型考虑了攻角和振幅非线性；（4）动力分析是在静力平衡状态的基础上进行的，因此计入了风致静力变形所引起的附加攻角效应以及结构内力状态和动力特性的变化。动力对静力的影响反映在自激升力模型中的附加气动静力项 $L_{\mathrm{se},0}$，即颤振后主梁竖向平衡位置会随振幅发生变化，进而改变拉索的受力状态，影响斜拉桥的稳定性。

3　分析结果

本文建立了一座主跨 1600m 中央开槽钢箱梁斜拉桥的杆系有限元模型，并开展了风致静动力失稳弹塑

基金项目：国家自然科学基金（51938012）

性分析。利用纤维梁单元模拟主梁的材料非线性，并通过有效应力法折减本构模型来考虑局部屈曲。表1汇总了+3°和−5°这两种典型初始攻角下的分析结果，可以发现：

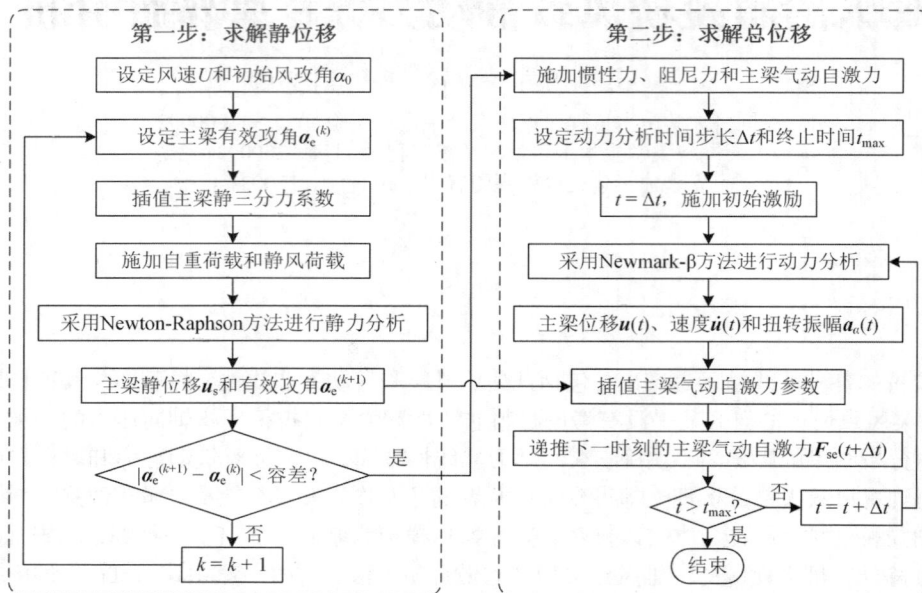

图1 三维非线性风致静动力失稳一体化时域分析流程

（1）线弹性假定下+3°和−5°攻角的破坏模式分别为静力扭转失稳和软颤振，极限风速较高。考虑了材料非线性和局部屈曲后，极限风速显著降低，两个攻角的破坏模式均是由桥塔处主梁截面达到侧弯极限承载力所引起的静力强度破坏，且极限风速很接近。

（2）通过气动措施减小主梁的阻力系数能有效提高风致侧弯强度破坏的极限风速；近塔区主梁承受巨大的轴向压力，是强度破坏的薄弱部位，通过结构措施加强这部分主梁的承载力也能有效提高极限风速，并且还将破坏部位转移到跨中主梁，降低了破坏风险。

（3）采取气动或结构措施后，该斜拉桥在−5°攻角下的风致破坏发生在颤振后，但软颤振不是主要的破坏模式，只是其产生的应力增量使薄弱部位提前达到侧弯极限承载力。

主跨1600m斜拉桥风致静动力失稳分析结果　　　　　　　　　　　　　　表1

抗风措施	材料非线性局部屈曲	初始攻角（°）	极限风速（m/s）	破坏模式	薄弱部位
无	不考虑	+3	126	静力扭转失稳	
		−5	>125	软颤振	
	考虑	+3	92	静力侧弯强度破坏	桥塔处主梁
		−5	95	静力侧弯强度破坏	桥塔处主梁
气动措施①	考虑	+3	109	静力侧弯强度破坏	桥塔处主梁
		−5	106	静动力侧弯强度破坏	桥塔处主梁
结构措施②	考虑	+3	108	静力侧弯强度破坏	跨中主梁
		−5	105	静动力侧弯强度破坏	跨中主梁

①将主梁的阻力系数C_D减小为$0.5C_D$。
②将近塔区436m范围内的主梁钢材从Q420加强为Q620。

双幅桥面钢箱梁涡振性能研究及涡振中的自由度竞争效应

史云良，杨詠昕，高仕鹏，张晋杰

（同济大学土木工程防灾减灾全国重点实验室 上海 200092）

1 引言

带有挑臂的钢箱梁截面具有显著的钝体特性，容易产生显著的涡脱卓越频率。随风速的变换，当涡脱频率于结构自振频率接近时，会激起结构的涡激共振，影响行车安全并且有可能造成结构疲劳损伤等一系列问题。为满足不断增大的交流流量需求，上下行分离的双幅桥面钢箱梁布置成为大跨度连续梁桥中常用的结构形式之一。然而现有研究认为，双幅桥面间的旋涡脱落以及气动干扰效应可能会引发严重的涡激共振响应。目前刚体节段模型测振试验是测试结构涡振响应的有效手段，同时 CFD 模拟可以得到结构周围的流场变化以及作用在结构表面的气动力数值，是分析结构风致振动机理的有效手段。本文以一座双幅桥面连续钢箱梁桥为研究对象，通过节段模型测振试验得到了不同攻角和桥面附属设施情况下的结构涡振响应，同时还对并列双箱梁的间距对涡振响应的影响进行了探究。其次，对该钢箱梁断面在单幅桥面下的涡振响应与双幅布置时进行了对比研究，得到了并列双箱梁间的相互气动干扰效应。最后，从试验中观察到的扭转-竖弯涡振的竞争与切换现象入手，分析了涡振中的自激力特性。

2 涡振响应与模型间距的影响

以某钢箱梁模型为试验对象，单幅模型宽度为 0.670m，高度为 0.133m，竖弯特征频率为 3.48Hz，扭转特征频率为 5.10Hz，风洞中两个节段模型的悬挂系统如图 1 所示，初始时桥面的间距为 0.013m。试验发现，迎风侧主梁在三个工况下出现了明显的竖弯涡振，分别为成桥状态的 0°、+3°以及裸梁状态的−3°攻角，其响应如图 2 所示。背风侧主梁在所有工况下均未出现明显的竖弯涡振，而大部分工况中均出现了两侧桥面同时发生的大幅度扭转涡振。同时，试验发现桥面间距会对涡振区间和响应幅值产生影响，并列双箱梁的相互干扰对迎风侧主梁的影响更加显著。在后续进行的测力试验中，也表面了背风侧主梁对迎风侧主梁产生了静风干扰效应。

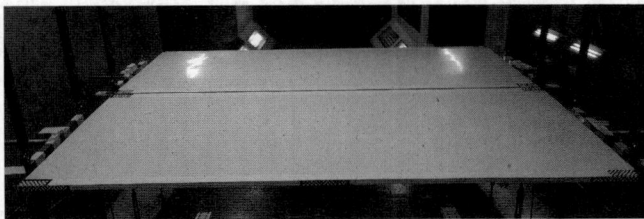

图 1 节段模型测振试验悬挂系统

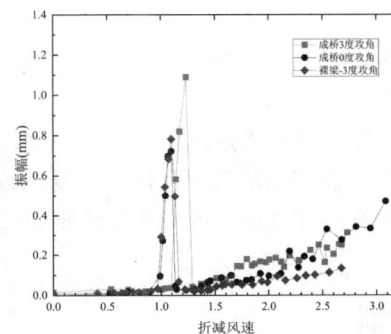

图 2 节段模型竖弯涡振响应

基金项目：国家自然科学基金项目（52178503），国家重点实验室自主研究课题基金（SLDRCE19-B-10）

3 竖弯与扭转涡振的竞争与转换

并列双箱梁的间距会对结构的涡振响应产生显著影响，当桥面间距足够大时，可能出现扭转竖弯两个自由度涡振的竞争。这种竞争的结果使结构达到三种不同的稳定状态：拥有两个不同卓越频率的双自由度振动（图3）；扭转涡振激发竖弯涡振后衰减接着竖弯振动也逐渐衰减（图4）；扭转涡振逐渐转化为竖弯涡振（图5）。通过增大弹簧吊距使扭转涡振区间延后，最终证明扭转到竖弯的转化可能是由于竖弯扭转涡振区间的重合，也可能是由于不同振动模态间的相互激励。

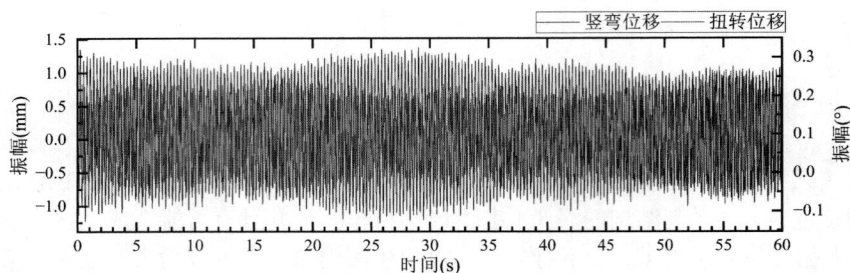

图3 涡振中的双自由度竞争

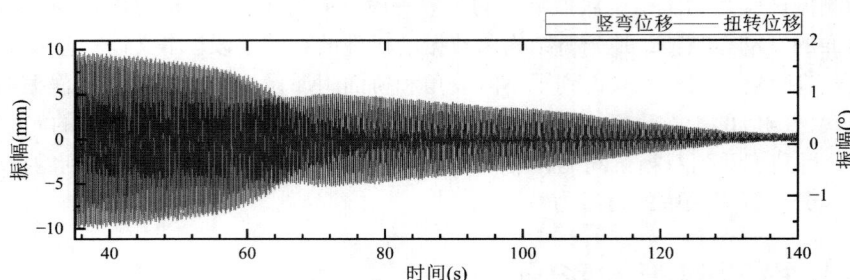

图4 涡振中模态间的相互激励与耦合

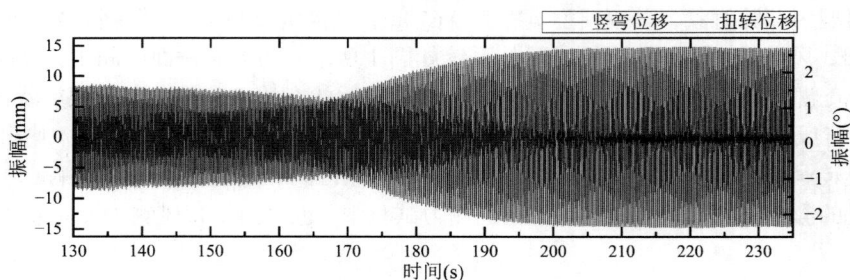

图5 涡振中的模态切换

4 结论

本文以某双幅桥面连续钢箱梁桥为例，通过节段模型测振试验获取结构的涡振响应。结果表明，钝体钢箱梁断面有可能产生超过规范幅值的竖弯涡振响应，且桥面的间距对涡振响应有着显著影响；不同自由度间的涡振可能存在相互竞争或者相互激励的关系。

参考文献

[1] 徐胜乙，方根深，赵林，等. 双幅钢箱梁竖弯涡振气动力演变特性 [J]. 振动工程学报, 2024, 37(7): 1139-50.

[2] 毛禹，李春光，韩艳，等. 双幅钝体钢箱梁间距对涡振性能的影响及其机理研究 [J]. 实验力学, 2022, 37(6): 889-99.

考虑扩散效应的三维尾流振子涡振模型

张柳天[1]，崔　巍[1]，赵　林[1,2]

（1. 同济大学土木工程防灾减灾全国重点实验室 上海 200092；
2. 广西大学土木建筑工程学院 南宁 530004）

1　引言

涡激振动是大跨度桥梁在低风速下易发生的兼有自激振动和强迫振动特性的自限幅振动。以单一模态下的广义位移为对象，并结合振型放大系数及展向相关性修正的常微分方程（ODE）是描述涡振演化过程的基本手段；随着桥梁跨径的进一步增长，这类方法很难考虑流体变量的展向分布特征，进而缺乏精确对涡振发展状态的精确估计。基于考虑扩散效应的偏微分方程（PDE）形式的 Tamura 振子，比较了 PDE 和 ODE 解，量化了涡振孕育时长对的初始相位分布的依赖关系，讨论了不同扩散强度和相位差异下涡振起振的难易。

2　二维尾流振子和三维尾流振子

对于长度为 l 的欧拉梁，基于 Tamura 振子[1]的 PDE 形式下的动力学方程为

$$m\frac{\partial^2 y}{\partial t^2} + c\frac{\partial y}{\partial t} + EI\frac{\partial^4 y}{\partial x^4} = \frac{1}{2}\rho U^2 D\left[f_m\left(\theta - \frac{1}{U}\frac{\partial y}{\partial t}\right) + C_D\frac{1}{U}\frac{\partial y}{\partial t}\right] \tag{1a}$$

$$\frac{\partial^2 \theta}{\partial t^2} - 2\beta\omega_s\left(1 - \frac{4f_m^2}{C_{L0}^2}\theta^2\right)\frac{\partial \theta}{\partial t} + \omega_s^2\theta - \nu_m\frac{\partial^3 \theta}{\partial z^2 \partial t} = \frac{\lambda}{D}\frac{\partial^2 y}{\partial t^2} + \frac{\omega_s^2}{U}\frac{\partial y}{\partial t} \tag{1b}$$

式中，y 和 θ 分别表示结构和尾流振子的位移；t 和 x 分别表示时间和空间坐标；m、c 和 EI 分别表示每延米质量、阻尼系数和抗弯刚度；ρ 表示空气密度；U 表示来流速度；$\omega_s = 2\pi St U/D$ 表示尾流振子的角频率；C_{L0} 表示静止状态下升力系数的幅值；f_m 是 Magnus 效应参数；β 表示尾流振子阻尼比；λ 表示振动结构对流体的反作用。在涡振的初始阶段的空间不同位置处，尾流振子越来越难"绝对均匀"地同步振动，在结构不同振动状态尾流振子的初始分布沿着跨径方向存在差异，意味着相邻位置处尾流振子相互剪切并提供了对应的剪切力，ν_m 因此被引入以表示剪切力的强弱。

令 $z = x/D$，$\tau = \omega_s t$ 和 $m^* = m/\rho D^2$，有 $\eta = y/D$，$\zeta = c/m\omega_s$，$k = EI/mD^4\omega_s^2$ 和 $L = l/D$，方程（1）可以表示成对应无量纲形式。若假设只存在固定涡振模态，引入模态坐标 $\phi(x)$，令 $\eta(\tau, x) = \eta_r(\tau)\phi(x)$ 和 $\theta(\tau, x) = \theta_r(\tau)\phi(x)$，带入方程（1）并在无量纲长度 L 上积分，可得 ODE 形式的单模态动力学方程为

$$\frac{d\eta_r^2}{d\tau^2} + \zeta\frac{d\eta_r}{d\tau} + k\eta_r\frac{\int_0^L \frac{d^4\phi}{dZ^4}\phi dZ}{\int_0^L \phi^2 dZ} = \left(\frac{1}{2\pi St}\right)^2\frac{1}{2m^*}\left[f_m\left(\theta_r - 2\pi S_t\frac{d\eta_r}{d\tau}\right) + 2\pi St C_D\frac{d\eta_r}{d\tau}\right] \tag{2a}$$

$$\frac{d^2\theta_r}{d\tau^2} - 2\beta\left(1 - \frac{4f_m^2}{C_{L0}^2}\frac{\int_0^L \phi^4 dZ}{\int_0^L \phi^2 dZ}\right)\frac{d\theta_r}{d\tau} + \theta_r - \nu\frac{\int_0^L \frac{d^2\phi}{dZ^2}dZ}{\int_0^L \phi^2 dZ}\frac{d\theta_r}{d\tau} = \lambda\frac{d\eta_r^2}{d\tau^2} + 2\pi St\frac{d\eta_r}{d\tau} \tag{2b}$$

以闭口箱梁断面和二阶正对称竖弯为例，设置流体变量位移初值为 0.001 且沿着展向不变，图 1 中给出了 $z = L/2$ 处 ODE 和 PDE 解对比结果，这两种方法下结构最终会发展到接近的稳态振幅，但尾流振子的演化路径则完全不同，PDE 方法可考虑展向差异，如图 2 所示。

基金项目：国家自然科学基金项目（52478552）

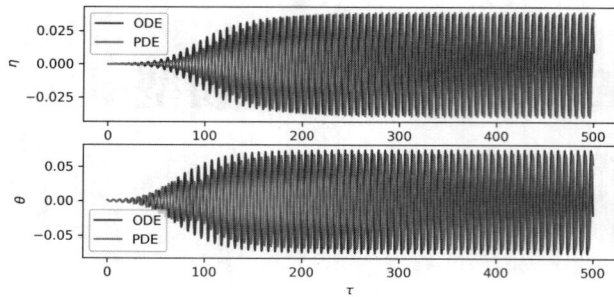

图 1　PDE 和 ODE 解下 $L/2$ 处位移及流场

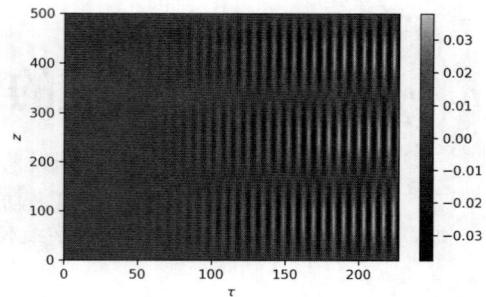

图 2　流场变量演化特征

3　扩散强度及跨径对涡振发展时长的影响

　　受扩散 van der Pol 模型[1]的启发，我们假设初始时刻空间各位置处流体变量振幅 A 相同，相位 φ 沿长度线性变化，即 $\varphi = k_\varphi z$。初位移和初速度分别为 $A\cos(k_\varphi z + \omega_s \tau)$ 和 $-2\pi\omega_s A\sin(k_\varphi z + \omega_s \tau)$。一般来说，结构静止不动距离在 15 以上相关系数接近 0[2]，故选用了半波长为 20 的行波为初始分布，即相位变化斜率 $k_\varphi = 0.025\pi$，发现 PDE 下的涡振发展时长显著依赖于桥梁跨径，如图 3 所示。图 4 给出了当相位斜率不变时，桥梁跨径和涡振发展时长的关系。在长度为 40、200、280、360 和 420 时（对应空间相位差 π、5π、7π、9π 和 11π），涡振的发展时间显著增长；这是由于在涡振早期的微幅阶段，流体分布在较长一段时间内并不被结构模态锁定，而是存在相对结构模态不一致的跨向波数，经历了一段时间后其分布才会趋向于接近结构振型，故涡振更难发生。随着扩散强度的增大，相邻流场的剪切作用不断增强，受初值条件控制的流体运动模式被迅速抑制，造成涡振发展时长的降低。

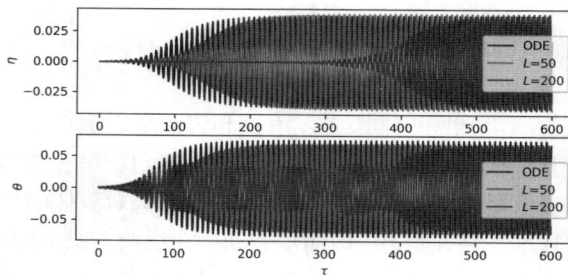

图 3　$\nu = 0$ 时不同跨径下 $L/2$ 处位移及流场

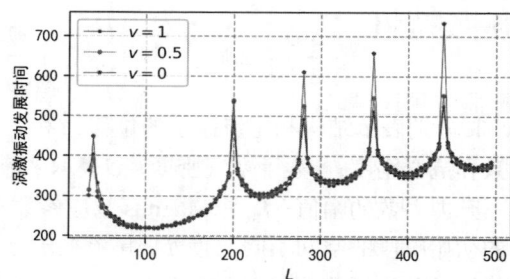

图 4　桥梁跨径和涡振发展时长的关系

4　结论

　　本研究主要讨论 PDE 形式的三维尾流振子模型中，涡振发展过程对跨径和扩散强度的依赖性，结果表明，在某些跨径和相位分布下，涡振初期流体并不直接按照对应结构模态振动，而是在相当长时间内具有不一致的展向波数，此时涡振需要更长的时间启动，引入扩散项可对涡振发展时长建模。本研究全文将完成不同长度的节段模型同步测压测振试验，以进一步探讨三维效应对涡振微幅发展阶段的影响。

参考文献

[1]　RICCIARDELLI F. Effects of the vibration regime on the spanwise correlation of the aerodynamic forces on a 5: 1 rectangular cylinder[J]. Journal of Wind Engineering and Industrial Aerodynamics, 2010, 98(4-5): 215-225.

[2]　FACCHINETTI M L, DE LANGRE E, BIOLLEY F. Vortex shedding modeling using diffusive van der Pol oscillators[J]. Comptes rendus. Mécanique, 2002, 330(7): 451-456.

类平板结构颤振特性随攻角的演化特征

汪　震[1]，何旭辉[1,2]，敬海泉[1,2]

（1. 中南大学土木工程学院 长沙 410075；
2. 轨道交通工程结构防灾减灾湖南省重点实验室 长沙 410075）

1　引言

颤振是大跨度桥梁、索支撑光伏及其他柔性结构抗风设计中的关键因素。当风速达到颤振临界风速时，风对结构不断输入能量，引发振幅的大幅增长，并可导致结构进入极限环振荡或直接损坏，对结构安全构成严重威胁。

攻角是影响结构颤振特性的一个重要因素，攻角的变化会显著改变结构的颤振临界风速和振幅[1]。然而，现有研究主要聚焦于较低的攻角范围（如[-10°，10°]），而越来越多的观测数据表明，山区地形和极端风条件下，攻角将远超这一常规范围。此外，对于索支撑光伏而言，为获得良好的光照条件，其通常有较大的预设攻角。目前，关于大攻角非线性颤振的研究主要集中在风能和航空领域[2]，但这些研究多以翼型为对象，并且折减风速较高，非定常效应并不显著。为了弥补这一研究空白，本文以宽高比为 42.7 带圆角过渡的类平板断面为对象，通过自由振动风洞试验，研究颤振特性在[0°，28°]攻角范围的演化规律，并从动力学角度分析了颤振特性的演变机制。

2　颤振特性

2.1　颤振临界风速

图 1 为类平板结构颤振临界风速随攻角的变化情况。根据气动力系数中的 3 个拐点，颤振临界风速随攻角的变化特征可以分为 4 个区域。在区域Ⅰ（0°～6°）中，颤振临界风速随攻角的增加急剧减小；在区域Ⅱ（8°～14°）中，颤振临界风速仍然随攻角的增加而不断减小，但下降趋势较区域Ⅰ更缓；在区域Ⅲ（16°～20°）中，颤振临界风速呈现出相对稳定的趋势，并没有随攻角的增加而发生明显变化；在区域Ⅳ（22°～28°）中，颤振临界风速随风攻角的增加略有上升，但总体而言，其与区域Ⅲ基本处于同一水平。上述的这些结果表明，在失速攻角（14°）之前，攻角的增加会导致颤振临界风速的急剧下降，而当超过失速攻角后，颤振临界风速受攻角增加的影响较小。

2.2　响应振幅

如图 2 所示，随着攻角的增大，类平板的颤振行为经历了从线性颤振到非线性颤振的转变，这与 Wu 等人[3]观察到的现象相似，他们在对多种宽高比桥梁主梁断面进行研究时观测到了的几种不同类型的颤振行为。在区域Ⅰ中，颤振行为随攻角的增加表现出显著的变化，观测到了 3 种不同的颤振类型。当攻角为 0°和 2°时，颤振类型属于初始振幅相关的发散型，颤振临界风速和颤振响应的发散都与初始条件有关。当攻角为 4°时，颤振响应表现为初始振幅相关的自持-发散型。这种类型的颤振与初始振幅相关的发散型颤振相似，两者随着风速的增加最终都表现为发散振动，主要区别在于前者在发散振动之前出现了极限环振荡。当攻角为 6°时，颤振响应是一种与初始振幅无关的软颤振类型，当风速超过颤振临界风速后，扭转运动会逐渐增长为极限环振荡。与上述的初始振幅相关的自持-发散型颤振不同，这种极限环振荡存在于很大的风速范围，并且与初始条件无关。当攻角增加至 22°，颤振响应开始转而表现为初始振幅相关的软颤振类型，在该类型颤振

基金项目：国家自然科学基金项目（51925808，U1934209，52078502）

中，极限环振荡的振幅与初始条件有关。该类型颤振中，稳定极限环产生依赖于初始扭转振幅的滞回现象，这是由于气动自激力的振幅依存性导致的。

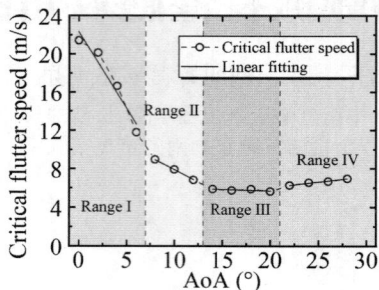

图 1　颤振临界风速

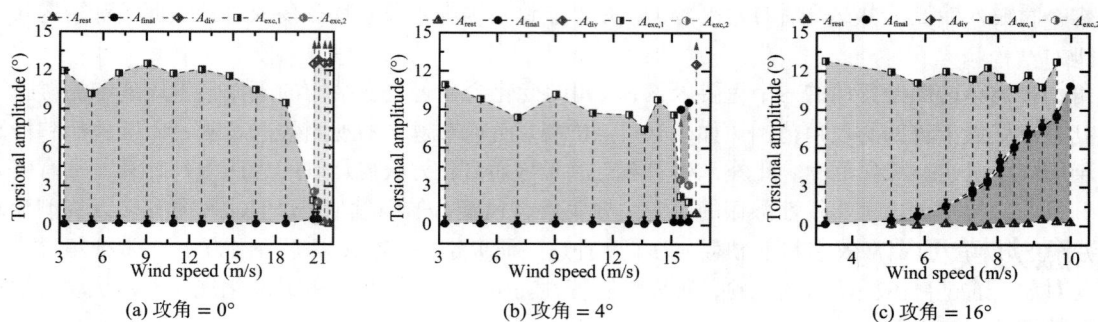

(a) 攻角 = 0°　　　(b) 攻角 = 4°　　　(c) 攻角 = 16°

图 2　典型攻角下的响应振幅

3　结论

本文通过节段模型自由振动试验详细研究了宽高比为 42.7 的类平板断面在不同攻角下的颤振特性，研究发现颤振临界风速随攻角的演变大致可分为 4 个区域，在前两个区域中颤振临界风速随攻角的增加急剧减小，但当超过失速攻角后，颤振临界风速不再随攻角的增加发生显著变化；在这过程中，观测到了 4 种不同的颤振类型，反映了颤振特性从线性颤振到非线性颤振的明显过渡行为。

参考文献

[1] AMANDOLESE X, MICHELIN S, CHOQUEL M. Low speed flutter and limit cycle oscillations of a two-degree-of-freedom flat plate in a wind tunnel [J]. Journal of Fluids and Structures, 2013, 43: 244-55.

[2] SANTOS C R, PEREIRA D A, MARQUES F D. On limit cycle oscillations of typical aeroelastic section with different preset angles of incidence at low airspeeds [J]. Journal of Fluids and Structures, 2017, 74: 19-34.

[3] WU B, SHEN H, LIAO H, et al. Investigation of nonlinear and transitional characteristics of flutter varying with wind angles of attack for some typical sections with different side ratios [J]. Journal of Fluids and Structures, 2023, 121: 103934.

大跨桥梁涡振响应随机传递分析

崔笑笑，方根深，葛耀君，刘子航

（同济大学土木工程防灾减灾全国重点实验室 上海 200092）

1 引言

涡振是大跨桥梁在常遇风速下就可能发生的风致振动现象，受温度、湿度和外部荷载（如风荷载和车辆荷载）等环境因素的影响，桥梁结构参数如固有频率和阻尼比等会表现出强变异性[1]，导致桥梁涡振响应的试验或理论计算结果与实际结构存在显著差异，亦会影响大跨桥梁涡振预警的准确性。既有研究在涡振可靠度分析中对结构频率、阻尼比等结构参数变异性考虑不足，且过度依赖显式极限状态方程，未能充分考虑非线性涡激力模型中的隐式极限状态方程。本文基于大比例节段模型风洞试验识别某闭口箱梁涡激力参数，采用多点估计法、降维分解法和最大熵原理，研究结构频率和阻尼比的随机性对涡振响应的影响，并采用蒙特卡洛模拟（MCS）验证了结果的准确性。

2 涡激力模型和结构参数

选用 Scanlan 经验线性涡激力模型，引入无量纲时间 $s = Ut/D$，无量纲位移 $Y = y/D$，并忽略气动刚度效应，得到无量纲运动方程表达式为：

$$Y'' + 2\xi_K Y' + K^2 Y = \frac{\rho D^2}{2m}[KH_1 Y' + C_L \sin Ks] \tag{1}$$

式中，$K = \omega D/U$ 为无量纲的系统实际频率；ω 为结构圆频率；U 为来流风速；ξ_K 为结构阻尼比；ρ 为空气密度；D 为梁高；m 为结构质量；H_1 和 C_L 为涡激力模型参数。

基于某闭口箱梁大比例节段模型风洞试验，利用涡振衰减-共振瞬变段的振动位移识别了五个风速下的涡激力模型参数 H_1 和 C_L，其他风速下对应的参数通过 U-H_1 和 U-C_L 曲线插值得到，如图 1 所示。节段模型断面形状和尺寸如图 2 所示。

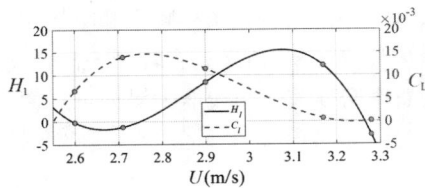

图 1 涡激力模型参数

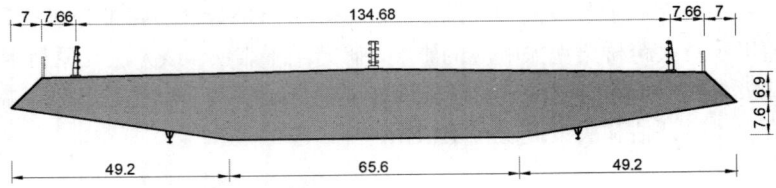

图 2 节段模型断面形状（cm）

3 涡振响应随机传递分析

考虑一个具有 N 维随机独立输入 $\boldsymbol{X} = \{X_1, X_2, \cdots, X_N\}$ 的系统，并设 $Y = g(\boldsymbol{X})$ 为所需的响应。运用乘法降维法可以得到响应的第 l 阶统计矩计算公式为：

$$m_l(Y) \cong [g(\mu_1, \cdots, \mu_N)]^{l(1-N)} \prod_{i=1}^{N} E\left\{[g(\mu_1, \cdots, \mu_{i-1}, X_i, \mu_{i+1}, \cdots, \mu_N)]^l\right\} \tag{2}$$

基金项目：国家自然科学基金项目（52108469，52278520），中国科协青年人才托举工程（2023QNRC001），上海市教育委员会晨光计划（22CGA21）

式中，$\mu_i = E(X_i)$是变量X_i的均值，$g(\mu_1, \cdots, \mu_{i-1}, X_i, \mu_{i+1}, \cdots, \mu_N)$是变量$X_i$的系统随机响应，$g(\mu_1, \mu_2, \cdots, \mu_N)$是所有变量取其均值的系统确定性响应。变量$X_i$的$l$阶统计矩可以通过多点估计法进行计算：

$$m_l(X_i) = E\left\{[g(\mu_1, \cdots, \mu_{i-1}, X_i, \mu_{i+1}, \cdots, \mu_N)]^l\right\} \cong \sum_{j=1}^{m} w_j [g(z_j)]^l \tag{3}$$

式中，w_j和z_j是高斯正交点的权重和坐标，$g(z_j)$是当函数在z_j点时的系统响应。得到响应的l阶统计矩后，可以将统计矩作为优化约束条件，通过最大熵原理来近似得到响应的概率密度函数：

$$\max H = -\int p(y) \ln[p(y)] \, \mathrm{d}y \tag{4}$$

式中，$p(y) = \exp\left(-\sum_{l=0}^{k} \lambda_l y^l\right)$为响应的概率密度函数，$\lambda = [\lambda_1, \lambda_2, \cdots, \lambda_k]$为拉格朗日乘子。这些参数可以通过标准牛顿法进行求解。

基于上述涡激力参数，考虑结构频率f采用对数正态分布，均值为0.37Hz，变异系数为0.15，结构阻尼比ξ_K采用对数正态分布，均值为0.32%，变异系数为0.15。图3（a）和（b）表明本研究与蒙特卡洛模拟（MCS）曲线拟合良好，验证了方法的准确性。图3（c）展示了涡振振幅概率密度随着风速变化的演化过程及最可能值（MPV）。在风速锁定区间的边界，振幅分布较为集中；而当风速偏离边界时，振幅的离散度逐渐增大，发生其他振幅的概率增大。涡振振幅的MPV曲线与试验数据一致，在风速约3m/s时达到最大值。

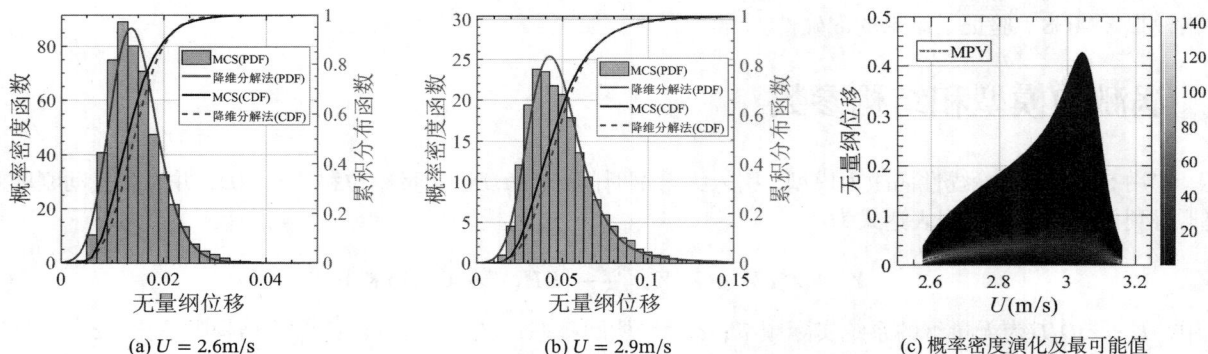

(a) $U = 2.6\text{m/s}$ (b) $U = 2.9\text{m/s}$ (c) 概率密度演化及最可能值

图3　涡振振幅概率分布

4　结论

本研究基于节段模型风洞试验，采用多点估计法、降维分解法和最大熵原理，研究结构频率和阻尼比的随机性对大跨桥梁涡振响应的影响。研究结果表明：该方法与蒙特卡罗模拟（MCS）结果具有较好的拟合度，并极大缩短了计算时间，验证了该方法的准确性和有效性；涡振振幅的概率密度演化曲线能为涡振可靠性分析、风险评估和决策提供科学依据。

参考文献

[1]　李玲瑶, 何旭辉, 徐汉勇, 等. 桥梁涡振可靠度参数不确定性影响分析[J]. 应用基础与工程科学学报, 2019, 27(4): 822-830.

大跨度钢箱梁悬索桥涡激振动快速抑振措施研究

陈智鹏[1,2]，周光伟[1,2]

（1. 厦门理工学院土木工程学院 福建 361024；

2. 福建省风灾害与风工程重点实验室 福建 361024）

1 引言

大跨度钢箱梁悬索桥由于轻质、柔性和低阻尼特性，易引发涡激振动（VIV）[1]。研究表明，永久性气动措施能够有效地优化主梁的涡激振动性能，但耗时较长。而快速抑振措施能够短时间内在桥上布置，快速有效抑制涡振的同时减少经济成本和社会影响[2]。在此类研究的对象多为板的背景下，本文创新地提出以车辆作为载体，将气动优化后的车辆以不同方式布置在桥面上作为快速抑振措施。并用不同工况总结了该快速抑制措施的布置方法。最终结果表明，该方法下快速抑振措施能够有效抑制涡振，VIV 幅值的最大减小百分比均达 75%以上。

2 工程背景

本文以某大跨度钢箱梁悬索桥为例，其主桥全长 1108m，主跨 648m。主梁断面为流线型钢箱梁。该桥桥面为双向六车道。桥梁一阶竖弯频率为 0.1679Hz，一阶扭转频率为 0.4897Hz。该桥 ANSYS 全桥有限元模型以及主梁断面车道图如图 1 所示。

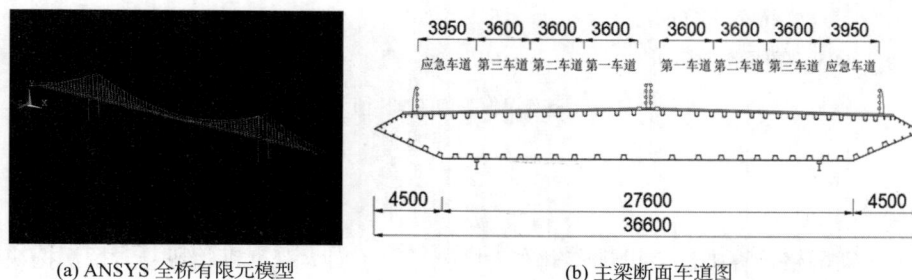

(a) ANSYS 全桥有限元模型　　(b) 主梁断面车道图

图 1　有限元模型及车道图

3 数值模拟

本文数值模拟基于 FLUENT，设计车辆以中小型货车为原型，对进行车辆气动优化改装。通过已有的研究，梁习锋等[3]通过数值模拟，将 4 种车顶的车辆进行了气动性能的比较。最终得出弧形车顶在横风的作用下升力较大，涡量减小。田红旗等[4]，通过数值模拟将不同侧壁的车辆进行了气动性能的比较。得出侧壁为弧形的车辆能够有效的改善车辆气动性能，减小涡量。本文最终确定改装车辆为弧形侧壁以及弧形车顶，对车辆在桥梁上的布置方法进行不同工况的研究。措施布置与车辆尺寸如图 2 所示。

4 涡激振动控制

数值模拟结果如下：将不同工况与原设计断面进行 0°、+3°攻角的竖弯涡振振幅 RMS 图进行对比，如

基金项目：福建省科技计划项目（引导性项目）（2021Y0042），国家自然科学基金项目（52178510）

图 3 所示。图中规范允许值以及 RMS 值均经过换算，满足规范要求。从 0°攻角看出竖弯涡振振幅的 RMS 值在工况一、工况二、工况三下降 100mm 以上，并且涡振区间明显消失，幅值远小于规范允许值。从 +3°攻角可以看出。

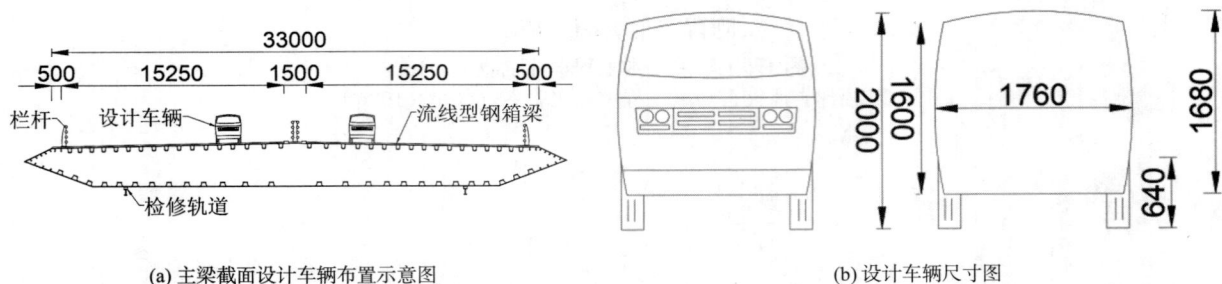

(a) 主梁截面设计车辆布置示意图 (b) 设计车辆尺寸图

图 2　措施布置与尺寸图

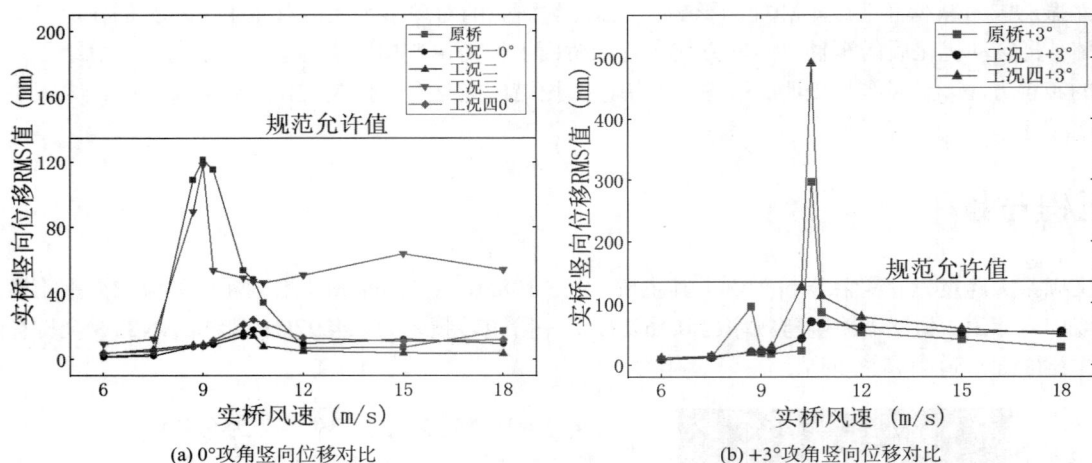

(a) 0°攻角竖向位移对比 (b) +3°攻角竖向位移对比

图 3　竖弯涡振振幅 RMS 值对比

5　结论

本文经过 CFD 动网格计算方法将设计车辆作为措施进行了对大跨度钢箱梁悬索桥涡振快速抑振措施研究。结果表明，布置快速抑振措施后，竖弯涡振振幅 RMS 值在三个攻角下均下降至 100mm 以内，下降幅度达 80%以上，并且涡振区间明显消失。

参考文献

[1] 陈政清. 桥梁风工程[M]. 北京: 人民交通出版社, 2005.

[2] WANG B, ZHANG M, XU F, et al. An Emergency Aerodynamic Measure to Suppress Vortex-Induced Vibration of Bridge Decks: Suspended Flexible Sheets[J]. International Journal of Structural Stability and Dynamics, 2023, 23(12): 2350141.

[3] 梁习锋, 熊小慧. 4 种车型横向气动性能分析与比较[J]. 中南大学学报 (自然科学版), 2006, 37(3): 607-612.

[4] 田红旗, 苗秀娟, 高广军. 强横风环境下棚车侧壁外形气动性能[J]. 交通运输工程学报, 2006, 6(3): 5-8.

[5] 贾怀喆. 大跨度悬索桥涡振数值模拟及气动控制措施优化[D]. 南京: 东南大学, 2022.

模态密集结构多模态涡振控制 TMDs 参数设计

黄萌菲，张明杰，许福友

（大连理工大学建设工程学院 大连 116024）

1 引言

部分结构模态分布密集，在常遇风速范围内，各阶模态均可能发生涡振[1]。调谐质量阻尼器（TMD）因其构造简单、安装方便、价格低廉而被广泛应用于结构涡振控制领域。进行 TMD 参数设计时，常采用单模态假定，该假定大大简化了 TMD 参数设计流程并节约了计算资源。实际上，安装 TMD 会引入模态耦合[2]，忽略模态耦合导致不能准确评估 TMD 对涡振的控制效果。本文探讨了结构-TMD 系统发生涡振时的模态耦合效应，对影响模态耦合强度的因素进行定性分析，指出合理的 TMD 安装位置可消除或有效降低模态耦合效应，并提出一种基于模态解耦条件的 TMDs 参数设计方法，基于不同涡激力模型，对该方法的有效性进行了验证，该方法控制效率高于逐模态设计法。

2 结构-TMD 系统涡振模态耦合

本节以某模态分布稀疏的简支梁和某模态分布密集的六跨连续梁为例，设计 TMD 用于控制其第一阶涡振。主梁涡激力采用尾流振子模型，分别使用单模态计算法与多模态计算法（N代表所考虑模态阶数）求解主梁无量纲涡振响应。由图 1、图 2 可知，当 TMD 安装位置不满足解耦条件时，基于单模态假定的涡振响应计算结果与基于多模态假定的计算结果存在差异，模态稀疏结构（简支梁）中该差异较小；模态密集结构（连续梁）中该差异较大。

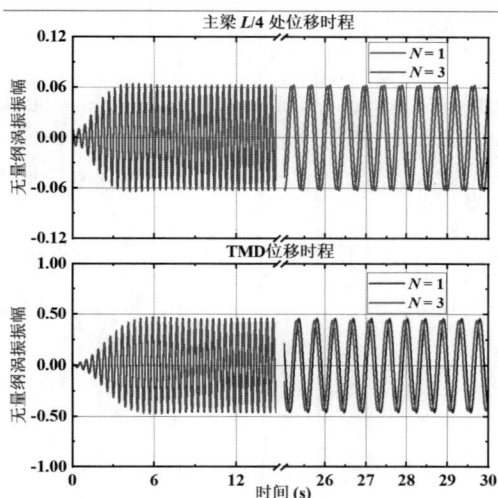

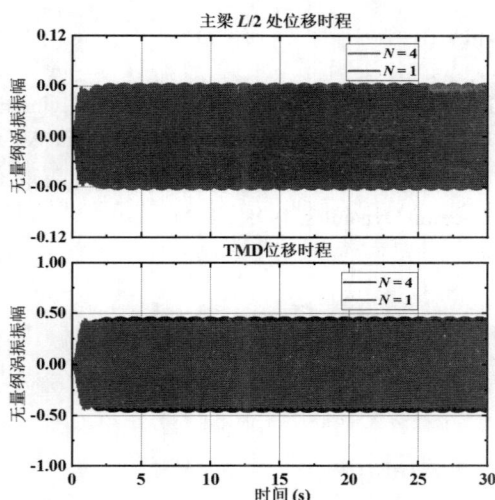

图 1 不满足模态解耦条件时简支梁及 TMD 涡振响应　图 2 不满足模态解耦条件时六跨连续梁及 TMD 涡振响应

3 TMDs 参数设计新方法

基于模态解耦条件，提出一种针对多模态涡振控制的 TMDs 参数设计新方法，尽可能消除非共振模态对

基金项目：国家自然科学基金项目（52125805），中央高校科研基金（DUT23RC（3）020）

主梁涡振响应的影响，并对其有效性进行验证。图 3 展示了当涡激力采用尾流振子模型和多项式模型时，各个工况的控制效果。其中，S1 代表使用所提出的新方法进行 TMDs 参数设计，S2 代表使用传统的逐模态设计法。可见，所提出的针对多模态涡振控制的 TMDs 参数设计新方法具有更高的控制效率，且对于各种形式的涡激力均有效。

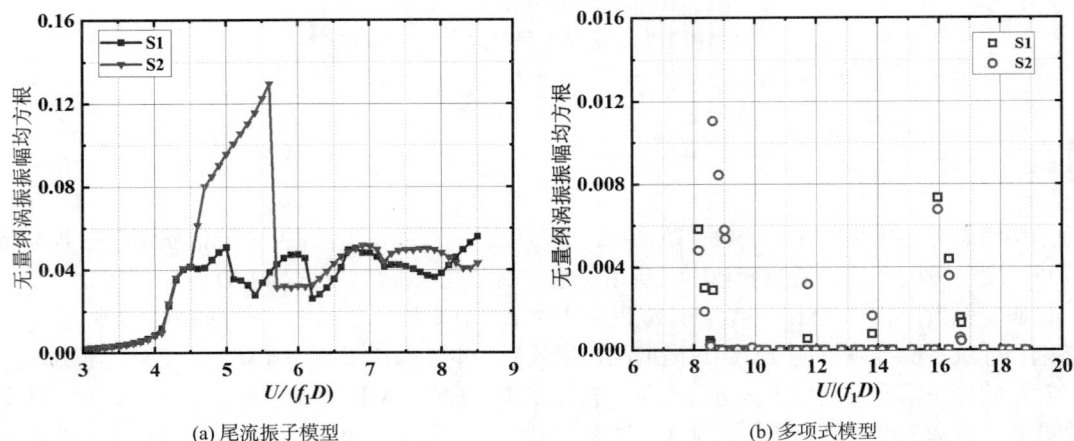

(a) 尾流振子模型   (b) 多项式模型

图 3　针对多模态涡振控制的 TMDs 参数设计新方法与逐模态设计法控制效果对比

4　结论

本文结论如下：（1）结构-TMD 系统发生涡振时存在明显的模态耦合效应，且结构各阶频率分布越接近，模态耦合程度越强；（2）合理地设置 TMD 安装位置可消除模态耦合效应；当未消除模态耦合效应时，TMD 质量比越大，模态耦合程度越强；（3）本文所提出的针对多模态涡振控制的 TMDs 参数设计新方法，在不同涡激力形式下，均具有较好的控制效果。

参考文献

[1] ZHANG M, WU T, ØISETH O. Vortex-induced vibration control of a flexible circular cylinder using a nonlinear energy sink[J]. Journal of Wind Engineering and Industrial Aerodynamics, 2022, 105163.

[2] ABÉ M, IGUSA T. Tuned mass dampers for structures with closely spaced natural frequencies[J]. Earthquake Engineering and Structural Dynamics, 1995, 24: 247-261.

工程断面涡致振动多区域旋涡协同机制与抑振

陈帅匡[1]，胡传新[1]，赵 林[2]

（1. 武汉科技大学城市建设学院 武汉 430065；
2. 同济大学土木工程防灾减灾全国重点实验室 上海 200092）

1 引言

工程结构，如桥梁主梁、风力机叶片、桅杆结构等，在来流风作用下表面周围形成流动分离，诱发各类涡致振动。以旋涡脱落、漂移等为关键流动特征的结构周围绕流形态非定常演化决定了结构表面气动力时空演变特性及涡致振动效应。故诸多学者从旋涡动力学角度研究了涡致振动机制。胡传新等[1]还将旋涡作用及其漂移特征与主梁表面压力分布特征紧密关联，基于结构表面时空压力场推演旋涡空间位置及其强度特征，系统建立了简化涡方法。然而，上述研究或关注结构表面前缘分离涡，或关注结构尾部涡脱，一定程度上忽略了各区域流场之间物理联系，即涡致振动过程中结构表面各区域旋涡（上下表面分离涡、尾涡以及前后断面之间间隙涡等）之间的协同作用效应，难以深入揭示涡致振动本质特征。鉴于此，选取流线型箱梁断面和中央开槽箱梁断面等典型工程断面为研究对象，系统研究工程结构多区域旋涡协同作用机制，归纳工程结构通用旋涡协同作用模式。进一步应用于中央开槽主梁断面振动抑制。

2 旋涡协同机制

分析典型工程断面表面压力时频特性，提取周围关键流场特征归纳旋涡协同作用机制，建立旋涡协同作用模式。分别以流线型箱梁和中央开槽箱梁等典型工程断面，归纳表面涡协同（Surface-Vortex Synergy，SVS），"涡尾协同（Vortex-Tail Synergy，VTS）"和"间隙-表面协同（Gap-Surface Synergy，GSS）"模式，断面如图 1 所示。

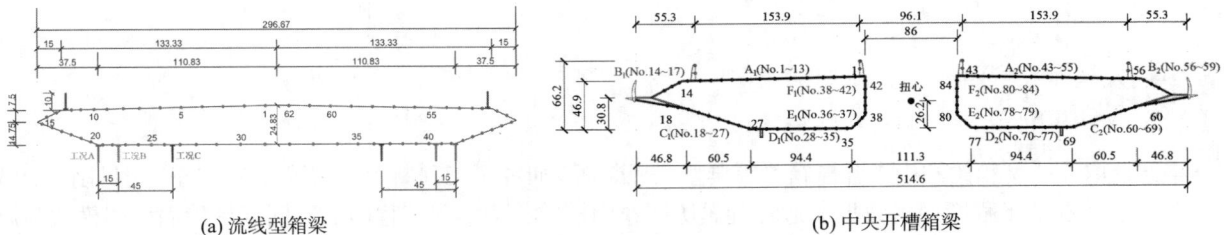

(a) 流线型箱梁   (b) 中央开槽箱梁

图 1 旋涡协同作用模式研究断面

以流线型箱梁为研究对象，开展同步测力测振测压风洞试验，如图 2 所示，研究"表面涡协同（Surface-Vortex Synergy，SVS）"模式。在箱梁上下表面设置简化栏杆，移动简化栏杆位置，研究箱梁表面压力时空分布特征变化，协同增强模式如图 3 所示，图中气动力以竖直向上为正。不同区域间的旋涡协同模式可由同一 X 坐标下对应两区域行波分量气动力时程矢量叠加判断，叠加气动力幅值大于二者最大一项时定义为旋涡协同增强模式，反之定义为旋涡协同抵消模式。例如，当两表面平行时，当其中当相位差之差为 360° 的整数倍代表叠加气动力幅值最大为旋涡协同极增模式，当相位差之差为 360° 的整数倍 ±180° 代表叠加气动力幅值最小为旋涡协同中和模式。根据流线型箱梁典型工况分析表明，协同增强、极增模式下气动力做正功，协同中和模式下气动力做负功。这表明调节附属设施可以精确改变旋涡协同模式，进而改变气动力及其与位移的相

基金项目：国家自然科学基金项目（52108471），桥梁结构抗风技术交通行业重点实验室开放课题（KLWRTBMC23-02）

位差，改变风能-结构振动能-阻尼耗能能量传递路径，从而改变振动响应。

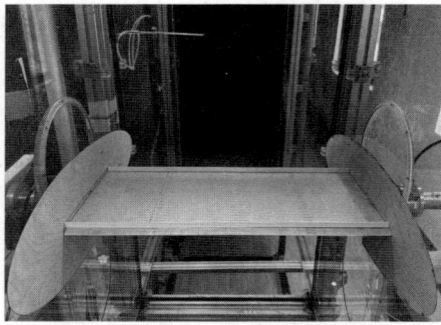

图 2　风洞试验模型

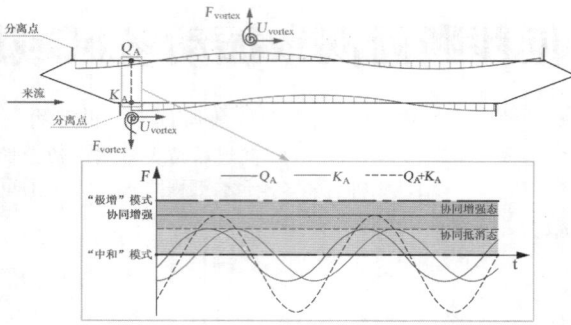

图 3　表面涡协同（SVS）"协同增强"模式

3　抑振应用

仍以第 2 节所示的中央开槽箱梁[2]为例，应用于振动抑制。研究发现，下游箱梁上下表面为 SVS 模式主导，上游箱梁下表面与槽间区域为 VTS 模式主导，槽间区域与下游箱梁上下表面为 GSS 模式主导，如图 4 所示。移动检修轨道位置，改变旋涡协同作用机制，旋涡协同主导模式偏向协同抵消态，从而抑制涡振，抑振前后涡振响应对比如图 5 所示。

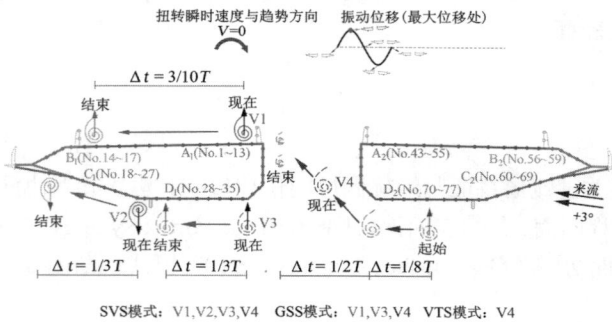

图 4　旋涡协同模式

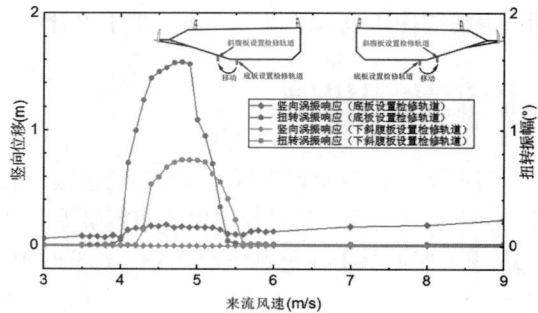

图 5　涡振响应

4　结论

本文选取流线型箱梁和中央开槽箱梁等典型工程断面，研究了工程断面多区域旋涡协同作用机制，归纳了具有科学共性的工程断面涡致振动过程旋涡协同作用模式，为实现工程断面不同区域旋涡协同模式与风能-结构振动能-阻尼耗能能量传递路径精准调控奠定了理论基础。进一步应用于中央开槽箱梁振动抑制。研究表明，旋涡协同机制可分为"表面涡协同（Surface-Vortex Synergy, SVS）""涡尾协同（Vortex-Tail Synergy, VTS）"和"间隙-表面协同（Gap-Surface Synergy, GSS）"模式。进一步可分为协同增强态和协同抵消态，各态极值分别对应协同"极增"模式和协同"中和"模式。中央开槽箱梁涡振为多个旋涡协同模式的混合体。移动检修轨道位置，改变了上述旋涡协同机制，从而抑制振动。

参考文献

[1]　胡传新, 王相龙, 赵林, 等. 典型桥梁主梁涡振机理分析的简化涡方法[J]. 中国公路学报, 2025, 38(1): 187-198.

[2]　胡传新, 陈帅匡, 赵林, 等. 中央开槽箱梁扭转涡振全过程简化涡绕流模式演变特性与锁定机制[J/OL]. 中国公路学报, 2024. http://kns.cnki.net/kcms/detail/61.1313.U.20240603.1217.002.html.

基于同步测压测振的分离式双箱梁涡振及抑振机理研究

贺靖淳，谢晟霖，赵国辉

（长安大学风洞实验室 西安 710064）

1 引言

涡激振动是大跨度桥梁是具有强迫和自激双重性质的风致振动现象，其对桥梁的适用性和耐久性产生威胁。目前涡振研究方法包括理论分析，数值模拟，风洞试验和现场实测。由于风洞试验方法可直接获得表面气动力及压力分布的优点，广大学者据此进行了许多研究。程怡[1]等系统探究了中央稳定板高度参数对涡振振幅的梯度影响，杨詠昕[2]分析了不同槽宽分体箱梁的涡振的变化规律。学者对抑振措施结构响应层面的研究较为丰富，但针对涡振及抑振机理的探讨较少。本文基于同步测压测振试验，通过分析表面脉动压力分布特性研究分离式双箱梁涡振以及抑振机理，为分离式箱梁抑振研究提供有价值的参考。

2 同步测压测振试验

2.1 模型设计

以某分离式双箱梁为例，采用 1∶50 缩尺比设计节段模型。模型照片如图 1 所示。

图 1 节段模型实图

2.2 原断面表面脉动压力分布特性

（1）脉动压力系数

如图 2 所示，脉动压力系数在起振点风速时最大、峰值点风速时次之，而在结束点风速时最小，表明整个箱梁表面在涡振锁定风速区间内气流涡旋活跃程度高，能为诱发或维持较大幅度的涡激振动提供能量。

（2）脉动压力卓越频率

如图 3 所示，在振幅峰值点风速时，下游箱梁后端存在大量测点，其脉动风压卓越频率与主梁扭转频率相同。这一现象表明，该区域旋涡产生了周期性的同频脉动压力促使结构发生涡振。同时，由于该区域远离截面扭转中心，旋涡产生的脉动压力将形成显著的周期性升力矩，从而直接导致扭转涡振。因此该区域旋涡为引起涡振的关键部位，抑振措施应以改变该区域旋涡分布为重点。

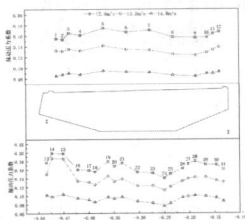

图 2 不同风速下脉动风压系数

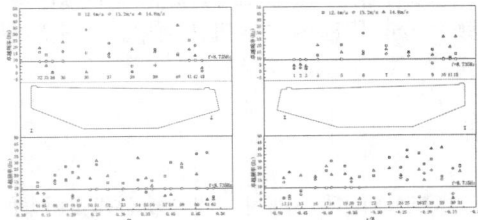

图 3 不同风速下卓越频率

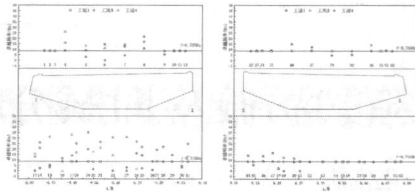

图 4　无效措施脉动压力卓越频率　　　　　　图 5　有效措施脉动风压系数

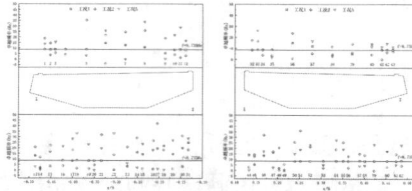

图 6　有效措施脉动压力卓越频率

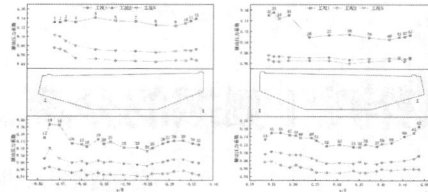

3　抑振措施

3.1　工况设计

为确定倒 L 形导流板抑振机理，增设安装不同竖板高度导流板的非对称工况作为对照进行试验。试验结果表明：下游箱梁处安装有较长竖板的导流板的工况 2 和工况 5 抑振成功，而竖板长度较小的工况 3 和工况 4 未能抑制涡激振动。

3.2　无效抑振措施

脉动风压系数整体上有所下降，该结果表明无效导流板措施仍可减小压力的波动变化，降低脉动风对于结构涡激振动的能量输入，但其对于改善涡激振动效果不佳。另外，较多测点卓越频率等于模型基频（图 4）。故可得到结论：该措施失效原因为未能改善旋涡脱落情况，涡脱频率仍然与基频相近，脉动风引起的涡脱现象仍激励结构发生共振。

3.3　有效抑振措施

如图 5、图 6 所示，该工况下模型表面脉动风压系数显著降低，整体降幅达 63%。这一变化表明，倒 L 形导流板通过改变气流分离模式，降低了旋涡脱落强度，减少了能量供给。同时，各测点脉动压力卓越频率均偏离了节段模型扭转振动频率且呈现离散状态，该现象表面导流板将原有旋涡打散，使之无形成统一的同频周期性涡脱，该措施改变了下游箱梁后部旋涡分布规律，成功抑制涡振发生。

4　结论

（1）下游箱梁后缘区域的周期性旋涡脱落是诱发分离式双箱梁转涡振的主导因素；

（2）在峰值风速下，下游箱梁后缘区域的脉动压力特征频率与结构扭转基频高度吻合，且由于力臂效应，显著增强了旋涡对于涡激振动的激励作用。

（3）倒 L 形导流板通过改变下游箱梁后缘区域的周期性旋涡的生成与脱落过程，使得该区域各测点脉动风压卓越频率分散且远离主梁扭转频率，无法形成一致的扭转力矩，达到了抑制扭转涡激振动的作用。

参考文献

[1]　程怡, 周锐, 杨詠昕, 等. 中央稳定板对分体箱梁桥梁的涡振控制[J]. 同济大学学报(自然科学版), 2019, 47(5): 617-626.

[2]　杨詠昕, 周锐, 罗东伟, 等. 不同槽宽分体箱梁桥梁的涡振及其控制措施[J]. 工程力学, 2017, 34(7): 30-40.

斜风作用下峡谷区大跨悬索桥抖振响应时域分析

卜科胜[1,2]，张明金[1,2]，张金翔[1,2]

（1. 西南交通大学桥梁工程系 成都 610031；
2. 桥梁智能与绿色建造全国重点实验室 成都 611756）

1 引言

在大跨桥梁抖振分析中，通常认为平均风是垂直于桥梁轴线，但对于峡谷区的大跨度桥梁而言，桥梁轴向与峡谷主要来流风向通常并不正交，使得桥梁受到斜风作用。一般地，考虑斜风作用时，常见的方法是将斜风分解为横桥向和顺桥向分量，并且忽略顺桥向分量的影响。但不少研究表明，最大的结构响应可能发生在小偏角斜风条件下，而简化方法可能会低估结构响应。Xu[1]对青马悬索桥的研究表明，当平均风速的偏角为+9°且桥面攻角为+5°时，桥梁达到最大横向响应，与余弦规则的估计结果有所偏差。Wang[2]等人通过对润扬大桥的抖振响应进行研究发现，与实测数据相比，基于余弦规则的数值分析略微低估了桥梁的扭转和垂直响应。此前的研究主要聚焦平坦地区，对复杂山区尤其是深大峡谷区的研究较少。基于此，本文对斜风作用下的峡谷区大跨桥梁抖振响应展开分析。

2 斜风作用下峡谷区风荷载分解方法

传统上，斜风荷载的分解主要基于平均风分解理论[3-4]，既把斜风的平均风和脉动风分别投影到横桥向。但针对深大峡谷区桥梁的特殊性，本文在计算过程中将顺桥向风速分量与结构的相互作用考虑为摩擦力，如公式(1)所示，以更准确地反映实际情况。

$$F_f = \frac{1}{2}\rho U_P^2 C_f S \tag{1}$$

式中，F_f为顺桥向摩擦力；S为迎风面积，C_f为摩擦力系数，根据《公路桥梁抗风设计规范》JTG/T 3360-01—2018取得。

3 斜风作用下峡谷区大跨悬索桥抖振时域分析

3.1 桥梁概况及全桥有限元模型

以位于具有典型深大 V 形峡谷特征的大跨悬索桥为例，大桥主跨为 1196m 的双塔单跨钢箱梁悬索桥，桥面距离峡谷底部285m，峡谷宽约1100m，河流方向为 26.5°～206.5°，桥轴线为127°～307°，桥轴向与峡谷走向呈现较大的偏角。桥面系采用正交异性箱梁结构，钢箱梁节段重量为140t/段，桥面铺装厚为6cm 环氧沥青混凝土。主塔材料为混凝土，主索塔高113.9m，主缆间距为25.5m。依据大桥结构参数，利用 ANSYS 有限元软件建立了全桥三维有限元模型，如图 1 所示。

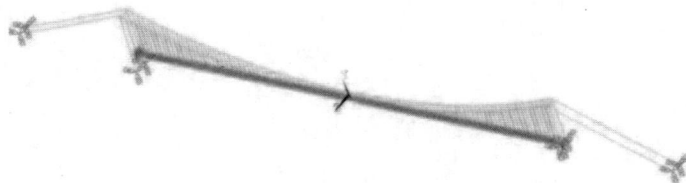

图 1　龙江大桥有限元模型

3.2 抖振响应时域分析

基于第 2 节中的方法和传统方法对上述桥梁在斜风作用下进行非线性分析。通过均方根误差（RMSE）对比分析（图 2），其顺桥向和横桥向位移均变小了，可能为摩擦力的引入部分抵消了几何非线性引起的刚度弱化，基于方法能够更较为精准地计算斜风作用下桥梁的抖振响应。

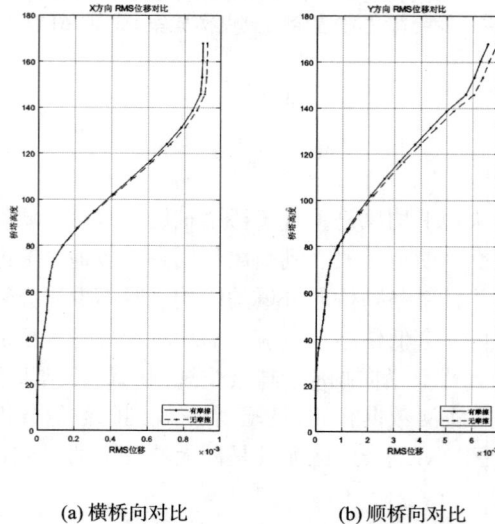

(a) 横桥向对比   (b) 顺桥向对比

图 2   桥塔顶部风振响应 RMS 值传统与改进方法对比

4   结论

通过对典型深大峡谷区大跨悬索桥进行抖振响应分析发现，传统计算方法在分析斜风作用下的桥梁抖振响应时无法准确评估结构响应，基于修正的风荷载计算方法，可以弥补这一不足。

参考文献

[1]   XU Y L, ZHU L D, XIANG H F. Buffeting response of long span cable-supported bridges under skew winds[C]//proceedings of the 2nd International Symposium on Advances in Wind and Structures (AWAS 02). Pusan, 2002.

[2]   WANG H, LI A Q, HU R M. Comparison of Ambient Vibration Response of the Runyang Suspension Bridge under Skew Winds with Time-Domain Numerical Predictions [J]. Journal of Bridge Engineering, 2011, 16(4): 513-26.

[3]   SCANLAN R H. BRIDGE BUFFETING BY SKEW WINDS IN ERECTION STAGES [J]. Journal of Engineering Mechanics, 1993, 119(2): 251-69.

[4]   王浩, 李爱群. 斜风作用下大跨度桥梁抖振响应时域分析(I): 分析方法[J]. 土木工程学报, 2009, 42(10): 74-80.

基于CFD数值识别方法的公-轨并行双箱梁气动导纳研究

魏　露[1]，何亚奇[1]，周巧玲[1]，吴　波[1,2]

（1. 重庆交通大学 土木工程学院 重庆 400074；

2. 山区桥梁及隧道工程国家重点实验室 重庆 400074）

1　引言

大跨度并行双箱梁桥能够满足高交通量的需求，已成为交通基础设施的重要组成部分。与单箱梁相比，双箱梁之间存在复杂的气动干扰效应。目前，关于并行双箱梁涡激振动和颤振性能影响已有研究[1-2]。然而，考虑双箱梁间气动干扰对抖振响应影响的研究相对较少。抖振是一种由气流紊流特性引起的随机振动，与结构的几何形状和风速有关，大跨度桥梁结构在长期服役过程中，必须充分考虑抖振对其安全性和运行性能的影响。气动导纳函数（AAF）是紊流风与抖振力之间的传递函数，是抖振分析的研究重点。此外，针对闭箱梁的气动导纳研究[3]表明，在紊流纵向（u-）和竖向（w-）脉动分量的作用下，AAF随着频率的降低有不同的趋势，纵向（u-）和竖向（w-）的AAF不能同等对待。因此，本文以重庆鹅公岩公-轨并行悬索桥为例，介绍了三种基于计算流体力学（CFD）的气动导纳数值识别方法，对比了公路桥、轨道桥气动导纳函数的差异。

2　气动导纳CFD数值识别方法

利用计算流体动力学（CFD）数值模拟技术进行AAF识别，能够在一定程度上弥补传统风洞试验的局限性，但其计算精度和效率仍需要进一步研究。因此，本文将考虑AAF的识别精度和效率，介绍3种识别并行双箱梁气动导纳函数的方法。单频脉动风识别法（SSFM）在流场中给定单一频率的竖向简谐脉动风，一次识别出一个频率点的气动导纳函数，本文采用16个频率点模拟紊流风场，单频脉动风识别法需要逐个频率识别16次；多频等幅脉动风识别法（SMFM）采用相同的紊流强度和紊流积分尺度，同时给出16个振幅相等的多个频率的风场，一次性获得所有频率范围内的气动导纳函数；多频正弦脉动风拟合 von Karman谱识别法（Karman-MSF）可以任意改变紊流强度和紊流积分尺度，在多个振幅不等的频率点上同时识别气动导纳函数，并且考虑到风速谱的实际分布。

上述3种方法基于二维非定常雷诺平均Navier-Stokes（2D URANS）湍流模型，选用SST k-ω模型。以翼形断面为例，图1为采用上述方法识别的升力气动导纳与理论值Sears函数的对比，结果表明本文所提出的这三种方法都具有较高的识别精度。结果表明本文所提出的这3种方法都具有较高的识别精度，但是单频脉动风识别法只能识别单一频率的脉动风，多频等幅脉动风识别法只适用于振幅相等的脉动风场，而多频正弦脉动风拟合 von Karman谱识别法可以模拟任意风场，其AAF识别效率远高于前两种方法，故本文采用多频正弦脉动风拟合 von Karman谱识别法进行后续研究。

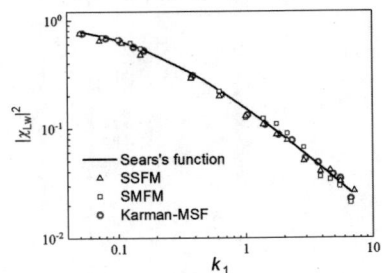

图1　基于几种CFD数值识别方法的翼形断面AAF识别结果

3　并行双箱梁的气动导纳函数

通过Karman-MSF识别了紊流竖向（w-）脉动分量作用下，风攻角范围为0°～8°（间隔为2°）的并行双

基金项目：国家自然科学基金项目（52108435）

箱梁的 AAF。图 2 对比了公路桥、轨道桥的升力气动导纳函数，限于篇幅，此处只给出了 0°～4°下公路桥、轨道桥的 AAF 对比结果。结果表明，当 AoA ≤ 2°时，轨道桥的升力气动导纳在低频区略小于公路桥的升力气动导纳；当 AoA ≥ 4°时，公路桥的升力气动导纳在高频区低于轨道桥的升力气动导纳。

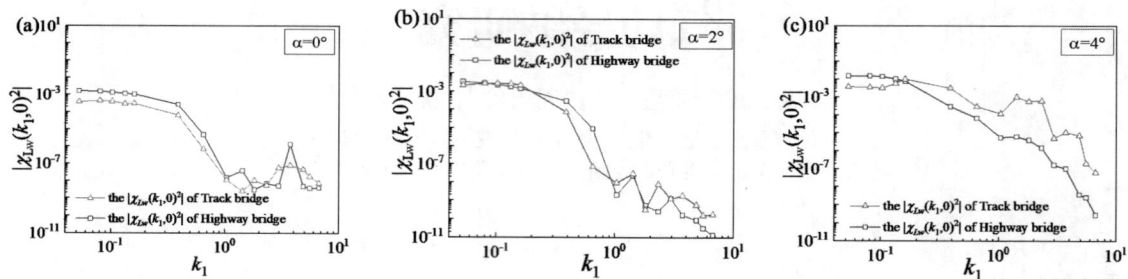

图 2　轨道桥与公路桥的升力气动导纳对比

4　结论

本文对比单频脉动风识别法、多频等幅脉动风识别法、多频正弦脉动风拟合 Karman 谱识别法和连续紊流识别法四种方法，发现多频正弦脉动风拟合 Karman 谱识别法可以任意改变紊流强度和紊流积分尺度，模拟任何紊流风场，气动导纳的识别精度和效率高，是目前识别气动导纳的一种较好方法。采用 Karman-MSF，分析紊流竖向（w-)脉动分量作用下的气动导纳函数，结果显示上、下游桥梁之间存在显著差异，这高度依赖于脉动风的频率和攻角（AoA）。此外，本文还对比单轨道桥和公-轨桥并行时轨道桥的 AAF，分析了其 u-和 w-方向 AAF 的差异，并研究了紊流度、积分尺度对上述结果的影响，具体结果将在全文中给出。

参考文献

[1] KIMURA K, SHIMA K, SANO K, et al. Effects of Separation Distance on Wind-Induced Response of Parallel Box Girders[J]. Journal of Wind Engineering and Industrial Aerodynamics, 2008, 96(1-3): 954-962.

[2] TAN B, CAO J. Interference Effect on Flutter Performance of Long Span Bridges with Parallel Twin Decks[J]. Journal of Tongji University (Natural Science), 2020, 48(4): 490-497.

[3] LI H, ZHANG L, WU B, et al. Investigation of the 2D Aerodynamic Admittances of a Closed-Box Girder in Sinusoidal Flow Field[J]. KSCE Journal of Civil Engineering, 2022, 26(3): 1267-1281.

考虑振动反馈的大跨度双幅桥气动干扰效应研究

赵智航，陈增顺，崔正徽

（重庆大学土木工程学院 重庆 400038）

1 引言

气动干扰效应是一种存在于邻近结构物之间的特殊流动现象，可导致结构物的气动性能、稳定性和安全性受到显著影响。大量研究[1-3]表明，相较于单幅桥梁，双幅桥梁间气动干扰效应可导致涡振起振风速与颤振临界风速显著下降，涡激共振振幅及锁定区间增大，颤振形态改变等一系列不利影响，直接威胁到桥梁的抗风安全性。本研究通过双幅桥梁节段模型的同步气弹-测压风洞试验，深入研究了气动干扰效应的非线性气动作用机制。

2 风洞试验设置

2.1 IEEE1588 同步气弹-测压试验系统

为了精确同步测量气动力和位移响应，本研究开发了一种基于 IEEE 1588 时钟同步协议的先进同步气弹-测压试验系统。该系统能够实现纳秒级多通道异构数据同步采集，系统架构和测量仪器如图 1 所示。与传统的使用外部时钟源的同步方案相比，IEEE 1588 协议允许任意选择一台采集仪的内部时钟作为主控时钟，通过网络交换机即可连接并同步多台采集器，极大地简化了系统架构，降低了开发成本和难度，同时提高了不同设备间的兼容性和数据采集精度。经过静风条件下的强迫振动-测压测试，位移信号与压力信号同步振荡，表明结构振动与表面压力信号实现了精准同步采集。

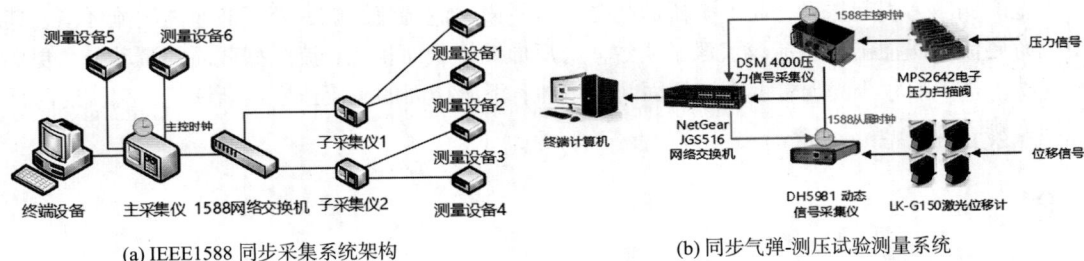

(a) IEEE1588 同步采集系统架构　　　(b) 同步气弹-测压试验测量系统

图 1　IEEE1588 同步气弹-测压试验系统

2.2 试验模型及参数

基于新型同步气弹-测压试验系统，开展了大跨度双幅桥气动干扰效应试验研究。节段模型基本尺寸为截面高度 $D = 0.06\text{m}$，宽度 $B = 0.3\text{m}$，展向长度 $L = 1.6\text{m}$，总质量 $M = 11.13\text{kg}$（含弹簧等效质量）。通过在矩形截面两端加装风嘴，将其改造成流线型截面。上下桥面节段模型采用相同的机械参数，竖弯和扭转频率分别为 3.15Hz 和 6.05Hz，阻尼比分别为 0.32% 和 0.36%。模型表面布设压力测点以测量气动压力，风致振动响应则由刚臂两侧对称安装的两个激光位移计同步记录，同步采样频率为 500Hz，每次持续 40s。同步气弹-测压试验共考虑了截面形式（钝体矩形和流线形截面）、桥面间距（间距在 1~10 倍桥面高度范围变化）、来流风速（0.5~12m/s）及风攻角（0°、3°、6°）四个关键参数。

基金项目：重庆市杰出青年基金项目（2022NSCQ-JQX2377）

3 结果与讨论

试验结果表明，气动干扰效应对双幅桥面风致振动的影响远超单幅桥梁。以钝体矩形桥面为例，如图 2 所示，双幅桥上下游桥面的竖弯涡振最大振幅从单幅的 0.4mm 分别增至 4mm 和 5.7mm；涡振风速区间从 1.4～2.1m/s 扩展至 1.5～2.5m/s；颤振临界风速从单幅桥的 7.8m/s 降至 6.3m/s；颤振形态亦由单幅的扭转颤振变为弯扭颤振。试验结果证实了气动干扰效应对双幅桥风振行为的重大不利影响。

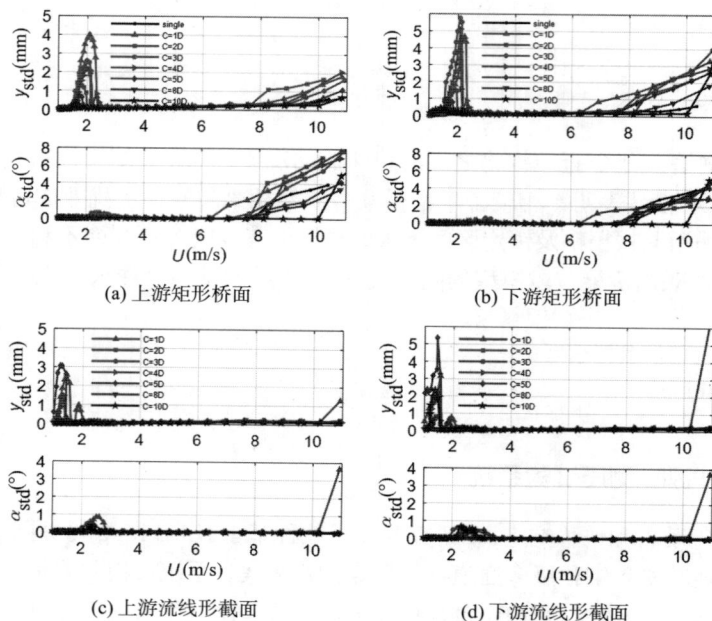

(a) 上游矩形桥面　　　　　　　　(b) 下游矩形桥面

(c) 上游流线形截面　　　　　　　(d) 下游流线形截面

图 2　双幅桥节段气弹模型风速-振幅曲线

研究进一步揭示了双幅桥梁在气动干扰效应影响下的非线性气动作用机制。具体而言，上游桥面与下游桥面的风致振动的气动作用机制截然不同。上游桥面主要因侧面主分离涡的不规则运动产生的自激力及尾流旋涡脱落产生的涡激力引起振动；而下游桥面则受上游桥面尾流湍流影响，处于低速高湍流环境，其风致振动主要由上游尾流旋涡撞击和湍流尾流激励所致。与矩形钝体截面相比，流线型截面的流动分离更弱，尾流更窄，受气动干扰影响较小。随着上下游桥面间距增加，下游桥面的来流速度逐渐恢复，湍流度降低，气动干扰效应的影响随之减弱。

4 结论

本研究建立了一种创新的同步气弹-测压风洞试验系统，该系统具备高精度、良好数据同步性和强扩展性等优点，能高精度同步测量非定常压力和振动响应，适用于研究结构振动与气流的双向流固耦合规律，构建非线性自激力模型。基于该试验系统，从截面形式、桥面间距、来流风速及风攻角等关键影响因素出发，系统的研究了双幅桥之间的气动干扰效应对振动响应和气动特性的影响规律。

参考文献

[1] 谭彪, 操金鑫, 杨詠昕, 等. 大跨度平行双幅桥面颤振性能干扰效应[J]. 同济大学学报(自然科学版), 2020, 48(4): 490-497.

[2] JUNRUANG J, BOONYAPINYO V. Vortex induced vibration and flutter instability of two parallel cable-stayed bridges[J]. WIND AND STRUCTURES, 2020, 30(6): 633-648.

[3] 周锐, 杨詠昕, 葛耀君, 等. 平行双幅桥梁的颤振控制试验研究[J]. 振动与冲击, 2014, 33(12): 126-132.

中央开槽主梁气动控制措施的风压特性实测效果检验

谭俊峰[1]，李文斌[1]，崔　巍[1]，赵　林[1,2]

（1. 同济大学土木工程学院桥梁工程系　上海　200092；
2. 广西大学土木建筑工程学院　南宁　530004）

1　引言

大跨桥梁因刚度低、阻尼小且气动外形复杂，在自然风作用下易发生涡激振动，威胁行车安全与结构疲劳寿命[1]。前期风洞试验已证明槽间抑流板能有效削弱涡振（图 1a），但风洞试验在自然来流特征模拟方面存在局限性，需通过原型桥梁实测进行验证。鉴于虎门大桥在实测应急涡振处理中通过现场快速布设监测设备并评估气动措施抑振效果取得的成功经验[2]，为改善西堠门大桥长期涡振现象，本研究在西堠门大桥主梁槽间栏杆上安装抑流板，并布设风压传感器，对自然来流条件下风压分布特性进行全天候监测与分析。通过对比两种工况下的风压特征变化，评估槽间抑流板在削弱中央开槽箱梁竖向涡振中的有效性。

2　背景概况及风压分布情况

西堠门大桥毗邻东海，主跨 1650m。前期在同济大学 TJ-3 风洞实验室进行的节段模型涡振性能试验表明槽间抑流板能够显著削弱竖向涡激振动如图 1（a）所示。借鉴虎门大桥涡振应急实测的成功经验及风洞试验结果，本研究在西堠门大桥实桥槽间两侧栏杆上安装了沿展向 100m、倾斜 45°、宽 0.5m 的抑流板如图 1（b）所示，并在主梁跨中下表面布设风压传感器并借助健康监测系统中的三维超声风速仪获取抑流板安装前后的表面风压特征及桥面相关风环境。桥位处的 10min 风玫瑰图如图 1（c）所示，结果表明桥址来流风向大多与桥轴近乎正交。后续研究将针对安装抑流板前后近似风环境下的压力时程进行深入分析。

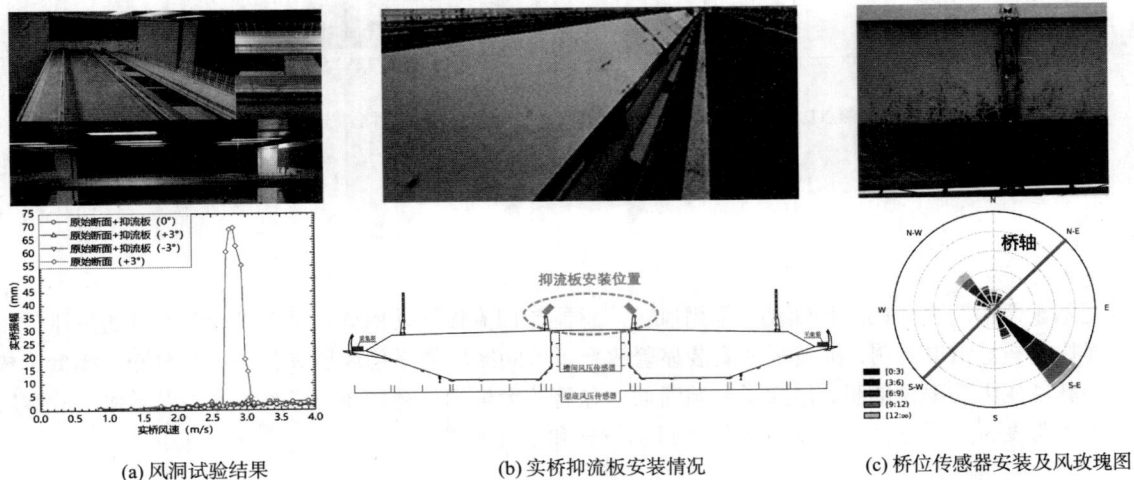

(a) 风洞试验结果　　　　(b) 实桥抑流板安装情况　　　　(c) 桥位传感器安装及风玫瑰图

图 1　前期风洞试验、现场实测风环境及设备安装示意

3　主梁表面风压特性分析

图 2 展示了中央开槽箱梁主梁在涡振频发风环境下（但监测期间主梁无明显振动）、安装抑流板前后的

基金项目：国家重点研发计划（2022YFC3005301），国家自然科学基金项目（52378527）

表面风压分布。整体来看，主梁大部分区域的平均风压与脉动风压分布在安装抑流板前后差异不显著；但在槽间区域，安装抑流板后下游槽间平均风压分布更均匀、风压空间变异性显著减小，脉动风压也大幅降低，波动趋于平稳。由此可见，抑流板改变了槽间压力分布特征。

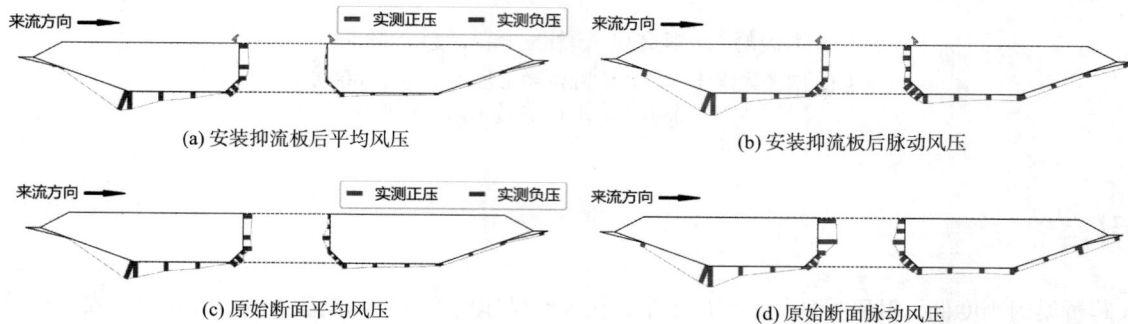

(a) 安装抑流板后平均风压　　　　　　　　　　　　(b) 安装抑流板后脉动风压

(c) 原始断面平均风压　　　　　　　　　　　　(d) 原始断面脉动风压

图 2　桥梁表面风压分布情况（$U = 9.76\text{m/s} \sim 9.97\text{m/s}$，$I_u = 11.9\% \sim 12.3\%$，$\beta = 135.6° \sim 138.4°$）

为进一步验证抑流板的减振效果，对槽间区域关键测点的风压时程进行功率谱分析，对比了原始断面与安装抑流板后的压力谱特性（如图 3a 所示）。在原始断面中，上游槽间桥面拐角点（a 点）和竖腹板（b 点）均捕捉到相同的无量纲卓越频率 0.10，表明该区域存在明显的涡脱落现象，而在下游槽间竖腹板中点（c 点）同样观察到明显的无量纲卓越频率，推测该点为上游脱落旋涡的直接作用区域。安装抑流板后，a、b 和 c 三点的压力谱能量显著下降，原本窄频带集中的功率谱转变为分布更均匀的宽频带谱，原始断面中存在的无量纲卓越频率消失。主导频率分布特性如图 3（b）所示，未安装抑流板时，槽间各测点普遍存在显著的主导频率峰值，能量较高，表明槽间区域存在周期性旋涡脱落现象；而安装抑流板后，主导频率能量显著降低，这表明抑流板有效地改善了槽间区域的流场特性，削弱了涡激振动的潜在可能性。

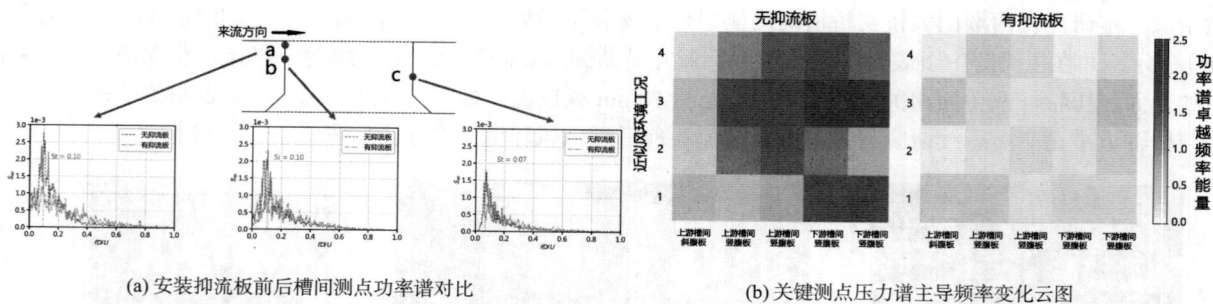

(a) 安装抑流板前后槽间测点功率谱对比　　　　　　　　(b) 关键测点压力谱主导频率变化云图

图 3　安装抑流板前后风压功率谱分析

4　结论

本研究基于西堠门大桥的原型实测，采用风压传感器与抑流板气动措施，对主梁槽间区域的风压分布特性进行了对比分析。结果表明，抑流板的安装显著改变了槽间区域的平均风压和脉动风压分布，降低了槽间关键测点的脉动压力功率谱能量，消除了原始断面中显著的无量纲卓越频率，有效削弱了涡激振动的激发条件。本文为大跨度桥梁涡振性能的提升提供了科学依据和工程参考。

参考文献

[1] 葛耀君, 赵林, 许坤. 大跨桥梁主梁涡激振动研究进展与思考[J]. 中国公路学报, 2019, 32(10): 1-18.

[2] ZHAO L, CUI W, SHEN X, et al. A fast on-site measure-analyze-suppress response to control vortex-induced-vibration of a long-span bridge [J]. Structures, 2022, 35: 192-201.

倾斜栏杆抑制大跨度双箱梁涡激振动的流动控制研究

林玉全，辛大波，张洪福

（海南大学土木建筑工程学院 海口 570228）

1 引言

随着结构设计理论的不断进步以及工程材料和技术的持续创新，桥梁的跨径逐渐增大，向着高柔性和低阻尼的方向发展，这使得桥梁对风的影响愈加敏感。目前，已在一些大跨度桥梁上（如丹麦大贝尔桥、日本东京湾大桥、中国虎门大桥等）观察到涡激振动现象，桥梁在低风速下仍会发生限幅振动，易使桥梁结构发生疲劳损伤，严重影响其行车安全，降低其使用寿命。

双箱梁断面因其具有良好的颤振稳定性，被广泛应用于大跨度桥梁。但由于中央开槽的设计会改变流场特性，大跨度双箱梁容易引发主梁的涡激振动。Larose[1]通过风洞试验研究了香港昂船洲大桥的涡激共振，发现中央开槽是引发涡振的主要原因。Larsen[2]研究了双箱梁桥的涡激振动性能，发现相较于单箱梁，双箱梁更容易产生旋涡脱落并诱发涡激振动。因此，有效降低大跨度双箱梁的涡激振动振幅具有重要的工程意义。

栏杆作为常规的附属结构，通过合理的气动选型可以作为一种被动的气动控制。因此，学者对桥梁栏杆进行大量研究。Xin 等[3]提出了一种改型的倾斜栏杆立柱，利用倾斜栏杆抑制闭口箱形截面桥梁的涡激振动。王仰雪等[4]采用节段模型风洞试验，研究了倾斜栏杆对单箱梁涡激振动特性的影响及作用机理。研究表明，倾斜栏杆已经成功应用于单箱梁，有效地实现了抗风和桥梁附属结构的双重功能，然而目前尚未在双箱梁中应用倾斜栏杆。双箱梁作为涡振现象更为显著的主梁断面，尚未开展基于栏杆的涡振控制研究，因此具有研究前景。

本文立足于气动控制原理，针对双箱梁的风敏感问题，通过风洞试验，开展基于倾斜栏杆大跨度双箱梁主梁风致涡振控制研究，构建一个最佳配置的倾斜栏杆。在不同的风攻角下测量主梁的动态响应，并对桥梁模型的尾流特性进行更细致的分析。

2 倾斜栏杆尾流特征

通过风洞热线风速仪测量方法，分析涡旋发生器对桥梁断面尾流区脉动风速的影响。尾流监测点布置在 $x = 150\text{mm}$、$y = 25\text{mm}$ 处，沿桥梁纵向（z 方向）按涡旋发生器间距等距布设 4 个监测点，监测点布置方式如图 1 所示。

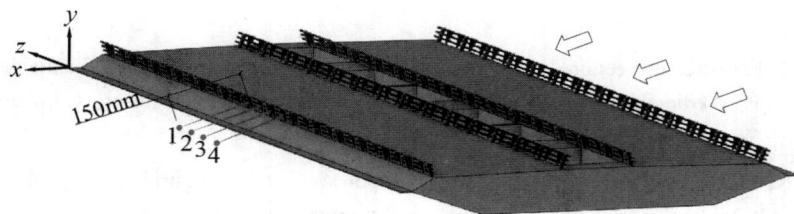

图 1 监测点布置方式示意图　　图 2 尾流区纵向脉动风速值

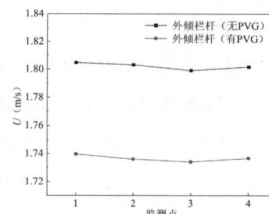

在来流风速 $U = 2.17\text{m/s}$ 条件下，不同外倾栏杆布置下主梁尾流区 z 方向脉动风速分布情况如图 2 所示。从图 2 中可以看出，外倾栏杆加装涡旋发生器后，尾流区的风速脉动值显著下降，该现象证实涡旋发生器能有效改善尾流流动状态。

基金项目：国家自然科学基金项目（52368070）

3 风洞试验设计及结果分析

（1）试验设计

桥梁模型原型为（舟山市）西堠门大桥，在 6～10m/s 的低风速下，桥梁经常遭受严重的涡激振动[5]。模型的缩尺比为 1∶72，主梁模型尺寸如图 3 所示。选取栏杆投影面位置、栏杆倾角、旋涡发生器间距、旋涡发生器上部宽度作为工况参数，具体工况如表 1 所示。

试验工况表　　　　　　　　　　　　　　　　　　　　表 1

工况	栏杆投影面位置	栏杆倾角γ	旋涡发生器间距S/H	旋涡发生器上部宽度Wu/H
工况一	桥面外	20°	0.55/1.1/2.2	0.36
工况二	桥面外	20°	0.55/1.1/2.2	0.32
工况三	桥面外	20°	0.55/1.1/2.2	0.22

（2）结果分析

不同旋涡发生器几何形状下模型竖向位移均方根值随折减风速的变化如图 4 所示。从图 4 可以看出，当上部宽度为 $wu/H = 0.32$ 时，竖向涡激振动控制效果最好。当上部宽度减小到 11mm（$0.22H$）时，所获得的控制效果较差。结果表明，竖向涡振的控制效果不会随着上部宽度的增加而逐渐提高，因为增加旋涡发生器的上部会增大阻力。

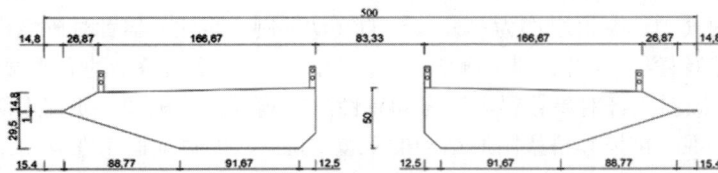

图 3　主梁模型尺寸图

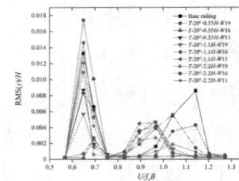

图 4　不同上部宽度旋涡发生器放置下
模型竖向位移均方根值随折减风速的变化

4 结论

本文通过风洞试验，研究了倾斜栏杆的四个控制参数对桥梁结构双箱梁断面主梁涡激振动特性的影响。结果表明，当来流通过合适的上部宽度的旋涡发生器时，在旋涡发生器的内表面和外表面之间产生较大的压差，从而导致形成具有较高强度的顺流向涡。

参考文献

[1]　LAROSE G L, LARSEN S V, LARSEN A, et al. Sectional model experiments at high Reynolds number for the deck of a 1018 m span cable-stayed bridge[C]//Proceedings of the 11th International Conference on Wind Engineering. Lubbock TX, USA, 2003: 373-380.

[2]　LARSEN A, SAVAGE M, LAFRENIÈRE A, et al. Investigation of vortex response of a twin box bridge section at high and low Reynolds numbers[J]. Journal of Wind Engineering and Industrial Aerodynamics, 2008, 96(6-7): 934-944.

[3]　XIN D, ZHAN J, ZHANG H, et al. Control of vortex-induced vibration of a long-span bridge by inclined railings[J]. Journal of Bridge Engineering, 2021, 26(12): 04021093.

[4]　王仰雪, 刘庆宽, 靖洪淼, 等. 倾斜栏杆对流线型箱梁涡激振动性能影响的试验研究[J]. 振动与冲击, 2023, 42(6): 232-239+254.

[5]　LI H, LAIMA S, OU J, et al. Investigation of vortex-induced vibration of a suspension bridge with two separated steel box girders based on field measurements[J]. Engineering Structures, 2011, 33(6): 1894-1907.

桥梁涡激振动的主被动三维展向流动控制机理

韩 斌[1]，赵 颖[1]，周道成[1]，张洪福[2]，辛大波[2]

（1. 东北林业大学土木与交通学院 哈尔滨 150040；
2. 海南大学土木建筑工程学院 海口 570228）

1 引言

近年来，虎门大桥[1]的涡激振动（VIV）问题引起了全社会的关注，抑制桥梁 VIV 的流动控制方法成为众多学者研究的热点问题[2]。流动控制方法根据扰动位置可以分为二维和三维两种，其中二维方法的代表装置包括导流板、中央稳定板和扰流板等[3]。三维方法的代表装置包括涡发生器、定常吸气等[4]。三维展向扰流方法相较于二维方法扰动形式更灵活、控制效果更高效且安装成本更经济。本文通过分析不同扰流装置的抑振结果和流场特征，总结大跨桥梁主梁 VIV 的三维展向流动控制机理。

2 主梁主被动三维展向流动控制典型装置

2.1 内置吸吹气

将内置吸吹气布置在主梁下表面后缘，如图 1 所示，展向间距对主梁节段模型的竖向 VIV 响应随折减风速的变化如图 2 所示。可以看出，当间距为 $2H$ 时，竖向 VIV 被完全抑制。内置吸吹气的扰流主要通过风孔的吸、吹气提供，扰流程度较小，以促进展向涡失稳为主，扰流作用相较于来流而言可以忽略，以至于只有在最优扰动间距（对于单箱梁桥通常为 2～3 倍梁高）时才能达到抑振效果，但在其他间距时未对主梁的 VIV 表现造成负面影响。

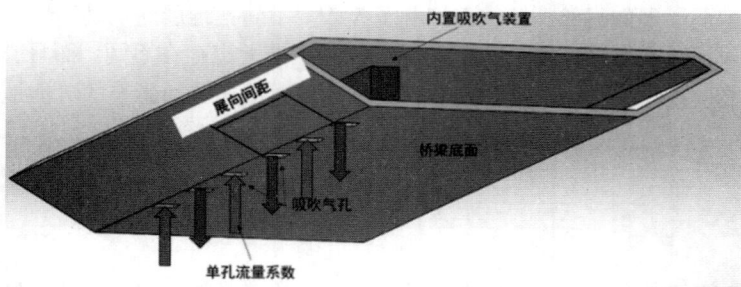

图 1 内置吸吹气主梁布置示意图

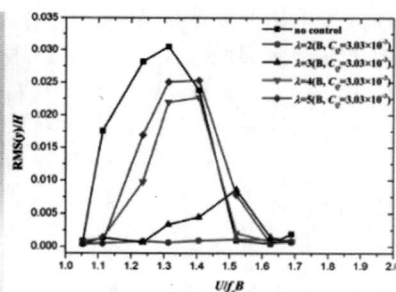

图 2 展向间距对 VIV 的影响

2.2 旋涡发生器

将旋涡发生器对称布置在主梁下表面前后缘如图 3 所示，展向间距对主梁节段模型的竖向 VIV 响应随折减风速的变化如图 4 所示。从图中可以看出，当展向间距小于 3 倍梁高时，竖向 VIV 被完全抑制。旋涡发生器的扰流方式主要通过发生器激发顺流向涡，这种扰流作用兼具促进展向涡失稳和本身的扰流效果，在最优扰动间距能达到抑振效果，但在其他间距时未能抑制主梁的 VIV。

2.3 小型水平轴风力机

将小型水平轴风力机对称布置在主梁上表面前后缘如图 5 所示，风机的展向间距对主梁节段模型的竖向

基金项目：国家自然科学基金项目 地区科学基金项目（52368070）

VIV 响应随折减风速的变化如图 6 所示。

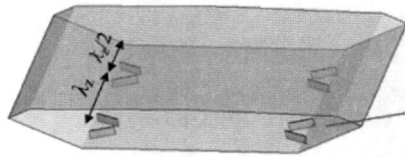

图 3　旋涡发生器主梁布置示意图　　　　图 4　展向间距对 VIV 的影响

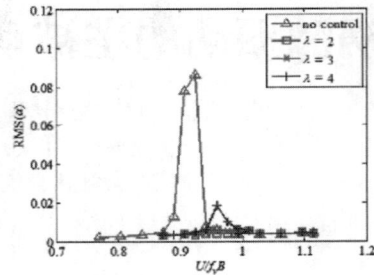

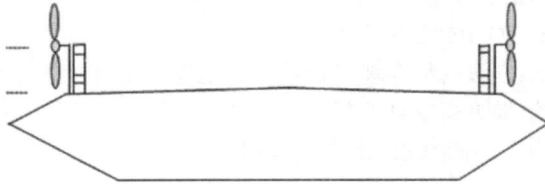

图 5　小型水平轴风力机主梁布置示意图　　　图 6　展向间距对 VIV 的影响

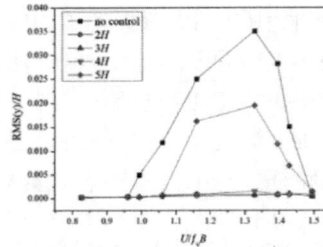

从图中可以看出，当展向间距小于 4 倍梁高时，竖向 VIV 被完全抑制。风力机的扰流方式主要通过旋转叶片提供，这种扰流作用较大，不但有促进展向涡失稳的效果，还有叶片本身旋转的扰流效果，以至于在最优扰动间距外的一定范围内也能达到抑振效果。

3　三维展向流动控制的流场作用机制

大跨桥梁 VIV 主要由展向涡发展和脱落导致，三维展向扰动通过周期性扰动改变绕流场展向时均分布，使展向涡发生扭曲变形成为顺流向涡，削弱了展向涡结构，进而抑制了 VIV。不同三维展向扰动装置本身的扰流效果和激发展向涡失稳效果的占比不同，在展向间距、扰动位置等控制参数上也存在不同。而且，对于扰动较大的装置，其自身的装置抗风性能、运行稳定性以及对其他风致振动问题造成负面影响的可能性都需要进一步探究和完善。

4　结论

通过对比几种典型三维展向流动控制装置对主梁 VIV 的控制效果可知，当扰动较大时，不能单纯考虑装置发挥展向涡失稳控制效果，装置本身对展向涡的破坏作用也是有利的；当扰动较小时，找到最优扰动位置和扰动间距、激发展向涡二次不稳定性是维流动控制的关键。

参考文献

[1]　ZHAO L, CUI W, SHEN X. A fast on-site measure-analyze-suppress response to control vortex-induced-vibration of a long-span bridge[J]. Structures, 2022, 35: 192-201.

[2]　陈政清, 黄智文. 大跨度桥梁竖弯涡振限值的主要影响因素分析[J]. 中国公路学报, 2015, 28(9): 34-41.

[3]　胡长灿, 詹昊. 大跨度桥梁抗风设计常用气动措施分析[J]. 桥梁建设, 2015, 45(2): 81-86.

[4]　ZHANG H, XIN D, OU J. Experimental study on mitigating vortex-induced vibration of a bridge by using passive vortex generators[J]. Journal of Wind Engineering & Industrial Aerodynamics, 2018, 175(11): 100-110.

索结构抗风

风冰联合作用下输电线路脱冰跳跃高度计算方法研究

颜 召，付 兴

（大连理工大学建设工程学院 大连 116024）

1 引言

输电线路的安全运行对工业、商业和居民生活至关重要。然而在寒冷或高海拔地区输电线路会遭受大规模覆冰，当覆冰从输电线路上脱落时，会产生巨大的动力冲击，从而引发输电线路的高幅振动，这将减小各线路之间的距离，显著增加闪络和系统跳闸的风险。

在工程实际中，由于输电线路在风荷载作用下会发生水平偏移和竖向升高，风荷载的作用极有可能缩小线间的水平距离，所以在脱冰工况下依据竖向允许间隙对输电线路进行设计是较为安全的。综上所述，研究风冰联合作用下导线的跳跃高度对于冰区的工程设计非常重要。已有的研究发现基于理论推导进行预测是可行的，其中由于索结构具有很强的几何非线性，所以需要做出各种假设来简化计算过程[1-3]。但一些可计量的影响因素被忽略了，例如不等档距和高差的组合。因此本研究提出了一种新的理论方法来计算多跨输电线路在除冰后的最大跳跃高度。在推导过程中，考虑了上述因素，并基于数值模拟进行了精度验证。

2 研究方法和内容

2.1 任意档距与高差组合下的脱冰跳跃高度计算方法

输电线路从覆冰到其处于最大跳跃高度位置的过程可以划分为四个状态：状态 0，无外力的自然状态；状态 1，在低温下承受冰荷载的状态；状态 2，跳跃后，线路到达脱冰后静态位置；状态 3，处于最大跳跃高度。除此之外，假设输电线路为理想柔线且为理想弹性体，线路上的荷载沿线路均匀分布。基于状态 0 求解状态 1 的过程可依据输电线路的状态方程式：

$$L_e(a) = L_e(b) \tag{1}$$

$$L_e(i) = \left(\frac{l(i)}{\cos \beta(i)} + \frac{\gamma^2(i)l^3(i)\cos\beta(i)}{24\sigma_0^2(i)} \right) \cdot \left[1 - \frac{1}{E} \left(\frac{\sigma_0(i)}{\cos\beta(i)} + \frac{\gamma^2(i)l^2(i)}{24\sigma_0(i)\cos\beta(i)} \right) - \alpha(T(i) - T_0) \right] \tag{2}$$

式中，L_e 为等效线长；l 为档距；β 为高差；γ 为比载；σ_0 为水平应力；T 为温度；α 为膨胀系数；E 为弹性模量。第一阶段求解可依据 n 个状态方程和 $n-1$ 个导线挂点处的力学平衡方程：

$$p\left[H_k(t) - H_{(k+1)}(t)\right] = \frac{\left[q_k(t)b_k(t)\cos\beta_{(k+1)}(t) + q_{(k+1)}(t)a_{(k+1)}(t)\cos\beta_k(t)\right]j_{xk}(t)}{\cos\beta_k(t)\cos\beta_{(k+1)}(t)\sqrt{R^2 - j_{xk}^2(t)}} \tag{3}$$

式中，k 为带有绝缘子串的挂点号，共有 $n-1$ 个；H 为水平张力；q 为单位长度线路的等效重量；a 和 b 为导线最低点与左右挂点的水平距离；j_x 为挂点水平位移；R 为绝缘子串长度。基于状态 2 求解状态 3 的过程则需额外补充位移和能量方程，其形式为：

$$v_i(x,t) = \left[\frac{q_i(t)}{2H_i(t)\cos\beta_i(t)} - \frac{q_i(t_1)}{2H_i(t_1)\cos\beta_i(t_1)} \right](l_i(t_1)-x)x + \frac{x\left[j_{y(i-1)}(t)-j_{yi}(t)\right]}{l_i(t_1)} - j_{y(i-1)}(t) \quad (4)$$

$$\Delta V_{Ei} + \Delta V_{Gi} + \Delta V_{Ai} = W_i \quad (5)$$

式中，v 表示导线水平坐标 x 处的竖向位移；ΔV_{Ei}、ΔV_{Gi}、ΔV_{Ai} 分别为第 i 跨导线的弹性势能、重力势能、动能的变化量，W_i 为其他跨导线对第 i 跨导线的外力做功总和。

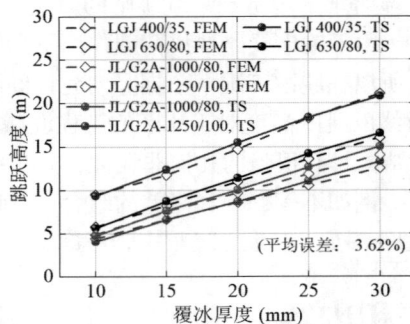

2.2 风冰联合作用下导线脱冰跳跃高度结果验证

本文选用了 Morgan 等[1]提出的方法进行对比，如图 1 所示，本方法与现有方法相比更为准确。通过上述方法计算得到跳跃高度后，引入风力修正系数以考虑风荷载对其的升力作用，此处假设线路受到稳态风荷载。实际上，覆冰地区的风速变化范围较小，通常为 10~15m/s，这说明裸导线所承受的风荷载变化较小。而随着覆冰厚度的增加，覆冰导线风荷载会增大，但由于冰重也在增加，所以风力作用对跳高的影响并非线性增加的，通过大量的有限元分析发现，在轻冰区风力的影响较为明显，可以适当提高修正系数的取值，而在中、重冰区的修正系数取值较小。基于有限元分析对跳跃高度计算结果进行了验证，如图 2 所示，本理论方法与有限元结果吻合较好，平均误差低于 5%。

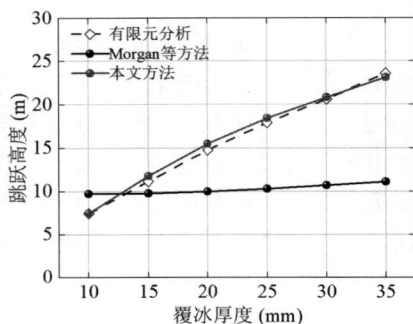

图 1 与现有方法的对比分析　　图 2 风冰联合作用下的跳跃高度结果

3 结论

本研究推导了任意档距和高差组合的输电线路在除冰过程中状态方程、能量方程、力学平衡方程和位移方程的一般形式。基于此提出了一种理论方法，可用于预测不等档距和高差的输电线路最大跳跃高度。为了提高预测精度，还引入了风力修正系数来考虑风荷载对跳跃高度的影响。因此，理论解具有很高的精度，与有限元分析数据相比，平均误差小于 5%。

参考文献

[1] MORGAN V T, SWIFT D A. Jump height of overhead-line conductors after the sudden release of ice loads[C]. Proceedings of the Institution of Electrical Engineers. 1964, 111 (10): 1736-1746.

[2] WU C, YAN B, ZHANG L, et al. A method to calculate jump height of iced transmission lines after ice-shedding[J]. Cold Regions Science and Technology. 2016, 125: 40-47.

[3] LI M Z, CAI Q Q. Theoretical algorithm for maximum jump height of the conductor after ice-shedding considering elevation angle and nonlinearity[J]. Cold Regions Science and Technology. 2024, 218: 104088.

悬索桥串列双索附加矩形亮化灯具的气动干扰机理研究

谢吟沨[1,2]，李　斌[1]，雷　旭[2]，沈　炼[2]，许家陆[2]，潘小旺[2]

（1. 湖南理工学院　土木建筑工程学院　岳阳　414006；
2. 长沙学院　土木工程学院　长沙　410022）

1　引言

　　随着各地"夜经济"模式的蓬勃发展，城市夜晚的景观亮化工程成为繁荣"夜经济"模式的必要因素之一，各地会在桥梁索结构表面安装亮化灯具，然而，灯具的安装外形对尺寸相当的索结构气动外形会产生较大影响，可能引起或者加剧其气动不稳定性，引发较大的社会经济负面影响，近年来国内发生了多起桥梁吊（拉）索安装亮化灯具后发生大幅振动的事故[1]。早在 2008 年，李寿英和陈政清[2]便以某座桥梁为工程背景，通过风洞测力试验发现，安装亮化灯具的设计方案中，固定灯具的两条钢丝是引发驰振的原因。随后 2012 年，董国朝等[3]采用流固耦合分析方法再现了风洞试验现象，并在机理上解释了弛振力的形成过程。近年来随着城市亮化工程的普及，相关研究也逐渐增多。综上所述，当前的研究对象多是针对安装亮化灯具后的单索开展，而目前针对悬索桥串列索安装灯具后气动响应变化的研究还鲜见报道。因此，本文基于 CFD 数值模拟，通过建立灯具-吊索系统二维模型，采用重叠网格划分方法，结合考虑结构振动的 UDF 程序实现了两种常用灯具布置方案下的串列双索流固耦合数值模拟，获得了不同风攻角下串列索气动响应的变化规律，并探讨了其相应的变化机理。

2　气动干扰效应计算结果

2.1　气动力系数及响应结果

　　图 1 可知，加装灯具后升力系数仅在横桥风向下（0°与 180°攻角）与不加灯具的索近似，其他攻角下所受的升力都明显增大，在 0°～15°以及 160°～180°范围内，加装矩形灯具使索的阻力系数减小了约 63%，有助于减小阻力。加装灯具使串列双索的最大横风向振幅增大至 1.4 倍，最大顺风向振幅增大至 2.3 倍，但是在一些攻角下加灯具可以减小振幅。

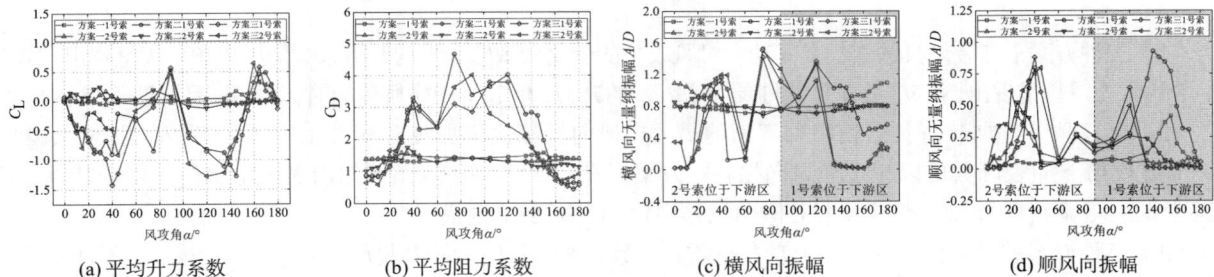

(a) 平均升力系数　　　　(b) 平均阻力系数　　　　(c) 横风向振幅　　　　(d) 顺风向振幅

图 1　吊索气动力和振幅与风攻角的关系

3　气动干扰效应机理分析

3.1　位移、升力时程及功率谱

　　图 2 中从时程曲线来看，方案一和方案二呈现出同向与反向波交替的周期变化，而方案三都为反向，升

基金项目：国家自然科学青年基金项目（51808059）

力对位移做负功,因此方案三的振幅很小。方案三中升力系数和横流向位移的主频分别为 2.58Hz 以及 2.61Hz 其值基本一致,流致力与振动响应成分相同,但不等于固有频率,属于由旋涡脱落引起的强迫振动。

3.2 能量输入与流固耦合机制分析

图 3 串列双索中,在这四个攻角下,无灯具索脱落的涡尺寸更长,加灯具的索在双索尾流干扰较小时涡脱为 "2S" 模态。加装灯具的索涡脱为 "2S" 模态时,其振幅小于不加灯具的索。当双索尾涡发生交融时会增大横风向振幅,尾涡的附着作用则会增大横风向以及顺风向振幅。

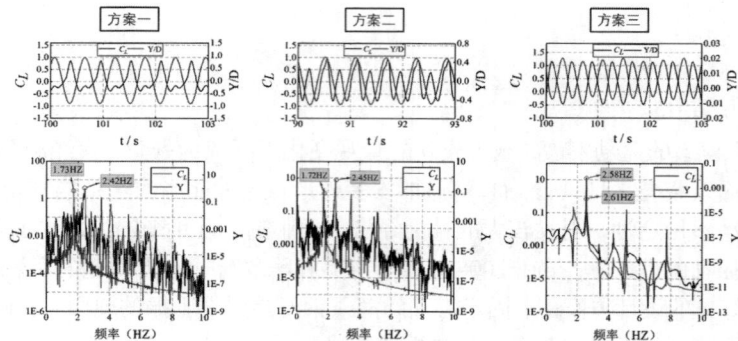

图 2 160°攻角下功率谱图

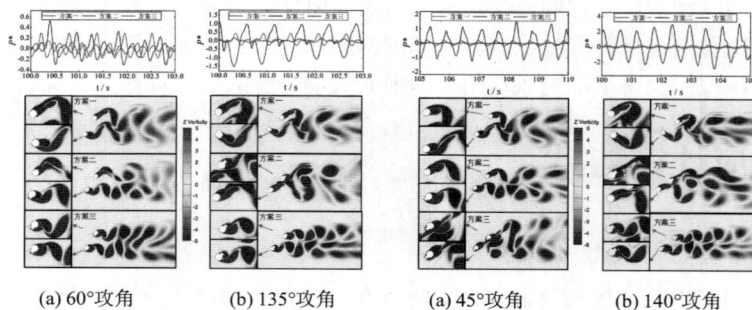

(a) 60°攻角   (b) 135°攻角   (a) 45°攻角   (b) 140°攻角

图 3 能量输入与瞬时涡量图

4 结论

(1)三种方案下加装灯具的索,其气动力对风攻角的变化较敏感,平均升力系数随风攻角增大呈现出 "W" 形,平均阻力系数呈现出倒 "V" 形。加装灯具会增大索的升力,但趋近于横桥风向时,加装灯具有助于减小阻力。

(2)全攻角下,加装灯具会使串列双索的最大横风向振幅比不加装灯具大 1.37 倍,顺风向振幅大 2.25 倍,部分攻角下加装灯具可以减小横风向振幅。方案三在 135°~180°攻角区间内表现出更优的气动特性,这与其未发生尾流共振有关,同时升力对横向位移做负功,减小了振幅。

(3)三种方案的尾流模态在不同风功角下均不一致,加灯具使索的涡脱形式变为 "2S" 模态,不加灯具的索脱落的涡尺寸更长。双索尾涡的融合以及上游索尾涡对下游索的直接作用会增大能量输入并显著影响振幅。

参考文献

[1] 陈政清, 李寿英, 邓羊晨, 等. 桥梁长索结构风致振动研究新进展[J]. 湖南大学学报(自然科学版), 2022, 49(5): 1-8.

[2] 李寿英, 陈政清. 斜拉桥拉索安装亮化灯具的风致稳定性研究[J]. 工程力学, 2008(S1): 94-98.

[3] 董国朝, 陈政清, 罗建辉, 等. 安装亮化灯具导致的斜拉桥拉索风致驰振流固耦合分析[J]. 中国公路学报, 2012, 25(1): 67-75.

基于 Nataf 变换的输电线极值抖振响应评估

杜文龙，付　兴，李宏男，李　钢

（大连理工大学海岸和近海工程国家重点实验室　大连　116024）

1　引言

输电线是输电塔线体系的关键组成部分，它起着在广大区域上输送电能的作用。输电线是一种风敏感结构，其抖振是引发输电塔线体系失效的主要原因之一。在输电线抖振研究中，以往通常忽略了风场（如台风、山地风场）中的竖向紊流，并假定所有紊流参数都是确定的。此确定性的一维抖振分析可能误估输电线的抖振响应特性，特别是极值响应。因此，从概率角度对输电线的抖振开展研究很有必要。此外，输电线表现出高度的非线性，因而通常采用非线性有限元法进行时域内的数值分析。然而，概率分析的重复求解非常耗时，这使得基于非线性有限元的概率抖振评估难以在短时间内完成。综上可知，开展输电线的概率抖振分析面临两个主要挑战：（1）开发新型求解器，高效准确地预测输电线的多维风效应；（2）量化各个紊流参数的不确定性及相关性，建立不确定性参数与极值响应的映射关系。

2　输电线多维抖振响应解析计算方法

为高效计算输电线多维抖振响应，本文提出了二维影响线方法，并给出了抖振响应的时频域解析解。为简化分析，将输电线状态分为初始、静风平衡和脉动三个状态。

2.1　静风响应求解

初始状态的输电线可以用抛物线描述。在静风状态下，输电线在水平和竖向平均风荷载作用下会产生横向和竖向静风位移，分别如下所示：

$$\overline{w} = \frac{x}{H_1 L} \int_0^L \int_0^{x_2} \left[\overline{f}_H(x_1) dx_1 \right] dx_2 - \frac{1}{H_1} \int_0^x \int_0^{x_2} \left[\overline{f}_H(x_1) dx_1 \right] dx_2 \tag{1}$$

$$y = \frac{q}{2H_1} x(L-x) + \frac{c_0}{L} x + \frac{x}{H_1 L} \int_0^L \int_0^{x_2} \left[\overline{f}_V(x_1) dx_1 \right] dx_2 - \frac{1}{H_1} \int_0^x \int_0^{x_2} \left[\overline{f}_V(x_1) dx_1 \right] dx_2 \tag{2}$$

式中，H_1 是输电线在静风状态下的水平张力；$\overline{f}_H(x)$ 和 $\overline{f}_V(x)$ 分别是水平和竖向的平均风荷载。根据胡克定律，可得下面的一元三次方程，采用卡尔丹公式即可求解得到纵向张力 H_1：

$$H_1^3 + \left(\frac{EAq^2 L^2}{24 H_0^2} - H_0 \right) H_1^2 + \frac{EAq(\delta_3 - 2\delta_4)}{2H_0 L} H_1 + \left[-\frac{EA(\delta_1 + \delta_2)}{2L^3} - \frac{EAq^2 L^2}{24} - \frac{EAq\delta_3}{2L} \right] = 0 \tag{3}$$

式中，EA 是抗拉刚度；q 是输电线单位长度重量；H_0 是初始水平张力；L 是水平跨度。

2.2　抖振响应时频域解

在脉动状态下，输电线在动风荷载作用下会产生抖振响应。本文提出的二维影响线方法将抖振响应解耦为水平和竖直方向分量，两个方向上的分量分别由各自方向上的脉动风力及影响线函数确定。总响应可视为两个方向抖振分量的线性叠加。此时，时变响应 $\varsigma(t)$ 为：

基金项目：国家自然科学基金项目（52078104）

$$\varsigma(t) = \frac{L}{n} \sum_{i=1}^{n} \left(\vartheta_{\varsigma}^{H}(x_i) \tilde{f}_{H}(x_i, t) + \vartheta_{\varsigma}^{V}(x_i) \tilde{f}_{V}(x_i, t) \right) \tag{4}$$

式中，$\vartheta_{\varsigma}^{H}$ 和 $\vartheta_{\varsigma}^{V}$ 分别代表水平和竖向影响线；$\tilde{f}_{H}(x, t)$ 和 $\tilde{f}_{V}(x, t)$ 分别是水平和竖向的脉动风力。进而，基于维纳辛钦定理和推导的影响线函数，给出了响应的理论功率谱密度函数：

$$S_{\varsigma}(f) = \sum_{i=1}^{n} \sum_{j=1}^{n} \left[\begin{array}{l} \vartheta_{\varsigma}^{H}(x_i)\vartheta_{\varsigma}^{H}(x_j)S_{sij}(f)\cos(\psi_i)\cos(\psi_j) + \vartheta_{\varsigma}^{H}(x_i)\vartheta_{\varsigma}^{V}(x_j)S_{sij}(f)\cos(\psi_i)\sin(\psi_j) \\ + \vartheta_{\varsigma}^{V}(x_i)\vartheta_{\varsigma}^{H}(x_j)S_{sij}(f)\sin(\psi_i)\cos(\psi_j) + \vartheta_{\varsigma}^{V}(x_i)\vartheta_{\varsigma}^{V}(x_j)S_{sij}(f)\sin(\psi_i)\sin(\psi_j) \end{array} \right] \left(\rho D C_d \frac{L}{n} \right)^2 \tag{5}$$

3　基于 Nataf 变换的输电线极值响应评估

本文引入了 Nataf 变换来量化各紊流参数的不确定性及相关性，进而建立了输电线极值响应的概率分析方法，流程如图 1 所示。其中，紊流参数不确定性采用了 Solari 等[1]给出的概率模型。开展了案例分析，其中纵向张力极值的概率密度如图 2 所示。

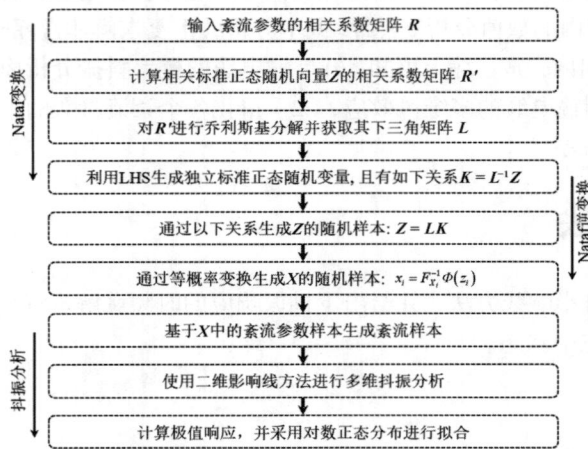

图 1　基于 Nataf 变换的输电线极值响应评估流程

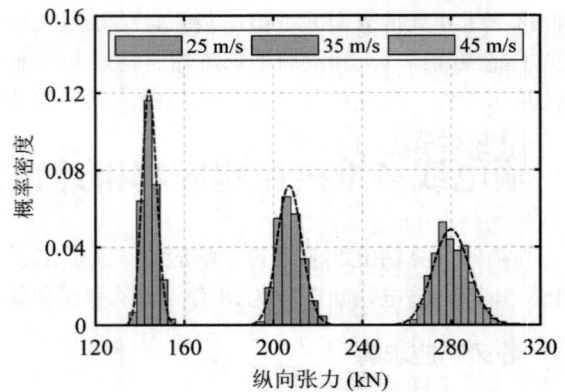

图 2　纵向张力极值的概率密度

4　结论

（1）二维影响线方法在耗时的概率分析中具有独特的效率和精度优势；
（2）采用 Nataf 变换可有效地保留紊流参数的边缘概率分布结构和相关性；
（3）极值响应的概率分布近似服从对数正态分布；
（4）基本风速越大，极值响应的概率分布越离散。

参考文献

[1]　SOLARI G, TUBINO F. A turbulence model based on principal components [J]. Probabilistic Engineering Mechanics, 2002, 17(4): 327-335.

用于抑制斜拉索涡激振动的肋条布置方式及数量的试验研究

谷浩田[1]，孙一飞[1,2,3]，马佳楠[1]，刘庆宽[1,2,3]

（1. 石家庄铁道大学土木工程学院 石家庄 050043；
2. 河北省风工程和风能利用工程技术创新中心 石家庄 050043；
3. 石家庄铁道大学道路与铁道工程安全保障教育部重点实验室 石家庄 050043）

1 引言

在斜拉索表面布置适当参数的纵向肋条，对于涡激振动和风雨激振均具有良好的抑振效果[1-2]。纵向肋条布置方式主要有通长布置和间断交错布置[2]，本试验聚焦于带肋斜拉索的涡激振动，通过斜拉索节段模型风洞试验，研究了肋条布置方式和肋条数量对斜拉索涡激振动特性的影响，并对间断交错布置不同数量肋条时斜拉索的气动力特性进行了分析，以期为斜拉索的抗风设计提供参考。

2 试验模型介绍

标准斜拉索的试验模型长度 $L = 1700\text{mm}$，直径 $D = 150\text{mm}$，两端安装 5 倍模型直径的圆形端板，以消除模型端部的影响[3]，肋条尺寸为 $20\text{mm} \times 20\text{mm}$（$0.133D$）。如图 1 所示，为肋条的两种布置方式。如图 2 所示，肋条数量采用 6、8、12 根，C_D 与 C_L 分别为气动阻力系数和气动升力系数，α 为风攻角，布置 6 根肋条时，攻角为 0°、15°、30°；布置 8 根肋条时，攻角为 0°、10°、20°；布置 12 根肋条时，攻角为 0°、15°。模型与来流方向正交。

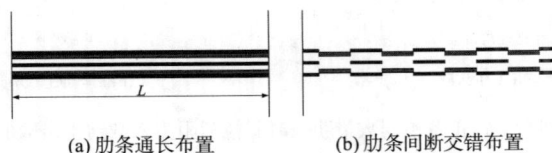

(a) 肋条通长布置　　　(b) 肋条间断交错布置

图 1　肋条布置方式示意图

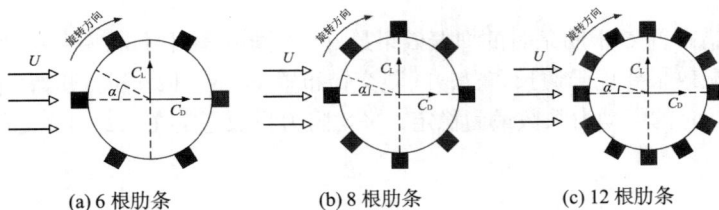

(a) 6 根肋条　　　(b) 8 根肋条　　　(c) 12 根肋条

图 2　模型截面示意图

3 试验结果

图 3 为通长布置与间断交错布置两种方式和肋条数量对斜拉索涡激振动振幅影响的部分试验结果。图中对比

基金项目：河北省自然科学基金创新研究群体项目（E2022210078），中央引导地方科技发展资金项目（236Z5410G），河北省高端人才项目（冀办〔2019〕63号），国家自然科学基金青年科学基金项目（52408551），河北省自然科学基金青年项目（E2024210071），河北省高等学校科学技术研究项目（QN2024038），石家庄铁道大学硕士研究生创新资助项目（YC202509）

可以看出，采用两种方式布置（6 根和 8 根肋条）时，振幅都有不同程度的减小，并且起振风速均高于标准斜拉索。间断交错布置 6 根肋条时，只在 0°攻角下产生了小幅度振动，其他攻角下基本不发生振动，抑振效果最好。间断交错布置 8 根肋条时，在 0°攻角下也基本不发生振动，其他攻角下的振幅也均小于通长布置方式下的振幅。

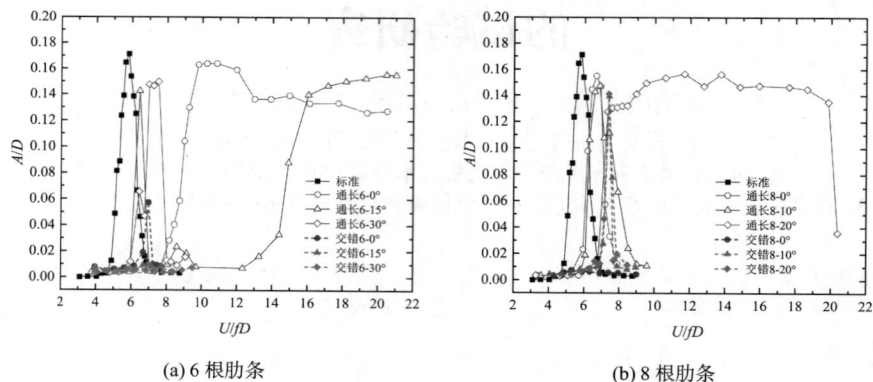

(a) 6 根肋条　　　　　　　　　　(b) 8 根肋条

图 3　两种方式布置不同数量肋条时斜拉索涡激振动振幅随风速的变化

如图 4 所示，为间断交错布置不同数量肋条对斜拉索平均阻力/升力系数、脉动阻力/升力系数影响的部分试验结果。对比标准斜拉索可以看出，采用 0.133D 高度的肋条，并不能有效降低平均阻力系数。间断交错布置 8 根肋条时，平均阻力系数不存在雷诺数效应，脉动阻力系数在雷诺数 1.2×10^5 以上时保持稳定，远小于标准斜拉索。

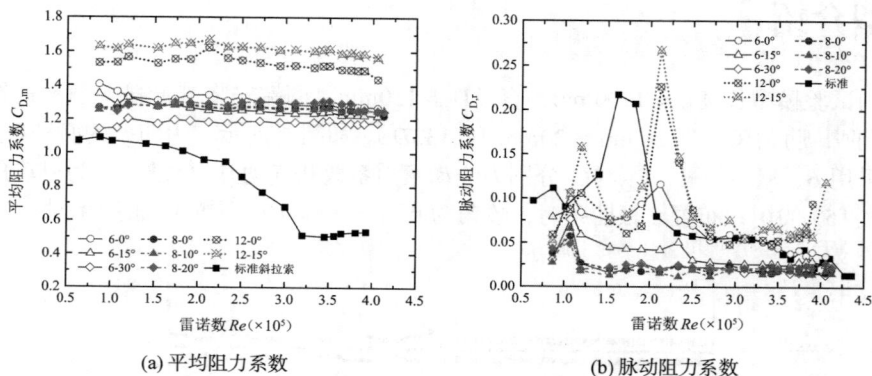

(a) 平均阻力系数　　　　　　　　　　(b) 脉动阻力系数

图 4　间断交错布置不同数量肋条时斜拉索阻力系数随雷诺数的变化

4　结论

结果表明：间断交错布置 6 根肋条时的抑振效果最好，振幅可减小 66.6%~94.5%；肋条间断交错布置对斜拉索涡激振动的抑振效果要优于通长布置；间断交错布置 6、8、12 根肋条时，平均阻力系数均高于标准斜拉索；布置 8 根肋条时的气动力系数最为稳定，平均阻力系数稳定在 1.2~1.3 之间，脉动阻力系数远小于标准斜拉索。

参考文献

[1]　HUNG V D, KATSUCHI H, SAKAKI I, et al. Aerodynamic performance of spiral-protuberance cable under rain and dry conditions[J]. 构造工学论文集 A, 2016, 62: 431-441.

[2]　刘庆宽, 韩鹏, 孙一飞, 等. 安装肋条斜拉索的涡激振动和气动力特性研究[J]. 湖南大学学报(自然科学版), 2024, 51(7): 95-110.

[3]　郑云飞, 刘庆宽, 刘小兵, 等. 端部状态对斜拉索节段模型气动特性的影响[J]. 工程力学, 2017, 34(S1): 192-196.

斜拉索-双阻尼器系统多模态减振性能研究

曹镜韬，李寿英

（湖南大学土木工程学院 长沙 410082）

1 引言

斜拉索因自重轻、柔度大、阻尼低，极易发生风雨激振（RWIV）、涡激振动（VIV）等多种振动模式。索端布置阻尼器是常用减振措施之一。早期研究多将易发生风雨振的前 5 阶模态作为阻尼器设计控制模态，但近年来现场实测结果表明随着拉索长度增加，斜拉索风雨激振的振动模态可达 17 阶，而涡激振动模态则高至 45 阶以上，常遇风速可能激发的振动模态频率范围明显扩大[1]。拉索-单阻尼器系统易发生节点模态控制失效，难以满足的拉索多模态减振需求。因此，相关学者引入双阻尼器来解决这一问题[2]。基于这一点，本文研究了内置高阻尼橡胶（HDR）阻尼器和外置阻尼器协同工作对拉索多模态减振性能的影响。在系统分析附加 HDR 阻尼器对拉索模态行为影响的基础上，根据抑制拉索风雨激振和涡激振动的不同阻尼需求，采用粒子群算法（PSO）优化设计双阻尼器系统。

2 斜拉索-双阻尼器系统控制方程

垂索-双阻尼器布置如图 1 所示。拉索两端固结，定义拉索张力 H，单位长度质量 m，总长度 L。HDR 和外置阻尼器同侧布置在距离索端 L_d、L_s 的位置。双阻尼器将拉索划分为 3 段，长度依次为 L_1、L_2、L_3。设拉索 P_1、P_2 处的位移分别为 u_1、u_2，HDR 的刚度 K 和损耗因子 φ，则 HDR 的阻尼力可表示为 $F_d = K(1 + \mathrm{i}\varphi)u_1$；考虑黏滞阻尼器（VD）和负刚度阻尼器（NSD）两种外置阻尼器，定义 c 为阻尼系数，k_{ns} 为 NSD 刚度，阻尼力分别为 $F_d = cu_2$、$F_d = k_{ns}u_2 + cu_2$。

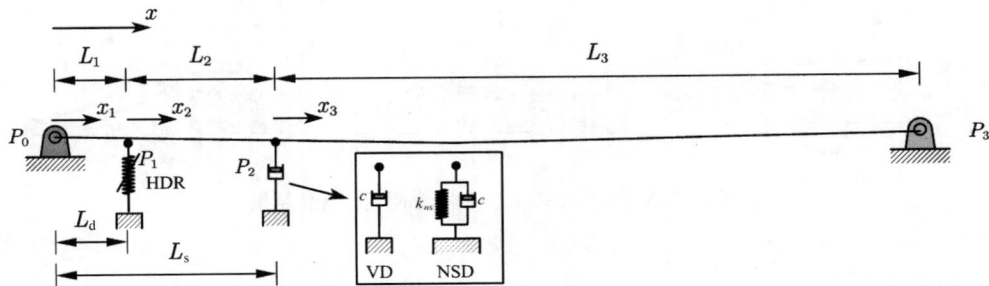

图 1 垂索-双阻尼器系统

引入以下无量纲量：

$$\bar{\beta}_n = \beta_n L/\pi, \ \varepsilon_i = L_i/L, \ \eta = c/\sqrt{Hm}, \ \bar{K} = KL_s/H, \ \bar{k}_{ns} = k_{ns}L_d/H, \ \mu_i = F_{di}/(\beta_n H) \tag{1}$$

式中，β_n 为复波数；$\beta_n = \omega_n\sqrt{m/H}$；$\omega_n$ 为拉索第 n 阶模态频率。推导垂索的无量纲频率特征方程如式(2)所示：

$$(T_1 + \mu_1)(T_2 + \mu_2)\Gamma - (\Gamma + 2X_1X_2)/\sin(\bar{\beta}\pi\varepsilon_2)^2 + (T_1 + \mu_1)X_2^2 + (T_2 + \mu_2)X_1^2 = 0 \tag{2}$$

式中，$T_k = \cot(\bar{\beta}\pi\varepsilon_k) + \cot(\bar{\beta}\pi\varepsilon_{k+1})$，$X_k = \tan(\bar{\beta}\pi\varepsilon_k/2) + \tan(\bar{\beta}\pi\varepsilon_{k+1}/2)$，$\Gamma = (\bar{\beta}\pi)^3/\lambda^2 - \bar{\beta}\pi + 2[\tan(\bar{\beta}\pi\varepsilon_1/2) + \tan(\bar{\beta}\pi\varepsilon_2/2) + \tan(\bar{\beta}\pi\varepsilon_3/2)]$。采用牛顿法求解式(2)即可得到对应的模态频率和模态阻尼比。

基金项目：国家自然科学基金项目（52378508）

3 优化目标函数

以苏通长江大桥 NAU30 号索为例，该索在 7.5～9.5m/s 的风速下发生了以第 47 阶为主的高阶涡振。因此以前 60 阶模态作为该索的目标控制模态，采用 PSO 算法进行双阻尼器的优化设计。分别设置外置阻尼器安装位置为 1%、1.5%、2% 以满足不同的工程需求，待优化参数包括双阻尼器的性能参数及 HDR 的安装位置。定义优化目标函数 J_1、J_2、J_3，如式(3)-式(5)所示。其中 J_1、J_2 已在相关文献中多有介绍，本文根据拉索风雨振和涡振的不同的最低阻尼需求（分别为 1.1% 和 0.2%)[2]，提出了优化目标函数 J_3。

$$J_1 = \max[\min(\xi_1, \xi_2, \cdots \xi_{60})] \tag{3}$$

$$J_2 = \max = \left[\sum_{j=1}^{n} \xi_j/n - \sqrt{\sum_{j=1}^{n}(\xi_j - u)^2/n}\right] = \max(\mu - \sigma) \tag{4}$$

$$J_3 = \max\left[\min(\xi_1, \xi_2, \cdots, \xi_{60}) - \sqrt{\sum_{j=1}^{25}(\xi_j - 1.5\%)^2/25}\right] \tag{5}$$

4 多模态阻尼性能优化结果

图 2 为 NAU30 号索前 60 阶模态阻尼比的优化结果。由图可知，NSD-HDR 系统优于 VD-HDR 系统。根据 J_3 得到的模态阻尼比更容易满足风雨振和涡振的阻尼需求。

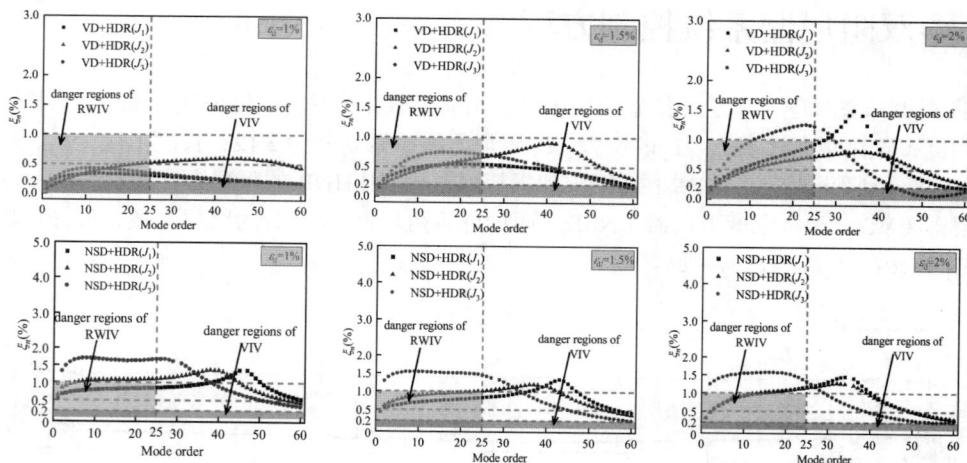

图 2　NAU30 号拉索前 60 阶模态阻尼比优化结果

5 结论

HDR 对节点模态阻尼比起控制作用，NSD 保证了低阶模态的阻尼比。对应不同外置阻尼器安装位置，HDR-NSD 双阻尼器通过优化设计可以满足超长索风雨振和涡振的阻尼需求。

参考文献

[1] WANG Y F, CHEN Z Q, YANG C, et al. A novel eddy current damper system for multi-mode high-order vibration control of ultra-long stay cables. Engineering Structures, 2022, 262: 114319.

[2] WANG Y Y, LI S Y, QIE K, et al. Numerical Study on the effectiveness of two dampers on high-order vortex-induced vibration and low-order rain-wind-induced vibration of stay cables. Journal of Wind Engineering & Industrial Aerodynamics, 2024; 253: 105849.

基于改进遗传算法的斜拉索-VD-MTMD 系统参数优化

窦建辉，李寿英，王园园，陈政清

（湖南大学土木工程学院 长沙 410082）

1 引言

斜拉索作为斜拉桥的主要承重构件之一，因其质量轻、刚度小、柔度大、阻尼小等的特点，在外部激励下易发生结构振动。近年来随着斜拉索长度的增加，其基频逐渐降低，斜拉索开始展现出宽频、多机理的振动特性，如低阶的风雨激振和高阶涡激振动。

研究表明在斜拉索上组合使用多阻尼器可克服阻尼器单独使用时的缺点，实现斜拉索宽频振动控制[1-4]。因此如何快速稳定得出各阻尼器最优参数将是面临的重点难题。

2 基于遗传算法的斜拉索-阻尼器系统参数优化

2.1 特征方程

建立带 VD 与 TMD 的斜拉索系统运动方程：

$$-T\frac{\partial^2 v}{\partial x^2} + \Delta T\frac{d^2 y}{dx^2} + m\frac{\partial^2 v}{\partial t^2} + c\frac{\partial v}{\partial t} + \delta(x - x_c)c_d\frac{\partial v(l_{v1}, t)}{\partial t} +$$

$$\delta(x - x_c)\sum\left[C_m\left(\frac{\partial v(l_m, t)}{\partial t} - \frac{\partial v_m}{\partial u}\right) + K_m(v(l_{m1}, t) - v_m)\right] = 0 \tag{1}$$

式中，T 为斜拉索张力；ΔT 是振动过程中斜拉索张力相对于纯重力下作用的变化量；m 和 c 分别为单位长度质量和内阻尼系数；c_d 为 VD 的阻尼系数，$v(l_m, t)$ 和 v_m 分别是第 m 个 TMD 安装位置处的斜拉索位移和 TMD 位移，$\delta(x - x_c)$ 为狄拉克函数。采用分离变量方法并引入有限差分法求解可得斜拉索-阻尼器系统的特征值。

2.2 遗传算法

遗传算法是由美国密歇根大学学者 Holland 及其学生基于生物进化提出的一种仿生优化算法，具有广泛且高效的随机搜索性和优化并举性，其主要特征是群体搜索策略和群体中个体之间的信息交换，与问题的梯度信息无关[5]。

2.3 优化流程

考虑到同时对 VD + MTMD 进行优化，参数组合数量巨大且相互影响，无法在短时间内快速稳定的寻得较优解，故采取分步优化策略，主要依据为：斜拉索-VD 系统中存在节点模态，在不同的 VD 安装位置下，其节点模态是不同的，同时意味着 TMD 安装位置、调谐模态的不同。在考虑斜拉索多模态减振优化过程中，文献[6]提出了一种优化准则，通过控制斜拉索目标模态阻尼比平均值和标准差之间的差值最大化，实现斜拉索多模态减振效果的最优化。

2.4 优化结果图

基于改进遗传算法对斜拉索-多阻尼器系统参数优化结果图见图 1、图 2。

基金项目：国家自然科学基金项目（52378508，52408527）

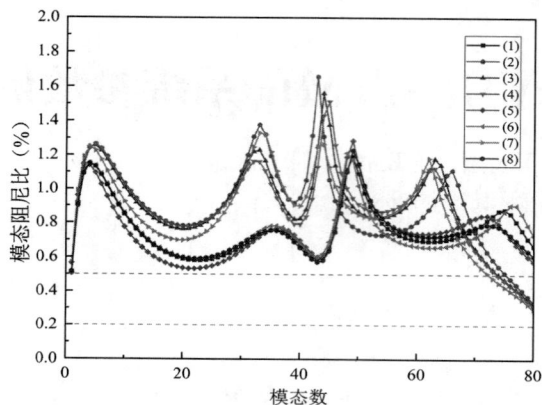

图 1　VD+TMD80 阶模态-阻尼曲线　　　　图 2　VD+TMD100 阶模态-阻尼曲线

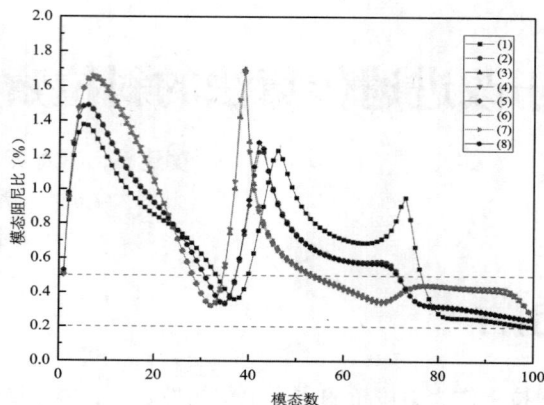

由图可知，八次优化得到的 VD 和 TMD 最优参数是相似的，以及其模态-阻尼比曲线是趋向一致的，不同的是峰值点所处位置及最大模态阻尼比值，表明此优化方法稳定性良好。整体前 25 阶模态阻尼比均 > 0.5%，整体前 80/100 阶模态阻尼比 > 0.2%，理论上达到控制低阶风雨振与高阶涡振的最低阻尼比要求。

3　结论

本文基于遗传算法对斜拉索-VD-MTMD 系统参数优化进行研究，主要结论有三点：

（1）建立了宽频带、多阻尼器、全安装位置的斜拉索-多阻尼器体系动力特性分析数值方法，突破解析方法的阻尼器个数分析极限。

（2）提出了改进的优化指标，对优化算法进行改进以增强其全局搜索能力，有效解决实际工程中的应用问题。

（3）基于改进的遗传算法和有限差分法对斜拉索-多阻尼器系统的求解及参数优化分析，可有效解决单阻尼器的多节点模态失效难题，实现超长索结构的超宽频振动控制。

参考文献

[1]　WANG Y Y, LI S Y, QIE K, et al. Effectiveness of damping and inertance of two dampers on mitigation of multimode vibrations of stay cables by using the finite difference method. Journal Vibration and Control. 2023, 29(13-14): 3112-3125.

[2]　WANG Y, CHEN Z, YANG C, et al. A novel eddy current damper system for multi-mode high-order vibration control of ultra-long stay cables[J]. Engineering structures, 2022(Jul.1): 262. DOI:10.1016/j.engstruct. 2022. 114319.

[3]　杨超. 拉索高阶多模态振动控制的理论与试验研究[D]. 长沙: 湖南大学, 2022. DOI:10.27135/d.cnki.ghudu. 2022. 000085.

[4]　WANG Y Y, LI S Y, QIE K, et al. Numerical Study on the effectiveness of two dampers on high-order vortex-induced vibration and low-order rain-wind-induced vibration of stay cables[J]. J Wind Eng Ind Aerod, 2024, 253: 105849.

[5]　龙泽武. 基于遗传算法的 TMD 系统参数分析[D]. 广州: 广州大学, 2019.

[6]　ZHOU H J, ZHOU X B, YAO G Z, et al. Free vibration of two taut cables interconnected by a damper. Structural Control and Health Monitoring, 2019, 26(10).

波浪外形对斜拉索的风压分布影响研究

马佳楠[1]，孙一飞[1,2,3]，谷浩田[1]，刘庆宽[1,2,3]

（1. 石家庄铁道大学土木工程学院 石家庄 050043；
2. 河北省石家庄铁道大学和风能利用工程技术创新中心 石家庄 050043；
3. 石家庄铁道大学道路与铁道工程安全保障教育部重点实验室 石家庄 050043）

1 引言

斜拉索作为一种典型的圆柱结构，风荷载问题突出，研发能够减小斜拉索风荷载的措施对斜拉桥的抗风设计具有重要意义[1]。在先前的研究当中，波浪外形可以减小斜拉索的阻力并抑制旋涡脱落，但是对风压分布的影响尚未完全清楚[2]。因此，通过风洞测压试验，以正弦型波浪斜拉索与折线型波浪斜拉索为研究对象[3]，研究两种斜拉索在亚临界区（$Re \approx 1.80 \times 10^5$）和临界区（$Re \approx 2.60 \times 10^5$）的风压分布规律。

2 试验概况

本试验在石家庄铁道大学风工程研究中心 STU-1 风洞实验室进行，试验模型包括一个正弦波浪斜拉索和一个折线波浪斜拉索，斜拉索的几何外形示意图如图 1 所示。两种模型的几何参数相同，长度均为 1700mm，最大直径 D_{max} 为 141.80mm，最小直径 D_{min} 为 98.20mm，波幅 a 为 10.92mm，波长 λ 为 720mm。每个模型布置了九圈测压孔，测压孔布置图如图 2 所示，每圈等间距布置了 36 个测压孔，间隔 10°。

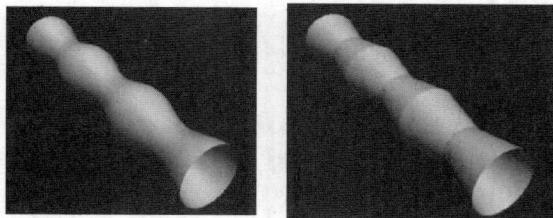

| (a) 正弦波浪斜拉索 | (b) 折线波浪斜拉索 |

图 1 斜拉索的几何外形示意图

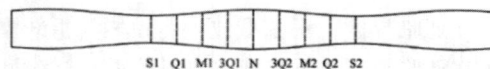

图 2 测压孔示意图

3 试验结果分析

3.1 波浪外形对亚临界区风压分布特性的影响

亚临界区试验结果如图 3 所示，在平均风压方面，两种不同波浪外形的斜拉索平均风压曲线形状相似，均沿展向几乎无变化，表现出二维流场特性。在脉动风压方面，两种斜拉索总体趋势相同，均在 3Q1、N、3Q2 处略高，说明直径的大小也是脉动风压系数的影响因素之一。其中，脉动风压的分位值为 98%。

3.2 波浪外形对临界区风压分布特性的影响

临界区试验结果如图 4 所示，在平均风压和脉动风压两方面，两种斜拉索均出现三维特性，在 3Q1、N、

基金项目：河北省自然科学基金创新研究群体项目（E2022210078）；中央引导地方科技发展资金项目（236Z5410G），河北省高端人才项目（冀办〔2019〕63 号），国家自然科学基金青年科学基金项目（52408551），河北省自然科学基金青年项目（E2024210071），河北省高等学校科学技术研究项目（QN2024038）

3Q2 处，两个斜拉索的平均风压曲线均呈不对称分布，进入单分离泡区（TrBL1）。通过比较两种类型的波浪外形斜拉索脉动风压发现，折线斜拉索的脉动风压分布三维特性更加明显，这可能与折线外形造成的气流影响有关。

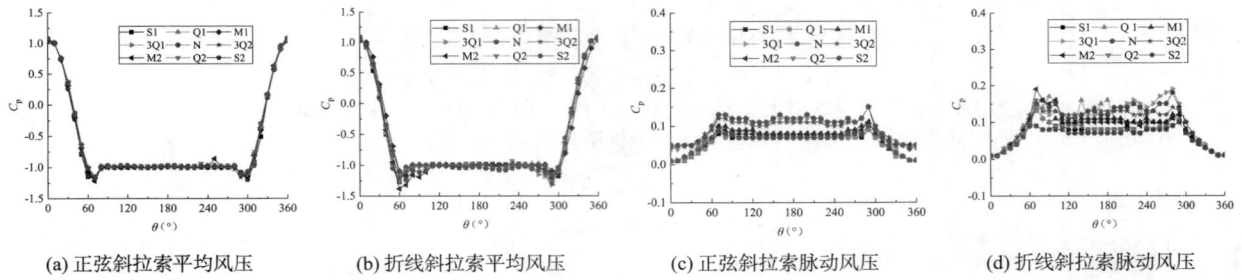

| (a) 正弦斜拉索平均风压 | (b) 折线斜拉索平均风压 | (c) 正弦斜拉索脉动风压 | (d) 折线斜拉索脉动风压 |

图 3　亚临界区斜拉索风压分布

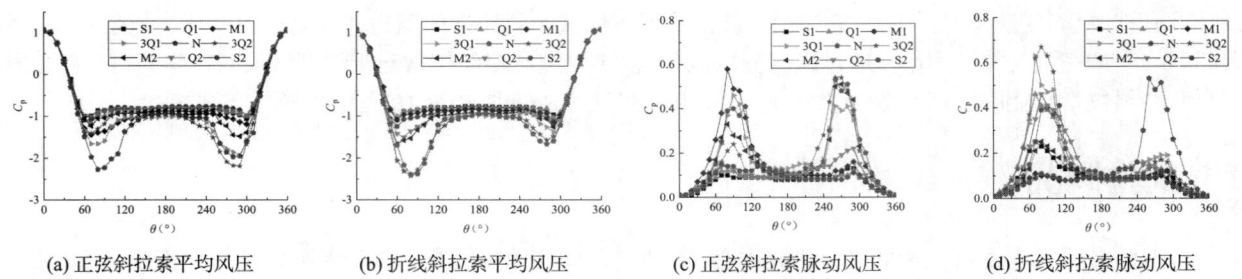

| (a) 正弦斜拉索平均风压 | (b) 折线斜拉索平均风压 | (c) 正弦斜拉索脉动风压 | (d) 折线斜拉索脉动风压 |

图 4　亚临界区斜拉索风压分布

4　结论

通过测压试验，研究了亚临界区和临界区具体两个雷诺数下的波浪外形对斜拉索风压分布的影响规律，主要结论如下：

（1）在亚临界区，正弦型波浪斜拉索与折线型波浪斜拉索的平均风压以及脉动风压分布均无明显区别；

（2）在亚临界区，正弦型波浪斜拉索与折线型斜拉索在直径较大（3Q1、N、3Q2）处的脉动风压系数均大于其他处；

（3）在临界区，两种波浪外形斜拉索的平均风压分布较亚临界区都出现了差别。且在直径较大（3Q1、N、3Q2）处，两种波浪外形斜拉索均进入了单分离泡区。

参考文献

[1]　裴岷山, 张喜刚, 朱斌, 等. 斜拉桥的拉索纵桥向风荷载计算方法研究[J]. 中国工程科学, 2009, 11(3): 26-30.

[2]　孙一飞, 邵林媛, 刘庆宽, 等. 波浪形斜拉索的气动力及风致振动特性[J]. 湖南大学学报(自然科学版), 2022, 49(5): 44-54.

[3]　孙一飞. 斜拉桥斜拉索的气动减阻抑振措施及其作用机理研究[D]. 石家庄: 石家庄铁道大学, 2024.

基于半主动电涡流阻尼器的斜拉索
多模态振动半主动控制

陈　旭[1]，李春光[1]，韩　艳[1]，袁邦荣[2]

（1. 长沙理工大学土木工程学院　长沙　410114；
2. 东南大学交通学院　南京　210096）

1　引言

近年来，随着斜拉桥跨径的不断发展，斜拉索作为斜拉桥的主要承重构件，其数量和长度迅速增加。以往的研究通常认为斜拉索的振动危害来自于模态较低的风雨振，但随着斜拉索长度的增加带来基频的降低，导致振动模态向高阶发展。Ge 和 Chen 等[1]在苏通大桥上观测到斜拉索的第 43 阶和第 44 阶超高模态涡激振动。而且高阶涡激振动具有起振风速低，发生频繁的特点[2-3]。因此，迫切需要开发有效的控制措施来抑制长斜拉索的多模态振动。而被动控制装置在斜拉索多模态减振的局限性，使半主动控制策略变得越来越有意义[4-6]。

因此，本文设计了一个可以通过调节电流从而调节电涡流阻尼器的半主动控制装置，并且提出了一种通过实时识别振动频率调节电涡流阻尼系数的半主动控制算法，该算法只需要一个位移传感器。该半主动控制策略能有效地降低斜拉索的动力响应，同时能够显著地减小控制力的计算工作量。最后选取了某实桥斜拉索为研究对象，详细分析了在不同振动形式下半主动控制的效果，并与被动黏滞阻尼器（VD）进行了对比分析。

2　半主动电涡流阻尼器（SA-ECD）

2.1　SA-ECD 模型设计及有限元仿真

图 1 给出了 SA-ECD 阻尼器整体构造的示意图，其主要由轴向旋转式电涡流阻尼单元和滚珠丝杠传动系统组成。电涡流阻尼单元由定子齿、缠绕在定子齿上的线圈、导体管和外部导磁管构成。通过的滚珠丝杠传动系统可将 SA-ECD 的轴向运动进一步转化为导体管等旋转构件的高速旋转运动，而旋转构件的转动惯性矩，以及导体管切割磁力线产生的电涡流阻尼力矩，经滚珠丝杠传动系统进一步放大，分别形成轴向惯性力与电涡流阻尼力。通过安装在斜拉索上的位移传感器识别其振动模态，通过调节线圈绕组中的输入电流，使得电涡流等效阻尼系数接近最优阻尼系数，从而实现实时的半主动控制。

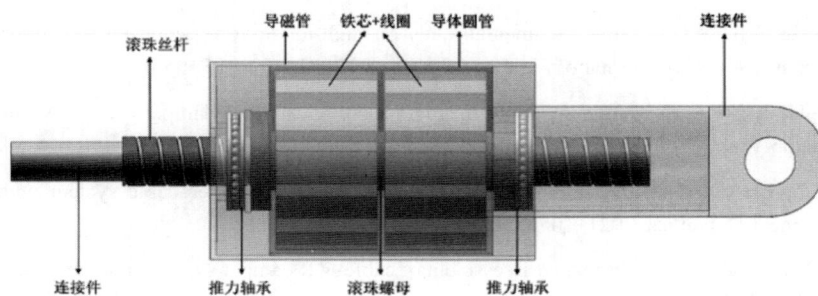

图 1　SA-ECD 构造示意图

基金项目：国家自然科学基金项目（51978087，51822803）

3 控制效率分析

3.1 简谐激励时不同控制措施下振动响应分析

考虑案例斜拉索控制模态范围为 1~40 阶，由于单模态振动的响应大于多模态耦合振动，更能反映阻尼器控制效果，所以本文以第 1 阶和第 39 阶模态的斜拉索跨中响应为例对比分析半主动控制和被动 VD 的减振效率（图 2 和图 3）。从图中可以看出，相较于 VD，半主动控制可以进一步将第一阶模态的位移幅值减小 39.1%，均方根值减小 45.8%，可以进一步将第 39 阶模态的加速度幅值减小 14.6%，RMS 减小 22.4%。结果表明，基于 SA-ECD 的半主动控制在斜拉索发生低阶和高阶模态振动时的控制效率均显著优于 VD。

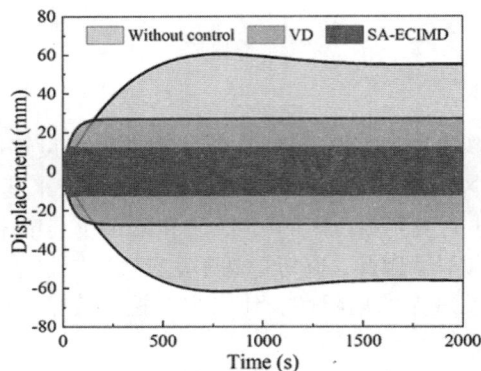

图 2　低阶模态简谐振动响应时程图

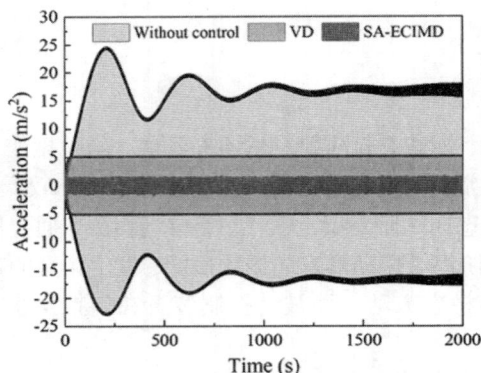

图 3　高阶模态简谐振动响应时程图

4 结论

本文设计了一种半主动电涡流阻尼器模型，可以实现通过调节输入电流从而改变电涡流阻尼器的阻尼系数。与无控状态相比，半主动控制措施下位移和加速度响应幅值下降明显，尤其是加速度幅值下降可达 90% 以上。基于 SA-ECD 的半主动控制策略在低阶振动时的位移响应和高阶振动时的加速度响应控制效果均显著优于被动 VD。

参考文献

[1] HUA J Y, ZUO D L. Evaluation of aerodynamic damping in full-scale rain-wind-induced stay cable vibration [J]. Journal of Wind Engineering and Industrial Aerodynamics, 2019, 191: 215–226.

[2] GE C, CHEN A. Vibration characteristics identification of ultra-long cables of a cable-stayed bridge in normal operation based on half-year monitoring data [J]. Structure and Infrastructure Engineering, 2019, 15(12): 1567–1582.

[3] LIU Z W, SHEN J S, LIU S Q, et al. Experimental study on high-mode vortex-induced vibration of stay cable and its aerodynamic countermeasures [J]. Journal of Fluid and Structures, 2021, 100: 103195.

[4] JIANG Z, CHRISTENSON R E. A fully dynamic magneto-rheological fluid damper model, A fully dynamic magneto-rheological fluid damper model [J]. Smart Materials and Structures, 2012, 21: 065002.

[5] PENG J, WANG L, ZHAO Y, et al. Time-delay dynamics of the MR damper–cable system with one-to-one internal resonances[J]. Nonlinear Dynamics, 2021, 105: 1343–1356.

[6] HUANG H W, SUN L M. Control performance assessment of cable-MR damper system based on pole assignment theory [J]. Structures, 2022, 44: 785–795.

大跨悬索桥长吊杆异常振动实测分析

郝海旭，孟　露，赵勃隆，王　峰

（长安大学公路学院 西安 710064）

1　引言

大跨悬索桥吊杆有长细、柔度大等特点，在常遇风速下易发生异常振动，使结构产生疲劳破坏。为保证结构的安全性，本研究以某沿海地区大跨悬索桥为背景，基于吊索短期观测系统测得的数据，针对长吊索的异常振动现象开展专题分析研究。

2　数据采集

本研究对 3 根吊杆加速度响应及来流风参数进行监测，如图 1、图 2 所示，21 个电容式单向加速度计分别布置于 3 根吊索不同索股、不同高度和不同方向，1 个 Wind3D 6000 型激光测风雷达布置于桥址南侧。受限于篇幅，本文以一根吊索的实测结果为例进行研究分析。

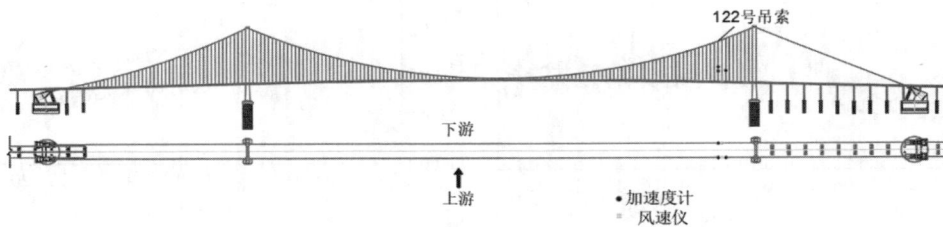

图 1　加速度计及风速仪布置位置

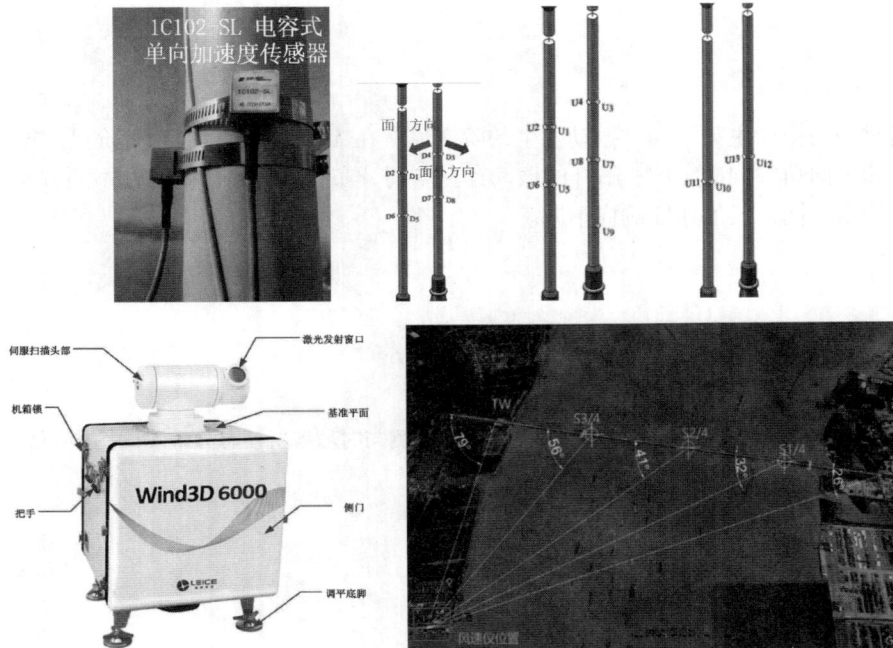

图 2　加速度传感器、激光测风雷达及其布置位置

3　实测结果与分析

由图3、图4可知，在风速处于2～4m/s和6～8m/s范围内，风向角处于20°～40°范围内，明显存在"锁定区间"。在此风速区间内吊索振幅明显增大，可初步认定为"涡振锁定"现象。图5所示为吊杆面内振动短时傅里叶变换得到的频谱图，主导振动频率为26.8Hz，对应吊杆的23阶模态，表现为多模态耦合的高阶振动。根据拉索振动频率和对应风速范围特征，判断该振动为吊杆高阶涡振。

由图6、图7可知，吊杆面内振动的加速度响应普遍高于面外振动，表明异常振动主要发生在面内方向。不同高度处的振动响应基本保持同步，这说明吊杆的振动存在显著的空间分布特性，同一吊索不同高度处的振动响应可能存在差异。

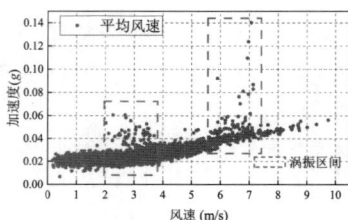

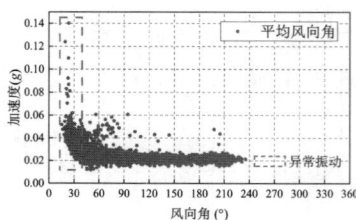

图3　平均风速与加速度相关性　　　　图4　风向角与加速度相关性　　　　图5　面内振动FFT频谱图

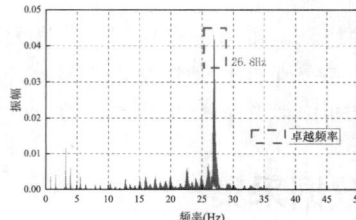

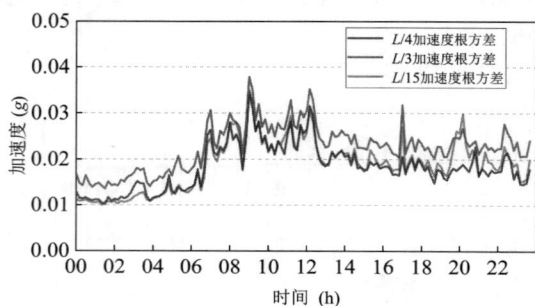

图6　面外不同高度振动响应　　　　　图7　面内不同高度振动响应

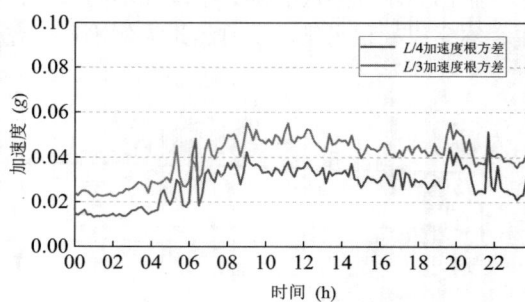

4　结论

吊索在不同时刻的振动主频不同，振动发生的阶次通常在18阶以上，即为高阶涡激振动，且吊杆涡振的发生是由风速和风向角共同决定的；吊杆的振动存在空间分布特性，同一高度处不同方向、同一索股不同高度处以及同一吊索不同索股加速度响应不同。

参考文献

[1]　陈政清. 桥梁风工程[M]. 人民交通出版社, 2005.

[2]　祝志文, 陈魏, 李健朋, 等. 多塔斜拉桥加劲索涡激振动实测与时域解析模态分解[J]. 中国公路学报, 2019, 32(10): 247-256. DOI:10.19721/j.cnki.1001-7372.2019.10.024.

平行双圆柱气动性能的雷诺数效应

张家斌[1,2]，华旭刚[1,2]，王超群[1,2]，陈政清[1,2]

（1. 湖南大学土木工程学院 长沙 410000；
2. 桥梁工程安全与韧性全国重点实验室 长沙 410000）

1 引言

多体圆柱结构在大跨径桥梁的缆索体系中有广泛的应用，如悬索桥的多索股吊索和单侧双主缆以及斜拉桥中的串列斜拉索。由于多体圆柱间的气动干扰效应，多索股长索结构主要存在尾流驰振问题，在工程中通常增设刚性分隔架进行振动控制，然而在风洞试验和现场实测中均观测到多索股索结构整体驰振现象，并表现出极强的非线性特性，如 Wen 等[1]发现中心间距为 3D（D 为模型直径）的串列双圆柱在 10°风攻角下会发生驰振，本文作者在 3D 中心间距 5°～10°风攻角下观测到更复杂的非线性驰振现象。对于非圆形索结构（如亮化工程斜拉索、覆冰线缆和施工期主缆等）的驰振问题，通常采用准定常理论，通过测力试验结合 Den Hartog 判据，对驰振的发生及临界风速进行定性分析，然而圆柱的气动性能具有非定常特性，经典驰振理论可能并不适用。同时多体圆柱的雷诺数效应较单圆柱更为复杂，也可能是诱发振动的关键因素。因此本文以中心间距为 3D 的串列双圆柱为研究对象，选取典型悬索桥吊索所在的雷诺数范围（$Re = 1.37 \times 10^4 \sim 1.56 \times 10^5$）进行静态测压和流场可视化试验，研究其雷诺数效应和流场特性，探讨了圆柱表面压力和流场之间的内在联系。为后续双索股索结构驰振机理研究提供理论依据。

2 风洞试验

采用两根直径相同的刚性圆柱节段模型进行了静态测压和流场可视化试验，中心间距为 3D，试验在湖南大学 HD-2 高速段进行，试验段宽 3m，高 2.5m，最大风速大于 60m/s，图 1 给出了风洞试验照片。模型由有机玻璃圆管制成，表面光滑，直径 88mm，长度 1540mm，长细比为 17.5。模型两端各安装一个木端板，用以调节双圆柱中心间距，在端板外侧布置了直径 1m 的圆形整流板，采用电控系统精确调节来流风攻角。静态测压试验中，测定了 0°～12°风攻角下的上下游圆柱的气动性能，试验风速范围为 2～26m/s，对应雷诺数范围为 $1.37 \times 10^4 \sim 1.56 \times 10^5$。流场可视化试验中，观测了风攻角为 3°、6°和 10°下圆柱周围的流场形态，试验风速为 4.09m/s、10.88m/s 和 11.78m/s，对应雷诺数为 2.46×10^4、6.55×10^4 和 7.10×10^4。

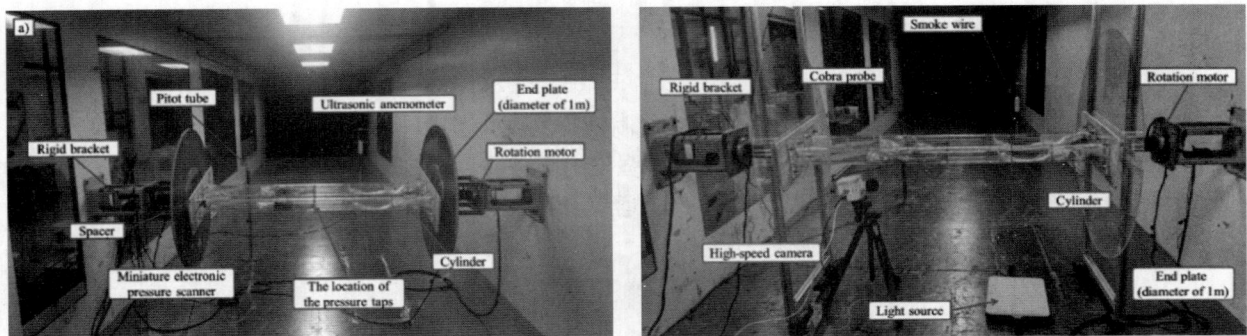

图 1 风洞试验示意图（左：静态测压试验，右：流场可视化试验）

基金项目：国家自然科学基金项目（52025082）

3 试验结果

图 2 给出了 0°～12°风攻角下串列双圆柱的气动力系数随雷诺数范围变化曲线，图 3 给出了 6°风攻角下，不同雷诺数时下游圆柱的压力分布及流场形态。试验结果表明：下游圆柱具有强烈的雷诺数效应，在 6°～8°风攻角下，下游圆柱气动升力系数发生突变。6°风攻角下，低雷诺数时，下游圆柱上表面流动分离点在约 120°位置，下表面流动分离点在约−90°位置，高雷诺数时，下游圆柱上表面流动分离点前移至约 45°位置，下表面流动分离点后移至约−135°位置，流动分离点的改变是升力系数突变的根本原因。

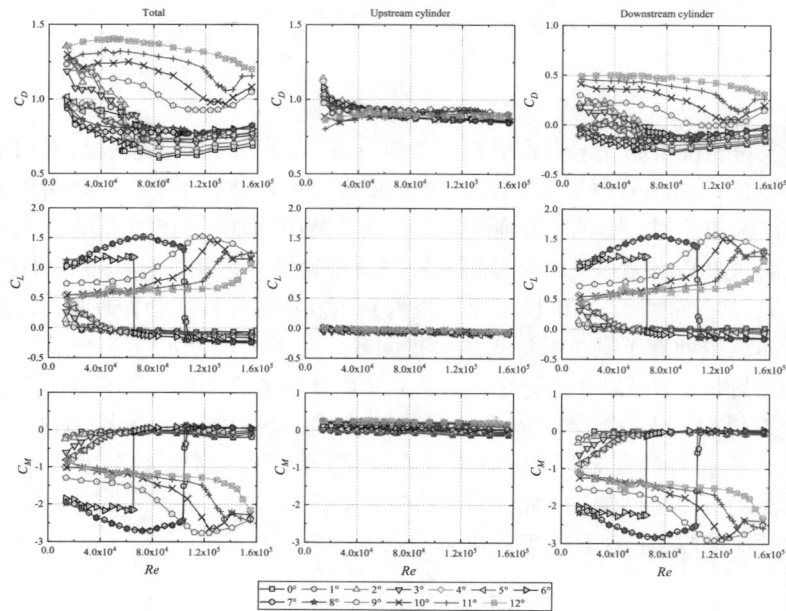

图 2 串列双圆柱气动力系数随雷诺数变化曲线

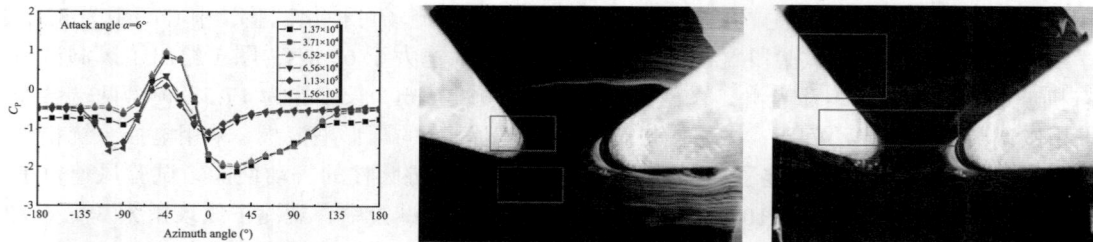

图 3 6°风攻角下，不同雷诺数下下游圆柱的平均压力分布及流场形态（左：平均压力；中：$Re = 2.46 \times 10^4$ 时的流场形态；右：$Re = 7.10 \times 10^4$ 时的流场形态）

4 结论

本文开展了串列双圆柱静态测压和流场可视化风洞试验，研究了中心间距 3D 下双圆柱的气动特性。得到以下结论：亚临界区间内，下游圆柱气动性能具有强烈的雷诺数效应，气流在下游圆柱上下表面流动分离点的改变是下游圆柱升力系数突变的根本原因。由于近距串列双圆柱绕流的非定常特性，仅通过准定常理论对双圆柱索结构整体驰振进行预测可能存在误判。

参考文献

[1] WEN Q, HUA X G, LEI X, et al. Experimental study of wake-induced instability of coupled parallel hanger ropes for suspension bridges[J]. Engineering Structures, 2018, 167: 175-187.

大跨度悬索桥猫道风致响应研究

龙佳乐[1,2]，张明金[1,2]，颜庭辕[1,2]，王德厚[1,2]

（1. 西南交通大学土木工程学院 成都 610031；

2. 桥梁智能与绿色建造全国重点实验室 成都 611756）

1 引言

猫道是大跨度悬索桥主缆架设期间的关键临时平台，由于其跨度大、刚度低、阻尼小，在风作用下的风致响应较为明显，是风致振动的敏感结构。猫道抖振虽然是一种限幅振动，但结构振动频率高、持续时间长，影响施工精度与进度，故需要对猫道的风致响应进行研究。本文以主跨 1208m 的悬索桥施工猫道为工程背景，依托节段模型风洞试验确定猫道节段模型的三分力系数，利用 ANSYS 有限元软件建立了猫道的三维有限元模型，并进行了动力特性计算、静风稳定计算，基于时域分析方法对施工猫道进行抖振响应计算及舒适度评价，基于多因素考量，为施工期间主缆架设提供指导。

2 研究内容与方法

2.1 猫道风洞试验

本文考虑最不利工况、即猫道受正交风作用，开展节段模型（图 1）风洞测力试验，通过试验的测力天平测得猫道的静力三分力系数。

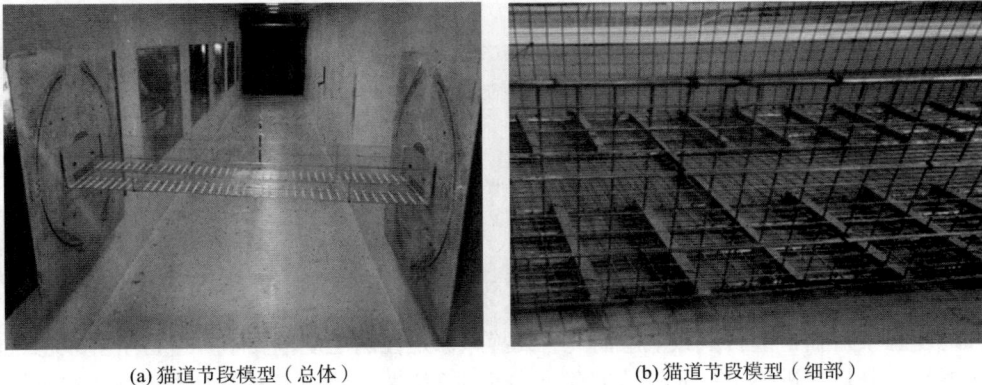

(a) 猫道节段模型（总体）   (b) 猫道节段模型（细部）

图 1 猫道节段模型

2.2 猫道非线性静风稳定性分析

本文基于增量法和内外两重迭代法编写命令流，导入风洞试验测得的三分力系数，在 ANSYS 有限元软件进行猫道静风稳定分析[1-2]。

2.3 猫道抖振响应分析

本文利用时域法[3]分析猫道结构响应。猫道抖振力模型采用基于准定常假设推导出的 Davenport 准定常抖振力模型，具体表达如下：

$$C_D(\alpha) = \frac{F_D(\alpha)}{1/2\rho U^2 HL} \tag{1}$$

$$C_L(\alpha) = \frac{F_L(\alpha)}{1/2\rho U^2 BL} \tag{2}$$

$$C_M(\alpha) = \frac{F_M(\alpha)}{1/2\rho U^2 B^2 L} \tag{3}$$

式中，ρ 为空气密度；C_D、C_L、C_M 分别为阻力、升力与升力矩系数；C_D'、C_L'、C_M' 为阻力、升力和升力矩系数对攻角的导数；U 为平均风速；u、w 分别为水平向及垂直向的脉动风速。猫道桥轴向以扭转角静风位移和扣除静风位移后的抖振位移均方根为例（图 2）。

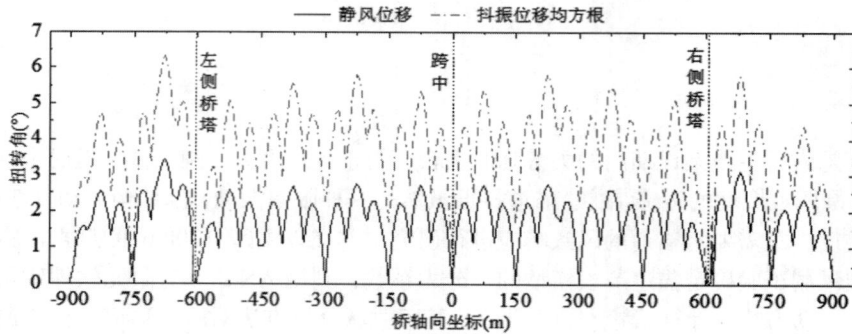

图 2　扭转静风位移及抖振位移均方根

2.4　猫道抖振响应舒适度分析

本文采用加速度对应频率进行人体振动舒适度评估[4]。图 3 为中跨跨中竖向各频率对应的峰值加速度。结果表明抖振响应舒适度在规定频率范围下满足舒适度要求。

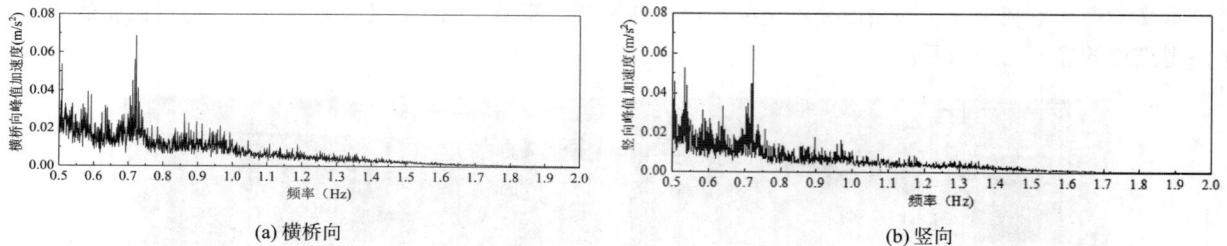

(a) 横桥向　　　　　　　　　　　　　(b) 竖向

图 3　中跨加速度

3　结论

本文对大跨度悬索桥猫道进行风致响应研究，其静风稳定性满足规范要求并进行了静风稳定优化。采用时域法进行抖振响应分析并进行了行人舒适度评价，扭转角抖振响应均方根虽然大于静风响应值，但其绝对值较小，不会危害结构稳定性，抖振作用下站立于猫道的工人能够具备较好的舒适度。

参考文献

[1]　胡衍旺，曾甲华. 大跨度悬索桥非线性静风稳定性全过程分析[J]. 武汉理工大学学报，2010, 32(23): 31-34+38.

[2]　谢雪峰，罗喜恒. 基于 ANSYS 的悬索桥分析方法研究[J]. 中国工程科学，2012, 14(5): 101-105.

[3]　陈政清. 桥梁风工程[M]. 北京: 人民交通出版社，2005.

[4]　交通运输部. 公路桥梁抗风设计规范: JTG/T 3360-01—2018[J]. 北京: 人民交通出版社，2018.

仿生气动外形斜拉索的气动力及涡激振动特性研究

王胜德[1,2,3]，黄智文[1,2,3]，杨　伦[1,2,3]，陈政清[1,2,3]

（1. 湖南大学桥梁工程安全与韧性全国重点实验室　长沙 410082；
2. 湖南大学风工程与桥梁工程湖南省重点实验室　长沙 410082；
3. 湖南大学土木工程学院　长沙 410082）

1　引言

在表面缠绕螺旋线、安装肋条和布置凹坑是抑振斜拉索风致振动的经典气动措施[1-4]，上述措施虽有一定效果，但仍面临气动干扰复杂、维护成本高等局限性。为探索降低斜拉索风致振动的仿生气动措施，本研究将树皮纹路引入斜拉索外护套筒设计，通过风洞试验研究了不同纹路树皮拉索的气动力和涡激振动特性。

2　风洞试验

2.1　风洞试验模型

选取了 4 种不同形状沟纹的树皮，通过三维扫描建立了其几何外形模型，并利用 3D 打印技术得到了拉索的仿生外护套管。对通长布置和间隔布置的树皮拉索模型进行了测振，对通长布置的树皮拉索模型进行了测力试验。

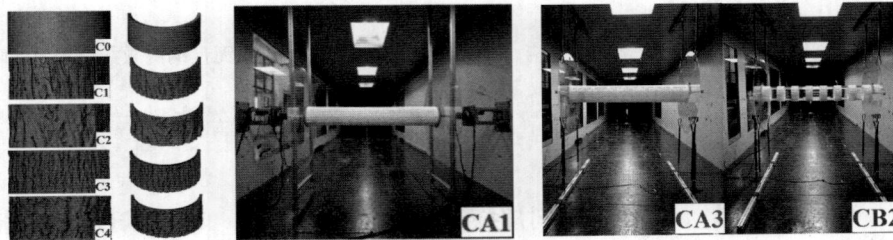

图 1　风洞试验模型

2.2　测力试验结果

在 $Re \approx 1 \times 10^5$ 时不同角度下树皮拉索阻力系数波动较大，但均小于光滑拉索，不同树皮拉索阻力系数降低量平均值大于 5.8%。树皮拉索进入临界区的雷诺数为 2.33×10^5，在临界区阻力系数衰减速度大于光滑拉索。

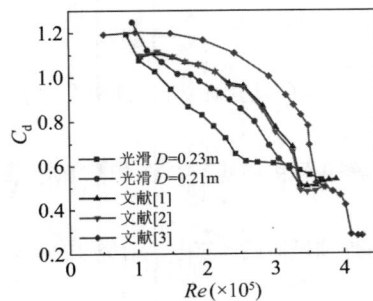

图 2　光滑拉索平均阻力系数　　　图 3　树皮拉索平均阻力系数

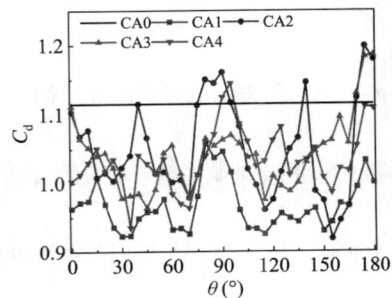

基金项目：国家自然科学基金项目（52278499）

2.3 测振试验结果

树皮纹路对拉索涡激共振区间有明显影响，树皮通长布置时可降低拉索的起振风速，但共振幅值基本不受影响；间隔布置树皮时不同树皮纹路对拉索涡激振动的影响被削弱。

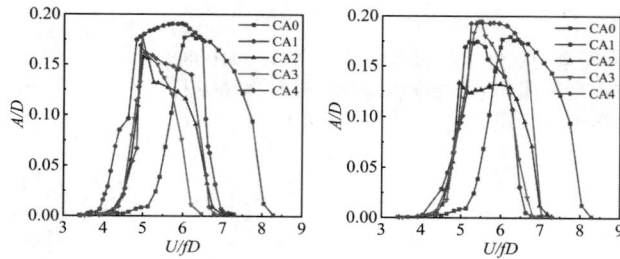

图 4 通长布置树皮拉索涡振响应	图 5 间隔布置树皮拉索涡振响应

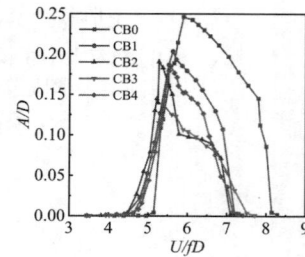

2.4 阻尼比影响

当阻尼比 ζ 从 0.07% 增大到 0.16% 时，树皮拉索共振振幅最大可降低 73.7%，远大于凹坑拉索的共振幅值降低量，树皮和阻尼器可作为降低拉索涡激共振的组合措施。

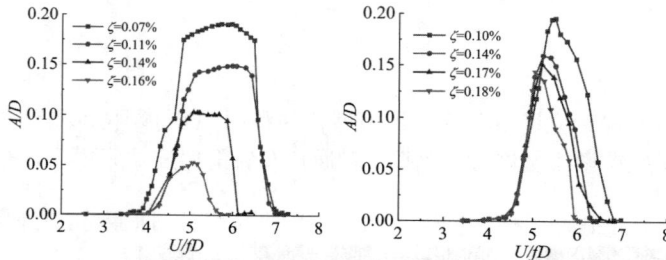

图 6 不同阻尼比树皮拉索涡振响应	图 7 最大无量纲涡激共振振幅随阻尼比的变化

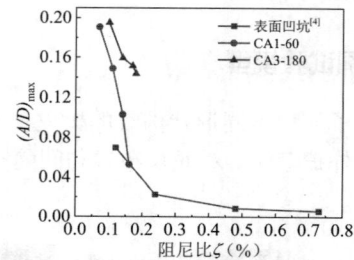

3 结论

（1）当雷诺数为 1×10^5 时，不同攻角下树皮拉索阻力系数波动较大，但均小于光滑拉索，且最小阻力系数相较于光滑拉索降低了 13%；

（2）树皮使得拉索进入临界区的雷诺数增大到 2.33×10^5，且在临界区阻力系数衰减速度大于光滑拉索；

（3）树皮拉索对阻尼更敏感，增大阻尼其共振幅值衰减速度大于表面布置凹坑的斜拉索，可作为降低拉索涡激共振振幅的组合措施。

参考文献

[1] 刘庆宽, 邵林媛, 孙一飞, 等. 螺旋线对斜拉索涡激振动特性影响的试验研究[J]. 湖南大学学报(自然科学版), 2023, 50(11): 25-35.

[2] 刘庆宽, 常幸, 韩鹏, 等. 用于抑制涡激振动的低气动阻力斜拉索纵向肋条参数的试验研究[J]. 工程力学, 2023: 1-15.

[3] 刘庆宽, 闫煦东, 李聪辉, 等. 不同粗糙度斜拉索气动力特性和风荷载计算方法研究[J]. 振动与冲击, 2017, 36(23): 38-44+57.

[4] 刘志文, 沈静思, 陈政清, 等. 斜拉索涡激振动气动控制措施试验研究[J]. 振动工程学报, 2021, 34(3): 441-451.

多股吊索对斜拉索气动干扰效应试验研究

高伟杰[1]，陶天友[1,2]，王　浩[1,2]

（1. 东南大学土木工程学院 南京 211189；
2. 东南大学混凝土及预应力混凝土结构教育部重点实验室 南京 211189）

1　引言

斜拉悬索协作体系桥中，斜拉索与吊索间距较小，多股吊索可能存在对斜拉索的气动干扰。目前，索体结构间的气动干扰研究鲜有关注不同索体结构之间的气动干扰。已有研究中，张嵁等开展了交叉圆柱数值模拟，揭示了间隙比对圆柱间隙附近流态的影响[1]。Koide 等开展了垂直双圆柱绕流试验研究，表明圆柱附近间隙区域内存在多种旋涡结构[2]。上述研究并未考虑流固耦合，且实桥斜拉索和吊索之间的位置关系更为多变。本文通过风洞试验，开展了多股吊索对斜拉索气动干扰效应试验研究，明确了多股吊索对斜拉索的振动响应的影响。

2　风洞试验模型布置

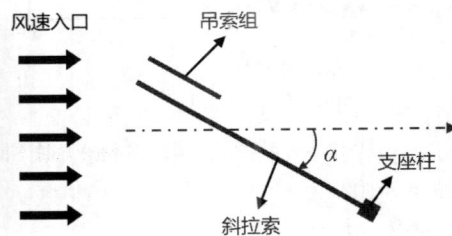

风洞试验在同济大学 TJ-3 风洞实验室开展。以某斜拉悬索协作体系桥为背景，模型布置如图 1 所示。图中，斜拉索为气弹模型，倾角为 25.16°，长 4.5m，采用 1.5mm 的钢丝芯串接铜管组成。斜拉索在距离固定底座 1/10 跨（0.45m）和 1/4 跨（1.125m）分别设置两组位移监测点，采用激光位移计对面内和面外位移进行测试。多股吊索模型为刚性模型，仅考虑气动外形。水平投影面内斜拉索和吊索间距为 65mm。吊索和斜拉索在直径方向的缩尺比为 1/20，质量比为 1/400，斜拉索频率比取 7/1。斜拉索和吊索模型均安装于转盘上，可调节偏转角以改变风向角。俯视角下试验风向角 α 定义如图 2 所示，取值范围为 0°～360°。

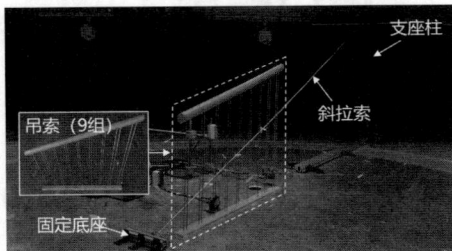

图 1　风洞试验模型布置　　　　图 2　俯视角下试验风向角定义

3　风洞试验结果

3.1　不考虑吊索的斜拉索气弹试验

由对称性，在不考虑吊索的情况下，仅需开展 0°～180°风向角下斜拉索的风振响应研究。在 1/4 测点处，不同风向角下斜拉索位移均方根与试验风速的关系如图 3 所示。由图可知，当风向角从 30°逐渐增大至 90°时，斜拉索面内和面外响应略微减小；当风向角进一步增大至 120°，吊索的两个方向的响应显著增大，且大于当风向角为 30°和 150°时的风振响应。以上结果表明，斜拉索的风振特性与风向角有较高的关联，当风向与斜拉索水平投影方向倾斜时，风振响应比风垂直于索面时更大。

基金项目：国家自然科学基金项目（52338011，52278486）

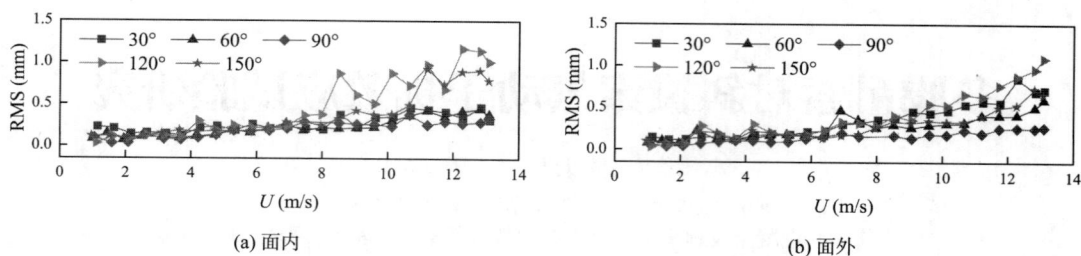

(a) 面内   (b) 面外

图 3　不同风向角下 1/4 测点处斜拉索位移均方根与试验风速的关系

3.2　多股吊索对斜拉索的气动干扰试验

当风向角为 α（$\alpha < 180°$）和 $360° - \alpha$ 时，多股吊索分别位于斜拉索的下游和上游。在典型风向角下，考虑多股吊索时斜拉索风振响应如图 4 所示。由图可知，当吊索在斜拉索上游时，吊索对斜拉索风振响应的影响较小。当多股吊索位于斜拉索下游，且风向角不小于 75° 时，斜拉索面内和面外振幅均有下降，且风向角越大，振幅下降越显著。该现象可能是由于多股吊索上游小范围内可能形成低风速区域，在该区域内时斜拉索气动荷载减小，风振响应下降。

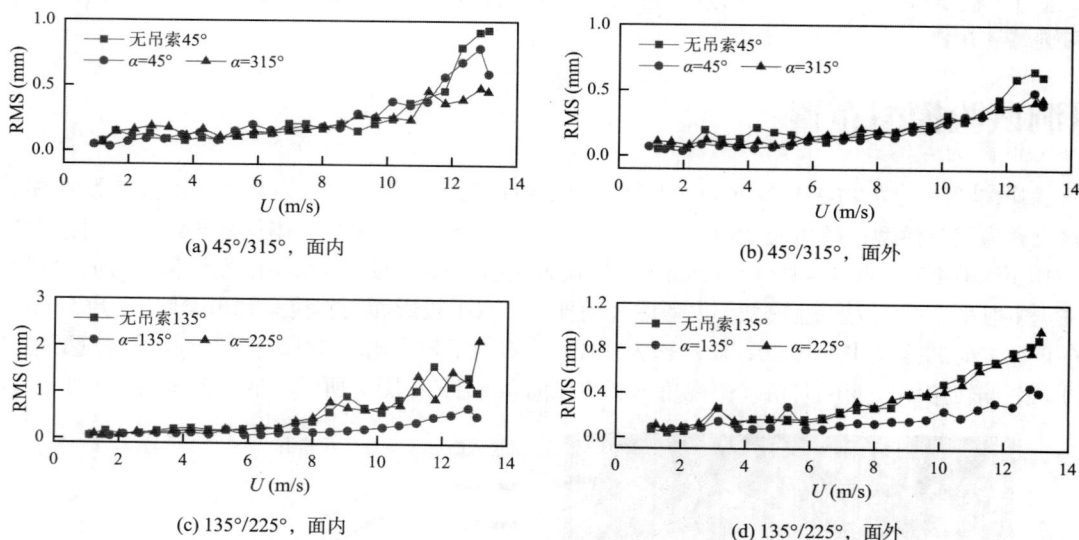

(a) 45°/315°，面内   (b) 45°/315°，面外

(c) 135°/225°，面内   (d) 135°/225°，面外

图 4　考虑多股吊索时不同风向角下斜拉索风振响应

4　结论

主要得到以下结论：（1）当不考虑吊索干扰时，斜风向作用下的斜拉索风振响应比风垂直于索面时更大；（2）当多股吊索位于斜拉索上游时，吊索对斜拉索风振响应的影响较小；（3）当多股吊索位于斜拉索下游且风向角不小于 75° 时，斜拉索面内和面外振幅显著下降。

参考文献

[1]　张嶷, 王杰, 梁丙臣, 等. 低雷诺数 60° 交叉双圆柱直接数值模拟研究[J]. 水动力学研究与进展(A 辑), 2022, 37(1): 35-41.

[2]　KOIDE M, OOTANI K, YAMADA S, et al. Vortex excitation caused by longitudinal vortices shedding from cruciform cylinder system in water flow[J] Jsme International Journal Series B, 2006, 49(4): 1043-1048.

串列拉索风致模态竞争特性试验研究

闵　祥 [1]，敬海泉 [1,2,3]，何旭辉 [1,2,3]

（1. 中南大学土木工程学院　长沙　410075；
2. 高速铁路建造技术国家工程研究中心　长沙　410075；
3. 轨道交通工程结构防灾减灾湖南省重点实验室　长沙　410075）

1　引言

拉索由于自身质量低、柔度大的特点极易在来流风作用下发生各种类型的振动[1]。在风洞中对两串列柔性拉索展开风致振动试验研究，通过时域分析和频域分析研究了两拉索在不同风速下的振动响应特征，并进一步分析了下游拉索的模态能量特征，得到了其随风速增加的不同模态竞争特性。

2　试验概括

试验采用的拉索模型由钢丝绳、硅胶管及海绵管组成。两拉索模型长度、直径、质量、基频均相同。两拉索中心间距为 4 倍直径，与此前大部分试验一致[2]。模型在风洞中如图 1 所示布置。在两拉索模型上均匀布置了面内及面外加速度传感器用于加速度测量，并在下游拉索模型上设置 21 个测点用于位移视觉测量。

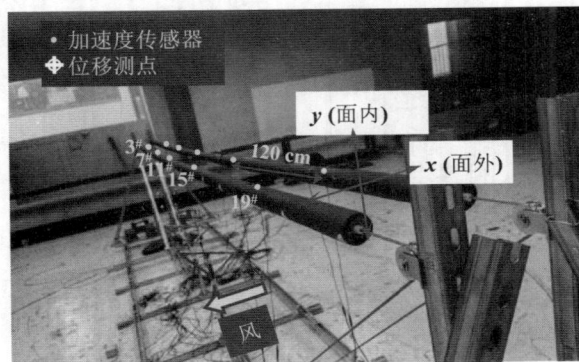

图 1　风洞试验模型及测点布置

3　试验结果

3.1　振动响应特征

图 2 展示了不同风速下测点 3#、7#、11# 面内及面外无量纲振幅。相比之下，下游拉索振幅显著大于上游拉索的振幅，而下游拉索面内方向的振幅显著大于其面外方向的振幅。

从图中可以明显观察到拉索在不同风速下分别发生了涡激振动和尾流驰振。在涡振风速区间，振动经历了明显的初始分支和下分支，且下游拉索面内方向振动中不同测点各分支出现的风速不一致，这是不同阶涡振相继出现所呈现出的结果；在尾流驰振风速区间，拉索振幅随着风速增加逐渐增大，而靠近 1/4 截面的测点 7# 的振幅在高风速下逐渐接近直到超过位于 1/2 截面的测点 11# 的振幅，这是模态竞争所导致的。

基金项目：国家自然科学基金项目（52078502）

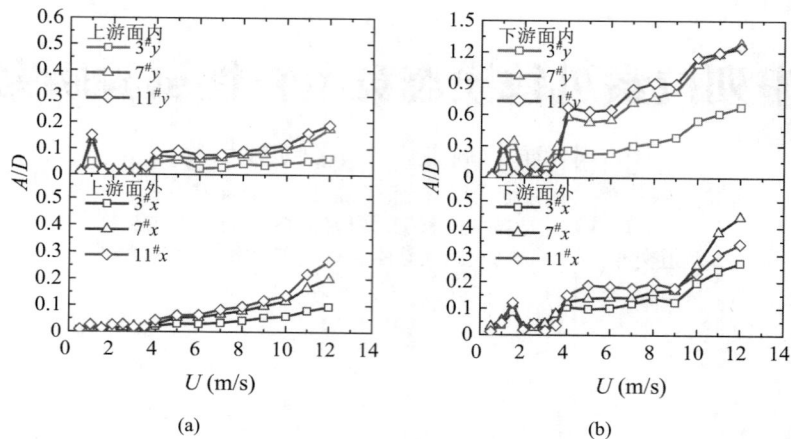

图 2　不同风速下各测点振幅

3.2　模态竞争特性

对下游拉索位移响应进行频域分析，得到各阶无量纲频率随风速变化情况，并通过变分模态分解求得各阶模态能量随风速变化情况，图 3 中展示了测点 $7^{\#}$ 各阶模态能量结果。从图中可以看出下游拉索发生涡振与尾流驰振区间不是完全分离的，而是部分耦合。各阶模态能量结果表明，下游拉索发生涡振与尾流驰振时均出现了模态竞争现象，不同点在于涡振模态竞争的结果是主导模态的依次切换，而在大多风速下驰振均由一阶模态主导，二阶模态能量在高风速下逐渐接近一阶模态。在部分耦合区间存在涡振模态与驰振模态竞争的现象。

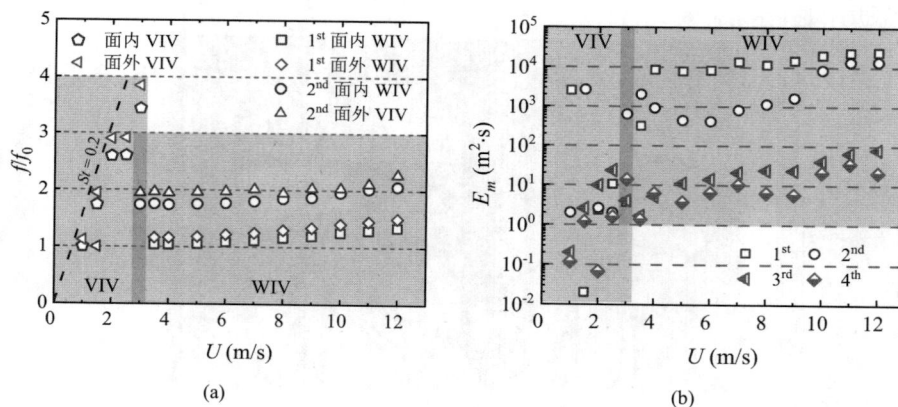

图 3　下游拉索振动频率及模态能量随风速变化情况

4　结论

两串列柔性拉索风致振动结果表明，随风速增加下游拉索呈现出不同的模态竞争特性。在低风速下为涡振各阶模态竞争，在高风速下为尾流驰振各阶模态竞争，在两种振动耦合区间为涡振模态与尾流驰振模态竞争。

参考文献

[1]　JING H Q, XIA Y, LI H, et al. Excitation mechanism of rain-wind induced cable vibration in a wind tunnel[J]. Journal of Fluids and Structures, 2017, 68: 32-47.

[2]　ASSI G R S, BEARMAN P W, MENEGHINI J R. On the wake-induced vibration of tandem circular cylinders: the vortex interaction excitation mechanism[J]. Journal of Fluid Mechanics, 2010, 661: 365–401.

带螺旋槽气动外形对圆柱气动力及尾流的影响

颜虎斌，王响军，李春光，韩　艳

（长沙理工大学土木工程学院 长沙 410114）

1　引言

圆柱绕流作为经典钝体绕流问题一直是研究最为广泛的课题之一，其涉及流动分离、再附着及非定常尾涡脱落等。圆柱结构在工程领域普遍存在，其所受到的风荷载较大。随着圆柱结构长细比增加，其柔度逐渐增加，同时，圆柱结构的阻尼相对较低，从而容易出现各种风致振动。圆柱结构上常出现的振动包括涡激振动、风雨激振、驰振等。因此，采取合适的流动控制措施来降低圆柱结构的气动荷载和抑制结构振动是十分必要的[1]。流动控制包括主动控制和被动控制两大类，主动控制需要外部供能，而被动控制无需能量输入。被动措施通常通过改变结构的气动外形来改变绕流形态，从而达到减阻抑振的目的。目前，圆柱结构上常见的被动措施包括螺旋线、纵向肋条、分隔板、波浪外形等[2-3]。为了改变圆柱旋涡脱落模式，抑制非定常气动力，本文提出了一种带螺旋槽气动外形，并分析了其气动性能。

2　带螺旋槽气动特性

2.1　带螺旋槽气动外形

带螺旋槽圆柱结构的截面特征包括每个凹槽对应的圆柱中心角θ及内凹高度H，圆柱直径为D，其展向长度为L，螺距为P，如图1所示。凹槽形状采用正余弦曲线的形式。

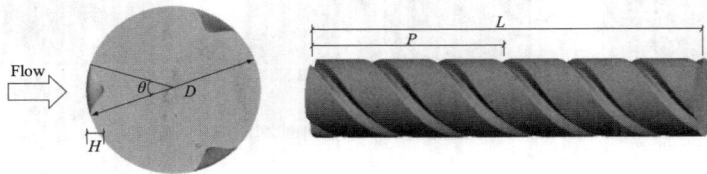

图1　带螺旋槽气动外形

2.2　试验布置

本文研究螺旋槽高度和角度对圆柱气动特性的影响，试验工况布置见表1，同时采用PIV试验获得了带螺旋槽圆柱尾流特征。

带螺旋槽圆柱工况布置　　　　　表1

工况	角度θ	高度H	螺距P
H05_θ37	37.5°	0.05D	
H10_θ37	37.5°	0.10D	
H15_θ37	37.5°	0.15D	5D
H20_θ37	37.5°	0.20D	
H10_θ30	30°	0.10D	
H10_θ45	45°	0.10D	

基金项目：国家自然科学基金项目（52178452，12302328）

2.3 气动特性及尾流特征

图 2 给出了带螺旋槽圆柱在亚临界雷诺数区间的气动力系数随雷诺数变化。由图可知，带螺旋槽圆柱具有一定的减阻效果，但并非随圆柱中心角 θ 和高度 H 增大而增大。同时，圆柱的脉动升力被明显抑制，表明其能提高圆柱结构的气动稳定性。图 3 为带螺旋槽圆柱展向时均流线图。当螺旋槽高度达到 0.10D 时，带螺旋槽圆柱出现了明显的三维流动，形成了流向涡，从而破坏了规律的展向涡脱落。

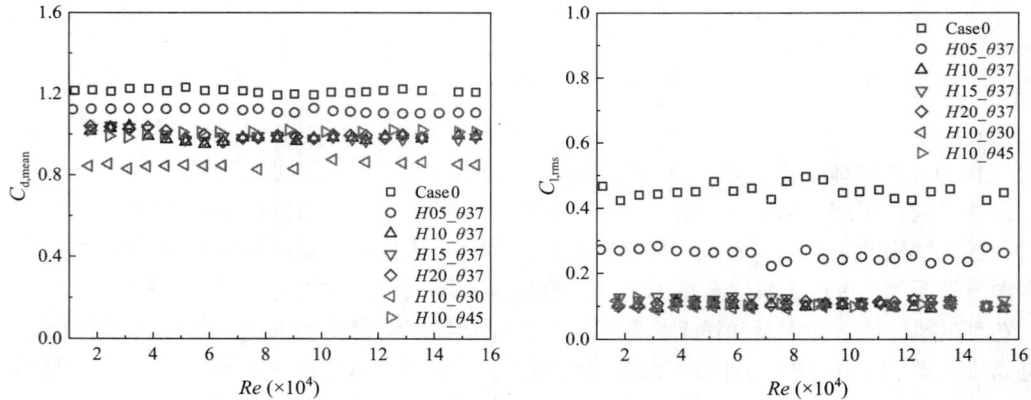

图 2　带螺旋槽圆柱气动力系数随雷诺数变化

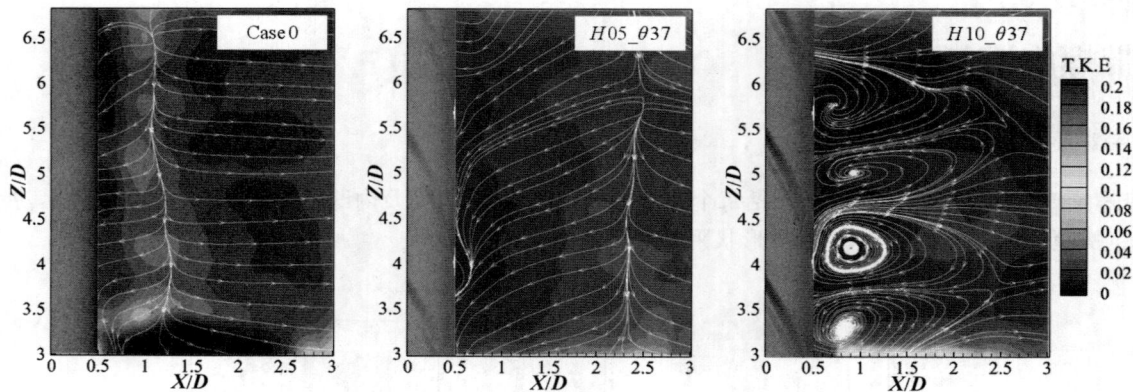

图 3　带螺旋槽圆柱展向时均流线图

3　结论

带螺旋槽气动外形能降低圆柱气动阻力，三维流动特征能有效抑制尾流脉动，从而提高圆柱结构的气动稳定性。当角度 $\theta = 37.5°$、高度 $H \geqslant 0.1D$ 时，带螺旋槽气动外形能有效降低圆柱气动阻力，升力脉动几乎被完全抑制；当高度 $H = 0.1D$ 时，30°角对圆柱的减阻效果更好，其减阻效果最大达 31.5%。

参考文献

[1] 孙一飞, 刘庆宽, 常幸, 等. O 型套环对圆柱结构气动力和干索驰振影响的试验[J]. 中国公路学报, 2023, 36(6): 82-93.

[2] XU Z, CHANG X, YU H, et al. Structured porous surface for drag reduction and wake attenuation of cylinder flow[J]. Ocean Engineering, 2022, 247: 110444.

[3] CHEN W L, LIN L, DENG Z, et al. Effect of microfibres placed at the front stagnation point of a circular cylinder on aerodynamics and wake flow[J]. Journal of Fluids and Structures, 2023, 119: 103872.

基于 Kriging 模型的客运缆车停运风速计算方法

田福瑞[1]，武振宇[1]，钟昌廷[2]，赵　颖[3]，魏世银[1]，辛大波[2]

（1. 哈尔滨工业大学土木工程学院 哈尔滨 150001；
2. 海南大学土木建筑工程学院 海口 570228；
3. 东北林业大学土木与交通学院 哈尔滨 150040）

1　引言

高空缆车对风荷载较为敏感，开展索道缆车体系的风致动力响应分析，构建缆车停运风速计算方法对于保障缆车安全运行至关重要[1-2]。迄今为止，Kriging 模型在土木工程领域的应用日臻成熟[3-4]。本研究构建了一种缆车运行荷载计算模型应用于索道缆车体系的风致动力分析，同时基于 Kriging 模型创建了一种高效的缆车停运风速计算方法。以松花江客运索道为案例，采用所提方法进行了停运风速的计算，并探讨了该方法实际应用的可行性。

2　缆车停运风速计算方法

缆车停运风速的取值主要取决于索道塔（结构形式、材料及各部件尺寸）、缆索（材料、尺寸、跨度及垂距）以及缆车参数（数量、载重及分布位置）等。对于给定的索道工程，缆车停运风速计算包括以下三个重要环节：①通过对塔-索-车体系有限元模型动力加载得到塔顶峰值位移数据；②利用 Kriging 模型建立风速数据和塔顶位移之间的映射关系，得到塔顶峰值位移预测表；③定义"缆车脱轨风险临界线"，遍历塔顶峰值位移预测表，得到缆车停运风速。综上，缆车停运风速计算的总体流程如图1所示。

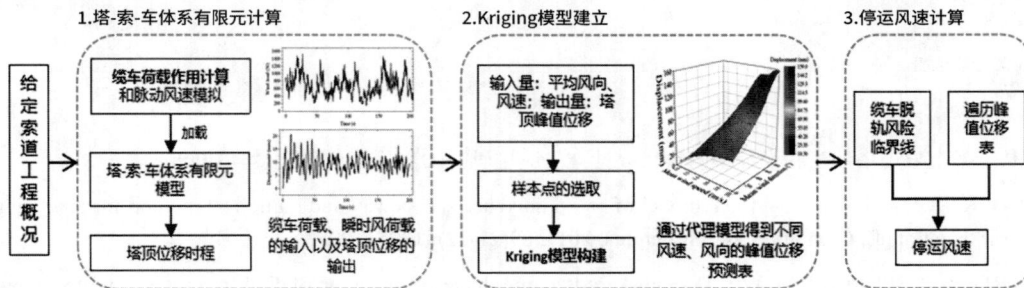

图1　缆车停运风速计算流程

3　算例应用

以黑龙江省哈尔滨市松花江客运索道作为算例，探究利用缆车荷载计算模型计算索道塔位移的可行性以及采用 Kriging 模型预测塔顶位移的精度问题。索道满载时，19 辆缆车以 2m/s 的额定速度运行，每辆缆车和乘客（6 人）的总质量约为 644kg，各缆车之间的间距为 126m。缆索直径为 43mm，单位长度重量为 64.22N/m，中跨缆索弧垂为 9.5m，边跨弧垂为 4.7m。

研究对象为 2 号索道塔，通过对比塔顶位移实测结果和有限元计算结果，验证了有限元计算的精度问题。根据图1所述流程，建立了基于 Kriging 的缆车停运风速计算模型。采用拉丁超立方采样技术选取 50 组风速、风向样本数据用于验证模型的预测精度，样本数据的有限元计算结果与 Kriging 模型预测结果如图2

基金项目：国家自然科学基金项目（52368070），国家重点研发计划（2022YFC3005304）

所示。

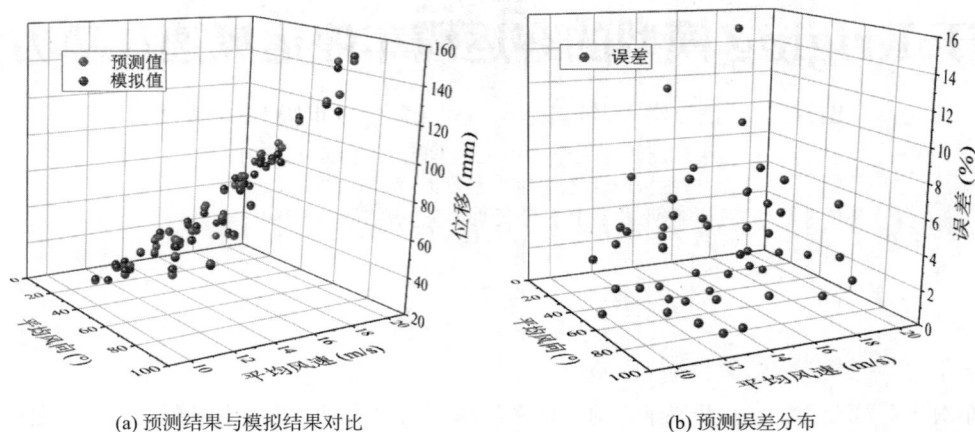

(a) 预测结果与模拟结果对比　　　　　　　　　(b) 预测误差分布

图 2　有限元计算结果与模型预测值

由图 2 可知，有 96%的样本点的预测误差在 10%以内，有 4%的样本点预测误差在 10%～15%。因此 Kriging 模型可用于各风速下的塔顶位移预测，精度可达 85%。对比图 2（a）和图 2（b），当风速和风向较大时，模型预测精度较高；当风向或者风速较小时，模型预测精度略有下降。经计算，松花江索道停运风速为 21.8m/s。

4　结论

本研究基于 Kriging 模型建立了缆车停运风速计算方法，并以松花江客运索道作为算例验证了该方法的可行性。主要结论如下：缆车对索道塔的动摩擦力时程可用与时间相关的二次函数描述，这种载荷变化是周期性的且系数仅与缆车的重量、间距以及运行速度有关。基于 Kriging 模型的缆车停运风速计算方法可用于强风作用下塔顶位移的预测，精度可达 85%。经计算，松花江客运索道的停运风速可设定为 21.8m/s。

参考文献

[1]　王宇. 基于架空索道塔架工程设计中的现代设计方法应用研究[D]. 重庆: 重庆大学, 2008.

[2]　BRYJA D, KNAWA M. Computational model of an inclined aerial ropeway and numerical method for analyzing nonlinear cable-car interaction[J]. Computers and Structures, 2011, 89(21-22): 1895–1905.

[3]　BERNARDINI E, SPENCE S M, WEI D, et al. Aerodynamic shape optimization of civil structures: A CFD-enabled Kriging-based approach[J]. Journal of Wind Engineering and Industrial Aerodynamics, 2015, 144: 154-164.

[4]　Kyprioti Aikaterini P, Taflanidis A A. Kriging metamodeling for seismic response distribution estimation[J]. Earthquake Engineering and Structural Dynamics, 2021.

大型光伏阵列群风荷载特性及互扰效应分析

易剑英，童　奇，涂佳黄

（湘潭大学土木工程学院 湘潭 411105）

1　引言

随着太阳能光伏发电的广泛应用，大型光伏电站的规模不断扩大，光伏板阵列数量动辄数百甚至数千，形成庞大的阵列群。这些阵列群不仅对太阳辐射的利用效率至关重要，其结构安全也备受关注。风荷载是影响光伏板阵列结构安全的重要因素之一，尤其在极端天气条件下，强风会对光伏板造成破坏，甚至导致整个阵列失效。然而现有研究主要聚焦于小规模光伏板阵列，而对大型光伏工程的光伏板阵列群风荷载特性研究相对较少，这主要是由于大型光伏板阵列群风荷载特性研究受限于风洞试验条件、现场实测难度和数值模拟计算量大等原因[1-2]，而大型光伏板阵列群由于其独特的布局和大面积的暴露，对风荷载特别敏感，因此大型光伏板阵列群的风荷载特性研究变得至关重要，深入研究其特性对确保结构安全有重要意义。

2　计算模型

本研究采用计算流体动力学（CFD）数值模拟方法，通过建立大型光伏板阵列群的数值模型，模拟不同风向角下的风荷载特性。研究中选取了国内某光伏电站中 96 个光伏板组成的阵列群为研究对象，考虑了 5 种不同的风向角（0°、45°、90°、135°及180°）工况。采用规则矩形排布。单组光伏板模型尺寸 14980mm（长度）× 3710mm（宽度）× 100mm（厚度），计算域尺寸设定为 1440m × 620m × 100m，阻塞率不超过 3%，计算域尺寸如图 1 所示，光伏板最低边缘距离地面 0.92m，横向中心距取 15.38m，纵向中心距取 12.2m。模型采用混合网格划分方法，如图 2 所示，将计算域划分为内外两个区域，内域采用非结构化网格并在模型周边加密，外域根据距离模型的远近设置不同密度的网格，总网格数约为 4000 万。定义参考高度处 Z_H（距地面 10m 高度处）的来流风速 U_H 为 22.09m/s，地面粗糙度系数为 0.15，参考高度处的湍流强度 I_{10} 为 0.39，梯度风高度 Z_G 为 550m，并采用 SST k-ω 湍流模型。

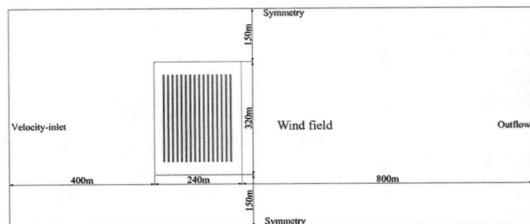

图 1　大型光伏板阵列群光伏板计算域示意图

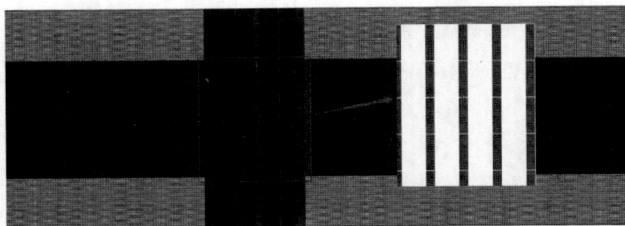

图 2　大型光伏板阵列群计算模型网格划分示意图

3　结果分析

由不同风向角下的风压分布呈现出不同特点。风向角0°时，迎风端光伏板风荷载显著，中间部分压力均匀，两侧压力差异大；风向角 45°时，上板面风压非均匀，下板面风压受前排遮蔽；风向角 90°时，侧面迎风，上下板面风压差近 0；风向角 135°时，下表面压力大于上表面；风向角 180°时，光伏板上下表面风压沿风向呈对称分布，逆风条件下第 16 排压力差最大。

对于体型系数及遮挡效应分析，通过公式计算得到不同风向角下的体型系数，并将大型光伏板阵列分为边缘区、渐变区和稳定区。把光伏板阵列群在不同风向角下的体型系数最值，和《光伏支架结构设计规程》NB/T 10115—2018[3]里规定的值进行对比，见表 1。发现迎风区的光伏板体型系数和规范值差不多，但渐变区和稳定区的光伏板体型系数和规范值差别很大。不同风向角工况下，遮挡效应有所不同。45°和 135°风向角工况下，前 3 排风荷载变化明显，第 4 排以后的风荷载取值趋于稳定。0°、180°风向角工况下，前 3 排风荷载变化明显，第 4 排以后光伏板阵列中间区域风荷载取值趋于稳定，两侧折减效应逐渐降低，风荷载取值逐渐增大。

光伏板体型系数绝对值最大值与规范值比较 表 1

风向角	迎风区	渐变区	稳定区	规范值
0°	1.10	0.35	0.12	1.3
45°	1.30	0.65	0.22	1.3
135°	−1.29	−0.73	−0.33	−1.3
180°	−1.19	−0.54	−0.18	−1.3

4　结论

综合不同风向角下风荷载特性变化规律可知，光伏板表面风压分布中角部位置显示出对风荷载的高敏感性，且在不同风向角下光伏板阵列所受的风压存在显著差异。体型系数分布规律表明，迎风区光伏板受到的影响最为显著，且随着光伏板倾角的增加，体型系数逐渐增大。遮挡效应影响系数分布图展示了光伏板阵列中光伏板之间的遮挡效应，表明迎风端光伏板对后排光伏板有明显的遮挡效应。

参考文献

[1] SHADEMAN M, HANGAN H. Wind loading on solar panel at different inclination angles[C]//American Conference on Wind Engineering. San Juan Puerto Rico, 2009: 22-26.

[2] 楼文娟, 单弘扬, 杨臻, 等. 超大型阵列光伏板体型系数遮挡效应研究[J]. 建筑结构学报, 2021, 42(5): 47-54.

[3] 国家能源局. 光伏支架结构设计规程: NB/T 10115—2018[S]. 北京: 中国电力出版社, 2018.

停机偏航风力机风洞试验叶片模型设计

马泽琨，黄　鹏，姜　颖

（同济大学土木工程防灾国家重点实验室 上海 200092）

1　引言

本文以 NREL 5MW 风力机为原型，利用 FAST 确定最不利偏航角和目标气动力，针对停机风机 30°偏航角工况基于气动力相似准则开展风洞试验叶片模型设计，几何缩尺比为 1∶80。类似于 Du 等[1]针对风力机额定运行工况叶片模型设计，本文利用 NACA4412 翼型替换原始翼型（DU 系列与 NACA64 翼型），并利用 FLUENT 收集 NACA4412 翼型不同雷诺数、攻角下升阻力系数。由于停机风机无尾流影响，本文基于叶素静力法计算风荷载，其中升阻力系数根据雷诺数和攻角线性插值得到。通过利用模式搜索法优化各叶素弦长与扭角来还原气动力，以各叶素截面弦长之和作为目标函数，寻找其最小值，以确保优化叶片重量合理，约束条件为叶片模型与原型的三叶片 y_h 向气动合力满足缩尺比要求。优化过程中通过限制相邻叶素段间扭转角 β 优化取值范围来满足优化叶片几何外形平滑连续的要求。最终模型叶片经 FAST 模拟和风洞试验验证其准确性。

2　设计准备

2.1　模型设计基础参数

本文将 NREL 的 5-MW 风力机[2]叶片作为叶片原型，几何缩尺比 $\eta = 1/80$。根据 IEC 61400-1，本试验原型 ⅡB 类风机，取 50 年一遇风速 42.5m/s 作为原型风速。

2.2　翼型升阻力系数计算

利用 Xfoil 与 FLUENT 分别计算高雷诺数和低雷诺数下翼型升阻力系数。利用 NACA 4412 翼型替换原型翼型（DU 系列和 NACA 64）。流场网格划分中，翼型表面第一层网格厚度小于 0.5mm，满足 $y^+ < 1$ 要求。NACA4412 翼型 FLUENT 二维网格见图 1。通过 FLUENT 给出雷诺数为 10000、20000、30000、40000、50000、60000、70000 时，攻角−15°、30°、35°、40°、45°、50°的升阻力系数，并利用 Viterna 方法外推出攻角−180°至 180°的升阻力系数。

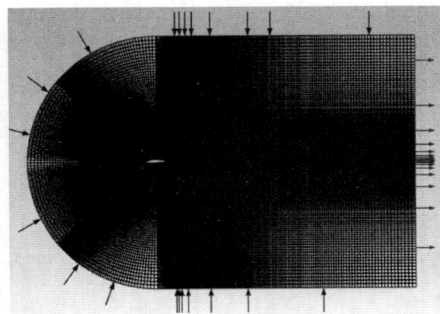

图 1　NACA4412 翼型流场网格与出入口

2.3　最不利方位角确定

利用 FAST 计算停机方位角 0°时，以 15°为间隔，偏航角−90°～90°，共 13 个偏航角工况下风力机轮毂坐标系x_h向气动力和y_h向气动力，结果表明：发生偏航时，y_h向气动力F_{yh}绝对值均大于x_h向气动力F_{xh}绝对值，塔架y_h方向更容易发生破坏，其中偏航角30°时F_{yh}绝对值最大。

3 模型叶片优化设计

通过叶素静力法计算叶片风荷载，其中升阻力系数基于雷诺数和攻角线性插值得到。目标函数选为叶片各叶素截面弦长之和，尽可能减小叶片模型质量，约束条件为叶片模型三叶片y_h向气动合力F_{yhm}与满足缩尺比要求的y_h向气动合力$F_{yhscale}$相等。优化模型数学表达见式(1)。通过对各叶素段优化过程中增加了对扭转角β优化取值范围的限制来保证各叶素间几何外形过渡平滑。优化结果见图2。

$$\begin{cases} \min f(x) = \sum_{i=1}^{17} X_i(1)\,\mathrm{d}r_i \\ s.t. \\ [0,0.7X_{i-1}(2)] \leqslant X_i \leqslant [1,X_{i-1}(2)] \\ F_{yh\mathrm{scale},i} = F_{yh\mathrm{m},i} \\ X \in R^2 \\ i \in \{1,2,\cdots,17\} \end{cases} \tag{1}$$

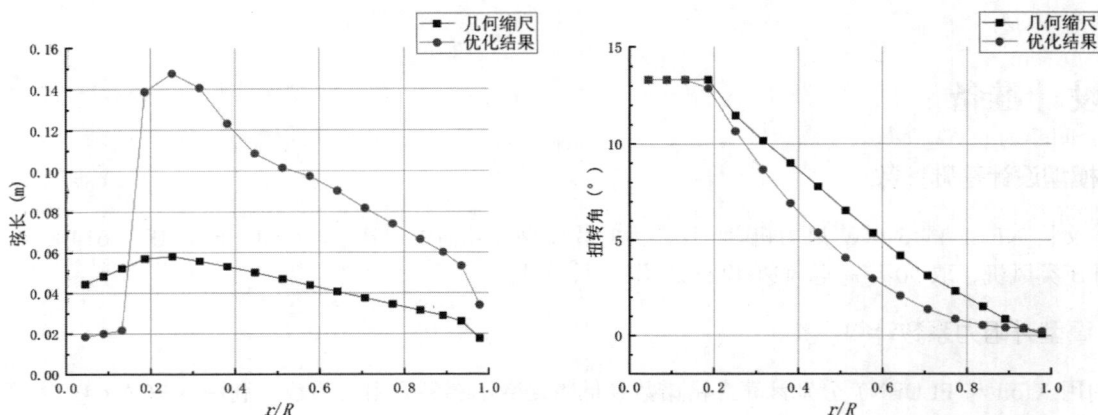

图2 优化叶片和几何缩尺叶素弦长与扭转角

4 结论

通过增加叶素弦长和减小扭角的方式，可有效解决风力机风洞试验在设计工况下的雷诺数效应问题，使模型气动力与原型气动力间满足缩尺要求。

参考文献

[1] DU W K, ZHAO Y S, HE Y P, et al. Design. analysis and test of a model turbine blade for a wave basin test of floating wind turbines[J]. Renewable Energy, 2016, 97: 414-421.

[2] JONKMAN J M, BUTTERFIELD S, WALTER M, et al. Definition of a 5-MW Reference Wind Turbine for Offshore System Development[R]. 2009.

海上漂浮式风机俯仰动态对尾流特性影响的试验研究

樊双龙，刘震卿

（华中科技大学土木与水利工程学院 武汉 430074）

1 引言

浮式海上风力发电机因适应深海的优势成为固定式风机的有力替代方案，其中平台的俯仰运动对风机性能和尾流特性影响显著。研究表明，平台运动扰动尾流结构，改变湍流动能分布和动量交换，导致尾流偏移及湍流区域变化[1-2]。然而，关于平台运动如何影响尾流结构与气动特性的试验研究仍较少。本研究利用六自由度平台模拟浮式风机俯仰运动，系统分析不同频率与幅度下俯仰运动对尾流特性的影响，包括风速损失、湍流强度和功率谱特性。通过揭示尾流演化规律，为优化浮式风机设计和风电场布局提供科学依据。

2 试验设置

试验在武汉大学 WD-1 边界层风洞中进行，采用 1∶200 比例的 5MW 浮式海上风力发电机模型[3]，其叶轮直径为 63cm，塔筒高度为 45cm。为满足运动相似性，试验中保持了与全尺寸风机相同的尖速比（TSR）。风机安装于六自由度平台上，并使用六分力传感器测量风机的推力。为评估尾流风速损失，在横向设置了 21 个测点，间距为 $0.1D$，测量位置于 $x = 2D$、$4D$、$6D$ 和 $8D$ 处，风速以 330Hz 的采样频率记录 20s。试验将风机轮毂高度的风速 U_{ref} 设定为 11.4m/s，湍流强度为 1%，以模拟海上风场条件。平台围绕 Y 轴施加正弦波形的俯仰角位移，测试了两种振荡周期和振幅，以分析其对尾流特性的影响，如图 1 所示。

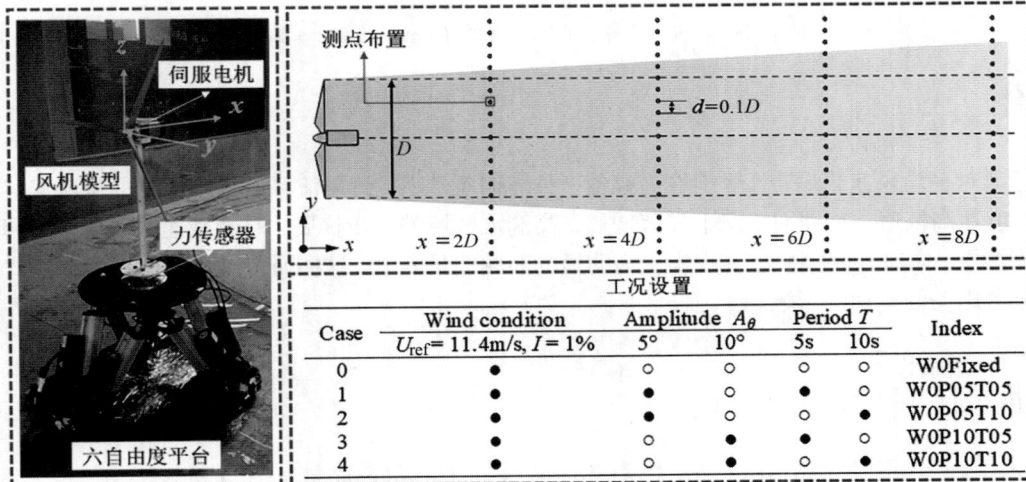

Case	Wind condition U_{ref}= 11.4m/s, I = 1%	Amplitude A_{θ} 5°	Amplitude A_{θ} 10°	Period T 5s	Period T 10s	Index
0	●	○	○	○	○	W0Fixed
1	●	●	○	●	○	W0P05T05
2	●	●	○	○	●	W0P05T10
3	●	○	●	●	○	W0P10T05
4	●	○	●	○	●	W0P10T10

图 1 风机模型与六自由度平台的测试安装及工况设置

3 结果分析

尾流区域各位置的平均风速和湍流强度剖面如图 2 所示。随着下游距离增加（$2D$~$8D$），尾流中心的风速损失逐渐恢复，俯仰运动引发的周期性扰动在 W0P10T10 工况下显著增强尾流不对称性，尤其在靠近风机的下游区域（$2D$~$4D$），伴随尾流中心的偏移。该扰动不仅扩大了尾流的横向范围，还加速了风速的恢复。湍流强度分布整体呈双高斯形态。高幅值、长周期的俯仰运动在近尾流区域显著增强湍流强度。湍流强度对运动幅值的敏感性高于对周期的敏感性。由于俯仰运动，湍流峰值横向和纵向均扩展，使高湍流区从尾流中心向边缘延伸，同时湍流强度的衰减速率较静止工况更慢。尾流区域 $x = 2D$ 处的风速功率谱如图 3 所示。在叶片中部（ $y = 0.3D$ ）和叶尖（ $y = 0.5D$ ）位置，高频峰值（ $> 10^1$ Hz ）反映周期性叶片旋转的扰动，且因叶尖线速度和气动力更大，峰值幅度更大。在俯仰运动下，高频峰值偏移，能量从低频向高频重分布，尤其在叶尖位置，高频湍流显著增强。

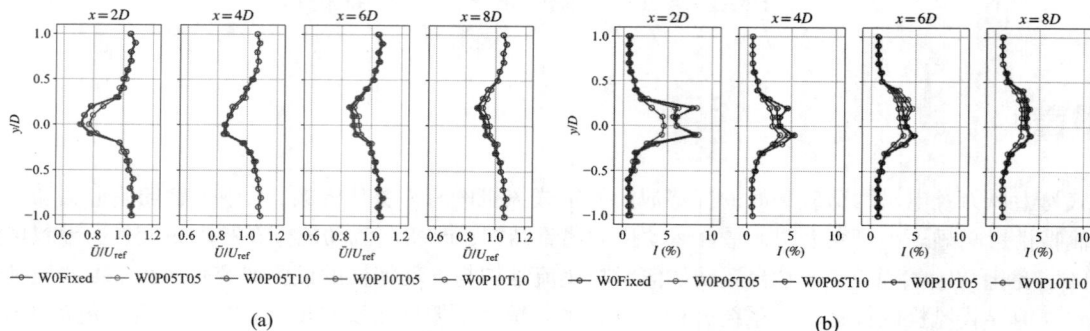

图 2　尾流区风剖面：（a）平均风速；（b）湍流强度

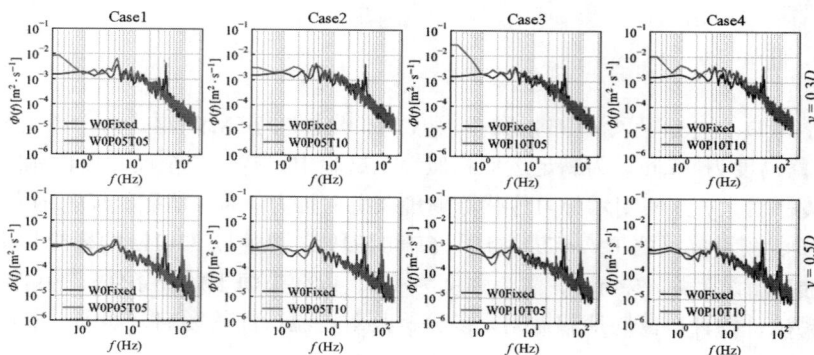

图 3　风机下游各点的风速功率谱（ $x = 2D$, $z = 0$ ）

4　结论

俯仰运动对平均风速影响较小，但在高幅值、长周期条件下，近尾流区域出现显著的尾流偏移和横向扩展。湍流强度在高幅值、长周期工况下显著增加，高湍流区域进一步扩展，且衰减速率减缓。俯仰运动增强了低频湍流能量，同时在叶尖位置表现出更为明显的高频能量峰值。这些研究结果表明在优化浮式风电场设计时需充分考虑俯仰运动的影响。

参考文献

[1]　ARABGOLARCHEH A, ROUHOLLAHI A, BENINI E. Analysis of middle-to-far wake behind floating offshore wind turbines in the presence of multiple platform motions[J]. Renewable Energy, 2023, 208: 546-560.

[2]　CHEN Z, WANG X, GUO Y, et al. Numerical analysis of unsteady aerodynamic performance of floating offshore wind turbine under platform surge and pitch motions[J]. Renewable Energy, 2021, 163: 1849-1870.

[3]　BAE Y H, KIM M H, KIM H C. Performance changes of a floating offshore wind turbine with broken mooring line[J]. Renewable Energy, 2017, 101: 364-375.

柔性光伏系统结构优化

付赛飞，李寿英

（湖南大学土木工程学院 长沙 410082）

1 引言

光伏支架由传统的固定式向跨度大、质量轻、厚度薄的风敏感柔性支架演变，由此引发的风毁事件屡见不鲜，通常传统的刚性光伏支架采用固定支承的形式，具有安装简便、刚度大的优点，但其占用地面空间大、场地限制、钢材耗费多、经济性较差[1]，且随着光伏产业的大力发展，土地、屋顶资源逐渐减少，而很多地势起伏的山地，水位较深的鱼塘，地质条件较差的滩涂，跨度较大的水厂受限于传统的刚性光伏支架而未被充分利用，针对上述问题，采用自重轻的柔性支架，可以较经济的实现很大的跨度，对未来光伏产业的发展具有推动意义[2]。风荷载的随机性和风振响应的复杂性更使光伏系统的抗风设计加大难度。有必要对光伏系统抗风能力的提升进行研究，本文以实际项目为背景，探究抗风吸稳定索对柔性光伏动力特性和风吸荷载下挠度的影响。

2 模型及工况设置

选取云南某柔性光伏电站为工程背景，此光伏电站建成后部分光伏阵列发生风致振动，因此以原结构进行数值分析计算，原结构单跨跨径 17m，由 14 块光伏板组成，相邻光伏板间距为 20mm，组件离地最小高度 1500mm，光伏板组件尺寸为 2230mm×1134mm×30mm（图 1），单块组件质量为 30kg，由于是山地光伏，组件倾角为 0°。

图 1 光伏板

根据《光伏支架结构设计规程》NB/T 10115—2018[3]确定风荷载及雪荷载。计算风荷载公式如下：

$$\omega_k = \beta_z \mu_s \mu_z \omega_0$$

式中，ω_k 为风荷载标准值；β_z 为风振系数；μ_s 为风荷载体型系数；μ_z 为风压高度变化系数；ω_0 为基本风压。

计算雪荷载公式如下：

$$s_k = \mu_r s_0$$

式中，s_k 为雪荷载标准值；μ_r 为屋面积雪分布系数；s_0 为基本雪压。

根据上述规程计算上部支架挠度时，按照承载能力极限状态计算，并按 25 年重现期（基本组合）确定基本风压与基本雪压。当地重现期为 10 年的基本风压为 0.25kN/m²，重现期为 50 年的基本风压为 0.35kN/m²，根据国家规定的标准，光伏电站的设计使用寿命是 25 年，因此计算采用基本风压为 0.30kN/m²。

基金项目：国家自然科学基金项目（51578234），湖南省科技创新计划资助（2024RC1031）

3 结构体系动力特性和静风吸挠度分析

结构体系模态频率（单位：Hz）

表 1

模态	原模型	施加稳定索后
第 1 阶模态	1.51	1.71
第 2 阶模态	2.09	2.19
第 3 阶模态	2.52	3.14
第 4 阶模态	3.05	4.17

结构整体位移情况如图 2 所示，可以看出：未添加抗风吸稳定索时，结构在自重荷载作用下，最大挠度为 12mm，超过 $L/150 = 11$mm，结构在风吸作用下，最大挠度为 0.35m，超过 $L/50 = 0.34$m，不满足规定要求；添加抗风吸稳定索后，结构在自重荷载作用下，最大挠度为 12mm，超过 $L/150 = 11$mm，结构在风吸作用下，最大挠度为 0.12m，不超过 $L/50 = 0.34$m。

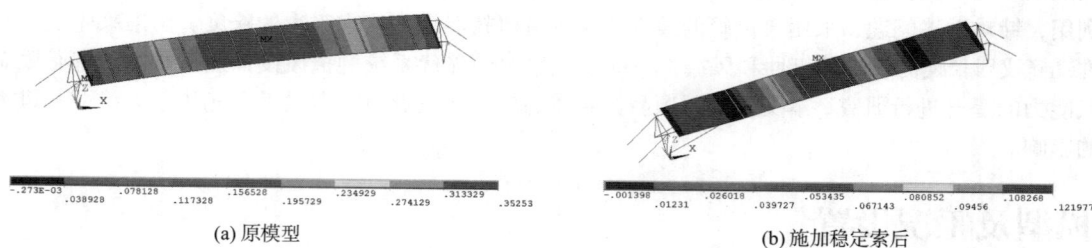

(a) 原模型　　　　　　　(b) 施加稳定索后

图 2　风吸作用下体系位移（m）

4 结论

柔性光伏系统在施加抗风吸稳定索结构后，结构一二阶模态有所增大，结构自重荷载作用下最大挠度没有改变，但在风吸荷载作用下，结构挠度减小了 65.7%。

参考文献

[1] 李寿英, 马杰, 刘佳琪, 等. 柔性光伏系统颤振性能的节段模型试验研究[J]. 土木工程学报, 2024, 57(2): 25-34.

[2] LIU J Q, LI S Y, LUO J, et al. Experimental study on critical wind velocity of a 33-meter-span flexible photovoltaic support structure and its mitigation[J]. Journal of Wind Engineering and Industrial Aerodynamics, 2023, 236: 105355.

[3] 国家能源局. 光伏支架结构设计规程[M]. 北京: 中国计划出版社, 2019.

柔性光伏支架颤振性能试验研究

高一帆，李寿英，马　杰，陈政清

（湖南大学土木工程学院 长沙 410082）

1　引言

　　柔性光伏支架结构以其经济性好、施工方便等优点得到广泛应用。但由于其结构自身较柔，在较高风速下易发生颤振，造成结构毁灭性破坏。光伏组件断面为扁平结构，同桥梁、机翼断面类似。在桥梁抗风领域，颤振导数是描述断面气动自激力和揭示颤振机理的重要参数。但由于桥梁正常使用下不涉及较大风攻角，颤振导数识别研究多止步于±10°风攻角范围内。而光伏支架结构领域，组件安装倾角一般在 0°～40°，大攻角下光伏支架结构颤振性能研究尚不明确。为此，本文以宽厚比为 42 的柔性光伏支架结构节段模型为研究对象，通过分状态强迫振动风洞试验和自由振动试验，研究了组件倾角对柔性光伏支架结构的颤振导数和颤振性能的影响，进一步采用追赶法计算出了不同倾角下光伏支架的颤振临界风速，并与自由振动试验结果进行了对比。本研究为不同倾角下的柔性光伏支架结构的颤振研究提供了新的思路。

2　风洞试验

　　本次试验在湖南大学风工程研究中心的 HD-2 风洞高速段进行。该试验段尺寸为 3m × 2.5m × 17m，试验风速 0～60m/s 范围内连续可调，实测湍流度在 1% 以下。图 1 为风洞内的强迫振动试验和自由振动试验。进行了单自由度竖弯和扭转强迫振动试验测试了 0°～30°倾角下光伏组件的颤振导数。通过自由振动试验直接测试了模型在−39°～39°倾角下的颤振临界风速和颤振临界频率。

图 1　风洞内的强迫振动试验和自由振动试验

3　试验结果与分析

3.1　颤振导数理论

　　Scanlan[1]提出采用颤振导数来表示桥梁断面上的自激力，于是气动自激力可以写成：

$$L = \frac{1}{2}\rho U^2 (2B)\left\{ KH_1^* \frac{\dot{h}}{U} + KH_2^* \frac{\dot{\alpha}B}{U} + K^2 H_3^* \alpha + K^2 H_4^* \frac{h}{B} \right\} \tag{1}$$

基金项目：国家自然科学基金项目（51578234），湖南省科技创新计划资助（2024RC1031）

$$M = \frac{1}{2}\rho U^2 (2B^2) \left\{ KA_1^* \frac{\dot{h}}{U} + KA_2^* \frac{\dot{\alpha}B}{U} + K^2 A_3^* \alpha + K^2 A_4^* \frac{h}{B} \right\} \tag{2}$$

式中，L、M分别为桥梁断面单位长度上的气动升力和扭矩；ρ为空气密度；B为薄平板宽度；H_i^*、$A_i^*(i=1,2,3,4)$为八个颤振导数；U为来流风速；h、α为桥梁断面竖向位移和扭转角度。

3.2 试验结果对比

图 2 对比了通过柔性光伏支架的颤振临界风速和颤振临界频率。由图可得，通过强迫振动试验和自由振动试验得到的颤振临界风速和颤振临界频率吻合较好。

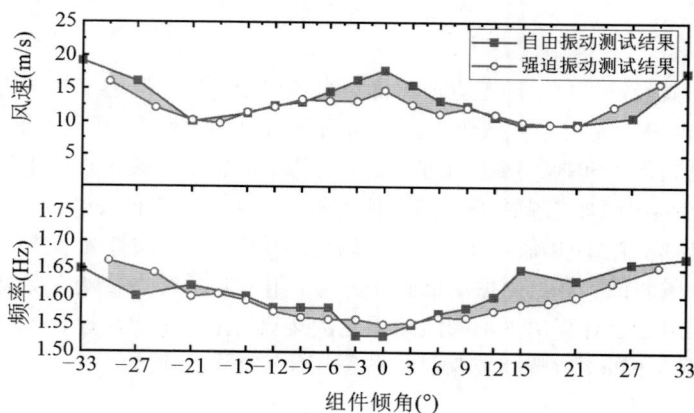

图 2　自由振动试验和强迫试验结果对比

4　结论

（1）A_2^*颤振导数受组件倾角影响较大，当组件倾角大于 9°后，A_2^*开始随折减风速的增大不断增大，并出现由负转正现象。

（2）组件倾角对柔性光伏支架结构的颤振性能影响较大，在正、负倾角范围内，柔性光伏支架的颤振临界风速随着倾角的增大呈现先减小后增大的趋势；而颤振临界频率随组件倾角的增大不断增大。

参考文献

[1] SCANLAN R H, TOMKO J J. Airfoil and bridge deck flutter derivatives[J]. Engineering Mechanics, 1971, 97(6): 1717-1737.

[2] 牛华伟, 陈政清. 桥梁主梁断面 18 个颤振导数识别的三自由度强迫振动法[J]. 土木工程学报, 2014, 47(4): 75-83.

[3] 李寿英, 马杰, 刘佳琪, 等. 柔性光伏系统颤振性能的节段模型试验研究[J]. 土木工程学报, 2024, 27(2): 25-34.

基于卷吸修正的 BEM 模型：在风机叶片设计与尾流数值模拟应用研究

徐文翔[1]，沈　炼[2]，韩　艳[3]，周品涵[1]，文天真[1]

（1. 长沙理工大学土木与环境工程学院 长沙 410004；
2. 长沙大学土木工程学院 长沙 410022；
3. 长沙理工大学卓越工程师学院 长沙 410114）

1　引言

叶素动量（Blade Element Momentum，BEM）理论广泛应用于风力机叶片设计与致动线模型（Actuator Line Model，ALM）数值模拟[1]。然而，传统 BEM 模型忽略了控制体侧边界的质量交换（卷吸效应）[2]，导致对高风速下风力机气动性能预测精度不足。本研究以 NREL phase Ⅵ风力机为研究对象，通过风洞试验验证新模型的有效性。进一步将 EBEM 模型应用于叶片设计[3]和 ALM 数值模拟中。研究结果表明，EBEM 模型不仅显著提升了推力系数和功率系数的预测精度，还增强了对复杂尾流特性的描述能力，尤其在近尾流区域表现尤为突出。本文的研究为风力机叶片设计和尾流数值模拟提供了新的理论依据和实践方案。

2　研究方法和内容

2.1　卷吸修正模型的推导

基于 Taylor 卷吸假设和 Frandsen 尾流模型（图 1），重新推导动量守恒方程，提出考虑了控制体侧边界质量交换的 BEM 模型（EBEM）。EBEM 考虑了尾流侧边界动量流量和质量流量，改进了诱导因子的计算。

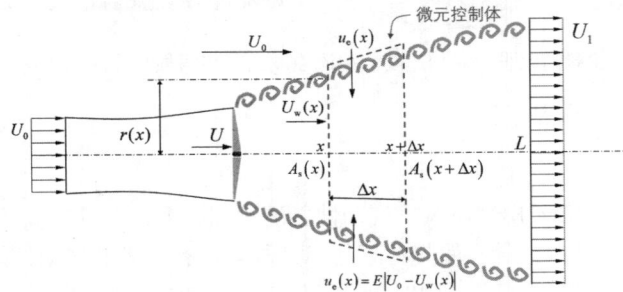

图 1　风轮后方控制体侧边界发生卷吸示意图

$$F_{\mathrm{E}} = \frac{1}{A}\sqrt{C_1} - C_0 \tag{1}$$

$$\begin{cases} C_0 = \dfrac{4\pi r E \ln\left(1+\dfrac{Lk}{R}\right)}{k} - 1 \\[4mm] C_1 = \left[\dfrac{4\pi E R^2 U_0 \ln\left(1+\dfrac{Lk}{R}\right)}{k}\right]^2 - \dfrac{8\pi A E^2 R U_0^2\left(\dfrac{L^2 k}{R}+2L\right)}{\left(1+\dfrac{Lk}{R}\right)^2} - \dfrac{8\pi A E R^2 U_0^2 \ln\left(1+\dfrac{Lk}{R}\right)}{k} \end{cases} \tag{2}$$

式中，F_{E} 为卷吸修正因子，U_0 和 $U(x)$ 分别为环境流速与 Park 模型中描述的下游 x 处流速，E 为夹带系数，k 为尾流膨胀系数，A是致动盘面积，r和R分别是径向距离与致动盘半径，L为控制体长度。

2.2 EBEM-Wilson 叶片设计方法

将卷吸修正因子引入传统 Wilson 设计方法，优化了叶片弦长与扭转角的分布。

2.3 数值模拟对比

采用 ALM 结合大涡模拟（LES）方法，针对不同设计方法和修正模型组合进行对比（图 2～图 5）。

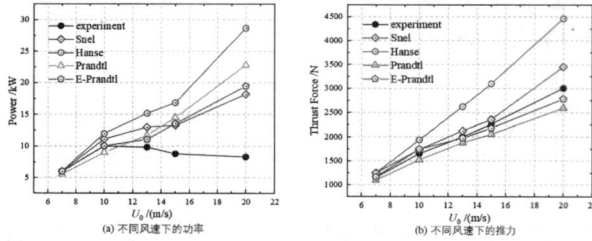

图 2　不同修正模型下 BEM 对功率和推力的预测　　　　图 3　不同风速下 BEM 与 EBEM 的荷载对比

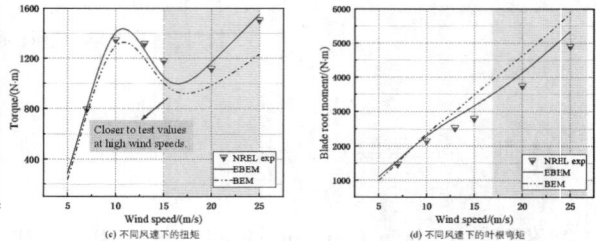

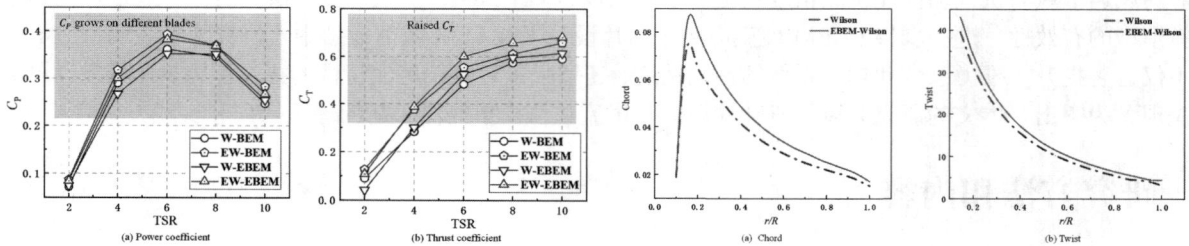

图 4　不同叶尖速比下的C_T、C_P和不同叶片弦长扭角

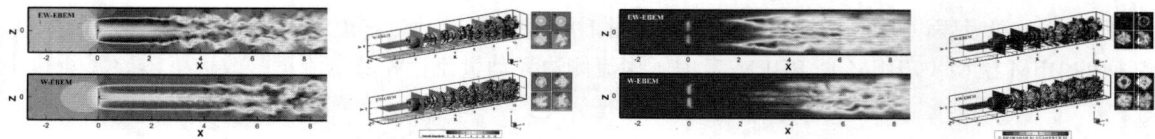

图 5　轮毂高度平面时均速度、湍流强度云图与两种叶片涡流结构对比

3　结论

（1）卷吸修正提升了传统 BEM 模型对风机气动性能的预测精度，尤其在高风速和叶根区域表现显著；（2）EBEM-Wilson 方法优化了叶片设计，使其在不同半径段均具有更优的气动性能；（3）在 ALM 数值模拟中，EBEM 有效解决了推力系数低估问题，同时提升了尾流恢复速度；（4）新模型设计的叶片在额定叶尖速比下功率系数和推力系数分别提升约 5%和 10%，湍流分布更均匀，能量捕获效率更高。

参考文献

[1] WANG S. Study on Wake Characteristics of Wind turbines Based on Actuator Line Model[D]. The Institute of Engineering Thermophysics Chinese Academy of Sciences, 2014.

[2] MORTON B R, TAYLOR G, TURNER J S. Turbulent gravitational convection from maintained and instantaneous sources[J]. Proc. Roy. Soc. A, 1956, 234: 1-23.

[3] HU Z, WAN D. Numerical Investigations on the Aerodynamic Performance of Wind Turbine: Downwind Versus Upwind Configuration[J]. Journal of Marine Science and Application, 2015, 14(1): 61-68.

光伏板的颤振自激气动力振幅效应研究

吴乔飞[1,2]，贺 佳[1,2]，王心刚[1,2]

（1. 湖南大学桥梁工程安全与韧性全国重点实验室 长沙 410082；
2. 湖南大学土木工程学院 长沙 410082）

1 引言

平单轴光伏支架为了实现对太阳的高效跟踪，提高发电效率，其在跟踪的过程中需要沿着其主轴转动，因此其刚度较低，在大风天气下往往会出现风致振动与气动失稳现象[1]，甚至因振幅过大导致其发生破坏，从而造成重大经济损失。为进一步研究振幅对平单轴跟踪光伏支架断面自激气动力的影响，本文采用强迫振动和自由振动的数值模拟方法，首先研究了不同振幅下光伏板断面的颤振导数和气动力迟滞相位，分析了其断面气动力的频谱特性；然后基于弯扭耦合和单自由度扭转分析了平单轴跟踪光伏支架的颤振类型；最后研究了光伏板断面的颤振响应演变规律。

2 振幅对气动自激力的影响

颤振导数是表征结构断面自激气动力的重要气动参数，其与结构断面运动状态线性组合表示气动力的线性部分。在颤振导数识别方面有强迫振动方法与自由振动方法，考虑到强迫振动方法识别颤振导数具有重复性好、折算风速范围广的优点，本节采用分状态单自由度强迫振动方法识别颤振导数。

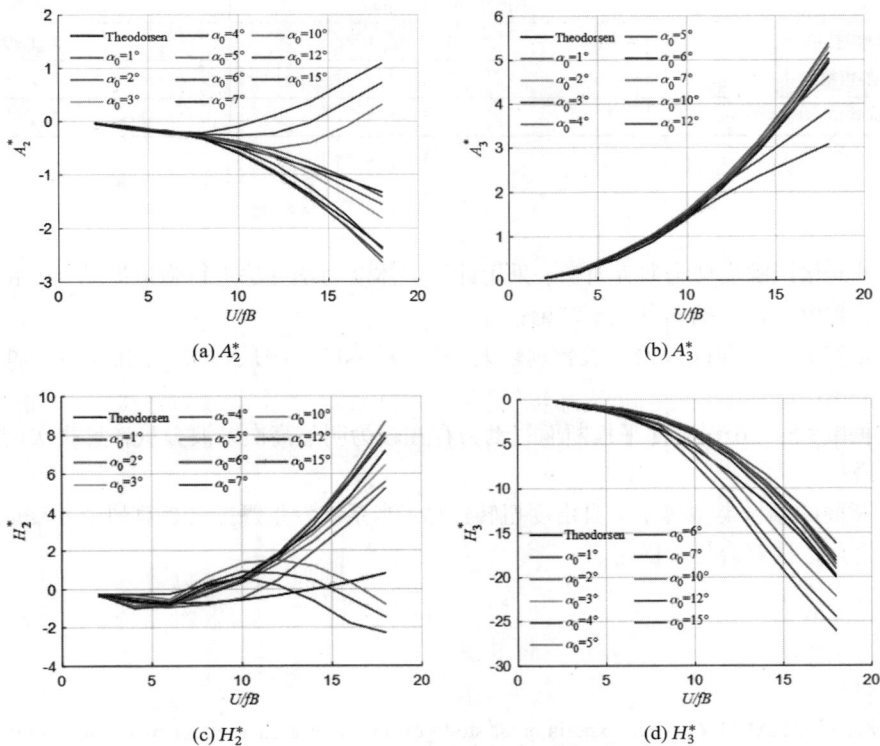

图 1 不同振幅下光伏板断面颤振导数随折算风速的变化

基金项目：国家自然科学基金项目（52278305）

3 颤振响应演变规律

常见的结构颤振现象主要包括两种类型：弯扭耦合颤振和分离流颤振。在结构的风致振动中，流线型好的主梁一般发生弯扭耦合颤振，而绝大多数的结构断面是非流线型的，当气流流经振动的非流线型断面时在迎风面的棱角处将发生分离，同时产生漩涡脱落，该种结构断面常常发生单自由度扭转颤振，即分离流颤振，平单轴光伏断面显然属于后者[2]，如图1～图3、表1、表2所示。

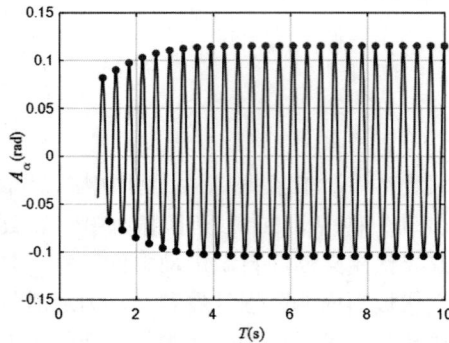

图 2　角位移时程曲线　　　　　　　　图 3　瞬时频率、瞬时阻尼比

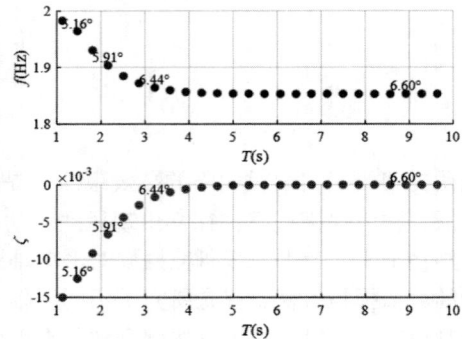

薄平板断面自由振动计算特征参数　　　　　　　　　　　　　　　　表 1

质量	惯性矩	扭转频率	竖向频率	阻尼比ζ
m（kg/m）	$\bar{I}$（kg·m²/m）	$f_{\alpha 0}$（Hz）	f_{h0}（Hz）	
28.48	13.41	2.28	5.21	$\zeta_{\alpha 0}=\zeta_{h0}=0.005$

光伏板颤振临界风速与频率　　　　　　　　　　　　　　　　表 2

	颤振临界风速（m/s）	颤振临界频率（Hz）
CFD 模拟值	32.8	1.90
频域理论值	31.4	2.08
试验值	31.5	1.97

4 结论

本文以平单轴光伏跟踪支架为研究对象，采用计算流体动力学方法进行强迫振动与自由振动研究，分析了自激气动力的振幅效应，得到如下主要结论：

（1）扭转振幅对光伏板断面颤振导数影响较大，其中对A_2^*的影响最为明显，在高折算风速下A_2^*随着振幅的增大由负转正。

（2）当扭转振幅大于 10°时，薄平板断面气动力存在较为明显高次谐波分量，且高次谐波分量的占比随着振幅的增大而增长。

（3）光伏板断面的颤振类型属于单自由度扭转颤振。当系统发生颤振且折算风速不变时，结构的振幅和气动阻尼会发生变化，接着会趋于稳定。

参考文献

[1]　ZHANG X, MA W, ZHANG Z, et al. Experimental study on the interference effect of the wind-induced large torsional vibration of single-axis solar tracker arrays[J]. Journal of Wind Engineering and Industrial Aerodynamics, 2023, 240: 105470.

[2]　马文勇, 康霄汉, 张晓斌, 等. 均匀流场下平单轴光伏支架扭转气动失稳特征试验研究[J]. 振动工程学报, 2024, 37(5): 838-846.

单竖排跟踪式光伏支架风洞试验研究

王心刚[2]，贺　佳[1,2]，吴乔飞[2]

（1. 湖南大学桥梁工程安全与韧性全国重点实验室　长沙　410082；

2. 湖南大学土木工程学院　长沙　410082）

1　引言

传统的固定式光伏支架因其结构简单、成本较低而在早期光伏项目中广泛应用。与之相比，跟踪式光伏支架通过自动追踪太阳位置，能够显著提高光伏板的光照接收量，从而提升 20%～40%的发电效率[1]。目前已经有诸多学者投入到新能源结构抗风领域的研究当中，例如文献[2]对具有有限纵横比的定日镜和光伏支架结构中的气动力进行了研究，以及关于光伏支架阵列中的气动力研究[3]。关于光伏支架中最具破坏性的现象已经被确定为单自由度颤振，在业内通常被称为扭转颤振[4-6]。然而光伏结构扭转颤振破坏的振动机理尚不明确，结构振动的非线性难以预测。本文考虑了频率、阻尼、湍流条件等主要参数对结构颤振现象的影响，通过节段模型风洞试验研究了平单轴跟踪支架的振动特征，以期为平单轴跟踪支架的设计提供依据。

2　风洞试验介绍

针对平单轴跟踪支架的风致振动问题，本文采用气弹节段模型风洞试验对平单轴跟踪支架风致扭转颤振的振动特性和振动机理进行研究，探讨不同来流条件以及自振频率、阻尼比等结构参数对于振动特性的影响。以目前国内常见的 1×52 平单轴跟踪支架为研究对象，以此为背景选取 1/5 缩尺比设计模型，模型长 1.1m，宽 0.45m，模型质量为 2.21kg/m，模型等效质量惯矩 0.0397kg·m²/m。图 1 为跟踪支架模型示意图，通过调整弹簧刚度实现不同的结构扭转频率，使用檩条 + 边框的精细化模型设计。

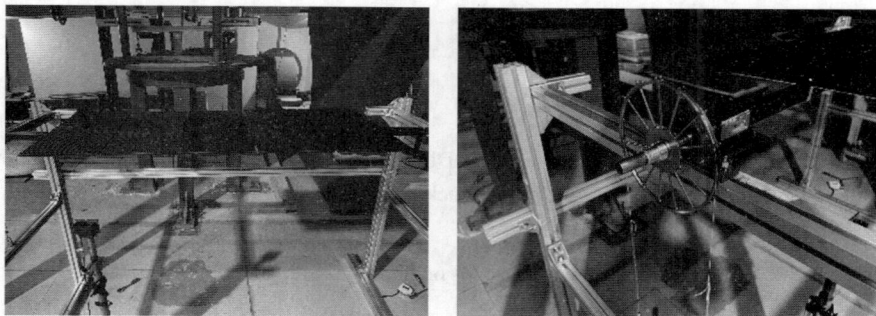

图 1　跟踪支架节段模型

3　结论

本文通过节段模型风洞试验研究了跟踪支架在大风条件下扭转气动失稳的振动特征，分析了自振频率、湍流条件、系统阻尼比对结构振动特性的影响（图 2、图 3），得到以下结论：

（1）在大于±45°的倾角范围内，结构表现出明显较好的气动稳定性，而在−30°～30°的倾角范围内，气动失稳的可能性较大。在此范围内，0°倾角的临界风速较高，但气动失稳发生时的振动频率显著低于自振频率，表现出较强的流固耦合效应，气动刚度的参与度较高。随着倾角的增大，振动频率逐渐接近自振频率，

基金项目：国家自然科学基金面上项目（52278305）

流固耦合现象逐渐减弱，气动刚度的参与度也逐步下降。

（2）自振频率是影响结构气动稳定性的关键因素之一。随着自振频率的增加，光伏结构的临界风速显著提高；尽管不同频率下结构的振动特性相似，但自振频率较低时，倾角对临界风速的影响较小，这表明当自振频率足够低时，无论倾角如何变化，结构都更容易出现气动不稳定现象。

（3）湍流强度对结构气动失稳发生的倾角范围具有显著影响，例如：在低湍流强度下，±40°倾角的结构难以发生气动失稳，而在高湍流度下，临界折减风速显著降低；高湍流度下，结构的倾角对临界风速的影响变得更加复杂，气动响应不再呈现简单的线性变化，而是伴随振动失稳和非线性共振现象，且振动波动随时间明显增大，振幅标准差也显著增加；低湍流强度时，结构振动表现出明显的"硬"颤振特征，随着湍流强度的增加，可能会出现软颤振与硬颤振交替作用，使得气动失稳变得更加容易。

（4）增大系统阻尼比有助于提高结构的气动稳定性，特别是在较大倾角（如±20°）下增加阻尼比可显著提高临界风速，然而，阻尼比对较小倾角的影响较弱；阻尼比对光伏结构振幅具有明显的抑制作用，但随着阻尼比的进一步增大，振幅的抑制效应逐渐减弱，表现出饱和效应；增加阻尼比能够有效减缓振幅增长的速度，但并未改变结构的软硬颤振特性。

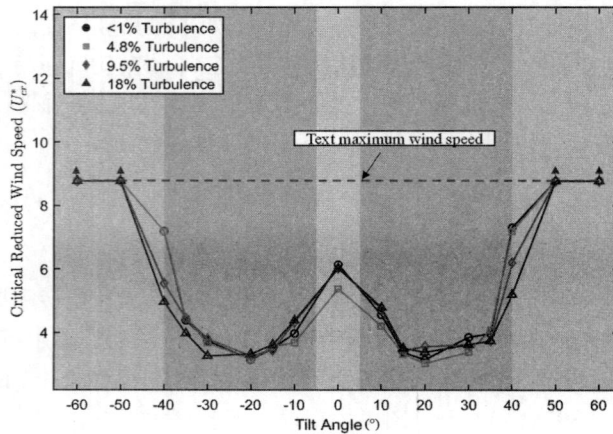

图 2   不同湍流下的倾角-临界风速关系

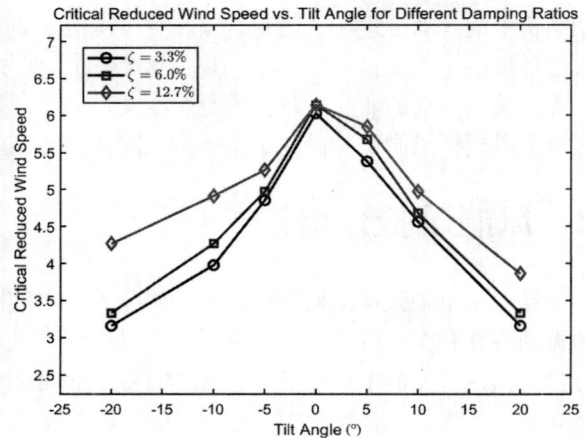

图 3   不同阻尼比对临界风速的影响

参考文献

[1]   KOUSSA M, CHEKNANE A, HADJI S, et al. NOUREDDINE. Measured and modelled improvement in solar energy yield from flat plate photovoltaic systems utilizing different tracking systems and under a range of environmental conditions[J]. Applied Energy, 2011, 88: 1756-1771.

[2]   PFAHL A, BUSELMEIER M, ZASCHKE M. Wind loads on heliostats and photovoltaic trackers of various aspect ratios[J]. Solar Energy, 2011, 85(9): 2185-2201.

[3]   MILLER R D, ZIMMERMAN D K. Wind Loads on Flat Plate Photovoltaic Array Fields[M]. Seattle, Washington: Boeing Engineering and Construction Company, 1981.

[4]   KOPP G A, FARQUHAR S, MORRISON M J. Aerodynamic mechanisms for wind loads on tilted, roof-mounted solar arrays[J]. Journal of Wind Engineering and Industrial Aerodynamics, 2012, 111: 40-52.

[5]   STROBEL K, BANKS D. Effects of vortex shedding in arrays of long inclined flat plates and ramifications for ground-mounted photovoltaic arrays[J]. Journal of Wind Engineering and Industrial Aerodynamics, 2014, 133: 146-149.

[6]   SIMIU E, SCANLAN R H. Wind Effects on Structures: Fundamentals and Applications to Design[M]. 3rd ed. New York: John Wiley and Sons, Limited, 1996.

风力发电机系统内部风机之间的距离对系统发电效率的影响

魏克勤 [1]，*刘 衍 [1,2,3]，魏宏伟 [1]，刘庆宽 [1,2,3]

（1. 河北省石家庄市石家庄铁道大学土木工程学院 石家庄 050043；
2. 河北省石家庄铁道大学省部共建交通工程结构力学行为与系统安全国家重点实验室 石家庄 050043；
3. 河北省风工程和风能利用工程技术创新中心 石家庄 050043）

1　引言

由于化石燃料的枯竭和温室气体排放的增加，对可再生能源的需求显著增加，在生物质能、太阳能、风能、地热能和水能等能源中，风能作为一种蕴藏量大、无污染且分布广的可再生能源，在清洁能源中的占比正逐步提高[1]。为研究垂直轴风力机风场中机组发电效率受系统内部风机之间距离的影响，保持左侧风机不动，使右侧风机分别向右移动 $1.7D$、$3.7D$、$5.7D$、$11.7D$、$41.7D$，其中 D 为 2.8m，采用 SST-komega 湍流模型，利用 SIMPLE 求解器[2]，对垂直轴风力机组进行数值模拟研究。研究结果表明：在二维计算模型下，随着右侧风机向右移动，系统整体平均发电效率呈现先增大后减小的趋势，并且在右侧风机向右移动 $3.7D$ 时，其整体平均发电效率达到最大。

2　数值模拟计算

2.1　计算模型

计算模型以右侧风机向右移动 $1.7D$ 为例，示意图如图 1、图 2 所示，整体计算模型的半径为 $89D$（250m），局部单个风机叶片中心到风机模型圆心的距离为 $R = 1.4$m。

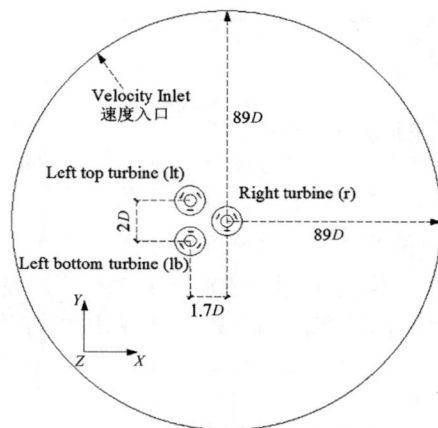

图 1　计算模型整体示意图　　　　图 2　计算模型局部示意图

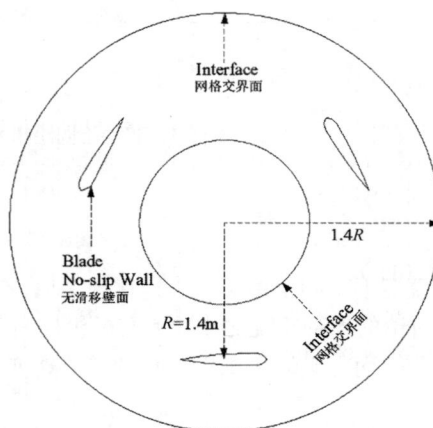

2.2　网格划分

采用 ICEM 软件进行网格划分，计算区域采用结构化网格，并在三个风机周围进行网格加密，网格划分如图 3、图 4 所示。

基金项目：河北省自然科学基金项目（A2022210025）

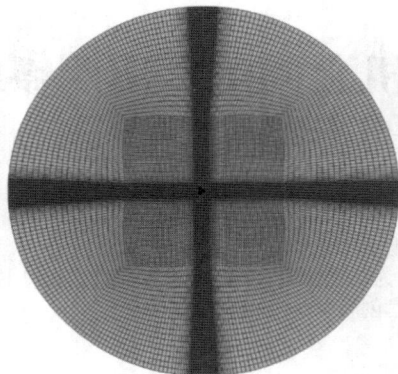

图 3　整体网格示意图　　　　　　图 4　风机加密网格示意图

3　不同工况下各风机瞬时发电效率对比

在保持系统的叶尖速比为 2.5 时，对不同工况进行数值模拟，得到关于三个风机的瞬时发电效率与距离的关系，见图 5。

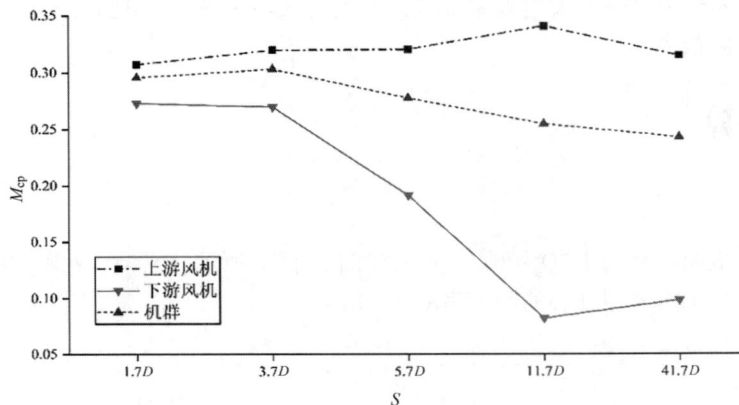

图 5　移动不同距离风机瞬时发电效率变化

4　结论

在二维计算模型下，固定系统叶尖速比为 2.5，右侧风机向右移动 3.7D 时系统整体平均发电效率达到最大。在本文章所讨论的 5 种工况之中，下游风机向右移动不同距离，可以发现左侧两风机的平均发电效率以增大的趋势在变化，而右侧风机则以减小的趋势在变化，并且向右移动到 41.7D 时，其效率下降接近于 0。

参考文献

[1]　白建华, 辛颂旭, 刘俊, 等. 中国实现高比例可再生能源发展路径研究[J]. 中国电机工程学报, 2015, 35(14): 3699-3705.

[2]　LIU K, YU M, ZHU W. Enhancing wind energy harvesting performance of vertical axis wind turbines with a new hybrid design: A fluid-structure interaction study[J]. Renewable Energy, 2019, 140: 912-927.

大型风力机非定常气动修正模型数值研究

陈 琦，李 天，杨庆山

（重庆大学土木工程学院 重庆 400045）

1 引言

风机叶片气动性能的计算对于分析其响应至关重要，许多研究在计算风机叶片的气动性能时采用了叶素动量（BEM）理论及其修正模型。经典的 BEM 理论是在小型风机上推导得到的，且修正模型大多基于半经验公式，而对于大型风机，不同修正模型在其气动计算方面的适用性尚未得到充分研究。为探明现有非定常气动修正模型在大型风机气动计算的适用性，本文基于 OpenFAST 开源仿真程序，应用 BEM 理论结合多种修正方法对 NREL 5MW 和 IEA 15MW 风机展开了研究。首先，通过比较风机气动载荷的模拟结果与试验数据，验证了本研究采用数值方法的有效性。随后，运用多种修正模型对风机的气动性能进行了系统的模拟与分析。研究发现，采用非定常气动修正模型往往会增加叶片的气动载荷，尤其是叶片的法向力系数。此外，随着风力机尺寸的增加，这些修正模型在风力机气动性能计算中的适用性降低。因此，针对大型风力机，对现有的修正模型进行优化是十分必要的。

2 数值方法

本文基于 OpenFAST 仿真软件，应用 BEM 理论并结合多种修正方法对 NREL 5MW 和 IEA 15MW 大型风机的气动特性进行了研究，风机的具体参数与示意图如表 1 和图 1 所示。

NREL 5MW 和 IEA 15MW 风力机的性能　　　　　　　　　　　表 1

主要参数	NREL 5MW 风力机	IEA 15MW 风力机
额定功率	5MW	15MW
叶片长度	61.5m	117m
转子，轮毂直径	126m，3m	240m，7.94m
切入，额定，切出风速	3m/s，11.4m/s，25m/s	3m/s，10.59m/s，25m/s
切入，额定转子转速	6.9r/min，12.1r/min	5.0r/min，7.56r/min

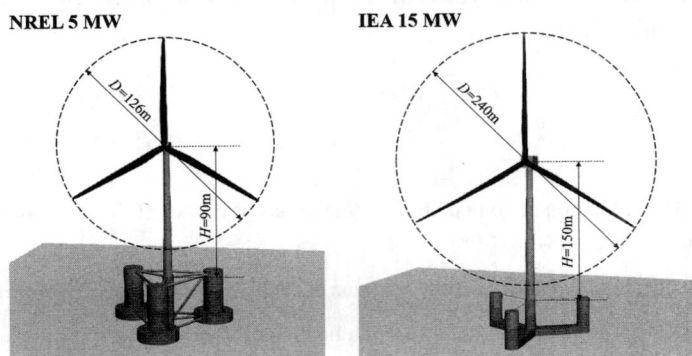

图 1　NREL 5MW 和 IEA 15MW 风力机示意图

基金项目：国家自然科学基金创新研究群体项目，高性能钢结构体系与抗风减灾（52221002）

3 结果与讨论

3.1 数值方法验证

在本节中，针对 5MW 和 15MW 两台风力机进行了数值模拟，分析其气动载荷的变化情况。两台风力机的转子推力、输出功率与相关系数的模拟值均与前人研究的试验数据[1-4]进行了比较，如图 2 和图 3 所示。从图中可以发现，本文的模拟数据与前人的试验数据之间存在较好的一致性，验证了本研究采用的模拟方法的可靠性，可开展后续的模拟与分析工作。

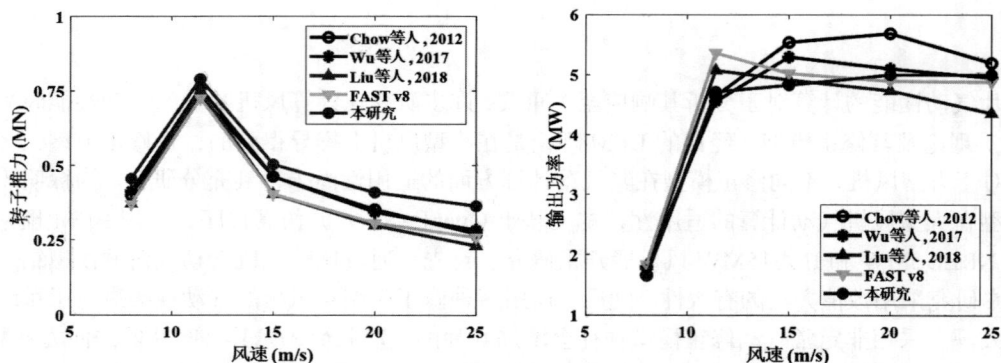

图 2 NREL 5MW 风力机的气动性能随风速的变化

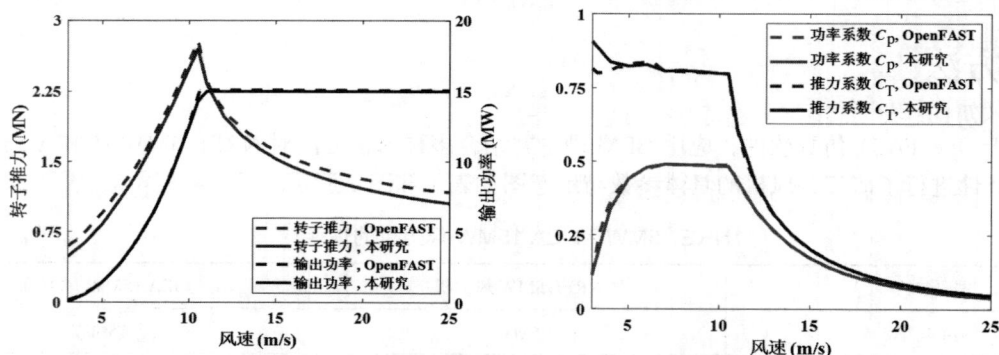

图 3 IEA 15MW 风力机的气动性能随风速的变化

4 结论

通过将本文的模拟结果与前人研究的试验数据进行对比可以发现，两者之间存在较好的一致性，进而验证了本研究采用的模拟方法的有效性。

参考文献

[1] CHOW R, VAN DAM C P. Verification of computational simulations of the NREL 5 MW rotor with a focus on inboard flow separation[J]. Wind Energy, 2012, 15(8), 967-981.

[2] GAERTNER E, RINKER J, SETHURAMAN L, et al. Definition of the IEA 15-megawatt offshore reference wind turbine[J]. 2020.

[3] LIU Y, XIAO Q, INCECIK A, et al. Aeroelastic analysis of a floating offshore wind turbine in platform-induced surge motion using a fully coupled CFD-MBD method[J]. Wind Energy, 2019, 22(1), 1-20.

[4] WU C H K, NGUYEN V T. Aerodynamic simulations of offshore floating wind turbine in platform-induced pitching motion[J]. Wind Energy, 2017., 20(5), 835-858.

基于卷吸理论和物理约束神经网络的风力机三维尾流模型

周品涵[1]，韩　艳[1]，沈　炼[2]

（1. 长沙理工大学土木工程学院　长沙　410004；
2. 长沙学院土木工程学院　长沙　410022）

1　引言

随着化石能源的不断枯竭，世界各国对清洁能源的需求也在不断提升。风能具有绿色、清洁、储量大等优势，近年来在世界范围内得到了广泛应用。对于实际风电场而言，风力机的布局优劣直接影响风能的利用效率。因此，研究一种准确、高效的风力机尾流模型以用于风力机布局优化是当前亟需解决的关键问题。

为提升现有尾流模型精度，本文基于致动线理论进行风力机尾流速度场的计算流体力学模拟，分析了卷吸速度对风力机尾流平均速度剖面的影响。利用深度学习技术对风力机尾流平均速度场的预测过程进行建模，实现从近尾流到远尾流的平滑过渡，同时，为在有限数据中获取准确的物理信息避免模型的泛化性不足等问题，基于卷吸理论对多层感知机架构添加物理约束从而构建物理信息神经网络（PINNs），对风力机下游的尾流平均速度场进行预测，其风速亏损符合预期形式，尾流风速与实测值吻合较好。

2　基于物理约束的神经网络尾流模型（图1）

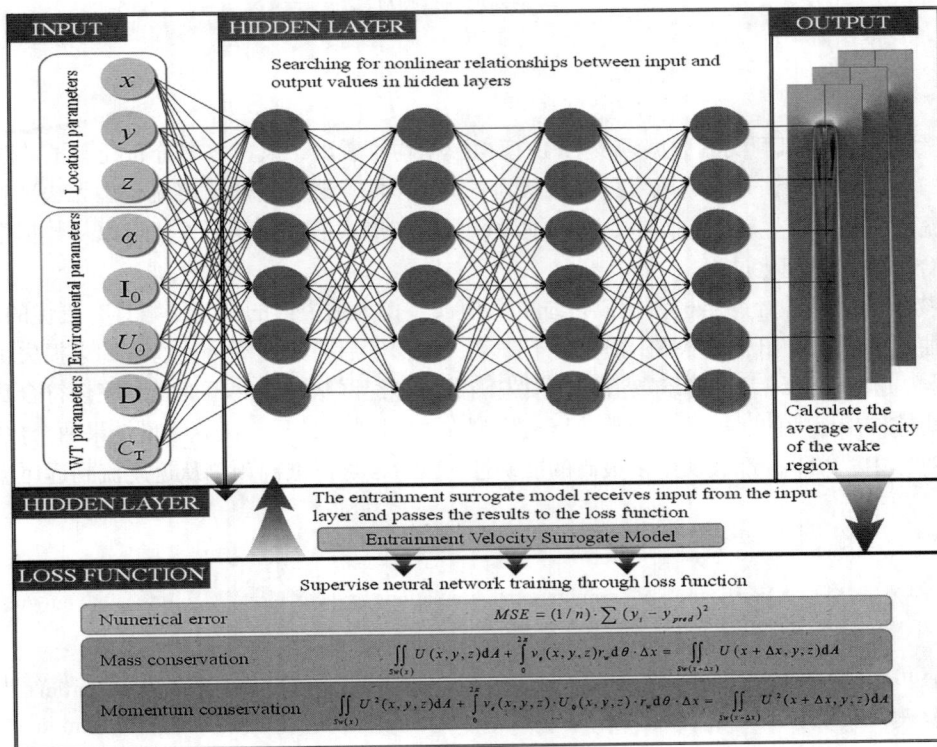

图 1　PINNs 网络结构

基金项目：国家自然科学基金项目（52108433），湖南省人才工程项目（2021RC4031，2023RC3192，2023TJ-N17）

3   模型验证（图 2）

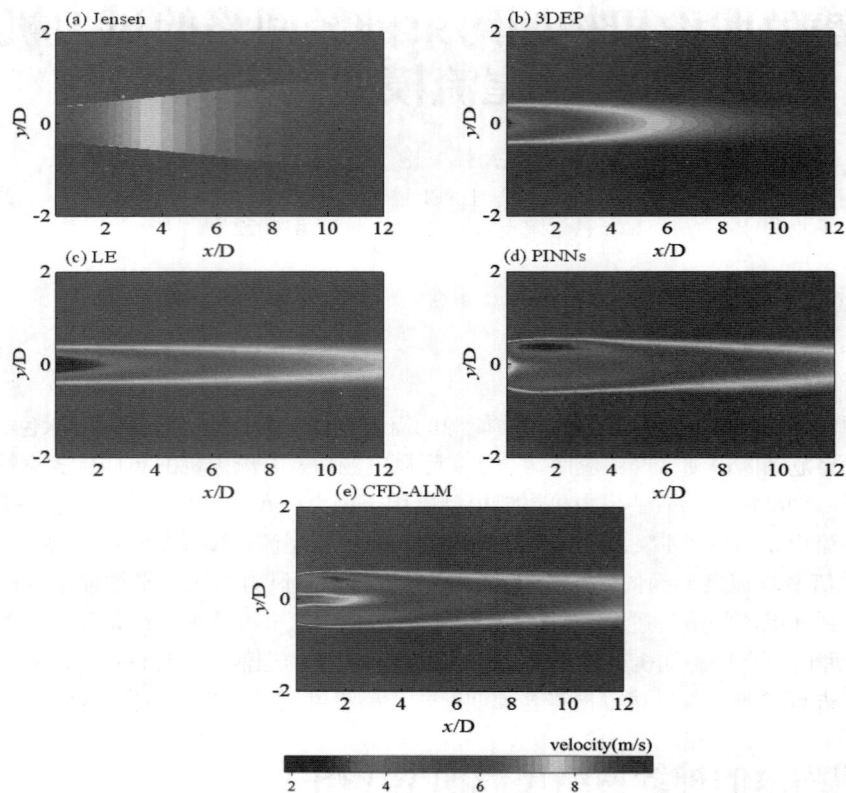

图 2   *x-y*剖面速度云图对比[1-2]

4   结论

（1）从风力机下游的风洞实测数据以及 CFD 模拟数据均可看出，风速亏损分布经历了"双峰""平台"再到"单峰"的形状过渡，预先假定风亏分布形状为各类"单峰函数"的数值尾流模型无法准确模拟这一过程，在较近尾流区域往往产生较大的误差，而不预设风亏分布形式的深度学习方法可以从数据中学习这一规律，较好地拟合风速亏损变化过程。

（2）加入物理约束的神经网络模型比以传统的数值误差作为损失值的神经网络具有更优的预测效果，从损失函数下降曲线中可以看出，当 MSE 损失值下降到一定程度后将达到平台，物理约束损失函数仍然存在一定的下降区间，这表明单纯基于传统数值误差损失函数的神经网络模型并不能找到完全符合真实物理信息的映射关系。此外，在与其他三种常见的数值尾流模型在 CFD 计算结果、试验测量结果两个数据集共 12 个尾流剖面上的对比中，PINNs 都表现出了最高的准确性，PINNs 可以准确预测从近尾流到远尾流的全阶段风速分布。

参考文献

[1]   KROGSTAD P Å, LUND J. An experimental and numerical study of the performance of a model turbine[J]. Wind Energy, 2012, 15: 443-457.

[2]   JENSEN N O. A note on wind generator interaction[R]. Denmark: Riso National Labo-ratory, Roskilde, 1984.

平单轴光伏阵列气动失稳干扰效应研究

康霄汉，马文勇

（石家庄铁道大学土木工程学院 石家庄 050043）

1 引言

平单轴光伏发电系统相比固定式光伏系统发电量具有着明显的提升，在工程中得到了广泛的应用，但由于跟踪的需要平单轴光伏支架扭转刚度较低，在强风作用下平单轴光伏支架容易出现扭转气动失稳现象，这类扭转振动由于振幅较大严重影响了光伏电站的安全性[1]。本文采用二维 CFD 数值模拟技术对六排光伏支架的气动失稳特征进行了研究，分析了六排支架的临界风速和振幅的差异，并通过流场和旋涡脱落对平单轴气动失稳进行了解释。

2 数值模拟方法与结果分析

求解思路为在每个时间步长内，首先通过 FLUENT 对流场控制方程组进行迭代求解，迭代求解收敛后利用 UDF 中的用户自定义函数输出光伏组件上的气动力矩，将这些气动力作为外部载荷引入运动方程，使用 Newmark-β法在每个时间步内求解结构动力学方程，从而获得结构的位移、速度和加速度。通过用户自定义函数赋予光伏支架运动角速度，结合 FLUENT 中的动网格技术，计算过程中能够实时更新光伏支架的位置。

研究对象为某 1P 平单轴光伏支架，单位长度质量惯性矩为 12.66kg·m，一阶扭转频率为 1.63Hz，采用几何缩尺比为 1∶25 的模型进行 CFD 数值模拟，模型各参数如表 1 所示。

							表 1
参数	原型	缩尺比	模型	参数	原型	缩尺比	模型
弦长（m）	2.19	1/25	0.0875	风速（m/s）	0～40	$1/\sqrt{25}$	0～8
单位长度质量惯性矩（kg·m）	12.66	$1/25^4$	0.32×10^{-4}	阻尼比	0.03	1/1	0.03
频率（Hz）	1.63	$\sqrt{25}/1$	8.15	倾角（°）	5	1/1	5

模型参数

取 6 排光伏支架进行模拟，计算域为 $16B \times 5B$，B 为光伏板弦长，计算域如图 1 所示，网格采用"前景网格＋背景网格"的重叠网格，背景网格采用结构化网格，前景网格采用非结构化网格，背景网格在与前景网格重叠区域进行加密。光伏板断面网格如图 1 所示，添加 20 层边界层，首层网格高度均为 3.9×10^{-5}m，满足 Y+＜1，边界层网格增长率为 1.1。

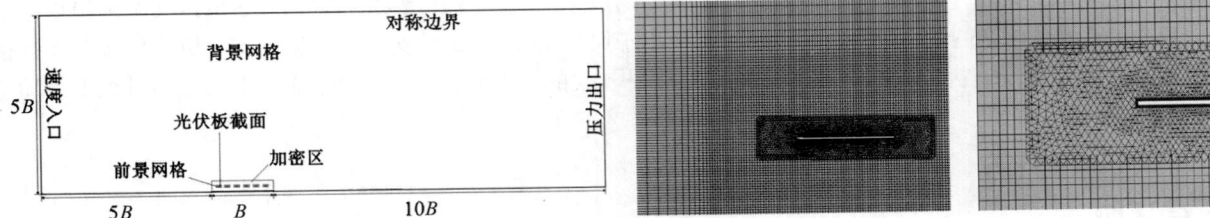

图 1 光伏板计算域及断面网格

图 2 倾角为 5°时各排光伏支架临界折减风速，后 3 排支架气动失稳临界风速明显高于前 3 排，由于前排支架对后排支架具有遮挡效应，风从前排到达后排时风速具有明显降低，前排支架更容易产生气动失稳现象。图 3 为各排支架振幅随折减风速变化曲线，第 1 排支架在 0～6 的折减风速下第 1 排支架气动失稳振幅随风

速的增长速度加快，2～6 排支架则出现先增大后减小的趋势，越靠后排支架扭转振幅越小，4～6 排支架最大扭转振幅明显小于第 2 排和第 3 排支架。

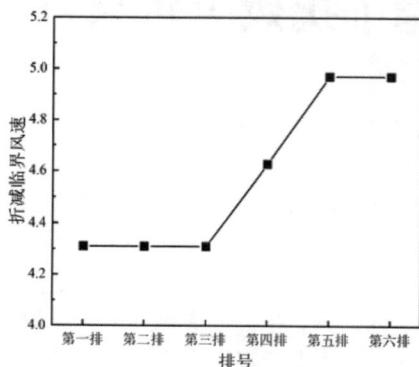

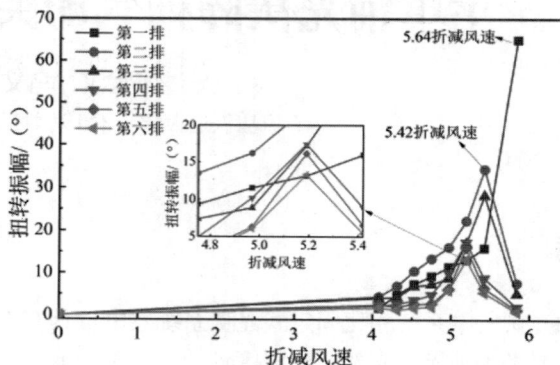

图 2　各排支架临界折减风速（倾角 = 5°）　　图 3　各排支架振幅随折减风速变化曲线（倾角 = 5°）

　　图 4 和图 5 分别为 5°倾角 6 排平单轴光伏支架气动失稳的涡量云图和速度云图，当折减风速为 5.42 时第 1 排支架对 2、3 排支架附近气流的干扰，导致 2、3 排支架出现较大幅度的振动，随着 2、3 排支架扭转振幅的增大，对后 3 排支架的遮挡效应增强，振动过程中也伴随了风能量的衰减，后 3 排支架附近风速明显降低，后 3 排支架振幅较小。当折减风速增大到 5.64 时，相比折减风速为 5.42，第 1 排支架气动失稳振幅增大了 6 倍，2～6 排光伏支架振幅具有着明显程度的降低，第 1 排支架大幅度振动导致来流风能量大幅度衰减，伴随第 1 排支架扭转幅度的增大，对后排支架遮挡的面积也有所增大，旋涡脱落的方向逐渐远离后排支架，在第 1 排支架后方因动量损失形成了一个大面积风影区。

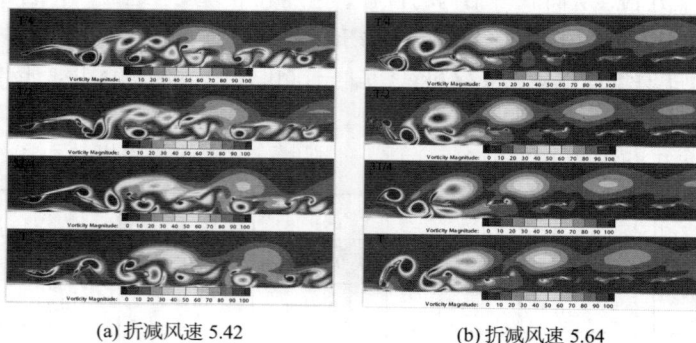

　　　(a) 折减风速 5.42　　　　　　　(b) 折减风速 5.64　　　　　(a) 折减风速 5.42　　　　　　　(b) 折减风速 5.64
　　　　　图 4　光伏支架气动失稳涡量云图　　　　　　　　　　图 5　光伏支架气动失稳速度云图

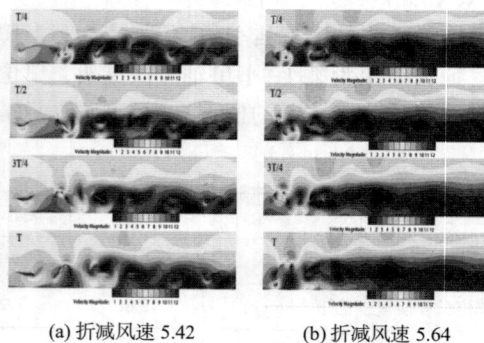

3　结论

　　本文通过数值模拟技术对平单轴光伏阵列气动失稳干扰效应进行了研究，研究发现前排支架相对后排支架临界风速较低，第 1 排支架振幅随风速增大振幅随风速一直存在着增大的趋势，2～6 排支架则出现先增大后减小的趋势，4～6 排支架最大扭转振幅明显小于第 2 排和第 3 排支架。从流场上分析，后排支架振幅小于前排支架是由于前排支架扭转振动过程中对后排支架的遮挡效应有所增强，前排支架振动过程中伴随了风能量的衰减。

参考文献

[1]　张晓斌. 平单轴光伏支架风致大幅扭转振动特征及机理研究[D]. 石家庄: 石家庄铁道大学, 2025.

基于土体支承特性长期演变的单桩风机动力性能预测研究

魏昕楠[1,2]，刘红军[2]，林　坤[1,2]

（1. 桥梁工程结构动力学国家重点实验室暨桥梁结构抗震技术交通行业重点实验室　重庆　400038；
2. 哈尔滨工业大学（深圳）智能学部　深圳　518055）

1　引言

近年来风力发电机的新增装机量逐年上升，其中单桩风机占比超过 60%，准确分析其动力性能愈发迫切。风力机在其服役期内会受到 $10^7 \sim 10^8$ 次风荷载、1P 及 3P 荷载作用，风机的位移、倾角、基频及阻尼特性存在长期演变的现象[1]。研究表明，地基土体支承特性的长期演变是影响风机动力性能的关键因素。但是，一方面土体支承特性受到风电场所在区域位置的影响，另一方面，长期复杂荷载对土体支承特性的影响机理并不清晰[2]。本文基于边界面理论，结合 p-y 弹簧模型考虑桩土相互作用，提出了循环硬化模型模拟棘轮效应，并结合结构动力学模型预测风机动力性能的演变趋势，并与试验结果对比验证。

2　单桩风机长期动力性能预测方法

本文基于边界面理论[3]，结合 p-y 弹簧模型，给出土体的支承刚度 E_{ec} 的计算方法，并提出了循环硬化模型，控制土体的塑性变形的能力，实现棘轮效应的模拟。以此分析结构-地基的相互作用，预测土体支承特性的长期演变趋势。基于欧拉-伯努利梁理论构建单桩风机结构刚度、质量矩阵，采用瑞利阻尼模型构建结构阻尼矩阵，利用 Newmark-β 法逐步计算结构响应，并在计算过程中逐步更新土体刚度，以此预测风机动力特性的长期演变趋势。具体建模策略如图 1 所示。

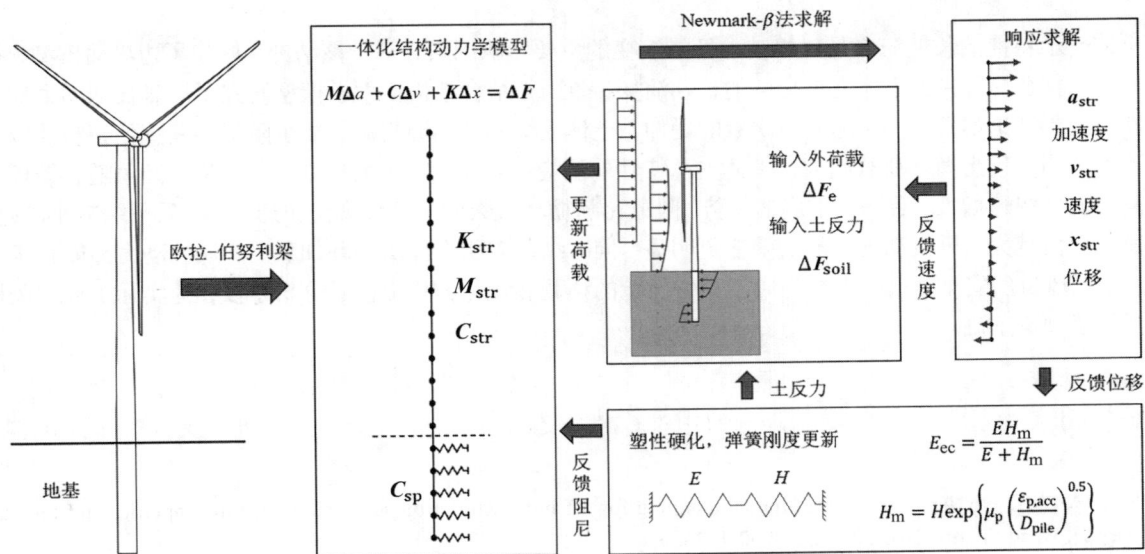

图 1　单桩风机长期动力性能预测模型建模策略

基金项目：桥梁工程结构动力学国家重点实验室暨桥梁结构抗震技术交通行业重点实验室开放课题，广东省土木工程智能与弹性结构重点实验室（2023B1212010004）

3 结果分析

以循环荷载作为风机机舱外荷载输入到建立的结构动力学模型中，结合试验结果对比分析了不同幅值的循环荷载作用下机舱位移、塔筒倾角、基频、阻尼比的变化趋势。结果表明：随着循环次数的增加，结构基频、累积位移、倾角呈先迅速增大，后平缓增加的趋势，结构阻尼比随循环次数的增加呈先迅速降低，后平缓减小的趋势，随着循环荷载的增大，风机动力性能的演变速率加快。图2展示了机舱位移与结构基频的变化情况。

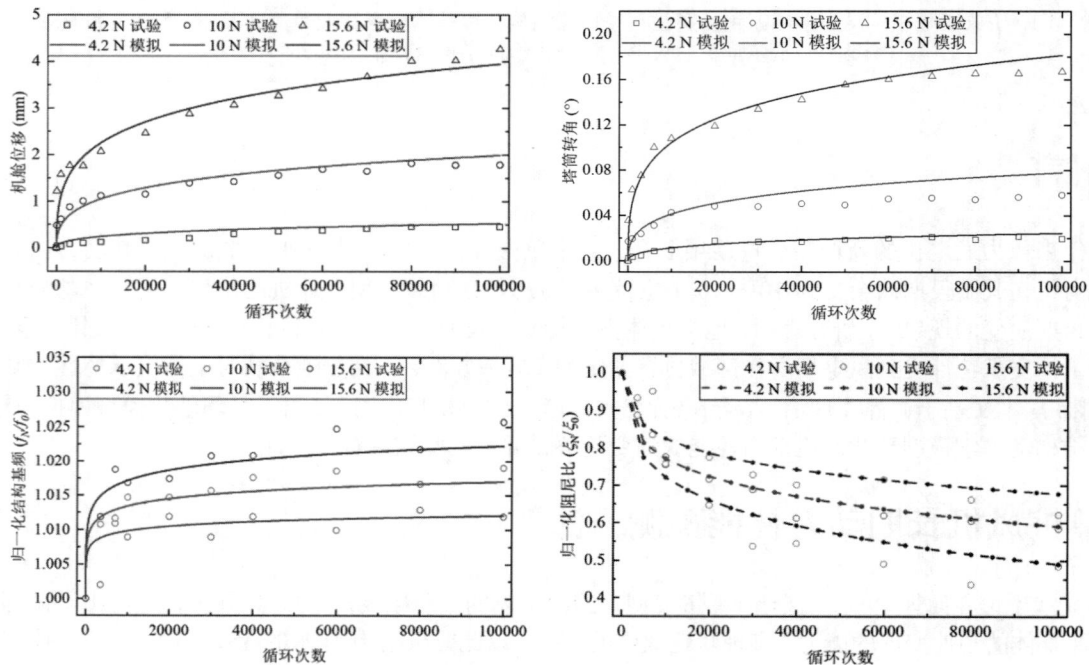

图 2　风机长期动力性能理论分析结果与试验结果对比验证

4 结论

土体支承特性的长期演变是风机动力性能演变的主要影响因素，基于该结论，构建了边界面模型，提出了循环硬化模型，研究了土体支承特性的长期演变特性，并结合结构动力学模型研究了风机长期动力性能演变特性，主要结论如下：（1）随循环次数的增加，土体支承刚度不断提高，支承阻尼不断降低，塑性应变的能力逐渐减弱，且当循环荷载越大，土体支承特性的演变更明显。（2）风机基频、位移、倾角随着循环次数的提高呈现先快速增大，后平缓增加的趋势，阻尼比随循环次数的提高呈现先快速下降，后平缓减小的趋势，循环荷载幅值越大，风机动力性能的演变更明显。同时结果表明在经历循环加载后，风机动力性能趋于设计阈值，影响风机的安全运行。本文为风机动力性能的预测和量化分析提供了分析手段，为实际工程中风机的设计提供了理论基础。

参考文献

[1] ISHIHARA T, WANG L. A study of modal damping for offshore wind turbines considering soil properties and foundation types[J]. Wind Energy, 2019, 22(12): 1760-1778.

[2] XIAO S, LIN K, LIU H, et al. Performance analysis of monopile-supported wind turbines subjected to wind and operation loads[J]. Renewable Energy, 2021, 179: 842-858.

[3] DAFALIAS Y F. Bounding surface plasticity. I: Mathematical foundation and hypoplasticity[J]. Journal of engineering mechanics, 1986, 112(9): 966-987.

坡角对布置光伏阵列的坡屋面风荷载研究

杨雯烁[1]，马文勇[1,2]，王彩玉[1]
（1. 石家庄铁道大学土木工程学院 石家庄 050043；
2. 石家庄铁道大学道路与铁道工程安全保障省部共建教育部重点实验室 石家庄 050043）

1 引言

光伏阵列安装在坡屋顶上时，坡屋面上的风荷载不仅受到光伏组件的干扰，还受到建筑本身绕流状态的影响[1]，其风荷载的分布更为复杂。风荷载为坡屋面结构设计的控制性荷载之一，是整个支撑系统结构设计所必须考虑的重要因素。目前对于光伏系统的研究主要集中在对光伏组件抗风研究上，而光伏组件对坡屋面的风荷载特性研究少有涉及[2]。本文借鉴了风洞试验[3]对不同坡角下安装光伏阵列的坡屋面进行系统研究，给出了不同坡角下安装的光伏组件对坡屋面的风荷载影响。

2 研究方法及结果分析

2.1 风洞试验介绍

试验在石家庄铁道大学风洞实验室低速试验段完成，刚性模型缩尺比为 1∶20，均由 ABS 板组合制成。图 1（a）为试验模型，以 4 行 10 列的形式组成光伏阵列安装在坡屋面上。坡屋面上测点布置和光伏组件布置见图 1（b），其中 α 为风向角，取值范围为 0°～180°。图 1（c）为安装光伏组件的坡屋面侧视图，屋面坡角 β 为 10°、20°、30°，光伏组件平行安装于屋面，距离屋面的垂直距离为 0.012m。试验风场类型为 B 类风场。

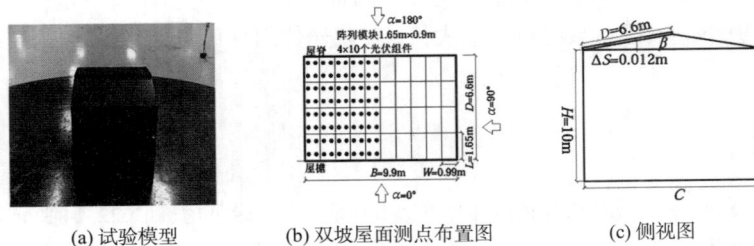

| (a) 试验模型 | (b) 双坡屋面测点布置图 | (c) 侧视图 |

图 1 试验模型及测点布置

2.2 结果分析

由图 2 和图 3 可以看出，坡屋面有无安装光伏组件，坡屋面承受的极端荷载多以风吸力为主，因此给出不同坡角坡屋面最强负压分布，如图 4 所示，对于坡角 10° 和 30° 的坡屋面，安装光伏组件会使坡屋面最强风吸力增大 32.03% 和 15.79%；坡角 20° 的坡屋面，安装光伏组件会使坡屋面最强风吸力减小 29.38%。

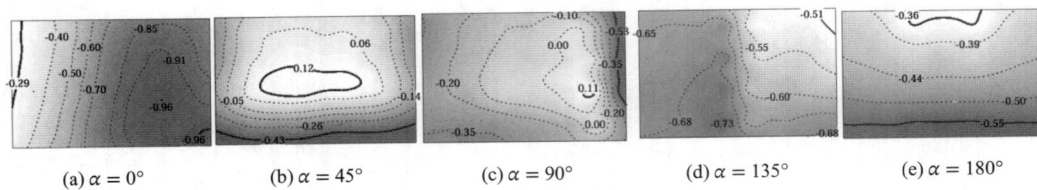

| (a) $\alpha = 0°$ | (b) $\alpha = 45°$ | (c) $\alpha = 90°$ | (d) $\alpha = 135°$ | (e) $\alpha = 180°$ |

图 2 未安装光伏组件坡屋面体型系数分布（$\beta = 30°$）

基金项目：河北省自然科学基金资助（E2021210053）

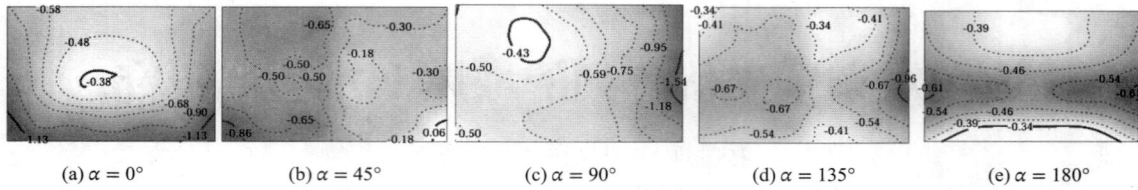

(a) $\alpha = 0°$ (b) $\alpha = 45°$ (c) $\alpha = 90°$ (d) $\alpha = 135°$ (e) $\alpha = 180°$

图 3 安装光伏组件坡屋面体型系数分布（$\beta = 30°$）

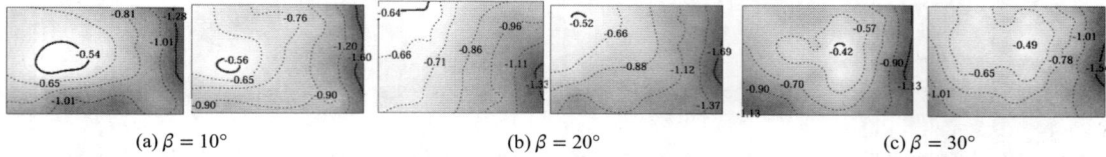

(a) $\beta = 10°$ (b) $\beta = 20°$ (c) $\beta = 30°$

图 4 不同坡角未安装/安装光伏组件坡屋面最强负压分布

图 5 为不同坡角下未安装光伏组件与安装光伏组件的坡屋面在 0°～180°风向下极小值风压系数。当屋面坡角为 10°、20°、30°时，对于极小值风压系数最大值，安装光伏组件可以分别减小 34.4%、46.79%和 36.96%。

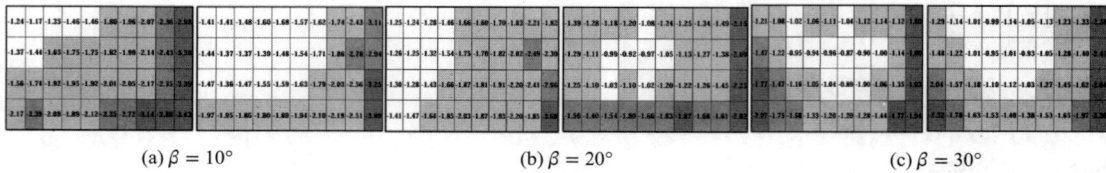

(a) $\beta = 10°$ (b) $\beta = 20°$ (c) $\beta = 30°$

图 5 不同坡角未安装/安装光伏组件坡屋面在 0°～180°风向角下极小值风压

3 结论

10°和 30°坡角的光伏阵列将增大坡屋面最大负压，结构设计时要引起注意，以免对原有建筑结构屋面产生破坏；20°坡角的光伏阵列会减小坡屋面最大负压，对原有建筑结构屋面有一定保护作用。当屋面坡角为 10°、20°、30°时，对于极小值风压系数绝对值最大值，安装光伏组件可以分别减小 34.4%、46.79%和 36.96%。

参考文献

[1] 马宏旺，陈龙珠，李庆来. 屋顶光伏板风荷载体型系数取值研究[J]. 绿色建筑, 2022, 14(3): 67-71.

[2] 马文勇，马成成，王彩玉，等. 光伏阵列风荷载干扰效应风洞试验研究[J]. 实验流体力学, 2021, 35(4): 19-25.

[3] 王彩玉. 屋面光伏支架风荷载特性风洞试验研究[D]. 石家庄: 石家庄铁道大学, 2022.

排间连接和地锚索对柔性光伏阵列风致响应的研究

张淑慧[1]，马文勇[1,2]，陈竹伟[3]

（1. 石家庄铁道大学土木工程学院 石家庄 050043；
2. 石家庄铁道大学道路与铁道工程安全保障省部共建教育部重点实验室 石家庄 050043；
3. 亚路智杰（宁波）支撑系统科技有限公司 宁波 315599）

1 引言

柔性光伏支架因其跨度大、净空高等特点，被广泛应用于山地、海上等复杂地形[1]。然而随着柔性光伏支架跨度的增大，结构的刚度随之减小，在强风作用下，更易发生复杂的风致大幅振动，造成结构破坏[2]，因此大跨度柔性光伏阵列更需增加结构措施进行抗风设计。目前对于柔性光伏阵列增加结构措施的风致响应研究主要集中于单层索系，而对于双层索系的研究较少，其振动特征、机理尚不清楚。本文通过有限元分析方法研究了排间连接、地锚索对双层索系柔性光伏阵列的风致响应等，为柔性光伏阵列抗风设计提供了依据。

2 研究方法和内容

以跨度 $L_0 = 42.5\text{m}$，高 3m 的一跨 5 排柔性光伏阵列为原型进行有限元模拟计算，如图 1 所示，针对柔性光伏阵列风致响应特性，提出了 3 种结构措施，分别为排间连接、地锚索以及二者的联合作用。其中排间连接是在相邻两排光伏支架的三角撑之间布置 3 根侧向联系杆，形成桁架体系，地锚索是在每个三角撑底端张拉柔性索与地面相连，如图 2 所示。

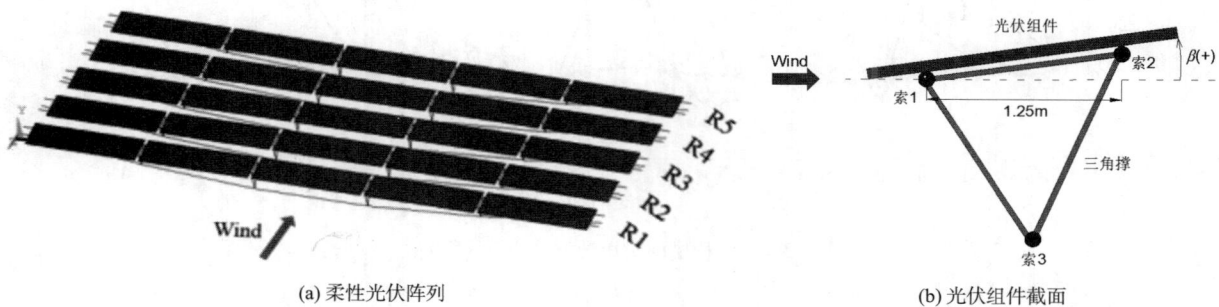

| (a) 柔性光伏阵列 | (b) 光伏组件截面 |

图 1 模型示意图

图 2 结构措施示意图

将风洞测压试验计算得到的风压系数，对有限元模型进行加载，对柔性光伏阵列的 R1、R2 和 R5 进行风致响应分析，如图 3 和图 4 所示。

增加排间连接后，正倾角工况下，R1 平均竖向位移明显减小，R2 明显增大，而 R5 变化不明显；负倾

基金项目：河北省自然科学基金资助（E2021210053）

角工况下，R1 和 R5 的平均竖向位移明显减小，组件倾角越大，减小效果越明显，而 R2 的竖向位移略有增大。R1、R2、R5 在各个倾角工况下的平均扭转位移和脉动扭转位移都趋近于 0，扭转位移大幅减小，结构扭转振动可以忽略。

增加地锚索后，正倾角工况下，各排光伏组件竖向和扭转位移响应变化不大；在负倾角工况时，光伏组件竖向位移均值和脉动值都趋近于 0，结构近似不发生竖向振动，结构的竖向刚度大幅提高，同时地锚索的张紧使得三角撑与地锚索的交汇点成为光伏组件的旋转中心，结构因光伏组件上风荷载不均匀分布产生小幅的扭转振动，但这种扭转振动明显小于原结构。

排间连接和地锚索的联合作用结合了二者的优点，结构的竖向和扭转刚度提高，光伏组件在竖向和扭转方向的振动大幅减小，尤其是负倾角工况时的竖向和扭转位移响应趋近于 0，结构近似不发生较大的竖向和扭转振动，同时光伏阵列组件间的位移响应差距也随之减小。

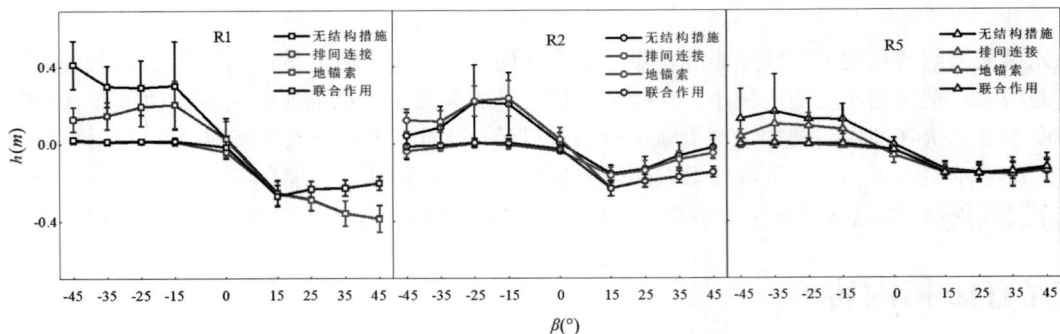

图 3　结构措施对竖向位移响应的影响

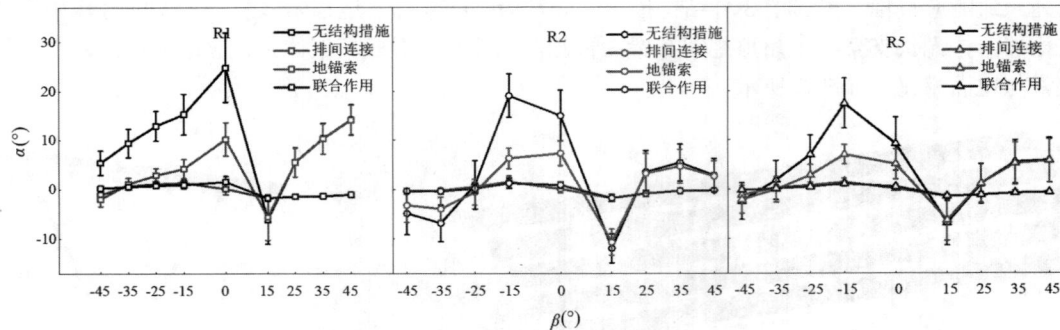

图 4　结构措施对扭转位移响应的影响

3　结论

不同结构措施的使用改变了结构的自振特性，结构刚度发生了改变。排间连接的使用提高了结构的扭转刚度，扭转位移响应趋近于 0，结构近似不发生扭转振动；地锚索的使用提高了结构的竖向弯曲刚度，在负倾角工况下，竖向弯曲位移响应趋近于 0，结构近似不发生竖向振动；排间连接和地锚索的联合作用使结构的竖向和扭转刚度都大幅提高，结构近似不发生较大的竖向和扭转振动，建议实际工程采用该种结构措施来进行抗风设计。

参考文献

[1]　陈竹伟. 双层索系柔性光伏阵列风致响应特性及结构优化研究[D]. 石家庄: 石家庄铁道大学, 2024.

[2]　徐海巍, 李俊龙, 何旭辉, 等. 大跨度单层柔性光伏支架结构气动阻尼的试验研究[J]. 振动与冲击, 2024, 43(10): 21-29.

柔性光伏支架阵列风振特性研究

朱力恒[1]，姜保宋[1,2]，付　昆[1]

（1. 同济大学土木工程防灾国家重点实验室　上海　200092；
2. 同济大学桥梁结构抗风技术交通运输行业重点实验室　上海　200092）

1　引言

　　柔性光伏支架阵列结构跨度大、成本低、适用性强等特点，在近年来得到广泛关注和应用。然而，该种结构具有重量轻、频率低且扭弯比较小等特点，加之光伏板普遍为带倾角布置，整体流线型较差，造成其风致响应明显[1]。因此，风载荷是控制光伏组件设计的关键荷载之一，必须考虑其在风载荷下的响应[2]。本文通过风洞试验，研究了某大跨柔性光伏支架阵列在不同风速、风向角下的风振特性。

2　试验概述

　　本研究以国内某柔性光伏支架结构为研究对象，该结构共布置 8 排光伏板，排间距 4.5m，单排跨径布置为 22.5m × 2 = 45m。单块光伏板尺寸为 2400mm × 1200mm × 35mm，重量 36kg，组件连接孔间距 1400mm，设计倾角为 30°。本次气弹模型试验设计制作的模型几何缩尺比为 1∶8、风速缩尺比为 1∶$\sqrt{8}$，风洞中的实际结构气弹模型如图 1 所示。动力特性检验结果表明，气弹模型的一阶竖弯及一阶弯扭耦合模态的阻尼比均在 2% 以下。风洞试验完成了 A 类风场下结构在不同风向角（0°、30°、60°、90°、120°、150°、180°）及不同风速组合下的位移响应测试，测试中光伏组件各排编号示意图如图 2 所示。

图 1　风洞中的结构气弹模型

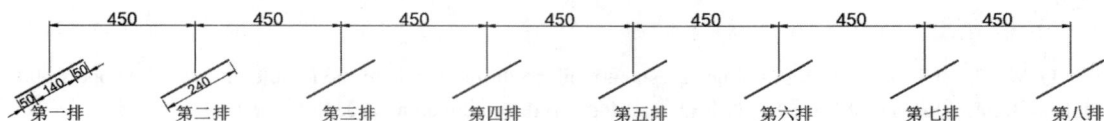

图 2　光伏组件各排编号示意图

3　不同风速下结构风振特性

　　由于结构在 180° 及 0° 风向角下的位移响应较为显著，本节重点选取这两个代表性风向角对结构在不同风速下的风振响应进行分析。本节首先研究了结构在不同风速下的位移响应功率谱。研究结果表明，随着风速的增大，结构出现较为明显的卓越频率，结构风振响应愈发明显，在高风速下，结构卓越频率更加集中，分布在 8～10Hz 频率区间。

本节还研究了光伏阵列中各排光伏板的位移均值随风速的变化规律。通过比较发现，各排位移响应大小虽有不同，但变化规律一致，组件振动为随机抖振。由于结构设定了稳定索装置，增大了前后排的结构刚度，导致边缘光伏板位移均值小于中间排。

4　不同风向角下结构风振特性

图 3 为试验中最大风速 27.94m/s 时，结构最大位移响应随风向角的变化曲线。从中可知，各排的竖向位移、扭转位移的变化趋势一致。结构位移随风向角变化呈现先减小再迅速增大的趋势，0°、30°、150°、180°四个风向角为不利风向角。然而，在 0°、180°两个风向角下，结构位移峰值并不呈现同一水平，180°风向角下，竖向位移和扭转位移均较大。这是由于光伏板的倾斜布置，在 180°风向角下，光伏板所受的升力荷载较大，因而也更为不利。本节还研究了不同风向角下前排光伏板遮挡效应对光伏阵列风振特性的影响。

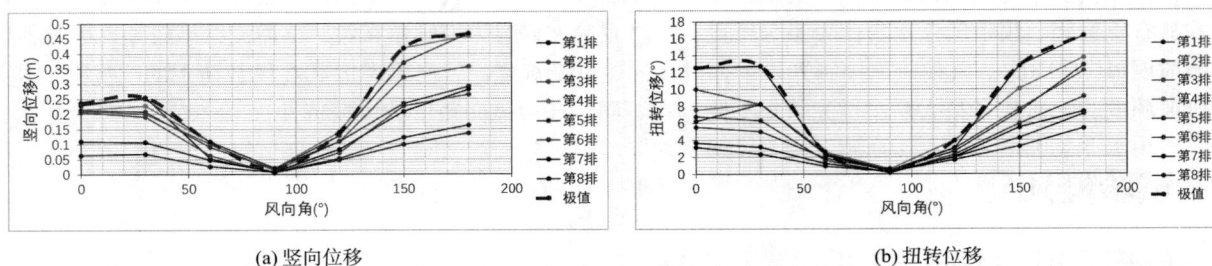

(a) 竖向位移　　　　　　　　　　　　　　　(b) 扭转位移

图 3　结构最大位移响应

5　结论

（1）随着风速的增大，结构风振响应愈发明显，并且出现较为明显的卓越频率，在高风速下，结构卓越频率集中分布在 8～10Hz 频率区间。

（2）柔性光伏支架阵列由于设定了稳定索装置，增大了前后排的结构刚度，导致边缘光伏板位移均值小于中间排。

（3）柔性光伏支架阵列最大位移随风向角呈现先减小再迅速增大的趋势，0°、30°、150°、180°四个风向角为结构不利风向角；由于光伏板的倾斜布置，180°风向角下光伏板所受的升力荷载较大，结构位移响应更大。

（4）在迎风方向上，前排光伏板产生较强的遮挡效应，使得后排位移极值降低；在侧风、背风方向，遮挡效应不明显。

参考文献

[1]　WU Y Q, WU Y, SUN Y, et al. Wind-induced response and control criterion of the double-layer cable support photovoltaic module system[J]. Journal of Wind Engineering and Industrial Aerodynamics, 2024, 254: 105928.

[2]　HE X H, DING H, JING H Q, et al. Wind-induced vibration and its suppression of photovoltaic modules supported by suspension cables[J]. Journal of Wind Engineering and Industrial Aerodynamics, 2020, 206: 104275.

风浪联合作用下导管架海上风力机动力响应的极值特征研究

张子扬，陈文礼，刘嘉斌

（哈尔滨工业大学土木工程学院 哈尔滨 150090）

1 引言

随着环境的恶化，全球开始逐渐重视可再生能源的开发和利用，以减少温室气体排放。海上风能作为一种清洁可再生能源有助于减少温室气体排放，应对全球气候变化。海上风力机在运行的过程中，面临着复杂的海上环境。在风浪荷载作用下，结构发生各种变形与振动，进而影响其服役寿命。导管架基础[1]具有稳定性好，适用水深范围广等优点，在海上风力机的结构设计中得到了广泛的应用。因此，针对导管架海上风力机开展缩尺试验，分析风浪联合作用下结构的极值分布特性与荷载组合特征对于风力机的设计具有重要意义。

2 导管架海上风力机的缩尺试验

导管架海上风力机缩尺试验在哈尔滨工业大学风洞与浪槽联合实验室开展。试验模型与传感器布置如图 1 所示。模型叶片采用了碳纤维材料，机舱、桨毂等构件采用了铝合金材料。机舱底部与导管架桩腿处装有力传感器可测试结构的叶轮推力与基底剪力。结构上布有视觉靶点，通过实验室内的视觉系统提取结构的响应特征。为分析试验模型在风浪联合作用下的动力特征，设置了如表 1 所示的试验工况。

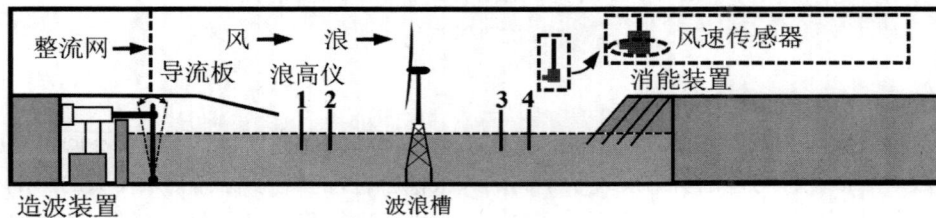

图 1 试验模型与传感器布置

模型试验的试验工况   表 1

试验工况	类别	风速（m/s）	波高（m）	波浪周期（s）	桨距角（°）	叶轮转速（r/min）
风浪联合	NT1	0.57				
	NT2	1.14				
	NT3	1.61	0.16	1.76	0	68
	NT4	2.12				
	NT5	2.83				

3 风浪联合作用下动力响应的极值特征

为进一步分析结构在风浪联合作用下的动力特性，对结构极值响应的荷载组合系数进行计算。图 2（a）

基金项目：国家自然科学基金项目（U2106222，52427812）

和（b）展示了 NT 工况下塔顶位移与基础剪力的组合系数。从图中可以发现，塔顶位移与基础剪力展现了完全不同的荷载组合特征。塔顶位移受风荷载的影响更为明显。与塔顶位移相比，基础剪力受波浪荷载的影响更为明显。基础剪力的波浪组合系数明显高于塔顶位移的波浪组合系数。在 NT1 工况下，风荷载较小，波浪荷载为基础剪力的主导荷载。波浪荷载组合系数明显高于风荷载组合系数。随着风荷载增加，风荷载组合系数逐渐增加，并逐渐超过波浪荷载组合系数。风荷载逐渐成为基础剪力的主导荷载。因此，对于基础剪力在计算组合荷载时，应分为风主导与波浪主导两部分进行设计，以提高设计精度。本研究在考虑不同风浪荷载相关条件下，计算了组合荷载的极值概率密度函数。从图 2（c）中可以发现，随着风浪荷载相关系数的增大，组合荷载的概率分布函数的峰值下降，分布的变异性增加。图 2（d）展现了在不同环境荷载分项系数下的结构可靠度。环境荷载分项系数与结构可靠度呈正相关关系。环境荷载分项系数受风浪联合作用影响明显。与单独风工况相比，风浪联合作用下的环境荷载分项系数明显增加。

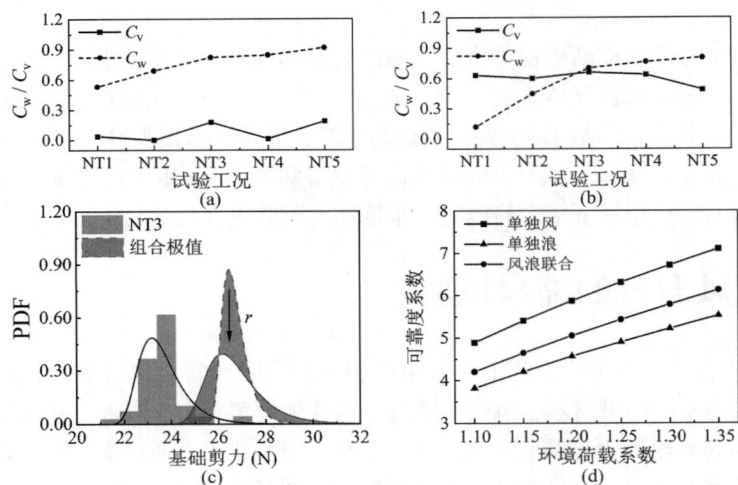

图 2　极值荷载的组合特征与结构可靠度系数

4　结论

本研究针对导管架风力机开展了缩尺试验，重构了组合荷载的极值分布，计算了不同可靠度指标下环境荷载的分项系数。塔顶位移与基础剪力展现了不同的风浪耦合特性。塔顶位移受风荷载的影响更为明显。基础剪力受风浪荷载共同影响，其应分为风主导区与风浪主导区进行荷载组合设计。组合荷载的极值分布受风浪荷载的相关性影响明显。随着相关系数的增大，组合荷载的极值分布峰值下降，分布范围增大。此外，环境荷载分项系数受风浪联合作用影响明显。与单独风工况相比，风浪联合作用下的环境荷载分项系数明显增加。

参考文献

[1]　CHEN W, ZHANG Z, LIU J, et al. Experimental study on dynamic characteristics of a jacket-type offshore wind turbine under coupling action of wind and wave[J]. Applied Energy, 2025, 378: 124876.

近海光伏电站的非高斯特性试验研究

邵林媛，吴天柱，洪关淏，徐海巍，黄铭枫

（浙江大学建筑工程学院 杭州 310058）

1 引言

　　海上光伏电站的土地占用较少，市场前景广阔。然而，海洋环境复杂多变，海上光伏系统对风荷载极为敏感，在强风灾条件下，电站的损毁情况严重。以往研究大多针对陆地光伏电站[1]的风荷载分布规律，直接套用已有的地面电站风荷载取值来计算海上光伏电站的风荷载是不合理的。传统的风荷载模型通常假设风荷载分布为高斯分布，但在实际海洋复杂多变的条件下，大跨光伏电站的风荷载可能表现出非高斯特性。此外，以往关于非高斯风压的研究对象主要集中于高层建筑[2]和大跨屋盖结构，尚未涉及大跨海上光伏电站结构。因此，本文通过风洞测压试验，探究海上大跨光伏电站的风荷载分布特性，分析脉动风压的非高斯分布特征，并比较多种峰值因子的计算方法，以期为海上大跨光伏电站的抗风设计提供参考。

2 试验介绍与结果分析

2.1 试验与模型介绍

　　试验为 A 类地貌，模型几何缩尺比为 1：120，风速比约为 1：2.2，光伏阵列为 5 排×5 列，风洞试验中的测压风向角设置为 4 种，在阵列 1/2 区域的同一位置点的上下表面共布置 580 个测点。

2.2 运用高阶统计量的分析

　　在正风向条件下，当风向角为 0°时，如图 1 所示，跨中区域迎风前四排光伏组件的偏度值相对较小，绝对值基本保持在 0.5 以内，呈现出接近正态分布的特性。而在侧边区域，尤其是靠近最外侧部分，偏度值略有增加，迎风第二排和第三排组件的最大偏度值达到 0.59。

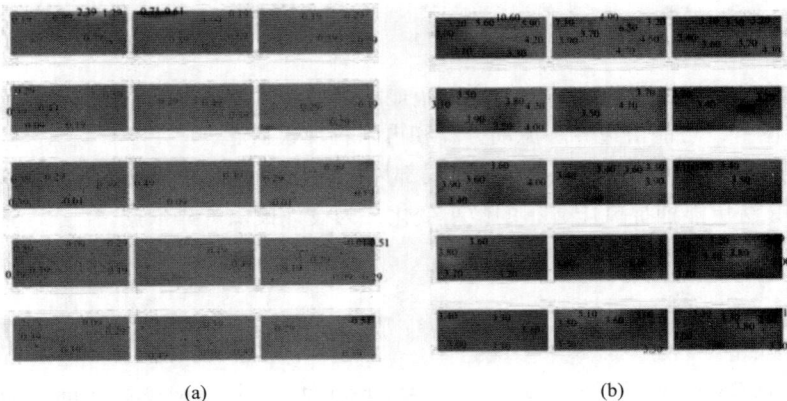

（a）　　　　　　　　　　　　　　　（b）

图 1　0°风向角下的风压高阶统计量：（a）偏度；（b）峰度

　　对于背风第一排光伏组件，偏度系数显著增大，特别是在边角部区域，表现出明显的右偏特征。在该风向角下，峰度系数的分布趋势与偏度系数基本一致，区别在于迎风第四排光伏组件的峰度系数大多在 3.5～4.2，初步展现出非高斯特性。

基金项目：国家自然科学基金项目（51978614）

2.3 高斯和非高斯区域划分

在0°和180°风向角下，迎风前两排的风压分布主要表现为高斯特性，表明风压波动较为平稳。非高斯特性主要集中在边跨区域，这可能是边界层的流动分离和再附着造成的。与0°风向角的工况相比，180°工况下迎风前两排区域的非高斯特性略有增加，可能是由于风吸力作用导致涡流效应增强。对于迎风第三排光伏组件，非高斯特性区域显著增加，尤其是在180°工况下，第二列光伏的非高斯区域达到72%，这可能与漩涡的再附着和局部湍流增强有关。而对于迎风第四排和第五排光伏组件，两种风向角下的非高斯特性区域显著增加，这可能是受遮挡效应的影响，导致气流在组件背风端重新附着，形成复杂的流动结构。这种流动分离和再附着会导致风压的极值增加，表现出非高斯特性。

2.4 峰值因子的计算

在0°风向角下，如图2所示，对于五排光伏阵列，四种方法得到的峰值因子基本都大于规范值2.5，其中，基于全概率方法得到的峰值因子值最小，各区的各列峰值因子取值较为一致，基本都在3.0附近，说明该方法对不同测点位置的风压特性不敏感。相比之下，基于偏度系数法得到的峰值因子整体偏大，除个别点外，基本位于4.0～7.0，该结果可能缺乏准确性。而Sadek-Simiu法的计算结果基本位于3.5～4.5，但同全概率方法一样，对不同测点位置的风压特性不敏感，基于BLUE法得到的极值因子介于Sadek-Simiu法和全概率法之间，且峰值因子随测点位置的变化而变化，显示出其对局部风压特性的敏感性。

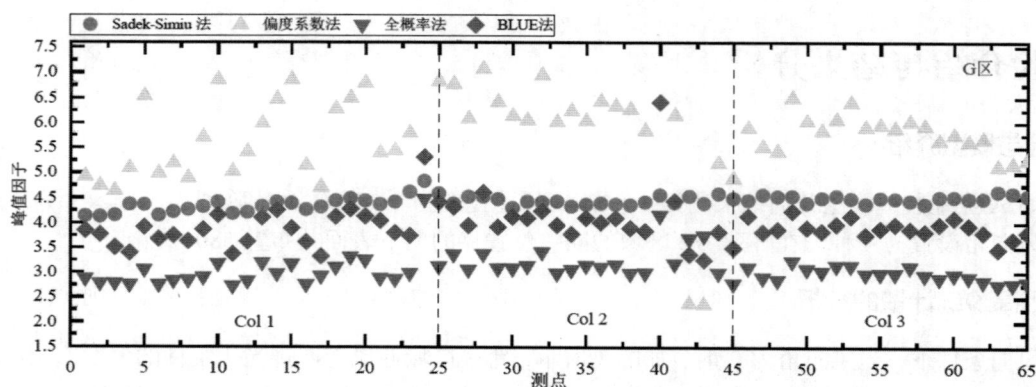

图2　0°风向角下的测点峰值因子

3 结论

（1）在不同风向角下，海上光伏电站的风压分布显示出显著的非高斯特性，尤其在边跨区域和迎风第三排及以上的光伏组件位置，可能由边界层流动分离和再附着现象引起。

（2）在峰值因子的计算中，BLUE法显示出对局部风压特性变化的良好敏感性，能够准确估计峰值因子。相比其他方法，BLUE法更能捕捉风压分布的微小变化，为设计提供可靠依据。

参考文献

[1] BENDER W, WAYTUCK D, WANG S, et al. In situ measurement of wind pressure loadings on pedestal style rooftop photovoltaic panels[J]. Engineering Structures, 2018, 163: 281-293.

[2] 楼文娟, 李进晓, 沈国辉, 等. 超高层建筑脉动风压的非高斯特性[J]. 浙江大学学报（工学版）, 2011, 45(4): 671-677.

局部开槽对柔性光伏结构颤振性能的影响

陈振华，孙一飞，刘庆宽[*]

（石家庄铁道大学土木工程学院 石家庄 050043）

1 引言

在我国大力发展清洁能源的国家战略背景下，光伏发电作为一种技术成熟的可再生新能源，因兼具环保性和经济性而受到了国家的大力支持和市场的广泛青睐。目前，光伏支架主要包括固定和柔性支架两种结构形式。相较于固定支架，柔性支架具有用钢量少、跨度大、地形适应能力强和性价比高等优点，已在实际光伏工程中逐步得到应用。

与传统支架结构相比，大跨度柔性光伏支架更加轻柔，支架和组件布置的高度也更高，对风的作用也更为敏感。光伏组件断面近似薄平板，其第一阶扭弯频率比很小，引发颤振现象的临界风速较低[1]。颤振是指当风速达到某一临界值后，结构开始经历一种发散性的风致振动状态。颤振一旦发生，容易造成柔性光伏结构损坏，影响发电效率。已建柔性光伏结构的颤振及其破坏时有发生，凸显了对其抗风性能进行全面深入研究的紧迫性。针对柔性光伏结构的大幅风致振动（颤振）问题，亟需开展高效振动控制措施的探索与应用。

本文以大跨度柔性光伏结构为研究对象，分别考虑了小风攻角来流和大风攻角来流，研究了不同位置处局部开槽对柔性光伏结构颤振性能的影响，并讨论了相关机理。

2 CFD 模型

大跨度柔性光伏结构可以简化为理想平板，平板的宽高比（H/B）为 50。以结构中心为原点，定义相对开槽位置为 L/B。计算区域分为静止网格、动网格、刚性边界网格三个区域，见图 1。通过对比本文结果与 Theodorsen 理论解[2]、风洞试验颤振临界风速结果[1]（见表 1），验证了本文方法的可行性。后续工作中，将光伏结构两个方向的阻尼设置为 0。

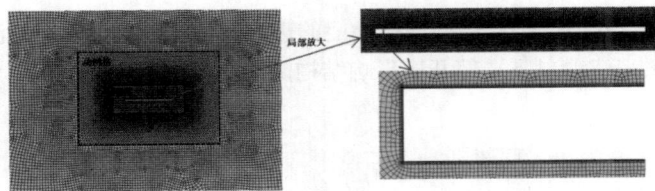

图 1 CFD 模型

无开槽结构的颤振临界风速（风攻角用 α 表示）　　　　　表 1

文献[1]结果$\alpha = 0°$	本文结果$\alpha = 0°$	文献[1]结果$\alpha = 6°$	本文结果$\alpha = 6°$
17.8m/s	17.2m/s	13.2m/s	12.7m/s

3 局部开槽对光伏结构颤振性能的影响

首先，研究不同位置处单个开槽对光伏结构颤振性能的影响。图 2 展示了光伏结构的部分颤振导数值。0°攻角下，A_2^*、H_1^* 保持为负值，非耦合的自激力为结构提供正阻尼，提高了结构的颤振稳定性。A_1^* 为正值，

基金项目：国家自然科学基金（52408551）

H_3^* 为负值，在较高风速下有可能发生弯扭耦合颤振。6°攻角下，结构的钝化性质变得突出，A_2^* 均出现了由负变正的现象，结构主要发生单自由度扭转颤振。6°攻角下的 H_1^*、H_3^* 一直保持负值，A_1^* 为正值。采用 Scanlan 半逆解法计算颤振临界风速，见图 3（a）。由图 3（a）可见，0°攻角下，距离结构中心较近位置处开槽（L/B 为 $-0.2 \sim 0.3$）明显提高了颤振临界风速；而距离结构中心较远位置处开槽对颤振性能影响很小。6°攻角下，背风侧开槽会显著降低结构的颤振频率，提高颤振临界风速；相反，迎风侧开槽会降低结构的颤振临界风速。

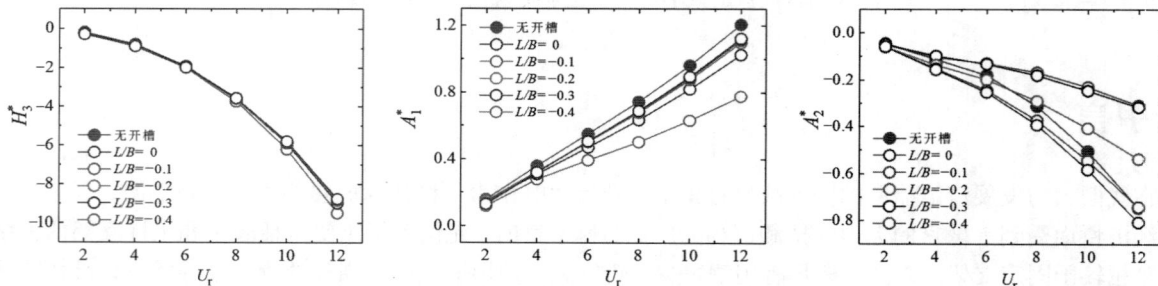

图 2 0°风攻角下迎风侧局部单开槽光伏结构的部分颤振导数

然后，研究对称双开槽对光伏结构颤振性能的影响。光伏结构的颤振临界风速和颤振频率见图 3（b）。由图 3（b）可见，0°攻角下，距离结构中心较近位置处开槽（L/B 为 $0 \sim 0.2$）明显提高了颤振性能，而距离结构中心较远位置处开槽（L/B 为 $0.2 \sim 0.4$）对颤振性能影响很小。6°攻角下，双开槽对结构的颤振性能影响有限；开槽位置向外移动过程中，颤振性能逐渐降低。

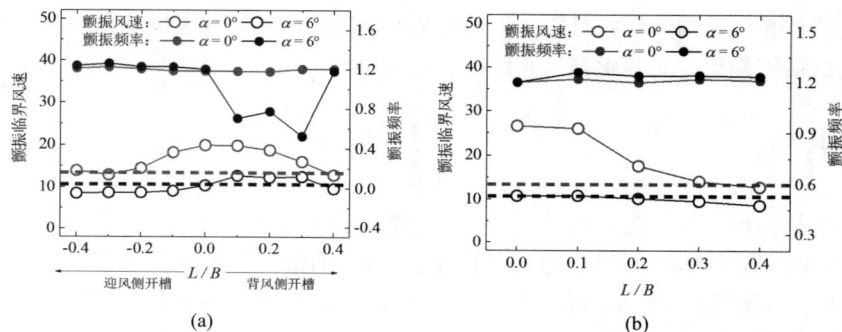

图 3 局部开槽光伏结构的颤振临界风速和颤振频率（左图为单开槽，右图为对称双开槽）

最后，研究多个开槽以及开槽大小对结构颤振性能的影响。针对以上结果，从流场变化的角度解释了相关现象，并讨论了多个攻角来流情况下局部开槽影响结构颤振性能的机理。

4 结论

（1）小攻角下结构表现为流线型，有可能发生弯扭耦合颤振；大攻角下结构表现为钝体，容易发生单自由度扭转颤振。局部开槽措施不会改变结构的颤振失稳形态。

（2）局部开槽的抑振效果取决于开槽位置。在小攻角下，不论是单开槽还是双开槽，开槽位置越靠近结构中心，抑振效果越好。在大攻角下，背风侧开槽会提高结构的颤振性能；双开槽的位置向外侧移动过程中，颤振性能逐渐降低。

参考文献

[1] 李寿英, 马杰, 刘佳琪, 等. 柔性光伏系统颤振性能的节段模型试验研究[J]. 土木工程学报, 2024, 57(2): 25-34.

[2] WU B, WANG Q, LIAO H L, et al. Flutter derivatives of a flat plate section and analysis of flutter instability at various wind angles of attack[J]. Journal of Wind Engineering and Industrial Aerodynamics, 2020, 196: 104046.

基于 DTMD 的风力机塔筒振动控制研究

魏　帅[1]，李寿英[1]，陈政清[1]，代笑颜[2]，牛华伟[1]

（1. 湖南大学桥梁工程与韧性全国重点实验室 长沙 410082；
2. 湖南省潇振工程科技有限公司 长沙 410082）

1　引言

风力机塔筒刚度低、阻尼小，运行中易发生共振。工程设计通常将风机一阶自振频率的±10%范围作为共振穿越区间[1]。当转速接近该区间时，控制系统调整转速快速通过，但叶片额外能量消耗会降低发电效率。单调谐阻尼器针对共振问题有较好的减振效果，但对共振穿越区间的缩减不利；风机内部空间有限，多重调谐质量阻尼器（MTMD）使用较为困难，考虑到缩小共振穿越区间和风机安装空间的限制，采用串联双调谐阻尼器（DTMD）方案更为合适。

2　风机-DTMD 系统的建模、参数优化与设计实现

2.1　风机-DTMD 系统状态空间模型建立

串联双调谐阻尼器（DTMD），如图 1 仅由两个单调谐质量阻尼器系统串联而成。

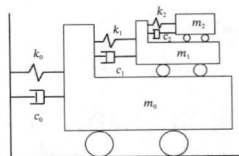

图 1　DTMD 结构系统分析模型

水平轴风机质量主要集中在机舱及叶片[2]，可将风力机简化为单自由度结构，机舱空间有限，将 DTMD 设置于塔筒内，风力机主要受风荷载及叶片机械谐振激励，可通过动力平衡方程组得到系统的状态空间模型，进而得到主结构及上下层 TMD 的频响函数表达式。

2.2　DTMD 新优化思路

评估调谐阻尼器在叶片接近共振频率区间时的减振效果，旨在通过设置减振措施缩小共振频率穿越区间，延长风机正常工作转频区间，增加发电量。可优化 DTMD 参数，使受控 DMF 曲线与未受控 DMF 曲线的交点分布远离，以最大化 DTMD 对于共振穿越区间的缩减。

2.3　DTMD 最优参数

以张家口某 3.35MW 陆上风机为研究对象，其一阶模态频率为 0.135Hz，一阶模态质量为 265t，阻尼比为 0.2%。针对以上风机参数，设置阻尼器总质量比为 1%，使用粒子群算法（PSO）进行 DTMD 最优参数搜索，得到了 DTMD 各参数无量纲取值如下：

DTMD 最优参数　　　　　　　　　　　　　　　表 1

参数	μ'	λ_1	λ_2	ζ_1	ζ_2
数值	0.003	0.723	0.643	0.308	0.086

基金项目：湖南省科技创新计划资助（2024RC1031）

$$\mu' = \frac{m_2}{m_1}, \ \lambda_1 = \frac{\sqrt{k_1/m_1}}{\sqrt{k_0/m_0}} = \frac{\omega_1}{\omega_0}, \ \lambda_2 = \frac{\sqrt{k_2/m_2}}{\sqrt{k_0/m_0}} = \frac{\omega_2}{\omega_0}, \ \zeta_j = \frac{c_j}{2m_j\omega_j}, \ \gamma = \frac{\omega}{\omega_0} \qquad (1)$$

式中，m_0、m_1、m_2依次为主结构、下层、上层 TMD 质量；k_0、k_1、k_2依次为主结构、下层、上层 TMD 刚度；c_0、c_1、c_2依次为主结构、下层、上层 TMD 阻尼系数；ω为荷载频率；γ为荷载频率比。

通过构建 DTMD-主结构状态空间模型结构图与相关研究进行比较，完成计算结果可靠性验证[3]。绘制等质量比下 TMD、DTMD 及未受控下主结构位移的频响函数曲线及交点如下，其中 TMD 参数参考定点理论完成设计：

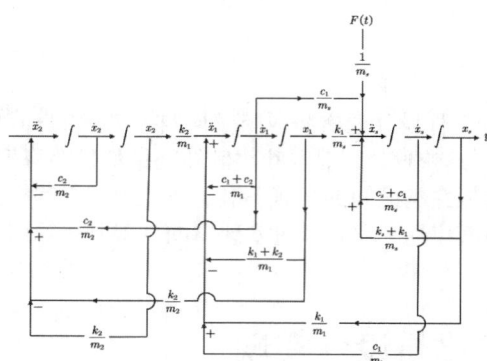

图 2　DTMD-主结构系统状态空间结构图　　图 3　不同受控情况的主结构位移频响函数曲线

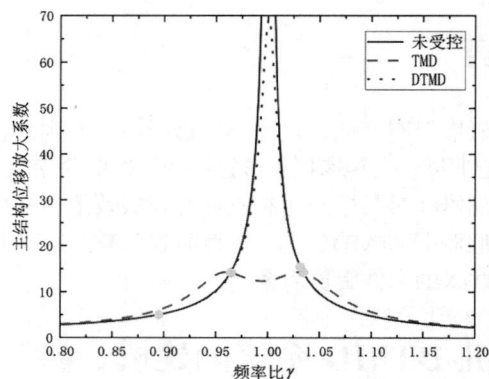

使用 DTMD 进行控制后，未受控曲线位于受控曲线上方的起始频率比为 0.895，终止频率比为 1.03，基本完成对于穿越共振频率区间的缩短；DTMD 控制下的最大主结构位移放大系数为未受控的 1/3，有着良好的减振效果。

2.4　DTMD 实际设置

在塔筒内部，将下层 TMD 设置为悬吊式电涡流 TMD，满足频率比及阻尼比要求。电涡流的质量块顶部改为盆式表面，通过设置合理半径[4]以实现上层 TMD 的调谐，并在盆式容器内填充适当的颗粒阻尼，完成上层 TMD 的阻尼配置，从而实现 DTMD 的实际设置。

3　结论

本文基于简化动力学模型研究了 DTMD 在风力机塔筒减振中的应用。研究结果表明，新优化思路的最优参数下，DTMD 能够有效缩小共振穿越区间；DTMD 控制下最大 DMF 降低至未受控情况的 1/3，展现出较好的减振效果。通过设置悬吊式电涡流 TMD 和颗粒阻尼器，满足了频率比和阻尼比要求，实现了 DTMD 对风力机塔筒共振问题的较好控制效果。

参考文献

[1] 周飞航. 永磁同步风能转换系统振动抑制及鲁棒控制研究[D]. 西安: 西安理工大学, 2020.

[2] 刘纲, 雷振博, 杨微, 等. 风机塔架 PS-TMD 被动控制装置机理分析及参数调谐优化研究[J]. 工程力学, 2021, 38(12): 137-146.

[3] 孙宝雨, 黄晓斌, 庞学慧, 等. 双级串联调谐质量阻尼器减振镗杆的设计与性能仿真分析[J]. 工具技术, 2024, 58(2): 97-102.

[4] 陈俊岭, 李哲旭, 黄冬平. 盆式调谐/颗粒阻尼器在风力发电塔振动控制中的实测研究[J]. 东南大学学报（自然科学版）, 2017, 47(3): 571-575.

大规模光伏阵列风荷载干扰效应研究

邸章健[1]，马文勇[1,2]，康霄汉[1]，赵　亮[1]

（1. 石家庄铁道大学土木工程学院　石家庄 050043；
2. 石家庄铁道大学道路与铁道工程安全保障省部共建教育部重点实验室　石家庄 0500430）

1　引言

风荷载不仅会对光伏支架及面板的结构安全性造成威胁，还会影响电站的长期运行稳定性和维护成本。Ma 等人[1]对小型光伏阵列进行了刚性模型测压风洞试验，阐明了平单轴光伏阵列风致干扰效应的基本特征。Ang 等人[2]通过 CFD 计算研究了不同排间距和离地高度对八排光伏阵列风荷载的影响，表明排间距对风荷载有显著的影响而离地高度对风荷载影响较小。江赛雄等[3]对中美欧三国的规范进行了对比发现，在实际设计中，没有根据光伏组件倾角、风向角等因素对阵列提出具体的设计要求。本文采用数值模拟方法，研究了不同排数的光伏阵列在倾角和风向角影响下的风压分布情况，提出一种划分内外围的方法。

2　主要研究内容

本文采用数值模拟方法，研究了不同排数的光伏阵列在倾角和风向角影响下的风压分布情况图 1 展示了 8 排光伏阵列位置以及风向角，P 为阵列列号，R 为阵列排号，将每排七个组件进行合并，如 A 代表每排端部区域，C 代表每排中间区域。

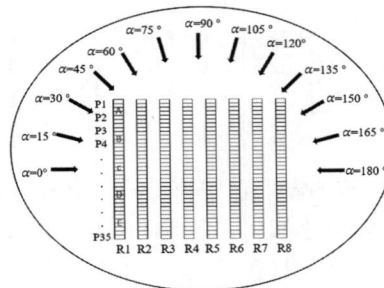

图 1　群体光伏阵列示意图

图 2 为各个倾角下光伏阵列不同位置处风压系数，从图中可以看出，光伏阵列在 R1 所受平均风荷载最大；阵列端部区域的平均风压系数从 R3 开始逐渐降低再增大，阵列中间区域受 R1 以及端部区域的遮挡，平均风压系数逐渐降低并保持稳定。

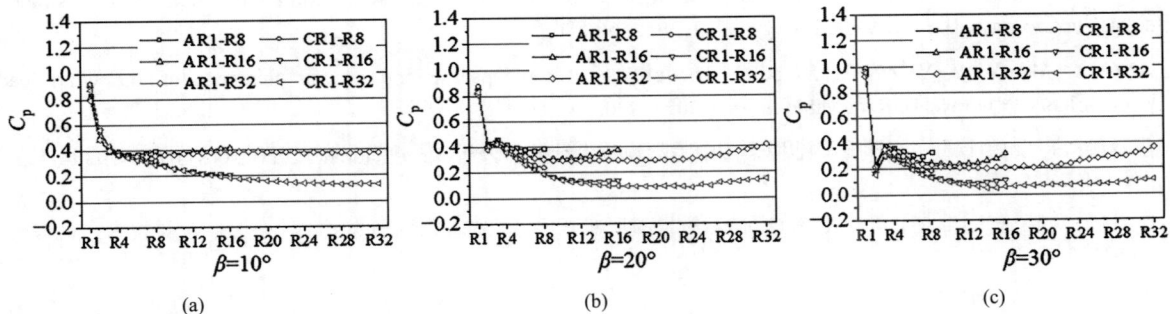

| (a) | (b) | (c) |

基金项目：河北省自然科学基金资助（E2021210053）

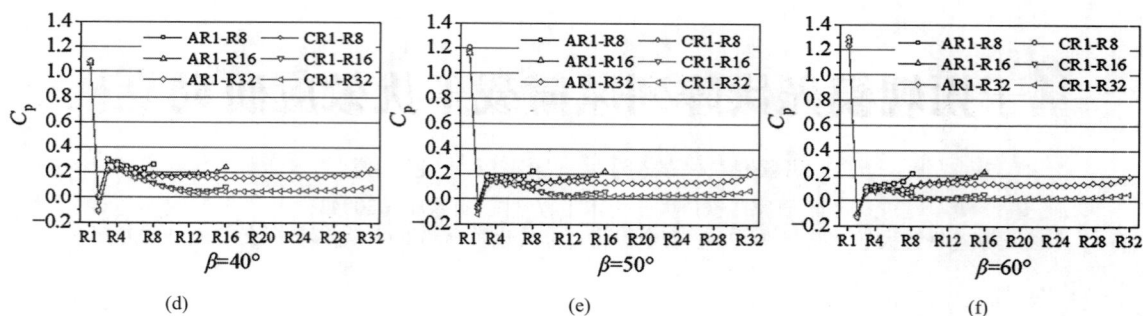

图 2　阵列不同区域风压系数

图 3 为 20°、40°和 60°倾角下阵列中整体风荷载分布，从图中可以看出，在小倾角下，因为第一排的存在，会在光伏阵列四周产生绕流现象，绕流的存在会使光伏阵列两侧所受风荷载大幅上升；在大倾角下，由于遮挡效应，从第四排开始，阵列所受风荷载较小且会保持一定范围内的支架所受风荷载变化较小，并且随着倾角的增大，这个范围也逐渐增大。

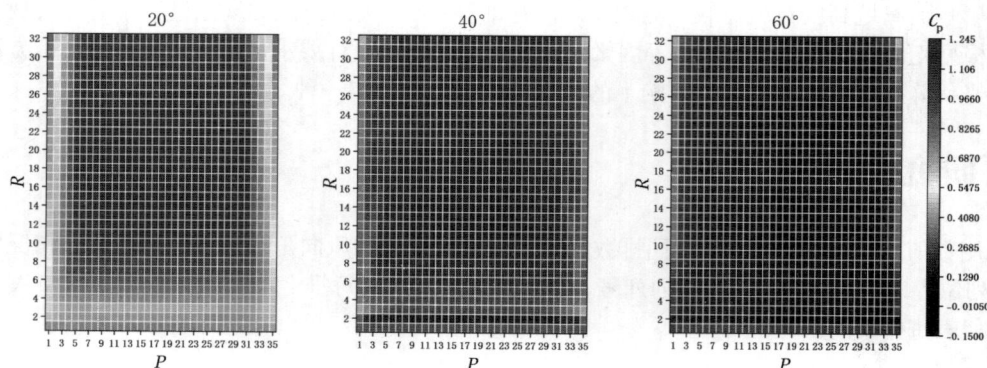

图 3　3 种不同倾角下光伏阵列风压分布

3　结论

本文提出了根据光伏阵列中风压分布情况对光伏阵列进行划分。不同倾角的光伏阵列其风压稳定范围有所不同，小倾角下需要稳定的范围较大，且小倾角在负风向时存在风吸力较大中间的区域；大倾角由于遮挡效应的存在，阵列达到稳定需要的范围较小，且正负风向下稳定范围一致。在对阵列进行内外围划分时，内外围根据风压系数稳定边界作为划分依据，外围风压系数取外围最大值，内围风压系数取内围最大值。

参考文献

[1]　MA W Y, ZHOU W D, ZHANG X B, et al. Experimental investigations on the wind load interference effects of single-axis solar tracker arrays[J]. Renewable Energy, 2023, 202: 566-580.

[2]　ANG X, MA W Y, YUAN H X, et al. The effects of row spacing and ground clearance on the wind load of photovoltaic(PV)arrays[J]. Renewable Energy, 2024, 220.

[3]　江赛雄, 王云正, 严旭. 光伏支架结构采用中美欧规范设计差异分析[J]. 建筑结构, 2020, 50(S1): 699-703.

基于扭转自振频率平单轴光伏支架的驱动立柱优化布置研究

邢俊鸥[1]，马文勇[1,2]，张晓斌[1]，康霄汉[1]

（1. 石家庄铁道大学土木工程学院 石家庄 050043；
2. 石家庄铁道大学道路与铁道工程安全保障省部共建教育部重点实验室 石家庄 050043）

1 引言

平单轴光伏支架为典型的"长细柔"风敏感结构，如图1所示，光伏组件通过檩条与长细主轴连接，主轴沿跨度方向间隔布置立柱，立柱分为普通立柱和驱动立柱，普通立柱仅能提供竖向约束和水平约束，驱动立柱顶部安装驱动电机，不仅可以提供水平、竖向约束还可以提供扭转方向约束[1]。光伏支架从抗风设计角度分为静态风荷载、风致结构响应以及风致气动失稳三部分。风致结构响应、风致气动失稳都和结构自振频率密切相关[2-3]。因此，测试光伏支架的自振频率以及探究驱动立柱最优布置方式具有重要意义。

(a) 平单轴光伏支架示意图　　　　　　(b) 测点布置图

图 1　平单轴光伏支架示意图及测点布置图

2 研究方法和主要内容

采用现场实测和有限元分析相结合的方法，利用现场实测的自振频率结果与有限元建立的相应模型模拟出的结果对比验证准确性，通过有限元模拟研究驱动立柱间距、极惯性矩以及倾角对扭转自振频率的影响，最后基于有限元模拟的结果分析提出驱动立柱最优布置方式。

2.1 现场实测

对平单轴光伏支架施加扭转外部激励激发结构发生自由振动，通过加速度计测试得到结构自由振动的加速度时程曲线，该加速度传感器灵敏度为 $1mV/(m/s^2)$ 测试量程为 $5000m/s^2$，采样频率为 $1000Hz$，最后对该加速度时程曲线进行功率谱计算，如图2所示，结构扭转自振频率测试结果为 $3.24Hz$。

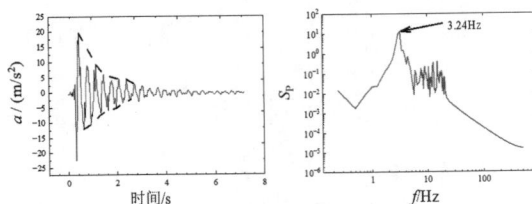

图 2　加速度时程曲线及功率谱分布图

基金项目：河北省自然科学基金资助（E2021210053）

2.2　有限元模拟准确性验证及最优驱动立柱布置

以现场实测光伏支架为原型建立有限元模型验证准确性计算前三阶的振型和自振频率并研究驱动立柱间距对自振频率影响。以中间区域和端部区域跨度的比值定义为驱动立柱间距的比值c，驱动立柱间距比增大时则中间区域跨度增大端部区域跨度减小。如图3所示，一阶振型为一侧端部区域扭转，二阶振型为另外一侧扭转，三阶振型为中间区域扭转，一二阶的频率非常接近约为2.04Hz，与实际测试频率2.38Hz差距1.6%，三阶频率约为2.83Hz，与实际测试的频率2.85差距0.7%，可近似认为模型的准确性。此外，驱动立柱间距比值为3.7时中间区域和端部区域频率相等约为2.52Hz，此时结构整体自振频率最高为驱动立柱最优布置方式。

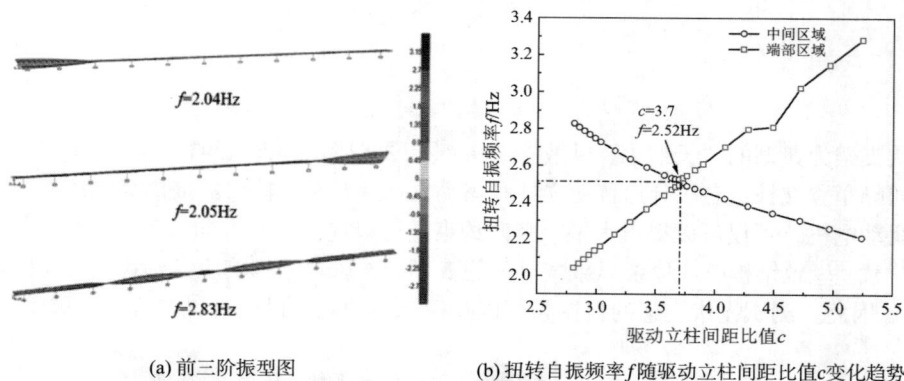

(a) 前三阶振型图　　　　　　　　(b) 扭转自振频率f随驱动立柱间距比值c变化趋势

图3　前三阶振型图和扭转自振频率f随驱动立柱间距比值c变化趋势

3　结论

本研究通过平单轴光伏支架现场测试端部区域与中间区域的扭转自振频率，验证有限元模型的准确性并结合扭转自振频率理论估算公式进一步提出端部区域和中间区域优化公式，同时基于扭转自振频率进一步提出驱动立柱最优布置方式，当驱动立柱间距比为3.7时，此时中间区域扭转自振频率和端部区域的频率基本相等约为2.52Hz，结构整体扭转自振频率最高，不易发生扭转气动失稳。

参考文献

[1]　张晓斌. 平单轴光伏支架风致大幅扭转振动特征及机理研究[D]. 石家庄: 石家庄铁道大学, 2024.

[2]　AYDOGDU M, ARDA M, FILIZ S. Vibration of axially functionally graded nano rods and beams with a variable nonlocal parameter[J]. Advances in nano research, 2018, 6(3): 257.

[3]　马文勇, 王贺朋, 纪寅峰, 等. 全风向下平单轴光伏支架风致扭转气动失稳试验研究[J]. 振动与冲击, 2024, 43(20): 221-228+281.

柔性光伏阵列风荷载分布规律试验研究

雷智皓 [1,2]，何旭辉 [1,2]，敬海泉 [1,2]

（1. 中南大学土木工程学院 长沙 410075；

2. 高速铁路建造技术国家工程实验室 长沙 410075）

1 引言

近年来，随着光伏用地政策的收紧，土地资源已成为制约地面光伏电站投资建设的最根本问题，提高土地综合利用率是未来光伏电站开发建设的重点方向，而传统光伏支架结构在土地复合利用和复杂地形条件适应性等方面明显不足[1]。柔性光伏支架具有结构净空高、桩基占地面积少、散热性能好、结构布置灵活、组件倾角易调节、场地适应性强和土地复合利用率高等特点，由于其卓越的性能表现，该结构已受到行业的广泛认可，并被国家能源局等国家机构推荐[2]。文献[3-4]通过数值模拟和风洞试验研究了柔性光伏支架结构的力学特性和在不同风速、不同组件行和不同风向角下的风振特性。文献[5]通过风洞试验和数值模拟，研究了行间距和组件离地净距对光伏组件风荷载的影响。文献[6]研究了组件倾角和风向角对跟踪器阵列风荷载的干扰效应。结果表明，干扰效应随倾角的增大而增强。平均压力和扭矩系数的干扰效应主要表现为遮挡效应，脉动压力和扭矩系数的干扰效应在小倾角和大倾角范围内分别表现为遮挡效应和放大效应。

2 研究方法和内容

2.1 研究方法

本次试验设计制作了一套用于固定测力测压模型的装置，安装图如图1所示。安装支架固定于风洞试验段的中心位置，通过模型小端板处不同孔位可以调节组件倾角，通过大端板上的孔位可调整测力模型所处的行位置，同时可以通过移动小端板来调整模型之间的行间距。模型设置在距离风洞地面1m处，以避开下部边界层的影响。

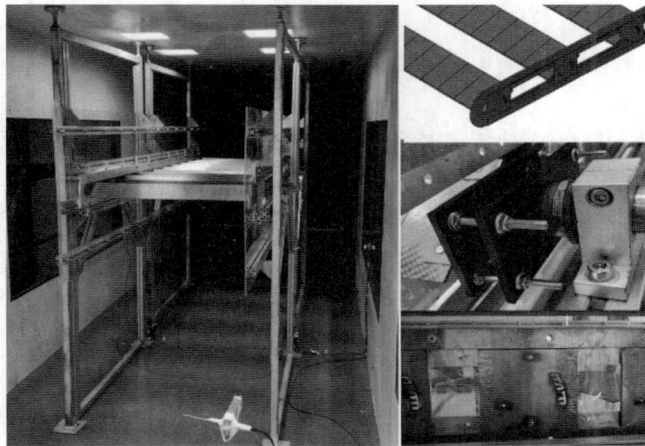

图 1 模型的安装与参数

2.2 研究内容

试验中对不同倾角，不同行间距，不同组件间隙柔性光伏阵列的体型系数进行了测量分析，其分析结果包络图如图2所示。并将相关取值与规范取值进行了转化对比，现将具体分析结果见表1。

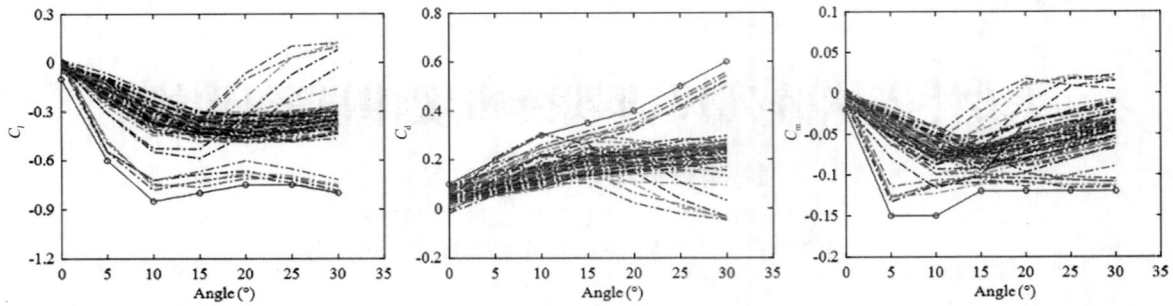

图 2　风荷载体形系数包络图

迎风三行气动力系数表　　　　　　　　　　　　　　　　　　　　表 1

气动力系数	α	$0°$	$5°$	$10°$	$15°$	$20°$	$25°$	$30°$
	类型							
	扭矩系数 C_m	0.02	0.15	0.15	0.12	0.12	0.12	0.12
	升力系数 C_l	0.1	0.6	0.85	0.8	0.75	0.75	0.8
	阻力系数 C_d	0.1	0.2	0.3	0.35	0.4	0.5	0.6

3　结论

　　本文对柔性光伏阵列的风荷载分布规律进行了测力试验研究，对阵列中不同行的风荷载以及整体阵列的风荷载进行了分析，并对不同组件倾角、行间距的柔性光伏阵列做了详尽的对比，结合试验结果，主要结论如下：

　　（1）柔性支架结构的设计可区分为迎风三行和其他阵列行；迎风三行应当采用合理的抗风措施进行加固，其他阵列行均可采取同一风荷载。

　　（2）光伏阵列结构具有良好的整体效应，相较于单行叠加计算主要降低了升力作用的脉动分量和阻力作用的平均分量。

　　（3）在小倾角柔性光伏阵列的风荷载估算中，建议采用本文提出的风荷载体型系数及其折减系数取值。

参考文献

[1]　刘兴佳, 崔国桥, 于恺. 太阳能光伏柔性支架体系研究[J]. 中国技术新产品, 2020(2): 79-81.

[2]　国家能源局. 国家能源局综合司国家林业和草原局办公室关于有序推进光伏治沙项目开发建设有关事项的通知[EB/OL]. (2025-05-17)[2024-05-21]. https://zfxxgk.nea.gov.cn/2024/05/17/c_1310776162.htm.

[3]　HE X H, DING H, JING H Q*, et al. Wind-induced vibration and its suppression of photovoltaic modules supported by suspension cables[J/OL]. Journal of Wind Engineering and Industrial Aerodynamic, 2020, 206: 104275, https://doi.org/10.1016/j.jweia.2020.104275.

[4]　HE X H, DING H, JING H Q*, et al. Mechanical characteristics of a new type of cable-supported photovoltaic module system[J/OL]. Solar Energy, 2021, 226: 408-420, https://doi.org/10.1016/j.solener.2021.08.065.

[5]　MA W Y, ZHANG W D, ZHANG X B, et al. Experimental investigations on the wind load interference effects of single-axis solar tracker arrays[J]. Renewable Energy, 2023, 202: 566-580.

[6]　XU A, MA W Y, YUAN H X, et al. The effects of row spacing and ground clearance on the wind load of photovoltaic(PV)arrays[J]. Renewable Energy, 2024, 220: 119627.

典型风机叶片涡振试验模拟及涡激力识别

李　克，祝　戈，周　奇

（汕头大学土木与智慧建设工程系　汕头　515063）

1　引言

随着风力机推广应用，风力机叶片朝着更大、更轻柔的方向发展，叶片在低风速时出现涡振的现象越来越显著[1]，叶片涡振会引起疲劳损伤，检验与研究叶片的涡振性能十分必要。目前，通常采用数值模拟方法来检验叶片涡振对风力机可能产生的不利影响[2-3]，但数值模拟准确性较难验证。为此，本文以某 2.5MW 水平轴风力机叶片为研究对象，采用弹簧悬挂节段模型同步测力测振风洞方法，模拟叶片涡振发生状态，并识别典型叶片非线性涡激力，对比分析了不同风攻角、阻尼参数对叶片振幅和涡激力的影响。

2　风洞试验介绍

试验以典型风机叶片为研究对象，叶片由 5 种基本翼型按照一定的旋转角和比例渐变而成，从叶根至叶尖分别是翼型Ⅰ、Ⅱ、Ⅲ、Ⅳ、Ⅴ。节段模型由中间测试端和两边补偿段组成，试验模型如图 1 所示，翼型断面如图 2 所示。采用同步测力测振节段模型风洞试验方法，获得不同试验风攻角、不同阻尼比下模型的位移和加速度信号和测试段外衣的气动力信号。

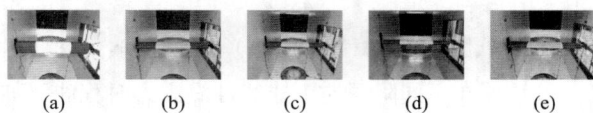

图 1　节段模型照片：（a）翼型Ⅰ；（b）翼型Ⅱ；（c）翼型Ⅲ；（d）翼型Ⅳ；（e）翼型Ⅴ

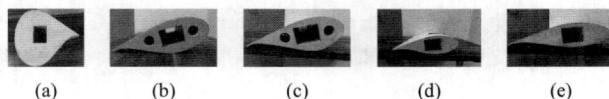

图 2　翼型断面：（a）翼型Ⅰ；（b）翼型Ⅱ；（c）翼型Ⅲ；（d）翼型Ⅳ；（e）翼型Ⅴ

3　试验结果及分析

3.1　涡振响应识别结果

当阻尼比不变时，翼型Ⅰ、Ⅱ、Ⅳ不同风攻角下无量纲振幅均方根随无量纲风速变化结果如图 3 所示，不同风攻角下典型翼型的涡振特性不同，翼型Ⅰ、Ⅱ、Ⅳ位移幅值均在风攻角为 90°达到最大值，翼型涡振对风攻角变化较为敏感。当翼型弦线与来流风夹角超过某一临界角度后，涡振现象将会消失。翼型Ⅲ、Ⅴ在不同试验风攻角下均未发生涡振。

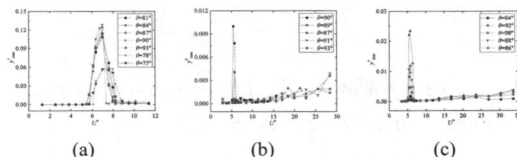

图 3　不同风攻角下无量纲振幅均方根随无量纲风速变化曲线：（a）翼型Ⅰ；（b）翼型Ⅱ；（c）翼型Ⅳ

基金项目：国家自然科学基金项目（52278508），广东省科技创新战略专项（"大专项＋任务清单"）项目（STKJ202209084）

3.2 阻尼比对翼型位移响应影响对比

当风攻角不变时，翼型Ⅰ、Ⅱ、Ⅳ在不同阻尼比下无量纲振幅均方根随无量纲风速变化曲线如图4所示，阻尼比很大程度上影响涡振的起振与止振风速以及涡振稳态区间，较大阻尼比能够较好地抑制涡振现象。以翼型Ⅰ为例，阻尼比0.22%相对于阻尼比0.16%工况下，涡振的起振风速并无很大变化，但止振风速明显下降，涡振区间也明显减小；当阻尼比增大到0.33%时，起振风速明显推迟，止振风速显著提前，涡振锁定区间变短。但阻尼比对涡振稳态最大振幅对应的风速影响较小，基本在6.7左右。阻尼比对止振风速影响要大于起振风速，对锁定区间长度影响更显著。

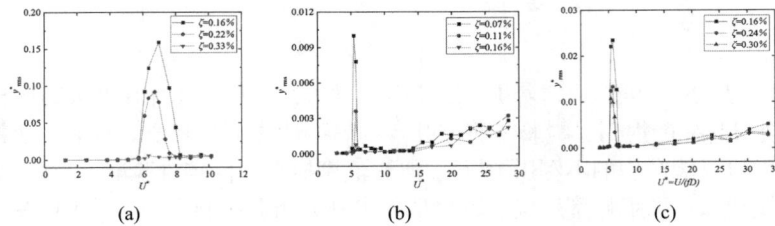

图4　不同阻尼比下无量纲振幅均方根随无量纲风速变化曲线：（a）翼型Ⅰ；（b）翼型Ⅱ；（c）翼型Ⅳ

3.3 翼型涡激力识别与对比

当阻尼比不变时，翼型Ⅰ、Ⅱ、Ⅳ在不同风攻角下非线性涡激力时程曲线如图5所示，当来流风攻角在90°时，非线性涡激力幅值达到最大值。

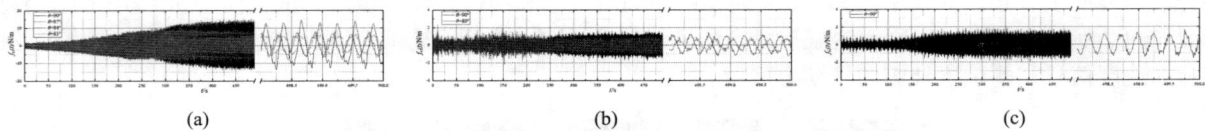

图5　不同风攻角下非线性涡激力时程曲线：（a）翼型Ⅰ；（b）翼型Ⅱ；（c）翼型Ⅳ

当风攻角不变时，翼型Ⅰ、Ⅱ、Ⅳ在不同阻尼比下非线性涡激力时程曲线如图6所示，阻尼比的增大会引起涡激力幅值降低。涡激共振时除了主频外，还存在明显的高次倍频成分。

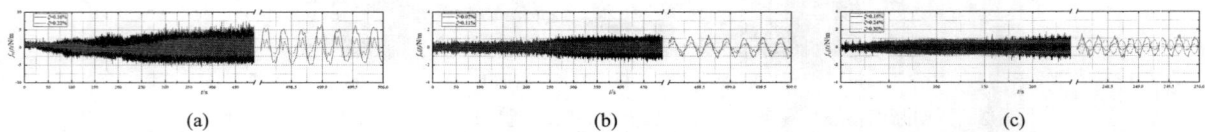

图6　不同阻尼比下非线性涡激力时程曲线：（a）翼型Ⅰ；（b）翼型Ⅱ；（c）翼型Ⅳ

4　结论

主要结论有：当阻尼比一定时，不同风攻角下典型翼型的涡振特性不同，当风攻角为90°时，翼型Ⅰ、Ⅱ、Ⅳ的涡振响应和涡激力幅值均达到最大值；阻尼比对翼型涡振响应和涡激力幅值影响较为明显；涡激力呈现出明显的非线性特性。

参考文献

[1]　MAO Z Y, ZHAO J, ZHOU W M, et al. Analysis of vortex induced vibration on the hundred-meter wind turbine blade based on CFD and FEM[J]. Journal of Physics: Conference Series, 2024, 2854(1): 1-7.

[2]　HORCAS G S, BARLAS T, ZAHLE F, et al. Vortex induced vibrations of wind turbine blades: Influence of the tip geometry[J]. Physics of Fluids, 2020, 32(6): 1-31.

[3]　贾文超. 基于双向流固耦合的平板及翼型涡激振动特性研究[D]. 武汉: 华中科技大学, 2016: 35-60.

屋顶架空式单坡光伏棚式结构风荷载特性的试验研究

郭　冲 [1,2]，李永贵 [1,2]，邓玉玺 [1,2]

（1. 湖南科技大学土木工程学院　湘潭　411201；
2. 湖南科技大学结构抗风与振动控制湖南省重点实验室　湘潭　411201）

1　引言

屋顶架空式单坡光伏棚式结构作为风敏感结构，但在规范[1]中并没有对其体型系数做出明确的规定。光伏组件会设置不同的倾角以达到最大的发电时间，倾角会引起表面风压的变化[2]，且目前对此类结构的风荷载研究较少。因此对屋顶光伏棚式结构表面风荷载的研究是必要的。

本文通过对一城镇屋顶上的光伏棚式结构进行风洞试验，对风荷载特性进行研究，分析不同倾角和风向角下结构的表面平均风压和极值风压分布规律，并对屋面的整体体型系数和局部分区体型系数进行分析并与现行规范进行对比，以期为此类结构抗风设计提供参考。

2　研究方法与内容

2.1　试验内容

本文试验在湖南科技大学风洞实验室中进行，试验现场如图 1 所示。本试验选用四种屋面倾角（$\beta = 0°$、5°、10°、15°），模型尺寸参数如图 2 所示。

图 1　风洞试验现场　　　　　图 2　模型尺寸参数

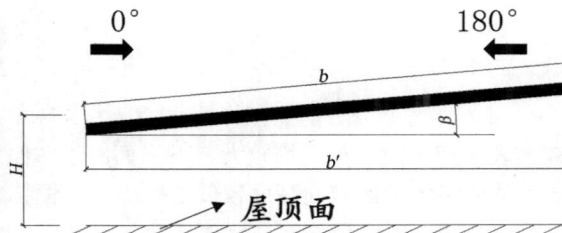

2.2　风向角及倾角对平均风压的影响

风向角影响：在倾角 $\beta = 0°$ 时，垂直屋面的风向角下（0°、90°），屋面迎风前缘两侧角部上表面负压最大，下表面迎风前缘小块区域为正压。斜向风下（45°），上表面迎风前缘两侧边缘因锥形涡而产生较大的负压，下表面迎风前缘角部由于"兜风效应"形成正压，下表面风压等值线与来流风向几乎垂直。

倾角影响：0°风向角下在板迎风方向的上表面前 2/3 区域，当倾角从 0°增大至 15°时，风压系数随之增大。对于下表面，倾角的变化则只在板的顺风向后 1/3 区域产生影响，随着倾角的增加该区域平均风压系数绝对值逐渐增大。

部分试验结果与蒋媛[3]结果中风压变化趋势基本一致，进而验证了该试验结果的准确性。

2.3　极值风压系数

全方向角下的极值包络图如图 3 所示。

基金项目：国家自然科学基金项目（51878271）

| (a) 倾角β = 0° | (b) 倾角β = 5° | (c) 倾角β = 10° | (d) 倾角β = 15° |

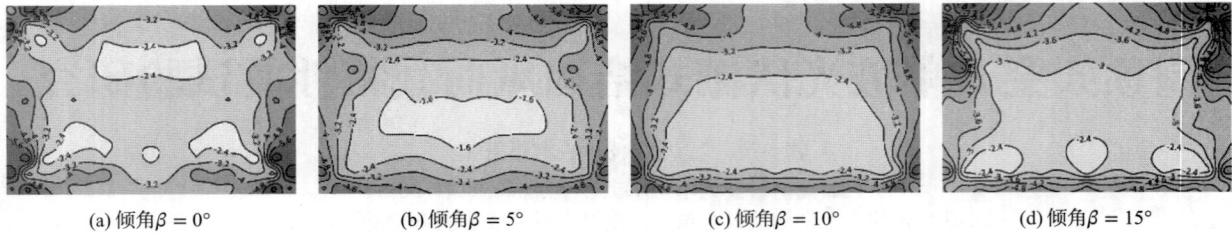

图 3　极值包络图

2.4　整体体型系数与分区体型系数

将本试验的体型系数与规范值进行对比。结果表明，在 0°风向角下，本试验值均远大于规范中的体型系数。在 180°风向角度下，只有平屋盖下的体型系数略小于规范值，带倾角屋面的下半区体型系数C_{p1}均大于规范取值。这表明规范中体型系数取值不适用于屋顶光伏棚式结构的风荷载设计。屋顶开敞棚式结构如图 4 所示。

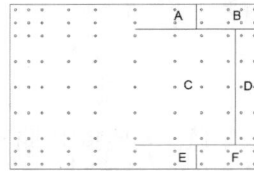

图 5 为屋顶棚式结构表明风荷载体型系数分区示意图。将试验结果的体型系数与规范中体型系数值进行对比发现：①规范中只考虑了屋面的风吸力，但试验结果表明，在倾角较大时，风压力也是不可忽视的；②规范只在带倾角屋面的较高的角点 B 区域和短边边缘 D 区域处偏薄弱，在屋面中间的上边缘 A 区域、中部 C 区域和下边缘 E 区域偏保守。

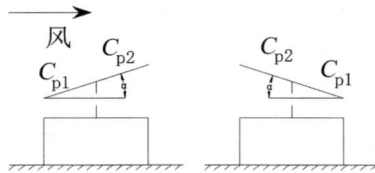

图 4　屋顶开敞棚式结构　　　图 5　棚式结构屋顶面体型系数分区示意图

3　结论

平均风压系数在上表面迎风前缘负压均较大，下表面由于"兜风效应"正压较大。随着倾角β的增大中间位置的极小值风压系数的最大值区域向高度较低的一侧屋面偏移，位置较低的下屋檐角部区域极小值风压系数不断增加，而位置较高的上屋檐角部区域风压系数逐渐减小。0°风向角下规范中的两种屋盖体型系数对于文中的结构来说都过于保守，而在 180°风向角下，带倾角的下半区体型系数试验值远大于规范值，对该结构分区进行结构设计计算时同样需要考虑正压，且规范值在屋面分区体型系数在上屋檐角部区域和侧面边缘区域偏薄弱。

参考文献

[1]　住房和城乡建设部. 屋盖结构风荷载标准: JGJ/T 481—2019[S]. 北京: 中国建筑工业出版社, 2019.

[2]　PRATAP, A. AND RANI, N. Study of the wind-induced effects on various roof angles of a mono-slope canopy roof using wind tunnel testing and computational fluid dynamics[J]. Sādhanā, 2023, 48(3): 167.

[3]　蒋媛, 回忆, 陈波, 等. 中/低层建筑屋顶开敞棚式结构风荷载特性的试验研究 [J/OL]. 建筑结构学报, 1-11[2025-05-13]. https://doi.org/10.14006/j.jzjgxb.2024.0042.

挡风墙对柔性光伏阵列风荷载影响研究

杨 丹，李寿英

（湖南大学土木工程学院 长沙 410082）

1 引言

柔性光伏相较于固定光伏支架其跨度大、净空高、基础量少、对地形适应性强，但大跨度也同时增加了其风荷载敏感性[1]。因此，开展柔性光伏支架风荷载的取值研究对其结构设计具有重要意义。现有光伏支架结构规范[2]中并未充分考虑柔性光伏支架特性及镜场的干扰效应，有关柔性光伏组件风荷载的取值规律仍不清楚，对此进一步开展研究是十分必要的。本文设计并制作了一个两跨七排的柔性光伏支架结构模型，进行了多工况刚性模型风洞测压试验，并进一步研究了挡风墙对柔性光伏阵列风荷载的影响。

2 风洞试验概况

本文研究对象原型为两跨七排的柔性光伏支架结构，每跨每排共 14 个光伏组件，排间距为 5m，距地面高度为 5m。光伏组件实际平面尺寸为 1133mm × 2256 × 30mm，组件之间净间距为 30mm。试验模型采用 1∶20 几何缩尺比进行制作，光伏组件采用 ABS 工程塑料。由于来流风向角、光伏组件倾角、及排间距对体型系数影响较大，本试验主要考虑以上 3 个影响因素。其中，组件倾角从 0°～40° 取值，间隔为 5°，来流风向角为 0°～360°，间隔 10°，共计 36 个，共计 7 排（分别为 P1～P7）。本试验共设置了 12 组挡风墙工况，考虑了 4 个挡风墙高度 H（分别对应实际高度 4.6m、5.0m、5.4m、5.8m）和 3 个透风率 TF（25%、30%、35%）对柔性光伏阵列排平均体型系数的影响。

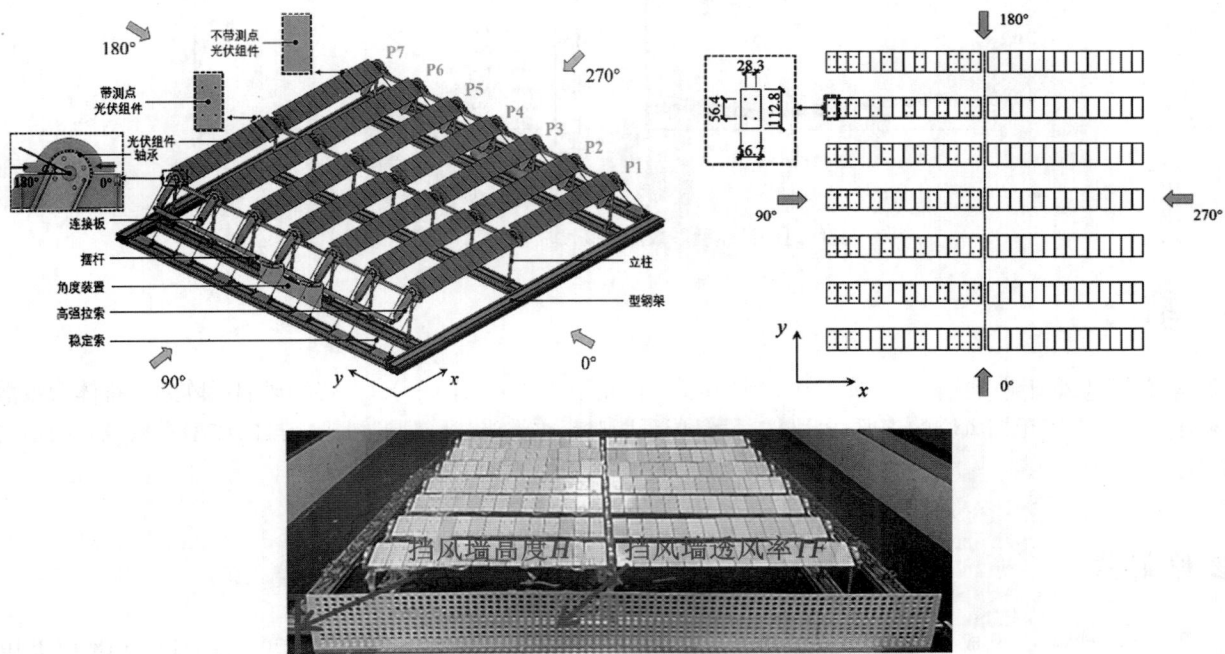

图 1 柔性光伏支架及挡风墙模型概况

基金项目：国家自然科学基金项目（52378508）

3 试验结果分析

本节以 25°组件倾角，5.0m 排间距的光伏阵列考察挡风墙对柔性光伏阵列排体型系数的影响。图 2 和图 3 分别给出光伏组件排体型系数随透风率和高度变化情况，易见不设置防风墙时，最不利排体型系数值可达到 0.74（0°来流风向角）和−0.97（180°来流风向角），在设置挡风墙后，排体型系数最大值（绝对值）均不超过 0.2。由图 2（a）可知透风率为 25%和 30%时，前排体型系数为正值，后排体型系数为负值，透风率增大到 35%时，所有排体型系数都转变为负值，这可能是因为挡风墙加大了风吸作用。图 2（b）中的图线表明，180°来流风向角下透风率为 35%时，排体型系数数值最小。图 3 的图线与图 2 有相似规律，即挡风墙对减小柔性光伏阵列风荷载的效果显著，对迎风第 1 排光伏组件的体型系数也有大幅减小，并且在安装挡风墙后，各排体型系数数值基本在 0 附近。

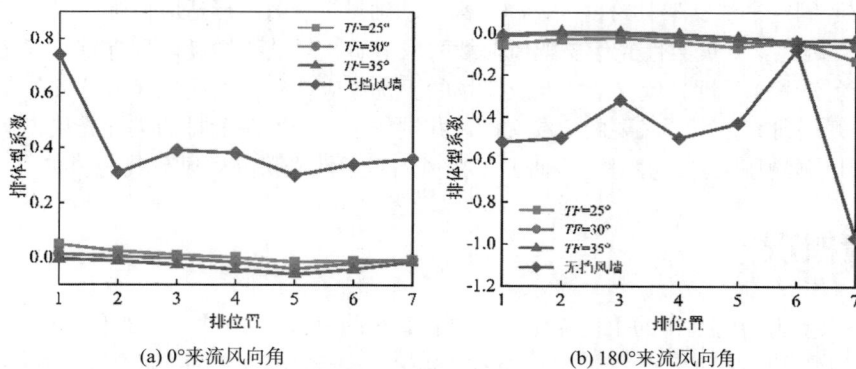

(a) 0°来流风向角   (b) 180°来流风向角

图 2　光伏组件排体型系数随透风率变化情况（$H = 5.4$m）

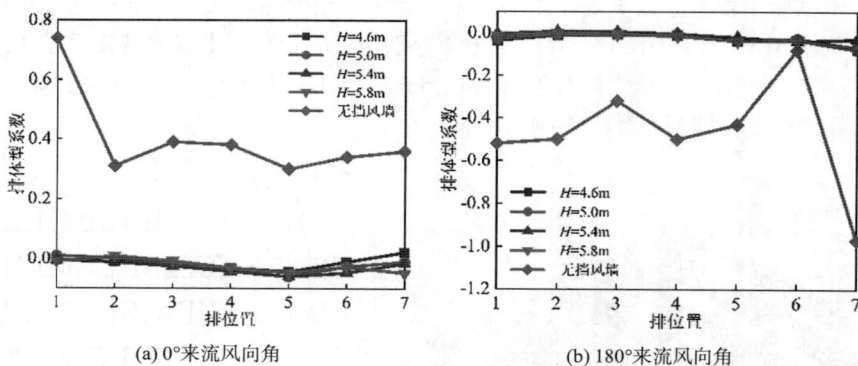

(a) 0°来流风向角   (b) 180°来流风向角

图 3　光伏组件排体型系数随墙高度变化情况（$TF = 25\%$）

4 结论

本文通过风洞测压试验，验证了在 0°和 180°风向角下（典型风向角），设置挡风墙后阵列的排体型系数（绝对值）远小于无挡风墙的工况。此外，设置挡风墙对于柔性光伏阵列迎风第一排的体型系数也有明显的减小。

参考文献

[1]　马文勇, 柴晓兵, 马成成. 柔性支撑光伏组件风荷载影响因素试验研究[J]. 太阳能学报, 2021, 42(11): 10-18. DOI: 10. 19912/j. 0254-0096. tynxb. 2019-1184.

[2]　国家能源局. 光伏支架结构设计规程: NB/T 10115—2018[S]. 北京: 中国电力出版社, 2018.

偏航风力机叶片气动特性研究

韩小云[1]，王响军[1]，韩　艳[2]

（1. 长沙理工大学土木工程学院 长沙 410114；
2. 长沙理工大学卓越工程师学院 长沙 410114）

1　引言

叶片作为风力机捕获风能的关键组成部分，其气动特性直接影响风力机的发电效率和稳定性。以往对风力机叶片的研究大多基于二维翼型数据，无法深入研究叶片复杂的三维气动特性[1-2]。本文基于雷诺平均方程，采用数值模拟方法，建立了全尺寸 NERL 5MW 风力机[3-4]，研究了在风切变来流下，叶片在不同偏航角下的失速差异及其对叶片受力特性的影响，分析了由于离心力及来流的切向分量共同影响下叶片的动态展向流动状态，及其对叶片气动力展向分布规律的影响。对风力机叶片考虑三维效应的设计和优化具有重要的意义。

2　叶片展向气动力分析

图 1 为不同偏航角(γ)下，叶片位于 120° 和 240° 方位角(θ)时的推力和平面内切向力分布（叶片驱动力），由图 1（a）和（b）可知，当 $\gamma = 0$° 时，叶片 $\theta = 120$° 和 240° 时的推力和切向力沿展向分布基本重合。而由图 1（c）和（d）可知，当 $\gamma = 30$° 时，$\theta = 240$° 时叶片推力和切向力在靠近叶尖 $r/R = 0.6\sim1$ 的区间内均大于 $\theta = 120$° 的情况。可见，偏航情况下风机左右侧叶片出现明显的气动不平衡现象，这种现象是由于偏航情况下，左右侧叶片表面出现了完全不同的动态展向流动，在下一节进行解释。

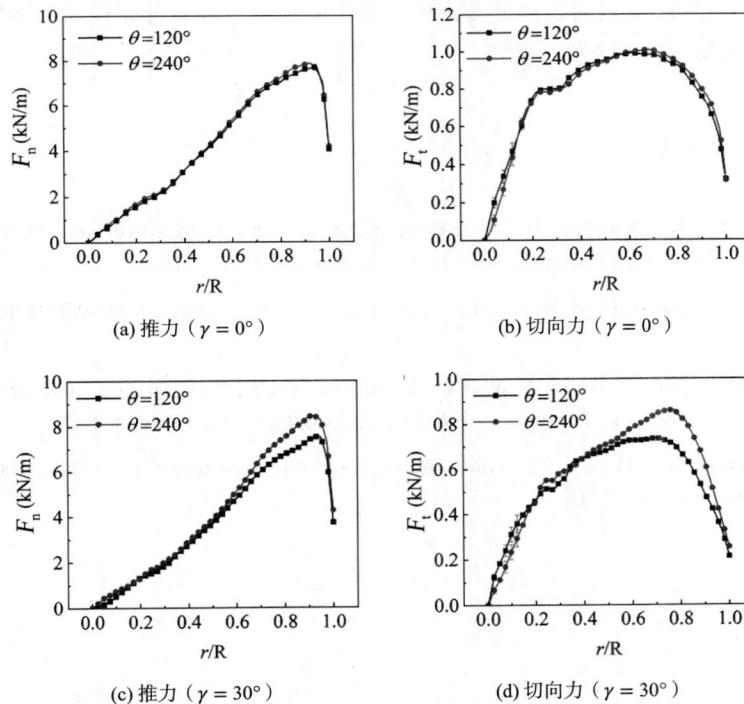

(a) 推力（$\gamma = 0$°）　　　　(b) 切向力（$\gamma = 0$°）

(c) 推力（$\gamma = 30$°）　　　　(d) 切向力（$\gamma = 30$°）

图 1　叶片展向推力和切向力分布对比

基金项目：国家自然科学基金项目（12302328，52178452），湖南省教育厅科学研究项目（20B0337）

3 叶片动态展向流动对气动力的影响分析

为说明展向流动对叶片气动力的影响，图2给出了叶片在0°和30°偏航角下，叶片位于120°和240°方位角时背风面壁面剪切应力云图和流线图，壁面剪切应力指向叶尖为正，可反映叶片展向流动情况。由图可知，当偏航角为0°时，两者的流线图和壁面剪切应力分布基本一致；而当偏航角为30°时，叶片在$\theta=120°$时存在明显的叶根向叶尖的展向流动，失速区域和叶尖处壁面剪切应力显著，进一步使叶根失速区域向外扩张；而当$\theta=240°$时，离心力抵抗来流的切向分量，使叶片展向流动减弱并反向，压缩叶根处的展向流动。这种动态展向流动影响了叶片表面压力分布，导致了风力机叶片的气动力不平衡现象，影响风力机的发电效率。

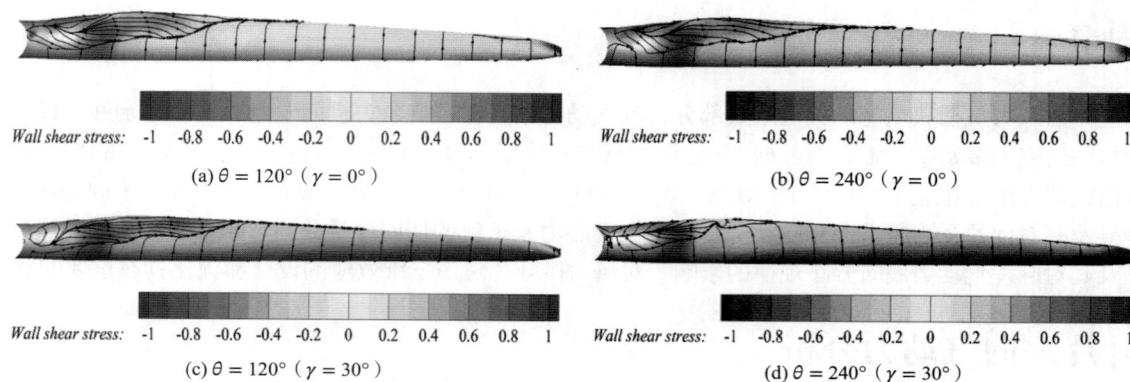

Wall shear stress: -1 -0.8 -0.6 -0.4 -0.2 0 0.2 0.4 0.6 0.8 1

(a) $\theta=120°$（$\gamma=0°$）

Wall shear stress: -1 -0.8 -0.6 -0.4 -0.2 0 0.2 0.4 0.6 0.8 1

(b) $\theta=240°$（$\gamma=0°$）

Wall shear stress: -1 -0.8 -0.6 -0.4 -0.2 0 0.2 0.4 0.6 0.8 1

(c) $\theta=120°$（$\gamma=30°$）

Wall shear stress: -1 -0.8 -0.6 -0.4 -0.2 0 0.2 0.4 0.6 0.8 1

(d) $\theta=240°$（$\gamma=30°$）

图2　不同偏航角下叶片背风面极限流线图及剪切应力云图

4 结论

偏航风机叶片存在显著的三维流动效应，在离心力和来流切向分量的共同作用下，叶片位于不同的方位角会经历不同的动态展向流动（$\theta=120°$时由叶根指向叶尖的较强展向流动，$\theta=240°$时由叶尖指向叶根的较弱展向流动），这种动态展向流动的差异显著影响了风机叶片的气动力分布模式，造成风机叶片的气动力不平衡，同时影响风机的发电效率。

参考文献

[1] BAK C, JOHANSEN J, ANDERSEN P B. Three-dimensional corrections of airfoil characteristics based on pressure distributions[C]//Proceedings of the European wind energy conference. 2006: 1-10.

[2] YU G, SHEN X, ZHU X, et al. An insight into the separate flow and stall delay for HAWT[J]. Renewable Energy, 2011, 36(1): 69-76.

[3] JONKMAN J, BUTTERFIELD S, MUSIAL W, et al. Definition of a 5-MW reference wind turbine for offshore system development[R]. National Renewable Energy Lab. (NREL), Golden, CO(United States), 2009.

[4] RESOR B R. Definition of a 5MW/61. 5 m wind turbine blade reference model[R]. Sandia National Lab. (SNL-NM), Albuquerque, NM(United States), 2013.

基于风洞试验的平单轴式光伏支架风致失稳特性研究

曹楠奎 [1,2]，牛华伟 [1,2]，侯宏韬 [1,2]

（1. 湖南大学风工程试验研究中心 长沙 410082；
2. 桥梁工程安全与韧性全国重点实验室 长沙 410082）

1 引言

平单轴式光伏支架由于较高的发电效率被广泛应用，但由电机驱动扭矩管转动追踪太阳以提高发电效率的结构本身扭转刚度较低，易发生风致失稳破坏。目前，由于风荷载作为光伏组件设计过程中的主要控制荷载，其表面风压分布及取值已积累了大量试验与 CFD 仿真数据[1]，且阵列之间存在遮挡效应，建议体型系数按照分区取值[2]。

目前，随着平单轴光伏支架总跨径的增加，其扭转刚度进一步降低，前两阶振型常均为扭转模态，风致扭转失稳现象愈发突出。部分学者已针对不同倾角、阻尼比和湍流度等参数开展了风洞试验[3-6]和数值模拟研究[7]。但目前，小倾角状态的具体失稳机理仍不明晰，多位学者将其各自定义为颤振[3]、涡激共振[8]、失速颤振[9]和刚度失效[6]，且阻尼比和近地面湍流度对于平单轴光伏支架风致失稳特性的贡献与评估方法仍须进一步研究。

2 研究方法及内容

本文研究的平单轴光伏结构全长 $L = 89.654$m，跨径分布为（$8.5 + 9.0 \times 3 + 8.0 \times 2 + 9.0 \times 3 + 8.5$）m，合计 78 块光伏组件构成，光伏组件宽度 $B = 2.256$m；运行时倾角转动范围 $\alpha = -60° \sim 60°$。基于上述结构设计加工了几何缩尺比 λ_L 为 1：13，风速比 λ_L 为 1：7 的气弹模型开展风洞试验，研究了结构不同风向角、离地高度、倾角和紊流度的气动稳定性。

气弹模型相似系数　　　　　　　　　　　　　　　　　　　　　　　表 1

参数	原型	相似比	目标	模型	差异
长度（m）	89.65	1：13	6.90	6.90	0.0%
质量（kg）	4134.08	1：13³	1.88	1.94	3.1%
一阶扭转模态（以驱动立柱轴对称）（Hz）	1.86	7：13	3.46	3.43	−0.7%
一阶扭转模态（以驱动立柱中心对称）（Hz）	1.96	7：13	3.63	3.65	0.5%
阻尼比	2.00%	1：1	2.00%	2.82%	—

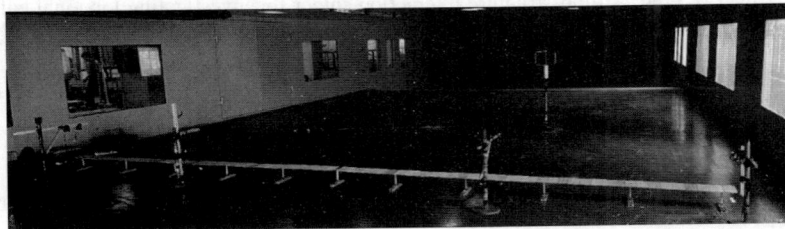

图 1　平单轴光伏支架气弹模型（0°倾角）

基金项目：国家自然科学基金项目（No. 52178477），湖南省科技创新计划资助（项目编号 2023RC1036）

3　主要结论

本文经过平单轴式光伏支架气弹模型风洞试验得到的主要试验结果和结论如下：

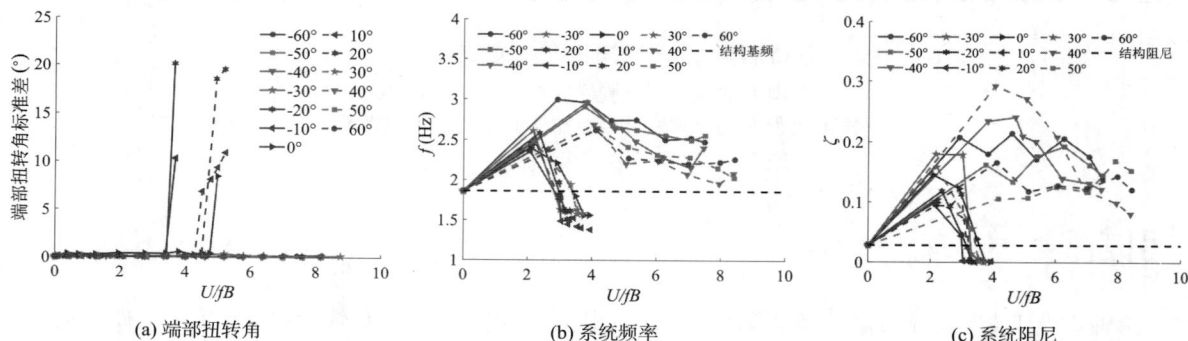

(a) 端部扭转角　　　　　(b) 系统频率　　　　　(c) 系统阻尼

图 2　平单轴光伏支架气弹模型（0°倾角）

（1）不同倾角的平单轴光伏支架结构气动稳定性存在差异，在均匀流中−20°～20°倾角范围会发生扭转失稳现象。在 0°风向角下，−20°倾角为气动失稳最不利倾角，临界无量纲风速仅为 3.43，且同倾角下结构在正倾角状态的气动稳定性普遍优于负倾角状态；

（2）不同最低离地高度的平单轴光伏支架结构气动稳定性存在差异，随着原型结构最低离地高度从 0.5m 提高至 1.5m，结构在负倾角的临界无量纲风速有所提高，而在正倾角的临界无量纲风速有所降低，正倾角状态的气动稳定性优于负倾角状态的现象有所缓解，底部阻塞对结构的气动稳定性存在影响；

（3）15%的紊流度会使平单轴光伏支架结构的失稳临界风速降低，且发生气动失稳的倾角范围将扩大至−30°～30°倾角状态。

参考文献

[1] ALY A M, BITSUAMLAK G. Aerodynamics of ground-mounted solar panels: Test model scale effects[J]. Journal of Wind Engineering and Industrial Aerodynamics, 2013, 123: 250-260.

[2] 楼文娟, 单弘扬, 杨臻, 等. 超大型阵列光伏板体型系数遮挡效应研究[J]. 建筑结构学报, 2021, 42(5): 47-54.

[3] MARTINEZ-GARCIA E, MARIGORTA E B, GAYO J P, et al. Experimental determination of the resistance of a single-axis solar tracker to torsional galloping[J]. Structural Engineering and Mechanics, 2021, 78(5): 519-528.

[4] TAYLOR Z J, BROWNE M T L. Hybrid pressure integration and buffeting analysis for multi-row wind loading in an array of single-axis trackers[J]. Journal of Wind Engineering and Industrial Aerodynamics, 2020, 197: 104056.

[5] 马文勇, 王贺朋, 纪寅峰, 等. 全风向下平单轴光伏支架风致扭转气动失稳试验研究[J]. 振动与冲击, 2024, 43(20): 221-228+281.

[6] TAYLER Z J, FEERO M A, BROWNE M T L. Aeroelastic instability mechanisms of single-axis solar trackers[J]. Journal of Wind Engineering and Industrial Aerodynamics, 2024, 244: 105626.

[7] YOUNG E, HE X, KING R, et al. A fluid-structure interaction solver for investigating torsional galloping in solar-tracking photovoltaic panel arrays[J]. Journal of Renewable and Sustainable Energy, 2020, 12(6): 063503.

[8] ROHR C, BOURKE P A, BANKS D. Torsional Instability of Single-Axis Solar Tracking Systems[C]//In: 14th International Conference on Wind Engineering. 1-7.

[9] Cardenas-Rondon J A, Ogueta-Gutierrez M, Franchini S, et al. Stability analysis of two-dimensional flat solar trackers using aerodynamic derivatives at different heights above ground[J]. Journal of Wind Engineering and Industrial Aerodynamics: 105606.

坡屋顶光伏阵列风荷载特性试验研究

严海龙[1,2]，王秋吟[1,2]，钱长照[1,2]，陈建江[3]，曾仁豪[1,2]

（1. 厦门理工学院土木工程与建筑学院 厦门 361024；
2. 福建省风灾害与风工程重点实验室 厦门 361024；
3. 清源科技股份有限公司 厦门 361100）

1 引言

光伏发电作为一种可持续能源，在"碳达峰"和"碳中和"目标的推动下迅速发展。坡屋顶光伏系统不仅节约土地资源，还能显著提升建筑能效，在城市中得到广泛应用[1]。现有研究主要聚焦于低坡屋顶光伏系统，而针对高坡屋顶光伏阵列风荷载特性的研究相对有限。然而，由于特定的气候条件以及新型建筑形态的发展，高坡屋顶光伏结构愈发常见。因此，深入研究高坡屋顶光伏阵列的风荷载特性，不仅有助于填补相关数据空白，还具有重要的工程应用价值。为此，本研究通过风洞试验，在更大范围的屋顶倾角条件下测量了平行屋顶安装光伏阵列的风荷载特性，并系统分析了屋顶倾角和风向角对风荷载的影响。

2 风洞试验概况

试验在厦门理工学院大气边界层风洞进行，模拟了《建筑结构荷载规范》GB 50009—2012[2]的 B 类地貌。光伏面板实际尺寸为 2.278m × 1.134m × 0.035m，光伏阵列关于屋脊对称布置，一侧屋面的阵列大小为 3 × 12，风洞试验模型的几何缩尺比设定为 1 : 15，设置了四个不同屋顶倾角的模型（15°、30°、45°、60°），模型示意图如图 1 所示。光伏面板正反面各布置 6 个测点，阵列共布置 432 个测点。测压信号采样频率为 330Hz，采样时长 160s，共采集 52800 个数据点。风向角 α 为 0°～180°，间隔 10°，参考点的平均风速约为 10.0m/s。

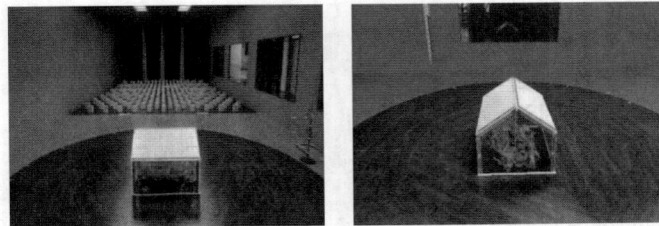

图 1 模型示意图

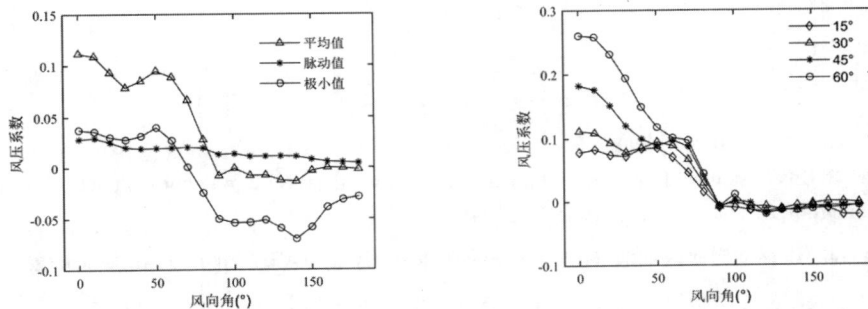

图 2 30°屋顶倾角模型总体风压随风向角的变化　图 3 不同模型总体风压平均值随风向角的变化

基金项目：厦门市自然科学基金项目（3502Z20227068，3502Z202371025）

　　为评估光伏阵列的整体受力，对整个屋面的风压进行面积加权平均得到阵列总体风压。图 2 给出了 30° 屋顶倾角光伏阵列总体风压随风向角的变化，可以看出，总体风压平均值和极小值随着风向角的增大先减小后增大，脉动值随风向角增加单调减小。图 3 展示了不同屋顶倾角光伏阵列总体风压平均值随风向角变化情况，增加屋顶坡度会明显增强迎风面的整体风压，但不会增加背风面的整体吸力，吸力始终维持在较低水平。图 4 展示了全风向角下不同模型最不利极值吸力分布情况。随着屋顶倾角的增大，光伏阵列所受最不利极值吸力的峰值明显减小，且峰值出现位置由屋檐逐渐向屋脊方向移动。

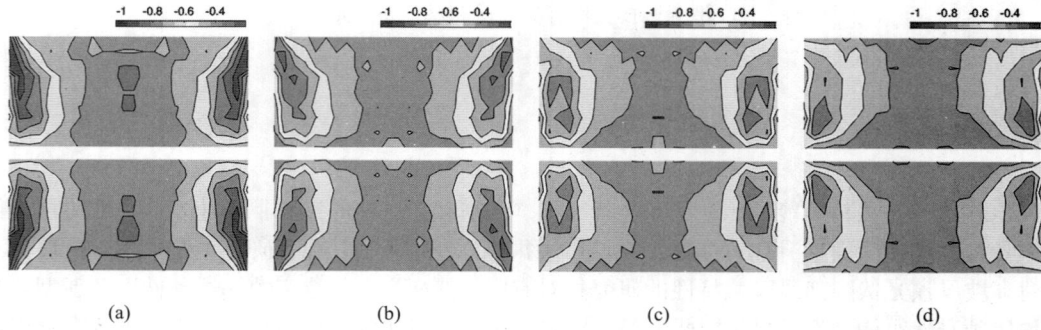

$$(a) \quad\quad (b) \quad\quad (c) \quad\quad (d)$$

图 4　全风向角下不同模型最不利极值吸力分布云图

　　采用王京学[3]建议的方法将试验数据与 ASCE/SEI 7-22[4]中的参考曲线进行对比，对比情况如图 5 所示。屋顶倾角 15°的模型，试验结果在附属面积大于 27.9m² 时与规范参考值基本一致；其余模型（30°、45°、60°）的规范参考值比试验结果保守约 60%～70%。

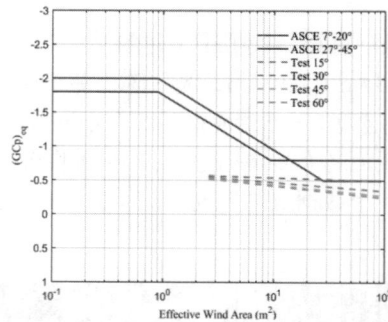

图 5　模型试验结果与规范结果对比情况

3　结论

　　结果表明，整个阵列在迎风面承受风压，在背风面承受较弱的吸力。屋顶倾角的增大会导致迎风面风压增大，但不会提高背风面吸力。考虑所有风向下的风压分布，增加屋顶倾角会降低最不利极值吸力峰值。基于试验结果，ASCE/SEI 7-22 中的参考值偏于保守。

参考文献

[1]　YAO J F, TU Z B, SHEN G H, et al. Experimental investigation of wind pressures on photovoltaic(PV)panel installed parallel to residential gable roof[J]. Solar Energy, 2024: 271112452.

[2]　住房和城乡建设部. 建筑结构荷载规范: GB 50009—2012[S]. 北京: 中国建筑工业出版社, 2012.

[3]　王京学. 建筑屋顶太阳能光伏板风效应及抗风设计研究[D]. 北京: 北京交通大学, 2020.

[4]　ACSE. Minimum Design Loads and Associated Criteria for Buildings and Other Structures[M]. American Society of Civil Engineers, 2022.

基于缩尺模型的偏航下风力机气动特性的数值模拟研究

马佳晨，全 涌

（同济大学土木工程防灾减灾全国重点实验室 上海 200092）

1 引言

在大型风力机风洞试验相关研究中，缩尺模型的缩尺效应会降低雷诺数，导致风力机模型的气动特性难以与原型相匹配。为了解决该问题，优化设计模型叶片以匹配原型气动力的方法得到了广泛应用[1-3]。但这些方法大多基于推力与原型相似的单一目标进行缩尺模型的优化设计，而对功率相似性的考虑较少。本文考虑到功率匹配在风力机缩尺模型气动设计中的重要性，提出了一种基于多目标优化的缩尺模型气动设计框架，建立了 IEA-15MW 大型风力机缩尺模型，并进一步通过大涡模拟对偏航下风力机的气动特性进行了数值模拟研究。

2 优化设计

本文首先建立了 IEA-15MW 大型风力机的缩尺模型。缩尺模型的长度缩尺比为 1∶200，速度缩尺比为 1∶2，叶片统一采用低雷诺数翼型 SD7032，该翼型在低雷诺数下气动性能较好[2]。优化过程中利用多目标算法 NSGA-Ⅱ对叶片弦长和扭转角的分布函数进行参数优化，优化目标分别是缩尺模型与原型在 11 个运行工况下风轮推力系数和功率系数的相对偏差。经过优化比选，最终优化得到的叶片缩尺模型弦长和扭转角分布如图 1 所示。

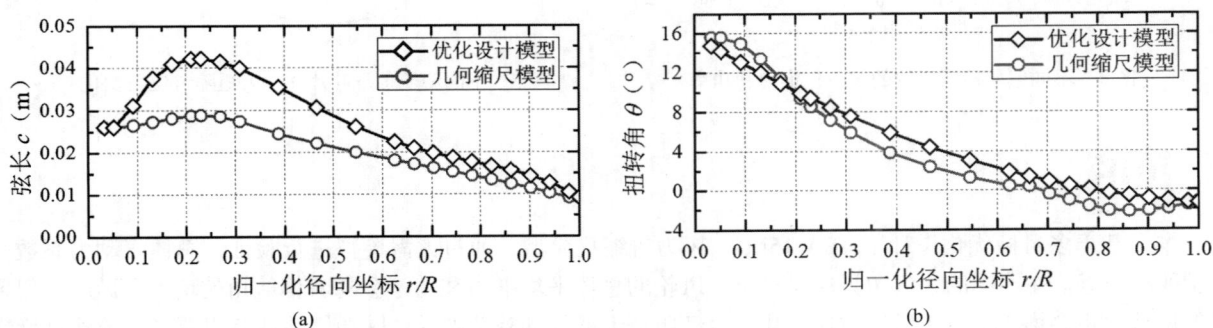

图 1 优化设计模型与几何缩尺模型的叶片形状对比：（a）弦长分布；（b）扭转角分布

3 数值模拟

3.1 数值方法

本文基于大涡模拟（LES）方法对风力机缩尺模型进行数值模拟验证和研究。数值模型采用的计算域尺寸和边界条件如图 2 所示，通过滑移网格法模拟风力机的旋转运动。经网格无关性验证，计算域总网格数达 1020 万。时间步长取 0.001s，单个工况计算总时长为 20s，取流场稳定后的 10s 进行后续的统计分析。来流的大气边界层条件综合考虑了风切变和湍流，两类不同风切变指数α的湍流入口通过改进的 NSRFG 方法实现，模拟结果如图 3 所示。

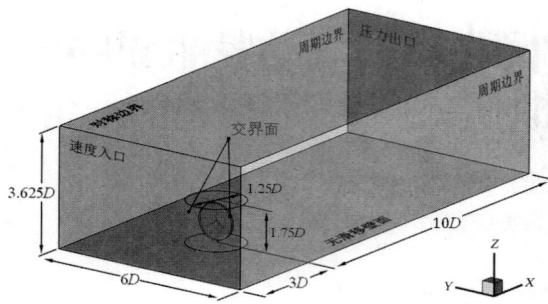

图 2　计算域尺寸及边界条件设置

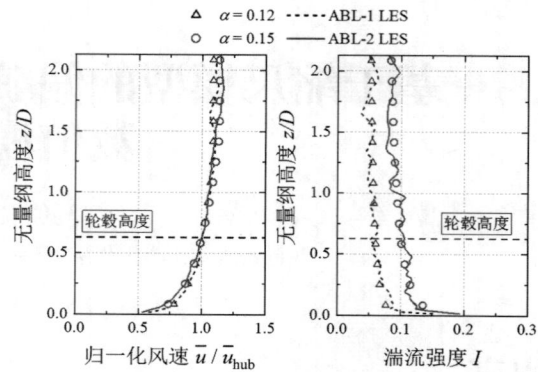

图 3　风场特性模拟结果

3.2　结果与讨论

从图 4 可以看出，随着偏航角 γ 增大，风轮整体平均推力和功率逐渐减小，整体变化分别符合 $\cos(\gamma)$ 和 $\cos^2(\gamma)$ 的变化。图 5 表明，由于塔筒的干扰，叶片的挥舞力矩会周期性减小。偏航状态下，叶片的挥舞力矩会在上风侧有所增大，而在下风侧减小。

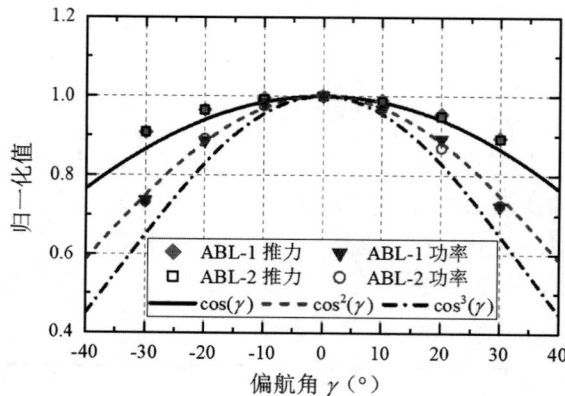

图 4　不同偏航角下风轮的归一化推力和功率

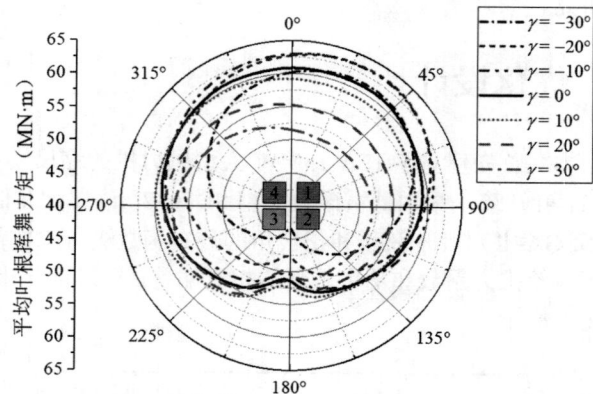

图 5　不同偏航角下叶片挥舞力矩随方位角变化

4　结论

本文基于多目标优化设计了 IEA-15MW 风力机缩尺模型，通过大涡模拟进行验证，总体气动力系数与原型匹配较好。在不同的大气边界层条件下，风轮的总体平均推力和功率会随着偏航角的增大而减小，但风轮的偏航力矩会增大。由于塔影效应，叶片会经历更大的气动载荷波动。脉动气动载荷主要受来流湍流度影响，偏航角的影响相对较小。

参考文献

[1]　DU W, ZHAO Y, HE Y, et al. Design, analysis and test of a model turbine blade for a wave basin test of floating wind turbines[J]. Renewable Energy, 2016, 97: 414-421.

[2]　BAYATI I, BELLOLI M, BERNINI L, et al. Aerodynamic design methodology for wind tunnel tests of wind turbine rotors[J]. Journal of Wind Engineering and Industrial Aerodynamics, 2017, 167: 217-227.

[3]　文皓. 海上浮式风力机缩尺模型叶片优化设计及试验[D]. 哈尔滨: 哈尔滨工业大学, 2020.

风力机叶片气动性能雷诺数效应的数值模拟研究

苏帅丁，全　涌

（同济大学土木工程防灾减灾全国重点实验室　上海　200092）

1　引言

由于足尺试验及现场实测研究周期长且有不可控性，可控的缩尺模型风洞试验成为研究大型风力机气动性能的主要方法，一般是按照基本相似准则对原型进行等比例缩放[1]。但雷诺数不同会导致试验结果与原型差距较大，从而无法由缩尺模型试验获得与原型机相似的气动数据[2]。针对此问题，本文利用计算流体力学方法，研究了不同缩尺比的 NREL 5MW 风力机叶片的气动特性。本文采用 URANS 方法，讨论了风力机叶片气动性能的雷诺数效应，分析了诱导因子、气动力特性和流场，深入研究了雷诺数效应的机理。

2　数值模拟

2.1　数值模型

瞬态不可压缩 RANS 方程采用压力速度耦合算法（SIMPLEC）求解。在两方程涡粘湍流模型中，k-ε 模型能够很好地模拟远离壁面充分发展的湍流流动，而 k-ω 模型则可以更好地模拟边界层问题。本文采用 SST k-ω 模型，该模型集合了 k-ε 和 k-ω 模型的优点，既能模拟远场湍流流动又能捕捉边界层流动特性，保证了模拟的精度。此外，本文使用滑移网格法模拟转子旋转运动。

2.2　计算域及网格

计算域由两个区域组成，如图 1（a）所示，一个为外流场计算域，一个为内部旋转域，内部旋转域包含转子组件，足尺模型旋转域直径为 140m。其中风力机转子平面距进口 $4D$，转子中心距顶面 $2.5D$，外流场长为 $14D$，宽为 $7D$，高为 $3.25D$。入流条件设置为无扰动均匀流，出流条件设置为压力出口。计算域采用非结构化六面体网格划分，使用 FLUENT Meshing 软件进行创建网格，生成大约 969 万网格。在风力机叶片表面以及计算域底面设置 10 层边界层，第一层边界层高度为 2.5mm，以 1.15 增长率平均生成边界层网格，如图 1（b）所示。

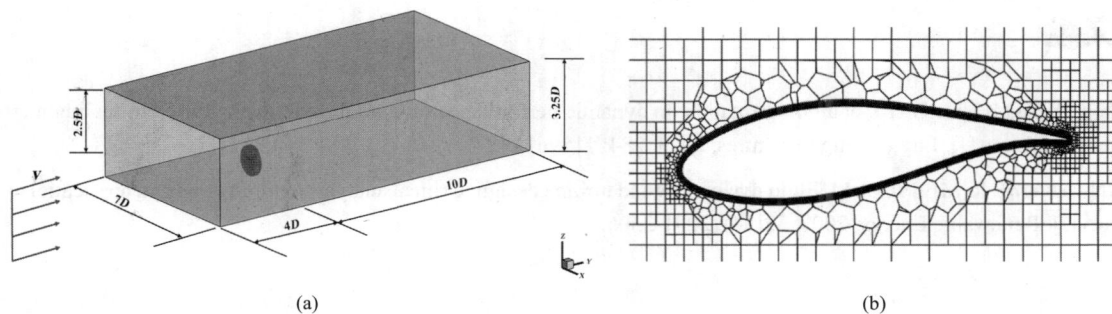

图 1　计算域设置及叶片网格分布情况

3　结果与讨论

为研究雷诺数效应对风力机气动效应的影响，本文设计了两不同缩尺比的计算工况，分别为 1∶1 与

1：100，入口速度均为 11.4m/s，转子速度为 12.1r/min 与 1210r/min，以满足叶尖速比保持一致，并选取距离叶片中心 $0.2R$、$0.5R$、$0.8R$ 与 $0.97R$ 四个截面作为研究对象，计算得到各截面风攻角、诱导因子和相对风速及其对应雷诺数，比较后发现雷诺数以相同倍数缩小，将缩尺效应转化为雷诺数效应。表 1 为两种缩尺比风力机推力系数与功率系数，可知雷诺数减小，轴向诱导因子也随之降低，导致推力系数与功率系数均降低。

风力机推力系数与功率系数   表 1

类别	缩尺比 1：1	缩尺比 1：100
C_{Thrust}	0.703	0.501
C_{Power}	0.465	0.213

提取风力机叶片沿径向特征截面的表面压力系数分布情况，如图 2。可以看出 $r = 0.2R$ 截面的压力系数分布受雷诺数影响较小。$r = 0.8R$ 截面吸力面，翼型前缘相对于翼型中部和尾缘有较大的负压，表面存在逆压力梯度，边界层气流会产生回流，形成分离涡，而涡量随雷诺数的变化而降低，导致较小雷诺数的翼型截面负压力系数较小。

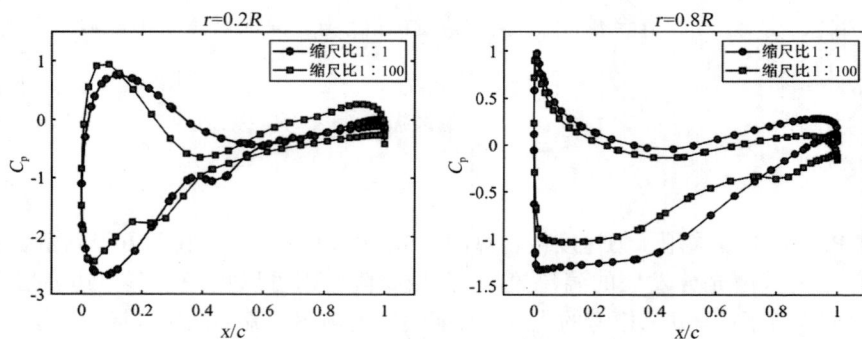

图 2 风力机叶片沿径向特征截面表面压力系数分布

4 结论

本文基于计算流体力学方法对不同缩尺比风力机模型进行数值模拟。结果表明随着雷诺数变化，风力机叶片截面的轴向诱导因子显著降低，是风力机推力系数与功率系数减小的直接原因。随着缩尺比降低，雷诺数也以相同倍数降低，不同雷诺数的叶片表面绕流状态差异较大，叶片局部的压力系数发生较大的变化。因此，远离叶根的叶片前缘部分的压力系数变化显著，而在尾缘部分，压力系数分布情况相似。

参考文献

[1] LIN K, XIAO S H, LIU H J, et al. Investigation on dynamic performance of wind turbines using different scaling methods in wind tunnel tests[J]. Engineering Structures, 2023, 284: 115961.

[2] LANZAFAME R, MESSINA M. Fluid dynamics wind turbine design: Critical analysis, optimization and application of BEM theory[J]. Renewable Energy, 2007, 32(14): 2291-2305.

大跨度平单轴光伏支架结构的风振系数研究

王若茵[1]，刘　晖[1,2]，吴志峰[3]，黄　斌[1,2]，陈学龙[4]

（1. 武汉理工大学土木工程与建筑学院　武汉　430070；
2. 武汉理工大学三亚科教创新园　三亚　572025；
3. 华中科技大学土木与水利工程学院　武汉　430074；
4. 中冶武勘工程技术有限公司　武汉　430080）

1　引言

太阳能光伏发电是我国可再生能源结构的重要组成部分，光伏结构一般跨度较大，截面高度小，特别是目前光伏电站常用的平单轴跟踪式光伏结构还需要随太阳转动，因此光伏结构是大攻角、薄平板的风敏感结构。在风荷载作用下，光伏组件发生显著风致振动，会导致结构破坏，甚至倒塌。鉴于此，为了保证光伏结构的服役安全，本文以甘南藏族自治州阿木去乎镇的华润夏河 40MW 牧光互补光伏发电项目为工程背景，如图 1、图 2 所示，分析了光伏组件的风压分布规律，并计算了光伏支架结构的风振系数，为后续光伏结构的设计提供依据。

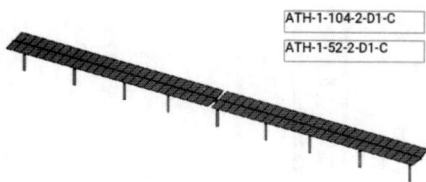

图 1　2 × 52 平单轴支架结构

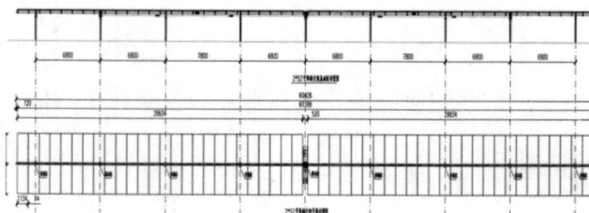

图 2　2 × 52 平单轴支架平面布置图

2　光伏支架结构的风振系数

2.1　光伏组件的风压分布规律

为了研究不同风向角以及不同攻角下的光伏组件表面的脉动风荷载分布规律以及周围流场特性，本文采用了延迟分离涡模拟方法[1-2]。首先，根据光伏结构的尺寸，建立了足尺的光伏结构刚性模型以及满足阻塞率小于 3% 同时流场能够充分发展要求的计算域，光伏结构刚性模型及其计算域分别如图 3 和图 4 所示。

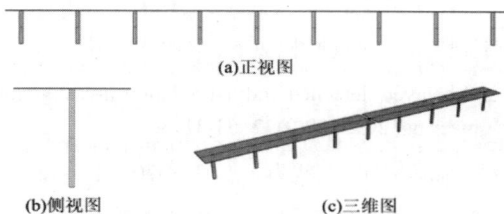

图 3　光伏结构刚性模型

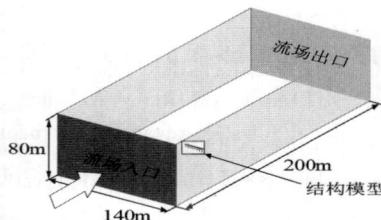

图 4　计算域示意图

然后，基于 NSRFG（Narrow Band Synthesis Random Flow Generation）方法[3]，依据 Karman 谱编制该平单轴光伏支架结构脉动风场湍流入口程序。为了保证模拟计算结果的精确性，对输入谱进行了补偿，使其到达结构处时的脉动风速功率谱高频处与 Karman 谱近似吻合。最后，利用补偿后的入口进行计算，从而分析得到不同风向角以及不同攻角下光伏结构表面的脉动风压时程。进一步将其转化为作用在平单轴光伏结构上的脉动风荷载时程。

2.2　光伏支架结构的风振响应分析

采用 ANSYS 的 APDL 建立平单轴光伏结构的有限元模型，该有限元模型尺寸同 CFD 数值模拟的模型尺寸一致，如图 5 所示。单排九柱模型分为两部分，下部的型钢柱部分以及上部的纵向主梁、檩条、斜撑和光伏组件部分。型钢构件分别是型号为 H203 × 102 × 5.8 × 6.8 的工字钢立柱、型号为 140 × 140 × 2.5 的方钢主梁、型号为 30 × 80 × 79 × 1.5 的几字钢檩条和型号为 32 × 38 × 2 的 C 型钢斜撑。型钢和光伏组件分别采用 BEAM188 和 SHELL63 单元，弹性模量分别为 20.6×10^{10}Pa 和 8.8×10^{10}Pa，泊松比分别为 0.25 和 0.15，密度分别为 7850kg/m³ 和 2560kg/m³。将脉动风荷载时程施加到光伏结构上，分析获得光伏结构在不同风向角和攻角下的风振响应。

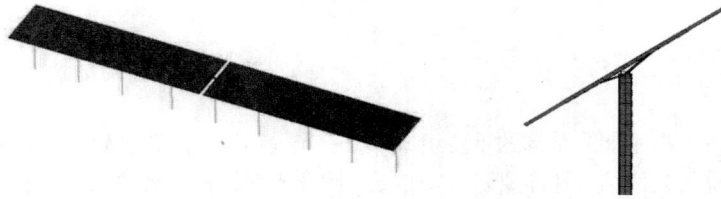

图 5　光伏结构有限元模型

2.3　光伏支架结构的风振系数

本文计算光伏支架结构的风振系数公式为[4]：

$$\beta_z = \frac{U_1}{U_2} \tag{1}$$

式中，U_1 为节点位移响应极值；U_2 为节点位移响应平均值。

3　结论

本文以大跨平单轴光伏支架结构为研究对象，采用延迟分离涡模拟方法分析了光伏组件上的风荷载分布，并通过分析光伏结构风振响应得到光伏支架结构风振系数。主要结论如下：

（1）不同风向角以及不同攻角下光伏组件表面的风压分布显著不均且以负压为主，而且风向角变化对光伏组件表面所受风荷载有较大影响。在某些风向和风攻角情况下，平均负风压系数幅值超过了规范取值。

（2）主梁、檩条和立柱的风振系数具有一致性。但不同风向角以及不同攻角下光伏支架结构的风振系数变化较大，因此，在进行光伏结构支撑系统设计时，要注意风向角和风攻角的影响。

参考文献

[1]　卢春玲, 刘宇杰. 基于分离涡方法的超高层建筑风荷载研究[J]. 建筑科学, 2019, 35(7): 90-96.

[2]　SHARMA A, MITTAL H, GAIROLA A. Wind tunnel and delayed detached eddy simulation investigation of interference between two tall buildings[J]. Advances in Structural Engineering, 2019, 22(9): 2163-2178.

[3]　胡晓兵, 杨易. 基于 NSRFG 方法的标准地貌风场大涡模拟研究[J]. 工程力学, 2020, 37(9): 112-122.

[4]　宋薏铭, 袁焕鑫, 杜新喜, 等. 单层索系柔性光伏支架静力与动力响应研究[J]. 建筑结构, 2023.

运行状态下吸力桶基础风力机动力性能风洞试验研究

陈一笑[1,2]，林　坤[1,2]，刘红军[2*]

（1. 桥梁工程结构动力学国家重点实验室暨桥梁结构抗震技术交通行业重点实验室　重庆　400038；
2. 哈尔滨工业大学（深圳）智能学部　深圳　518055）

1　引言

近年来我国加快了海上风电开发，其中浅海区域是当前开发的重要组成[1]。浅海区域风力机施工面临诸多挑战，因具备安装便捷、承载力优良等优点，吸力桶基础开始被用作浅海风力机的基础形式[2]。吸力桶-地基相互作用特性，如支承刚度，直接影响风力机动力性能，同时对荷载特性十分敏感，极易受风力机运行状态的影响[3]，因此，研究运行状态对吸力桶风力机动力性能的影响，对于准确分析其动力性能至关重要。本文以 NREL 5MW 风机为原型，制作包含电机驱动的叶轮、塔筒、吸力桶基础和饱和砂地基的一体化气弹模型，采用大气边界层风洞施加风荷载，研究吸力桶基础风力机结构风致响应（机舱位移、加速度、底部弯矩）、动力特性（结构基频、总阻尼比）以及地基土压力受运行状态的影响规律。

2　风洞试验概况

本试验基于风力机结构动力特性、叶片气动荷载和吸力桶基础-地基相互作用特性的相似性，制作包括叶轮、塔筒、吸力桶基础和饱和砂地基的气弹模型。其中叶轮的气动外形通过机器学习重新设计，在不同叶尖速比条件下，其推力系数、扭矩系数与原型一致[4]；通过控制吸力桶基础模型的有效弹性模量和地基剪切波耗散能力，确保吸力桶基础-地基相互作用与原型相似。如图 1 所示，试验模型安装在大气边界层风洞试验段中央，采用均匀风场施加风荷载，并通过伺服电机以稳定转速驱动叶轮，模拟不同运行状态。试验工况见表 1，涵盖从起转风速到极限失效条件的一系列运行状态。各工况下叶轮均为定桨状态，以模拟实际运行中变桨不及时或无法变桨的极端情况。

图 1　试验模型及传感器布置示意图

试验工况　　　　　　　　　　　　表 1

Text ID	Wind speed (m/s)	Rotor speed (r/min)	Text ID	Wind speed (m/s)	Rotor speed (r/min)
R1	1.5	285	R7	4.5	485
R2	2.0	300	R8	7.5	485
R3	2.5	323	R9	9.0	485
R4	3.0	352	R10	9.5	485
R5	3.5	400	R11	10.0	485
R6	4.0	457			

基金项目：桥梁工程结构动力学国家重点实验室暨桥梁结构抗震技术交通行业重点实验室开放课题，广东省土木工程智能与弹性结构重点实验室（2023B1212010004）

3 试验结果与分析

在工况 R10 和 R11 中，吸力桶基础发生倾覆破坏导致风机整体失效。分析了 R1 到 R9 运行状态下，吸力桶基础风力机结构风致响应、动力特性及侧向土压力的变化规律。如图 2 所示，机舱位移均值随风速的增大而显著增大，尤其是在额定风速以上的工况下，会产生较大累积位移；机舱加速度标准差、底部弯矩均值随风速的增大而增大（图 3 和图 4）。风速的增大会导致结构基频的降低（图 5）和总阻尼比（图 6）的增大；在接近失效风速的运行状态下，基础周围土压力波动明显（图 7），反映出地基支承条件稳定性降低，导致风力机基频不稳定。

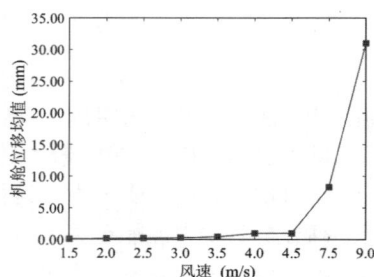

图 2　机舱位移均值

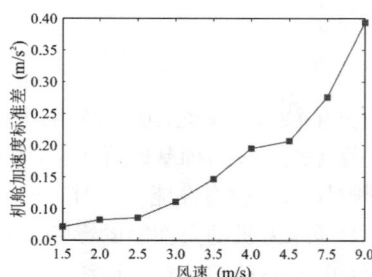

图 3　机舱加速度标准差

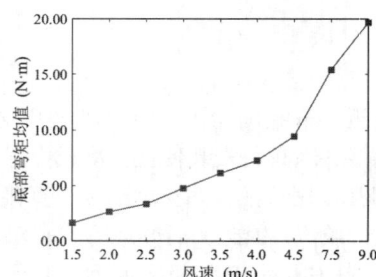

图 4　底部弯矩均值

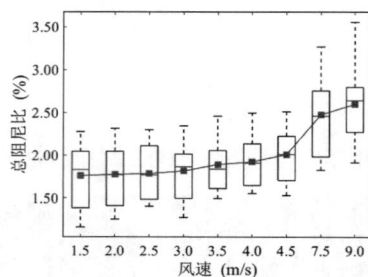

图 5　总阻尼比盒形图

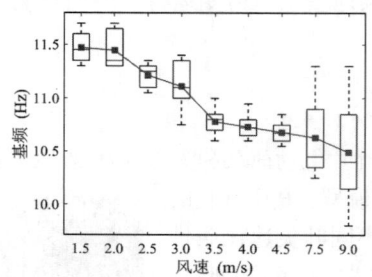

图 6　结构基频盒形图

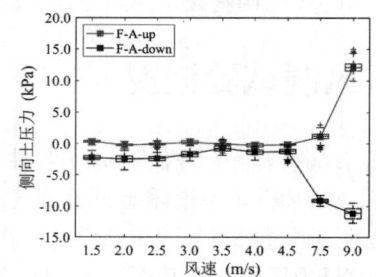

图 7　侧向土压力盒形图

4 结论

本研究结果表明，运行状态对吸力桶基础风力机动力性能具有显著影响：（1）变桨不及时或无法变桨时，吸力桶基础会发生倾覆破坏引发风力机整体失效；（2）运行风速的增大会显著加剧风力机风致振动，变桨不及时或无法变桨时，风力机在高于额定风速条件下运行会产生较大累积位移；（3）随着风速增大，风力机基频逐步降低，接近极限失效风速条件下，地基对吸力桶基础的支承条件稳定性下降，引起风力机基频的明显波动；（4）风力机总阻尼随运行风速的增大而增大。

参考文献

[1] OH K Y, NAM W, RYU M S, et al. A review of foundations of offshore wind energy convertors: Current status and future perspectives[J]. Renewable and Sustainable Energy Reviews. 2018, 88: 16-36.

[2] HOULSBY G T, BYRNE B W. Suction caisson foundations for offshore wind turbines and anemometer masts. Wind engineering[J]. 2000, 24(4): 249-55.

[3] WANG X, YANG X, ZENG X. Lateral capacity assessment of offshore wind suction bucket foundation in clay via centrifuge modelling[J]. Journal of renewable and sustainable energy. 2017, 9(3).

[4] YANG S, LIN K, ZHOU A. An ML-based wind turbine blade design method considering multi-objective aerodynamic similarity and its experimental validation[J]. Renewable Energy, 2024, 220: 119625.

平台纵荡运动下漂浮式海上风机非定常气动特性研究

张钰豪，李　天，杨庆山

（重庆大学土木工程学院 重庆 400044）

1　引言

与固定式风机不同，漂浮式海上风机的运行状态随着平台运动瞬时变化。浮式风机正常运行时处于风轮状态，此时风轮承受正推力，从空气中获取动能并转换成电能。随着浮式平台的纵荡和纵摇运动，风轮负载增加并逐渐陷入湍流尾流状态[1]。随着动态特性的进一步增加，当纵荡速度超过入流风速时，风轮逐渐陷入涡环状态甚至螺旋桨状态。在这个阶段，风机叶片与在其尖端和根部产生的旋涡剧烈交互作用，导致叶片表面流动分离并承受负推力，风轮不再从空气中获取动能，而是像螺旋桨一样驱动空气运动[2]。

有多种数值方法可用于研究浮式风机的非定常空气动力特性。计算流体力学（CFD）方法通过对流体运动基本控制方程进行直接求解或模型化求解，得到风轮及其周围流态信息，被认为是求解风机气动性能和风轮尾迹发展规律最精确的数值计算方法。尽管许多研究探讨了漂浮式海上风机在风轮或湍流尾流状态下的非定常气动特性，但很少有研究集中于其在螺旋桨状态下的高度非定常气动特性，而该状态可能在工作寿命中多次出现。

针对上述问题，本研究基于开源 CFD 软件 OpenFOAM，采用 NREL 5MW 风机作为研究对象，探讨平台纵荡运动对漂浮式海上风机气动性能的影响规律，结合叶片周围三维非定常流场特征和尾流场分布，分析漂浮式海上风机在螺旋桨状态下的高度非定常气动特性。

2　数值方法

2.1　CFD 模型

图 1 为本研究所采用的数值计算域和网格划分。在本文的风机气动力数值模拟中，不考虑海面或者大气边界条件的影响，因此计算域设置为 $15L \times 5L \times 5L$ 的长方体。

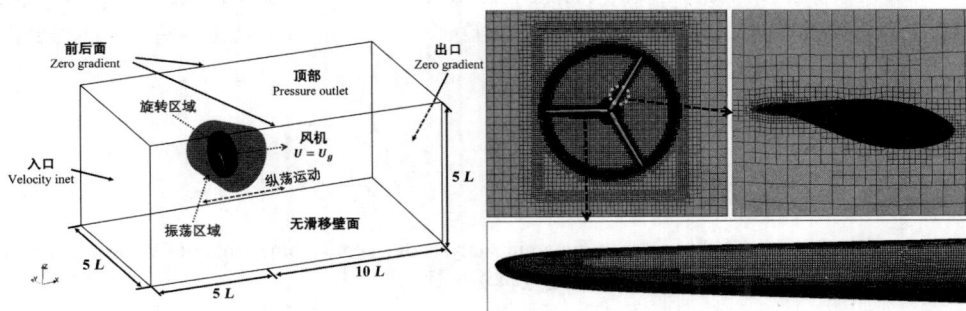

图 1　数值计算域和网格划分

3　结果与讨论

3.1　气动荷载

图 2 为不同振荡频率下一个周期内的气动推力和扭矩分布。

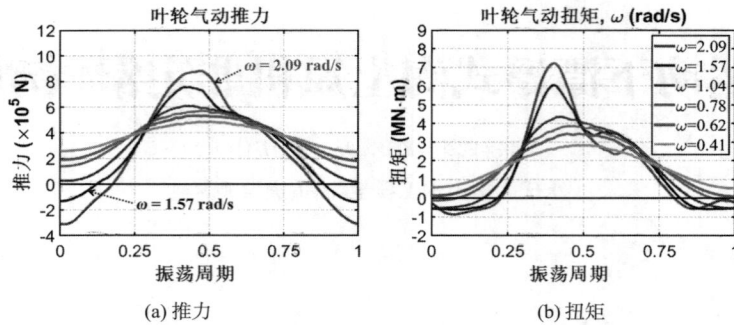

图 2　不同振荡频率下风机气动推力和扭矩分布

3.2　流场特性

图 3 展示了振荡频率为 0.41rad/s 和 2.09rad/s 时的尾流场特性，以及 1/3 叶片跨度处的速度和压力分布。

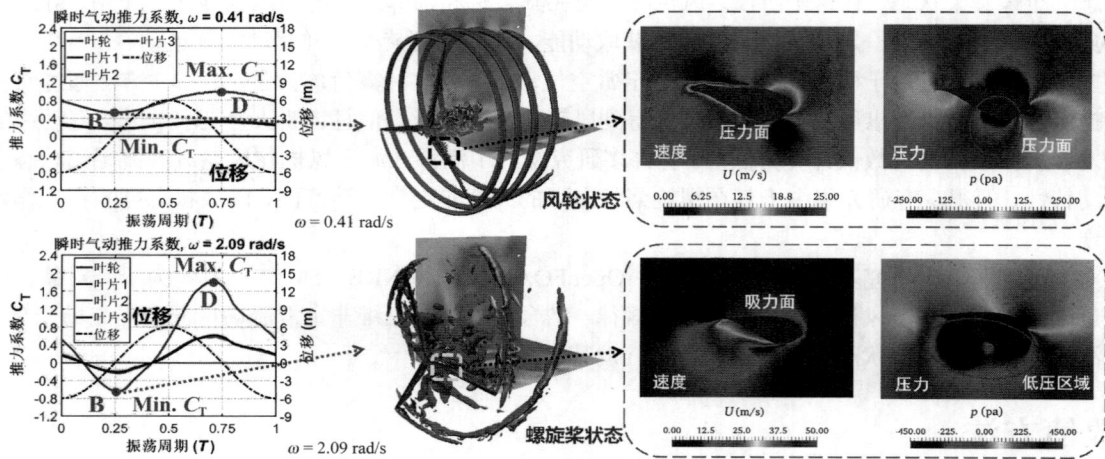

图 3　不同风轮状态下尾流场特性和 1/3 叶片跨度处的速度和压力分布

4　结论

本文以 NREL 5MW 风机为研究对象，对浮式平台纵荡运动下漂浮式海上风机的非定常气动特性进行全面及系统地分析。在高频振荡下，叶尖与涡场的剧烈相互作用和叶根部的流动再循环，使得漂浮式风机承受负气动推力，风机叶轮呈现螺旋桨状态。

参考文献

[1]　TRAN T T, KIM D H. Fully coupled aero-hydrodynamic analysis of a semi-submersible FOWT using a dynamic fluid body interaction approach[J]. Renewable Energy, 2016, 92: 244-261.

[2]　KYLE R, LEE Y C, FRÜH W G. Propeller and vortex ring state for floating offshore wind turbines during surge[J]. Renewable Energy, 2020, 155: 645-657.

平行索桁架支承光伏支架位移风振系数

李静尧，聂诗东，刘　敏

（重庆大学土木工程学院 重庆 400038）

1　引言

我国采用风振系数β_z表征脉动风引起的结构动力放大效应。索支承光伏支架结构的风致响应与荷载表现出非线性特征，应采用响应风振系数[1]。本文以组件倾角、紊流强度和风速为研究变量，通过气弹试验讨论不同组件倾角、紊流强度和风速下的响应风振系数。

2　试验研究

2.1　原型结构

原型结构图 1 所示，40m 跨度的平行双层索系支承光伏支架结构的主要竖向承载部件是由南北两侧各自的承重索 C1 和抗风索 C2 组成的索桁架。两片光伏组件通过π形檩条连接其长边，并固定在南北两侧的组件索 C3 上。

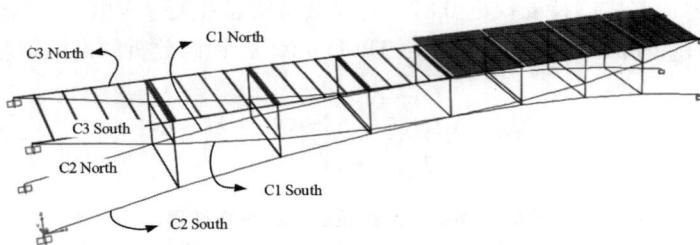

图 1　平行双层索系支承光伏支架结构

2.2　气弹试验

综合考虑模型制作和风洞尺寸，选定几何相似比$\lambda_L = 1/16$。制作完成的气弹试验模型和试验装置整体布置如图 2 所示。来流风速使用眼镜蛇探针进行采集，光伏组件的空间位移使用视觉方法（VDA）采集，采样频率分别为 1000Hz 和 100Hz。试验变量包括风向角α（ 0°,180° ）、来流平均风速U、紊流强度I（ 0,0.1,0.2 ）、组件倾角β（ 10°,20°,30° ）。

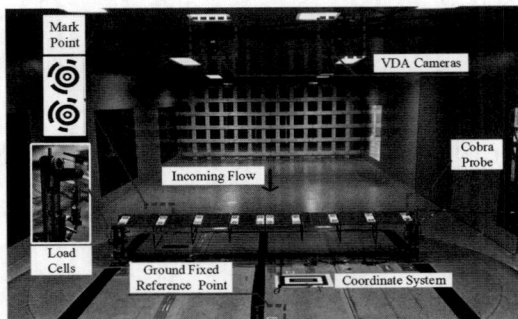

图 2　试验模型和试验装置

3 风振系数

3.1 风振系数

$\beta = 20^\circ$ 模型在不同紊流强度风场中，结构竖向位移响应风振系数如图 3 所示。对均匀流场中的风压工况（$I = 0$，$\alpha = 0^\circ$），当 $U > U_{cr}$ 时，风振系数显著增长（图 3a、c、e），这与脉动响应的特征一致，均对应结构自激振动。除去自激振动主导工况，对比紊流风场中和均匀流场中的位移响应风振系数，可以发现风振系数与紊流强度正相关且并未随风速变化而表现出显著的差异。

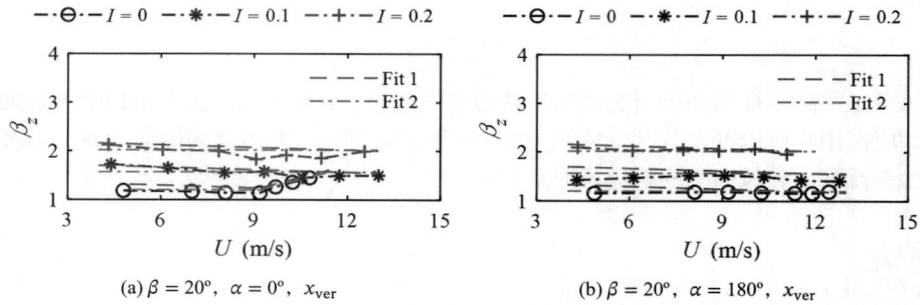

(a) $\beta = 20^\circ$，$\alpha = 0^\circ$，x_{ver} (b) $\beta = 20^\circ$，$\alpha = 180^\circ$，x_{ver}

图 3 不同紊流强度下的位移风振系数

3.2 经验模型

以竖向位移风振系数为例，通过线性回归分析获得竖向位移风振系数与潜在影响因素倾角 β、紊流强度 I 和来流平均风速 U 的关系（式 1，3PM，Fit1），$a \sim d$ 分别为风速、组件倾角和紊流强度的回归系数。回归分析的结果列于表 1 中。紊流强度的特征权重 0.87，对风振系数起着关键作用。当忽略 U 和 β 的影响，仅将风振系数视作紊流强度的函数时，经验模型为式(2)（1PM，Fit2）。回归分析的详细信息列于表 1，对应的拟合曲线绘制于图 3 中。

$$\beta_{z,ver} = aU/U_e + b\beta\pi/180 + cI + d \tag{1}$$

$$\beta_{z,ver} = cI + d \tag{2}$$

竖向位移响应风振系数回归分析结果   表 1

模型	回归系数	回归系数数值	95% CI	方差膨胀系数 VIF	R^2
3PM	a	−0.017	−0.026～−0.009	1.022	0.903
	b	−0.348	−0.519～−0.229	1.022	
	c	4.998	4.689～5.307	1.005	
	d	1.315	1.216～1.413	—	
1PM	c	4.937	4.589～5.286	1.000	0.873
	d	1.057	1.011～1.103	—	

4 结论

以三个参数（紊流强度、来流平均风速和组件倾角）或单个参数（紊流强度）为自变量、位移风振系数为因变量回归分析得到的经验模型均可较好地吻合试验获得的风振系数。

参考文献

[1] 陈波, 武岳, 沈世钊. 张拉式膜结构抗风设计[J]. 工程力学, 2006(7): 65-71+59.

大跨柔性光伏支架最不利风致振动演化形态与机理分析

翁神力平，任贺贺，柯世堂

（南京航空航天大学土木与机场工程系 南京 211106）

1 引言

柔性光伏支架支撑体系[1]因其采用柔性承托索架空结构，具有跨度大、质量轻和风敏感性强等特点，其风振性能与气动稳定性是结构设计中的关键性问题。目前针对柔性光伏支架的结构风致振动响应研究大多围绕结构中跨位置展开[2]，未考虑结构气弹响应空间分布的差异性，对于柔性光伏支架结构风致振动特性精细化分析和最不利风致振动演化形态还需要深入研究。

2 试验模型与风振响应演化形态

柔性光伏支架结构由边柱、中柱、承重索、组件索、斜拉索、光伏组件和三角撑共同组成，结构整体为三跨布置，每跨长为42m，组件倾角为23°，试验模型按照1∶40比例进行缩尺，最大阻塞率2.3%。光伏组件板面选用巴沙木为制作材料，为满足索件刚度与韧性要求，选用不同直径高强尼龙绳制作各索件，边柱、中柱为刚性传力构件，统一采用不锈钢板利用激光一体化切割制作。

3 风振响应演化形态

图1给出了180°风向角在不同风速条件下，结构左跨上部测点4和下部测点17振动轨迹散点图。由图可知，4.26m/s风速下，结构上部与下部振动形态较为相似，其整体振动轨迹二维投影为细长条形，结构以竖向位移响应为主；5.27m/s风速下，结构上部与下部振动响应表现出较为明显的差异性，上部振动轨迹呈现出向椭圆状分布发展，下部振动轨迹开始向较大幅度的长条形发展，上部位移响应波动性明显小于下部；6.27m/s风速下，结构上部与下部振动响应差异性进一步增强，上部振动轨迹呈明显椭圆状分布，下部振动轨迹呈现出具有显著波动性的长条形分布。

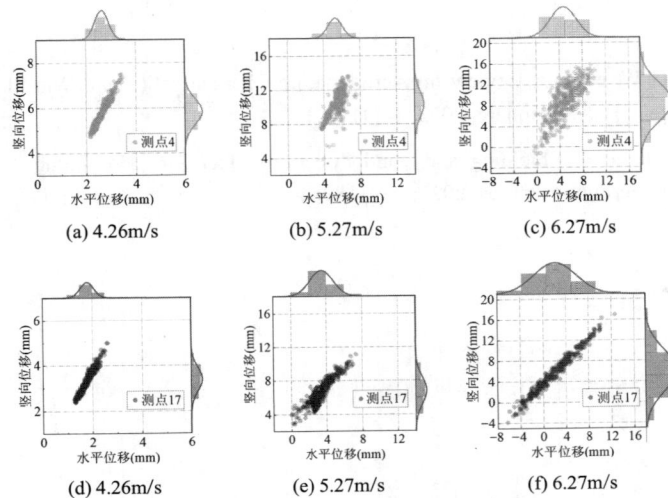

图1 180°风向角大跨柔性光伏支架4/17号测点振动轨迹散点图

基金项目：国家自然科学基金（52478530，52321165649，52108456），江苏省自然科学基金（BK20210309，BK20211518）

4 机理分析

图 2 给出了结构最不利风致振动演化过程，由图可知 180°风向角下结构风振响应主要分为线性响应、线性与非线性响应临界状态和非线性响应状态。柔性光伏支架结构最不利风致振动演化形态主要由测点水平位移响应在时频域的高度参与、结构出现高频振动模态共同决定，鉴于此，本文提出大跨柔性光伏支架"水平响应高度参与-高频振动"机理以解释柔性光伏支架结构最不利风致振动演化形态，即需要水平位移响应高度参与、结构出现高频振动模态这两点关键要素同时满足，结构才会出现最不利风致振动。

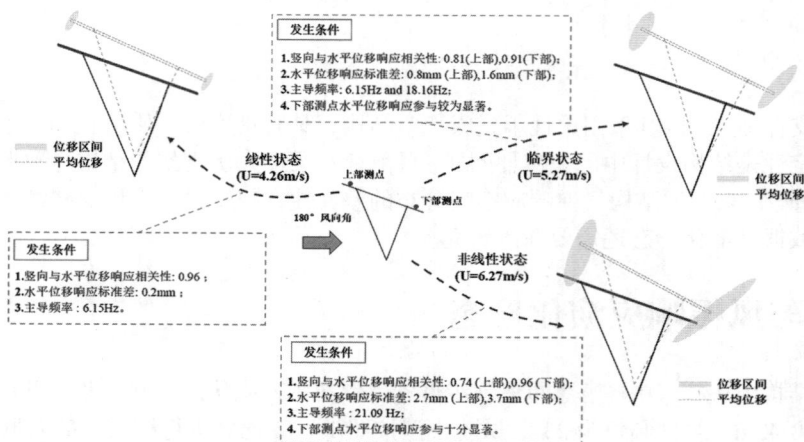

图 2 最不利风致振动演化过程

5 结论

本文基于气弹风洞试验，研究了大跨柔性光伏支架结构在不同工况下的风振响应演化规律，并对结构风振响应演化机理进行了揭示。研究发现，结构不利风向角为 180°；结构同跨范围和下部位移响应存在显著差异，180°风向角下，结构上部的竖向位移和水平位移始终大于下部，但下部位置的位移响应波动性要显著大于上部；大跨度柔性光伏支架结构最不利风致振动，是由于结构"水平响应高度参与-高频振动"机理造成，即水平位移响应高度参与、结构出现高频共振这两点关键要素需同时满足。

参考文献

[1] CHEN F, ZHU Y, WANG W, et al. A Review on Aerodynamic Characteristics and Wind-Induced Response of Flexible Support Photovoltaic System[J]. Atmosphere, 2023, 14(4).

[2] DING H, HE X, JING H, et al. Shielding and wind direction effects on wind-induced response of cable-supported photovoltaic array[J]. Engineering Structures, 2024: 309118064.

光伏阵列道路宽度风荷载遮挡效应研究

陈　冲[1]，马文勇[1,2]

（1. 石家庄铁道大学土木工程学院　石家庄　050043；

2. 石家庄铁道大学道路与铁道工程安全保障省部共建教育部重点实验室　石家庄　050043）

1　引言

国际能源署（IEA）于 2023 年 10 月 24 日发布了最新版本的《世界能源展望》报告，报告基于"快速转型""净零"以及"新动力"三大情景对世界能源市场进行了探讨与展望。并预测太阳能发电量 2050 年将比 2020 年增加 23 倍左右[1]。近年来光伏发电站的数量与规模都大幅增加。其快速发展一方面得益于国家对太阳能发电项目的支持，另一方面则要归功于光伏支架成本的下降。平单轴光伏支架的转动惯量，而转动惯量却仅由旋转轴提供，这就导致平单轴光伏支架的频率较低且具有"长细柔"的特点，是一种典型的风敏感结构，在强风下极易发生风致失稳与风致破坏[2]。准确地评估光伏组件的荷载系数对降低光伏支架的成本至关重要。但现在我们对光伏阵列间道路宽度对风荷载的研究并不清楚，本文利用 CFD 对光伏阵列间不同道路宽度进行了数值模拟计算，研究了道路宽度对光伏阵列风荷载遮挡效应的影响。

2　研究方法和内容

首先将风洞刚性测压试验（图 1）的数据与 FLUENT 模拟后的数值进行对比，验证了 FLUENT 数值模拟计算的准确性（图 2）。风洞试验中光伏阵列模型所在低速试验段的长 24m，宽 4m，高 3m。试验段最高风速可达 30m/s，湍流强度与风速差异均小于 0.4%。光伏阵列的模型由八排光伏组件组成，材料采用双层亚克力平板组成。模型缩尺比为 1∶30，缩尺后的尺寸为 2720mm（跨长）× 80mm（弦长）× 5mm（厚度），再按照风洞试验的原尺寸进行建模。

图 1　光伏阵列刚性测压试验

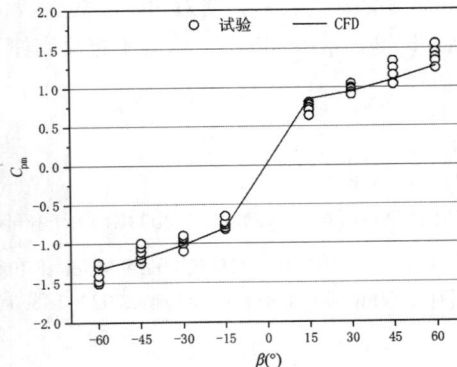

图 2　光伏阵列第一排风压系数对比

按照试验模型的原尺寸进行建模，如图 3 所示，通过 FLUENT 进行数值计算，湍流模型采用 realizable k-ε 湍流模型，速度压力耦合方式选择 SIMPLEC，动量方程与湍流模型方程的非线性对流项离散格式全部采用二阶迎风格式，并且通过该种湍流模型计算所得出的数据和试验所得数据较为符合，可以验证其准确性。计算中所有物理量的残差收敛标准设定为 5×10^{-5}。通过自定义 UDF 代码来实现按照 b 类风剖面进行来流风速的确定，通过对光伏阵列第一块光伏板的风压系数的计算来确定风荷载遮挡效应。

基金项目：河北省自然科学基金资助（E2021210053）

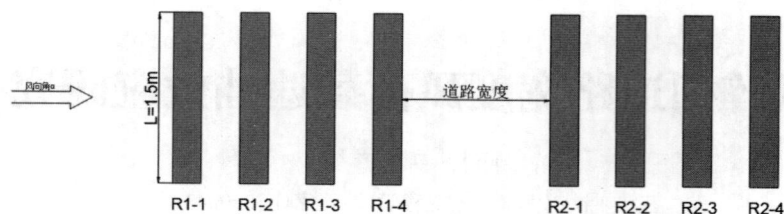

图 3　计算模型示意图

将阵列 2 首排风压系数与阵列 1 首排风压系数之比称为遮挡系数，可用 η 表示，用遮挡系数来表示遮挡效应。图 4 为不同倾角，不同道路宽度下光伏阵列的遮挡系数示意图。从图中可以看出在正倾角的情况下，道路宽度为 $50c$（c 为光伏板弦长）时阵列 1 对阵列 2 的遮挡系数为 20%～25%。并且在 $150c$ 之后都能降到 10% 以下，认为不再具有遮挡效应。而负倾角则比正倾角的遮挡系数低很多。

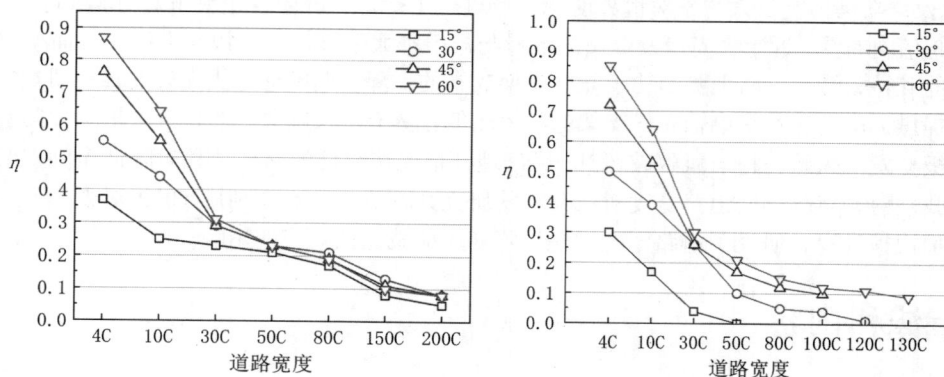

图 4　光伏阵列风荷载示意图

3　结论

本文对光伏阵列间的道路宽度进行研究，通过对比风压系数来探究道路宽度对光伏阵列风荷载的遮挡效应。在正倾角的情况下，道路宽度为 $50c$（c 为光伏板弦长）时阵列 1 对阵列 2 的遮挡系数为 20%～25%。并且在 $150c$ 之后都能降到 10% 以下，认为不再具有遮挡效应。而负倾角则比正倾角的遮挡系数低很多。

参考文献

[1]　AGENCY I E. World Energy Outlook 2023[R/OL]. https://www.iea.org/reports/world energy-outlook-2023.

[2]　VALENTíN D, VALERO C, EGUSQUIZA M, et al. Failure investigation of a solar tracker due to wind-induced torsional galloping[J]. Engineering Failure Analysis, 2022, 135: 106137.

基于混合 OMA 框架的海上风机模态识别

冯文海[1]，舒臻孺[1]，何旭辉[1]，宋　菁[2]

（1. 中南大学土木工程学院 长沙 410000；2. 上海勘测设计研究院有限公司 上海 200000）

1　引言

海上风电作为绿色能源的重要组成部分，其运营维护需求需要模态识别技术的支持。由于其复杂激励环境[1-2]（谐波激励、白噪声及有色噪声等），海上风机结构模态参数的准确识别面临显著挑战。本研究提出一种融合多方法的混合运营模态识别（OMA）框架，通过整合随机子空间-卡尔曼滤波法、改进自然激励技术-特征系统实现算法以及功率谱密度传递率矩阵法，构建具有互补优势的识别体系。该框架特别针对谐波激励与有色噪声耦合作用下的海上风机系统，通过简化风力机有限元模型仿真和广东阳江风电场实测数据双重验证，有效解决了传统单一方法在干扰模态分离中的局限性。试验结果表明，混合 OMA 框架不仅能准确区分结构真实模态与谐波干扰模态，还可有效抑制有色噪声引起的模态混淆现象，进而保证了结构模态参数的准确识别。研究成果为海上风电结构健康监测提供了准确的模态参数辨识工具，对于保障海上风机安全运行具有工程应用价值。

2　研究方法

2.1　混合 OMA 框架

针对海上风机模态识别中的谐波（叶片转动）及有色噪声（风浪）干扰，本文提出混合 OMA 框架，通过谐波去除与噪声滤除实现准确模态识别。流程包括：（1）SI-KF 剔除谐波；（2）基于 TMC-NExT-ERA 和 PSDT 筛选物理模态；（3）输出准确模态参数，如图 1 所示。

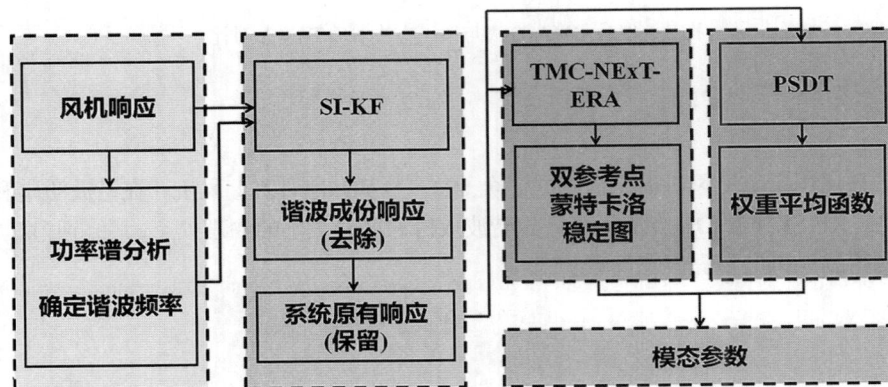

图 1　所提混合 OMA 框架的流程图

3　内容

3.1　数值模型结果

所提混合 OMA 框架的风机模态辨识过程如图 2 所示。

基金项目：上海市浦江人才计划资助（23PJ1421900）

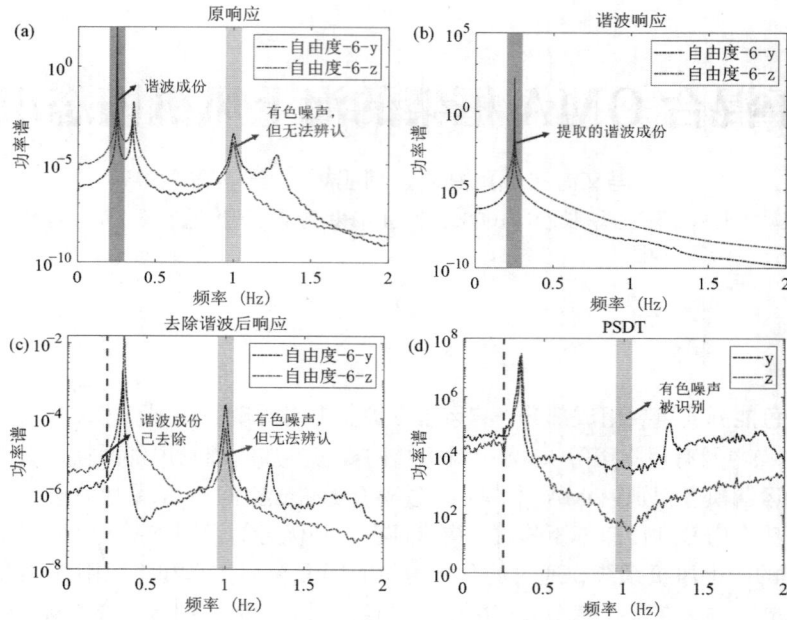

图 2　数值模型的功率谱结果图

所提 OMA 框架和单一方法结果对比如图 3 所示。

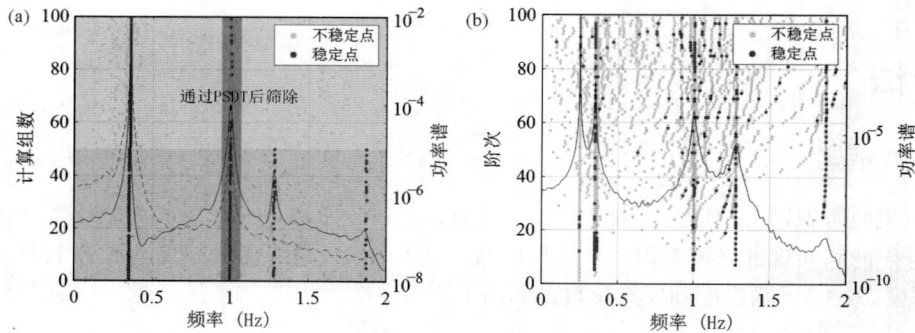

图 3　混合 OMA 方法与单一方法 NExT-ERA 对比

4　结论

本文提出了一种适用于海上风机模态识别的混合 OMA 框架。针对海上风机存在谐波激励和有色噪声激励的干扰，本文使用了 KF-SI 和 PSDT 方法用于去除谐波成份和区分正确的物理模态，最终通过 TMC-NExT-ERA 方法进行模态识别得到风机的物理模态参数。

参考文献

[1]　G TER MEULEN D W B, CABBOI A, ANTONINI A. Hybrid operational modal analysis of an operative two-bladed offshore wind turbine[J]. Mechanical Systems and Signal Processing, 2025, 223: 111822.

[2]　WANG L, KOLIOS A, LIU X, et al. Reliability of offshore wind turbine support structures: A state-of-the-art review[J]. Renewable and Sustainable Energy Reviews, 2022, 161: 112250.

端部开槽对海上光伏板风荷载影响的数值模拟研究

单长风，周晅毅

（同济大学土木工程防灾国家重点实验室 上海 200092）

1 引言

随着全球能源结构的转型和可持续发展战略的推进，海上光伏作为新能源的重要组成部分，其结构设计和安全性能评估日益受到重视[1]。本文旨在通过数值模拟研究在光伏板迎风端采用不同开槽率，对其风荷载特性的影响，以期为海上光伏系统的结构设计和优化提供理论依据和技术支持。

2 研究对象与研究方法

2.1 研究对象

本文建立缩尺比为 1∶1 的单块光伏板，光伏板周围流场主要以竖向绕流为主，以光伏板侧向建立二维尺寸模型。光伏板宽 40m，离地高度 10m，由于大型光伏板离海面距离较远，这里忽略海上波浪影响，计算工况做如下考虑：采用两种最不利风向角 $\alpha = 0°$、$180°$[2]，以倾角 15°，考虑在光伏板迎风端设置 0%（不开槽）、5% 和 10% 的开槽率面积。0° 风向角网格详见图 1，来探究开槽对大型光伏板风荷载特性的影响。计算域尺寸 300m（L）× 80m（H），采用非结构化网格划分，近壁面首层网格高度 50mm，网格总数约为 30 万，整体网格划分和不同开槽率的迎风端细部网格及壁面细部网格如图 1 所示。

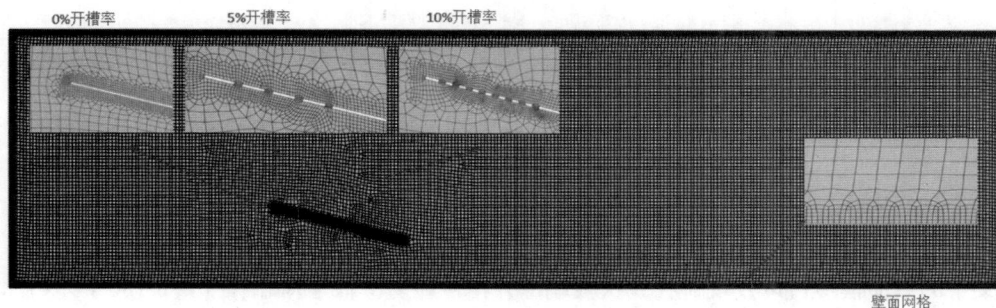

图 1 迎风端的不同开槽率的细部网格及壁面网格细部网格

2.2 研究方法

本文使用 FLUENT 软件进行数值模拟。风速 10m/s；采用 Coupled 压力速度耦合方案；边界条件设置如下：入口设置为速度入口边界，出口为压力出口，顶部及侧面采用对称边界，其余设置为无滑移边界。湍流模型选择 Realizable k-ε 模型，Standard Wall Function。

3 数值结果与分析

数值模拟结果见图 2～图 4。风向角 0° 时的不同开槽率的流线图如图 2 示；风向角 180° 时的不同开槽率的流线图如图 3 所示。15° 倾角的光伏板在风向角 $\alpha = 0°$、$180°$，不同开槽率的风压系数如图 4 所示，通过开

基金项目：国家自然科学基金项目（52478546）

槽，气流从槽孔进入光伏板背风侧；而没有开槽的情况下，光伏板的上下侧压差相对大很多。

由模拟结果可知，在风向角 $\alpha = 0°$ 的工况下开槽之后的迎风端的风压系数有较为显著的降低，端部开槽部分（端部 $0\sim10m$）的风压系数均值在 0% 开槽率时为 -1.61，5% 开槽率时为 -1.45，10% 开槽率时为 -1.21。同样在风向角 $\alpha = 180°$ 的工况下开槽 5% 和 10% 之后的迎风端的风压系数分别降低约 10% 和 25%。

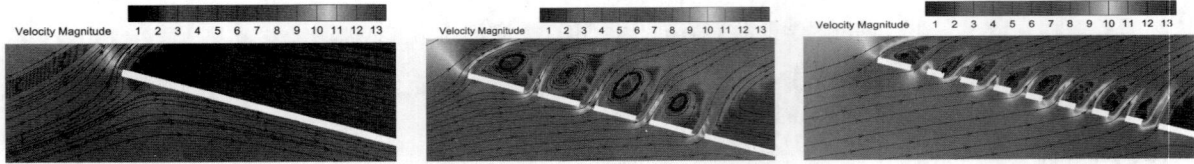

图 2   风向角 0°时迎风端的流线图 （开槽率从左到右依次为 0%、5%、10%）

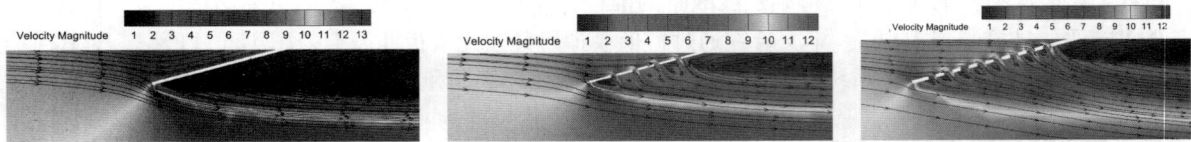

图 3   风向角 180°时迎风端的流线图（开槽率从左到右依次为 0%、5%、10%）

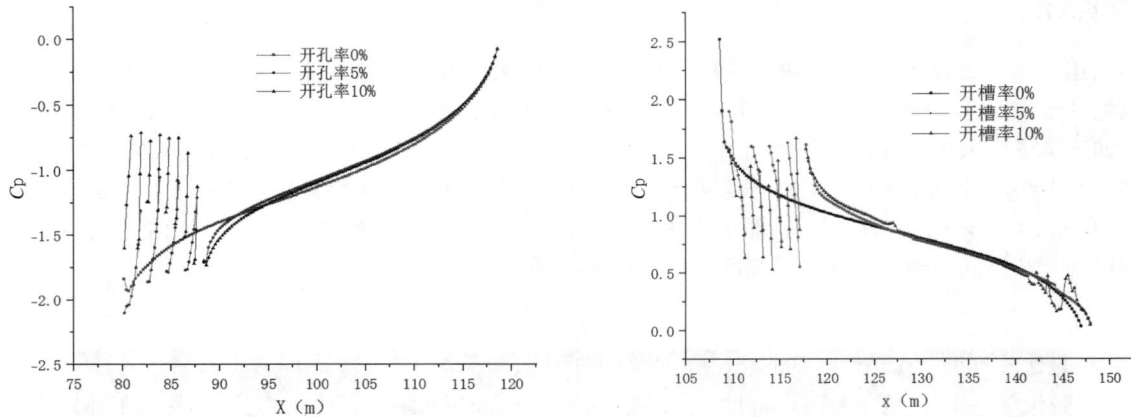

图 4   不同开槽率的风压系数（左：风向角 0°；右：风向角 180°）

4   结论

通过本文中的数值模拟可以发现，在光伏板端部开槽可显著降低迎风端在 0° 和 180° 两种最不利风向角下光伏板所受的风荷载。开槽率 5% 和 10% 的风压系数分别降低约 10% 和 25%。由此可见开槽这一有效措施可以减少光伏板在施工和运维阶段的损坏。

参考文献

[1]   王勃华. 我国光伏产业发展形势与未来展望[J]. 电气时代, 2023, (1): 16-19.

[2]   王峰, 王佳盈, 王子健, 等. 大长宽比平单轴光伏板风荷载试验研究[J]. 湖南大学学报（自然科学版）, 2023, 50(7): 130-139.

地面粗糙度类别对近地大型光伏阵列风荷载特性影响研究

刘蒙蒙[1]，操金鑫[1,2]，曹曙阳[1,2]，张宇鑫[3]

（1. 同济大学土木工程学院桥梁工程系　上海　200092；
2. 同济大学土木工程防灾减灾全国重点实验室　上海　200092；
3. 香港城市大学建筑与土木工程学院　香港　999077）

1　引言

随着能源短缺和环境污染等问题的出现，以太阳能光伏发电为主的清洁能源逐渐成为全世界关注的焦点。光伏阵列面积大、质量轻、刚度低的特点导致其风敏感性较强。地面粗糙度类别决定了近地大气边界层风特性，进而对光伏阵列风荷载产生不利影响，目前研究和光伏设计相关指南中较少关注。本文采用 RANS 湍流模型，以《建筑结构荷载规范》GB 50009—2012[1]中前 3 类地面粗糙度的风速剖面为大气边界层速度入口，研究光伏阵列的风荷载分布特性，为光伏阵列的抗风设计提供参考依据。

2　数值模拟

本数值模拟工作采用开源计算流体力学软件 OpenFOAM 中的瞬态不可压缩流求解器 pisoFoam，求解 RANS 两方程标准 k-ε 模型。假设不可压缩流动水平均匀且稳定，湍动能产生速率与耗散速率相等，平均风速剖面为对数率，可求解湍动能与耗散率表达式[2]。采用最小二乘法对风剖面及湍动能剖面拟合可得对应参数。

光伏阵列计算域如图 1 所示，x、y、z 方向上的计算域尺寸范围为（−960m,1280m），（−960m,960m），（0,96m），光伏阵列尺寸范围为（−375m,375m），（−349m,349m），（7.3,17.3m），阻塞率 4.9%。光伏阵列由 10×12 个光伏单体组成，光伏单体尺寸为 $38.594\text{m} \times 69.786\text{m} \times 3.144\text{m}$，倾角为 15°，光伏单体 x、y 方向间距分别为 27.52m 和 0m。光伏阵列网格采用 OpenFOAM 中的网格划分程序 snappyHexMesh 和 blockMesh 建立，逐层细化网格，生成 502.8 万网格。

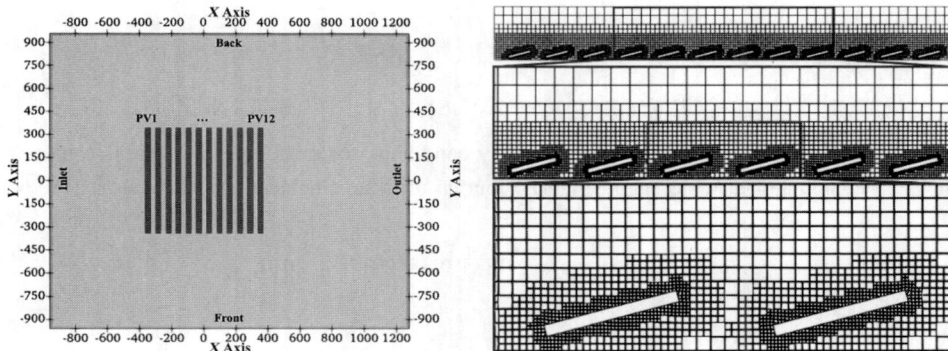

图 1　光伏阵列计算域及网格划分

3　计算结果与分析

图 2 绘制了光伏阵列中各个光伏单体平均净风压系数，并与《光伏阵列结构荷载指南》（JIS C 8955：2017）[3]

基金项目：国家重点研发计划课题（2022YFC3005302），国家自然科学基金项目（52178502）

的风荷载指导值对比。迎风第一列及每列光伏阵列末端呈现较大的风压系数。各类地面粗糙度下净风压系数差距不大，但上下表面风压系数分布存在较大差异。

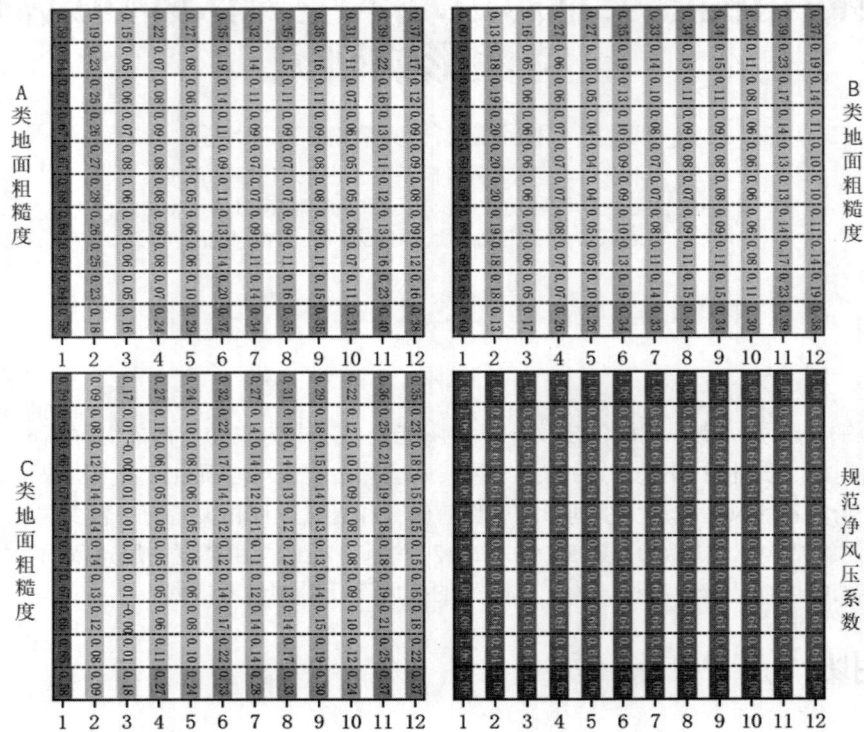

图 2　光伏阵列单体平均风压系数云图（横坐标为光伏阵列列数）

4　结论

采用 RANS 湍流模型研究了 3 类地面粗糙度下光伏阵列的风荷载分布特性。研究表明，随地面粗糙度增加，光伏阵列上表面风压系数增大，下表面风压系数减小，净风压系数差异不明显。数值模拟与风洞试验对比以及各地面粗糙度下的流场特性等结果将包含在全文中。

参考文献

[1]　住房和城乡建设部. 建筑结构荷载规范: GB 50009—2012[S]. 北京: 中国建筑工业出版社, 2012.

[2]　YANG Y, GU M, CHEN S, et al. New inflow boundary conditions for modelling the neutral equilibrium atmospheric boundary layer in computational wind engineering[J]. Journal of Wind Engineering and Industrial Aerodynamics, 2009, 97(2): 88-95.

[3]　Load design guide on structures for photovoltaic array: JIS C 8955: 2017[S]. 2017.

台风-浪-流耦合作用下海上漂浮式风机风荷载特性数值仿真研究

林啟邦，彭化义，刘红军

（哈尔滨工业大学（深圳）智能土木与海洋工程学院 深圳 518000）

1 引言

风电产业在"碳达峰"、"碳中和"的背景下得到大力发展，但我国深远海域丰富的风能资源仍未得到充分利用。漂浮式风机在水深大于 50m 的海域具有较强的适应性，因此成为了风电产业的下一个增长点[1]。然而。我国海域频繁遭受台风侵袭，海上风机遭受强台风毁坏的事故屡次发生，台风、波浪、海流的相互作用会影响台风特性和波浪特性，而目前对漂浮式风机的研究大多忽略了台风-浪-流耦合作用[2-3]。本文通过中尺度模式和小尺度计算流体动力学（CFD）模型研究台风-浪-流耦合作用对漂浮式风机风荷载特性的影响规律。

2 数值模拟

采用中尺度海-气-浪耦合数值模式（COAWST）模拟 2014 年台风"威马逊"的风-浪-流耦合场，并与 WRF 的计算结果进行对比。中尺度模式计算时间步长为 30s。通过致动线法建立 IEA 22 MW 漂浮式风机的 CFD 模型，计算域边界条件如图 1 所示。根据 WRF 和 COAWST 得到的风剖面和波浪特性设置 CFD 的入口，湍流模型采用大涡模拟方法。采用 VOF 方法生成五阶波，采用致动线法从 CFD 中提取风速并计算叶片风荷载，从而得到风机的平台运动。

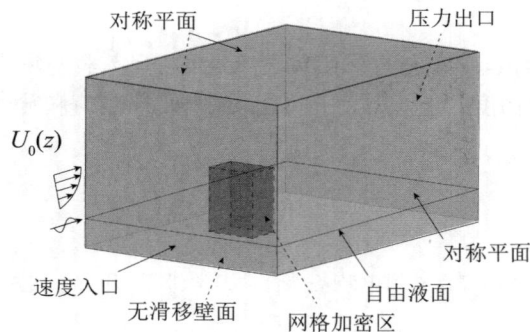

图 1 CFD 计算域

3 结果与讨论

中尺度模式模拟的台风剖面如图 2（a）所示。COAWST 考虑了台风-浪-流耦合作用，增大了波浪对大气的影响，使得台风风速增大，风剖面的幂指数降低。波浪特性如图 2（b）所示。结果表明，台风-浪-流耦合作用增大了台风输入波浪的能量，导致波浪高度和波浪周期增大。

基金项目：深圳市科技计划资助（JCYJ20241202123537012），广东省基础与应用基础研究基金（2023A1515240068,2024A1515012266），国家自然科学基金项目（52378500）

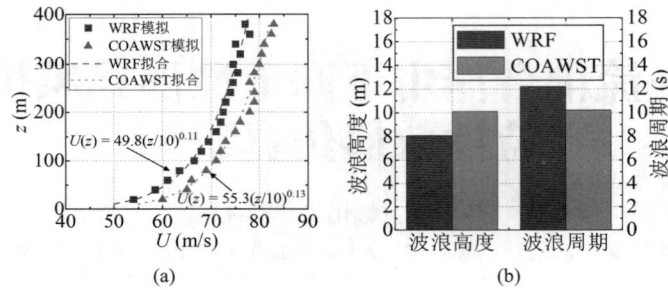

图 2　中尺度模式下台风"威马逊"的风场特性和波浪特性：（a）风剖面；（b）波浪特性

CFD 模拟得到的叶根力矩脉动值如图 3 所示。结果表明，台风-浪-流耦合作用增大了台风风速和波浪高度，导致平台运动幅值增大，进而导致叶片的相对风速脉动值和叶片力矩脉动值增大。此外，叶片 1 位置较高，台风-浪-流耦合作用明显增大其挥舞、摆振、扭转力矩脉动值。相比之下，台风-浪-流耦合作用对叶片 2 和叶片 3 摆振力矩的脉动值影响较小。叶片 1 的挥舞力矩脉动值增长率高于叶片 2 和叶片 3，说明台风-浪-流耦合作用会明显增大位置较高的叶片在扭转方向的风荷载脉动值[4]。叶片 2 和叶片 3 挥舞力矩脉动值增长率高于叶片 1，说明位置较低的叶片在挥舞方向的风荷载脉动值对台风-浪-流耦合作用更为敏感。

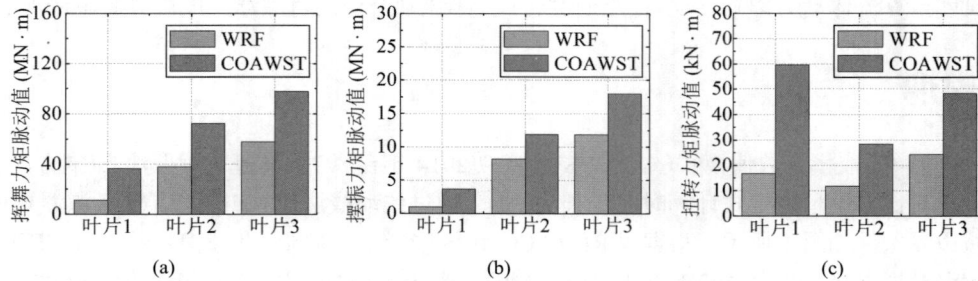

图 3　台风-浪-流耦合对叶片风荷载的影响：（a）挥舞推力；（b）摆振推力；（c）扭转力矩

4　结论

本文通过数值仿真研究了台风-浪-流耦合作用对漂浮式风机风荷载的影响规律。结果表明，台风-浪-流耦合作用增大了台风风速和波浪高度，进而增大了叶片风荷载的平均值和脉动值波动性。

参考文献

[1]　温斌荣, 田新亮, 李占伟, 等. 大型漂浮式风电装备耦合动力学研究: 历史、进展与挑战[J]. 力学进展, 2022, 52(4): 731-808.

[2]　柯世堂, 朱庭瑞, 李文杰, 等. 台风-浪-流耦合作用超大浮体水弹性响应分析方法[J]. 哈尔滨工程大学学报, 2024, 45(7): 1231-1241.

[3]　WANG H, WANG T G, KE S T, et al. Assessing code-based design wind loads for offshore wind turbines in China against typhoons[J]. Renewable Energy, 2023, 212: 669-682.

[4]　CHEN W L, ZHANG Z, LIU J, et al. Experimental study on dynamic characteristics of a jacket-type offshore wind turbine under coupling action of wind and wave[J]. Applied Energy, 2025, 378: 124876.

大组件倾角下单层柔性光伏阵列风振特性研究

唐子涛[1]，敬海泉[1,2]，何旭辉[1,2]

（1. 中南大学土木工程学院 长沙 410075；
2. 高速铁路建造技术国家工程研究中心 长沙 400038）

1 引言

相比于传统光伏固定支架，柔性光伏支架[1]具有用钢量少、场地适应性强、跨度大、经济效益高等优势，但也存在自身刚度小，自振频率低，极易在风荷载作用下发生振动甚至倾覆导致结构失效。已有许多学者对单层柔性光伏开展不同研究。李佳炜[2]等和 Zhu[3]等通过数值模拟给出了单层索结构光伏阵列不同光伏组件倾角下，索力和位移的风振系数。王威[4]等通过风洞试验测试一种檩条式柔性光伏支架，对其研究风致振动特性。本文选择大组件倾角α为 25°，通过六行阵列气弹模型的风洞试验，改变不同因素（风速、风偏角、初始索力）得到阵列的风致振动响应。

2 风洞试验

试验模型根据一种阵列式单层索支撑光伏系统设计制作，试验原型光伏阵列为跨径长 16m，宽 21.4m，高 6m，共 13 列 6 行光伏板。本次试验初始索力的设计值分别为 35kN 和 60kN。阵列中每块光伏板长 2348mm，宽 1303mm，质量 38.5kg，光伏板倾角α为 25°。

试验模型的几何缩尺比为 1:20，考虑弗劳德数 F_r 相似，风速缩尺比为 $1:\sqrt{20}$，光伏板采用桐木板制作，为满足光伏板质量缩尺比 1:8000 的要求，桐木板厚度为 1.5mm，无法精确模拟光伏板厚度。由于初始索力经索力缩尺比 1:8000 后较难通过索力计控制，本次试验未直接测量索力，通过控制试验模型实测的一阶竖弯频率与有限元计算的模型竖弯基频设计值接近或一致，实现对 35kN 和 60kN 索力设计值的控制。光伏组件倾角α为 25°试验模型如图 1 所示。

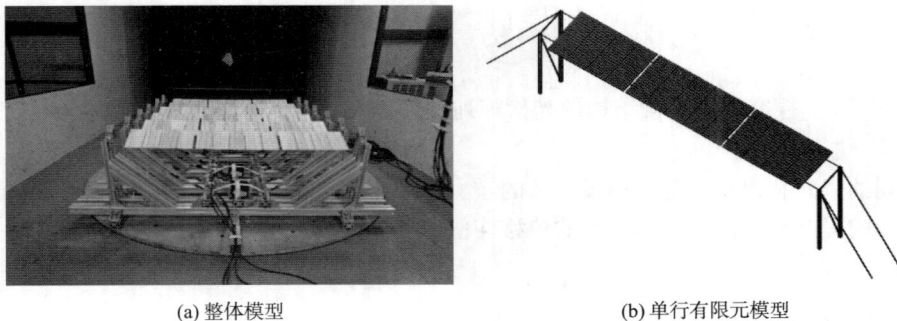

(a) 整体模型　　　　　　　　　　　(b) 单行有限元模型

图 1　试验模型

3 数据处理

图 2 为风速 8m/s 两种初始索力在各个风偏角下迎风侧首行的风致振动响应。迎风侧首行在风偏角小于 90°时为 Row1，在风偏角大于 90°时为 Row6。竖弯和扭转均值随风偏角增加先减小后增大，在风偏角 90°时达到最小值，初始索力 35kN 和 60kN 竖弯均值最大值分别为 21.4mm、16.7mm，初始索力 35kN 和 60kN 扭

基金项目：国家自然科学基金项目（52078502）

转均值最大值分别为 88.9×10^{-3}rad，100×10^{-3}rad。同样竖弯和扭转脉动值也随这风偏角增加先减小后增加，在风偏角 60°时达到最小值，初始索力 35kN 和 60kN 竖弯脉动值最大值分别为 2.65mm、4.13mm，初始索力 35kN 和 60kN 扭转脉动值最大值分别为 173×10^{-3}rad，214×10^{-3}rad。迎风侧首行竖弯均值和脉动值在风偏角 180°大于在风偏角 0°，因此需特别注意在风偏角 180°下光伏板的竖向位移。

更清晰地观察到，随着初始索力增大，位移竖弯均值减小，但是竖弯脉动值增加，初始索力 35kN 和 60kN 分别为 2.65mm、4.13mm。同时随初始索力增大，不仅扭转均值增大，而且扭转脉动值也增大。

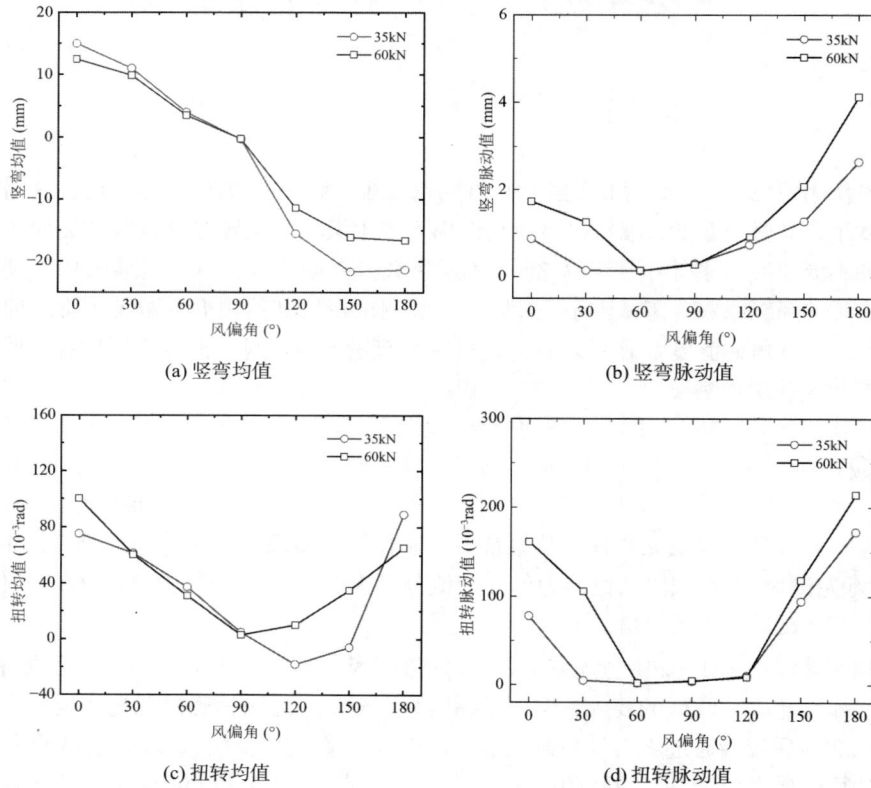

(a) 竖弯均值 (b) 竖弯脉动值

(c) 扭转均值 (d) 扭转脉动值

图 2　两种初始索力振动响应

4　结论

本文通过气弹模型，探究了单层索结构的光伏阵列在大组件倾角下不同风速、风偏角、初始索力的风致振动响应，得到以下主要结论：

（1）光伏阵列的竖向和扭转位移均随风偏角的增大先减小后增大，在风偏角 60°或 90°时达到最小值。

（2）初始索力的提高，降低了阵列振动的位移均值，但提高了振动的振幅。

参考文献

[1]　王雨. 光伏组件柔性支架技术方案[J]. 太阳能, 2018(3): 37-40.

[2]　李佳炜, 贺拥军, 全勇. 单层悬索柔性光伏支架风振系数研究[J]. 建筑科学与工程学报, 2024, 41(5): 63-70.

[3]　ZHU Y F, HUANG Y, XU C, et al. Effect of tilt angle on wind-induced vibration in pre-stressed flexible cable-supported photovoltaic systems[J]. Solar Energy, 2024, 277: 112729.

[4]　王威, 操金鑫, 曹曙阳. 阵列式柔性光伏系统风振特性研究[J]. 工程力学, 2024.

考虑风向效应的风机风致疲劳损伤分析

樊丽轩[1]，冀骁文[1]，赵衍刚[1]，黄国庆[2]

（1. 北京工业大学城市与工程安全减灾教育部重点实验室 北京 100124；
2. 重庆大学土木工程学院 重庆 400045）

1 引言

风机长期在风荷载作用下，其叶片和塔架极易发生疲劳破坏[1]，高效准确评估风机损伤情况对其安全可靠运行具有重要意义。目前相关研究主要集中于风速对风机损伤影响，忽略了风向作用，而风机的偏航系统的运作使风向对其性能的影响尤为显著[2]。故近年来，学者们逐渐展开全风向下风机疲劳损伤评估，考虑风向主要采用的方法是将风向划分为不同扇区，统计各扇区内风速概率值，也有少数学者将风向考虑为随机变量，基于 Copula 建立风速风向的联合分布。前者未考虑风向连续性，与实际不符；后者虽然可以更好捕捉风向变化对风速分布的影响，但从一维到二维的建模方法会拆散风速与风向的对应关系。在建立风速风向联合分布模型后，则利用风速风向组合概率值直接对各区间损伤加权求和得到全风向下风机总损伤值，其计算效率依赖于风速风向区间数量。建立合理的风速风向联合分布模型是评估全风向风机疲劳损伤的关键，因此本文在风速正交分量空间展开全风向风机疲劳损伤分析，并利用 Gauss-Hermite 积分方法求解损伤值。

2 研究方法和内容

2.1 全风向风机疲劳损伤模型

本文采用混合偏移椭圆正态模型（OENM）描述风速在东西方向和南北方向的分量 V_w 和 V_s 的联合分布，二者存在相关性。基于疲劳损伤时域分析方法，得到全风向下风机总损伤值表达式为：

$$D_{\text{total}} = \sum_{m=1}^{M} w_m \iint D(V_w, V_s) g_m(V_w, V_s) \, dV_w \, dV_s \tag{1}$$

式中，D_{total} 为总损伤；$D(V_w, V_s)$ 为风速分量为 V_w 和 V_s 产生的损伤；$g_m(V_w, V_s)$ 为混合风气候中第 m 个成分的联合概率密度函数；w_m 是第 m 个子模型权重，$w_m \in [0,1]$，且 $\sum_{m=1}^{M} w_m = 1$。

2.2 全风向风机疲劳损伤计算方法

已有研究中需要模拟大量风速风向组合工况的疲劳损伤，效率较低。相比之下利用 Gauss-Hermite 积分近似求解的方法更高效。这里采用 Nataf 变换[3]结合 Cholesky 分解将具有相关性的二维正态变量 V_w 和 V_s 转换为两个独立标准正态变量 U_1 和 U_2，获得近似求解公式：

$$D_{\text{total}} = 2\pi \sum_{m=1}^{M} \sum_{i,j=1}^{k} w_m \sigma_{w,m} \sigma_{s,m} \sqrt{1 - R_m^2} \, p_{1,i} p_{2,j} D\big(U_{1,i}\sigma_{w,m} + \mu_{w,m}, U_{1,i}\sigma_{s,m}R_m +$$

$$U_{2,j}\sigma_{s,m}\sqrt{1 - R_m^2} + \mu_{s,m}\big) \tag{2}$$

式中，$\mu_{w,m}$、$\mu_{s,m}$ 和 $\sigma_{w,m}$、$\sigma_{s,m}$ 表示子模型中 V_w、V_s 的平均值和标准差；R_m 为二者线性相关系数；$U_{1,i}(U_{2,i})$ 和 $p_{1,i}(p_{2,j})$ 分别为具有加权函数 $e^{-0.5u^2}$ 的 Hermite 多项式的根和权重；k 为积分节点数。具体思路为：将标准正态空间的选点结果映射到原物理空间，然后通过 OpenFAST 获得风机响应时程，结合风机几何参数，将弯矩时程转换为应力时程，通过雨流计数法获得应力幅及循环次数，基于疲劳-寿命曲线和线性疲劳累积损伤

基金项目：国家自然科学基金项目（52278135）

理论获得风机叶根和塔底损伤值，最后根据所有估计点求得的损伤值和相应的权重计算总损伤。

2.3 算例分析

采用大连 2001—2024 年气象观测数据，取风速间隔为 1m/s，风向划分为 16 个区间，拟合得到风速正交分量的联合概率密度模型见图 1。利用 TurbSim 生成风场并输入 OpenFAST，获得 5MW 基线陆上风机响应。分别采用本文方法和划分风向扇区方法求得叶根、塔底疲劳损伤结果见表 1。当积分节点数量为 7 时，损伤估计值已经较为稳定，计算次数仅为划分风向扇区方法的 0.26 倍。从计算结果发现风机叶片比塔底更容易发生疲劳失效。

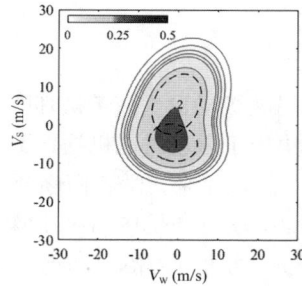

图 1　风速正交分量的联合概率密度图

叶根和塔底风致疲劳损伤结果　　　　　　　　　　　　　　　　表 1

风机 1h 损伤值	本文方法/积分节点数					划分风向扇区方法
	2 点	3 点	5 点	7 点	9 点	
叶根	9.48×10^{-8}	9.56×10^{-8}	1.62×10^{-7}	1.20×10^{-7}	1.10×10^{-7}	1.29×10^{-7}
误差	-26.51%	-25.89%	25.58%	-6.98%	-14.73%	—
塔底	5.87×10^{-8}	4.80×10^{-8}	7.06×10^{-8}	8.21×10^{-8}	8.39×10^{-8}	8.50×10^{-8}
误差	-30.94%	-43.53%	-16.94%	-3.41%	-1.3%	—
计算次数	4 次	6 次	50 次	98 次	162 次	368 次

注：误差＝（本文方法－划分风向扇区方法）/划分风向扇区方法。

3　结论

本文采用 OENM 描述了风速正交矢量的联合分布，基于此建立了考虑风向效应的风机风致疲劳损伤模型，此模型反映了真实风速风向组合工况下风机的疲劳损伤。并采用 Gauss-Hermite 积分求解此模型，计算效率显著提高。

参考文献

[1] DOBLINGER C, SURANA K, LI D Y. How do global manufacturing shifts affect long-term clean energy innovation? A study of wind energy suppliers[J]. Research Policy, 2022, 51(7): 104558.

[2] RASHIDI M M, MAHARIQ I, MURSHID N. Applying wind energy as a clean source for reverse osmosis desalination: A comprehensive review[J]. Alexandria Engineering Journal, 2022, 61(12): 12977-12989.

[3] LI H, LU Z, YUAN X. Nataf transformation based point estimate method[J]. Chiness Science Bulletin, 2008, 53(17): 2586-2592.

下击暴流风场模拟及其风力机动力响应

卿文杰[1]，胡传新[1]，赵 林[2]

（1. 武汉科技大学城市建设学院 武汉 430065；
2. 同济大学土木工程防灾减灾全国重点实验室 上海 200092）

1 引言

下击暴流作为一种在雷暴天气中由强下沉气流猛烈冲击地面形成并经由地表传播的近地面短时破坏性强风，易导致风力发电机叶根折断及塔筒损毁等故障。然而，目前对于下击暴流环境下风力机的安全研究较少，故开展停机时风力机位于下击暴流风场不同位置处叶片及塔筒的响应分析十分必要。本文利用武汉科技大学下击暴流模拟器生成了下击暴流风场，研究了下击暴流风场特性；进一步选取了高宽比 1.2 工况时的风场作为平均风场，结合 IECKAI 脉动风谱模型，来模拟下击暴流三维随机脉动风场。利用 FAST 软件，以 NREL 5MW 风力机作为研究对象[1]，研究了下击暴流风场不同位置处风机的动态响应，对比分析了基础形式（半潜式和陆上风力机）、停机偏航角及停机位置对叶片、塔基结构动力响应的影响规律。研究结论可为风力机应对下击暴流等极端环境提供一定的参考。

2 风场模拟与计算方法

武汉科技大学下击暴流模拟器如图 1 所示、下击暴流风场测量如图 2 所示，模拟生成 3 种不同高宽比（范围为 1.2~2.0、间隔 0.4）工况下的下击暴流风场，选取高宽比 1.2 工况时的风场作为下击暴流三维随机脉动风场的平均风场。其中，按照缩尺比转化（速度缩尺比为 1∶3、几何相似比为 1∶1000[2]）得到不同径向位置处下击暴流水平风剖面如图 3 所示。同时，结合 IECKAI 脉动风谱模型，通过广义动态入流理论求解风轮平面诱导速度，结合翼型气动特性参数和 Prandtl 修正的叶素动量理论计算叶片气动力，并通过 Beddoes 模型修正翼型动态气动特性，得到下击暴流作用于风力机叶片及塔筒所受气动载荷。风力机模型采用美国国家可再生能源实验室（NREL）提供的 5MW 风力机标准机型[1]，对 2 种停机位置下 0~1200m 径向范围内在 0°~45°不同偏航范围内进行数值计算，取各工况下样本时程极值作为响应统计量，研究风力机在下击暴流作用下风力机叶根和塔基的结构响应变化。

图 1 模拟器尺寸图

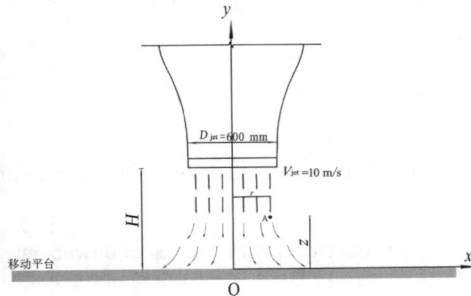

图 2 风场测量

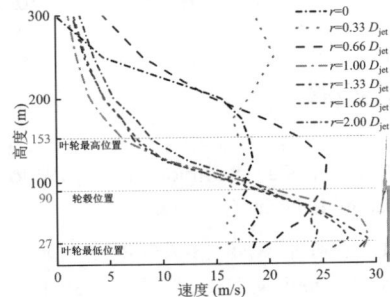

图 3 不同径向位置处下击暴流平均风剖面

3 风力机动力响应

图 4 为陆上风力机的叶根弯矩及塔基弯矩的结构响应，发现当风力机位于风场径向距离 $r = 400$m，偏航

基金项目：科技部国家重点研发计划（2022YFB4201501）

角 30°时的叶根弯矩和塔基弯矩值有明显突变。图 5 为塔基侧风向位移幅值图。结合叶尖位移时程、频谱图（图 6）和叶尖变形的标准差随轮毂位置处风速的变化（图 7）可知，叶尖位移的卓越频率为 1.1026Hz 与 1 阶摆振频率一致，在下击暴流强风作用下，风力机发生了 1 阶摆振为主的叶片挥舞、摆振和扭转三自由度耦合失稳，塔筒发生了由叶片气弹失稳激发的塔筒振动。若叶片发生气弹失稳导致损坏，由于风力机的每一个组件失效不是相互独立的，叶片发生气弹失稳导致失效问题往往会反馈到塔筒中，具有延续性的演化过程，具有链式的规律性，进而发生大面积破坏或整个结构倒塌。

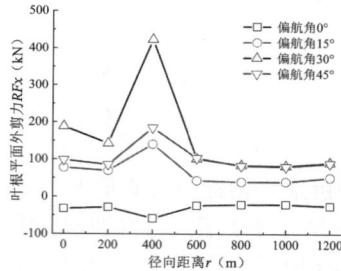

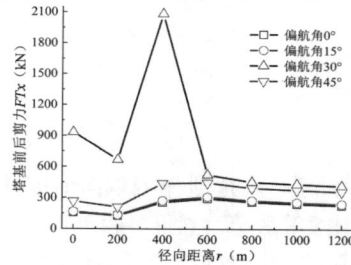

图 4　风力机的结构响应

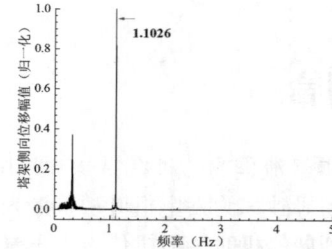

图 5　塔基位移频谱图

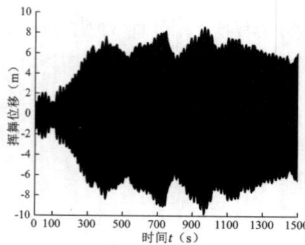

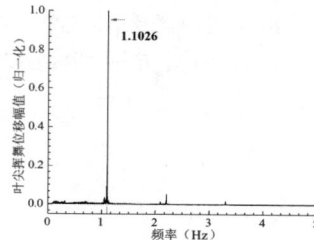

图 6　挥舞位移时程、频谱图

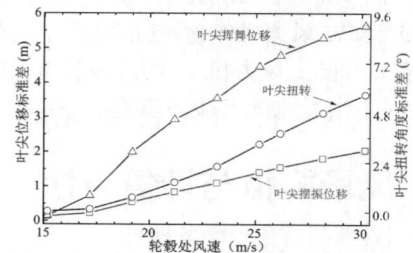

图 7　叶尖变形随轮毂处风速的变化

4　结论

结合下击暴流物理模拟试验和 FAST 数值模拟，研究了下击暴流作用下风力机叶片和塔筒的结构响应随风场径向距离、风力机偏航角度以及停机位置变化的影响。随着偏航角的变化，风力机各部件的响应急剧增加；在径向距离 400m、偏航角 30°处附近甚至会出现由于叶片发生气弹失稳现象，显著增加了结构损坏的概率易引起整机的链式失效，在风力机抗风设计需着重考虑；在整个偏航范围内，采取偏航角为 0°并处于停机状态的风力机，对其结构各部分的响应值相对较小，表明在该停机策略在应对下击暴流极端条件时最为有利。

参考文献

[1]　JONKMAN J. Definition of a 5-MW Reference Wind Turbine for Offshore System Development[J]. National Renewable Energy Laboratory, 2009.

[2]　FUJITA T T, WAKIMOTO R M. Five scales of airflow associated with a series of downbursts on 16 July 1980[J]. Monthly weather review, 1981, 109(7): 1438-1456.

超大型光伏系统阵列风荷载干扰效应研究

李曦鸿[1]，曹曙阳[1,2]，操金鑫[1,2]

（1. 同济大学土木工程学院桥梁工程系 上海 200092；
2. 同济大学土木工程防灾减灾全国重点实验室 上海 200092）

1 引言

随着太阳能光伏发电系统迅速发展，太阳能光伏板表面风荷载受到了越来越广泛的关注。风荷载是光伏板设计的主要荷载，对于大规模的光伏阵列而言，其干扰效应对光伏板风荷载影响显著，因此大型光伏阵列的风荷载需要进行进一步的研究。高亮等[1]通过风洞试验和数值模拟，研究了倾角、高度、间距等因素对光伏阵列风荷载的影响。马文勇等[2]通过刚体模型测压风洞试验分析了阵列光伏风荷载的干扰效应。楼文娟等[3]通过风洞试验与数值模拟，研究了大型光伏阵列风荷载并进行了分区。本研究针对某超大型阵列光伏系统，对单体光伏系统及阵列光伏系统分别进行了刚体模型测压风洞试验研究，分析了单体光伏风荷载随风向角变化的分布规律。同时，通过比较超大型光伏阵列中不同位置处光伏板与单体光伏板的整体体型系数，计算了体型系数的折减系数，分析了光伏阵列对光伏面板风荷载的干扰效应。

2 风洞试验介绍

2.1 试验模型介绍

单体光伏系统平面投影尺寸长$L = 69.3m$，宽$B = 37.3m$，离地高度为$H = 7.3m$，倾角为 15°，采用几何缩尺比 1：30，上下面板各布置 284 个测点。光伏阵列由 10 排光伏组件组成，每排光伏组件由 10 个单体光伏系统组成，各排排间中心距为 64.8m，光伏阵列平面投影长$L = 697.4m$，宽$B = 620.5m$，采用几何缩尺比为 1：150。仅在光伏阵列中的前 2 排的 2×5 个单体模型布置测点，每个单体测压模型在上下表面均匀布置 15 个测点，其余模型均为补偿模型。

2.2 试验概况

本次试验在同济大学 TJ-3 边界层风洞进行，采用边界层 A 类场地风场，参考高度 10m 处风速为 29.4m/s，速度缩尺比采用 1：4.9。单体光伏风洞测压试验风向角取值范围为 0°～180°（0°为光伏板背风），间隔 15°，共计 13 个风向角；光伏阵列风洞测压试验风向角取值范围为 0°～360°（0°为光伏板背风），间隔 15°，共计 24 个风向角，风向角用α表示。风压采样频率为 300Hz，每个工况采样 120s。

3 试验结果分析

3.1 单体光伏风荷载分布

根据刚体模型测压风洞试验，得到了单体光伏面板体型系数分布规律（图 1）。在 0°风向角下，光伏板背风，结构整体受到风吸力，从上游到下游呈现明显的梯度变化，体型系数最大负值出现在光伏板上方的边角处，体型系数为-1.93，单体光伏面板整体体型系数为-0.90。

基金项目：国家自然科学基金项目（52178502）

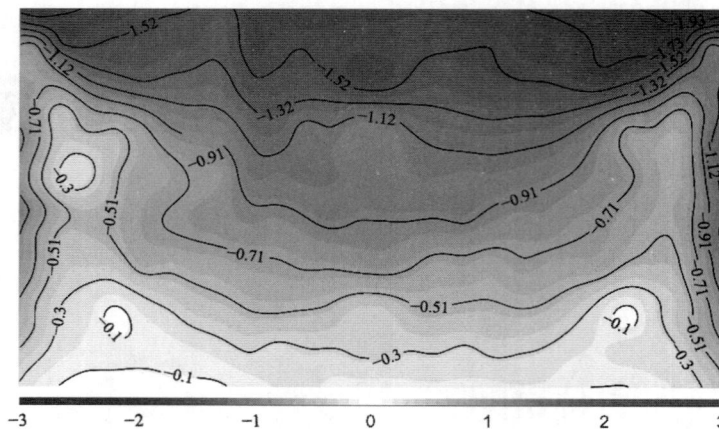

图 1 α = 0°，单体光伏体型系数分布

3.2 光伏阵列风荷载干扰效应

光伏常以阵列的形式出现，阵列中的光伏表面的风荷载会受到周围光伏板件的干扰。本研究比较了阵列中光伏板的体型系数与单体光伏的体型系数，探究了光伏阵列风荷载的干扰效应。以 0°风向角为例，图 2（a）展示了 0°风向角下阵列光伏的体型系数，图 2（b）展示了阵列中光伏板体型系数相对于单体光伏的折减系数。结果表明：阵列中迎风第一排光伏组件的体型系数显著大于其他排光伏组件，同时随着阵列排数的增加，体型系数趋于稳定；位于阵列边缘光伏的体型系数较阵列中间位置光伏的体型系数更小，干扰效应更为显著。

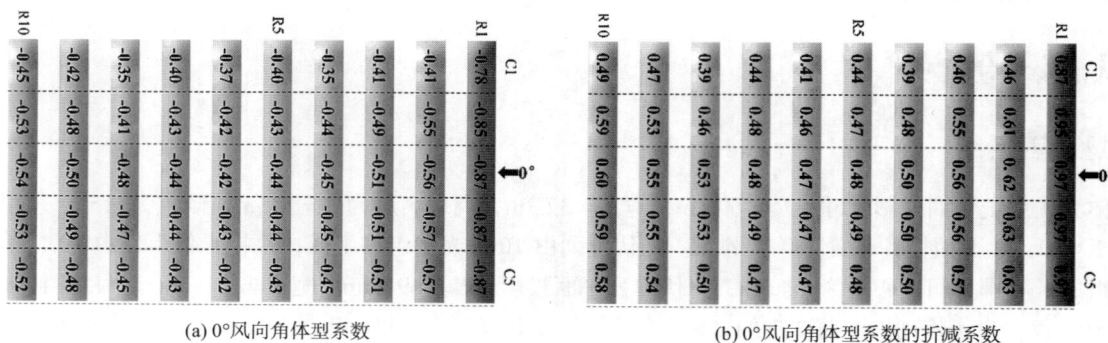

(a) 0°风向角体型系数　　　　　　　　　　(b) 0°风向角体型系数的折减系数

图 2 0°风向角光伏阵列风荷载结果

4 结论

本文研究表明上游光伏板对下游光伏板风荷载具有显著的干扰效应，随着阵列排数的增加，干扰效应逐渐趋于稳定；同时，α = 0°时，阵列边缘风荷载的干扰效应较阵列中间位置更为明显，体型系数更小。

参考文献

[1] 高亮, 窦珍珍, 白桦, 等. 光伏组件风荷载影响因素分析[J]. 太阳能学报, 2016, 37(8): 1931-1937.

[2] 马文勇, 马成成, 王彩玉, 等. 光伏阵列风荷载干扰效应风洞试验研究[J]. 实验流体力学, 2021, 35(4): 19-25.

[3] 楼文娟, 单弘扬, 杨臻, 等. 超大型阵列光伏板体型系数遮挡效应研究[J]. 建筑结构学报, 2021, 42(5): 47-54.

正弦来流和强迫运动下薄平板气动力特性研究

于国航，李威霖

（广西大学土木建筑工程学院 南宁 530004）

1 引言

薄平板是光伏面板常用类型，极易发生气动失稳，在近地湍流中大幅扭转运动下的气动力特性尚不明确。由于脉动来流与运动自激力关系复杂，且风洞试验难以精确控制脉动特性，正弦来流对薄平板颤振机理的影响仍是风工程领域的基础问题，亟需数值模拟加以研究。

2 研究方法

图 1 展示了宽高比为 54.3∶1 的薄平板计算域示意图，同时采用 2D-URANS 进行模拟。

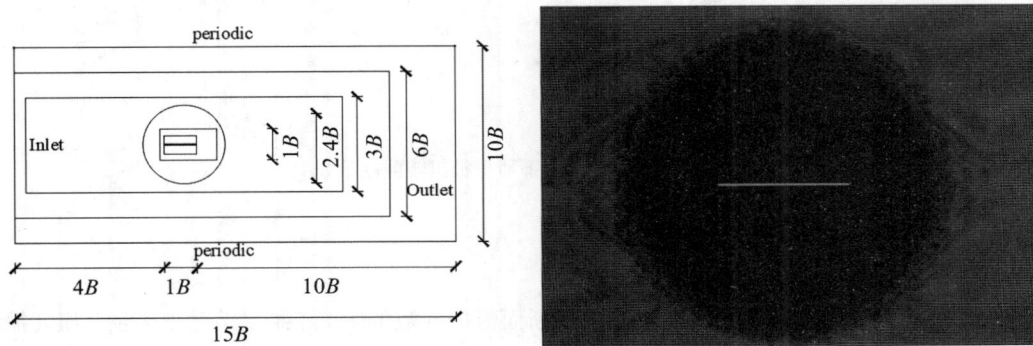

图 1 54.3∶1 薄平板计算域示意图

3 数值模拟结果

图 2、图 3 展示了薄平板在顺向和竖向正弦来流中扭转强迫运动的升力系数结果，与风洞试验[1-2]及理论[3-4]的时程曲线和 FFT 频谱对比，同时也对网格无关性进行了验证。

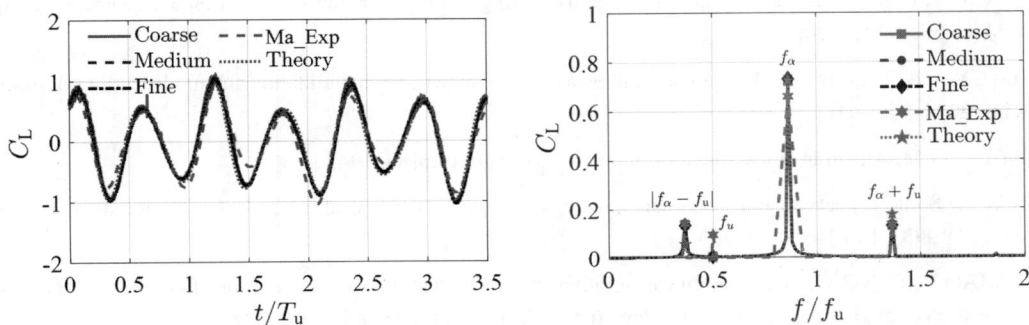

图 2 顺向正弦来流中薄平板扭转强迫运动升力系数时程曲线与 FFT 频谱

基金项目：国家自然科学基金项目（52178477），广西自然科学青年基金项目（2024JJB160045）

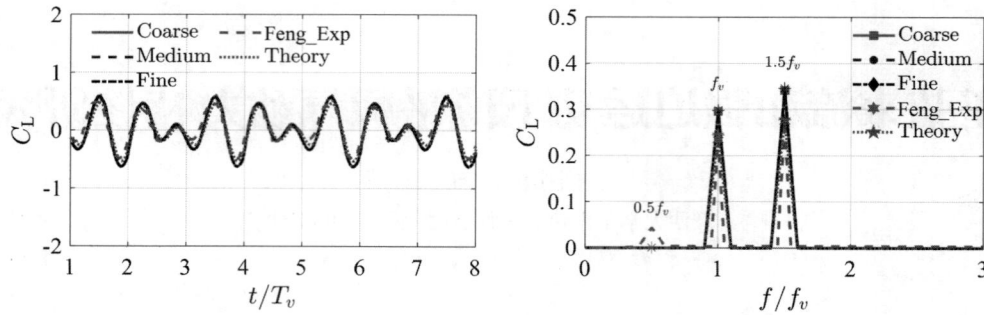

图 3　竖向正弦来流中薄平板扭转强迫运动升力系数时程曲线与 FFT 频谱

图 4 为在 0°风攻角下，不同扭转振幅在均匀流场[5]和不同正弦流场中识别得到的扭转颤振导数 A_2^*。结果表明，顺向正弦来流对各个扭转振幅下的颤振导数无明显影响，而竖向正弦来流对 1°振幅时的颤振导数无影响，但随着运动振幅的增大，竖向正弦来流对颤振导数的抑制效果愈发明显，当振幅达到 12°且折算风速为 14 时，颤振导数相比于均匀流场中降低了 148%。

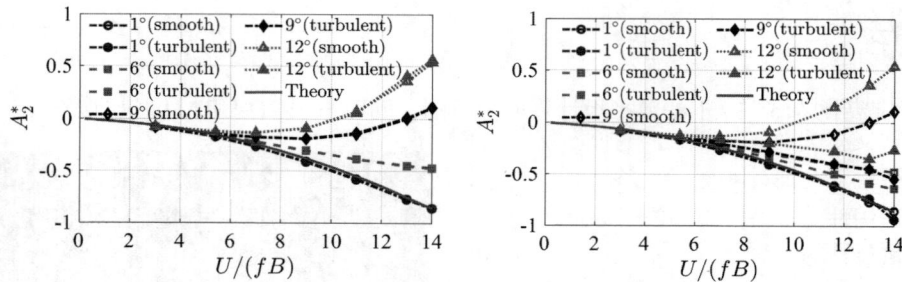

图 4　不同正弦来流下薄平板扭转颤振导数 A_2^*

4　结论

本文讨论了扭转振幅与两种正弦风场对薄平板断面颤振导数的影响。结果清楚地表明，扭转振幅对 A_2^* 有显著影响，这种影响源于分离流再附点的移动。较大的振幅能使原本稳定的颤振导数变为不稳定。一些在小扭转振幅下具有稳定颤振导数的截面，在大扭转振幅下可能变得不稳定。然而竖向正弦风场对大扭转振幅时的 A_2^* 这会产生一定的抑制效果。

参考文献

[1]　MA R, YANG Y, LI M, et al. The unsteady lift of an oscillating airfoil encountering a sinusoidal streamwise gust[J]. Journal of Fluid Mechanics, 2021, 908: A22.

[2]　FENG L-H, WANG T. Combined Theodorsen and Sears theory: experimental validation and modification[J]. Journal of Fluid Mechanics, 2024, 986: A1.

[3]　GREENBERG J M. Airfoil in sinusoidal motion in a pulsating stream[R]. 1947.

[4]　SEARS W R. Some aspects of non-stationary airfoil theory and its practical application[J]. Journal of the Aeronautical Sciences, 1941, 8(3): 104-108.

[5]　LIU S, ZHAO L, FANG G, et al. Nonlinear aerodynamic characteristics and modeling of a quasi-flat plate at torsional vibration: effects of angle of attack and vibration amplitude[J]. Nonlinear Dynamics, 2022: 1-25.

二索支承柔性光伏支架频率估算实用公式

王鹏鑫[1]，方根深[1,2]，温作鹏[1]，葛耀君[1,2]

（1. 同济大学土木工程防灾减灾全国重点实验室 上海 200092；

2. 同济大学桥梁结构抗风技术交通行业重点实验室 上海 200092）

1 引言

在"双碳"目标的背景下，光伏发电由于其过程简单、对环境无污染、可缓解全球变暖效应以及太阳能近乎取之不尽用之不竭的特性[1]，已被很多国家定位为战略性新型产业。柔性光伏支架由于其用钢量少、跨度大、地形适应能力强等优点，相对于固定光伏支架具有更广阔的应用前景。但其质量轻、结构柔，风振效应极为敏感。对于光伏这种类平板断面，其颤振性能多取决于结构扭弯频率比[2]，若一阶扭弯频率十分接近，极易在较低风速就出现弯扭耦合颤振，影响结构安全。可见，结构固有频率估算对光伏抗风安全性评估具有重要意义。

本研究基于 Hamilton 原理，在考虑索张力、索间距、索跨度、光伏组件质量、刚度和倾斜角度等设计参数下推导了二索支撑柔性光伏支架的弯曲、扭转和侧向模态频率的解析公式。依托实测及有限元结果对所提解析表达式进行验证与简化，得到了形式简洁的基频估算实用公式，最后通过有限元参数分析充分验证了所提实用公式的适用性。所提实用公式为评估二索柔性光伏支架的固有频率提供了一种实用的方法，有助于指导相关结构抗风设计。

2 研究方法与内容

2.1 固有频率解析公式

基于 Hamilton 原理推导了二索支撑柔性光伏支架竖弯及扭转模态基频解析表达式，如式(1)、式(2)所示，其中系统运动过程中能量主要来源于支撑索及光伏组件两部分的贡献，两侧支撑横梁及立柱认为是刚性结构。对于侧向振动模态，其运动模式不同于竖弯和扭转模式，认为其运动形态只由自由端索长（不在光伏组件约束下的索）控制，基于力法推导得到侧向振动模态解析式如式(3)。假设光伏组件为理想薄平板，通过单位长度空气附加质量和质量惯性矩来考虑空及附加效应的影响。

$$\omega_\mathrm{B}^2 = 2k^2\pi^2 \frac{H}{m_\mathrm{e}l^2} + \left[\frac{1-\cos(k\pi)}{k\pi}\right]^2 \cos^2\theta \frac{EA}{m_\mathrm{e}}\left(\frac{q_\mathrm{v}}{H}\right)^2 , \quad k = 1,2,3\cdots \tag{1}$$

$$\omega_\mathrm{T}^2 = 2k^2\pi^2 \frac{H}{m_\mathrm{eT}l^2} + \left[\frac{1-\cos(k\pi)}{k\pi}\right]^2 \cos^2\theta \frac{EA}{m_\mathrm{eT}}\left(\frac{q_\mathrm{v}}{H}\right)^2 + 4k^2\pi^2 \frac{nGI_\mathrm{p}}{m_\mathrm{eT}dl^3} , \quad k = 1,2,3\cdots \tag{2}$$

$$\omega_\mathrm{L}^2 = \frac{2H}{m_\mathrm{e}}\left(\frac{1}{l_\mathrm{e1}} + \frac{1}{l_\mathrm{e2}}\right) \tag{3}$$

式中，ω_B、ω_T、ω_L 分别为二索柔性光伏支架竖弯、扭转、侧向振动模态圆频率；k 为频率的阶数；H 为索力水平分量；m_e、m_eT 分别为竖弯模态等效质量、扭转模态等效质量；l 为跨度；θ 为光伏组件倾角；EA 为索轴向刚度；n 为光伏组件数；GI_p 为光伏组件短边扭转刚度；d 为索间距；l_e1、l_e2 分别为支撑索左右两侧的自由端索长。

2.2 基于现场实测与有限元结果验证

基于计算机视觉设备对某柔性光伏支架进行了现场实测，并以该工程原型为基础建立了有限元模型。通

基金项目：国家自然科学基金（52108469），中国科协青年人才托举工程（2023QNRC001），上海市教育委员会晨光计划（22CGA21）

过实测结果验证了有限元模型的可靠性，同时在验证过程中考虑了空气附加质量的影响。在此基础上，利用验证后的有限元模型对所提出的实用公式进行了进一步验证，如图1、图2所示。

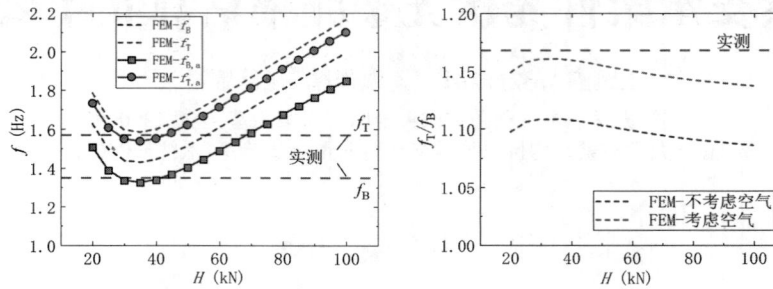

图1　基于现场实测验证有限元模态分析结果（左：竖弯、扭转频率；右：扭弯频率比）

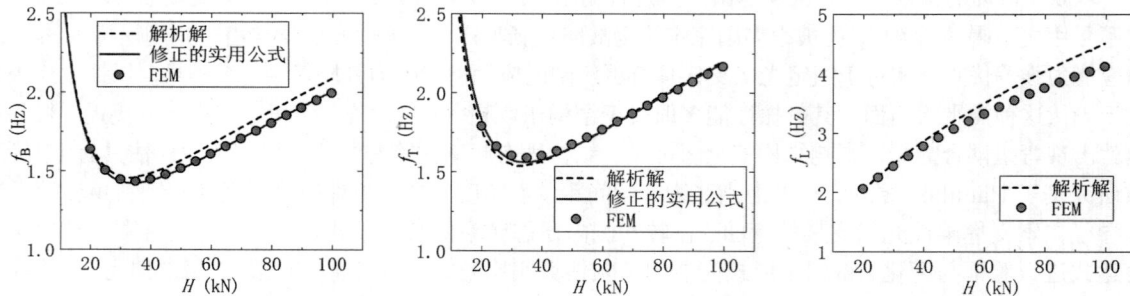

图2　基于有限元验证实用公式频率结果（左：竖弯频率；中：扭转频率：右：扭弯频率比）

2.3　参数分析

通过参数分析详细研究了固有频率随索间距、光伏组件倾角、垂度、跨度、光伏组件质量及各阶模态的演化规律，同时对所提实用公式在更广设计参数范围内进行了充分验证。

3　结论

本文基于 Hamilton 原理，推导了柔性光伏支架竖弯、扭转与侧向模态基频解析表达式，通过现场实测与有限元参数分析验证了所提实用公式的适用性。所提实用公式在市场常用范围内与有限元结果符合良好，且公式计算简单方便，可供工程实际参考。

参考文献

[1]　CHEN F, ZHU Y, WANG W, et al. A Review on Aerodynamic Characteristics and Wind-Induced Response of Flexible Support Photovoltaic System[J]. Atmosphere, 2023, 14(4): 731.

[2]　THEODORSEN T, GARRICK I E. Mechanism of flutter: a theoretical and experimental investigation of the flutter problem[M]. NACA Langley Field, VA, USA, 1940.

风浪联合作用下多 TMD 对海上单桩风力机的减振控制研究

郑卓鹏，吴玖荣

（广州大学风工程与工程振动研究中心 广州 510006）

1 引言

风能作为绿色能源的基石，是推进可持续发展的关键。根据 GWEC 的《2024 年全球风能报告》，2023 年全球风力发电装机容量达到创纪录的 117GW，使总装机容量达到 1021GW，海上风电场得益于丰富的风资源和广阔的场地得到了大力发展。然而，海上风电机组也面临着更加复杂的载荷激励引起上部结构的振动，进而导致风机使用寿命缩短、风能捕获效率降低以及维护成本增加等问题，因此振动控制对海上风电机组的长远发展至关重要。振动控制策略大致分为三种类型：主动、半主动和被动。主动与半主动控制均依赖监测端得到的数据进行下一步减振操作，所以监测端与操作端之间的时滞是影响减振装置有效性的重要因素，考虑时间的迟滞、控制装置的稳定性以及设备后期维护维修难度等问题，被动控制的相关研究在风电机组的振动控制中更为热门。

本研究以典型一个 5MW 海上单桩风力机为分析模型，基于欧拉-拉格朗日方程建立动力分析模型，使用虚功原理计算各自由度处的外荷载，并使用 Newmark-Beta 法求解动力方程。由于风机上部结构的动力响应主要由支承部分的一阶频率控制，所以本次研究分别基于塔身弯曲频率 TBF（tower bending frequency）与基础转动频率 PRF（platform rotation frequency）优化 TMD。随后对比分析在高、低风速下，风力机在宕机与运行状态 4 中，基于不同频率优化的 TMD 的不同布置方式对风机结构的减振性能。

2 研究方法

本此研究基于欧拉-拉格朗日方程建立了典型的 5MW 单桩式海上风力机 12 自由度无控动力分析模型，机舱内双向安装 TMD 的 14 自由度动力学分析模型，以及同时在机舱和单桩平台顶部安装 TMD 的 16 自由度动力学分析模型。

$$\frac{\mathrm{d}}{\mathrm{d}t}\frac{\partial T}{\partial \dot{q}_i(t)} - \frac{\partial T}{\partial q_i(t)} + \frac{\partial V}{\partial q_i(t)} = Q_i(t) \tag{1}$$

式中，T 表示系统总的动能；V 表示系统总的势能；$\dot{q}_i$ 表示自由度 i 的速度；q_i 表示自由度 i 的位移；$Q_i(t)$ 表示自由度 i 所受到的广义力；t 表示时间。

3 研究内容

本研究中 TMD 的布置与优化设置见表 1。

TMD 的优化布置工况　　　　　　　　　　　　　　　　　　　　　表 1

工况编号	机舱 TMD	基础 TMD	描述
C1	TBF	—	仅机舱安装基于塔身基频优化的 TMD
C2	PRF	—	仅机舱安装基于基础转角频率优化的 TMD
C3	—	TBF	仅基础安装基于塔身基频优化的 TMD
C4	—	PRF	仅基础安装基于基础转角频率优化的 TMD
C5	TBF	TBF	机舱 TMD 与基础 TMD 均基于塔身频率优化
C6	TBF	PRF	机舱 TMD 基于塔身基频优化，基础 TMD 基于基础转角频率优化
C7	PRF	TBF	机舱 TMD 基于基础转角频率优化，基础 TMD 基于塔身基频优化
C8	PRF	PRF	机舱 TMD 与基础 TMD 均基于基础转角频率优化

本研究从对结构最大位移的抑制率 η_1 和对结构位移均方根的抑制率 η_2 这两个方面描述 TMD 在不同布置情况中的减振表现，η_1 与 η_2 分别通过下式计算：

$$\eta_1 = \frac{D_{\max,Ci} - D_{\max,C0}}{D_{\max,C0}}, \quad \eta_2 = \frac{D_{std,Ci} - D_{std,C0}}{D_{std,C0}} \tag{2}$$

式中，$D_{\max,C0}$ 和 $D_{\max,Ci}$ 分别表示 C0 与 Ci 中位移的最大值；$D_{std,C0}$ 和 $D_{std,Ci}$ 分别表示 C0 与 Ci 中位移的均方根。

经计算，8 种 TMD 的优化布置方式对塔顶机舱位置处沿着 F-A（fore-aft）与 side-to-side（S-S）振动的控制效果如图 1 与图 2 所示。

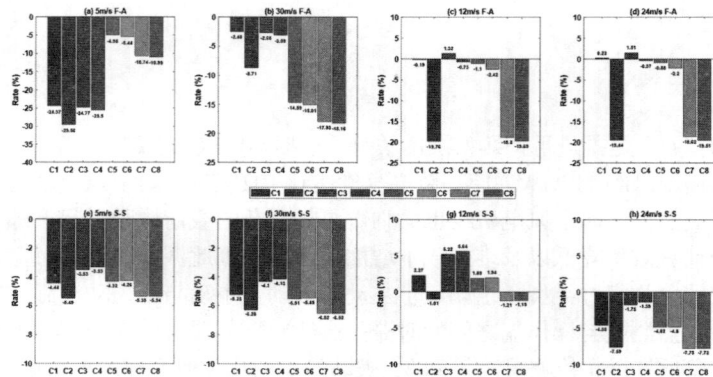

图 1　机舱最大位移的抑制率

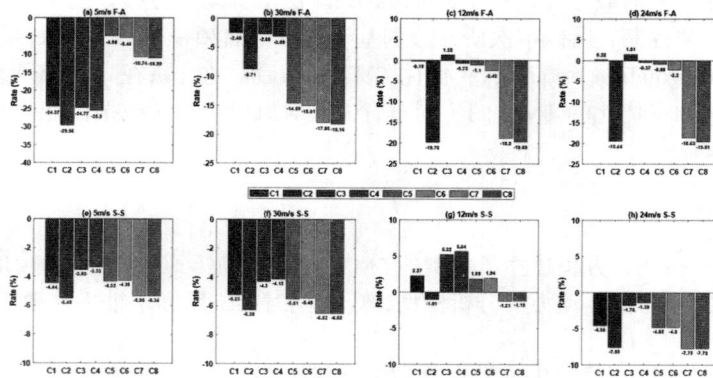

图 2　机舱位移均方根的抑制率

4　结论

（1）宕机状态，当来流速度 $v = 5\text{m/s}$ 时，布置工况 C1～C4 中 TMD 对塔顶位移响应最大值的抑制作用优于 C5～C8 中 TMD 的抑制作用，然而当来流速度 $v = 30\text{m/s}$ 时，却出现了相反的现象，即 C5～C8 中 TMD 作用更好。从塔顶位移响应均方根的角度来看，C1～C8 中 TMD 均能有效减弱结构的振动强度，其中效果最好的 C2 中 TMD 对机舱顺风向振动有 60% 以上的抑制作用，对机舱横向振动有 24% 以上的抑制作用。

（2）运行状态，当机舱 TMD 以基础转动频率优化时，TMD 的布置能有效减弱塔顶在两个方向上的振动，此时平台 TMD 的布置对塔顶振动的控制效果不明显；当机舱 TMD 以塔身弯曲频率优化时，TMD 对塔顶振动控制的能力较弱，在风速较小时甚至增大结构的侧向动力响应，且平台 TMD 的布置对塔顶振动的控制效果不明显；而当仅在基础平台布置 TMD 时，无论风速高低，两种 TMD 的优化方式均不能有效抑制塔顶的动力响应。

综合来看，海上单桩风力机在风浪联合作用下，考虑了来流风速大小以及风力机的运行状态，在机舱布置以基础转角频率优化的 TMD 是最合适的布置方式。

二索柔性光伏支架动力特性显式建模与颤振性能分析

李　楚[1]，方根深[1,2]，温作鹏[1,2]，葛耀君[1,2]

（1. 同济大学土木工程防灾减灾全国重点实验室　上海 200092；
2. 同济大学桥梁结构抗风技术交通行业重点实验室　上海 200092）

1　引言

"双碳"发展目标下，柔性光伏结构因其轻便性、可集成性及优异的地形适应能力，得到了迅速发展与推广。其中，二索柔性光伏支架施工便捷、造价经济，被广泛应用于多种场景。然而，由于此类光伏支架结构跨度大、刚度低，风振问题极为突出，易发生风致颤振失稳和结构破坏。本文基于弹性中心建立了二索柔性光伏支架模态质量和刚度显式表达式，引入可将整体结构位移向量与板位移向量相互换算的转换矩阵，建立结构模态运动方程，由此开展了 20m 跨度二索柔性光伏支架的颤振临界风速估算与修正，并与基于有限元参数的计算结果进行了对比，验证了方法的准确性。

2　动力特性显式建模与颤振性能分析

2.1　基于弹性中心的结构运动方程

弹性中心指的是结构截面与结构弹性轴的交点。其中弹性轴指的是当有力作用于结构上时，结构断面发生平移而不产生转动的点的集合所形成的轴线[1]。为了解耦结构的竖弯与扭转模态，应当围绕弹性中心建立运动方程。弹性中心坐标可由其定义计算得到：

$$\lambda = d/2 \cdot (\gamma - 1)/(\gamma + 1) \tag{1}$$

式中，λ 为弹性中心到断面形心的距离；d 为两等效弹簧间距；γ 为结构两侧等效刚度之比。

图 1　柔性光伏支架实际与等效断面及弹性中心

基于弹性中心建立二索柔性光伏支架结构振型矩阵，计算各阶模态质量与模态刚度：

$$m_{\mathrm{h}i} = 0.5ml + \lambda_m l \tag{2}$$

$$k_{\mathrm{h}i} = \frac{2\left[1 - (-1)^i\right]\left(T_1^2 + T_2^2\right)EAg^2 m_{\mathrm{h}i}^2 \cos^2 \varphi}{i^2\pi^2 T_1^2 T_2^2 l} + \frac{i^2\pi^2(T_1 + T_2)}{2l} \tag{3}$$

$$m_{\mathrm{a}i} = ml(B^2 + 12\lambda^2)/6d^2 + \lambda_m l(1 + 4\lambda^2/d^2) \tag{4}$$

$$k_{\mathrm{a}i} = \left(1 + \frac{4\lambda^2}{d^2}\right)k_{\mathrm{h}i} + \frac{8\lambda\left[1 - (-1)^i\right]\left(T_2^2 - T_1^2\right)EAg^2 m_{\mathrm{h}i}^2 \cos^2 \varphi}{i^2\pi^2 T_1^2 T_2^2 dl} + \frac{2\lambda i^2\pi^2(T_1 - T_2)}{dl} \tag{5}$$

式中，i 为模态阶数；$m_{\mathrm{h}i}$、$k_{\mathrm{h}i}$、$m_{\mathrm{a}i}$、$k_{\mathrm{a}i}$ 分别为柔性光伏支架 i 阶竖弯、扭转模态质量和模态刚度；m 为单位跨度光伏板质量；T_1、T_2 分别为二索索力；l 为索跨度；φ 为光伏板倾角。

通过位移牵连关系，引入基于索的结构位移向量换算为板位移向量的转换矩阵 Δ：

$$[h \quad p \quad \alpha]^{\mathrm{T}} = \Delta(d, \varphi, \lambda) \cdot [u_1 \quad u_2 \quad v_1 \quad v_2]^{\mathrm{T}} \tag{6}$$

基金项目：国家自然科学基金（52108469），中国科协青年人才托举工程（2023QNRC001），上海市教育委员会晨光计划（22CGA21）

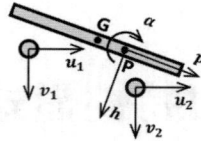

图2　结构位移向量与板位移向量转换

利用该矩阵，可将支架所受气动力从关于板三阶位移向量的函数换算为关于结构整体四阶位移向量的函数，以此构建结构模态气动力，组成二索柔性光伏支架模态运动方程：

$$M\ddot{q} + C\dot{q} + Kq = 0.5\rho U^2\left[(\Delta\phi)^{\mathrm{T}}A_s(\Delta\phi)q + (B/U)(\Delta\phi)^{\mathrm{T}}A_d(\Delta\phi)\dot{q}\right] \tag{7}$$

式中，ϕ、q分别为结构振型向量和模态坐标，通过描述索的各项位移指代；M、C、K分别为结构模态质量、阻尼和刚度矩阵；ρ为空气密度；A_s、A_d为气动刚度和气动阻尼矩阵。

2.2　颤振性能分析

基于式(7)，考虑二索索力的差异，采用多模态方法对某 20m 跨度柔性光伏支架开展颤振分析，结果如图 3 所示。可以看出，随着二索索力均值和索力比增大，颤振临界风速和模态频率均呈现先减小后增大的规律。按对勾函数形式对理论计算结果进行拟合，所得曲线高度符合；对函数各项系数进行修正后，可与有限元参数计算结果相符，验证了本方法对颤振性能分析的准确性，也显示了通过经验公式预测该类结构颤振临界风速的可行性。

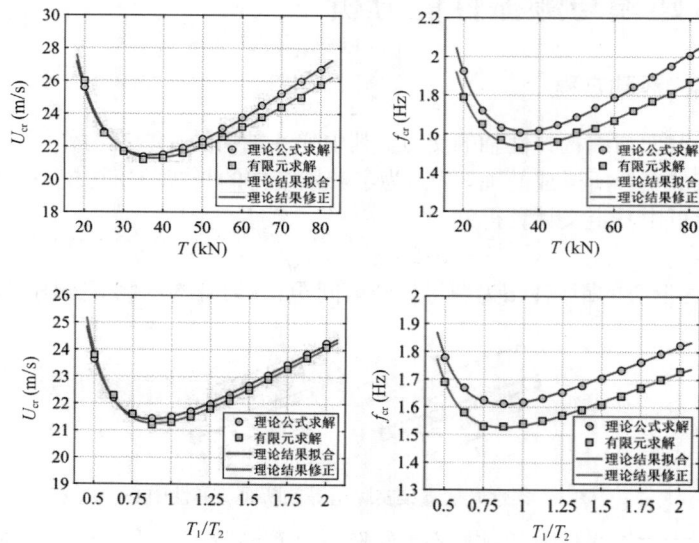

图3　颤振临界风速及模态频率与二索索力的关系

3　结论

本研究基于弹性中心推导了二索柔性光伏支架的模态质量与模态刚度表达式，引入了换算结构与板位移向量的转换矩阵，建立了二索柔性光伏支架的模态运动方程。由此分析了某 20m 跨度二索柔性光伏支架的颤振临界风速和模态频率，并与有限元参数计算结果对比，验证了本方法对颤振性能分析的准确性和通过经验公式预测该结构颤振临界风速的可行性。

参考文献

[1]　FREDETTE, L. Dynamic Center of Elasticity Concept for One-Dimensional Structural Elements[J]. Journal of Sound and Vibration, 2019, 445: 247-260.

基于刚度补偿方法的大型风力机复合叶片结构高效设计与优化

赵喜政，杜现平，乔印德

（中山大学海洋工程与技术学院 广东 519082）

1 引言

新能源热潮下，全球风电装机量大幅增长。为提高能源利用率并降低成本，风电机组大型化、深远海化已成为当前发展趋势，预计 2030 年平均单机容量将达到 15～20MW[1]。对于大型风电机组而言，复合叶片尺寸达到百米级别，长细比和质量的大幅增加所导致的结构大柔性及载荷问题使得机组过载、损毁的风险更大。超大型叶片断裂事故时有发生，如 MySE18.X-20MW 断裂。因此叶片的轻量化设计对降低叶片结构载荷及成本具有重要意义。传统叶片设计通常遵循气动、结构、材料的顺序进行设计。气动设计决定外形后，通过对基准叶片缩放后的模型，进行人工手动迭代及极限强度校核满足结构设计需求。然而，气动设计决定了叶片的结构特点由不同翼型的展向排布，不同展向位置在叶片旋转时承受的载荷随着叶片的增大，非线性度显著，单纯的尺度缩放具有局限性。对复合叶片进行整体结构及材料的尺度设计又会导致高维度优化问题。同时，以极限强度为标准的结构设计，难以保障叶片的整机性能。叶片结构的轻量化优化设计和高效的整机性能评估方法显得尤为重要。

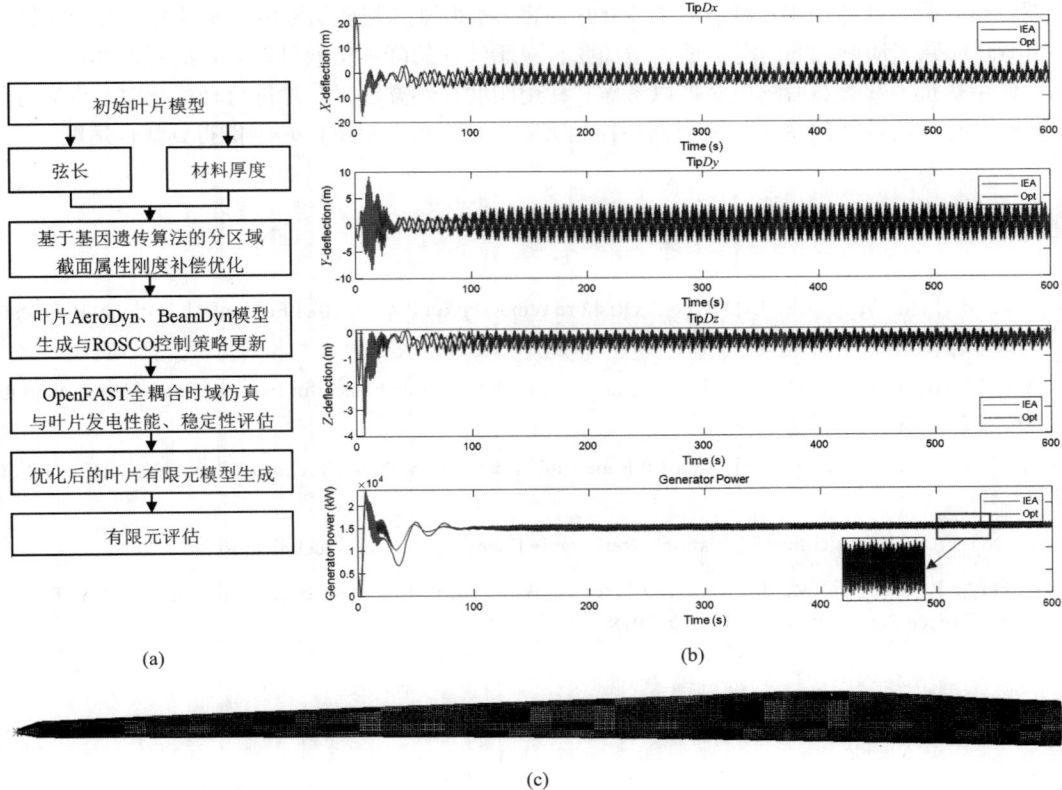

图1 研究方法与结果示意图：（a）研究流程；（b）叶片性能对比；（c）有限元模型

基金项目：国家自然科学基金项目（52205294）

2　研究方法和内容

针对以上问题，本研究开发叶片截面刚度补偿优化方法，并进行叶片与整机性能评估。整体研究思路如图 1（a）所示。将叶片整体划分为若干二维截面，对截面几何形状、铺层结构进行初步设计[2-3]，并利用 Precomp 计算截面刚度等属性。然后采用基因遗传算法对优化问题降维，同步调整截面弦长与碳纤维材料厚度，搜寻最佳的轻量化且刚度更高的优化结果。确定最佳叶片参数后，通过截面属性构建 6×6 刚度和惯性矩阵，进而利用 BModes 和 BeamDyn 对叶片进行固有模态分析和风力机多物理场动态性能评估[4]。整个过程中，本研究构建起"截面-叶片-全局"间的联系，通过数据传递与更新，完成叶片结构（BeamDyn）、气动特性（AeroDyn）和控制策略（ROSCO）的同步更新。最终将优化后的叶片参数通过编码转换为有限元模型，实现从二维截面到三维结构的转换，见图 1（c），以便于更精确、直观地分析叶片的模态、结构响应等特征。

3　研究结果

以 IEA 15MW 风力机叶片为研究对象。优化后叶片碳纤维用量各截面分别减少 5%～10%，整体质量降低 1.018t；截面剪切刚度提升最为明显，多数截面的增幅在 10% 及以上；摆振刚度增加 5%～10%；挥舞刚度整体提升约 3%；仅轴向刚度因碳纤维用量减少下降约 5%。全局耦合仿真下，叶片平均发电量增加 0.2MW，叶片振动频率更低，且尖端挥舞、摆振、轴向形变峰值分别减小 3.787m、2.542m、0.14m。有限元模态评估结果显示，优化模型 1～6 阶固有频率均有所增加。

4　研究结论

通过分区段的气动外形与铺层的协同优化可降低优化维度，提高设计与优化效率，截面属性的变化可反映到全局耦合与有限元评估当中；对于大柔性叶片而言，摆振刚度与剪切刚度对于叶片气弹稳定性的影响更加明显；在不破坏原气动形状的情况下适当增加弦长对于叶片的降本增效具有一定的正面作用；大柔性叶片的轴向刚度作用机理不显著，后续应多加以考虑；利用刚度补偿方法对叶片进行轻量化时，也应考虑由弦长改变而引起的叶片气动性能的变化，适当调整控制策略，使得优化后的叶片性能得到最佳适配。

参考文献

[1] MCCOY A, MUSIAL W, HAMMOND R, et al. Offshore Wind Market Report: 2024 Edition[R]. National Renewable Energy Laboratory(NREL), Golden, CO(United States), 2024.

[2] CHETAN M, YAO S, GRIFFITH D T. Flutter behavior of highly flexible blades for two-and three-bladed wind turbines[J]. Wind Energy Science, 2022, 7(4): 1731-51.

[3] BIR G S. User's guide to PreComp[R]. National Renewable Energy Laboratory, Technical Report No NREL/TP-500-38929, 2005.

[4] JONKMAN J. FAST User's Guide[R]. National Renewable Energy Laboratory Technical Report, 2005.

[5] BORTOLOTTI P, CHETAN M, BRANLARD E, et al. Wind Turbine Aeroelastic Stability in OpenFAST[J]. Journal of Physics: Conference Series, 2024, 2767(2): 022018.

柔性光伏支架颤振不确定性智能量化研究

周　锐[1]，徐梓栋[1]，王　浩[1,2]
（1. 东南大学土木工程学院　南京　211189；
2. 东南大学混凝土及预应力混凝土结构教育部重点实验室　南京　211189）

1　引言

柔性光伏支架因其具有跨大、经济性好、地形适应性强等优点，被广泛应用于鱼塘、山地、湖泊等区域。然而，该结构质量轻、刚度低，是典型的风敏感结构，其抗风性能受到了广泛的关注。近年来，已有学者针对柔性光伏支架结构的颤振稳定性开展了研究[1-3]。但是考虑结构参数不确定性的颤振分析仍鲜有研究。尽管概率密度演化理论的发展为量化结构不确定性传播提供了解决方案，但求解其物理方程仍具有挑战性[4]。本文提出了一种物理引导的扩散模型（PhyDF-EPD），旨在从低保真输入中重建随机动态响应的高保真演化概率密度（EPD）数据，有助于平衡计算成本和仿真准确性，为柔性光伏支架颤振分析的不确定性量化提供新的求解方案。

2　扩散模型

经典扩散模型由两部分组成，即正向过程和反向过程。反向过程可以看作是一个逆扩散过程，其中通过不断去高斯噪声来恢复原始数据样本分布。在经典的逆向过程中，由于其随机性，很难直接使用噪声来控制数据生成质量。为此，有必要采用低保真 EPD 数据作为生成高保真数据的条件。除了使用低保真 EPD 数据指导采样过程外，在随机动态系统中控制 EPD 的偏微分方程，称为 GDEE，可用于改进逆向过程[4]。对于中间反向扩散步骤，使用残差梯度 r_k 作为物理条件进行以下数据采样过程：

$$p_\theta(\boldsymbol{x}_{0:t}) := p\left(\boldsymbol{x}_t = \sqrt{\bar{\alpha}_t}\, x_g + \sqrt{1-\bar{\alpha}_t}\,\varepsilon\right) \prod_{k=1}^{t} p_\theta\left(\boldsymbol{x}_{k-1} \Big| \boldsymbol{x}_k, C = \frac{\partial \boldsymbol{r}_k}{\partial \boldsymbol{x}_k}\right) \tag{1}$$

式中，$\boldsymbol{x}$ 表示数据样本，下标表示时刻；r_k 是物理引导条件；$\alpha_t = 1 - \beta_t$，$\bar{\alpha}_t = \prod_{i=1}^{t} \alpha_i$；$\beta_t$ 表示缩放因子，用于缩放添加到正向过程的每个步骤中的噪声方差；$\varepsilon \sim N(\boldsymbol{0,1})$ 表示标准正态分布。使用以下参数对模型进行训练：学习率为 0.0002，批量大小为 4，迭代总数为 300。Adam 优化器用于优化整个网络。噪声调度使用 1000 个扩散步骤和线性调度，噪声方差范围为 0.001～0.02。

3　案例研究

3.1　考虑参数不确定性的柔性光伏支架颤振分析

如图 1 所示，本文以某跨度为 35m 的三索支撑柔性光伏支架结构作为研究对象。假设光伏组件质量服从分布 $M \sim N(350,17.5)$、组件弹性模量服从分布 $\ln(K) \sim N(6,0.3)$，通过数论选点法选取 144 条样本，然后采用全阶法计算一阶扭转阻尼比 ζ 随风速 U 变化的样本。将风速看作广义的时间变量，并被纳入广义概率密度演化方程求解，得到一阶扭转阻尼比概率密度分布随风速的变化，如图 2 所示。

3.2　柔性光伏支架颤振不确定性智能量化

根据 144 条一阶扭转阻尼比随风速变化的样本，采用核密度估计法得到的 EPD 作为低保真样本；广义

基金项目：国家自然科学基金项目（52208481，52338011）

概率密度演化方程求解得到的 EPD 作为理论解。将两者输入到所提出的深度学习模型中，重构的 EPD 如图 3 所示。图 4 对比了 $U = 15\text{m/s}$ 时，四种 PDF 结果的比较，其中经典扩散模型指无物理引导的扩散模型。可以看出，重构的 PDF 与精确解吻合良好，说明了所提出的 PhyDF-EPD 模型提供了理想的预测结果。采用 99% 置信曲线确定扭转阻尼比对应的风速为 16.7m/s，比确定性解（17.3m/s）降低了 0.6m/s。因此，采用确定性方法得到的颤振风速会较高地估计结构安全度，建议采用概率计算方法。

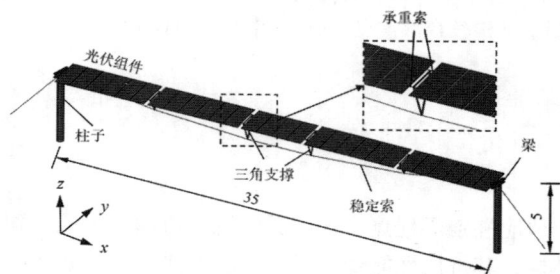

图 1 三索支撑柔性光伏支架结构（单位：m）

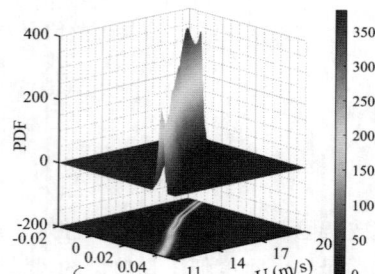

图 2 一阶扭转阻尼比概率密度演化过程

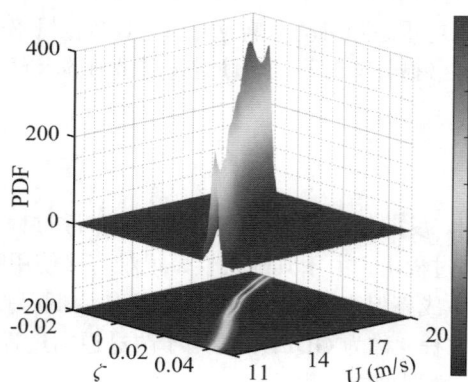

图 3 PhyDF-EPD 重构的概率密度演化过程

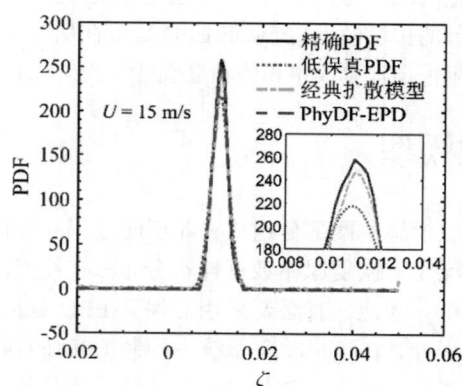

图 4 PDF 重构值、低保真解与精确解的比较

4 结论

本文提出了一个高效的基于物理引导的扩散模型，即 PhyDF-EPD 架构。实现了从低保真输入中重建柔性光伏支架阻尼比的高保真演化概率密度，减小了计算资源的消耗。

参考文献

[1] 李寿英, 马杰, 刘佳琪, 等. 柔性光伏系统颤振性能的节段模型试验研究[J]. 土木工程学报, 2024, 57(2): 25-34.

[2] 陈权, 牛华伟, 李红星, 等. 基于气弹模型风洞试验的柔性光伏支架气动稳定性及干扰效应研究[J]. 建筑结构学报, 2023, 44(11): 153-161.

[3] ZHOU R, WANG H, XU Z, et al. Analysis on flutter performance of flexible photovoltaic support based on full-order method[J]. Journal of Southeast University(English Edition), 2024, 40(3): 238-244.

[4] XU Z, WANG H, ZHAO K, et al. Evolutionary probability density reconstruction of stochastic dynamic responses based on physics-aided deep learning[J]. Reliability Engineering and System Safety, 2024, 246: 110081.

浮式风力机在风浪流联合作用下的桨距控制策略与气动荷载优化

程 樾[1]，赵 林[1,2,3]

（1. 同济大学土木工程防灾减灾全国重点实验室 上海 200092；
2. 同济大学桥梁结构抗风技术交通运输行业重点实验室 上海 200092；
3. 广西大学工程防灾与结构安全教育部重点实验室 南宁 530004）

1 引言

随着浮式风力机（FOWT）向大功率和大尺寸方向发展，其在风、浪、流联合作用下的响应特性愈发复杂，特别是浮式平台运动引发的显著气动干扰，对功率输出和载荷性能提出了更高要求。针对 IEA 22MW 浮式风力机，本文采用了一种在纵摇和纵荡运动影响下的循环变桨控制策略，并对其减载效果进行了系统研究。通过构建代理模型，训练出高效预测气动载荷变化的响应面模型，以此为基础优化桨距角的幅值和相位参数，建立了循环桨距控制的逻辑框架。研究结果表明，该控制策略在保持功率输出和推力稳定的同时，能够显著降低由浮式运动引起的额外气动力矩的标准差。此外，该方法避免了复杂且昂贵的风洞试验和大规模数值模拟，以较低成本实现对最优控制参数的精准获取，为复杂动态环境下浮式风力机运行性能的优化提供了重要支持。

2 浮式风力机运动模式与循环桨距控制理论

在规则波浪荷载作用下，风力机平台的运动通常采用正弦函数进行建模。浮式结构的运动形式会在风轮处引入额外的相对风速，不同相位滞后下浪涌与俯仰运动的叠加会导致叶片的气动行为更加复杂，进而影响风力机的稳定性和运行效率[1]。其中，浪涌和俯仰运动显著影响风力机风轮的工作性能和动态响应。为此，本研究对 OpenFAST 中的 ElastoDyn 模块进行了改进，将平台的浪涌和俯仰运动设定为周期性的正弦运动，其位移变化描述如下：

$$X_s(t) = A_s \sin(2\pi f t) ; \quad \theta_p(t) = A_p \sin(2\pi f t + \varphi) \tag{1}$$

式中，$X_s(t)$ 为浪涌位移；A_s 为浪涌振幅；f 为浮体结构运动频率；θ_p 为俯仰位移；A_p 为螺距振幅；φ 为浪涌运动与俯仰运动之间的相位滞后。

循环桨距控制理论是一种通过周期性调整风力机叶片桨距角来优化气动性能的控制策略，其核心逻辑是利用叶片的周期性变化响应瞬时风场特性，从而实现动态负载的均衡与功率输出的优化[2-3]。经检验这类控制方式对于风能利用效率不会产生削减，如图1、图2所示。

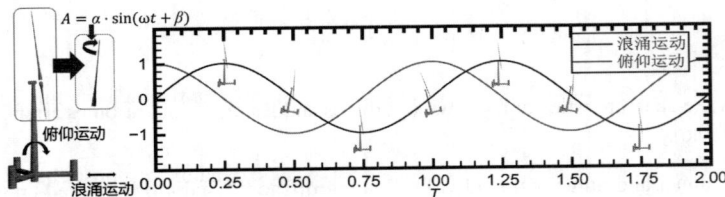

图 1 浮式风力机运动及循环桨距控制示意图

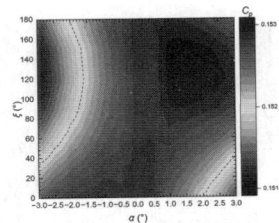

图 2 循环变桨控制下的浮式风力机功率系数

基金项目：重点研发计划（2022YFC3004105）

3　基于代理模型的循环桨距控制策略

3.1　代理模型设计域

　　研究使用了改进的 OpenFAST 软件模拟浮式风力机在不同形式的强迫振动条件下的风轮气动力时程响应。在考虑到浮体两自由度组合形式下的影响参数较多且难以在短时间内全面覆盖所有工况，本文选取有限样本点的数据以建立 Kriging 代理模型，预测整个设计域内的响应值。设计域内的样本点通过均匀设计法选取，从而保证数据分布的均匀性和代表性。

3.2　叶片响应控制性能

　　图 3（a）展示了以最小化脉动荷载为目标的前提下，采用循环桨距控制方法优化叶片桨距角的时变曲线，桨距角在 $-1.5°\sim1.5°$ 的有限范围内连续变化。图 3（b）则展示了控制后气动扭矩的变化，并与未采用控制时的气动扭矩进行了对比。结果表明，在浮体运动过程中循环桨距控制能有效减少气动力矩的波动，控制后的气动力矩标准差相较于固定俯仰角为 0° 时降低了 70.28%。因此，研究验证表明循环桨距控制能够显著减少浪涌和俯仰运动下产生的疲劳气动力载荷，且不影响发电性能。

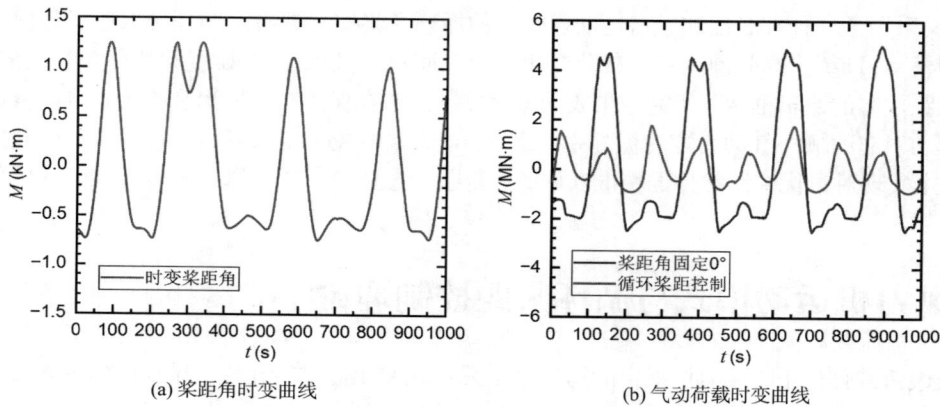

(a) 桨距角时变曲线　　　　　　　　　　(b) 气动荷载时变曲线

图 3　循环桨距控制降载效果

4　结论

　　本文采用循环桨距控制对 FOWT 气动性能进行了分析，主要考虑浪涌及俯仰运动对荷载的影响，通过构建 Kriging 代理模型得到了一种基于最小化气动载荷为目标的桨距角幅值和相位控制方程。尽管浮体运动幅度和相位可能发生突变，桨距角依然能够持续调整以应对这些变化。与未应用控制策略的情况相比，气动力矩的标准差降低了 70.28%。因此，循环桨距控制能够在浮式风力机的发电效率的前提下显著减少由浮体运动引起的疲劳载荷。

参考文献

[1]　WANG K, CHEN S, CHEN J, et al. Study on wake characteristics of fixed wind turbines and floating wind turbines arranged in tandem[J]. Ocean Engineering, 2024, 304: 117808.

[2]　CAI C, MAEDA T, KAMADA Y, et al. Wind tunnel and numerical study of a floating offshore wind turbine based on the cyclic pitch control[J]. Renewable Energy, 2021, 172: 453-464.

[3]　WANG X, XIAO Y, CAI C, et al. Cyclic pitch control for aerodynamic load reductions of floating offshore wind turbines under pitch motions[J]. Energy, 2024, 309: 132945.

镜场不同位置定日镜的风效应研究

余永庆[1]，杨子航[1]，常　颖[2]，刘仰昭[1]

（1. 四川大学土木工程系　成都　610065；

2. 四川大学-香港理工大学灾后重建与管理学院　成都　610207）

1　引言

抗风性能的研究对定日镜的运行性能和结构安全均具有重要意义。一旦风引起定日镜的结构变形超过设计允许值，定日镜的跟踪精度就会明显降低，甚至损坏定日镜[1]。Zang 等[2]研究了定日镜在风载荷下的动力响应，揭示了数值模拟和试验方法在预测风致变形、应力分布和结构振动中的关键作用，以及优化抗风位置的重要性。实际工程中定日镜通常成组布置，然而以往的研究主要集中在单个定日镜上，对定日镜场内部和边缘的区别缺乏深入了解。本文对风洞中的定日镜场刚性缩尺模型进行了试验研究，建立了定日镜的有限元模型，计算了定日镜的结构自然振动频率和风振系数。

2　风洞试验及有限单元分析

2.1　风洞试验

风洞试验在如图 1 所示的边界层风洞的低速测试段中进行。以 1∶12 的比例构建了一个 8×8 的定日镜阵列，其中 36 个为测压模型，其余 28 个为假模型。在风洞入口处设置尖劈格栅和两种大小的粗糙元较好地模拟了《建筑结构荷载规范》GB 50009—2012[3]中规定的 A 类风场。试验中俯仰角α从镜面平行于地面到镜面大致垂直于地面，从 0°增长至 80°，增量为 20°。风偏角β从镜面后方顺时针方向到镜面前方，从 0°增长至 180°，增量为 20°。

2.2　有限单元分析

使用有限元模型计算定日镜结构的动力响应。模型采用 SHELL181 单元模拟立柱、镜面、扭力管；镜面背部支撑梁、下部支架均采用 BEAM189 单元模拟；驱动器采用 SOLID185 实体单元模拟。考虑到定日镜镜面面积较小以及计算的准确性，将定日镜镜面划分成 64 个直角三角形，如图 2 所示。以三角形 ABC 为例，每个区域的风振系数取三角形的三个顶点风振系数的平均值，整个镜面的风振系数取 64 个区域的加权平均值。

图 1　总体试验安放示意图

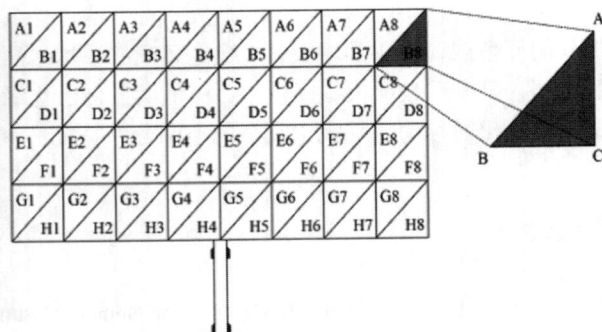

图 2　风振系数计算区域示意图

基金项目：国家自然科学基金项目（52308514）

3　风压系数及风振系数分布

3.1　风压系数

在 0°风偏角下，边缘定日镜的风压系数随着俯仰角的增加显著增强，极值位置均出现在边缘缺少背部支撑的位置。而内部定日镜由于受到周围定日镜的遮挡，其极值增加幅度较小，且由于内部定日镜之间的影响较为复杂，风压极值位置不固定，如图 3、图 4 所示。

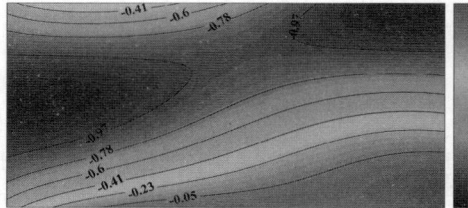
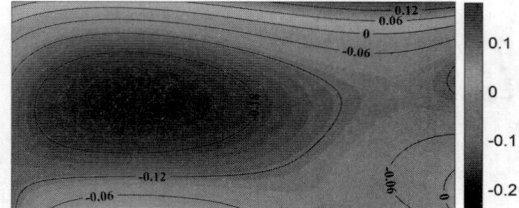

图 3　内部定日镜风压系数（$\alpha = 60°$，$\beta = 0°$）　　图 4　外部定日镜风压系数（$\alpha = 60°$，$\beta = 0°$）

3.2　风振系数

边缘定日镜由于暴露在阵列的边缘位置，其受到了较大的平均风荷载，因此风振系数相对较小，表明其总风荷载中的脉动荷载占比较低。相比之下，内部定日镜由于受到周围定日镜的遮挡，平均风压系数较低，脉动荷载占比相对较高，导致风振系数在大多数俯仰角下都高于边缘定日镜。这种现象在俯仰角$\alpha = 0°$时尤为明显，显示出其脉动荷载的主导地位，如图 5、图 6 所示。

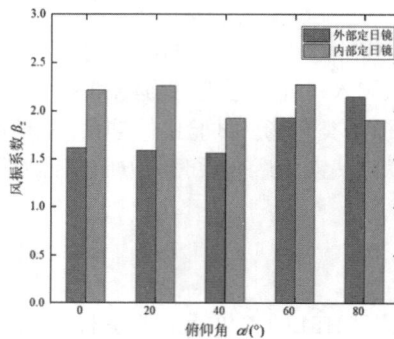
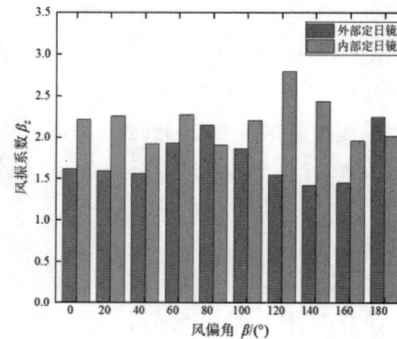

图 5　不同俯仰角平均风振系数　　图 6　不同风偏角平均风振系数

4　结论

随着俯仰角或风偏角的增大，边缘定日镜的平均风压系数以及极值也随之增大。内部定日镜由于周围定日镜的遮挡，风压系数增长幅度较小，极值明显低于边缘定日镜，风压分布较为均匀。极值位置随着俯仰角和风偏角的变化而移动，呈现出复杂的空间分布特征。

参考文献

[1]　ZANG C C, CHRISTIAN J M, YUAN J K, et al. Numerical Simulation of Wind Loads and Wind Induced Dynamic Response of Heliostats[J]. Energy Procedia, 2014, 49: 1582-1591. DOI: 10. 1016/j. egypro. 2014. 03. 167.

[2]　ZANG C, GONG B, WANG Z . Experimental and theoretical study of wind loads and mechanical performance analysis of heliostats[J]. Solar Energy, 2014, 105: 48-57. DOI: 10. 1016/j. solener. 2014. 04. 003.

[3]　住房和城乡建设部. 建筑结构荷载规范: GB 50009—2012[S]. 北京: 中国建筑工业出版社, 2012.

下击暴流作用下风力发电机塔架表面风压特性研究

刘渊博[1]，操金鑫[1,2,3]，曹曙阳[1,2,3]

（1. 同济大学土木工程学院桥梁工程系 上海 200092；

2. 土木工程防灾减灾全国重点实验室 上海 200092；

3. 桥梁结构抗风技术交通运输行业重点实验室 上海 200092）

1 引言

与传统的大气边界层风不同，下击暴流是由下沉气流快速冲击地面向四周扩散产生的一种灾害性强风，具有持续时间短、瞬态冲击力强、最大风速高且接近地面的特点。Hjelmfelt[1]对 26 个下击暴流多普勒雷达实测资料分析总结，发现下击暴流的最大风速出现的高度约为 80m，Canepa[2]等利用激光雷达获得的下击暴流记录，分析发现最大风速出现的高度一般在 60～250m 之间。风力发电机塔架的高度恰好位于下击暴流最大风速的范围，容易发生破坏，造成巨大的经济损失。因此，研究下击暴流作用下风力发电机塔架的表面风压分布具有重要意义。本文使用 TJ-5 风洞模拟下击暴流的竖向风剖面和传统大气边界层下的 B 类风剖面，研究某 3MW 风力发电机塔架的表面风压特性，对比分析两种风场下的塔架风压分布的差异。

2 试验设置

本试验研究采用 Wood 模型来模拟下击暴流竖向风剖面。其竖向风剖面函数为：

$$u(z,r) = u_{\max}1.55\left(\frac{z}{\delta}\right)^{1/6}\left[1 - \text{erf}\left(0.70\frac{z}{\delta}\right)\right] \tag{1}$$

式中，$u_{\max}$ 为最大径向速度；δ 为一半最大径向速度 $0.5u_{\max}$ 所对应的高度；erf 为误差函数。

根据资料统计，试验模拟的下击暴流最大风速场地高度为 75m，最大风速为 20m/s。在试验模拟最大风速高度为 0.6m，最大风速为 10m/s。根据式(1)，将下击暴流的竖向风剖面理论值和试验测量值归一化后绘制于图 1 当中。

如图 2 所示，本文试验在同济大学多风扇主动控制风洞（TJ-5）进行。试验模型的原型为某 3MW 水平轴三叶片风力机，详细参数如下：塔架高度为 90m，塔顶半径为 2m，塔底半径为 3m，叶片长度为 60m，各叶片之间成 120°夹角，机舱尺寸为 10m×4m×4m，分别对应长、宽、高方向。模型几何缩尺比为 1∶125，速度缩尺比为 1∶2。工况如图 3 所示。

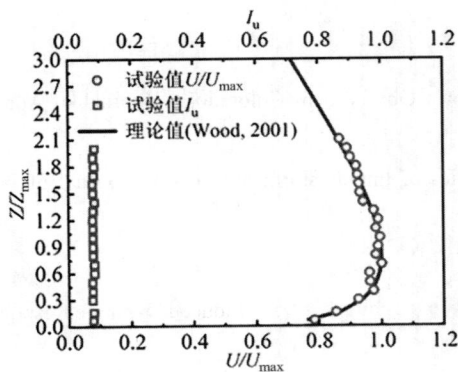

图 1　下击暴流风剖面试验值和理论值

图 2　风力机测压模型

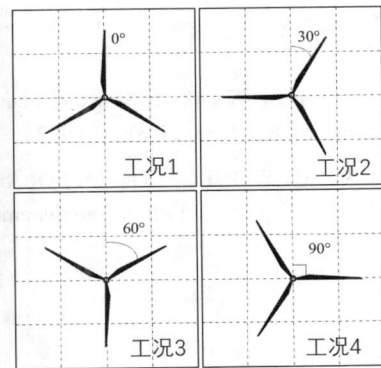

图 3　风轮工况示意图

基金项目：国家重点研发计划项目课题（2022YFC3803002），国家自然科学基金项目（52178502）

3 塔架气动性能分析

为进一步分析叶片对塔架表面气动载荷的干扰效应，图 4 和图 5 分别给出了下击暴流风和 B 类风下不同工况下塔架不同高度截面的阻力系数和升力系数的数值。在试验过程中，根据停机状态下风轮与塔架的相对位置，进行了图 3 所示 4 种和不安装风轮的 1 种试验工况。如图 4 所示，在下击暴流风下，由于风轮的存在，使得在 4 种工况下，塔架上部阻力系数均小于不安装风轮的试验工况，而塔架下部的阻力系数相差不大。在第 3 种工况下，塔架的阻力系数最小。对比图 4 和图 5，无风轮工况下，塔架阻力系数最大值均同时出现在最大风速高度处，也对应下击暴流风最大风速高度和 B 类风场塔架最高测孔布置高度。在两种风环境下，所有工况下塔架最底部阻力系数差异率仅有 1%。其中，在 1、2、4 和无风轮工况下，阻力系数从 0～0.51m 范围内均随塔架高度增加而增加；在接近塔架顶部的 0.51～0.69m 范围内阻力系数呈现先减小后增加的趋势，反弯点在 0.63m 位置处。此外，从两图斜率分析得到，图 4 斜率普遍大于图 5，斜率越大说明阻力系数随塔架高度的增加速率越小，即表明下击暴流风下塔架阻力系数增加的速率小于 B 类风场下的架阻力系数增加的速率。

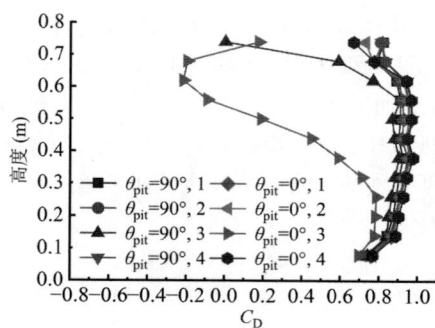

图 4　下击暴流下塔架C_D　　　　　　图 5　B 类风下塔架C_D

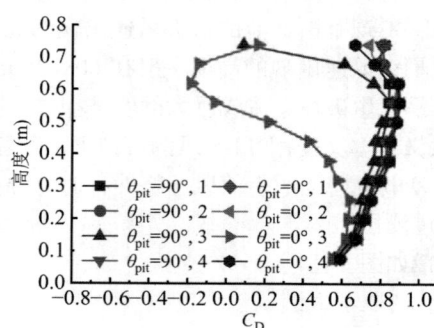

4 结论

（1）在下击暴流风的作用下，风力机塔架的阻力系数小于 B 类风剖面下的塔架的阻力系数。随着塔架高度的增加，两种风环境下塔架升力系数均呈现出先增加后减小的趋势，且下击暴流风下的塔架升力系数增加速率小于 B 类风。

（2）叶片对塔架的遮挡效应会引起塔架压力系数的变化，叶片在塔架正前方工况下的影响最明显，且此时迎风面塔架风压系数会呈现负压分布。

参考文献

[1] HJELMFELT Mark R. Structure and Life Cycle of Microburst Outflows Observed in Colorado[J]. Journal of Applied Meteorology, 1988, 27(8): 900-927.

[2] CANEPA F, BURLANDO M, SOLARI G. Vertical profile characteristics of thunderstorm outflows[J]. Journal of Wind Engineering and Industrial Aerodynamics, 2020, 206: 104332.

不同来流湍流度下单/双风轮风力机机舱气动载荷的风洞试验研究

尹婕婷，李　潇，闫渤文，李娅楠，杨庆山，周　旭

（重庆大学土木工程学院　重庆　400038）

1　引言

随着风机行业的快速发展，新型机舱形式不断涌现[1]。而大长宽比的双风轮风力机机舱的载荷研究尚处于空白阶段，尤其是在极端风况下，机舱容易遭受破坏，因此，迫切需要对大长宽比的双风轮风力机机舱进行载荷研究，以确保机舱的安全。为此，本文通过风洞试验，研究了在不同来流湍流度下，机舱长宽比、轮毂类型及风向变化对机舱气动载荷的影响。

2　试验设置

本研究通过测压试验来分析单/双风轮风力机机舱压力分布情况[2]，机舱断面为矩形。单/双风轮风力机机舱的测点布置如图1所示，分别布置了205和240个测压点。为全面考虑不同来流湍流条件对风机机舱气动载荷的影响，选取了来流湍流强度分别为1%、6%、11%的三种工况（低、中、高湍流强度），对应陆上和海上风场的常见湍流强度。三种工况下的风速剖面均满足$\alpha = 0.2$指数律分布，轮毂高度处的参考风速U_{hub}均为10m/s。本研究通过对机舱侧面和顶面测点进行积分的方法，计算机舱的侧面力系数以及顶面升力系数。由于轮毂的存在，阻力系数无法通过积分方法直接求得，因此，本研究还开展了测力试验来研究阻力系数。

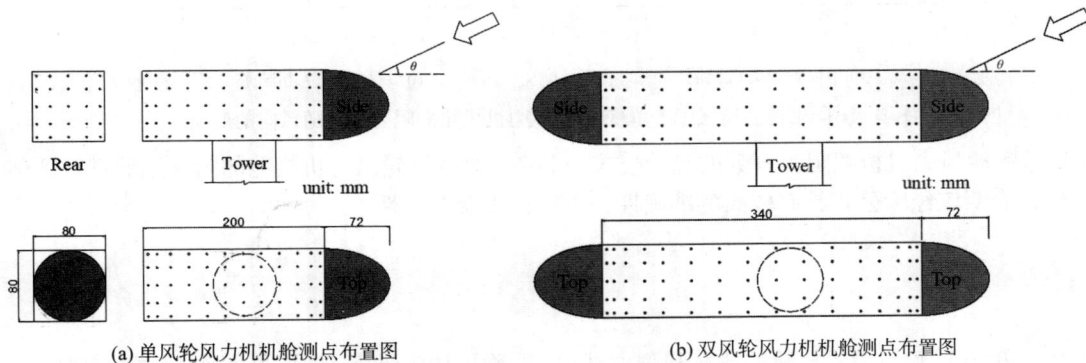

(a) 单风轮风力机机舱测点布置图　　　　　　　　(b) 双风轮风力机机舱测点布置图

图1　风力机机舱模型的测压试验的测点布置图

3　结果与讨论

3.1　双风轮风力机机舱顶面极值风压模型

图2给出了不同湍流度下双风轮风力机机舱顶面的极值风压系数随平均风压系数变化关系，结果显示了双风轮风力机机舱顶面的极值风压系数随平均风压系数变化有一定离散性，但是呈现相对集中变化规律，其相对集中的变化规律随湍流变化具有一定的比例关系，为提出了考虑不同来流湍流强度的极值风压系数的计算公式提供理论依据。

基金项目：国家自然科学基金项目（52278483，52221002），重庆市自然科学基金项目（cstc2022ycjh-bgzxm0050）

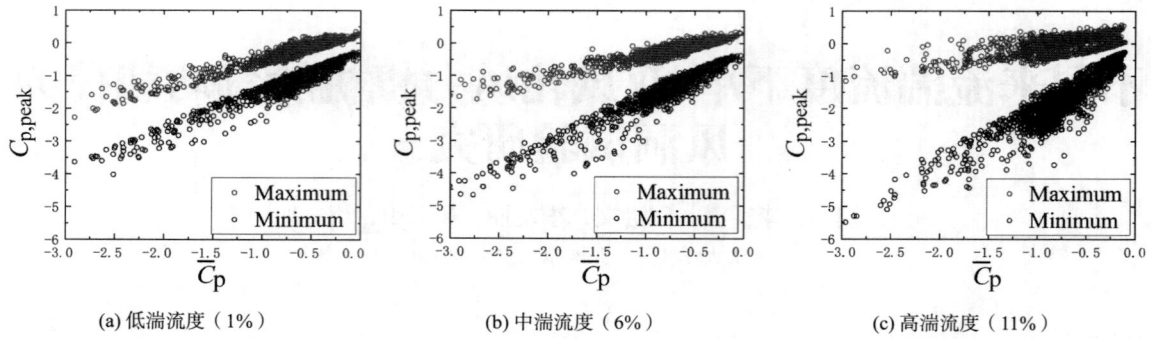

| (a) 低湍流度（1%） | (b) 中湍流度（6%） | (c) 高湍流度（11%） |

图 2　不同湍流度下双风轮风力机机舱顶面极值风压系数与平均风压系数对比

3.2　单/双风轮风力机机舱气动阻力模型

在风力发电机组的设计中，平均升力系数主要影响叶片的气动性能，而对机舱结构的气动载荷影响较小。相比之下，阻力系数对机舱结构的影响更为显著，因此本文主要研究了机舱的气动阻力系数以及给出了气动阻力系数关于风向角的经验公式：

$$C_D(\theta) = 1.25\sin(0.95\theta + 5) \tag{1}$$

式中，$C_D(\theta)$为θ风向角下的阻力系数；θ为风向角。

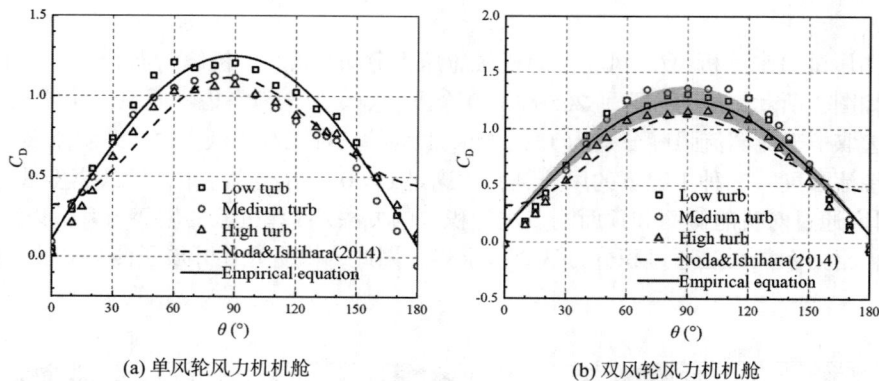

| (a) 单风轮风力机机舱 | (b) 双风轮风力机机舱 |

图 3　不同来流湍流强度下单/双风轮风力机机舱的阻力系数随风向的变化

图 3 以单风轮风力机机舱阻力系数的经验公式为参考，对双风轮风力机机舱的阻力系数进行评估，误差在 10%以内，表明该经验公式具有较高的准确性、可靠性以及普适性。

4　结论

本文基于单/双风轮风力机机舱的测压和测力试验，明确了湍流强度、机舱长宽比、轮毂与风向对风力机机舱风压分布和气动力的影响。得出了来流湍流对平均风压系数影响较小，但增加来流湍流会增加脉动风压；长宽比对升力和侧面力有影响，对阻力和平均升力无显著影响。此外，研究提出了考虑不同来流湍流强度的极值风压系数的计算公式以及不同风向角下机舱气动阻力的经验公式，为风力机机舱设计优化提供了依据。

参考文献

[1] KALE S A, SAPALI S N. A review of multi-rotor wind turbine systems[J]. Journal of sustainable manufacturing and renewable energy, 2013, 2(1/2): 3.

[2] NODA H, ISHIHARA T. Wind tunnel test on mean wind forces and peak pressures acting on wind turbine nacelles[J]. Wind Energy, 2014, 17(1): 1-17.

风效应对定日镜场聚光效率的影响

杨子航[1]，常　颖[2]，刘仰昭[1]，戴靠山[1,2]

（1. 四川大学土木工程系 成都 610065；

2. 四川大学-香港理工大学灾后重建与管理学院 成都 610207）

1　引言

定日镜由于具有大面积薄板结构的特点，是典型的风敏感结构。且定日镜场通常位于风速较大的开阔场地，一旦风引起定日镜的结构变形超过设计允许值，定日镜的跟踪精度就会明显降低，甚至损坏定日镜。因此抗风性能的研究对定日镜至关重要。国内外已有不少学者对定日镜的抗风问题进行了研究。Ji[1]提出了一种评估方法，研究风荷载对多子镜定日镜聚光效率的影响。结果表明，风荷载会导致聚光效率从95.5%降至72.2%。Kristina[2]发现定日镜在风荷载作用下的振动和变形对其光学性能有显著影响。实际工程中定日镜通常成组布置，然而以往的研究主要集中在单个定日镜上，对定日镜场风致聚光效率损失更是缺乏深入了解。本文对风洞中的定日镜场刚性缩尺模型进行了试验研究，建立了定日镜的有限元模型，评估了镜场不同位置对定日镜聚光效率的影响。

2　风洞试验及计算模型

风洞试验在如图 1 所示的边界层风洞的低速测试段中进行。本试验中定日镜场由 36 个测压模型和 28 个假模型组成的 8×8 镜场缩尺模型进行模拟。在风洞入口处设置尖劈格栅和两种大小的粗糙元较好的模拟了《建筑结构荷载规范》GB 50009—2012[3]中规定的 A 类风场。试验中，俯仰角α从 0°增大到 80°，表示镜面由平行于地面逐渐转至接近垂直于地面。风偏角β从 0°增大到 180°，表示风向从镜面背后顺时针转至镜面正前方。

基于实际结构形式，将整个定日镜视为一个三维系统（图 2）建立有限元模型。已有文献建立了单体定日镜聚光效率计算模型[2]，在此基础上，本文基于现有定日镜模型特点开展镜场聚光效率计算。聚光效率计算原理及笛卡尔坐标系，如图 2 所示。将镜面划分成 64 个直角三角形，并假设三角形都没有面外变形，在三角形内生成均匀的网格，三角形内计算点的法线方向均取此时三角形的法线方向，然后通过反射光线的参数方程计算出有效反射点数量。最后，落在接收区上的反射点数量与总计算点数的比值即是此时该三角形的聚光效率。

图 1　总体试验安放示意图　　　　图 2　计算坐标系

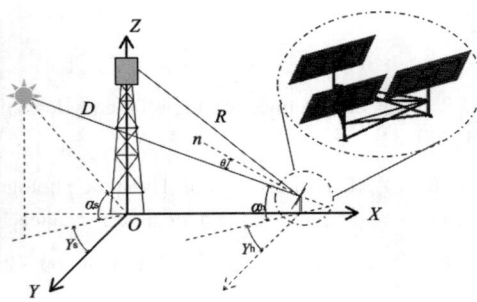

3　计算结果

根据计算结果将定日镜场划分为两个区域：最外侧一排迎风定日镜作为边缘镜场，其余部分为内部镜场。

基金项目：国家自然科学基金项目（52108463，52308514）

俯仰角（或风偏角）的变化显著影响边缘镜场中定日镜的平均风压系数和整个镜场的脉动风压系数，其中边缘镜场中定日镜的平均风压系数随俯仰角和风偏角的增大而增大，而脉动风压系数则先减小后增大，内部镜场的平均风压系数受影响较小，但其脉动风压系数随俯仰角增加而增大，随风偏角增加先减小后增大。

在聚光效率方面，随着俯仰角的增大，内部镜场聚光效率逐渐增加，外部镜场聚光效率大幅下降；风偏角对定日镜场的聚光效率有一定影响，尤其在边缘区域，相比之下，内部区域的聚光效率较为稳定。存在"角落效应"，即在几个特定的风偏角下，使得内部镜场中迎风处角落的定日镜的聚光效率显著低于其他内部定日镜，甚至低于外侧镜场中的定日镜。

单个定日镜的聚光效率与平均风压系数C_p和脉动风压系数C_f的比值存在一定关联。相比于聚光效率，风压系数通常更易获得。因此提出一个聚光效率E与C_p/C_f的拟合公式，用以大致估算聚光效率受风荷载的影响：

$$E = -0.044 \times \left(C_p/C_f\right)^2 + 0.0035138 \times C_p/C_f + 0.89771 \tag{1}$$

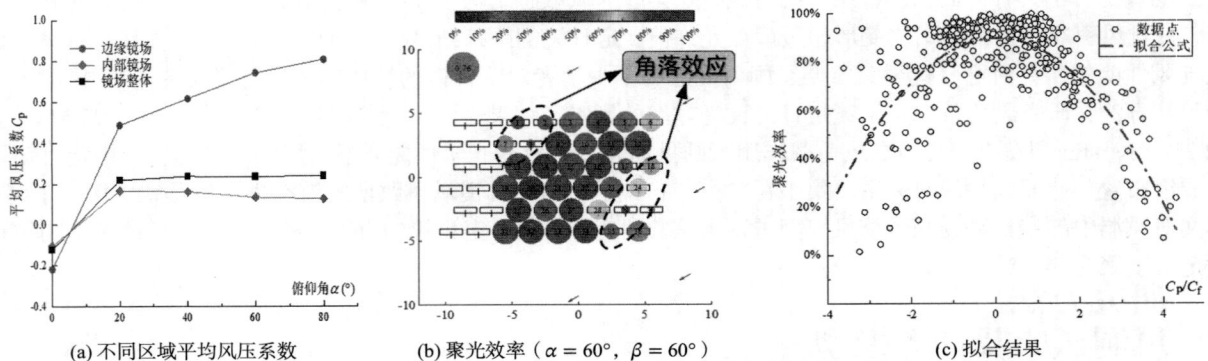

(a) 不同区域平均风压系数　　(b) 聚光效率（$\alpha = 60°$，$\beta = 60°$）　　(c) 拟合结果

图 3　计算结果汇总图

4　结论

本文对镜场风荷载进行了分析，并将其分为边缘镜场和内部镜场。研究表明，边缘镜场的风压系数受俯仰角和风偏角的影响更大，而内部镜场的风压系数相对较为稳定。边缘镜场中的定日镜聚光效率主要受到风压和风致振动的影响，损失更为严重。此外，风偏角的变化对边缘和内部镜场均有显著作用，某些风偏角条件下可能会产生"角落效应"。基于风压系数，提出了一种简便的公式，用于快速估算不同条件下的定日镜聚光效率，为镜场优化设计提供了参考依据。

参考文献

[1] JI B, QIU P, XU F, et al. Concentrating efficiency loss of heliostat with multiple sub-mirrors under wind loads[J]. Energy, 2023, 281: 128281.

[2] KRISTINA B, MARC R, TIM S, et al. Dynamic photogrammetry applied to a real scale heliostat: insights into the wind-induced behavior and effects on the optical performance[J]. Solar Energy, 2020, 212: 297-308.

[3] 住房和城乡建设部. 建筑结构荷载规范: GB 50009—2012[S]. 北京: 中国建筑工业出版社, 2012.

近地面边界层湍流下槽式定日镜风荷载干扰效应的大涡模拟研究

姚正平[1]，李威霖[1]，牛华伟[2]

（1. 广西大学土木建筑工程学院 南宁 530004；
2. 湖南大学土木工程学院 长沙 410082）

1 引言

槽式定日镜作为典型风敏感结构，受近地面湍流影响明显；同时定日镜基本以阵列（群）的形式出现，当湍流经过定日镜阵列时，各单镜所承受风荷载会因其所处阵列位置不同以及相互间存在的干扰效应所影响。本文利用一种规则化波矢量随机流生成方法生成大气边界层湍流，并基于大涡模拟（LES），在 OpenFoam 平台上，生成符合中国规范的 A 类风场并作为 LES 的入流条件对槽式定日镜所受风荷载进行计算，通过调整定日镜阵列间距、风攻角、风向角研究定日镜平均和峰值风荷载干扰效应。

2 研究方法

本文利用 Prescribed-wavevector Random Flow Generator（PRFG[3]）入口湍流合成方法，结合大涡模拟将湍流作用于风场当中，然后将槽式定日镜阵列放置于该风场中计算其所受风荷载，通过对比在不同风攻角，风偏角以及在阵列中所处不同位置情况下所受到的风荷载情况来研究定日镜阵列的风荷载特性及干扰效应。

通过 PRFG[3] 湍流合成法在 LES 生成近地面非均质湍流，以用于气动导纳函数的大涡模拟识别。对均质各向异性随机三维湍流可由 Kraichnan 公式表示为：

$$u(x,t) = \sum_{n=1}^{N} \left[p^{n,m} \cos(k^{nT}x + \omega^n t) + q^n \sin(k^{nT}x + \omega^n t) \right]$$

式中，N 为采样波矢量的数量；p^n 和 q^n 为随机振幅向量矩阵；k^n 为随机波数矩阵；ω^n 为随机脉动风的圆频率；为使方程满足连续性和动量方程，需满足 $p^{nT} \cdot k^n = 0$ 和 $q^{nT} \cdot k^n = 0$。所有量都可以采用 L 中，通过输入 3 个湍流强度和 9 个积分长度尺度得出。为了生成非均匀湍流速度场，考虑在规定位置采样的参数生成的均匀场通过适当定义的加权函数进行组合。然后，可以将合成湍流作为狄利克雷型边界条件应用于流入斑块。但因为合成非均匀湍流只能近似满足 Navier-Stokes 方程，因此会导致虚假压力波动，并且计算域壁会阻止沿其法向的质量通量，而合成方法并未考虑到这一点。为了解决这个问题，可采用基于变分的流入校正来减轻虚假压力波动。如此将其作用于大涡模拟入口，即可产生给定风剖面的近地湍流风场。

3 大涡模拟下定日镜表面风压分布

图 1 为在 0°风攻角、0°风向角下槽式定日镜阵列当中迎风侧第 1~3 排中心处定日镜镜面所受净风压均值分布情况，可以发现第 2、3 排之间风压衰减情况并不明显，但第 1、2 排之间存在明显风压衰减，且第 2 排表面风压几乎为 0。

图 2 为在 0°风攻角、0°风偏角下定日镜阵列当中迎风侧第 1 排中心处中心位置处定日镜与边缘位置处定日镜的净风压均值分布情况，可以观察到位于同一排的定日镜也会因为所处位置不同从而导致其所受风荷载情况发生变化。

基金项目：广西科技基地和人才专项（2022AC21179）

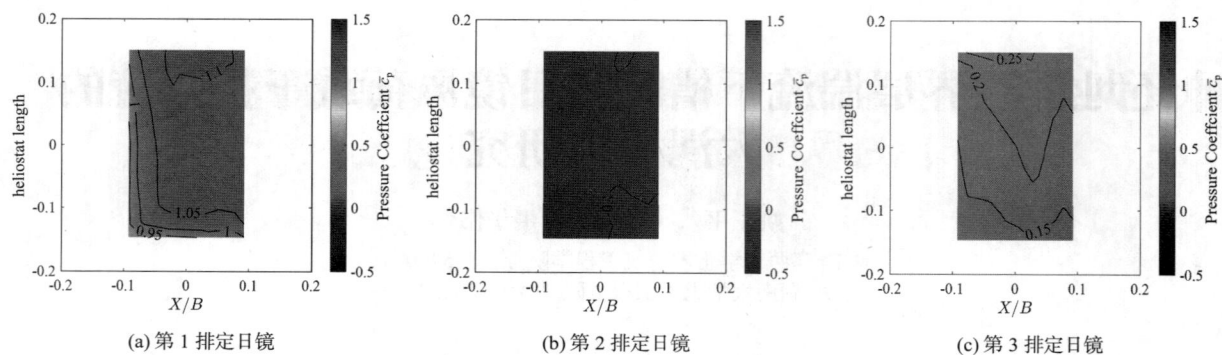

(a) 第 1 排定日镜   (b) 第 2 排定日镜   (c) 第 3 排定日镜

图 1   迎风侧第 1～3 排中心处定日镜净风压均值分布

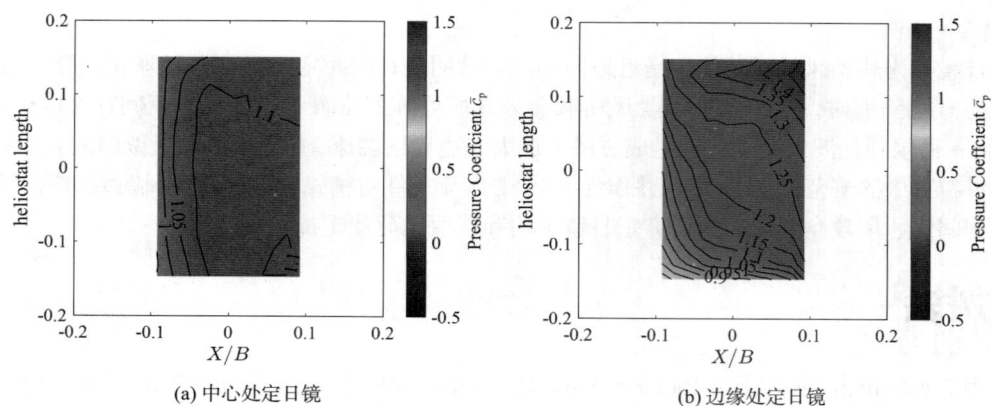

(a) 中心处定日镜   (b) 边缘处定日镜

图 2   迎风侧第 1 排中心处与边缘处定日镜风压分布

4   结论

本文利用 PRFG³ 法生成的大气边界层湍流，计算得出在槽式定日镜阵列当中，定日镜所受风荷载情况会因为所处位置不同而受到较为明显的变化，下一步将研究多排定日镜阵列在 LES 模拟下的不同风攻角、来流风向角等情况下的风荷载特性及相互之间的干扰效应。

参考文献

[1] LI W, YANG F, NIU H, et al. Wind loads on heliostat tracker: A LES study on the role of geometrical details and the characteristics of near-ground turbulence[J]. Solar Energy, 2024, 284.

[2] 王莺歌, 李正农, 卢春玲. 定日镜群风荷载干扰效应的数值模拟[J]. 中南大学学报（自然科学版）, 2012, 43(6): 2403-2412.

[3] 黄铭枫, 孙轩涛, 冯鹤, 等. 基于风压谱和 Hermite 模型的大跨干煤棚风压场数值模拟研究[J]. 振动与冲击, 2018, 37(23): 111-119.

[4] 卢春玲, 陈建通, 陈锦焜, 等. 基于 LES 和 DES 的定日镜结构风致响应分析[J]. 振动与冲击, 2022, 41(11): 298-306.

神经网络与未知激励下卡尔曼滤波结合的海上风机结构的风浪荷载联合识别方法

尹 畅，宫 楠，雷 鹰

（厦门大学建筑与土木工程学院 厦门 361005）

1 引言

目前的风机荷载识别通常只识别波浪荷载或风荷载，且少有在荷载识别时考虑桩土的影响[1]。已有很多学者利用卡尔曼滤波对风机荷载识别进行了研究[2,3]，但是传统卡尔曼滤波需要通过经验或者试错的方法来确定模型误差协方差矩阵Q和观测误差协方差矩阵R的取值，并且需要噪声符合零均值的高斯分布。已有学者将机器学习和卡尔曼滤波结合研究了已知激励下的卡尔曼网络，但是还缺少未知激励下的卡尔曼网络的研究[4]。因此，本文提出一种数据-物理混合驱动方法，将递归神经网络（RNN）模块整合到KF-UI框架中，通过神经网络结合未知激励下卡尔曼滤波对运行状态的海上风机受到的风浪荷载进行联合识别。

2 神经网络与未知激励下的卡尔曼滤波结合的海上风机结构的风浪荷载联合识别方法

2.1 神经网络结合未知激励下卡尔曼滤波方法（KF-UI-NET）

提出一种数据-物理混合驱动方法，将递归神经网络（RNN）模块整合到KF-UI框架中，通过采用观测响应数据y和对应估计值的差值，以及当前状态预测值和上步估计值的差值作为输入，卡尔曼增益矩阵K和未知力作为输出，并定义损失函数通过反向传播来进行参数更新训练RNN神经网络，然后利用训练好的网络将输出引入卡尔曼滤波进行状态识别。

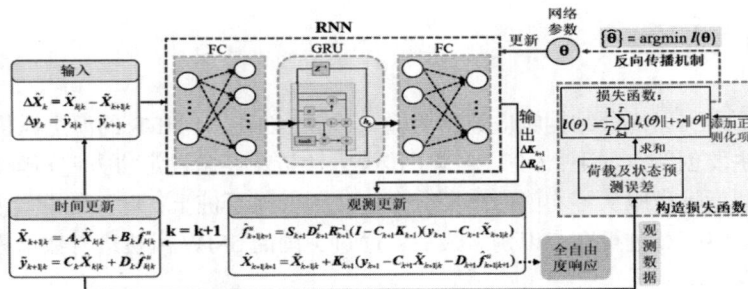

图1 KF-UI-NET 流程图

2.2 风场模拟方法

通过引入波数-频率联合谱因式分解方法，可以高效模拟二维风场，将风场的空间和时间变动特性通过联合谱表示，并对其进行分解处理，从而简化了对波数和频率相关性的复杂描述，避免了传统方法中的三维快速傅里叶变换（3D FFT）。本文基于风场模拟方法，通过将风场空间坐标转化为桨叶旋转时的时间表达，基于波数-频率联合谱的时-空直接转换方法，用于考虑桨叶的旋转采样效应。该方法通过公式将桨叶上任意点在旋转过程中经历的脉动风速和平均风速显式表示，生成其总风速时程[5]。

$$
\begin{aligned}
u(x,y,t) = 2\sum_{n=1}^{N_{\kappa_x}}\sum_{m=1}^{N_{\kappa_y}}\sum_{l=1}^{N_\omega} &\sqrt{S^{(W-F)}\big(\kappa_n^{(x)},\kappa_n^{(y)},\omega_l\big)\Delta\kappa_x\Delta\kappa_y\Delta\omega} \times \big[\cos\big(\kappa_n^{(x)}x + \kappa_n^{(y)}y + \omega_l t + \phi_{lmn}^{(1)}\big) + \\
&\cos\big(\kappa_n^{(x)}x + \kappa_n^{(y)}y - \omega_l t + \phi_{lmn}^{(2)}\big) + \cos\big(\kappa_n^{(x)}x - \kappa_n^{(y)}y + \omega_l t + \phi_{lmn}^{(2)}\big) + \\
&\cos\big(\kappa_n^{(x)}x - \kappa_n^{(y)}y + \omega_l t + \phi_{lmn}^{(3)}\big) + \cos\big(\kappa_n^{(x)}x - \kappa_n^{(y)}y - \omega_l t + \phi_{lmn}^{(4)}\big)\big]
\end{aligned}
\tag{1}
$$

基金项目：国家自然科学基金项目（52178304）

2.3 风机结构的风、浪荷载联合作用

基于叶素动量理论，利用模拟得到的风速场分别计算风轮桨叶所受的升力、阻力及分力，通过解析风速、诱导因子和攻角等关键参数推导出叶素的气动力，进而分解为推力和法向力以确定叶片受力。然后基于 C-vine copula 来构建概率模型，准确地描述风速、波高、波周期和风浪偏差角等环境变量的联合分布，采用 P-M 海浪谱与线性波浪理论，用随机谐和函数模拟波浪高程和水质点运动，通过 Morison 公式综合考虑拖曳力和惯性力，计算单桩在不同水深处的单位长度波浪荷载。波浪荷载施加于离散节点以精确表征其对支撑结构的作用，从而更全面地考虑风浪联合作用对海上风力发电机组结构的影响[5]。

3 数值模拟验证

利用美国的 5MW 的风机进行模拟[6]，如图 1 所示。本文考虑了桩土作用，模拟了正常运行状态受风浪荷载作用的情况，通过部分观测结构的响应训练网络。采用所提的方法对结构受到的来自叶片的推力、波浪荷载及结构的状态进行了联合的识别，验证了所提方法的有效性，部分识别结果如图 2 所示。

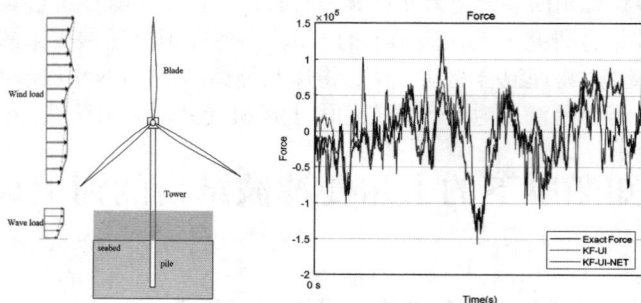

图 2 风机结构示意图&荷载识别结果

4 结论

本文以部分结构响应数据为输入，提出 KF-UI-NET 的海上风机结构的风浪荷载联合识别方法。本文方法主要创新点如下：（1）突破了传统方法依赖经验设定协方差矩阵 Q 和 R 的局限，并且不需要假设过程噪声和测量噪声服从零均值的高斯分布。（2）考虑了桩土，叶片的旋转及风浪荷载的作用，可以对结构的状态、风、浪荷载进行联合识别。最后，通过美国的 5MW 风机进行数值模拟，对方法的有效性进行了验证。

参考文献

[1] LIANG J, FU Y, WANG Y, et al. Identification of equivalent wind and wave loads for monopile-supported offshore wind turbines in operating condition[J]. Renewable Energy, 2024, 237: 121525.

[2] SONG M, MOAVENI B, EBRAHIMIAN H, et al. Joint parameter-input estimation for digital twinning of the Block Island wind turbine using output-only measurements[J]. Mechanical Systems and Signal Processing, 2023, 198: 110425.

[3] ZHU Z, ZHANG J, ZHU S, et al. Digital twin technology for wind turbine towers based on joint load-response estimation: A laboratory experimental study[J]. Applied Energy, 2023, 352: 121953.

[4] WANG Y, SONG M, WANG A, et al. Structural Dynamic Response Reconstruction Based on Recurrent Neural Network-Aided Kalman Filter[J]. Structural Control and Health Monitoring, 2024, 2024(1): 7481513.

[5] 宋玉鹏, 陈建兵, 李杰. 考虑桨叶旋转采样效应的海上风力发电机组支撑结构疲劳分析[J]. 太阳能学报, 2021, 42(6): 256.

[6] JONKMAN J. Definition of a 5-MW Reference Wind Turbine for Offshore System Development[J]. National Renewable Energy Laboratory, 2009.

定日镜结构风荷载抗风设计方法研究

黎　臻[1]，常　颖[2]，刘仰昭[1]，戴靠山[1,2]

（1. 四川大学土木工程系　成都 610065；

2. 四川大学-香港理工大学灾后重建与管理学院　成都 610207）

1　引言

在风工程领域，风压的峰值因子广泛用于估算结构表面的极值风压。我国现行风压设计规范假设风压时程服从高斯分布，并基于此确定了固定的峰值因子。然而，实际中风压时程通常呈现非高斯分布，传统的基于高斯分布的计算方法可能不够准确。因此，研究非高斯分布下的峰值因子计算风荷载以及通过有限元计算风荷载显得尤为重要。Davenport[1]提出了基于高斯分布的峰值因子法，Sadek 和 Simiu[2]则发展了基于数据库的非高斯峰值因子计算方法。本文通过比较不同峰值因子法计算的定日镜极值风荷载与风振系数计算的设计风荷载，评估其在定日镜受力估算中的适用性和准确性，为定日镜抗风设计荷载提供新的理论支持。

2　风洞试验及计算模型

风洞试验在如图 1 所示的边界层风洞进行。本试验中定日镜采用 1∶10 的缩尺模型进行模拟。为确保风洞试验来流的相似性，在风洞入口处设置尖劈和两种大小的粗糙元较好的模拟了《建筑结构荷载规范》GB 50009—2012[3]中规定的 B 类风场。

基于实际结构形式，利用有限元软件建立有限元模型如图 2。在此基础上，基于风洞试验获得五边形定日镜的风压时程数据开展动力响应计算，并获得位移风振系数。

图 1　风洞试验示意图　　　　图 2　有限元模型

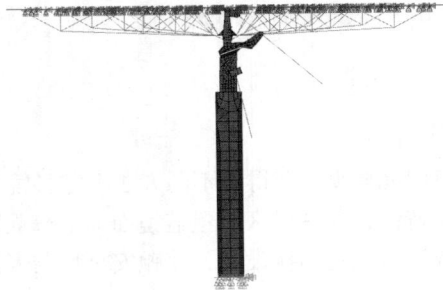

3　计算结果

以俯仰角为 0°、风偏角为 0°（即镜面平行于地面）的停放姿态为例，图 3 展示了镜面风压分布的高斯特性。参考 Gong[4]的研究，判定偏度小于 0.5 且峰度小于 4 时，风压分布可视为符合高斯分布。在该图中，黑色测压点代表符合高斯分布的区域，而红色测压点则表示不符合高斯分布的区域。分析结果表明，非高斯分布的区域通常集中在镜面边缘部位。使用 SS 方法确定非高斯过程的经验峰值累积概率分布，从而获得非高斯风压时程的峰值因子。通过上述方法，最终得到镜面风压的极值荷载，如图 4 所示。

图 5 展示了通过有限元模型计算得到的风振系数。从图中可以看出，镜面整体风振系数位于 2.1～2.8 的范围内，并且分布呈现不均匀的特点。根据相关荷载规范，可以进一步计算出局部的设计风荷载。图 6 展示了对比工程法、达文波特法、SS 法和风振系数法，得到的设计风荷载对比图。结果表明，各曲线的整体趋势

相似，均呈现多次波动，表明不同区域的风荷载分布不均匀，外部区域的风荷载明显大于内部区域，CAE 法与前面三种方法的误差分别为 33%、37%、34%，误差范围为 33%～37%，因此在考虑定日镜设计风荷载时，使用有限元风振系数法计算设计风荷载比基于峰值因子的设计风荷载计算更为经济。

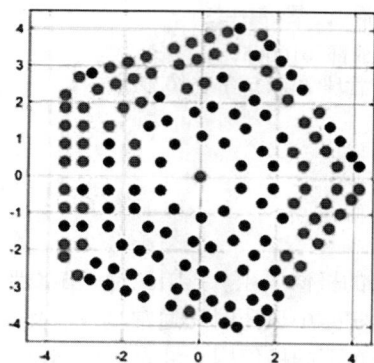

图 3　高斯分布情况

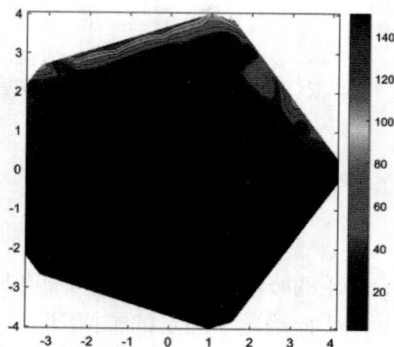

图 4　镜面风压极值荷载

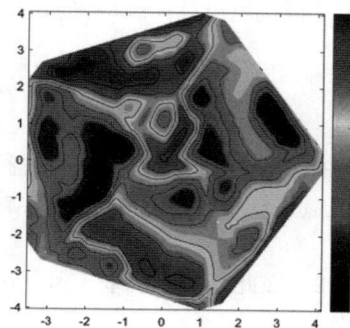

图 5　风振系数等高线图

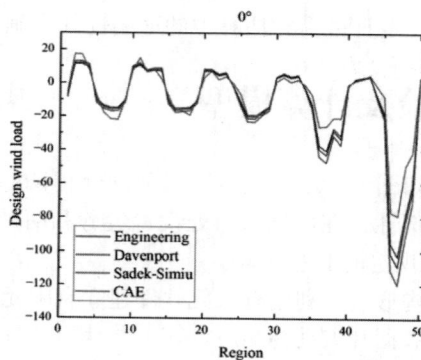

图 6　不同测压点设计风荷载对比图

4　结论

通过风洞试验和有限元模型，获得了不同方法下定日镜结构的设计风荷载计算结果。结果表明，镜面风压显著呈现非高斯分布特性，非高斯区域覆盖镜面大部分面积（占比超 80%）。基于风振系数法的设计风荷载最小。采用风振系数法可优化结构设计，兼顾安全性与经济性。

参考文献

[1] DAVENPORT A G. The estimation of the extreme wind pressures on low buildings[J]. Journal of the Structural Division, ASCE, 1964, 90(ST4): 113-138.

[2] SADEK F, SIMIU E. Peak non-Gaussian wind effects for database-assisted low-rise building design[J]. Journal of Engineering Mechanics, 2002, 128(5): 530-539.

[3] 住房和城乡建设部. 建筑结构荷载规范: GB 50009—2012[S]. 北京: 中国建筑工业出版社, 2012.

[4] GONG B, WANG Z, LI Z, et al. Fluctuating wind pressure characteristics of heliostats[J]. Renewable energy, 2013, 50: 307-316.

龙卷风作用下风力发电机基底受力试验研究

曾世钦[1]，敬海泉[1,2]，何旭辉[1,2]，李保乐[1]

（1. 中南大学土木工程学院 长沙 410075；
2. 高速铁路建造技术国家工程研究中心 长沙 410075）

1 引言

随着风能利用的提高，我国风力发电机逐渐向大型化、广布化发展[1-2]。然而，近年极端天气频发，对人员财产生命和建筑结构安全造成巨大威胁。龙卷风作为一种常见的极端天气，其快速旋转辐合的气流和巨大的气压降对于高耸的风机结构是一种巨大的挑战。目前，鲜有针对龙卷风作用下的风力发电机受力及响应分析研究。因此，本文通过风洞试验探究了龙卷风作用下风力发电机的基底受力情况，并与常规的大气边界层风洞进行了对比分析，可为极端天气下的风机设计提供技术支持。

2 试验设计与布置

试验分别在中南大学 CSU-WT4 直流风洞和 CSU-WT5 龙卷风风洞开展。风机以 DTU 10MW 为原型，考虑到所选龙卷风的几何和动力缩尺，模型缩尺比为 1：120，如图 1 所示。其底部与高精度六分量天平相连接，并固定于风洞测试平台。天平采样频率为 1000Hz，每个工况的采样时长为 60s。通过在不同的径向位置设置一系列的风偏角 θ 和风机叶片俯仰角 β，研究了龙卷风对风力发电机基底受力的影响。在此基础上，以相同的设置在直流风洞中进行试验，研究了该风力发电机在直流风下的基底受力性能。

图 1　试验模型示意图

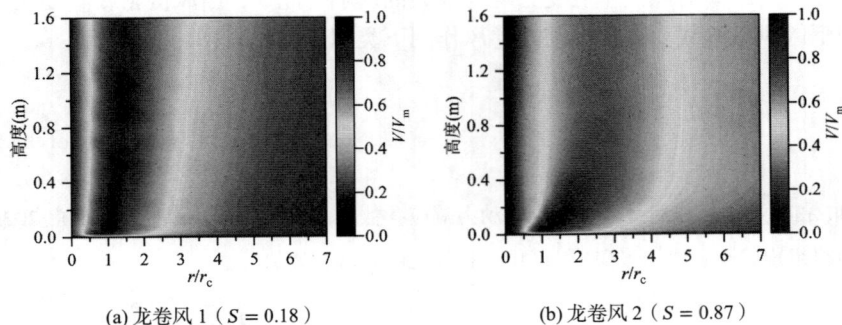

(a) 龙卷风 1（$S = 0.18$）　　　　(b) 龙卷风 2（$S = 0.87$）

图 2　龙卷风归一化切向速度云图

图 2 展示了试验中两种龙卷风的归一化切向速度云图。整体而言，两个龙卷风的切向速度分布均呈现

基金项目：国家自然科学基金项目（51925808，52078502），国家重大科研仪器研制项目（52327810）

"漏斗状"。在涡核内部，切向速度随径向距离的增加而增大，在涡核半径处达到最大值，涡核外的切向速度随径向距离的增加而迅速降低。当涡流比为 0.18 时，涡核半径处的切向速度随高度变化较小；当涡流比为 0.87 时，涡核半径处的切向速度受高度影响明显，较大的切向速度集中分布于龙卷风的下部区域。

3 结果分析

图 3 和图 4 分别展示了龙卷风风场与均匀风场作用下，风机基底前后方向和侧向弯矩（M_y 和 M_x）的受力情况。结果表明，当风机背对龙卷风涡核中心（$\theta = 90°$）时，风机的侧向弯矩 M_x 最大，而前后方向的弯矩 M_y 较小。当风机正对龙卷风切向速度（$\theta = 0°$）时，侧向弯矩 M_x 达到最小值，而前后方向的弯矩 M_y 最大。此外，随着叶片俯仰角 β 的增加，M_x 逐渐减小，而 M_y 逐渐增大。直流风场作用下的基底受力情况与龙卷风类似。

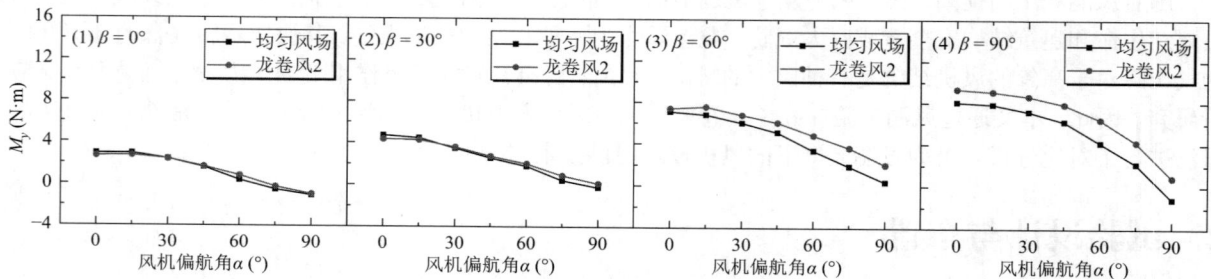

图 3　风机基底前后方向弯矩 M_y 随风偏角的变化

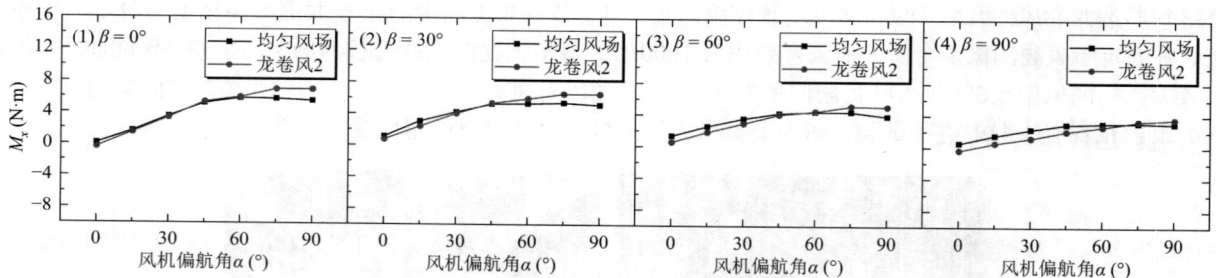

图 4　风机基底侧向弯矩 M_x 随风偏角的变化

4 结论

本文通过风洞试验对风力发电机基底受力情况进行了探究。结果表明，龙卷风作用下的风偏角、叶片俯仰角以及距涡核中心径向距离对风机基底受力均有较大的影响。此外，当风机轮毂高度处风速接近时，大气边界层直流风作用下的风机基底受力情况与龙卷风作用下类似。

参考文献

[1] 刘春城, 滕庆训. 雷暴冲击风作用下风力发电机动力响应参数[J]. 山东大学学报（工学版）, 2023, 53(6): 108-121.

[2] 张旻. 风力发电机组现状与发展趋势探析[J]. 中国机械, 2024, (3): 58-61.

基于荷载集度法的输电塔线体系风振响应多尺度模拟研究

郜雅琨，黄文韬，周　奇

（汕头大学土木与智慧建设工程系　汕头 515063）

1　引言

现有规范通常以节点均分法考虑塔线体系所受风荷载，将风荷载平均分配至塔身各主材。然而，实际工程中各主材所受风荷载并不是完全均匀的，尤其是上下游主材风荷载存在明显差异，从而导致得到的风振响应与实际情况存在一定差异。此外，常用的有限元杆件模型无法准确获得节点处或杆件内的风致应力响应。为此，本文采用多尺度有限元方法[1]，结合梁杆单元与实体单元，充分考虑塔线体系宏观尺度与局部杆件微观尺度，分别开展基于节点均分法和荷载集度法两种荷载计算方法下某输电塔线体系风振响应研究，重点对比分析了两种荷载计算方法导致的风振响应差别，以及多尺度模型下节点和杆内应力分布。

2　输电塔线体系有限元建模

本文以某三塔两跨输电塔线体系为工程原型，单塔形式均为矩形截面格构式角钢输电塔，塔高 70.5m，呼称高度 45m。塔线体系中 1、3 号输电塔为耐张塔，2 号塔为直线塔，档距为 317m，分别建立塔线体系传统梁杆单元有限元模型和局部多尺度有限元模型，如图 1 所示。

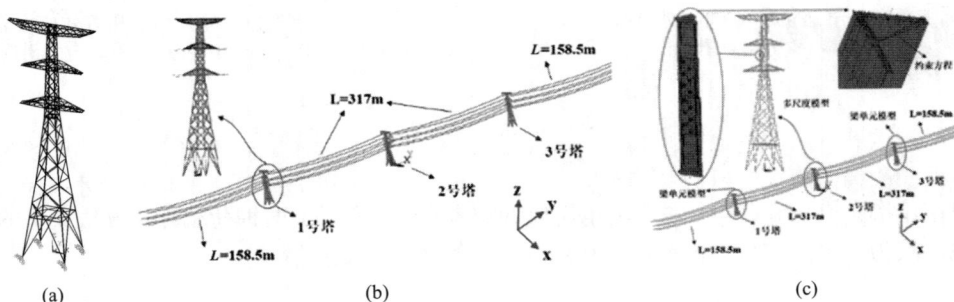

图 1　输电塔线体系有限元建模：（a）单塔梁杆单元模型；（b）塔线体系梁杆单元模型；（c）多尺度单元模型

3　输电塔杆件荷载加载方法

现行规范中常用节点荷载均分加载方法直接将输电塔节段整体风荷载均匀分配在节段主材上。以矩形截面输电塔为例，塔身节段中主材所受风荷载以下式计算：

$$F_{lt}^{(i)}(\theta) = \frac{1}{n} F_t^{(i)}(\theta) \tag{1}$$

基金项目：国家自然科学基金项目（52278508），广东省科技创新战略专项（"大专项+任务清单"）项目（STKJ202209084）

式中，$F_{lt}^{(i)}(\theta)$为输电塔第i段节段中各主材单位长度所受风荷载；$F_t^{(i)}(\theta)$为输电塔第i段节段所受总风荷载；n为输电塔节段中主材根数。

本文根据文献[2]中介绍的节段中角钢立柱风荷载计算方法，提出了杆件荷载集度加载方法。该方法中，输电塔某一节段中单根角钢立柱风荷载标准值以下式计算：

$$F_{l(k)}^{(i)}(\theta) = \frac{1}{2l}\rho U(t)^2 A_s^{m(i)}(0°)C_d^m(0°)K_\theta^m \tag{2}$$

式中，$F_{l(k)}^{(i)}(\theta)$为输电塔第i段节段中第k根角钢立柱单位长度所受的风荷载标准值；l为单根角钢立柱长度；$A_s^{m(i)}(0°)$为0°来流风向角下单根角钢立柱投影面积；$C_d^m(0°)$为0°来流风向角下单根角钢立柱的阻力系数；K_θ^m为单根角钢立柱斜风荷载系数。有限元模拟中，将计算得到的角钢立柱风荷载标准值以均布荷载形式加载到对应角钢立柱单元，而其他附属杆件所受风荷载以集中荷载形式加载到对应角钢立柱单元节点。

4　输电塔线体系有限元模拟结果分析

4.1　不同加载方法下梁杆单元有限元模型风振响应对比

图2为0°来流风向角下，不同加载方法所得的角钢立柱风振位移响应均方根和峰值因子值，可见荷载集度法所得位移响应均方根值较大，峰值因子规律性较好。

4.2　不同加载方式下多尺度有限元模型风振响应对比

图3为不同加载方式下多尺度有限元模型节点板等效应力分布情况，可见杆件集度荷载加载方法计算得到的最危险螺孔处等效应力普遍大于节点均分荷载加载方法所得的结果，表明节点均分法对输电塔线体系风振响应有一定低估。

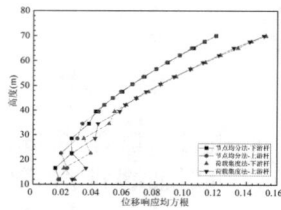 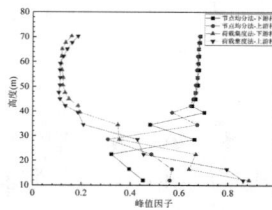 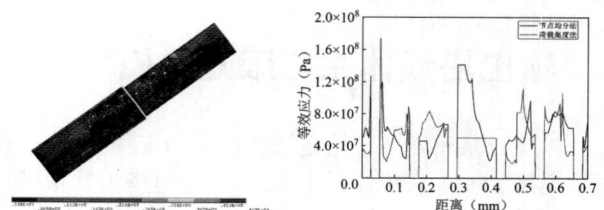

图2　不同加载方法角钢立柱风振位移响应对比：　　图3　多尺度有限元模型节点板等效应力分布：
（a）均方根；（b）峰值因子　　　　　　　　（a）应力分布云图；（b）0°风向角等效应力沿应力路径分布

5　结论

获得研究结论有：传统节点均分法对输电塔风振响应有一定低估。两种荷载计算方法获得的风振响应代表参数变化规律较为一致。多尺度模型可反映局部杆件等效应力变化情况。

参考文献

[1]　粟道杰. 输电塔线体系多尺度模拟及其可靠度分析[D]. 重庆：重庆大学，2019.

[2]　ZHOU Q, GAO Y, ZONG Z, et al. Investigation of wind loads on angle steel columns in lattice structures via force measurement method on members[J]. Journal of Wind Engineering and Industrial Aerodynamics, 2024, 253: 105868.

大跨越输电塔脉动风振响应特性及减振策略研究

徐继祥，牛华伟

（湖南大学桥梁工程安全与韧性全国重点实验室 长沙 410082）

1 引言

为保障地区电力供需平衡，远距离电力输送是我国电网体系不可或缺的技术手段。输电塔线体系作为电力输送的重要基础设施，主要由输电塔、导地线、绝缘子和金具等组成，其中输电塔作为主要承重构件，一般为柔性高耸桁架结构，具有高度大、荷重大、自振周期长等特点，容易在动力荷载作用下产生明显振动。风是引起输电塔振动的主要激励因素，尤其在沿海强台风地区，风荷载是导致输电塔发生倒塌事故的重要原因。目前国内外因台风导致输电塔倒塌的事故层出不穷，在巴西、美国、阿根廷等美洲国家，80%以上的输电线路破坏或损伤是由强风或台风所致的[1]，国内因风荷载作用发生倒塌的输电塔也屡见不鲜，如江苏南通两基直线塔受台风天气影响发生倒塌，致数十条线路断电[2]、湖南某段输电线路受台风影响，发生三基直线塔倒塌，两级耐张塔损坏的严重事故[3]等。因此，设计对大跨越输电塔结构在脉动风荷载作用下的风振响应特性开展研究并提出合理的减振策略，对我国输配电工程乃至经济稳固发展具有重要意义。

2 研究方法和内容

2.1 结构动力特性分析

以沿海地区某大跨越输电塔结构为工程背景开展研究，铁塔呼高 75m，总高 92.3m，结构形式详见图 1。以横线向为 X 轴、竖向为 Y 轴、顺线向为 Z 轴建立空间坐系，用梁单元模拟塔身型材，建立有限元模型（图 2），进一步得到结构动力特性（表 1）。

图 1 输电塔结构示意 图 2 三维有限元模型

结构动力特性 表 1

阶数	频率/Hz	振型描述	模态质量（kg）
1	1.522	X向一阶侧弯	12745.1
2	1.524	Z向一阶侧弯	12679.4
3	3.764	一阶扭转	1470.5
4	3.779	X向二阶侧弯	13316.8
5	3.829	Z向二阶侧弯	13506.9

基金项目：湖南省科技创新计划资助（2023RC1036）

2.2 风振响应特性研究

采用谐波合成法生成脉动风，并基于准定常理论确定风荷载，施加在塔身计算得到塔顶处的位移响应及其频谱曲线，见图3、图4（限于篇幅，仅给出顺线向结果）。

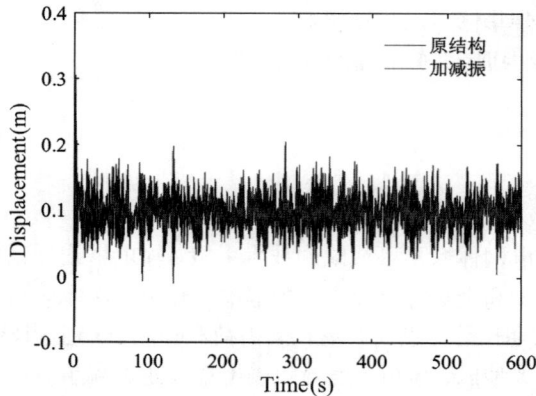

图3 塔顶位移时程

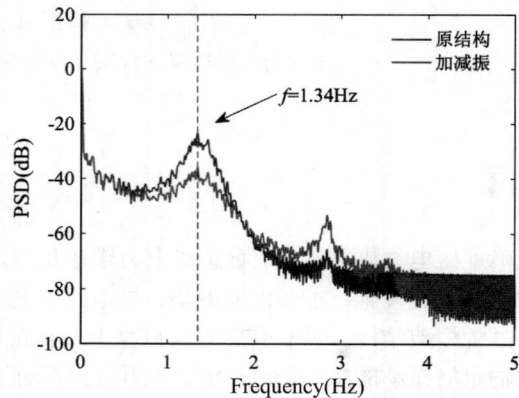

图4 塔顶位移频谱

2.3 减振策略研究

识别出的输电塔的共振卓频为1.34Hz，对应一阶模态，基于结构的振动特性，设计采用TMD对输电塔风振响应进行控制，并针对开发了一种水平双向电涡流TMD装置，可以同时控制水平面内的振动。安装后的塔顶位移响应时程和频谱分别见图3和图4，分析可知，TMD可以有效降低输电塔的脉动风振响应。

3 结论

脉动风作用下，输电塔的风振响应包含背景分量和共振分量，其中共振分量表现以低阶模态为主，因而采用TMD可以取得很好的振动控制效果；考虑到实际工程应用的安全性和耐久性要求，设计制作了一种水平双向电涡流TMD装置，可以实现在水平面内的全方位风振控制，分析表明装置能显著降低输电塔的脉动风振响应，降低结构疲劳破坏的风险。

参考文献

[1] ABOSHOSHA H, ELAWADY A, EL ANSARY A, et al. Review on dynamic and quasi-static buffeting response of transmission lines under synoptic and non-synoptic winds[J]. Engineering Structures, 2016, 112: 23-46.

[2] 陈国建. 南通地区输电线路风灾倒塔分析与防范对策[J]. 江苏电机工程, 2012, 31(2): 18-21.

[3] 欧阳克俭, 陈红冬, 刘纯, 等. 220kV输电线路拉门塔倒塌事故分析[J]. 湖南电力, 2013, 33(3): 10-12.

下击暴流作用下输电塔气动力特性研究

刘怡辰，钟永力，齐心悦，冯　春，易才杰

（重庆科技大学土木与水利工程学院　重庆　401331）

1　引言

下击暴流作为近地面短时强风灾害，由强下沉气流冲击地面形成，是非台风地区极值风速的主要成因[1]，其引发的风致破坏已导致全球范围内大量输电线路损毁事故[2]。研究表明，壁面射流因能有效模拟下击暴流水平出流段风场特征，且模型比例尺不受限制而得到广泛应用[3]。然而，针对输电塔结构在极端风场中的气动力特性研究仍存在不足。本研究基于壁面射流装置生成下击暴流出流段风场，通过刚性模型测力风洞试验研究输电塔节段与整塔体型系数随喷口风速和风向角的变化规律。将试验结果与国内外规范进行对比分析，并进一步把体型系数代入有限元计算中，以评估现有规范的适用性。

2　风洞试验介绍与结果分析

本试验在重庆科技大学回流式大气边界层风洞中开展，通过加装壁面射流装置实现下击暴流水平出流段风场模拟。射流喷口宽度与风洞试验段匹配，高度固定为60mm。试验对象为某大跨越钢管输电塔（原型高度151m），考虑风洞横截面尺寸等要求，确定试验模型几何缩尺比为1/150。模型杆件直径1~13mm，选用薄壁不锈钢管制作，采用3D打印技术制作节点套筒进行杆件连接。试验装置与模型如图1所示。试验工况设置：喷口风速为15m/s、20m/s和25m/s，风向角为0°~90°（间隔15°）。为得到不同节段的体型系数，将塔身共分为5段，由下往上依次增加塔段测量各节段模型体型系数，最后对整塔进行测试。

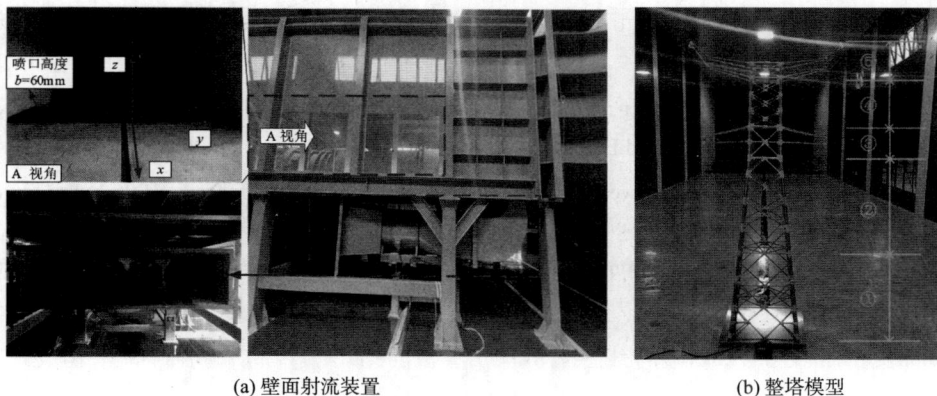

(a) 壁面射流装置　　　　　　　　　　　　　　(b) 整塔模型

图1　壁面射流装置与试验模型

3　试验结果分析

以喷口风速25m/s为例，图2显示了不同试验模型阻力系数（C_D）随风向角的变化。节段模型1、2的 C_D 在0°~45°范围内呈单调递减趋势，降幅达26.35%和38.07%；而节段模型3、4及整塔模型呈现先减后增的趋势，在60°风向角达到最小值，曲线呈下凹状。在相同风向角下，C_D 随模型高度增加而逐渐减小，这与壁面射流风场特性密切相关。尽管模型迎风面积递增，但上部试验段实际风速较小且湍流度较高，导致 C_D 递

基金项目：重庆市自然科学基金（CSTB2024NSCQ-MSX1135，CSTB2023NSCQ-LZX0051）

减。图3对比了整塔有效投影面积（$C_D A_p$）值与规范计算值。可以看出，中国规范计算结果显著高于风洞试验结果，欧洲规范的变化趋势与中国规范一致。在15°风向角下，试验值与美国和欧洲规范的计算结果很接近。此外，将试验获取的整塔体型系数应用于下击暴流风荷载计算中，进而开展风致响应分析，并将由此得到的动力响应结果与根据规范计算的体型系数所得到的响应结果进行对比分析，以评估规范的适用性。

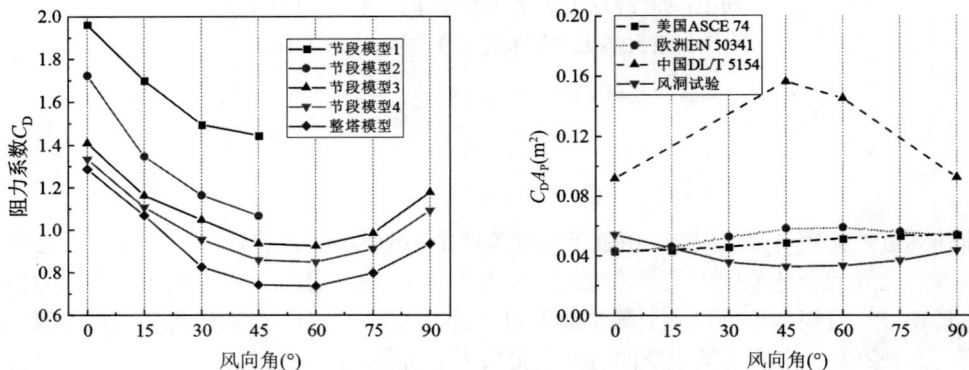

图2　不同风向角下节段与整塔模型阻力系数对比　图3　整塔模型有效投影面积与规范计算结果对比

4　结论

本文通过刚性模型测力试验，研究下击暴流出流段风场中输电塔节段与整塔模型的气动力特性。结果显示，各试验模型的体型系数随喷口风速和风向角的变化规律较为一致。C_D随喷口风速增加而上升。对于节段模型3、4和整塔模型，C_D随风向角增加先减小后增大，曲线呈下凹状；而C_L呈反对称分布，曲线为上凸状。将试验结果与规范对比，试验值与美国规范计算结果较接近，而与中国规范差异明显。对比试验体型系数与按规范体型系数计算的风致响应结果发现，输电塔位移、加速度响应随塔高增加而增大，在塔顶处达最大值。无论是0°还是90°风向角，按规范体型系数计算的风致响应结果均偏保守，响应值较大。

参考文献

[1]　LETCHFORD C W, MANS C, CHAY M T. Thunderstorms-their importance in wind engineering(a case for the next generation wind tunnel)[J]. Journal of Wind Engineering and Industrial Aerodynamics, 2002, 90(12-15): 1415-1433.

[2]　MCCARTHY P, MELSNESS M. Severe weather elements associated with September 5, 1996 hydro tower failures near Grosse Isle, Manitoba, Canada[J]. Manitoba Environmental Service Centre, Environment Canada, 1996, 21.

[3]　汪之松, 王宇杰, 余波, 等. 不同风场中特高压换流站阀厅屋盖风压特性试验研究[J]. 振动与冲击, 2024, 43(2): 146-155.

不同回归模型对新月形覆冰导线气动力特性预测效果的对比研究

王海波，牛华伟，杨　峥

（湖南大学桥梁工程安全与韧性全国重点实验室 长沙 410082）

1 引言

输电导线覆冰之后截面形状发生改变是引起输电导线舞动的重要原因之一。对覆冰导线气动力特性的研究是研究覆冰导线舞动的基础。本文针对风洞试验经济成本高、计算流体力学（CFD）模拟局部精度不足的问题，基于文献试验数据构建多参数数据库（覆冰厚度 6.7～33mm、导线直径 18.8～35mm、湍流度 0～6%、风攻角 0°～180°），采用 matlab 系统对比多元非线性回归与机器学习模型（决策树、高斯过程回归）对气动三分力系数的预测性能，以为舞动响应计算和工程应用提供便利。

2 气动力特性统计与数据库建立

本文所统计风洞试验数据[1]，覆盖 6.7～33mm 覆冰厚度、18.8～35mm 导线直径及 0～6%湍流度工况（图1～图3），共构建 20 组样本数据。

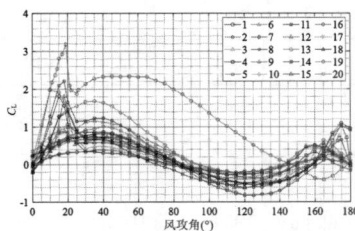 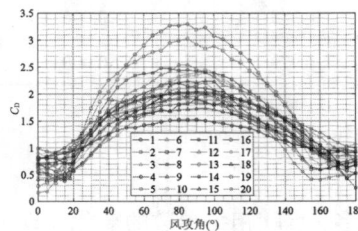 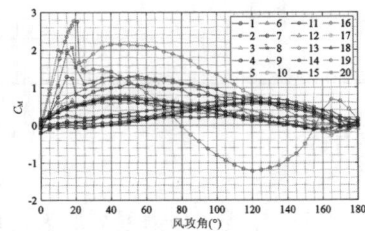

图 1　升力系数　　　　　　　图 2　阻力系数　　　　　　　图 3　扭矩系数

3 不同回归模型的拟合或者预测效果

三分力系数随特征参数的变化呈现显著非线性特征，且在特定攻角范围内存在局部尖峰现象（图1～图3）。针对此类复杂多参数的非线性关系建模，现有方法可分为两类：显式回归算法与隐式机器学习算法。显式算法（如多元非线性回归、岭回归）通过构建多项式函数实现参数化表达，其优点在于模型函数表达式明确，便于解析应用；而隐式算法（如高斯过程回归、决策树）通过数据驱动方式建立特征与目标变量的映射关系，虽缺乏显式方程，但具有更强的非线性拟合能力与泛化性能。本文拟基于此两类方法对覆冰导线三分力系数进行拟合。

3.1 多元非线性回归

通过分段拟合与添加交叉性项的形式构建了气动三分力系数的拟合公式，以阻力系数为例如下：

$$C_D = [\alpha d, \alpha^2 d, r^2, \alpha^4, r, \alpha^2, \alpha^3] \cdot [a_1, a_2 \dots a_7]^T \tag{1}$$

基金项目：国家自然科学基金面上项目（52478513），湖南省科技创新计划资助（2023RC1036）

式中，C_D 表示阻力系数；α、r、d 分别为风攻角、导线半径、覆冰厚度。

3.2 机器学习模型

基于上述统计数据，以阻力系数为例构建样本空间矩阵如下：（用于机器学习模型训练与学习，其中划分 70%作为训练集，30%作为预测集）并基于 matlab 对上述数据进行覆冰导线气动力系数的训练与预测。

$$\begin{bmatrix} C_{D_{1,0}} \\ C_{D_{1,1}} \\ \vdots \\ C_{D_{i-1,n-1}} \\ C_{D_{i,n}} \end{bmatrix} \sim \begin{bmatrix} r_1 & d_1 & w_1 & \alpha_0 \\ r_1 & d_1 & w_1 & \alpha_1 \\ \vdots & \vdots & \vdots & \vdots \\ r_{i-1} & d_{i-1} & w_{i-1} & \alpha_{n-1} \\ r_i & d_i & w_i & \alpha_n \end{bmatrix} \quad i = 1,2\cdots,13; \ n = 0,1,2\cdots,180 \tag{2}$$

式中，r_i、d_i、w_i、α_i 为上述不同覆冰导线的半径、覆冰厚度、湍流强度与试验风攻角；$C_{D_{i,n}}$ 表示某种覆冰导线参数特征下不同攻角所对应的阻力系数。采用 R^2，MSE，RMSE，MAE 等统计指标对模型预测效果进行评价：仅展示机器学习模型的预测效果，见表 1。

不同力系数的评价指标   表 1

模型	阻力系数类别	R^2	MSE	RMSE	MAE
	C_L	0.965	0.011	0.105	0.062
决策树模型	C_D	0.975	0.010	0.098	0.066
	C_M	0.984	0.004	0.059	0.031
	C_L	0.983	0.005	0.073	0.029
高斯过程回归模型	C_D	0.985	0.006	0.076	0.044
	C_M	0.999	0.000	0.018	0.010

4 结论

影响覆冰导线三分力系数的因素众多，且随相关参数的变化表现出强非线性特征，其中多元非线性回归模型采用分段拟合并加入交叉项的方式，不同力系数的拟合优度 R^2 可达 0.901 以上，机器学习模型的拟合优度较高，均可较为准确的描述气动力系数随因变量的变化规律，不同力系数的 R^2 可达 0.965 以上，其中多元非线性回归模型精度较低，高斯模型涉及复杂的矩阵运算，计算时效低下，综合考虑计算精度与计算时效，建议采用决策树模型作为进行气动力系数预测的有效工具。

参考文献

[1] 楼文娟, 林巍, 等. 不同厚度新月形覆冰对导线气动力特性的影响[J]. 空气动力学学报, 2013(5): 616-622.

输电导线覆冰舞动的牵拉阻尼器减振研究

杨　峥，牛华伟，王海波

（湖南大学桥梁工程安全与韧性全国重点实验室　长沙 410082）

1　引言

输电线路覆冰舞动是指在特定气象条件下，导线覆冰后产生的大幅度（导线直径的 5～300 倍）、低频（0.1～3Hz）的风致自激振动现象[1]。此现象可能导致导线断裂、绝缘子损坏、塔架倒塌等严重后果，威胁电力系统的安全运行。随着极端天气事件频发，传统舞动区常出现超出设计防护能力的舞动现象，而非传统舞动区也多次发生大范围舞动。舞动灾害呈现出突发性、长期性和超强性，已逐渐加大对电网安全与供电可靠性的威胁，亟需应急止舞措施。

2　覆冰导线舞动模拟

2.1　覆冰导线模型建立

利用 ANSYS 进行有限元建模和计算，采用 BEAM188 单元模拟导线和间隔棒结构，LINK10 单元模拟绝缘子串结构。通过 Endrelease 命令释放 BEAM188 单元的弯曲自由度，使其具备三个方向的平动自由度和沿轴向的扭转自由度，通过 Inistate 命令对其施加初始张拉力。本文采用改变密度法对覆冰输电导线进行模拟，即在上文所述输电导线有限元模型基础上对导线的密度进行更新。

2.2　导线气动力加载

以四分裂导线为例，每根子导线都包含 y、z 和 θ 三个方向自由度，如图 1 所示，在每根子导线上同步施加导线阻力、升力及扭矩气动荷载，气动荷载随着运动状态不断变化，采用 Newmark-β 法对各子导线进行迭代加载。

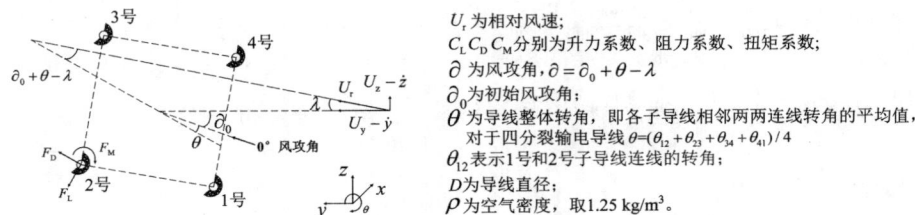

U_r 为相对风速；
C_L、C_D、C_M 分别为升力系数、阻力系数、扭矩系数；
∂ 为风攻角，$\partial = \partial_0 + \theta - \lambda$
∂_0 为初始风攻角；
θ 为导线整体转角，即各子导线相邻两两连线转角的平均值，
　对于四分裂输电导线 $\theta = (\theta_{12} + \theta_{23} + \theta_{34} + \theta_{41})/4$
θ_{12} 表示1号和2号子导线连线的转角；
D 为导线直径；
ρ 为空气密度，取 1.25 kg/m³。

图 1　覆冰分裂导线 ANSYS 舞动模拟示意图

3　牵拉阻尼器减振方案研究

3.1　牵拉阻尼器减振方案及工作原理

本文提出一种牵拉阻尼器方案，旨在为输电导线系统施加附加阻尼，通过减振耗能抑制导线舞动，从而达到止舞效果。牵拉阻尼器方案是通过牵拉索将输电导线与固定在地面上的阻尼器连接，如图 2 所示，为输电导线线路系统提供附加阻尼系统。当导线发生舞动时，牵拉索随导线上下运动，带动阻尼器发生运动消耗

基金项目：接触网覆冰舞动国家自然科学基金面上项目（52478513），湖南省科技创新计划资助（2023RC1036）

能量，从而达到抑制导线舞动的效果。由于拉索不能提供压力，为了保证阻尼器在导线上下舞动过程中都可以消耗能量，在阻尼器端增加弹簧元件，以为牵拉索提供预拉力，保证阻尼器在导线舞动的全周期正常工作。

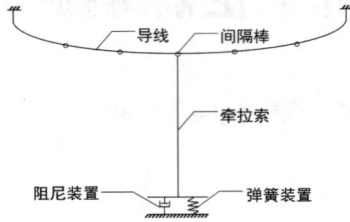

图 2　牵拉阻尼器止舞原理图　　图 3　牵拉阻尼器前后导线横风向响应对比

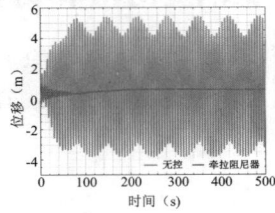

3.2　减振效果验证

本文对四分裂单档输电导线在 7m/s 风速条件下 145°风攻角下的工况进行舞动仿真模拟，其中覆冰输电导线气动特性数据参考风洞试验测试所得新月形覆冰截面的三分力系数[2]。同时在导线档距中间与地面垂直牵拉一个阻尼器，牵拉阻尼器前后模拟结果如图 3 所示。牵拉阻尼器前，导线易激发竖向舞动，牵拉阻尼器后导线的舞动被有效抑制，基本不发生舞动。

3.3　牵拉阻尼器刚度及阻尼参数研究

进一步研究牵拉阻尼器的阻尼系数以及弹簧刚度系数对其减振效果的影响，对两种参数进行变参数分析，首先在保持弹簧刚度不变的前提下对牵拉阻尼器的阻尼系数进行变参数分析，牵拉阻尼器的减振效果与其阻尼系数呈正相关，阻尼系数越大，其减振效果越显著。确定最优阻尼系数后，保持阻尼系数不变，对弹簧刚度进行变参数分析，牵拉阻尼器的减振效果与其弹簧刚度系数呈负相关，弹簧刚度的增加会略微削弱牵拉阻尼器的减振效果。

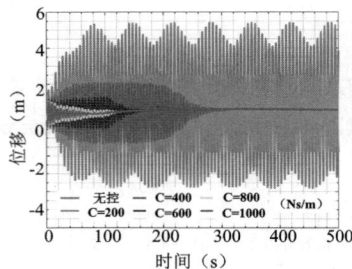

图 4　改变阻尼系数　　　　　　图 5　改变刚度系数

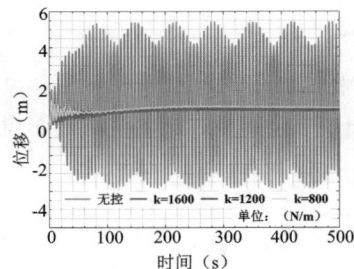

4　结论

本文针对覆冰输电导线舞动提出一种牵拉阻尼器的应急止舞方案，导线舞动时牵拉阻尼器发挥了减振耗能作用，使输电导线系统的等效阻尼比提高，实现抑制导线舞动的目的。牵拉阻尼器减振效果与其阻尼系数成正比例关系，存在最大阻尼系数可达到最佳减振效果。在阻尼系数选取合适的情况下，弹簧刚度建议取能够使牵拉绳索在止舞过程中时刻处于拉紧状态的最小值。

参考文献

[1]　郭应龙, 李国兴, 尤传永. 输电线路舞动[M]. 北京: 中国电力出版社, 2003.

[2]　王昕, 楼文娟, 沈国辉, 等. 覆冰导线气动力特性风洞试验研究[J]. 空气动力学学报, 2011(5): 573-579.

三角形格构式塔架体型系数研究

汪郭立，沈国辉

（浙江大学结构工程所 杭州 310058）

1 引言

三角形塔，孔凯歌[1]等人研究了典型角度下三角形角钢塔架的体型系数取值并和规范进行了一定对比。楼文娟[2]等研究了体型系数随风向角的变化规律。本文针对国内某一三角塔建立模型进行系统的研究，分析风向角和风速对其体型系数和角度风系数的影响，确定其最不利风向角，并与规范和他人结果进行对比，最后给出角度风作用下三角形角钢塔架体型系数的建议值。

2 试验设计

本次试验采用均匀二维流测试，分别测试了三角形角钢塔架在不同挡风系数下的风荷载体型系数和角度风系数。模型的几何缩尺比为1:10，模型总高度为1.07m，每节塔身高0.15m。上端等边三角形边长为203mm，下端三角形边长为279mm，三面塔身完全相同。三条主材采用60°角钢制作，斜撑均采用90°角钢制作。试验中风速测量设备采用眼镜蛇风速测量系统，风速测量范围2~100m/s，测量精度±0.5m/s。测力装置选用高频底座测力天平，测量精度为0.3%F.S.，采样频率达1kHz。试验工况见表1。

试验工况表　　　　　　　　　　　　　　　　表1

工况类别	工况编号	挡风系数φ	风速（m/s）	风向角（°）
三角形角钢塔架试验	1	0.2	12	0-60@5
	2	0.3	12	0-60@5
	3	0.4	12	0-60@5
	4	0.2	10-16@2	30

3 试验结果

在不同挡风系数下，X方向风力荷载F_x，Y方向风力荷载F_y随风向角的变化见图1，顺风向体型系数C_d、横风向体型系数C_l与风向角变化见图2。60°、30°、0°风向角下，不同挡风系数情况下的体型系数与各国规范对比见表2~表4。

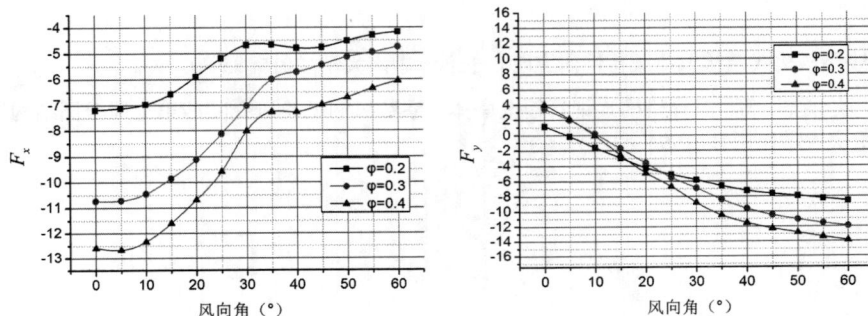

图1　三角形角钢塔架F_x、F_y与风向角变化图

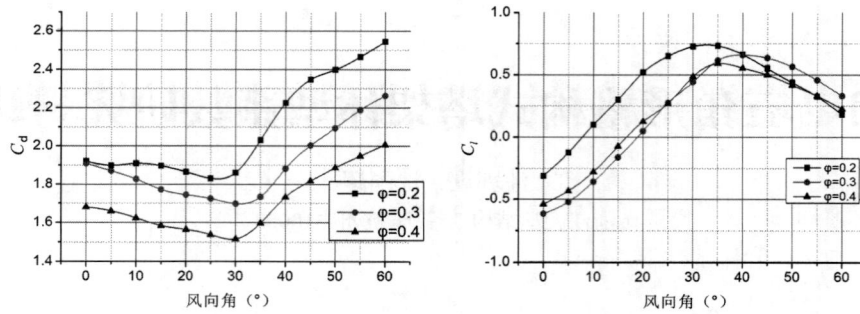

图 2　三角形角钢塔架顺风向体型系数C_d、横风向体型系数C_l与风向角变化图

方向一 $\beta = 60°$ 时体型系数表　　　　表 2

挡风系数	结构荷载规范	杆塔技术规定	ASCE 7-10	日本规范	BS 8100	试验数值
0.2	2.2	2.405	2.59	3.04	2.55	2.544808
0.3	2	2.158	2.296	2.66	2.26	2.263116
0.4	1.8	1.95	2.064	2.28	2.03	2.007858

方向一 $\beta = 30°$ 时体型系数表　　　　表 3

挡风系数	结构荷载规范	杆塔技术规定	BS 8100	试验数值
0.2	2.2	2.405	2.52	1.86
0.3	2	2.158	2.226	1.699
0.4	1.8	1.95	1.99	1.516

方向一 $\beta = 0°$ 时体型系数表　　　　表 4

挡风系数	结构荷载规范	杆塔技术规定	日本规范	BS 8100	试验数值
0.2	2.2	2.405	3.04	2.5	1.920975
0.3	2	2.158	2.66	2.19	1.910522
0.4	1.8	1.95	2.28	1.95	1.681602

4　结论

　　三角形角钢塔架体型系数在与各国规范中体型系数规定对比中发现，日本规范取值最为保守，其次是美国和英国规范，中国规范取值最小。本文建议荷载规范规定三角形角钢塔架体型系数时单独规定方向一时的体型系数，方向二、方向三可酌情沿用现有规范。

参考文献

[1]　孔凯歌. 输电线路格构式结构风荷载特性研究[D]. 长沙: 湖南大学, 2015: 85-89.

[2]　楼文娟, 叶尹, 孙炳楠, 等. 高耸格构式钢管输电塔体形系数风洞试验研究[C]//第七届全国结构风效应学术会议论文集. 重庆: 重庆大学出版社, 1995: 51-53.

输电塔线-黏弹性阻尼器系统随机风振响应

昌明静，陈 波

（武汉理工大学土木工程与建筑学院 武汉 430070）

1 引言

输电塔线（TTL）系统在风荷载下的过度振动或倒塌可能会导致重大损失。为提高输电塔的抗风性能，主动控制和被动控制措施已广泛用于输电塔的振动控制[1]。黏弹性阻尼器（VED）以其结构简单、安装方便和优异耗能性能，已广泛应用于建筑、航空航天和机械工程等领域的减振[2]。然而，大多数现有研究仅聚焦于 TTL 系统在确定性风荷载下的动态响应分析，而风荷载本质上属于随机激励。在 TTL 系统风振控制设计中，随机振动控制研究具有重要意义。目前针对高层建筑和桥梁结构的随机风振响应已有较多研究[3-4]，关于具有 VED 的 TTL 系统的随机风振控制研究尚未见报道。本研究提出了一个用于分析随机风荷载下具有 VED 的 TTL 系统的随机响应的分析框架。基于拉格朗日方程，建立了考虑输电线路与塔架的动力相互作用的分析模型，并建立 VED 的六参数模型及其控制方法。随后，基于虚拟激励法开发了受控 TTL 系统在随机风荷载下的随机响应与极值响应的概率分析框架。对于实际 TTL 系统比较了四种控制方案，确定了 VED 的合理安装位置，并进行了详细参数研究，探讨阻尼比与使用温度对随机风振响应的影响。

2 输电塔线-黏弹性阻尼器系统随机风振控制

为了描述 VED 依赖于频率的特性，多数研究中采用多个弹簧和粘壶的组合方式构成（如广义 Kelvin 和广义 Maxwell 模型）[3]。但是这些模型比较复杂，理论分析一般还需考虑模型的简单性，本文采用 Mazza 和 Vulcano 提出的六参数模型描述 VED 模型，可以看作一个 Kelvin 单元和两个 Maxwell 单元的并行组合组成模型[4]。其中 Kelvin 单元由阻尼系数 c_0 的粘壶和刚度系数 k_0 的弹簧并联组成，Maxwell 单元分别由阻尼系数为 c_1（c_2）的粘壶和刚度系数为 k_1（k_2）的弹簧串联组成。对于给定频率 ω 下，六参数模型的存储刚度 K' 和损耗刚度 K'' 分别表示为：

$$K' = \omega^2 \left(\frac{k_1 c_1^2}{\omega^2 c_1^2 + k_1^2} + \frac{k_2 c_2^2}{\omega^2 c_2^2 + k_2^2} \right) + k_0; \quad K'' = \omega \left(\frac{k_1^2 c_1}{\omega^2 c_1^2 + k_1^2} + \frac{k_2^2 c_2}{\omega^2 c_2^2 + k_2^2} + c_0 \right) \tag{1}$$

附加 VED 的 TTL 系统的运动方程为：

$$M\ddot{x} + C\dot{x} + Kx + F_v = F \tag{2}$$

式中，M、K 和 C 分别表示 TTL 系统质量矩阵、刚度矩阵和阻尼矩阵；F 表示风荷载；F_v 表示 VED 阻尼器所提供的阻尼力。

研究结果表明：VED 对输电塔的响应功率谱和结构响应抑制显著。VED 安装在输电塔塔身上部能显著降低系统的振动响应，表现出最佳的减振效果。阻尼比对 VED 的减振性能有显著影响。随着阻尼比的增加，VED 的振动控制效果呈现下降趋势。这表明在阻尼比较低的情况下，VED 对体系的振动控制更为有效。温度对 VED 的服役性能具有明显影响。随着温度的升高，VED 的减振效果逐渐减弱。在较高温度下，VED 的控制能力显著降低。

3 结论

本文提出了一种分析随机风荷载下附加 VED 的 TTL 系统的随机响应的分析框架。研究结论如下：VED

基金项目：国家自然科学基金项目（52278528）

显著抑制了输电塔的响应功率谱和结构响应，特别是在速度和加速度响应方面；将 VED 安装在塔身上部可有效降低振动响应，表现出最佳减振效果；阻尼比对减振性能有显著影响，且随着阻尼比增大，减振效果下降；温度对 VED 性能有明显影响，高温下其控制能力显著下降。

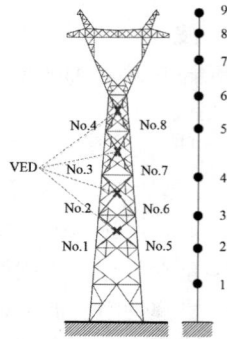

图 1　TTL-VED 系统模型　　　图 2　响应谱曲线

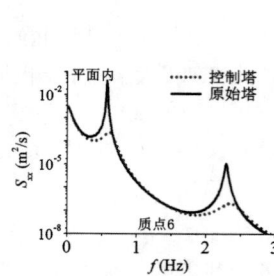

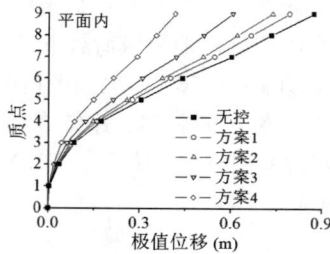

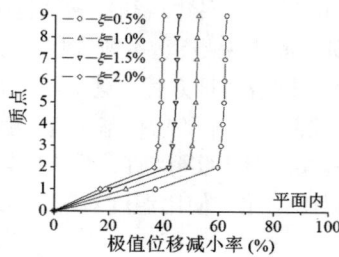

图 3　不同控制方案比较　　图 4　极值位移减小率随阻尼比 ξ 变化　　图 5　极值位移随温度变化

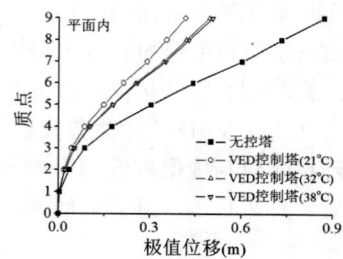

参考文献

[1]　TIAN L, MA R S, LI H N, et al. Progressive collapse of power transmission tower-line system under extremely strong earthquake excitations. International Journal of Structural Stability and Dynamics, 2016, 16(7): 1550030.

[2]　PALMERI A, MUSCOLINO G. A numerical method for the time-domain dynamic analysis of buildings equipped with viscoelastic dampers. Structural Control and Health Monitoring, 2011, 18(5): 519-539.

[3]　CHANG T S, SINGH M P. Seismic analysis of structures with a fractional derivative model of viscoelastic dampers. Earthquake Engineering and Engineering Vibration, 2002, 2: 251-260.

[4]　MAZZA F, VULCANO A. Control of the earthquake and wind dynamic response of steel-framed buildings by using additional braces and/or viscoelastic dampers. Earthquake Engineering And Structural Dynamics, 2011, 40: 155-174.

输电线路微地形区域 DEM 分析及非均匀覆冰气象模拟

朱子笛[1]，池昌政[1]，黄铭枫[1,2]，卞　荣[3]，陈科技[3]

（1. 浙江大学建筑工程学院　杭州　310058；
2. 广西大学土木建筑工程学院　南宁　530004
3. 国网浙江省电力有限公司经济技术研究院　杭州　310016）

1　引言

　　我国是遭受覆冰灾害较为严重的国家之一，在地形和气候条件的影响下，区域性冰灾事故频发[1]。输电线路多处山区，地形地貌复杂，微地形导致局部恶劣气候发生小尺度结构变化，气象因子在小范围内发生综合巨变，在输电导线上产生的非均匀覆冰严重影响电网运行安全[2]。本文针对浙江省两次冬季大范围覆冰事故，基于 GIS 技术开展事故区域微地形特征分析，研究微地形影响下局部非均匀覆冰气象特征，为山区输电线路非均匀覆冰模拟提供高精度气象参数因子。

2　基于 DEM 分析的微地形特征提取

2.1　严重覆冰事故地点分布研究

　　将金华市覆冰事故地点作为研究对象，统计 2022 年及 2024 年两次冬季极端气候条件下输电线路严重覆冰事故情况，总结事故地点地理特征。事故杆塔处于复杂山区，周围地形特征复杂，常位于地势高点、山脊线等地形显著位置。

2.2　事故区域微地形特征提取

　　由上述分析可知，事故杆塔位置地势较高，可能存在风场显著加速效应，且易覆冰点位通常存在垭口微地形[3]。基于水文分析角度，采用 D8 算法[4]提取地形分水线，得到山脊线及山谷线，从而确定事故区域微地形分布特征。由图 1 可知，事故杆塔位于地形山脊线上，两塔档间横跨山谷，且杆塔周围及档间存在鞍部点，峡谷风道及垭口微地形将导致区域气流显著加速，产生较大风速及空气湿度，从而导致输电线路覆冰厚度超过线路设计冰厚。

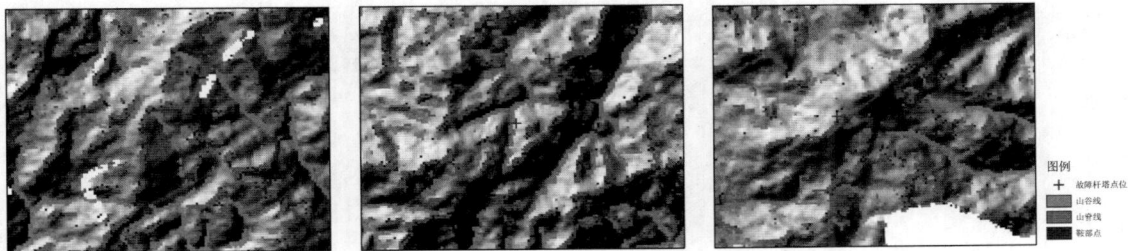

图例
+ 故障杆塔点位
　山谷线
　山脊线
　鞍部点

图 1　事故区域微地形分布特征

3　微地形区域非均匀覆冰气象模拟

　　为进一步研究微地形区域气象条件分布特征，对金华市事故区域开展 WRF 局部气象模拟，设置 5 层单向嵌套网格计算域，最内层网格空间分辨率为 148m。考虑线路弧垂，分别提取靠近杆塔位置（山脊）653m

基金项目：国网浙江省电力有限公司科技项目（5211JY240007）

海拔高度和跨中位置（垭口）631m 海拔高度气象因子模拟结果。由图 2 可知，山顶处风速加速效应略大于垭口微地形狭管风加速效应，杆塔事故区域产生大于跨中位置的来流风速（1.13 倍），且具有较高湿度及较低温度，具备有利覆冰条件，使得杆塔位置覆冰厚度略大于档间[5]，导致同一档内百米区域内外的非均匀覆冰。

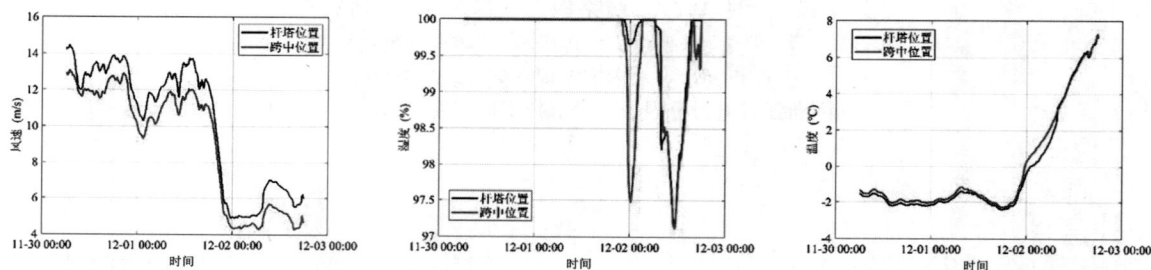

图 2　杆塔及跨中位置气象参数对比

4　结论

本研究针对金华山区输电线路冰害事故，基于 GIS 地形分析与 WRF 多尺度气象模拟揭示了微地形对气象因子的影响规律。事故杆塔集中分布于山脊线附近，且周围具有大高差及垭口微地形。事故杆塔因地形加速效应呈现显著微气象特征，其风速较垭口跨中位置提升约 13%，且具备温度更低、湿度更大的有利覆冰条件。事故杆塔周围复杂山地地形可能导致档内百米尺度覆冰非均匀分布，微气象差异化模拟结果也为山区线路防冰设计提供了理论支撑。

参考文献

[1]　王藏柱, 杨晓红. 输电线路导线的振动和防振[J]. 电力情报, 2002(1): 69-70.

[2]　王守礼, 李家垣. 微地形微气象对送电线路的影响[M]. 北京: 中国电力出版社, 1999.

[3]　吴建蓉, 文屹, 张启黎, 等. 基于 GIS 的易覆冰微地形分类提取算法与三维应用[J]. 高电压技术, 2023, 49(S1): 1-5.

[4]　ARIZA-VILLAVERDE A B, JIMÉNEZ-HORNERO F J, DE RAVÉ E G. Influence of DEM resolution on drainage network extraction: A multifractal analysis[J]. Geomorphology, 2015, 241: 243-254.

[5]　蒋兴良, 吴建国, 邓颖, 等. 垭口微地形下档内线路不均匀覆冰研究[J]. 中国电机工程学报, 2024, 44(6): 2462-2475.

台风作用下大跨越输电塔线响应分析

高　迈[1]，黄铭枫[1,2]，孙建平[1]

（1. 浙江大学结构工程研究所　杭州　310058；

2. 广西大学土木建筑学院　南宁　530004）

1　引言

我国沿海地区台风登陆较为频繁，考虑到在气候变化背景下的台风环境可能变得更为极端和恶劣，对现存运营输电线路结构的安全运行产生了严峻考验[1-3]。本文以运营期超大跨输电线路为研究对象，建立大跨越塔线体系有限元模型，采用 WRF 模拟得到台风风场数据，开展塔线结构有限元动力计算，研究服役期超大跨输电线路在台风作用下的动力响应行为。

2　塔线模型及台风风场

2.1　大跨越塔塔线体系模型

选取塔线体系的对象为舟山西堠门大跨越塔及两侧至锚塔段线路，总跨度为 4193m，两基跨越塔 SSZK1 高 380m。线路模型如图 1 所示。

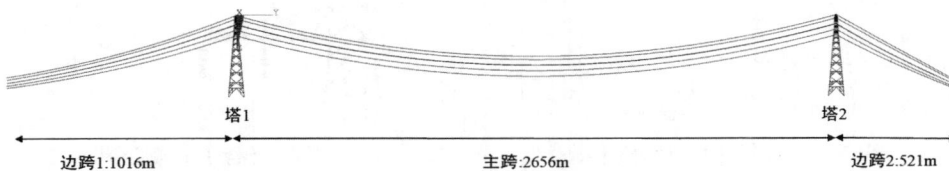

图 1　大跨越塔线体系模型示意图

2.2　台风"利奇马"模拟

采用实时 AHW 模型[4]对台风"利奇马"2019 年 8 月 7 日 00:00 UTC 至 8 月 13 日 00:00 UTC 时段进行模拟。取两座跨越塔塔顶节点和三跨导线的跨中节点作为代表给出风速变化曲线，如图 2 所示。

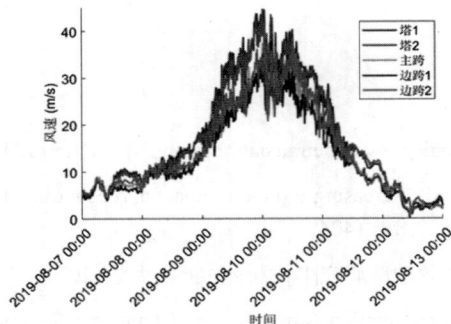

图 2　塔线节点台风风速

基金项目：国家自然科学基金（52178512）

脉动风速采用基于 FFT 算法的谐波叠加法[5]来模拟，脉动风速谱采用 Von karman 谱。图 3 为塔顶节点风速时程，图 4 为功率谱密度对比，模拟值与目标值非常吻合，表明生成的脉动风准确地反映了不同风场的特征。

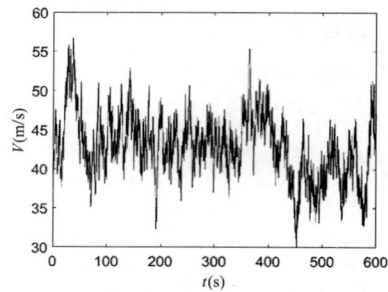

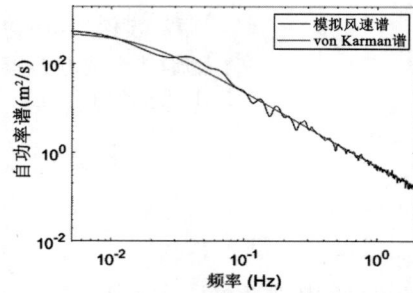

图 3　塔顶节点风速时程　　　　　　图 4　模拟风速功率谱

3　响应分析

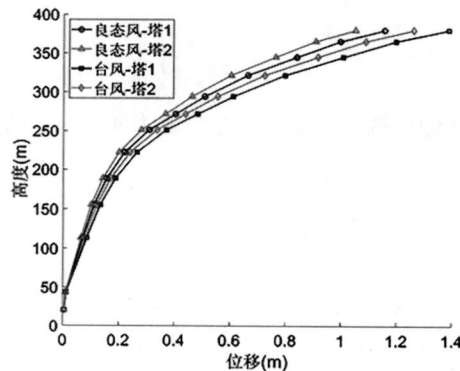

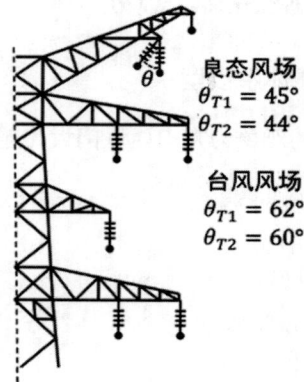

图 5　平均位移　　　　　　图 6　绝缘子串风偏角

4　结论

本文建立 380m 大跨越塔线体系有限元模型，采用中尺度 WRF 模拟得到塔线所在区域的台风风场数据，开展塔线结构有限元动力计算，提取台风风场和良态风风场下计算结果，塔顶位移最大值约为 1.4m，而悬垂绝缘子串的最大风偏角可达 62°。

参考文献

[1]　KOSSIN J P. A global slowdown of tropical-cyclonetranslation speed[J]. Nature, 2018, 558(7708): 104.

[2]　HUANG M F, WANG Q, LIU M F, et al. Increasing typhoon impact and economic losses due to anthropogenic warming in Southeast China. Scientific Reports, 2022, 12: 14048.

[3]　姚剑锋. 大跨越钢管塔的风荷载和风致响应研究[D]. 杭州: 浙江大学, 2019.

[4]　SUN J, HUANG M, LIAO S, et al. Precipitation Simulation and Dynamic Response of a Transmission Line Subject to Wind-Driven Rain during Super Typhoon Lekima. Applied Science. 2024, 14: 4818.

[5]　SHINOZUKA M, JAN C M. Digital simulation of random processes and its applications[J]. Journal of Sound and Vibration, 1972, 25(1): 111-128.

线路参数对接触网覆冰舞动影响研究

赵珊鹏，胡双龙，朱维新，杨丽春，王亚军

（兰州交通大学自动化与电气工程学院 兰州 730000）

1 引言

随着全球气候变化加剧，极端天气频发，冰雪灾害对高速铁路安全运行构成巨大挑战。覆冰会显著改变接触网的气动特性，当风速超过临界值时，接触网易发生低频、大振幅的自激振动，振幅可达线索直径的 20～300 倍，严重影响其稳定性[1]。针对覆冰舞动问题，国内外学者已开展了一些研究。谢强等[2]通过风洞试验研究了覆冰接触网的气动特性，提出了舞动稳定性评估方法；韩佳栋等[3]分析了高速铁路大风区接触网舞动机制及挡风墙尾流风场的影响，并提出防护措施。Avila-Sanchez 等[4]通过风洞试验获得了铁路桥上的接触线的气动系数，考察了磨损接触线在安装不同类型风挡时的稳定性。然而，针对复杂冰风环境下高速铁路接触悬挂系统的舞动机制研究仍显不足。鉴于此，本文采用数值模拟方法，建立覆冰接触网有限元模型，分析不同跨距、运行张力及吊弦间距对接触网覆冰舞动特性的影响，为电气化铁路抗舞设计提供理论支撑。

2 接触网模型建立

本文以三跨接触网为对象，构建了包含承力索、接触线、吊弦和支撑结构的有限元模型。承力索、接触线和吊弦设置为索单元，支撑结构采用基于 Timoshenko 梁理论的 Beam 单元建模，以模拟几何非线性和剪切效应。通过定义材料属性、截面形状，并施加载荷与边界条件，可分析支撑结构在剪力和弯矩下的非线性变形与受力状态。通过 ABAQUS 仿真软件建立高速铁路接触网有限元模型如图 1 所示。

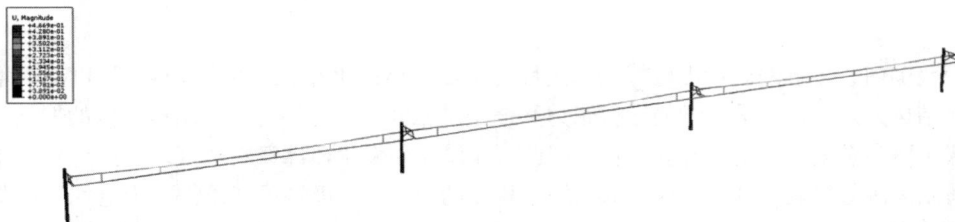

图 1 覆冰接触网有限元模型

3 线路参数对接触网覆冰舞动情况分析

由现场调研可知，接触网发生覆冰舞动的区段，风向与线路夹角呈 60°～90°，风力 4～6 级，舞动频率在 1.2～2Hz 之间。接触网纵向振幅达 500mm 左右，接触线与承力索呈上下同步舞动，个别呈旋转绕动，极少数发生线与索方向不一致。在模拟计算中，以 10m/s 风速为例，覆冰形状选择新月形，厚度取 10mm，风攻角取 20°，仿真模拟时间设置为 800s。设定承力索和接触线的初始张力分别为 15kN 和 17kN，计算 50m 档距下接触网舞动位移时程曲线如图 2 所示。接触网的舞动轨迹主要以垂向舞动为主，且其垂向位移远大于横向位移。

本文分析了不同档距（35～55m）、承力索运行张力、吊弦间距下接触网覆冰舞动振幅变化趋势如图 3 所

基金项目：国家自然科学基金项目（52467017），甘肃省自然科学基金项目（25JRRA174），国家铁路集团系统性重大科技项目（P2024G001），中国铁路北京局集团有限公司科技研究开发计划（2024AGD03）

示。当档距处于 35~40m 时，接触网表现出较好的稳定性，垂向和水平振幅均较小；而档距超过 45m 后，舞动强度显著增强，易导致接触网系统的疲劳损伤甚至结构失效。此外，适当提高承力索的运行张力可有效增大导线刚度，抑制振动效应，显著降低接触网的舞动幅值。同时，缩短吊弦间距能够阻断振动能量的传播，抑制振动在接触网中的累积与扩散。当吊弦间距缩短至 5m 时，接触网垂向振幅降低 63.3%，接触网水平振幅降低 83.6%，抑制舞动效果较为明显。

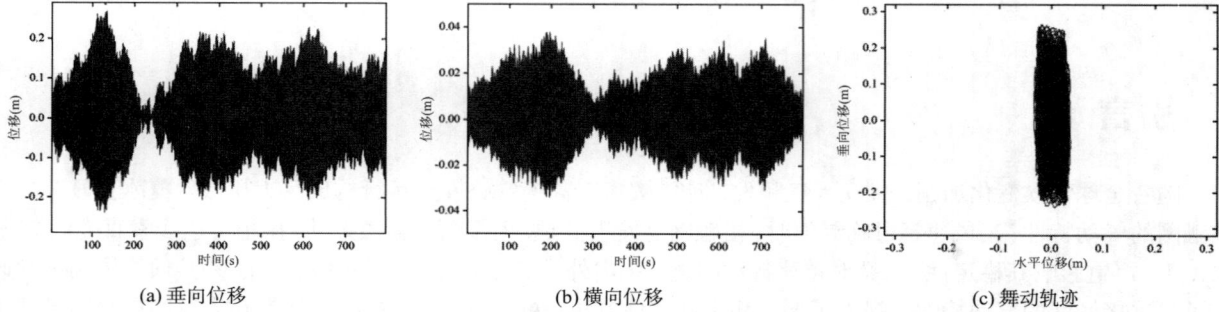

| (a) 垂向位移 | (b) 横向位移 | (c) 舞动轨迹 |

图 2　50m 档距下接触网舞动位移时程曲线

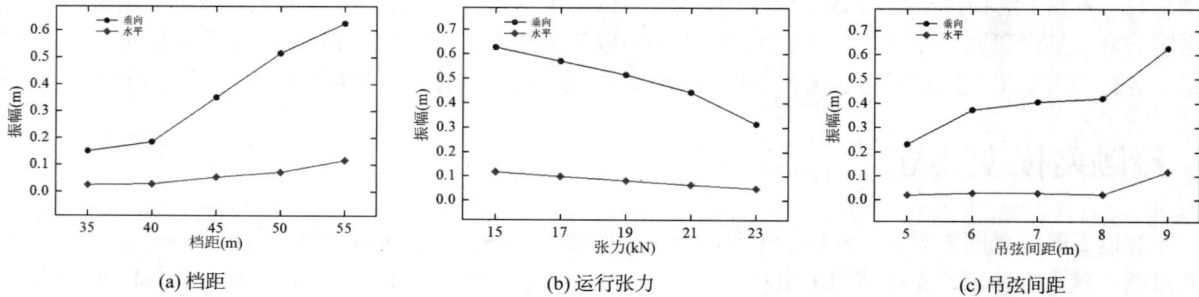

| (a) 档距 | (b) 运行张力 | (c) 吊弦间距 |

图 3　不同线路参数下接触网垂向及水平振幅变化趋势

4　结论

在较小档距范围内，接触网表现出较好的稳定性，振幅较小；随着档距增大，舞动强度显著增强，可能导致疲劳损伤或结构失效。提高承力索的运行张力和缩小吊弦间距，能够有效抑制接触网的振动，降低垂向和水平振幅，从而提升系统的稳定性和安全性。因此，建议在易发生覆冰舞动的区段通过优化档距、提高运行张力和减小吊弦间距等措施，可以有效降低接触网舞动的幅值，在极端天气条件下为电气化铁路抗舞设计提供理论依据和技术支持。

参考文献

[1]　郭应龙, 李国兴, 尤传永. 输电线路舞动[M]. 北京: 中国电力出版社, 2002: 22-27.

[2]　谢强, 王巍, 张昊等. 高速铁路接触线覆冰后气动力特性的风洞试验研究[J]. 中国铁道科学, 2014, 35(1): 78-85.

[3]　韩佳栋. 高速铁路接触网风致振动与风偏的动态计算方法[J]. 铁道标准设计, 2016, 60(6): 121-126.

[4]　AVILA-SANCHEZ S, LOPEZ-GARCIA O, CUERVA A, et al. Assesment of the transverse galloping stability of a railway overhead located above a railway bridge[J]. International Journal of Mechanical Sciences, 2017, 131-132: 649-662.

车辆空气动力学与抗风安全

高速车辆横风气动特性试验的拟动态方法

陈绪黎[1,2]，向活跃[1,2]，李永乐[1,2]

（1. 西南交通大学桥梁智能与绿色建造全国重点实验室 成都 611756；
2. 西南交通大学土木工程学院 成都 610031）

1 引言

横风会显著改变高速车辆的气动特性，可通过实车试验、数值模拟及风洞试验等方法展开研究。实车试验存在测试成本高、周期长等问题，CFD数值计算精度通常难以保证[1]。风洞试验根据车辆是否移动可分为静态和移动车辆模型试验，当高速车辆在桥上行驶，需考虑线下结构在横风下的绕流形态，静态车辆试验通常无法反映真实车辆运动状态、正确的线下结构绕流[2]；高速移动车辆试验需要较长的轨道完成气动力测试，难以与常规尺寸的风洞结合[3]；低速移动车辆试验具有车速调控难、气动力测试噪声大以及测试时间短等问题。基于上述问题，首次提出了一种高速车辆桥上气动特性试验的拟动态方法。该方法中车辆模型保持静止，采用纵向风洞高速来流模拟车辆与空气的相对运动，避免了轨道不平顺和车辆模型在移动过程中产生惯性运动等带来的测力噪声，克服了横风风洞尺寸带来的采集时间限制，可有效测试小风偏角下高速车辆在桥上的气动特性。

2 拟动态试验系统

拟动态试验系统由双向风场和相对运动系统组成（图1）。双向风场中的纵向风洞和侧向风洞互相垂直，侧风风洞来流可模拟车辆运行过程中受到的横风，纵向风洞模拟车辆和空气的相对运动。相对运动系统的同步带运动方向与纵向风洞来流方向一致，可模拟车辆和地面的相对运动。车辆模型和测力传感器连接，通过支架固定在侧向风洞的底板上，在相对运动系统上的钢骨架上外包塑料板形成桥梁模型，桥梁模型和车辆模型之间互不接触。

3 试验结果

3.1 纵向风场特性

在不考虑相对运动系统和车辆、桥梁模型时，纵向风洞来流风速设置为14m/s，沿着车辆运动方向测试了距离纵向风洞出风口不同位置处的风速大小和紊流度。图2以断面3示例，可看出纵向风洞核心区内的风速分布均匀、紊流度较小，风速衰减也减小，后续测试横风作用下的车辆气动特性需将车辆模型放置在纵向风洞核心区范围内。

3.2 车辆气动特性

车头到纵向风洞出风口的距离为Z，在不同距离将拟动态方法测得的车辆六分量系数与移动车辆模型试验的测试结果[3]进行了对比。纵向来流为射流，横风速增加（即风偏角β变大）会使纵向来流发生偏移，影响车辆气动特性测试准确性。β不超过35°时，车辆模型在不同距离下测试的六分量系数一致性较好；β超过35°时，车辆模型应靠近纵向出风口保证气动特性测试结果有效性。从图3可看出，拟动态方法与移动模型试验

基金项目：国家自然科学基金项目（52322811，52388102）

测得的车辆六分量系数随风偏角的变化规律基本一致，验证了拟动态方法的有效性。

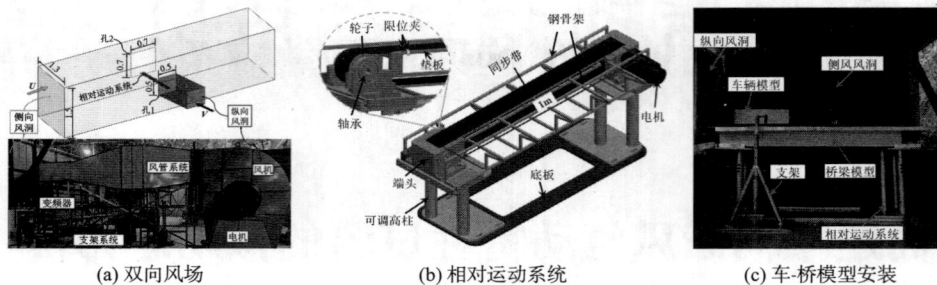

(a) 双向风场　　　　　　　　(b) 相对运动系统　　　　　　　(c) 车-桥模型安装

图 1　拟动态试验系统和车-桥系统模型安装图示

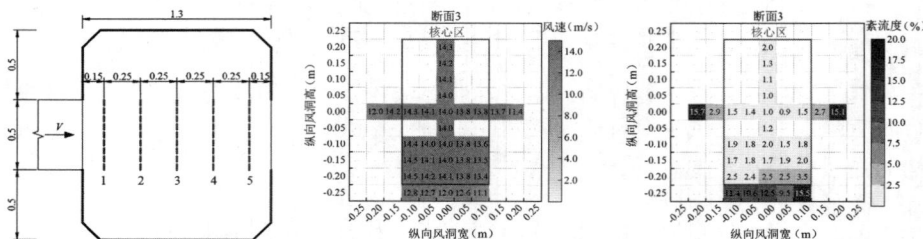

图 2　纵向来流的风速均匀性和紊流度

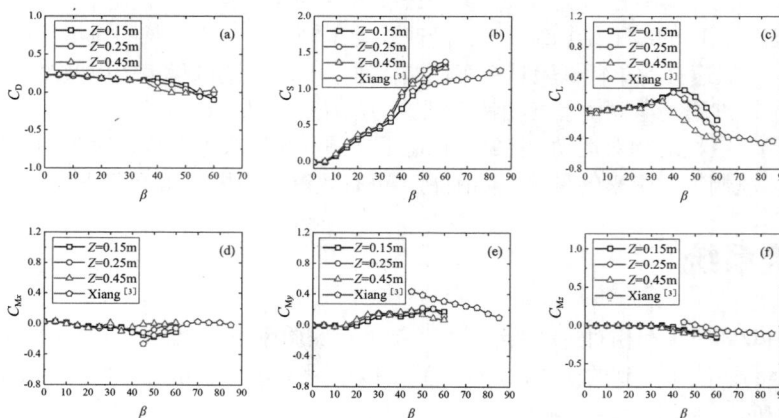

图 3　车辆六分量系数

4　结论

（1）纵向风洞核心区具有良好的风速分布均匀性，紊流度和风速衰减均较小。

（2）风偏角不超过35°，拟动态方法在距离出风口不同位置处测试车辆六分量系数的一致性较好；拟动态方法与移动车辆模型试验测得的车辆六分量系数随风偏角的变化规律基本一致，验证了拟动态试验方法的有效性。

参考文献

[1] YAO Z, ZHANG N, CHEN X, et al. The effect of moving train on the aerodynamic performances of train-bridge system with a crosswind[J]. 2020, 14(1): 222-235.

[2] LI X, WANG M, XIAO J, et al. Experimental study on aerodynamic characteristics of high-speed train on a truss bridge: A moving model test[J]. Journal of Wind Engineering and Industrial Aerodynamics, 2018, 179: 26-38.

[3] XIANG H, LI Y, CHEN S, et al. A wind tunnel test method on aerodynamic characteristics of moving vehicles under crosswinds[J]. Journal of Wind Engineering and Industrial Aerodynamics, 2017, 163: 15-23.

时速 400km 高速列车的列车风效应及气动力研究

许少鹏[1]，蔡陈之[1,2]，詹晏辉[1]，何旭辉[1,2]，邹云峰[1,2]

（1. 中南大学土木工程学院 长沙 410075；
2. 轨道交通工程结构防灾减灾湖南省重点实验室 长沙 410075）

1 引言

高速列车以速度快、成本低、安全性高等优势，在我国的交通运输体系中发挥着越来越大的作用。为了应对强风对列车运行安全性和稳定性的威胁，高速铁路沿线设置受风构件（如防风墙、导流板等）。但是，高速列车在运行时所产生的列车风会使轨道周围构件表面承受瞬态风压，引发一系列空气动力学问题，可能会导致周围结构的强烈振动甚至破坏[1-2]。

目前，国内外研究学者对时速 350km 以下的高速列车的列车风效应开展了大量研究。ROCCHI 等[3]采用全尺试验的方式，对露天环境下高速列车的列车风效应展开了研究。LICHTNEGER 等[4]开展了一系列现场实车试验，测试了轨道车辆对路边结构（声屏障、挡风墙）的气动冲击作用，该试验为结构车致气动荷载提供了一个大型的数据库。杨娜等[5]对 CRH380 型高速列车经过时雨棚的风致效应进行了数值模拟研究，分析了雨棚的开口宽度与结构形式对其表面风压的影响。王博等[6]总结了雨棚围护结构的现状及列车风致振动检测结果，并提出了建议参考标准。

综上，列车时速低于 350km 时的周边结构表面风压及气动效应相对明确。然而，未来高速列车时速将达到 400km，而对时速 400km 列车气动效应和气动力研究较少，《高速铁路设计规范》TB 10621—2014 中仅对时速 350km 及以下的列车气动力计算方法作出了规定[7]。因此，本文参考规范建立了构件-列车三维 CFD 计算模型，采用动网格技术模拟了列车通过受风构件时其表面的风压分布，分析了受风构件表面的风压分布规律，研究了高速列车中心线到构件边缘的距离对于列车风效应的影响，并通过等效拟合计算得到了时速 400km 高速列车的气动力变化规律，研究结果可为相关设计规范提供参考。

2 研究方法与结果

2.1 CFD 数值模拟

参考《高速铁路设计规范》TB 10621—2014 中对于气动力的相关规定，建立了高速列车轨道周边受风构件的几何模型，如图 1（a）所示。图 1（b）所示为网格整体示意图，采用 Poly-Hexcore 体网格进行划分，设定列车的表面尺寸为 0.05m，设置 10 层边界层；构件表面网格尺寸的大小为 0.2m，设 6 层边界层，整体网格尺寸在 1200 万～1500 万之间。

本研究采用大涡模拟法（LES）和 SIMPLE 算法，压力项采用二阶离散格式，动量方程采用二阶迎风格式，湍动能以及湍流耗散率则均采用一阶迎风格式。计算时间步长取 0.003s，单位时间步长里的迭代次数为 20 次。本文的研究工况总计为 18 种，设置列车中心线到构件边缘的距离 D_s 分别为 2.5m 至 7.5m，列车速度分别为 350km/h、400km/h、450km/h，图 1（c）为构件上测点布置示意图，在构件表面从下至上共计布置了 40 个测点。

2.2 结果分析

采用相关学者的声屏障构件风压实测数据进行验证对比，分别将空气看作可压缩流体和不可压缩流体进

基金项目：国家自然科学基金项目（52378546），湖南省自然基金资助项目（2023JJ30665，2024JJ4065）

行模拟，如图 2（a）所示，模拟结果相对误差分别为 1.02%、2.72%，结果吻合较好，可认为本文的数值模拟结果具有可靠性。不同工况下构件气动力及拟合曲线如图 2（b）所示，随着列车运行中心到构件距离增加，构件气动力随之减小。通过气动力拟合结果发现，构件所受气动力与列车运行中心到构件距离的 1.5 次方成反比关系成反比关系。

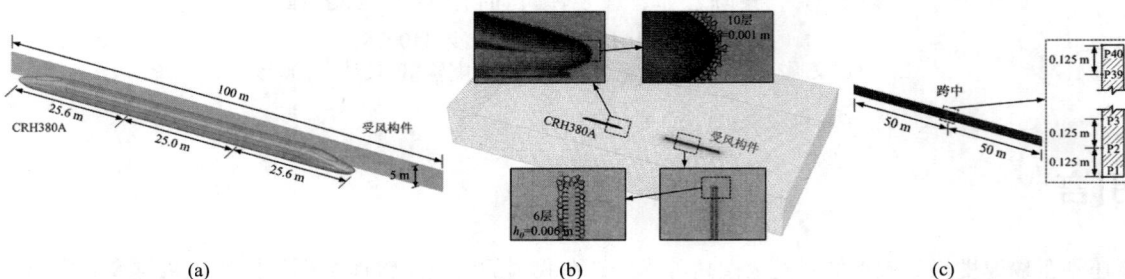

图 1 （a）计算模型；（b）网格划分；（c）受风构件测点布置

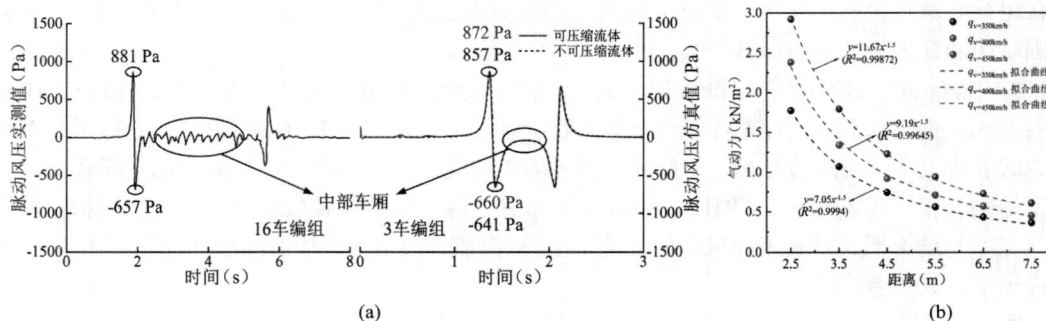

图 2 （a）受风构件竖向测点的正风压极值；（b）负风压极值；（c）400km/h 气动力拟合曲线

3 结论

本研究基于 CFD 数值仿真方法模拟了高速列车以时速 400km 通过受风构件的全过程，研究了列车中心线到构件边缘距离对于列车风效应的影响，并进一步等效计算得到了时速 400km 高速列车的气动力规律，为高速列车提速设计提供理论参考。

参考文献

[1] BAKER C J. A review of train aerodynamics Part 2 – Applications[J]. The Aeronautical Journal, 2014, 118(1202): 345-382.

[2] 黄永明.高速铁路桥梁全/半封闭式声屏障气动特性及其缓冲措施研究[D]. 长沙：中南大学,2022.

[3] ROCCHI D, TOMASINI G, SCHITO P, et al. Wind effects induced by high speed train pass-by in open air[J]. Journal of Wind Engineering and Industrial Aerodynamics, 2018, 173: 279-288.

[4] LICHTNEGER P, RUCK B. Full scale experiments on vehicle induced transient pressure loads on roadside walls[J]. Journal of Wind Engineering and Industrial Aerodynamics, 2018, 174: 451-457.

[5] 杨娜，郑修凯，张建，等. 高速列车经过雨棚时的列车风致效应研究[J]. 铁道学报, 2017, 39(4): 126-134.

[6] 王博，左强新，刘伯奇，等. 高速铁路客站雨棚围护结构现状及列车风致振动检测[J]. 铁道建筑, 2023, 63(04): 99-103.

[7] 国家铁路局. 高速铁路设计规范: TB 10621—2014[S]. 北京：中国铁道出版社, 2015.

基于风-车-桥的不同缆索体系桥梁列车动力响应研究

马　清[1]，何旭辉[1]，邹云峰[1*]，郭典易[2]，郭向荣[1]，高宿平[1]

（1. 中南大学土木工程学院　长沙　410075；
2. 东南大学土木工程学院　南京　211189）

1　引言

近年来，随着交通需求量的逐渐增加，各类跨江和跨海大桥逐渐增多，桥梁的跨度也越来越大，千米级的大跨桥梁也逐渐增多。桥梁跨度的增大将引起一系列的问题，千米级的桥梁受风的作用更加显著，强风不仅会引起桥梁结构的振动，还会对桥上列车走行性产生影响。目前我国已经建成通车与处于在建状态的主跨在千米级超大跨度桥梁的桥梁选型有斜拉桥、悬索桥、斜拉-悬索协作体系桥。然而，由于千米级的超大跨度桥梁多建于跨江跨海以及跨越峡谷山区等复杂地貌，列车与桥梁间的气动干扰受风荷载影响较大，进一步影响桥梁上行车安全性以及舒适性[1]。近年来，很多学者采用现场试验、风洞试验与数值模拟的方法，单独研究了某一种结构体系桥上列车气动特性以及风车桥耦合分析[2-3]，而针对三种不同缆索结构体系上列车走行性的对比研究甚少。随着千米级公铁两用桥成为未来桥梁建设的新趋势，因此，有必要对悬索桥、斜拉桥、斜拉-悬索协作体系三种缆索结构体系桥上列车的走行性进行研究。

2　车桥耦合系统分析原理

为探究三种缆索结构体系风-车-桥系统动力响应，以 CRH2 客车为研究对象，列车编组为 $4 \times (M + 2 \times T + M)$，其中 M 为动车，T 为拖车。采用中南大学自主研发的有限元软件对桥梁进行精确建模，桥梁系统的阻尼按照 Rayleigh 阻尼考虑，取值为 5‰。

根据弹性系统动力学总势能不变值原理及形成矩阵的"对号入座"法则，得到风车桥耦合振动方程。采用一种快速显式型显-隐式混合积分法进行求解，在风-车-桥空间耦合系统非线性振动矩阵方程的基础上输入轨道不平顺函数或构架蛇形波，采用快速显式型显-隐式混合积分法求解方程[4]。

3　案例研究

3.1　工程概况

以某主跨为 1120m 为工程背景，研究了悬索桥、斜拉桥和斜拉-悬索协作体系桥三种桥型方案，如图 1～图 3 所示。采用双层钢桁架，桁宽 38.6m，桁高 14m，如图 4 所示。

3.2　结果与讨论

不同体系桥梁下列车轮重减载率最大值变化趋势如图 5 所示，悬索桥和斜拉桥相较于悬索斜拉桥桥内列车轮重减载率最大值均在较低的风速时出现大于铁路规范中限值规定 0.6，因此运行安全性规律：悬索桥 < 斜拉桥 < 斜拉-悬索桥。将三种体系不同风速下满足安全性指标限制的列车车速阈值分别连线，得到了车速-风速阈值曲线，如图 6 所示。

基金项目：国家自然科学基金杰青项目（51925808），国家自然科学基金重点项目（U1934209），中国国家铁路集团有限公司科技研究开发计划（P2019G002）

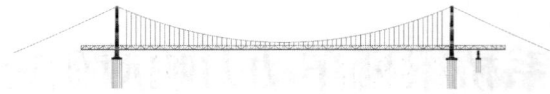

图 1　悬索桥

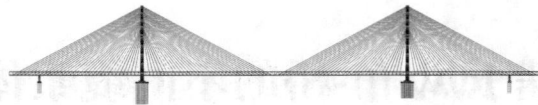

图 2　斜拉桥

图 3　斜拉-悬索协作体系桥

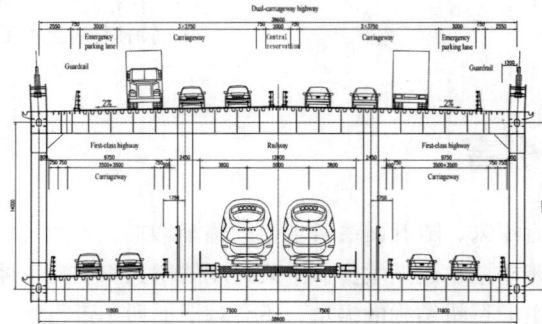

图 4　钢桁梁断面

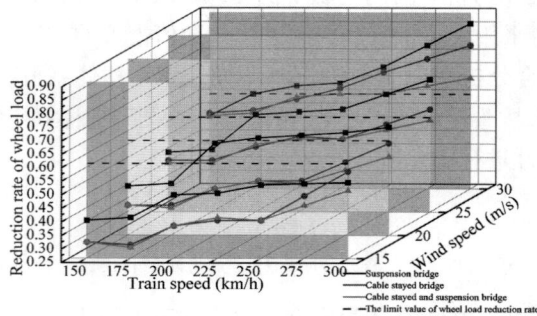

图 5　列车轮重减载率最大值变化趋势

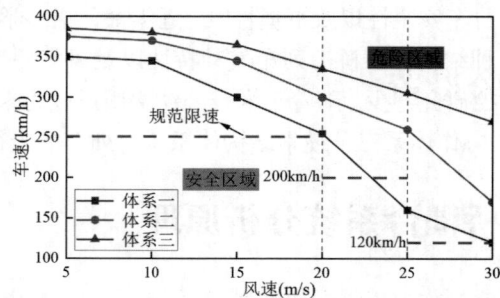

图 6　三种体系下列车车速-风速阈值曲线

4　结论

（1）同一车速下，三种缆索结构体系桥梁内列车安全性指标最大值均随风速的增大而增大，即风速越高，列车运行安全性越差；

（2）同一风速下，三种缆索结构体系桥梁内无风屏障桥内列车的运行安全性指标和平稳性指标最大值：斜拉-悬索协作体系桥 > 斜拉桥 > 悬索桥；

（3）无风屏障时，在高风速下三种缆索结构体系桥梁均无法以过桥设计时速通过桥梁，均需采取降速通行或者增设风屏障以确保列车满足规范中限定车速行车。

参考文献

[1]　HE X H, ZOU Y F, WANG H F, et al. Aerodynamic characteristics of a trailing rail vehicles on viaduct based on still wind tunnel experiments[J]. Journal of Wind Engineering and Industrial Aerodynamics, 2014, 135:22-33.

[2]　刘叶, 王方立, 韩艳, 等. 风屏障对平层公铁桥上列车防风效果分析[J]. 交通科学与工程, 2021, 37(1): 51-59.

[3]　XIANG H Y, LI Y L, CHEN S R, et al. Wind loads of moving vehicle on bridge with solid wind barrier[J]. Engineering Structures, 2018, 156:188-196.

[4]　何玮, 郭向荣, 朱志辉, 等. 风屏障高度对城轨专用斜拉桥车桥系统气动特性的影响[J]. 中南大学学报 (自然科学版), 2017, 48(8): 2238-2244.

不同风攻角下风屏障对列车气动力影响的风洞试验研究

林钟毓[1,2]，李　明[1,2]，李明水[1,2]

（1. 西南交通大学风工程重点实验室 成都 610031；
2. 西南交通大学土木工程学院 成都 610031）

1　引言

强侧风对桥上列车行驶稳定性影响很大，有时甚至会导致列车发生倾覆事故。设置风屏障是改善桥面行车风环境、提高行车安全性的有效措施[1]。目前关于桥面列车行车安全已有大量研究[2-3]，然而大多数研究主要关注了不同来流风偏角对单个列车的影响，关于不同风攻角下风屏障对列车气动特性的影响鲜有报道；两车交汇时，列车的气动力特性未见相关研究。本文测量了不同风攻角下（$\alpha = \pm 5°$、$\pm 3°$，$0°$）列车的头部车厢以及中部车厢在装有普通栏杆和风屏障的流线型钢箱梁桥面上的气动力，并在此基础上研究了两车交汇时对迎风侧列车气动力特性的影响。

2　试验设置

图1分别展示了主梁、列车、普通栏杆和风屏障的相关参数，其中栏杆和风屏障的透风率分别为70%和50%。车、桥试验模型缩尺比为1∶30，试验段堵塞率小于1%。采用ATI Gamma高频动态测力天平在均匀流场中分别测定了列车在设置普通栏杆和风屏障桥面上的气动力，采样频率为256Hz，采样时间60s。试验平均风速为6.0m/s，测试风偏角为90°，风攻角为±5°、±3°和0°。

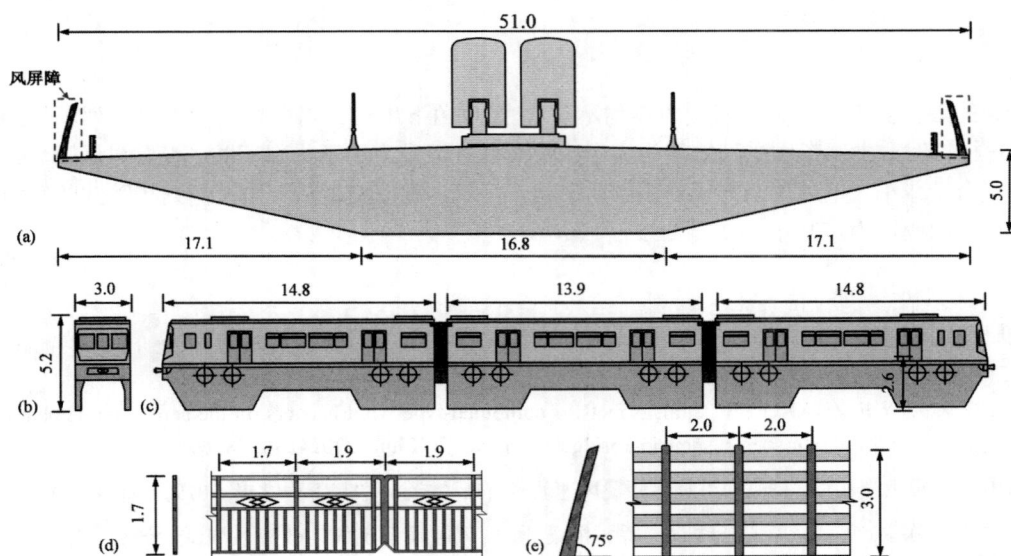

图1　主梁、列车和风屏障示意图（单位：m）

3　试验结果

图2（a）～（c）表明：当风攻角增大时，列车受到的侧力减小，这是由于主梁及其上附属设施的遮蔽

基金项目：国家自然科学基金项目（52308530），中央高校基本科研业务费专项资金科技创新项目（A0920502052401-215）

效应随着风攻角增大而增大；列车的中部车厢受到的侧力大于头部车厢，而升力小于头部车厢；倾覆力矩受风攻角影响较小；当两车交汇后，迎风侧列车受到的侧力和升力均增加，头部车厢倾覆力矩减小。

图 2（d）～（e）表明：设置风屏障后，列车受到的侧力减小，且头部车厢和中部车厢的侧力接近；头部车厢的升力在设置风屏障后显著减小，且小于中部车厢；设置风屏障后，列车受到的倾覆力矩显著减小，在大风攻角下，头部车厢与中部车厢倾覆力矩接近；两车交汇后，迎风侧列车侧力与升力增加，头部车厢升力随风攻角增大而减小；交汇后，头部车厢倾覆力矩显著降低，尤其在大风攻角下趋近于 0。

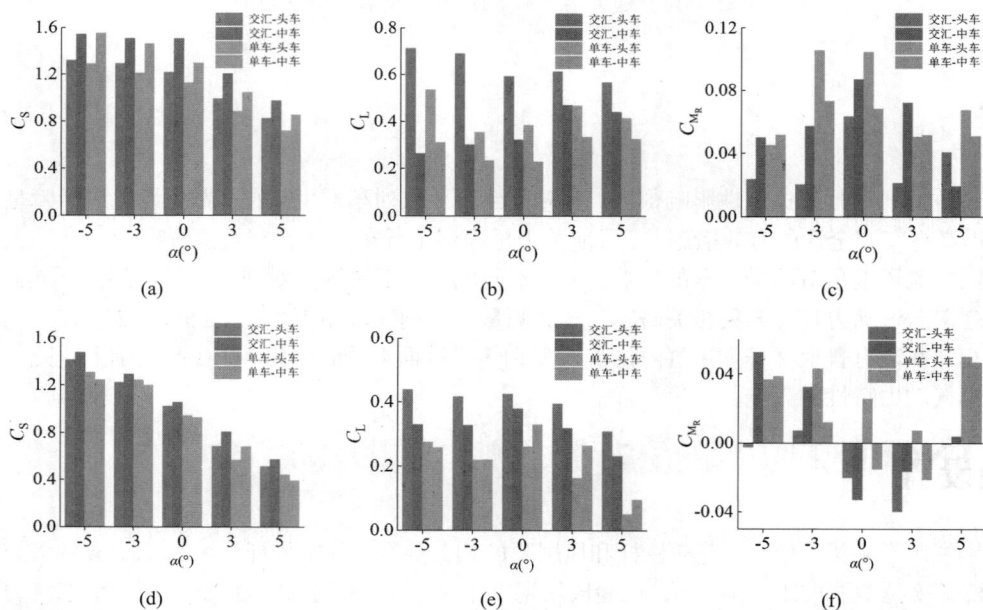

图 2　桥面设置普通栏杆时列车：（a）侧力系数；（b）升力系数；（c）倾覆力矩系数，桥面设置风屏障时列车；
（d）侧力系数；（e）升力系数；（f）倾覆力矩系数

4　结论

列车受到的最大侧力、升力和倾覆力矩均不在 0°风攻角下出现；当风攻角增大时，列车受到的侧力减小；桥面设置栏杆时，中部车厢受到的侧力大于头部车厢，但升力小于头部车厢。设置风屏障后，列车受到的侧力和倾覆力矩减小，正风攻角下风屏障的防风效果显著。列车交汇后，迎风侧列车受到的侧力和升力均增加，头部车厢的倾覆力矩减小。

参考文献

[1] LIANG H B, ZOU Y F, ZHANG Y L, et al. Effects of combined-type wind barriers on the aerodynamic characteristics of train–bridge system for a long-span suspension bridge[J]. Physics of Fluids, 2024, 36: 083608.

[2] 刘荣, 姚松, 许娇娥. 侧风下高速列车临界倾覆风速研究 [J]. 铁道科学与工程学报, 2019, 16(11): 2643-2650.

[3] 苏洋, 李永乐, 陈宁, 等. 分离式公铁双层桥面桥梁-列车-风屏障系统气动效应风洞试验研究 [J]. 土木工程学报, 2015, 48(12): 101-108.

基于神经算子的随机荷载下大跨度桥梁及交通系统动力响应模块化预测

刘雨辰，陈甦人

（东南大学交通学院 南京 211189）

1 引言

快速、可靠地预测随机荷载作用下大跨径桥梁及交通系统的动力响应，对于合理评估大跨径桥梁的安全性和可使用性至关重要[1]。然而，由于每次模拟的高计算成本[2]，现有精细化模型在考虑动态相互作用时，难以快速响应具有不确定性的时变负载场景。这一挑战限制了大跨度桥梁工程应用的潜力，尤其是在如运营风险预测[3]（结构安全性和车辆运行安全性）等方面。为此，本文提出了一种新颖的模块化物理驱动方法，以有效预测大跨度桥梁和交通系统的动力响应。

2 基于 FNO 的交通/风/桥梁动力响应预测方法

所提方法包括三个核心模块：随机激励模块、等效动态车轮荷载数据库模块和桥梁与单辆车辆的动态分析模块。随机激励模块为车辆/桥梁系统生成随机激励，包括随机交通流、脉动风和路面不平度。等效动态车轮荷载数据库开发模块计算随机荷载下的等效动态车轮荷载比。交通/风/桥梁动态分析模块预测桥梁在随机荷载作用下的响应以及相关车辆的响应。

3 桥梁概况

为了验证所提出的方法，本研究以卢陵大桥为原型进行分析。卢陵桥是一座位于美国路易斯安那州的双塔斜拉桥，全长 836.9m，主跨 372.5m，侧跨 154.8m，侧跨 150.9m。此外，该桥还包括全长 79.3m 的进近段，如图 1 所示。利用 SAP2000 软件建立桥梁三维有限元模型，选取桥梁的前 10 种模态进行后续分析。

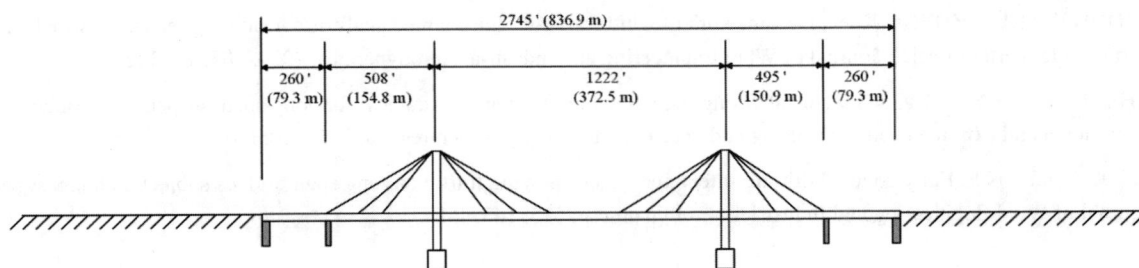

图 1 卢陵大桥立面图

4 性能评估

为了全面评估所提出框架在不同工况（包括极端环境）下的预测性能，我们选择了两个工况进行测试：Case1：风速为 5m/s，交通密度为 0.07（共 47 辆）；Case2：风速 20m/s，交通密度 0.25（共 168 辆，极端情况）。两种情况下的路面粗糙度均设置为"良好"（$20 \times 10^{-6} \text{m}^3/\text{cycle}$）。图 2 给出了两种工况下桥梁跨中竖向位移的预测性能，包括参考值、预测值和误差。可以看出，所提出的方法能够准确地预测桥梁位移，对于 Case

1 和 Case 2 的最大绝对误差分别为 0.009 和 0.025。对桥梁响应的进一步研究表明，在低交通和低风速条件下（Case1），桥梁响应具有周期性。相反，在高流量和高风速条件下（Case2），响应变得更加稳定，在平均值附近略有波动。

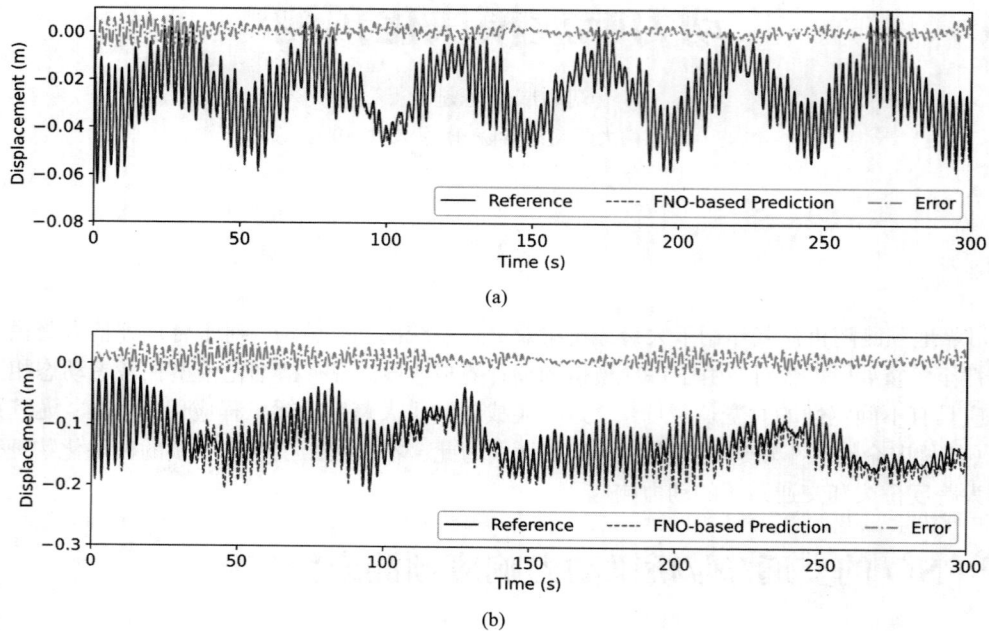

图 2　桥梁中跨竖向位移预测性能：（a）Case1；（b）Case2

5　结论

本文提出了一种基于 FNO 的高效物理驱动的大跨径桥梁动态相互作用分析框架，用于预测桥梁及交通系统在随机荷载（如风荷载）作用下的响应。与传统方法相比，该框架在计算效率和准确性方面具有显著优势。它特别适用于桥梁安全性、可使用性及车辆行驶安全性的快速预测，并能轻松适应不同桥梁和荷载场景。

参考文献

[1]　XIONG Z, ZHU J, ZHENG K, et al. Framework of wind-traffic-bridge coupled analysis considering realistic traffic behavior and vehicle inertia force[J]. Journal of Wind Engineering and Industrial Aerodynamics, 2020, 205: 104322.

[2]　ZHU J, JIANG S J, XIONG Z, et al. Longitudinal vibration control strategy for long-span suspension bridges under operational and extreme excitations using eddy current dampers[J]. Structures, 2023, 58: 105603.

[3]　ZHOU Y, CHEN S. Fully coupled driving safety analysis of moving traffic on long-span bridges subjected to crosswind[J]. Journal of Wind Engineering and Industrial Aerodynamics, 2015, 143: 1-18.

高速列车通过塔梁固结与塔墩分离体系塔区的风荷载突变效应研究

陈天瑀[1,2]，马存明[1,2]，徐扬洲[1,2]

（1. 西南交通大学土木工程学院桥梁工程系 成都 610031；
2. 风工程四川省重点实验室 成都 610031）

1 引言

在强风作用下，高速列车通过桥塔区域时，气动力和动力响应会急剧变化，增加了车辆翻覆的风险。桥塔附近流场复杂，气动力突变会对列车的运行舒适性和安全性产生影响[1]。桥塔遮蔽效应引起的风荷载突变会使桥上列车运行安全评估更加复杂，需要借助风-车-桥耦合系统进行分析[2]。对于塔梁固结、塔墩分离体系钢桁梁桥的塔区风荷载突变效应的研究目前尚不充分，为了研究该体系下的塔区风荷载突变效应，本文以某非对称矮塔斜拉桥为工程背景，建立了移动列车模型，并通过计算流体动力学（CFD）方法模拟移动列车经过该桥塔区的过程，讨论了列车在经过塔区时头车、中车和尾车的气动参数变化；之后对列车经过塔区时车桥系统的流场进行了分析；最后，通过建立风-列车-桥梁耦合系统，探讨了塔区风荷载突变对列车动力响应的影响。

2 CFD 数值模拟计算模型

2.1 几何模型

本文采用某非对称、多主跨、双层钢桁梁斜拉桥，采用塔梁固结、塔墩分离体系，列车设计速度为250km/h。桥梁布置如图 1 所示。本文建立了列车、桥塔以及主梁的计算模型，其中，列车模型由头车、中车和尾车三节车厢组成，主梁忽略栏杆等附属设施，桥塔位于主梁的中心处，其两侧的主梁长度相等。

本研究中，整个计算域被划分为两个区域。主区域包括桥梁模型和外域，而附属区域则包含移动列车模型。在列车运动的过程中，重叠边界会随之不断更新，以确保与主区域的连续性。列车区域的重叠网格如图 2 所示。

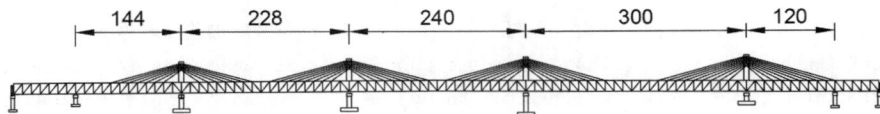

图 1 桥型布置图（单位：m）

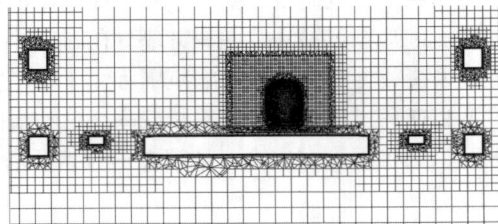

图 2 车-桥重叠网格划分示意图

将网格模型在 FLUENT 中整体进行 1∶20 缩尺后计算。入口边界设置为 Velocity-inlet，出口的边界条件设置为 Pressure-outlet；计算域四周设置为 symmetry。综合考虑计算精度和效率，本文时间步取为 0.001s，计算残差值小于 10^{-4}。

基金项目：国家自然科学基金项目（52078438）

3 塔区风荷载突变效应研究

3.1 塔区风荷载突变对列车气动力的影响

本小节通过 CFD 数值模拟分析了在 10m/s 的侧向风作用下列车以 34.72m/s 通过单个塔区时，头车、中车和尾车的三分力系数随行驶距离的变化，结果如图 3～图 5 所示。

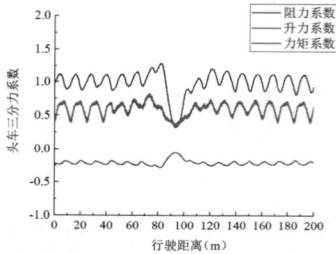

图 3 头车三分力系数图　　图 4 中车三分力系数图　　图 5 尾车三分力系数图

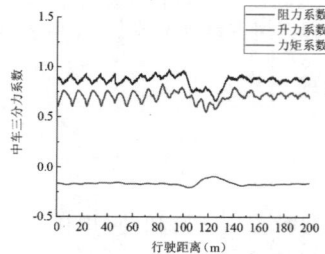

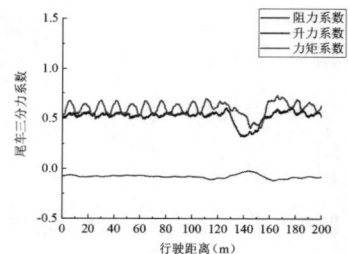

3.2 多塔区风-车-桥耦合系统仿真计算与分析

本文在多体动力学软件中建立列车动力学模型。将列车受到的抖振力基于移动点湍流风速谱模型得到，静风力则采用数值模拟的结果。该小节计算了列车以 250km/h 在迎风侧通过整个多塔斜拉桥时的动力响应，平均风速取为 20m/s。结果表明，头车的横向加速度显著突变，中间车厢的竖向加速度突变明显，尾车的变化较小。轮重减载率超过规范限值。

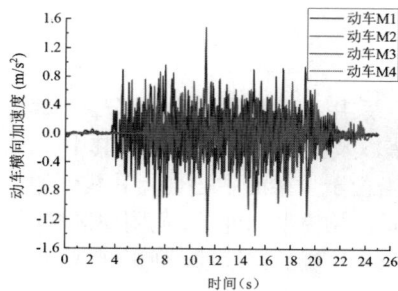

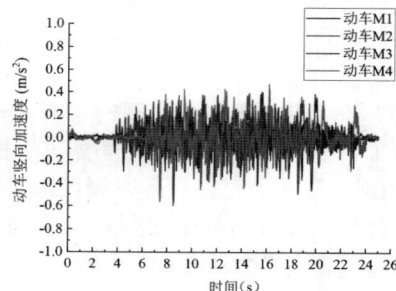

图 6 动车的横向加速度时程图　　图 7 动车竖向加速度时程图

4 结论

本文分析了塔梁固结、塔墩分离体系下，风荷载突变效应对高速列车的影响，结果表明，列车的阻力和升力系数在进入桥塔影响范围时先增大随后急剧减小，在离开塔区的过程中又突然增大，之后趋于稳定。而力矩系数的变化趋势与之相反。塔区风荷载突变效应的影响范围远大于桥塔宽度，并且对列车安全性和舒适性具有显著影响。列车在侧风环境下高速通过塔区时，轮重减载率、轮轴横向力、横向加速度峰值以及横向舒适性指标均超出了规范限值。因此，为确保列车安全，建议在通过该桥塔区时限制列车速度。

参考文献

[1] WANG M, ZHENG Y, WANG Z, et al. Study on bridge tower-induced sudden wind and its impact on running performance of high-speed train[J]. Physics of Fluids, 2024, 36(6).

[2] 李小珍，唐庆，吴金峰，等，桥塔遮风效应对移动列车气动参数及行车安全的影响[J]. 中国公路学报. 2019, 32(10): 191-199.

风攻角对运行磁浮列车气动特性影响的数值模拟研究

郭 铎，周晅毅

（同济大学土木工程防灾减灾全国重点实验室 上海 200092）

1 引言

随着磁浮列车运行速度提高，其在横风作用下的气动荷载问题变得尤为显著。这不仅影响乘车舒适度，严重时还可导致车轨触碰和导向失效的风险。相较于轮轨式列车，磁浮列车在横风下的气动特性和周围流场出现新的特点，同时，自然风作用于列车时通常带有一定的攻角。目前关于运行磁浮列车气动性能随风攻角变化规律的研究尚显匮乏。因此，本文通过数值模拟方法研究风攻角对运行磁浮列车气动特性的影响。

2 计算模型与数值模拟方法

2.1 计算模型

本文采用 3 车编组的磁浮列车模型，其中头、尾车长 27.21m，中间车长 24.77m，车宽 3.7m，车高 4.2m，轨道线间距 5.1m。计算域大小为 330m × 90m × 70m，如图 1 所示。采用非结构化网格划分计算域，对悬浮间隙以及曲率较大的区域进行网格加密处理，车体近壁面首层网格高度为 3mm，网格总数约 1350 万个，局部网格划分如图 2 所示。

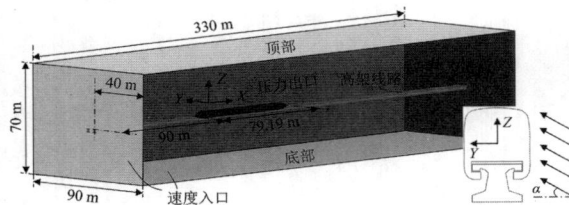

图 1 计算域示意图

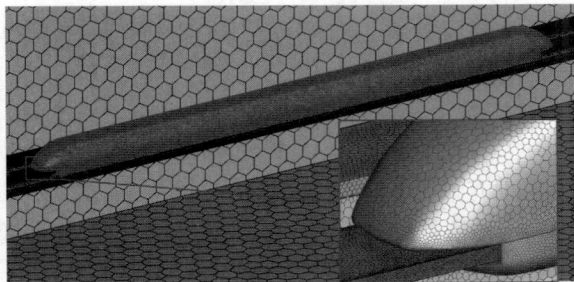

图 2 局部网格划分示意图

2.2 数值模拟方法

本文湍流模型采用 Realizable k-ε 模型，壁面函数选用 Standard Wall Functions，压力-速度的耦合方式采用 SIMPLEC，压力离散格式选用 Second Order，动量、湍动能及湍流耗散率方程的离散格式为 Second Order Upwind。边界条件参考文献[1]设置，采用合成风方法模拟流场。计算工况如下：列车速度为 430km/h 和

基金项目：国家重点研发计划资助（2023YFB4302502）

600km/h；横风风速为 25m/s；风攻角在−15°～15°范围内每隔 5°设置一个工况；当横风由低到高吹时风攻角 α 为正，如图 1 所示。

3　算法验证与结果分析

本文参照李明水等人的实车试验结果[2]进行算法验证。采用与文献[2]相同的磁浮列车和测点布置，网格划分及计算设置如前文所述。由图 3 可见，测点交会压力波幅值 ΔP 的数值模拟结果与试验结果呈现较好的一致性，最大相差约为 5.53%，因此可说明本文所采用的湍流模型及网格划分具有一定的可靠性。

图 4 为列车中部截面流线图及压力云图，图 5 为不同工况下气动力系数随风攻角的变化曲线。由图 4 和图 5 可见，风攻角对运行磁浮列车表面压力分布和气动特性存在显著影响。风攻角越大时，迎风侧正压区向下移动，导致车体迎风侧承受的正压区逐渐减小，进而改变了车体两侧的压差；头车和中间车的侧向力系数随风攻角的增加基本呈现减小趋势，且头车侧向力系数在正攻角下减小更为明显。在负攻角下，由于尾车迎风侧负压区随风攻角的增加而逐渐增大，致使尾车侧向力系数方向发生改变。各车厢倾覆力矩系数与侧向力系数的变化规律基本一致。与侧向力系数和倾覆力矩系数相比，升力系数变化较为复杂，尤其是尾车升力系数对风攻角的变化更为敏感，这主要受纵向气流发展和流动分离位置改变的影响。

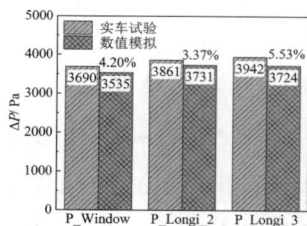

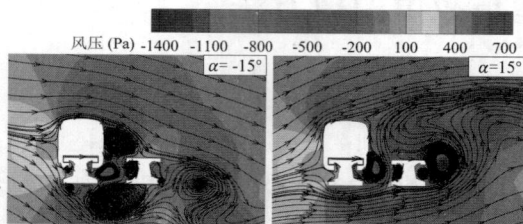

图 3　数值模拟方法验证　　图 4　车速 430km/h 下列车中部截面流线图及压力云图

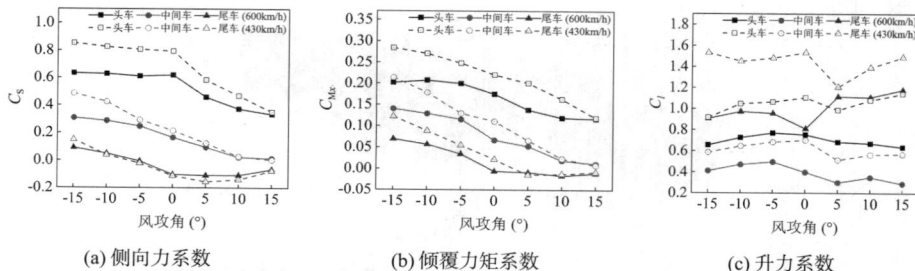

(a) 侧向力系数　　　　　　(b) 倾覆力矩系数　　　　　　(c) 升力系数

图 5　各车厢气动力系数随风攻角的变化曲线

4　结论

风攻角对运行磁浮列车气动特性有显著的影响。随风攻角的增加，头车、中间车的侧向力系数和倾覆力距系数基本呈现减小趋势，尾车侧向力系数和倾覆力距系数的方向发生改变，绝对值较大的负攻角会导致列车横向稳定性降低；尾车升力系数受风攻角的变化更为敏感；当车速和风攻角一定时，头车的侧向力系数和倾覆力矩系数最大，尾车的升力系数最大。

参考文献

[1]　GUO Z J, LIU T H, LIU Z, et al. An IDDES study on a train suffering a crosswind with angles of attack on a bridge[J]. Journal of Wind Engineering and Industrial Aerodynamics, 2021, 217: 104735.

[2]　李明水, 雷波, 林国斌, 等. 磁浮高速会车压力波和列车风的实测研究[J]. 空气动力学学报, 2006(2): 209-212.

特斯拉型风屏障对行车风环境的作用研究

李玖梁[1]，郝键铭[1]，张　彤[1]，苏　波[2]，李加武[1]

（1. 长安大学公路学院　西安　710064；

2. 江苏大学土木工程学院　镇江　212000）

1　引言

桥梁风屏障是一种重要的风力减缓措施，已经被广泛应用于桥梁工程。传统的风屏障一般采用孔隙式，没有内部的结构。特斯拉阀，在流体领域已经有了较为广泛的研究和应用，该结构凭借其独特的单向导通机制[1]，展现出了在限制流体通过的显著效能，但是用作风屏障来说，是一项新兴的风屏障技术。相比传统的风屏障[2]，特斯拉型风屏障在屏障内部引入了新的结构形式，将风屏障由二维的设计转向三维的设计。本文旨在对特斯拉阀作为一种新型风屏障技术的原理和特点进行介绍，并对基于特斯拉阀设计的风屏障的效果进行研究。

2　特斯拉型风屏障原理分析

本文用数值模拟的方法分析了特斯拉阀的流动特性，并在风洞中实测新型风障在桥梁上的阻风效果。特斯拉阀的独立单元平面结构如图 1 所示，流体从左至右端流动为正向导通（图 2），从右至左端流动为反向导通（图 3）。内部弯管结构使得液体正、反向流动时流经的主要路径有不同弯曲角度，导致流体碰撞耗能降速，使结构获得单向导通性。在数值模拟软件中对此结构两个导通方向阀内流场分别进行模拟，反向导通将右侧设置为进风口，左侧设置为出风口，正向导通反之。可以看到反向导通时，在圆弧通道与水平通道的交汇处，存在较大的几何变化，这使得流体在反向流动时有着较大角度的动能碰撞，因此逆向流动相较于正向流动更加受限，验证了结构的单向导通性。

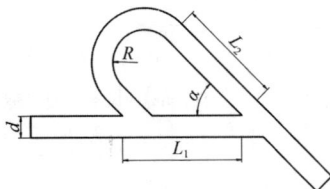

| 图 1　特斯拉阀结构 | 图 2　正向导通速度云图 | 图 3　反向导通速度云图 |

基于特斯拉阀的结构特性，设计得到如图 4 所示的风屏障。区别于传统风屏障，特斯拉型风屏障采用了一种创新方法，即通过特斯拉阀内部的流体动力学碰撞过程来降低风的动能（图 5、图 6）。

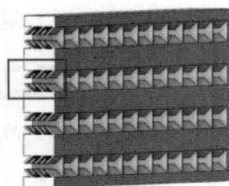

| 图 4　特斯拉型风屏障切面模型 | 图 5　细节示意图 | 图 6　风障安装位置示意图 |

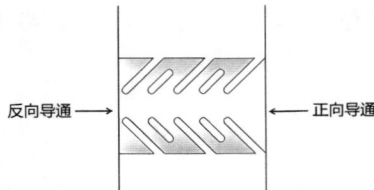

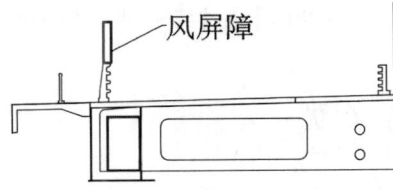

基金项目：陕西省自然科学基金项目（20230-JC-QN-0597）

3 风屏障性能风洞试验

选取某大桥节段模型，在四个车道位置的中心设置了 4 组风速监测点，每组测点 10 个，间距 2cm（模型缩尺比 1∶22，对应实桥桥面上 0～4.5m 的高度范围）。4 个车道从左往右，沿来流方向依次记 Lane1～Lane4（行车道）。本研究对主梁桥面风环境进行了测量，对比了 50%透风率的矩形格栅式风屏障与特斯拉阀新型风屏障对风环境的影响。特别是，鉴于特斯拉阀的单向导通性，试验中特别设计了两种不同的安装方向，使得风分别以两种方式作用于风屏障上，以下简称反向导通为逆风，正向导通为顺风。测试均在设定风速为 6m/s 的条件下进行。

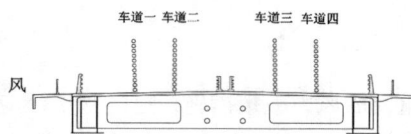

图 7　桥梁节段模型　　　　图 8　桥面风场监测点布置

通过归一化处理方法，可以使得不同条件下的风速数据具有统一的比较标准，便于对桥面车道风环境进行研究和分析。以下为进行了无量纲处理的车道风环境剖面图。

图 9　矩形格栅式风障　　　　图 10　特斯拉新型风障

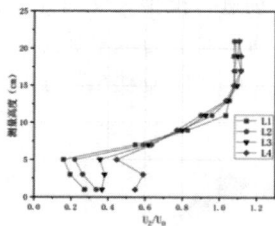

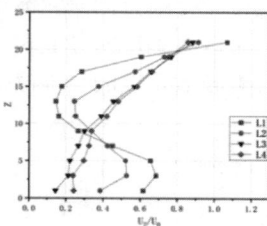

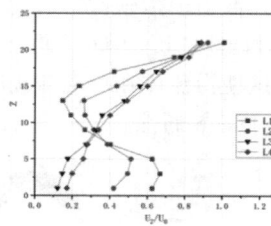

(a) 原断面　　　　(b) 特斯拉型风障逆风　　　　(c) 特斯拉型风障顺风　　　　(d) 50%透风率格栅风障

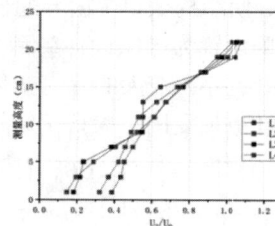

图 11　各工况风剖面

4 结论

基于特斯拉阀的结构特性，设计得到了一项新的风屏障。在风洞试验中，通过与原桥梁模型的风剖面对比，可以看到，特斯拉新型风屏障对于桥梁风环境有着很大的改善，在第一车道风屏障对应高度处的阻风效果可以达到 80%。通过与相同尺寸的矩形格栅式风障的对比，能够看到，特斯拉型风屏障有着更好的阻风性能。

参考文献

[1] LI W, YANG S, CHEN Y, et al. Tesla valves and capillary structures-activated thermal regulator[J]. Nature Communications, 2023, 14(1): 3996.

[2] 蒋硕, 何旭辉, 邹云峰, 等. 导风屏障对高铁桥梁桥面风场影响的风洞试验研究[J]. 铁道科学与工程学报, 2023, 20(6): 1963-1973.

实心防撞栏杆高度对钝体箱梁桥面行车风环境影响的数值模拟研究

孙　宇[1]，严　磊[1,2,3]，何旭辉[1,2,3]，孟晓亮[4]

（1. 中南大学土木工程学院　长沙　410075；
2. 高速铁路建造技术国家工程研究中心　长沙　410075；
3. 轨道交通工程结构防灾减灾湖南省重点实验室　长沙　410075；
4. 上海工程技术大学城市轨道交通学院　上海　201620）

1　引言

在侧风作用下，高速行驶的车辆可能会出现侧滑、侧翻等行车安全性[1]问题，实心防撞栏杆作为公路交通安全设施中最常见的被动防护设施，可以一定程度上确保路侧行人和车上乘员的生命安全，同时兼有降低桥面风速、改善桥面行车风环境[2]和提高驾乘舒适性的作用，而不同高度的防撞栏杆作用效果有较大区别。本文利用数值模拟方法，通过对比分析侧风折减系数和三分力系数的变化规律，研究不同防撞栏杆高度对钝体箱梁桥面行车风环境的影响。

2　数值模型及计算设置

本文以某钝体箱梁为研究对象，其主梁标准断面宽度为 15.7m，高度为 4.5m，分别计算了防撞栏杆高度为 1.2m、1.3m、1.4m、1.45m、1.46m、1.47m、1.48m、1.49m、1.5m 下的侧风折减系数以及三分力系数，并选取了适用于不同地貌类型的防撞栏杆高度。

数值模拟采用 1：50 缩尺模型进行计算，选取包含主梁断面在内的两维矩形区域作为计算区域。水平方向定义为 x 方向，竖直方向设置为 y 方向，并且为了便于表达，定义主梁宽度 B 为 0.314m。计算截面形心至上、下边界距离均为 $10B$，计算截面形心至计算区域左、右边界距离分别为 $10B$ 和 $20B$。根据已有经验，本文计算时采用 SST $k\text{-}\omega$ 湍流模型。计算区域内划分了 23.63 万个网格，主梁主体周围第一层网格高度为 0.00012m，最大尺寸为 0.0015m。网格尺寸随远离主梁的距离增大而逐渐增大。网格划分情况如图 1 所示。

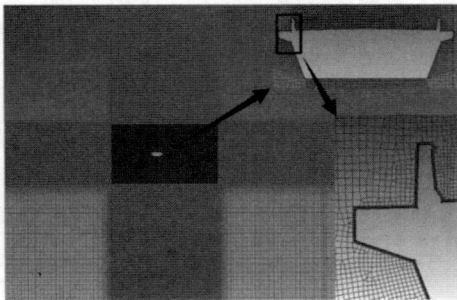

图 1　网格划分图

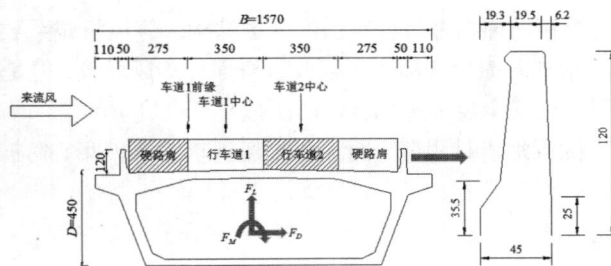

图 2　车道及测点布置图（cm）

对主桥的成桥状态标准断面桥面 2 个车道中心线以及上游桥面车道左边界上空的风环境进行二维 CFD 分析。车道具体位置及布置情况见图 2。在此 3 个位置上方 4.5m 高度范围内均匀布置 451 个风速监测点，临近两点间距为 0.01m。采用 FLUENT 软件进行非定常计算，非定常计算时间步长为 1.0×10^{-4}s，计算方法采用 SIMPLEC，残差控制在 1.0×10^{-6}。

基金项目：国家自然科学基金项目（52178516）

3　桥面风环境分析

来流风通过防撞栏杆后，在桥面各高度处的风速是不同的，因此通过对比分析侧风折减系数和三分力系数的变化规律，来直观的评价不同防撞栏杆高度对桥面行车风环境的影响。在对测点数据进行直接分析得到防撞栏杆后各车道的流场结构，如图3～图5。

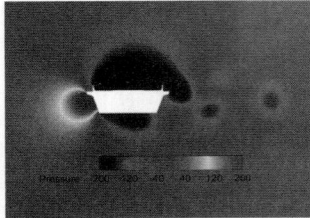

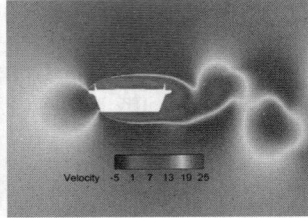

图3　流场压力云图　　　　图4　流场速度云图　　　　图5　流场涡量云图

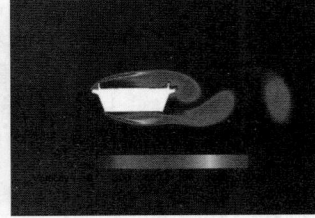

又对测点数据进行处理得到各车道的侧风折减系数以及主梁断面的三分力系数，详见图6、图7。由图可知，侧风折减系数在车道2处最小，同时随着防撞栏杆高度的增加，虽会产生波动但整体呈下降趋势；阻力系数随之上升，在防撞栏杆高度达到1.5m时，其阻力系数已经超过了1.5，而升力及升力矩系数绝对值随着防撞栏杆高度的增加呈下降趋势；再通过对比不同地貌的允许侧风折减系数选择合适的防撞栏杆高度。

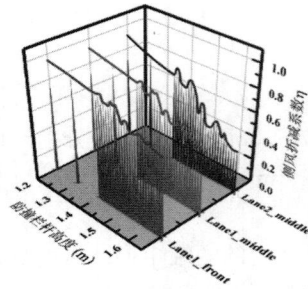

图6　侧风折减系数结果　　　　　　　　图7　三分力系数结果

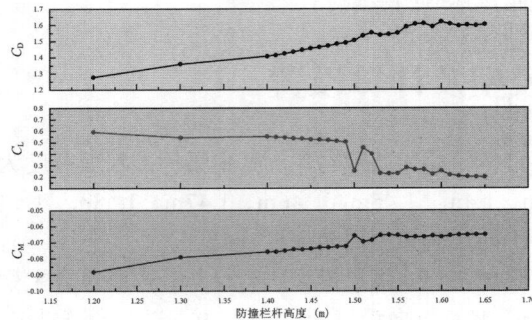

4　结论

通过分析防撞栏杆后各车道的流场结构、侧风折减系数以及三分力系数，得出以下结论：

（1）增加防撞栏杆高度可以改善桥面行车风环境，但是在这同时会伴随着桥梁风荷载的提高，则须考虑具体工程结构安全性来选择合适的防撞栏杆高度。

（2）随着地表越粗糙，行车风环境要求越高，实心防撞栏杆高度的最低限值也随之增大。

参考文献

[1] XUE F R, HAN Y, ZOU Y F, et al. Effects of wind-barrier parameters on dynamic responses of wind-road vehicle－bridge system[J]. Journal of Wind Engineering & Industrial Aerodynamics, 2022(206): 104367.

[2] 文颖, 何琪瑶, 严磊, 等. 椭圆形障条风障对桥面行车风环境影响的 CFD 研究[J]. 中国公路学报, 2024, 37(5): 289-299.

考虑风-车-桥耦合作用的行车安全评估

宋地伟[1,2]，钱长照[1,2]，刘　喆[1,2]

（1. 厦门理工学院土木工程学院　厦门　361024；

2. 福建省风灾害与风工程重点实验室　厦门　361024）

1　引言

桥梁是交通系统的关键组成部分，随着桥梁跨度的不断增大，桥梁在横风作用下会变得越来越敏感，高速行驶的车辆在受到较强的横向风作用的时会发生侧翻、侧滑、偏转等危险事故[1]。相比于地面行驶车辆，桥上车辆受到的气动绕流更为复杂，横风作用下，车桥系统不仅直接承受平均风作用和脉动风作用，还会与周围空气产生复杂作用。

本文将横向风、车辆、桥梁作为一个整体系统，考虑桥梁振动对桥上车辆的影响，利用静态模型分析并建立风-车-桥系统的基本方程。然后根据静态模型风致车辆事故评判标准推导出三种可能发生风致事故的临界风速公式。最后，通过风洞试验得到的车辆气动特性来评估桥梁行车的安全性。

2　车辆受力分析

考虑车辆在桥梁上行驶时受到横风作用及桥梁竖向加速度影响对车辆模型进行受力分析，如图 1 所示。

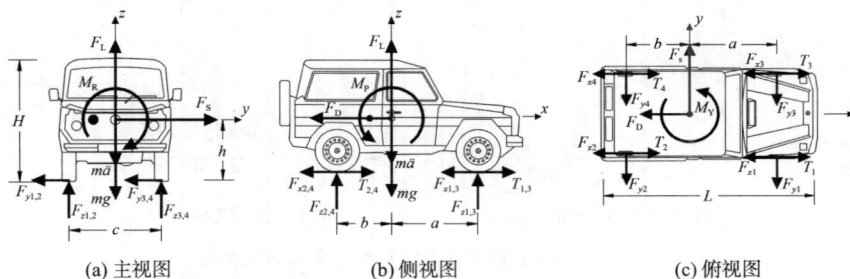

| (a) 主视图 | (b) 侧视图 | (c) 俯视图 |

图 1　车辆在桥面上三种视图下受到的力和力矩

通过对车辆进行受力分析，基于 D'Alembert 原理建立车辆平衡方程、约束方程、本构方程。通过对风-车-桥系统分析，求解方程后可以得到车辆的轮载力。通过风洞试验获得车辆的气动力和桥梁振动施加给车辆的竖向加速度，则可求解出横风作用下桥梁上车辆的轮载力。

3　风洞试验及行车安全评估

3.1　风洞试验

通过风洞试验可以得到桥梁和桥梁上车辆在不同风速下的响应和气动特性。为了研究车辆在桥上行驶时的气动特性，通过风洞试验测得车辆在桥上行驶时的气动力。然后根据经验公式计算出相应的气动力系数。为了预测更高风速下车辆的气动力系数，本文并通过多项式拟合得到气动力系数与风速之间的函数关系。横风引发的侧向风速垂直于车辆行驶方向，而车辆前进速度则在行驶方向上产生相应的风速，本文通过两个方向风速合成计算车辆气动力。

基金项目：国家自然科学基金项目（52178510）

3.2 桥梁行车安全评估

Batista[2]提出道路上行驶车辆安全的静态模型评判方法：

（1）侧翻：车辆一侧的轮胎接触力降低为零；

（2）侧滑：汽车所有轮胎的侧向力达到摩擦极限；

（3）偏转：当其中一个车辆轮轴达到摩擦极限。

通过上述评判方法，根据车辆轮载力可以得到一个桥上车辆发生事故时关于横风风速和车辆前进速度的等式，通过两者关系式可以进一步研究不同风速下车辆发生事故的临界速度。由于篇幅限制，本文以侧滑事故为例，如下式。

$$F_{y1} + F_{y2} + F_{y3} + F_{y4} = \mu(F_{z1} + F_{z2} + F_{z3} + F_{z4}) \tag{1}$$

$$\frac{2\mu m(g + \ddot{a})}{\rho A} = V_1^2(C_{S90} + \mu C_{L90}) + V_2^2(C_{S0} + \mu C_{L0}) \tag{2}$$

式中，F_i为车辆轮载力；μ为摩擦系数；m为汽车质量；g为重力加速度；$\ddot{a}$为桥梁振动加速度；ρ为空气密度；C_i为车辆的气动力系数；V_1和V_2为横风风速和车速。

3.3 风致车辆事故临界速度

本文将会根据上文推导出的桥梁行车安全评价准则来研究不同风险事故下车辆的临界速度限值。针对侧倾事故进行了不同风速下车辆的临界速度的预测，同时对比车辆在桥梁上和在道路上测得的车辆气动力系数对车辆临界速度的影响，如图 2 所示。

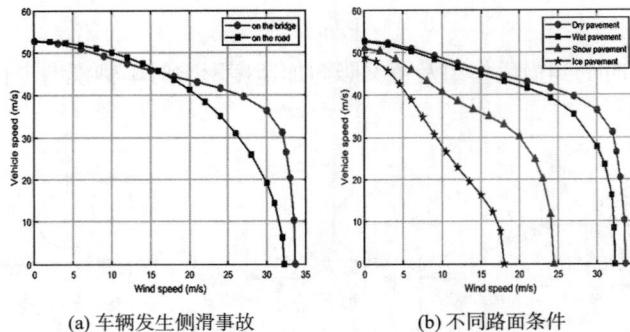

(a) 车辆发生侧滑事故　　　　(b) 不同路面条件

图 2　车辆在不同风速下发生侧滑事故时的车速

4　结论

本文主要研究了在风-车-桥系统下，考虑桥梁振动对桥上车辆的影响，推导出不同于道路车辆行车安全的桥梁行车安全评价方法。并通过考虑桥梁振动以及考虑不同风速下车辆气动力系数会发生变化这两个因素，提高了桥梁行车安全分析的可靠性。

参考文献

[1] 韩万水, 陈艾荣. 风-汽车-桥梁系统空间耦合振动研究[J]. 土木工程学报, 2007(9): 53-58.

[2] Batista M, Perkovič M. A simple static analysis of moving road vehicle under crosswind[J]. Journal of Wind Engineering and Industrial Aerodynamics, 2014, 128: 105-113.

泄压孔对高速铁路全封闭声屏障气动效应的缓解效果

吉晓宇，敬海泉，何旭辉

（中南大学土木工程学院 长沙 410075）

1 引言

近年来，高速列车的速度不断提高，铁路轨道附近的居民面临着愈加严重的噪声干扰问题。为了控制铁路产生的噪声污染问题，一般在运行线路两侧安装声屏障。根据声屏障的外形特点，可将其分为直立式、半封闭式和全封闭式三种类型。直立式声屏障结构简单、施工方便、占地面积小，目前已广泛应用于铁路建设中。然而，直立式声屏障由于其结构形式的局限性，不能阻挡列车上部产生的噪声，无法满足敏感区域和重要生态区域的降噪要求。全封闭式声屏障其密封性能和降噪性能更好，成为敏感区域和重要生态区域降噪方案的首选[1]。

由于全封闭声屏障良好的密封性能，当高速列车通过时，会产生与隧道结构类似的气动效应。当列车车头和车尾进入时，分别产生压缩波和膨胀波。这些压力波的扩散受到全封闭声屏障壁面的限制，在有限的空间内来回传播和叠加，造成了复杂的气动效应。列车导致的气动压力是高速铁路全封闭声屏障结构设计中的控制载荷之一[2]。因此，为了有效缓解全封闭声屏障内的气动压力，亟需设置泄压方案，对全封闭声屏障顶部泄压孔的缓解效果进行研究，以期为全封闭声屏障的设计提供新的思路。

2 数值模拟方法

采用三编组 CRH3 高速列车进行研究，列车模型见图 1。长为 81m、宽为 3.6m，高为 3.58m。为了提高计算效率，列车模型简化了受电弓、裙板和转向架等结构。全封闭声屏障模型截面见图 2，声屏障模型以实际工程中的高铁线路全封闭声屏障为原型。声屏障截面的高度和宽度分别为 9.13m 和 12.82m，轨道间距为 5m，长度为 318m，这是单列车通过时对应的最不利全封闭声屏障长度。

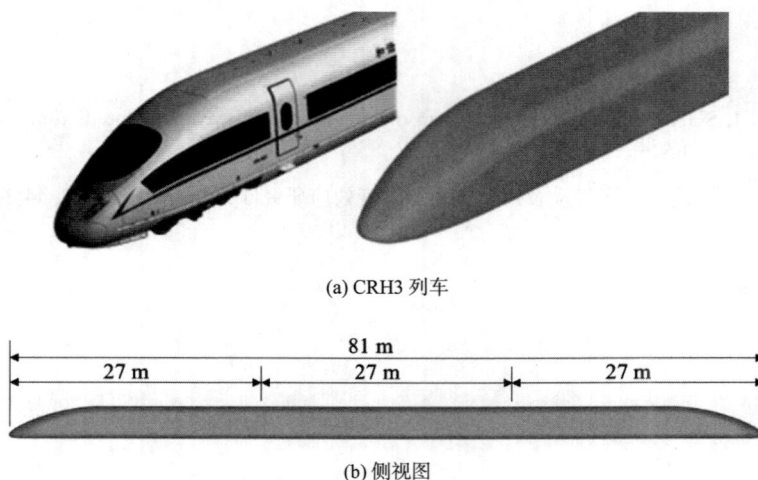

(a) CRH3 列车

(b) 侧视图

图 1 列车模型

基金项目：国家自然科学基金项目（5150XXXX）

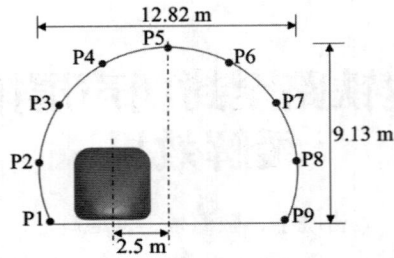

(a) 全封闭声屏障截面示意图

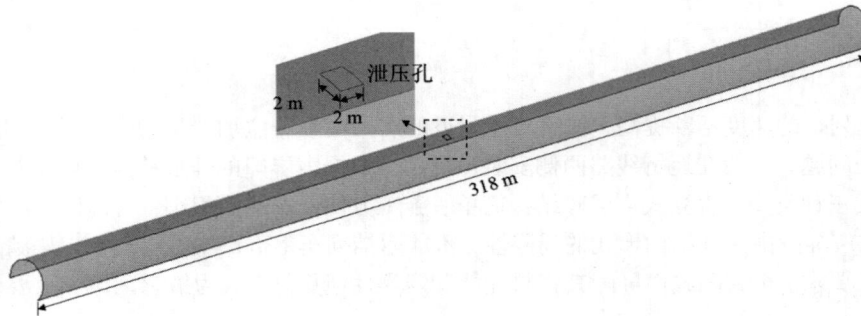

(b) 泄压孔示意图

图 2　全封闭声屏模型

3　结论

本文利用可压缩、非定常、RNG k-ε湍流模型，研究了泄压孔在全封闭声屏障上的应用，得到的结论如下：

（1）泄压孔对全封闭声屏障内压力波动的影响主要是由于压力波和列车经过泄压孔时产生的新压力波的传播，以及与原始压力波的叠加导致。

（2）泄压孔能明显缓解全封闭声屏障内的压力波动，压力波通过泄压孔时的透射系数与开孔率呈幂律关系。

（3）随着开孔率的增大，压力波动幅值的变化不是单调的。存在一个临界开孔率，使泄压孔对全封闭声屏障内压力波动的缓解效果最大。在本研究中，临界开口率为 0.08。

参考文献

[1]　IVANOV N, BOIKO I, SHASHURIN A. The problem of high-speed railway noise prediction and reduction[J]. Procedia Engineering, 2017, 189: 539-546.

[2]　李田, 秦登, 张继业, 等. 高速列车气动及声学行为的尺度效应研究[J]. 铁道学报, 2022, 44(2): 16-26.

湍流强度对山区大跨悬索桥车桥系统气动特性影响

梁浩博[1]，邹云峰[1,2]，张奕霖[1]，何旭辉[1,2]

（1. 中南大学土木工程学院 长沙 410075；

2. 轨道交通工程结构防灾减灾湖南省重点实验室 长沙 410075）

1 引言

复杂山区峡谷地形的风环境与平原地形存在较大的差异，大跨桥梁桥址处风环境非常容易受主梁两侧的地形影响，这使得桥址处的风环境更为复杂，通常呈现出明显的风速加速和高湍流效应[1]。处于湍流中的钝面截面往往表现出复杂的气动行为，其受湍流强度的影响很大。尽管之前有大量关于横风作用下车桥系统气动特性研究，但通常在平稳均匀来流下进行，对不同湍流强度下大跨桥梁车-桥系统气动特性的了解有限[2]。本文通过风洞试验研究了湍流强度对大跨度悬索桥车-桥系统气动特性的影响。采用三种格栅来产生不同湍流强度和恒定积分尺度的均匀湍流。分析了 4.88%～13.47%湍流强度范围内车桥系统三分力系数，列车表面风压的变化规律，并与 0%湍流强度进行了比较。

2 风洞试验

2.1 试验模型

桥梁刚性模型采用大跨悬索桥的主梁截面缩尺得到（图 1）。列车模型选用 CRH3 型列车的中车截面。列车的一些细节被忽略，例如轮组、转向架、受电弓。模型缩尺比为 1∶50。桥梁模型尺寸为长 1.8m，宽 0.5m，高 0.226m。列车模型尺寸为长 1.8m，宽 0.067m，高 0.07m。在列车模型表面布置 3 个截面共 96 个测压孔。其中测点更密集地布置在靠近列车迎风侧顶角的地方，预计这些区域的压力波动更大。风洞试验段堵塞率小于 5%，满足桥梁抗风规范规定。为了避免风洞底部边界层对试验结果的影响，将模型安装在金属支架上，模型底部与风洞地面距离为 1.2m。在模型两侧分别插入两个端板，避免端部效应并保证二维流动。

图 1 风洞试验节段模型

2.2 风场特性

分别利用 3 个具有不同网格和木板尺寸的格栅来生成具有不同I_u和相似L_u的湍流流场的风场。I_u和L_u会随着模型与网格距离的增加分别减小和增大。因此，通过调整模型中心线与格栅之间的距离来获得目标湍流

国家自然科学基金项目（52078504，51925808），湖南省杰出青年科学基金（2022JJ10082）

场。采用用于湍流动态测量的眼镜蛇探头同时测量三个方向上流场和风的波动。采样时间为 600s，采样频率为 1024Hz。需要注意的是，流场是在空风洞中测量的，以避免模型引起的扰动。图 2 将模型位置实测风谱与基于 von Karman 模型的理论计算结果进行了对比。结果表明，实测的纵向湍流功率谱与 von Karman 模型计算结果一致，证实了所产生湍流的均匀性和各向同性。

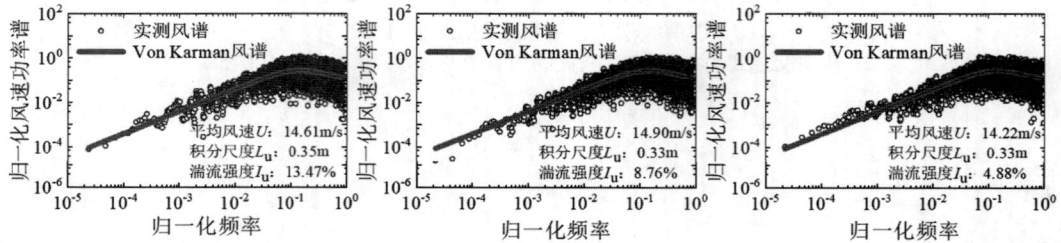

图 2 不同湍流强度纵向湍流功率谱

3 结果分析

图 3 比较了车-桥系统在不同湍流强度下的气动特性。可以观察到，列车的阻力系数随着湍流强度的增大而减小。值得注意的是，当 I_u 达到 13.47%时，阻力系数比平稳流动时降低了 18.90%。因此，在风洞试验中需要保证 I_u 的模拟精度，这对列车的气动特性影响较大。同时，分析了不同流场条件下列车表面平均压力的分布。如图 3（c）所示，湍流强度 I_u 主要影响列车迎风侧压力系数。可以发现，增加 I_u 会降低迎风侧压力，导致阻力系数明显降低。

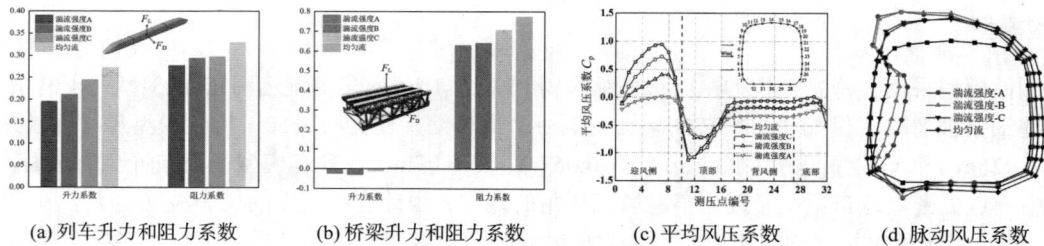

(a) 列车升力和阻力系数   (b) 桥梁升力和阻力系数   (c) 平均风压系数   (d) 脉动风压系数

图 3 车-桥系统气动特性

4 结论

列车的升力系数和阻力系数以及桥梁的阻力系数随湍流强度的增大而减小；列车迎风面正压和背风面负压均随紊流度的增加而减小。建议在风洞试验中保证 I_u 的模拟精度。

参考文献

[1] ZOU Q, LI Z, ZENG X, et al. The analysis of characteristics of wind field on roof based on field measurement[J]. Energy and Buildings, 2021, 240: 110877.

[2] 刘路路, 邹云峰, 何旭辉, 等. 风屏障对公铁同层桁架桥-列车系统气动特性的影响 （英文）[J]. Journal of Central South University, 2022, 29(8): 2690-2705.

[3] LI S, LIU Y, LI M, et al. The effect of turbulence intensity on the unsteady gust loading on a 5∶1 rectangular cylinder[J]. Journal of Wind Engineering and Industrial Aerodynamics, 2022, 225: 104994.

基于多点实测风速与 EEMD-TCN-GMM 模型的桥梁行车风速多级预警

朱品熹[1]，吴　波[1,2]，李双江[1,2]，刘家龙[1]

（1. 重庆交通大学土木工程学院　重庆　400074；
2. 重庆交通大学山区桥梁与隧道工程国家重点实验室　重庆　400074）

1　引言

大跨度悬索桥固有频率低、阻尼比小，易发生各种形式的风致振动问题[1]。风、车辆和桥梁之间复杂的动态耦合作用，致使车辆发生安全事故的风险增加[2]，通过风速预警可以提前采取应急措施，保障行车安全[3]。既有桥梁风速预警方法依赖于桥梁健康监测系统中单点风速监测数据与规范给定的限值。然而，这些方式往往因风速监测测点数目限制，预警阈值固定缺乏针对性等问题，导致不能对桥梁环境风速进行准确预警，从而不利于行车风速预警。因此，开展桥梁多监测测点风速预测及预警研究，提出具有针对性的桥梁行车风速多级预警策略，对保障桥梁行车安全具有重要的科学研究意义与工程应用价值。

2　研究方法

本文提出一种基于多点实测风速与 EEMD-TCN-GMM 混合模型的桥梁行车风速多级预警创新方法。首先，利用 EEMD 对桥跨方向不同位置的风速进行分解，将分解得到的模态函数与残差输入 TCN 模型中进行训练，把全部数据的 80% 作为训练集，20% 作为验证集。训练结束后，将模态函数与残差的预测结果相加，即可得到每个测点风速最终的预测值。然后，将风速的实测值与预测值做差可以得到随机影响误差，通过 GMM 对风速预测值与随机影响误差进行聚类，并建立两者的联合概率密度，获取每个测点的概率性预测风速。对风速预测值取 80%、90%、99% 三个置信水平来得到相应的置信区间，利用预测区间覆盖概率（PICP）、平均覆盖误差（ACE）、预测区间归一化平均宽度（PINAW）和基于覆盖宽度的准则（CWC）四个指标评价置信区间的可靠性与准确性。最后，将全桥同一时刻所有测点预测风速的最大值作为该时刻的预警风速，将不同环境下多种车辆的安全行车风速作为相应车辆的风速三级预警阈值，当计算出某种车辆风速预警概率达到 80% 时，对这种车辆进行风速预警。

3　工程应用

本文以某大跨悬索桥为工程实例，获取其 5 个测点 30h 的风速数据，分别运用 EEMD-TCN 模型与 GRNN、LSTM、TCN、EMD-TCN 模型对实测风速数据进行预测并对比分析预测效果。以 2 号风速监测测点为例，绘出模型训练完成得到的预测结果，如图 1（a）所示，可以看出 EEMD-TCN 模型预测曲线与实测曲线，没有出现明显的相位差，最符合实际风速演变趋势，GRNN、LSTM、TCN、EMD-TCN 模型得到的预测曲线明显右移，产生较大偏差，证明基于分解-集成-预测三阶段策略对风速的预测精度更高。建立 EEMD-TCN 模型的预测风速与误差的联合概率密度，如图 1（b）所示，可以发现预测误差均匀分布在 0 周围，误差较小且集中，所提模型概率性预测效果好。

基于课题组进行的风-车-桥耦合振动分析，得到小轿车、小客车、中型客车、大型客车、厢式货车和集

基金项目：国家自然科学基金项目（52108435），重庆交通大学研究生科创项目（2024S0012）

装箱车在不同环境下的安全行车最大风速。以此风速划分出每种车辆的蓝色、橙色、红色风速三级预警区间，当计算出某种车辆风速预警概率达到 80%时，对这种车辆进行风速预警，实现了恶劣环境下不同类型车辆的风速三级预警。将仅采用单个风速测点进行多级预警与采用桥跨多个风速测点进行多级预警的结果作对比研究。以积雪环境下大型客车的风速预警为例，计算两种方法各自触发预警的概率如图 2 所示。可以看出，多测点风速预警方法有效弥补了时间段 1 内的漏报，时间段 2 内的误报。

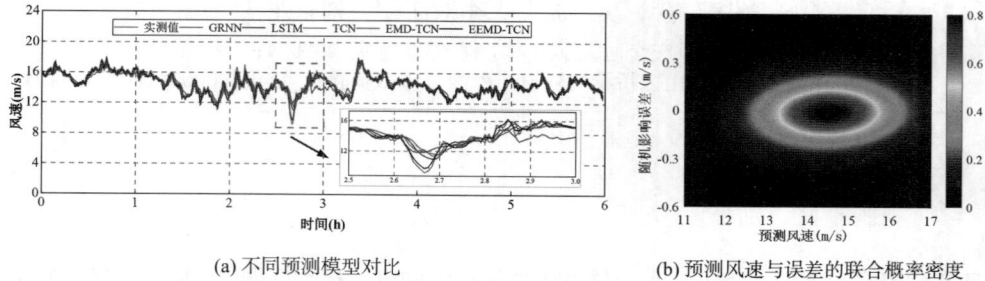

(a) 不同预测模型对比　　　　　　　(b) 预测风速与误差的联合概率密度

图 1　2 号监测点风速预测结果分析

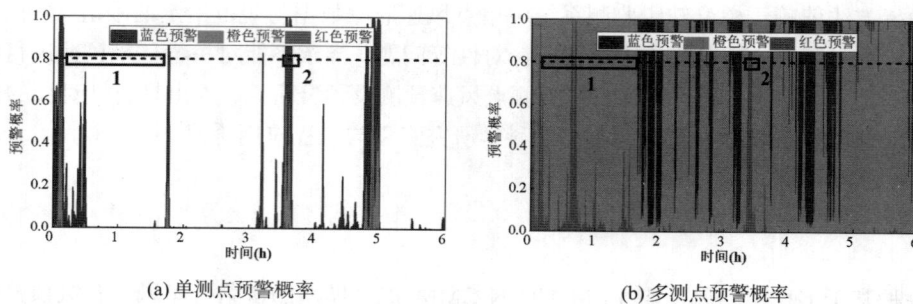

(a) 单测点预警概率　　　　　　　(b) 多测点预警概率

图 2　积雪环境下大型客车风速预警概率

4　结论

本文的主要结论如下：（1）提出了一种基于分解-集成-预测一体化的桥梁风速预警策略。对比了 EEMD-TCN 模型与 GRNN、LSTM、TCN 模型对风速的预测效果，证明了 EEMD-TCN 模型对风速序列具有更高的预测精度。（2）通过多种车辆的安全行车风速得到相应车辆各自由低到高的蓝色、橙色和红色三级风速预警区间，实现了恶劣环境下不同类型车辆的风速多级预警（3）基于桥梁行车方向多个监测测点的预测风速，将同一时间每个测点风速的最大预测值进行融合，相比于单一测点预警，可以极大程度避免误报、漏报情况的发生。

参考文献

[1] JING Q, SHAN Y, ZHANG L, et al. Typhoon-and temperature-induced responses of a cable-stayed bridge[J]. Advances in Structural Engineering, 2024, 27(16): 2773-2789.

[2] ZHOU Y, CHEN S. Fully coupled driving safety analysis of moving traffic on long-span bridges subjected to crosswind[J]. Journal of Wind Engineering and Industrial Aerodynamics, 2015, 143: 1-18.

[3] HAN W, YANG G, CHEN S, et al. Research progress on intelligent operation and maintenance of bridges[J]. Journal of Traffic and Transportation Engineering (English Edition), 2024.

大跨桥梁桥塔区行车安全及风屏障数值模拟研究

冯耀恒 [1,2,3]，刘志文 [1,2,3]，陈政清 [1,2,3]

（1. 桥梁工程安全与韧性全国重点实验室 长沙 410082；
2. 风工程与桥梁工程湖南省重点实验室 长沙 410082；
3. 湖南大学土木工程学院 长沙 410082）

1　引言

近年来，风致行车安全事故频繁发生，由于桥面横风的影响使车辆所受的横向力成倍增大，造成车辆横向失稳而发生交通事故[1]。Zhou[2]研究认为桥塔附近风速迅速增加，桥塔对桥面风环境的影响区长度约为桥塔宽度的 7 倍。Rocchi[3]研究认为桥塔附近安装风障能够显著降低车辆侧翻风险。文颖[4]通过数值模拟研究风障参数最优方案，认为 52%透风率效果最优。本文以某钢混箱桁组合梁斜拉桥为工程背景，采用 CFD 数值模拟方法，研究侧风作用下主梁桥塔区行车风环境，并尝试通过布置不同长度竖式和横式风屏障改善行车风环境。

2　数值模拟

该桥为公铁分层钢混箱桁组合梁斜拉桥，上层为双向八车道城市快速公路，下层为四线高速铁路。主梁标准横断面以及风速监测点位置如图 1 所示。风速监测点以等间距（0.125m）形式布置于各车道中心线高度 0～5m 范围内，测点沿桥纵向间隔为 10m。数值模拟使用简化三维几何模型以及表面网格划分如图 2 所示。主梁为以桥塔为中心的节段模型，长度为 137.5m（风屏障长度为 90m 工况，主梁长度为 300m）。数值模拟不同模型网格数量在 800 万～1300 万之间。计算域示意图及边界条件设置如图 3 所示。

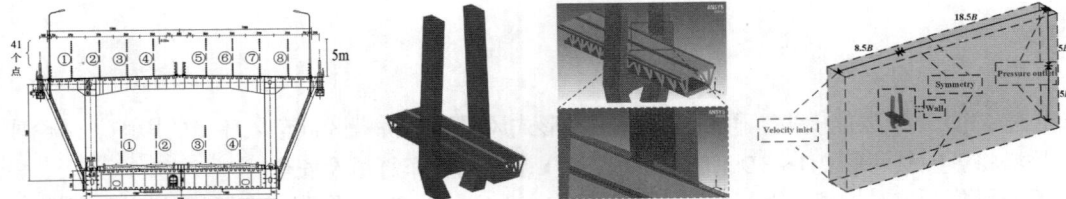

图 1　主梁标准横断面及风速监测点　　图 2　三维简化模型及模型面网格　　图 3　计算域示意图

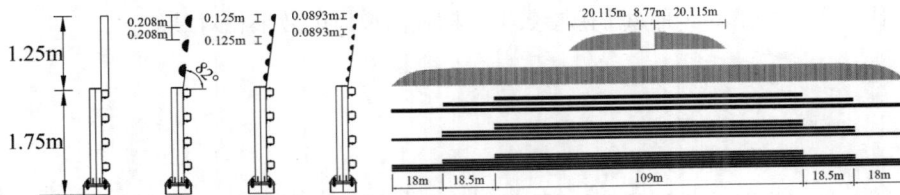

图 4　各风屏障示意图

计算工况具体参数　　　　　　　　　　　　　　　　　　　　　　　表 1

工况	风屏障形式	风屏障最高处高度（m）	风屏障长度（m）	风障数量（条）	透风率（%）
1	无桥塔	—	—	—	—
2	无屏障	—	—	—	—
3	竖条型	3	20	—	50
4	竖条型	3	90	—	50

基金项目：国家自然科学基金项目（52178475，51778225）

工况	风屏障形式	风屏障最高处高度（m）	风屏障长度（m）	风障数量（条）	透风率（%）
5	横条型	3	90	3	50
6	横条型	3	90	5	50
7	横条型	3	90	7	50

为研究不同风屏障对桥塔区行车风环境的影响，对比了布置不同风屏障时桥面风速影响系数的变化。具体计算参数如表 1 所示。其中风屏障为竖条型和横条型两种，风屏障高度均为 3m，透风率均为 50%。其中竖条型风屏障长度为 20m 和 90m 两种，横条型风屏障长度均为 90m，风障条数为 3、5 和 7 条。

3　数值模拟结果分析

图 5 为主梁上层公路车道 1 不同高度范围（2.5m 和 5m）以及主梁下层铁路车道 1 高度 5m 范围桥面风速影响系数。工况 2 公路 2.5m 高度车道 1 风速折减系数最大值位置处相较于工况 1 分别增大了 107.3%，桥塔区风速突变较大。图 5（a）、（b）中无风屏障时，桥塔两侧 5m 和 2.5m 风速影响系数最大分别为 1.03 和 0.85。布置 7 道横条型风屏障后桥塔两侧最大风速影响系数分别 0.88 和 0.72，风速影响系数降低 14.6%和 15.3%，合理布置风屏障可提高行车安全性。图 5（c）为铁路 5m 高度范围风速影响系数，由于桁架主跨与边跨每节桁架长度不一致，故图中桥塔两侧曲线差异较大。分析图中−150～0 左侧曲线，主梁下层桥塔两侧风速突变现象较弱，分析是由于桁架斜腹杆所致。

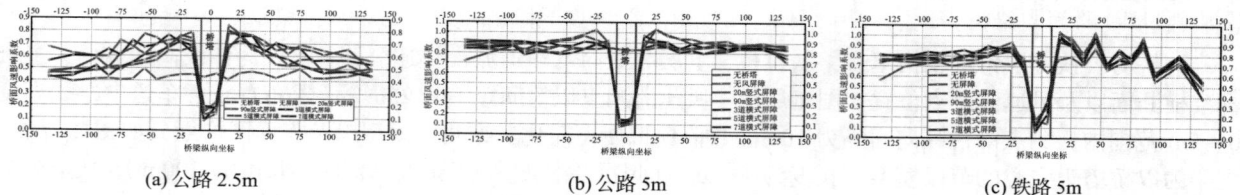

(a) 公路 2.5m　　　　　　　　(b) 公路 5m　　　　　　　　(c) 铁路 5m

图 5　公路车道 1 和铁路车道 1 桥面风速影响系数

4　结论

本文通过 CFD 三维数值模拟，研究了布置不同形式风屏障对桥塔区行车风环境的影响。结论如下：

（1）桥塔将影响其两侧 $7D\sim8D$（D 为桥塔宽度）范围内行车舒适及安全。

（2）不同风障措施对桥塔附近区域桥面风环境均有一定的改善，桥塔附近布置横条型风屏障相较与竖条型风屏障有较好的过度性。

（3）经过对比，本文提出的 5 种风屏障参数中，横式 7 道风障效果相对最佳。

参考文献

[1] BAKER C J. Ground vehicles in high cross winds part I: Steady aerodynamic forces[J]. Journal of Fluids and Structures, 1991, 5(1): 69-90.

[2] ZHOU Q, ZHU L D. Numerical and experimental study on wind environment at near tower region of a bridge deck[J]. Heliyon, 2020, 6(5).

[3] ROCCHI D, ROSA L, SABBIONI E, et al. A numerical–experimental methodology for simulating the aerodynamic forces acting on a moving vehicle passing through the wake of a bridge tower under cross wind[J]. Journal of Wind Engineering and Industrial Aerodynamics, 2012, 104: 256-265.

[4] 文颖, 何琪瑶, 严磊, 等. 椭圆形障条风障对桥面行车风环境影响的 CFD 研究[J]. 中国公路学报, 2024, 37(5): 289-299.

高速磁浮列车-桥梁-风耦合系统间隙反馈控制
时滞影响研究

卜秀孟，王力东，韩　艳

（长沙理工大学土木工程学院 长沙 410114）

1　引言

磁浮交通系统利用电磁力实现列车与轨道之间的无接触悬浮与导向，具有安全、便捷、高效、绿色等优点[1]。铁路长期运营经验表明，横风是引发列车行车安全事故的重要因素之一[2]。相较于轮轨列车，由于高速磁浮列车的运行速度更高、外形构造更复杂、同等车厢长度下受风面积更大，导致其对横向风荷载的敏感性远超轮轨列车。此外，时滞在实际工程中不可避免，其会使系统发生共振、分岔等复杂动力学行为，危害列车运行安全。因此，明确控制时滞对高速磁浮列车-桥梁-风系统耦合振动响应的影响，对准确评估风荷载作用下桥上磁浮列车的运行安全性具有重要意义。本文推导了时滞电磁力计算公式，建立了考虑控制时滞的高速磁浮列车-桥梁-风系统耦合振动模型，并对模型正确性进行了验证。以 5 节编组高速磁浮列车以 430km/h 车速通过 10 跨简支梁桥为例，分析了不同风速和控制参数下控制时滞对列车和桥梁动力响应的影响。

2　考虑控制时滞的高速磁浮车-桥-风系统耦合振动模型

在本文的研究中，车辆模型由 n 节相同的车厢组成，每个车厢由车体、摇杆、转向架、悬浮电磁铁和导向电磁铁五个部分组成，自由度为 $109n - 8$。桥梁模型为单线布置的多跨简支梁桥，标准跨度为 24.768m。风荷载由风洞试验中测得的三分力系数通过准定常理论计算得到，测压试验布置如图 1 所示。为方便分析，本文假定悬浮系统的时滞全部发生在控制环节。时滞传递函数表达式为 $G_\tau(s) = \mathrm{e}^{-\tau_0 s}$，平衡点线性化之后表达式变为 $G_\tau(s) = 1/(\tau_0 s + 1)$[3]。可以得出考虑控制时滞的单电磁铁闭环系统框图，如图 2 所示。

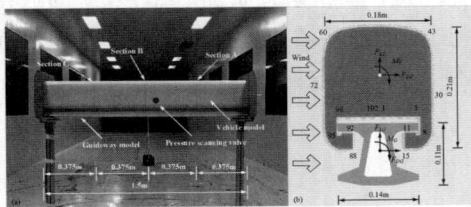

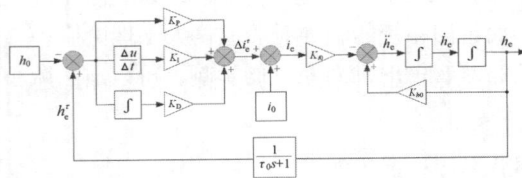

图 1　风洞试验布置　　　　　图 2　考虑间隙反馈时滞的闭环系统框图

考虑控制时滞的高速磁浮列车-桥梁-风系统耦合振动方程如下：

$$\begin{bmatrix} M_T & 0 \\ 0 & M_B \end{bmatrix} \begin{bmatrix} \ddot{U}_T \\ \ddot{U}_B \end{bmatrix} + \begin{bmatrix} C_T & C_{TB} \\ C_{BT} & C_B \end{bmatrix} \begin{bmatrix} \dot{U}_T \\ \dot{U}_B \end{bmatrix} + \begin{bmatrix} K_T & K_{TB} \\ K_{BT} & K_B \end{bmatrix} \begin{bmatrix} U_T \\ U_B \end{bmatrix} = \begin{bmatrix} F_{TB} + F_T^W \\ F_{BT} + F_B^W \end{bmatrix} \tag{1}$$

式中，M、C 和 K 分别为质量、阻尼和刚度矩阵；U、$\dot{U}$ 和 $\ddot{U}$ 分别为位移、速度和加速度向量；F_T^W 为作用于车辆模型中的风荷载；F_B^W 为作用于桥梁模型中的风荷载。

3　模型验证

以上海高速磁浮线为背景，通过与实测结果对比验证本文计算模型的正确性，结果如图 3 所示。可以看

基金项目：国家自然科学基金项目（52478494，52208459）

出，位移分别为 1.63mm 和 1.57mm，相对误差仅为 3.8%；动力系数趋势基本一致；车体竖向和横向加速度幅值误差较小。数值模拟结果与实测结果吻合良好，说明本文建立的高速磁浮车-桥模型具有良好的计算精度。

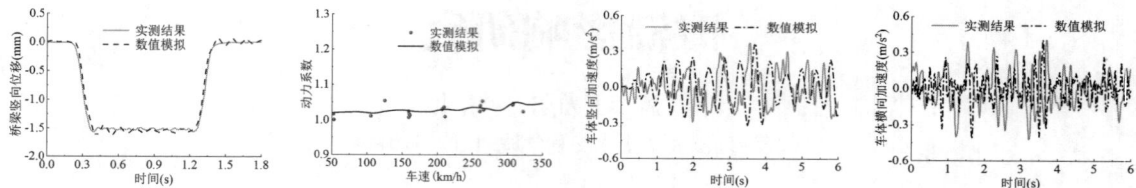

图 3　车-桥系统动力响应数值模拟与实测结果对比

4　案例分析

本节计算了不同风速和时滞下车辆和桥梁动力响应，计算条件与模型验证中的一致，部分计算结果如图 4 所示。从图中可以看出，车体横向加速度随风速和时滞的增大而增大，桥梁横向加速度随风速的增大而增大，随时滞增大呈先减小后增大变化。此外，风速越大时滞对车体横向加速度的影响也越大，减小 K_P 和 K_I 或增大 K_D 可以减小时滞的影响。

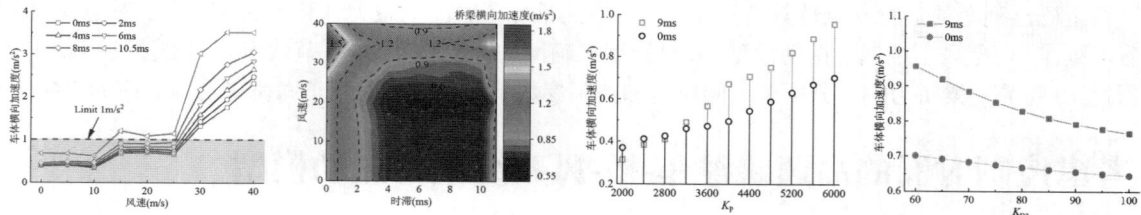

图 4　不同风速和时滞下的车-桥动力响应

5　结论

本文通过建立考虑控制时滞的高速磁浮列车-桥梁-风系统耦合振动模型，计算了不同风速、时滞和控制参数下车辆和桥梁的动力响应，主要结论如下：（1）对于高速磁浮车-桥系统而言，悬浮系统的临界时滞与理论值接近，而导向系统的临界时滞值略大于理论值。（2）控制时滞的存在会降低列车安全平稳运行的风速阈值。（3）为减小控制时滞对系统的影响，可以适当减小比例和积分增益系数或增大微分增益系数。

参考文献

[1]　SU X, XU Y, YANG X. Neural network adaptive sliding mode control without overestimation for a maglev system[J]. Mechanical Systems and Signal Processing, 2022, 168(1): 108661.

[2]　WANG L, ZHANG X, LIU H, et al. Global reliability analysis of running safety of a train traversing a bridge under crosswinds[J]. Journal of Wind Engineering and Industrial Aerodynamics, 2022, 224: 104979.

[3]　FENG Y, ZHAO C, WU D, et al. Effect of levitation gap feedback time delay on the EMS maglev vehicle system dynamic response[J]. Nonlinear Dynamics, 2023, 111(8): 7137-7156.

横风作用下大跨度钢桁梁悬索桥上高边车辆行车安全性分析

李嘉隆[1]，严　磊[1,2,3]，何旭辉[1,2,3]

（1. 中南大学土木工程学院　长沙　410075；

2. 高速铁路建造技术国家工程研究中心　长沙　410075；

3. 轨道交通工程结构防灾减灾湖南省重点实验室　长沙　410075）

1　引言

随着高速公路网络的不断延伸，越来越多大跨度桥梁被建造在易受强风影响的地形上。桥面处的风速往往较大，强风荷载会显著威胁桥上车辆的行车安全。Zhang 等[1]基于数值分析和风洞试验研究了箱梁和车辆之间的气动干扰效应，结果表明气动干扰效应会显著影响车辆的气动力以及行车安全性。然而，对于车辆在钢桁梁桥上的气动力和行车安全性研究较少。本文以主跨 965m 的钢桁梁悬索桥和高边厢式货车为研究对象，通过风洞试验获得桥面上不同车道处车辆的气动力，并分析了车道、路面不平顺等级和风速对车辆行车安全性的影响。

2　试验概况和结果

试验在中南大学 CSU-1 风洞高速段均匀流场中进行，测试风速为 20m/s，通过六分力天平 Mini40 分别测量静止车辆在不同车道位置的气动力系数，如图 1 所示。采用补偿段和仅测试大于 45°风偏角的方式来进行减小模型端部旋涡的影响，故可不设置挡板。

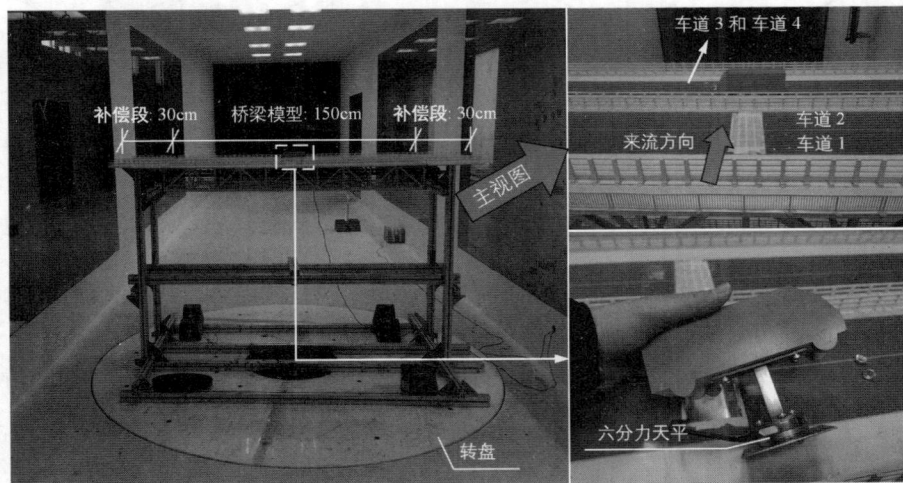

图 1　风洞试验模型

车辆的气动力系数是关于风偏角的函数，采用与 Yan 等[2]相同的定义方向，可表示为：

$$C_S = \frac{2F_S}{\rho U_R^2 A}, \quad C_L = \frac{2F_L}{\rho U_R^2 A}, \quad C_R = \frac{2M_R}{\rho U_R^2 A h_v} \tag{1}$$

式中，F_S、F_L和M_R分别为车辆的侧向力、升力和侧倾力矩；ρ为空气密度；U_R为车辆的合成风速；A为车辆

基金项目：国家自然科学基金项目（52178516），湖南省自然科学基金项目（2023JJ20073）

的前投影面积；h_v 为车辆重心的高度。不同车道处车辆的气动力系数如图 2 所示。车道位置会显著影响车辆的气动力系数，而背风侧车辆的气动力系数基本一致。

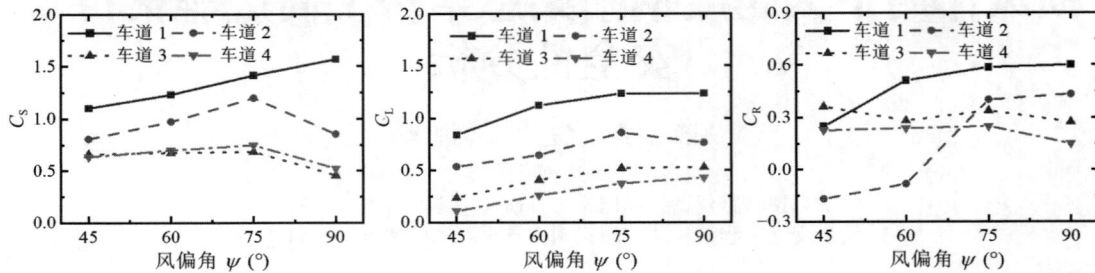

图 2　不同车道位置对车辆气动力系数的影响

3　车辆行车安全性分析

由于高速公路会定期对桥面进行保养，本文仅考虑非常好（A），好（B）和一般（C）的路面等级，并进行插值得到 A2 和 B2 路面等级。基于 ANSYS 的重启动技术[2]求解风-车-桥耦合振动响应，不同路面等级和风速下高边车辆的事故风险系数如图 3 所示。

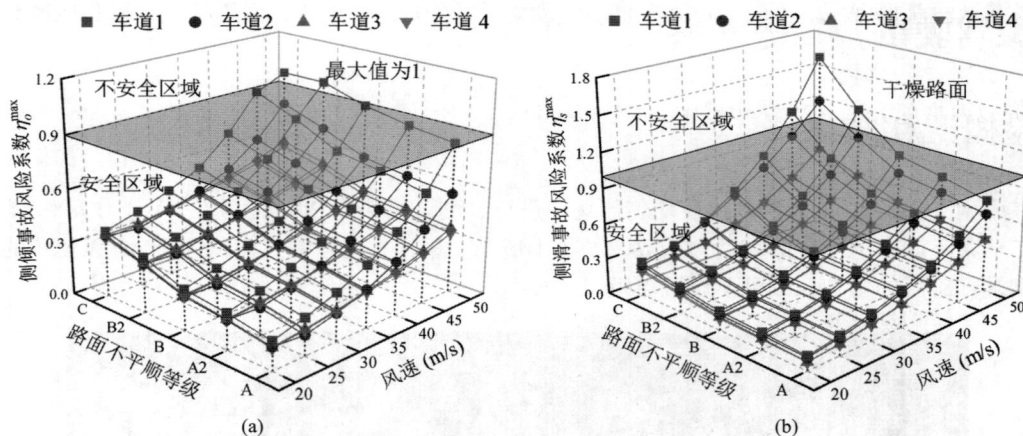

图 3　路面不平顺和风速对车辆事故风险系数的影响：（a）侧倾事故；（b）侧滑事故

4　结论

（1）桥梁与车辆间的气动干扰效应显著，迎风位置处车辆的侧向力系数、升力系数和侧倾力矩系数远大于背风侧车辆。由于空气管道效应，车道 2 处车辆的气动力变化显著。

（2）路面不平顺对车辆侧倾事故风险系数的影响较大，风速则对侧滑事故风险系数的影响较大。相较于侧倾安全事故，厢式货车由于侧面积较大更容易发生侧滑事故。迎风侧车道 1 位置处车辆发生行车安全事故的概率远大于其余车道。

参考文献

[1]　ZHANG J M, ZHU C, MA C M. Driving safety analysis of wind-vehicle-bridge system considering aerodynamic interference[J]. Journal of Wind Engineering and Industrial Aerodynamics, 2024, 245: 105649.

[2]　YAN L, LI J L, HE X H, et al. Ride comfort assessment of road vehicles on a long-span truss girder suspension bridge under crosswinds[J]. Engineering Structures, 2025, 322: 119112.

基于虚拟驾驶的涡振行车舒适度评价

付以恒[1]，崔　巍[1,2]，赵　林[1,2,3]

（1. 同济大学土木工程防灾减灾全国重点实验室　上海　200092；
2. 同济大学桥梁结构抗风技术交通运输行业重点实验室　上海　200092；
3. 广西大学工程防灾与结构安全教育部重点实验室　南宁　530004）

1　引言

大跨度桥梁风致涡激共振是一种发生在较低风速下的自限幅振动。桥梁涡振一般对结构安全性影响较小，但是结构的大幅振动可能会影响行车的安全性和舒适性，并会引发公众心理恐慌[1]。本研究通过虚拟驾驶试验，采集涡振过程中人体生理信号与主观评价，建立了基于加速度和频率组合的涡振行车舒适度概率评价模型。相比传统仅依赖标准的研究方法，突出了动态驾驶场景下的即时反应与个体差异，填补了涡振舒适度评估中试验数据的空白。

2　虚拟驾驶试验设计

本研究以西堠门大桥为背景（图1），借助同济大学8自由度驾驶模拟器（图2），构建涡振驾驶场景。试验设计包含5种工况：首先进行试驾工况以熟悉环境，随后设置4种涡振工况，分别为涡振频率0.23Hz和0.32Hz，涡振振幅0.2m和0.3m的组合。试验工况的顺序设计遵循正交试验原则。驾驶过程中利用心电和皮肤电传感器测量人体手指处的皮肤电和心电信号，见图3。通过桥梁后被试需填写主观调查问卷，问卷采用Borg表[2]，将舒适程度从0~10分打分，并将大于3分的统一视为不舒适。

图1　西堠门大桥虚拟场景

图2　同济大学驾驶模拟器

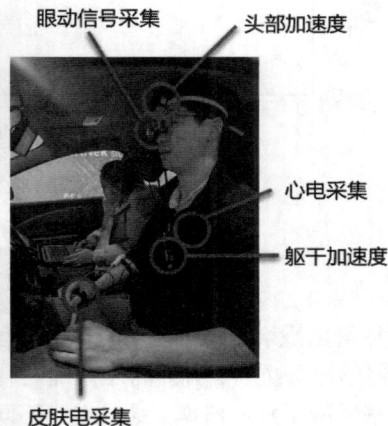

图3　传感器布置

3　数据分析与讨论

3.1　生理信号特征提取与归一化

采用划窗法提取生理信号特征，窗口长度40s，滑动间隔为10s。利用皮电信号提取皮肤电导水平均值、

基金项目：国家重点研发计划（2022YFC3005301）

均方根、电导反应峰值等 10 个特征，利用心电信号提取心率变异性时域、频域及非线性共 63 个特征[3]。最终从 14 个被试结果提取 328 个窗口和 73 个生理特征。涡振工况的生理特征基于被试在试驾工况通过主梁段的生理特征进行归一化。

$$X_{i,\mathrm{D}} = \frac{X_i}{X_{i,\mathrm{test}}} \tag{1}$$

3.2 降维、采样与概率化评估

生理特征归一化后利用主成分分析（PCA）压缩特征，并利用压缩后的特征结果训练 SVM 分类器。通过遍历不同的压缩特征数量同时取得尽量少的特征与较好的训练效果。当压缩到 6 个特征时，最佳 SVM 分类器准确率达到 0.95，F1 值为 0.82。在给定车辆竖向加速度均方根和涡振频率区间的基础上，计算相应特征分布及其 Copula 函数，并通过拉丁超立方采样生成样本点。结合训练好的 SVM 分类器，预测不同加速度及涡振频率下的行车不舒适概率。计算流程图见图 4。基于西堠门大桥涡振虚拟场景得到的涡振不舒适概率评估结果见图 5。

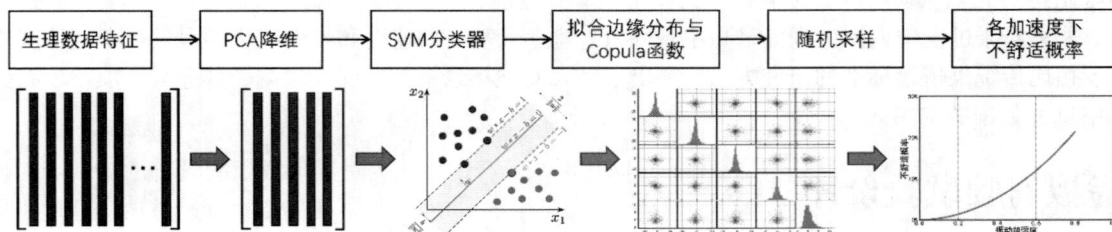

图 4　分析流程

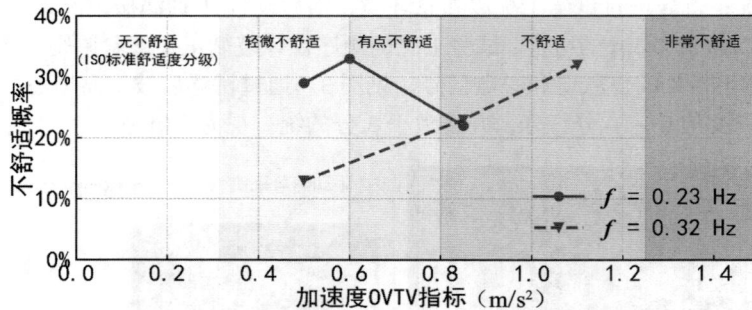

图 5　不同加速度与涡振频率下的涡振不舒适概率

4　结论

本研究提出了一种量化桥梁涡振状态下行车舒适度的方法。通过虚拟驾驶试验，结合驾驶人主观评价和生理信号，建立了机器学习分类器，并获得了压缩后特征随加速度和频率的分布。利用训练好的分类器计算不同加速度和涡振频率下的不舒适概率。结果表明不同频率对驾驶员的影响不同，并非单一的不舒适概率随频率增加而增大。涡振振幅达到 0.3m 时，行车不舒适概率将超过 30%。

参考文献

[1]　陈政清, 黄智文. 大跨度桥梁竖弯涡振限值的主要影响因素分析[J]. 中国公路学报, 2015, 28(9): 30-37.

[2]　BORG G. Borg's perceived exertion and pain scales.[M]. Champaign, IL, US: Human Kinetics, 1998: viii, 104.

[3]　MAKOWSKI D, PHAM T, LAU Z J, et al. NeuroKit2: A Python toolbox for neurophysiological signal processing[J]. Behavior Research Methods, 2021, 53(4): 1689-1696.

风致多重灾害问题

公路半路堑式积雪平台数值模拟研究

白　宇，李方慧

（黑龙江大学建筑工程学院 哈尔滨 150086）

1 引言

在交通运输领域，尤其是在高寒地区，积雪对公路交通的影响是一个不容忽视的问题。积雪不仅会增加行车风险，还可能导致交通中断，严重影响区域间的联系与经济发展。公路路堤和路堑是容易形成风雪害的两种断面形式[1-4]，其中半路堑形式更是由于其构造形式及普遍性成为最易形成风雪灾害的路基断面形式之一。已有研究表明[5-6]，当风雪流通过背风半路堑时，由于过流断面增大，首先会在迎风坡坡肩处形成附面层分离，速度产生了明显的分界线；其次会在迎风坡坡脚处形成一个明显的减速区；当风雪流通过背风半路堑时，由于过流断面增大，首先会在迎风坡坡肩处形成附面层分离，速度产生了明显的分界线；其次会在迎风坡坡脚处形成一个明显的减速区。

针对公路半路堑风吹雪灾害问题，本文基于欧拉-欧拉方法，假定空气相和雪相均为连续相，采用 Mixture 模型和 k-kl-ω 湍流模型模拟了不同深度、不同宽度半路堑积雪平台的风致雪漂移。

2 模拟方法介绍

2.1 控制方程

孙芳锦通过模拟不同形状的大跨度双曲屋盖的风致雪漂移，计算结果与实测结果拟合较好，验证了 Mixture 模型模拟风吹雪运动的可行性。故本文采用基于 Euler-Euler 方法的 Mixture 模型。

2.2 边界条件

入口采用速度入口边界条件，本文忽略雪相对空气相的影响，雪相和空气相采用相同入口速度，风剖面选用对数率风剖面出口采用自由出流边界；计算域底面及模型采用无滑移壁面边界，壁面粗糙度常数 C_s = 0.5，粗糙高度 K_s = 0.0002m；计算域顶面采用对称边界。

3 积雪平台宽度的影响

为深入探究不同宽度的积雪平台对风雪流运动的影响，本文对设有深度 H 为 1.5m，宽度 L 为 3m、4m、5m、6m 积雪平台的四种背风半路堑进行数值模拟，以探究不同宽度的积雪平台对风雪流运动的影响，在此基础上得到更合理的积雪平台设计参数，分别获得模拟结果，如图 1～图 3 所示。

h/hs　0 0.1 0.2 0.3 0.4 0.5 0.6 0.7 0.8 0.9 1 1.1

基金项目：国家自然科学基金项目（52078380）

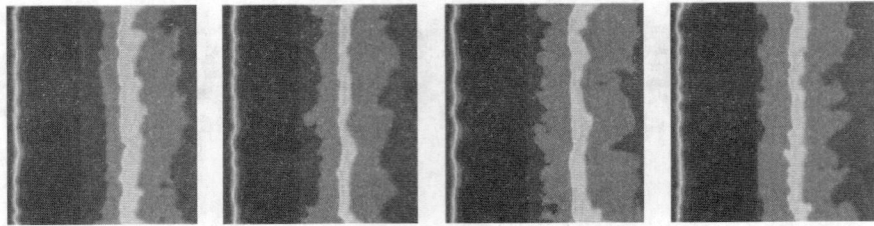

(a) H为1.5m, L为3m　(b) H为1.5m, L为4m　(c) H为1.5m, L为5m　(d) H为1.5m, L为6m

图1　各积雪平台宽度工况无量纲积雪深度云图

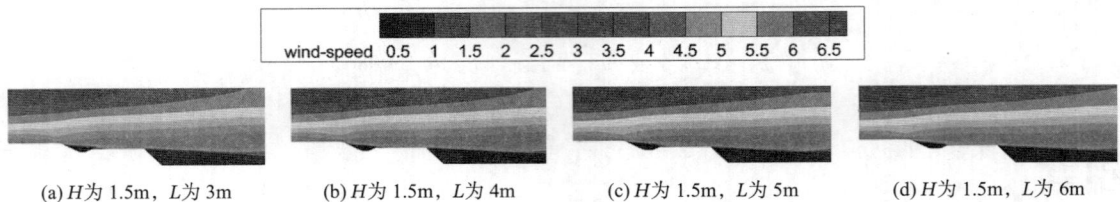

(a) H为1.5m, L为3m　　(b) H为1.5m, L为4m　　(c) H为1.5m, L为5m　　(d) H为1.5m, L为6m

图2　不同宽度积雪平台风速云图

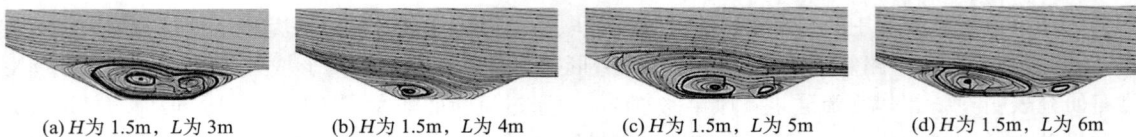

(a) H为1.5m, L为3m　　(b) H为1.5m, L为4m　　(c) H为1.5m, L为5m　　(d) H为1.5m, L为6m

图3　不同宽度积雪平台内旋涡减速区位置流线大样图

4　结论

本文采用 Euler-Euler 方法并基于 Mixture 模型对于半路堑模型进行积雪漂移堆积影响研究，得到如下结论：

（1）积雪平台可以起到雪粒在此堆积进而减少路面积雪的效果。积雪平台宽度越小，低风速区蔓延到路面的趋势更严重，在3m和4m工况最为明显，而在5m和6m工况时，低风速区蔓延到路面的趋势已经很小。

（2）5m宽的积雪平台可以满足风雪害的防治要求，此时路面中央处的雪粒速度已经等于入口速度，进一步说明其可以满足防雪需求。

（3）当积雪平台宽度足够大时，风雪流能够平稳流过，将弱风速区留在积雪平台内，当积雪平台宽度不够大时，风雪流不够稳定，对路面上风速影响就会更大。

（4）因此，在设计积雪平台时，积雪平台宽度应不小于5m。从经济效益和在防治效果综合考虑，公路风吹雪路段的背风半路堑宜设置5～6m宽的积雪平台。

参考文献

[1]　席建锋. 公路风吹雪雪害形成机理及预测研究[D]. 长春: 吉林大学, 2007.

[2]　魏建军, 武鹤, 吴辰龙. 公路路基断面形式与路基高度对风吹雪灾害形成的影响分析[J]. 黑龙江工程学院学报, 2008(2): 4-6.

[3]　张海峰. 风吹雪灾害试验与路基断面型式研究[D]. 兰州: 兰州大学, 2009.

[4]　任志成. 风吹雪地区典型路基断面积雪分布规律及防治技术研究[D]. 哈尔滨: 哈尔滨工业大学, 2020.

[5]　陈艳琼, 李响, 杨成连, 等. 公路背风半路堑积雪平台的优化研究[J]. 公路, 2023, 68(2): 305-310.

[6]　隆星. 积雪平台防护低填浅挖路基风吹雪灾害的效果研究[J]. 铁道建筑技术, 2023(12): 70-73.

双排防雪栅及透风率对路堤风致积雪研究

尚靖淳，李方慧

（黑龙江大学建筑工程学院 哈尔滨 150086）

1 引言

风吹雪现象是寒带和高海拔地区冬季常见的自然现象，随着雪粒在地面的堆积，雪层逐渐形成并达到一定深度。当风力达到一定程度时，雪粒脱离雪面，形成风吹雪现象，导致雪层深度发生显著变化，这种变化可能使自然降雪深度增加数倍甚至数十倍。在铁路路堤的设计中，防雪栅作为常见防护措施之一，因其结构简单、成本低廉而被广泛应用于风吹雪灾害的防治中。Uematsu 等人利用有限体积法模拟风吹雪过程中雪颗粒的跃移、悬移过程。Sundsb 等人提出一种考虑雪的跃移、悬移及瞬态模拟的二维数值模型，采用 VOF（volume of fluid）方法模拟雪的沉积和侵蚀等变化过程。

数值方法采用欧拉-欧拉双流体模型，采用质量较高的结构化网格，更容易地实现了区域的边界拟合，适合流体和表面应力集中等方面的计算，结构化网格对曲面或空间的拟合多采用参数化或样条插值的方法，使得区域更光滑，更接近实际模型。

1.1 气象和积雪形态测量

本文现场模型试验中，对现场气象条件进行采集（图 1），对风速、风向、气温、湿度进行了测量。现场试验前通过气象站监测对场地风速大小及风向进行测量，待风速达到预计范围，风向保持稳定后，在现场布置模型进行试验（图 2）。风速测量部分采用了微机技术，可以同时测量瞬时风速、瞬时风级平均风速、平均风级和对应浪高等参数。

图 1 气象监测设备　　图 2 积雪测点分布

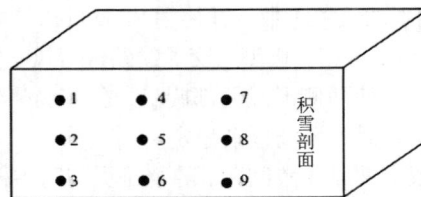

1.2 计算模型

建立基于欧拉多相流方程的风吹雪数值分析模型。采用 RNG k-ε 湍流模型使 RANS 方程封闭后求解数值模拟采用 FLUENT 软件中的 Mixture 多相流模型对交通线路进行风吹雪模拟。为了研究双排防雪栅透风率变化对防雪栅周边流场的影响，计算模型选取单排 0%、10%、40%、50%、60%、70% 这 6 种具有代表性的透风率二维横板式防雪栅模型，并通过改变双排布置间距为 $3H$、$5H$、$7.5H$、$10H$、$12.5H$ 做出分析。并通过两排不同透风率来实现流场的变化。固定防雪栅高度为 $0.75H$。图 3 所示计算域尺寸以及边界条件，路堤高度为 $H = 0.66\text{m}$ 通过改变防雪栅间距作为不同工况分析其中防雪栅内含 5 排防雪挡板，通过改变孔隙高度来调整孔隙率，其中防雪栅底部间隙为 $0.09H$。防雪栅底部间隙的存在使得气流在经过防雪栅时被加速，尤其是在底部间隙处，近地面流场的加速效果更为明显。这种加速作用导致雪粒在防雪栅下游的一定范围内开始堆积，底部间隙有助于减小防雪栅被积雪掩埋的风险。

基金项目：国家自然科学基金项目（52078380）

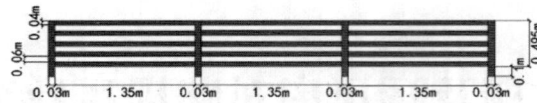

图 3   防雪栅参考尺寸

图 4   预计路堤防雪栅布置效果（一）   图 5   预计路堤防雪栅布置效果（二）

2   双排不同距离及孔隙率对路堤积雪影响

本文通过改变本文通过改变单排不同透风率，改变双排防雪栅不同间距做出工况分析，并通过瞬态动网格进行模拟不同时刻积雪效果。防雪栅孔隙率的变化主要影响栅两侧积雪分布形态。随着孔隙率的增加，栅两侧的沉积雪量从小范围的剧烈变化向大范围的平缓分布转变（图 6）。

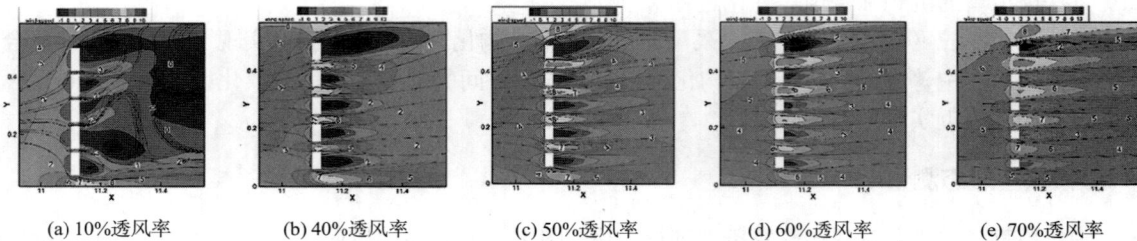

(a) 10%透风率   (b) 40%透风率   (c) 50%透风率   (d) 60%透风率   (e) 70%透风率

图 6   不同透风率分布

3   结论

本文监测降雪持续时间下的气象参数，并使用 SnowFork 雪特性分析仪对地面及路堤雪密度和积雪分布特征进行了实测研究。对 Mixture 多相流模型对交通线路进行风吹雪模拟，结合瞬态动网格进行积雪模拟分析。

（1）防雪栅挡板背风侧会使两侧形成局部旋涡，在 10%～40%的透风率范围内，随透风率增加旋涡逐渐稳定，形 40%以后逐渐成马蹄涡，风场逐渐稳定。

（2）双排防雪栅通过改变两排布置间距，随着路堤与防雪栅间距的增大，路堤两个坡脚处的风速减小区范围均呈先增大后减小的趋势。

（3）在防雪栅与路堤之间以及两层防雪栅之间，气流的速度较小，因此在这些地方雪颗粒可能会发生沉积，使得经过防雪栅的风雪流处于不饱和状态，从而不易于在下风侧的路堤上形成积雪，达到阻雪的目的。

参考文献

[1]   刘梓伟. 风吹雪地区公路交通安全设施雪害影响机理及其优化研究[D]. 长春: 吉林大学, 2024.

[2]   马文勇, 李赛, 魏腾博, 等. 防雪栅对铁路路堑风致雪堆积防治效果研究[J]. 铁道学报, 2024, 46(4): 148-155.

[3]   李鹏翔, 白明洲, 邱树茂, 等. 铁路路堑区域风吹雪防雪栅效果研究[J]. 哈尔滨工业大学学报, 2022, 54(3): 122-130.

[4]   QUAN Y, HOU F, GU M. Effects of vertical ribs protruding from facades on the wind loads of super high-rise buildings [J]. Wind and Structures, 2017, 24(2): 145-169.

[5]   TOMINAGA Y, STATHOPOULOS T. Numerical simulation of dispersion around an isolated cubic building: model evaluation of RANS and LES[J]. Building Environment, 2010, 45: 2231－2239.

二阶和频波浪荷载作用下底端固定柔性圆柱弹振响应试验研究

潘俊志，遆子龙，李永乐

（桥梁智能与绿色建造全国重点实验室 成都 610031）

1 引言

台风不仅对跨海桥梁、风电机塔筒、以及各种施工临时结构带来众多抗风问题，它导致的极端波浪所引起的动力作用同样值得关注。遆子龙等[1]在台风期间对跨海桥梁施工围堰所受波浪压力的监测结果表明在台风作用下，波浪压力呈现显著的非线性特征，具体表现为两倍波浪卓越频率的二阶和频压力成分。该压力成分由海浪普遍具备的非线性特征导致，其频率接近桥梁等柔性结构基频，可能引起显著的弹振（Springing）响应，危害结构安全。因此，对二阶和频波浪荷载作用下的底端固结柔性圆柱弹振响应进行深入研究，为类似工程结构提供参考。

2 正文

基于一个原型直径 5.6m，高 70m 的圆柱，设计了一个弹性圆柱试验模型，试验布置如图 1 所示。模型底端固定于模型支架上，由铝制芯梁、外壳节段、以及配重块组成。在各种波况下对模型进行试验，测量动力响应，尤其关注在一半模型基频入射波作用下的弹振（Springing）响应。

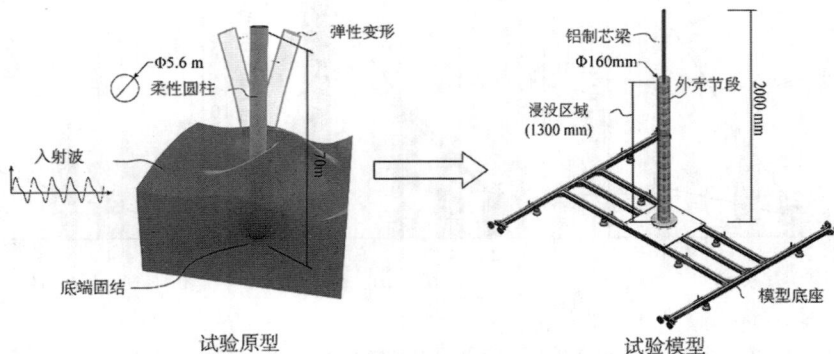

图 1 主要试验内容

图 2 为试验设施与测量布置。模型放置于水槽中部试验段，在模型上游 3m 与 9m 处各布置一个波高仪，监测入射波高。在模型顶端横梁处安装激光位移计以测量模型顶端位移。模型底部安装测力天平以测量模型基底剪力与弯矩。图 3、图 4 展示了 0.8m 水深下弹性模型的动力响应和弹振响应试验结果。其中 f_{inc} 为入射波频率，由于二阶和频波浪荷载的频率为入射波的两倍，因此将 f_{inc} 设置为模型基频一半左右，以考察二阶和频荷载引起的结构弹振现象。

3 结论

对于孤立桥塔、风电机塔筒、深水单桩等底端固结柔性柱体结构，由二阶和频波浪荷载引起的弹振响应

基金项目：国家自然科学基金项目（52378199）

不容忽视，其展现出完全不同于线性波作用下的响应特性。底端固结柔性圆柱的弹振响应主要由二阶和频波浪荷载引起的二阶响应分量贡献，该响应分量受到波浪非线性的显著影响。

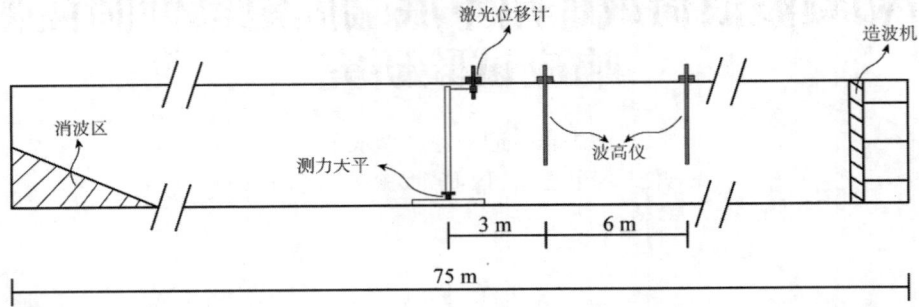

图 2　波浪水槽模型试验整体布置

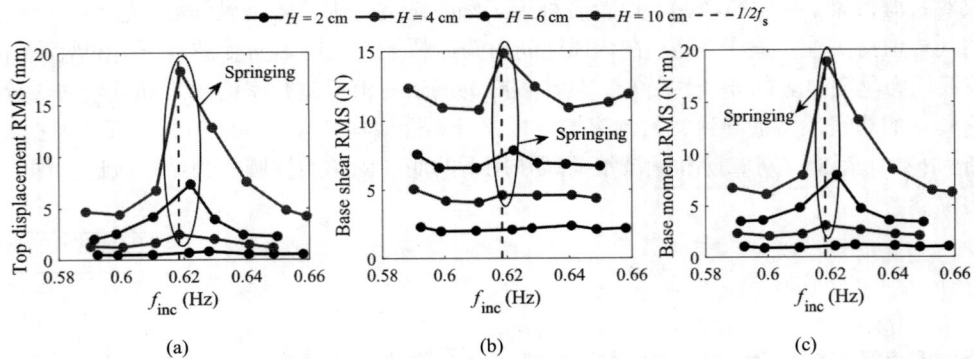

图 3　0.8m 水深下模型动力响应试验结果：（a）顶端位移 RMS；（b）基底剪力 RMS；（c）基底弯矩 RMS

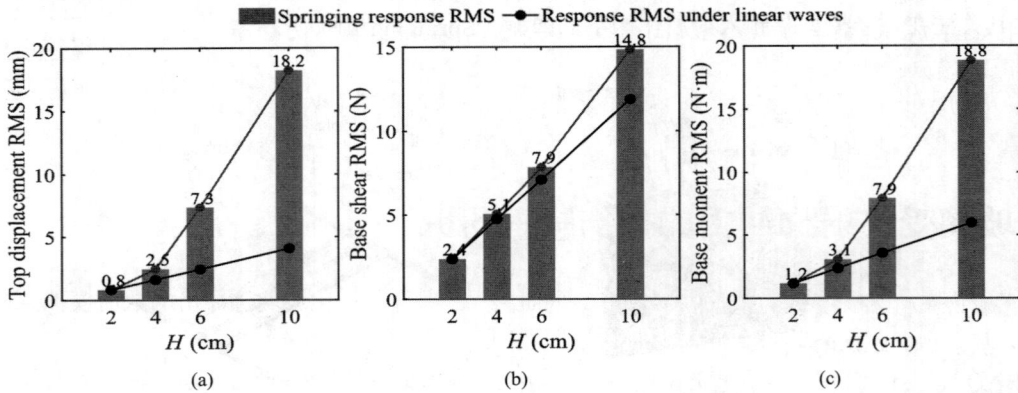

图 4　0.8m 水深下模型弹振（Springing）响应：（a）顶端位移 RMS；（b）基底剪力 RMS；（c）基底弯矩 RMS

参考文献

[1]　TI Z L, WEI K, QIN S, et al. Assessment of random wave pressure on the construction cofferdam for sea-crossing bridges under tropical cyclone[J]. Ocean Engineering, 2018, 160: 335-345.

风致飞射物作用下玻璃抗冲击性能研究

郑　琰，刘笑影，孙晓颖

（哈尔滨工业大学结构工程灾变与控制教育部重点实验室　哈尔滨　150090）

1　引言

我国是世界上遭受台风灾害最严重的国家之一，风灾调查显示，飞射物的冲击作用是造成玻璃幕墙破坏的主要原因。而目前基于风致飞射物分析的玻璃幕墙风灾评估方法较少且不全面[1]，有必要对其进行深入研究，以达到城市防灾和减灾的目的。本文以板状飞射物和钢化玻璃作为研究对象。对板状飞射物的飞行特性和多参数影响下的飞射物飞行状态参数进行深入研究；在明确飞射物飞行特性的基础上，通过落锤冲击试验和有限元数值模拟，探究钢化玻璃在飞射物冲击作用下的抗冲击性能。研究钢化玻璃在关键影响参数下的动力响应与失效机理。

2　飞射物飞行特性的数值模拟研究

本节首先探究了板状飞射物在三维空间中的飞行特性，采用准定常法求解飞射物的飞行特性，认为飞射物表面的气动力只与该时刻的刚体位移及相对速度有关，与前一时刻的运动无关。准定常法求解流程如图 1 所示。在已知飞射物空气动力系数和动力矩系数曲线的前提下，编制求解程序。

通过数值模拟确定不同风攻角倾角下的 C_F 和 C_M，如图 2（b）所示，算例数值模拟采用 standard $k\text{-}\varepsilon$ 湍流模型，与风洞试验结果[2]吻合良好。在验证方法可靠的前提下，本节对飞射物密度、尺寸、释放姿态等多参数进行了数值模拟，如图 3 所示。模拟结果表明，风场风速和飞射物密度是影响飞射物飞行状态参数的重要因素。

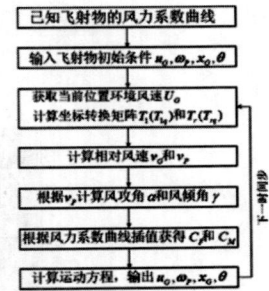

图 1　飞射物飞行特性求解流程

3　钢化玻璃受飞射物冲击的损伤特性研究

本节以飞射物飞行状态参数为依据，参考以往的研究[3]，进行了钢化玻璃抗冲击的数值模拟，模拟峰值冲击力与试验基本吻合，试验装置和冲击力时程曲线如图 4 所示。

使用 ABAQUS 对玻璃在飞射物冲击下的响应进行了多参数的冲击模拟研究，通过冲击力时程和位移时程曲线与冲击试验结果对比验证。如图 5 所示，根据试验和模拟结果可以得出，冲击接触面积越大，冲击力越大，破坏越严重。

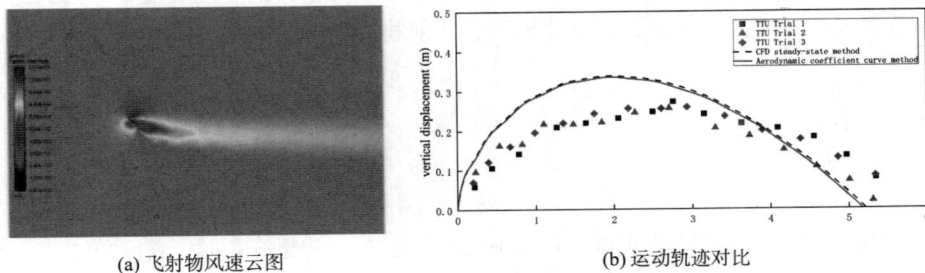

(a) 飞射物风速云图　　　　(b) 运动轨迹对比

图 2　风速云图及风洞试验对比结果

基金项目：黑龙江省基金联合引导基金（LH2021E076）

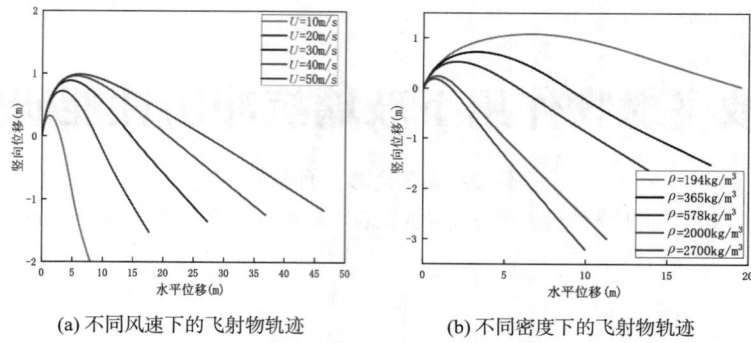

(a) 不同风速下的飞射物轨迹　　　　　(b) 不同密度下的飞射物轨迹

图 3　重要因素对飞射物轨迹的影响

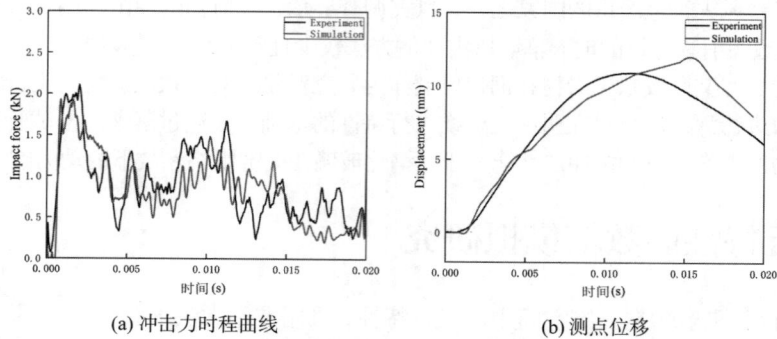

(a) 冲击力时程曲线　　　　　(b) 测点位移

图 4　试验装置和冲击过程示意图

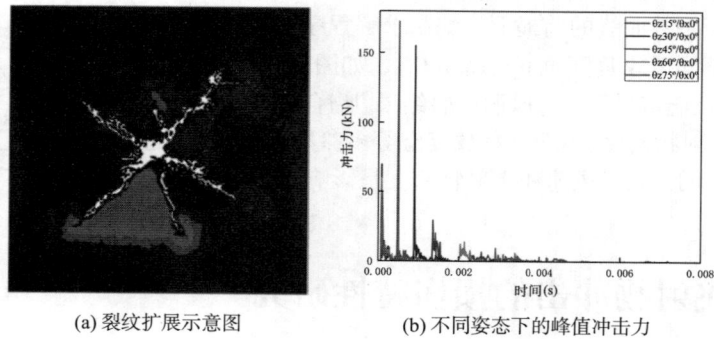

(a) 裂纹扩展示意图　　　　　(b) 不同姿态下的峰值冲击力

图 5　冲击模拟结果

4　结论

　　本文建立并验证了风致飞射物的运动特性模拟方法，得到了飞射物的飞行状态参数，并以此为基础进行了钢化玻璃受冲击损伤特性研究。从结果来看飞射物冲击姿态对冲击力的影响显著，冲击力越大，破坏越显著。本文根据多参数试验与模拟结果得到了钢化玻璃在飞射物冲击下的损伤与破坏机理，为风灾防治和工程设计提供参考。

参考文献

[1]　住房和城乡建设部. 建筑玻璃应用技术规程: JGJ 113—2015 北京: 中国建筑工业出版社, 2015.

[2]　TACHIKAWA M. Trajectories of flat plates in uniform flow with application to wind-generated missiles[J]. Journal of Wind Engineering and Industrial Aerodynamics, 1983, 14(1): 443−453.

[3]　李培玉. 退火玻璃在风致飞射物冲击下的破坏机理[D]. 哈尔滨: 哈尔滨工业大学, 2023.

太阳辐射下波形钢腹板组合箱梁的风与温度联合效应研究

黄子豪[1]，蔡陈之[1,2]，徐　明[1]，何旭辉[1,2]，邹云峰[1,2]

（1. 中南大学土木工程学院 长沙 410075；
2. 轨道交通工程结构防灾减灾湖南省重点实验室 长沙 410075）

1　引言

桥梁结构通过热辐射和对流与环境交换热量。研究发现，在考虑桥梁对流传热的边界条件时，风速的取值起到至关重要的作用。但多数日照温度场研究简化对流换热系数，用平均风速代替，忽略结构表面风速差异，仅有少数学者考虑了这种差异的影响[1]。Branco[2]和 Larsson[3]提出了分段对流系数公式来研究风速对混凝土箱梁温度效应的影响。风速小于 5m/s 时，对流系数采用线性公式计算，大于 5m/s 时，对流系数采用指数公式计算。

上述研究未提供桥梁各表面折减风速及对流换热系数的计算方法。不同的桥型会形成不同的表面风速分布，从而形成不同程度的对流换热，因此，精确计算其对流换热状态是研究桥梁结构非均匀温度场的重要一环，很大程度上决定了结果的准确性。因此，在对组合梁桥的温度场研究中，应考虑实际风环境下各表面风速的影响，而不是直接采用恒定风速计算对流换热系数。

2　研究方法

2.1　模型试验

在湖南长沙某六层试验楼楼顶（东经 112°59′，北纬 28°8′）制作了一个波形钢腹板组合箱梁的缩放模型，如图 1（a）所示，组合箱梁布置了 32 个温度传感器。试验使用移动气象站记录气象参数，包括湿度、风速、风向和太阳辐射数据，如图 1（b）所示。

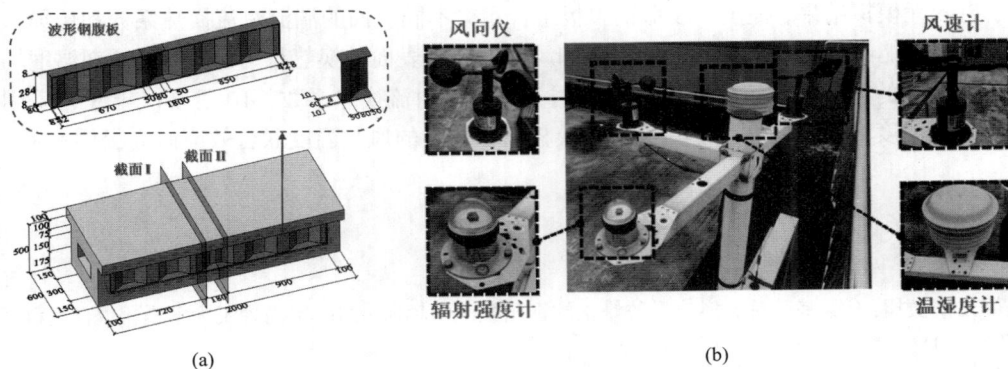

图 1　（a）试验梁模型示意图；（b）小型气象站

2.2　数值模拟

数值模拟涉及强制对流和自然对流传热模拟。其中，考虑到风向对 CBGB-CSW 不同表面热对流的影响，本文主要模拟了三种强制对流换热情况，包括横向风、纵向风和斜向风。其中强制对流传热有限元模型-横风

基金项目：国家自然科学基金项目（52378546），湖南省自然基金资助项目（2023JJ30665，2024JJ4065）

如图2（a）所示。自然对流传热有限元模型如图2（b）所示。获取波形钢腹板组合箱梁不同表面的湍流对流换热系数和传导对流换热系数的线性计算公式，并通过长期温度场模拟与模型试验结果对比验证了对流换热系数计算公式的有效性。

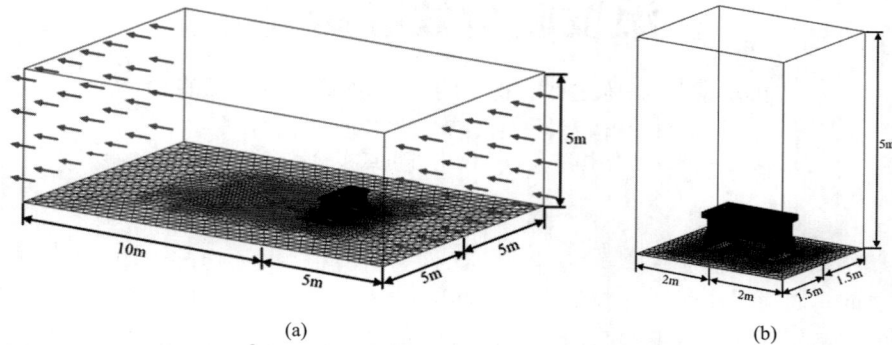

图2 （a）强制对流模型-横风；（b）自然对流模型

3 结果分析

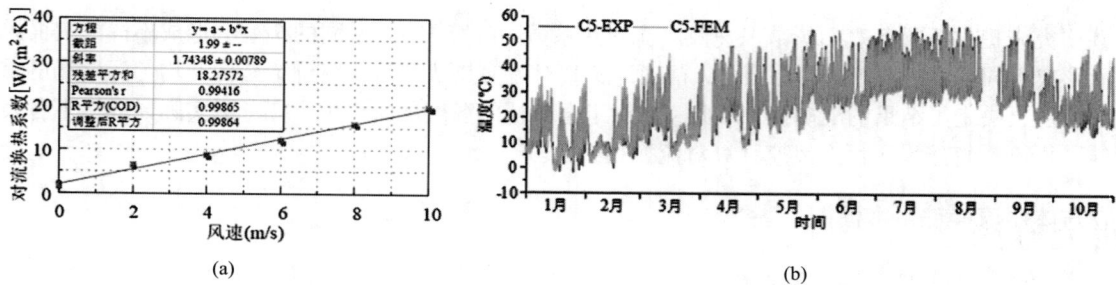

图3 （a）对流传热系数拟合；（b）长期温度场模拟结果与试验对比

4 结论

本研究通过温度场监测试验以及数值模拟，对波形钢腹板组合箱梁在太阳辐射下的风与温度联合效应进行研究。基于有限元模拟结果，提出了波形钢腹板组合箱梁不同表面的湍流对流换热系数和传导对流换热系数的线性计算公式，能够更精确地描述不同风速和风向下结构表面的换热行为。并通过长期温度场验证了对流换热系数计算公式的有效性，建议在4月至9月采用湍流对流换热系数，10月至次年3月采用传导对流换热系数，以提高温度场模拟的精度，为波形钢腹板组合箱梁的风与温度联合效应研究提供参考。

参考文献

[1] 杨松, 李文强, 黄旭, 等. 基于对流换热系数修正的钢箱梁温度场研究[J]. 华南理工大学学报（自然科学版）, 2021, 49(4): 47-58, 64.

[2] BRANCO F A, MENDES P A. Thermal actions for concrete bridge design[J]. Journal of Structural Engineering, 1993, 8: 2313-31.

[3] LARSSON O, THELANDERSSON S. Estimating extreme values of thermal gradients in concrete structures[J]. Materials and Structures, 2011, 44(8): 1491-1500.

桥塔表面对流换热系数模拟研究

王德厚，张明金，张金翔

（西南交通大学土木工程学院 成都 610031）

1 引言

桥塔作为桥梁结构中的关键支撑部分，长期暴露在外界环境中，主要通过辐射换热、对流换热与外界进行热量交换，其表面与周围空气之间的换热过程会桥梁构件温度梯度，这直接影响到结构的温度分布、次内力[1-2]等。对流换热系数是描述物体表面与流体之间热量传递效率的关键参数。不能准确地模拟出桥梁构件对流换热系数，就难以准确模拟出桥梁的温度效应，对于桥塔而言，这一系数受到多种因素的影响，比如风速、风向、几何形状等[3-4]。目前桥梁构件对流换热公式较为单一，只考虑风速和温度影响，并未考虑风向、不同表面对对流换热系数的影响。因此，针对桥塔表面对流换热系数进行深入的研究。此外，随着计算流体力学（CFD）技术和数值模拟方法的发展，精确模拟桥塔表面对流换热系数变得更加可行。

本研究旨在结合试验数据与数值模拟技术，先验证 CFD 模拟对流换热系数的可行性，然后探索不同工况下桥塔表面对流换热系数的变化规律，分析影响该系数的主要因素。

2 桥塔表面对流换热系数模拟研究

2.1 立方体对流换热系数模拟

对流换热系数的验证采用的是 Meinders[5]等人的风洞试验数据，在一个在高 0.05m，宽 0.6m 的风洞中，立方体的边长是 0.015m，厚 1.5mm，试验通过加热铜芯内部的电阻丝维持内部在恒定的 75℃，来流温度为 21℃，通过计算环氧层的温度和热流密度来计算对流换热系数，文中指出对于 CHTC，中心区域和边缘区域的试验不确定性分别为 5% 和 10%。

在 CFD 中计算域的大小为 $11H \times 21H \times 3.3H$，高度的取值为实际风洞的高度，单位面积平均来流速度为 4.7m/s，总网格数为 737651。

2.2 模拟结果对比

通过 CFD 值与试验值对比可知，CFD 中 realizable k-epsilon 模型结果更好，最大误差为背风面 13.8%，迎风面误差为 10%，证明了 CFD 模拟的对流换热系数的可行性。

3 桥塔对流换热系数 CFD 模拟

3.1 桥塔 CFD 边界条件

桥塔高 174.5m，计算域入口剖面距离桥塔为 $5H$，桥塔距离两侧距离 $5H$，距离出口为 $15H$，阻塞率为 0.25%，风速最高处为桥塔顶部，来流风速 U^{10} 取 2m/s、3m/s、4m/s、5m/s、10m/s，网格数量为 11855497，平均速度入口剖面取式。出口设置为自由流出边界，地面设置为无滑移壁面，其他三个面均为对称壁面，来流温度为 283K，壁面恒温为 303K，采用 Realizable k-epsilon。

3.2 桥塔不同表面的 CHTC 分布

图 1 显示了迎风面上 CHTC 的分布，随着截面高度增加，来流风速越来越大，CHTC 也从底部到顶部逐

渐增加，水平方向两侧倒角处 CHTC 最大，中间最小，这可能是由于风撞击在迎风面上，风从两边侧流出从而带走了更多的热量。

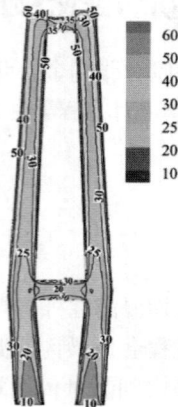

图 1　迎风面 CHTC 分布

4　结论

结果表明对流换热系数的大小不仅与风速有关，还与来流风向，相对位置有关，后者也是因为影响了结构表面附近的风速而产生的影响，表现出明显的风速差异从而导致对流换热系数的差异，迎风面直接与来流风对冲，表面风速较高，促进了对流换热，顺风面法线基本与来流风方向垂直，风速相对较低，对流换热系数会受到一定的影响，背风面由于遮挡效应，通常风速最低，对流换热系数通常最低。

参考文献

[1]　MENG Q L, ZHU J S. Fine temperature effect analysis based time-varying dynamic properties evaluation of long-span suspension bridges in natural environments [J]. Journal of Bridge Engineering, 2018, 23(10): 04018075.

[2]　LIU J, LIU Y J, JIANG L, et al. Long-term field test of temperature gradients on the composite girder of a long-span cable-stayed bridge [J]. Advances in Structural Engineering, 2019, 22(13): 2785-2798.

[3]　BLOCKEN B, DEFRAEYE T, DEROME D, et al. High-resolution CFD simulations for forced convective heat transfer coefficients at the facade of a low-rise building [J]. Building and Environment, 2009, 44: 2396-2412.

[4]　DEFRAEYE T, CARMELIET J. A methodology to assess the influence of local wind conditions and building orientation on the convective heat transfer at building surfaces [J]. Environmental Modelling and Software, 2010, 25: 1813-1824.

[5]　MEINDERS E R. Experimental study of heat transfer in turbulent flows over wall mounted cubes [D]. Delft, The Netherlands: Technische Universiteit Delft, 1998.

跨海桥梁桥墩水动力三维外形优化及减载机理研究

王　豪，遆子龙

（桥梁智能与绿色建造全国重点实验室　成都　610031）

1　引言

推动桥梁工程的高质量发展与创新是实现交通强国建设目标的基本前提。随着交通网向海上拓展，跨海桥梁面临恶劣海洋环境的独特挑战，特别是海上强风带来的极端波浪荷载。海洋环境下的桥梁基础水动力荷载是内河环境的 10 倍以上[1]，这使得波浪荷载成为设计的主要控制荷载。然而，简单的恒定截面桥墩设计在抵抗波浪荷载方面可能不是最有效的，因为波浪运动在三维空间中表现出复杂的特性。在流体动力学领域，结构受到外荷载与形状密切相关。在桥梁抗风设计中，已有大量研究关注于优化主梁或主塔的气动外形，降低风致振动等影响[2]。水动力优化方面，Kostas 等人[3]利用 BEM 求解器研究了船体形状优化，降低了 27% 的波浪阻力。Xu 等[4]提出了一种基于 Kriging 主动学习的方法，优化桥墩辅助设备的外形以减小水流力。而目前针对跨海桥梁下部结构波浪作用的优化研究还相对较少。

本研究提出了一种有效的桥梁下部结构的水动力外形优化框架，以减小波浪力。使用基于 NURBS 的参数化外形设计方法，结合频域边界元方法（BEM）计算波浪力，利用广义模式搜索算法调整桥墩形状，以实现对波浪力的有效减载。同时，还探讨了波浪减载机理，为未来跨海桥梁设计提供新的理论和方法支持。

2　研究方法和内容

本研究采用非均匀有理 B 样条（NURBS）来参数化桥墩的三维形状。NURBS 可以对桥墩的复杂曲面进行精确的定义和控制，并保障足够的优化设计空间。频域边界元法（BEM）以结构边界为核心，在频域范围计算稳定状态的波浪力，是分析结构波浪力作用的一种高效、准确的数值方法。本研究中使用 Capytaine 求解器[5]快速评估波浪作用在桥墩上的波浪力，为后续的形状优化提供了关键的力学数据。广义模式搜索（Generalized Pattern Search, GPS）优化算法是一种无导数优化方法，以初始设计点 x_0 开始，使用预定义的搜索模式（如空间基向量）来探索设计空间。通过逐步调整模式的步长和方向，算法试图找到最优解。

优化目标为最小化结构上波浪力，同时，桥墩作为主要承压结构，横截面积应满足最低承压要求，因此优化形状的面积和体积被约束在一定范围内。为保证结构的稳定性，对截面的长宽比同样做出限值，以避免失稳现象。图 1 展示了所建立的水动力外形优化框架。

3　结果与讨论

本节展示一个典型的海况下跨海桥梁桥墩的三维外形优化结果。前期研究工作表明，最优形状的波浪减载率与结构无量纲尺度密切相关[6]。无量纲尺度定义为 kR，$k=2\pi/L$，其中 k 为波数，L 为波长，R 为与优化形状等截面面积圆柱体的半径。该优化案例波浪条件为：水深 40m，波周期 10s，$kR = 1.26$，优化过程如图 2 所示，波浪力下降约 60%。优化后的形状如图 3 所示，在水面附近向前延伸，形成"帽檐"状结构，截面形状从海面至海底由类圆角三角形向圆形过渡。图 4 展示了波浪力传递函数的对比，在整个频率范围内，最优结构的波浪力均有不同程度的下降，在优化频率处，波浪力有显著降低。

为研究优化形状的波浪减载机理，分析了优化形状与等横截面积圆形的入射波浪力、绕射波浪力幅值与相位差。在该工况下，相位差从圆形的 0.33π 增大到优化形状的 0.728π，从而使绕射波与入射波相抵消，从而减小波浪力。

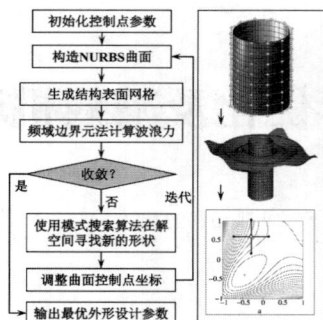

图 1　优化框架流程图

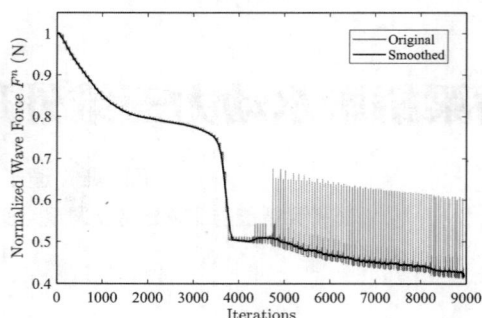

图 2　优化过程归一化波浪力下降曲线

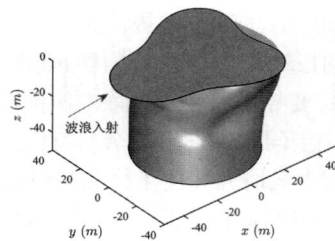

图 3　优化后桥墩三维形状

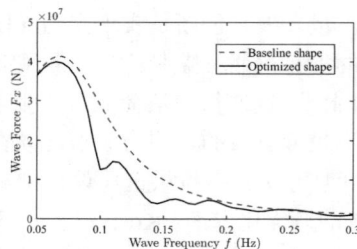

图 4　优化形状与基本形状传递函数对比

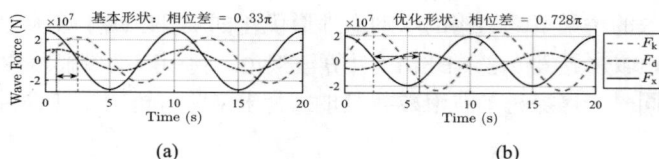

图 5　入射波与绕射波相位差：（a）基本形状；（b）优化形状波浪力

4　结论

本研究建立了以广义模式搜索算法为驱动的结构水动力外形优化框架，使用 NURBS 建立结构几何外形的参数化模型，基于频域边界元法快速评估各种外形的水动力荷载。

经过优化的结构可以抑制波浪传播，显著减小波浪荷载。最优形状主要通过调控绕射波浪场的幅值和相位，达到减小总波浪荷载的目的。

参考文献

[1]　周远洲, 逯子龙, 张明金, 等. 跨海桥梁大尺度基础波浪荷载计算方法对比研究[J]. 防灾减灾工程学报, 2023, 43(2): 387-394+404.

[2]　CID MONTOYA M, HERNÁNDEZ S, KAREEM A. Aero-structural optimization-based tailoring of bridge deck geometry[J]. Engineering Structures, 2022, 270: 114067.

[3]　KOSTAS K V, GINNIS A I, POLITIS C G, et al. Ship-hull shape optimization with a T-spline based BEM－isogeometric solver[J]. Computer Methods in Applied Mechanics and Engineering, 2015, 284: 611-622.

[4]　XU G, JIN Y, XUE S, et al. Hydrodynamic shape optimization of an auxiliary structure proposed for circular bridge pier based on a developed adaptive surrogate model[J]. Ocean Engineering, 2022, 259(6): 111869.

[5]　ANCELLIN M, DIAS F. Capytaine: a Python-based linear potential flow solver[J]. Journal of Open Source Software, 2019, 4(36): 1341.

[6]　TI Z, WANG H. Hydrodynamic shape optimization of sea-crossing bridge pier under wave force[J]. Ocean Engineering, 2024, 299: 117281.

高层建筑玻璃幕墙飞掷物三维轨迹研究

周华亮，黄　鹏

（同济大学土木工程防灾减灾全国重点实验室 上海 200092）

1　引言

　　台风经常对我国东南部沿海地区城镇的建筑设施造成巨大灾害，其中不乏高层建筑的玻璃幕墙由于极值风荷载破坏、开启扇脱落、构件老化失效等因素成为风致飞掷物，进而对周边建筑和人员的安全产生较大危害。研究建立了可以追踪飞掷物三维运动姿态和飞行轨迹的拉格朗日方法，该方法能够考虑包含建筑绕流的复杂流场对飞掷物飞行的影响，并且改进了传统飞掷物三维运动模型[1]对自转板 Magnus 效应模拟的不足。建立的拉格朗日方法兼具了准确性和计算效率，能够为风致飞掷物的灾害评估提供精细化研究路径。

2　研究方法

　　首先，通过数值仿真方法计算给定建筑周边的流场情况，并提取流场计算域中的坐标和风速矢量信息。研究对象为 $B:D = 1:1$ 的高层建筑，其中建筑宽度 $B = 40m$，D 为进深，高度 H 选取 80m 和 120m，计算域网格划分如图 1 所示。模拟中考虑城市高层建筑常处的 C 类地貌，10m 高度处风速假定为 25m/s，约对应 50 年基本风压 0.7kPa，即福州等地。然后，通过建立的考虑自转板 Magnus 效应[2]的飞掷物三维运动模型，结合流场信息计算给定初始条件下的飞掷物飞行轨迹情况，如图 2 所示。幕墙碎片设定为 4m × 2m × 0.02m。最后，通过落点和冲击速度等分析高层建筑玻璃幕墙碎片对周边环境的影响。

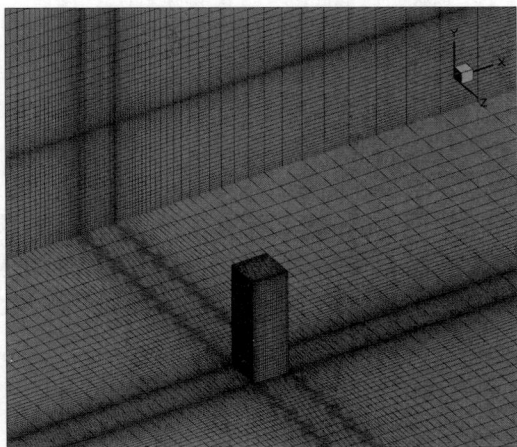

图 1　数值仿真网格划分

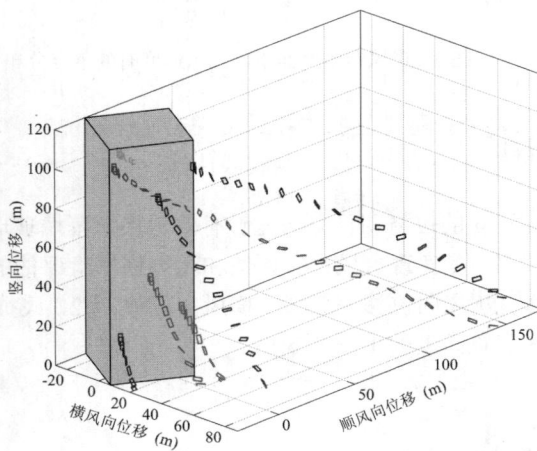

图 2　幕墙碎片的飞行姿态和轨迹示意图

3　结果与讨论

　　当台风来临时，方形高层建筑的侧风面通常会形成较大的负压，在构件老化失效和极值风压等作用下，玻璃幕墙可能会发生破坏或脱落，形成的碎片会被强风吸出并随风吹往下游。不同的极值负压可能导致碎片从建筑表面飞出时的初始速度不同。如图 3 所示，以 0°风向角下建筑侧风面的幕墙为例，当碎片以 2.5～

基金项目：国家自然科学基金项目（52178500）

10m/s 不等的初始水平速度飞出时，碎片的落点也呈现出不同的分布规律。随着初始速度的增大，碎片顺风向和横风向的位移也随之增大。幕墙碎片以竖向下坠为主，大部分碎片散布在建筑周边 50m 范围内。少数边角位置处的碎片由于建筑角部复杂的流场导致飞得更远，以 10m/s 初速度飞出碎片的位移极值几乎是 2.5～5m/s 飞出时的两倍。

实际风灾场景中，台风的来流风向是不确定的，也是随时间变化的，因此需要考虑不同风向角下飞掷物的影响范围。图 4 是不同风向角下 80m 高的建筑某面玻璃幕墙碎片飞行的位移极值，假定碎片的起飞速度为 5m/s。顺风向位移极值与横风向位移极值的大小总体具有一致性，且横风向位移极值总小于顺风向极值。在 0°～180°风向角间，横风向的位移极值较小，而 60°和 120°风向角下的顺风向位移极值却突然增大。因为此时该建筑面处于背风面，其角部位置的负压极值较大且建筑边缘风速大，容易被吹往下游更远处。而当风向角增大至 195°～345°之间时，一旦角部有幕墙飞出便会被强风卷到较远的下游，因为此时幕墙玻璃的迎风面积较大。值得注意的是，此时该建筑面成为迎风面，出现负压极值导致幕墙被吸出的概率很低。因此，可以进一步研究各风向角下幕墙破坏飞出的概率，结合位移极值可计算研究该建筑面上幕墙玻璃位移极值的期望，进而对风致飞掷物灾害范围有定量的评估。

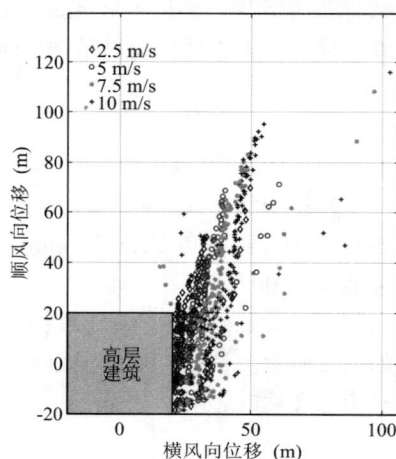

图 3　0°风向角侧面不同飞出速度时的落点分布　　图 4　不同风向角下幕墙碎片位移极值

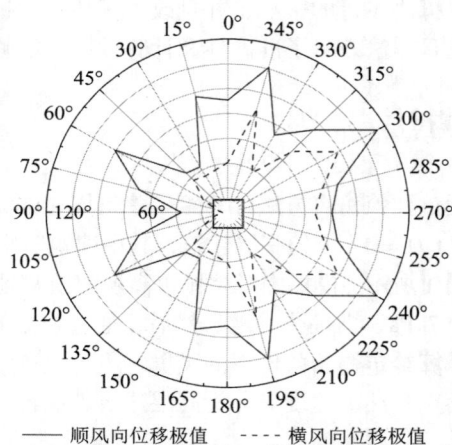

4　结论

研究建立的拉格朗日方法能够有效地模拟幕墙玻璃飞掷物三维飞行姿态并追踪轨迹，该方法兼顾准确性和计算效率，是实现台风灾害评估和飞掷物风险评估的有效途径。研究发现：（1）飞掷物初始速度越高飞行距离越远，顺风向位移一般大于横风向位移；（2）飞掷物的顺风向位移极值与建筑高度有关，在本文模拟条件下约为建筑高度的 1.5～2.5 倍。

参考文献

[1] RICHARDS P J, WILLIAMS N, LAING B, et al. Numerical calculation of the three-dimensional motion of wind-borne debris[J]. Journal of Wind Engineering and Industrial Aerodynamics, 2008, 96(10-11): 2188-2202.

[2] LIN H, HUANG P, GU M. A new rotational force model for quasi-steady theory of plate-like windborne debris in uniform flow[J]. Wind and Structures, 2022, 35(2): 109-120.

山区热驱动风作用下双层钢桁梁悬索桥温度效应分析

庄胜寒 [1,2]，张明金 [1,2]，田　勋 [1,2]，张金翔 [1,2]

（1. 西南交通大学土木工程学院 成都 610031；
2. 桥梁智能与绿色建造全国重点实验室 成都 611756）

1　引言

山区桥址区复杂的地形、多变的气象环境使得大跨度悬索桥会受到剧烈的气温、太阳辐射和风速变化的影响[1-2]，导致桥梁结构温度分布不均匀，且桥梁构件的遮挡会加剧这种不均匀。因此本文以某山区大跨度双层桁架梁桥为工程背景，基于桥址区温度、辐射和风场等环境实测数据，构建了极端高温与骤然降温在 100 年重现期下日变化模型；基于考虑了遮挡效应的热辐射边界条件与二维遮挡模型，开展了钢桁梁桥主梁和桥塔的温度效应分析，得到了桥塔正、负温度梯度拟合计算公式，揭示了双层钢桁梁自遮挡下桥面板横向不均匀温度分布规律，研究了山区热驱动风作用下钢桁梁横向不均匀温度引起的结构响应。研究表明上下层桥面横向位移受到钢桁梁横向不均匀温度的影响较大，从下到上呈现扩张的形式，上层弦杆横向位移差在梁端时最大为 19.8mm，下层弦杆横向位移差保持在 15mm 左右。

2　研究内容与方法

2.1　环境风速参数

本文基于实测环境参数数据，采用极值理论的方法计算了重现期代表值，考虑两类风速事件[3]（图 1）构建了极端高温和极端低温日变化模型。对于山区热驱动风事件，在上午时波动较小但总体呈现增加的趋势，在下午时风速波动较大，且最大风速达到 18m/s，全天平均风速为 6.4m/s。对于大风降温事件，从数据上能发现风速总体呈现增加再下降的趋势，且最大风速达到 9.9m/s，全天平均风速为 4.9m/s。

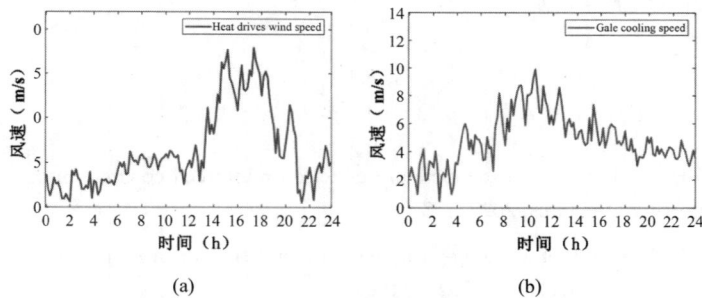

图 1　山区风速事件

2.2　二维温度场分析

将考虑桥塔、主梁截面遮挡变化的热边界条件施加到二维有限元中分析[4]，研究了日照遮挡（遮挡情况如图 2 所示）引起悬索桥的温度场分布不均匀和温度梯度分布模式。

2.3　钢桁梁横向不均匀温度分析

为了更好地研究山区热驱动风作用下上层桥面板遮挡引起的横向不均匀温度的影响，利用 Midas 建立三

基金项目：国家自然科学基金项目（52278533）

维有限元模型，以单元温度荷载的形式施加于模型中，以此分析钢桁梁上下层桥面横向不均匀温度变化对全桥温度效应的影响。

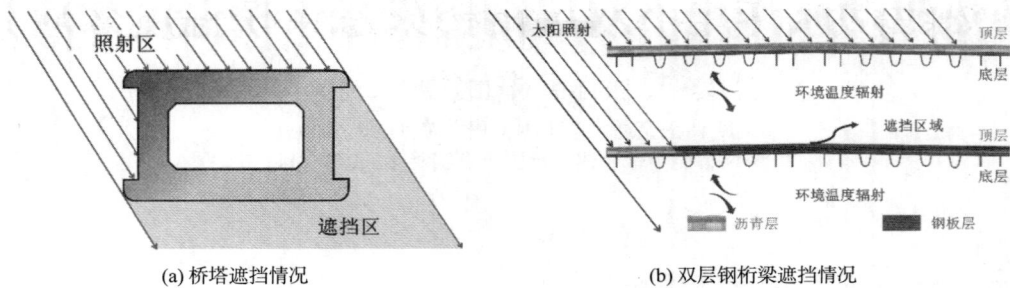

(a) 桥塔遮挡情况　　　　　　　　　　(b) 双层钢桁梁遮挡情况

图 2　双层钢桁梁悬索桥遮挡情况

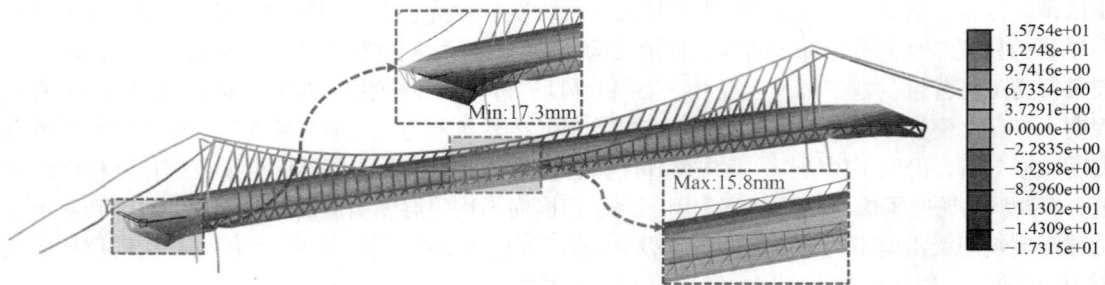

图 3　钢桁梁不均匀温度下全桥横向位移

3　结论

本文以某山区大跨度双层钢桁梁悬索桥为研究对象，基于实测环境数据和极值理论方法计算了日极值温度和辐射数据重现期代表值，考虑山区热驱动风事件时发现综合换热系数与热驱动风风速一天的时程曲线有着相同的变化趋势，在上午时波动较小但总体呈现增加的趋势，在下午时波动较大，说明风速对综合换热系数的影响十分明显。将考虑桥塔、主梁截面遮挡变化的热边界条件施加到二维有限元中分析，讨论了日照遮挡引起悬索桥的温度场分布不均匀和温度梯度分布模式，基于此，研究了热驱动风作用下双桁梁悬索桥上下桥面板温度分布不均匀引起的温度效应。

参考文献

[1] LI, Y L, HUANG X, ZHU J. Research on temperature effect on reinforced concrete bridge pylon during strong cooling weather event[J]. Engineering Structures, 2022, 273.

[2] ZHANG, K, XU Y Q, HUANG T J, et al. Long-term deterioration behavior of round-end hollow piers during cyclic solar radiation[J]. Engineering Fracture Mechanics, 2024, 310.

[3] JIANG F, ZHANG J, ZHANG M, et al. Field measurement study on classification for mixed intense wind climate in mountainous terrain[J]. Measurement, 2023, 217: 113064.

[4] HUANG X, ZHU J, LI Y. Temperature analysis of steel box girder considering actual wind field[J]. Engineering Structures, 2021, 246:113020.

地震继发强风作用下大跨度斜拉桥结构响应行为及其机理

许芷铭[1]，操金鑫[1,2]，徐　艳[1,2]

（1. 同济大学土木工程学院桥梁工程系　上海　200092；

2. 同济大学土木工程防灾减灾全国重点实验室　上海　200092）

1　引言

全球气候变化背景下，洪涝、干旱、极寒、高温等极端气象发生的频率与强度不断提升，多灾害引发的工程结构损失愈发突出。过去围绕单一灾害（如地震、强风等）作用于结构已形成了较为成熟的研究成果，但针对多灾害作用、特别是多灾害耦合效应的研究较少。以地震和强风为例，统计数据结果表明，中低强度地震与中等强度风同时发生的概率不容忽视；相比于单独作用，高层建筑在地震和强风同时作用引起的破坏概率均占据主导地位[1]。本文以主跨 1088m 的双塔双索面斜拉桥为对象，模拟地震引起桥梁构件不同损伤后继发强风作用条件下桥梁结构的响应行为，并进一步分析地震继发强风作用的机理。

2　研究方法

建模中重点考虑了多灾害继发下支座、挡块等横向约束构件的损伤累积非线性行为，模拟了牺牲限位装置[2-3]、墩顶限位挡块-摩擦支座[4-5]的非线性特性。随后参考既有的研究方法[6-7]，采用时程相继加载的方式对模型进行加载以模拟地震继发强风作用，如图 1 所示。

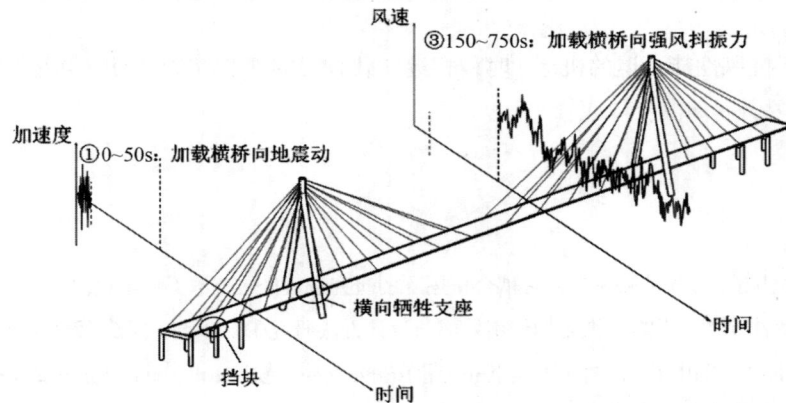

图 1　时程相继加载示意图

3　结果分析

图 2 为无地震损伤条件下和大桥受不同程度地震损伤条件下主梁跨中横向位移时程对比。相比仅受强风作用的场景，多灾害继发会显著增加大跨度斜拉桥结构在强风下的风荷载响应，震后的塑性发展越大，继发强风引起的结构响应和进一步的塑性发展也越大。进一步对比不同种类初始损伤的计算结果，表明主塔处横向约束的衰退是引起震后风荷载响应增加的关键因素，墩顶挡块与摩擦支座损伤引起的性能衰退很小。

基金项目：国家重点研发计划项目课题（2022YFC3803002）

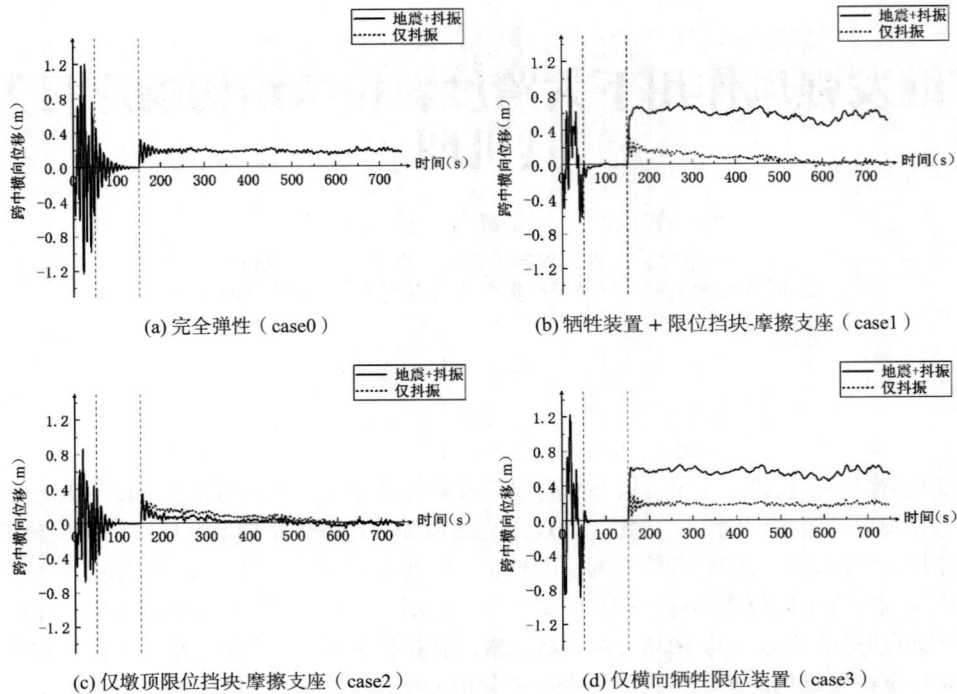

(a) 完全弹性（case0）　　　　　　　　　　(b) 牺牲装置＋限位挡块-摩擦支座（case1）

(c) 仅墩顶限位挡块-摩擦支座（case2）　　　　　(d) 仅横向牺牲限位装置（case3）

图 2　跨中横向位移时程对比

4　结论

地震继发强风会显著增加大跨度斜拉桥结构的风荷载响应，是因为地震引起了桥梁横向约束性能的衰退进而使结构抗风性能下降，其中塔梁交界处的约束体系损伤会引起更显著的下降。此外，时程相继加载获得的抖振响应与直接对震后模型加载抖振力获得的抖振响应基本吻合，表明采用时程相继加载模拟多灾害继发作用是可靠的。

受限于篇幅，对于抗风性能衰退的机理、时程相继加载方案的细节以及除跨中位移外的其他计算结果等内容详见全文。

参考文献

[1] 李宏男, 李钢, 郑晓伟等. 工程结构在多灾害耦合作用下的研究进展[J]. 土木工程学报, 2021, 54(5): 1-14.

[2] 李延. 大跨度桥梁牺牲保护体系震后恢复期作用效应与设计方法研究[D]. 上海: 同济大学, 2020.

[3] COMBAULT J, TEYSSANDIER J P. The Rion-Antirion Bridge: Concept, Design and Construction[Z/OL]. http://www.asce.org, journal-services@asce.org. 2005

[4] ZONA A, DALL'ASTA A. Elastoplastic model for steel buckling-restrained braces[J]. Journal of Constructional Steel Research, 2012, 68(1): 118-125.

[5] 徐略勤, 李建中. 新型滑移挡块的设计,试验及防震效果研究[J]. 工程力学, 2016, 33(2): 9.

[6] 陈佳亮. 地震和强风耦合作用下城市高架桥易损性分析[D]. 2024.

[7] SONG J, SKALOMENOS K, MARTINEZ-VAZQUEZ P. A multi-hazard analysis framework for earthquake-damaged tall buildings subject to thunderstorm downbursts[J]. Earthquake Engineering and Structural Dynamics, 2023, 52(5): 1463-1485.

一种能高精度识别颤振导数的强迫振动装置

胡永超[1]，严　磊[1,2,3]，何旭辉[1,2,3]

（1. 中南大学土木工程学院 长沙 410075；
2. 中南大学 高速铁路建造技术国家工程研究中心 长沙 410075
3. 中南大学 轨道交通工程结构防灾减灾湖南省重点实验室 长沙 410075）

1 引言

随着桥梁跨度的不断增大，桥梁结构变得越来越柔，桥梁颤振稳定性的问题越发突出。为了更好地利用桥梁发生软颤振后的后颤振性能，便需要更加精确地得到桥梁在不同振幅下的气动力，因此如何更加准确地测量气动力是一个需要解决的问题。目前强迫振动试验是一种可以较为精确地测量桥梁断面气动力的方法，但是强迫振动测试中气动力在整体力信号中占比较小，气动力测量准确度不高，因此本文参考了前人骨架和外衣分离测力试验[1]，开发了一种能高精度测试气动力的强迫振动装置，并以某箱梁节段模型为例进行气动力测量精度的比较。

2 强迫振动装置开发

本文开发的可高精度测试气动力的强迫振动装置有竖向和扭转两个自由度，采用直线电机加扭转电机的设计，并带有测位反馈机制保证运动模拟的精度，运行原理如图 1 所示。因为直线电机和扭转电机独立工作，互不影响，实现了竖向运动和扭转运动的耦合，并且不会因为竖向直线电机的工作而影响扭转运动的精度。竖向和扭转运动频率均可在 0.1～5Hz 范围内连续调节，竖向运动振幅在 ±70mm 范围内连续可调，最大加速度可达 70m/s²，扭转角在 ±360° 范围内连续可调，在电机负载范围内可实现任意指定历程的随机运动。

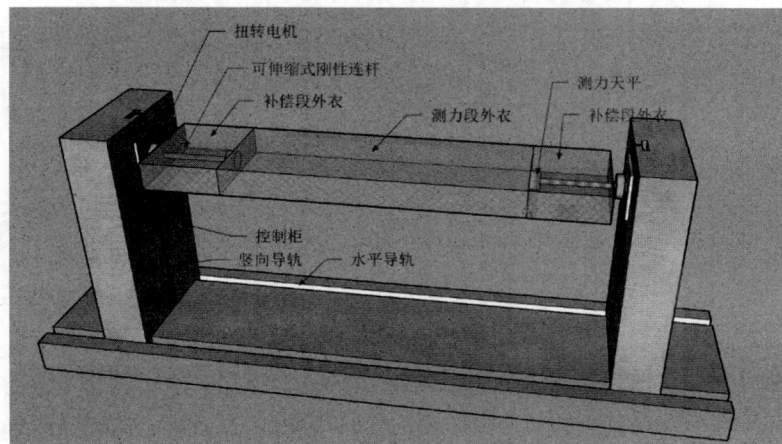

图 1　强迫振动装置原理示意图

基金项目：国家自然科学基金项目（52178516）

由上图可知，在进行强迫振动试验时，将模型外衣分为三个部分，分别是两侧的补偿段和中间的测力段，补偿段和测力段外衣留有 1～2mm 的间隙，用强迫振动装置自身的刚性连杆代替传统节段模型的骨架，补偿段外衣直接与强迫振动装置的刚性连杆连接，测力段外衣通过天平连接到刚性连杆上。将强迫振动装置的刚性连杆设计成可伸缩式的连杆，这种设计的好处在于可在不影响节段模型总体长宽比的情况下灵活调节中间测力段外衣的长度，来保证不同形式的测力段外衣都能具有足够的刚度。以某 1.2m 长的箱梁节段模型为例，其模型具体参数见表 1，在 20m/s 的试验风速下的颤振导数见表 2[2]。

某箱梁节段型试验参数 表 1

模型长度	1.2m	模型宽度	0.4m
模型总质量/质量惯性矩	9kg/0.1455kg·m²	外衣质量/质量惯性矩	1.5kg/0.0182kg·m²
竖向振幅/频率	0.02m/2Hz	扭转振幅/频率	2°/3Hz

20m/s 风速下颤振导数识别结果 表 2

参数	H_1^*	H_2^*	H_3^*	H_4^*	A_1^*	A_2^*	A_3^*	A_4^*
设定值	−5.57	2.34	−11.78	−0.81	1.38	−0.55	2.79	−0.25

强迫振动试验采用正弦形式的运动，按照上述模型参数和已通过试验识别的颤振导数结果，按照 Scanlan 气动力模型与牛顿第二定律，可计算出采用已有强迫振动装置测量的气动力与惯性力与新型强迫振动装置只测量外衣的惯性力与气动力，具体计算结果见表 3。由表 3 可知，只测量外衣时气动力占比得到大幅提高，从而提高了颤振导数的识别精度。

之前强迫振动装置测力结果与本文强迫振动装置测力结果对比 表 3

装置类型	竖向气动力（N）	竖向惯性力（N）	竖向气动力占比（%）	扭转气动力（N·m）	扭转惯性力（N·m）	扭转气动力占比（%）
已有强迫振动装置	4.18	28.42	12.8	0.579	1.802	24.3
新型强迫振动装置	4.18	4.74	46.9	0.579	0.225	72

本文采用类似文献[2]的方法，应用 MATLAB 平台编制颤振导数识别程序，采用激光位移计测试得到位移信号，并通过求导获得速度和加速度信号。采用数值仿真计算的方式对编制的识别程序进行可靠性验证。

3 结论

由表 3 可知使用新型强迫振动装置的竖向惯性力与扭转惯性力矩分别为使用已有强迫振动装置的 1/6 和 1/8，在 20m/s 风速下，竖向气动力占比提高了 3.6 倍，扭转惯性力矩占比提高了 2.9 倍，显著提高了气动力的测量精度从而提高了颤振导数的识别精度。

参考文献

[1] ZHU L D, GAO G Z, ZHU Q. Recent advances, future application and challenges in nonlinear flutter theory of long span bridges [J]. Journal of Wind Engineering and Industrial Aerodynamics, 2020: 104307.

[2] 郭震山. 桥梁断面气动导数识别的三自由度强迫振动法[D]. 上海：同济大学，2006.

基于自适应拓展卡尔曼滤波的节段模型实时混合仿真方法

杜文凯，高广中，李苏瀚，李加武

（长安大学公路学院 西安 710064）

1 引言

节段模型风洞试验是桥梁主梁、吊杆、拉索、输电线等细长构件抗风研究的基本手段，目前仍采用物理方式直接模拟振动系统参数，包括质量、竖弯/扭转刚度、竖弯/扭转阻尼等，最常用的装置是弹簧悬挂自由振动装置[1-2]。然而，直接物理模拟存在很多局限性，例如难以模拟结构刚度的非线性效应，阻尼装置复杂且难以精确调节，模型的刚度调节费时费力。为此，本文发展了基于主动控制的节段模型风洞试验方法，基本思想是将节段模型系统结构振动参数（质量、刚度、阻尼）采用主动控制系统进行模拟，风洞试验中只需要精确模拟钝体断面的气动外形即可。本文提出了基于自适应扩展卡尔曼滤波算法的主动控制模拟方法。

2 节段模型实时气弹混合仿真系统

本研究所提出的实时气弹混合仿真系统（Real-Time Aeroelastic Hybrid System, RTAHS）架构见图 1。该系统数值子结构在 MATLAB/Simulink 中搭建，利用自适应扩展卡尔曼滤波器进行实时估计和预测模型的运动状态，并将目标位移传递至物理子结构中控制模型的动态位移。同时，物理模型将所受力向前反馈至数值部分。在整个循环过程中，实现对模型运动状态的实时监控和控制。基于自适应扩展卡尔曼滤波算法的主动控制，能够实时更新测量和过程噪声协方差，从而适应线性和非线性系统的状态估计需求，可以有效地解决控制系统中普遍存在的延时问题。

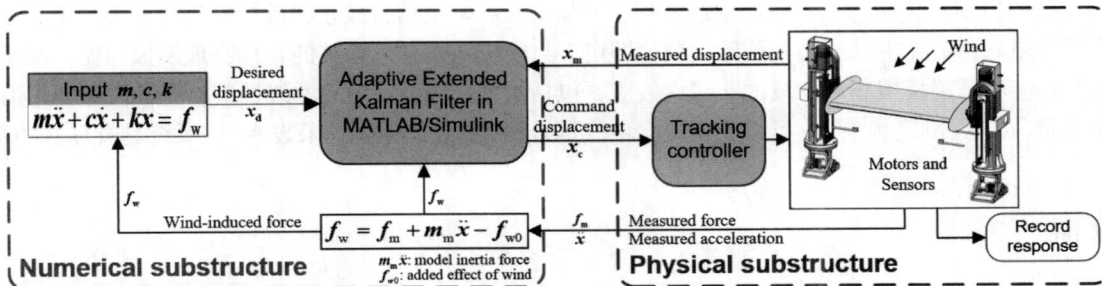

图 1 实时气弹仿真系统架构

3 数值验证

为验证所提出方法的精确性，分别对单自由度和两自由度振动系统进行数值验证。对于单自由度非线性系统，采用已有的非线性自激力模型[3-4]，与 Runge-Kutta 法数值解进行对比，如图 2 所示；对于两自由度弯扭耦合系统，采用 CFD 作为物理子结构，与 MATLAB/Simulink 进行联合仿真，对比了所提出的 RTAHS 方法与传统 CFD 方法得到的振动响应，结果如图 3 所示。结果表明，基于 AEKF 算法的 RTAHS 方法能精确地

基金项目：国家自然科学基金项目（52278478），长安大学中央高校基金资助项目（300102214914）

重构主梁的振动位移时程。

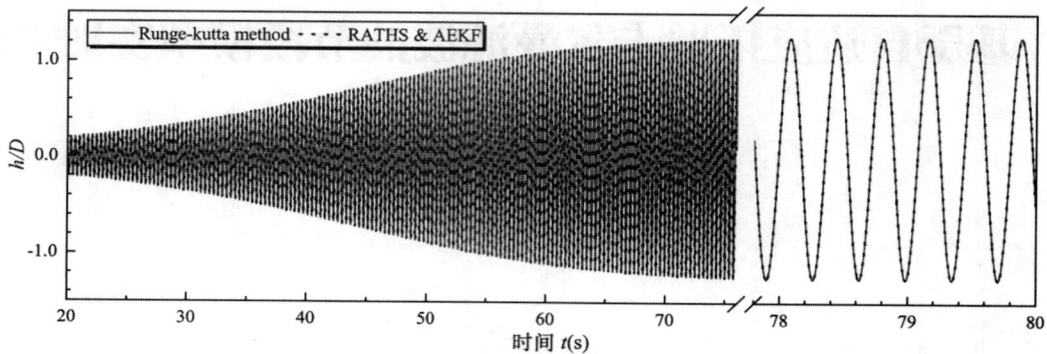

图 2　单自由度非线性系统数值验证

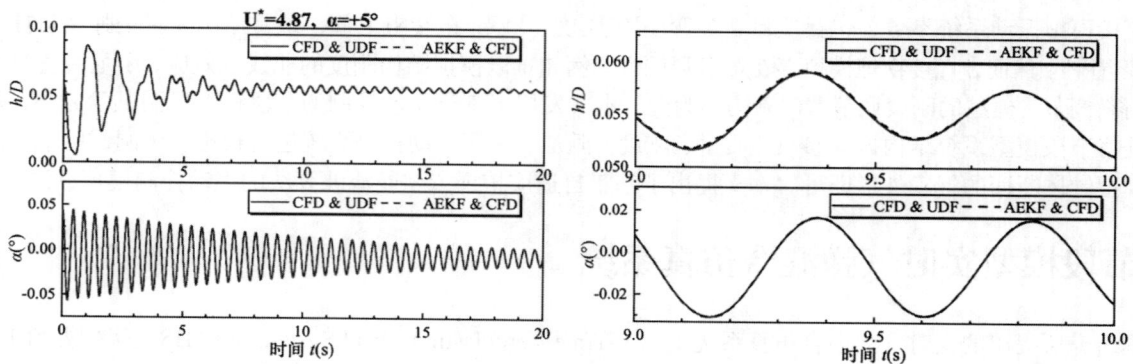

图 3　两自由度系统验证

4　结论

　　基于自适应卡尔曼滤波算法，开发了节段模型侧弯-竖弯-扭转三自由度耦合的实时气弹混合仿真系统。节段模型的结构振动系统通过主动控制系统模拟，试验中只需要把精力放在精确模拟气动外形之上，结构的刚度、质量和阻尼参数在主动控制系统输入数值即可。与传统弹簧悬挂系统的直接物理模拟相比，该系统具有以下优势：能够精确模拟物理参数的非线性效应，包括刚度非线性、阻尼非线性等；能够快速自主识别和调整模型质量、阻尼、刚度等参数；可以实现多自由度耦合振动。数值验证结果表明，该系统具有良好的精度。

参考文献

[1]　KWON O S, KIM H K, JEONG U Y, et al. Design of experimental apparatus for real-time wind-tunnel hybrid simulation of bridge decks and buildings[C]//Structures Congress 2019. Reston, VA: American Society of Civil Engineers, 2019: 235-245.

[2]　WU T, LI S, SIVASELVAN M. Real-time aerodynamics hybrid simulation: A novel wind-tunnel model for flexible bridges[J]. Journal of Engineering Mechanics, 2019, 145(9): 04019061.

[3]　GAO G, ZHU L. Nonlinearity of mechanical damping and stiffness of a spring-suspended sectional model system for wind tunnel tests[J]. Journal of Sound and Vibration, 2015, 355: 369-391.

[4]　ZHU L D, MENG X L, GUO Z S. Nonlinear mathematical model of vortex-induced vertical force on a flat closed-box bridge deck[J]. Journal of Wind Engineering and Industrial Aerodynamics, 2013, 122: 69-82.

风洞试验中风压与流场同步测量：装置、方法及验证

刘焱华，何运成，刘宇杰，赵泽江

（广州大学风工程与工程振动研究中心 广州 510006）

1　引言

风洞试验因其经济安全，效率可靠等优越性，已成为研究结构风荷载的主要手段。大量学者通过在模拟风场中使用风速、测力以及测压试验设备，测量并分析建筑模型的气动力、风致响应以及周围风环境等参数[1-2]。其中，建筑物周围的流场及表面风压分布是评估结构风荷载特征极为重要的两个参数，对理解和分析建筑结构的气动现象具有重要价值。然而，现有风洞试验研究中，由于流场可视化和动态风压采集设备在信号触发模式及工作原理上的差异，这两个参数通常由不同的专用设备单独测量。即使是两套采集设备联合使用，也仅实现了测量初始时刻的同步触发，并未在不同时序上严格同步。这就使得在分析风压形成机制时，通常基于各自结果推算风压和流动的相互关系，或结合数值模拟的瞬时压力分布和流动参数来解释建筑物的气动特性形成机理。由于动态试验流动特性具有强非定常性，这种无法在同一次试验中精确获取动态风压并同步测得瞬态流场信息的技术，会限制对被测建筑物真实流动机制的认识，不利于结构抗风的安全评估和优化维护。

因此，本文依托广州大学风洞实验室的 Sekia 高时间分辨率粒子图像测速设备及 Scanivalve 电子压力阀扫描系统，首先提出了一种流场及风压帧同步测量系统及方法。随后，针对实测风压信号畸变效应所引起的相位及幅值偏差，基于 B-T 理论传递函数[4]，给出了一种综合考虑电子压力扫描阀空腔体积、测压管管长以及管径影响的精细化畸变效应修正方法。为验证测量流场与修正后风压的同步可靠性，进一步开展了三棱柱绕流特性研究。通过对比瞬时风压分布与瞬时流动特征，验证了同步测量系统的可靠性。

2　PIV 与动态压力测量系统帧同步测量方法简介

图 1 展示的是 PIV 与 Scanivalve 电子压力阀扫描系统帧同步流程图，其主要包括 7 个步骤。

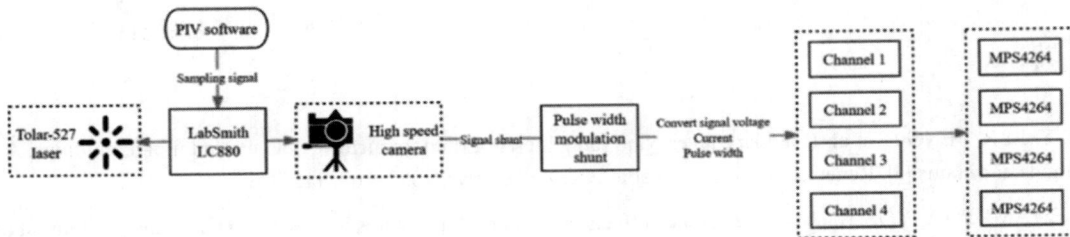

图 1　同步测量系统连接流程示意

3　风洞试验风压信号畸变的精细化修正

已有研究表明，由测压管、风压传感器和数据采集系统组成的动态测压系统捕获的风压信号会由于测压管管长、内径、曲率等影响而导致数据准确性大大降低。鉴于此，本文对测压管管径、管长以及压力传感器的空腔体积进行了实测，并基于目前广泛使用的理论传递函数，综合考虑上述三个典型影响因素，对实测风

基金项目：国家自然科学基金项目（52178465），广东省自然科学基金项目（2023B1515020117）

压信号畸变效应进行了精细化修正。

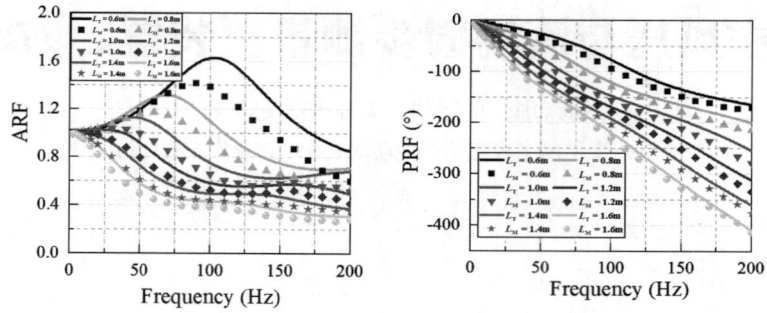

图 2　不考虑传感器空腔体积的实测 ARFs 与理论计算 PRFs 对比

4　基于三棱柱绕流的同步测量系统验证

图 3 展示了由同步测量系统获得的三棱柱表面瞬时风压分布和周围流场特征。

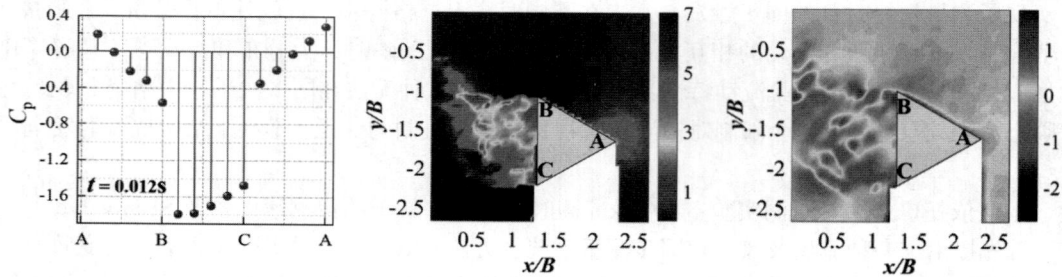

图 3　三棱柱表面风压分布及其周围流动特性瞬时同步测量结果

5　结论

本文提出了一种基于 PIV 和 Scanivalve 动态压力测量系统的风洞试验方法，并且通过拟合理论频率响应函数和试验频率响应函数，确定了压力传感器的腔体体积为 $V = 70\text{mm}^3$。最后，基于三棱柱绕流试验确定了修正后的瞬时风压分布与同步测量得到的瞬时流场的时序一致性，证明了所提出同步测量系统的可靠性。

参考文献

[1]　ZHAO Y, LI R, FENG L, et al. Boundary layer wind tunnel tests of outdoor airflow field around urban buildings: A review of methods and status [J]. Renewable and Sustainable Energy Reviews, 2022, 167: 112717.

[2]　KIM W, TAMURA Y, YOSHIDA A. Interference effects on local peak pressures between two buildings [J]. Journal of Wind Engineering and Industrial Aerodynamics, 2011, 99(5): 584-600.

智能技术与风工程

基于符号回归的高层建筑间气动干扰效应研究

王 堃，全 涌

（同济大学土木工程防灾国家重点实验室 上海 200092）

1 引言

城市集聚效应所带来的多种经济和社会效益，持续吸引着更多人口涌入。这一趋势促使在有限的土地资源上密集兴建高层建筑。然而与孤立建筑不同，在强风作用下多座紧密相邻的高层建筑之间存在复杂干扰效应，从而使主建筑所遭受的气动力发生显著变化[1]。常规拟合插值通常在已知数据点之间进行估算，精度往往依赖于数据点的分布和数量，并不能很好地反映复杂的干扰效应与影响因素之间的非线性关系，无法获得数据中的潜在特征和规律，用于新数据进行预测或决策。在本文中，我们比较了三种不同的符号回归方法在多种干扰因素影响下对气动力的应用。同时，我们综合考虑了模型性能和复杂程度，对训练得到的显式公式进行了全面评价。

2 数据库概况

在本研究中，利用东京工艺大学创建的干扰效应风压系数时程数据库，验证了三种基于不同的遗传编程中的种群管理和选择策略的符号回归方法（GP, OS-GP 和 ALPS-GP）所生成公式在预测高层建筑间风致干扰效应下气动力的准确性和实用性。图 1 展示了通过干扰距离（d）和干扰角度（β）来确定干扰建筑的位置信息，其中主建筑中心为坐标原点，干扰距离（d）为两建筑直线距离与主建筑宽度的比值，干扰角度（β）为两建筑连线与x轴的夹角，共有 37 个干扰位置。定义来流风与x轴夹角为风入射角（θ），共考虑 72 个风向[2]。

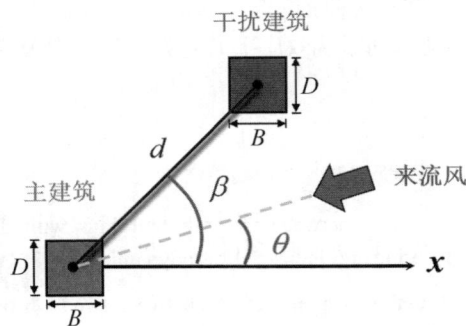

图 1 干扰工况示意图

3 结果分析

如图 2 所示，相较于 GP、OS-GP 及 ALPS-GP 展现了更高的预测精度，并且生成的解析公式也表现出较为简洁的特点，即较短的公式长度与较少的嵌套层级。此外，ALPS-GP 和 OS-GP 在训练集和预测集上的R^2

值均很高，接近于 1。这表明这两种模型不仅在训练集上能很好地拟合数据，还能解释大部分的变异，并且具有良好的泛化能力，能够在未见过的数据上保持较好的性能。然而，尽管 OS-GP 的符号回归函数精度与 ALPS-GP 相当，其输出公式的深度较小，分别为 15 和 12，而 ALPS-GP 的深度则分别为 33 和 22。这说明尽管二者精度相同，但 OS-GP 的符号回归函数更加简洁。因此，我们在后续的研究中选择 OS-GP 的符号回归模型进行进一步深入讨论。图 3 展示了基于 OS-GP，综合考虑精度与复杂度对两个方向的气动力回归模型。

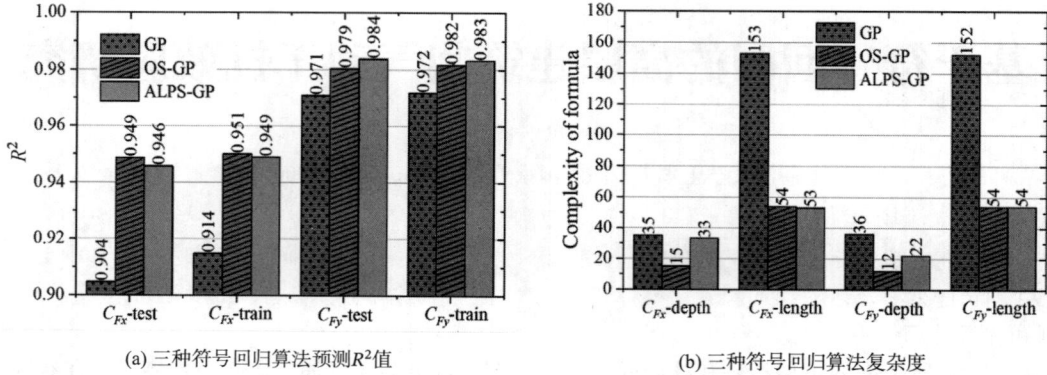

(a) 三种符号回归算法预测R^2值　　　　　　　　(b) 三种符号回归算法复杂度

图 2　三种符号回归算法的性能指标对比

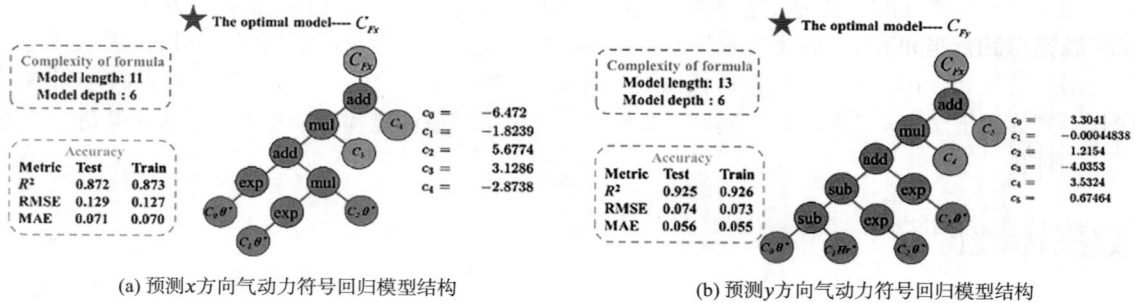

(a) 预测x方向气动力符号回归模型结构　　　　　(b) 预测y方向气动力符号回归模型结构

图 3　符号回归模型结构

4　结论

（1）OS-GP 和 ALPS-GP 两种符号回归模型相比于传统的 GP 符号回归模型，具有更好的预测效果。OS-GP 生成的公式具有更少的嵌套层数和更简洁的复杂度。

（2）基于 OS-GP 模型得到高层建筑间干扰效应下的两方向气动力公式具有一定的可行性与应用性。

参考文献

[1]　YU X, XIE Z, GU M. Interference effects between two tall buildings with different section sizes on wind-induced acceleration[J]. Journal of Wind Engineering and Industrial Aerodynamics, 2018: 16−26.

[2]　HUI Y, TAMURA Y, YOSHIDA A. Mutual interference effects between two high-rise building models with different shapes on local peak pressure coefficients[J]. Journal of Wind Engineering and Industrial Aerodynamics, 2012: 98−108.

基于 Transformer 的桥梁抖振时序响应预测

李芯洋[1,2]，房　忱[1,2]，李永乐[1,2]，任运祥[1,2]

（1. 西南交通大学土木工程学院　成都　610031；

2. 西南交通大学桥梁智能与绿色建造全国重点实验室　成都　611756）

1　引言

桥梁抖振是紊流场下风致随机振动[1]，对大跨度桥梁安全性影响大。传统抖振分析方法计算成本高、难实时预测。近年来，机器学习技术的发展为桥梁抖振响应预测提供了新的视角和方法[2]，其中 LSTM 应用广泛，但它处理长序列有局限，如训练效率低、难捕捉全局信息。本研究引入 Transformer 模型[3]，利用其自注意力机制和并行计算优势，实现高精度、高效率的桥梁抖振时序响应预测。

2　神经网络模型与抖振响应预测

2.1　风场模拟和数据集构建

本研究使用 Kaimal 谱通过风场模拟生成平均风速 10～30m/s 的 300 个脉动风场，并根据 Davenport 抖振力模型计算桥梁主梁各个节点的抖振力，利用有限元计算得到桥梁各个节点的抖振响应。本研究选用的桥梁模型如图 1 所示，将计算得到的风场时程和桥梁关键点的抖振响应时程作为训练、验证与测试数据，选用两个方向的风速时程作为输入，关键点响应时程作为输出，采用 Transformer 模型预测全桥的抖振响应。

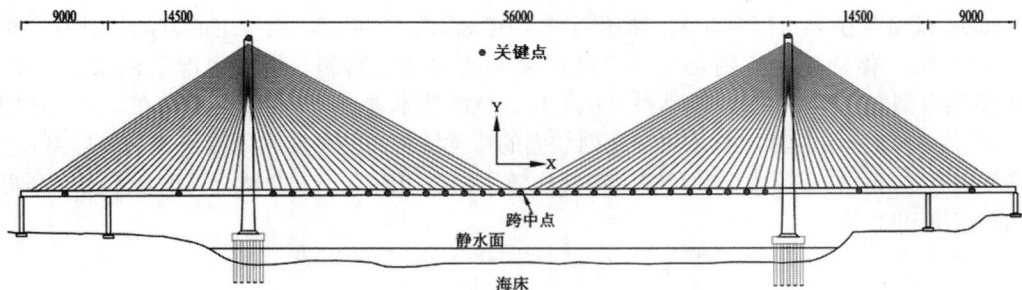

图 1　桥梁立面布置示意图

2.2　桥梁抖振时序响应预测

Transformer 神经网络模型在长序列数据预测方面有显著的优势，尤其对于桥梁全桥抖振响应预测，能够兼顾高准确性和高效率。20m/s 风速下 LSTM 的模型预测结果相关指数概率密度分布情况如图 2 所示，20m/s 风速下 Transformer 模型预测结果相关指数概率密度分布情况如图 3 所示，由图可知，Transformer 模型在抖振响应预测中相比 LSTM 具有更高的准确度。

图 4 展示了两种模型在 300 个风速序列（10～30m/s）下全桥各关键点相关指数分布情况从图中可以直观地看出，Transformer 模型的相关指数分布在较高区间，且离散程度较小，表明其预测结果更为稳定和准确；LSTM 模型的相关指数分布区间较低且离散度较大，预测效果相对较差。

在预测误差方面，我们对测试集采用均方误差（MSE）、平均绝对误差（MAE）和平均相关指数（R^2）

基金项目：国家自然科学基金项目（52208504），四川省自然科学基金（25QNJJ4169）

这两个常用的指标进行量化评估,如表 1 所示。Transformer 模型的 MSE 和 MAE 均明显低于 LSTM 模型,这进一步证实了 Transformer 模型在桥梁抖振时序响应预测方面的优势。同时,Transformer 模型的 R^2 值高达 0.95048,远高于 LSTM 模型的 0.62488,说明 Transformer 模型对桥梁抖振响应的解释能力更强,预测结果更可靠。

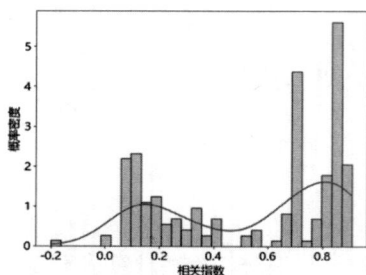

图 2 LSTM 模型预测结果相关指数
概率密度分布情况

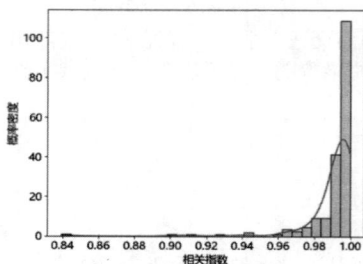

图 3 Transformer 模型预测结果相关指数
概率密度分布情况

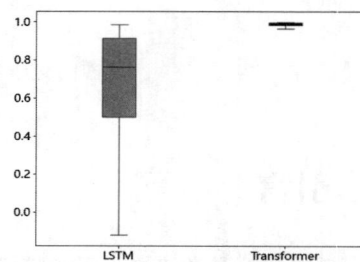

图 4 两种模型在 300 个风速序列下
预测结果相关指数分布情况

两种模型在测试集上的表现   表 1

指标	LSTM	Transformer
MAE	0.00386	0.00285
MSE	0.01230	0.00162
R^2	0.62488	0.95048

3 结论

综合以上对比结果,可以得出明确的结论:在桥梁抖振响应预测任务中,Transformer 模型在预测准确性、训练效率和稳定性方面均优于传统的 LSTM 模型。

Transformer 模型为桥梁抖振响应预测提供了一种更高效、更准确、更稳定的方法,具有广阔的应用前景。在未来的桥梁工程领域,特别是在大跨度桥梁的实时健康监测、极端风况下的安全预警等方面,Transformer 模型有望发挥重要作用,推动桥梁风工程领域的技术进步,保障桥梁结构在复杂风环境下的安全稳定运行。同时,本研究也为其他基于时间序列数据的桥梁结构性能预测问题提供了新的思路和方法参考,后续可进一步探索 Transformer 模型在桥梁工程其他领域的应用潜力,以及结合其他技术进一步提高模型性能,提高预测精度和效率。

参考文献

[1] 陈政清. 桥梁风工程[M]. 北京: 人民交通出版社, 2005.

[2] 赖马树金, 李文杰, 冯辉, 等. 桥梁风工程机器学习研究进展[J]. 中国公路学报, 2023, 36(8): 1-13.

[3] VASWANI A, SHAZEER N, PARMAR N, et al. Attention is all you need[J]. Advances in neural information processing systems, 2017, 30.

结合温度时序的融合风速预测模型研究

张成涛，张明金

（西南交通大学土木工程学院 成都 610031）

1 引言

山区长桥容易受到风荷载的影响，这可能会降低其使用性能，同时，强风还会增大长桥上交通事故发生的可能性[1]。为此，能够提供可靠预测的风速预测模型非常重要。作为一个经典的时间序列，风速数据表现出显著的非线性、不稳定性和波动性[2]。近年来，由于具有强大的非线性分析能力，许多深度学习框架被设计并应用于风速预测。如循环神经网络（RNN）和卷积神经网络（CNN），已经取得了重大的研究进展[3]，此外，作为 RNN 的一种变体，长短期记忆网络（LSTM）[4]构建了优于传统方法的风速预测模型。尽管近年来经典深度学习框架在风速预测方面取得了重大进展，但它们往往忽略了山区环境变量与风速时间序列的独特关联。风速-温度的周期性和趋势等关键信息存在显著相关性，这在时间序列分析中是至关重要的。基于上述动机，本研究提出了一种新的基于深度学习的风速预测模型，以建立更准确的预测框架。

2 结合温度时序的融合风速预测模型

本文提出了一种结合温度数据的混合风速预测模型，该模型由预处理模块、低频预测模块和高频预测模块组成。选择和组合这些模型的基本原则是：（1）利用 VMD 对风速数据进行高质量的特征提取；（2）利用 SE 理论重构序列，筛选出可预测性较低的特征，降低模型复杂度；（3）采用 CNN-LSTM 进行二维特征描述；（4）进一步用 SSA 对高频重构序列去噪，增强可预测性；（5）利用 Bi-LSTM 预测器描述高频特征。

3 现场实测及预测分析

3.1 现场实测及数据预处理

为了评估该模型的预测性能，采用了中国某山区站点的 1 组实测数据。超声波风速仪和自动气象站分别安装在 50m 和 10m 的高度，提供 10Hz 高频风速和温度数据。采用滑动平均窗口法对采样数据进行处理得到 10min 的平均数据。其次，对于缺失值和异常值，本观测站所得历史数据缺失率低，对于个别缺失和异常的数据，分别使用算术平均插值法和 3-σ 法处理。

3.2 预测试验及对比分析

预处理模块通过 VMD 将风速数据分解为多个 IMFs，筛选出可预测性最低的子序列，对 SE 值相近的子序列进行分类，重构为低频和高频序列。低频预测模块引入相应的温度数据，采用二维输入的 CNN-LSTM 模型进行预测。高频预测模块利用 Bi-LSTM 对 SSA 去噪后的高频重构子序列进行预测。最终的预测结果是将低频和高频预测模块的结果进行汇总得到的，预测结果如图 1 所示。

采用 MSE、均方根误差（RMSE）、平均绝对误差（MAE）、平均绝对百分比误差（MAPE）和 R^2 五种主流统计标准来评估预测效果。从统计学的角度来看，准则的值越小，表明模型的预测能力越强。表 1 直观地给出了与次优模型（M-7）误差统计指标的比较，分别降低了 83%、60%、55%、65%和80%，结果表明本文提出的模型可以有效地提供准确的风速预测。

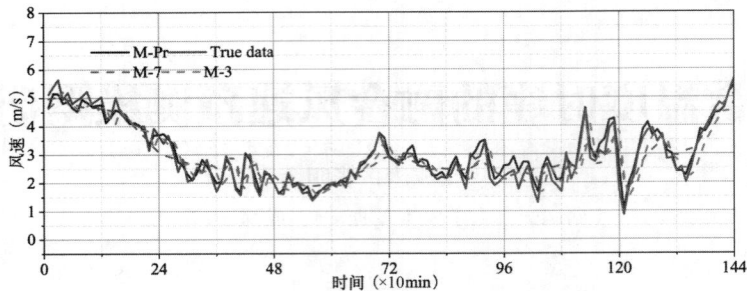

图 1　模型预测结果及对比

误差统计指标的比较　　　　　　　　　　　　　　表 1

模型	MSE	RMSE	MAE	MAPE	R^2
HTD-Seq2Seq	0.2274	0.4768	0.3519	0.1753	0.9074
M-Pr	0.1189	0.3447	0.2696	0.1468	0.9516

4　结论

　　本研究提出了一种新的基于深度学习的风速预测模型，考虑了风速与温度之间的显著相关性，并结合线性模型和非线性模型建立了更准确的预测框架。所提出的方法是上述技术的结合，具有处理风速数据复杂特征的能力，可以提供准确的风速预测。

参考文献

[1]　胡朋, 颜鸿仁, 韩艳, 等. 山区峡谷非均匀风场下大跨度斜拉桥静风稳定性分析[J]. 中国公路学报, 2019, 32: 158-168.

[2]　JIANG F Y, ZHANG J X, ZHANG M J, et al. Field measurement study on classification for mixed intense wind climate in mountainous terrain[J]. Measurement, 2023, 217: 1-16.

[3]　SHANG Z H, CHEN Y H, WEN Q, et al. Multi-step ahead wind speed forecasting approach coupling PSR, NNCT-based multi-model fusion and a new optimization algorithm[J]. Renewable Energy, 2025, 238: 1-15.

[4]　CONG H, REZA H K, PENG M, et al. Evolving long short-term memory neural network for wind speed forecasting[J]. Information Sciences, 2023, 632: 390-410.

[5]　邱文智, 张文煜, 郭振海, 等. 基于二次分解和乌鸦搜索算法优化组合模型的超短期风速预测[J]. 太阳能学报, 2024, 45: 73-82.

基于机器学习和可解释性分析的高层建筑干扰风荷载预测及 GUI 开发

胡松雁，谢壮宁，杨　易

（华南理工大学亚热带建筑与城市科学全国重点实验室 广州 510641）

1　引言

已有研究表明，当高层建筑周围存在其他建筑时，会对其产生很明显的干扰效应[1-2]，这种效应会显著改变建筑表面风压分布特性。传统研究主要依赖风洞试验进行干扰效应评估，但该方法存在试验周期长、成本高昂的固有缺陷[3]。机器学习（Machine Learning，ML）技术为结构风工程领域提供了新的研究范式。但在干扰效应研究中的应用仍存在明显不足：一方面，现有研究多聚焦平均风压预测，对围护结构设计至关重要的极值风荷载关注不足；另一方面，鲜有系统探讨施扰建筑形态参数（如高宽比）和空间位置对干扰效应的耦合影响。

干扰效应下极值风荷载分布对高层建筑围护结构的设计具有重要的价值。本文拟通过大规模的刚体模型同步测压试验获得不同干扰工况下受扰建筑的表面风荷载，考虑施扰建筑高度比和宽度比、施扰建筑位置、测点坐标等参数作为输入，应用决策树回归（Decision Tree Regression，DTR）、随机森林（Random Forest，RF）和梯度提升回归树（Gradient Boosting Regression Tree，GBRT）等多种 ML 模型，对受扰建筑表面平均和极值风荷载进行预测和对比研究，以检验多种模型的精度和适用性；通过 SHAP 方法分析了输入变量对风荷载系数的影响，并根据结果设计图形用户界面（GUI），为机器学习技术在干扰效应的深入研究奠定基础。

2　试验工况

共考虑 6 种宽度比（B_r 取 0.4、0.6、0.8、1.0、1.2 和 1.4）和 4 种高度比（H_r 取 0.8、1.0、1.2 和 1.4）下的施扰建筑干扰影响。图 1 为试验工况示意图，不考虑风向角变化对干扰效应的影响，具体试验工况见表 1。

3　预测结果

三种模型中 GBRT 模型预测 $C_{p,min}$ 和 $C_{p,mean}$ 测试集的决定系数（Coefficient of determination，用 R^2 表示）均最高。图 2 展示了三种模型预测的 $C_{p,min}$ 的 R^2 值。选择 GBRT 模型作为预测极小值和平均风荷载的 ML 模型，利用该模型及其优化后的超参数建立极小值风荷载和平均风荷载的最终预测模型。对选取的 6 例验证工况进行预测，节选其中的两例工况。图 3、图 4 分别展示生成的受扰建筑极小值和平均风荷载预测云图与试验云图对比。

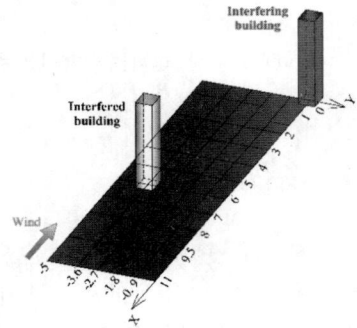

图 1　试验工况示意图

干扰风洞试验工况　　　　　　　　　　　　　　　表 1

地貌	受扰建筑		施扰建筑		位置工况数	工况总数
	宽度（mm）	高度（mm）	宽度比 B_r	高度比 H_r		
C	100	600	0.4	1.0	64	576

基金项目：国家自然科学基金资助项目（52178480），广东省基础与应用基础研究基金资助项目（2022A1515010350），亚热带建筑与城市科学全国重点实验室资助项目（2024ZB10）

地貌	受扰建筑		施扰建筑		位置工况数	工况总数
	宽度（mm）	高度（mm）	宽度比B_r	高度比H_r		
C	100	600	0.6	1.0	64	576
			0.8		64	
			1.0		64	
			1.2		64	
			1.4		64	
			1.0	0.8	64	
				1.2	64	
				1.4	64	

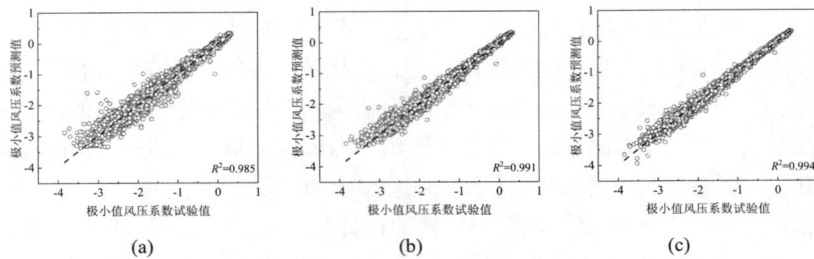

图 2　模型预测性能评价：（a）DTR；（b）RF；（c）GBRT

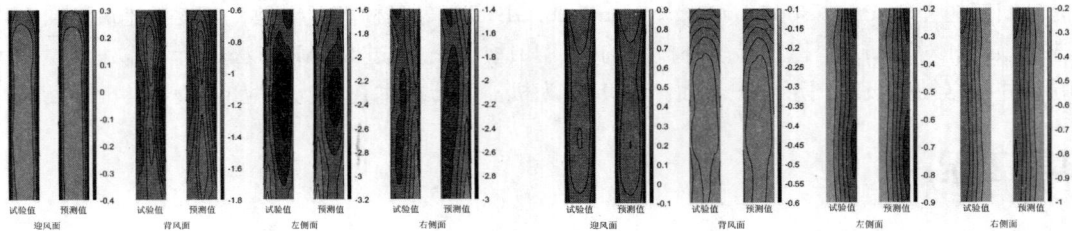

图 3　受扰建筑极小值风压系数试验值与预测值比较
（$B_r = 0.8$，$H_r = 1.0$，C30 点位）

图 4　受扰建筑平均风压系数分布试验值与预测值比较
（$B_r = 1.0$，$H_r = 1.2$，C63 点位）

4　结论

GBRT 模型在预测受扰建筑风荷载方面表现最优；且 GBRT 模型对$C_{p,mean}$的预测性能优于对$C_{p,min}$，该模型预测$C_{p,min}$得到的R^2可达 0.994，预测$C_{p,mean}$得到的R^2可达 0.9997。经过超参数优化的 GBRT 模型，具有较高的预测性能和鲁棒性，不论是内插还是外推，均能展现良好的预测性能。归一化后的x值在预测风荷载时占主导作用，在 python 编码环境中实现的 GUI 使研究人员能够快速评估受相邻结构影响的方形建筑极小值和平均风压系数。

参考文献

[1]　谢壮宁, 朱剑波. 并列布置超高层建筑间的风压干扰效应. 土木工程学报. 2012, 45(10): 23-30.

[2]　YU X, XIE Z, GU M. Interference effects between two tall buildings with different section sizes on wind-induced acceleration. Journal of Wind Engineering & Industrial Aerodynamics. 2018, 182.

[3]　HU G, LIU L, TAO D, et al. Deep learning-based investigation of wind pressures on tall building under interference effects. Journal of Wind Engineering and Industrial Aerodynamics. 2020, 201:104138.

基于物理信息神经网络的二维圆柱绕流流场超分辨率重构

李浩涵[1]，王亚帅[1]，张　珍[1-3]，刘庆宽[1-3]

（1. 石家庄铁道大学土木工程学院 石家庄 050043；
2. 道路与铁道工程安全保障省部共建教育部重点实验室（石家庄铁道大学） 石家庄 050043；
3. 河北省风工程和风能利用工程技术创新中心 石家庄 050043）

1　引言

拉索、烟囱、竖井和冷却塔等具有圆形断面的工程结构或构件，往往面临着复杂的流动分离现象，因此对圆形断面绕流问题的流场特性的研究至关重要[1]。同时精细化高分辨率的流场数据能够为结构设计、辅助计算和安全布局等提供技术性指导。当前机器学习方法已经在精细化高分辨率的流场重构当中得到了广泛应用[2]，但其对数据的依赖性较高，且缺乏一定的物理规律，模型的泛化性较差。

深度学习的普适性正吸引越来越多的学者将其应用于相关研究领域[3]。物理信息神经网络（Physics-informed neural networks, PINNs），已经被证实可以通过稀疏数据进行流场重构[4]。相比于传统插值超分辨率重构方法，PINNs 可以获得优于原始方法的重构精度，且相比于其他的深度学习方法，PINNs 加入了物理约束，对数据的依赖性减弱，鲁棒性更高。本文基于 PINNs 模型，使用二维圆柱绕流数值模拟结果构建训练集和测试集，训练集采用低分辨率（Low resolution, LR）的流场数据进行训练，测试集采用高分辨率（High resolution, HR）的流场数据进行测试，以实现高精度地重建速度场和压力场。

2　研究方法和内容

2.1　PINNs 框架分析

PINNs 将纳维-斯托克斯方程（Navier-Stokes equations, N-S）的微分形式融入到神经网络的损失函数中，从而学习得到带物理模型约束的逼近偏微分方程解的深度神经网络模型。PINNs 的网络结构如图 1 所示。

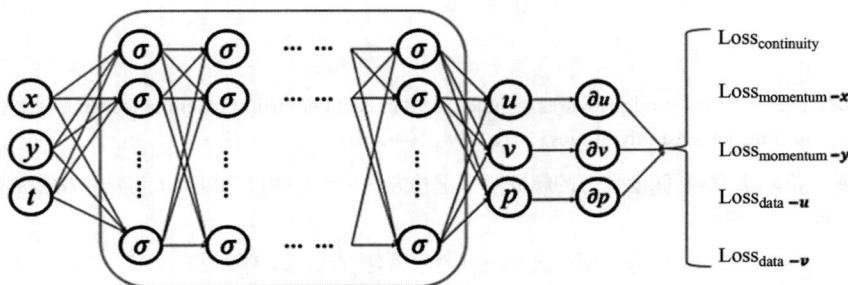

图 1　PINNs 网络结构图

2.2　数据集的建立和模型训练

研究所用数据基于开源软件 OpenFOAM 平台，对雷诺数为 200 的二维圆柱绕流进行直接数值模拟（Direct Numerical Simulation, DNS）。计算域和网格划分如图 2 所示。

本研究的训练集采用低分辨率的流场数据进行训练，将空间坐标和时间作为输入，输出为速度和压力。

基金项目：国家自然科学基金项目（12202291），河北省高等学校科学技术研究项目（BJK2024177）

同时将高分辨率的流场数据用于测试。

图 2　计算域和网格划分

2.3　预测结果分析

图 3 为雷诺数 200 时 PINNs 与 CFD 速度云图和压力云图结果的对比。可以看出，PINNs 可以很好地捕捉圆柱绕流中的流场特性。

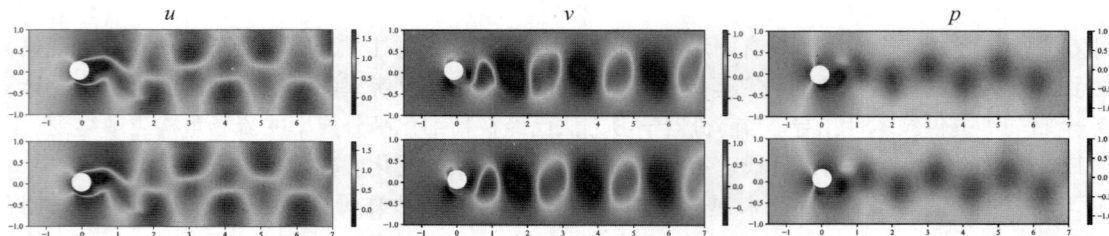

图 3　PINNs 与 CFD 速度和压力云图对比结果

3　结论

本文发展了一种基于物理信息神经网络（PINNs）进行二维圆柱绕流流场的超分辨率重构的方法。PINNs 网络框架基于开源 PyTorch 库搭建，所用数据基于开源软件 OpenFOAM 的直接数值模拟结果，对雷诺数为 200 的圆柱绕流进行 DNS 模拟。

预测结果显示，PINNs 模型可以根据低分辨率的网格数据进行训练，训练的模型可以对高分辨率的网格进行速度场和压力场的预测，且 PINNs 结果和 CFD 模拟结果显示一致。因此，PINNs 模型可以为获取高分辨率的流场数据提供依据。

参考文献

[1]　HU G, KWOK K C S. Predicting wind pressures around circular cylinders using machine learning techniques[J]. Journal of Wind Engineering and Industrial Aerodynamics, 2020, 198: 104099.

[2]　梁仍康, 张伟, 杨思帆, 等. 基于深度学习的超分辨率重构方法在 CAARC 标模绕流流场重构中的应用[J]. 空气动力学学报, 2023, 41(11): 116-126.

[3]　韩阳, 朱军鹏, 郭春雨, 等. 基于扩散模型的流场超分辨率重建方法[J].力学学报, 2023, 55(10): 2309-2320.

[4]　刘宇豪, 刘正先, 李孝检. 基于 PINN 方法的不可压流场求解[J]. 船舶工程, 2023, 45(11): 150-155.

颤振导数识别的 FF-ResNet 智能方法

刘川淳，方根深，葛耀君

（同济大学土木工程防灾减灾全国重点实验室 上海 200092）

1 引言

颤振导数是量化大跨度桥梁主梁气动性能的关键参数。以往研究中，识别颤振导数主要依赖于风洞试验和计算流体动力学（CFD）方法，周期长且耗费大量资源，断面样本量有限，难以系统地分析颤振导数随气动外形的变化规律。为了快速预测不同气动外形的颤振导数，本研究以闭口钢箱梁为研究对象，提出了一种基于特征融合和 ResNet 模型（FF-ResNet）的深度学习方法，利用 CFD 模拟多频强迫振动得到 108 个闭口钢箱梁断面在 8 个折算风速下的颤振导数进行训练，并通过 Shapley Additive exPlanations（SHAP）方法分析气动外形对颤振导数的影响机理。

2 FF-ResNet 模型

本文采用的闭口箱梁气动外形变化范围和采样方式与 Zheng 等[1]一致，梁宽在 41.8～58.6m 间，梁高在 2.88～6.24m 间，改变风嘴角点和下斜腹板角点位置，断面外形被处理成 256×256 像素的灰度图形输入，梁高方向尺寸被放大 10 倍，便于特征的提取。图 1 展示了 FF-ResNet 方法的流程图，可分为 3 个模块。在模块 I 中，经过预处理和数据增强的图像被输入 ResNet-50，该模型在 ImageNet 上经过预训练以加速学习。在模块 II 中，折算风速被输入一个多层感知机，提取折算风速对颤振导数影响的特征。两个模块的输出被串联成一个特征向量，在模块 III 中传递给另一个多层感知机，用于预测给定折算风速下的 8 个颤振导数。

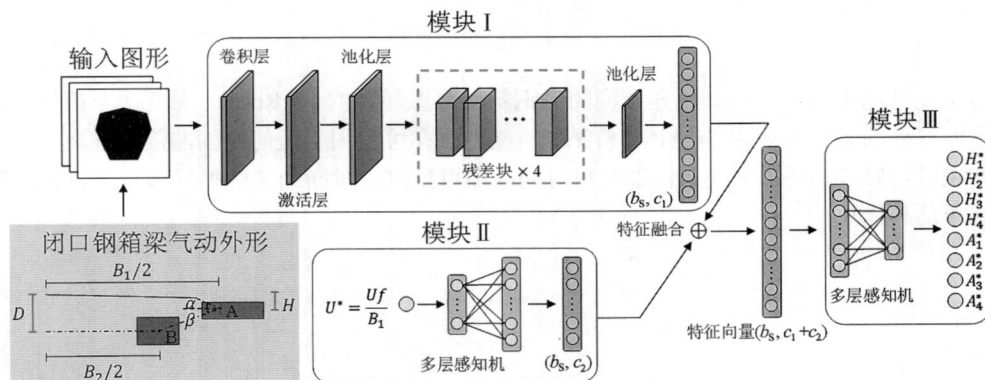

图 1 FF-ResNet 模型示意图

3 颤振导数预测结果

将数据集按 8：2 的比例分为训练集和验证集，并进行超参数调优。图 2 对比了三个重要颤振导数（H_3^*，A_1^* 和 A_2^*）[2]的实际值与预测值，表明两者具有良好的一致性。在整个数据集上训练模型并用于预测不同气动外形的颤振导数。图 3 展示了折算风速 $U^* = 6$ 时，A_2^* 的分布。当 $H \geqslant D$ 时，断面形状不再是闭口箱梁，因此被排除在外。随着 D 的增大，A_2^* 整体趋于增大。上斜腹板倾角 α 较大或较小都会使 A_2^* 减小，下斜腹板倾角 β 的

基金项目：国家自然科学基金项目（52108469，52278520），中央高校基本科研业务费专项资金资助（22120220577）

影响相对较小。采用 SHAP 算法对模型的预测行为进行解释，图 3 展示了 D 的 Shapley 值随 D 的变化关系，同时给出了 H 与 D 的交互作用。当 D 较小时，其对于 A_2^* 为负向影响；随着 D 的增大，影响由负转正并呈线性增加。从散点图的颜色可以看出，D 和 H 之间有很强的交互影响，且大致可以分为三个区间。

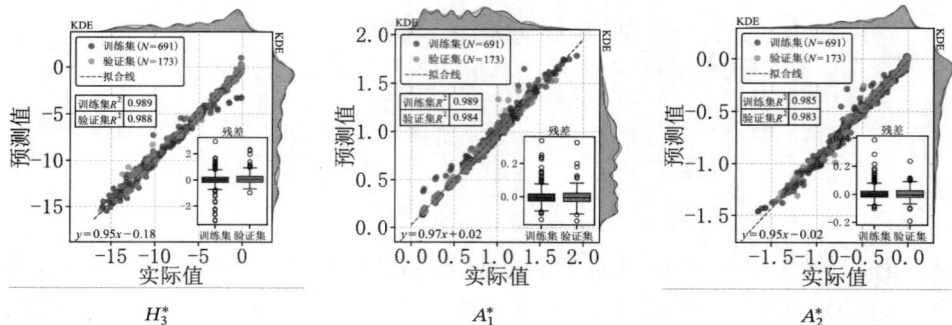

图 2　部分重要颤振导数预测效果（H_3^*，A_1^* 和 A_2^*）

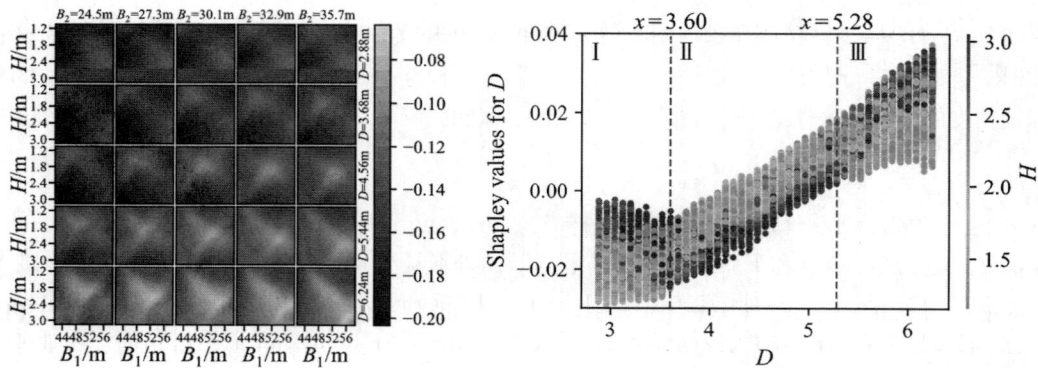

图 3　颤振导数随几何外形的分布规律与 SHAP 分析结果（以 A_2^* 为例）

4　结论

本文提出了一种基于图形和折算风速预测闭口钢箱梁颤振导数的 FF-ResNet 深度学习模型，并以 A_2^* 为例分析了其随几何外形的分布规律和 SHAP 分析结果。该方法亦可应用于任何断面的颤振导数，无需对气动外形的参数化方法进行修改，训练完成的模型在短时间内即可预测大量断面的颤振导数，进而将颤振导数应用于颤振性能的评估和优化。

参考文献

[1]　ZHENG J, FANG G, WANG Z, et al. Shape optimization of closed-box girder considering dynamic and aerodynamic effects on flutter: a CFD-enabled and Kriging surrogate-based strategy[J]. Engineering Applications of Computational Fluid Mechanics, 2023, 17(1): 2191693.

[2]　XU S, FANG G, ZHAO L, et al. Aerodynamic and aerostatic performance of a long-span bridge with wide single box Girder Installed with Vertical and Horizontal Stabilizers[J]. Journal of Structural Engineering, 2023, 149(8): 04023106.

多源数据-物理知识驱动的风机风荷载快速计算方法及其试验验证

杨思尧 [1,2]，刘红军 [2]，林　坤 [1,2]

（1. 桥梁工程结构动力学国家重点实验室暨桥梁结构抗震技术交通行业重点实验室　重庆　400038；
2. 哈尔滨工业大学（深圳）智能学部　深圳　518055）

1　引言

在复杂来流条件下，准确预测风荷载是优化风机发电性能和保障结构安全的关键。然而，传统的数值模拟和风洞试验方法尽管精确，但计算成本高、耗时长，难以满足快速优化需求。为此，本文提出一种风机风荷载快速计算方法，该方法基于物理引导神经网络的 KAN-MHA 模型和叶素动量理论（BEMT）[1-2]，结合风洞试验、CFD 模拟和 XFoil 数据进行训练，实现了风荷载的高效预测与校准。风洞试验进一步验证了该方法的准确性。该方法在保证精度的同时显著降低了计算成本，为风机风荷载的计算以及结构形式的优化提供了新的解决思路。

2　研究方法

如图 1 所示，本文研究方法分为两部分。首先，通过 KAN-MHA 神经网络计算翼型的气动性能。KAN-MHA结合 Kolmogorov-Arnold Networks（KAN）[3]与多头注意力机制（MHA）[4]，利用风洞试验[5]、CFD 模拟和XFoil 数据训练模型，并通过物理引导神经网络（PINNs）融入连续性方程和动量守恒约束，确保流场预测符合物理规律。在此基础上，采用叶素动量理论（BEMT）将翼型气动性能扩展至风机整体，计算风荷载。BEMT方法通过分段计算叶片的气动载荷，并结合运行参数、结构参数进行积分。该方法融合数据驱动与物理模型，实现了复杂来流条件下风荷载的高效、精确预测，同时保证了适用性与计算效率。

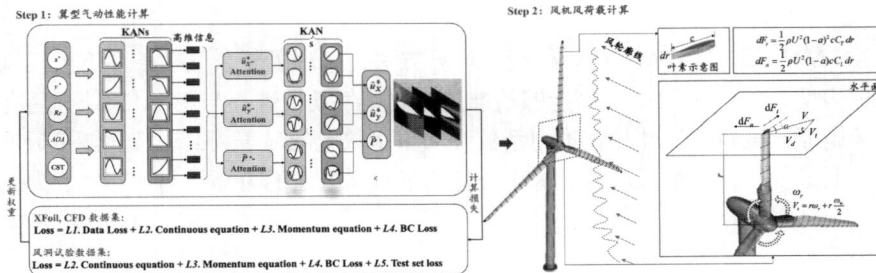

图 1　本文研究流程图

3　试验结果

KAN-MHA 模型在风机翼型气动性能的预测中表现优异，特别是在复杂流场条件下能够高效捕捉流场特性。以 AG19 翼型，$Re = 1 \times 10^5$，AOA = 0°工况为例，如图 2（a）所示，该模型在速度场（u_x, u_y）和压力场（p）的预测误差较低，与真实值的吻合度极高，最大绝对误差仅为 1.76×10^{-2}，尤其在流场非线性变化显著的前缘和尾缘区域表现出色。如图 2（b）所示，根据翼型压力场的分布进行积分，得到的翼型气动系数

基金项目：桥梁工程结构动力学国家重点实验室暨桥梁结构抗震技术交通行业重点实验室开放课题，广东省土木工程智能与弹性结构重点实验室（2023B1212010004）

与真实值保持了良好的一致性，进一步表明 KAN-MHA 架构的预测精度和强大的泛化能力。

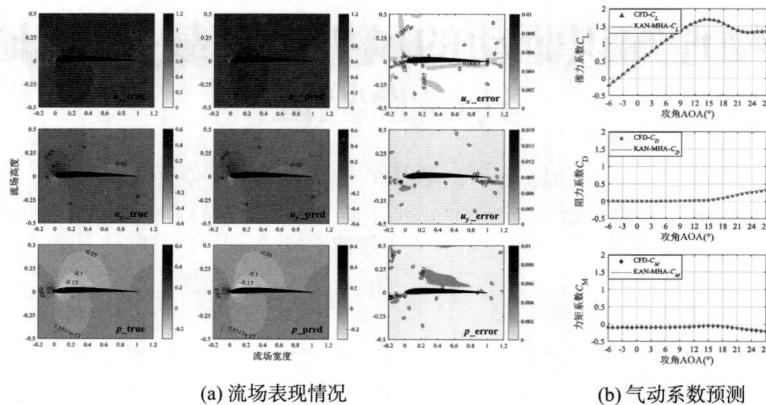

| (a) 流场表现情况 | (b) 气动系数预测 |

图 2　KAN-MHA 模型预测 AG19 翼型在 $Re = 1 \times 10^5$ 和 AOA = 0° 工况下的流场结果

如图 3 和图 4 所示，受尺寸效应和雷诺数影响，几何缩尺叶片的气动性能较低，推力、功率系数在额定风速下远低于目标值。基于 KAN-MHA 模型，经重新设计后的叶片推力系数和功率系数均与原型保持一致，额定风速下分别达到目标值的 97.59% 和 97.87%，且在其他工况下也保持较好一致性。该试验验证了风机风荷载快速计算方法的有效性。

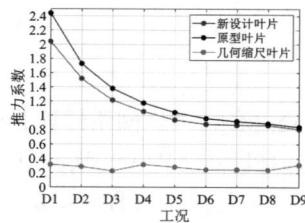

图 3　推力系数风洞试验结果　　图 4　功率系数风洞试验结果

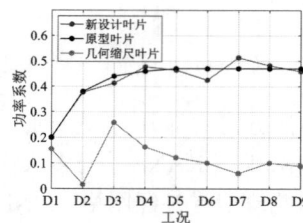

4　结论

本文提出的 KAN-MHA 结合 BEMT 的风机荷载计算方法，实现了复杂气动条件下风机风荷载的高效预测和性能优化。研究表明，KAN-MHA 模型能够精准捕捉翼型气动特性，与 BEMT 结合后有效计算风机整体风荷载。风洞试验验证了重新设计叶片在推力系数和功率系数上的显著提升，其性能接近原型水平，达到目标值的 97% 以上，明显优于几何缩尺叶片。这充分证明了本文方法的可靠性与适用性，为风机设计优化提供了重要支持。

参考文献

[1] JAGTAP A D, KARNIADAKIS G E. Extended physics-informed neural networks (XPINNs): A generalized space-time domain decomposition based deep learning framework for nonlinear partial differential equations[J]. Communications in Computational Physics, 2020, 28(5): 2002-2041.

[2] BATCHELOR G K. An Introduction to Fluid Dynamics[M]. Cambridge: Cambridge University Press, 2000: 1-615.

[3] LIU Z, WANG Y, VAIDYA S, et al. Kan: Kolmogorov-Arnold Networks[J]. arXiv preprint arXiv:240419756, 2024: 1-23.

[4] VASWANI A, SHAZEER N, PARMAR N, et al. Attention is All You Need[J]. arXiv preprint arXiv:170603762, 2017: 1-16.

[5] RAMSAY R, HOFFMAN M, GREGOREK G. Effects of Grit Roughness and Pitch Oscillations on the S809 Airfoil[R]. Golden, CO: National Renewable Energy Lab. (NREL), 1995: 1-56.

基于 BP 神经网络的板状飞掷物飞行特性预测模型

文 洋，黎子昱，黄 鹏

（同济大学土木工程防灾国家重点实验室 上海 200092）

1 引言

　　风灾是全球范围内严重影响社会发展的自然灾害，其中风致飞掷物对人类安全造成直接威胁并带来巨大经济损失，故研究其飞行轨迹对城市防灾减灾极为关键。基于风洞试验和全尺寸实测，Lin[1]研究了长宽比、初始风攻角和K数等初始条件对飞掷物飞行轨迹的作用，Richards[2]提出 6 自由度轨迹模型，通过 CFD 数值模拟方法计算飞行轨迹。本研究基于 BP 神经网络构建板状飞掷物无量纲飞行轨迹模型，引入十折交叉验证与早期停止策略，优化网络的泛化能力；结合 ReLU 激活函数和 RMSprop 优化器，有效捕捉飞掷物飞行轨迹的非线性特征，此模型有望为城市风灾防御中的飞掷物风险评估与应对策略提供参考。

2 BP 神经网络搭建

　　本研究基于 Tensorflow 开源框架和 Keras 网络构建反向传播（BP）算法建立的人工神经网络模型，此模型运行机制涵盖正向传播与反向传播两个核心阶段。正向传播进程中，输入数据经神经网络多层隐藏层的传导，直至抵达输出层，在此过程同时计算损失函数；反向传播则依据链式法则计算参数梯度，进而运用优化算法对权重与偏置进行更新。

　　神经网络训练数据基于对板状飞掷物二维飞行准定常数值模拟[3]的轨迹数据，一共有 142495 组计算工况。具体而言，输入数据为平板宽度L、长宽比AR、宽厚比τ、初始风攻角θ_0、Ω数和ϕ数，输出数据为拟合轨迹公式(1)中无量纲竖向位移$\bar{y}$与水平位移$\bar{x}$参数c_1、c_2。ReLU 函数和线性激活函数分别作为隐藏层和输出层的激活函数。此外，优化器选用 RMSprop，学习率η_t为 0.001，衰减系数β为 0.9，防止除 0 选用的小值ε为1×10^{-7}。损失估计采用均方误差 MSE 函数，公式(2)所示：

$$\bar{y} = c_1 \lg(\bar{x} + 1) - c_2 \bar{x} \tag{1}$$

$$J_{MSE} = \frac{1}{N} \times \sum_{i=1}^{N} (y_i - \hat{y}_i)^2 \tag{2}$$

式中，N为输入数据总数；y_i为实际输出；$\hat{y}_i$为预测输出。通过十折交叉验证的方法确定网络的拓扑结构。如图 1、图 2 所示，当隐藏层为 7 层（每层 256 节点）时，系数c_1、c_2的 MSE 均小于6×10^{-5}，判定系数R^2均大于 0.996，预测结果最好。

3 结果与讨论

3.1 网络模型在测试集上的表现

　　在测试集中（图 3、图 4）对于系数c_1预测结果与准定常模型结果的相关系数为 0.9773，系数c_2预测结果与计算结果的相关系数为 0.9971，预测结果准确，表明模型有较高泛化能力。

3.2 试验验证与结果对比

　　本研究通过对比飞掷物无量纲轨迹预测模型与 Tachikawa[4]风洞试验及 Richards[2]CFD 数值模拟结果，验证了模型在不同风攻角α和长宽比AR下的性能。结果显示，在$AR = 1$且$\alpha = 30°$和 120°，$AR = 2$且$\alpha = 60°$时，

基金项目：国家自然科学基金项目（52178500）

神经网络模型预测轨迹的平均误差显著低于 CFD 数值模拟结果，且与 Tachikawa 的风洞试验轨迹趋势之间存在较高的一致性；当 $AR = 2$ 且 $\alpha = 90°$ 时，模型预测趋势虽与 CFD 模拟结果一致，但精度有所下降，这一现象可能与板状飞掷物在高长宽比下流动分离加剧及三维流场中旋涡脱落有关。本模型在三维效应及局部流动细节刻画上仍需改进，但与 CFD 数值模拟相比，能够保证预测轨迹趋势可靠性的同时，显著提高了计算效率。

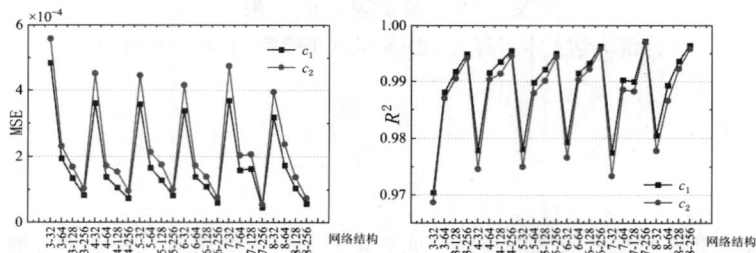

图 1　不同网络损失估计 MSE 验证结果　　图 2　不同网络判定系数 R^2 验证结果

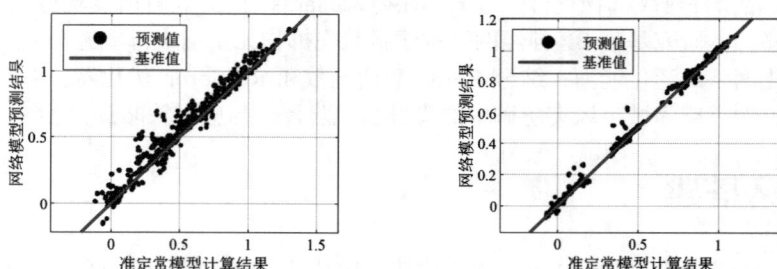

图 3　网络模型在测试集上对系数 c_1 的预测　图 4　网络模型在测试集上对系数 c_2 的预测

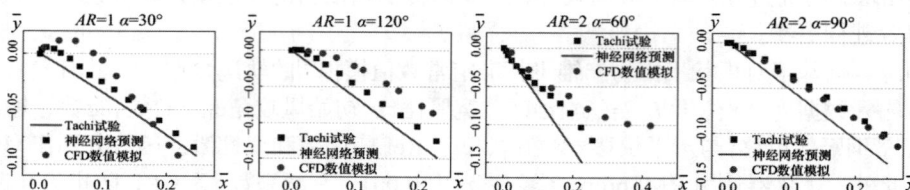

图 5　风洞试验结果、CFD 模拟结果与神经网络预测结果对比

4　结论

本研究基于反向传播 BP 神经网络构建了板状飞掷物无量纲轨迹预测模型，在测试集中的预测参数 c_1、c_2 与准定常计算结果相关系数分别为 0.9773 和 0.9971。模型在轨迹趋势预测可靠性较高，但在局部流动细节上仍需改进。与 CFD 数值模拟方法相比，本模型预测的均方误差 MSE 更低，计算效率提高，凸显其在工程快速评估中的实用价值。

参考文献

[1]　LIN N, LETCHFORD C, HOLMES J. Investigation of plate-type windborne debris. Part I. Experiments in wind tunnel and full scale[J]. Journal of Wind Engineering and Industrial Aerodynamics, 2006, 94(2): 51-76.

[2]　RICHARDS P J, WILLIAMS N, LAING B, et al. Numerical calculation of the three-dimensional motion of wind-borne debris[J]. Journal of Wind Engineering and Industrial Aerodynamics, 2008, 96(10-11): 2188-2202.

[3]　黎子昱. 基于准定常模型的板状飞掷物二维飞行特性研究[D]. 上海: 同济大学, 2023.

[4]　TACHIKAWA M. Trajectories of flat plates in uniform flow with application to wind-generated missiles[J]. Journal of Wind Engineering and Industrial Aerodynamics, 1983, 14(1-3): 443-453.

基于神经网络的翼型高保真气动优化方法

龚敬亮，李利孝，袁楚龙

（深圳大学土木与交通工程学院 深圳 518060）

1 引言

翼型是风力机叶片设计的基础与核心，设计优良的翼型可以有效提高叶片风能捕捉能力并降低风机的系统载荷。传统理论模型存在精度问题，而高保真翼型气动获取方法计算的时间又过长。为了解决上述问题，本文提出了基于神经网络的翼型气动优化方法，并以 FFA-W3-241 翼型为例，对该方法的可行性进行了验证。结果表明，神经网络代理模型具有良好的预测精度，与优化算法结合实现了翼型气动性能的提升，并节约了88.6%气动计算时间。

2 基于神经网络的翼型优化方法

2.1 翼型气动优化框架

如图 1 所示，翼型气动优化框架共分为四步。首先参数化基础翼型的几何外形，并对拟合参数采样建立翼型几何数据库。然后在计算工况下对采样结果进行气动计算，建立翼型气动数据库。接着利用数据库对神经网络进行训练，建立翼型气动预测代理模型。最后结合代理模型与优化算法，对基础翼型进行优化。

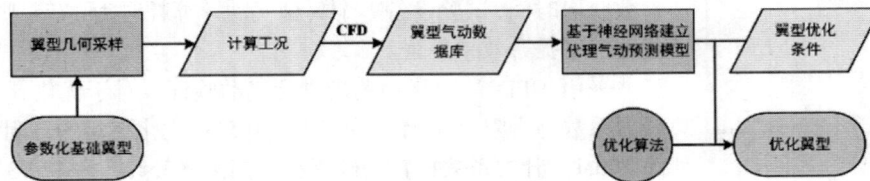

图 1 翼型气动优化框架

2.2 翼型气动预测神经网络架构

混合精度神经网络通过额外考虑高保真数据特征与标签的线性关系，实现了信息的精准预测[1]。因此整合线性层与 Encoder-Decoder 架构，设计了翼型气动预测神经网络，如图 2 所示。模型的输入为翼型的几何参数，输出为翼型气动参数。

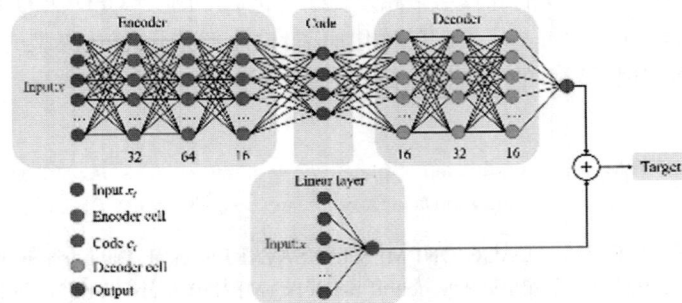

图 2 翼型气动预测神经网络

基金项目：广东省自然科学基金项目（2022A1515011499）

3 基于神经网络的翼型优化

3.1 优化定义

为验证基于神经网络的翼型高保真气动优化方法的可行性,对 FFA-W3-241 翼型进行升阻比最大化优化。优化攻角为 $7°$,雷诺数为 1.2×10^7,基础翼型的几何参数 $\pm30\%$ 浮动范围作为优化区域。约束优化翼型的升力系数不得小于基础翼型,面积不得小于原翼型 95%。

3.2 翼型数据集与气动预测代理模型建立

根据优化方法,首先需要建立翼型的几何与气动数据库。采用 4 阶类/型函数变换法对 FFA-W3-241 翼型进行参数化表征,然后采用拉丁超立方方法对几何参数进行采样,采样域与设计域相同,获取了 2000 个采样翼型。以设计工况为计算条件,对采样翼型进行 CFD 气动计算,最终实现了包含 2000 个样本的翼型几何-气动数据库的建立。随机抽取 80% 作为训练集,20% 作为验证集,用于训练翼型气动预测神经网络。

采用 Adam 优化器进行权重更新,批量数设为 20,训练轮数设置为 10000,前 500 轮模型的学习率为 0.01,500 轮后模型的学习率设为 0.001 以稳定误差。均方误差作为误差函数。选取训练集与验证集误差最小的神经网络作为翼型的升力系数与升阻比预测代理模型。

3.3 翼型优化

结合改进的粒子群算法对翼型进行了气动优化,优化过程如图 3 所示。算法于第 881 步收敛于 103.2。

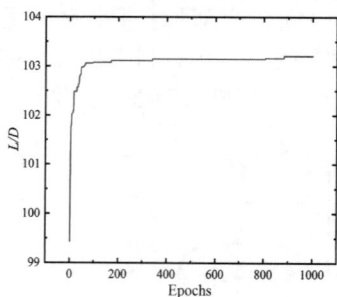

图 3 优化迭代过程

根据收敛步数,整个优化流程需要对 17620 个翼型进行气动计算。而神经网络预测样本气动耗时极短,因此仅需考虑建立数据集时 2000 个样本的计算时间。故与 CFD 法相比,翼型气动预测神经网络节约了 88.6% 的气动参数获取时间,试验设备单个翼型气动计算耗时为 177s,则共节约 767.5h,优化速率提升效果显著。

采用 CFD 法对优化翼型进行气动验证。对于优化翼型,神经网络的升力系数与升阻比预测误差均小于 0.5%。优化翼型的升阻比提升了 5.1%,为 103.1。升力系数相较基础翼型提高了 6.35%,为 1.293,满足了约束条件。该结果证明了优化方法的可靠性。

4 结论

本文提出了一种基于神经网络的翼型高保真气动优化方法,用以解决优化时气动精度与计算时间难以平衡的问题,并以 FFA-W3-241 为例,论证了方法的可行性。结果表明,基于神经网络的翼型气动预测代理模型的精度极佳,优化结果中,与 CFD 的计算结果相差低于 0.5%。与基于 CFD 法的优化方法相比,该方法减少了 88.6% 的气动计算时间,显著地提高了翼型的优化速率。设计工况下,优化翼型的升力系数提升了 6.35%,升阻比提升了 5.1%,成功实现了翼型的气动性能提升。

参考文献

[1] MAHMOUDABADBOZCHELOU M, CAGGIONI M, SHAHSAVARI S, et al. Data-driven physics-informed constitutive metamodeling of complex fluids: A multifidelity neural network (MFNN) framework[J]. Journal of Rheology, 2021, 65: 179–198.

基于混合人工智能模型的风雹耦合冰雹冲击力峰值预测

陈俊偲 [1,2]，戴益民 [1,2]，刘泰廷 [1,2]，李怿歆 [1,2]

（1. 湖南科技大学结构抗风与振动控制湖南省重点实验室 湘潭 411201；

2. 湖南科技大学土木工程学院 湘潭 411201）

1 引言

风雹灾害对光伏结构构成严重威胁，随着全球气候变化，极端天气事件频发，这对光伏系统的稳定性和耐久性提出了更高要求[1-2]。为此，本文基于自主研发的冰雹冲击模拟装置，结合风洞试验，系统研究了不同参数下冰雹对光伏结构的峰值冲击力。试验获取了关于冰雹直径、发射速度、风速及冲击角度等因素的大量数据，为了深入理解这些因素之间的复杂非线性关系，本文通过分析对比 BP、PSO-BP 和 FA-BP 三种机器学习模型[3]在预测冰雹冲击力峰值的准确性，建立可靠的预测模型，旨在为复杂环境下的风雹灾害提供有效的分析工具。

2 试验概况

试验利用自主研发的冰雹冲击模拟装置，如图 1 所示，在风洞实验室中进行了风雹耦合试验，以评估不同参数下冰雹对光伏结构的峰值冲击力。试验系统包括冰雹发射机构、速度采集系统和测力传感器，确保了试验数据的准确性。试验设计了两种情况：一是控制湍流度为 2.5%，研究风速及其他变量的影响；二是控制平均风速 7.5m/s，研究湍流强度及其他变量的影响。总共获取了 100 组试验数据，涵盖了不同的冰雹直径、发射速度、风速及冲击角度等因素，试验结果如图 2 所示，为后续神经网络模型提供数据基础。

3 神经网络模型对比与验证

为了预测冰雹对光伏结构的峰值冲击力，本研究建立了 BP、PSO-BP 和 FA-BP 三种模型，并通过 10 折交叉验证评估了模型性能。本文引入 PSO 和 FA 优化 BP 网络的初始化参数，以提升全局优化效果。试验数据被标准化处理后用于训练模型，如图 4 和图 5 所示，其中 90% 的数据作为训练集，10% 作为测试集。通过交叉验证发现，BP 模型在 RMSE、R^2 和 MAE 指标上的标准差较大，稳定性较差；而 PSO-BP 和 FA-BP 模型表现出更高的稳定性和准确性。特别是 FA-BP 模型，在所有评价指标上均优于其他模型，其测试集上的 R^2 达到 0.9780，RMSE 为 3.7102，MAE 为 2.8067，相对误差保持在 ±10% 以内。

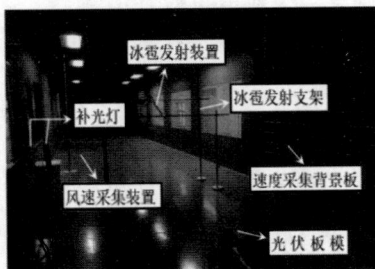

图 1 试验系统布置图

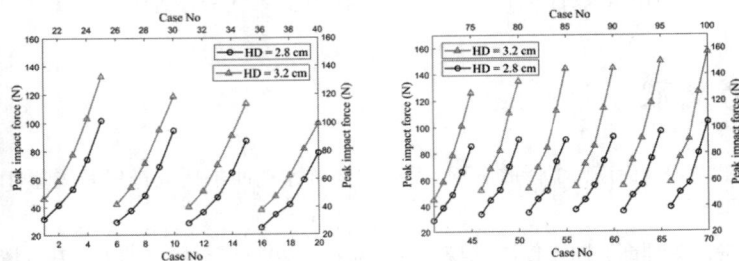

图 2 试验结果

基金项目：国家自然科学基金项目（52178478）

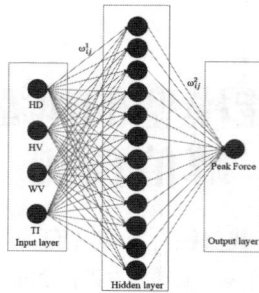

图 3　神经网络模型

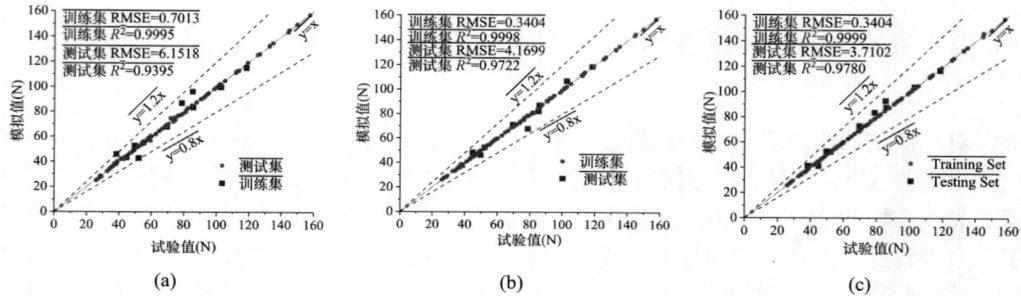

图 4　试验和仿真值：（a）BP；（b）PSO-BP；（c）FA-BP

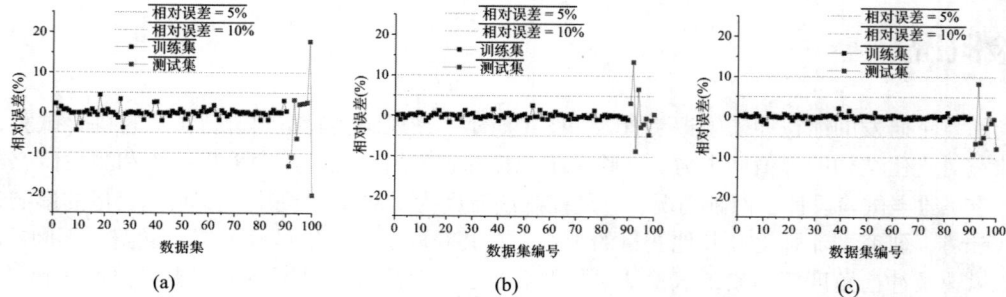

图 5　相对误差：（a）BP；（b）PSO-BP；（c）FA-BP

4　结论

　　试验结果显示，冰雹颗粒的峰值冲击力随着其直径和发射速度的增加而增大，但随着湍流强度的增大而减小。较大的冰雹在恒定发射速度下更易受到湍流的影响。为了预测这些复杂非线性关系，本文建立了 BP、PSO-BP 和 FA-BP 三种模型，并进行了交叉验证。结果表明，BP 模型虽然训练时间最短，但在稳定性和准确性方面不如优化后的 PSO-BP 和 FA-BP 模型。特别是经过优化的 FA-BP 模型，在所有性能评价指标上均表现出色，考虑到计算效率，BP 模型训练时间最短，仅为 24.64s，适合对时间敏感的应用场景；若追求高精度，则 FA-BP 是最佳选择；而在时间和精度之间寻求平衡时，PSO-BP 则是一个理想的折中方案。

参考文献

[1]　戴益民, 徐瑛, 李怿歆, 等. 工程结构抗冰雹冲击研究进展及展望[J]. 湖南大学学报(自然科学版), 2023, 50(1): 228-236.

[2]　应急管理部新闻宣传司.《应急管理部发布 2022 年全国自然灾害基本情况》[N]. 2022.

[3]　施彦, 韩力群, 廉小亲. 神经网络设计方法与实例分析[M]. 北京: 北京邮电大学出版社, 2009, 23-27.

基于 VMD-WOA-ELM 的风速预测研究

王燕娃，赵国辉

（长安大学公路学院 西安 710064）

1 引言

风速预测在桥梁风工程中为桥梁的安全性、实时预警、维护计划和运营效率等方面具有重要意义。近年来，国内外学者对风速预测算法进行了广泛研究，常见的风速预测方法自回归积分滑动平均模型（ARIMA）、数值天气预报（NWP）模型、BP 神经网络、极限学习机（ELM）等[1]。然而，这些方法各自存在一定的局限性，如 ARIMA 对数据的要求较高，NWP 的调参和计算的复杂度较高，BP 神经网络的训练速度较慢，ELM 模型的建模能力较弱[2]。针对 ELM 模型中由于随机选择初始权值和阈值导致风速预测精度较低的问题，本文将鲸鱼优化算法（WOA）应用于 ELM 的参数优化，并结合变分模态分解（VMD）提出了一种新的短期风速预测模型 VMD-WOA-ELM。该方法基于模态分解和 WOA 协同优化 ELM 参数，旨在提高风速预测的准确性。通过这一方法，能够更加精确地分析和评估桥梁在不同风速下的动态响应，进一步提升桥梁的安全性，并故障预警提供强有力的数据支持。

2 VMD-WOA-ELM 预测模型

VMD-WOA-ELM 模型主要由 VMD 分解和 WOA 优化 ELM 参数预测组成，预测过程的步骤如图 1 所示。变分模态分解（VMD）通过变分方法将原始风速序列分解为具有不同频率的本征模态分量 IMF，这些分量单独进行预测[2]。鲸鱼优化算法（WOA）作为一种优化算法[3]，与极限学习机（ELM）结合，主要负责调整 ELM 网络的结构，特别是输入层到隐含层的权重以及隐含层的偏置。输入数据经 VMD 分解后，通过 ELM 对每个 IMF 模态分量进行训练和预测。最后将预测结果进行叠加，得到较为准确的风速预测值。

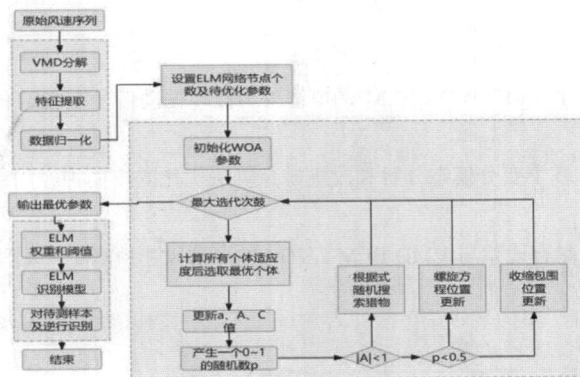

图 1 VMD-WOA-ELM 预测流程图

3 数值算例

本文基于 VMD-WOA-ELM 模型对某大桥 2023 年 11 月的风观测数据进行预测。为进行数据分析，引入了多种误差评估指标，包括平均绝对误差（MAE）、均方误差（MSE）、均方根误差（RMSE）和关联系数（R^2）。表 1 展示了在测试集上本文所提模型与对比模型的误差对比，图 2 展示了测试集上两种模型的风速预测结果对比图。结果表明，VMD-WOA-ELM 模型在各项指标上均优对比模型。

测试集误差对比 表 1

模型	数据集	MAE	MSE	RMSE	R^2
LSTM	测试集	6.9325	88.5080	9.4079	0.4537
ARIMA	测试集	0.6743	0.8639	0.9295	−0.4324
WOA-ELM	测试集	0.2165	0.0967	0.3110	0.9414
VMD-WOA-ELM	测试集	0.0864	0.0134	0.1158	0.9925

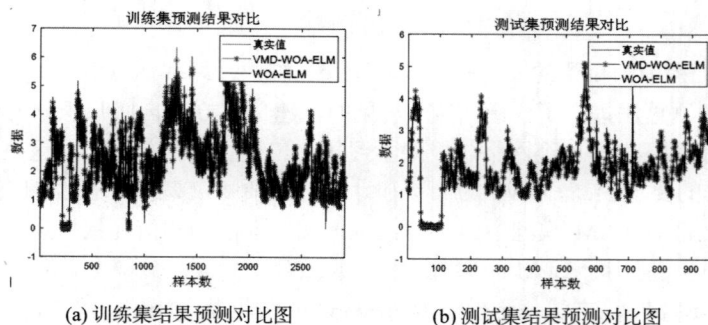

(a) 训练集结果预测对比图　　　　(b) 测试集结果预测对比图

图 2　风速预测结果对比图

4　结论

根据上述预测，可以得到以下结论：

（1）本文提出的 VMD-WOA-ELM 混合模型预测误差 MAE 和 RMSE 相较于 WOA-ELM 基准模型分别下降 60.09%和 62.77%，R^2提升 4.9%至 0.9914，在短期风速预测中表现出优越性能。

（2）该模型通过 VMD 分解与 WOA 参数全局优化的协同机制，有效降低了风速序列非平稳特征特性，预测精度提升显著，可为桥梁风速预测预警提供高精度数据支撑，具有一定的工程应用价值。

参考文献

[1]　崔岩, 方春华, 文中, 等. 基于 VMD-WOA-ELM 的电缆外力破坏振动信号在线识别[J]. 电子测量技术, 2023, 46(2): 121-129.

[2]　李志鹏, 张智瀚, 王睿, 等. 基于变分模态分解和改进鲸鱼算法优化的模糊神经网络风速预测模型[J]. 电力与能源. 2019, 40(3): 275-279+302.

[3]　张琰妮, 史加荣, 李津, 等. 融合残差与 VMD-ELM-LSTM 的短期风速预测[J]. 太阳能学报. 2023, 44(9): 340-347.

基于模态分解与深度学习的高层建筑表面风压时程预测研究

尹鹏鲲，李　毅，陈伏彬

（长沙理工大学土木工程学院 长沙 410114）

1　引言

随着城市化进程加快，近些年来高层建筑的数量逐渐增多。由于结构细长且柔的特点，表面风压对高层建筑主体结构和围护结构造成严重影响。然而传感器物理损坏导致的不可逆数据缺失测或信号干扰或传输故障引发的瞬时数据中断可能导致风压时程数据的严重缺失，从而无法正确的捕捉到高层建筑表面风压信息[1]。即使可通过后期维修恢复，但在工程实践中存在监测空白的不可逆和关键气动信息丢失的显著局限性，同时重复的风洞试验或数值模拟极大地增加了研究成本与时间。随着计算机算力与信息技术的飞速发展，基于深度学习算法的时程预测应用为该问题提供了新思路[2]。因此，本文利用 CAARC 高层建筑风洞试验数据采用基于深度学习的"分解-预测-重构"方案预测高层建筑表面风压时程。

2　CEEMDAN-BO-BiLSTM-ATT 预测模型

本研究选取 B 类地貌在风向 0°、45°和 90°下模型 $2/3H$ 测点层的 20000 个风压时程数据作为数据集，风洞试验模型如图 1 所示。首先采用完全自适应噪声集成经验模态分解（CEEMDAN）将风压时程分解为代表不同频率分量的固有模态函数，其次利用基于注意力机制（ATT）的双向长短期记忆神经网络（BiLSTM）对固有模态函数分别进行预测并使用贝叶斯优化（BO）确定超参数，最后重构得到预测风压时程，预测框架如图 2 所示。

3　预测结果分析

为了验证 CEEMDAN-BO-BiLSTM-ATT 方法预测长序列风压时程的可行性，将前 6000 个数据作为训练集，随后的 4000 个数据作为验证集，最后 10000 个数据作为测试集。通过对比预测与真实风压的误差、三分力系数、非高斯特性、平均和脉动风压系数、频谱分析，验证了该方法预测高层建筑风压时程的准确性。

3.1　预测误差

将本文所提方法与 BO-BiLSTM-ATT 和 BiLSTM 模型预测结果进行了对比，如图 3 所示。颜色越浅的区域代表拟合优度越接近 1，可以看出本文所提方法在各测点均优于其余模型且达到了 0.95 以上。与此同时，图 4 和图 5 展示了 0°风向下测点 3 和测点 11 预测风压时程，预测模型在风压时程尖峰处同样表现优异。

3.2　预测风压分析结果对比

图 6、图 7、图 8、图 9 分别展示了 0°风向下层三分力系数、脉动风压系数、偏度和脉动风压谱与试验结果的对比。结果表明 CEEMDAN-BO-BiLSTM-ATT 在上述结果中均展现了较高的精度且优于对比模型。

4　结论

本文提出了一种基于深度学习的长序列风压时程预测模型——CEEMDAN-BO-BiLSTM-ATT，并通过与

基金项目：国家自然科学基金青年项目（51708207）

传统深度学习模型对比，验证了该模型的有效性。结果表明，该方法能较好地预测长序列风压时程且保证了风压时程各项特性的精度。本研究为深度学习在高层建筑抗风设计中的应用提供了新见解。

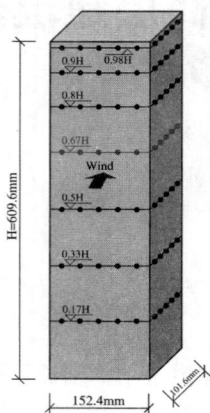

图 1　模型示意图　　　　图 2　预测框架

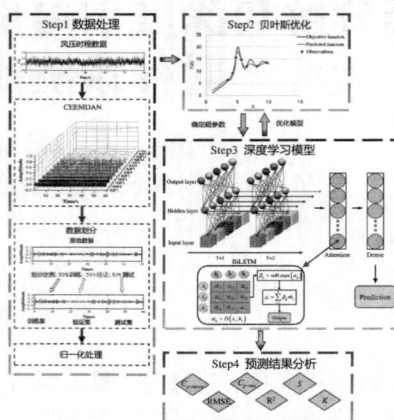

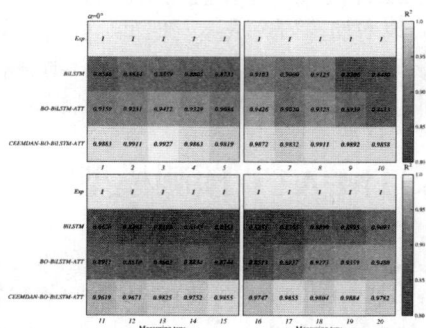

图 3　0°风向下各模型预测结果R^2对比

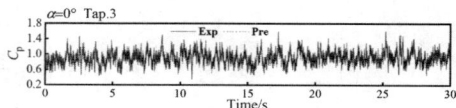

图 4　0°风向下 3 测点预测风压时程　　　　图 5　0°风向下 11 测点预测风压时程

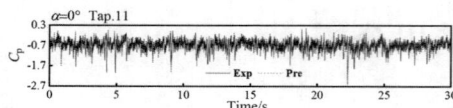

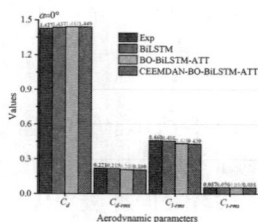

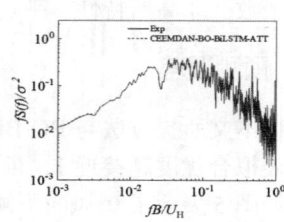

图 6　三分力系数对比　　图 7　脉动风压系数对比　　图 8　偏度对比　　图 9　脉动风压谱对比

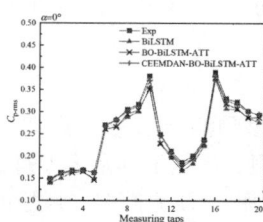

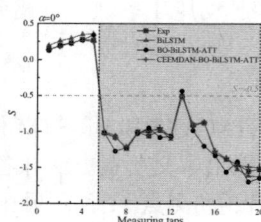

参考文献

[1]　DU X, XU Q, DONG H, et al. Physical mechanisms behind the extreme wind pressures on two tandem square cylinders[J]. Journal of Wind Engineering and Industrial Aerodynamics, 2022, 231: 105249

[2]　TONG B, LIANG Y, SONG J, et al. Deep learning-based extension of wind pressure time series[J]. Journal of Wind Engineering and Industrial Aerodynamics, 2024, 254: 105909.

基于改进 PINN 的城市风场智能数据库建立与大跨建筑物风压场快速预测方法研究

王彦博[1]，黄铭枫[1,2]，蔡　康[1]，李先哲[1]

（1. 浙江大学结构工程研究所　杭州　310058；

2. 广西大学土木建筑工程学院　南宁　530004）

1　引言

台风是我国东南沿海城市需要防范的主要自然灾害之一，但目前城市的应急管理尚未实现对台风的精准预警。中尺度数值气象模式（如 WRF 模式）的空间分辨率不足以满足基础设施尺度的台风灾害预报需求，且其对建筑尺度湍流场的解析能力不足[1]。在台风来临时，其显著非平稳特性使得风速难以预测，且城市建筑群的复杂地形会导致局部风场的变化[2]。而建筑物受湍流影响显著的区域，其周围风压环境会表现出明显的非高斯特性，易诱发围护结构风致破坏[3]。因此，台风作用下复杂建筑群工况的风压场重构也成为了国内外风工程研究的热点之一。

2　复杂城市建筑群快速建模方法及其验证

基于 Rhino 软件进行二次开发，实现复杂城市建筑群自动化建模和简化处理。在保证建筑必要细节信息的前提下，城市建筑模型得到显著简化，复杂度可降低约 75%，如图 1 所示。

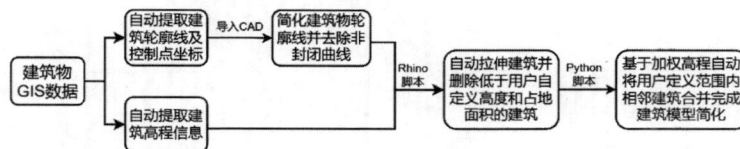

图 1　自动简化建模技术流程图

3　PI-LSTM 非平稳风速预测模型

本文提出了一种物理知识嵌入的新型非平稳风速预测模型 PI-LSTM，如图 2 所示。

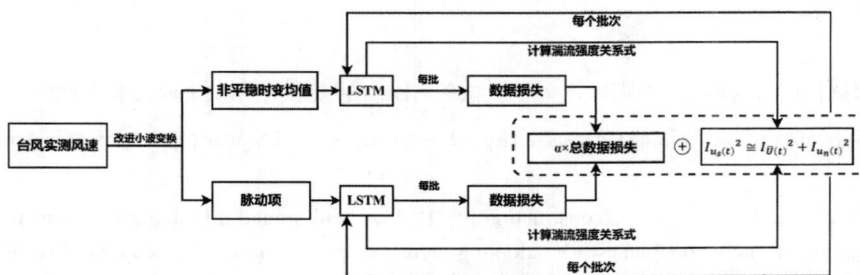

图 2　预测模型执行原理

基金项目：国家自然科学基金项目（52478564）

4 GW-PINN 大跨结构风压预测模型

针对稀疏随机分布监督点分布的不均匀性，提出一种嵌入全局权重系数（GW）的 GW-PINN 风压预测模型，该模型对监测点不均匀的大跨度结构具有更好的预测效果。基于数值模拟结果随机提取的 20%稀疏监督点的风场数据，对大跨煤棚结构 10m 高度处平面 1s 时间内的动态风压场进行了高分辨率重构，结果如图 3 所示，GW-PINN 风压预测模型较好的重现了结构附近风压场的形态特征。

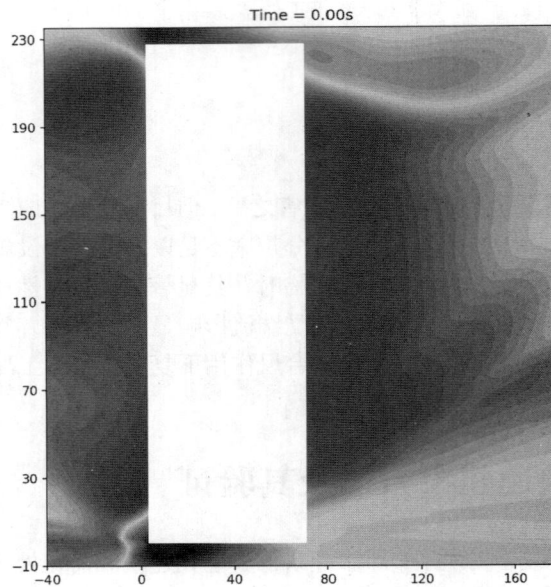

图 3 大跨煤棚结构动态风压场重构结果

5 结论

本文主要结论如下：

（1）本文基于 Rhino 软件进行二次开发，实现了复杂城市建筑群自动化建模和简化处理。

（2）提出一种嵌入湍流强度关系式的 PI-LSTM 非平稳风速预测模型，利用深圳梯度塔实测的台风"山竹"风速数据，实现了未知风速数据的精准预测，模型收敛速度快且预测精度高，预测误差在 5%以内。

（3）考虑到监测点分布不均匀，提出嵌入全局权重稀疏（GW），构建一种 GW-PINN 大跨结构风压预测模型。并以大跨煤棚结构为例对该方法效果进行了测试。

参考文献

[1] 杨超. 面向城市微尺度风场预报的数据库建立方法与验证[D]. 哈尔滨: 哈尔滨工业大学, 2022.

[2] Li M. Predictability of Tropical Cyclone Genesis in High-Resolution Coupled Models[J]. Advances in Atmospheric Sciences, 2020, 37(9).

[3] RUI E Z, CHEN Z W, NI Y Q, et al. Reconstruction of 3D flow field around a building model in wind tunnel: a novel physics-informed neural network framework adopting dynamic prioritization self-adaptive loss balance strategy[J]. Engineering Applications of Computational Fluid Mechanics, 2023, 17(1).

基于 Fusionformer 的风力机尾流预测

占玲玉，热地力，周　岱*，张　凯，韩兆龙

（上海交通大学 船舶海洋与建筑工程学院 上海 200240）

1　引言

海上风能资源的开发潜力巨大，但大规模风电场的尾流效应导致发电效能大幅降低的问题亟待解决[1]。传统尾流计算方法计算流体动力学 CFD 计算成本高，效率低下[2]，而解析尾流模型精度低，对偏航控制研究有限[3]。因此，开发新的风力机尾流的准确高效预测模型对于风电场优化设计和运行控制至关重要。

深度学习方法在尾流预测的应用较少且主要以卷积网络为特征提取器[4]，其主要适用于均匀分辨率的图像特征提取，无法直接适用于基于非结构化网格以提高复杂、多尺度问题计算效率的 CFD 数据。这导致需要将尾流数据插值到均匀网格上，再进行神经网络训练，可能会造成流动细节失真或增加训练难度。因此，针对基于 CFD 计算得到的非均匀网格大规模数据量的尾流深度学习预测成为研究的难点和重点。

考虑水平轴风力机尾迹具有强自相似性的分布和规律性，本研究以尾流模型假定尾流分布函数[3]为启发，提出了一种基于序列建模的尾流预测新范式，并基于 Transformer 基本架构搭建了 Fusionformer 框架，有效提取尾流数据特征和长期依赖特征。通过偏航尾流数据验证，该方法能适应不同空间分辨率，保留流动细节，适用于多尺度流体动力学的 CFD 研究，并在准确性和效率上优于最先进的 Transformer。这一研究为风电场尾流效应的优化控制提供了新的视角和工具，有助于提升风电场的发电效率和可再生能源的利用效率。

2　基于 Fusionformer 的风力机尾流模型

以美国可再生能源国家实验室 NREL 5MW 水平轴风力机为背景对象，基于广义执行器（GAD）[5]模型与 CFD 求解器包 OpenFOAM 结合构建基于 RANS 的偏航尾流数据库，考虑入流风速、湍流强度、风机偏航角和叶尖速比对尾流造成的影响。并将基于尾流场中的空间点按 z 方向从小到大排布，并沿 x 方向逐步提取 y 方向的空间点，将空间点重分布为序列点数据。

以 Transformer 为基本架构，构建 Fusionformer 框架，建立自适应融合模块，融合特征域提取和时域特征提取，增强长期依赖特征学习能力，以适应于尾流序列数据的强自相似性和规律性分布特征，实现尾流分布规律和长期依赖特征的更好提取，Fusionformer 结构如图 1（a）所示。考虑尾流空间重分布引入过多噪声，基于局部多项式平滑思想对重建后的序列数据进行 Savitzky-Golay 滤波处理，保持数据过渡等基本属性的同时滤除不必要的噪声；基于自注意力机制捕获逐步相关性的能力，通过多头注意力层提取尾流序列数据的基本特征；基于门控循环单元，提取尾流序列的长期依赖关系，更好捕捉尾流场在长周期上的特征。以尾流场空间点坐标和入流情况作为输入，以尾流速度分布和湍动能分布为输出。基于上述搭建的偏航尾流数据集为训练数据，对比目前时序预测最先进和最常用的方法 Transformer 和 LSTM，验证了本文提出的尾流建模思想的有效性和 Fusionformer 在尾流预测上的优越性和适应性。各模型尾流速度场和湍动能场预测结果如图 1（b）所示，本文提出的 Fusionformer 框架在测试数据集上的绝大多数预测的相对绝对误差小于 6%，能够捕获偏航尾流结构的全部主要特征，表 1 给出了三个模型的预测误差对比，我们的模型相比于 Transformer 预测精度提高了 80%。

基金项目：国家重点研发计划（2023YFE0120000）

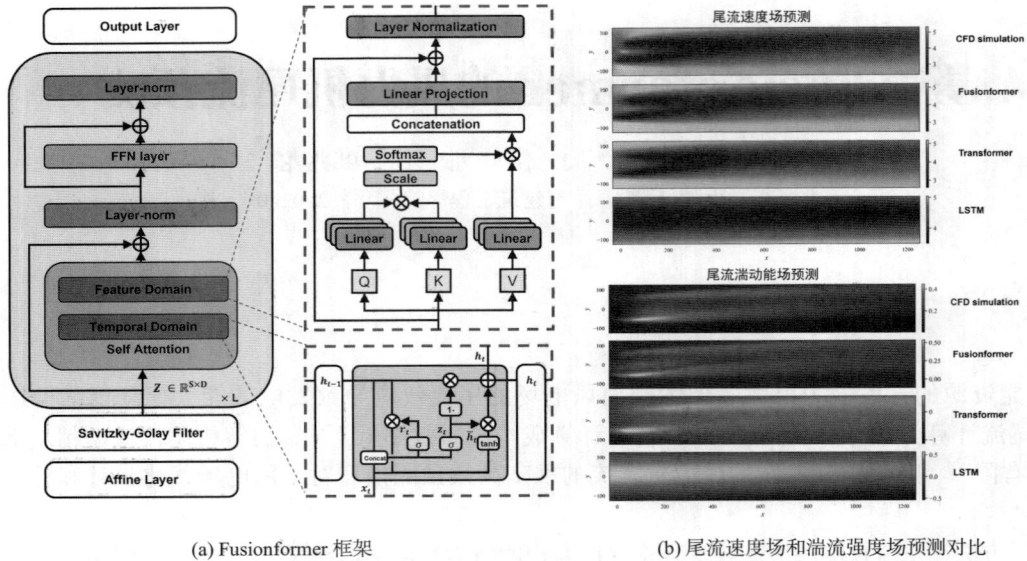

(a) Fusionformer 框架   (b) 尾流速度场和湍流强度场预测对比

图 1   Fusionformer 框架图和偏航尾流场预测结果

不同模型在测试集上的预测平均误差对比   表 1

模型	MAE	MSE	R^2
Fusionformer	**0.06014**	**0.01238**	**0.97947**
Transformer	0.16565	0.06339	0.61411
LSTM	0.58516	0.81213	0.22315

3   结论

    本文提出了一种尾流预测新范式，可适应模拟域的不同空间分辨率以更好地保留流动细节，并利于多尺度流体动力学过程的 CFD 研究，可高效捕获尾流结构全部主要特征，在全局大部分区域预测误差小于 5%。对比 Transformer，本文提出的 Fusionformer 框架在尾流预测精度上提高 80%，同时验证了 Fusionformer 框架的准确性和优越性。

参考文献

[1] ABO-BAKR H, MOHAMED S A. Automatic multi-documents text summarization by a large-scale sparse multi-objective optimization algorithm[J]. Complex and Intelligent Systems, 2023, 9(4): 4629-4644.

[2] HWANGBO, HOON, JOHNSON, et al. Spline model for wake effect analysis: Characteristics of a single wake and its impacts on wind turbine power generation[J]. IISE Transactions, 2018, 50(2): 112-125.

[3] BASTANKHAH M, PORTÉ-AGEL F. A new analytical model for wind-turbine wakes[J]. Renewable Energy, 2014, 70(1): 116-123.

[4] ZHAN L, WANG Z, CHEN Y, et al. Ada2MF: Dual-adaptive multi-fidelity neural network approach and its application in wind turbine wake prediction[J]. Engineering Applications of Artificial Intelligence.

[5] EDMUNDS M, WILLIAMS A J, MASTERS I, et al. An enhanced disk averaged CFD model for the simulation of horizontal axis tidal turbines[J]. Renewable Energy, 2017, 101: 67-81.

闽台地区极值风速预测 Python 系统

龚　政 [1]，林锦华 [1]，李狄钦 [1]，董　锐 [1,2]

（1. 福州大学土木工程学院　福州　350108；
2. 福建省土木建筑学会　福州　350001）

1　引言

　　闽台地区受台风和东北季风的影响，是风灾最严重的区域之一。准确预测极值风速对闽台两岸结构的安全性和经济性具有重要意义。目前，闽台地区极值风速研究仍然存在一定的不确定性[1-3]，需要进一步探索和比较。本文研究了极值风速预测系统的功能设计与 Python 实现，并利用该系统对台北和平潭两个测站的极值风速取值标准和分布特性进行分析。

2　极值风速预测 Python 系统

2.1　系统功能

　　极值风速预测包括风速样本选取、极值概率分布模型建立以及参数估计三方面内容，不同方法组合会得到不同结果，因此应尝试多种预测方法，根据实测风速数据进行拟合比较，以确保估计结果的可靠性和准确性。"极值风速预测系统"的功能与实现流程如图 1 所示。

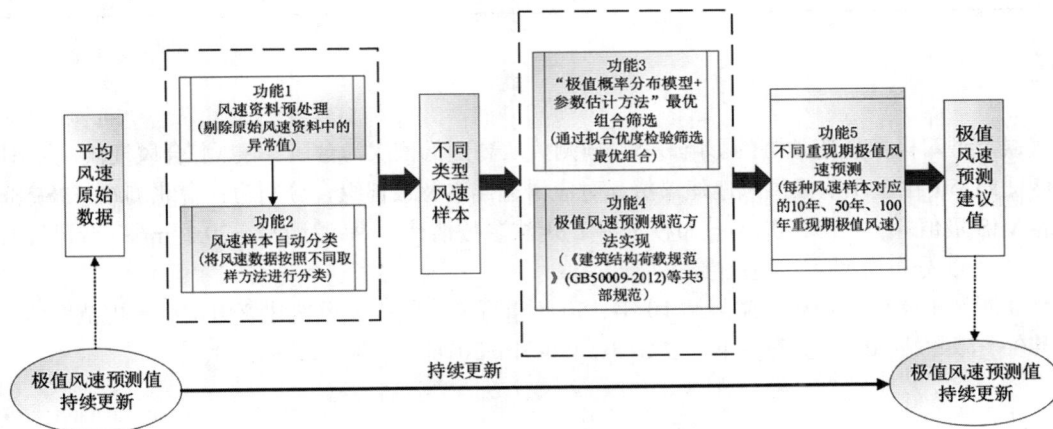

图 1　极值风速预测系统的实现流程图

2.2　极值风速预测系统的 Python 实现

　　（1）风速资料预处理：利用 dropna() 函数与多倍截断方差法构建数据清洗机制，通过 dataprocessing(x) 函数同步处理缺失值与异常值。（2）风速样本自动分类：自定义编写函数完成风速样本的自动分类功能，同时针对不同采样需求开发专用取样函数，为后续建模提供结构化的样本输入。（3）"极值概率分布模型 + 参数估计方法"最优组合筛选：根据选用的概率分布模型和参数估计方法编写函数，确定参数值（重现期 T 等）和回传值（位置参数 μ 等），并设计函数名称。（4）极值风速预测规范方法实现：集成三大规范（《建筑结构荷载规范》GB 50009—2012、《公路桥梁抗风设计规范》JTG/T 3360-01—2018 和《建筑物耐风设计规范及解说》TB 2015）推荐的 7 种极值分布模型组合。（5）不同重现期极值风速预测：根据不同类型的风速样本，确定风速转换系数 λ，再根据不同重现期 T（10 年、50 年、100 年）得到不同样本类型的极值风速预测值。

2.3 实例分析

台北测站记录了 1961—2015 年期间，34.9m 高度处逐小时实测的历年风速数据。平潭测站记录了 1971—2019 年期间，10m 高度处逐月最大 10min 实测的历年风速数据。以台北和平潭测站的实测风速数据为分析对象，采用"极值风速预测系统"进行了不同气候下的极值风速预测及特性分析，并与规范值进行比较，分别如表 1 和表 2 所示。

台北和平潭不同气候下最佳概率模型汇总表　表 1

地区及气候类型	取样方法	概率模型	最佳参数估计方法	K-S 检验指标	A-D 检验指标	50 年重现期极值风速v（m/s）	50 年实测风速最大值v（m/s）	相对偏差（%）
台北-台风	台风风速法	GNO 分布	L-矩法	0.0471	0.3394	30.78	28.30	8.76
台北-良态风	MIS 法	极值Ⅱ型	极大似然法	0.0991	0.3682	16.68	28.30	−41.06
台北-混合风	MIS 法	P-Ⅲ分布	L-矩法	0.0877	0.3050	28.58	28.30	0.99
平潭-台风	台风风速法	GNO 分布	L-矩法	0.0633	1.0307	29.29	29.00	1.00
平潭-良态风	年最大值法	GPD 分布	L-矩法	0.0830	0.3518	20.60	29.00	−28.97
平潭-混合风	MIS 法	极值Ⅱ型	极大似然法	0.1249	0.4322	29.54	29.00	1.86

最佳概率模型下台北和平潭测站极值风速规范值与预测建议值比较　表 2

测站	台北			平潭		
重现期（年）	10	50	100	10	50	100
预测建议值v（m/s）	21.82	28.58	31.50	21.58	29.29	35.33
GB50009 值v（m/s）	24.57	32.54	35.82	25.56	33.65	37.33
TB2015 值v（m/s）	30.40	38.48	42.32	—	—	—
JTG/T2018 值v（m/s）	26.75	34.91	38.52	31.22	32.87	33.26

3 结论

（1）气候类型对极值风速预测的影响较大，预测值从高到低依次为台风气候、混合风气候、良态风气候。

（2）两测站 50 年重现期极值风速建议值、对应风速样本及最佳组合分别为：台北测站—28.58m/s—混合风气候的 MIS 极值样本—"P-Ⅲ 型分布模型 + L-矩法参数估计"，平潭测站—29.29m/s—台风气候的台风极值样本—"GNO 分布模型 + L 矩法参数估计"。

（3）台北测站不同重现期和平潭测站 10 年、50 年重现期下的极值风速建议值均小于规范取值，结果较为安全。但在平潭测站 100 年重现期下，JTG/T 3360-01—2018 的取值会较为危险。

参考文献

[1] 李狄钦. 不同气候下闽台两岸基本风速比较研究[D]. 福州：福州大学，2020:72-83.

[2] 董锐，李狄钦，罗元隆，等. 不同气候下海峡两岸建筑抗风标准之基本风速比较[J]. 湖南大学学报(自然科学版)，2021, 48(3): 119-127.

[3] 林锦华. 基于 Python 的闽台地区极值风速预测系统[D]. 福州：福州大学，2023: 2-4.

基于深度学习的非定常流场降阶时序预测方法研究

栗　朗，刘　敏，马远征

（湖南科技大学土木工程学院　湘潭　411100）

1　引言

随着新材料与新技术的发展，工程结构逐渐朝着高、轻、柔方向发展，如风机塔筒、吸热塔、烟囱、桥梁拉索等。当风吹过该类结构表面时，其后方通常会伴随涡旋、湍流等复杂的流动现象，严重影响结构的气动性能，引发大幅振动、疲劳等结构安全性问题。因此，钝体扰流一直是风工程领域中的重要研究课题之一。快速、准确地获得尾流场，从而揭示其演变规律和流动机理，对结构的优化设计和振动控制有着重要意义。然而，传统的数值模拟和风洞试验等方法受成本、耗时、风洞尺寸、试验风速等因素的限制，对尾流场的获取存在较大的局限性。为此，本文基于时序卷积网络（Temporal Convolutional Network，TCN），创新性得引入自适应策略对神经网络进行优化（后文简称 DA-TCN），并结合本征正交分解（Proper Orthogonal Decomposition，POD），构建了一套数据驱动降阶模型，可实现非定常尾流场高效且精准的实时预测。

2　方法构建

2.1　本征正交分解（POD）

POD 模态分解方法可将复杂的非线性流场高维数据映射到低维空间，通过提取一组低维、能量高度集中的主要模态，可在保证流场主要特征的同时极大的降低计算复杂度。本文以某典型高柔圆截面结构基于 LES 大涡模拟计算得到的尾流场（图 1）为对象，进行了模态分解，图 2 和图 3 分别为该流场 POD 分解后的第 1 阶和第 100 阶模态。为确定合理的模态阶数，对各阶模态的能量贡献进行了分析。由图 4 可知被分解流场前 20 阶模态的能量贡献，可以看出，前 15 阶的能量贡献已达到总能量的 90% 以上，因此，本文选取前 15 阶模态进行流场的重构与预测。

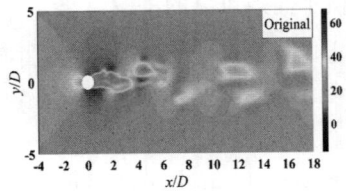

图 1　尾流速度场等值线

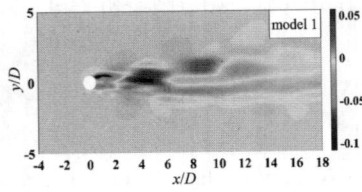

图 2　POD 分解后的第 1 阶模态

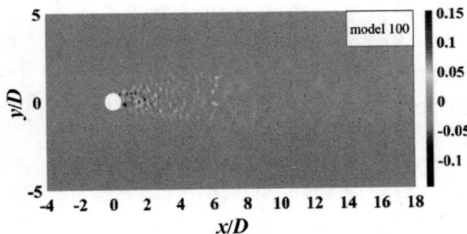

图 3　POD 分解后的第 100 阶模态

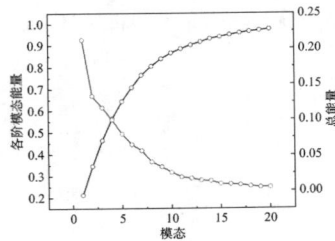

图 4　前 20 阶模态能量贡献

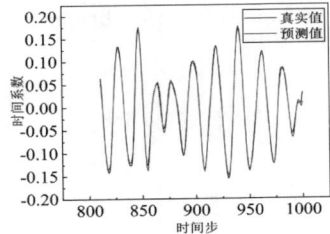

图 5　模态曲线的预测值

基金项目：国家自然科学基金项目（52308501）

2.2 动态自适应时序卷积网络（DA-TCN）

模态数量确定以后，实现流场精准预测的关键参量在于模态系数。鉴于各模态在不同频域的模态系数特性表现出极大差异，本文基于 TCN 神经网络引入了动态自适应策略，通过改变 TCN 核心组件中传统的扩展卷积，实现对 POD 分解模态特性的动态分析，自适应的选取相应扩展因子。图 5 给出了基于 DA-TCN 预测的模态系数曲线与真实值之间的对比，可以发现预测曲线与原值高度吻合。

3 预测结果与分析

图 6 给出了基于前 15 阶模态预测的流场，与原始流场（图 1）对比可以发现，二者表现出高度的一致性，仅在少部分区域存在细微误差，这主要是由于用于流场预测的模态集中于低阶主要模态，而高阶模态通常用于捕捉流场中的细节特征。图 7 为预测流场与原始流场之间的误差对比，经计算，二者间的平均相对误差约为 1.51%，即 DA-TCN 模型对流场整体流动特征的预测精度可高达 98.49%，这充分验证了 DA-TCN 模型优异的预测性能。

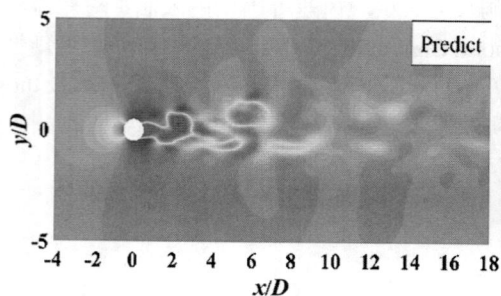

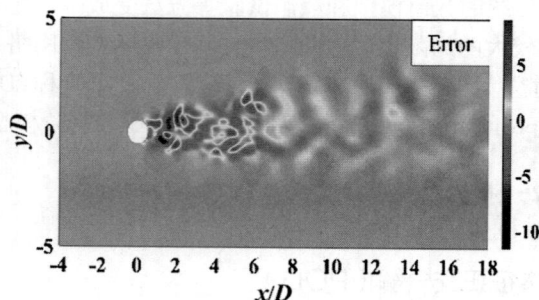

图 6 预测流场   图 7 预测流场和原始流场误差对比

4 结论

本文创新性地提出了一种动态自适应时序卷积网络（DA-TCN），通过结合本征正交分解（POD），发展了一套有效的非定常流场降阶时序预测模型。该模型能够高效准确地实现非定常流场的预测，预测精度高达98.49%，为工程结构的优化设计及其尾流场的实时预测提供了高效可靠的手段。

参考文献

[1] ZHOU L, WEN J, WANG Z, et al. High-fidelity wind turbine wake velocity prediction by surrogate model based on d-POD and LSTM. Energy. 2023, 275: 127525.

[2] NAZVANOVA A, ONG M C, YIN G. A data-driven reduced-order model based on long short-term memory neural network for vortex-induced vibrations of a circular cylinder. Physics of Fluids. 2023, 35.

基于深度学习方法的桥梁涡激振动前置预警研究

许　楠[1,2]，赖马树金[1,2]

（1. 哈尔滨工业大学土木工程智能防灾减灾工业与信息化部重点实验室　哈尔滨　150090；
2. 哈尔滨工业大学结构工程灾变与控制教育部重点实验室　哈尔滨　150090）

1　引言

涡激振动被广泛地在世界范围内的大跨度桥梁上观察到[1-2]。作为风致振动现象的一种，涡激振动因其易在低风速下触发而成为一种较频繁发生的振动，容易造成桥梁结构的疲劳，并影响驾驶的安全与舒适性。因而对于大跨度桥梁上未来可能发生的涡激振动进行前置预警具有重要意义。当前许多大跨度桥梁建立了桥梁健康监测系统，能够记录大量桥梁涡激振动发生前后的风场与振动信息，因而本文提出了一种多时间分辨率长短期记忆（LSTM，Long Short-Term Memory）深度神经网络模型，其使用大跨度桥梁健康监测系统的历史监测数据进行训练，从而对该桥梁未来可能发生的涡激振动进行前置预警。

2　多时间分辨率 LSTM 深度神经网络结构

2.1　数据处理

某大桥用于监测风环境和桥梁振动的传感器如图 1 所示。6 个三向超声风速仪分别位于 1/4 跨、1/2 跨和 3/4 跨位置（分别称作 S1、S2、S3 截面），两侧各一个；同样地，6 个加速度计也被安装在与风速仪跨度相同的位置（即 S1、S2、S3 的两侧）用于记录桥梁横向与竖向振动。由于涡激振动为典型的横流向振动，因而在本研究中只考虑了采集到的竖向加速度。通过对监测数据进行预处理，分别得到 10min 与 1min 风场信息（平均风速、风向、风攻角、湍流度）与振动信息（加速度均方根值、能量集中系数[3]）来作为模型的输入特征值。

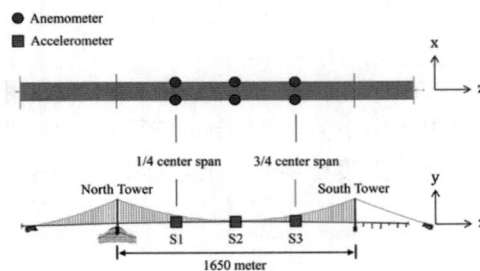

图 1　传感器布置示意图

2.2　网络结构

本研究提出了多时间分辨率 LSTM 深度神经网络，该网络使用双 LSTM 结构（图 2）来接收高、低时间分辨率数据的输入，以使模型综合考虑长期与短期的风场、振动信息变化趋势，从而对未来的桥梁涡激振动发生情况进行准确的预测。该网络使用两个 LSTM 单元，其中低时间分辨率单元 LSTM_L 以 10min 时间间隔的风场与振动数据为输入，高时间分辨率单元 LSTM_H 以 1min 时间间隔的风场与振动数据为输入。两个 LSTM 网络单元分别处理低时间分辨率数据与高时间分辨率数据，然后使用全连接神经网络整合提取得到的

基金项目：国家重点研发计划（2022YFC3005303）

特征并输出最终的前置预警结果。该模型的前置预警时长实际取决于训练数据使用的标签时间跨度。

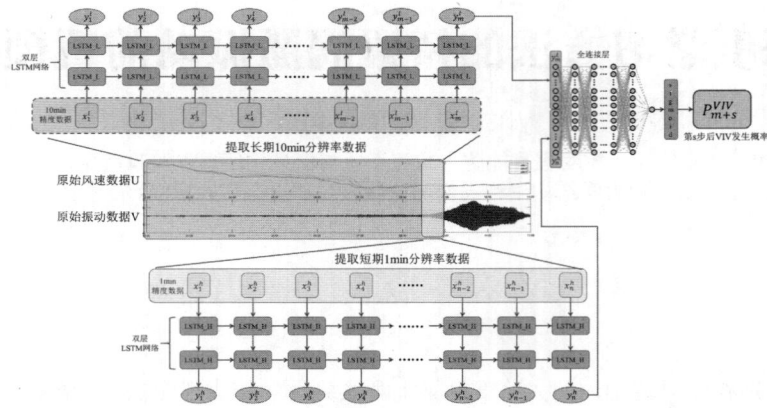

图 2 双 LSTM 网络结构示意图

3 模型验证

使用某大桥 2013—2016 年数据进行模型训练，以 2017 年数据进行测试，图 3 展示了 10min 前置预警模型的典型结果（篇幅所限，以 VIV 较频繁的 9 月份为例，全年结果见全文）。每张子图表示一天的结果，其中第一行为实际标签（1 或 0，分别表示涡激振动与非涡激振动），第二行为模型前置十分钟预测结果（0 到 1 之间的概率值）。

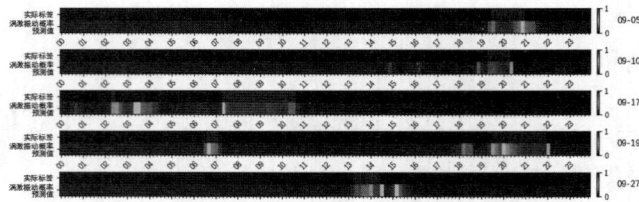

图 3 2017 年 9 月预测结果

4 结论

本文提出了一种多时间分辨率 LSTM 深度神经网络模型，该模型使用两个 LSTM 单元分别处理高、低时间分辨率数据，其输出值经全连接神经网络整合提取到的特征后输出预测结果，最终实现了对大跨桥梁涡激振动的前置预警。所提出的模型在某大跨度桥梁的健康监测数据集上进行了验证。

参考文献

[1] KUMARASENA T, SCANLAN R H, MORRIS G R. DEER ISLE BRIDGE - FIELD AND COMPUTED VIBRATIONS[J]. JOURNAL OF STRUCTURAL ENGINEERING-ASCE. 1989, 115(9): 2313-2328.

[2] SMITH I J. Wind induced dynamic response of the Wye bridge[J]. Engineering Structures. 1980, 2(4): 202-208.

[3] LI S, LAIMA S, LI H. Cluster analysis of winds and wind-induced vibrations on a long-span bridge based on long-term field monitoring data[J]. Engineering Structures. 2017, 138: 245-259.

基于谱本征正交分解的随机风荷载模拟

蔺习升[1]，李雨桐[2]，张秉超[1]，彭子悦[1]，谢锦添[1]

（1. 香港科技大学土木与环境工程系 香港 999077；
2. 重庆大学土木工程学院 重庆 400038）

1 引言

基于可靠性的优化设计（RBO）在风敏结构的设计中至关重要，其目标是在满足特定可靠性要求（如限制风致结构失效概率）的同时实现最优设计。许多 RBO 框架使用蒙特卡洛方法评估结构失效概率，需要输入大量随机风荷载样本。例如，在 Suksuwan 等人提出的 RBO 框架中，蒙特卡洛算法被重复运行 36000 次，每次均需生成和输入一个新的风荷载时序列[1]。生成序列时，还需保证其方差、功率谱密度（PSD）等二阶统计特性的一致性。由于难以通过重复数千次风洞试验满足以上的需求，数值模拟成为了常用替代方案，其中基于交叉谱密度矩阵的本征正交分解（XPOD）是一种常见技术。然而，XPOD 在处理高维空间数据时，面临生成交叉谱密度矩阵效率低下等问题，其模拟精度和效率仍有提升空间。为此，本研究基于 Towne 等人改良的谱本征正交分解算法（SPOD）[2]，构建了一种基于 SPOD 的随机风荷载模拟框架，识别了影响 SPOD 和 XPOD 模拟性能的关键参数，并提出了优化建议。

2 研究方法

基于 SPOD 的随机风荷载模拟框架如图 1 所示。首先，将风洞试验得到的风荷载时序列 P 拆分为 N_b 个数据块（步骤 1.1），对每个块进行离散傅里叶变换（DFT）（步骤 1.2），在每个离散频率处，将该对应的 DFT 模态组成新的矩阵，并对其进行 POD 分解，提取 SPOD 模态（步骤 1.3）。随后，将生成的 SPOD 模态和周期函数相结合，并在周期函数中引入[0,2π]间均匀分布的随机相位角，生成随机子过程（步骤 2.1），最后通过叠加子过程（步骤 2.2）生成一组新的随机风荷载时序列。相比于原输入数据，该序列保留了相同时序长度和二阶统计特性。实际操作中，仅需少量子过程即可有效捕捉这些统计特性，因此可以通过截断来提高模拟效率，并通过重复步骤 2 快速生成大量不同的随机风荷载时序数据。另外，尽管风压可能表现出一些非高斯的特性，但可基于中心极限定理假设，将其被建模为高斯过程[3]。

算法优势：该算法无需生成和分解交叉功率谱密度矩阵，提升了处理高维空间数据的效率。此外，子过程的生成与叠加为逐块进行，通过为每个时序数据块引入扩展系数 $a_{k,n}$，精准表征相同模态下不同数据块间周期函数幅值和相位的差异性，提升了模拟精度。

3 示例分析

本研究以高层建筑为例，验证了新算法对随机风荷载二阶统计特征预测精度的提升。由于篇幅限制，此处仅展示部分结果。图 2 对比了 SPOD 和 XPOD 生成的时序数据 PSD。两种方法分别采用 7 个和 15 个模态，模拟时间均为 38s。此时，SPOD 的平均方差误差（μ_ε）和平均 PSD 误差（μ_η）分别为 2.85% 和 1.51%，而 XPOD 的 μ_ε 和 μ_η 分别为 3.71% 和 48.72%。尽管两种方法在方差预测上较为接近（即 S_{xx} 的频域积分结果相似），但 SPOD 在每个频率分量上的 S_{xx} 预测更加精准，其 PSD 平均预测精度提升幅度达 96.90%。在模拟时间为 60s 时（此处未展示），其可将 μ_η 从 45.42% 降至 2.71×10^{-6}，最大减少幅度达 100%。

基金项目：国家自然科学基金项目（HW2023001）

本研究还发现输入数据的拆分方式（N_b）对两种方法的模拟效率和精度均有显著影响。图 3 显示，在相同精度要求下，将输入数据划分为 11 个时序块，相较于其他配置，能显著缩短模拟时间。因此，在基于 SPOD 的随机风荷载模拟中，建议避免直接选择最小或最大 N_b 值，可以通过绘制每个 N_b 的 μ_ε 随 t_s 变化图，以确定效率与精度兼顾的最优方案。

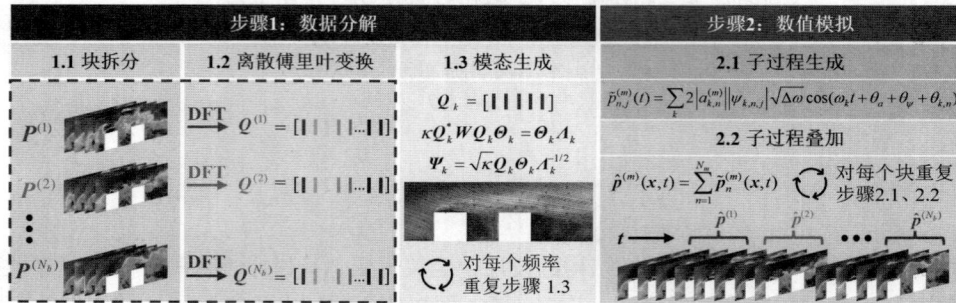

图 1　基于 SPOD 的随机风荷载模拟框架

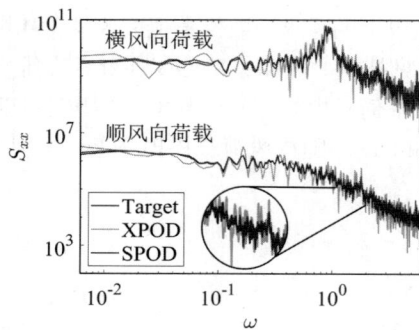

图 2　SPOD 和 XPOD 的预测精度对比　　图 3　不同 N_b 下平均方差误差 μ_ε 和模拟时间 t_s 的关系

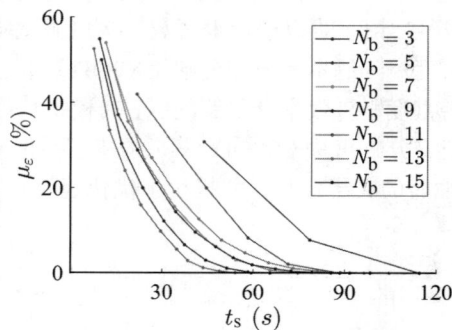

4　结论

相比于 XPOD，本研究提出的基于 SPOD 的模拟方法在相同模拟时间内表现出更高的精度，可实现方差和 PSD 的零误差预测。此外，SPOD 可以生成非周期性的时序数据，并保持与原输入数据相同的时序长度。对于高维空间数据集，SPOD 展现了更高的分解效率，当空间维度达到 2000 时，效率提升达 66.27%。同时，研究发现，合理选择输入数据的分块数（N_b）可优化两种方法的精度与效率。对于 SPOD，最优 N_b 通常位于测试范围的中间值，XPOD 则更倾向于选择较大的 N_b，但需注意其边际效益递减的问题。

参考文献

[1] SUKSUWAN A, SPENCE S M J. Optimization of uncertain structures subject to stochastic wind loads under system-level first excursion constraints: A data-driven approach[J]. Computers and Structures, 2018, 210: 58-68.

[2] TOWNE A, SCHMIDT O T, COLONIUS T. Spectral proper orthogonal decomposition and its relationship to dynamic mode decomposition and resolvent analysis[J]. Journal of Fluid Mechanics, 2018, 847: 821-867.

[3] GURLEY K R. Modelling and Simulation of Non-Gaussian Processes[M]. University of Notre Dame, Notre Dame, IN, USA, 1997.

基于 DMD-POD-LSTM 的风力机尾流瞬时风场预测研究

甘绍霖，闫渤文，林俊彬，钱国伟，黄国庆

（重庆大学土木工程学院 重庆 510006）

1 引言

风能的利用是全球能源转型的关键，尤其是在山地丘陵地区，风电发展速度迅猛。而风力机尾流的非定常特性[1-3]对风电场的发电性能和结构负荷有显著影响，尤其是在复杂地形条件下。因此，准确预测风力机尾流的动态特性对于优化风电场的设计和运行至关重要。然而，传统的尾流预测方法如分析模型和计算流体力学（CFD）模拟存在预测精度低和计算成本高的问题，而基于机器学习的模型因其兼顾效率和精度的特点，受到广泛关注。本文提出了一种基于动态模态分解（DMD）[4]、本征正交分解（POD）[5]和长短期记忆网络（LSTM）的混合降阶模型（DMD-POD-LSTM），用于风力机尾流瞬时风场的预测。该模型通过 DMD 提取流场的主要模态，利用 POD-LSTM 对残余流进行建模，从而提高了非定常流预测的精度。

2 预测方法

本研究所采用的风力机动态尾流预测模型从建模的角度出发，将流场划分为趋势项和细节项，分别用主流和残余流表示。DMD 具有良好的流场演化时空信息捕捉能力，可以提取出代表流场的主要模态。然而，由于其对于高阶系统的线性化假设，DMD 无法准确预测复杂的流动结构，如涡旋等。因此，我们引入了组合建模的思想，将 DMD 用于模拟主流，即主要流动趋势的部分。去除主流后的流场称为残余流，该部分具有较强的非线性特性，我们采用具有较好数据简化特性，拥有较强非线性拟合能力的 POD-LSTM 对其进行模拟。为了验证模型的准确性和鲁棒性，采用数值模拟了两种不同地形的风机尾流数据进行研究：平坦地形和理想二维山地地形。平坦地形作为基准地形，可以帮助我们验证模型在简单地形条件下的基本性能。理想二维山地地形具有更复杂的流动特性，通过在不同坡度和位置下的模拟，可以测试模型在复杂地形条件下的适应性和预测能力。

3 预测结果与讨论

平坦地形下选取 2 个快照的风力机尾流瞬时流场预测结果展示在图 1（a）和图 1（b）中。如图所示，DMD-2、POD-LSTM-1 和 DMD-POD-LSTM 都能很大程度上预测流场的完整结构，虽然三种模型的预测结果总体上与原始流场相似，但在一些涡结构上（黑色和紫色虚线圆圈标注部分），DMD-POD-LSTM 能呈现出更精确的流动细节。

山地地形下选取了 2 种地形展示预测效果，如图 1（c）、图 1（d）所示。在流场的流动细节方面，POD-LSTM 模型和 DMD-POD-LSTM 模型能够更好地捕捉并加以呈现。

为了更好地呈现误差分布图的差异，图 2 展示了平坦和山地地形的各种模型预测结果平均绝对误差的分布，可以看出所提模型精度更高。DMD-POD-LSTM 模型的流场预测结果比其他模型更接近数值模拟结果，这一结果表明 DMD、POD 和 LSTM 网络的协同作用能够提升模型的性能，也验证了所构建预测模型的结构

基金项目：国家自然科学基金项目（52278483，52221002），重庆市自然科学基金项目（cstc2022ycjh-bgzxm0050）

设计在捕捉流场流动方面的有效性。

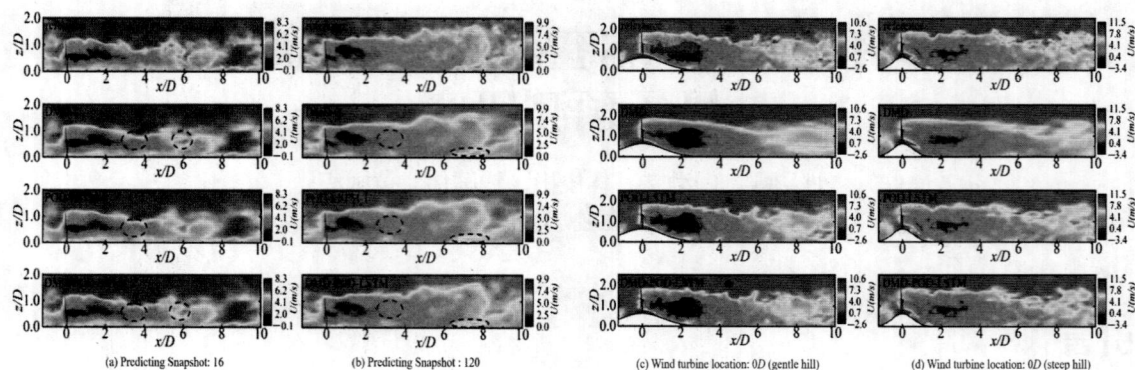

图 1　平坦地形（a）、（b）和二维山地地形（c）、（d）的风机尾流瞬时流场预测结果

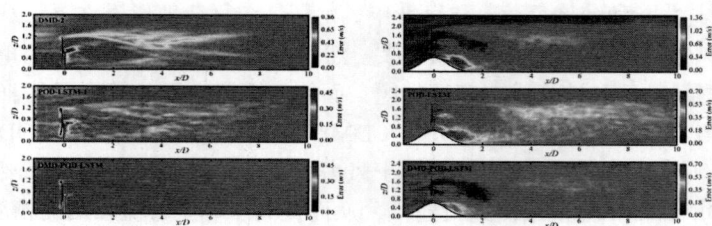

图 2　各模型预测风机尾迹瞬时流场的平均绝对误差

4　结论

　　本文提出了一种结合 DMD、POD 和 LSTM 技术的混合降阶模型，用于风力机动态尾流的预测。通过在平坦地形和理想二维山地地形下的数值模拟数据验证，结果表明 DMD-POD-LSTM 模型在预测精度和计算效率方面均优于传统的 DMD 和 POD-LSTM 模型。

参考文献

[1] YANG X L, HOWARD K B, GUALA M, et al. Effects of a three-dimensional hill on the wake characteristics of a model wind turbine [J]. Physics of Fluids, 2015, 27(2).

[2] HAN X, LIU D, XU C, et al. Atmospheric stability and topography effects on wind turbine performance and wake properties in complex terrain [J]. Renewable energy, 2018, 126: 640-51.

[3] MENG H, LIEN F-S, LI L. Elastic actuator line modelling for wake-induced fatigue analysis of horizontal axis wind turbine blade [J]. Renewable energy, 2018, 116: 423-37.

[4] DAI X, XU D, ZHANG M, et al. A three-dimensional dynamic mode decomposition analysis of wind farm flow aerodynamics [J]. Renewable energy, 2022, 191: 608-24.

[5] ZHOU T, YAN B, YANG Q, et al. POD analysis of spatiotemporal characteristics of wake turbulence over hilly terrain and their relationship to hill slope, hill shape and inflow turbulence [J]. Journal of Wind Engineering and Industrial Aerodynamics, 2022, 224: 104986.

计算风工程方法与应用

斜坡对地形模型风场过渡效果的数值模拟研究

张胤璇[1]，李维康[1]，赵志恒[1]，赵万茹[1]，靖洪淼[1,2,3]

（1. 石家庄铁道大学土木工程学院 石家庄 050043；
2. 石家庄铁道大学省部共建交通工程结构力学行为与系统安全国家重点实验室 石家庄 050043；
3. 河北省风工程和风能利用工程技术创新中心 石家庄 050043）

1 引言

在地形风场特性研究中，往往需要截取桥位附近处一定范围内的地形进行研究，然而，选取的地形范围不可能无限制的大，直接将地形与计算域底部相连会造成难以接受的误差。为避免减小误差，需要将地形和计算域之间设置过渡段，以确保来流到达地形时，风场特性与来流时的风场特性相同。设置不同坡度的斜坡过渡段，可以有效地缓解地形突变对来流的影响[1]，本研究采用 NSRFG[2-4]的入口湍流生成方法，可以更好的满足湍流入口连续性，针对不同坡度角度的斜坡线性过渡段的风场特性进行研究，比较不同坡度对来流的影响，为线性边界过渡段的设计提供了理论依据和支持，具有重要的意义。

2 数值计算模型

斜坡模型高度 h 设为 1m，斜坡宽度设为 $4h$，坡长 L 分别取 0、$1h$、$2h$ 和 $3h$，共四种工况[5]，记为工况 a~d，坡度比用符号 $\xi = L/h$（ξ 取值为 0、1、2 和 3）表示，四种工况斜坡比差值较大。

计算域如图 1 所示，左侧为速度入口，右侧为压力出口，流体可以从该区域自由地流出。计算域底面采用无滑移边界条件，流体的速度相对于底部壁面为零。计算域顶面采用滑移边界条件，流体与顶面可以产生相对运动。整个计算域采用三维空间计算域，x、y、z 三个方向的长度分别为 $50h$、$20h$ 和 $4h$。斜坡顶部在 x 方向上距离入口 $10h$，距离出口 $40h$，阻塞率为 5%。整个计算域采用结构化网格进行划分，在水平方向上网格高度以不高于 1.05 的线性倍率增长，在竖直方向上网格高度以 1.05 的线性倍率增长，最终整体和局部计算域网格如图 2 所示。不同工况总网格数量具体信息见表 1。

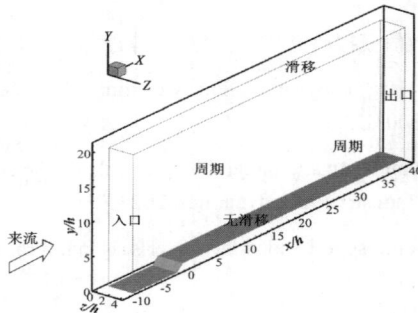

图 1 计算域和边界条件

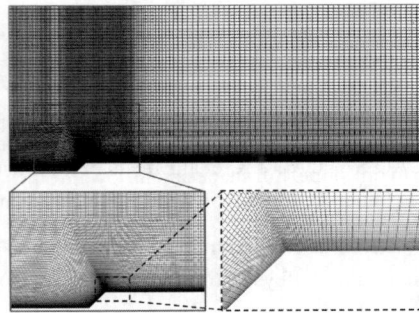

图 2 计算域网格分布

基金项目：国家自然科学基金项目（52208494），河北省自然科学基金项目（E2024210037，E2021210063）

不同工况网格信息 表 1

工况序号	首层网格高度	竖向网格增长率	水平网格增长率	网格数量
1	0.001L	< 1.05	< 1.05	1.68×10^6
2	0.001L	< 1.05	< 1.05	1.29×10^6
3	0.001L	< 1.05	< 1.05	1.19×10^6
4	0.001L	< 1.05	< 1.05	1.47×10^6

3   结果分析

图 3 为$z/h = 2$处的剖面时间平均流线图，由图可知，在坡顶和坡底产生了明显的分离泡，坡底的回流区对来流产生减速效应，使得风速降低，而坡顶的加速区对来流产生加速效应，使得风速升高。当$\xi = 0$时，坡底分离泡的大小约为 0.8，坡顶分离泡的大小约为 1.5。随着坡度ξ的增大，坡顶和坡底的分离气泡逐渐减小，坡底对来流的减速效果和坡顶对来流的加速效果都随之降低。当$\xi = 1$时，坡底分离泡的大小变为 0.4，减小了 50%，坡顶分离泡大小变为 1，减小了 33%，当ξ的再增大，坡底和坡顶的分离泡逐渐减小为 0。

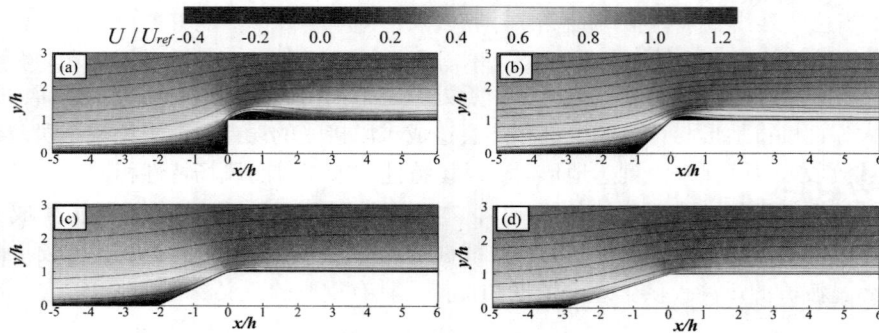

图 3 $z/h = 2$剖面时间平均流线：（a）$L = 0h$（b）$L = h$（c）$L = 2h$（d）$L = 3h$

4   结论

对于平均风特性，来流在经过斜坡底部时，来流风速降低。当来流到达斜坡顶部时，坡顶对来流产生加速效应，使得来流风速升高，经过过渡段后风速逐渐恢复到原来状态。来流经过斜坡底部时，由于流体的再循环会形成回流区，对流体产生减速效应，导致风速减小；经过斜坡顶部时对来流产生加速效果，导致风速增大。

参考文献

[1] 李永乐, 胡朋, 蔡宪棠, 等. 紧邻高陡山体桥址区风特性数值模拟研究[J]. 空气动力学学报, 2011, 29(6): 770-776.

[2] YU Y, YANG Y, XIE Z. A new inflow turbulence generator for large eddy simulation evaluation of wind effects on a standard high-rise building[J]. Building and Environment, 2018, 138: 300-313.

[3] ZHANG Y X, CAO S Y, CAO J X, et al.Effects of turbulence intensity and integral length scale on the surface pressure on a rectangular 5:1 cylinder[J]. Journal of Wind Engineering and Industrial Aerodynamics, 2023, 236.

[4] YUE H, GUO P, ZHAO Y, et al. Numerical reconstruction of atmospheric boundary layer seasonal turbulent wind field over a complex forest terrain[J]. Physics of Fluids, 2024, 36(10).

[5] ZHAO Z, LI C Y, CHEN Z, et al. Parallel ribbon vortex: A phenomenological flow feature in an atmospheric boundary layer near sloped terrain[J]. Physics of Fluids, 2023, 35(11): 115121.

一种基于虚拟格栅的 LES 湍流生成方法

赵志恒[1]，李维康[1]，张胤璇[1]，靖洪淼[1,2,3]

（1. 石家庄铁道大学土木工程学院 石家庄 050043；
2. 石家庄铁道大学道路与铁道工程安全保障教育部重点实验室 石家庄 050043；
3. 石家庄铁道大学河北省风工程和风能利用工程技术创新中心 石家庄 050043）

1 引言

入口处放置格栅是风洞试验中获得入流湍流的一种常用方法[1]，但运用大涡模拟生成格栅湍流流场，往往需要耗费巨大的计算资源[2]。为解决这一问题，本文在传统格栅湍流生成方式上进行了创新，摒弃了建立实体格栅模型生成湍流的方法，提出了一种采用虚拟格栅生成格栅湍流的方法。通过改变数值输入即可获得不同的湍流风场，省去了传统预前模拟法需要在计算域入口建立实体模型的繁琐操作，提高了湍流风场的生成效率。另外，由于虚拟格栅没有引入实体模型，不需要进行额外的网格划分，节省了宝贵的计算资源和人力成本。

2 湍流生成方法

通过设置虚拟格栅函数表达式的方式，调整计算域中入口面上的速度分布，从而得到目标虚拟格栅速度入口。虚拟格栅的函数表达式如下：

$$U = \begin{cases} U_0, i \in \left[\dfrac{a_i}{2} + (n_i - 1)M_i, n_iM_i - \dfrac{a_i}{2}\right] \\ 0 \end{cases} \tag{1}$$

式中，$i = x, y$；U 为入口面上的速度；U_0 为虚拟格栅孔口处速度；a_i 为 i 方向上的格栅条宽度；M_i 为 i 方向上单个格栅宽度；n_i 为沿 i 方向上布置的格栅数量。本文虚拟格栅沿 y 方向均匀布置 4 个，z 方向均匀布置 3 个。格栅宽度均设为 1m，格栅条宽度均为 0.4m，虚拟格栅孔口处的速度为 $U_0 = 1\text{m/s}$，如图 1 所示。与实体格栅通过阻碍和扰动流场生成湍流的原理不同，虚拟格栅通过在计算域入口模拟格栅射流的方式形成湍流。

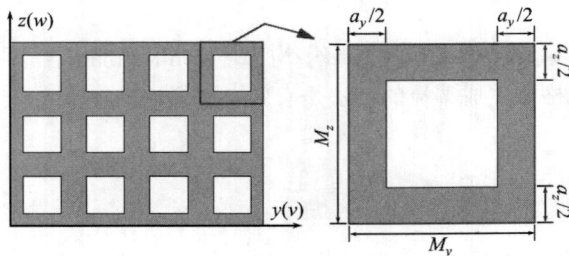

图 1 虚拟格栅速度入口

3 计算域及网格划分

图 2 为计算域示意图，为了使计算域中的流体充分发展，沿 x 方向长度取 20m，计算域 y 方向长度为 4m，z 方向长度为 3m。计算域入口采用速度入口，出口面为压力出口边界，四周壁面均为滑移边界。采用六面体网格单元对计算域进行均匀划分。

基金项目：国家自然科学基金项目（52208494），河北省自然科学基金项目（E2024210037，E2021210063）

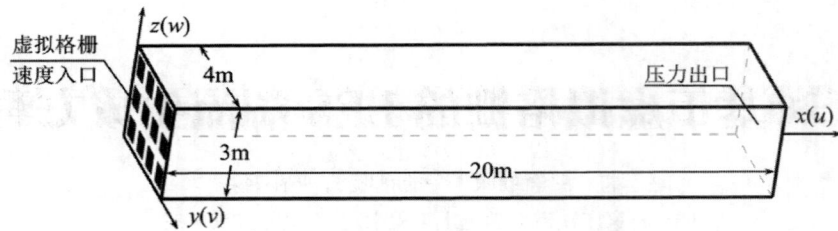

图 2　计算域

4　流场检验

湍流强度和积分尺度沿流动方向的发展情况如图 3 所示。湍流强度沿流向呈指数衰减，积分尺度呈线性增加，这与传统格栅湍流流场中的发展趋势相同。此外，湍流强度和积分尺度均呈现出良好的均匀各向同性，其满足湍流下结构抗风研究的需求。

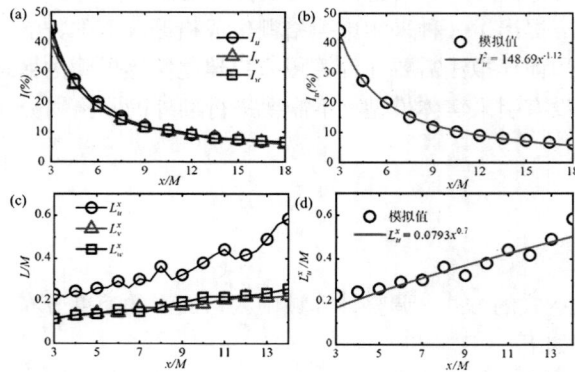

图 3　流场中湍流参数沿流动方向的发展及拟合情况
（a）湍流强度沿流向发展曲线；（b）湍流强度拟合曲线；（c）湍流积分尺度沿流向发展曲线；（d）湍流积分尺度拟合曲线

5　结论

（1）在虚拟格栅生成的湍流风场中，湍流强度和湍流积分尺度满足均匀各向同性。湍流强度的衰减指数 $n = 1.12$，积分尺度增长率为 $k = 0.7$ 该方法得到的湍流流场可以较好的满足传统实体格栅湍流风场中的幂律关系。

（2）虚拟格栅生成的湍流风场中脉动风速功率谱均符合 von Kármán 谱。

以上结果表明，采用虚拟格栅生成湍流的方法是有效、可行的。

参考文献

[1]　白桦, 何晗欣, 刘健新, 等. 格栅紊流风特性参数模拟规律研究[J]. 振动与冲击, 2016, 35(22): 209-214.

[2]　YU J, LI M, STATHOPOULOS T. Strategies for modeling homogeneous isotropic turbulence and investigation of spatially correlated aerodynamic forces on a stationary model[J]. Journal of Fluids and Structures, 2019, 90: 43-56.

基于 LES 仿真的柔性风机气动载荷和气弹响应流固耦合分析

李伟鹏，刘震卿

（华中科技大学土木与水利工程学院　武汉　430070）

1　引言

近年来，追求高容量风机促使增加叶轮半径和塔架高度成为趋势[1]。风机尺寸增大给叶片设计带来挑战，既要降成本保持叶片轻质，又要应对尺寸增加导致的叶片与流场耦合变形问题，这会降低发电效率、缩短叶片寿命[2]，影响风机运行甚至引发倒塔。本研究基于伯努利-欧拉梁和结构动力学理论，用 C++编写动力响应程序替代商用流固耦合软件的结构计算部分，借 FLUENT 动网格技术和 UDF 实现与 FLUENT 的数据传递和网格映射，简化计算流程。还用尖劈生成湍流风场，以双线性插值算法载入计算域入口，设置不同自由度组合工况探究耦合程度对风机仿真的影响。最后，对整机气弹响应时域、频域详细分析，并用雨流计数法和线性损伤理论深入阐明塔底、叶根载荷。

2　模型建立与结果讨论

如图 1 左侧所示为网格以及计算域划分示意图，流体域为长宽高分别为 1700m、456m、398m 的长方体计算域。其中风轮距离入口为 500m，距离出口为 1200m，尾流加密区长度为 300m；动域为长宽高分别为 100m、240m、188m 的长方体，旋转域位于正中间；旋转域直径 170m，前后延伸各 5m，即旋转域厚度为 10m，塔筒中心高度为 94m，其中叶片表面以及塔筒表面设置边界层网格，第一层网格厚度为 0.008m，增长率为 1.15，层数为 7 层，时间步长设置为 0.01s，保证库朗数在 1 附近。计算域侧边及顶边均为对称面，底面为壁面，入口为速度入口，出口为压力出口。并对网格进行独立型验证，选取网格数量为 717.1 万的网格系统。

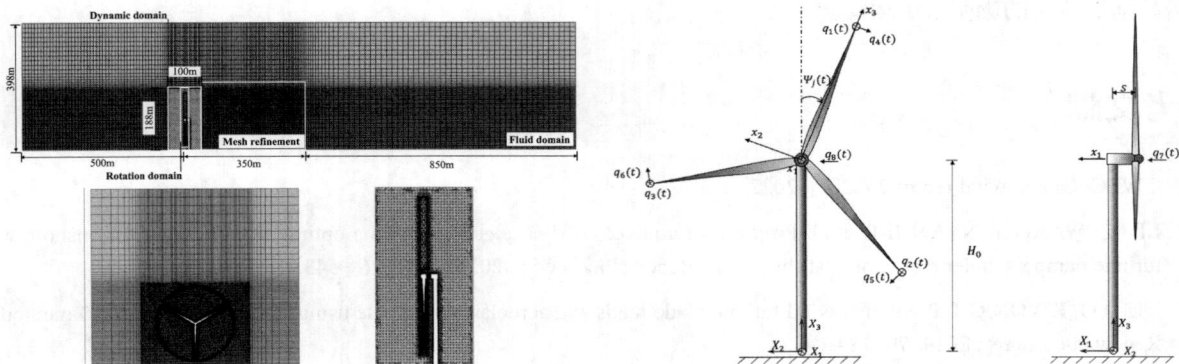

图 1　风力机计算域模型网格划分（左）以及 8 自由度 CSD 模型示意图

在结构计算中采用基于伯努利-欧拉梁的 8 自由度风力机结构动力学模型[3]，如图 1 右侧所示为该 8 自由度风机 CSD 模型示意图，流固耦合计算流程如图 2 右侧所示。计算域入口的大气边界层风速基于 Ishihara 等人[4]开展的风洞试验建立。将流固耦合计算模型与商用 GH-Bladed 进行对比，如图 2 所示，其中 WTDR（Wind Turbine Dynamic Response）为该流固耦合模型中使用的 CSD 程序，结果显示计算误差均在 10%以内，具有良好的鲁棒性。并给出了如图 3 所示不同工况下的等效疲劳载荷柱状图。

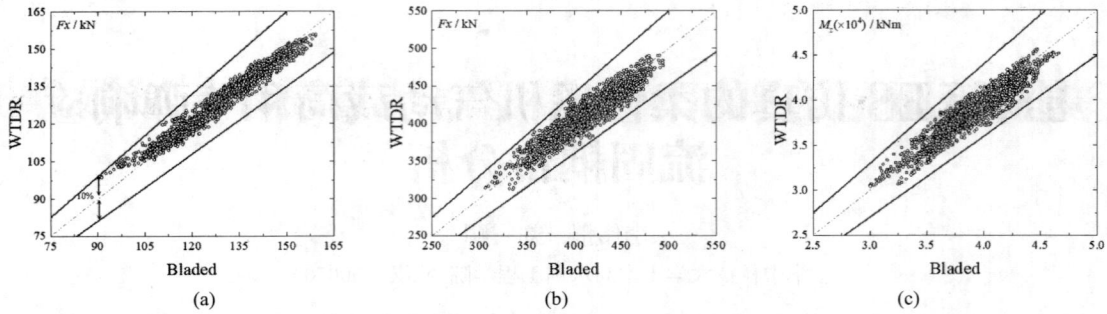

图 2　模型验证对比散点图（a）叶片底部F_x（b）塔筒底部F_x（c）塔筒底部M_z

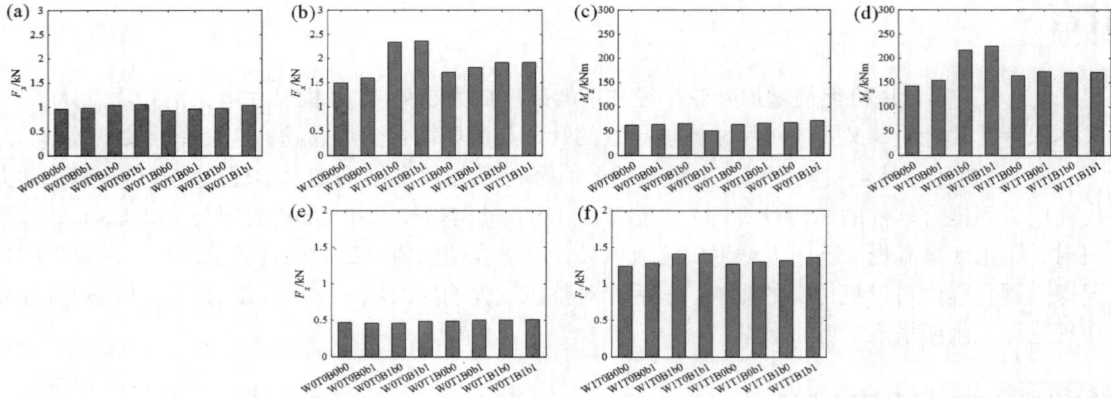

图 3　均一来流（a）、（c）、（e）和湍流条件下（b）、（d）、（f）叶根F_x、塔底F_x、塔底M_z等效疲劳载荷

3　结论

研究结果发现，在均匀来流条件下，叶片根部和塔底的推力周期性明显，而塔底弯矩的周期性不太明显。湍流来流条件下，气动载荷的周期性因来流风的波动而不显著。叶片和塔架的柔性，尤其是叶片的挥舞运动，对气动载荷有显著影响，湍流进一步增加了载荷的波动。湍流风引起的等效疲劳载荷比均匀来流条件下的载荷大约 1.4～1.6 倍，塔架运动能通过耦合效应降低约 25%～27%的等效疲劳载荷。叶片尖端在湍流风下的振动幅度较大，主要由风速波动引起。塔顶的前后位移在不同风条件下明显大于侧向位移，叶片挥舞方向运动对塔顶前后位移的影响大于运动。

参考文献

[1]　GWEC. Global wind report 2022[R]. 2022.

[2]　LIU Z, WANG Y, NYANGI P, et al. Proposal of a novel GPU-accelerated lifetime optimization method for onshore wind turbine dampers under real wind distribution[J]. Renewable Energy, 2021, 168: 516−543.

[3]　YU D O, KWON O J. Predicting wind turbine blade loads and aeroelastic response using a coupled CFD−CSD method[J]. Renewable Energy, 2014, 70: 184-196.

[4]　ISHIHARA T, YAMAGUCHI A, FUJINO Y. Development of a new wake model based on a wind tunnel experiment[J]. Global Wind Power, 2004, 105: 33-45.

基于电涡流阻尼的风机滚柱阻尼器结构设计与减振分析

王　超，刘震卿

（华中科技大学土木与水利工程学院　武汉　430074）

1　引言

随着风机尺寸和容量的不断增大，其振动控制需求越发重要，而传统质量调谐阻尼器（TMD）因其漏液破损会使减振性能急剧下降甚至消失，考虑使用 TRCD（Tuned Rolling Cylinder Damper）作为替换。目前阻尼器的研究随着风机技术的成熟发展，其振子形式趋于多样化，以达到满足不同容量风机的振动控制。在以往的结构振动控制中，TMD 因其简单直接的结构而广受关注，Ghassempour[1]等、鲁正[2]等、Chen[3]等、Liu[4]等将 TMD 用于控制风机塔架振动。而调谐滚柱阻尼器由于空间利用上设计的灵活性而逐渐成为 TMD 的替代，2002 年，Pirner[5]首次提出了 BVA 模型。针对 BVA 的振动特性，Zhang[6]等和 Singh[7]等提出 TRCD，进一步研究总结阻尼器结构参数与减振性能的关系，为后续 TRCD 的设计提供初步的结论。

本研究基于 TRCD 和电涡流阻尼特性，在 TRCD 中引入电涡流阻尼力，搭建 Simpack 风机模型并与 GH-Bladed 模型进行结果验证。然后，搭建基于径向基神经网络（RBFNN）的代理模型，以风机塔底侧向弯矩的等效疲劳荷载为目标函数，对电涡流 TRCD（Eddy Current Tuned Rolling Cylinder Damper）进行阻尼器参数优化。阻尼器减振优化结果表明，ECTRCD 减振性能和滚柱圆盘与转轴的半径比τ有关，随着半径比的增大，ECTRCD 的减振性能变差，滚柱的转动惯量增大，导轨的圆弧半径越小，半径比τ从 6 减小至 1/6，最优参数减振性能从 5.3%增大至 17.7%，提升了 3.34 倍。ECTRCD 的减振效果随阻尼器质量、频率、阻尼变化呈现明显的非线性趋势。

2　动力学仿真模型搭建

本研究选取特定机组 H155-4.5MW，对风机各个部位包括叶片、塔筒、偏航，发电机、基础等分别建模，并在最后完成模型的组装。之后给出风机在商用仿真软件 GH-Bladed 中对应的模型来验证 Simpack 模型。

2.1　风机模型搭建

在 Simpack 中对塔筒进行建模之前，首先要创建塔筒的材料属性，然后，根据 GH-Bladed 模型中的塔筒几何模型数据设置各个高度处的截面属性，使用 Linear SIMBEAM 建立塔筒，指定各个截面所在的高度与顺序。在 Simpack 叶片建模中，根据 GH-Bladed 中的叶片属性设置编写用于 Simpack 叶片建模的 RBL 文件，使用 Utilities 功能页完成叶片的自动化建模，将上述所建立的各风力机子结构模型组装，得到最终的风力机完整模型，并与设计的 ECTRCD 结构拼接，得到完整的振动分析模型，见图 1。

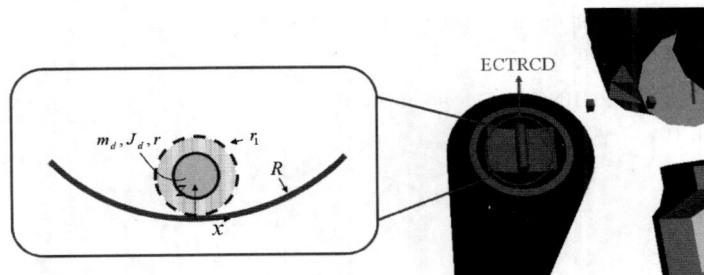

图 1　Simpack 风机与 ECTRCD 整机仿真模型

2.2　结果分析

统计电涡流阻尼器所有参数优化组合的减振效果，当半径比取 1/6 时，质量比取值 1.2%，频率比为 0.943，阻尼比为 0.059，电涡流 TRCD 取得最优减振效果 17.7%。减振性能随频率比和阻尼比变化的趋势一致，呈现明显的非线性关系，整体上随二者的增大而先增大后减小。相较而言，最优频率比区间浮动较大，而阻尼比取值则更加不确定。对比不同质量比下阻尼器最优减振效果，随着质量比增加，TRCD 减振效果也呈现先增大后逐步收敛的趋势。

3　结论

本文基于 TRCD 结构和电涡流阻尼特性，将盘式旋转电涡流阻尼器与 TRCD 相结合，同时引入基本电磁理论完成阻尼器参数分析，利用 Simpack 风机模型进行阻尼器减振性能数值仿真研究。并从风力机模态分析、扫掠风状态量验证、叶片和塔筒关键部位荷载比对 3 个方面，与商用风机仿真软件 GH-Bladed 进行了对比计算，最终结果验证了模型的可靠性。最终结果表明，本研究的 ECTRCD 减振性能和滚柱圆盘与转轴的半径比 τ 有关，随着半径比的增大，ECTRCD 的减振性能越差，此时对应滚柱的转动惯量越大，导轨的圆弧半径越小，半径比 τ 从 6 减小至 1/6，最优参数减振性能从 5.3% 增大至 17.7%，提升了 3.34 倍。

参考文献

[1] GHASSEMPOUR M, FAILLA G, ARENA F. Vibration mitigation in offshore wind turbines via tuned mass damper[J]. Engineering Structures, 2019, 183: 610-636.

[2] 鲁正, 荣坤杰, 马晨智. 附加 PTMD 风力发电机结构减振控制试验研究[J]. 建筑结构学报, 2023, 44(4): 267-275.

[3] CHEN Y, X JIN, LIU H, et al. Large scale wind turbine TMD optimization based on Blade-Nacelle-Tower-Foundation coupled model[J]. Ocean Engineering, 2021, 239: 109764.

[4] LIU Z, WANG Y, HUA X, et al. Optimization of wind turbine TMD under real wind distribution countering wake effects using GPU acceleration and machine learning technologies[J]. Journal of Wind Engineering and Industrial Aerodynamics, 2021, 208: 104436.

[5] PIRNER M. Actual behavior of a ball vibration absorber[J]. Journal of Wind Engineering and Industrial Aerodynamics, 2002, 90: 987-1005.

[6] ZHANG Z, LI J, NIELSEN S R K, et al. Mitigation of edgewise vibrations in wind turbine blades by means of roller dampers[J]. Journal of Sound and Vibration, 2014, 333: 5283-5298.

[7] SINGH K V, LI S, FU L, et al. Seismic Response Reduction of Structures Equipped with a Voided Biaxial Slab-Based Tuned Rolling Mass Damper[J]. Shock and Vibration, 2015: 1070-9622.

带凹槽的大跨屋盖积雪分布特性研究

侯兴宇[1]，李　波[1,2]，李禹昕[1]，朱维键[1]

（1. 北京交通大学土木建筑工程学院 北京 100044；

2. 北京交通大学结构风工程和城市风环境重点实验室 北京 100044）

1　引言

目前关于屋盖积雪漂移的研究大多还集中于平屋盖[1]、坡屋盖[2]和阶梯型屋盖[3]，但是与这些屋盖相比，带凹槽的屋盖积雪程度可能会更为严重。

本文基于欧拉拉格朗日方法，基于 OPENFOAM 实现了拉格朗日粒子求解器，并在此基础上对带凹槽屋盖的积雪分布特征进行了研究。首先提供了一个平屋面案例，验证了本文数值模拟方法的准确性，其后分析了屋面侵蚀机理，最后对凹槽屋面的结构设计提出建议。

2　数值模拟模型及验证

2.1　数值模拟模型

凹槽屋面从流动结构角度上，可以推断表面雪飘移规律相似，因此以平屋面作为验证对象。参考 Zhou 等[4]的风洞试验结果进行验证，该模型高 3m，长 18m，模型缩尺比为 1：30。

2.2　数值模拟验证

图 1 为数值模拟与风洞试验对照结果，从图中可以看出在屋面中部区域积雪深度变化并不明显，随着跨度延伸积雪变化近似呈现线性减少的趋势，在这个区域内数值模拟与风洞试验对照良好，误差在 3.3%以内，而前缘区域由于 rans 模型会高估前缘湍流应力，导致在 $X < 0.1$ 区域内误差为 6.2%。

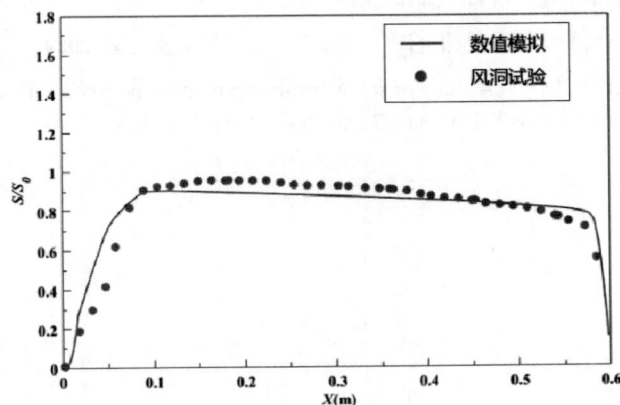

图 1　平屋面数值模拟验证结果

3　数值模拟结果

由于凹槽屋面凹槽内部流场较为复杂，首先分析屋面附近流线，发现凹槽屋面在 90°横风向和 0°顺风向下均会在前缘形成分离涡，而平屋面并未发现这一现象，图 2 仅列出前缘区域内 90°横风向下迹线对照结果。

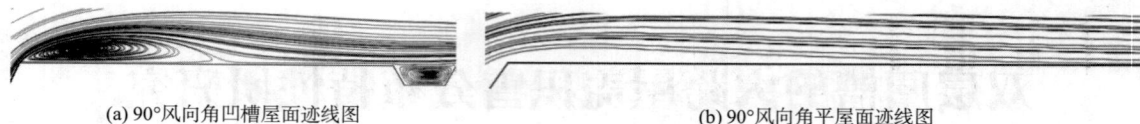

(a) 90°风向角凹槽屋面迹线图　　　　　　　　　　　　　　(b) 90°风向角平屋面迹线图

图 2　90°风向角迹线图

其次对照了屋面摩擦速度云图，凹槽屋面前缘分离涡形成后，加大了湍流的耗散率，给前缘带来更大的湍流粘度，减小了后方的摩擦速度，使得屋面大部分区域位于阈值摩擦速度之下，意味着凹槽屋面跃起粒子将明显小于平屋面。之后分析了屋面附近雪浓度，从粒子轨迹的角度进一步研究跃起粒子在屋面上的运动形式，发现边截面上粒子浓度明显大于中截面，凹槽内部大量粒子与左右壁面碰撞，造成堆积。

最后对比分析了各个风向角下积雪分布系数云图，发现凹槽屋面中部区域积雪分布系数在 0.6 以上，凹槽可以延迟后方尾流区的积雪侵蚀。

4　结论

本文实现了欧拉拉格朗日方法的雪飘移模拟，得出了以下几个结论：

（1）以平屋面为案例，对比了数值模拟结果与风洞试验结果，结果吻合良好，表明数值模拟方法基本满足计算精度要求。

（2）从空气动力学的角度分析得出，在屋面柱状涡机制下，边缘截面风速更大，进一步加速粒子，带来更多的回弹侵蚀。而前缘侵蚀则由跃起粒子主导，前缘侵蚀明显快于尾部，主要侵蚀区域为区域 1 和区域 6。在所有区域中的凹槽部分都表现出积雪堆积，最大堆积深度为初始积雪深度的 1.1 倍。

（3）凹槽屋面有一定阻雪能力，应该考虑提高积雪分布系数保证设计要求。

参考文献

[1]　ZHOU X Y, KANG L, GU M, et al. Numerical simulation and wind tunnel test for redistribution of snow on a flat roof. [J]. Journal of Wind Engineering and Industrial Aerodynamics, 2016,153: 92−105.

[2]　CHOI Y B , KIM R, LEE I B. Numerical analysis of snow distribution on greenhouse roofs using CFD−DEM coupling method [J]. Biosystems Engineering. 2024,237:196-213.

[3]　王世玉. 屋面积雪的实测与风洞试验基础研究[D]. 哈尔滨: 哈尔滨工业大学, 2014.

[4]　ZHOU X Y, ZHANG T G, LIU Z B,et al.A study of snow drifting on monoslope roofs during snowfall: Wind tunnel test and numerical simulation [J]. Cold Regions Science and Technology, 2023, 206: 165-177.

双层屋盖平房仓平均风荷载数值模拟研究

苑司康[1]，郑德乾[1]，许化彬[2]

（1.河南工业大学土木工程学院 郑州 450001；

2.北京国贸东孚工程科技有限公司 北京 100037）

1 引言

双层屋盖平房仓通过双层屋盖间的自然通风提升隔热性能[1]，适合南方高温高湿地区的粮食储备库建设。与单层屋盖相比，双层屋盖间的孔隙对其表面风荷载的影响尚不明确，规范中也未明确该类屋盖的风荷载取值。本文基于雷诺平均方法对某双层屋盖平房仓进行了数值模拟，研究了其风压分布规律，以期为抗风设计和加固提供参考。首先，通过与 TTU 建筑风洞试验[2]对比验证数值模拟方法的准确性；随后分析不同风向角下屋面体型系数的分布规律，并探讨了双层屋盖平房仓周围流场的绕流特性。

2 数值模拟方法及参数设置

某双层屋盖平房仓尺寸为：长度$L \times$宽度$D \times$高度$H = 60\text{m} \times 30\text{m} \times 12.4\text{m}$。屋脊至檐口高 1.5m，屋面坡度为 5.7°。数值模拟中，网格划分采用多面体网格，并对近壁面区域进行网格加密。边界条件设置如图 1（c）所示，压力-速度耦合采用 SIMPLEC 算法，控制方程对流项离散选用二阶迎风格式，湍流模型采用 realizable k-ε模型，风场采用 B 类地貌自保持边界条件。风向角α分别为 0°、45°。

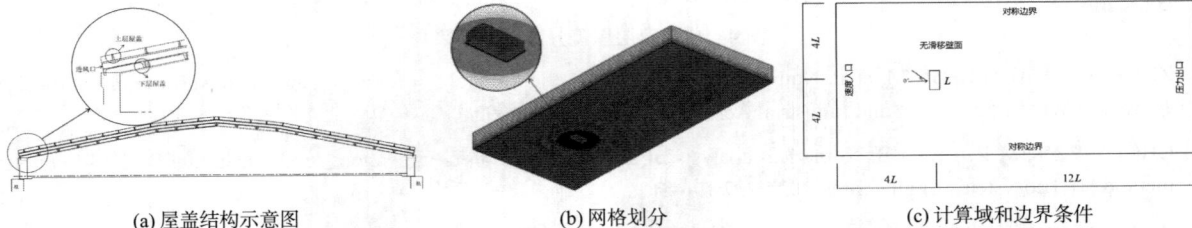

(a) 屋盖结构示意图　　　　(b) 网格划分　　　　(c) 计算域和边界条件

图 1　边界条件及网格示意图

3 结果与讨论

为验证网格无关性，图 2 为不同网格密度下 TTU 模型数值模拟与风洞试验结果的对比，分别考虑了网格总数为 133 万的 mesh1（0.007L）、167 万的 mesh2（0.005L）和 211 万（0.002L）的 mesh3，结果表明基于三套网格所得平均风压系数差异较小，最终选用 mesh1 方案（最小网格尺度 0.007L，网格总数 182 万）进行后续模拟。图 3 为 CFD 数值模拟所得计算域入流面以及计算域至模型前方中间位置处的平均风剖面和湍流度剖面与荷载规范值对比，可见，采用上述边界条件和 CFD 求解参数设置，能够确保数值模拟风剖面与目标风场的一致性。不同风向角单、双层屋盖屋面分区体型系数以及分区示意图，如图 4 所示，其中双层屋盖 CFD-上为净体型系数。图 5 为单层屋盖和双层屋盖平房仓流向纵剖面流线图对比。

4 结论

基于 RANS 模拟方法计算了双层屋盖平房仓屋盖表面的风荷载参数，研究结果表明：不同风向角下，单

基金项目：河南省重点研发专项项目（241111322600）

层屋盖和双层屋盖上层屋盖在迎风处前缘均出现较大负压；屋盖整体受负压作用，迎风边缘、屋脊及拐角区域易形成负高压区，且负高压区的范围和强度随随风向角的变化而改变；在 45°风向角下，屋脊处局部区域的体型系数高于规范建议值，其他区域规范建议值偏安全。

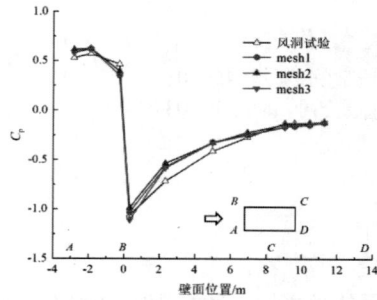

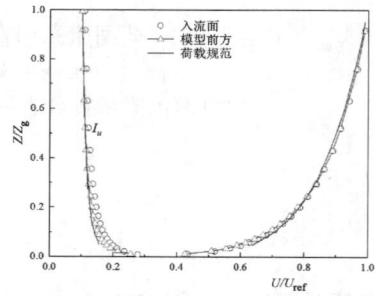

图 2　TTU 模型中轴线平均风压系数对比　　图 3　B 类平均风及湍流度剖面

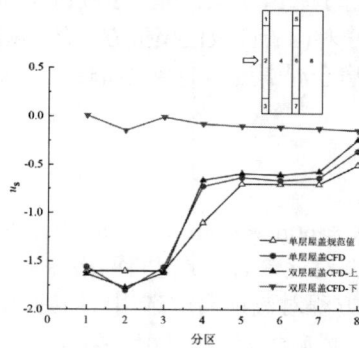

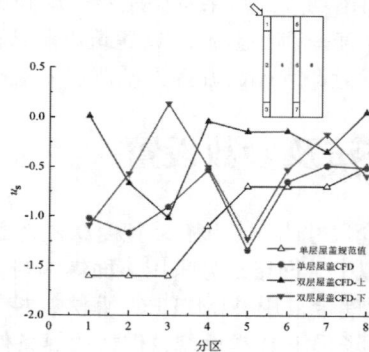

(a) 0°风向角分区体型系数　　　　(b) 45°风向角分区体型系数

图 4　单、双层屋盖分区体型系数

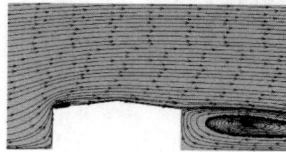

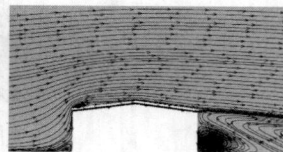

(a) 单层屋盖　　　　　　　(b) 双层屋盖

图 5　流向纵剖面流线图

参考文献

[1] 董良坚, 韩卫华. 装配整体式改进型双 T 板双层自然通风屋盖在粮食平房仓设计中的应用[J]. 福建建筑, 2023(6): 19-23.

[2] 顾明, 杨伟, 黄鹏, 等. TTU 标模风压数值模拟及试验对比[J]. 同济大学学报(自然科学版), 2006(12): 1563-1567.

不同场景中车桥系统气动导纳的数值模拟研究

李　妍[1]，严　磊[1,2]，何旭辉[1,2]

（1. 中南大学土木工程学院　长沙 410075；

2. 高速铁路建造技术国家工程研究中心　长沙 410075）

1　引言

　　车-桥系统的气动导纳受列车和桥梁之间气流相互作用力影响，因此对不同场景中列车的气动导纳进行深入研究是有必要的。段青松等人[1]和 Li 等人[2]分别对扁平箱梁-列车系统进行数值模拟和风洞试验，结果认为桥梁气动导纳与 Sears 函数基本一致，而列车气动导纳较 Sears 函数略偏大。Ma 等人[3]在风洞试验中研究了桁架梁桥上列车的气动导纳，指出列车位置对导纳影响较大。本研究采用 SST k-ω 湍流模型进行数值模拟，研究悬空列车、平地上列车、扁平箱梁上列车和钝体箱梁上列车的二维气动导纳，并探讨其流场特性。

2　数值模拟方法

2.1　车桥模型

　　本研究针对复兴号列车 CR400，仅模拟中车模型的几何外观。为了进行对比分析，首先模拟计算仅存在列车模型的工况，如图 1（a）所示，不包括任何路堤和桥梁。图 1（b）为列车在平地上行驶的工况，省略了轨道板等附属设施。图 1（c）和（d）分别为列车在扁平箱梁和钝体箱梁上的工况，且分别模拟计算列车在迎风侧和背风侧轨道上行驶的情况。使用 FLUENT 软件进行数值模拟，湍流模型为 SST k-ω 模型，压力速度耦合方式为更适合非稳态计算的 PISO 算法，时间和空间离散方式均为二阶格式。

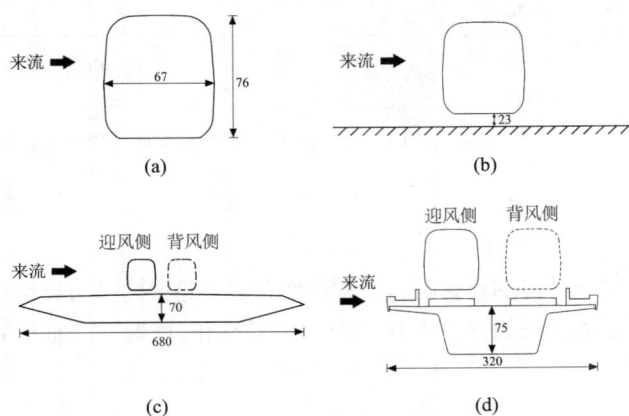

图 1　车桥模型：（a）悬空列车；（b）平地上列车；（c）扁平箱梁上列车；（d）钝体箱梁上列车

2.2　网格划分和边界条件

　　采用三角形和四边形混合的网格划分方式，以列车宽度 B 为参考，模型表面的第一层网格高度为 $3.7 \times 10^{-4}B$，模型表面 99% 以上网格的 y^+ 值不超过 1。列车表面网格的切向尺寸为 $1.2 \times 10^{-2}B$，桥梁表面网格的尺寸根据桥梁宽度 B_b 调整，最大网格尺寸不超过 $5.6 \times 10^{-3}B_b$。入口边界采用基于 CDRFG 法生成的宽频合成风速。合成风速纵向和竖向的湍流强度分别为 9.26% 和 7.32%，相应的湍流积分尺度为 0.16m 和 0.05m。使

基金项目：湖南省优秀青年基金（2023JJ20073）

用该入口边界识别理想薄平板升力二维导纳，结果与 Sears 函数一致，证明了本研究方法识别二维导纳的准确性。

3 结果分析

3.1 桥梁气动导纳

利用等效导纳法计算桥梁和列车的二维气动导纳，扁平箱梁在有无列车情况下的升力和扭矩导纳如图 2 所示。对于扁平箱梁，桥上列车会同时增大桥梁的升力和扭矩导纳，尤其对扭矩导纳的影响更大。当折减频率高于 2 时，计算结果受数值模拟网格尺寸的限制，风功率谱衰减迅速，故气动导纳出现较大畸变。

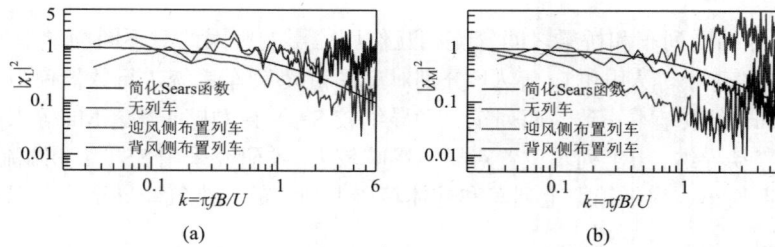

图 2　扁平箱梁二维气动导纳：（a）升力导纳；（b）扭矩导纳

3.2 列车气动导纳

对于列车侧向力气动导纳（图 3），不论列车处于何种场景，其低频段的气动导纳均在 1 附近。在多种场景下，钝体箱梁上列车的气动导纳最小，而钝体箱梁背风侧的列车较其迎风侧列车的气动导纳更小。

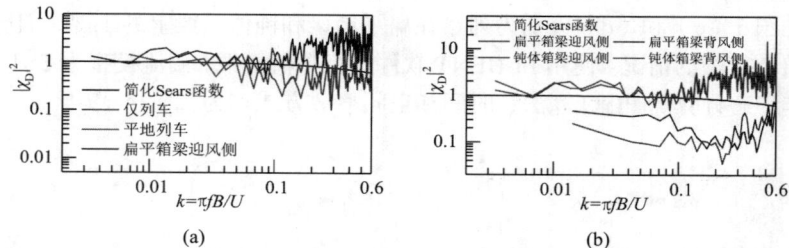

图 3　列车侧向力气动导纳：（a）仅列车、平地列车和扁平箱梁迎风侧列车；（b）桥梁上列车

4 结论

列车的存在对桥梁的二维导纳有明显影响，列车会增大扁平箱梁的升力导纳。不同场景中，列车的侧向力导纳在低频段均为 1 附近，而折减频率高于 0.1 时，列车导纳随场景不同而发生变化。

参考文献

[1] 段青松, 李建兴, 吴再新. 公铁平层超宽钢箱梁-列车系统气动参数数值模拟研究[J]. 铁道建筑, 2021, 61(1): 1-4.

[2] LI S P, WANG Y, SU Z Y, et al., Influence of three-dimensional distortion on the unsteady lateral force of a train on a streamlined deck under crosswinds[J]. Journal of Bridge Engineering, 2023, 28(10): 04023072.

[3] MA C M, DUAN Q S, LI K J, et al., Buffeting forces on static trains on a truss girder in turbulent crosswinds[J]. Journal of Bridge Engineering, 2018, 23(11): 04018086.

基于 WRF 的复杂山区地形中的桥位风场数值模拟

骆　颜[1,2]，朱乐东[1,2,3]，赵　林[1,2,3]，丁叶君[1,2]

（1. 同济大学土木工程学院桥梁工程系　上海 200092；

2. 同济大学土木工程防灾国家重点实验室　上海 200092；

3. 同济大学桥梁结构抗风技术交通运输行业重点实验室　上海 200092）

1　引言

大跨桥梁的抗风性能研究是跨峡谷大跨径桥梁设计、建设必须考虑的因素，而研究桥位处风场特性是桥梁抗风设计的前提条件。然而，我国西南山区具有极其复杂的地形和地貌，风场的特征与平原地区差异较大[1]，并且由于气象站稀缺，几乎没有桥位附近风速长期观测资料，因此，很难确定用于桥梁抗风设计的风场参数。而通过对历年影响桥位风场的极端天气事件进行基于中尺度气象模式数值模拟，可以为确定桥位处年最大平均风速和桥梁抗风设计风场参数提供基本数据，以弥补实测资料的不足。为此，本研究以四川甘孜地区木绒大桥为背景，采用中尺度 WRF 模式对大桥所在的复杂山区风场进行了数值模拟以及物理模型方案的敏感性研究。

2　模拟方法

本文以四川甘孜木绒大桥为中心，运用 WRF 对大桥周围的山区进行多层嵌套模拟，模拟时间 2020 年 1 月以及 2020 年 6 月。设置三种不同网格分辨率的方案进行风场模拟，将模拟结果与桥址处和 DAWU 气象站的观测值[2]进行了对比，最终确定最优的网格分辨率方案：三层嵌套模拟，水平分辨率为 18km、6km、3km，垂直层设置为 58 层，并且加密近地面层。

3　复杂山区风场模拟

物理参数化方案之间的相互作用对风场模拟有重要的影响[3]，本次研究进行了 4 种物理方案敏感性试验，如表 1 所示。

物理参数方案				表 1
参数方案编号	1	2	3	4
微物理方案	Purdue-Lin	Purdue-Lin	WSM3	Purdue-Lin
近地面层方案	MM5	MM5	MM5	ETA
行星边界层方案	YSU	ACM2	ACM2	MYJ
陆面层方案	Noah	Noah	Ruc	Noah

分别将桥位处以及 DAWU 气象站冬季和夏季的风速、风向以及温度模拟结果与观测结果对比，并且进行了误差分析，结果如图 1、图 2 所示。对于冬季来说，不同方案对于两个不同观测点的风速模拟结果影响不大，而 DAWU 气象站模拟结果普遍比峡谷桥址处的更好，这可能是因为峡谷处高差太大，WRF 作为中尺度模式，难以精细化模拟桥址处风场。结合风速以及温度的表现情况，方案 3 效果最好。而相比于冬季模拟结果，四种方案对于夏季温度模拟较好，但不适用于风速模拟，这可能是由于山区冬季和夏季植被变化引起

基金项目：国家自然科学基金项目（52378527），国家重点研发计划(2022YFC3004105)

粗糙度变化以及热通量的变化，因此冬季模拟的方案并不适用于该山区的夏季模拟。

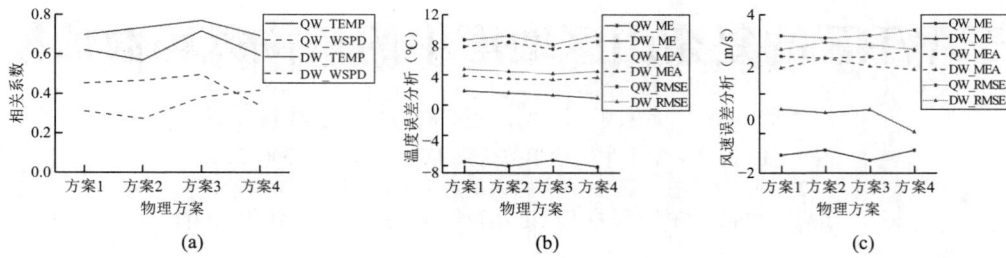

图1　不同参数方案下冬季模拟结果与观测数据误差分析（a）相关系数；（b）温度；（c）风速

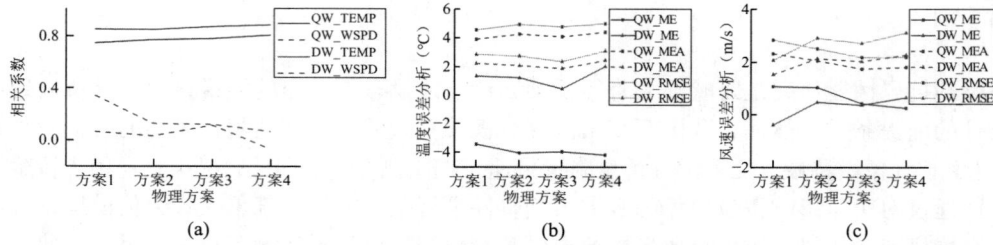

图2　不同参数方案下夏季模拟结果与观测数据误差分析（a）相关系数；（b）温度；（c）风速

　　提取在距木绒大桥正南方向4km处五个点（水平间隔2km）冬季模拟结果的垂直风剖面，如图3所示，点2、3、4处垂直风剖面相近，因此可以通过WRF模拟结果对桥址周围的风剖面进行拟合，为桥址处更小尺度的数值模拟提供入口边界条件。

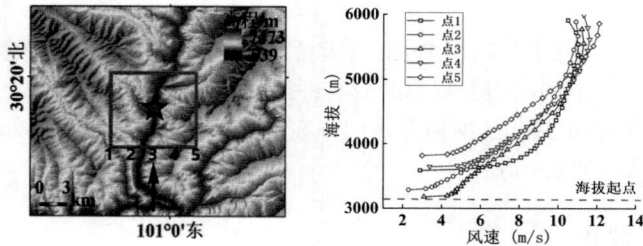

图3　木绒大桥正南面五个提取点（左）以及各点风剖面图（右）

4　结论

　　WRF模拟中国西南复杂山区风场时，网格分辨率设置要综合考虑水平分辨率、垂直分辨率以及运算能力。不同物理方案对于山区不同季节的模拟效果不同，需要考虑季节性植被变化的影响。WRF模式对于高差较大、地形复杂的山区风场模拟能力有限，但是能够为更小尺度，例如CFD模拟提供更加真实的入口边界条件，从而提高复杂山区风场的模拟精度。

参考文献

[1]　朱乐东, 任鹏杰, 陈伟, 等. 坝陵河大桥桥位深切峡谷风剖面实测研究[J]. 试验流体力学, 2011, 25(4): 15-21.

[2]　MA T, CUI W, ZHAO L, et al. Extreme wind speed prediction in mountainous area with mixed wind climates[J]. Stochastic Environmental Research and Risk Assessment, 2022, 37: 1163-1181.

[3]　YU E, BAI R, CHEN X, et al. Impact of physical parameterizations on wind simulation with WRF V3.9.1.1 under stable conditions at planetary boundary layer gray-zone resolution: a case study over the coastal regions of North China[J]. Geoscientific Model Development, 2022, 15(21): 8111-8134.

波面效应对箱梁气动力系数的影响

高超奇 [1,2]，朱乐东 [1,2,3]，朱　青 [1,2,3]

（1. 同济大学土木工程防灾全国重点实验室　上海 200092；
2. 同济大学土木工程学院桥梁工程系　上海 200092；
3. 同济大学桥梁结构抗风技术交通运输行业重点实验室　上海 200092）

1　引言

在跨越深水或水下地质条件较差的区域时，建造桥梁基础和桥墩会面临很多技术难题同时会带来很高的造价，因而世界上一些地区采用浮桥作为替代方案[1]。浮桥的桥下净空一般较小，目前挪威已建的两座浮桥的桥下净空均小于 4m。当波高较大时，浮桥的桥下净空高度会进一步减小，此时桥梁截面的气动特性将产生明显改变，因此需要考虑波面效应对桥梁气动特性的影响。已有一些研究通过试验和 CFD 模拟分析了波浪对桥梁气动力系数的影响，但均采用壁面移动来代替波面[2-4]。本文以挪威 Bjørnafjord 直浮桥方案主梁为原型，基于 Star-ccm+ 软件，建立了二维 CFD 数值模型，通过 VOF（Volume of Fluid）造波法生成五阶 Stokes 波，研究了桥下净空和波高对主梁气动力系数的影响，对比了用 VOF 多相流模拟水面和用壁面代替水面的差异，分析了流场以及平均压力系数和脉动压力系数的变化规律。

2　数值模型

以挪威 Bjørnafjord 直浮桥方案主梁为原型，建立了二维数值模型，模型缩尺比为 1∶40，主梁模型宽度为 0.758m，高度为 0.1m。计算区域如图 1 所示。图中 L 为波长，左侧边界为速度入口，右侧边界为速度出口，上边界为压力出口，下边界和主梁表面为无滑移壁面。左侧造波段长度为 2L，右侧抑制波浪反射段长度为 2L。

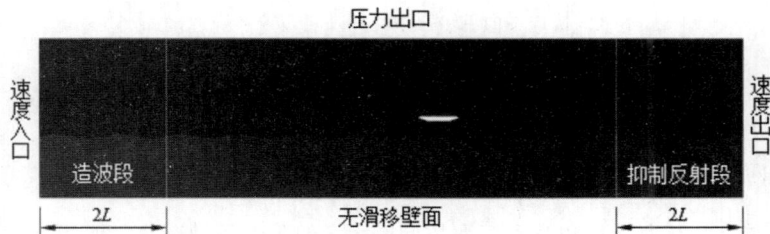

图 1　计算区域

3　模拟结果

图 2（a）展示了三分力系数随桥下净空的变化趋势。从图中可以看出，当用 VOF 多相流模拟水面时，升力系数 C_L 与升力矩系数 C_M 随着桥下净空的变大而减小，但阻力系数 C_D 却随桥下净空的增大而先增大，而后缓慢减小。而当用壁面代替水面时，三分力系数均随桥下净空的增大而减小。从流场图（图 2b、c）可知，用水面模拟比用壁面模拟产生的边界层更厚，当桥梁非常接近水面时，桥梁几乎完全处于边界层内，但用壁面模拟并没有这种现象。这是由于空气与液面之间存在能量传递，使得水面附近的风速明显减小，同时风场还使水面上产生了微小的波浪，增加了水面的粗糙度，但用壁面模拟则无法产生这一变化。对比不同桥下净

基金项目：国家自然科学基金重点项目（51938012）

空工况下桥梁表面的平均风压系数可知，随着桥下净空的减小，迎风侧风嘴上部的正压减小很大，背风侧风嘴下部的负压减小较大，综合导致C_D减小。但用壁面模拟水面时，随着桥下净空的减小，迎风测风嘴下部的正压明显增大，从而导致C_D增大。

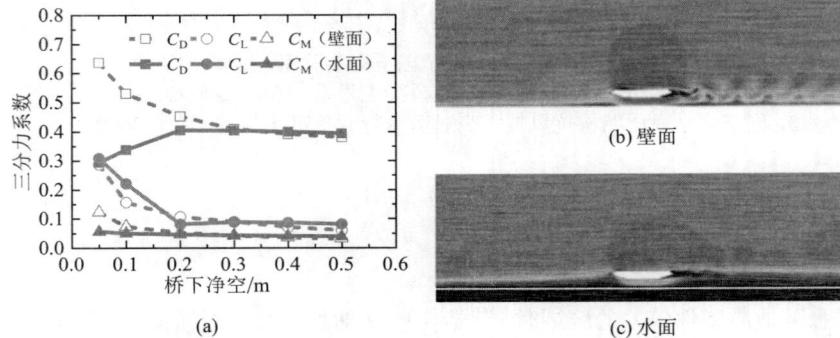

图 2　桥下净空对三分力系数的影响

图 3 为三分力系数随波高的变化。从图中可见，三分力系数平均值随波高变化不大，但三分力系数的波动随波高的增加明显增大。对波浪条件下的风场分析可知，在波面上方会形成一定厚度的边界层，而波高越高，波浪表面的边界层也越厚。随着波高的增加，接近水面位置处的平均风速减小，但脉动明显增加，风速的脉动与波周期一致。在对比不同时刻的桥梁表面风压系数可知，相比于波谷位于桥梁下方，当波峰位于桥梁正下方时，桥梁下部的负压更小，上部的负压更大，三分力系数均达到最大。而相比于波峰位于桥梁后侧，当其位于桥梁正下方前侧时，桥梁下部的负压更大，上部的负压更小。

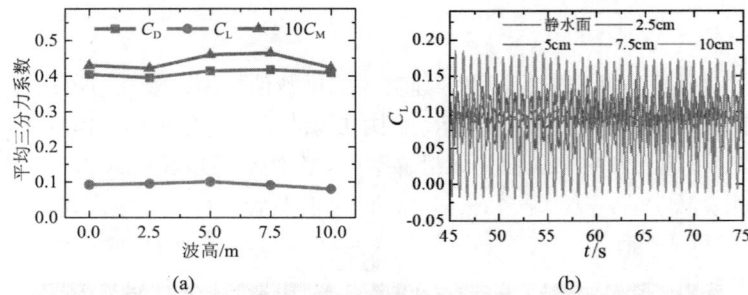

图 3　波高对三分力系数的影响

4　结论

随着桥下净空的减小，升力系数和升力矩系数均增大，但阻力系数减小，但用壁面模拟水面时，阻力系数反而随桥下净空的增大而增大，壁面无法模拟空气与水之间的能量传递以及水面上产生的微波。随着波高的增加，三分力系数的均值变化不明显但波动明显增大。当波峰位于桥梁正下方时，三分力系数均达到最大。

参考文献

[1] WATANABE E. Floating Bridges: Past and Present[J]. Structural Engineering International : Journal of the International Association for Bridge and Structural Engineering (Iabse), 2003, 13(2): 128-132.

[2] 汪荣绣. 海浪气动干扰条件下桥梁气动性能试验研究[D]. 大连: 大连理工大学, 2014.

[3] 殷瑞涛, 祝兵, 田源等. 孤立波浪边界干扰下流线型箱梁气动特性[J]. 西南交通大学学报, 2023, 58(2): 398-405+413.

[4] RUI-TAO Y, BING Z, YUAN T, et al. Numerical investigation on aerodynamic performance of a streamlined box deck accounting for Stokes wave boundary effects[J]. Journal of Fluids and Structures, 2022, 110.

不同大气稳定度下二维山脊风场特性的大涡模拟研究

郑继海[1]，曹曙阳[1,2]，操金鑫[1,2]

（1. 同济大学土木工程学院桥梁工程系 上海 200092；
2. 同济大学土木工程防灾减灾全国重点实验室 上海 200092）

1 引言

我国山区面积辽阔，风能资源丰富，随着山区风能利用需求的日益剧增，复杂地形下的风场特性已成为近年来风工程研究的重点之一。在山区地形和来流条件的共同作用下，风流经山区时易发生分离，再附着和回流等现象，使得对真实地形的系统性研究面临较大挑战。为了深入揭示山区地形下的复杂流动机理，众多学者通过风洞试验和数值模拟等方法，研究了简化二维山脊风场特性。例如，Cao 等[1]研究了粗糙度对二维山脊风场特性的影响，Zheng 等[2]研究了偏转来流下的二维山脊风场特性。然而，这些研究大多集中于中性边界层中的流动特征，忽略了边界层内温度变化引起的浮力效应。大气特征随太阳辐射变化在一天 24 小时内存在显著差异，白天受地面加热影响，通常更易出现不稳定层结。因此，仅基于中性大气的研究不足以准确反映真实大气的特征。本文采用大涡数值模拟方法，研究不同大气稳定度条件下二维山脊的风场特性，并探讨热分层和地形共同作用下的流动特征。

2 研究方法和内容

2.1 计算域设置

本数值模拟基于 OpenFoam 平台，参考 Oyha 等[3]的风洞试验进行计算域设置。入口沿 x 方向，计算域的尺寸为 9m × 1m × 1m（x 向，y 向，z 向）。入流面速度采用均匀入流，温度随高度呈梯度变化，零压力梯度边界；出流面采用对流速度，对流温度，零压力边界；左右侧面采用对称边界条件；顶部采用滑移边界；底部采用无滑移壁面。计算域如图 1 所示。

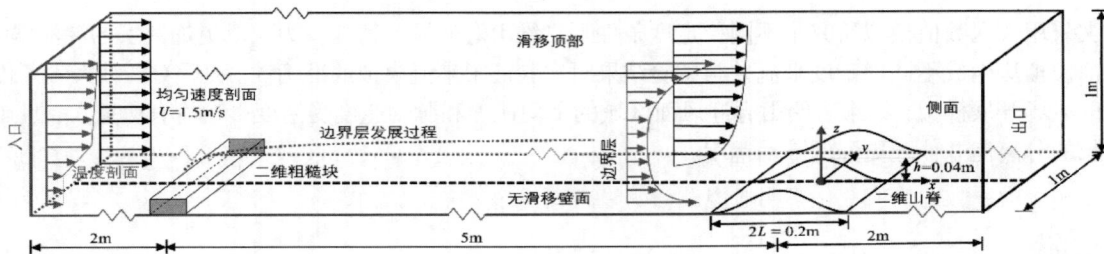

图 1 数值模拟计算域图示

2.2 来流湍流特性

在该研究中，山脊前方来流湍流由均匀入口流经粗糙元逐渐发展而成，从而得到符合要求的真实涡结构湍流。中性和对流大气条件下的粗糙元的设置分别参考 Cao 等[1]和 Oyha 等[3]的风洞试验布置，对流大气条件通过设置逆温层有效抑制边界层向上无限发展。两种大气条件下生成的来流均与试验结果较为一致，如

基金项目：国家重点研发计划（2022YFC3005302），国家自然科学基金项目（52478547）

图 2 所示。

(a) 顺流向平均速度　　(b) 顺流向湍流强度　　(c) 平均温度　　(d) 竖向湍流强度

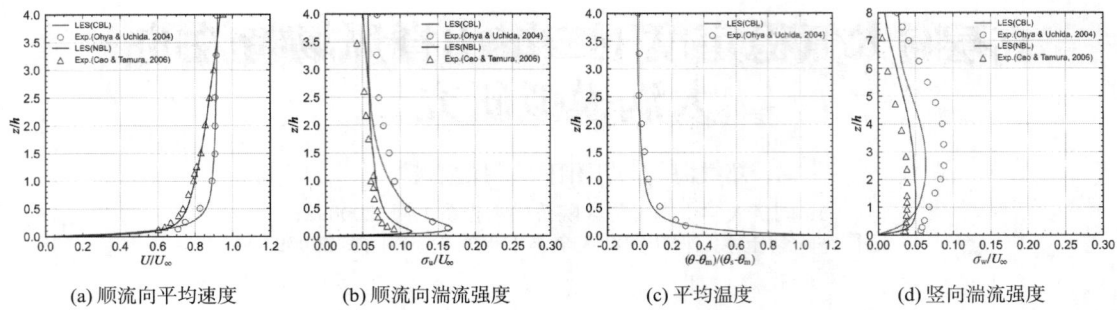

图 2　不同大气条件下来流特性

2.3　数值模拟结果

在验证了来流模拟的准确性后，采用与 Cao 等[1]的风洞试验相同的二维山脊布置，在上述计算域中开展数值计算，并进一步验证了中性来流条件下二维山脊风场计算的准确性。随后重点对比了中性条件和对流条件下二维山脊的风场特性。两种大气条件下顺流向平均速度和脉动速度均方值的分布分别如图 3、图 4 所示。

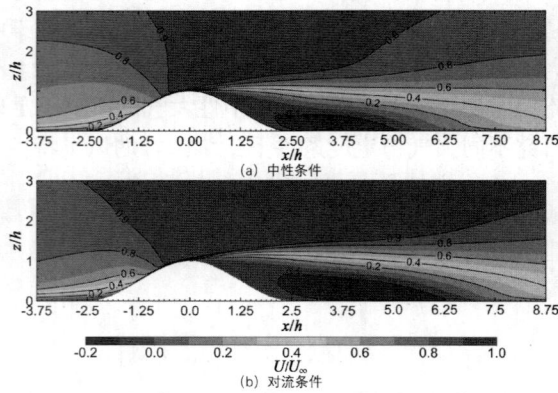

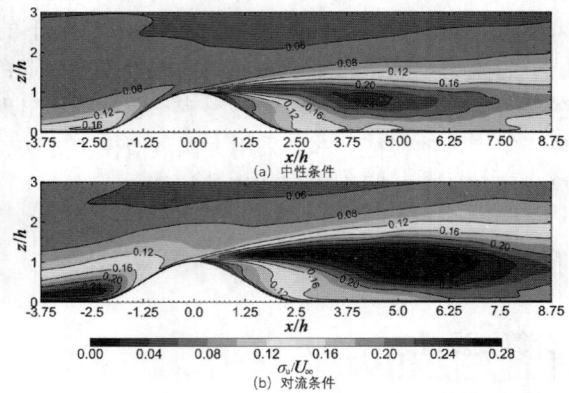

图 3　顺流向平均速度　　　　　　　　图 4　顺流向脉动速度均方值

3　结论

本文采用大涡数值模拟研究了不同稳定度条件下二维山脊的风场特性。为生成更加真实的湍流涡结构，采用预前模拟法生成不同稳定度来流并与试验结果对比验证了来流模拟的准确性。随后对两种大气条件下二维山脊的风场开展模拟，结果表明山脊迎风面区域的平均速度和脉动速度受温度影响均有所增大，且尾流区呈现更长的分离泡并伴随更强的脉动速度。

参考文献

[1]　CAO S, TAMURA T. Experimental study on roughness effects on turbulent boundary layer flow over a two-dimensional steep hill[J]. Journal of Wind Engineering and Industrial Aerodynamics, 2006, 94(1): 1-19.

[2]　ZHENG J, ZHANG Y, CAO J, et al. Deflected wind field over a two-dimensional steep ridge subjected to yawed inflow[J]. Journal of Wind Engineering and Industrial Aerodynamics, 2024, 251: 105801.

[3]　OHYA Y, UCHIDA T. Laboratory and Numerical Studies of the Convective Boundary Layer Capped by a Strong Inversion[J]. Boundary-Layer Meteorology, 2004, 112(2): 223-240.

高层建筑周边行人风环境的大涡模拟研究

沈淳宸 [1]，曹曙阳 [1,2]，操金鑫 [1,2]

（1. 同济大学土木工程学院桥梁工程系 上海 200092；

2. 同济大学土木工程防灾减灾全国重点实验室 上海 200092）

1 引言

近年来，随着城市化进程的推进，如上海中心大厦（632m）、武汉绿地中心（476m）等高层建筑的建设改变了当地原有的风场特性，其周边的行人风环境日益受到关注：在建筑两侧，由下洗效应引起的角隅处局部强风[1]可能对行人舒适性甚至安全性造成不利影响；在建筑背风侧，由建筑物遮挡效应引起的低风速区域[2]可能会造成通风不良问题。为了揭示高层建筑影响行人风环境的机理，单体建筑的研究至关重要。根据研究表明，雷诺时均（RANS）在低风速区域的模拟准确性较差[3]。相比之下，采用大涡模拟（LES）同时进行高层建筑周边高风速区域和低风速区域的数值模拟是可行且有意义的。目前，大多数单体高层建筑周边行人风环境的研究都是基于单一地貌（$\alpha = 0.15 \sim 0.27$）。但是，随着城市范围的扩张，高层建筑不止存在于城市中心，郊区和部分经济开发区也建设了不少高层建筑。对于不同地貌下高层建筑周边行人风环境特性的研究尚不全面，当地貌不同时，大气边界层高度和来流剖面随之改变，为此本文提出重点关注高层建筑的无量纲高度，使建筑物尺寸与大气边界层高度的相对值保持一致，基于 LES 对两类典型地貌（城市中心区域，如上海陆家嘴等：$\alpha = 0.27$；城市郊区及乡村区域：$\alpha = 0.15$）的大气边界层中方形截面高层建筑周围的流场展开计算，得到不同地貌下的高层建筑周边行人风环境的差异，从而为不同地域的高层建筑的建设提供参考。

2 研究方法和内容

2.1 计算域及风场设置

计算域尺寸为$(x_0 + 10H) \times 2.5 \times 2.0 \mathrm{m}^3$（$x-$, $y-$, $z-$），x_0为建筑中心的位置，该参数在不同地貌中可能取值不同。入流面采用 10m/s 的均匀入流，出流面采用速度梯度和压力均为零的边界条件，左右侧面采用周期性边界条件，顶面采用对称边界条件，底面和建筑表面采用 no-slip 无滑移边界条件。建筑模型的尺寸如表 1 所示，模型均为方形截面。本文选取两类典型地貌下的大气边界层风场，分别为$\alpha = 0.27$ 和$\alpha = 0.15$。采用被动模拟法，使用尖劈和粗糙块来生成目标风场。为了控制网格量和计算成本，通过在动量方程中添加合适的力源项[4]来实现尖劈和粗糙块的阻挡效果。

2.2 数值模拟结果

数值计算均基于 OpenFOAM 开源平台。如图 1、图 2 所示为$\alpha = 0.27$ 地貌下$H/y_G = 0.18$建筑周边 1.5m 行人高度处的加速比$R = \bar{U}/\bar{U}_0$分布示意图。在建筑迎风侧角隅附近，会出现最大加速比$R_{\max}$，加速气流从角隅处向建筑侧后方向逐渐衰减，形成递减的等值线分布。为了更好反映受加速气流影响的高风速区域范围，定义加速比大于某一定值的面积为A_R^+。同理，加速比小于某一定值的面积为A_R^-，用于反映通风不良的低风速区域范围。采用建筑截面面积进行无量纲，得到无量纲加速区面积$A_{R,B}^+ = A_R^+/B^2$和无量纲减速区面积$A_{R,B}^- = A_R^-/B^2$。

基金项目：国家重点研发计划（2022YFC3005302），国家自然科学基金项目（52478547）

	建筑模型尺寸表					表 1
α	0.27			0.15		
H/y_G	0.18	0.55	0.91	0.18	0.55	0.91
B/y_G	0.09	0.09	0.09	0.09	0.09	0.09

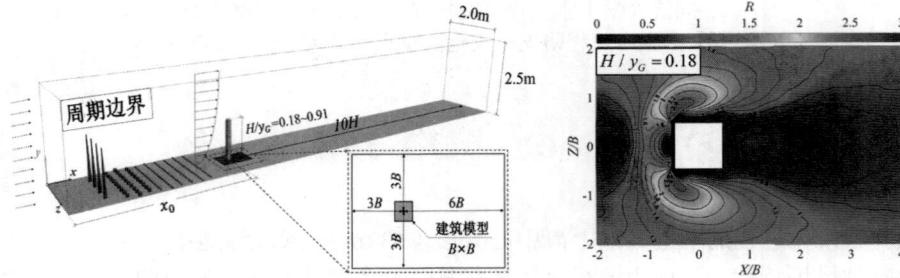

图 1　计算域和建筑模型示意图及 $\alpha = 0.27$，$H/y_G = 0.18$ 建筑周围加速度分布（行人高度 1.5m）

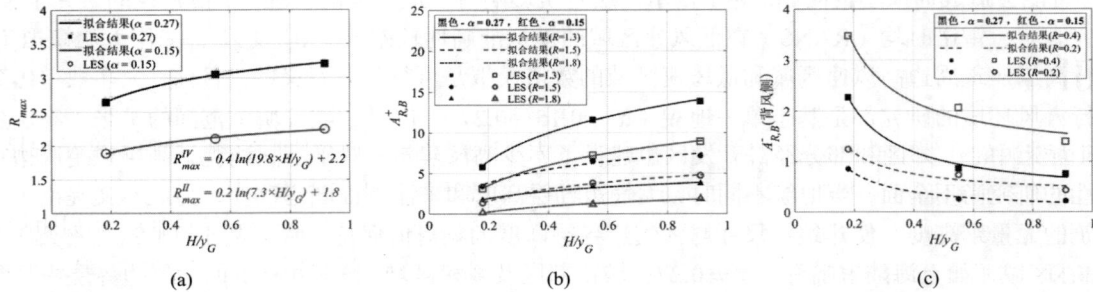

图 2　不同地貌和不同建筑无量纲高度下：（a）最大加速比；（b）无量纲加速区面积；
（c）背风侧的无量纲减速区面积的数值模拟结果和拟合曲线

3　结论

相同的行人风高度处，$\alpha = 0.27$ 下的最大加速比和无量纲加速区面积明显大于 $\alpha = 0.15$，说明 $\alpha = 0.27$ 下高层建筑的下洗效应更强，更容易带来行人舒适性和安全性的问题；然而，$\alpha = 0.27$ 下的无量纲减速区面积明显小于 $\alpha = 0.15$，说明 $\alpha = 0.15$ 下高层建筑周边（主要在尾流区）更容易形成大面积的通风不良区域。

参考文献

[1]　TAMURA Y, XU X, YANG Q. Characteristics of pedestrian-level Mean wind speed around square buildings: Effects of height, width, size and approaching flow profile[J]. Journal of Wind Engineering and Industrial Aerodynamics, 2019, 192: 74-87.

[2]　TSANG C, KWOK K C, HITCHCOCK P A. Wind tunnel study of pedestrian level wind environment around tall buildings: Effects of building dimensions, separation and podium[J]. Building and Environment, 2012, 49: 167-181.

[3]　BLOCKEN B, JANSSEN W, VAN HOOFF T. CFD simulation for pedestrian wind comfort and wind safety in urban areas: General decision framework and case study for the Eindhoven University campus[J]. Environmental Modelling & Software, 2012, 30: 15-34.

[4]　LIU Z. LES study of turbulent flow fields over a smooth 3-D hill and a smooth 2-D ridge[J]. Journal of Wind Engineering and Industrial Aerodynamics, 2016, 153: 1-12.

基于长短期记忆神经网络的沿海复杂地形条件下短时风速预测

胡　攀[1,2]，王超群[1,2]，唐　煜[3]，华旭刚[1,2]

（1. 湖南大学桥梁工程安全与韧性全国重点实验室　长沙 410082；

2. 湖南大学土木工程学院　长沙 410082；

3. 西南石油大学土木工程与测绘学院　成都 610500）

1　引言

风能资源的开发主要依赖于对风速的合理利用，而风速易受障碍物与地形影响，且随高度呈现显著变化。因此，准确刻画地形对风速的作用机制对于风能评估和风速预测具有重要意义[1]。

海上气象观测站点一般分布在沿海及近海海域的有限点位上，难以满足近海及海上较大范围的风能资源评估需求，基于计算流体力学（CFD）数值模拟能够提供完整的全流场数据，为后续沿海复杂地形条件下时空风场预测提供了数据基础。风速预测可分为短期预测、中期预测和长期预测。其中，短期风速预测在风电系统的调度与控制、跨海大桥风致振动的预警与防控等方面具有重要的指导意义。现今风速预测方法可分为物理模型法、统计模型法和智能计算法。近年来，随着互联网的快速发展，大量研究者将人工智能技术应用于风速预测模型中。人工智能方法利用海量的历史数据进行训练模型，使模型能够从数据中提取到风速特征，通过学习找到数据之间的非线性关系，进而进行风速的预测，它相较经典统计模型风速预测的方法而言具有明显的高效性和准确性。

本文以某海岛拟建测风站为背景，基于 NSRFG 湍流入口方法考虑该测站 15km×10km 范围内沿海复杂地形强风环境下的风场特性，最后基于 LSTM 方法进行风速时序预测。

2　沿海复杂地形的 NSRFG 大涡模拟

2.1　地形建立

经过多次现场勘测，拟在某位置处建立一风速测量塔，旨在为后续海上风环境的分析做前期数据积累，因此选取 T1 测点范围内沿海复杂海岛地形 $B×L=15km×10km$ 为背景，通过数字高程信息建立地形曲面如图 1 所示。

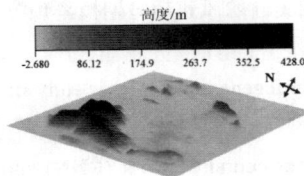

图 1　数字地形曲面

基金项目：国家自然科学基金杰出青年基金资助项目（52025082）

2.2 基于 NSRFG 大涡模拟

基于 Gambit 进行结构化网格划分，首层网格选取 1m，网格膨胀率为 1.05，网格总数为 $400 \times 400 \times 95$（长度×宽度×高度）。计算域入口为速度入口采用 NSRFG[2]湍流合成法，出口为压力出口，左右两侧以及顶面为对称边界，计算域及局部网格划分示意图如图 2 所示。

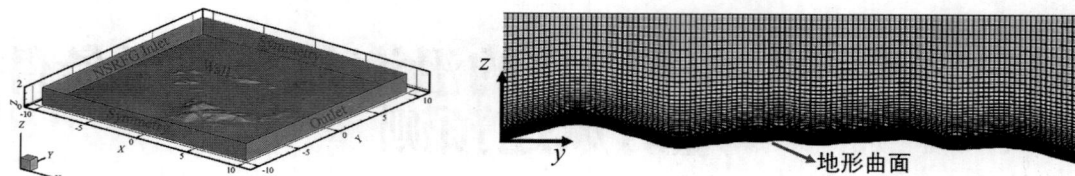

图 2　计算域及局部网格划分示意图

3　基于 LSTM 短时风速预测

LSTM[3]由一个或多个 LSTM 单元构成，单个 LSTM 单元内部包括遗忘门、输入门、细胞状态更新和输出门，划分训练集（70%）和测试集（30%）进行风速时序预测，如图 3 所示。

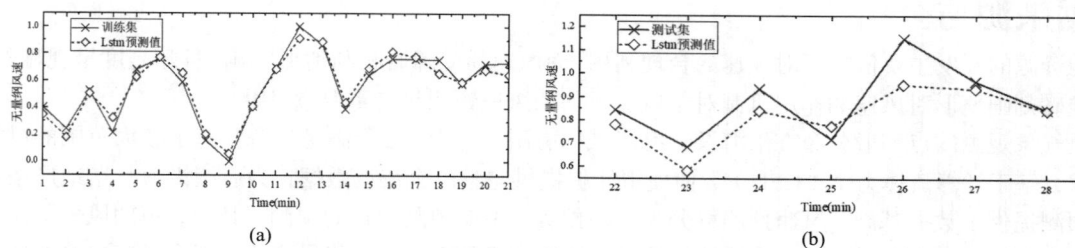

(a)　　　　　　　　　　　　　　(b)

图 3　（a）训练集预测结果和（b）测试集预测结果

训练集预测精度指标如下：训练集数据的 R2 为：0.9474 训练集数据的 MAE 为：0.0097156 训练集数据的 MAP 为：1.2465%。测试集预测精度指标如下：测试集数据的 R2 为：0.55883 测试集数据的 MAE 为：0.015725 测试集数据的 MAPE 为：1.8316%。

4　结论

基于训练集和测试集的预测结果可得，所构建的模型在训练集上的预测精度较高，其决定系数R^2表明模型在训练数据上的拟合性能优异。同时，在测试集上的与训练集的结果较为接近。这表明模型在风速时序数据上的泛化能力良好，能够准确捕捉数据的潜在规律，具有较高的鲁棒性和预测精度。

参考文献

[1]　敬海泉，胡采薇，何旭辉，等. 基于空间相关性的风速超短期概率预测方法[J/OL]. 土木工程学报, 1-9[2024-12-12]. https://doi.org/10.15951/j.tmgcxb.24040270.

[2]　YU Y, YANG Y, XIE Z. A new inflow turbulence generator for large eddy simulation evaluation of wind effects on a standard high-rise building[J]. Building and Environment, 2018, 138: 300-313.

[3]　SHERSTINSKY A. Fundamentals of recurrent neural network (RNN) and long short-term memory (LSTM) network[J]. Physica D: Nonlinear Phenomena, 2020, 404: 132306.

基于混合 copula 的山区风资源评估方法

王薇嘉[1]，陈伏彬[1]，黄　国[2]，张宏杰[2]，翁兰溪[3]

（ 1. 长沙理工大学土木工程学院　长沙　410114；

2. 中国电力科学研究院有限公司　北京　100192；

3. 中国电建集团福建省电力勘测设计院有限公司　福州　350000 ）

1　引言

近年来，风能产业逐步向山区扩展，这些区域通常具有平均风速较低、湍流强度较大、风速和风向变化剧烈等特点，其概率分布难以准确拟合[1]。因此，亟需开发一种更为精确的风速-风向联合概率分布建模方法。本文提出了一种混合 Copula 模型，用于构建山区风速-风向的联合概率分布分析，并基于所提出的混合 Copula 模型进行了定向风资源评估。

2　数据来源与分析

本研究选取在中国东部沿海的某山地区域内山顶处，如图 1 所示。风向数据基于欧洲中期天气预报中心的历史再分析数据集，本研究以该点位一年内的风向数据作为数据源，从图 2 中可看出，该点位的风向以135°和345°为主。风速数据的获取如图 3 所示，本研究将三维地貌细化模型缩小后进行风洞试验，缩尺比为1 : 2000。试验过程中，基于实测风向频度，控制每个风向下的风速测量时间，以实现中尺度风向与小尺度风速的有效结合。测量结果如图 4 所示，总体来说，该点位的风资源丰富，在大多数风向角下，平均风速可达到8m/s 甚至9m/s 以上。

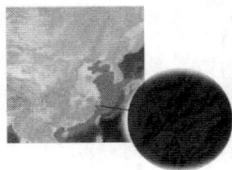

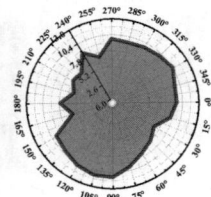

图 1　研究选点位置　　　图 2　风向玫瑰图　　　图 3　风洞试验　　　图 4　风速玫瑰图

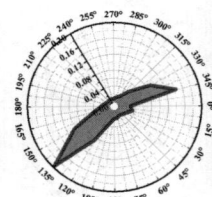

3　结果分析

3.1　风速和风向的边缘分布

风速分布采用几种常用统计模型来拟合，其参数均采用极大似然法进行拟合，如图 5 所示，核密度估计的拟合效果都大大优于其他 3 种参数模型，并且在小双峰、尾部处以及尖锐的峰值处均表现优异。对于离散风向分布，采用谐波函数和 von Mises 分布进行拟合，显然，无论是在较低数值还是较高峰值上，混合 von Mises 模型的拟合效果优于调和函数模型。

3.2　风速和风向的联合分布

本节基于以上最优边缘分布，联合 Copula 函数提出了一种新的风速风向联合概率模型（图 6），并选取

基金项目：国家自然科学基金项目（52278479）

乘法定理和 AL 模型进行对比。表 1 展示了不同模型的拟合优度，图 7 为混合 copula 的拟合结果与实际累计概率分布的比较。结果表明，单个 copula 和混合 copula 拟合效果较好，其中混合 copula 预测精度最高，R^2 可达 0.997，在其他拟合优度值上的表现也最佳。

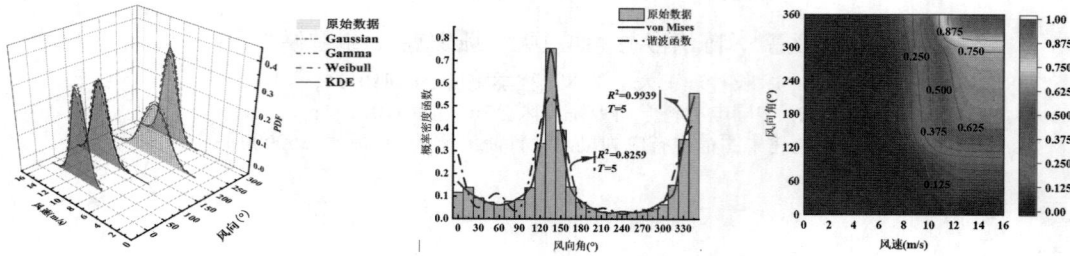

图 5　不同风向角下的风速概率密度函数　图 6　风向的概率密度函数　图 7　混合 copula 拟合和理论累积概率分布对比

不同联合概率分析方法的拟合优度对比　　　　　　　　　　　表 1

	AL	乘法定理	Clayton-copula	Frank-copula	Gumbel-copula	混合 copula
R^2	0.873	0.815	0.987	0.978	0.977	0.997
MAE	0.042	0.048	0.028	0.029	0.029	0.019
RMSE	0.060	0.071	0.040	0.041	0.041	0.031

3.3　风资源评估

在风能资源评估中，风功率密度是关键指标[2]。从图 8 中可看出，该山顶风资源丰富，总风能密度可达 600W/m²，显然，风功率密度的估计值与参考值基本一致，表明基于混合 copula 模型的风资源评估具有较高的可靠性。图 9 显示了与风向相关的风能密度，结果表明，该位置的风能资源在风向角为 120°左右最大，风能密度可达 400W/m² 以上。

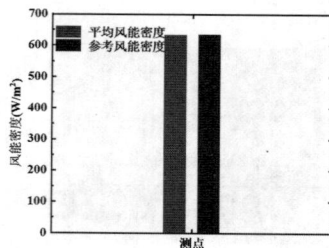

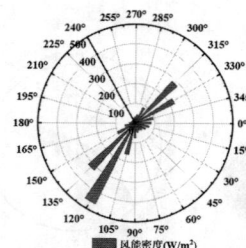

图 8　总风能密度　　　　　图 9　不同风向下的风能密度

4　结论

本文针对山区的风资源评估问题，提出了一种基于混合 copula 的风速-风向联合概率分布模型，并通过与传统模型对比，验证了该模型的有效性。最后，使用新的方法评估了某山顶处的与方向有关的风能潜力，该方法同样适用于其他地方的风资源评估。

参考文献

[1]　DE SÁ SARMIENTO F I P, OLIVEIRA J L G, PASSOS J C. Impact of atmospheric stability, wake effect and topography on power production at complex-terrain wind farm[J]. Energy, 2022, 239: 122211.

[2]　JUNG C, SCHINDLER D. Global comparison of the goodness-of-fit of wind speed distributions[J]. Energy Conversion and Management, 2017, 133: 216-234.

考虑风场预测的风电场协同偏航控制研究

潘　杰，李　天，杨庆山

（重庆大学土木工程学院 重庆 400038）

1　引言

尾流效应是指自然风通过上游风机后风速衰减且湍流增强的现象。现有风电场主要采用单机功率最大化的贪婪控制策略，忽略了尾流效应对下游风机的影响。协同偏航控制通过协调风电场内各风机的偏航角，减少尾流效应，显著提升整体发电量。以往研究多假设稳态风场，但实际风况动态变化会显著影响协同偏航控制性能。此外，风向快速变化与偏航系统响应慢导致偏航滞后现象。通过利用风向短时变化的可预测性，将风速和风向短时预测方法引入协同控制中，可有效提高偏航控制性能[1]。基于此，本文提出一种考虑风场预测的实时协同偏航控制方法，利用短时预测模型和贝叶斯优化算法优化偏航角，研究不同预测误差对控制性能的影响，为风电场实时协同控制的应用提供参考。

2　研究方法

在本研究中，考虑风场预测的风电场实时协同偏航控制方法通过短时预测模型对未来风场风况进行预测，并将其作为协同偏航控制模型的输入，利用贝叶斯上升优化算法快速试探迭代得到未知模型并主动寻优的特点，对风电场的控制方案进行实时决策，具体步骤如图1所示。

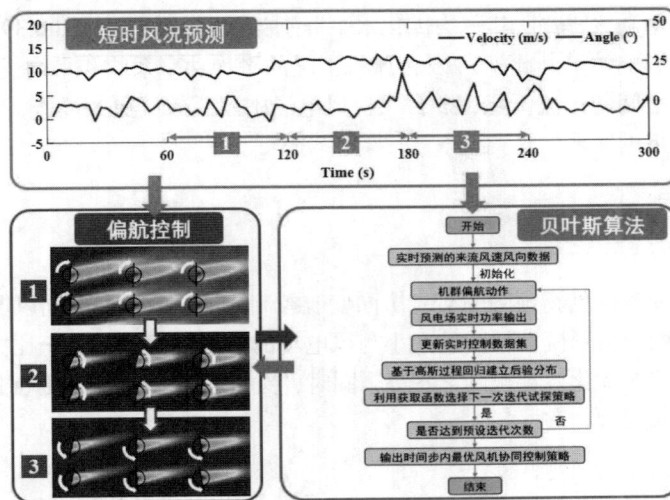

图1　考虑短时风况预测的风电场实时协同偏航控制

3　结果与讨论

运用 Informer 模型[2]（深度学习算法）和 ARIMA 模型（机器学习算法）两种短时预测模型对风电场来流的平均时间序列进行预测，并将其作为风电场协同控制的预测来流，研究风况预测误差对实时协同控制性能的影响。本研究中将实测数据作为零预测误差的理想假设，以便于进行模型间的比较分析。图2展示了在不同预测模型在控制周期为 $T = 60\text{s}$ 时的模型预测结果。

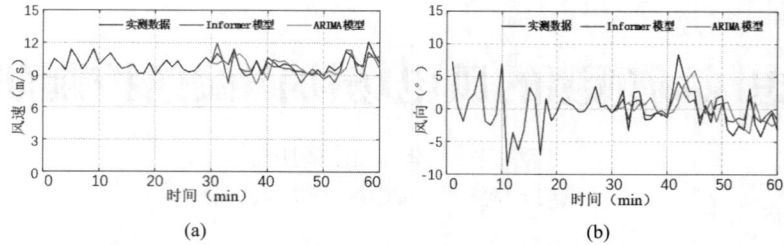

图 2 　基于 Informer 模型和 ARIMA 模型的风速和风向预测结果（$T = 60$s）

从图 2 中可以发现，Informer 模型在风速和风向预测方面都显著优于 ARIMA 模型。Informer 模型所呈现的变化趋势与实测数据高度吻合，并且预测值与实测值的接近程度很高；而 ARIMA 模型在预测上存在明显的延迟现象，预测精度较差。选择上述预测数据作为 5 台/25 台串列风机风电场（$S_x = 5D$）的来流数据，每排风机在不同预测精度下的发电量如图 3 所示。

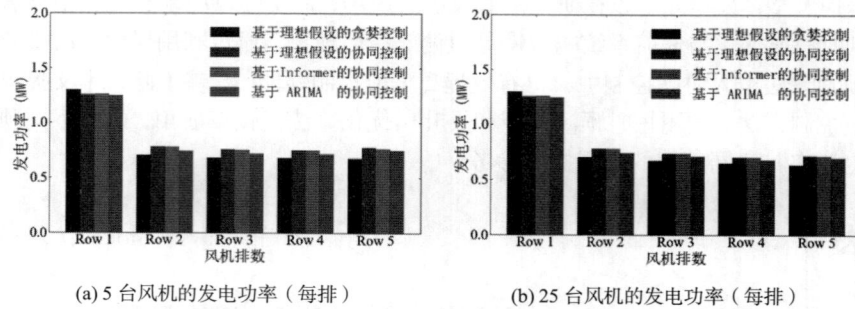

图 3 　5 台/25 台风机在不同预测精度下使用贪婪和协同控制策略的发电量

研究发现，对于不同预测精度的预测数据，协同控制的优化效果也不同，预测模型精度的大小与风电场的协同控制优化效果成正比关系。随着短期预测模型预测精度的提高，ARIMA 模型、Informer 模型和理想假设的协同控制优化效果也随之提高，其平均优化水平分别为 3.22%、6.16% 和 6.39%，这说明了预测精度对于协同控制优化具有显著影响效果。此外，25 台风机工况的平均功率系数和平均优化率都要比 5 台工况低。这是因为受到相邻列风机之间的尾流干扰，25 台风机风电场中尾流效应更为显著，导致了风电场发电量的下降和协同偏航控制优化效果的减弱。

4　结论

本研究中，提出了一种考虑风场预测的实时协同偏航控制方法，分析了不同风况预测误差对协同风电场控制性能的影响。结果表明：预测模型精度的大小与风电场的协同优化效果成正比关系。随着短时预测模型预测精度的提高，其协同控制优化效果也随之提高。同时，受相邻列之间的风机尾流效应影响，25 台风机风电场的优化效果低于 5 台风机风电场。

参考文献

[1] SONG D, YANG J, LIU Y, et al. Wind direction prediction for yaw control of wind turbines[J]. International Journal of Control, Automation and Systems, 2017, 15(4): 1720-1728.

[2] ZHOU H, ZHANG S, PENG J, et al. Informer: Beyond efficient transformer for long sequence time-series forecasting[C]// Proceedings of the AAAI conference on artificial intelligence. 2021, 35(12): 11106-11115.

一个可以预测偏航风力机尾流速度的解析模型

柳广义，杨庆山

（重庆大学土木工程学院 重庆 400038）

1 引言

风力机从来流提取能量后，在下游造成了一个风速减小、湍流度增大的区域，即尾流。尾流强烈地影响着下游风机的发电效率。近年来，主动偏航策略的提出，帮助了下游风机摆脱部分尾流影响。该策略是通过让上游风机与来流风向产生一个固定偏航角，导致其产生的尾流发生横向偏移，从而帮助下游风机获得更高的来流风速，进而增加下游风机乃至整个风电场的发电效率。一个可以快速准确地预测偏航尾流速度的解析模型，是有效运行主动偏航策略的基础。因此本文提出了一个可以预测偏航尾流速度的解析模型。

2 尾流模型

如果忽略粘性力、重力和压力的影响，那么时均后的积分形式的 Navier-Stokes 方程可以表示为

$$T_x = \int_{-\infty}^{+\infty} \int_{-\infty}^{+\infty} \rho U_W \times (U_\infty - U_W) \mathrm{d}y\mathrm{d}z \tag{1}$$

$$T_y = \int_{-\infty}^{+\infty} \int_{-\infty}^{+\infty} \rho U_W \times U_W \tan\theta \, \mathrm{d}y\mathrm{d}z \tag{2}$$

式中，U_W 为尾流风速；U_∞ 为来流风速；θ 为尾流偏转角；T_x 和 T_y 分别为风轮推力在 x 和 y 方向的投影。对式(1)和(2)进行积分后，经历一系列的数学求解，就可以得到尾流速度和尾流变形的表达式

$$U_W(x,y,z) = U_\infty - \left(U_\infty - \sqrt{U_\infty^2 - \frac{1}{2}\frac{C_T A_D U_\infty^2 \cos^3\gamma}{\pi\sigma_y\sigma_z}}\right) \mathrm{e}^{-\frac{[y-y_p(z)]^2}{2\sigma_y^2}} \mathrm{e}^{-\frac{(z-z_{\mathrm{hub}})^2}{2\sigma_z^2}} \tag{3}$$

$$y_p = \frac{D^2 C_T \cos^2\gamma \sin\gamma}{32nk_yk_z}\ln\frac{\left(x-x_0+\frac{k_y\varepsilon_{z0}+k_z\varepsilon_{y0}}{2k_yk_z}\right)-n}{\left(x-x_0+\frac{k_y\varepsilon_{z0}+k_z\varepsilon_{y0}}{2k_yk_z}\right)+n}\frac{\left(\frac{k_y\varepsilon_{z0}+k_z\varepsilon_{y0}}{2k_yk_z}\right)+n}{\left(\frac{k_y\varepsilon_{z0}+k_z\varepsilon_{y0}}{2k_yk_z}\right)-n}+y_{p0} \tag{4}$$

3 模型验证

为了验证模型的有效性，我们将解析模型的预测值与文献[1]的风洞试验结果进行了比较，如图 1 所示。从图中我们可以发现，本文提出的解析模型与风洞试验数据吻合较好。

4 结论

本文基于动量守恒理论提出了一个可以预测偏航尾流速度的解析模型。与风洞试验的对比结果表明了本文提出的模型具有不错的预测精度。

基金项目：高性能风电设施及其高效运营国际合作基地（No. B18062）

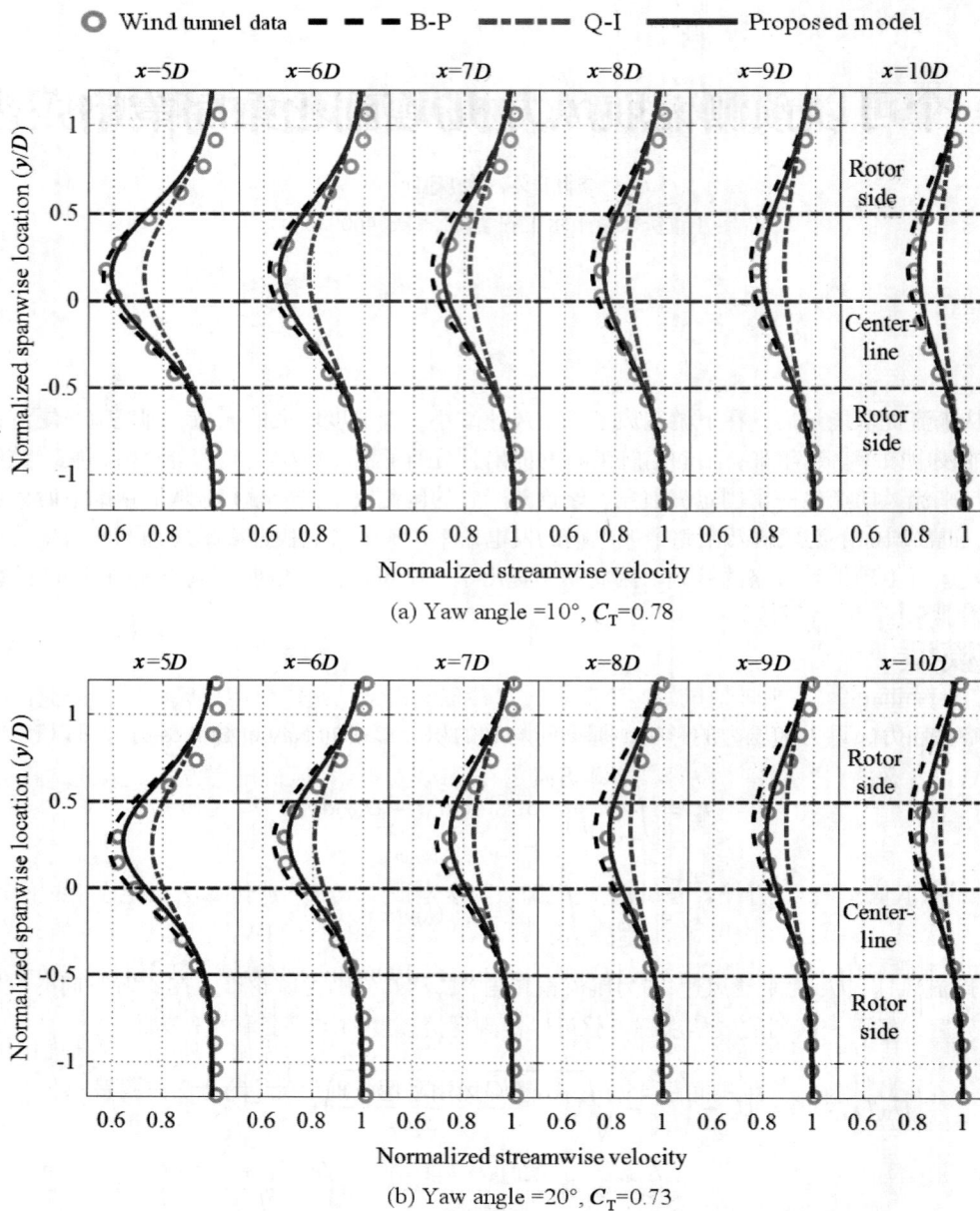

图 1　解析模型预测值与风洞试验结果对比图

参考文献

[1]　BASTANKHAH M, PORTÉ-AGEL F. Experimental and theoretical study of wind turbine wakes in yawed conditions[J]. Journal of Fluid Mechanics, 2016(806): 506-541.

基于遗传算法的风电场规则化布局策略

李兆明，刘震卿

（华中科技大学土木与水利工程学院 湖北 430074）

1 引言

风电场布局优化指在规定区域内战略性地布置风机，以提高能量捕获能力，同时减小风机之间尾流效应的负面影响。而风机的规则化布局可使海上风电场的建设、维护和扩展过程更加高效、经济。本研究提出了一种基于遗传算法的风电场规则化布局优化方法，旨在通过种群迭代提升风电场投资效益。研究考虑了一种理想风况与三种真实风况，对比了相同风况下无优化布局与不规则优化布局计算结果。

2 优化策略与工况设置

本研究选择 Ishihara 模型来评估风机尾流影响，这种尾流模型已被广泛用于风电场布局优化问题[1]，其精度相较于传统 Top-Hat 模型更优。对于规则排列的风机阵列，确定初始风机横纵坐标x_{0i}、y_{0i}，横向纵向风机距离Δx、Δy以及交错角度α_i五个位置参数即可确定有限区域内所有风机排列方式。因此，将染色体信息表示为：

$$C_i = [\alpha_i, x_{0i}, y_{0i}, \Delta x, \Delta y] \tag{1}$$

为达到能量获取成本最小的目的，选取适应度函数为度电成本 CoE。遗传算法在生成第一代种群后，进行选择、交叉与变异，迭代 500 次后将最优结果输出。风机选取 NREL 5 MW 风机，其功率曲线与C_T曲线如图 1（a）所示。本研究中，指定风电场建设区域为 2500m × 2500m 正方形海域，转子直径126m，高度设定为 80m 或 150m，风机安全距离设为 450m，选取威海、深圳、三沙三处海域真实风况作为研究风况，将风向划分为 36 个方向，其中三沙风玫瑰图如图 1（b）所示；对比工况采用未优化排列与不规则优化排列，未优化工况采用 6×6 矩阵式排列，风机间距 450m；不规则优化采用先前研究[2]的方法进行计算。

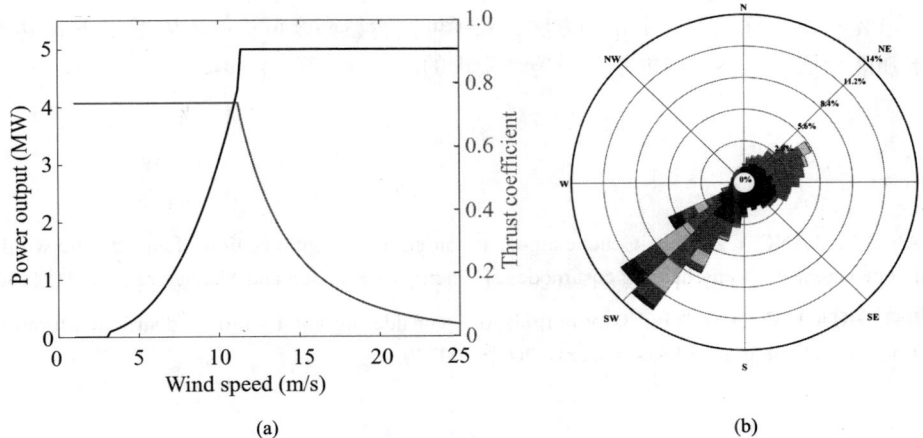

图 1 （a）NREL 5MW 风机功率曲线与C_T曲线；（b）三沙实测风玫瑰图

3 结果分析

图 2 展示了三种风况下未优化布局、非规则优化布局，规则布局优化与高度-规则布局联合优化的度电

成本，相比之下，规则化布局优化策略的改进幅度更大：不规则优化可使 CoE 下降 0.2%～1%，而规则布局优化中 CoE 下降了约 0.82% 到 2%；在高度-位置联合优化中，CoE 降低了约 5%，比前两种策略有了显著提升。同时，前两种优化布局会使年发电量小幅降低，其 CoE 的降低主要来源于风力机的减少，而高度-规则布局联合优化在所使用的风况中均可使年发电量提升，相较前两种方法更具优势。图 3 展示了高度-规则布局联合优化后的尾流效应分布，可见在增加风机轮毂高度差异后，尾流效应明显整个风场的尾流效应都有所减弱，这说明了不同轮毂高度在减少尾流干扰方面的有效性。

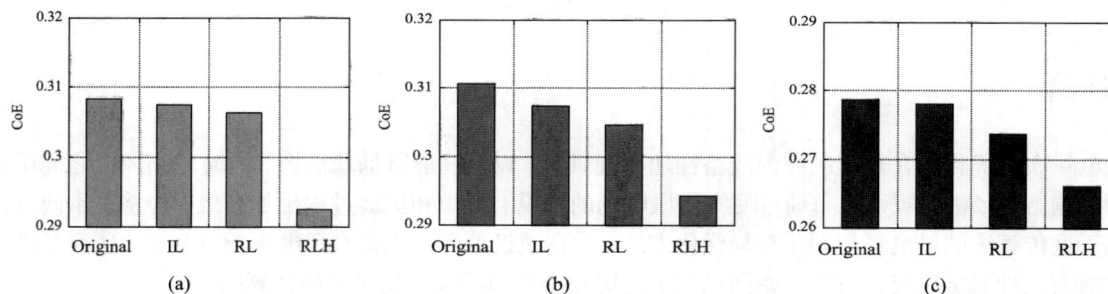

图 2 （a）威海、（b）深圳、（c）三沙风况度电成本对比

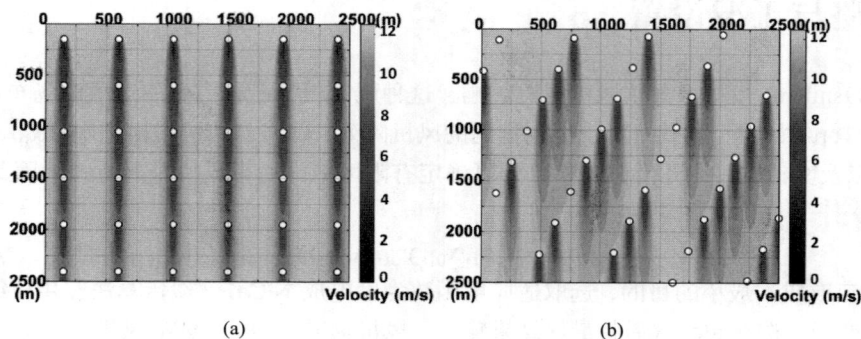

图 3 （a）未优化工况与（b）RLH 优化尾流影响对比

4　结论

　　研究所提出的规则布局优化方法在施工、维护和可扩展性方面具有一定优势。规则布局优化方法在算例中使 CoE 降低了 1%～2%，优于不规则布局方法；采用可变轮毂高度可进一步降低 CoE 高达 5% 左右，该优化主要是通过增强能量捕获而不是增加基础设施来实现的。

参考文献

[1]　LIU Z Q, FAN S L, WANG Y Z, et al. Genetic-algorithm-based layout optimization of an offshore wind farm under real seabed terrain encountering an engineering cost model[J]. Energy Conversion and Management, 2021: 114610.

[2]　LIU Z Q, JIE P, HUA X G, et al. Wind farm optimization considering non-uniformly distributed turbulence intensity[J]. Sustainable Energy Technologies and Assessments, 2021: 100970.

基于 CFD-BPANN 的复杂地形风电场功率预测方法

张兴鑫，杨庆山，李 天

（重庆大学土木工程学院 重庆 400038）

1 引言

准确的风电场功率预测可以有效缓解风电输出不稳定对电网的负面影响。对于复杂地形风电场，受到地形效应的影响，会产生明显的流动分离，加剧风电输出的间歇性、随机性和不确定性，风功率的准确预测变得更加困难。

根据预测原理的不同，功率预测被分为传统的统计方法、基于人工智能的方法和物理方法。物理方法的核心是中尺度 NWP 模式，中尺度模式网格尺度过大，难以捕捉具体的流动细节。中微尺度耦合模式预测效果较好，但是耗时长，难以保证功率预测的时效性[1]。

因此，本研究将耗时的 CFD 流场计算提前进行，建立来流风速、风向和输出功率之间的预测数据库，采用反向传播人工神经网络提取预测数据库中来流风速、风向和输出功率之间的逻辑关系。提出的 CFD-BPANN 方法不仅有效提高了复杂地形风电场功率预测的精度，而且保证了功率预测的时效性。

2 CFD 预计算数据库的建立

2.1 风电场概况及风速风向离散方案

目标风电场位于中国山西省，风电场的机位布置情况如图 1 所示。将 0°～360°的风向划分为 16 个扇区，每个扇区为 22.5°。风速离散为 1m/s、3m/s、5m/s、7m/s、9m/s、11m/s、15m/s 和 19m/s 共 8 个风速值。每一个风速和风向组合对应一种风况，共离散为 128 种风况。

2.2 湍流模型及边界条件

为了提高计算效率，采用 Realizable k-ε 湍流模型[2]对 8 个风速，16 个风向，共计 128 种工况进行稳态模拟。计算域和边界条件的设置如图 2 所示。

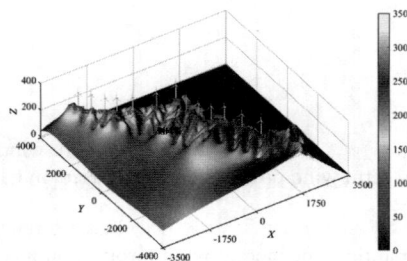

图 1 目标风电场示意图　　　　图 2 计算域和边界条件

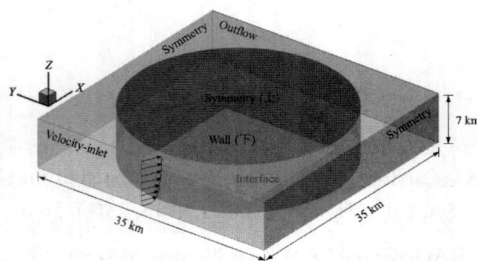

3 结果和讨论

复杂地形风电场轮毂高度处的顺流向时均速度三维可视化云图如图 3 所示。通过 CFD 模拟得到所有工

基金项目：国家自然科学基金项目（52221002）

况下的流场信息后，便可以进行功率预测，具体步骤如下：

（1）通过 CFD 模拟获得每个工况下测风塔和每台风机轮毂高度处的风速风向；

（2）以 CFD 中测风塔的风速风向为输入，风电场总功率为输出，建立预测数据库；

（3）输入预测时刻测风塔的风速风向，通过 BPANN 模型实现功率预测。

图 4 是 CFD-BPANN 方法与 SCADA 数据的比较结果。采用公式(1)量化功率预测的准确率，其中月平均准确率的最大值为 89.40%，年平均准确率为 85.61%，精度较好。

$$C_{\mathrm{R}} = \left[1 - \sqrt{\frac{1}{n}\sum_{i=1}^{n}\left(\frac{P_{\mathrm{P}i} - P_{\mathrm{M}i}}{C_i}\right)^2} \right] \times 100\% \tag{1}$$

式中，C_{R} 为预测准确率；n 为误差统计时间区间内的时段总数减去免考核时段数；$P_{\mathrm{P}i}$ 为 i 时段的预测平均功率；$P_{\mathrm{M}i}$ 为 i 时段的实际平均功率；C_i 为 i 时段的开机总容量。

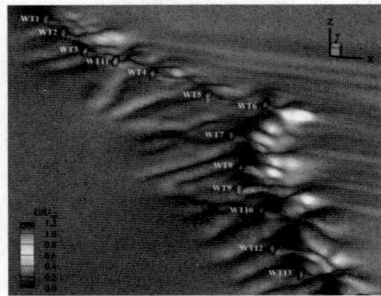

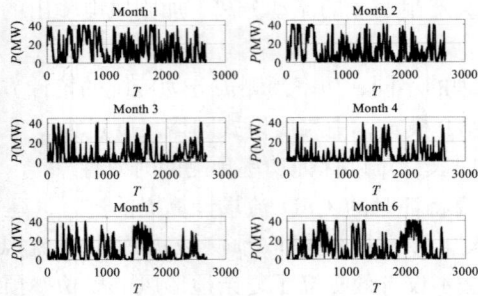

图 3　顺流向时均速度三维可视化云图　　图 4　CFD-BPANN 方法与 SCADA 数据的比较

CFD-BPANN 方法的月平均预测准确率和年平均准确率　　　　　　表 1

	月份												平均
	1	2	3	4	5	6	7	8	9	10	11	12	
准确率（%）	78.94	83.30	82.10	87.88	89.40	87.70	88.26	86.96	88.12	85.51	87.14	82.00	85.61

4　结论

基于 CFD 流场预计算数据库，提出了 CFD-BPANN 的复杂地形风电场功率预测方法，并通过一年的实测数据进行了验证。结果表明，CFD-BPANN 预测效果较好，月平均准确率最高为 89.40%，年平均准确率为 85.61%。

参考文献

[1]　LI L, LIU Y Q, YANG Y P, et al. A physical approach of the short-term wind power prediction based on CFD pre-calculated flow fields[J]. Journal of Hydrodynamics, 2013, 25(1): 56-61.

[2]　MURALI A, RAGAGOPALAN R G. Numerical simulation of multiple interacting wind turbines on a complex terrain[J]. Journal of Wind Engineering and Industrial Aerodynamics, 2017, 162: 57-72.

基于致动线方法的理想山地风力机尾流特性
大涡模拟研究

杨卫东[1]，闫渤文[1]，钱国伟[2]，朱恒立[1]，周　旭[1]

（1. 重庆大学土木工程学院　重庆　400045；
2. 中山大学海洋工程与技术学院　珠海　519082）

1　引言

相对平坦地形来说，山地地形导致的加速效应能够让风力机获得更高的发电功率。然而，山地地形带来的复杂流动现象也会增加风力机的疲劳荷载。因此，精确预测山地地形对风力机尾流特性的影响，对山地地形中风电场及风力机的精确微观选址具有至关重要的意义。大涡模拟（LES）相比雷诺平均纳维-斯托克斯模拟（RANS）能提供更详细的湍流信息。然而，虽然既往研究在探索山地地形对风力机尾流特性的影响方面取得了显著进展，但是不同地形坡度、风力机位于地形不同位置处以及风力机与地形具有不同尺寸比时对风力机尾流的影响程度各异，既往研究只会聚焦于其中的某一个因素展开研究；此外，既往研究也缺乏对尾流中心迹线、亏损速度以及平均动能等关键参数的深入探讨，限制了对山地地形下风力机尾流特性演化机理的深入理解。针对这些局限性，本文采用了一种基于致动线方法的高保真大涡模拟方法（ALM-LES）[1]，模拟结果与风洞试验结果保持了良好的一致性，全面地探索多种敏感特征参数下单风力机尾流的风场特性和耦合机理。

2　工况设定及数值模拟方法

本文以 H165-3.6MW 陆上风力机为原型，按照 1：400 的缩尺比进行建模，选取缓坡和陡坡地形下覆盖山前、山顶和山后不同地形影响区域的顺流向位置，作为模型风力机的布置点位，地形曲线参考 Tian 等[2]采用的高斯山地地形曲线。通过求解中性大气条件下空间滤波后的不可压缩连续性方程和纳维-斯托克斯方程来进行大涡模拟，亚格子模型选用标准 Smagorinsky 模型，C_s 常数取值为 0.1。通过一致离散随机入流生成法生成湍流入口来流。基于致动理论对风力机叶片、塔筒及机舱进行建模，机舱、塔筒的阻力系数 C_D 取 1.0，并通过风洞试验数据对本文提出的大涡模拟方法进行验证。

3　结果与讨论

图 1 给出了模型风力机位于不同地形山前 5D 时的无量纲亏损速度云图，白色短划线为各工况下的尾流中心迹线。可以看出，与平坦地形相比，无论是陡坡还是缓坡，山地地形均加速了尾流恢复过程，山地地形的坡度越大，尾流速度亏损的恢复也越快。此外，还可以发现陡坡地形会在山后产生强烈的流动分离，并形成一个再循环区，这种现象会阻止风力机尾流下边界的进一步扩张。

图 2 给出了两种不同相对尺寸的模型风力机位于缓坡迎风侧不同位置处时尾流的无量纲亏损速度云图及中心迹线，可以看出，对于尺寸更小的风力机，其尾流中心迹线更贴合缓坡山地地形，几乎严格遵守着缓坡的地形曲线而变化，直至尾流亏损恢复。

图 3 给出了模型风力机位于不同地形山前 5D 时，平均动能（MKE）各项分配沿顺风向的变化趋势。如图所示，当模型风力机位于山地地形下时，MC 项和 PT 项是尾流中 MKE 恢复的主要因素，压力梯度是影响

基金项目：国家自然科学基金项目（52278483，52221002），重庆市自然科学基金项目（cstc2022ycjh-bgzxm0050）

尾流恢复的主要原因，湍流强度的作用稍显次之。

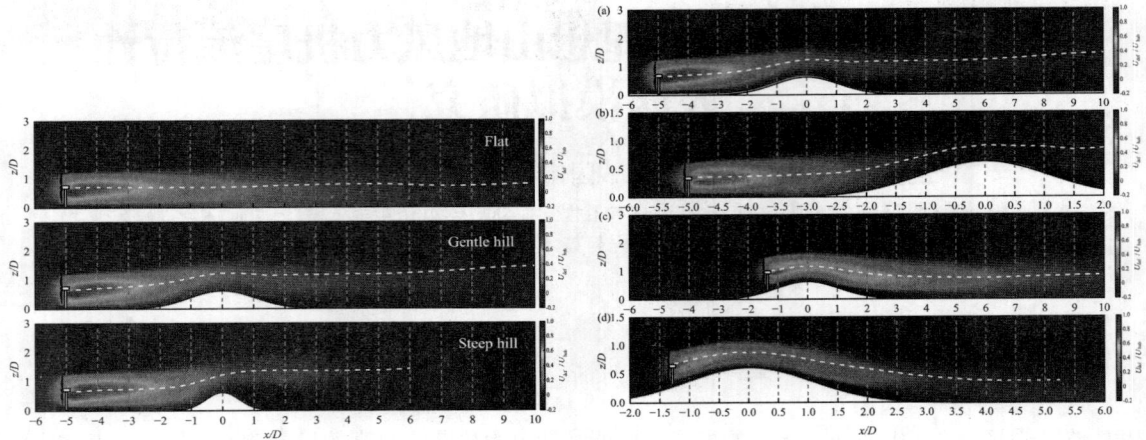

图 1　风力机位于不同地形时的无量纲亏损速度云图及尾流中心迹线

图 2　不同尺寸风力机位于缓坡地形下不同位置时无量纲亏损速度云图及尾流中心迹线

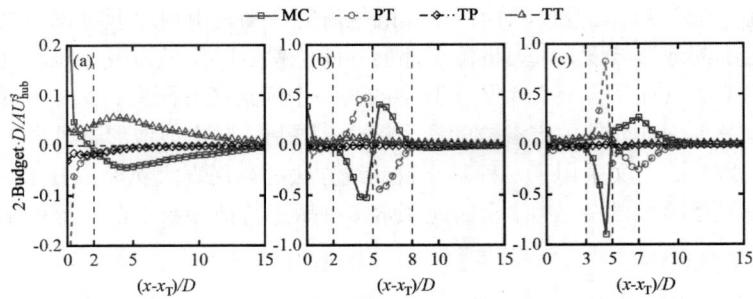

图 3　模型风力机位于不同地形山前 $5D$ 时的平均动能分配

4　结论

本文利用 ALM-LES 数值模拟方法对不同地形坡度下、不同相对位置下以及不同风力机-山地尺寸比下的模型风力机的尾流中心迹线、亏损速度以及平均动能进行了分析，从流体机理上阐释了山地地形中风力机尾流的恢复过程及发展规律。主要结论具体如下。

位于山体迎风侧的风力机尾流恢复会加快，位于山体背风侧的风力机尾流会减缓；山地地形下的风力机尾流中心迹线不完全依附山地地形变化，缓坡和陡坡地形下尾流中心迹线存在着不同的传播模式；对于山地地形中的风力机尾流，平均对流项和压力传输项是尾流中 MKE 恢复的主要因素，压力梯度是影响尾流恢复的主要原因，湍流强度的作用稍显次之。

参考文献

[1] STEVENS R J A M, MARTÍNEZ-TOSSAS L A, MENEVEAU C. Comparison of wind farm large eddy simulations using actuator disk and actuator line models with wind tunnel experiments[J]. Renewable Energy, 2018, 116: 470-478.

[2] TIAN W, OZBAY A, HU H. An experimental investigation on the aeromechanics and wake interferences of wind turbines sited over complex terrain[J]. Journal of Wind Engineering and Industrial Aerodynamics, 2018, 172: 379-394.

基于田口法的串列双风力机气动性能优化研究

胡　昊，孟超仪，陈云辉，涂佳黄

（湘潭大学土木工程学院　湘潭　411105）

1　引言

风力机尾流干扰会降低风电场发电效率，优化风电场布局是提高发电效率的关键。目前国内外学者们对风力机尾流进行了试验和数值模拟，研究表明，适当增加风力机横向间距、塔架高差等方法能够显著减少尾流效应[1]。风力机尾流研究常见的试验设计方法有田口法[2]、响应曲面方法[3]和因子设计方法[4]，其中田口法设计布点均衡，能减少试验次数和成本，提高系统的鲁棒性。一些学者已将田口法优化设计运用到风电场布局多目标优化中[5]。

现有研究多集中于单台风力机的参数优化（如叶片几何、翼型选择等），而对串列双风力机布局参数的协同优化研究仍属空白。本文提出了一种基于田口法的多参数协同优化框架，该框架针对横向间距、塔架高差和偏航角进行优化，通过 L9（3³）正交表系统量化各参数对整体气动功率的影响权重。研究发现，多参数交互作用可显著抑制尾流干扰，为高密度风电场布局提供了兼顾效率与成本的新方案。此外，通过 CFD 与 FAST 的多方法验证，确保了优化结果在工程应用中的普遍适用性。

2　研究方法

本文采用两台串列布置 NREL 5 MW 风力机水平轴风力机，基于计算流体动力学（CFD）软件进行数值模拟，研究分析了不同横向间距、塔架高差和偏航角情况下串列布置双风力机的整体发电功率，针对不同因素对功率的影响，基于田口法的优化设计方法，对 3 个参数在 3 个水平下构建 L9（3³）田口正交表进行试验分析，得到模拟仿真结果后对试验结果进行信噪比分析和方差分析，分析各因子对整体功率的影响以得到最大功率设计组合。

3　计算模型

本文计算域尺寸为 $19D \times 4D \times 3.2D$，其中 D 为圆柱体直径（$D = 126m$）。本文采用 SST k-ω 湍流模型。两台水平轴风力机串列布置，采用 $5D$ 作为两风力机流向间距符合规范标准，横向间距为 Δy，塔架高差为 ΔH，上流风力机相对于入流方向的夹角设定为 θ（偏向 $+y$），模型参数选择如下：$0 \leqslant \Delta y \leqslant 0.5D$，$-0.6D \leqslant \Delta H \leqslant 0.6D$，$0° \leqslant \theta \leqslant 40°$。

算例参数如下：入口处边界条件设置为定常的自由来流，其中入口风速为 11.4m/s，方向与两风力机塔架连线平行，两风力机均以额定转速 12.1r/min 运转，且不考虑控制系统作用，即数值模拟中维持转速和桨距角不变。出口设置为压力出口，设置为相对大气压为 0Pa。底部为不可滑移边界条件，顶部、两侧都使用

基金项目：湖南省教育厅科学研究项目（21A0103），广东省基础与应用基础研究基金（2022A1515240077）

对称性边界条件。

4　结果分析

本文先分析分析横向间距、塔架高差和偏航角三个关键参数对串列布置双风力机整体功率的影响。在只改变其中一种参数的情况下，当$\Delta y = 0.5D$时，dp达到最大值 43.63%；当$\Delta H = -0.6D$时；dp达到最大值43.95%；当$\theta = 20°$时，dp达到最大值21.02%。其中所有工况的整体功率都高于初始工况。

仅基于单变量的试验数据跟实际工程应用存在不一致性，因此本文利用田口法对最佳设计组合进行了进一步探讨分析，田口法将要进行的试验及参数组合通过一个矩阵直交表完成，利用少量的试验数据即可得到系统且有效的完全数据，完成对目标的优化。本文选取横向间距、塔架高差和偏航角作为优化因子，确定其水准值，选取相应的田口正交表进行试验，再对试验结果进行信噪比分析及方差分析，信噪比随优化因子变化情况如图 1 所示；各优化因子影响程度如图 2 所示。通过分析确定了最佳因子组合为$\Delta y = 0.5D$、$\Delta H = -0.6D$、$\theta = 10°$。最后进行验证试验，确认整体气动功率提升 64.65%。

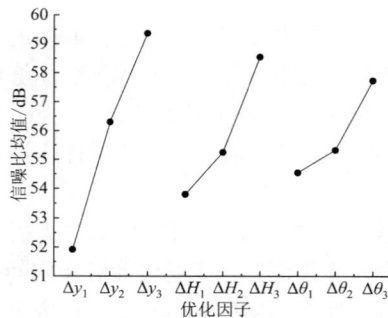

图 1　信噪比随优化因子变化情况

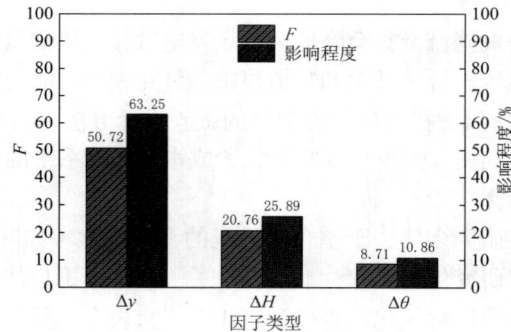

图 2　各优化因子影响程度

5　结论

本文聚焦于串列双风力机的气动性能优化，揭示了横向间距、塔架高差及偏航角对尾流抑制的协同作用机制。风电场布局参数对风电场整体功率的影响程度从大到小依次为横向间距、塔架高差和偏航角，通过田口法试验对风力机整体功率参数进行优化选择后，确定最佳参数组合为横向间距 0.5D、塔架高差$-0.6D$、偏航角 10°。优化后整体气动功率提升 64.65%，其成果可为风电场布局设计提供理论依据，通过降低尾流干扰间接提升发电效率。研究结果表明，多参数协同优化是提高高密度风电场效能的关键路径。

参考文献

[1]　谢寻晗, 赵伟文, 万德成. 基于遗传算法的风电场布置优化研究[J]. 水动力学研究与进展 A 辑, 2023, 38(2): 303-311.

[2]　JAYAKRISHNAN R, SURYA S, MOHAMMED Z, et al. Design optimization of a Contra-Rotating VAWT: A comprehensive study using Taguchi method and CFD[J]. Energy Conversion and Management, 2023, 298.

[3]　ROSHANI M, POURFAYAZ F, GHOLAMI A. Combined genetic algorithm and response surface methodology-based bi-optimization of a vertical-axis wind turbine numerically simulated using CFD[J]. Energy Science and Engineering, 2024, 12(10): 4532-4548.

[4]　艾海舰. 建立最佳数学模型的试验方法——组合及优化设计[J]. 榆林高专学报, 1997(4): 6-10 + 3.

[5]　KAUSHIK V, SHANKAR N. Statistical analysis using Taguchi method for designing a robust wind turbine[J]. Journal of Advanced Research in Fluid Mechanics and Thermal Sciences, 2022, 100(3): 92-105.

风沙两相流对光伏阵列周围流场及沙粒沉积影响分析

陈雨琪，陈昌宏

（西北工业大学 力学与土木建筑学院 西安 710129）

1 引言

在我国"一带一路"战略背景下，太阳能光伏发电的广泛应用逐步改善了我国西部干旱半干旱地区的区位劣势，在该区域沙尘天气是影响光伏组件高效运行主要因素之一。而国内外现有的研究中，大多工作集中在净风场下不同工况对光伏阵列的影响，缺乏针对风沙环境下风沙参数对光伏阵列的分析，不能有效地反映光伏阵列的实际流场结构。

2 数值模型

2.1 模型参数

光伏阵列的模型如图 1 所示设置 4 排 1 列，单排由 18 块尺寸为 2256mm × 1134mm × 50mm 组件板以 2 排 9 列组成，为减小计算量，按照 1：10 的几何缩尺比建立几何模型。网格细节如图 2 所示，壁面边界层第一层网格高度约为 0.5mm（满足无量纲壁面距离 $y^+ < 5$），流域内网格以 1.1 倍增长率平稳变化，网格总数约为 256 万。

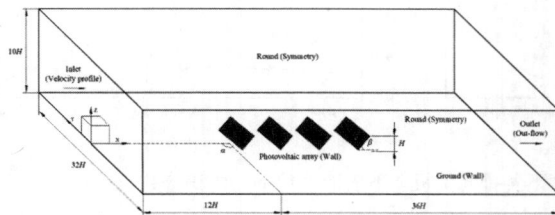

图 1 几何模型

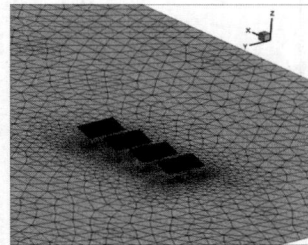

图 2 网格划分细节

2.2 模拟方法

模拟工况的沙粒参数如表 1 所示，选取倾角为 25°、风向角为 0°，沙粒密度设置为 2600kg/m³，黏度为 0.047Pa·s。入口边界条件采用 Yang[1] 等提出的平衡大气层边界条件，采用欧拉-欧拉方法、湍流模型选择 RNG k-ε 模型、壁面函数选用 Enhanced Wall Treatment、压力-速度耦合方式采用 Coupled 算法，时间步长为 0.005s，并对最后 20s 的结果进行计数，保证残差的收敛阈值为 10^{-4}。

数值模拟变量清单	表 1
沙粒粒径	80μm、100μm、120μm、140μm
沙粒浓度	0.05%、0.1%、0.2%、0.3%

3 数据结果分析

3.1 数值模拟验证

为了验证本研究所采用的数值模拟方案的可行性，图 3 将 R1 数值模拟的结果与多名学者 CFD 模拟结果以及风洞试验结果[2]进行对比分析。结果表明本文 CFD 模拟的结果与其他学者结果数据整体上较为一致。

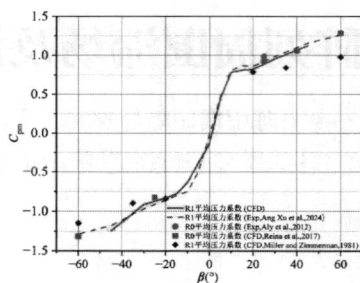

图 3　0°风向角下 R1 平均压力系数

3.2　沙粒粒径、浓度对光伏阵列流场及沙粒沉积影响

如图 4 所示，不同沙粒粒径、浓度下光伏板四排各表面沙粒平均体积分数，随着沙粒粒径的增大，光伏板迎风面沙粒的平均体积分数明显增加，其中第一排沙粒沉积量最多；与沙粒粒径相比，沙粒浓度对光伏板下表面沙粒平均体积分数影响更为显著，各排光伏板上下表面的平均体积分数随沙粒浓度增大均有所增长，但不同排次光伏板上的增幅有所不同。

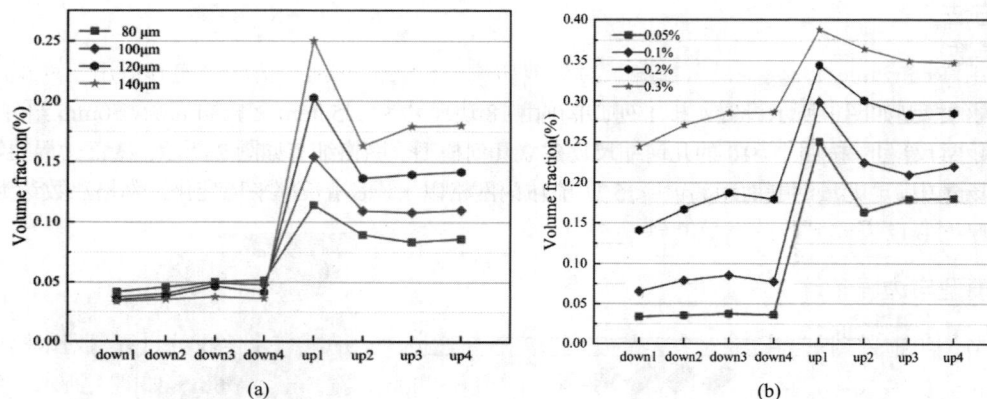

图 4　不同粒径、浓度下各排光伏板上下表面沙粒平均体积分数

4　结论

（1）阵列周围流场沙粒体积分数随沙粒粒径增大而增大且对流场扰动现象明显，受到前排的遮挡光伏板迎风面第二排的沙粒平均体积分数最小。

（2）与沙粒粒径相比，沙粒浓度对光伏板下表面沙粒平均体积分数影响更为显著。

参考文献

[1]　YANG Y, XIE Z, GU M. Consistent inflow boundary conditions for modelling the neutral equilibrium atmospheric boundary layer for the SST k-ω model[J]. Wind and Structures, 2017, 24(5): 465-480.

[2]　XU A , MA W , YANG W, et al. Study on the wind load and wind-induced interference effect of photovoltaic (PV) arrays on two-dimensional hillsides[J]. Solar Energy, 2024, 278: 2790-2806.

风影响下隧道运动列车火灾蔓延过程模拟

赵舒凡，周晅毅，丛北华

（同济大学土木工程防灾国家重点实验室 上海 200092）

1 引言

隧道内列车火灾发生时，列车通常处于运行状态，此时，隧道通风条件会导致火灾蔓延过程更加复杂。本文采用滑移网格方法，基于非预混燃烧模型，模拟列车在隧道内运行起火至停止的过程，得到不同时刻隧道内速度场和温度场结果，并对比分析在不同隧道入口通风条件下运动列车火灾蔓延的规律。

2 模拟方法与计算模型

2.1 模拟方法

本文采用 Realizable k-ε 模型显著提升了对于剪切流与旋转流的预测精度，尤其适用于列车高速运动引起的局部流场突变与烟气浮力分层现象，更加准确地模拟列车运动边界引起的瞬态流场变化。采用非预混燃烧模型考虑化学反应的发生，能够捕捉温度波动的细节，弥补传统体积热源模型忽略燃烧过程的缺陷。在动态流固耦合场景中，本文采用的 DO 辐射模型可同步追踪烟气浓度扩散与热辐射范围，避免传统 Rosseland 模型因光学厚度假设失效导致的发散问题。

2.2 几何模型与边界条件

以某三节编组地铁列车为研究对象，模拟其起火后在隧道内运动减速至停止的过程。列车模型根据实际列车模型简化，长约 71.5m，宽约 3m，高约 3.7m；隧道长 500m，宽 5m，高 6m，如图 1 所示。列车的运动情况参考 Zhou[1] 等人的模拟，首先以 15m/s 的速度运动 5s 后起火，继续匀速运动 5s 后以 -1m/s^2 的速度减速至停止。火源位于第一节车厢底部，火源面尺寸为 2.4m × 2.4m。火源功率为 7.5MW，以甲烷为燃料模拟燃烧过程，计算得到火源入口处甲烷气体的速率为 0.02m/s。

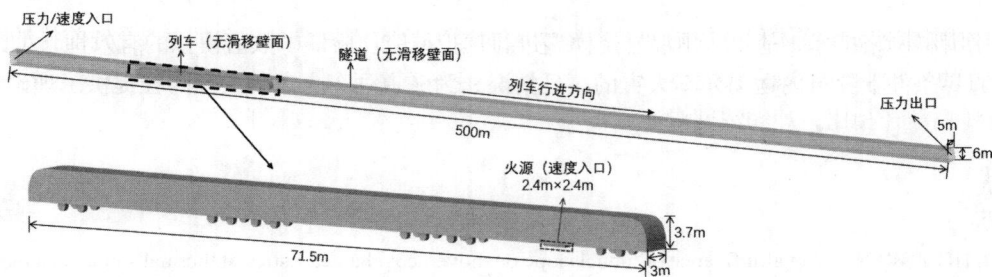

图 1 隧道列车模型示意图

隧道出口的边界条件设置为压力出口，模拟隧道自然通风的情况时隧道入口设置为压力入口，考虑风影响时入口改为 2m/s 的速度入口，列车和隧道表面设为无滑移壁面。

2.3 计算网格

本文采用滑移网格技术来实现列车的运动，网格分为滑移部分和固定部分。参考 Wang 等人[2] 的列车火

基金项目：国家自然科学基金项目（52478546）

灾动模型试验数据,设计三种网格划分方案进行数值模拟验证,采用试验中隧道中心测点位置处的气流速度峰值验证数值仿真结果的准确性,对比结果如表 1 所示。综合考虑计算误差和效率,选择中等网格划分方法进行后续的数值模拟研究。

三种网格划分方案的关键参数及试验与模拟的结果对比　　　　　　　　表 1

网格方案	最小网格尺寸		列车运行方向网格间距	总网格数（×10^6）	烟气流速 $(u/V)_{max}$	误差
	列车表面	隧道表面				
动模型试验	—	—	—		0.561	—
粗糙网格	15mm	0.1m	0.25m	7.4	0.596	6.32%
中等网格	10mm	0.1m	0.2m	8.7	0.536	−4.40%
精细网格	8mm	0.05m	0.2m	10.8	0.548	−2.33%

3　模拟结果与分析

列车起火后减速运行至停止时刻,列车从左向右行驶,图 2 和图 3 为隧道内列车附近的速度场和温度场。

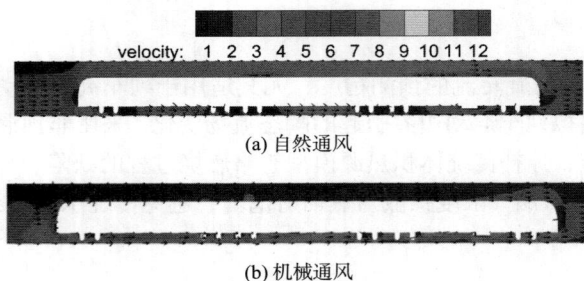

velocity: 1 2 3 4 5 6 7 8 9 10 11 12

(a) 自然通风

Temperature: 250 300 350 400 450 500 550 600

(a) 自然通风

(b) 机械通风

图 2　风速分布云图

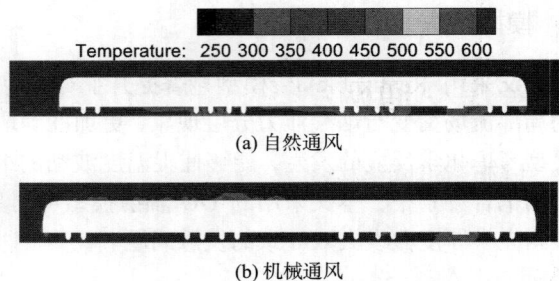

(b) 机械通风

图 3　温度分布云图

由图可知,在压力入口条件下,隧道内气流更加稳定,燃烧效率高,升温区域面积较大;而在速度入口条件下,列车附近形成涡流,散热作用明显,高温区较少,燃料和氧气的混合效率较低。故从防火救援的角度来看,2m/s 速度入口的通风条件优于压力入口的通风条件。

4　结论

本文采用滑移网格技术,基于非预混燃烧模型进行模拟研究,验证了数值模拟的有效性,对比分析了不同隧道入口边界条件下隧道内运动列车火灾的蔓延情况,为隧道列车火灾的安全防控提供了理论支撑。

参考文献

[1] ZHOU D, HU T, WANG Z, et al.Influence of tunnel slope on movement characteristics of thermal smoke in a moving subway train fire[J].Case Studies in Thermal Engineering, 2021, 28: 101472.

[2] WANG Z, ZHOU D, KRAJNOVIC S, et al.Moving model test of the smoke movement characteristics of an on-fire subway train running through a tunnel[J].Tunneling & Underground Space Technology, 2020, 96: 103211.

台风灾害下考虑交通网络影响的城市避难功能评价

谭 爽 [1,2]，陈 波 [1,2]，张 路 [1,2]

（1. 重庆大学土木工程学院 重庆 400038；

2. 风工程及风资源利用重庆市重点实验室 重庆 400038）

1 引言

避难疏散是减少台风带来人员伤亡和财产损失的有效措施。在台风避难疏散的过程中，交通拥堵和避难场所功能缺失是影响避难疏散效率的关键问题[1]。因此，需要准确从交通系统和避难场所两方面分析城市避难网络功能，从而发现薄弱环节，加强避难功能建设。当前，城市避难功能评价主要针对于单系统应急避难场所功能评价[2-3]和交通系统功能评价[4-5]，虽一定程度上评价了城市避难功能，但未反映实际情况中两者的耦合影响。鉴于此，本文提出一种考虑交通网络影响的城市避难功能评价方法，以深圳市福田区为算例对该方法进行验证。

2 考虑交通网络影响的城市避难功能评价方法

2.1 城市避难网络构建

城市避难网络构建主要为交通系统和避难场所两个方面，本文通过 OSM 开源地图获取深圳市交通网络数据以及避难场所相关信息，如图 1 所示。本文仅考虑城市主干道和一二级公路对人员疏散、运输功能的交通影响，对原始数据进行筛选简化，拓扑化处理得到城市避难网络模型，如图 2 所示。

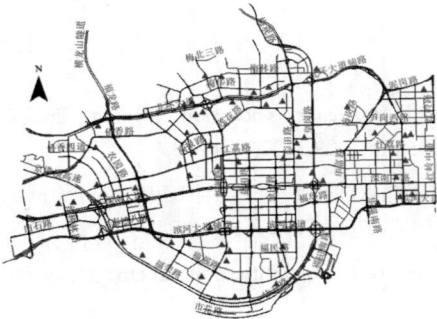

图 1 福田区原始数据　　　　　图 2 福田区避难网络模型

2.2 台风路径模型及道路损伤评估

台风引发的行道树倒塌对城市避难交通有着重要影响。本文采用模拟圆法对目标地区台风历史数据进行统计分析，建立台风关键参数概率模型和中心压差衰减模型，通过 Monte-Carlo 模拟得到系列台风，并采用 Yan Meng 风场模型求解目标地区风速。城市行道树高度、位置和几何参数通过图像识别和树木生长异速方程获得，并进行 Monte-Carlo 模拟分析阵风作用下树木易损性，进而考虑风致树木倒塌对道路功能的影响。

2.3 避难交通流生成预测方法

台风登陆前，政府相关单位会对城市低洼、建筑工地、沿海等区域的居民进行避难转移，但其他安全区

基金项目：国家重点研发计划（2023YFC3805202）

域人员仍保持正常出行。本文提出人员避难与正常生活出行叠加的交通生成方法，以合理的预估灾前应急期内各交通小区的交通生成量，通过识别低洼易涝地区和在线地图交通态势爬取，获取避难人员交通量和背景交通量。

$$OD_t = OD_s + OD_n \tag{1}$$

式中，OD_t 为灾前城市交通出行量；OD_s 为危险区域人员避难疏散交通出行量；OD_n 为安全区域人员交通出行量。

2.4 城市避难功能评价指标

可达性是指某一地点到达另一地点的难易程度，影响因素包括两地距离、运输费用、所需时间等[6]。两步移动搜寻法经常被用于避难场所可达性研究中，其对城市避难功能供应和群众疏散需求进行量化，但其未考虑避难过程中避难场所和交通系统功能变化影响。本文基于两步移动搜寻法原理，以时变避难场所功能为城市避难供应能力、时变避难人数为需求量，且考虑交通系统对人员避难的影响，构建城市避难功能评价指标见下式：

$$A_i = \sum_{i=1}^{n} \frac{S_i \cdot f(t_{ij}, t_0)}{V_j} \qquad V_j = \sum_{k=1}^{m} P_k g f(t_{ij}, t_0) \tag{2}$$

式中，A_i 为 i 小区避难功能；S_i 为 i 小区避难场所功能；P_k 为 k 小区避难人数；t_{ij} 为 i 小区到 j 小区通行时间；t_0 为避难场所服务半径；$f(t_{ij}, t_0)$ 为 i 小区到 j 小区进避难出行意愿函数；V_j 为 j 小区避难需求。

3 结论

当前城市避难功能评价仅考虑交通系统或避难场所单系统影响，与台风灾前人员避难疏散实际情况不符，本文考虑交通系统和避难场所间耦合影响，建立台风灾害下城市避难交通流生成方法，提出一种台风灾害下考虑交通网络影响的城市避难功能评价方法，并以深圳福田区为算例，对城市灾前灾后避难功能进行验证，结果发现该方法能较好的评价台风灾害下城市避难功能变化，对城市避难功能建设有一定指导意义。

参考文献

[1] BROWN C ,WHITE W ,SLYKE V C , et al. Development of a Strategic Hurricane Evacuation–Dynamic Traffic Assignment Model for the Houston, Texas, Region[J].Transportation Research Record,2009,2137(1):46-53.

[2] 朱安峰, 范秀芳, 杜温瑞, 等. 韧性视角下应急避难场所防灾减灾能力综合评价: 以温州市瓯海区为例[J]. 中国安全科学学报, 2024, 34(05): 223-230. DOI: 10.16265/j.cnki.issn1003-3033. 2024. 05. 1763.

[3] XU Y T, WANG W, CHEN H, et al. Multicriteria assessment of the response capability of urban emergency shelters: A case study in Beijing[J]. Natural Hazards Research, 2024, 4(2).

[4] FENG K, LI Q W, ELLINGWOOD B R. Post-earthquake modelling of transportation networks using an agent-based model[J]. Physics, 2018.

[5] 吕彪, 高自强. 道路交通系统韧性及路段重要度评估[J]. 交通运输系统工程与信息, 2020, 20(2): 114-121.

[6] MAYHEW S. A dictionary of geography[M]. Oxford University Press, 2006.

用于评估结构风致弹塑性响应的风暴强度指标定义

程 皓[1,2]，陈 波[1,2]

（1. 重庆大学土木工程学院 重庆 400044；
2. 风工程及风资源利用重庆市重点实验室 重庆 400044）

1 引言

建筑抗风设计正朝着基于性能的方法发展，在设计时允许结构在罕遇风暴下发生塑性变形，同时限制其塑性发展[1]。由于结构弹塑性响应不仅与风暴最大平均风速有关，还与历程和持续时间密切相关，如何从每年上百次风暴中挑选最不利风暴进行风灾害分析是开展结构弹塑性响应概率评估的关键问题。最直接的方法是采用动力时程分析（THA）挑选最不利风暴，然而每次风暴持续长达数天，对每年上百次风暴进行 THA 将耗费大量计算资源与时间。为提高计算效率，本文定义并推导了能综合表征风暴最大平均风速、历程、持时的风暴强度指标，采用该指标能快速挑选最不利风暴并用于结构弹塑性响应概率评估。

2 风暴强度指标定义与推导

风暴强度指标需要满足以下两个要求：（1）反映风暴对建筑物的潜在破坏能力；（2）计算简单方便、快速。针对（1），风暴强度指标需与结构损伤指标相关；针对（2），风暴强度指标仅需反映结构在不同风暴下损伤程度的相对大小。考虑到风暴作用下结构滞回耗能和峰值位移之间较强的相关性，选用基于单一滞回耗能的损伤指标，定义风暴强度指标为一个衡量结构在不同风暴作用下的相对滞回耗能的比较性指标，其主要推导过程如下：

（1）由于较容易推导风暴作用下弹性结构风输入能的解析解，基于能量平衡关系和一些合理假设，将弹塑性结构滞回耗能表示为初始刚度相同的弹性结构的风输入能的函数。

$$H = (k-1)\sum_{i=1}^{n}\{\Gamma(U_i - U_{\text{tri}})[w_e(U_i) - w_e(U_d)]\}, \ \Gamma(x) = \begin{cases} 1, x \geqslant 0 \\ 0, x < 0 \end{cases},$$

$$U_{\text{tri}} = \begin{cases} U_d & , i = 1 \\ \max[U_d, \varphi \cdot \max(U_1, U_2, \cdots U_{i-1})] & , i \geqslant 1 \end{cases} \tag{1}$$

式中，H 为弹塑性结构在实际风暴作用下的滞回耗能期望值；实际风暴被划分为 n 段 10min 风荷载；$w_e(U)$ 为弹性结构在平均风速为 U 的 10min 风荷载作用下的风输入能期望值；U_d 为结构首次屈服临界平均风速；k 为与结构构造相关的未知项；$\Gamma(x)$ 为阶跃函数；U_{tr} 为截断风速，考虑了屈服强化效应，用于截断不会使结构屈服的小风。

（2）将 $w_e(U)$ 分解为平均风输入能量 $w_{em}(U)$ 和脉动风输入能量 $w_{ef}(U)$，基于杜哈梅积分推导 $w_{em}(U)$，基于等效无阻尼弹性结构推导 $w_{ef}(U)$。

$$w_e(U) = w_{em}(U) + w_{ef}(U) = \frac{F_{\text{mean}}^2}{m\omega^2} - F_{\text{mean}}E[x(0)] + \frac{t_0}{4m}S_p(\omega) \tag{2}$$

式中，F_{mean}、F_{fluc} 分别为平均风、脉动风荷载；$E[x(0)]$ 为初始位移；m 为质量；ω 为无阻尼圆频率；$S_p(\omega)$ 为脉动风速功率谱。

（3）将平均风荷载表达式和脉动风速功率谱代入式(2)，进而代入式(1)，得到风暴强度指标与风暴时变平均风速的函数。

$$D_{jr1} = \frac{H_j}{H_1} = \frac{\sum_{i=1}^{n_j}\left\{\Gamma(U_{i,j} - U_{\text{tri},j})\bar{c}_P^2(\theta_{i,j})A^2(\theta_{i,j})\left[\frac{U_{i,j}^4 + U_d^2 U_{i-1,j}^2 - U_{i,j}^2 U_{i-1,j}^2 - U_d^4}{\omega^2} + K(f, U_{i,j})U_{i,j}^4 - K(f, U_d)U_d^4\right]\right\}}{\sum_{i=1}^{n_1}\left\{\Gamma(U_{i,1} - U_{\text{tri},1})\bar{c}_P^2(\theta_{i,1})A^2(\theta_{i,1})\left[\frac{U_{i,1}^4 + U_d^2 U_{i-1,1}^2 - U_{i,1}^2 U_{i-1,1}^2 - U_d^4}{\omega^2} + K(f, U_{i,1})U_{i,1}^4 - K(f, U_d)U_d^4\right]\right\}} \tag{3}$$

基金项目：国家自然科学基金项目（52078088）

式中，D_{jr1} 为风暴强度指标；H_j 为结构在第 j 个风暴下的滞回耗能。

3 算例验证

如图 1～图 3 所示，采用单自由度结构验证了风暴强度指标推导中各假设的合理性，结构恢复力位移关系采用第二刚度 0.1 双折线模型、阻尼比 2%、自振周期分别为 0.333s、1s、3s。

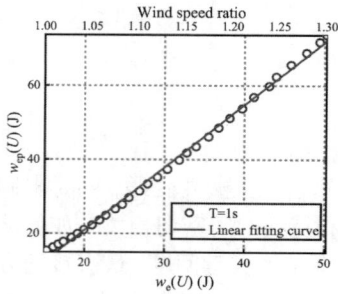
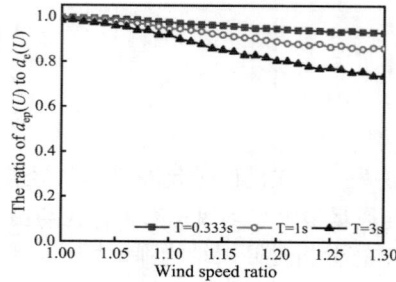
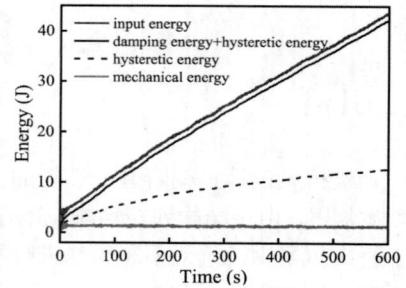

图 1 弹塑性、弹性结构风输入能   图 2 弹塑性、弹性结构阻尼   图 3 机械能增量可忽略不计
之间呈线性关系   耗能相等

如图 4 所示，采用单榀 4 层钢框架验证风暴强度指标挑选最不利风暴的合理性，可见采用时程方法和风暴强度指标挑选的最不利风暴（风暴 3）相同。其中，结构设计满足在平均风速为 25m/s 的风荷载作用下层间位移角峰值不超过 1/250 的要求，结构一阶自振频率 0.97Hz、阻尼比为 2%、首次屈服临界平均风速 34m/s，基于 Cook 独立风暴方法将美国国家海洋和大气管理局的实测风速数据划分为独立风暴，方法验证中的 7 条风暴从中随机挑选得到。

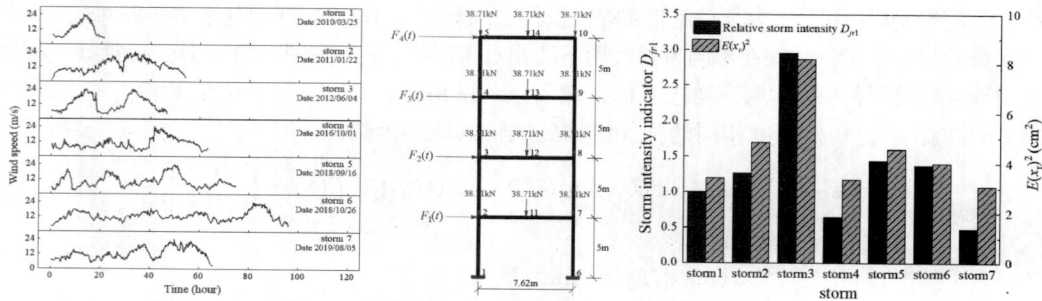

图 4 风暴强度指标挑选最不利风暴合理性验证

4 结论

风暴强度指标定义基于滞回耗能的结构损伤指标，为一种风暴引起结构相对损伤量的度量。基于结构动力学的基本理论和若干假设，将弹塑性结构滞回耗能表示为具有相同初始刚度的弹性结构风输入能量的函数，并且将风暴强度指标推导为风暴的时变平均风速的函数。该指标能用于快速挑选最不利风暴进而进行罕遇强风下结构风致弹塑性响应概率评估。

参考文献

[1] ASCE. Prestandard for performance-based wind design: ASCE 7[S]. USA: American Society of Civil Engineers, 2023.

斜风下悬挑式脚手架表面荷载分布特性

王佳盈，王 峰，李加武，沈佳欣，刘子聿

（长安大学公路学院 陕西省西安市 710016）

1 引言

近年来，随着风阻系数较高的刚性多孔板逐渐替代了柔性密目安全网，覆面脚手架表面所受风荷载明显增大，为了进一步完善高层建筑悬挑式施工脚手架的抗风设计，本文以西安某高层建筑悬挑式施工脚手架为研究对象，利用实测所获取的风场及荷载特性系统研究脚手架表面荷载的分布规律。

2 实测简介

本文以高层悬挑式施工脚手架作为研究对象，在其周边布设超声风速仪及风压传感器以获取周边风场特性及表面荷载分布特性，如图1所示。实测研究在脚手架周边布置一个悬挑外伸的超声风速仪，并在脚手架表面布置8个风压传感器，超声风速仪的采样频率为4Hz，风压传感器的采样频率为100Hz。

图1 实测环境与仪器布设

3 分析与讨论

平均风速与平均风压随时间推移呈现相近的变化趋势，且测点间的平均风压也出现相似的变化规律，如图2所示。风速紊流度在阴影区内数值较小，在阴影区后方存在较大的离散性，但总体介于0.1～0.4之间。此外，各测点风压变化均处于测点1与测点8之间，其余测点在大部分时段内数值变化相近，仅在阴影区内出现明显的差异。图3展示了局部体型系数在覆面脚手架表面的分布规律。随着测点从来流分离点向建筑尾流靠近，局部体型系数在建筑面中部整体呈现略微下降的趋势，在来流分离点与建筑尾流附近均呈现明显上升的趋势。通过观察局部体型系数的分布情况，覆面脚手架表面风压分布沿建筑面呈现出"阶梯状"形式，这一现象可能是建筑面中部及建筑尾流区附近存在较明显的旋涡附着现象，来流分离点附近存在明显的旋涡

基金项目：国家自然科学基金项目（51808053）

分离现象。

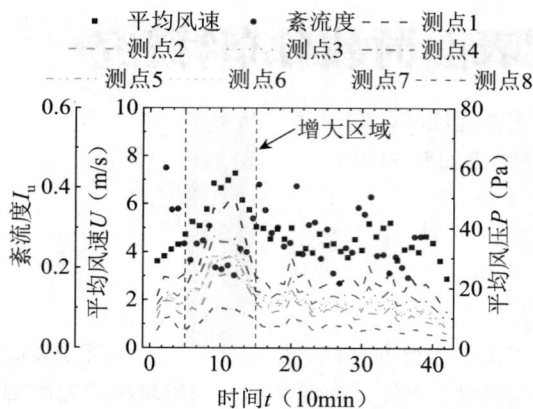

图 2　风参数随时间变化关系

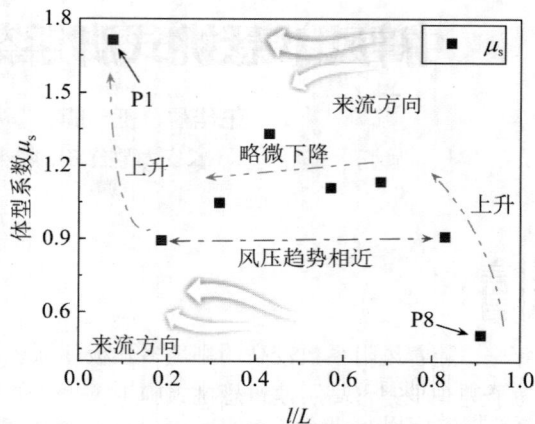

图 3　体型系数沿脚手架表面分布规律
（l表示测点距建筑尾流的距离，L表示建筑宽度）

　　为了进一步了解覆面脚手架表面风压的分布规律，图 4 展示了平均风压、风压紊流度与阵风因子在建筑面上的分布规律。从图中可观察到风压紊流度与风压阵风因子存在相似的分布规律，即沿建筑面呈现"S"形分布，该特性与脉动风压的偏度和峰度分布规律相近。平均风压沿建筑面呈现"阶梯状"分布，其与局部体型系数的分布规律相近。

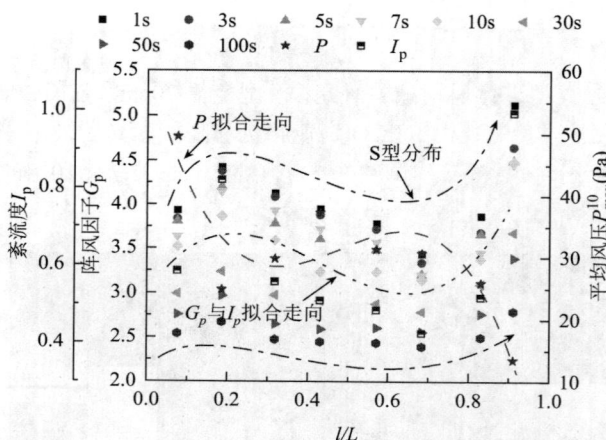

图 4　不同测点紊流度、阵风沿着及平均风压的分布

4　结论

　　斜风状态下，覆面脚手架表面的局部体型系数沿建筑面呈现"阶梯状"分布，建筑面中部的局部体型系数平均值约为 1.2，建筑拐点区域在不利风向角下可达 1.7。

参考文献

[1]　WANG F, TAMURA Y, YOSHIDA A. Wind loads on clad scaffolding with different geometries and building opening ratios[J]. Journal of wind engineering and industrial aerodynamics, 2013, 120: 337-350.

[2]　WANG F, TAMURA Y, YOSHIDA A. Interference effects of a neighboring building on wind loads on scaffolding[J]. Journal of wind engineering and industrial aerodynamics, 2014, 125: 1-12.

中等雷诺数下柔性襟翼流动控制试验研究

塔伊尔江·图尔荪托合提 [1,2]，陈文礼 [1,2]

（1. 哈尔滨工业大学土木工程智能防灾减灾工业与信息化部重点实验室 哈尔滨 150090；
2. 哈尔滨工业大学结构工程灾变与控制教育部重点实验室 哈尔滨 150090）

1 引言

对于飞行器而言，在中等雷诺数范围内（$30,000 \leqslant Re \leqslant 300,000$），失速现象的发生是层流分离泡破裂效应、湍流转捩效应以及对流涡旋的形成共同作用的结果，这些效应导致流动变得不稳定，并最终引发失速[1]，甚至可能进入危险的下坠状态[2]。因此对于中等雷诺数工作的飞行器装置（如小型无人机）进行流动控制、理解控制机理十分必要[3]。被动控制策略具有结构简单，成本低，维护方便的优点，但同时受到例如雷诺数等环境因素的影响[4]。因此改善雷诺数效应对被动控制效果的影响具有研究价值。本研究就翼型上表面安装柔性襟翼的被动控制策略，提出基于仿生思路的表面修饰柔性襟翼控制方案，改善了雷诺数效应对柔性襟翼控制效果的影响。

2 试验设计方案

本文采用 NACA0012 型号翼型进行风洞试验研究，模型全长 70cm、弦长 30cm，采用分段式有机玻璃拼接成形。六分力天平被用于测量模型气动力、PCO 高速相机和高能激光器被用于流场可视化。如图 1 所示，柔性襟翼被布置在了 0.7 倍的弦长位置处。本试验选择了 1.5×10^5、1.7×10^5 和 2.0×10^5 三个雷诺数，10°、12°和 14°三个攻角进行了试验研究。

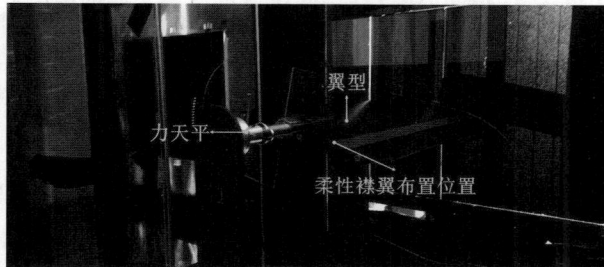

图 1 试验布置图

3 试验结果分析

如图 2 所示，本文展示了 14°攻角下，1.5×10^5、1.7×10^5 和 2.0×10^5 三个雷诺数下表面修饰结构对柔性襟翼流场控制效果的影响。柔性襟翼布置位置被选为了坐标原点，坐标位置已用翼型弦长作为特征长度进行归一化。

根据试验结果可知，在 1.5×10^5 雷诺数条件下两种柔性襟翼都处理静态模式；横向流速在近壁面尾缘位置并未产生梯度剧变。在 1.7×10^5 雷诺数条件下表面修饰柔性襟翼进入扑动失稳状态、近壁面尾缘位置横向流速因襟翼扑动产生梯度剧变；无表面修饰柔性襟翼处于静态模式。在 2.0×10^5 雷诺数条件下两种柔性襟翼都进入扑动模式，表面修饰柔性襟翼上方的前缘涡尾流区出现与重力方向一致的速度驻点，表明柔性襟翼已

基金项目：国家自然科学基金项目（51978222）

从扑动不稳定状态进入扑动稳定状态，柔性襟翼已抑制剪切层的发展；无表面修饰柔性襟翼上方的前缘涡尾流区并未出现速度驻点，并出现与重力方向一致的横向流速区，表明柔性襟翼处于扑动不稳定状态，柔性襟翼抑制剪切层的控制效果有限。

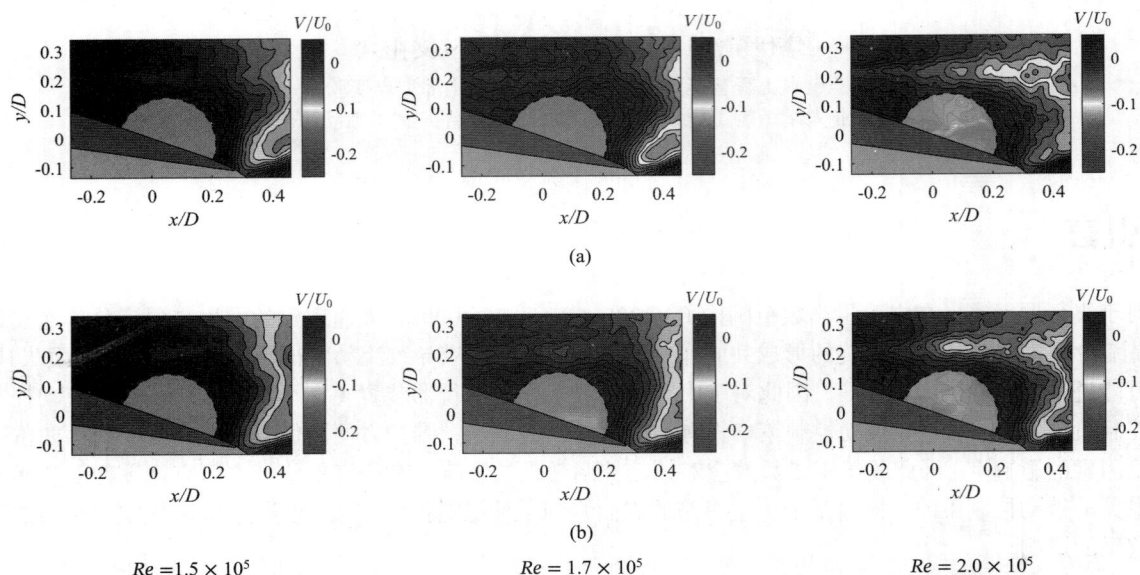

(a)

(b)

$Re = 1.5 \times 10^5$ $Re = 1.7 \times 10^5$ $Re = 2.0 \times 10^5$

图2 横向时均流速结果：（a）无表面修饰襟翼；（b）表面修饰襟翼

4 结论

本研究通过风洞试验深入探讨了表面修饰柔性襟翼在不同雷诺数下对翼型上表面流场控制效果的影响。研究结果表明，在中等雷诺数条件下，表面修饰柔性襟翼能够显著改善流场控制效果。此外，随着雷诺数的变化，表面修饰结构显著改变了柔性襟翼的扑动力学特性，使其更早地进入扑动失稳状态，从而进一步优化了流场控制效果。这些发现为设计高效能的流场控制装置提供了重要的理论依据和实践指导。

参考文献

[1] MORRIS W J, RUSAK Z. Stall onset on aerofoils at low to moderately high Reynolds number flows[J]. Journal of Fluid Mechanics, 2013, 733: 439-472.

[2] ANDERSON J D. Fundamentals of aerodynamics[M]. 3rd ed. Boston: McGraw-Hill, 2001.

[3] OTHMAN A K, NAIR N J, SANDEEP A, et al. Numerical and Experimental Study of a Covert-Inspired Passively Deployable Flap for Aerodynamic Lift Enhancement[C/OL]//AIAA AVIATION 2022 Forum. Chicago, IL and Virtual: American Institute of Aeronautics and Astronautics, 2022[2024-02-01]. https://arc.aiaa.org/doi/10.2514/6.2022-3980.

[4] GAO D, DENG Z, YANG W, et al. Review of the excitation mechanism and aerodynamic flow control of vortex-induced vibration of the main girder for long-span bridges: A vortex-dynamics approach[J]. Journal of Fluids and Structures, 2021, 105: 103348.

基于高分辨率气候模式的西北太平洋热带气旋未来活动性变化预估

吴甜甜[1]，段忠东

（1. 哈尔滨工业大学（深圳），土木与环境工程学院 深圳 518055）

1 引言

热带气旋（Tropical Cyclone，TC）是一种在热带和副热带洋面上形成的强烈气旋性涡旋系统，通常伴随着极端天气现象如大风、暴雨和风暴潮等。这类气象现象是全球范围内最具破坏力的自然灾害之一，能够对沿海地区的居民、基础设施和经济活动造成严重威胁。西北太平洋地区是全球热带气旋活动最为活跃的海域，约有全球三分之一的热带气旋在该海域生成[1]。因此，可靠地预估西北太平洋热带气旋的活动性变化，对于提高灾害预警能力、减缓气候变化带来的负面影响具有重要的现实意义。

近百年来，地球正在经历一次以全球增温为主要特征的气候变化，气候模式是当前研究气候变化时常用的工具。随着高性能超级计算机的迅速发展，全球高分辨率数值模拟试验在多个模式研发机构已相继被开发并用于模拟热带气旋及其未来变化。在最新的第六次国际耦合模式比较计划（CMIP6）中，新增了高分辨率模式比较计划（HighResMIP），首次提供了全球高分辨率（25～50公里）的多模式集合模拟结果[2]。这些高分辨率气候模式的试验结果不仅提升了对热带气旋生成与发展的理解，也为研究未来气候变化情景下热带气旋的活动性变化提供了宝贵的数据信息。

热带气旋直接识别追踪法是在气候模式中检测热带气旋的一种分析方法，这种方法能够有效地检测出气候模式中生成的热带气旋，并追踪其整个生命周期的变化轨迹。本文旨在基于高分辨率气候模式的模拟结果，对气候变化情景下热带气旋的活动性进行识别和分析，从而预估未来气候变化对台风活动性的潜在影响。此外，本文还试图通过研究这影响热带气旋发生发展的海洋环境变量因子，进一步理解气候变化下热带气旋活动性的变化机理。

2 数据和方法

2.1 数据

西北太平洋研究区域为 100°E～160°E，0°N～50°N；使用的高分辨率气候模式数据分别为 FGOALS-f3、MRI-AGCM3 和 CMCC-CM2（分别简写为 FGOALS、MRI 和 CMCC）。模式模拟时段包括历史和未来情景时段，分别为 1950—2014 年和 2015—2050 年，仅包含温室气体高排放浓度路径（RCP8.5）。RCP8.5 情景是指辐射强度一直呈增大趋势，至 2100 年达到 8.5W/m²。

2.2 方法

本研究采用了 Wu[3] 提出的热带气旋检测与追踪算法，用以识别三个气候模式模型中的热带气旋。算法的关键细节详见 Wu 等[3]。

如图 1 所示，1950 年至 2014 年期间，三个气候模式识别出的历史情景下热带气旋年发生个数折线图与中国气象局（CMA）提供的数据进行了详细对比（括号内分别表示年均值和标准差）。从图中可以看出，三个气候模式在再现历史热带气旋年发生个数的波动特征上表现出较高的一致性，较好地模拟了热带气旋年际变化的趋势。尽管各模式间的具体数值存在一定差异，但它们均成功捕捉到了历史数据中的主要变化规律，这表明这些模式在热带气旋频率模拟中的可靠性。

图 2 进一步展示了 1950 年至 2050 年期间三个模式识别出的热带气旋年发生个数折线图，涵盖了历史（1950—2014 年）和未来（2015—2050 年）的气候情景。从图中可以明显看出，随着时间的推移，热带气旋

年发生个数呈现出整体下降的趋势，尤其是在未来情景中，各模式的模拟结果均显示出类似的下降趋势。这种一致性进一步说明了不同气候模式在模拟未来热带气旋频率变化时的稳健性。

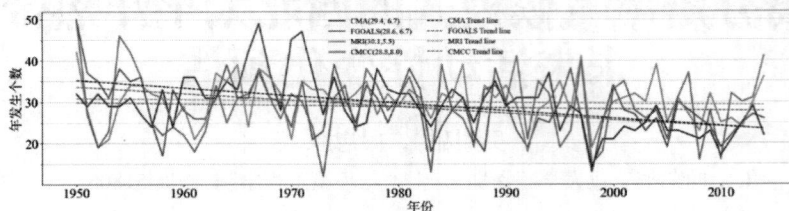

图 1　1950—2015 年三个模式识别出的历史情境的热带气旋年发生个数与 CMA 最佳路径数据对比图

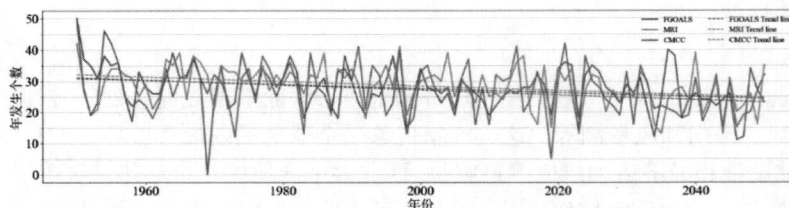

图 2　1950 年至 2050 年间三个模式识别出的热带气旋年发生个数折线图

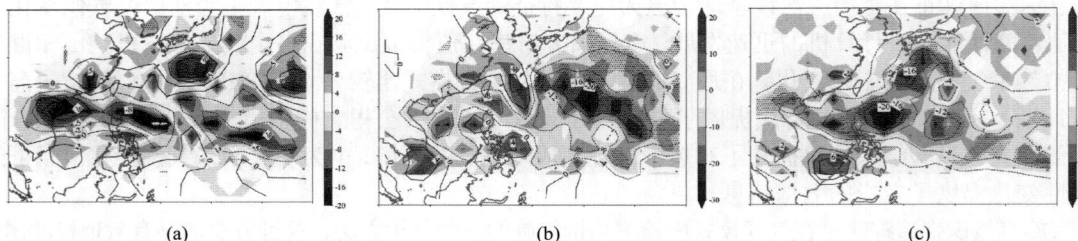

(a)　　　　　　　　　　(b)　　　　　　　　　　(c)

图 3　三个模式未来情景时段相较历史情景时段的 TCF 的变化：（a）FGOAL；（b）MRI；（c）CMCC

　　在研究区域内的每个 2.5°×2.5°网格中，统计了热带气旋（TC）的位置，并将每个网格的总统计量定义为热带气旋出现频率（TCF）。图 3 展示了未来时期（2015—2050 年）相较于历史时期（1950—2014 年）TCF的变化情况。图中实线代表 TCF 增加的等值线，虚线表示 TCF 减少的等值线，打点区域则表示通过了显著性检验的区域。研究发现，三个气候模式的共同结果显示，沿着北纬 20°附近，TCF 呈现出明显的减少趋势，而在北纬 20°以北的地区，TCF 则有显著增加。这表明未来热带气旋的路径有向北移动的趋势。

3　结论

　　本研究通过分析三个气候模式的模拟数据，揭示了未来气候变化背景下西北太平洋地区热带气旋活动的显著变化趋势。研究表明，未来时期的热带气旋频率呈现下降趋势。同时，气旋生成和活动路径有向北移动的趋势。该研究为未来气候变化背景下的防灾减灾策略制定提供了重要参考，并为进一步探讨热带气旋与气候变化之间的关系奠定了基础。

参考文献

[1]　陈煜, 杨剑, 段忠东, 等. 粤港澳大湾区台风危险性分析[J]. 自然灾害学报, 2022, 31(2): 26-38. DOI:10.13577/j.jnd. 2022. 0203.

[2]　王磊, 包庆, 何编. CMIP6 高分辨率模式比较计划 (HighResMIP) 概况与评述[J]. 气候变化研究进展, 2019, 15(5): 498-502.

[3]　WU T, DUAN Z. A new and efficient method for tropical cyclone detection and tracking in gridded datasets [J]. Weather and Climate Extremes, 2023.

塔式起重机风振响应等效计算方法

李松淼[1]，王琳凯[1]，陈亚钊[1]，董　锐[1,2]

（1. 福州大学土木工程学院　福建福州　350108；
2. 福建省土木建筑学会　福建福州　350001）

1　引言

　　塔式起重机，简称塔机，是工程建设中的一种常见施工设备，属于典型的风敏感柔性结构。塔机风振响应，通常采用规范中的等效静力风荷载计算得到。其中风荷载体型系数作为塔机等效静力风荷载的重要影响因素，实际工程中一般采用刚体模型测力风洞试验的试验均值[1-2]。现有规范[3]将塔机风荷载体型系数作为常数，通过时域或频域计算获得风振系数，以反映脉动风的影响。本文提出了一种基于风洞试验的塔机风振响应等效计算方法—风荷载极值等效法，并选取平潭岛两款典型在役塔机为工程背景，对新方法的有效性进行了检验。

2　风荷载极值等效法

　　风荷载极值等效法的基本原理可以描述为：以测力风洞试验紊流场中的塔机风荷载时程数据为基准，采用极值分析方法获得对应塔机风荷载极值，并根据风荷载极值等效的原则获得等效体型系数。区别于《建筑结构荷载规范》GB 50009—2012 中关于塔机风荷载的计算规程（式1），由于风压高度变化系数及风振系数的求解涉及复杂的结构动力计算过程，而风荷载体型系数仅需通过简单的静力分析方法获得，因此本方法将风压高度变化系数及风振系数视为定值，转而将风荷载体型系数作为可变参数。在保证风振响应精度的同时，显著降低了计算复杂度。

　　其中，基于等效极值法的体型系数计算式为：

$$\mu_{\mathrm{s}} = \frac{\omega_{\mathrm{k}}}{(\mu_{\mathrm{z}}\beta_{\mathrm{z}}\rho\upsilon^2)/2} \tag{1}$$

式中，μ_{z}为风压高度变化系数；β_{z}为风振系数；μ_{s}为风荷载体型系数。

　　极值等效法分析流程分为以下三步：（1）试验数据处理，（2）风荷载极值分析，（3）等效风荷载体型系数计算。计算流程如图1所示。

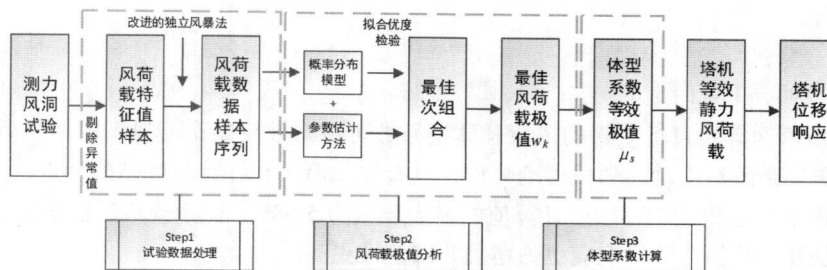

图1　风荷载极值等效法计算流程

3　典型塔机算例分析

　　本文分别选取平潭岛两款具有代表性的塔机作为研究对象，采用有限元数值模拟和现场模态实测分别对典型塔机的主要振型和频率进行分析，作为后续结构动力响应计算的基础。并基于测力风洞试验得到的风荷载时程数据，按照极值等效法对风荷载体型系数等效极值进行确定。塔机模型示意见图2，体型系数等效极值结果见图3。

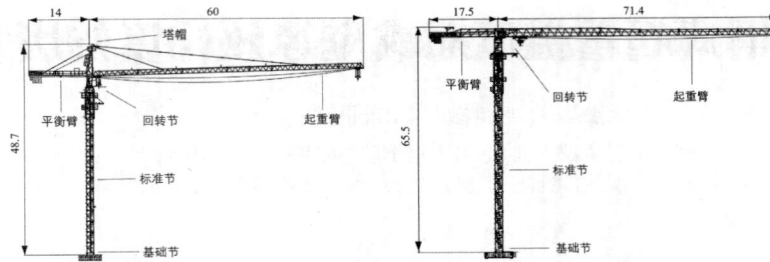

图 2　典型塔机示意图（单位：m）

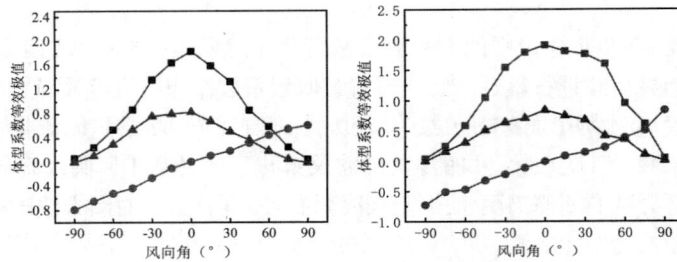

图 3　塔机风荷载体型系数等效极值

依据结构振型位移的贡献指标,求解各关键节点处的位移响应精确值;并依据现行规范的风荷载计算方法,计算体型系数常规均值、等效极值和规范建议值下的等效静力风荷载,将所得风荷载分别施加于塔机有限元模型中,以获得相应的位移响应计算值。以位移响应为评价指标,以位移响应精确值为对比基准,计算各等效静力风荷载下塔机位移响应计算值的误差。不同体型系数确定方法下,塔机位移响应计算值误差对比见表1。

塔机位移响应计算值误差对比　　　　　　　　　　　　　　　　　　　表 1

体型系数	锤头式塔机位移响应误差			平头式塔机位移响应误差		
	μ_s-常规均值法	μ_s-极值等效法	μ_s-规范建议值	μ_s-常规均值法	μ_s-极值等效法	μ_s-规范建议值
《建筑结构荷载规范》 GB 50009—2012	−15.25%	5.08%	−18.64%	−7.17%	−3.98%	−9.16%
《塔式起重机设计规范》 GB/T 13752—2017	−10.17%	3.39%	−16.95%	−6.77%	−3.19%	−8.74%

由表1可知,风荷载体型系数等效极值下的塔机位移响应计算值明显比风荷载体型系数常规均值、规范建议值下的位移响应计算值更加准确,验证了塔机风荷载极值等效法下计算得到的位移响应更为安全、可靠。

4　结论

（1）以风荷载极值为等效目标获得的风荷载体型系数可以有效反映紊流风场中塔机所受动力风荷载的全部信息,可以避免复杂的结构动力随机振动分析,具有操作简单和计算精度高的特点;

（2）采用等效极值法获得的位移响应计算值的最大误差为5.08%,优于规范建议值法和常规均值法,表明风荷载极值等效法计算获得的位移响应更为精确、安全性更高。

参考文献

[1]　陈亚钊. 强风环境中塔式起重机抗风性能研究[D]. 福州: 福州大学, 2021: 36-40.

[2]　王琳凯. 塔式起重机风荷载体型系数确定方法研究[D]. 福州: 福州大学, 2024: 1-2.

[3]　住房和城乡建设部建筑结构荷载规范: GB 50009—2012[S]. 北京: 中国建筑工业出版社.

不同砾石覆盖度对戈壁风压梯度的影响

廖承贤[1,2]，王海兵[1,2]

（1. 内蒙古农业大学沙漠治理学院 呼和浩特 010011；
2. 内蒙古自治区风沙物理与防沙治沙工程重点实验室 呼和浩特 010018）

1 引言

我国北部及西北部地区气候干燥，广泛分布着戈壁荒漠[1]，被认为是亚洲沙尘输送的主要源头之一[2]。戈壁地区由于海拔、地形地貌等因素，往往处于较强的风能环境之中[3]，使得戈壁沙尘能够更容易的在对流层底部上升至高空平流层[4]。然而，现有的区域中尺度对流模式和大尺度环流模式在准确捕捉近地表风梯度方面仍存在诸多局限性。如在进行中大尺度的沙尘传输模拟时，荒漠地区尘埃云的存在会直接影响卫星对地表和近地表风压特征的探测[5]。因此关于近地面小尺度风特性的研究，对于修正中（大）尺度的沙尘观测结果具有较为重要的实际价值。亟需进行长期的实地测量与模拟以矫正近地表风压作用，进而降低沙尘释放估算的过量偏差。本文拟通过风洞试验对不同砾石覆盖度的地表风压进行测量，揭示异质性戈壁地表的风压梯度变化，为实地观测及中大尺度的地表风模拟提供理论借鉴和数据支撑。

2 研究方法

2.1 两相流风洞试验

风洞试验于宁夏沙坡头沙漠生态系统国家野外科学观测研究站，风沙环境风洞实验室进行。风洞结构为直流闭吹式，由动力部分、整流部分、试验部分和扩散部分组成。风洞总长 38m，试验段长 21m，面积为 1.2m × 1.2m。以模拟戈壁自然条件的方式铺设，实际戈壁砾石平均粒径为 0.2～6.4cm[6]。模拟床面为一层直径为 0.5～5.0cm 的砾石、粉尘和沙子构成，砾石相似比 1∶0.4 至 1∶1.28，以覆盖典型戈壁砾石粒径分布特征，砾石覆盖度设定为 30%、40% 和 50%。风速设定为 6m/s、10m/s 和 14m/s，最大限度的还原戈壁风压特征，测量仪器为风速风压毕托管，测量高度范围为 0.002～0.5m。

3 结果与分析

3.1 风速对风压梯度的影响

由于沙粒运动最剧烈的主要范围为 0～0.1m，因此本文将垂直高度差 Δh 划分为 0.025（0.002～0.03m）、0.09（0.03～0.12m）、0.38（0.12～0.5m），以求解风压梯度。如图 1 所示，无论砾石覆盖度如何变化，风压梯度在任何高度差下都随着风速的提升而提升；垂直方向上，随着高度的上升，风压梯度近乎呈线性降低。从风压梯度的相对贡献率中可以发现，风压变化最剧烈的区域均为 0.025（0.002～0.03m），各风速下梯度相对贡献率均 > 0.6，是风压改变最剧烈的范围。

3.2 砾石对风压梯度的影响

砾石覆盖度对风压梯度的影响主要体现在地表异质性的变化上，由图 2 可知，砾石覆盖度显著提升了 0.025（0.002～0.03m）范围内的风压梯度，可有效抑制近床面的沙尘释放；0.09（0.03～0.12m），风压梯度

基金项目：国家自然科学基金项目（42261002，41861001）

随砾石覆盖度的变化变得相对平缓，甚至出现了一段降低趋势，有利于排放沙尘的传输。

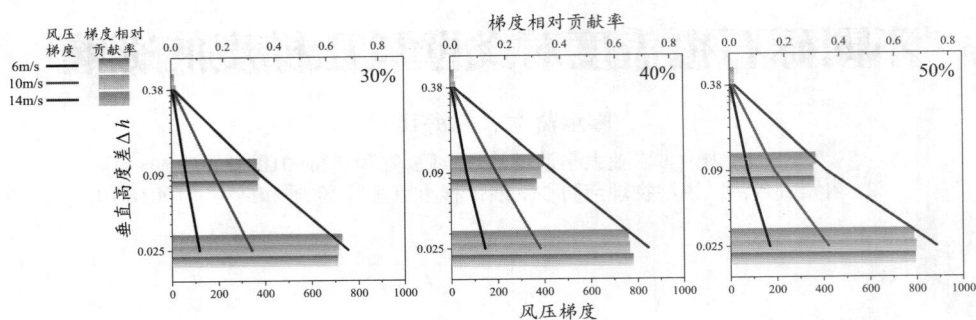

图 1　风压梯度及梯度相对贡献率

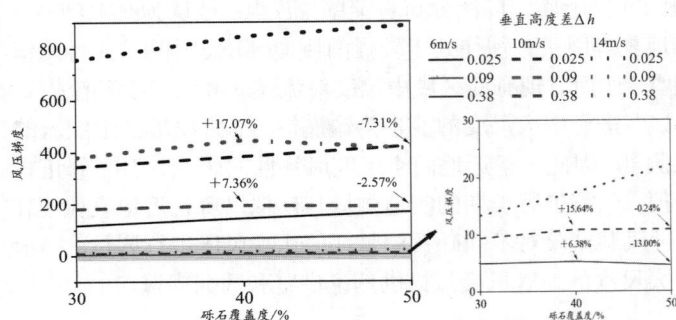

图 2　砾石覆盖度对风压梯度的影响

4　结论

本文通过风洞模拟，对不同砾石覆盖度及风速下的风压梯度进行了试验，发现风速对风压梯度的影响主要表现为随风速的增加而增加；0.025（0.002~0.03m）随砾石盖度的增加而增加，变化最为明显；0.09（0.03~0.12m）以上风压梯度随盖度变化出现先增加后降低的趋势；说明戈壁的地表异质性可有效影响风压梯度，其在一定空间内既是沙尘汇，又是沙尘源。

参考文献

[1] 申元村, 王秀红, 丛日春, 等. 中国沙漠、戈壁生态地理区划研究[J].干旱区资源与环境, 2013, 27(1): 1-13.

[2] LIU J, WU D ,WANG T , et al. Interannual variability of dust height and the dynamics of its formation over East Asia[J].Science of the Total Environment,2020.

[3] Chen, S, Huang, J, Kang, L, et al. Emission, transport, and radiative effects of mineral dust from the Taklimakan and Gobi deserts: comparison of measurements and model results[J]. Atmospheric Chemistry and Physics, 2017, 17(3):2401-2421.

[4] TAN S C, LI J, CHE H, et al. Transport of East Asian dust storms to the marginal seas of China and the southern North Pacific in spring 2010[J]. Atmospheric Environment, 2017, 148: 316-328.

[5] 吴松华, 戴光耀, 龙文睿, 等. 风云第三代极轨卫星测风激光雷达仿真与指标分析(特邀)[J]. 光学学报, 2024, 44(18): 51-63.

[6] 高君亮. 干旱区洪积扇戈壁表层沉积物特征研究[D]. 北京: 中国林业科学研究院, 2019.

基于随机过程理论的年最大风速预测

邹吉仁[1]，冀骁文[1]，赵衍刚[1]，黄国庆[2]

（1. 北京工业大学城市与工程安全减灾教育部重点实验室 北京 100124；
2. 重庆大学土木工程学院 重庆 400045）

1 引言

反映宏观气象特征的平均风速决定着结构的风致响应，对于风灾评估与结构抗风设计，在给定重现期下预测年最大风速（一年中平均风速的最大值）是一项十分重要的工作。目前针对年最大风速的估计方法主要集中于在渐进极值理论的基础上对有限的历史极值样本进行建模，且其修正方法多以扩充极值样本量、提升拟合精度为目标，然而极值样本对诸多不确定性因素（随机因素和认知因素）比较敏感，因而呈现出显著的波动性，这无疑使得预测结果的有效性存疑；同时，近年来全球气候变化使得年最大风速的不确定性加剧，结构极有可能遇到超出设计风速的危害。因此，高效利用风速数据，深度挖掘气候信息将是预测年最大风速的更优方案，本研究将从这一角度出发，基于对平均风速随机过程的建模分析来推断年最大风速分布，旨在充分利用数据中隐含的大量统计信息，为提高年最大风速估计的有效性和鲁棒性提供了一个新的研究框架。

2 研究方法和内容

2.1 理论

气象站点所记录的全年逐小时平均风速可以表示为一个随机过程（即风速母过程），该过程由 365×24 个分量构成，则年最大风速 V_{max} 可表示为一个随机变量：

$$V_{max} = \max\{V_{Jan/01/00}, V_{Jan/01/01}, \cdots, V_{Dec/31/23}\} \tag{1}$$

由于风环境的不确定性，风速母过程显然是一个非平稳非高斯随机过程，需要通过其全阶概率特征表示，即所有分量的联合概率密度函数，则年最大风速分布可由联合概率密度函数的多重积分进一步表示出来，由此估计 T 重现期下的年最大风速 v_T。

2.2 简化

在实际工程中，T 重现期下年最大风速 v_T 往往相对较大，由此可将风速母过程区分为 $\hat{n}$ 个温和风气候主导的时段和 $\hat{n}$ 个强烈风气候主导的时段，但温和风气候主导的时段下风速变化往往达不到 v_T，可认为其对年最大风速分析未构成影响，因此，仅需要 $\hat{n}$ 个强烈风气候时段的联合概率分布函数，即用风速母过程的 $\hat{n}$ 阶概率特征即可完成对 v_T 的估计，进而实现降阶简化处理。

2.3 建模

基于 Copula 理论，强烈风气候主导时段下的风速分量的联合概率分布模型可归结为对风速边缘概率分布及其相关结构的建模。

（1）边缘分布

由于风气候常常表现出混合性，且已有研究论证了单一风气候成分对应的平均风速近似服从威布尔分布[1]。因此这里将混合威布尔分布用于边缘概率建模，并建立一元风速标量的自动无监督拟合方法进行多参数拟合。

基金项目：国家自然科学基金项目（52278135）

（2）相关结构

对于高维相关结构，由于相关矩阵$\boldsymbol{\Theta}$维度较高，易出现病态问题，常用的多元高斯 Copula 在这里难以适用，因此考虑将原相关结构进行拆解，引入 Vine Copula 将多元相关结构通过多个二元相关结构进行表征，并借助藤结构使其可视化，其中藤结构中的参数直接可由相关矩阵$\boldsymbol{\Theta}$映射得到。

2.4 模拟

由于年最大风速分布是由母过程联合概率密度的多重积分得到，被积函数形式复杂，难以计算，因此这里考虑基于联合概率分布开展平均风速母过程的蒙特卡洛模拟[2]，并使用模拟所得样本的经验分布近似年最大风速分布。

2.5 应用

将本文所提研究框架应用于北京气象站点（编号 545110），依次进行数据处理，边缘分布拟合（如图 1 所示），降阶分析，相关结构分析，蒙特卡洛模拟，并最终得到不同重现期下的年最大风速估计值，例如对重现期$T = 50$，年最大风速$v_T = 28.5\text{m/s}$，至少需要 456 阶概率特征才可进行有效估计，不同阶数下年最大风速分布的收敛效果如图 2 所示。该模型通过捕捉更充分的统计信息为工程结构设计提供了相对保守的参考指标。

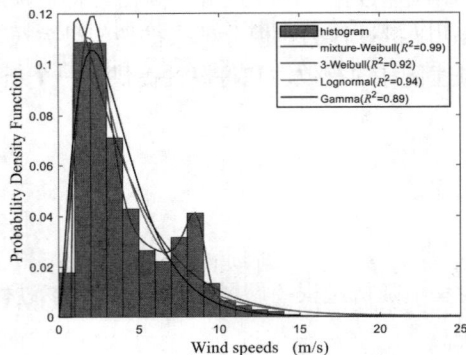

图 1　风速边缘概率密度函数拟合图　　　　图 2　不同阶数下年最大风速概率分布

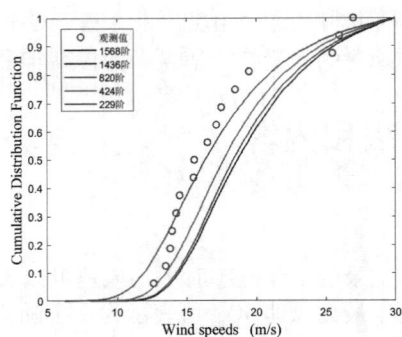

3　结论

（1）基于所提降阶理论，可为不同重现期下的年最大风速估计提供相应阶数的简化模型。

（2）所提年最大风速估计方法在一定程度上可以克服抽样本身的限制，充分挖掘全部数据中隐含的统计信息和气候因素，从而实现有效外推。

参考文献

[1] HARRIS R I, COOK N J. The parent wind speed distribution: Why Weibull? [J]. Journal of Wind Engineering & Industrial Aerodynamics. 2014, 131: 72-87.

[2] JI X. Multivariate Extreme Wind Loads: Copula-Based Analysis[J]. Journal of Engineering Mechanics, 2023, 149(1): 04022082.

某超高层公寓建筑烟囱效应的数值模拟与治理措施研究

盘小强[1,2]，解晨鲲[1]，彭思伟[1]，杨　易[1]

（1. 华南理工大学亚热带建筑与城市科学全国重点实验室　广州　510641）

（2. 深圳华侨城城市更新投资有限公司　深圳　518055）

1　引言

烟囱效应是高层建筑在室内外温差等作用下产生的一种非受控室内外空气渗透现象，常引发一系列负面影响，如电梯厅门闭合故障、电梯啸叫等问题。杨易等[1]针对现代超高层建筑烟囱效应问题，开展了一系列现场实测、试验模拟和数值仿真研究，为相关领域研究提供了理论依据和实践参考。深圳市于 2023 年发布的《建筑工程抗风设计标准》SJG 146—2023[2]中，明确要求高层项目应至少按冬季及夏季两种不利工况进行烟囱效应模拟分析与评估，以确保建筑的节能和功能性。

本文以深圳某烟囱效应问题频发的临海超高层公寓建筑为研究对象，采用 CONTAM 软件建立数值模型，对通高电梯烟囱效应压差分布进行数值模拟分析，并与相关规范进行对比验证。同时，针对强烟囱效应压差过大问题，结合现场实际情况，通过数值模拟研究，探索适用于既有"问题建筑"的治理措施与解决方案，为类似工程提供技术参考与实践指导。

2　烟囱效应数值模拟分析

该建筑主塔共 38 层，建筑高度为 156m，标准层高为 3.6m，属于典型的超高层公寓项目（图 1）。研究首先基于建筑设计资料，利用 CONTAM 软件构建多区域网络数值模型（图 2 为标准层 COMTAM 模型图），重点对通高电梯的压差分布特性进行深入分析。参考文献[2]，考虑本项目位于滨海区域，三面环海，且冬季气温较市区更低，因此模拟计算中冬季室外计算温度取 6℃，室内温度设定为 20℃。由于烟囱效应主要由室内外温差引起的热压差驱动，模拟中暂未考虑风压的影响。

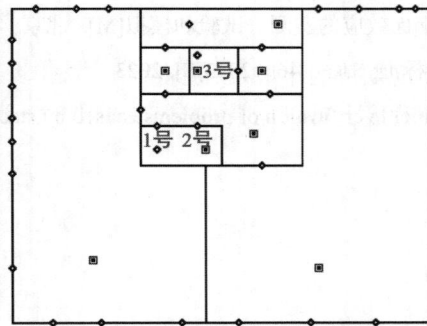

图 1　建筑立面图　　　图 2　CONTAM 模型图（标准层）　　　图 3　1 号电梯厅门内外压差分布图

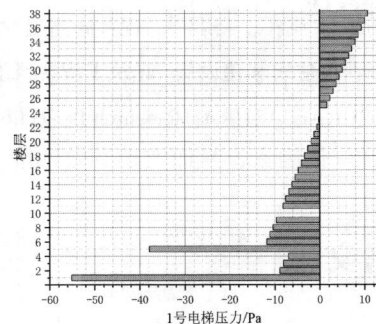

通过数值计算，得到 1 号电梯（通高电梯，客梯）厅门内外的压差分布（图 3），分析结果如下：（1）1号电梯厅门在首层大堂和五层架空大堂的压差较大，分别为−55.1Pa 和−37.9Pa。负压值表明室外空气通过首层大堂渗入建筑内部，并在电梯井道内形成自下而上的烟囱效应上升气流。其主要原因是首层大堂门尺寸较大且日常处于敞开状态，导致室外空气大量渗入。（2）在第 23 层，1 号电梯厅门的压差为−0.2Pa，接近 0Pa，表明该层为中和面。（3）在第 38 层（顶层），1 号电梯厅门的压差为 10.7Pa，压差为正，表明烟囱效应空气

基金项目：国家自然科学基金项目（52178480）

流从电梯井道渗出，最终排出室外。上述分析结果揭示了烟囱效应在建筑内部的压差分布规律，为后续治理措施的制定提供了重要依据。

3   治理措施研究

实地调研发现，项目建成运营三年以来，每年夏季台风季节以及冬季室内外温差较大时，地下室、首层及五层均出现强烟囱效应，导致电梯厅门无法自动关闭，且电梯井道因强烟囱效应气流产生啸叫现象。这些问题与数值模拟结果吻合，进一步验证了模拟的准确性。

根据有关规范，为保证电梯正常运行，电梯层门承压阈值不应超过 50Pa；对于噪声要求较高的项目，电梯层门承压阈值不宜超过 25Pa[2-3]。然而，结合数值模拟结果分析，本项目烟囱效应导致的压差显著超出上述规范限值，亟需采取有效的治理措施。为解决上述问题，研究通过修改 CONTAM 数值模型中的通气流通路径和参数设置，提出以下优化方案：（1）将首层及五层的大堂门设置为常闭状态，减少室外空气渗入；（2）在首层及五层电梯厅与大堂之间增设隔断门，进一步阻断烟囱效应气流的形成。

优化方案模拟结果显示，采取上述措施后，各楼层电梯厅门的压差均降至 20Pa 以下，满足规范要求。通过与物业协商，按照数值模拟提出的方案实施优化措施后，有效缓解了底层电梯厅门无法关闭及电梯井道啸叫等问题，显著提升了建筑的使用功能性和舒适性。

4   结论

本文针对深圳滨海区某超高层公寓建筑烟囱效应问题频发的问题，采用 CONTAM 软件建立数值模型，对通高电梯的压差分布进行了数值模拟分析。结果表明，1#通高电梯在建筑首层大堂和五层架空大堂的压差分别为 −55.1Pa 和 −37.9Pa，显著超出规范限值，导致电梯厅门关闭故障及电梯井道啸叫等问题。数值模拟结果合理性通过实地调研得到验证。基于模拟分析，研究提出了在烟囱效应气流流通路径上增设隔断等优化技术措施，显著改善了电梯运行状态和建筑使用舒适性。本文研究为类似超高层公寓建筑的烟囱效应治理提供了可借鉴的解决方案。

参考文献

[1]   杨易，卢晓民，陈昌伟. 现代超高层建筑烟囱效应的实测、试验和模拟[M]. 北京: 科学出版社, 2022.

[2]   深圳市住房和建设局. 建筑工程抗风设计标准: SJG 146—2023[S]. 2023.

[3]   ASHRAE. ASHRAE Research Project 661-Field verification of problems caused by stack effect in tall buildings[R]. 1993.

附录

中国土木工程学会桥梁及结构工程分会
历届全国结构风工程学术会议一览表

No	会议名称	时间	地点	出席人数	出版或交流论文数	承办单位	主办单位
1	全国建筑空气动力学实验技术讨论会（第一届）	1983.11	广东新会	35	约30篇（无论文集）	广东省建筑科学研究所	中国空气动力研究会工业空气动力学专业委员会
2	全国结构风振与建筑空气动力学学术讨论会（第二届）	1985.05	上海	63	（论文集）	同济大学	中国空气动力研究会工业空气动力学专业委员会
3	第三届全国结构风效应学术会议	1988.05	上海	57	53（论文集）	同济大学	中国空气动力研究会工业空气动力学专业委员会风对结构作用学组 中国土木工程学会桥梁及结构工程分会风工程委员会
4	第四届全国结构风效应学术会议	1989.12	广东顺德	98	39（论文集）	广东省建筑科学研究所	
5	第五届全国结构风效应学术会议	1991.10	浙江宁波	51	38（论文集）	镇海石油化工设计所	
6	第六届全国结构风效应学术会议	1993.10	福建福州		40（论文集，同济大学出版社）	福州大学	中国土木工程学会桥梁及结构工程分会风工程委员会 中国空气动力学会风工程与工业空气动力学专业委员会建筑与结构学组
7	第七届全国结构风效应学术会议	1995.09	重庆		38（论文集，重庆大学出版社）	重庆大学	
8	第八届全国结构风效应学术会议	1997.10	江西庐山	71	41（论文集，同济大学出版社）	江西省建筑学会	
9	第九届全国结构风效应学术会议	1999.10	浙江温州		43（论文集）	温州市建筑学会	
10	第十届全国结构风工程学术会议	2001.11	广西龙胜	71	67（论文集）	同济大学	
11	第十一届全国结构风工程学术会议	2003.12	海南三亚	112	90（论文集）	同济大学	
12	第十二届全国结构风工程学术会议	2005.10	陕西西安	133	131（论文集）	长安大学	中国土木工程学会桥梁及结构工程分会风工程委员会
13	第十三届全国结构风工程学术会议	2007.10	辽宁大连	169	185（论文集）	大连理工大学	
14	第十四届全国结构风工程学术会议	2009.08	北京	185	164（论文集）	中国建筑科学研究院，同济大学	

No	会议名称	时间	地点	出席人数	出版或交流论文数	承办单位	主办单位
15	第十五届全国结构风工程学术会议暨第一届全国风工程研究生论坛	2011.08	浙江杭州	120 + 70	80 + 64（论文集）	浙江大学 同济大学	中国土木工程学会桥梁及结构工程分会风工程委员会 中国空气动力学会风工程和工业空气动力学专业委员会
16	第十六届全国结构风工程学术会议暨第二届全国风工程研究生论坛	2013.07-08	四川成都	143 + 115	95 + 114（论文集）	西南交通大学 同济大学	
17	第十七届全国结构风工程学术会议暨第三届全国风工程研究生论坛	2015.08	湖北武汉	165 + 176	107 + 130（论文集）	武汉大学 同济大学	
18	第十八届全国结构风工程学术会议暨第四届全国风工程研究生论坛	2017.08	湖南长沙	307 + 297	130 + 209（论文集）	中南大学 同济大学	
19	第十九届全国结构风工程学术会议暨第五届全国风工程研究生论坛	2019.04	福建厦门	274 + 323	138 + 246（论文集）	厦门理工学院 同济大学	中国土木工程学会桥梁及结构工程分会 中国空气动力学会风工程和工业空气动力学专业委员会
20	第二十届全国结构风工程学术会议暨第六届全国风工程研究生论坛	2021.11	广东广州 + 线上	1633	147 + 319（论文集）	华南理工大学 同济大学	
21	第二十一届全国结构风工程学术会议暨第七届全国风工程研究生论坛	2023.08	湖南长沙	385 + 385	168 + 365（论文集）	湖南大学 同济大学	

注：出席人数一列中，"+"前为非研究生代表人数，"+"后为研究生代表人数；论文数一列中，"+"前为结构风工程学术会议论文数，"+"后为风工程研究生论坛论文数。

中国土木工程学会桥梁及结构工程分会其他结构风工程全国性会议一览表

No	会议名称	时间	地点	出席人数	出版或交流论文数	承办单位	主办单位
1	全国结构风工程实验技术研讨会	2004.11	湖南长沙	64	32（论文集）	湖南大学	中国土木工程学会桥梁及结构工程分会风工程委员会 中国空气动力学会风工程与工业空气动力学专业委员会建筑与结构学组
2	全国结构风工程基础研究研讨会	2008.08	黑龙江哈尔滨	62	基金重大计划项目交流	哈尔滨工业大学	中国土木工程学会桥梁及结构工程分会风工程委员会
3	中国结构风工程研究30周年纪念大会	2010.06	上海	68	16（纪念册）	同济大学 上海建筑科学研究院	
4	风工程学术委员会会议暨第三届桥梁工程科技发展与创新技术：桥梁与结构抗风	2020.12	上海	线下130＋线上140	11（讲稿论文集）	同济大学桥梁工程系/桥梁工程研究所；同济大学土木工程防灾国家重点实验室风洞试验室	中国土木工程学会桥梁及结构工程分会风工程委员会
5	第一届同济桥梁与结构风工程论坛	2022.7	上海	651线上	12（讲稿论文集）	同济大学土木工程防灾国家重点实验室风洞试验室	中国土木工程学会桥梁及结构工程分会风工程委员会
6	风工程学术委员会2022年度会议暨重大工程抗风创新论坛	2022.12	黑龙江哈尔滨	1087线上	10（讲稿论文集）	哈尔滨工业大学、同济大学	中国土木工程学会桥梁及结构工程分会风工程委员会
7	第二届同济桥梁与结构风工程论坛	2023.7	上海	64线下＋305线上	12（讲稿论文集）	同济大学土木工程防灾国家重点实验室风洞试验室	中国土木工程学会桥梁及结构工程分会风工程委员会
8	第三届同济桥梁与结构风工程论坛暨风工程学术委员会2024年度会议	2024.8	上海	56线下＋197线上	7（讲稿论文集）	同济大学土木工程防灾国家重点实验室风洞试验室	中国土木工程学会桥梁及结构工程分会风工程委员会

中国土木工程学会桥梁及结构工程分会
中国空气动力学会风工程和工业空气动力学专业委员会 主编

第二十二届全国结构风工程学术会议
暨第八届全国风工程研究生论坛

THE 22ND NATIONAL CONFERENCE ON STRUCTURAL WIND ENGINEERING
THE 8TH NATIONAL FORUM ON WIND ENGINEERING FOR GRADUATE STUDENTS

论文集

上册

2025.07.24—2025.07.27　重庆

中国建筑工业出版社

图书在版编目（CIP）数据

第二十二届全国结构风工程学术会议暨第八届全国风
工程研究生论坛论文集 ＝ THE 22ND NATIONAL
CONFERENCE ON STRUCTURAL WIND ENGINEERING THE 8TH
NATIONAL FORUM ON WIND ENGINEERING FOR GRADUATE
STUDENTS：上、下册 / 中国土木工程学会桥梁及结构工
程分会，中国空气动力学会风工程和工业空气动力学专业
委员会主编. -- 北京 ： 中国建筑工业出版社, 2025. 7.
ISBN 978-7-112-31301-3

Ⅰ. TU352.204-53

中国国家版本馆 CIP 数据核字第 2025JF4630 号

　　本论文集分为"第二十二届全国结构风工程学术会议"论文（上册）与"第八届全国风工程研究生论坛"论文（下册）两部分，上册包括大会特邀报告，以及边界层特性与风环境、钝体空气动力学、特异风环境及结构效应、高层与高耸结构抗风、大跨空间与悬吊结构抗风、低矮房屋结构抗风、大跨度桥梁抗风、清洁能源结构抗风、输电塔线抗风、车辆空气动力学与抗风安全、风致多重灾害问题、风洞及其试验技术、智能技术与风工程、计算风工程方法与应用、风资源评估与利用、风沙科学与工程、其他风工程和空气动力学问题等 17 个主题，下册无大会特邀报告和风沙科学与工程主题，但增加了索结构抗风主题。论文集共收录 528 篇论文，上册包括风工程学术会议论文 187 篇，其中包括 6 篇大会特邀报告；下册包括风工程研究生论坛论文 341 篇，反映了近两年来我国结构风工程研究的最新理念、成果与进展。

　　本书可供从事风工程研究的科研人员、高等院校相关专业师生和土木工程结构设计院所工程师参考。

责任编辑：刘瑞霞　梁瀛元
责任校对：赵　菲

第二十二届全国结构风工程学术会议暨第八届全国风工程研究生论坛论文集
THE 22ND NATIONAL CONFERENCE ON STRUCTURAL WIND ENGINEERING
THE 8TH NATIONAL FORUM ON WIND ENGINEERING FOR GRADUATE STUDENTS
中 国 土 木 工 程 学 会 桥 梁 及 结 构 工 程 分 会
中国空气动力学会风工程和工业空气动力学专业委员会　　主编
*
中国建筑工业出版社出版、发行（北京海淀三里河路 9 号）
各地新华书店、建筑书店经销
国排高科（北京）人工智能科技有限公司制版
北京圣夫亚美印刷有限公司印刷
*
开本：880 毫米×1230 毫米　1/16　印张：71　字数：2387 千字
2025 年 7 月第一版　　2025 年 7 月第一次印刷
定价：**249.00** 元（上、下册）
ISBN 978-7-112-31301-3
（45313）

第二十二届全国结构风工程学术会议
暨第八届全国风工程研究生论坛

主办单位： 中国土木工程学会桥梁及结构工程分会

中国空气动力学会风工程和工业空气动力学专业委员会

承办单位： 重庆大学（土木工程学院，山区土木工程安全与韧性全国重点实验室）

同济大学土木工程防灾减灾全国重点实验室

协办单位： 广西大学土木建筑工程学院

重庆交通大学土木工程学院

重庆科技大学土木与水利工程学院

哈尔滨工业大学土木工程学院

石家庄铁道大学风工程研究中心

华中科技大学土木与水利工程学院

同济大学桥梁结构抗风技术交通运输行业重点实验室

绵阳六维科技有限责任公司

湖南大学土木工程学院

西南交通大学风工程四川省重点实验室

中国建筑科学研究院中建研科技股份有限公司风洞实验室

中国空气动力研究与发展中心低速空气动力研究所

高性能风电设施及其高效运行学科创新基地（重庆大学）

中国工程建设标准化协会抗风减灾与风能利用专业委员会

风工程与风资源利用重庆市重点实验室

《Advances in Wind Engineering》期刊

赞助单位： 常州坤维传感科技有限公司

中航工程集成设备有限公司

蓝点触控（北京）科技有限公司

昆山御宾电子科技有限公司

约克科技有限公司

深圳市如本科技有限公司

青岛镭测创芯科技有限公司

ATI 工业自动化

江苏东华测试技术股份有限公司

北京思莫特科技有限公司

曙光智算信息技术有限公司

北京华云信通科技发展有限公司

合肥中科君达视界技术股份有限公司

普朗特（天津）工程技术有限公司

成都英鑫光电科技有限公司

衡橡科技股份有限公司

会议学术委员会

顾　　问：　项海帆（同济大学）

　　　　　　陈政清（湖南大学）

　　　　　　李　惠（哈尔滨工业大学）

　　　　　　葛耀君（同济大学）

主　　席：　朱乐东（同济大学）

副 主 席：　杨庆山（重庆大学）

　　　　　　李明水（西南交通大学）

　　　　　　华旭刚（湖南大学）

　　　　　　陈　凯（中国建筑科学研究院）

　　　　　　黄汉杰（中国空气动力研究与发展中心）

秘　　书：　赵　林（同济大学/广西大学）

委　　员：

鲍卫刚	蔡春声	操金鑫	曹曙阳	陈　波	陈昌萍	陈　淳
陈　凯	陈甦人	陈文礼	陈新中	戴建国	戴益民	杜晓庆
方平治	傅继阳	高广中	郭安薪	郭　健	韩　艳	韩兆龙
何旭辉	胡　钢	华旭刚	黄国庆	黄汉杰	黄浩辉	黄铭枫
黄　鹏	柯世堂	赖志超	冷予冰	李　波	李　惠	李春祥
李加武	李龙安	李明水	李秋胜	李寿英	李永乐	李正良
李正农	梁旭东	刘庆宽	刘天成	刘震卿	刘志文	楼文娟
罗国强	马存明	裴永忠	秦加成	宋丽莉	唐　意	王丙兰
王　浩	王国砚	王钦华	王小松	魏文晖	吴　腾	武　岳
谢正元	谢壮宁	辛大波	许福友	杨　华	杨庆山	杨仕超

杨　易　叶继红　于晓野　张宏杰　张　伟　张伟育　张文明
张永升　张宇敏　张正维　张志田　赵　林　赵玘冰　郑文涛
周　岱　周新平　周晅毅　朱乐东　祝志文　邹良浩

会议组织委员会

名誉主席： 田村幸雄（重庆大学）

主　　席： 杨庆山（重庆大学）

执行主席
兼秘书长： 陈　波（重庆大学）

副 主 席： 赵　林（同济大学/广西大学）　郭增伟（重庆交通大学）
　　　　　　孙　毅（重庆科技大学）

副秘书长： 回　忆（重庆大学）　操金鑫（同济大学）　李　珂（重庆大学）
　　　　　　崔　巍（同济大学）

委　　员： 陈　波（重庆大学）　陈增顺（重庆大学）　郭坤鹏（重庆大学）
　　　　　　黄国庆（重庆大学）　回　忆（重庆大学）　李　珂（重庆大学）
　　　　　　李少鹏（重庆大学）　李　天（重庆大学）　李　潇（重庆大学）
　　　　　　李雨桐（重庆大学）　李正良（重庆大学）　刘　敏（重庆大学）
　　　　　　彭留留（重庆大学）　苏　益（重庆大学）　檀忠旭（重庆大学）
　　　　　　田村幸雄（重庆大学）　杨庆山（重庆大学）　杨　阳（重庆大学）
　　　　　　汪之松（重庆大学）　闫渤文（重庆大学）　周　旭（重庆大学）
　　　　　　操金鑫（同济大学）　崔　巍（同济大学）　方根深（同济大学）
　　　　　　黄　鹏（同济大学）　温作鹏（同济大学）　徐　乐（同济大学）
　　　　　　赵　林（同济大学/广西大学）　朱　青（同济大学）
　　　　　　朱乐东（同济大学）　郭增伟（重庆交通大学）
　　　　　　刘小会（重庆交通大学）　吴　波（重庆交通大学）
　　　　　　单文姗（重庆科技大学）　赖马树金（哈尔滨工业大学）

孙　毅（重庆科技大学）　刘庆宽（石家庄铁道大学）

钟永力（重庆科技大学）　刘震卿（华中科技大学）

研究生委员： 程　浩（重庆大学，主席）　王子龙（同济大学，副主席）

潘　杰（重庆大学）　唐俊义（重庆大学）　王诗涵（同济大学）

郑继海（同济大学）　杜文凯（长安大学）　李思成（长安大学）

陈　旭（长沙理工大学）　刘怡辰（重庆科技大学）

高伟杰（东南大学）　许　楠（哈尔滨工业大学）

杨思尧（哈尔滨工业大学）　文长城（海南大学）

曹镜韬（湖南大学）　周　旭（湖南大学）　刘泰廷（湖南科技大学）

胡松雁（华南理工大学）　柴晓兵（石家庄铁道大学）

王滨璇（石家庄铁道大学）　陈　韬（武汉理工大学）

李健琨（西南交通大学）　林钟毓（西南交通大学）

赵勇飞（西南交通大学）　高　迈（浙江大学）　吉晓宇（中南大学）

曾世钦（中南大学）

本书编委会

主　编：朱乐乐　赵　林　陈　波　杨庆山

编　委：（按照姓氏拼音排序）
　　　　操金鑫　崔　巍　回　忆

前　言

自 1983 年 11 月在广东新会举行第一届会议以来，全国结构风工程学术会议至今已累计举行了 22 届。为了适应我国风工程研究、教学和交流规模不断发展的新形势，自 2011 年 8 月举行的"第十五届全国结构风工程学术会议"起，同期召开了面向广大研究生的"全国风工程研究生论坛"。本次"第二十二届全国结构风工程学术会议暨第八届全国风工程研究生论坛"于 2025 年 7 月 24 日至 27 日重庆市召开，是我国结构风工程界交流学术观点和理念、科研成果及其应用的又一次盛会。

"第二十二届全国结构风工程学术会议"共录用学术论文 187 篇，其中包括 6 篇大会特邀报告。"第八届全国风工程研究生论坛"共录用学术论文 341 篇。录用论文反映了近两年来我国结构风工程研究的最新理念、成果与进展。收录的论文按"全国结构风工程学术会议"和"全国风工程研究生论坛"分为两大部分，主题包括：边界层特性与风环境；钝体空气动力学；特异风环境及结构效应；高层与高耸结构抗风；大跨空间与悬吊结构抗风；低矮房屋结构抗风；大跨度桥梁抗风；索结构抗风；清洁能源结构抗风；输电塔线抗风；车辆空气动力学与抗风安全；风致多重灾害问题；风洞及其试验技术；智能技术与风工程；计算风工程方法与应用；风资源评估与利用；风沙科学与工程；其他风工程和空气动力学问题共 18 个，其中纸质论文集仅收录所有录用论文的扩展摘要，并正式出版；而电子论文集则收录所有录用论文的摘要和全文（未正式出版）供与会代表内部交流。

本次大会邀请了同济大学朱乐东教授、上海交通大学周岱教授、哈尔滨工业大学（深圳）段忠东教授、东南大学陈甦人教授、哈尔滨工业大学陈文礼教授、重庆大学黄国庆教授共 6 位我国风工程领域著名学者作大会报告，内容涉及超大跨桥梁风致静动力失稳、工程风场智能预报和精细模拟分析、台风模拟、车辆抗风预警、高时空分辨率流场重构、海上固定式风机支撑结构动力学等 6 个方面。

为全国风工程领域的工作人员和研究生提供一个能够充分交流各自成熟或非成熟的创新学术观点和理念以及最新研究成果的平台，是"全国结构风工程学术会议"和"全国风工程研究生论坛"一如既往的宗旨。因此，允许作者根据学术交流后的反馈结果对论文全文进行适当的修改后向相关学术期刊投稿。

本次会议得到了中国土木工程学会、中国空气动力学会两个上级学会的大力支持和指导，也得到了许多协办单位和多家公司的热情赞助，借此致以衷心的感谢。

由于时间有限，论文集中难免存在疏漏。如有谬误，敬请谅解，欢迎广大读者批评指正。

中国土木工程学会桥梁及结构工程分会

中国空气动力学会风工程和工业空气动力学专业委员会

2025 年 6 月

目 录

风工程会议

■ 大会特邀报告

■ 边界层特性与风环境

■ 钝体空气动力学

■ 特异风环境及结构效应

■ 高层与高耸结构抗风

■ 大跨空间与悬吊结构抗风

■ 低矮房屋结构抗风

■ 大跨度桥梁抗风

■ 清洁能源结构抗风

■ 风致多重灾害问题

■ 风洞及其试验技术

■ 智能技术与风工程

计算风工程方法与应用

风资源评估与利用

风沙科学与工程

■ 其他风工程和空气动力学问题

研究生论坛

■ 边界层特性与风环境

■ 钝体空气动力学

■ 特异风环境及结构效应

■ 索结构抗风

■ 清洁能源结构抗风

■ 输电塔线抗风

■ 车辆空气动力学与抗风安全

■ 风致多重灾害问题

■ 风洞及其试验技术

■ 智能技术与风工程

■ 计算风工程方法与应用

■ 风资源评估与利用

■ 其他风工程和空气动力学问题

■ 附录

风工程会议

工程风场智能预报与精细模拟分析

周 岱[1]，曹 勇[2]

（ 1. 上海交通大学船舶海洋与建筑工程学院 上海 200240；
2. 上海交通大学船舶海洋与建筑工程学院 上海 200240 ）

1 引言

运用计算流体动力学、人工智能和气象学理论等多学科融合方法研究风工程问题，是当前前沿研究方向。本文从工程风场的中-微跨尺度耦合模型及预报、工程尾流湍流预报、风场风速时序特性预测和修复、工程尾流湍流和极值风压精细模拟分析等方面，介绍工程风场智能预报和精细模拟分析研究成果。

2 工程风场的中-微跨尺度耦合模型及智能预报

工程风场分析一般采用微尺度计算流体动力学（CFD）数值模拟方法，该方法可显式地求解建筑物、起伏地形等障碍物的分离流和尾流等流动特征，并具有较高的时空分辨率（数米～百米网格分辨率，数秒～数分钟时间分辨率），可实现对工程结构风场风压的高精度预测。但微尺度 CFD 模拟没有考虑真实自然环境中太阳辐射、云雨、地面热/湿通量等大气多物理场复杂过程，难以再现锋面、雷暴、低空急流等真实环境场。中尺度气象模型（WRF：Weather Research and Forecasting Model）可弥补 CFD 模拟的不足，实现真实中尺度气象条件的预测（千米级网格分辨率）。嵌套气象中尺度模型信息到微尺度 CFD 模型的多尺度模型，是预报真实复杂环境作用下结构风场和风效应的新方法。

本文研究回答气象中尺度模型是否具有预测微尺度风场绕流湍流的能力，如何提高基于气象模型-大涡模拟（WRF-LES）技术的微尺度湍流生成精度，如何实现多尺度模型中的跨尺度衔接。首先，系统对比了气象中尺度模型 WRF 与微尺度 CFD 模型的湍流预测能力，检验了对流差分格式、湍流模型等对风场湍流预测的影响规律和机理。研究发现，在计算网格、边界条件、湍流模型等基本相同的情况下，气象模型 WRF-LES 与微尺度模型 CFD-LES 方法对风场湍流的预测能力基本相同。其次，针对多尺度模型的尺度衔接不连贯、湍流生成缓慢等难题，研究提出了基于对抗神经网络的能量串级超分辨率模型[1]（EC-SRGAN），如图 1 所示，运用该模型可生成灵活匹配小尺度网格的风场湍流，并具有零样本迁移的高泛化性能。其可靠性和实用性在 WRF 框架内的跨尺度网格嵌套、WRF 与 CFD 之间的跨尺度衔接中获得验证。

3 嵌入物理信息的工程尾流湍流智能预报

工程结构尾流的精细化模拟涉及高维数据微分方程求解，计算负荷高、耗时长，难以实现工程风场的快速预测。本文研究基于少量监测采样点特征信息的风尾流场全域湍流高可信重构。首先，利用少量固定采样点的风场系数信息，比较分析卷积神经网络、多层感知机、生成对抗网络等方法对风尾流场湍流的重构性能，研究发现生成对抗网络在重建小尺度风场旋涡时具有明显优势。其次，针对监测采样点位置与数量的不确定性（位置固定或移动、样点数量多与少），研究提出了基于生成对抗网络、物理信息约束的 GAN-UNet 模型重构方法，利用测点数量和位置随机变化的少数监测点信息，高精度重构全域风尾流场。研究显示，本方法具有高泛化能力，可适应不同随机测点布置、不同雷诺数、不同钝体形状情景的风尾流场重构[2]。该方法可进一步应用于城区真实风环境的智能快速重构。

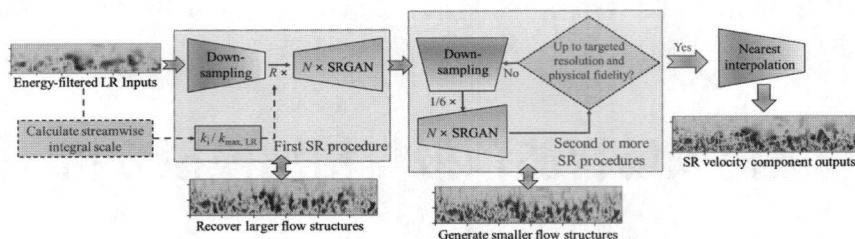

图 1 多尺度模型中的能量串级超分辨率湍流生成模型[1]

4 风场风速时序特性智能预测和修复

把握风场风速特性是开展工程结构抗风减灾设计分析和风能资源评价研究的前提条件。在时间序列上，涉及风场未来风速特性预测、风场历史缺失信息补全和修复等。本文运用集成经验模态分解技术和长短期记忆网络方法，构建了一维短期未来风速特性高精度智能预测技术；运用卷积神经网络和长短期记忆网络方法，建立二维短期未来风速特性高精度智能预测技术。针对非线性风速信息的不规则缺失，提出了风场风速历史时序的高可信补全修复方法，风速特征包括一般非线性波动和强非线性波动，信息不规则缺失包括随机缺失和连续缺失等。

5 工程尾流湍流和极值风压精细模拟分析

准确预报工程结构在真实风环境下的尾流特征和气动力特征，是结构抗风减灾分析的前提。迄今物理试验和数值模拟多在雷诺数 10^4 及以下，这与工程结构的真实雷诺数（$>10^6$ 或 10^7）相差明显，直接影响结构风荷载预测的可靠性。一方面，本文研究了基于超算算力的高雷诺数钝体结构尾流精细化大涡模拟技术，实现了超临界雷诺数钝体绕流分离-转捩-再附湍流过程的高精度预报，阐明了圆角方柱结构物、半球状结构物三维流动特性及风载作用的雷诺数影响规律。另一方面，研究了高雷诺数下柱体形状建筑结构的尾流拓扑和建筑物表面极值压力，引入高精度壁面网格技术，运用临界点理论描述复杂三维分离流特征，揭示了高雷诺数湍流来流下近壁面三维尾流和尾流分离拓扑[3]，阐明了结构表面极值负压时空演化规律，提出了极值风压的卷积神经网络预测方法。

6 结论

本文开展了工程风场智能预报和精细化分析的研究。研究发现，风工程与人工智能有机结合，AI 赋能传统风工程，形成智能风工程新领域，可为研究风工程问题提供高效率、高精度、高可信的解决方案。

参考文献

[1] WU H, ZHANG K, ZHOU D, et al. High-flexibility reconstruction of small-scale motions in wall turbulence using a generalized zero-shot learning[J]. Journal of Fluid Mechanics, 2024, 990(R1).

[2] XIE P, LI R, CHEN Y, et al. A Physics-informed deep learning model to reconstruct turbulent wake from random sparse data[J]. Physics of Fluids, 2024, 36: 065145.

[3] CAO Y, TAMURA T, ZHOU D, et al. Topological description of near-wall flows around a surface-mounted square cylinder a high Reynolds numbers[J]. Journal of Fluid Mechanics, 2022, 933(A39).

随机台风模型生成的台风有多"真实"?

段忠东

（哈尔滨工业大学（深圳） 深圳 518055）

1 引言

台风、地震等自然灾害发生频度低，灾害影响大，灾害损失不确定性大，采用巨灾模拟技术对其进行危险性与风险量化分析已成为金融、保险和再保险行业的通行做法，也越来越为工程及基础设施设计和防灾减损实践所接受。

巨灾模拟首先通过随机台风计算机模型，产生尽可能长时间序列的灾害事件集（一般长达几十年，甚至数百上千年）。生成的"虚拟"灾害事件集的合理性是首要关心的问题。基于随机台风模拟的台风危险性分析方法自 20 世纪 70 年代发展以来，随机台风模型的发展经过了局域模型、经验全路径模型和融合物理机制的全路径模型等阶段。融合物理机制的台风建模可以减少对观测数据的依赖，也为考虑气候变化对台风活动的影响提供了可能。同时，基于物理机制的台风随机模拟也具有更好的鲁棒性。

台风风场模型是台风巨灾模型的另一个关键组分。台风风场由简单的梯度风模型、二维平板模型发展到了三维解析风场模型。前两类模型依靠经验的边界层风剖面函数或系数，将模型计算的台风风速推算到标准高度风速。第三类模型由于在高度方向上采用了解析表达，为考虑地形地貌影响、精细模拟近地边界层风场提供了可能。

台风除了带来强风和造成风灾之外，还常常引发强降水和风暴潮，带来洪涝和地质灾害。因此，台风降水和风暴潮模型也是台风巨灾模型的重要组成部分。台风降水模拟在不同阶段发展了统计关系模型和参数化降水模型。台风降水呈现局地和短时特点，降水现象涉及气流运动的动力学过程（风场）和水气凝结的热力学过程，其模拟更具挑战性。统计关系模型通常能较好地模拟空间和时间上的平均降水，但对于往往造成严重灾害的短时、局地计算降水预报能力欠佳。台风参数化降水模型可以较好地模拟降水的空间非均匀性。另外，台风风暴潮模拟需要考虑复杂海底地形和海岸线形状的大规模水体水动力方程求解，计算量巨大。

气候变化导致孕灾环境变化，从而改变灾害的危险性。台风年发生的数量、路径和强度都可能在气温变暖条件下发生改变。气候变化带来灾害变化的不确定性，叠加巨灾本身固有的不确定性，给灾害模拟和危险性分析带来更大的挑战。

巨灾的概念和巨灾模拟技术发源于保险和再保险行业，也越来越成为城市与工程防灾减灾和城市灾害韧性评价的科学手段。

2 台风模型

采用统计和台风动力学相结合的方法，发展了基于高斯核函数拟合的热带气旋发生时空分布模型、基于大气引导气流和 Beta 漂流的热带气旋路径模型、热带气旋演变过程简化模拟为卡诺热机热力循环的气旋强度预测模型。这里称之为统计-动力学台风模型。该模型较好地融合了台风观测记录和台风演变的物理机制，降低了模型对台风观测记录的依赖。

台风作为大尺度旋涡，边界层内空气微团由气压梯度力、重力、摩擦力、Coriolis 力以及离心力平衡。在近地面采用梯度风速和摩擦风速分离的方法，配合适当的湍流闭合方案，通过数值求解空气运动方程，可获得台风风场三维解析模型。该类模型可以考虑地形起伏和不同地表覆盖物对风场的影响，从而为获得近地面空间风场提供了可能。

台风降水是湿空气受到台风动力作用向上抬升，逐渐冷凝成水滴并降落到地面的过程。合理地模拟空气的垂直运动是预报台风边界层降水的关键技术之一。综合考虑垂直向风的动力运动和下垫面地形、台风涡旋演变及环境风切变等对风速的影响，可以建立台风参数化降水模型。但对形成台风降水的水气凝结等热力学过程，目前还缺乏有效的参数化手段。

3 台风事件集检验

通过从统计上检验生成的虚拟台风事件集的表现来考察随机台风模型的性能。检验维度包括台风事件维度（台风频率、轨迹、强度等）以及台风结构维度（气压剖面、最大风速半径等）。

另一方面，如果把若干年的历史台风记录看作是自然界大气演变这一随机过程的唯一一次抽样（真实样本集），那么通过随机台风事件模型就可以反复地"重现历史"—获得多个台风事件集（虚拟样本集）。比较唯一的真实样本集在多组虚拟样本集的统计区间的位置，可以在一定程度上衡量产生的台风事件集的"真实性"。

4 气候变化与台风危险性

由于人类活动导致气候变暖已经是事实。由于碳排放路径和气候模式模拟结果的不确定性，导致气候变暖条件下未来的台风活动和强度变化存在非常大的不确定性。气候变暖下地球气候演变路径依赖全球气候模式的模拟。对气候变暖情景下台风危险性进行预估，其中的关键问题之一就是如何从气候模式结果中可靠地检测出台风的足迹。

5 结论

本报告首先回顾台风事件模拟技术及其发展历史；以近二十年发展起来的统计-动力学台风全路径合成模型为例，提出从台风事件（包括台风频率、路径和强度）和台风结构等维度考察随机生成台风事件的"真实性"；分析目前台风模型的局限性，提出若干改进的方向。最后，以全球气候变暖为背景，介绍我们对未来西北太平洋台风活动和危险性变化的预估方法。

基于可靠度的车辆抗风安全高效预警及智能管控研究

陈甦人，熊籽跞

（东南大学交通学院桥梁工程系 南京 211189）

1 引言

气候变暖背景下，强风灾害日益频发，对车辆行车安全造成了极大威胁。为保障生命财产安全和交通效率，亟需发展基于科学分析的车辆抗风安全评估与优化方法。过往研究已推动车辆抗风安全评估从确定性分析演变为概率性分析[1-3]，以考虑真实世界中复杂的不确定性，从而准确评估风致车辆事故风险。然而，可靠的概率性车辆抗风安全评估具有极大的计算代价。若进一步开展行车风险管控，则产生了复杂的基于概率性分析的安全优化问题。因此，当前的车辆抗风安全评估与优化方法存在效率和精度两难困境，难以支持准确、及时的风致车辆事故风险预警和管控。本文介绍了利用多保真建模赋能车辆抗风安全评估与优化的系列工作，其核心思想在于使用高保真模型保证分析精度并使用低保真模型提高分析效率。针对安全评估和优化问题，分别提出了改进交叉熵多保真重要性抽样方法和多保真非参数随机子集优化方法，并通过应用于风环境下的路上行车风险预警和管控进行了验证。研究表明提出的方法能在保证精度的前提下，大幅加速车辆抗风安全评估与优化。最后，本文讨论了将提出的方法推广至风环境下的桥上行车风险预警和管控所面临的技术难点与初步方案。

2 研究方法

2.1 基于改进交叉熵多保真重要性抽样方法的车辆抗风安全评估

任一随机系统的安全可靠度均可通过计算系统在不确定条件下的失效概率表征。一般地，失效概率可表示为：$P_f = \int_{\Omega_f} f(\boldsymbol{x}) \mathrm{d}\boldsymbol{x} = \int_X I_{\Omega_f}(\boldsymbol{x}) f(\boldsymbol{x}) \mathrm{d}\boldsymbol{x}$。其中，$f(\boldsymbol{x})$表示系统随机参数$\boldsymbol{x}$的概率密度函数（PDF）；$I_{\Omega_f}(\boldsymbol{x})$表示关于$\boldsymbol{x}$的指标函数，该函数在$\boldsymbol{x} \in \Omega_f$（$\boldsymbol{x}$的取值使系统处于失效空间$\Omega_f$内）时取值为1，反之为0。针对车辆抗风安全评估，通常可使用物理模型描述相应的随机系统，如使用考虑风荷载和其他外部作用的车辆动力学模型分析车辆行驶在路上或桥上时的动力响应，从而评估车辆是否发生事故（如侧翻和侧滑）或"系统失效"。基于物理模型，已有众多可靠度分析方法可用于估计失效概率。对于车辆抗风安全分析这类系统响应规律复杂、失效后果严峻的问题，往往需要通过基于抽样的可靠度分析估计失效概率，即通过生成$\boldsymbol{x}$的多个样本估算P_f。其中，每生成一个新的样本就需要运行一次物理模型分析车辆响应。因此，运用能准确反映真实世界规律的高保真物理模型估计风致车辆失效概率会产生极大的计算代价，因而难以满足及时预警的工程实际需求。

受车辆抗风安全物理分析模型的发展历程启发，本文提出利用低保真物理模型加速可靠度分析的思想。总体而言，通过引入重要性抽样方法，将车辆抗风可靠度分析问题转换为寻找重要性概率密度函数和开展重要性抽样两个子问题。之后，利用能反映一定真实世界规律但计算代价可忽略的低保真物理模型帮助寻找重要性概率密度函数。在基于交叉熵寻找重要性概率密度函数时，引入了自适应的指标函数以利用所有样本。最终，基于高保真物理模型开展重要性抽样，在保证可靠度分析精度的同时大幅提升了计算效率。图1总结了本方法的基本思想和流程，方法细节可参考文献[4]。

2.2 基于多保真非参数随机子集优化方法的车辆抗风安全优化

预见显著的车辆行车风险后，有必要对风险进行管控，如通过限速或关闭道路（桥梁）等方式提升车辆抗风安全。然而，这些管控措施会造成极大的社会经济影响，因此需要建立科学的车辆抗风安全优化方法以避免过度干预或干预不足。基于可靠度的优化可为此类问题提供科学的分析框架，但会产生极大的计算代价而阻碍实际运用。具体而言，假设道路限速值为θ，基于可靠度进行优化时需要计算多个θ值下的失效概率，以寻找在可接受的失效概率条件下的最大限速。由于计算单个失效概率已十分耗时，此类分析难以应用于实际工程。

鉴于此，本文引入了增广可靠度分析问题，将基于可靠度的优化问题转换为求解失效概率函数$P_f(\theta)$的问题。总体而言，增广可靠度分析假设θ为设计可行域内均匀分布的随机参数，根据贝叶斯定理，$P_f(\theta)$可表示为$P_f(\theta) = f(\theta \mid F_I) \cdot P(F_I)/f(\theta)$，其中$f(\theta)$为$\theta$的PDF，$P(F_I)$为增广可靠度问题的失效概率（即随机参数为$[\boldsymbol{x}, \theta]$的系统的失效概率），$f(\theta \mid F_I)$代表增广随机系统在失效条件（$F_I$）下的$\theta$的PDF。由于$f(\theta)$已知，$P(F_I)$可根据增广可靠度分析获得，求解$P_f(\theta)$的关键在于求解$f(\theta \mid F_I)$。为准确求解$f(\theta \mid F_I)$，本文引入非参数随机子集优化方法，即基于核密度估计，在逐步更新的设计可行域内使用满足条件的θ样本估计$f(\theta \mid F_I)$，并利用低保真物理模型大幅减小了得到足够的θ样本所需的计算代价。图1总结了本方法的基本思想和流程，方法细节可参考文献[5]。

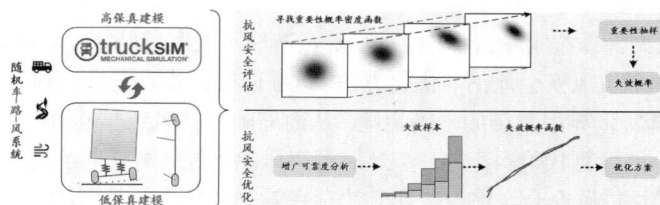

图1　由多保真建模增强的车辆抗风安全评估与优化方法

3　实例分析

为验证提出的方法，本文基于风环境下车辆过弯这一不利路上行车场景进行了实例分析。在假定车速、风速、风向、路面摩擦系数、车辆质心高度和阻尼系数为随机参数的条件下，设计了准静力的低保真模型和基于TruckSIM的高保真模型[4-5]。通过典型工况分析，验证了新方法的准确性，并凸显了多保真建模对车辆抗风安全评估与优化的效率提升作用。例如，对于$P_f = 1.01 \times 10^{-2}$的车辆抗风安全评估问题，传统方法的计算代价是新方法的32倍；对于$P(F_I) = 0.44 \times 10^{-2}$的车辆抗风安全优化问题，传统方法的计算代价是新方法的25倍。

4　结论

本文介绍了利用多保真建模赋能车辆抗风安全评估与优化的系列方法，其核心思想在于使用高保真模型保证分析精度并使用低保真模型提高分析效率。通过应用新方法于风环境下的路上行车风险预警和管控，实例分析表明提出的方法能在保证精度的前提下，大幅加速车辆抗风安全评估与优化。未来拟将本文提出的方法推广运用至更为复杂的桥上行车风险预警和管控。其中，关键技术难点在于开发合适的多保真模型和针对高维随机系统制定分析策略，有望分别通过基于物理神经算子的机器学习方法和系统全局敏感性分析突破。

参考文献

[1]　CHEN S, CAI C S. Accident assessment of vehicles on long-span bridges in windy environments[J]. Journal of Wind Engineering and Industrial Aerodynamics, 2004, 92(12): 991-1024.

[2]　CHEN S, CHEN F. Simulation-based assessment of vehicle safety behavior under hazardous driving conditions[J]. Journal of Transportation Engineering, 2010, 136(4): 304-315.

[3]　CHENG F, CHEN S. Reliability-based assessment of vehicle safety in adverse driving conditions[J]. Transportation Research Part C: Emerging Technologies, 19(1): 156-168.

[4]　XIONG Z, CHEN S. A multi-fidelity approach for reliability-based risk assessment of single-vehicle crashes[J]. Accident Analysis and Prevention, 195: 107391.

[5]　XIONG Z, CHEN S, JIA G. Developing risk-informed speed limits against single-vehicle crashes by exploiting an augmented reliability problem with multi-fidelity enhancement[J]. IEEE Transactions on Intelligent Transportation Systems, 25(9): 12018-12033.

高时空分辨率流场重构的深度学习方法

陈文礼

（哈尔滨工业大学土木工程学院 哈尔滨 150090）

1 引言

测量视场范围大、时间分辨率高的粒子图像流场测量技术（Particle Image Velocimetry，简称 PIV）依然属于一个待发展领域，土木工程风敏感结构传统 PIV 流场测量技术存在时空分辨率低、无法解析湍流高频特性与小尺度结构的问题。为突破 PIV 流场显示系统高时间分辨率与空间分辨率相悖的技术瓶颈，本文基于深度学习的强大数据处理与特征提取能力，提出了基于深度学习的高时空分辨率流场重构方法，构建可有效提取流场时空特征的深度网络模型，为高精度流场信息领域提供有力的技术支撑，推动流场相关数据处理技术发展。

2 研究方法与内容

2.1 基于压力序列映射的高时间分辨率流场重构

针对 PIV 激光器脉冲频率限制导致的 PIV 时间分辨率较低问题，基于定频-变频流场联合测量数据，提出高时间分辨率流场深度学习重构方法。基于不完备测量数据，受稀疏表征启发[1]，研究基于卷积自编码器的非线性模态提取方法，其中，编码器 $f_{\cdot\theta}: \boldsymbol{u} \mapsto \boldsymbol{A}$ 将速度场 $\boldsymbol{u}(\boldsymbol{x}, t) \in \boldsymbol{R}^{d_1 \times d_2}$ 映射到非线性模态系数 $\boldsymbol{A} = [\alpha_1(t), \alpha_2(t), \cdots, \alpha_n(t)]^T \in \boldsymbol{R}^n$，速度场可由解码器重构。进一步，基于表面压力-尾流场非线性定性相关关系与定频-变频耦合数据，建立以压力序列为输入、以非线性模态系数为输出的 Transformer 序列学习模型[2]，将 Transformer 与卷积自编码器耦合形成 Transformer-CNN 时空耦合深度网络，获取表面压力-速度场非线性模态系数-绕流速度场定量关系模型，进而获取与压力频率相同的高时间分辨率流场，如图 1 所示。以圆柱绕流为例，基于圆柱绕流数值模拟数据验证上述方法精度（图 2），分析高时间分辨率流场重构误差与速度频谱特性，研究非线性模态系数频域特征，揭示非线性模态动力演化规律。

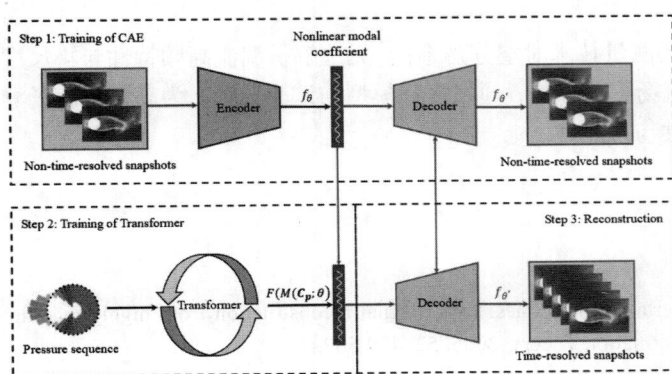

图 1 Transformer-CNN 时空耦合深度网络

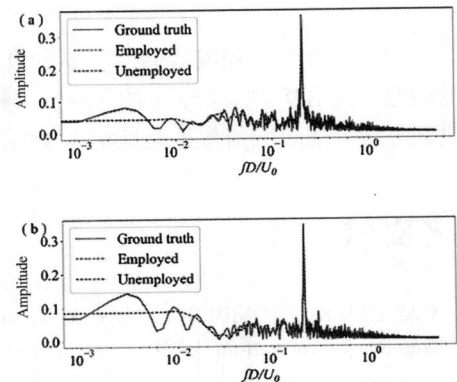

图 2 频谱分析比较（Ground truth 为真实值，Employed 为采用定频-变频耦合数据模型预测结果，Unemployed 为未采用定频-变频耦合数据模型预测结果）

基金项目：国家自然科学基金项目（52427812）

2.2　基于时间系数建模的高时间分辨率流场重构

基于定频-变频流场联合测量数据，进一步探索无需表面压力辅助信息的高时间分辨率流场重构方法。采用循环神经网络[3]对定频-变频非线性模态系数A进行直接序列建模。为解决一般循环神经网络中常见的梯度爆炸和梯度消失问题，采用长短期记忆网络单元[4]作为循环神经网络的基本组成部分。基于定频-变频耦合数据的流场非线性模态系数，提出如图 3 所示的特定结构（红色表示网络预测值）。当已知时间t的流场时，将其时间系数输入到循环神经网络中以预测时间$t+1$的系数。在时间t的流场未被采样的情况下，使用时间$t-1$的输出作为时间t的输入，从而构建完整的时间序列模型。最终通过预测的高时间分辨率系数获得高时间分辨率流场，如图 4 所示。

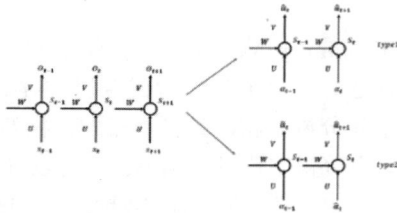

图 3　基于时间系数建模的高时间分辨率流场重构网络

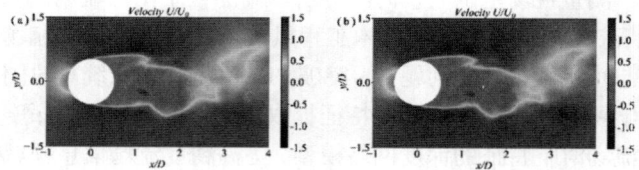

图 4　重构结果：（a）真实值；（b）预测值

2.3　高空间分辨率速度场深度学习生成方法

获取约翰霍普金斯大学湍流数据集、钝体绕流等多类型计算流体力学标准流场，采用粒子图像生成器生成的低空间分辨率粒子图像，基于SKFlow[5]建立粒子图像到速度场映射，各向同性湍流预测结果如图 5 所示。

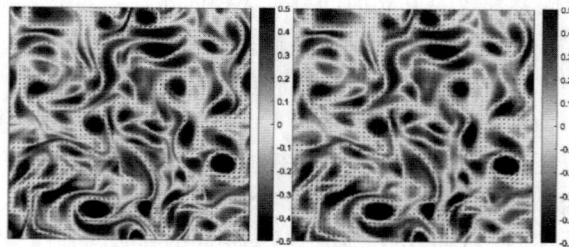

图 5　各向同性湍流预测结果：（a）真实值；（b）预测值

3　结论

本文针对土木工程风敏感结构传统 PIV 流场测量技术时空分辨率低、无法解析湍流高频特性与小尺度结构的问题，提出基于深度学习的高时空分辨率流场重构方法，通过多种模型与试验验证，为高精度流场测量提供新方案。通过数值模拟验证了方法的准确性与可靠性。

参考文献

[1] CANDES E J, ROMBERG J, TAO T. Robust uncertainty principles: Exact signal reconstruction from highly incomplete frequency information[J]. IEEE Transactions on Information Theory, 2006, 52: 489-509.

[2] VASWANI A, SHAZEER N, PARMAR N, et al. Attention is all you need[J]. in Proceedings of Advances Neural Information Processing Systems, 2017: 5998-6008.

[3] ELMAN J L. Finding Structure in Time[J]. Cognitive Science, 1990, 14(2): 179-211.

[4] HOCHREITER S, SCHMIDHUBER J. Long Short-Term Memory[J]. Neural Computation, 1997, 9: 1735-1780.

[5] SUN S, CHEN Y, ZHU Y, et al. SKFlow: Learning optical flow with super kernels[J]. In NeurIPS, 2022.

海上固定式风机支撑结构动力学研究：参数识别和频域分析

黄国庆[1]，姜 言[2]，龙 涛[1]，谭 兴[1]

（1. 重庆大学土木工程学院 重庆 400038；
2. 重庆交通大学土木工程学院 重庆 400074）

1 引言

近年来，风电机组正加速迈向大型化发展阶段，整体结构柔性增强，致使风、浪、流、地震等多源环境荷载下的耦合动力响应愈发复杂，结构的稳定性、安全性与服役寿命面临更严峻挑战。特别是尤其在台风区，极端气候加大环境荷载，结构频率与阻尼比下降提升潜在风险。因此，开展面向实际服役状态的动力参数识别与响应机理研究意义重大。然而，当前研究中仍面临以下关键问题亟待突破：（1）风电结构动力参数的识别依赖经验法或简化假设，阻尼比取值差异显著，识别结果存在较强的主观性与不确定性；（2）现有气动阻尼建模方法基于理想化假设，未能系统考虑叶片柔性变形、塔顶旋转耦合效应以及修正叶素动量（BEM）理论等关键物理因素，且普遍缺乏实测验证；（3）现有时域设计方法耗时较长，难以应用于风机初步设计和选型工作。此外，频域经验公式或简化方法缺乏对风机叶片旋转及变桨控制作用的综合考虑，计算结果误差相对较大。

针对上述问题，首先构建了改进的气动阻尼模型，综合引入叶片柔性变形、塔顶旋转效应以及结构振动对诱导因子的影响等因素；其次，将其融入参数识别框架中，建立风电结构的动力参数识别方法，为后续频域分析提供高质量输入参数；最后，基于风机变桨控制特性，提出一种适用于运行状态风机的高效计算方法。不仅揭示了变桨行为的物理机制，还有效降低了结构简化模型带来的误差，为大型海上风电结构的设计优化与抗风安全评估提供理论支撑与技术路径。

2 研究方法

2.1 风机支撑结构动力参数识别方法

基于叶素动量理论与一阶泰勒展开，综合考虑叶片柔性变形、塔顶旋转耦合效应以及结构振动对诱导因子变化的影响，推导气动阻尼耦合矩阵。进一步结合 COV-SSI 方法识别结构、桩土、水动与总阻尼，实现各阻尼源的系统分离。其具体研究思路如图 1 和图 2 所示。

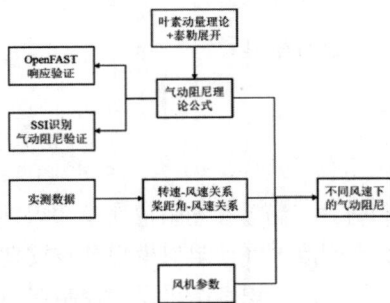

图 1 气动阻尼识别　　　　图 2 风机阻尼识别

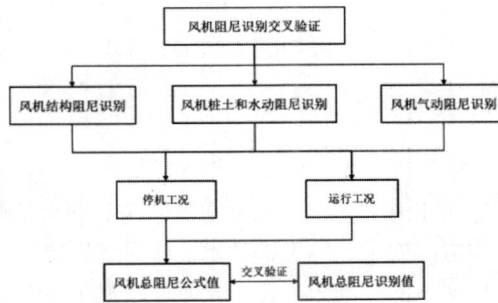

基金项目：国家自然科学基金项目（U24A20174）

2.2 风机支撑结构响应频域分析

基于旋转风场表达、频率响应叠加理论和非高斯荷载统计推断，建立快速频域解耦方法。引入变桨控制、桨距角-风速非线性关系，提升结构响应峰值预测精度。对于波浪荷载，采用线性化 Morison 方程在频域高效求解，综合风浪响应通过 SRSS 法组合。

变桨状态推力荷载的高阶矩：

$$E[\tilde{T}^n] = E\big[(\tilde{T}_1 - \tilde{T}_2)^n\big] = \int_{-\infty}^{\infty}\int_{-\infty}^{\infty}\big(\tilde{T}_1 - \tilde{T}_2(v_0)\big)^n f_{XY}(x, y)\,\mathrm{d}x\,\mathrm{d}y \tag{1}$$

3 结果分析

3.1 参数识别结果分析

基于长期监测数据验证了停机状态和运行状态下的阻尼识别结果。表 1 给出了停机和运行状态下阻尼识别结果。可以看出，停机状态和运行状态下计算的总阻尼与识别的总阻尼误差在 10%左右。

X 向和 *Y* 向各类阻尼验证   表 1

	结构阻尼	桩土阻尼	水动阻尼	气动阻尼	总阻尼		误差
					计算值	识别值	
*X*向（停机）	0.70%	0.11%	0.017%	—	0.83%	0.95%	−12.63%
*Y*向（停机）	0.64%	0.11%	0.017%	—	0.77%	0.84%	−8.33%
*X*向（运行）	0.70%	0.33%	0.017%	0.80%	1.85%	2.11%	12.32%
*Y*向（运行）	0.64%	0.33%	0.017%	3.36%	4.35%	4.61%	5.98%

3.2 响应结果分析

图 3 为风荷载作用下泥线弯矩功率谱（$\overline{U}_H = 15\mathrm{m/s}$），图 4 为风荷载作用下泥线弯矩标准差。图中可以看到变桨控制显著降低了结构低频响应，变桨状态下风致结构响应标准差明显低于定桨状态。本文提出简化计算方法很好地捕捉了非线性变桨作用下的气动荷载和响应。

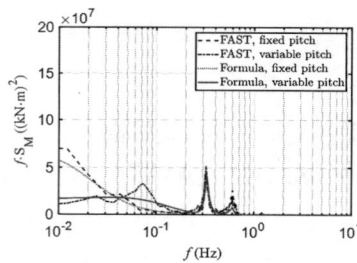

图 3   风致弯矩功率谱（泥线处）   图 4   波浪致泥线弯矩功率谱

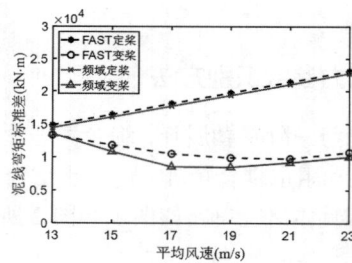

4 结论

本文提出了适用于海上固定式风机支撑结构的动力学分析方法，涵盖气动阻尼建模和识别、阻尼源的系统分离以及频域响应高效预测等关键技术。研究结果表明：提出的改进气动阻尼模型具有较高的精度，能够可靠地预测不同风速下的气动阻尼比；多种阻尼源在停机与运行工况下识别结果误差控制在 10%左右，验证了参数识别方法的可靠性；提出的频域解耦方法显著提升响应预测效率，计算精度可控，适用于工程初步设计阶段的快速评估。

基于性能的超大跨桥梁非线性风致静动力
失稳设防准则和评估方法

朱乐东[1,2,3]，孙　颢[1,2]，朱　青[1,2,3]，钱　程[4]

（1. 同济大学土木工程防灾国家重点实验室　上海　200092；
2. 同济大学土木工程学院桥梁工程系　上海　200092；
3. 同济大学桥梁结构抗风技术交通运输行业重点实验室　上海　200092；
4. 安徽建工建设投资集团有限公司　合肥　230031）

1　引言

　　颤振是最危险的桥梁风致振动，国内外现行的抗风设计规范都是以线性颤振理论[1]为基础，要求桥梁的颤振临界风速必须超过其检验风速。随着桥梁跨度的不断增大，一方面超大跨度桥梁的颤振临界风速越来越难以提高，不发生颤振的代价也越来越高，而且由于设计风速是一个统计参数，当超大跨度桥梁颤振临界方式的富余度不高时，在设计寿命期内实际风速超过颤振临界风速的概率将会非常高，此时根据线性颤振理论很难评估桥梁的抗风安全性；另一方面，超大跨度桥梁在风荷载作用下的静力变形和振动幅度也越来越大，从而使其气动阻尼在颤振的发展过程中表现出显著的非线性特性，进一步导致难以再按基于线性理论的系统零阻尼比条件来确定颤振临界风速。这就造成现行的基于线性颤振理论的桥梁颤振设防准则和评估方法不能很好地应用于超大跨度桥梁，迫切需要建立一个基于颤振非线性理论的超大跨度桥梁颤振设防准则和评估方法。此外，相比一般大跨度桥梁，超大跨度桥梁的风致静力失稳临界风速显著降低，接近甚至低于颤振临界风速，从而导致静动力响应之间也存在相互影响和耦合效应，因此，对于超大跨度桥梁，必须同时考虑风致静动力稳定性及其相互之间的耦合效应。

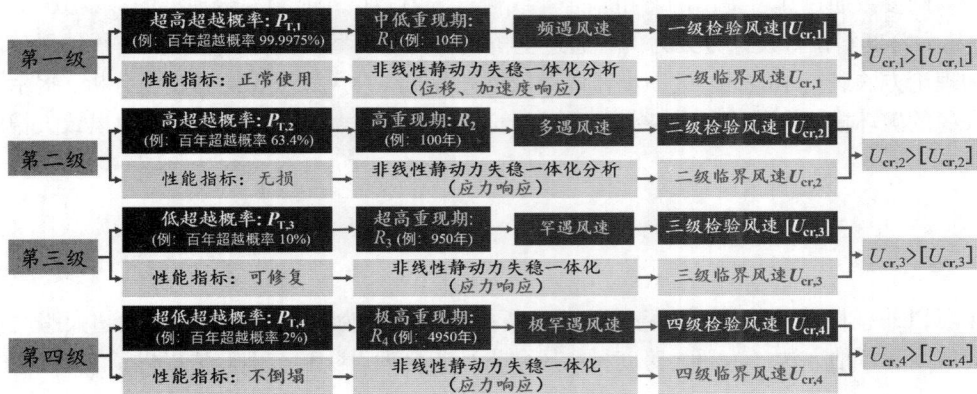

图 1　基于性能的超大跨度桥梁非线性风致静动力失稳分级设防准则

2　基于性能的超大跨桥梁非线性风致失稳设防准则和评估方法

　　图 1 和图 2 为本文提出的基于性能的风致静动力失稳颤振四级设防准则和评估方法示意图。根据不同重现期风速，提出了不同的性能指标：对中低重现期频遇风速，要求性能指标为可正常使用，非线性风致静力失稳和颤振一体化分析得到的位移和加速度不超过正常使用（满足舒适度要求）的允许值，对高重现期多遇

基金项目：国家自然科学基金（51938012）

风速，要求性能指标为不发生结构损坏，非线性风致静力失稳和颤振一体化分析得到应力响应不超过相应允许值；对超高重现期罕遇风速，要求性能指标为可修复，分析得到的应力响应不超过相应允许值；对极高重现期极罕遇风速，要求性能指标为结构不发生倒塌，分析得到的应力响应不超过极限值。在实际应用时需要同时满足这四个级别的要求。

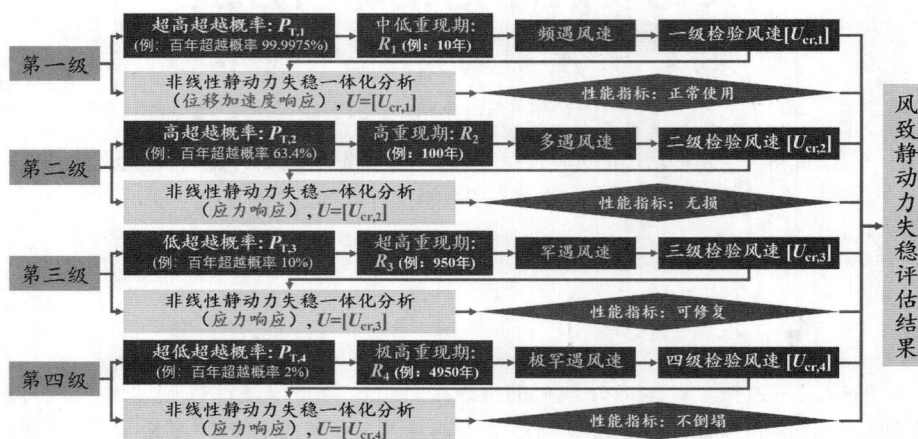

图 2 基于性能的超大跨度桥梁非线性风致静动力失稳分级评估方法

3 超大跨桥梁非线性风致静动力失稳一体化弹塑性分析理论方法

实施上节给出的基于性能的超大跨度桥梁非线性风致静动力失稳分级设防和评估的核心是建立超大跨度桥梁非线性风致静动力失稳一体化分析的理论方法，为此作者以有限元数值分析为基础，建立了一种综合考虑桥梁结构的几何、材料、气动静力和自激力非线性，以及风致静动力耦合效应的三维非线性风致静动力失稳一体化纯时域分析理论方法，其中非线性自激力采用有效风攻角和振幅依赖的纯时域 Roger 有理分式函数模型，并引入了考虑振动引起的竖向平均位移时变效应的振幅依赖等效气动静力。该纯时域非线性自激力和等效气动静力的参数通过作者提出的弯扭耦合非线性自激力多项式时频混合模型的参数拟合得到。并以某主跨 1600m 超大跨度斜拉桥设计方案为例，通过全桥气动弹性模型试验对所建立的非线性风致静动力失稳一体化分析的理论方法进行了验证。进一步通过对该桥进行非线性风致失稳的弹塑性分析，揭示了超大跨度斜拉桥风致失稳的破坏模式和易损部位，发现了侧向气动静力对超大跨度斜拉桥非线性风致失稳所起的关键作用。

4 结论

本文提出了以非线性风致静动力失稳一体化分析的理论方法为核心的基于性能的超大跨度桥梁非线性风致失稳设防准则和评估方法，为超大跨度桥梁风致失稳的合理设防和准确评估提供了新的方法。

参考文献

[1] 中华人民共和国交通运输部. 公路桥梁抗风设计规范: JTG/T 3360-01—2018[S]. 北京: 人民交通出版社, 2018.

边界层特性与风环境

台风"卡努"（1720）登陆中心近地风场特性实测研究

雷　旭[1]，谢文平[2]，罗啸宇[2]，沈　炼[1]，谢吟沣[1]，聂　铭[2]，肖　凯[2]

（1. 长沙学院 长沙 410022；
2. 广东电网有限责任公司电力科学研究院 广州 510080）

1　引言

近年来，受全球气候变化的影响，东南沿海台风频发，特别是长三角和粤港澳大湾区等经济发达地区，台风引发的基础设施破坏造成的直接和间接经济损失巨大[1]。准确获取台风风场参数从而针对性地指导结构抗风设计是目前抵御台风灾害亟待解决的关键问题。台风作为一种由热带气旋产生的极端气候现象，其风场特征参数和常态风有显著差异，难以完全准确模拟[1]，因此，通过现场实测掌握其平均风与脉动风特性仍然是最直接有效的分析手段。

目前，国内外很多学者针对台风风场特征开展了现场实测分析工作[1-5]，虽然台风实测工作早已开展，但因其内部风场的复杂性、不同台风个体之间的差异以及测试人员和装备的不同，目前还没有完全掌握其风场分布特征，特别是对于台风登陆中心的近地风场特性，相关实测数据和分析尤为缺乏，需要通过更多的实测和深入研究予以明确。

文中通过位于台风"卡努"（1720）登陆中心附近的低频激光雷达 Windcube V2 和 20m 高度位置的高频超声风速仪，实地监测并分析了台风登陆前后一段时间的近地面平均风速、风向角和湍流度、阵风因子、湍流积分尺度以及脉动风速自功率谱密度函数等脉动风场时频域特征，以期为台风的仿真和试验研究以及沿海基础设施的抗台风设计提供准确有效的参考。

2　台风"卡努"简介与实测概况

台风"卡努"是 2017 年的第 20 号台风，其在南海洋面近菲律宾海域形成，沿西北方向移动，于 10 月 16 日凌晨 3 时 25 分前后在广东省湛江市徐闻县沿海登陆，其移动路径如图 1 所示，根据中央气象台报道，登陆时中心附近最大风力有 10 级（28m/s）。

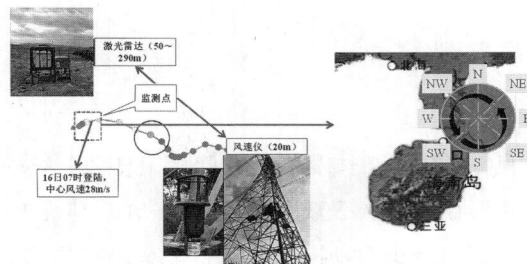

图 1　台风"卡努"路径图与登陆点附近风场监测系统

基金项目：湖南省自然科学基金项目（2022JJ40524）

3 台风"卡努"中心平均和脉动风场特征

3.1 平均风速风向

台风登陆前后，不同高度处（50m、70m、90m 和 140m 高）10min 平均风速和风向的时程曲线如图 2 所示。

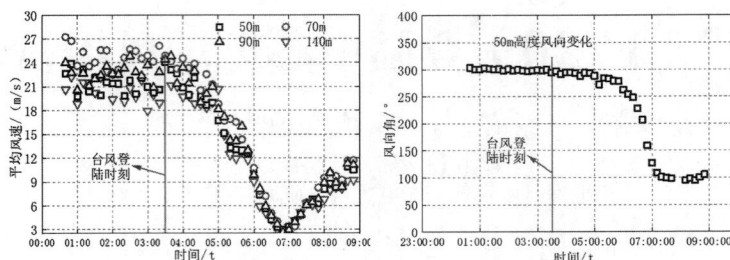

图 2 台风"卡努"登陆前后测点位置平均风速和风向时程曲线

3.2 湍流强度

图 3 左图给出了台风登陆前后 20m 高度测点处的纵横向风速湍流度时程曲线，纵横向湍流度分别分布在[0.16,0.24]和[0.12,0.18]之间，均值分别为 0.20 和 0.15，横向湍流度明显小于纵向。台风登陆前后的湍流度无明显变化。图 3 右图给出了纵横向湍流度随平均风速的变化及其变化趋势的拟合结果。

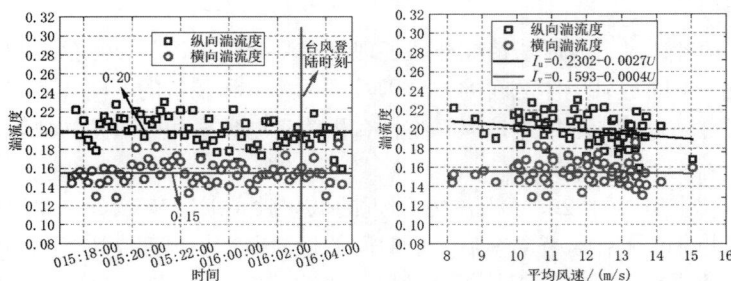

图 3 台风"卡努"登陆前后测点位置的纵横向湍流度时程及其随风速的变化

4 结论

（1）台风登陆前后的中心风速时程呈现 M 形变化，平均风向角发生反向改变，不同高度的平均风速和风向角有差异，风速剖面随风沿地面行进逐渐符合对应地貌下的指数率形式。

（2）20m 高度测点位置的湍流强度和阵风因子在登陆前后无明显变化，台风期间纵横向湍流强度均值分别为 0.20 和 0.15，均随风速的增大呈递减趋势。

参考文献

[1] 曾加东, 宋子函, 张志田. 台风风特性现场实测与数值模拟研究综述[J]. 科学技术与工程, 2023, 23(28): 11937-11946.

[2] 胡尚瑜, 宋丽莉, 李秋胜. 近地边界层台风观测及湍流特征参数分析[J]. 建筑结构学报, 2011, 32(4): 1-8.

[3] 王旭, 黄鹏, 顾明. 台风"梅花"影响下近地风脉动特性研究[J]. 土木工程学报, 2013, 46(2): 54-61.

[4] 王旭, 孔虎, 郭运. 台风"谭美"外围近地层脉动风特性分析[J]. 自然灾害学报, 2023, 32(5): 157-166.

[5] 张建国, 温祖坚, 雷鹰. 台风"苏迪罗"行进过程中沿海近地实测风场特性研究[J]. 振动与冲击, 2024, 43(11): 272-278+296.

无人机技术在风场识别与建筑尾流实测中的应用

黄　斌，刘苑锟，刘金轲，刘喜杰

（海南大学土木建筑工程学院　海口　570228）

1　引言

风场类别影响建筑物的风荷载，而我国规范将地貌简化为四个类别，难以精细化描述复杂地貌的风场类别。风场实测仅针对来流方向，难以短期内确定某一位置各方向的风场类别。此外，基于传统测风塔的风场测量不仅安装困难、成本高、灵活性差，而且在实测高度和测点数量等方面均存在局限性，难以满足空间区域风场和建筑尾流研究的需求。轻型无人机技术的快速发展使得利用无人机搭载航拍和测风设备进行地貌识别与风场实测独具优势。前期研究已验证 6 级环境风下无人机的稳定性和数据采集可靠性，并给出机身倾斜与抖动影响的数据修正方法[1-3]。本研究基于无人机航拍的图像识别技术确定复杂地貌的风场类别，并对比风场实测结果以验证其有效性。同时，基于无人机测风系统实测某城市矩形高层建筑的尾流场，获得尾流区域的风速场和湍流场分布规律，并结合 Kriging 法预测实现复杂地貌下建筑尾流场的可视化。研究成果为复杂地貌的风场快速识别、建筑尾流实测与预测提供新思路。

2　研究方法和内容

2.1　基于图像识别的复杂地貌风场识别研究

通过多光谱无人机航拍热带海岛城市某区域地貌（以多高层建筑为主）以获取图像数据，采用 Yolov5 算法识别区域中建筑物，获得相应建筑物尺寸如图 1 所示。采用 Kondo 等[4]的方法获得该区域地面粗糙度 z_0 为 0.9249m。如图 2 所示，地面粗糙度指数 $\alpha = 0.284$ 时，欧式距离指标 d 值取最小值，接近无人机测风系统实测 $\alpha = 0.2779$。

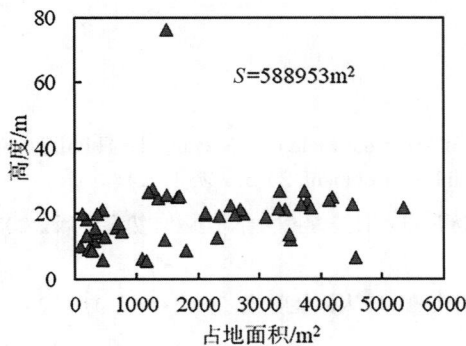

图 1　测区建筑物尺寸信息

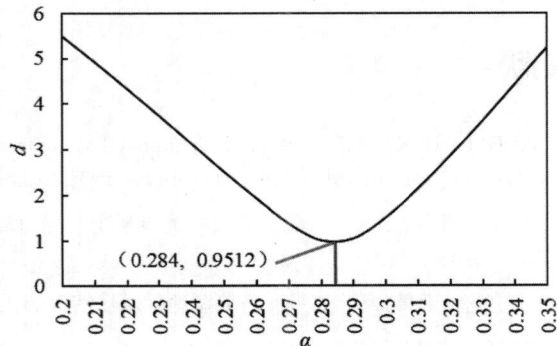

图 2　测区 d 值变化曲线

2.2　热带海岛城市高层建筑尾流的无人机实测研究

利用无人机测风系统实测热带海岛城市某矩形高层建筑的尾流场，获得矩形高层建筑尾流区域风速场和湍流场分布规律。如图 3 所示，相比来流风，高层建筑尾流区域的风速削弱和湍流强度增强影响随着高度增加而减小；同一平面内越靠近建筑中轴线，尾流区域风速削弱和湍流强度增强影响越大。尾流区域脉动风速

基金项目：国家自然科学基金项目（52068019）；海南省自然科学基金项目（522RC605，520QN231）

谱峰值相比来流风速谱和经验谱向高频段偏移，尾流风速谱在低频段偏小，在高频段偏大；近尾流区风速谱在低频段谱值大于远尾流区，在高频段则相反；尾流区域建筑结构动力响应可能大于规范计算的动力响应。

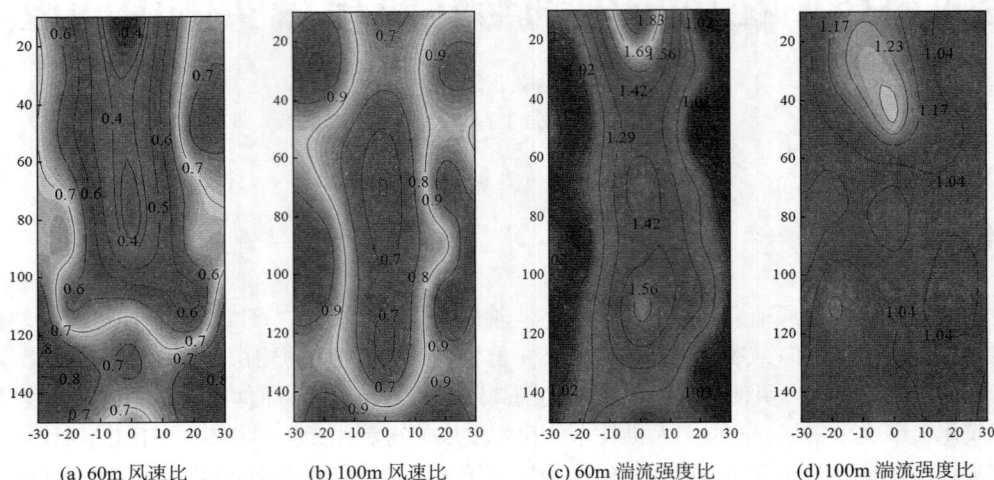

(a) 60m 风速比   (b) 100m 风速比   (c) 60m 湍流强度比   (d) 100m 湍流强度比

图 3   高层建筑实测尾流平面参数比值

2.3   基于 Kriging 法的城市高层建筑尾流场预测与可视化研究

Kriging 法中半变异函数模型影响尾流风场预测结果，应分别采用高斯模型、球形模型以及相应参数拟合值预测高层建筑尾流区域未知测点的风速场和湍流强度场，细化风场特性的描述，进而完成对整个尾流空间三维风场的可视化。

3   结论

基于多光谱无人机航拍的图像识别方法可快速且有效地确定复杂地貌的风场类别。搭载风速仪的六旋翼无人机测风系统可实现复杂地貌下空间风场与高层建筑三维尾流场的实测。Kriging 法能较好地预测和可视化复杂地貌下高层建筑尾流区域的三维空间风场。在设计三维空间风场的无人机实测方案时，应尽可能保证所选实测点能将目标空间风场"包围"起来，以提升三维空间风场内风场参数的预测精度。

参考文献

[1]   HUANG B, LIU J K, LI Z N, et al. Prediction and Visualization of 3D Wake Field of a Rectangular High-rise Building in Tropical Island Cities Based on UAV Measurements[J]. Building and Environment, 2025, 267: 112218.

[2]   黄斌, 李昊, 董金爽, 等. 六旋翼无人机测风系统实测海岛地区风剖面[J]. 湖南大学学报(自然科学版), 2023, 50(5): 102-113.

[3]   黄斌, 王文想, 李昊, 等. 热带海岛典型地貌风场特性的无人机实测[J]. 太阳能学报, 2024, 45(2): 116-126.

[4]   KONDO J, YAMAZAWA H. Aerodynamic roughness over an inhomogeneous ground surface[J]. Boundary-Layer Meteorology, 1986, 35(4): 331-348.

基于实测的台风风浪耦合特征分析

陈雯超[1]，宋丽莉[2]，赵　媛[1]

（1. 广东省气候中心 广州 510080；
2. 中国气象科学研究院 北京 100080）

1　引言

台风是一种剧烈的灾害性天气，除带来强风和暴雨外，台风浪也极具破坏性，不仅严重影响海上船舶航行、渔业捕捞和沿岸养殖、堤岸和港口工程安全，对沿海人民的生命和财产安全也具有巨大威胁。研究台风作用下近海风浪及其变化特征，对于沿海地区台风灾害防御具有重要意义[1-2]。本文利用南海海上浮标站监测数据，对台风影响下南海台风风浪耦合特征及其演变规律进行分析，探讨台风在近海的风浪致灾特性。

2　资料来源

本文分析主要基于茂名浮标站在 2203 号台风"暹芭"、2304 号台风"泰利"期间和南海浮标站在 2411 号超强台风"摩羯"期间的逐时风速、风向、波高、波周期等观测资料。浮标站在三个台风期间测得的风速均呈 M 形双峰分布，中心最低风速小于 10m/s，且 8 级大风风向连续变化超过 120°，均获取了包括台风眼区、眼壁和外围的台风过程的完整数据。台风"暹芭""泰利""摩羯"期间测得的最大 10min 平均风速为 28.2m/s、36.1m/s 和 48.2m/s。浮标站位置及台风路径相对位置如图 1 所示。

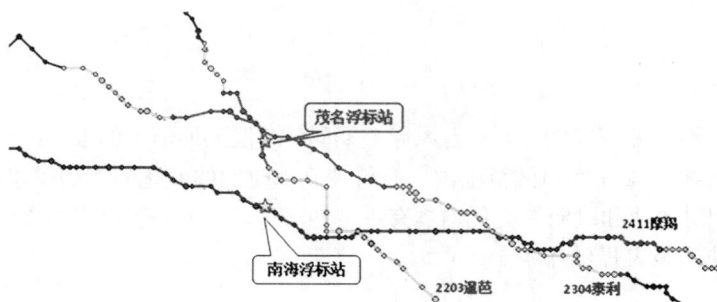

图 1　浮标站位置及台风路径相对位置图

3　台风风浪特征分析

3.1　波形演变特征

不同类型的台风风浪对海上工程的影响具有差异。风浪对海上工程多造成近海面的直接冲击与高频影响，涌浪带来较深作用及低频大幅晃动，影响稳定性，混合浪兼具二者特点，使工程受力情况更复杂、保障难度更大。基于 THOMPSON[3] 提出有效波陡划分波浪形的方法分析台风波浪形。

计算结果显示（图 2），台风期间浮标站测得的海浪波形呈现涌浪—混合浪—风浪—混合浪的演变规律。茂名站分别在距离台风"暹芭"和"泰利"中心 645km 和 549km 时开始记录到涌浪向混合浪的转变，而南海站的触发距离为 464km。混合浪出现后，分别经过 25h、18h、18h 以后，开始观测到成熟风浪，此时，台风中心与各站距离已缩短至 498km（暹芭）、264km（泰利）、189km（摩羯）。结合风速观测，风浪主要分布

基金项目：国家自然科学基金项目（52178465）

在台风 6 级风圈范围内，风浪的空间分布特征还与台风结构有关。

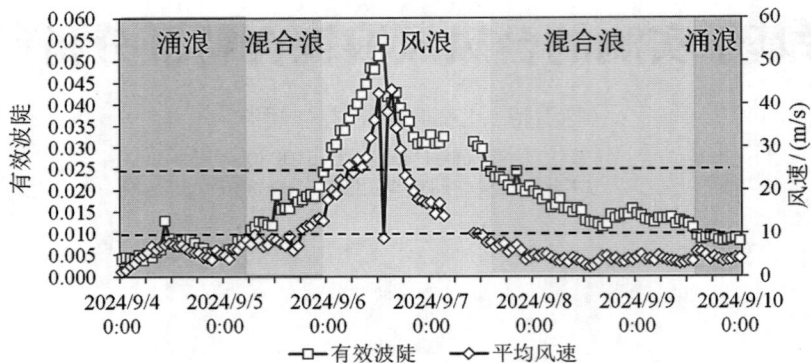

图 2　南海浮标站在台风"摩羯"期间的平均波陡和风速时程曲线

3.2　风浪参数响应特征

有效波高随时间的变化基本和风速情况一样，均呈 M 形双峰分布，但并不完全同步，在台风中心经过浮标站前和后测得的有效波高的最大值要滞后风速最大值约 0.5～1h。浪对风速的响应有一定的时间滞后性，将风速滞后 0.5～1h 计算的有效波高和风速的相关系数更高。台风"遄芭""泰利"和"摩羯"过程的有效波高最大值分别为 6.4m、7.6m、11.5m，对应的风速为 27.6m/s、28.8m/s、27.4m/s，由于波浪的滞后性，最大波高和最大风速没有同时出现。另外，台风中心经过后，风速从峰值往下衰减的速度也较有效浪高的降低速度快。台风 8 级大风持续的时间越长，产生的 4m 以上灾害性海浪的持续时间也越长。

随着台风的发展和移动，风向会不断变化。然而，表层海洋面波向由于海水的惯性和能量传播特性，不能立刻跟随风向改变。当台风中心经过前后风向突然改变时，新产生的波浪与之前的波浪相互作用，会导致表层海洋波向变化复杂。

4　结论

基于南海浮标站的风浪观测资料的分析，台风影响期间，海浪波形呈现涌浪—混合浪—风浪—混合浪的演变规律，风浪主要分布在台风 6 级风圈范围内。有效波高随时间的变化基本和风速情况一样，均呈 M 形双峰分布。风浪的变化相对风速和风向的变化均具有一定的滞后性。下一步可以建立综合考虑波高和风速的台风致灾指标，为台风防灾减灾提供参考。

参考文献

[1] 陈剑桥, 曾银东, 李雪丁. 1205 号台风"泰利"影响下台湾海峡风浪特征分析[J]. 海洋预报, 2015, 32(2): 31-36.

[2] 苏志, 赵飞, 郑凤琴, 等. 北部湾海域灾害性海浪特征及影响天气系统分析[J]. 气象与环境科学, 2019, 42(2): 55-61.

[3] THOMPSON W C, NELSON A R, SEDIVY D G. Wave group anatomy of ocean wave spectra[C]//19th International Conference on Coastal Engineering. Houston: ASCE, 1984: 661-677.

台风边界层典型涡结构发展演化机理

任贺贺[1]，柯世堂[1]，Jimy Dudhia[2]，李 惠[3]

（1. 南京航空航天大学土木与机场工程系 南京 210016；
2. National Center for Atmospheric Research Boulder 80301；
3. 哈尔滨工业大学土木工程学院 哈尔滨 150090）

1 引言

台风边界层涡结构在促进空气与海洋之间的动量和热量交换以及台风结构演化过程中扮演着关键性作用。然而，不同类型涡结构展现出不同的功能作用，但其形成演化发展机制尚不明晰。本文结合湍流稳定性原理分析了台风边界层中三类典型涡结构的基本规律特性，并揭示了其对应的发展演化机理。

2 台风边界层典型涡结构特性分析

本文基于 WRF-LES 开展了不同强度理想台风高精度数值模拟研究，如图 1 所示，台风边界层中主要包含三类典型涡结构特性，即 Type-A、Type-B 和 Type-C 型涡结构，均表现出了有组织的涡旋模式。其中 Type-A 型涡结构位于最大风速半径紧贴内侧区域，其方向与径向气流（较低高度）和切向气流（较高高度）近乎平行；Type-B 型涡结构位于最大风速半径紧贴外侧区域，其方向与径向气流近乎平行，值得注意的是，该类型涡结构空间占比随着台风强度的降低而减少；Type-C 型涡结构位于 Type-B 型涡结构外侧，所占空间区域最大，方向与切向风近乎平行。

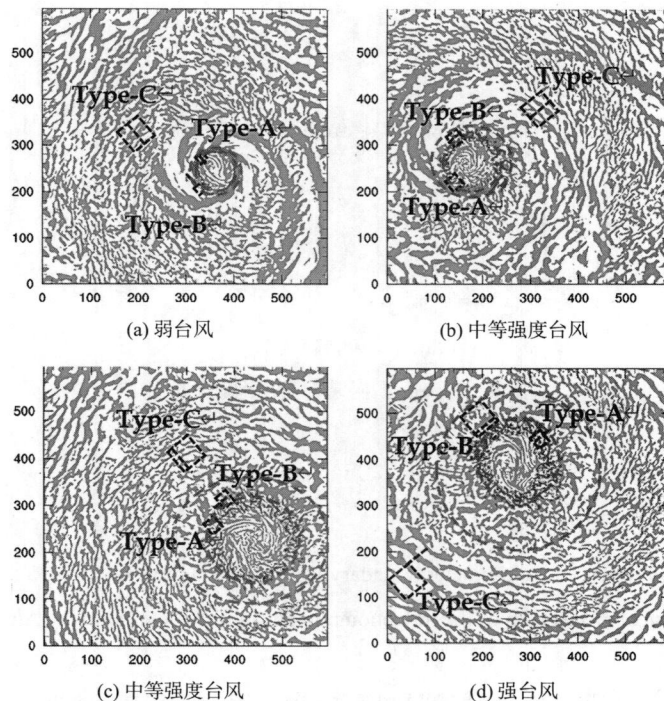

(a) 弱台风　　　　　　　　(b) 中等强度台风

(c) 中等强度台风　　　　　　(d) 强台风

图 1 台风边界层三类典型涡结构分布特性

基金项目：国家自然科学基金项目（52108456，52321165649，52478530）

3 台风边界层典型涡结构发展演化机理分析

基于湍流稳定性分析方法得出 Type-A 型涡结构是由剪切不稳定性（$0 < Ri < 0.25$）引起的，包含两种模式，模式 I 与切向风有关，其位于最大风速半径紧贴内侧区域、垂直向上，模式 II 与径向风有关，位于最大风速半径处、向上倾斜。此外，在同一半径下，模式 I 在较高高度占主导地位，而模式 II 在较低高度占主导地位（图 2）。随着台风强度增加，主导模式从模式 I 转变为模式 II。Type-B 型涡结构是由惯性不稳定性引起的，具体可由角动量分布特性反映（图 3）。Type-C 型涡结构是由拐点不稳定性引起的（图 4）。

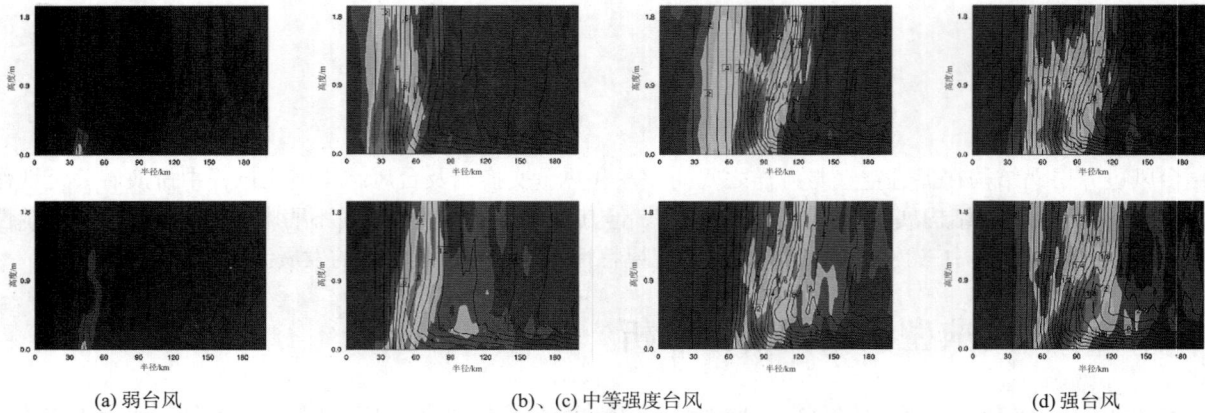

(a) 弱台风   (b)、(c) 中等强度台风   (d) 强台风

图 2　Type-A 型涡结构演化机理分析

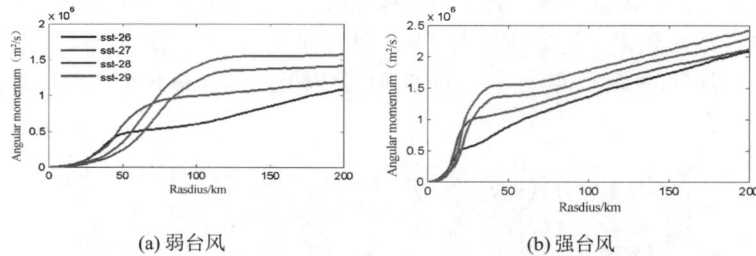

(a) 弱台风   (b) 强台风

图 3　Type-B 型涡结构演化机理分析

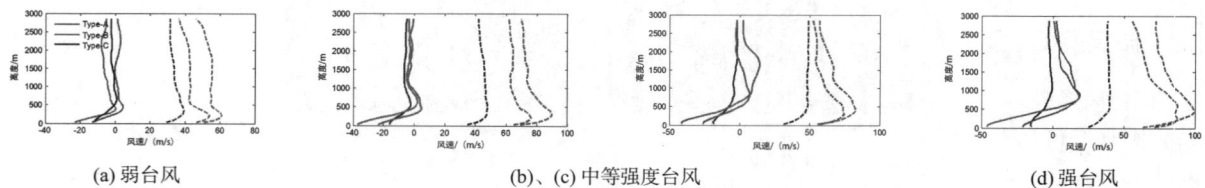

(a) 弱台风   (b)、(c) 中等强度台风   (d) 强台风

图 4　Type-C 型涡结构演化机理分析

参考文献

[1] WURMAN J, WINSLOW J. Intense sub-kilometer boundary layer rolls in Hurricane Fran. Science, 1998, 280: 555-557.

[2] BROWN R A. On the physical mechanism of the inflection point instability. Journal of the Atmospheric Sciences, 1972, 29: 984-986.

[3] ITO J, OIZUMI T, NIINO H. Near-surface coherent structures explored by large eddy simulation of entire tropical cyclones. Scientific Reports, 2017, 7: 3798.

[4] REN H, DUDHIA J, LI H. Large-eddy simulation of idealized hurricanes at different sea surface temperatures. Journal of Advances in Modeling Earth Systems, 2020, 12(9): e2020MS002057.

风电场尺度台风近地层风场最大风速预测

李田田[1]，张晓东[2]，汤胜茗[1]

（1. 中国气象局上海台风研究所 上海 200030；
2. 华北电力大学能源动力与机械工程学院 北京 102206）

1 引言

中尺度模式能够模拟台风条件下的大气流动，但由于难以准确刻画微尺度下垫面的影响，其结果具有一定局限性。而微尺度 Computational Fluid Dynamics（CFD）模型在复杂地形近地气流的模拟方面具有显著优势，但其初始和边界条件需要依赖中尺度模型的支持。因此，中微尺度耦合模拟成为研究台风风场的关键手段。本研究提出了一种考虑台风条件下涡旋结构和科氏力效应的中微尺度耦合模拟方法，通过耦合中尺度 SMS-WARMS V2.0 模型与基于 OpenFOAM 的微尺度 CFD 模型，精细模拟台风近地层风场，旨在预测台风过境时风电场的最大风速并为风电机组的台风风险评估提供技术支持。区别于通常中微尺度耦合模拟，本研究在 CFD 模拟的入口边界添加了湍动能和耗散率入口廓线，并基于台风观测数据改进了k-ε湍流模型的参数，更适用于台风的模拟。

2 中微尺度耦合数值模拟方法

2.1 中尺度模拟

中尺度台风模拟由上海台风研究所台风模式 SMS-WARMS V2.0 完成。该系统基于 WRF 模型（ARWv3.5.1，非静力），通过改进特定物理过程和优化计算效率而开发。其预报范围覆盖东亚及周边地区，水平网格分辨率为 9km。垂直方向设置了 51 个层次，其中最低 1.5km 内设有 12 层，最低层高度为 32m，模型顶部设置在 30hPa 处。初始和边界条件参考美国国家环境预测中心（NCEP）全球预报系统（GFS）的分析数据，分辨率为 $0.5° \times 0.5°$。

2.2 微尺度 CFD 模拟

在台风条件下，大气边界层通常被认为处于中性稳定状态，势温分布均匀。因此，微尺度台风风场的模拟被视为不可压缩空气的稳态流动，且不考虑能量方程。微尺度建模基于开源计算流体动力学软件 OpenFOAM，并采用k-ε湍流模型的 Reynolds-Averaged Navier-Stokes（RANS）模拟方法，动量方程如下：

$$u_j \frac{\partial u_i}{\partial x_j} = -\frac{1}{\rho}\frac{\partial p_d}{\partial x_i} - \frac{(u_k t_k)^2}{R}r_i + \frac{\partial}{\partial x_j}\left[(v+v_t)\frac{\partial u_i}{\partial x_j}\right], \quad -\frac{(u_k t_k)^2}{R}r_i = -\frac{1}{\rho}\frac{\partial p}{\partial r} - fu\cos(\alpha) \tag{1}$$

式中，u_i是平均风速向量；ρ是空气密度；v是空气的运动黏度；v_t是涡黏系数；p_d是不包括垂直静压差和水平静压差的压力场；$-(u_k t_k)^2 r_i/R$是台风涡旋的水平向心力，考虑压差梯度力（p）和科氏力（f）的共同作用；R是当前位置到台风中心的距离；t_k是台风涡旋的切向单位矢量。

2.3 中微尺度耦合模拟

为了获得充分的中尺度风场信息，考虑大于风电场范围的空域内的多个中尺度节点，采用双矩形计算域以适应入口风向不均匀分布，同时对风向进行有限的平均化处理，按统一算法计算和对齐中微尺度地形基准面，采用客观分析法由中尺度节点数据构建微尺度入口风速，建立了由风速梯度场构建微尺度计算域入口湍

基金项目：国家自然科学基金项目（U2142206，42275099），国家重点研发计划（2018YFB1501104）

动能、耗散率和涡粘系数分布的方法。

3 风电场最大风速预测

以 2019 年超强台风"利奇马",以及受利奇马影响的浙江东海塘风电场（28.425°N，121.601°E）为例。东海塘风电场内共建有 20 台机组,轮毂高度 70m。与中国气象局上海台风研究所台风最佳路径对比,中尺度模式模拟台风路径在海上的平均绝对误差为 15.2km;台风近中心最大风速平均绝对误差为 6.4m/s,均方根误差为 7.8m/s,相关系数为 0.85;中心最低气压平均绝对误差为 9.5hPa,均方根误差为 11.4hPa,相关系数为 0.95。

微尺度 CFD 数值模拟采用双计算域来考虑台风风向的变化,基准计算域东西方向长度为 10.3km,南北方向长度为 7.8km。计算域采用结构化网格,重点区域的水平分辨率为 28m,外围按 1.06 的比例进行拉伸。计算域的高度为 6.3km,距地面的第一层网格高度为 9m。总共的网格数为 263 万。图 1（a）为基于客观分析法构建的入流面风速分布,图 1（b）为根据风速梯度和全厚度大气边界层混合长度计算的入流面湍动能和耗散率分布。入流面风向分布考虑了风向沿高度和横风向的变化。k-ε 湍流模型中的模型参数基于台风实测数据进行了标定,确定 C_μ、$C_{\varepsilon 1}$、$C_{\varepsilon 2}$、σ_k 和 σ_ε 分别为 0.039、1.30、1.92、1.0 和 1.3。

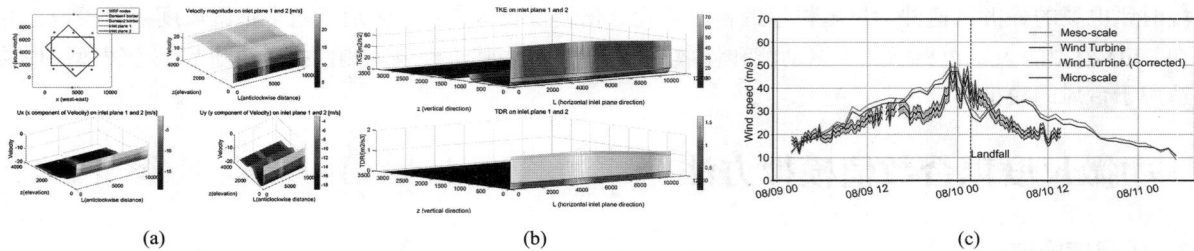

图 1 （a）微尺度 CFD 模拟入流面速度分布以及（b）湍动能和耗散率分布;（c）风速时程对比

基于风电场实测数据,台风"利奇马"影响期间最大风速实测值出现在第 9 号风机处,其实测风速和订正后的来流风速如图 1（c）所示（黑色实线表示风机观测风速,灰色实线表示订正后的来流风速）。与风机轮毂高度处实测风速的风速时程相比,中尺度模式模拟风速的平均绝对误差为 6.1～8.8m/s,均方根误差为 7.0～9.9m/s。耦合后的 CFD 模式预测风速的平均绝对误差为 5.6～7.7m/s,均方根误差为 6.6～8.9m/s。与风机轮毂高度处实测风速（来流风速）最大值相比,中尺度模式模拟风速最大值误差为 13.4%,耦合后的 CFD 模式最大误差为 8.8%。总体上,耦合后的 CFD 模式预测风速优于中尺度模式。

4 结论

本研究提出了一种台风条件下的中微尺度耦合模拟方法,用于预测台风过境风电场的最大风速。使用基于 WRF 的 SMS-WARMS V2.0 模型模拟中尺度台风,采用基于 OpenFOAM 的 RANS 模拟与 k-ε 湍流模型模拟风电场尺度的近地面风场。微尺度建模中考虑了科氏力效应和涡旋结构的旋转效应,通过耦合多个流动变量来提高模拟精度。基于台风实测数据对 k-ε 湍流模型常数进行标定,以适用于台风模拟。实际风电场验证结果显示,耦合后的 CFD 模拟比单独的中尺度模拟更准确,风电场最大风速的绝对误差减小了 34%。

深切峡谷近地风特性中尺度数值模拟

董浩天[1]，张宇歌[1]，陶　韬[2]

（1. 上海大学土木工程系　上海　200444；
2. 安徽工程大学建筑工程学院　芜湖　241000）

1　引言

同平坦地形相比，风在流经峡谷、高山、海峡等复杂地形时易产生越山风、山谷风和特征湍流等特殊的流动现象；同时山区小尺度气候具有变异性强、雷暴和下击暴流等强对流天气频繁等特点，严重威胁结构抗风安全[1]。山区风特性的研究正受到越来越多的关注。天气研究与预报模式（WRF）[2]是一种中尺度数值气象模式，可以较为准确地模拟中、小尺度的复杂地形风场[3]。本文利用 WRF 模式对雅鲁藏布江深切峡谷地形的近地风、温度和压力场进行了一个月的数值模拟研究，并同现场实测数据对比，验证了 WRF 计算的准确性，并进一步分析了雅鲁藏布江峡谷风场的昼夜变化、空间分布和热力效应等特征。

2　方法

采用 4.1.3 版本的 WRF 模式模拟了雅鲁藏布江峡谷的大气边界层风场。采用 WRF 提供的科研用计算内核（Advanced Research WRF，ARW）求解器[2]求解完全非静力平衡可压缩欧拉方程组。如图 1 所示，藏木测风塔位于青藏高原东南部雅鲁藏布江峡谷底部，所在位置海拔 3337m。三个风速计分别安装在离地面 10m、25m 和 40m 高度位置，水平风速 U 的采样时距为 1s。现场实测和数值模拟均采用世界标准时间（universal time，UTC），时间范围为 2014-12-01 00:00:00 到 2014-12-31 23:59:59。以藏木测风塔为中心设置三个单向嵌套域 d01、d02、d03，均水平离散为 90×90 的网格点，间距分别为 13.5km、4.5km 和 1.5km。

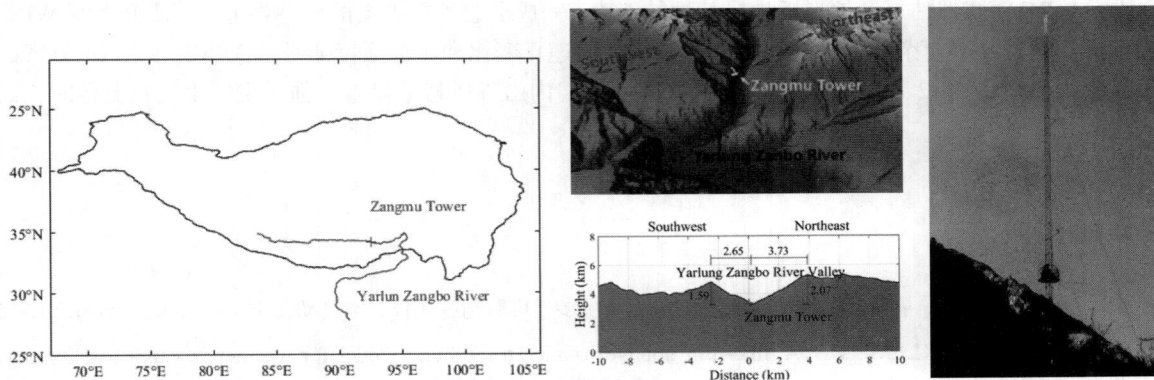

图 1　现场实测和 WRF 计算域设置

3　结果

图 2（a）、（b）选取了日落前强风期（UTC 时间 09:00—12:00）和日出前弱风期（UTC 时间 21:00—24:00）两个典型时间段，将 WRF d03 区域的整月结果进行平均，得到了藏木测站位置风速 U 剖面结果。强风和弱风两种情况下，WRF 计算得到的近地风速剖面均较为接近观测值。图 2（a）所示日出前弱风期大气边界层高

基金项目：国家自然科学基金项目（52008239，52308474）

度低（＜10^2m），平均风速相对较弱，近地风速切变不显著。图 2（b）所示日落前强风期近地风速切变较强，边界层高度也较大（＞10^3m）。对于测试的五种边界层方案，QNSE 和 MYJ 在强风和弱风两种情况都明显优于 YSU、ACM2、BouLac 等三种方案。

图 2（c）给出了藏木测站 25m 高度处 10min 平均风速 U 月时程的 WRF d03 计算域模拟结果，采用了 QNSE 方案，并同观测值进行了对比。可见，计算结果在风速变化的整体趋势上同气象观测保持一致。WRF 能够相对准确地模拟风速的日变化规律，尤其对弱风天气下风速变化趋势和数值的预测效果较好。受到昼夜循环更替的影响，风速有明显的日循环特征，每日风速的极大值常出现在中间时段（对应当地时间，为黄昏附近时段），而后半夜到早上的风速一般较小，表现出热力驱动的山谷风系统的特点[4]。WRF 可在一定程度上再现极值风速的时刻和大小，但强风天气的模拟误差整体较大，如 12 月 18 日至 19 日 WRF 模拟结果高估了强风过程的持续时间，可能与再分析数据的误差有关。

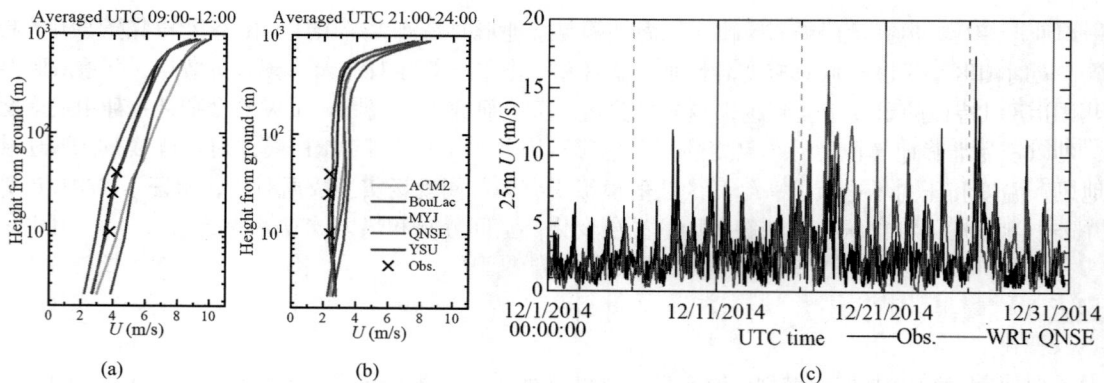

图 2 月平均 09:00—12:00 强风周期（a）和 21:00—24:00 弱风周期（b）风剖面的边界层方案对比及 QNSE 方案 25m 风速时程结果

4 结论

采用中尺度数值气象模式 WRF 进行了雅鲁藏布江深切峡谷风特性的整月中尺度模拟，并与实测结果对比，验证了 WRF 模式评估复杂地形近地风特性的能力，完成了边界层方案的敏感性分析。研究表明 WRF 可较好模拟深切峡谷高度复杂地形的平均风特征，包括风速日变化和风剖面特征等。QNSE 和 MYJ 方案的预测效果优于 YSU、ACM2、BouLac 等边界层方案。峡谷内山谷风特征显著，强风主要出现在黄昏时，而日出时风速较低。

参考文献

[1] 董浩天, 陶韬, 杜晓庆. 沿海复杂地形台风登陆过程风场多尺度数值模拟[J]. 空气动力学学报, 2021, 39(4): 147-152.

[2] SKAMAROCK W C, KLEMP J B. A time-split nonhydrostatic atmospheric model for weather research and forecasting applications[J]. Journal of Computational Physics, 2008, 227(7): 3465-3485.

[3] TUCHTENHAGEN P, CARVALHO G G D, MARTINS G, et al. WRF model assessment for wind intensity and power density simulation in the southern coast of Brazil[J]. Energy, 2020, 190: 116341.

[4] MARKOWSKI P, RICHARDSON Y. Mesoscale meteorology in midlatitudes[M]. Chichester: Wiley-Blackwell, 2010.

复杂下垫面影响台风风场的机理

方平治[1]，潘钧俊[2]

（1. 上海亚太台风研究中心 上海 201306；

2. 中国建筑第八工程局有限公司 上海 201204）

1　引言

　　我国是世界上受台风影响最严重的国家之一。在受风影响严重的区域，台风影响评估的重要环节之一就是给出台风引起的基本风速。为了解决空间分辨率不足和代表性问题，常用的方法是引入参数化台风风场模型。我国沿海下垫面复杂；因此，有必要针对沿海复杂下垫面这一特征，开展复杂下垫面影响台风近地风场的机理研究。按照理论框架，参数化台风风场模型可划分为三类：（1）多层模型；（2）单层模型。多层模型为三维模型，基本思想源于中尺度数值天气预报模式，简化了输入参数，忽略或线性化了一些物理过程等。单层模型为二维模型，基于台风涡旋的动力学平衡方程/Navier-Stokes 方程，包含了科氏力、气压梯度力、涡旋黏性力和下垫面拖曳力等[1]。多层模型通过构造不同的垂直坐标，考虑地形起伏对近地风场的影响。在单层模型中，由于是二维模型，不包含垂直坐标，控制方程中不能直接考虑地形起伏的影响，只能通过拖曳系数考虑地貌变化。本项目在单层参数化台风风场模型框架下，针对沿海复杂下垫面，引入表征地形起伏的特征参数及其对应的气动参数，提出台风登陆后地形起伏影响台风风场的机理解释。

2　基本理论

　　考虑复杂下垫面（包括地形起伏和地貌变化）的单层参数化台风风场模型为[2]：

$$\frac{\partial \vec{V}}{\partial t} + (\vec{V}_c + \vec{V}) \cdot \nabla \vec{V} = -f[\vec{k} \times (\vec{V} - \vec{V}_g)] - \frac{1}{\rho}\nabla(p) + \nabla \cdot (K_H \nabla \vec{V}) - \frac{C_D + C_T}{h}|(\vec{V}_c + \vec{V})|(\vec{V}_c + \vec{V}) \tag{1}$$

式中，$\vec{V}$ 为平均边界层内相对台风中心的台风风场的风速矢量（梯度风）；$\vec{V}_c$ 为台风移动速度；$\vec{V}_g$ 为地转风速；p 为大气压力；$f = 2\varpi \sin\varphi$，为科氏力参数，$\varpi = 7.292 \times 10^{-5}\text{rad/s}$，为地球自转平均角速度，$\varphi$ 为纬度；ρ 为空气密度；$\vec{k}$ 为垂直地球表面的单位矢量；∇ 为哈密顿算子；K_H 为涡旋黏性系数；h 为平均边界层高度；C_D 为考虑地貌变化的拖曳系数；C_T 为本文提出的考虑地形起伏的地形阻力系数：

$$C_T = 0.5C_P \cdot \tan\alpha \tag{2}$$

式中，α 为地形坡度；C_P 是地形压力系数：

$$C_P = \frac{p - P_\infty}{0.5\rho V^2} \tag{3}$$

3　复杂下垫面对台风风场的影响

　　此处仅给出地形起伏对台风风场的影响。地形信息源于 DEM 数据，分辨率为 0.01°。以 2023 年的第 11 号台风"海葵（2311）"为例。台风"海葵"于 2023 年 8 月 28 日生成；于 9 月 3 日下午以超强台风等级登陆中国台湾省台东市沿海，登陆风速为 50m/s；于 9 月 4 日凌晨再次登陆台湾省高雄市沿海；于 9 月 5 日早晨先后登陆福建省东山县沿海与广东省饶平县沿海。台风"海葵"对中国多地造成严重灾害。另外，中央山脉贯穿整个台湾岛东部，最高海拔超过 3500m，可以很好地评估地形起伏对风场的影响。定义风速加速因子：

$$\Delta S = [V_{10}(i) - V_{10}(O)]/V_{10}(O) \tag{4}$$

基金项目：国家重点研发计划（2023YFC3008501）

式中，$V_{10}(O)$ 为不考虑复杂下垫面的风速；$V_{10}(i)$ 为考虑复杂下垫面的风速。图 1（a）给出不考虑地形起伏（$C_T = 0.0$），以及标准地貌条件下（$C_D = 0.0047$）的台风风场模拟结果；图 1（b）给出标准地貌条件下考虑地形起伏后 A 和 B 两点周围区域的风速变化模拟结果。由图可见，A 和 B 两点周围区域的风速变化 ΔS 在 $-0.1 \sim 0.6$ 之间；由于地形干扰，区域内风速最大可有接近 60% 的加速；同时，在某些位置，最大可有接近 10% 的减速。

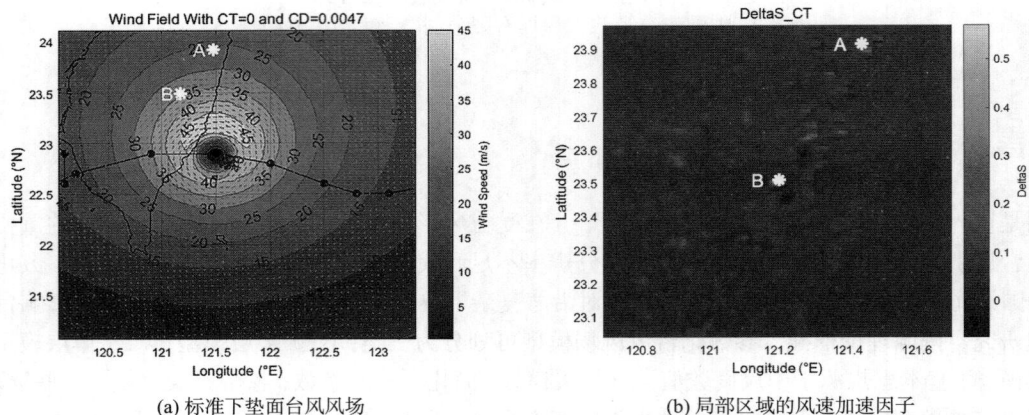

(a) 标准下垫面台风风场　　　　　　　　(b) 局部区域的风速加速因子

图 1　地形起伏对台风风场的影响

4　结论

本文对复杂下垫面影响台风风场的机理进行了研究；以 2023 年的第 11 号台风"海葵（2311）"为例，对复杂地形条件下的台风风场进行了计算。结果表明：地形起伏可以明显改变风场；风速加速因子的变化范围在 $-0.1 \sim 0.6$ 之间。

参考文献

[1] FANG P Z, YE G J, YU H. A parametric wind field model and its application in simulating historical typhoons in the western North Pacific Ocean[J/OL]. Journal of Wind Engineering & Industrial Aerodynamics, 2020. https://doi.org/10.1016/j.jweia.2020.104131.

[2] YE G J, FANG P Z, YU H. A theoretical method to characterize the resistance effects of nonflat terrain on wind fields in a parametric wind field model for tropical cyclones[J]. Tropical Cyclone Research and Review, 2014, 13: 161-174.

超强台风"摩羯"风特性实测与分析

唐亚男，杨　剑，段忠东

（哈尔滨工业大学（深圳）智能土木与海洋工程学院 深圳 518000）

1　引言

2024 年的 11 号超强台风"摩羯"（Super Typhoon Yagi，国际编号 2411）是自 1949 年以来登陆中国的最强秋台风之一，也是影响亚洲的强台风之一。超强台风"摩羯"的影响范围广泛包括菲律宾、中国（海南、广东、广西等地）、越南、泰国、老挝、缅甸等国家。在中国，海南、广东、广西等地遭受了严重的风雨影响，多地出现大到暴雨，局部地区特大暴雨，并伴有强风。这导致了洪水、滑坡、泥石流等灾害的发生，给当地人民群众的生命财产带来了严重威胁。同时，台风"摩羯"还对交通、电力、通信等基础设施造成了严重破坏。因此，对台风"摩羯"进行观测与分析，揭示其风特征，有助于提高对台风边界层风特性的科学认知，为改进台风预报模型、完善防灾减灾策略提供关键依据[1]。

2　超强台风"摩羯"的观测

2.1　超强台风"摩羯"基本情况

超强台风"摩羯"于 2024 年 9 月 1 日晚在菲律宾以东近海生成，随后向西偏北方向移动。9 月 2 日下午，它首先在菲律宾奥罗拉省登陆，造成了一定的灾害。之后，"摩羯"继续向西偏北方向移动，强度逐渐增强。9 月 5 日，台风"摩羯"的中心位于广东徐闻东偏南方的南海北部海面上，强度为超强台风。9 月 6 日下午至夜间，"摩羯"先后在海南文昌和广东徐闻登陆，登陆时中心附近最大风力均达到超强台风级别。登陆后，"摩羯"继续向西偏北方向移动，进入北部湾，并于 9 月 7 日下午在越南东北部至中越交界一带沿海再次登陆，之后强度逐渐减弱。

超强台风"摩羯"共有四次登陆：（1）9 月 2 日下午，台风"摩羯"在菲律宾奥罗拉省登陆，此时其强度为热带风暴或强热带风暴级别；（2）9 月 6 日 16 时 20 分前后，台风"摩羯"以超强台风级别（中心附近最大风力 62m/s，17 级以上）登陆中国海南省文昌市沿海；（3）9 月 6 日 22 时 20 分前后，台风"摩羯"再次以超强台风级别（中心附近最大风力 58m/s，17 级）登陆中国广东省徐闻县沿海；（4）9 月 7 日下午，台风"摩羯"在越南东北部至中越交界一带沿海登陆，此时其强度已减弱为强台风级别（中心附近最大风力 42～48m/s，14～15 级）。

2.2　观测点及其周边地形地貌条件

激光雷达安装在广东省湛江市徐闻县白沙湾临海某民宿建筑顶部（20.268042°N，110.267939°E），距离地面约 7m。观测点周边的地形地貌情况见图 1。

图 1　激光雷达所在观测点周边地形地貌条件

3 超强台风"摩羯"的平均风速和风向演变过程

观测点水平平均风速、风向，以及竖向风速和风攻角的演变过程见图2。

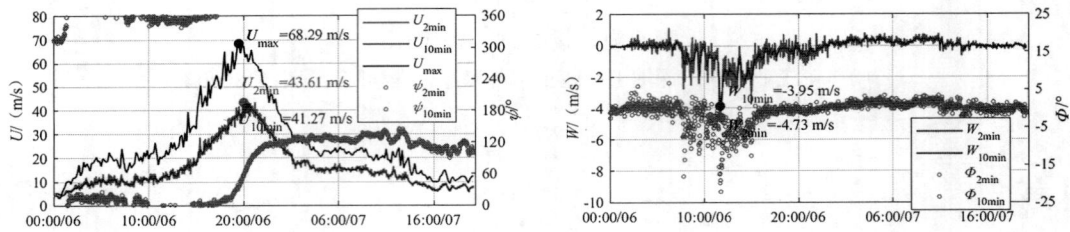

图2 超强台风"摩羯"风速风向演变过程

4 结论

本文采用激光雷达收集到了超强台风"摩羯"影响中国期间的数据，台风中心离观测点最近约22.57km，台风距离观测点最近时的最大风速半径约为22.22km。基于收集到的观测数据，分析该场台风的平均风和脉动风特性，包括平均风速剖面、脉动风功率谱、湍流强度、湍流积分尺度、阵风因子、峰值因子等。

参考文献

[1] HE J, HE Y, LI Q, et al. Observational study of wind characteristics, wind speed and turbulence profiles during Super Typhoon Mangkhut[J]. Journal of Wind Engineering and Industrial Aerodynamics, 206: 104362.

机器学习视角下的福建沿海极值风速预测

董　锐[1,3]，李狄钦[1,2]

（1. 福州大学土木工程学院　福州　350018；
2. 重庆大学土木工程学院　重庆　400045；
3. 福建省土木建筑学会　福州　350001）

1　引言

极值风速作为确定工程结构风荷载的基础性参数，对结构抗风设计的安全性和经济性具有重要影响。现有的极值风速预测方法基本上以实测/模拟风速数据为分析对象，通过拟合优度检验获得"样本取样方法 + 极值概率分布模型 + 参数估计方法"最优组合[1]，并进行不同重现期的极值风速预测。从机器学习的视角对现有极值风速预测方法进行审视，存在两方面不足：（1）无法充分利用风速数据中的信息，造成部分数据特征丢失；（2）缺少对模型预测能力的评估。鉴于此，本文提出了一种基于机器学习理论的极值风速预测 Stacking 模型，并以福建沿海某气象站历年实测风速数据为分析对象，对本文方法的有效性进行了检验。

2　极值风速预测的 Stacking 模型

2.1　Stacking 模型

从机器学习的视角分析，现有极值风速预测方法试图通过构建一个独立的最优模型，获得统计意义上的最佳极值风速预测值。机器学习中的集成学习（Ensemble Learning）范式提供了完全不同的一种解决方式。集成学习放弃建立一个独立的超级模型，而是通过组合多个弱学习模型（weak learners/base models）形成一个高性能的元模型（meta-model）实现上述目标。集成学习常用的 3 种类型是 Boosting、Bagging 和 Stacking。Stacking 的核心思想是通过多个基模型（Base model）分别提取原始数据的不同特征并赋值给元模型（Meta model），进而增强元模型的整体性能。Stacking 模型能有效改进模型计算精度，降低模型过拟合风险，并显著增强模型的稳定性。

Stacking 模型的实现过程分为以下 5 个步骤：

（1）将数据集划分为训练集和验证集两部分，并将训练集划分为 K 折；

（2）使用第 1 层模型（即基模型）中的 model1 在 K-1 折训练集上进行训练，并在第 K 折训练集和验证集上分别进行预测，依次循环获得 K 组训练集和验证集的预测值，分别记为 K_{model1} 和 T_{model1}。对 K 组 T_{model1} 做加权平均处理，得到 $T_{model1/K}$；

（3）使用第 1 层模型（即基模型）中的 model2 重复上面的步骤，分别获得 K_{model2} 和 $T_{model2/K}$；

（4）将 K_{model1}、$K_{model2}\cdots K_{modeln}$ 组成第 2 层模型（元模型）的训练集，将 $T_{model1/K}$、$T_{model2/K}\cdots T_{modeln/K}$ 组成第 2 层模型（元模型）的验证集；

（5）采用元模型在新的训练集和测试集上进行训练和验证，并得到最终的模型和预测结果。

极值风速预测 Stacking 模型的实现流程如图 1 所示。

2.2　实例分析

福建沿海某气象站（简称测站）风速仪所在高度为离地 10m，实测风速资料为 1971—2019 年历年逐月 10min 最大平均风速。测站周围地貌如图 2 所示，原始风速数据分布见图 3。极值风速预测结果如表 1 所示。

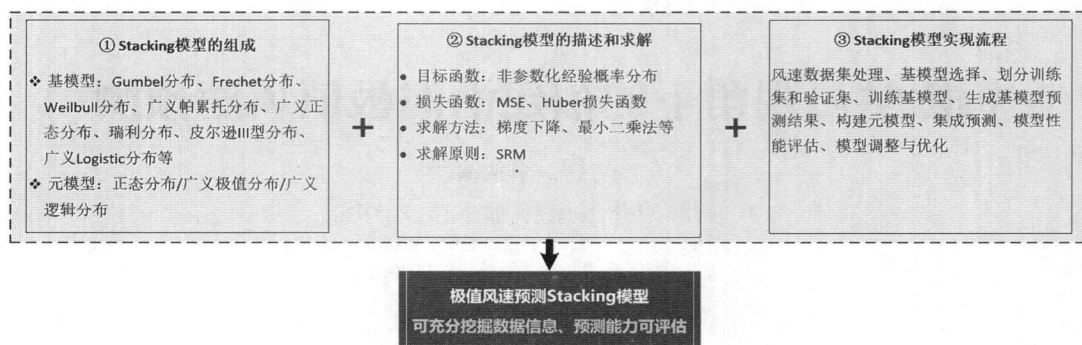

图1　极值风速预测的 Stacking 模型实现流程

图2　福建沿海某测站周围地貌图

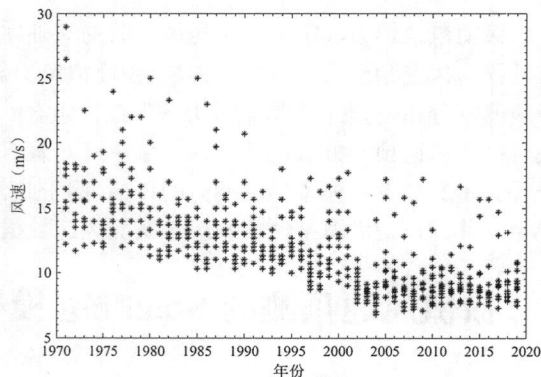

图3　福建沿海某测站原始风速数据分布图

福建沿海某测站不同重现期极值风速预测　　　　　　　　表1

重现期（年）	10	50	100
极值风速（m/s）	23.30	27.55	29.27

3　结论

福建位于中国东南沿海，受西北太平洋热带气旋和亚热带季风的影响严重，是世界上风致灾害最严重的区域之一。开展基于机器学习理论的极值风速预测研究，对于福建沿海风敏感基础设施的建设具有重要意义。

参考文献

[1]　董锐, 李狄钦, 罗元隆, 等. 不同气候下海峡两岸建筑抗风标准之基本风速比较[J]. 湖南大学学报(自然科学版), 2021, 48(3): 119-127.

数值模拟方法在山区大跨桥梁设计风速确定中的应用

于舰涵[1]，李明水[2]

（1. 西南交通大学建筑学院 成都 611756；
2. 西南交通大学土木学院 成都 611756）

1 引言

在山区建造的桥梁对于偏远地区的经济发展至关重要，它增加了自然资源的可达性，并加强了孤立或偏远地区的应急响应和灾害管理能力。随着桥梁建造技术的进步，特别是在中国西南地区，由于地形特点为连绵起伏的陡峭山区，许多大跨度桥梁应运而生。如图 1 所示。山区的大跨度桥梁通常对风敏感，这是因为桥梁结构的刚度较低，且山区风场复杂。因此，在设计阶段最关键的步骤是分析桥梁现场的风场并确定设计风速。

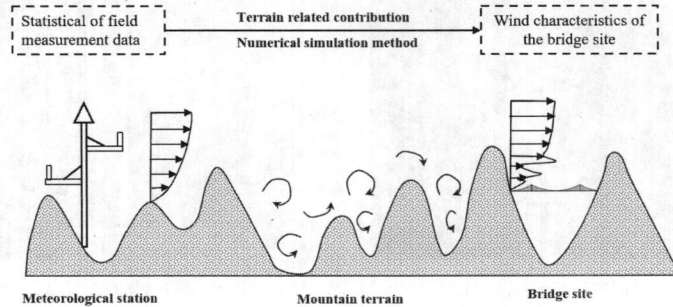

图 1 山区桥梁设计风速的确定

2 数值模拟方法

本研究中的假设如下：首先，假设空气为不可压缩流体，忽略温度、湿度和太阳辐射的影响。其次，不考虑粗糙度的变化，因为在高原地区植被相对较矮，桥面远离地面。第三，假设计算域入口处的风速剖面符合对数律关系。在通用设置方面，模拟是在 ANSYS/FLUENT 2020 平台上进行的。我们采用了不可压缩三维稳态 RANS 方程来求解山区地形中的风场。采用k-ε湍流模型进行模拟。模拟采用的计算域和网格划分方法如图 2 和图 3 所示。

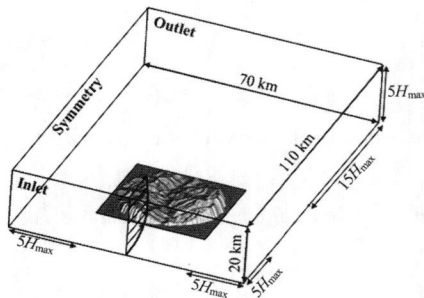

图 2 数值模拟的计算域

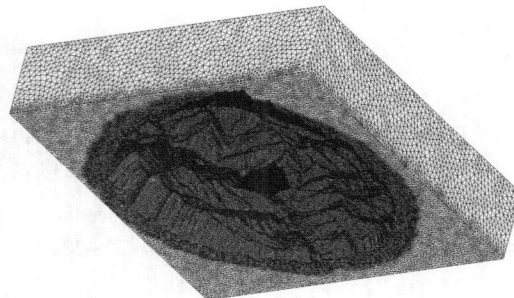

图 3 网格划分方法

基金项目：国家自然科学基金项目（52308533）

3 结果分析

图 4 及图 5 为桥位附近地形及海拔示意图。在山区桥梁风场模拟中，选择最佳的数值模拟方法是至关重要的。这涉及地形模型分辨率、地形模型范围大小以及模型截断处的过渡形式的选择。这些因素在以往的文献中很少被提及。一个最优的模拟方法需要在模拟精度和效率之间找到一个合理的平衡点。值得注意的是，本研究中采用了随机风向进行最优地形模型分辨率的研究，类似于网格独立性测试，因为验证结果不会受到来风方向的影响。然而，对于最优地形模型范围和过渡形式的研究，来风方向对结果有显著影响，尤其是当风向与山谷方向几乎一致时，放大效应最大。因此，本研究中采用了南风方向作为模拟风向，因为山谷通常呈南北走向。

本研究发现 300m 分辨率和 30km 范围的地形模型能在确保模拟精度的同时提高计算效率，而南风方向由于与山谷走向一致，对模拟结果影响显著。具体而言，100m 分辨率能清晰描绘山区纹理，而 400m 分辨率则显得平滑；200m 和 300m 分辨率的模拟结果偏差最小，推荐 300m 分辨率。对于范围，10km 太小，无法准确模拟，而 20～40km 范围的模拟结果相关性强，30km 范围为合理选择。

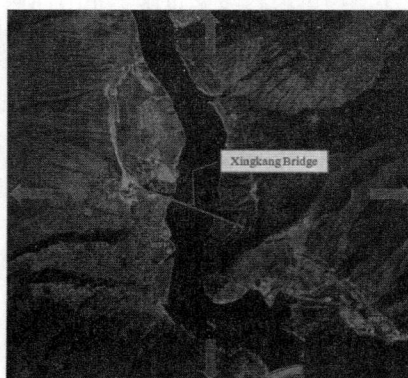

图 4 桥位附近地形示意图　　　　图 5 桥位附近海拔示意图

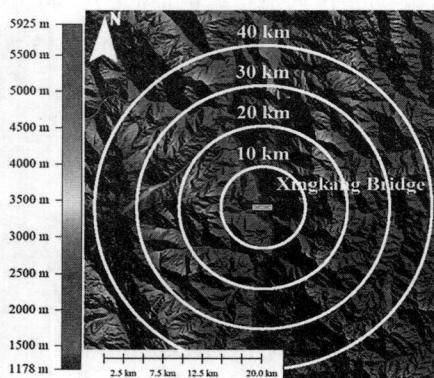

4 结论

本研究旨在评估数值方法在山区桥梁设计风速估算中的性能。选取中国西南部山区的兴康桥作为案例，研究了地形模型分辨率、地形范围大小和过渡段形式对数值模拟结果的影响。主要结论包括：300m 分辨率的地形模型足以获得合理结果；30km 直径的地形模型在计算平均风速时结果较为合理；与现场测量数据比较，UBTS 模型表现最佳，偏差小于 20%。研究还展示了确定山区桥梁设计风速的过程，包括气象数据统计、入口轮廓设置、山区地形重建、数值方法和数据分析，所提出的数值模拟方法能够为桥梁现场的平均风速提供可靠结果，对工程实践具有指导意义。

参考文献

[1] BLOCKEN B, STATHOPOULOS T, CARMELIET J. CFD simulation of the atmospheric boundary layer: wall function problems[J]. Atmospheric environment, 2007, 41(2): 238-252.

[2] LOMBARDO F T. Improved extreme wind speed estimation for wind engineering applications[J]. Journal of Wind Engineering and Industrial Aerodynamics, 104: 278-284.

基于 CFD 和 BPNN 方法的城市空气污染物扩散分析

付云飞[1]，张秉超[1]，刘彦钰[2]，武佳瑄[2]，李雨桐[1,2]

（1. 香港科技大学土木与环境工程学院 香港 999077；

2. 重庆大学土木工程学院 重庆 400044）

1　引言

城市扩张带来的空气污染问题日益严重，对居民健康构成威胁。准确模拟城市污染物扩散对于城市通风系统与制定有效的控制策略至关重要。近年来，机器学习算法被广泛应用于研究环境参数与污染物分布及反应特性之间的复杂关系[1-2]。尽管以往研究在单一污染物扩散问题上提供了宝贵的见解，但氮氧化物与二次污染物之间的重要化学反应仍然是研究空白。因此，本研究通过计算流体动力学（CFD）模拟，分析了建筑物附近污染物扩散机制，并利用反向传播神经网络（BPNN）实现了流场和浓度场的高效获取，为制定有效措施以降低污染物影响提供了重要的参考依据。

2　研究方法

2.1　CFD 及 BPNN 建模

CFD 模型如图 1（a）所示，采用 9×9 建筑阵列（单个建筑 $0.06m \times 0.06m \times 0.06m$）进行 CFD 模拟，污染物源位于建筑背风面 0.03m 处。模型入口采用改进型湍流边界条件，出口为压力出口，侧面和顶部为对称条件，地面和建筑表面分别为粗糙和光滑壁面。BPNN 模型如图 1（b）所示，采用输入层、隐藏层和输出层结构，每个隐藏层含 6 个神经元。在输入区域分割策略中，主要分析区域被划分为多个子模型，以平衡计算成本和预测精度。训练采用 MATLAB 深度学习工具箱，生成 60 组模拟数据用于模型训练和测试。

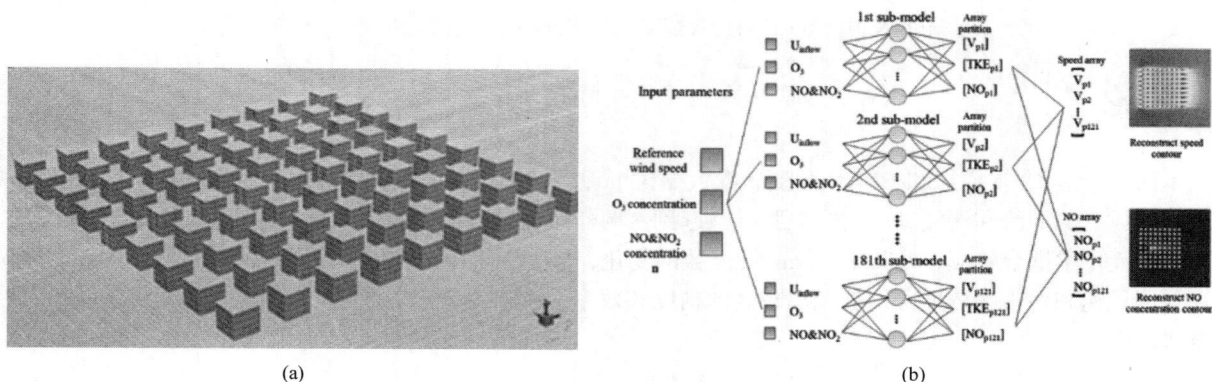

（a）　　　　　　　　　　　　　　　　（b）

图 1　模型设置（a）CFD 模型结果，（b）BPNN 模型结构

2.2　化学建模和物理化学耦合

研究对 NO 和 NO_2 的传输和化学反应进行建模，考虑分子扩散、湍流扩散、光解和化学反应速率。通过 Damköhler 数（Da）分析物理传输与化学反应的相互作用，通过调整初始浓度研究 Da 值对污染物扩散的影响。

基金项目：Research Grants Council of the Hong Kong Special Administrative Region, China (Project No. C7064-18G, 16207118, and 16211821).

3 结果分析

3.1 建筑背风区的污染物扩散规律

研究发现，来流与建筑物背风面的回流逐渐分离，导致污染物难以清除。建筑物背风区形成两个回流区，导致车辆尾气难以从密集的城市区域排出。湍流动能的最大值出现在上游建筑物之间的间隙和屋顶角落附近，这主要是由附近的流动分离效应导致的。建筑物的背风侧湍流动能逐渐降低，表明流动分离效应逐渐消失，来流与建筑物背风侧的流动逐渐分离。

3.2 Damköhler 数对污染物扩散的影响及 BPNN 预测

如图 2 所示，Da_{O_3} 的增大可以有效降低污染物对建筑物附近区域、城市街道和建筑物阵列下游区域的影响。相比之下，Da_{NO} 的变化对污染物扩散的影响有限。

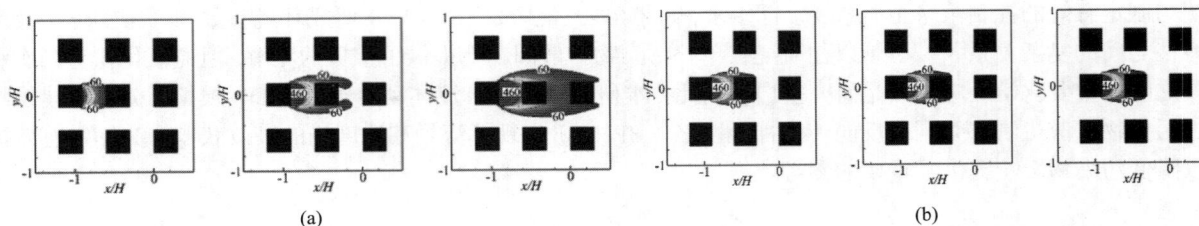

(a)　　　　　　　　　　　　　　　　　　(b)

图 2　NO 浓度等值线（a）$Da_{O_3} = 0.252$、0.756 和 1.259，（b）$Da_{NO} = 0.0252$、0.0126 和 0.0063

图 3 为 BPNN 模型对 NO 的浓度预测，BPNN 模型能够准确预测污染物扩散机制特征，NO 浓度的相对误差在 20% 以内，且 BPNN 模型数据获取时间仅需几秒钟，极大提高计算效率。

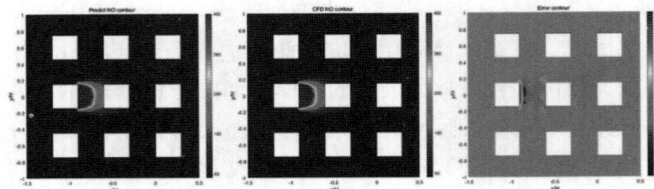

图 3　BPNN 模型与 CFD 模拟结果在 $z = 0.03$m 处的无量纲 NO 浓度分布对比

4 结论

本研究通过 CFD 模拟和 BPNN 预测，深入探讨了理想城市环境中污染物扩散的规律和影响因素。发现建筑物背风区的回流和湍流动能对污染物扩散起到重要作用，导致污染物难以清除并容易在局部区域积聚。此外，物理化学耦合效应，尤其是 Damköhler 数的变化，显著影响污染物的扩散范围和浓度分布。BPNN 模型在预测风速和污染物浓度方面展现出较高的精度和效率，为城市空气污染控制和通风设计提供了新的思路和方法。

参考文献

[1] LANGE M, SUOMINEN H, KURPPA M, et al. Machine-learning models to replicate large-eddy simulations of air pollutant concentrations along boulevard-type streets[J]. Geoscientific Model Development, 2021, 14(12): 7411-7424.

[2] WEERASURIYA A U, ZHANG X, TSE K T, et al. RANS simulation of near-field dispersion of reactive air pollutants[J]. Building and Environment, 2022, 207: 108553.

钝体空气动力学

紊流下圆柱表面风压的非高斯特性

杨雄伟[1]，李明水[2]

（1. 河北地质大学城市地质与工程学院 石家庄 050031；
2. 西南交通大学风工程试验研究中心 成都 610031）

1 引言

圆柱绕流是经典的流体力学问题，因其简单的几何构造和丰富的流场特性，得到了众多学者的关注。圆形断面结构物在土木工程领域应用广泛，例如烟囱、储油罐、圆形截面高层建筑等。

关于圆柱绕流的研究[1]大多关注均匀来流下，雷诺数对其表面风压系数、升阻力系数、斯托罗哈数等的影响。然而自然界的风场主要为紊流风场，因此一些学者[2]也研究了其气动力特性随紊流参数的变化规律。

针对紊流参数对圆柱表面风压非高斯特性的影响研究目前还比较匮乏，且其影响规律还不明确。为此，本文通过控制变量，分别研究紊流强度和紊流积分尺度对圆柱表面风压非高斯特性的影响。

2 试验安排

2.1 紊流场模拟

试验在西南交通大学 1 号风洞（XNJD-1）高速试验段进行，试验段截面尺寸为 16m × 2.4m × 2.0m（长 × 宽 × 高），背景紊流强度小于 0.5%。为了产生需要的紊流场，设计了三种不同尺寸的格栅，分别为格栅 A、B 和 C。使用 TFI Cobra Probe 三维脉动风速仪测量 3 种格栅的紊流场，分别得到 3 组紊流强度相同，但紊流积分尺度不同的紊流场；以及 3 组紊流积分尺度相同，但紊流强度不同的紊流场。

2.2 试验模型

圆柱模型采用不锈钢制成，表面经研磨膏打磨处理而十分光滑。模型两端安装有假模型和端板，以保证流动的二维性。圆柱模型的直径为 $D = 0.102m$，总长 $L = 2m$。在试验模型上不均匀间隔布置四圈测压孔，其间距分别为 0.02m、0.04m 和 0.08m。每圈测压孔在相同的位置均匀布置 36 个测压点，相邻两个测压点间的夹角为 10°。试验工况见表 1。

试验工况 表 1

格栅	模型与格栅间的距离x/m	I_u/%	L_u/m	L_u/D	格栅	模型与格栅间的距离x/m	I_u/%	L_u/m	L_u/D
A	2	5.5	0.042	0.41	B	5	6.5	0.113	1.11
	9.3	2.2	0.112	1.10	C	9.3	5.4	0.193	1.89
B	6	5.6	0.130	1.27		3.5	13.1	0.115	1.13

基金项目：河北省自然科学基金项目（E2023403007），河北省教育厅科学研究项目（BJK2024130），石家庄市驻冀高校基础研究项目（241790677A），河北地质大学博士科研启动基金项目（BQ2024047）

3 试验结果

图 1 为 $Re = 0.68 \times 10^5$ 且 $L_u/D \approx 1.11$ 时，I_u 对圆柱偏度 S_k 和峰度 K_u 的影响。由图可知，迎风面偏度基本在 0 附近，近似满足高斯分布；然而，其脉动风压随紊流强度的增加而出现正偏，且其值越来越大，非高斯特性也逐渐变强。背风面偏度严重偏离标准高斯分布，呈现出显著的非高斯特征；然而，随着紊流强度的增加，脉动风压负偏值越来越小，脉动风压的非高斯特性逐渐减弱。此外，除迎风面峰度随着紊流强度的增大而变大外，其他位置处的峰度随紊流强度的变化并不明显。图 2 为 $Re = 0.68 \times 10^5$ 且 $I_u \approx 5.5\%$ 时，L_u/D 对圆柱偏度 S_k 和峰度 K_u 的影响。由图可知，偏度随 L_u/D 的变化正好与 I_u 相反。$L_u/D = 0.41$ 时的偏度曲线最大，而 $L_u/D = 1.98$ 时的偏度曲线最小。迎风面偏度基本在 0 附近，近似满足高斯分布；偏度随 L_u/D 的增加而减小，非高斯特性逐渐变弱。侧面和背风面偏度严重偏离标准高斯分布，呈现显著的非高斯特征；负偏值随 L_u/D 的增加而越来越大，非高斯特性逐渐增强。除迎风面峰度随 L_u/D 的增大而变小外，其他位置处的峰度随 L_u/D 的变化并不明显。

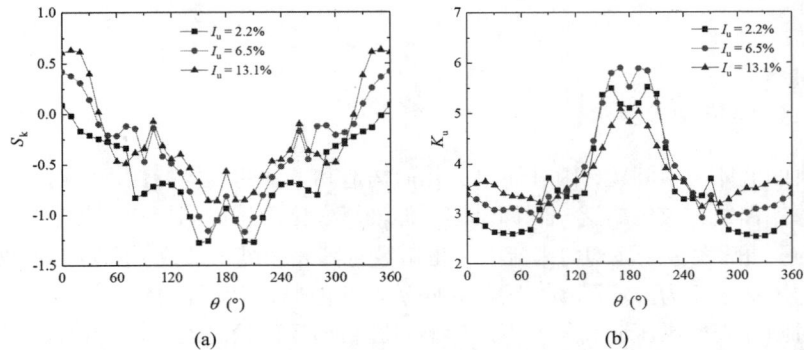

图 1　$Re = 0.68 \times 10^5$ 且 $L_u/D \approx 1.11$ 时，I_u 对圆柱脉动风压（a）：偏度 S_k 和（b）：峰度 K_u 的影响

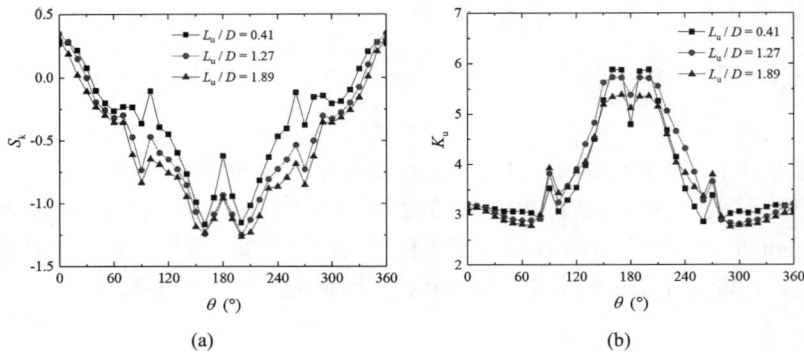

图 2　$Re = 0.68 \times 10^5$ 且 $I_u \approx 5.5\%$ 时，L_u/D 对圆柱脉动风压（a）：偏度 S_k 和（b）：峰度 K_u 的影响

4 结论

圆柱迎风面风压基本符合高斯分布，而侧面和背风面风压则表现出显著的非高斯特性。紊流强度不仅会改变偏度和峰度的分布规律，也会改变其数值大小。随着紊流积分尺度的增加，偏度有逐渐变小而峰度有逐渐变大的趋势。

参考文献

[1]　GOKTEPELI I. Drag reduction by the effect of rounded corners for a square cylinder[J]. Physics of Fluids 2024, 36: 094108.

[2]　YING C, LIN Z, LIN C, et al. Effect of free stream turbulence in critical Reynolds number regime (1.6×10^5-6.1×10^5) on flow around circular cylinder[J]. Physics of Fluids 2022, 34: 115126.

湍流强度和积分尺度对方柱尾流特性及
气动力影响试验研究

李　明[1]，李秋胜[2]，李明水[3]

（1. 西南交通大学风工程重点实验室　成都　610031；
2. 香港城市大学建筑与土木工程系　香港　999077；
3. 西南交通大学风工程重点实验室　成都　610031）

1　引言

　　方柱作为经典断面的钝体结构，其尾流特性和气动力分布已获得了广泛学者的关注[1-3]。以往研究大多集中在均匀流场方柱的气动特性，湍流场中方柱的研究相对较少[4]。与均匀流相比，湍流场脉动速度会改变方柱周围流场的流动模式，包括剪切层的发展和尾流特征等。由此导致湍流场作用于方柱上的气动力特性和空间分布与均匀流场存在显著差异。虽然已有学者开展了湍流场中方柱的尾流特性和气动力研究，但缺乏关于湍流特征参数对方柱周围流场和气动力的作用机理的研究。为了深入理解湍流对方柱气动特性的作用机理，本文开展了湍流积分尺度和强度对方柱尾流特性及气动力分布的影响研究。

2　试验设置

　　开展了方柱节段模型测压及粒子图像测速（PIV）风洞试验研究，如图 1 所示。方柱断面尺寸 D 为 50mm × 50mm，长度 L 为 300mm。方柱端部设置端板以保证流场的二维特性。采用被动格栅模拟了 4 种湍流场，具有 2 种不同积分尺度和 3 种不同湍流强度。方柱脉动压力时程采用 TFI 动态压力测量系统获得，格栅生成湍流场的脉动风速由 Cobra 测量，方柱尾流场采用 PIV 系统采集，气动压力和脉动风速采样频率均为 800Hz，采用时间为 60s。

图 1　试验装置示意图和风洞中的模型

3　结果分析

　　图 2 结果表明：与均匀流场相比，湍流使尾涡形成长度变大，且随着积分尺度减小和湍流强度增加该效应愈发明显。值得注意的是：当湍流强度达到 20% 后，方柱侧面发生了永久再附现象，且在背风侧的角部出现了二次分离，导致方柱在该流场下具有更大的尾涡形成长度。图 3 结果表明，湍流场对迎风面的平均压力分布影响很小，但会显著增大其脉动压力值，且随着湍流强度增加脉动压力系数变大。对于方柱侧面和背风面，湍流加速了平均压力恢复过程，平均压力系数随湍流强度的增加变大，但脉动压力系数减小，表明湍流

国家自然科学基金项目（52308530），中央高校基本科研业务费专项资金科技创新项目（A0920502052401-215）

会削弱方柱的旋涡强度。此外，湍流尺度增加对侧面压力系数影响较小。当湍流强度增加到 20%时，压力恢复过程更加完整，脉动压力系数变化趋势与均匀流和低湍流强度流场具有显著区别，这是由于该流场下侧面发生了永久再附现象所致，导致气动力分布发生改变。

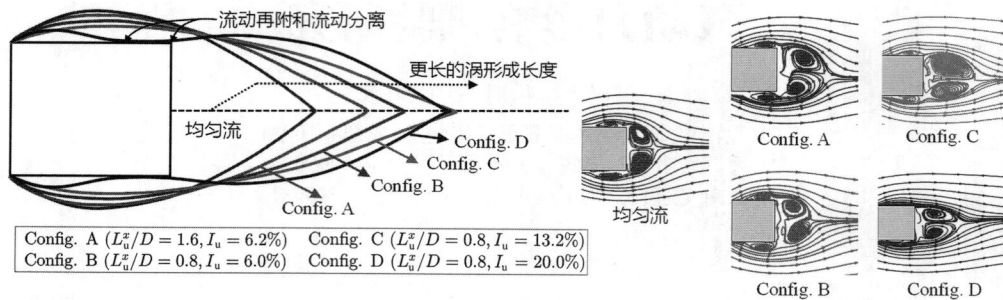

图 2　不同流场下方柱剪切层示意图和平均流线 PIV 测量结果

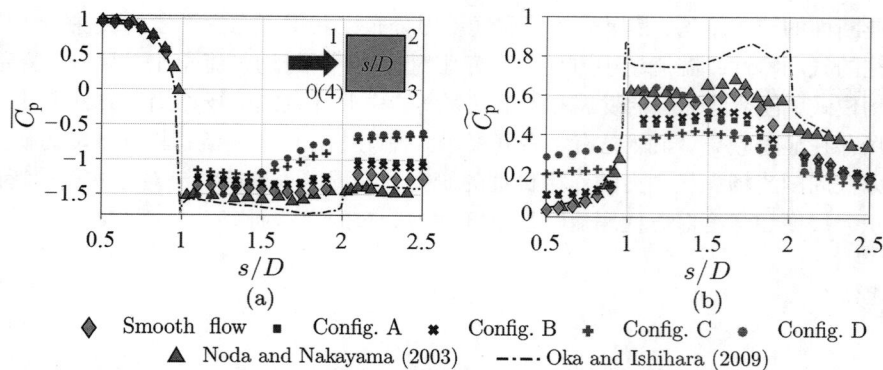

图 3　不同流场下方柱压力分布图：（a）平均压力；（b）脉动压力

4　结论

本文通过风洞试验研究了不同湍流尺度和强度流场方柱尾流特性和气动力分布。采用控制变量思想揭示了积分尺度和湍流强度这两个重要湍流特征参数对方柱气动特性的影响机制。研究首次发现了高湍流强度流场下方柱的侧面会出现永久再附，其气动力分布类似均匀流的长平板结果。

参考文献

[1]　徐枫, 欧进萍, 肖仪清. 不同截面形状柱体流致振动的 CFD 数值模拟[J]. 工程力学, 2009, 26(4): 7-15.

[2]　NODA H, NAKAYAMA A. Free-stream turbulence effects on the instantaneous pressure and forces on cylinders of rectangular cross section[J]. Experiments in Fluids, 2003, 34(3): 332-344.

[3]　OKA S, ISHIHARA T. Numerical study of aerodynamic characteristics of a square prism in a uniform flow[J]. Journal of Wind Engineering and Industrial Aerodynamics, 2009, 97(11-12): 548-559.

[4]　LANDER D C, LETCHFORD C W, AMITAY M, et al. Influence of the bluff body shear layers on the wake of a square prism in a turbulent flow[J]. Physics Review Fluids, 1 2016, (4): 044406.

串列双矩形柱绕流的雷诺数效应

杜晓庆[1,2]，朱红玉[1]，董浩天[1,2]

（1. 上海大学力学与工程科学学院土木工程系 上海 200444；
2. 上海大学高性能桥梁研究中心 上海 200444）

1 引言

分离式箱梁的颤振稳定性好，常用于超大跨度桥梁，但其涡振性能不佳，易发生涡激振动[1-2]。主梁的气动外形和雷诺数是影响分离式箱梁涡振性能的重要因素[3]。为了探究雷诺数对分离式双箱梁气动性能和流场结构的影响，通过大涡模拟方法，首先在 $Re = 1 \sim 1.2 \times 10^5$ 时，研究了 4：1 单矩形柱绕流的雷诺数效应；然后在 $Re = 2.5 \times 10^2 \sim 1.2 \times 10^5$ 条件下，研究了两个串列 4：1 矩形柱绕流的雷诺数效应，为进一步研究分离式箱梁的涡振性能奠定基础。

2 计算模型

图 1 给出了串列双矩形柱的计算模型。其中，矩形柱的宽高比 $B/D = 4$，间隙比 $G/D = 0.5$、2.0 和 4.0，U_0 为来流风速。计算采用大涡模拟方法，采用 O 形计算域，阻塞率小于 2%。

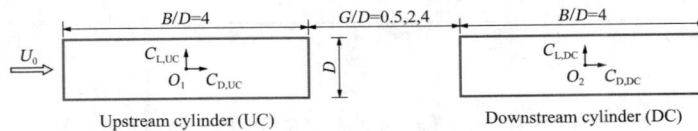

图 1 计算模型示意图

3 结果与讨论

3.1 单矩形柱

图 2 给出了 4：1 单矩形柱平均阻力系数（C_D）、脉动升力系数（C_{Lf}）、脉动阻力系数（C_{Df}）和 Strouhal 数（S_t）随雷诺数的变化规律。结合绕流场特性（限于篇幅，文中未给出），研究发现，在 $Re = 1 \sim 1.2 \times 10^5$ 范围内，单矩形柱呈现四种流态。$Re < 95$ 时为二维稳态流态（Regime Ⅰ），C_D 显著下降。$95 \leqslant Re < 4.5 \times 10^2$ 时为层流涡脱流态（Regime Ⅱ），S_t 发生突变，从 $Re = 2.75 \times 10^2$ 时的 0.162 变化为 $Re = 3 \times 10^2$ 时 0.13；当 $Re \geqslant 3 \times 10^2$，$C_{Lf}$ 和 C_{Df} 显著增大，并在尾流转捩流态（Regime Ⅲ，$4.5 \times 10^2 \leqslant Re < 7 \times 10^2$）范围内取得最大值。$7 \times 10^2 \leqslant Re \leqslant 1.2 \times 10^5$ 时为剪切层转捩流态（Regime Ⅳ），气动力系数与 S_t 均随雷诺数的增加而逐渐下降。

3.2 双矩形柱

图 3 给出了双矩形柱 C_D、C_{Lf} 和 S_t 随雷诺数的变化规律。随着雷诺数的增加，C_{Lf} 先上升后下降，并在 $Re = 1.0 \times 10^3$ 时取得最大值。S_t 随雷诺数的增加而增加，而 $G/D = 0.5$ 和 $Re = 1.2 \times 10^5$ 时，矩形柱周围无明显涡脱主频。结合绕流场特性（限于篇幅，文中未给出），在 $G/D = 0.5 \sim 4$、$Re = 2.5 \times 10^2 \sim 1.2 \times 10^5$ 条件下，串列双矩形柱呈现四种流态。在二维单一钝体流态（Regime Ⅰ）时，尾流对柱体的激励作用很弱，C_{Lf}

基金项目：国家自然科学基金项目（52478534）

接近零；二维剪切层再附流态（Regime Ⅱ）时，下游柱迎风侧风压由负转正，下游柱C_D和C_{Lf}显著上升；三维剪切层再附流态（Regime Ⅲ）和三维双涡脱流态（Regime Ⅳ）时，流场发生了层流向湍流的转捩，流场呈现三维特性，C_{Lf}会随着雷诺数的增加逐渐下降。

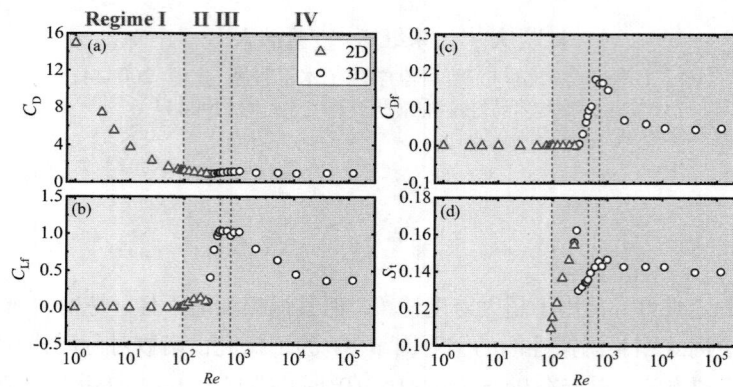

图 2　单矩形柱气动性能的雷诺数效应：（a）平均阻力系数；（b）脉动升力系数；（c）脉动阻力系数；（d）Strouhal 数

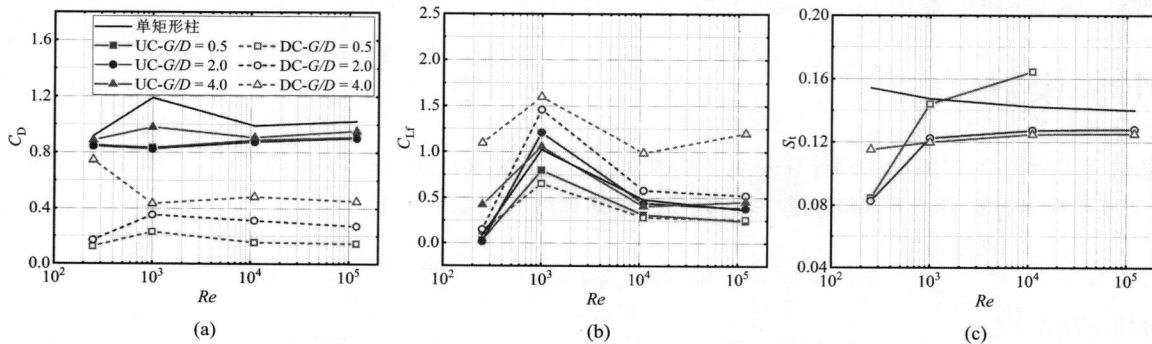

图 3　双矩形柱气动性能的雷诺数效应：（a）平均阻力系数；（b）脉动升力系数；（c）Strouhal 数

4　结论

研究表明，在$Re = 1 \sim 1.2 \times 10^5$范围内，随着雷诺数的增大，4∶1 单矩形柱呈现四种流态，包括二维稳态流态、层流涡脱流态、尾流转捩流态和剪切层转捩流态。在$Re = 2.5 \times 10^2 \sim 1.2 \times 10^5$范围内，串列双矩形柱也呈现四种流态，包括二维单一钝体流态、二维剪切层再附流态、三维剪切层再附流态和三维双涡脱流态。

致　　谢

本文的计算（部分）得到"东方"超级计算系统的支持与帮助。

参考文献

[1] LEE S, KWON S D, YOON, J. Reynolds number sensitivity to aerodynamic forces of twin box bridge girder[J]. Journal of Wind Engineering and Industrial Aerodynamics, 2014, 127: 59-68.

[2] LI H, LAIMA S, JING H. Reynolds number effects on aerodynamic characteristics and vortex-induced vibration of a twin-box girder[J]. Journal of Fluids and Structures, 2014, 50: 358-375.

[3] ZHU H, DU X, DONG H. Vortex-induced vibration of separated box girders for long-span cable-supported bridges: A review[J]. Structures, 2025, 71: 107889.

跨座式单轨双幅车桥气动力系数试验研究

周 帅[1,2]，方 聪[1]，李 璋[1]

（1. 中国建筑第五工程局有限公司 长沙 410004；

2. 湖南大学土木工程学院 长沙 410082）

1 引言

发展准时、快速、大运量的城市轨道交通是"交通强国"战略实施的首要任务，也是"双碳"战略实施的重要路径。以跨座式单轨/悬挂式单轨为代表的中低运量城市轨道交通每公里造价仅为地铁的1/3，与二、三线城市财政承受能力更为匹配，运能满足客流需求，符合我国基本国情，迅速成为"新基建"的主要发展方向之一，表现了万亿级的市场紧迫需求。

当前，国内外跨座式单轨/悬挂式单轨运营里程不到600km，技术储备薄弱，面临着行车舒适度不足、轮胎磨耗大等共性问题，制约了推广应用。究其原因，在于车辆与桥跨结构的耦合动力响应等关键科学问题还未能被清楚认识，例如：

（1）横风作用下，双幅完全分离、大高跨比车-桥组合断面的流场结构呈现怎样的规律？气动特性的驱动机制怎样形成？

（2）车-桥弹性接触状态下自激效应与气动机理是怎样的？车辆通过走行轮、稳定轮、导向轮与轨道梁接触，力学关系如何准确模拟？

2 风洞试验

2.1 试验模型

风洞试验在湖南大学 HD-2 风洞开口试验段的均匀流场中进行。为了精准模拟庞巴迪车辆外形并综合考虑风洞阻塞率的影响，跨座式单轨车-桥试验模型采用 1∶10 的几何缩尺比，其实物如图 1 所示。

图 1 跨座式单轨双幅车桥风洞试验模型

2.2 试验工况

试验时轨道梁和跨座式单轨车辆在风洞测试段都沿横风向摆放，则风向垂直于车辆行驶方向和轨道梁纵向，此时也称作横风情况。在横风作用下，为了研究车桥组合形式、雷诺数、轨道梁线间距和中央隔板对车辆气动力的影响，在均匀流场中逐一测试了不同工况下车辆气动力，典型试验工况如表 1 所示。

3 数据处理和分析

3.1 轨道梁线间距的影响

当无中央隔板时，不同无量纲线间距下工况 1 和工况 2 的车辆气动力系数随风速的变化情况。工况 1 和

基金项目：国家自然科学基金项目（52278497）

工况 2 的车辆气动力系数随风速的变化曲线在不同线间距的情况下具有相似的变化趋势（图 2～图 4），并且这些曲线之间都互不相交。这表明，雷诺数不会改变轨道梁间线间距对车辆气动力系数的影响规律。

试验工况列表 表 1

工况	车-桥组合形式	车辆组成	无量纲线间距 D/B	中央隔板	风速 $U/$（m/s）
1	双车 + 双线桥	头车 + 中车 + 尾车	2.22、2.90、3.86	无、有	4.5、5.5、6.5、7.5、8.5
2	单车（上游）+ 双线桥	头车 + 中车 + 尾车	2.22、2.90、3.86	无、有	4.5、5.5、6.5、7.5、8.5
3	单车（下游）+ 双线桥	头车 + 中车 + 尾车	2.22、2.90、3.86	无、有	4.5、5.5、6.5、7.5、8.5
4	双车 + 双线桥	上游尾车/下游头车	2.22、2.90、3.86	无、有	4.5、5.5、6.5、7.5、8.5
5	单车 + 单线桥	头车 + 中车 + 尾车	—	—	4.5、5.5、6.5、7.5、8.5
6	单车 + 单线桥	尾车	—	—	4.5、5.5、6.5、7.5、8.5
7	单车 + 单线桥	头车	—	—	4.5、5.5、6.5、7.5、8.5

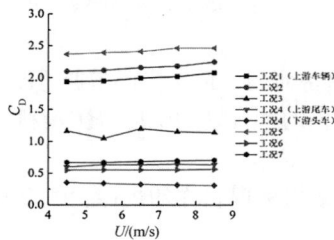 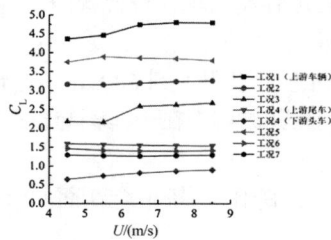 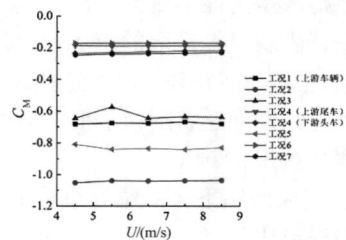

图 2　阻力系数　　　　　图 3　升力系数　　　　　图 4　侧倾力矩系数

3.2　中央隔板的影响

当无量纲线间距为 2.22 和 2.90 时，工况 1 或工况 2 的升力系数变化率在所有风速条件下都为正值且大于 10%；当无量纲线间距为 3.86 时，工况 1 的升力系数变化率在所有风速条件下都为负值且小于−5%，工况 2 的该变化率在−1.5%附近波动。

4　结论

本文以跨座式单轨车-桥系统为背景，对具有庞巴迪车辆外形的车辆模型进行刚性模型风洞测力试验，分析车桥组合形式、雷诺数、轨道梁间线间距和中央隔板对车辆模型气动特性的影响，得到以下主要结论：

（1）横风作用下组成车辆的车体数量越多，则其承受的气动力系数越大。

（2）轨道梁间线间距对车辆气动力系数的影响会由于车桥组合形式的不同而有所差异。它会显著影响最不利车桥组合形式的车辆气动力系数，而对其余车桥组合形式没有影响。

（3）中央隔板能够显著降低车辆阻力系数和侧倾力矩系数，而当无量纲线间距等于 2.22 和 2.90 时会显著增大车辆升力系数。

参考文献

[1] 李永乐, 徐昕宇, 郭建明, 等. 六线双层铁路钢桁桥车桥系统气动特性风洞试验研究[J]. 工程力学, 2016, 33(4): 130-135.

[2] 韩艳, 胡揭玄, 蔡春声, 等. 横风下车桥系统气动特性的风洞试验研究[J]. 振动工程学报, 2014, 27(1): 67-73.

[3] 邹云峰, 何旭辉, 郭向荣, 等. 横风下流线箱型桥-轨道交通车辆气动干扰风洞实验研究[J]. 振动与冲击, 2017, 36(5): 67-73.

低雷诺数下串列双 D 形柱的绕流特性研究

杨小刚，晏致涛

（重庆科技大学土木与水利学院 重庆 401331）

1 引言

当流体流过钝体截面时，会在其后方形成交替脱落的旋涡。这种现象显著影响作用在钝体上的流体荷载。对于多钝体，由于各钝体之间的相互作用，流体绕过时的流动形态和荷载变得更加复杂。关于圆柱群[1]和矩形柱群[2]已积累了大量的研究成果。D 形柱在热交换器、能量采集和流量计等众多工程领域具有重要应用，但对其绕流特性的理解尚不充分。本文旨在研究低雷诺数（$Re = 100$）条件下，不同间距（$L/D = 1 \sim 5$）的串列双 D 形柱的绕流特性，并详细分析不同间距对流动形态的影响。本研究的成果将有助于深化对 D 形柱绕流特性的理解。

2 研究方法

本研究采用通用商业软件 FLUENT 对雷诺数$Re = 100$时的串列双 D 形柱进行数值模拟。计算域、网格划分及边界条件的设置如图 1 所示。为了验证计算模型的准确性，如表 1 所示，采用单个 D 形柱进行了模型验证。模拟结果表明，得到的平均阻力系数C_D、升力系数均方根$C_\mathrm{L,rms}$以及 Strouhal 数St均与现有文献数据高度一致，说明计算模型可靠。

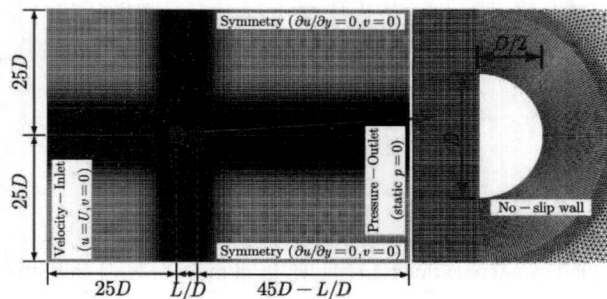

图 1　计算模型（右图为柱体附近网格）

$Re = 100$ 时，单个 D 形柱的结果　　　　　　　　　　　表 1

	C_D	$C_\mathrm{L,rms}$	St
模拟	2.230	0.593	0.175
Bhinder 等[3]	2.259	0.612	0.178
Chen 等[4]	2.219	0.583	0.178

3 结果

图 2 展示了不同间距L/D条件下串列双 D 形柱流动形态的变化，其中涡量以无量纲形式$\omega = (\partial v/\partial x - \partial u/\partial y)/(U/D)$表示。图 2（a）显示，当$L/D = 1$和 2 时，上游柱的剪切层被下游柱体的尖角分割，一部分进

基金项目：重庆市自然科学基金项目（MSX0363）

入间隙区域，而另一部分与下游柱的剪切层融合，并在下游柱后方脱落形成涡街。这一现象对应于串列双圆柱的单体涡脱区域[1]。图 2（b）表明，当 $L/D = 3$ 和 4 时，上游柱的剪切层发生卷曲并重附着于下游柱上，这标志着串列双圆柱的再附着区域[1]。在这种情况下，上游柱剪切层的大部分拍打在下游柱的迎风面上，而小部分沿着下游柱的曲面进入尾流，并影响下游柱剪切层的发展，从而形成更宽的涡街。如图 2（c）所示，当 $L/D = 5$ 时，上游柱在间隙区域形成涡街，而下游柱后方也形成独立的涡街，这对应于串列双圆柱的共同涡脱区域[1]。值得注意的是，下游柱后方的漩涡在脱落后，同一侧旋涡会迅速联合，这一现象与串列双圆柱的尾流形态有所不同。

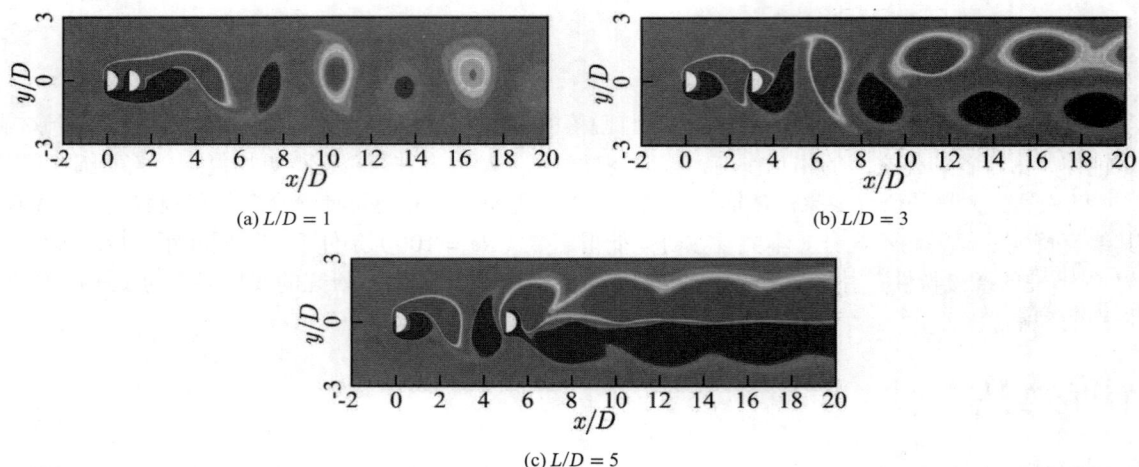

(a) $L/D = 1$ (b) $L/D = 3$

(c) $L/D = 5$

图 2　不同间距时，串列双 D 形矩的涡量云图，$\omega = [-1,1]$

4　结论

随着间距的增大，串列 D 形柱的流动模态依次展现出与串列双圆柱相似的单体涡脱区、再附着区以及共同涡脱区。然而，由于 D 形柱独特的几何形状，其流动形态与圆柱存在显著差异。当间距比 $L/D = 5$ 时，下游柱后方同一侧的漩涡会发生联合。

参考文献

[1]　SUMNER D. Two circular cylinders in cross-flow: A review[J]. Journal of Fluids and Structures, 2010, 26: 849-899.

[2]　ZHO Y, HAO J C, ALAM M, et al. Wake of two tandem square cylinders[J]. Journal of Fluid Mechanics, 2024, 983: A3.

[3]　BHINDER A P S, SARKAR S, DALAL A. Flow over and forced convection heat transfer around a semi-circular cylinder at incidence[J]. International Journal of Heat and Mass Transfer, 2012, 55: 5171-5184.

[4]　CHEN W L, JI C N, ALAM M, et al. Flow-induced vibrations of a D-section prism at a low Reynolds number[J]. Journal of Fluid Mechanics, 2022, 941: 1-51.

湍流场中翼型断面的自激气动力研究

马汝为[1]，李明水[2]

（1. 上海师范大学建筑工程学院 上海 200234；
2. 西南交通大学风工程试验研究中心 成都 610031）

1 引言

非定常流场中的翼型（薄平板）自激气动力一直是一个经典的流体动力学问题，探究翼型在湍流场中的气动特性对于研究湍流场中的钝体断面具有重要的借鉴意义[1-3]。本文在 Theodorsen 均匀流理论模型的基础上，引入了紊流中纵向脉动分量的作用，推导了考虑湍流度、积分尺度、三维效应影响的传递函数，并以附加气动力项的形式表征纵向脉动分量与模型运动之间的相互作用，从而提出了一种求解湍流场中翼型自激气动力的理论模型。

2 湍流场中翼型断面的自激气动力模型

对于任意纵向脉动来流 $U = U_0 + u$，作扭转简谐运动翼型的升力可表示为

$$L = \frac{1}{2}\rho U^2 BC_{\mathrm{L}}(\alpha_0) + \frac{1}{2}\rho U^2 BC_{\mathrm{L}}'(\alpha_0)\alpha + \rho UBC_{\mathrm{L}}(\alpha_0)u + \rho UBC_{\mathrm{L}}'(\alpha_0)\alpha u \tag{1}$$

上式为名义表达形式，其中最后一项表示纵向脉动分量与断面运动相互作用而产生的附加气动力项，其时域形式可用双卷积表示为

$$L_{\mathrm{S}\alpha}(s) = \rho U^2 BC_{\mathrm{L}}'(\alpha_0) \iint_0^s \varPhi_{\mathrm{L}\alpha}'(\tau)\alpha(\sigma - \tau)\frac{u(s-\sigma)}{U_0}\mathrm{d}\sigma\,\mathrm{d}s \tag{2}$$

式中，α 表示扭转运动；$\varPhi_{\mathrm{L}\alpha}(s)$ 为阶跃函数。对于翼型而言，即为著名的 Wagner 函数。

上式对应的频域表达形式可表示为

$$S_{\mathrm{L}}(\omega) = \left|\frac{1}{2}\rho U_0^2 BC_{\mathrm{L}}'(\alpha_0)\right|^2 \frac{4}{U_0^2}|C(k)|^2 S_{\alpha}(\omega)S_u(\omega) \tag{3}$$

式中，$S_{\mathrm{L}}(\omega)$ 为升力谱；$S_{\alpha}(\omega)$ 为位移谱；$S_u(\omega)$ 为纵向脉动风谱。$C(k)$ 为 Theodorsen 函数，其与风速谱合并后，即可得到湍流场中的新传递函数，从而建立起湍流场中的翼型自激气动力模型。该传递函数包含湍流度、积分尺度和相关性等湍流参数。

3 风洞试验验证

为了检验所提出的湍流场自激气动力模型的有效性，设计了格栅湍流场中的翼型强迫振动试验来进行验证。试验模型选取 NACA0015 翼型断面，利用强迫振动装置来实现风洞试验过程中的扭转与竖向简谐运动。试验中利用 DSM4000 压力传感系统测量模型表明的实时压力分布，并以此计算自激气动力。试验共模拟了 A、B、C 三种格栅湍流场，其湍流强度分别为 2.4%、4.8%、6.3%。试验装置如图 1 所示。通过表面压力系数分布结果可知，来流经过翼型断面时并未发生明显的流动分离现象。

图 2 显示了湍流场 C 中的升力系数。由于试验模拟的湍流强度相对不大，翼型表面并未发生明显的流动分离现象，因此升力系数结果与均匀流相比并无趋势性变化。结果表明，基于自激气动力模型预测的结果和

基金项目：国家自然科学基金项目（52408550）

试验结果高度吻合，证明了该模型在较低湍流度情况下的可靠性。

图 1　格栅湍流场中的强迫振动测压试验

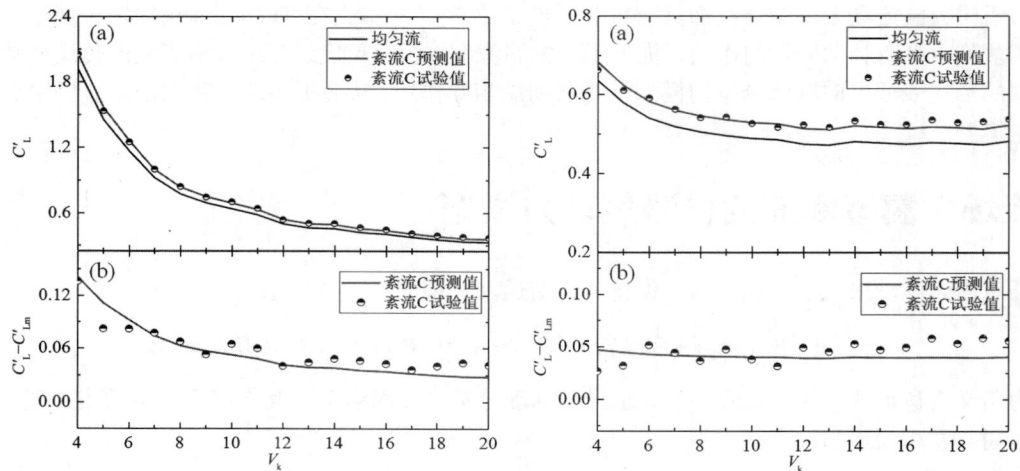

图 2　格栅紊流场 B 中翼型的升力系数（左图为竖向、右图为扭转）

4　结论

本文在 Theodorsen 均匀流理论模型的基础上，提出了一种考虑湍流影响的翼型断面自激气动力模型，并以附加气动力项的形式表征纵向脉动分量与模型运动之间的相互作用。通过湍流场中的强迫振动测压试验论证了该模型的可靠性，为研究湍流场中钝体断面的自激气动力模型提供了借鉴。

参考文献

[1]　李明水, 贺德馨, 王卫华, 等. 翼型及钝体的气动导纳[J]. 空气动力学学报, 2005, 23(3): 374-377.

[2]　MA R W, YANG Y, LI M S, et al. The unsteady lift of an oscillating airfoil encountering a sinusoidal streamwise gust[J]. Journal of Fluid Mechanics, 2021, 908: A22.

[3]　KAREEM A, WU T. Wind-induced effects on bluff bodies in turbulent flows: Nonstationary, non-Gaussian and nonlinear features - ScienceDirect[J]. Journal of Wind Engineering and Industrial Aerodynamics, 2013, 122(4): 21-37.

NACA0012 翼型在正弦风场下的非定常阻力特性数值模拟研究

杨 阳[1,2]，赵勇飞[1]，李明水[1,2]

（1. 西南交通大学风工程试验研究中心 成都 610031；

2. 风工程四川省重点实验室 成都 610031）

1 引言

在 Katzmayr[1]关于翼型风洞试验的 NACA 报告中，发现了"气流方向本身受到周期性振荡的影响"这一重要现象，即在一个翼型入射角较小的区域，显示出非定常负阻力（推力）。在随机湍流中飞行也会产生类似的效果。随后，Phillips[2]对一些情况进行了简化。Riber[3]进一步得到与波长相关的推力，发现旋涡脱落会引起相反的流动，从而降低动能。其能量的衰减与推力所做的功完全匹配，以此证明其理论正确性。与推力类似，辐射偶极子噪声也是从流场中获得能量的。如果其理论可以被证明，那对大型风力机的气动噪声评估也有指导作用。

2 理论传递函数

对于正弦阵风$w_0\exp(i\omega t)$，薄翼的二维理论升力表达式的实部部分为

$$L = \pi\rho c U w_0 \, Re[S(k)\exp(i\omega t)] \tag{1}$$

式中，S为 Sears 函数；U代表来流平均风速；ρ是来流密度；$k = \omega c/(2U)$是折减频率。为了便于对比，Riber 的前缘推力表达式的实数部分可以表达为

$$
\begin{aligned}
T &= Re\big[\pi\rho c w_0^2 |S(k)|^2 \cos^2(\omega t + \theta)\big] \\
&= Re\big\{(\pi/2)\rho c w_0^2 |S(k)|^2 [1 + \cos 2(\omega t + \theta)]\big\} \\
&= \frac{(\pi\rho c w_0^2/2)^2 |S(k)|^2}{T_0} + \frac{(\pi\rho c w_0^2/2)^2 Re[S^2(k)\exp(i2\omega t)]}{T'}
\end{aligned}
\tag{2}
$$

式中，θ为 Sears 函数的实部与虚部的相位差。可以看出推力的实部由两部分组成，一部分是平均阻力T_0，另一部分是脉动阻力T'。很明显，推力的脉动具有升力脉动值的两倍频率。值得注意的是，公式(2)中Re的定义无法产生一个有效的复数方程：只有实部在物理上是适用的。但是复 Sears 函数，其实部为公式(1)，没有这方面的限制。

3 数值模拟设置

本文基于 OpenFOAM v2406，利用三维大涡模拟获得了不同折减频率的 NACA 0012 翼型的推力与升力时程。该模拟的计算域大小，边界条件如图 1（a）所示。计算域的网格划分见图 1（b）。

4 结果与讨论

图 2（a）中升力系数与 Sear 函数基本一致，相位差的差异可能是由于翼型的厚度效应导致的。将负阻

基金项目：国家自然科学基金项目（52008357）

力加上均匀流下的平均阻力得到推力时程。图 2（b）为折减频率为 0.1 时的数值模拟结果与理论值。需要注意的是，公式(2)为单位厚度的前缘推力，经过处理后发现与 LES 的结果基本保持一致，无论是幅值还是相位。从公式 (2) 中不难看出，平均阻力和脉动推力幅值理论上一致，且传递函数为 $|S(k)|^2 = \max\{Re[S^2(k)\exp(ikUct)]\}$，可称其为推力的 Sears 函数。结果表明推力的 Sears 函数可以较好地描述平均推力与脉动推力。但是鉴于计算工况有限，后续还需要进行不同来流脉动幅值下的计算来补充验证结果。

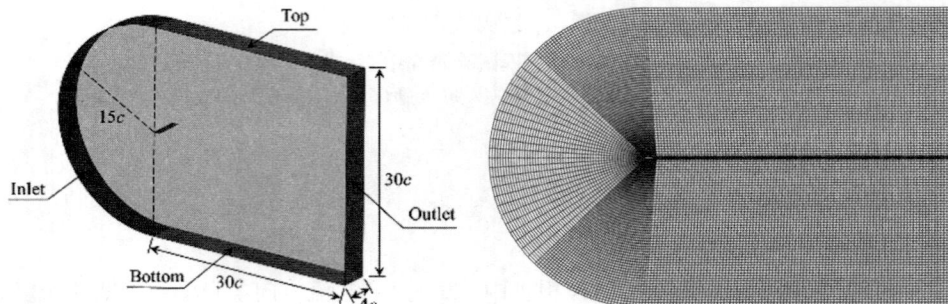

图 1　（a）计算域大小与边界条件；（b）网格划分

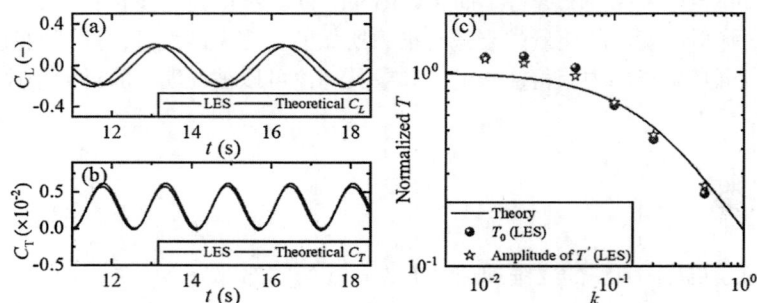

图 2　（a）升力系数；（b）阻力系数（ $k = 0.1$ ）；（c）归一化平均阻力与脉动阻力幅值

5　结论

利用 LES 模拟了不同频率正弦上洗场中翼型的升力与阻力并计算了相应的推力。结果表明推力脉动频率是升力频率的两倍，符合理论推导。推力的脉动幅值与平均推力一致，其共同传递函数为 Sears 函数模的平方，可称之为推力的 Sears 函数。本文所述数值模拟结果与传递函数较为吻合，但是仍需要进行不同脉动幅值的模拟来说明结果是否具有普适性。

参考文献

[1] KATZMAYR R. Effect of periodic changes of angle of attack on behavior of airfoils[R]. NACA TM-147, 1922.

[2] PHILLIPS W H. Propulsive Effects Due to Flight Through Turbulence[J]. Journal of Aircraft, 1975, 12(7): 624-626.

[3] RIBNER H S. Thrust Imparted to an Airfoil by Passage Through a Sinusoidal Upwash Field[J]. AIAA Journal, 1993, 31(10): 1863-1868.

串列双柔性圆柱尾流致振数值模拟研究

王毓祺[1]，周　强[2]，许福友[1]

（1. 大连理工大学建设工程学院　大连　116024；
2. 西南交通大学土木工程学院　成都　610031）

1　引言

为满足大跨度悬索桥承载力的要求，吊索往往采用多索股布置方式，双吊索系统作为悬索桥常见的销接式吊索基本组成单元[1]，具有长径比大、自重轻、阻尼低等特点。随着悬索桥主跨的不断增大，吊索也越来越长，极易在风荷载及同组吊索流动干扰的影响下，发生大振幅尾流致振现象。由于大跨悬索桥长吊索的柔性十分明显，在吊索展向不同位置处的振动幅值和尾涡流场均存在较大差别[2]。相较于刚性圆柱结构，柔性圆柱受结构尾流的影响更为明显，且振动形式更为复杂。因此探究串列排布双柔性圆柱结构尾流致振，对保证大跨悬索桥吊索抗风安全和桥梁正常运营具有重要的学术价值和深刻的工程意义。

2　数值模拟概况

采用 CFD 方法对双柔性圆柱结构进行数值模拟，并利用 LES 对瞬态不可压缩黏性流体进行模拟，模态叠加法对结构振动响应进行计算。两圆柱长径比 $L/D = 12$，振动形式为单自由度横流向振动，前四阶振动频率分别为 0.501、1.363、2.617 和 4.210Hz，来流雷诺数 $Re = 1000$。本研究两圆柱间距分别设置为 $S_x/D = 2.5$、3.5 和 5，计算域如图 1 所示。

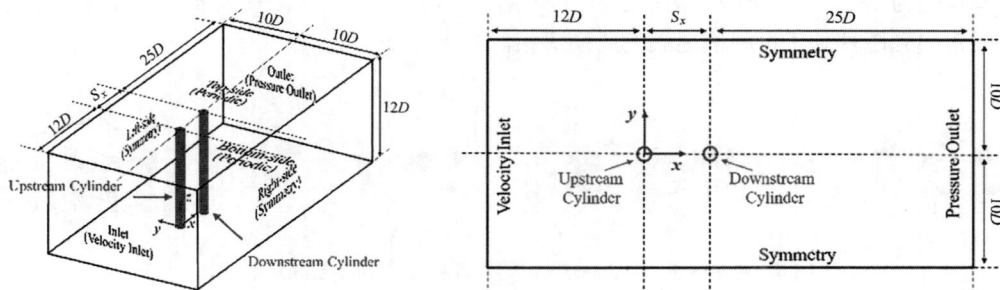

图 1　数值模拟计算域

3　模拟结果分析

3.1　振动响应

不同 Vr 作用下，$S_x/D = 2.5$、3.5 和 5 的两柔性圆柱最大振幅模拟结果如图 2 所示。前圆柱在振幅上升阶段，最大振幅与单圆柱接近，但在下降阶段，前圆柱的最大振幅超过单圆筒，并且随着 S_x/D 减小差异更加明显。前圆柱锁振区间 Vr 范围比单圆柱更宽，并随 S_x/D 增大而减小。另外观察发现前圆柱对后圆柱产生的影响更为显著，包括响应振幅和锁振区域范围。在振幅极值点处和下降阶段，后圆柱振幅将大于单一圆柱和前方圆柱，并随着 S_x/D 的增加，振幅差距减小，后圆柱锁定区域范围相较于前圆柱更宽，两者差距同样随着 S_x/D 的增加而减小，这表明前圆柱尾流所引起的后圆柱振动放大效应逐渐减弱。

基金项目：国家自然科学基金项目（52308482）

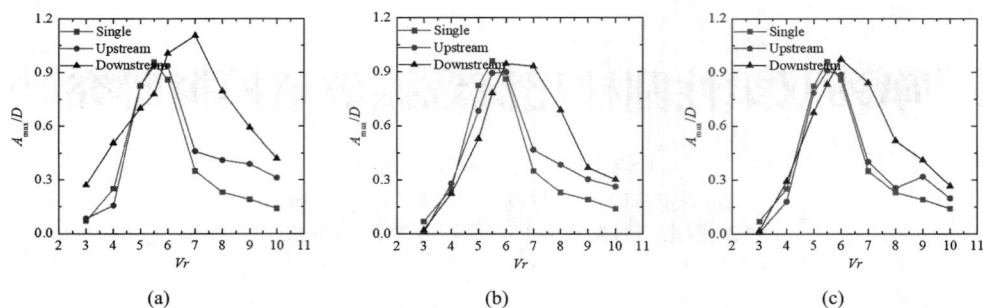

图 2　不同间距串列双柔性圆柱最大振幅

3.2　流场特性

图 3 为柔性圆柱在 $Vr = 5.5$ 时跨中截面瞬时平面涡量图。后圆柱产生的尾涡（标记为 R）被前圆柱产生的尾涡（标记为 F）所包围，两圆柱间隙区内，前圆柱所形成具有较强涡量的尾涡向下游运动并绕过后圆柱，致使后圆柱产生的尾涡运动发展的空间范围减小。单圆柱和前圆柱尾涡脱落模式为 2P 模式，后圆柱则为 2S 模式，表明前圆柱对间隙区内流场的干扰，改变后圆柱来流特性，进而改变后圆柱尾涡脱落模式。

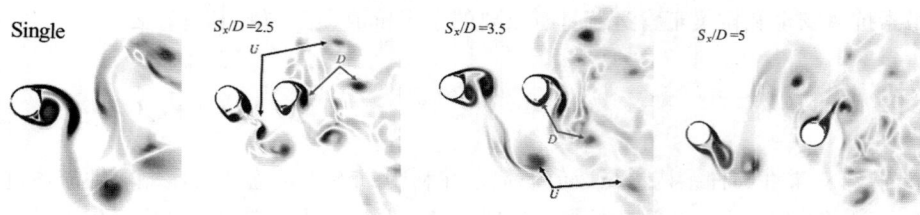

图 3　$Vr = 5.5$ 时柔性圆柱跨中截面尾涡流场

图 4 为 $Vr = 5.5$，$S_x/D = 2.5$ 时柔性圆柱在 $z/L = 0.1$ 截面处流场，振幅约为跨中的 30%。可发现，两圆柱尾涡脱落模式均为 2S 模式。尾涡结构从前圆柱脱落后，交替再附到后圆柱表面，同后圆柱尾涡一起脱落。与相同 Re 下固定串列圆柱处于再附区尾涡发展模式相似。

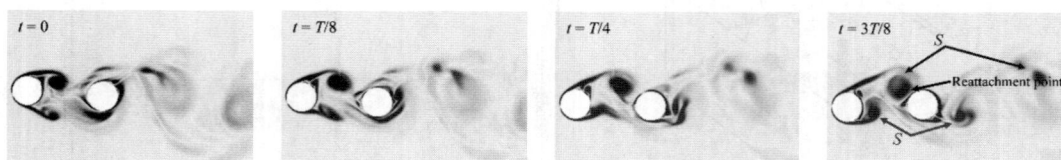

图 4　$Vr = 5.5$，$S_x/D = 2.5$ 时柔性圆柱 $z/L = 0.1$ 截面尾涡流场

4　结论

串列双柔性圆柱与单一圆柱间振动特性（包括最大振幅和锁定区域范围）是不同的。上游圆柱体对下游圆柱体的影响大于下游圆柱体对上游圆柱体的影响。在上游圆柱振动较大截面处，流场受到干扰，即使 $S_x/D = 2.5$，也阻止再附流产生。而振动较小截面处，间隙区流场干扰较小，从而导致再附流。

参考文献

[1]　中华人民共和国交通运输部. 公路悬索桥设计规范: JTG/T D65-05—2015[S]. 北京: 人民交通出版社, 2018.

[2]　HUERA-HUARTE F J, BEARMAN P W. Wake structures and vortex-induced vibrations of a long flexible cylinder—Part 2: Drag coefficients and vortex modes[J]. Journal of Fluids and Structures, 2009, 25(6): 991-1006.

基于稀疏随机分布监测数据的高雷诺数尾流场重建

曹　勇 [1,2,3]，谢沛醒 [1]

（1. 上海交通大学船舶海洋与建筑工程学院　上海　200092；

2. 上海交通大学海洋工程国家重点实验室　上海　200092；

3. 上海交通大学重庆研究院　重庆　400799）

1　引言

结构尾流实时重建可为流动控制、风环境评估、风力预测提供数据支撑。然而，由于高雷诺数尾流的湍流性质、监测设备分布的稀疏性和不确定性，难以高保真再现实时尾流。本研究提出物理信息约束的生成式深度神经网络框架，用于灵活准确地重建湍流场和城区流场。

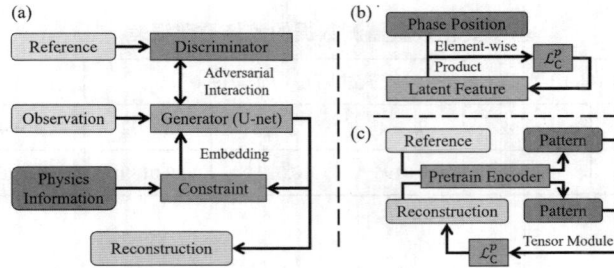

图 1　模型框架示意图：（a）框架整体结构；（b）和（c）为不同形式的物理约束

2　基于随机分布监测数据的尾流场重建方法

2.1　生成式深度神经网络

Li 等[1]系统研究了不同机器学习方法（多层感知机 MLP、卷积神经网络 CNN 与对抗神经网络 GAN）对高雷诺数尾流重构精度与效率的影响，结果表明对抗神经网络能有效地重构湍流成分，具有最高的整体重构精度。因此，本研究沿用 GAN 模型[2]。其中，生成器使用了具有 U 形结构的 U-Net[3]，从而适应数据的随机分布并分层级处理多尺度结构。

2.2　考虑流场特性的物理约束

针对钝体尾流，本研究充分考虑了钝体尾流的周期性涡旋脱落规律，将涡旋脱落的相位物理信息作为先验知识嵌入模型，在生成器训练过程中考虑相位信息约束的损失函数额外训练[4]，如图 1（b）与式(1)所示。对非周期性流场，由于缺乏明确的物理标签，将对比学习方法和预训练网络提取的特征作为约束依据[5]，如图 1（c）和式(2)所示。方程如下：

$$\mathcal{L}_C^p = \frac{1}{B^2-B}\sum_{i=1,j=1}^{B}\cos(\theta^i-\theta^j)\cdot\left|T_{bf}^i-T_{bf}^j\right|_2, \ i,j\in(1,B) \tag{1}$$

$$\mathcal{L}_C^{np} = \frac{1}{B^2-B}\sum_{i=1}^{B}\left|F(\hat{y}^t)-F(y^t)\right|_2, \ i\in(1,B) \tag{2}$$

基金项目：国家自然科学基金项目（52478535 与 52108462），重庆市自然科学基金面上项目（CSTB2023NSCQ-MSX0060）

式中，$\mathcal{L}_C^p$和$\mathcal{L}_C^{np}$分别表示针对周期性和非周期性流场采用的约束；B是批次大小；θ是瞬时流场的相位；T_{bf}是隐层特征；$F(\cdot)$是预训练的神经网络。

3　重建结果

采用四个数值模拟数据集验证模型性能，包括圆柱尾流、方柱尾流和湍流边界层条件下城区内部的湍流场[6]。表 1 为输入 32 个随机监测点的重建误差。重建的绕流场与实际流场相似，并在高雷诺数下保持精度。对无明显周期且受构筑物影响的城区流场，模型得到可接受误差程度的结果。

基于随机位置监测数据的流场重建误差（$k = 32$）　　　　　　表 1

误差	圆柱尾流（$Re = 100$）	圆柱尾流（$Re = 3900$）	方柱尾流（$Re = 22000$）	城区流场
MSE	0.0035	0.0124	0.0160	0.5284

为了评估模型对数据量的鲁棒性，测试以k分别为 4、8、32 个随机位置监测点为输入时预训练模型（$k = 16$）的重建结果。如表 2 所示，预训练模型性能始终稳定，且随数据量增加而增强。

基于变化数量监测数据的流场重建误差　　　　　　表 2

误差	圆柱尾流（$Re = 100$）			圆柱尾流（$Re = 3900$）			方柱尾流（$Re = 22000$）		
	$k = 4$	$k = 8$	$k = 32$	$k = 4$	$k = 8$	$k = 32$	$k = 4$	$k = 8$	$k = 32$
MSE	0.1083	0.0537	0.0042	0.0195	0.0173	0.0139	0.0363	0.0258	0.0166

4　结论

本研究提出了一个结合物理信息的深度学习框架，可实现基于变化位置和数量的稀疏监测数据重建湍流尾流场。该方法放松了对输入数据的约束，在高雷诺数单一钝体尾流和复杂城区中均得到较好的精度验证，并表现出良好的泛化能力。尽管本研究测试了非常少的稀疏测点（$k = 4$），未来研究中可考虑结合物理模型，进一步降低测点数量的要求。

参考文献

[1] LI R, SONG B, CHEN Y, et al. Deep learning reconstruction of high-Reynolds-number turbulent flow field around a cylinder based on limited sensors[J]. Ocean Engineering, 2024, 304: 117857.

[2] GOODFELLOW I, POUGET-ABADIE J, MIRZA M, et al. Generative adversarial networks[J]. Communications of the ACM, 2020, 63(11): 139-144.

[3] RONNEBERGER O, FISCHER P, BROX T. U-net: Convolutional networks for biomedical image segmentation[C]//Medical image computing and computer-assisted intervention-MICCAI 2015: 18th international conference, Munich, Germany, part Ⅲ 18. Springer International Publishing, 2015: 234-241.

[4] XIE P, LI R, CHEN Y, et al. A physics-informed deep learning model to reconstruct turbulent wake from random sparse data[J]. Physics of Fluids, 2024, 36, 065145.

[5] CHEN X, HE K. Exploring simple siamese representation learning[C]//Proceedings of the IEEE/CVF conference on computer vision and pattern recognition. 2021: 15750-15758.

[6] YOSHIE R, MOCHIDA A, TOMINAGA Y, et al. Cooperative project for CFD prediction of pedestrian wind environment in the Architectural Institute of Japan[J]. Journal of Wind Engineering and Industrial Aerodynamics, 2007, 95(9-11): 1551-1578.

尾流分隔板对 5：1 矩形断面气动特性及流场结构影响研究

刘航钊[1,2,3]，李　欢[1,2]，何旭辉[1,2]

（ 1. 中南大学土木工程学院　长沙　410075；
2. 中南大学高速铁路建造技术国家工程研究中心　长沙　410075；
3. 曼彻斯特大学机械与航空航天学院　英国　曼彻斯特　M13 9PL）

1　引言

尾流分隔板作为一种被动流动控制装置已广泛应用在土木工程、交通运输和航空航天等各个领域[1]。目前，已有研究主要集中在低雷诺数下探究分隔板对圆柱和方柱气动特性及流场影响规律，而高雷诺数下其对存在旋涡再附的细长钝体结构控制效果尚不明确[2]。因此，本文以 5：1 矩形断面（BARC）为研究对象，探究了尾部分隔板对矩形断面气动特性及流场结构的影响规律。

2　研究方法

风洞试验在中南大学风工程研究中心 CSU-Ⅱ风洞完成。矩形断面宽 $B = 0.35$m，高 $D = 0.07$m，长 $L = 0.78$m。在模型中央沿周围布置 1 圈测压孔，测压孔数目为 56 个，并在模型特殊位置布置了 13 个小型压力传感器，不同位置处旋涡脱离频率通过热线风速仪获得，试验布置如图 1 所示。本次试验中分隔板通过固定在风洞侧壁亚克力板的不同位置以改变间距 g，试验工况 g/D 为 0～8.0，增量为 1.0。各个工况下流场分布规律通过大涡模拟（LES）湍流模型计算获得。

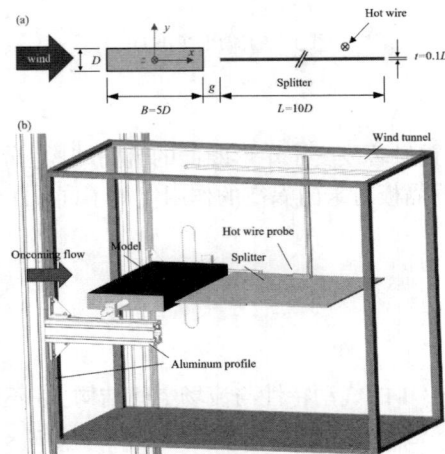

图 1　模型测点及风洞试验布置图

3　试验结果分析

3.1　风压分布规律

不同 g/D 下矩形断面上表面风压分布规律如图 2 所示。可以看出分隔板对矩形断面平均风压分布几乎没

基金项目：国家自然科学基金资助项目（52208514 和 52327810），湖南省自然科学基金资助项目（2024JJ4063）

有影响，其对风压的影响主要集中在脉动值上。从图 2 可以看出，随着 g/D 从 0 逐渐移动到 8.0 的位置，其风压脉动最大值经历了先增大再减小最后保持稳定的状态，并且在 $g/D = 3.0$ 时达到峰值。与此同时，其风压脉动值最大值所在位置也随着 g/D 的增加而逐渐向来流方向移动，在 $g/D > 3.0$ 后逐渐向下游移动并在 $g/D = 7.0$ 时恢复到未布置分隔板的状态。

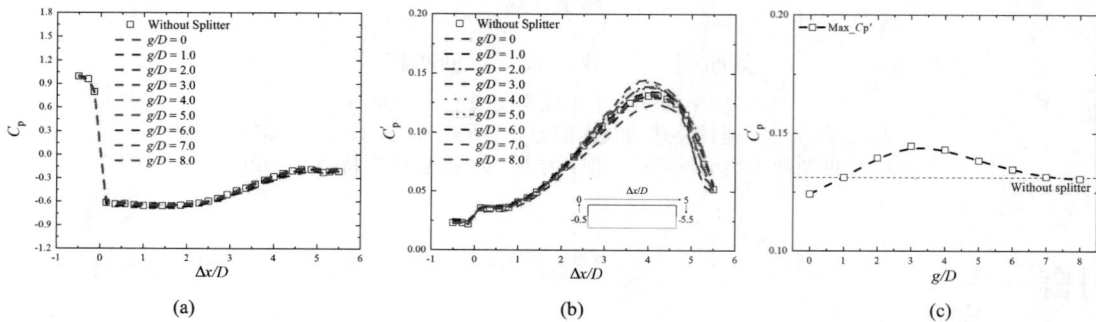

(a)　　　　　　　　　(b)　　　　　　　　　(c)

图 2　风压分布规律

3.2　PSD

尾流处热线探针所获得的顺流向速度 PSD 结果如图 3 所示。可以看出不同 g/D 下卡门涡街的脱落强度与风压脉动值分布规律较为相似，其也在 $g/D = 3.0$ 时达到最大值。PSD 结果也揭示了分隔板布置位置的不同其对卡门涡街的增强与衰减。

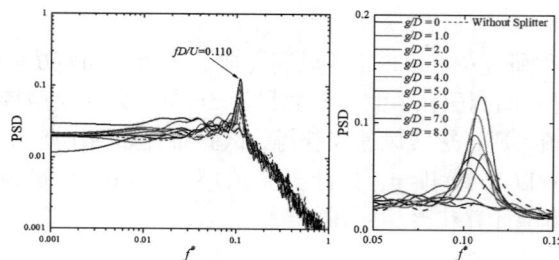

图 3　顺流风速 PSD

3.3　POD

通过 POD 可以看到分隔板的布置显著改变了矩形断面的流场结构。分隔板与 5∶1 矩形断面的相互作用主要体现在其对卡门涡街的影响。分隔板对卡门涡街的作用使得不同 g/D 下分隔板与矩形断面二者之间排列的卡门涡街的旋涡数量不同。

4　结论

尾流分隔板的布置显著改变了 5∶1 的气动特性与流场空间结构。在不同 g/D 下根据矩形断面相应的气动特性与流场拓扑结构可以划分为以下三个分区：旋涡形成前区（$0 < g/D < 1.0$），增强区（$1.0 < g/D < 3.0$），缓冲区（$3.0 < g/D < 7.0$）和无影响区（$g/D > 7.0$）。

参考文献

[1]　UNAL M, ROCKWELL D. On vortex formation from a cylinder. Part 2. Control by splitter-plate interference[J]. Journal of Fluid Mechanics, 1988, 190: 513-529.

[2]　BRUNO L, FRANSOS D, COSTE N, et al. 3D flow around a rectangular cylinder: a computational study[J]. Journal of Wind Engineering and Industrial Aerodynamics, 2010, 98: 263-276.

桥梁断面非定常气动力时域状态空间模型

雷思勉[1]，Luca Patruno[2]，葛耀君[1]

（1. 同济大学土木工程防灾国家重点实验室 上海 200092；
2. 博洛尼亚大学土木工程学院 意大利 40136）

1 引言

钝体断面的气动力建模一直是风工程领域中的热门研究主题。经典的桥梁断面气动力模型主要包括准定常模型和非定常模型[1]。准定常理论本质上忽略了流体与结构间的相互作用，因而当结构振动频率较高时准定常假设可能失效。为了描述气动力的非定常效应，传统气动力的建模通常是在频域内进行的。受薄机翼气动理论启发，Scanlan[2]采用了颤振导数描述桥梁断面上的自激力，提出了半经验半理论的自激力公式。为了计算时域气动力，Chen 和 Kareem 将气动传递函数采用有理函数的形式近似。此外，Diana 等人提出的流变模型可以同时考虑非定常和非线性效应。近年来，随着结构健康监测技术的发展，揭示了大气中存在低频高幅的大尺度湍流。若考虑缓变的平均风攻角，上述流变机械模型和基于有理函数近似的时域模型可以拓展到非线性气动力模拟：将模型参数考虑为平均风攻角的函数，从而同时考虑风攻角依赖的非线气动效应和非定常效应。

本文旨在提出一种气动力状态空间模型，以考虑非定常效应及攻角变化的非线性效应。为此，在薄机翼阶跃响应函数形式对应线性体系的输出基础上，采用状态空间方程在时域内建立非定常气动力模型。该模型可以全面考虑气动力的物理特征：下洗速度、非环流效应和准定常效应。此外，该模型统一了非定常气动力理论和准定常理论中参考坐标系的冲突，使模型在高折减风速区可以准确收敛于准定常模型。在数值分析中，模拟了薄机翼气动力以验证模型的有效性，并应用于实际桥梁断面气动力模拟，以展示其考虑风攻角变化的能力。

2 非定常气动力状态空间模型

Jones[3]提出的 Wagner 近似函数和 Küssner 近似函数均采用了指数函数的形式，而指数函数恰好是输入为阶跃函数时线性时不变系统的输出。受线性系统理论启发，并同时考虑薄机翼理论中非环流分量和下洗速度效应，因此，非定常气动力可以通过一组微分方程描述的线性时不变系统来表达，从而将结构运动引起的自激力和湍流引起的抖振力统一为一个气动力模型。相应的气动力系数通过状态空间方程表示为：

$$\begin{cases} \dfrac{\mathrm{d}}{\mathrm{d}S} \boldsymbol{C}^{\mathrm{rtd}} = -\boldsymbol{A} \cdot \boldsymbol{C}^{\mathrm{rtd}} + \boldsymbol{B} \cdot \dfrac{\mathrm{d}}{\mathrm{d}S} \boldsymbol{u} \\ \boldsymbol{C}^{\mathrm{ae}} = \dfrac{\partial \boldsymbol{C}^{\mathrm{qs}}}{\partial \boldsymbol{u}} \cdot \boldsymbol{u} - \boldsymbol{C} \cdot \boldsymbol{C}^{\mathrm{rtd}} + \boldsymbol{D} \cdot \dfrac{\mathrm{d}}{\mathrm{d}S} \boldsymbol{u} \end{cases} \tag{1}$$

式中，$\boldsymbol{u}$ 为输入向量，包含了对瞬时相对风攻角和相对风速的所有贡献，包括下洗速度 α'，湍流分量 u 与 w；$\boldsymbol{C}^{\mathrm{ae}}$ 是系统的输出，为总非定常气动力系数，包含了自激力和抖振力，$\boldsymbol{C}^{\mathrm{ae}}$ 表达在对应于平均风速方向的全局坐标系中；$\boldsymbol{C}^{\mathrm{rtd}}$ 是系统状态向量，用来考虑输出对于输入时间延迟的气动力非定常效应，$\boldsymbol{C}^{\mathrm{rtd}}$ 由一组一阶微分方程描述，给定单位输入时，要求 $\boldsymbol{C}^{\mathrm{rtd}}$ 随时间发展逐渐衰减至 $\boldsymbol{0}$；$\boldsymbol{C}^{\mathrm{qs}}$ 为准定常气动力系数向量，$(\partial \boldsymbol{C}^{\mathrm{qs}}/\partial \boldsymbol{u}) \cdot \boldsymbol{u}$ 为准定常项，$\partial \boldsymbol{C}^{\mathrm{qs}}/\partial \boldsymbol{u}$ 是关于 $\boldsymbol{u}$ 的雅可比矩阵；$\boldsymbol{A}$、$\boldsymbol{B}$、$\boldsymbol{C}$ 和 $\boldsymbol{D}$ 为实数系数矩阵，需要通过参数优化进行识别，系数矩阵 $\boldsymbol{A}$ 不必要是对角矩阵，其可以是稠密的。

本文提出的状态空间模型可以拓展为线性时变模型，从而考虑气动参数攻角依赖的非线性效应。此时，

基金项目：国家自然科学基金项目（52278520），上海市"超级博士后"资助项目（2024559）

需要考虑线性方程组的系数（即四个系数矩阵 $\boldsymbol{A}$、$\boldsymbol{B}$、$\boldsymbol{C}$、$\boldsymbol{D}$ 和准定常项系数矩阵 $\partial \boldsymbol{C}^{qs}/\partial \boldsymbol{u}$）为缓慢变化平均风攻角的函数。

3 非定常气动力模型数值计算

采用状态空间模型并考虑 4 阶系统状态向量，其中系数矩阵 $\boldsymbol{A}$、$\boldsymbol{B}$、$\boldsymbol{C}$ 和 $\boldsymbol{D}$ 为平均风攻角 5 阶多项式，对某典型闭口双箱梁断面的气动力进行模拟。图 1 给出了不同风攻角以及折减风速下通过模型计算的颤振导数与试验测量值之间的对比。可以看到，结果十分吻合。本模型仅考虑了 4 阶状态向量，展示了模型对于考虑气动力非定常效应及风攻角依赖的非线性效应的有效性和高效性。尽管高折减风速下的风洞试验较为困难，但由于本模型显式地考虑了准定常气动力项，因此可以准确地再现气动力的准定常行为。

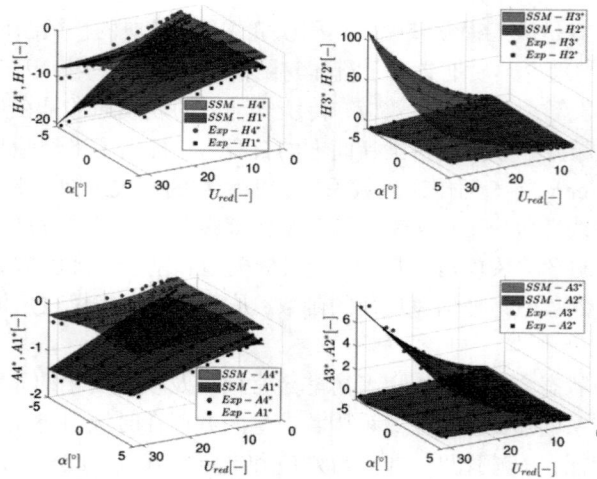

图 1 主梁颤振导数的风洞试验值和模型计算值

4 结论

本文基于薄机翼气动理论提出了一种桥梁断面非定常时域气动力状态空间模型，对自激力和抖振力进行了统一。该模型全面地考虑了非定常气动力的物理特征及风攻角变化对气动系数的影响。此外，本模型解决了非定常气动力理论和准定常气动力理论的参考系选取的冲突，使非定常气动力模型在高折减风速下（即低折减频率下）准确地收敛于准定常气动力。

参考文献

[1] SM L, PATRUNO L, MANNINI C, et al. Time-domain state-space model formulation of motion-induced aerodynamic forces on bridge decks[J]. Journal of Wind Engineering and Industrial Aerodynamics, 2024, 255: 105937.

[2] SCANLAN R H. Problematics in formulation of wind-force models for bridge decks[J]. Journal of Engineering Mechanics, 1993, 119(7): 1353-1375.

[3] JONES R T. The unsteady lift of a wing of finite aspect ratio[M]. 1940.

风偏角与间距比对 1：1.5 串列双矩形气动特性影响的数值模拟研究

商敬淼，段青松

（西南科技大学土木工程与建筑学院 绵阳 621000）

1 引言

串列双矩形物体在风工程中广泛应用，尤其在建筑、烟囱、桥梁等结构中，其气动特性对风荷载的准确评估和结构抗风设计具有重要影响。风偏角[1]和间距比[2]是影响串列矩形物体气动特性的重要因素。风偏角会影响气流的入射方向，从而改变流场和气动载荷；而间距比则决定了上、下游矩形之间的气流相互作用，尤其在串列矩形的配置中，上游矩形对下游矩形的影响尤为显著。因此，研究风偏角与间距比的协同效应对于改进风荷载预测模型和优化结构设计具有重要意义。

2 研究方法

本研究运用 ANSYS FLUENT 软件对宽高比 1：1.5 串列矩形物体的气动特性进行了深入分析[3]。湍流模型选用 SST k-ω 模型，针对不同风偏角（Wind direction angle，WDA = 0°、45°、90°）及间距比（Gap ratio，GR = 1、2、3、4）条件下的流场特征和气动特性进行了数值模拟研究。在模拟过程中，本研究重点考察了以下几个关键方面：①上、下游气动载荷：对比分析了前后物体的气动载荷随不同干扰因素的变化情况；②斯托罗哈数（S_t）：计算了不同配置下的 S_t 数，以评估流动的周期性特征；③相位差：研究了前后物体之间的气动相位差，旨在揭示流场中的相互影响及流动同步性；④此外，本研究将单个矩形物体的气动特性作为对照，进一步阐释了双矩形断面上、下游不同的气动干扰效应。网格系统见图 1。

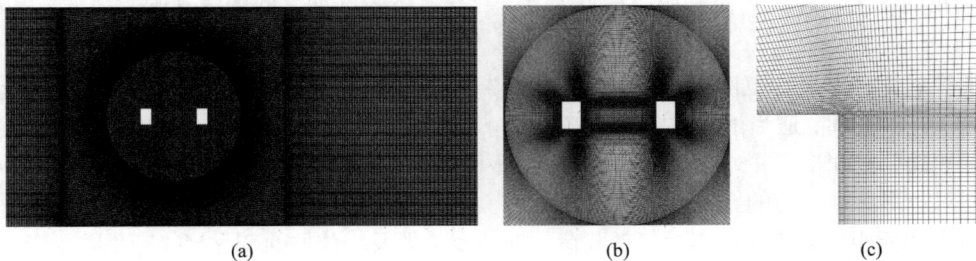

图 1　网格系统：（a）整体网格；（b）内部网格；（c）细部网格

3 结果与讨论

3.1 风偏角 WDA 的影响

3.2 间距比 GR 的影响

3.3 与单个矩形钝体的对照

3.4 协同效应

基金项目：西南科技大学博士研究基金项目（22zx7160）

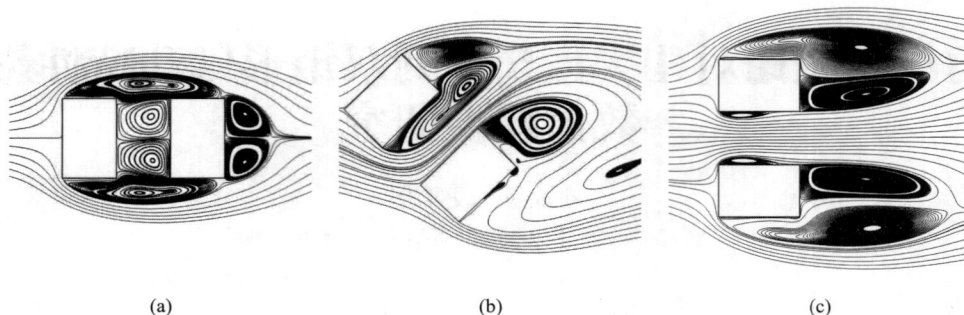

图 2　GR = 1 时均流线图：（a）WDA = 0°；（b）WDA = 45°；（c）WDA = 90°

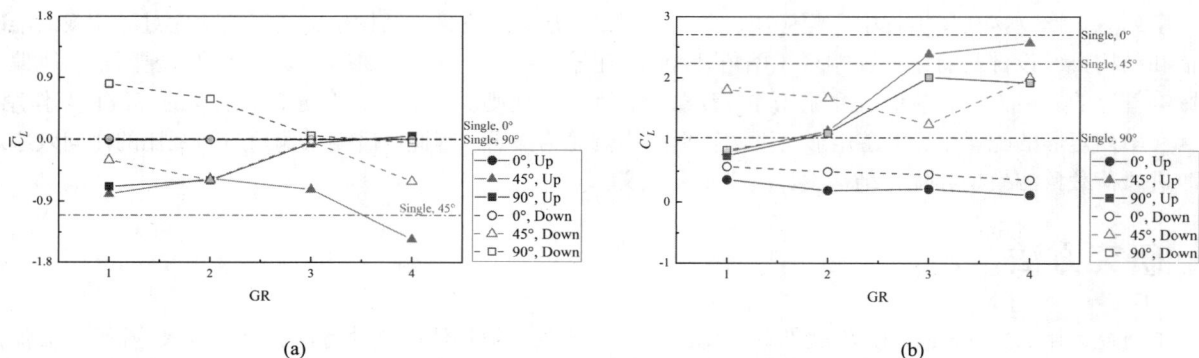

图 3　升力系数随间距比 GR 变化：（a）平均升力；（b）脉动升力

4　结论（部分）

本研究通过基于 ANSYS FLUENT 的数值模拟，系统分析了风偏角和间距比对宽高比 1∶1.5 串列矩形物体上、下游断面气动载荷、S_t 数及相位差的影响。研究表明：

（1）风偏角的增大会导致气流结构变得更加复杂，上、下游断面之间的气动干扰增强，气动载荷波动增大。

（2）本研究讨论的间距比范围内（GR = 1～4），当风偏角 WDA = 0°时，串列布置的双矩形受间距比影响较小；当 WDA = 45°时，适当增大间距比能够有效减弱下游断面脉动升力，上游断面气动升力随间距比增加而增大；当 WDA = 90°时，并列布置的双矩形上、下游断面脉动升力随间距比增加而增大；当 GR = 4 时，间距比对并列双矩形脉动升力的影响减弱。

（3）风偏角和间距比的协同作用对气动载荷、斯托罗哈数及相位差的变化规律产生重要影响。

参考文献

[1]　董欣, 丁洁民, 邹云峰, 等. 倒角化处理对于矩形高层建筑 风荷载特性的影响机理研究[J]. 工程力学, 2021, 38(6): 151-162+208.

[2]　周志勇, 马凯, 胡传新, 等. 水平和竖向间距对双矩形断面涡振性能的影响[J]. 哈尔滨工程大学学报, 2021, 42(4): 505-513.

[3]　刘小兵, 陈政清, 刘志文, 等. 均匀风场中串列双矩形断面气动力干扰的数值研究[J]. 振动与冲击, 2008, 27(12): 83-87.

合生树重构模型与风致荷载模型研究

林鹏飞[1]，胡　钢[1]，谢锦添[2]，梁　钧[2]

（1. 哈尔滨工业大学（深圳）智能土木与海洋工程学院　深圳　518055；

2. 香港科技大学土木与环境工程系　香港　999077）

1　引言

树具有固有的重构能力，使它们能够调整形态以减少风荷载。当树面临强风时，这一过程尤为重要，因为它可以提高树的稳定性和成活率。先前的研究已经验证了柔性结构的重构效应，很明显柔性结构，如纤维、矩形板、圆盘和多孔弹性系统，可以通过重构来减少阻力，但这些研究往往过于简单化，缺乏对树形态的全面详细描述[1-2]。因此，深入研究合生树的树重构特性，对认识其抗风能力、提高风荷载模型的准确性具有重要意义。目前尚无有效的工具能够快速、准确地计算树的重构能力，给城市森林应对风暴的预警带来很大挑战。因此，本章旨在建立合生树的树重构模型，加深对合生树对风暴的适应能力的认识，并结合风荷载模型为城市森林提供风灾预警。

2　重构模型与风致荷载模型

本研究基于合生树的风洞试验数据来建立表征不同合生树重构能力的物理模型。根据 Lin 等[3]的研究可以得出，合生树的重构数可以表达为：

$$R_{\mathrm{F}} = f\left(\frac{\rho U^2}{E}, \lambda_{\mathrm{ct}}, LAI_1, LAI_2\right) \tag{1}$$

式中，R_{F}是重构数；ρ是空气密度；U是来流风速；E是弹性模量；λ_{ct}、LAI_1和LAI_2是影响合生树重构能力的重要因素。本研究采用柯西分布的累积分布函数来建立合生树的重构模型，并采用粒子群优化算法来寻找柯西分布的累积分布函数的最优参数组合，如下：

$$R_{\mathrm{F}} = \frac{1}{\pi}\arctan\left(\frac{1.17 - Ca}{4.56}\right) + 0.986 \tag{2}$$

式中，Ca是考虑影响合生树重构能力的重要因素的缩尺柯西数。最后，考虑到树的分支角度也直接决定了树的几何外形，间接影响了合生树的重构能力。因此，本研究采用修正系数（ξ）来分析不同分枝角度对合生树的重构能力的影响。

$$R_{\mathrm{F}} = \frac{1}{\pi}\arctan\left(\frac{1.17 - Ca}{4.56}\right)\xi + 0.986 \tag{3}$$

最后，将建立的合生树的重构模型对不同分支角度的合生树的重构数的预测结果与 Lin 等[3]的风洞试验结果进行对比，考虑分支角度影响的重构模型（$R^2 = 0.92$）比不考虑分支角度的重构模型预测精度高 15%。同时，重构模型对于树叶密度较高的树可以有更好的预测性能，如图 1 所示。综上所述，所提出的重构模型可以为树管理者和研究人员提供一种工具，以预测风流作用下合生树的重构能力。

树的风致荷载是直接影响树是否失效的因素，因此建立可以高效准确预测树的风荷载是有必要的。本研究采用深度学习算法（ResNet-18）来快速预测合生树的阻力系数，如图 2 所示，深度学习模型的输入是合生树的侧视图，输出是树的阻力系数。因此，从图 2 中可以看出，模型预测结果的R^2值为 0.909，这表明深度学习模型在预测树的阻力系数的表现是令人满意的。因此，建立的深度学习模型 ResNet-18 可以基于树木侧视图较好地预测树的阻力系数。

基金项目：香港研究资助局项目（C6006-20G）

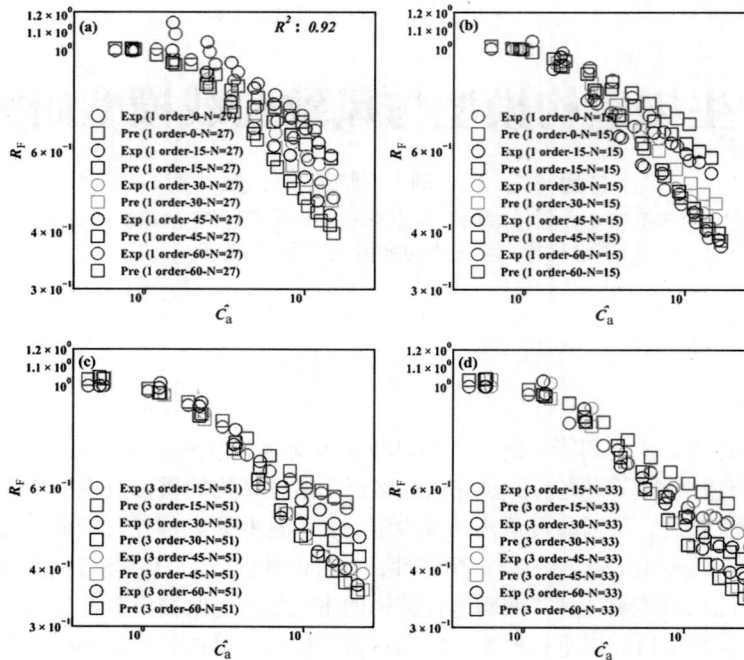

图 1　不同分支角度的重构数预测结果与风洞试验结果的对比

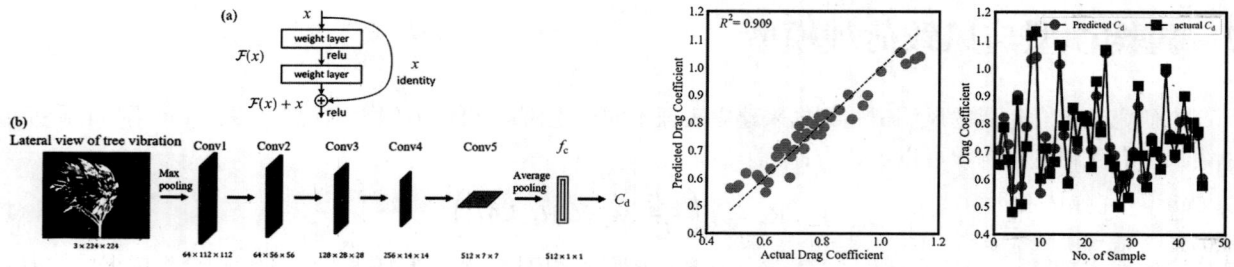

图 2　深度学习模型架构（左）与预测结果（右）

3　结论

本研究利用风洞试验数据对合生树的重构效应进行研究，旨在探究合生树在面对风暴时的适应能力。采用柯西分布的累积分布函数结合 PSO 算法建立合生树的重构模型，该重构模型能够准确预测不同树的重构能力。随后，开发了 ResNet-18 深度学习模型，基于捕捉到的树侧视图快速准确地预测合生树的阻力系数。这两个模型将有助于更好地理解大风条件下树木的空气动力学特性，为城市树木管理提供技术。

参考文献

[1] GOSSELIN F, DE LANGRE E, MACHADO-ALMEIDA B A. Drag reduction of flexible plates by reconfiguration[J]. Journal of Fluid Mechanics, 2010, 650: 319.

[2] GOSSELIN F P, DE LANGRE E. Drag reduction by reconfiguration of a poroelastic system[J]. Journal of Fluids and Structures, 2011, 27: 1111-1123.

[3] LIN P, HU G, TSE K, et al. Characterizing wind-induced reconfiguration of coaxial sympodial tree[J]. Agricultural and Forest Meteorology, 2023, 340: 109590.

方柱涡振/涡-驰振的气动力展向瞬态特征

陈 聪[1]，赵 林[1,2]，Klaus Thiele[3]

（1. 广西大学省部共建特色金属材料与组合结构全寿命安全国家重点实验室 南宁 530004；

2. 同济大学土木工程防灾减灾全国重点实验室 上海 200092；

3. 德国布伦瑞克工业大学钢结构研究所 布伦瑞克 38106）

1 引言

非定常升力及其展向相关性是涡振、涡-驰振相互干扰现象中的重要议题[1]。采用强迫振动试验，Bearman、Wilkinson 等人[2-3]的研究表明方柱非定常升力（或压力）的展向相关性在频率锁定区间相比静止状态有大幅提升。以自由振动方式开展研究的报道还较少，但值得注意的是，取决于 Scruton 数（Sc），方柱既可以表现为涡振也可以表现为涡-驰振。在前序工作中[4]，时频分析被用于静止方柱的非定常升力分析。结果表明，非定常升力中所包含的旋涡脱落频率具有明显的瞬态随机波动特征，并且该瞬态频率波动可用于重构非定常升力的展向相关性。本文工作是前序研究的进一步拓展，针对自由振动方柱。

2 试验

试验在德国布伦瑞克工业大学钢结构研究所边界层风洞开展，试验段宽高 1.4m × 1.2m，最大风速 25m/s，湍流强度小于 1%。铝制方柱模型宽 $d = 60$mm，长细比 $l/d = 20.8$，加装木制端板（300mm × 420mm）。气弹试验由弹簧悬挂系统构成，配备 4 个电磁涡流阻尼器提供额外阻尼。模型自振频率 $n_0 = 10.07$Hz，振动质量 $m = 6.34$kg。位移响应由 4 个激光位移传感器获得（型号 WayCon LAS-T5，采样频率 1000Hz），方柱表面压力由一个 32 通道压力扫描阀测量（型号 ESP-32HD，采样频率 652Hz），测压点分布详见文献[4]。

3 结果

如图 1（a）所示，试验围绕 $Sc \approx 14$ 和 31 开展，前者导致典型涡-驰振响应，后者为涡振响应。其中，Scruton 数定义为 $Sc = 4\pi m \zeta_0/(\rho d^2 l)$，$\zeta_0$ 为结构阻尼比，ρ 为空气密度。图 1（b）和（c）在两个折减风速 $V = 1.46$ 和 1.58，给出了模型侧风面中心点压差的展向相关性系数（对于方柱，该方法与直接计算升力所得结果基本一致）。结果表明，方柱处涡-驰振和涡振状态的气动力展向相关性有明显差异，但两者位移响应的振幅差异并不明显（< 4%）。需要补充的是，涡振时非定常升力的强度随振幅增加有明显的下降，但经历涡-驰振时则不太明显。

利用同步挤压连续小波变换技术（CWT + SST[5]），图 2（a）给出了 $Sc \approx 14$ 和 $V = 1.58$ 时跨中断面非定常升力的时频图谱，可以看出，即便处于频率锁定区间内，非定常升力中仍然包含一定程度的瞬时频率波动。相比静止模型[4]，瞬时频率波动的强度有下降且主要源于低频区。对多个断面同时提取瞬时频率已验证可重构升力的展向相关性，这表明瞬时频率的波动并非单纯由噪声所致。检查两个断面的非定常升力时程，在展向间距 Δ 较大后能观察到明显的瞬时相位差。图 2（b）举证了 $\Delta/d = 9$ 时两个断面的升力瞬时相位差（可达到 90°）。

基金项目：国家自然科学基金面上项目（52378527）资助

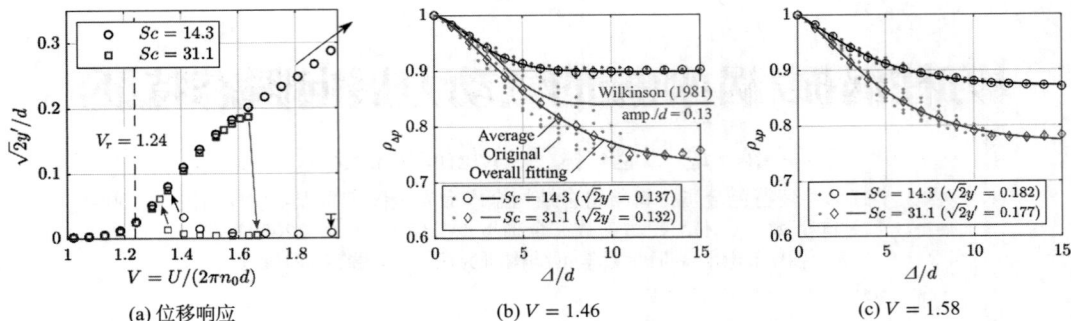

(a) 位移响应   (b) $V = 1.46$ (c) $V = 1.58$

图 1　方柱在两个不同 Sc 数自由振动时的侧风面中心点压差展向相关性系数 $\rho_{\Delta p}$

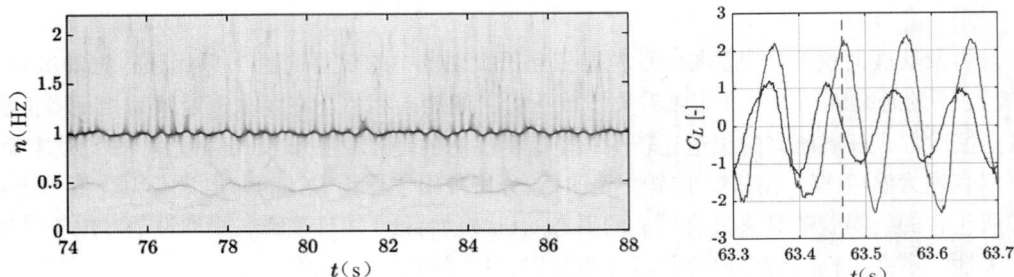

(a) 时频图谱（CWT + SST，颜色深度表征能量大小）　(b) 瞬时相位差（$\Delta/d = 9$）

图 2　方柱自由振动下非定常升力的瞬态特征（$Sc = 14.3$，$V = 1.58$）

4　结论

气动力展向相关性是高雷诺数下钝体三维流场的重要反映。对于本文所考察的方柱，在涡振或涡-驰振出现后气动力升力频谱中均未再观测到 Strouhal 频率（$n_{st} = US_t/d$），因此可认为是处于经典的频率锁定区间。然而，从涡脱的瞬时频率来看，其并未完全被结构振动频率所"锁定"，而是在结构振动频率附近仍有小幅波动，这是展向两个断面的非定常升力相位差产生实时波动的重要因素，进而导致即便在锁定区间气动力展向相关性系数仍不为 1。此外，本研究注意到了结构的振动状态（涡振、涡-驰振）对气动力的展向相关性有所影响。早期研究表明[6]，展向相关性甚至可能对结构的振动形式（自由振动、强迫振动）也有依赖性。

参考文献

[1] CHEN C, MANNINI C, BARTOLI G, et al. Wake oscillator modeling the combined instability of vortex induced vibration and galloping for a 2: 1 rectangular cylinder[J]. Journal of Fluids and Structures, 2022, 110: 103530.

[2] BEARMAN P, OBASAJU E. An experimental study of pressure fluctuations on fixed and oscillating square section cylinders[J]. Journal of Fluid Mechanics, 1982, 119: 297-321.

[3] WILKINSON R. Fluctuating pressures on an oscillating square prism. Pt. 2: spanwise correlation and loading[J]. Aeronautical Quarterly, 1981, 32: 111-25.

[4] CHEN C, MAO S, THIELE K. Spanwise correlation of unsteady lift due to vortex shedding on the square cylinder: Perspectives provided by a time-frequency analysis[J]. Journal of Fluids and Structures, 2023, 123: 104012.

[5] DAUBECHIES I, LU J, WU H T. Synchrosqueezed wavelet transforms: An empirical mode decomposition like tool[J]. Applied and Computational Harmonic Analysis, 2011, 30: 243-261.

[6] SARPKAYA T. A critical review of the intrinsic nature of vortex-induced vibrations[J]. Journal of fluids and structures, 2004, 19(4): 389-447.

基于大涡模拟的串列双 5：1 矩形边界层和尾流特性研究

王沛源[1]，王少伟[1]，李少鹏[2]

（1. 山东大学土建与水利学院 济南 250061；
2. 重庆大学土木工程学院 重庆 400038）

1 引言

5：1 矩形断面的绕流问题一直是风工程和桥梁工程研究领域中的一大基础热点问题[1-2]，并在 2008 年的 BBAA 会议上被学者们普遍认为可为桥梁设计的代表性断面[3]。随着理论研究的深入和建造技术的发展，同时，基于发展经济和改善民生的需求，越来越多串列双 5：1 矩形结构被应用于各类工程项目，特别是串列布置的双幅桥面桥梁工程[4]。然而，目前关于串列双 5：1 矩形流动特性与变化机理的研究工作却相对较少。为此，本文采用大涡模拟的数值方法，深入探索串列双 5：1 矩形的边界层和尾流区域中的流场结构及流动机理。

2 数值计算模型

本文数值计算域在流向（x）、竖向（y）和展向（z）的尺寸分别为 $(95D + G) \times 30D \times 15D$（$D$ 为矩形高度，G 为双矩形间距），如图 1 所示。计算域入口为均匀来流，上下面为对称边界条件（symmetry），展向两侧为周期型边界条件（cyclic），模型采用无滑移固定壁面（No-Slip），出口采用开放式零压力出口条件。基于 OpenFOAM 平台，湍流模型为动态亚格子大涡模型，压力速度耦合采用 Piso 算法，离散格式采用二阶中心差分格式。

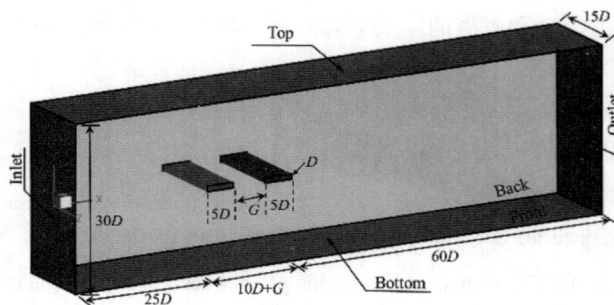

图 1　串列双 5：1 矩形的计算域布局

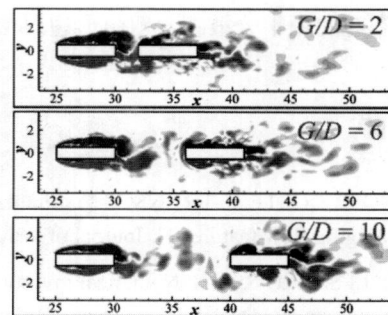

图 2　不同间距下的瞬时流场结构

3 结果分析和讨论

3.1 不同间距下串列双 5：1 矩形边界层流动特性

图 2 给出了不同间距时串列双 5：1 矩形周围瞬时涡量结果，其中蓝色和红色分别表示顺时针方向和逆时针方向的旋涡。由图可以看出，随着间距的增大，串列双 5：1 矩形的绕流形态存在明显的差异。根据上游矩形分离出的剪切层能否再次附着于下游矩形的表面，本文将这两种不同的流态分别称为剪切再附型（$G = 2D$）和共同涡脱型（$G \geqslant 6D$）。图 3 给出了不同间距下串列双 5：1 矩形的边界层厚度剖面。结果表明，随

着间距的增大，下游矩形对上游矩形的干扰效应逐渐减弱，使上游矩形边界层内的流动能提前恢复稳定状态；同时，随着间距的增大，上游矩形对下游矩形的遮挡效应减小，下游矩形的边界层剖面在靠近前缘的范围内存在明显差异。

3.2 不同间距下串列双 5∶1 矩形尾流特性

图 4 给出了不同间距下双矩形间隙区域（上图）和下游尾流区域（下图）中的流向速度剖面结果。可以发现，随着间距的增大，间隙区域内的速度分布呈现不同的变化趋势，特别是剪切再附型流态下间隙区域内速度剖面的形态与共同涡脱型流态时的结果呈现显著差异。此外，下游尾流区域的速度剖面形态虽然相似，但回流区速度极值随间距的增大出现减小的趋势。

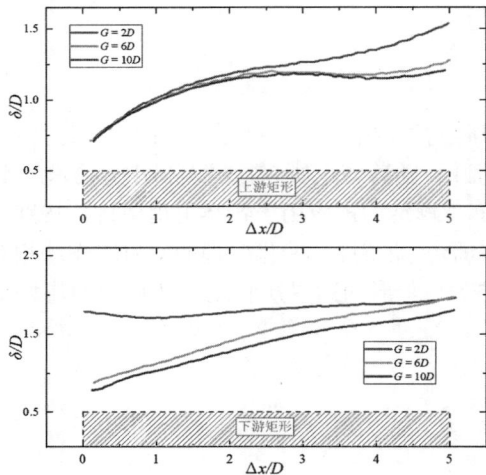

图 3　不同间距下边界层厚度剖面　　　　图 4　不同间距下尾流速度剖面

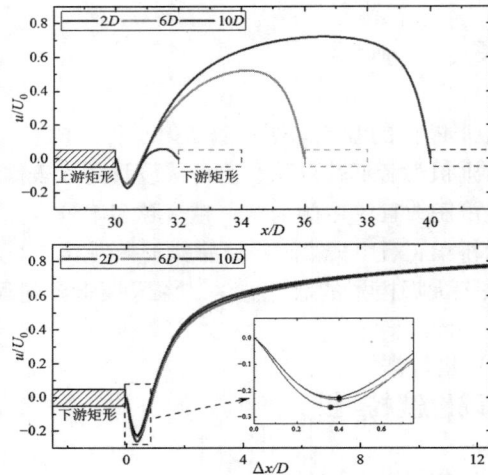

4 结论

本文对不同间距下的串列双 5∶1 矩形的绕流问题进行了三维数值模拟研究。结果表明串列双 5∶1 矩形的绕流形态对间距十分敏感，双矩形边界层内的流动和尾流的发展随着间距的增大呈现不同的发展趋势。

参考文献

[1] BRUNO L, COSTE N, FRANSOS D. Simulated flow around a rectangular 5∶1 cylinder: Spanwise discretisation effects and emerging flow features[J]. Journal of Wind Engineering and Industrial Aerodynamics, 2012, 104: 203-215.

[2] WU B, LI S, CAO S, et al. Numerical investigation of the separated and reattaching flow over a 5: 1 rectangular cylinder in streamwise sinusoidal flow[J]. Journal of Wind Engineering and Industrial Aerodynamics, 2020, 198: 104120.

[3] BRUNO L, SALVETTI M V, RICCIARDELLI F. Benchmark on the aerodynamics of a rectangular 5: 1 cylinder: an overview after the first four years of activity[J]. Journal of Wind Engineering and Industrial Aerodynamics, 2014, 126: 87-106.

[4] HE X, KANG X, YAN L, et al. Numerical investigation of flow structures and aerodynamic interference around stationary parallel box girders[J]. Journal of Wind Engineering and Industrial Aerodynamics, 2021, 215: 104610.

加速气流作用下矩形断面非定常气动力特性研究

陈修煜[1,4]，朱乐东[1,2,3]，檀忠旭[1,5]，倪一清[4]

（1. 同济大学土木工程学院桥梁工程系 上海 200092；
2. 同济大学土木工程防灾国家重点实验室 上海 200092；
3. 同济大学桥梁结构抗风技术交通行业重点实验室 上海 200092；
4. 香港理工大学土木及环境工程学系 香港 999077；
5. 重庆大学航空航天学院 重庆 400038）

1 引言

下击暴流和龙卷风是对土木工程结构造成严重威胁的极端风灾。与常规的大气边界层风场不同，这些极端风环境通常伴随着风速在极短时间内的剧烈增加，从而导致处于其中的结构承受非平稳的风荷载。尽管已有大量研究深入探讨了稳态流场中矩形断面的气动特性，涵盖了气动力、压力分布、风致振动、瞬时流场等多个方面，但在加速流场条件下，尤其是矩形断面的气动特性研究仍显不足[1-2]。且现有研究主要集中于流动现象和力学特性的变化，如瞬时升力和阻力系数的波动以及气动力的"过冲"现象等[3-5]。矩形截面作为高层建筑、桥梁桥塔等结构中常见的断面形式，其在加速气流作用下的气动行为研究，对于结构抗风设计和优化具有重要的理论意义和实际价值。

2 风洞试验概况

本研究采用同济大学 TJ-5 多风扇风洞生成阶跃型加速气流，模拟极端风环境中的风速突增现象。该风洞宽 1.5m，高 1.8m，最大试验风速可达 18m/s。试验设置了 5 个初始风速（U_s）工况组，分别为 0m/s、1m/s、2m/s、3m/s、4m/s。每个工况组中，终止风速（U_e）的设置范围从 6m/s 到 16m/s，间隔为 1m/s，共 11 个风速工况。典型风速与加速度时程如图 1（b）和（c）所示。

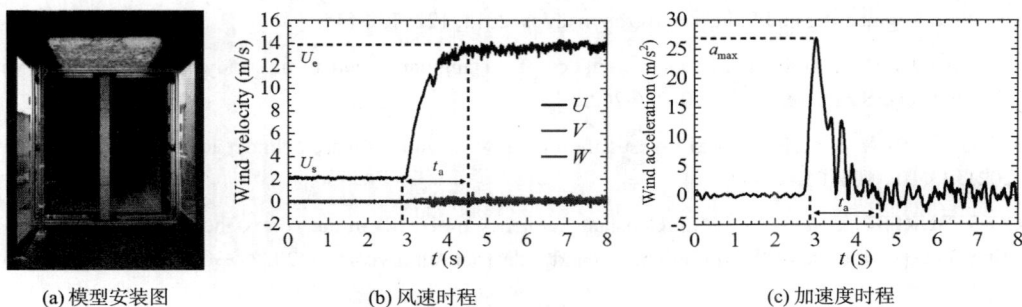

(a) 模型安装图　　　　(b) 风速时程　　　　(c) 加速度时程

图 1　加速气流作用下矩形断面节段模型测力试验

试验中采用的矩形断面节段模型顺风向宽度（b）为 0.15m，横风向高度（d）为 0.10m。模型总长为 1.5m，其中中央测力段长 0.8m，两端各设有 0.35m 的补偿段。风攻角（α）范围为 0°～90°，间隔为 10°。气动力测量采用 ATI-Mini40 型号六分量高频测力天平，采样频率设定为 1000Hz。风速时程数据通过 Series100 系列四孔眼镜蛇探头进行测量，采样频率同样为 1000Hz。

图 2 展示了在风攻角分别为 0°与 10°时，初始风速 $U_s = 2$m/s 和终止风速 $U_e = 14$m/s 的加速气流作用下矩形断面气动力时程，并且同时给出了准定常气动力的上下基线。从图中可发现，对于所有给定的攻角，阻

基金项目：国家自然科学基金项目（52008315，51938012），土木工程防灾国家重点实验室自主研究课题基金团队重点课题（SLDRCE19-A-15），Innovation and Technology Commission of the Hong Kong SAR Government [K-BBY1]

力时程的变化趋势与准定常阻力基本一致。然而，升力时程的变化则与准定常升力之间存在明显偏差，尤其在 10°攻角的气流加速初期，升力均值与波动均呈现较大幅度的变化。

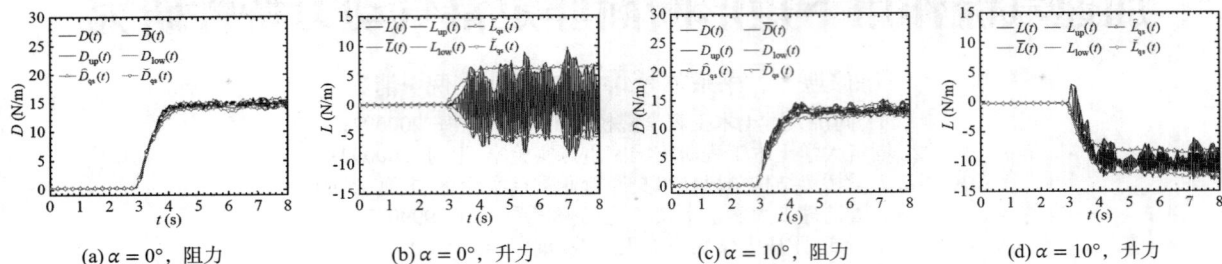

(a) $\alpha = 0°$，阻力   (b) $\alpha = 0°$，升力   (c) $\alpha = 10°$，阻力   (d) $\alpha = 10°$，升力

图 2   不同风攻角α加速气流作用下矩形断面气动力（$U_s = 2\text{m/s}$，$U_e = 14\text{m/s}$）

3   结论

通过节段模型测力风洞试验，研究了加速气流作用下宽高比 3：2 矩形断面气动力的非定常特性。结果表明，与阻力相比，升力表现出更明显的非定常特性，且风攻角α、初始风速U_s和峰值加速度a_{max}是影响气动力非定常特性的三个关键因素。（1）当$\alpha = 0°$时，加速气流主要抑制升力的波动幅度。相反，对于其他风攻角，加速气流导致升力时变均值偏离准定常值，并放大升力的波动幅度。（2）随着初始风速的增大，在$\alpha = 0°$时，加速气流对升力波动的抑制作用减弱，在$\alpha = 10°$时，初始风速的增加减弱了加速气流导致的升力波动放大效应和升力均值的偏差，表明初始风速的增大会导致加速流动引起的气动力非定常特性逐渐减弱。（3）增大峰值加速度a_{max}会增强加速流动引起的气动力非定常特性，其影响程度与初始风速有关，初始风速越大，峰值加速度对气动力非定常特性的影响越明显。

参考文献

[1] SARPKAYA T, IHRIG C J. Impulsively started steady flow about rectangular prisms: experiments and discrete vortex analysis[J]. Journal of Fluids Engineering, 1986, 108(1): 47-54.

[2] TAKEUCHI T, MAEDA J. Unsteady wind force on an elliptic cylinder subjected to a short-rise-time gust from steady flow[J]. Journal of Wind Engineering and Industrial Aerodynamics, 2013, 122: 138-145.

[3] YANG T, MASON M S. Aerodynamic characteristics of rectangular cylinders in steady and accelerating wind flow[J]. Journal of Fluids and Structures, 2019, 90: 246-262.

[4] GUO F, WU G, DU X, et al. Numerical investigation of flow around a square cylinder in accelerated flow[J]. Physics of Fluids, 2021, 33(10): 104105.

[5] BRUSCO S, BURESTI G, LO Y L, et al. Constant-frequency time cells in the vortex-shedding from a square cylinder in accelerating flows[J]. Journal of Wind Engineering and Industrial Aerodynamics, 2022, 230: 105182.

考虑流固耦合作用方柱结构绕流机理研究

陈增顺，张哲宇，张利凯

（重庆大学土木工程学院 重庆 400045）

1　引言

流体-结构相互作用（Fluid-Structure Interaction，FSI）作为一个基本流体力学问题，在多个学科都有所涉及。方形截面作为一种常见的实际工程结构形式，当流体流经此类高层建筑结构时，会在其两侧形成交替脱落的涡旋，在结构两侧会产生周期性振荡气动力，进而引发涡激振动，这种现象可能会导致方柱出现不稳定状态，甚至造成损坏[1]。而揭示流固耦合作用下方柱结构流场机理，能为抗风优化设计提供重要的理论基础和参考依据。

2　研究方法

本研究采用 CFD 数值模拟的研究方法，通过动网格技术来实现模拟过程中结构的强迫振动，对涡振风速，结构振幅$y_{max}/D = 10\%$和$y_{max}/D = 0\%$下的单体方柱的绕流流场进行流场现象学分析。计算域大小和结构尺寸如图 1 所示。最大阻塞率为 1.3%，小于 3%，避免过大的阻塞率导致流场模拟失真[2]。第一层边界层网格为$1/1300D$以确保$y+$小于 1，网格总数约为 700 万。

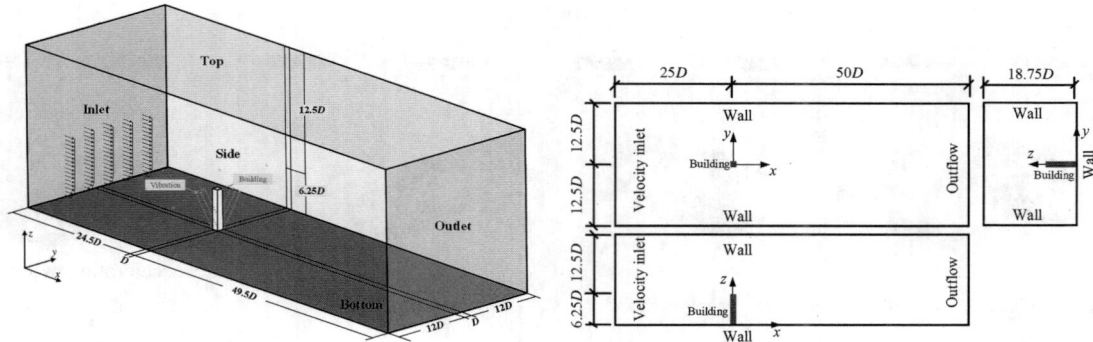

图 1　数值模拟计算域和边界条件

采用了窄带随机流生成法（NSRFG）作为大涡模拟（LES）的入口湍流，使用弹簧光顺重构方法实现结构的强迫振动，控制方柱结构边界的速度、位移运动，结构强迫振动运动方程为：

$$y = y_{max} \sin(2\pi f t) \tag{1}$$

式中，y_{max}是振动的幅值；f设定为与旋涡脱落的频率相同；t是当前时间。

3　研究结果分析

对比图 2（a）和图 2（c）随着结构振幅的增加，鞍点S_b的位置将逐渐前移，尾流区的尺寸将会减小。这是由于结构振动导致剪切层的曲率增加，缩短了其形成长度，强迫振动迫使旋涡发生提前脱离，从而使得焦点F_c和F_f处的尾缘涡在更靠前的位置生成。图 2（b）和图 2（d）也能从方柱展向清晰地观察到尾流区长度因

基金项目：国家自然科学基金项目（HW2020002）

振动而缩短。

(a) 刚性模型横向　　　　(b) 刚性模型展向　　　　(c) 强迫振动模型横向　　　　(d) 强迫振动模型展向

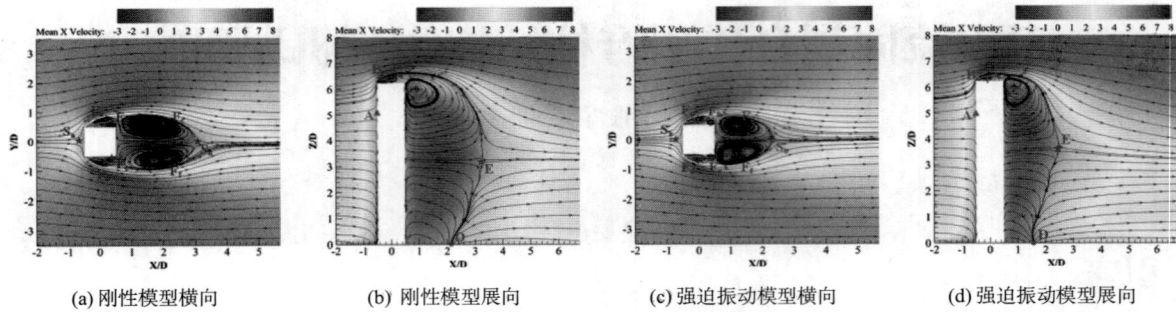

图 2　刚性模型和强迫振动模型的横向及展向时均流线

对比图 3（a）和图 3（b），T_1-T_4时间内，结构的振动达到最大值时该侧的旋涡提前发生脱落，单体结构背风面与旋涡涡核之间的距离，即旋涡形成长度，会随着强迫振动而明显缩短。此外，由于结构两侧面上的前缘涡撞击分离泡，分离尾迹的角动量厚度变窄。

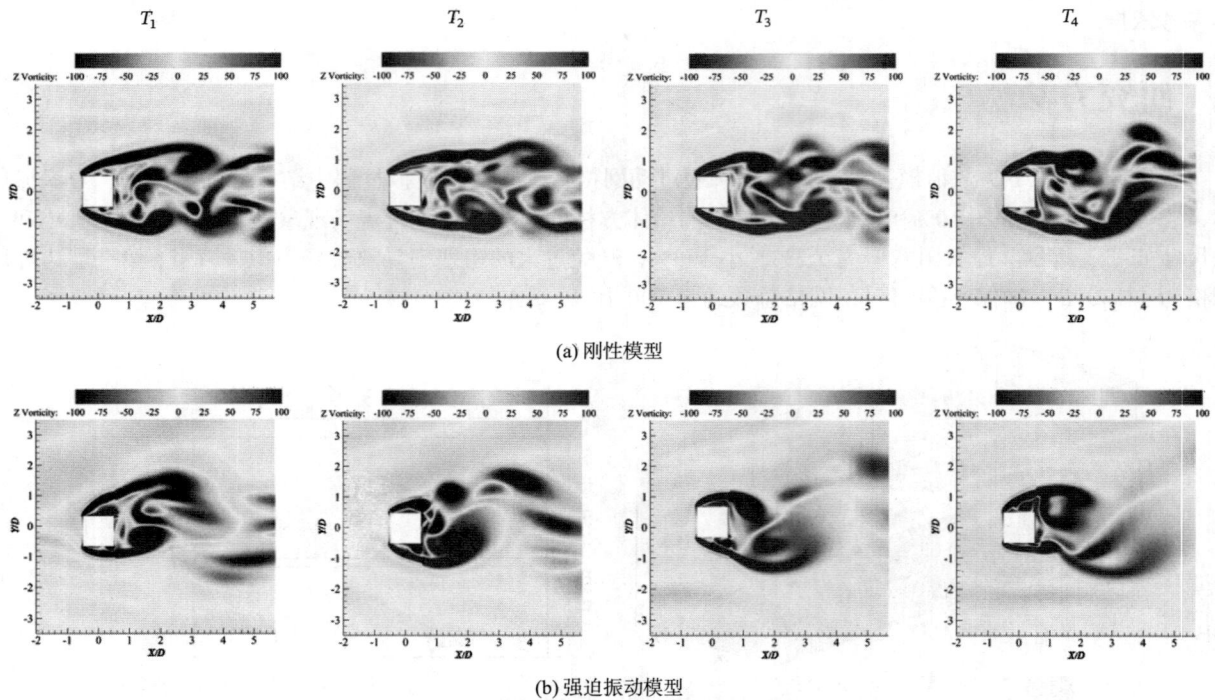

(a) 刚性模型

(b) 强迫振动模型

图 3　一个涡脱周期T_1-T_4内流场瞬时涡量图

4　结论

本研究结果表明，在涡振风速下方柱振动使得其两侧流动受扰，旋涡脱落提前，进而影响涡脱频率、旋涡形成长度、尾流区特性，充分体现了结构发生涡振时，结构的振动对绕流流场产生的显著影响。

参考文献

[1]　CHEN Z, WANG Y, WANG S, et al. Fluid-structure interaction on vibrating square prisms considering interference effects[J]. Physics of Fluids, 2023, 35(12): 125111.

[2]　GOUSSEAU P, BLOCKEN B, VAN HEIJST G J F. Quality assessment of Large-Eddy Simulation of wind flow around a high-rise building: Validation and solution verification[J]. Computers & Fluids, 2013, 79: 120-133.

特异风环境及结构效应

稳态下击暴流风场下高耸桅杆风效应的风洞试验研究

刘慕广[1,2]，吴世康[2]，刘 康[2]

（1. 亚热带建筑与城市科学全国重点实验室 广州 510640；
2. 华南理工大学土木与交通学院 广州 510640）

1 引言

桅杆是由塔身及斜向布置的纤绳组成的空间张拉结构，广泛应用于通信、气象、电力等领域。高耸桅杆结构由于长细比大，刚度和阻尼比小，致使其在风荷载作用下极易产生过大的振动。由于纤绳的张拉作用，桅杆风振时塔身和纤绳存在明显的耦合作用，导致其风振特性具有较强的非线性特征。下击暴流发生时的强度高，目前观测到的最大峰值风速接近 67m/s。与良态风不同，下击暴流最大风多出现于近地面附近，且风场结构与荷载规范[1]中建议的边界层风场存在显著不同，这极有可能使工程结构产生更为复杂的、异于良态风作用的风致响应特性。

本文以 356m 高的深圳市气象梯度塔为原型，设计制作了缩尺比为 1∶150 的桅杆气弹模型。在风洞中分别模拟了稳态下击暴流风场和良态风场，研究了两种风场作用下高耸拉线桅杆风致响应的高度分布特征，并对比了其风效应在时域和频域内的异同，为此类结构的抗风设计提供参考。

2 研究方法和内容

本文以 356m 高的深圳市气象塔为原型[2]，采用芯梁法设计制作了缩尺比为 1∶150 的气弹模型，如图 1 所示。在风洞中分别模拟下击暴流风场和良态风 C 类风场，下击暴流风场最大风速处于 100m 高度附近，与 OB 理论模型具有较好的吻合度。通过非接触式视频位移测量系统测量了气弹模型的风致响应。

(a) 下击暴流风场   (b) 良态 C 类风场

图 1 风洞中的气弹模型

基金项目：国家自然科学基金资助项目（52378514，51978285），广东省基础与应用基础研究基金资助项目（2024A1515011828），广东省现代土木工程技术重点实验室资助项目（2021B1212040003）

3　试验结果

图 2 为气弹模型在下击暴流和良态风场作用下顺风向平均位移以及顺、横风向脉动位移高度分布特征。图中可见，下击暴流风作用下顺风向最大位移与良态 C 类风场具有较大差异，但顺、横风向的脉动值具有一定的相似性。

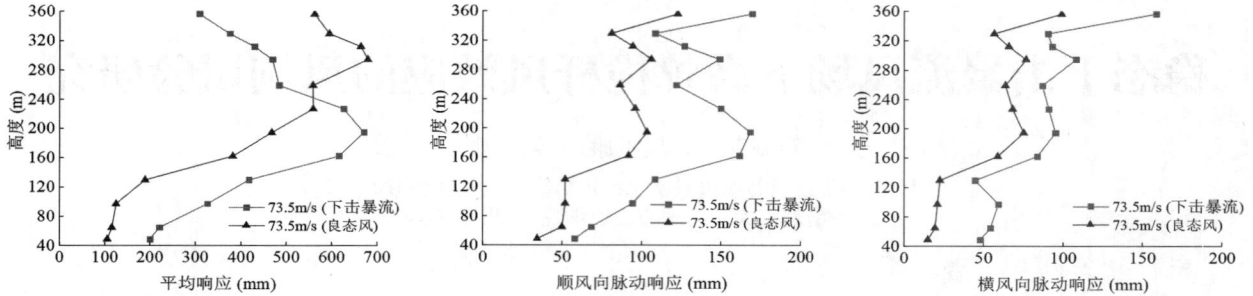

图 2　风致响应随高度的分布特征

图 3 为气弹模型顶部 2 个典型高度处，分别在下击暴流与良态风作用下风致响应的频域特征。图中可见两种风场下的能量分布具有一定的相似性，但下击暴流风场下共振能量更为集中。

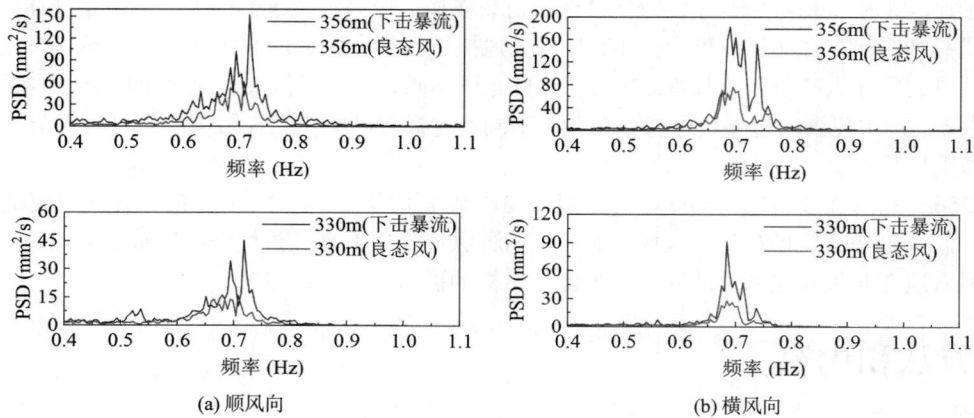

(a) 顺风向　　　　　　　　　(b) 横风向

图 3　不同高度处气弹模型风致响应功率谱特征

4　结论

（1）下击暴流风与良态风作用下高耸桅杆最大位移均值分别出现在 295m 和 195m 高度处。下击暴流作用下顺风向脉动位移在 162.5～227.5m 高度范围较为显著，而两种风场下横风向的脉动值随高度变化特征较为相似。

（2）高耸桅杆顺、横风向的多模态参与特征均极为明显，共振峰的能量分布在下击暴流与良态风下具有较强的相似性，但下击暴流风作用下的共振峰更为显著。

参考文献

[1]　住房和城乡建设部. 建筑结构荷载规范: GB 50009—2012[S]. 北京: 中国建筑工业出版社, 2012.

[2]　WU S, LIU M, LIU K, et al. Study on the response of a super high-rise guyed mast under synoptic winds based on aeroelastic wind tunnel test[J]. Engineering Structures, 2025, 322: 119201.

移动下击暴流作用下低矮建筑风荷载特性试验研究

方智远[1]，杨泷筌[1]，汪之松[2]，黄汉杰[3]

（1. 河南科技大学 土木建筑学院 洛阳 471023；
2. 重庆大学 土木工程学院 重庆 400045；
3. 中国空气动力研究与发展中心 绵阳 621010）

1 引言

气象统计表明，下击暴流是非台风地区极值风速的主要来源[1]。作为中小尺度的局部强风气候，其风场特征与良态风存在显著差异，导致基于常规风荷载设计的工程结构，尤其是输电线路和低矮建筑在该类强风下易于发生破坏[2]。针对低矮建筑下击暴流风荷载特征，已有学者基于物理试验和数值模拟方法开展了大量研究，探讨了建筑形状、径向位置、风攻角等对风荷载效应的影响[3-4]。然而，现有研究在风场模拟中多假设喷口位置固定，用稳态射流来近似替代真实气象中空间位置、出流强度均随时间变化的下沉气流，忽略了风暴移动等非稳态效应对结构风荷载的影响。本文基于可移动喷口的冲击射流装置，对比研究了三个典型低矮建筑在静止和移动下击暴流作用下的表面风压和气动力特征，相关结论可为低矮建筑抗下击暴流设计提供一定参考。

2 试验概况

试验在中国空气动力研究与发展中心的下击暴流实验室开展。图 1（a）给出了可模拟移动下击暴流的动喷口冲击射流试验装置及三个典型低矮建筑测压模型，模型一（M1）为屋面坡度为 4.3°的双坡屋面建筑，模型二（M2）为相应的平屋面建筑，模型三（M3）也为平屋面建筑，但长度是 M2 的两倍。图 1（b）为该试验装置模拟得到的静止和移动下击暴流近地水平风速竖向风剖面，图中 η 表示喷口移动速度和射流速度之比，即 $\eta = V_{tr}/V_{jet}$。

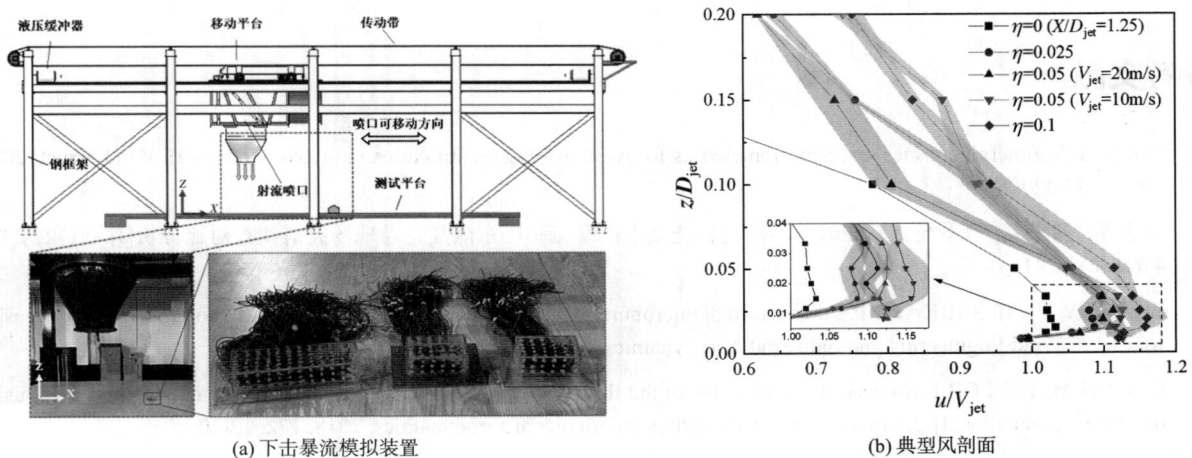

(a) 下击暴流模拟装置　　　　　　　　　　(b) 典型风剖面

图 1　下击暴流模拟装置及典型风剖面特征

3 结果及讨论

3.1 静止下击暴流

研究了静止下击暴流作用下建筑表面风压和气动力随径向距离的影响，在 8 个典型径向位置处进行了测压试验，分别是r/D_{jet} = 0、0.5、0.75、1.0、1.25、1.5、1.75 和 2.0。结果表明：在稳态风场中，建筑表面风压分布及整体气动力受径向距离影响显著，迎风面最大正压、屋面最大负压和建筑整体最大阻力系数出现在r/D_{jet} = 1.0 位置附近。

3.2 移动下击暴流

考虑移动效应后，如图 2 所示，建筑峰值阻力系数会有所提高，屋面负压吸力峰值有所减小；建筑表面正压极值在多数区域增大，而负压吸力极值则在多数区域小于稳态工况。因此，对于低矮建筑的抗下击暴流设计，主体受力结构应考虑下击暴流移动造成的水平风力增大的不利影响，而对围护结构设计而言，下击暴流移动效应除导致正压增大外，负压吸力和局部风荷载均可基于稳态结果取值。

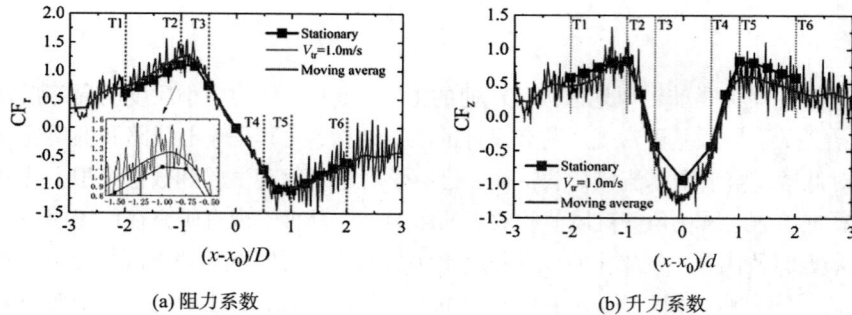

(a) 阻力系数　　　　　(b) 升力系数

图 2　静止和移动下击暴流作用下低矮建筑阻力和升力系数对比

4　结论

本文基于可移动喷口的冲击射流装置，研究了静止和移动下击暴流作用下的低矮建筑风荷载特征，得到主要结论包括：（1）在静止下击暴流作用下，低矮建筑表面风压和整体气动力随径向距离变化显著，最不利受荷位置出现在r/D_{jet} = 1.0 附近；（2）在移动下击暴流作用下，建筑表面风压和气动力具有显著的非平稳特征，与静止工况相比，考虑风暴移动效应后，建筑整体阻力系数增大而升力系数减小，模型表面正压极值增大而负压极值减小。

参考文献

[1]　SOLARI G. Emerging issues and new frameworks for wind loading on structures in mixed climates[J]. Wind Struct, 2014, 19(3): 295-320.

[2]　蔡康龙, 俞小鼎, 李彩玲, 等. 2019 年广西临桂微下击暴流和广东湛江龙卷现场灾情调查对比分析[J]. 气象, 2021, 47(2): 230-241.

[3]　ZHANG Y, HU H, SARKAR P P. Comparison of microburst-wind loads on low-rise structures of various geometric shapes[J]. Journal of Wind Engineering and Industrial Aerodynamics, 2014, 133: 181-190.

[4]　HAINES M, TAYLOR I. Numerical investigation of the flow field around low rise buildings due to a downburst event using large eddy simulation[J]. Journal of wind engineering and industrial aerodynamics, 2018, 172: 12-30.

非平稳风致桥梁瞬态效应分析：基于显示积分的非迭代时域抖振分析方法

冯　宇[1]，靳　阳[2]，郝键铭[2]，韩万水[2]，王玉晶[1]

（1. 山东建筑大学交通工程学院　济南　250101；

2. 长安大学公路学院　西安　710064）

1　引言

特异风场呈现出显著的突发性、剧烈性和非平稳性，对桥梁结构构成重大威胁。为了保证桥梁结构安全，特异风环境下风桥耦合关系的模拟精度至关重要[1-2]。然而，在气动耦合系统中，通常需要平衡迭代来解耦气动自激力与风致桥梁振动[3]。为了提高抖振分析效率，本文提出了基于显式积分的非迭代抖振分析方法。

2　基于显示积分的非迭代时域抖振分析方法

2.1　显示积分方法

结构运动方程的求解本质上是通过当前时刻运动状态和下一时刻系统所承受的荷载递推下一时刻结构的运动状态。从当前时刻到下一时刻的平均加速度可以表示为当前时刻和上一时刻加速度的插值形式：

$$\ddot{x}_{i,i+1}^{ave} = (1+\gamma)\ddot{x}_i - \gamma\ddot{x}_{i-1} \tag{1}$$

类似 Newmark 积分方法，结构的振动速度和位移可以表示为：

$$\begin{cases} \dot{x}_{i+1} = \dot{x}_i + [(1+\gamma)\ddot{x}_i - \gamma\ddot{x}_{i-1}]\Delta t \\ x_{i+1} = x_i + \dot{x}_i\Delta t + 1/2[(1+\delta)\ddot{x}_i - \delta\ddot{x}_{i-1}]\Delta t^2 \end{cases} \tag{2}$$

因此，运动方程可以表示为：

$$\boldsymbol{M}\ddot{x}_{i+1} = \tilde{\boldsymbol{F}}_{i+1} \tag{3}$$

式中，$\tilde{\boldsymbol{F}}_{i+1} = \boldsymbol{F}_{i+1} - \boldsymbol{K}x_i - (\boldsymbol{C} + \boldsymbol{K}\Delta t)\dot{x}_i - [(1+\gamma)\boldsymbol{C} + 1/2(1+\delta)\boldsymbol{K}\Delta t]\ddot{x}_i\Delta t + (\gamma\boldsymbol{C} + 1/2\delta\boldsymbol{K}\Delta t)\ddot{x}_{i-1}\Delta t$。下一时刻的加速度可通过求解式(3)得到。需要说明的是，结构振动速度和位移在求解控制方程前已经得到，能够实现气动自激力和断面运动的解耦。

2.2　非迭代抖振分析方法

本文提出了基于显式积分的非迭代抖振分析方法，其核心是在求解运动方程之前先验地获得桥梁断面运动状态来模拟气动自激荷载。图 1 为基于显示积分的非迭代抖振分析流程，从图中可以看出，抖振分析过程中引入显式积分有两个作用：预测桥梁运动状态进行气动自激力建模和求解桥梁结构运动方程。

3　非平稳风致抖振响应分析

图 2 所示为采用非迭代抖振分析方法和传统迭代方法计算的下击暴流风致抖振响应。从图中可以看出，竖向和扭转位移的幅值随时间变化显著，这主要是下击暴流风速的非平稳性造成的。采用非迭代方法计算的抖振响应与迭代法的计算结果基本一致，验证了非迭代方法在非平稳抖振分析中的精度。

基金项目：山东省自然科学基金（ZR2024QE042，ZR2023QE066）

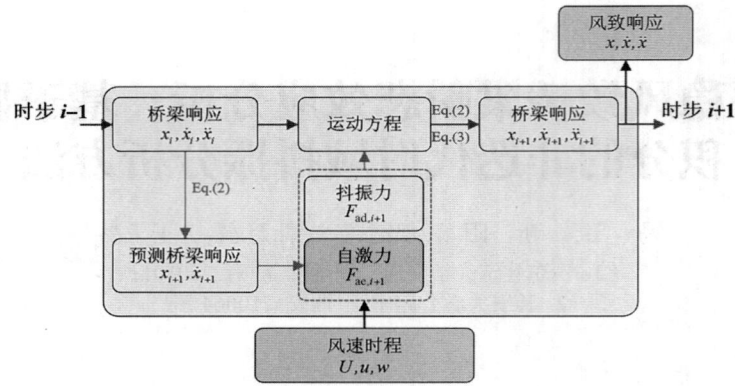

图 1 基于显示积分的非迭代抖振分析方法

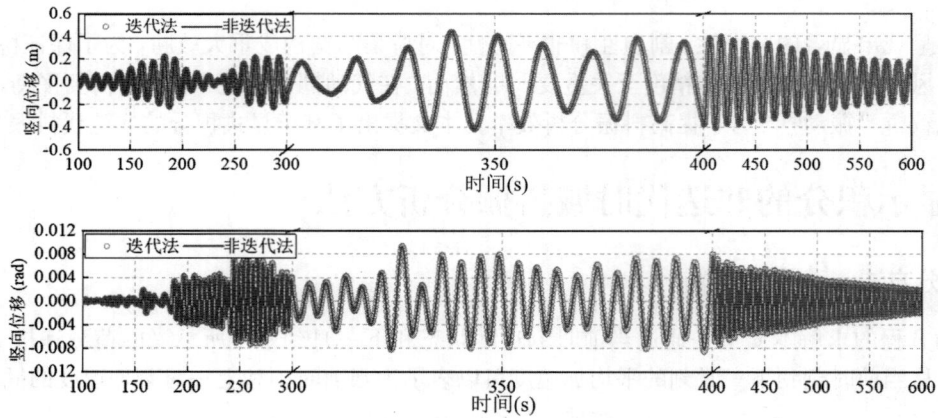

图 2 风致抖振响应

4 结论

为了提升非平稳风环境下的桥梁抖振分析效率，本文提出了基于显示积分的非迭代时域抖振分析方法。在求解控制方程前，基于显式积分预测桥梁运动状态并进行气动自激荷载建模，然后采用显式积分法进行动力响应递归。结果表明，非迭代抖振分析方法具有较高的计算精度，同时减少了多余的平衡迭代，显著提高了计算效率。

参考文献

[1] ALI K, KATSUCHI H, YAMADA H. Development of nonlinear framework for simulation of Typhoon-induced buffeting response of Long-span bridges using Volterra series[J]. Engineering Structure, 2021, 244: 112721.

[2] SIEDZIAKO B, ØISETH O. Superposition principle in bridge aerodynamics: Modelling of self-excited forces for bridge decks in random vibrations[J]. Engineering Structure, 2019, 179: 52-65.

[3] ZHANG W, QIAN K, XIE L, et al. An iterative approach for time-domain flutter analysis of bridges based on restart technique[J]. Wind Structure, 2009, 28: 171-180.

下击暴流作用下低矮建筑风荷载特性试验研究

钟永力[1,2]，赵锦培[1]，吴齐燕[1]，晏致涛[1,2]

（1. 重庆科技大学土木与水利工程学院　重庆 401331；
2. 输变电工程防灾减灾重庆市重点实验室　重庆 401331）

1　引言

强迫地形抬升机制以及微气象条件，经常促使强对流上升气流的形成，从而形成下击暴流。下击暴流是一种在雷暴天气中由强下沉气流猛烈冲击地面形成并经由地表传播的近地面短时破坏性强风[1]，通常被定义为非天气风（non-synoptic wind），其风场特性与大气边界层风有很大的不同，尤其是风剖面呈现先增大后减小的"鼻子"状，在结构设计中很少考虑下击暴流的影响[2]。下击暴流对中低高度的建筑物有着极大的破坏性，汪之松等[3]采用大涡模拟方法，研究了非稳态雷暴风作用下低矮建筑的风荷载特征，Zhang 等[4]采用冲击射流装置研究了不同风场参数与结构参数对低矮建筑风荷载的影响规律。本文基于平面壁面射流模拟下击暴流出流段风剖面，采用风洞试验研究了不同壁面射流风场参数与结构参数情况下低矮建筑风荷载特性。

2　试验概况

试验在重庆科技大学风洞实验室完成，通过在风洞入口加装壁面射流装置，进而可以模拟下击暴流出流段风场[5]，如图 1（a）所示。其中，射流喷口高度为b为 60mm，采用 DANTEC 热线风速仪对下击暴流风场进行测量。为了考虑风向角与径向距离这两种影响因素，共设置 11 种工况。考虑风向角影响时，将模型放置在距离喷口 30b位置处，以模型中心为旋转中心，通过旋转不同角度改变来流方向与模型的夹角，选取 0°、15°、30°、45°、60°、75°、90°这七种风向角下进行测压试验，对比 S4 模型在七个风向角下的分压分布；考虑径向距离的影响，将 S3 模型分别放在距离喷口为 30b、40b、50b、60b、70b位置处，在每个位置都进行 90°风向角的测压试验，如图 1（b）所示。

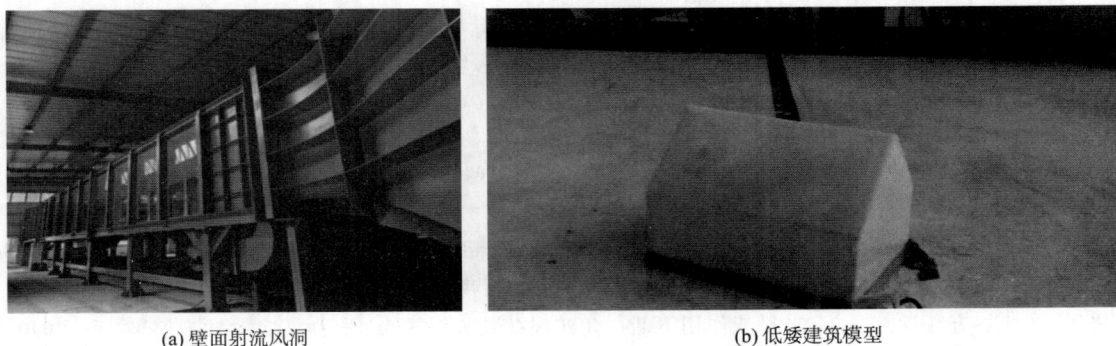

(a) 壁面射流风洞　　　　　　　　　　　　　　　(b) 低矮建筑模型

图 1　下击暴流试验装置及低矮建筑模型测压

3　结果分析

90°风向角下，不同径向位置模型风压系数如图 2 所示。其中，模型 L 面位于迎风面，R 面位于背风面，当径向距离由 30b增加到 70b时，中轴线整体风压系数绝对值随减小，与下击暴流出流段风场特性吻合，下

基金项目：重庆市自然科学基金面上项目（CSTB2024NSCQ-MSX1135），重庆市巴渝学者计划（YS2023091）

击暴流出流段风场水平方向风速在 $x = 30b$ 处附近达到最大值，随后逐渐衰减；当风从 L 面到 UL 面时，风对房屋的作用从压力迅速转变为吸力，在 L 面与 UL 面交界处达到最大值，在交界面处的风压系数随着径向距离的增大而增大，说明在此位置处，风的吸力随着径向距离的增大而减小，当径向距离由 $30b$ 增加到 $50b$ 时，减小趋势明显，当径向位置大于 $60b$ 时，这种趋势明显减弱；当风到达 UR 面时，由于屋脊的作用，会在背风面靠近屋脊处出现风吸力增大现象，在屋面 UL 与 UR 处整体受到风吸力，屋面压力呈负压状态，压力随着径向水平风速的减小而减小；在背风侧，由于气流分离产生的绕流，在背风侧产生尾流，背风侧风压系数随着径向距离改变无明显变化，在 0 附近浮动。

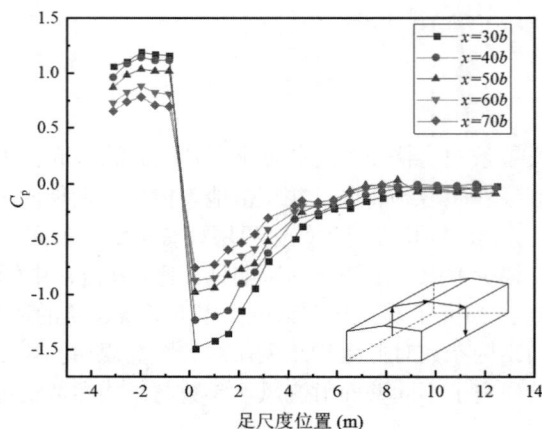

图 2　不同径向位置下模型中轴线测点平均风压系数

4　结论

下击暴流作用下，顺流向下不同径向位置处建筑周围流场都为对称分布，距离喷口距离越远的位置，水平风向风速越小，低矮建筑风场强度及气流分离剧烈程度也随着径向距离的增大而减小。径向距离对低矮建筑表面平均风压系数影响明显，在 $x = 30b$ 时，建筑表面平均风压系数绝对值最大，随着径向距离的增大，建筑表面平均风压系数绝对值逐渐减小，但 $x > 50b$ 时，径向距离的变化对低矮建筑表面风压的影响程度逐渐减弱。同时建筑迎风墙面与迎风屋面脉动风压系数与体型系数绝对值，都随着径向距离的增大而减小，但在背风墙面与背风屋面受径向距离影响不明显。

参考文献

[1]　CANEPA F, BURLANDO M, ROMANIC D, et al. Effect of surface roughness on large-scale downburst-like impinging jets[J]. Physics of Fluids, 2024, 36(3): 036610.

[2]　ŽUŽUL J, RICCI A, BURLANDO M, et al. CFD analysis of the WindEEE dome produced downburst-like winds[J]. Journal of Wind Engineering and Industrial Aerodynamics, 2023, 232: 105268.

[3]　汪之松, 邓骏, 方智远, 等. 下击暴流作用下低矮建筑风荷载大涡模拟[J]. 浙江大学学报(工学版), 2020, 54(3): 512-520.

[4]　ZHANG Y, SARKAR P P, HU H. An experimental study of flow fields and wind loads on gable-roof building models in microburst-like wind[J]. Experiments in Fluids, 2013, 54(5): 1511.

[5]　钟永力, 晏致涛, 李妍, 等. 下击暴流出流段非稳态风场的大气边界层风洞模拟[J]. 实验流体力学, 2021, 35(6): 58-65.

基于动量方程适应的改进后迹法龙卷涡量起源研究

陶 韬[1,2]

（1. 安徽工程大学建筑工程学院 芜湖 241000；
2. 安徽省绿色建筑与数字建造工程中心 芜湖 241000）

1 引言

龙卷风是自然界大气边界层内观测到的最强风速的天气现象（> 100m/s），近地面龙卷风风场的典型特征是强烈的一个或多个涡旋结构，该近地面涡旋的涡量产生机理是目前气象领域和风工程领域都关心的问题，被称为龙卷涡量起源问题。当前对涡量起源问题常采用的方法是通过反向预测涡旋中气团的运动历程，揭示其如何由低旋度（低环量）流动转变为高旋度（高环量）的流动的机理，该反向预测气团运动轨迹的方法即称为"后迹法"。

利用流体数值模拟方法，我们可以得到龙卷风的三维风场，并保存三维空间格点上的风速历史数据，随后便可以利用后迹法反向预测龙卷风中气团的运动轨迹。预测时，需要在各个预测时间步上估计气团的速度，通常是通过相邻三维空间格点上的流速插值得到气团所在位置的速度作为气团的速度。然而这不可避免地带来数值误差，由于动量方程守恒仅对空间格点处满足，气团在一段时间内速度的变化量（简称实地速度变化）往往同气团动量方程右侧源项时间积分的数值（简称积分速度变化）不一致，换言之，气团的速度和位置预测存在误差。由于涡量方程为动量方程的旋度计算，该预测误差引起的气团涡量和环量方程不守恒表现得更为明显，尤其是对于龙卷涡旋这种复杂流动，涡量起源分析的不确定性较为显著。

为了解决上述由于气团速度插值误差引起的涡量分析误差，本研究创新提出了基于动量方程适应的改进后迹法，通过修正气团的位置，使得气团的运动过程保持动量方程守恒，并随之提高涡量和环量方程的守恒程度。将改正的后迹法应用于某数值模拟的龙卷风过程案例，结果显示环量方程守恒性显著提高，提高了龙卷风涡量起源分析的量化准确性。

2 数值方法

2.1 龙卷风风场数值模拟

本研究所采用的龙卷风近地面风场来自气象模型 Weather Research and Forecast with Large-eddy Simulation implemented （WRF-LES）模拟的 2012 筑波龙卷风过程[1]。模拟采用三层计算域嵌套来完成网格降尺度过程，最内层区域成功再现龙卷风过程，该层区域计算网格水平分辨率为50m，近地面竖向网格分辨率约10m，时间步长为0.25s，物理场历史数据每2个时间步保存一次。

2.2 基于动量方程适应的改进后迹法

在传统的追踪气团运动的后迹法中，气团在某一时刻的速度由所在位置邻近模型格点上的速度插值而来，并基于此速度预测气团的运动轨迹。本研究的改进后迹法在利用传统后迹法进行一个时间步的气团位置预测之后，利用牛顿法迭代对气团位置进行多次修正，每一次修正的位移由该时间步内实地速度变化与积分速度变化的差以及二者在气团当前位置的梯度决定，多次修正最终使得实地速度变化同积分速度变化相等，从而达到气团运动的动量方程守恒（图1）。

基金项目：国家自然科学基金项目（52308474）

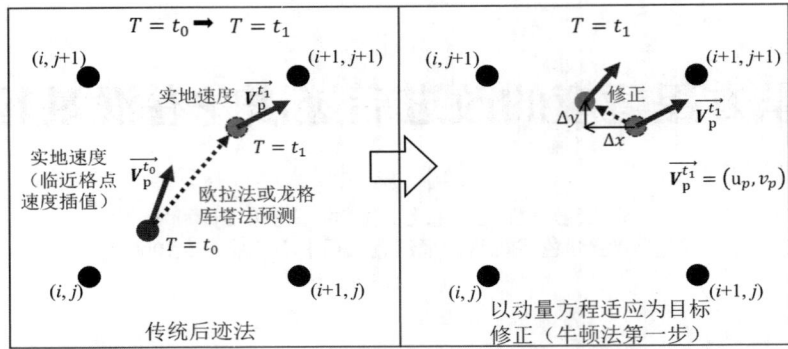

图 1　动量方程适应的轨迹法示意图（为简便直观，以二维流动前迹为例）

3　结果验证

　　将传统后迹法和改进后迹法分别应用于 WRF-LES 模拟的 2012 筑波龙卷风过程（图 2），相较传统后迹法，改进后迹法预测的气团实地环量和气团积分环量一致程度显著提高，显示了改进后迹法在精确预测气团路径方面的优势。两种后迹法都表明摩擦项是该龙卷涡旋的主要涡量起源。

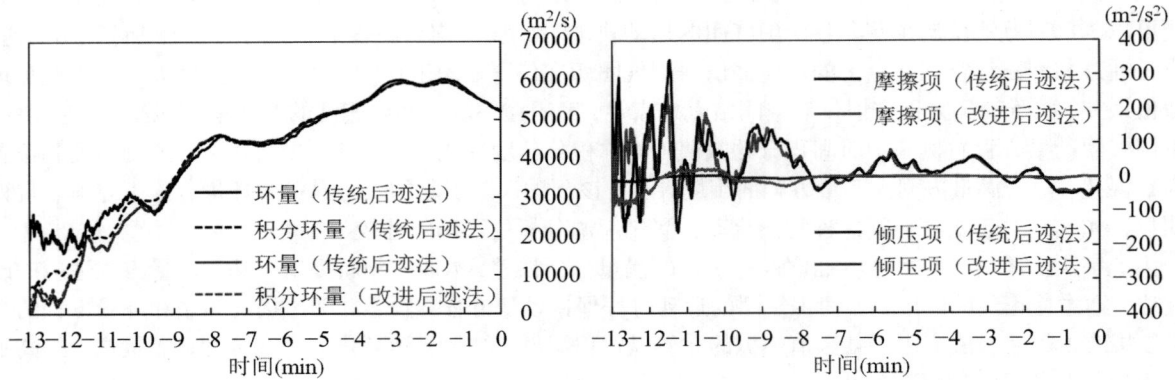

图 2　传统后迹法和改进后迹法对 2012 年筑波龙卷风涡量（环量）起源分析

4　结论

　　本研究提出了基于动量方程适应的改进后迹法，通过修正气团的预测位置使其动量方程保持守恒，进而提高涡量（环量）分析的准确性。将该改进后迹法运用于某实际的龙卷风三维风场，验证了该方法在提高龙卷涡量起源分析准确性方面的优势。

参考文献

[1]　TAO T, TAMURA T. Numerical Study of the 6 May 2012 Tsukuba Supercell Tornado: Vorticity Sources Responsible for Tornadogenesis[J]. Monthly Weather Review, 2020, 148: 1205-1228.

特异风非平稳时变特征及其一体化建模

赵　林[1,2,3]，崔　巍[1,2]，方根深[1,2]，丁叶君[1,2]

（1. 同济大学　土木工程防灾减灾全国重点实验室　上海　200092；
2. 同济大学　桥梁结构抗风技术交通运输行业重点实验室　上海　200092；
3. 广西大学　土木建筑工程学院　南宁　530004）

1　引言

以山区风和台风为代表的特异风与常规季风具有不同的风场演变特性，目前对特异风与结构效应的深化研究处于起步阶段[1]，缺乏合理量化不同特异风非平稳特征的模型及算法。针对山区风和台风等特异风环境，利用追风观测等手段获得大量有效实测数据。基于山区风与台风的非平稳及脉动统计特征共性，采用基于持续时间和最大风速的归一化方法[2]，统一了山区风和台风非平稳平均风速演变过程及建模。

2　典型特异风演变分类与建模

山区风和台风具有时变平均风和二阶矩非平稳特性（图 1），而山区风时间短、风速变化快，台风时间长，风速变化幅值大。

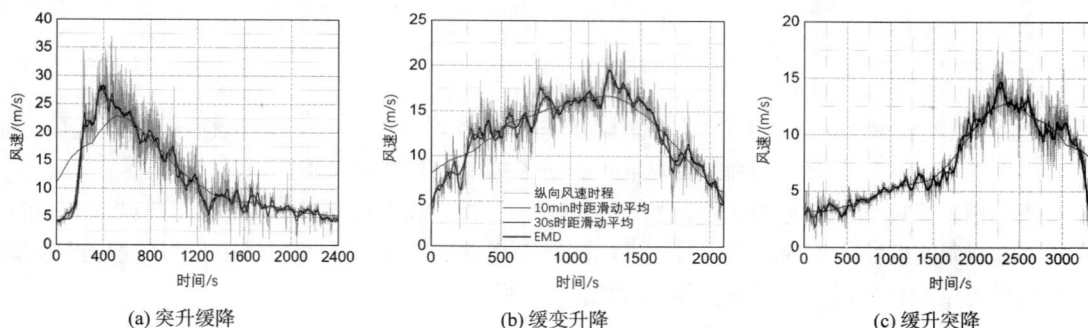

图 1　不同类别山区风代表时程及时变平均风速

(a) 突升缓降　　　　(b) 缓变升降　　　　(c) 缓升突降

提出按时长及最大风速特征的"山区型"和"台风型"总体分类及按风速演变特征的"突升缓降""缓升突降"和"缓变升降"发展过程分类方法，参见图 2。基于总体特征和演变特征的分类是并列的，经特征组合可得到 6 种精细分类的特异风过程，将山区型和台风型特异风按"突升缓降""缓升突降"和"缓变升降"的顺序依次编号为 SN-1～3 和 TN-1～3，建立了包含时变平均风速和二次调制函数的风场模型，统一特异风建模过程参见表 1。

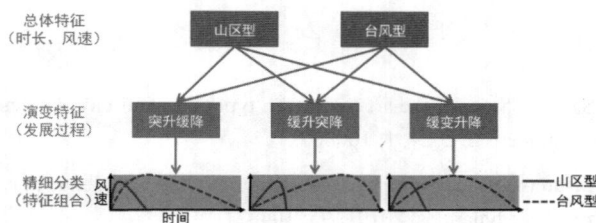

图 2　非平稳风精细分类示意

基金项目：国家自然科学基金面上项目（52378527）

典型特异风非平稳建模函数与参数变量名称　　　　　　　　表 1

编号	时变平均风	风攻角	二次调制函数	风谱函数
SN-1	$U(t)=\left\{\dfrac{p_1\left[\left(\dfrac{t}{T}\right)^2-\dfrac{t}{T}\right]}{\left(\dfrac{t}{T}\right)^2+q_1\dfrac{t}{T}+q_2}\right\}\times$ $[U_{\max}-U(0)]+U(0)$	恒为 $+6°$	$u_s=\dfrac{u_0}{1+\lambda\sin(\eta t)}$ $u_s=\dfrac{u_0}{\dfrac{k^2}{2T^2}\left(t-\dfrac{T}{k}\right)^2+1}$	$S_{i0}=\dfrac{a_{i0}}{(1+b_{i0}n)^{\frac{5}{3}}}$ $(i=u,v,w)$ 双参数谱
SN-2				
SN-3				
TN-1		$\alpha_B(t)=k_B\left(\dfrac{t}{T_{BMAX}}-t_m\right)^2+\alpha_{\min}$	无	$\lg S_{i0}=\sum\limits_{j=0}^{3}a_{j0}(\lg n)^j$ $(i=u,v,w)$ 四参数谱
TN-2		$\alpha_A(t)=k_A\dfrac{t}{T_{AMAX}}+\alpha_0$		
TN-3				

注：$U(t)$ 是平均风速，t 是实际时间，T 是特异风持续时间，$U(0)$ 是起始风速，$U_{\max}$ 是最大时变平均风速；S_{i0} 是归一化 PSD，n 是无量纲频率；$\alpha_A(t)$ 是台风中心前 t 时的风攻角 (°)，k_A 是风攻角变化率，T_{AMAX} 是台风中心前所属分段的最大时长，α_0 是起始时的风攻角 (°)；$\alpha_B(t)$ 是台风中心后 t 时的风攻角 (°)，T_{BMAX} 是台风中心后所属分段的最大时长，t_m 是最小风攻角归一化时间，$\alpha_{\min}$ 是最小风攻角 (°)；其他参数为待拟合系数。

3　特异风时序化模拟验证

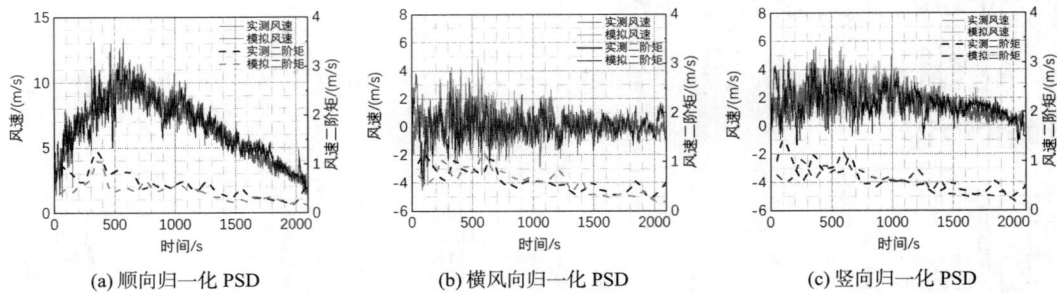

(a) 顺向归一化 PSD　　　　　(b) 横风向归一化 PSD　　　　　(c) 竖向归一化 PSD

图 3　典型特异风非平稳时序模拟结果与实测时程对比

　　为检验非平稳特异风实用化模型的模拟精度，图 3 对比了实测的山区风和采用归一化模型重构的山区风时程，可见该模型能够良好地重现山区风时变平均的非平稳过程，也能较好地体现脉动风速标准差非平稳演变特性，为桥梁与结构特异风效应研究提供风速输入条件[3]。

4　结论

　　本文针对非平稳时变平均风提出了归一化拟合模式，针对非平稳脉动风提出了二次调制函数，可将脉动风速转化为零均值平稳随机过程，从而提出了山区风非平稳统计特征的建模方法，建议了涵盖山区风和台风以及不同时变风速演变过程的特异风建模参数。

参考文献

[1] ZHAO L, CUI W, FANG G S, et al. State-of-the-art review on typhoon wind environments and their effects on long-span bridges[J]. Advances in Wind Engineering, 2024, 1: 100007.

[2] ZHAO L, CUI W, GE Y J. Measurement, modeling and simulation of wind turbulence in typhoon outer region[J]. Journal of Wind Engineering and Industrial Aerodynamics, 2019, 195: 104021.

[3] 赵林, 吴风英, 潘晶晶, 等. 强台风登陆过程大跨桥梁风特性特征及其抖振响应分析[J]. 空气动力学学报, 2021, 39(4): 86-97.

下击暴流风场下水平轴风力机气动力特性风洞试验研究

袁养金[1,2]，闫渤文[2]，杨庆山[2]，董 优[1]

（1. 香港理工大学土木与环境工程学系 香港 00852
2. 重庆大学土木工程学院 重庆 400038）

1 引言

下击暴流发生时风电机组很可能从正常发电状态突然转变为高风速运行状态，机组控制系统来不及做出降低支撑结构气动荷载的调整控制，因此要求风机支撑结构的设计有足够的冗余来抵御这种局地性致灾强风的袭击。目前，现行规范[1]虽然规定了风机支撑结构设计的极端风况，但其考虑的来流风速突变加速度和风向改变难以包络实际风电场遭受的下击暴流作用。在设计中如未考虑下击暴流风场作用，可能影响支撑结构的抗风安全。为此，本文研究内容如下：首先是风洞试验基本情况，包括风机模型设计、风场特性和测力试验等；然后分析了稳态下击暴流风场和外流区风场非平稳特性对风力机气动荷载的影响特性，主要考虑了平均风速剖面和非稳态风场加速度影响，而风机方面考虑了桨距角和偏航角等因素的影响；最后基于风洞试验结果建立了非平稳风场作用下风轮时变推力计算方法及脉动推力谱模型。

2 风洞试验设定

本试验在重庆大学直流式大气边界层风洞完成，风洞试验如图1所示。本研究中的下击暴流外流风场采用主动翼栅装置（AMBS）进行模拟，该装置对下击暴流外流区风场模拟的效果已在前期的研究中进行了校验和对比。图2给出了本研究中模拟的下击暴流平均风速分布。研究中的风力机试验模型是基于运行时推力系数相似设计的，其试验设计效果也在已发表的文章得到了验证[2]。试验中考虑了三种风剖面的影响，同时也研究了对应的非平稳风场对运行风力机气动荷载的影响。本研究考虑的平稳风场采用"SW_"进行表示。非平稳风场用"NW_01""NW_02"和"NW_04"表示，叶片旋转周期（ΔT）为0.1s、0.2s和0.4s。

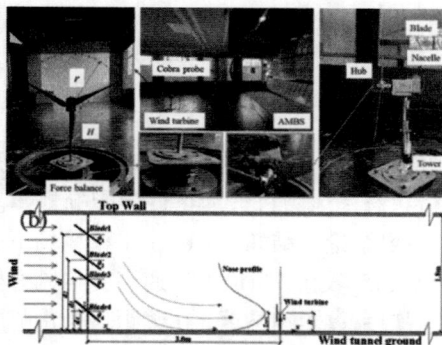

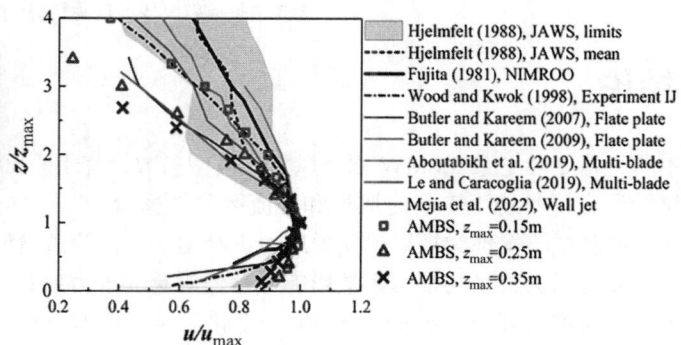

图1 风洞试验照片　　　　图2 下击暴流外流区平均风速剖面

3 试验结果分析与讨论

考虑到篇幅限制，本节仅给出了部分主要试验结果的展示，从平均风速剖面和非平稳风场对运行风力机推力系数的影响两个方面进行讨论。

基金项目：国家自然科学基金项目（52221002，52278483）

3.1 平均风速剖面的影响

图 3 给出了三类下击暴流外流区风场和均匀风场中风力机在不同叶尖速比运行下的推力系数和基底弯矩系数。结果表明风力机推力系数和基底弯矩系数与叶尖速比呈正相关，但风场剖面对风力机推力系数影响更显著。图 3（a）表明相比于均匀风场，下击暴流外流区鼻形风速剖面增大了平均推力系数，尤其是当最大风速高度与轮毂高度有一定偏差时推力系数增幅更大。图 3（d）表明脉动基底弯矩系数随叶尖速比的变化趋势与脉动推力系数基本一致。

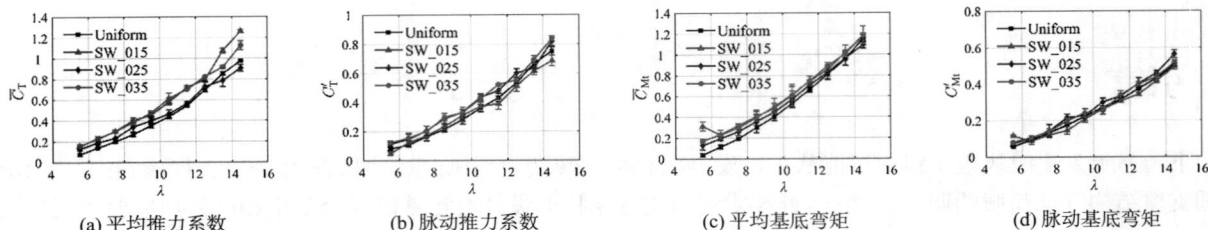

(a) 平均推力系数	(b) 脉动推力系数	(c) 平均基底弯矩	(d) 脉动基底弯矩

图 3　不同叶尖速下风力机气动力系数

3.2 非平稳风场下风力机风轮气动力模型

图 4（a）表明当来流风场风速发生突变时脉动风速谱能量显著增大，然而其作用下风力机推力谱并未使风力机脉动推力谱在风速突变过程中发生显著的能量变化，呈现平稳过程。为此，图 4（b）给出了基于脉动风速谱和旋转频率调制函数得到了新的脉动推力谱模型。从图中可以发现推力的 1P-3P 谱峰的能量能较好地吻合试验结果。

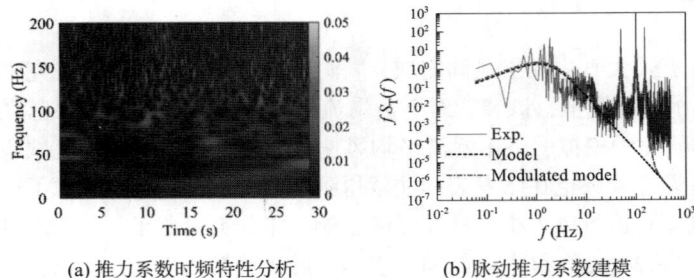

(a) 推力系数时频特性分析	(b) 脉动推力系数建模

图 4　非平稳风场下风力机脉动推力频谱

4　结论

本研究基于陆上某 3.6MW 原型风力机机型参数，设计了几何缩尺比为 1∶400 的模型风力机。通过开展风洞试验研究了平稳下击暴流风场和外流区非平稳风场对不同运行状态下风力机气动特性的影响规律。最后，基于风洞试验发现的规律建立了风力机脉动推力经验谱模型。主要结论总结如下：（1）平稳风场下，鼻形风场剖面对风力机平均推力系数影响显著但对脉动推力系数的影响相对较小，当最大风速高度与风力机轮毂高度一致时推力系数最小；桨距角轻微变化对风力机推力和基底弯矩系数影响显著，在桨距角变化范围在 10° 以内时风力机平均推力及平均基底弯矩系数最大偏差为 12.5% 和 25.3%。（2）在具有二阶非平稳特性的风场作用下，风力机脉动推力分量功率谱密度并未表现出时变演化特性。

参考文献

[1] Wind energy generation systems-part 1: Design requirements: IEC61400-1 Ⅰ [S]. 4th ed. 2019.

[2] HUANG G, ZHANG S, YAN B W, et al. Thrust-matched optimization of blades for the reduced-scale wind tunnel tests of wind turbine wakes[J]. Journal of Wind Engineering and Industrial Aerodynamics, 2022, 228: 105113.

基于多精度代理模型参数优化的移动雷暴风场数值模拟

郝键铭，杜建超，李加武

（长安大学公路学院 西安 710064）

1 引言

为实现移动雷暴风场的高精度数值模拟，基于冲击射流模型并引入网格滑移技术实现的雷暴风下沉气流移动效应的模拟，从而研究雷暴下击暴流风场的演变规律。提出以实测数据为目标的雷暴风场模拟参数优化方法，将多精度代理模型引入数值模拟参数优化的优化过程以提高计算效率，通过试验模拟、不同精度的数值模拟建立多精度样本点来训练代理模型。相较于单独采用数值模拟作为样本点训练的代理模型[1-2]，可以提升参数优化的精度和效率。

2 研究方法和内容

2.1 移动雷暴风场数值模型

移动雷暴风场采用三维移动冲击射流模型，参数如图 1 所示，对于典型的雷暴风事件，下沉气流直径约 1000m[3]，本文数值模型采用 1：2000 的几何缩尺比，取 $D_j = 0.5$m。计算域被划分为两个部分：移动喷口区域和冲击射流扩散区域。网格滑移技术将 2 个区域通过交界面（interface）连接，允许两个区域沿交界面相对运动并可以通过插值传递通量。移动喷嘴区域可以沿着凹槽轨道移动，环境风速通过左侧速度入口边界流入计算域，驱动下击暴流的移动。移动下击暴流数值模型网格如图 2 所示，模型网格总数约 8.7×10^5。数值模型同样选择 SIMPLIC 算法进行求解，湍流模型采用 SST $k - \omega$ 模型，时间步长取 $\mathrm{d}t = 1.6e^{-2} \times D_j/U_j$。

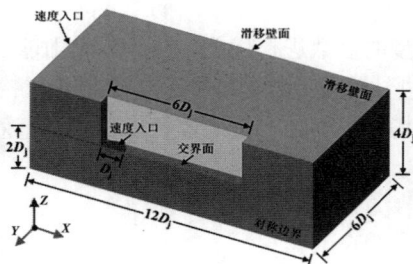

图 1 移动下击暴流的数值模型及边界条件　　　图 2 数值模型网格示意图

2.2 移动雷暴风场试验模拟

本研究中用到的雷暴风场试验模拟由长安大学风洞实验室 CA-04 极端风下击暴流模拟装置进行，图 3 为下击暴流模拟装置，主要包含风筒和风机两部分，模拟器配置了支架、滚轮和导轨，用以实现移动雷暴下击暴流风场。为了实现对下沉气流的角度的控制，在风筒侧身安装电动转角装置，下击暴流可以转动 $-60° \sim 60°$ 内的倾角。下沉气流的风速范围为 $0 \sim 12$m/s，装置的移动范围为 6m，移动速度范围为 $0 \sim 2$m/s。如图 4 所示，分别选取距离喷口中心 $1D_j$，$1.5D_j$ 和 $2D_j$ 距离位置作为测点，测量不同高度处的风速时程数据。为了保证射流稳定，在移动设备前预先稳态采样 2.5s，等待射流稳定开始移动，待射流移动到轨道尽头后，保持装置稳态再采样 2.5s。

基金项目：陕西省自然科学基金项目（2023-JC-QN-0597）

图 3　雷暴风下击暴流模拟装置

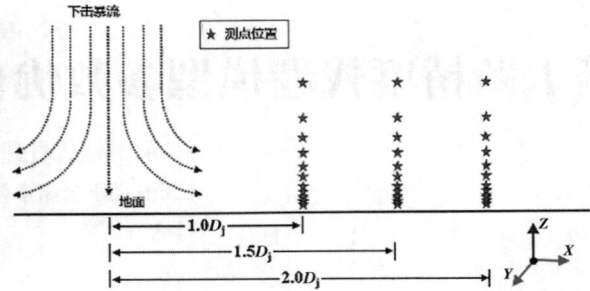

图 4　测点示意图

2.3　基于多精度代理模型的模拟参数优化方法

图 5 所示为雷暴下击暴流风场模拟参数的优化流程，首先设定优化模拟参数初值；然后进行数值模拟并构建目标函数；最后采用遗传算法进行参数寻优，获得最优模拟参数。然而，模拟参数寻优的过程需要多次迭代求解，而每一次参数优化迭代都需要进行数值模拟，严重影响优化效率，因此引入多精度代理模型替代数值模拟参与模拟参数的优化。代理模型的构建，首先通过灵敏度分析确定待优化参数，然后开展试验设计，分别进行试验模拟和数值模拟形成多精度的训练数据集，最终构建多精度代理模型。

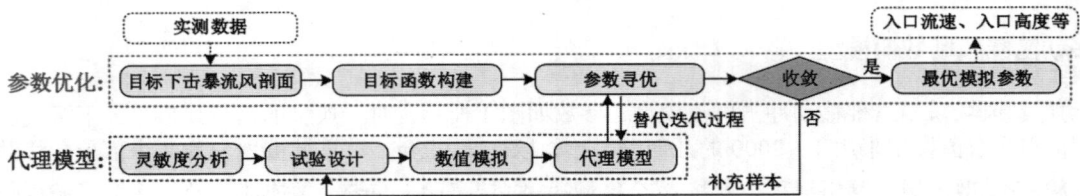

图 5　参数优化流程示意图

3　结论

本文基于实测风场数据对雷暴下击暴流风场数值模型的参数进行优化。在参数优化过程中，采用试验数据以及不同精度的数值模拟结果（LES 和 RANS），通过试验设计构建样本训练数据集，构建多精度代理模型。从而提高参数优化的效率和精度，为建立与实际风场结果更加相近的数值模型提供有效的帮助。

参考文献

[1]　冯宇, 郝键铭, 辛凌风, 李加武. 基于实测数据驱动下优化参数的移动下击暴流数值模拟[J]. 中国公路学报, 2023, 36(8): 42-55.

[2]　FENG Y, XIN L, HAO J, et al. Numerical Simulation of Long-Span Bridge Response under Downburst: Parameter Optimization Using a Surrogate Model[J/OL]. Mathematics 2023, 11: 3150. https://doi.org/10.3390/math11143150.

[3]　HOLMES J D, HANGAN H M, SCHROEDER J L, et al. A forensic study of the Lubbock-Reese downdraft of 2002[J]. Wind Struct. 2008, 11: 137-152.

大跨桥梁龙卷风致动力响应试验模拟与数值分析

操金鑫[1,2,3]，李　正[2]，曹曙阳[1,2,3]

（1. 同济大学土木工程防灾减灾全国重点实验室 上海 200092；
2. 同济大学土木工程学院桥梁工程系 上海 200092；
3. 同济大学桥梁结构抗风技术交通运输行业重点实验室 上海 200092）

1　引言

近年来，我国东部多地龙卷风灾害事件频发，而这一区域正是我国大跨度桥梁等重要基础设施最为密集的区域之一。因此，针对我国未来跨江重要桥梁工程，有必要考虑龙卷风灾害的风险。目前，国内外对于大跨度桥梁的龙卷风作用研究尚存在很多空白[1-2]，因此，本课题在前期开展的龙卷风荷载物理模拟[3]的基础上，结合某主跨 1760m 的特大跨悬索桥实际工程开展龙卷风作用下结构动力响应有限元计算和拉条模型试验模拟，研究龙卷风作用下大跨桥梁非平稳风振响应和非线性气弹响应的变化特征，以及龙卷风涡流比、水平移动速度、龙卷风作用位置等参数对结构风致动力响应的影响。

2　龙卷风作用下主梁拉条模型试验

试验在同济大学风洞实验室的移动式龙卷风模拟器（图 1）中开展。该装置的风机和导流板位于装置顶部，气流通过导流板和外围圆筒在升降平台与蜂窝网间形成龙卷风涡旋。试验模型以某主跨 1760m 悬索桥的扁平流线型钢箱主梁断面为设计原型，梁高 4m，梁宽 31.5m，几何缩尺比 1：300。拉条模型设计满足几何相似和动力相似准则。根据龙卷风模拟器尺寸确定长度为 1.4m，采用 ABS 板制作主梁断面外衣，通过滑轮系统控制钢丝张拉力。试验风速缩尺比为 1：10。

试验时，模拟器从桥梁主梁模型一侧匀速移动到另一侧，试验主要参数包括龙卷风涡流比 Sr（$Sr = 0.09$ 和 0.30，改变导流板角度 $\theta_v = 20°$ 和 $50°$）和水平移动速度 V（$V = 0.067 \sim 0.267\text{m/s}$）。

图 1　龙卷风作用主梁拉条模型试验

3　龙卷风作用下主梁动力响应分析

3.1　主梁动力响应测试结果

图 2 为 $Sr = 0.09$ 时、不同龙卷风移动速度条件下主梁竖向位移随模型与龙卷风中心相对距离的变化，图

基金项目：国家自然科学基金项目（52178502）

中还对比了静止龙卷风下作用下主梁竖向位移的结果。与静态龙卷风条件相比，龙卷风水平移动使主梁竖向位移峰值提前，且水平移动速度越小，主梁竖向位移峰值越大；水平移动速度 0.267m/s（模型尺度）时主梁竖向位移峰值与静态龙卷风作用下的位移均值基本一致。

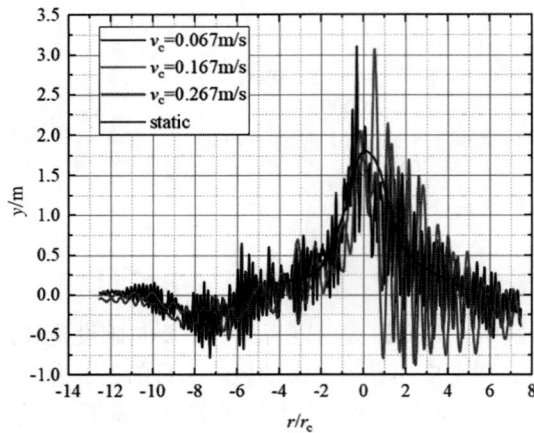

图 2　主梁跨中竖向位移拉条模型试验结果　　图 3　主梁跨中竖向位移试验与计算结果对比

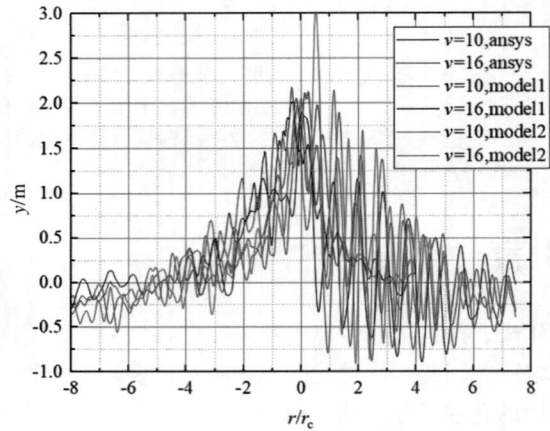

3.2　主梁动力响应数值模拟

基于前期开展的移动龙卷风作用主梁刚体模型测压时程结果，开展桥梁在移动龙卷风荷载作用下动力响应时程计算。如图 3 所示，数值计算与拉条模型试验主梁竖向位移变化趋势一致、数值相近，验证了两类方法的合理性。同时，数值模拟结果对龙卷风移动速度不敏感，其数据波动趋势也没有模型试验结果明显。

4　结论

在前期风荷载模型研究的基础上，开展了模拟龙卷风条件下大跨桥梁风致动力效应的拉条模型试验和时程有限元分析研究。试验发现，龙卷风涡流比、龙卷风相对位置、龙卷风水平移动速度等参数均对主梁竖向位移等风致动力响应指标影响明显。拉条模型试验与时程有限元分析结果一致，为后续建立大跨桥梁龙卷风致动力响应分析模型奠定了基础。

参考文献

[1]　陈艾荣, 刘志文, 周志勇. 大跨径斜拉桥在龙卷风作用下的响应分析[J]. 同济大学学报, 2005, 33(5): 569-574.

[2]　CAO B, SARKAR P P. Numerical simulation of dynamic response of a long-span bridge to assess its vulnerability to non-synoptic wind[J]. Engineering Structures, 2015, 84: 67-75.

[3]　CAO J, REN S, CAO S, et al. Physical simulations on wind loading characteristics of streamlined bridge decks under tornado-like vortices[J]. Journal of Wind Engineering and Industrial Aerodynamics, 2019, 189: 56-70.

高层与高耸结构抗风

基于实时监测的扭曲体型高层建筑玻璃幕墙
风荷载特性研究

丁志斌[1]，钟 声[1]，郝屹峰[2]

（1. 四川大学建筑与环境学院 成都 610065；
2. 中铁建设集团有限公司 北京 100043）

1 引言

与广泛开展的以主体结构为对象的扭曲体型高层结构安全性能研究相比，对于作为围护结构的幕墙结构局部效应的研究明显不足。与柔性的高层或超高层主体结构不同，广泛应用于结构围护结构的幕墙是一种相对刚度较大的构件，其结构安全性能往往取决于局部效应[1]（如局部风荷载及效应、局部拼接等）。和规则高层建筑相比，复杂断面（如扭曲体型建筑中的断面扭转）高层结构幕墙的局部效应更加复杂。

目前对于此类建筑风荷载的研究分析方法主要有风洞试验方法和建立在数值模拟基础上的数值风洞方法[2-7]。由于存在尺度效应和流场模拟误差等因素，物理、数值风洞试验结果得到的风荷载特性往往需要和实测结果进行对比，而以幕墙表面风压为实测对象的研究相对较少。本文依托金华 EPC 项目工程，针对扭曲体型建筑（11 号楼）的扭转外立面异形幕墙，基于数值风洞试验结果，确定幕墙表面风压监测方案，并基于互联网技术，构建幕墙风荷载监测云平台，实现远程实时监测。

2 扭曲体型高层建筑结构幕墙风荷载特性数值模拟

11 号楼为扭曲体型高层建筑，高 149.7m，其地下 2 层，地上 35 层，为钢框架-混凝土核心筒结构。通过对正方形断面进行 45°倒角形成八边形断面（1～35 层）。倒角后，典型断面（1～25 层）八边形的长边长约 25.2m，短边长约 11.7m。如图 1 所示，从地上 4～35 层，单层结构向上每层旋转 1.5°，外立面采用双层玻璃幕墙结构；从 25～35 层开始廓向内缩，顶层（35 层）断面的长边长约 19.5m，短边长约 14.3m。因此，从气动外形优化方面来说，该建筑属于采用倒角断面＋断面扭转的复合断面形式。

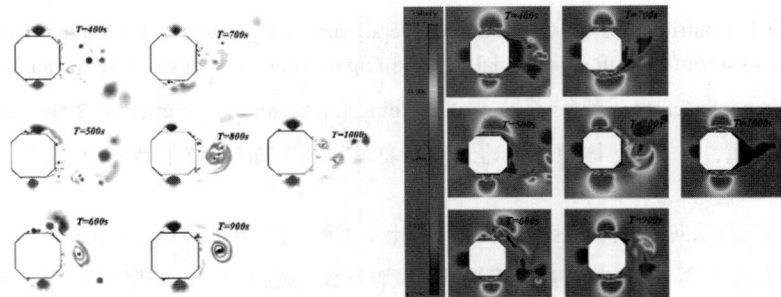

图 1　0°攻角下典型断面周围流场数值模拟结果

基金项目：中铁建设集团有限公司 2021 年度科技研发计划项目（21-18b）

选取 11 号楼典型断面（1～25 层断面），同时考虑到结构的对称性，模拟来流攻角从 0°～45° 范围内，每 5° 为一增量作为数值模拟的工况。采用 Smagorinsky 亚网格湍流模型的大涡模拟（LES）方法求解典型截面周围的流场。

除典型断面二维数值模拟外，还对扭曲体型高层结构进行了三维数值模拟，确定风场计算域进口距高层建筑上游侧 20*B*，出口距高层建筑下游侧 40*B*，左、右两侧边界距高层建筑均为 20*B*（*B* 为高层建筑立面投影宽度），计算域高度为 5*H*（*H* 为高层建筑高度）。

3 扭曲体型高层结构玻璃幕墙风荷载监测

外立面玻璃幕墙风荷载监测系统由传感器、采集仪及监测云平台三个子系统构成（图 2）。传感器子系统包括 12 个风压传感器、1 个超声风速仪；采集系统采用 24 位监测型采集仪；监测云平台则通过路由器系统，实现网页远程实时登录，并能够实现在线示波、观测、采集及数据传输功能。

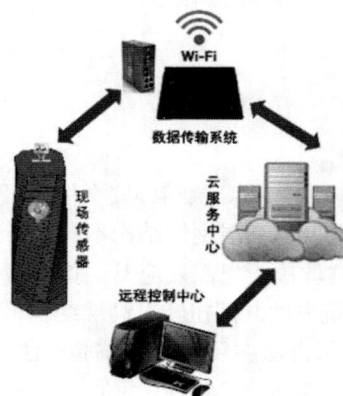

图 2　基于互联网技术监测云平台架构示意图

经过设备调试后，对玻璃幕墙表面风荷载及结构顶层风速进行监测。云平台监测采用连续监测的方式，采样频率为 512Hz，每个样本的采集时间为 10min。

4 结论

本文依托金华 EPC 项目工程，针对扭曲体型建筑（11 号楼）的扭转外立面异形幕墙，基于数值风洞试验结果，确定幕墙表面风压监测方案，并基于互联网技术，构建幕墙风荷载监测云平台，实现远程实时监测。

参考文献

[1] DING Z B, YUKIO T. Contributions of wind-induced overall and local behaviors for internal forces in cladding support components of large-span roof structure[J]. Journal of Wind Engineering and Industrial Aerodynamics, 2013, 115: 162-172.

[2] XIE Z N, GU M. Mean interference effects among tall buildings[J]. Engineering Structure, 2004, 26: 1173-1183.

[3] 楼文娟, 李恒, 魏开重, 等. 典型体型高层建筑双层幕墙风压分布试验[J]. 哈尔滨工业大学学报, 2008, 40(2): 296-301.

[4] 顾明, 张建国. 高层建筑顺向脉动荷载相干性研究[J]. 土木工程学报, 2008, 41(11): 18-22.

[5] 李正良, 王承启, 赵仕兴, 等. 复杂体型高层建筑风洞试验及数值模拟[J]. 土木建筑与环境工程, 2009, 31(5): 69-73.

[6] HIROTO K. Numerical simulations of a wind-induced vibrating square cylinder within turbulent boundary layer[J]. Journal of Wind Engineering and Industrial Aerodynamics, 2008, 96: 1985-1997.

[7] 王承启. 复杂体型建筑风荷载数值模拟及试验研究[D]. 重庆: 重庆大学, 2006.

基于自适应平方根容积卡尔曼滤波的风激柔性结构非线性气动阻尼识别

武彦池，赖锦标

（长安大学 西安 710064）

1 引言

高层建筑或大跨桥梁等柔性结构在涡锁风速附近，其气动阻尼为负值且具有明显的振幅依存性[1]。气动阻尼模型的准确构建对精确评价柔性结构横风响应至关重要。随机减量法（RTD）可用于识别线性气动阻尼[2]。希尔伯特变化（HT）仅可从自由振动数据中提取非线性气动阻尼[3]。对于随机响应数据，当对结构振动信息足够了解时，无迹卡尔曼滤波（UKF）可准确识别气动阻尼[2,4]。然而当系统非线性程度较高时，UKF 滤波权值变负，导致滤波发散并影响线进度。本文提出一种基于 Sage-Husa 噪声估计器的平方根容积卡尔曼滤波法（Square-Root Cubature Kalman Filter with the Sage-Husa Estimator，SSRCKF），可从不同响应类型数据（如自由振动、强迫振动、稳态和随机振动数据）中准确识别非线性负气动阻尼。该方法无需了解噪声水平，能自动调整过程噪声，准确预测高维系统中的目标参数。

2 基于 SSRCKF 的非线性气动阻尼比识别

高层建筑一阶模态横风向运动方程为：

$$\ddot{y} + 2(\xi_s + \xi_a)\omega_s\dot{y} + \omega_s^2 y = Q(t)/M_s \tag{1}$$

式中，y 为高层建筑顶部无量纲位移；ω_s 为结构圆频率；ξ_s 和 ξ_a 分别为结构阻尼比和气动阻尼比；$Q(t)$ 为基底弯矩得到的模态荷载；M_s 是广义质量。

在给定的无量纲风速条件下，气动阻尼比可表示为无量纲位移的函数：

$$\xi_a = B_1 + B_2|y| + B_3 y^2 + B_4|y|^3 + B_5 y^4 \tag{2}$$

式中，B_1、B_2、B_3、B_4 和 B_5 为常数值，更高或更低阶的模型可根据需求采用。

横风响应运动方程可视为包含白噪声的非线性系统，通过非线性滤波器跟踪结构实测响应数据，当预测响应和实测响应一致时，可获得准确的气动阻尼参数。CKF 通过一组偶数个相等权重的容积点集来近似贝叶斯概率分布，可克服 UKF 在高维状态空间中存在的发散或者精度下降的情况，具有更高的鲁棒性和滤波精度。SSRCKF 算法的求解过程如图 1 所示。

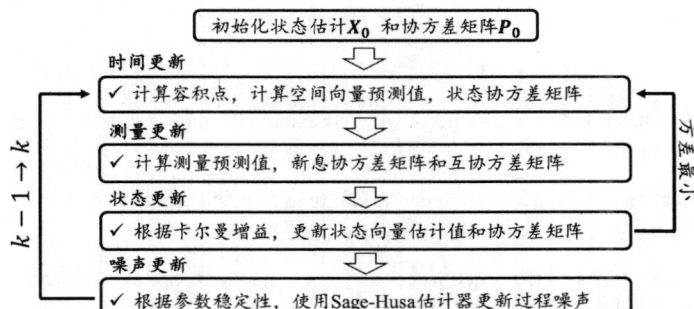

图 1 SSRCKF 识别流程

基金项目：国家自然科学基金项目（52408504）

3 数值模拟验证

以一高度为 200m 的正方形截面高层建筑为例，模拟生成换算风速为 11.7，结构阻尼比 ξ_s 分别为 0.5%、1% 和 2% 的随机振动响应数据（图 2），对于结构阻尼比 ξ_s =0.5% 的自由振动、强迫振动和稳态响应数据，使用 SSRCKF 算法从响应数据中识别非线性气动阻尼，识别结果如图 3 所示，SSRCKF 可从各种类型的数据中准确提取气动阻尼比。随着结构阻尼的增大，随机响应中抖振力占比增大，由于 SSRCKF 本质为滤波器，会低估抖振产生的正气动阻尼，从而导致预测的负气动阻尼增大，高估的气动阻尼比在工程实践中更为保守和安全。

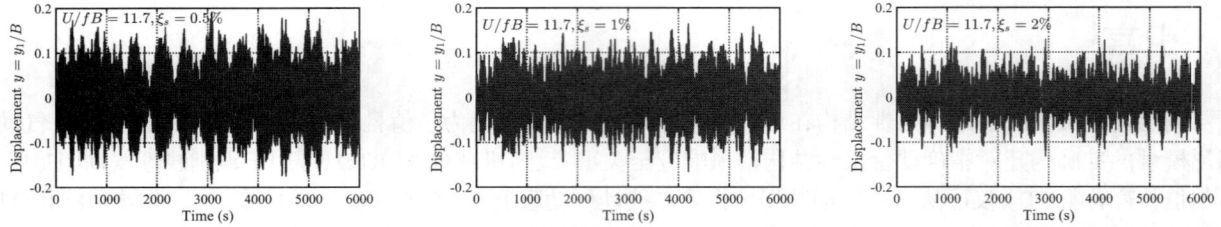

图 2　随机振动响应数据

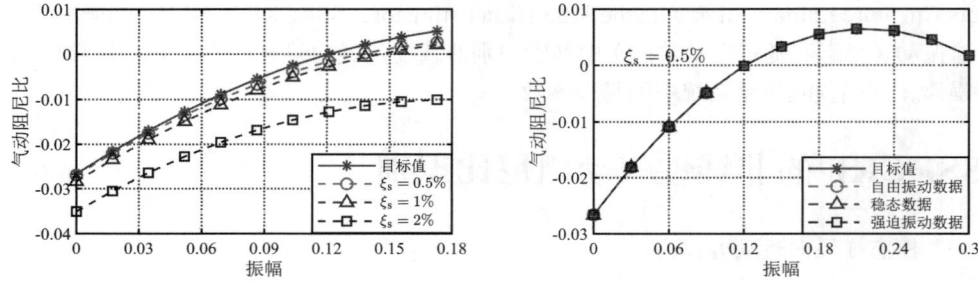

图 3　基于 SSRCKF 的气动阻尼比识别结果

4 结论

本研究提出了一种基于 Sage-Husa 估计器的平方根容积卡尔曼滤波器（SSRCKF）的方法，用于从横风响应时程中识别风激柔性结构的非线性负气动阻尼比。该方法可根据实时系统状态自动调整过程噪声，提高识别鲁棒性。通过对不同类型响应数据（自由振动、强迫振动、稳态和随机振动数据）进行数值模拟，验证了 SSRCKF 的准确性。结果表明，当响应由自激力主导时，识别的气动阻尼与目标值匹配，而抖振力主导的响应则给出保守估计。

参考文献

[1]　CHEN X. Estimation of stochastic crosswind response of wind-excited tall buildings with nonlinear aerodynamic damping[J]. Engineering Structures, 2013, 56: 766-778.

[2]　WU Y, CHEN X. Identification of nonlinear aerodynamic damping from stochastic crosswind response of tall buildings using unscented Kalman filter technique[J]. Engineering Structures, 2020, 220: 110791.

[3]　WANG Y, CHEN X, LI Y. Nonlinear self-excited forces and aerodynamic damping associated with vortex-induced vibration and flutter of long span bridges[J]. Journal of Wind Engineering and Industrial Aerodynamics, 2020, 204: 104207.

[4]　ZHANG M, XU F, YING X. Experimental Investigations on the Nonlinear Torsional Flutter of a Bridge Deck[J]. Journal of Bridge Engineering, 2017, 22: 04017048.

顶部装有限位 FPS-TMD 的高层建筑
双向耦合风振响应

李志豪[1]，徐治然[2]，黄国庆[2]

（1. 广州大学风工程与工程振动研究中心 广州 510006；
2. 重庆大学土木工程学院 重庆 400044）

1 引言

现有的关于 FPS-TMD 的研究集中在摩擦模式的优化设计[1-2]，但是值得注意的是，为避免滑块滑出，通常会在滑盘边缘设置限位挡板，此时滑块与滑盘挡板碰撞不可避免。事实上，双向运动下的 FPS-TMD 具有非常复杂的力学耦合机理：（1）摩擦力和碰撞力在两个方向是耦合的；（2）碰撞过程中同时伴随有摩擦力；（3）滑块在大位移下滑盘曲率提供的恢复力简化为线性力是不合适的；（4）碰撞可能激发建筑高阶模态响应耦合。

2 理论框架

在同步的顺风向和横风向风荷载作用下（滑块在运动中不受风荷载），设有 FPS-TMD 的高层建筑在两个水平方向的模态坐标下的运动方程可表示为：

$$\overline{M}\ddot{q} + \overline{C}\dot{q} + \overline{K}q + F_{\mathrm{hn}} = \overline{F} \tag{1}$$

式中，$\overline{M}$、$\overline{C}$、$\overline{K}$、q 为该系统广义的质量、阻尼、刚度和位移；$\overline{F} = \mathrm{diag}(F_{11}, F_{22}, Q_x, Q_y)$，其中 F_{11}、F_{22} 为建筑受到的两个水平方向的广义风荷载，Q_x 和 Q_y 为滑块受到的两个水平方向的广义摩擦力和碰撞力。碰撞力采用非线性黏弹性模型[3]。

3 风振响应

为调查结构响应的双向耦合特性，图 1 比较了建筑分别受到单顺风向（x 方向）或横风向（y 方向）风荷载，以及同步的双向风荷载时建筑顶部位移标准差随风速的变化。由于横风向荷载较大，滑块运动由 y 方向主导，因此单向横风向风荷载和同步的顺横风向荷载给出 y 方向响应几乎一样；然而，作为次要运动的 x 方向的响应受到 y 方向的影响较大。

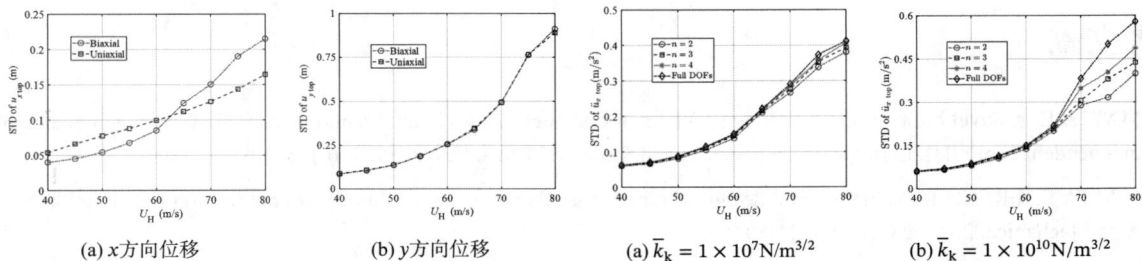

(a) x 方向位移　　　　(b) y 方向位移

图 1　单向和双向受力下的响应标准差

(a) $\overline{k}_k = 1 \times 10^7 \mathrm{N/m^{3/2}}$　　(b) $\overline{k}_k = 1 \times 10^{10} \mathrm{N/m^{3/2}}$

图 2　不同自由度下响应标准差

图 2 给出了不同 $\overline{k}_k$ 时，不同风速下 $n = 2, 3, 4$ 和全自由度时 x 方向加速度响应。$\overline{k}_k$ 太大会导致结构加速度

基金项目：国家自然科学基金项目（52178456）

响应出现高阶频率，这也使得准确预测需要取更多阶模态。图 3 显示了摆角为 60°（发生碰撞）和 90°（不碰撞）以及不带 FPS-TMD 时 x 和 y 方向位移标准差随风速的变化。可以看到，在大风速下，通过设置滑盘参数让滑块只发生纯滑动会引起顺风向响应的增大，而加入合理的碰撞能同时减小两个方向的响应。图 4 给出了结构在不同风速下的建筑顶部位移的峰度随风速变化。顺风向的建筑顶部位移峰度随着风速的增加表现出较大的波动，而横风向峰度变化较缓。

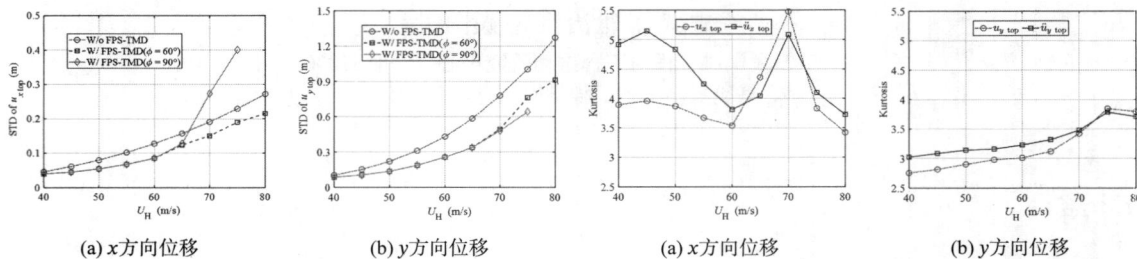

(a) x 方向位移　　　　　　(b) y 方向位移　　　　　　(a) x 方向位移　　　　　　(b) y 方向位移

图 3　不同工况下响应标准差　　　　　　　　图 4　响应峰度

表 1 总结了优化后的 FPS-TMD 在风速 60～80m/s 下的减振率。可以看到在该风速范围内各方向的减振表现都很好，证明了所提出的优化参数方法是有效、切实可行的。

$U_H = 60 \sim 80m/s$ 的减振率　　　　　　　　　　　　　　表 1

响应结果		不同风速下的减振率				
		60	65	70	75	80
位移标准差	x 方向	24%	31%	34%	35%	37%
	y 方向	32%	40%	44%	45%	49%
	合方向	41%	48%	51%	52%	55%
加速度标准差	x 方向	25%	32%	34%	33%	32%
	y 方向	31%	38%	41%	41%	43%
	合方向	33%	39%	42%	42%	43%

4　结论

（1）滑块运动由横风向荷载主导，该方向的运动基本不受顺风向影响。（2）模态数的取值非常依赖碰撞时的非线性刚度 $\bar{k}_k$ 的大小。（3）设置限位挡板除了防止滑块飞出去外，也有减振控制作用。（4）建筑本身受顺风向风荷载时响应较小，更易受其他外荷载的影响。（5）所提出的 FPS-TMD 参数优化设计方法，大大提高了选取效率，且减振效果很好。

参考文献

[1]　MATTA E. A novel bidirectional pendulum tuned mass damper using variable homogeneous friction to achieve amplitude independent control[J]. Earthquake Engineering and Structural Dynamics, 2019, 48(6): 653-677.

[2]　MATTA E, GRECO R. Modeling and design of tuned mass dampers using sliding variable friction pendulum bearings[J]. Acta Mechanica, 2020, 231(12): 5021-5046.

[3]　JANKOWSKI R. Non-linear viscoelastic modelling of earthquake-induced structural pounding[J]. Earthquake Engineering and Structural Dynamics, 2005, 34(6): 595-611.

惯质动力吸振器横风向风振控制效果气弹模型风洞试验

乔浩帅[1]，黄　鹏[2]，王钦华[3]，张志田[1]

（1. 海南大学土木建筑工程学院 海口 570228；
2. 同济大学土木工程学院 上海 200092；
3. 西南科技大学土木建筑工程学院 绵阳 621010）

1 引言

高柔结构易在横风向出现大幅涡激振动，会影响结构功能的正常使用，甚至威胁结构安全。常用的风振控制方法之一即为机械措施控制。近二十年来，惯质动力吸振器（Inerter-based Dynamic Vibration Absorber，IDVA）凭借轻质高效的优势在结构振动控制领域受到高度关注[1]。在结构风致振动控制方面，虽然已有大量文献开展了 IDVA 参数优化[2]和控制效果的数值仿真研究[3]，但尚缺乏风洞试验以验证 IDVA 参数设计的正确性和风振控制的有效性。本研究利用 3D 打印技术首先制作了齿轮-齿条型惯容器并标定了惯容量和等效黏滞阻尼系数，进而基于多自由度气弹模型风洞试验验证了 IDVA 参数对其风振控制效果的影响。结果表明，惯容比为 19.6%的 IDVA 在被调频至结构一阶自振频率时可减小结构顶层 98.7%的横风向加速度响应标准差。

2 IDVA 设计及标定

IDVA 主要采用 PLA 材料经 3D 打印制作，其层间安装照片见图 1。其中，左图为未安装转盘的照片，右侧安装了转盘以提供惯容量。该 IDVA 的惯容量和名义自振频率缩尺设计依据主体结构的质量缩尺比和频率缩尺比进行设计。当采用理想惯容器和黏滞阻尼器并联的力学模型描述此实物惯容器时，可开展正弦受迫振动试验（图 2），基于实测惯容器的出力和端部位移时程，采用 $\hat{A}(\omega) = \sqrt{(-b\omega^2)^2 + (c_{eq}\omega)^2}$ 的形式拟合得到其惯容量和黏滞阻尼系数。式中，$\hat{A}(\omega)$ 为不同激振频率 ω 下力幅值与位移幅值之比，b 和 c_{eq} 为待拟合的惯容量和等效黏滞阻尼系数。当安装不同数量转盘以实现不同惯容量时，拟合得到当转盘片数 N_{rp} 为 0～4 时，对应 b 为 0.04kg、0.23kg、0.45kg、0.73kg、0.92kg，c_{eq} 为 0N·s/m、8.52N·s/m、14.57N·s/m、17.48N·s/m、28.10N·s/m。

图 1　层间 IDVA

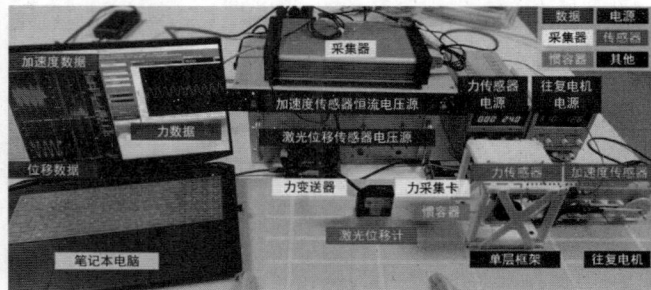

图 2　正弦强迫振动试验布置

3 多自由度气弹模型风洞试验

风洞试验风场采用 B 类地貌，试验于 TJ-2 号风洞开展，试验布置见图 3。采用风扇转速控制试验风速，考虑 80～180r/min，间隔 10r/min，共 11 个转速，对应风速 7.07～16.43m/s。IDVA 共考虑了安装位置、转盘片数和弹簧刚度三个参数共 45 个组合，其中安装于 1～2 层层间、弹簧刚度为 2144.1N/m 时，采用不同转盘数时结构顶层加速度响应功率谱密度见图 4。

图 3　横风向气弹模型试验

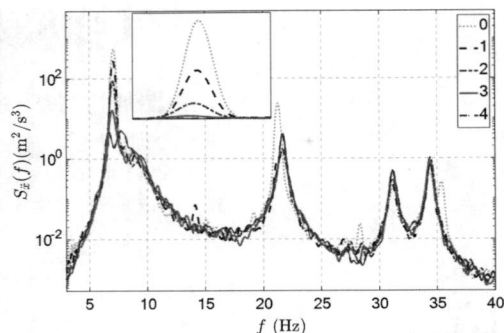

图 4　不同转盘数下结构顶层加速度响应功率谱密度

由图 4 可见，当惯容量和安装位置、弹簧刚度搭配合适时，即频率比接近 1 时（此时为 1.07），IDVA 控制下的加速度功率谱在结构一阶自振频率附近为等值双峰，其峰值远低于未安装转盘（近似无控结构）时的功率谱峰值。安装 4 片转盘时（对应惯容量 0.92kg、惯容比 19.6%），顶层加速度标准差相较无控结构减小了 98.7%，IDVA 表现出卓越的风振控制效果。

4　结论

本文开展了 IDVA 控制下的多自由度气弹模型风洞试验，验证了用于控制高柔结构风致振动时，本研究中的 IDVA 需调频至一阶模态附近。当安装位置和调频合适时，可显著减小涡激振动。

参考文献

[1]　MA R, BI K, HAO H. Inerter-based structural vibration control: A state-of-the-art review[J]. Engineering Structures, 2021, 243: 112655.

[2]　SU N, XIA Y, PENG S T. Filter-based inerter location dependence analysis approach of Tuned mass damper inerter (TMDI) and optimal design[J]. Engineering Structures, 2022, 250: 113459.

[3]　QIAO H, HUANG P, DE DOMENICO D, et al. Structural control of high-rise buildings subjected to multi-hazard excitations using inerter-based vibration absorbers[J]. Engineering Structures, 2022, 266: 114666.

基于三维强迫振动试验的高层建筑横风向气动阻尼比研究

邹良浩，樊星妍，宋　杰

（武汉大学土木建筑工程学院　武汉　430072）

1　引言

高柔结构的气弹效应识别对其风致响应的准确评估至关重要，目前研究者通常采用气弹模型和强迫振动风洞试验方法。其中，气弹模型风洞试验方法识别结果较为离散，而传统强迫振动方法只考虑了一维或者二维强迫振动情况，无法考虑结构在三维振动下的气弹耦合效应。鉴于此，本文利用设计制作的三维强迫振动装置进行试验[1]，计算了考虑耦合效应的高层建筑横风向气动阻尼比，分析了各耦合项对横风向气动阻尼比的贡献。最后，结合数值风洞试验对上述强迫振动模型进行模拟，进一步探讨了耦合方向振动对横风向气动力的影响机理。

2　试验设置

2.1　风洞试验

采用武汉大学设计和制作的三维强迫振动试验系统进行风洞试验[1]，如图 1 所示。测试了 5 种长宽比（D/B分别为 4：1、2：1、1：1、1：2、1：4）下高层建筑模型表面风压时程和结构位移时程。

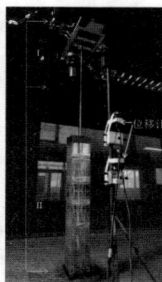

图 1　三维强迫振动风洞试验　　　图 2　数值模拟计算域的设置（$D/B = 1：1$）

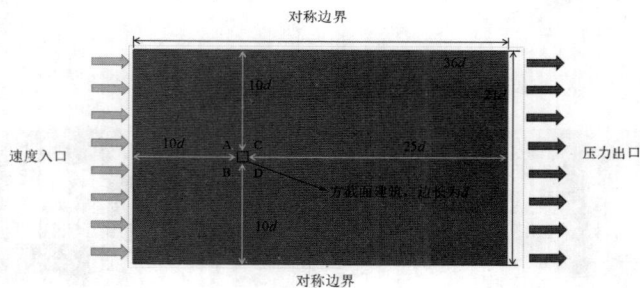

2.2　数值试验

基于 STAR-CCM+数值模拟软件建立了与风洞试验工况一致的二维数值模型，几何建模和计算域的具体设置见图 2。为了在数值风洞中实现矩形截面模型的强迫振动，流体域中设置了动网格区域，并采用了重叠网格法对动网格区域进行处理。

3　试验结果

3.1　基于风洞试验的耦合气弹参数分析

图 3 为不同矩形截面横风向气动阻尼比各分量随折算风速的变化情况。其中，$ALL_{X,\xi}$为总气动阻尼比，

基金项目：国家自然科学基金项目（52478556）

$A_{X(X),\xi}$为X方向气动阻尼比主分量，$B_{X(Y),\xi}\sim I_{X(\Theta),\xi}$为$Y$或$\Theta$方向振动在$X$方向产生的气动阻尼比耦合分量。从图中可以看出，顺风向耦合分量基本不影响横风向气动阻尼比，而扭转向与横风向气动力之间存在较强的耦合作用。共振风速下扭转振动将抑制横风向气动阻尼比降低。随着D/B不断增大，扭转振动对横风向气动阻尼比的影响逐渐变小。

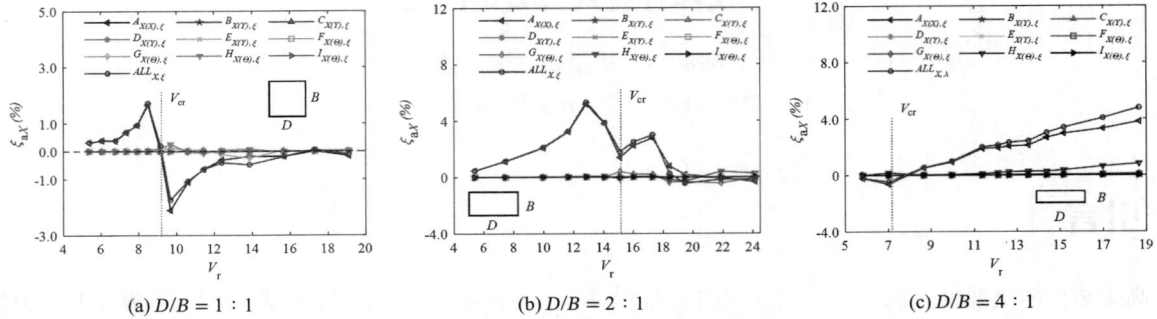

(a) $D/B = 1:1$ (b) $D/B = 2:1$ (c) $D/B = 4:1$

图 3   不同矩形截面横风向气动阻尼比各分量随折算风速的变化

3.2   基于数值模拟的耦合机理分析

以$D/B = 1:1$方截面模型为例，对该模型X单方向和$XY\Theta$三向强迫振动模型平均风压系数C_p和瞬时风速场U进行分析。对比图 4（a）和（b），当模型为X单方向振动时侧面C_p较$XY\Theta$三向振动C_p绝对值更大。对比图 4（c）和（d），当模型为X单方向振动时，侧面负压区和尾流区在C点附近流线方向相反，两者形成两个独立腔体。而当模型为$XY\Theta$三向振动时，由于增加了扭转运动，在C角点附近流线方向一致，此时尾流负压区和侧面回流负压区连通形成一个大的负压腔。侧面负压区域的流体将向下游扩散，横风向气动力变小，这也解释了 3.1 节中扭转振动抑制横风向负气动阻尼比的原因。

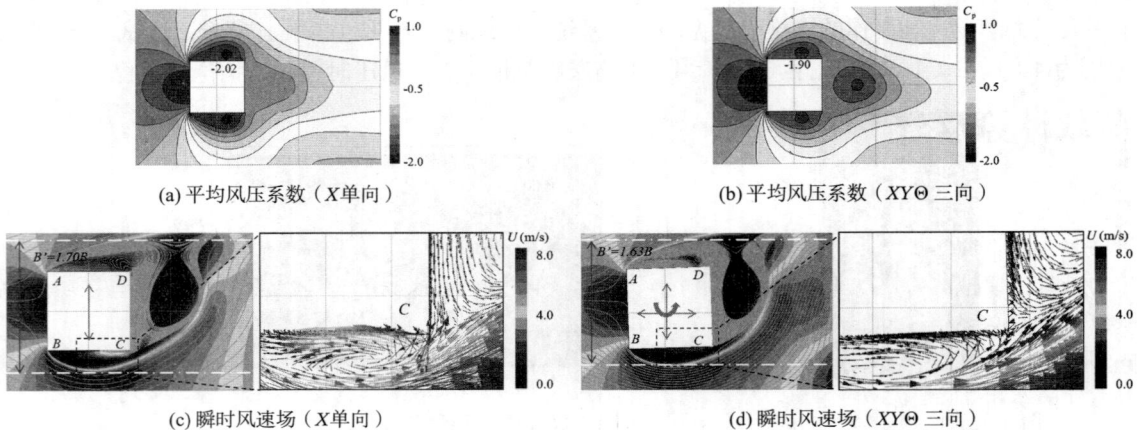

(a) 平均风压系数（X单向）   (b) 平均风压系数（$XY\Theta$三向）

(c) 瞬时风速场（X单向）   (d) 瞬时风速场（$XY\Theta$三向）

图 4   平均风压系数场与瞬时风速场（$D/B = 1:1$）

4   结论

（1）在计算高层建筑横风向气动阻尼比时不应忽略耦合效应。（2）横风向与扭转向之间存在较强的气弹耦合效应，共振风速下扭转振动将抑制横风向负气动阻尼降低。（3）随着矩形截面D/B不断增大，扭转振动对横风向气动阻尼比的影响在逐渐变小。

参考文献

[1]   FAN X, ZOU L, SONG J, et al. A novel fabrication method of the three-dimensional forced vibration system for high-rise buildings[J]. Journal of Wind Engineering and Industrial Aerodynamics, 2023, 242: 105555.

钢-混凝土风电塔与格构式风电塔抗风性能研究及对比分析

程冕洲，孙姝婧

（北京瑞科同创科技股份有限公司 北京 100079）

1 引言

当前全世界主要使用石油、天然气等化石能源，化石能源不仅对环境影响巨大，其作为不可再生能源也终将枯竭。中国作为一个人口大国，是世界上最大的能源消费国，不可再生能源终将枯竭的问题更值得我们关注[1]。近年来，在政策的引导与支持下，新能源产业发展迅速，风电行业是新能源产业中重要的组成部分[2]。随着风能资源利用程度的提升，提高高空风力资源利用率成为风电行业发展的关键点，塔架高度和机组容量不断提升，对塔架的结构设计提出更高要求[3-4]。风机的大型化趋势迅猛，新增风机的功率和叶轮直径不断增大，所需的塔架高度已普遍高于120m[5]。近年来，格构式风电塔架也逐渐出现在大众视野，格构式塔架的基础类似于输电塔架的点式分布，占地面积小，降低了基础结构对土地条件的要求，拥有良好的应用前景[6]。

开展风力发电塔塔架的抗风性能分析，对保证风电机组运行安全有着极大的意义。本文以200m格构式风电塔架和钢-混凝土风电塔架为研究对象，开展有限元仿真分析和抗风性能的研究，主要工作如下：（1）机组荷载计算及风荷载模拟。（2）不同风速下200m风电塔架抗风性能研究。（3）200m格构式风电塔架中钢段与格构段不同比例的研究。

2 荷载计算及分析结果

本文的主要研究内容为塔架的抗风性能研究，塔顶的机组荷载简化为固定荷载，并且不随后续研究中的风速变化而变化。通过计算，塔顶水平力为$F_x = 1418.39$kN，竖向力$F_z = 2163$kN，弯矩$M_{xy} = 8102.60$kN·m。对于脉动风时程模拟的方法，AR法具有随机性、时间和空间的相关性，并且广泛应用于风电领域的风荷载时程模拟，故本文采用线性滤波法进行风荷载时程的模拟[7-8]。

分别对30m/s、35m/s、40m/s风速作用下钢-混凝土塔架的混凝土段的拉、压应力和格构式塔架中的格构段应力开展分析（图1～图3）。

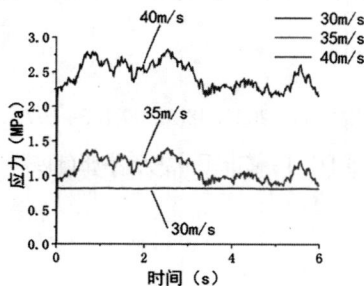

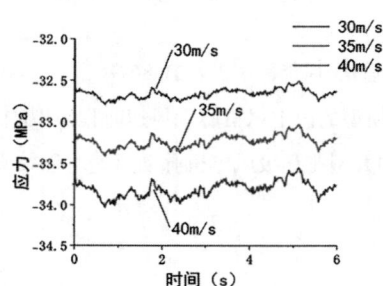

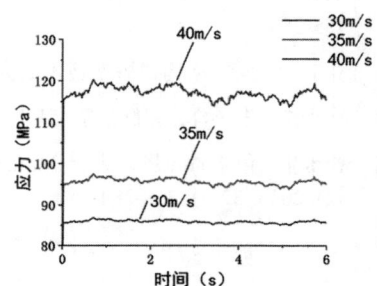

图1 不同风速下混凝土段拉应力　　图2 不同风速下混凝土段压应力　　图3 不同风速下格构段应力

对于钢-混凝土塔架而言，已有多数研究表明混凝土段高度在整塔高度70%左右时具有较好的力学性能，但对于格构式塔架的相关研究较少，本文分别建立了格构段高度占整塔高度53.72%、63.81%、74.35%的有限元模型进行分析（图4～图6）。

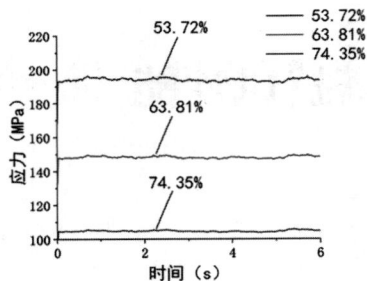

图 4 不同比例下钢塔段应力　　图 5 不同比例下格构段腹杆应力　　图 6 不同比例下格构段立柱应力

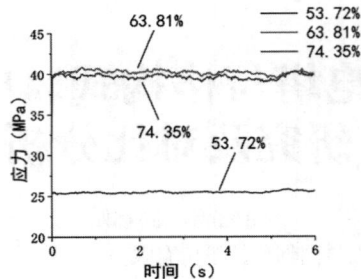

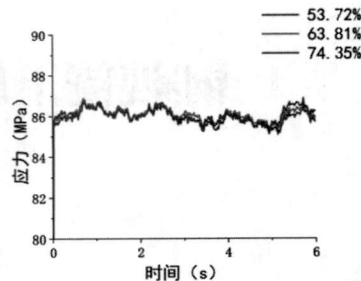

3　结论

（1）不同风速下两种塔架结构的应力分析：钢-混凝土塔架混凝土段的应力在 30m/s、35m/s、40m/s 风速作用下，压应力变化范围为 32.79～34.04MPa，拉应力变化范围为 0.80～2.83MPa。格构式塔架格构段应力在 30m/s、35m/s、40m/s 风速作用下应力变化范围为 86.85～120.30MPa。钢-混凝土塔架的应力相比格构式塔架的应力受风速变化的影响更小，格构式塔架对风荷载作用更加敏感，应力变化范围较大。

（2）格构式塔架不同格构段比例应力分析：开展格构式塔架中格构段高度占整塔高度 53.72%、63.81%、74.35%时，钢塔、腹杆、立柱的应力分析。随着格构段高度的增加，钢塔段应力变化范围及应力值明显减小，腹杆和立柱应力并无明显增大，仅从构件强度的角度分析，在一定程度下增大格构段比例可以增强格构式塔架的抗风性能。

（3）格构式塔架和钢-混凝土塔架受力综合分析：钢-混凝土塔架结构的主要承载力由预应力钢绞线提供，当钢绞线可以承受全部外荷载时，无论风速如何变化，混凝土塔身基本不会受到风荷载作用下的拉应力，此时结构比较安全。格构式塔架的承载力主要靠构件自身提供，结构受风荷载影响会大于混塔结构，在开展格构式塔架设计时需要更严格把控风速、温度、粗糙度等指标，并开展疲劳寿命的分析。

参考文献

[1]　石儒标, 高鹏飞. 中国可再生能源发展领先全球[J]. 生态经济, 2023, 39(11): 9-12.

[2]　袁威. 低碳经济背景下新能源行业发展现状分析[J]. 储能科学与技术, 2023, 12(11): 3589-3590.

[3]　李存斌, 董佳. 中国风力发电绩效的区域差异及空间计量分析[J]. 中国电力, 2022, 55(3): 167-176.

[4]　王强, 郜志腾, 阿旺加措, 等. 全球高海拔地区风电利用现状综述[J]. 哈尔滨工程大学学报, 2024, 45(9): 1750-1760.

[5]　王长军, 李鹤飞, 胡邵凯, 等. 预应力钢-混凝土超高风电塔架数值模型及计算分析[J]. 建筑结构, 2019, 49(S1): 955-958.

[6]　乔亚兰. 风电格构式塔架技术研究综述[J]. 风能, 2023, (11): 86-95.

[7]　骆光杰, 朱洪泽, 郭健, 等. 基于 AR 模型的海上风机脉动风速时程模拟[J]. 水力发电, 2022, 48(3): 99-103+107.

[8]　曹玉生, 包格日乐图. 基于 Matlab 的大型兆瓦级风电机脉动风速时程数值模拟[J]. 内蒙古工业大学学报(自然科学版), 2013, 32(4): 278-284.

基于多保真代理模型的高层建筑一体化气动外形优化

郑朝荣[1,2]，王兆勇[1]，Mulyanto J A[1]，武 岳[1,2]

（1. 哈尔滨工业大学土木工程学院 哈尔滨 150090；

2. 哈尔滨工业大学结构工程灾变与控制教育部重点实验室 哈尔滨 150090）

1 引言

基于代理模型法的气动外形优化已成为提升高层建筑抗风性能和舒适性的有效手段，但目前的研究主要集中于平面气动外形优化[1-2]。为此，本文提出了一种"先平面后立面"的一体化气动外形优化策略。首先，确定气动性能最优的平面外形；然后，制定立面气动外形优化方案；最后，采用基于拓展多源数据融合的多保真度代理模型（EMDA-MFS 模型）的多目标优化方法，开展高层建筑立面气动外形优化研究，以进一步挖掘其抗风潜力。

2 基于多保真度代理模型的气动外形优化方法

2.1 一体化气动外形优化设计方案

如图 1 所示，采用"先平面后立面"的一体化气动外形优化设计方案：以全截面优化截面 M6 作为平面设计方案[2]，在此基础上，引入立面设计参数，主要包括高度 H、锥率 R_T、纵向偏移量 O_1、O_2 和 O_3，并考虑风向角 θ；截面 M6、各立面设计参数及风向角示意见图 1，各参数的取值范围详见表 1。

设计参数及风向角 表 1

参数及风向角	取值	参数及风向角	取值
θ	0°～45°，梯度为 15°	O_2	−7.5%～7.5%，梯度为 5%
H	150～250m，梯度为 50m	O_3	−5%～5%，梯度为 5%
O_1	−10%～10%，梯度为 5%	R_T	0%～15%，梯度为 2.5%

2.2 求解策略及立面气动外形优化流程

求解策略：①首先，通过最优拉丁超立方设计（OLHD）采集初始样本点，然后依据低保真度（LF）和高保真度（HF）样本点数量的比值 $r = 5$，再次利用 OLHD 从初始样本点中分别获取 LF 与 HF 样本点；②采用大涡模拟（LES）计算 LF 样本点的风致响应，而 HF 样本点的风致响应则通过风洞试验（WTT）获得；③提出"组合保真度数据"（CF 数据）的概念，CF 数据由全部高保真度样本点和部分低保真度样本点组成，通过融合 LF 数据、HF 数据和 CF 数据构建 EMDA-MFS 的模型，其建模流程如图 2 所示；④以最小化结构顶点的风致响应为优化目标，基于 EMDA-MFS 模型和 NSGA-Ⅱ算法，在立面气动外形参数设计空间内进行寻优，通过迭代更新，不断提高优化结果的准确性，直至满足设计要求，最终获得大设计空间下高层建筑立面气动外形优化的最优建筑外形。高层建筑立面气动外形优化流程如图 3 所示。

3 结果与分析

图 4 给出了 8 个典型的优化模型（T1～T8）。为评估一体化优化效果，以等高等体积的方形模型 T0 为

基金项目：国家重点研发计划资助项目（2022YFC3801101）

基准，选取 T7 为典型模型，并与现有研究中锥率为 10%的最具代表性模型 T9 进行对比。T7 和 T9 的风致响应折减系数和气动力折减系数对比结果详见图 5 和图 6。

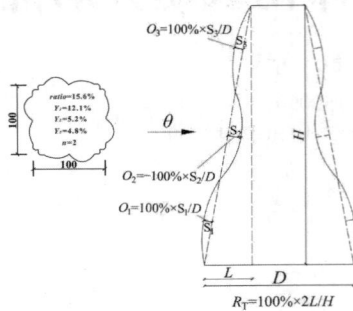

图 1   优化设计参数及风向角

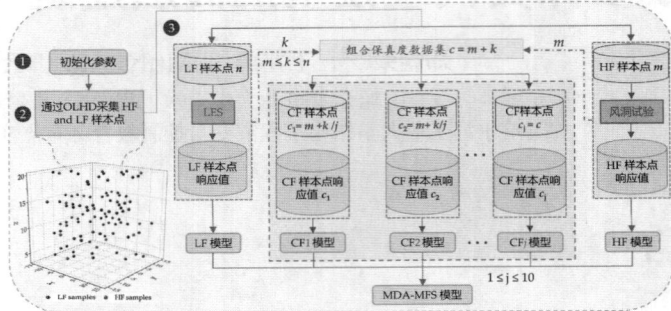

图 2   EMDA-MFS 模型建模流程

图 3   高层建筑立面气动外形优化流程

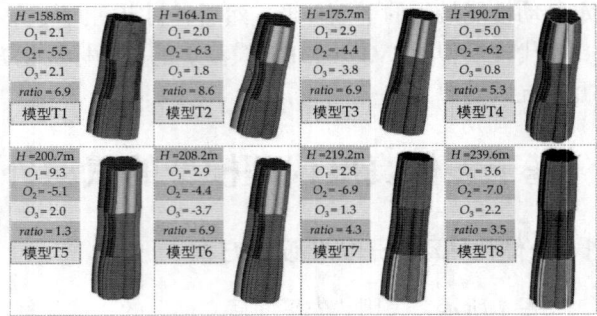

图 4   一体化气动外形优化典型优化模型示意图

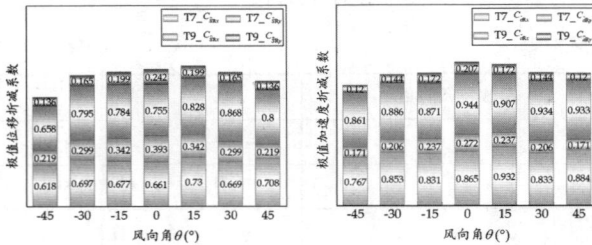

(a) 极值位移折减系数　　(b) 极值加速度折减系数

图 5   模型 T7 和 T9 的风致响应折减系数

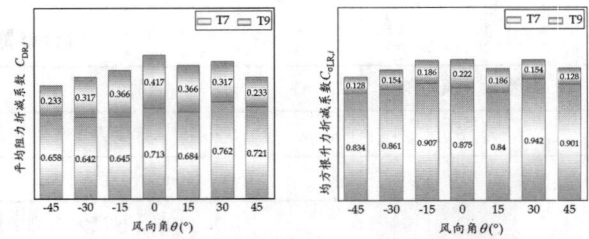

(a) 平均阻力折减系数　　(b) 均方根升力折减系数

图 6   模型 T7 和 T9 的气动力折减系数

4   结论

"先平面后立面"的一体化气动外形优化显著提升了高层建筑的抗风性能。研究结果表明，与等高等体积的基准模型 T0 相比，一体化优化模型（如 T7）的风致响应和风荷载（气动力系数）均显著降低，气动性能明显优于模型 T9，尤其在横风向上的优化效果更为突出。

参考文献

[1]   王兆勇，郑朝荣，Mulyanto J A，等. 基于代理模型的方形凹角截面超高层建筑气动外形优化[J]. 土木工程学报, 2023, 56(4): 1-11.

[2]   王兆勇，郑朝荣，Joshua Adriel Mulyanto，等. 基于代理模型更新的超高层建筑全截面气动外形优化[C]. 长沙: 第二十一届全国结构风工程学术会议暨第七届全国风工程研究生论坛, 2023.

龙卷风作用下超大型冷却塔整体风荷载特性研究

陈 旭[1]，董 旭[2]，赵 林[2,3]，葛耀君[2]

（1. 上海师范大学建筑工程学院 上海 201418；
2. 同济大学防灾减灾全国重点实验室 上海 200092；
3. 广西大学土木建筑学院 南宁 530004）

1 引言

冷却塔是火/核电厂二次高温循环水的冷却工业设施，具有节约用水、防止热污染等优点，被誉为世界上体量最大的空间薄壁壳体结构。这类高度超过 190m、塔筒面积大于 5 万 m²、壳体最小壁厚仅为 0.25m 的超大型冷却塔具有"高""大""薄""柔"的结构特征，风荷载是其结构设计的关键控制因素[1]。同时，随着全球气候变化，龙卷风这类特异风灾气候发生频次增加，致灾程度加剧，而常规的直线式边界层气流难以模拟具有三维强切变旋转风场特性的龙卷风，若继续沿用基于良态气候模式的极限状态抗风设计理论势必带来巨大的安全隐患，一旦发生龙卷风致倒塌事故，轻则造成财产损失和人员伤亡，重则危害核电厂运营安全甚至引发严重的核安全事故[2]。本文将系统研究不同涡流比、不同地表粗糙度下的龙卷风风场特征和对应的冷却塔整体风荷载特性。

2 龙卷风风洞试验

龙卷风作用下的超大型整体风荷载研究采用同济大学防灾减灾全国重点实验室的龙卷风模拟器，该模拟器与美国爱荷华州立大学的 Ward 型龙卷风模拟器类似。文中的研究对象为拟规划建设的某核电 215m 超大型冷却塔。整体风荷载通过在 1：1500 缩尺比的刚性冷却塔模型基底布置六分量测力天平获得冷却塔沿水平和竖直方向的三个力和绕这三个方向的力矩（见图 1），龙卷风作用下冷却塔基底的三个力和三个力矩的定义如图 2 所示。

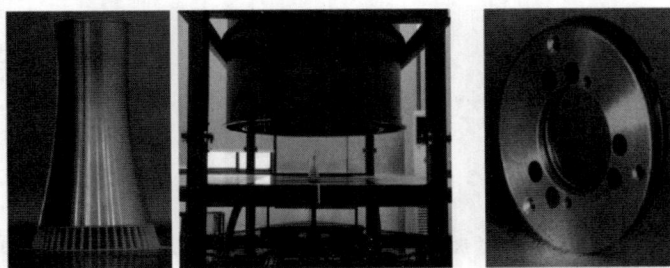

图 1 缩尺比为 1：1500 的刚体测力模型和六分量测力天平　　图 2 冷却塔基底整体风荷载方向

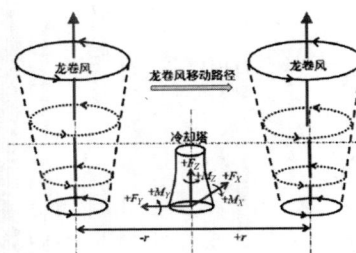

3 冷却塔整体风荷载特征

3.1 整体基底力和力矩分布

图 3 分别给出了冷却塔基底水平力F_X、F_Y和竖向力F_Z的均值、脉动值和极值随r的分布，可以看出：对于水平力而言，当龙卷风逐渐靠近冷却塔时，水平力先增大再减小，当冷却塔位于龙卷风涡核半径时所受的

基金项目：桥梁结构抗风技术交通行业重点实验室开发课题基金（KLWRTBMC22-02）

整体水平力最大；当冷却塔位于龙卷风涡核中心时所受的整体水平力最小。对于竖向力而言，当冷却塔位于龙卷风涡核中心时所受的竖向力最大，随着龙卷风远离冷却塔，竖向力逐渐减小；冷却塔基底绕水平轴的弯矩M_X、M_Y和绕竖向轴的扭矩M_Z的分布，其分布形态与基底力的分布形态相同。

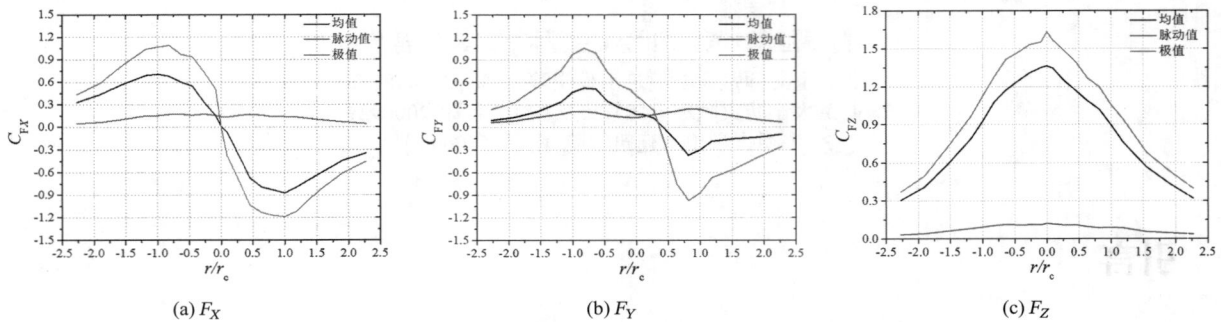

| (a) F_X | (b) F_Y | (c) F_Z |

图 3　龙卷风作用下的整体力的分布

3.2　整体力随涡流比和粗糙度的变化

图 4 给出了水平力F_T和竖向力F_Z随涡流比的变化，当冷却塔位于龙卷风涡核半径内，低涡流比下的整体力大于高涡流比；当冷却塔位于龙卷风涡核半径外时，低涡流比下的整体力小于高涡流比。地表粗糙度的变化与龙卷风涡流比共同影响着龙卷风整体风荷载特征，低涡流比下，地表越粗糙，结构整体受荷越不利；高涡流比下，则存在某个"临界地表粗糙度"，这个粗糙度以下或者以上结构整体受荷均小于临界地表粗糙度。

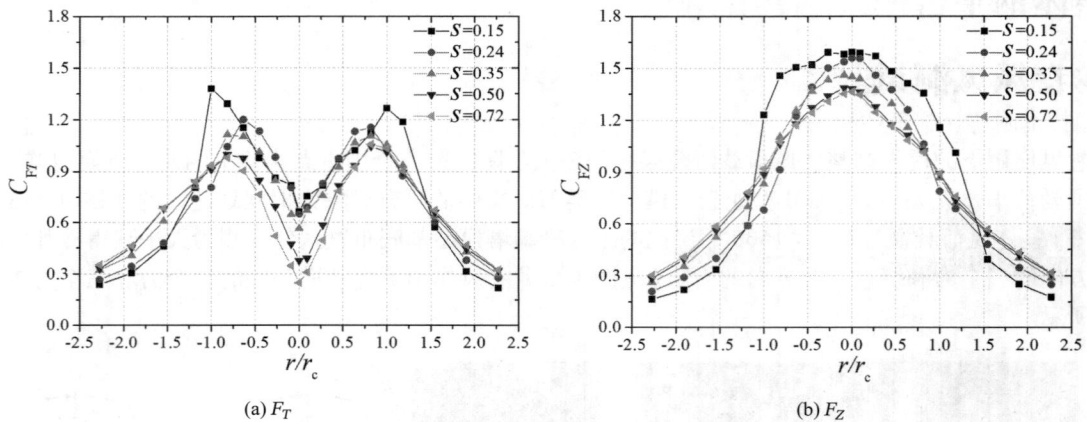

| (a) F_T | (b) F_Z |

图 4　龙卷风作用下整体力随涡流比的变化

4　结论

龙卷风作用下超大型冷却塔整体最不利荷载出现在龙卷风的涡核半径处和涡核中心处，涡核半径处的冷却塔水平整体风荷载最不利，涡核半径处的冷却塔竖向整体风荷载最不利。龙卷风涡流比和地表粗糙度共同影响着龙卷风风场特征，进而共同影响着龙卷风作用下的冷却塔整体风荷载的分布。

参考文献

[1] CHEN X, ZHAO L, ZHAO S Y, et al. Tornado-induced collapse analysis of a super-large reinforced concrete cooling tower[J]. Engineering Structures, 2022, 269: 114834.

[2] 陈旭, 黄珑霆, 丁福祥, 等. 超大型冷却塔龙卷风作用塔筒内表面风荷载特性研究[J]. 振动与冲击, 2021, 40(2): 31-38.

超高层建筑施工状态抗风性能研究

李　波[1,2]，庞　然[1]，张鑫鑫[3]，汪　刚[1]，朱维键[1]

（1. 北京交通大学土木建筑工程学院　北京　100044；
2. 结构风工程与城市风环境北京市重点实验室　北京　100044；
3. 中交建筑集团有限公司　北京　100044）

1　引言

近年来，为提高超高层建筑施工效率，整体钢平台模架结构被广泛采用。但由于在施工阶段脚手架的布设、大量孔洞及钢平台的附着，使得其成为典型的风敏感结构，易发生风致破坏[1-2]。另外，由于架设有施工临时电梯，超高层建筑幕墙结构在施工阶段处于部分未封闭状态，施工状态的安全性也得展开研究[3]。

为此，本研究设计并制作了整体钢平台模架结构的风洞试验模型、超高层建筑不同施工状态风洞试验模型，通过风洞试验，确定了整体钢平台模架结构、施工状态幕墙结构的风荷载特性，并通过风振响应分析，评估了整体钢平台在强风作用下的抗风性能。

2　整体钢平台模架结构抗风性能

超高层整体钢平台结构试验模型由主楼、外挂脚手架组成，外挂脚手架由穿孔铝板制作，其余部分采用3D 打印技术制作。施工期间考虑到钢平台高度较小，认为其沿高度范围内湍流度变化不大。因此，为了消除风洞边界层效应，设置升高装置。如图 1～图 4 所示。

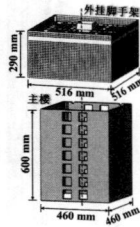

图 1　整体钢平台模架结构试验模型　　图 2　整体钢平台模架结构几何模型　　图 3　提升前的整体钢平台模架结构　　图 4　提升后的整体钢平台模架结构

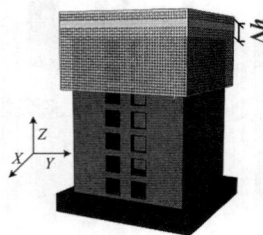

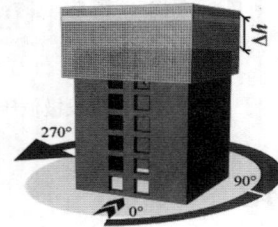

图 5 给出平均风力系数随风向角变化趋势，由该图确定最佳外挂架挡风率为 77%，图 6、图 7、图 8 分别给出不同状态下的平均风力系数。

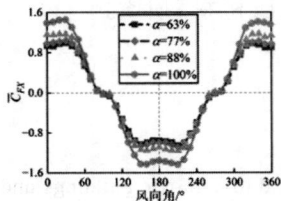

图 5　不同风向角下平均风力系数　　图 6　不同外挂架挡风率下平均风力系数　　图 7　不同主楼开洞率下平均风力系数　　图 8　钢平台提升前、后的平均风力系数对比

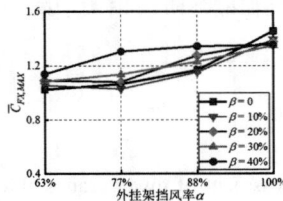

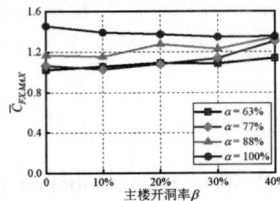

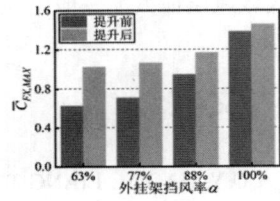

利用有限元模型对整体钢平台模架结构进行了风振响应分析，根据风振响应分析结果给出了该结构的风振系数，供设计采用。图 9 给出结构平均及脉动风荷载。对整体钢平台模架结构进行不同等级强风作用下的弹塑性分析，评估沿海地区整体钢平台模架结构遭受台风袭击时的抗风性能。图 10 和图 11 给出动力响应分布。

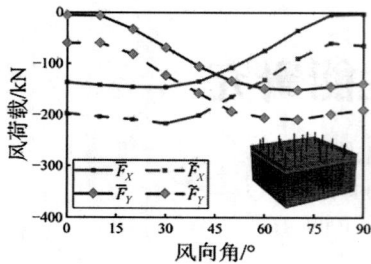

图 9　平均及脉动风荷载　　　　图 10　承载能力分布　　　　图 11　层间位移分布

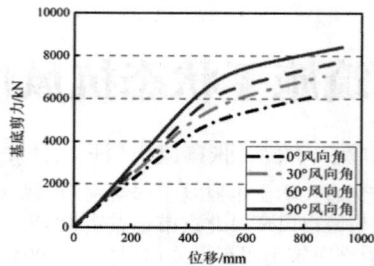

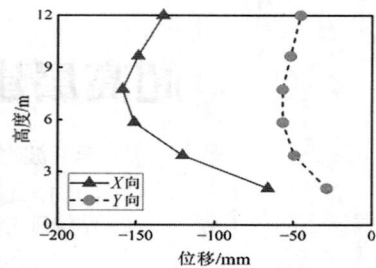

3　施工状态幕墙结构风荷载特性

基于超高层建筑施工不同时期的特点，将超高层建筑的施工状态划分为三个阶段，各阶段试验模型如图 12～图 14 所示。根据每一阶段超高层建筑的特征，研究了不同施工状态下超高层建筑幕墙结构的风荷载特性。部分计算结果［50 年重现期极值压力（kN/m²）统计最小值］如图 15～图 17 所示。

图 12　超高层建筑施工第一阶段　　图 13　超高层建筑施工第二阶段　　图 14　超高层建筑施工第三阶段

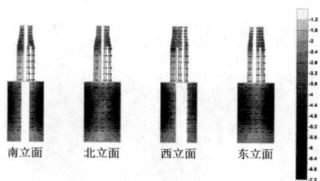

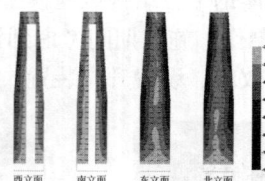

图 15　第一阶段极值压力　　　图 16　第二阶段极值压力　　　图 17　第三阶段极值压力

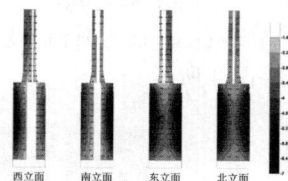

4　结论

（1）超高层建筑施工状态下的风荷载均随着外挂脚手架挡风率、主楼开洞率及钢平台与主楼高度的增加而增大。（2）提升状态钢平台结构风振敏感性高于正常施工状态，风振系数均超《整体钢平台模架技术标准》JGJ 459—2019 的[4]建议值，建议取值为 1.3～1.6 和 1.4～1.8。（3）0°风向时结构最易破坏，50m/s 风速下进入弹塑性状态，100m/s 风速下发生破坏，当风力等级达到 14 级时，处于 100m 以上的结构会发生破坏。（4）幕墙区域风压最大值一般出现在幕墙的顶部，并在第三阶段和最终阶段稍大于第一阶段和第二阶段。

参考文献

[1]　LU Y, GAO M, LIANG T, et al. Wind-induced vibration assessment of tower cranes attached to high-rise buildings under construction[J]. Automation in Construction, 2022, 135: 104132.

[2]　龚剑, 赵传凯, 杨振宇. 筒架支撑式整体钢平台模架体系风致响应研究[J]. 建筑结构学报, 2016, 37(12): 49-57.

[3]　BODHINAYAKE G G, GINGER J D. Characteristics of internal and external pressures and peak net pressures on a building envelope[J]. Journal of Wind Engineering and Industrial Aerodynamics, 2022, 231: 105228.

[4]　中华人民共和国住房和城乡建设部. 整体钢平台模架技术标准: JGJ 459—2019[S]. 北京: 中国建筑工业出版社, 2019.

超高层建筑非平稳风效应研究

郅伦海[1]，汪志鹏[1]，闫渤文[2]，李　毅[3]

（ 1. 合肥工业大学土木与水利工程学院　合肥　230009；
2. 重庆大学土木工程学院　重庆　400038；
3. 长沙理工大学土木工程学院　长沙　410076 ）

1　引言

台风、下击暴流等极端风气候通常表现出瞬时风速和风向急剧突变的非平稳特性，使得其作用下的超高层结构风效应具有明显的非平稳特征。传统的信号处理方式往往基于平稳假定，难以获取极端气候条件下结构非平稳风致特征。同时，当前结构抗风设计方法主要基于平稳性和准定常气动力假定，非平稳强风作用下超高层建筑的风效应可能被低估。因此，本文基于非平稳强风作用下的现场实测及风洞试验数据对典型超高层建筑的非平稳风效应进行了系统分析，研究结果为超高层建筑的抗风设计提供了科学依据。

2　基于非平稳风致响应的超高层建筑时频动力特性研究

2.1　时频分析算法

台风期间实测的结构风致响应常表现出明显的非平稳特性。针对这一问题，本文利用汉克尔矩阵、峰度理论、皮尔逊相关系数和能量熵理论对 SGMD 算法进行参数优化，同时结合自然激励技术（NExT）和直接插值法（DI），开发了一种适用于非平稳响应的自适应结构模态参数识别方法，如图 1 所示[1]。

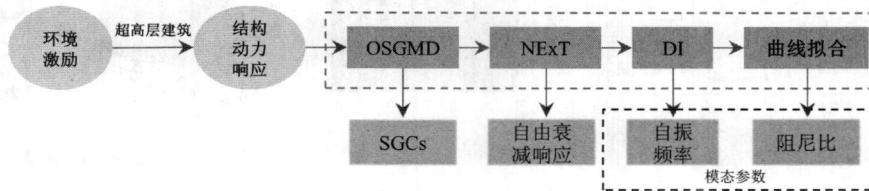

图 1　优化的 SGMD 算法流程图

2.2　超高层建筑动力特性分析

利用台风"纳沙"期间香港国际金融中心二期的实测数据验证了本文方法的适用性。以结构自振频率的识别为例（图 2），OSGMD 方法识别的前两阶瞬时频率基本保持不变。相比之下，传统 CEEMD 方法识别的第二阶瞬时频率表现出较大的波动性，难以准确给出结构频率的识别结果。

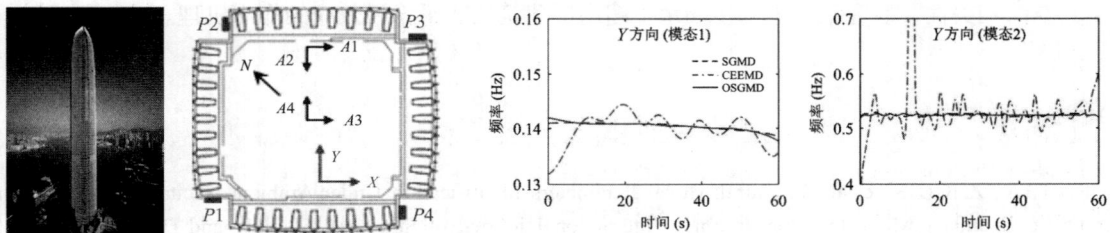

图 2　香港国际金融中心二期传感器布置及识别的瞬时频率

基金项目：国家自然科学基金项目（51978230，52278495），安徽省杰出青年基金项目（2108085J29）

3 超高处建筑非平稳风效应的风洞试验研究

3.1 基于多翼栅装置的非平稳风洞试验

下击暴流作为一种典型的极端强风，其短时间内变化非常剧烈，而传统的边界层风洞难以模拟这种非平稳特征。基于多翼栅的主动控制风洞能够较好地模拟下击暴流的非平稳特性[2]。本文基于该试验装置生成了下击暴流风场并将风剖面、湍流度以及风速谱结果与现场实测及其他风洞试验结果进行对比，验证了模拟风场的准确性与有效性，如图 3 所示。

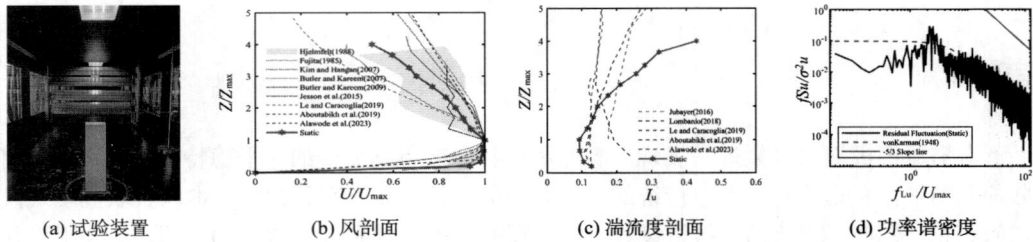

(a) 试验装置 (b) 风剖面 (c) 湍流度剖面 (d) 功率谱密度

图 3 非平稳风场特性

3.2 建筑结构非平稳风效应研究

基于多翼栅主动控制风洞生成的下击暴流风场对 1∶300 缩尺的 CAARC 标准高层建筑模型进行测压试验。以下击暴流"鼻尖"高度处迎风面中心位置测点的风压系数为例，如图 4 所示。该高度处的平均风压系数变化幅度随高度增加而减小，脉动风压系数在风速变化处有类似特征。此外，风压系数功率谱的能量分布随时间具有演化特征，特别是在风速突变处尤为明显。同时，风压系数的突变会在一定程度上增强空间各点风压相关性。

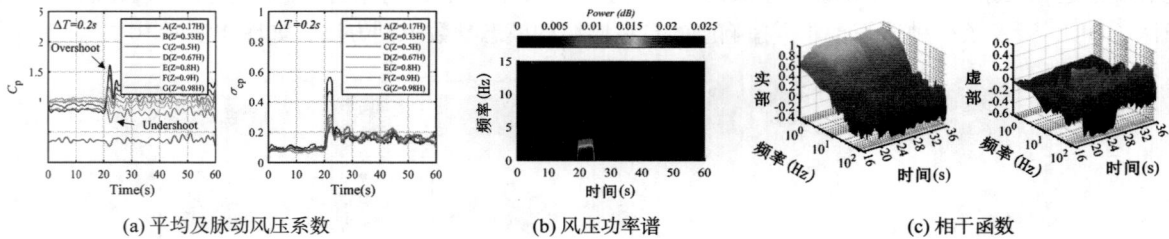

(a) 平均及脉动风压系数 (b) 风压功率谱 (c) 相干函数

图 4 非平稳风压特性

4 结论

本文利用现场实测和风洞试验对超高层建筑的时频动力特性以及非平稳风压特性进行了系统的研究。结果表明，所提出的基于优化 SGMD 的模态参数识别算法与传统方法相比，降低了模态混叠与噪声干扰的影响，能够准确识别出结构模态参数。此外，下击暴流作用下风压功率谱的分布具有时变特征，风压系数的突变会增强其空间相关性。研究结果进一步揭示了超高层建筑的非平稳风效应的作用机理。

参考文献

[1] HU F, ZHI L, ZHOU K, et al. Structural Modal Parameters Identification Under Ambient Excitation Using Optimized Symplectic Geometry Mode Decomposition[J]. International Journal of Structural Stability and Dynamics, 2024, 24(5): 2450054.

[2] LE V, CARACOGLIA L. Generation and characterization of a non-stationary flow field in a small-scale wind tunnel using a multi-blade flow device[J]. Journal of Wind Engineering and Industrial Aerodynamics, 2019, 186: 1-16.

立方刚度非线性能量阱控制高层建筑涡振响应风洞试验研究

王钦华[1]，杨东旭[1]，乔浩帅[2]，黄汉杰[3]

（1. 西南科技大学土木工程与建筑学院 绵阳 621000；
2. 海南大学土木工程与建筑学院 海口 570228；
3. 中国空气动力研究与发展中心 绵阳 621000）

1 引言

高层建筑自振频率低、阻尼比小，强风下易出现大幅的风致振动，较大的加速度响应会降低住户的舒适性。传统的被动减振装置（如 TMD 等）由于安装、运营成本较低等原因而广泛应用，但其存在鲁棒性差等缺点[1-2]，近些年有学者提出了非线性能量阱（Nonlinear Energy Sink，NES）进行振动控制[3-4]。虽然 NES 在理论分析和数值模拟中表现出良好的风振控制效果和鲁棒性[5-7]，但目前缺乏风洞试验验证，本文将对立方刚度 NES 控制高层建筑涡振响应进行风洞试验研究。

2 风洞试验

2.1 风洞试验介绍

本次试验在 $1.8\text{m} \times 1.4\text{m}$ 回流式风洞进行。为研究 NES 不同参数对风致响应的减振效应，本次试验通过六种弹簧刚度（$k_1 = 100\text{N/m}$、$k_2 = 200\text{N/m}$、$k_3 = 66\text{N/m}$、$k_4 = 30\text{N/m}$、$k_5 = 20\text{N/m}$、$k_6 = 10\text{N/m}$）与四种质量比（$\mu_1 = 0.48\%$、$\mu_2 = 1.0\%$、$\mu_3 = 3.3\%$、$\mu_4 = 5.1\%$）进行组合，为对比 NES 与 TMD 的减振效果，也进行 TMD 试验。试验内容为测量气动弹性模型在 0°风向角下结构横风向涡振响应（y 向），图 1（a）、（b）分别为模型安装照片、层数及试验坐标系示意图和风向角示意图，图 1（a）中 1～5 号为加速度传感器对应位置采用 2 个单轴激光位移计来记录 NES 控制器与结构顶层（5 号）的位移时程曲线。

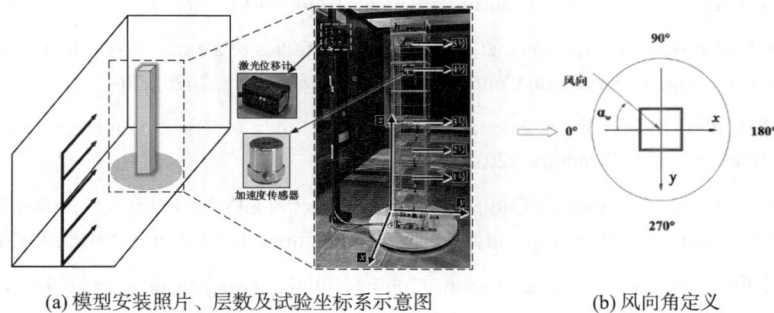

(a) 模型安装照片、层数及试验坐标系示意图　　　　(b) 风向角定义

图 1　风洞试验图片及风向角定义

2.2 试验结果分析讨论

图 2 为顶层 $\sigma_{\ddot{x}7}$ 的加速度标准偏差值随风速的变化，其中，NES 组配重质量和弹簧刚度组合为 $\mu_1 + k_1$、$\mu_1 + k_5$、$\mu_2 + k_1$、$\mu_2 + k_2$、$\mu_3 + k_1$、$\mu_3 + k_2$、$\mu_4 + k_1$、$\mu_4 + k_2$ 的 NES 对 $\sigma_{\ddot{x}7}$ 在控制器锁定时的最不利风速下的减振率分别为 52.39%、49.73%、64.97%、52.64%、69.43%、92.08%、73.43%、92.42%；TMD 组质量比为

基金项目：国家重点实验室（SLDRCE21-06）

μ_1、μ_2、μ_3、μ_4 精准调频下对的 $\sigma_{\ddot{X}7}$ 的减振率分别为 63.97%、82.55%、87.58%、94.31%，在质量比为 μ_3 时非最优调频下对的 $\sigma_{\ddot{X}7}$ 的减振率仅为 63.84%。

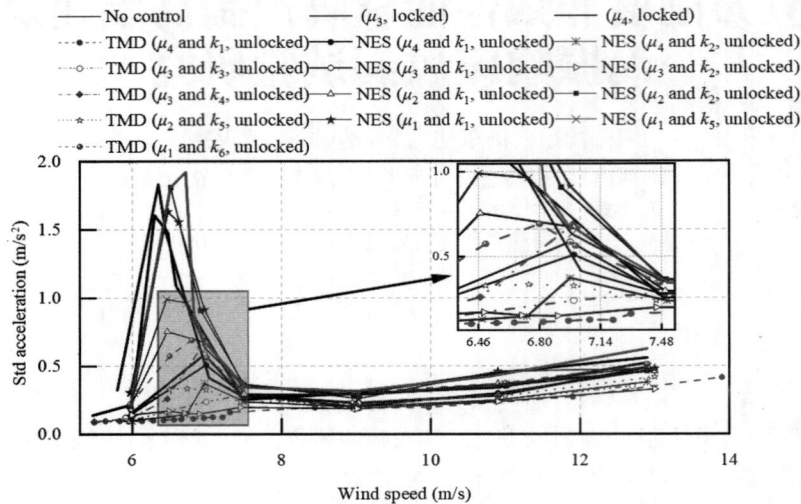

图 2　结构顶层加速度标准偏差值随风速的变化

3　结论

本文对立方刚度 NES 控制高层建筑涡振响应进行风洞试验研究，结论如下：NES 对涡振的控制效果在低质量比（0.5%～1%）下效果较弱；在质量比 3% 时，通过调整刚度可以使其控制效果强于 TMD。

参考文献

[1]　GIARALIS A, PETRINI F. Wind-Induced Vibration Mitigation in Tall Buildings Using the Tuned Mass-Damper-Inerter[J]. Journal of Structural Engineering, 2017, 143(9).

[2]　LI Q S, ZHI L H, TUAN A Y, et al., Dynamic Behavior of Taipei 101 Tower: Field Measurement and Numerical Analysis[J]. Journal of Structural Engineering, 2011, 137(1): 143-155.

[3]　AL-SHUDEIFAT M A. Highly Efficient Nonlinear Energy Sink[J]. Nonlinear Dynamics, 2014, 76(4): 1905-1920.

[4]　WANG J J, WANG B, LIU Z B, et al. Experimental and Numerical Studies of a Novel Asymmetric Nonlinear Mass Damper for Seismic Response Mitigation[J]. Structural Control and Health Monitoring, 2020, 27(4).

[5]　WANG J J, WIERSCHEM N, SPENCER B F, et al. Experimental Study of Track Nonlinear Energy Sinks for Dynamic Response Reduction[J]. Engineering Structures, 2015, 94: 9-15.

[6]　LI T, SEGUY S, BERLIOZ A. Dynamics of Cubic and Vibro-Impact Nonlinear Energy Sink: Analytical, Numerical, and Experimental Analysis[J]. Journal of Vibration and Acoustics-Transactions of the Asme, 2016, 138(3).

[7]　WANG Q H, WU H X, QIAO H S, et al. Asymmetric and Cubic Nonlinear Energy Sink Inerters for Mitigating Wind-Induced Responses of High-Rise Buildings[J]. Structural Control and Health Monitoring, 2023.

紊流积分尺度对矩形侧面脉动风压影响及修正方法

杜树碧 [1,2]，倪梁瑞 [2]，李明水 [1,2]

（1. 西南交通大学风工程四川省重点实验室 成都 610031；
2. 西南交通大学土木工程学院 成都 610031）

1　引言

现代高层建筑由于柔性大、阻尼小，风荷载已成为其控制荷载，尤其对于围护结构而言，大量风灾调查结果表明脉动风荷载尤为重要，因此在高层建筑结构设计中，准确获得脉动风荷载是保证结构抗风安全的重要环节。风洞试验因因素可控且可多次重复而被大量采用，然而，风洞试验中采用的被动模拟技术，紊流积分尺度作为主要控制因素之一，常常不能被精确模拟[1]，即模型几何缩尺与积分尺度不匹配，较小的积分尺度可导致结构偏于不安全。本文主要研究在紊流积分尺度不能精确模拟的情况下，如何获取精确的脉动风荷载，采用将同一矩形模型置于不同紊流积分尺度的流场中，探讨了紊流积分尺度对矩形模型表面风压的影响及修正方法。

2　试验验证

大量研究表明，紊流度对脉动风压有很大影响[2]。为避免紊流度对脉动风压的影响，在 XNJD-1 号风洞中，通过调节格间距、格栅杆的宽度，以及模型距离格栅的远近，获得四种具有相近紊流度 $I_{u,v,w}$（图 1），不同紊流积分尺度 L_u^x 的各种同性紊流场。

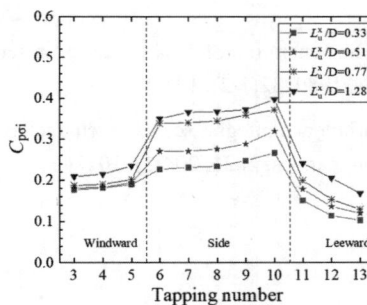

图 2 为不同流场中的脉动风压系数，脉动风压系数随紊流积分尺度与模型迎风面高度 D 之比 L_u^x/D 的增大而增大；图 3 为 6 号测点在不同流场中的脉动风压功率谱 $S_p/(2\pi\rho^2 L_u^x U \sigma_u^2)$，与迎风面相比[3]，侧面的脉动风压功率谱出现明显峰值，紊流积分尺度不改变能量分布，只改变能量大小，能量随紊流积分尺度的增大而增大。

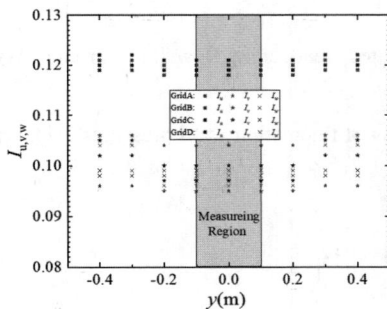

图 1　展向紊流度分布　　　　图 2　脉动风压系数　　　　图 3　脉动风压功率谱

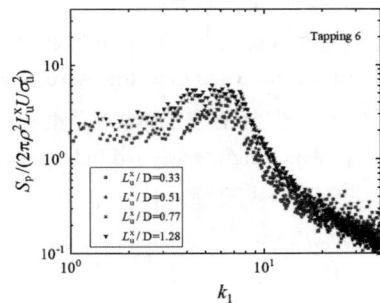

3　修正方法

以 6 号测点的脉动风压气动导纳 $|\chi_p(k_1)|^2$ 为例（图 4），同一测点在不同流场中均出现峰值，且呈现出与脉动风压功率谱相似的影响规律。由于脉动风压气动导纳出现明显峰值，且随紊流积分尺度与模型迎风面高

基金项目：国家自然科学基金项目（52108477），四川省自然科学基金面上项目（2025ZNSFSC0413）

度D之比的增大而增大。与迎风面脉动风压气动导纳对比[3]，提出如下脉动风压气动导纳模型。

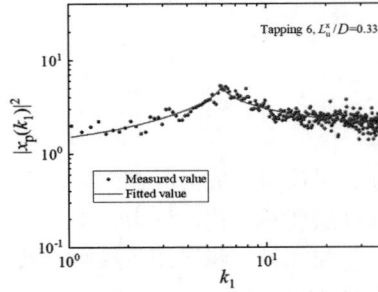

$$|\chi_p(k_1)|^2 = A_1 \exp(-c_1 k_1) + A_2 \exp\left[-c_2 \times abs(k_1 - k_s)^\alpha\right] \tag{1}$$

式中，A_1、c_1、A_2、c_2和α均是L_u^x/D相关的待拟合参数。图 5 为公式(1)的脉动风压气动导纳拟合结果，图 6 为模拟误差与修正误差的对比，结果表明，所提出的脉动风压气动导纳模型与试验结果吻合很好，通过该模型实现了将高达 37%的模拟误差降到了 5%以内。

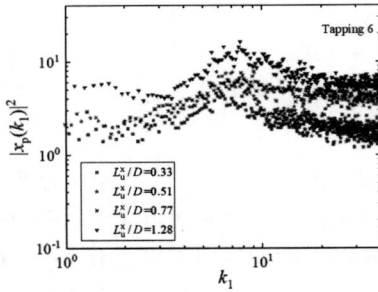

图 4　脉动风压气动导纳　　　　图 5　气动导纳拟合结果　　　　图 6　模拟误差与修正误差

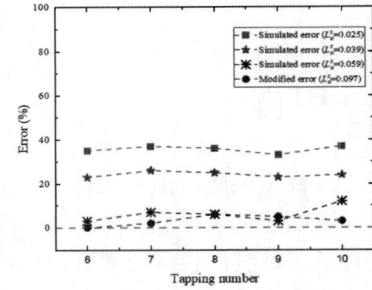

4　结论

本文通过将同一矩形模型置于具有相似紊流度、不同紊流积分尺度的四种格栅紊流场中，研究了紊流积分尺度对矩形模型侧面脉动风压、脉动风压功率谱，以及脉动风压气动导纳的影响。结果表明，脉动风压、脉动风压功率谱以及脉动风压气动导纳均随紊流积分尺度与模型迎风面高度之比L_u^x/D的增大而增大，且脉动风压功率谱与脉动风压气动导纳均出现峰值，提出了考虑L_u^x/D影响的气动导纳修正模型，使模拟误差由37%降到了 5%以内。

参考文献

[1]　IRWIN H P A H. The design of spires for wind simulation[J]. Journal of Wind Engineering and Industrial Aerodynamics, 1981, 7(3): 361-366.

[2]　SAATHOFF P J, MELBOURNE W H. The generation of peak pressures in separated/ reattaching flows[J]. Journal of Wind Engineering and Industrial Aerodynamics, 1989, 32(1-2): 121-134.

[3]　DU S B, LI M S, YANG Y. Effects of turbulence integral scales on characteristics of fluctuating wind pressures[J]. Journal of Wind Engineering and Industrial Aerodynamics, 2020, 204(3): 104245.

高层建筑抗风设计中参考风速高度的研究

单文姗[1]，杨庆山[2]，田村幸雄[2]，金容徹[3]

（1. 重庆科技大学土木与水利工程学院 重庆 401331；
2. 重庆大学土木工程学院 重庆 400038
3. 东京工艺大学建筑学部 日本厚木 243-0297）

1 引言

风致压力作用于建筑物和结构及其响应在很大程度上受到来流风的影响。在实际的建筑设计中，大多数风荷载规范和标准[1-2]以平均屋顶高度处的纵向风速作为参考风速。然而，在对高层建筑进行风洞测试时，通常使用建筑高度处的顺风风速[3]或边界层梯度高度处风速[4]作为参考风速，以定义无量纲风压系数和风力系数。这种方法具有简便性等优点，但参考高度处的风速对风压、风力和风致响应的影响尚未得到充分研究。在过去，Tamura 等[5]研究了顺风向风速与低矮建筑物风压与风力之间的相关性，得出结论认为建筑高度处的顺风向风速可能并非参考风速的最佳选择。为了对高层建筑进行更加合理的抗风设计，本研究讨论了高层建筑参考风速的最佳高度。

2 风洞试验

在东京工艺大学大型边界层风洞中对刚性高层建筑测压模型进行了风洞试验，试验段宽 2.2m、高 1.8m、长 19m。模拟了风剖面指数为 0.27 的城市地貌。模型和风洞设置如图 1 所示。使用 X 型热线探头来同时获取顺风向和横风向脉动风速（u 和 v 分量）。试验时，可以同时测量建筑表面压力和来流风速。如图 1 所示，当探头与正面建筑物表面的距离为 10B 时，探头高度 z 从 0.1H 到 1.2H 变化。

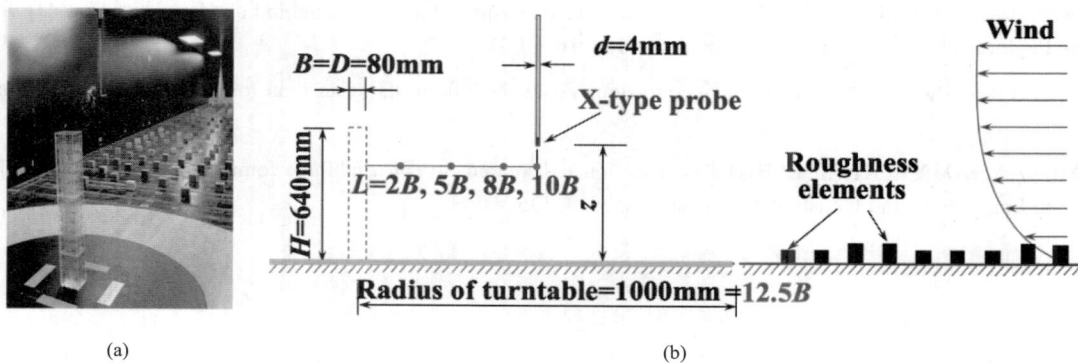

图 1 风洞试验的设置

3 试验结果

在风向 θ 为 0°时，各高度处的风速 u_z 和 v_z 与高层建筑模型的倾覆力矩 M_y 和 M_x 之间的相关性（图 2）。结果表明，顺风向风速与顺风倾覆力矩之间的最大相关性出现在高度为 0.6H 处，而横风向风速与横风向倾覆力矩之间的相关性在 0.7H 处达到最大。当来流风速处于 0.5H～H 范围内时，顺风向风速与顺风倾覆力矩之间

基金项目：国家自然科学基金项目（52408508，52221002），Joint Usage / Research Program of the Wind Engineering Research Center at Tokyo Polytechnic University in Japan（JPMXP0619217840, 193003）

的相关系数$[u_z - M_y]$大于0.6。此外，尽管建筑高度H处的顺风向风速与倾覆力矩之间未显示出最大相关性，但因其与建筑风力的相关性相对较高，故而作为参考高度仍是合理的。

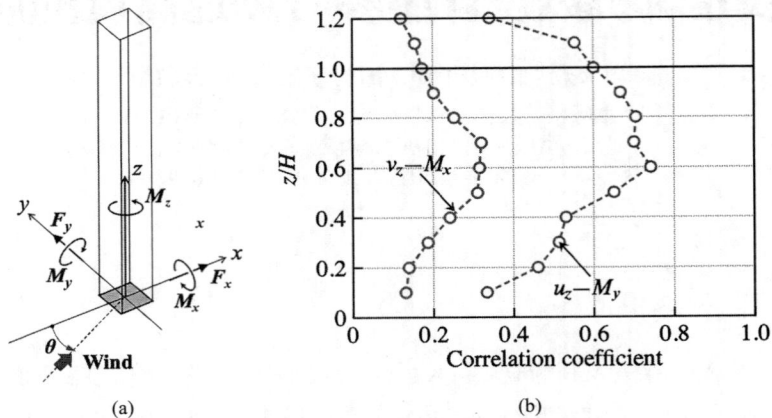

图2　来流风速与建筑倾覆力矩的相关性

4　结论

当风向角为0°时，高宽比为8的高层建筑的最佳参考风速高度范围为$0.5H\sim H$。尽管建筑高度H处的顺风向风速与倾覆力矩之间的相关性未达到最大，但由于其与建筑风力之间仍具有较高的相关性，作为参考高度仍然是合理的。此外，基于风速-风压相关性和风速-响应相关性的参考高度将继续被详细讨论。

参考文献

[1]　Architectural Institution of Japan (AIJ). Recommendations for Loads on Buildings[S]. 2015.

[2]　ASCE. Minimum Design Loads for Buildings and Other Structures: ASCE7-20[S]. 2020.

[3]　KAREEM A, AND CERMAK J E. Pressure fluctuations on a square building model in boundary-layer flows[J]. Journal of Wind Engineering and Industrial Aerodynamics, 1984, 16: 17-41.

[4]　LYTHE G R, AND SURRY D. Wind-induced torsional loads on buildings[J]. Canadian Journal of Civil Engineering, 2001, 19(4): 711-723.

[5]　TAMURA Y, KIM Y C, KIKUCHI H, et al. Correlation and combination of wind force components and responses[J]. Journal of Wind Engineering and Industrial Aerodynamics, 2014, 125: 81-93.

电视塔结构参数字化建模与风荷载特征研究

冯若强[1,2]，王　浪[1,2]，吴　鹏[1,2]，李虎阳[1,2]，董仲景[1,2]

（1. 同济大学土木工程防灾国家重点实验室　上海　200092；

2. 东南大学土木工程学院　南京　210086）

　　基础设施和工业化的发展导致更多造型和构造上创新的镂空围护结构在建筑结构中使用，如高耸电视塔外围镂空网格。带有复杂镂空结构的建筑缩尺后通过风洞试验的方法难以获得局部风压，在建筑物结构设计中缺少理论依据，但采用数值风洞方法可以获得局部杆件上的风压信息。复杂镂空结构构件众多，节点区域复杂，需要采用参数化建模方法，实现复杂曲面和节点。本项目以四个镂空电视塔实际工程为例，系统性地研究了带有镂空网格结构高耸电视塔的风荷载特性和结构风振响应研究。

　　（1）以四个具有复杂镂空结构杆件的超高层电视塔为例，进行典型风向角工况下全尺寸数值风洞模拟。选取两层具有代表性的镂空网格节段，分析了横杆、斜杆、竖杆内外表面以及核心筒表面风压分布特性，得到了该类镂空结构以及镂空结构遮挡下的风荷载分布规律，并通过流线图、速度云图等流场角度对结果进行了阐释。采用时程分析法进行风致振动响应分析，得到了不同风向角下的加速度及位移响应。结果表明，迎风区镂空结构外表面杆件相交处的平均风压高于相邻杆件上的平均风压；镂空结构两侧流动分离区杆件净风压值接近 0，显著降低其承受的横风向荷载；不同风向角对镂空结构迎风面积有影响，对镂空结构X向基底弯矩影响显著；总体上顺风向平均和脉动位移与加速度响应明显大于横风向。

　　（2）依据山东东明、邹平和梁山具有复杂镂空结构杆件的超高层电视塔，建立了 3 种电视塔模型，并进行典型风向角工况下全尺寸数值风洞模拟。在电视塔风荷载分布相关结论的基础上，对比了带有镂空结构电视塔整体风压分布和不同高度处横杆上的风压分布规律，研究封闭结构外表面和相同位置处镂空结构外表面平均和脉动风压变化、镂空结构的存在对主体结构风荷载的影响，研究主体结构和镂空结构风荷载合力的分布特性，并根据模拟结果，给出了镂空结构外表面的极值净风压。结合《建筑结构荷载规范》GB 50009—2012，提供了外部有镂空结构的正八边形横截面建筑表面体型系数参考值。采用时程分析法进行风致振动响应分析，得到了不同风向角下的加速度及位移响应。结果表明：相较于外部封闭结构，镂空结构减小了其迎风区和流动分离区的外表面平均风压系数以及流动分离区与背风区的脉动风压系数，但对背风区平均风压系数以及迎风区的脉动风压系数影响不大；镂空结构遮挡下主体结构的平均和脉动风压较无镂空结构在不同的区域有明显的降低。此外，不同高度风振响应分布规律与梁山电视塔类似。镂空结构X、Y方向的风荷载合力和合弯矩在总风荷载中占主导地位，模拟结果可为其他类似建筑风荷载设计提供参考。

参考文献

[1] HE F J, FENG R Q, CAI Q. Topology optimization of truss structures considering local buckling stability[J]. Computers and Structures, 2024, 294: 107273.

[2] WU P, CHEN G, FENG R Q, HE F J. Research on wind load characteristics on the surface of a towering precast television tower with a grid structure based on large eddy simulation[J]. Buildings, 2022, 12: 1428.

[3] ZHAO Y, YAN G R, FENG R Q, et al. Influence of swirl ratio and radial Reynolds number on wind characteristics of multi-vortex tornadoes[J]. Advances in Structural Engineering, 2022, 26(1): 89-107.

[4] LI T T, YAN G R, FENG R Q, et al. Investigation of the flow structure of single- and dual-celled tornadoes and their wind effects on a dome structure[J]. Engineering Structures, 2020, 209: 109999.

基金项目：江苏省 333 中青年科技领军人才项目，国家自然科学基金项目（51978151）

[5]   FENG R Q, LIU F C. Field measurements of wind pressure on an open roof during Typhoons Haikui and Suli[J]. Wind and Structures, 2018, 26(1): 11-24.

[6]   FENG R Q, YE J H, YAN G R. Wind-induced torsion vibration of the super high-rise building of Shenzhen Energy Center[J]. The Structural Design of Tall and Special Buildings, 2013, 22(10): 802-815.

[7]   FENG R Q, YAN G R, GE J M. Effects of high modes on the wind-induced response of super high-rise buildings[J]. Earthquake Engineering and Engineering Vibration, 2012, 11(3): 427-434.

[8]   吴鹏. 镂空钢结构塔风荷载特性研究[D]. 南京: 东南大学, 2022.

[9]   住房和城乡建设部. 建筑结构荷载规范: GB 50009—2012[S]. 北京: 中国建筑工业出版社, 2012.

[10]   何靖. 大气边界层风场及高耸结构表面风压大涡模拟研究[D]. 南京: 东南大学, 2020.

某 300m 超高层建筑结构抗风设计实践

郑庆星[1]，刘琼祥[1]，李　朝[2]，刘　伟[1]，侯学凡[1]，徐　凯[1]

（1. 深圳市建筑设计研究总院有限公司　深圳　518031；

2. 哈尔滨工业大学（深圳）　深圳　518000）

1　引言

对于超高层建筑结构，风荷载往往成为结构水平变形、构件配筋等方面的水平控制荷载或控制工况，这种情况一般简称为"风控"。对于高度超过 300m，特别是地处沿海地区、设计风速较大的超高层建筑，"风控"往往是必然的。另一方面，随着城市人口的集中化、土地资源的稀缺化，建筑结构往高耸化发展也成为一种必然的趋势。因此，超高层建筑结构的抗风设计是一个值得重点研究的方向。在现阶段结构抗风设计中，主要存在设计人员对抗风设计的重视不够、理解不全面，有效的设计方法未在设计师中普及和接受，先进的抗风技术措施难以在实际项目应用等问题。本文以深圳地区某 300m 超高层建筑为例，探讨了结构抗风设计的措施，总结了相关设计经验，为同类项目提供了可借鉴的抗风设计路径。

2　设计概况

2.1　工程简介

本文以深圳某超高层塔楼为研究对象，该工程位于深圳市罗湖区，属于城市更新项目，建设用地面积约 2 万 m^2，总建筑面积约 33 万 m^2，其中高度最高的塔楼地上 83 层，房屋高度 318.90m，建筑功能主要为办公和商务公寓。本工程抗震设防烈度为 7 度，50 年基本风压为 0.75kN/m^2。建筑整体呈扁形并在平面上局部凹进，如图 1 和图 2 所示。

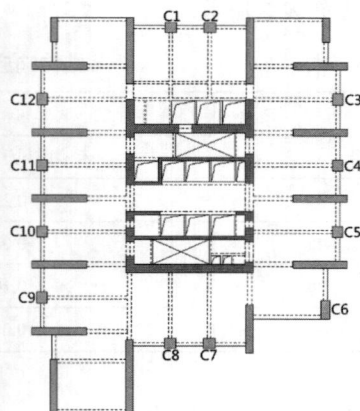

图 1　工程效果图　　　　图 2　结构平面图示意图

2.2　基本设计结果

本工程前三阶自振周期分别为 7.675s、7.025s 和 4.849s。在地震作用和设计风荷载下，结构基本结果如表 1 所示，可见结构变形由风荷载控制且逼近限值，此外结构风振加速度达 0.23m/^{2}，超过了规范关于公寓的加速度限值。

广东省科技创新计划项目（2022-K24-093749）

结构响应统计表				表 1
结构响应	作用/荷载	YJK 模型	ETABS 模型	规范限值
最大层间位移角	地震作用	X向：1/665（66 层）	X向：1/644（86 层）	≤ 1/500
		Y向：1/666（53 层）	Y向：1/741（72 层）	
	风荷载	X向：1/516（67 层）	X向：1/512（68 层）	
		Y向：1/775（54 层）	Y向：1/820（46 层）	

3 抗风设计优化

3.1 方案比选

在结构体系创新与优化方面，进行巨柱结构体系、束筒结构体系等方案的比选，如图 3 和图 4 所示，可满足安全及舒适度要求；在结构体型方面，通过角部开凹角等方式进行优化，可有效降低风振响应，如图 4 所示。同时在计算上，从地面粗糙度、风向合理折减等方面进行更符合实际风环境方面的考虑和分析。

 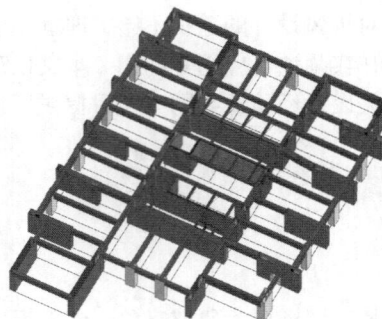

图 3　巨柱体系　　　　　　　　　　图 4　束筒体系

3.2 优化结果

优化前后风振加速度如表 2 所示。

结构响应统计表			表 2
方案	人居楼层	最大峰值加速度（m/s²）	
		未考虑风速风向折减	考虑风速风向折减
优化前	84	0.230	0.166
	45	0.077	0.045
优化后	86	0.195	0.125
	46	0.089	0.064

4 结论

通过某 300m 超高层建筑结构抗风设计实践，形成了相关设计经验，可供同类项目参考。

参考文献

[1] 刘琼祥, 郑庆星, 杨旺华. 超高层强外框（筒）结构风致响应灵敏度分析[J]. 建筑结构, 2019, 49(22): 135-141.

[2] 刘琼祥, 周斌, 杨旺华, 等. 强外框结构研究及其在深圳太平金融大厦中的应用[J]. 建筑结构, 2018, 48(23): 43-48.

基于幂函数风亏分布的三维偏航尾流模型

沈　炼[1]，周品涵[1,2]，许家陆[1]，韩　艳[2]

（1. 长沙学院　土木工程学院　长沙　410022；

2. 长沙理工大学　土木工程学院　长沙　410114）

1　引言

随着我国经济的快速发展，对清洁能源的需求也在日益提升。与其他能源相比，风能具有绿色、清洁、储量大等优势，近年来在世界范围内得到了广泛应用。截至 2023 年 12 月底，我国风电装机容量约 4.4 亿 kW，同比增长 20.7%[1]，位于世界前列。对于实际风电场，风机的布局优劣直接影响风能的利用效率。因此，研究一种高效、准确的风机尾流模型以用于风机布局优化是当前亟需解决的关键问题。随着计算机技术的发展，计算流体力学方法逐渐代替风洞试验成为研究风力机尾流的重要选择，但在风力机组的布局优化过程中需要不断考虑风机距离以及排列方式的变化，难以通过 CFD 以及风洞试验来实现，采用简化计算的风机尾流数学模型往往是工业界的首选。

2　基于幂函数的三维尾流模型

模型推导

为建立风力机偏航全阶段尾流模型，利用幂函数通过指数变化实现由"顶帽"向"单峰"的平稳过渡，如图 1 所示。假定风速亏损服从幂函数分布，借助 Jensen 尾流模型建立质量通量守恒方程，并由连续性方程补充约束推导均匀入流条件下的二维风速分布，再考虑垂向风切变的影响，改变质量通量，最后将二维平面的风速分布方程推广到三维。假定来流风速为 u_0，轮毂高度为 h_0，风力机叶片半径为 r_0，风机下游 x 处尾流影响半径为 r_z。

$$u(x,z) = A(z - h_0)^n + B \tag{1}$$

$$u(x,y,z) = u_0 \left(\frac{z}{z_h}\right)^\alpha - \left(1 - \frac{|y|^n}{r_y^n}\right) \cdot \left[\frac{(n+1)(u_0 - u^*)}{n}\left(1 - \frac{|z - h_0|^n}{r_z^n}\right) + \frac{a\int_{h_0 - r_0}^{h_0 + r_0} Vu\,\mathrm{d}z}{r_z}\right] \tag{2}$$

此时，尾流风速方程的整个定义域都在实数域内有解，公式(1)即为垂直入流情况下的三维风机下游风速表达式。

3　模型验证

3.1　水平剖面验证（图 1、图 2）

3.2　垂直剖面验证（图 3～图 5）

本文基于幂函数风亏分布与 Jiménez 尾迹中心偏移假定，结合质量守恒方程、连续性方程与各向异性经验公式推导了一种新型三维偏航尾流模型，主要结论如下：

（1）与以往模型相比，所提出模型有以下改进：①考虑了垂直风切变的影响，是一种适用于真实地形计

基金项目：湖南省教育厅科学研究项目（22A0595，20B062），湖南省自然科学青年基金项目（2022JJ40524），长沙市杰出青年创新培育计划（kq195004），长沙理工大学研究生实践创新与创业能力提升项目（CLSJCX22034）

算的三维尾流模型；②利用幂函数可由"顶帽"形向"单峰"形平滑过渡的特点拟合了风速亏损近尾流向远尾流的转换过程；③结合尾流影响半径各向异性经验公式，与实际情况更相符；④结合了 Jiménez 尾迹中心偏移假定，可以准确描述偏航工况下的尾流平均风分布。

（2）在不考虑偏航运行的情况下，所提出模型在 2D～20D 的三维区域内均保持较为精确的模拟效果，在近尾流区域，拟合的最大误差保持在 8%以内，在远尾流区域，模拟误差通常能控制在 2%左右。

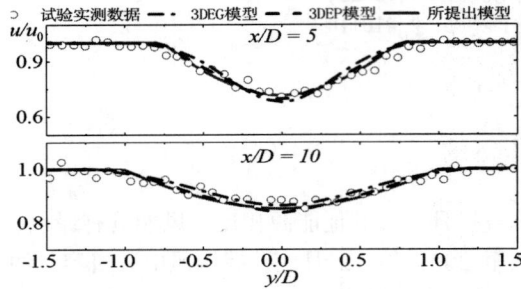

图 1　水平风速对比图

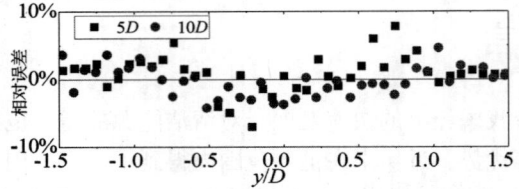

图 2　水平风速相对误差

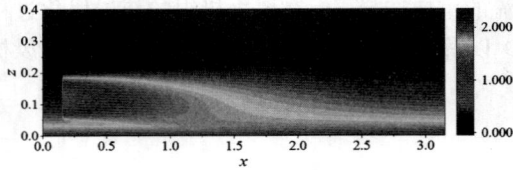

图 3　$x\text{-}z$ 切面速度云图

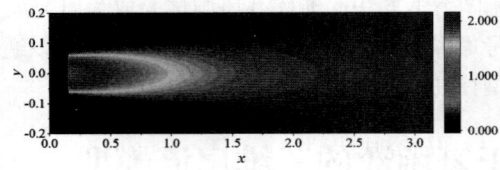

图 4　$x\text{-}y$ 切面速度云图

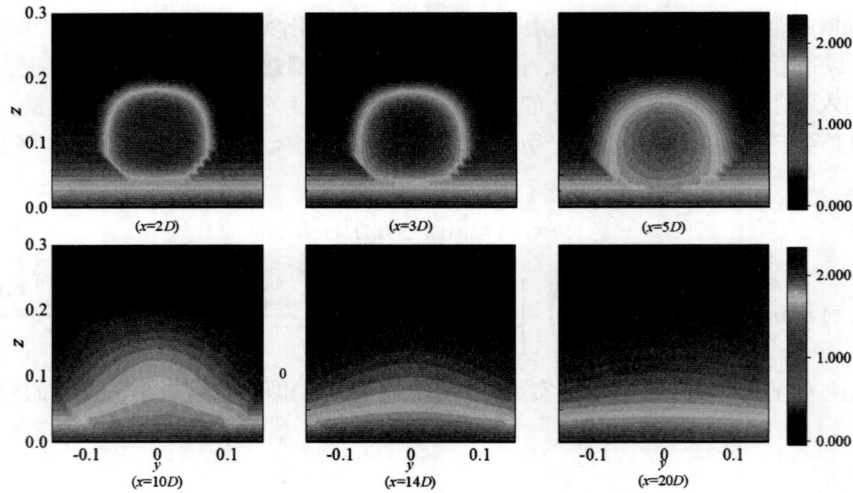

图 5　$y\text{-}z$ 剖面速度云图

参考文献

[1]　国家能源局. 2023 年全国电力工业统计数据[EB/OL]. (2024-01-26)[2024-03-01] https://www.nea.gov.cn/2024-01/26/c_1310762246.htm.

边界层紊流下不同长宽比矩形柱脉动扭矩：气动特性和空间结构

曾加东[1]，张志田[1]，李明水[2]

（1. 海南大学土木建筑工程学院 海口 570028；
2. 西南交通大学土木工程学院 成都 610250）

1 引言

高层建筑风致扭矩是由于结构受到非对称气动力作用而产生的风荷载[1]。对于单体建筑，建筑形式的不对称性是产生扭转的主要原因，而结构刚度和质心的偏差将进一步增大扭转效应。脉动扭矩会导致建筑物角点处的平动加速度显著增加，对高层建筑的抗风安全和人体舒适度产生不利影响[2-3]。此外，脉动扭矩还将改变结构整体受力，导致建筑边缘构件和围护结构的应力增大，在极端情况下将引起结构风致破坏[4-5]。在此背景下，本研究开展了大高宽比的矩形柱表面风压试验，对比多类边界层紊流下不同长宽比矩形截面的脉动扭矩特性、谱特性及其空间结构，探讨紊流参数影响，并尝试定量分析不同绕流成分对脉动扭矩的贡献比例，相关试验数据和研究成果可为类似研究提供基础数据。

2 试验概况

测压试验均在西南交通大学 XNJD-3 风洞中完成。矩形柱的长宽比范围为 $D/B = [1/4, 4]$。模型在高度方向共布置 12 层测点，以较好获取表面风压信息，具体布置示意图如图 1 所示。试验风场与我国规范要求的 B、D 类风场接近，风场比例尺约为 1：100。

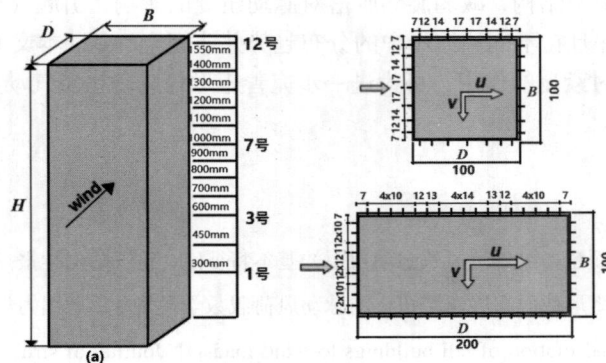

图 1 矩形柱测点布置示意图

3 试验结果及讨论

3.1 功率谱特性

高层建筑扭转荷载的相关研究较少，其产生机理和空间分布特性较为复杂，且与多种影响因素有关，如：湍流风场、断面长宽比、端部效应等。本文根据已有研究成果，通过不同测点层的风压系数和风荷载功率谱

基金项目：海南省自然科学基金项目（524MS030，520CXTD433），国家自然科学基金项目（52068020，52268073，51938012）。

特性来推测脉动扭矩与旋涡脱落和分离再附流动的内在关联。通过对多种长宽比矩形模型的扭矩功率谱特性进行分析，尝试对矩形断面结构的扭矩脉动风荷载产生机理进行解释。试验结果发现当$D/B < 1$时，旋涡脱落贡献占比最大，其次是背风面尾涡和迎风面脉动风压。当$D/B > 1$时，扭矩主要由分离剪切流再附控制，在高湍流度来流作用下，且当$D/B = 4$时，侧边脉动风压贡献比最高可达97%。

3.2 脉动扭矩空间结构

通过测压试验可得到不同长宽比矩形柱的脉动扭矩，探讨主要紊流参数对脉动扭矩空间相关性的影响。其中，图2给出了脉动扭矩的相关性，指出在分离间距、空间位置变化时分布规律，可基于该结果对已有的脉动风荷载模型进行修正。

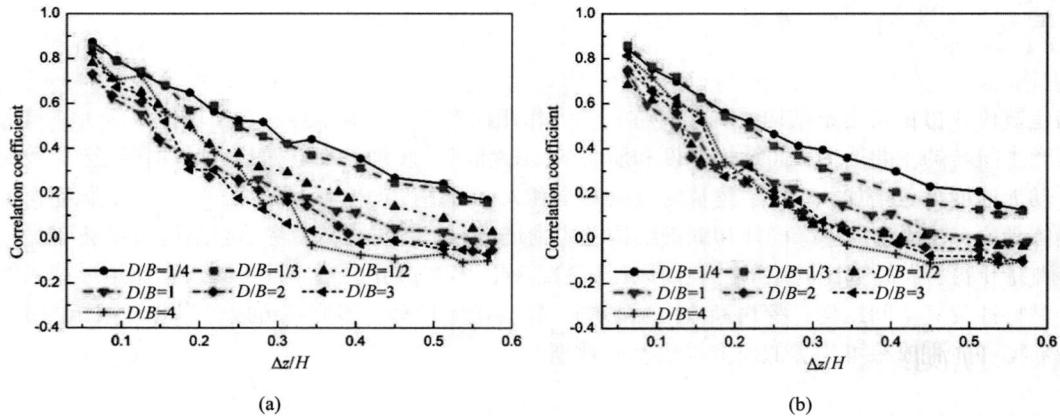

图2 脉动扭矩相关系数：（a）B类风场，（b）D类风场

4 结论

通过不同长宽比矩形柱测压试验，对比分析了多类边界层紊流下的脉动扭矩气动力特性及空间结构。研究结果表明，紊流会改变分离流结构，减弱旋涡脱落对脉动扭矩的影响，引起气动力的重分布。扭矩的成因决定其空间分布的复杂性，并且在不同湍流场中的分布趋势并非完全一致。本文通过对脉动风荷载谱特性和空间相关性分析来进一步探讨紊流的作用，可为进一步完善矩形柱脉动扭矩气动力模型提供参考。

参考文献

[1] 顾明, 唐意, 全涌. 矩形截面超高层建筑风致脉动扭矩的基本特征[J]. 建筑结构学报, 2009, 30(5): 191-197.

[2] 李永贵, 李秋胜, 戴益民. 矩形截面高层建筑扭转向脉动风荷载数学模型[J]. 工程力学, 2015, 32(6): 177-182.

[3] KAREEM A. Lateral-torsional motion of tall buildings to wind loads[J]. Journal of structural engineering, 1985, 111(11): 2479-2496.

[4] ZENG J D, LI M S, LI Z G, et al. Spatial correlation of along-wind fluctuating aerodynamic force acting on large aspect-ratio rectangular prisms[J]. Journal of Wind Engineering and Industrial Aerodynamics, 2022, 224: 104951.

[5] 丁通, 陈水福. 不同立面收缩形式圆角弧边三角形超高层建筑的气动力特性[J]. 振动与冲击, 2022, 41(4): 70-76+133.

基于 PINN 代理模型的高层建筑结构抗风优化设计方法

徐 安，刘志雄，韩 亮

（广州大学风工程与工程振动研究中心 广州 510006）

1 引言

风荷载是高层/超高层建筑结构抗风设计的主要控制性荷载之一，在采用遗传算法等智能型算法进行这类结构的抗风优化设计时，需要对每个迭代步的每个种群个体进行有限元分析，这样产生巨大的计算量而导致优化计算耗时过长，难以应用于工程实践。通过人工神经网络等代理模型替代有限元分析是一种替代方法，在预测位移方面取得了较好的结果，然而这类方法在预测构件内力时往往精度不足，存在明显短板。本文提出使用物理神经网络 PINN 预测结构位移和内力，为结构优化设计提供充分信息，从而有效提升超高层建筑结构的抗风优化设计计算效率。

2 PINN 预测结构内力

PINN 基本原理：

常规的人工神经网络实际上是通过一定算法更新网络的权值与偏值来使预测值逼近目标数据值，这一方法的主要缺点在于无法捕捉系统本身的物理特征，因而在预测结构的模态参数、位移等整体性能指标时具有较好的预测精度，而在预测结构的构件内力等局部指标时精度较低，这极大地限制了神经网络技术应用于结构分析代理模型时的适用性。针对上述问题，本文提出采用 PINN 技术对结构内力实现精准预测，并以此为代理模型进行结构抗风优化设计。与传统神经网络的损失为数据损失不同，PINN 作为一种基于物理机制的神经网络模型，其网络训练目标是使得由物理方程损失和边界条件损失所组成的总损失最小，可以表达为：

$$\text{Loss} = \|Kx - F\| + \lambda(x - x_0) \tag{1}$$

式中，K 为刚度矩阵；x、F 分别为位移向量和等效静风荷载向量；x_0 为边界条件；λ 为权重系数。

3 结果与讨论

3.1 PINN 网络预测结果

PINN 的网络性能与网络超参数密切相关。根据结构特点以及预测目标，此处选择隐含层为 3 层，每层神经元个数 128，均为全连接神经元；激发函数为 tanh 函数。网络输入为构件截面尺寸，网络输出为构件内力。此处在结构有限元节点施加已提前计算好的等效静风荷载，并将 PINN 网络预测的内力结果与有限元分析结果相比较，来验证 PINN 预测结果的精度。由图 1 可见，PINN 网络预测的内力与有限元预测结果的 $R^2 = 1.000000$，意味着两者几乎完全吻合，这说明 PINN 网络作为代理模型，可以替代有限元分析参与结构优化设计，从而大大提升计算效率。

3.2 优化结果

采用 PINN 网络作为代理模型替代有限元分析可将优化过程中的有限元分析计算耗时降低 90% 以上，优

基金项目：广州市教育局科研项目（2024312217）

化整体计算时间降低 80%以上，限于篇幅此处不赘述。

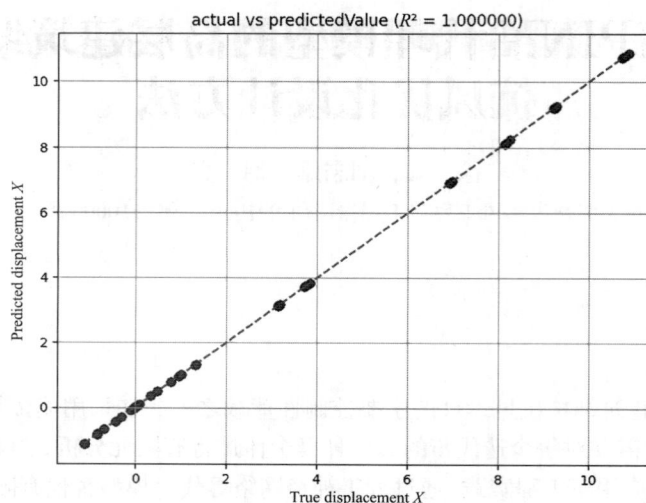

图 1 PINN 预测内力与有限元结果的对比

4 结论

采用 PINN 网络能够准确预测当等效静力风荷载作用在高层/超高层建筑结构上的结构内力，突破了一些神经网络模型难以准确预测构件内力的局限性，使之成为可以完全替代结构优化设计中的有限元分析，对结构局部和整体力学指标均能做出精准预测，降低结构优化设计所需的计算耗时 80%以上。

参考文献

[1] HAGHIGHAT E, RAISSI M, MOURE A, et al. A deep learning framework for solution and discovery in solid mechanics[J]. Computer Methods in Applied Mechanics and Engineering, 379, 113741.

[2] GUO Y, LIU Z, WANG Y. Physics-informed neural networks for solving nonlinear bending problems of functionally graded plates[J]. Computers and Structures, 2020, 238: 106282.

[3] YANG J, SUN H. Deep learning-based real-time structural health monitoring with physics-informed neural networks[J]. Computers and Structures, 2020, 230: 106198.

[4] ZHANG Z, KARNIADAKIS G E. A deep collocation method for the solution of partial differential equations[J]. Computers and Structures, 2019, 220: 1-17.

[5] MOZAFFAR A, BOSTANABAD R, CHEN W, et al. A physics-informed neural network framework for softening materials[J]. Computers and Structures, 2019, 220: 55-64.

[6] 余波, 许梦强, 高强. 基于物理信息神经网络的功能梯度材料稳态/瞬态热传导分析[J]. 计算力学学报, 2022.

[7] 李野, 陈松灿. 基于物理信息的神经网络: 最新进展与展望[J]. 计算机科学, 2022, 49(4): 254-262.

[8] 吴康. 基于物理信息神经网络的斜拉索和吊杆索力识别[D]. 成都: 西南交通大学, 2023.

考虑双向流固耦合作用的方柱结构流场特性及机理

许叶萌[1,2]，陈增顺[2]，张　轲[2]，崔正徽[2]，王　茜[3]

（1. 重庆大学航空航天学院　重庆　400045；
2. 重庆大学土木工程学院　重庆　400045；
3. 庆北大学机器人与智能系统工程系　韩国大邱　41566）

1　引言

流固耦合作用（结构振动对流场的作用以及流场对结构振动的作用）是影响结构风致振动的关键因素，能够显著改变结构的气动特性及气弹特性。研究表明，结构振动将导致流场剪切层、结构侧面涡结构、尾流涡结构特性与刚性结构有一定差异，这导致了结构表面风压、横风向力的变化。目前高柔钝体结构非线性振动的相关研究以刚性、强迫振动结构的气动特性、气动参数影响为主，未考虑双向流固耦合作用（结构振动与流场的双向反馈），存在风致结构振动流场解释机理不清、响应预测不准等问题。因此，有必要开展考虑流固耦合作用的结构非线性振动特性及机理相关研究，为结构响应预测提供依据。

2　数值模拟基本设置

本文将开展刚性、气弹方柱结构在涡振、软驰振、驰振典型风速下的大涡模拟研究。为与风洞试验结果进行对比，本文中模型尺寸及数值风洞尺寸与参考文献[1]保持一致。方柱结构截面特征宽度D为 0.0508m，高度H为 0.915m，结构高宽比为 18。结构阻尼比ξ为 0.7%，基频f为 7.8Hz，刚度K为 441.7N/m，结构等效密度为 279.1kg/m³，斯克鲁顿数为 20.04。数值风洞宽度为 3m（约为 3.2H），高度为 2m（约为 2.2H），结构阻塞率为 0.77%，由于结构阻塞率较小，因此结构与来流入口的距离可设定为 2H[2]，结构与出口的距离设定为 8H，数值风洞整体尺寸为 9.15m（长）×3m（宽）×2m（高）。方柱模型及数值风洞示意图如图 1 所示。

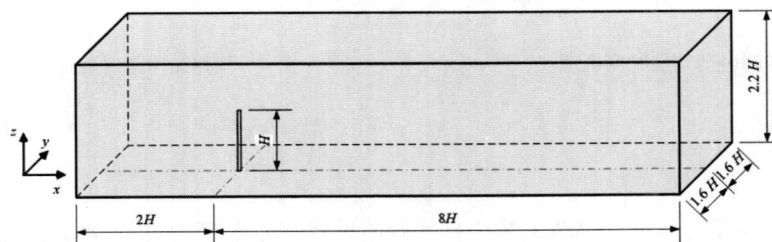

图 1　方柱模型及数值风洞几何尺寸示意图

3　流场特性及机理

典型横风向力周期内，涡振风速下刚性结构尾流三维涡结构如图 2 所示，无量纲涡量等值面为$Q = (U_\infty/D)^2/8$，使用无量纲风速着色。在涡振风速下，以横风向力为周期的刚性结构的一个周期内，结构尾流中存在上洗流、下洗流、马蹄涡、剪切层、卡门涡、发夹涡等流场结构，存在旋涡破碎、旋涡流动等流场现象。在横风向力一个周期内，卡门涡与发夹涡之间分界线内部的卡门涡按照上半部分、下半部分轮流脱落。对于气弹结构，在尾流中同样存在与刚性结构尾流中类似的涡结构以及涡现象，与刚性结构相比，结构振动导致尾流涡结构更加饱满，在一定范围内，高风速涡结构更多、分布更广，在横风向上，尾流涡结构的影响

基金项目：国家自然科学基金项目（HW2020002）

范围更大。

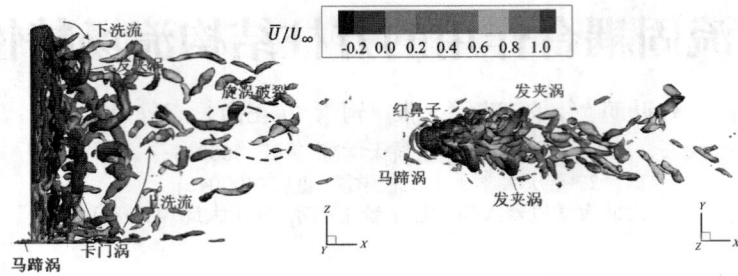

图 2　涡振风速下刚性方柱瞬时涡结构

刚性及气弹方柱结构瞬时剪切层时变机理如图 3 及图 4 所示。若某位置处的旋涡发生脱落，则瞬时剪切层的位置突变，大幅远离结构，若某位置处发生再附着或者有再附着趋势，则瞬时剪切层会有靠近结构的趋势。对于气弹结构，横风向力及顶端位移均是影响瞬时剪切层的重要因素，但瞬时剪切层的运动方向与横风向力、顶端位移之间存在"滞后"效应，该效应导致运动方向与力的正负、结构的运动方向不一致，这是气弹结构瞬时剪切层时变机理与刚性结构最大的差异。

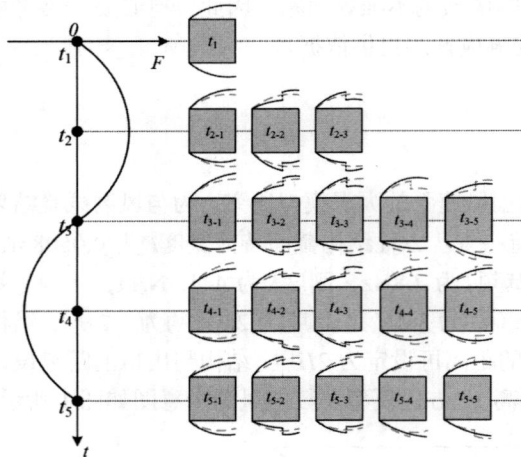

图 3　刚性结构瞬时剪切层时变机理　　　　图 4　气弹结构瞬时剪切层时变机理

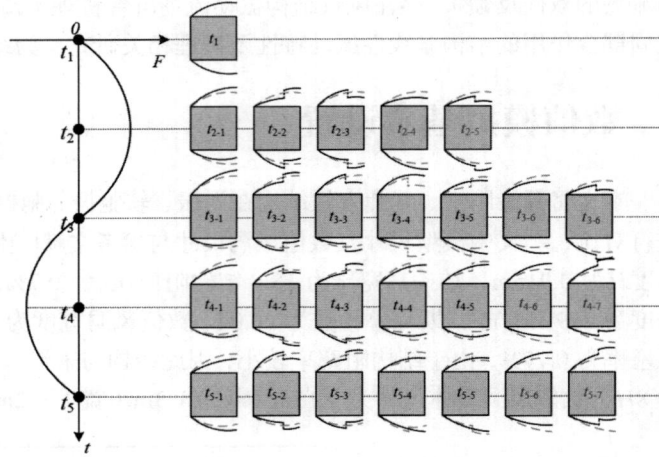

4　结论

研究表明，结构振动会导致方柱结构流场中旋涡脱落形式、旋涡影响范围、剪切层再附着形式发生改变。同时，结构振动导致流场、结构横风向力与结构位移之间存在"滞后"效应，这是流固耦合作用的重要体现。

参考文献

[1]　CHEN Z S, TSE K T, KWOK K C S, et al. Modelling unsteady self-excited wind force on slender prisms in a turbulent flow[J]. Engineering Structure, 2020, 202: 109855.

[2]　FRANKE J, HELLSTEN A, SCHLÜNZEN H, et al. Best Practice Guideline for the CFD Simulation of Flows in the Urban Environment[J]. COST Action, 2007, 732: 51.

下击暴流作用下大跨索穹顶结构风荷载特性研究

张　石[1]，国可心[1]，杨庆山[2]，宋　鑫[1]

（1. 北京建筑大学土木与交通工程学院　北京　100044；
2. 重庆大学土木工程学院　重庆　400038）

1　引言

下击暴流的水平风速沿高度呈典型的"鼻子"状分布，水平风速在近地面附近达到极大值，因此对低矮建筑具有较强的破坏性[1]。大跨索穹顶结构广泛应用于艺术馆、体育馆、会馆中心等建筑中，但是由于其质量轻、整体刚度小、自振频率低，对风荷载尤为敏感[2]。目前，学者们已经对索穹顶结构抗风进行了一系列相关研究。孙芳锦等[3]采用 CFD 数值模拟，探究了常态风作用下不同风向角和风速对开口索穹顶表面风压的影响。聂竹林等[4]制作索穹顶缩尺模型开展风洞试验，探究大气边界层风作用下大跨索穹顶屋盖结构表面的风敏感性。但目前的研究多基于大气边界层风，未考虑下击暴流等极端风的影响。因此，本文针对全装配穿索式脊杆环撑索穹顶结构[5]，探究下击暴流作用下此结构表面风荷载分布特性，为大跨索穹顶结构抗风设计提供理论参考。

2　风洞试验及数值模拟概况

2.1　试验装置及模型概况

采用冲击射流装置模拟下击暴流风场，风洞测压试验示意图如图 1（a）所示，R 为模型与下击暴流中心的径向距离。试验模型为带环桁架的大跨索穹顶结构，缩尺比为 1：400，采用 ABS 材质制作。此次试验考虑四个不同高度的模型，通过拼接缩尺墙体改变高度，如图 1（b）所示。本模型共设置 313 个测点，屋盖测点布置如图 1（c）所示。

2.2　工况设计

基于下击暴流风场对索穹顶结构模型进行了不同工况下的测压试验，探究径向距离、墙体高度等因素对模型表面风压系数以及风力系数的影响，具体试验工况如表 1 所示。在风洞试验的基础上，利用大涡模拟（LES）方法探究下击暴流作用下不同矢跨比对索穹顶结构表面风荷载特性影响，模拟设置了四种矢跨比（S/L）：1/12、1/10、1/8、1/6，数值模拟具体网格划分情况如图 2 所示。

索穹顶结构风洞试验工况　　　　　　　　　　　　　　　　　表 1

模型编号	额定风速V（m/s）	出流高度H_{jet}（mm）	墙体高度H（mm）	径向距离R（mm）
model 1	10	600	25	0、200、300、400、500、600、700、800、1000、1200
model 2	10	600	37.5	
model 3	10	600	50	
model 4	10	600	62.5	

基金项目：国家自然科学基金项目（52478490），中铁建设集团有限公司科技研发项目（22-55c）

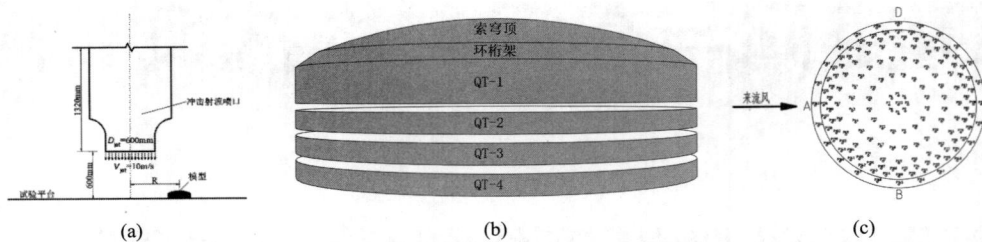

图 1 （a）索穹顶结构风洞试验示意图、（b）建筑模型和（c）屋盖测点布置图

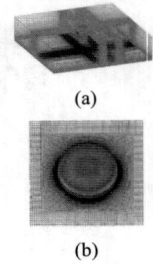

图 2 （a）整体模型网格划分和（b）索穹顶结构网格划分

3 结果与讨论

3.1 径向距离的影响

当 $R = 0$ mm 时，模型整体受较大正压；随着径向距离增大，A 墙平均风压系数在 $R = 1.0D_{jet}$ 时达到峰值，此时 B、D 墙产生最大负压，墙体外围易发生风揭破坏。脉动风压系数极大值随径向距离增大逐渐增大，屋盖迎风前缘形成脉动风压峰值区，可能导致结构疲劳破坏。

3.2 墙体高度的影响

当结构处于下击暴流核心区（$R = 0$ mm）时，墙体增高使屋盖中心平均风压呈现先增后减，而环桁架区域因气流分离效应始终维持高脉动风压特性；在水平风主导区（$R = 600$ mm），墙体高度增加引发 A 墙风压极值前移，屋盖中部靠近背风侧形成脉动风压峰值。

3.3 矢跨比的影响

当 $R = 600$ mm 时，屋盖平均风压系数随矢跨比的增大逐渐增大，负风压区域也随之扩大，受到的风吸力作用增强；屋盖背风侧脉动风压极值随矢跨比的增大呈现先增大后减小的趋势。

4 结论

研究发现，随着径向距离的增大，屋盖平均风压系数先增大后减小，在 $R = 1.0D_{jet}$ 时取得较大值；脉动风压系数逐渐增大；升力系数逐渐减小；横向阻力系数始终维持在零值附近，径向阻力系数先增大后减小。随着墙体高度的增大，屋盖平均风压系数先增大后略有减小；脉动风压系数保持在较小值；升力系数和横向阻力系数维持在零值附近，径向阻力系数呈递减趋势。随着矢跨比的增大，屋盖平均风压系数逐渐增大；脉动风压系数极值先增大后减小。

参考文献

[1] ZHANG S, SOLARI G, BURLANDO M, et al. Directional decomposition and properties of thunderstorm outflows[J]. Journal of Wind Engineering and Industrial Aerodynamics, 2019, 189: 71-90.

[2] 吴迪，杨庆山，武岳. 大跨度屋盖气动力效应不确定性研究[J]. 建筑结构学报，2016, 37(10): 147-153.

[3] 孙芳锦，陈辰，余磊. 开洞口索穹顶结构的风压特性研究[J]. 防灾减灾工程学报，2017, 37(3): 6.

[4] 聂竹林，吴福成，陈伟，等. 大跨索穹顶屋盖结构风洞试验及敏感风速研究[J]. 建筑结构，2024, 54(2): 77-85+128.

[5] ZHANG A L, SHANGGUAN G H, ZHANG Y X, et al. Experimental study on static performance of fully assembled ridge-tube threading cable with annular-struts cable dome[J]. Engineering Structures, 2023, 288.

ETFE 气枕式薄膜流场特性及风振响应研究

李　栋[1]，廖毅桢[1]，王自明[2]，吴凡熙[1]

（1. 福州大学土木工程学院　福州　350108；
2. 福州大学先进制造学院　泉州　362200）

1　引言

在我国"十四五"规划背景下，实现能源的碳达峰碳中和目标，以及推进绿色建筑的发展已成为国家战略级的重要任务。本阶段，构筑了新一代绿色建筑的实践模式[1]。在新的发展阶段中，充气膜结构建筑由于具有质量轻、柔性大、造型新颖等优点，成为城市建设中的重要一环。

目前，粒子成像测速技术（PIV）可以非侵入性地获得流场的三维速度场信息，为探究充气膜结构的流场特性提供了有效手段。因此，本文拟采用粒子成像测速技术研究充气膜结构在风荷载作用下的流场特性及其风振响应。深入探究充气膜的流场特性和风振响应规律，进而揭示薄膜结构流固耦合机理，为提高气膜结构的安全稳定性提供理论支持。

2　气弹模型

本文根据相似理论，设计了类正六边形的气枕式薄膜气弹模型。模型边长为 0.22m，矢高为 0.15m，初始内压为 200Pa，模型如图 1 所示。实际测点和位移计分布如图 2 所示。

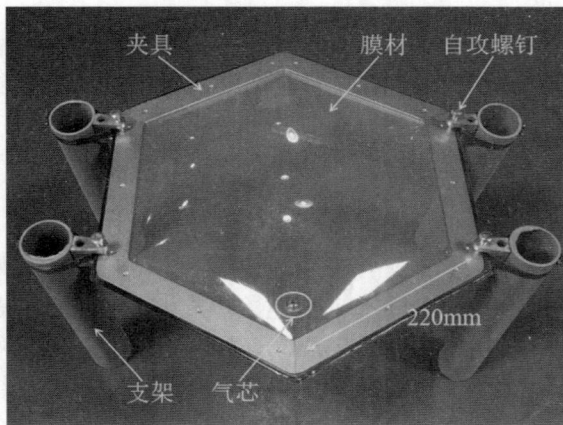

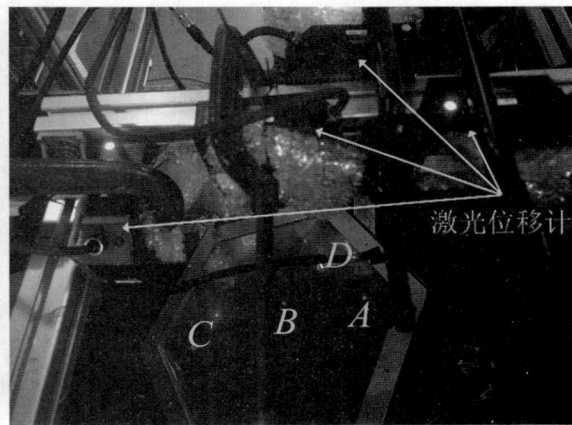

图 1　模型实物图　　　　　　　　　　图 2　实际测点和位移计分布

3　试验研究

3.1　试验概况

本次试验在西华大学的 XHUT-WT 实验室中完成。风速设定为：5m/s、10m/s、15m/s、20m/s，底部边界类型为封闭。试验总布置图如图 3 所示。

基金项目：福建省自然科学基金项目（2020J05127）

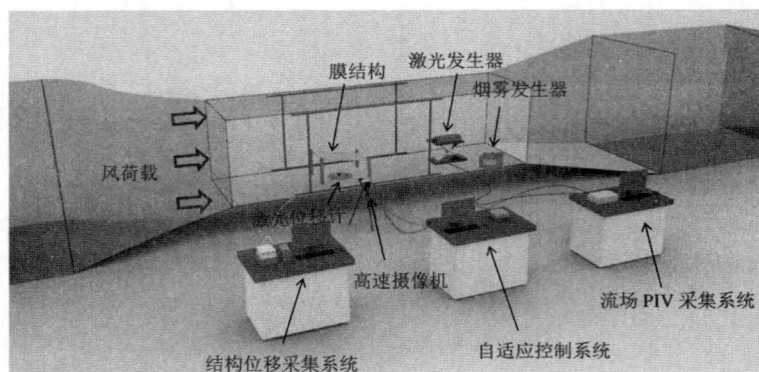

图 3　试验总布置图

3.2　充气膜风振响应分析

在具有代表性的 0°、10°和 20°三个风向角下，分析薄膜结构各个测点位移响应随风速的变化规律，对位移均值、位移均方根和振型等结构动力特性进行深入分析。典型工况风速 15m/s，风向角 20°（HEX-15-20）的位移时程曲线如图 4 所示。

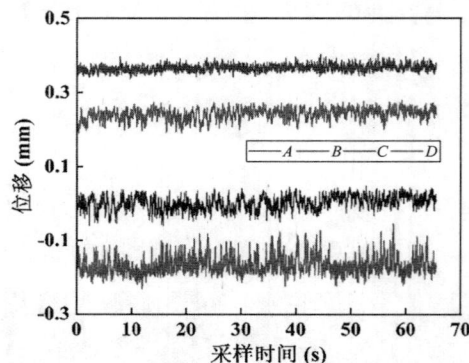

图 4　HEX-15-20 工况的位移时程曲线

4　结论

通过 PIV 同步试验和风洞试验对 ETFE 气枕结构进行流固耦合机理性研究，同时利用 Workbench 软件进行数值模拟，可以得出以下结论：（1）在不同风速和攻角条件下，涡量分布及其对结构的风振响应有显著差异。（2）迎风前缘受到特征湍流的影响，随着风速的增加，特征湍流的影响加剧，导致膜面前缘出现强烈的非高斯特性。（3）在大风速背景下，风速对膜面平均风压系数有一定的影响。（4）来流作用下，气流在结构前缘产生分离，在膜面上方形成剪切层，存在巨大的速度梯度，易造成旋涡的产生。（5）在考虑流固耦合效应的背景下，气枕式膜结构对不同来流风速的响应表现出独特的动力学特性。

参考文献

[1]　杨生辉. 当代充气膜结构体育建筑设计研究[D]. 哈尔滨: 哈尔滨工业大学, 2020.

风雪荷载联合作用下单层网壳稳定性分析

张清文[1,2]，于海岩[1,2]，张国龙[1,2]，范　峰[1,2]

（1. 哈尔滨工业大学结构工程灾变与控制教育部重点实验室 哈尔滨 150090；
2. 哈尔滨工业大学土木工程智能防灾减灾工业和信息化部重点实验室 哈尔滨 150090）

1　引言

近年来全球极端降雪天气频发，雪致建筑结构破坏已成为学者们的研究热点[1]。作为典型的风雪荷载敏感结构，单层网壳在暴风雪的侵袭下发生倒塌的事故更是屡见不鲜，事后的调查分析显示，风致屋面积雪的不均匀分布致使结构丧失稳定承载力是导致事故发生的一大诱因[2]。利用 CFD 进行数值模拟是当前建筑屋面雪荷载最常用的研究手段之一，而通过弧长法进行弹塑性时程分析是目前针对单层网壳的稳定性开展研究的主流方式。本文将从风雪荷载相互耦合的角度出发，首先通过数值模拟获得柱壳屋面积雪分布情况，之后讨论风雪荷载耦合效应对单层柱面网壳稳定性的影响。

2　研究方法

2.1　数值模拟方法

本文采用本团队[3]2020 年提出来的非平衡态混合流数值模拟方法。该方法通过在雪相连续性方程中附加质量源项的方式来考虑沉积和侵蚀所造成的跃移层内雪浓度的变化，雪相控制方程如公式(1)所示。沉积侵蚀模型采用 Tominaga[4]所提出的非平衡态沉积侵蚀模型。

$$\frac{\partial \alpha_s}{\partial t} + \nabla \cdot (\alpha_s \vec{u}_m - D_{Ms} \nabla \alpha_s) = -\nabla \cdot \left[\alpha_s (1 - c_s) \vec{u}_{as} \right] + \frac{\Phi_{total}}{\rho_s} \tag{1}$$

式中，α_s 为雪相体积分数；$\vec{u}_m$ 为混合相速度；D_{Ms} 为扩散常数；c_s 为雪相质量分数；Φ_{total} 为雪颗粒沉积/侵蚀造成的浓度变化量；ρ_s 为雪相密度。

2.2　结构稳定性计算方法

选取实际工程应用最多的三向网格型单层柱面网壳作为研究对象，通过 APDL 语言完成参数化建模，利用弧长法对其进行弹塑性时程分析。计算时将结构自重、屋面风荷载、雪荷载转化为集中荷载施加于网壳结构各节点上。

3　研究内容

本文从风雪荷载相互耦合的角度出发，首先通过数值模拟获得了不同入流风速下柱壳屋面积雪分布形式，确定了柱壳屋面积雪的典型分布特征，如图 1 所示。之后探讨了柱壳屋面积雪分布形式以及雪床的高度对于屋面风雪场的影响。最后通过弧长法针对三向网格型的单层柱面网壳开展了弹塑性时程分析，讨论了屋面覆雪与否对于单层柱面网壳临界风速的影响。

0.1 0.2 0.3 0.4 0.5 0.6 0.7 0.8 0.9 1.0 1.1 1.2 1.3 1.4 1.5 1.6 1.7 1.8 1.9 2.0

基金项目：国家自然科学基金项目（51978207）

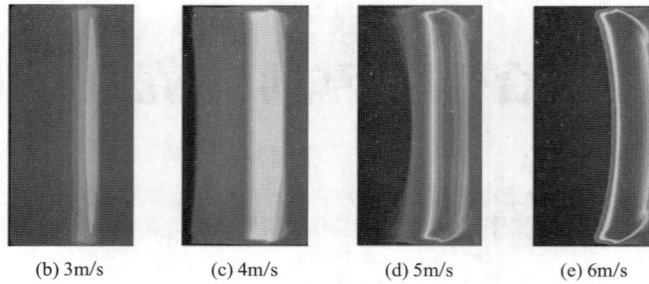

(b) 3m/s   (c) 4m/s   (d) 5m/s   (e) 6m/s

图 1   不同风速下屋面无量纲雪深 h/h_{ref}

4　结论

本文首先通过数值模拟的方法研究了不同风速下柱壳屋面积雪分布情况，之后讨论了屋面积雪分布形式以及雪床高度对于柱壳屋面风雪场的影响，最后探讨了屋面覆雪对于单层柱面网壳临界风速的影响，主要结论如下：

（1）随着入流风速的增大，柱壳屋面积雪分布发生了由均匀到不均匀，范围从满跨到半跨再到边缘分布，雪荷载极值由小变大再减小的变化。

（2）屋面覆雪不仅提高了二次降雪时柱壳屋面积雪堆积的峰值，同时加重了二次降雪时屋面积雪的侵蚀程度；随着雪床高度的增加，二次降雪时屋面积雪侵蚀程度更严重，模型高度增加越大的地方积雪沉积量越少。

（3）屋面积雪分布形式对于单层柱面网壳的临界风速影响显著。不均匀雪荷载下结构临界风速明显降低。考虑屋面覆雪时结构的临界风速相比常规设计均布荷载下降低了近40%。

参考文献

[1] 张望喜, 易伟建, 肖岩, 等. 某钢结构单层工业厂房雪灾倒塌模拟及鲁棒性分析[J]. 工业建筑, 2014, 44(1): 154-159.

[2] HAN Y Y, WANG K Y, ZHONG Q. A crop trait information acquisition system with multitag-based identification technologies for breeding precision management[J]. Computers and Electronics in Agriculture, 2017, 135: 71-80.

[3] 张国龙. 大跨度屋面积雪漂移数值模拟方法与雪荷载特性研究[D]. 哈尔滨: 哈尔滨工业大学, 2021.

[4] TOMINAGA Y, OKAZE T, MOCHIDA A, et al. CFD prediction of snowdrift around a cube building model[C]// Snow Engineering Ⅵ. Whistler, Canada, 2008.

考虑焊接细节的大跨网架结构风致多轴高周疲劳分析

刘　晖[1,2]，林琪灵[1]，李克璋[1]，周　强[1]

（1. 武汉理工大学土木工程与建筑学院　武汉　430070；
2. 武汉理工大学三亚科教创新园　三亚　572025）

1　引言

大跨空间网架结构外形复杂，节点、杆件众多，是典型风敏感结构，在风荷载作用下会发生疲劳破坏。焊接球节点是广泛应用的网架结构节点形式之一，我国制定了一系列行业标准来控制焊接质量[1-2]，说明焊接节点存在着容许限度内的不同焊接细节，焊接细节处的应力集中是结构疲劳破坏的关键诱因。此外，在三维随机风场作用下，焊接节点处于多轴受力状态，节点风致疲劳是多轴高周疲劳[3]。因此，本文以武汉体育中心游泳馆屋顶网架结构为工程背景，分析了大跨网架结构焊接节点存在不同焊接细节时的风致多轴高周疲劳。该结构是具有近椭圆形平面的正放四角锥双层网架结构，采用焊接空心球节点，如图 1 所示。

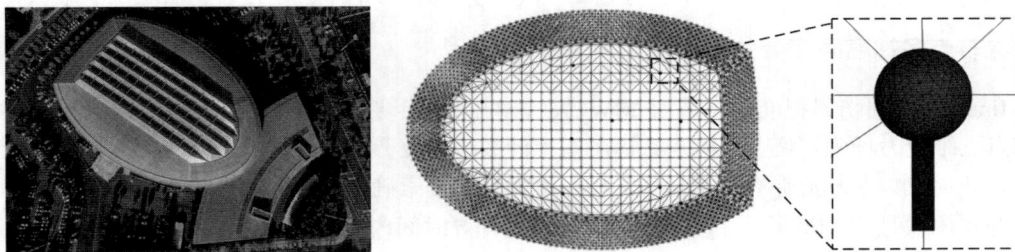

图 1　武汉体育中心游泳馆及其屋顶网架结构

2　结构风致多轴高周疲劳分析

2.1　基于双参数临界面法的不同焊接细节焊材的疲劳寿命预测模型建立

双参数临界面法（MWCM）适用于焊接接头多轴高周疲劳寿命预测，该方法是将临界面上的法向正应力幅值与剪应力幅值之比 ρ 作为损伤参量[4]。根据 MWCM，需要基于单轴拉压和扭转试验的焊材应力-寿命曲线（S-N 曲线）确定 $\rho=1$ 和 $\rho=0$ 的修正 Wöhler 曲线。但是采用试验获取不同焊接细节焊材的 S-N 曲线不仅数量巨大，而且难以控制焊接细节。因此，本文先通过揭示焊接细节对焊材疲劳寿命的影响机制，确定应力集中系数和应力变化梯度来量化焊接细节对焊材疲劳寿命的影响，建立将不同焊接细节等效成微孔洞缺陷的等效原则。然后，采用高周疲劳试验验证等效原则的可靠性。最后，根据不同尺寸微孔洞缺陷焊材单轴拉压和扭转 S-N 曲线，建立具有不同焊接细节焊材的多轴高周疲劳寿命预测模型。

2.2　网架结构风致响应分析

武汉市游泳馆的长、短轴分别为 118.5m 和 75.6m，故建立了 1000m × 600m × 250m 计算域，如图 2 所示。采用非结构化网格技术，在结构表面周边区域加密网格，如图 3 所示。采用分离涡方法，基于 CDRFG 入口湍流合成方法获得了结构脉动风场湍流入口，分析得到了结构表面的脉动风压时程。

利用 ANSYS 有限元软件建立结构多尺度有限元模型，如图 1 所示。对结构进行风振响应分析，90°风向下节点 949 和 180°风向下节点 981 第 100 秒等效应力云图如图 4 所示。

基金项目：湖北省建设科技计划项目（JK2024070），海南省自然科学基金项目（522CXTD517，522RC879）

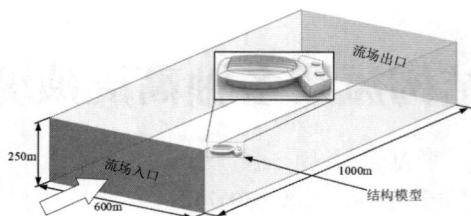
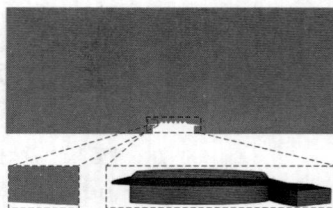

图 2 计算域尺寸　　　　　　　　　图 3 结构表面及边界层网格

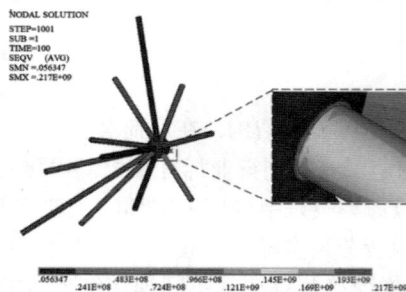
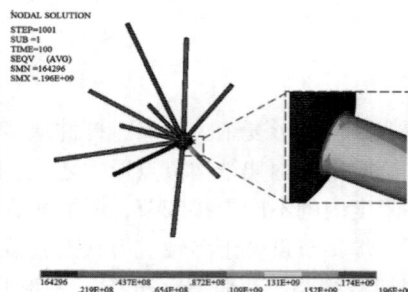

(a) 90°、节点 949　　　　　　　　　(b) 180°、节点 981

图 4 等效应力云图

2.3 焊接球节点多轴高周疲劳分析

基于 Miner 线性损伤累积准则，采用 MWCM 的空间网架结构焊接球节点风致多轴高周疲劳分析流程为：根据节点三维应力场确定疲劳危险点；运用雨流计数法对疲劳危险点处的等效应力时程进行计数，得到每个全循环起止时刻以及相应原始应力历程；在每个循环中搜索确定临界面，基于不同焊接细节焊材的多轴高周疲劳寿命预测模型和 Miner 线性损伤累积准则得到计算时间内疲劳损伤值，进一步预测该节点疲劳损伤起始寿命（即疲劳寿命）。

3 结论

本文采用双参数临界面法，考虑网架结构焊接节点存在不同焊接细节时的风致多轴高周疲劳进行了分析，得到了以下结论：

（1）采用应力集中系数和应力变化梯度可量化不同焊接细节的应力集中，能明确不同焊接细节应力集中与其疲劳寿命的关系。

（2）网架结构的焊接节点风致疲劳呈现明显的多轴特性，其临界面变化很大。而且，不同焊接细节的焊接节点疲劳寿命显著不同。

（3）当考虑网架结构焊接节点存在不同焊接细节时，结构节点的疲劳寿命小于结构的使用寿命，这将是结构的重要安全隐患，会威胁结构的服役安全。

参考文献

[1]　住房和城乡建设部. 钢结构工程施工质量验收标准: GB 50205—2020[S]. 北京: 中国计划出版社, 2020.

[2]　建设部. 钢结构超声波探伤及质量分级法: JG/T 203—2007[S]. 北京: 中国标准出版社, 2007.

[3]　刘晖, 周飘, 陈世超, 等. 空间网架结构焊接球节点风致多轴高周疲劳分析[J]. 工业建筑, 2023, 53(8): 74-81+160.

[4]　LUO P, YAO W X, SUSMEL L. An improved critical plane and cycle counting method to assess damage under variable amplitude multiaxial fatigue loading[J]. Fatigue and Fracture of Engineering Materials and Structures, 2020, 43(9): 2024-2039.

基于 POD-CNN-LSMT 对目标测点的风压预测方法

裴　城[1,2]，马存明[2]，张小敏[1]

（1. 中国民用航空飞行学院机场学院　广汉　618307；
2. 民航机场智慧运营与运维四川省工程研究中心　广汉　618307；
3. 西南交通大学土木工程学院　成都　610031）

1　引言

几十年来，大跨度屋盖结构在机场航站楼、体育场、美术馆和展览中心得到了广泛的应用，由于其轻质、柔性和阻尼低的特点，大跨度结构对风荷载非常敏感。强风引起的大跨度屋顶结构的结构损坏甚至倒塌事件。在强风的影响下，中国北京首都机场 T3 航站楼的屋顶部分被吹开，中国南昌昌北机场 T2 航站楼的整个吊顶倒塌，云南机场航站楼屋盖被吹毁。风洞试验了解目标结构风压分布的常用方法。风压分布的准确性取决于测量点的放置密度。当采用有限的测量点时，很难获得正确的极端风压，也会导致局部风荷载被低估。然而，在一些压力数据测量的风洞试验中，在试验模型上放置多个测量点是不合适的，因为太多的测量会导致数据失真。而往往出现复杂或极端风压的部位在悬挑或者转角处，不方便布置测压管，因此研究应侧重于如何根据从有限测量点获得的数据有效地预测目标部位表面的风压。目前已经有很多的相关研究[1-3]，多采用模态分解和各类预测方法，已经取得了良好的效果，然而对于风压非高斯特性的预测还较差，因此本文提出一种基于模态分级和神经网络相结合的一种预测方法，通过试验验证，能够对目标测点的风压进行较好的预测。

2　方法建立

我们提出了一种基于适当正交分解（POD）技术和 CNN-LSTM 网络的新方法来预测目标结构表面的平均和脉动风压系数、偏度、峰度和风压概率密度。然后，以大跨度屋盖的风洞试验为例，采用提出的 POD-CNN-LSTM 方法预测非高斯特性。此外，还与 POD-CNN 和 CNN-LSTM 进行了比较研究，根据误差标准和相关系数评估了预测结果和准确性。具体方法流程如图 1 所示。

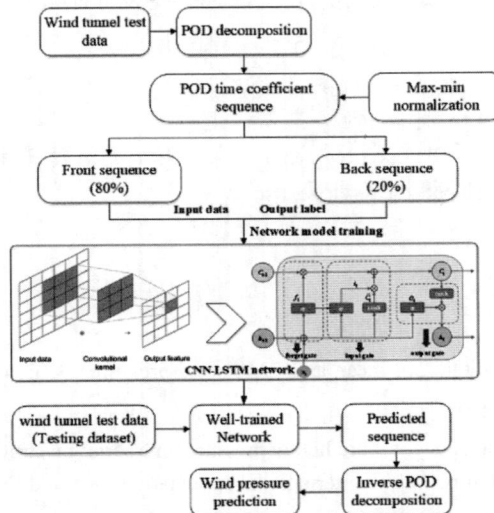

图 1　风压预测流程框架

基金项目：国家自然科学基金项目（52078438）

3 试验验证

3.1 风洞试验

为了验证所提出方法的可行性，采用了实际风洞试验中的实测风压数据。风洞试验在西南交通大学 XNJD-1 风洞中进行，模型缩尺比 1∶200，如图 2 所示。

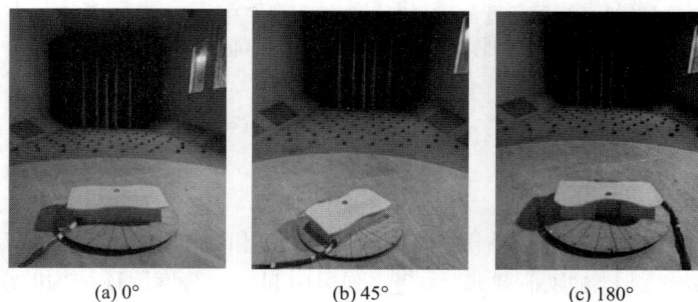

(a) 0°　　　　　(b) 45°　　　　　(c) 180°

图 2　大跨屋盖风洞试验

3.2 验证结果

对比了风洞试验和几种预测方法的结果（图 3），本文所提出的组合方法能够较好地预测目标点的风压，特别是其非高斯特性。

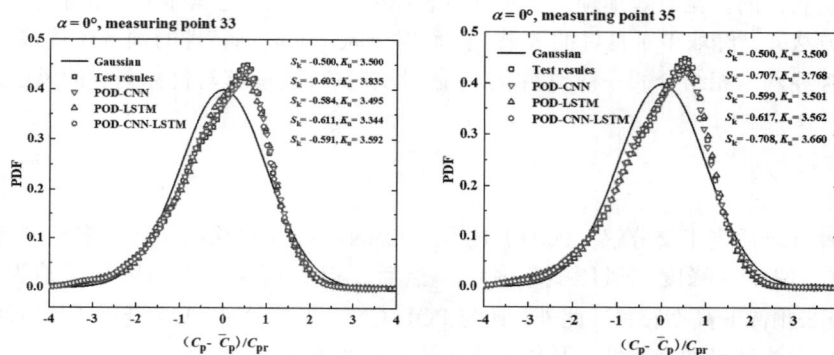

图 3　大跨屋盖风洞试验某工况下概率密布分布预测结果

4 结论

本文所提出的组合方法能够较好的预测目标点的风压，为不能进行测压的结构部位提供了一种新的思路，所提出的预测方法也能够较好地预测非高斯风压。

参考文献

[1] HUANG Y, OU G, FU J, et al. Prediction of mean and RMS wind pressure coefficients for low-rise buildings using deep neural networks[J]. Engineering structures, 2023.

[2] DU X, HU C, DONG H . POD-LSTM model for predicting pressure time series on structures[J]. Journal of Wind Engineering and Industrial Aerodynamics: The Journal of the International Association for Wind Engineering, 2024: 245.

[3] MEDDAGE D P P, MOHOTTI D, WIJESOORIYA K. Predicting transient wind loads on tall buildings in three-dimensional spatial coordinates using machine learning[J]. Journal of Building Engineering, 2024, 85.

低矮建筑屋顶开敞棚式结构风压特性研究

蒋 媛[1,2]，李 明[1]，回 忆[2]，朱 皓[1]，张 奥[1]

（1. 中国电建集团成都勘测设计研究院有限公司 成都 610072；
2. 重庆大学土木工程学院 重庆 400045）

1 引言

雨棚结构由于其结构轻巧、便于制造，被越来越多地运用在各类建筑屋顶上。但是由于雨棚结构大多为轻钢结构，其自重较轻，所以对风荷载较为敏感[1]。在强风作用下，雨棚结构遭受破坏的案例时有发生，故对棚式结构进行风压分布研究十分必要。

2 试验方法

本研究涉及 A、B 两种类型的屋顶雨棚。如图 1 所示，模型的几何缩尺比为 1：50，雨棚模型长度 $b = 260mm$，宽度 $d_1 = 130mm$，离屋顶高度 $h = 120mm$。下部建筑的横截面为 $240mm \times 240mm$。试验在重庆大学直流风洞实验室（CQ-1）中进行。模拟 B 类地貌风场，其风剖面指数 $\alpha = 0.15$。

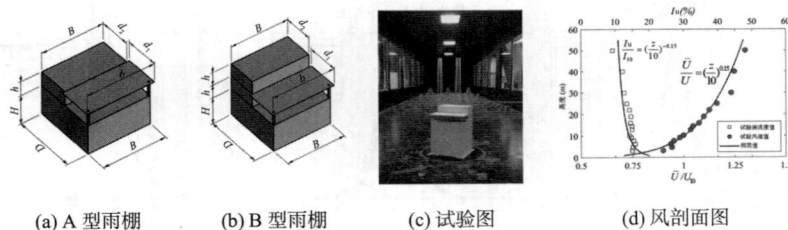

| (a) A 型雨棚 | (b) B 型雨棚 | (c) 试验图 | (d) 风剖面图 |

图 1 模型试验情况

3 结果讨论与分析

3.1 雨棚风压特性分析

最大风压出现在 40°来流下，该角度下流场在雨棚形成锥形涡增加雨棚风压。雨棚后侧建筑有效降低了雨棚风压，且不同高度下雨棚表现出风压突变，低高度处的雨棚风压更大，如图 2 所示。

3.2 雨棚表面非高斯性研究

由于雨棚上下表面共同受风压，其总风压时程为上表面时程减去下表面时程。如图 3 所示，雨棚后侧建筑影响使得 B 型雨棚总风压的峰度和变偏度均出现明显增大，非高斯点增多。图 4 展示出 B 型雨棚新增非高斯点主要在雨棚两侧，其概率密度函数图均表现出明显的凸起，在设计时可能低估该区域的极值风压。

基金项目：中国电建集团成都院科技项目（P62824）

| (a) A 型平均风压 | (b) A 型脉动风压 | (c) B 型平均风压 | (d) B 型脉动风压 | (e) 不同高度 A 型平均风压变化 | (f) 不同高度 A 型脉动风压变化 |

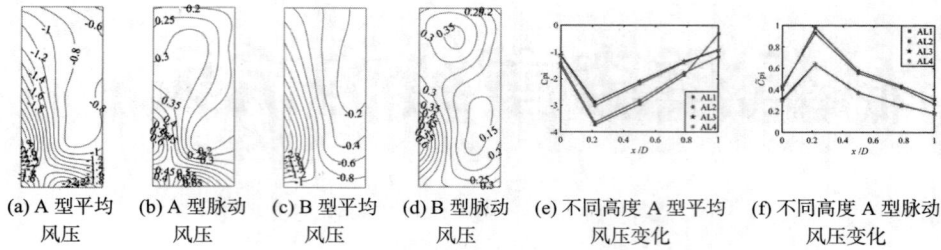

图 2 雨棚表面风压分布情况

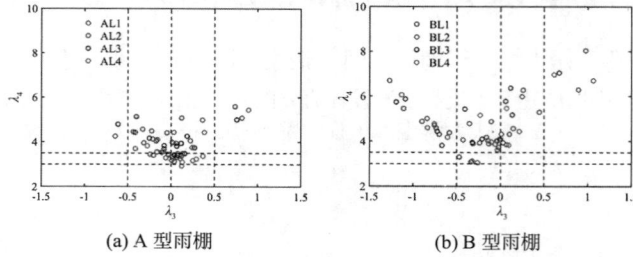

(a) A 型雨棚　　　　　　　　(b) B 型雨棚

图 3 两类雨棚峰度-偏度散点图

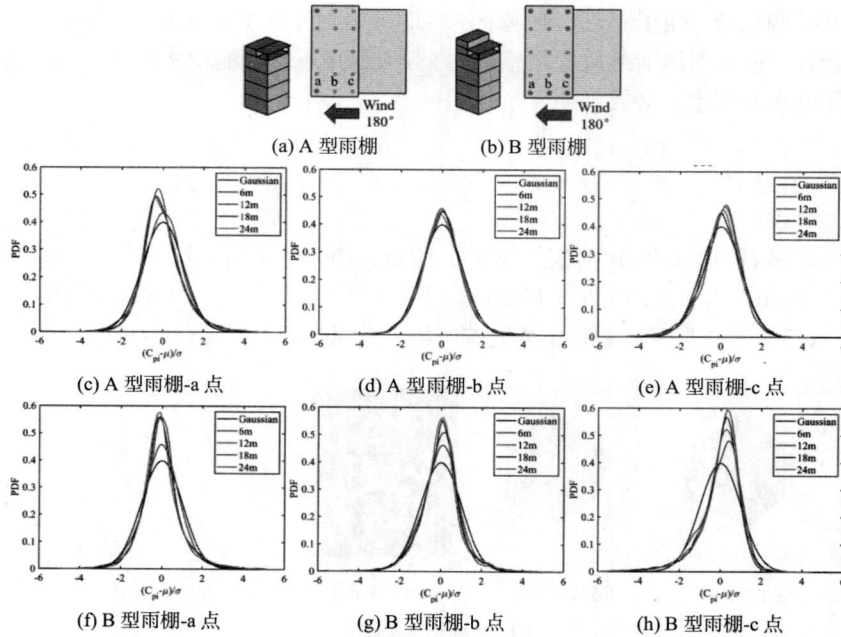

(a) A 型雨棚　　　　　　　　(b) B 型雨棚

(c) A 型雨棚-a 点　　　(d) A 型雨棚-b 点　　　(e) A 型雨棚-c 点

(f) B 型雨棚-a 点　　　(g) B 型雨棚-b 点　　　(h) B 型雨棚-c 点

图 4 雨棚边缘测点总风压概率密度分布

4　结论

（1）雨棚呈现"上负下正"的特点，故雨棚下表面风压对上表面风压有一定的加强作用，使得雨棚总风压大于上表面风压。雨棚表现出高度敏感性，随着高度增加其风压出现突变。

（2）180°风向角下，雨棚位于建筑后侧，建筑增强了雨棚的非高斯特征。雨棚上下表面的空间相关性随着雨棚高度的升高而逐渐降低。

参考文献

[1]　SAKIB F A, STATHOPOULOS T, BHOWMICK A K. A review of wind loads on canopies attached to walls of low-rise buildings[J]. Engineering structures, 2021, 230: 111656.

低矮建筑结构风振计算中若干问题探讨

王国砚[1]，程　熙[2]，张　坚[2]

（1. 同济大学航空航天与力学学院 上海 200092；

2. 上海建筑设计研究院有限公司 上海 200041）

1　引言

我国现行《建筑结构荷载规范》GB 50009 规定，对于高度大于 30m 且高宽比大于 1.5 的房屋，以及基本自振周期 T_1 大于 0.25s 的各种高耸结构，应考虑风压脉动对结构产生的顺风向风振的影响。一般解读为，对不满足上述条件的结构，可只考虑平均风荷载而不考虑脉动风荷载（即风振系数可取 1.0），也不考虑结构风振（即视结构为刚性）。工程中量大面广的低矮建筑就属于这种情形，长期以来也是这样处理的。但国内结构风工程界对这一条议论较多，主要观点认为，即使结构风振可忽略，脉动风荷载总是客观存在的；即使低矮房屋建筑刚度较大可不考虑风振，但一些轻钢屋盖结构刚度并没有那么大，风振效应不应忽视。从最近的荷载规范局部修订征求意见稿中可以看出，上述规定已有所改变。这意味着，对于不满足上述条件的结构也需要考虑脉动风荷载作用并进行风振计算了。但问题是，如何进行低矮建筑结构的风振计算？低矮建筑不同于高层建筑，适合高层建筑的计算方法不适用于低矮建筑。因此，如何简单有效地进行低矮建筑结构风振计算，就成了值得研究的问题。在建立低矮建筑结构风振的工程计算方法之前，有必要深入研究其力学计算方法。本文结合一个具体的轻钢结构工程案例，通过采用基于等效风振力法的力学计算方法对低矮建筑结构的风振计算进行研究，重点对其中的若干问题进行探讨，从而为研究轻钢结构类低矮建筑的风振计算方法打下基础。

2　本文低矮建筑结构的风振计算

2.1　工程简介

本文的研究对象是一处大面积隔离板房建筑群，其中一个典型隔离板房是由一系列箱装体拼装而成的长 60m、宽 14.5m、高 6.28m 的轻钢结构，如图 1 所示。该结构的特点之一是有大量的内部构件。由于建筑场地位于上海市东南角，靠近杭州湾，风环境恶劣，需要对该典型隔离板房（简称"目标结构"）进行风振响应分析，属于典型的低矮建筑风振计算问题。本文基于我国现行《建筑结构荷载规范》GB 50009 确定风荷载参数，通过数值模拟计算其体型系数，采用基于振型分解法和等效风振力法的结构风振计算方法对其进行风振计算。在计算过程中，对若干问题进行探讨。

图 1　典型隔离板房示意图

2.2 结构风振计算

本文采用杆系结构模拟目标结构，并假定其为线弹性结构。将作用在建筑物表面的平均风荷载通过导荷载方式等效地作用在框架结构各节点上，进行结构对平均风荷载的响应计算；考虑结构的前 20 阶主振型，根据我国目前的结构风工程理论建立各振型的脉动风等效风振力，进行结构对各振型等效风振力的响应计算，然后采用 SRSS 方法计算结构的脉动风响应；将结构的平均风响应和脉动风响应进行叠加，并与结构在自重作用下的静力响应进行叠加，从而得到结构的总响应。根据本文的计算结果，目标结构的基本自振周期 T_1 为 0.46s，结构的风振响应以平均风响应为主，但在某些局部区域，脉动风响应也不容忽视。

针对本文目标结构的计算，可得出以下结论：①目前荷载规范中基于风振系数的方法对本文这种低矮轻钢结构已不适用；②用基于等效风振力法和以平方总和开方法为特征的振型分解法进行这类结构的风振计算较方便；③为方便计算，先采用平方总和开方法根据各振型等效风振力计算出一个总等效风振力，再考虑一定的峰值因子与平均风荷载叠加，得出总风荷载，由此计算结构总响应最大值，在大多数情况下是可行的，但在某些情况下仍可能"包不住"；④针对本文目标结构和风荷载，简单地将平均风荷载乘以 1.2 左右风荷载放大系数，求结构响应最大值，同样在大多数情况下可行，但在某些情况下仍有可能"包不住"。

2.3 关于低矮建筑结构风振计算的若干问题

通过对目标结构的风振计算，本文认为，在对低矮建筑结构进行风振计算时，以下几个问题有待进一步深入研究：

（1）风荷载参数的确定。我国荷载规范给出的 Davenport 风速谱、Shiotani 空间相关性模型等，一般认为是针对高层建筑的，对低矮建筑是否也适用？尤其是空间相关性模型，目前的模型仅给出迎风面内的相关性，如何确定沿顺风向的相关性？本文仍采用 Davenport 风速谱和 Shiotani 空间相关性模型，仍取 0.7 作为考虑沿顺风向的相关性。

（2）在采用振型分解法时，需要考虑多少阶振型？如何计算相应的阻尼力？本文仅取前 20 阶振型；采用瑞利阻尼理论，并依据第 1 阶和第 20 阶固有频率确定各阶振型阻尼比。

（3）在计算各振型脉动风响应后，如何计算结构的脉动风总响应？理论上讲，应该采用 CQC 法，但相应的风荷载互谱（或相干函数）如何计算？本文未采用 CQC 法计算。

（4）在得到结构的脉动风响应后，如何与平均风响应进行叠加？由于计算出的结构脉动风响应实际上是脉动风响应均方根值（也可理解为是根方差），只能是正值，仅代表一个幅值，而空间方位应理解为是随机的。在这种情况下，如何与平均风响应叠加？本文采用沿平均风响应的方向为脉动风响应最大值的方向，以此与平均风响应进行叠加。

（5）在目前的结构风工程计算中，一般是采用平均风荷载乘以风振系数方法得到结构的总风荷载，然后通过静力计算得到结构的风振响应幅值，这种方法的前提是仅考虑结构基本振型（一个振型）。对于低矮建筑结构，当考虑多个振型时，该如何计算？是先将各振型脉动风等效风振力按 SRSS 法得到总脉动风荷载，然后通过静力计算得到结构的脉动风响应幅值？还是先计算各振型的脉动风响应，然后通过 SRSS 法计算结构的脉动风总响应？本文计算结果表明，对于结构响应最大值而言，先对荷载进行 SRSS 法计算，在大多数情况下可行，但仍有不确定性；将平均风荷载乘以单一风荷载放大系数的方法，也是在大多数情况下对结构响应的最大值可行，但仍有不确定性。

（6）对于有大量内部构件的空间结构，采用风振系数是否还有意义？该如何定义风振系数？本文认为，此时已不宜采用风振系数。

面向围护结构整体减灾的年最大风荷载估计

冀骁文[1]，黄国庆[2]，赵衍刚[1]，卢朝辉[1]

（1. 北京工业大学城市与工程安全减灾教育部重点实验室 北京 100124；
2. 重庆大学土木工程学院 重庆 400045）

1 引言

风灾是全球发生频率最高、影响最严重的自然灾害之一。而在极端风环境中，建筑围护结构的破坏往往首当其冲，并由此引发一系列后续破坏。围护结构作为建筑结构抗风的第一道防线，保持其作为抗风体系的完整性具有重要意义。然而，风灾的频繁发生以及灾后的调研报告表明，强化建筑围护结构的合理性设计仍然任重道远。目前在确定围护构件风荷载标准值时，通常是对同类构件在最不利荷载条件下进行分析，即采用最不利构件设计思想，相应地，人们对如何准确得到年极值风荷载开展了深入研究。该设计理念未将围护结构在抵抗强风时视作整体，另外由风荷载引发的构件破坏趋同性，会降低建筑抗风的可靠性。为此，提出了围护结构抗风一体化设计思想，将年极值风荷载的确定工作转化为对应多构件的风荷载多元极值分析。研究面向围护结构整体减灾，实现保守设计目标。

2 研究内容

2.1 围护结构一体化设计理念

对于同类围护构件来说（例如同型号的屋面板或幕墙等），一体化设计的基本思想是所有该类构件的年最大风荷载均不超过设计值，区分于最不利设计思想。例如，围护结构上存在 N 个相同的构件，基于一体化设计思想和最不利设计思想的年最大风荷载应具有以下关系：

$$[1 - \Psi_Y(y_1, y_2, \cdots, y_N)]^{-1} \leqslant \min_{1 \leqslant i \leqslant N}\left\{[1 - \Psi_{Y_i}(y)]^{-1}\right\} \tag{1}$$

式中，$\Psi_Y(y_1, y_2, \cdots, y_N)$ 为 N 个构件风荷载极值联合分布，$\Psi_{Y_i}(y)$ 为最不利构件风荷载极值分布。通常建筑表面风压存在正相关性，因此由左侧确定的重现期风荷载会高于右侧结果，即偏向更保守的设计，以最大限度地保证围护结构整体的完整性。

2.2 短期数据下极值相关性推测

为了建立风荷载多元极值联合分布，需要明确不同风荷载系数极值相关性。由于风洞试验采样时长较短，所获得的短期数据往往不足以充分获取极值相关性。为解决该问题，引入秩相关系数来量化相关性，推导出短-长时距相关系数理论转换关系的简化公式[1]：

$$\rho_T = \rho_t\left(1.068M^{-0.485} - 0.068\right)^{1-\rho_t} \tag{2}$$

式中，ρ_t 和 ρ_T 分别为时距 t 和 T 下的风荷载系数极值秩相关系数，且 $t \leqslant T$；前者可以从试验数据中估得（如 $t = 20\text{s}$），利用该式可以获取目标时距下（如 $T = 10\text{min}$）的相关性。

2.3 高维风荷载系数极值建模

在实际情景中，建筑（群）中的同类型围护构件数量可能会十分庞大，建立联合分布模型面临着高变量维度的挑战，常见的 Nataf 转换方法极易出现相关矩阵病态问题。为此，研究引入藤 Copula 模型，将 N 维风

基金项目：国家自然科学基金项目（52278135）

荷载系数极值联合分布密度构建为[2]：

$$F_{\boldsymbol{X}}(x_1, x_2, \cdots, x_N) = \prod_{l=1}^{N} f_l(x_l) \prod_{l=1}^{N-1} \prod_{k=1}^{N-l} c_{k,k+l|k+1 \sim k+l-1}(u_{k|k+1 \sim k+l-1}, u_{k+l|k+1 \sim k+l-1}; \theta) \tag{3}$$

此时，多元建模过程中仅需确定二元 Copula 模型，规避了相关矩阵病态问题。

2.4 多元年最大风荷载估计

宏观风气候（即年最大风速）对风荷载强弱有着主导地位，考虑其不确定性十分必要。在用于分析年最大风荷载的一阶法[3]基础上，将其推广至多元年最大风荷载：

$$\Psi_{\boldsymbol{Y}}(y_1, y_2, \cdots, y_N) = \int_0^{\infty} \psi_V(v) F_{\boldsymbol{X}}\left(\frac{2y_1}{\rho v^2}, \frac{2y_2}{\rho v^2}, \cdots, \frac{2y_N}{\rho v^2}\right) dv \tag{4}$$

其中，$Y = 0.5\rho V^2 X$；$\psi_V(v)$ 为年最大风速分布密度。通过 Cook-Mayne 蒙特卡洛模拟方法可以模拟得到重现期风荷载。

2.5 应用：低矮房屋屋盖风荷载确定

将所提一体化设计理念（MID）与传统最不利设计理念（MSD）应用到某低矮房屋屋盖系统中进行对比分析，屋盖包含 20 个屋面板构件。图 1 和图 2 分别给出了同类构件假定和异类构件假定（两类）在不同重现期下的年最大风荷载以及比例系数，对比发现，多构件一体化设计理念的风荷载比最不利构件设计理念的风荷载高出约 3%，异类构件比例系数提高近 1.3 倍，且不考虑相关性均会高估结果。

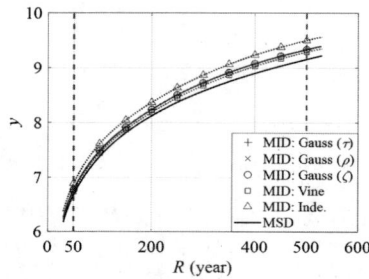

图 1 不同重现期下同类构件年最大风荷载　　图 2 不同重现期下异类构件比例系数

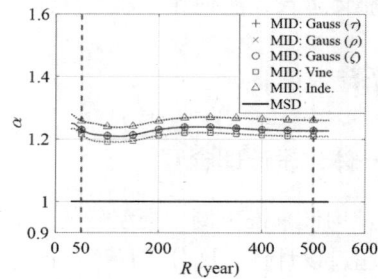

3　结论

（1）基于对围护结构整体安全性的考虑，提出了围护结构一体化设计理念。

（2）提出了面向一体化设计理念的指定重现期下年最大风荷载分析方法。

（3）新理念下得到的年最大风荷载分析结果更为保守，为围护结构整体减灾提供参考。

参考文献

[1]　JI X W, LI D M, LI F, et al. Converting dependence of extreme wind pressure coefficients across different epochs[J]. Journal of Wind Engineering & Industrial Aerodynamics, 2024, 255: 105947.

[2]　JI X. Multivariate extreme wind loads: Copula-based analysis[J]. Journal of Engineering Mechanics, 2023, 149(1): 04022082.

[3]　COOK N J, MAYNE J R. A novel working approach to the assessment of wind loads for equivalent static design[J]. Journal of Wind Engineering and Industrial Aerodynamics, 1979, 4(2): 149-164.

分离式三箱梁涡振流固耦合机理模型

孟　昊[1]，高东来[2]，陈文礼[2]

（1. 重庆大学土木工程学院　重庆　400038；

2. 哈尔滨工业大学土木工程学院　哈尔滨　150000）

1　引言

分离式三箱梁断面极限跨度大，颤振稳定性高，交通适应性强，正逐渐被应用于风场环境极为复杂的大跨度跨海桥梁设计中。然而，随着桥梁跨度的增大，主梁结构变柔，阻尼比降低，对风荷载极为敏感，结构风效应突出。西南交通大学杨风帆等[1]研究了分离式三箱梁成桥断面大比例尺节段模型的涡激振动特性及致振机理，并提出了两类涡振控制方案。杨风帆在研究中表明[2]：非定常旋涡形成位置主要位于上下游间隙、检修轨道后方以及下游公路箱梁上方，这些非定常旋涡会诱发周期性的脉动升力及扭矩，导致严重的竖向及扭转涡振。湖南大学王超群等[3]发现：分离式三箱梁在运营状态和施工状态下，都极易发生涡激振动。王超群等[3]还对比了腹板分别为曲线型、半线型及线型的三类断面在不同风攻角下的涡振响应特征。进一步地，王超群等[4]围绕攻角影响，研究了西堰门公铁两用桥分离式三箱梁断面在施工状态下的静、动力特性及绕流场特性。同济大学赵林等[5]的研究表明，三箱梁在涡激振动过程中，上游箱梁的上下表面、中间箱梁的上表面以及下游箱梁的上下表面后缘处的气动力做功对涡激振动贡献为正，是涡激振动的主要激励源。

尽管分离式三箱梁结构的复杂气动失稳现象引起了广泛关注，但目前对于其背后的涡动力学和流固耦合机理的研究仍然不够深入。因此，许多研究者不得不依赖风洞试验的穷举方法来探索有效的气动控制策略。同时，建立一个能够准确预测三箱梁结构起振风速和振幅的理论模型，已成为当前研究的迫切需求。

2　研究方法及内容

本研究基于 1:100 缩尺模型风洞试验，以我国东南海域某超大跨度桥梁典型分离式三箱梁成桥断面为原型，采用弹簧悬挂节段模型（SSSM）系统，围绕附属构件影响，结合结构振动位移、流场单点风速及流场烟线可视化结果，分析该类断面涡激振动特性及流固耦合机理，试验现场及成桥模型简图如图 1 所示。

图 2 给出了三箱梁成桥断面竖向涡激振动响应及流场单点风速特征分析。结果表明：分离式三箱梁成桥在涡激振动中的振幅跃迁现象，与绕流场的非线性特征增强之间存在着密切的关联性。对于成桥而言，$U/f_vD = 4.52$ 时，结构起振；$U/f_vD = 4.86$ 时，结构振幅发生第一次跃迁，上游间隙流 3 倍频同时加强；$U/f_vD = 5.29$ 时，结构振幅发生第二次跃迁，上游间隙流 4 倍频同时加强；$U/f_vD = 5.43$ 时，结构振幅到达峰值，随后开始衰减，并在 $U/f_vD = 6.08$ 时停止振动。

3　结论

分离式三箱梁裸桥、成桥在涡激振动中的振幅跃迁现象，与绕流场的非线性特征增强之间存在着密切的关联性。起振后，随着风速提高，结构涡振振幅增加，上游间隙中大尺度相干结构尺度随之增加，与中间箱梁前缘发生碰撞，绕流场非线性特征因而增强，导致结构涡振振幅发生第一次跃迁。若风速继续增加，结构涡振加剧，导致涡尺度增大，与下游箱梁前缘发生碰撞，导致流场的非线性特征进一步加强，结构涡振振幅由此发生第二次跃迁。因此，上游间隙脱落涡撞击箱梁前缘导致了涡振振幅第一次跃迁现象，下游间隙的存在导致了第二次跃迁现象。

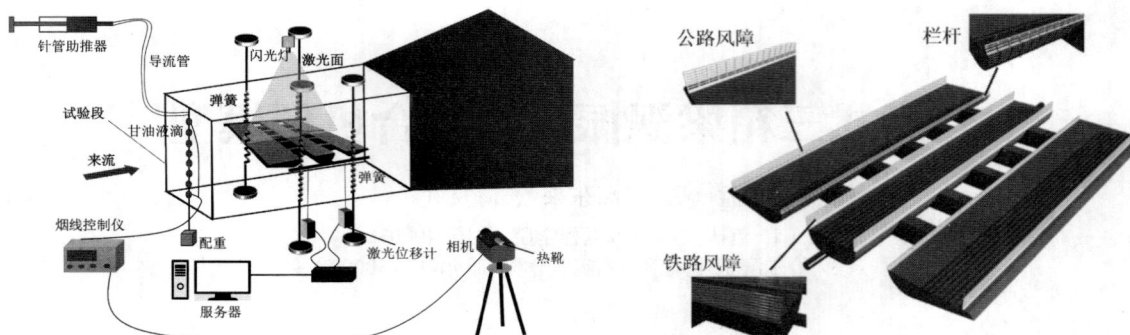

图 1　试验设计简图

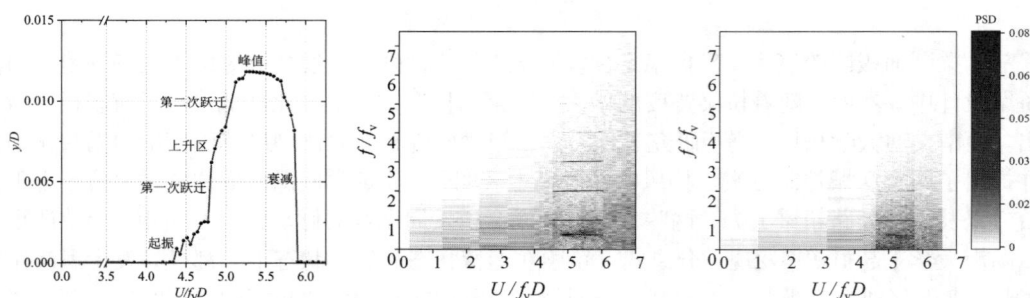

图 2　竖向涡激振动响应及流场单点风速特征分析

参考文献

[1] 杨风帆. 大跨度桥梁分体三箱梁涡激振动机理与控制研究[D]. 成都: 西南交通大学, 2022.

[2] YANG F F, ZHENG S, YAN Z. Vortex-induced Vibration and Control of Split Three-Box Girder Bridges[J]. Structural Engineering International, 2021.

[3] WANG C Q, HUA X, FENG Z, et al. Experimental investigation on vortex-induced vibrations of a triple-box girder with web modification[J]. Journal of Wind Engineering and Industrial Aerodynamics, 2021, 218.

[4] WANG C Q, HUANG Z, HUA X, et al. Aerodynamic mechanism of triggering and suppression of vortex-induced vibrations for a triple-box girder[J]. Journal of Wind Engineering and Industrial Aerodynamics, 2022, 227(1): 105051.

[5] ZHAO L, WU F, HAN T, et al. Aerodynamic force distribution and vortex drifting pattern around a double-slotted box girder under vertical vortex-induced vibration[J]. Journal of Wind Engineering and Industrial Aerodynamics, 2023, 241(2): 105548.

箱梁涡振主动吸吹气方法设计与理论建模

陈冠斌，陈文礼

（哈尔滨工业大学土木工程学院 哈尔滨 150090）

1 引言

为提高主动吸吹气控制方法的实用性，本文提出一种内嵌式的空气速度调节器以改变空气的流速，从而形成吸吹气的控制理念。采用大比例尺制作试验模型，研究本控制方法对单箱梁发生涡激振动时幅值的控制效果，分析不同吸吹气强度对控制效果的影响。然后，建立有、无控制单箱梁涡激振动的理论模型，预测不同吸吹气强度时单箱梁涡振幅值。

2 内嵌式主动吸吹气控制设计

该研究以大带东桥为试验对象，采用了 1：25 大缩尺比的试验模型，横截面几何尺寸如图 1（a）、（b）所示。风速调节器（Air velocity regulator：AVR）内置于箱梁两端，其横截面为方形。AVR 的入口和出口的几何尺寸为 52.5mm × 52.5mm。主梁前缘的 AVR 与后缘的 AVR 通过一个横截面尺寸为 30mm × 30mm 的方形通道连接，如图 1（c）所示。当 AVR 工作时，可加快空气流动速度形成主动射流从桥梁主梁尾缘吹出，射流将与剪切层分离的涡流相互作用并改变尾流结构。用 8 个悬挂模型，通过自由振动试验确定振动频率为 5.61Hz，阻尼比为 0.57%。基于动量吸吹气系数（J_{sj}）计算方法[1]，本研究设置了 0、0.0044、0.0097、0.0171 和 0.0265 五种工况。

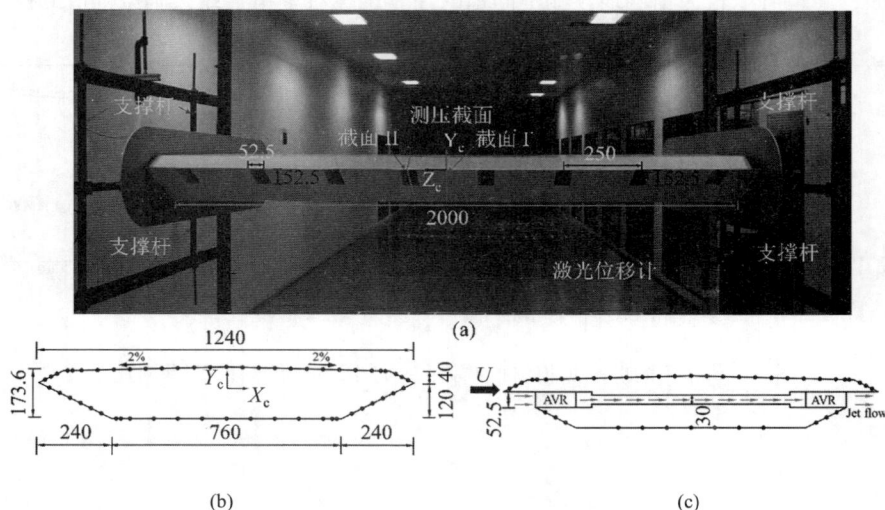

图 1 模型配置信息：（a）箱梁展向几何及细部信息；（b）截面 I 的几何信息；（c）截面 II 的几何信息（单位：mm）

3 单箱梁耦合模型的建立

箱梁发生涡激振动时可以假设为弹簧振子系统，尾涡产生的非定常力可以用非线性尾流振子来描述，如图 2 所示。描述箱梁涡激振动的耦合模型分为两部分：第一部分是描述箱梁运动的结构动力学方程；另一部分是尾涡运动的动力学方程。通过推导得到耦合模型如式(1)。

基金项目：国家自然科学基金项目（51978222，52408521，52427812，51722805 and U2106222）

图 2　主梁涡振受力示意图：（a）自由振动单箱梁的涡激振动；（b）气动力

$$\ddot{y} + \left(2\xi\omega_n + \frac{UC_D}{2Bm^*}\right)\dot{y} + \omega_n^2 y = \frac{UB\gamma}{2H^2m^*}\upsilon$$

$$\ddot{\upsilon} + \varepsilon\omega_f(\upsilon^2 - 1)\dot{\upsilon} + \omega_f^2\upsilon = C_M\beta\frac{H}{B}\ddot{y}$$

(1)

式中，ξ 为阻尼比；ω_n 为自由振动时箱梁的角频率；m^* 为质量比；y 和 υ 分别是箱梁和尾流振子的无量纲位移；C_M 是附加质量系数，取为 5.61[2]；C_D 是阻力系数；B 和 H 是主梁的宽度和高度；γ 的是经验参数，无控工况 γ 和控制工况 γ_c 的表达式如下：

$$\gamma = 1/(S_g^{3.3} + 406) - 0.0108/(S_g^{1.6} + 4.68)$$

$$\gamma_c = \alpha\left[1/(S_g^{3.3} + 406) - 0.0108/(S_g^{1.6} + 4.68)\right]$$

(2)

4　结果分析

图 3（a）给出了不同试验工况无量纲振幅（y_{rms}/H）与折算风速的关系。工况 $J_{sj} = 0$ 在折算风速范围为 3.21～3.62 发生了涡激振动，最大涡振幅值所对应的折算风速为 3.49。各控制工况出现涡振最大幅值对应的折算风速小于无控工况的折算风速，由于主动吸吹气控制方法能加快尾流旋涡的脱落速度。当 $J_{sj} = 0.0171$ 时完全抑制了箱梁在折算风速范围为 2.93～3.90 的涡激振动。由图 3（b）可知耦合模型成功地预测了单箱梁涡激振动的主要特征，并且可以较为精准地预测不同 J_{sj} 的控制工况对单箱梁最大涡振幅值的控制效率。

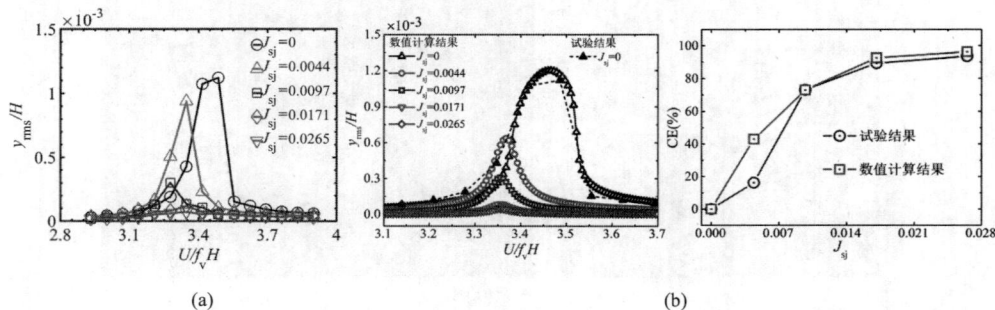

图 3　（a）不同折算风速的振动幅值，（b）试验与模型计算结果对比

5　结论

本文提出的内嵌式吸吹气控制方法在适当的吸吹气系数下成功地抑制了主梁的涡激振动。耦合模型计算结果与试验结果吻合度高。

参考文献

[1]　CHEN W L, GAO D L, YUAN W Y, et al. Passive jet control of flow around a circular cylinder[J]. Experiments in Fluids, 2015, 56(11): 1-15.

[2]　BLEVINS R D. Flow-induced vibration[M]. 1977.

湍流场中典型流线型箱梁断面涡激力展向相关性自由振动试验研究

苏　益[1]，孙延国[2]

（1. 重庆大学土木工程学院　重庆　400045；
2. 西南交通大学土木工程学院　成都　610031）

1　引言

现有桥梁断面涡激力相关性的研究大都基于静止的试验模型开展的，而结构的运动将不可避免地改变扰流特性。此外，实际桥梁的服役环境为大气湍流场，湍流对其涡振特性的影响具有很强的不确定性。因此，研究在湍流场作用下、结构处于真实涡激振动状态时的涡激力相关性等涡振性能将更加符合问题的物理本质。本研究以某典型流线型箱梁断面为研究对象，基于同步测压-测振节段模型风洞试验研究了涡激力展向相关性。

2　试验安排

本研究选取流线型箱梁的代表性断面为研究对象，其截面形式及尺寸如图 1 所示。试验在 XNJD-1 风洞中进行，如图 2 所示。为研究断面的涡振气动特性并提取表面气动力，节段模型表面平行设置了 5 个测压条带，使用置于模型内部的测压阀测量节段模型的表面压力。

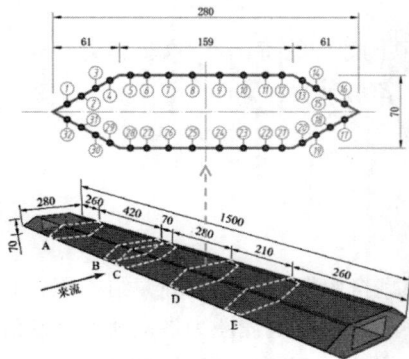

图 1　流线型箱梁断面模型测压点分布图　　　　图 2　风洞中的节段模型

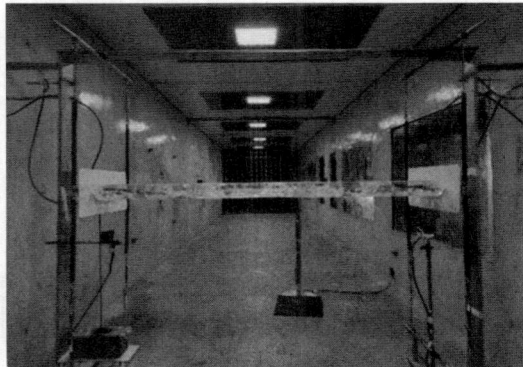

3　结果及讨论

图 3 给出了涡激力展向相关系数的结果，点符号为试验识别结果，曲线为 Ricciardelli[1]展向相关函数拟合的结果。结果显示，当模型发生持续的涡激振动时，涡激力的展向相关性会随振幅的增大而增大，但即使在振幅很小时涡激力仍保持较好的相关性。模型静止时的气动力展向相关性明显弱于模型振动状态时的相关性，这可能是因为结构物的运动会改变断面周围流体的流动形式，来流会跟随结构物运动发生相同频率的变化，提高气动力的相关性。值得注意的是，展向相关性随展向距离的增大而减小，并在一定展向距离下趋于恒定。

基金项目：国家自然科学基金面上项目（52178508）

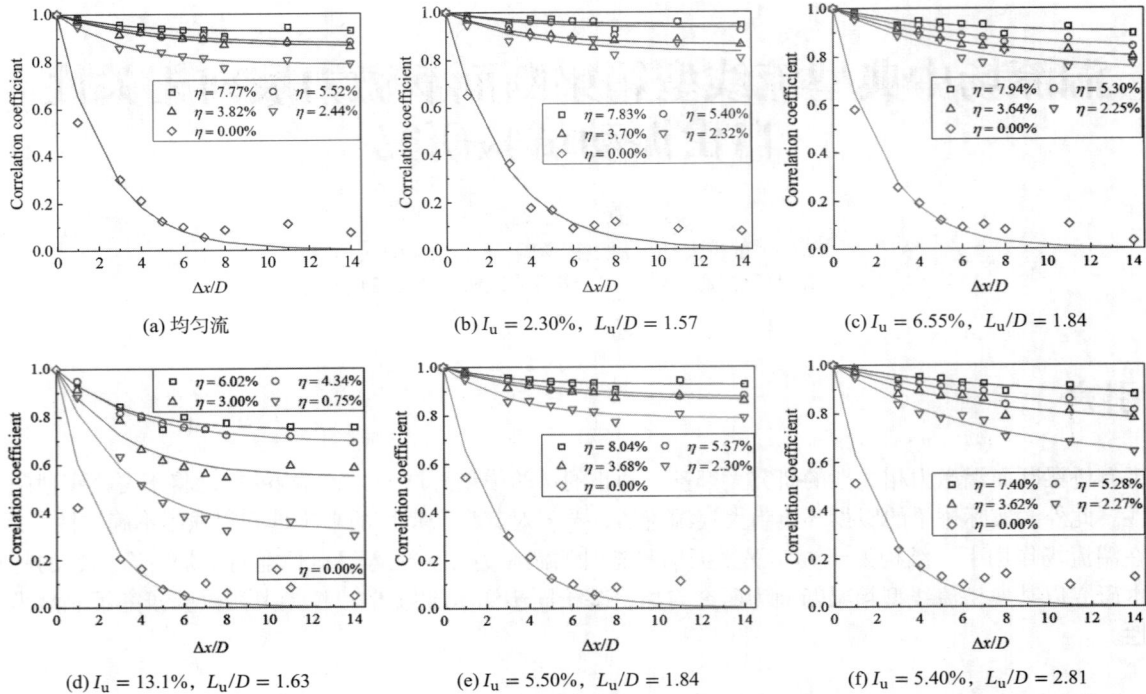

(a) 均匀流   (b) $I_u = 2.30\%$，$L_u/D = 1.57$ (c) $I_u = 6.55\%$，$L_u/D = 1.84$

(d) $I_u = 13.1\%$，$L_u/D = 1.63$ (e) $I_u = 5.50\%$，$L_u/D = 1.84$ (f) $I_u = 5.40\%$，$L_u/D = 2.81$

图 3   不同振幅下流线型箱梁断面展向相关系数

如上述结果及分析，振幅对涡激力相关性存在显著的影响。但不幸的是，Ricciardelli[1]相关函数模型（式(1)）无法描述振幅对相关性的影响。

$$R(\Delta x/D) = (1 - \alpha)\exp[-\beta \cdot \Delta x/D] + \alpha \tag{1}$$

式中，Δx 为两点间距；D 为结构高度；α 为展向长度足够大时气动力展向相关系数（展向相关性渐近线）；β 为试验识别参数。

为拓展该相关函数的应用，可以用下式结构的振幅表达其函数中的待识别参数 α 和 β。

$$\alpha(\eta) = 1 - \exp(-a \cdot \eta + b) \quad, \quad \beta(\eta) = c\eta + d \tag{2}$$

式中，a、b、c、d 为待拟合参数。

4   结论

基于湍流场中典型流线型箱梁断面同步测压-测振节段模型自由振动试验发现，结构静止时的气动力展向相关性明显弱于振动状态时的相关性。当结构发生持续的涡激振动时，涡激力展向相关性随湍流强度的增大而减弱，随振幅的增大而增大，随展向距离的增大而减小，并在一定展向距离下趋于恒定。最后，提出了一个 Ricciardelli 相关函数拓展模型，可较好地描述不同振幅下流线型箱梁涡激力的展向相关性。

参考文献

[1] RICCIARDELLI F. Effects of the vibration regime on the spanwise correlation of the aerodynamic forces on a 5∶1 rectangular cylinder[J]. Journal of Wind Engineering and Industrial Aerodynamics. 2010, 98: 215-225.

基于深度学习的桥梁非线性气动力与三维全桥颤振研究

张文明，赵礼明，冯丹典

（东南大学长大桥梁安全长寿与健康运维全国重点实验室 南京 211189）

1 引言

近年来，许多学者发现大跨度桥梁颤振并非如线性颤振理论预测的那般骤然发散，而是在一定的风速范围内呈现出自限幅的软颤振或模态转化现象，其本质是由多重非线性因素引起的非线性振动行为[1-2]。因此，在桥梁抗风设计中合理地考虑多重非线性因素，有望为进一步增大桥梁跨径提供更广阔的空间。然而，传统的线性气动力模型难以解释上述非线性颤振现象。风洞试验评估桥梁的颤振性能既昂贵又耗时，而 CFD 受算力限制，无法直接与全桥有限元模型耦合，因而难以深入考虑结构的非线性效应。

鉴于此，本研究结合深度学习技术，搭建了考虑静风效应、气动力和结构几何非线性等多重效应的全桥精细化颤振分析框架，实现了颤振极限环、模态转化等非线性现象。本研究提出的颤振分析框架是准确评估桥梁非线性颤振的有效工具，同时为深入挖掘桥梁的抗风潜力提供了重要参考。

2 研究方法

2.1 气动力模型的构建

利用谐波叠加法生成满足条件的随机位移，再通过 CFD 强迫振动法获得相应的非线性气动力时程。以断面位移为输入，气动力为输出，构建基于 LSTM 深度神经网络的气动力降阶模型。

2.2 全桥颤振分析

基于片条假定，将降阶模型预测得到的气动力以集中力形式施加到全桥有限元模型的主梁节点上，利用重启动技术，实现时域上气动力和结构响应的迭代计算，进而实现全桥非线性颤振分析。

3 算例

本文以马鞍山长江大桥为例，采用基于深度学习的全桥颤振分析方法成功实现了该三塔悬索桥的非线性颤振现象，并与风洞试验的结果进行了对比，验证了该方法的有效性。

3.1 非线性气动力模型

采用谐波叠加法生成主梁断面位移信号，生成的位移信号需具有足够丰富的频率以及充分激发气动力非线性特征的振幅。计算不同风速工况下，断面的气动升力和升力矩时程，并将其与位移信号整合形成数据集。

构建了包含 4 个层的 LSTM 网络结构：输入层、LSTM 单元层、全连接层和回归层。通过贝叶斯优化对 LSTM 单元的数量和训练学习率进行优化，以最小化验证集的均方根误差（RMSE）。采用 Adam 优化算法进行模型训练，共进行了 2000 轮训练。在训练结束后，利用测试集数据验证了模型的预测效果，结果表明训练完成的深度学习模型能够准确预测已知位移时程下单位长度截面受到的气动力。至此，气动力降阶模型构建完成，可用于进一步的全桥非线性颤振分析。

基金项目：国家重点研发计划项目（2022YFB3706703），国家自然科学基金项目（52078134，52378138）

3.2 非线性时域分析

将气动力降阶模型预测得到的气动力与主梁节点间距相乘，然后施加在有限元模型的主梁节点上。利用重启动技术在 ANSYS 平台中进行完全法瞬态分析，在分析过程中考虑结构几何非线性。此外，为了考虑静风效应，调整结构阻尼比使得桥梁先达到静风稳定位置再起振。参考全桥气弹模型风洞试验结果，设计了来流风速为 80m/s 和 90m/s 的两个工况[3]。当来流风速为 80m/s 时，主梁出现了软颤振现象，该风速高于节段模型风洞试验测得的颤振临界风速 76.1m/s（图 1）。当来流风速为 90m/s 时，颤振逐渐发散，扭转和竖弯振动频率均为 0.26Hz。

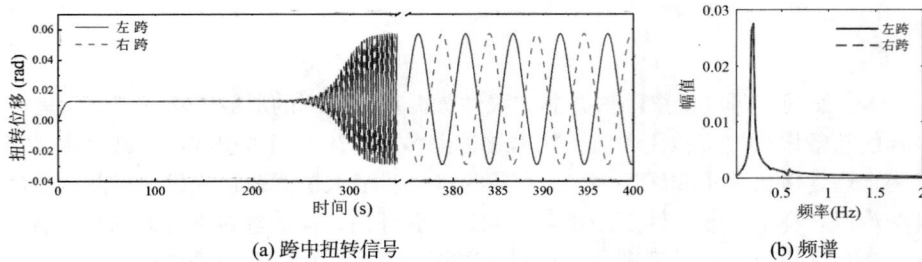

(a) 跨中扭转信号   (b) 频谱

图 1 风速 80m/s 计算结果

4 讨论

为进一步探究几何非线性对桥梁颤振的影响，将非线性气动力降阶模型与线性结构结合，开展颤振时域分析。结果表明，当来流风速为 80m/s 时，桥梁同样产生了软颤振现象，但其位移响应大大超过了考虑几何非线性时的响应幅值。且当来流风速为 90m/s 时，并没有发生颤振模态转化现象。

5 结论

本研究提出的全桥非线性颤振时域分析方法再现了全桥风洞试验中出现的软颤振和颤振模态转化现象，计算结果显示，来流风速为 80m/s 时主梁出现了软颤振现象，风速增大至 90m/s 时颤振逐渐发散，该风速区间高于节段模型风洞试验测得的颤振临界风速 76.1m/s。由此可见，本文的研究成果为准确评估桥梁颤振性能，并进一步开发桥梁抗风潜能提供了重要参考。另外，对比线性结构的计算结果发现，颤振模态转化现象是静风效应、气动力和结构非线性等效应共同作用的结果，现阶段以线性方法得出颤振临界风速作为评估依据可能远低估了桥梁的颤振性能。

参考文献

[1] LI K, HAN Y, CAI C S, et al. Experimental investigation on post-flutter characteristics of a typical steel-truss suspension bridge deck[J]. Journal of Wind Engineering and Industrial Aerodynamics, 2021, 216: 104724.

[2] 朱乐东, 高广中. 典型桥梁断面软颤振现象及影响因素[J]. 同济大学学报（自然科学版）, 2015, 43(9): 1289-1294+1382.

[3] ZHANG W M, GE Y J. Flutter mode transition of a double-main-span suspension bridge in full aeroelastic model testing[J]. Journal of Bridge Engineering, 2014, 19(7): 06014004.

跨海桥梁随机风-浪作用频域计算链

逮子龙，王艳凤，杨　凌，周远洲

（西南交通大学桥梁智能与绿色建造全国重点实验室　成都　611756）

1　引言

跨海桥梁是沿海交通路网的咽喉要道与重要节点工程。近年来，随着我国交通路网从内陆向沿海地区延伸，跨海桥梁的建设方兴未艾，如已建的港珠澳大桥，平潭海峡公铁大桥，在建的甬舟铁路西堠门大桥等。多个工程实践与研究表明[1]，与常规内陆桥梁相比，随机风-浪作用是跨海桥梁建设中最突出的工程挑战之一，准确评估随机风-浪的作用是跨海桥梁建设亟待研究的关键问题[2]。

线性系统假设下的频域方法在处理随机问题时具有效率高、理论明确、便于系统级分析等优势，在恰当的简化下，是处理复杂工程问题的可靠手段。环境随机振动频域分析中最成功的工程模型之一是 Davenport 风荷载计算链（Wind loading chain），在频域下实现风环境、风荷载、结构响应的直接串联。该方法可在现场实测数据有限的情况下，对跨海桥梁的随机波浪作用开展综合评估，研究方法与结论为我国跨海桥梁的建设与防灾提供了理论与工程借鉴。

2　计算方法

2.1　第三代海浪谱模型（图1）

第三代海浪谱模型是根据波作用量守恒原理构建控制方程，使用中心有限体积法对控制方程在地理空间和谱空间进行离散的频域模型，在频域下以谱和统计参数的方式描述波浪场。该模型能够考虑多种物理过程（如风生浪作用、底摩擦耗散、波浪破碎等），可以较好地考虑在远海与近岸海域风浪与涌浪的生成、传播和变形，其控制方程如下：

$$\frac{\partial}{\partial t}N + \frac{\partial}{\partial x}c_x N + \frac{\partial}{\partial y}c_y N + \frac{\partial}{\partial \sigma}c_\sigma N + \frac{\partial}{\partial \theta}c_\theta N = \frac{S}{\sigma} \tag{1}$$

式中，N 为波作用量；t 为时间；c_x、c_y、c_σ、c_θ 分别表示波作用量在地理空间和谱空间的传播速度；S 为以谱密度表示的能量源汇项。基于该方法，对 2015 年超强台风"杜鹃"进行了过境全过程的风-浪演化功率谱进行分析。

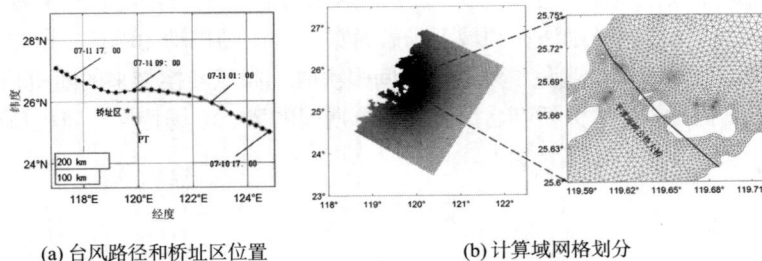

(a) 台风路径和桥址区位置　　　　(b) 计算域网格划分

图1　第三代谱模型计算示意图

2.2　波浪荷载频域边界元方法

桥梁结构上的随机波浪荷载在频域下可表示为波浪荷载功率谱密度 $S_{FF}(\omega)$，可以通过前述波浪谱模拟获

基金项目：国家自然科学基金项目（52378199）

得的波浪功率谱密度$S_{wave}(\omega)$与波浪荷载传递函数$Q(\omega)$计算得到，而荷载传递函数$Q(\omega)$是计算的关键，本文使用频域边界元方法计算波浪荷载的传递函数$Q(\omega)$。采用线性化抖振力模型作为风荷载的传递函数。

2.3 基于虚拟激励法的桥梁响应时频计算

在获得桥址区风与浪的环境谱密度与荷载传递函数后，可计算得到风浪荷载的功率谱密度，利用虚拟激励法对桥梁随机响应开展频域计算。整体框架如图2所示。

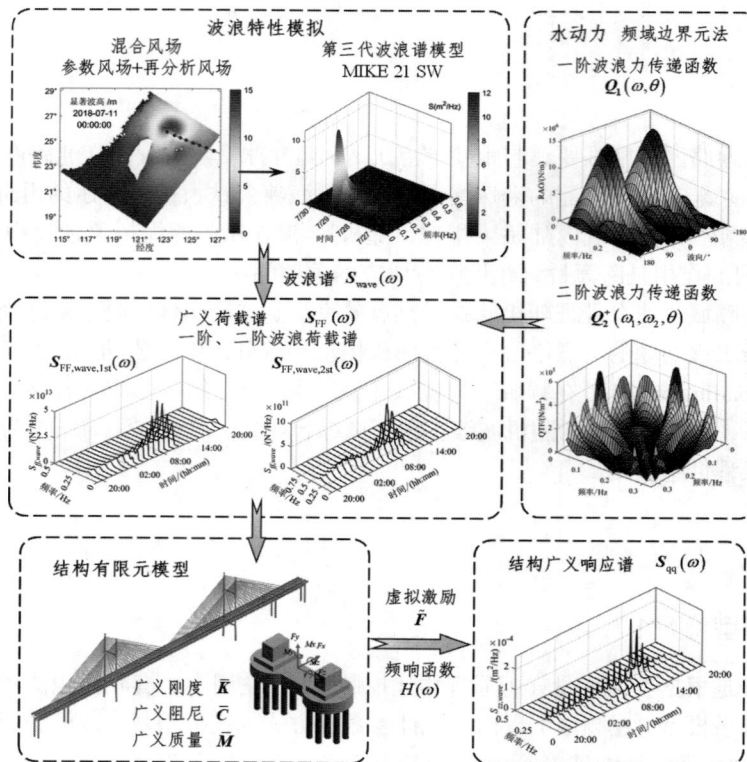

图2 风浪响应频域计算链示意图

3 结论

为了综合考虑风浪环境、波浪荷载、结构响应三个方面并评估跨海桥梁的随机波浪作用，以 Davenport 风荷载计算链为启发，提出一种实用的跨海桥梁随机风浪作用频域计算链。首先，基于第三代波浪谱模型在频域下对受地形影响的近岸波浪演化谱进行分析，随后使用频域边界元方法与抖振力模型对桥梁的风浪荷载传递函数开展计算，最后利用虚拟激励法在频域下求解桥梁结构的随机动力响应。该方法仅在频域下开展演化谱与传递函数的计算，高效准确，避免了复杂系统间多次时、频域转换带来的随机信息丢失或累积误差。以平潭海峡公铁大桥为工程背景，对大桥在台风"杜鹃"期间的风、浪场特性、随机荷载与结构动力响应进行了分析。

参考文献

[1] 高宗余, 阮怀圣, 秦顺全, 等. 我国海洋桥梁工程技术发展现状、挑战及对策研究[J]. 中国工程科学, 2019, 21(3): 1-4.

[2] TI Z, ZHOU Y, LI Y. On-site wave-wind observation and spectral investigation of dynamic behaviors for sea-crossing bridge during tropical cyclone[J]. Engineering Structures, 2023, 283: 115907.

传统节段模型弹簧悬挂装置非线性刚度理论研究

吴长青，王　顺，罗　华

（湖南理工学院土木建筑工程学院 岳阳 414006）

1　引言

弹性悬挂节段模型测振试验是研究大跨桥梁抗风性能的重要手段。常假定传统弹簧悬挂测试系统刚度不随模型振动幅值改变，但振幅增大时，弹性悬挂系统几何非线性增强，致使系统刚度变化[1-2]，忽视刚度变化会影响桥梁断面气动导数识别精度与抗风性能评估。基于此，本文经适当简化与假设，对桥梁节段模型弹性悬挂系统的刚度非线性展开理论研究，推导了不同竖向、扭转振幅下悬挂系统等效竖向、扭转刚度的理论表达式。算例表明，扭转振幅在0°～20°、竖向振幅在0～0.2m 范围内时，等效扭转刚度随扭转振幅增大而快速下降，20°振幅时扭转刚度降低率达24.36%，但竖向运动对系统扭转刚度的影响很小；等效竖向刚度基本不受模型振动的影响。

2　弹性悬挂系统非线性刚度

2.1　等效刚度表达式

传统弯扭耦合双自由度弹性悬挂系统一般由8根拉伸弹簧悬挂刚性桥梁节段模型构成。为简化分析，可将其简化为图1所示的二维力学模型。图中，TK代表节段模型，由4对弹簧（TA、TC、KB、KD）弹性悬挂，T、K为弹簧与模型连接点，节段模型扭转中心到连接点的横向距离为r。需注意，模型中每对弹簧对应实际弹性悬挂系统同侧的2根弹簧。

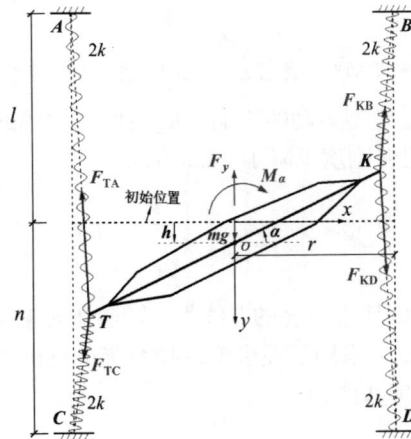

图1　弹性悬挂试验模型受力简化模型

在外力作用下，节段模型产生扭转位移α（以逆时针为正）与竖向位移h（以向下为正），此时节段模型所受的竖向力与扭矩分别设为F_y与M_α，分别将F_y对h与扭矩M_α对α求偏导，即可得到该状态下弹簧悬挂系统的等效竖向刚度K_h与等效扭转刚度K_α，计算公式分别如下：

$$K_h = \frac{\partial F_y}{\partial h} = 8k - 2k\left(\frac{l}{S_1} + \frac{n}{S_2} + \frac{l}{S_3} + \frac{n}{S_4} - \frac{p_1^2 l}{S_1^3} - \frac{p_2^2 n}{S_2^3} - \frac{p_3^2 l}{S_3^3} - \frac{p_4^2 n}{S_4^3}\right) = 8k - \Delta K_h \tag{1}$$

基金项目：湖南省教育厅优秀青年项目（23B0645），湖南省教育厅重点项目（23A0496）

$$K_\alpha = \frac{\partial M_\alpha}{\partial \alpha} = 8kr^2 - 2k\left(8r^2\sin^2\frac{\alpha}{2} + \frac{q_1'l}{S_1} - \frac{q_2'n}{S_2} - \frac{q_3'l}{S_3} + \frac{q_4'n}{S_4} - \frac{q_1^2 l}{S_1^3} - \frac{q_2^2 n}{S_2^3} - \frac{q_3^2 l}{S_3^3} - \frac{q_4^2 n}{S_4^3}\right) = 8kr^2 - \Delta K_\alpha \quad (2)$$

式中，F_{TAy}、F_{TCy}、F_{KBy} 与 F_{KDy} 分别为 F_{TA}、F_{TC}、F_{KB} 与 F_{KD} 沿 y 方向（竖向）的分量，M_{TA}、M_{TC}、M_{KB} 与 M_{KD} 分别为 F_{TA}、F_{TC}、F_{KB} 与 F_{KD} 对扭转中心的扭矩；（′）表示对 α 的偏导数；

$$S_1 = \sqrt{r^2(1-\cos\alpha)^2 + (l + r\sin\alpha + h)^2}; \quad p_1 = l + r\sin\alpha + h; \quad q_1 = r^2\sin\alpha + r(l+h)\cos\alpha;$$

$$S_2 = \sqrt{r^2(1-\cos\alpha)^2 + (n - r\sin\alpha - h)^2}; \quad p_2 = n - r\sin\alpha - h; \quad q_2 = -r^2\sin\alpha + r(n-h)\cos\alpha;$$

$$S_3 = \sqrt{r^2(1-\cos\alpha)^2 + (l - r\sin\alpha + h)^2}; \quad p_3 = l - r\sin\alpha + h; \quad q_3 = -r^2\sin\alpha + r(l+h)\cos\alpha;$$

$$S_4 = \sqrt{r^2(1-\cos\alpha)^2 + (n + r\sin\alpha - h)^2}; \quad p_4 = n + r\sin\alpha - h; \quad q_4 = r^2\sin\alpha + r(n-h)\cos\alpha;$$

$$q_1' = r^2\cos\alpha - r(l+h)\sin\alpha; \quad q_2' = -r^2\cos\alpha - r(n-h)\sin\alpha; \quad q_3' = -r^2\cos\alpha - r(l+h)\sin\alpha;$$

$$q_4' = r^2\cos\alpha - r(n-h)\sin\alpha; \quad S_1' = q_1/S_1; \quad S_2' = -q_2/S_2; \quad S_3' = -q_3/S_3; \quad S_4' = q_4/S_4。$$

当且仅当 $\alpha = 0°$，$h = 0\text{m}$ 时，$K_{h0} = 8k$，$K_{\alpha0} = 8kr^2$，此时的刚度即为弹性悬挂系统的初始竖向刚度与扭转刚度。

2.2 算例

取 $k = 80\text{N/m}$，$r = 0.5\text{m}$，$l = 1.2\text{m}$，$n = 1.1\text{m}$，根据公式(1)与(2)计算弹性悬挂系统的等效竖向刚度 K_h 与扭转刚度 K_α，分别如图2与图3所示。

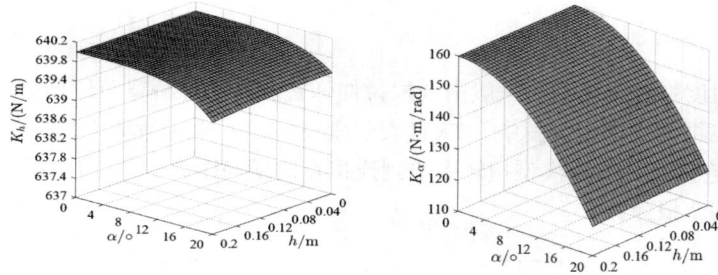

图 2　弹性悬挂系统等效竖向刚度 K_h　　图 3　弹性悬挂系统等效扭转刚度 K_α

由图2与图3可知，K_h 几乎不受模型运动的影响；K_α 受竖向振幅的影响很小，但随扭转振幅增大呈现快速降低的趋势，20°扭转振幅下的扭转刚度下降了 24.36%。

3　结论

节段模型弹性悬挂系统的扭转刚度呈现显著的非线性，随着扭转振幅的增大，扭转刚度显著降低，而竖向刚度基本不受模型振动的影响。因此，采用节段模型悬挂系统进行桥梁断面气动导数识别与桥梁抗风性能评估时应考虑弹性悬挂体系的扭转刚度非线性。

参考文献

[1] ZHANG Z T, WANG Z X, ZENG J D, et al. Experimental investigation of post-flutter properties of a suspension bridge with a π-shaped deck section[J]. Journal of Fluids and Structures, 2022, 112: 103592.

[2] XU F Y, WANG P Q, YANG J. Geometric nonlinear stiffness and frequency of the traditional spring-suspended free-vibration testing device[J]. Journal of Wind Engineering and Industrial Aerodynamics, 2023, 242: 105585.

典型钝体断面涡激振动的共性研究

王　峰，王佳盈，沈佳欣

（长安大学公路学院　西安　710016）

1　引言

大跨度桥梁的主梁断面作为典型的钝体断面，其在来流的作用下易发生风致振动。涡激振动作为风致振动的一种，其周期性自限幅的运动特性容易影响使用者的舒适度并降低结构的使用寿命。现有关于涡激振动的研究常直接针对桥梁典型断面进行研究，然而，桥梁断面因其附属结构的复杂性，导致涡激振动的振动机制难以形成普适性的结论。因此，本研究以矩形断面为基准，通过倒角变化研究 10：1 类断面涡激振动的共性并提出相应的激振模式。

2　风洞试验

图 1 展示了风洞试验的模型布置图。在试验过程中，为了保证断面周边的流场条件，试验采用翼型端墙，并将悬挂弹簧体系与激光位移计布设于端墙内部。试验模型由主体模型与可变端部模块组成，共设计 10 种断面类型，模型长 1.6m，宽 0.4m，高 0.04m。沿模型长度共布设 3 排测压孔。

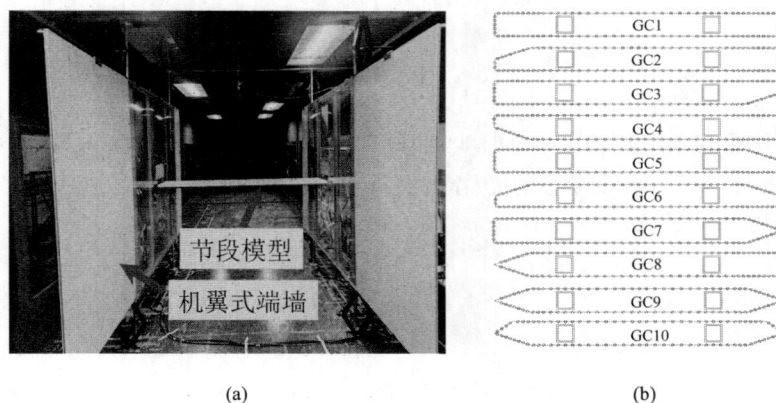

图 1　风洞试验模型：（a）试验模型；（b）试验断面图

3　分析与讨论

3.1　表面压力特性

当试验断面采用不同的倒角并发生涡激振动时，断面的特性展现出单侧非对称性分布共性。即，在正攻角工况下，时均压力、脉动压力、相位差与分形维数等参数在上表面表现出相同的规律；在负攻角工况下，各参数在下表面也表现出相同的规律。如图 2 所示，当各断面发生涡激振动时，脉动压力在上表面出现明显的非对称性分布，且涡激振动不明显时，其非对称性分布较弱（GC7）。基于脉动压力的作用及其分布规律，本文将该激振现象称之为"单侧非对称性"激励模式。

分形理论最早由 Mandelbrot 提出，并用于海岸线等无规则形状的研究中，其在一定程度上能够反映曲线

基金项目：国家重点研发计划项目（2021YFB2600600）

的复杂性。Higuchi 法作为分形理论中一种针对时间序列的分析方法，具有较好的抗噪性。如图 3 所示，当各断面发生涡激振动时，其单侧展现出明显一致性变化。在上表面后缘处，分形维数出现降低的变化趋势，而断面其他位置的变化并不显著。这表明当断面发生涡激振动时，上表面后缘的压力的脉动出现较其他位置规律的时变特性。

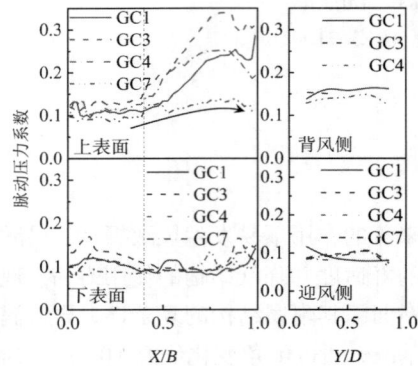

图 2　脉动压力特性（+5°）　　　图 3　表面压力分形特性（+5°）

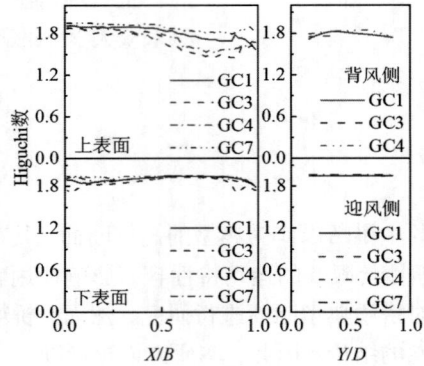

4　结论

（1）断面迎风侧与背风侧的上下表面同时布设倒角对涡激振动的抑制优于单侧布置。

（2）10∶1 断面发生涡激振动时断面展现出单侧非对称性分布共性，其扭转振动由脉动压力的"单侧非对称性"激励。

参考文献

[1]　MANDELBROT B B, WHEELER J A. The fractal geometry of nature[J]. American Journal of Physics, 1983, 51(3): 286-287.

[2]　秦建强, 孔祥玉, 胡绍林, 等. Higuchi 算法的抗噪特性分析及其应用[J]. 科学技术与工程, 2016, 16(28): 214-210.

半封闭箱梁断面涡振弯扭重叠现象研究

周 奇，林 杰

（汕头大学土木与智慧建设工程系 汕头 515063）

1 引言

稳定风速下旋涡脱落可能激发出竖弯和扭转两种模态的桥梁涡激共振，目前相关研究中试验及数学模型很少考虑二者之间的相互影响。然而，由于大跨度桥梁旋涡脱落的复杂性以及振动模态的紧密性[1]，实际工程中存在竖弯和扭转涡振锁定区间重叠的现象。重叠区间对桥梁涡振特性存在什么影响，现有的数学模型是否适用该区间涡振特性的预测，目前还没有明确的结论。本文拟通过弹簧悬挂节段模型风洞试验[2]，研究了某悬索桥半封闭箱梁断面涡振的重叠现象，以探究其对准确预测各模态涡振响应的影响。

2 风洞试验介绍

试验以某跨径布置为 $55 + 130 + 336 + 130 + 55 = 706m$ 的悬索桥为研究对象，主梁断面为半封闭钢箱梁断面，模型几何缩尺比为 $1：50$。节段模型由中间测试端和两边补偿段组成，截面尺寸如图 1 所示。采用同步测力测振节段模型风洞试验方法，获得不同扭弯频率比下节段模型的位移和加速度信号，以及测试段外衣的气动力信号。

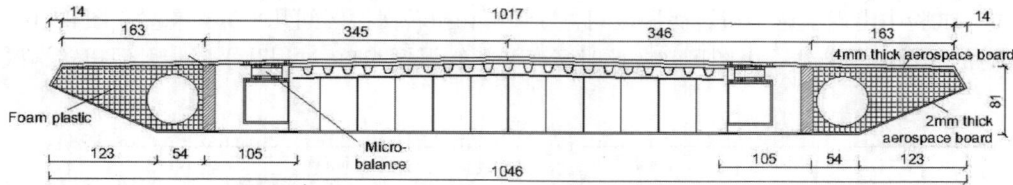

图 1 模型横断面设计（单位：mm）

3 试验结果分析

3.1 涡振重叠现象

图 2 为模型竖弯和扭转振幅随试验风速变化的曲线。由图可知竖弯和扭转涡振重叠区间涡振受抑制，影响风速区间如图中阴影区域所示。图 3 所示为竖弯与扭转涡振过渡区间的涡振时程曲线，从图中可知，涡振响应稳定阶段的非主导作用涡振响应呈现出非简谐振动特性，而采用信号分解法计算相应涡振响应时必然存在一定的影响。

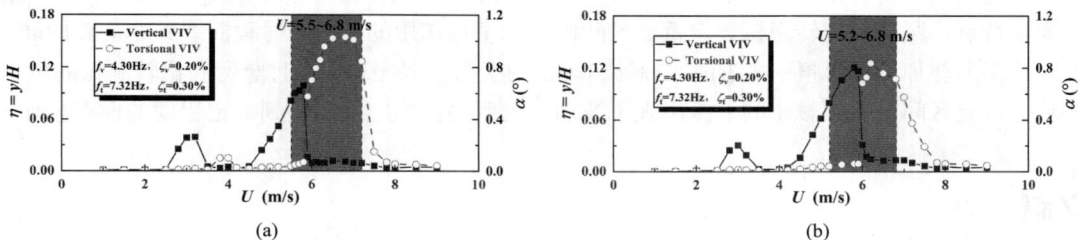

图 2 耦合工况涡振振幅-风速图：（a）+3°风攻角；（b）+5°风攻角

基金项目：国家自然科学基金项目（52278508），广东省科技创新战略专项（"大专项＋任务清单"）项目（STKJ202209084）

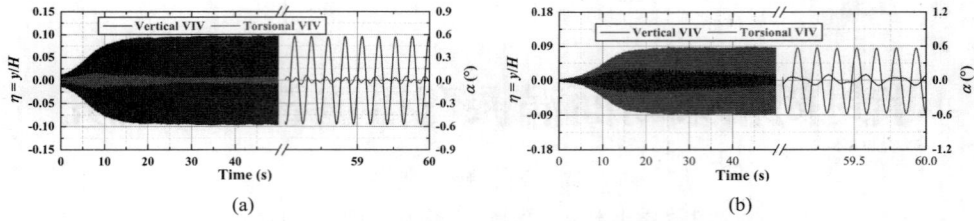

图 3 5.8m/s（a）和 5.9m/s（b）的涡振时程曲线

3.2 锁定区间重叠与否的涡振特性对比

图 4 所示分别为机械参数下锁定区间重叠与否的竖弯和扭转涡振的最大振幅随风速变化的曲线。由图可知，由于涡振重叠影响，竖弯和扭转涡振风速区间均有一定缩短。

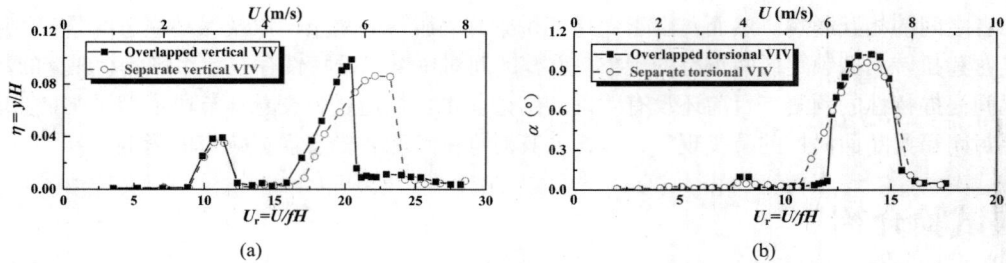

图 4 锁定区间重叠与不重叠涡振的振幅-风速图：（a）竖弯涡振；（b）扭转涡振

3.3 扭弯频率比接近 1 工况涡振特性

图 5（a）为扭弯频率比接近 1 时，模型的竖弯和扭转振幅随试验风速变化的曲线。从图中可看出，与频率大于 1 不同，试验中出现了三个扭转涡振区间，且竖弯和扭转涡振区间几乎完全重叠。图 4（b）为试验风速为 6.5m/s 时的涡振时程曲线，由图可知，此时竖弯和扭转涡振 GTR 过程几乎同步，但扭转涡振出现了一些波动。

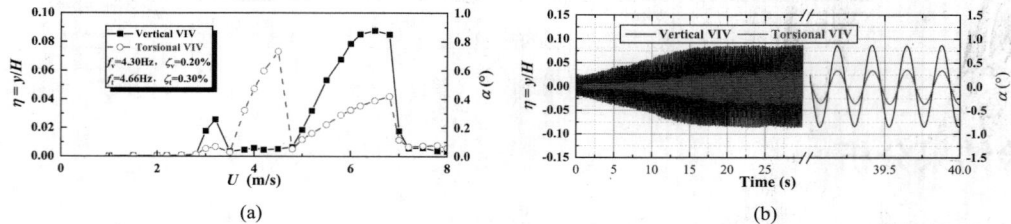

图 5 频率接近工况：（a）涡振振幅-风速图；（b）6.5m/s 风速下涡振时程曲线

4 结论

获得研究结论有：竖弯和扭转涡振锁定区间重叠导致其各自的发生风速范围减小，且其涡振过渡具有此起彼伏的演化特点。竖弯和扭转涡振锁定重叠区间内，非主导作用的涡振的时程曲线并非规律的简谐波形，而类似不同模态的叠加。扭弯频率接近时，额外出现了两次扭转涡振现象，且竖弯和扭转涡振的风速区间几乎完全一致。重叠区间内振幅较小的涡振出现了波动，表明涡振响应可能受到一定程度的模态叠加影响。

参考文献

[1] CUI W, ZHANG L, ZHAO L . Mode competition of the vortex-induced vibration for the long-span bridges with the closely-spaced multi-modes[J]. Nonlinear Dynamics, 2025, 113(8): 8071-8084.

[2] 朱乐东. 桥梁涡激共振试验节段模型质量系统模拟与振幅修正方法[J]. 工程力学, 2005, 22(5): 204-209.

斜风下三塔缆索支承桥梁抗风稳定性分析比较

张新军，周　楠，李寒妍

（浙江工业大学土木工程学院 杭州 310023）

1　引言

多塔缆索承重桥梁是指桥塔数量三个及以上的多跨缆索支承桥梁。与传统缆索支承桥梁相比，多塔缆索支承桥梁具有塔多联长的结构特点，能以较大的跨度跨越宽阔深水的江河海域或深山峡谷，是一种比较经济合理的桥型方案[1]。相对于传统的双塔缆索支承桥梁，多塔缆索支承桥梁由于中间桥塔缺乏纵向约束，结构整体刚度更弱，结构的抗风稳定性问题（包括静风和颤振稳定性）更加严峻。当前，多塔斜拉桥和悬索桥的抗风稳定性研究基本都是在法向风作用下，但风速观测发现桥梁所遭受的强风方向往往偏离桥跨法向。斜风作用如何影响大跨度三塔斜拉桥、悬索桥以及斜拉-悬吊协作体系桥抗风稳定性？三种结构体系的抗风稳定性孰优孰劣？这些问题都值得进一步探索研究。为此，结合 1400m 主跨的三塔斜拉桥、悬索桥以及斜拉-悬吊协作体系桥设计方案，基于斜风下大跨度桥梁三维空气静力和动力稳定性分析程序（3DAASA-SW）[2]，开展结构动力特性、斜风下的静风和颤振稳定性的对比分析，揭示其动力特性和斜风下抗风稳定性的特点，并探讨三塔缆索支承桥梁适宜的结构型式。

2　结构动力特性分析

采用 SDCA 程序，在计算得到的成桥状态上进行结构动力特性分析，表 1 给出了三塔缆索支承桥梁的一阶正对称和反对称侧弯、竖弯和扭转自振频率。

三塔缆索支承桥梁自振频率（Hz）比较　　　　　　　　　　　　　　　　表 1

振型		三塔悬索桥	三塔斜拉桥	三塔斜拉-悬吊协作体系桥
侧弯	正对称	0.0661（0.0660）	0.0704（0.0715）	0.0780（0.0810）
	反对称	0.0540（0.0540）	0.0474（0.0485）	0.0589（0.0595）
竖弯	正对称	0.1016（0.1017）	0.1682（0.1593）	0.1963（0.1967）
	反对称	0.0638（0.0629）	0.1291（0.1201）	0.0652（0.0670）
扭转	正对称	0.2684（0.2678）	0.4456（0.4518）	0.4079（0.3959）
	反对称	0.2014（0.2015）	0.4393（0.4464）	0.3633（0.3653）

注：括号内数值是采用 Midas Civil 有限元分析软件计算结果。

3　斜风下三塔缆索支承桥梁静风稳定性分析

基于与设计方案桥主梁断面形状和尺寸相似主梁斜节段模型风洞试验测得的静力六分力系数[3]，采用斜风下大跨度桥梁三维空气静力和动力稳定性分析程序（3DAASA-SW），开展了 −3°～+3°风攻角和 0°～25°风偏角下的静风稳定性分析。为了比较三种缆索支承桥梁斜风下的静风稳定性，表 2 给出了各风攻角下的最小静风失稳临界风速值。

基金项目：浙江省工艺技术应用研究项目（LGF22E080018）

斜风下三塔缆索支承桥梁最小静风失稳临界风速（m/s）比较　　　　　　　　表 2

α_0	−3°	−2°	−1°	0°	+1°	+2°	+3°
三塔斜拉桥	130（132）	130（130）	135（135）	144（144）	161（171）	162（173）	160（172）
三塔悬索桥	98（98）	99（99）	99（100）	101（103）	110（111）	110（117）	108（118）
三塔斜拉-悬吊协作体系桥	158（164）	149（151）	140（145）	135（141）	132（138）	128（134）	123（130）

注：括号内数值为法向风下的静风失稳临界风速。

4　斜风下三塔缆索支承桥梁颤振稳定性分析

基于与方案桥主梁断面形状和尺寸相似的主梁斜节段模型风洞试验测得的气动导数[3]，采用斜风下大跨度桥梁三维空气静力和动力稳定性分析程序（3DAASA-SW），进行斜风下的颤振稳定性分析，各风攻角下的最小颤振临界风速如表 3 所示。此外，表 3 还给出了法向风下不考虑静风效应的颤振临界风速值，以探明斜风和静风综合作用对颤振稳定性的影响。

斜风下三塔缆索支承桥梁最小颤振临界风速（m/s）比较　　　　　　　　表 3

α_0	−3°	−2°	−1°	0°	+1°	+2°	+3°
三塔斜拉桥	132.4（185.1）	137.0（183.7）	134.9（178.0）	127.6（176.0）	113.4（145.2）	107.9（114.6）	103.8（109.0）
三塔悬索桥	68.5（84.5）	67.4（79.6）	64.6（79.1）	59.9（76.6）	61.1（68.6）	53.8（56.8）	50.6（51.2）
三塔斜拉-悬吊协作体系桥	142.0（154.1）	134.9（151.5）	124.9（146.2）	115.1（142.7）	105.1（120.1）	99.9（109.1）	92.8（102.3）

注：括号内数值表示法向风下不考虑静风效应的颤振临界风速值。

5　结论

（1）三塔缆索支承桥梁具有柔性大的结构特点，总体上，结构基频以悬索桥最小，斜拉桥最大，而斜拉-悬吊协作体系桥居中更接近斜拉桥。

（2）在相同主跨情况下，三塔斜拉桥的静风稳定性最好，其次是三塔斜拉-悬吊协作体系桥，三塔悬索桥的静风稳定性最差。

（3）斜风和静风综合作用将明显减小颤振临界风速，分析时必须考虑。在相同主跨情况下，三塔斜拉桥的颤振稳定性最好，其次是三塔斜拉-悬吊协作体系桥，三塔悬索桥的颤振稳定性最差。

（4）综合考虑结构动力特性和斜风下的抗风稳定性，在同等主跨情况下，三塔斜拉桥是一种较为理想的三塔缆索支承桥梁结构型式。

参考文献

[1]　高宗余. 多塔缆索承重桥梁[M]. 北京：中国铁道出版社，2016.

[2]　ZHANG X J, YING F B, SUN L L. Flutter analysis of long-span suspension bridges considering yaw wind and aerostatic effects[J]. International Journal of Structural Stability and Dynamics, 2021, 21(13): 2150191.

[3]　朱乐东, 王达磊. 南京长江三桥主桥结构抗风性能分析与试验研究（三）—节段模型风洞试验研究[R]. 上海：同济大学土木工程防灾国家重点实验室，2003.

桥梁临近索缆结构气动干扰特征及其控制措施研究

邓羊晨[1]，李林玉[2]，李啸宇[2]，余展鹏[1]，李寿英[2]

（1. 华东交通大学土木建筑学院 南昌 330013；

2. 湖南大学土木工程学院 长沙 410082）

1 引言

随着桥梁跨度的不断增大，为了满足荷载设计要求，临近多索/缆结构开始被更多的桥梁设计所采用，如：斜拉桥的临近索面斜拉索，悬索桥的多索股吊索以及单侧双主缆。然而，这些临近索缆结构之间存在强烈的气动干扰效应，导致其易发生大幅度风致振动[1-2]。本研究针对悬索桥多索股吊索，以及施工期的单侧并置双主缆，对其气动干扰引发的风致振动特征及其控制措施进行了风洞试验研究。

2 风洞试验概况

分别针对四索股和六索股吊索，以及不同施工阶段的暂态双主缆，设计制作了气弹模型，对其进行了测振试验，试验在湖南大学 HD-2 风洞进行，模型及安装情况如图 1、图 2 所示。

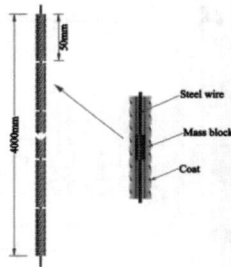

图 1 多索股吊索试验照片   图 2 施工期双主缆试验照片

3 试验结果

3.1 响应特征

对于多索股吊索，试验中在多个风攻角下均观测到了大幅度振动，个别工况发生了索股间碰索现象，如图 3 所示。最小振动和碰索临界风速分别仅为 3m/s 和 5m/s。

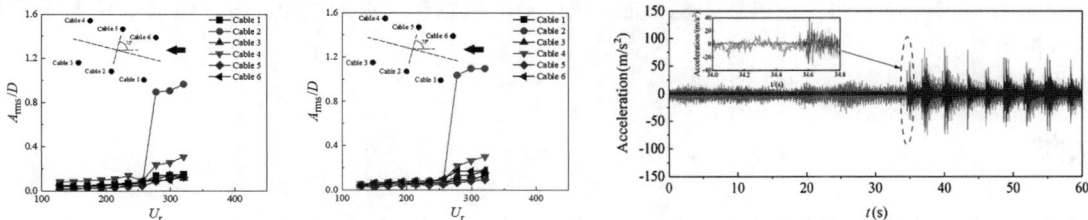

图 3 六索股吊索典型工况振动特征试验结果

对于施工阶段的双主缆，试验中在多种施工暂态情况下均观测到了大幅度振动，均以横风向振动为主，

基金项目：国家自然科学基金项目（52468069，52378508），江西省自然科学基金项目（20232BAB214080，20242BAB25308）

在不同的风向角、风攻角工况下呈现出截然不同的振动特征，其中，既有上、下主缆同时振动，也有仅上游或下游主缆发生振动；双主缆在架设早期双主缆风致振动问题最为严重，施工期最大振幅标可达 $8.7H$（H为暂态主缆高度），如图 4 所示。

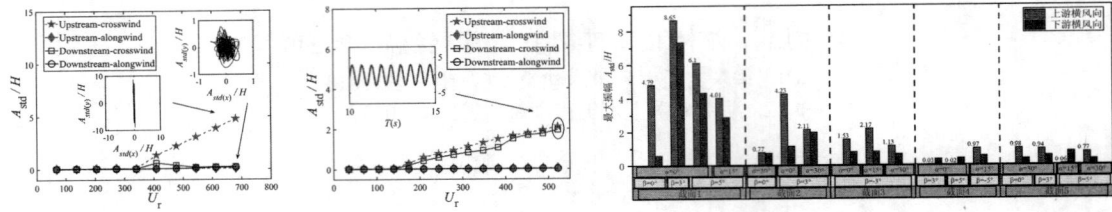

图 4　施工期双主缆典型工况振动特征试验结果

3.2　控制措施

对于多索股吊索振动，试验研究了四种控制措施的抑振效果，包括：分隔器、分隔器＋TMD、分隔器＋辅助索、分隔器＋增大吊索阻尼。结果表明，分隔器＋增大阻尼可较好地抑制吊索振动，但所需的阻尼比较大。对于施工期的双主缆振动，试验研究了 4 种控制措施的抑振效果，包括：调整双主缆间距和施工进度、包裹临时塑料薄膜、增大结构阻尼，发现双主缆异步施工对双主缆施工期风致振动具有较好的控制效果（图 5、图 6）。

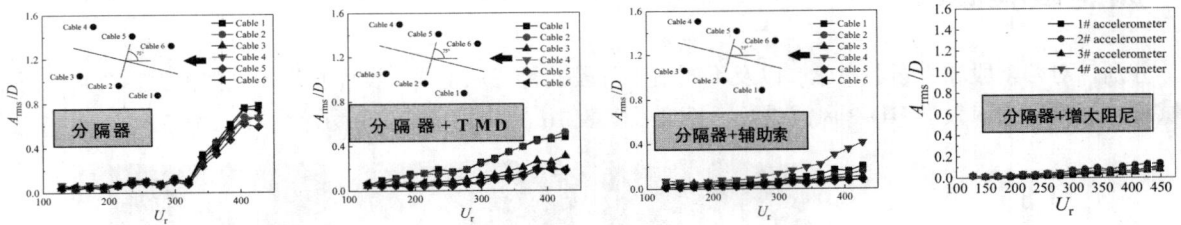

图 5　不同控制措施对多索股吊索振动的减振效果对比

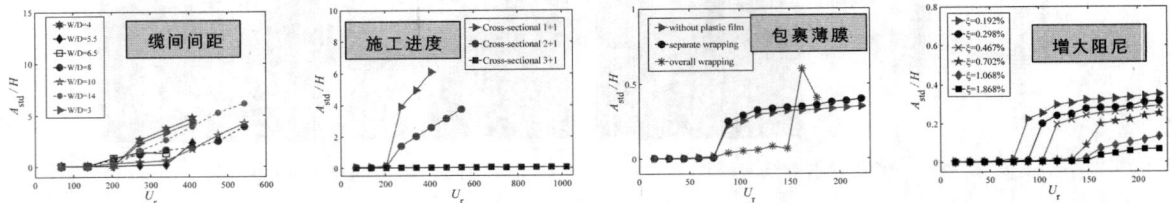

图 6　不同控制措施对双主缆施工期振动的减振效果对比

4　结论

（1）悬索桥多索股吊索易发生大幅度风致振动，存在撞索可能，起振和撞索临界风速均较低。采用分隔器＋增大阻尼的联合措施可以较好地抑制吊索振动，但所需阻尼较大。

（2）悬索桥双主缆施工期存在风致失稳可能，架设早期风致振动最为严重，两主缆采取异步施工方案具有一定的减振可能。

参考文献

[1]　DENG Y C, LI S Y, ZHANG M Z, et al. Wake-induced Vibrations of the Hangers of the Xihoumen Bridge[J]. Journal of Bridge Engineering, 2021, 26(10): 05021012.

[2]　颜旭. 串列双缆索尾流干扰效应及气动减振控制[D]. 重庆：重庆交通大学，2023.

纵梁形状对 Π 型叠合梁涡激振动特性影响研究

孙一飞 [1,2,3]，李凯文 [1]，刘庆宽 [1,2,3]

（1. 石家庄铁道大学土木工程学院 石家庄 050043；
2. 石家庄铁道大学省部共建交通工程结构力学行为与系统安全国家重点实验室石家庄 050043；
3. 河北省风工程和风能利用工程技术创新中心 石家庄 050043）

1　引言

Π 型叠合梁在大跨度桥梁中得到广泛应用，但由于其钝体特性，容易发生涡激振动[1]。本研究选择典型 Π 型叠合梁作为研究对象，通过同步测振测压试验结合 CFD 数值模拟，系统研究了纵梁高度 h、纵梁底板宽度 b、纵梁底板倾角 β 对 Π 型叠合梁涡激振动响应、风压分布、气动力及流场等的影响规律。

2　纵梁形状对涡激振动响应的影响

部分试验结果如图 1 所示。可以看到纵梁高度和纵梁底板宽度的增加在 +5° 风攻角下会对竖向涡激振动产生抑制效果，但是纵梁底板倾角的改变会加剧该攻角下涡激振动的幅值。

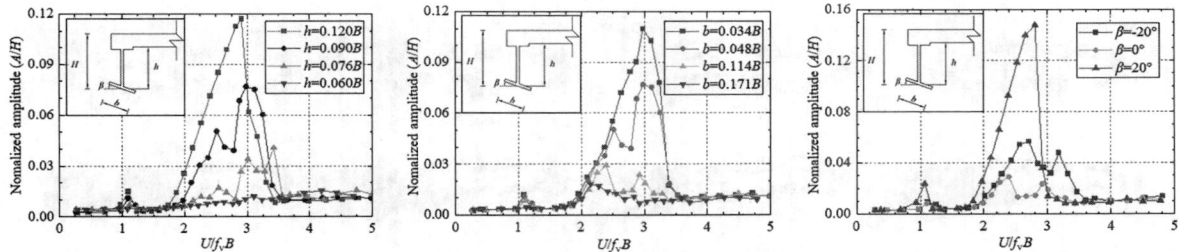

图 1　不同工况涡激振动响应对比（$\alpha = +5°$）

3　纵梁形状对风压分布的影响

如图 2 所示，以纵梁高度为例，模型上下表面脉动风压系数随着主纵梁高度的减小整体呈下降趋势，这表明较小的主纵梁高度模型表面受到气流扰动的影响更小。

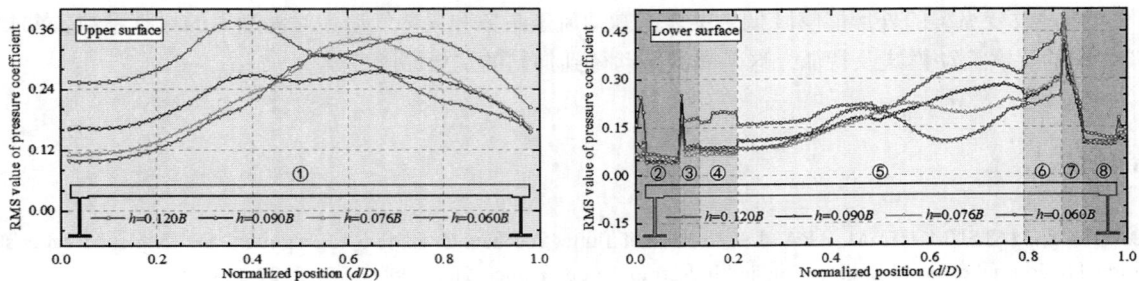

图 2　模型表面脉动压力系数对比（$\alpha = +5°$）

基金项目：河北省自然科学基金创新研究群体项目（E2022210078），中央引导地方科技发展资金项目（236Z5410G），河北省高端人才项目（冀办〔2019〕63 号），国家自然科学基金青年科学基金项目（52408551），河北省自然科学基金青年项目（E2024210071），河北省高等学校科学技术研究项目（QH2024038）

4 纵梁形状对气动力的影响

涡激力可以在同步测量技术的帮助下通过压力积分方法获得[2]。图 3 对比了不同纵梁高度模型表面涡振贡献系数分布情况。随着纵梁高度的减小，分布气动力对涡激力的贡献逐渐下降并接近零。说明主纵梁高度减小削弱了气动力对涡激力的贡献，从而减弱了涡激振动。

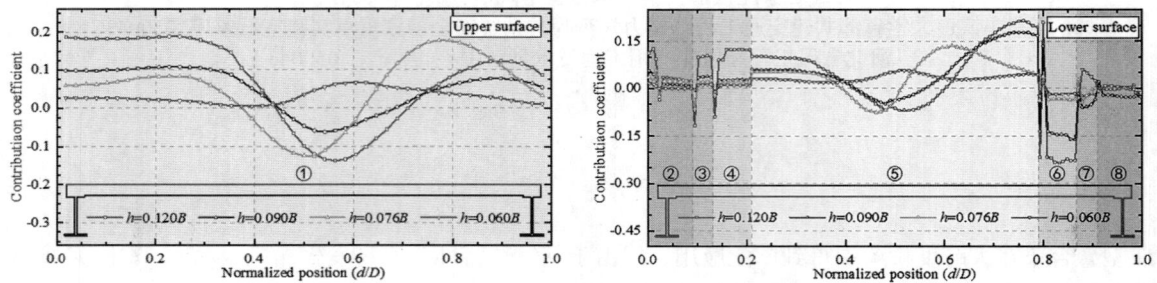

图 3　不同工况涡激力贡献系数对比（$\alpha = +5°$）

5 纵梁形状对流场的影响

一个振动周期不同时刻下的 Q 值云图如图 4 所示。当纵梁高度较大时，模型下表面前缘分离涡经一个振动周期后会移动至尾部，而纵梁高度较小时并未出现该现象，同时纵梁高度减小能显著减小前缘分离涡与尾缘脱落涡的尺寸，削弱旋涡能量，进而减弱涡激振动。

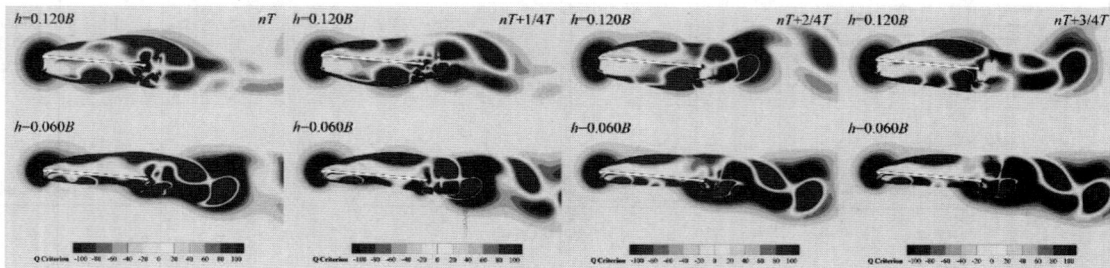

图 4　一个振动周期下的 Q 值演化图（$\alpha = +5°$）

6 结论

（1）纵梁外形的改变在不同风攻角下对涡激振动的影响存在差异。纵梁高度和底板宽度的增加能够对 +5° 风攻角下的涡激振动起到很好的抑制效果。

（2）通过改变纵梁的外形能够降低主梁表面脉动风压系数和局部气动力对涡激力的贡献系数，同时会影响主梁周围的旋涡流动模式及特征，这是涡激振动得到抑制的主要原因。

参考文献

[1] DAITO Y, MATSUMOTO M, ARAKI K. Torsional flutter mechanism of two-edge girders for long-span cable-stayed bridge[J]. Journal of Wind Engineering and Industrial Aerodynamics, 2002, 90(12-15): 2127-2141.

[2] HU C, ZHAO L, GE Y. Mechanism of suppression of vortex-induced vibrations of a streamlined closed-box girder using additional small-scale components[J]. Journal of Wind Engineering and Industrial Aerodynamics, 2019, 189: 314-331.

基于惯容阻尼器的大跨桥梁颤振性能提升方法研究

许　坤[1]，李振川[1]，任世明[1]，方根深[2]

（1. 北京工业大学桥梁工程安全与韧性全国重点实验室　北京　100124；
2. 同济大学土木工程防灾减灾全国重点实验室　上海　200092）

1　引言

随着桥梁跨径的不断增大和桥梁建设场址的不断拓展，大跨桥梁颤振安全储备逐渐降低，在气动外形优化基础上采用被动式机械措施进一步提升大跨桥梁颤振冗余度的必要性逐渐凸显。本文借助最新惯容控制理念，对惯容阻尼器用于提升大跨桥梁颤振性能的可行性与方法开展研究。选取既有文献中具有控制效率较高的三类惯容阻尼器建立桥梁-惯容阻尼器颤振控制系统，提出提升桥梁颤振临界风速的惯容阻尼器参数设计方法，对惯容阻尼器颤振临界风速提升效果、结构和气动参数敏感性、软硬颤振类型适用性等开展系统分析。结果表明，相较传统调谐吸振器，惯容阻尼器不仅能够更好地提升颤振临界风速，而且在面对气动参数等不确定性时具有更好的控制鲁棒性。用于软颤振类型控制时，惯容阻尼器优势更加凸显。

2　控制系统与优化设计方法

2.1　桥梁-惯容阻尼器控制系统

惯容阻尼器在桥梁中的布置形式如图1所示，为控制桥梁竖向和扭转振动，在断面迎风端和背风端布置一对阻尼器，阻尼器设计参数完全一致。图中 C3、C4、C6 为既有文献中具有较好控制效率的三类惯容阻尼器。为了对比，本文还对传统调谐吸振器（TMD）开展了研究。基于双模态颤振理论建立系统运动方程[1]，其中结构模态取1阶对称竖弯和对称扭转或1阶反对称竖弯和反对称扭转。惯容阻尼器沿桥梁展向布置在广义坐标位置。

2.2　惯容阻尼器参数设计流程

采用遗传算法对惯容阻尼器参数进行优化设计，在遗传算法迭代计算过程中，通过风速-频率双循环计算系统稳定性，进而确定每组装置参数下的系统颤振临界风速。遗传算法中的优化目标是系统颤振临界风速最高。对应的惯容阻尼器参数即最优控制参数。

3　颤振控制效果分析

3.1　颤振提升效果

选取某主跨1666m的悬索桥[2]开展分析，桥面高度4m，桥面宽度49.7m，1阶对称竖弯和扭转频率分别为 0.6132rad/s 和 1.4252rad/s，模态阻尼比为0.5%。采用双模态法计算原桥颤振临界风速为 U_{cr} =80.8m/s。对三类惯容阻尼器和 TMD 进行优化设计，得到系统动力特性随风速变化规律。图2给出了 C3 装置系统动力特性及其与未控制情况的对比。未控制时，系统扭转模态频率和阻尼比随风速增加逐渐降低，最终扭转阻尼比变负，颤振发生。附加措施后，扭转模态阻尼比下降速率明显变缓，而背风侧装置阻尼比随风速明显降低，表明系统能量由扭转模态传递至背风侧控制装置。随风速进一步增加，扭转模态阻尼比趋于零，此时达到控制装置最大阻尼性能，随风速进一步增加，装置阻尼比逐渐恢复，扭转模态阻尼比剧烈下降，颤振发生。不同装置颤振风速提升效果如下：C3（U_{cr} =97.6m/s）> C4（U_{cr} =96.0m/s）> C6（U_{cr} = 94.9m/s）> TMD（U_{cr} =

94.3m/s)。

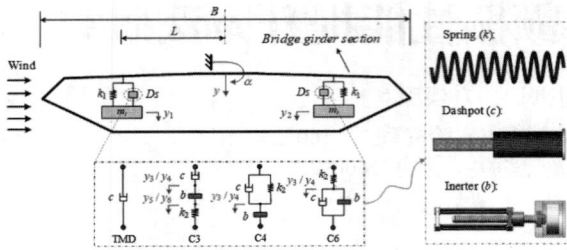

图 1　桥梁-惯容阻尼器控制系统

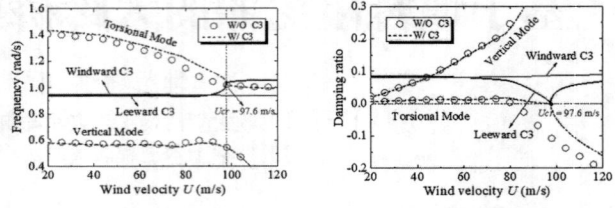

(a) 频率随风速变化　　(b) 阻尼随风速变化

图 2　控制系统动力特性随风速变化图（C3）

3.2　对结构参数敏感性

考虑到调谐吸振装置对结构参数具有较高敏感性，而装置设计过程中采用的结构参数与实际结构参数间存在一定偏差，对不同装置结构参数的敏感性进行了分析。结果表明，惯容阻尼器控制效率对结构频率的变化相较阻尼变化更为敏感，其中，对扭转频率的变化最为敏感。在结构频率和阻尼变化范围内，即使装置效果有差异，其颤振提升效率仍十分可观。

3.3　对气动参数敏感性

气动参数本身具有一定随机特性，该特性对装置控制效果也会产生影响。采用风洞得到的不同折算风速下的颤振导数统计特性，开展了考虑气动参数不确定性的蒙特卡洛分析。结果表明，不同装置对气动参数的敏感性并不一致。相较其他装置，C4 装置颤振临界风速的概率密度曲线明显向高风速移动，表明该装置不仅可以提升颤振临界风速，还能有效降低考虑气动参数带来的控制失效风险。

3.4　软硬颤振类型适用性

不同断面颤振导数随风速的变化规律并不相同（软硬颤振类型差异）。对惯容阻尼器软硬颤振类型的适用性进一步分析，结果表明，两种类型下惯容阻尼器效果均较好，其中面对软颤振类型时，惯容阻尼器颤振提升效率更高，优势更加明显。

4　结论

惯容阻尼器相较传统调谐吸振器不仅能够更好地提升颤振临界风速，而且在面对气动参数等不确定性时具有更好的控制鲁棒性。本研究有望进一步推动惯容阻尼器在桥梁风工程中的应用。

参考文献

[1] SCANLAN R H, TOMKO J J. Airfoil and bridge deck flutter derivatives [J]. Journal of Engineering Mechanics, 1971, 97: 1717-1737.

[2] FANG G, PANG W, ZHAO L, et al. Tropical-cyclone-wind-induced flutter failure analysis of long-span bridges [J]. Engineering Failure Analysis, 2022, 132: 105933.

大跨度桥梁突发涡振高效应急抑振方法

王超群 [1,2]，华旭刚 [1,2]，徐浩瑜 [1,2]，黄智文 [1,2]，陈政清 [1,2]

（1. 湖南大学桥梁安全与韧性全国重点实验室 湖南 410082；
2. 湖南大学土木工程学院 湖南 410082）

1 引言

　　近年来，国内外多座大跨度桥梁突发大幅涡振[1-2]，如我国虎门大桥、鹦鹉洲长江大桥、西堠门大桥，以及土耳其恰纳卡莱大桥和美国韦拉扎诺海峡大桥等。虽然涡振不会像颤振那样造成桥梁的毁灭性破坏，但频繁持续的涡振可能造成桥梁构件疲劳破坏，影响行人和行车舒适性，甚至诱发交通安全事故，同时也会造成不良社会影响。已有研究表明[1,3]，在役大跨度桥梁的突发涡振与检修维护引起的气动外形变化、服役期内结构阻尼比潜在变化、复杂风环境等因素有关。我国在役大跨度桥梁数量众多，服役条件及运营环境复杂，突发涡振风险高。因此，在桥梁突发涡振后实现快速抑振、最大限度地降低损失和不良社会影响十分关键。本文以一座突发涡振的在役大跨度斜拉桥为工程背景，通过现场实测、风洞试验、CFD 模拟、健康监测等手段，系统研究了大桥主梁突发涡振的原因，以及涡流发生器和柔性膜结构两种气动抑振措施的抑振效果和抑振机理，为大跨度桥梁的涡振应急处置提供参考。

2 工程背景

　　图 1 为国内某大跨度钢-混组合梁斜拉桥（主跨 460m）的主梁断面。主梁由两侧工字形钢主梁与混凝土桥面板构成 Π 型断面（梁高 3m），两侧与梁底分别设置了风嘴和下稳定板以提高抗风性能（梁宽 34.4m）。大桥建成通车 9 年后，主梁在 10m/s 风速附近频繁发生一阶竖弯模态的异常风振，最大振幅约 10cm，桥面驾驶员出现晕车反应，影响驾驶舒适性。

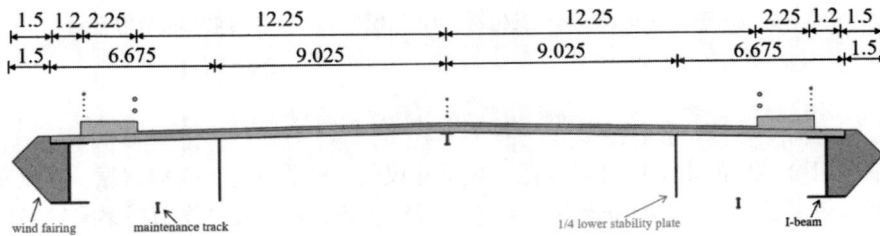

图 1　钢-混组合梁断面

3 涡振机理与抑振措施

3.1 涡振机理

　　基于主梁 1∶50 和 1∶25 缩尺比节段模型，在风洞试验中再现了实桥发生的风致振动（疑似涡振）。基于环境激励的现场实测结果显示，主梁一阶竖弯模态阻尼比约为 0.3%，远低于我国现行桥梁抗风规范参考值 1%及欧洲桥梁抗风规范参考值 0.64%，初步判定大桥主梁阻尼比较低是其发生异常风振的主要原因，这

基金项目：国家重点研发计划项目（2022YFC3005300），国家自然科学基金项目（52025082，52408526），国家资助博士后研究计划（GZC20240456），湖南省自然科学基金项目（2024J6152）

与同为钢混组合梁斜拉桥的英国赛文二桥涡振十分相似[3]。流场可视化风洞试验显示（图2），梁底大尺度旋涡脱落频率远大于尾流中卡门涡街的频率，经过频率对比推断后者是主梁涡振的主要诱因。

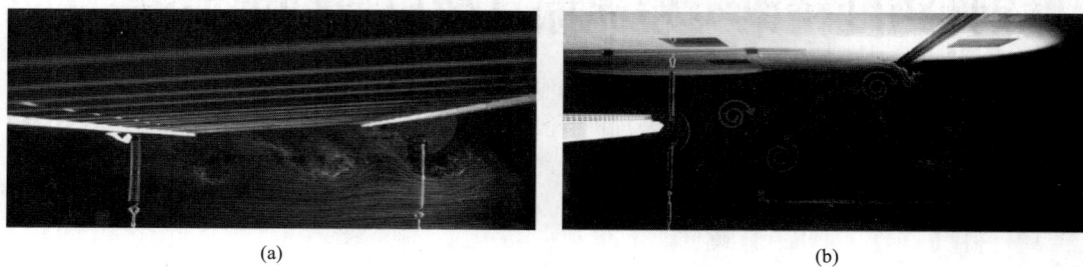

(a)　　　　　　　　　　　　　　　(b)

图2　静止模型梁底（a）与尾流（b）的流场结构

3.2　气动抑振措施

基于风洞试验和 CFD 模拟研究了一系列气动措施的抑振效果，最终选定 3.0m×0.5m 的涡流发生器作为大桥气动抑振措施（图3a）。涡流发生器安装完成至今（超过一年），大桥健康监测系统再未监测到大幅异常风振。此外，作者基于风洞试验研究了柔性膜结构（图3b）对涡振的抑振效果，结果表明适当尺寸和间距的柔性膜结构可以有效抑制主梁涡振。柔性膜结构具有安装快捷和造价低等优势，未来或可作为桥梁突发涡振的临时应急抑振措施，为后续永久抑振措施的实施提供宝贵的过渡时间，最大限度地降低损失和不良影响。

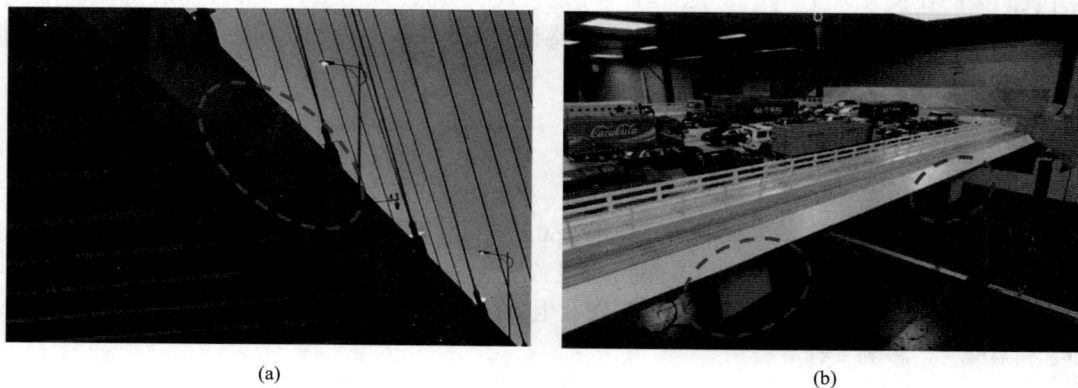

(a)　　　　　　　　　　　　　　　(b)

图3　实桥风嘴下缘安装的涡流发生器（a）与模型梁底悬挂的柔性膜结构（b）

4　结论

在役大跨度钢混组合梁桥的阻尼比可能远低于规范建议值，易诱发主梁大幅涡振。涡流发生器和柔性膜结构均可有效抑制大桥涡振，后者具有安装快捷和造价低等优势，未来或可作为桥梁突发涡振的临时应急抑振措施。

参考文献

[1]　GE Y J, ZHAO L, CAO J X. Case study of vortex-induced vibration and mitigation mechanism for a long-span suspension bridge [J]. Journal of Wind Engineering and Industrial Aerodynamics, 2022, 220: 104866.

[2]　CAO Y W, HUANG Z W, ZHANG H Y, et al. Discrete viscous dampers for multi-mode vortex-induced vibration control of long-span suspension bridges[J]. Journal of Wind Engineering and Industrial Aerodynamics, 2023, 243: 105612.

[3]　MACDONALD J H G, IRWIN P A, FLETCHER M S. Vortex-induced vibrations of the Second Severn Crossing cable-stayed bridge—full-scale and wind tunnel measurements[J]. Structures and Buildings, 2002, 152(2): 123-134.

大跨度钢箱梁悬索桥颤振稳定性方案比选数值计算研究

詹 昊

（中铁大桥勘测设计院集团有限公司 武汉 430056）

1 引言

某大跨度钢箱梁悬索桥 0°风攻角时颤振检验风速高达 95m/s，颤振稳定性是设计中首先要关注的问题。本课题运用流固耦合方法对 20 多种加劲梁方案进了气动外形数值计算比选，挑选出少数优化方案进行风洞试验。数值计算与风洞试验结果相互验证，确保了大桥抗风安全。本课题研究的内容包括：（1）折线型底板与弧线型底板箱梁对颤振临界风速的影响。（2）风屏障对颤振临界风速的影响。（3）加劲梁高度和加劲梁钢板厚度对颤振临界风速的影响。（4）中央稳定板对颤振临界风速的影响。

2 数值仿真计算原理

将加劲梁作为质量，弹簧和阻尼系统，建立弯曲和扭转流固耦合数值仿真计算模型。按加劲梁实际尺寸建模，避免了由于缩尺模型带来的雷诺数效应的影响。取最不利的第一阶正对竖弯模态和第一阶正对扭转模态组合进行颤振计算，如图 1 所示。

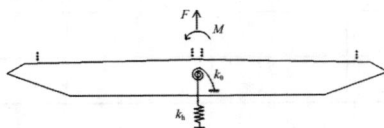

图 1 数值仿真计算原理示意图

$$m\ddot{y} + c_h\dot{y} + k_h y = F \tag{1}$$

$$I_\theta\ddot{\theta} + c_\theta\dot{\theta} + k_\theta\theta = M \tag{2}$$

$$\nabla \cdot V = 0 \tag{3}$$

$$\frac{\partial V}{\partial t} + (V \cdot \nabla)V = -\frac{1}{\rho}\nabla p + \nu\nabla^2 V \tag{4}$$

求解流体方程式(3)、式(4)[1]得到加劲梁表面的压强，计算加劲梁受到的升力和力矩；将升力和力矩分别带入加劲梁振动方程式(1)和式(2)，运用 Newmark-β 法求解加劲梁动力响应，将加劲梁的速度传递给网格，通过动网格技术使加劲梁运动，然后开始下一个时间步的计算。如此循环进行流固耦合计算得到各时间步的加劲梁位移。

3 数值仿真计算方案

部分数值仿真计算方案如图 2 所示，加劲梁设置了边界层网格，第一层网格距离加劲梁壁面 0.02m，网格总数约 20 万，计算时间步长取 0.004s。

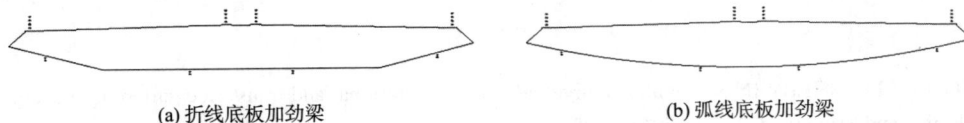

(a) 折线底板加劲梁　　　　　　　　　　　　(b) 弧线底板加劲梁

基金项目：国家自然科学基金项目（5150XXXX）

(c) 弧线底板加劲梁 + 挑臂前端风屏障 　　 (d) 弧线底板加劲梁 + 加劲梁前端风屏障

(e) 折线底板加劲梁 + 中央稳定板

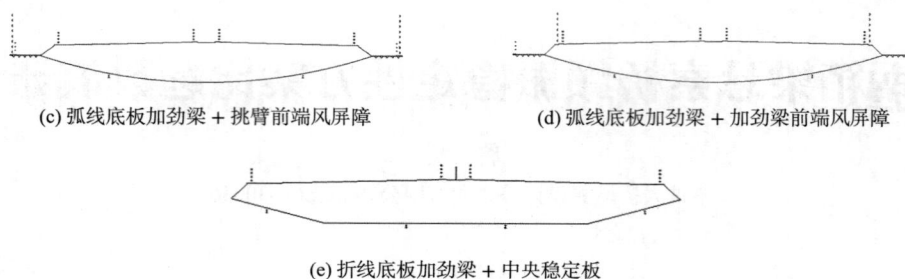

图 2　部分数值仿真计算方案

4　数值仿真计算结果

旋涡脱落如图 3 所示，0°风攻角时颤振临界风速如表 1 所示。

(a) 折线底板加劲梁 　　　　　　　　　　 (b) 弧线底板加劲梁

图 3　旋涡脱落图

颤振临界风速（单位：m/s）　　　　　　　　　　　　　　　　　　　表 1

加劲梁类型	未安装中央稳定板		安装中央稳定板	
	数值仿真计算	节段模型风洞试验	数值仿真计算	节段模型风洞试验
折线底板加劲梁	86～88	86.7	95～97	> 120
弧线底板加劲梁	86～88	85		

由表 1 可知，安装中央稳定板后，颤振临界风速提高了 10%，满足了颤振稳定性要求。无中央稳定板时数值计算结果和风洞试验结果吻合良好，有中央稳定板时数值计算结果和风洞试验存在差异。

5　结论

本课题运用流固耦合方法对 20 多种加劲梁方案进了气动外形数值计算比选，主要结论如下：

（1）弧线型底板和折线型底板加劲梁方案的颤振临界风速基本相同，数值仿真计算结果与节段模型风洞试验结果吻合良好。

（2）风屏障的安装位置对颤振临界风速影响较小。增大风屏障的透风率可以提高颤振临界风速，透风率从 45% 提高到 60%，颤振临界风速提高约 7%。相对于安装风屏障，不安装风屏障时桥梁颤振临界风速提高 15% 左右。

（3）加劲梁宽度一定时增加梁高，扭转刚度和扭转频率增加，颤振临界风速提高。增加钢板厚度，扭转刚度和扭转频率增大，颤振临界风速提高。

（4）安装中央稳定板后，桥梁颤振临界风速提高 10% 左右，满足了颤振稳定性要求。

参考文献

[1]　ROBERTSON I, LI L, SHERWIN S J, et al. A numerical study of rotational and transverse galloping rectangular bodies[J]. Journal of Fluids and Structures, 2003, 17: 681-699.

一种强迫振动与自由振动结合的涡激振动预测方法

段青松 [1]，陈浩楠 [1]，冉欣平 [1]，马存明 [2]

（1. 西南科技大学土木工程与建筑学院 绵阳 621010；
2. 西南交通大学桥梁工程系 成都 621000）

1 引言

随着大跨度悬索桥向更轻、更柔的发展，设计中引入中央开槽以解决传统流线型箱梁的跨径限制[1]。如 1915 年修建的主跨为 2023m 的恰纳卡莱大桥、主跨为 3×720m 的黄茅海大桥等，这种方式提高了结构的抗风稳定性，但也导致断面的涡激振动问题突出。目前已通过现场测量、风洞试验和数值模拟对涡振进行了广泛的研究。新的桥梁出现后需要开展全面研究，以确定有效的控制措施，尤其是通过风洞试验，凸显了当前数值模拟研究的局限性，现有的数值分析方法复杂且耗时。本研究采用一种结合了自由振动和强迫振动方法的虚拟风洞方法，预测涡激振动振幅和锁定区间。利用强迫振动方法可快速预测涡振的风速区间，而预测涡激振动振幅则需要大量工况，耗时费力；自由振动则需要综合斯托罗哈数开展多个风速下的预测分析。利用结合的方法可更有效地利用自由振动方法分析涡振的振幅。

2 节段模型风洞试验

分体双箱梁断面宽度为 47.0m、高度为 4.2m 的双箱梁截面展开。断面开槽宽度为 8.0m 的开槽，如图 1 所示，桥面护栏有检修护栏和防撞护栏。

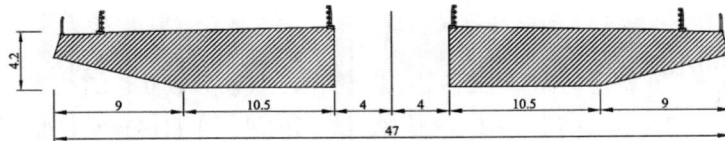

图 1 主梁断面

试验在 XNJD-1 风洞内进行。主梁节段模型的缩尺比为 1∶50，节段模型长度为 2.10m，采用刚性模型。该风洞动力系统的等效质量为 11.45kg/m，等效质量惯矩为 1.29kg·m²/m。实际桥梁的竖弯和扭弯频率分别为 0.2007Hz 和 0.8327Hz，模型的竖弯和扭弯频率分别为 2.125Hz 和 6.6462Hz。试验阻尼比为 0.15%。需要说明的是，此阻尼比的结果不作为评价主梁涡振性能依据，主要是验证后续数值分析方法的可行性。

图 2 给出了试验结果，横轴为无量纲风速 U/fD，竖轴为无量纲振幅 y/D，D 为断面高度。攻角为 −3°、0°和+3°时，双箱梁发生竖向涡激振动，存在明显的竖向涡振区，最大振幅 y_{max}/D 分别为 0.008、0.019 和 0.027。无量纲涡振风速范围均为 3.8～6.7。在实际风速 0～26m/s 的范围内，未观察到扭转涡激振动，因此此处未展示相关结果。为抑制主梁的竖向涡激振动，提出在主梁开槽两侧布置宽度为 1.8m 的格栅，优化主梁的涡激振动性能，结果如图 3 所示。

3 数值模拟分析

一般地，认为主梁断面的涡激振动气动力可通过气动导数来表示，进而可通过 $H_1^*(A_h, k) = \dfrac{2m\zeta_{hs}}{\rho b^2} =$

基金项目：国家自然科学基金项目（52078438）

$\dfrac{4\pi m \zeta_{hs}}{\rho B^2} \cdot \dfrac{4}{2\pi} = S_c \cdot \dfrac{2}{\pi} = \dfrac{2S_c}{\pi}$ 预测断面的涡激振动振幅和风速范围。然而，这需要计算在不同振幅和风速下的足够数量的气动导数 $H_1^*(A_h, k)$[2]，此过程非常耗时。因此，可通过小振幅下的强迫振动方法获得的断面气动导数 $0 \leqslant H_1^*$，初步确定涡振的风速锁定区间（图 4）；在此风速范围内，采用自由振动方法分析断面的涡激振动振幅（图 5）。这在一定程度上更便于分析断面的涡振性能。同时开展了振动过程中断面周围绕流结构的分析。

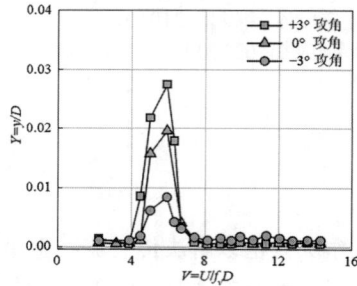

图 2　竖向涡振试验结果

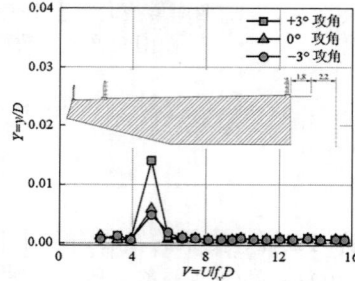

图 3　考虑气动措施后竖向涡振试验结果

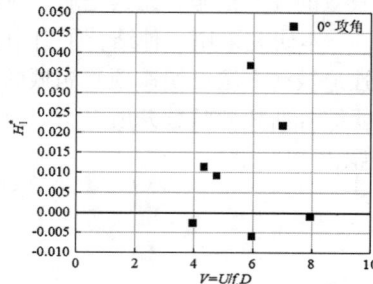

图 4　强迫振动下的气动导数 $H_1^*(A_h, k)$

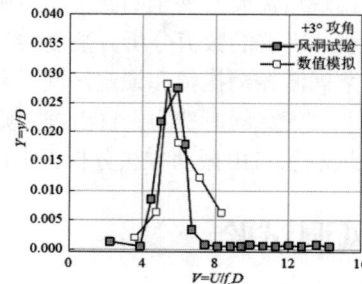

图 5　自由振动振幅预测

4　结论

采用强迫振动方法发现，在特定的无量纲折减风速范围内，气动导数 $0 \leqslant H_1^*$ 为零。这可能表明在该风速范围内存在竖向涡振，与风洞试验的结果一致。在该风速范围内进行了自由振动试验，以进一步研究涡振振幅。此方法有助于更方便地预测和分析主梁涡振的性能。

参考文献

[1]　LI H, LAIMA S J, OU J P, et al. Investigation of vortex-induced vibration of a suspension bridge with two separated steel box girders based on field measurements[J]. Engineering Structures. 2011, 33(6): 1894-1907.

[2]　NOGUCHI K, ITO Y, YAGI T. Numerical evaluation of vortex-induced vibration amplitude of a box girder bridge using forced oscillation method[J]. Journal of Wind Engineering and Industrial Aerodynamics. 2020, 196: 104029.

复杂来流下深大峡谷区大跨悬索桥静风响应及稳定性可靠度分析

张金翔[1,2]，张明金[1,2]，李永乐[1,2]

（1. 西南交通大学桥梁工程系 成都 610031；
2. 西南交通大学风工程重点实验室 成都 611756）

1 引言

虽然常规的风效应分析通常只考虑垂直于桥梁表面的风，但既有研究也表明：有时最不利的风向可能是非垂直的，小角度斜风也可能对悬索桥的静力稳定性构成更大威胁[1]。目前针对山区强风下结构响应方面的研究中，多考虑单一强风、单一风参数，考虑多风参数联合影响的研究较少。事实上，随着对风参数相关性的深入研究，针对单一风速变量的风荷载分析方法已开始转为更加合理的双变量乃至多变量联合作用风荷载的研究，考虑多风参数相关性进行结构抗风分析也是未来发展的必然趋势。同时，值得注意的是峡谷区大跨桥梁同时遭受大攻角和大偏角来流的共同作用，当前的桥梁风致响应较少考虑风参数跨向非均匀性、大偏角、大攻角和风参数间的相关性这些因素的综合影响[2]。因此，综合考虑跨向平均风参数非均匀性进行大跨桥梁的斜风响应分析十分必要。

本文围绕斜风作用下大跨悬索桥的非线性静风响应及稳定性计算方法展开研究，并基于典型深大峡谷区大跨悬索桥有限元模型，开展不同非均匀斜风模式下的大跨悬索桥静风稳定性响应计算，并进行考虑复杂来流特性下静风稳定性的可靠度分析。

2 斜风下考虑桥梁构件空间变形的非线性静风响应计算方法

如图1所示，斜风静力荷载是有效风攻角与有效风偏角的函数，精确考虑斜风静力荷载作用，要求对有效风攻角和有效风偏角同时进行迭代。这意味着在斜风作用下，主梁的三维空间变形（扭转、竖弯和横弯）都会影响气动荷载的分布和大小。其中，主梁的扭转变形会影响风攻角，因为扭转角位移会改变风相对于桥梁的攻角，进而形成有效风攻角；主梁的横弯变形会影响风偏角，因为侧弯位移会改变风相对于桥梁的偏置角度，形成有效风偏角，横弯角的变化会影响风荷载的方向性，进而影响气动荷载。这些空间变形与气动荷载之间存在耦合关系，因此在进行斜风静力稳定性分析时，必须同步考虑扭转、竖弯和横弯对气动荷载的影响，并通过迭代计算精确评估这些因素的综合效应。构建典型深大峡谷区大跨悬索桥有限元模型，并综合考虑结构的几何非线性和风荷载的非线性，采用内外双重迭代和增量结合的方法，实现了大跨度桥梁静风失稳的非线性分析，可对静风失稳的全过程进行跟踪。

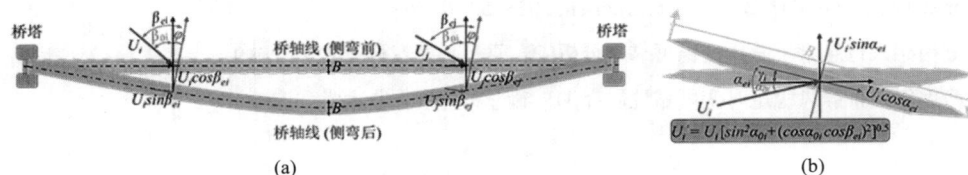

图 1 有效风偏角和有效风攻角的示意：（a）有效风偏角；（b）有效风攻角

3 不同非均匀斜风模式下的大跨悬索桥静风稳定可靠度分析

3.1 跨向非均匀平均风参数斜风来流下的静风响应及稳定性分析

考虑到深大峡谷区桥梁遭受的来流具有典型的大偏角（来流与桥轴法线的夹角，顺时针方向为正，逆时针为负）、大攻角和跨向非均匀特点，本文对不同来流下大跨度悬索桥静风稳定性进行计算和分析。其中，考虑来流的大偏角和大攻角特性时，偏角最大考虑为±60°，攻角最大考虑为±7°，并同均匀正交来流工况进行对比；综合考虑来流的大偏角和大攻角特性及平均风参数的跨向分均匀性时，依据典型的深大峡谷桥址区实测场地及桥梁的走向，考虑不同典型的平均风参数非均匀模式组合进行分析静风稳定性分析（图 2）。

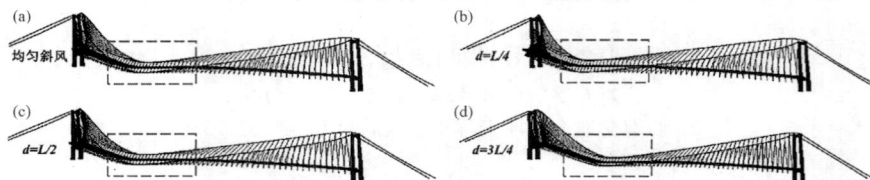

图 2　考虑风速跨向非均匀斜风作用时+5°工况下各模式的失稳形态

3.2　静风稳定性可靠度模型及可靠指标的计算和评估

当在给定重现期内，作用在桥梁上的期望静风荷载超过结构的静风失稳临界值时，系统进入静风失稳状态。基于失稳的物理机制，桥梁的极限状态功能函数可以表示成临界风速和设计风速的函数[3-4]。因此，考虑不确定性因素影响后的静风稳定可靠度模型可表示如公式(1)。在此基础上，本文采用蒙特卡洛抽样的方法对其进行求解，为保证足够的精度，抽样次数取为 $N = 100$ 万次，令 $Z < 0$ 的次数为 n，由此可以计算得出对应的可靠指标。

$$Z(U_C, U_S, G_V, G_W, \alpha_0) = G_W U_C(\alpha_0) - G_V U_D(\alpha_0) \tag{1}$$

式中，U_C 为不同风攻角下考虑不确定性后的静风失稳临界风速；U_D 为不同风攻角下的设计风速；G_W 为风速修正系数；G_V 为考虑最大脉动风影响的阵风系数。

4　结论

本文系统性开展了复杂来流下深大峡谷区大跨悬索桥静风响应及稳定性可靠度分析，具有如下三点结论：（1）忽略大偏角的作用，其纵向位移会被显著低估；（2）考虑不同风速的非均匀分布模式与风攻角的组合时，主梁的竖向位移表现出不同的形态，特别是在负攻角下，非均匀风速使得主梁竖向位移明显增大；（3）与仅考虑风速非均匀工况相比，考虑风偏角对称非均匀后的静风稳定可靠指标明显降低。

参考文献

[1]　张文明, 葛耀君. 斜风作用下大跨度悬索桥非线性静风稳定分析[J]. 华中科技大学学报（自然科学版）, 2009, 37: 111-114.

[2]　BAI H, ZHANG Z. Wind parameters measurement method for design of bridges in mountainous area and comparison with code-recommended values[J]. Bridge Construction, 2023, 53(3): 56-63.

[3]　梁华龙. 钢桁架人行悬索桥静风失稳可靠度分析[D]. 西安: 西安科技大学, 2019.

[4]　石峰. 大跨度斜拉桥静风稳定时变可靠性研究[D]. 南京: 南京林业大学, 2024.

CFRP 与钢拉索大跨斜拉桥抗风性能比较

张志田，聂远青

（海南大学土木建筑工程学院 海口 570100）

1 引言

目前国内外虽已有 CFRP 索支桥梁建成并投入使用，但多为小跨径跨线桥或人行天桥，难以为大型桥梁的应用提供充足的理论支撑，针对这一问题，已有部分学者[1-2]展开相关研究以证明 CFRP 拉索应用的可靠性及安全性，然而 CFRP 索弯折现象会降低 CFRP 索的承载力甚至发生剪切破坏[3]。相关研究表明[4]，CFRP 筋半径与弯折半径的比值与抗弯折效率呈线性关系且在实际应用中即使发生较小角度的弯折，也需考虑弯折对 CFRP 筋抗拉性能的折减，因此，探究强风作用下桥梁变形引起的索端弯折角大小及分布规律对超大跨 CFRP 索斜拉桥抗风性能研究具有重要意义。

本文以主跨 1500m 的钢索钢主梁斜拉桥设计方案为基础，设计一座相同跨径布置的 CFRP 索、钢主梁斜拉桥方案，使用有限元方法对两类方案斜拉桥整体及拉索的静力性能、动力特性、抗风性能等进行详尽的比较与分析，得出在强风作用下 CFRP 拉索锚固处的弯折变形分布规律，从结构抗风性能角度对高性能材料 CFRP 应用于超大跨度斜拉桥结构的适用性进行研讨，为 CFRP 索在超大跨度斜拉桥应用提供理论支撑。

2 两类方案超大跨斜拉桥抗风性能比较

2.1 结构方案拟定、有限元模型及荷载加载

本模型桥梁为半漂浮体系双塔双索面斜拉桥，塔高为 390m 的 A 型 C60 混凝土索塔，塔跨比为 0.26，边主跨比为 0.448，采用等强度替换原则将钢索替换为 CFRP 索，总体布置如图 1 所示，梁高 4.5m，宽 53.7m，横向净距 12m，并对近索塔 225m 范围内的主梁截面进行加强；主梁标准段索距为 15m，边跨尾索加密区索距为 10m，全桥共 4×50 根斜拉索。

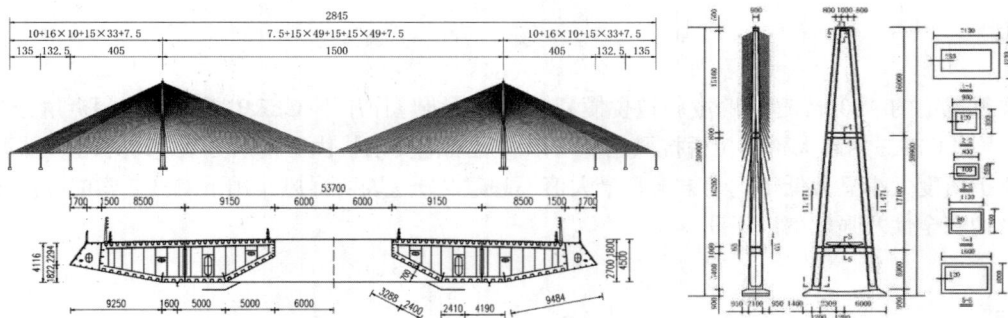

图 1 斜拉桥、主梁断面及索塔总体布置

如图 2 所示，计算模型中采用十段 LINK10 单元以模拟斜拉索几何非线性，索塔及辅助墩采用 BEAM188 单元，主梁采用 BEAM4 单元，桥面系及横梁采用 MASS21 单元，二期荷载为 75kN/m。通过刚度折减法及未知荷载系数法进行调索及索力优化。主梁、索塔及拉索上风荷载加载如图 3 所示，包括设计风速下的静风荷载及脉动风荷载。

基金项目：国家自然科学基金项目（51938012）

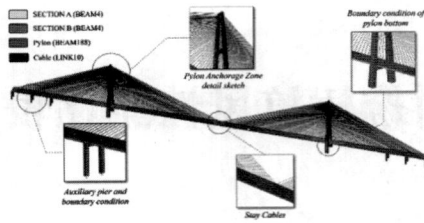

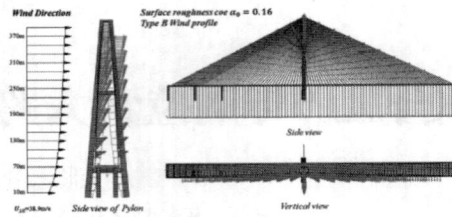

图 2　有限元模型　　　　　　　　　图 3　风荷载加载示意

2.2　全桥恒载及静风变形

与钢索相比，CFRP 索方案具有更小主梁挠度及拉索垂度。在−3°、0°、3°攻角下 CFRP 方案的塔架挠度比钢索方案小 1%～30%，桥面的横向挠度比钢制方案小约 25%。

2.3　结构气弹特性及拉索振动特性

设计风速下，钢索侧向抖振响应 RMS 较 CFRP 方案高 28%，扭转及竖向 RMS 较 CFRP 方案高 12%和 14%，而两者在颤振稳定性方面无显著差异；如图 4 所示，钢索表现出明显共振特性且具有较大振幅，而 CFRP 索则未出现明显共振，CFRP 索自然频率更高，可显著降低风荷载引起的拉索共振，在拉索涡振方面，CFRP 索的表现弱于钢索，前者的振幅较后者更大。

2.4　拉索索端弯折角

如图 5 所示，经计算可得两类方案在设计风速下索端弯折角 RMS 沿纵桥向分布规律，可见 CFRP 索弯折角度显著小于钢索，而在整个时程内尽管存在一定波动，CFRP 索因弯折角而引起的强度折减仍在安全范围内。

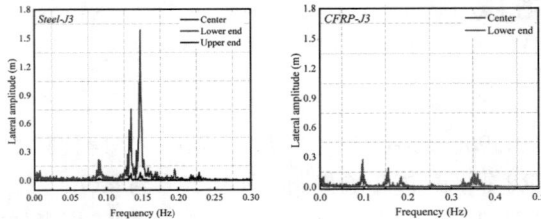

图 4　J3 拉索竖向及侧向振幅频谱　　　　　　图 5　拉索索端弯折角变化量 RMS

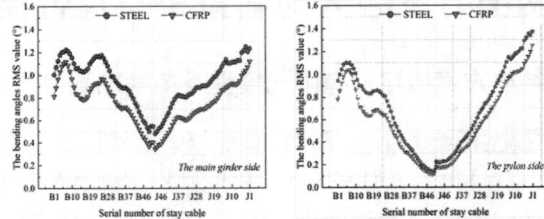

3　结论

本文通过拟定的 1500m 超大跨度斜拉桥模型，探究了强风作用下 CFRP 索锚固端弯折角分布规律及其影响。结果表明 CFRP 索超大跨斜拉桥抗风性能可以满足规范要求且优于钢索方案；其次，设计风速下 CFRP 索锚固端弯折角度大小显著低于钢索方案且最大值不超过 2°，这表明强风作用下 CFRP 索的强度不会发生显著下降，结构安全性及强度得以保证。

参考文献

[1]　方志, 周建超, 谭星宇. 基于高性能材料的超大跨混合梁斜拉桥结构性能研究[J]. 桥梁建设, 2021, 51(6): 76-84.

[2]　WANG X, WU Z. Integrated high-performance thousand-metre scale cable-stayed bridge with hybrid FRP cables[J]. Composites, Part B. Engineering, 2010, 41: 166-175.

[3]　HAN Q, WANG L, XU J. Effect of chamfering of cable clamp plate on shear behaviour of CFRP tendons[J]. Construction and Building Materials, 2016 113: 324-333.

[4]　诸葛萍, 章子华, 丁勇, 等. 土木工程用 CFRP 筋弯折抗拉性能[J]. 复合材料学报, 2014, 31(5): 1300-1305.

台风作用下大跨度桥梁风振智能预测研究

陶天友 [1,2]，王　浩 [1,2]，邓　鹏 [2]

（1. 混凝土及预应力混凝土结构教育部重点实验室 南京 211189；
2. 东南大学土木工程学院 南京 211189）

1　引言

随着全球气候变化，近年来强台风发生频次显著提高，风力等级持续加强。台风是一种热带气旋，具有风力等级高、破坏力大、影响范围广等特点，严重威胁沿海大跨度桥梁及行车安全。为此，准确预测台风风速及桥梁风振响应对于台风多发区大跨度桥梁的安全运维具有重要的指导意义与价值。

2　数物融合的台风风速预测

风速预测常采用数值天气预报或数据驱动方法。数值天气预报以流体动力学和热力学方程为基础，具有明确的物理意义。数据驱动方法基于时间序列模型或机器学习模型，缺乏明确的物理意义，常存在过拟合、欠拟合等问题。本文将台风风速分布模型与桥梁原位监测数据相融合，提出了数物融合的台风风速预测方法。

以 2018 年袭击苏通大桥的温比亚台风为例，开展了基于数物融合方法的桥址区风速预测。在预测过程中，以 10min 平均风速作为目标参数，分别采用 Scholemer 模型[1]、Holland 模型[2]、Chen 模型[3]描述风速分布，基于三种模型的预测值与实测值的对比如图 1 所示。由图可知，三种模型预测结果差异较小，且与实测数据具有较高的吻合度。上述现象表明：数物融合方法降低了风速预测对模型选择的依赖，保障了风速预测精度。

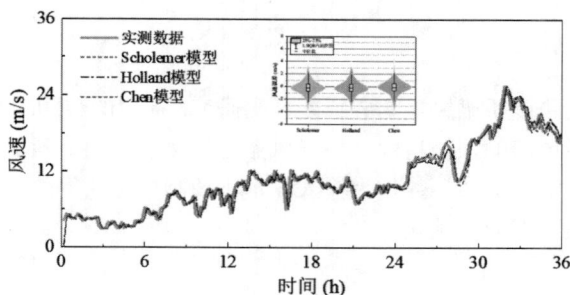

图 1　台风风速预测值与实测值的对比

3　桥梁风振基础预测模型

传统桥梁风振分析主要采用有限元方法，其存在模拟耗时长、计算资源消耗大，难以满足实时预测的迫切需求。近年来，人工智能技术飞速发展，基于机器学习构建"风场→风振"直接映射模型是突破上述难题的有效思路[4]。为此，本文以风速、风向、紊流强度、紊流积分尺度等为输入，以桥梁风振响应统计值为输出，采用 LSTM 模型构建了桥梁风振响应的预测网络，如图 2 所示。基于四次台风下苏通大桥的实测数据，对该模型进行了训练。

基金项目：国家自然科学基金（52278486，52338011），江苏省自然科学基金（BK20240177）

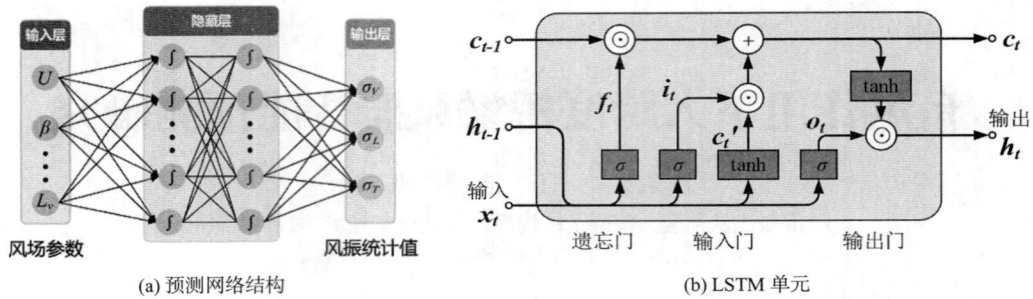

| (a) 预测网络结构 | (b) LSTM 单元 |

图 2　大跨度桥梁风振基础预测模型架构

4　大跨度桥梁风振响应预测

在桥梁风振预测模型中，需输入脉动风场的特征参数。据此，通过实测数据，构建了描述紊流强度、紊流积分尺度与平均风速映射的经验模型。根据实测结果来看，该模型可较好地描述紊流特征参数与平均风速的关系。以温比亚台风的实测风速及紊流特征参数作为输入，开展了大跨度桥梁风振响应预测。风振预测值与温比亚台风期间苏通大桥实测值的对比如图 3 所示。由图可知，预测值与实测值吻合较好，二者的相关系数均超过 0.8，竖向和扭转相关系数达 0.95 以上。上述现象表明：本文提出的方法有效预测了台风作用下大跨度桥梁的风振响应，可用于台风多发区大跨度桥梁的抗风安全评估。

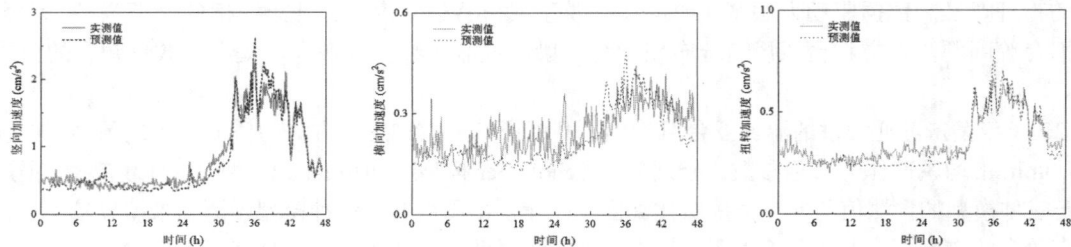

图 3　桥梁风振响应预测值与实测值的对比

5　结论

本文开展了台风作用下大跨度桥梁风振响应智能预测研究。提出的数物融合方法可降低台风风速预测对模型选择的依赖，有效保障了风速的预测精度。桥梁风振与风速、风向、紊流特征参数均具有较强相关性，构建"风场→风振"映射模型宜将上述参数作为输入。基于预测模型获得的风振响应与实测结果吻合较好，故适用于台风作用大跨度桥梁风振响应预测。

参考文献

[1] SCHLOEMER R W. Analysis and synthesis of hurricane winds over Lake Okeechobee, Florida[R]. Hydro-meteorological Report 31, U. S. Weather Bureau, 1954.

[2] HOLLAND G J. An analytic model of the wind and pressure profiles in hurricanes[J]. Monthly Weather Review, 1980, 108(8): 1212-1218.

[3] 陈孔沫. 一种计算台风风场的方法[J]. 热带海洋, 1994, 13(2): 41-48.

[4] 纪军, 李惠. 土木工程智能防灾减灾研究进展[J]. 中国科学基金, 2023, 37(5): 840-853.

基于 EKF 的大跨桥梁阻尼比识别方法研究

张肖雄[1]，贺　佳[2]，杨　伦[2]，沈　炼[1]

（1. 长沙学院土木工程学院 长沙 410022；
2. 湖南大学土木工程学院 长沙 410082）

1　引言

阻尼比是评估大跨桥梁性能的重要参数。近年来，包括虎门大桥在内的多座桥梁均出现了涡激共振现象。阻尼比低于设计值是导致振动的主要因素之一[1]。根据振动数据，阻尼比的识别一般可分为以下几类：即环境振动数据、自由衰减数据和强迫振动数据。使用环境振动数据的前提是假设输入激励是宽带白噪声[2]。然而，上述方法的信噪比较低。为了提高信噪比，有学者使用连续跳车激振[3]等方式进行振动测试。然后利用自由衰减信号或强迫振动数据确定阻尼参数。但这些方法主要侧重于特定阶次模态参数的估算。实际情况下，少数模态往往会主导结构响应。因此，为更好地了解结构性能，应该同时确定多阶阻尼参数。扩展卡尔曼滤波器（extended Kalman filter，EKF）是一种仅需少量观测数据即可进行参数估计的技术。开发基于 EKF 的技术识别时变参数[4]和非线性系统[5]等研究已受到广泛关注。

在 EKF 框架中，结构响应和参数被视为扩展状态向量的一部分，计算复杂结构的 Jacobian 矩阵十分困难，识别结果可能会不稳定。为此，本文提出了自适应模态 EKF，以识别大跨桥梁主要模态的阻尼比。通过一座大跨悬索桥及其气弹模型进行了数值及试验验证。

2　算法推导及验证

2.1　算法推导

模态空间的 n 自由度结构运动微分方程为，

$$\ddot{\boldsymbol{q}}_s(t) + \boldsymbol{\Lambda}_s\dot{\boldsymbol{q}}_s(t) + \boldsymbol{\Omega}_s\boldsymbol{q}_s(t) = \boldsymbol{F}_s(t) \tag{1}$$

式中，$\boldsymbol{\Lambda}_s = \boldsymbol{\Phi}_s^{\mathrm{T}}\boldsymbol{C}\boldsymbol{\Phi}_s = \mathrm{diag}(2\xi_1\omega_1, 2\xi_2\omega_2, \cdots, 2\xi_s\omega_s)$；$\boldsymbol{\Omega}_s = \boldsymbol{\Phi}_s^{\mathrm{T}}\boldsymbol{K}\boldsymbol{\Phi}_s = \mathrm{diag}(\omega_1^2, \omega_2^2, \cdots, \omega_s^2)$；$\boldsymbol{F}_s(t) = \boldsymbol{\Phi}_s^{\mathrm{T}}\boldsymbol{\eta}\boldsymbol{f}(t)$。$\omega_i$ 和 ξ_i（$i = 1, 2, \cdots, s$）分别表示第 i 阶频率及阻尼比。

因为加速度容易测量且可靠，部分观测情况下，其离散的观测方程为，

$$\boldsymbol{y}_k = \boldsymbol{L}\ddot{\boldsymbol{x}}_k \approx \boldsymbol{L}\boldsymbol{\Phi}_s\ddot{\boldsymbol{q}}_{s,k} = \boldsymbol{L}\cdot\boldsymbol{h}(\boldsymbol{Z}_k) + \boldsymbol{L}\boldsymbol{\Phi}_s\boldsymbol{F}_{s,k} + \boldsymbol{v}_k \tag{2}$$

式中，$\boldsymbol{h}(\boldsymbol{Z}_k) = -\boldsymbol{\Phi}_s\boldsymbol{\Lambda}_s\dot{\boldsymbol{q}}_{s,k} - \boldsymbol{\Phi}_s\boldsymbol{\Omega}_s\boldsymbol{q}_{s,k}$；$\boldsymbol{L}$ 是观测量位置矩阵。

依据 EKF 框架，则模态 EKF 同样分为预测部分和更新部分。其中预测部分为，

$$\hat{\boldsymbol{Z}}_{k+1|k} = \hat{\boldsymbol{Z}}_{k+1|k} + \int_{k\Delta t}^{(k+1)\Delta t} \boldsymbol{g}(\hat{\boldsymbol{Z}}_{k|k}, \boldsymbol{F}_{s,k}, t_k)\,\mathrm{d}t \tag{3}$$

$$\boldsymbol{P}_{k+1|k} = \boldsymbol{A}\boldsymbol{P}_{k|k}\boldsymbol{A}^{\mathrm{T}} + \boldsymbol{Q}_k \tag{4}$$

更新部分包括：

$$\boldsymbol{G}_{k+1} = \boldsymbol{P}_{k+1|k}\boldsymbol{H}_{k+1|k}^{\mathrm{T}}\boldsymbol{L}^{\mathrm{T}}(\boldsymbol{L}\boldsymbol{H}_{k+1|k}\boldsymbol{P}_{k+1|k}\boldsymbol{H}_{k+1|k}^{\mathrm{T}}\boldsymbol{L}^{\mathrm{T}} + \boldsymbol{R}_{k+1})^{-1} \tag{5}$$

$$\hat{\boldsymbol{Z}}_{k+1|k+1} = \hat{\boldsymbol{Z}}_{k+1|k} + \boldsymbol{G}_{k+1}[\boldsymbol{y}_{k+1} - \boldsymbol{L}\cdot\boldsymbol{h}(\hat{\boldsymbol{Z}}_{k+1|k}) - \boldsymbol{L}\boldsymbol{\Phi}_s\boldsymbol{F}_{s,k+1}] \tag{6}$$

$$\boldsymbol{P}_{k+1|k+1} = (\boldsymbol{I} - \boldsymbol{G}_{k+1}\boldsymbol{L}\boldsymbol{H}_{k+1|k})\boldsymbol{P}_{k+1|k}(\boldsymbol{I} - \boldsymbol{G}_{k+1}\boldsymbol{L}\boldsymbol{H}_{k+1|k})^{\mathrm{T}} + \boldsymbol{G}_{k+1}\boldsymbol{R}_{k+1}\boldsymbol{G}_{k+1}^{\mathrm{T}} \tag{7}$$

基金项目：国家自然科学基金项目（52278305）

2.2 数值算例及试验验证

为验证算法，首先采用主跨为 1430m 的大跨悬索桥进行数值验证。该梁宽 50.5m，高 4m。采用 ANSYS 进行有限元建模，共有 6150 个自由度，1478 个单元。该桥主梁前五阶竖弯频率范围为 0.080～0.187Hz。此时需要估计的模态变量包括 5 个位移、5 个速度和 5 个阻尼比。根据《公路桥梁抗风设计规范》JTG/T 3360-01—2018，前两阶阻尼比可设置为 0.30%。因此，基于 Rayleigh 阻尼假设，则后三阶阻尼比为 0.30%、0.34% 和 0.35%。Q、R 初始值分别为 $10^{-4} \times I$ 和 $5 \times I$。

为考虑算法抗噪性，在观测量中混入 5% 和 10% 噪声。表 1 识别结果表明本文方法具有较好的抗噪性。图 1 给出了 ξ_2 的识别对比图，由图可知，没有更新 Q 矩阵的识别过程发散，而更新 Q 值则可以收敛到真实值附近。图 2 给出了气弹模型振动试验布置图，图 3 给出了试验悬索桥一阶正对称竖弯阻尼比识别图，结果为 0.91%，与真实值接近。

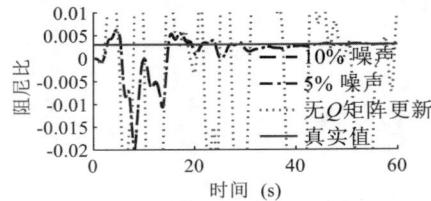

图 1 数值算例 ξ_2 识别结果

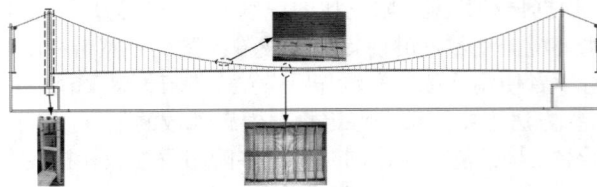

图 2 全桥气弹模型试验布置图

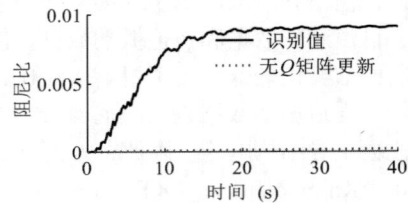

图 3 试验阻尼比识别结果

数值算例中各阶阻尼比识别结果 表 1

阻尼比	真实值	识别值	
		5%噪声	10%噪声
ξ_1	0.30%	0.29%	0.29%
ξ_2	0.30%	0.29%	0.29%
ξ_3	0.30%	0.28%	0.27%
ξ_4	0.34%	0.34%	0.36%
ξ_5	0.35%	0.40%	0.42%

3 结论

本文以大跨悬索桥为例，推导了阻尼比识别算法，采用数值及试验验证，主要结论如下：
（1）该算法可以准确识别大跨度悬索桥的模态阻尼比；
（2）该算法具有较好的抗噪性且可以考虑模型及观测量的不确定性。

参考文献

[1] SU X, MAO J, WANG H, et al. Vortex-induced vibration of long suspenders of a long-span suspension bridge and its effect on local deck acceleration based on field monitoring[J]. Structural Control and Health Monitoring, 2024: 1472626.

[2] FENG Z Q, ZHANG J R, KATAFYGIOTIS L, et al. Bayesian spectral decomposition for efficient modal identification using ambient vibration[J]. Structural Control and Health Monitoring, 2024: 5137641.

[3] 华旭刚，周洋，杨坤，等. 基于连续跳车激振的大跨度桥梁阻尼识别研究[J]. 铁道科学与工程学报, 2017, 14(8): 1664-1673.

[4] ZHANG X X, HE J, HUA X G, et al. Simultaneous identification of time-varying parameters and external loads based on extended Kalman filter: approach and validation[J]. Structural Control and Health Monitoring, 2023: 8379183.

[5] ZHAO Y, XU B, DENG B, et al. Generality of nonparametric nonlinearity identification approach with improved extended Kalman filter using different polynomial models[J]. Measurement, 2024, 227: 114235.

适用全频率比范围的颤振临界风速实用公式

温作鹏，方根深，葛耀君

（同济大学土木工程防灾减灾全国重点实验室 上海 200092）

1 引言

虽然目前已经发展出精密计算方法预测颤振临界风速并解析颤振机理，但简洁实用的颤振临界风速预测公式仍具有重要意义。实用公式不仅可以高效预测颤振风速，还能直观揭示关键参数的影响机制，从而简化数值计算与风洞试验的工况，并为结构的颤振初步设计提供指导。Selberg公式因计算简单且具有较高精度，被广泛应用于桥梁颤振预测与初步设计。然而，当扭转与竖弯频率比值接近1时，该公式预测的颤振临界风速趋近于零，这一反常识现象长期以来备受争议。大跨度桥梁的扭弯频率比通常大于1.9，因此不存在上述问题。随着现代社会发展，更多具有密集频率特性的结构出现在工程中，例如超长跨度桥梁、短跨度铁索桥、柔性光伏支架、输电分裂导线等。因此，寻求适用于频率比接近1情况的颤振临界风速预测公式显得愈发重要。

基于竖扭双自由度模型，本文从显式的特征值实部解析式[1]出发，对模态交换颤振、竖向分支颤振和扭转分支颤振这三类颤振推导颤振临界风速表达式，求得最低颤振临界风速及其对应的频率比。在此基础上，提出了一种适用于全频率比范围的颤振临界风速实用公式。另外推导了阻尼因子公式，以便快速评估结构阻尼对颤振风速的影响。通过薄板截面和其他通用截面的数值算例验证了所提公式的准确性，并分析了颤振风速随多种参数的演化规律。

图1给出了薄平板断面、一般断面的颤振临界风速（U_F）随频率比（γ）变化的曲线。对于薄平板，其曲线可由两段线近似拟合：当$\gamma > \gamma_{\alpha 1}$时，可用传统的Selberg公式表示；当$1 < \gamma < \gamma_{\alpha 1}$时，可由数值为$U_F^{min}$的水平线表示；频率比接近1时颤振临界风速会迅速增长直至趋于无穷。对于一般断面，颤振临界风速曲线可能出现三种颤振，因而采用三段实用公式进行拟合。下面以薄平板为例，式(1)、式(2)、式(3)分别给出颤振临界风速、频率比参数、阻尼因子的实用公式。相比之下，一般断面的实用公式会另外出现与断面外形相关的系数。图2对最低颤振临界风速、频率比的实用公式在各参数变化情况下的准确性进行了验证。

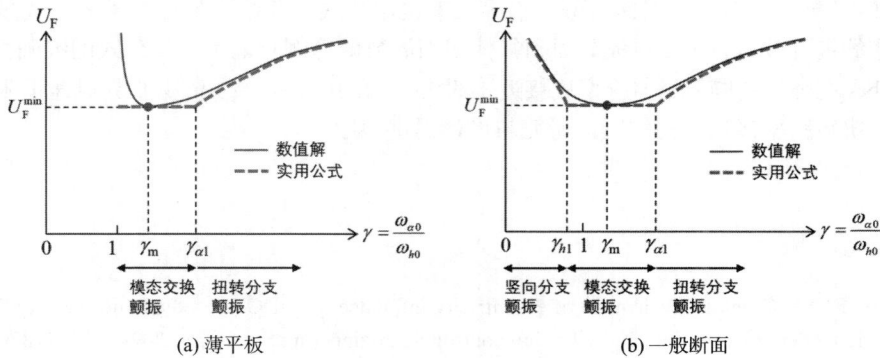

图1 颤振临界风速随频率比变化

$$\text{颤振临界风速：} U_F = \begin{cases} \eta_{\xi m}\omega_{\alpha 0}B\dfrac{0.89}{\sqrt{(1+0.37\nu)}}, & 1 < \gamma < \gamma_{\alpha 1} \quad (1a) \\[3mm] 0.417\eta_{\xi \alpha}\omega_{\alpha 0}B\sqrt{\left(1-\dfrac{1}{\gamma^2}\right)\dfrac{2r_\alpha}{\mu}}, & \gamma > \gamma_{\alpha 1} \quad (1b) \end{cases}$$

基金项目：国家自然科学基金项目（52108469，52278520），中国博士后科学基金资助项目（2024M752417）

$$\text{频率比：} \gamma_{\mathrm{m}} = \sqrt{1 + 0.37\eta_{\xi\mathrm{m}}^2\upsilon\left(1 + 0.51\eta_{\xi\mathrm{m}}^{1.5}\upsilon r_\alpha\right)}, \quad \gamma_{\alpha1} = 1/\sqrt{1 - \frac{2.33\upsilon r_\alpha}{(1 + 0.42\upsilon)}\left(\frac{\eta_{\xi\mathrm{m}}}{\eta_{\xi\alpha}}\right)^2} \tag{2}$$

$$\text{阻尼因子：} \eta_{\xi\mathrm{m}} = \frac{1}{2}\left(1 + \sqrt{1 + \frac{7.72}{(1 + 0.1/r_\alpha^2)}\frac{\xi_{\alpha0} + \xi_{h0}}{\mu}}\right), \quad \eta_{\xi\alpha} = 1 + \frac{5.84r_\alpha^{3/2}}{(1 + 0.145/r_\alpha^2)}\frac{\xi_{\alpha0}}{\sqrt{\mu(1 - 1/\gamma^2)}} \tag{3}$$

式中，$\gamma = \omega_{\alpha0}/\omega_{h0}$ 为频率比；$\omega_{\alpha0}$、ω_{h0} 为结构扭转、竖向频率；B 为截面宽度；$\mu = \rho B^2/m$，$\upsilon = \rho B^4/I$；ρ 为空气密度；m 和 I 为单位长度质量、转动惯量；$r_\alpha = \sqrt{I/m}/B$ 为无量纲截面回转半径；$\eta_{\xi\mathrm{m}}$、$\eta_{\xi\alpha}$ 为模态交换颤振、扭转分支颤振对应阻尼因子；ξ_{h0}、$\xi_{\alpha0}$ 为结构竖向、扭转阻尼。

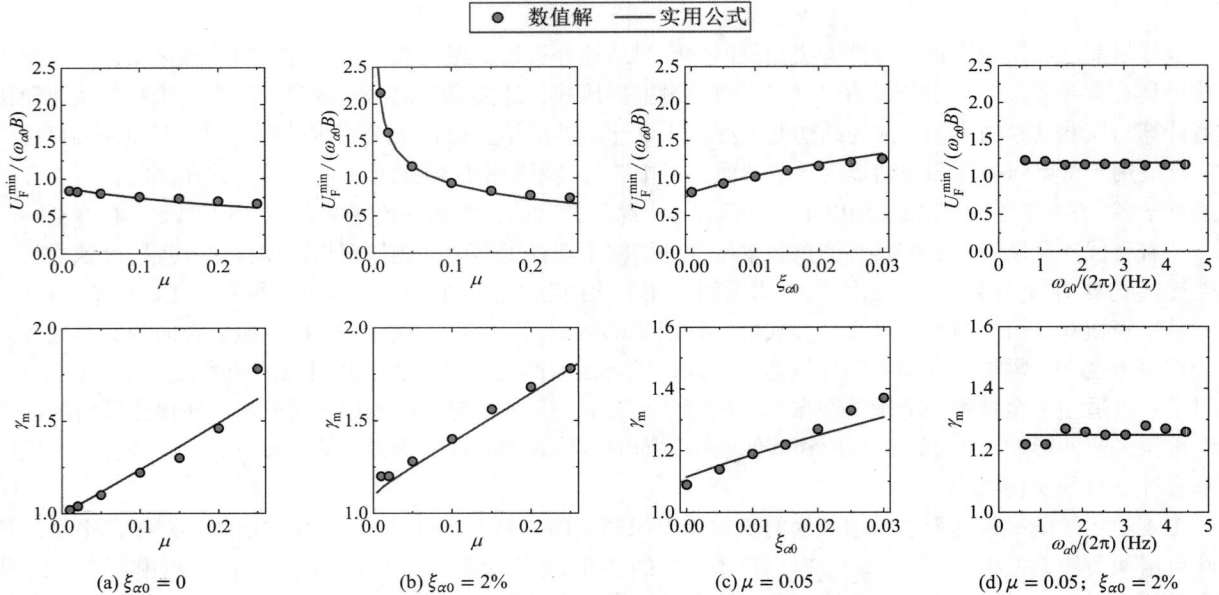

图 2　最低颤振临界风速、对应频率比随参数变化及实用公式验证

2　结论

本文面向扭转-竖向全频率比范围提出颤振临界风速实用公式，并给出阻尼因子表达式量化评估结构阻尼对颤振临界风速的提升效应，通过薄板截面和其他截面的数值算例验证了所提公式的准确性。所提出的实用公式解决了 Selberg 公式在扭转-竖向频率比接近 1 时失效的问题，提供了颤振临界风速下限值的快速预测方法，可为竖向、扭转频率接近结构的颤振研究与设计提供参考。

参考文献

[1]　WEN Z, LOU W, FANG G, et al. Mechanism of eccentricity influence on 3-DOF aerodynamic stability: New insights into instability evolution, energy harvesting, and vibration control[J]. Engineering Structures, 2024, 319: 118799.

基于 CFD 模拟的桥梁涡振 TMDI 控制研究

张占彪[1,2]，许福友[2]，张明杰[2]

（1. 合肥工业大学土木与水利工程学院 合肥 230009；
2. 大连理工大学建设工程学院 大连 116024）

1 引言

在主梁内安装调谐质量阻尼器（TMD）是抑制工程结构振动的常见措施，但是大跨桥梁涡振频率低，梁内空间通常无法满足 TMD 位移量需求。调谐质量惯容阻尼器（TMDI）可以在提供较大等效质量的前提下减小阻尼器的静、动位移[1-2]，在大跨桥梁涡振控制领域存在较大应用潜力。在风洞实验室中开展主梁-TMDI 系统的涡振控制研究面临较大技术困难，因此本文基于 CFD 模拟技术实现主梁-TMDI 耦合系统的涡振响应模拟，验证 TMDI 对桥梁涡振的控制效果，并探索 TMDI 不同参数的影响，为桥梁涡振控制的优化设计提供参考。

2 数值模型

图 1 所示为主梁-TMDI 系统的力学模型，对应主梁和 TMD 的振动控制方程为：

$$(m_1 + m_3)\ddot{h}_1 + c_1\dot{h}_1 + k_1h_1 + m_2\ddot{h}_2 = F_L \tag{1}$$

$$m_2\ddot{h}_2 + m_{3e}(\ddot{h}_2 - \ddot{h}_1) + c_2(\dot{h}_2 - \dot{h}_1) + k_2(h_2 - h_1) = 0 \tag{2}$$

式中，m_1、m_2和m_3分别为主梁、TMD 和惯容物理质量；m_{3e}为惯容提供的等效质量；c_1和c_2分别为主梁和 TMDI 系统的阻尼系数；k_1和k_2分别为主梁和 TMDI 系统的刚度。通过构建主梁和 TMDI 的状态方程实现降阶，然后利用四阶龙格库塔格式实现结构和 TMDI 振动响应的时域求解。湍流模型采用二维 SST k-ω模型，无量纲时间步长$dt \cdot U/D$不超过 0.05。

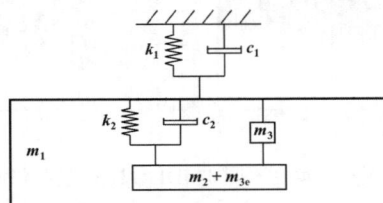

图 1 主梁-TMDI 系统力学模型

本文分别选取 4：1 矩形断面和大贝尔特桥主梁断面进行分析。矩形断面宽（B）为 1.20m，高（D）为 0.30m，每延米质量（m）为 97.36kg，竖弯基频（f_0）为 0.10Hz，阻尼比（ξ_0）为 0.002。主梁断面宽 1.24m，高 0.18m，每延米质量 36.32kg，竖弯基频 0.65Hz，阻尼比 0.002。

3 结果与分析

3.1 矩形断面

首先计算无控结构涡振响应，得到最大涡振振幅A_0。然后计算不同 TMDI 参数下（质量比m^*、放大率λ、频率比f^*、阻尼比ξ）受控结构在对应最大振幅风速下的响应，并定义减振率$R = A/A_0$，其中A为施加 TMDI

基金项目：国家自然科学基金项目（52208464，52125805）

后的稳定振幅。以$m^* = 0.005$，$\lambda = 10$为例，图 2 给出了不同f^*和ξ下 TMDI 的减振率。可以看到，在各工况下主结构振幅均得到不同程度的衰减，减振率最高可达到 70%。在各f^*下，最优ξ基本位于 0.015～0.020之间。减振率对f^*非常敏感，$f^* = 1.000$时控制效果最好。如果不考虑涡激力作用，通过数值仿真得到在该m^*和λ下的最优f^*和ξ分别为 0.996 和 0.020，与考虑涡激力情况下有一定偏差。

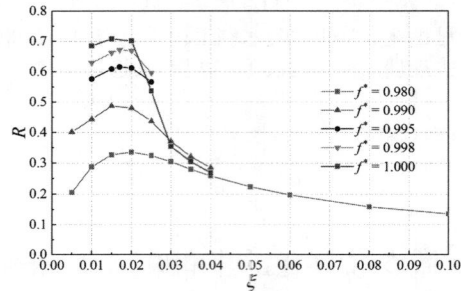

图 2　不同频率比和阻尼比下 TMDI 减振率

此外，分别改变D（范围 0.075～1.2m）和f_0（范围 0.1～1.2Hz），计算各参数下的减振率，发现减振率基本保持不变，说明主梁-TMDI 系统的几何缩尺比和频率缩尺比之间无需满足特定关系，可以人为设定，这为在风洞中开展相关试验研究提供了便利。

3.2　主梁断面

以质量比$m^* = 0.005$为例，系统研究了不同放大率（$\lambda = 4$、6、8）、不同频率比（$f^* = 0.980$、0.985、0.990、0.995、1.000）、不同阻尼比（$\xi = 0.005$、0.010、0.015、0.020、0.025、0.030、0.040）条件下 TMDI 抑制效果。在各工况下，TMDI 均能有效抑制涡振的发生，如图 3 所示。根据施加初始激励后结构振动衰减速度，可对比不同参数下 TMDI 的抑振效率。结果表明：在各λ下，TMDI 最优f^*和最优ξ均分别位于 0.985 和0.020 附近；在相同的f^*和ξ下，TMDI 的抑振效率随着λ的增大显著降低。

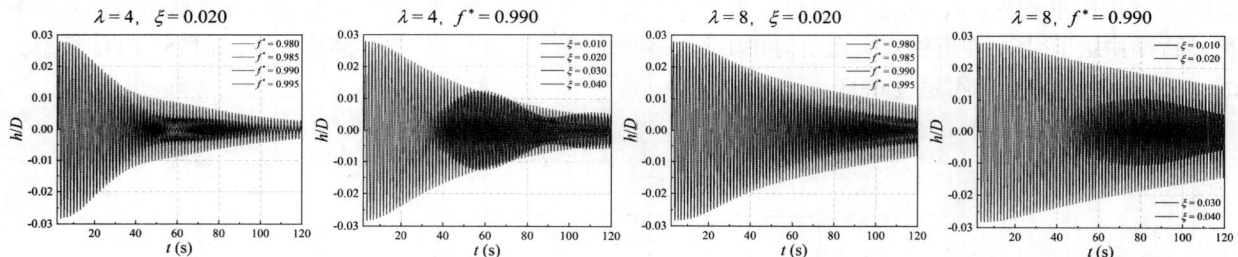

图 3　受控主梁在不同 TMDI 参数下的振动时程

4　结论

本文通过数值模拟直观地验证了 TMDI 控制桥梁涡振的可行性，并分别针对矩形断面和主梁断面研究了 TMDI 参数对涡振控制效果的影响，为大跨桥梁涡振控制设计提供了参考。

参考文献

[1]　XU K, DAI Q, BI K, et al. Multi-mode vortex-induced vibration control of long-span bridges by using distributed tuned mass damper inerters (DTMDIs)[J]. Journal of Wind Engineering and Industrial Aerodynamics, 2022, 224: 104970.

[2]　王琦. TMDI 对大跨钢箱连续梁桥涡激振动的控制研究[D]. 北京: 北京交通大学, 2021.

索-梁锚固偏心对斜拉桥静风效应的影响

高广中[1]，颜　欣[2]，杜文凯[1]，谢永辉[1]，李加武[1]

（1. 长安大学公路学院桥梁系　西安　710064；
2. 江西省交通设计研究院有限责任公司　南昌　330029）

1　引言

现行抗风规范[1]中，斜拉桥整体抗风分析推荐采用平面索-梁模型，例如单脊梁模型、双主梁模型和三主梁模型，这些模型均将斜拉索锚固点与主梁刚度中心布置在同一水平面内，斜拉索的风荷载也仅以横向力的形式传递至主梁节点，完全忽略了斜拉索在主梁上锚固偏心引起的附加扭矩效应。虽然可将传统鱼骨梁刚臂的外伸端向上偏移，但无法考虑实际拉索锚固构件的弹性支撑效应，只有当锚固构件的横桥向刚度远大于斜拉索自身的侧向刚度时，才可视为刚性支撑。本文研究指出，该锚固偏心效应引起的附加扭矩与主梁自身受到的气动升力矩相比不可忽略，为了精确计算大跨度斜拉桥主梁的附加风攻角、静风失稳和颤振稳定性，需要考虑斜拉索-主梁的锚固偏心效应。

2　索-梁锚固偏心效应：力学机理及偏心距计算方法

斜拉索与钢主梁的锚固方式包括锚箱式、锚拉板式、耳板式等，其中，箱锚式往往在桥面上外伸一段钢导管以支撑内置式阻尼器，钢导管和锚拉板等锚固构件伸出桥面的高度可达到1~3m。在横向风作用下，斜拉索会沿横桥向发生变形，上述索-梁锚固构造将约束斜拉索在横桥向的变形，相当于将部分拉索风荷载以偏心力的形式传递至主梁扭转中心，从而在主梁扭心处产生了横向阻力和附加扭矩。此外，为了提高斜拉索的阻尼比，抑制可能出现的风/车辆致拉索振动，往往在索端施加外置式阻尼器（图1a），若外置式阻尼器的横桥向行程不足，则在大风条件下阻尼元件容易侧向"抵紧"，外置式阻尼支架开始约束拉索的横向变形，从而与锚固构件类似，将拉索风荷载以偏心力的形式传递至主梁。

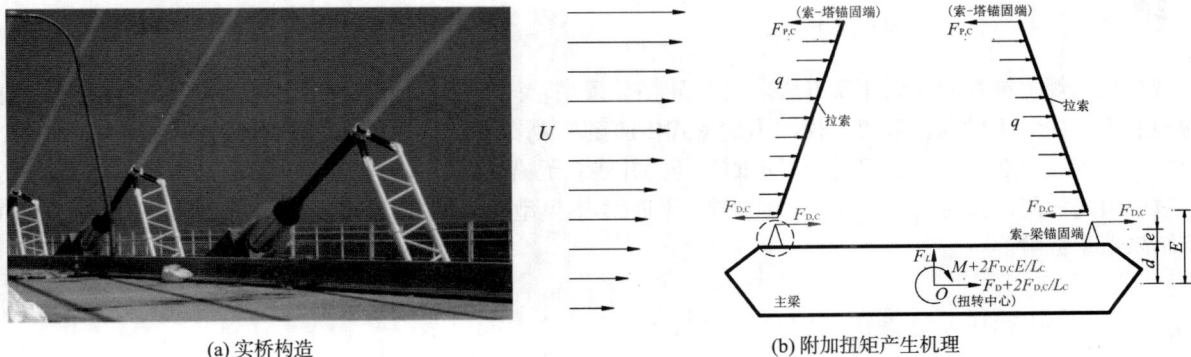

(a) 实桥构造　　　　　　　　　　　(b) 附加扭矩产生机理

图1　索-梁锚固偏心效应实桥构造和力学原理示意图

图1（b）显示了索-梁锚固偏心效应的力学原理，可以发现，由于拉索锚固构件的约束作用，使得斜拉索受到的横桥向气动力传递至主梁时，除了产生横向力$2F_{DC}/L_C$，还会产生附加扭矩$2F_{DC}E/L_C$，其中，F_{DC}为斜拉索传递至梁端的横向力，L_C为拉索在主梁上的锚固间距，E为考虑各类锚固构件弹性约束效应的有效偏心距，可由下式计算得到

基金项目：国家自然科学基金项目（52278478），长安大学中央高校基金资助项目（300102214914）

$$E = \frac{K_D H_D^2 + K_S H_S^2}{K_D H_D + K_S H_S + K_C H_C} + d \tag{1}$$

式中，K_C、K_S、K_D分别为斜拉索、锚固构造和外置阻尼器支架的横桥向刚度系数；H_C、H_S和H_D分别为斜拉索刚度计算参考点、锚固构造和阻尼器支架支撑点距桥面的高度；d为主梁扭心距桥面的距离。

3 数值算例

以苏通大桥为工程背景，进行非线性静风效应分析。斜拉索采用分段杆单元法考虑垂度效应，主梁扭心距离桥面d为2.17m，主梁气动静三分力系数采用文献[2]的数据。苏通大桥的斜拉索锚固采用外置式阻尼器＋短钢导管的形式，利用式(1)计算了每根斜拉索的锚固偏心距，发现拉索偏心距E在4.2m～4.7m之间。对比了三个工况：（1）工况1采用传统平面索梁模型；（2）工况2将拉索锚固于桥面，不考虑外置式阻尼器支架的弹性约束作用；（3）工况3考虑所有锚固构件的约束作用。图2（a）给出了3种工况下主梁扭转变形的计算结果，可以发现，考虑了索-梁锚固偏心效应，主梁跨中扭转角增加了67.7%。图2（b）对比了锚固偏心效应引起的每延米附加扭矩与主梁自身的气动扭矩之比，可以发现附加扭矩占比在跨中区域约为20%～40%，因而，是不可忽略的。对于初始风攻角0°和3°，索-梁锚固偏心效应使得静风失稳临界风速分别降低6.3%和3%。

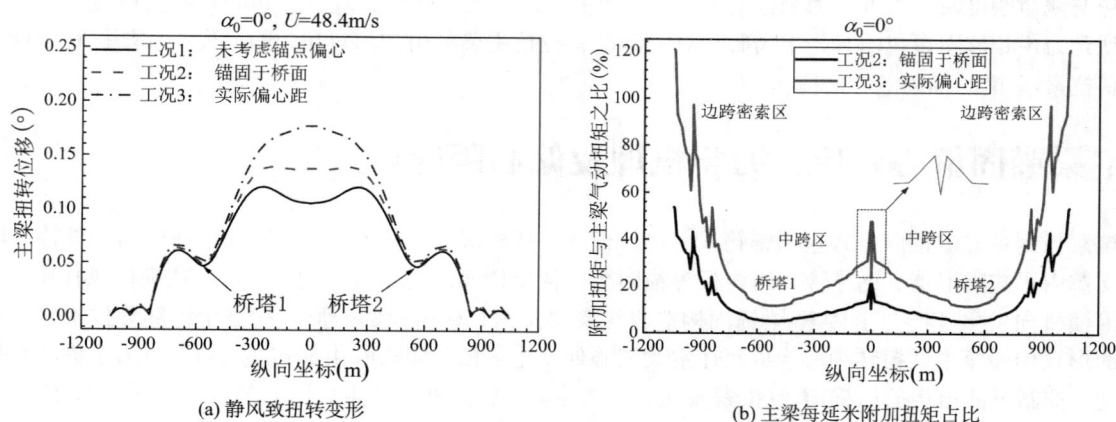

(a) 静风致扭转变形   (b) 主梁每延米附加扭矩占比

图2 索-梁锚固偏心效应对苏通大桥静风致扭转变形的影响

4 结论

现行抗风规范推荐的主梁建模方法采用平面索-梁模型，斜拉索锚固点与主梁刚度中心在同一水平面内，隐含地假定斜拉索上的风荷载仅以横向力的形式传递至主梁节点。本文强调由于拉索-主梁锚固偏心效应，斜拉索风荷载还会在主梁上引起附加扭矩的问题，并建立了锚固偏心距离的简化计算方法。算例结果表明，偏心效应引起的附加扭矩占比很大，不可忽略，平面索-梁模型低估了主梁的附加风攻角效应，使静风失稳的计算结果偏于危险。

参考文献

[1] 公路运输部. 公路桥梁抗风设计规范：JTG/T 3360-01—2018[S]. 北京: 人民交通出版社, 2019.

[2] 许福友, 陈艾荣. 苏通大桥静风响应分析[J]. 工程力学, 2009, 26(1): 113-119.

钢桁梁气弹模型的"U"形弹簧设计方法

高广中[1]，孙研博[2]，于　璐[1]，杜文凯[1]，李加武[1]

（1. 长安大学公路学院桥梁系　西安 710064；
2. 西安市轨道交通集团有限公司　西安 710018）

1　引言

　　钢桁梁是大跨度桥梁常用的断面型式，通常需要进行全桥气弹模型风洞试验以综合检验桥梁的抗风性能。然而，在设计全桥气弹模型时，钢桁梁的敞开式构造，造成常用的连续式芯梁型式影响气动外形或者造成刚度中心偏移，因而不再适用[1]。目前，常采用离散式方案以模拟其刚度特性：将梁段制作为刚性模型，在各个梁段之间布置几何尺寸较小的"V"形或"U"形弹簧以模拟梁段的变形[2-3]。该离散模拟方法可以在保证主梁刚度等效的条件下，不显著影响主梁的气动外形。然而，目前"U"形弹簧的设计方法仍不成熟，普遍采用遍历"U"形弹簧所有几何参数的试算方法，需要较大的计算资源和时间成本[2]。本文基于结构力学原理，建立了"U"形弹簧设计优化方法，并在此基础上开发了实用的设计软件。

2　"U"形弹簧的设计方法及实用软件

　　桁架梁的自由扭转刚度、竖弯和侧弯刚度，可以基于有限元软件对悬臂桁架梁进行静力加载识别得到（图1）。将 4 个"U"形弹簧与刚性桁梁段抽象为带刚臂的弹簧单元，再通过单位位移法推导得到该单元的刚度矩阵[K]，刚度矩阵各项系数是"U"形弹簧的几何参数的函数。由于"U"形弹簧-刚块串联梁与连续刚度梁的线位移与转角之间关系并不相同，不能直接将刚度矩阵[K]各项与 Euler-Bernoulli 梁刚度矩阵对应相等建立几何参数的控制方程。

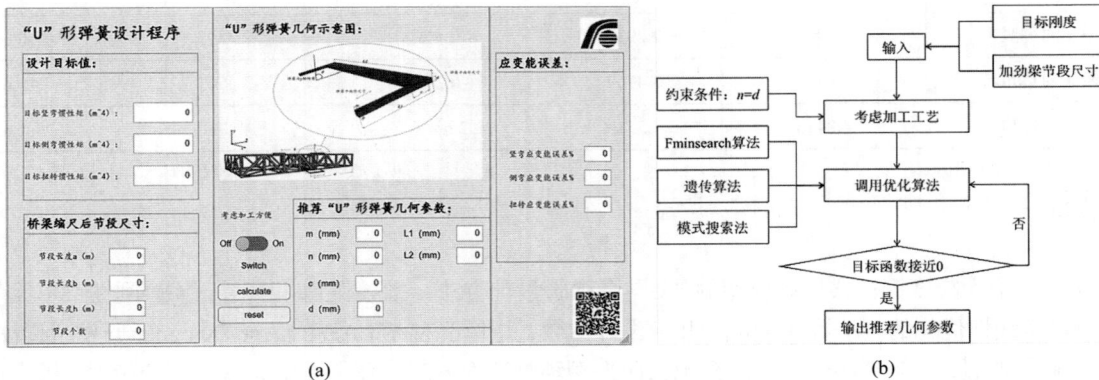

图 1　"U"形弹簧设计软件工具及其内部程序架构（a）软件界面；（b）软件的程序架构

　　考虑到气弹模型试验时仅需保证低阶振型的相似性，根据悬臂在集中荷载作用下弯曲/扭转应变能等效的原则，建立"U"形弹簧-刚块串联梁刚度与桁架梁相应刚度之间的关系，例如与竖弯转角直接相关的刚度系数

$$K_{66} = \frac{3\sum_{i=1}^{n}(n-i)^2}{n^2} \cdot \frac{EI_z}{L} \tag{1}$$

基金项目：国家自然科学基金项目（52278478），长安大学中央高校基金资助项目（300102214914）

式中，EI_z为桁架梁竖弯刚度；n为"U"形弹簧-刚块的个数；L为悬臂梁长度，要求长度至少为主跨长度的一半。

基于上述的设计控制方程之后，采用非线性优化方法寻找能够满足刚度模拟要求的最优几何设计参数。考虑到实际加工精度的限制，采用具有约束的无梯度优化算法，包括模式搜索法、下山单纯形法、遗传算法等，并取各优化算法的最优值。基于 MATLAB 的 App Designer 设计了一款"U"形弹簧设计工具软件，集成了上述设计优化方法，软件界面和程序架构如图 1 所示。采用该设计软件，计算获得"U"形弹簧的几何设计值仅需几秒钟。

3 工程应用

为了验证本文建立"U"形弹簧设计方法的可行性，以某主跨 1420m 的单跨钢桁梁悬索桥为背景进行气弹模型设计，几何缩尺比为 1：173。首先基于悬臂梁静力加载法识别桁架梁的竖弯、侧弯和自由扭转刚度，在此基础上，采用图 1 的软件工具计算得到"U"形弹簧的几何参数，主要低阶振型频率的计算值列于表 1，其中"桁架梁"为直接模拟钢桁梁时悬索桥的频率计算结果；"等效单元"为采用 Euler-Bernoulli 梁模拟主梁，刚度参数采用桁架梁的竖弯、侧弯和自由扭转刚度的识别值。由表 1 可知，"U"形弹簧模型的动力特性值与原始桁架梁非常接近，最大误差发生在一阶反对称侧弯振型，误差小于 3.5%，满足气弹模型设计的目标。除了频率之外，对该大跨度悬索桥的静风变形进行了对比，发现"U"形弹簧-刚性梁段模型的侧向、竖向和扭转静风变形值均与原始桁架梁模型吻合良好。

大跨度钢桁梁悬索桥气弹模型主要振型的频率值　　　　　表 1

振型	桁架梁频率（Hz）	等效单元		"U"形弹簧串联梁	
		频率（Hz）	偏差	频率（Hz）	偏差
一阶正对称侧弯	0.6374	0.6359	−0.2%	0.6346	−0.4%
一阶反对称竖弯	1.2229	1.2285	0.5%	1.2273	0.4%
一阶反对称侧弯	1.4916	1.4877	−0.3%	1.4419	−3.3%
一阶正对称竖弯	1.7228	1.7233	0.0%	1.7215	−0.1%
二阶正对称竖弯	2.2958	2.2934	−0.1%	2.2897	−0.3%
一阶正对称扭转	3.4763	3.4709	−0.2%	3.4567	−0.6%
一阶反对称扭转	4.2418	4.3513	2.6%	4.1750	−1.6%

4 结论

本文建立了大跨度钢桁梁气弹模型的"U"形弹簧设计方法，推导得到"U"形弹簧-刚性梁单元的刚度矩阵，通过非线性优化的方法寻找最优的几何设计参数，并基于 MATLAB 的 App Designer 开发了设计软件。工程实例验证表明，本文提出的方法在模拟低阶振型动力特性和静风变形方面具有良好的精度，极大地提高了"U"形弹簧的设计计算效率。

参考文献

[1]　徐洪涛, 苑敏, 蒲焕玲, 等. 大跨钢桁加劲梁气动弹性模型的设计方法[J]. 四川建筑科学研究, 2009, 4(2): 87-90.

[2]　于恩博. 大跨度钢桁梁悬索桥气弹模型设计与修正技术研究[D]. 成都: 西南交通大学, 2020.

[3]　孙研博. 大跨度桁架悬索桥气弹模型设计方法研究[D]. 西安: 长安大学, 2024.

非线性多模态颤振中 1∶1 内共振对临界风速和振动幅值的影响

崔　巍，赵　林

（同济大学土木工程防灾国家重点实验室 上海 200092）

1　引言

风致颤振失稳是大跨桥梁面临的最具破坏性的风灾模式之一，例如塔科马大桥的风致失稳坍塌。颤振响应通常表现为竖弯-扭转耦合模态。然而，随着桥梁跨径的增加，模态频率逐渐降低，模态频率之间的间隔变小。当高阶竖弯模态的频率接近颤振频率时，具有相似模态振型的高阶竖弯模态将参与竖弯-扭转颤振，进而影响风致响应特征，导致颤振过程中内共振现象。随着振幅的增加，气动力出现非线性特征，多模态耦合颤振的非线性振动幅值估计变得更加困难。本研究提出了多模态耦合颤振控制方程计算多模态非线性颤振响应，并利用复变平均法解析非线性振动幅值，最后分析了不同高阶竖弯模态频率对多模态颤振的影响。

2　非线性多模态颤振理论

大跨桥梁的弯扭耦合颤振控制方程为：

$$\boldsymbol{M}\frac{\mathrm{d}^2h}{\mathrm{d}t^2} + \boldsymbol{C}_h\frac{\mathrm{d}h}{\mathrm{d}t} + \boldsymbol{k}_h h = \rho U^2 B\left[\frac{KH_1^*}{U}\frac{\mathrm{d}h}{\mathrm{d}t} + \frac{KH_2^*B}{U}\frac{\mathrm{d}q}{\mathrm{d}t} + \frac{K^2H_3^*}{U}q + \frac{K^2H_4^*}{UB}h + N_L\right] \tag{1a}$$

$$\boldsymbol{I}\frac{\mathrm{d}^2q}{\mathrm{d}t^2} + \boldsymbol{C}_q\frac{\mathrm{d}q}{\mathrm{d}t} + \boldsymbol{k}_q q = \rho U^2 B^2\left[\frac{KA_1^*}{U}\frac{\mathrm{d}h}{\mathrm{d}t} + \frac{KA_2^*B}{U}\frac{\mathrm{d}q}{\mathrm{d}t} + \frac{K^2A_3^*}{U}q + \frac{K^2A_4^*}{UB}h + N_M\right] \tag{1b}$$

式中，h，q 是竖弯和扭转振动幅值；$\boldsymbol{M}$-$\boldsymbol{C}_h$-$\boldsymbol{k}_h$，$\boldsymbol{I}$-$\boldsymbol{C}_q$-$\boldsymbol{k}_q$ 是竖弯和扭转方向质量、阻尼和刚度；ρ 是空气密度；U 是风速；B 为主梁宽度；A_1^*-A_4^* 和 H_1^*-H_4^* 是线性气动力相关的气动导数；N_L 和 N_M 是气动力方程的非线性部分。

传统颤振理论认为竖弯和扭转方向各有 1 阶模态参与振动，当有多个模态参与振动时 h，q 可表示为多个模态的叠加。本文以 2 阶竖弯模态和 1 阶扭转模态为例，因此：

$$h = B(\phi_h y + \phi_h z) \quad q = \phi_q\theta \tag{2}$$

式中，ϕ_q 是 1 阶扭转振型；ϕ_h 是与 ϕ_q 相同对称类型的 1 阶竖弯振型；ϕ_h 是任意高阶竖弯振型。

对本文所选取的南沙大桥桥梁断面(图 1)进行非线性气动力识别，并进行无量纲时间转换后 3 模态耦合颤振控制方程为：

$$\ddot{y} + 2\xi_y K_y\dot{y} + K_y^2 y = \frac{m_y^*}{\phi_{yy}}\left[\phi_{hh}KH_1^*\dot{y} + \phi_{hq}KH_2^*\dot{\theta} + \phi_{qq}K^2H_3^*\theta + \phi_{hq}K^2H_4^*y + \right.$$
$$\left. \phi_{q^2h}b_1K^2\theta\dot{\theta} + \phi_{q^3h}b_2K^2\theta\dot{\theta}^2 + \phi_{q^3h}b_3K^4\theta^3\right] \tag{3a}$$

$$\ddot{z} + 2\xi_z K_z\dot{z} + K_z^2 z = \frac{m_z^*}{\phi_{hh}}\left[\phi_{hh}KH_1^*\dot{z} + \phi_{hq}KH_2^*\dot{\theta} + \phi_{qq}K^2H_3^*\theta + \phi_{hq}K^2H_4^*z + \right.$$
$$\left. \phi_{q^2h}b_1K^2\theta\dot{\theta} + \phi_{q^3h}b_2K^2\theta\dot{\theta}^2 + \phi_{q^3h}b_3K^4\theta^3\right] \tag{3b}$$

$$\ddot{\theta} + 2\xi_\theta K_\theta\dot{\theta} + K_\theta^2\theta = \frac{m_\theta^*}{\phi_{qq}}\left[\phi_{hq}KH_1^*\dot{y} + \phi_{hq}KA_1^*\dot{z} + \phi_{hq}KA_2^*\dot{\theta} + \phi_{qq}K^2A_3^*\theta + \right.$$
$$\left. \phi_{hq}K^2A_4^*y + \phi_{hq}K^2A_4^*z + \phi_{q^4}c_1K\dot{\theta}^3 + \phi_{q^4}c_2K^2\theta\dot{\theta}^2\right] \tag{3c}$$

基金项目：国家自然科学基金项目（52478552）

式中，$\phi_{h^i h^j q^k} = \int_L \phi_h^i(x) \phi_h^j(x) \phi_q^k(x)\, \mathrm{d}x$ 是高阶模态振型非线性耦合系数。对公式(3)进行复变换并利用平均非线性动力求解，得到各模态的幅值发展过程和不同风速下的非线性颤振幅值。

3 多模态耦合颤振临界风速和振动幅值

忽略高阶竖弯模态，公式(3)则退化为传统弯扭两模态耦合颤振，图2对比了南沙大桥分别考虑两模态和三模态时的颤振幅值，可以发现考虑高阶竖弯模态时临界风速低于两模态耦合颤振，并且在跨中和1/4跨幅值均持续大于两模态耦合颤振。因此传统两模态颤振试验分析可能低估颤振风险。对高阶竖弯模态的频率进行敏感性分析，发现当高阶频率和颤振频率相近时，颤振形式发生剧烈变化，高阶竖弯模态和颤振耦合模态发生 1:1 内共振。随着高阶竖弯模态频率逐渐增大，临界风速同时增长，并且低阶竖弯模态和扭转模态幅值降低，高阶竖弯模态幅值先增长后降低，是典型的内共振特征，如图3、图4所示。

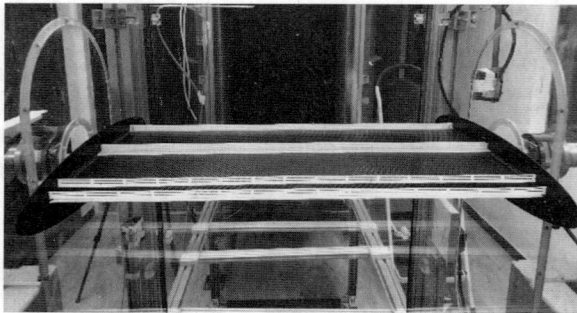

图 1 高阶竖弯模态频率对颤振临界形态影响

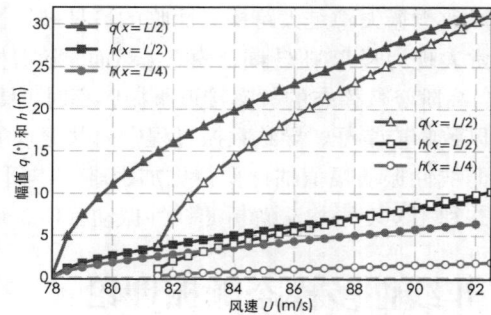

图 2 不同风速两模态（空心）和三模态（实心）颤振幅值

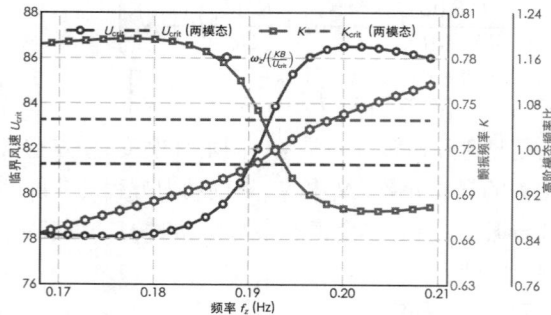

图 3 高阶竖弯模态频率对颤振临界形态影响

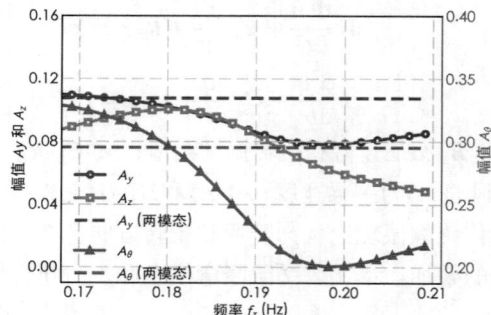

图 4 $U = 90\mathrm{m/s}$ 时高阶竖弯模态频率对幅值影响

4 结论

本文建立了非线性多模态耦合颤振的分析方法，研究结果表明，当高阶竖弯模态的频率略低于颤振频率时，降低了临界颤振风速，与传统两模态耦合相比，三模态颤振振幅更高；随着高阶竖弯模态的频率增大，内共振特征逐渐消失，退化为传统两模态耦合颤振。

参考文献

[1] GE Y J, TANAKA H. Aerodynamic flutter analysis of cable-supported bridges by multi-mode and full-mode approaches[J]. Journal of Wind Engineering and Industrial Aerodynamics, 2000, 86(2-3): 123-153.

[2] LI K, HAN Y, SONG J, et al. Three-dimensional nonlinear flutter analysis of long-span bridges by multimode and full-mode approaches[J]. Journal of Wind Engineering and Industrial Aerodynamics, 2023, 242: 105554.

基于多项式涡激力模型的大跨度桥梁竖向涡振有限元分析方法

孟晓亮，朱志昂

（上海工程技术大学城市轨道交通学院 上海 201620）

1 引言

涡激共振不仅会影响桥梁的通行舒适性，也会对结构的疲劳性能造成不利影响。目前大跨度桥梁在抗风设计中普遍采取使结构振幅小于某个特定限值的策略，而国内外现有规范对涡振限值的规定多以结构振动加速度不超限为出发点（例如，我国现行《公路桥梁抗风设计规范》JTG/T 3360-01 对桥梁涡振振幅的限值就是按照加速度允许值 1m/s² 确定的允许幅值），其背后的逻辑是保证桥梁的通行舒适性，但在实践中对结构的涡致疲劳因素考虑甚少。究其原因，是因为目前的涡振研究大多集中于准确预测结构涡振振幅，而对涡振内力响应开展准确高效分析的工具还不够成熟。鉴于此，本文基于近期涡振研究中提出的非线性多项式涡激力模型，建立了大跨度桥梁涡振内力响应分析的有限元方法。

2 非线性多项式涡激力模型与系统运动微分方程

有少数学者曾基于 Scanlan 经验非线性模型开展过涡振有限元分析相关研究，但在近些年的研究中发现，Scanlan 经验非线性模型在某些桥梁断面中较难准确反映实际作用于结构的涡激力。基于此，本文基于近期研究中应用较多的非线性多项式涡激力模型，推导了大跨度桥梁涡振运动微分方程的离散化格式。非线性多项式涡激力模型由式(1)所示[1]：

$$f_{VT}(y, \dot{y}) = \frac{1}{2}\rho U^2 B\left[Y_1(K)\left(1 + \varepsilon_{03}\frac{\dot{y}^2}{U^2} + \varepsilon_{05}\frac{\dot{y}^4}{U^4}\right)\frac{\dot{y}}{U} + Y_2(K)\left(1 + \varepsilon_{30}\frac{y^2}{B^2} + \varepsilon_{50}\frac{y^4}{B^4}\right)\frac{y}{B}\right] \tag{1}$$

为建立连续弹性结构的涡振运动微分方程，根据哈密顿原理，有：

$$\int_{t_1}^{t_2}\delta(T - U + W_{nc} + W_A)\,\mathrm{d}t = 0 \tag{2}$$

式中，T、U 为结构动能和势能；W_{nc} 为结构阻尼力做功；W_A 为气动力做功，其大小为：

$$\int_0^L \frac{1}{2}\rho U^2 B\left\{Y_1\left[1 + \varepsilon_{03}\frac{\dot{v}^2(x,t)}{U^2} + \varepsilon_{05}\frac{\dot{v}^4(x,t)}{U^4}\right]\frac{\dot{v}(x,t)}{U} + \right.$$

$$\left. Y_2\left[1 + \varepsilon_{30}\frac{v^2(x,t)}{B^2} + \varepsilon_{50}\frac{v^4(x,t)}{B^4}\right]\frac{v(x,t)}{B}\right\}\delta v(x,t)\,\mathrm{d}x \tag{3}$$

通过将梁单元形函数 $\{\psi(x)\}$ 表达的位移场函数代入，不仅可以得到涡振时的单元质量矩阵、单元机械刚度、阻尼矩阵，还可以得到涡振时各阶线/非线性气动刚度、阻尼矩阵：

$$\left[C_1^{(1)}\right]^e = \int_0^L \frac{1}{2}\rho UBY_1(K)\{\psi(x)\}\{\psi(x)\}^T\,\mathrm{d}x \tag{4}$$

$$\left[C_{nl}^{(3)}\right]^e = \int_0^L \frac{\rho U^2 BY_1(K)\varepsilon_{03}}{2U}\left(\{\dot{y}(t)\}^T\{\psi(x)\}\right)^2\{\psi(x)\}\{\psi(x)\}^T\,\mathrm{d}x \tag{5}$$

基金项目：桥梁结构抗风技术交通行业重点实验室开放课题（KLWRTBMC9-01）

$$\left[C_{\text{nl}}^{(5)}\right]^{\text{e}} = \int_0^L \frac{\rho U^2 B Y_1(K) \varepsilon_{05}}{2U} \left(\{\dot{y}(t)\}^{\text{T}}\{\psi(x)\}\right)^4 \{\psi(x)\}\{\psi(x)\}^{\text{T}} \, \mathrm{d}x \tag{6}$$

$$\left[K_1^{(1)}\right]^{\text{e}} = \int_0^L \frac{1}{2}\rho U^2 Y_2(K)\{\psi(x)\}\{\psi(x)\}^{\text{T}} \, \mathrm{d}x \tag{7}$$

$$\left[K_{\text{nl}}^{(3)}\right]^{\text{e}} = \int_0^L \frac{\rho U^2 Y_2(K) \varepsilon_{30}}{2B^2} \left(\{y(t)\}^{\text{T}}\{\psi(x)\}\right)^2 \{\psi(x)\}\{\psi(x)\}^{\text{T}} \, \mathrm{d}x \tag{8}$$

$$\left[K_{\text{nl}}^{(5)}\right]^{\text{e}} = \int_0^L \frac{\rho U^2 Y_2(K) \varepsilon_{50}}{2B^2} \left(\{y(t)\}^{\text{T}}\{\psi(x)\}\right)^4 \{\psi(x)\}\{\psi(x)\}^{\text{T}} \, \mathrm{d}x \tag{9}$$

通过将上述单元矩阵在整体坐标系拼装后代入式(2)，即可建立由非线性多项式涡激力模型表达的多自由度非线性涡振运动微分方程的离散格式。

3 工程算例

以某跨海特大桥引桥（跨径布置 100 + 100 + 100 + 100 + 100 = 500m）作为工程背景应用本文方法进行大跨连续钢箱梁桥的涡振分析。图 1 给出了涡振位移和内/应力响应分析结果。

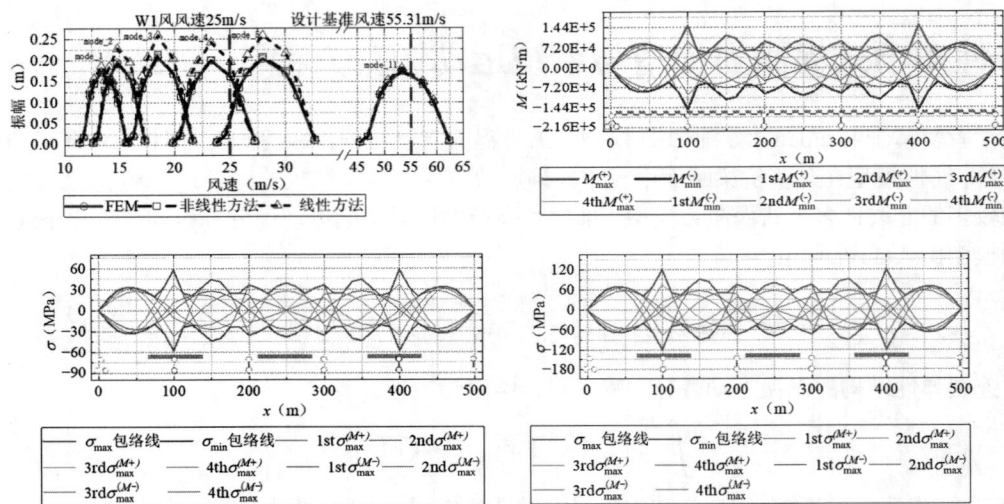

图 1 大跨连续梁桥的涡振位移、弯矩和顶底板应力响应

4 结论

本文基于多项式非线性涡激力模型建立了大跨度桥梁竖向涡振的有限元分析方法，并通过对某连续钢箱梁桥的涡振响应分析可知：该方法不仅可有效预测涡振作用下的非线性位移响应；且可以快速准确获得桥梁在涡振时的内力和应力分布。

参考文献

[1] ZHU L D , MENG X L , DU L Q , et al. A Simplified Nonlinear Model of Vertical Vortex-Induced Force on Box Decks for Predicting Stable Amplitudes of Vortex-Induced Vibrations[J]. Engineering, 2017: 854-862.

表面润湿性对拉索水膜特性的影响研究

常　颖[1]，范佳雯[1]，赵　林[2]

（1. 四川大学-香港理工大学灾后重建与管理学院　四川　610207；
2. 同济大学土木工程防灾国家重点实验室　上海　200092）

1　引言

拉索是斜拉桥的主要受力构件，目前最长拉索已超过 600m，拉索风致振动问题日益严峻。风雨激振是拉索大幅振动的形式之一，为了确保拉索在风雨环境下的安全，几乎所有新建斜拉桥拉索都采取了空气动力学措施，如螺旋线和凹坑。这种空气动力学措施在设计风速下会带来额外的风荷载，其阻力系数约为光滑拉索的 1.5～2 倍。因此，开发低阻力系数的气动措施在工程实践中至关重要。影响拉索风雨激振的一个重要且经常被忽视的因素是表面润湿性特性，已有学者[1-2]发现材料特性、积灰污渍等影响表面润湿性的因素都会进而影响风雨激振的发生，改变拉索表面润湿性有可能抑制风雨激振。随着材料领域的蓬勃发展，表面涂层材料在成本、耐用性等方面都取得了重大进展，有必要在拉索振动抑制方面也开展相应的研究。本文利用计算流体力学开展了不同润湿性条件下的拉索表面水膜模拟，讨论了表面润湿性的抑振潜力，为后续基于涂层材料的拉索抑振措施开发提供参考。

2　模型

本研究采用有限体积法（VOF）进行计算流体力学数值模拟。VOF 方法是一种固定欧拉网格下的表面跟踪方法，可以捕捉互不相融的两种或多种流体间界面。通过单元内流体体积分数 α 表示每种流体，本次模拟采用空气和液态水两种流体，二者的 α 之和为 1。采用二维网格进行计算，水膜截面如图 1 所示，U_N 为垂直于拉索轴向的风速，g_N 为该截面的重力分量，流场计算域及网格划分如图 2 所示，连续相气相和连续相液相流场均采用剪切应力传输模型（SST 模型）。边界条件设置如下：左侧为速度入口边界，设置湍流度为 10%；右侧为开放式出口边界；顶部和底部均为自由滑移固壁边界；拉索为无滑移固壁边界，根据拉索表面润湿性特性设置接触角为 45°、90°以及 135°。根据已有试验研究[3]设置拉索直径 139mm，风速为 8.7m/s，偏角为20°，倾角为 30°。为了准确模拟降雨强度，在试算阶段模拟了不同的水膜厚度和补水策略，并与试验结果对比，最终确定的初始条件及补水策略为：初始水膜厚度 1.5mm，当监测到拉索表面总水量流失 10%后，在无水部分补充 0.3mm 厚水膜。

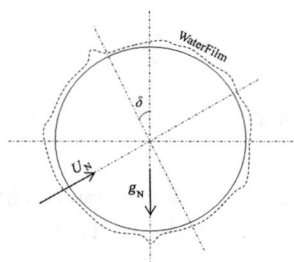

图 1　拉索-水膜截面

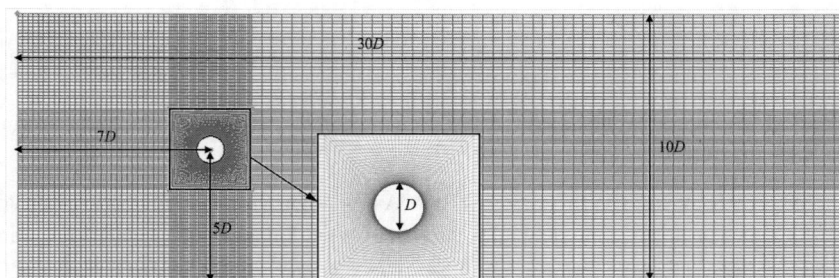

图 2　流场计算域及网格

基金项目：国家自然科学基金项目（52308514），四川省自然科学基金项目（2024NSFS C0931）

3 结果分析

3.1 模拟结果

图 3 给出了 45°接触角下拉索 90°～180°范围内（上水线生成区域）的水膜形态变化。在计算时间内，表面水膜形态随时间变化，呈现破裂、聚集、平铺等多个典型特征。总体而言表面水膜连续光滑，并形成有规律的振荡，与风洞试验结果吻合。图 4 给出不同接触角下拉索表面的典型水膜特征，当接触角为 90°时，水膜大面积破裂，表面水膜不连续，而是形成多个高度较大、边缘陡峭的水珠。135°接触角表面的水膜特性与90°相似，但水膜破裂更彻底，雨水聚集效应更明显。可以看出，在疏水表面（接触角 90°、135°）拉索水膜形态与质量发生了明显的改变，无法形成连续稳定的水线，改变了风雨激振发生的必要条件。

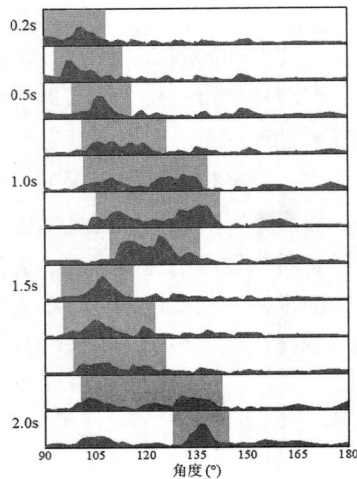

图 3   表面水膜变化$\theta = 45°$

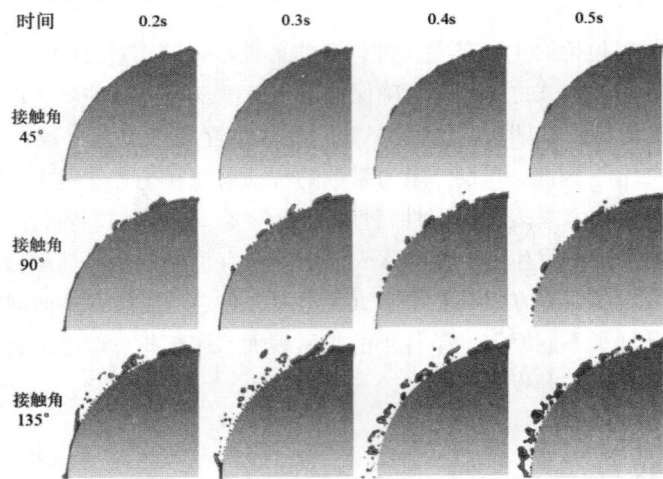

图 4   不同接触角下拉索表面水膜特征

3.2 试验验证

表面水膜的模拟结果与聚脲涂层（接触角 86.6°）拉索的人工降雨风洞试验结果吻合。聚脲拉索在风雨环境下未产生大幅振动，验证了疏水表面对风雨激振的抑制作用。

4 结论

通过基于 VOF 方法的 CFD 数值模拟，获得了不同润湿性拉索表面的水膜形态与特征。与 45°接触角相比，疏水表面（接触角 90°、135°）水膜的覆盖率和形态特征发生了明显改变，无法形成连续稳定的上水线，可以抑制风雨激振的发生。

参考文献

[1] FLAMAND, O. Rain-wind induced vibration of cables[J]. Journal of Wind Engineering and Industrial Aerodynamics, 1995, 57(2): 353-362.

[2] D'AUTEUIL A, MCTAVISH S, RAEESI A. A new large-scale dynamic rig to evaluate rain-wind induced vibrations on stay cables: Design and commissioning[J]. Journal of Wind Engineering and Industrial Aerodynamics, 2020, 206: 104334.

[3] CHANG Y, ZHAO L, GE Y. Experimental investigation on mechanism and mitigation of rain-wind-induced vibration of stay cables[J]. Journal of Fluids and Structures, 2019, 88: 257-274.

基于实桥涡振响应的涡激力模型参数识别方法

朱　青[1,2,3]，蒋冠权[2]，孙　颢[2]，朱乐东[1,2,3]

（1. 同济大学土木工程防灾减灾全国重点实验室　上海 200092；
2. 同济大学土木工程学院桥梁工程系　上海 200092；
3. 桥梁结构抗风技术交通运输行业重点实验室（同济大学）　上海 200092）

1　引言

近年来，多座已建成的大跨度桥梁发生了涡激共振，并引起了社会广泛关注。以往对大跨度桥梁的涡振预测主要基于风洞节段模型试验。过往的经验表明，由于涡振对断面细节非常敏感，因此风洞节段模型试验对涡振的预测精度存在尺度效应；再叠加雷诺数效应的可能影响，导致不同缩尺比的风洞节段模型试验得到的结果很可能有明显差别。由此可以推测，即使是风洞大比例节段模型试验（对大跨桥梁一般缩尺比在1∶20～1∶30），对涡振的预测精度也是明显受限的。缩尺模型试验造成的偏差会影响对实桥涡振响应的精确预测。另一方面，实际桥梁的结构特性可能会随时间变化，并导致涡振性能的演变。如果能通过已有的实桥涡振实测数据修正原来风洞试验识别得到的涡激力模型参数，就能大大提高对未来涡振响应、涡振风险的评估精度。为此，本文提出一种基于实桥实测响应的涡激力模型参数识别方法，从实桥涡振响应中直接识别得到气动力参数，以用于不同风参数、不同结构特性参数下的涡振响应预测，提升预测精度。

2　识别方法

本文采用广义多项式涡激力模型[1]，桥梁的振动方程见式(1)：

$$\tilde{M}(v'' + 2\xi_s K_s v' + K_s^2 v) = \rho D^2(\tilde{Y}_1 v + \tilde{Y}_2 v^3 + \tilde{Y}_3 v^5 + \tilde{\varepsilon}_1 v' + \tilde{\varepsilon}_2 v'^3 + \tilde{\varepsilon}_3 v'^5) \tag{1}$$

式中，$\tilde{M}$、ξ_s、K_s、v、v'、v''、ρ、D、$\tilde{Y}_i$、$\tilde{\varepsilon}_j$分别表示桥梁的广义单位长度质量、广义阻尼比、广义频率、广义位移、广义速度、广义加速度、空气密度、主梁高度、广义气动刚度参数、广义气动阻尼气动参数。结构发生涡激振动时满足运动微分方程，实际涡激力可以用结构的运动来表示，即

$$\hat{F} = \tilde{M}(\hat{v}'' + 2\xi_s K_s \hat{v}' + K_s^2 \hat{v}) \tag{2}$$

式中，$\hat{v}$、$\hat{F}$分别表示实测广义位移和实测涡激力，其余参数可依此类推。本文采用孙颢提出的能量等效原理[2]对涡激力进行拟合，并根据气动刚度力和气动阻尼力在一个周期内的做功特性[3]对拟合方程进行简化，最后采用最小二乘法计算涡激力模型气动参数具体值。

涡激力模型气动刚度参数计算公式见式(3)：

$$\{\tilde{Y}_1, \tilde{Y}_2, \tilde{Y}_3\}^T = \left(\begin{bmatrix} a_{11} & a_{12} & a_{13} \\ \vdots & \vdots & \vdots \\ a_{n1} & a_{n2} & a_{n3} \end{bmatrix}^T \begin{bmatrix} a_{11} & a_{12} & a_{13} \\ \vdots & \vdots & \vdots \\ a_{n1} & a_{n2} & a_{n3} \end{bmatrix} \right)^{-1} \left(\begin{bmatrix} a_{11} & a_{12} & a_{13} \\ \vdots & \vdots & \vdots \\ a_{n1} & a_{n2} & a_{n3} \end{bmatrix}^T \begin{Bmatrix} b_1 \\ \vdots \\ b_n \end{Bmatrix} \right) \tag{3}$$

式中，$a_{ij} = \rho D^2 \int_0^{iT} \hat{v}^{2j} ds$，$T$、$s$分别为广义周期和广义时间，$b_i = \int_0^{iT} \hat{F} \hat{v} ds$。涡激力模型气动阻尼参数可以采用同样的方法计算。

3　识别结果和讨论

本文根据西堠门桥实测涡振加速度响应数据，滤波后进行频域积分，得到位移响应，然后基于位移响应开展了涡激力模型参数识别。需要注意的是，采用本文方法时，需要获得比较明显的涡振发展过程实测数据

基金项目：上海市科技计划项目（24ZR1472800）

段才能有效开展模型参数识别。基于识别得到的气动参数反算得到的加速度时程和实测加速度时程对比结果示例如图 1 所示。可能由于实桥风场紊流度或风速并不平稳等因素，计算得到的涡振响应增速明显快于实测。尽管如此，反算的实桥涡振稳态加速度和实桥还是比较接近。

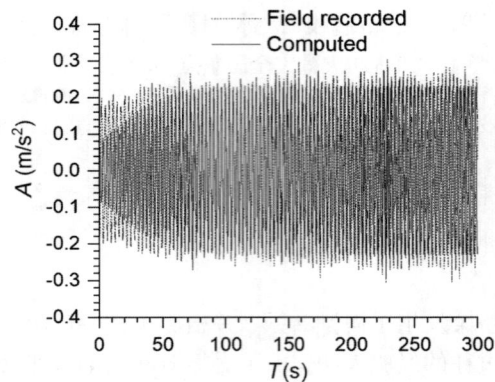

图 1　反算和实测涡振加速度响应时程对比

以上结果说明，采用本文方法识别得到的涡激力模型参数可以较好地预测实桥涡振响应。由于对涡振响应影响很大的实桥的结构阻尼比实际上难以准确获得，因此以上模型参数识别过程中参考文献数据对结构阻尼比参数进行了修正。此外，实桥涡振响应实际还受到风场不均匀性、紊流度等因素的影响。如何在模型参数识别过程中考虑这些因素的影响尚有待进一步研究。

参考文献

[1] XU K, GE Y, ZHAO L, et al. Calculating Vortex-Induced Vibration of Bridge Decks at Different Mass-Damping Conditions[J]. Journal of Bridge Engineering, 2017, 23(3): 04017149.

[2] 朱乐东, 孙颢, 朱青, 等. 基于位移测量的非线性涡激力模型参数识别方法[J]. 中国公路学报, 2019, 32(10): 49-56.

[3] GAO G, ZHU L. Nonlinear mathematical model of unsteady galloping force on a rectangular 2：1 cylinder[J]. Journal of Fluids and Structures, 2017: 7047-7071.

基于自然风场试验的管道悬索桥抗风性能研究

余海燕[1]，张明杰[2]，陈腾达[2]，许福友[2]

（1. 大连交通大学交通工程学院 大连 116028；
2. 大连理工大学建设工程学院 大连 116024）

1　引言

随着管道悬索桥建设需求的增长，桥梁跨度日益增大，导致其刚度和阻尼比不断降低，使得抗风问题更加突出，风荷载已成为其设计和施工阶段必须重点考虑的因素。当前对于管道悬索桥在静风响应、颤振、涡振和抖振方面的研究方法主要为风洞试验和现场实测[1]。全桥气弹模型风洞试验对风洞尺寸要求严格。随着桥梁跨度的增大，全桥气弹模型试验需要进一步降低缩尺比，而雷诺数效应的加剧则进一步增大了试验的难度，精确性也更加难以保障。常规风洞试验无法很好地模拟非平稳风场等复杂风环境，且在进行极端条件或大幅振动试验时可能会损坏风洞设备。现场实测虽然能够提供直接的观测数据，但其投入巨大，测量数据不够详细，且无法主动改变桥梁和风场条件。大连理工大学桥梁风工程团队针对全桥气弹模型风洞试验和现场实测两种方法存在的不足，提出在自然风场条件下建立户外大比例全桥气弹模型来研究大跨度桥梁的抗风性能[2]。本文设计并建造了某管道悬索桥的 1：10 全桥气弹模型，对该模型在自然风条件下的风致响应进行了长期监测，对其抖振响应进行了详细的分析和研究。

2　模型建立与分析

2.1　工程背景

以某管道悬索桥为背景，桥梁全长 507.28m，跨径布置为 111.4m + 284.48m + 111.4m，如图 1 所示。该桥为单排双层桁架结构，上层为输油管道，下层为输气管道，加劲梁全宽 2.6m，桁架高 2m，桁架上层铺设篦子板。边缆对称布置在主跨两侧，主缆和风缆矢跨比分别为 1/10.46 和 1/15.11。桥塔为门式桥塔，高 54m，底部固结。

2.2　气弹模型设计与制作

根据自然风场试验基地尺寸，选取模型缩尺比为 1：10，全桥气弹模型总长度约为 50.73m。上层管道由 PVC 管模拟，下层管道由不锈钢管模拟，主梁刚度由下层管道模拟。加劲梁桁架由角钢焊接而成，为避免桁架提供刚度，将桁架分成 28 段，段间留有 8mm 的缝隙以避免振动时发生碰撞。桥塔由镀锌方铁管模拟，塔底固结。缆索系统刚度由钢丝绳模拟，并外包胶皮套以模拟其气动外形。主缆吊索和风缆拉索一端通过花篮螺栓与主梁连接，便于调节索力，另一端通过猫爪固定于主缆和风缆。主缆两端连接索力计后通过花篮螺栓与桥塔顶部的预留牙钩连接，风缆连接索力计后通过花篮螺栓连接到风缆支撑，之后各设置边缆与预留锚垫板连接。为减小桥梁扭转阻尼，梁端采用轴承与桥塔横梁连接，约束线位移，允许主梁发生转角位移。安装调试好后的全桥气弹模型如图 2 所示。为了进行模态试验和监测模型的动态响应，在模型上安装了测量系统。

2.3　抖振响应分析

通过振动响应采集系统实测并分析了有风缆和无风缆两种状态下管道悬索桥全桥气弹模型在自然风场

基金项目：国家自然科学基金项目（52208473）

中的抖振响应。主要包括主梁跨中断面抖振响应特性及其与风场参数关系、沿桥跨方向主梁的振动特性、主梁位移响应和缆索索力响应，部分结果如图 3 所示。

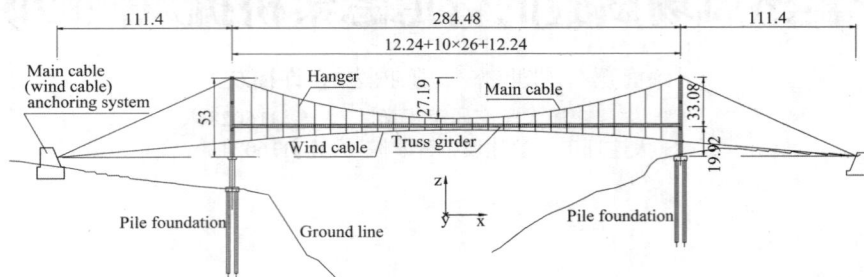

图 1　桥跨布置图（单位：m）

图 2　管道悬索桥全桥气弹模型

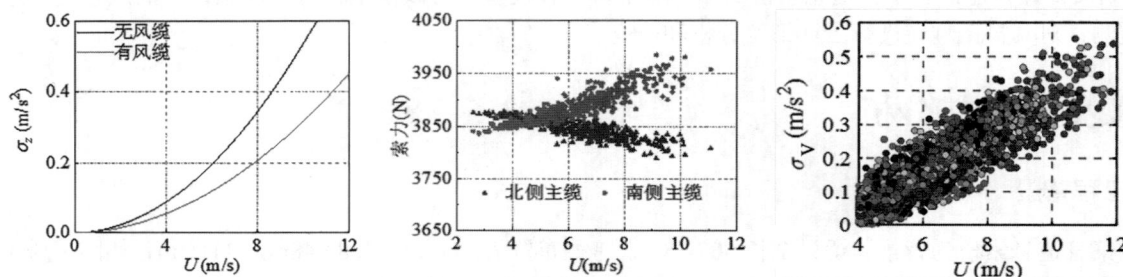

图 3　抖振响应

3　结论

基于自然风场全桥气弹模型试验方法，突破风洞尺寸限制，建立了缩尺比为 1∶10 的大比例管道悬索桥全桥气弹模型。在自然风场中同步测量了风场特性和全桥气弹模型的抖振响应，分为无风缆和有风缆两种状态对比分析了风场参数对管道悬索桥抖振响应的具体影响。

参考文献

[1]　YU H, XU F, MA C, et al. Experimental Research on the Aerodynamic Responses of a Long-Span Pipeline Suspension Bridge[J]. Engineering Structures, 2021, 245.

[2]　XU F, MA Z, ZENG H, et al. A new method for studying wind engineering of bridges: Large-scale aeroelastic model test in natural wind[J]. Journal of Wind Engineering & Industrial Aerodynamics, 2020, 202.

大跨桥梁涡振/抖振动力识别与智慧感知

方根深，徐胜乙，文思香，葛耀君

（同济大学土木工程防灾减灾全国重点实验室 上海 200092）

1　引言

涡振和抖振是大跨桥梁在常遇风速即易发生的风致振动形式，受理论模型和缩尺效应等影响，传统基于模型风洞试验识别的桥梁断面涡激力或抖振力往往与实际桥梁的动力特征有较大差异，造成大跨桥梁的涡振和抖振幅值估算精度不足，偏差较大。实桥健康监测数据提供了真实桥梁结构的风致动力响应，但往往仅在若干断面布置了传感器，亦难以准确感知全桥的涡振和抖振状态[1]。本研究引入带先验信息的增广卡尔曼滤波法，利用实桥健康监测数据，对涡振和抖振过程中的模态力、模态位移进行识别，可实现全桥振动状态的智慧感知。

2　物数联合驱动的增广卡尔曼滤波法

2.1　动力学控制方程的状态空间模型

涡振时结构的振动响应不仅包含一个模态的涡激振动，还包含其他多个模态的随机振动成分，作用在结构上的荷载被建模为两种不同形式的荷载：涡激力和抖振力：

$$\boldsymbol{M}_0 \ddot{\boldsymbol{r}}(t) + \boldsymbol{C}_0 \dot{\boldsymbol{r}}(t) + \boldsymbol{K}_0 \boldsymbol{r}(t) = \boldsymbol{f}_{\text{VIV}}(t) + \boldsymbol{f}_{\text{buff}}(t) \tag{1}$$

式中，$\boldsymbol{M}_0$、$\boldsymbol{C}_0$ 和 $\boldsymbol{K}_0 \in R^{\text{nDOF}}$ 分别表示结构的质量、阻尼和刚度矩阵；$\boldsymbol{f}_{\text{VIV}}(t)$ 和 $\boldsymbol{f}_{\text{buff}}(t) \in R^{\text{nDOF}}$ 分别表示涡激力和抖振力。结构的响应可以通过多模态振动的总和来近似表示，即 $\boldsymbol{r}(t) \approx \boldsymbol{\Phi} \boldsymbol{z}(t)$。模态的振动方程可以重写为：

$$\ddot{\boldsymbol{z}}(t) + 2\boldsymbol{\varXi}_{\text{sys}}\boldsymbol{\Omega}\dot{\boldsymbol{z}}(t) + \boldsymbol{\Omega}^2\boldsymbol{z}(t) = \boldsymbol{S}_{\text{VIV}} \cdot p_{\text{VIV}}(t) + \boldsymbol{p}_{\text{buff}}(t) \tag{2}$$

通过将状态变量定义为 $\boldsymbol{x}(t) = \begin{bmatrix} \boldsymbol{z}(t)^{\text{T}} & \dot{\boldsymbol{z}}(t)^{\text{T}} \end{bmatrix}^{\text{T}} \in R^{2n_{\text{m}}}$，系统方程可以转换为状态空间形式：

$$\dot{\boldsymbol{x}}(t) = \boldsymbol{A}_{\text{c}}\boldsymbol{x}(t) + \boldsymbol{B}_{\text{c}}^{\text{VIV}} p_{\text{VIV}}(t) + \boldsymbol{B}_{\text{c}}^{\text{buff}} \boldsymbol{p}_{\text{buff}}(t) \tag{3}$$

式中，$\boldsymbol{A}_{\text{c}} = \begin{bmatrix} \boldsymbol{0} & \boldsymbol{I} \\ \boldsymbol{\Omega}^2 & 2\boldsymbol{\varXi}_{\text{sys}}\boldsymbol{\Omega} \end{bmatrix}$，$\boldsymbol{B}_{\text{c}}^{\text{VIV}} = \begin{bmatrix} \boldsymbol{0} \\ \boldsymbol{S}_{\text{VIV}} \end{bmatrix}$，$\boldsymbol{B}_{\text{c}}^{\text{buff}} = \begin{bmatrix} \boldsymbol{0} \\ \boldsymbol{I} \end{bmatrix}$ $\tag{4}$

2.2　荷载先验模型

涡激力和抖振力分别基于特定内核的高斯过程和 OU 过程演化模型进行描述：

$$p_{\text{VIV or buff}}(t) = \boldsymbol{H}_{\text{c}}\boldsymbol{s}(t) \tag{5}$$

$$\dot{\boldsymbol{s}}(t) = \boldsymbol{F}_{\text{c}}\boldsymbol{s}(t) + \boldsymbol{L}_{\text{c}}\boldsymbol{w}(t) \tag{6}$$

式中，$\boldsymbol{L}_{\text{c}} = \boldsymbol{I}$，$\boldsymbol{H}_{\text{c}} = \begin{bmatrix} 1 & 0 \end{bmatrix}$，对涡激力和抖振力分别采用引入如下自相关函数作为先验：

$$R_{p,\text{VIV}}(\tau) = \sigma_{\text{VIV}}^2 e^{-\lambda|\tau|}\cos(\omega_0\tau), \boldsymbol{F}_{\text{c,VIV}} = \begin{bmatrix} -\lambda & -\omega_0 \\ \omega_0 & -\lambda \end{bmatrix} \tag{7}$$

$$R_{p,\text{buff}}(\tau) = \sigma_{\text{buff}}^2 e^{-\lambda_j|\tau|}, \boldsymbol{F}_{\text{c,buff}} = \text{diag}(-\lambda_j) \tag{8}$$

基金项目：国家自然科学基金（52108469），中国科协青年人才托举工程（2023QNRC001），上海市教育委员会晨光计划（22CGA21）

2.3 动力学控制方程的状态空间模型

将上述公式结合起来，可找到增广的状态空间形式：

$$\begin{bmatrix} \dot{x}(t) \\ \dot{s}(t) \end{bmatrix} = \begin{bmatrix} A_c & B_c^{VIV} H_c \\ 0 & F_c \end{bmatrix} \begin{bmatrix} x(t) \\ s(t) \end{bmatrix} + \begin{bmatrix} B_c^{buff} p_{buff}(t) \\ L_c w(t) \end{bmatrix} \tag{9}$$

基于实桥跨中和四分点加速度数据，构建观测方程：

$$y(t) = G_c x(t) + J_c^{VIV} p_{VIV}(t) + J_c^{buff} p_{buff}(t) + v(t)$$

$$= [G_c \quad J_c^{VIV} H_c] \begin{bmatrix} x(t) \\ s(t) \end{bmatrix} + J_c^{buff} p_{buff}(t) + v(t) \tag{10}$$

3 涡振/抖振模态位移识别

基于上述理论框架，对西堠门大桥的涡振和抖振模态位移进行识别，结果如图 1 所示。可以看出，不同模态的不确定性各不相同，低模态的不确定性较高，几乎所有非涡振模态都在涡振频率处出现一个峰值，并且该峰值的振幅随着其频率接近涡振模态频率而增大。

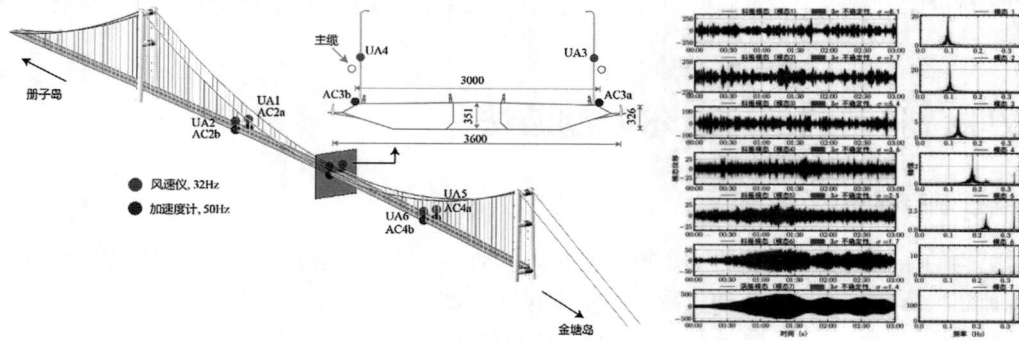

图 1　模态位移识别

4 结论

为开展实桥风致振动的力学特征识别，本研究引入带先验信息的增广卡尔曼滤波法，利用实桥健康监测数据，对涡振和抖振过程中的模态力、模态位移进行识别，可实现全桥振动状态的智慧感知。

参考文献

[1] PETERSEN Ø W, ØISETH O, LOURENS E. Wind load estimation and virtual sensing in long-span suspension bridges using physics-informed Gaussian process latent force models[J]. Signal Process, 2022, 170: 108742.

大跨悬索桥颤振状态结构内力特征研究

吴联活[1]，张明金[2]，李永乐[3]

（1. 福州大学土木工程学院 福州 350108；
2. 西南交通大学土木工程学院 成都 610031；
3. 西南交通大学土木工程学院 成都 610031）

1 引言

大跨悬索桥刚度较柔，相对于其他桥型更容易发生颤振[1-4]。在颤振状态下，若桥梁振动的幅度过大，结构可能发生损伤甚至破坏，最终可能导致桥梁垮塌。据报道，美国的 Tacoma Narrow Bridge 在发生颤振振动时，吊索首先发生断裂，继而引发主梁连续掉落[5]。大跨度桥梁是灾害发生时的重要生命通道，为保障人民的生命财产安全，提高桥梁抗风性能，对大跨悬索桥开展颤振状态结构内力特征研究十分必要。本文分析了某悬索桥颤振期间主梁和吊索内力特征，确定了可能先发生损伤的部位，为桥梁抗风安全评估提供参考。

2 主梁内力特征

悬索桥发生颤振时，通常表现为横向、竖向和扭转三个方向的耦合振动[6-7]。为分析主梁弯曲时的受力特征，提取主梁在一个振动周期内的弯矩时程，并绘制不同时刻弯矩沿跨向的分布，如图 1 所示。尽管横弯振幅小于竖弯振幅，由于横弯的主梁刚度较大，横弯振动产生的弯矩远大于竖弯振动。由于多模态耦合振动，横弯振动在跨中和 1/4 跨附近产生最大弯矩，竖弯振动在跨中、1/4 跨和 1/16 跨附近产生最大弯矩，但跨中的弯矩最大值较小。

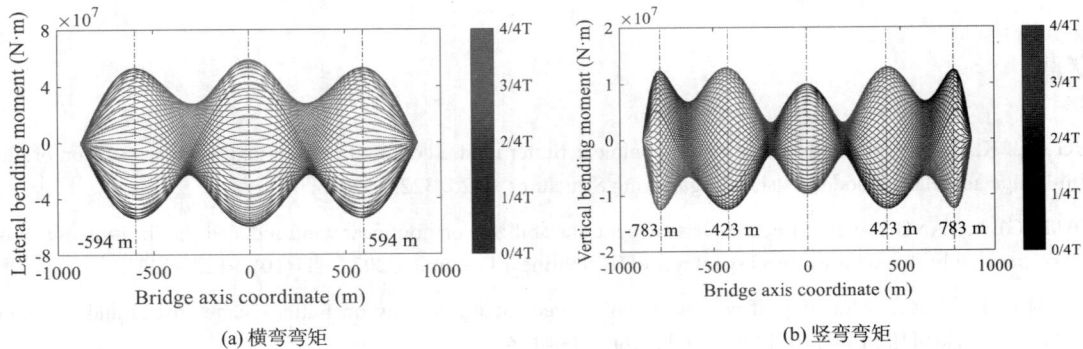

(a) 横弯弯矩

(b) 竖弯弯矩

图 1 主梁弯矩沿跨向分布特征

3 吊索内力特征

图 2 为吊索在一个振动周期内的轴力沿跨向分布，其中拉力扣除了桥梁静止状态下的轴力，仅呈现变化的部分。可以看出，吊索内力呈"哑铃"状，主梁振动时吊索在 1/4 跨附近区域约 5 根吊索的拉力较大，在距跨中约 180m 和桥塔附近的拉力较小。吊索的拉力主要受主梁和主缆的竖向振动影响，主梁在 1/4 跨附近的振幅较大，导致吊索在 1/4 跨附近的拉力大于其他区域。

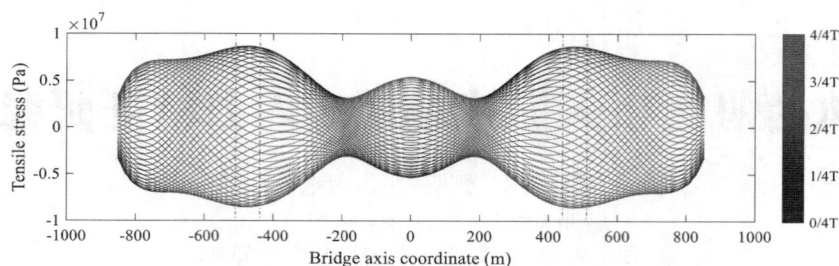

图 2   吊索内力沿跨向分布特征

4   结构潜在损伤区域分析

综合主梁和吊索内力分布特征，初步确定发生颤振时，主梁在 1/16 跨、1/4 跨和跨中区域可能率先发生结构损伤，吊索在 1/4 跨区域可能发生吊索的断裂，如图 3 所示。因此在桥梁设计阶段，这几个区域的结构可适当加强，提高结构抵抗极端气候的能力。

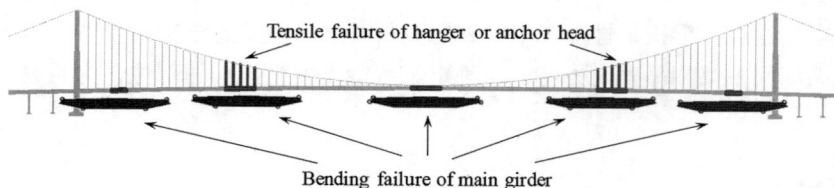

图 3   结构潜在损伤区域

5   结论

本文分析了某悬索桥在颤振状态下主梁和吊索的内力变化特征，结果表明主梁在 1/16 跨、1/4 跨和跨中区域的弯矩较大，吊索在 1/4 跨区域的拉力较大，以上区域在颤振时可能率先产生损伤，甚至导致结构的破坏，在桥梁设计时可考虑对这些区域进行局部加强。

参考文献

[1] SONG J, LI K, HAN Y, et al. Investigation on nonlinear flutter modes competition of a long-span suspension bridge based on full-bridge aeroelastic model tests[J]. Engineering Structures, 2025, 322: 119073.

[2] ZHOU R, GE Y, YANG Y, et al. Effects of vertical central stabilizers on nonlinear wind-induced stabilization of a closed-box girder suspension bridge with various aspect ratios[J]. Nonlinear Dynamics, 2023, 111(10): 9127-9143.

[3] HE J, YU C, LI Y, et al. Modeling of nonlinear self-excited forces: A study on flutter characteristics and mechanisms of post-flutter behaviors[J]. Physics of Fluids, 2024, 36(9): 094134.

[4] TANG H, WANG Z, CHEN X, et al. Flutter performance of a suspension bridge equipped with separated oblique stabilizers covering different span lengths[J]. Engineering Structures, 2024, 319: 118826.

[5] AMMAN O H, VON K T, WOODRUFF G B. The failure of the Tacoma Narrows Bridge[R]. Washington DC, 1941.

[6] WU L, WOODY J , ZHANG J, et al. Vibration phase difference analysis of long-span suspension bridge during flutter[J]. Engineering Structures, 2023, 276: 115351.

[7] LI K, HAN Y, CAI C S, et al. Study on the influence of structural parameters and 3D effects on nonlinear bridge flutter using amplitude-dependent flutter derivatives[J]. Journal of Fluids and Structures, 2024, 125: 104085.

考虑静风效应的主跨 2300m 超大跨度悬索桥非线性颤振计算

王 骑[1,2]，雷 伟[1,2]，黄 林[1,2]，杨少鹏[1,2]

（1. 西南交通大学土木工程学院 成都 610031；
2. 西南交通大学风工程四川省重点实验室 成都 610031）

1 引言

静风附加风攻角效应对大跨度悬索桥的颤振性能影响显著，尤其对于主跨 2000m 级的超大跨度悬索桥，其更加显著的附加风攻角效应可能会对其颤振稳定性产生决定性影响[1]。鉴于已有的非线性颤振计算方法无法计入静风效应，本文建立了考虑非线性静风附加风攻角影响的非线性颤振计算方法，并以主跨 2300m 超大跨度悬索桥为例进行了计算，并基于全桥气弹模型风洞试验结果进行了验证。

2 计算方法

相对于已有的非线性颤振内外增量迭代算法[2]，考虑静风效应的计算需要再嵌套一层迭代，实现非线性静风计算风速和非线性颤振计算风速保持一致。算法流程可以简要表述为：（1）采用内外增量迭代算法，获得非线性颤振稳态振幅风速。（2）在稳态振幅对应的风速下开展非线性静风计算，并将跨向附加风攻角计入初始风攻角，更新气动阻尼和气动刚度矩阵。（3）继续采用内外增量迭代算法计算新的稳态振幅颤振风速。（4）若新的风速和前一个计算风速不同，则回到第二步继续迭代，直到两个风速相等，此时可以获得新的稳态振幅。（5）若在迭代过程中，非线性颤振振幅持续增大，不能获得稳态振幅，则放弃迭代，视为颤振发散。由此可以在考虑静风效应影响后实现超大跨度悬索桥的非线性颤振求解。

3 非线性颤振导数

根据耦合颤振闭合解理论，采用扭转单自由度系统及两自由度系统下的节段模型自由振动风洞试验，通过采集的时程曲线获得各个振幅下的模态参数后，基于闭合解导出的颤振导数求解公式，可以获得不同折算风速和不同振幅下的非线性颤振导数。需要说明的是，由于本算法考虑风攻角的影响，因此需要在更多风攻角条件下求解非线性颤振导数。在 +7°风攻角下与颤振性能紧密相关的 4 个颤振导数如图 1 所示。

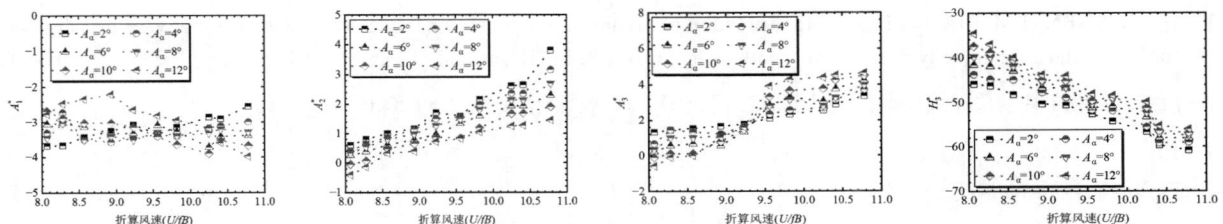

图 1 关键颤振导数随折算风速和振幅的变化曲线（+7°风攻角）

基金项目：国家自然科学基金项目（52378537）

4 计算结果验证

通过均匀流场下的全桥气弹模型风洞试验可以对考虑静风效应后的多模态非线性颤振计算方法进行验证，试验在西南交通大学工业风洞（XNJD-3）大型低速风洞中进行，如图 2 所示。模型缩尺比为 1∶196，频率、振型和阻尼比与实际桥梁的误差均满足风洞试验要求。

图 2 全桥气弹模型试验

图 3 给出了在+5°和+3°风攻角下风洞试验扭转稳态振幅和非线性颤振计算的结果。从中可以看出，在+3°风攻角下可以获得稳态振幅，但考虑静风效应后振幅更大，不考虑静风效应则会获得相对不安全的结果。在+5°风攻角下，考虑静风效应后非线性颤振发散，这与风洞试验一致，但不考虑静风效应则会获得多个稳态振幅，这和风洞试验结果有质的不同。

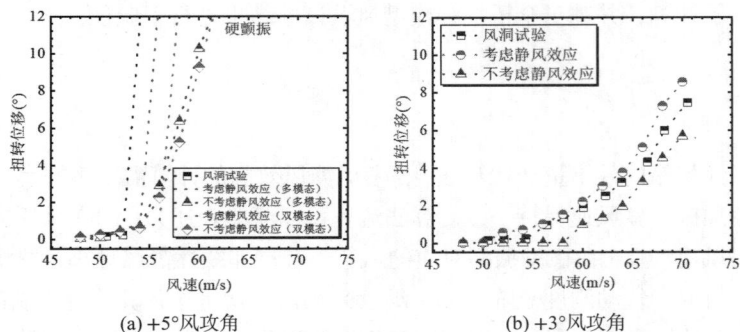

(a) +5°风攻角　　　　　　　(b) +3°风攻角

图 3 在 + 5°和 + 3°风攻角下不同工况计算结果与风洞试验结果比较

5 结论

（1）考虑静风效应影响的悬索桥非线性颤振计算方法可以计算颤振发生发展全过程，颤振振幅与全桥试验结果具有较好的一致性。

（2）计算结果和风洞试验结果表明，当初始风攻角较大时（+5°），不考虑静风效应时可能会获得不安全的结果。

参考文献

[1] WU B, SHEN H M, LIAO H L, et al. Investigation of nonlinear and transitional characteristics of flutter varying with wind angles of attack for some typical sections with different side ratios[J]. Journal of Fluids and Structures, 2023, 121: 103934.

[2] 伍波. 大跨度悬索桥非线性颤振及计算方法研究[D]. 成都: 西南交通大学, 2020.

一种带有负刚度机构的超低频调谐质量阻尼器

张明杰，卢　恒，许福友

（大连理工大学　大连　116024）

1　引言

大跨桥梁结构轻柔，模态频率和阻尼比较低，容易受到各种低频环境激励的影响。一类典型的例子是涡激振动（简称涡振），当自然风引起的周期性旋涡脱落频率接近桥梁的某一阶自振频率时就会发生。调谐质量阻尼器（Tuned mass damper，简称 TMD）作为一种被动控制装置，广泛用于桥梁的涡振控制[1-3]。然而，传统 TMD 在应对超大跨桥梁低频涡振（例如频率低于 0.2Hz）时面临如下挑战：（1）TMD 弹簧在 TMD 质量块自重作用下的静伸长量为 $g/(2\pi f_{\mathrm{t}})^2$（$g$ 代表重力加速度，f_{t} 代表 TMD 自振频率），与 TMD 自振频率（约等于受控模态频率）的平方成反比，因此随着受控模态频率的降低，TMD 弹簧静伸长量迅速增大，当受控模态频率分别为 0.2Hz 和 0.1Hz 时，TMD 弹簧静伸长量分别达到约 6.2m 和 24.8m，此时箱梁内部没有足够空间用以安装 TMD；（2）为适应 TMD 弹簧的静伸长量，保证弹簧钢丝应力满足设计要求，TMD 弹簧的长度和钢丝直径同样随着受控模态频率的降低而增大，因此 TMD 弹簧质量迅速增大，假设弹簧钢丝设计应力为 370MPa，则当受控模态频率分别为 0.2Hz 和 0.1Hz 时，TMD 弹簧质量与 TMD 质量块质量之比分别达到约 100% 和 250%，因此传统 TMD 不再具备可行性。

为了解决以上问题，本文提出了一种带有负刚度机构的新型 TMD，用于控制超大跨桥梁的低频振动。负刚度通过轨道-滚轮-水平弹簧机构实现，通过设计轨道轮廓和水平弹簧刚度，从而实现所需的负刚度特性。本文介绍了新型 TMD 的实现原理，制作了新型 TMD 模型，并在实验室中对其性能进行了验证。

2　新型超低频调谐质量阻尼器

图 1 展示了新型超低频 TMD 的示意图，图 2 描绘了由轨道、滚轮和水平弹簧组成的负刚度机构。该新型 TMD 由质量块、阻尼器单元和一系列垂直弹簧组成，整体结构与传统 TMD 相似。此外，该新型 TMD 还集成了由两个轨道-滚轮-水平弹簧系统组成的负刚度机构。垂直弹簧提供正刚度，而轨道-滚轮-水平弹簧机构产生负刚度。假设需要设计质量为 m、目标频率为 f_{t} 的 TMD，则 TMD 总刚度（即垂直弹簧刚度 K_{v} 和负刚度机构刚度之和）需要满足 $K = m(2\pi f_{\mathrm{t}})^2$。因此，新型 TMD 垂直弹簧的刚度 K_{v} 可以大于 $m(2\pi f_{\mathrm{t}})^2$。

需要注意的是，TMD 质量块的大部分自重由垂直弹簧承担。因此，与传统 TMD 相比，加入负刚度机构能够在保证目标频率相同的前提下，显著减小垂直弹簧的质量和静伸长量。例如，一个质量为 1000kg、频率为 0.2Hz 的传统 TMD 需要的垂直弹簧刚度为 $K_{\mathrm{v}} = 1579.1\mathrm{N/m}$，其弹簧静伸长量为 6.21m。对于新型 TMD，垂直弹簧的刚度 K_{v} 可以增加到 3553.1N/m，同时负刚度装置提供 $-1973.9\mathrm{N/m}$ 的刚度。新型 TMD 的设计将垂直弹簧静伸长量减小到 2.76m，并显著降低了弹簧的质量。

3　结论

本文提出一种带有负刚度机构的超低频调谐质量阻尼器（TMD），用于控制超大跨桥梁的低频竖向振动。详细阐述了新型 TMD 的设计原理，重点解释了如何通过轨道-滚轮-水平弹簧机构实现所需的负刚度特性。通过制作新型 TMD 模型并在实验室中开展测试，验证了其在超大跨桥梁低频竖向振动控制中的应用潜力。

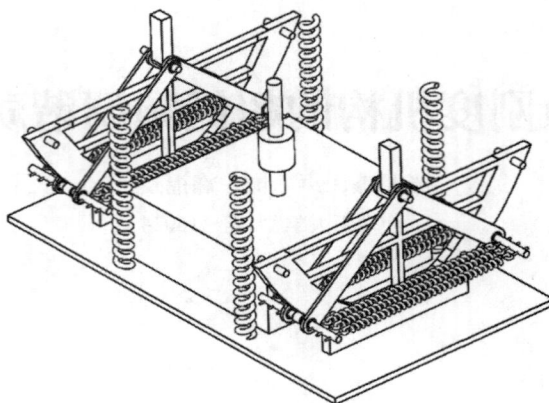

图 1　新型超低频调谐质量阻尼器示意图

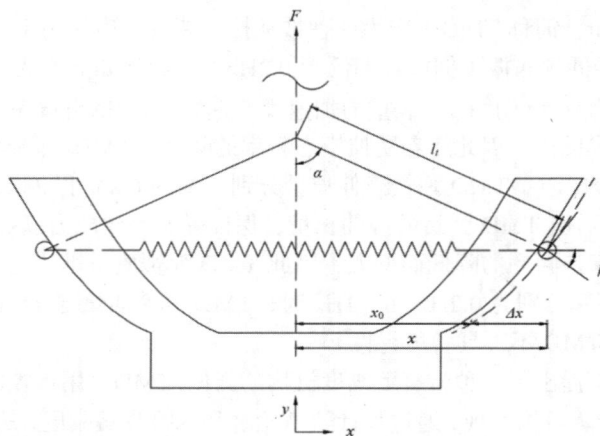

图 2　轨道-滚轮-水平弹簧机构示意图

参考文献

[1] FUJINO Y, YOSHIDA Y. Wind-induced vibration and control of Trans-Tokyo Bay crossing bridge[J]. Journal of Structural Engineering, 2002, 128(8): 1012-1025.

[2] SUN Z, ZOU Z, YING X, et al. Tuned mass dampers for wind-induced vibration control of Chongqi Bridge[J]. Journal of Bridge Engineering, 2020, 25(1): 05019014.

[3] BATTISTA R C, PFEIL M S. Reduction of vortex-induced oscillations of Rio–Niterói bridge by dynamic control devices[J]. Journal of Wind Engineering and Industrial Aerodynamics, 2000, 84(3): 273-288.

复杂栏杆对双主梁断面气动导纳函数的影响研究

李威霖，姚云开

（广西大学土木建筑工程学院 南宁 530004；）

1 引言

准确评估大跨桥梁成桥状态下的抖振响应对全寿命周期的疲劳安全至关重要。气动导纳函数作为计算桥梁抖振的关键气动参数[1]，现有研究中多侧重忽略栏杆影响的裸梁截面[2]，然而由于被动紊流的复杂三维效应，复杂栏杆对主梁气动导纳的影响尚未得到充分研究，这使得其在成桥状态下的风致抖振评估中难以应用。为解决该问题，本研究以西堰门大桥双主梁断面为例，通过主动格栅风洞试验和大涡模拟（LES）入口合成紊流法，系统研究了带栏杆双主梁断面的气动导纳函数，结果表明栏杆对升力导纳影响显著。

2 风洞试验和大涡设置

图 1 给出了带栏杆双主梁断面的风洞试验模型及其照片，试验中通过主动格栅产生正弦来流以识别气动导纳函数。图 2 为相应的大涡模拟网格照片，其中正弦来流与三维紊流通过入口合成法生成。

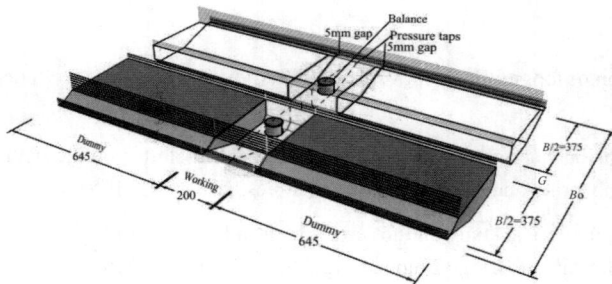

图 1　4∶1 带栏杆双主梁断面图

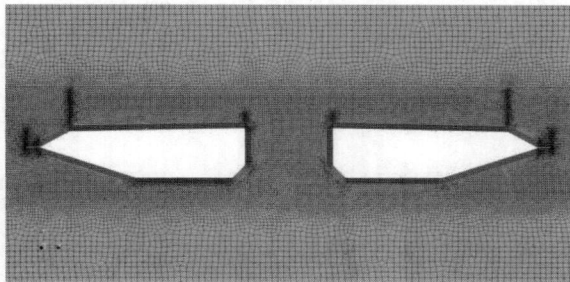

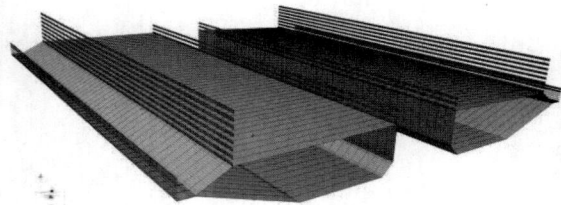

图 2　4∶1 带栏杆双主梁断面 LES 网格

3 气动导纳识别结果

图 3 分别给出了正弦来流和三维紊流条件下，带栏杆双主梁断面的气动导纳函数识别结果。从中可以看出，风洞试验与大涡模拟的结果基本一致。同时，正弦来流与三维紊流条件下的识别结果也相近。整体而言，

基金项目：国家自然科学青年基金项目（52408514）

带栏杆的双主梁断面气动导纳函数与裸梁断面显著不同[3]，数值显著高于 Sears 函数和准定常值，整体趋势与 Diana 在研究 Messina 带栏杆三主梁断面的导纳结果相似[4]。

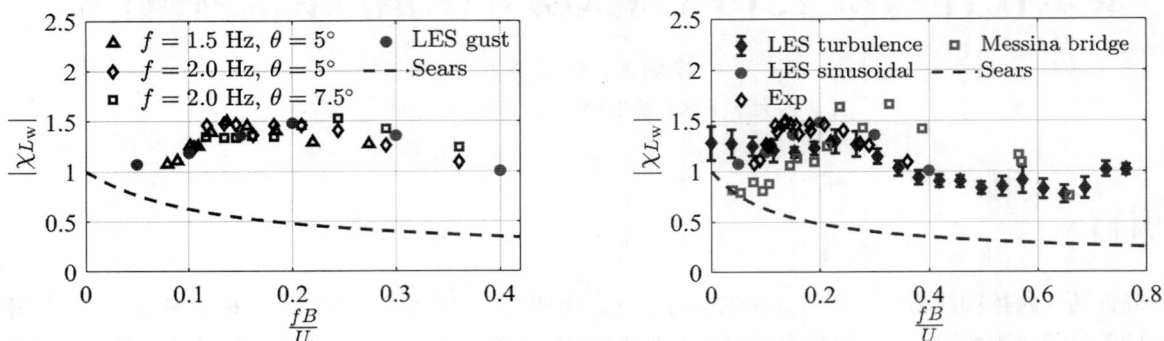

图 3　4:1 正弦来流和三维湍流下双主梁断面升力导纳函数

4　结论

本研究通过主动格栅风洞试验和大涡模拟识别了带栏杆双主梁断面的气动导纳函数。总体而言，LES 结果与试验数据吻合较好，且数值显著高于 Sears 函数和准定常值，表明采用 Sears 函数可能会导致偏危险的评估。接下来将利用识别得到的导纳函数进行颤抖振分析，并与实测结果进行对比。

参考文献

[1] YAN L, GAO M, HE X, et al. Experimental identification of longitudinal and vertical lift aerodynamic admittance functions of thin sections[J]. Physics of Fluids, 2024, 36(10).

[2] LI J Y, LI S P, YANG Y, et al. Identification of two-dimensional aerodynamic admittance of a central-slotted box girder based on force-balance measurements[J]. Journal of Wind Engineering and Industrial Aerodynamics, 2023, 241: 105538.

[3] LI W L, PATRUNO L, NIU H W, et al. Experimental and numerical study on the aerodynamic admittance of twin-box bridge decks in sinusoidal gusts and continuous turbulence[J]. Journal of Bridge Engineering, 2023, 28(11): 04023078.

[4] DIANA G, OMARINI S. A non-linear method to compute the buffeting response of a bridge validation of the model through wind tunnel tests[J]. Journal of Wind Engineering and Industrial Aerodynamics, 2020, 201: 104163.

基于杠杆式惯容动力吸振器的桥梁抖振控制研究

魏晓军，鲁宛杰，严　磊，何旭辉

（中南大学土木工程学院 长沙 430074）

1　引言

调谐质量阻尼器（TMD）因其构造简单、易于安装、维护方便等优势而被广泛应用于土木工程结构的振动控制。调谐质量阻尼器的减振机制为将主结构的振动能量转移至阻尼器，并将能量在阻尼器内部耗散掉。因阻尼器的质量一般不超过主结构质量的 5%，工作时阻尼器自身振动位移较大，这限制了阻尼器的应用场景（如箱梁）。针对这一不足，本研究提出了一种基于形状记忆合金和杠杆式惯容的动态吸振器（SMA-IDVA）。杠杆式惯容单元置于吸振器和主结构之间，以杠杆方式放大吸振器的惯性质量[1]，可实现悬挂式安装。因此，该装置突破了传统惯容单元需接地或者安装在主结构不同构件之间的限制。此外，吸振器利用超弹性材料 SMA 进行滞回能量耗散，振动耗散能力强。该装置为大跨度桥梁，特别是空间受限的箱梁桥的振动控制提供了新思路。

2　SMA-IDVA 阻尼器描述

考虑一个质量为 M（kg），弹簧刚度为 K（N/m），黏滞阻尼为 C（N·s/m）的单自由度主结构附加一个 SMA-IDVA 阻尼器，其力学图示如图 1 所示。图中黑色虚线框中所示结构为 SMA-IDVA 阻尼器，其包括质量 m_a（kg）和弹簧 k_0（N/m）。此外，其将经典 TMD 中的阻尼器元件替换为由杠杆式惯容和 SMA 串联的机械网络（图中用蓝色虚线表示）。SMA 单元在力学上可以等效为一个阻尼单元 c_s（N·s/m）和一个弹簧单元 k_s（N/m）的并联[2]。杠杆式惯容单元包含了惯容 b（kg）和因实现惯容而产生的寄生质量 m_p（kg），如图 2 所示。

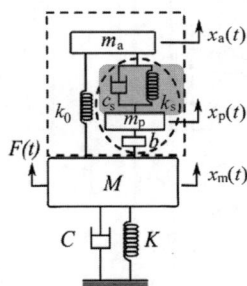

图 1　单自由度主结构-SMA-IDVA 系统

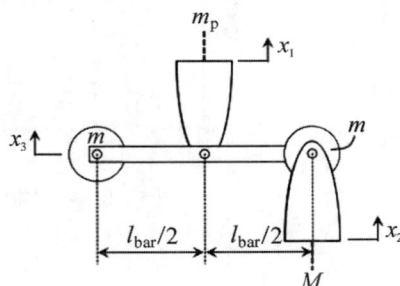

图 2　杠杆式惯容单元

3　基于 SMA-IDVA 的悬索桥抖振控制

本文以大贝尔特桥为研究对象，采用 SMA-IDVA 阻尼器控制一阶竖弯模态主导的抖振响应。大贝尔特桥一阶竖弯模态的模态质量为 23068000kg，频率为 0.115rad/s，阻尼比为 0.0032。脉动风谱采用 Kaimal 风速谱，空气密度 ρ 取 1.25kg/m³，梁高程处的平均风速 U 为 39.13m/s，设计风速 U_g 为 49.8m/s，主梁节段的升力和阻力系数 C_L 和 C_D 分别为 0.067 和 0.57。

本文对比研究了 SMA-IDVA 和传统 TMD 的控制效果。以主梁位移最小为目的，采用遗传算法求解无约束单目标优化问题进行阻尼器参数优化，阻尼器最优参数如表 1 所示。

基金项目：国家自然科学基金项目（52178181）

阻尼器最优参数　　　　　　　　　　　　　　　　表 1

系统参数	μ	β	γ	ζ_m	δ	α	ζ
TMD	0.0426	—	0.9286	0.023	—	—	0.1207
SMA-IDVA	0.0400	0.035	0.9997	0.023	0.0655	0.003	0.02

　　设计风速下，附加 SMA-IDVA 或 TMD 时主梁的抖振响应如图 3 所示。由图可见，在整个时间范围内，桥梁-SMA-IDVA 系统的位移响应明显小于桥梁-TMD 系统和未控制系统，SMA-IDVA 相较 TMD 的控制性能提升超过 90%。

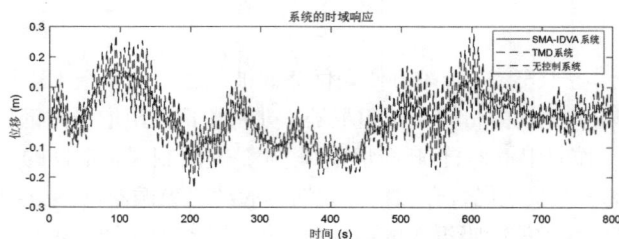

图 3　主梁抖振时域响应　　　　　　　　　　　图 4　主梁抖振频响图

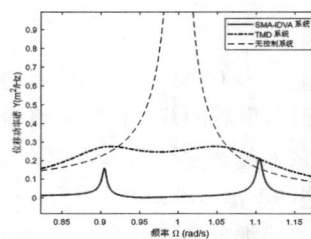

　　当激励频率发生变化时，附加 SMA-IDVA、TMD 系统和未控制时主梁的位移响应分别如图 4 中的红色、蓝色和黑色曲线所示。可以发现在绝大部分频率范围内 SMA-IDVA 阻尼器减振性能优越 TMD，特别是在桥梁一阶竖弯频率附近（频率比为 1）时，SMA-IDVA 相较 TMD 的控制效果提升超过 90%。图 5 对比了不同风速下 SMA-IDVA、TMD 系统和未控制时主梁的位移均方根值以及 SMA-IDVA 和 TMD 质量块的位移均方根值。在整个风速范围内，附加 SMA-IDVA 时主梁的响应（黄色曲线）小于附加 TMD 时主梁的响应（蓝色曲线），SMA-IDVA（红色曲线）的位移均方根值显著小于 TMD 的位移均方根值（绿色曲线）。

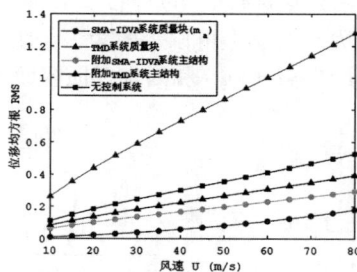

图 5　位移均方根对比

4　结论

　　本文提出了 SMA-IDVA 阻尼器，并研究了其对大贝尔特悬索桥抖振响应控制的效果。相较于 TMD，SMA-IDVA 对抖振响应的控制效果更加明显，且吸振器的位移减小超过 80%，为解决箱梁桥振动控制时吸振器空间受限问题提出了新思路。

参考文献

[1]　DOGAN H, SIMS N D, WAGG D J. Design, testing and analysis of a pivoted-bar inerter device used as a vibration absorber[J]. Mechanical Systems and Signal Processing, 2022, 171.

[2]　MATEUSZ B, ROBERT Z. Analysis of inertial amplification mechanism with smart spring-damper for attenuation of beam vibrations[J]. MATEC Web of Conferences, 2018, 157.

简化涡视角下桥梁主梁断面多阶涡振机制

胡传新[1]，李文博[1]，赵 林[2]，葛耀君[2]

（1. 武汉科技大学城市建设学院 武汉 430065；
2. 同济大学土木工程防灾减灾全国重点实验室 上海 200092）

1 引言

流动分离与旋涡规律性漂移是钝体断面在较低折减风速下风致振动共同流场特征。旋涡脱落、漂移及其非定常演化过程决定了断面表面气动力及其与结构运动之间的相位关系，实现风能向振动能量转化，进而导致结构风致振动响应。然而，既有研究方法难以解构涡致振动桥梁及钝体断面周围关键流场特征(如旋涡规律性漂移)与同步表面多尺度涡激气动力时空分布之间物理映射关系，桥梁主梁断面多阶涡振机制尚待澄清。简化涡方法可将涡激气动力时空演变特征与关键流场特征物理性关联，由气动力时空分布特征推演关键流场特征，从而揭示涡振本质[1]。本文系统介绍了简化涡方法分析主梁涡振流程。继而以典型流线型箱梁断面为例，采用上述方法，揭示典型箱梁断面多阶涡振机制。

2 简化涡方法

以主梁表面时空压力场为分析对象，分析方法分为时频特性推演和时空模态分解。时频特性分析参数包括相位差、贡献值、气动力做功等。对于大尺度旋涡漂移区域，可采用时频特性推演法。对于非旋涡主导区域，需采用时空模态分解，特别是气动力时空功率谱[2]或行波模态分解（TWMD）[3]，后者可将涡激气动力分解为气动行波/简化涡模式主导分量与气动迟滞模式主导分量，可分别简称为行波分量与迟滞分量，如图1（a）和（b）所示。前者含强迫项与强迫-自激耦合项，具有强迫与自激双重性质，后者具有自激性质。上述气动力模式与关键流场特征——对应，不同波数、幅值、波速的气动行波表征不同分离流场尺度、强度、漂移速度的旋涡作用效应。简化涡模式与气动行波模式互为映射，简化涡为气动行波的简化流场表现形式，气动行波为简化涡的气动力时空表现形式，二者建立了流场与气动力联系纽带。迟滞模式表征无分离附着流作用效应。进一步根据不同涡振类型对应主梁周围流场特征，结合行波分量与迟滞分量在整体涡激力中的比重，可将涡振分为分离涡主导（Impinging-edge-vortex-dominated，IEVD）、尾涡涡振主导（Trailing-edge-vortex-dominated，TEVD）涡振及二者混合型，从而深入揭示主梁断面多阶涡振机制。简化涡方法分析涡振机理框架如图1所示。

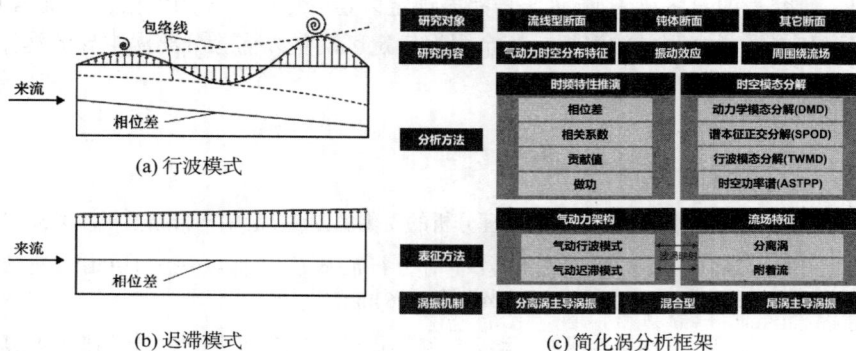

图1 简化涡方法

基金项目：国家自然科学基金项目（52108471），桥梁结构抗风技术交通行业重点实验室开放课题基金（KLWRTBMC23-02）

3 算例验证

以典型流线箱梁为例，分析多阶涡振机制。主梁断面尺寸及测压点布置如图2所示。采用了2种人行道栏杆类型，分别定义为主梁A和主梁B，如图3所示。+3°攻角，0～12.5m/s风速下，主梁A断面有1个扭转涡振锁定区（记为1号锁定区），有3个竖向涡振锁定区（随风速增加分别记为2、3、4号锁定区）；主梁B断面有2个竖向涡振锁定区（随风速增加分别记为5、6号锁定区），振动响应如图4所示。采用第2节所述简化涡方法分析可知，1号锁定区为前缘分离涡（2阶简化涡模式）主导的扭转涡振；2号锁定区为前缘分离涡和尾涡联合主导的涡振，即混合型涡振；3号锁定区为前缘分离涡（2阶简化涡模式）主导的竖向涡振；4号涡振锁定区为前缘分离涡（1阶简化涡模式）主导的竖向涡振，5号锁定区为尾涡主导的竖向涡振；6号锁定区为前缘分离涡（1阶简化涡模式）主导的竖向涡振。综上所述，5号涡振锁定区是以尾涡主导的涡振，2号锁定区为混合型，其余涡振锁定区均以前缘分离涡主导。

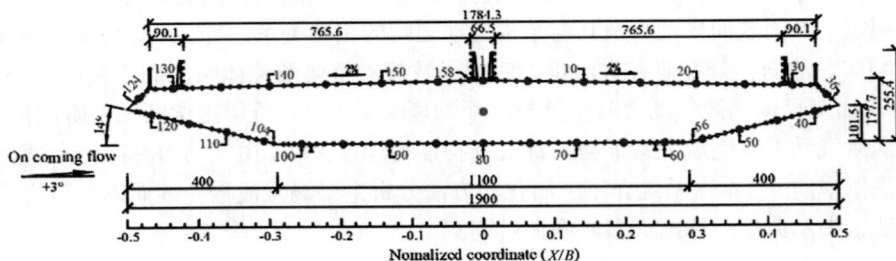

图2 主梁断面尺寸及测压点布置图

(a) 主梁 A 栏杆

(b) 主梁 B 栏杆

图3 栏杆形式示意图

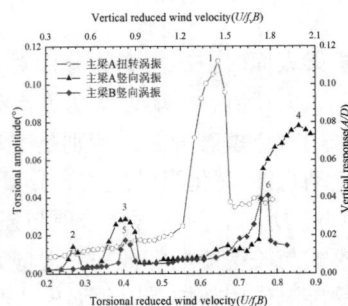

图4 涡振响应图

4 结论

本文系统介绍了简化涡方法，以分析桥梁主梁多阶涡振机制。并以典型流线型断面为例，分析了该主梁断面多阶涡振机制。研究表明：主梁B断面5号涡振锁定区是以尾涡主导的涡振，主梁A断面2号涡振锁定区是以前缘分离涡和尾涡联合主导的涡振，其余涡振锁定区均是以前缘分离涡主导的涡振。

参考文献

[1] 胡传新，王相龙，赵林，等. 典型桥梁主梁涡振机理分析的简化涡方法[J]. 中国公路学报, 2025, 38(1): 187-198.

[2] 胡传新，戴钢，赵林，等. 典型箱梁竖向涡激气动力行波效应与抑振机理[J/OL]. 振动工程学报, 2024. http://kns.cnki.net/kcms/detail/32.1349.TB.20240514.1502.006.html.

[3] 胡传新，王相龙，李文博，等. 工程结构涡激气动力时空模式解构与流线型箱梁扭转涡振机理[J/OL]. 中国公路学报, 1-18[2025-03-27]. http://kns.cnki.net/kcms/detail/61.1313.U.20250319.1643.006.html.

基于有理函数逼近的大跨度悬索桥三维非线性颤振计算方法

伍 波[1]，廖海黎[2]，沈火明[1]

（1. 西南交通大学力学与航空航天学院 成都 610031；
2. 西南交通大学土木工程学院 成都 610031）

1 引言

近年来，非线性颤振已成为人们最关心的问题，且在二维层面基于非线性气动力模型、振幅相关颤振导数或一些隐式黑匣子模型取得了相当的研究进展。然而，多模耦合效应和振幅沿跨向的非一致振动是非线性颤振的直接表现。目前，尚缺少能够全面考虑这种双重特性的成熟的三维分析方法。为此，本研究基于有理函数逼近全桥三维气动力，并提出其系数的矩阵优化最小二乘算法，同时采用迭代程序量化纵向振动振幅和相应的非线性颤振导数，实现全桥的三维非线性颤振计算，并利用主跨 1418m 的大跨度悬索桥的数值算例从多方面验证了算法的收敛性和正确性。

2 三维非线性气动力的有理函数逼近

2.1 三维全桥非线性气动力

基于广义坐标表达的大跨度悬索桥三维非线性气动力可表示为

$$\boldsymbol{Q}_{\text{se}}(A_{0,r}) = \frac{1}{2}\rho U^2 [\boldsymbol{A}_{\text{s},A_{0,r}} + i\overline{\boldsymbol{A}}_{\text{d},A_{0,r}}] q(i\varpi) e^{i\varpi t} \tag{1}$$

式中，$A_{0,r}$ 为主跨节点最大位移；ρ 为空气密度；U 为平均风速；q 为广义位移幅值；ϖ 为模态频率；t 为时间；$\boldsymbol{A}_{\text{s},A_{0,r}}$ 和 $\overline{\boldsymbol{A}}_{\text{d},A_{0,r}}$ 分别为三维非线性气动力的刚度和阻尼矩阵，其元素为跨向节点振幅的函数。

2.2 三维全桥非线性气动力的有理函数逼近

对于式(1)所示的三维非线性气动力，$\boldsymbol{A}_{\text{s},A_{0,r}} + i\overline{\boldsymbol{A}}_{\text{d},A_{0,r}}$ 可通过有理函数逼近表示：

$$\boldsymbol{A}_{\text{s},A_{0,r}} + i\overline{\boldsymbol{A}}_{\text{d},A_{0,r}} = \boldsymbol{A}_{1,A_{0,r}} + \boldsymbol{A}_{2,A_{0,r}}(ik) + \boldsymbol{A}_{3,A_{0,r}}(ik)^2 + \sum_{l=1}^{m}\left(\frac{\boldsymbol{A}_{l+3,A_{0,r}}ik}{ik + d_{l,A_{0,r}}}\right) \tag{2}$$

式中，$\boldsymbol{A}_{1,A_{0,r}}$、$\boldsymbol{A}_{2,A_{0,r}}$、$\boldsymbol{A}_{3,A_{0,r}}$、$\boldsymbol{A}_{l+3,A_{0,r}}$ 和 $d_{l,A_{0,r}}$ 分别为最大展向振幅 $A_{0,r}$ 对应三维自激力的有理函数模型系数矩阵和滞后系数；k 为折减频率；m 表示滞后项系数。

3 数值验证

3.1 算例介绍

以一座三跨两塔悬索桥作为算例，其跨度组合为 417m + 1418m + 357m。该桥主梁为流线型箱梁，计算选择 10 阶振型，其中包含 2 阶侧向振型、6 阶竖向振型、2 阶扭转振型。计算中选取不同的振型组合，并同既有的 DLIM 方法进行对比。

基金项目：国家自然科学基金项目（52208506）

3.2 三维气动力逼近结果

选择(4,4)，(4,21)和(4,24)三个振型组合为例，探讨有理函数对三维气动力的逼近结果（图1），结果显示，有理函数逼近结果和原始数值吻合良好，验证了有理函数估计悬索桥三维非线性气动力的正确性。

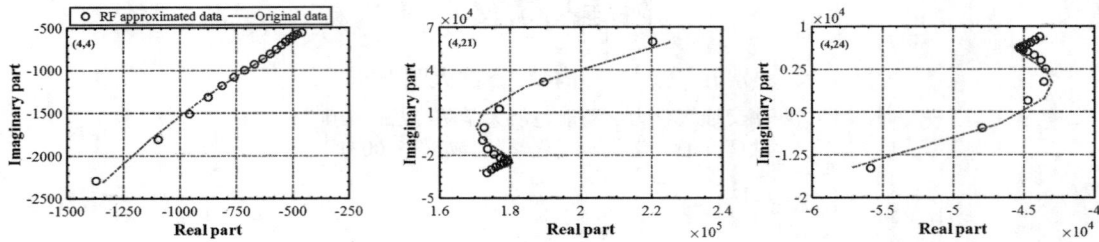

图 1 三维气动力逼近结果

3.3 三维非线性颤振计算结果

基于所提出的算法，计算得到算例的多模态耦合非线性颤振响应如图2和图3所示。结果显示，算法能够很好地量化不同风速下系统的跨向节点振幅，同时也能够精确地求解系统在不同风速下的最大非稳态极限环振幅，验证了算法的正确性。

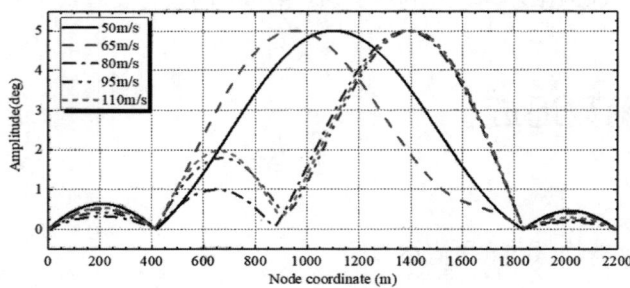

图 2 不同风速下跨向扭转振幅分布   图 3 计算得到的非稳态极限环分支

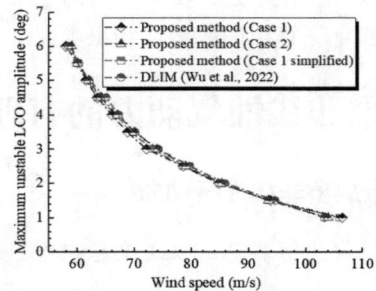

4 结论

本文提出的大跨度悬索桥多模态耦合非线性颤振算法，能够较好地预测非线性颤振响应，量化随跨向节点变化的非线性颤振振幅，揭示多模态耦合作用下的非线性颤振机理。

参考文献

[1] GE Y, TANAKA H. Aerodynamic flutter analysis of cable-supported bridges by multi-mode and full-mode approaches[J]. Journal of Wind Engineering and Industrial Aerodynamics, 2000, 86(2-3): 123-153.

[2] GAO G, ZHU L, HAN W, et al. Nonlinear post-flutter bifurcation of a typical twin-box bridge deck: Experiment and empirical modeling[J]. Journal of Fluids and Structures, 2022, 112: 103583.

[3] WU B, LIAO H, SHEN H, et al. Multimode coupled nonlinear flutter analysis for long-span bridges by considering dependence of flutter derivatives on vibration amplitude [J]. Computers and Structures, 2022, 260: 106700.

滚动式阻尼器的改进与风机减振研究

王艺泽，刘震卿

（华中科技大学土木与水利工程学院 武汉 430074）

1 引言

阻尼器通常被安装在风机塔筒的顶部来控制风机的振动。常见阻尼器型式包括调谐质量阻尼器、摆锤式阻尼器、滚动式阻尼器等[1]。由于风机塔筒的自振频率较低，其主频通常在 0.5Hz 左右，调谐质量阻尼器需要较长的弹簧单元提供刚度，摆锤式阻尼器也需要较大的摆长以匹配风机塔筒的自振频率，导致上述两种阻尼器在风机有限的安装空间中使用受限[2]。滚动式阻尼器采用滚子加圆弧轨道的形式，由滚子自身重力提供恢复刚度，极大减小了阻尼器的体积，使得其更适用于风机塔筒等有限空间结构的减振[3]。但是，现有滚动式阻尼器减振效果不佳，因此亟需厘清其工作原理，提出改进措施以提高其工程适用性并保障风机安全。

2 滚动式阻尼器的改进

本研究通过推导滚动式阻尼器的运动方程，厘清其工作机理，掌握阻尼器各参数对其减振效果的影响规律，进而提出了相应的改进措施，对比了改进阻尼器前后减振效果的提升率，并对比了改进滚动式阻尼器与传统调谐质量阻尼器的区别。本研究具体实施步骤如下：

（1）滚动式阻尼器的示意图见图 1（a），推导了滚动式阻尼器的运动方程如下：

$$3/2m_\mathrm{d}l_\mathrm{p}^2\ddot{\theta} + c_\mathrm{d}\dot{\theta} + m_\mathrm{d}gl_\mathrm{p}\sin\theta = 0 \tag{1}$$

式中，m_d 为滚子的质量；l_p 为等效摆长，且其等于 $R-r$，R 和 r 分别为轨道和滚子的半径；θ 为滚动式阻尼器的运动自由度，即滚子圆心和轨道圆心连线与垂直方向之间的夹角；c_d 表示阻尼系数；g 为重力加速度。

（2）通过在滚子两端安装附加滚轴的方法改进滚动式阻尼器，使附加滚轴在圆弧轨道上滚动从而带动滚子的滚动，见图 1（b），推导了改进滚动式阻尼器的运动方程如下：

$$(1 + \kappa^2/2)m_\mathrm{d}l_\mathrm{p1}^2\ddot{\theta} + c_\mathrm{d}\dot{\theta} + m_\mathrm{d}gl_\mathrm{p1}\sin\theta = 0 \tag{2}$$

式中，$\kappa = r/r_1$ 表示滚子与滚轴的半径比；l_p1 表示改进滚动式阻尼器的等效摆长。可以看出，κ 越小，改进滚动式阻尼器的减振效果越好，即滚轴半径应远大于滚子半径。

（3）滚轴半径远大于滚子半径意味着改进滚动式阻尼器的体积无限增大，为此本研究提出使用轴承连接滚轴与滚子的二次改进措施，最终改进滚动式阻尼器的运动方程如下：

$$m_\mathrm{d}l_\mathrm{p1}^2\ddot{\theta} + c_\mathrm{d}\dot{\theta} + m_\mathrm{d}gl_\mathrm{p1}\sin\theta = 0 \tag{3}$$

本研究开展了改进滚动式阻尼器的参数分析，厘清了各结构参数对阻尼器减振效果 γ 的影响，见图 2；对传统滚动式阻尼器和调谐质量阻尼器开展了参数分析，获取了各阻尼器减振效果随阻尼器质量比变化的趋势，见图 3；风机安装阻尼器前后塔底弯矩对比见图 4。

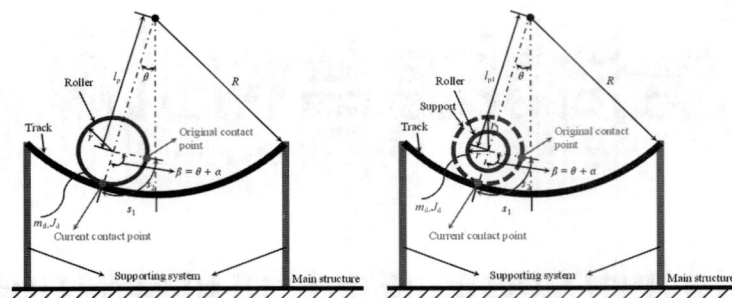

图 1 （a）传统滚动式阻尼器；（b）改进滚动式阻尼器

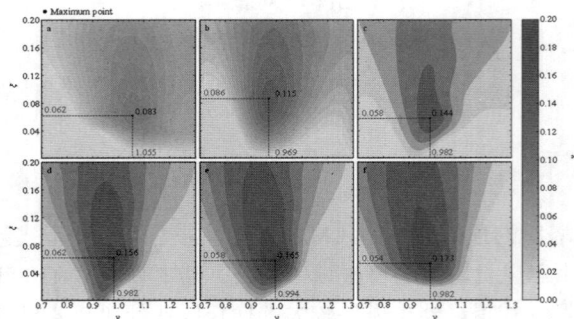

图 2 改进滚动式阻尼器的参数分析

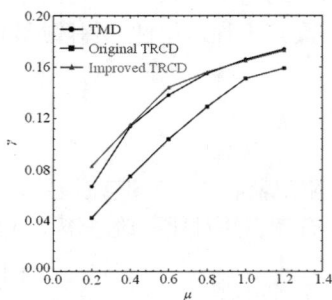

图 3 各阻尼器减振效果对比

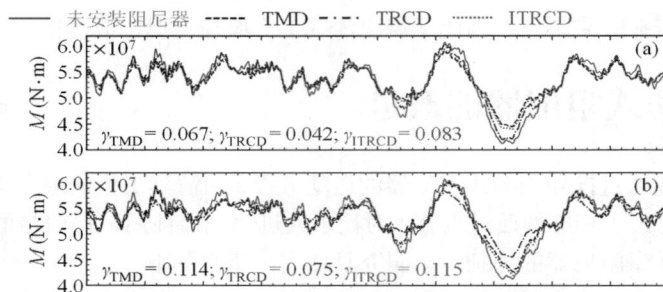

图 4 安装阻尼器前后风机塔底弯矩对比

3 结论

本研究提出了在滚动式阻尼器两端连接附加滚轴并使滚轴直接在圆弧轨道上滚动，使用无摩擦轴承连接滚轴和滚子的改进措施。相比于传统滚动式阻尼器，改进滚动式阻尼器减振效果提高了 8.8%。同时，在阻尼器整体体积极大减小的情况下，改进滚动式阻尼器具有与调谐质量阻尼器持平的减振效果，因此其更适用于风机减振。

参考文献

[1] ZUO H, BI K, HAO H. A state-of-the-art review on the vibration mitigation of wind turbines [J]. Renewable and Sustainable Energy Reviews, 2020, 121: 109710.

[2] WANG Y, LIU Z, MA X. Improvement of tuned rolling cylinder damper for wind turbine tower vibration control considering real wind distribution [J]. Renewable Energy, 2023, 216: 119078.

[3] MATTA E. Ball vibration absorbers with radially-increasing rolling friction [J]. Mechanical System and Signal Processing, 2019, 132: 353-379.

漂浮式风机阻尼索减振理论与试验研究

禹见达，谭晓鹏，罗　超，朱培杰，周文涵

（湖南科技大学土木工程学院　湘潭　411201）

1　引言

风能作为一种清洁且无污染的可再生能源，受到了众多国家和企业的重视。相比于陆上风电，海上风电机组受到风-浪-流的共同作用，其振动问题更为突出，因此，开展海上漂浮式风机减振具有重要意义[1-2]。

2　漂浮式风机平台-阻尼索系统

提出了一种自锚式阻尼索抑制海上漂浮式风机平台振动方案，如图1、图2所示，三向阻尼索可以抑制平台任意方向的摇摆。

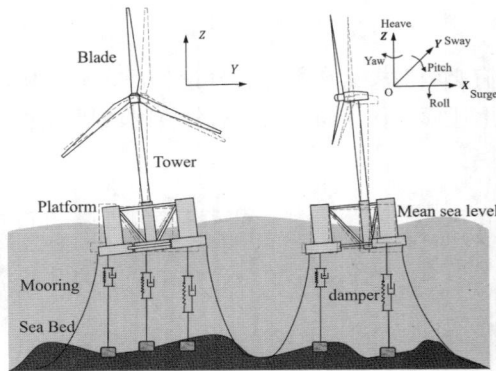

图1　风机塔筒-自锚式阻尼索系统　　　　图2　现场试验照片

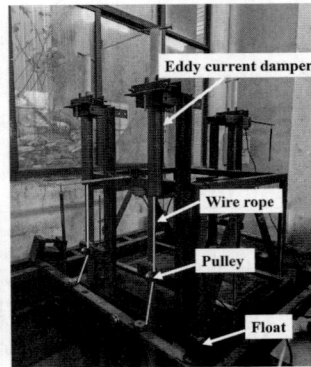

上述系统的振动方程为：

$$\begin{cases} mc_1\ddot{z} + [c_h c_1 + m(k_1+k_2)]\ddot{z} + [c_1(k+3k_2) + c_h(k_1+k_2)]\dot{z} + \\ (k_h k_1 + kk_2 + 3k_1 k_2)z - k_2 l_1 c_1 \dot{\theta} - k_1 k_2 l_1 \theta = F(t)(k_1+k_2) + \dot{F}(t)c_1 \\ c_1 I\ddot{\theta} + [c_p c_1 + I(k_1+k_2)]\ddot{\theta} + [c_1(k_p+3k_2 l_1^2) + c_p(k_1+k_2)]\dot{\theta} + \\ [(k_p + 3k_2 l_1^2)(k_1+k_2) - 3k_2^2 l_1^2]\theta - k_2 l_1 c_1 \dot{z} - k_1 k_2 l_1 z = M(t)(k_1+k_2) - c_1 M(t) \end{cases} \tag{1}$$

式中，k_1为复位弹簧刚度；k_2为拉索刚度；c_1为阻尼器的阻尼系数；l_1为阻尼器距平台中心的水平距离；θ为纵摇转角；z为垂荡位移。

通过状态方程求解得到该系统阻尼比的解析解

$$\xi_i = -\frac{\text{Re}(\lambda_i)}{\omega_{di}} \tag{2}$$

式中，λ_i为特征方程的特征值；ω_{di}为结构固有频率。

3　模型试验

采用模型验证阻尼索对平台的减振效果，平台采用为 $1m \times 1m \times 0.4m$ 的 EPS 泡沫模拟，减振装置由相同参数角钢组成，角钢截面尺寸为 $50mm \times 50mm \times 5mm$，阻尼索包含主索、复位弹簧和管式电涡流阻尼器，下方的主索则通过定滑轮向外倾斜 30°并固定，具体布置如图 2 所示。

4 理论值与试验值对比

对平台施加人工共振激励，当平台振幅达到设定值时撤除激励，平台随后进入自由振动状态，通过测量平台两侧的悬臂梁竖向位移即可得到平台的衰减曲线，平台纵摇位移时程如图 3（a）、（b）所示，其中（a）为未安装阻尼索位移时程，（b）为安装阻尼索的位移时程。采用最小二乘法拟合即可得到结构的阻尼比。从而获得不同阻尼系数下的平台阻尼比如图 3（c）所示。

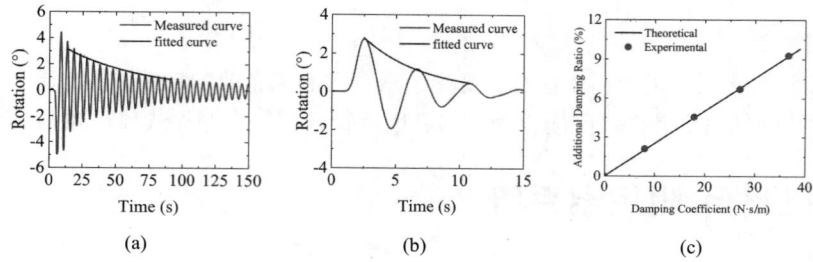

图 3 平台纵摇位移及附加阻尼比

5 参数分析

为了进一步了解阻尼索对平台的阻尼作用，有必要对关键参数进行理论分析。影响附加阻尼比的主要因素包括索刚度、复位弹簧刚度和阻尼系数。选取上述模型作为研究对象，分析附加阻尼比与索参数之间的关系，如图 4 所示。

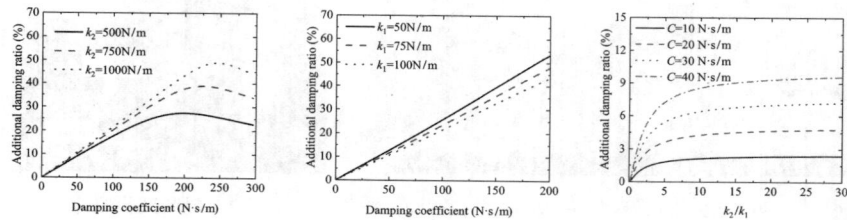

图 4 不同参数下附加阻尼比变化规律

6 结论

（1）推导了漂浮式风机阻尼索系统的振动方程，并获得了阻尼索对漂浮平台提过的附加阻尼比解析解。
（2）通过模型试验验证了阻尼索对漂浮式风机纵摇的减振效果，试验测得的漂浮平台附加阻尼比与解析解吻合。

参考文献

[1] HONG S, MCMORLAND J, ZHANG H, et al. Floating offshore wind farm installation, challenges and opportunities: A comprehensive survey[J]. Ocean Engineering, 2024, 304: 117793.

[2] JI J, CHI Y, YIN X. The blue treasure of hydrogen energy: A research of offshore wind power industry policy in China[J]. International Journal of Hydrogen Energy, 2024, 62: 99-108.

双轴槽式集热器风荷载效应研究

邹　琼[1]，崔金涛[1]，邹　锋[2]

（1.湘潭大学土木工程学院 湘潭 411105；

2.中国建筑第六工程局有限公司 天津 300451）

1　引言

国内最大双轴槽式集热系统在巴彦油田建成，如图 1 所示。项目包括 49 组双轴双槽聚光器集热器，单组集热功率 30kW，装机规模 1.47MW。双轴槽式聚光集热器，具有逐日跟踪精度高、集热时间长、集热效率高、自动化程度高、操作简单和后期运维简单等特点，追踪精度高达 0.015kW·h，集热效率高达 85%，可在有限的土地面积上能最大限度地获取太阳光照的辐射资源。

图 1　双轴槽式集热器实物（图片来自互联网）和模型

目前国内外对于槽式聚光镜[1]的研究主要集中在单轴槽式聚光器，对双轴槽式集热器风压分布的研究开展较少，其分压分布或脉动特性与单轴可能会有较大的不同，因此有必要对其风荷载效应进行分析。本文利用计算流体动力学软件 FLUENT 对单个双轴槽式集热器的风荷载分析，基于 Realizable k-ε 模型进行了数值模拟，着重研究镜面平均风压分布、脉动风压特性，然后与单轴槽式聚光器镜面的平均风压系数、脉动风压系数进行对比。目前我国还未制订相关的设计规范或技术标准，相关结论可以为后续双轴槽式集热系统研究与双轴槽式集热器的抗风设计提供理论依据。

2　研究方法和内容

2.1　双轴槽式集热器数值模拟

本文中单个双轴槽式集热器模型与数值模拟风洞尺寸取值参考了 Frank[2]总结的 CFD 计算中计算域要求，以保证流体在数值风洞内充分流动。此次模拟主要方向是研究双轴双槽集热器镜面的风压分布情况。采用 Workbench Mesh 软件进行网格划分并进行网格无关性验证。

FLUENT 设定边界条件中，为了最好地再现实际风场条件，根据单轴槽式聚光镜风洞试验[3]的模拟结果，将湍流动能、耗散率、入口风速以及湍流积分尺度编译在 UDF 程序中再与 FLUENT 软件实现接口。

2.2　风压分布

采用地面单轴槽式聚光镜平均风压系数的取法[4]，图 2、图 3 分别给出几种典型工况下镜面平均风压系数和脉动风压系数等值线图，图中工况表示为"镜面竖向角-水平风向角"。

湖南省教育厅优秀青年计划（22B0172），湖南省自然科学基金（2020JJ5549），国家自然科学基金（51708478）

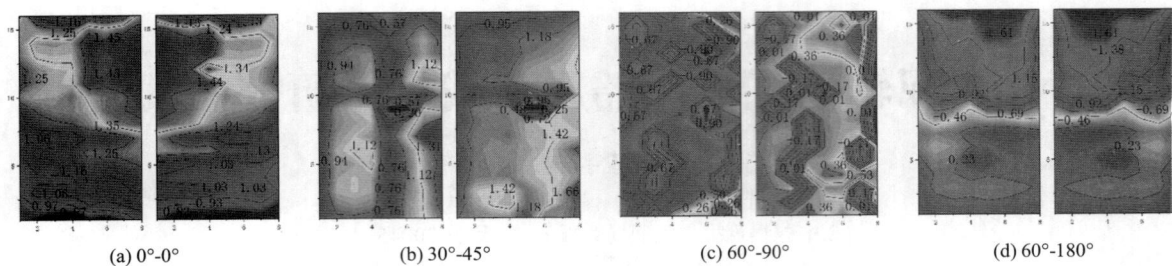

(a) 0°-0°　　　　　　(b) 30°-45°　　　　　　(c) 60°-90°　　　　　　(d) 60°-180°

图 2　典型工况下平均风压系数等值线图

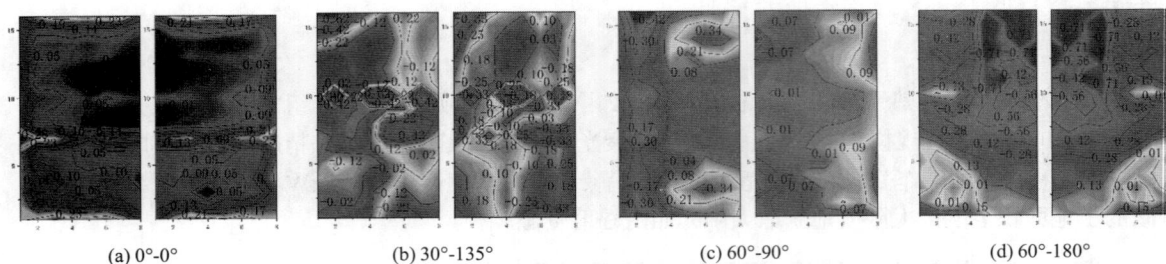

(a) 0°-0°　　　　　　(b) 30°-135°　　　　　　(c) 60°-90°　　　　　　(d) 60°-180°

图 3　典型工况下脉动风压系数等值线图

3　结论

（1）双轴槽式集热器风压系数的最大值出现在 60°-0°工况下，达到 1.81，此时处于镜面最不利抗风状态，且随着风向角的偏移风压系数逐渐缩小。

（2）风压极值主要出现在镜面的四周和边缘区域，采用目标概率法提取各分区峰值因子，有些区域峰值因子相差较大，故建议镜面结构抗风设计时分区域采取风荷载取值，在保证强度的同时也更加经济。

参考文献

[1]　WANG Y L, LI Z N. Wind pressure and wind-induced vibration of heliostat [C]// Advances in Concrete and Structures. Trans Tech Publications Ltd, 2008: 935-940.

[2]　FRANK J. Recommendations of the COST action C14 on the use of CFD in predicting pedestrian wind environment [C]// The fourth international symposium on computational wind engineering. Yokohama, Japan. 2006: 529-532.

[3]　ZOU Q, LI Z N, ZOU F, et al. A study on the characteristics of roof wind field by wind tunnel test[J]. Journal of Building Engineering, 2021, 43: 105-155.

[4]　邹琼. 槽式聚光镜组系统的抗风性能研究[D]. 长沙: 湖南大学, 2016.

考虑台风时空变异性的 15MW 海上风电机组来流风速场研究

王　浩[1,2]，吕志童[1]

（1. 河海大学工程力学系 南京，211100；
2. 河海大学江苏省风电机组结构工程研究中心 南京 211100）

1　引言

为快速实现碳排放降低目标（即"双碳"计划），风能大规模开发和风电降本增效都促使风电机组结构朝着超大型化趋势发展。相较于小尺寸陆上风电机组，大尺寸海上风电机组运行环境更加恶劣，对结构安全性和可靠性的要求更高。台风作用是我国东南地区风电机组极端服役条件的主要形式之一，我国地处的西北太平洋地区是世界上遭受强台风侵袭最为频繁的地区[1]。台风过境时风电机组一般处于顺桨停机状态，虽有助于减小台风引起的灾害影响，但实际上近年来我国因台风引起的风电机组结构安全事故仍频繁发生[2]。目前研究虽已补充了风电机组抗台风研究领域的部分认知空白，但均针对某一特定机组在某一特定时刻进行分析，并未涉及考虑台风时空变异性的大型海上风电机组来流风速场研究，无法有效揭示海上风电场不同风电机组在台风影响下的动态响应及其结构安全性。

近年来国内外虽然已出台相关抗台风设计标准[3-4]，但对超大型海上风电机组的设计规范仍存在较大不确定性。鉴于此，本文以 NREL 15MW 海上风电机组为研究对象，选取目前某规划海上风电场和曾过境该区域强台风为工程背景，基于气象实测数据和台风多阶段风速场数据驱动模型探究同一时刻不同机组和同一机组不同时刻的台风来流时空变异特征。在此基础上，分别反演得到考虑台风时空变异性的 15MW 海上风电机组来流风速场，并给出了基于高阶数据统计得到的来流极值风速，系统对比了台风影响下同一时刻不同机组和同一机组不同时刻的来流风速场差异。

2　研究方法和内容

2.1　风速场数据驱动模型

采用笔者提出的海上台风多阶段风速场数据驱动模型[5]，并引入实测修正系数 co（式 1）提高对不同观测台风的泛化性，实现获取台风时空变异特征。

$$co = \frac{V_{\text{obs}}}{V_{\text{Hol}}} \tag{1}$$

式中，V_{obs} 即根据最大观测风速推算出的梯度风速，属于主要气象观测数据之一；V_{Hol} 为采用 Holland 台风径向气压模型计算得到的最大梯度风速。

2.2　台风时空变异特征

图 1 给出了本文反演得到同一时刻不同机组的三维风速场，图中采取相同颜色标尺。同一时刻不同机组所经受的来流风之间存在着巨大的差异，遭受最大风力的机组 B 和遭受最小风力的机组 A 所遇风速甚至存在量级上的差异。以轮毂高度来流风速时程为例进行对比，机组 A 轮毂高度来流风速时程平均值 7.60m/s，标准差介于 1.21～1.41；机组 B 轮毂高度来流风速时程平均值 89.75m/s，标准差介于 9.29～9.71，远超目前

基金项目：国家自然科学基金（52308498），江苏省自然科学基金（BK20220976），中国博士后科学基金（2022M721002）

中国规范和 IEC 规范中的台风型机组设计风速 55m/s 或 57.5m/s，平均风速增幅达 63.19%（以我国规范 55m/s 为基准统计）；机组 C 轮毂高度来流风速时程平均值 61.81m/s，标准差介于 2.82～2.97。台风最大风速时刻，机组 B 轮毂来流瞬时风速已达到 100m/s 以上，对比目前常见风电机组型号的最大设计阵风风速 70m/s，最大增幅可达 70% 以上。

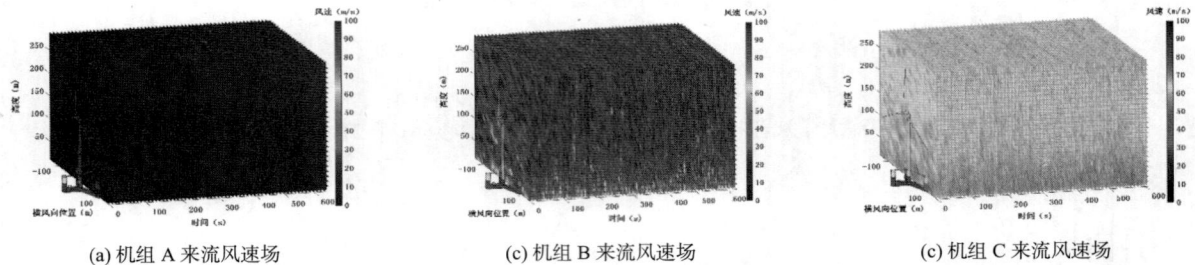

(a) 机组 A 来流风速场　　　　　　(c) 机组 B 来流风速场　　　　　　(c) 机组 C 来流风速场

图 1　台风最大风速时刻不同机组来流风速场反演结果

3　结论

（1）台风时空变异性导致同一海上风电场不同机组在同一台风影响下的来流风速场存在显著差异。威马逊最大风力时刻，风电场不同位置处的机组轮毂来流平均风速从 7.60～89.75m/s 不等，相差达到 10 倍以上；机组 A 处于台风眼影响区域，轮毂来流平均风速为 7.60m/s；而机组 B 和机组 C 的来流平均风速已超过目前规范的设计值，机组 B 和机组 C 的极值风速分别超设计值 81.09% 和 4.37%，以规范中给出的局部安全因子 1.35 为依据可以判定机组 C 来流风速仍处于设计包络范围，而机组 B 来流风速显然已超设计标准。

（2）台风时空变异性导致同一海上风电机组在不同台风影响下的来流风速场存在显著差异。威马逊过境机组 A 的完整过程中，轮毂来流平均风速变化区间从 7.60～75.03m/s，经历了典型的"M"型台风过境历程；FPS 和 BPS 时刻机组 A 轮毂高度来流平均风速分别为 33.54m/s 和 25.80m/s，正常停机状态下机组具备足够的抗台风安全裕度；TES 时刻机组 A 理论上可安全发电，但由于台风眼过境时间少于 2h，很快即会遭遇台风眼壁影响，在风速风向极端变化情况下频繁开/停机对结构安全性不利；FES 和 BES 时刻机组 A 轮毂高度来流平均风速分别为 75.03m/s 和 68.29m/s，均已超过规范设计值，FES 和 BES 时刻机组 A 轮毂高度来流极值风速分别超设计值 64.91% 和 50.39%。

参考文献

[1]　EMANUEL, K. Tropical cyclones[J]. Annual review of earth and planetary sciences, 2003, 31(1): 75-104.

[2]　王景全, 陈政清. 试析海上风机在强台风下叶片受损风险与对策——考察红海湾风电场的启示[J]. 中国工程科学, 2010, 12(11): 32-34.

[3]　国家质量监督检验检疫总局　中国国家标准化管理委员会. 台风型风力发电机组：GB/T 31519—2015[S]. 北京: 中国标准出版社, 2015.

[4]　IEC. Wind turbines-Part 3: Design requirements for offshore wind turbines: IEC61400-3[S].

[5]　WANG H, KE S T, WANG T G, et al. Multi-stage typhoon-induced wind effects on offshore wind turbines using a data-driven wind speed field model[J]. Renewable Energy, 2022, 188: 765-777.

风电塔筒龙卷风效应模拟与分析

张 寒[1]，余 涛[1]，王 浩[2]

（1. 香港理工大学土木与环境工程系 香港 999077；
2. 东南大学混凝土及预应力混凝土结构教育部重点实验室 南京 211189）

1 引言

近年来，风力发电作为重要的清洁能源之一，在世界各地得到了快速发展，风力发电装机容量和机组数量大幅增加[1]。然而，风力发电机往往安装在高风速的山区、海岛、沿海等自然环境恶劣的地区[2]，上述地区经常遭受台风、龙卷风等极端风灾侵袭，对风力发电机组的结构安全造成了严峻的挑战。塔筒是风力发电机组抵御极端风灾的重要结构部件，其稳定性和耐久性直接关系到整个系统的安全运行。因此，风力发电机塔筒的抗风性能已成为研究热点问题[3-5]。然而，现有的研究大多集中在台风对塔筒的影响，对龙卷风作用下风电塔筒响应的研究相对较少。龙卷风是地球上破坏性最强的小尺度气象灾害之一，目前在世界各地发生的频率越来越高，尤其是在美国、加拿大、中国等地，常给人类社会造成重大损失[6]。与台风不同，龙卷风的尺度较小、破坏力大、随机性强、持续时间短[7]。因此，台风环境下风力发电机组结构风效应的研究结果并不适用于龙卷风环境，龙卷风作用下风电塔筒的动力响应仍未掌握。本文基于解析方法发展了一种风电塔筒龙卷风效应数值模拟方法，通过建立风电塔筒的动力学模型和龙卷风荷载模型，研究了不同强度龙卷风下塔筒的动力响应，研究结果有望为风力发电机组的抗风设计和运维提供参考。

2 龙卷风场模拟

由于龙卷风破坏力强、尺度小、发生的随机性较高，开展龙卷风的现场实测非常困难，获得的数据也很稀少，难以满足工程结构抗龙卷风研究的需求。试验模拟和数值模拟虽可以获取完整的风场数据，但模拟过程也较为复杂、耗时。采用解析方法来开展龙卷风场高效反演及工程结构龙卷风效应的快速估计成为重要手段，可实现工程结构龙卷风效应的高效评估。因此，本文采用式(1)～式(3)所示解析模型开展龙卷风场的模拟：

$$U = U_{\max} \frac{-2\hat{r}\hat{z}\exp\left[(1-\hat{z}^2)/2\right]}{1+\hat{r}^2}, \quad \hat{r} = \frac{r}{r_{\mathrm{m}}}, \quad \hat{z} = \frac{z}{z_{\mathrm{m}}}, \tag{1}$$

$$W = U_{\max} \frac{4\sqrt{e}\left[1-\exp(-\hat{z}^2/2)\right]}{\xi(1+\hat{r}^2)^2}, \tag{2}$$

$$V = U_{\max} \sqrt{\frac{32\hat{r}^2(1+3\hat{r}^2)\exp(1-\hat{z}^2)\left[\exp(\hat{z}^2/2)-1\right]^2}{\xi^2(1+\hat{r}^2)^5}}, \tag{3}$$

式中，r 和 z 分别为风场中任意一点的径向和高度坐标；U、V、W 分别为径向风速、切向风速、竖向风速；$\hat{U}$、$\hat{V}$、$\hat{W}$ 分别为无量纲径向风速、切向风速、竖向风速；$U_{\max}$ 为径向风速绝对值的最大值；$\hat{r}$ 为无量纲径向坐标；r_{m} 为风场中 $U_{\max}$ 所在位置的径向坐标；$\hat{z}$ 为无量纲竖向坐标；z_{m} 为风场中 $U_{\max}$ 所在位置的竖向坐标；$\xi = r_{\mathrm{m}}/z_{\mathrm{m}}$ 为系数。

3 风电塔筒龙卷风效应模拟

首先，构建了风力发电机组塔筒的有限元模型。在有限元模型中，依据塔筒各节段设计参数，塔筒被划

基金项目：国家自然科学基金项目（5150XXXX）

分为多个离散单元，两个相邻的单元由一个节点连接。塔筒基础端节点固定，其他每个节点仅有垂直于塔轴线的线位移，以及旋转角位移。机舱、叶片和轮毂作为质量块添加到塔的顶部。基于有限元模型，同时考虑龙卷风作用下塔筒所受风荷载以及风轮叶片所受推力，创建风力发电机塔筒振动的动力学分析方程，求解该分析方程即可得到塔筒的动力响应。图 1 给出了不同等级龙卷风作用下塔筒顶部的加速度和位移响应峰值。

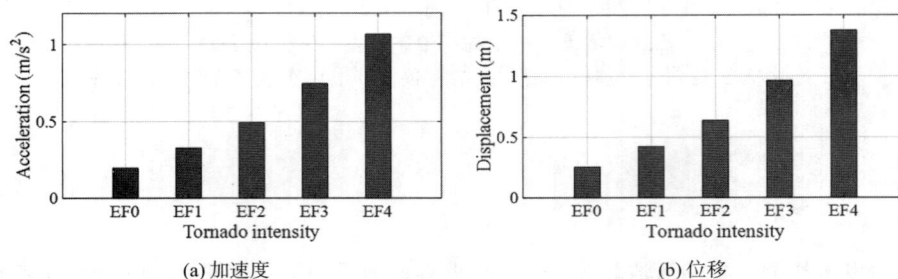

(a) 加速度   (b) 位移

图 1　不同等级龙卷风作用下塔筒顶部动力响应峰值

4　结论

龙卷风作用下风电塔筒发生大幅振动，其中，在 EF4 级龙卷风作用下，塔顶的位移达到 1.4m，超过塔高的 1%。因此，龙卷风多发区风电塔筒设计及运维过程中须考虑龙卷风的影响，并采取相应控制措施。

参考文献

[1]　CHEN C, et al. Nonlinear vortex-induced vibration of wind turbine towers: Theory and experimental validation[J]. Mechanical Systems and Signal Processing, 2023, 204: 110772.

[2]　DOSE B, et al. Fluid-structure coupled computations of the NREL 5 MW wind turbine by means of CFD[J]. Renewable Energy, 2018, 129: 591-605.

[3]　GAO R, et al. Wind-tunnel experimental study on aeroelastic response of flexible wind turbine blades under different wind conditions[J]. Renewable Energy, 2023, 219: 119539.

[4]　HALLOWELL S T, et al. Hurricane risk assessment of offshore wind turbines[J]. Renewable Energy, 2018, 125: 234-249.

[5]　LU M M, et al. A novel forecasting method of flutter critical wind speed for the 15 MW wind turbine blade based on aeroelastic wind tunnel test[J]. Journal of Wind Engineering and Industrial Aerodynamics, 2022, 230: 105195.

[6]　FUJITA T T. Tornadoes and downbursts in the context of generalized planetary scales[J]. Journal of Atmospheric Sciences, 1981, 38(8): 1511-1534.

[7]　ZHANG H, et al. A novel three-dimensional analytical tornado model constructed based on force balance analysis[J]. Physics of Fluids, 2023, 35(6): 0156170.

柔性光伏支架样架实测与分析

李寿英[1,2]，刘佳琪[1,2]，陈政清[1,2]

（1. 湖南大学土木工程学院 长沙 410082

2. 桥梁工程安全与韧性全国重点实验室 长沙 410082）

1 引言

近年来，随着柔性光伏支架的快速发展，其风致振动及风致破坏问题也时有发生，因此对于结构强度及稳定性的探讨变得尤为重要。He 等[1]对双层索柔性光伏支架的力学性能进行了研究；Ma 等[2]通过风洞试验研究了风向、倾角、间距比和安装位置对柔性光伏支架结构静风荷载的影响。Liu 等[3]对多排多跨柔性光伏支架的风致响应及其影响因素进行了风洞试验与参数分析。目前，对于结构的实测研究较少，本文开展了柔性光伏支架的设计及安装工作，并对拉索张力、柱底应变及结构风致振动特性进行了实测研究与分析。

2 样架设计安装

本文设计的柔性光伏支架采用单层索结构形式，由于立柱需布置在建筑的承重梁上，因此结构跨径需与建筑结构横梁跨径一致，为 15.75m，由 12 块光伏组件组成。组件倾角为 20°。光伏支架样架共布置两排两跨。安装完成后的柔性光伏支架样架如图 1 所示。并对拉索张力、立柱应力及结构位移进行了长期监测。

图 1　柔性光伏支架样架

3 实测结果及分析

3.1 结构动力特性

对结构的动力特性进行计算，计算结果表明，结构的一阶弯曲频率为 2.03Hz，一阶扭转频率为 2.23Hz。为验证数值模型及计算结果的准确性，使用加速度传感器对柔性光伏支架样架进行动力特性测试，测试得到的一阶弯曲及扭转频率分别为 1.95Hz 和 2.22Hz，与计算结果误差较小。实际测试中，柔性光伏支架的一阶弯曲及扭转阻尼比分别为 1.7% 和 0.5%，其中扭转阻尼比较风洞试验数值偏小，竖向阻尼比与试验值较为吻合。

3.2 拉索预应力损失

图 2 给出 C1 与 C2 承重索在张拉完成后索力随时间的变化规律。通过计算及测试可知，对于柔性光伏支架结构，拉索的张力在张拉后 60d 左右损失可达 13% 以上。

3.3 温度效应

图 3 给出在连续 96h 的数据中，实测得到的拉索张力与温度的变化有明显的负相关性。图 4 进一步验证

基金项目：国家自然科学基金项目（52378508），湖南省科技创新计划资助（项目编号：2024RC1031）

了公式计算值与实测值的吻合程度。

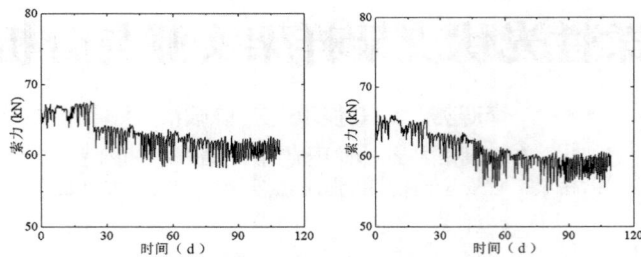

图 2　预应力随时间变化规律

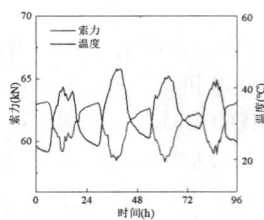

图 3　温度和索力随时间
变化曲线

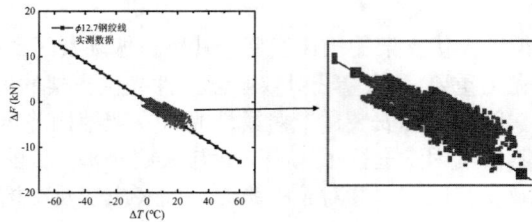

图 4　温度效应对索力的影响

3.4　风致响应

实测光伏组件风振时程数据见图 5。

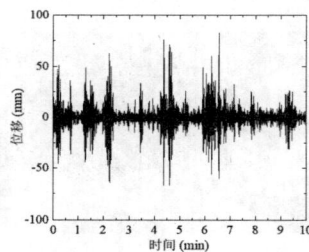

图 5　实测光伏组件风振时程数据

4　结论

本文开展了柔性光伏支架样架安装与测试工作，对拉索索力、结构应变及温度、风速等数据进行了长期监测，研究了柔性光伏支架的静力及动力性能。结果表明，实测结构动力参数与理论值及试验数值吻合较好；随着拉索的张力在张拉后 60d 左右损失可达 13%以上；温度变化会对索力产生明显的影响，当拉索温度在 20～35℃之间变化时，索力变化达到 5kN，约为总索力的 8%；由于实测风环境更为复杂，测试得到的结构风致响应较试验值偏大。

参考文献

[1]　HE X H, DING H, JING H Q, et al. Mechanical characteristics of a new type of cable-supported photovoltaic module system[J]. Solar Energy, 2021, 226: 408-420.

[2]　马文勇, 柴晓兵, 马成成. 柔性支撑光伏组件风荷载影响因素试验研究[J]. 太阳能学报, 2021, 42(11): 10-18.

[3]　LIU J Q, LI S Y, LUO J, et al. Critical Wind Velocity of a 33-meter-span Flexible Photovoltaic Support Structure and Its Mitigation[J]. Journal of Wind Engineering and Industrial Aerodynamics, 2023, 236: 105355.

太阳能定日镜的风致振动及风驱雹荷载效应研究

吉柏锋[1]，熊　倩[1]，邱鹏辉[1]，邢盼盼[1]，徐　帆[1]，孙　京[2]，瞿伟廉[1]

（1. 武汉理工大学土木工程与建筑学院　武汉　430070；
2. 中国气象局武汉暴雨研究所　武汉　430223）

1　引言

塔式太阳能光热发电站需要成千上万面独立跟踪太阳的定日镜将太阳光聚焦到吸热塔顶端的吸热器上，定日镜的作用是在于跟踪太阳的位置，通过调整镜面姿态尽量把太阳辐射准确地反射到集热塔顶部的吸热器处。青藏高原是我国太阳能资源最丰富的地区，已成为我国 CSP 技术主要发展地带，同时也是我国强对流天气大风、冰雹灾害十分严重的地区。定日镜作为塔式太阳能光热发电站核心组成部分，具有自身薄、面积大的特点且定日镜主要设置在空旷地区，无遮挡，因此极易受到大风以及冰雹冲击的严重威胁[1-3]。因此，掌握定日镜结构在风荷载作用下的振动特性及冰雹冲击作用下的动力响应特征对于定日镜结构安全设计、降低定日镜组件成本和提高电站发电效率具有重要意义。

2　计算模型

2.1　定日镜模型

定日镜原型为我国某塔式太阳能光热电站矩形定日镜，反射镜面由 8 排 8 列子镜组成，图 1 为定日镜场坐标系示意图，图 2 以俯仰角 α_h 为 30°的工况为例给出了有限元模型。

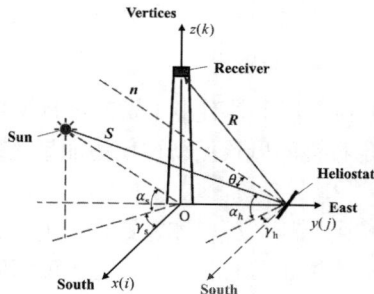

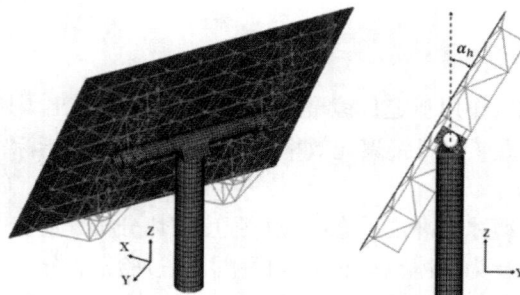

图 1　定日镜场坐标系示意图　　　　图 2　定日镜的有限元模型

2.2　风荷载模型

考虑到定日镜的镜面法向量与自然风的方向并不是垂直的，因此应考虑镜面受风面积随着俯仰角的变化，作用在定日镜的风荷载模拟点的荷载采用下式表达：

$$W_s(m,t) = \mu_s \cos\alpha \frac{l^2}{4} \frac{U^2(z_{m,t})}{1630} \tag{1}$$

式中，$W_s(m,t)$ 中的 s 下标表示作用在风荷载模拟点处的风压；m 表示模拟点的编号，m 共计 256 个；μ_s 为定日镜的风荷载体型系数，采用建筑荷载规范中独立墙壁及围墙的风荷载体型系数 1.3；l 为定日镜子镜边长；α 为定日镜的俯仰角。

基金项目：湖北省自然科学基金面上项目（2020CFB524）

作者简介：吉柏锋（1982— ），男，博士，副教授，博士生导师，主要从事结构风工程研究，E-mail：jbfeng@whut.edu.cn。

2.3 冰雹模型

基于光滑粒子流体动力学法（Smooth Particle Hydrodynamic，简称 SPH）建立冰雹模型，定义张力失效准则来描述冰雹破裂后的流动特性，引入水的 Gruneisen 状态方程来控制冰破碎后压力与体积之间的非线性关系。

3 结果

图 3 给出了 0°、30°、45°和 60°风向角下夏季日早上 9 时至下午 18 时期间整点时刻的定日镜聚光效率平均值以及方差。从图 3 中可以看出，随着镜面俯仰角的增大，风力作用下定日镜聚光效率损失量进一步增大。

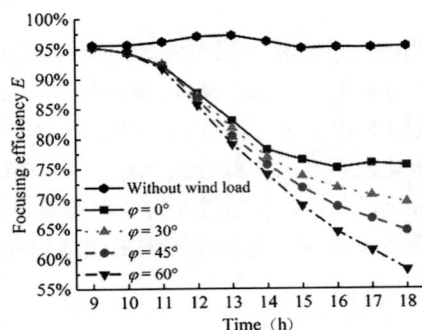

图 3　风致振动下定日镜聚光效率　　　　图 4　风驱动雹作用下镜面板应力

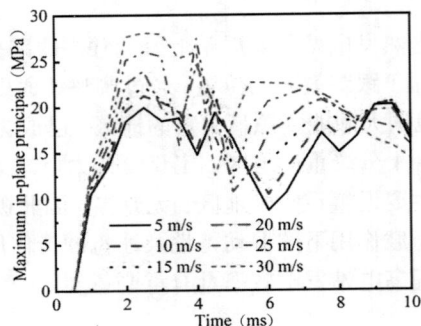

图 4 给出了 PVB 复合夹层定日镜在风驱雹作用下首层玻璃板面内最大主应力，首层玻璃板面内最大主应力最大值随着背景风速的增大而增大。不同厚度下的首层玻璃面板的最大主应力时程曲线的变化规律基本一致，均为在 1ms 时间内先增大到第一个峰值，然后在 7～9ms 范围内，达到第二个峰值。对比发现同等厚度下，复合夹层定日镜在最优厚度比的情况下的抗冰雹冲击性能优于单层定日镜。

4 结论

开展了常规风作用下定日镜聚光效率评估研究，提出了风载荷作用下具有多子镜的定日镜聚光效率损失的评估方法，建立了定日镜聚光效率的计算方法和评价指标，定日镜的风致振动可使镜面聚光效率从 95.5%下降到 72.2%。

开展了定日镜冰雹冲击动态响应与强度破坏分析，基于青藏高原地区历史冰雹数据，建立了考虑应变率效应和脆性断裂行为的冰雹动态本构模型并通过验证，分析了冰雹冲击位置、直径、定日镜俯仰角和定日镜板厚对定日镜动态响应特性的影响。

参考文献

[1] JI B F, XIONG Q, XING P P, et al. Dynamic response characteristics of heliostat under hail impacting in Tibetan Plateau of China [J]. Renewable Energy, 2022, 190: 261-273.

[2] JI B F, QIU P H, XU F, et al. Concentrating efficiency loss of heliostat with multiple sub-mirrors under wind loads [J]. Energy, 2023, 281: 128281.

[3] JI B F, XU F, XIONG Q, et al. Dynamic response characteristics of heliostat impacted by continuous hails[J]. International Journal of Structural Stability and Dynamics, 2024, 24(15): 2450176.

屋顶光伏系统风荷载特性及抗风设计方法研究

彭化义 [1, 2]，代胜福 [1]，刘红军 [1, 2]

（1. 哈尔滨工业大学（深圳）智能土木与海洋工程学院 深圳 518000；
2. 广东省土木工程智能韧性结构重点实验室 深圳 518000）

1 引言

目前，学者对屋顶光伏板风荷载特性进行了研究并取得了一些成果[1]。但是，部分影响屋顶光伏板风荷载特性的因素未得到研究；光伏板风荷载机理性认识方面存在较大不足；光伏板对屋顶风压的影响无得到深入研究。另外，屋顶不同区域的光伏板风荷载差异较大，而目前尚无光伏板荷载分区方面的研究。因此，本文通过风洞试验全面系统研究不同因素下屋顶光伏板的风荷载特性，包括光伏板位置、倾角、女儿墙高度、建筑气动外形及建筑干扰。利用数值模拟方法探究光伏板风荷载的产生机理。结合试验和模拟结果，通过机器学习方法对单体建筑和建筑干扰下光伏板风压进行分区，进而提出屋顶光伏系统的抗风设计方法。

2 研究方法

建筑的长、宽和高分别为 20m、20m 及 70m（图 1a）。女儿墙 h_p 分别为 0、0.5m、1.0m 和 1.5m 且板倾角 β 分别为 15°、30° 和 45°。建筑的气动外形包括直角、凹角、切角和圆角，且修角率均为 10%。同时，本文研究了建筑干扰的影响，包括建筑布置方式和间距。布置方式分为串列前方、串列后方、并列、错列前方、错列后方（图 1b）。建筑间距比 S 范围为 1.5～8.0。采用 k-means 聚类方法对单体建筑和建筑干扰下光伏板风压进行分区。

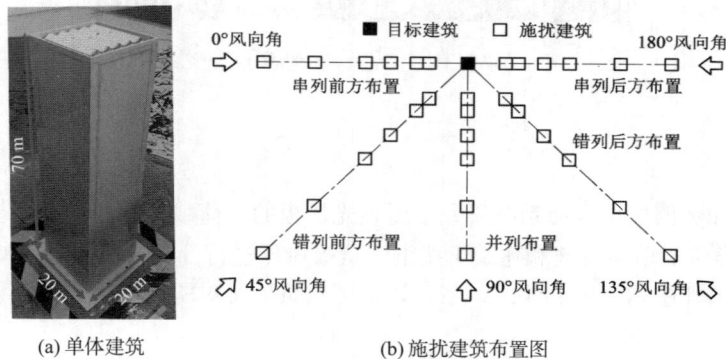

(a) 单体建筑　　　　　(b) 施扰建筑布置图

图 1　风洞试验中单体建筑和施扰建筑布置图

3 结果与分析

利用 k-means 法对屋顶光伏板风压进行分区（图 2）。两种屋顶的光伏板分区类似，即角端光伏板风荷载最大，其次是边部光伏板，中间光伏板风荷载最小。相较于直角建筑，圆角建筑角端和中间区域的光伏板个数稍多，边部光伏板个数少一些。

基金项目：深圳市科技计划资助（JCYJ20241202123537012），广东省基础与应用基础研究基金（2023A1515240068，2024A1515012266），国家自然科学基金项目（52378500），广东省土木工程智能韧性结构重点实验室开放课题，广东省土木工程智能韧性结构重点实验室（2023B1212010004）

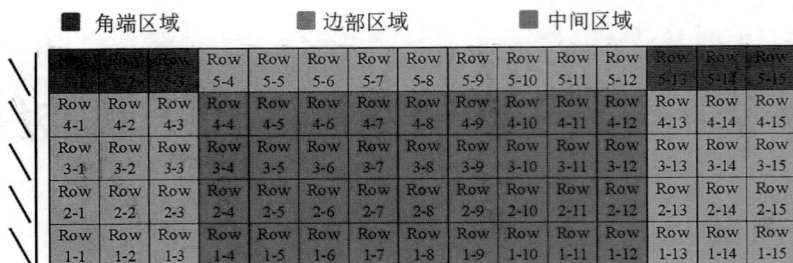

图 2　不同修角屋顶光伏板分区示意图

图 3 展示了建筑干扰下屋顶光伏板风压分区，分别对应的间距比 S 为 1.5、4.0 和 8.0。当 S 为 1.5 时，屋顶分为两个区域（等级 3 和 4）。E 行板为等级 4 区域，其余四行板为等级 3 区域；当 S 增大到 4.0 时，屋顶分为三个区域。与 S 为 1.5 相比，S 为 4.0 时出现了等级 2 的区域。当 S 增大到 8.0 时，屋顶增加到四个区域。

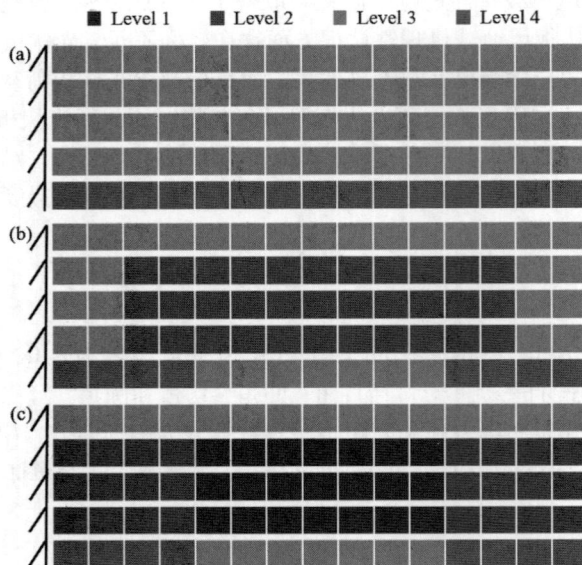

图 3　建筑干扰下屋顶光伏板风压分区

4　结论

本文通过风洞试验和数值模拟全面系统研究了屋顶光伏板的风荷载特性及其产生机理。结合试验和模拟结果，通过 k-means 聚类法对单体建筑和建筑干扰下光伏板风压进行分区。单体建筑屋顶光伏板风压可分为三个区域，即角端、边部和中间区域。此外，系统评估了建筑干扰对屋顶光伏板风压大小和分区的影响。

参考文献

[1]　PENG H Y, SHEN Z, LIU H J, et al. Wind loads on rooftop solar photovoltaic panels oriented with varying azimuth angles: a comprehensive wind tunnel analysis[J]. Journal of Building Engineering, 2024, 92: 109747.

考虑定日镜群干扰效应的定日镜镜面风压分布研究

李正农，范科友

（湖南大学土木工程学院 长沙 410082）

1 引言

塔式太阳能定日镜系统中，定日镜结构是关键设备。而由于定日镜受风面积大、工作精度高，强风作用时会使定日镜产生破坏，从而易造成重大的经济损失，增加电站的投资运营成本。因此，定日镜抵抗风力的作用就尤其重要。

近年来，Pfahl[1-2]利用风洞试验测量了定日镜在不同雷诺数和高宽比时的风荷载系数，并设计了一种通过减小反射镜面上的风荷载而实现减轻质量和降低成本的轻型定日镜[3-4]。Blackmon[5]采用参数分析法讨论了在考虑阵风作用时的现场实际风荷载对定日镜驱动机构使用寿命的影响。Terres-Nicoli[6]则提出将风洞试验得到的风荷载时程与太阳能电站所在地观测记录到的风向概率分布相结合，再通过等效静力分析方法来研究风荷载对定日镜的动态效应。

目前，国内对于考虑多排定日镜之间的相互干扰效应影响的还比较小。为更好地揭示实际定日镜镜面风压分布的规律，有必要对多排定日镜进行考虑群镜干扰效应的风洞试验研究。

2 试验概况

本试验是在湖南大学建筑与环境风洞实验室的大气边界层风洞中进行的，该风洞为低速直流的边界层风洞，试验段风速 0～25m/s 连续可调。采用格栅、尖梯、挡板、粗糙元装置模拟大气边界层风场。大气边界层模拟风场的调试和测定是用美国 TSI 公司的眼镜蛇、A/D 板、PC 机和专用软件组成的系统来测量。由美国 Scanivalve 扫描阀公司的 DSM3400 电子式压力扫描阀系统、PC 机、自编的信号采集及数据处理软件组成风压测量、记录及数据处理系统。

风洞试验以测试的定日镜为中心，模拟定日镜受力情况，考虑径向 8 排、环向 5 排的定日镜，将风洞模型置于风洞试验段转盘上，进行数据测量，该试验进行 7 个风向的结构表面风压的测量。以定日镜正面垂直于来流方向为 0°风向角，风洞转盘逆时针转动，每间隔 30°设置一个试验风向。本试验测量了定日镜群体中线径向上的 8 个位置上的定日镜，其位置如图 1 中的 1 号镜、2 号镜、3 号镜、4 号镜、5 号镜、6 号镜、7 号镜与 8 号镜的位置。对于定日镜俯仰角（θ）则考虑其绕y轴正向在 0°～90°，（工况为：仰角θ分别为 0°、5°、10°、20°、40°、60°、75°、90°），具体情况如图 2 所示。该模型缩尺比为 1∶25，模型测压测点布置如图 3 所示。

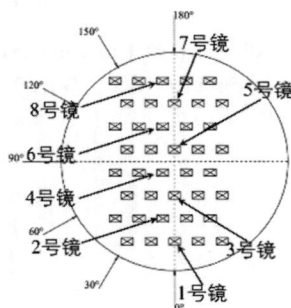

图 1　定日镜群镜测压被测位置图　　图 2　定日镜测压俯仰角示意图

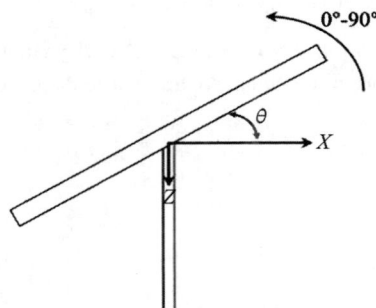

基金项目：国家自然科学基金项目（52178476）

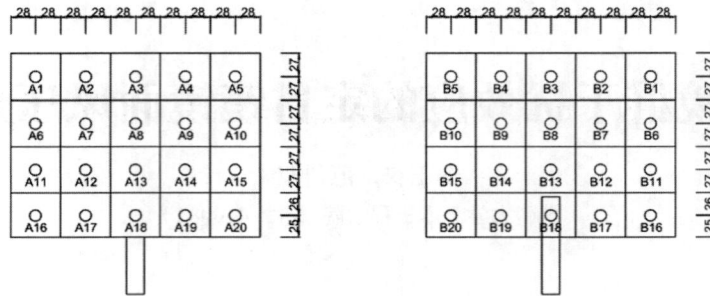

图 3 定日镜群体测压单个模型测点布置及其编号

3 结论

对于多排定日镜进行考虑群镜干扰效应的风洞试验研究，得到以下结论：（1）定日镜镜面整体净平均风压系数最大值出现在 0°风向角的 90°俯仰角下的首排定日镜，可达 1.1；其最小值则出现在 120°风向角、75°俯仰角下的首排定日镜，可达−1.09；（2）0°及 180°风向角下，镜面净平均风压系数基本呈现对称分布，首排定日镜镜面风压呈现在来流方向前端净平均风压系数大，而在来流方向末端净平均风压系数小的现象。0°、−90°风向角下，90°俯仰角下首排的镜面整体净平均风压系数最大，而在 90°、−180°风向角下则是 75°俯仰角下的最大。（3）0°及 180°风向角下，镜面整体净平均风压系数从首排衰减至流向第三排后，从流向方向的第四排开始出现小幅波动，在 75°及 90°俯仰角下后排最大可达首排的 39%～44%。在 30°、−90°及 90°、−150°风向角下，镜面整体净平均风压系数从首排衰减至流向方向第三排后，从第四排开始出现波动甚至增加，其中 40°、−90°俯仰角下的流向方向第七排与第八排增加的最多，但都比首排的小。其中在 75°及 90°俯仰角下后排最大可达首排的 53%～83%。

参考文献

[1] PFAHL A, UHLEMANN H. Wind loads on heliostats and photovoltaic trackers at various Reynolds numbers [J]. Journal of Wind Engineering and Industrial Aerodynamics, 2011, 99(9): 964-968.

[2] PFAHL A, BUSELMEIER M, ZASCHKE M. Wind loads on heliostats and photovoltaic trackers of various aspect ratios [J]. Solar Energy, 2011, 85(9): 2185-2201.

[3] PFAHL A, RANDT M, HOLZE C, et al. Autonomous light-weight heliostat with rim drives [J]. Solar Energy, 2013, 92: 230-240.

[4] PFAHL A, BRUCKS A, HOLZE C. Wind load reduction for light-weight heliostats [C]// Pitchumani R. International Conference of the SolarPACES. Amsterdam, Netherlands: Elsevier Science BV, 2014, 49: 193-200.

[5] BLACKMON J B. Heliostat drive unit design considerations – Site wind load effects on projected fatigue life and safety factor [J]. Solar Energy, 2014, 105: 170-180.

[6] TERRES-NICOLI J M, MANS C, KING J P C. Dynamic effects of a heliostat to wind loading [C]// Pitchumani R. International Conference of the SolarPACES. Amsterdam, Netherlands: Elsevier Science BV, 2014, 49: 1728-1736.

考虑台风持时影响的结构设计可靠度评估

盛　超[1]，洪汉平[2]，戴靠山[1]

（1. 四川大学土木工程系　成都　610065；
2. 哈尔滨工业大学（深圳）土木与环境工程学院　深圳　518055）

1　引言

台风是大尺度天气系统，其对工程结构的影响可能是持久的。台风频发的沿海地区工程场地通常会遭受持续数小时甚至数天的台风强风作用，已造成大量结构损伤和破坏[1]。强风的持续时间对结构峰值线性响应、非弹性塑性累积以及低周高幅疲劳损伤具有重要影响。已有的研究分析了台风强风持时的概率特性及其对结构响应和疲劳损伤的影响[1-2]，然而缺乏对结构全寿命周期内峰值响应和疲劳累积损伤的综合评估，且基于可靠度的结构抗风设计与评估仍然较为欠缺。

2　研究框架和数据

由于历史台风数据在数量和质量上的局限性，直接利用历史最佳轨迹数据进行台风危险性和风险评估的精确性和鲁棒性存在不足。如图1所示，本研究采用了基于统计的自回归轨迹模型生成10万年随机台风事件集，并采用2D板风场模型[3]对我国东南沿海典型的5个场地进行分析。台风灾害模型输出10分钟平均风速演化时程，为了进一步估算结构响应和疲劳损伤，需要结合亚秒级风速时程数据。鉴于台风风速时程呈现出非平稳和非高斯特性，目前精确有效的风速时程模拟理论和方法还在不断研究中。本研究采用了佛罗里达海岸监测计划（FCMP）实地测量的近地面台风风速时程数据[4]。结合具有良好泛化性能的等效线弹性单自由度系统（SDOF），开展了动力响应时程分析，评估了峰值响应规律，并与传统峰值因子法进行对比；同时，利用雨流计数算法对响应时程数据进行应力幅值和循环次数的统计，并结合经典的S-N曲线估计短时疲劳累计损伤。进一步地，基于AIC准则对峰值因子和短时疲劳累计损伤进行概率建模，结果表明Gumbel和Log-normal分布分别最佳。

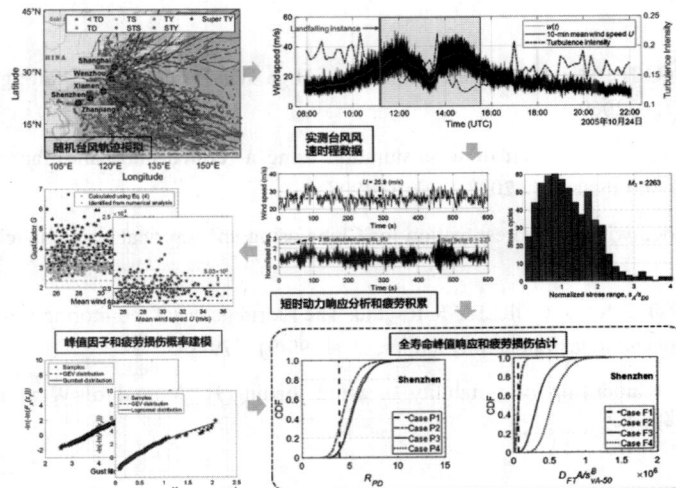

图1　研究框架

基金项目：中央高校基本科研业务费专项资金资助（YJ202470）和四川省科技厅青年基金（25QNJJ4205）

3 结构抗风设计可靠度评估

考虑目标年可靠度水平为典型的 3[5]，本文针对台风持时效应下的极限状态设计（即峰值响应）进行了可靠度分析，结果如图 2（a）所示。其中，工况 P3 和 P4 分别对应基于提出的概率台风持时代理模型和全轨迹模型的分析。研究表明，随着台风持时修正因子 η 的均值和变异系数的增加，可靠度显著下降（从 3 降至 1.4），且失效概率增加了两个数量级。在 5 个典型工程场地中，台风持时修正因子的均值和变异系数约为 0.45 和 0.27，考虑台风持时效应后可靠度的变化在不同场地间差异较小。此外，针对结构全寿命疲劳损伤的可靠度评估（图 2b）表明，台风持时效应对结构可靠性水平的影响较为有限。50 年平均可靠度指数为 4.5，失效概率为 4.46×10^{-6}。上述分析结果表明，台风引起的线性疲劳损伤对结构抗风设计的可靠度水平可能影响较小。

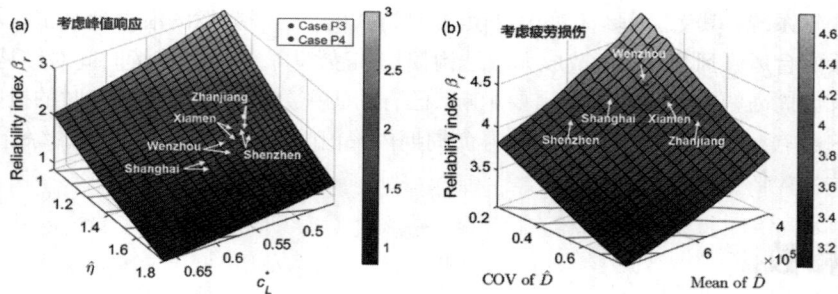

图 2　考虑台风持时效应的全寿命峰值响应（a）和疲劳损伤（b）的可靠度评估

4 结论

本研究针对台风持时效应对结构全寿命峰值响应和疲劳损伤累积的概率分析和可靠度评估，建立了一套结合随机台风危险性模型与近地面实测台风数据的分析方法。通过对我国东南沿海地区 5 个典型沿海场地的评估，提出了台风持时因子及其概率表征。研究表明考虑台风持时效应后的极限状态设计可靠度可能降低 50%；然而，考虑台风引起的线性疲劳损伤累积效应后，可靠度变化较小。本研究强调台风持时效应对结构抗风可靠性水平的影响是显著的，将为精确的台风风险评估和基于性能的结构抗风设计提供参考。

参考文献

[1]　KOPP G A, LI, S H, HONG H P. Analysis of the Duration of High Winds During Landfalling Hurricanes[J]. Frontiers in Built Environment, 2021, 7: 632069.

[2]　WANG H, WU T. Statistical investigation of wind duration using a refined hurricane track model[J]. Journal of Wind Engineering and Industrial Aerodynamics, 2022 , 221: 104908.

[3]　LI S H, HONG H P. Typhoon wind hazard estimation for China using an empirical track model[J]. Natural Hazards, 2016, 82(2): 1009-1029.

[4]　BALDERRAMA J A, MASTERS F J, GURLEY K R, et al. The Florida coastal monitoring program (FCMP): A review[J]. Journal of wind engineering and industrial aerodynamics, 2011, 99(9): 979-995.

[5]　DAVENPORT A G. The relationship of reliability to wind loading[J]. Journal of Wind Engineering and Industrial Aerodynamics, 1983, 13(1-3): 3-27.

风力机翼型全攻角气动特性分析研究

杨 华[1,*]，杨俊伟[1,2]，王相军[1]

（1. 扬州大学电气与能源动力工程学院 扬州 225147；
2. 扬州大学广陵学院 扬州 225000）

1 引言

翼型是风力机叶片的基本单元，其气动特性和表面流动规律直接影响叶片性能。翼型失速与表面边界层流动密切相关，研究这些流动规律对分析翼型气动特性至关重要。在流动过程中，翼型表面经历顺压力梯度区（速度增加，压力下降），随后进入逆压力梯度区（速度减小）。随着流动继续，速度逐渐停滞并出现反向流动，导致边界层分离和失速现象。分离产生的回流与主流相互作用，在翼型表面形成脱落涡旋，引发湍流。通过试验获取全攻角范围的翼型气动数据，有助于准确预测风力机的功率和极限载荷。风力机通常在复杂环境中运行，受地形、大气条件和其他风力机尾流影响，来流大小和方向不断变化，导致叶片入流攻角大幅波动。失速后，绕流分离使升力系数骤降，阻力系数剧增，叶片性能和载荷发生突变。因此，翼型气动数据是叶片设计和性能评估的基础。本文针对两种不同厚度的风力机翼型进行全攻角气动特性试验，所得结果可用于后续评估。

2 风洞试验设计

本试验所用翼型模型皆采用金属车削加工制成，表面经过多次打磨。两翼型模型弦长 0.35m，展长 1m，相对厚度分别为 21% 和 30%。翼型上端面 1/4 弦长位置有伸出固定杆，用于连接轴承，下端面同样位置向内预留内埋孔，用于连接螺栓，将翼型固定在风洞转盘上。翼型内部设置成中空形式并在翼型中间段外表面布置测压孔。为了减轻试验中风洞壁面的干扰，测压孔被布置在翼型中间截面高度。

扬州大学低速风洞实验室采用全钢平面回流式结构，由两个串列的试验段组成。大试验段尺寸为 3m×3m×7m，最大风速 25m/s；小试验段尺寸为 3m×1.5m×3m，最大风速 50m/s。根据国家军用标准《低速风洞和高速风洞流场品质要求》GJB 1179A—2012，独立第三方对该风洞进行了全面检测，结果显示其性能稳定，各项指标均达到或超过合格标准。静态气动特性试验设置如图 1 所示。

图1 静态气动特性试验平台

基金项目：扬州市自然科学基金项目（YZ2023169），江苏高校'青蓝工程'资助课题（苏教师函〔2024〕14 号）

3　测试结果

测试结果见图 2。

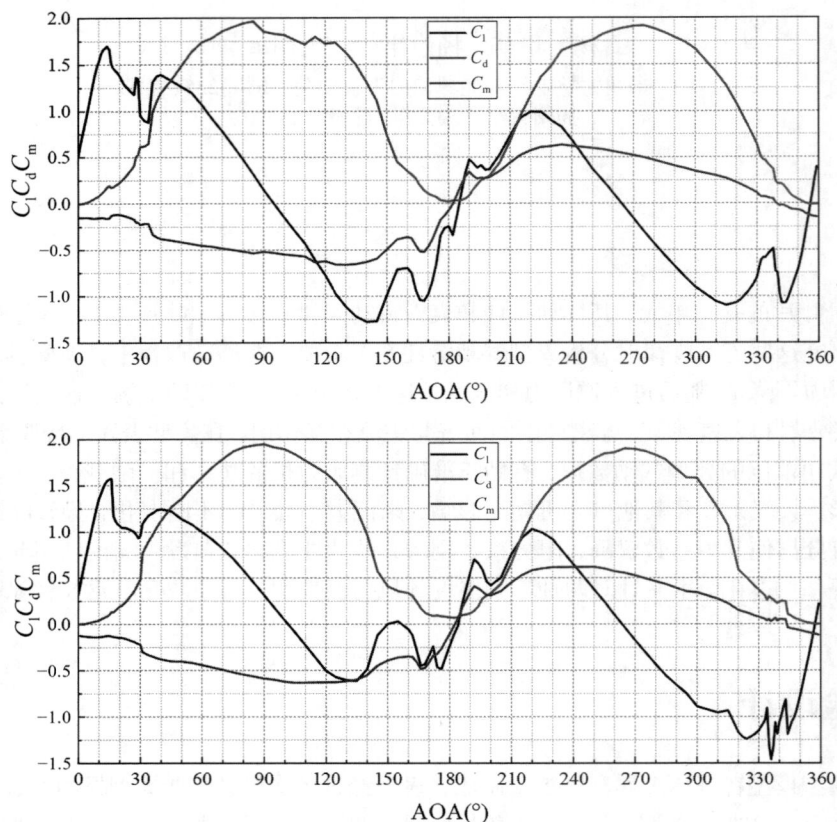

图 2　测试结果

4　结论

对于翼型 SE0421，粗糙带可以提前边界层的转捩，但最大升力系数约下降 0.2，失速性能并未有效改善，而防振网的添加会使得最大升力系数出现在原二次升力峰对应攻角下，为 1.3025。是否存在粗糙带和防振网对阻力系数和俯仰力矩的变化影响不大。在光滑表面、粗糙带及防振网工况时，最大阻力系数分别为 1.9635、1.9151 及 1.8654。关于俯仰力矩系数，三个工况的力矩均在 120° 和 240° 出现极值。对于翼型 SE0430，粗糙带能明显提升该翼型的失速性能，最大升力系数约下降 0.3，而防振网的添加会使得最大升力系数出现在原二次升力峰对应攻角下，为 1.245。在光滑表面、粗糙带及防振网工况时，最大阻力系数分别为 1.9468、1.9554 及 1.8881。关于俯仰力矩系数，三个工况的力矩均在 120° 和 240° 出现极值，这在设计时需要引起注意。

参考文献

[1] WILLERT C E, CUVIER C, FOUCAUT J M, et al. Experimental evidence of nearwall reverse flow events in a zero pressure gradient turbulent boundary layer[J]. Experimental Thermal and Fluid Science, 2018, 91: 320-328.

[2] SURESH T, FLASZYNSKI P, CARPIO R A, et al. Aeroacoustic effect of boundary layer separation control by rod vortex generators on the DU96-W-180 airfoil[J]. Journal of Fluids and Structures, 2024, 127: 104133.

低矮建筑屋顶垂直轴风力机动态气动特性研究

王相军[1]，胡家峰[1]，杨　华[1]，杨俊伟[2]

（1. 扬州大学电气与能源动力工程学院 扬州 225009；
2. 扬州大学 广陵学院 扬州 225009）

1　引言

随着全球能源危机的加剧及环境问题日益严峻，风能作为一种清洁、可再生的能源，在全球范围内得到广泛关注与应用。为充分利用风能，风电场朝大型化、规模化、高密度方向发展，而其带来的噪声问题愈发严重。垂直轴风力机（Vertical Axis Wind Turbines，简称 VAWTs）具有轻便、噪声小、结构紧凑、适应性强等优点，能够在风向变化较大的环境下稳定工作，成为城市风力发电的理想选择[1]，风力机与建筑一体化设计和优化对建设低碳经济和发展绿色建筑的目标具有重要意义[2]。然而，城市环境中的风场条件复杂多变，特别是在湍流风场中，风速和风向的不规则波动使得风力机的运行情况受到诸多影响。湍流现象不仅会导致风力机的功率波动和效率下降，还可能对风力机产生过大的机械负荷，影响其运行寿命。因此，研究多种风场下低矮建筑屋顶垂直轴风力机动态气动特性，对于提高风力机的设计与运行效率至关重要。

2　研究方法

2.1　数值模拟

本文数值模拟采用控制方程为基于不可压缩黏性流体的雷诺平均 Navier-Stokes 方程，湍流模型为标准 k-epsilon 湍流模型。

2.2　风洞试验

扬州大学低速风洞实验室为全钢平面回流式结构，由两个试验段串列而成，大试验段尺寸为宽 3m × 高 3m × 长 7m，最大风速可达 25m/s，小试验段尺寸为宽 3m × 高 1.5m × 长 3m，最大风速可达 50m/s。低矮建筑和升力型垂直轴风力机的缩尺比为 1：20（图 1），其中建筑模型选自典型的平坡屋顶建筑，升力型垂直轴风力机叶片翼型为 NACA0018，该翼型有较好的稳定性、升阻比和失速性能。

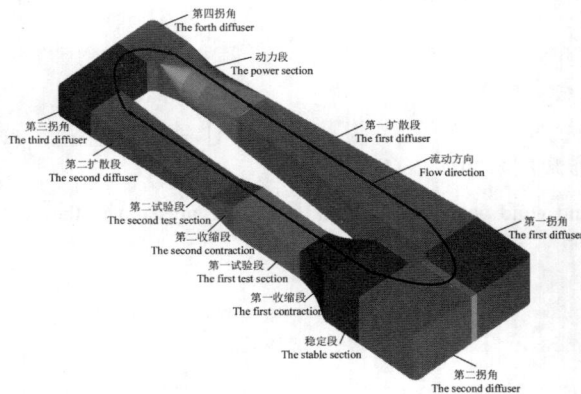

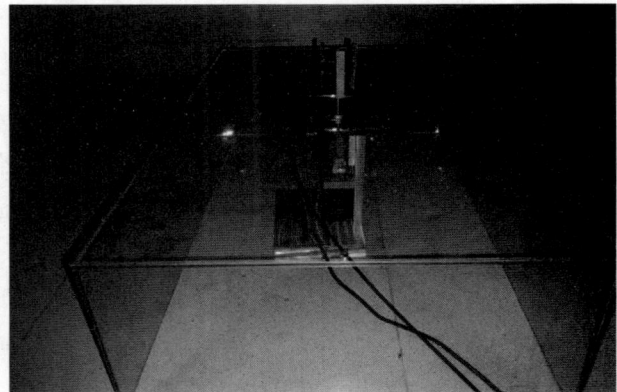

图 1　风洞实验室和模型图

基金项目：中国博士后科学基金面上项目（2023M742958），江苏省高等学校基础科学（自然科学）研究面上项目（23KJD130004）

3　研究结果

功率特性分析

图 2 为不同选址和叶尖速比下功率系数和输出力矩。从图中可以发现，随着叶尖速比的增大，功率系数呈现先增大后减小的趋势，且额定叶尖速比都为 1.0。不过随着风力机选址靠近屋顶侧边墙壁位置，风力机功率系数逐渐增大，从 L3 位置的 0.070 增加到 L2 位置的 0.072，功率系数提升为 2.8%。当叶尖速比为 0.4 时，不同选址波动规律一致，均在 0°、120°、240° 旋转角下取到峰值，在 60°、180° 和 300° 旋转角下扭矩为最小，并且随着选址位置逐渐靠近侧边壁面位置，峰值扭矩增大，峰谷扭矩减小；随着叶尖速比逐渐增大，峰值和峰谷所在的旋转角位置发生右移增大，可以发现，叶尖速比每增大 0.2，峰值对应的旋转角增大 10° 左右，并且峰值与峰谷之间的数据相差也逐渐降低。

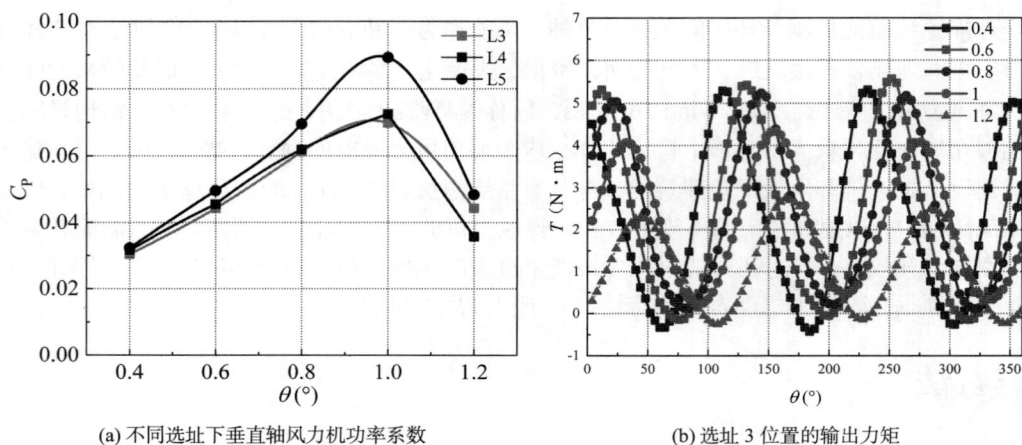

(a) 不同选址下垂直轴风力机功率系数　　　　　　(b) 选址 3 位置的输出力矩

图 2　不同选址下垂直轴风力机功率系数和输出力矩

4　结论

本文采用数值模拟和风洞试验的方法研究了低矮建筑屋顶不同位置的垂直轴风力机动态气动特征，根据试验数据及模拟结果得到以下结论：

（1）垂直轴风力机从建筑屋檐中心位置移动至建筑屋侧檐位置，最优叶尖速比下功率系数提升为 27.4%，随着叶尖速比增大，功率系数呈现先增大后减小，且都在叶尖速比为 1 时取到最大值。

（2）屋顶垂直轴风力机尾流风速在叶尖速比为 0.4 时，不同选址下的垂直轴风力机尾流在 2D 位置均能恢复稳定，随着叶尖速比增大至最优工况，恢复距离减小至 1～1.5D 位置。

参考文献

[1]　袁行飞, 张玉. 建筑环境中的风能利用研究进展[J]. 自然资源学报. 2011, 26(5): 891-898.

[2]　JIN J, ZHANG X, XU L, et al. Impacts of carbon trading and wind power integration on carbon emission in the power dispatching process [J]. Energy Reports, 2021, 7: 3887-3897.

屋面倾斜式光伏板风效应抑制的风力机尾流流动控制

姜海新[1]，张文静[2]，赵　颖[2]，张洪福[1]，辛大波[1]

（1. 海南大学土木建筑工程学院　海口　570228；

2. 东北林业大学土木与交通学院　哈尔滨　150040）

1　引言

由于复杂的绕流流场和风压分布，屋面倾斜式光伏板在强风条件下极易发生损坏[1-3]。针对屋面倾斜式光伏板抗风研究的必要性和紧迫性，并充分考虑到基于流动控制原理的风力机扰流抗风方法所具有的控制能力高、实施成本低廉、应用潜力巨大的特点，开展基于流动控制原理的屋面光伏板抗风方法研究势在必行。本文采用大涡模拟（Large Eddy Simulation，简称 LES）方法，深入地探讨了水平轴小型风力发电机（Horizontal-axis Small Wind Turbine，简称 HASWT）对屋面倾斜式光伏板风荷载的控制效果，及其对绕流流场的影响，进而提出了基于 HASWT 的屋面光伏板抗风方法。本文研究对于提升屋面光伏板抗风能力、拓展基于流动控制的结构抗风理论具有重要价值，对于未来形成风光互补屋面与促进低碳建筑、践行绿色经济发展，推动碳达峰、碳中和目标实现具有重要意义。

2　数值模拟

选用 Silsoe Cube 模型开展研究，建筑实体是边长为 22m 的立方体，缩尺比为 1：147，缩尺后模型边长 $L=150$mm。参考屋面《光伏发电站设计标准》GB 50797—2012，并结合屋面尺寸大小，确定光伏板原型的尺寸为 6m×4m，屋面光伏阵列之间的预留通道不小于 400mm，光伏阵列倾斜角度 β 设置为 30°。将 HASWTs 沿建筑模型侧面进行布置，放置于屋盖水平高度以下 15mm 处，距离建筑模型 45mm，同侧 V 型支架间隔 60mm，整体模型布置如图 1 所示。

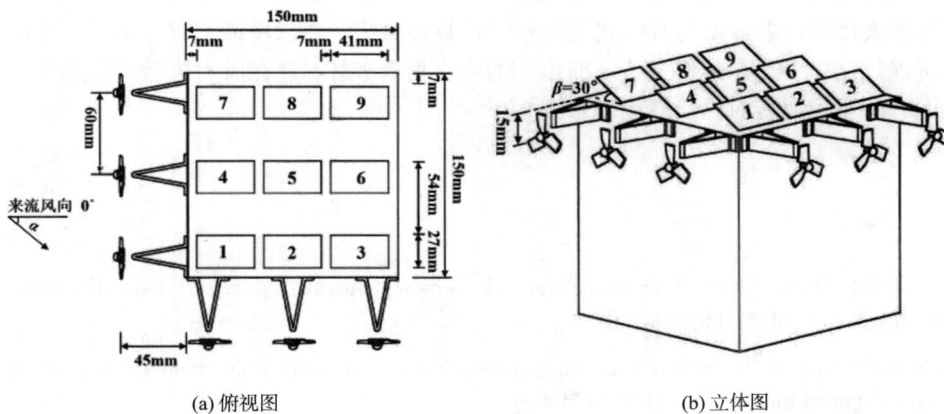

(a) 俯视图　　　　　　　　　　　　　(b) 立体图

图 1　整体模型

计算域尺寸设置为 $6L×21.6L×6L$。计算域上表面及侧面定义为对称边界（Symmetry），计算域下表面定义为壁面（Wall），HASWTs、光伏板以及屋面模型均定义为壁面（Wall），内部长方体区域（网格加密区域）及 HASWTs 外部的圆柱区域（网格加密区域）定义为交界面（Interface）。

基金项目：国家自然科学基金项目（52368070），国家重点研发计划项目（2022YFC3005304）

3 结果与分析

放置 HASWTs 流动控制装置前后，屋面倾斜式光伏板的风压分布变化情况如图 2 所示。

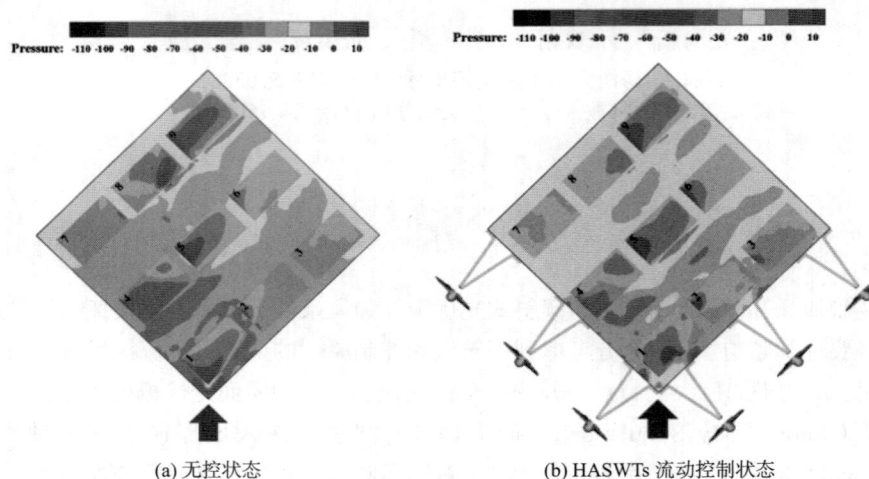

(a) 无控状态   (b) HASWTs 流动控制状态

图 2 光伏屋面风压分布变化

从图 2 可知，HASWTs 对屋面倾斜式光伏板的风压分布影响显著，特别对于迎风角部区域。无控状态下，光伏屋面迎风角部区域呈现出高负风压情况，且该区域的风压发展方向与光伏板的较长边平行，这可能是由屋面锥形涡与光伏板扰流共同作用导致的。然而，流动控制状态下，屋面迎风角部未形成高负风压，在光伏板阵列边部区域的光伏板上表面风荷载均出现不同程度的减小，并且光伏屋面上的风压左右对称分布。

4 结论

（1）HASWTs 显著降低了光伏屋面迎风角部区域的高负风压，减小了位于光伏板阵列边部区域的光伏板表面风荷载，HASWTs 对极值风压的控制效果高达 71.64%。

（2）HASWTs 极大地降低了光伏屋面迎风角部区域的风速，使光伏板上、下表面所处的风速梯度减小，流场更加均匀；且从光伏屋面对角线上的风速变化中发现了明显速度衰减现象。

（3）光伏屋面大尺度旋涡数量与倾斜式光伏板的排数相对应，光伏屋面上方产生了 3 个涡旋，HASWTs 可以有效控制旋涡尺度；HASWTs 将光伏屋面角部的两支角涡破坏，并在风力机后方形成上扬型涡旋，使涡旋远离光伏屋面，减小了涡旋对光伏屋面的影响。

参考文献

[1] NAEIJI A, RAJI F, ZISIS I. Wind loads on residential scale rooftop photovoltaic panels[J]. Journal of Wind Engineering and Industrial Aerodynamics, 2017, 168: 228-246.

[2] JACKSON N D, GUNDA T. Evaluation of extreme weather impacts on utility-scale photovoltaic plant performance in the United States[J]. Applied Energy, 2021, 302: 117508.

[3] 韦媛. "彩虹"台风灾害对太阳能光伏电站损毁性影响原因分析和应对措施[J]. 通讯世界: 下半月, 2015(11): 103-105.

实测数据/物理模型混合驱动的输电塔结构风荷载体型系数辨识研究

张　庆[1]，付　兴[2]，李宏男[2]，任　亮[2]

（1. 华北电力大学机械工程系 保定 071003；
2. 大连理工大学建设工程学院 大连 116023）

1　引言

输电塔结构是电网系统的重要组成部分，与国计民生紧密相关。因此，针对输电塔开展抗风设计的相关研究是十分必要的。体型系数作为设计风荷载中的重要参数，其取值的准确性对抗风承载力评估有着重要意义[1]。在体型系数计算方面，数值模拟是一种经济且便捷的研究手段，使用计算流体动力学(Computational Fluid Dynamics，简称CFD)技术进行工程结构的风场环境模拟已成为风荷载评估的重要手段之一[2]。刘孟龙等[3]建立了输电线路有限元模型，并使用CFD方法研究了当地的风场特征。

至今，仍然没有适用于输电塔结构的风荷载重构方法，导致从现场实测角度计算输电塔结构体型系数仍是一项挑战。提出一种适用于输电塔结构的风荷载重构方法，结合风速数据实现体型系数的反演。所提方法的有效性通过格构式塔架的数值模拟和实测得到了验证。

2　研究方法和内容

2.1　体型系数重构方法

具有n个自由度的格构式塔架，可以将其响应和质量、刚度以及阻尼矩阵表示为：

$$\ddot{u}_{n\times1} = \Phi_{n\times r}\ddot{q}_{r\times1}, \quad \dot{u}_{n\times1} = \Phi_{n\times r}\dot{q}_{r\times1}, \quad u_{n\times1} = \Phi_{n\times r}q_{r\times1}(r < n)$$

$$\tilde{M} = \Phi^{\mathrm{T}}M\Phi = I, \quad \tilde{C} = \Phi^{\mathrm{T}}C\Phi = \mathrm{diag}[2\xi_1\omega_1, 2\xi_2\omega_2, \cdots, 2\xi_r\omega_r], \quad \tilde{K} = \Phi^{\mathrm{T}}K\Phi = \mathrm{diag}[\omega_1^2, \omega_2^2, \cdots, \omega_r^2] \tag{1}$$

式中，ξ为阻尼比；ω为角频率；Φ表示位移振型矩阵；$\ddot{q}$、$\dot{q}$和q分别表示模态加速度、模态速度和模态位移。于是动力学方程可以解耦到模态空间：

$$\ddot{q}_i + 2\xi_i\omega_i\dot{q}_i + \omega_i^2q_i = \Phi_i^{\mathrm{T}}F = f_i(i = 1, 2\cdots r) \tag{2}$$

格构式塔架具有复杂的结构形式，需要将其简化再计算风致响应和模态参数，具体过程可参考文献[4]。将重构完的风致响应代入式(2)中可求得模态风荷载，然后风荷载可以表示为：

$$F = M\Phi_{n\times r}[f_1, f_2, \cdots, f_r]^{\mathrm{T}} = M\sum_{i=1}^{r}\Phi_{n\times i}f_i \tag{3}$$

体型系数可由下式计算得到：

$$\mu_{\mathrm{s}} = 2F_{\mathrm{mean}}/\left(A\rho v^2(t)\right) \tag{4}$$

基金项目：国家自然科学基金面上项目（52078104）

式中，$F(t)$为风荷载；μ_s为体型系数；ρ为空气密度，取 1.25kg/m^3；A为结构投影面积；$v(t)$为测量风速数据。

2.2 数值和实测验证

为了验证所提方法的正确性，需进行数值仿真分析。本文采用的数值模型是 27m 高的格构式塔架，结果如表 1 所示。重构体型系数与设定值吻合较好，最大误差小于 5%。

体型系数对比   表 1

高度(m)	设定体型系数	重构体型系数	相对误差
10.5	2.54	2.48	−2.36%
13.5	2.54	2.62	3.15%

然后利用实测数据进行验证，在不同风速等级下，规范取值保持不变，而实测体型系数却随着风速的增加而呈现减小的趋势，在低风速区重构体型系数明显大于规范值，而在高风速区明显小于规范值，总体均值与规范值相近。由图 1 可知，在不同风速等级下，规范取值保持不变，而实测体型系数却随着风速的增加而呈现减小的趋势，在低风速区重构体型系数明显大于规范值，而在高风速区明显小于规范值，总体均值与规范值相近，虽然重构体型系数和按规范取值有一定差异，但是都在合理范围内。重构体型系数最大值为 3.89，最小值为 1.97，说明风速大小对输电塔结构的体型系数有着显著影响，这是由于随着风速增大，雷诺数变大，而湍流度变小，导致体型系数减小。在不同湍流度情况下，规范取值保持不变，重构体型系数随湍流度增大有增大的趋势，但规律不明显。

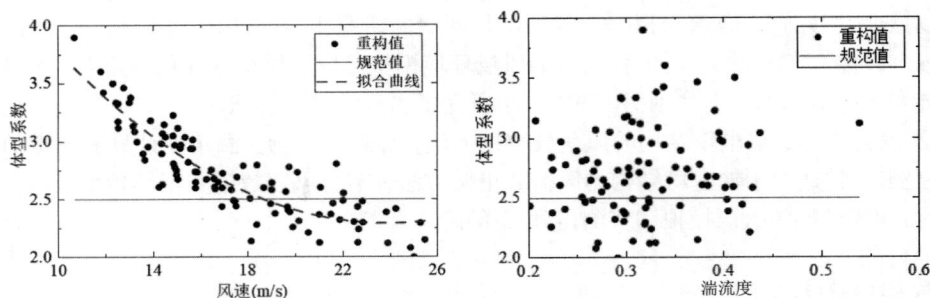

图 1 体型系数变化规律

3 结论

本文提出了一种基于监测数据的输电塔结构体型系数原位辨识方法，该方法以加速度和应变数据为已知量重构风荷载，然后结合实测风速数据计算出体型系数。加速度、应变和风速传感器常用于输电塔上的健康监测系统，因此所提方法具有极强的实用性和经济性。

参考文献

[1] LI L Y, HE S C, HE X H, et al. Experimental study on wind force coefficient of a truss arch tower with multiple skewbacks[J]. Advances in Structural Engineering, 2020, 23(12): 2614-2625.

[2] 王文玥, 崔会敏, 韩智铭, 等. 单煤堆封闭煤棚内瞬态自然对流的数值研究 [J]. 工程力学, 2023, 40: 237-246.

[3] 刘孟龙, 吕洪坤, 罗坤, 等. 真实山地地形条件下输电塔线体系风致响应数值模拟 [J]. 振动与冲击, 2020, 39: 232-239.

[4] 张庆, 付兴, 任亮, 等. 格构式塔架结构多源异构监测数据融合及动态位移重构研究 [J]. 振动工程学报, 2023, 36(1): 1-9.

基于模态综合的输电塔线体系风振研究

蔡云竹[1]，谢　强[2]

（1. 南京工业大学土木工程学院　南京　211816；
2. 同济大学土木工程学院　上海　200092）

1　引言

　　模态方法因便于从模态角度阐明结构振动机理且计算效率优越被广泛应用于工程结构风振求解与分析。已有学者采用模态叠加法对单塔和独立导线风振分别进行求解，取得了较好的精度。然而，塔线间强非线性耦合导致体系密集宽频风振响应，传统模态叠加法应用效果欠佳[1]。如何构建适用于体系的模态空间动力模型，深化体系风振特性研究，是输电塔线体系风振研究亟待解决的难点之一。本文聚焦输电塔线体系风振动力建模问题，将自由界面模态综合法[2]应用于塔线体系风振，构建出区别于有限元和单一模态法的体系风振动力模型，为风荷载作用下塔线体系振动机制与体系效应量化研究奠定理论基础并提供方法支撑。

2　基于自由界面理论的塔线体系模态综合

　　以输电塔线体系为对象，将结构体系分为广义的塔子结构 t 与线子结构 w，以自由界面模态综合法为基础，开展结构体系动力模型推导，所涉内容依次为：体系子结构划分、子结构低阶主模态试验分析、子结构假设模态集构建、移频处理、坐标变换、体系广义综合模态位移推导、体系动力模型综合和坐标转换 8 个部分。该推导通过引入塔线界面模态和线高阶剩余模态，生成输电塔线假设模态综合集，基于界面位移和界面力协调条件，将子结构模态振动方程综合为结构体系的动力方程，实现力学模型的降阶。考虑体系自由振动，求解基于模态综合的体系动力特性，可得到相应平均风场强度下体系频率与振型。将求解结果与有限元模拟结果相比较，两者表现出较高的吻合性（图1），由此表明了塔线体系模态综合建模的有效性。

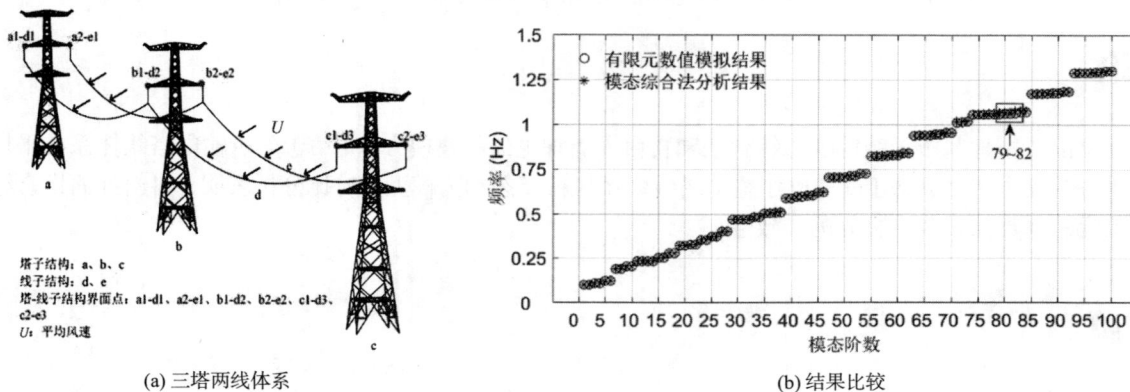

(a) 三塔两线体系　　　　　　　　　　(b) 结果比较

图1　模态综合法与有限元法求解的塔线体系前 100 阶模态频率值（$U_{10} = 17\text{m/s}$）

3　脉动风荷载作用下塔线体系运动模型

　　基于体系模态综合，首先仅考虑塔、线子结构低阶模态参与振动，推导生成塔线风振联立方程［公式(1)］；再者考虑塔线体系协同振动，推导生成塔线体系风振控制方程［公式(2)］，两者构成基于模态综合的塔线体

基金项目：国家自然科学基金项目（52278523），江苏省自然科学基金项目（BK20230337）

系风振非线性动力模型。其中，塔线风振联立方程同时考虑了塔线低阶模态振动的参与和高阶剩余模态界面分量的影响，塔线相互作用表现为界面约束作用与界面处荷载传递，两者效应与塔线低阶及高阶剩余模态在界面处的分量密切相关。塔线体系风振控制方程则进一步将塔线相互作用中的模态协调影响通过模态综合的方式涵盖于质量、阻尼、刚度以及荷载项中，给出了关于子结构低阶模态位移的体系振动数学表达。

$$\begin{cases} \Phi_t^{l_t^T} M_t \Phi_t^{l_t} \ddot{q}_{lt} + \Phi_t^{l_t^T} C_t \Phi_t^{l_t} \dot{q}_{lt} + \left[\Phi_t^{l_t^T} \hat{K}_t \Phi_t^{l_t} + \Phi_{jt}^{l_t^T} (\varphi_{jt} + \varphi_{jw})^{-1} \Phi_{jt}^{l_t} \right] q_{lt} - \\ \Phi_{jt}^{l_t^T} (\varphi_{jt} + \varphi_{jw})^{-1} \Phi_{jw}^{l_w} q_{lw} = \Phi_{it}^{l_t^T} f_{it} \\ \Phi_w^{l_w^T} M_w \Phi_w^{l_w} \ddot{q}_{lw} + \Phi_w^{l_w^T} C_w \Phi_w^{l_w} \dot{q}_{lw} + \left[\Phi_w^{l_w^T} \hat{K}_w \Phi_w^{l_w} + \Phi_{jw}^{l_w^T} (\varphi_{jt} + \varphi_{jw})^{-1} \Phi_{jw}^{l_w} \right] q_{lw} - \\ \Phi_{jw}^{l_w^T} (\varphi_{jt} + \varphi_{jw})^{-1} \Phi_{jt}^{l_t} q_{lt} = \Phi_{iw}^{l_t} f_{iw} \end{cases} \quad (1)$$

$$T^T \begin{bmatrix} \overline{M}_t & 0 \\ 0 & \overline{M}_w \end{bmatrix} T \begin{Bmatrix} \ddot{q}_{lt} \\ \ddot{q}_{lw} \end{Bmatrix} + T^T \left\{ \begin{bmatrix} \overline{C}_t & 0 \\ 0 & \overline{C}_w \end{bmatrix} + 2\Phi^T D \right\} T \begin{Bmatrix} \dot{q}_{lt} \\ \dot{q}_{lw} \end{Bmatrix} +$$

$$T^T \begin{bmatrix} \overline{K}_t & 0 \\ 0 & \overline{K}_w \end{bmatrix} T \begin{Bmatrix} q_{lt} \\ q_{lw} \end{Bmatrix} = T^T \Phi^T \begin{Bmatrix} f_{it} \\ 0 \\ f_{iw}^{(1)} \\ 0 \end{Bmatrix} \quad (2)$$

以某 1000kV 特高压输电塔线体系为例，图 2 给出了设计风场条件下体系响应求解结果（含有限元模拟）。由响应的时、频域特征可见，三种模拟（即有限元 FE、风振联立 LM、体系振动 CM）结果区域一致，为进一步的塔线体系风振机理研究提供了方法支撑。

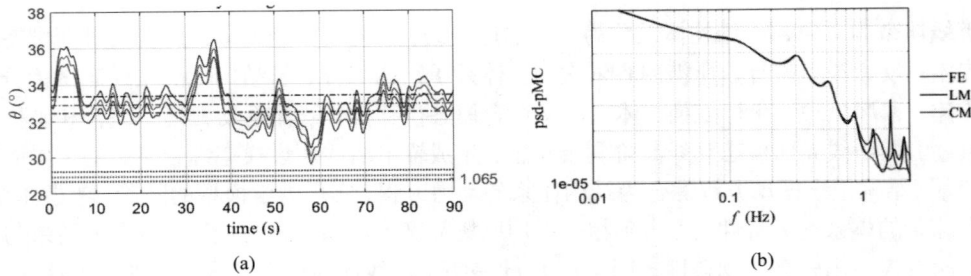

图 2 输电线风偏角响应求解结果对比：（a）响应时程；（b）响应谱

4 结论

本研究提出了一种基于子结构模态综合法和自由界面理论的新建模方法，用于分析输电塔线体系在平均风荷载作用下的动力特性，基于此建立了输电塔线体系风振模态动力模型。对比分析表明，自由界面模态综合法与有限元法计算结果具有良好的一致性。

参考文献

[1] LIU S Z, ZHANG W T, LI Q, et al. Engineering method for quantifying the coupling effect of transmission. Journal of Wind Engineering & Industrial Aerodynamics 2024, 255: 105954.

[2] DENG J, GUASCH O, MAXIT L, et al. An artificial spring component mode synthesis method for built-up structures. International Journal of Mechanical Sciences 2023, 243: 108052.

基于随机平均法的脉动风作用下输电导线振动响应研究

徐 枫[1]，刘 玲[1]，邓茂林[2]，欧进萍[1]

（1 哈尔滨工业大学（深圳）智能土木与海洋工程学院 深圳 518055；
2 浙江大学航空航天学院应用力学研究所 杭州 310027）

1 引言

输电导线长期发生微风振动，导线容易发生疲劳断裂破坏。微风振动本质上就是涡激振动，是来流风作用于导线，导线在尾流区产生横向的卡门涡街导致导线振动[1]。现有的研究导线微风振动响应的方法主要有试验法[2-4]及预报模型方法，预报模型方法又可分为计算流体动力学（CFD）方法[5]及半经验模型方法[6]。半经验模型方法中的尾流振子模型方法是应用较为广泛的一种数值方法，许多应用于涡激振动（VIV）研究的尾流振子模型都假定是理想风激励的，而理想风被假定为匀速来流。然而，在风工程领域，真实风通常被描述为由平均风和脉动风组成。本计算旨在开展涡激振动（VIV）的随机动力学研究。采用宽带随机激励下拟可积 Hamilton 系统的随机平均法[7]，对改进后的脉动风激励尾流振子模型进行了研究，得到随机尾流振子模型响应。

2 研究方法和结果

2.1 研究方法

本文利用尾流振子模型，通过引入脉动风，将尾流振子模型转换为随机尾流振子模型，应用准可积共振哈密顿系统和非共振哈密顿系统在宽频随机激励下的随机平均法，研究了 VIV 的系统响应。首先得到结构和尾流振子的无量纲方程：

$$\ddot{y} + (2\delta\xi + \gamma/\mu)\dot{y} + \delta^2 y = Mq, \quad \ddot{q} + \varepsilon(q^2 - 1)\dot{q} + q = A\ddot{y} \tag{1}$$

式中，ε 为非线性项中的小参数；A 为结构对流体的耦合动力参数；y 为无量纲位移；ξ 为圆柱体的结构阻尼比；δ 为 ω_n 和 ω_f 的频率比；μ 为质量比。

假定脉动风速为 $\sqrt{2\eta}W(t)$，$W(t)$ 为脉动风速时程，将方程中的风速替换为 $U = \overline{U} + \sqrt{2\eta}W(t)$，并且忽略高阶小量 $W^2(t)$，得到随机尾流振子模型。接着令广义位移 $Q_1 = y$，$Q_2 = q$，广义动量 $P_1 = \dot{X}_1$，$P_2 = \dot{X}_2$，可得到随机尾流振子模型转换为随机激励和耗散的拟哈密顿系统：

$$\dot{Q}_1 = P_1, \quad \dot{Q}_2 = P_2, \quad \dot{P}_1 = -\frac{\partial H}{\partial Q_1} - c_1 + fW(t), \quad \dot{P}_2 = -\frac{\partial H}{\partial Q_2} - c_2 \tag{2}$$

式中，c_1、c_2 为弱阻尼力，f 为脉动风速的调制幅值。接着应用随机平均法求解该随机的耗散的拟哈密顿系统，得到结构响应的概率解析解，进而得到结构随机响应，并采用蒙特卡洛法得到模拟解进行验证。

2.2 研究结果

本文研究脉动风下导线的响应特性，从图 1 可以看到，共振时联合概率密度分布图呈双峰状，表明存在随机分岔，说明结构振子像扩散极限周期一样大幅振动。横向位移幅值随约化风速 U_r 呈现出明显的峰值现象，如图 2 所示，随着 U_r 进一步增大或减小，位移幅值迅速衰减，验证了脉动风速激励下结构的非线性动力特性。

基金项目：国家自然科学基金项目（52078175，51778199），广东省自然科学基金面上项目（2019A1515012205），深圳市科技计划基础研究面上项目（JCYJ20190806144009332），深圳市高等院校稳定支持计划项目（GXWD20201230155427003-20200823134428001，GXWD20231129191654001）

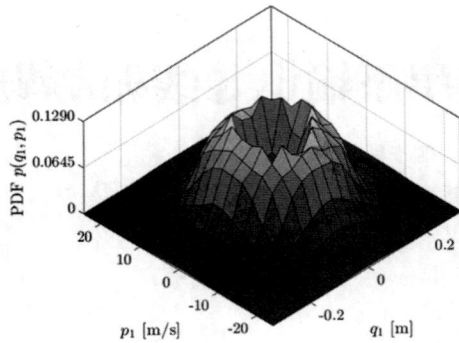

图 1   共振时结构位移和速度联合概率密度分布

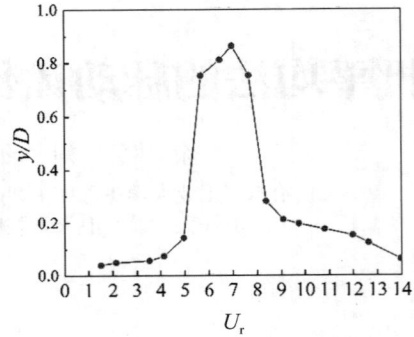

图 2   脉动风下导线横向位移幅值

3   结论

本文将尾流振子模型扩展为随机尾流振子模型,采用随机平均法分析了脉动风作用下输电导线的微风振动响应。结果表明,脉动风速幅值对结构响应影响显著,横向位移响应在特定约化风速范围内达到峰值,揭示了系统共振现象。通过随机激励与耗散的拟哈密顿系统,求得了结构响应的概率解析解,并通过蒙特卡洛模拟验证了模型的准确性。

参考文献

[1]   陈海, 周波. 架空输电线路微风振动分析及防振设计[J]. 现代工业经济和信息化, 2016, 6(22): 68-69.

[2]   张永波, 郭海燕, 孟凡顺, 等. 基于小波变换的顶张力立管涡激振动规律试验研究[J]. 振动与冲击, 2011, 30(2): 149-154+185.

[3]   康庄, 贾鲁生. 圆柱体双自由度涡激振动轨迹的模型试验[J]. 力学学报, 2012, 44(6): 970-980.

[4]   CHEN W L, ZHANG Q Q, LI H, et al. An experimental investigation on vortex induced vibration of a flexible inclined cable under a shear flow[J]. Journal of Fluids and Structures, 2015, 54: 297-311.

[5]   唐友刚, 樊娟娟, 张杰, 等. 高雷诺数下圆柱顺流向和横流向涡激振动分析[J]. 振动与冲击, 2013, 32(13): 88-92.

[6]   陈伟民, 张立武, 李敏. 采用改进尾流振子模型的柔性海洋立管的涡激振动响应分析[J]. 工程力学, 2010, 27(5): 240-246.

[7]   ZHU W Q, HUANG Z L, SUZUKI Y. Response and Stability of Strongly Non-Linear Oscillators Under Wide-Band Random Excitation[J]. International Journal of Non-Linear Mechanics 2001: 36(8): 1235-1250.

基于气弹模型位移响应的输电塔动力风荷载反演

张文通[1,2]，李　朝[3,4]，李利孝[5]

（1. 东莞理工学院生态环境与建筑工程学院　东莞 523808；
2. 广东省城市生命线工程智慧防灾与应急技术重点实验室　东莞 523808；
3. 哈尔滨工业大学（深圳）智能土木与海洋工程学院　深圳 518055；
4. 广东省土木工程智能韧性结构重点实验室　深圳 518055；
5. 深圳大学　深圳 518055）

1 引言

格构式塔架结构难以实施表面测压试验，往往通过缩尺模型测力试验开展此类结构风力特性研究。一般而言，结构位移等动态响应的观测比结构分布风力测力试验更容易实现。近年来，不少学者致力于基于结构响应识别外力的研究，在结构风工程领域，（超）高层结构风荷载反演研究也受到广泛关注，相对而言，对格构式塔架结构风荷载反演研究较少[1]。输电塔等格构式结构并没有明显的结构分层，若直接基于空间结构模型开展风荷载反演是非常困难的。鉴于此，本文建立了格构式塔架结构的等效多质点模型，并将稳健的 KF-ARLSE（Kalman Filter and Adaptive Recursive Least-Squares Estimator）动力荷载识别方法[2-3]拓展应用至结构模态广义风力的识别，提出采用不完备的位移响应观测信息反演输电塔动力风荷载的技术实施框架。结合数值算例和风洞试验数据，对输电塔动力风荷载进行了反演与验证。

2 采用位移响应的输电塔动力风荷载反演方法

2.1 基于 KF-ARLSE 的结构动力风荷载反演方法

在模态坐标系统建立结构状态空间方程，假定结构自振频率、阻尼比以及前 s 阶振型等是先验性的结构模态参数。针对输电塔建立合理的结构有限元模型、塔架分段策略以及观测方案。采用结构动力响应观测数据识别结构动力特性模态参数，并基于输电塔等效多质点建模方法修正结构模型，在风力重建及其验证过程中，使其保持与实际结构动力特性一致。采用 KF-ARLSE 动力荷载识别方法识别结构模态广义风力，采用不完备的位移响应观测信息反演输电塔动力风荷载的技术实施框架如图 1 所示。

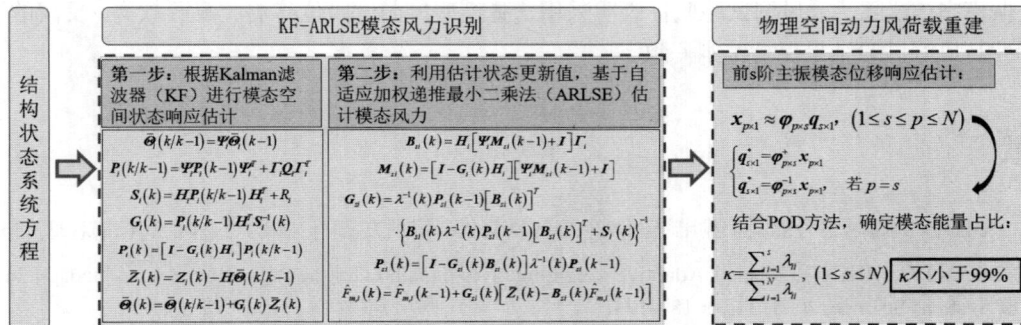

图 1　基于 KF-ARLSE 的结构动力风荷载反演方法

2.2 典型输电塔气弹模型风洞试验

以某 220kV 双回路鼓型直线塔为研究对象，原型结构高度（42.5m）。该输电塔气弹模型几何缩尺比 $\lambda_L =$

基金项目：广东省基础与应用基础研究基金（2022A1515240062，2022A1515240001，2022A1515140136）

1：25 和风速比$\lambda_U = 1 : 3$。为满足相似要求，从拉伸刚度、几何外形以及质量三个方面考虑，采用离散刚度法同时进行输电塔刚度与外形的模拟。输电塔气弹模型风洞试验如图 2 所示。

图 2　风洞试验数据采集观测系统现场布置

3　输电塔动力风荷载反演验证

考虑基阶模态贡献，利用输电塔气弹模型风洞试验测得的结构位移响应数据，对结构动力风荷载进行反演，其中，结构模态频率和阻尼比均采用模态参数识别值。选取输电塔上高度z_1、z_2、z_4和z_6处 4 个测点数据，将缩尺模型尺度相关数据根据相似关系均转化至原型尺度。在 90°风向工况下，输电塔X向基阶模态广义风力时程反演结果和位移响应验证如图 3 所示。

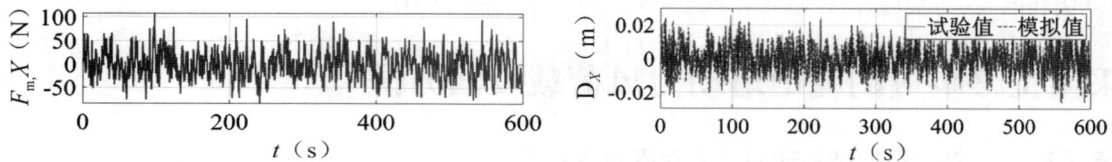

图 3　在 90°风向工况输电塔反演风力时程与位移响应验证

4　结论

本文提出了基于 KF-ARLSE 算法的格构式输电塔动力风荷载反演方法，无需预先假定动力风荷载分布形式，即可采用不完备位移观测信息重建输电塔动力风荷载。通过数值模拟表明 KF-ARLSE 可准确识别输电塔结构主振模态广义风力；风洞试验验证表明采用气弹模型风洞试验位移响应观测数据，反演的输电塔动力风荷载特性与风洞试验结果保持基本一致。

参考文献

[1]　熊铁华, 梁枢果. 大跨越钢管混凝土输电塔顺风向分区风荷载谱识别方法[J]. 振动与冲击, 2012, 31(23): 26-31.

[2]　MA C K, TUAN P C, CHANG J M, et al. Adaptive weighting inverse method for the estimation of input loads[J]. International Journal of Systems Science, 2003, 34(3): 181-194.

[3]　CHEN T C, LEE M H. Inverse active wind load inputs estimation of the multilayer shearing stress structure[J]. Wind and Structures, 2008, 11(1): 19-33.

基于实测数据驱动的输电塔结构抗风易损性研究

付　兴，张文圣，李宏男

（大连理工大学建设工程学院　大连　116023）

1　引言

与单纯的数值模拟相比，多源监测数据更能真实反映结构的风致响应行为，利用深度学习技术建立的等效替代模型能够高效预测结构动态响应。然而，基于多源监测数据与深度学习方法的输电塔风致易损性评估研究仍较少见，特别是在实际工程应用中尚未形成成熟的方法体系。本文提出了一种基于实测数据驱动的输电塔结构抗风易损性评估框架。

2　基于实测数据驱动的输电塔结构抗风易损性评估框架

风致脆性评估框架如图 1 所示，包括多源监测数据预处理、输电塔动态响应建模和风致易损性评估。

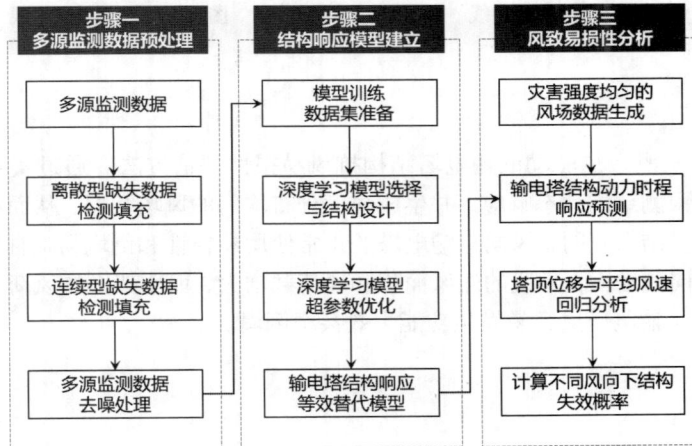

图 1　输电塔结构抗风易损性评估框架

3　220kV 输电塔案例研究

3.1　监测输电塔

案例研究采用了某座位于中国东南沿海地区、总高度为 34m 的 220kV 输电塔。选取 100 天的监测数据作为模型训练的数据集，包括输电塔周围的风速、风向数据以及主要构件的应变数据。其中包括超强台风"山竹"登陆我国东南沿海地区期间的监测数据。

风致易损性评估通常使用塔顶位移，但本案例中没有布设传感器来获取结构位移。本文将输电塔简化为薄壁变截面悬臂梁后，根据应变分解和模态叠加原理计算塔顶位移[1]。

3.2　风致动态响应等效替代模型

长短期记忆（Long short-term memory，LSTM）[2]神经网络在捕捉外部荷载复杂特性以及模拟结构动态

基金项目：国家自然科学基金项目（52078104）

响应方面表现出优异性能。利用 LSTM 网络建立风场数据输入下结构动态响应的等效替代模型，并采用贝叶斯优化方法对超参数进行调优，从而确定最佳模型结构。

3.3 输电塔风致易损性评估

通过数据模拟生成强度分布均匀的风场数据，并通过模型预测对结构响应进行补充。随后，对不同风向下的输电塔进行易损性评估[3]，计算得到的输电塔风致易损性曲线如图 2 和图 3 所示。可以看出，风向对输电塔的正常使用易损性曲线和倒塌易损性曲线具有显著影响。随着风向角度的增大，正常使用易损性曲线呈现出向左移动的趋势，而倒塌易损性曲线则表现出类似的变化趋势。相比之下，各风向条件下的倒塌易损性曲线整体上向右移动，这主要是由于输电塔的倒塌极限状态高于正常使用极限状态所致。

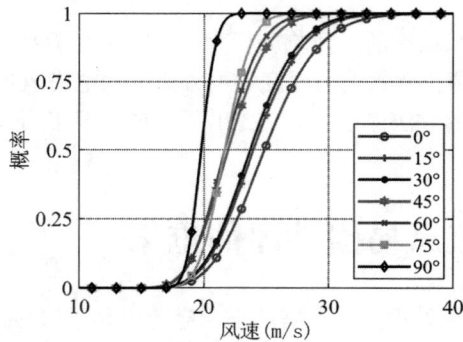

图 2　正常使用易损性曲线　　　　图 3　倒塌易损性曲线

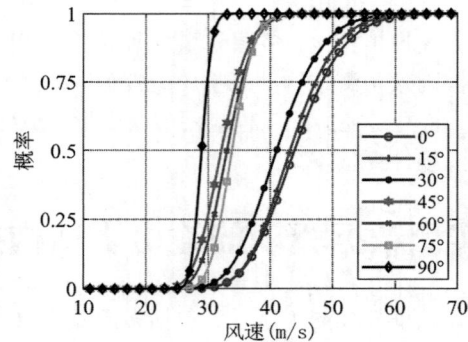

4　结论

本文提出了一种基于实测数据驱动的输电塔结构抗风易损性评估方法。通过实际输电塔的监测数据验证，所提出框架能够高效预测结构动态响应，并生成强度分布均匀的风场数据，从而解决了不同灾害强度下结构响应分布不均的问题。结果表明，风向对输电塔的正常使用易损性和倒塌易损性曲线具有显著影响。在相同风速条件下，随着风向的增大，导线的迎风面积和风荷载增大，而塔架上的风荷载及其抗风能力变化较小，导致易损性曲线左移，输电塔更容易发生功能失效甚至倒塌。

参考文献

[1] ZHANG Q, FU X, REN L, LI H N. Two-dimensional full-field displacement reconstruction of lattice towers using data fusion method: Theoretical study and experimental validation[J]. Thin-Walled Structures, 2023, 182: 110189.

[2] HOCHREITER S, SCHMIDHUBER J. Long short-term memory[J]. Neural Computation, 1997, 9(8): 1735-1780.

[3] NIELSON B G, DESROCHES R. Seismic fragility methodology for highway bridges using a component level approach[J]. Earthquake Engineering and Structural Dynamics, 2007, 36(6): 823-839.

架空输电线路抗风设计中的三个问题与解决思路

赵 爽[1,2,3]

（1. 重庆科技大学土木与水利工程学院 重庆 401331；

2. 重庆市建筑科学研究院有限公司 重庆 400016；

3. 重庆致锐远交通工程技术咨询有限公司 重庆 401331）

1 引言

架空输电线路是由自立、格构式输电塔和柔性导、地线组合而成的轻质、小阻尼结构体系，风荷载是其结构设计的控制荷载。输电塔通过横担悬挂导线，横担的几何外形复杂、质量较大，并且位于塔的较高位置，对风荷载更加敏感。导线是受拉为主的柔性结构，普遍具有大位移小应变的几何非线性以及自振频率密集的特点。由于输电线是结构复杂的耦联体系，为了确定它的设计风荷载，各国规范的做法是采用塔线分离法分别设计输电塔和输电线，将输电塔视为外形由下至上均匀变化的结构，并由工程经验确定横担风振系数[1-3]。经分析，架空输电线路抗风设计存在三个问题：①将输电塔视为外形均匀变化结构不能准确考虑横担影响；②设计风荷载的理论基础——等效静力风荷载不能用于计算具有大变形风振的输电塔线荷载；③采用塔线分离法的思想忽略了塔线耦联作用。为此，本人通过建立考虑横担影响的输电塔设计风荷载计算模型、引用刚体准则[4]思想提出输电线设计风荷载和建立考虑塔线偶联的力学计算模型来依次解决以上三个问题[5-6]。期望以上三个问题的解决能为我国电力传输提供结构安全保障。

2 输电线路设计风荷载三个问题与解决思路

2.1 第一个问题与解决思路

通过先建立外形不变输电塔的风荷载计算模型，推导相应的风振系数表达式。以此入手，逐步对计算模型进行完善，使其符合实际输电塔结构，并推导风振系数的各种修正系数表达式。基于惯性力法，推导出考虑横担影响的未挂线输电塔设计风荷载公式如下[5]：

$$f_{E,t}(z) = \overline{f}(z) + \hat{f}'_{D_1}(z) = \beta(z)\overline{f}(z) \tag{1}$$

$$\beta(z) = 1 + 2gI_{10}B_z(z)\sqrt{1 + R^2} \tag{2}$$

$$B_z(z) = kH^{a_1}\rho_z\rho_x \frac{\phi_1(z)}{\mu_z(z)} \theta_\upsilon\theta_\eta\theta_l\theta_b(z) \tag{3}$$

式中，$\overline{f}(z)$是平均风荷载；g为峰值因子；I_{10}为 10m 高度处的湍流密度；R为共振分量因子；k和a_1为系数；ρ_z和ρ_x分别为脉动风荷载在竖直和水平方向的相关系数；ϕ_1为输电塔 1 阶振型；μ_z为风压高度变化系数；θ_υ、θ_η、θ_l和θ_b分别为风振系数考虑整体外形变化、脉动风空间相关性、附加面积和附加质量、局部外形变化的修正系数。

2.2 第二个问题与解决思路

导/地线在风振过程中具有几何大变形特征，而基于频域求解的等效静力风荷载只能用于线性结构，不能直接用于计算导/地线风振。采用刚体准则思想[4]，以导/地线在平均风状态下的力学特性作为计算初始值，

基金项目：重庆市自然科学基金项目（CSTB2023NSCQ-MSX0751），中国博士后科学基金会（2022M720592 和 2023T160767），重庆市人力资源和社会保障局（2022CQBSHTB2051）

可以推导出它们的设计风荷载[6]:

$$M\ddot{Y} + C\dot{Y} + K_{\overline{Y}}Y = Lp' \tag{4}$$

$$f_{E,c} = \alpha\omega_0\mu_z\mu_{sc}\beta_cN_cD_cL_pB_l\sin^2\theta \tag{5}$$

$$\beta_c = 1 + \hat{q}_b/\overline{q} \tag{6}$$

式中，M、C和$K_{\overline{Y}}$分别为导/地线在平均风状态下的质量、阻尼和刚度矩阵；$\ddot{Y}$、$\dot{Y}$和Y分别为导/地线在风振中的加速度、速度和位移；L为节点从属面积矩阵；P'为脉动风压矩阵；α为风压不均匀系数；ω_0为基本风压；μ_{sc}为导/地线阻力系数；N_c为导线分裂数；D_c为导/地线直径；L_p为导线跨度；B_l为覆冰时风荷载的增大系数；θ为风向角；$\hat{q}_b$和$\overline{q}$分别为导/地线单位线长的等效背景风压和平均风荷载。

2.3　第三个问题与解决思路

塔线分离法将输电塔和导线分开来计算它们的设计风荷载，最后再将计算结果线性叠加后进行杆塔设计。然而输电塔挂线后会改变杆塔动力特性，塔荷载和线荷载的极值组合也并非线性组合关系。通过建立塔线体系的力学计算模型，基于随机振动理论和 SRSS 组合方法可以定量考虑塔线耦合影响，推导等效阻尼比ζ_e和脉动折减系数ε_c：

$$\zeta_e = \frac{1}{2C(\mu_{M^*}, \lambda_n, \zeta_t, \zeta_{ci})} \approx \zeta_t + \mu_{M^*}\lambda_n\zeta_{ci} \tag{7}$$

$$\varepsilon_c = \frac{\sqrt{C_t^2 + C_c^2}}{C_t + C_c} \tag{8}$$

式中，ζ_t为杆塔结构的总阻尼比；μ_{M^*}为索结构与杆塔的广义质量比值；λ_n为索结构与杆塔的频率比；ζ_{ci}为索结构的阻尼比。由于篇幅限制，以上三个问题的数值结果和算例验证在论文全文中展示。

3　结论

通过建立考虑横担影响的输电塔设计风荷载模型，确定各种修正系数取值；以平均风荷载下的物理参数作为初值推导导/地线的设计风荷载；建立塔线体系的力学计算模型，推导等效阻尼比和脉动折减系数公式，可以解决输电线路抗风设计中存在的三个问题。

参考文献

[1]　国家能源局. 架空输电线路杆塔结构设计技术规程：DL/T 5486—2020[S]. 北京：中国计划出版社，2020.

[2]　Guidelines for Electrical Transmission Line Structural Loading: ASCE NO. 74-2020[S]. USA: American Society of Civil Engineers, 2020.

[3]　Structural design actions-Part 2: Wind action: AS/NZS 1170. 2-2021[S]. Australia: Council of Standards, 2021.

[4]　YANG Y B, CHIOU H T. Rigid body motion test for nonlinear analysis with beam elements [J]. Journal of Engineering Mechanics, 2007, 113(9): 1404-1419.

[5]　ZHAO S, YAN Z T, SAVORY E. Design wind loads for transmission towers with cantilever cross-arms based on the inertial load method [J]. Journal of Wind Engineering and Industrial Aerodynamics, 2020, 205: 104286.

[6]　ZHAO S, YUE J H, SAVORY E, et al. Dynamic windage yaw angle and dynamic wind load factor of a suspension insulator string [J]. Shock and Vibration, 2022, 2022: 6822689.

输电塔线-SMA 阻尼器系统随机风振控制研究

陈　波，昌明静

（武汉理工大学土木工程与建筑学院 武汉 430070）

1　引言

输电塔线（TTL）体系因其高柔性和低阻尼特性，在强风荷载下较为敏感，可能出现过度振动，进而导致破坏和倒塌的风险。为了提高输电塔的抗风性能，主动控制和被动控制措施被广泛用于输电塔振动控制[1]。SMA 阻尼器（SMA）因其超弹性和较长的使用寿命，能够在恶劣环境中有效工作，已在多种结构减振控制中广泛应用。TTL-SMA 系统的减振控制方面也展开了大量的研究[2]。但这些研究采用 SMA 的非线性模型分析了 TTL-SMA 系统的确定性时域风致振动控制。此外，确定性控制指标在控制系统设计中缺乏准确性和有效性。风荷载具有强烈的随机性，目前线性结构随机风振响应的研究较多，但是针对 TTL-SMA 系统随机风振控制的研究较为有限[3]。本研究提出 TTL-SMA 系统的随机风振控制分析程序和随机控制性能指标。基于拉格朗日方程，考虑输电线路与塔架的动态相互作用，建立 TTL-SMA 系统模型及其运动方程，采用等效线性化方法将非线性 SMA 转化为线性系统，开发了随机风振控制分析程序，并构建了随机控制指标。实际系统分析结果表明：SMA 在随机风荷载下具有显著的振动控制性能。进一步研究阻尼器安装位置、温度及刚度对控制效果的影响。

2　输电塔-SMA 控制系统随机风振控制

附加 SMAD 的 TTL 体系的运动方程为

$$M\ddot{x} + C\dot{x} + Kx + F_s = F \tag{1}$$

式中，M、K 和 C 分别表示系统质量矩阵、刚度矩阵和阻尼矩阵；F 表示风荷载；F_s 表示 SMA 阻尼器所提供的阻尼力；输电塔第 i 层的 SMA 阻尼器的控制力 $F_{s,i}$ 为：

$$F_{s,i}(\delta_{x_i}, \delta_{\dot{x}_i}) = \alpha_{d,i} k_{d,i} \delta_{x_i} + (1 - \alpha_{d,i}) k_{d,i}(k_{e,i}\delta_{x_i} + c_{e,i}\delta_{\dot{x}_i}) = \bar{k}_{e,i}\delta_{x_i} + \bar{c}_{e,i}\delta_{\dot{x}_i} \tag{2}$$

$$\bar{c}_{e,i} = (1 - \alpha_{d,i}) k_{d,i} \frac{u_{a,i} - u_{d,i}}{\sqrt{2\pi}\sigma_{\delta_{\dot{x}_i}}} \left(1 - \mathrm{Erf}\left(\frac{u_{d,i}}{\sqrt{2}\sigma_{\delta_{\dot{x}_i}}} \right) \right) \tag{3}$$

$$\bar{k}_{e,i} = \alpha_{d,i} k_{d,i} + (1 - \alpha_{d,i}) k_{d,i} \frac{u_{a,i} + u_{d,i}}{\sqrt{2\pi}\sigma_{\delta_{x_i}}} e^{-\frac{u_{a,i}^2}{2\sigma_{\delta_{x_i}}^2}} \tag{4}$$

式中，$u_{a,i}$ 表示马氏体相变开始时的对应位移；$u_{d,i}$ 表示奥氏体相的最大位移；$\delta_{\dot{x}_i} = \dot{x}_i - \dot{x}_{i-1}$，表示第 i 层阻尼器的相对速度；$\dot{x}_i$ 表示第 i 层阻尼器相对于地面的速度；$\mathrm{sign}(\cdot)$ 表示符号函数；$\mathrm{Erf}(\cdot)$ 表示误差函数；θ_i 表示第 i 层阻尼器和输电塔之间的夹角；$\bar{c}_{e,i}$ 和 $\bar{k}_{e,i}$ 分别表示第 i 层的 SMAD 的等效阻尼和等效刚度[3]。尽管阻尼力方程被线性化，但等效参数仍然是响应标准差 $\sigma_{\delta_{x_i}}$ 和 $\sigma_{\delta_{\dot{x}_i}}$ 的函数。

基金项目：国家自然科学基金项目（52278528）

3 结论

本研究提出了一种用于 TTL-SMA 系统随机风振控制分析的程序，并建立了随机控制指标。克服了 TTL-SMA 系统的非线性和风致振动随机性的挑战。将概率响应纳入振动控制显著提高了 TTL-SMA 系统控制设计的有效性。参数研究表明：SMA 阻尼器显著降低了随机风荷载下实际 TTL-SMA 系统随机响应谱峰值，特别是在固有频率附近；在塔中部和塔身上部安装阻尼器可以有效地降低极值响应，达到最优的阻尼器控制性能；较低的服役温度有助于阻尼器发挥卓越控制性能，而较高的服役温度会降低控制效率；SMA 的刚度系数值接近 1.0 可以实现最佳控制效果。

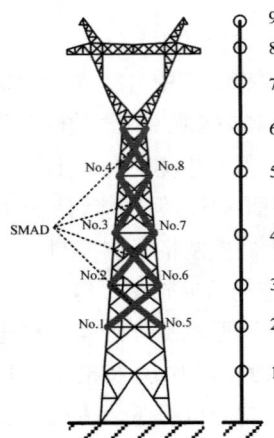

图 1　TTL-SMA 系统模型　　　　图 2　响应谱曲线

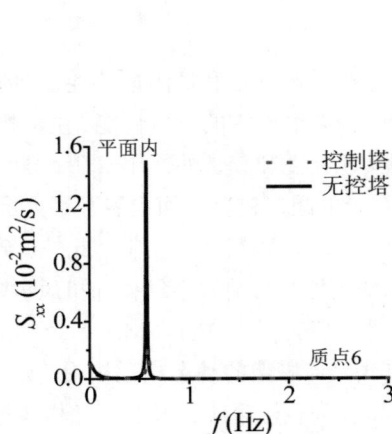

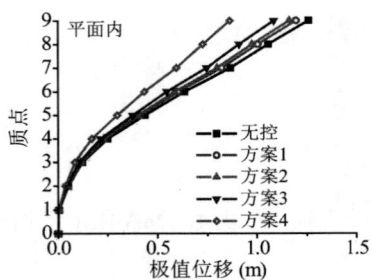

图 3　不同控制方案的比较　　图 4　极值响应随温度的变化　　图 5　极值响应随刚度系数变化

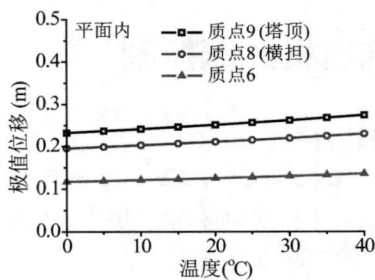

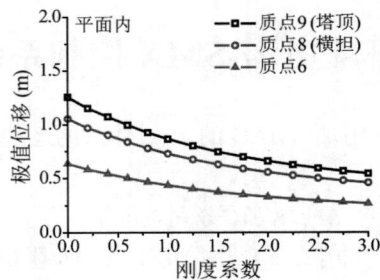

参考文献

[1] HUANG H Y, CHANG W S. Application of pre-stressed SMA-based tuned mass damper to a timber floor system[J]. Engineering Structures, 2018, 167: 143-150.

[2] TIAN L, LUO J Y, ZHOU M Y, et al. Research on vibration control of a transmission tower-line system using SMA-BTMD subjected to wind load[J]. Structural Engineering and Mechanics, 2022 82(4): 571-585.

[3] WEN Y K. Equivalent linearization for hysteretic systems under random excitation[J]. Journal of Applied Mechanics, 1980, 47: 150-154.

多向风载作用下输电塔失效模式及其极限荷载

张佳文，符宇轩，周懿桐，曾旸凌

（吉首大学土木工程与建筑学院 张家界 427000）

1 引言

随着我国西电东送战略的实施，目前投入运营的 500kV 以上的高电压输电线路已经达 6000 多公里[1-3]。作为重要生命线工程，高电压输电塔线体系具有高耸结构和大跨度结构的共同特点[4]，对风荷载作用响应十分敏感，容易发生剧烈振荡和风致坍塌，给人民生活及国民经济带来巨大损失。灾害实例分析表明由于设计理论的局限性和缺陷，使得现有输电塔体系的防灾控制措施不尽合理，有待进行深入系统的基础性研究。输电铁塔的系统可靠度由它的几个主要失效模式决定，要提高输电铁塔的可靠性，关键是提高主要的失效模式的可靠度。因此，研究输电铁塔的系统可靠度，首先要寻找输电铁塔的主要失效模式。

本研究基于改进的荷载增量最小准则，建立在顺、横风等多向风荷载以及导线力的作用下的输电塔线体系失效模式及其极限基本风压计算模型，为提高输电铁塔的可靠性提供一种新的途径。

2 失效模式与极限风荷载

输电塔属于超静定结构，某一个单元的失效并不能引起整个结构的失效。只有当一系列的单元相继失效，组成一个失效模式，使输电铁塔成为一个机构时，才引起整个结构失效。设结构共有 n 个单元，有 p 个单元已经相继失效，根据剩余的 $n-p$ 个单元组成的结构总刚度矩阵是否奇异来判断结构是否失效。

设第 p 阶段的荷载增量为 $w_{0i}^{(p)}$，可得到剩余未失效单元 i 的内力：

$$S_{i \notin (r_1, r_2, \cdots, r_{p-1})}^{(p)} = \left(w_{p-1} + w_{0i}^{(p)}\right) \sum_{j=1}^{3l} b_{ij}^{(p)} \mu_j A_j - a_{ir_1}^{(p)} R_{r_1} - a_{ir_2}^{(p)} R_{r_2} - \cdots - a_{ir_{p-1}}^{(p)} R_{r_{p-1}} \tag{1}$$

式中，$a_{ij}^{(p)}$、$b_{ij}^{(p)}$ 为第 p 阶段相应节点力的影响系数；下标 $(r_1, \quad r_2, \quad \cdots, \quad r_{p-1})$ 代表了已失效单元集；R_{ri} 为各失效单元的抗力，可见，未失效单元的内力是荷载及已失效单元抗力的函数。令 i，$i \notin (r_1, \quad r_2, \quad \cdots, \quad r_{p-1})$，单元达到破坏的临界状态，即令式(1)等于 R_i，则有

$$w_{0i}^{(p)} = \frac{R_i + a_{ir_1}^{(p)} R_{r_1} + a_{ir_2}^{(p)} R_{r_2} + \cdots + a_{ir_{p-1}}^{(p)} R_{r_{p-1}}}{\sum_{j=1}^{3l} b_{ij}^{(p)} \mu_j A_j} - w_{p-1} \tag{2}$$

该阶段的最小荷载增量为：$w_{\min}^{(p)} = \min\left[w_{0i}^{(p)}\right]$，同样，取分枝—约界参数 c（$1 \leqslant c \leqslant \infty$），满足下式的单元为该阶段的失效候选单元

$$w_{0i}^{(p)} \leqslant c \cdot w_{\min}^{(p)} \tag{3}$$

由失效的第 $p-1$ 阶段演变到失效的第 p 阶段，系统所能够承受的极限基本风压为：

$$w_s = \sum_{i=1}^{p} w_{\min}^{(i)} \tag{4}$$

对应于系统失效的 w_s 就是系统的极限承载力。

基金项目：国家自然科学基金项目（52268049），湖南省自然科学基金（2023JJ30492），湖南省教育厅科学研究项目（23B0508）

3　数值模拟

输电铁塔由 16 种横截面的角钢组成，塔高 48.5m，用空间杆单元来模拟。风荷载模型将考虑输电铁塔的顺、横风向风荷载以及导、地线对塔的作用力。利用已建立的空间桁架的有限元模型计算输电铁塔的失效模式及其极限荷载，分别计算了两种工况：

第一种工况考虑了顺、横风向风荷载、自重和导线荷载。其五种失效模式见图 1。

第二种工况是考虑顺风向风荷载、自重和导线荷载，不考虑输电铁塔横风向风荷载。其五种失效模式见图 2。

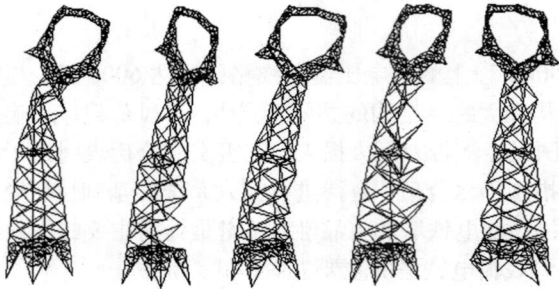

图 1　多向风荷载作用下输电铁塔的失效模式　　　　图 2　不考虑横风向风荷载的输电铁塔失效模式

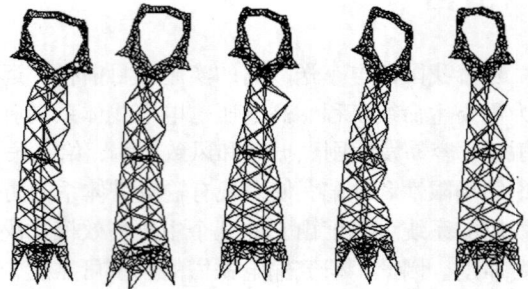

4　结论

本研究将寻找结构失效模式的荷载增量最小准则加以改进，建立了适用于在风荷载作用下，寻找输电铁塔主要失效模式的方法，该方法以基本风压为控制量，可以方便地获得输电铁塔的主要失效模式，并得到了使失效模式发生的极限基本风压。研究中也指出了要提高结构的抗风能力，有效的方法是提高基本失效单元的强度，而这样的单元往往并不多。

参考文献

[1] 盛金马, 姜克儒, 常江, 等. 新型单回路 T 接塔线体系的风致静力及动力稳定性研究[J]. 合肥工业大学（自然科学版）, 2022, 45(4): 455-460.

[2] 唐可人. 基于不同计算模型的输电塔结构极限承载力和失效模式研究[J]. 南宁: 广西大学土木工程学院, 2018: 1-2.

[3] 汪之松, 李正良, 肖正直, 等. 输电塔线耦合体系的风振疲劳时域分析[J]. 华南理工大学学报（自然科学版）, 2010, 38(4): 106-111.

[4] 李正良, 肖正直, 韩枫, 等. 1000kV 汉江大跨越特高压输电塔线体系气动弹性模型的设计与风洞试验[J]. 电网技术, 2008, 32(12): 1-5.

输电导线覆冰舞动阻尼减振技术研究

牛华伟[1]，杨　峥[1]，王海波[1]，李丹煜[2]，张国强[2]，陈政清[1]

（1. 湖南大学桥梁工程安全与韧性全国重点实验室 长沙 410082；
2. 国网电力工程研究院有限公司输变电工程技术研究所 北京 100055）

1　引言

覆冰导线舞动是一种低频、大幅的自激振动[1]，也称为导线驰振。舞动不仅会导致导线剧烈摆动，还可能引发导线断裂、绝缘子损坏甚至塔架倒塌等严重后果，严重威胁电力系统的安全运行。近年来，极端天气的出现正由偶发事件转变为一种"新常态"，传统舞动区多次出现超出设防能力的舞动现象。同时由于全球气候变暖加剧与城市热岛效应的共同作用，我国冰冻线正在缓慢北抬，造成非传统舞动区多次出现了大范围舞动现象。现有防舞技术体系无法满足舞动灾害新形势，舞动防治尤为重要。

2　导线覆冰驰振响应预测

假设覆冰输电导线断面如图 1 所示，建立其单自由度运动方程后令等效阻尼力为 0，推导出导线舞动被激发时的无量纲临界风速［式(1)］和系统响应幅值［式(2)］[2]。根据式(1)、式(2)可知，在假定气动力系数不变的情况下，提高导线舞动的临界风速以及减小导线发生舞动的振幅，可以通过提高结构的振动频率（或等效刚度）、增大结构振动的阻尼两种方式来实现，即采用结构措施和阻尼措施两类方案。本文关注阻尼措施方案，提出牵拉阻尼减振方案和 MTMD 减振方案。

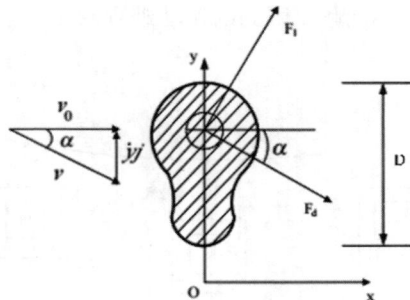

图 1　覆冰输电导线断面图

$$v_c = \frac{\dfrac{8\pi\xi_y f_y}{\rho D}}{\dfrac{\partial C_L}{\partial \alpha} + C_D} \tag{1}$$

$$A_y^2 = \frac{4Um}{3\rho bk_y}(\rho Ua - 2c) \tag{2}$$

式中，α 为风攻角；ρ 为空气密度；ξ_y 为系统 y 方向上的阻尼比；C_L 为升力系数；C_D 为阻力系数；v_c 为临界风速，即超过此限值，系统失稳，导线开始舞动；f_y 为系统 y 向的固有频率；D 为结构的迎风尺寸（垂直风向的高度尺寸）；c 为阻尼系数；U 为风速；m 为等效质量；k_y 为等效刚度。

基金项目：国家自然科学基金面上项目（52478513）

3 牵拉阻尼系统研究

在输电线路振型位移最大处，通过牵拉索将输电导线与固定在地面上的阻尼器连接在一起，如图 2 所示，从而给线路系统提供附加阻尼系统，当导线发生舞动时，牵拉索上下运动，带动阻尼器运动消耗能量，从而达到抑制导线舞动的效果。由于拉索不能提供压力，为了保证阻尼器在导线上下舞动过程中都可以消耗能量，在阻尼器端增加弹簧元件，以为牵拉索提供预拉力，保证阻尼器在导线舞动的全周期正常工作。对比在风速 7m/s 风攻角 145°工况下四分裂单档输电导线牵拉阻尼器前后的舞动响应，如图 3 所示，牵拉阻尼器前，导线易激发竖向舞动，牵拉阻尼器后导线的舞动被有效抑制，基本不发生舞动。

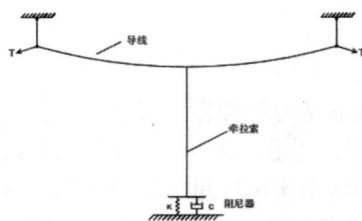

图 2　牵拉阻尼减振方案示意图　　图 3　牵拉阻尼器前后导线档距中间横风向响应对比

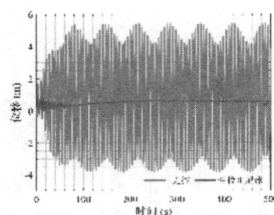

4 MTMD 阻尼减振研究

为了应对覆冰导线舞动现象，并考虑到现场安装的便捷性，本文提出了一种结合导线间隔棒设计的多重调谐质量阻尼器（MTMD）方案。如图 4 所示，多个调谐质量阻尼器（TMD）通过牵引索悬挂于导线之上。每个 TMD 由质量块、弹簧单元和阻尼单元组成。该减振系统的基本原理如下：当导线发生舞动时，牵引索带动 TMD 上下运动，使得质量块通过弹簧单元与导线舞动的固有频率发生共振，从而产生大幅的上下振动。与质量块相连的电涡流阻尼单元在振动过程中开始消耗能量，从而实现能量耗散和振动抑制。而通过在导线上垂吊多个 TMD，则能够有效地针对不同频率区间的振动进行调控。

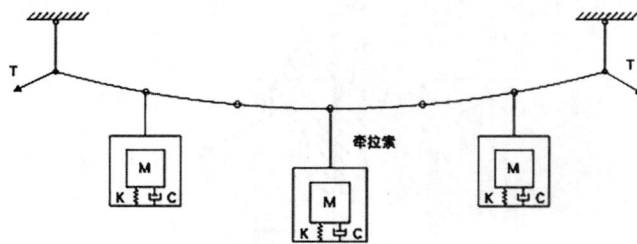

图 4　垂吊 MTMD 减振方案示意图

5 结论

本文对覆冰导线驰振响应进行推导分析，发现可以通过增大结构系统阻尼来提高舞动临界风速和减小舞动幅值，进一步针对覆冰输电导线舞动提出牵拉阻尼系统方案和垂吊 MTMD 阻尼减振方案，导线舞动时两种方案的阻尼器均能发挥减振耗能作用，使输电导线系统的等效阻尼比提高，实现抑制导线舞动的目的。

参考文献

[1]　郭应龙，李国兴，尤传永. 输电线路舞动[M]. 北京: 中国电力出版社，2003.

[2]　陈政清. 工程结构的风致振动、稳定与控制. 北京: 科学出版社，2013.

多跨输电线-绝缘子系统龙卷风效应的理论模型

汪大海，陈　韬，章文轩

（武汉理工大学土木工程与建筑学院　武汉　430070）

1　引言

输电线路由于其具有柔性高、重量轻、阻尼低的结构特点，是一类典型的风敏感结构[1]。据统计，80%以上的与天气有关的输电线路故障是由龙卷风等形式的高强度风（HIW）事件引起的[2]。然而，目前我国相关输电线路抗风设计规范中尚未涉及龙卷风荷载。世界范围内仅美国规范 ASCE 74[3]较为详细地考虑了龙卷风荷载，但是其仍然存在进一步改进的空间，例如忽略了相邻跨导线不平衡张力在输电塔上引起的纵向反力。本研究聚焦于移动龙卷风作用下多跨输电线-绝缘子系统的风致响应，构建了一套预测龙卷风最不利位置及其对应的最大横向/纵向反力的分析框架，并进一步通过符号回归方法进行最大反力简化解析模型的建模。本研究可为进一步完善输电线路的抗龙卷风设计提供参考。

2　研究内容

2.1　分析框架

本研究采用 Rankine 涡模型生成龙卷风风场，并采用速度矢量叠加的方法考虑龙卷风的移动效应。基于准定常理论及片条假定得到导线上非均布的龙卷风荷载。

导线传递至塔上的反力是输电塔抗风设计中的一个重要因素，因此其是我们考虑的重点。引入了基于索力学的非线性解析方法以计算龙卷风位于任意位置处时的横向/纵向反力。

计算结果与有限元分析结果进行了对比，最大误差在 6%以内，验证了该方法的有效性。通过模式搜索算法最终确定最不利的龙卷风位置其对应的最大横向/纵向反力。

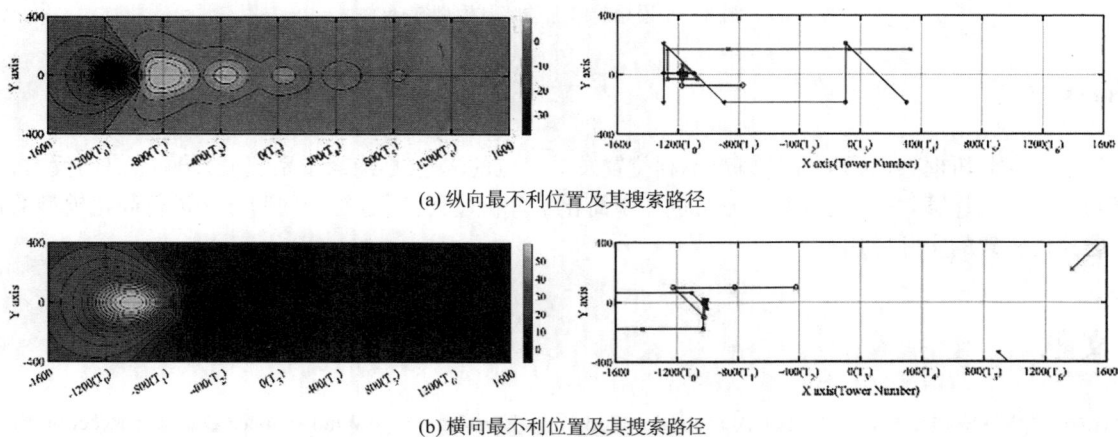

(a) 纵向最不利位置及其搜索路径

(b) 横向最不利位置及其搜索路径

图 1　某工况下边跨直线塔T_0龙卷风最不利位置的确定

为避免陷入局部最优，随机选取初始迭代点进行搜索，当三个初始迭代点收敛于同一点时结束计算，计算过程如图 1 所示。相较于网格法，模式搜索算法的引入使得该分析框架在保证准确性的同时极大地提升了计算效率，同时避免了网格点间隔选取带来的计算误差。

基金项目：国家自然科学基金项目（51878527）

2.2 参数分析

基于分析框架进行参数分析，主要结论展示如图 2 所示。可见 $\theta = 0°$ 为最不利的平移风向角，多跨输电线-绝缘子系统可按照 6 跨进行分析且最不利的直线塔为最边跨塔，进一步简化了分析过程。

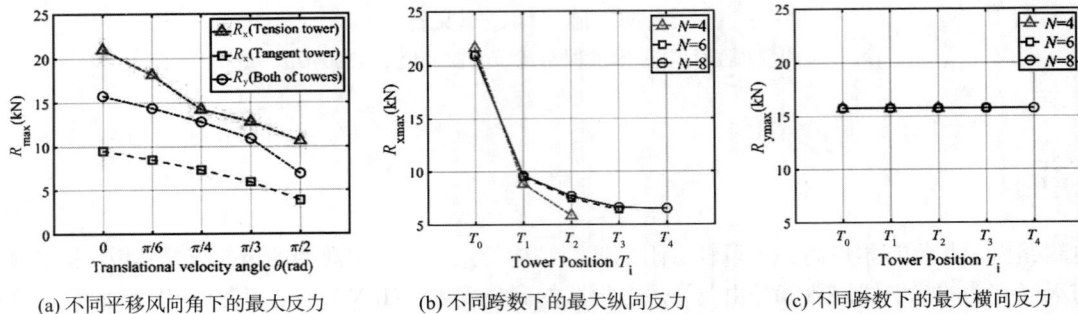

<table>
<tr><td>(a) 不同平移风向角下的最大反力</td><td>(b) 不同跨数下的最大纵向反力</td><td>(c) 不同跨数下的最大横向反力</td></tr>
</table>

图 2 平移风向角及跨数分析

2.3 简化模型

前文所述的分析框架在应用中仍较为繁琐。故通过对解析方法的非线性方程组进行无量纲化，确定关键的无量纲变量。对于纵向反力可直接进行模型拟合，而对于纵向反力因其涉及的变量较多，直接进行公式拟合存在难度。利用分析框架生成数据集，通过符号回归方法进行简化模型的建模，在帕累托前沿上筛选出最合适的模型，其结果如图 3 所示。

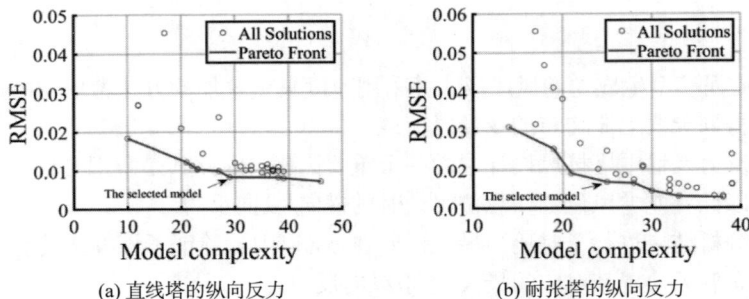

<table>
<tr><td>(a) 直线塔的纵向反力</td><td>(b) 耐张塔的纵向反力</td></tr>
</table>

图 3 帕累托前沿上的解及模型选择

3 结论

构建了一套分析框架以预测龙卷风最不利位置及其对应的输电线-绝缘子系统最大横向/纵向反力，其具备良好的准确性及计算效率。通过参数分析进一步简化了分析过程。通过符号回归方法进行简化模型的建模，以便于该分析框架的实际应用。

参考文献

[1] ZHANG Z, WANG D, WANG T, et al. Aeroelastic Wind Tunnel Testing on the Wind-Induced Dynamic Reaction Response of Transmission Line[J]. Journal of Aerospace Engineering, 2021(1): 34.

[2] SAVORY E, PARKE G, ZEINODDINI M. Modelling of tornado and microburst-induced wind loading and failure of a lattice transmission tower[J]. Engineering Structures, 2001, 23(4): 365-375.

[3] American Society of Civil Engineers. Guidelines for electrical trans-mission line structural loading (fourth edition): ASCE 74-2020[S]. New York: American Society of Civil Engineers, 2020.

车辆空气动力学与抗风安全

龙卷风作用下桥上列车行车安全性分析

何旭辉[1,2]，邹思敏[1,2]

（1. 中南大学土木工程学院 长沙 410075；
2. 高速铁路建造技术国家工程实验室 长沙 410075）

1 引言

龙卷风是与地面接触的猛烈旋转的气柱，具有突发、能量大、持续时间短、爆发力强等特点[1]。据报道，每年都会发生数千起龙卷风，造成难以置信的破坏和重大人员伤亡，在这些死亡人数中，龙卷风导致列车脱轨或倾覆的现象并不罕见[2]。随着全球变暖，中国的龙卷风灾害日益严重，频次也在逐年增加，由于中国高速铁路的速度和交通密度，高速铁路受龙卷风侵袭的风险增大[3]。另一方面，为了保持线路平顺和节约土地，"以桥代路"是我国高速铁路的主要特征，因此桥上列车的行车安全越来越受到关注。

2 龙卷风-车-桥 CFD 计算

2.1 龙卷风数值模拟

本文通过建立等比例龙卷风-车-桥流体计算模型，利用动网格模拟 CRH2 列车典型高铁简支箱梁行驶并穿过龙卷风，进行计算方法与网格无关性验证后，于龙卷风风场内部布置了风速和风压监测点位，并对车辆和桥梁开展了气动力实时监测，以探究各物理量时空分布特点及系统风荷载特征。为了准确捕捉类龙卷风涡旋的流场，定量研究列车上的风荷载，在类龙卷风涡旋中心及近地面附近考虑了细网格，图 1 为龙卷风数值模拟网格系统。

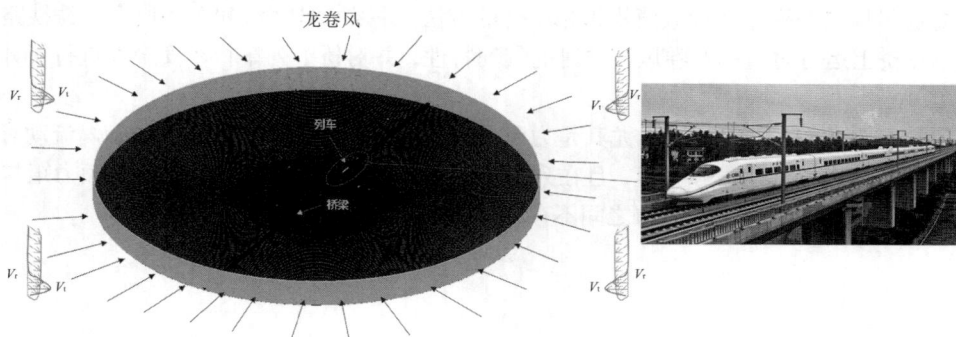

图 1 龙卷风-车-桥系统示意图

2.2 桥上列车气动力系数

通过对列车在不同速度下的气动力时程进行分析，进一步了解列车在桥上运行时对类似龙卷风的旋涡的

基金项目：国家自然科学基金项目（51925808，52308541）

影响，反映龙卷风效应。如图 2 所示，列车的 5 个分力沿桥梁运行并穿过龙卷风，包括沿轴线的三个方向（垂直、横向和纵向）。总体上，在列车进入龙卷风之前，作用在列车上的荷载几乎为零，而且相对稳定，因为列车处于龙卷风之外。气动力波动从车体进入龙卷风开始，在列车中心到达龙卷风中心之前，Y-Force 从极小值变为负值峰值，然后在穿过中心时变为正值。此外，Z-Force 的变化与 Y-Force 相似，当列车以不同速度穿过龙卷风时，气动力矩系数在核心区域具有相似的变化规律，且各自独立波动。

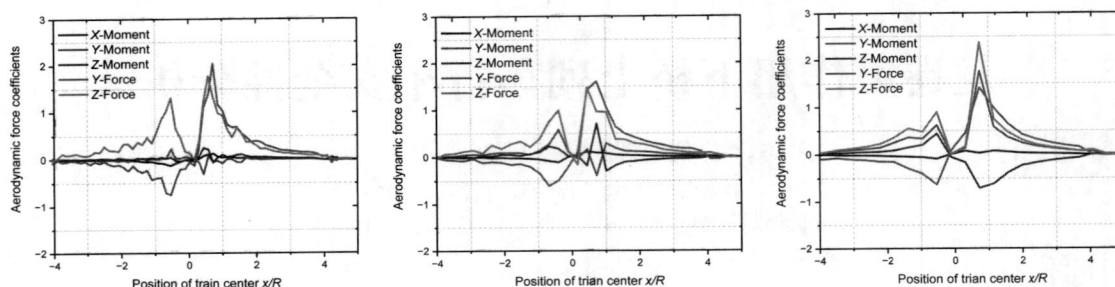

图 2　列车气动力系数

3　桥上列车运行安全性分析

3.1　龙卷风作用下车辆轮轨力特征

在强风条件下运行的列车会受到侧向力、升力和侧滚力等关键载荷的影响，这些因素对列车的运行安全构成极大威胁，并可能导致倾覆或脱轨等严重事故。为了确保列车安全运行，深入分析列车倾覆机理至关重要，这有助于确定列车安全运行的临界速度与风速之间的关系，从而为列车的安全运营提供科学指导。

3.2　桥上列车安全性评估

根据气动流场作用下的轮轨力，可以计算出轮对横向力、轮重减载率、脱轨系数等关键列车运行安全性评判指标，从而对列车的安全性进行评估。首先基于气动流场下的轮轨力，提出了龙卷风作用下列车的安全性指标，并确定了列车在龙卷风风场中的最不利位置。在此基础上，进一步叠加列车车速对安全性指标的影响，给出不同车速下列车运行安全的龙卷风临界风速，为列车在强风环境下的安全运行提供量化依据。

4　结论

本文采用龙卷风风场与列车运动数值模拟相结合的方法，并以 CRH2 型列车和典型高铁铁路桥梁为研究对象，分析列车在桥上运行时遭遇龙卷风侵袭时的气动特性，并对桥上列车行车安全性进行了评估，得出以下主要结论：

列车上的风荷载沿龙卷风半径变化，尤其是力和力矩的不对称波形，与龙卷风的旋涡流动有关，列车在靠近核心区域时受到较大的气动力和力矩，且在列车速度较低时气动力出现最大值。侧倾力矩与列车速度近似成线性关系，而列车速度与其他气动力之间不存在线性关系。

参考文献

[1]　杨庆山, 王雨, 回忆, 等. 辽宁开原 7·3 龙卷风致结构破坏调研与分析[J]. 建筑结构学报, 2023, 44(9): 183-190.

[2]　TAMURA Y, CAO S Y. International Group for Wind-Related Disaster Risk Reduction (IG-WRDRR) [J]. Journal of Wind Engineering and Industrial Aerodynamics, 2012, 104-106: 3-11.

[3]　HE X, ZOU S. Advances in wind tunnel experimental investigations of train－bridge systems[J]. Tunnelling and Underground Space Technology. 2021, 118: 104157.

基于风-汽车-桥耦合振动的大跨度双箱梁斜拉桥抗风行车准则研究

张佳明[1]，马存明[2,3]，鲜　荣[4]

（1. 新疆大学建筑工程学院　乌鲁木齐 830049；
2. 西南交通大学土木工程学院　成都 610031；
3. 西南交通大学风工程四川省重点实验室　成都 610031
4. 广东省公路建设有限公司　广州 510000）

1　引言

风荷载是车辆所受的主要威胁之一，尤其是当车辆在通过大跨度桥梁时，不仅会加剧车桥系统的振动，严重时甚至会引起行车安全事故[1]。因此，科学评估强风作用下桥梁交通安全并科学确定行车临界风速具有重要的工程应用价值。针对此类问题，各国学者已经陆续建立了风-车-桥空间耦合振动分析框架，并取得了丰硕的研究成果[2]。然而，针对不同类型桥梁和汽车组合情况下风-汽车-桥耦合振动特性的认识仍较有限，此外关于汽车风荷载的处理大多未考虑车桥间的气动干扰。本文结合以往车桥系统气动特性的研究成果，拟合了考虑桥梁影响的车辆气动力系数计算公式，将自然风、车辆、桥梁作为一个统一的相互作用系统编制了计算程序。以黄茅海大桥为工程背景，分析了大跨度双箱梁斜拉桥风-汽车-桥耦合振动系统的动力响应，并在此基础上，针对车辆侧倾事故和侧滑事故的评判指标，采用概率统计方法分析了强风作用下的桥面交通安全，并针对不同天气情况制定了相应的抗风行车准则。

2　风-汽车-桥系统耦合振动分析模型

对于风-汽车-桥系统，通常在满足车辆、桥梁两子系统间的几何及力学耦合关系情况下，采用分离迭代法对车辆及桥梁的运动方程分别独立求解。对于本次研究，车辆模型选择侧面面积比较大的集装箱货车作为分析对象，动力分析参数采用文献[3]提供的参数，气动力系数采用考虑桥梁气动干扰后的风洞试验结果及移动车辆数值模拟结果。

桥梁模型采用黄茅海大桥，其桥跨布置为 380m + 2×720m + 380m（图 1），主梁为双箱梁方案，梁高 4.05m，全宽 50.4m（图 2）。采用有限元方法建立该桥的分析模型，主梁、桥墩及桥塔均采用空间梁单元进行模拟，斜拉索采用杆单元进行模拟，气动参数采用节段模型风洞试验结果。风场通过谱解法生成，其中，水平向目标风谱选用 Simiu 谱，竖直向目标风谱选用 Lumley-Panofsky 谱，相干函数采用 Davenport 相干函数，无量纲衰减因子取为 7。

3　计算结果

采用课题组编制的针对超大跨度桥梁的风-汽车-桥分析系统计算软件（简称 WVB Calculation V1.0，登记号 2022SR1415166）进行了不同风攻角、不同风速及车速下的车桥响应求解，在得到车辆的动力响应结果后再以侧倾安全因子和侧滑安全因子等指标[3]确定了车辆安全行车的临界风速与车速的关系，如图 3 所示。据此，结合风速沿高度的幂指数变化规律（A 类地貌），将桥面高度处（71m）的最不利临界风速换算至气象站处（10m），制定了黄茅海大桥在 6～10 级风速下的抗风行车准则，结果如表 1 所示。

基金项目：国家自然科学基金项目（52078438）

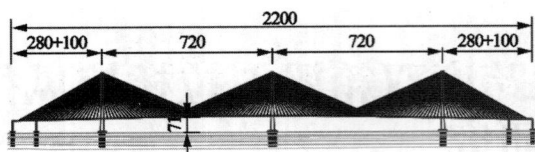

图1 黄茅海大桥桥跨布置图（单位：m）

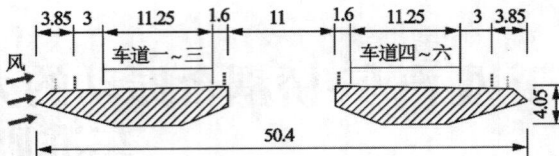

图2 黄茅海大桥主梁横断面图（单位：m）

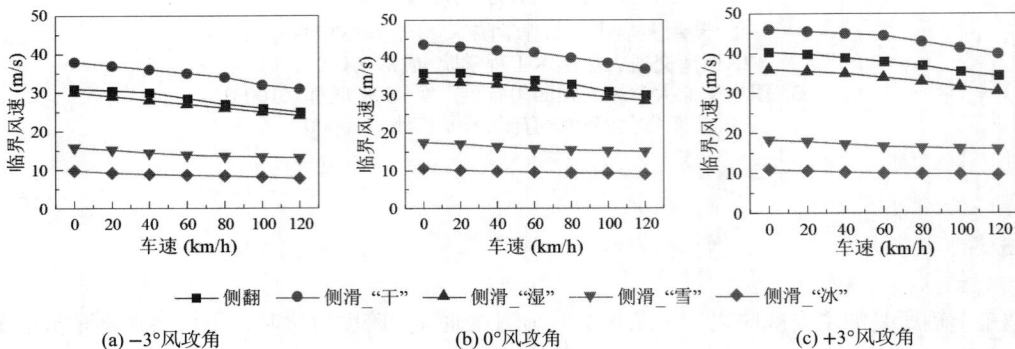

（a）−3°风攻角　　　　　（b）0°风攻角　　　　　（c）+3°风攻角

图3 集装箱货车桥面安全行车临界风速与车速关系曲线

黄茅海大桥抗风行车准则　　　　　　　　　　　　　　　　　　表1

风速等级	风速范围（m/s）	车速限值（km/h）			
		晴天（"干"）	雨天（"湿"）	雪天（"雪"）	冰天（"冰"）
6	10.8~13.8	120	120	禁行	禁行
7	13.9~17.1	120	120	禁行	禁行
8	17.2~20.7	100	80	禁行	禁行
9	20.8~24.4	60	40	禁行	禁行
10	24.5~28.4	禁行	禁行	禁行	禁行

4 结论

（1）随着车速的增加，车辆发生事故的临界风速逐渐降低，且−3°风攻角下的临界风速相对更低。

（2）集装箱货车在晴天（"干"桥面）发生事故的临界风速主要由侧翻事故主导，而在其他天气条件（"湿""雪"和"冰"桥面）的临界风速则由侧滑事故控制；根据临界风速与车速间的关系初步制定了黄茅海大桥的抗风行车准则，可用于工程实践。

参考文献

[1] CAI C S, CHEN S R. Framework of vehicle-bridge-wind dynamic analysis[J]. Journal of Wind Engineering and Industrial Aerodynamics, 2004, 92(7-8): 579-607.

[2] 韩万水, 赵越, 刘焕举, 等. 风-车-桥耦合振动研究现状及发展趋势[J]. 中国公路学报, 2018, 31(7): 1-23.

[3] 陈宁. 侧风作用下桥上汽车行车安全性及防风措施研究[D]. 成都: 西南交通大学土木工程学院, 2015.

强横风作用时车辆过桥塔区行车安全研究

吴风英[1]，赵　林[2]，葛耀君[2]

（1. 长安大学公路学院　西安　710000；

2. 同济大学土木工程防灾减灾全国重点实验室　上海　200092）

1　引言

建造于山区峡谷等复杂地形的大跨桥梁，由于山区峡谷地区地形起伏较大，大跨桥梁桥址处风环境非常容易受主梁两侧的地形影响，通常呈现出明显的风速加速，强阵风和高湍流效应[1]。这不仅对桥梁结构在施工的风致敏感性影响较大，且运营过程中对桥梁上行驶车辆的安全也构成威胁。车辆行驶于大跨桥梁时，受侧向风荷载影响从而产生显著的动力响应，其中尤以侧向响应最为敏感。因此车辆行驶于桥塔区域时，车辆受强风荷载影响，不仅车辆的动态响应会产生较为显著的变化，甚至会发生侧倾等行车安全事故。因此，开展对桥塔区强横风对车辆动力响应和行驶安全状态影响的评估十分必要。

2　桥塔区斜向风影响

主梁高度处的侧向来流风场特性是风-车-桥耦合系统至关重要的外荷载，以往的研究也仅聚焦于来流风速垂直于主梁时的风-车-桥耦合系统的动力响应问题。值得注意的是，建造于山区峡谷地形的桥梁，依据前期实测风参数资料[2]，主梁高度处的来流风向表现为典型的斜风向，并主要集中在与桥轴夹角为[35°,65°]区间波动。因此，本文依据泰勒冻结假定对主梁高度处风速进行了分解，并计算了作用于车身的有效风向角、合成风速和有效风荷载，如图1所示。本文以红河特大桥为研究背景，并选取一双轴四轮车辆为研究对象。车辆整体可考虑为1个车身和4个车轮组成，车辆共7个自由度，包括车身5个自由度：竖向、侧向、侧倾、侧滑和横移，以及每个车轮的竖向自由度。考虑车辆与主梁间的竖向和侧向耦合关系，采用分离迭代法求解耦合方程。考虑主梁高度处风向变化时的车辆竖向接触力变化如图2所示，当风向角为45°时，当进入桥塔时，后轴车轮的竖向接触力整体呈现出降低的趋势，而前轴1号车轮的竖向接触力在突降后逐渐增加；此外，背风侧车轮的竖向接触力逐渐高于迎风侧车辆的竖向接触力。这意味着车辆的侧滑和侧倾事故风险增加。

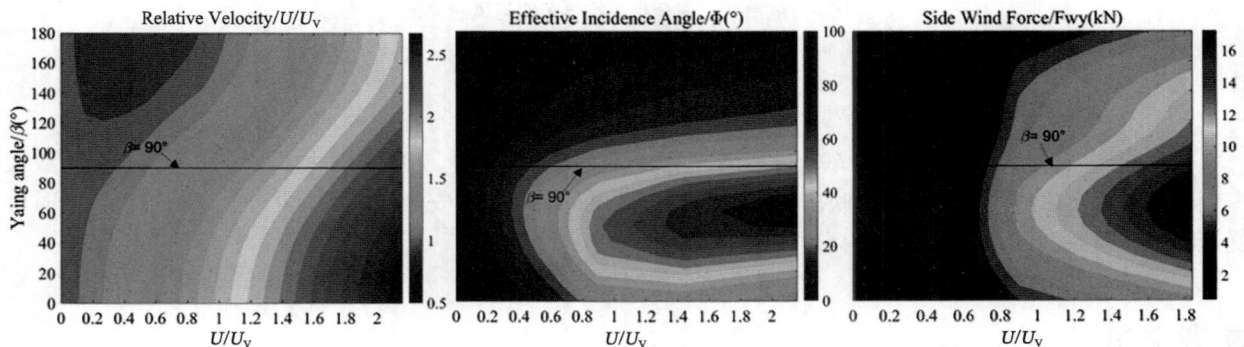

图1　作用于车身的有效风向角、合成风速和有效风荷载（$U_v = 60km/h$，$\overline{U} = 15m/s$）

基金项目：国家重点研发计划（2022YFC3005301），国家自然科学基金项目（52378527）

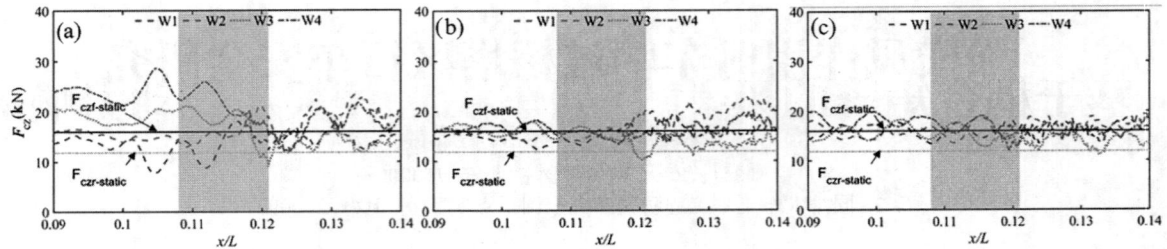

图 2   车轮竖向接触力随风向角变化（a）45°；（b）90°；（c）150°

3   强阵风影响

相较于平均风速作用于车辆时产生的动力响应，阵风速度可以反映大跨桥梁上行驶车辆受瞬态风的影响，阵风速度对于准确估计行驶车辆的风荷载至关重要。图 3 给出了两侧桥塔位置阵风对车辆风致事故系数的影响。受阵风风速的影响，车辆过两侧桥塔位置都会发生侧滑事故，可见强阵风对车辆侧滑安全影响十分显著。此外车辆经过 2 号桥塔位置处，车辆的倾覆事故系数接近限值，即车辆即将发生倾覆事故。以侧滑事故为判断依据，给出了车辆过桥塔区临界车速和风速之间的关系，如图 4 所示。

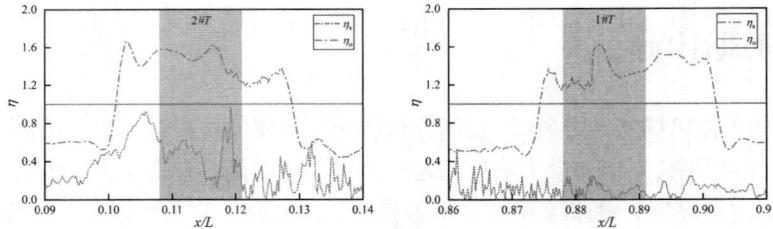

图 3   风致行车事故（ $U = 15\text{m/s}$ ， $V = 80\text{km/h}$ ）

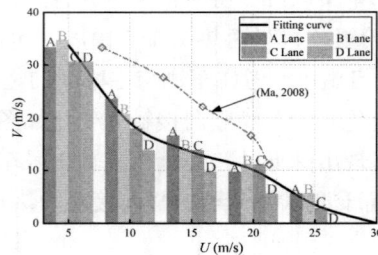

图 4   侧滑状态安全行车临界车速与风速关系

4   结论

依据实测所得特异风速分布对车辆过桥塔区的安全状态更具威胁。相较于平均风速，强阵风会显著放大车辆的风致行车事故系数，更能反映出桥塔区时变特异风荷载对行车安全的威胁。此外，车辆过桥塔区时所受变特异风荷载会使得车辆过桥塔区时的临界安全行车车速降低。

参考文献

[1]   ZOU Q, LI Z, ZENG X, et al. The analysis of characteristics of wind field on roof based on field measurement. Energy and Buildings, 2021, 240: 110877.

[2]   吴风英, 崔巍, 赵林, 等. 深切峡谷地貌桥面行车高度风环境现场实测研究. 中国公路学报, 2023, 36(6): 71-81.

基于耦合矩阵的风-汽车-列车-大跨桥梁系统动力响应高效计算方法研究

王力东，何 杨，黎清蓉，韩 艳

（长沙理工大学土木工程学院 长沙 410114）

1 引言

随着铁路和公路交通量的增加及桥位资源的日益稀缺，传统大跨桥梁与当前工程需求不再匹配，公铁两用大桥得到越来越多应用。公铁两用大跨桥梁属于柔性结构体系，强风作用下容易引起显著振动，而列车与汽车共同作用也会放大桥梁的振动，因此需要对风-汽车-列车-桥梁系统进行动力响应计算和安全性评估。然而公铁两用大跨桥梁模型节点数量多，桥上车辆运行状况十分复杂。对于同时考虑列车和复杂车流状况以及大跨桥梁模型的风-车-桥系统动力响应计算，现有方法难以兼顾计算精度和效率。因此，本文基于耦合矩阵提出了一种风-汽车-列车-桥梁系统动力响应高效计算方法。该方法根据车辆位置的变化实时更新系统耦合矩阵，解决了复杂系统时变耦合矩阵推导难题，并与实测、分离迭代法计算结果对比验证了该方法的精度和效率。

2 风-汽车-列车-桥梁时变耦合振动模型

基于耦合矩阵的风-汽车-列车-桥梁系统振动方程可表示为：

$$
\begin{bmatrix}
M_{VV} & 0 & 0 & 0 & 0 \\
0 & M_{CC} & 0 & 0 & 0 \\
0 & 0 & M_{TT} & 0 & 0 \\
0 & 0 & 0 & M_{BB} & 0 \\
0 & 0 & 0 & 0 & M_{SS}
\end{bmatrix}
\begin{bmatrix}
\ddot{X}_V \\ \ddot{X}_C \\ \ddot{X}_T \\ \ddot{X}_B \\ \ddot{X}_S
\end{bmatrix}
+
\begin{bmatrix}
C_{VV} & 0 & C_{VT} & 0 & 0 \\
0 & C_{CC} & 0 & C_{CB} & 0 \\
C_{TV} & 0 & C_{TT} & C_{TB} & 0 \\
0 & C_{BC} & C_{BT} & C_{BB} & C_{BS} \\
0 & 0 & 0 & C_{BS} & C_{SS}
\end{bmatrix}
\begin{bmatrix}
\dot{X}_V \\ \dot{X}_C \\ \dot{X}_T \\ \dot{X}_B \\ \dot{X}_S
\end{bmatrix}
+
$$

$$
\begin{bmatrix}
K_{VV} & 0 & K_{VT} & 0 & 0 \\
0 & K_{CC} & 0 & K_{CB} & 0 \\
K_{TV} & 0 & K_{TT} & K_{TB} & 0 \\
0 & K_{BC} & K_{BT} & K_{BB} & K_{BS} \\
0 & 0 & 0 & K_{BS} & K_{SS}
\end{bmatrix}
\begin{bmatrix}
X_V \\ X_C \\ X_T \\ X_B \\ X_S
\end{bmatrix}
=
\begin{bmatrix}
F_{GV} \\ F_{GC} \\ 0 \\ 0 \\ 0
\end{bmatrix}
+
\begin{bmatrix}
F_{WV} \\ F_{WC} \\ 0 \\ F_{WB} \\ F_{WS}
\end{bmatrix}
\tag{1}
$$

其中，列车子矩阵（"VV"）、汽车子矩阵（"CC"）、轨道子矩阵（"TT"）、主梁子矩阵（"BB"）由结构矩阵和耦合引起的子矩阵叠加项组成，"VT"或"TV"代表车轮-轨道耦合矩阵，"CB"或"BC"代表车轮-路面耦合矩阵，"SS"代表桥梁其他构件子矩阵。荷载向量包括车辆重力荷载"G"和风荷载"W"。

以世界首座公铁同层多塔斜拉桥——金海大桥为工程背景，通过风洞试验获取汽车、列车和桥梁的气动力系数。测试列车和桥梁气动力时，仅考虑列车和桥梁之间的气动干扰。测试汽车气动力时，考虑列车、桥梁以及车道位置的影响，测量了六种汽车模型在0°～90°（以15°为间隔）风偏角下的气动力。图1为金海大桥主梁断面图，图2为汽车气动力测试现场照片。

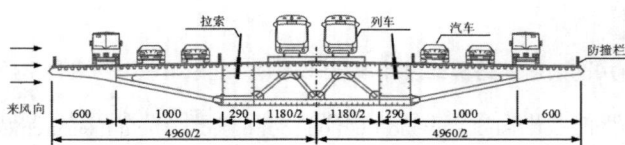

图 1 金海大桥主梁截面　　　　　图 2 风洞试验现场图

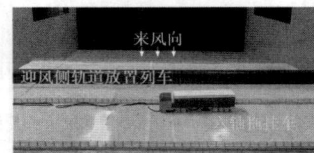

基金项目：国家自然科学基金项目（52208459，52478494），湖南省教育厅优秀青年基金项目（23B0312）

3 验证

分别与铁路和公路桥梁现场实测结果对比，验证基于耦合矩阵的列车-桥梁系统和汽车-桥梁系统振动响应计算方法的正确性。图3（a）和（b）给出了8车编组CRH3型高速列车以300km/h通过一座32m双线简支梁桥时桥梁跨中竖向位移和加速度的模拟和实测[1]时程曲线。图3（c）和（d）给出了一辆重型卡车以17.88m/s的速度通过一座三跨多片式组合梁桥时第三跨跨中竖向位移和加速度模拟和实测[2]时程曲线。从图中可以看出，模拟结果与实测结果吻合良好，验证了本文计算方法的准确性。

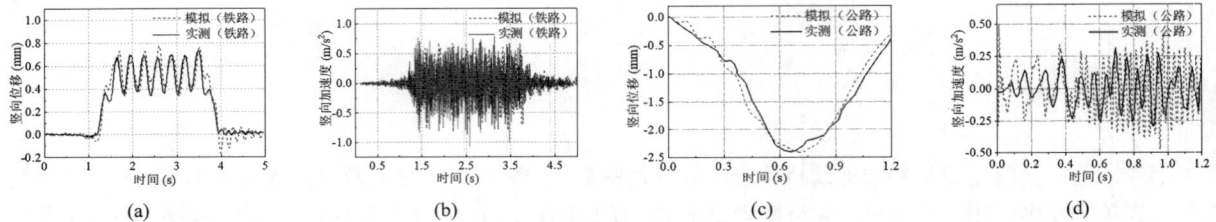

图3 简支梁桥主梁跨中位移和加速度时程曲线

4 计算效率分析

以横风下"一列8车编组CRH3型高速列车＋一辆汽车"通过金海大桥为计算背景，通过与传统分离迭代法对比，验证本文方法的计算精度和效率。计算时，平均风速考虑15m/s，脉动风速由Kaimal谱通过谱解法生成，轨道不平顺采用德国低干扰，路面不平度采用B级路面，列车和汽车的行驶速度分别为160km/h和100km/h，分离迭代法和本文方法的积分步长分别取1×10^{-4}s和1×10^{-3}s。图4给出了边跨跨中主梁竖向和横向位移、加速度计算结果。从图中可以看出，两种方法计算结果吻合良好。就计算效率而言，分离迭代法和本文方法耗时分别为23h和3.81h，计算时间缩短83.5%。

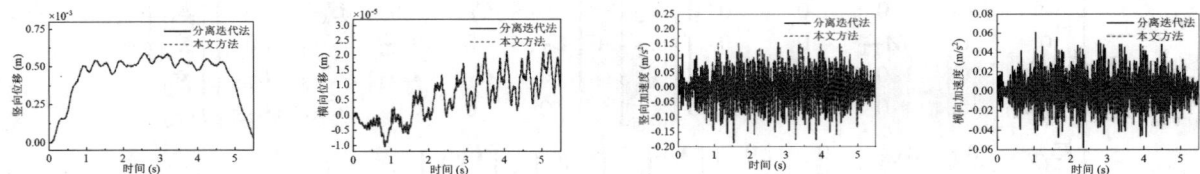

图4 金海大桥边跨跨中主梁位移和加速度时程曲线

5 结论

本文基于耦合矩阵提出了一种风-汽车-列车-大跨桥梁系统动力响应计算方法。该方法的优势是通过建立汽车-列车-桥梁整体耦合振动方程，避免了分离迭代求解引起的计算稳定性问题，显著提高了计算效率。通过与现场实测结果、分离迭代法计算结果对比验证了本文方法的准确性。就计算效率而言，本文方法较分离迭代法提高了近6倍。

参考文献

[1] 陈卓. 基于列车、轨道和桥梁之间相互作用的高速铁路桥梁设计参数研究[D]. 北京: 中国铁道科学研究院, 2020.

[2] DENG L, CAI C S. Identification of dynamic vehicular axle loads: Demonstration by a field study[J]. Journal of Vibration and Control, 2011, 17(2): 183-195.

个性化排风模式结合混合通风模式对高速列车客室内环境治理及飞沫影响的研究

徐任泽[1]，沈 炼[1]，伍 钒[2]

（1. 长沙学院土木工程学院 长沙 410022；
2. 中南大学交通运输工程学院 长沙 410075）

1 引言

高速列车因其运输能力强已成为最广泛的交通工具之一。然而，不同于其他公共室内环境，高速列车客室具有密闭空间、乘员密度高以及运行时间长的特点，这使得乘员对客室环境的敏感度显著提高。研究表明，不合理的通风系统会加剧生物气溶胶在列车密闭空间中的传播风险。近年来，全球范围内已发生多起在交通工具中的群体疫情事件，特别是新型冠状病毒病和猴痘等呼吸道疾病的蔓延[1-2]，造成了严重的经济损失和不良的社会影响。与此同时，乘坐舒适性始终是高速列车发展的核心方向与设计的顶层目标。因此，在呼吸道疾病常态化的背景下，为推动轨道交通的可持续发展，亟需研究和优化改善客室空气质量的通风技术，从而为乘员提供安全、舒适且节能的室内环境。

2 数值仿真方法

由于客室内的空气速度和压力波动较小，最大局部流速小于 $0.3Ma$。因此，可将客室内部空间中的流动介质看作为不可压缩状态。此外，为了模拟客室内乘员表面与周围空气的热交换过程，以及客室内部与外部运行环境之间的热交换过程，仿真计算中还考虑了温度场的影响，因此计算中引入了能量方程。考虑到 $k\text{-}\varepsilon$ 模型在预测室内流动方面的可靠性和广泛应用，选择此模型来完成必要的计算方程闭合求解飞沫的运动轨迹是基于拉格朗日框架下求解牛顿第二定律方程来进行评估。选择 Poly-Hexcore 网格对几何模型进行空间离散划分。针对本文所采用的湍流模型，由疏到密生成的三套计算网格，分别命名为粗网格、中网格和细网格，如图 1 所示。在设计三套网格时，客室内部的参考网格尺寸分别为 40mm、50mm 和 62.5mm。保持网格法向分辨率不变，流向和展向网格尺寸均按近似 1.3 倍的增长率进行逐渐加密。为正确模拟客室流场边界层内的空气流动规律，设置了 8 层棱柱层，增长率为 1.1。

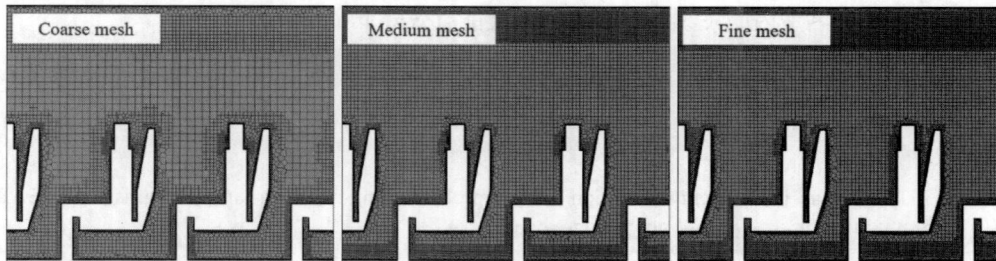

图 1 计算网格

3 仿真计算结果

在深入探索高速列车客室内飞沫的扩散和聚集现象之前，需要先理解室内空间流场的基本特性。图 1 展

基金项目：国家自然科学基金面上项目（52072413）

示了不同通风模式下客室横截面上的速度场和温度场分布情况，其中X方向截面位于客室中部区域第9排位置。图2（a）的结果表明，在 Scheme 1 作用下，客室内气流在横向上从两侧汇聚至中间过道，并受到来自客室顶部出风口的强射流效应影响（即机械力主导作用），使得气流在过道的垂直方向上呈下降趋势。尽管客室顶部的行李架结构对部分下降气流形成了阻碍，但室内流场仍形成了两个高度对称的大规模涡流结构 V1 和 V2。Scheme 3 的流场分布与 Scheme 1 相似。Scheme 2 则加剧了热浮力与机械力的共同作用，促使气流向上扩散，同时形成了充分循环的气流旋涡，并降低了气流速度。值得注意的是，个性化排风模式进一步降低了客室内的风速。图2（b）展示了客室中间区域的温度分布情况。根据 ASHRAE 标准，需要将就座者脚踝和头部区域的温差保持在3℃以内。可以看出，相比于 Scheme 1 和 Scheme 3，Scheme 2 和 Scheme 4 的客室内温度分布更加均匀。

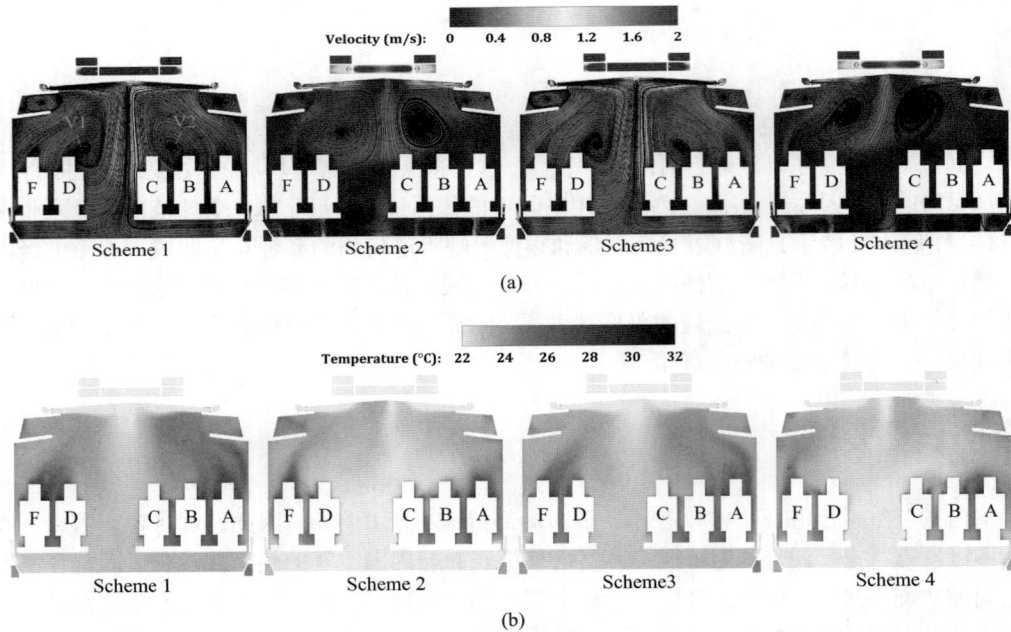

(a)

(b)

图2　高速列车客室内流场分布

4　结论

进入客室的气流很可能对 C 列乘员头部区域和过道区域产生直接影响，并在两侧各形成不同强度的气流涡。当采用侧壁送风时，气流在夹带作用下倾向于车厢顶部扩散。此外，将侧壁送风模式与个性化排风模式相结合，不仅可以降低客室内的飞沫悬浮数量，而且能有效降低扩散程度。

参考文献

[1] OU C, HU S, LUO K, et al. Insufficient ventilation led to a probable long-range airborne transmission of SARS-CoV-2 on two buses[J]. Building and Environment, 2022, 207: 108414.

[2] WANG Q, GU J, AN T. The emission and dynamics of droplets from human expiratory activities and COVID-19 transmission in public transport system: A review[J]. Building and Environment, 2022, 219: 109224.

基于气动导纳的桥上移动列车非定常气动荷载及走行性研究

刘　叶[1,2]，韩　艳[2]，胡　朋[2]，何旭辉[3]

（1. 湖南工业大学土木工程学院　株洲　412007；
2. 长沙理工大学土木工程学院　长沙　410114；
3. 中南大学土木工程学院　长沙　410075）

1　引言

由于侧风导致的列车失稳，进而引发的脱轨或倾覆事故时有发生[1-2]。针对侧风作用下高速列车的运行安全性开展研究具有重要意义。列车风荷载的精确模拟是准确评估横风作用下列车运行稳定性的关键因素。气动导纳作为风-车-桥（线）系统耦合振动模型精细化分析的重要参数，为横风作用下列车的非定常气动荷载模拟提供了重要支撑。因此，十分有必要在风致车辆响应分析中考虑移动列车气动导纳的影响。

2　桥上移动列车气动导纳识别

2.1　桥上移动列车数值模拟

以某公铁平层大跨度斜拉桥和 CRH2 型列车为研究对象，基于 CFD 数值模拟动网格技术建立桥上移动列车三维数值模型。整个计算域模型均采用结构化网格进行划分，对列车和桥梁周围的网格进行了细化，为了控制整体网格数量，远离列车和桥梁的静止区域使用了相对粗糙的网格。整个计算域网格、列车和桥梁表面与边界层网格见图 1。

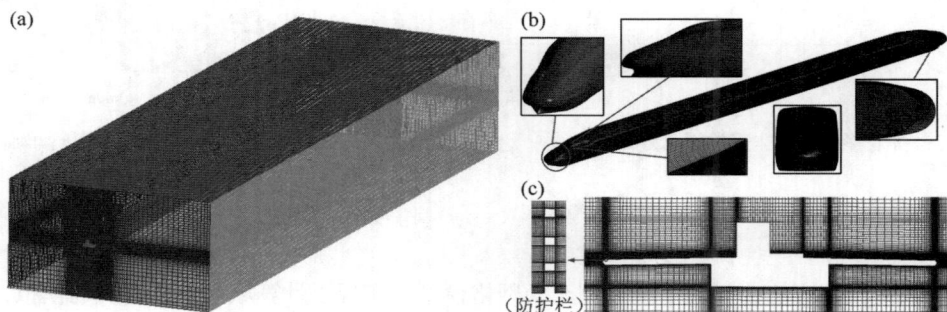

图 1　计算域网格、列车和桥梁表面与边界层网格

为确定合适的网格数量，进行了网格无关性验证。通过对比列车气动力系数和车-桥系统表面平均风压风洞试验结果与数值模拟结果，验证了本文数值模拟的可靠性。

2.2　随机合成湍流下桥上移动列车气动导纳特性研究

基于 NSRFG（Narrowband Synthesis Random Flow Generation）随机合成湍流生成方法，实现了计算域入口湍流速度场的精确高效地模拟。基于等效气动导纳法，推导出移动列车气动导纳数学表达式。以桥上静止列车为例，图 2 识别了列车的气动导纳。

基金项目：国家自然科学基金项目（52178452、52178451、52178450），湖南省教育厅科学研究项目（24C0282）

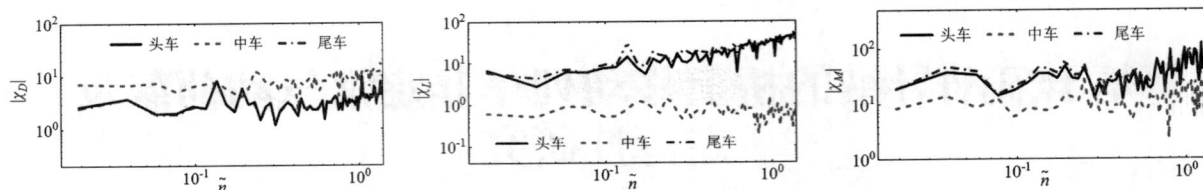

图 2　桥上静止列车气动导纳

3　非定常气动荷载作用下桥上移动列车走行性研究

3.1　桥上移动列车非定常气动力计算

利用气动权函数修正准定常结果，推导横风作用下桥上移动列车的非定常气动力计算模型。基于 SIMPACK 与 ANSYS 联合仿真方法，构建精细的风-列车-轨道-桥梁耦合振动模型。以头车为例，平均风速为 20m/s，车速考虑为设计速度 160km/h。图 3 对比了桥上移动头车非定常侧向力时程的准定常法结果和权函数法结果。相比于准定常法，利用权函数法得到的力脉动会存在一定的时间滞后，且权函数法模拟的移动列车风荷载时程曲线更为光滑，主要由于气动权函数具有一定滤波效应。

3.2　非定常气动荷载作用下桥上移动列车行车临界风速

特征风曲线是与列车运行安全相关的风险评估中最重要的输出，它定义了列车在各种行驶速度下超过安全指标极限值之前所能承受的临界风速。因此，图 4 给出了不同车速桥上头车行车临界风速。从图中可以看出，考虑权函数法得到的列车行车临界风速要低于准定常法，基于权函数法得到的横风下移动列车动力响应会使评估结果更准确安全。

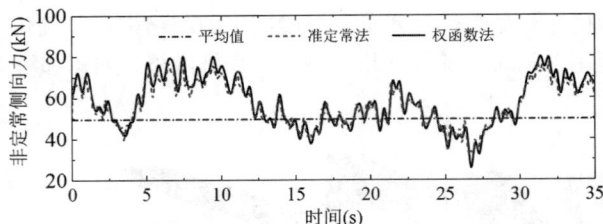

图 3　桥上移动头车非定常气动力时程曲线

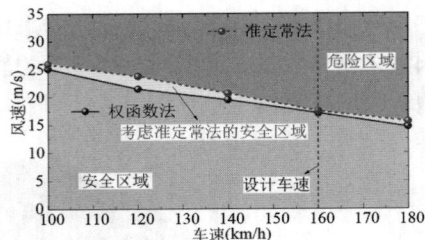

图 4　不同车速下桥上头车行车临界风速

4　结论

基于 CFD 数值模拟方法，建立了移动列车动网格模型，实现了计算域入口湍流风场模拟，识别了大跨度桥上移动列车气动导纳，开展了考虑列车气动导纳影响的非定常气动荷载作用下桥上移动列车的走行性研究。研究发现基于权函数法得到的横风下移动列车动力响应会使评估结果更准确安全。

参考文献

[1]　COLEMAN S A, BAKER C J. High sided road vehicles incross winds[J]. Journal of Wind Engineering and Industrial Aerodynamics, 1990, 36: 1383-1392.

[2]　LI T, ZHANG J Y, ZHANG W H. An improved algorithmfor fluid-structure interaction of high-speed traina under crosswind[J]. Journal of Modern Transportation, 2011, 19(2): 75-81.

风雨作用下高速列车-斜拉桥耦合振动研究

彭益华 [1,2]，何旭辉 [2,3]，敬海泉 [2,3]

（1. 广州航海学院智能交通与工程学院 广州 510725；
2. 中南大学土木工程学院 长沙 410075;
3. 高速铁路建造技术国家工程研究中心 长沙 410075）

1 引言

高速铁路在运营过程中难免遭受降雨的影响，确保风雨联合作用下高速列车在斜拉桥上的安全与平稳运行是保障高速铁路全天候运营的重要方面。以某铁路特大斜拉桥为工程背景，在以往研究降雨对高速列车气动特性[1]以及轮轨黏着系数[2]的基础上，利用多体动力学软件 SIMPACK 和通用有限元软件 ANSYS 建立风雨联合作用下高速列车-桥梁耦合振动联合仿真模型，在验证模型正确性的基础上，研究在不同降雨强度下，一列八车编组的 CRH-2 型列车在不同车速、不同风速工况下行驶在特大斜拉桥上的车桥耦合振动，分析降雨强度、列车行驶速度、平均风速等对桥上列车行车安全性、平稳性、桥梁振动响应的影响。

2 基于 SIMPACK 与 ANSYS 的车桥耦合振动联合仿真

SIMPACK 软件是德国开发的多体动力学分析软件包，功能强大，可视化强，其轮轨模块是目前世界上功能最强大的轨道车辆系统动力学数值仿真软件。通用有限元分析软件 ANSYS 建模快捷，操作简单，在建模计算结构质量、刚度、模态等方面比 SIMPACK 软件界面更友好，操作更方便。可见，SIMPACK 软件与 ANSYS 有各自的优势，因此，采用 SIMPACK 软件与 ANSYS 联合仿真是高效进行车桥耦合振动分析的方法。SIMPACK 中的高速列车-桥梁耦合振动模型如图 1 所示。

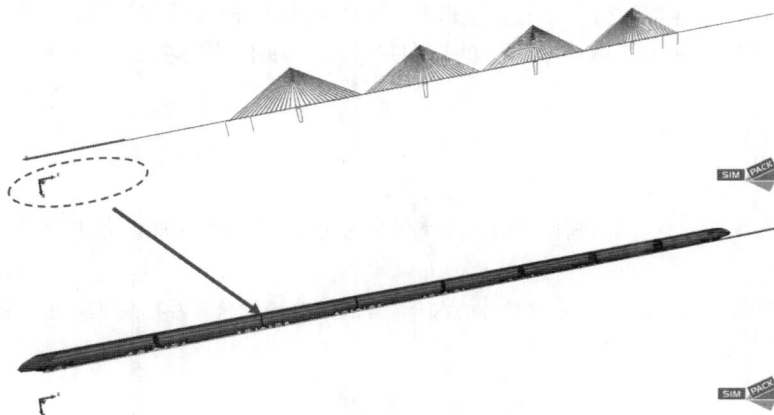

图 1　SIMPACK 中的高速列车-桥梁耦合振动模型图

3 结果及分析

车速对列车行车安全性的影响

如图 2 所示，在无雨（降雨强度为 0mm/h）时，随着车速的增大，头车、中车、尾车的脱轨系数、轮轴

基金项目：国家自然科学基金项目（51925808，U1534206）

横向力、轮重减载率和倾覆系数均迅速增大，在风速为 10m/s，车速为 350km/h 时，头车、尾车的轮重减载率和倾覆系数均已超过指标限值，中车的倾覆系数也已超过指标限值。与无雨时相比，降雨显著增大了头车、中车、尾车的脱轨系数和轮轴横向力，降雨强度越大，增大的幅度越大，降雨强度为 90mm/h 时，增大了 10%~25%，车速为 350km/h，风速为 10m/s 时，头车、中车、尾车的脱轨系数分别增大 9.9%、21.4%、21.2%，轮轴横向力分别增大 13.2%、25.3%、13.4%；降雨对列车头车、尾车的轮重减载率和倾覆系数有所增大，对列车中车的轮重减载率和倾覆系数有所降低，总体来说，降雨降低了列车的行车安全性，降雨强度越大，越不安全。车速不同时，降雨强度对各项列车安全性指标的影响幅度也不相同。

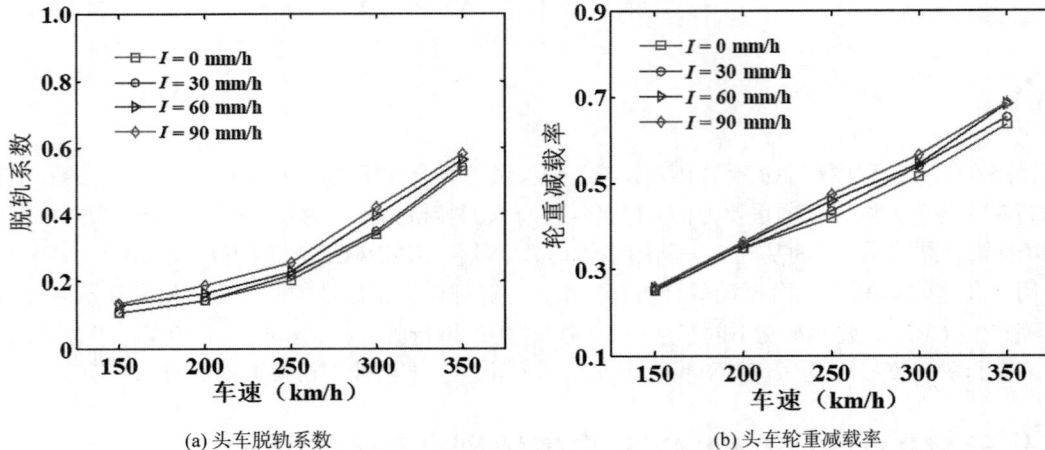

(a) 头车脱轨系数   (b) 头车轮重减载率

图 2   不同降雨强度下列车头车安全性指标随车速变化图

4   结论

降雨显著增大了头车、中车、尾车的脱轨系数和轮轴横向力，降雨强度越大，增大的幅度越大，总的来说，降雨降低了列车的行车安全性。降雨降低了头车、中车、尾车的车体横向加速度与横向 Sperling 指数，降雨强度越大，降低的幅度越大，尤其是在列车速度较大时，降低效果更加明显，列车速度越快，降低的幅度越大，降雨总体上有利于列车运行的平稳性。降雨对斜拉桥跨中横向位移基本无影响，但降雨增大了斜拉桥跨中的竖向位移、竖向加速度，减小了跨中的横向加速度；降雨强度越大，影响的幅度越大。

参考文献

[1] 彭益华, 何旭辉, 敬海泉, 等. 风雨耦合作用下高速列车气动性能的风洞试验研究[J]. 中南大学学报, 2021, 52(9): 3353-3365.

[2] 常崇义, 陈波, 蔡园武, 等. 基于全尺寸试验台的水介质条件下高速轮轨黏着特性试验研究[J]. 中国铁道科学, 2019, 40(02): 25-32.

湍流横风下桥上列车气动导纳识别及列车过桥行车安全性分析

严　磊[1,2,3]，李　妍[1]，李嘉隆[1]，林　泽[1]，高　敏[1]，何旭辉[1,2,3]

（1. 中南大学土木工程学院 长沙 410075；
2. 高速铁路建造技术国家工程研究中心 长沙 410075；
3. 轨道交通工程结构防灾减灾湖南省重点实验室 长沙 410075）

1　引言

随着列车运行速度不断提高，桥上列车运营的安全性受到密切关注。为了能够更好地评价桥上高速列车运行的安全性和平稳性，诸多学者对风-车-桥耦合作用下列车和桥梁的响应进行了研究。然而，传统风-车-桥耦合振动分析将桥上列车气动导纳假设为全频段为 1，未能考虑来流湍流的非定常效应，且忽略了列车和桥梁之间的气动干扰效应，因此，有必要采用试验的手段识别桥上列车气动导纳函数，并准确评估湍流横风下列车过桥时的行车安全性。

2　桥上列车气动导纳识别

2.1　试验布置

对钝体箱梁和流线型箱梁上 CR400 列车进行测压试验，通过眼镜蛇探针和扫描阀同时测试湍流场下桥上列车在不同风偏角时的来流湍流和抖振力，并识别出桥上列车气动导纳函数。湍流场的基本风参数如表 1 所示。桥上列车测压试验布置如图 1 所示。

湍流场的基本风参数　　　　　　　　　　　　　　　　　　　　表 1

平均风速（m/s）	L_{ux}（m/s）	L_{wx}（m/s）	I_u（%）	I_w（%）
9.776	0.265	0.100	8.85	7.37

(a) 钝体箱梁上列车　　　　　　　　　　(b) 流线型箱梁上列车

图 1　桥上列车测压试验

2.2　气动导纳识别值

采用传统三维一波数气动导纳识别出桥上列车气动导纳函数，部分结果如图 2 所示。从图中，我们桥梁类型对桥上列车有不可忽略的气动干扰，钝体箱梁上的列车侧向力气动导纳识别值在低频段大于流线型箱梁上列车的识别值，在高频段则小于流线型箱梁上列车导纳值。

基金项目：国家自然科学基金项目（52178516）和湖南省自然科学基金项目（2023JJ20073）

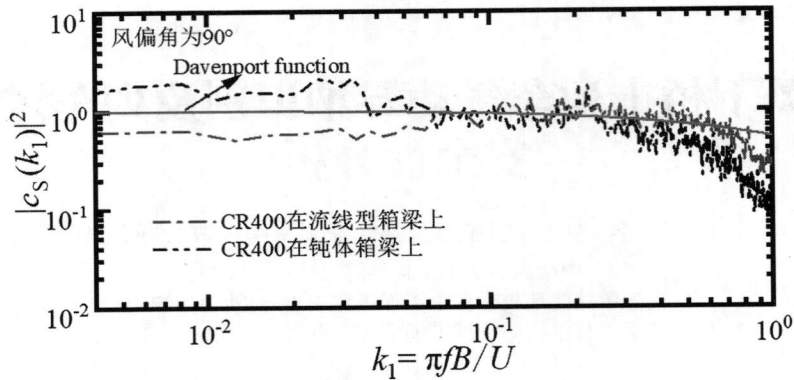

图 2　桥上列车三维一波数气动导纳

3　列车过桥安全性分析

3.1　分析方法

采用全过程迭代法[1]对湍流横风下列车通过某一大跨度流线型箱梁斜拉桥时振动响应进行计算，如图 3 所示。列车模型采用 8 节 CRH2 列车模型。采用三角级数叠加法模拟列车运行的轨道不平顺，并且采用等效风谱法和谐波合成法模拟不同平均风速下，探究风速对列车运行安全性的影响。

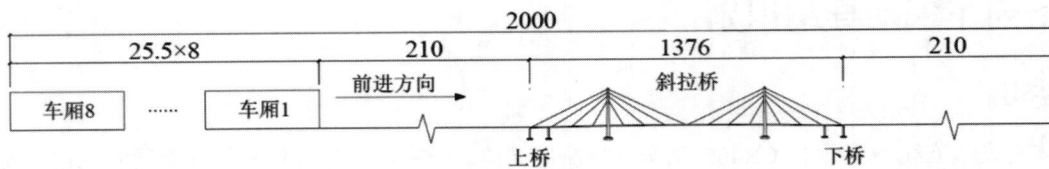

图 3　列车过桥示意图

3.2　分析结论

不同平均风速，考虑列车气动导纳函数影响下，列车运行的轮重减载率和脱轨系数最大值如表 2 所示。轮重减载率和脱轨系数最大值随着湍流横风风速增大而增大。

考虑气动导纳后轮重减载率和脱轨系数最大值　　　　　　　　　　　　　表 2

平均风速（m/s）	10	20	30
轮重减载率	0.5577	0.5533	0.5916
脱轨系数	0.3561	0.3827	0.4420

4　结论

桥梁对桥上列车有气动干扰，桥上列车气动导纳随桥梁类型变化而改变。有必要采用桥上列车气动导纳识别值开展精细化风-车-桥耦合振动分析。

参考文献

[1]　徐曼. 风与列车荷载作用下大跨度公铁两用斜拉桥静动力影响分析[D]. 北京: 北京交通大学, 2019.

同层公铁两用桥公路和铁路风屏障组合设置研究

宋　杰，吴金行，周孝亮

（武汉大学土木建筑工程学院　武汉　430072）

1　引言

同层公路铁路两用桥因其高净空和大承载能力被广泛应用，但超宽桥面较易引发强烈的横风效应，进而影响交通安全。为减缓横风效应的影响，超宽的同层共同两用桥通常布置多组风障[1]。现有研究主要集中于单一风障对气流和车辆、列车气动影响[2-3]，缺乏对多组风障协同作用及其对桥梁整体气动荷载的研究。本文通过风洞试验研究不同风障布置对风速分布、车辆、列车及桥梁气动荷载的影响，提供优化方案。

2　研究内容

风洞试验在武汉大学完成，桥梁模型基于某同层公铁两用桥，缩尺比 1：50。试验设置 10 种工况，CA 0-9 分别是 Case E0I0、Case E7I0、Case E7I7、Case E3I7、Case E5I7、Case E5I5、Case E3I5、Case E3I3、Case E0I7 和 Case E5I0，其中 E 和 I 分别代表了两外侧和两内侧风屏障，数字 0、3、5、7 分别对应风屏障模型高度 0、30mm、50mm、70mm。

2.1　风屏障对同层公铁两用桥风场的影响研究

使用移测架和眼镜蛇风速仪在 10 个工况下测得桥上各车道的风剖面，并利用基于格子玻尔兹曼方程的 XFLOW 数值模拟软件对桥梁风场进行模拟，获得全局的流场信息。通过研究多个车道风剖面和全局流场情况，评估风屏障的保护效果和挡风机理。

2.2　风屏障对桥上列车和卡车气动荷载影响的研究

采用同步测压风洞试验获得多个工况下机动车和列车模型的表面风压，以此为基础分析了风屏障对于机动车和列车的气动参数系数，并通过研究气动系数开展了风屏障高度及组合设置方式对于行车安全分析。

2.3　风屏障对于桥梁气动荷载的影响研究

使用高频测力天平测量风屏障的整体气动力，结合多点同步测压试验获得桥梁的风荷载，从而获得有、无风屏障多个工况下的桥梁气动特征，分析风屏障高度及组合设置方式对于桥梁气动力的影响。

3　结果分析

3.1　风场试验

如图 1 所示，在无风屏障时，桥梁表面风速接近来流风速；仅设置外侧公路风屏障能显著降低风速，特别是在 4m 高度处，风速为来流风速的 0.5 倍；而仅设置里侧铁路风屏障效果较差，部分车道风速仍较高。公路风屏障高度为 2.5m 或 3.5m 时，铁路风屏障高度变化对流场影响较小。

3.2　桥上列车和卡车气动荷载

通过对比 10 个工况下列车和卡车的气动特性，发现在未设置公路风屏障时，列车气动力较大，倾覆力矩系数（C_M）约为 0.5，仅设置外侧公路风屏障后，C_M 降至 0.1，且随着风屏障高度增大，气动力进一步减小。仅设置铁路风屏障效果较差，气动力降低幅度小；公路与铁路风屏障组合设置时，铁路风屏障对列车气动力影响较小。对于卡车，未设置风屏障时，气动系数较大，最大 C_M 为 1.016；仅设置公路风屏障后，气动系数显著降低，风屏障高度越高，气动系数越小；设置铁路风屏障对卡车影响较小，且随着公路风屏障高度增大，影响逐渐减弱。

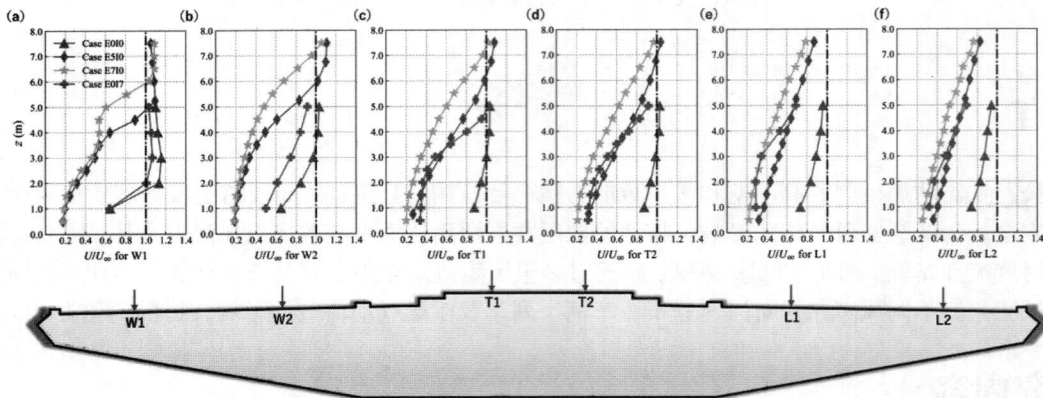

图 1　Case E0I0、Case E5I0、Case E7I0、Case E0I7 工况下不同车道的风剖面图

3.3　桥梁气动荷载

当桥梁未安装公路风屏障时，桥梁阻力最大，为 1.427N；设置公路风屏障后，阻力显著降低至约 1N。第一道风屏障自身阻力最大，阻力系数约为 1.1，且随着风屏障高度增加，阻力也随之增大。风屏障的设置显著增加桥梁整体受力，尤其是公路风屏障对阻力的增加幅度更大。公路风屏障高度固定时，铁路风屏障高度的增加对桥梁整体阻力影响较小，除了铁路风屏障高度远大于公路风屏障（如 Case E3I7 工况）。

4　结论

通过风洞试验和模拟研究得出以下结论：（1）外侧公路风屏障能显著降低桥面风速，减速效果明显优于内侧铁路风屏障，增加铁路风屏障后风速降低效果提升不明显。（2）外侧公路风屏障使车辆气动系数降幅接近 90%，而铁路风屏障降幅较小，且额外设置铁路风屏障对气动系数改善效果有限。（3）风屏障的设置增加桥梁整体气动力，外侧公路风屏障所受气动力明显大于内侧铁路风屏障，且风屏障高度增加时桥梁气动力显著上升。因此，推荐在超宽桥面桥梁外侧设置 2.5m 高风屏障，内侧不设置风屏障。

参考文献

[1]　WANG M, WANG Z, QIU X, et al. Windproof Performance of Wind Barrier on the Aerodynamic Characteristics of High-Speed Train Running on a Simple Supported Bridge[J]. Journal of Wind Engineering and Industrial Aerodynamics, 2022, 223: 104950.

[2]　向活跃. 高速铁路风屏障防风效果及其自身风荷载研究[D]. 成都: 西南交通大学, 2013.

[3]　KWON S, KIM D H, LEE S H, et al. Design Criteria of Wind Barriers for Traffic -Part 1: Wind Barrier Performance[J]. Wind and Structures An International Journal, 2011, 14(1): 55-70.

双线高速铁路桥梁风屏障最优气动选型的参数研究

张佳文，曾旸凌，周懿桐，符宇轩

（吉首大学土木工程与建筑学院 张家界 427000）

1 引言

随着我国内陆强风区与沿海强风区高铁线路的修建与运营，强风环境下桥上高速列车的安全平稳运行越来越受到关注[1-2]。为保障桥上高速列车在强风环境下的运行安全性和舒适性，准确确定风屏障气动选型参数（高度与透风率）和列车气动力的关系是风屏障气动选型参数设置的前提[3]。本研究基于计算流体动力学理论，以典型双线高速铁路高架桥和 CRH3 型列车为背景，研究风屏障对车桥组合状态下列车的风压分布和各面气动力分布特征的影响，以累计控制侧倾力矩为依据，通过逼近法找到最优的风屏障气动选型参数，进一步研究风屏障的气动影响机理。

2 数值计算模型

为了保证数值计算模型的尺寸、细节以及所处风环境与实际情况保持一致，数值模型几何缩尺比为 1：20，如图 1 所示。列车模型采用了三车编组（头车＋中车＋尾车）模型，忽略细部结构（电弓、转向架、车窗、车门以及风挡等部件）的影响。桥梁模型采用三跨 32m 简支箱梁桥，忽略了栏杆的影响。风屏障模型采用直接模拟法，其透风孔隙形状为矩形。

在计算域中，设定列车沿 Y 轴正向行驶，侧风沿 X 轴正向，列车以单车稳态运行时，马赫数小于 0.3。此时按不可压缩定常流动问题处理。由于不同风屏障参数下的模型分块复杂，较难保证网格数量的一致，需通过偏斜率、长宽比等控制网格参数来保证网格质量的一致性，其中非结构网格质量大于 0.3。不同风屏障模型的网格数约为 460 万～540 万，并经过网格数量无关性验证。

湍流模型采用 RNG $K\text{-}\varepsilon$，扩散项采用二阶中心差分格式，对流项采用二阶迎风格式离散。综合计算精度及计算效率两个因素，经多次试算，亚松弛因子取 0.5，时间步长为 0.001s，取每个时间步内迭代步数为 50 步（以每个时间步内残差衰减至基本平稳所需的最小步数确定迭代步数），且监测气动力参数以保证时间步内的计算收敛。

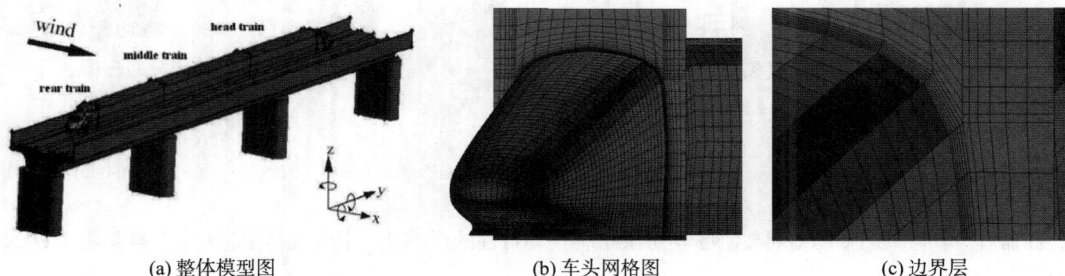

(a) 整体模型图　　　　(b) 车头网格图　　　　(c) 边界层

图 1 列车-桥梁-风屏障数值模型与网格划分图

3 计算工况

计算工况如下：（1）来流风速：10m/s、12.5m/s、15m/s。（2）车辆运行路线：迎风侧路线与背风侧路

基金项目：国家自然科学基金项目（52268049），湖南省自然科学基金(2023JJ30492)，湖南省教育厅科学研究项目（23B0508）

线。（3）风偏角：0°、10°、20°、30°、40°、60°、90°。（4）风屏障气动选型参数：风屏障高度为0、2、3、4、5m；透风率分别为0%、30%、40%、50%、60%。

4　结论

风屏障能有效改善运行于桥上高速列车气动性能。设置风屏障后，列车的六分力气动系数显著减小，但当风屏障增加到某一高度后列车气动系数随风屏障高度变化不明显。随着风屏障透风率的增大，挡风效果越差，列车气动力系数增大趋势明显，列车运行安全性将下降。（图2、图3）

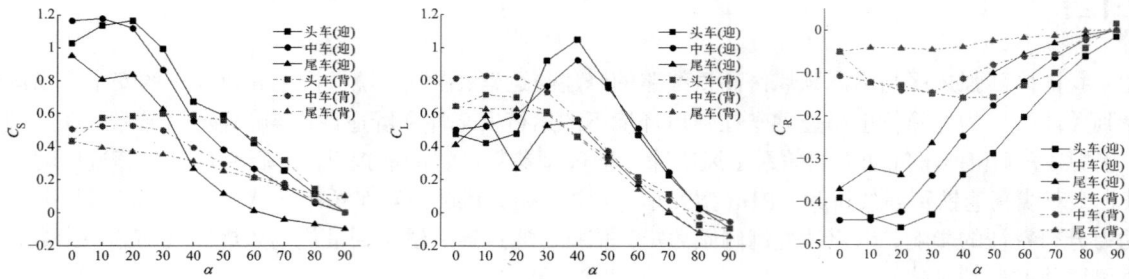

图2　无风屏障时车辆气动系数曲线

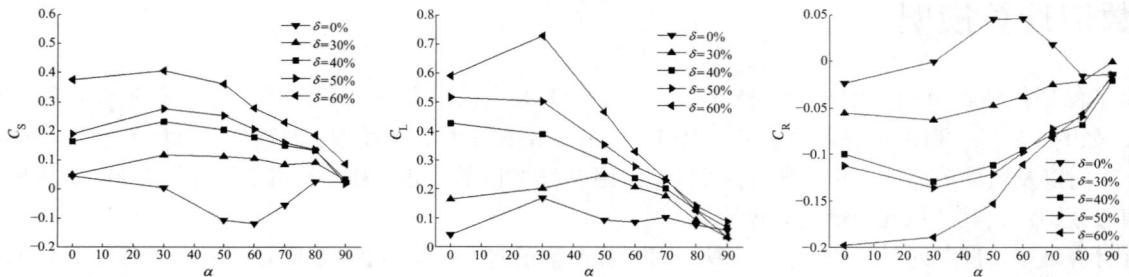

图3　最优风屏障参数时车辆气动系数曲线

风屏障的设置有效改变了列车车身周围气流的流动方式、气流速度大小，旋涡的分布以及静压分布等，因此风障能有效改善强侧风作用下运行于桥梁上的高速列车气动性能。（图4、图5）

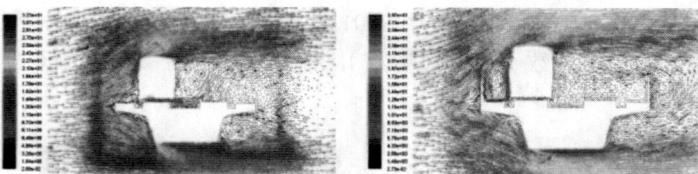

图4　速度矢量分布图　　　　　　图5　静压分布云图

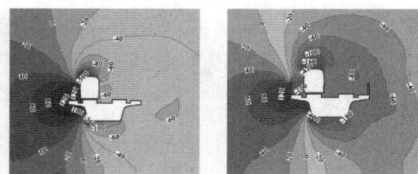

参考文献

[1]　李睿, 陈嘉辉, 李鹏. 横风下风屏障对列车-桥梁系统气动特性的影响[J]. 中南大学学报（自然科学版）, 2024, 55(10): 3982-3997.

[2]　CHEN X Y, LIU Z W, WANG X G, et al. Experimental and numerical investigation of wind characteristics over mountainous valley bridge site considering improved boundary transition sections [J]. Applied Sciences. 2020, 10(3): 751-757.

[3]　汪震, 邹云峰, 何旭辉, 等. 主梁断面差异对大跨桥上风屏障防风性能影响的风洞试验研究[J]. 中南大学学报（自然科学版）, 2023, 54(4): 1416-1425.

风致多重灾害问题

不同湍流下树木风致响应概率分布特征的风洞试验研究

郝艳峰[1]，黄 斌[2]

（1. 山西工程科技职业大学建筑工程学院 晋中 030619；
2. 海南大学土木建筑工程学院 海口 570228）

1 引言

在结构风工程中，风致响应通常被假设为服从高斯分布[1]。研究表明，上风方向的风速通常服从典型的高斯分布，而树干加速度则表现出非高斯分布[2]。通常采用风压的高阶统计矩确定不同结构形式和区域的非高斯判别准则[3]。由于结构的气动形状各异，仅基于偏度和峰度来划分高斯和非高斯区域是不充分的。Huang 等人引入了统计累积分布概率的概念，通过分析不同风向下的峰度和偏度，提出了80%累积分布概率作为区分高斯和非高斯分布的判别标准[4]。由于测试方法的限制，针对树木风致响应概率分布特征和非高斯判别准则的研究相对较少。因此，本研究的主要目标是研究不同湍流下树木风致响应的概率分布特征与非高斯分布判别准则。

2 材料与方法

2.1 树木缩尺气弹模型

基于实测数据和有限元模型分析，获取了原型树的树冠形状、构件尺寸和动力特性。根据相似参数要求，针对原型树的特点，设计了缩尺模型的树干、树枝、树叶和整体树冠形状。通过逐层添加树叶至树冠框架上，构建了八种不同树冠形态（C1～C8）。

2.2 风场模拟与试验工况

在风洞中设置了 0.05、0.09、0.12 和 0.19 四种湍流度不同的风场。测试了不同树冠形态下模型在不同来流风和风速下的风致响应。模型风致响应风洞试验布置见图 1。通过对比实测树木的气动力系数，风洞试验结果在其范围之内，表明周围测试设备对试验干扰较小[5]。

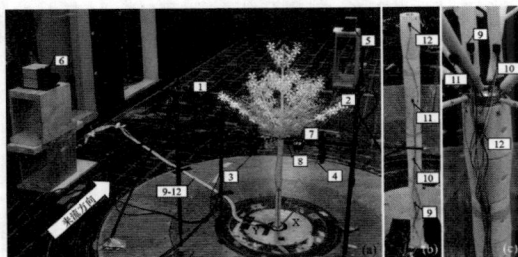

图 1　模型风致响应风洞试验布置图

基金项目：国家自然科学基金项目（52068019），海南省自然科学基金（522RC605，520QN231），山西省高等学校科技创新项目（2024L427），山西省统计科学研究项目（2024Y027）

3 结果与分析

概率分布特征

图 2 为在四种不同湍流强度（$I_u = 0.19$、$I_u = 0.12$、$I_u = 0.09$ 和$I_u = 0.05$）下工况 C2（无叶）和 C8（540个叶簇）树冠中心位移概率分布特征。由图可知，在高湍流度（$I_u = 0.19$）下，C2 的概率分布较宽，具有明显的分布尾部，表明树冠中心位移存在较大的变化性；C8 的概率分布较 C2 更宽，尾部更加显著，表明叶片的存在显著增加了树冠中心位移的变化性和极值事件的概率。随着湍流度降低（$I_u = 0.12$ 和$I_u = 0.09$），C2 的概率分布逐渐收敛，变得更加集中，宽度减小，表明树冠中心位移的变化性有所减弱；C8 的概率分布逐渐变窄，但与 C2 相比，分布仍然更加宽广，尾部仍然较长。在最低湍流度（$I_u = 0.05$）下，C2 的概率分布变得尖锐且更加集中，表明树冠中心位移的稳定性显著提高，变化性显著减小；C8 的概率分布进一步收敛，形状更加尖锐，但与 C2 相比，其分布宽度和尾部仍然较大。C2 和 C8 树冠中心位移概率分布在低湍流度（$I_u = 0.05$）下最接近高斯分布，对称性强，尾部短；而在高湍流度（$I_u = 0.19$）下，分布显著偏离高斯分布，尾部增加，宽度增大。叶片数量的增加（从 C2 到 C8）使其高斯拟合曲线形状更宽，尾部偏离更加明显。

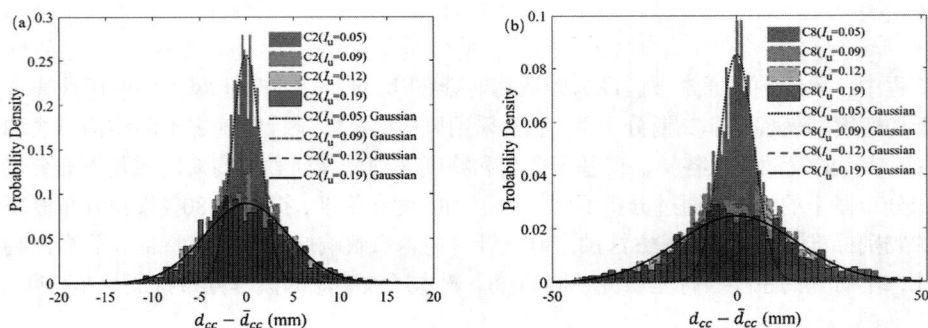

图 2 树冠中心位移概率分布拟合

4 结论

湍流度和树叶数量共同决定了树冠中心位移的概率分布特性。较高的湍流度导致概率分布宽度增加，尾部更加显著；树叶的存在则进一步放大了这种变化性，即使在较低湍流度下（$I_u = 0.05$），有叶情况下的树冠中心位移变化性和极值事件概率显著高于无叶情况。

参考文献

[1] GIOFFRE M. Wind-induced peak bending moments in low-rise building frames. J. Eng. Mech., 1999, 126(8) 879-881.

[2] 吴红华, 徐海杰, 李正农, 等. 柳树风致响应的实测分析与预测[J]. 湖南大学学报（自然科学版）, 2021, 48(9): 163-172.

[3] CHEN F B, ZHANG T, YI J R, et al. Non-Gaussian characteristics and extreme wind pressure of long-span roof under various approaching flow turbulences[J]. Building Engineering, 2023, 76: 107266.

[4] HUANG B, LIU J K, LI Z N, et al. Analysis of wind pressure characteristics of typical agricultural greenhouse buildings on tropical islands[J]. Advances in Aerodynamics, 2024, 6(1): 1-21.

[5] LI Z N, HAO Y F, KOPP G A, et al. Multimodal dynamic characteristics of a decurrent tree with application to a model-scale wind tunnel study[J]. Applied Sciences, 2022, 12: 7432.

V 形深切峡谷区风雪联合分布研究

杨伟栋[1,2,3]，李天水[1]，刘庆宽[1,2,3]，王香颖[1]，姚中群[1]，李　焕[1]

（1. 石家庄铁道大学 土木工程学院 石家庄 050043；

2. 石家庄铁道大学 省部共建交通工程结构力学行为与系统安全国家重点实验室 石家庄 050043；

3. 河北省风工程和风能利用工程技术创新中心 石家庄 050043）

1　引言

高海拔深切峡谷地区常面临强风、低温和降雪等极端天气，风雪的时空分布受地形和气候等因素的共同影响，长期降雪必然会对当地居民生产生活及安全带来严重威胁。本文通过双欧拉方法，首先对开阔空间静风条件下气流与雪粒的相互作用进行了研究，分析了雪粒尺寸、密度以及降雪量对风雪流动状态的影响，并确定了雪颗粒的沉降速度与雪颗粒性质以及降雪量的定量关系。而后，研究了 V 形深切峡谷区风雪两相流运动特性，分析了峡谷不同地区的雪分布模式，得到了风速、风向、降雪、地形和雪粒径对峡谷空间雪分布的影响。综上所述，本研究深入分析了开阔空间风雪耦合特点以及 V 形深切峡谷地区风雪联合分布特征，为理解和预测复杂地形中的风雪灾害提供了重要参考，并为风雪灾害防护措施的制定提供了理论依据。

2　结果分析

2.1　开阔空间静风条件下风雪两相流相互耦合分析

飘雪的自由沉降是研究风雪两相流的基础。本节通过双欧拉方法对开阔空间中的飘雪自由沉降过程进行了数值模拟分析，探讨了不同雪颗粒粒径（150～600μm）、雪颗粒密度（150～900kg/m³）以及雪相体积分数等因素对雪颗粒沉降速度和风场特性的影响。研究结果表明（图1），当雪相体积分数较小时，雪颗粒沉降速度随着颗粒密度的增大而减小，且随着颗粒尺寸的增大，沉降速度也会降低，这与理论值一致校核，且此时风场受到雪颗粒影响较小。而当雪相体积分数较大时，雪颗粒的沉降速度随体积分数的增加而增大，且风场受雪颗粒的影响明显增大。最终，本研究得到了雪颗粒及风场沉降速度与颗粒物性和体积分数之间的定量关系。

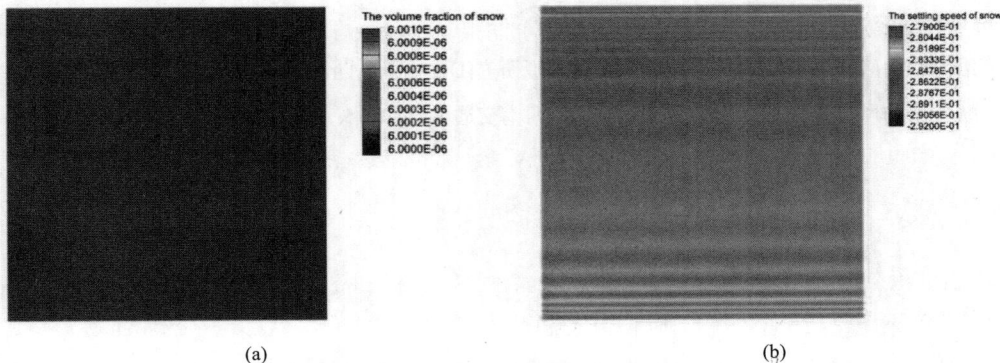

(a)　　　　　　　　　　　　　　　　　(b)

图1　（a）静风条件下降雪的体积分数和（b）沉降速度

2.2　V 形深切峡谷风雪联合分布研究

图2展示了 V 形峡谷地形。由于其独特的地形结构，V 形峡谷常对风雪流场产生复杂的影响。风雪两相流在峡谷地形中的流动特性与平坦地区截然不同。峡谷地形引发的空气加速效应和气流偏转，导致峡谷内风速和雪浓度分布呈现显著的不均匀性。在此背景下，本研究通过构建 V 形峡谷地形下的风雪两相流模型，深

入探讨了峡谷空间中风雪的联合分布特征，并定量分析了不同风速、风向、颗粒尺寸和降雪量条件下，峡谷空间内以及峡谷边壁处的风场和雪场浓度分布特征。

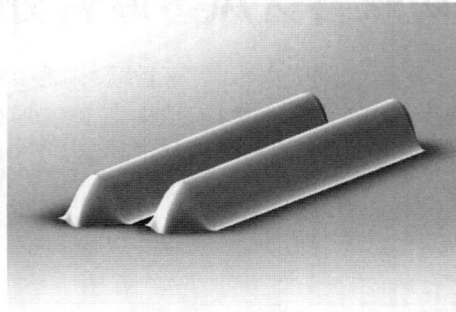

图 2　V 形峡谷地形

3　结论

（1）当雪相体积分数较小时，雪颗粒沉降速度随着颗粒密度的增大而减小，且随着颗粒尺寸的增大，沉降速度也会降低；当雪相体积分数较大时，雪颗粒的沉降速度随体积分数的增加而增大，且风场受雪颗粒的影响明显增大。

（2）风速和风向对峡谷空间内雪的不均匀分布有明显的影响，而雪的物性以及降雪量影响较小。

参考文献

[1]　中国新闻网. 2014 年新疆气候"历史之最"：灾害之重创下历史极值[EB/OL]. (2015-01-23) [2020-12-05]. https://www.chinanews.com/df/2015/01-26/7006101.shtml.

[2]　管小平, 杨宁. 基于介尺度稳定性条件的多相流曳力与群体平衡模型[J]. CIESC Journal, 2022, 73(6): 2427-2437.

[3]　沈萍, 陈向东. 微生物学试验[M]. 4 版. 北京: 高等教育出版社, 2007: 28-34.

[4]　WANG Z S, HUANG N. Numerical simulation of the falling snow deposition over complex terrain[J]. Journal of Geophysical Research-Atmospheres, 2017, 122(2): 980-1000.

[5]　NAAIM M, NAAIMBOUVET F, MARTINEZ H. Numerical simulation of drifting snow: erosion and deposition models[J]. Annals of Glaciology, 1998, 26: 191-196.

[6]　庞加斌. 沿海和山区强风特性的观测分析与风洞模拟研究[D]. 上海: 同济大学, 2006.

[7]　丁海平. 峡谷平均风空间分布特性研究[D]. 成都: 西南交通大学, 2015.

温室大棚风夹雹耦合灾害机理试验研究

戴益民 [1,2]，刘泰廷 [1,2]，罗　浩 [1,2]，龙彦文 [1,2]

（1. 结构抗风与振动控制湖南省重点实验室　湘潭 41000；
2. 湖南科技大学土木工程学院　湘潭 41000）

1　引言

应急管理部自然灾害统计表明[1]：在强风尤其风夹雹共同作用下，量大面广温室大棚（拱形膜类柔性大棚、玻璃及光伏板刚性温室）因灾受损严重，因此，温室大棚风致及风雹灾害减灾防灾成为社会发展亟需面对的现实问题。谢小妍等[2]利用风洞试验研究了华南型单栋塑料温室不同风向角下风荷载体型系数大小和分布规律，讨论了外伸部分对温室风荷载的影响。杨再强等对拱形膜类塑料大棚表面风压及其分布规律进行研究，提出此类大棚分区域风灾临界风速。Yang 等[3]对单跨塑料温室和日光温室进行风洞试验对比研究，提出了两类温室表面风压临界损毁风速极值。

综上，国内外学者针对温室大棚风载特性以及其设计与优化方面研究有一些研究进展，但是，温室大棚风致灾害影响机理尚未明确，尤其温室大棚风雹灾害机理及其减灾防灾综合防治研究基本空白。论文借鉴前期研究方法及成果[4-5]，基于自研适用于风洞试验的冰雹发射及采集一体化系统及 LS-DYNA 软件，综合研究了风特性参数（风速、湍流度及攻角）、冰雹（冲击速度、粒子粒径及其含棉量）等参数对冰雹冲击行为的影响，并揭示了风夹雹所致温室大棚破坏机理，为国内量大面广温室大棚风雹灾害减灾防灾提供了建设性的参考。

2　风夹雹耦合试验

2.1　试验材料

本试验在湖南科技大学风工程研究中心的平直流吸入式低速风洞中进行，试验使用专业冰雹粒子模具制备不同尺寸且符合试验要求含棉率 6.0% 的冰雹粒子。获取如下相关试验成果。

2.2　试验系统与试验成果

试验系统与结果如图 1、图 2、表 1～表 3 所示。

图 1　风雹耦合试验系统图

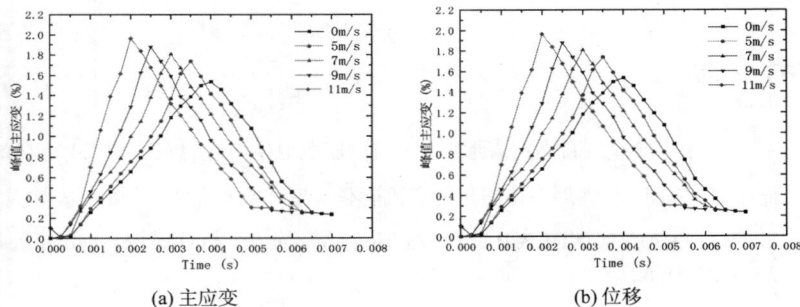

(a) 主应变　　　　　　　(b) 位移

图 2　不同风速下 2.8cm 冰雹冲击时程图

基金项目：国家自然科学基金项目（52178478）

PO 无滴膜材料强度参数 表 1

参数名称	纵向	横向
拉伸强度（MPa）	33.7	31.9
断裂伸长率(%)	668	751
角撕裂强度（kN/m）	82	103

11m/s 风速的不同风向角下各粒径冰雹冲击力峰值 表 2

冰雹粒径 Hail diameter（mm）	4 种风向角下的冲击力峰值 Peak impact forces at four wind direction angles（N）				
	0°	15°	30°	45°	60°
20	91.72	86.42	82.98	74.74	62.77
25	100.99	95.16	91.63	84.45	75.69
30	118.85	114.94	108.54	100.96	91.50

不同影响因素对冲击力及破坏情况的相关性 表 3

	各影响因素的皮尔逊相关系数 Pearson correlation coefficients of influencing factors				
	风速	粒径	风向角	冲击力	破坏情况
冲击力	0.634	0.459	−0.379	1	0.957
破坏情况	0.579	0.532	−0.325	0.957	1

3 结论

采用自研适用于风洞开展风夹雹所致结构耦合灾害试验研究的发射及同步采集的一体化装置，获取以下主要结论：

（1）风特性参数影响冰雹冲击行为明显，冰雹粒径越小受风速影响减小但风向角影响愈大；

（2）风速影响冰雹冲击力明显，风速越大，冰雹冲击作用时间越短，其到达冲击力峰值速度越快，冰雹的冲击力峰值越大，且强风裹挟下的冰雹致损能力更强；

（3）冰雹冲击力峰值随着风速和冰雹速度的增大而增大，且冰雹速度对冰雹破碎状态影响明显，冰雹破碎粒度分布以及能量转化皆与冲击速度关系紧密，冰雹速度越大，其断裂耗能越大，小粒度的冰雹颗粒越多；

（4）湍流度对冰雹冲击力影响明显，湍流度越大，冰雹冲击历时越长，达到冲击力峰值速度越慢，冲击力峰值越小；

（5）冰雹冲击能量主要集中在低频段；冰雹多次冲击的过程中产生的叠加效应在低频段累积了更多的能量，诱发了结构的低频共振。

参考文献

[1] 2024 年上半年全国自然灾害形势公布[J]. 职业卫生与应急救援, 2024, 42(4): 445.

[2] 谢小妍, 陈凯. 华南型单栋塑料温室风荷载模拟试验研究[J]. 农业工程学报, 2000(5): 90-94.

[3] YANG Z Q, LI Y X, XUE X P, et al. Wind loads on single-span plastic greenhouses and solar greenhouses[J]. HortTechnology, 2013, 23(5): 622-628.

[4] 戴益民, 徐瑛, 李怿歆, 等. 工程结构抗冰雹冲击研究进展及展望[J]. 湖南大学学报（自然科学版）, 2023, 50(1): 228-236.

[5] DAI Y M, WANG W, XU Y, et al. Experimental study on the influence of turbulence on hail impacts[J]. Scientific Reports, 2024, 14(1): 18317.

基于改进有限面元法的某拱形屋面风致雪漂移模拟研究

莫华美，罗志恒，范　峰

（哈尔滨工业大学土木工程学院 哈尔滨 150090）

1　引言

雪荷载的正确设计，是结构安全的重要保障。深入开展屋面雪荷载方面的系统研究，具有重要科学意义和工程指导价值。目前的屋面雪荷载研究手段主要包括现场实测、风洞（或水槽）试验以及数值模拟研究三种[1]。然而，目前的试验和数值模拟方法几乎都只适合对单一事件的研究，难以结合当地的历史气象资料、给出具有明确概率含义的屋面积雪分布系数。有限面元法（FAE）作为一种简化的数值模拟方法，在计算精度可接受的同时，具有概念明确、原理简单、计算速度快的特点，十分适用于对屋面风致雪漂移进行全过程时程分析。但是，初始的有限面元法模型在计算各面元雪通量时采用了地面上饱和状态的积雪质量传输率公式，不甚合理。为此，本文考虑积雪漂移发展距离对积雪质量传输率的影响，为不同位置的面元分别计算不同的积雪质量传输率，以更好地模拟屋面上积雪漂移的发展和积雪重分布，并采用改进后的有限面元法对某一拱形屋面风致雪漂移结果进行了模拟，验证了该改进有限面元法的有效性。

2　改进有限面元法

有限面元法最初由 Gambel 等人[2]提出，该方法将实际屋面划分为若干个网格单元，而后根据特定风速、风向下各网格单元节点的风场数据，通过雪通量公式计算各网格单元节点的雪通量，Gamble 等人[2]选用的雪通量计算公式为：

$$q = c \cdot U^2(U - U_{\text{th}}) \tag{1}$$

式中，U为屋面上方 1m 高度处风速；U_{th}为相应的阈值风速，取 4m/s。

$\text{d}t$时间内面元网格内的积雪质量变化量为：

$$\text{d}m = \text{d}t \cdot (q_1 l_1 + q_2 l_2 - q_3 l_3 - q_4 l_4) + M_{\text{fall}} - M_{\text{melt}} \tag{2}$$

式中，$q_1 \sim q_4$分别为通过网格四边的雪通量，$l_1 \sim l_4$分别为网格四个边界的边长，$\text{d}t \cdot (q_1 l_1 + q_2 l_2 - q_3 l_3 - q_4 l_4)$为$\text{d}t$时间内，风致雪漂移造成的面元网格内积雪质量变化量；M_{fall}为$\text{d}t$时间内自然降雪导致的积雪质量增加量；M_{melt}为$\text{d}t$时间内因升华、融化等现象造成的积雪质量减少量。

本文考虑积雪漂移中积雪质量传输率随发展距离的变化规律，按各面元对应的实际发展距离计算积雪质量传输率。所采用的积雪漂移发展函数为 Qiang 等人[3]推荐的正弦发展函数：

$$\frac{Q(x)}{Q_{\text{sal}}} = \sin\left(\frac{\pi}{2}\frac{\min(L, x)}{L_{\text{sal}}}\right) \tag{3}$$

式中，$Q(x)$为目标点的积雪质量传输率，Q_{sal}为地面上积雪漂移饱和状态下的积雪传输率，L为顺风向屋面尺寸，L_{sal}为积雪漂移达到饱和状态所需长度。

3　某拱形屋面风致雪漂移模拟

该大跨度拱形屋面建筑为一座位于奥斯陆的体育场馆，建筑总尺寸为 123m × 116m × 25m，建筑屋顶由半径为 60.5m 的四分之一圆柱面构成，拱形屋面的跨度约为 85m，拱形屋面的两侧由平屋面构成，建筑左侧

基金项目：国家自然科学基金项目（51927813）

平屋面的长 123m、高 8m、宽 10m，右侧平屋面的长 123m、高 10m、宽 21m。文献[4]给出了 2007 年 2 月 19 日至 2007 年 3 月 1 日期间该体育馆附近的气象资料，包括风速、风向、温度、空气湿度和各日地面雪深。利用改进有限面元法和实测气象资料对该大跨度拱形建筑屋面积雪进行了模拟，结果如图 1（a）所示。与屋面积雪实测结果（图 1b）进行对比后发现，模拟结果与实测结果吻合良好。

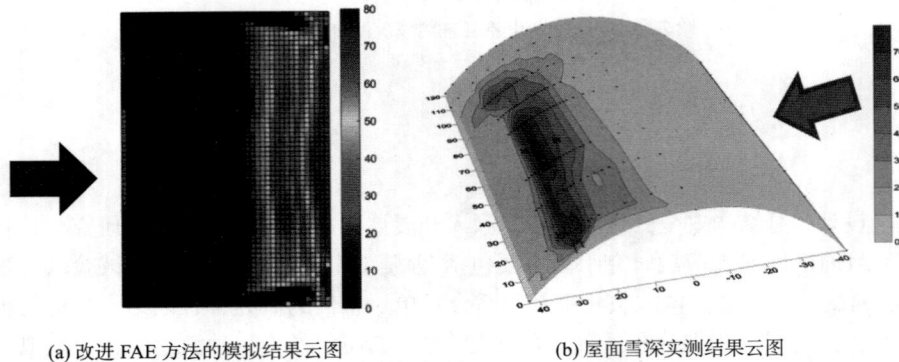

(a) 改进 FAE 方法的模拟结果云图　　　　　　　　(b) 屋面雪深实测结果云图

图 1　改进有限面元法模拟结果与实测结果对比

4　结论

对有限面元法进行了改进，采用了壁面摩擦速度而非屋面上方 1m 高度处风速，并考虑了积雪漂移发展距离对积雪质量传输率的影响。利用改进后的有限面元法对某拱形屋面风致雪漂移进行了模拟，与实测结果吻合良好。

参考文献

[1]　范峰，章博睿，张清文，等. 建筑雪工程学研究方法综述[J]. 建筑结构学报, 2019, 40(6): 1-13.

[2]　GAMBLE S L, KOCHANSKI W W, IRWIN P A. Finite area element snow loading prediction-applications and advancements[J]. Journal of Wind Engineering and Industrial Aerodynamics, 1992, 42(1-3): 1537-1548.

[3]　QIANG S, ZHOU X, GU M, et al. A novel snow transport model for analytically investigating effects of wind exposure on flat roof snow load due to saltation[J]. Journal of Wind Engineering and Industrial Aerodynamics, 2021, 210: 104505.

[4]　THIIS T K, RAMBERG J F, POTAC J. 3D Numerical Simulations and Full Scale Measurements of Snow Depositions on Curved Roofs[J]. 3D Numerical Simulations and Full Scale Measurements of Snow Depositions on Curved Roofs, 2009: 1000-1004.

摩羯台风风灾调研及思考

李宏海[1,2]，唐　意[1,3]，陈　凯[2,4]
（1. 中国建筑科学研究院有限公司；
2. 中建研科技股份有限公司；
3. 建筑安全与环境国家重点实验室；
4. 住房和城乡建设部防灾研究中心　北京　100013）

1　引言

2024 年 9 月 6 日至 7 日，台风"摩羯"横扫海南岛北部地区。造成全省因灾死亡 4 人，受伤 95 人，直接经济损失至少约 800 亿元[1]。台风"摩羯"环流庞大，强度极端，致灾程度之重、影响范围之广历史罕见。本文作者在海口美兰国际机场恢复通航的第一时间于 2024 年 9 月 12 日赶赴海南省开展专项调研。通过专家座谈、现场考察、入户走访、查阅资料等多种形式，深入了解了本次台风对海南省文昌市、海口市等地区造成的灾害情况。

2　台风风速计算

台风"摩羯"在海南文昌的登陆风速达 62m/s，极大风速最大值出现在文昌市龙楼镇，为 66.7m/s；最大风速最大值出现在澄迈县桥头镇，为 45.4m/s，是《建筑结构荷载规范》[2]50 年一遇基本风速 34.6m/s 的 1.31 倍，比 100 年一遇大风风速 37.9m/s 还大 20%，如图 1 所示。

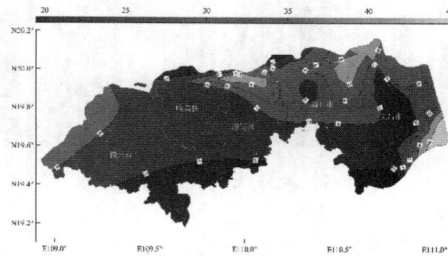

图 1　台风"摩羯"过境海南期间全省各观测点 10 级以上极大风速云图

3　主要破坏形式（图 2）

图 2　主要破坏形式

基金项目：国家重点研发计划项目（2022YFB4201000）

经现场调研发现，本次台风对海南省文昌市和海口市造成了严重的损失，但多是幕墙、门窗、屋盖等建筑外围护结构的破坏，建筑主体结构基本完好，没有发现房屋建筑的结构失效、倒塌等情况。主要的破坏形式可以归纳为以下几种：（1）高层建筑幕墙、装饰板及围墙的局部破坏；（2）大跨空间结构屋盖、立面、吊顶的破坏；（3）农村房屋的屋盖破坏；（4）工棚、车棚等临时建筑物的破坏；（5）光伏组件、广告牌匾、储水罐、热水器等建筑附属物的破坏；（6）红绿灯、指示牌等交通设施的破坏；（7）其他的破坏形式。

4 致灾成因分析

综合 2016 年台风"莫兰蒂"、2017 年台风"天鸽"等多次实地调研的结果分析，台风灾害的致灾成因大同小异，主要有以下两点：一方面是因为建筑结构本身的设计、施工或维护不规范（图 3）。如 A 小区业主自封阳台的门窗没有固定在主体结构上。B 小区首层和二层的门窗没有固定。另一方面是风致飞掷物引发的次生灾害（图 4）。台风过境时，各种碎石杂物被台风吹起形成了风致飞掷物，猛砸到玻璃、幕墙、屋盖、膜材等建筑外围护结构上造成损毁，进而形成更多的风致飞掷物，引发"链式反应"，进一步扩大灾害损失。

图 3 设计、施工或维护不规范引发风灾

图 4 风致飞掷物引发风灾

5 结论

本文依据气象部门提供的实际风速观测结果，简述了台风最大阵风风速、最大平均风速与相关规范给定风压对应风速的关系，为建筑结构的抗风设计提供基础数据。归纳了现场调研了解到的高层建筑、空间结构、农村房屋、构筑物等各种建筑风灾破坏情况，总结了风灾以阵风效应造成的围护结构破坏为主。结合历次台风灾害调查结果，通过实际案例，分析了造成台风灾害的主要原因：一方面是设计、施工、维护不规范，另一方面是风致飞掷物引发了次生灾害。

参考文献

[1] 第一财经. 海南官方统计数据显示，"摩羯"导致损失 800 亿，远超 10 年前"威马逊"[N/OL]. 2024-09-11. https://www.toutiao.com/article/7413213256138687028/?wid=1730027404877

[2] 住房和城乡建设部. 建筑结构荷载规范：GB 50009—2012[S]. 北京: 中国建筑工业出版社, 2012.

两串联建筑干扰下典型屋面雪荷载研究

张国龙，张清文，范　峰

（哈尔滨工业大学土木工程学院 哈尔滨 150090）

1　引言

近年来，风致雪荷载的不均匀分布现象已成为建筑结构倒塌的重要诱因。事故调查表明，局部雪荷载超载导致的结构失稳是此类事故频发的核心所在，尤其在轻质钢结构屋面建筑中更为凸显，且这一现象常因建筑物间的相互干扰而频繁出现。为此，各国荷载规范纷纷引入了暴露系数[1-2]，以全面考虑建筑物间的相互干扰作用。然而，当前规范中暴露系数的取值大多依据平屋面的研究成果进行设定[1]，并且在考虑干扰因素后，雪荷载的分布模式仍沿用了未受干扰时的假设。为了更深入地揭示雪荷载的干扰效应，本研究结合了试验与模拟的方法，对不同屋面形状的串联建筑在干扰作用下的雪荷载分布特性进行了系统研究。

2　试验方案

2.1　试验设备

本试验依托于哈尔滨工业大学"大跨空间结构风-雨-热-雪全过程联合模拟试验系统"展开，该系统集成了大气边界层低温风洞子系统、降雪模拟子系统、降雨模拟子系统、太阳辐射与建筑供热模拟子系统、高精度多任务监测与控制子系统。通过各子系统的协同运作，该系统能够精确重现风、雨、热等多元气象条件下屋面积雪的连续累积动态变化过程。

2.2　试验设置

试验中，采用播撒方式模拟天空降雪，以营造出贴近实际自然降雪的环境条件。试验设计遵循刘盟盟[3]提出的基于降雪条件的相似性原则。为尽可能保持与自然雪颗粒的一致性，试验选用经过储存的自然降雪，并在试验前对雪样的物理属性进行了细致测量。为探究不同屋面建筑雪荷载的受扰规律，试验共选取 3 类屋面模型，即平屋面、双坡屋面、拱形屋面。参考哈尔滨地区的气象条件，根据相似准则确定的试验风速为 1.6m/s，降雪强度为 7.5kg/(m²·h)。试验工况如表 1 所示。

工况设置　　　　　　　　　　　　　　　　　　　　　　表 1

屋面形式		受干扰屋面		
		平屋面（FL）	双坡屋面（GA）	拱形屋面（AR）
干扰屋面	无	FL	GA	AR
	平屋面（FL）	FL-FL	FL-GA	FL-AR
	双坡屋面（GA）	GA-FL	GA-GA	GA-AR
	拱形屋面（AR）	AR-FL	AR-GA	AR-AR

注：工况编号"XX-YY"中，"XX"代表干扰屋面，"YY"代表受扰屋面。

基金项目：国家自然科学基金项目（52208157，51927813，51921006）

3 试验结果及分析

3.1 试验结果

不同工况条件下受扰屋面积雪分布如图 1 所示。通过对比可知，受扰前后平屋面上积雪分布形式基本保持不变，表现出极强的抗干扰能力。双坡屋面和拱形屋面在无干扰情况下，其迎风向倾斜屋面受到来流的直接冲击，发生大面积侵蚀。大量侵蚀雪颗粒随气流漂移至背风面形成沉积。当受到上游屋面干扰时，积雪分布形式发生逆转。受扰屋面迎风侧在上游低速尾流的遮蔽下发生大量积雪沉积，而背风面则由于漂移雪量的减小而呈现出侵蚀状态。

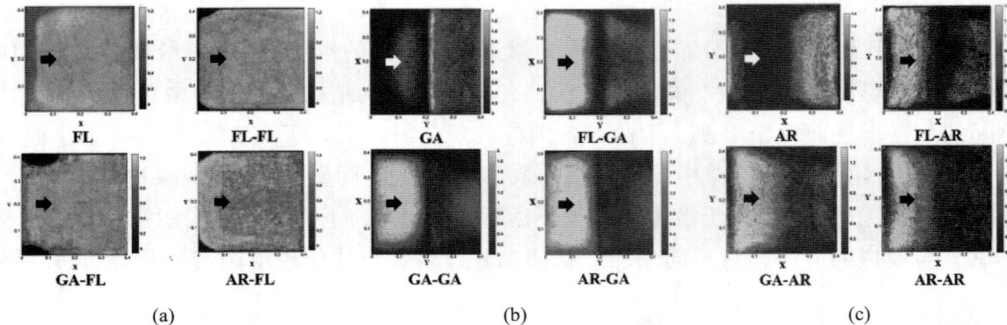

图 1 不同工况条件下受扰屋面积雪分布：（a）受扰平屋面；（b）受扰双坡屋面；（c）受扰拱形屋面

3.2 试验分析

通过分析不同工况下屋面积雪分布形式和沉积量可知，下游受扰屋面的雪荷载基本不受上游干扰屋面形状变化的影响，但对下游受扰建筑本身屋面形状的变化却表现出高度敏感性。对于不同类型的受扰屋面，平屋面的积雪分布模式和积雪量在上游建筑的干扰下均变化甚微，显示出强大的抗干扰能力。相反，受扰的双坡屋面或拱形屋面的积雪则呈现出镜像分布模式。值得注意的是，双坡屋面的总积雪量显著增加，表明其对周围建筑的干扰效应尤为敏感。上游建筑对下游屋面雪荷载的干扰效应可分为由顺风遮蔽引起的沉积和横风扰动引起的局部侵蚀。其中，由遮蔽效应导致的下游受扰屋面上增加的积雪沉积，对积雪分布模式和总积雪量均有显著影响。相比之下，由扰动效应引起的沿屋面侧边缘的局部积雪侵蚀，对受扰屋面上雪荷载的重新分布贡献较小，可忽略不计。

4 结论

本研究通过对不同屋面建筑相互干扰下屋顶雪荷载的试验研究得出以下结论：下游受扰屋面雪荷载基本不受上游干扰建筑屋面形状变化的影响，但对下游受扰建筑本身的屋面形状表现出高度的敏感性。不同受扰建筑中，双坡屋面雪荷载对上游建筑的干扰最为敏感，其次是拱形屋面，而平屋面则展现出较强的抗干扰能力。上游屋面的干扰作用主要变现为遮蔽效应引起的雪荷载增加。

参考文献

[1] ISO. Bases for design of structures-Determination of snow loads on roofs: ISO 4355[S]. 2013.

[2] ASCE. Minimum Design Loads for Buildings and Other Structures: ASCE/SEI 7-10[S]. 2010.

[3] 刘盟盟. 风雪联合试验系统与屋面积雪分布研究[D]. 哈尔滨: 哈尔滨工业大学, 2020.

台风飞掷物作用下城市建筑围护结构可靠性分析

洪　旭[1]，律梦泽[2]，侯子洋[1]，孔　凡[1]

（1. 合肥工业大学土木与水利工程学院　合肥　230009；
2. 同济大学土木工程防灾国家重点实验室　上海　200092）

1　引言

每年约有超过 6 个台风登陆中国东南沿海地区，严重威胁该地区城市高层建筑安全，并导致巨大的经济损失。调研表明，建筑结构玻璃幕墙在风致飞射物作用的破坏是台风主要致灾因子[1]。由于台风的典型气旋结构，其地表风速和风向在热带气旋沿轨迹移动时始终发生显著变化；同时，由于空气运动的强非线性，城市空间风场与飞射物飞行轨迹在不同入流条件下的特性将表现出显著差异。为此，本研究拟建立飞掷物作用下，考虑台风地表风速、风向时变特性的城市玻璃幕墙抗风可靠性分析方法。

2　分析方法

如图 1 所示，台风飞掷物作用下城市建筑玻璃幕墙破坏可从多尺度角度进行建模。首先，在气象尺度，采用台风路径和边界层风场模型模拟目标地点风速、风向的时变特性[2]；然后，在城市空间尺度，采用 CFD 数值模拟目标高层建筑周围的局部风场[3]；最后，在飞掷物飞行过程尺度，采用三维刚体动力学飞行轨迹模型[3]来预测飞行碎片的最终撞击位置，并评估玻璃单元被损坏的概率：

$$P(n) = \int G_{N|V_m\Theta_m}(n\,|\,v,\theta)\,\mathrm{d}G_{V_m\Theta_m|TC}(v,\theta\,|\,TC)\,\mathrm{d}\lambda(TC) \tag{1}$$

式中，$P(n)$ 是超过 n 块玻璃在台风飞掷物作用下破坏的年发生概率；$\lambda(TC)$ 是台风年发生率；$G_{V_m\Theta_m|TC}(v,\theta|TC)$ 是一次台风中地表极值风速-风向联合概率；$G_{N|V_m\Theta_m}(n|v,\theta)$ 是给定地表风速、风向下超过 n 块玻璃在台风飞掷物作用下破坏的概率。

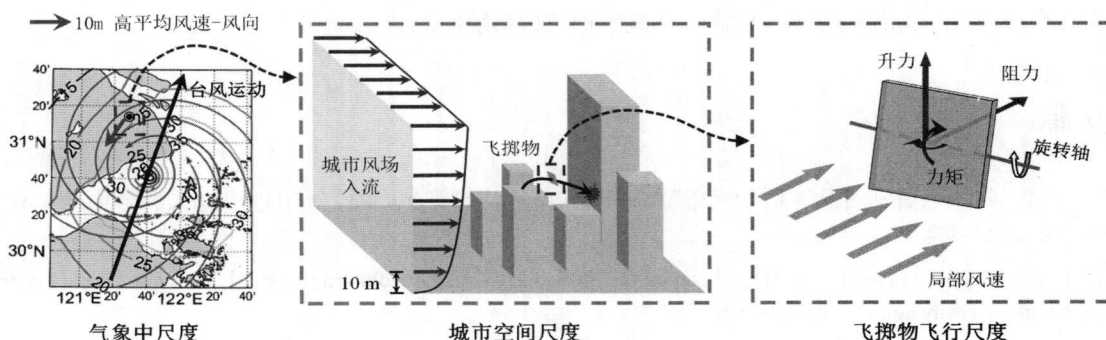

图 1　台风飞掷物作用下城市建筑玻璃幕墙破坏分析方法示意图

3　案例研究

本文以上海地区一栋 100m 高的建筑及其周边约 500m × 400m 范围内的环境作为案例，如图 2（a）所示。目标建筑的水平尺寸为 52.5m 和 49.5m。其外立面系统由 5440 块尺寸为 1.5m × 2.5m 的玻璃单元组成。

基金项目：国家自然科学基金项目（52408522），安徽省自然科学基金项目（2408085QE149），中央高校基本科研业务费（JZ2023HGTA0194）

图 2（b）为该案例所在地区台风极值风速-风向联合概率分布函数，该联合分布具有典型双峰特征，采用 Copula 方法能够较好地反映极值风速与风向之间的非线性相关。图 2（c）为风速 60m/s、风向 75°分别为案例城市空间的风场。由于城市建筑分布和几何形状的不均匀，城市空间风场（尤其是尾流区）十分复杂。图 2（d）、（e）为风速 60m/s、风向 75°入流条件下城市空间飞掷物的飞行轨迹及其在建筑表面落点分布。为阐明考虑台风风向效应的必要性，图 2（f）对比了考虑风向效应和不考虑风向效应时，案例建筑玻璃幕墙在不同破坏率下的年破坏概率，可见不考虑风向效应将高估实际的破坏概率 2 倍左右。

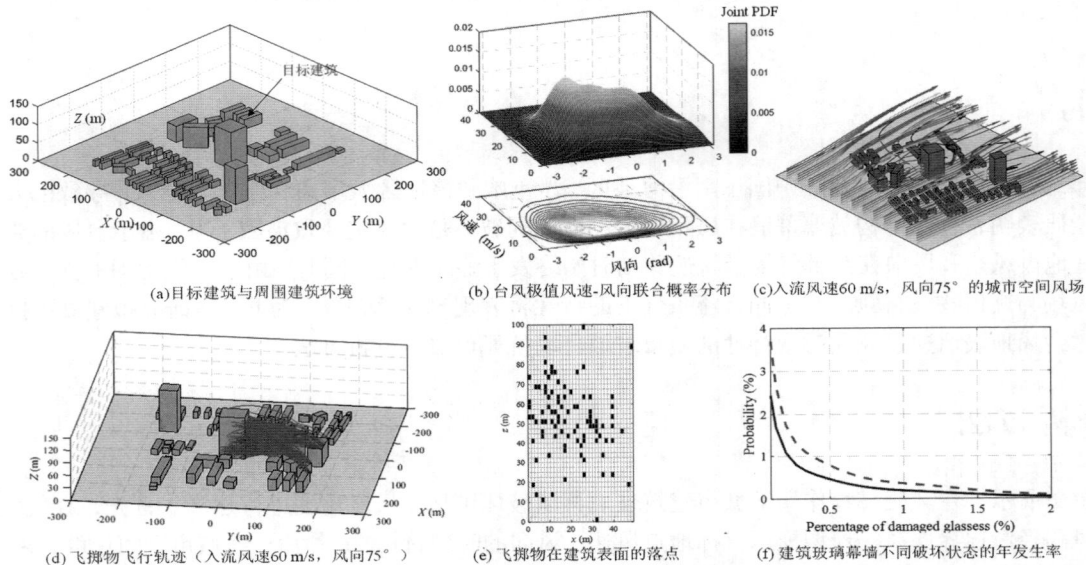

(a)目标建筑与周围建筑环境　　(b) 台风极值风速-风向联合概率分布　　(c)入流风速60 m/s，风向75° 的城市空间风场

(d) 飞掷物飞行轨迹（入流风速60 m/s，风向75°）　　(e) 飞掷物在建筑表面的落点　　(f) 建筑玻璃幕墙不同破坏状态的年发生率

图 2　案例分析结果

4　结论

本文建立了台风飞掷物作用下城市建筑围护结构可靠性分析方法。该方法涵盖了从台风随机建模、城市风场计算流体力学（CFD）仿真及风致碎片轨迹计算与易损性评估的全过程。分析表明，飞掷物引起的建筑破坏损失随着风速的增加而增加，并且高度依赖于风向。通过考虑风向效应和忽略风向效应的分析对比，证明忽略风向效应可能会高估风致风险对高层建筑围护结构系统的威胁。

参考文献

[1] 林立, 陈锴, 陈昌萍, 等. 超强台风"莫兰蒂"作用下玻璃幕墙灾损普查及试验分析[J]. 福州大学学报（自然科学版）, 2018, 46(6): 881-887.

[2] LI J, HONG X. Typhoon hazard analysis based on the probability density evolution theory[J]. Journal of Wind Engineering and Industrial Aerodynamics, 2021, 219: 104796.

[3] LYU M Z, AI X Q, SUN T T, et al. Fragility analysis of curtain walls based on wind-borne debris considering wind environment[J]. Probabilistic Engineering Mechanics, 2023, 71: 103397.

基于动量守恒的台风边界层三维风场竖向风速模拟研究

杨　剑，唐亚男，段忠东

（哈尔滨工业大学（深圳）智能土木与海洋工程学院 深圳 518055）

1　引言

在台风移动过程中，近地面气流不断向台风中心汇聚并从风眼处向高空排出。由非均匀下垫面激发的湍流运动不断向上传递、扩散并逐渐减弱，使得台风风场随高度发生显著变化。受气压梯度力的驱动，台风水平风速要远大于竖向风速（水平风速约为竖向风速的 10～50 倍），但竖向风速对台风边界层内的水汽通量输送以及台风强度变化起着重要作用。目前，工程领域所采用的平板模型、线性化模型或数值模型大多利用连续性方程来近似计算竖向风速，忽略了垂直动力作用对竖向风速的贡献，导致计算的竖向风速远低于实际情况。这进一步限制了台风三维风场的精细化模拟以及后续开展的台风极端降水研究。为此，本研究基于当前最新研究进展，提出采用垂直动力方程来替换连续性方程，从而实现对台风空间风速的准确模拟。

2　三维台风风场模型构建

大气边界层内空气微团主要受气压梯度力、重力、摩擦力、Coriolis 力以及离心力的共同作用，动量方程可表示为：

$$\mathrm{d}\boldsymbol{V}/\mathrm{d}t = -f \cdot \boldsymbol{k} \times \boldsymbol{V} - 1/\rho \cdot \nabla p + \boldsymbol{g} + \boldsymbol{F} \tag{1}$$

式中，$\boldsymbol{V}$ 为相对于地面的风速向量（m/s）；$\mathrm{d}/\mathrm{d}t$ 为对时间的导数（s^{-1}）；f 为科氏参数（s^{-1}）；ρ 为空气密度（$\mathrm{kg/m}^3$）；$\boldsymbol{k}$ 为垂直方向的单位向量；p 为气压向量（Pa）；$\boldsymbol{g}$ 为重力加速度（$\mathrm{m/s}^2$）；$\boldsymbol{F}$ 为空气分子之间的摩擦力。

在以台风为中心的柱坐标系（r, λ, z）下对式（1）展开，并进行量纲分析、忽略高阶小项（10^{-7} 及以上），可得：

$$\frac{\partial u}{\partial t} + u\frac{\partial u}{\partial r} + \frac{v}{r}\frac{\partial u}{\partial \lambda} + w\frac{\partial u}{\partial z} - \frac{v^2}{r} = -\frac{1}{r}\frac{\partial p}{\partial r} + f \cdot v + K_{\mathrm{H}}\frac{\partial^2 u}{\partial z^2} \tag{2}$$

$$\frac{\partial v}{\partial t} + u\frac{\partial v}{\partial r} + \frac{v}{r}\frac{\partial v}{\partial \lambda} + w\frac{\partial v}{\partial z} + \frac{uv}{r} = -\frac{1}{r}\frac{\partial p}{\partial \lambda} - f \cdot u + K_{\mathrm{H}}\frac{\partial^2 v}{\partial z^2} \tag{3}$$

$$\frac{\partial w}{\partial t} + u\frac{\partial w}{\partial r} + \frac{v}{r}\frac{\partial w}{\partial \lambda} + w\frac{\partial w}{\partial z} = -\frac{1}{r}\frac{\partial p}{\partial z} + g + K_{\mathrm{V}}\frac{\partial^2 v}{\partial z^2} \tag{4}$$

式中，u 为 $\boldsymbol{V}$ 在径向的风速风量（m/s）；v 为 $\boldsymbol{V}$ 在切的风速风量（m/s）；w 为 $\boldsymbol{V}$ 在竖向的风速风量（m/s）；p 为台风气压场（Pa），采用"压-高"公式考虑气压随高度的变化；K_{H} 为水平涡旋黏滞系数，取 $50\mathrm{m}^2/\mathrm{s}$；$K_{\mathrm{V}}$ 为垂直涡旋粘滞系数，取 $10\mathrm{m}^2/\mathrm{s}$。

值得注意的是，不同于前人[1]采用连续性方程（式 5）替换式(4)完成方程闭合，本研究完整考虑了竖向动量作用对台风风场的影响，显著修正了台风风场模型对竖向风速模拟的不足。

3　模型对比与验证

本研究以飓风 Irene（2011）为例，以中尺度 WRF 模式的模拟结果为基准，对比研究本文模型、Meng 模型[2]和 Kepert 模型[3]对 1000m 高度处水平风场（包括水平风速分量和垂直风速分量）的模拟能力，如图 1 和图 2 所示。从图 1 中可以看出，相比于 Meng 模型和 Kepert 模型，本文模型对 1000m 高度处水平风场的模

基金项目：深圳市自然科学基金面上项目（JCYJ20240813110504007），国家资助博士后研究人员计划 B 档（GZB20230966）

拟结果与 WRF 模式最接近；从图 2 中可以发现，尽管这三个模型模拟的竖向风速与 WRF 模拟结果的相关性远不及水平风速，但本文模型还是较另外两个模型表现得更好，其风场空间分布与 WRF 模式模拟结果最接近。

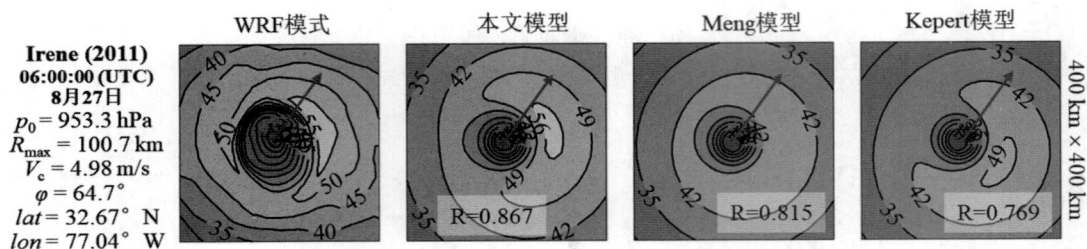

图 1　1000m 高度处 WRF 模式、本文模型、Meng 模型和 Kepert 模型模拟的水平风速分量的风场对比（$z_0 = 0.0002$）

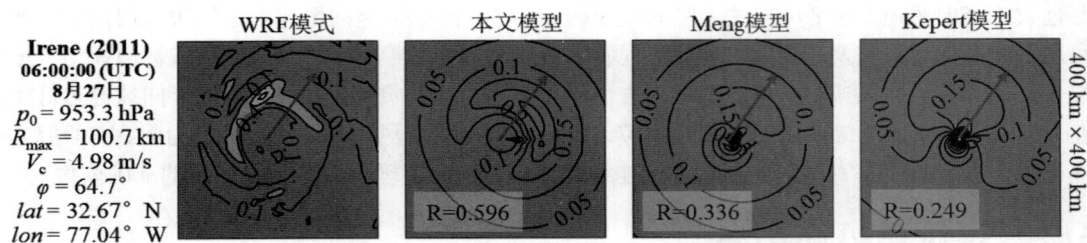

图 2　1000m 高度处 WRF 模式、本文模型、Meng 模型和 Kepert 模型模拟的竖向风速分量的风场对比（$z_0 = 0.0002$）

4　结论

在边界层台风风场模型中，考虑竖向动力过程能显著提升模型对三维风场的模拟能力，能为后续开展极端台风降水研究提供准确风场信息。

参考文献

[1]　HONG X, HONG H P, LI J. Solution and validation of a three dimensional tropical cyclone boundary layer wind field model [J]. Journal of Wind Engineering and Industrial Aerodynamics, 2019, 193: 103973.

[2]　MENG Y, MASAHIRO M, KAZUKI H. An analytical model for simulation of the wind field in a typhoon boundary layer [J]. Journal of Wind Engineering and Industrial Aerodynamics, 1995, 56: 291-310.

[3]　KEPERT J. The Dynamics of Boundary Layer Jets within the Tropical Cyclone Core. Part I: Linear Theory [J]. Journal of the Atmospheric Sciences, 2001, 58(17): 2469-2484.

城市发展下的高层建筑风致碎片风险评估

董　岳，刁玲怡，倪一清

（香港理工大学土木及环境工程学系　香港　999077）

1　引言

　　风致碎片是沿海城市高层建筑的围护结构在台风下的主要损伤来源之一[1]。建筑围护结构的破坏可能会导致进一步的雨水入侵及内部设施损坏，进而使建筑功能失效并产生额外经济及社会影响。风致碎片的损失估计的核心在于碎片运动轨迹的准确分析，而碎片的运动主要是高层建筑周围的局部风场驱动。随着沿海城市人口的高速增长及经济规模的持续扩大，高层建筑的数量及密度也明显增加，城市风环境也相应更加复杂。此外，新建的高层建筑的附属部件如屋顶铺设的砾石，窗框及广告牌等在台风下也有可能成为碎片的来源，进一步加剧了风致碎片的风险。为了考察城市发展下空间布局的演变对高层建筑风致碎片风险的影响，本文以美国迈阿密市的一组在飓风 Wilma（2005）期间遭受过严重风致碎片损伤的建筑群为例[2]，具体模拟了从最早建筑落成（1965）到飓风 Wilma（2005）袭击的 40 年间历次飓风期间的建筑周围局部风场，并利用作者之前研究中提出的风致碎片损伤模型[3]进行风险分析。

2　风致碎片损伤分析

2.1　建筑布局及演变

　　如图 1 所示，本文所研究的建筑群位于美国迈阿密市的比斯坎湾附近，由四栋建筑构成。其中 1 号建筑建于 1982 年高度为 81.7m；2 号建筑建于 1965 年高度为 43.3m；3 号建筑建于 1965 年高度为 31.7m；4 号建筑建于 1972 年高度为 85.3m。在飓风 Wilma（2005）期间，3 号建筑的屋顶砾石在强风作用下撞击了 1 号住宅建筑，并对其门窗成了严重损坏[2]。

2.2　局部风场模拟

　　本文考察了从 1965 年到 2005 年期间所有影响到美国迈阿密市的飓风。以飓风路径经过城市中心 300km 范围内且最大风速大于 33m/s 为标准，总共分析了 9 场飓风期间的城市风环境。飓风的路径及强度从 Best Track 数据库获得，而飓风的风速空间分布则通过 Holland 风场[4]模型获得。建筑群的局部风场可通过 CFD 模拟获得，入流风速由飓风风场确定。

2.3　损伤分析

　　通过 2.2 节获得的驱动风场数据和作者提出的风场碎片损伤模型，假定碎片来源建筑和碎片撞击建筑，获得目标建筑的围护结构损伤结果。飓风 Wilma 期间 1 号建筑的实测窗户损坏数据将用于验证风致碎片的损伤模型。

3　风致碎片风险评估方法

3.1　建筑群的风致碎片风险演变

　　本文研究的建筑群在 1972 年前仅存在 2 号和 3 号建筑。分别假定 2 号楼和 3 号楼为碎片来源，分析

基金项目：Innovation and Technology Commission of the Hong Kong SAR Government [K-BBY1]

297

1965 年到 1972 年期间（工况 1）飓风作用下碎片的影响区域。采用类似的方法对 1972 年到 1982 年期间（工况 2）及 1982 年以后（工况 3）的建筑群的风致碎片影响区域进行分析。通过分析影响区域的变化来获得建筑群的风致碎片风险演变。由于不考虑气候变化的影响，9 场飓风都被用于 3 个时间段建筑群的风致碎片风险分析。表 1 展示了在这三种建筑群下，入流风为东南方向 49m/s，分别在 3 号建筑屋顶释放碎片时，碎片的飞行距离及时间。工况 1 和其他工况的碎片飞行距离的差异表明 4 号建筑对局部风场有较大影响。

三种建筑群的碎片飞行距离及时间　　　　　　　　　　　　　　　表 1

	东西向距离（m）	南北向距离（m）	时间（s）
工况 1	1.7	−3.7	5.41
工况 2	−18.7	24.8	7.16
工况 3	−17.2	11.4	8.02

3.2 新建建筑的风致碎片风险

为了考察更具普遍性的城市演变对风致碎片风险的影响，不同于 3.1 节的建筑群自然演变，本节主要关注实际遭受损伤的 1 号建筑的风险演变。假定建筑群起始只有 1 号建筑存在，并没有损伤风险。之后在建筑群分别添加 3 号楼，2 号楼和 4 号楼并作为碎片来源，分析不同飓风下的各阶段建筑群中 1 号楼的围护结构损伤情况，进而获得新建建筑对目标 1 号建筑产生的风致碎片风险。建筑布局如图 1 所示。

图 1　建筑布局

4　结论

本文通过分析不同建筑布局及历史飓风作用下风致碎片导致的高层建筑围护结构损伤，对城市发展对高层建筑风致碎片风险的影响进行评估。虽然在高层建筑的抗风设计中很少考虑周围低矮建筑的影响，但新建建筑可能会位于旧建筑碎片的影响区或成为新的碎片来源，进而增加建筑群的风致碎片风险。

参考文献

[1] MINOR J E. Lessons learned from failures of the building envelope in windstorms [J]. Journal of Architectural Engineering, 2005, 11(1): 10-13.

[2] JAIN A. Hurricane wind-generated debris impact damage to the glazing of a high-rise building [J]. Forensic Engineering, 2015: 361-370.

[3] DONG Y, GUO Y, VAN DE LINDT JW. Fragility Modeling of Urban Building Envelopes Subjected to Windborne Debris Hazards [J]. Journal of Structural Engineering. 2023, 149(5): 04023041.

[4] VICKERY P J, DHIRAJ W. Statistical models of Holland pressure profile parameter and radius to maximum winds of hurricanes from flight-level pressure and H* Wind data [J]. Journal of Applied Meteorology and Climatology, 2008, 47(10): 2497-2517.

超强台风"摩羯"的灾害作用与海岛型防风减灾

辛大波，姜海新，张洪福，黄 斌

（海南大学土木建筑工程学院 海口 570228）

1 引言

全球气候变化加剧了极端天气事件概率，特别是在沿海地区，强台风等灾害性天气现象更为显著[1]。海南省由于其独特的地理位置，经常面临台风的直接侵袭，导致严重的经济损失及日常生活的影响[2-3]。2024 年第 11 号超强台风"摩羯"的登陆，凸显出提升海岛型防灾减灾能力的重要性。

本研究通过深入调研超强台风"摩羯"对海南省建筑工程、生命线工程、能源基础设施、农业、树木、养殖业和风灾保险等关键领域的影响，评价了超强台风"摩羯"在海南岛登陆台风的风王地位，全面分析了超强台风"摩羯"的灾害作用，并从风工程原理和力学角度出发，探讨了风害产生的原因与过程，揭示了海南岛在面对超强台风时普遍存在的抗风储备不足等问题，讨论了海岛型防灾减灾措施，提出针对性对策与建议，旨在提高海南省的综合防台减灾能力、降低风灾损失。并总结了海岛型超强台风灾害防御特点，探讨了海南岛未来发生更大强度台风的可能性。

2 台风"摩羯"及其风王地位

2024 年第 11 号台风"摩羯"在菲律宾以东洋面生成，后在菲律宾、海南文昌、广东徐闻及越南登陆。台风期间，狂风暴雨导致树木倒伏、停水停电、路面积水、建筑损毁，居民生活和城市基础设施遭受严重影响，其移动路径如图 1 所示。

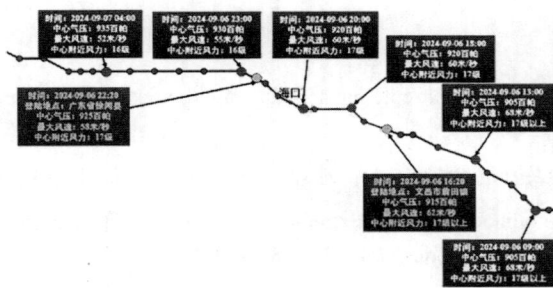

图 1 台风"摩羯"移动过程 　　　　图 2 台风"摩羯"的基本特征

如图 2 所示，超强台风"摩羯"凭借其加强迅速、超强台风级别维持时间长、结构对称紧凑和破坏力极大的特点，成为自新中国成立以来登陆中国大陆最强的秋季台风之一，这一事件在历史气象记录中占据显著位置。特别是在海南岛登陆的台风中，"摩羯"因其突出特征而确立了其"风王"的地位。

3 海岛型超强台风的灾害作用

2024 年第 11 号超强台风"摩羯"对海南省造成了严重影响，主要涉及建筑、基础设施、能源、农业、林业和养殖业等多个领域。建筑围护结构遭受破坏，许多建筑物因风力超出设计标准而受损。生命线系统遭受严重破坏，导致大面积停水停电、通信中断和交通受阻。能源基础设施，尤其是风力发电机组和光伏电力

基金项目：国家自然科学基金地区基金项目（52368070），国家重点研发计划项目（2022YFC3005304）

设施，在超强风力下遭受巨大破坏，影响了电力供应稳定性。农业领域损失惨重，主要农作物受损严重，许多地区几乎全部失收，对农民生计和粮食安全构成严重威胁。林业与树木方面，行道树等树木遭受严重破坏，影响了城市景观和公共安全。渔业和家禽养殖业，因断电和设施破坏遭受巨大经济损失，影响了可持续发展，对当地防灾减灾体系提出了严峻挑战。

4   热带海岛超强台风的防风减灾特点

相比内陆地区，海南遭遇的超强台风具有频度更高、风力更猛、破坏力更强、经济损失更大的特点。由于海南岛四面环海的独特地理位置，超强台风发生后，海南岛在短时间内获得岛外救援往往受到交通、通信等因素的限制，热带海岛超强台风风灾的"孤岛"特征明显。受岛内人力、物资的限制，面对超强台风风灾的灾后救援工作难度和压力相对内陆地区更大。在海岛型超强台风防风减灾的大背景下，海南应具备更加有效的抗风技术储备、更加充分的防台专家队伍与更加完备的科技研究力量。这对于有效地提高海南省抵御超强台风能力、降低经济损失至关重要。

5   结论

本次台风"摩羯"虽然呈现出了非常高的风力等级，展现出了强大的破坏力，但台风登陆时并未赶上天文大潮，且台风过境海南岛的时间还未到深夜，人们的防灾意志力还相对较强，若"摩羯"登陆时间与天文大潮重叠，且处于深夜，则破坏力更强。在世界范围内，更大风速的天气现象依然存在，随着全球气候的变暖，更强的台风再次登陆海南岛并非没有可能。相比内陆地区，海南遭遇的超强台风具有频度更高、风力更猛、破坏力更强、经济损失更大的特点。在超强台风的影响下，工程设施、农作物、树木等的抗风能力不足是导致建筑工程、生命线基础设施、农林牧渔业等发生巨大风灾损失的主要原因。提升工程设施、农作物、树木等的抗风能力的关键在于有效地提高应急抗风防护能力，即通过为其增设应急抗风防护层提高抗风储备。这对于有效提高海南防台韧性、降低超强台风下的灾害损失将发挥至关重要的作用。

参考文献

[1] LAINO E, IGLESIAS G. Scientometric review of climate-change extreme impacts on coastal cities[J]. Ocean and Coastal Management, 2023, 242: 106709.

[2] 贺山峰, 李铮, 陈超冰, 等. 海南省登陆台风特征演变及其危险性分析[J]. 地理科学进展, 2023, 42(7): 1355-1364.

[3] XU M, TAN Y, SHI C, et al. Spatiotemporal Patterns of Typhoon-Induced Extreme Precipitation in Hainan Island, China, 2000–2020, Using Satellite-Derived Precipitation Data[J]. Atmosphere, 2024, 15(8): 891-891.

风洞及其试验技术

亚临界圆柱涡激振动雷诺数效应修正方法研究

翁祥颖，张 宁

（福建理工大学 福建省土木工程新技术与信息化重点实验室 福州 350118）

1 引言

常规大气边界层风洞缩尺模型试验雷诺数远低于原型结构的雷诺数，模型与原型只是非完全相似。传统的相似方法将风洞模型试验结果直接外推至原型结构，可能导致结果偏差，并引发实际结构的风致振动风险，迫切需要发展非完全相似方法用以提高风洞试验结果预测原型结构风致响应的可靠性。

近年来，非完全相似方法在理论和应用方面的研究已取得了较大的进展，但非完全相似方法与研究问题的强耦合性使得一种方法多数情况下难以适用不同问题。目前，尚不存在针对圆柱涡振雷诺数效应的理论校正方法。本文聚焦于亚临界区圆柱涡激振动雷诺数效应，提出一种非完全相似方法，用以修正缩尺模拟引起的雷诺数效应导致的圆柱模型与原型涡振响应偏差。

2 同伦相似方法

已知规格化的结构原型振动方程$N[\boldsymbol{x}_\mathrm{p}(\tau)] = 0$和缩尺响应$\boldsymbol{x}_m(\tau)$，构造同伦表达式[1]，

$$(1-q)L[\boldsymbol{u}(\tau,q) - \boldsymbol{x}_m(\tau)] = hqN[\boldsymbol{u}(\tau,q)] \tag{1}$$

式中，q为嵌入参数，$q \in [0,1]$；τ为无量纲时间变量；$\boldsymbol{u}(\tau,q)$为结构原型响应$\boldsymbol{x}_\mathrm{p}(\tau)$嵌入参数$q$后的变量；$h$为同伦收敛控制参数，$h \neq 0$；$L$为连续的线性函数。

当$q = 0$时，式(1)的解$\boldsymbol{u}(\tau,0) = \boldsymbol{x}_m(\tau)$；当$q = 1$时，式(1)退化为$N[\boldsymbol{u}(\tau,1)] = 0$，此时$\boldsymbol{u}(\tau,1) = \boldsymbol{x}_\mathrm{p}(\tau)$为结构原型响应。

$\boldsymbol{u}(\tau,q)$为q的连续函数，对式(1)求q的k阶导数，并令$q = 0$可得k阶分量，

$$\boldsymbol{u}_k(\tau) = \chi_k \boldsymbol{u}_{k-1}(\tau) + hL^{-1}\left[\frac{h}{(k-1)!}\frac{\partial^{k-1}N[u(\tau,q)]}{\partial q^{k-1}}\bigg|_{q=0}\right] \tag{2}$$

式中，L^{-1}为线性函数L的逆函数，当$k > 1$时，$\chi_k = 1$，其余情况下$\chi_k = 0$。

依次求式(1)的k阶分量直至级数收敛，则原型结构响应为

$$\boldsymbol{x}_\mathrm{p}(\tau) = \boldsymbol{x}_m(\tau) + \sum_{k=1}^{m} \boldsymbol{u}_k(\tau) \tag{3}$$

当缩尺模型和原型结构非完全相似时，振动方程中的系统参数将发生变化，导致$N[\boldsymbol{x}_\mathrm{p}(\tau)]$成为包含待定系数的振动方程，无法直接求解$\boldsymbol{u}_k(\tau)$。

为确定因非完全相似引起的待定参数，假定模型几何缩尺比为β，原型方程重写为，

$$g_0 N[\beta \boldsymbol{x}_m(\tau)] = 0 \tag{4}$$

式中，g_0为方程中其他自由量纲的缩尺比函数，多数情况下g_0也是β的函数。

引入一阶有限相似假定[2]，

$$\frac{\mathrm{d}}{\mathrm{d}\beta}\left(g_1\frac{\mathrm{d}}{\mathrm{d}\beta}\left(g_0 N^{(0)}[\beta\boldsymbol{x}_m(\tau)]\right)\right) = 0 \tag{5}$$

式中，上标表示对 β 的求导次数。采用有限差分法计算式(5)，可得原型方程 $\beta_0 = 1$ 与 β_1 和 β_2 两个缩尺模型方程的关系式，

$$N^{(0)}[\boldsymbol{x}_\mathrm{p}(\tau)] = N^{(0)}[\beta_1\boldsymbol{x}_m(\tau)] + \frac{g_1(\beta_1^0)}{g_1(\beta_2^1)}\frac{\beta_0-\beta_1}{\beta_1-\beta_2}\left(N^{(0)}[\beta_1\boldsymbol{x}_m(\tau)] - N^{(0)}[\beta_1\boldsymbol{x}_m(\tau)]\right) \tag{6}$$

联立式(6)与式(2)(3)可得原型响应和系统的待定系数。

3 圆柱涡激振动模型

Tamura[3]基于可变尾流长度提出圆柱涡激振动尾流振子模型，规格化的圆柱涡激振动方程为

$$\ddot{\alpha} - 2\zeta\nu\left(1 - \frac{4f_m^2}{C_{\mathrm{L}0}^2}\alpha^2\right)\dot{\alpha} + \nu^2\alpha^2 = -m^*\ddot{Y} - \nu S^*\dot{Y} \tag{7a}$$

$$\ddot{Y} + \left\{2\eta + n(f_m + C_\mathrm{D})\frac{\nu}{S^*}\right\}\dot{Y} + Y = -\frac{f_m n\nu^2}{(S^*)^2}\alpha \tag{7b}$$

式中，Y 为圆柱的无量纲位移；η 为圆柱阻尼比；n 为圆柱质量比；ν 为无量纲流动速度；ω_0 为圆柱的自振频率；τ 为无量纲时间；S^* 为圆柱的 Strouhal 数。

4 试验验证

为了验证 HSM 方法预测亚临界雷诺数区圆柱涡激振动的精度，本文开展了三个不同缩尺比的二维圆柱截面涡振 CFD 模拟。三个圆柱截面的缩尺比分别为 1：1（原型）、1：4 和 1：100，对应的雷诺数均在亚临界区。采用 RANS 湍流模型，对流场及涡脱落过程进行求解，基于三个截面的涡振响应、涡脱落频率以及气动力计算结果检验 HSM 方法的精度。

5 结论

本文提出了一种非完全相似方法—同伦相似方法（HSM），以亚临界雷诺数区圆柱缩尺模型涡振试验的雷诺数效应修正为对象研究 HSM 方法的适用性。本文方法有望扩展风洞试验相似理论，提升非完全相似模型预测实际结构涡振响应的精度。

参考文献

[1] LIAO S J. Homotopy analysis method: A new analytical technique for nonlinear problems[J]. Communications in Nonlinear Science and Numerical Simulation, 1997, 2(2): 95-100.

[2] DAVEY K, DARVIZEH R, ATAR M. A first order finite similitude approach to scaled aseismic structures[J]. Engineering Structures, 2021, 231: 111739.

[3] TAMURA Y. Mathematical models for understanding phenomena: Vortexinduced vibrations[J]. JAPAN ARCHITECTURAL REVIEW, 2020, 3(4): 398-422. _eprint: https://onlinelibrary.wiley.com/doi/pdf/10.1002/2475-8876.12180.

来流湍流高低频临界频率对脉动风压补偿结果的影响研究

刘　敏，王家兴，杨庆山，侯丽萍

（重庆大学土木工程学院 重庆 400038）

1　引言

风洞试验是确定结构风荷载的重要方式，但对于高度较小的低矮建筑，来流湍流低频能量往往模拟不准确，这将影响风荷载的准确评估。现有解决方法为保证风洞试验高频部分模拟准确，称为局部湍流模式，再对缺失的低频部分进行补偿，其中高低频临界频率的合理取值对补偿精度至关重要。已有学者基于湍流自平衡假设，提出临界频率的计算公式，该方法只考虑试验风场的湍流强度[1]，并未考虑建筑外形引起的特征湍流。本文旨在提出一种基于风速风压相关性确定来流湍流高低频临界频率的方法。结合互功率谱能量分布和特征湍流的流场信息对高频进行过滤，并对比脉动风压补偿结果，结果显示补偿精度得到提高。

2　CFD 数值模拟结果

根据风洞试验结果[2]，利用 CFD 数值模拟得到高频一致，低频不一致的风场 2 和风场 3，并保证大部分测点误差小于 30%，总体而言，本文使用的 CFD 模拟结果能够准确地模拟建筑表面的风压并用于后续研究分析（图 1）。

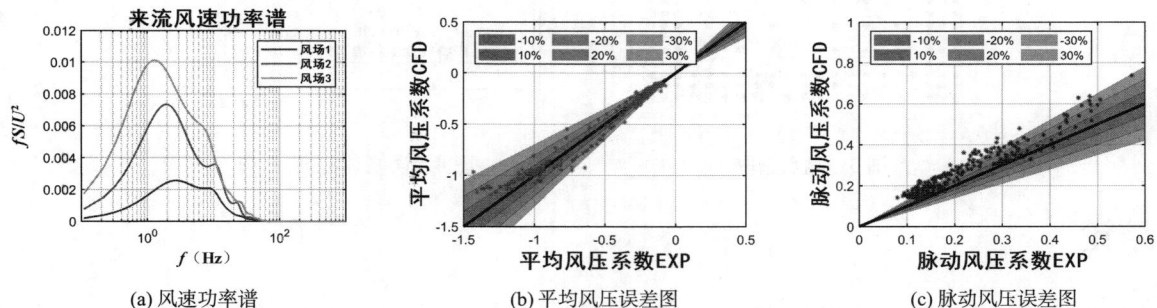

(a) 风速功率谱　　　　　　(b) 平均风压误差图　　　　　　(c) 脉动风压误差图

图 1　数值模拟结果图

3　来流湍流高低频临界频率的确定

3.1　基于湍流自平衡确定临界频率

湍流自平衡中假设小尺度湍流在大尺度湍流变化时将迅速达到平衡状态，此时高频部分的湍流强度为常数。并根据湍流自平衡假设，可以推导出临界频率的计算公式：

$$n_c = 0.0716 \frac{U}{L_u^x}\left(\frac{I_u}{I_{uH}}\right)^3 \tag{1}$$

式中，U 和 L_u^x 分别表示全谱中的平均风速和湍流积分尺度。

基金项目：国家自然科学基金项目（52178457）

3.2 基于风速风压互功率谱能量分布确定临界频率

互功率谱可用于分析风速之间、风速与风压之间的频率相关性，通过图2可以发现，对于风场2和风场3，在高低频能量交替位置均存在波谷位置，此时与低频部分相关性最弱，与高频部分相关性逐渐增强，故波谷位置可作为确定高低频临界频率的依据。

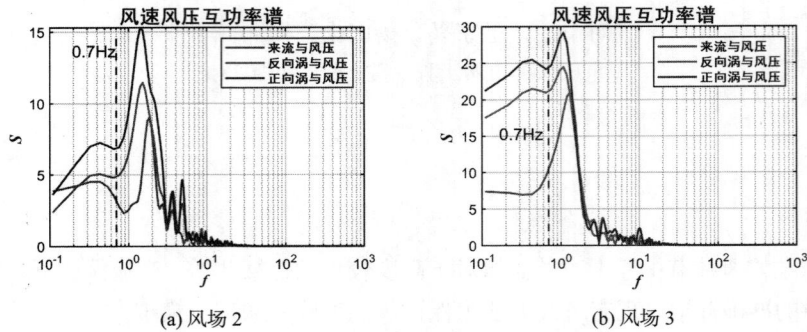

(a) 风场 2　　　　　(b) 风场 3

图 2　风速风压互功率谱

4　脉动风压补偿结果对比

通过补偿结果可以发现（图3、图4），临界频率取值[1,3]对脉动风压的补偿结果影响较大。基于风速风压互功率谱确定的临界频率，并考虑特征湍流的影响，得到的脉动风压补偿结果误差最小。

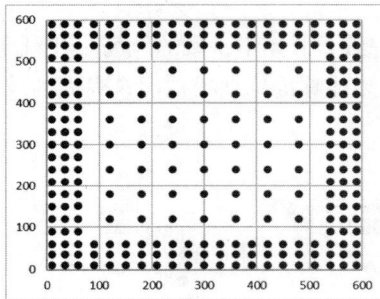

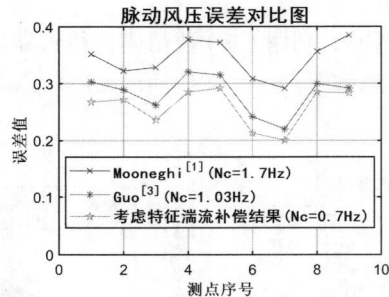

图 3　测点选取　　　　　图 4　误差对比图

5　结论

通过 CFD 模拟得到与风洞试验结果一致的目标风场，并进行进一步分析得到以下结论：

（1）结合鞍形屋盖的气动力现象，通过互功率谱的波谷位置可确定来流高低频临界频率；

（2）对脉动风压进行低频补偿时应考虑特征湍流的影响。

参考文献

[1]　MOONEGHI M A, IRWIN P, CHOWDHURY A G. Partial turbulence simulation method for predicting peak wind loads on small structures and building appurtenances[J]. Journal of Wind Engineering and Industrial Aerodynamics, 2016, 157: 47-62.

[2]　LIU M, CHEN X Z, YANG Q S. Characteristics of dynamic pressures on a saddle type roof in various boundary layer flows[J]. Journal of Wind Engineering and Industrial Aerodynamics, 2016, 150:1-14.

[3]　GUO Y T, WU C H, KOPP G A. A method to estimate peak pressures on low-rise building models based on quasi-steady theory and partial turbulence analysis[J]. Journal of Wind Engineering and Industrial Aerodynamics, 2021, 218: 104785.

大型龙卷风风洞的涡流特性研究

敬海泉，曾世钦，何旭辉，李保乐

（中南大学土木工程学院 长沙 410075）

1 引言

龙卷风具有复杂的结构与形成机理，其发生及路径难以预测，且持续时间短暂，使得现场实测面临极大的危险和挑战。数值模拟是一种安全和高效的研究方法。许多学者[1-3]通过构建龙卷风的数值模型，有效探究了龙卷风的整个演变过程，然而，其可靠性需要进一步验证。因此，基于风洞试验的研究显得尤为重要。为了深入探究龙卷风的机理及其对工程结构的影响，中南大学新建了一处大型龙卷风风洞，简称 CSU-WT5。本文通过将该风洞的试验结果与实测龙卷风、理论模型以及其他风洞的结果进行比较，验证了该风洞的基本性能，包括三维速度场和地表压强场，并详细讨论了导向叶片和风扇速度对龙卷风状涡流的影响。

2 风洞参数

CSU-WT5 龙卷风风洞的整体尺寸为 35m × 18m × 9m（长 × 宽 × 高），并由 5 个部分组成：动力系统、气流腔室和上升通道、导流片、平移系统和测试平台，如图 1（a）所示。其中，动力系统由 8 台直径为 1.53m 的大功率风机组成，气流腔室和上升通道的直径分别为 12m 和 5m，腔室底部为直径 11.5m 的可升降测试平台。平移系统由 4 对轮组驱动，最大平移速度可达 0.5m/s，平移距离为 0～5m。导流片悬挂于二层平台下方，可在 $\theta = -70°～70°$ 范围内调节。根据涡流比的计算公式，$S = d_0 \tan(\theta)/4h_0$，该龙卷风风洞的最大涡流比可达 6.87。

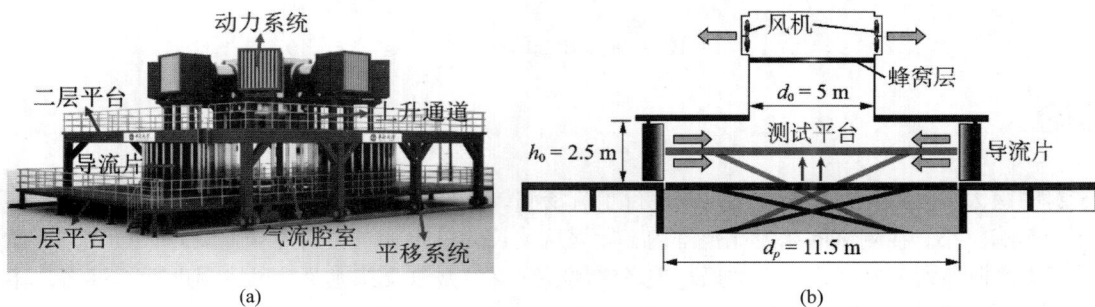

图 1 龙卷风风洞示意图

3 试验布置

为了探究风机转速和涡流比对龙卷风涡流结构的影响，本文分别测试了导流片角度为 20°～60°，间隔 10°，风机转速为 300r/min、600r/min 和 900r/min，共 15 种组合工况。三维速度场由多孔眼镜蛇探针进行测量，采样频率设定为 2000Hz，每个位置的测量时间为 20s，数据的良好率临界值为 80%。当靠近涡旋核心时，由于风向的剧烈变化，良好率有所降低，通过调整探针位置以尽量满足数据要求。地表压强通过在测试平台中心沿放射状布置的 377 个测压管进行测量。测压管与相应的压力扫描阀相连，采样频率为 330Hz，测量时间为 2min。

基金项目：国家自然科学基金项目（51925808，52078502），国家重大科研仪器研制项目（52327810）

4 结果分析

图 2 展示了当 $S = 0.60$ 时，最大平均切向速度处的归一化径向分布。结果表明，在涡核内部（$r/r_{max} < 1$），平均速度随径向距离的增加而增大，并与 Mulhall 龙卷风以及 Sullivan 模型相吻合，属于典型的双胞旋涡结构。在涡核外部（$r/r_{max} > 1$），平均切向速度随着径向距离的增加而逐渐减小，并与 Kuo-Wen 和 Baker 理论模型有明显差异。此外，图 2 还展示了不同龙卷风风洞之间的结果对比，表明当涡流比相互接近时，CSU-WT5 的测量结果与其他风洞的测量结果一致。图 3 清楚地显示了地表负压的相对大小和宽度。其中，Tipton 龙卷风是典型的双胞龙卷风。上述结果再次验证了 CSU-WT5 风洞产生了双胞旋涡的结论。与平均地表负压相比，涡核内的瞬时负压有明显的负压谷，这是由子涡移动引起的。

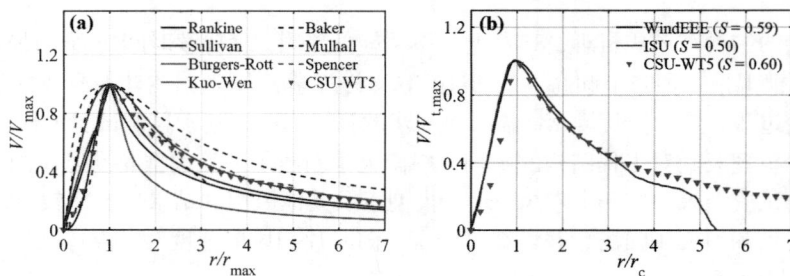

图 2　平均切向速度的径向分布

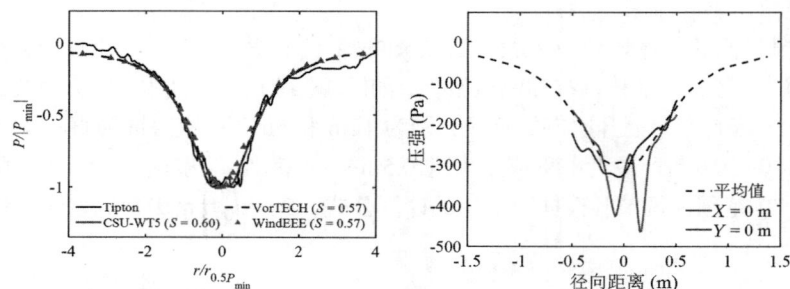

图 3　地表压强的径向分布

5 结论

本文对中南大学 CSU-WT5 龙卷风风洞进行了流场测试。结果表明，涡流比对涡旋结构有较大影响，而风机转速的影响较小。在测试的涡流比范围内，旋涡从狭长的单胞旋涡演变为双胞旋涡。同时，随着涡流比的增大，地表的负压区逐渐变大。该结果与现场实测、理论模型以及其他龙卷风风洞进行了对比，进一步验证了该模拟器生成类龙卷风涡旋的能力。

参考文献

[1] ISHIHARA T, OH S, TOKUYAMA Y. Numerical study on flow fields of tornado-like vortices using the LES turbulence model[J]. Journal of Wind Engineering & Industrial Aerodynamics, 2011, 99(4): 239-248.

[2] BAKER C J, STERLING M. Modelling wind fields and debris flight in tornadoes[J]. Journal of Wind Engineering and Industrial Aerodynamics, 2017, 168(1): 312-321.

[3] KIM Y C, MATSUI M. Analytical and empirical models of tornado vortices: A comparative study[J]. Journal of Wind Engineering and Industrial Aerodynamics, 2017, 171(1): 230-247.

智能技术与风工程

考虑风场空间相关性的复杂山区风速预测

余传锦[1,2]，付素香[2]，李永乐[1,2]

（1. 西南交通大学桥梁智能与绿色建造全国重点实验室 成都 611756；
2. 西南交通大学桥梁工程系 成都 610031）

1 引言

风速预测应用较广，但目前多集中于单点预测。为此提出了一种具有时变频率特征的图神经网络模型，并利用收集多年的山区空间风场数据，评估了不同模型的预测性能。

2 具有时变频率特征的图神经网络（GTF）

假定输入空间风速场时序是 $\chi \in R^{N \times S \times 1}$，其中 N 代表空间点的数量，S 代表每个信号的长度。每个站点时序 $\chi \in R^{S \times 1}$，利用小波变换矩阵 W_q 对输入信号进行多级分解，得到低频和高频分量，如公式(1)所示，分解结果记作 $[L_q, D_q, D_{q-1}, \cdots D_1]$。将 $[L_q, D_q, D_{q-1}, \cdots D_1]$ 中的每个元素补零并扩展至 S 长度，然后乘以转置的小波变换矩阵 W_q^T，得到特定站点在不同频率下的子序列，记作 $\psi \in R^{S \times Q}$，如公式(2)所示，其中 Q 代表子序列的总数。对于 N 个站点可执行类似分解和重构操作，得到包含不同频域信息的序列，记作 $\psi \in R^{N \times S \times Q}$。这些子序列通过 1×1 卷积嵌入到更高维度的空间中，如公式(3)所示，其中 E 代表嵌入的通道数。

$$[L_q, D_q, D_{q-1}, \cdots D_1] = W_q^{S \times S} \chi^{S \times 1} \tag{1}$$

$$\psi^{S \times Q} = W_q^T \gamma^{S \times Q} \tag{2}$$

$$V^{N \times S \times Q \times E} = \text{Cov}(\psi^{N \times S \times Q}) \tag{3}$$

随即可分析各站点相似频域内子序列的空间相关性。邻接矩阵 $\tilde{A}_{i,\text{apt}}$ 用以量化序列的相关性，如公式(4)所述，其可两个矩阵的乘积表述。考虑到相关特征的非负性，它们通过 ReLU(.)函数激活再归一化。$E_1 \in R^{N \times e}$ 和 $E_2 \in R^{N \times e}$ 的参数通过网络学习得到，从而使邻接矩阵具有自适应特性。考虑到分解后的子序列之和应等于原始序列，通过公式(6)进行聚合，得到特征 $Z \in R^{N \times S \times E}$。进一步通过多核卷积挖掘聚合特征的时域相关性，如公式(7)所示。为便于模型的深度堆叠，可采用残差连接，至此 GTF 层的基本架构已完成。可堆叠多个 GTF 层，并在最后添加一个输出层以完成预测[1]。

$$A_{i,\text{apt}} = \text{SoftMax}\left(\text{ReLU}\left(E_1 E_2^T\right)\right)(i \in [1, Q]) \tag{4}$$

$$Z_i^{N \times S \times E} = \sum_{k=0}^{K} A_{i,\text{apt}}^k V_i \Phi_{i,k}(i \in [1, Q]) \tag{5}$$

$$Z^{N \times S \times E} = \text{Sum}(Z^{N \times S \times Q \times E}) \tag{6}$$

$$O^{N \times S} = \text{Inception}\{\text{ReLU}[\text{Inception}(Z^{N \times S \times Q \times E})]\} \tag{7}$$

基金项目：国家自然科学基金项目（52378538），中央高校基本科研业务费专项资金资助(2682021CX015)，四川省自然科学基金面上项目（2025ZNSFSC0404）

3 工程背景及应用

在图 1 所示的泸定大渡河桥上安装了空间风场监测系统[2]。采用非空间模型 LSTM、GRU 和 WaveNet，空间模型 ConvLSTM 和 GWN（Graph WaveNet）[3]，对比 GTF 模型的性能。如图 2 所示的预测结果表明空间模型性能较非空间模型性能更优，且 GTF 模型性能最优，GWN 次之。进一步评估了观测点个数和空间风场相关性对 GTF 预测误差的影响。结果表明，增加观测点个数、风场相关性的增强均有助于减少预测误差。

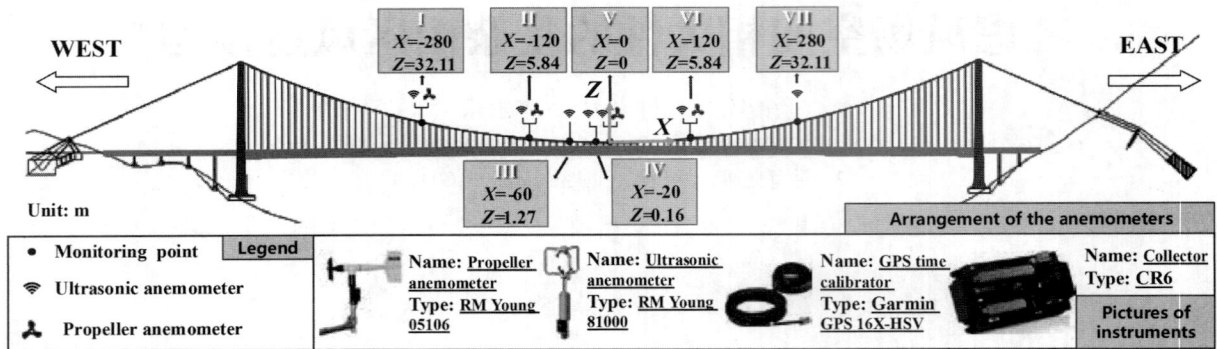

图 1 泸定大渡河桥空间风场监测系统

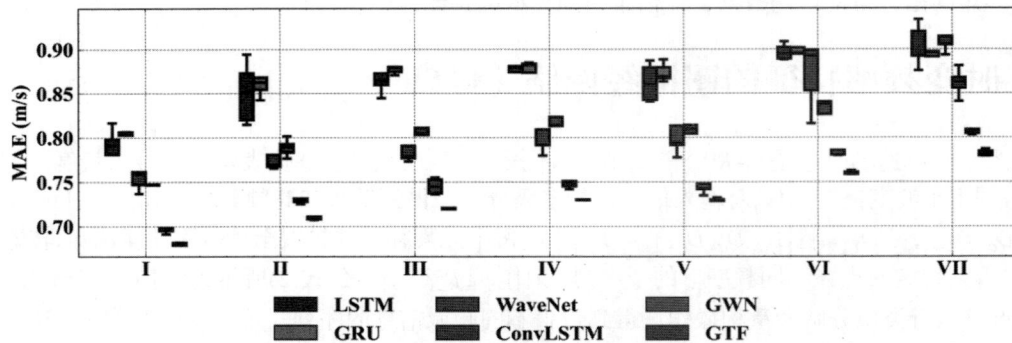

图 2 各个站点超前 10min 预测的绝对平方误差

4 结论

本研究聚焦于空间风场的预测，探讨了图神经网络模型（GTF 模型）的预测性能。结果表明，GTF 模型较现有预测模型性能更优，观测点个数及其空间相关性会影响 GTF 模型的预测性能。

参考文献

[1] YU C, LI Y. Graph neural network incorporating time-varying frequency domain features with application in spatial wind speed field prediction[J]. Journal of Wind Engineering and Industrial Aerodynamics, 2024, 253: 105875.

[2] YU C, LI Y, ZHANG M, et al. Wind characteristics along a bridge catwalk in a deep-cutting gorge from field measurements[J]. Journal of Wind Engineering and Industrial Aerodynamics, 2019, 186: 94-104.

[3] WU Z, PAN S, LONG G, et al. Graph WaveNet for Deep Spatial-Temporal Graph Modeling[EB/OL]. arXiv[2023-10-15]. http://arxiv.org/abs/1906.00121.

基于物理信息强化学习的自适应风速预测研究

米立华 [1,2]，韩 艳 [2]

（1. 温州理工学院建筑与能源工程学院 温州 325035；

2. 长沙理工大学卓越工程师学院 长沙 410076）

1 引言

随着全球气候变化的不断加剧和可再生能源技术的快速发展，风能作为一种公认的清洁可再生资源，引起人们的极大关注[1-2]。然而，风速的间歇性和随机性给风电并网带来了极大挑战，严重影响了风电厂的运行效率[3]。因此，准确预测风速对有效风能利用至关重要。

2 所提出的风速预测框架

在本研究中，我们提出了基于物理信息的风速预测模型，该模型集成了数值天气预报（WRF）、随机森林（RF）、深度信念网络（DBN）和强化学习 Q 网络（DQN），并通过贝叶斯算法进行了自适应参数优化。相比于以往"黑盒"模型，该风速预测模型融入了伯努利方程和理想气体状态方程等物理信息，增加了模型的物理可解释性。模型预测框架见图 1。

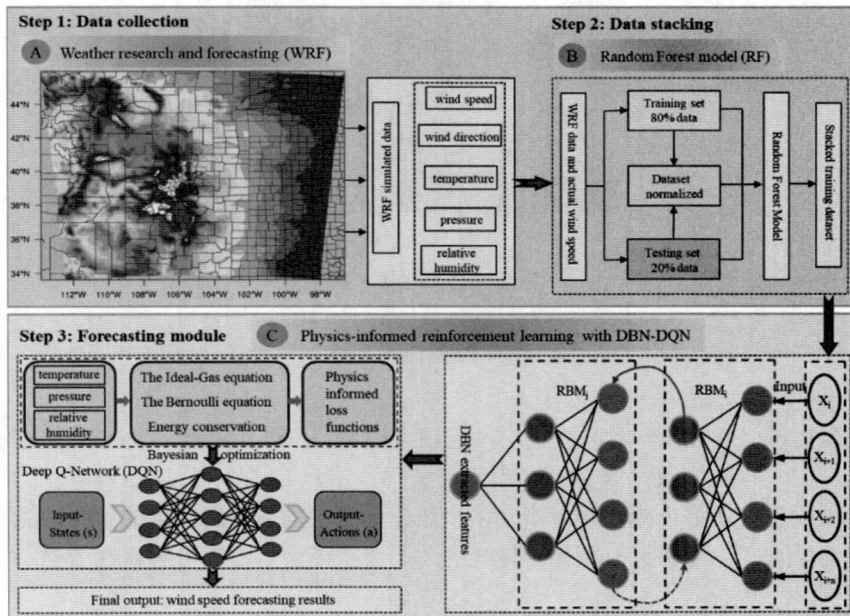

图 1 所提出风速预测模型框架

3 案例研究

3.1 单步预测结果

为了验证所提模型的优越性，将所提模型的预测性能与其他基准模型进行了比较，结果如图 2 所示。由

基金项目：国家自然科学基金项目（52178450）

图可知，在所有模型中，所提出模型没有明显的异常值，数据分布集中，预测结果最稳定，且风速预测误差最小，精度最高。

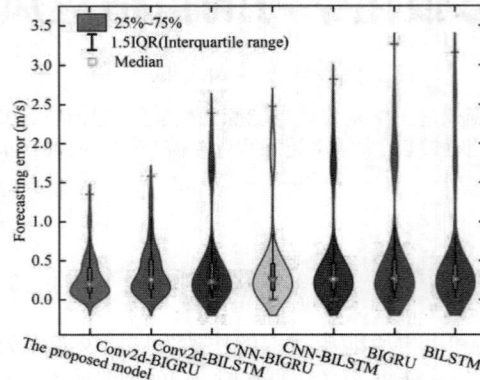

图 2　不同模型单步风速预测结果

3.2　多步预测结果

所提出模型与基准模型多步风速预测 MAPE 指标结果如图 3 所示。由图可知，与基准模型相比，所提出模型保持了最高的预测精度，证明了所提出模型多步预测的优越性。

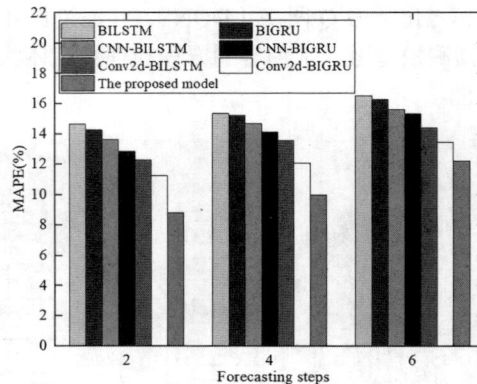

图 3　不同模型多步风速预测结果

4　结论

本文提出了融合物理信息强化学习的自适应风速预测框架，并对其预测效果进行了案例验证。主要结论如下：

（1）相比于基准模型，所提出模型在单步和多步风速预测中均表现出优越的预测性能。

（2）所提出模型融合了物理信息，相比于传统的"黑盒"模型，物理可解释性增强。

参考文献

[1]　HAN Y, MI L H, SHEN L, et al. A short-term wind speed interval prediction method based on WRF simulation and multivariate line regression for deep learning algorithms[J]. Energy Conversion and Management, 2022 (258): 115540.

[2]　LI K, SHEN R, WANG Z, et al. An efficient wind speed prediction method based on a deep neural network without future information leakage[J]. Energy, 2023 (267): 126589.

[3]　ZHANG Y X, CAO S Y, ZHAO L, et al. A case application of WRF-UCM models to the simulation of urban wind speed profiles in a typhoon[J]. Journal of Wind Engineering and Industrial Aerodynamics, 2022 (220): 104874.

基于智能优化算法和神经网络的典型惯容减振系统的多目标优化设计

康迎杰 [1,2,3]，张辛余 [1]，刘庆宽 [1,2,4]

（1. 石家庄铁道大学土木工程学院 石家庄 050043；
2. 河北省风工程和风能利用工程技术创新中心 石家庄 050043；
3. 石家庄铁道大学道路与铁道工程安全保障教育部重点实验室 石家庄 050043；
4. 石家庄铁道大学省部共建交通工程结构力学行为与系统安全国家重点实验室 石家庄 050043）

1 引言

惯容减振系统通过组合惯容、弹簧、阻尼及质量元件形成高效的减振机制。典型应用包括串联黏滞质量阻尼器（SVMD）、调谐惯容阻尼器（TID）、调谐黏滞质量阻尼器（TVMD）。建筑结构中不同非结构构件的地震损伤对位移、速度或加速度敏感程度各不相同[1]，因此需要根据具体需求设计多目标振动控制系统。为了实现最佳减振效果，研究人员专注于惯容减振系统的参数优化。由 Den Hartog 基于定点理论提出的方法为常用的经典解析方法，但该方法存在不足，即当结构阻尼比较大时，解析解的精度将不再适应；最优阻尼比的取值方法在质量比较大时将存在偏差，尤其在阻尼比和质量比变化较大时精度欠佳[2]。为此，本文采用智能优化算法与神经网络，针对惯容减振系统的参数优化问题进行深入研究。

2 研究内容

2.1 典型惯容减振系统的最优参数分析

图 1 为单自由度结构附加减振系统的力学模型，在基底荷载作用下，得到 4 种力学模型的运动方程和结构相对基地的位移、速度、加速度及其绝对加速度相对输入荷载的频域传递函数，基于定点理论系统梳理并完善典型系统的最优参数计算公式。结果发现，忽略主结构阻尼比时，采用定点理论可求解最优参数解析解；考虑主结构阻尼比时，求解困难。

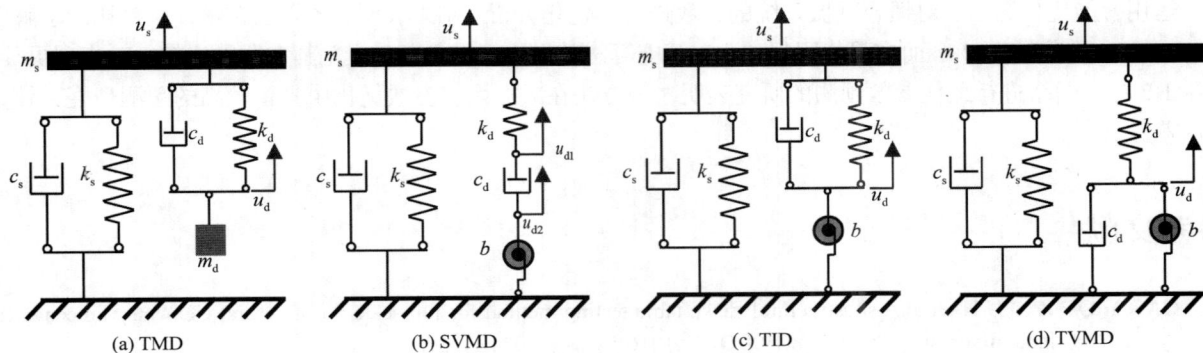

图 1 单自由度结构附加减振系统的力学模型

2.2 基于智能优化算法的参数优化

本文使用多种优化算法对 SVMD、TID 和 TVMD 三种系统进行参数优化。图 2 和图 3 对比了数值解与定点理论的解析解，结果显示数值解基本一致，最优频率比的误差小于 1%。然而，最优阻尼比的误差随质

基金项目：国家自然科学基金项目（52208493）

量比增大而增加，当质量比超过 0.2 时，误差可达 3%以上。

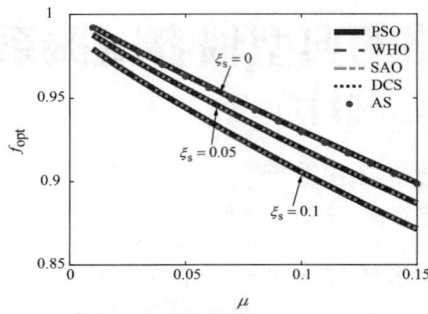

图 2　最优频率比对比　　　　　　图 3　最优阻尼比对比

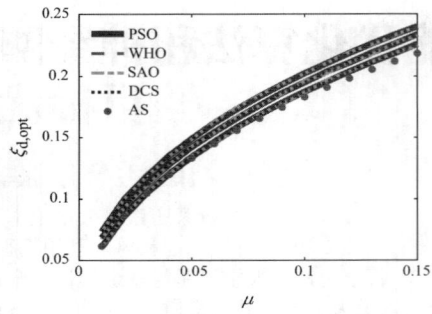

2.3　基于神经网络的最优参数预测

　　针对四个输入参数：质量比、阻尼比、惯容减振系统的类型以及减振控制目标；两个输出参数为最优频率比和最优阻尼比。构建了一个 4 层神经网络，其中输入层有 4 个神经元，输出层有两个神经元，隐藏层为两层。最优频率比和阻尼比的估计误差如图 4、图 5 所示。该模型在预测最优频率比和阻尼比方面具有良好的拟合效果。

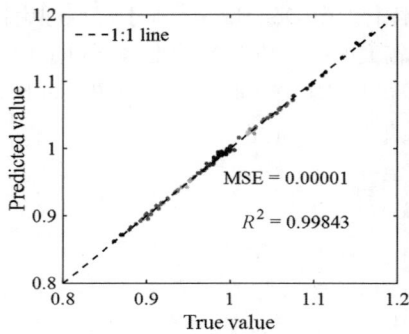

图 4　最优频率比预测　　　　　　图 5　最优阻尼比预测

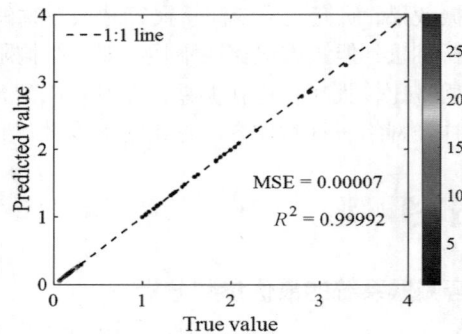

3　结论

　　运用智能优化算法，对惯容减振系统的参数进行了优化分析。结果表明，各算法在最优频率比的求解上与解析解的误差小于 1%，而在最优阻尼比上，智能算法效果优于定点理论，尤其在质量比较大时表现更佳。利用 BP 神经网络进行最优参数预测的研究表明，该方法在减振系统参数优化中具备较高的预测精度、较小的误差。

参考文献

[1]　CAO Y, QU Z , FU H ,et al.A substructural shake table testing method for full-scale nonstructural elements[J].mechanical system and signal processing, 2024, 218:19.DOI:10.1016/j.ymssp.2024.111575.

[2]　UL ISLAM N , JANGID R S .Optimum Parameters of Tuned Inerter Damper for Damped Structures[J].Journal of Sound and Vibration, 2022.DOI:10.1007/s40435-022-00911-x.

基于 Bi-LSTM 预测的非平稳风致桥梁抖振分析

冯　宇[1]，郝键铭[2]，靳　阳[2]，韩万水[2]

（1. 山东建筑大学交通工程学院 济南 250101；
2. 长安大学公路学院 西安 710064）

1　引言

下击暴流、台风等极端风呈现出显著的非平稳特性[1]，其风致结构效应已突破传统良态风气候条件的理论体系，对大跨度桥梁等柔性结构构成严重的威胁。随着全球变暖情况的持续恶化，极端风灾的发生频率和强度将进一步加剧[2]。为了准确研究极端风环境下的气动荷载和桥梁响应的演变过程，通常基于经典颤抖振理论进行气动荷载建模，并结合有限元法开展时域动力响应分析[3]。在求解运动方程时，桥梁运动状态的递推需要先验地获知风荷载。但作为风荷载重要组成部分的气动自激力，取决于当前桥梁断面的运动状态，故风荷载和风致振动形成了强耦合关系。为了实现自激力和桥梁运动状态的解耦，通常采用平衡迭代搜寻合适的桥面运动状态（自激力）能够同时满足结构运动系统和气动弹性系统的平衡。然而，平衡迭代需要在一个时间步长内多次求解运动方程，其计算效率会受到极大的限制，尤其是自由度数目较大的复杂桥梁。为此，本文将数据驱动融入结构动力响应分析中，提出一种基于 Bi-LSTM（Bidirectional Long Short Term Memory）网络预测的非平稳抖振分析方法。

2　基于 Bi-LSTM 预测的非平稳抖振分析方法

为了提高风致桥梁抖振的计算效率，本文提出了基于 Bi-LSTM 预测的非平稳抖振分析方法（图 1），该框架的核心思路是在运动方程求解前通过 Bi-LSTM 预测下一时刻的运动状态并进行气动荷载建模，然后进行运动方程求解，实现风致抖振非迭代分析。风速时程和响应时程划分为 2 个片段：训练集和预测集。在训练集片段中，基于迭代法进行风致抖振分析获得风致响应，形成相应的输入-输出关系形成训练集，并训练 Bi-LSTM 网络。在预测集片段中，通过训练后的 Bi-LSTM 网络进行桥梁运动状态预测，并基于预测结果进行气动自激力建模，然后采用直接积分法进行桥梁运动状态递推。

3　非平稳风致抖振响应分析

图 2 所示为采用迭代法和本文方法计算得到的下击暴流风致抖振响应。从图中可以看出抖振响应存在显著的非平稳特性，这归因于下击暴流风速时程的非平稳性。从抖振响应时程来看，采用本文方法计算得到的抖振响应与采用迭代法的计算结果基本一致。同时，图中也给出了两种方法计算结果的相对误差，可以看出竖向位移和扭转位移的相对误差分别小于 0.02% 和 0.05%。可见，本文所提出的基于 Bi-LSTM 预测的非平稳抖振分析方法，避免了计算消耗巨大的平衡迭代，同时基本没有损失抖振分析的计算精度。

4　结论

为了提升极端风环境下的桥梁抖振分析效率，本文提出了基于 Bi-LSTM 预测的非平稳抖振分析方法。引入 Bi-LSTM 网络解耦桥梁气动耦合关系，在求解桥梁运行方程前预测桥梁运动状态进行气动荷载建模，

基金项目：山东省自然科学基金（ZR2024QE042）

然后采用直接积分法进行动力响应递归。结果表明，基于 Bi-LSTM 预测的非平稳抖振分析方法在模拟气动载荷和抖振响应方面具有较高的精度，同时避免了平衡迭代，显著提高了计算效率。

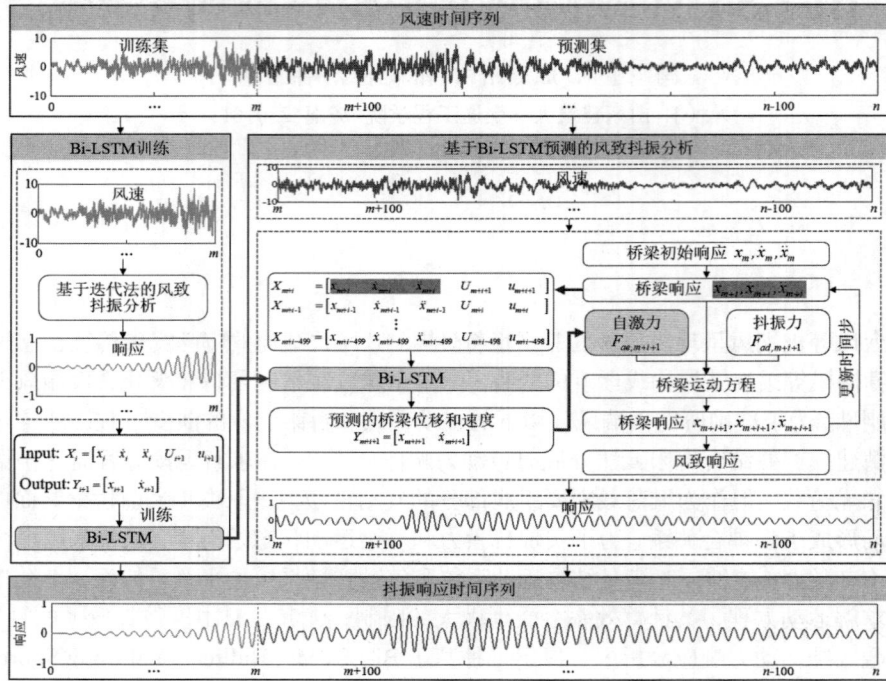

图 1　基于 Bi-LSTM 的抖振分析方法

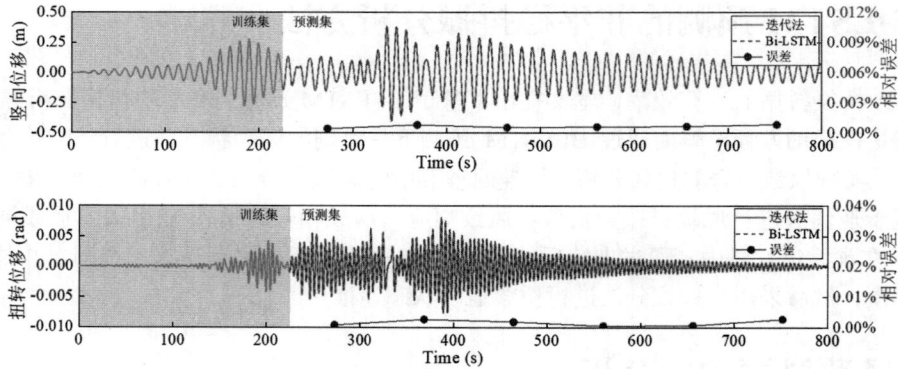

图 2　风致抖振位移

参考文献

[1]　ZHANG H, WANG H, XU Z, et al. Dynamic performance of ultra-long stay cable in small-scale extreme winds[J]. Engineering Structures, 2023, 290: 116369.

[2]　HOOGEWIND K A, BALDWIN M E, et al. The impact of climate change on hazardous convective weather in the United States: Insight from high-resolution dynamical downscaling[J]. Journal of Climate, 2017, 30: 10081-10100.

[3]　陶天友, 邓鹏, 王浩, 等. 雷暴风作用下大跨度桥梁抖振响应智能预测研究[J]. 中国公路学报, 2023, 36(8): 87-95.

复杂山区混合风气候下大风预测研究

张明金[1]，戴逸岩[2]，张成涛[1]，张金翔[1]

（1. 西南交通大学土木工程学院 成都 610031；
2. 澳门大学科技学院 澳门 999078）

1 引言

复杂山区中大风会对大跨桥梁造成损害，同样也会对行车安全造成影响[1]。考虑到山区大风频发，因此有必要开展大风预测研究。一方面，西部山区风场特性复杂，风速在时间上非平稳特征明显，这给风速预测工作带来了巨大的挑战。另一方面，山区大风与常规地区大风明显不同，时常发生小尺度局地气候与大尺度大气环流共同作用的混合大风，其风场特性明显不同于普通大风，这导致常规模型对混合大风的预测精度明显下降。基于上述动机，本研究提出了一种新的基于深度学习的风速预测模型，结合山区混合风分类算法[2]，分别针对非特殊类型大风、周期性热驱动大风和大风降温提出了对应的短时风速预测模型。

2 复杂山区混合风风速预测框架及预测分析

2.1 非特殊类型大风风速预测

复杂山区中非特殊类型大风风速时程具有明显的非稳态特征，综合考虑预测的效率，本文提出了一种基于优化算法的混合模型。为了获得高质量的分解序列和可靠的预测值，应用斑点狗优化算法 SHO 对变分模态分解 VMD 进行优化。针对核极限学习机 KELM[3]参数不确定的问题将具有较强局部搜索能力的海鸥优化算法 SOA 应用到 KELM 的参数择优中。上述两者相结合提出面向山区非特殊类型大风的短时风速预测系统，通过 4 个不同季节的样本进行验证所提出模型的优越性。图 1 为春季数据集模型预测结果及对比。

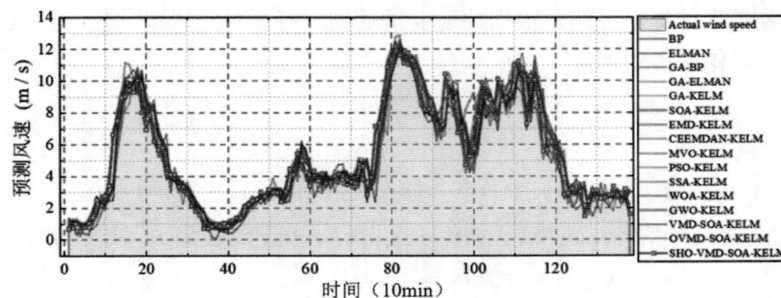

图 1 春季数据集模型预测结果及对比

2.2 周期性热驱动风风速预测

针对复杂山区的周期性热驱动风，考虑到周期性热驱动风事件中风速与环境变量的关系，提出一种基于特征映射与回归和误差修正的新模型 Bayes-Bi-LSTM-ECFRM。将不同环境变量映射后的风速作为特征集的一部分，拓宽了特征集的维度，这为风速预测提供了一种新的思路。此外，提出模型还考虑了风速的随机性和波动性，开发了概率预测模块，区间覆盖性优于传统的正态分布[4]估计得到的预测区间，如图 2 所示。

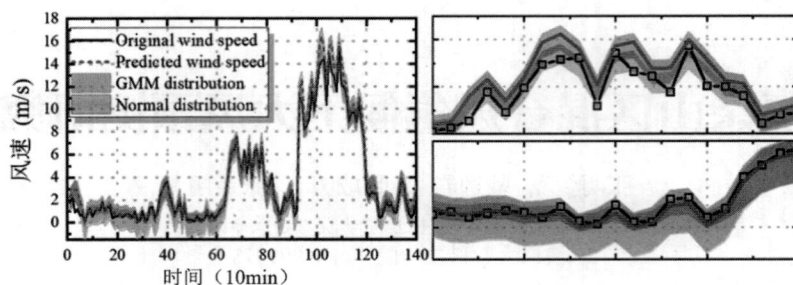

图 2　区间预测方法对比

2.3　大风降温风速预测

寒潮经过山区地形时会产生持续性的大风和降温过程，该类型大风过程中最显著的特征即为温度与风速异步的下降与上升。与周期性热驱动风依赖于山间温度场日变化不同，大风降温是由寒潮气候驱动而产生的。温度与风速之间的相关性也同时发生变化，且降温过程持时变化更大，波动更明显，并且样本数量有限，这就决定了此类过程中的风速预测难度更大。为得到面向大风降温的最优模型，提出了一种基于特征映射、选择、回归与完全自适应噪声集合经验模态分解相结合的预测方法，显著提高混合大风的风速预测精度。

2.4　风速预测分析与评估

采用平均绝对误差（MAE）、MRPE、均方根误差（RMSE）、均方根相对误差（RMSRE）和R^2五种主流统计标准来评估预测效果。评估结果如下：非特殊类型大风预测模型在春、夏、秋和冬数据集中所提出模型单步预测结果均表现最优，预测结果的回归系数R^2分别为 0.9934、0.9944、0.9955 和 0.9966；周期性热驱动风模型和大风降温模型在提前单步、两步和三步的预测中，R^2分别达到了 0.973、0.938、0.984 和 0.887、0.793、0.744，与常规模型结果相比，所提模型在多步预测中表现出明显的优越性。

3　结论

针对复杂山区风速时程的预测研究工作，提供了一个新的短时风速预测思路，即以大风分类识别为基础的风速预测模型。通过人工智能与深度学习技术，分别提出了面向非特殊类型大风、周期性热驱动风和大风降温的风速预测模型，具有处理风速数据复杂特征的能力，可以提供准确的风速预测。另外，山区混合风风速预测框架内三种主要模型的提出思路是根据环境变量的物理特征对于风速变化的贡献。这一思路，同样可以给未来的学者的研究提供参考价值。

参考文献

[1]　苏延文, 颜永逸, 曾永平, 等. 复杂山区铁路大跨桥梁施工大风监测预警技术[J]. 铁道标准设计, 2020, 64: 204-207.

[2]　JIANG F Y, ZHANG J X, ZHANG M J, et al. Field measurement study on classification for mixed intense wind climate in mountainous terrain[J]. Measurement, 2023, 217: 1-15.

[3]　郑晓芬, 钟旺, 李春祥. 基于核极限学习机的多变量非平稳脉动风速预测[J]. 振动与冲击, 2017, 36: 223-230.

[4]　ZHANG H P, WANG J Z, QIAN Y S, et al. A combined interval prediction system based on fuzzy strategy and neural network for wind speed[J]. Applied Soft Computing, 2024, 294: 1-16.

基于生成对抗网络的群体建筑风场快速预测方法

潘小旺，沈 炼，雷 旭，徐任泽

（长沙学院土木工程学院 长沙 410000）

1 引言

由于干扰效应的存在，现代城市中受密集高层建筑群影响的城区风场往往极为复杂且难以预测，这可能引发无人机偏航等诸多问题，快速预测干扰效应影响下的群体建筑风场对于解决上述问题至关重要。然而，受限于时间和成本，既有研究大多探究 2 栋或 3 栋建筑间的干扰效应规律，研究结论难以有效指导 4 栋及以上群体建筑风场的预测。基于对抗神经网络，本文构建了一种可以预测多至 5 栋群体建筑间风场的快速预测方法，本文结论可以给系统研究群体建筑干扰效应规律提供参考。

2 构建群体建筑风压数据集

基于数值模拟结果构建群体建筑风压数据集。对于每个工况，通过随机数发生器生成该工况下的建筑数量（控制在 2~5 之间），工况下每栋建筑的位置信息由另一个脚本随机生成。通过 SpaceClaim 软件读取建筑数量和建筑位置信息，生成自适应网络。将网格导入 ANSYS FLUENT 软件，采用 SST $k\text{-}w$ 湍流模型，时间步长 0.005s，计算得到工况的平均风压结果。一共计算了 6162 个工况，每个工况的建筑信息与风压信息为一组，构成深度学习模型的基本数据集。每个工况的构建流程如图 1 所示。

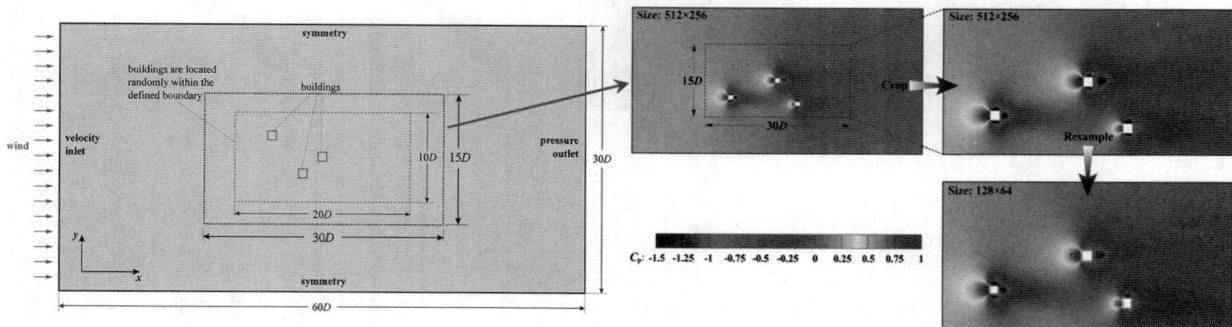

图 1 单一工况数据的构建流程

3 搭建生成对抗网络架构及模型训练

图 2 为搭建的对抗神经网络架构图，包括生成器 G 和鉴别器 D 两个主要组件，通过相互对抗的训练过程提高生成器的性能。生成器接收一个二维向量作为输入，其中行数表示建筑的数量，每行的二维数组表示建筑在计算域中的位置，输出为对应工况的平均风压预测值。鉴别器接收一个 3 通道 RGB 图像作为输入，其输出包括对应工况的建筑群位置损失，图像的亮度损失，对图像真/假的概率判断，以及图像通过一个全连接神经网络的中间层结果，用以构成本文生成对抗网络的损失函数。图 3 展示了所搭建的生成对抗网络模型的预测结果随训练进程的变化，可以发现随着训练的进行，模型的预测精度不论从图像的整体特征还是局部特征都逐渐提高。图 4 为模型对不同数量建筑风场的预测表现，其 R^2 最低值为 0.954，预测精度很高。

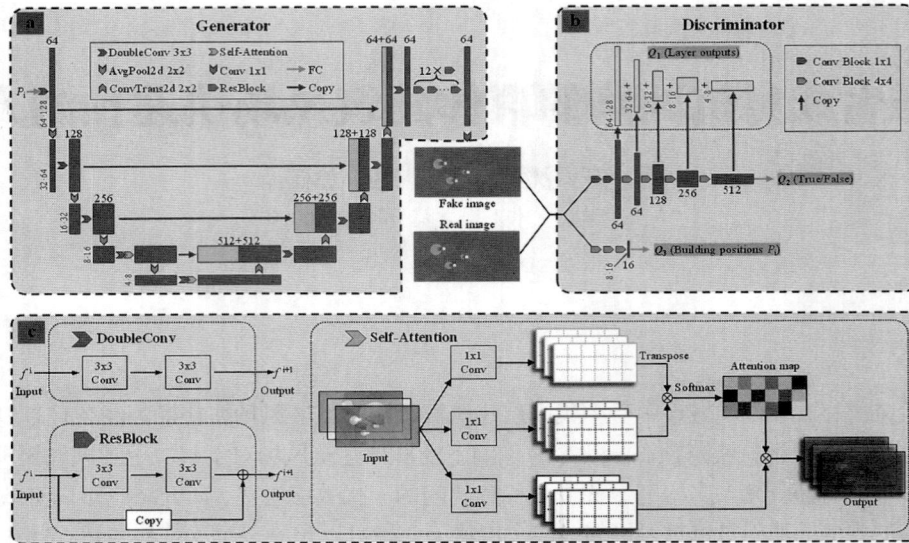

图 2　生成对抗网络架构图

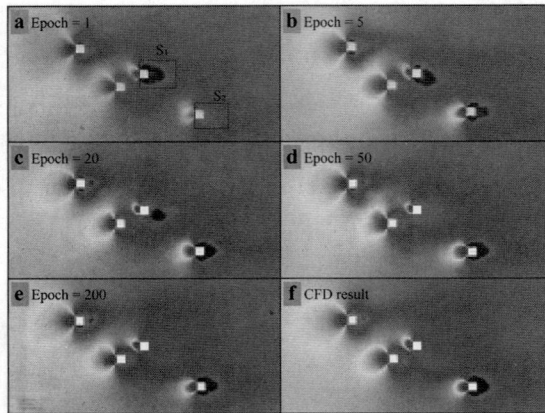

图 3　模型预测能力随训练进程的增长

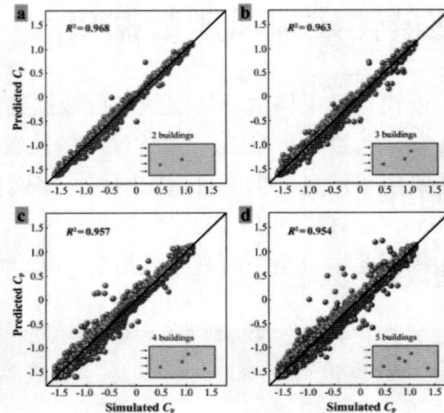

图 4　模型对不同数量建筑风场的预测表现

4　结论

提出了一种基于生成对抗网络的群体建筑风场快速预测方法，结果显示该方法可以实现对 2～5 栋任意分布建筑群平均风场的快速预测。虽然其预测精度随建筑数量的增加而略有降低，但即使对由 5 栋建筑构成的任意建筑群，本方法的预测结果 R^2 仍超过 0.95，研究结论可供相关工程参考。

参考文献

[1]　KHANDURI A C, STATHOPOULOS T, BÉDARD C. Wind-induced interference effects on buildings — a review of the state-of-the-art[J]. Engineering Structures. 1998, 20:617-630.

[2]　ZHENG S, WANG Y, ZHAI Z, et al. Characteristics of wind flow around a target building with different surrounding building layers predicted by CFD simulation[J]. Building and Environment. 2021, 201:107962.

[3]　KIM W, TAMURA Y, YOSHIDA A, et al. Interference effects of an adjacent tall building with various sizes on local wind forces acting on a tall building[J]. Advances in Structural Engineering. 2018, 21:1469-1481.

[4]　XIE Z N, GU M. Simplified formulas for evaluation of wind-induced interference effects among three tall buildings[J]. Journal of Wind Engineering and Industrial Aerodynamics. 2007, 95:31-52.

融合误差修正和滚动分解算法的非平稳风速短期预测研究

胡　朋，姚佳文，陈　飞，韩　艳

（长沙理工大学土木工程学院 长沙 410114）

1　引言

由于山区峡谷地形错综复杂，其风场特性相较于平原开阔地区更加多变，这对工程结构的抗风安全造成了很大的威胁，特别是对于风敏感结构，如大跨度桥梁、高层建筑和大面积屋顶。如果能提前预测出风速，就可以采取相应的应急措施，尽量减少或避免损失。

本研究以处于复杂地形的非平稳风场预测为研究对象，首先，采用滚动分解算法并通过多种神经网络模型的预测结果对比，提出采用 CNN-BiLSTM 神经网络组合模型对非平稳风速序列进行预测，并利用 SSA 算法对超参数进行寻优。进一步地，利用误差修正方法弥补了神经网络模型对高风速区间低估的缺陷。在此基础上，提出了一种融合误差修正和滚动分解算法的非平稳风速短期预测方法，并通过其他时段的非平稳风速进行预测检验，验证了所提算法的准确性和泛化性。

2　实测非平稳风速数据

2.1　风速数据与滚动分解算法

采用 2023 年 4 月份某山区复杂地形的风速数据进行研究，采样时间间隔为 3min，利用平均插值法对原始异常和缺失数据进行筛选修正，随机选取连续 7 天的风速数据，如图 1 所示。

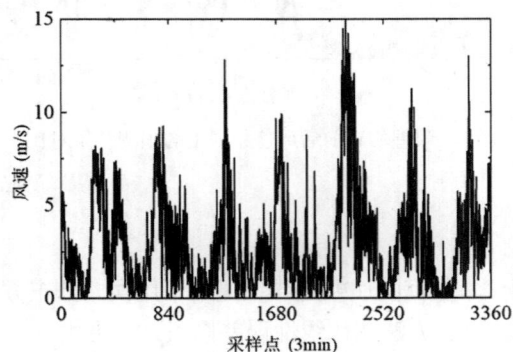

图 1　连续 7 天的原始风速数据

为了避免传统方法中常使用未来信息的问题，本文采用滚动分解方法，在保证数据预处理过程中不存在信息泄露的前提下，快速进行数据预处理及预测，其过程如下：

（1）滑动窗口设置，其作用是对训练集数据进行切分，并实时滑动；

（2）一次数据预测，其作用是消除下一步分解的边界效应问题；

（3）数据分解，其作用是对延伸后的数据进行分解；

（4）数据重构，其作用是修剪一次数据预测的扩展部分，并对修剪后的数据进行降噪；

（5）二次数据预测，其作用是预测出下一时间步的风速值；

基金项目：国家自然科学基金项目（52478495，52178451）

（6）重复步骤（1）～（5），即实现风速时程的滚动分解与预测。

根据上述流程，图 2 给出了基于滚动分解算法，采用 CNN-BiLSTM 神经网络组合模型的预测值与实测值的对比，由图可知两种曲线比较接近，表明滚动分解算法的预测精度较高。

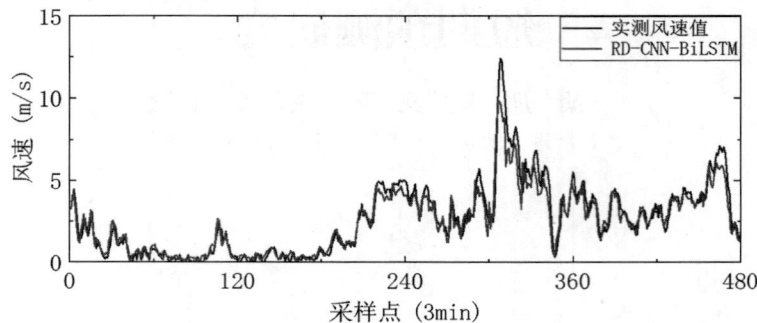

图 2　基于滚动分解算法的 CNN-BiLSTM 组合模型的预测值

2.2　风速预测误差修正方法

尽管滚动分解算法有效避免了信息泄露，且有较高的精度。但从图 2 可以发现，在当日的风速峰值处各个模型得到的预测值相对实际值均有一定程度的低估，对于实际工程而言，仍具有一定的安全风险，因而有必要进一步提高其预测精度。为此，分别采用线性、二次抛物线方式对其进行误差修正后，修正后的结果如图 3 所示。由图可知，误差修正方法能有效改善初步预测精度的不足，且采用二次抛物线的误差修正方法相比线性误差修正方法更优。

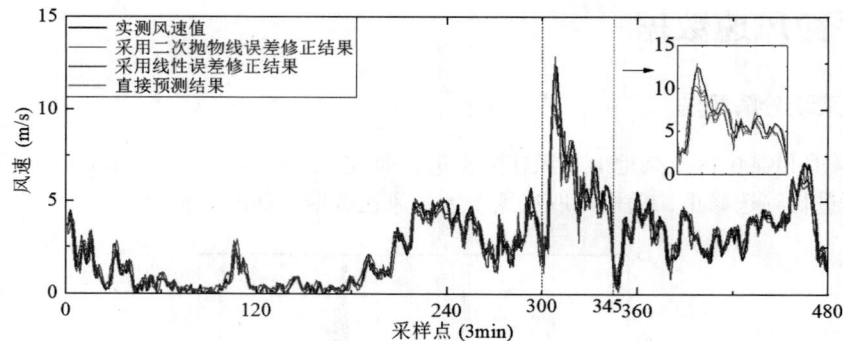

图 3　误差修正前后风速序列 1 的预测结果对比

3　结论

（1）通过对比预测数据与测试集数据的误差规律，提出采用误差修正方法来改善一次预测精度的不足，研究发现，采用二次抛物线的误差修正方法相比线性误差修正方法更优。

（2）提出了一种融合误差修正和基于滚动分解算法的 CNN-BiLSTM 组合模型，结合其他非平稳风速时程的预测结果，验证了所提组合模型的高精度与强泛化性。

参考文献

[1]　ZHOU P H, SHEN L, HAN Y, et al. A short-term wind speed prediction method utilizing rolling decomposition and time-series extension to avoid information leakage [J]. Energy Sources, Part A: Recovery, Utilization, and Environmental Effects, 2024, 46(1): 3338-3362.

[2]　TAO T Y, SHI P, WANG H, et al. Short-term prediction of downburst winds: A double-step modification enhanced approach [J]. Journal of Wind Engineering & Industrial Aerodynamics, 2021, 211: 104561.

二维静止形状气动力时程的深度学习生成方法

李　珂，杨家豪，陈增顺，张利凯

（重庆大学土木工程学院 重庆 400038）

1　引言

气动力是影响结构稳定性和安全性的关键因素之一，其演化规律受非定常特性和计算精度影响，难以实现长时间准确预测。准确预测气动力特性对结构设计和振动控制具有重要意义。目前，风洞试验和计算流体动力学（CFD）数值模拟是研究气动力的主要方法，但它们均存在计算成本高、耗时长的问题[1-2]。本文研究的二维静止形状特指具有恒定轮廓的平面刚性体（如建筑横断面、桥梁横断面等），排除了动态变形体、柔性体和三维立体等情形。这类形状既保证了基础研究的普适性，又为复杂形体研究提供了基准参照。近年来，机器学习的发展为气动特性研究提供了新思路。陈冰雁等[3]利用深度残差网络建立了飞行器气动外形与性能的非线性映射；陈海等[4]基于卷积神经网络提出的翼型预测方法，有效克服了参数依赖性问题；Miyanawala 等[5]通过欧拉距离场实现了椭圆类外形的统一表达。基于此，本文通过 CFD 数值模拟构建了包含随机生成的截面数据集，开发了融合卷积注意力机制模块与残差模块的编码器-解码器神经网络模型。试验表明，该模型在 10s 时程预测任务中，计算效率较传统方法提升 4 个数量级，平均误差控制在 6.25% 以内，为快速气动分析提供了有效工具。

2　研究方法和内容

2.1　研究方法

本研究采用深度学习代理模型，实现从气动外形到气动力时程的直接生成。该方法可视为计算机视觉技术在工程领域的创新应用。首先，提出了静止二维形状的气动外形通用表达方法，以及气动力时程数据的类图像描述方法，通过这两种方法的结合，实现了输入输出数据的一致化表达，显著提高了信息传递效率。在此基础上，利用提出的深度学习代理模型学习并感知二者之间复杂的非线性映射关系，最终实现了从外形到气动力时程的快速预测。

2.2　研究内容

本研究采用深度学习代理模型，实现了从气动外形到平均压力场的直接预测。首先提出二维静止形状的"一致化形状表达"方法，将气动外形及其周围流场信息转化为距离场、X坐标场和Y坐标场三个特征场，作为神经网络的统一输入。该方法突破了传统方法对具体形状的依赖，实现了不同外形数据的标准化处理。同时，以包含流场物理特征的平均压力场作为输出，在保证预测精度的前提下，有效验证了模型的特征提取能力。试验结果表明，该方法能够准确生成二维静止形状的平均压力场（图 1），为气动力预测提供了新的解决方案。

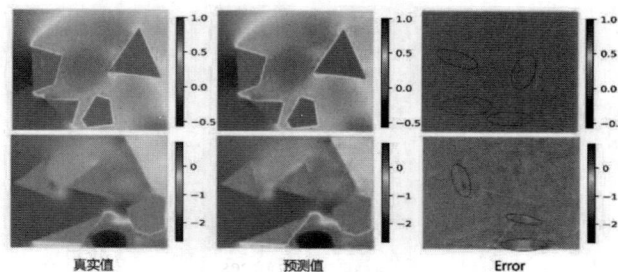

图 1　平均压力场与真实值对比

基金项目：国家自然科学基金创新研究群体（52221002），桥梁结构抗风技术交通行业重点实验室（KLWRTBMC22-01）

本研究结果表明，该方法具有断面形式无关性，能够有效建立气动外形与平均压力场之间的非线性映射关系。基于此，我们进一步提出气动力时程的预测方法：首先设计气动力时程的类图像表达形式作为模型输出；然后将二维静止形状的一致化外形表达作为输入，通过深度学习模型建立输入输出间的非线性映射；最终训练完成的代理模型可直接生成高分辨率的气动力时程图像，经数据转换即可获得目标时程数据，如图 2 所示。该方法实现了从气动外形到气动力时程的端到端预测。

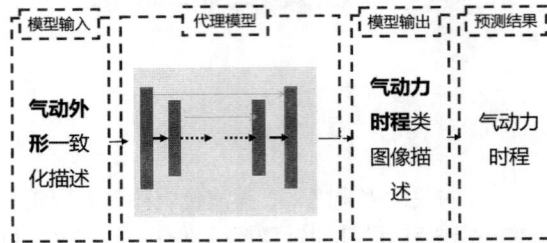

图 2　气动力时程生成方法思路

3　结论

本研究提出了一种基于深度学习的二维静止形状气动力时程智能预测方法，其创新性体现在：（1）采用类图像化的数据表达方式，构建了包含距离场、坐标场的三维特征张量输入体系，实现了任意二维组合断面的一致化表达；（2）基于编码器-解码器神经网络模型架构，融合残差模块与卷积注意力机制的，建立了气动外形到气动力时程的端到端非线性映射。与传统方法相比，本方法显著提高了气动力时程的预测效率，计算速度提升 4 个数量级，同时在 3 类典型截面中展现出优异的泛化性能。此外，本研究提出的结构化深度学习框架，为工程领域与人工智能技术的深度融合提供了新的思路。

参考文献

[1] KASPERSKI M. Specification of the design wind load based on wind tunnel experiments[J].Journal of Wind Engineering & Industrial Aerodynamics, 2003, 91(4): 527-541.

[2] BLOCKEN B. 50 years of Computational Wind Engineering: Past, present and future[J].Journal of Wind Engineering & Industrial Aerodynamics, 2014, 12969-102.

[3] 陈冰雁, 刘传振, 白鹏, 等. 使用深度残差网络的乘波体气动性能预测[J]. 空气动力学学报, 2019, 37(3): 505-509.

[4] 陈海, 钱炜祺, 何磊. 基于深度学习的翼型气动系数预测[J]. 空气动力学学报, 2018, 36(02): 294-299.

[5] MIYANAWALA T P, JAIMAN R K. A novel deep learning method for the predictions of current forces on bluff bodies[C]//International conference on offshore mechanics and arctic engineering. American Society of Mechanical Engineers, 2018, 51210: V002T08A003.

一种基于人工智能控制的城市风环境实时干预系统

张秉超[1]，李雨桐[2]，谢锦添[1]

（1. 香港科技大学土木与环境系 香港 999077；

2. 重庆大学土木工程学院 重庆 400038）

1 引言

快速城市化导致人口密集的城市地区高层建筑激增，对实现舒适的城市风环境构成了挑战。风速下降影响了通风和空气质量，从而削弱了冷却效果，增加了城市热岛效应的风险。这一问题在香港尤为明显，因为香港的城市形态极为复杂，街道深邃，摩天大楼密集。在高宽比巨大、建筑密集的网格状城市布局中，街道上的气流应更准确地模拟为狭窄的渠道流，而非开阔的大气边界层流动。基于这一见解，可以引入类似"转向阀"的装置来实时调整狭窄街道中的风场，将城市风有效地引导至需要的位置。而香港街头随处可见的广告牌恰好可以用来达到偏转城市气流的目的。

本研究尝试将广告牌改造为可动装置，命名为"捕风者"（Windcatcher），并开发一种基于人工智能的控制系统。该系统将连接当地的气象传感器，获取实时环境信息，并相应调整广告牌的位置和朝向，以优化局部风环境。

2 系统简介

"捕风者"系统的简图如图 1 所示。本研究采用深度强化学习（Deep reinforcement learning，DRL）技术，实现实时城市环境与神经网络模型之间的交互。经训练后的 DRL 代理模型将快速分析传感器测量值，并将需求转换为对风捕者的指令。

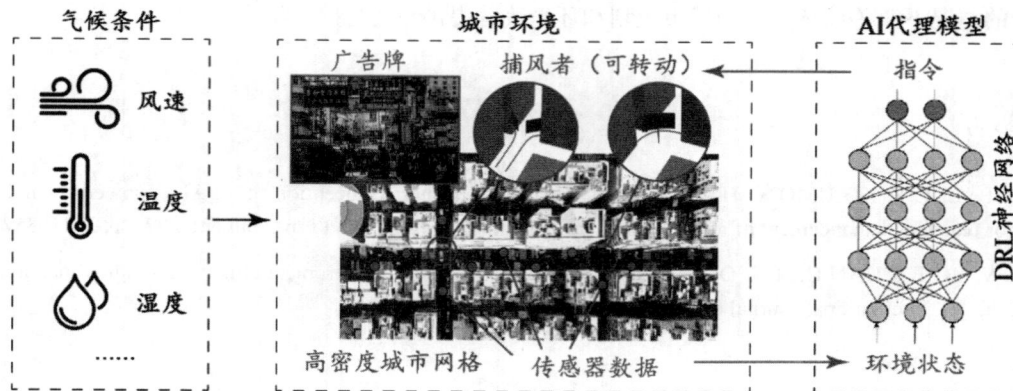

图 1 "捕风者"系统简图

3 基于 CFD 数值模拟的系统试运行

为了验证本系统的有效性，采用了如图 2 所示的简化网格状城市模型进行测试。街道宽度设为 10m，建筑水平尺寸设为 30m × 60m。由于本研究仅考虑近地面风场，并考虑到香港市区普遍较高的建筑高度（100～150m），因此假定建筑高度为无限高，而数值模型中仅考虑 40m 的边界层高度。模拟中共考虑了 9 个风向，每个风向中 x 和 y 方向的入口风速由额外的数值模拟得到[1]。两个捕风者被部署于十字路口处，用于联合调节目标街道的风场。在划分网格时，将捕风者周边筒状区域设置为动网格，以实现捕风者在数值模拟中的转动。

本研究选用 RNG k-ε 模型，在 OpenFOAM 中求解 RANS 方程，以获取目标街道中行人风高度处的风速值，并将其作为传感器数据输入 DRL 代理模型。同时，采用 Thermal sensation vote[2]评估目标街道中的热舒适度，并以捕风者转动前后舒适度的差值来评估 DRL 代理模型的训练效果。

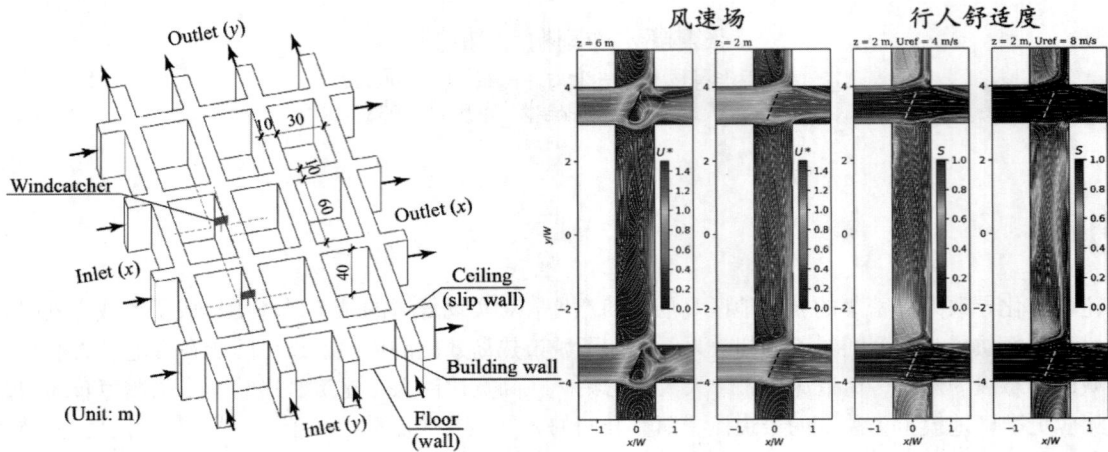

图 2　CFD 模拟设置及系统优化结果

结果表明，仅使用两个捕风者就可以有效调整局部风场，改善风环境和舒适度，如图 2 所示。此外，在模型训练完成后，无论外部风向和风速如何变化，DRL 代理模型总能精确控制捕风者，将目标街区内的风环境和舒适度提升至理论最大值。具体结果详见文献[1]。

4　结论

本研究提出了一种实时、自动化、主动的城市风场干预系统，称为"风捕者"系统，旨在改善密集城市街道中的风环境，并进行了初步验证。作为先驱，本文仅旨在提出概念并解决应用中最根本的挑战，为未来的研究奠定基础。"风捕者"系统展示了在复杂城市环境中主动调节风场的潜力。它将有助于在难以进行建筑拆迁改造的情况下改善风环境，为城市规划和环境改善提供新的思路和解决方案。

参考文献

[1] ZHANG B, LI C Y, KIKUMOTO H, et al. Smart urban windcatcher: Conception of an AI-empowered wind-channeling system for real-time enhancement of urban wind environment [J]. Building and Environment, 2024, 253: 111357.

[2] CHENG V, NG E, CHAN C, et al. Outdoor thermal comfort study in a sub-tropical climate: a longitudinal study based in Hong Kong [J]. International Journal of Biometeorology, 2012, 56: 43-56.

基于知识增强人工智能技术的钝体表面
多点压力时序预报

刘军乐 [1,2]，谢锦添 [1]，胡　钢 [2]

（1. 香港科技大学工学院土木与环境工程学系　香港　999077；
2. 哈尔滨工业大学（深圳）智能风工程实验室　深圳　518055）

1　引言

钝体表面压力时程分布研究在机械工程、航空航天领域以及土木工程领域都极为重要，压力时程分布对机械构件的可靠性、航空航天设备的稳定性，以及土木工程结构的安全性起着决定性作用。在以往的研究中获取压力时程分布信息主要依赖风洞试验（Wind tunnel testing）与数值仿真（Numerical simulation）。在实际工程应用中，常出现数据获取时间较短的情况，本研究提出了知识增强（Knowledge-enhanced）的人工智能模型（AI）来预报未来一段时间钝体表面压力时程分布信息，以延长压力时程信息，解决实际工程中数据量少的问题。本研究使用的模型包括深度神经网络（DNN）、U型神经网络（UNet）、傅里叶神经算子（FNO）三类方法，并对三类模型在时间序列预报任务的性能进行评估。研究中，压力的统计特征，包括均值、方差、频率功率谱分布等物理知识融入人工智能模型中，以增强模型的预报性能。研究结果表明，基于知识增强的人工智能模型可以较好地预报未来一段时间钝体表面多点的压力时程信息。

2　方法

2.1　知识增强的人工智能模型

在本研究中，我们对人工智能模型融入了物理量的统计信息，以改进模型的表现性能更加贴近真实物理信息，因此，本研究定义使用的人工智能模型为知识增强的模型。具体来说，本研究对三个常见的人工智能算法，U-型卷积网络（UNet），深度神经网络（DNN），和傅里叶神经算子网络（FNO）融入物理知识来实现时间序列的压力信息预测。融入的物理知识有历史压力信息的统计特征，包括均值、方差、频率谱特征等信息。本研究中的三个算法以下简写为 KE-UNet，KE-DNN，KE-FNO。在模型训练过程中融入物理信息是通过损失函数设置实现，具体来说，包括时程统计均值损失 $\mathcal{L}_m$，时程方差损失 $\mathcal{L}_s$，时程频率损失 $\mathcal{L}_f$。总方差 $\mathcal{L}_{total}$ 通过对上述方差进行数值叠加，在叠加过程中参数 α_i 和 β 为自学习参数。图 1 展示了傅里叶神经网络结构中的傅里叶数据处理层。在图中，最原始的输入信息经过傅里叶变换，之后经过频率过滤层和随机参数层，之后进行傅里叶逆变换重构回到压力信息，需要注意的是最原始的信息一直作为下一层的输入之一，用于嵌入傅里叶网络以增强模型对压力时间尺度的规律演变的感知和物理信息的感知。

2.2　数据生成与处理

本研究压力的时间序列数据来自高频风洞试验压力扫描数据。试验对象为经典钝体-矩形柱体。试验在哈尔滨工业大学（深圳）智能风工程实验室回流式风洞开展，详细设置见文献[1]。长宽比为 1.5∶1 的矩形柱体是本研究的钝体对象，柱体表面有 26 个测压点。通过试验可以得到 30000 帧时间序列的压力信息。本研究的目标是：使用一段时间内钝体表面 26 点压力输入，来预报未来一段时间内 26 个压力测点的压力的时程分布信息，计划采用 1000 帧，目标输出设置 1000 帧。

基金项目：国家自然科学基金项目（52278493）

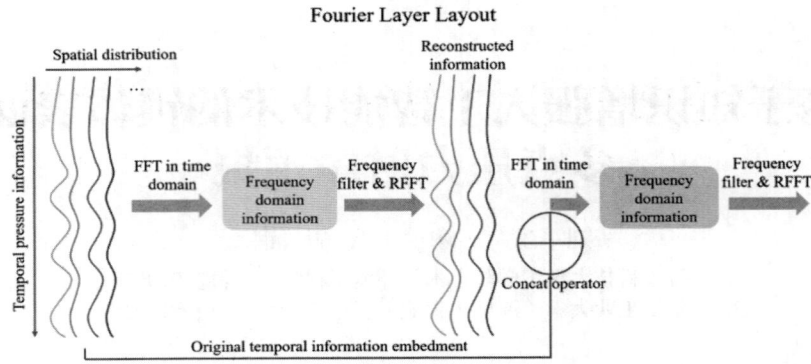

图 1　傅里叶神经网络中单一傅里叶处理层结构

3　结果

图 2 展示三个模型预报的未来一段时间的压力信息，整体而言，三个知识增强的模型可以较好地预报未来一段时间压力信息，也可以明显看到各模型在极值预报方面存在差异。

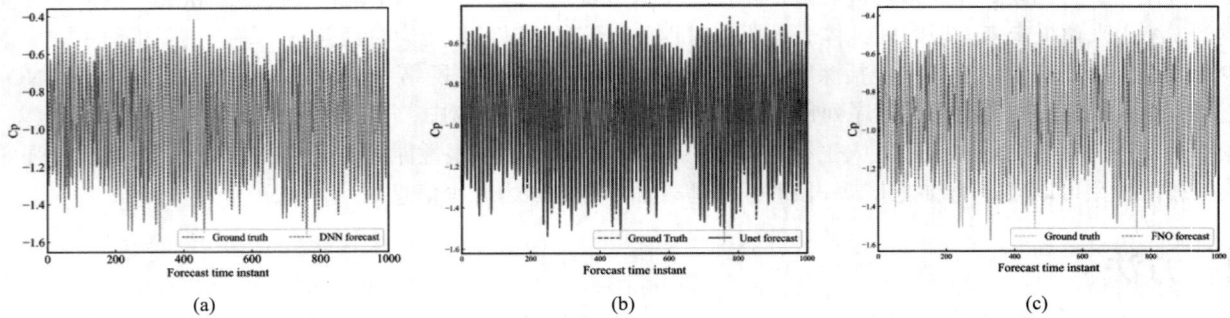

图 2　三类模型在 1 号测压孔预报时间序列压力：（a）KE-DNN；（b）KE-UNet；（c）KE-FNO

4　结论

本研究使用知识增强人工智能技术实现钝体表面多点压力预报，压力时程的统计特征融入深度神经网络用于增强模型预报性能。整体而言，三个模型都可以预报未来一段时间内的压力时程信息，各模型在极值预报表现不同。由此可知，基于知识增强的多点时序压力预报可以用于实际工程数据补充和延长，对数据获取难度较大的工程案例提供了新的获取数据的思路。

参考文献

[1]　LIU J, TSE K T, HU G. An aerodynamic database of synchronized surface pressure and flow field for 2D rectangular cylinders[J]. Engineering Structures, 2025, 326: 119506.

大视场高空间分辨率流场重构的深度学习方法

赖马树金[1,2]，周旭曦[1,2]，金晓威[1,2]，李惠[1,2]

（1. 哈尔滨工业大学土木工程智能防灾减灾工业与信息化部重点实验室 哈尔滨 150090；
2. 哈尔滨工业大学结构工程灾变与控制教育部重点实验室 哈尔滨 150090；）

1 引言

粒子图像测速（PIV）技术的空间分辨率与其视场范围之间存在着一种权衡关系。即增大视场范围以获取流场的大尺度信息往往会降低空间分辨率，而提高空间分辨率以更精确地捕捉局部流动特征则可能导致视野范围受限，无法完全覆盖整个流场区域。在实际应用中，为了获得大视场和高空间分辨率的流场测量结果，研究人员通常使用多台高速摄像机同时拍摄[1-2]，然后将其拼接起来。然而，由于高速相机的成本高昂，同时使用多台相机同步拍摄非常昂贵。此外，确保所有摄像机的曝光时间一致以及实现触发系统的高精度同步也存在挑战。针对上述问题，本文提出了一种融合卷积超分辨率网络（LGF-CNN），该网络基于局部小视场高空间分辨率测量结果和大视场低空间分辨率测量结果，重构出大视场高空间分辨率流场。

2 深度神经网络结构

我们使用同步双相机设置来获取流场数据，使用一个高速相机以低空间分辨率捕获大视场流场，另一个相机则拍摄具有高空间分辨率的局部区域流场。具体来说，如图 1 所示，在 T1 时间段，我们使用一个相机以低空间分辨率拍摄大视场流场。同时，第二台相机拍摄局部位置区域 1 处的小视场高空间分辨率流场。然后再下一个 T2 时间段拍摄大视场低空间分辨率流场的同时拍摄区域 2 处的小视场高空间分辨率流场。通过这种方式进行操作遍历整个流场，我们能够获取到大视场的低空间分辨率信息和局部小视场的高分辨率数据。

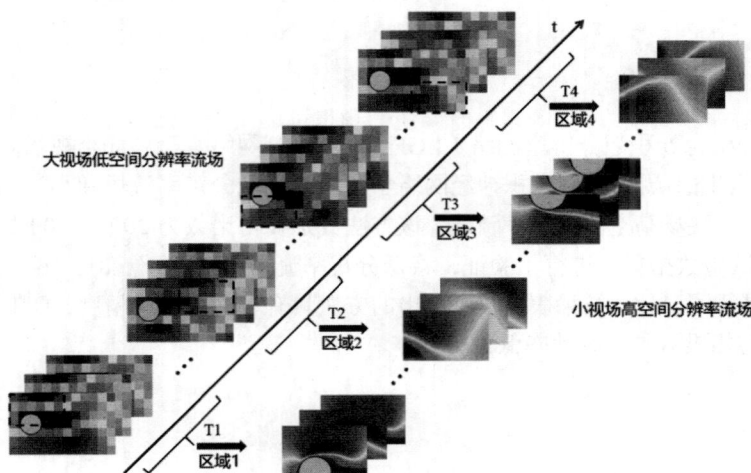

图 1 流场数据采集示意图

我们提出了局部-全局融合卷积神经网络（LGF-CNN），以学习小视场高空间分辨率的局部流场与大视场低空间分辨率流场之间的复杂映射关系。模型结构图如图 2 所示。

基金项目：国家重点研发计划（2022YFC3005303），国家自然科学基金（52178470，92152301，52108452）

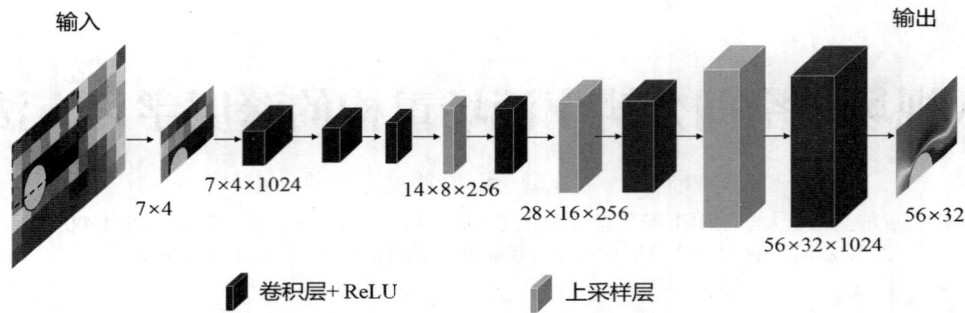

图 2　LGF-CNN 网络结构示意图（$Re = 500$，$S = 8$）

3　流场重构结果

图 3 为所提出方法在 $Re = 3.3 \times 10^4$ 的试验数据集上速度 U 方向上的重构结果，我们将本方法与广泛用于图像缩放和增强的传统双三次插值方法（Bicubic）进行了比较，随着缩放因子 S 的增大，双三次插值的重建效果显著下降。

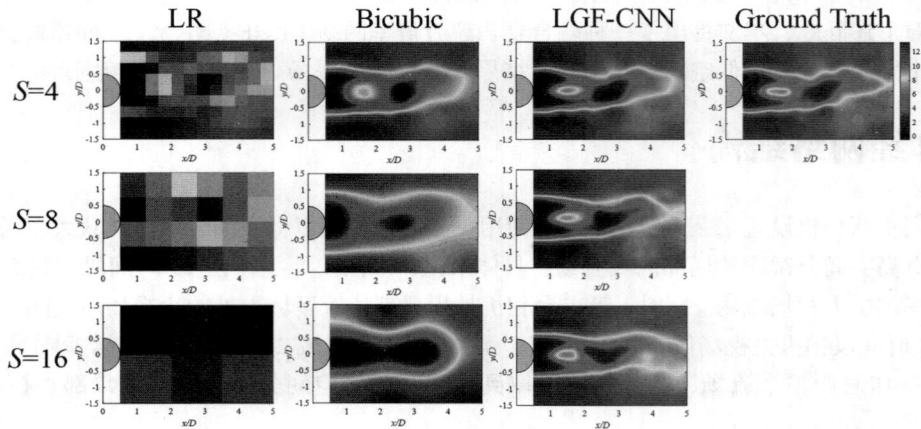

图 3　$Re = 3.3 \times 10^4$ 试验数据集上速度 U 的重构结果对比

4　结论

本研究提出了一种融合卷积超分辨率网络（LGF-CNN），该网络基于局部小视场高空间分辨率测量结果和大视场低空间分辨率测量结果，采用卷积神经网络学习大视场低分辨率流场和小视场高分辨率流场之间的映射关系，即可重构出大视场高空间分辨率流场。该方法分别在雷诺数为 200 和 500 的数值模拟数据集以及雷诺数为 3.3×10^4 的试验数据集上进行了验证，将低分辨率流场提高了 4^2、8^2、16^2 倍，并与传统的双三次插值方法（Bicubic）进行了对比。结果表明，所提出的方法具有较高的重构精度，能够有效减少 PIV 试验中多视场同步拼接所需的相机数量，有效降低试验成本。

参考文献

[1]　LIU Y, WANG Y , LI J ,et al.Experimental study on the large-scale turbulence structure dynamics of a counterflowing wall jet[J].Experiments in Fluids, 2022, 63(10): 1-16. DOI:10.1007/s00348-022-03514-6.

[2]　LI J, CAO X, LIU J,et al.Global airflow field distribution in a cabin mock-up measured via large-scale 2D-PIV[J].Building and Environment, 2015, 93(NOV.PT.2): 234-244. DOI:10.1016/j.buildenv.2015.06.030.

计算风工程方法与应用

基于多孔介质模型的大气边界层入口湍流大涡模拟方法

回 忆，孙嘉康

（重庆大学土木工程学院 重庆 400038）

1 引言

大涡模拟（LES）在结构风工程中得到了广泛的应用。为了保证结构风荷载模拟的准确性，准确模拟来流风场是数值计算中至关重要的一环[1]。现有的方法，如预前模拟法和人工合成法，都存在着一定的不足和局限性。为此，本文提出了一种用于大涡模拟的大气边界层入口湍流生成的新方法，多孔介质湍流生成法。多孔介质模型是一种用于模拟流体在多孔介质中流动的数学模型，近年来得到了在多学科领域得到广泛的应用[2-3]。模拟结果与试验结果对比结果表明，该方法可以很好地模拟来流风场的平均风速、湍流强度分布，以及风速的能量谱。该方法综合了现有风场生成方法的优点，具有较强的应用性。

2 研究方法

本研究采用流体力学软件 OpenFOAM，引入多孔介质模型生成风场。计算域的流向长度为 15.0m，展向宽度为 8.0m，高度为 3.0m，用于生成入口湍流的多孔介质放置在距离入口 1m 处。多孔介质模型通过在流体特定区域的动量方程中添加额外的阻力源项来模拟流体通过多孔介质后的动量损失。

3 研究结果

3.1 多孔介质布置方案

多孔介质的具体布置如图 1 所示，由两部分组成（图 1 中的灰色和白色）。第一部分以固定距离排列成棒状，并近似为实体。第二部分填充横截面的剩余部分，将第二部分的空间由下至上划分为多层，通过调整每层的阻力值和尺寸大小可以生成不同风场。

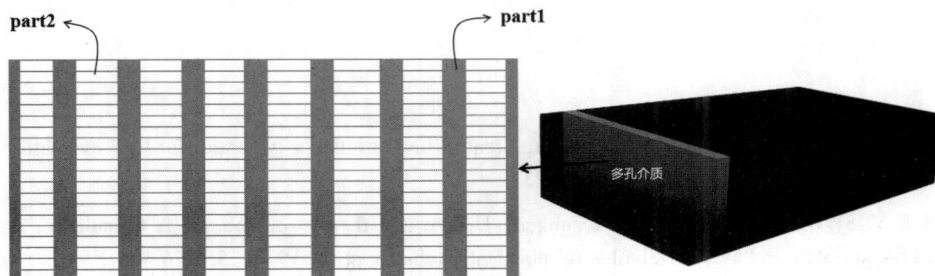

图 1 多孔介质布置方案示意图

基金项目：国家自然科学基金项目（52078087）

3.2　可行性验证

利用该方法生成 TPU 风场结果如图 2 所示，使用该风场模拟建筑表面风压系数如图 3 所示。

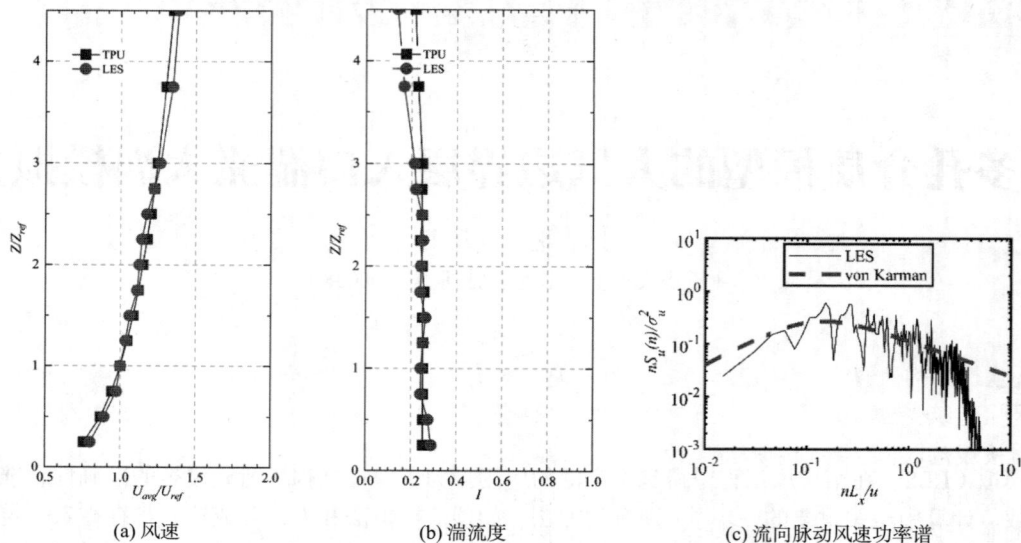

|(a) 风速|(b) 湍流度|(c) 流向脉动风速功率谱|

图 2　数值模拟与 TPU 试验风场特性对比

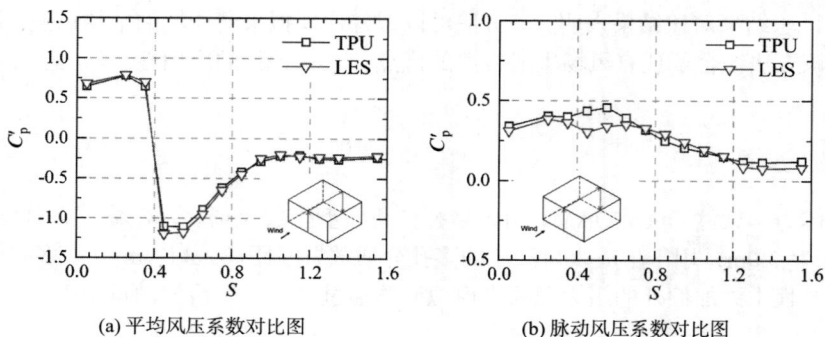

|(a) 平均风压系数对比图|(b) 脉动风压系数对比图|

图 3　攻角为 0°时中心轴上的表面压力系数比较

4　结论

（1）引入了多孔介质模型，提出了一种简单、可操作性强的入口湍流生成技术。

（2）模拟结果与试验结果的对比结果表明，该方法可以重建与试验基本一致的平均速度分布、湍流强度分布，且功率谱满足卡曼谱分布。

参考文献

[1] ZHANG Y X, CAO S Y, CAO J X. An improved consistent inflow turbulence generator for LES evaluation of wind effects on buildings[J]. Building and Environment, 2022, 223.

[2] PATANKAR S V, SPALDING D B. Heat exchangers: Design and theory sourcebook. A Calculation Procedure for the Transient and Steady-State Behavior of Shell-and-TubeHeat Exchangers[M]. 1974: 155-176.

[3] SALIM S M , CHEAH S C , CHAN A .Numerical simulation of dispersion in urban street canyons with avenue-like tree plantings: Comparison between RANS and LES[J].Building and Environment, 2011, 46(9): 1735-1746.

基于 LBM-LES 的双螺旋型天气雷达塔非高斯风压模拟与验证

李　昀[1]，王义凡[1]，张　慎[1]，程　明[1]，邹良浩[2]

（1. 中南建筑设计院股份有限公司　武汉　430071；
2. 武汉大学土木建筑工程学院　武汉　430072）

1　引言

我国《建筑结构荷载规范》GB 50009—2012 基于高斯分布假设在 99.38%保证率下建议峰值因子取 2.5。然而实际高层建筑受到复杂体型、建筑干扰及来流风向等多因素影响，建筑表面风压表现出显著非高斯分布特性，此时按规范取值会导致结构抗风设计偏危险。

在实际建筑抗风设计中，风洞试验与 CFD 模拟是评估风压特性的主要方法。杨庆山[1]等学者通过风洞试验发现风向垂直于建筑立面时，迎风面正压呈高斯特性而背风面、侧风面负压呈非高斯特性。Yang 等人[2]基于有限体积法模拟研究 CAARC 标准矩形建筑脉动风压特性，指出风压非高斯特性受来流湍流影响明显。然而风洞试验受限于时间和物理条件，基于有限体积法的 CFD 分析在处理复杂体型网格、湍流边界和计算效率等方面存在挑战，限制了其在设计阶段的应用。

由于并行计算效率高和天然瞬态求解等特点，近年来格子玻尔兹曼方法（LBM）逐渐开始受到建筑领域关注[3-4]。本文基于 LBM-LES 模拟方法，针对双螺旋型天气雷达塔开展了风压数值模拟和风洞试验验证分析，详细介绍了 LBM-LES 计算细节与计算效率，结合风洞试验测点风压数据开展了天气雷达塔双塔区域非高斯风压分布特性研究。

2　天气雷达塔表面风压模拟

2.1　算例设置

计算域整体高度方向取 3 倍建筑高度（H），两侧距离边界 $3H$，迎风面距入口 $3H$，背风面距出口 $10H$。经网格敏感性分析后确定网格基本尺寸 dx 取 0.08m，建筑周围最小网格尺寸取 1/32dx，同时根据 LBM 计算需求设置不同尺寸网格加密区以确保网格划分合理性，网格划分具体如图 1（a）所示，该网格方案下计算所得截面流场如图 1（b）所示。

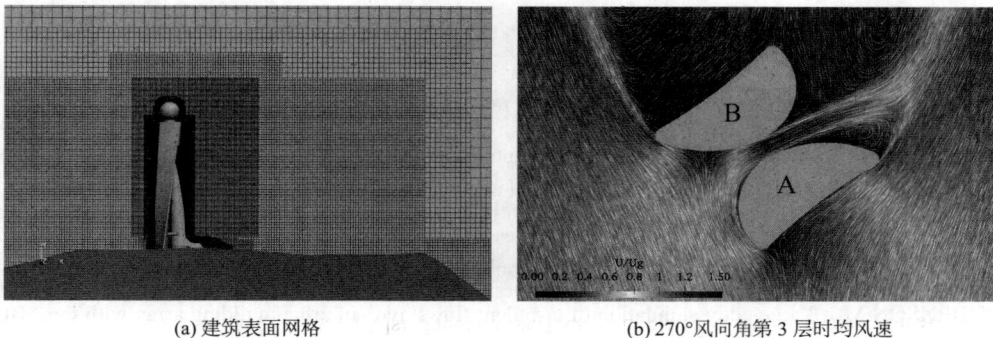

(a) 建筑表面网格　　　　　　　　　　(b) 270°风向角第 3 层时均风速

图 1　天气雷达塔 LBM 网格划分及计算流场示意图

基金项目：住房和城乡建设部科学技术项目（2021K020）

模型缩尺比为 1∶150，阻塞率小于 3%，边界条件参考 B 类地面粗糙度风场，参考高度 H 对应参考风速 U_{ref} 取 9.0m/s，采用 WALE 大涡模拟湍流模型进行 LES 瞬态计算，模型参数 C_w 取 0.325，采用本地 80 核 linux 服务器计算，完成单一计算工况需要 1920 核时。

2.2 模拟结果分析——平均风压系数与风压峰值因子

经过空风洞流场模拟验证与网格敏感性分析后，针对天气雷达塔模型进行 LBM-LES 多风向角风压特性分析，并采用时程样本保证率与改进 Hermite 多项式模型计算峰值因子，改进 Hermite 多项式模型来源于 Hermite 级数法，通过考虑风压时程的三阶矩与四阶矩，将非高斯过程表示为高斯过程的 Hermite 多项式，并由 Winterstein 等[5]学者改进得到显式表达式。

以 270°风向角平均风压与第 3 层测点风压峰值因子为例，LBM-LES 计算得到的测点平均风压系数与风洞试验值的变化趋势吻合一致，基于时程样本保证率统计得到的 LBM-LES 峰值因子和风洞试验吻合较好，整体平均误差保持在 10%左右，改进 Hermite 多项式模型计算得到的结果明显偏大，第 3 层双塔区域局部峰值因子普遍超过规范推荐值 2.5，局部风压峰值因子最大值均超过 5.0，具体如图 2 所示。

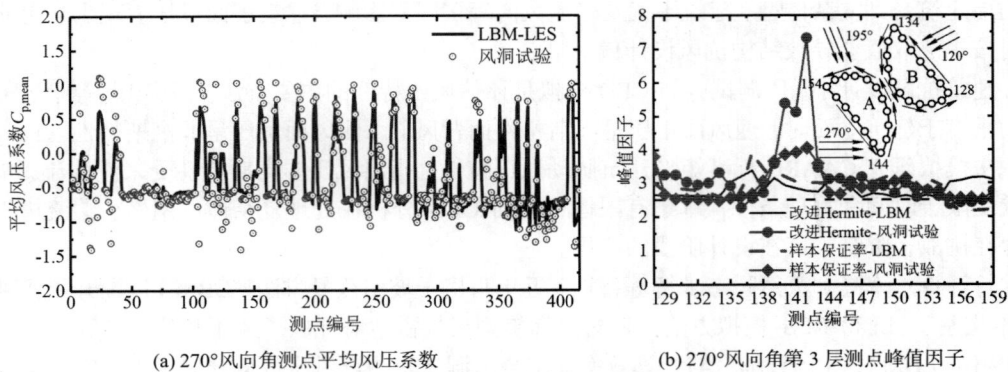

(a) 270°风向角测点平均风压系数　　　　　(b) 270°风向角第 3 层测点峰值因子

图 2　270°风向角下天气雷达塔风压特性分析

3 结论

针对双螺旋型天气雷达塔高耸结构开展了 LBM-LES 非高斯风压模拟和验证工作。分析结果表明：LBM-LES 模拟的测点风压变化趋势与风洞试验吻合一致，双螺旋塔楼区域脉动风压存在明显非高斯特性；基于改进 Hermite 多项式模型计算的非高斯峰值因子明显大于样本保证率计算结果，双塔区域局部峰值因子普遍超过规范推荐值 2.5，局部最大值超过 5.0。研究内容可为椭圆形双塔围护结构风荷载计算和抗风设计提供相关参考。

参考文献

[1] 杨庆山, 单文姗. 高层建筑脉动风荷载特性[J]. 土木工程学报, 2023, 56(5): 1-17+88.

[2] YANG X, DU S, LI M, et al. Effects of the Turbulence Integral Scale on the Non-Gaussian Properties and Extreme Wind Loads of Surface Pressure on a CAARC Model[J]. Journal of Structural Engineering, 2022, 148(11): 174-188.

[3] SCHRÖDER A, WILLERT C, SCHANZ D, et al. The flow around a surface mounted cube: a characterization by time-resolved PIV, 3D Shake-The-Box and LBM simulation[J]. Experiments in Fluids, 2020, 61(9): 189-210.

[4] WANG Y, BENSON M J. Large-eddy simulation of turbulent flows over an urban building array with the ABLE-LBM and comparison with 3D MRI observed data sets[J]. Environmental Fluid Mechanics, 2021, 21: 287-304.

[5] WINTERSTEIN S R, UDE T C, KLEIVEN G. Springing and slow-drift responses: predicted extremes and fatigue vs. simulation[C]. Proc., BOSS. 1994, 94(3): 1-15.

薄多孔结构数值建模方法：压速跳跃边界

徐　茂[1]，植石群[1]，蒋承霖[1]，秦　鹏[1]，王志春[1]，Luca Patruno[2]

（1. 广东省气候中心 广州 510080；
2. 博洛尼亚大学土木、化学、环境与材料工程学院 意大利博洛尼亚 40136）

1　引言

　　薄多孔结构在现代建筑和基础设施中被愈发广泛地采用，例如建筑镂空外墙和桥梁挡风屏。然而，由于此类结构中的孔隙尺寸通常较整体结构小若干数量级，导致针对该结构的风洞试验与仿真研究均难以直接进行：对于风洞试验，孔隙与整体结构难以采用一致的缩尺比例制作模型；对于计算流体动力学（CFD）仿真，建模孔隙几何会导致巨大的计算资源开销。目前常用的解决方法为使用均质化建模方法，通常为压力跳跃，在不建模孔隙几何结构的情况下，使用数学模型预测和复现薄多孔结构的空气动力学行为。在此基础上，本文介绍了一种基于压力和速度跳跃的新方法，通过复现被压力跳跃方法忽略的多孔结构切向受力，提高建模方法的准确性与通用性。该方法已在多孔屏障流动特征的研究中进行了验证，结果表明其能够较为准确地复现多孔结构对风场的影响以及自身多方向的受力。

2　传统压力跳跃方法（Pressure Jump，PJ）

　　针对薄多孔结构，即孔隙孔径与厚度相对于结构整体尺寸可忽略的多孔结构，一个常见的大幅度降低其CFD模拟计算资源消耗的方法是压力跳跃方法。该方法源自渐近均质化理论框架[1]，即假设由单个孔隙引起的流场变化，因其空间和时间尺度较小，因此可以通过微观尺度上流动行为的简化模型来研究其宏观尺度上的空气动力学行为。在方法实现中，通常以内部边界条件替代被建模的薄多孔结构，并在此边界条件上对风场添加压力差（Δp），以复现被建模结构的风荷载。该方法在CFD模拟中的边界条件实现如图1所示，其中压力差的计算通常为 $\Delta p = 0.5\rho|U|^2 K$，其中$K$是与孔隙率等因素相关的系数[2]。

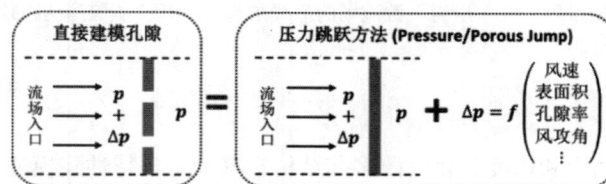

图1　压力跳跃方法（PJ）示意图

图2　压速跳跃方法（PVJ）及在基于OpenFOAM的CFD仿真中实现流程图

3　压速跳跃方法（Pressure-Velocity Jump，PVJ）

　　由于风压只作用于垂直薄多孔结构的方向，因此压力跳跃方法仅能够复现垂直于此类结构的阻力，而忽略了因风流流向偏转而产生的潜在切向受力。为解决上述问题，本文提供了一种基于压力与速度跳跃的新方法。该方法将流经多孔结构的流体流向偏转纳入模型考虑，进而准确复现流体和薄多孔结构间的相互受力。目前，基于该方法的开源软件项目已完成开发并发布，其中算法部分基于 OpenFOAM 边界条件实现，具体流程如图 2 所示。

以二维情况为例，PVJ 通过如公式(1)所示方法将薄多孔结构在其垂向n及切向t上的受力f，与压力p及速度u的跳跃之间建立联系（下标o与i分别表示薄多孔结构的下游与上游）：

$$\begin{bmatrix} f_n \\ f_t \end{bmatrix} = \begin{bmatrix} p_o - p_i \\ \rho(u_{ti}u_{ni} - u_{to}u_{no}) \end{bmatrix} = \begin{bmatrix} 0.5\rho(u_{no}^2 - u_{ni}^2) \\ \rho(u_{ti}u_{ni} - u_{to}u_{no}) \end{bmatrix} \tag{1}$$

依据公式(1)，薄多孔结构受力由流经该结构的流体质量通量与切向速度分量的跳跃计算得到。因此，公式(1)可被表示为：

$$\boldsymbol{F} = 0.5\rho\boldsymbol{U}^2 \begin{bmatrix} c_n \\ c_t \end{bmatrix} \tag{2}$$

对于部分特殊的结构，如厚度可忽略的薄多孔平面，公式(2)中的未知系数c_n与c_t可通过解析计算得到。对于一般情况，公式(2)中的未知系数c_n与c_t可用傅里叶级数表示为：

$$\begin{bmatrix} c_n \\ c_t \end{bmatrix} = \begin{bmatrix} b_{n0} + b_{n1}\cos\alpha + b_{n2}\sin\alpha + b_{n3}\cos 2\alpha + b_{n4}\sin 2\alpha \cdots \\ b_{t0} + b_{t1}\cos\alpha + b_{t2}\sin\alpha + b_{t3}\cos 2\alpha + b_{t4}\sin 2\alpha \cdots \end{bmatrix} \tag{3}$$

上式中的b_{n0}，b_{t0}，b_{n1}，b_{t1}等系数可通过对具有代表性的薄多孔结构片段进行仿真，进而由结果拟合得到。

通过对如图 3（a）所示的固定于地面的薄多孔挡板进行研究，图 3（b）所示的定性风场结果与图 3（c）所示的定量风速分布结果均表明，应用 PVJ 方法得到的下游流场与原始挡板下游风场具有较高的一致性，而传统的 PJ 方法所复现的风场与前两者存在差异。

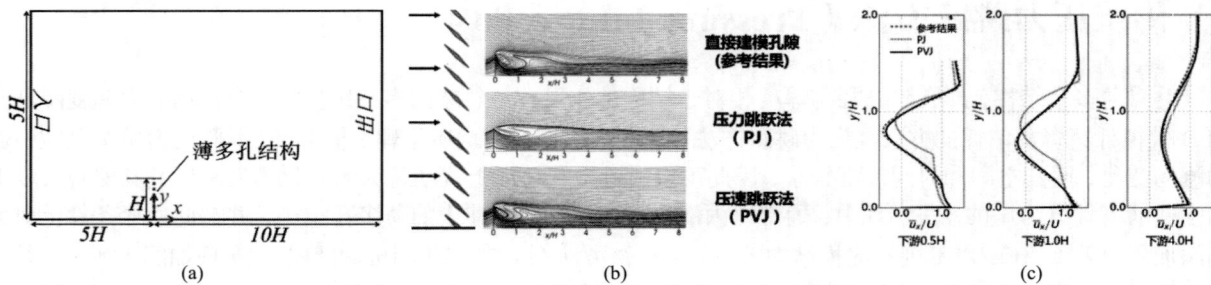

图 3　在 CFD 仿真中分别应用压力跳跃方法 PJ 与压速跳跃方法 PVJ：
（a）计算域设置，（b）所得下游流场的流线图与（c）所得下游流场的速度分布

4　结论

本研究提出了一种基于压力和速度变化对薄多孔结构空气动力学特性建模的新方法，用于在 CFD 模拟中对薄多孔结构进行快速和低计算量的参数化建模。通过对固定于地面的多孔挡板应用 PVJ 方法，并与传统的直接建模孔隙方法所得结果进行比较，发现所提出的方法能够较为准确地复现薄多孔结构下游流场与自身受力，同时大幅度降低计算资源开销。

参考文献

[1]　RUBINSTEIN J, TORQUATO S. Flow in random porous media: mathematical formulation, variational principles, and rigorous bounds[J]. Journal of fluid mechanics. 1989, 206: 25-46.

[2]　ECKERT B , PFLUGER F. The resistance coefficient of commercial round wire grids[J].Technical Report Archive and Image Library, 1942.[1]Wieghardt, K. E G .On the Resistance of Screens[J].Aeronautical Quarterly, 1953, 4(2): 186-192.

降尺度框架下基于标准 $k\text{-}\varepsilon$ 湍流模型的近地风场复原模拟

赵子涵[1]，唐凌霄[2]，李　朝[3]

（1. 深圳职业技术大学建筑工程学院 深圳 518055；
2. 哈尔滨工业大学（深圳）土木与环境工程学院 深圳 518055）

1　引言

依托降尺度框架的近地边界层风场复原模拟在计算风工程中得到广泛应用。当采用数值天气预报模型（NWP）生成的湍流剖面作为 CFD 降尺度计算的来流边界时，雷诺时均模型的涡粘系数和壁面函数调整对 CFD 入口附近的风剖面发展和保持至关重要。然而，尚缺乏相关参数化方案设置对近地风剖面复原模拟精度影响的讨论。本研究基于单向降尺度数据传递框架，评估了开源 OpenFOAM 和商业 FLUENT 软件对近中性边界层风场演变的模拟效果。以复杂地形实测算例为对象，讨论了两种数值计算平台在耦合 NWP 边界层参数化方案时，对近地风场模拟产生差异的原因，包括湍流模型常数以及与粗糙度长度相关的壁面函数修正。数值算例验证结果表明，采用的降尺度计算模型在开源 CFD 平台上能实现令人满意的性能。

2　数值计算手段

2.1　单向嵌套降尺度框架

降尺度计算采用的离线数据传递框架包括三个阶段。首先在阶段 Ⅰ，中尺度 WRF 模式经下垫面静态数据（WPS 前处理）生成多层自嵌套网格、计算域，然后结合 ERA5 初始场再分析资料，在 WRF-ARW、WRFDA 模块生成千米分辨率的边界层风场信息，包含 CFD 复杂地形风场模拟所需的风速分量、湍动能、耗散率、地表粗糙长度等信息，结合后处理程序初步建立较低时空分辨率的 CFD 来流边界数据库。其次在阶段 Ⅱ，复杂地形 CFD 计算域的构建基于 GIS（Geographic Information System，简称 GIS）平台提供的米分辨率下垫面数据，结合用户自定义函数，实现数据库调用、嵌套耦合界面精细格点数据的时空插值。以标准湍流模型为背景，通过修正嵌套计算时 CFD 湍流闭合常数及侧边界施加的来流风速信息，在 RANS 两方程计算框架下实现精细化风场的求解。最后在阶段 Ⅲ，结合现场实测数据验证上述降尺度计算对近地风场模拟的数值效果。

2.2　湍流常数和近壁面修正

受复杂地形或高耸结构高度影响，采用标准 $k\text{-}\varepsilon$ 湍流模型的目标区风场会超过表面层高度范围，此时风向在边界层内受科里奥利力影响呈竖向偏转。此时标准湍流常数对风速剖面拐点以及边界层高度模拟存在误差。本研究修正 $\langle C_{\varepsilon1}, C_{\varepsilon2}\rangle$ 两个湍流常数以考虑地转偏向力影响，即修正后的湍流常数不再取固定常数，而随湍流输运变量变化。该影响可在 OpenFOAM 源程序中添加变量实现，而 FLUENT 由于受商业封装限制，对该部分的调整存在困难，因此后续 FLUENT 算例采用罗斯贝数的估计值计算。标准 $k\text{-}\varepsilon$ 湍流模型修正后的壁面函数参考以往研究采用莫宁-奥布霍夫相似律理论构建。等效沙粒模型构造地表粗糙长度 z_0 与粗糙常数 C_s，等效沙粒粗糙高度 K_s 之间的关系时，考虑 z_0 对风速和湍动能输运项的影响。

基金项目：深圳职业技术大学青年创新项目资助（6023310014K）

3　结果分析

Askervein 山丘位于苏格兰外赫布里底群岛，整体形状呈椭圆形，对应长轴、短轴分别为 2km、1km，地形总高 116m。该算例数值计算结果表明（图 1），与 OpenFOAM 相比，尽管采用用户自定义函数或运行脚本在 FLUENT 中修改了标准 $k\text{-}\varepsilon$ 湍流模型的壁面函数，二者差异主要表现在湍动能的计算。值得注意的是，OpenFOAM 的代码是完全开源的，而 FLUENT 修改壁面函数采用的 "DEFINE_WALL_FUNCTIONS" 宏函数。整体而言调整后的壁面函数略微改善了山顶 HT 点风加速比，并增大了背风面尾流区湍动能的预测。

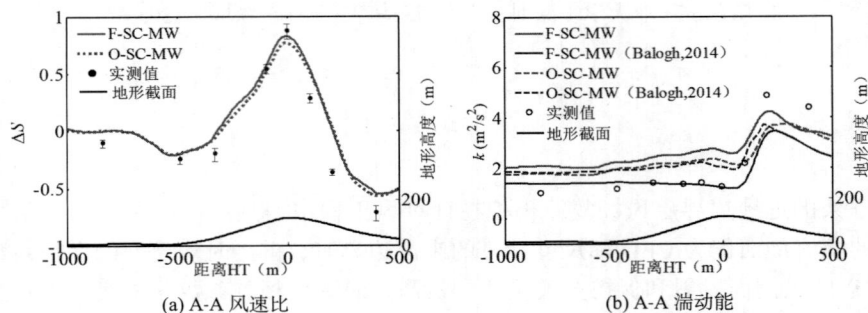

(a) A-A 风速比　　　　　　　(b) A-A 湍动能

图 1　Askervein 山丘近地风场复原模拟结果
（标准湍流参数（SC）和修正壁面函数算例结果（MC）对比）

4　结论

OpenFOAM 修正 $\langle C_{\varepsilon 1}, C_{\varepsilon 2}\rangle$ 湍流常数为考虑科里奥利力影响的变量时，较 FLUENT 采用的近似常数，对山顶湍动能剖面模拟效果更好。修正粗糙壁面和湍流常数影响下，两者模拟差异主要表现在对湍动能和风速分离的计算。壁面函数经稳定度和粗糙长度修正后能改善风速分离的预测，但修正后的 FLUENT 算例预测效果更好。在标准壁面函数和湍流常数算例中，两套程序获得了较为一致的结果，表明程序对壁面函数编译和湍流常数的变量化处理是产生上述差异的主要因素。

参考文献

[1] TEMEL O, BRICTEUX L, VAN BEECK J. Coupled WRF-OpenFOAM study of wind flow over complex terrain[J]. Journal of wind engineering and industrial aerodynamics, 2018,174:152-169.

[2] PIETERSE J E, HARMS T M. CFD investigation of the atmospheric boundary layer under different thermal stability conditions[J]. Journal of Wind Engineering & Industrial Aerodynamics, 2013,121:82-97.

[3] FRANKE J, BAKLANOV A. Best practice guideline for the CFD simulation of flows in the urban environment: COST action 732 quality assurance and improvement of microscale meteorological models[M]. Meteorological Institute, 2007.

[4] ZHAO Z, XIAO Y, LI C, et al. Multiscale simulation of the urban wind environment under typhoon weather conditions[J]. Building Simulation. 2023, 16: 1713-1734.

缓坡山地尾流叠加模型

杨　坤，邓晓蔚

（香港大学土木工程系　香港　999077）

1　引言

复杂地形上的流场相比于平坦地面或开阔海域会受到地形的影响，表现出更加复杂的特性。而准确评估风电场中包含尾流效应的流场是进行布局设计和优化的关键。当下，陆上风机的成本较低，具有价格优势，但在中国、澳洲等地发展逐渐饱和，需要拓展更多复杂地形上的风电场布局。尽管计算流体动力学（CFD）模拟能够解析这些流场，但其计算成本过高，难以应用优化技术。本文提出了一种适用于丘陵地形的风机尾流叠加方法，并展示了其在风电场布局优化中的高效性。该项技术能够将平地尾流与地形合理叠加，准确预测山地尾流，能够很好地拓展各类平地尾流模型的适用范围。为了消除尾流模型自身的误差影响，本研究采用数值模拟计算尾流，并通过风洞试验验证了模拟方法的可靠性。该尾流叠加方法首先在单个高斯缓坡（坡度为 0.25）上进行研究与测试，分别针对风速和湍流强度提出了独立的叠加方法。尾流修正方法包括基于流线调整尾流传播方向，以及考虑地形引起的压力差的加速因子来修正尾流恢复速率。在湍流强度叠加方法中，还额外引入了尾流远端轮毂高度的校准。经过测试叠加方法的结果与模拟结果高度吻合。

2　研究方法——地形叠加方法

解析尾流模型通过一组方程来描述风机的尾流特性，因其使用方便而广受欢迎。其中，最常用的模型是 Jensen 尾流模型[1]和高斯尾流模型[2]，这些模型用于描述平坦地形上单台风机的尾流。为了将平坦地形上的尾流修正为丘陵地形上的尾流，通常会采用一些假设来简化地形对尾流的影响。然而，根据作者的综述，目前许多修正方法主要集中在特定案例的概念验证上，并针对特定地形进行调整。因此，需要对这些方法进行系统的敏感性分析。此外，目前的修正方法均未处理丘陵地形上的湍流强度场问题。

本文中主要涉及四种情况的计算，标记为 NF、WF、NT、WT，其中第一个字母 N/W 表示无/有风机，第二个字母 F/T 表示平/山地地形。总体来说，是通过 WF-NF 获得平地尾流的准确计算结果再通过叠加方法，将尾流修正为山地尾流，与 WF 叠加，最终预测 WT 的结果，检验标准是 WT 的预测结果与模拟结果的对比情况。

针对平地尾流修正为山地尾流的修正方法包括两个步骤。第一步是沿流线调整尾流传播方向。第二步引入一个与地形相关的加速因子来修改尾流强度。在第一步中，计算了 NF、NT 和 WF 情况的流线。流线由顺风方向和垂直方向的速度分量导出。第二步主要通过引入由山丘引起的压力梯度所导致的加速因子参数，来解决地形上的尾流恢复率问题。这个概念最早由 Sina Shamsoddin[3]提出，解释了在山顶前方流动具有加速效应，而在山的背风侧具体现出遮蔽效应。

3　数值模拟方法验证

本文为了保证整体计算的可靠性，对采用的数值模拟方法在单高斯坡下进行了与 LES 模拟的验证以及试验验证。试验在重庆大学的风洞[4]中进行。在风力涡轮机试验段前方有一个收缩段，配有由粗钢丝组成的湍流控制装置，以为其后的测试段提供均匀的气流。该段区域的尺寸的长宽高分别为 15.12m、2.4m 以及 1.8m。在全功率运行下，风力涡轮机的最大速度可以达到 30m/s。

4 叠加结果与讨论

从图 1（a）和图 1（b）可以看出，尽管在靠近地面和近尾流区域仍然存在一些差异，所提出的尾流修改模型能够合理估算高斯形地形上的尾流亏损和附加湍流强度分布。通常，风力涡轮机位于距离转子直径三倍的地方，未来应用这一方法需要准确预测下游风力涡轮机的入流条件。因此，可以得出结论，所提出的尾流修改方法具备未来应用的潜力。

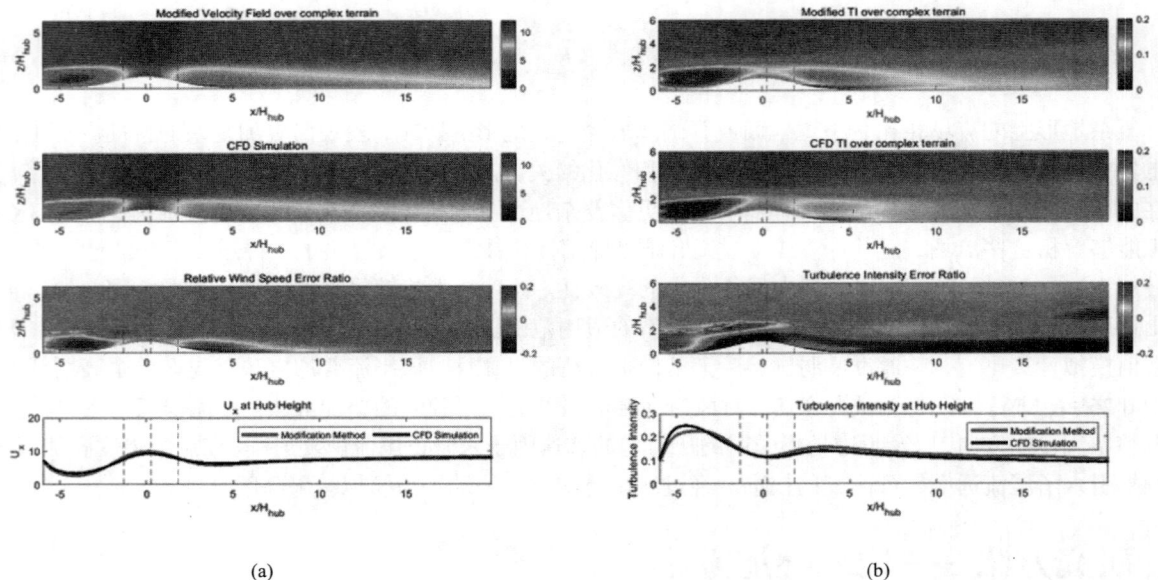

(a)   (b)

图 1 （a）风速叠加结果（b）湍流度叠加结果

5 结论

本文开发了一种新的尾流修改方法，以提高复杂地形上风力涡轮机尾流预测的精度和效率。所提出的修改方法包括两个主要步骤：基于流线的修改和加速因子修改。这些步骤能将平地尾流修正为山地尾流，并通过与山地空风场结合能够准确预测山地风机干扰下的流场。具备在山地上优化设计风电场的良好潜力。

参考文献

[1] JENSEN N O. A note on wind generator interaction[J]. 1983.

[2] BASTANKHAH M, PORTÉ-AGEL F. A new analytical model for wind-turbine wakes[J]. Renewable energy, 2014, 1(70): 116-23.

[3] SHAMSODDIN S, PORTÉ-AGEL F. Wind turbine wakes over hills[J]. Journal of Fluid Mechanics, 2018, 855: 671-702.

[4] YANG W, YU M, YAN B, et al. Wind tunnel tests of wake characteristics for a scaled wind turbine model based on dynamic similarity[J]. Energies, 2022, 15; 17: 6165.

基于分离涡模拟的漂浮式风机全耦合动力响应数值研究

李　天，张钰豪，杨庆山

（重庆大学土木工程学院 重庆 400044）

1 引言

本研究基于分离涡模拟（DES）方法，采用非稳态致动线模型（UALM），开展漂浮式海上风机系统的全耦合动力响应分析。浮式平台水动响应通过两相流计算流体力学求解器 interDyMFoam 进行求解；风机气动性能和尾流场采用 UALM 耦合大涡模拟（LES）方法进行求解；系泊模块则通过分段外推法（PEM）考虑导缆孔张力。通过将 DES 与 UALM 和 interDyMFoam 相结合，构建了一个混合数值模型，该模型能够以较高的精度和效率实现漂浮式风机系统的"气动-水动-系泊-尾流"全耦合响应模拟。首先，风机气动性能和平台运动响应分别通过试验结果进行了验证。随后，探讨了风浪联合作用下浮式风机的全耦合响应。

2 数值方法

本研究中使用的 DES 是一种混合模型，在非定常分离区采用 LES 模型，在近壁区采用 RANS 模型[1]。采用 UALM 对浮式风机进行气动性能预测[2]。图 1 展示了半径位置r处的叶片横截面单元，该单元定义了XOY平面中的翼型。DES 模型的湍动能输运方程为：

$$\frac{\partial \rho k}{\partial t} + \frac{\partial \rho u_j k}{\partial x_j} = \frac{\partial}{\partial x_j}\left[\frac{\partial k}{\partial x_j}\left(\mu + \frac{\mu_t}{\sigma}\right)\right] - \frac{\rho k^{3/2}}{l_{\text{hybrid}}} + \tau_{ij}S_{ij} \tag{1}$$

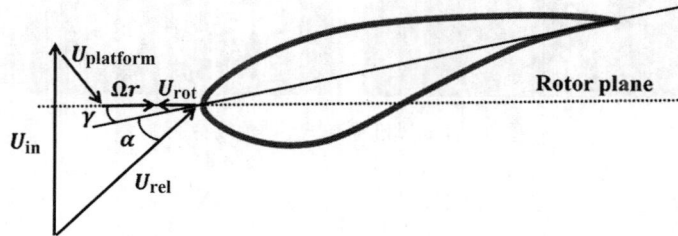

图 1　翼型速度矢量

为了实现风浪联合作用下的浮式风机数值模拟，首先初始化流场并开始时间步迭代，读取流场和运动信息。在水动力学模块中，首先求解流体体积方程，随后进入 PIMPLE 循环以求解流场控制方程，得到作用在浮式平台上的水动力载荷，并将其用于求解六自由度运动方程。在气动力学模块中，通过 UALM 方法计算得到的体积力源项传递至 PIMPLE 循环，而整体气动载荷则传递至水动力学模块中的运动方程。在求解水动力和气动力运动方程后，更新网格和流场。若未达到最终时间步，则返回耦合流程的初始步骤，重新开始迭代求解。在本研究中，数值模拟入口条件设置为入流风速 8.0m/s，采用均匀风剖面，湍流强度设定为 0.01，入射波浪周期为 9.7s，波高设置为 3.66m。

3 结果与讨论

图 2 展示了浮式风机的纵摇响应和功率系数的时程变化。纵摇响应幅值约为 1.0°，均值为 1.8°。同时可

基金项目：国家自然科学基金项目（52221002）

以发现，由于风浪联合作用的影响，浮式风机始终保持一定的倾角做波频运动。固定式风力机的平均功率系数为 0.45，而浮式风机在相同工况下的平均功率系数为 0.50。结果表明，浮式风机在相同工况下表现出比固定式风力机更高的能量转换效率。

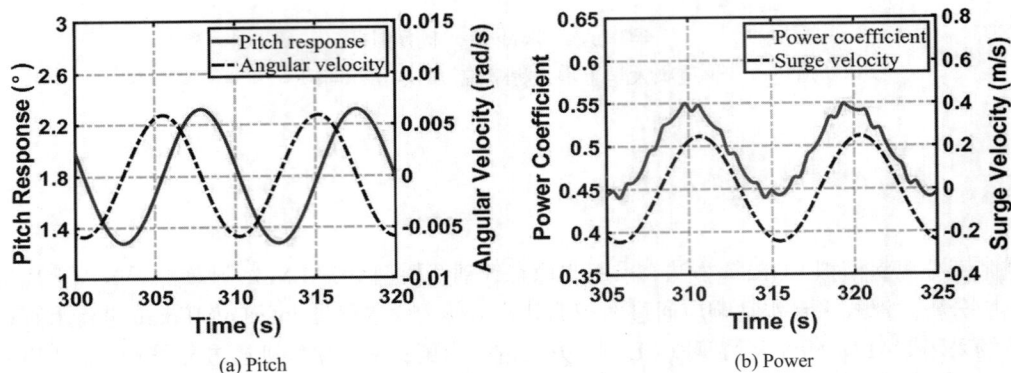

(a) Pitch

(b) Power

图 2　纵摇响应与气动性能分析

图 3 展示了本模型计算得到的浮式风机在一个入射波浪周期内的流场特征。在周期初始阶段，尾涡结构相对紧凑并与风轮的旋转运动对齐。随着波浪的推进，涡管间距逐渐增大，表明尾流区域湍流和能量耗散的增加。自由面高度作为波浪对风轮运行影响的度量，也呈现出显著变化。在周期初始阶段，波浪高度相对均匀，但随着波浪达到峰值，其高度变化更加显著且不规则。这种波浪高度的变化直接影响风机运动及由此产生的气动力特性。

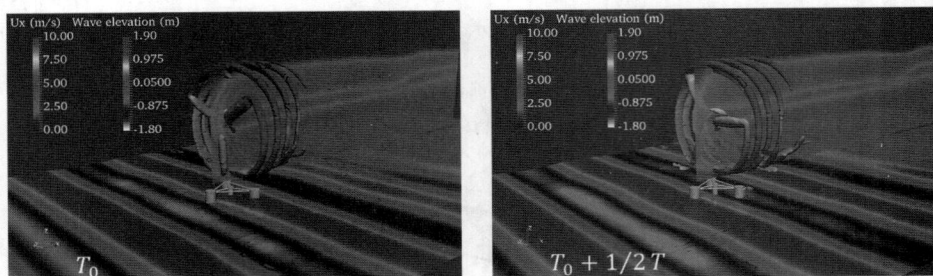

图 3　浮式风机尾流场与波浪场特征

4　结论

本研究通过将非稳态致动线模型和两相流计算流体力学求解器 interDyMFoam 相结合，开发了一个浮式风机全耦合"气动-水动-系泊-尾流"响应分析数值模型。该模型可实现风机气动性能、平台水动响应、系泊缆张力以及尾流场特性的准确预测。

参考文献

[1] SORENSEN J N, SHEN W Z. Numerical modeling of wind turbine wakes[J]. Journal of Fluids Engineering, 2002, 124(2): 393-399.

[2] TRAN T T, KIM D H. Fully coupled aero-hydrodynamic analysis of a semi-submersible FOWT using a dynamic fluid body interaction approach[J]. Renewable Energy, 2016, 92, 244-261.

一类新的平衡态大气边界层风热场边界条件数学模型

杨 易，陈道奇，李泽贤

（华南理工大学亚热带建筑与城市科学全国重点实验室 广州 510640）

1 引言

在太阳辐射、壁面传热、热岛效应、人为热排放等因素的综合作用下，城市中的大气边界层（ABL）流动可能处于非等温（非中性）的不稳定状态。以往的 ABL 研究通常仅给出湍流风场（平均风速、湍动能及湍流耗散率等）模型，严格来说仅适用于等温条件。本文基于作者建议的平衡态 ABL 风场模型，通过理论推导提出了一种与之相容的温度入口边界条件，可准确生成非等温状态下的 ABL 风热场。以东京工艺大学开展的风热试验为案例，开展了边界层流动的数值模拟验证，验证了其生成平衡态风热场的正确性。

2 平衡态风场模型

针对等温（中性）条件，Yang 等[1]提出了基于 RANS 的平衡态 ABL 风场模型，其数学形式如下：

$$\bar{u}(z) = \frac{u_*}{\kappa} \ln\left(\frac{z + z_0 l_s}{z_0 l_s}\right); \quad k(z) = \frac{u_*^2}{\sqrt{C_\mu}} \sqrt{C_1 \ln\left(\frac{z + z_0 l_s}{z_0 l_s}\right) + C_2}; \quad \varepsilon(z) = \frac{u_*}{\kappa(z + z_0)} \sqrt{C_1 \ln\left(\frac{z + z_0 l_s}{z_0 l_s}\right) + C_2} \tag{1}$$

式中，$\bar{u}(z)$、$k(z)$、$\varepsilon(z)$分别为平均风速、湍动能及湍流耗散率的剖面，C_1和C_2为 ABL 风场模型常数，可由实测或风洞试验数据拟合得到。

3 平衡态温度入口边界条件

对流-扩散方程能量方程的一般形式为：

$$\frac{\partial T}{\partial t} = \nabla \cdot (\alpha \nabla T) - \nabla \cdot (VT) + R \tag{2}$$

式中，α为热扩散系数（m²/s）；T为温度向量；V为速度向量；R为热源项。在 RANS 稳态计算中，不考虑额外热源（$R = 0$）以及风偏转，假设 ABL 水平各向同性，式(2)简化为：

$$\bar{u}\frac{\partial T}{\partial x} + \frac{\partial \overline{u'T'}}{\partial x} + \frac{\partial \overline{w'T'}}{\partial z} = \alpha\left(\bar{u}\frac{\partial^2 T}{\partial x^2} + \frac{\partial^2 T}{\partial z^2}\right) \tag{3}$$

$$\frac{\partial}{\partial z}\left(\alpha\frac{\partial T}{\partial z} + \alpha_t\frac{\partial T}{\partial z}\right) = 0 \tag{4}$$

式中，T为平均温度，$\bar{u}$为平均流向速度，α_t为湍流热扩散系数。引入标准梯度扩散（SGDH）假设封闭湍流热通量项，并基于水平均匀性约束要求温度的流向梯度$\partial T/\partial x$为 0，得到式(4)。式(4)表明，非等温 ABL 流动中，自然对流引起的热传导和湍流运动引起的热传导同时存在，它们与垂直温度梯度的乘积为常数。如式(5)所示，结合傅里叶导热定律，垂直温度梯度可由湍流模型中的涡黏系数μ_t表示。令式(5)在参考高度z_{ref}处等于参考气温T_{ref}，结合平衡态 ABL 风场模型确定μ_t即可得到式(6)所示的相容温度入口剖面[2]。

$$\frac{\partial T}{\partial z} = -\frac{q_{\text{wall}}\text{Pr}_t}{c_p \mu_t} \tag{5}$$

$$T(z) = T_{\text{ref}} - \frac{q_{\text{wall}}\text{Pr}_t}{c_p \rho u_* k} \cdot \frac{2\sqrt{C_\mu}}{C_1 u_*^2} \cdot [k(z) - k_{\text{ref}}] \tag{6}$$

基金项目：国家自然科学基金项目（52178480），热带建筑与城市科学全国重点实验室自主课题（2024ZB10）

式中，Pr_t 为湍流普朗特数，k_{ref} 为参考高度 z_{ref} 处的湍动能。$T(z)$ 与湍动能剖面成比例，壁面热通量 q_{wall} 确定后比值也可确定。在进行缩尺模型模拟时，需要保证缩尺模型与原型在空气动力学和热力学边界条件两方面的相似性，对高度和温度这两个参数进行无量纲化，考虑式(7)所示的总体理查森数 Rib 的相似性，得到考虑缩尺效应后的相容温度入口边界条件的完整表达式如式(8)：

$$\text{Rib} = \frac{\text{Gr}}{\text{Re}^2} = \left(\frac{g}{T_{\text{ref}}}\frac{T_{\text{ref}} - T_{\text{g}}}{H}\right) \Big/ \left(\frac{u_{\text{ref}}}{H}\right)^2 \tag{7}$$

$$\Theta_{\text{m}} = \Theta_{\text{p}} \Leftrightarrow T_{\text{m}}(z) = (T_{\text{ref}} - T_{\text{g,m}})\Theta_{\text{p}} + T_{\text{g,m}} = \frac{\lambda_U^2}{l_{\text{s}}}(T_{\text{ref}} - T_{\text{g,p}})(\Theta_{\text{p}} - 1) + T_{\text{ref}} \tag{8}$$

4 数值模拟验证

参考东京工艺大学开展的边界层风热场试验[3]，利用式(1)和式(6)定义数值风洞模型的入口边界条件，进行了无模型空域的 RANS 稳态计算（图 1）。湍流流动采用 SST k-ω 模型求解，压力-速度耦合采用 Coupled 算法求解。风热场的模拟结果表明（图 2、图 3），平均风速、湍动能和温度在计算域内几乎没有流向梯度，满足平衡态边界层水平均匀性要求。

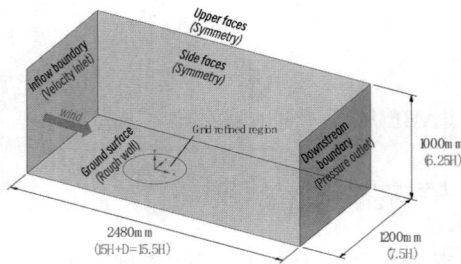

| 图 1 数值风洞模型 | 图 2 风热场云图 | 图 3 入口、原点及出口的风热场廓线 |

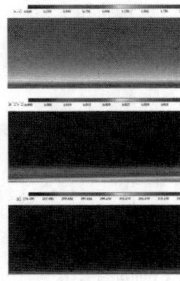

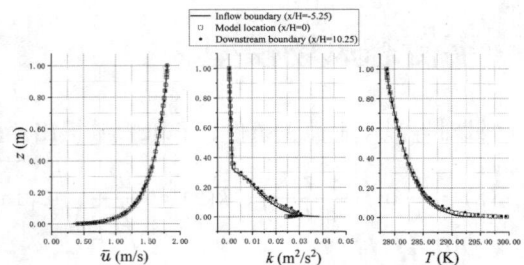

5 结论

本文利用平衡态大气边界层风场数学模型，建议了一类与之相容的温度入口边界条件。数值模拟结果表明，这一类新的入口温度边界条件可以在 RANS 模拟中较准确生成满足水平均匀的非等温边界层风热场，从而为边界层风热环境相关问题的模拟奠定了理论基础。

参考文献

[1] YANG Y, GU M , CHEN S ,et al.New inflow boundary conditions for modelling the neutral equilibrium atmospheric boundary layer in computational wind engineering[J]. Journal of Wind Engineering & Industrial Aerodynamics, 2009, 97(2): 88-95.

[2] CHEN D, YANG Y .A new equilibrium temperature inflow profile for modelling the non-isothermal atmospheric boundary layer in CFD simulation[J]. Building and Environment, 2024, 262: 14.

[3] TPU Database. Wind Tunnel Experimental Database of Air Pollution around a Building[Z]. https://www. wind.arch. t-kougei.ac.jp/info_center/pollution/Non-Isothermal_Flow.html.

拉索覆冰形态模拟及其驰振特性研究

艾辉林，任文涛，朱运龙

（上海应用技术大学城市建设与安全工程学院 上海 201418）

1 引言

大跨桥梁斜拉索具有质量轻、频率低、阻尼小等特点，尤其拉索易在冻雨天气中形成覆冰，使斜拉索由圆形截面变成非圆截面，在风激励作用下产生低频大幅振动，即覆冰斜拉索的驰振。斜拉索覆冰驰振会诱发拉索套管开裂进而引发斜拉索与锚固系统的锈蚀破坏威胁桥梁安全[1]，因此研究拉索在极端天气作用下覆冰形态的形成以及不同覆冰形态下的风致振动对于桥梁设计和安全运营具有重要意义。由于覆冰使得拉索横截面不再是规则圆形，某个方向激励往往也会激发其他方向上的振动。Arash 等[2]提出一种二自由度气动弹性模型，建立了可考虑自然风的非定常特性，并较为准确地预测拉索响应的演变。Wen 等[3-4]利用 3-DOF 试验系统研究了输电线三种典型覆冰模型的驰振稳定性判断准则。冯一凡等[1]模拟了斜拉索在室外低温环境下的自然覆冰，总结了拉索覆冰形态和规律。李万平等[5]通过风洞试验发现新月形和扇形两类冰形的气动力特性截然不同，影响气动力特性的主要因素是覆冰的截面形状和风速。李寿英等[6]基于风洞的静气动力测力试验，研究了多种覆冰模型的气动力稳定性。

2 研究方法

（1）拉索覆冰形态模拟

CFD 方法可以用来模拟冰雪在拉索表面的流动和沉积过程。选用欧拉法计算水滴撞击特性，将水滴看成连续相，在引入水滴容积分数后，通过求解水滴相的连续方程和动量方程，得到空间网格水滴容积分数和水滴速度分布，进而得到水滴撞击特性。通过求解明冰热力学方程得到更新后的水膜高度和冰的高度，如果水膜高度要大于水膜初始化的高度，说明有新的溢流水生成，则当前一步的结冰为明冰，否则需要重新代入霜冰模型进行求解。每计算完成一步的时间后，将生成的冰的高度累加到原始模型当中，直到时间累积到预定值，并获得拉索表面最终的覆冰形态。

（2）覆冰拉索驰振特性研究

数值风洞求解拉索的振动过程通过耦合求解流场域和结构域的实现，首先流域求解获得当前时刻覆冰拉索的表面风压，并通过 DEFINE_ZONE_MOTION 函数定义覆冰拉索的初始运动状态；结构域获取拉索表面荷载后使用四阶龙格-库塔法进行结构的动力响应计算，并将响应位移等结果回传流场域后实时更新拉索的空间位置。数值风洞采用 SST k-ε 湍流模型进行非定常绕流计算。计算网格采用高精度的重叠网格（overset grid），相比重构网格，重叠网格的应用更加简便，能有效避免处理动边界过程中负体积网格的产生。在使用重叠网格时，程序都将运动指定给前景网格区域，省去了边界运动后重新建模和网格重划分工作。

3 研究内容

（1）拉索覆冰形态模拟

风速的变化会影响冰雪在拉索表面的沉积方式。较高的风速可能导致冰雪被吹散或重新分布，形成不均匀的覆冰形态。较高的风速通常会导致更薄的冰层形成。这是因为强风会加速气流，增加空气的对流换热，

基金项目：国家自然科学基金项目（51778365）

促进冰的融化和蒸发。不同的风向会改变拉索周围的气流模式，进而影响热交换和水汽输送，导致冰的形成和融化过程不同。环境温度直接影响冰的形成和融化过程。在低于冰点的温度下，冰会不断积累。

（2）覆冰拉索驰振特性研究

覆冰形态下拉索驰振振幅随风速变化曲线如图 1 所示，覆冰拉索驰振运动轨迹如图 2 所示，可以看出：①覆冰拉索在来流风速超过驰振临界风速后表现驰振振幅基本随风速增大而呈线性关系增大；②拉索驰振振幅以 Y 向（竖向）振动为主，X 向（横向）振动为辅。不同阻尼比下覆冰拉索的竖向振幅变化情况如图 3 所示，可以看出：①随着阻尼比增加，振动能量损失加大，振幅减小，两者呈非线性关系；②当阻尼比增加到 0.007 附近时，拉索系统振动不明显，驰振现象基本消失；③对于覆冰拉索，控制拉索系统的阻尼比小于临界阻尼比将使得拉索发生大幅振动的风险大大降低。

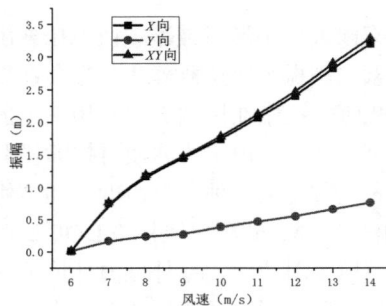

图 1　覆冰拉索振幅随风速变化　　图 2　覆冰拉索驰振运动轨迹　　图 3　覆冰拉索竖向振幅与阻尼比关系

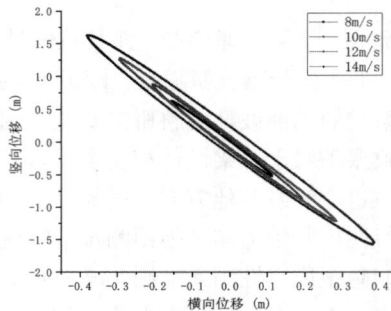

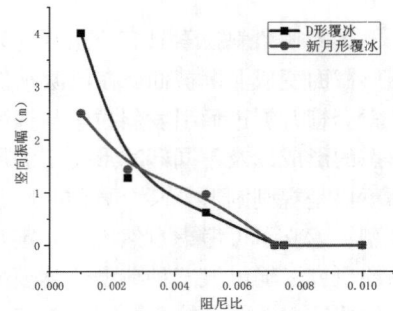

4　结论

借助数值风洞技术，结合实际斜拉桥工程案例，分析了不同气温、雨量和风速风向作用下拉索表面易形成的覆冰形态，初步建立了其相互之间的影响关系。针对不同的拉索覆冰形态进行了拉索驰振的全过程直接模拟。覆冰拉索的驰振振幅基本随风速增大而呈线性关系增大，以竖向振动为主；驰振运动轨迹呈现较为明显的扁平椭圆形；驰振振幅随阻尼比增加而减小，两者呈非线性关系；当系统阻尼比小于临界阻尼比时，拉索驰振现象基本消失，因此控制拉索系统的阻尼能够有效降低覆冰拉索发生大幅振动的风险。

参考文献

[1]　冯一凡, 毛羯. 斜拉索覆冰形态试验研究[J]. 天津城建大学学报, 2019, 25(01): 20-25.

[2]　ARASH R, CHENG S H, DAVID S K T. A two-degree-of-freedom aeroelastic model for the vibration of dry cylindrical body along unsteady air flow and its application to aerodynamic response of dry inclined cables[J]. Journal of Wind Engineering and Industrial Aerodynamics, 2014, 130: 108-124.

[3]　WEN Z P, XU H W, LOU W J. Eccentricity-induced galloping mechanism of a vertical-torsional coupled 3-DOF system[J]. Journal of Wind Engineering and Industrial Aerodynamics, 2022, 229: 105174.

[4]　WEN Z P, XU H W, LOU W J. Galloping Stability Criterion for a 3-DOF System Considering Aerodynamic Stiffness and Inertial Coupling[J]. Journal of Structural Engineering, 2022, 148(6): 04022048.

[5]　李万平, 杨新样, 张立志. 覆冰导线群的静气动力特性[J]. 空气动力学学报, 1995, 13(4): 427-434.

[6]　LI S Y, WU T, HUANG T, et al. Aerodynamic stability of iced stay cables on cable-stayed bridge[J]. Wind and Structures, 2016, 23(3): 253-273.

基于 LES 的防护林防风效应研究

王京学

（北京林业大学水土保持学院 北京 100083）

1 引言

我国是世界上受风沙灾害严重的国家之一，以构建防护林为手段的防护措施能够起到防风阻沙的作用。研究防护林周围的风速流场结构特征及防风效应能够为风沙灾害严重地区防护林体系的建设提供理论依据。

林带的外部结构参数和内部结构参数均会影响防护林带的防风效应。已有学者采用野外实测、风洞试验、计算流体动力学（CFD）数值模拟方法对防护林带周围的风速变化规律进行了研究，分析了林带结构参数对其防风效应的影响。为进一步定量分析林带结构参数与其防风效应的关系，并从流场视角揭示其影响机制，有必要对不同结构特征的林带进行 CFD 数值模拟，以期为防护林带的结构配置与优化布局提供理论依据，为提高防护林的防风能力、减轻风沙灾害提供参考。

2 LES 数值模拟方法

为了实现防护林带周围流场湍流结构的再现，本研究采用大涡模拟（LES）湍流模型进行数值模拟计算。对于小于滤波函数特征尺度的亚格子应力，采用 Smagorinsky 模型进行模型化，Smagorinsky 常数取值为 0.13。计算中，采用 Van Driest 衰减函数修正近地面的亚格子应力。为实现林带周围流场的高效模拟，常将冠层假设为多孔介质，由 Darcy-Forchheimer 模型模拟冠层对气流的阻碍作用。

数值模拟的计算域、边界条件及计算网格如图 1、图 2 所示。计算中，扩散项使用二阶中心差分格式；对流项采用 LUST 算法，其中，迎风差分和中心差分的比例因子分别为 0.25 和 0.75；非定常项使用二阶隐式迎风格式，时间步长为 0.1s；模拟中的压力-速度耦合采用 PISO 算法。数值模拟采用 OpenFOAM 开源软件进行计算。

为验证数值模拟中冠层模型的可靠性，本文采用 Kurotani 等[1]在日本出云地区开展的"筑地松"防护林防风效应现场实测的结果进行对比验证，由 Wang 等[2]已对验证结果进行详细讨论，故本文不再赘述。

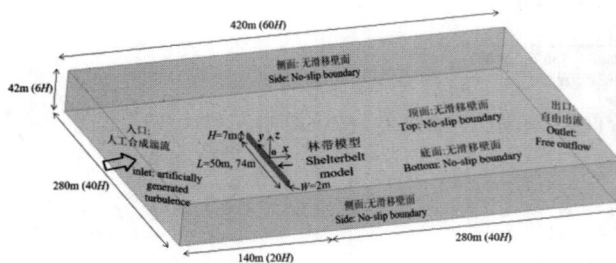

图 1 计算域和边界条件

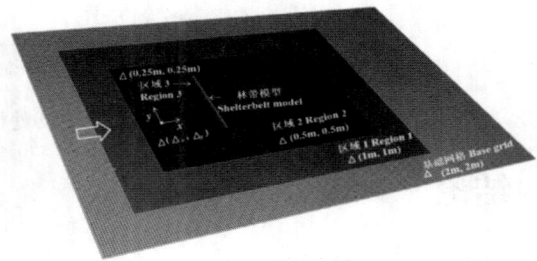

图 2 计算网格

3 结果与分析

图 3 为不同宽度（$W = 2m$、$4m$、$6m$、$8m$ 和 $10m$）防护林带中心垂直平面 $y/H = 0$、$z/H = 1/2$ 高度处的归一化平均风速和湍动能分布图。由图可知，随着林带宽度的增加，归一化平均风速逐渐减小，且林带下游最小风速位置向上游移动。此外，林带宽度的增加还导致冠层下游的湍动能增加。

由 2m 高度处不同林带布置形式下归一化平均风速的水平分布图（图 4）可知，在单条林带和 L 形林网下游 $15H\sim20H$ 范围内，U/U_0 小于 1，即防护距离为 $15H\sim20H$，而 U 形和矩形林网的防护距离达到 $20H$ 以上，这是由于 U 形和矩形林网中与来流风向垂直的两条林带对风速的双重折减作用所致。图 5 定量展示了不同林带布置形式在$\theta = 0°$、$45°$和$-45°$风向角下水平平面$z/H = 1/2$处归一化防护面积$A_{0.7}/HL_{tot}$的变化情况。由图可知，不同布局的归一化防护面积$A_{0.7}/HL_{tot}$通常在$3\sim4$之间变化。

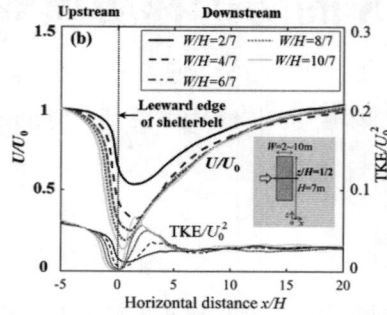

图3　中心垂直平面$y/H = 0$、$z/H = 1/2$高度处不同宽度的防护林周围归一化平均风速和湍动能分布

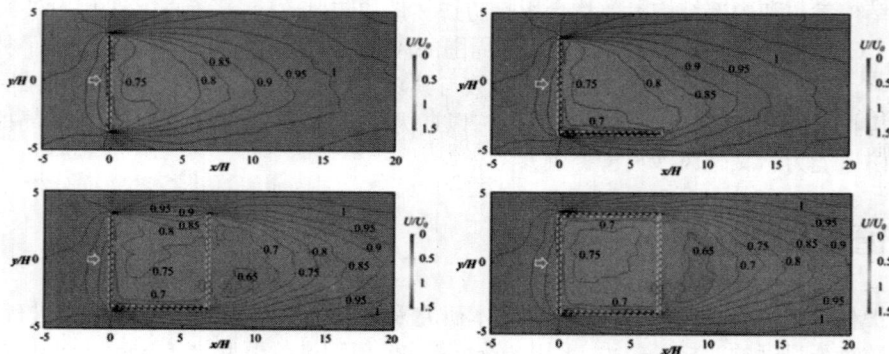

图4　2m高度处不同林带布置形式下归一化平均风速（U/U_0）的水平分布

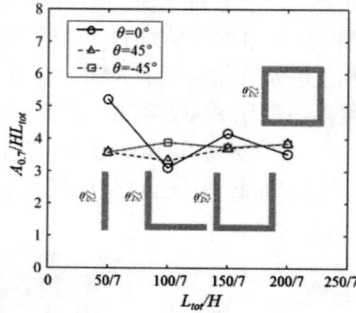

图5　水平平面$z/H = 1/2$处林带布置形式对防护面积$A_{0.7}/HL$的影响

4　结论

增加防护林带宽度可增强其防风效果，但通常会增加其附近的湍动动能，导致更强的湍流脉动；通过比较不同林带布置形式下的流场结构特征发现，与来流风速方向平行的防护林带的防风效应极为有限，与来流风速垂直方向的林带越多，林带冠层后的风速衰减越明显。

参考文献

[1]　KUROTANI Y, KIYOTA N, KOBAYASHI S. Windbreak effect of tsuijimatsu in Izumo: Part 2. In: Proceedings of Architectural Institute of Japan[C]. 2001: 745-746.

[2]　WANG J, PATRUNO L, ZHAO G, et al. Windbreak effectiveness of shelterbelts with different characteristic parameters and arrangements by means of CFD simulation[J]. Agricultural and Forest Meteorology, 2024, 344: 109813.

一种增强边界层湍流风场自保持性的速度驱动方法研究

闫渤文[1]，袁养金[2]，杨庆山[1]，万嘉伟[3]

（1. 重庆大学土木工程学院 重庆 400038；

2. 香港理工大学土木与环境工程学系 香港 999077

3. 中国能源科学技术研究院有限公司 南京 210000）

1 引言

在基于大涡模拟（LES）进行大气边界层湍流风场模拟过程中，湍流流动随计算域的衰减正逐渐成为一个值得关注的问题[1]。对这一问题的忽视可能导致 LES 模拟结果与实际风场脉动特性存在很大差异。在过去的几十年里，人们对大涡模拟湍流入流的生成以及各种校正方法进行了大量研究，并取得了显著进展。但目前主要的挑战仍是如何将特定的湍流风场注入数值模拟计算域中，以确保湍流脉动能够在新的计算域中正确传播，以防止湍流出现额外耗散而造成大气边界层风场湍流度随流动方向快速降低的现象。本研究提出了一种新的湍流风场注入方式，并基于渠道流和人工湍流合成技术[2]生成湍流场进行了验证分析。同时基于新提出的湍流注入方式对不同湍流合成方法的适用性进行了评估。

2 湍流场注入方法理论分析

为了便于直接阐释湍流场注入方法，将计算域进行如图 1（a）所示的分割，则计算域内部的半离散动量及连续性方程表示成式(1)～式(2)，其中，$\boldsymbol{u}(t)$ 和 $\boldsymbol{p}(t)$ 表示离散的速度和压力场；$\boldsymbol{u}_b(t)$ 入口边界处的离散速度场；$\boldsymbol{K}$ 和 $\boldsymbol{N}$ 表示空间离散和对流项离散产生的线性和非线性系数矩阵；$\boldsymbol{f}(t,\boldsymbol{u}_b)$ 表示由 $\boldsymbol{u}_b$ 和其他源项力系数。$\boldsymbol{M}$、$\boldsymbol{G}$ 和 $\boldsymbol{D}$ 表示子域 A 和 B 相互作用产生的系数矩阵。

$$\mathrm{d}\boldsymbol{u}(t)/\,\mathrm{d}t = (\boldsymbol{K}+\boldsymbol{N}(\boldsymbol{u},\boldsymbol{u}_b))\boldsymbol{u}(t)-\boldsymbol{G}\boldsymbol{p}(t)+\boldsymbol{f}(t,\boldsymbol{u}_b)=\boldsymbol{M}\boldsymbol{u}(t)-\boldsymbol{G}\boldsymbol{p}(t)+\boldsymbol{f}(t) \tag{1}$$

$$\boldsymbol{D}\boldsymbol{u}(t)=\boldsymbol{r}(t) \tag{2}$$

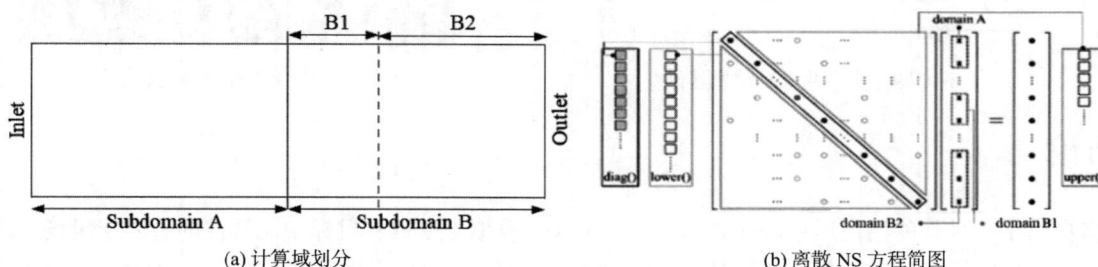

(a) 计算域划分 (b) 离散 NS 方程简图

图 1 湍流风场注入方法简化示意图

对于 Method A，即传统湍流注入方法将湍流速度场直接作为边界条件施加，而对于 Method B，即本文提出的湍流场注入方法，将子域进一步分割成 B1 和 B2，可得式(3)～式(4)。此方法中子域 A 对 B 的影响分别考虑 A 对子域 B1 和 B2 的影响，而对于 Method C 主要考虑 A 对子域 B1 的影响，忽略其对 B2 的影响重新建立新的 NS 方程，考虑篇幅此处不再给出。

$$\frac{\mathrm{d}}{\mathrm{d}t}\begin{bmatrix}\boldsymbol{u}_{B1}\\\boldsymbol{u}_{B2}\end{bmatrix}=\begin{bmatrix}\boldsymbol{M}_{B11}&\boldsymbol{M}_{B12}\\\boldsymbol{M}_{B21}&\boldsymbol{M}_{B22}\end{bmatrix}\begin{bmatrix}\boldsymbol{u}_{B1}\\\boldsymbol{u}_{B2}\end{bmatrix}+\begin{bmatrix}\boldsymbol{G}_{B11}&\boldsymbol{G}_{B12}\\\boldsymbol{G}_{B21}&\boldsymbol{G}_{B22}\end{bmatrix}\begin{bmatrix}\boldsymbol{p}_{B1}\\\boldsymbol{p}_{B2}\end{bmatrix}+\begin{bmatrix}\boldsymbol{f}_{B1}\\\boldsymbol{f}_{B2}\end{bmatrix}+\begin{bmatrix}\boldsymbol{M}_{B1A}\boldsymbol{u}_A\\0\end{bmatrix}+\begin{bmatrix}\boldsymbol{G}_{B1A}\boldsymbol{p}_A\\0\end{bmatrix} \tag{3}$$

$$\begin{bmatrix}\boldsymbol{D}_{B1A}\boldsymbol{u}_A\\0\end{bmatrix}+\begin{bmatrix}\boldsymbol{D}_{B11}&\boldsymbol{D}_{B12}\\\boldsymbol{D}_{B21}&\boldsymbol{D}_{B22}\end{bmatrix}\begin{bmatrix}\boldsymbol{u}_{B1}\\\boldsymbol{u}_{B2}\end{bmatrix}=\begin{bmatrix}\boldsymbol{r}_{B1}\\\boldsymbol{r}_{B2}\end{bmatrix} \tag{4}$$

基金项目：国家自然科学基金项目（52221002，52278483）

3 湍流场注入方法对比与验证

3.1 湍流度剖面

由于湍流场注入方式对平均风速剖面的自保持性的影响相对较小，因此本节主要分析湍流注入方式对湍流度剖面的影响。图 2 和图 3 仅给出了采用 Method A 和 Method B 时，湍流度剖面沿计算域变化情况。由图 2 可知，采用 Method A 注入方式时顺风向（I_u）、横风向（I_v）和纵向（I_w）湍流度剖面的最大衰减率分别为 13.7%、27.4% 和 36%。从图 3 可知，采用 Method B 注入方法，湍流度剖面沿计算域的衰减大幅降低，三个方向分量的湍流度剖面的衰减率仅 7.5%、5.2% 和 18.5%，而且纵向湍流度剖面的误差主要出现在近地面区域，上部区域仍能够表现出较好的自保持性。

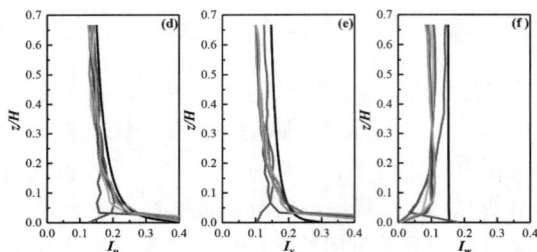

图 2 Method A 湍流度剖面 　　　　图 3 Method B 湍流度剖面

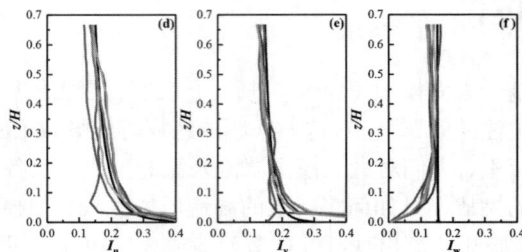

3.2 脉动风压及流场结构

由图 4 分析的参考高度处脉动风速谱可以发现 Method B 注入方法在风谱模拟方面的优势，这也一方面解释了湍流度自保持性增强的频域体现。此外，图 5 给出的瞬时流场涡量图也表明了流场涡结构沿计算域也具有较好的维持性，能量耗散相对较小。

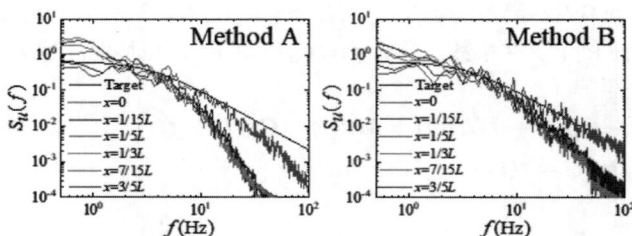

图 4 参考高度脉动风速谱 　　　　图 5 瞬时流场涡量图

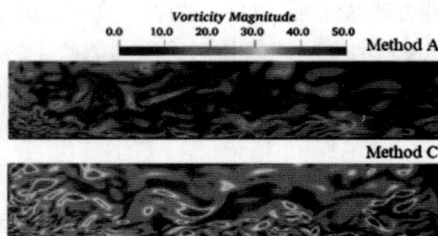

4 结论

本文提出了一种新的湍流风速场注入方法，用于大涡模拟生成具有目标湍流特性的边界层风场。详细比较了不同湍流场注入方式对风场自保持性的影响，结果表明，本研究提出的湍流场注入方法不仅提高了湍流场特性的自保持性，而且降低了计算成本。本文主要特点及结论总结如下：（1）相比传统方法，本研究提出的湍流风速注入方法改善了平均风速、湍流度和湍流积分尺度剖面的自保持性。（2）本研究提出的湍流场注入方式减少了压力波动对模拟流场的影响，而且相比已有方法提高了湍流风场数值模拟的计算效率。

参考文献

[1] ZHANG Y X, CAO S Y, CAO J X. An improved consistent inflow turbulence generator for LES evaluation of wind effects on buildings[J]. Build. Environment, 2022, 223: 109459.

[2] ABOSHOSHA H, ELSHAER A, BITSUAMLAK G T,et al . Consistent inflow turbulence generator for LES evaluation of wind-induced responses for tall buildings[J].Journal of Wind Engineering and Industrial Aerodynamics , 2015, 142: 198-216.

城市社区群体建筑台风风效应模拟研究

刘宇杰，何运成，傅继阳

（广州大学风工程与工程振动研究中心 广州 510006）

1 引言

随着低空经济产业规模的不断发展，城市风环境作为影响城市生态和建筑能效的关键因素之一，逐渐引起了广泛关注。本文结合地理信息系统（GIS）数据，实现了一种高效的城市社区及含复杂气动外形建筑的快速建模方法；基于 Source Area 模型与形态学原理确定了来流地表粗糙度；整合梯度风模型与台风边界层模型，以精确预测台风风场参数。综合以上成果，发展出一种考虑周边建筑影响的高层建筑风效应数值模拟技术，极大提升了模拟的实用性和准确性。上述研究为城市防风设计和风险评估提供了强有力的理论与技术支撑。

2 研究方法

2.1 基于 GIS 数据的参数化城市建模

采用主要为城市建筑模型数据的 GIS 数据，基于 Python 的 Shapefile 库函数和 Pyvista 库函数，建立了一种基于 GIS 数据的城市尺度建筑的参数化建模脚本对目标区域进行建模，对于需要计算风效应的主要建筑，采用商业软件建模并通过脚本与社区建筑模型融合。

2.2 基于形态学方法和源区模型的流场粗糙度计算

源区模型（Source Area model）是一种确定地表粗糙度影响范围的模型[1]。基于形态学方法和园区模型，提出一种迭代方法，用于计算模拟区域的地面粗糙度高度，该方法的迭代流程见图 1。

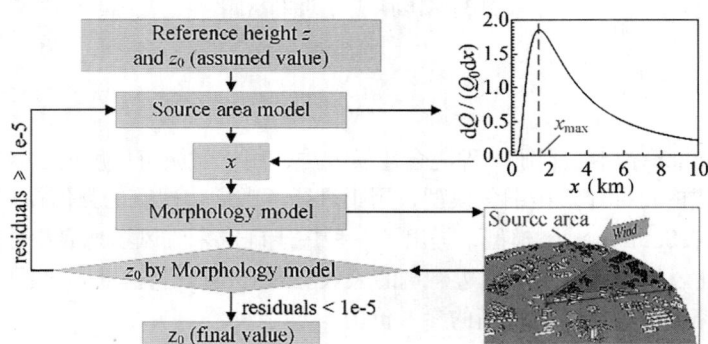

图 1 迭代算法示意

2.3 数值模拟计算设置

基于风速沿径向变化的台风边界层模型确定模拟风向风速，并基于上文所提出的建模和流场粗糙度计算方法，以及由上述方法确定的风场关键参数，对以珠海中心大厦为中心的，半径 1km 圆形范围的建筑群进行风效应数值模拟。计算域网格总数约 640 万，采用 OpenFOAM 中的大涡模拟求解器进行数值模拟，并结合

基金项目：国家自然科学基金项目（52178465）

建筑 FEM 数据求解其在台风山竹作用下的风致响应。

3 考虑周边建筑的建筑风效应数值模拟

图 2 展示了地表附近以及珠海中心 150m 和 245m 高处平均风速流线图以及珠海中心大厦迎风面和侧风面平均及脉动风压系数分布。在该风向下,珠海中心大厦基本不受周围建筑群影响,仅在其下方受到裙楼影响。珠海中心迎风面平均风压系数符合典型分布。极值脉动风压在两个侧风面的分布有一些差异,一侧主要集中在上方,另一侧集中在中下侧,这展现了周边建筑对其造成的干扰作用。

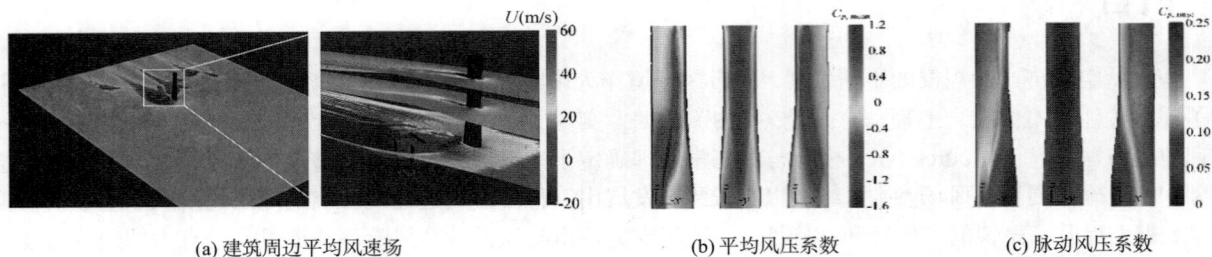

(a) 建筑周边平均风速场   (b) 平均风压系数   (c) 脉动风压系数

图 2 珠海中心周边平均风速场及其风压分布

图 3 展示的是数值模拟的建筑响应与实测的对比。结果表明,由数值风洞计算得到建筑最大顺风向加速度约为 7.2gal,最大横风向加速度约为 18.0gal。该结果与实测的 10.0gal 和 19.0gal 相比均略小,但仍具有很高的参考价值。

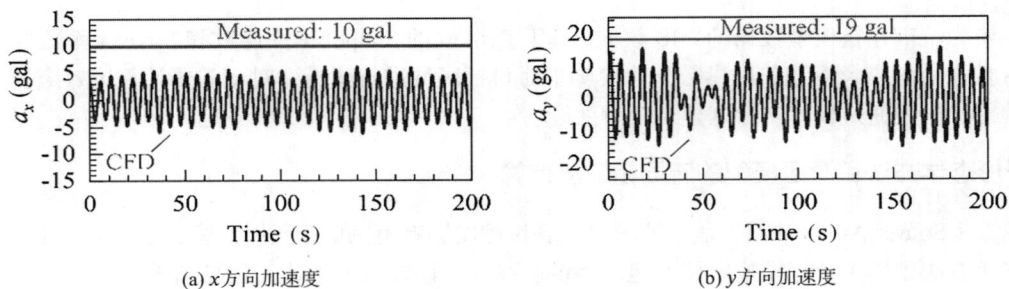

(a) x 方向加速度   (b) y 方向加速度

图 3 结构响应与实测值对比

4 结论

基于 GIS 数据与 Python 脚本实现了一种混合建模方法,用于对城市尺度的建筑群进行快速建模,并可以接入采用商业软件搭建的目标建筑精细化模型,用于进行考虑周边建筑的数值模拟工作。

结合形态学算法,与 Source Area 模型,提出了一种用于确定来流风场地表粗糙度的迭代求解算法。并以台风"山竹"为例构建风场并开展考虑周边建筑的风效应数值模拟研究。结果表明,与实测相比数值模拟结果所预测的结构响应略低,但仍具有很高的参考价值。

参考文献

[1] HE J Y, HE Y C, LI Q S, et al. Observational study of wind characteristics, wind speed and turbulence profiles during Super Typhoon Mangkhut[J], Journal of Wind Engineering and Industrial Aerodynamics, 2020, 206: 104362.

考虑协同控制潜能的风电场联合布局优化

杨尚慧[1]，邓晓蔚[2]

（1. 四川大学土木工程系 成都 610065；
2. 香港大学土木工程系 香港）

1 引言

风能作为一种可循环的清洁能源，近些年来在世界范围内得到迅速发展。海上风资源因储量丰富稳定，且临近负荷中心、消纳便利等优势，正逐步成为风电开发的重点[1]。然而，如何提高风能转化率、实现降本增效是目前海上风电发展面临的主要挑战。在实际风场环境中，风机运行产生的尾流效应会导致下游流场风速亏损，从而引起风电场整体功率损失。为削弱风电机组间的尾流影响，需采用合理的风电场布局设计及协同偏航控制策略。现有研究通常将布局设计与协同偏航控制视为相互独立的课题，前者主要针对风电场设计阶段，后者则针对风电场运维阶段。设计阶段的布局优化通常忽略协同控制的潜在功率增益，仅考虑风电场处于传统的贪婪控制状态下的发电性能[2]，而运维阶段的偏航优化则局限于规则的布局设计，较少涉及最优布局下控制策略的探讨[3]。布局设计与偏航控制的分离式研究一方面会使得独立设计优化的风场布局无法实现协同偏航控制下整体功率提升最大化，另一方面也会对独立控制优化下基于规则布局的控制策略的有效性提出质疑[4]。因此，为实现风电场布局-控制优化综合效益的最大化，亟需在风电场的布局设计中充分考虑两者的协同效应。

2 研究方法

本文提出了一种新颖的双层嵌套联合布局优化框架，如图1所示，主要由外层布局设计与内层协同控制组成，其中，内层采用随机搜索算法（RS）能够精确定位最优偏航组合，外层利用基于响应面法的动态坐标搜索算法（DYCORS）通过有限的迭代快速寻找到综合优化功率最大的风机排布。每次优化迭代中，外层的布局设计将筛选到的潜在最优风机排布传递给内层，进行考虑年风向概率分布的偏航控制优化，并将得到最优控制功率反馈给外层进行最优状态的判断以及下一次迭代候选布局的筛选。内外层嵌套的优化设计能够有效降低联合优化问题的维度，同时对不同风向采用并行优化方法，也能进一步缩减每次迭代的时间，从而提高整体的优化效率。

3 结果分析与讨论

选取16台风机规则排列的风电场作为研究对象，采用提出的双层嵌套框架进行考虑协同控制潜能的联合布局优化，并以传统的顺序优化结果为参照，比较两种模式下布局和偏航综合优化功率的差异。在此基础上，进一步对同一风电场区域内9台和25台的风机排布进行联合优化和顺序优化的对比研究，分析风机间距对布局与控制间的协同效应的影响，并探究潜在的影响机制。图2给出了联合和顺序优化功率提升差异随

基金项目：香港研资局优配研究金 RGC/GRF（17204122）资助

风机间距的变化规律，结果表明：与传统的顺序优化方法相比，基于提出的双层嵌套框架的联合布局优化能够显著地提高风电场的年发电量（AEP）；此外，减小风机间距能够增强布局与控制之间的协同作用；尤其在风电场布局较为紧凑的情况下，联合优化与顺序优化的差异显著增加。进一步地，考虑不同形式的风向分布，探究布局与控制间的协同效应在不同风资源场景下表现的差异。表1列出了单一风向和风玫瑰下联合优化与顺序优化的功率增益及其差值，结果显示：随着风向分布的分散，联合优化与顺序优化之间的差异愈加明显。这一现象可以解释为，不同风向下尾流缓解策略所带来的功率收益之间的权衡也会增强布局与控制之间的协同作用。

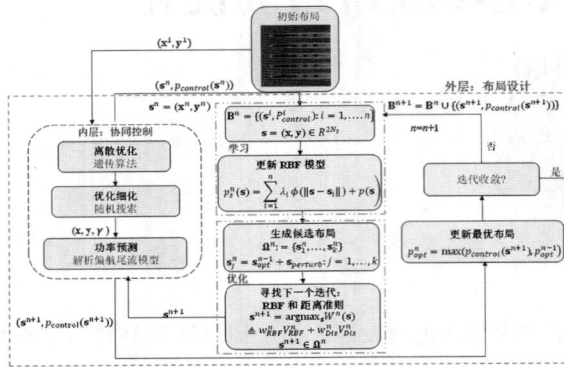

图 1　双层嵌套的联合布局优化框架

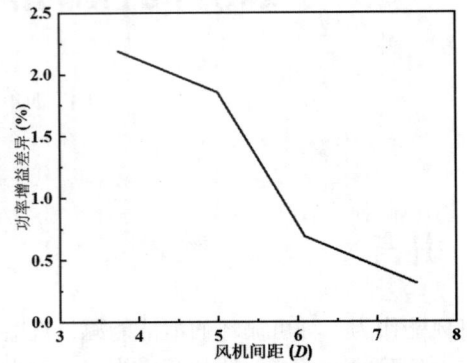

图 2　联合和顺序优化功率提升差异随风机间距的变化

不同形式的风向分布下联合优化与顺序优化的功率增益比较　　　表 1

风向分布	单一风向	风玫瑰
顺序优化	127.52%	4.04%
联合优化	127.87%	5.44%
功率增益差值	0.35%	1.40%

4　结论

（1）与传统的顺序优化方法相比，基于提出的双层嵌套框架的联合布局优化能够显著地提高风电场的年发电量（AEP）。

（2）减小风机间距能够增强布局与控制之间的协同作用；在风电场布局较为紧凑的情况下，联合优化与顺序优化的差异显著增加。

（3）不同风向下尾流缓解策略所带来的功率收益之间的权衡也会增强布局与控制之间的协同作用，随着风向分布的分散，联合优化与顺序优化之间的差异会愈加明显。

参考文献

[1]　Global Wind Energy Council. Global Wind Report 2023[R]. 2023.

[2]　MITTAL P, KULKARNI K, MITRA K. A novel hybrid optimization methodology to optimize the total number and placement of wind turbines[J]. Renewable Energy, 2016, 86: 133-147.

[3]　PARK J, LAW K H. A data-driven, cooperative wind farm control to maximize the total power production[J]. Applied Energy, 2016, 165: 151-165.

[4]　CHEN K, LIN J, QIU Y, et al. Joint optimization of wind farm layout considering optimal control[J]. Renewable Energy, 2022, 182: 787-796.

基于无人机测风技术的风力发电机组尾流模型优化

吴　栋[1]，李亚飞[1]，特日根[2]

（1. 金风科技股份有限公司 北京 100176；
2. 湖南大学土木工程学院 湖南 410082）

1　引言

风力发电机尾流效应显著影响下游风机效率和寿命。传统尾流模型常因环境条件与机组类型差异在实际应用中产生偏差。为提高尾流预测精度，本研究基于无人机测风技术，优化 FLORIS 模型[1]参数，验证其在风电场尾流损失估算与控制中的实际效果。

2　方法

2.1　尾流观测

为了对风力发电机的尾流情况实现观测，使用两架搭载超声波风速计的无人机同时进行观测[2-3]。无人机测风精度经过风洞试验校准，测量绝对误差小于 0.1m/s，相对误差控制在 1% 以内。无人机 A（UAV-A）悬停于风轮上游，测量来流风速；无人机 B（UAV-B）沿尾流平面不同位置静止测量，覆盖下游 $2D$ 至 $10D$ 区域（D为风轮直径）。如图 1 所示。无人机 B 与无人机 A 所观测风速的无人机测量风速的比值 α 即可对尾流区风速的衰减情况进行描述。

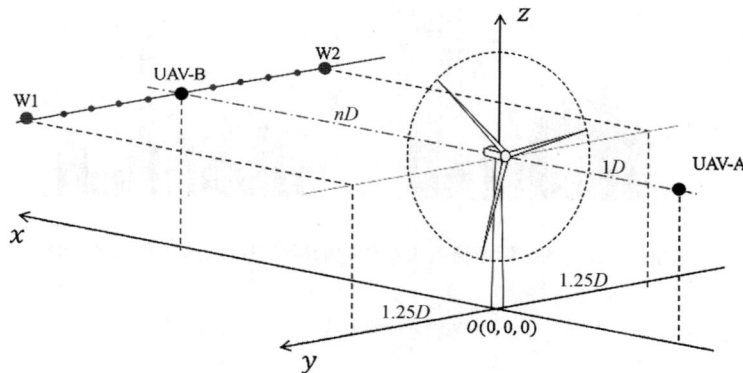

图 1　无人机相对风力发电机组的位置

2.2　尾流模型优化

本文中进行优化的 FLORIS 尾流模型由 Jensen 模型发展而来，广泛用于尾流控制。尾流模型优化基于 FLORIS 模型的参数调整，涉及尾流中心偏移量(a, b)、尾流宽度(k, m_e)及尾流衰减系数(M_U, a_U)[1]。通过对上述参数进行微调，最小化模型预测值与实测值之间的均方根误差（RMSE），实现模型精度的提升。

$$\text{RMSE} = \sqrt{\frac{1}{N}\sum_{i=1}^{N}\left(U_{\text{model},i} - U_{\text{obs},i}\right)^2} \tag{1}$$

式中，$U_{\text{model},i}$是模型计算的第i个点的尾流衰减值；$U_{\text{obs},i}$是第i个点无人机测量的尾流衰减值；N是测量点总数。

3 结果

如图 2 所示，变化趋势方面，优化后的 FLORIS 模型显示出尾流损失的减少和尾流偏移的减小；精度方面，对模型进行优化后显著提高了尾流计算结果的精度。在风力发电机组下游 $2D \sim 10D$ 区域，以模型计算结果与实测值之间的 RMSE 作为判断依据，优化前模型的均方根误差（RMSE）为 0.073，而优化后降至 0.043。优化后的 FLORIS 模型对尾流衰减的空间分布特征的描述更为精准。

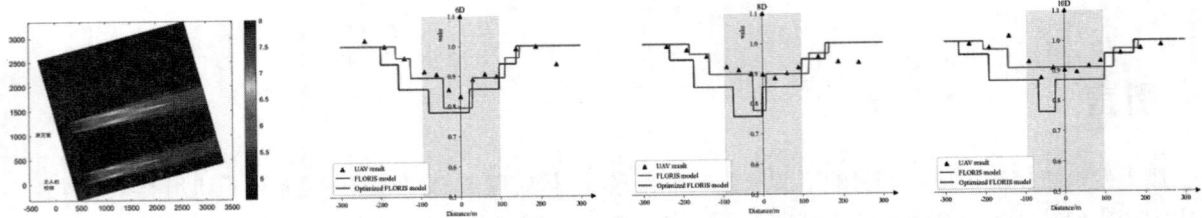

图 2   原始模型与优化后的模型在不同距离下的无人机水平尾流测量结果对比（$6D \sim 8D$）

如图 3 所示，基于风电场全年 SCADA 数据进行分析，优化后的 FLORIS 模型在尾流损失估算方面显著优于原始模型。统计不同风速下模型计算结果与基于 SCADA 计算的全年尾流损失间的差异，在风速为 $5 \sim 10\text{m/s}$ 的范围内，该差异分别减小了约 $0.2\% \sim 7\%$。优化后的 FLORIS 计算的尾流损失明显更接近实际尾流损失的结果。

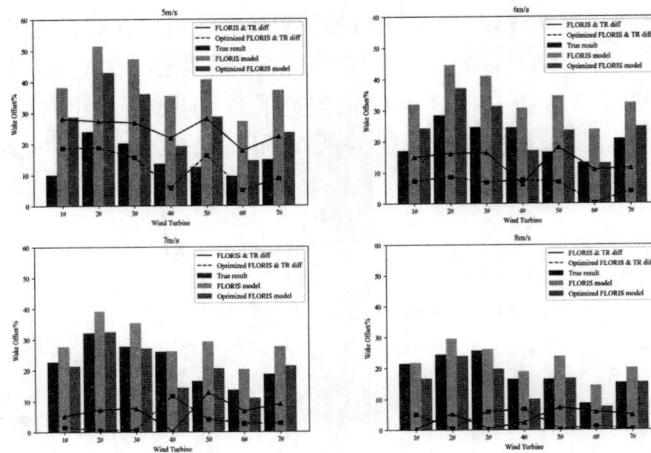

图 3   基于 SCADA 数据的实际尾流损失与优化前后的 FLORIS 模型计算的尾流损失对比

4 结论

本研究基于无人机测风技术优化 FLORIS 尾流模型，显著提高尾流预测精度和适用性。优化后模型在尾流衰减和尾流偏移估算中表现出更高的一致性，为风电场运行优化提供支持。

参考文献

[1] GEBRAAD P M O, TEEUWISSE F W, VAN WINGERDEN J W, et al. Wind plant power optimization through yaw control using a parametric model for wake effects—a CFD simulation study[J]. Wind Energy, 2016, 19(1): 95-114.

[2] LI Z, PU O, PAN Y, et al. A study on measuring wind turbine wake based on UAV anemometry system[J]. Sustainable Energy Technologies and Assessments, 2022, 53: 102537.

[3] BAO T, LI Z, LI Y, et al. Wake measurement of wind turbine under yawed conditions using UAV anemometry system[J]. Journal of Wind Engineering and Industrial Aerodynamics, 2024, 249: 105720.

考虑风力机疲劳荷载的风电场主动偏航优化研究

钱国伟，陈浩东，余国生

（中山大学海洋工程与技术学院 & 南方海洋科学与工程广东省实验室（珠海）珠海 519082）

1　引言

在大型风电场中，由于风机的集中分布，风在流经上游风力机时能量被吸收，引起风轮旋转，其尾流出现风速亏损、湍流强度增大。尾流效应不仅会导致风电场发电量损失，还会增大风力机的疲劳荷载。为了在不显著增加风机疲劳荷载的情况下提高风电场的产能，需要考虑对风电场产能和疲劳寿命进行多目标协同优化。主动偏航控制下的尾流场和疲劳荷载分布相互耦合，建模更加复杂，因此目前同时考虑结构疲劳荷载影响的主动偏航控制研究相对较少，仍处于探索阶段[1-2]。基于此，本文提出了一种考虑风力机疲劳荷载的风电场主动偏航优化方法，并建立了以发电量提升和疲劳降载为目标的风电场优化框架。

2　研究方法

首先，在尾流模型方面，使用基于高斯分布的 Ishihara-Qian 单尾流模型建立多重尾流模型，该模型提供了包括尾流宽度、速度损失、附加湍流以及主动偏航引起的尾流偏转在内的三维尾流模型。同时，该尾流模型基于双高斯分布函数可准确再现尾流区域的湍流强度分布[3]。其次，在叶片荷载方面，通过叶素动量理论（BEM）计算气动力的同时考虑叶片自重的影响，并建立根部弯矩等效疲劳荷载计算模型。本文主要考虑轮毂高度（塔基到轮毂中心的高度）处横向速度分布来计算摆振弯矩（$\Delta M_{\mathrm{f},i}$）和挥舞弯矩（$\Delta M_{\mathrm{e},i}$）的最大差值，并以此作为等效的疲劳荷载。因为部分尾流重叠导致的最大荷载差异预计在 $\varphi = 90°$ 和 $\varphi = 270°$，因此挥舞和摆振最大弯矩差分别计算如下：

$$\Delta M_{\mathrm{f}} = |M_{\mathrm{f}\varphi=90°} - M_{\mathrm{f}\varphi=270°}| \tag{1}$$

$$\Delta M_{\mathrm{e}} = |M_{\mathrm{e}\varphi=90°} - M_{\mathrm{e}\varphi=270°}| \tag{2}$$

式中，M_{f} 和 M_{e} 分别为挥舞弯矩和摆振弯矩；φ 为方位角，即风力机叶片从竖直向上的方向顺时针旋转的角度。

本文通过耦合尾流模型和叶片载荷计算模型构建以提升风电场整体发电量和降低风力机叶片等效疲劳荷载为目标的风电场多目标协同优化框架。具体优化目标为最小化 $c(\gamma)$，其中 $c(\gamma)$ 为：

$$c(\gamma) = -\lambda \left(\sum_{i=1}^{N} \overline{P}_i(\gamma) \right) + \frac{(1-\lambda)}{2N} \sum_{i=1}^{N} \left[\Delta \overline{M}_{\mathrm{f},i}(\gamma) + \Delta \overline{M}_{\mathrm{e},i}(\gamma) \right] \tag{3}$$

式中，$\overline{P}_i$ 为风力机 i 的标准化功率；$\Delta M_{\mathrm{f},i}$ 为标准化挥舞弯矩差；$\Delta M_{\mathrm{e},i}$ 为标准化摆振弯矩差；λ 为权重系数，用于在增加的发电量和减小的荷载之间进行权衡；γ 为偏航角；N 为风力机数量。

风机叶片受力如图 1 所示，风力机布局如图 2 所示。

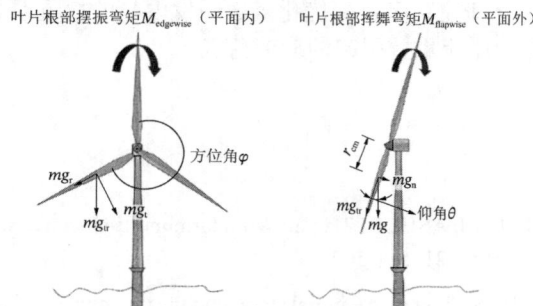

图 1　风机叶片的受力示意图

基金项目：广东省自然科学基金面上项目（2024A1515010547）

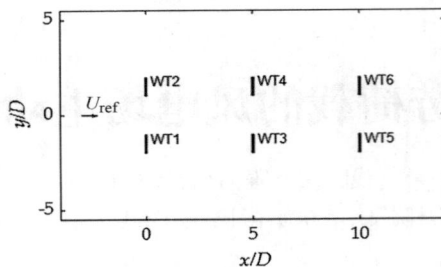

图 2　风力机布局示意图

3　研究结果

以如图 2 所示的 2×3 个风力机组成的风电场进行优化计算，对总发电量（$\sum\limits_{i=1}^{N} \overline{P}_i$）、平均挥舞弯矩（$\frac{1}{N}\sum\limits_{i=1}^{N} M_{f,i}$）和平均摆振弯矩（$\frac{1}{N}\sum\limits_{i=1}^{N} M_{e,i}$）进行比较。入流风速设置为 8m/s。

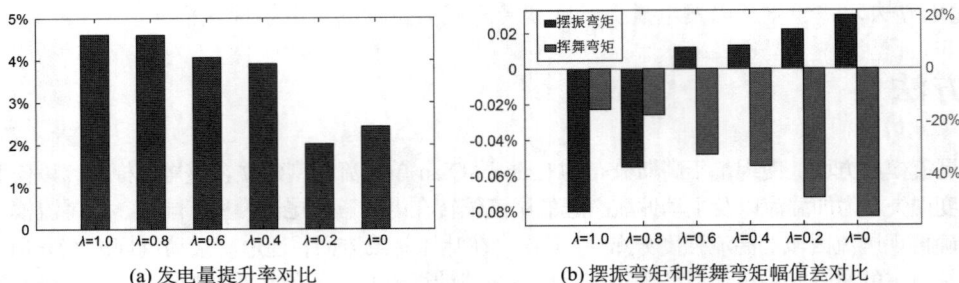

(a) 发电量提升率对比　　　　　　　　(b) 摆振弯矩和挥舞弯矩幅值差对比

图 3　不同 λ 取值下各优化结果对比

图 3 列出了具有不同负载和功率权重的优化方案结果。当权重系数 λ 低于 0.4 后，风电场的发电量显著减少，因此权重系数 λ 设置应不小于 0.4。主动控制的偏航优化方法能显著减少叶片根部受到的挥舞弯矩 M_f，而对摆振弯矩 M_e 的优化贡献非常小。这是因为风机的仰角很小，导致重力在旋转摆振的分量占绝大部分，对 M_e 的贡献很大，因此优化效果较小。与此相反，重力对 M_f 的影响很小，气动力产生的弯矩占绝大部分，因此 M_f 可以得到显著优化。

4　结论

（1）通过耦合风电场尾流模型和风力机叶片荷载计算模型，将部分重叠尾流影响下叶片疲劳荷载简化为 90° 和 270° 相位角下的叶片根部弯矩差，以此为指标提出了考虑疲劳荷载的主动偏航优化方法，并建立了以发电量提升和疲劳降载为目标的风电场优化框架。

（2）主动尾流控制在提升发电量的同时可降低摆振弯矩差，然而对于挥舞弯矩差其主要影响因素来源于自重，因此优化效果甚微。通过合理控制多目标优化函数中发电量的权重系数（$\lambda > 0.4$），可在保障发电量提升效果的同时大幅减少由于部分尾流重叠引起的疲劳荷载。

参考文献

[1] VAN DIJK M T, VAN WINGERDEN J, ASHURI T, et al. Wind farm multi-objective wake redirection for optimizing power production and loads[J]. Energy, 2017, 121: 561-569.

[2] HARRISON M, BOSSANYI E, RUISI R, et al. An initial study into the potential of wind farm control to reduce fatigue loads and extend asset life[C]. 2020.

[3] ISHIHARA T, QIAN G. A new Gaussian-based analytical wake model for wind turbines considering ambient turbulence intensities and thrust coefficient effects[J]. Journal of Wind Engineering and Industrial Aerodynamics, 2018, 177: 275-292.

大风区戈壁输沙率与湍流脉动关系初探

王涛，肖翔，谭立海

（中国科学院西北生态环境资源研究院干旱区生态安全与可持续发展重点实验室/敦煌戈壁荒漠生态与环境研究站 兰州 730000）

1 引言

戈壁（Gobi），是指在干旱或极端干旱区，受长期、强烈的风蚀或物理风化作用，广泛分布于地势开阔地带，地表由砾石覆盖的一类荒漠景观。近年来随着我国"一带一路"战略的实施，多条新建和在建铁路、公路穿越了戈壁大风地区，而大风作用下的戈壁风沙/砾流对铁路安全运营造成了极大威胁。输沙率是衡量区域风沙流强度的关键参数，同时也是风沙工程设计中的一个重要工程参数。湍流是风沙输移的最主要驱动力，很多研究已经注意到湍流波动对风沙流中输沙通量的重要贡献。然而，湍流波动与戈壁地表输沙率之间的关系尚不清楚，如果能将这种关系量化，并将湍流波动参数化到输沙率公式当中，将大大提高戈壁输沙率预测的精度。

2 研究方法和内容

2.1 研究方法

在兰新高铁沿线的百里特大风区设立了风沙综合观测场。风速风向测量采用三维超声风速仪，跃移沙粒测量使用风蚀质量通量传感器，输沙通量测量利用 BSNE 集沙仪。2019 年 5 月 23 日 11 时至 2019 年 5 月 24 日 10 时 30 分对一场完整的沙尘天气进行了测量，历时 23.5h。

采用 Martin 等（2018）[1]提出的求和方法，通过将 SENSIT 传感器测量的高频跃移粒子数（q_p）与 BSNE 集沙仪测量的低频q_m进行校准，获得输沙率（Q_m）的高频（1 Hz）时间序列。将 23.5h 的高频Q_m和风速数据分成 94 个数据集，每个数据集持续 15min，分析Q_m、风速和风速脉动强度（I）之间的定量关系。

2.2 研究内容

由图 1（a）可知，戈壁地表输沙率Q_m随摩擦风速u_τ的增大呈指数形式增长，这与已有研究在平坦流沙地表上得到的变化模式相符。值得注意的是，图 1（d）中的数据分析结果显示测量得到的垂向风速脉动强度I_w与u_τ之间具有良好的指数标度关系。受此启发，本工作尝试采用I_w分别对 Bagnold[2]的立方律和 Cheng[3]的平方律公式进行修正，以使经典的从流沙地表得到的Q_m与u_τ间的平方及立方标度律适用于典型大风区戈壁地表。得到使用I_w进行修正的、适用于大风区戈壁地表的输沙率立方律及平方律形式经验模型，具体表征如下：

$$q = 0.0168 \times (\rho/g)u_\tau^3(d/D)^{1/2} + 1290.5 \times I_w^{14.3} \tag{1}$$

$$q = 0.00342 \times u_\tau^2 - 0.00126 + 1011.3 \times I_w^{14} \tag{2}$$

基金项目：国家自然科学基金项目（41901011，41730644）

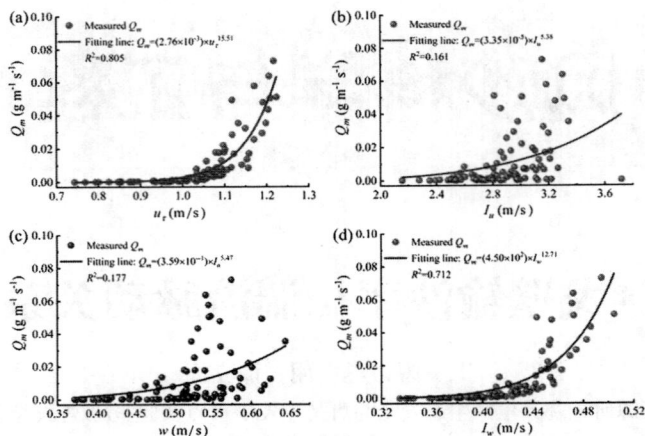

图 1 Q_m 与 u_τ(a)、I_u(b)、w(c)和 I_w(d)之间的关系

进一步将公式(1)和(2)的计算结果与一些广泛使用的流沙地表输沙率预测公式的计算结果进行了对比。如图 2 所示，使用式(1)计算得到的输沙率与式(2)的计算结果相近，且能够与本工作现场测量得到的输沙率相吻合。

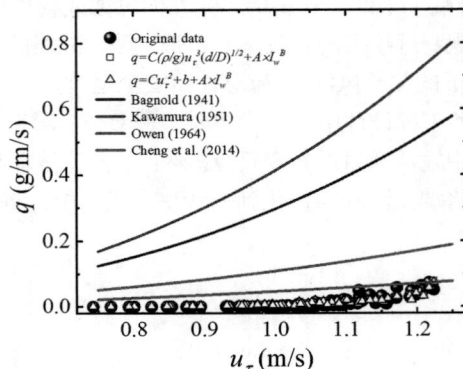

图 2 输沙率实测数据与不同输沙率公式计算结果对比

3 结论

本研究在高频湍流风和跃移输沙通量协同野外观测的基础上，探讨了输沙率、摩擦风速和风速脉动强度之间的定量关系。得出以下结论：

（1）垂向风速脉动强度 I_w 对戈壁地表输沙率 Q_m 的贡献较大，二者之间存在良好的指数标度关系。

（2）将 I_w 引入到经典的立方率和平方率输沙率公式，得到了适宜于大风区戈壁地表的输沙率公式 $Q_m = C \times (\rho/g)u_\tau^3(d/D)^{1/2} + A \times I_w^B$ 和 $Q_m = C \times u_\tau^2 + b + A \times I_w^B$。

（3）在戈壁特大风区当摩阻风速 $u_\tau > 1\text{m/s}$ 时输沙率快速增加，因此，建议将 $u_\tau = 1\text{m/s}$（相当于 10m 高度处流向风速 26m/s）设置为兰新高铁等重大工程风沙灾害发生的预警阈值。

参考文献

[1] MARTIN R L, KOK J F, HUGENHOLTZ C H, et al. High-frequency measurements of aeolian saltation flux: Field-based methodology and applications[J]. Aeolian Research, 2018, 30: 97-114.

[2] BAGNOLD R A .The Physics of Blown Sand and Desert Dunes[M].Springer Netherlands, 1942.

[3] CHENG H, HE J J, ZOU X Y, et al. Characteristics of particle size for creeping and saltating sand grains in aeolian transport[J]. Sedimentology, 2015, 62: 1497-1511.

风沙作用对光伏系统载荷影响的数值模拟研究

张　凯，张海龙

（兰州交通大学土木工程学院 兰州 730070）

1　引言

中国西北地区具有丰富的光照资源，并且土地使用成本低，为发展太阳能光伏产业创造了良好的基础。开阔的沙漠地区，太阳能光伏电站是有效利用沙漠土地及光照资源、实现能源可持续发展的重要途径[1-3]。然而，沙漠地区昼夜温差大，地表温度高，易产生强烈的对流运动，导致风速较其他地区大，使得太阳能光伏组件承受更高的风沙荷载作用[4]。

然而，现有的光伏组件力学研究主要只考虑了风荷载作用，缺小风沙流对太阳能光伏结构力学性能的影响，特别是在风沙环境下对光伏组件的风沙压力特性、风沙荷载研究较少。因此，本研究通过数值模拟的方法，考虑不同风向角和水平倾角工况，研究风沙浓度与独立光伏组件周围风沙流场的关系，根据表面风沙压力计算独立光伏组件的风沙荷载，更好地了解风沙流对光伏组件的影响。本研究为太阳能光伏结构的抗风沙设计提供了理论依据，完善了太阳能光伏电站风沙环境综合设计指南。

2　研究方法

2.1　数值模型

本文数值模拟采用基于有限体积法的三维瞬态雷诺平均方法（RANS），使用 SST k-ω 湍流模型，在风沙两相流的数值模拟方法中，本文采用欧拉-欧拉（Euler-Euler）多（双）相流模型。

2.2　几何模型

通过 SCDM2021R1 软件进行独立光伏组件的三维建模，独立光伏组件的展向长度×宽度×厚度为 7.29m×2.48m×0.01m，为了分析不同工况下风沙流对独立光伏组件的影响，本文选择风向角为 0°、45°、135°和180°，水平倾角为 15°、25°、45°以及 60°。共建立了 16 个模型，最终模型计算域尺寸长×宽×高为 $20H×20H×6H$。本文模型最大阻塞率为 2.54%，满足要求[5]。模型介质类型为 fluid，入口设置为速度入口（Velocity-inlet），出口设置为自由出流（Out-flow），计算模型的上壁面与两侧壁面均设置成对称边界（Symmetry），下壁面以及独立光伏组件表面设置为壁面条件（Wall）。风速廓线、湍流强度与文献[6]吻合度较高，说明水平方向自保持性较好，同时也证明本文湍流模型设置边界条件的合理性。综合考虑模型计算结果的准确性和计算资源的合理性，本文采用合适的网格划分模型。当风向角和水平倾角不同时，计算域大小与网格数量也做相应的调整，最终网格数量范围为 $1.50×10^6 \sim 1.90×10^6$。

2.3　荷载系数计算公式

当独立光伏组件受到风沙流作用时，光伏组件主要受到沿风沙流流动方向（X 方向）的阻力和垂直流动方向（Z 方向）的升力。用 C_D 与 C_L 分别表示风沙阻力和风沙升力。另外，用 C_N 表示独立光伏组件受到的风沙合力。当独立光伏组件受到斜风向时，光伏组件容易产生多方向的风沙倾覆力矩，用 C_{M-X} 与 C_{M-Y} 表示 X 方向与 Y 方向的风沙倾覆力矩。

基金项目：国家自然科学基金项目（42461011）

3 结论

（1）在风沙流条件下，随着水平倾角的逐渐增大，在沙粒自重和风沙涡流作用的共同影响下，独立光伏组件周围顶端的沙粒体积分数由 0.02%减小至 0.012%，底端的沙粒体积分数由 0.016%增大至 0.02%，沙粒浓度最大值从组件的顶端向底端变化。

（2）独立光伏组件迎风面的风沙压力系数（C_{P1}）以正数为主，背风面C_{P1}均为负数。随着水平倾角的增大，独立光伏组件表面的最大正压力逐渐向板中心处移动。独立光伏组件表面C_{P1}沿组件前缘向后缘逐渐减小，局部风沙荷载的最大值在靠近光伏组件前缘。独立光伏组件同一位置处上下表面的C_{P1}差值更大，C_{P1}的最大差值为净风压力系数（C_{P2}）的 1.38 倍，使得光伏组件产生明显的升力效应。

（3）当水平倾角增大时，独立光伏组件的风沙阻力系数（C_D）逐渐增大，在风向角为 0°、45°、135°以及 180°工况下C_D值分别增大了 451%、543%、720%以及 529%。与倾斜风向相比，垂直风向引起的独立光伏组件平均C_D与风沙升力系数（C_L）分别增大了 75.65%与 88.22%，当独立光伏组件垂直于风向时，更应考虑阻力与升力的抗风沙设计。然而，倾斜风向引起的独立光伏组件平均Y方向风沙力矩系数（C_{M-Y}）增大了 109%，在独立光伏组件抗倾覆设计中，应重点考虑斜向风的作用工况。

（4）相比于净风环境，独立光伏组件的风沙阻力（F_D）、风沙升力（F_L）、X方向风沙力矩（M_X）以及Y方向风沙力矩（M_Y）分别增大了 9%～21%、8%～20%、6%～11%以及 14%～41%，独立光伏组件的风沙荷载大于净风荷载，因此，风沙荷载的影响不容忽视。另外，相比 0°风向角工况，180°风向角引起的独立光伏板组件的F_D、F_L以及M_Y均增大了约 20%。在垂直风向下独立光伏组件的抗风沙设计中，应重点考虑风向角为 180°时的工况。

参考文献

[1] SEME S, ŠTUMBERGER B, HADŽISELIMOVIĆ M. Solar photovoltaic tracking systems for electricity generation: A review[J]. Energies, 2020, 13(16): 4224.

[2] GUO X P, DONG Y I, REN D F. CO_2 emission reduction effect of photovoltaic industry through 2060 in China[J]. Energy, 2023, 269, 126692.

[3] ZHOU Q, DONG P X, LI M Y. Analyzing the interactions between photovoltaic system and its ambient environment using CFD techniques: A review[J]. Energy and Buildings, 2023, 296: 113394.

[4] VALENTÍN D, VALERO C, EGUSQUIZA M. Failure investigation of a solar tracker due to wind-induced torsional galloping[J]. Engineering Failure Analysis, 2022, 135: 106137.

[5] BEKELE S A, HORIA H. A comparative investigation of the TTU pressure envelope -Numerical versus laboratory and full scale results[J]. Wind and Structures, 2002, 5(2): 337-346.

[6] JUBAYER C M, HANGAN H. Numerical simulation of wind effects on a stand-alone ground mounted photovoltaic (PV) system[J]. Journal of Wind Engineering and Industrial Aerodynamics, 2014, 134: 56-66.

戈壁沙粒跃移运动规律的野外观测研究

谭立海[1]，安志山[1]，张　凯[2]，屈建军[1]，韩庆杰[1]，王军战[1]

（1. 中国科学院西北生态环境资源研究院敦煌戈壁荒漠研究站　敦煌　736200；
2. 兰州交通大学　兰州　730000）

1　引言

跃移是沙粒发射、跳跃和飞溅的风沙过程，是干旱、半干旱区沙丘演化、基岩磨损和土壤侵蚀的主要风沙搬运过程[1]。自然风下的跃移过程是一个不稳定的过程，在阵风的驱动下，风沙输移发生了大量的时空变化，代表了一种不均匀和随机的现象[2]。由于技术挑战和戈壁地区恶劣的自然条件限制，迄今为止，湍流风作用下戈壁地区沙粒跃移运动高频测量数据极为有限，人们对湍流作用下戈壁沙粒跃移运动过程的认识还很不清楚。

本工作利用高频沙粒跃移测量方法，在南疆米兰戈壁进行了三维风速（20Hz）和跃移颗粒数（1Hz）的耦合测量，研究了戈壁沙粒跃移运动的间歇性、临界风速、跃移层厚度以及脉动风与风沙输移强度之间的关系，以期理解湍流作用下戈壁沙粒跃移运动过程及动力机制。

2　研究方法

主要通过三维超声风速仪、Sensit 风蚀传感器和 BSNE 梯度集沙仪对戈壁风沙运动进行了高频（1Hz）协同观测。

3　研究结果

3.1　跃移的间歇性

图 1 显示了风沙输移活动参数 AP 随时间的变化。整个监测时段 AP < 1，表明戈壁沙粒跃移运动存在间歇性。

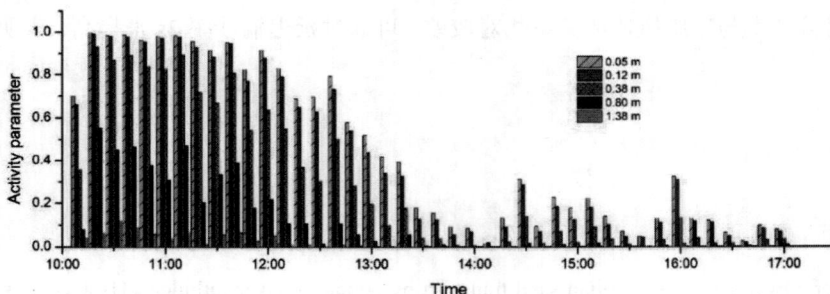

图 1　戈壁沙粒跃移运动参数 AP 随时间变化

3.2　跃移临界风速

U_t 随时间的变化主要受输沙强度的影响。图 U_t 随 AP 值的增加呈指数下降，同时在 AP 值大于 0.7 时，U_t 随 AP 增大明显减小。

基金项目：国家自然科学基金项目（41701008，41730644，41871018，41977416）

3.3 平均跃移层厚度

戈壁平均跃移层厚度z_q变化范围为 0.078～0.295m，平均值为(0.204 ± 0.043)m，显著大于沙质地表的 0.05～0.10m。

3.4 瞬时输沙率与脉动风的关系

输沙率滞后三维风速 2s 可以改善输沙率Q与瞬时风速U之间的关系，说明Q对U变化的响应时间滞后 2s。

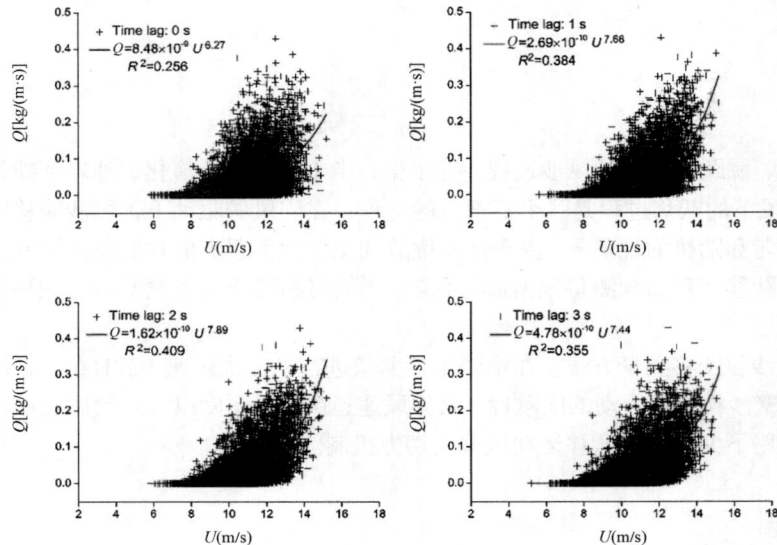

图 2　戈壁瞬时输沙率Q（1Hz）与三维风速U（1s 平均）之间的定量关系

4　结论

（1）自然湍流风作用下，戈壁沙粒跃移运动具有间歇性特性，间歇性水平与风力大小和有限的沙物质供应有关。

（2）戈壁临界跃移风速U_t随风沙输移活动参数 AP 增大呈指数下降，当 AP 超过 0.7 时，U_t下降趋势明显。

（3）戈壁平均沙粒跃移高度z_q介于 0.08～0.30m 之间，平均值为 0.20 ± 0.04m，约为沙质地表平均跃移高度的 4 倍，且随着风速和 AP 的增加而呈线性增大。

（4）戈壁瞬时输沙率与三维风速的关系相对较差，可通过延迟输沙率 2s 来提高，表明Q对U变化的响应时间滞后 2s。

参考文献

[1]　BAGNOLD R A. The Physics of Blown Sand and Desert Dunes[M]. Springer Netherlands, 1942.

[2]　ACW B. Wavelet power spectra of aeolian sand transport by boundary layer turbulence[J]. Geophysical Research Letters, 2006, 33(5).

风沙对低矮建筑作用的研究

李正农[1]，黄　斌[2]

（1. 湖南大学建筑安全与节能教育部重点实验室　长沙　410082；
2. 海南大学土木建筑工程学院　海口　570228）

1　引言

在全球气候多变背景下，风沙现象在许多地区频发，对土木与交通基础设施构成严重威胁。我国地处中亚沙尘暴多发区，西北、华北地区和东北地区西部深受其害，风沙侵蚀、掩埋建筑物与交通设施等问题屡见不鲜，造成巨大经济损失与安全隐患[1]。当前，针对台风天气的建筑抗风研究较多，但风沙气候下建筑抗风沙设计理论与实践严重不足，现有规范没有相关条文。在此背景下，尝试开展风沙相关研究，以填补该领域空白，对保障风沙区建筑安全意义深远。

本研究聚焦风沙对低矮建筑的作用，考虑到方法匮乏的现状，所以针对风沙气候下建筑抗风沙设计理论开展系统研究。通过在沙漠地区建立实测基地与风洞试验[2-4]，获取多方面关键数据，揭示风沙流场特性及对建筑作用规律，为风沙区建筑设计提供理论支撑与技术参数，具重要科学与工程意义。

2　研究方法和内容

2.1　研究方法

本次研究综合现场实测、风洞测压试验与测力试验，构建多维度研究体系。现场实测涵盖风场、沙浓度、风压与风沙压实测，获取沙漠地区近地面真实状况；风洞试验模拟多种风沙流场，精确分析建筑在复杂环境下受力特性；基于大量数据，深入研究风压极值计算方法，全面提升对风沙与建筑相互作用的认知深度与广度。

2.2　研究内容

实测场地与系统：于宁夏中卫沙漠光伏电站设实测基地，其气候干燥、风沙活动频繁、地形平坦典型。构建含风场、集沙、风压与风沙压实测的系统，高精度仪器协同确保数据全面精准采集，为研究奠定坚实基础。

风场特性：多高度平均风速随高度递增，风向角稳定。粗糙度指数 0.1228，5～10m 与欧洲规范吻合，5m 以下因近地面复杂与日规偏差大，整体近地面风剖面趋近欧洲规范，揭示沙漠风场垂直分布特性。

湍流特性：顺风向、横风向湍流度与阵风因子随平均风速增大而降低，随高度而变化，顺风向参数略高于横风向参数。通过拟合提出沙漠湍流强度、湍流积分尺度、阵风因子计算公式，修正已有模型。实测风速谱与 von Karman 谱契合，为理论研究提供现场实证支撑。

沙浓度分布：房屋墙面与周边沙浓度随高度呈指数衰减，受风向主导，北墙与周边北边浓度最高，此分布规律为建筑风沙防护设计重点区域。

风压系数分布：迎风墙平均风压系数正、随高度与风向角变化；背风墙面为负、绝对值随角度变化；侧风墙面因风向而异；屋面风压系数分布复杂，背风面恒为负、角部较大。脉动风压系数规律异于平均风压系数，迎风与侧风墙面大、背风墙面小，此外背风、侧风墙面和屋面主要受特征湍流影响。

风压概率特性与相关性：根据偏度峰度判断高斯性，迎风墙多为高斯分布，背风、侧风墙与迎风屋檐非高斯特性；测点间距增加风压相关性减弱，迎风墙面测点相关较强，迎风墙面相关性大于背风侧风墙。

基金项目：国家自然科学基金项目（52178476，52068019，51478179），海南省自然科学基金项目（522RC605，520QN231）

风洞试验：制作 1∶10 模型在表面布置 164 测点并进行风洞试验，结果表明风洞与实测平均、脉动风压系数趋同，差异源于沙粒、风速偏差、缩尺局限、现场风场复杂及随机因素。两者风压谱低频有所差别、高频相近。

沙颗粒级配：腾格里沙漠，粒径 0.25～1mm 占多数。集沙量输沙率随高度风速变化，粒径分布因高度风速复杂。≥ 0.4mm 与 0.35～0.4mm 粒径占比随高增加而减少，随风速增加而增加，小于 0.35mm 粒径反之，0.25～0.35mm 粒径含量最高，为风沙运动数值模拟关键参数确定与风沙侵蚀机制阐释关键支撑。

风压极值研究：引入经典极值与阈值模型理论，对比 Quan 法、L-C 法、峰值因子法、L-W 法。对非高斯测点，L-W 法精准、L-C 与 Quan 法次之、峰值因子法偏差大。后三个方法因拟合局限与分布假设偏差致存在误差，L-W 法拟合尾部极值优，可以作为建筑抗风设计极值荷载核心算法。

3　结论

（1）成功构建沙漠建筑监测平台，创建风沙流场实测、建筑风压与压实测方法体系，得到风场与建筑风压特性公式，促进风沙理论发展，提高建筑抗风沙设计水平。

（2）风洞试验与现场实测能互补以用于正确性验证，明确建筑各面风压系数规律、解决风洞模拟局限及材料影响问题，为风洞试验优化校准、建筑抗风沙设计多因素考量筑牢基础。

（3）创新性地提出风压极值计算方法评估体系，L-W 法为建筑可靠度设计核心，可以将极值理论发展与工程应用融合。

（4）系统揭示扬沙与落沙流场特性及对建筑基底剪力影响规律，为风沙区建筑结构设计、材料选用与防护策略制定提供关键支撑。

参考文献

[1] 黄斌, 李正农, 丛顺, 等. 风沙流及建筑物风沙荷载的研究进展与展望[J]. 自然灾害学报, 2016, 25(5): 9-19.

[2] HUANG B, LI Z N, ZHAO Z F, et al. Near-ground impurity-free wind and wind-driven sand of photovoltaic power stations in a desert area[J]. Journal of Wind Engineering and Industrial Aerodynamics, 2018, 179: 483-502.

[3] HUANG B, LI Z N, GONG B, et al. Study on the sandstorm load of low-rise buildings via wind tunnel testing[J]. Journal of Building Engineering, 2023, 65: 105821.

[4] HUANG B, LI Z N, XIAO T Y, et al. Blowing sand flow profiles with different particle sizes and blowing sand load characteristics on low-rise buildings[J]. Journal of Building Engineering, 2023, 80: 108083.

"先优后次减宽"配置机械沙障复合作用机制研究

闫 敏[1,2,3]，燕 宇[1,2]，席 成[1,2]，左合君[1,2,3*]

（1. 内蒙古农业大学沙漠治理学院 呼和浩特 010018；
2. 内蒙古自治区风沙物理与防沙治沙工程重点实验室 呼和浩特 010018；
3. 内蒙古杭锦荒漠生态系统定位观测研究站 鄂尔多斯 017400）

1 引言

机械沙障是我国西北地区线路工程沙害主要防治措施之一，在防沙治沙工作过程中，沙障相互叠加使用的防护效果优于单一沙障，实现 1＋1＞2 的复合作用效应，有效解决阻沙固沙问题并改善生态环境，节省防护成本创造经济效益价值[1-2]。近年来，围绕风沙工程典型防沙措施的防护体系结构配置、防护宽度、防护机理研究取得了重要进展，但缺乏对复合沙障防风治沙机理以及合理宽度设计的深入研究，有研究发现，不同沙障的防护效益随水平距离的变化差异显著，单一沙障经过叠加后这种变化愈加明显，例如，多行沙障的有效防护范围远大于相同规格单行沙障的累加；格状沙障整体的防护效益同样远大于单格沙障的累加[3-7]。为解决治理工作中如何合理设置复合沙障宽度设计，构建经济实惠、效益最大化的防护体系，本文以机械沙障多种叠加模式筛选及合理配置并优化成本投入为切入点，进行机械沙障叠加模式下防护机理以及有效防护距离研究，提出机械沙障复合配置模式，合理设计沙障铺设宽度，加深"前阻后固、固阻结合"综合防护体系作用机制的认识，为新时代的"三北"工程建设提供参考。

2 研究内容

本文将单个沙障的相互累加结果对近地表风速与输沙的影响称为复合作用，采用风洞试验和野外观测的方法，考虑到不同地形条件、沙障风蚀破损-失效过程和沙埋-失效过程影响，试验对方格机械沙障和高立式机械沙障进行相互叠加。试验分析不同风速梯度条件下，"前高后低"型双行沙障、"前窄后宽"型三行沙障和"前阻后固"型沙障近地表水平气流速度变化规律和气流速度廓线的变化特征，同时分析不同模式对风沙运动的影响及其阻沙效果（图 1），探究机械沙障叠加模式下的防护机理研究（图 2），打破沙障"均一全覆盖布设原则"[8-9]，研究其风沙复合作用过程，阐明风蚀破损/沙埋-失效对沙障复合作用的影响，优化沙害防治模式。

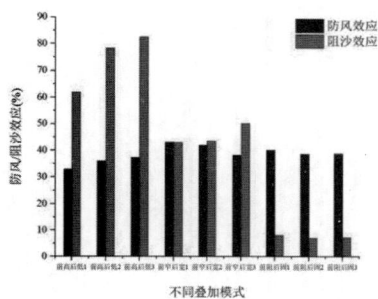

图 1　8m/s 风速下不同叠加模式背风侧
防风/阻沙效应图

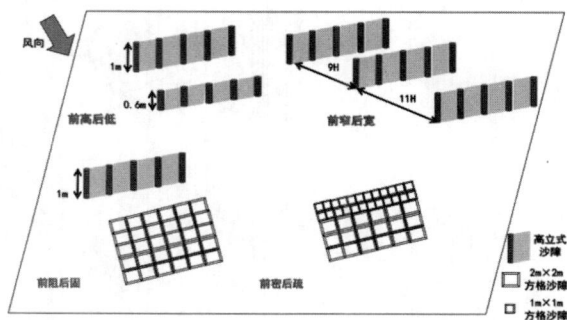

图 2　不同叠加模式示意图

基金项目：荒漠化防治与沙区资源保护利用创新团队（BR241301），沙漠沙地生态保护与治理技术创新团队（NMGIRT2408），戈壁区铁路路基断面形式对风沙流蚀积搬运的影响机制研究（BR220504），额（济纳）哈（密）铁路沙害形成机理研究（2021BS03039）

3 结论

（1）"前高后低"型沙障同样具有较强的防护效益，"前窄后宽"与"前阻后固"型沙障增加了气流稳定区域的距离，延长了气流恢复点的位置，受"前高后低""前窄后宽"和"前阻后固"叠加模式的影响，不同高度风速的降低和抬升作用存在差异，双行沙障较单行沙障有效防护距离增加了 10～15H，三行沙障较单行沙障增加了 25～30H，三行沙障有效防护距离约为双行沙障的两倍。

（2）"前高后低"型和"前窄后宽"型沙障没有改变迎风侧和背风侧的风沙流结构定律，不同指示风速条件下，三行沙障阻沙范围约为双行沙障的 1～2 倍，阻沙量约为双行沙障的 2～3 倍；"前阻后固"型叠加模式较同规格方格沙障阻沙范围平均增加了约 1/3，阻沙量增大了约 1/5。

（3）基于不同叠加模式下的复合机理，提出"前高后低"型两行一带、"前窄后宽"型三行一带、"前密后疏"型和"外密内疏"型沙障复合配置模式，在各沙障复合配置铺设模式下，平均每亩沙障铺设成本可节约 1800～2100 元，旨在满足戈壁区这一特殊地表风沙危害防治，为我国风沙地区道路防沙及生态建设提供重要参考价值。

参考文献

[1] 闫敏. 乌兰布和沙漠防沙技术措施复合作用机制及其优化配置[D]. 呼和浩特: 内蒙古农业大学, 2020.

[2] 左合君, 闫敏. 尼龙固沙阻沙沙障复合作用机制与防治模式优化[M]. 北京: 中国林业出版社: 2022.

[3] WANG Y H. Sandstorm Characteristics and Prevention Measures of Ji-Cha Railway[J]. Railway Standard Design. 2013(2):8-11.

[4] 张利文, 周丹丹, 高永. 沙障防沙治沙技术研究综述[J]. 内蒙古师范大学学报（自然科学汉文版）, 2014, 43(3): 363-369.

[5] 张克存, 屈建军, 鱼燕萍, 等. 中国铁路风沙防治的研究进展[J]. 地球科学进展, 2019, 34(6): 573-583.

[6] 顿耀权, 屈建军, 康文岩, 等. 包兰铁路沙坡头段防护体系研究综述[J]. 中国沙漠, 2021, 41(3): 66-74.

[7] QU J, WANG T, NIU Q, et al. Mechanisms of the formation of wind-blown sand hazards and the sand control measures in Gobi areas under extremely strong winds along the Lanzhou-Xinjiang high-speed railway[J]. Science China(Earth Sciences), 2023, 66(2): 292-302.

[8] ZHANG K, TIAN J, LIU B, et al. Protective benefits of HDPE board sand fences in an environment with variable wind directions on Gobi surfaces: wind tunnel study[J]. Journal of Mountain Science, 2024, (prepublish): 1-15.

[9] KAI Z, LONG H Z, HUI Y D, et al. Effects of sand sedimentation and wind erosion around sand barrier: Numerical simulation and wind tunnel test studies[J]. Journal of Mountain Science, 2023, 20(4): 962-978.

其他风工程和空气动力学问题

索结构的新型灯具及其涡激振动响应研究

安　苗[1]，李寿英[2]，陈政清[2]

（1. 汕头大学工学院　汕头　515063；
2. 湖南大学土木工程学院　长沙　410082）

1　引言

近年来，一些城市的大桥启动了亮化工程，通常在桥梁索结构上安装照明灯具。灯具截面设计不当易引起索的驰振[1]。因此，开发一种具有良好空气动力学性能且不会引起桥梁索结构驰振的照明装置是有必要的。桥梁索结构的另一个复杂且具有挑战的振动是高频或高阶模态涡激振动，通常发生在较低风速（2～15m/s之间），虽然振动幅值不大，但较大的加速度仍然会对索结构造成损害[2-3]。设计了两种开孔护筒照明装置，用来同时解决桥梁索的照明和高频多模态的涡激振动，分别对刚性节段模型和气弹模型进行了风洞测振试验。

2　两种新型开孔护筒灯具介绍

这两种灯具照明装置均由开孔护筒、照明灯具及相关的连接组件构成（图1）。

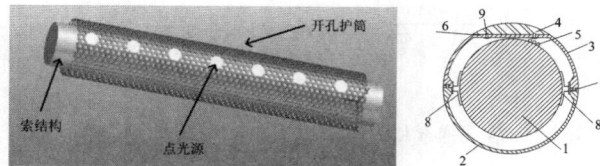

图1　亮化灯具装置1

3　刚性节段模型测振试验

亮化灯具装置可简化为护筒-索结构模型，护筒上的开孔采用圆形错列布置。开孔护筒的特征采用开孔率P，开孔直径D_h及开孔间距S定义。

从图2可以看出，护筒开孔率为20%和35%时，索结构的涡激振动位移幅值将分别减小26%和46%。

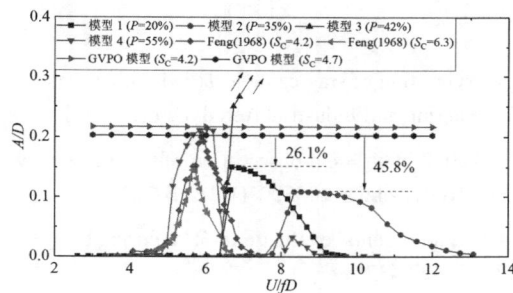

图2　不同开孔率模型的振动位移随折减风速的变化

4 气弹模型测振试验

4.1 试验概况

气弹索模型是由配重块和钢丝两部分组成（图 3），分别对二维和三维气弹索模型进行了试验。

图 3 气弹索结构模型和气弹护筒-索结构模型构造图

4.2 试验结果

开孔率为 20%的护筒能有效降低二维气弹索的高频涡激振动的振幅（图 4）。

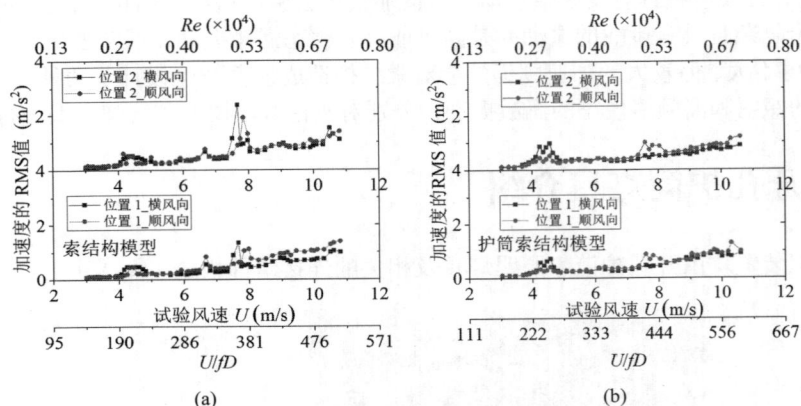

图 4 二维气弹索和护筒-索模型加速度随试验风速的变化

5 结论

从刚性测振试验结果表明，当开孔护筒的开孔率分别为 20%和 35%时，位移幅值将减小 26%和 46%。开孔率为 20%的护筒能有效降低二维气弹索的高频涡激振动的振幅。对于三维气弹索而言，开孔率为 20%的护筒-索模型的涡激振动响应取决于风偏角。

参考文献

[1] AN M, LI S, LIU Z, et al. Galloping vibration of stay cable installed with a rectangular lamp: Field observations and wind tunnel tests[J]. Journal of Wind Engineering and Industrial Aerodynamics, 2021, 215: 104685.

[2] MATSUMOTO M, SHIRATO H, YAGI T, et al. Field observation of the full-scale wind-induced cable vibration[J]. Journal of Wind Engineering and Industrial Aerodynamics, 2003, 91(1-2): 13-26.

[3] ARGENTINI T, ROSA L, ZASSO A. Experimental evaluation of Hovenring bridge stay-cable vibration[J]. WIT transactions on modelling and simulation, 2013, 55: 427-437.

基于性能的结构抗风设计方法研究进展

陈　波[1]，程　皓[1]，王泽康[2]，李　维[1]，杨庆山[1]

（1. 重庆大学土木工程学院 重庆 400044；

2. 北京交通大学土木建筑工程学院 北京 100044）

1　引言

现有风灾害调研结果表明，建筑围护结构破坏频次和程度明显高于主结构，灾害损失大。此外，随着气候变化，超强台风、龙卷风等极端天气出现的概率呈增大的趋势，我国现有规范仅进行基本重现期（如 50 年）风荷载下的结构弹性验算，仅能保证多遇强风作用下的结构安全性，而无法预判罕遇强风下的结构性能。基于此现状，作者开展了基于性能的结构抗风（PBWD）设计方法研究，目标在于通过性能化抗风设计保证（提升）结构全寿命抗风性能，在不增加甚至减少经济成本的前提下减小风灾损失。为此，作者提出"一降低、一提高、一增加"的结构抗风设计方法新思路，即适当降低主结构抗风可靠度、适当提高围护结构抗风可靠度和增加结构在罕遇强风作用下的验算要求。本文阐述了该抗风设计新思路的合理性并介绍了作者在罕遇强风作用下结构弹塑性风效应计算方面的研究进展。

2　基于性能的抗风设计方法新思路

根据我国《建筑结构荷载规范》《建筑结构可靠性设计统一标准》按照 50 年一遇的风荷载设计的结构抗风可靠度为 $\beta = 3.2$（二类延性构件）。《建筑抗震设计规范》同样按照 50 年一遇的地震作用设计的结构平均抗震可靠度为 $\beta = 0.5$，在小震下的条件可靠度也仅为 $\beta = 1.5$。虽然 50 年一遇风荷载、地震作用出现的概率相同，但是主结构抗风可靠度却远高于抗震可靠度。这是因为规范将地震作用视为偶遇荷载，工程界接受较低可靠度。即使主结构风致破坏一般为强度破坏，主要受偶遇特大强风影响，但现有规范将特大强风按常遇荷载处理，导致主结构抗风可靠度指标过高，潜在地造成了建设成本的浪费。围护结构相比主结构超静定次数少，故从结构体系可靠度来看，围护结构更容易破坏。此外，围护结构风致疲劳损伤较大，受经常出现的大风和中等强度风的影响，风荷载接近常遇荷载，应该采用较高的可靠度，然而围护结构边、角区域脉动风荷载常呈非高斯特性，局部风荷载极值容易被低估，导致其可靠度指标低于工程设计规定的要求。此外，近年来如 2022 年盐城龙卷风、2024 年台风"摩羯"造成严重风灾损失的案例说明了现有规范存在缺乏罕遇强风下的结构性能验算的不足，无法保证罕遇强风下的结构安全。

综上分析，在结构抗风设计时应适当降低主结构抗风可靠度，同时应提高围护结构抗风可靠度，并通过性能化设计增加结构在罕遇强风下的性能验算，从而实现建筑建造成本降低的同时又使得风灾损失减少，论证了"一降低、一提高、一增加"抗风设计新思路的合理性。

3　罕遇强风下结构弹塑性风效应计算的研究进展

"一增加"难点在于结构在罕遇强风作用下的弹塑性抗风性能验算。由于结构弹塑性响应与风暴最大平均风速、历程和持续时间密切相关，结构的非线性特性、风荷载的强随机性、长持时特性带来如下基础性问题：（1）如何从每年众多风暴中快速挑选最不利风暴；（2）如何快速估计结构风致弹塑性响应概率；（3）如何简化复杂、耗时结构弹塑性分析方法，便于结构抗风设计人员使用。以下分别针对上述 3 个问题，分别介绍作者目前的研究进展：

基金项目：国家自然科学基金项目（52078088）

3.1 用于弹塑性分析的最不利风暴强度指标

为从每年众多风暴快速挑选最不利风暴进行风灾概率分析以及结构风致弹塑性响应概率评估，本研究定义并推导能综合表征风暴最大平均风速、历程、持时对结构弹塑性响应影响的风暴强度指标。基于滞回耗能的结构损伤指标，定义风暴强度指标为衡量结构在不同风暴作用下相对滞回耗能的比较性指标。基于结构动力学和若干假设，将弹塑性结构滞回耗能表示为弹性结构风输入能量的函数，推导有阻尼弹性结构风输入能量的计算公式，将风暴强度指标简化为风暴时变平均风速的函数。通过大量数值算例表明：风暴强度指标能有效地用于挑选最不利风暴，并且计算仅需数秒，与时程分析（THA）方法相比可以显著提高计算效率。

3.2 基于 Slepian 模型的弹塑性效应概率估计方法

已有基于 Slepian 模型估计理想弹塑性振子（EPO）首次塑性变形概率分布的经典方法仅适用于零均值、白噪声荷载的情形。基于经典方法，结合随机振动理论与结构风振特性，提出了可应用于非零均值、非白噪声荷载作用的改进方法。通过修改 EPO 本构关系，将原有的非零均值、对称本构系统等效为零均值、非对称本构系统。针对风振响应以共振响应为主的结构，风效应是窄带平稳高斯过程服从瑞利分布的特点，直接得到最大响应的概率分布，并根据 ALO 和 EPO 之间塑性变形与最大变形的关系，得到单自由度系统的风致塑性变形概率分布。该方法具有较高精度，能显著提高单自由度系统弹塑性风效应概率的计算效率。

3.3 基于能力谱与需求谱的高层弹塑性效应估算方法

在 PBWD 中，THA 方法可用于计算结构风致非弹性响应，但这种方法效率低、耗时长，不适用于高层建筑的抗风设计。因此，本研究提出一种基于能力-需求谱的快速估算高层建筑风致非弹性位移的方法。该方法包括以下步骤：首先，建立顺风荷载下单自由度系统的强度折减系数、延性系数与周期（R-μ-T）关系曲线，使用等效静风荷载建立弹性需求谱，并根据 R-μ-T 曲线将弹性需求谱转换为非弹性需求谱。然后，利用 Pushover 方法和高层建筑顺风响应的特点，推导并建立高层建筑在风荷载作用下的能力谱。随后，根据能力谱和非弹性需求谱找到性能点，最后使一阶振型向量或改进的形状向量将该性能点还原为高层结构非弹性风致位移。通过算例研究验证了该方法的准确性和效率。研究结果表明，与 THA 方法相比，该方法在保持可接受精度的同时显著提高了分析效率，使其在 PBWD 中具有实用性。

4 结论

本文介绍了作者近年来基于性能的结构抗风设计方法研究进展：提出"一降低、一提高、一增加"的抗风设计方法新思路；定义并推导了考虑风暴历程、持时效应的风暴强度指标，用于结构风致弹塑性效应分析；提出基于 Slepian 模型的单自由度体系弹塑性风效应概率解析计算方法；提出基于 R-μ-T 曲线、需求谱和能力谱的高层建筑弹塑性风效应计算方法。

参考文献

[1] ASCE. Prestandard for performance-based wind design: ASCE 7[S]. USA: American Society of Civil Engineers, 2023.

关于我国风荷载规范中峰值因子取值分析

王国砚

（同济大学航空航天与力学学院 上海 200092）

1 引言

风荷载规范是我国工程建设必须遵循的法规性文件之一，峰值因子是其中的重要参数之一。我国的峰值因子取值经历了从 2.2 到 2.5 的提高过程。但国内外风工程界对我国的峰值因子取值一直存在较多议论，主要观点认为其取值偏低，认为应取 3.0 以上。本文对我国风荷载规范中峰值因子取值的合理性进行分析，并探讨进一步提高峰值因子取值的问题。

2 我国风荷载规范中峰值因子取值的合理性分析

2.1 我国风荷载规范中峰值因子取值的来龙去脉

我国风荷载规范中峰值因子最初的取值是 2.2。文献[1]对该取值进行了阐述，主要观点认为，峰值因子取值 3.0 以上对于土木工程结构来说属于偏高；文中列出一些文献建议峰值因子取 2.0～2.5 较为适宜，且认为此时的保证率也可达到 97.73%～99.38%。文献[2]中也列出了持相同观点的国外文献。然而，国际上结构风工程领域的主要国家均采用 Davenport 给出的峰值因子取值，即取 3.0 以上，并认为我国风荷载规范中峰值因子取值偏低。一些观点认为，从概念上讲，峰值因子取值偏低，意味着保证率偏低。

文献[3]再论我国风荷载规范中峰值因子取值，认为 Davenport 给出峰值因子取 3.0 以上的算式"是以在规定时限内一次超越为安全度标准而导得的。Rice 在电工上应用一次跨越为标准是可以理解的，但在土木工程上在规定的时限内一次跨越并不一定意味着结构失效，如果在规定的时限内可二次超越为标准，则数值可降到 2.8 左右，如改为三次，该数可再降，甚至 2.5 以下"；"由于保证系数（峰因子）μ 涉及安全度标准，各国可有不同的标准。我国安全度标准是以可靠度指标来表达的，并与长期的实践经验相结合。根据我国可靠度指标的规定数值，我国规范保证系数（峰因子）μ 的取值在 2.2（保证率为 98.61%）左右"。

到《建筑结构荷载规范》GB 50009—2012，考虑各种因素，我国风荷载中的峰值因子取值提高到 2.5。但国内外对我国峰值因子取值低于 3.0 的议论，仍普遍存在。

2.2 关于峰值因子基本概念的回顾

根据概率论，对于一个服从一定概率分布的随机变量 X，设其平均值为 $\overline{X}$，标准差为 $D[X] = \sigma_X^2$，其中 σ_X 为根方差，则该随机变量保证率为 μ 的最大值为 $X_{\max} = \overline{X} + \mu\sigma_X$。假设该随机变量服从正态分布，则可算出，该随机变量取值不超过 $\overline{X} + 2\sigma_X$ 的概率为 95.44%；不超过 $\overline{X} + 3\sigma_X$ 的概率为 99.74%，几乎是肯定的事，这就是著名的"3σ 规则"。

可见，决定随机变量最大值的要素有三个：平均值、根方差、峰值因子；在一般工程问题中，可将随机变量调整为零均值，此时就只有根方差、峰值因子两个要素；如果工程问题要求保证率为 99.74%，那么就需要将峰值因子确定为 3，此时就只剩下根方差一个要素。

对于一个零均值平稳随机过程 $X(t)$，其根方差与均方根值相同，可借助相关函数 $R_X(\tau)$ 计算，还可以通过维纳-辛钦公式，借助功率谱密度函数 $S_X(\omega)$ 计算。

以上就是与峰值因子有关的基本概念。其中有几个需要关注的要点：（1）一个确定的随机变量或随机过程，确定的概率分布；（2）概率密度函数不再是随机变量，而是确定的普通实值函数，均值函数、根方差函数数、相关函数等也都是确定的普通实值函数；（3）功率谱密度函数也是确定的函数。在此基础上，谈论峰值因子与保证率的关系才有意义。

2.3 我国风荷载规范中峰值因子取值的合理性分析

从上述峰值因子基本概念回顾中可看出，如果将风荷载看作一个随机变量或平稳随机过程，则根据结构风工程理论，平均风荷载可视为其均值，（零均值）脉动风荷载均方根值可视为其根方差，于是峰值因子就代表保证率了。

一般认为，风荷载中的脉动风可视为服从正态分布的平稳随机过程，于是若要取保证率不低于 99.74%，则应取峰值因子为 3.0 以上。Rice 针对电工领域的问题，从极值理论出发，提出"首次穿越"理论，也就是文献[3]中所说的"在规定时限内一次超越为安全度标准"。Davenport 在此基础上推导出适合风荷载的峰值因子算式，并得出峰值因子取 3.0 以上的结论。从这个意义上讲，服从正态分布的平稳随机过程峰值因子取 3.0 也相当于是"在规定时限内一次超越为安全度标准"。那么，据此可推测，对于服从正态分布的风荷载，峰值因子取 2.5，相当于保证率是 98.76%，这也与文献[1-2]中的观点相一致。

但本文试图从另一视角看待此问题。根据峰值因子基本概念，如果将风荷载中的峰值因子与保证率挂钩，则应要求平均风荷载与脉动风荷载同属于一个随机变量或随机过程、服从同一概率分布；如果用功率谱密度函数计算其根方差，那也应该用同一个功率谱密度函数。然而，在我国的风荷载理论中，认为平均风荷载是以 10 分钟平均取年最大风速为样本的服从极值 I 型分布的随机变量，并非服从正态分布；认为脉动风荷载是以瞬时风速为样本的服从正态分布的零均值平稳随机过程，并非服从极值 I 型分布。按照概率论，对于服从正态分布的平稳随机过程，其幅值服从瑞雷分布，也非服从极值 I 型分布。在目前的结构风工程理论中，国际上被广泛认可的风速谱至少在 5 个以上；反映互谱密度的相干函数（即空间相关性函数）也不止一个。在这种情况下，谈论风荷载中的峰值因子与保证率的关系，本文认为值得商榷。甚至可认为，一个国家峰值因子取 2.5 得到的风荷载可能比另一个国家峰值因子取 3.0 得到的风荷载更大。笔者曾分析过，采用 Davenport 风速谱和 Shiotani 空间相关性函数计算脉动风荷载的均方根值比采用 Von Karman 风速谱和 Davenport 空间相关性函数计算脉动风荷载的均方根值最多可大 40%左右。

如文献[1-3]等所述，我国风荷载规范中峰值因子取 2.5，是在长期实践经验基础上，经科学论证后确定的，同时也符合我国《工程结构可靠性设计统一标准》中可靠度指标要求，因而是合理的。当然，在风荷载标准国际化以及全球变暖等大背景下，进一步提高峰值因子取值也有其现实意义。本文认为，如果可采用 Von Karman 风速谱和 Davenport 空间相关性函数，我国风荷载规范中的峰值因子可考虑取 3.0。

参考文献

[1]　张相庭. 结构风压和风振计算[M]. 上海: 同济大学出版社, 1985.

[2]　上海科学技术情报研究所. 国外高层建筑抗风译文集[M]. 上海: 上海科学技术文献出版社, 1979.

[3]　张相庭. 结构风工程——理论、规范、实践[M]. 北京: 中国建筑工业出版社, 2006.

深圳市《建筑工程抗风设计标准》编制的背景、过程与实施效果

刘琼祥，郑庆星

（深圳市建筑设计研究总院有限公司 深圳 518000）

1 引言

针对深圳地区风环境的特殊性和抗风设计的复杂性，通过编制深圳市《建筑工程抗风设计标准》，以期优化结构体系与体型、合理确定结构设计风荷载，并提出有效的抗风减振措施，从而提高结构安全度、节省工程造价，为提升深圳市工程建设标准国际化水平做出有价值的工作，同时在工程建设标准制定方面为全国其他地区发挥先行示范作用。本标准是首部系统性的建筑工程抗风设计标准，本文将从标准的编制背景、编制过程以及颁布实施后的效果进行全面、深入的解析。

2 编制背景

2.1 必要性

深圳作为沿海经济特区，面积小、人口多，城市建筑密集度高，其中200m以上高楼数量处于全国第一。同时深圳地处沿海，平均每年约有 5～6 个台风登陆深圳及周边，并造成严重影响，是受台风直接影响较大的城市。而且深圳地区建筑结构设计中 50 年重现期基本风压大于等于 $0.75kN/m^2$，这对建筑工程抗风设计提出了巨大的挑战。根据广东省超限高层建筑工程抗震设防审查专家委员会深圳办公室提供的数据显示，2020年至今深圳市完成了数百项超限项目审查工作，其中绝大多数塔楼结构设计由风荷载控制。因此在深圳地区的结构设计工作中抗风设计问题显得尤为突出和重要。深圳市《建筑工程抗风设计标准》的编制工作深入贯彻落实深圳市委、市政府的"标准+"战略，努力提升城市灾害防御能力和提高深圳市质量标准总体水平，并以编制深圳地方性抗风设计标准为落脚点，提高建筑物抵御强/台风灾害的能力，助力于深圳高水平标准体系的建立。

2.2 任务来源

深圳市《建筑工程抗风设计标准》编制单位基于前期的资料收集与整理以及大量研究工作，向本标准主管部门深圳市住房和建设局提出标准制订申请，并经专家评审、社会公示等法定程序，获得主管部门的认可与支持。2020 年 12 月，深圳市住房和建设局发布了《2020 年深圳市工程建设标准制订修订计划项目（第二批）的通知》（深建标〔2020〕10 号），向本标准申报单位深圳市建筑设计研究总院有限公司下达了本标准的编制任务，编制组积极投入大量人力、物力，为本标准的编制提供了保证。

3 编制过程

3.1 编制历程

编制计划下达后，主编单位与各参编单位对本标准主要技术工作基础进行了梳理与汇总，确定了编制原则和主要编制内容，并形成了编制大纲。依据编制大纲明确了编制任务及章节分工。按任务分工逐步推进标

基金项目：广东省科技创新计划项目（2022-K24-093749）

准编制工作，最终完成征求意见稿。本标准编制工作主要以工作会议与专题讨论形式推进，前后共召开了 6 次全体参编人员工作会议、7 次专题讨论会议和多次小规模研讨会，对标准文稿做了多轮修改与调整。编制期间，根据研究需要对螺旋、退台等特殊体型开展了风洞试验研究，并选择典型建筑进行数值风洞模拟研究，进一步提升了标准的技术水平。

3.2 标准特色

（1）首次在同一本标准中搭建了较为完整的建筑工程抗风设计体系，全面、系统地集成了风荷载、高层与大跨度结构抗风设计、风洞试验、CFD 数值模拟、风环境、行人高度舒适度评估、抗风监测及风振控制等技术内容，为结构设计提供了一整套抗风设计方法。

（2）基于气象数据给出了深圳市各气象风向下的风向影响系数。国家强制性标准《工程结构通用规范》指出，垂直于建筑物表面上的风荷载标准值包含了风向影响系数等因素。为此，本标准基于深圳气象资料，结合实际项目经验，给出了不同风向、不同重现期对应的风向影响系数。

（3）将主要受力结构和围护结构风荷载的计算公式进行合并与完善。在《工程结构通用规范》中，将风振系数和阵风系数二者统一为"风荷载放大系数"，为此，本标准将主要受力结构和围护结构的风荷载标准值计算公式进行统一，并补充了风向影响系数，形式上更加便于设计人员使用。

（4）基于大量的深圳气象资料，增加了深圳各区的风玫瑰图。采用深圳市国家气候观象台提供的日最大风速数据，利用三参数 Weibull 分布，进行了统计分析，给出了深圳各区的风玫瑰图，为评估行人高度风环境提供依据，同时为今后细分各区基本风压取值奠定基础。

（5）本标准紧密围绕结构体系的"抗"、建筑体型的"避"，吸收最新的抗风设计体系、研究成果，制订了选用结构体系与建筑体型设计方案的相关条文内容与措施，节省造价，经济合理，弥补现有标准的空白，可广泛适用于沿海地区抗风设计。

（6）本标准创新性地引入了多种风振控制方法，包括结构措施、气动措施和机械措施，同时提出了针对不同情况的灵活设计建议，为高层建筑结构的风振控制提供全面的指导和解决方案。

4 标准实施效果

本标准由深圳市住房和建设局于 2023 年 11 月 2 日发布，2024 年 1 月 1 日起实施。在实施的一年多时间里，已被深圳地区大量的工程项目引用，主要体现在风振舒适度的设计与控制、风洞试验与数值模拟的推广应用、结构风荷载的取值、建筑体型优化与结构体系优化等方面，为深圳市提高建筑工程的抗风安全性和舒适度提供了全面有效的指导。

参考文献

[1] 住房和城乡建设部. 工程结构通用规范: GB 55001—2021[S]. 北京: 中国建筑工业出版社, 2021.

[2] 住房和城乡建设部. 建筑结构荷载规范: GB 50009—2012[S]. 北京: 中国建筑工业出版社, 2012.

[3] 住房和城乡建设部. 建筑工程风洞试验方法标准: JGJ/T 338—2014[S]. 北京: 中国建筑工业出版社, 2014.

[4] 住房和城乡建设部. 屋盖结构风荷载标准: JGJ/T 481—2019[S]. 北京: 中国建筑工业出版社, 2019.

[5] 广东省住房和城乡建设厅. 建筑结构荷载规范: DBJ/T 15-101—2022[S]. 北京: 中国建筑工业出版社, 2022.

[6] 香港特别行政区政府. 风力效应作业守则: The code of practice on wind effects in Hong Kong[S]. 香港: 香港特别行政区政府, 2019.

考虑气候变化影响的未来台风风险评估

吴登国，于晓野

（奥雅纳工程咨询有限公司 香港 999077）

1 引言

研究未来气候变化对沿海地区台风风险的影响对建筑韧性设计及台风灾害损失降低具有重要意义。目前针对如何考虑未来气候变化的影响并没有统一的方法，且不同研究呈现的结果差异亦存在一定差异。因此，本文首先建立西北太平洋区域台风全路径模型，并基于此提出三种方法研究未来气候变化对世纪中（2041—2070 年）和世纪末（2071—2100 年）台风风险的影响。该三种方法主要差异在于针对台风生成模型和台风强度模型的处理方式不同，最终的数值结果有一定差异，但三种方法体现的台风风险趋势变化具备一致性。

2 未来气候模式下台风风险评估方法

2.1 台风全路径模型

本文采用的台风全路径模型主要参考 Chen and Duan[1-2]，该模型主要包括：（1）采用核密度方法或 Tippet 指数建立台风生成模型；（2）基于大气引导气流速度和β漂流速度建立台风移动模型；（3）基于 Emanuel 热动力强度简化模型模拟台风强度变化。最后结合台风登陆衰减模型，台风风场模型和极值分析方法得到目标区域的极值风速进行台风风险评估。

2.2 考虑未来气候台风风险评估方法

本文采用 CMIP6 的四个高分辨率 GCM 模型（ACCESS-CM2，EC-Earth3，MIROC6 以及 MRI-ESM2-0），并提出三种方法考虑未来气候变化对台风风险的影响。其中当前气候年份选取 1981—2010 年，未来气候模式选用 SSP585 场景的世纪中和世纪末时期，以不同时期 50 年回归期极值风速比作为未来气候变化对台风风险影响的评估参数。

方法 1：基于 GCM 气候数据，采用台风识别算法识别三个时期各年份的台风数量和生成位置，以确定台风年均生成数和台风生成位置概率分布形式；然后直接代入未来 GCM 的海气参数 2.1 节的台风全路径模型得到当前、世纪中以及世纪末目标区域的极值风速。

方法 2：结合 Tippet 台风生成参数评估台风生成信息在未来气候的变化。该参数可给出年均台风生成数和台风生成位置分布信息。然后直接代入未来 GCM 的海气参数 2.1 节的台风全路径模型得到当前，世纪中以及世纪末目标区域的极值风速。

方法 3：考虑到 Tippet 参数在不同 GCM 当前气候条件数据下生成的台风个数与实际情况有偏差，本方法提取 Tippet 参数变化率并用于修正当前气候下历史台风生成数和台风生成位置概率密度分布，并以此作为未来气候下台风生成模型的抽样目标。同时，提取 GCM 未来和当前的海汽参数对应月份的变化率，修正 NCEP-NCAR 的再分析数据用以表征未来气候模型的海汽参数。最后基于 2.1 节台风全路径模型计算不同时期极值风速变化率。

这里，方法 1 和方法 2 的当前工况是基于 GCM 的当前气候数据得到的结果，而方法 3 的当前工况是基于历史数据得到的结果。三种方法的具体差异参见图 1。

基金项目：奥雅纳全球科研基金（37160），香港特别行政区研究基金（T22-501/23-R）

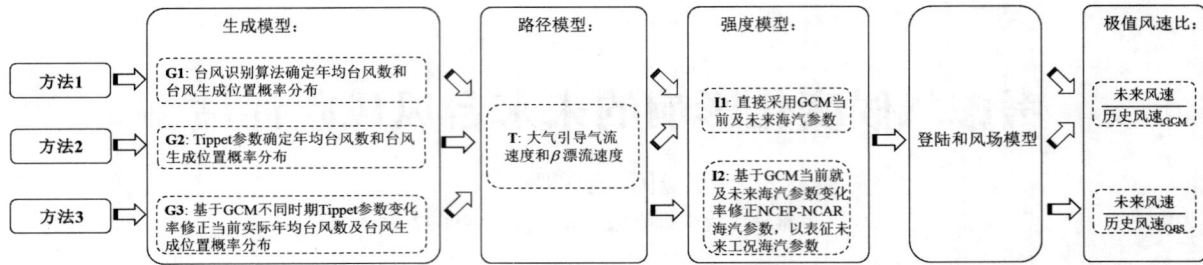

图 1　考虑未来气候变化对台风风险影响的三种方法

2.3　结果分析及对比

不同 GCM 模型即便采用同样的方法也会给出差异性结果，故为更全面地评估未来气候变化的影响，结果展示采用基于四个 CCM 预测的均值结果。图 2 给出了未来气候模式下在东亚地区不同沿海城市基于三种方法的台风极值风速变化结果。由图可见三种方法都表现出相同的趋势，即未来气候变化对台风风险的影响随着城市纬度的提高而增加，这主要是未来气候情境下台风路线整体北移，且高强台风数量增加导致的。另外可以看到，方法 1 和方法 2 的预测结果较为接近，方法 3 的数值结果明显偏大。以香港城市为例，采用方法 1 和方法 2 在世纪末极值风速将增大 3%～7%，而采用方法 3 该影响数值可达 17%。这主要是由于方法 3 的研究路径与前两者差异较大导致的。

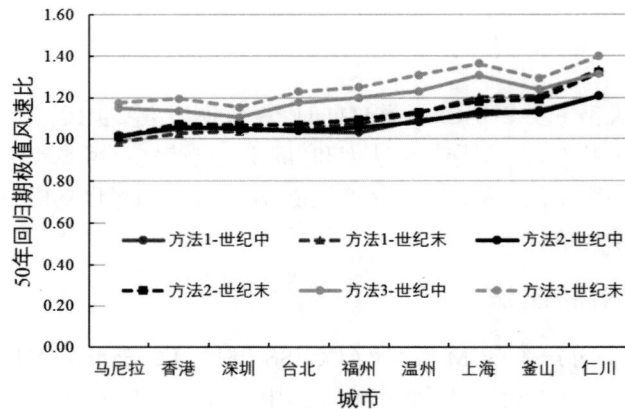

图 2　东亚不同沿海城市基于三种方法的未来台风极值风速变化结果（SSP 585 场景）

3　结论

本文针对未来气候变化对台风风险的影响，主要针对台风生成及强度模型提出三种研究方法。三种方法在各区域极值风速变化数值上有一定差异，但表现出一致的趋势性：即在 SSP 585 场景下，未来东亚沿海地区台风风险总体倾向增加；增加幅度由低纬向中纬逐渐提高。

参考文献

[1]　CHEN Y, DUAN Z, YANG J, et al . TCs of western north pacific basin under warming climate and implications for future wind hazard of east asia[J]. Journal of Wind Engineering and Industrial Aerodynamics, 2020, 208(4): 104415.

[2]　CHEN Y , DUAN Z. A statistical dynamics track model of tropical cyclones for assessing TC wind hazard in the coast of southeast China[J]. Journal of Wind Engineering and Industrial Aerodynamics, 2018, 172:325-340.